节能省地型住宅和公共建筑标准规范汇编

（上）

建设部标准定额研究所　编

中国建筑工业出版社
中国计划出版社

图书在版编目（CIP）数据

节能省地型住宅和公共建筑标准规范汇编/建设部标准定额研究所编. —北京：中国建筑工业出版社，中国计划出版社，2005
ISBN 7-112-07424-X

Ⅰ.节...　Ⅱ.建...　Ⅲ.①住宅－建筑规范－汇编－中国②公共建筑－建筑规范－汇编－中国　Ⅳ.TU24－65

中国版本图书馆 CIP 数据核字（2005）第 049187 号

责任编辑：丁洪良
责任设计：刘向阳
责任校对：孙　爽　关　健

节能省地型住宅和公共建筑标准规范汇编
建设部标准定额研究所　编

*

中国建筑工业出版社
中国计划出版社　出版
新　华　书　店　经　销
北京云浩印刷有限责任公司印刷

*

开本：787×1092 毫米　1/16　印张：169¾　插页：15　字数：4200 千字
2005 年 6 月第一版　2005 年 6 月第一次印刷
印数：1—5000 册　定价：**280.00** 元（上下册）
ISBN 7-112-07424-X
（13378）

（邮政编码　100037）
本社网址：http：//www.china-abp.com.cn
网上书店：http：//www.china-building.com.cn

编 制 说 明

建筑节能是执行国家节约能源、保护环境基本国策的重要组成部分，是实施可持续发展战略的重要环节，也是今后建筑技术发展的重点。建设部对建筑节能工作非常重视，把它作为今后一个时期的重点工作来抓。为了配合建设部的工作，满足有关科研、设计、施工、管理等部门，以及墙体、门窗、采暖等生产企业从事节能工作的需要，我们编辑出版了《节能省地型住宅和公共建筑标准规范汇编》一书。该书主要有节能标准、节水标准、省地标准三个部分组成。收集了截止到2005年4月30日有效的相关工程建设和产品标准，以及建设标准、用地指标等，同时附有国家和国家有关部门在节约能源方面的法律法规、技术政策、长远规划等。该书内容丰富、全面实用，是从事建筑节能工作必不可少的工具书。

由于住宅和公共建筑节能涉及到工程、产品等诸多方面，目前在建筑节能方面的标准还不齐全、配套，有的正在编制、修订之中。为适应建筑节能工作的需要，我们将根据标准的更新情况，适时对本书进行修订。同时，希望大家将使用中存在的问题或建议及时反馈给建设部标准定额研究所。

联系电话：（010）58934084

序

中央提出要大力发展节能省地型住宅，全面推广和普及节能技术，制定并强制推行更严格的节能节材节水标准；要大力抓好能源、资源节约，加快发展循环经济。要充分认识节约能源、资源的重要性和紧迫性，增强危机感和责任感；要鼓励发展节能省地型住宅和公共建筑。发展节能省地型住宅和公共建筑是建设领域贯彻"三个代表"重要思想，以科学的发展观统领建设事业发展，全面建设小康社会，促进经济结构调整和转变经济增长方式，保证国家能源和粮食安全，建设节约型社会的重要举措。

目前，我国的住宅和公共建筑建设正处于历史高峰期，建筑行业推行"节地、节能、节水、节材"刻不容缓。实现"四节"的关键之点在于建立完善的标准体系及标准的贯彻实施。建设部自20世纪80年代起按不同地区、不同建筑类型批准发布了一系列节能设计标准及节能检验、节能改造标准，制订了大量有关节地、节水等标准、规范、规程，使我国节能省地标准体系框架基本形成。

为加强住宅和公共建筑节能省地工作，使广大工程设计、施工、管理等人员全面系统地了解住宅和公共建筑节能省地标准，建设部标准定额研究所组织汇编了《节能省地型住宅和公共建筑标准规范汇编》。相信该书的出版，将促进标准的实施，对加强住宅和公共建筑节能省地工作起到很好的指导和推动作用。

2005年5月

目　录

第一篇　节　能　标　准

第一节　建筑节能标准

1．公共建筑节能设计标准 GB 50189—2005 …… 3
2．建筑气候区划标准 GB 50178—93 …… 29
3．砌体结构设计规范 GB 50003—2001 …… 95
4．混凝土小型空心砌块建筑技术规程 JGJ/T 14—2004 …… 175
5．多孔砖砌体结构技术规范（2002 年版）JGJ 137—2001 …… 221
6．民用建筑节能设计标准（采暖居住建筑部分）JGJ 26—95 …… 249
7．夏热冬暖地区居住建筑节能设计标准 JGJ 75—2003 …… 267
8．既有采暖居住建筑节能改造技术规程 JGJ 129—2000 …… 283
9．采暖居住建筑节能检验标准 JGJ 132—2001 …… 305
10．夏热冬冷地区居住建筑节能设计标准 JGJ 134—2001 …… 319
11．外墙外保温工程技术规程 JGJ 144—2004 …… 329
12．节能监测技术通则 GB/T 15316—94 …… 351
13．设备及管道保温设计导则 GB/T 8175—87 …… 355
14．PVC 塑料窗建筑物理性能分级 GB/T 11793.1—89 …… 363
15．PVC 塑料窗力学性能、耐候性技术条件 GB/T 11793.2—89 …… 367
16．PVC 塑料窗力学性能、耐候性试验方法 GB/T 11793.3—89 …… 371
17．建筑外窗采光性能分级及检测方法 GB/T 11976—2002 …… 379
18．钢窗建筑物理性能分级 GB/T 13684—92 …… 385
19．建筑外门的风压变形性能分级及其检测方法 GB/T 13685—92 …… 389
20．建筑外门的空气渗透性能和雨水渗漏性能分级及其检测方法 GB/T 13686—92 …… 395
21．建筑外窗保温性能分级及检测方法 GB/T 8484—2002 …… 403
22．建筑外窗空气声隔声性能分级及检测方法 GB/T 8485—2002 …… 415
23．建筑外窗水密性能分级及检测方法 GB/T 7108—2002 …… 423
24．铝合金门 GB/T 8478—2003 …… 431
25．铝合金窗 GB/T 8479—2003 …… 443
26．PVC 塑料悬转窗 JG/T 140—2001 …… 455
27．建筑木门、木窗 JG/T 122—2000 …… 469
28．推拉自动门 JG/T 3015.1—94 …… 485
29．平开自动门 JG/T 3015.2—94 …… 493

30. PVC 塑料门 JG/T 3017—94 …… 501
30. PVC 塑料窗 JG/T 3018—94 …… 515
32. 平开、推拉彩色涂层钢板门窗 JG/T 3041—1997 …… 531
33. 单扇平开多功能户门 JG/T 3054—1999 …… 543
34. 中空玻璃 GB/T 11944—2002 …… 553
35. 硅酮建筑密封胶 GB/T 14683—2003 …… 565
36. 塑料门窗用密封条 GB/T 12002—89 …… 573
37. 建筑门窗密封毛条技术条件 JC/T 635—1996 …… 583
38. 氯丁海绵橡胶粘贴式钢门窗密封条 JG/T 15—1999 …… 591
39. 建筑幕墙 JG 3035—1996 …… 597
40. 建筑幕墙物理性能分级 GB/T 15225—94 …… 615
41. 建筑幕墙空气渗透性能检测方法 GB/T 15226—94 …… 619
42. 建筑幕墙风压变形性能检测方法 GB/T 15227—94 …… 625
43. 建筑幕墙雨水渗漏性能检测方法 GB/T 15228—94 …… 631
44. 玻璃幕墙光学性能 GB/T 18091—2000 …… 637
45. 建筑用硅酮结构密封胶 GB 16776—1997 …… 645
46. 外墙内保温板 JG/T 159—2004 …… 657
47. 工业灰渣混凝土空心隔墙条板 JG/T 3063—1999 …… 671
48. 绝热用硅酸铝棉及其制品 GB/T 16400—2003 …… 689
49. 膨胀聚苯板薄抹灰外墙外保温系统 JG 149—2003 …… 701
50. 胶粉聚苯颗粒外墙外保温系统 JG 158—2004 …… 721
51. 膨胀珍珠岩绝热制品 GB/T 10303—2001 …… 755
52. 聚硫建筑密封膏 JG/T 483—92 …… 763
53. 聚氨酯建筑密封胶 JC/T 482—2003 …… 769
第二节　建筑采暖通风标准
54. 民用建筑热工设计规范 GB 50176—93 …… 779
55. 采暖通风与空气调节设计规范 GB 50019—2003 …… 819
56. 通风与空调工程施工质量验收规范 GB 50243—2002 …… 925
57. 钢制柱型散热器 JG/T 1—1999 …… 1015
58. 钢制板型散热器 JG/T 2—1999 …… 1023
59. 采暖散热器　灰铸铁柱型散热器 JG 3—2002 …… 1029
60. 采暖散热器　灰铸铁翼型散热器 JG 4—2002 …… 1037
61. 灰铸铁圆翼型散热器 JG/T 5—1999 …… 1045
62. 采暖散热器　钢制闭式串片散热器 JG/T 3012.1—94 …… 1051
63. 采暖散热器　钢制翅片管对流散热器 JG/T 3012.2—1998 …… 1057
64. 采暖散热器　灰铸铁柱翼型散热器 JG/T 3047—1998 …… 1065
65. 采暖散热器　铝制柱翼型散热器 JG 143—2002 …… 1075
66. 钢管散热器 JG/T 148—2002 …… 1083
67. 房间空气调节器 GB/T 7725—2004 …… 1091

68. 建筑用热流计 JG/T 3016—94 …………………………………………………………… 1163
69. 生活锅炉热效率及热工试验方法 GB/T 10820—2002 ………………………………… 1173
70. 热量表 CJ 128—2000 ……………………………………………………………………… 1193
71. 室内空调至适温度 GB/T 5701—85 ……………………………………………………… 1221
72. 空气调节系统经济运行 GB/T 17981—2000 …………………………………………… 1225
73. 单元式空气调节机能效限定值及能源效率等级 GB 19576—2004 ………………… 1231
74. 活塞式单级制冷机组及其供冷系统节能监测方法 GB/T 15912—1995 ………… 1235
75. 冷水机组能效限定值及能源效率等级 GB 19577—2004 …………………………… 1239
76. 蒸气压缩循环冷水（热泵）机组户用和类似用途的冷水（热泵）机组
GB/T 18430.2—2001 ………………………………………………………………………… 1243
77. 水源热泵机组 GB/T 19409—2003 ……………………………………………………… 1257
78. 家用燃气取暖器 CJ/T 113—2000 ……………………………………………………… 1277
79. 生活锅炉经济运行 GB/T 18292—2001 ……………………………………………… 1299
第三节　建筑节电标准
80. 建筑采光设计标准 GB/T 50033—2001 ……………………………………………… 1307
81. 建筑照明设计标准 GB 50034—2004 …………………………………………………… 1331
82. 民用建筑电气设计规范 JGJ/T 16—92 ………………………………………………… 1365
83. 延时节能照明开关通用技术条件 JG/T 7—1999 ……………………………………… 1715
84. 地下建筑照明设计标准 CECS 45:92 …………………………………………………… 1729
85. 建筑用省电装置应用技术规程 CECS 163:2004 ……………………………………… 1743
第四节　新能源利用标准
86. 平板型太阳集热器技术条件 GB/T 6424—1997 ……………………………………… 1751
87. 平板型太阳集热器热性能试验方法 GB/T 4271—2000 ……………………………… 1763
88. 被动式太阳房技术条件和热性能测试方法 GB/T 15405—94 ……………………… 1803
89. 家用太阳热水系统技术条件 GB/T 19141—2003 …………………………………… 1815
90. 家用太阳热水器热性能试验方法 GB/T 12915—91 ………………………………… 1837
91. 家用太阳热水系统热性能试验方法 GB/T 18708—2002 …………………………… 1847
92. 真空管太阳集热器 GB/T 17581—1998 ………………………………………………… 1861
93. 农村家用沼气管路设计规范 GB7636—87 ……………………………………………… 1883
94. 农村家用沼气管路施工安装操作规程 GB7637—87 ………………………………… 1889
95. 户用沼气池质量检查验收规范 GB/T 4751—2002 …………………………………… 1895
96. 户用沼气池施工操作规程 GB/T 4752—2002 ………………………………………… 1903
97. 家用沼气灶 GB/T 3606—2001 …………………………………………………………… 1915

第二篇　节　水　标　准

98. 建筑给水排水设计规范 GB 50015—2003 ……………………………………………… 1927
99. 建筑中水设计规范 GB 50336—2002 …………………………………………………… 2007
100. 污水再生利用工程设计规范 GB 50335—2002 ……………………………………… 2023

101. 居住小区给水排水设计规范 CECS 57:94 …… 2037
102. 农村给水设计规范 CECS 82:96 …… 2051
103. 公共浴室给水排水设计规程 CECS 108:2000 …… 2085
104. 雨水集蓄利用工程技术规范 SL 267—2001 …… 2099
105. 低温低浊水给水处理设计规程 CECS 110:2000 …… 2123
106. 一体式膜生物反应器污水处理应用技术规程 CECS 152:2003 …… 2131
107. 城市供水管网漏损控制及评定标准 CJJ 92—2002 …… 2141
108. 节水型产品技术条件与管理通则 GB/T 18870—2002 …… 2153
109. 城市用水分类标准 CJ/T 3070—1999 …… 2165
110. 城市居民生活用水量标准 GB/T 50331—2002 …… 2171
111. 城市污水再生利用　分类 GB/T 18919—2002 …… 2177
112. 城市污水再生利用　城市杂用水水质 GB/T 18920—2002 …… 2181
113. 城市污水再生利用　景观环境用水水质 GB/T 18921—2002 …… 2187
114. 非接触式给水器具 CJ/T 194—2004 …… 2197
115. 沐浴用机械式脚踏阀门 JG/T 3008—93 …… 2207
116. 节水型生活用水器具 CJ 164—2002 …… 2213
117. 免水冲卫生厕所 GB/T 18092—2000 …… 2223

第三篇　节　地　标　准

第一节　规划标准
118. 城市用地分类与规划建设用地标准 GBJ 137—90 …… 2237
119. 城市居住区规划设计规范 GB 50180—93 …… 2253
120. 城市电力规划规范 GB 50293—1999 …… 2283
121. 城市用地竖向规划规范 CJJ 83—99 …… 2303
122. 村镇规划标准 GB 50188—93 …… 2313
123. 乡镇集贸市场规划设计标准 CJJ/T 87—2000 …… 2331
第二节　建设标准和用地指标
124. 党政机关办公用房建设标准 …… 2341
125. 人民法院法庭建设标准 …… 2349
126. 人民检察院办案用房和专业技术用房建设标准 …… 2373
127. 监狱建设标准 …… 2385
128. 综合医院建设标准 …… 2395
129. 科研建筑工程规划面积指标 …… 2405
130. 城市幼儿园建筑面积定额 …… 2423
131. 招待所建设标准 …… 2433
132. 商业普通仓库建设标准 …… 2443
133. 普通高等学校建筑规划面积指标 …… 2453
134. 高等学校来华留学生生活用房建设标准 …… 2473

135. 技工学校（机械类通用工种）建筑规划面积指标 …………………………… 2479
136. 农村普通中小学校建设标准（试行） ………………………………………… 2483

附录　相关法规和政策

中华人民共和国节约能源法 ………………………………………………………… 2499
中华人民共和国可再生能源法 ……………………………………………………… 2504
中华人民共和国水法 ………………………………………………………………… 2509
中华人民共和国土地管理法 ………………………………………………………… 2519
中华人民共和国土地管理法实施条例 ……………………………………………… 2531
中华人民共和国城市房地产管理法 ………………………………………………… 2538
中华人民共和国城镇国有土地使用权出让和转让暂行条例 ……………………… 2545
民用建筑节能管理规定 ……………………………………………………………… 2550
中国节能产品认证管理办法 ………………………………………………………… 2552
能源效率标识管理办法 ……………………………………………………………… 2556
新型墙体材料专项基金征收和使用管理办法 ……………………………………… 2559
新能源基本建设项目管理的暂行规定 ……………………………………………… 2563
节约用电管理办法 …………………………………………………………………… 2565
关于加强城市照明管理促进节约用电工作的意见 ………………………………… 2570
关于发展新型建材的若干意见 ……………………………………………………… 2573
关于进一步开展资源综合利用的意见 ……………………………………………… 2576
建设部建筑节能“十五”计划纲要 ………………………………………………… 2579
节能中长期专项规划 ………………………………………………………………… 2589
能源节约与资源综合利用“十五”规划 …………………………………………… 2603
建筑节能“九五”计划和2010年规划 ……………………………………………… 2609
2000～2015年新能源和可再生能源产业发展规划要点 …………………………… 2619
新能源和可再生能源产业发展“十五”规划 ……………………………………… 2626
墙体材料革新“十五”规划 ………………………………………………………… 2630
中国节能技术政策大纲 ……………………………………………………………… 2635
建设事业技术政策纲要 ……………………………………………………………… 2665
建设部建筑节能试点示范工程（小区）管理办法 ………………………………… 2688
关于实施《民用建筑节能设计标准（采暖居住建筑部分）》的通知 ……………… 2690
关于实施《夏热冬冷地区居住建筑节能设计标准》的通知 ………………………… 2692
关于加快墙体材料革新和推广节能建筑意见的通知 ……………………………… 2694
关于控制城镇房屋拆迁规模、严格拆迁管理的通知 ……………………………… 2697

第一篇

节能标准

中华人民共和国国家标准

公共建筑节能设计标准

Design standard for energy efficiency of public buildings

GB 50189—2005

主编部门：中华人民共和国建设部
批准部门：中华人民共和国建设部
施行日期：2005年7月1日

中华人民共和国建设部
公　　告

第 319 号

建设部关于发布国家标准
《公共建筑节能设计标准》的公告

现批准《公共建筑节能设计标准》为国家标准，编号为GB 50189—2005，自 2005 年 7 月 1 日起实施。其中，第 4.1.2、4.2.2、4.2.4、4.2.6、5.1.1、5.4.2（1、2、3、5、6）、5.4.3、5.4.5、5.4.8、5.4.9 条（款）为强制性条文，必须严格执行。原《旅游旅馆建筑热工与空气调节节能设计标准》GB 50189—93 同时废止。

本标准由建设部标准定额研究所组织中国建筑工业出版社出版发行。

中华人民共和国建设部

2005 年 4 月 4 日

前　言

根据建设部建标［2002］85号文件“关于印发《2002年度工程建设国家标准制定、修订计划》的通知”的要求，由中国建筑科学研究院、中国建筑业协会建筑节能专业委员会为主编单位，会同全国21个单位共同编制本标准。

在标准编制过程中，编制组进行了广泛深入的调查研究，认真总结了制定不同地区居住建筑节能设计标准的丰富经验，吸收了发达国家编制建筑节能设计标准的最新成果，认真研究分析了我国公共建筑的现状和发展，并在广泛征求意见的基础上，通过反复讨论、修改和完善，最后召开全国性会议邀请有关专家审查定稿。

本标准共分为5章和3个附录。主要内容是：总则，术语，室内环境节能设计计算参数，建筑与建筑热工设计，采暖、通风和空气调节节能设计等。

本标准中用黑体字标志的条文为强制性条文，必须严格执行。

本标准由建设部负责管理和对强制性条文的解释，中国建筑科学研究院负责具体技术内容的解释。

本标准在执行过程中，请各单位注意总结经验，积累资料，随时将有关意见和建议反馈给中国建筑科学研究院（北京市北三环东路30号，邮政编码100013），以供今后修订时参考。

本标准主编单位、参编单位和主要起草人：

主编单位：中国建筑科学研究院
　　　　　中国建筑业协会建筑节能专业委员会

参编单位：中国建筑西北设计研究院
　　　　　中国建筑西南设计研究院
　　　　　同济大学
　　　　　中国建筑设计研究院
　　　　　上海建筑设计研究院有限公司
　　　　　上海市建筑科学研究院
　　　　　中南建筑设计院
　　　　　中国有色工程设计研究总院
　　　　　中国建筑东北设计研究院
　　　　　北京市建筑设计研究院
　　　　　广州市设计院
　　　　　深圳市建筑科学研究院
　　　　　重庆市建设技术发展中心
　　　　　北京振利高新技术公司
　　　　　北京金易格幕墙装饰工程有限责任公司
　　　　　约克（无锡）空调冷冻科技有限公司

深圳市方大装饰工程有限公司
秦皇岛耀华玻璃股份有限公司
特灵空调器有限公司
开利空调销售服务（上海）有限公司
乐意涂料（上海）有限公司
北京兴立捷科技有限公司

主要起草人：郎四维　林海燕　涂逢祥　陆耀庆　冯　雅
龙惟定　潘云钢　寿炜炜　刘明明　蔡路得
罗　英　金丽娜　卜一秋　郑爱军　刘俊跃
彭志辉　黄振利　班广生　盛　萍　曾晓武
鲁大学　余中海　杨利明　张　盐　周　辉
杜　立

目 次

1 总则 …………………………………………………………………………… 8
2 术语 …………………………………………………………………………… 8
3 室内环境节能设计计算参数 ………………………………………………… 8
4 建筑与建筑热工设计 ………………………………………………………… 10
4.1 一般规定 ……………………………………………………………………… 10
4.2 围护结构热工设计 …………………………………………………………… 10
4.3 围护结构热工性能的权衡判断 ……………………………………………… 13
5 采暖、通风和空气调节节能设计 …………………………………………… 14
5.1 一般规定 ……………………………………………………………………… 14
5.2 采暖 …………………………………………………………………………… 14
5.3 通风与空气调节 ……………………………………………………………… 15
5.4 空气调节与采暖系统的冷热源 ……………………………………………… 18
5.5 监测与控制 …………………………………………………………………… 21
附录 A 建筑外遮阳系数计算方法 …………………………………………… 22
附录 B 围护结构热工性能的权衡计算 ……………………………………… 24
附录 C 建筑物内空气调节冷、热水管的经济绝热厚度 …………………… 27
本标准用词说明 ………………………………………………………………… 28

1 总　　则

1.0.1 为贯彻国家有关法律法规和方针政策，改善公共建筑的室内环境，提高能源利用效率，制定本标准。

1.0.2 本标准适用于新建、改建和扩建的公共建筑节能设计。

1.0.3 按本标准进行的建筑节能设计，在保证相同的室内环境参数条件下，与未采取节能措施前相比，全年采暖、通风、空气调节和照明的总能耗应减少50%。公共建筑的照明节能设计应符合国家现行标准《建筑照明设计标准》GB 50034—2004的有关规定。

1.0.4 公共建筑的节能设计，除应符合本标准的规定外，尚应符合国家现行有关标准的规定。

2 术　　语

2.0.1 透明幕墙 transparent curtain wall

可见光可直接透射入室内的幕墙。

2.0.2 可见光透射比 visible transmittance

透过透明材料的可见光光通量与投射在其表面上的可见光光通量之比。

2.0.3 综合部分负荷性能系数 integrated part load value（IPLV）

用一个单一数值表示的空气调节用冷水机组的部分负荷效率指标，它基于机组部分负荷时的性能系数值、按照机组在各种负荷下运行时间的加权因素，通过计算获得。

2.0.4 围护结构热工性能权衡判断 building envelope trade-off option

当建筑设计不能完全满足规定的围护结构热工设计要求时，计算并比较参照建筑和所设计建筑的全年采暖和空气调节能耗，判定围护结构的总体热工性能是否符合节能设计要求。

2.0.5 参照建筑　reference building

对围护结构热工性能进行权衡判断时，作为计算全年采暖和空气调节能耗用的假想建筑。

3 室内环境节能设计计算参数

3.0.1 集中采暖系统室内计算温度宜符合表3.0.1-1的规定；空气调节系统室内计算参数宜符合表3.0.1-2的规定。

表3.0.1-1　集中采暖系统室内计算温度

建筑类型及房间名称	室内温度（℃）	建筑类型及房间名称	室内温度（℃）
1　办公楼：		2　餐饮：	
门厅、楼(电)梯	16	餐厅、饮食、小吃、办公	18
办公室	20	洗碗间	16
会议室、接待室、多功能厅	18	制作间、洗手间、配餐	16
走道、洗手间、公共食堂	16	厨房、热加工间	10
车库	5	干菜、饮料库	8

续表 3.0.1-1

建筑类型及房间名称	室内温度(℃)	建筑类型及房间名称	室内温度(℃)
3 影剧院：		7 商业：	
门厅、走道	14	营业厅(百货、书籍)	18
观众厅、放映室、洗手间	16	鱼肉、蔬菜营业厅	14
休息厅、吸烟室	18	副食(油、盐、杂货)、洗手间	16
化妆	20	办公	20
4 交通：		米面贮藏	5
民航候机厅、办公室	20	百货仓库	10
候车厅、售票厅	16	8 旅馆：	
公共洗手间	16	大厅、接待	16
5 银行：		客房、办公室	20
营业大厅	18	餐厅、会议室	18
走道、洗手间	16	走道、楼(电)梯间	16
办公室	20	公共浴室	25
楼(电)梯	14	公共洗手间	16
6 体育：		9 图书馆：	
比赛厅(不含体操)、练习厅	16	大厅	16
休息厅	18	洗手间	16
运动员、教练员更衣、休息	20	办公室、阅览	20
游泳馆	26	报告厅、会议室	18
		特藏、胶卷、书库	14

表 3.0.1-2 空气调节系统室内计算参数

参　数		冬　季	夏　季
温　度 (℃)	一般房间	20	25
	大堂、过厅	18	室内外温差≤10
风速 (v) (m/s)		$0.10 \leqslant v \leqslant 0.20$	$0.15 \leqslant v \leqslant 0.30$
相对湿度(%)		30～60	40～65

3.0.2 公共建筑主要空间的设计新风量，应符合表 3.0.2 的规定。

表 3.0.2 公共建筑主要空间的设计新风量

建筑类型与房间名称			新风量 [m^3/(h·p)]
旅游旅馆	客　房	5星级	50
		4星级	40
		3星级	30
	餐厅、宴会厅、多功能厅	5星级	30
		4星级	25
		3星级	20
		2星级	15
	大堂、四季厅	4～5星级	10
	商业、服务	4～5星级	20
		2～3星级	10
	美容、理发、康乐设施		30

续表 3.0.2

建筑类型与房间名称			新风量 [m^3/(h·p)]
旅 店	客 房	一～三级	30
		四级	20
文化娱乐	影剧院、音乐厅、录像厅		20
	游艺厅、舞厅(包括卡拉 OK 歌厅)		30
	酒吧、茶座、咖啡厅		10
体 育 馆			20
商场(店)、书店			20
饭馆(餐厅)			20
办 公			30
学 校	教 室	小 学	11
		初 中	14
		高 中	17

4 建筑与建筑热工设计

4.1 一 般 规 定

4.1.1 建筑总平面的布置和设计，宜利用冬季日照并避开冬季主导风向，利用夏季自然通风。建筑的主朝向宜选择本地区最佳朝向或接近最佳朝向。

4.1.2 严寒、寒冷地区建筑的体形系数应小于或等于 0.40。当不能满足本条文的规定时，必须按本标准第 4.3 节的规定进行权衡判断。

4.2 围护结构热工设计

4.2.1 各城市的建筑气候分区应按表 4.2.1 确定。

表 4.2.1 主要城市所处气候分区

气候分区	代表性城市
严寒地区 A 区	海伦、博克图、伊春、呼玛、海拉尔、满洲里、齐齐哈尔、富锦、哈尔滨、牡丹江、克拉玛依、佳木斯、安达
严寒地区 B 区	长春、乌鲁木齐、延吉、通辽、通化、四平、呼和浩特、抚顺、大柴旦、沈阳、大同、本溪、阜新、哈密、鞍山、张家口、酒泉、伊宁、吐鲁番、西宁、银川、丹东
寒冷地区	兰州、太原、唐山、阿坝、喀什、北京、天津、大连、阳泉、平凉、石家庄、德州、晋城、天水、西安、拉萨、康定、济南、青岛、安阳、郑州、洛阳、宝鸡、徐州
夏热冬冷地区	南京、蚌埠、盐城、南通、合肥、安庆、九江、武汉、黄石、岳阳、汉中、安康、上海、杭州、宁波、宜昌、长沙、南昌、株洲、永州、赣州、韶关、桂林、重庆、达县、万州、涪陵、南充、宜宾、成都、贵阳、遵义、凯里、绵阳
夏热冬暖地区	福州、莆田、龙岩、梅州、兴宁、英德、河池、柳州、贺州、泉州、厦门、广州、深圳、湛江、汕头、海口、南宁、北海、梧州

4.2.2 根据建筑所处城市的建筑气候分区，围护结构的热工性能应分别符合表 4.2.2-1、表 4.2.2-2、表 4.2.2-3、表 4.2.2-4、表 4.2.2-5 以及表 4.2.2-6 的规定，其中外墙的传热

系数为包括结构性热桥在内的平均值 K_m。当建筑所处城市属于温和地区时，应判断该城市的气象条件与表 4.2.1 中的哪个城市最接近，围护结构的热工性能应符合那个城市所属气候分区的规定。当本条文的规定不能满足时，必须按本标准第 4.3 节的规定进行权衡判断。

表 4.2.2-1 严寒地区 A 区围护结构传热系数限值

围护结构部位		体形系数≤ 0.3 传热系数 K W/（m²·K）	0.3 <体形系数≤ 0.4 传热系数 K W/（m²·K）
屋面		≤0.35	≤0.30
外墙（包括非透明幕墙）		≤0.45	≤0.40
底面接触室外空气的架空或外挑楼板		≤0.45	≤0.40
非采暖房间与采暖房间的隔墙或楼板		≤0.6	≤0.6
单一朝向外窗（包括透明幕墙）	窗墙面积比≤0.2	≤3.0	≤2.7
	0.2<窗墙面积比≤0.3	≤2.8	≤2.5
	0.3<窗墙面积比≤0.4	≤2.5	≤2.2
	0.4<窗墙面积比≤0.5	≤2.0	≤1.7
	0.5<窗墙面积比≤0.7	≤1.7	≤1.5
屋顶透明部分		≤2.5	

表 4.2.2-2 严寒地区 B 区围护结构传热系数限值

围护结构部位		体形系数≤0.3 传热系数 K W/（m²·K）	0.3<体形系数≤ 0.4 传热系数 K W/（m²·K）
屋面		≤0.45	≤0.35
外墙（包括非透明幕墙）		≤0.50	≤0.45
底面接触室外空气的架空或外挑楼板		≤0.50	≤0.45
非采暖房间与采暖房间的隔墙或楼板		≤0.8	≤0.8
单一朝向外窗（包括透明幕墙）	窗墙面积比≤0.2	≤3.2	≤2.8
	0.2<窗墙面积比≤0.3	≤2.9	≤2.5
	0.3<窗墙面积比≤0.4	≤2.6	≤2.2
	0.4<窗墙面积比≤0.5	≤2.1	≤1.8
	0.5<窗墙面积比≤0.7	≤1.8	≤1.6
屋顶透明部分		≤2.6	

表 4.2.2-3 寒冷地区围护结构传热系数和遮阳系数限值

围护结构部位	体形系数≤ 0.3 传热系数 K W/（m²·K）	0.3<体形系数≤0.4 传热系数 K W/（m²·K）
屋面	≤0.55	≤0.45
外墙（包括非透明幕墙）	≤0.60	≤0.50
底面接触室外空气的架空或外挑楼板	≤0.60	≤0.50

续表 4.2.2-3

<table>
<tr><td colspan="2">围护结构部位</td><td colspan="2">体形系数≤0.3 传热系数 K W/（m²·K）</td><td colspan="2">0.3＜体形系数≤0.4 传热系数 K W/（m²·K）</td></tr>
<tr><td colspan="2">非采暖空调房间与采暖空调房间的隔墙或楼板</td><td colspan="2">≤1.5</td><td colspan="2">≤1.5</td></tr>
<tr><td colspan="2">外窗（包括透明幕墙）</td><td>传热系数 K W/（m²·K）</td><td>遮阳系数 SC（东、南、西向/北向）</td><td>传热系数 K W/（m²·K）</td><td>遮阳系数 SC（东、南、西向/北向）</td></tr>
<tr><td rowspan="5">单一朝向外窗（包括透明幕墙）</td><td>窗墙面积比≤0.2</td><td>≤3.5</td><td>—</td><td>≤3.0</td><td>—</td></tr>
<tr><td>0.2＜窗墙面积比≤0.3</td><td>≤3.0</td><td>—</td><td>≤2.5</td><td>—</td></tr>
<tr><td>0.3＜窗墙面积比≤0.4</td><td>≤2.7</td><td>≤0.70/—</td><td>≤2.3</td><td>≤0.70/—</td></tr>
<tr><td>0.4＜窗墙面积比≤0.5</td><td>≤2.3</td><td>≤0.60/—</td><td>≤2.0</td><td>≤0.60/—</td></tr>
<tr><td>0.5＜窗墙面积比≤0.7</td><td>≤2.0</td><td>≤0.50/—</td><td>≤1.8</td><td>≤0.50/—</td></tr>
<tr><td colspan="2">屋顶透明部分</td><td>≤2.7</td><td>≤0.50</td><td>≤2.7</td><td>≤0.50</td></tr>
<tr><td colspan="6">注：有外遮阳时，遮阳系数＝玻璃的遮阳系数×外遮阳的遮阳系数；无外遮阳时，遮阳系数＝玻璃的遮阳系数。</td></tr>
</table>

表 4.2.2-4 夏热冬冷地区围护结构传热系数和遮阳系数限值

<table>
<tr><td colspan="2">围护结构部位</td><td colspan="2">传热系数 K W/（m²·K）</td></tr>
<tr><td colspan="2">屋面</td><td colspan="2">≤ 0.70</td></tr>
<tr><td colspan="2">外墙（包括非透明幕墙）</td><td colspan="2">≤ 1.0</td></tr>
<tr><td colspan="2">底面接触室外空气的架空或外挑楼板</td><td colspan="2">≤ 1.0</td></tr>
<tr><td colspan="2">外窗（包括透明幕墙）</td><td>传热系数 K W/（m²·K）</td><td>遮阳系数 SC（东、南、西向/北向）</td></tr>
<tr><td rowspan="5">单一朝向外窗（包括透明幕墙）</td><td>窗墙面积比≤0.2</td><td>≤4.7</td><td>—</td></tr>
<tr><td>0.2＜窗墙面积比≤0.3</td><td>≤3.5</td><td>≤0.55/—</td></tr>
<tr><td>0.3＜窗墙面积比≤0.4</td><td>≤3.0</td><td>≤0.50/0.60</td></tr>
<tr><td>0.4＜窗墙面积比≤0.5</td><td>≤2.8</td><td>≤0.45/0.55</td></tr>
<tr><td>0.5＜窗墙面积比≤0.7</td><td>≤2.5</td><td>≤0.40/0.50</td></tr>
<tr><td colspan="2">屋顶透明部分</td><td>≤3.0</td><td>≤0.40</td></tr>
<tr><td colspan="4">注：有外遮阳时，遮阳系数＝玻璃的遮阳系数×外遮阳的遮阳系数；无外遮阳时，遮阳系数＝玻璃的遮阳系数。</td></tr>
</table>

表 4.2.2-5 夏热冬暖地区围护结构传热系数和遮阳系数限值

<table>
<tr><td colspan="2">围护结构部位</td><td colspan="2">传热系数 K W/（m²·K）</td></tr>
<tr><td colspan="2">屋面</td><td colspan="2">≤0.90</td></tr>
<tr><td colspan="2">外墙（包括非透明幕墙）</td><td colspan="2">≤1.5</td></tr>
<tr><td colspan="2">底面接触室外空气的架空或外挑楼板</td><td colspan="2">≤1.5</td></tr>
<tr><td colspan="2">外窗（包括透明幕墙）</td><td>传热系数 K W/（m²·K）</td><td>遮阳系数 SC（东、南、西向/北向）</td></tr>
<tr><td rowspan="5">单一朝向外窗（包括透明幕墙）</td><td>窗墙面积比≤0.2</td><td>≤6.5</td><td>—</td></tr>
<tr><td>0.2＜窗墙面积比≤0.3</td><td>≤4.7</td><td>≤0.50/0.60</td></tr>
<tr><td>0.3＜窗墙面积比≤0.4</td><td>≤3.5</td><td>≤0.45/0.55</td></tr>
<tr><td>0.4＜窗墙面积比≤0.5</td><td>≤3.0</td><td>≤0.40/0.50</td></tr>
<tr><td>0.5＜窗墙面积比≤0.7</td><td>≤3.0</td><td>≤0.35/0.45</td></tr>
<tr><td colspan="2">屋顶透明部分</td><td>≤3.5</td><td>≤0.35</td></tr>
<tr><td colspan="4">注：有外遮阳时，遮阳系数＝玻璃的遮阳系数×外遮阳的遮阳系数；无外遮阳时，遮阳系数＝玻璃的遮阳系数。</td></tr>
</table>

表 4.2.2-6　不同气候区地面和地下室外墙热阻限值

气候分区	围护结构部位	热阻 R（$m^2·K$）/W
严寒地区 A 区	地面：周边地面	≥2.0
	非周边地面	≥1.8
	采暖地下室外墙（与土壤接触的墙）	≥2.0
严寒地区 B 区	地面：周边地面	≥2.0
	非周边地面	≥1.8
	采暖地下室外墙（与土壤接触的墙）	≥1.8
寒冷地区	地面：周边地面 非周边地面	≥1.5
	采暖、空调地下室外墙（与土壤接触的墙）	≥1.5
夏热冬冷地区	地面	≥1.2
	地下室外墙（与土壤接触的墙）	≥1.2
夏热冬暖地区	地面	≥1.0
	地下室外墙（与土壤接触的墙）	≥1.0

注：周边地面系指距外墙内表面 2m 以内的地面；
地面热阻系指建筑基础持力层以上各层材料的热阻之和；
地下室外墙热阻系指土壤以内各层材料的热阻之和。

4.2.3　外墙与屋面的热桥部位的内表面温度不应低于室内空气露点温度。

4.2.4　建筑每个朝向的窗（包括透明幕墙）墙面积比均不应大于 0.70。当窗（包括透明幕墙）墙面积比小于 0.40 时，玻璃（或其他透明材料）的可见光透射比不应小于 0.4。当不能满足本条文的规定时，必须按本标准第 4.3 节的规定进行权衡判断。

4.2.5　夏热冬暖地区、夏热冬冷地区的建筑以及寒冷地区中制冷负荷大的建筑，外窗（包括透明幕墙）宜设置外部遮阳，外部遮阳的遮阳系数按本标准附录 A 确定。

4.2.6　屋顶透明部分的面积不应大于屋顶总面积的 20%，当不能满足本条文的规定时，必须按本标准第 4.3 节的规定进行权衡判断。

4.2.7　建筑中庭夏季应利用通风降温，必要时设置机械排风装置。

4.2.8　外窗的可开启面积不应小于窗面积的 30%；透明幕墙应具有可开启部分或设有通风换气装置。

4.2.9　严寒地区建筑的外门应设门斗，寒冷地区建筑的外门宜设门斗或应采取其他减少冷风渗透的措施。其他地区建筑外门也应采取保温隔热节能措施。

4.2.10　外窗的气密性不应低于《建筑外窗气密性能分级及其检测方法》GB 7107 规定的 4 级。

4.2.11　透明幕墙的气密性不应低于《建筑幕墙物理性能分级》GB/T 15225 规定的 3 级。

4.3　围护结构热工性能的权衡判断

4.3.1　首先计算参照建筑在规定条件下的全年采暖和空气调节能耗，然后计算所设计建筑在相同条件下的全年采暖和空气调节能耗，当所设计建筑的采暖和空气调节能耗不大于参照建筑的采暖和空气调节能耗时，判定围护结构的总体热工性能符合节能要求。当所设计建筑的采暖和空气调节能耗大于参照建筑的采暖和空气调节能耗时，应调整设计参数重新计算，直至所设计建筑的采暖和空气调节能耗不大于参照建筑的采暖和空气调节能耗。

4.3.2 参照建筑的形状、大小、朝向、内部的空间划分和使用功能应与所设计建筑完全一致。在严寒和寒冷地区，当所设计建筑的体形系数大于本标准第 4.1.2 条的规定时，参照建筑的每面外墙均应按比例缩小，使参照建筑的体形系数符合本标准第 4.1.2 条的规定。当所设计建筑的窗墙面积比大于本标准第 4.2.4 条的规定时，参照建筑的每个窗户（透明幕墙）均应按比例缩小，使参照建筑的窗墙面积比符合本标准第 4.2.4 条的规定。当所设计建筑的屋顶透明部分的面积大于本标准第 4.2.6 条的规定时，参照建筑的屋顶透明部分的面积应按比例缩小，使参照建筑的屋顶透明部分的面积符合本标准第 4.2.6 条的规定。

4.3.3 参照建筑外围护结构的热工性能参数取值应完全符合本标准第 4.2.2 条的规定。

4.3.4 所设计建筑和参照建筑全年采暖和空气调节能耗的计算必须按照本标准附录 B 的规定进行。

5 采暖、通风和空气调节节能设计

5.1 一 般 规 定

5.1.1 施工图设计阶段，必须进行热负荷和逐项逐时的冷负荷计算。

5.1.2 严寒地区的公共建筑，不宜采用空气调节系统进行冬季采暖，冬季宜设热水集中采暖系统。对于寒冷地区，应根据建筑等级、采暖期天数、能源消耗量和运行费用等因素，经技术经济综合分析比较后确定是否另设置热水集中采暖系统。

5.2 采 暖

5.2.1 集中采暖系统应采用热水作为热媒。

5.2.2 设计集中采暖系统时，管路宜按南、北向分环供热原则进行布置并分别设置室温调控装置。

5.2.3 集中采暖系统在保证能分室（区）进行室温调节的前提下，可采用下列任一制式；系统的划分和布置应能实现分区热量计量。

1 上/下分式垂直双管；

2 下分式水平双管；

3 上分式垂直单双管；

4 上分式全带跨越管的垂直单管；

5 下分式全带跨越管的水平单管。

5.2.4 散热器宜明装，散热器的外表面应刷非金属性涂料。

5.2.5 散热器的散热面积，应根据热负荷计算确定。确定散热器所需散热量时，应扣除室内明装管道的散热量。

5.2.6 公共建筑内的高大空间，宜采用辐射供暖方式。

5.2.7 集中采暖系统供水或回水管的分支管路上，应根据水力平衡要求设置水力平衡装置。必要时，在每个供暖系统的入口处，应设置热量计量装置。

5.2.8 集中热水采暖系统热水循环水泵的耗电输热比（*EHR*），应符合下式要求：

$$EHR = N/Q\eta \tag{5.2.8-1}$$

$$EHR \leqslant 0.0056(14 + \alpha\Sigma L)/\Delta t \tag{5.2.8-2}$$

式中 N——水泵在设计工况点的轴功率（kW）；

Q——建筑供热负荷（kW）；

η——考虑电机和传动部分的效率（%）；

当采用直联方式时，$\eta = 0.85$；

当采用联轴器连接方式时，$\eta = 0.83$；

Δt——设计供回水温度差（℃）。系统中管道全部采用钢管连接时，取 $\Delta t = 25$℃；系统中管道有部分采用塑料管材连接时，取 $\Delta t = 20$℃；

ΣL——室外主干线（包括供回水管）总长度（m）；

当 $\Sigma L \leqslant 500$m 时，$\alpha = 0.0115$；

当 $500 < \Sigma L < 1000$m 时，$\alpha = 0.0092$；

当 $\Sigma L \geqslant 1000$m 时，$\alpha = 0.0069$。

5.3 通风与空气调节

5.3.1 使用时间、温度、湿度等要求条件不同的空气调节区，不应划分在同一个空气调节风系统中。

5.3.2 房间面积或空间较大、人员较多或有必要集中进行温、湿度控制的空气调节区，其空气调节风系统宜采用全空气空气调节系统，不宜采用风机盘管系统。

5.3.3 设计全空气空气调节系统并当功能上无特殊要求时，应采用单风管送风方式。

5.3.4 下列全空气空气调节系统宜采用变风量空气调节系统：

1 同一个空气调节风系统中，各空调区的冷、热负荷差异和变化大、低负荷运行时间较长，且需要分别控制各空调区温度；

2 建筑内区全年需要送冷风。

5.3.5 设计变风量全空气空气调节系统时，宜采用变频自动调节风机转速的方式，并应在设计文件中标明每个变风量末端装置的最小送风量。

5.3.6 设计定风量全空气空气调节系统时，宜采取实现全新风运行或可调新风比的措施，同时设计相应的排风系统。新风量的控制与工况的转换，宜采用新风和回风的焓值控制方法。

5.3.7 当一个空气调节风系统负担多个使用空间时，系统的新风量应按下列公式计算确定：

$$Y = X/(1 + X - Z) \tag{5.3.7-1}$$

$$Y = V_{ot}/V_{st} \tag{5.3.7-2}$$

$$X = V_{on}/V_{st} \tag{5.3.7-3}$$

$$Z = V_{oc}/V_{sc} \tag{5.3.7-4}$$

式中 Y——修正后的系统新风量在送风量中的比例；

V_{ot}——修正后的总新风量（m^3/h）；

V_{st}——总送风量，即系统中所有房间送风量之和（m^3/h）；

X——未修正的系统新风量在送风量中的比例；

V_{on}——系统中所有房间的新风量之和（m^3/h）；

Z——需求最大的房间的新风比；

V_{oc}——需求最大的房间的新风量（m^3/h）；

V_{sc}——需求最大的房间的送风量（m^3/h）。

5.3.8 在人员密度相对较大且变化较大的房间，宜采用新风需求控制。即根据室内 CO_2 浓度检测值增加或减少新风量，使 CO_2 浓度始终维持在卫生标准规定的限值内。

5.3.9 当采用人工冷、热源对空气调节系统进行预热或预冷运行时，新风系统应能关闭；当采用室外空气进行预冷时，应尽量利用新风系统。

5.3.10 建筑物空气调节内、外区应根据室内进深、分隔、朝向、楼层以及围护结构特点等因素划分。内、外区宜分别设置空气调节系统并注意防止冬季室内冷热风的混合损失。

5.3.11 对有较大内区且常年有稳定的大量余热的办公、商业等建筑，宜采用水环热泵空气调节系统。

5.3.12 设计风机盘管系统加新风系统时，新风宜直接送入各空气调节区，不宜经过风机盘管机组后再送出。

5.3.13 建筑顶层、或者吊顶上部存在较大发热量、或者吊顶空间较高时，不宜直接从吊顶内回风。

5.3.14 建筑物内设有集中排风系统且符合下列条件之一时，宜设置排风热回收装置。排风热回收装置（全热和显热）的额定热回收效率不应低于60%。

1 送风量大于或等于 $3000m^3/h$ 的直流式空气调节系统，且新风与排风的温度差大于或等于8℃；

2 设计新风量大于或等于 $4000m^3/h$ 的空气调节系统，且新风与排风的温度差大于或等于8℃；

3 设有独立新风和排风的系统。

5.3.15 有人员长期停留且不设置集中新风、排风系统的空气调节区（房间），宜在各空气调节区（房间）分别安装带热回收功能的双向换气装置。

5.3.16 选配空气过滤器时，应符合下列要求：

1 粗效过滤器的初阻力小于或等于50Pa（粒径大于或等于 $5.0\mu m$，效率：$80\% > E \geqslant 20\%$）；终阻力小于或等于100Pa；

2 中效过滤器的初阻力小于或等于80Pa（粒径大于或等于 $1.0\mu m$，效率：$70\% > E \geqslant 20\%$）；终阻力小于或等于160Pa；

3 全空气空气调节系统的过滤器，应能满足全新风运行的需要。

5.3.17 空气调节风系统不应设计土建风道作为空气调节系统的送风道和已经过冷、热处理后的新风送风道。不得已而使用土建风道时，必须采取可靠的防漏风和绝热措施。

5.3.18 空气调节冷、热水系统的设计应符合下列规定：

1 应采用闭式循环水系统；

2 只要求按季节进行供冷和供热转换的空气调节系统，应采用两管制水系统；

3 当建筑物内有些空气调节区需全年供冷水，有些空气调节区则冷、热水定期交替供应时，宜采用分区两管制水系统；

4 全年运行过程中，供冷和供热工况频繁交替转换或需同时使用的空气调节系统，宜采用四管制水系统；

5 系统较小或各环路负荷特性或压力损失相差不大时，宜采用一次泵系统；在经过包括设备的适应性、控制系统方案等技术论证后，在确保系统运行安全可靠且具有较大的节能潜力和经济性的前提下，一次泵可采用变速调节方式；

6 系统较大、阻力较高、各环路负荷特性或压力损失相差悬殊时，应采用二次泵系统；二次泵宜根据流量需求的变化采用变速变流量调节方式；

7 冷水机组的冷水供、回水设计温差不应小于5℃。在技术可靠、经济合理的前提下宜尽量加大冷水供、回水温差；

8 空气调节水系统的定压和膨胀，宜采用高位膨胀水箱方式。

5.3.19 选择两管制空气调节冷、热水系统的循环水泵时，冷水循环水泵和热水循环水泵宜分别设置。

5.3.20 空气调节冷却水系统设计应符合下列要求：

1 具有过滤、缓蚀、阻垢、杀菌、灭藻等水处理功能；

2 冷却塔应设置在空气流通条件好的场所；

3 冷却塔补水总管上设置水流量计量装置。

5.3.21 空气调节系统送风温差应根据焓湿图（$h-d$）表示的空气处理过程计算确定。空气调节系统采用上送风气流组织形式时，宜加大夏季设计送风温差，并应符合下列规定：

1 送风高度小于或等于5m时，送风温差不宜小于5℃；

2 送风高度大于5m时，送风温差不宜小于10℃；

3 采用置换通风方式时，不受限制。

5.3.22 建筑空间高度大于或等于10m、且体积大于10000m^{3}时，宜采用分层空气调节系统。

5.3.23 有条件时，空气调节送风宜采用通风效率高、空气龄短的置换通风型送风模式。

5.3.24 在满足使用要求的前提下，对于夏季空气调节室外计算湿球温度较低、温度的日较差大的地区，空气的冷却过程，宜采用直接蒸发冷却、间接蒸发冷却或直接蒸发冷却与间接蒸发冷却相结合的二级或三级冷却方式。

5.3.25 除特殊情况外，在同一个空气处理系统中，不应同时有加热和冷却过程。

5.3.26 空气调节风系统的作用半径不宜过大。风机的单位风量耗功率（W_s）应按下式计算，并不应大于表5.3.26中的规定。

$$W_s = P/(3600\eta_t) \tag{5.3.26}$$

式中 W_s——单位风量耗功率［W/（m^3/h）］；

P——风机全压值（Pa）；

η_t——包含风机、电机及传动效率在内的总效率（%）。

表 5.3.26　风机的单位风量耗功率限值［W/（m^3/h）］

系统型式	办公建筑		商业、旅馆建筑	
	粗效过滤	粗、中效过滤	粗效过滤	粗、中效过滤
两管制定风量系统	0.42	0.48	0.46	0.52
四管制定风量系统	0.47	0.53	0.51	0.58
两管制变风量系统	0.58	0.64	0.62	0.68
四管制变风量系统	0.63	0.69	0.67	0.74
普通机械通风系统	0.32			

注：1　普通机械通风系统中不包括厨房等需要特定过滤装置的房间的通风系统；

2　严寒地区增设预热盘管时，单位风量耗功率可增加 0.035［W/（m^3/h）］；

3　当空气调节机组内采用湿膜加湿方法时，单位风量耗功率可增加 0.053［W/（m^3/h）］。

5.3.27　空气调节冷热水系统的输送能效比（*ER*）应按下式计算，且不应大于表 5.3.27 中的规定值。

$$ER = 0.002342H/(\Delta T \cdot \eta) \quad (5.3.27)$$

式中　H——水泵设计扬程(m)；

ΔT——供回水温差（℃）；

η——水泵在设计工作点的效率（%）。

表 5.3.27　空气调节冷热水系统的最大输送能效比（*ER*）

管道类型	两管制热水管道			四管制热水管道	空调冷水管道
	严寒地区	寒冷地区/夏热冬冷地区	夏热冬暖地区		
ER	0.00577	0.00433	0.00865	0.00673	0.0241

注：两管制热水管道系统中的输送能效比值，不适用于采用直燃式冷热水机组作为热源的空气调节热水系统。

5.3.28　空气调节冷热水管的绝热厚度，应按现行国家标准《设备及管道保冷设计导则》GB/T 15586 的经济厚度和防表面结露厚度的方法计算，建筑物内空气调节冷热水管亦可按本标准附录 C 的规定选用。

5.3.29　空气调节风管绝热层的最小热阻应符合表 5.3.29 的规定。

表 5.3.29　空气调节风管绝热层的最小热阻

风管类型	最小热阻（m^2·K/W）
一般空调风管	0.74
低温空调风管	1.08

5.3.30　空气调节保冷管道的绝热层外，应设置隔汽层和保护层。

5.4　空气调节与采暖系统的冷热源

5.4.1　空气调节与采暖系统的冷、热源宜采用集中设置的冷（热）水机组或供热、换热设备。机组或设备的选择应根据建筑规模、使用特征，结合当地能源结构及其价格政策、环保规定等按下列原则经综合论证后确定：

1　具有城市、区域供热或工厂余热时，宜作为采暖或空调的热源；

2 具有热电厂的地区，宜推广利用电厂余热的供热、供冷技术；

3 具有充足的天然气供应的地区，宜推广应用分布式热电冷联供和燃气空气调节技术，实现电力和天然气的削峰填谷，提高能源的综合利用率；

4 具有多种能源（热、电、燃气等）的地区，宜采用复合式能源供冷、供热技术；

5 具有天然水资源或地热源可供利用时，宜采用水（地）源热泵供冷、供热技术。

5.4.2 除了符合下列情况之一外，不得采用电热锅炉、电热水器作为直接采暖和空气调节系统的热源：

1 电力充足、供电政策支持和电价优惠地区的建筑；

2 以供冷为主，采暖负荷较小且无法利用热泵提供热源的建筑；

3 无集中供热与燃气源，用煤、油等燃料受到环保或消防严格限制的建筑；

4 夜间可利用低谷电进行蓄热、且蓄热式电锅炉不在日间用电高峰和平段时间启用的建筑；

5 利用可再生能源发电地区的建筑；

6 内、外区合一的变风量系统中需要对局部外区进行加热的建筑。

5.4.3 锅炉的额定热效率，应符合表5.4.3的规定。

表5.4.3 锅炉额定热效率

锅炉类型	热效率（%）
燃煤（Ⅱ类烟煤）蒸汽、热水锅炉	78
燃油、燃气蒸汽、热水锅炉	89

5.4.4 燃油、燃气或燃煤锅炉的选择，应符合下列规定：

1 锅炉房单台锅炉的容量，应确保在最大热负荷和低谷热负荷时都能高效运行；

2 锅炉台数不宜少于2台，当中、小型建筑设置1台锅炉能满足热负荷和检修需要时，可设1台；

3 应充分利用锅炉产生的多种余热。

5.4.5 电机驱动压缩机的蒸气压缩循环冷水（热泵）机组，在额定制冷工况和规定条件下，性能系数（*COP*）不应低于表5.4.5的规定。

表5.4.5 冷水（热泵）机组制冷性能系数

类型		额定制冷量（kW）	性能系数（W/W）
水冷	活塞式/涡旋式	<528	3.8
		528~1163	4.0
		>1163	4.2
	螺杆式	<528	4.10
		528~1163	4.30
		>1163	4.60
	离心式	<528	4.40
		528~1163	4.70
		>1163	5.10
风冷或蒸发冷却	活塞式/涡旋式	≤50	2.40
		>50	2.60
	螺杆式	≤50	2.60
		>50	2.80

5.4.6 蒸气压缩循环冷水（热泵）机组的综合部分负荷性能系数（*IPLV*）不宜低于表5.4.6的规定。

表5.4.6 冷水（热泵）机组综合部分负荷性能系数

类型		额定制冷量（kW）	综合部分负荷性能系数（W/W）
水冷	螺杆式	<528	4.47
		528~1163	4.81
		>1163	5.13
水冷	离心式	<528	4.49
		528~1163	4.88
		>1163	5.42

注：*IPLV*值是基于单台主机运行工况。

5.4.7 水冷式电动蒸气压缩循环冷水（热泵）机组的综合部分负荷性能系数（*IPLV*）宜按下式计算和检测条件检测：

$$IPLV = 2.3\% \times A + 41.5\% \times B + 46.1\% \times C + 10.1\% \times D$$

式中 A——100%负荷时的性能系数(W/W)，冷却水进水温度30℃；

B——75%负荷时的性能系数(W/W)，冷却水进水温度26℃；

C——50%负荷时的性能系数(W/W)，冷却水进水温度23℃；

D——25%负荷时的性能系数(W/W)，冷却水进水温度19℃。

5.4.8 名义制冷量大于7100W、采用电机驱动压缩机的单元式空气调节机、风管送风式和屋顶式空气调节机组时，在名义制冷工况和规定条件下，其能效比（*EER*）不应低于表5.4.8的规定。

表5.4.8 单元式机组能效比

类型		能效比（W/W）
风冷式	不接风管	2.60
	接风管	2.30
水冷式	不接风管	3.00
	接风管	2.70

5.4.9 蒸汽、热水型溴化锂吸收式冷水机组及直燃型溴化锂吸收式冷（温）水机组应选用能量调节装置灵敏、可靠的机型，在名义工况下的性能参数应符合表5.4.9的规定。

表5.4.9 溴化锂吸收式机组性能参数

机型	名义工况			性能参数		
	冷（温）水进/出口温度（℃）	冷却水进/出口温度（℃）	蒸汽压力（MPa）	单位制冷量蒸汽耗量[kg/(kW·h)]	性能系数（W/W） 制冷	供热
蒸汽双效	18/13	30/35	0.25	≤1.40		
	12/7		0.4			
			0.6	≤1.31		
			0.8	≤1.28		
直燃	供冷 12/7	30/35			≥1.10	
	供热出口60					≥0.90

注：直燃机的性能系数为：制冷量（供热量）/【加热源消耗量（以低位热值计）+电力消耗量（折算成一次能）】。

5.4.10 空气源热泵冷、热水机组的选择应根据不同气候区，按下列原则确定：

1 较适用于夏热冬冷地区的中、小型公共建筑；

2 夏热冬暖地区采用时，应以热负荷选型，不足冷量可由水冷机组提供；

3 在寒冷地区，当冬季运行性能系数低于1.8或具有集中热源、气源时不宜采用。

注：冬季运行性能系数系指冬季室外空气调节计算温度时的机组供热量（W）与机组输入功率（W）之比。

5.4.11 冷水（热泵）机组的单台容量及台数的选择，应能适应空气调节负荷全年变化规律，满足季节及部分负荷要求。当空气调节冷负荷大于528kW时不宜少于2台。

5.4.12 采用蒸汽为热源，经技术经济比较合理时应回收用汽设备产生的凝结水。凝结水回收系统应采用闭式系统。

5.4.13 对冬季或过渡季存在一定量供冷需求的建筑，经技术经济分析合理时应利用冷却塔提供空气调节冷水。

5.5 监 测 与 控 制

5.5.1 集中采暖与空气调节系统，应进行监测与控制，其内容可包括参数检测、参数与设备状态显示、自动调节与控制、工况自动转换、能量计量以及中央监控与管理等，具体内容应根据建筑功能、相关标准、系统类型等通过技术经济比较确定。

5.5.2 间歇运行的空气调节系统，宜设自动启停控制装置；控制装置应具备按预定时间进行最优启停的功能。

5.5.3 对建筑面积20000m^{2}以上的全空气调节建筑，在条件许可的情况下，空气调节系统、通风系统，以及冷、热源系统宜采用直接数字控制系统。

5.5.4 冷、热源系统的控制应满足下列基本要求：

1 对系统冷、热量的瞬时值和累计值进行监测，冷水机组优先采用由冷量优化控制运行台数的方式；

2 冷水机组或热交换器、水泵、冷却塔等设备连锁启停；

3 对供、回水温度及压差进行控制或监测；

4 对设备运行状态进行监测及故障报警；

5 技术可靠时，宜对冷水机组出水温度进行优化设定。

5.5.5 总装机容量较大、数量较多的大型工程冷、热源机房，宜采用机组群控方式。

5.5.6 空气调节冷却水系统应满足下列基本控制要求：

1 冷水机组运行时，冷却水最低回水温度的控制；

2 冷却塔风机的运行台数控制或风机调速控制；

3 采用冷却塔供应空气调节冷水时的供水温度控制；

4 排污控制。

5.5.7 空气调节风系统（包括空气调节机组）应满足下列基本控制要求：

1 空气温、湿度的监测和控制；

2 采用定风量全空气空气调节系统时，宜采用变新风比焓值控制方式；

3 采用变风量系统时，风机宜采用变速控制方式；

4 设备运行状态的监测及故障报警；

5 需要时，设置盘管防冻保护；

6 过滤器超压报警或显示。

5.5.8 采用二次泵系统的空气调节水系统，其二次泵应采用自动变速控制方式。

5.5.9 对末端变水量系统中的风机盘管，应采用电动温控阀和三挡风速结合的控制方式。

5.5.10 以排除房间余热为主的通风系统，宜设置通风设备的温控装置。

5.5.11 地下停车库的通风系统，宜根据使用情况对通风机设置定时启停（台数）控制或根据车库内的 CO 浓度进行自动运行控制。

5.5.12 采用集中空气调节系统的公共建筑，宜设置分楼层、分室内区域、分用户或分室的冷、热量计量装置；建筑群的每栋公共建筑及其冷、热源站房，应设置冷、热量计量装置。

附录 A 建筑外遮阳系数计算方法

A.0.1 水平遮阳板的外遮阳系数和垂直遮阳板的外遮阳系数应按下列公式计算确定：

水平遮阳板： $$SD_H = a_h PF^2 + b_h PF + 1 \quad (A.0.1\text{-}1)$$

垂直遮阳板： $$SD_V = a_v PF^2 + b_v PF + 1 \quad (A.0.1\text{-}2)$$

遮阳板外挑系数： $$PF = \frac{A}{B} \quad (A.0.1\text{-}3)$$

式中 SD_H——水平遮阳板夏季外遮阳系数；

SD_V——垂直遮阳板夏季外遮阳系数；

a_h、b_h、a_v、b_v——计算系数，按表 A.0.1 取定；

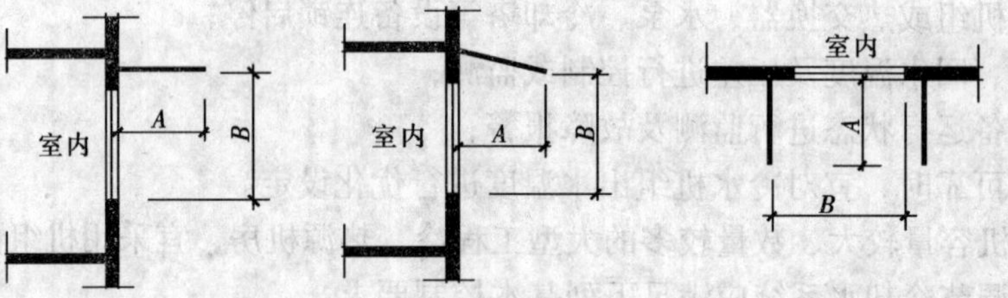

图 A.0.1 遮阳板外挑系数（PF）计算示意

PF——遮阳板外挑系数，当计算出的 $PF > 1$ 时，取 $PF = 1$；

A——遮阳板外挑长度（图 A.0.1）；

B——遮阳板根部到窗对边距离（图 A.0.1）。

A.0.2 水平遮阳板和垂直遮阳板组合成的综合遮阳，其外遮阳系数值应取水平遮阳板和垂直遮阳板的外遮阳系数的乘积。

表 A.0.1 水平和垂直外遮阳计算系数

气候区	遮阳装置	计算系数	东	东南	南	西南	西	西北	北	东北
寒冷地区	水平遮阳板	a_h	0.35	0.53	0.63	0.37	0.35	0.35	0.29	0.52
		b_h	-0.76	-0.95	-0.99	-0.68	-0.78	-0.66	-0.54	-0.92
	垂直遮阳板	a_v	0.32	0.39	0.43	0.44	0.31	0.42	0.47	0.41
		b_v	-0.63	-0.75	-0.78	-0.85	-0.61	-0.83	-0.89	-0.79

续表 A.0.1

气候区	遮阳装置	计算系数	东	东南	南	西南	西	西北	北	东北
夏热冬冷地区	水平遮阳板	a_h	0.35	0.48	0.47	0.36	0.36	0.36	0.30	0.48
		b_h	−0.75	−0.83	−0.79	−0.68	−0.76	−0.68	−0.58	−0.83
	垂直遮阳板	a_v	0.32	0.42	0.42	0.42	0.33	0.41	0.44	0.43
		b_v	−0.65	−0.80	−0.80	−0.82	−0.66	−0.82	−0.84	−0.83
夏热冬暖地区	水平遮阳板	a_h	0.35	0.42	0.41	0.36	0.36	0.36	0.32	0.43
		b_h	−0.73	−0.75	−0.72	−0.67	−0.72	−0.69	−0.61	−0.78
	垂直遮阳板	a_v	0.34	0.42	0.41	0.41	0.36	0.40	0.32	0.43
		b_v	−0.68	−0.81	−0.72	−0.82	−0.72	−0.81	−0.61	−0.83
注：其他朝向的计算系数按上表中最接近的朝向选取。										

A.0.3 窗口前方所设置的并与窗面平行的挡板（或花格等）遮阳的外遮阳系数应按下式计算确定：

$$SD = 1 - (1 - \eta)(1 - \eta^*) \tag{A.0.3}$$

式中 η——挡板轮廓透光比。即窗洞口面积减去挡板轮廓由太阳光线投影在窗洞口上所产生的阴影面积后的剩余面积与窗洞口面积的比值。挡板各朝向的轮廓透光比按该朝向上的4组典型太阳光线入射角，采用平行光投射方法分别计算或实验测定，其轮廓透光比取4个透光比的平均值。典型太阳入射角按表A.0.3选取。

η^*——挡板构造透射比。

混凝土、金属类挡板取 $\eta^* = 0.1$；

厚帆布、玻璃钢类挡板取 $\eta^* = 0.4$；

深色玻璃、有机玻璃类挡板取 $\eta^* = 0.6$；

浅色玻璃、有机玻璃类挡板取 $\eta^* = 0.8$；

金属或其他非透明材料制作的花格、百叶类构造取 $\eta^* = 0.15$。

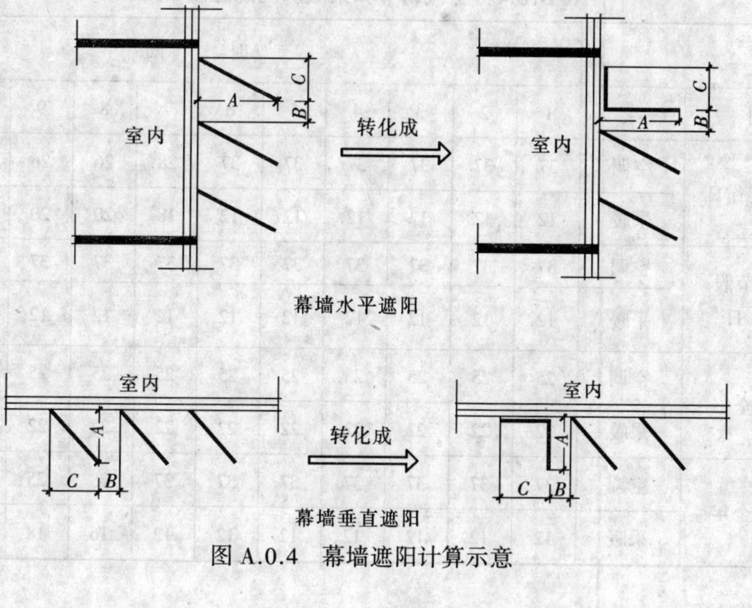

图 A.0.4 幕墙遮阳计算示意

表 A.0.3 典型的太阳光线入射角（°）

窗口朝向	南				东、西				北			
	1组	2组	3组	4组	1组	2组	3组	4组	1组	2组	3组	4组
太阳高度角	0	0	60	60	0	0	45	45	0	30	30	30
太阳方位角	0	45	0	45	75	90	75	90	180	180	135	-135

A.0.4 幕墙的水平遮阳可转换成水平遮阳加挡板遮阳，垂直遮阳可转化成垂直遮阳加挡板遮阳，如图 A.0.4 所示。图中标注的尺寸 A 和 B 用于计算水平遮阳和垂直遮阳遮阳板的外挑系数 PF，C 为挡板的高度或宽度。挡板遮阳的轮廓透光比 η 可以近似取为 1。

附录 B 围护结构热工性能的权衡计算

B.0.1 假设所设计建筑和参照建筑空气调节和采暖都采用两管制风机盘管系统，水环路的划分与所设计建筑的空气调节和采暖系统的划分一致。

B.0.2 参照建筑空气调节和采暖系统的年运行时间表应与所设计建筑一致。当设计文件没有确定所设计建筑空气调节和采暖系统的年运行时间表时，可按风机盘管系统全年运行计算。

B.0.3 参照建筑空气调节和采暖系统的日运行时间表应与所设计建筑一致。当设计文件没有确定所设计建筑空气调节和采暖系统的日运行时间表时，可按表 B.0.3 确定风机盘管系统的日运行时间表。

表 B.0.3 风机盘管系统的日运行时间表

类别		系统工作时间
办公建筑	工作日	7:00—18:00
	节假日	—
宾馆建筑	全年	1:00—24:00
商场建筑	全年	8:00—21:00

B.0.4 参照建筑空气调节和采暖区的温度应与所设计建筑一致。当设计文件没有确定所设计建筑空气调节和采暖区的温度时，可按表 B.0.4 确定空气调节和采暖区的温度。

表 B.0.4 空气调节和采暖房间的温度（℃）

建筑类别			时间											
			1	2	3	4	5	6	7	8	9	10	11	12
办公建筑	工作日	空调	37	37	37	37	37	37	28	26	26	26	26	26
		采暖	12	12	12	12	12	12	18	20	20	20	20	20
	节假日	空调	37	37	37	37	37	37	37	37	37	37	37	37
		采暖	12	12	12	12	12	12	12	12	12	12	12	12
宾馆建筑	全年	空调	25	25	25	25	25	25	25	25	25	25	25	25
		采暖	22	22	22	22	22	22	22	22	22	22	22	22
商场建筑	全年	空调	37	37	37	37	37	37	37	28	25	25	25	25
		采暖	12	12	12	12	12	12	12	16	18	18	18	18

续表 B.0.4

建筑类别			时间											
			13	14	15	16	17	18	19	20	21	22	23	24
办公建筑	工作日	空调	26	26	26	26	26	26	37	37	37	37	37	37
		采暖	20	20	20	20	20	20	12	12	12	12	12	12
	节假日	空调	37	37	37	37	37	37	37	37	37	37	37	37
		采暖	12	12	12	12	12	12	12	12	12	12	12	12
宾馆建筑	全年	空调	25	25	25	25	25	25	25	25	25	25	25	25
		采暖	22	22	22	22	22	22	22	22	22	22	22	22
商场建筑	全年	空调	25	25	25	25	25	25	25	25	37	37	37	37
		采暖	18	18	18	18	18	18	18	18	12	12	12	12

B.0.5 参照建筑各个房间的照明功率应与所设计建筑一致。当设计文件没有确定所设计建筑各个房间的照明功率时，可按表 B.0.5-1 确定照明功率。参照建筑和所设计建筑的照明开关时间按表 B.0.5-2 确定。

表 B.0.5-1 照明功率密度值（W/m^2）

建筑类别	房间类别	照明功率密度
办公建筑	普通办公室	11
	高档办公室、设计室	18
	会议室	11
	走　廊	5
	其　他	11
宾馆建筑	客　房	15
	餐　厅	13
	会议室、多功能厅	18
	走　廊	5
	门　厅	15
商场建筑	一般商店	12
	高档商店	19

表 B.0.5-2 照明开关时间表（%）

建筑类别		时间											
		1	2	3	4	5	6	7	8	9	10	11	12
办公建筑	工作日	0	0	0	0	0	0	10	50	95	95	95	80
	节假日	0	0	0	0	0	0	0	0	0	0	0	0
宾馆建筑	全　年	10	10	10	10	10	10	30	30	30	30	30	30
商场建筑	全　年	10	10	10	10	10	10	10	50	60	60	60	60
建筑类别		时间											
		13	14	15	16	17	18	19	20	21	22	23	24
办公建筑	工作日	80	95	95	95	95	30	30	0	0	0	0	0
	节假日	0	0	0	0	0	0	0	0	0	0	0	0
宾馆建筑	全　年	30	30	50	50	60	90	90	90	90	80	10	10
商场建筑	全　年	60	60	60	60	80	90	100	100	100	10	10	10

B.0.6 参照建筑各个房间的人员密度应与所设计建筑一致。当不能按照设计文件确定设计建筑各个房间的人员密度时，可按表 B.0.6-1 确定人员密度。参照建筑和所设计建筑的人员逐时在室率按表 B.0.6-2 确定。

表 B.0.6-1 不同类型房间人均占有的使用面积（m^2/人）

建筑类别	房间类别	人均占有的使用面积
办公建筑	普通办公室	4
	高档办公室	8
	会议室	2.5
	走 廊	50
	其 他	20
宾馆建筑	普通客房	15
	高档客房	30
	会议室、多功能厅	2.5
	走 廊	50
	其 他	20
商场建筑	一般商店	3
	高档商店	4

表 B.0.6-2 房间人员逐时在室率（%）

建筑类别		时间 1	2	3	4	5	6	7	8	9	10	11	12
办公建筑	工作日	0	0	0	0	0	0	10	50	95	95	95	80
	节假日	0	0	0	0	0	0	0	0	0	0	0	0
宾馆建筑	全 年	70	70	70	70	70	70	70	70	50	50	50	50
商场建筑	全 年	0	0	0	0	0	0	0	20	50	80	80	80
建筑类别		时间 13	14	15	16	17	18	19	20	21	22	23	24
办公建筑	工作日	80	95	95	95	95	30	30	0	0	0	0	0
	节假日	0	0	0	0	0	0	0	0	0	0	0	0
宾馆建筑	全 年	50	50	50	50	50	50	70	70	70	70	70	70
商场建筑	全 年	80	80	80	80	80	80	80	70	50	0	0	0

B.0.7 参照建筑各个房间的电器设备功率应与所设计建筑一致。当不能按设计文件确定设计建筑各个房间的电器设备功率时，可按表 B.0.7-1 确定电器设备功率。参照建筑和所设计建筑电器设备的逐时使用率按表 B.0.7-2 确定。

表 B.0.7-1 不同类型房间电器设备功率（W/m^2）

建筑类别	房间类别	电器设备功率
办公建筑	普通办公室	20
	高档办公室	13
	会议室	5
	走 廊	0
	其 他	5
宾馆建筑	普通客房	20
	高档客房	13
	会议室、多功能厅	5
	走 廊	0
	其 他	5
商场建筑	一般商店	13
	高档商店	13

表 B.0.7-2 电器设备逐时使用率（%）

建筑类别		时间											
		1	2	3	4	5	6	7	8	9	10	11	12
办公建筑	工作日	0	0	0	0	0	0	10	50	95	95	95	50
	节假日	0	0	0	0	0	0	0	0	0	0	0	0
宾馆建筑	全　年	0	0	0	0	0	0	0	0	0	0	0	0
商场建筑	全　年	0	0	0	0	0	0	0	30	50	80	80	80
建筑类别		时间											
		13	14	15	16	17	18	19	20	21	22	23	24
办公建筑	工作日	50	95	95	95	95	30	30	0	0	0	0	0
	节假日	0	0	0	0	0	0	0	0	0	0	0	0
宾馆建筑	全　年	0	0	0	0	0	80	80	80	80	80	0	0
商场建筑	全　年	80	80	80	80	80	80	80	70	50	0	0	0

B.0.8 参照建筑与所设计建筑的空气调节和采暖能耗应采用同一个动态计算软件计算。

B.0.9 应采用典型气象年数据计算参照建筑与所设计建筑的空气调节和采暖能耗。

附录C　建筑物内空气调节冷、热水管的经济绝热厚度

C.0.1 建筑物内空气调节冷、热水管的经济绝热厚度可按表C.0.1选用。

表 C.0.1 建筑物内空气调节冷、热水管的经济绝热厚度

绝热材料 / 管道类型	离心玻璃棉		柔性泡沫橡塑	
	公称管径(mm)	厚度(mm)	公称管径(mm)	厚度(mm)
单冷管道（管内介质温度7℃~常温）	≤DN32	25	按防结露要求计算	
	DN40~DN100	30		
	≥DN125	35		
热或冷热合用管道（管内介质温度5~60℃）	≤DN40	35	≤DN50	25
	DN50~DN100	40	DN70~DN150	28
	DN125~DN250	45	≥DN200	32
	≥DN300	50		
热或冷热合用管道（管内介质温度0~95℃）	≤DN50	50	不适宜使用	
	DN70~DN150	60		
	≥DN200	70		

注：1 绝热材料的导热系数 λ：

离心玻璃棉：$\lambda = 0.033 + 0.00023 t_m$ [W/（m·K）]

柔性泡沫橡塑：$\lambda = 0.03375 + 0.0001375 t_m$ [W/（m·K）]

式中　t_m——绝热层的平均温度（℃）。

2 单冷管道和柔性泡沫橡塑保冷的管道均应进行防结露要求验算。

本标准用词说明

1 为便于在执行本标准条文时区别对待，对要求严格程度不同的用词说明如下：

1）表示很严格，非这样做不可的：

正面词采用“必须”，反面词采用“严禁”；

2）表示严格，在正常情况下均应这样做的：

正面词采用“应”，反面词采用“不应”或“不得”；

3）表示允许稍有选择，在条件许可时首先应这样做的：

正面词采用“宜”，反面词采用“不宜”；

表示有选择，在一定条件下可以这样做的：

采用“可”。

2 标准中指明应按其他有关标准执行时，写法为：“应符合……的规定（或要求）”或“应按……执行”。

中华人民共和国国家标准

建筑气候区划标准

GB 50178—93

主编部门：中华人民共和国建设部
批准部门：中华人民共和国建设部
实施日期：1 9 9 4 年 2 月 1 日

关于发布国家标准《建筑气候区划标准》的通知

建标［1993］462号

根据国家计委计综（1986）2630号文的要求，由中国建筑科学研究院会同有关单位共同制订的《建筑气候区划标准》已经有关部门会审，现批准《建筑气候区划标准》GB 50178—93为强制性国家标准，自一九九四年二月一日起施行。

本标准由建设部负责管理，具体解释等工作由中国建筑科学研究院负责，出版发行由建设部标准定额研究所负责组织。

中华人民共和国建设部

一九九三年七月五日

目　　录

第一章　总则 …… 32
第二章　建筑气候区划 …… 32
　第一节　一般规定 …… 32
　第二节　区划的指标 …… 32
第三章　建筑气候特征和建筑基本要求 …… 34
　第一节　第Ⅰ建筑气候区 …… 34
　第二节　第Ⅱ建筑气候区 …… 35
　第三节　第Ⅲ建筑气候区 …… 35
　第四节　第Ⅳ建筑气候区 …… 36
　第五节　第Ⅴ建筑气候区 …… 37
　第六节　第Ⅵ建筑气候区 …… 38
　第七节　第Ⅶ建筑气候区 …… 39
附录一　全国气候要素分布图 …… 40
附录二　全国主要城镇气候参数表 …… 41
附录三　名词解释 …… 91
附录四　本标准用词说明 …… 93
附加说明 …… 93

第一章 总 则

第 1.0.1 条 为区分我国不同地区气候条件对建筑影响的差异性，明确各气候区的建筑基本要求，提供建筑气候参数，从总体上做到合理利用气候资源，防止气候对建筑的不利影响，制订本标准。

第 1.0.2 条 本标准适用于一般工业与民用建筑的规划，设计与施工。

第 1.0.3 条 在工业与民用建筑的规划、设计、施工时，除执行本标准的规定外，尚应符合有关标准、规范的规定。

第二章 建筑气候区划

第一节 一 般 规 定

第 2.1.1 条 建筑气候的区划应采用综合分析和主导因素相结合的原则。

第 2.1.2 条 建筑气候的区划系统分为一级区和二级区两级：一级区划分为 7 个区，二级区划分为 20 个区，各级区区界的划分应符合图 2.1.2 的规定（见文后插图）。

第 2.1.3 条 建筑上常用的 1 月平均气温、7 月平均气温等 21 个气候要素的分布，应按本标准附录一全国气候要素分布图附图 1.1 至附图 1.21 的规定采用。

第 2.1.4 条 建筑气候参数应按本标准附录二全国主要城镇气候参数表附表（一）至（九）的规定采用。

注：当建设地点与本标准附录二各表所列气象台站的地势、地形差异不大，水平距离在 50km 以内，海拔高度差在 100m 以内时，本标准附录二所列建筑气候参数，可直接引用。

第二节 区 划 的 指 标

第 2.2.1 条 一级区划以 1 月平均气温、7 月平均气温、7 月平均相对湿度为主要指标；以年降水量、年日平均气温低于或等于 5℃的日数和年日平均气温高于或等于 25℃的日数为辅助指标；各一级区区划指标应符合表 2.2.1 的规定。

表 2.2.1 一级区区划指标

区名	主要指标	辅助指标	各区辖行政区范围
Ⅰ	1 月平均气温≤-10℃ 7 月平均气温≤25℃ 7 月平均相对湿度≥50%	年降水量 200~800mm 年日平均气温≤5℃的日数≥145d	黑龙江、吉林全境；辽宁大部；内蒙中、北部及陕西、山西、河北、北京北部的部分地区
Ⅱ	1 月平均气温-10~0℃ 7 月平均气温 18~28℃	年日平均气温≥25℃的日数<80d 年日平均气温≤5℃的日数 145~90d	天津、山东、宁夏全境；北京、河北、山西、陕西大部；辽宁南部；甘肃中东部以及河南、安徽、江苏北部的部分地区
Ⅲ	1 月平均气温 0~10℃ 7 月平均气温 25~30℃	年日平均气温≥25℃的日数 40~110d 年日平均气温≤5℃的日数 90~0d	上海、浙江、江西、湖北、湖南全境；江苏、安徽、四川大部；陕西、河南南部；贵州东部；福建、广东、广西北部和甘肃南部的部分地区

续表 2.2.1

区名	主 要 指 标	辅 助 指 标	各区辖行政区范围
Ⅳ	1月平均气温＞10℃ 7月平均气温25～29℃	年日平均气温≥25℃的日数100～200d	海南、台湾全境；福建南部；广东、广西大部以及云南西南部和元江河谷地区
Ⅴ	7月平均气温18～25℃ 1月平均气温0～13℃	年日平均气温≤5℃的日数0～90d	云南大部；贵州、四川西南部；西藏南部一小部分地区
Ⅵ	7月平均气温＜18℃ 1月平均气温0～－22℃	年日平均气温≤5℃的日数90～285d	青海全境；西藏大部；四川西部、甘肃西南部；新疆南部部分地区
Ⅶ	7月平均气温≥18℃ 1月平均气温－5～－20℃ 7月平均相对湿度＜50%	年降水量10～600mm 年日平均气温≥25℃的日数＜120d 年日平均气温≤5℃的日数110～180d	新疆大部；甘肃北部；内蒙西部

第2.2.2条 在各一级区内，分别选取能反映该区建筑气候差异性的气候参数或特征作为二级区区划指标，各二级区区划指标应符合表2.2.2的规定。

表2.2.2 二级区区划指标

区 名	指 标		
	1月平均气温	冻土性质	
ⅠA	≤－28℃	永冻土	
ⅠB	－28～－22℃	岛状冻土	
ⅠC	－22～－16℃	季节冻土	
ⅠD	－16～－10℃	季节冻土	
	7月平均气温	7月平均气温日较差	
ⅡA	≥25℃	＜10℃	
ⅡB	＜25℃	≥10℃	
	最大风速	7月平均气温	
ⅢA	≥25m/s	26～29℃	
ⅢB	＜25m/s	≥28℃	
ⅢC	＜25m/s	＜28℃	
	最大风速		
ⅣA	≥25m/s		
ⅣB	＜25m/s		
	1月平均气温		
ⅤA	≤5℃		
ⅤB	＞5℃		
	7月平均气温	1月平均气温	
ⅥA	≥10℃	≤－10℃	
ⅥB	＜10℃	≤－10℃	
ⅥC	≥10℃	＞－10℃	
	1月平均气温	7月平均气温	年降水量
ⅦA	≤－10℃	≥25℃	＜200mm
ⅦB	≤－10℃	＜25℃	200～600mm
ⅦC	≤－10℃	＜25℃	50～200mm
ⅦD	＞－10℃	≥25℃	10～200mm

第三章　建筑气候特征和建筑基本要求

第一节　第Ⅰ建筑气候区

第3.1.1条　该区冬季漫长严寒，夏季短促凉爽；西部偏于干燥，东部偏于湿润；气温年较差很大；冰冻期长，冻土深，积雪厚；太阳辐射量大，日照丰富；冬半年多大风。该区建筑气候特征值宜符合下列条件：

一、1月平均气温为-31～-10℃，7月平均气温低于25℃；气温年较差为30～50℃，年平均气温日较差为10～16℃；3～5月平均气温日较差最大，可达25～30℃；极端最低气温普遍低于-35℃，漠河曾有-52.3℃的全国最低记录；年日平均气温低于或等于5℃的日数大于145d。

二、年平均相对湿度为50%～70%；年降水量为200～800mm，雨量多集中在6～8月，年雨日数为60～160d。

三、年太阳总辐射照度为140～200W/m^2，年日照时数为2100～3100h，年日照百分率为50%～70%，12～翌年2月偏高，可达60%～70%。

四、12～翌年2月西部地区多偏北风，北、东部多偏北风和偏西风，中南部多偏南风；6～8月东部多偏东风和东北风，其余地区多为偏南风；年平均风速为2～5m/s，12～翌年2月平均风速为1～5m/s，3～5月平均风速最大，为3～6m/s。

五、年大风日数一般为10～50d；年降雪日数一般为5～60d；长白山个别地区可达150d，年积雪日数为40～160d；最大积雪深度为10～50cm，长白山个别地区超过60cm；年雾凇日数为2～40d。

第3.1.2条　该区各二级区对建筑有重大影响的建筑气候特征值宜符合下列条件：

一、ⅠA区冬季长9个月以上，1月平均气温低于-28℃；多积雪，基本雪压为0.5～0.7kPa；该区为永冻土地区，最大冻土深度为4.0m左右。

二、ⅠB区冬季长8～9个月，1月平均气温为-28～-22℃；年冰雹日数为1～4d；年沙暴日数为1～5d；基本雪压为0.3～0.7kPa；该区为岛状冻土地区，最大冻土深度为2.0～4.0m。

三、ⅠC区冬季长7～8个月，1月平均气温为-22～-16℃；夏季长1个月左右；年冰雹日数为3～5d；年沙暴日数为5d左右；东部基本雪压值偏高，为0.3～0.7kPa；最大冻土深度为1.5～2.5m。

四、ⅠD区冬季长6～7个月，1月平均气温高于-16℃；夏季长2个月；年冰雹日数为5d左右；西部年沙暴日数为5～10d；最大冻土深度为1.0～2.0m。

第3.1.3条　该区建筑的基本要求应符合下列规定：

一、建筑物必须充分满足冬季防寒、保温、防冻等要求，夏季可不考虑防热。

二、总体规划、单体设计和构造处理应使建筑物满足冬季日照和防御寒风的要求；建筑物应采取减少外露面积，加强冬季密闭性，合理利用太阳能等节能措施；结构上应考虑气温年较差大及大风的不利影响；屋面构造应考虑积雪及冻融危害；施工应考虑冬季漫长严寒的特点，采取相应的措施。

三、ⅠA区和ⅠB区尚应着重考虑冻土对建筑物地基和地下管道的影响，防止冻土融化塌陷及冻胀的危害。

四、ⅠB、ⅠC和ⅠD区的西部，建筑物尚应注意防冰雹和防风沙。

第二节 第Ⅱ建筑气候区

第3.2.1条 该区冬季较长且寒冷干燥，平原地区夏季较炎热湿润，高原地区夏季较凉爽，降水量相对集中；气温年较差较大，日照较丰富；春、秋季短促，气温变化剧烈；春季雨雪稀少，多大风风沙天气，夏秋多冰雹和雷暴；该区建筑气候特征值宜符合下列条件：

一、1月平均气温为－10～0℃，极端最低气温在－20～30℃之间；7月平均气温为18～28℃，极端最高气温为35～44℃；平原地区的极端最高气温大多可超过40℃；气温年较差可达26～34℃，年平均气温日较差为7～14℃；年日平均气温低于或等于5℃的日数为145～90d；年日平均气温高于或等于25℃的日数少于80d；年最高气温高于或等于35℃的日数可达10～20d。

二、年平均相对湿度为50%～70%；年雨日数为60～100d，年降水量为300～1000mm，日最大降水量大都为200～300mm，个别地方日最大降水量超过500mm。

三、年太阳总辐射照度为150～190W/m^2，年日照时数为2000～2800h，年日照百分率为40%～60%。

四、东部广大地区12～翌年2月多偏北风，6～8月多偏南风，陕西北部常年多西南风；陕西、甘肃中部常年多偏东风；年平均风速为1～4m/s，3～5月平均风速最大，为2～5m/s。

五、年大风日数为5～25d，局部地区达50d以上；年沙暴日数为1～10d，北部地区偏多；年降雪日数一般在15d以下，年积雪日数为10～40d，最大积雪深度为10～30cm；最大冻土深度小于1.2m；年冰雹日数一般在5d以下；年雷暴日数为20～40d。

第3.2.2条 该区各二级区对建筑有重大影响的建筑气候特征值宜符合下列条件：

一、ⅡA区6～8月气温高，7月平均气温一般高于或等于25℃；日平均气温高于或等于25℃的日数为20～80d；暴雨强度大；10～翌年3月多大风风沙，沿海一带4～9月多盐雾。

二、ⅡB区6～8月气温偏低，7月平均气温一般低于25℃；年平均相对湿度偏低；3～5月多风沙；年降水量普遍少于ⅡA区。

第3.2.3条 该区建筑的基本要求应符合下列规定：

一、建筑物应满足冬季防寒、保温、防冻等要求，夏季部分地区应兼顾防热。

二、总体规划、单体设计和构造处理应满足冬季日照并防御寒风的要求，主要房间宜避西晒，应注意防暴雨；建筑物应采取减少外露面积，加强冬季密闭性且兼顾夏季通风和利用太阳能等节能措施；结构上应考虑气温年较差大、多大风的不利影响；建筑物宜有防冰雹和防雷措施；施工应考虑冬季寒冷期较长和夏季多暴雨的特点。

三、ⅡA区建筑物尚应考虑防热、防潮、防暴雨，沿海地带尚应注意防盐雾侵蚀。

四、ⅡB区建筑物可不考虑夏季防热。

第三节 第Ⅲ建筑气候区

第3.3.1条 该区大部分地区夏季闷热，冬季湿冷，气温日较差小；年降水量大；日照偏少；春末夏初为长江中下游地区的梅雨期，多阴雨天气，常有大雨和暴雨出现；沿海及长江中下游地区夏秋常受热带风暴和台风袭击，易有暴雨大风天气；该区建筑气候特征值宜符合下列条件：

一、7月平均气温一般为25～30℃，1月平均气温为0～10℃；冬季寒潮可造成剧烈降温，极端最低气温大多可降至－10℃以下，甚至低于－20℃；年日平均气温低于或等于5℃的日数为90～0d；年日平均气温高于或等于25℃的日数为40～110d。

二、年平均相对湿度较高，为70%～80%，四季相差不大；年雨日数为150d左右，多者可超过200d；年降水量为1000～1800mm。

三、年太阳总辐射照度为110～160W/m^2，四川盆地东部为低值中心，尚不足110W/m^2；年日照时数为1000～2400h，川南黔北日照极少，只有1000～1200h；年日照百分率一般为30%～50%，川南黔北地区不足30%，是全国最低的。

四、12～翌年2月盛行偏北风；6～8月盛行偏南风；年平均风速为1～3m/s，东部沿海地区偏大，可达7m/s以上。

五、年大风日数一般为10～25d，沿海岛屿可达100d以上；年降雪日数为1～14d，最大积雪深度为0～50cm；年雷暴日数为30～80d，年雨凇日数，平原地区一般为0～10d，山区可多达50～70d。

第3.3.2条 该区各二级区对建筑有重大影响的建筑气候特征值宜符合下列条件：

一、ⅢA区6～10月常有热带风暴和台风袭击，30年一遇最大风速大于25m/s；暴雨强度大，局部地区可有24小时降雨量400mm以上的特大暴雨，夏季有海陆风，不太闷热。

二、ⅢB区夏季高温湿重，闷热天气多；冬季积雪深度最大可达51cm；四川盆地部分的日照百分率极低，光照度偏低。

三、ⅢC区夏季不太闷热，日照百分率普遍较低；川南黔北日照百分率极低，光照度偏低。

第3.3.3条 该区建筑基本要求应符合下列规定：

一、建筑物必须满足夏季防热、通风降温要求，冬季应适当兼顾防寒。

二、总体规划、单体设计和构造处理应有利于良好的自然通风，建筑物应避西晒，并满足防雨、防潮、防洪、防雷击要求；夏季施工应有防高温和防雨的措施。

三、ⅢA区建筑物尚应注意防热带风暴和台风、暴雨袭击及盐雾侵蚀。

四、ⅢB区北部建筑物的屋面尚应预防冬季积雪危害。

第四节 第Ⅳ建筑气候区

第3.4.1条 该区长夏无冬，温高湿重，气温年较差和日较差均小；雨量丰沛，多热带风暴和台风袭击，易有大风暴雨天气；太阳高度角大，日照较小，太阳辐射强烈；该区建筑气候特征值宜符合下列条件：

一、1月平均气温高于10℃，7月平均气温为25～29℃，极端最高气温一般低于40℃，个别可达42.5℃；气温年较差为7～19℃，年平均气温日较差为5～12℃；年日平均气温高于或等于25℃的日数为100～200d。

二、年平均相对湿度为80%左右，四季变化不大；年降雨日数为120～200d，年降水量大多在1500～2000mm，是我国降水量最多的地区；年暴雨日数为5～20d，各月均可发生，主要集中在4～10月，暴雨强度大，台湾局部地区尤甚，日最大降雨量可在1000mm以上。

三、年太阳总辐射照度为130～170W/m²，在我国属较少地区之一，年日照时数大多在1500～2600h，年日照百分率为35%～50%，12～翌年5月偏低。

四、10～翌年3月普遍盛行东北风和东风；4～9月大多盛行东南风和西南风，年平均风速为1～4m/s，沿海岛屿风速显著偏大，台湾海峡平均风速在全国最大，可达7m/s以上。

五、年大风日数各地相差悬殊，内陆大部分地区全年不足5d，沿海为10～25d，岛屿可达75～100d，甚至超过150d；年雷暴日数为20～120d，西部偏多，东部偏少。

第3.4.2条 该区各二级区对建筑有重大影响的建筑气候特征值宜符合下列条件：

一、ⅣA区30年一遇的最大风速大于25m/s；年平均气温高，气温年较差小，部分地区终年皆夏。

二、ⅣB区30年一遇的最大风速小于25m/s；12～翌年2月有寒潮影响，两广北部最低气温可降至－7℃以下；西部云南的河谷地区，4～9月炎热湿润多雨；10～翌年3月干燥凉爽，无热带风暴和台风影响；部分地区夜晚降温剧烈，气温日较差大，有时可达20～30℃。

第3.4.3条 该区建筑基本要求应符合下列规定：

一、该区建筑物必须充分满足夏季防热、通风、防雨要求，冬季可不考虑防寒、保温。

二、总体规划、单体设计和构造处理宜开敞通透，充分利用自然通风；建筑物应避西晒，宜设遮阳；应注意防暴雨、防洪、防潮、防雷击；夏季施工应有防高温和暴雨的措施。

三、ⅣA区建筑物尚应注意防热带风暴和台风、暴雨袭击及盐雾侵蚀。

四、ⅣB区内云南的河谷地区建筑物尚应注意屋面及墙身抗裂。

第五节 第Ⅴ建筑气候区

第3.5.1条 该区立体气候特征明显，大部分地区冬温夏凉，干湿季分明；常年有雷暴、多雾，气温的年较差偏小，日较差偏大，日照较少，太阳辐射强烈，部分地区冬季气温偏低；该区建筑气候特征值宜符合下列条件：

一、1月平均气温为0～13℃，冬季强寒潮可造成气温大幅度下降，昆明最低气温曾降至－7.8℃；7月平均气温为18～25℃，极端最高气温一般低于40℃，个别地方可达42℃；气温年较差为12～20℃；由于干湿季节的不同影响，部分地区的最热月在5、6月份；年日平均气温低于或等于5℃的日数为90～0d。

二、年平均相对湿度为60%～80%；年雨日数为100～200d，年降水量在600～2000mm；该区有干季（风季）与湿季（雨季）之分，湿季在5～10月，雨量集中，湿度偏高；干季在11～翌年4月，湿度偏低，风速偏大；6～8月多南到西南风；12～翌年2月东部多东南风，西部多西南风；年平均风速为1～3m/s。

三、年太阳总辐射照度为140～200W/m²，年日照时数为1200～2600h，年日照百分率为30%～60%。

四、年大风日数为5～60d；年降雪日数为0～15d，东北部偏多；最大积雪深度为0～35cm；高山有终年积雪及现代冰川；该区为我国雷暴多发地区，各月均可出现，年雷暴日数为40～120d；年雾日数为1～100d。

第3.5.2条 该区各二级区对建筑有重大影响的建筑气候特征值宜符合下列条件：

一、ⅤA区常年温和，气温较低；气温年较差为14～20℃，气温日较差为7～11℃，日照较少。

二、ⅤB区除攀枝花和东川一带常年气温偏高外，其余地方常年温和，但雨天易造成低温；气温年较差和气温日较差均为10～14℃；年雷暴日数偏多，南部部分地区可超过120d；年雾日数偏多，可超过100d。

第3.5.3条 该区建筑基本要求应符合下列规定：

一、建筑物应满足湿季防雨和通风要求，可不考虑防热。

二、总体规划、单体设计和构造处理宜使湿季有较好自然通风，主要房间应有良好朝向；建筑物应注意防潮、防雷击；施工应有防雨的措施。

三、ⅤA区建筑尚应注意防寒。

四、ⅤB区建筑物应特别注意防雷。

第六节 第Ⅵ建筑气候区

第3.6.1条 该区长冬无夏，气候寒冷干燥，南部气温较高，降水较多，比较湿润；气温年较差小而日较差大；气压偏低，空气稀薄，透明度高；日照丰富，太阳辐射强烈；冬季多西南大风；冻土深，积雪较厚，气候垂直变化明显；该区建筑气候特征值宜符合下列条件：

一、1月平均气温为0～－22℃，极端最低气温一般低于－32℃，很少低于－40℃；7月平均气温为2～18℃；气温年较差为16～30℃；年平均气温日较差为12～16℃，冬季气温日较差最大，可达16～18℃；年日平均气温低于或等于5℃的日数为90～285d。

二、年平均相对湿度为30%～70%；年雨日数为20～180d，年降水量为25～900mm；该区干湿季分明，全年降水多集中在5～9月或4～10月，约占年降水总量的80%～90%，降水强度很小，极少有暴雨出现。

三、年太阳总辐射照度为180～260W/m^2，年日照时数为1600～3600h，年日照百分率为40%～80%，柴达木盆地为全国最高，可超过80%。

四、该区东北部地区常年盛行东北风，12～翌年2月南部和东南部盛行偏南风；其他地方大多为偏西风，6～8月北部地区多东北风，南部地区多为东风；年平均风速一般为2～4m/s，极大风速可超过40m/s；空气密度甚小；年平均气压值偏低，大多在600hPa左右，只及平原地区的2/3～1/2。

五、年大风日数为10～100d，最多可超过200d；年雷暴日数为5～90d，全部集中在5～9月；年冰雹日数为1～30d；12～翌年5月多沙暴，年沙暴日数为0～10d；年降雪日数为5～100d，年积雪日数为10～100d；高山终年积雪，有现代冰川，最大积雪深度为10～40cm。

第3.6.2条 该区各二级区对建筑有重大影响的建筑气候特征值宜符合下列条件：

一、ⅥA区冬季严寒，6～8月凉爽；12～翌年5月多风沙，气候干燥；年降水量一般为25～200mm，山地高处降水较多，可超过500mm。

二、ⅥB区全年皆冬，气候严寒干燥，为高原永冻土区，最大冻土深度达2.5m左右，年沙暴日数为10d左右。

三、ⅥC区冬季寒冷，6～8月凉爽；降水较多，比较湿润；多雷暴且雷击强度大；西部地区年太阳总辐射照度偏高，超过260W/m^2；年沙暴日数偏多，可达20d。

第3.6.3条 该区建筑基本要求应符合下列规定：

一、建筑物应充分满足防寒、保温、防冻的要求，夏天不需考虑防热。

二、总体规划、单体设计和构造处理应注意防寒风与风沙；建筑物应采取减少外露面积，加强密闭性，充分利用太阳能等节能措施；结构上应注意大风的不利作用，地基及地下管道应考虑冻土的影响；施工应注意冬季严寒的特点。

三、ⅥA区和ⅥB区尚应注意冻土对建筑物地基及地下管道的影响，并应特别注意防风沙。

四、ⅥC区东部建筑物尚应注意防雷击。

第七节 第Ⅶ建筑气候区

第3.7.1条 该区大部分地区冬季漫长严寒，南疆盆地冬季寒冷；大部分地区夏季干热，吐鲁番盆地酷热，山地较凉；气温年较差和日较差均大；大部分地区雨量稀少，气候干燥，风沙大；部分地区冻土较深，山地积雪较厚；日照丰富，太阳辐射强烈；该区建筑气候特征值宜符合下列条件：

一、1月平均气温为-20～-5℃，极端最低气温为-20～-50℃；7月平均气温为18～33℃，山地偏低，盆地偏高；极端最高气温各地差异很大，山地明显偏低，盆地非常之高；吐鲁番极端最高气温达到47.6℃，为全国最高；气温年较差大都在30～40℃，年平均气温日较差为10～18℃；年日平均气温低于或等于5℃的日数为110～180d；年日平均气温高于或等于25℃的日数小于120d。

二、年平均相对湿度为35%～70%；年降雨日数为10～120d；年降水量为10～600mm，是我国降水最少的地区；降水量主要集中在6～8月，约占年总量的60%～70%；山地降水量年际变化小，盆地变化大。

三、年太阳总辐射照度为170～230W/m²，年日照明数为260～3400h，年日照百分率为60%～70%。

四、12～翌年2月北疆西部以西北风为主，东部多偏东风；南疆东部多东北风，西部多西至西南风；6～8月大部分地区盛行西北和西风，东部地区多东北风；年平均风速为1～4m/s。

五、年大风日数为5～75d，山口和风口地方多大风，持续时间长，年大风日数超过100d；区内风沙天气盛行，是全国沙暴日数最多的地区，年沙暴日数最多可达40d；年降雪日数为1～100d。

第3.7.2条 该区各二级区对建筑有重大影响的建筑气候特征值宜符合下列条件：

一、ⅦA区冬季干燥严寒，为北疆寒冷中心；夏季干热，为北疆炎热中心；日平均气温高于或等于25℃的日数可达72d；年降水量少于200mm；基本雪压值小于0.5kPa；最大冻土深度为1.5～2.0m。

二、ⅦB区冬季严寒，夏季凉爽，较为湿润；基本雪压值偏高，为0.3～1.2kPa；最大积雪深度为30～80cm；最大冻土深度为0.5～4.0m；有永冻土存在；高山终年积雪，有现代冰川；冬季多阴雨天气；4～9月山地多冰雹。

三、ⅦC区冬季严寒，夏季较热；年降水量小于200mm，空气干燥，风速偏大，多大风风沙天气；日照丰富；最大冻土深度为1.5～2.5m；日平均气温高于或等于25℃的日数为 20~70d。

四、ⅦD 区冬季寒冷，夏季干热，日照丰富，平均风速偏小，常年干燥少雨，年降水量小于 200mm，多风沙天气；吐鲁番盆地夏季酷热，日平均气温高于或等于 25℃的日数约为 120d，高于或等于 35℃的天数为 97d。

第 3.7.3 条 该区建筑基本要求应符合下列规定：

一、建筑物必须充分满足防寒、保温、防冻要求，夏季部分地区应兼顾防热。

二、总体规划、单体设计和构造处理应以防寒风与风沙，争取冬季日照为主；建筑物应采取减少外露面积，加强密闭性，充分利用太阳能等节能措施；房屋外围护结构宜厚重；结构上应考虑气温年较差和日较差均大以及大风等的不利作用；施工应注意冬季低温、干燥多风沙以及温差大的特点。

三、除ⅦD 区处，尚应注意冻土对建筑物的地基及地下管道的危害。

四、ⅦB 区建筑物尚应特别注意预防积雪的危害。

五、ⅦC 区建筑物尚应特别注意防风沙，夏季兼顾防热。

六、ⅦD 区建筑物尚应注意夏季防热要求，吐鲁番盆地应特别注意隔热、降温。

附录一 全国气候要素分布图

附图 1.1 一月平均气温（℃）分布图

附图 1.2 七月平均气温（℃）分布图

附图 1.3 气温年较差（℃）分布图

附图 1.4 年平均气温日较差（℃）分布图

附图 1.5 一月平均相对湿度（%）分布图

附图 1.6 七月平均相对湿度（%）分布图

附图 1.7 年降水量（mm）分布图

附图 1.8 最大积雪深度（cm）分布图

附图 1.9 冬季风向玫瑰图分布图

附图 1.10 夏季风向玫瑰图分布图

附图 1.11 全年风向玫瑰图分布图

附图 1.12 年日照时数（h）分布图

附图 1.13 年总光照度［klx］分布图

附图 1.14 年扩散光照度［klx］分布图

附图 1.15 年太阳总辐射照度［W/m^2］分布图

附图 1.16 冬季太阳总辐射照度［W/m^2］分布图

附图 1.17 夏季太阳总辐射照度［W/m^2］分布图

附图 1.18 最大冻土深度［cm］分布图

附图 1.19 年雷暴日数［d］分布图

附图 1.20 年沙暴日数［d］分布图

附图 1.21 年冰雹日数［d］分布图

以上附图见文后插图。

附录二 全国主要城镇气候参数表

附表 2.1-1 全国主要城镇气候参数表（一）

区属号	地 名	气象台站位置			大 气 压 力 (hPa)		
		北 纬	东 经	海拔高度 (m)	年平均	夏季平均	冬季平均
1	2	3	4	5	6	7	8
ⅠA.1	漠 河	53°28′	122°22′	296.0	978.8	971.3	986.4
ⅠB.1	加格达奇	50°24′	124°07′	371.7	968.5	962.3	974.5
ⅠB.2	克 山	48°03′	125°53′	236.9	984.8	977.3	992.0
ⅠB.3	黑 河	50°15′	127°27′	165.8	993.3	985.9	1000.4
ⅠB.4	嫩 江	49°10′	125°14′	242.2	984.1	976.6	991.4
ⅠB.5	铁 力	46°59′	128°01′	210.5	988.2	980.7	995.3
ⅠB.6	额尔古纳右旗	50°13′	120°13′	581.4	944.9	938.9	950.9
ⅠB.7	满 洲 里	49°34′	117°26′	666.8	936.4	930.2	941.7
ⅠB.8	海 拉 尔	49°13′	119°45′	612.8	941.6	935.4	947.3
ⅠB.9	博 克 图	48°46′	121°55′	738.6	926.4	922.0	930.1
ⅠB.10	东乌珠穆沁旗	45°31′	116°58′	838.7	917.5	911.2	922.6
ⅠC.1	齐齐哈尔	47°23′	123°55′	145.9	996.4	987.6	1004.7
ⅠC.2	鹤 岗	47°22′	130°20′	227.9	985.3	979.1	990.9
ⅠC.3	哈 尔 滨	45°45′	126°46′	142.3	994.2	985.6	1002.0
ⅠC.4	虎 林	45°46′	132°58′	100.2	1001.7	994.8	1007.9
ⅠC.5	鸡 西	45°17′	130°57′	232.3	986.0	979.5	991.8
ⅠC.6	绥 芬 河	44°23′	131°09′	496.7	955.3	950.9	958.5
ⅠC.7	长 春	43°54′	125°13′	236.8	986.6	977.9	994.1
ⅠC.8	桦 甸	42°59′	126°45′	263.3	984.3	976.0	991.3
ⅠC.9	图 们	42°59′	129°50′	140.6	999.6	992.4	1005.7
ⅠC.10	天 池	42°01′	128°05′	2623.5	734.2	740.3	725.9
ⅠC.11	通 化	41°41′	125°54′	402.9	968.4	960.7	974.5
ⅠC.12	乌兰浩特	46°05′	122°03′	274.7	981.3	972.9	988.9
ⅠC.13	锡林浩特	43°57′	116°04′	989.5	901.5	895.7	906.1
ⅠC.14	多 伦	42°11′	116°28′	1245.4	874.7	870.4	877.4
ⅠD.1	四 平	43°11′	124°20′	164.2	995.8	986.4	1004.1
ⅠD.2	沈 阳	41°46′	123°26′	41.6	1011.4	1000.7	1020.8

续附表 2.1-1

区属号	地名	气象台站位置			大气压力(hPa)		
		北纬	东经	海拔高度(m)	年平均	夏季平均	冬季平均
1	2	3	4	5	6	7	8
ⅠD.3	朝阳	41°33′	120°27′	168.7	995.8	985.5	1004.6
ⅠD.4	林西	43°36′	118°04′	799.0	922.3	916.1	927.6
ⅠD.5	赤峰	42°16′	118°58′	571.1	948.7	940.8	954.9
ⅠD.6	呼和浩特	40°49′	111°41′	1063.0	896.0	889.3	900.9
ⅠD.7	达尔罕茂明安联合旗	41°42′	110°26′	1375.9	862.0	857.1	865.0
ⅠD.8	张家口	40°47′	114°53′	723.9	932.5	924.5	939.0
ⅠD.9	大同	40°06′	113°20′	1066.7	895.0	888.7	899.4
ⅠD.10	榆林	38°14′	109°42′	1057.5	896.8	889.9	902.1
ⅡA.1	营口	40°40′	122°16′	3.3	1016.5	1005.3	1026.2
ⅡA.2	丹东	40°03′	124°20′	15.1	1015.3	1005.3	1023.7
ⅡA.3	大连	38°54′	121°38′	92.8	1005.1	994.8	1013.9
ⅡA.4	北京市	39°48′	116°28′	31.5	1010.2	998.6	1020.3
ⅡA.5	天津市	39°06′	117°10′	3.3	1016.6	1004.9	1026.7
ⅡA.6	承德	40°58′	117°56′	375.2	972.3	962.9	980.1
ⅡA.7	乐亭	39°25′	118°54′	10.5	1016.3	1004.8	1026.1
ⅡA.8	沧州	38°20′	116°50′	9.6	1015.7	1003.8	1026.0
ⅡA.9	石家庄	38°02′	114°25′	80.5	1007.1	995.6	1017.0
ⅡA.10	南宫	37°22′	115°23′	27.4	1013.5	1001.5	1023.7
ⅡA.11	邯郸	36°36′	114°30′	57.2	1009.7	998.0	1019.7
ⅡA.12	威海	37°31′	112°08′	46.6	1011.5	1000.9	1020.2
ⅡA.13	济南	36°41′	116°59′	51.6	1010.3	998.6	1020.3
ⅡA.14	沂源	36°11′	118°09′	304.5	981.7	971.6	989.6
ⅡA.15	青岛	36°04′	120°20′	76.0	1008.1	997.3	1017.0
ⅡA.16	枣庄	34°51′	117°35′	75.9	1007.8	996.3	1017.4
ⅡA.17	濮阳	35°42′	115°01′	52.2	1010.4	998.5	1020.4
ⅡA.18	郑州	34°43′	113°39′	110.4	1003.4	991.8	1013.0
ⅡA.19	卢氏	34°00′	111°01′	568.8	950.9	941.6	958.1
ⅡA.20	宿州	33°38′	116°59′	25.9	1013.5	1001.7	1023.4
ⅡA.21	西安	34°18′	108°56′	396.9	970.1	959.3	978.8
ⅡB.1	蔚县	39°50′	114°34′	909.5	912.0	905.1	917.3
ⅡB.2	太原	37°47′	112°33′	777.9	927.2	919.3	933.0

续附表 2.1-1

区属号	地名	气象台站位置			大气压力(hPa)		
		北纬	东经	海拔高度(m)	年平均	夏季平均	冬季平均
1	2	3	4	5	6	7	8
ⅡB.3	离石	37°30′	111°06′	950.8	908.3	900.8	913.8
ⅡB.4	晋城	35°28′	112°50′	742.1	930.9	923.0	936.8
ⅡB.5	临汾	36°04′	110°30′	449.5	963.7	953.6	972.0
ⅡB.6	延安	36°36′	109°30′	957.6	907.8	900.3	913.4
ⅡB.7	铜川	35°05′	109°04′	978.9	905.5	898.2	910.8
ⅡB.8	白银	36°33′	104°11′	1707.2	828.1	823.9	830.3
ⅡB.9	兰州	36°03′	103°53′	1517.2	848.0	843.1	851.4
ⅡB.10	天水	34°35′	105°45′	1131.7	887.5	880.8	892.1
ⅡB.11	银川	38°29′	106°13′	1111.5	890.6	883.6	895.9
ⅡB.12	中宁	37°29′	105°40′	1183.3	882.6	875.8	887.6
ⅡB.13	固原	36°00′	106°16′	1753.2	834.8	821.0	826.6
ⅢA.1	盐城	33°23′	120°08′	2.3	1016.7	1005.4	1026.2
ⅢA.2	上海市	31°10′	121°26′	4.5	1016.0	1005.3	1025.2
ⅢA.3	舟山	30°02′	122°07′	35.7	1012.4	1002.5	1021.0
ⅢA.4	温州	28°01′	120°40′	6.0	1015.2	1005.5	1023.6
ⅢA.5	宁德	26°20′	119°32′	32.2	1011.7	1002.4	1019.5
ⅢB.1	泰州	32°30′	119°56′	5.5	1015.9	1004.7	1025.4
ⅢB.2	南京	32°00′	118°48′	8.9	1015.5	1004.0	1025.3
ⅢB.3	蚌埠	32°57′	117°22′	21.0	1014.2	1002.3	1024.2
ⅢB.4	合肥	31°52′	117°14′	29.8	1012.5	1000.9	1022.4
ⅢB.5	铜陵	30°58′	117°47′	37.1	1011.7	1000.5	1021.3
ⅢB.6	杭州	30°14′	120°10′	41.7	1011.5	1000.5	1021.0
ⅢB.7	丽水	28°27′	119°55′	60.8	1008.9	999.0	1017.7
ⅢB.8	邵武	27°20′	117°28′	191.5	992.5	983.7	1000.3
ⅢB.9	三明	26°16′	117°37′	165.7	995.2	986.8	1002.6
ⅢB.10	长汀	25°51′	116°22′	317.5	978.5	970.8	985.4
ⅢB.11	景德镇	29°18′	117°12′	61.5	1008.5	998.2	1017.7
ⅢB.12	南昌	28°36′	115°55′	46.7	1009.7	999.1	1019.0
ⅢB.13	上饶	28°27′	117°59′	118.3	1002.4	992.4	1011.1
ⅢB.14	吉安	27°07′	114°58′	76.4	1005.9	995.8	1014.9
ⅢB.15	宁冈	26°43′	113°58′	263.1	985.0	975.8	992.9
ⅢB.16	广昌	26°51′	116°20′	143.8	998.3	989.1	1006.7
ⅢB.17	赣州	25°51′	114°57′	123.8	1000.1	990.9	1008.4

续附表2.1-1

区属号	地名	气象台站位置			大气压力(hPa)		
		北纬	东经	海拔高度(m)	年平均	夏季平均	冬季平均
1	2	3	4	5	6	7	8
ⅢB.18	沙市	30°20′	112°11′	32.6	1012.1	1000.3	1022.1
ⅢB.19	武汉	30°38′	114°04′	23.3	1013.4	1001.7	1023.4
ⅢB.20	大庸	29°08′	110°28′	183.3	994.6	983.9	1003.6
ⅢB.21	长沙	28°12′	113°05′	44.9	1010.3	999.3	1020.0
ⅢB.22	涟源	27°42′	111°41′	149.6	997.9	987.3	1006.9
ⅢB.23	永州	26°14′	111°37′	174.1	995.2	985.2	1004.0
ⅢB.24	韶关	24°48′	113°35′	69.3	1006.0	997.1	1013.9
ⅢB.25	桂林	25°20′	110°18′	161.8	995.0	986.0	1002.9
ⅢB.26	涪陵	29°45′	107°25′	273.0	982.1	972.2	990.3
ⅢB.27	重庆	29°35′	106°28′	259.1	983.2	973.2	991.3
ⅢC.1	驻马店	33°00′	114°01′	82.7	1006.9	995.2	1016.7
ⅢC.2	固始	32°10′	115°40′	57.1	1009.6	997.8	1019.4
ⅢC.3	平顶山	33°43′	113°17′	84.7	1006.7	995.0	1016.4
ⅢC.4	老河口	32°23′	111°40′	90.0	1005.5	993.6	1015.3
ⅢC.5	随州	31°43′	113°23′	96.2	1005.1	993.5	1014.6
ⅢC.6	远安	31°04′	111°38′	114.9	1002.3	990.9	1011.7
ⅢC.7	恩施	30°17′	109°28′	437.2	964.3	955.1	971.6
ⅢC.8	汉中	33°04′	107°02′	508.4	956.9	947.5	964.2
ⅢC.9	略阳	33°19′	106°09′	794.2	925.0	917.3	930.8
ⅢC.10	山阳	33°32′	109°55′	720.7	933.2	925.09	939.1
ⅢC.11	安康	32°43′	109°02′	290.8	982.0	971.3	990.5
ⅢC.12	平武	32°25′	104°31′	876.5	915.4	908.5	920.4
ⅢC.13	仪陇	31°32′	106°24′	655.6	939.3	931.4	945.4
ⅢC.14	达县	31°12′	107°30′	310.4	978.0	968.2	985.8
ⅢC.15	成都	30°40′	104°01′	505.9	956.4	947.7	963.3
ⅢC.16	内江	29°35′	105°03′	352.3	973.1	963.7	980.9
ⅢC.17	酉阳	28°50′	108°46′	663.7	939.2	931.2	945.6
ⅢC.18	桐梓	28°08′	160°50′	972.0	905.1	898.6	909.7
ⅢC.19	凯里	26°36′	107°59′	720.3	932.3	925.2	938.1
ⅣA.1	福州	26°05′	119°17′	84.0	1005.1	996.4	1012.7
ⅣA.2	泉州	24°54′	118°35′	#23.0	1011.3	1005.8	1018.3
ⅣA.3	汕头	23°24′	116°41′	1.2	1013.0	1005.5	1019.9
ⅣA.4	广州	23°08′	113°19′	6.6	1012.3	1004.5	1019.5
ⅣA.5	茂名	21°39′	110°53′	25.3	1008.9	1001.7	1015.6
ⅣA.6	北海	21°29′	109°06′	14.6	1010.1	1002.4	1017.1
ⅣA.7	海口	20°02′	110°21′	14.1	1009.5	1002.5	1016.1
ⅣA.8	儋县	19°31′	109°35′	168.7	991.9	985.3	998.0

续附表 2.1-1

区属号	地　　名	气象台站位置			大　气　压　力（hPa）		
		北　纬	东　经	海拔高度（m）	年平均	夏季平均	冬季平均
1	2	3	4	5	6	7	8
ⅣA.9	琼　中	19°02′	109°50′	250.9	983.0	976.7	988.8
ⅣA.10	三　亚	18°14′	109°31′	5.5	1010.2	1004.1	1015.8
ⅣA.11	台　北	25°02′	121°31′	9.0	1012.8	1005.3	1019.7
ⅣA.12	香　港	22°18′	114°10′	32.0	1012.8	1005.6	1019.5
ⅣB.1	漳　州	24°30′	117°39′	30.0	1010.7	1002.67	1017.8
ⅣB.2	梅　州	24°18′	116°07′	77.5	1004.4	996.7	1011.7
ⅣB.3	梧　州	23°29′	111°18′	119.2	999.4	991.4	1006.7
ⅣB.4	河　池	24°42′	108°03′	213.9	988.4	980.0	995.8
ⅣB.5	百　色	23°54′	106°36′	173.1	991.0	983.0	998.3
ⅣB.6	南　宁	22°49′	108°21′	72.2	1004.1	995.9	1011.4
ⅣB.7	凭　祥	22°06′	106°45′	242.0	983.6	976.1	990.2
ⅣB.8	元　江	23°34′	102°09′	396.6	963.6	957.5	968.7
ⅣB.9	景　洪	21°52′	101°04′	552.7	947.3	942.4	951.4
ⅤA.1	毕　节	27°18′	105°14′	1510.6	848.2	844.1	850.6
ⅤA.2	贵　阳	26°35′	106°43′	1071.3	893.6	888.0	897.5
ⅤA.3	察　隅	28°39′	97°28′	2327.6	768.9	766.3	769.6
ⅤB.1	西　昌	27°54′	102°16′	1590.7	837.1	834.7	838.1
ⅤB.2	攀枝花	26°30′	101°44′	1108.0	885.6	882.0	887.8
ⅤB.3	丽　江	26°52′	100°13′	2393.2	762.7	761.0	762.5
ⅤB.4	大　理	25°43′	100°11′	1990.5	801.0	798.5	801.6
ⅤB.5	腾　冲	25°07′	98°29′	1647.8	834.7	831.3	836.7
ⅤB.6	昆　明	25°01′	102°41′	1891.4	810.5	808.0	811.5
ⅤB.7	临　沧	23°57′	100°13′	1463.5	848.7	845.0	850.8
ⅤB.8	个　旧	23°23′	103°09′	1692.1	830.4	827.2	832.2
ⅤB.9	思　茅	22°40′	101°24′	1302.1	868.9	865.0	871.4
ⅤB.10	盘　县	25°47′	104°37′	1527.1	847.1	843.5	849.2
ⅤB.11	兴　义	25°05′	104°54′	1299.6	870.0	865.7	872.7
ⅤB.12	独　山	25°50′	107°33′	972.2	900.9	895.3	905.0
ⅥA.1	冷　湖	38°50′	93°23′	2733.0	729.0	728.1	727.7
ⅥA.2	茫　崖	38°21′	90°13′	3138.5	695.7	696.6	692.8
ⅥA.3	德令哈	37°22′	97°22′	2981.5	708.6	708.6	707.0
ⅥA.4	刚　察	37°20′	100°08′	3301.5	680.3	682.1	677.0
ⅥA.5	西　宁	36°37′	101°46′	2261.2	775.1	773.5	775.0
ⅥA.6	格尔木	36°25′	94°54′	2807.7	724.6	723.9	723.4
ⅥA.7	都　兰	36°18′	98°06′	3191.1	691.0	691.5	688.7
ⅥA.8	同　德	35°16′	100°39′	3289.4	683.3	684.7	680.3
ⅥA.9	夏　河	35°00′	102°54′	2915.7	714.3	715.0	711.9

续附表 2.1-1

区属号	地　名	气象台站位置			大气压力(hPa)		
		北　纬	东　经	海拔高度(m)	年平均	夏季平均	冬季平均
1	2	3	4	5	6	7	8
ⅥA.10	若尔盖	33°35′	102°58′	3439.6	669.7	671.6	666.2
ⅥB.1	曲麻莱	34°33′	95°29′	4231.2	607.6	610.3	603.4
ⅥB.2	杂　多	32°54′	95°18′	4067.5	619.5	621.2	615.9
ⅥB.3	玛　多	34°55′	98°13′	4272.3	607.1	610.1	602.7
ⅥB.4	噶　尔	32°30′	80°05′	4278.0	604.4	604.6	601.8
ⅥB.5	改　则	32°09′	84°25′	4414.9	594.0	595.3	590.8
ⅥB.6	那　曲	31°29′	92°04′	4507.0	587.2	589.0	583.8
ⅥB.7	申　扎	30°57′	88°38′	4672.0	576.2	578.1	572.8
ⅥC.1	马尔康	31°54′	102°14′	2664.4	735.4	735.3	733.8
ⅥC.2	甘　孜	31°37′	100°00′	3393.5	673.9	674.9	671.3
ⅥC.3	巴　塘	30°00′	99°06′	2589.2	741.7	740.5	741.3
ⅥC.4	康　定	30°03′	101°58′	2615.7	742.6	742.1	741.2
ⅥC.5	班　玛	32°56′	100°45′	3750.0	663.3	664.9	660.2
ⅥC.6	昌　都	31°09′	97°10′	3306.0	681.2	681.4	679.4
ⅥC.7	波　密	29°52′	95°46′	#2736.0	730.8	729.0	730.5
ⅥC.8	拉　萨	29°40′	91°08′	3648.7	652.0	652.4	650.0
ⅥC.9	定　日	28°38′	87°05′	4300.0	602.5	603.2	600.0
ⅥC.10	德　钦	28°39′	99°10′	3592.9	660.0	660.4	657.9
ⅦA.1	克拉玛依	45°36′	84°51′	427.0	970.4	958.8	980.5
ⅦA.2	博乐阿拉山口	45°11′	82°35′	284.8	987.3	974.6	998.7
ⅦB.1	阿勒泰	47°44′	88°05′	735.3	934.4	925.1	941.9
ⅦB.2	塔　城	46°44′	83°00′	548.0	956.6	947.5	963.4
ⅦB.3	富　蕴	46°59′	89°31′	823.6	925.4	916.2	932.7
ⅦB.4	伊　宁	43°57′	81°20′	662.5	941.4	933.5	947.2
ⅦB.5	乌鲁木齐	43°47′	87°37′	917.9	914.2	906.7	919.8
ⅦC.1	额济纳旗	41°57′	101°04′	940.5	909.1	900.4	916.0
ⅦC.2	二连浩特	43°39′	112°00′	964.7	904.9	898.1	910.3
ⅦC.3	杭锦后旗	40°54′	107°08′	1056.7	898.2	890.9	903.9
ⅦC.4	安　西	40°32′	95°46′	1170.8	884.0	876.6	889.8
ⅦC.5	张　掖	38°56′	100°26′	1482.7	851.7	846.2	855.3
ⅦD.1	吐鲁番	42°56′	89°12′	34.5	1013.1	997.6	1028.3
ⅦD.2	哈　密	42°49′	93°31′	737.9	931.0	921.0	939.7
ⅦD.3	库　车	41°43′	82°57′	1099.0	893.3	886.0	899.4
ⅦD.4	库尔勒	41°45′	86°08′	931.5	910.2	902.0	917.5
ⅦD.5	阿克苏	41°10′	80°14′	1103.8	891.0	884.0	897.2
ⅦD.6	喀　什	39°28′	75°59′	1288.7	871.9	865.9	876.8
ⅦD.7	且　末	38°09′	85°33′	1247.5	875.4	868.5	880.9
ⅦD.8	和　田	37°08′	79°56′	1374.6	862.3	856.5	867.1

附表 2.1-2　全国主要城镇气候参数表（二）

区属号	地　名	气温（℃）							日平均温度≤5℃的天数（d）
		最热月	最冷月	年平均	年较差	日较差	极端最高	极端最低	
1	2	9	10	11	12	13	14	15	16
ⅠA.1	漠　河	18.4	－30.5	－4.8	48.9	15.8	36.8	－52.3	219
ⅠB.1	加格达奇	19.0	－24.0	－1.3	43.0	14.8	37.3	－45.4	207
ⅠB.2	克　山	21.4	－22.7	1.2	44.1	12.0	37.9	－42.0	191
ⅠB.3	黑　河	20.4	－23.9	－0.3	44.3	11.6	37.7	－44.5	198
ⅠB.4	嫩　江	20.6	－25.2	－0.3	45.8	13.8	37.4	－47.3	197
ⅠB.5	铁　力	21.3	－23.5	1.2	44.8	12.9	36.3	－42.6	188
ⅠB.6	额尔古纳右旗	18.4	－27.9	－3.2	46.3	13.4	36.6	－46.2	215
ⅠB.7	满洲里	19.4	－23.8	－1.3	43.2	13.4	37.9	－42.7	211
ⅠB.8	海拉尔	19.6	－26.7	－2.0	46.3	12.9	36.7	－48.5	209
ⅠB.9	博克图	17.7	－21.3	－1.0	39.0	11.8	35.6	－37.5	210
ⅠB.10	东乌珠穆沁旗	20.7	－21.4	0.7	42.1	14.3	39.7	－40.5	196
ⅠC.1	齐齐哈尔	22.8	－19.4	3.3	42.2	12.1	40.1	－39.5	182
ⅠC.2	鹤　岗	21.2	－17.9	2.9	39.1	9.7	37.7	－34.5	183
ⅠC.3	哈尔滨	22.8	－19.4	3.7	42.2	11.7	36.4	－38.1	176
ⅠC.4	虎　林	21.2	－18.9	2.9	40.1	10.5	34.7	－36.1	182
ⅠC.5	鸡　西	21.7	－17.2	3.7	38.9	11.8	37.6	－35.1	178
ⅠC.6	绥芬河	19.2	－17.1	2.3	36.3	11.9	35.3	－37.5	188
ⅠC.7	长　春	23.0	－16.4	5.0	39.4	11.3	38.0	－36.5	170
ⅠC.8	桦　甸	22.4	－18.8	4.0	41.2	13.2	36.3	－45.0	175
ⅠC.9	图　们	21.1	－13.1	5.7	34.2	11.2	37.6	－27.3	170
ⅠC.10	天　池	8.6	－23.4	－7.3	32.0	6.5	19.2	－44.0	294
ⅠC.11	通　化	22.2	－16.1	5.0	38.3	11.8	35.5	－36.3	168
ⅠC.12	乌兰浩特	22.6	－16.2	4.3	38.8	13.1	39.9	－33.9	179
ⅠC.13	锡林浩特	20.9	－19.8	1.8	40.7	14.2	38.3	－42.4	190
ⅠC.14	多　伦	18.7	－18.2	1.6	36.9	13.9	35.4	－39.8	192
ⅠD.1	四　平	23.6	－14.8	6.0	38.4	11.6	36.6	－34.6	163
ⅠD.2	沈　阳	24.6	－12.0	7.9	36.6	11.0	38.3	－30.6	152
ⅠD.3	朝　阳	24.7	－10.7	8.5	35.4	13.6	40.6	－31.1	148
ⅠD.4	林　西	21.1	－14.2	4.3	35.3	12.7	38.6	－32.2	178
ⅠD.5	赤　峰	23.5	－11.7	6.9	35.2	13.3	42.5	－31.4	160
ⅠD.6	呼和浩特	21.9	－12.9	5.9	34.8	13.4	37.3	－32.8	166
ⅠD.7	达尔罕茂明安联合旗	20.5	－15.9	3.4	36.4	14.4	36.6	－41.0	181
ⅠD.8	张家口	23.3	－9.6	7.9	32.9	12.5	40.9	－25.7	153
ⅠD.9	大　同	21.8	－11.3	6.5	33.1	13.3	37.7	－29.1	162
ⅠD.10	榆　林	23.3	－10.2	8.1	33.5	13.5	38.6	－32.7	148
ⅡA.1	营　口	24.8	－9.5	9.0	34.3	9.2	35.3	－28.4	144
ⅡA.2	丹　东	23.2	－8.4	8.5	31.6	9.3	34.3	－28.0	144

续附表 2.1-2

区属号	地 名	气 温 (℃)							日平均温度≤5℃的天数(d)
		最热月	最冷月	年平均	年较差	日较差	极端最高	极端最低	
1	2	9	10	11	12	13	14	15	16
ⅡA.3	大 连	23.9	−4.9	10.3	28.8	6.9	35.3	−21.1	131
ⅡA.4	北京市	25.9	−4.5	11.6	30.4	11.3	40.6	−27.4	125
ⅡA.5	天津市	26.5	−4.0	12.3	30.5	9.6	39.7	−22.9	119
ⅡA.6	承 德	24.5	−9.4	8.9	33.9	12.3	41.5	−23.3	144
ⅡA.7	乐 亭	24.8	−6.6	10.1	31.4	11.2	37.9	−23.7	136
ⅡA.8	沧 州	26.5	−3.9	12.6	30.4	10.5	42.9	−20.6	117
ⅡA.9	石家庄	26.6	−2.9	12.9	29.5	11.4	42.7	−26.5	112
ⅡA.10	南 宫	27.0	−3.6	13.0	30.6	12.2	42.7	−22.1	121
ⅡA.11	邯 郸	26.9	−2.1	13.5	29.0	11.4	42.5	−19.0	108
ⅡA.12	威 海	24.6	−1.6	12.1	26.2	7.0	38.4	−13.8	114
ⅡA.13	济 南	27.4	−1.4	14.2	28.8	9.6	42.5	−19.7	101
ⅡA.14	沂 源	25.3	−3.7	11.9	29.0	10.9	38.8	−21.4	117
ⅡA.15	青 岛	25.2	−1.2	12.2	26.4	6.4	35.4	−15.5	110
ⅡA.16	枣 庄	26.7	−0.9	13.9	27.6	10.8	39.6	−19.2	100
ⅡA.17	濮 阳	26.9	−2.2	13.4	29.1	11.1	42.2	−20.7	107
ⅡA.18	郑 州	27.2	−0.3	14.2	27.5	11.0	43.0	−17.9	98
ⅡA.19	卢 氏	25.4	−1.5	12.5	26.9	11.9	42.1	−19.1	105
ⅡA.20	宿 州	27.3	−0.2	14.4	27.5	10.6	40.3	−23.2	93
ⅡA.21	西 安	26.4	−0.9	13.3	27.3	10.5	41.7	−20.6	100
ⅡB.1	蔚 县	22.1	−12.4	6.4	34.5	14.7	38.6	−35.3	160
ⅡB.2	太 原	23.5	−6.5	9.5	30.0	13.3	39.4	−25.5	135
ⅡB.3	离 石	23.0	−7.8	8.8	30.8	13.6	38.9	−25.5	138
ⅡB.4	晋 城	24.0	−3.7	10.9	27.7	11.6	38.6	−22.8	121
ⅡB.5	临 汾	26.0	−3.9	12.2	29.9	12.8	41.9	−25.6	113
ⅡB.6	延 安	22.9	−6.3	9.4	29.2	13.5	39.7	−25.4	130
ⅡB.7	铜 川	23.1	−3.2	10.5	26.3	10.1	37.7	−18.2	122
ⅡB.8	白 银	21.3	−7.7	7.9	29.0	12.8	37.3	−26.0	146
ⅡB.9	兰 州	22.2	−6.7	9.1	28.9	12.8	39.1	−21.7	132
ⅡB.10	天 水	22.5	−2.9	10.7	25.4	10.6	37.2	−19.2	116
ⅡB.11	银 川	23.4	−8.9	8.5	32.3	13.0	39.3	−30.6	145
ⅡB.12	中 宁	23.3	−7.6	9.2	30.9	13.4	38.5	−26.7	137
ⅡB.13	固 原	18.8	−8.3	6.1	27.1	12.4	34.6	−28.1	162
ⅢA.1	盐 城	27.0	0.7	14.2	26.3	9.0	39.1	−14.3	90
ⅢA.2	上海市	27.8	3.5	15.7	24.3	7.5	38.9	−10.1	54
ⅢA.3	舟 山	27.2	5.3	16.3	21.9	6.2	39.1	−6.1	
ⅢA.4	温 州	27.9	7.5	17.9	20.4	7.0	39.3	−4.5	
ⅢA.5	宁 德	28.7	9.7	19.0	19.0	6.9	39.4	−2.4	
ⅢB.1	泰 州	27.4	1.5	14.7	25.9	8.6	39.4	−19.2	80

续附表 2.1-2

区属号	地　名	气　温　（℃）							日平均温度≤5℃的天数（d）
		最热月	最冷月	年平均	年较差	日较差	极端最高	极端最低	
1	2	9	10	11	12	13	14	15	16
ⅢB.2	南　京	27.9	1.9	15.3	26.0	8.8	40.7	－14.0	75
ⅢB.3	蚌　埠	28.0	1.0	15.1	27.0	9.5	41.3	－19.4	83
ⅢB.4	合　肥	28.2	2.0	15.7	26.2	8.2	41.0	－20.6	70
ⅢB.5	铜　陵	28.6	3.2	16.2	25.4	6.9	39.0	－7.6	59
ⅢB.6	杭　州	28.5	3.7	16.2	24.8	7.9	39.9	－9.6	51
ⅢB.7	丽　水	29.3	6.2	18.0	23.1	9.4	41.5	－7.7	
ⅢB.8	邵　武	27.5	7.0	17.7	20.5	10.0	40.4	－7.9	
ⅢB.9	三　明	28.4	9.1	19.4	18.9	9.5	40.6	－5.5	
ⅢB.10	长　汀	27.2	7.7	18.4	19.5	9.5	39.4	－6.5	
ⅢB.11	景德镇	28.7	4.6	17.0	24.1	9.7	41.8	－10.9	22
ⅢB.12	南　昌	29.5	4.9	17.5	24.6	7.1	40.6	－9.3	17
ⅢB.13	上　饶	29.3	5.6	17.7	23.7	8.5	41.6	－8.6	
ⅢB.14	吉　安	29.5	6.1	18.3	23.4	8.1	40.2	－8.0	
ⅢB.15	宁　冈	27.6	5.5	17.1	22.1	9.9	40.0	－10.0	
ⅢB.16	广　昌	28.8	6.2	18.0	22.6	9.2	40.0	－9.8	
ⅢB.17	赣　州	29.5	7.8	19.4	21.7	8.1	41.2	－6.0	
ⅢB.18	沙　市	28.0	3.4	16.1	24.6	8.3	38.6	－14.9	54
ⅢB.19	武　汉	28.7	3.0	16.3	25.7	8.5	39.4	－18.1	58
ⅢB.20	大　庸	28.0	5.0	16.8	23.0	8.2	40.7	－13.7	14
ⅢB.21	长　沙	29.3	4.6	17.2	24.7	7.6	40.6	－11.3	30
ⅢB.22	涟　源	28.7	4.9	17.0	23.8	8.0	40.1	－12.1	
ⅢB.23	永　州	29.1	5.9	17.8	23.2	7.4	43.7	－7.0	
ⅢB.24	韶　关	29.1	10.0	20.3	19.1	8.5	42.0	－4.3	
ⅢB.25	桂　林	28.3	7.8	18.8	20.5	7.5	39.4	－4.9	
ⅢB.26	涪　陵	28.5	7.2	18.1	21.3	7.1	42.2	－2.2	
ⅢB.27	重　庆	28.5	7.5	18.2	21.0	6.8	42.2	－1.8	
ⅢC.1	驻马店	27.3	1.2	14.7	26.1	10.0	41.9	－17.4	82
ⅢC.2	固　始	27.7	1.6	15.3	26.1	8.8	41.5	－20.9	75
ⅢC.3	平顶山	27.6	1.0	14.9	26.6	10.5	42.6	－18.8	86
ⅢC.4	老河口	27.6	2.0	15.3	25.6	9.8	41.0	－17.2	75
ⅢC.5	随　州	28.0	2.3	15.6	25.7	9.2	41.1	－16.3	70
ⅢC.6	远　安	27.6	3.3	16.0	24.3	9.8	40.2	－19.0	56
ⅢC.7	恩　施	27.0	4.9	16.3	22.1	7.8	41.2	－12.3	17
ⅢC.8	汉　中	25.4	2.1	14.3	23.3	8.6	38.0	－10.1	75
ⅢC.9	略　阳	23.6	1.8	13.2	21.8	9.5	37.7	－11.2	81
ⅢC.10	山　阳	25.1	0.4	13.0	24.7	10.8	39.8	－14.5	97
ⅢC.11	安　康	27.3	3.2	15.6	24.1	9.3	41.7	－9.5	55
ⅢC.12	平　武	24.1	3.9	14.7	20.2	9.1	37.0	－7.3	48

续附表 2.1-2

区属号	地名	气温（℃）							日平均温度≤5℃的天数(d)
		最热月	最冷月	年平均	年较差	日较差	极端最高	极端最低	
1	2	9	10	11	12	13	14	15	16
ⅢC.13	仪陇	26.2	4.9	15.7	21.3	5.6	37.5	-5.7	
ⅢC.14	达县	27.8	6.0	17.2	21.8	7.8	42.3	-4.7	
ⅢC.15	成都	25.5	5.4	16.1	20.1	7.4	37.3	-5.9	
ⅢC.16	内江	26.9	7.1	17.6	19.8	6.7	41.1	-3.0	
ⅢC.17	酉阳	25.4	3.6	14.9	21.8	7.5	38.1	-8.4	42
ⅢC.18	桐梓	24.7	3.9	14.7	20.8	7.4	37.5	-6.9	46
ⅢC.19	凯里	25.7	4.6	15.7	21.1	8.1	37.0	-9.7	40
ⅣA.1	福州	28.8	10.4	19.6	18.4	7.7	39.8	-1.2	
ⅣA.2	泉州	28.5	12.0	20.6	16.5	7.2	38.9	0.0	
ⅣA.3	汕头	28.2	13.2	21.3	15.0	6.6	38.6	0.4	
ⅣA.4	广州	28.4	13.3	21.8	15.1	7.5	38.7	0.0	
ⅣA.5	茂名	28.3	16.0	23.0	12.3	7.2	36.6	2.8	
ⅣA.6	北海	28.7	14.2	22.6	14.5	6.6	37.1	2.0	
ⅣA.7	海口	28.4	17.1	23.8	11.3	6.9	38.9	2.8	
ⅣA.8	儋县	27.6	16.9	23.2	10.7	8.7	40.0	0.4	
ⅣA.9	琼中	26.6	16.5	22.4	10.1	9.1	38.3	0.1	
ⅣA.10	三亚	28.5	20.9	25.5	7.6	6.8	35.7	5.1	
ⅣA.11	台北	28.6	14.8	22.1	13.8	7.5	38.0	-2.0	
ⅣA.12	香港	28.6	15.6	22.8	13.0	5.2	35.9	2.4	
ⅣB.1	漳州	28.7	12.7	21.0	16.0	8.1	40.9	-2.1	
ⅣB.2	梅州	28.6	11.8	21.2	16.8	9.7	39.5	-7.3	
ⅣB.3	梧州	28.3	11.8	21.0	16.5	8.9	39.5	-3.0	
ⅣB.4	河池	28.0	11.0	20.3	17.0	7.8	39.7	-2.0	
ⅣB.5	百色	28.7	13.2	22.1	15.5	9.1	42.5	-2.0	
ⅣB.6	南宁	28.3	12.7	21.6	15.6	7.9	40.4	-2.1	
ⅣB.7	凭祥	27.7	13.0	21.3	14.7	7.8	38.7	-1.2	
ⅣB.8	元江	28.6	16.6	23.8	12.0	11.3	42.3	-0.1	
ⅣB.9	景洪	25.6	15.7	21.9	9.9	12.0	41.1	2.7	
ⅤA.1	毕节	21.8	2.4	12.8	19.4	8.2	33.8	-10.9	70
ⅤA.2	贵阳	24.1	4.9	15.3	19.2	7.9	37.5	-7.8	20
ⅤA.3	察隅	18.8	3.9	11.8	14.9	11.2	31.9	-5.5	57
ⅤB.1	西昌	22.6	9.5	17.0	13.1	11.1	36.6	-3.8	
ⅤB.2	攀枝花	26.2	11.7	20.3	14.5	14.1	40.7	-1.8	
ⅤB.3	丽江	18.1	5.9	12.6	12.2	11.6	32.3	-10.3	
ⅤB.4	大理	20.1	8.6	15.1	11.5	11.1	34.0	-4.2	
ⅤB.5	腾冲	19.8	7.5	14.8	12.3	11.7	30.5	-4.2	
ⅤB.6	昆明	19.8	7.7	14.7	12.1	11.1	31.5	-7.8	
ⅤB.7	临沧	21.3	10.7	17.2	10.6	11.6	34.6	-1.3	

续附表 2.1-2

区属号	地名	气温（℃）							日平均温度≤5℃的天数（d）
		最热月	最冷月	年平均	年较差	日较差	极端最高	极端最低	
1	2	9	10	11	12	13	14	15	16
ⅤB.8	个旧	20.1	9.9	15.9	10.2	7.8	30.3	−4.7	
ⅤB.9	思茅	21.8	11.6	17.8	10.2	11.4	35.7	−2.5	
ⅤB.10	盘县	21.9	6.4	15.2	15.5	9.6	36.7	−7.9	
ⅤB.11	兴义	22.4	7.0	16.0	15.4	7.9	34.9	−4.7	
ⅤB.12	独山	23.4	4.8	15.0	18.6	7.3	34.4	−8.0	20
ⅥA.1	冷湖	16.9	−12.9	2.6	29.8	17.7	34.2	−34.3	195
ⅥA.2	茫崖	13.5	−12.3	1.4	25.8	14.3	29.4	29.5	205
ⅥA.3	德令哈	16.0	−10.7	3.7	26.7	12.7	33.1	−27.2	18.5
ⅥA.4	刚察	10.7	−13.9	−0.6	24.6	13.3	25.0	−31.0	239
ⅥA.5	西宁	17.2	−8.2	5.7	25.4	13.7	33.5	−26.6	162
ⅥA.6	格尔木	17.6	−10.6	4.3	28.2	15.4	33.3	−33.6	179
ⅥA.7	都兰	14.9	−10.4	2.7	25.3	12.6	31.9	−29.8	194
ⅥA.8	同德	11.6	−13.4	0.2	25.0	17.2	28.1	−36.2	213
ⅥA.9	夏河	12.6	−10.4	2.0	23.0	14.8	28.4	−28.5	199
ⅥA.10	若尔盖	10.7	−10.5	0.7	21.2	14.8	24.6	−33.7	227
ⅥB.1	曲麻莱	8.5	−14.2	−2.5	22.7	14.1	24.9	−34.8	272
ⅥB.2	杂多	10.6	−11.3	0.2	21.9	14.0	25.5	−33.1	230
ⅥB.3	玛多	7.5	−16.7	−4.1	24.2	13.8	22.9	−48.1	284
ⅥB.4	噶尔	13.6	−12.4	0.1	26.0	16.1	27.6	−34.6	240
ⅥB.5	改则	11.6	−12.2	−0.2	23.8	17.1	25.6	−36.8	240
ⅥB.6	那曲	8.8	−13.8	−1.8	22.6	16.0	22.6	−41.2	252
ⅥB.7	申扎	9.4	−10.8	−0.4	20.2	13.0	24.2	−31.1	242
ⅥC.1	马尔康	16.4	−0.8	8.6	17.2	16.0	34.8	−17.5	116
ⅥC.2	甘孜	14.0	−4.4	5.6	18.4	14.9	31.7	−28.7	165
ⅥC.3	巴塘	19.7	3.7	12.6	16.0	16.3	37.6	−12.8	56
ⅥC.4	康定	15.6	−2.6	7.1	18.2	9.0	28.9	−14.7	139
ⅥC.5	班玛	11.7	−7.7	2.6	19.4	15.0	28.1	−29.7	199
ⅥC.6	昌都	16.1	−2.6	7.5	18.7	16.1	33.4	−20.7	142
ⅥC.7	波密	16.4	−0.1	8.6	16.5	12.4	31.0	−20.3	128
ⅥC.8	拉萨	15.5	−2.3	7.5	17.8	14.5	29.4	−16.5	142
ⅥC.9	定日	12.0	−7.5	2.7	19.5	17.0	24.8	−24.8	207
ⅥC.10	德钦	11.7	−3.0	4.7	14.7	9.6	24.5	−13.1	184
ⅦA.1	克拉玛依	27.5	−16.4	8.1	43.9	10.0	42.9	−35.9	146
ⅦA.2	博乐阿拉山口	27.5	−15.6	8.4	43.1	10.7	44.2	−33.0	146
ⅦB.1	阿勒泰	22.0	−17.2	4.1	39.2	12.2	37.6	−43.5	173
ⅦB.2	塔城	22.3	−12.1	6.2	34.4	13.7	41.3	−39.2	163
ⅦB.3	富蕴	21.4	−21.7	2.0	43.1	15.3	38.7	−49.8	178
ⅦB.4	伊宁	22.7	−9.7	8.5	32.4	14.0	38.7	−40.4	139

续附表 2.1-2

区属号	地　名	气　温　(℃)							日平均温度≤5℃的天数(d)
		最热月	最冷月	年平均	年较差	日较差	极端最高	极端最低	
1	2	9	10	11	12	13	14	15	16
ⅦB.5	乌鲁木齐	23.5	-14.6	5.9	38.1	10.9	40.5	-41.5	162
ⅦC.1	额济纳旗	26.2	-12.3	8.2	38.5	15.6	41.4	-35.3	155
ⅦC.2	二连浩特	22.9	-18.6	3.4	41.5	14.8	39.9	-40.2	180
ⅦC.3	杭锦后旗	23.0	-11.9	6.9	34.9	13.7	37.4	-33.1	161
ⅦC.4	安　西	24.8	-10.3	8.8	35.1	16.1	42.8	-29.3	144
ⅦC.5	张　掖	21.4	-10.1	7.0	31.5	15.6	38.6	-28.7	156
ⅦD.1	吐鲁番	32.6	-9.3	14.0	41.9	14.1	47.6	-28.0	117
ⅦD.2	哈　密	27.1	-12.1	9.8	39.2	14.8	43.9	-32.0	137
ⅦD.3	库　车	25.8	-8.2	11.4	34.0	11.7	41.5	-27.4	123
ⅦD.4	库尔勒	26.1	-7.9	11.4	34.0	12.5	40.0	-28.1	123
ⅦD.5	阿克苏	23.6	-9.2	9.8	32.8	13.9	40.7	-27.6	129
ⅦD.6	喀　什	25.8	-6.4	11.7	32.2	12.9	40.1	-24.4	118
ⅦD.7	且　末	24.8	-8.6	10.1	33.4	15.9	41.5	-26.4	130
ⅦD.8	和　田	25.5	-5.5	12.2	31.0	12.5	40.6	-21.6	112

附表 2.1-3　全国主要城镇气候参数表（三）

区属号	地　名	相对湿度（%）		降　水（mm）		最大积雪深度(cm)	风　速（m/s）		
		最热月	最冷月	年降水量	日最大降水量		全　年	夏　季	冬　季
1	2	17	18	19	20	21	22	23	24
ⅠA.1	漠　河	79	73	419.2	115.2	53	2.0	2.0	1.7
ⅠB.1	加格达奇	81	71	481.9	74.8	30	2.3	2.3	1.8
ⅠB.2	克　山	76	74	503.7	177.9	20	3.1	2.8	2.4
ⅠB.3	黑　河	79	71	525.9	107.1	33	3.7	3.1	3.5
ⅠB.4	嫩　江	78	75	485.1	105.5	31	3.8	3.8	2.5
ⅠB.5	铁　力	79	76	648.7	109.0	34	2.7	2.7	1.9
ⅠB.6	额尔古纳右旗	75	77	363.8	71.0	35	2.5	2.7	1.1
ⅠB.7	满洲里	69	74	304.0	75.7	24	42	4.0	3.9
ⅠB.8	海拉尔	71	78	351.3	63.4	39	3.2	3.1	2.4
ⅠB.9	博克图	78	70	481.5	127.5	23	3.1	2.1	3.3
ⅠB.10	东乌珠穆沁旗	62	72	253.1	63.4	26	3.5	3.2	3.0
ⅠC.1	齐齐哈尔	73	70	423.5	83.2	24	3.5	3.2	2.9
ⅠC.2	鹤　岗	77	62	615.2	79.2	40	3.5	3.0	3.3
ⅠC.3	哈尔滨	77	74	535.8	104.8	41	4.0	3.5	3.6
ⅠC.4	虎　林	81	70	570.3	98.8	46	3.6	3.1	3.3

续附表 2.1-3

区属号	地　名	相对湿度（%）		降　水（mm）		最大积雪深度（cm）	风　速（m/s）		
		最热月	最冷月	年降水量	日最大降水量		全　年	夏　季	冬　季
1	2	17	18	19	20	21	22	23	24
ⅠC.5	鸡　西	77	67	541.7	121.8	60	3.2	2.3	3.6
ⅠC.6	绥芬河	82	65	556.7	121.1	51	3.4	2.2	4.2
ⅠC.7	长　春	78	68	592.7	130.4	22	4.3	3.5	4.2
ⅠC.8	桦　甸	81	73	744.8	72.6	54	2.2	1.9	1.9
ⅠC.9	图　们	82	53	493.9	138.2	24	3.0	2.6	3.3
ⅠC.10	天　池	91	63	1352.6	164.8	60	11.7	7.1	15.5
ⅠC.11	通　化	80	72	878.1	129.1	39	1.8	1.7	1.3
ⅠC.12	乌兰浩特	70	57	417.8	102.1	26	3.2	2.7	2.8
ⅠC.13	锡林浩特	62	71	287.2	89.5	24	3.5	3.2	3.3
ⅠC.14	多　伦	72	69	386.9	109.9	22	3.6	2.6	3.8
ⅠD.1	四　平	78	67	656.8	154.1	19	3.3	2.8	3.0
ⅠD.2	沈　阳	78	63	727.5	215.5	28	3.2	2.9	3.0
ⅠD.3	朝　阳	73	44	472.1	232.2	17	3.0	2.6	2.7
ⅠD.4	林　西	69	49	383.3	140.7	23	3.0	1.9	3.7
ⅠD.5	赤　峰	65	43	359.2	108.0	25	2.5	2.1	2.4
ⅠD.6	呼和浩特	64	56	418.8	210.1	30	1.8	1.6	1.6
ⅠD.7	达尔罕茂明安联合旗	55	59	258.8	90.8	21	4.3	4.0	3.9
ⅠD.8	张家口	66	42	411.8	100.4	31	3.0	2.4	3.5
ⅠD.9	大　同	66	50	380.5	67.0	22	2.9	2.4	3.0
ⅠD.10	榆　林	62	57	410.1	141.7	15	2.3	2.5	1.8
ⅡA.1	营　口	78	63	673.7	240.5	21	3.9	3.5	3.5
ⅡA.2	丹　东	86	58	1028.4	414.4	31	3.1	2.5	3.7
ⅡA.3	大　连	83	58	648.4	166.4	37	5.1	4.3	5.6
ⅡA.4	北京市	77	44	627.6	244.2	24	2.5	1.9	2.8
ⅡA.5	天津市	77	53	562.1	158.1	20	2.9	2.5	2.9
ⅡA.6	承　德	72	47	544.6	151.4	27	1.4	1.1	1.3
ⅡA.7	乐　亭	82	56	602.5	234.7	18	3.6	3.1	3.6
ⅡA.8	沧　州	77	56	617.8	274.3	21	3.3	3.1	3.2
ⅡA.9	石家庄	75	52	538.2	200.2	19	1.8	1.6	1.8
ⅡA.10	南　宫	78	58	498.5	148.8	19	3.0	2.7	2.7
ⅡA.11	邯　郸	76	58	580.3	518.5	16	2.6	2.5	2.5
ⅡA.12	威　海	84	61	776.9	370.8	24	4.3	3.7	4.8
ⅡA.13	济　南	73	53	671.0	298.4	19	3.2	2.8	3.1
ⅡA.14	沂　源	79	55	721.8	222.9	20	2.3	2.1	2.3
ⅡA.15	青　岛	85	63	749.0	269.6	27	5.4	4.9	5.6
ⅡA.16	枣　庄	81	60	882.9	224.1	15	2.9	2.8	2.7
ⅡA.17	濮　阳	80	66	609.6	276.9	22	3.1	2.9	3.1

续附表 2.1-3

区属号	地名	相对湿度（%）		降水（mm）		最大积雪深度（cm）	风速（m/s）		
		最热月	最冷月	年降水量	日最大降水量		全年	夏季	冬季
1	2	17	18	19	20	21	22	23	24
ⅡA.18	郑州	76	60	655.0	189.4	23	3.0	2.6	3.4
ⅡA.19	卢氏	75	64	656.6	95.3	20	1.5	1.6	1.5
ⅡA.20	宿州	81	68	877.0	216.9	22	2.6	2.5	2.7
ⅡA.21	西安	72	67	591.1	92.3	22	1.9	2.1	1.7
ⅡB.1	蔚县	70	53	412.8	88.9	21	1.9	1.8	1.5
ⅡB.2	太原	72	50	456.0	183.5	16	2.4	2.0	24
ⅡB.3	离石	68	53	493.5	103.4	13	2.1	2.0	2.1
ⅡB.4	晋城	77	52	626.1	176.4	21	2.3	2.0	2.4
ⅡB.5	临汾	71	56	511.1	104.4	13	2.1	2.1	2.0
ⅡB.6	延安	72	53	538.4	139.9	17	1.9	1.6	2.1
ⅡB.7	铜川	73	53	610.5	113.6	15	2.3	2.2	2.2
ⅡB.8	白银	54	49	200.2	82.2	11	1.9	2.2	1.4
ⅡB.9	兰州	60	57	322.9	96.8	10	1.0	1.3	0.5
ⅡB.10	天水	72	62	537.5	88.1	15	1.3	1.2	1.3
ⅡB.11	银川	64	57	197.0	66.8	17	1.8	1.7	1.7
ⅡB.12	中宁	59	48	221.4	77.8	8	2.9	2.9	2.9
ⅡB.13	固原	71	53	476.4	75.9	19	2.9	2.7	2.8
ⅢA.1	盐城	84	74	1008.5	167.9	19	3.4	3.3	3.4
ⅢA.2	上海市	83	75	1132.3	204.4	14	3.1	3.2	3.0
ⅢA.3	舟山	84	70	1320.6	212.5	23	3.3	3.2	3.6
ⅢA.4	温州	85	75	1707.2	252.5	10	2.1	2.1	2.1
ⅢA.5	宁德	79	78	2001.7	206.8	6	1.3	1.6	1.2
ⅢB.1	泰州	85	76	1053.1	212.1	30	3.4	3.3	3.5
ⅢB.2	南京	81	73	1034.1	179.3	51	2.7	2.6	2.6
ⅢB.3	蚌埠	80	71	903.2	154.0	35	2.5	2.3	2.5
ⅢB.4	合肥	81	75	989.5	238.4	45	2.7	2.7	2.6
ⅢB.5	铜陵	79	75	1390.7	204.4	33	3.0	2.9	3.1
ⅢB.6	杭州	80	77	1409.8	189.3	29	2.2	2.2	2.3
ⅢB.7	丽水	75	75	1402.6	143.7	23	1.4	1.3	1.4
ⅢB.8	邵武	81	79	1788.1	187.7	10	1.2	1.1	1.2
ⅢB.9	三明	75	79	1610.7	116.2	3	1.8	1.7	1.8
ⅢB.10	长汀	78	78	1729.1	180.7	9	1.5	1.3	1.7
ⅢB.11	景德镇	79	76	1763.2	228.5	28	2.1	2.1	2.0
ⅢB.12	南昌	76	74	1589.2	289.0	24	3.3	2.6	3.6
ⅢB.13	上饶	74	78	1720.6	162.8	26	2.5	2.5	2.5
ⅢB.14	吉安	73	78	1496.0	198.8	27	2.4	2.5	2.3
ⅢB.15	宁冈	80	82	1507.0	271.6	27	1.7	1.5	1.8

续附表 2.1-3

区属号	地名	相对湿度（%）		降水（mm）		最大积雪深度（cm）	风速（m/s）		
		最热月	最冷月	年降水量	日最大降水量		全年	夏季	冬季
1	2	17	18	19	20	21	22	23	24
ⅢB.16	广昌	74	79	1732.2	327.4	20	1.8	1.7	1.9
ⅢB.17	赣州	70	75	1466.5	200.8	13	2.0	2.0	2.0
ⅢB.18	沙市	83	77	1109.5	174.3	30	2.3	2.3	2.4
ⅢB.19	武汉	79	76	1230.6	317.4	32	2.6	2.5	2.6
ⅢB.20	大庸	79	74	1357.9	185.9	18	1.4	1.2	1.4
ⅢB.21	长沙	75	81	1394.5	192.5	20	2.6	2.6	2.7
ⅢB.22	涟源	75	79	1358.5	147.5	18	1.5	1.8	1.3
ⅢB.23	永州	72	79	1419.6	194.8	14	3.4	3.3	3.4
ⅢB.24	韶关	75	72	1552.1	208.8		1.6	1.5	1.7
ⅢB.25	桂林	78	71	1894.4	255.9	4	2.6	1.6	3.3
ⅢB.26	涪陵	75	81	1071.8	113.1	4	1.0	1.1	0.8
ⅢB.27	重庆	75	82	1082.9	192.9	3	1.3	1.4	1.2
ⅢC.1	驻马店	81	65	1004.4	420.4	18	2.6	2.4	2.7
ⅢC.2	固始	83	75	1075.1	206.9	48	3.1	2.8	3.3
ⅢC.3	平顶山	78	60	757.3	234.4	22	2.7	2.4	3.0
ⅢC.4	老河口	80	72	841.3	178.7	22	1.4	1.5	1.3
ⅢC.5	随州	80	70	965.3	214.6	15	2.9	2.9	2.8
ⅢC.6	远安	82	74	1098.4	226.1	26	1.7	2.0	1.5
ⅢC.7	恩施	80	84	1461.2	227.5	19	0.5	0.5	0.4
ⅢC.8	汉中	81	77	905.4	117.8	10	1.0	1.1	0.9
ⅢC.9	略阳	79	62	853.2	160.9	9	2.0	1.8	2.0
ⅢC.10	山阳	74	59	731.6	92.5	15	1.6	1.5	1.7
ⅢC.11	安康	76	68	818.7	161.9	9	1.3	1.4	1.3
ⅢC.12	平武	76	67	859.6	151.0	8	0.6	0.9	0.5
ⅢC.13	仪陇	73	74	1139.1	172.2	8	2.3	2.1	2.3
ⅢC.14	达县	79	81	1201.3	194.1	4	1.2	1.3	1.0
ⅢC.15	成都	85	81	938.9	201.3	5	1.1	1.1	0.9
ⅢC.16	内江	81	82	1058.6	244.8	3	1.7	1.7	1.4
ⅢC.17	酉阳	82	76	1375.6	194.9	14	1.0	0.8	1.1
ⅢC.18	桐梓	76	80	1054.8	173.3	8	1.8	1.7	1.8
ⅢC.19	凯里	75	77	1225.4	256.5	19	1.8	1.6	1.8
ⅣA.1	福州	78	74	1339.7	167.6		2.8	2.9	2.6
ⅣA.2	泉州	80	72	1228.1	296.1		3.5	2.9	3.8
ⅣA.3	汕头	84	79	1560.1	297.4		2.7	2.5	2.9
ⅣA.4	广州	83	70	1705.0	284.9		2.0	1.8	2.2
ⅣA.5	茂名	84	78	1738.2	296.2		2.5	2.6	2.2
ⅣA.6	北海	83	77	1677.2	509.2		3.2	2.9	3.6

续附表 2.1-3

区属号	地名	相对湿度（%）		降水（mm）		最大积雪深度（cm）	风速（m/s）		
		最热月	最冷月	年降水量	日最大降水量		全年	夏季	冬季
1	2	17	18	19	20	21	22	23	24
ⅣA.7	海口	83	85	1681.7	283.0		3.1	2.8	3.3
ⅣA.8	儋县	81	84	1808.0	403.1		2.4	2.2	2.6
ⅣA.9	琼中	82	87	2452.3	373.5		1.1	1.2	1.0
ⅣA.10	三亚	83	74	1239.1	287.5		2.9	2.3	2.9
ⅣA.11	台北	77	82	1869.9	400.0		3.5	2.8	3.7
ⅣA.12	香港	81	71	2224.7	382.6		6.0	5.2	6.3
ⅣB.1	漳州	80	76	1543.3	215.9		1.6	1.6	1.6
ⅣB.2	梅州	78	76	1472.9	224.4		0.9	1.0	0.8
ⅣB.3	梧州	80	73	1517.0	334.5		1.6	1.5	1.7
ⅣB.4	河池	79	73	1489.2	209.6	5	1.2	1.1	1.2
ⅣB.5	百色	79	74	1104.6	169.8		1.2	1.1	1.1
ⅣB.6	南宁	82	75	1307.0	198.6		1.7	1.9	1.7
ⅣB.7	凭祥	82	81	1424.8	206.5		0.9	0.8	1.0
ⅣB.8	元江	72	65	789.4	109.4	6	2.8	2.2	3.5
ⅣB.9	景洪	76	85	1196.9	151.8		0.5	0.6	0.4
ⅤA.1	毕节	78	85	952.0	115.8	18	1.0	1.1	0.9
ⅤA.2	贵阳	77	78	1127.1	133.9	16	2.1	2.0	2.2
ⅤA.3	察隅	76	59	773.9	90.8	32	2.6	3.2	2.3
ⅤB.1	西昌	75	51	1002.6	135.7	13	1.6	1.3	1.8
ⅤB.2	攀枝花	48	68	767.3	106.3	1	1.0	1.0	1.0
ⅤB.3	丽江	81	45	933.9	105.2	32	3.4	2.3	4.1
ⅤB.4	大理	82	54	1060.1	136.8	22	2.4	1.6	3.3
ⅤB.5	腾冲	89	71	1482.4	93.2		1.6	1.6	1.6
ⅤB.6	昆明	83	68	1003.8	153.3	36	2.2	1.9	2.5
ⅤB.7	临沧	82	67	1205.5	97.4		1.0	0.8	1.1
ⅤB.8	个旧	84	75	1104.5	118.4	17	3.8	3.1	4.5
ⅤB.9	思茅	86	80	1546.2	149.0		1.0	0.9	1.0
ⅤB.10	盘县	81	78	1399.9	148.8	23	1.6	1.2	1.9
ⅤB.11	兴义	85	85	1545.1	163.1	18	2.7	2.4	2.6
ⅤB.12	独山	84	80	1343.8	160.3	20	2.4	2.2	2.5
ⅥA.1	冷湖	31	36	16.9	22.7	3	4.0	4.8	3.1
ⅥA.2	茫崖	38	38	48.4	15.3	9	5.1	5.5	4.2
ⅥA.3	德令哈	41	39	173.6	84.0	13	2.7	3.3	2.1
ⅥA.4	刚察	68	44	375.0	40.5	13	3.7	3.6	3.5
ⅥA.5	西宁	65	48	367.0	62.2	18	2.0	1.9	1.7
ⅥA.6	格尔木	36	41	39.6	32.0	6	3.1	3.5	2.5
ⅥA.7	都兰	46	41	178.7	31.4	18	3.0	2.8	2.9

续附表 2.1-3

区属号	地名	相对湿度（%）		降水（mm）		最大积雪深度（cm）	风速（m/s）		
		最热月	最冷月	年降水量	日最大降水量		全年	夏季	冬季
1	2	17	18	19	20	21	22	23	24
ⅥA.8	同德	73	44	437.9	#47.5	20	3.1	2.6	3.2
ⅥA.9	夏河	76	49	557.9	64.4	19	1.5	1.5	1.1
ⅥA.10	若尔盖	79	53	663.6	65.3	20	2.6	2.5	2.5
ⅥB.1	曲麻莱	66	46	399.2	28.5	24	3.2	3.1	3.1
ⅥB.2	杂多	69	45	524.8	37.9	20	2.2	1.9	2.4
ⅥB.3	玛多	68	56	322.7	54.2	16	3.4	3.7	2.9
ⅥB.4	噶尔	41	33	71.8	24.6	10	3.2	3.2	3.0
ⅥB.5	改则	52	25	189.6	26.4	17	4.4	3.9	5.0
ⅥB.6	那曲	71	37	410.1	33.3	20	2.9	2.4	3.2
ⅥB.7	申扎	62	24	294.3	25.4	13	3.9	3.4	4.6
ⅥC.1	马尔康	75	43	766.0	53.5	14	1.2	1.2	1.1
ⅥC.2	甘孜	71	42	640.0	38.1	18	1.8	1.7	1.6
ⅥC.3	巴塘	66	29	467.6	42.3	2	1.2	1.0	1.3
ⅥC.4	康定	80	63	802.0	48.0	54	3.1	2.8	3.1
ⅥC.5	班玛	75	46	667.3	49.6	17	1.7	1.6	1.6
ⅥC.6	昌都	64	37	466.5	55.3	11	1.3	1.4	1.0
ⅥC.7	波密	78	59	879.5	80.0	32	1.6	1.5	1.5
ⅥC.8	拉萨	53	29	431.3	41.6	12	2.1	1.8	2.2
ⅥC.9	定日	60	21	289.0	47.8	8	2.7	2.2	3.0
ⅥC.10	德钦	84	56	661.3	74.7	70	2.0	1.8	2.2
ⅦA.1	克拉玛依	31	77	103.1	26.7	25	3.6	5.0	1.5
ⅦA.2	博乐阿拉山口	34	79	100.1	20.6	17	6.0	7.2	3.8
ⅦB.1	阿勒泰	48	72	180.2	40.5	73	2.6	3.0	1.3
ⅦB.2	塔城	53	73	284.0	56.9	75	2.4	2.3	2.1
ⅦB.3	富蕴	49	77	159.0	37.3	54	1.8	2.8	0.5
ⅦB.4	伊宁	57	78	255.7	41.6	89	2.1	2.4	1.6
ⅦB.5	乌鲁木齐	43	80	275.6	57.7	48	2.5	3.0	1.7
ⅦC.1	额济纳旗	33	50	35.5	27.3	11	3.7	4.1	3.1
ⅦC.2	二连浩特	49	66	140.4	61.6	15	4.3	4.0	3.9
ⅦC.3	杭锦后旗	59	51	138.2	77.6	17	2.5	2.2	2.4
ⅦC.4	安西	39	54	47.4	30.7	17	3.6	3.4	3.4
ⅦC.5	张掖	57	55	128.6	46.7	11	2.1	2.1	1.9
ⅦD.1	吐鲁番	31	59	15.8	36.0	17	1.6	2.2	0.9
ⅦD.2	哈密	34	61	34.8	25.5	17	2.7	3.0	2.2
ⅦD.3	库车	35	63	64.0	56.3	16	2.5	3.0	1.9
ⅦD.4	库尔勒	40	62	51.3	27.6	21	2.7	3.2	2.1
ⅦD.5	阿克苏	52	69	62.0	48.6	14	1.7	2.0	1.4
ⅦD.6	喀什	40	67	62.2	32.7	46	1.8	2.4	1.2
ⅦD.7	且末	41	55	20.5	42.9	12	2.5	2.7	1.8
ⅦD.8	和田	40	53	32.6	26.6	14	2.0	2.3	1.6

附表 2.1-4 全国主要城镇气候参数表（四）

区属号	地名	冬季最多风向及其频率（%）								
		12月			1月			2月		
1	2	25			26			27		
ⅠA.1	漠河	C 46	NNW	13	C 49	NNW	13	C 42	NNW	13
ⅠB.1	加格达奇	C 44	WNW	23	C 48	WNW	26	C 40	WNW	24
ⅠB.2	克山	C 28	NW	13	C 29	NW	13	C 25	NW	14
ⅠB.3	黑河		NW	42		NW	49		NW	44
ⅠB.4	嫩江	C 33	SSW	10	C 41	SSW	8	C 33	SSW	9
ⅠB.5	铁力	C 29	SE	16	C 30	SE	15	C 22	SE	17
ⅠB.6	额尔古纳右旗	C 71	SE	6	C 72	SE	5	C 66	W	7
ⅠB.7	满洲里		SW	29		SW	32		SW	32
ⅠB.8	海拉尔	C 22	S	15	C 25	S	16	C 20	SSW	10
ⅠB.9	博克图		WNW	26	C 26	WNW	23	C 27	WNW	21
ⅠB.10	东乌珠穆沁旗	C 30	SW	15	C 29	SW	14	C 33	SW	11
ⅠC.1	齐齐哈尔		NW	15		NW	17		NW	16
ⅠC.2	鹤岗		W	19		W	20		WNW	17
ⅠC.3	哈尔滨		SSW	15		S	14		SSW	12
ⅠC.4	虎林	C 23	NNW	15	C 23	NNW	19		NNW	19
ⅠC.5	鸡西		W	34		W	35		W	31
ⅠC.6	绥芬河		W	38		W	37		W	32
ⅠC.7	长春		SW	21		SW	21		SW	18
ⅠC.8	桦甸	C 45	SW	19	C 50	SW	18	C 46	SW	16
ⅠC.9	图们		WNW	30		WNW	34		WNW	26
ⅠC.10	天池		WSW	36		WSW	29		WSW	28
ⅠC.11	通化	C 55	SSW,SW	6	C 58	SSW,SW	5	C 47	N,SSW	7
ⅠC.12	乌兰浩特	C 29	W	19	C 29	WNW	17	C 24	WNW	16
ⅠC.13	锡林浩特		SW	23	C 23	SW	20	C 25	SW	17
ⅠC.14	多伦	C 27	W	20	C 29	WNW	19	C 30	WNW	17
ⅠD.1	四平		SSW	15		SSW	14		SSW	13
ⅠD.2	沈阳		N	13		N	13		N	14
ⅠD.3	朝阳	C 33	S	11	C 29	S	11	C 25	S	11
ⅠD.4	林西		WSW	23		WSW	22	C 24	WSW	15
ⅠD.5	赤峰	C 27	SW	16	C 29	SW	15	C 28	SW	13
ⅠD.6	呼和浩特	C 53	NW	10	C 49	NW	11	C 46	NW	10
ⅠD.7	达尔罕茂明安联合旗		SE,SW	17		SE	20		SE	18
ⅠD.8	张家口		NNW	25		NNW	28		NNW	25
ⅠD.9	大同	C 20	N	19	C 20	N,NNW	18		N	18
ⅠD.10	榆林	C 41	NNW	14	C 39	NNW	14	C 34	NNW	13
ⅡA.1	营口		NNE	14		NNE	15		NNE	15
ⅡA.2	丹东		NNW	19		NNW	19		NNW	18
ⅡA.3	大连		N	25		N	26		N	24

续附表 2.1-4

区属号	地名	冬季最多风向及其频率（%）								
		12 月			1 月			2 月		
1	2	25			26			27		
ⅡA.4	北京市	C 23	N	14	C 18	NNW	14	C 17	N, NNW	12
ⅡA.5	天津市	C 15	NNW	13		NNW	14		NNW	12
ⅡA.6	承德	C 16	NW	11	C 54	NW	12	C 51	NW	10
ⅡA.7	乐亭		W	13		WNW	11		ENE	13
ⅡA.8	沧州		SSW	11		SW	10		SSW	11
ⅡA.9	石家庄	C 34	N	9	C 31	N	10	C 30	N	10
ⅡA.10	南宫		S	14		S	12		S	13
ⅡA.11	邯郸	C 19	N	16	C 18	N	15		N	6
ⅡA.12	威海		NNW	20		NNW	23		NNW	20
ⅡA.13	济南	C 16	SSW	15	C 17	ENE	14		ENE	17
ⅡA.14	沂源	C 36	W	12	C 35	WSW, W	11	C 31	ENE, WSW	10
ⅡA.15	青岛		NNW	22		NNW	22		N	19
ⅡA.16	枣庄	C 25	ENE	13	C 25	ENE	12	C 22	ENE	13
ⅡA.17	濮阳		N	14		N	14		N, NNE	13
ⅡA.18	郑州	C 17	WNW	15	C 16	WNW	14		NE	16
ⅡA.19	卢氏	C 42	NE	14	C 40	NE	13	C 34	NE, ENE	15
ⅡA.20	宿州		NE	14		NE	14		NE	14
ⅡA.21	西安	C 35	NE	11	C 34	NE	11	C 29	NE	17
ⅡB.1	蔚县	C 42	SW	7	C 41	SW	7	C 36	SW	7
ⅡB.2	太原	C 25	NNW	15	C 24	NNW	14	C 22	NNW	14
ⅡB.3	离石	C 29	NNE	27	C 27	NNE	23	C 28	NNE	21
ⅡB.4	晋城	C 38	NW	20	C 37	NW	20	C 34	NW	15
ⅡB.5	临汾	C 34	NE, SW	8	C 34	SW	9	C 28	NE, SW	9
ⅡB.6	延安		SW, WSW	22		SW	23	C 23	SW	21
ⅡB.7	铜川		NE	26		NE	24		NE	22
ⅡB.8	白银	C 53	N, NW	6	C 51	N	7	C 44	N	10
ⅡB.9	兰州	C 77	NE	3	C 71	NE	3	C 59	NE	7
ⅡB.10	天水	C 47	E	16	C 41	E	17	C 38	E	20
ⅡB.11	银川	C 38	N	11	C 35	N	11	C 27	N	12
ⅡB.12	中宁	C 21	W	15	C 22	W	14	C 24	W	10
ⅡB.13	固原	C 19	NW	11	C 17	NW	13	C 16	NW	10
ⅢA.1	盐城		NNW	11		NNW	11		NNE	12
ⅢA.2	上海市		NW	15		NW	15		NW	11
ⅢA.3	舟山	C 20	NW, NNW	17		NW	20	C 18	N	16
ⅢA.4	温州	C 22	NW	20	C 23	NW	20	C 20	ESE, N	16
ⅢA.5	宁德	C 37	SE	16	C 36	SE	16	C 37	SE	18
ⅢB.1	泰州		NW	9	NW		11		NE	10

续附表 2.1-4

区属号	地名	冬季最多风向及其频率（%）								
		12 月			1 月			2 月		
1	2	25			26			27		
ⅢB.2	南京	C 29	NE	9	C 25	NE	11	C 21	NE	11
ⅢB.3	蚌埠	C 29	NE, ENE	8	C 18	ENE	10	C 15	ENE	11
ⅢB.4	合肥	C 21	NW	9	C 21	ENE	9	C 20	ENE	9
ⅢB.5	铜陵		NE	20		NE	20		NE	22
ⅢB.6	杭州	C 21	NNW	18	C 19	NNW	16	C 16	NNW	14
ⅢB.7	丽水	C 52	ENE	10	C 47	ENE	13	C 43	ENE	14
ⅢB.8	邵武	C 54	NW	13	C 47	NW	15	C 44	NW	14
ⅢB.9	三明	C 35	NNE	19	C 36	NNE	19	C 29	NNE	21
ⅢB.10	长汀	C 42	NW	13	C 36	NW	15	C 36	WNW, NW	13
ⅢB.11	景德镇	C 27	NE	14	C 25	NE	13	C 23	NNE, NE	14
ⅢB.12	南昌		N	29		N	28		N	29
ⅢB.13	上饶	C 28	NE	15	C 22	NE	14	C 19	NE	16
ⅢB.14	吉安		N	30		N	32		N	31
ⅢB.15	宁冈	C 45	NNE	16	C 43	NNE	16	C 40	NNE	18
ⅢB.16	广昌	C 30	NNE	28		NNE	31		NNE	29
ⅢB.17	赣州		N	38		N	38		N	39
ⅢB.18	沙市	C 26	N	18	C 23	N	20	C 21	N	9
ⅢB.19	武汉		NNE	20		NNE	18		NNE	19
ⅢB.20	大庸	C 46	E	16	C 44	E	17	C 40	E	19
ⅢB.21	长沙		NW	32		NW	31		NW	30
ⅢB.22	涟源	C 35	E	11	C 34	E	11	C 34	E	11
ⅢB.23	永州		NE	24		NE	25		NE	24
ⅢB.24	韶关	C 38	NW	14	C 36	NW	13	C 33	N	13
ⅢB.25	桂林		NNE	51		NNE	54		NNE	51
ⅢB.26	涪陵	C 64	NE	6	C 59	NE	8	C 54	NE	8
ⅢB.27	重庆	C 39	N	13	C 36	N	13	C 33	N	12
ⅢC.1	驻马店	C 18	NNW	14	C 16	NNW	11	C 15	N, NNW	10
ⅢC.2	固始		E, ESE	9		E, ESE	10		ESE	13
ⅢC.3	平顶山	C 22	NW	12	C 21	NW	11	C 18	NE	13
ⅢC.4	老河口	C 46	NE	8	C 41	NE	9	C 36	NE	10
ⅢC.5	随州		N	12		N	13		N	12
ⅢC.6	远安	C 45	S	11	C 41	S	11	C 36	SSE	10
ⅢC.7	恩施	C 79	N	4	C 78	N, S	3	C 72	N	5
ⅢC.8	汉中	C 63	ENE	8	C 61	ENE	8	C 50	ENE	11
ⅢC.9	略阳	C 41	N, WSW	8	C 35	E	9	C 30	E	12
ⅢC.10	山阳	C 42	ESE	14	C 38	ESE	15	C 35	ESE	18
ⅢC.11	安康	C 59	ENE	10	C 56	ENE	10	C 46	ENE	14

续附表 2.1-4

区属号	地名	冬季最多风向及其频率(%)								
		12月			1月			2月		
1	2	25			26			27		
ⅢC.12	平武	C 71	SW	5	C 72	SW	5	C 67	ESE	4
ⅢC.13	仪陇		NE	25		NE	26		NE	25
ⅢC.14	达县	C 47	NE	24	C 45	NE	23	C 41	NE	24
ⅢC.15	成都	C 50	NNE	11	C 45	NNE	14	C 43	NNE	12
ⅢC.16	内江	C 31	N	15	C 30	N	15	C 26	N	14
ⅢC.17	酉阳	C 49	N	18	C 46	N	19	C 46	N	19
ⅢC.18	桐梓	C 38	E	10	C 36	E	10	C 33	E	12
ⅢC.19	凯里	C 27	N	20	C 26	N	22	C 27	N	22
ⅣA.1	福州	C 16	NW	14	C 18	NW	13	C 19	SE	11
ⅣA.2	泉州		ENE	25		ENE	26		ENE	27
ⅣA.3	汕头		ENE	21		ENE	20		ENE	26
ⅣA.4	广州	C 33	N	29	C 29	N	28	C 26	N	24
ⅣA.5	茂名	C 24	SE	15		NNW	17		ESE,SE	18
ⅣA.6	北海		N	35		N	39		N	38
ⅣA.7	海口		NE	31		NE	31		NE	25
ⅣA.8	儋县		ENE	24		ENE	20		ENE	15
ⅣA.9	琼中	C 61	NE	6	C 55	NE,SE	6	C 52	SE	10
ⅣA.10	三亚		NE	24		NE	22		E	21
ⅣA.11	台北		E	32		E	26		E	27
ⅣA.12	香港		E	30		E	33		E	38
ⅣB.1	漳州	C 38	ESE	16	C 37	ESE	19	C 35	ESE	24
ⅣB.2	梅州	C 59	N	10	C 53	N	12	C 52	N	9
ⅣB.3	梧州	C 21	NE	19	C 21	NE	18		NE	21
ⅣB.4	河池	C 43	E	15	C 39	E	15	C 37	E	19
ⅣB.5	百色	C 51	SE	8	C 48	SE	10	C 39	SE	13
ⅣB.6	南宁	C 30	ENE	15	C 26	ENE	17	C 23	ENE	16
ⅣB.7	凭祥	C 58	E	14	C55	E	17	C 47	E	15
ⅣB.8	元江	C 43	ESE	19	C 32	ESE	25		ESE	27
ⅣB.9	景洪	C 79	SE	2	C 76	SW	3	C 68	E,SE	4
ⅤA.1	毕节	C 56	ESE,SE	6	C 54	NE	6	C 50	NE,SE	7
ⅤA.2	贵阳	C 24	NE	21		NE	21		NE	24
ⅤA.3	察隅	C 35	SSW	19	C 36	SSW	20		SSW	26
ⅤB.1	西昌	C 44	N	8	C 34	S	10	C 23	S	13
ⅤB.2	攀枝花	C 66	SE	6	C 59	SE	7	C 49	SE	8
ⅤB.3	丽江		W	18		W	28		W	32
ⅤB.4	大理	C 29	E	10	C 20	E	10	C 17	S	10
ⅤB.5	腾冲	C 36	SSW,SW	12	C 32	SW	15	C 29	SW	15
ⅤB.6	昆明	C 35	SW	22	C 32	SW	23	C 28	SW	25

续附表 2.1-4

区属号	地名	冬季最多风向及其频率(%)								
		12月			1月			2月		
1	2	25			26			27		
ⅤB.7	临沧	C 61	NW,N	4	C 58	NW	4	C 50	SW,W	7
ⅤB.8	个旧		S	38		S	42		S	42
ⅤB.9	思茅	C 64	SW	6	C 59	S,SW	6	C 56	SW	7
ⅤB.10	盘县	C 38	NE	18	C 32	NE	21	C 29	NE	20
ⅤB.11	兴义		S	27		S	25		S	20
ⅤB.12	独山	C 24	N	14		N	18		N	17
ⅥA.1	冷湖	C 29	ENE	16	C 25	ENE	19	C 18	ENE	13
ⅥA.2	茫崖		NW	24		NW	28		NW	35
ⅥA.3	德令哈	C 50	ENE	18	C 40	ENE	19	C 39	ENE	20
ⅥA.4	刚察		NNW	21		NNW	17		NNW	15
ⅥA.5	西宁	C49	SE	18	C 46	SE	21	C 37	SE	28
ⅥA.6	格尔木		SW	21		SW	19		SW	19
ⅥA.7	都兰		SE	32		SE	30		SE	26
ⅥA.8	同德		E	26		E	24		E	20
ⅥA.9	夏河	C 66	N,NNW	7	C 61	N,NNW	8	C 52	NNW	11
ⅥA.10	若尔盖	C 28	NE	14	C 24	NE	19	C 20	NE	16
ⅥB.1	曲麻莱	C 38	WNW	14	C 31	WNW	19	C 22	W,WNW	17
ⅥB.2	杂多	C 30	W	14	C 32	W	15	C 28	W	19
ⅥB.3	玛多	C 39	W	9	C 36	W	11	C 28	W	12
ⅥB.4	噶尔	C 34	WSW	12	C 30	WSW	13	C 22	WSW	18
ⅥB.5	改则	C 24	WSW	14		WSW	19		WSW	22
ⅥB.6	那曲	C 37	NNE	9	C 30	W	12	C 25	W	16
ⅥB.7	申扎	C 31	W	18	C 27	W	20		W	26
ⅥC.1	马尔康	C 63	WNW	10	C 59	WNW	12	C 52	WNW	13
ⅥC.2	甘孜	C 59	W	5	C 51	W	6	C 42	W	10
ⅥC.3	巴塘	C 57	SW	12	C 48	SW	11	C 37	SW	17
ⅥC.4	康定	C 36	E	29		E	32		E	34
ⅥC.5	斑玛	C44	NW	13	C 44	NW	13	C 39	NW	14
ⅥC.6	昌都	C 62	NW,NNW	5	C 56	NW	6	C 45	S,NW	7
ⅥC.7	波密	C48	NW	17	C 38	NW	22	C 32	NW	27
ⅥC.8	拉萨	C 31	E	17	C 24	E	16	C 19	ESE	13
ⅥC.9	定日	C 54	WSW	19	C 43	WSW	22	C 36	WSW	24
ⅥC.10	德钦	C 35	S,SSW	11	C 31	S	13	C 29	SSW	14
ⅦA.1	克拉玛依	C 40	NE,NW	8	C 38	NW	9	C 30	NW	9

续附表 2.1-4

区属号	地名	冬季最多风向及其频率（%）								
		12月			1月			2月		
1	2	25			26			27		
ⅦA.2	博乐阿拉山口		SSE	22	C 25	SSE	20		SSE	25
ⅦB.1	阿勒泰	C 48	NE	11	C 50	NE	12	C 47	NE	10
ⅦB.2	塔城	C 25	N	21		N	21	C 21	N	20
ⅦB.3	富蕴	C 75	E	14	C 78	E	13	C 74	E	14
ⅦB.4	伊宁	C 32	E	16	C 31	E	16	C 28	E	16
ⅦB.5	乌鲁木齐	C 32	S	10	C 30	S	12	C 27	S	12
ⅦC.1	额济纳旗	C 25	W	15	C 23	W	16	C 19	W	15
ⅦC.2	二连浩特		SW	17		SW	16		W	13
ⅦC.3	杭锦后旗	C 37	SW	12	C 37	NE	12	C 27	NE	15
ⅦC.4	安西		E	34		E	36		E	38
ⅦC.5	张掖	C 30	NW	11	C 25	NW	13	C 24	NW	16
ⅦD.1	吐鲁番	C 51	N	9	C 49	N	10	C 37	N	12
ⅦD.2	哈密	C 18	NE, ENE	16		NE	22		NE	16
ⅦD.3	库车	C 25	N	17		N	22		N	22
ⅦD.4	库尔勒	C 40	ENE	15	C 36	ENE	22	C 27	ENE	20
ⅦD.5	阿克苏	C 37	NNW	14	C 33	NNW	16	C 26	NNW	16
ⅦD.6	喀什	C 48	NW	11	C42	NW	13	C 33	NW	13
ⅦD.7	且末	C 32	NE	13	C 30	NE	15	C 24	NE	18
ⅦD.8	和田	C 28	SW	10	C 31	SW	10	C 25	SW	10

附表 2.1-5 全国主要城镇气候参数表（五）

区属号	地名	夏季最多风向及其频率（%）								
		6月			7月			8月		
1	2	28			29			30		
ⅠA.1	漠河	C 17	W	10	C 23	SE, W	8	C 27	NW	8
ⅠB.1	加格达奇	C 25	WNW	11	C 27	WNW	10	C 25	WNW	15
ⅠB.2	克山	C 12	E	9	C 16	E	10	C 18	NW	8
ⅠB.3	黑河		NW	18		NW	16		NW	22
ⅠB.4	嫩江	C 14	N	9	C 17	S	8	C 19	N	9
ⅠB.5	铁力		SE	16	C 16	SE	14	C 20	SE	13
ⅠB.6	额尔古纳右旗	C 29	SE	9	C 30	SE	9	C 36	SE	8
ⅠB.7	满洲里		E	11		E	12	C 14	SW	11
ⅠB.8	海拉尔	C 11	E, SSE	9	C 12	E	11	C 15	E	9
ⅠB.9	博克图	C 34	SE	8	C 39	SE	9	C40	W	9
ⅠB.10	东乌珠穆沁旗	C 18	N	9	C 21	SE	8	C 25	SE	9

续附表 2.1-5

区属号	地　名	夏季最多风向及其频率（%）								
		6　月			7　月			8　月		
1	2	28			29			30		
ⅠC.1	齐齐哈尔		N	11		S	11		N	12
ⅠC.2	鹤　岗		NE	13		NE	14		NE	12
ⅠC.3	哈尔滨		S	12		S	14		S	12
ⅠC.4	虎　林		SSW	18		SSW	18	C 14	SSW	10
ⅠC.5	鸡　西	C 19	W	11	C 22	W	9	C 23	W	12
ⅠC.6	绥芬河	C 30	E	12	C 31	E	13	C 32	W	12
ⅠC.7	长　春		SW	16		SSW,SW	16		SSW,SW	13
ⅠC.8	桦　甸	C 25	SW	15	C 29	SW	15	C 35	NE	13
ⅠC.9	图　们		E	21	C 23	ENE	17	C 31	E	14
ⅠC.10	天　池		WSW	19		WSW	22		WSW	23
ⅠC.11	通　化	C 29	SSW	14	C 36	SSW	13	C 42	SW	9
ⅠC.12	乌兰浩特	C 20	N	8	C 24	N	7	C 28	N,W	8
ⅠC.13	锡林浩特	C 17	SW,N	8	C 17	SW	8	C 22	SSW	8
ⅠC.14	多　伦	C 25	S	8	C 29	S	10	C 35	S	9
ⅠD.1	四　平		SSW	19		SSW	19	C 19	SSW	13
ⅠD.2	沈　阳		S	18		S	19		S	14
ⅠD.3	朝　阳		S	22	C 25	S	24	C 34	S	17
ⅠD.4	林　西	C 28	WSW	9	C 37	WSW	8	C 41	WSW,W	7
ⅠD.5	赤　峰	C 19	SW	16	C 23	SW	16	C 29	SW	14
ⅠD.6	呼和浩特	C 34	SSW	7	C 44	SSW	7	C 49	SSW	6
ⅠD.7	达尔罕茂明安联合旗		SW	13	C 15	SW	13	C 16	SE	14
ⅠD.8	张家口	C 19	SE	15	C 25	SE	16	C 27	ESE,SE	13
ⅠD.9	大　同	C 21	N	12	C 28	N	10	C 28	N	12
ⅠD.10	榆　林	C 27	SSE	12	C 25	SSE	16	C 27	SSE	15
ⅡA.1	营　口		SW	15		SW	15		NNE,NE	11
ⅡA.2	丹　东	C 18	S	15	C 19	S	18	C 21	NE	13
ⅡA.3	大　连		SE	17		SE,SSE	17		S	13
ⅡA.4	北京市	C 17	S	9	C 24	S	9	C 30	N	10
ⅡA.5	天津市		SE	13		SE	11	C 15	SE	9
ⅡA.6	承　德	C 43	S	8	C 53	S	7	C 58	SE,S	5
ⅡA.7	乐　亭		S	12		S	11	C 17	ENE,E	8
ⅡA.8	沧　州		SSW	14		SSW	11	C 12	E	9
ⅡA.9	石家庄	C 28	SE	11	C 36	SE	11	C 42	SE	9
ⅡA.10	南　宫		S	20		S	15	C 15	S	12
ⅡA.11	邯　郸		S	20	C 16	S	15	C 20	N	16
ⅡA.12	威　海		S	15		S	15	C 16	SSE,S	9
ⅡA.13	济　南		SSW	19	C 17	SSW	15	C 20	ENE	15
ⅡA.14	沂　源	C 26	ENE	8	C 30	ENE	9	C 36	NE,ENE	10

续附表 2.1-5

区属号	地名	夏季最多风向及其频率（%）								
		6月			7月			8月		
1	2	28			29			30		
ⅡA.15	青岛		SSE	30		SSE	29		SSE	20
ⅡA.16	枣庄		E	16		E	17	C 20	ENE	15
ⅡA.17	濮阳		SSW	15		S	13		N	14
ⅡA.18	郑州		S	13	C 15	S	13	C 20	NE	13
ⅡA.19	卢氏	C 29	SSW	15	C 31	NE	13	C 37	NE	16
ⅡA.20	宿州		E,ESE,SE	10	C 13	ENE	10	C 15	ENE	14
ⅡA.21	西安	C 22	NE	12	C 25	NE	17	C 26	NE	19
ⅡB.1	蔚县	C 26	SSE,SW	8	C 35	SSE	7	C 39	SE,SW	7
ⅡB.2	太原	C 21	NNW	12	C 29	NNW	13	C 29	NNW	15
ⅡB.3	离石	C 27	NNE	16	C 33	NNE	16	C 37	NNE	16
ⅡB.4	晋城	C 27	S	17	C 31	S	17	C 36	S	19
ⅡB.5	临汾	C 22	NE	11	C 27	NE	12	C 30	NE	13
ⅡB.6	延安	C 23	SW	22	C 34	SW	17	C 36	SW	14
ⅡB.7	铜川		NE	20	C 19	NE	18		NNE	19
ⅡB.8	白银	C 27	N	9	C 30	N	9	C 34	N	8
ⅡB.9	兰州	C 42	E	9	C 44	E	9	C 48	NE,E	8
ⅡB.10	天水	C 41	E	13	C 40	E	16	C 40	E	18
ⅡB.11	银川	C 26	S	12	C 32	S	11	C 36	S	9
ⅡB.12	中宁	C 22	NE	12	C 22	S	11	C 22	NE	13
ⅡB.13	固原	C 18	SE	12	C 18	SE	13	C 19	SE	16
ⅢA.1	盐城		ESE	17		ESE	13		ESE	13
ⅢA.2	上海市		ESE,SE	16		SSE	19		ESE	17
ⅢA.3	舟山	C 21	SE	20		SE	25		SE	20
ⅢA.4	温州	C 36	ESE	19	C 30	E	23	C 29	E	18
ⅢA.5	宁德	C 33	SE	17	C 20	SE	18	C 23	SE	16
ⅢB.1	泰州		SE	16		SE	15		SE	15
ⅢB.2	南京	C 16	SE	15	C 19	SE	12	C 19	SE	12
ⅢB.3	蚌埠	C24	SSE	12	C 25	ENE	10	C 26	ENE	17
ⅢB.4	合肥	C 15	S	13		S	17	C 17	ENE	9
ⅢB.5	铜陵	C 18	SW	17		SW	23		NE	17
ⅢB.6	杭州		SSW	20		SSW	25	C 12	SSW	10
ⅢB.7	丽水	C 47	E	13	C 41	E	15	C 38	E	15
ⅢB.8	邵武	C 56	ESE	6	C 51	ESE	6	C 50	E,ESE	7
ⅢB.9	三明	C 35	NNE	16	C 31	SSW	13	C 28	NNE	15
ⅢB.10	长汀	C 50	S	9	C 45	S	10	C 46	WNW	6
ⅢB.11	景德镇	C 27	NE	13	C 27	NE	13	C 23	NE	17
ⅢB.12	南昌	C 22	NNE,SW	10		SW	17	C 19	NNE	13
ⅢB.13	上饶	C 21	NE	14	C 21	NE	11	C 18	NE	11

续附表2.1-5

区属号	地名	夏季最多风向及其频率(%)								
		6月			7月			8月		
1	2	28			29			30		
ⅢB.14	吉安		S	20		S	29		S	16
ⅢB.15	宁冈	C 51	NNE	10	C 53	NE	7	C 52	NE	9
ⅢB.16	广昌	C 28	SSW	15		SSW	22	C 27	SSW	13
ⅢB.17	赣州	C 27	SSW	19		SSW	25	C 23	SSW	14
ⅢB.18	沙市	C 21	S	16		S	23	C 21	N	18
ⅢB.19	武汉	C 13	SE	9	C 12	SSW	10		NNE	14
ⅢB.20	大庸	C 48	E	10	C 43	E	10	C 43	E	14
ⅢB.21	长沙	C 19	NW	13		S	21	C 17	NW	14
ⅢB.22	涟源	C 28	E	12	C 22	SW	9	C 24	E, W	9
ⅢB.23	永州		S	26		S	36		S	24
ⅢB.24	韶关	C 37	S	20	C 33	S	26	C 43	S	13
ⅢB.25	桂林	C 35	NNE	18	C 37	S	13	C 39	NNE	17
ⅢB.26	涪陵	C 57	N	6	C 48	NE	9	C 49	NE	8
ⅢB.27	重庆	C 37	N	10	C 29	N	8	C 30	NE	8
ⅢC.1	驻马店	C 15	S	13	C 17	S	16	C 21	N	11
ⅢC.2	固始		ESE	16		SW	12	C 14	E, ESE	11
ⅢC.3	平顶山	C 16	NE, E	8	C 21	SSW	8	C24	NE	11
ⅢC.4	老河口	C 34	SE	11	C 37	SE	12	C 40	NE, SE	8
ⅢC.5	随州		SE	16		SE	19		SE	13
ⅢC.6	远安	C 25	SSE	15	C 26	SSE	16	C 27	NNW	17
ⅢC.7	恩施	C 72	N	4	C 66	S	5	C 68	N, S	4
ⅢC.8	汉中	C 45	ENE, E	8	C 47	ENE, E	8	C 48	E	9
ⅢC.9	略阳	C 34	N	9	C 38	E	7	C 35	N, E	7
ⅢC.10	山阳	C 36	ESE	14	C 36	ESE	18	C 38	ESE	17
ⅢC.11	安康	C 45	E, W	7	C 45	E, W	7	C 41	E	9
ⅢC.12	平武	C 46	N	14	C 55	N	10	C 58	N	10
ⅢC.13	仪陇		NE	15		NE	16		NE	18
ⅢC.14	达县	C 34	NE	19	C 31	NE	25		NE	27
ⅢC.15	成都	C 40	NNE	7	C 41	NNE	9	C 44	N	9
ⅢC.16	内江	C 26	NNW	10	C 25	NNW	12	C 27	NNW	11
ⅢC.17	酉阳	C 58	N	8	C 61	SE	7	C 61	N	8
ⅢC.18	桐梓	C 38	SSE, WSW	7	C 33	SSE	15	C 40	SE, SSE	10
ⅢC.19	凯里	C 37	N	10	C 33	S	13	C 41	E	8
ⅣA.1	福州	C 26	SE	24		SE	32	C 21	SE	20
ⅣA.2	泉州	C 19	SSW	17		SSW	20	C 19	SSE	9
ⅣA.3	汕头	C 20	SSW	11	C 21	S, SSW	10	C 24	ESE	10
ⅣA.4	广州	C 26	SE	15	C 26	SE	16	C 32	E	11
ⅣA.5	茂名		SE	25		SE	24	C 16	SE	14

续附表 2.1-5

区属号	地　名	夏季最多风向及其频率（%）								
		6　月			7　月			8　月		
1	2	28			29			30		
ⅣA.6	北　海		SSW	13		SSW	16	C 18	SE,SSW	9
ⅣA.7	海　口		SSE	20		SSE	21	C 16	SSE	13
ⅣA.8	儋　县		S	20		S	20		S	17
ⅣA.9	琼　中	C 54	SE	10	C 52	SE	8	C 58	SE,W	6
ⅣA.10	三　亚	C 19	SSE	10	C 19	W	10	C 25	W	11
ⅣA.11	台　北		SSE	13		ESE	13		ESE	17
ⅣA.12	香　港		E	22		E	15		E	23
ⅣB.1	漳　州	C 38	ESE	15	C 34	S	10	C 36	ESE	10
ⅣB.2	梅　州	C 53	SW	6	C 44	SSW,SW	8	C 46	SSW,SW	6
ⅣB.3	梧　州	C 26	E	17	C 25	E	18	C 28	E	13
ⅣB.4	河　池	C 44	E	25	C 40	E	27	C 49	E	18
ⅣB.5	百　色	C 39	SE	11	C 40	SE	10	C 50	SE	6
ⅣB.6	南　宁	C 19	SE	14	C 16	E,SE	15	C 25	E	13
ⅣB.7	凭　祥	C 64	S	8	C 64	S	8	C 67	E	5
ⅣB.8	元　江	C 33	ESE	21	C 33	ESE	23	C 47	ESE	14
ⅣB.9	景　洪	C 64	SE	8	C 63	E,ESE	8	C 71	E	5
ⅤA.1	毕　节	C 55	SE	7	C 49	SE	10	C 57	SE	9
ⅤA.2	贵　阳	C 29	S	14	C 26	S	23	C 35	S	13
ⅤA.3	察　隅		SSW	29		SSW	34	C 30	SSW	29
ⅤB.1	西　昌	C 40	N	7	C 43	N	8	C 42	N	9
ⅤB.2	攀枝花	C 53	SE	8	C 60	SE	6	C 70	ESE	4
ⅤB.3	丽　江	C 16	SE	11	C 21	SE	12	C 25	E,SE	13
ⅤB.4	大　理	C 33	E	13	C 39	E	12	C 44	NW	8
ⅤB.5	腾　冲	C 32	SW	27		SW	31	C 36	SW	22
ⅤB.6	昆　明	C 23	SW	18	C 28	SW	18	C 38	S	9
ⅤB.7	临　沧	C 55	N	8	C 59	N	9	C 60	N	9
ⅤB.8	个　旧		S	39		S	37		S	26
ⅤB.9	思　茅	C 50	S	12	C 52	S,SSW	11	C 60	SSW	7
ⅤB.10	盘　县	C 47	SW	10	C 47	SSW	12	C 57	NE	8
ⅤB.11	兴　义		SSE	24		SSE	26		S	18
ⅤB.12	独　山	C 22	SE	21		SE	27	C 33	SE	18
ⅥA.1	冷　湖		NE,ENE	16		NE	17		NE	18
ⅥA.2	茫　崖		NW	35		NW	36		NW	37
ⅥA.3	德令哈		ENE	22		ENE	24	C 28	ENE	26
ⅥA.4	刚　察		NNW	16		NNW	14		NNW	16
ⅥA.5	西　宁	C 27	SE	18	C 29	SE	22	C 30	SE	26
ⅥA.6	格尔木		W	24		W	24		W	21
ⅥA.7	都　兰		SE	17		SE	17		SE	17

续附表 2.1-5

区属号	地名	夏季最多风向及其频率（%）								
		6月			7月			8月		
1	2	28			29			30		
ⅥA.8	同德		NE	14	C 16	E, NE	14	C 17	NE	15
ⅥA.9	夏河	C 44	NNW	12	C 46	NNW	12	C 46	NNW	13
ⅥA.10	若尔盖	C 18	NE	15	C 20	NE	14	C 26	NE	16
ⅥB.1	曲麻莱		E, ESE	15		E	17		ESE	18
ⅥB.2	杂多	C 26	W	11	C 30	W	10	C 27	ESE	11
ⅥB.3	玛多	C 18	NE	14	C 19	NE	14	C 21	NE	13
ⅥB.4	噶尔	C 20	WSW	13	C 16	W	11	C 19	W	10
ⅥB.5	改则	C 15	W	11	C 16	ESE	8	C 16	ESE	10
ⅥB.6	那曲	C 26	NE	8	C 30	ESE	8	C 32	NE, ESE	7
ⅥB.7	申扎	C 18	SE	13	C 22	SE	17	C 24	SE	15
ⅥC.1	马尔康	C 51	WNW	13	C 55	WNW	9	C 55	WNW	10
ⅥC.2	甘孜	C 41	W	9	C 46	E	7	C 47	W	6
ⅥC.3	巴塘	C 54	SW	12	C 59	SW	10	C 57	SW	9
ⅥC.4	康定	C 27	E	24	C 31	E	22	C 29	E	23
ⅥC.5	班玛	C 34	NNW	10	C 39	NNW	9	C 42	ESE	9
ⅥC.6	昌都	C 33	NW, NNW	10	C 37	NNW	9	C 41	NW, NNW	8
ⅥC.7	波密	C 44	NW	17	C 45	NW	18	C 44	NW	19
ⅥC.8	拉萨	C 24	ESE	13	C 30	ESE	14	C 32	ESE	14
ⅥC.9	定日	C 31	SSW, WSW	8	C 37	SE	8	C 43	SE	7
ⅥC.10	德钦	C 29	SSW	17	C 35	SSW	15	C 35	SSW	13
ⅦA.1	克拉玛依		NW	35		NW	32		NW	28
ⅦA.2	博乐阿拉山口		NW	33		NNW	34		NNW	29
ⅦB.1	阿勒泰		W	18	C 20	W	15	C 19	W	15
ⅦB.2	塔城	C 18	N	17	C 18	N	15	C 17	N	16
ⅦB.3	富蕴	C 38	W	25	C 43	W	23	C 43	W	23
ⅦB.4	伊宁		E	20		E	19	C 18	E	17
ⅦB.5	乌鲁木齐		NW	15		NW	15		NW	16
ⅦC.1	额济纳旗		NW	13		E	12		E	16
ⅦC.2	二连浩特		NW	9		E, NW	9	C 10	E	9
ⅦC.3	杭锦后旗	C 26	NE	12	C 31	NE	12	C 30	NE	14
ⅦC.4	安西		E	29		E	30		E	29
ⅦC.5	张掖	C 19	SE	11	C 22	SE	10	C 25	SE, NW	10
ⅦD.1	吐鲁番	C 21	E	11	C 23	E	9	C 26	E	9
ⅦD.2	哈密		NE	16		NE	14	C 16	NE	14
ⅦD.3	库车		N	15		N	16		N	16
ⅦD.4	库尔勒		NE	23	C 23	NE	20	C 24	NE	22
ⅦD.5	阿克苏	C 25	NW	14	C 27	NW	12	C 28	NW	12
ⅦD.6	喀什	C 13	W, NW	11	C 15	W, NW	8	C 19	NW	8

续附表 2.1-5

区属号	地名	夏季最多风向及其频率（%）								
		6月			7月			8月		
1	2	28			29			39		
ⅦD.7	且末	C 21	NE	15	C 23	NE	18	C 25	NE	22
ⅦD.8	和田	C 15	SW	12	C 19	W	9	C 20	SW,W	10

附表 2.1-6 全国主要城镇气候参数表（六）

区属号	地名	全年最多（最少）风向及其频率（%）				
		最多			最少	
1	2	31			32	
ⅠA.1	漠河	C 31	NW	10	NNE,ENE	1
ⅠB.1	加格达奇	C 31	WNW	18	E,ESE	1
ⅠB.2	克山	C 18	NW	11	ESE	2
ⅠB.3	黑河		NW	30	NNE,NE,ENE,E,ESE,SSW,WSW	2
ⅠB.4	嫩江	C 21	S,N	8	ENE	2
ⅠB.5	铁力	C 18	SE	15	NNE,ENE,NNW	2
ⅠB.6	额尔古纳右旗	C 44	SE	6	SSW	1
ⅠB.7	满洲里		SW	19	N,NNE,ESE,SE,SSE	2
ⅠB.8	海拉尔	C 15	S	10	NNE	2
ⅠB.9	博克图	C 31	WNW	15	E,ESE,S,SSW,SW	1
ⅠB.10	东乌珠穆沁旗	C 24	SW	10	ENE	1
ⅠC.1	齐齐哈尔		NW	11	ENE,ESE	2
ⅠC.2	鹤岗		W	12	SSE	1
ⅠC.3	哈尔滨		S,SSW	12	NNE,ESE	2
ⅠC.4	虎林	C 14	NNW	13	NNE,ENE,ESE	2
ⅠC.5	鸡西		W	21	SSE	1
ⅠC.6	绥芬河	C 26	W	21	NNE,NE,SSE	1
ⅠC.7	长春		SW	17	E	1
ⅠC.8	桦甸	C 35	SW	16	N,ESE,SE,SSE,S,NNW	1
ⅠC.9	图们	C 26	WNW	17	N,NNE,SSE,S,SSW,SW	1
ⅠC.10	天池		WSW	26	NNE,NE,ENE,E,ESE,SE	1
ⅠC.11	通化	C 40	SSW	10	E,ESE,SE	1
ⅠC.12	乌兰浩特	C 24	W,WNW	12	ENE,E,ESE,SSE	2
ⅠC.13	锡林浩特	C 19	SW	13	ENE,E	1
ⅠC.14	多伦	C 26	WNW	12	NE,ENE,E,ESE	1
ⅠD.1	四平		SSW	16	ENE,E,ESE,NNW	2
ⅠD.2	沈阳		S	12	W,WNW	2

续附表 2.1-6

区属号	地名	全年最多（最少）风向及其频率（%）				
		最多			最少	
1	2	31			32	
Ⅰ D.3	朝阳	C 25	S	16	ESE	0
Ⅰ D.4	林西	C 26	WSW	13	NNE, NE, SSE, S, SSW	1
Ⅰ D.5	赤峰	C 24	SW	15	NNE, ESE, SE, SSE	2
Ⅰ D.6	呼和浩特	C 43	NW	8	ESE, SE, SSE, WSW, W	2
Ⅰ D.7	达尔罕茂明安联合旗		SW	14	ENE, E	1
Ⅰ D.8	张家口	C 21	NNW	19	NE	0
Ⅰ D.9	大同	C 21	N	15	NE, ENE	2
Ⅰ D.10	榆林	C 32	SSE	11	ENE, E, WSW, W	1
Ⅱ A.1	营口		SSW	12	ENE, E, ESE, WNW	2
Ⅱ A.2	丹东	C 16	NE	12	E, ESE	1
Ⅱ A.3	大连		N	15	NE, ENE	2
Ⅱ A.4	北京市	C 20	N	10	W	1
Ⅱ A.5	天津市	C 10	SSW, NNW	8	NNE	3
Ⅱ A.6	承德	C 51	NW	7	ENE, ESE	1
Ⅱ A.7	乐亭		ENE	9	NNE, ESE	3
Ⅱ A.8	沧州		SSW	13	W, WNW, NW	3
Ⅱ A.9	石家庄	C 32	N, SE	9	SSW, SW, WSW	1
Ⅱ A.10	南宫		S	17	WSW, W, WNW	2
Ⅱ A.11	邯郸		S	15	WSW	2
Ⅱ A.12	威海		NW, NNW	11	WSW	2
Ⅱ A.13	济南		SSW	16	ESE, SE	1
Ⅱ A.14	沂源	C 32	ENE, WSW	9	N, NNE, SSE, S, SSW	2
Ⅱ A.15	青岛		SSE	16	NE, ENE, WSW	1
Ⅱ A.16	枣庄	C 20	E	13	N, NNE, S, SSW, SW	2
Ⅱ A.17	濮阳		S	13	W, WNW	1
Ⅱ A.18	郑州	C 15	NE	12	N, NNW	2
Ⅱ A.19	卢氏	C 36	NE	13	ESE, SE, W, WNW, NW, NNW	1
Ⅱ A.20	宿州		ENE	12	N, WSW, W, WNW	3
Ⅱ A.21	西安	C 29	NE	14	NNW	1
Ⅱ B.1	蔚县	C 34	SW	8	ENE, E, ESE	2
Ⅱ B.2	太原	C 24	NNW	13	ENE, WSW	1
Ⅱ B.3	离石	C 29	NNE	19	ESE	0
Ⅱ B.4	晋城	C 35	S	14	ENE, E, ESE, WSW	1
Ⅱ B.5	临汾	C 30	NE	10	ESE, SE, SSE, WNW	2
Ⅱ B.6	延安	C 26	SW	20	N, SE, SSE, NW, NNW	1
Ⅱ B.7	铜川		NE	22	WSW, W, WNW, NW	1
Ⅱ B.8	白银	C 39	N	9	SSW, WSW, W, NNW	2

续附表 2.1-6

区属号	地名	全年最多（最少）风向及其频率（%）				
		最多			最少	
1	2	31			32	
ⅡB.9	兰州	C 55	NE	7	SSE, SSW, SW, WSW, WNW	1
ⅡB.10	天水	C 40	E	17	NNE, SSW, NNW	1
ⅡB.11	银川	C 32	N, S	8	WSW	1
ⅡB.12	中宁	C 22	NE, W	10	N	1
ⅡB.13	固原	C 18	ESE	10	NNE, NE	1
ⅢA.1	盐城		ESE	10	WSW, W	3
ⅢA.2	上海市		ESE	10	SW, WSW	2
ⅢA.3	舟山	C 18	N, SE	11	SW, WSW	0
ⅢA.4	温州	C 27	ESE	16	SSW, SW	0
ⅢA.5	宁德	C 33	SE	18	NNE, NE, SSW, SW, WSW	1
ⅢB.1	泰州		SE	10	SW, WSW, W	3
ⅢB.2	南京	C 22	NE, E	9	SSW, WNW	2
ⅢB.3	蚌埠	C 18	ENE	11	N, WSW, W, NW, NNW	3
ⅢB.4	合肥	C 18	ENE	9	SW, WSW, W	2
ⅢB.5	铜陵		NE	20	SSE	0
ⅢB.6	杭州	C 15	NNW	12	WSW, W	1
ⅢB.7	丽水	C 44	E	12	S, SSW, NNW	1
ⅢB.8	邵武	C 51	NW	10	NNE	0
ⅢB.9	三明	C 32	NNE	17	WNW, NW	0
ⅢB.10	长汀	C 44	WNW, NW	9	NNE, ESE, SE	1
ⅢB.11	景德镇	C 24	NE	15	SE, SSE, S, WNW	1
ⅢB.12	南昌		N	22	WNW	0
ⅢB.13	上饶	C 20	NE	16	WNW, NNW	1
ⅢB.14	吉安		N	23	ENE, E, ESE, WSW, W, WNW	1
ⅢB.15	宁冈	C 46	NNE	13	ESE, WNW	0
ⅢB.16	广昌	C 27	NNE	21	E, ESE, WNW	0
ⅢB.17	赣州		N	25	ESE, SE, SSE, W, NW, WNW	1
ⅢB.18	沙市	C 23	N	8	ESE, WSW, WNW	1
ⅢB.19	武汉		NNE	14	SWS, W, WNW	2
ⅢB.20	大庸	C 43	E	15	N, NNE, SSE, SSW, NNW	1
ⅢB.21	长沙		NW	24	ENE, WSW, W	1
ⅢB.22	涟源	C 30	E	10	WNW, NW, NNW	2
ⅢB.23	永州		NE	17	ESE, SE, WNW	1
ⅢB.24	韶关	C 37	NW	10	ESE, SE, WSW	1
ⅢB.25	桂林		NNE	37	E, ESE, WNW	0
ⅢB.26	涪陵	C 55	NE	7	ENE, E, ESE, SSW, SW, WSW	1
ⅢB.27	重庆	C 33	N	11	ESE	1

续附表 2.1-6

区属号	地名	全年最多（最少）风向及其频率（%）			
		最多		最少	
1	2	31		32	
ⅢC.1	驻马店	C 18 N	9	SW, WSW	2
ⅢC.2	固始	ESE	13	SSE, S, SSW, NNW	3
ⅢC.3	平顶山	C 21 NE	10	NNW	2
ⅢC.4	老河口	C 39 NE	8	SSW	1
ⅢC.5	随州	SE	12	SSW, SW, WSW	1
ⅢC.6	远安	C 34 NNW	13	NE, ENE, E, SW, WSW, W, WNW	1
ⅢC.7	恩施	C 73 N	4	ESE	0
ⅢC.8	汉中	C 53 ENE	8	N, SE, SSE, WNW, NNW	1
ⅢC.9	略阳	C 34 E	9	NNE, NE, SSE, S	2
ⅢC.10	山阳	C 39 ESE	15	N, NNE, NE, SSE, S, SSW, NNW	1
ⅢC.11	安康	C 49 ENE	9	N, NNE, SSW, NNW	1
ⅢC.12	平武	C 64 N	5	NNE, NE, ENE, SSE, S, SSW, WSW, WNW	1
ⅢC.13	仪陇	NE	22	WSW, WNW	1
ⅢC.14	达县	C 37 NE	24	WSW, WNW, NW, NNW	1
ⅢC.15	成都	C 42 NNE	11	E, ESE	1
ⅢC.16	内江	C 26 N	12	ESE, SSW, WSW, W, WNW	2
ⅢC.17	酉阳	C 52 N	14	WSW, WNW	0
ⅢC.18	桐梓	C 36 SE	8	WNW, NNW	0
ⅢC.19	凯里	C 30 N	15	ESE, SE, WSW, W, WNW	1
ⅣA.1	福州	C 19 SE	14	SSW, SW, WSW	1
ⅣA.2	泉州	ENE	18	WSW, W	1
ⅣA.3	汕头	C 19 ENE	18	W, WNW, NW	1
ⅣA.4	广州	C 29 N	16	WSW	0
ⅣA.5	茂名	SE	17	SSW, SW, WSW, W, WNW	1
ⅣA.6	北海	N	21	WSW, W, WNW	1
ⅣA.7	海口	NE	16	SW, WSW, W, WNW	1
ⅣA.8	儋县	ENE	12	SW, WSW, W, WNW, NW	2
ⅣA.9	琼中	C 55 SE	8	SSW, NNW	1
ⅣA.10	三亚	C 15 E	14	SSW, WNW, NW, NNW	1
ⅣA.11	台北	E	23	NNE, NE	1
ⅣA.12	香港	E	32	NW, NNW	1
ⅣB.1	漳州	C 36 ESE	17	NNE, NE, SSW, SW, WSW	1
ⅣB.2	梅州	C 51 N	7	WNW	1
ⅣB.3	梧州	C 23 NE	15	SSE, S, SSW, WNW	1
ⅣB.4	河池	C 43 E	19	NNW	0
ⅣB.5	百色	C 43 SE	10	NE, ENE, SW, WSW, WNW, NW, NNW	2
ⅣB.6	南宁	C 25 E	13	SSW, SW, WSW, W, WNW	1

续附表 2.1-6

区属号	地名	全年最多(最少)风向及其频率(%)				
		最多			最少	
1	2	31			32	
ⅣB.7	凭祥	C 59	E	9	N, NNW	0
ⅣB.8	元江	C 37	ESE	21	NNE, NE, ENE, S, SSW	1
ⅣB.9	景洪	C 71	SE	4	NNW	0
ⅤA.1	毕节	C 52	SE	7	WSW	0
ⅤA.2	贵阳	C 24	NE	15	WSW, W, WNW	0
ⅤA.3	察隅	C 30	SSW	25	E, ESE, WNW, NW, NNW	0
ⅤB.1	西昌	C 37	N	8	WNW	1
ⅤB.2	攀枝花	C 59	SE	6	NNE, NE, ENE, NNW	1
ⅤB.3	丽江		W	18	SSW	1
ⅤB.4	大理	C 30	E	10	NNE	1
ⅤB.5	腾冲	C 34	SW	17	ENE, E, ESE	0
ⅤB.6	昆明	C 30	SW	18	WNW, NW, NNW	1
ⅤB.7	临沧	C 56	N	5	ENE, ESE	1
ⅤB.8	个旧		S	37	NE, ENE, ESE	0
ⅤB.9	思茅	C 57	S	7	ENE	0
ⅤB.10	盘县	C 43	NE	13	WNW, NW, NNW	0
ⅤB.11	兴义		S	22	ENE, WSW, W, WNW, NW, NNW	1
ⅤB.12	独山	C 23	SE	17	WSW	0
ⅥA.1	冷湖	C 15	ENE	14	ESE, S, SSW	2
ⅥA.2	茫崖		NW	35	NNE, NE, ENE, SSE, SW, WSW	1
ⅥA.3	德令哈	C 32	ENE	19	WNW, NW	1
ⅥA.4	刚察		NNW	15	WSW	2
ⅥA.5	西宁	C 35	SE	25	NNE, NE, ENE, E, WSW	1
ⅥA.6	格尔木		SW	17	ESE, SE, SSE	1
ⅥA.7	都兰		SE	21	NNE, ENE	1
ⅥA.8	同德		E	18	SSW	1
ⅥA.9	夏河	C 49	NNW	11	WSW, W, WNW	1
ⅥA.10	若尔盖	C 21	NE	15	SSW, WSW	2
ⅥB.1	曲麻莱	C 20	ESE	12	N, S, NNW	1
ⅥB.2	杂多	C 27	W	13	N, NNE, NNW	0
ⅥB.3	玛多	C 25	NE	10	SSW	1
ⅥB.4	噶尔	C 24	WSW	14	NNE, ENE	1
ⅥB.5	改则	C 17	WSW	12	SSE	1
ⅥB.6	那曲	C 29	W	8	SSE, NNW	2
ⅥB.7	申扎	C 24	W	13	ENE, SSW	1
ⅥC.1	马尔康	C 53	WNW	11	NNE	0
ⅥC.2	甘孜	C 45	W	8	NNE, NE, ENE, SSE, SSW	2

续附表 2.1-6

区属号	地　名	全年最多（最少）风向及其频率（%）			
		最多		最少	
1	2	31		32	
ⅥC.3	巴塘	C 51　SW	12	WNW, NNW	0
ⅥC.4	康定	E	28	NNE, WSW, W, WNW, NW, NNW	1
ⅥC.5	班玛	C 38　NW, NNW	11	NNE, NE, ENE	1
ⅥC.6	昌都	C 43　NW	8	ENE, E, ESE	1
ⅥC.7	波密	C 41　NW	20	NE, ENE	0
ⅥC.8	拉萨	C 25　ESE	14	SSE	1
ⅥC.9	定日	C 40　WSW	16	NE, ENE, E	1
ⅥC.10	德钦	C 32　SSW	14	NNE, WNW	0
ⅦA.1	克拉玛依	NW	22	WSW	1
ⅦA.2	博乐阿拉山口	NW	22	NNE, NE, ENE	0
ⅦB.1	阿勒泰	C 28　NNE	11	SSE, S, SSW	2
ⅦB.2	塔城	C 19　N	17	SSE, S, SSW, WNW	2
ⅦB.3	富蕴	C 54　W	15	NNE, SSE, SSW	0
ⅦB.4	伊宁	C 22　E	17	SSE, S, SSW, NNW	1
ⅦB.5	乌鲁木齐	C 17　NW	11	ESE, WSW	1
ⅦC.1	额济纳旗	C 14　W	12	NNE, SSE, S, SSW	2
ⅦC.2	二连浩特	SW	12	NNE, SSE	2
ⅦC.3	杭锦后旗	C 29　NE	12	NNW	1
ⅦC.4	安西	E	36	N, NNE, SSE, S, NNW	1
ⅦC.5	张掖	C 23　NW	12	ENE	0
ⅦD.1	吐鲁番	C 32　E	9	SSW, WSW, WNW	2
ⅦD.2	哈密	NE	15	SSE, S, SSW, SW, WSW, NNW	3
ⅦD.3	库车	N	17	SSE, S, WNW	2
ⅦD.4	库尔勒	C 27　NE, ENE	16	NW, NNW	1
ⅦD.5	阿克苏	C 30　NW, NNW	11	SSW, SW, WSW	1
ⅦD.6	喀什	C 26　NW	11	SSW, WSW	2
ⅦD.7	且末	C 24　NE	19	WNW	1
ⅦD.8	和田	C 21　SW	11	NNE, SSE	2

附表 2.1-7　全国主要城镇气候参数表（七）

区属号	地　名	日照时数(h)				日照百分率(%)			
		年	12月	1月	2月	年	12月	1月	2月
1	2	33	34	35	36	37	38	39	40
ⅠA.1	漠河	2432.4	121.1	149.1	187.8	54	51	60	68
ⅠB.1	加格达奇	2496.2	149.6	169.9	198.5	57	61	65	71
ⅠB.2	克山	2701.2	157.9	182.6	201.2	61	61	67	69
ⅠB.3	黑河	2646.3	157.4	180.1	209.7	60	63	69	73

续附表 2.1-7

区属号	地名	日照时数(h)				日照百分率(%)			
		年	12月	1月	2月	年	12月	1月	2月
1	2	33	34	35	36	37	38	39	40
ⅠB.4	嫩江	2672.5	151.2	174.9	197.6	60	59	64	69
ⅠB.5	铁力	2452.8	131.8	156.5	183.1	55	50	56	63
ⅠB.6	额尔古纳右旗	2628.7	140.1	173.1	203.2	59	57	65	72
ⅠB.7	满洲里	2840.9	159.2	183.2	215.0	64	63	69	75
ⅠB.8	海拉尔	2806.9	157.9	180.2	203.5	63	61	67	71
ⅠB.9	博克图	2663.3	166.2	188.9	214.0	60	65	70	75
ⅠB.10	东乌珠穆沁旗	2975.0	187.2	202.4	218.9	67	70	72	75
ⅠC.1	齐齐哈尔	286.74	175.9	193.5	208.4	64	67	70	72
ⅠC.2	鹤岗	2517.4	154.0	183.0	199.8	57	59	67	69
ⅠC.3	哈尔滨	2627.0	153.0	173.4	190.7	60	56	62	65
ⅠC.4	虎林	2373.6	149.9	172.0	192.8	54	56	61	66
ⅠC.5	鸡西	2709.5	171.2	193.7	208.4	61	64	68	71
ⅠC.6	绥芬河	2584.8	172.5	195.8	201.3	58	63	68	68
ⅠC.7	长春	2636.9	168.1	194.3	197.6	60	61	68	67
ⅠC.8	桦甸	2360.2	139.1	162.7	181.8	53	50	56	61
ⅠC.9	图们	2144.8	154.9	175.0	181.0	49	55	60	61
ⅠC.10	天池	2259.1	179.7	211.2	208.4	51	64	72	70
ⅠC.11	通化	2292.2	133.5	156.3	176.7	52	47	53	59
ⅠC.12	乌兰浩特	2902.1	183.5	198.1	213.4	65	69	70	73
ⅠC.13	锡林浩特	2876.6	183.3	196.1	209.9	65	67	68	71
ⅠC.14	多伦	3114.9	216.8	225.2	213.3	70	77	77	78
ⅠD.1	四平	2771.2	190.9	209.5	209.5	63	68	72	70
ⅠD.2	沈阳	2555.4	155.9	169.0	182.9	58	55	58	61
ⅠD.3	朝阳	2854.7	201.9	210.6	216.7	65	71	71	72
ⅠD.4	林西	2962.1	199.8	213.6	220.2	67	72	73	74
ⅠD.5	赤峰	2908.5	196.9	206.7	214.8	66	70	71	72
ⅠD.6	呼和浩特	2954.8	190.9	201.1	209.3	67	67	68	69
ⅠD.7	达尔罕茂明安联合旗	3133.8	216.8	225.8	229.9	71	76	77	77
ⅠD.8	张家口	2866.7	188.2	201.4	202.9	65	65	68	67
ⅠD.9	大同	2783.7	182.3	197.0	198.5	63	63	66	66
ⅠD.10	榆林	2903.5	204.8	214.7	208.4	66	70	71	68
ⅡA.1	营口	2892.7	196.9	210.1	209.7	65	69	70	70
ⅡA.2	丹东	2530.9	182.5	198.0	197.4	57	63	66	65
ⅡA.3	大连	2768.5	187.5	202.6	204.1	63	63	67	67
ⅡA.4	北京市	2776.0	192.5	204.7	196.8	63	66	68	65
ⅡA.5	天津市	2701.3	180.6	190.0	183.8	61	62	63	61
ⅡA.6	承德	2851.0	191.0	206.6	210.7	64	66	69	70
ⅡA.7	乐亭	2587.1	177.2	186.7	185.3	58	61	62	61

续附表 2.1-7

区属号	地名	日照时数(h)				日照百分率(%)			
		年	12月	1月	2月	年	12月	1月	2月
1	2	33	34	35	36	37	38	39	40
ⅡA.8	沧州	2864.9	190.5	201.0	200.7	65	65	66	66
ⅡA.9	石家庄	2689.8	193.7	204.0	193.6	61	65	67	63
ⅡA.10	南宫	2629.2	181.4	191.1	179.9	59	61	63	59
ⅡA.11	邯郸	2556.7	172.5	174.9	168.6	58	58	57	55
ⅡA.12	威海	2495.2	141.1	160.8	172.9	57	48	53	57
ⅡA.13	济南	2716.6	185.6	188.8	183.4	62	62	62	59
ⅡA.14	沂源	2622.6	185.1	190.8	187.8	59	61	62	61
ⅡA.15	青岛	2508.6	188.0	190.4	180.6	56	62	61	59
ⅡA.16	枣庄	2354.4	161.7	167.1	161.1	53	54	54	52
ⅡA.17	濮阳	2526.2	170.6	172.4	165.7	57	56	56	54
ⅡA.18	郑州	2345.4	164.1	165.8	152.8	53	54	53	49
ⅡA.19	卢氏	2084.5	153.5	162.2	147.5	47	51	52	47
ⅡA.20	宿州	2346.3	166.5	161.0	152.7	53	54	51	49
ⅡA.21	西安	1963.6	129.5	136.3	124.7	44	43	43	41
ⅡB.1	蔚县	2910.2	201.4	207.9	207.1	66	69	69	69
ⅡB.2	太原	2632.1	183.7	191.5	183.9	59	63	63	60
ⅡB.3	离石	2563.4	183.4	190.6	176.6	58	62	62	58
ⅡB.4	晋城	2347.9	173.5	178.4	159.5	53	57	58	52
ⅡB.5	临汾	2371.3	163.7	173.3	165.2	54	54	56	53
ⅡB.6	延安	2418.1	188.6	197.7	176.0	54	63	64	58
ⅡB.7	铜川	2308.2	182.0	187.3	163.9	52	60	60	53
ⅡB.8	白银	2545.2	202.3	196.8	191.3	57	67	64	63
ⅡB.9	兰州	2568.7	178.2	182.7	189.7	58	59	59	62
ⅡB.10	天水	1996.5	148.2	155.0	142.9	45	49	50	46
ⅡB.11	银川	3014.8	218.6	223.5	218.8	68	74	74	72
ⅡB.12	中宁	2914.0	221.0	217.8	211.6	66	74	71	69
ⅡB.13	固原	2522.7	209.8	204.9	185.8	57	70	66	60
ⅢA.1	盐城	2309.0	172.0	167.3	156.9	52	56	53	50
ⅢA.2	上海市	1989.9	147.2	138.3	117.5	44	46	43	38
ⅢA.3	舟山	2022.1	146.7	137.9	116.4	45	46	42	37
ⅢA.4	温州	1805.6	140.6	127.3	98.5	41	44	39	31
ⅢA.5	宁德	1666.1	122.5	113.3	88.0	37	38	34	28
ⅢB.1	泰州	2241.4	170.8	163.3	151.3	51	55	52	49
ⅢB.2	南京	2116.4	156.3	146.9	128.2	48	50	46	41
ⅢB.3	蚌埠	2118.8	150.4	145.1	136.8	48	49	46	44
ⅢB.4	合脂	2127.0	152.6	142.4	129.8	48	49	45	41
ⅢB.5	铜陵	1990.9	141.1	130.2	116.7	45	45	41	37
ⅢB.6	杭州	1879.8	140.8	125.7	105.2	42	45	39	34

续附表 2.1-7

区属号	地名	日照时数(h)				日照百分率(%)			
		年	12月	1月	2月	年	12月	1月	2月
1	2	33	34	35	36	37	38	39	40
ⅢB.7	丽水	1780.6	122.9	117.3	92.8	40	38	36	30
ⅢB.8	邵武	1704.0	120.3	110.5	80.1	38	38	34	26
ⅢB.9	三明	1769.9	118.6	107.2	83.7	40	36	33	27
ⅢB.10	长汀	1866.6	153.5	122.4	85.3	42	48	37	27
ⅢB.11	景德镇	1968.1	142.1	123.9	95.6	44	45	38	30
ⅢB.12	南昌	1897.2	131.0	110.2	85.9	43	41	34	27
ⅢB.13	上饶	1920.9	136.7	115.0	90.2	44	43	36	29
ⅢB.14	吉安	1788.5	122.6	94.8	68.6	40	38	29	22
ⅢB.15	宁冈	1566.2	104.5	83.5	62.0	35	33	25	20
ⅢB.16	广昌	1795.7	129.2	106.6	76.7	40	40	32	24
ⅢB.17	赣州	1866.6	134.5	108.5	77.1	42	41	32	25
ⅢB.18	沙市	1882.2	115.3	109.2	99.3	42	37	34	32
ⅢB.19	武汉	2045.9	138.7	123.7	108.4	46	44	39	35
ⅢB.20	大庸	1443.5	76.3	69.4	58.7	33	24	22	18
ⅢB.21	长沙	1654.9	104.0	87.1	64.5	38	32	27	21
ⅢB.22	涟源	1653.7	100.5	89.7	65.7	38	32	27	21
ⅢB.23	永州	1595.4	104.5	75.2	52.1	36	32	23	16
ⅢB.24	韶关	1821.8	144.5	117.4	76.9	41	44	35	24
ⅢB.25	桂林	1610.4	116.7	81.7	57.1	37	35	24	18
ⅢB.26	涪陵	1248.1	31.7	36.2	44.9	28	10	11	15
ⅢB.27	重庆	1212.5	33.4	39.1	46.3	27	11	12	14
ⅢC.1	驻马店	2108.2	154.3	148.5	135.7	48	50	47	43
ⅢC.2	固始	2130.9	151.6	140.1	129.5	48	49	44	42
ⅢC.3	平顶山	2036.8	146.5	136.9	125.2	46	48	44	40
ⅢC.4	老河口	1879.0	131.3	125.5	113.3	43	42	38	36
ⅢC.5	随州	2043.8	142.8	135.2	121.6	46	46	42	39
ⅢC.6	远安	1891.0	122.1	120.7	106.4	43	39	38	34
ⅢC.7	恩施	1289.4	51.8	52.2	51.8	29	16	16	16
ⅢC.8	汉中	1704.3	102.2	108.3	95.8	39	33	35	31
ⅢC.9	略阳	1570.2	108.6	115.1	94.4	36	35	37	31
ⅢC.10	山阳	2065.2	147.8	156.6	132.0	46	48	50	42
ⅢC.11	安康	1748.1	103.0	114.5	108.3	38	32	35	34
ⅢC.12	平武	1332.5	110.3	103.3	79.4	30	35	32	25
ⅢC.13	仪陇	1535.6	80.1	82.3	71.0	34	26	25	22
ⅢC.14	达县	1407.0	50.6	56.5	60.8	32	16	18	20
ⅢC.15	成都	1200.4	62.4	68.7	61.5	27	20	21	20
ⅢC.16	内江	1255.4	42.0	45.9	56.4	28	13	14	18
ⅢC.17	酉阳	1122.8	58.0	48.6	42.1	26	19	15	13

续附表 2.1-7

区属号	地名	日照时数(h)				日照百分率(%)			
		年	12月	1月	2月	年	12月	1月	2月
1	2	33	34	35	36	37	38	39	40
ⅢC.18	桐梓	1101.4	42.2	36.8	38.3	25	13	11	12
ⅢC.19	凯里	1262.3	60.8	52.6	46.7	29	19	16	15
ⅣA.1	福州	1806.0	131.0	118.9	90.4	41	40	36	29
ⅣA.2	泉州	2078.0	168.7	147.2	101.3	47	52	44	31
ⅣA.3	汕头	2043.9	175.1	145.3	101.6	46	53	43	32
ⅣA.4	广州	1849.2	168.6	135.8	79.6	42	51	40	25
ⅣA.5	茂名	1932.7	182.0	119.5	85.8	44	55	35	27
ⅣA.6	北海	2097.0	160.6	118.1	82.3	47	48	35	26
ⅣA.7	海口	2206.1	145.3	126.3	107.4	50	43	37	33
ⅣA.8	儋县	2046.4	134.1	132.0	118.1	46	40	39	36
ⅣA.9	琼中	1742.9	103.1	109.6	105.2	40	31	32	33
ⅣA.10	三亚	2532.9	200.9	200.5	162.3	57	59	58	50
ⅣA.11	台北								
ⅣA.12	香港	2011.6	179.3	153.5	108.7	45	54	45	34
ⅣB.1	漳州	2019.4	171.7	145.9	99.9	46	52	44	31
ⅣB.2	梅州	2000.0	165.6	141.3	98.2	45	50	43	31
ⅣB.3	梧州	1883.6	151.6	115.1	70.0	42	46	34	22
ⅣB.4	河池	1422.9	99.8	75.5	59.0	32	30	23	19
ⅣB.5	百色	1868.9	124.1	94.5	89.5	42	38	28	28
ⅣB.6	南宁	1782.3	128.7	90.6	65.0	40	39	27	21
ⅣB.7	凭祥	1605.5	114.8	76.6	55.8	37	34	22	17
ⅣB.8	元江	2288.4	188.9	202.1	208.2	52	57	60	65
ⅣB.9	景洪	2153.6	153.9	179.1	210.1	49	43	53	65
ⅤA.1	毕节	1330.8	61.5	57.7	61.4	30	19	18	19
ⅤA.2	贵阳	1343.1	64.2	53.1	54.9	30	20	16	18
ⅤA.3	察隅	1610.5	141.0	126.5	112.5	37	44	39	36
ⅤB.1	西昌	2436.9	214.9	234.5	221.5	55	67	72	70
ⅤB.2	攀枝花	2633.3	227.0	251.2	245.7	60	70	77	78
ⅤB.3	丽江	2511.9	259.6	261.6	225.9	57	80	80	71
ⅤB.4	大理	2281.5	231.9	231.8	205.7	52	72	70	65
ⅤB.5	腾冲	2118.8	246.6	242.7	209.8	48	75	73	65
ⅤB.6	昆明	2427.9	216.5	238.0	232.9	55	66	72	73
ⅤB.7	临沧	2113.1	227.7	239.8	228.2	48	69	72	72
ⅤB.8	个旧	1969.9	172.7	192.9	187.1	45	52	58	58
ⅤB.9	思茅	2092.7	189.9	220.2	225.6	48	57	66	70
ⅤB.10	盘县	1593.1	103.5	99.9	106.1	36	32	30	34
ⅤB.11	兴义	1650.6	99.4	83.1	99.2	37	30	25	31
ⅤB.12	独山	1334.7	80.4	63.7	58.6	30	24	19	18

续附表 2.1-7

区属号	地名	日照时数(h)				日照百分率(%)			
		年	12月	1月	2月	年	12月	1月	2月
1	2	33	34	35	36	37	38	39	40
ⅥA.1	冷湖	3549.6	241.4	246.1	248.3	80	83	81	82
ⅥA.2	茫崖	3343.3	232.4	235.0	227.6	76	79	78	75
ⅥA.3	德令哈	3160.4	235.0	234.8	226.1	71	79	77	74
ⅥA.4	刚察	3037.9	247.3	247.1	234.0	68	83	81	77
ⅥA.5	西宁	2756.9	213.5	217.0	211.3	62	71	70	69
ⅥA.6	格尔木	3090.8	227.0	217.9	209.7	70	69	71	68
ⅥA.7	都兰	3101.1	234.2	232.1	221.0	70	78	75	72
ⅥA.8	同德	2751.8	242.1	230.7	213.3	62	80	74	69
ⅥA.9	夏河	2366.1	220.1	207.1	191.6	53	73	66	61
ⅥA.10	若尔盖	2417.1	218.0	209.8	189.8	55	71	67	62
ⅥB.1	曲麻莱	2684.6	219.5	194.3	180.1	60	72	62	58
ⅥB.2	杂多	2480.1	204.2	187.8	162.5	56	66	59	52
ⅥB.3	玛多	2717.2	228.9	209.6	195.3	61	75	67	63
ⅥB.4	噶尔	3418.0	253.1	235.3	230.2	77	81	74	74
ⅥB.5	改则	3176.0	243.3	211.7	201.1	71	78	66	65
ⅥB.6	那曲	2871.5	244.5	234.7	213.7	65	78	74	68
ⅥB.7	申扎	2931.0	236.5	227.2	207.3	66	76	71	66
ⅥC.1	马尔康	2195.5	195.9	195.0	174.1	50	63	61	56
ⅥC.2	甘孜	2649.3	230.4	219.4	194.1	60	74	69	62
ⅥC.3	巴塘	2448.4	222.2	219.4	190.0	56	70	68	61
ⅥC.4	康定	1743.8	151.8	149.3	126.8	39	48	46	40
ⅥC.5	班玛	2363.1	209.2	197.2	179.8	54	67	62	58
ⅥC.6	昌都	2337.3	200.5	192.0	170.2	53	64	60	54
ⅥC.7	波密	1538.3	166.8	150.8	118.4	35	52	47	38
ⅥC.8	拉萨	3014.5	260.6	251.7	226.6	68	82	78	72
ⅥC.9	定日	2622.9	284.8	350.8	262.1	75	89	86	83
ⅥC.10	德钦	1987.3	217.0	193.2	154.0	45	68	60	49
ⅦA.1	克拉玛依	2726.7	109.1	145.2	171.1	61	40	51	58
ⅦA.2	博乐阿拉山口	2682.7	96.5	136.8	164.7	61	36	48	56
ⅦB.1	阿勒泰	2962.2	136.2	167.3	189.4	67	52	61	65
ⅦB.2	塔城	2947.0	139.3	165.3	184.2	66	53	59	63
ⅦB.3	富蕴	2885.7	140.7	168.7	192.6	65	53	61	66
ⅦB.4	伊宁	2801.8	140.1	155.4	166.3	63	51	54	56
ⅦB.5	乌鲁木齐	2706.4	113.3	143.4	155.5	60	41	50	53
ⅦC.1	额济纳旗	3449.5	223.0	232.5	237.4	78	79	79	79
ⅦC.2	二连浩特	3207.8	202.3	214.8	226.4	72	73	74	76
ⅦC.3	杭锦后旗	3181.0	216.4	224.5	225.2	72	76	76	75
ⅦC.4	安西	3240.8	207.7	212.6	210.9	73	72	71	70

续附表 2.1-7

区属号	地名	日照时数(h)				日照百分率(%)			
		年	12月	1月	2月	年	12月	1月	2月
1	2	33	34	35	36	37	38	39	40
ⅦC.5	张掖	3069.8	225.8	227.1	221.8	70	77	76	73
ⅦD.1	吐鲁番	3038.7	163.4	178.5	201.7	68	58	61	68
ⅦD.2	哈密	3353.1	201.7	212.0	226.5	76	72	73	76
ⅦD.3	库车	2851.1	186.2	194.0	193.7	65	66	66	65
ⅦD.4	库尔勒	2976.4	185.1	188.6	195.2	67	65	64	65
ⅦD.5	阿克苏	2857.9	189.1	188.6	185.8	65	66	64	62
ⅦD.6	喀什	2756.2	159.4	158.6	161.0	62	55	53	53
ⅦD.7	且末	2888.4	194.1	193.0	191.5	65	66	64	63
ⅦD.8	和田	2568.5	184.0	171.8	155.4	58	62	56	51

附表 2.1-8 全国主要城镇气候参数表（八）

区属号	地名	入射角(°)		最大冻土深度(cm)	天气现象			
					大风（风力≥8级）日数			雷暴日数
		冬至日	大寒日		全年	最多	最少	
1	2	41	42	43	44	45	46	47
ⅠA.1	漠河	13.0	16.3	400	10.3	35	2	35.2
ⅠB.1	加格达奇	16.1	19.4	309	8.5	18	3	28.7
ⅠB.2	克山	18.5	21.8	282	22.2	44	6	29.5
ⅠB.3	黑河	16.3	19.6	298	20.3	45	3	31.5
ⅠB.4	嫩江	17.3	20.6	252	21.8	56	0	31.3
ⅠB.5	铁力	19.5	22.8	167	12.3	31	0	36.3
ⅠB.6	额尔古纳右旗	16.3	19.6	>400	19.5	40	6	28.7
ⅠB.7	满洲里	16.9	20.2	389	40.9	98	8	28.3
ⅠB.8	海拉尔	17.3	20.6	242	21.5	43	6	29.7
ⅠB.9	博克图	17.7	21.0	311	40.0	71	0	33.7
ⅠB.10	东乌珠穆沁旗	21.0	24.3	346	58.8	119	36	32.4
ⅠC.1	齐齐哈尔	19.1	22.4	225	21.3	38	6	28.1
ⅠC.2	鹤岗	19.1	22.4	238	31.0	115	9	27.3
ⅠC.3	哈尔滨	20.8	24.1	205	37.6	76	10	31.7
ⅠC.4	虎林	20.7	24.0	187	26.0	58	10	26.4
ⅠC.5	鸡西	21.2	24.5	255	31.5	62	5	29.9
ⅠC.6	绥芬河	22.1	25.4	241	37.4	75	5	27.1
ⅠC.7	长春	22.6	25.9	169	45.9	82	5	35.9
ⅠC.8	桦甸	23.5	26.8	197	12.3	41	2	40.4
ⅠC.9	图们	23.5	26.8	181	30.2	47	7	25.4
ⅠC.10	天池	24.5	27.8		269.4	304	225	28.4
ⅠC.11	通化	24.8	28.1	139	11.5	32	1	35.9
ⅠC.12	乌兰浩特	20.4	23.7	249	25.1	77	0	29.8

续附表 2.1-8

区属号	地名	入射角(°)		最大冻土深度(cm)	天气现象			
					大风（风力≥8级）日数			雷暴日数
		冬至日	大寒日		全年	最多	最少	
1	2	41	42	43	44	45	46	47
Ⅰ C.13	锡林浩特	22.6	25.9	289	59.2	101	23	31.4
Ⅰ C.14	多伦	24.3	27.6	199	69.2	143	26	45.5
Ⅰ D.1	四平	23.3	26.6	148	33.4	60	11	33.5
Ⅰ D.2	沈阳	24.7	28.0	148	42.7	100	2	26.4
Ⅰ D.3	朝阳	25.0	28.3	135	12.5	34	1	33.8
Ⅰ D.4	林西	22.9	26.2	210	44.4	86	3	40.3
Ⅰ D.5	赤峰	24.2	27.5	201	29.6	90	9	32.0
Ⅰ D.6	呼和浩特	25.7	29.0	156	33.3	69	15	36.8
Ⅰ D.7	达尔罕茂明安联合旗	24.8	28.1	268	67.0	130	2	33.9
Ⅰ D.8	张家口	25.7	29.0	136	42.9	80	24	39.2
Ⅰ D.9	大同	26.4	29.7	186	41.0	65	11	41.4
Ⅰ D.10	榆林	28.3	31.6	148	13.7	27	4	29.6
Ⅱ A.1	营口	25.8	29.1	111	33.3	95	10	27.9
Ⅱ A.2	丹东	26.5	29.8	88	14.8	53	0	26.9
Ⅱ A.3	大连	27.6	30.9	93	76.8	167	5	19.0
Ⅱ A.4	北京市	26.7	30.0	85	25.7	64	5	35.7
Ⅱ A.5	天津市	27.4	30.7	69	35.7	60	6	27.5
Ⅱ A.6	承德	25.5	28.8	126	19.4	58	5	43.5
Ⅱ A.7	乐亭	27.1	30.4	80	20.0	53	3	32.1
Ⅱ A.8	沧州	28.2	31.5	52	28.7	69	6	29.4
Ⅱ A.9	石家庄	28.5	31.8	56	16.8	41	4	30.8
Ⅱ A.10	南宫	29.1	32.4	47	12.8	40	2	28.6
Ⅱ A.11	邯郸	29.9	33.2	37	11.7	26	1	27.3
Ⅱ A.12	威海	29.0	32.3	>47	50.3	96	26	21.2
Ⅱ A.13	济南	29.8	33.1	44	40.7	79	19	25.3
Ⅱ A.14	沂源	30.3	33.6	44	16.6	48	4	36.5
Ⅱ A.15	青岛	30.4	33.7	31	67.6	113	40	22.4
Ⅱ A.16	枣庄	31.7	35.0	29	7.8			31.5
Ⅱ A.17	濮阳	30.8	34.1	41	8.6			26.6
Ⅱ A.18	郑州	31.8	35.1	27	22.6	42	2	22.0
Ⅱ A.19	卢氏	32.5	35.8	27	2.3	15	0	34.0
Ⅱ A.20	宿州	32.9	36.2	15	9.1	36	0	32.8
Ⅱ A.21	西安	32.2	35.5	45	7.2	18	1	16.7
Ⅱ B.1	蔚县	26.7	30.0	150	18.8	50	3	45.1
Ⅱ B.2	太原	28.7	32.0	77	32.3	54	12	35.7
Ⅱ B.3	离石	29.0	32.3	101	8.5	14	2	34.3
Ⅱ B.4	晋城	31.0	34.3	43	22.9	100	3	27.7

续附表 2.1-8

区属号	地名	入射角(°)		最大冻土深度(cm)	天气现象			
					大风（风力≥8级）日数			雷暴日数
		冬至日	大寒日		全年	最多	最少	
1	2	41	42	43	44	45	46	47
ⅡB.5	临汾	30.4	33.7	62	7.3	12	1	31.1
ⅡB.6	延安	29.9	33.2	79	1.2	5	0	30.5
ⅡB.7	铜川	31.4	34.7	54	6.2	15	0	29.4
ⅡB.8	白银	30.0	33.3	108	54.3	113	11	24.6
ⅡB.9	兰州	30.5	33.8	103	7.1	18	0	23.2
ⅡB.10	天水	31.9	35.2	61	3.8	15	0	16.2
ⅡB.11	银川	28.0	31.3	88	24.7	56	11	19.1
ⅡB.12	中宁	29.0	32.3	80	18.0	49	1	16.8
ⅡB.13	固原	30.5	33.8	121	21.4	47	10	30.9
ⅢA.1	盐城	33.1	36.4		12.8	43	1	32.5
ⅢA.2	上海市	35.3	38.6	8	15.0	35	1	29.4
ⅢA.3	舟山	36.5	39.8		27.6	61	10	28.7
ⅢA.4	温州	38.5	41.8		6.2	13	0	51.3
ⅢA.5	宁德	40.2	43.5		5.1	21	0	54.0
ⅢB.1	泰州	34.0	37.3		19.8	56	1	36.0
ⅢB.2	南京	34.5	37.8	9	11.2	24	5	33.6
ⅢB.3	蚌埠	33.6	36.9	15	11.8	26	3	30.4
ⅢB.4	合肥	34.6	37.9	11	10.2	44	2	29.6
ⅢB.5	铜陵	35.5	38.8	6	11.4	37	0	40.0
ⅢB.6	杭州	36.3	39.6	5	6.9	18	0	39.1
ⅢB.7	丽水	38.1	41.4		3.4	10	0	60.5
ⅢB.8	邵武	39.2	42.5		1.2	4	0	72.9
ⅢB.9	三明	40.2	43.5		8.0	15	3	67.4
ⅢB.10	长汀	40.7	44.0		2.5	8	0	82.6
ⅢB.11	景德镇	37.2	40.5		2.9	6	0	58.0
ⅢB.12	南昌	37.9	41.2		19.9	38	5	58.0
ⅢB.13	上饶	38.1	41.4		6.2	15	1	65.0
ⅢB.14	吉安	39.4	42.7		5.2	20	0	69.9
ⅢB.15	宁冈	39.8	43.1		2.4	13	0	78.2
ⅢB.16	广昌	39.7	43.0		2.8	13	0	70.5
ⅢB.17	赣州	40.7	44.0		3.8	16	0	67.4
ⅢB.18	沙市	36.2	39.5	8	6.5	19	0	38.4
ⅢB.19	武汉	35.9	39.2	10	7.6	16	2	36.9
ⅢB.20	大庸	37.4	40.7		3.1	12	0	48.2
ⅢB.21	长沙	38.3	41.6	5	6.6	14	0	49.5
ⅢB.22	涟源	38.8	42.1		3.9	17	0	54.8
ⅢB.23	永州	40.3	43.6		16.4	42	2	65.3

续附表 2.1-8

区属号	地名	入射角(°)		最大冻土深度(cm)	天气现象			
		冬至日	大寒日		大风（风力≥8级）日数			雷暴日数
					全年	最多	最少	
1	2	41	42	43	44	45	46	47
ⅢB.24	韶关	41.7	45.0		2.4	11	0	77.9
ⅢB.25	桂林	41.2	44.5		14.8	26	6	77.6
ⅢB.26	涪陵	36.8	40.1		3.5	10	0	45.6
ⅢB.27	重庆	36.9	40.2		3.4	8	0	36.5
ⅢC.1	驻马店	33.5	36.8	16	5.6	20	1	27.6
ⅢC.2	固始	34.3	37.6	10	5.4	43	0	35.3
ⅢC.3	平顶山	32.8	36.1		18.6			21.1
ⅢC.4	老河口	34.1	37.4	11	4.0	14	0	26.0
ⅢC.5	随州	34.8	38.1	9	4.1	12	1	35.1
ⅢC.6	远安	35.4	38.7		5.6	14	1	46.5
ⅢC.7	恩施	36.2	39.5		0.5	3	0	49.3
ⅢC.8	汉中	33.4	36.7	8	1.7	8	0	31.0
ⅢC.9	略阳	33.2	36.5	16	13.0	73	1	21.8
ⅢC.10	山阳	33.0	36.3	17	2.9	13	0	29.4
ⅢC.11	安康	33.8	37.1	7	5.4	18	0	31.7
ⅢC.12	平武	34.1	37.4		0.9	5	0	30.0
ⅢC.13	仪陇	35.0	38.3		16.2	41	3	36.4
ⅢC.14	达县	35.3	38.6	9	4.4	14	0	37.1
ⅢC.15	成都	35.8	39.1		3.2	9	0	34.6
ⅢC.16	内江	36.9	40.2		6.5	22	0	40.6
ⅢC.17	酉阳	37.7	41.0		1.6	6	0	52.7
ⅢC.18	桐梓	38.4	41.7		3.6	14	0	49.9
ⅢC.19	凯里	39.9	43.2		4.7	23	0	59.4
ⅣA.1	福州	40.4	43.7		12.6	23	3	56.5
ⅣA.2	泉州	41.6	44.9		48.5	122	5	38.4
ⅣA.3	汕头	43.1	46.4		11.1	23	5	51.7
ⅣA.4	广州	43.4	46.7		5.5	17	0	80.3
ⅣA.5	茂名	44.9	48.2		15.2			94.4
ⅣA.6	北海	45.0	48.3		11.5	25	3	81.8
ⅣA.7	海口	46.5	49.8		13.9	28	1	112.7
ⅣA.8	儋县	47.0	50.3		4.1	20	0	120.8
ⅣA.9	琼中	47.5	50.8		1.9	6	0	115.5
ⅣA.10	三亚	48.3	51.6		7.0	18	0	69.9
ⅣA.11	台北	41.5	44.8					27.9
ⅣA.12	香港	44.2	47.5					34.0
ⅣB.1	漳州	42.0	45.3		1.9	6	0	60.5
ⅣB.2	梅州	42.2	45.5		1.5	7	0	79.6

续附表 2.1-8

区属号	地名	入射角(°)		最大冻土深度(cm)	天气现象			
					大风（风力≥8级）日数			雷暴日数
		冬至日	大寒日		全年	最多	最少	
1	2	41	42	43	44	45	46	47
ⅣB.3	梧州	43.0	46.3		9.5	25	0	92.3
ⅣB.4	河池	41.8	45.1		4.9	18	0	64.0
ⅣB.5	百色	42.6	45.9		2.7	8	0	76.8
ⅣB.6	南宁	43.7	47.0		3.5	10	0	90.3
ⅣB.7	凭祥	44.4	47.7		0.7	3	0	82.7
ⅣB.8	元江	42.9	46.2		26.2	66	1	78.8
ⅣB.9	景洪	44.6	47.9		3.4	11	0	119.2
ⅤA.1	毕节	39.2	42.5		2.3	10	0	61.3
ⅤA.2	贵阳	39.9	43.2		10.2	45	0	51.6
ⅤA.3	察隅	37.9	41.2	9	1.1	6	0	14.4
ⅤB.1	西昌	38.6	41.9		9.0	35	0	72.9
ⅤB.2	攀枝花	40.0	43.3		18.1	66	2	68.1
ⅤB.3	丽江	39.6	42.9		17.0	51	0	75.8
ⅤB.4	大理	40.8	44.1		58.7	110	16	62.4
ⅤB.5	腾冲	41.4	44.7		2.0	9	0	79.8
ⅤB.6	昆明	41.5	44.8		11.0	40	0	66.3
ⅤB.7	临沧	42.6	45.9		10.9	43	0	86.9
ⅤB.8	个旧	43.1	46.4		1.1	7	0	51.0
ⅤB.9	思茅	43.8	47.1		5.0	15	0	102.7
ⅤB.10	盘县	40.7	44.0		54.4	98	6	80.1
ⅤB.11	兴义	41.4	44.7		14.9	38	2	77.4
ⅤB.12	独山	40.7	44.0		2.9	10	0	58.2
ⅥA.1	冷湖	27.7	31.0	174	47.2	116	7	2.5
ⅥA.2	茫崖	28.2	31.5	229	113.3	163	57	5.0
ⅥA.3	德令哈	29.1	32.4	196	38.0	65	19	19.3
ⅥA.4	刚察	29.2	32.5	>250	47.2	78	18	60.4
ⅥA.5	西宁	29.9	33.2	134	27.3	55	2	31.4
ⅥA.6	格尔木	30.1	33.4	88	22.9	46	7	2.8
ⅥA.7	都兰	30.2	33.5	201	28.2	107	3	8.8
ⅥA.8	同德	31.2	34.5	162	36.6	56	20	56.9
ⅥA.9	夏河	31.5	34.8	142	19.9	53	4	63.8
ⅥA.10	若尔盖	32.9	36.2	75	39.2	77	15	64.2
ⅥB.1	曲麻莱	32.0	35.3	>250	120.4	172	68	65.7
ⅥB.2	杂多	33.6	36.9	229	66.0	126	2	74.9
ⅥB.3	玛多	31.6	34.9	277	63.1	110	12	44.9
ⅥB.4	噶尔	34.0	37.3	176	134.8	231	48	19.1
ⅥB.5	改则	34.4	37.7		164.5	219	129	43.5

续附表 2.1-8

区属号	地　名	入射角(°)		最大冻土深度(cm)	天气现象			
		冬至日	大寒日		大风（风力≥8级）日数			雷暴日数
					全　年	最　多	最　少	
1	2	41	42	43	44	45	46	47
ⅥB.6	那　曲	35.0	38.3	281	100.6	211	17	83.6
ⅥB.7	申　扎	35.6	38.9		111.3	179	27	68.8
ⅥC.1	马尔康	34.6	37.9	26	35.0	78	7	68.8
ⅥC.2	甘　孜	34.9	38.2	95	102.6	163	34	80.1
ⅥC.3	巴　塘	36.5	39.8		25.6	68	0	72.3
ⅥC.4	康　定	36.5	39.8		167.3	257	31	52.1
ⅥC.5	班　玛	33.6	36.9	137	56.6	96	21	73.4
ⅥC.6	昌　都	35.4	38.7	81	50.5	87	15	55.6
ⅥC.7	波　密	36.6	39.9	20	3.6	23	0	10.2
ⅥC.8	拉　萨	36.8	40.1	26	36.6	65	2	72.6
ⅥC.9	定　日	37.9	41.2		80.2	117	51	43.4
ⅥC.10	德　钦	38.0	41.3		61.7	135	5	24.7
ⅦA.1	克拉玛依	20.9	24.2	197	76.5	110	59	30.6
ⅦA.2	博乐阿拉山口	21.3	24.6	188	164.3	188	137	27.8
ⅦB.1	阿勒泰	18.8	22.1	>146	30.5	85	5	21.4
ⅦB.2	塔　城	19.8	23.1	146	39.9	88	6	27.7
ⅦB.3	富　蕴	19.5	22.8	175	23.5	55	7	14.0
ⅦB.4	伊　宁	22.6	25.9	62	14.7	34	0	26.1
ⅦB.5	乌鲁木齐	22.7	26.0	139	21.7	59	5	8.9
ⅦC.1	额济纳旗	24.6	27.9	120	43.8	78	19	7.8
ⅦC.2	二连浩特	22.9	26.2	337	72.2	125	44	23.3
ⅦC.3	杭锦后旗	25.6	28.9	127	25.1	47	10	23.9
ⅦC.4	安　西	26.0	29.3	116	64.8	105	12	7.5
ⅦC.5	张　掖	27.6	30.9	123	14.7	40	3	10.1
ⅦD.1	吐鲁番	23.6	26.9	83	25.9	68	0	9.7
ⅦD.2	哈　密	23.7	27.0	127	21.0	49	2	6.8
ⅦD.3	库　车	24.8	28.1	120	19.6	41	2	28.7
ⅦD.4	库尔勒	24.8	28.1	63	30.9	57	15	21.4
ⅦD.5	阿克苏	25.3	28.6	62	13.4	45	2	32.7
ⅦD.6	喀　什	27.0	30.3	66	21.8	36	11	19.5
ⅦD.7	且　末	28.4	31.7	62	14.5	37	0	6.2
ⅦD.8	和　田	29.4	32.7	67	6.8	17	0	3.1

附表 2.1-9　全国主要城镇气候参数表（九）

区属号	地　名	天气现象						记录年代
		积雪			降雪			
		初日	终日	年日数	初日	终日	年日数	
1	2	48	49	50	51	52	53	54
ⅠA.1	漠河	10.11	4.30	175.9	9.27	5.14	47.2	1960—1985
ⅠB.1	加格达奇	10.11	4.27	143.9	9.29	5.10	36.3	1967—1985
ⅠB.2	克山	10.26	4.16	117.0	10.9	5.1	31.4	1951—1985
ⅠB.3	黑河	10.18	4.26	147.5	10.6	5.6	35.7	1959—1985
ⅠB.4	嫩江	10.17	4.22	135.1	10.8	5.3	34.8	1951—1985
ⅠB.5	铁力	10.18	4.18	132.5	10.9	4.29	41.5	1958—1985
ⅠB.6	额尔古纳右旗	10.10	5.5	167.7	9.26	5.16	46.7	1957—1985
ⅠB.7	满洲里	10.13	4.30	118.7	9.30	5.14	23.6	1957.—1985
ⅠB.8	海拉尔	10.11	5.4	143.9	9.29	5.13	43.3	1951—1985
ⅠB.9	博克图	10.6	5.9	136.1	9.26	5.20	43.8	1951—1985
ⅠB.10	东乌珠穆沁旗	10.18	4.24	10.18	10.5	5.6	24.0	1956—1985
ⅠC.1	齐齐哈尔	10.31	4.11	85.7	10.16	4.27	19.8	1951—1985
ⅠC.2	鹤岗	10.21	4.19	123.5	10.13	4.30	32.0	1956—1985
ⅠC.3	哈尔滨	10.27	4.8	105.1	10.15	4.19	33.1	1951—1985
ⅠC.4	虎林	10.27	4.15	123.9	10.19	5.2	37.6	1957—1985
ⅠC.5	鸡西	10.27	4.20	106.4	10.13	4.29	35.8	1951—1985
ⅠC.6	绥芬河	10.21	4.23	120.9	10.10	5.5	43.1	1953—1985
ⅠC.7	长春	10.31	4.7	88.4	10.14	4.23	27.1	1951—1985
ⅠC.8	桦甸	11.1	4.15	119.2	10.15	4.30	42.3	1956—1985
ⅠC.9	图们	11.13	4.9	75.4	10.22	4.25	24.7	1975—1985
ⅠC.10	天池	9.8	6.18	257.5	8.30	6.24	144.5	1959—1985
ⅠC.11	通化	11.1	4.14	11.9	10.17	4.27	42.9	1951—1985
ⅠC.12	乌兰浩特	11.1	4.8	51.4	10.15	4.19	16.2	1951—1985
ⅠC.13	锡林浩特	10.18	4.18	94.7	10.3	5.13	28.2	1953—1985
ⅠC.14	多伦	10.20	4.27	89.3	10.7	5.15	32.7	1953—1985
ⅠD.1	四平	11.8	4.7	80.1	10.23	4.17	23.9	1951—1985
ⅠD.2	沈阳	11.16	4.1	61.5	10.31	4.14	20.5	1951—1985
ⅠD.3	朝阳	*11.29	*3.25	22.9	11.9	4.8	9.0	1953—1985
ⅠD.4	林西	10.26	4.14	34.0	10.11	4.30	13.5	1953—1985
ⅠD.5	赤峰	11.12	4.7	30.6	10.23	4.23	11.6	1951—1985
ⅠD.6	呼和浩特	11.27	3.22	31.7	10.25	4.13	12.6	1951—1985
ⅠD.7	达尔罕茂明安联合旗	10.28	4.14	58.7	10.15	5.5	23.1	1954—1985
ⅠD.8	张家口	11.28	3.24	25.1	10.31	4.16	12.2	1956—1985
ⅠD.9	大同	11.18	3.30	29.3	10.26	4.24	14.4	1955—1985
ⅠD.10	榆林	12.1	3.13	29.3	11.4	4.6	12.1	1951—1985
ⅡA.1	营口	11.21	3.22	42.9	11.8	4.6	15.7	1951—1985
ⅡA.2	丹东	11.24	3.22	40.5	11.14	4.5	17.4	1951—1985

续附表 2.1-9

区属号	地名	天气现象						记录年代
		积雪			降雪			
		初日	终日	年日数	初日	终日	年日数	
1	2	48	49	50	51	52	53	54
ⅡA.3	大连	11.30	3.13	26.3	11.11	3.25	12.9	1951—1985
ⅡA.4	北京市	12.16	3.7	15.6	11.26	3.19	9.5	1951—1985
ⅡA.5	天津市	12.14	3.3	12.6	12.1	3.18	8.4	1955—1985
ⅡA.6	承德	11.29	3.23	25.3	11.7	4.6	10.5	1951—1985
ⅡA.7	乐亭	12.8	3.13	18.0	11.22	3.27	9.7	1957—1985
ⅡA.8	沧州	12.20	3.7	14.1	12.1	3.19	8.8	1954—1985
ⅡA.9	石家庄	12.17	2.27	18.4	11.27	3.14	10.6	1955—1985
ⅡA.10	南宫	12.18	3.1	15.8	11.29	3.13	8.8	1958—1985
ⅡA.11	邯郸	12.20	2.25	14.0	12.5	3.17	9.7	1955—1985
ⅡA.12	威海	11.25	3.7	28.3	11.6	3.26	18.8	1959—1985
ⅡA.13	济南	12.15	3.7	14.6	11.30	3.22	9.3	1951—1985
ⅡA.14	沂源	12.10	3.8	17.8	11.23	3.30	10.2	1958—1985
ⅡA.15	青岛	12.19	2.24	9.7	11.24	3.16	9.1	1951—1985
ⅡA.16	枣庄	12.15	2.19	9.9	12.7	3.11	8.0	1958—1985
ⅡA.17	濮阳	12.18	2.28	14.1	12.8	3.11	8.9	1954—1985
ⅡA.18	郑州	12.16	3.5	14.8	12.1	3.15	10.9	1951—1985
ⅡA.19	卢氏	12.3	3.9	23.4	11.18	3.26	16.4	1953—1985
ⅡA.20	宿州	12.21	2.28	12.7	12.5	3.11	10.6	1953—1985
ⅡA.21	西安	12.7	3.6	17.8	11.28	3.14	13.9	1951—1985
ⅡB.1	蔚县	11.20	4.10	38.5	10.26	4.25	15.0	1954—1985
ⅡB.2	太原	12.7	3.13	22.1	11.27	3.26	11.4	1951—1985
ⅡB.3	离石	12.4	3.20	29.6	11.6	3.29	13.9	1965—1985
ⅡB.4	晋城	12.5	3.18	26.3	11.20	3.29	15.9	1956—1985
ⅡB.5	临汾	12.20	2.23	15.1	12.5	3.6	8.5	1954—1985
ⅡB.6	延安	11.24	3.18	20.6	11.1	4.1	13.7	1951—1985
ⅡB.7	铜川	12.4	3.22	25.0	11.11	3.29	16.3	1958—1985
ⅡB.8	白银	11.17	3.25	12.3	10.23	4.20	9.8	1955—1985
ⅡB.9	兰州	11.22	3.24	17.8	11.1	4.9	12.2	1951—1985
ⅡB.10	天水	11.30	3.14	18.7	11.8	3.28	18.0	1951—1985
ⅡB.11	银川	*11.30	*2.9	13.5	11.19	3.27	6.2	1951—1985
ⅡB.12	中宁	12.6	2.29	11.9	11.5	4.2	8.1	1953—1985
ⅡB.13	固原	10.24	4.19	39.3	10.12	4.28	24.6	1957—1985
ⅢA.1	盐城	1.13	2.17	6.4	12.24	3.13	6.4	1954—1985
ⅢA.2	上海市	1.25	2.18	3.2	1.5	3.11	5.5	1951—1985
ⅢA.3	舟山	*1.29	*2.14	2.9	12.22	3.7	5.4	1954—1985
ⅢA.4	温州			1.4	1.13	2.23	3.9	1951—1985
ⅢA.5	宁德			0.2	*1.28	*2.13	1.2	1960—1985

续附表 2.1-9

区属号	地名	天气现象						记录年代
		积雪			降雪			
		初日	终日	年日数	初日	终日	年日数	
1	2	48	49	50	51	52	53	54
ⅢB.1	泰州	*1.25	*2.24	6.1	12.27	3.8	7.6	1955—1985
ⅢB.2	南京	*1.12	*2.21	8.9	12.14	3.10	8.4	1951—1985
ⅢB.3	蚌埠	12.20	2.26	12.3	12.10	3.10	10.6	1952—1985
ⅢB.4	合肥	*12.21	*2.15	11.5	12.10	3.12	10.3	1953—1985
ⅢB.5	铜陵	*1.5	*2.17	9.5	12.15	3.4	10.5	1957—1985
ⅢB.6	杭州	*1.16	*2.20	7.8	12.20	3.11	9.8	1951—1985
ⅢB.7	丽水	1.19	2.1	3.8	12.28	3.2	7.1	1953—1985
ⅢB.8	邵武			1.5	*1.4	*2.9	4.5	1957—1985
ⅢB.9	三明			0.2			1.2	1960—1985
ⅢB.10	长汀			0.4	*1.11	*2.2	1.7	1955—1985
ⅢB.11	景德镇	*1.21	*2.18	3.8	12.27	2.28	6.3	1953—1985
ⅢB.12	南昌	*1.14	*2.12	5.1	12.17	3.1	6.9	1951—1985
ⅢB.13	上饶	*1.30	*2.12	4.0	1.2	2.27	7.1	1957—1985
ⅢB.14	吉安	*1.27	*2.7	2.4	12.28	2.18	5.5	1952—1985
ⅢB.15	宁冈	*1.21	*2.2	3.4	12.20	2.20	6.8	1957—1985
ⅢB.16	广昌	*1.21	*1.30	2.7	12.29	2.13	5.7	1954—1985
ⅢB.17	赣州			1.1	*1.1	*2.5	2.4	1951—1985
ⅢB.18	沙市	1.1	2.11	8.6	12.4	3.7	10.0	1954—1985
ⅢB.19	武汉	*12.31	*2.17	8.9	12.6	3.4	9.2	1951—1985
ⅢB.20	大庸	*1.11	*2.10	5.1	12.6	3.8	10.0	1957—1985
ⅢB.21	长沙	*1.9	*2.14	6.1	12.20	2.28	8.8	1951—1985
ⅢB.22	涟源	*1.11	*2.13	5.5	12.16	2.26	8.6	1958—1985
ⅢB.23	永州	*1.14	*1.31	4.0	12.24	2.22	67	1951—1985
ⅢB.24	韶关			0.2	1.20	2.4	1.0	1951—1985
ⅢB.25	桂林			0.5	*1.5	*2.13	2.0	1951—1985
ⅢB.26	涪陵			0.2			0.6	1952—1985
ⅢB.27	重庆			0.2			0.8	1951—1985
ⅢC.1	驻马店	12.15	2.26	13.8	12.3	3.12	12.3	1958—1985
ⅢC.2	固始	12.19	2.24	14.5	12.7	3.12	12.0	1953—1985
ⅢC.3	平顶山	12.18	2.21	11.3	12.4	3.11	11.2	1955—1985
ⅢC.4	老河口	12.11	2.24	13.7	11.28	3.12	14.2	1951—1985
ⅢC.5	随州	12.23	2.16	8.0	12.5	3.10	9.1	1952—1985
ⅢC.6	远安	*1.1	*2.18	4.6	12.4	3.6	7.5	1957—1985
ⅢC.7	恩施			1.9	12.29	2.23	5.1	1951—1985
ⅢC.8	汉中	*3.1	*1.31	4.0	12.9	3.3	7.7	1951—1985
ⅢC.9	略阳	12.28	2.16	6.7	11.30	3.14	11.3	1959—1985
ⅢC.10	山阳	12.12	3.5	10.7	11.21	3.24	13.5	1959—1985

续附表 2.1-9

区属号	地　名	天气现象						记录年代
		积雪			降雪			
		初日	终日	年日数	初日	终日	年日数	
1	2	48	49	50	51	52	53	54
ⅢC.11	安康	*1.6	*2.9	2.1	12.9	3.4	5.6	1953—1985
ⅢC.12	平武	*1.13	*1.29	2.4	12.26	2.22	4.8	1953—1985
ⅢC.13	仪陇			2.0	12.31	2.16	4.7	1959—1985
ⅢC.14	达县			0.3	*1.3	*1.30	1.4	1953—1985
ⅢC.15	成都			0.7	*1.5	*2.6	2.4	1951—1985
ⅢC.16	内江				*1.9	*1.29	1.5	1951—1985
ⅢC.17	酉阳	*12.29	*2.16	7.9	12.1	3.11	14.5	1952—1985
ⅢC.18	桐梓	*1.9	*2.7	3.5	12.17	2.26	8.5	1951—1985
ⅢC.19	凯里	*1.10	*2.9	4.3	12.13	2.28	8.2	1958—1985
ⅣA.1	福州						0.8	1951—1985
ⅣA.2	泉州						0.0	1957—1985
ⅣA.3	汕头							1951—1985
ⅣA.4	广州							1951—1985
ⅣA.5	茂名							1973—1980
ⅣA.6	北海							1953—1985
ⅣA.7	海口							1951—1985
ⅣA.8	儋县							1955—1985
ⅣA.9	琼中							1960—1985
ⅣA.10	三亚							1959—1985
ⅣA.11	台北							1971—1980
ⅣA.12	香港							1951—1980
ⅣB.1	漳州						0.0	1951—1985
ⅣB.2	梅州						0.1	1953—1985
ⅣB.3	梧州						0.0	1951—1985
ⅣB.4	河池				*1.17	*1.31	1.1	1956—1985
ⅣB.5	百色						0.1	1951—1985
ⅣB.6	南宁						0.1	1951—1985
ⅣB.7	凭祥							1965—1985
ⅣB.8	元江							1955—1985
ⅣB.9	景洪							1954—1985
ⅤA.1	毕节	12.29	2.13	6.3	11.24	3.15	13.2	1951—1985
ⅤA.2	贵阳	*1.12	*2.3	2.9	12.10	2.19	6.5	1951—1985
ⅤA.3	察隅	1.10	3.14	7.8	12.24	4.7	12.3	1967—1984
ⅤB.1	西昌			0.8	12.25	2.11	2.3	1951—1985
ⅤB.2	攀枝花						0.0	1966—1985
ⅤB.3	丽江			0.6	12.25	3.7	2.2	1951—1985
ⅤB.4	大理				*1.5	*2.22	0.6	1951—1985

续附表 2.1-9

区属号	地名	天气现象						记录年代
		积雪			降雪			
		初日	终日	年日数	初日	终日	年日数	
1	2	48	49	50	51	52	53′	54
ⅤB.5	腾冲							1951—1985
ⅤB.6	昆明			1.0	*12.30	*1.29	2.2	1951—1985
ⅤB.7	临沧							1954—1985
ⅤB.8	个旧						0.9	1959—1985
ⅤB.9	思茅							1955—1985
ⅤB.10	盘县	*1.16	*2.3	2.1	12.10	2.18	6.1	1951—1985
ⅤB.11	兴义			1.1			2.9	1969—1985
ⅤB.12	独山			2.0	*12.20	*2.13	4.4	1951—1985
ⅥA.1	冷湖	*12.23	*2.6	4.0	11.5	4.24	2.4	1957—1985
ⅥA.2	茫崖	11.18	5.11	10.2	9.4	6.23	11.2	1964—1985
ⅥA.3	德令哈	11.11	4.27	31.1	9.29	6.18	14.1	1973—1985
ⅥA.4	刚察	9.26	6.1	45.3	8.28	6.30	38.5	1958—1985
ⅥA.5	西宁	11.1	4.15	22.8	10.12	5.6	19.5	1954—1985
ⅥA.6	格尔木	11.26	4.3	8.7	10.16	5.14	7.2	1956—1985
ⅥA.7	都兰	10.5	5.13	50.0	9.15	6.18	29.9	1955—1985
ⅥA.8	同德	10.10	5.21	35.2	9.16	6.22	32.4	1959—1985
ⅥA.9	夏河	10.6	5.17	52.5	9.19	6.4	44.6	1958—1985
ⅥA.10	若尔盖	9.25	5.24	72.2	8.29	6.27	65.7	1957—1985
ⅥB.1	曲麻莱	8.31	6.30	88.4	8.19	7.27	83.2	1957—1985
ⅥB.2	杂多	9.29	6.1	69.8	9.3	6.28	59.8	1957—1985
ⅥB.3	玛多	8.30	7.5	102.0	8.16	7.29	78.6	1953—1985
ⅥB.4	噶尔	11.10	5.10	24.9	9.20	6.21	13.9	1961—1981
ⅥB.5	改则	10.14	6.5	20.4	9.3	7.16	21.3	1973—1980
ⅥB.6	那曲	9.25	6.12	59.6	8.24	7.9	50.9	1955—1985
ⅥB.7	申扎	9.26	6.16	29.0	8.23	7.10	37.8	1961—1983
ⅥC.1	马尔康	11.29	3.21	12.6	10.25	4.20	16.2	1954—1985
ⅥC.2	甘孜	10.24	4.24	36.5	10.4	5.27	33.4	1952—1985
ⅥC.3	巴塘			0.4	12.18	3.22	0.9	1957—1985
ⅥC.4	康定	10.28	4.21	36.7	10.20	5.10	40.2	1953—1985
ⅥC.5	班玛	10.11	5.14	52.58	9.11	6.19	55.2	1965—1985
ⅥC.6	昌都	11.12	4.6	14.9	10.7	5.10	18.9	1953—1985
ⅥC.7	波密	12.6	3.26	20.0	11.10	4.8	25.8	1953—1985
ⅥC.8	拉萨	12.20	4.11	5.1	10.23	5.13	8.3	1955—1985
ⅥC.9	定日	12.2	4.29	7.4	9.22	6.4	10.1	1971—1984
ⅥC.10	德钦	10.31	4.27	55.5	10.19	5.13	56.4	1957—1980
ⅦA.1	克拉玛依	11.18	3.17	76.7	10.22	3.30	23.5	1957—1985
ⅦA.2	博乐阿拉山口	11.22	3.15	84.5	10.24	3.30	20.8	1956—1985

续附表 2.1-9

区属号	地　名	天气现象						记录年代
		积雪			降雪			
		初日	终日	年日数	初日	终日	年日数	
1	2	48	49	50	51	52	53	54
ⅦB.1	阿勒泰	10.29	4.9	137.3	10.13	4.24	37.9	1955—1985
ⅦB.2	塔　城	11.1	3.31	126.3	10.18	4.17	43.0	1954—1985
ⅦB.3	富　蕴	10.21	4.12	141.7	10.10	4.26	37.0	1962—1985
ⅦB.4	伊　宁	11.12	3.22	100.9	10.28	4.5	33.7	1952—1985
ⅦB.5	乌鲁木齐	10.18	4.21	136.1	10.14	5.1	46.5	1967—1985
ⅦC.1	额济纳旗	*12.26	*2.19	11.3	12.2	3.19	1.9	1960—1985
ⅦC.2	二连浩特	11.6	4.4	55.6	10.18	4.23	12.5	1956—1985
ⅦC.3	杭锦后旗	1.1	3.8	13.4	11.23	4.2	4.6	1955—1985
ⅦC.4	安　西	12.3	3.8	15.2	11.13	3.29	6.8	1951—1985
ⅦC.5	张　掖	11.3	3.27	25.8	10.23	4.17	14.8	1951—1985
ⅦD.1	吐鲁番			13.8	*12.24	*2.4	4.2	1952—1985
ⅦD.2	哈　密	*12.3	*2.26	33.5	11.17	3.21	6.5	1952—1985
ⅦD.3	库　车	*1.1	*2.17	27.1	12.3	3.4	6.3	1951—1985
ⅦD.4	库尔勒	*1.6	*2.10	16.0	12.12	3.6	5.9	1959—1985
ⅦD.5	阿克苏	1.1	2.14	26.7	12.14	2.27	7.3	1955—1985
ⅦD.6	喀　什	*12.24	*2.17	27.8	12.11	2.27	7.0	1956—1985
ⅦD.7	且　末	*1.3	*2.2	8.4	12.19	2.12	3.4	1954—1985
ⅦD.8	和　田	*1.2	*2.12	14.4	*12.15	*2.22	6.3	1954—1985

注：① 区属号“IB.3”中，“I”表示一级区编号，“B”表示二级区编号，“3”表示该区内城镇编号。
② 降、积雪的初、终日中加“*”者表示出现年数占整编年数 2/3 或以上，以便与每年均有出现的相区别。
③ 凡资料数值加“#”的，表示资料欠准确，但仍可使用。空格表示缺资料或按规定不作统计。
④ 表中“地名”系以国务院批准的 1989 年底全国县级以上行政区划资料（中华人民共和国行政区划简册）为准。

附录三　名　词　解　释

附表 3.1　名　词　解　释

序号	名　词	名　词　解　释
1	春、夏、秋、冬四季	季节的划分在气候学上有不同的方法，一种按阳历月份划分，以阳历 3～5 月为春季，6～8 月为夏季，9～11 月为秋季，12 月～翌年 2 月为冬季。另一种按物候学划分方法是：取候（五日）平均气温＜10℃的时期为冬季，≥22℃的时期为夏季，介于 10～22℃的时期为春季或秋季
2	冬半年、夏半年	气候学上称 10 月～翌年 3 月期间为冬半年，4～9 月期间为夏半年
3	年降水量	年降水量是指一年内由天空降落到单位面积水平地面的液态水或固态水的量

续附表 3.1

序号	名　词	名　词　解　释
4	年平均气温日较差	气温在一昼夜内最高值与最低值之差称为气温日较差。年平均气温日较差是年平均最高气温与年平均最低气温之差
5	气温年较差	最热月月平均气温与最冷月月平均气温之差
6	季节冻土	冬季冻结、夏季全部融化的土层称为季节性冻土
7	永冻土	在最热的季节里，仍不能融化的土层称为永冻土
8	岛状冻土	呈岛状分布的永久性冻土，是季节性冻土与永久性冻土之间的过渡状态
9	最大冻土深度	地面土层或疏松岩石冻结的最大深度
10	降雪日	某日出现降雪即作为降雪日计
11	积雪日	下雪后，只要气温接近或低于零度，雪就可能在地面上积累起来，当视野内地面覆雪面积超过一半时，便记为积雪日
12	最大积雪深度	一定时间内，地面积雪层的最大厚度
13	雨凇日	天上的雨滴落在电线、物体和地面上，马上结起透明或半透明的冰层，这就是雨凇，俗称冰凌。某日出现雨凇现象即记为一个雨凇日
14	沙暴日	沙暴是强风将大量的沙粒、尘土猛烈地卷入空中的现象。某日出现沙暴，水平能见距离降低到 1km 以下，即作为沙暴日计
15	雾凇日	雾凇是严冬季节出现的空气中水汽直接凝华或过冷却雾滴直接冻结在物体上，所形成的乳白色冰晶物。某日出现雾凇现象，即作为雾凇日计
16	雷暴日	大气中伴有雷声的放电现象，称为雷暴。凡闻雷声即作为雷暴日计
17	冰雹日	冰雹是天上掉下来的固体降水，有球形、圆锥形或形状不规则的冰块。凡有降雹现象即作为冰雹日计
18	日照时数	日照时数是指太阳实际照射某地面时的时数
19	日照百分率	一定时间内某地日照时数与该地的可照时数的百分比称为日照百分率
20	太阳总辐射照度	水平或垂直面上单位时间内，单位面积上接受的太阳辐射量称为太阳辐射照度。太阳直射辐射照度和散射辐射照度之和称为太阳总辐射照度
21	梅雨	初夏季节在江淮流域乃至闽、赣、湘出现的雨期较长的连阴雨天气，称为梅雨
22	热带风暴和台风	发生在北太平洋西部的热带气旋，其中心附近的海面（或地面）最大风力达 8 级以上。风力在 8 级以上称为热带风暴，10 级以上称强热带风暴，12 级以上称为台风
23	立体气候	指垂直分布的气候，山岳地带气候特征垂直分布明显，故泛指山岳气候为立体气候
24	建筑防寒	泛指为防止冬季室内过冷和创造适宜的室内热环境而采取的建筑综合措施
25	建筑保温	系指为减少冬季通过房屋围护结构向外散失热量，并保证围护结构薄弱部位内表面温度不致过低而采取的建筑构造措施
26	建筑防热	泛指为防止夏季室内过热和改善室内热环境而采取的建筑综合措施
27	建筑隔热	系指为减少夏季由太阳辐射和室外空气形成的热作用，通过房屋围护结构传入室内，防止围护结构内表面温度不致过高而采取的建筑构造措施

附录四　本标准用词说明

一、为便于在执行本标准条文时区别对待，对要求严格程度不同的用词说明如下：

1. 表示很严格，非这样做不可的：

正面词采用“必须”；

反面词采用“严禁”。

2. 表示严格，在正常情况下均应这样做的：

正面词采用“应”；

反面词采用“不应”或“不得”。

3. 表示允许稍有选择，在条件许可时首先应这样做的：

正面词采用“宜”或“可”；

反面词采用“不宜”。

二、条文中指定应按其他有关标准、规范执行时，写法为“应符合……的规定”或“应按……执行”。

附加说明

本标准主编单位、参加单位和主要起草人名单

主 编 单 位： 中国建筑科学研究院

参 加 单 位： 国家气象中心

中国建筑标准设计研究所

主要起草人： 谢守穆　周曙光　马天健　胡　璘　刘崇颐　王昌本　王启欢

中华人民共和国国家标准

砌体结构设计规范

Code for design of masonry structures

GB 50003—2001

主编部门：中华人民共和国建设部
批准部门：中华人民共和国建设部
施行日期：2002 年 3 月 1 日

建设部关于国家标准
《砌体结构设计规范》局部修订的公告

第67号

现批准《砌体结构设计规范》GB 50003—2001局部修订的条文，自2003年1月1日起实施。经此次修改的原条文同时废止。其中，第3.1.1、3.2.1、3.2.2、3.2.3、5.1.1、5.2.4、6.1.1、6.2.1、6.2.2、6.2.10、6.2.11、7.1.2、7.1.3、7.3.2、7.3.12、7.4.1、9.2.2、10.4.11条为强制性条文，必须严格执行；原6.2.8、7.4.6、8.2.8、9.4.3、10.1.8、10.4.12、10.4.14、10.4.19、10.5.5、10.5.6条不再作为强制性条文。

局部修订的条文及具体内容，将在近期出版的《工程建设标准化》刊物上登载。

中华人民共和国建设部

2002年9月27日

关于发布国家标准
《砌体结构设计规范》的通知

建标［2002］9号

根据我部《关于印发1998年工程建设标准制订、修订计划（第一批）的通知》（建标［1998］94号）的要求，由建设部会同有关部门共同修订的《砌体结构设计规范》，经有关部门会审，批准为国家标准，编号为GB 50003—2001，自2002年3月1日起施行。其中，3.1.1、3.2.1、3.2.2、3.2.3、5.1.1、5.2.4、5.2.5、6.1.1、6.2.1、6.2.2、6.2.8、6.2.10、6.2.11、7.1.2、7.1.3、7.3.2、7.3.12、7.4.1、7.4.6、8.2.8、9.2.2、9.4.3、10.1.8、10.4.11、10.4.12、10.4.14、10.4.19、10.5.5、10.5.6为强制性条文，必须严格执行。原《砌体结构设计规范》GBJ 3—88于2002年12月31日废止。

本规范由建设部负责管理和对强制性条文的解释，中国建筑东北设计研究院负责具体技术内容的解释，建设部标准定额研究所组织中国建筑工业出版社出版发行。

中华人民共和国建设部

2002年1月10日

前　言

本规范是根据建设部《关于印发1998年工程建设标准制订、修订计划（第一批）的通知》（建标［1998］94号）的要求，由中国建筑东北设计研究院会同有关的设计、研究和教学单位，对《砌体结构设计规范》GBJ 3—88进行全面修订而成的。

在修订过程中，规范编制组开展了专题研究，进行了比较广泛的调查研究，总结了近年来新型砌体材料结构的科研成果和工程经验，考虑了我国的经济条件和工程实践，并在全国范围内广泛征求了有关单位的意见，经反复讨论、修改、充实和试设计，最后由建设部标准定额司组织审查定稿。

本次修订后共有10章5个附录，主要修订内容列举如下：

1. 砌体材料：引入了近年来新型砌体材料，如蒸压灰砂砖、蒸压粉煤灰砖、轻集料混凝土砌块及混凝土小型空心砌块灌孔砌体的计算指标；

2. 根据《建筑结构可靠度设计统一标准》GB 50068补充了以重力荷载效应为主的组合表达式和对砌体结构的可靠度作了适当的调整；

3. 根据国际标准《配筋砌体结构设计规范》ISO 9652—3和国家标准《砌体工程施工质量验收规范》GB 50203，引进了与砌体结构可靠度有关的砌体施工质量控制等级；

4. 调整了无筋砌体受压构件的偏心距取值；增加了无筋砌体构件双向偏心受压的计算方法；

5. 补充了刚性垫块上局部受压的计算及跨度≥9m的梁在支座处约束弯矩的分析方法；

6. 修改了砌体沿通缝受剪构件的计算方法；

7. 根据适当提高砌体结构可靠度、耐久性的原则，提高了砌体材料的最低强度等级；

8. 根据建筑节能要求，增加了砌体夹芯墙的构造措施；

9. 根据住房商品化的要求，较大地加强了砌体结构房屋的抗裂措施，特别是对新型墙材砌体结构的防裂、抗裂构造措施；

10. 补充了连续墙梁、框支墙梁的设计方法；

11. 补充了砖砌体和混凝土构造柱组合墙的设计方法；

12. 增加了配筋砌块砌体剪力墙结构的设计方法；

13. 根据需要增加了砌体结构构件的抗震设计；

14. 取消了原标准中的中型砌块、空斗墙、筒拱等内容。

本规范将来可能需要进行局部修订，有关局部修订的信息和条文内容将刊登在《工程建设标准化》杂志上。

本规范以黑体字标志的条文为强制性条文，必须严格执行。

为了提高规范质量，请各单位在执行本规范的过程中，注意总结经验，积累资料，随时将有关意见和建议寄给中国建筑东北设计研究院（沈阳市光荣街65号，邮编110003，E-mail：yuanzf@mail.sy.ln.cn），以供今后修订时参考。

本规范主编单位：中国建筑东北设计研究院

本规范参编单位：湖南大学、哈尔滨建筑大学、浙江大学、同济大学、机械工业部设计研究院、西安建筑科技大学、重庆建筑科学研究院、郑州工业大学、重庆建筑大学、北京市建筑设计研究院、四川省建筑科学研究院、云南省建筑技术发展中心、长沙交通学院、广州市民用建筑科研设计院、沈阳建筑工程学院、中国建筑西南设计研究院、陕西省建筑科学研究院、合肥工业大学、深圳艺蓁工程设计有限公司、长沙中盛建筑勘察设计有限公司等。

本规范主要起草人：苑振芳　施楚贤　唐岱新　严家熺
龚绍熙　徐　建　胡秋谷　王庆霖
周炳章　林文修　刘立新　骆万康
梁兴文　侯汝欣　刘　斌　何建罡
吴明舜　张　英　谢丽丽　梁建国
金伟良　杨伟军　李　翔　王凤来
刘　明　姜洪斌　何振文　雷　波
吴存修　肖亚明　张宝印　李　罔
李建辉

目　次

1　总则 …… 102
2　术语和符号 …… 102
2.1　主要术语 …… 102
2.2　主要符号 …… 104
3　材料 …… 108
3.1　材料强度等级 …… 108
3.2　砌体的计算指标 …… 108
4　基本设计规定 …… 112
4.1　设计原则 …… 112
4.2　房屋的静力计算规定 …… 114
5　无筋砌体构件 …… 116
5.1　受压构件 …… 116
5.2　局部受压 …… 117
5.3　轴心受拉构件 …… 121
5.4　受弯构件 …… 121
5.5　受剪构件 …… 121
6　构造要求 …… 122
6.1　墙、柱的允许高厚比 …… 122
6.2　一般构造要求 …… 123
6.3　防止或减轻墙体开裂的主要措施 …… 125
7　圈梁、过梁、墙梁及挑梁 …… 128
7.1　圈梁 …… 128
7.2　过梁 …… 128
7.3　墙梁 …… 129
7.4　挑梁 …… 134
8　配筋砖砌体构件 …… 136
8.1　网状配筋砖砌体构件 …… 136
8.2　组合砖砌体构件 …… 137
Ⅰ　砖砌体和钢筋混凝土面层或钢筋砂浆面层的组合砌体构件 …… 137
Ⅱ　砖砌体和钢筋混凝土构造柱组合墙 …… 140
9　配筋砌块砌体构件 …… 141
9.1　一般规定 …… 141
9.2　正截面受压承载力计算 …… 142
9.3　斜截面受剪承载力计算 …… 144
9.4　配筋砌块砌体剪力墙构造规定 …… 145
Ⅰ　钢筋 …… 145

Ⅱ 配筋砌块砌体剪力墙、连梁 …… 146
Ⅲ 配筋砌块砌体柱 …… 148
10 砌体结构构件抗震设计 …… 149
10.1 一般规定 …… 149
10.2 无筋砌体构件 …… 150
10.3 配筋砖砌体构件 …… 151
10.4 配筋砌块砌体剪力墙 …… 152
Ⅰ 承载力计算 …… 152
Ⅱ 构造措施 …… 154
10.5 墙梁 …… 157
附录 A 石材的规格尺寸及其强度等级的确定方法 …… 158
附录 B 各类砌体强度平均值的计算公式和强度标准值 …… 159
附录 C 刚弹性方案房屋的静力计算方法 …… 161
附录 D 影响系数 φ 和 φ_n …… 161
附录 E 本规范用词说明 …… 166
2002 年局部修订条文 …… 167

1 总　　则

1.0.1 为了贯彻执行国家的技术经济政策，坚持因地制宜，就地取材的原则，合理选用结构方案和建筑材料，做到技术先进、经济合理、安全适用、确保质量，制订本规范。

1.0.2 本规范适用于建筑工程的下列砌体的结构设计，特殊条件下或有特殊要求的应按专门规定进行设计。

1 砖砌体，包括烧结普通砖、烧结多孔砖、蒸压灰砂砖、蒸压粉煤灰砖无筋和配筋砌体；

2 砌块砌体，包括混凝土、轻骨料混凝土砌块无筋和配筋砌体；

3 石砌体，包括各种料石和毛石砌体。

1.0.3 本规范根据现行国家标准《建筑结构可靠度设计统一标准》GB 50068 规定的原则制订。设计术语和符号按照现行国家标准《建筑结构设计术语和符号标准》GB/T 50083 的规定采用。

1.0.4 按本规范设计时，荷载应按现行国家标准《建筑结构荷载规范》GB 50009 的规定执行；材料和施工的质量应符合现行国家标准《混凝土结构设计规范》GB 50010、《砌体工程施工质量验收规范》GB 50203、《混凝土结构工程施工质量验收规范》GB 50204 的要求；结构抗震设计尚应符合现行国家标准《建筑抗震设计规范》GB 50011 的规定。

1.0.5 砌体结构设计，除应符合本规范要求外，尚应符合现行国家有关标准、规范的规定。

2 术 语 和 符 号

2.1 主 要 术 语

2.1.1 砌体结构 masonry structure

由块体和砂浆砌筑而成的墙、柱作为建筑物主要受力构件的结构。是砖砌体、砌块砌体和石砌体结构的统称。

2.1.2 配筋砌体结构 reinforced masonry structure

由配置钢筋的砌体作为建筑物主要受力构件的结构。是网状配筋砌体柱、水平配筋砌体墙、砖砌体和钢筋混凝土面层或钢筋砂浆面层组合砌体柱（墙)、砖砌体和钢筋混凝土构造柱组合墙和配筋砌块砌体剪力墙结构的统称。

2.1.3 配筋砌块砌体剪力墙结构 reinforced concrete masonry shear wall structure

由承受竖向和水平作用的配筋砌块砌体剪力墙和混凝土楼、屋盖所组成的房屋建筑结构。

2.1.4 烧结普通砖 fired common brick

由粘土、页岩、煤矸石或粉煤灰为主要原料，经过焙烧而成的实心或孔洞率不大于规定值且外形尺寸符合规定的砖。分烧结粘土砖、烧结页岩砖、烧结煤矸石砖、烧结粉煤灰砖等。

2.1.5 烧结多孔砖 fired perforated brick

以粘土、页岩、煤矸石或粉煤灰为主要原料，经焙烧而成、孔洞率不小于25%，孔的尺寸小而数量多，主要用于承重部位的砖。简称多孔砖。目前多孔砖分为P型砖和M型砖。

2.1.6 蒸压灰砂砖 autoclaved sand-lime brick

以石灰和砂为主要原料，经坯料制备、压制成型、蒸压养护而成的实心砖。简称灰砂砖。

2.1.7 蒸压粉煤灰砖 autoclaved flyash-lime brick

以粉煤灰、石灰为主要原料，掺加适量石膏和集料，经坯料制备、压制成型、高压蒸汽养护而成的实心砖。简称粉煤灰砖。

2.1.8 混凝土小型空心砌块 concrete small hollow block

由普通混凝土或轻骨料混凝土制成，主规格尺寸为390mm×190mm×190mm、空心率在25%～50%的空心砌块。简称混凝土砌块或砌块。

2.1.9 混凝土砌块砌筑砂浆 mortar for concrete small hollow block

由水泥、砂、水以及根据需要掺入的掺和料和外加剂等组分，按一定比例，采用机械拌和制成，专门用于砌筑混凝土砌块的砌筑砂浆。简称砌块专用砂浆。

2.1.10 混凝土砌块灌孔混凝土 grout for concrete small hollow block

由水泥、集料、水以及根据需要掺入的掺和料和外加剂等组分，按一定比例，采用机械搅拌后，用于浇注混凝土砌块砌体芯柱或其他需要填实部位孔洞的混凝土。简称砌块灌孔混凝土。

2.1.11 带壁柱墙 pilastered wall

沿墙长度方向隔一定距离将墙体局部加厚形成墙面带垛的加劲墙体。

2.1.12 刚性横墙 rigid transverse wall

在砌体结构中刚度和承载能力均符合规定要求的横墙。又称横向稳定结构。

2.1.13 夹心墙 cavity wall filled with insulation

墙体中预留的连续空腔内填充保温或隔热材料，并在墙的内叶和外叶之间用防锈的金属拉结件连接形成的墙体。

2.1.14 混凝土构造柱 structural concrete column

在多层砌体房屋墙体的规定部位，按构造配筋，并按先砌墙后浇灌混凝土柱的施工顺序制成的混凝土柱。通常称为混凝土构造柱，简称构造柱。

2.1.15 圈梁 ring beam

在房屋的檐口、窗顶、楼层、吊车梁顶或基础顶面标高处，沿砌体墙水平方向设置封闭状的按构造配筋的混凝土梁式构件。

2.1.16 墙梁 wall beam

由钢筋混凝土托梁和梁上计算高度范围内的砌体墙组成的组合构件。包括简支墙梁、连续墙梁和框支墙梁。

2.1.17 挑梁 cantilever beam

嵌固在砌体中的悬挑式钢筋混凝土梁。一般指房屋中的阳台挑梁、雨篷挑梁或外廊挑梁。

2.1.18 设计使用年限 design working life

设计规定的时期。在此期间结构或结构构件只需进行正常的维护便可按其预定的目的使用，而不需进行大修加固。

2.1.19 房屋静力计算方案 static analysis scheme of building

根据房屋的空间工作性能确定的结构静力计算简图。房屋的静力计算方案包括刚性方案、刚弹性方案和弹性方案。

2.1.20 刚性方案 rigid analysis scheme

按楼盖、屋盖作为水平不动铰支座对墙、柱进行静力计算的方案。

2.1.21 刚弹性方案 rigid-elastic analysis scheme

按楼盖、屋盖与墙、柱为铰接，考虑空间工作的排架或框架对墙、柱进行静力计算的方案。

2.1.22 弹性方案 elastic analysis scheme

按楼盖、屋盖与墙、柱为铰接，不考虑空间工作的平面排架或框架对墙、柱进行静力计算的方案。

2.1.23 上柔下刚多层房屋 upper flexible and lower rigid complex multistorey building

在结构计算中，顶层不符合刚性方案要求，而下面各层符合刚性方案要求的多层房屋。

2.1.24 屋盖、楼盖类别 types of roof or floor structure

根据屋盖、楼盖的结构构造及其相应的刚度对屋盖、楼盖的分类。根据常用结构，可把屋盖、楼盖划分为三类，而认为每一类屋盖和楼盖中的水平刚度大致相同。

2.1.25 砌体墙、柱高厚比 ratio of hight to sectional thickness of wall or column

砌体墙、柱的计算高度与规定厚度的比值。规定厚度对墙取墙厚，对柱取对应的边长，对带壁柱墙取截面的折算厚度。

2.1.26 梁端有效支承长度 effective support length of beam end

梁端在砌体或刚性垫块界面上压应力沿梁跨方向的分布长度。

2.1.27 计算倾覆点 calculating overturning point

验算挑梁抗倾覆时，根据规定所取的转动中心。

2.1.28 伸缩缝 expansion and contraction joint

将建筑物分割成两个或若干个独立单元，彼此能自由伸缩的竖向缝。通常有双墙伸缩缝、双柱伸缩缝等。

2.1.29 控制缝 control joint

设置在墙体应力比较集中或墙的垂直灰缝相一致的部位，并允许墙身自由变形和对外力有足够抵抗能力的构造缝。

2.1.30 施工质量控制等级 category of construction quality control

根据施工现场的质保体系、砂浆和混凝土的强度、砌筑工人技术等级综合水平划分的砌体施工质量控制级别。

2.2 主 要 符 号

2.2.1 材料性能

MU——块体的强度等级；

M——砂浆的强度等级；

Mb——混凝土砌块砌筑砂浆的强度等级；

C——混凝土的强度等级；

Cb——混凝土砌块灌孔混凝土的强度等级；

f_1——块体的抗压强度等级值或平均值；

f_2——砂浆的抗压强度平均值；

f、f_k——砌体的抗压强度设计值、标准值；

f_g——单排孔且对孔砌筑的混凝土砌块灌孔砌体抗压强度设计值（简称灌孔砌体抗压强度设计值）；

f_{vg}——单排孔且对孔砌筑的混凝土砌块灌孔砌体抗剪强度设计值（简称灌孔砌体抗剪强度设计值）；

f_t、$f_{t,k}$——砌体的轴心抗拉强度设计值、标准值；

f_{tm}、$f_{tm,k}$——砌体的弯曲抗拉强度设计值、标准值；

f_v、$f_{v,k}$——砌体的抗剪强度设计值、标准值；

f_{VE}——砌体沿阶梯形截面破坏的抗震抗剪强度设计值；

f_n——网状配筋砖砌体的抗压强度设计值；

f_y、f'_y——钢筋的抗拉、抗压强度设计值；

f_c——混凝土的轴心抗压强度设计值；

E——砌体的弹性模量；

E_C——混凝土的弹性模量；

G——砌体的剪变模量。

2.2.2 作用和作用效应

N——轴向力设计值；

N_l——局部受压面积上的轴向力设计值、梁端支承压力；

N_0——上部轴向力设计值；

N_t——轴心拉力设计值；

M——弯矩设计值；

M_r——挑梁的抗倾覆力矩设计值；

M_{ov}——挑梁的倾覆力矩设计值；

V——剪力设计值；

F_1——托梁顶面上的集中荷载设计值；

Q_1——托梁顶面上的均布荷载设计值；

Q_2——墙梁顶面上的均布荷载设计值；

σ_0——水平截面平均压应力。

2.2.3 几何参数

A——截面面积；

A_b——垫块面积；

A_C——混凝土构造柱的截面面积；

A_l——局部受压面积；

A_n——墙体净截面面积；

A_0——影响局部抗压强度的计算面积；

A_S、A'_S ——受拉、受压钢筋的截面面积；

a——边长、梁端实际支承长度、距离；

a_i——洞口边至墙梁最近支座中心的距离；

a_0——梁端有效支承长度；

a_s、a'_s ——纵向受拉、受压钢筋重心至截面近边的距离；

b——截面宽度、边长；

b_c——混凝土构造柱沿墙长方向的宽度；

b_f——带壁柱墙的计算截面翼缘宽度、翼墙计算宽度；

b'_f ——T形、倒L形截面受压区的翼缘计算宽度；

b_s——在相邻横墙、窗间墙之间或壁柱间的距离范围内的门窗洞口宽度；

c、d——距离；

e——轴向力的偏心距；

H——墙体高度、构件高度；

H_i——层高；

H_0——构件的计算高度、墙梁跨中截面的计算高度；

h——墙厚、矩形截面较小边长、矩形截面的轴向力偏心方向的边长、截面高度；

h_b——托梁高度；

h_0——截面有效高度、垫梁折算高度；

h_T——T形截面的折算厚度；

h_W——墙体高度、墙梁墙体计算截面高度；

l——构造柱的间距；

l_0——梁的计算跨度；

l_n——梁的净跨度；

I——截面惯性矩；

i——截面的回转半径；

s——间距、截面面积矩；

x_0——计算倾覆点到墙外边缘的距离；

u_{max}——最大水平位移；

W——截面抵抗矩；

y——截面重心到轴向力所在偏心方向截面边缘的距离；

z——内力臂。

2.2.4 计算系数

α——砌块砌体中灌孔混凝土面积和砌体毛面积的比值、修正系数、系数；

α_M——考虑墙梁组合作用的托梁弯矩系数；

β——构件的高厚比；

$[\beta]$——墙、柱的允许高厚比；

β_V——考虑墙梁组合作用的托梁剪力系数；

γ——砌体局部抗压强度提高系数；

γ_a——调整系数；

γ_f——结构构件材料性能分项系数；

γ_0——结构重要性系数；

γ_{RE}——承载力抗震调整系数；

δ——混凝土砌块的孔洞率、系数；

ζ——托梁支座上部砌体局压系数；

ζ_c——芯柱参与工作系数；

ζ_s——钢筋参与工作系数；

η_i——房屋空间性能影响系数；

η_c——墙体约束修正系数；

η_N——考虑墙梁组合作用的托梁跨中轴力系数；

λ——计算截面的剪跨比；

μ——修正系数、剪压复合受力影响系数；

μ_1——自承重墙允许高厚比的修正系数；

μ_2——有门窗洞口墙允许高厚比的修正系数；

μ_c——设构造柱墙体允许高厚比提高系数；

ξ——截面受压区相对高度、系数；

ξ_b——受压区相对高度的界限值；

ξ_1——翼墙或构造柱对墙梁墙体受剪承载力影响系数；

ξ_2——洞口对墙梁墙体受剪承载力影响系数；

ρ——混凝土砌块砌体的灌孔率、配筋率；

ρ_s——按层间墙体竖向截面计算的水平钢筋面积率；

ϕ——承载力的影响系数、系数；

ϕ_n——网状配筋砖砌体构件的承载力的影响系数；

ϕ_0——轴心受压构件的稳定系数；

ϕ_{com}——组合砖砌体构件的稳定系数；

ψ——折减系数；

ψ_M——洞口对托梁弯矩的影响系数。

3 材　料

3.1 材料强度等级

3.1.1 块体和砂浆的强度等级，应按下列规定采用：

1 烧结普通砖、烧结多孔砖等的强度等级：MU30、MU25、MU20、MU15 和 MU10；

2 蒸压灰砂砖、蒸压粉煤灰砖的强度等级：MU25、MU20、MU15 和 MU10；

3 砌块的强度等级：MU20、MU15、MU10、MU7.5 和 MU5；

4 石材的强度等级：MU100、MU80、MU60、MU50、MU40、MU30 和 MU20；

5 砂浆的强度等级：M15、M10、M7.5、M5 和 M2.5。

注：1 石材的规格、尺寸及其强度等级可按本规范附录 A 的方法确定；

2 确定蒸压粉煤灰砖和掺有粉煤灰 15% 以上的混凝土砌块的强度等级时，其抗压强度应乘以自然碳化系数，当无自然碳化系数时，可取人工碳化系数的 1.15 倍；

3 确定砂浆强度等级时应采用同类块体为砂浆强度试块底模。

3.2 砌体的计算指标

3.2.1 龄期为 28d 的以毛截面计算的各类砌体抗压强度设计值，当施工质量控制等级为 B 级时，应根据块体和砂浆的强度等级分别按下列规定采用：

1 烧结普通砖和烧结多孔砖砌体的抗压强度设计值，应按表 3.2.1-1 采用。

2 蒸压灰砂砖和蒸压粉煤灰砖砌体的抗压强度设计值，应按表 3.2.1-2 采用。

表 3.2.1-1 烧结普通砖和烧结多孔砖砌体的抗压强度设计值（MPa）

砖强度等级	砂浆强度等级					砂浆强度
	M15	M10	M7.5	M5	M2.5	0
MU30	3.94	3.27	2.93	2.59	2.26	1.15
MU25	3.60	2.98	2.68	2.37	2.06	1.05
MU20	3.22	2.67	2.39	2.12	1.84	0.94
MU15	2.79	2.31	2.07	1.83	1.60	0.82
MU10	—	1.89	1.69	1.50	1.30	0.67

表 3.2.1-2 蒸压灰砂砖和蒸压粉煤灰砖砌体的抗压强度设计值（MPa）

砖强度等级	砂浆强度等级				砂浆强度
	M15	M10	M7.5	M5	0
MU25	3.60	2.98	2.68	2.37	1.05
MU20	3.22	2.67	2.39	2.12	0.94
MU15	2.79	2.31	2.07	1.83	0.82
MU10	—	1.89	1.69	1.50	0.67

3 单排孔混凝土和轻骨料混凝土砌块砌体的抗压强度设计值，应按表3.2.1-3采用。

表3.2.1-3 单排孔混凝土和轻骨料混凝土砌块砌体的抗压强度设计值（MPa）

砌块强度等级	砂浆强度等级				砂浆强度
	Mb15	Mb10	Mb7.5	Mb5	0
MU20	5.68	4.95	4.44	3.94	2.33
MU15	4.61	4.02	3.61	3.20	1.89
MU10	—	2.79	2.50	2.22	1.31
MU7.5	—	—	1.93	1.71	1.01
MU5	—	—	—	1.19	0.70

注：1 对错孔砌筑的砌体，应按表中数值乘以0.8；
2 对独立柱或厚度为双排组砌的砌块砌体，应按表中数值乘以0.7；
3 对T形截面砌体，应按表中数值乘以0.85；
4 表中轻骨料混凝土砌块为煤矸石和水泥煤渣混凝土砌块。

4 单排孔混凝土砌块对孔砌筑时，灌孔砌体的抗压强度设计值 f_g，应按下列公式计算：

$$f_g = f + 0.6\alpha f_c \tag{3.2.1-1}$$

$$\alpha = \delta\rho \tag{3.2.1-2}$$

式中 f_g——灌孔砌体的抗压强度设计值，并不应大于未灌孔砌体抗压强度设计值的2倍；
f——未灌孔砌体的抗压强度设计值，应按表3.2.1-3采用；
f_c——灌孔混凝土的轴心抗压强度设计值；
α——砌块砌体中灌孔混凝土面积和砌体毛面积的比值；
δ——混凝土砌块的孔洞率；
ρ——混凝土砌块砌体的灌孔率，系截面灌孔混凝土面积和截面孔洞面积的比值，ρ 不应小于33%。

砌块砌体的灌孔混凝土强度等级不应低于Cb20，也不宜低于两倍的块体强度等级。

注：灌孔混凝土的强度等级Cb××等同于对应的混凝土强度等级C××的强度指标。

5 孔洞率不大于35%的双排孔或多排孔轻骨料混凝土砌块砌体的抗压强度设计值，应按表3.2.1-5采用。

6 块体高度为180~350mm的毛料石砌体的抗压强度设计值，应按表3.2.1-6采用。

表3.2.1-5 轻骨料混凝土砌块砌体的抗压强度设计值（MPa）

砌块强度等级	砂浆强度等级			砂浆强度
	Mb10	Mb7.5	Mb5	0
MU10	3.08	2.76	2.45	1.44
MU7.5	—	2.13	1.88	1.12
MU5	—	—	1.31	0.78

注：1 表中的砌块为火山渣、浮石和陶粒轻骨料混凝土砌块；
2 对厚度方向为双排组砌的轻骨料混凝土砌块砌体的抗压强度设计值，应按表中数值乘以0.8。

表 3.2.1-6　毛料石砌体的抗压强度设计值（MPa）

毛料石强度等级	砂浆强度等级			砂浆强度
	M7.5	M5	M2.5	0
MU100	5.42	4.80	4.18	2.13
MU80	4.85	4.29	3.73	1.91
MU60	4.20	3.71	3.23	1.65
MU50	3.83	3.39	2.95	1.51
MU40	3.43	3.04	2.64	1.35
MU30	2.97	2.63	2.29	1.17
MU20	2.42	2.15	1.87	0.95

注：对下列各类料石砌体，应按表中数值分别乘以系数：
细料石砌体　1.5
半细料石砌体　1.3
粗料石砌体　1.2
干砌勾缝石砌体　0.8

7　毛石砌体的抗压强度设计值，应按表 3.2.1-7 采用。

表 3.2.1-7　毛石砌体的抗压强度设计值（MPa）

毛石强度等级	砂浆强度等级			砂浆强度
	M7.5	M5	M2.5	0
MU100	1.27	1.12	0.98	0.34
MU80	1.13	1.00	0.87	0.30
MU60	0.98	0.87	0.76	0.26
MU50	0.90	0.80	0.69	0.23
MU40	0.80	0.71	0.62	0.21
MU30	0.69	0.61	0.53	0.18
MU20	0.56	0.51	0.44	0.15

3.2.2　龄期为 28d 的以毛截面计算的各类砌体的轴心抗拉强度设计值、弯曲抗拉强度设计值和抗剪强度设计值，当施工质量控制等级为 B 级时，应按表 3.2.2 采用。

表 3.2.2　沿砌体灰缝截面破坏时砌体的轴心抗拉强度设计值、弯曲抗拉强度设计值和抗剪强度设计值（MPa）

强度类别	破坏特征及砌体种类		砂浆强度等级			
			≥M10	M7.5	M5	M2.5
轴心抗拉	 沿齿缝	烧结普通砖、烧结多孔砖	0.19	0.16	0.13	0.09
		蒸压灰砂砖，蒸压粉煤灰砖	0.12	0.10	0.08	0.06
		混凝土砌块	0.09	0.08	0.07	
		毛石	0.08	0.07	0.06	0.04
弯曲抗拉	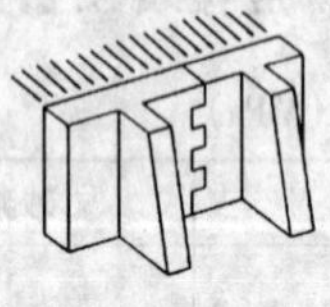 沿齿缝	烧结普通砖、烧结多孔砖	0.33	0.29	0.23	0.17
		蒸压灰砂砖，蒸压粉煤灰砖	0.24	0.20	0.16	0.12
		混凝土砌块	0.11	0.09	0.08	
		毛石	0.13	0.11	0.09	0.07
	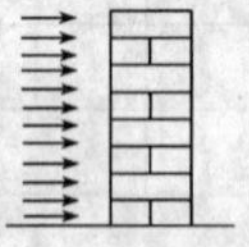 沿通缝	烧结普通砖、烧结多孔砖	0.17	0.14	0.11	0.08
		蒸压灰砂砖，蒸压粉煤灰砖	0.12	0.10	0.08	0.06
		混凝土砌块	0.08	0.06	0.05	

续表 3.2.2

强度类别	破坏特征及砌体种类	砂浆强度等级			
		≥M10	M7.5	M5	M2.5
抗剪	烧结普通砖、烧结多孔砖	0.17	0.14	0.11	0.08
	蒸压灰砂砖，蒸压粉煤灰砖	0.12	0.10	0.08	0.06
	混凝土和轻骨料混凝土砌块	0.09	0.08	0.06	
	毛石	0.21	0.19	0.16	0.11

注：1 对于用形状规则的块体砌筑的砌体，当搭接长度与块体高度的比值小于1时，其轴心抗拉强度设计值 f_t 和弯曲抗拉强度设计值 f_{tm} 应按表中数值乘以搭接长度与块体高度比值后采用；

2 对孔洞率不大于35%的双排孔或多排孔轻骨料混凝土砌块砌体的抗剪强度设计值，可按表中混凝土砌块砌体抗剪强度设计值乘以1.1；

3 对蒸压灰砂砖、蒸压粉煤灰砖砌体，当有可靠的试验数据时，表中强度设计值，允许作适当调整；

4 对烧结页岩砖、烧结煤矸石砖、烧结粉煤灰砖砌体，当有可靠的试验数据时，表中强度设计值，允许作适当调整。

单排孔混凝土砌块对孔砌筑时，灌孔砌体的抗剪强度设计值 f_{vg}，应按下列公式计算：

$$f_{vg} = 0.2f_g^{0.55} \tag{3.2.2}$$

式中 f_g——灌孔砌体的抗压强度设计值（MPa）。

3.2.3 下列情况的各类砌体，其砌体强度设计值应乘以调整系数 γ_a：

1 有吊车房屋砌体、跨度不小于9m的梁下烧结普通砖砌体、跨度不小于7.5m的梁下烧结多孔砖、蒸压灰砂砖、蒸压粉煤灰砖砌体，混凝土和轻骨料混凝土砌块砌体，γ_a 为0.9；

2 对无筋砌体构件，其截面面积小于 $0.3m^2$ 时，γ_a 为其截面面积加0.7。对配筋砌体构件，当其中砌体截面面积小于 $0.2m^2$ 时，γ_a 为其截面面积加0.8。构件截面面积以 m^2 计；

3 当砌体用水泥砂浆砌筑时，对第3.2.1条各表中的数值，γ_a 为0.9；对第3.2.2条表3.2.2中数值，γ_a 为0.8；对配筋砌体构件，当其中的砌体采用水泥砂浆砌筑时，仅对砌体的强度设计值乘以调整系数 γ_a；

4 当施工质量控制等级为C级时，γ_a 为0.89；

5 当验算施工中房屋的构件时，γ_a 为1.1。

注：配筋砌体不允许采用C级。

3.2.4 施工阶段砂浆尚未硬化的新砌砌体的强度和稳定性，可按砂浆强度为零进行验算。

对于冬期施工采用掺盐砂浆法施工的砌体，砂浆强度等级按常温施工的强度等级提高一级时，砌体强度和稳定性可不验算。

注：配筋砌体不得用掺盐砂浆施工。

3.2.5 砌体的弹性模量、线膨胀系数、收缩系数和摩擦系数可分别按表3.2.5-1～表3.2.5-3采用。砌体的剪变模量可按砌体弹性模量的0.4倍采用。

1 砌体的弹性模量，可按表3.2.5-1采用。

表 3.2.5-1 砌体的弹性模量（MPa）

砌 体 种 类	砂浆强度等级			
	≥M10	M7.5	M5	M2.5
烧结普通砖、烧结多孔砖砌体	$1600f$	$1600f$	$1600f$	$1390f$
蒸压灰砂砖、蒸压粉煤灰砖砌体	$1060f$	$1060f$	$1060f$	$960f$
混凝土砌块砌体	$1700f$	$1600f$	$1500f$	—
粗料石、毛料石、毛石砌体	7300	5650	4000	2250
细料石、半细料石砌体	22000	17000	12000	6750

注：轻骨料混凝土砌块砌体的弹性模量，可按表中混凝土砌块砌体的弹性模量采用。

单排孔且对孔砌筑的混凝土砌块灌孔砌体的弹性模量，应按下列公式计算：

$$E = 1700f_g \qquad (3.2.5\text{-}1)$$

式中 f_g——灌孔砌体的抗压强度设计值。

2 砌体的线膨胀系数和收缩率，可按表 3.2.5-2 采用。

3 砌体的摩擦系数，可按表 3.2.5-3 采用。

表 3.2.5-2 砌体的线膨胀系数和收缩率

砌体类别	线膨胀系数 $10^{-6}/℃$	收缩率 mm/m
烧结粘土砖砌体	5	-0.1
蒸压灰砂砖、蒸压粉煤灰砖砌体	8	-0.2
混凝土砌块砌体	10	-0.2
轻骨料混凝土砌块砌体	10	-0.3
料石和毛石砌体	8	—

注：表中的收缩率系由达到收缩允许标准的块体砌筑 28d 的砌体收缩率，当地方有可靠的砌体收缩试验数据时，亦可采用当地的试验数据。

表 3.2.5-3 摩 擦 系 数

材 料 类 别	摩擦面情况	
	干燥的	潮湿的
砌体沿砌体或混凝土滑动	0.70	0.60
木材沿砌体滑动	0.60	0.50
钢沿砌体滑动	0.45	0.35
砌体沿砂或卵石滑动	0.60	0.50
砌体沿粉土滑动	0.55	0.40
砌体沿粘性土滑动	0.50	0.30

4 基本设计规定

4.1 设计原则

4.1.1 本规范采用以概率理论为基础的极限状态设计方法，以可靠指标度量结构构件的可靠度，采用分项系数的设计表达式进行计算。

4.1.2 砌体结构应按承载能力极限状态设计，并满足正常使用极限状态的要求。

注：根据砌体结构的特点，砌体结构正常使用极限状态的要求，一般情况下可由相应的构造措施保证。

4.1.3 砌体结构和结构构件在设计使用年限内，在正常维护下，必须保持适合使用，而不需大修加固。设计使用年限可按国家标准《建筑结构可靠度设计统一标准》确定。

4.1.4 根据建筑结构破坏可能产生的后果（危及人的生命、造成经济损失、产生社会影响等）的严重性，建筑结构应按表 4.1.4 划分为三个安全等级，设计时应根据具体情况适当选用。

表 4.1.4 建筑结构的安全等级

安全等级	破坏后果	建筑物类型
一　级	很严重	重要的房屋
二　级	严　重	一般的房屋
三　级	不严重	次要的房屋

注：1　对于特殊的建筑物，其安全等级可根据具体情况另行确定；

2　对地震区的砌体结构设计，应按现行国家标准《建筑抗震设防分类标准》GB 50223 根据建筑物重要性区分建筑物类别。

4.1.5 砌体结构按承载能力极限状态设计时，应按下列公式中最不利组合进行计算：

$$\gamma_0\left(1.2S_{Gk}+1.4S_{Q1k}+\sum_{i=2}^{n}\gamma_{Qi}\psi_{ci}S_{Qik}\right)\leqslant R(f,a_k\cdots\cdots) \tag{4.1.5-1}$$

$$\gamma_0\left(1.35S_{Gk}+1.4\sum_{i=1}^{n}\psi_{ci}S_{Qik}\right)\leqslant R(f,a_k\cdots\cdots) \tag{4.1.5-2}$$

式中 γ_0——结构重要性系数。对安全等级为一级或设计使用年限为 50 年以上的结构构件，不应小于 1.1；对安全等级为二级或设计使用年限为 50 年的结构构件，不应小于 1.0；对安全等级为三级或设计使用年限为 1～5 年的结构构件，不应小于 0.9；

S_{Gk}——永久荷载标准值的效应；

S_{Q1k}——在基本组合中起控制作用的一个可变荷载标准值的效应；

S_{Qik}——第 i 个可变荷载标准值的效应；

$R(\cdot)$——结构构件的抗力函数；

γ_{Qi}——第 i 个可变荷载的分项系数；

ψ_{ci}——第 i 个可变荷载的组合值系数。一般情况下应取 0.7；对书库、档案库、储藏室或通风机房、电梯机房应取 0.9；

f——砌体的强度设计值，$f=f_k/\gamma_f$；

f_k——砌体的强度标准值，$f_k=f_m-1.645\sigma_f$；

γ_f——砌体结构的材料性能分项系数，一般情况下，宜按施工控制等级为 B 级考虑，取 $\gamma_f=1.6$；当为 C 级时，取 $\gamma_f=1.8$；

f_m——砌体的强度平均值；

σ_f——砌体强度的标准差；

a_k——几何参数标准值。

注：1　当楼面活荷载标准值大于 $4kN/m^2$ 时，式中系数 1.4 应为 1.3；

2　施工质量控制等级划分要求应符合《砌体工程施工质量验收规范》GB 50203 的规定。

4.1.6 当砌体结构作为一个刚体，需验算整体稳定性时，例如倾覆、滑移、漂浮等，应按下式验算：

$$\gamma_0\left(1.2S_{G2k}+1.4S_{Q1k}+\sum_{i=2}^{n}S_{Qik}\right)\leqslant 0.8S_{G1k} \tag{4.1.6}$$

式中 S_{G1k}——起有利作用的永久荷载标准值的效应；

S_{G2k}——起不利作用的永久荷载标准值的效应。

4.2 房屋的静力计算规定

4.2.1 房屋的静力计算，根据房屋的空间工作性能分为刚性方案、刚弹性方案和弹性方案。设计时，可按表4.2.1确定静力计算方案。

表4.2.1 房屋的静力计算方案

屋盖或楼盖类别		刚性方案	刚弹性方案	弹性方案
1	整体式、装配整体和装配式无檩体系钢筋混凝土屋盖或钢筋混凝土楼盖	$s<32$	$32\leqslant s\leqslant 72$	$s>72$
2	装配式有檩体系钢筋混凝土屋盖、轻钢屋盖和有密铺望板的木屋盖或木楼盖	$s<20$	$20\leqslant s\leqslant 48$	$s>48$
3	瓦材屋面的木屋盖和轻钢屋盖	$s<16$	$16\leqslant s\leqslant 36$	$s>36$

注：**1** 表中 s 为房屋横墙间距，其长度单位为m；

2 当屋盖、楼盖类别不同或横墙间距不同时，可按第4.2.7条的规定确定房屋的静力计算方案；

3 对无山墙或伸缩缝处无横墙的房屋，应按弹性方案考虑。

4.2.2 刚性和刚弹性方案房屋的横墙应符合下列要求：

1 横墙中开有洞口时，洞口的水平截面面积不应超过横墙截面面积的50%；

2 横墙的厚度不宜小于180mm；

3 单层房屋的横墙长度不宜小于其高度，多层房屋的横墙长度不宜小于 $H/2$（H 为横墙总高度）。

注：**1** 当横墙不能同时符合上述要求时，应对横墙的刚度进行验算。如其最大水平位移值 $u_{max}\leqslant\frac{H}{4000}$ 时，仍可视作刚性或刚弹性方案房屋的横墙；

2 凡符合注1刚度要求的一段横墙或其他结构构件（如框架等），也可视作刚性或刚弹性方案房屋的横墙。

4.2.3 弹性方案房屋的静力计算，可按屋架或大梁与墙（柱）为铰接的、不考虑空间工作的平面排架或框架计算。

4.2.4 刚弹性方案房屋的静力计算，可按屋架、大梁与墙（柱）铰接并考虑空间工作的平面排架或框架计算。房屋各层的空间性能影响系数，可按表4.2.4采用，其计算方法应按附录C的规定采用。

表4.2.4 房屋各层的空间性能影响系数 η_i

屋盖或楼盖类别	横墙间距 s（m）														
	16	20	24	28	32	36	40	44	48	52	56	60	64	68	72
1	—	—	—	—	0.33	0.39	0.45	0.50	0.55	0.60	0.64	0.68	0.71	0.74	0.77
2	—	0.35	0.45	0.54	0.61	0.68	0.73	0.78	0.82	—	—	—	—	—	—
3	0.37	0.49	0.60	0.68	0.75	0.81	—	—	—	—	—	—	—	—	—

注：i 取 $1\sim n$，n 为房屋的层数。

4.2.5 刚性方案房屋的静力计算，可按下列规定进行：

1 单层房屋：在荷载作用下，墙、柱可视为上端不动铰支承于屋盖，下端嵌固于基础的竖向构件；

2 多层房屋：在竖向荷载作用下，墙、柱在每层高度范围内，可近似地视作两端铰支的竖向构件；在水平荷载作用下，墙、柱可视作竖向连续梁；

3 对本层的竖向荷载，应考虑对墙、柱的实际偏心影响，当梁支承于墙上时，梁端支承压力 N_l 到墙内边的距离，应取梁端有效支承长度 a_0 的 0.4 倍（图 4.2.5）。由上面楼层传来的荷载 N_u，可视作作用于上一楼层的墙、柱的截面重心处；

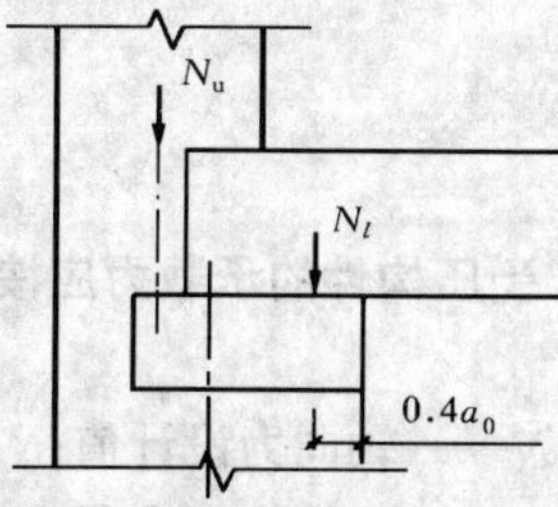

图 4.2.5 梁端支承压力位置

4 对于梁跨度大于 9m 的墙承重的多层房屋，除按上述方法计算墙体承载力外，宜再按梁两端固结计算梁端弯矩，再将其乘以修正系数 γ 后，按墙体线性刚度分到上层墙底部和下层墙顶部，修正系数 γ 可按下式计算：

$$\gamma = 0.2\sqrt{\frac{a}{h}} \tag{4.2.5}$$

式中 a——梁端实际支承长度；

h——支承墙体的墙厚，当上下墙厚不同时取下部墙厚，当有壁柱时取 h_T。

4.2.6 当刚性方案多层房屋的外墙符合下列要求时，静力计算可不考虑风荷载的影响：

1 洞口水平截面面积不超过全截面面积的 2/3；

2 层高和总高不超过表 4.2.6 的规定；

3 屋面自重不小于 0.8kN/m^2。

表 4.2.6 外墙不考虑风荷载影响时的最大高度

基本风压值（kN/m^2）	层　高（m）	总　高（m）
0.4	4.0	28
0.5	4.0	24
0.6	4.0	18
0.7	3.5	18

注：对于多层砌块房屋 190mm 厚的外墙，当层高不大于 2.8m，总高不大于 19.6m，基本风压不大于 0.7kN/m^2 时可不考虑风荷载的影响。

当必须考虑风荷载时，风荷载引起的弯矩 M，可按下式计算：

$$M = \frac{wH_i^2}{12} \tag{4.2.6}$$

式中 w——沿楼层高均布风荷载设计值（kN/m）；

H_i——层高（m）。

4.2.7 计算上柔下刚多层房屋时，顶层可按单层房屋计算，其空间性能影响系数可根据屋盖类别按表 4.2.4 采用。

4.2.8 带壁柱墙的计算截面翼缘宽度 b_f，可按下列规定采用：

1 多层房屋，当有门窗洞口时，可取窗间墙宽度；当无门窗洞口时，每侧翼墙宽度可取壁柱高度的 1/3；

2 单层房屋，可取壁柱宽加 2/3 墙高，但不大于窗间墙宽度和相邻壁柱间距离；

3 计算带壁柱墙的条形基础时，可取相邻壁柱间的距离。

4.2.9 当转角墙段角部受竖向集中荷载时，计算截面的长度可从角点算起，每侧宜取层高的1/3。当上述墙体范围内有门窗洞口时，则计算截面取至洞边，但不宜大于层高的1/3。当上层的竖向集中荷载传至本层时，可按均布荷载计算，此时转角墙段可按角形截面偏心受压构件进行承载力验算。

5 无筋砌体构件

5.1 受压构件

5.1.1 受压构件的承载力应按下式计算：

$$N \leqslant \varphi f A \tag{5.1.1}$$

式中 N——轴向力设计值；

φ——高厚比 β 和轴向力的偏心距 e 对受压构件承载力的影响系数，可按本规范附录D的规定采用；

f——砌体的抗压强度设计值，应按本规范第3.2.1条采用；

A——截面面积，对各类砌体均应按毛截面计算；对带壁柱墙，其翼缘宽度可按本规范第4.2.8条采用。

注：对矩形截面构件，当轴向力偏心方向的截面边长大于另一方向的边长时，除按偏心受压计算外，还应对较小边长方向，按轴心受压进行验算。

5.1.2 计算影响系数 φ 或查 φ 表时，构件高厚比 β 应按下列公式确定：

对矩形截面

$$\beta = \gamma_\beta \frac{H_0}{h} \tag{5.1.2-1}$$

对T形截面

$$\beta = \gamma_\beta \frac{H_0}{h_T} \tag{5.1.2-2}$$

式中 γ_β——不同砌体材料构件的高厚比修正系数，按表5.1.2采用；

H_0——受压构件的计算高度，按表5.1.3确定；

h——矩形截面轴向力偏心方向的边长，当轴心受压时为截面较小边长；

h_T——T形截面的折算厚度，可近似按 $3.5i$ 计算；

i——截面回转半径。

表5.1.2 高厚比修正系数 γ_β

砌体材料类别	γ_β
烧结普通砖、烧结多孔砖	1.0
混凝土及轻骨料混凝土砌块	1.1
蒸压灰砂砖、蒸压粉煤灰砖、细料石、半细料石	1.2
粗料石、毛石	1.5
注：对灌孔混凝土砌块，γ_β 取1.0。	

5.1.3 受压构件的计算高度 H_0，应根据房屋类别和构件支承条件等按表5.1.3采用。表中的构件高度 H 应按下列规定采用：

1 在房屋底层，为楼板顶面到构件下端支点的距离。下端支点的位置，可取在基础顶面。当埋置较深且有刚性地坪时，可取室外地面下 500mm 处；

2 在房屋其他层次，为楼板或其他水平支点间的距离；

3 对于无壁柱的山墙，可取层高加山墙尖高度的 1/2；对于带壁柱的山墙可取壁柱处的山墙高度。

表 5.1.3 受压构件的计算高度 H_0

房屋类别			柱		带壁柱墙或周边拉结的墙		
			排架方向	垂直排架方向	$s>2H$	$2H \geqslant s>H$	$s \leqslant H$
有吊车的单层房屋	变截面柱上段	弹性方案	$2.5H_u$	$1.25H_u$	$2.5H_u$		
		刚性、刚弹性方案	$2.0H_u$	$1.25H_u$	$2.0H_u$		
	变截面柱下段		$1.0H_l$	$0.8H_l$	$1.0H_l$		
无吊车的单层和多层房屋	单跨	弹性方案	$1.5H$	$1.0H$	$1.5H$		
		刚弹性方案	$1.2H$	$1.0H$	$1.2H$		
	多跨	弹性方案	$1.25H$	$1.0H$	$1.25H$		
		刚弹性方案	$1.10H$	$1.0H$	$1.1H$		
	刚性方案		$1.0H$	$1.0H$	$1.0H$	$0.4s+0.2H$	$0.6s$

注：**1** 表中 H_u 为变截面柱的上段高度；H_l 为变截面柱的下段高度；

2 对于上端为自由端的构件，$H_0=2H$；

3 独立砖柱，当无柱间支撑时，柱在垂直排架方向的 H_0 应按表中数值乘以 1.25 后采用；

4 s—房屋横墙间距；

5 自承重墙的计算高度应根据周边支承或拉接条件确定。

5.1.4 对有吊车的房屋，当荷载组合不考虑吊车作用时，变截面柱上段的计算高度可按表 5.1.3 规定采用；变截面柱下段的计算高度可按下列规定采用：

1 当 $H_u/H \leqslant 1/3$ 时，取无吊车房屋的 H_0；

2 当 $1/3<H_u/H<1/2$ 时，取无吊车房屋的 H_0 乘以修正系数 μ：

$$\mu=1.3-0.3I_u/I_l$$

I_u 为变截面柱上段的惯性矩，I_l 为变截面柱下段的惯性矩；

3 当 $H_u/H \geqslant 1/2$ 时，取无吊车房屋的 H_0。但在确定 β 值时，应采用上柱截面。

注：本条规定也适用于无吊车房屋的变截面柱。

5.1.5 轴向力的偏心距 e 按内力设计值计算，并不应超过 $0.6y$。y 为截面重心到轴向力所在偏心方向截面边缘的距离。

5.2 局部受压

5.2.1 砌体截面中受局部均匀压力时的承载力应按下式计算：

$$N_l \leqslant \gamma f A_l \tag{5.2.1}$$

式中 N_l——局部受压面积上的轴向力设计值；

γ——砌体局部抗压强度提高系数；

f——砌体的抗压强度设计值，可不考虑强度调整系数 γ_a 的影响；

A_l——局部受压面积。

5.2.2 砌体局部抗压强度提高系数 γ，应符合下列规定：

1 γ 可按下式计算：

$$\gamma = 1 + 0.35\sqrt{\frac{A_0}{A_l} - 1} \quad (5.2.2)$$

式中　A_0——影响砌体局部抗压强度的计算面积。

2　计算所得 γ 值，尚应符合下列规定：

1）在图 5.2.2a 的情况下，$\gamma \leqslant 2.5$；

2）在图 5.2.2b 的情况下，$\gamma \leqslant 2.0$；

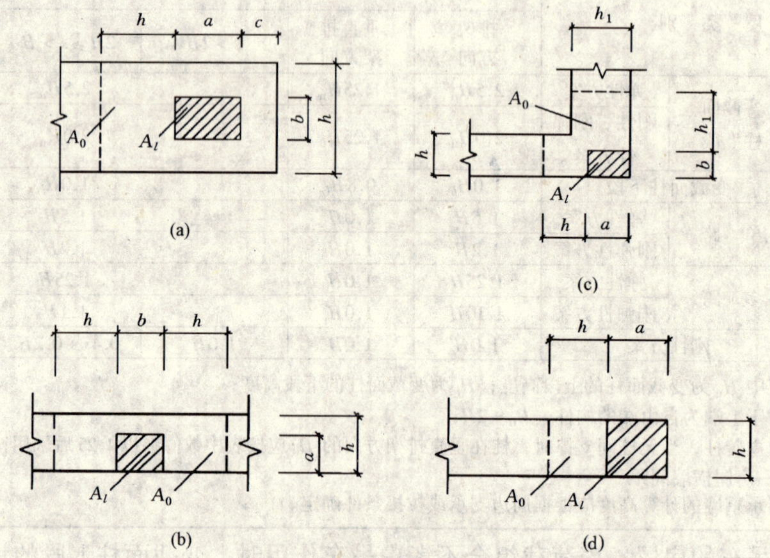

图 5.2.2　影响局部抗压强度的面积 A_0

3）在图 5.2.2c 的情况下，$\gamma \leqslant 1.5$；

4）在图 5.2.2d 的情况下，$\gamma \leqslant 1.25$；

5）对多孔砖砌体和按本规范第 6.2.13 条的要求灌孔的砌块砌体，在 1)、2)、3) 款的情况下，尚应符合 $\gamma \leqslant 1.5$。未灌孔混凝土砌块砌体，$\gamma = 1.0$。

5.2.3　影响砌体局部抗压强度的计算面积可按下列规定采用：

1　在图 5.2.2a 的情况下，$A_0 = (a + c + h)\ h$

2　在图 5.2.2b 的情况下，$A_0 = (b + 2h)\ h$

3　在图 5.2.2c 的情况下，$A_0 = (a + h)h + (b + h_l - h)h_1$

4　在图 5.2.2d 的情况下，$A_0 = (a + h)\ h$

式中　a、b——矩形局部受压面积 A_l 的边长；

h、h_1——墙厚或柱的较小边长，墙厚；

c——矩形局部受压面积的外边缘至构件边缘的较小距离，当大于 h 时，应取为 h。

5.2.4　梁端支承处砌体的局部受压承载力应按下列公式计算：

$$\psi N_0 + N_l \leqslant \eta\gamma f A_l \quad (5.2.4\text{-}1)$$

$$\psi = 1.5 - 0.5\frac{A_0}{A_l} \quad (5.2.4\text{-}2)$$

$$N_0 = \sigma_0 A_l \tag{5.2.4-3}$$

$$A_l = a_0 b \tag{5.2.4-4}$$

$$a_0 = 10\sqrt{\frac{h_c}{f}} \tag{5.2.4-5}$$

式中 ψ——上部荷载的折减系数，当 A_0/A_l 大于等于3时，应取 ψ 等于0；

N_0——局部受压面积内上部轴向力设计值（N）；

N_l——梁端支承压力设计值（N）；

σ_0——上部平均压应力设计值（N/mm^2）；

η——梁端底面压应力图形的完整系数，可取0.7，对于过梁和墙梁可取1.0；

a_0——梁端有效支承长度（mm），当 a_0 大于 a 时，应取 a_0 等于 a；

a——梁端实际支承长度（mm）；

b——梁的截面宽度（mm）；

h_c——梁的截面高度（mm）；

f——砌体的抗压强度设计值（MPa）。

5.2.5 在梁端设有刚性垫块的砌体局部受压应符合下列规定：

1 刚性垫块下的砌体局部受压承载力应按下列公式计算：

$$N_0 + N_l \leqslant \varphi\gamma_1 f A_b \tag{5.2.5-1}$$

$$N_0 = \sigma_0 A_b \tag{5.2.5-2}$$

$$A_b = a_b b_b \tag{5.2.5-3}$$

式中 N_0——垫块面积 A_b 内上部轴向力设计值（N）；

φ——垫块上 N_0 及 N_l 合力的影响系数，应采用5.1.1当 β 小于等于3时的 φ 值；

γ_1——垫块外砌体面积的有利影响系数，γ_1 应为 0.8γ，但不小于1.0。γ 为砌体局部抗压强度提高系数，按公式（5.2.2）以 A_b 代替 A_l 计算得出；

A_b——垫块面积（mm^2）；

a_b——垫块伸入墙内的长度（mm）；

b_b——垫块的宽度（mm）。

2 刚性垫块的构造应符合下列规定：

1）刚性垫块的高度不宜小于180mm，自梁边算起的垫块挑出长度不宜大于垫块高度 t_b；

2）在带壁柱墙的壁柱内设刚性垫块时（图5.2.5），其计算面积应取壁柱范围内的面积，而不应计算翼缘部分，同时壁柱上垫块伸入翼墙内的长度不应小于120mm；

3）当现浇垫块与梁端整体浇筑时，垫块可在梁高范围内设置。

3 梁端设有刚性垫块时，梁端有效支承长度 a_0 应按下式确定：

$$a_0 = \delta_1\sqrt{\frac{h}{f}} \tag{5.2.5-4}$$

式中 δ_1——刚性垫块的影响系数，可按表5.2.5采用。

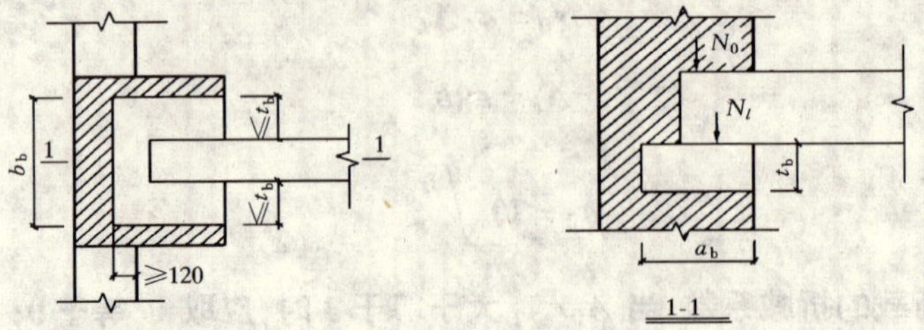

图 5.2.5　壁柱上设有垫块时梁端局部受压

垫块上 N_l 作用点的位置可取 $0.4a_0$ 处。

表 5.2.5　系数 δ_1 值表

σ_0/f	0	0.2	0.4	0.6	0.8
δ_1	5.4	5.7	6.0	6.9	7.8
注：表中其间的数值可采用插入法求得。					

5.2.6　梁下设有长度大于 πh_0 的垫梁下的砌体局部受压承载力应按下列公式计算：

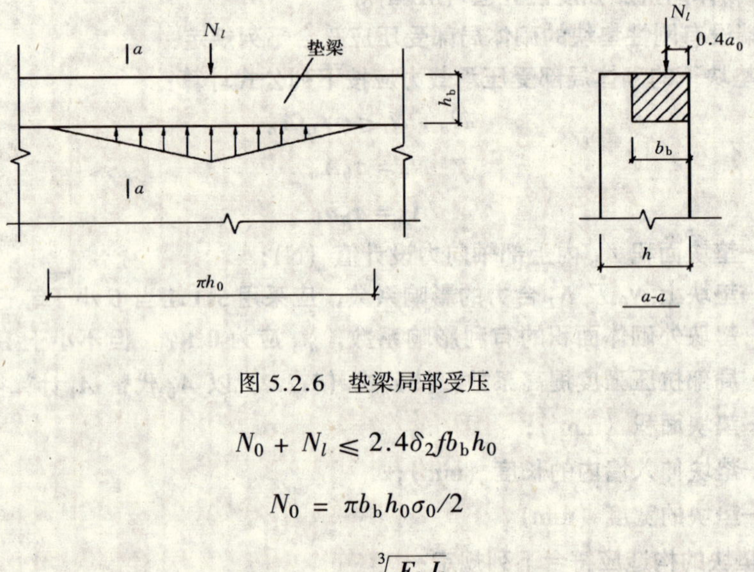

图 5.2.6　垫梁局部受压

$$N_0 + N_l \leqslant 2.4\delta_2 f b_b h_0 \tag{5.2.6-1}$$

$$N_0 = \pi b_b h_0 \sigma_0 / 2 \tag{5.2.6-2}$$

$$h_0 = 2\sqrt[3]{\frac{E_b I_b}{Eh}} \tag{5.2.6-3}$$

式中　N_0——垫梁上部轴向力设计值（N）；

b_b——垫梁在墙厚方向的宽度（mm）；

δ_2——当荷载沿墙厚方向均匀分布时 δ_2 取 1.0，不均匀时 δ_2 可取 0.8；

h_0——垫梁折算高度（mm）；

E_b、I_b——分别为垫梁的混凝土弹性模量和截面惯性矩；

h_b——垫梁的高度（mm）；

E——砌体的弹性模量；

h——墙厚（mm）。

垫梁上梁端有效支承长度 a_0 可按公式（5.2.5-4）计算。

5.3 轴心受拉构件

5.3.1 轴心受拉构件的承载力应按下式计算：

$$N_t \leqslant f_t A \tag{5.3.1}$$

式中 N_t——轴心拉力设计值；

f_t——砌体的轴心抗拉强度设计值，应按表 3.2.2 采用。

5.4 受弯构件

5.4.1 受弯构件的承载力应按下式计算：

$$M \leqslant f_{tm} W \tag{5.4.1}$$

式中 M——弯矩设计值；

f_{tm}——砌体弯曲抗拉强度设计值，应按表 3.2.2 采用；

W——截面抵抗矩。

5.4.2 受弯构件的受剪承载力，应按下列公式计算：

$$V \leqslant f_v bz \tag{5.4.2-1}$$

$$z = I/S \tag{5.4.2-2}$$

式中 V——剪力设计值；

f_v——砌体的抗剪强度设计值，应按表 3.2.2 采用；

b——截面宽度；

z——内力臂，当截面为矩形时取 z 等于 $2h/3$；

I——截面惯性矩；

S——截面面积矩；

h——截面高度。

5.5 受剪构件

5.5.1 沿通缝或沿阶梯形截面破坏时受剪构件的承载力应按下列公式计算：

$$V \leqslant (f_v + \alpha\mu\sigma_0)A \tag{5.5.1-1}$$

当 $\gamma_G = 1.2$ 时

$$\mu = 0.26 - 0.082\frac{\sigma_0}{f} \tag{5.5.1-2}$$

当 $\gamma_G = 1.35$ 时

$$\mu = 0.23 - 0.065\frac{\sigma_0}{f} \tag{5.5.1-3}$$

式中 V——截面剪力设计值；

A——水平截面面积。当有孔洞时，取净截面面积；

f_v——砌体抗剪强度设计值，对灌孔的混凝土砌块砌体取 f_{vG}；

α——修正系数。

当 $\gamma_G = 1.2$ 时，砖砌体取 0.60，混凝土砌块砌体取 0.64；

当 $\gamma_G = 1.35$ 时，砖砌体取 0.64，混凝土砌块砌体取 0.66；

μ——剪压复合受力影响系数，α 与 μ 的乘积可查表 5.5.1；

σ_0——永久荷载设计值产生的水平截面平均压应力；

f——砌体的抗压强度设计值；

σ_0/f——轴压比，且不大于0.8。

表 5.5.1 当 $\gamma_G=1.2$ 及 $\gamma_G=1.35$ 时 $\alpha\mu$ 值

γ_G	σ_0/f	0.1	0.2	0.3	0.4	0.5	0.6	0.7	0.8
1.2	砖砌体	0.15	0.15	0.14	0.14	0.13	0.13	0.12	0.12
	砌块砌体	0.16	0.16	0.15	0.15	0.14	0.13	0.13	0.12
1.35	砖砌体	0.14	0.14	0.13	0.13	0.13	0.12	0.12	0.11
	砌块砌体	0.15	0.14	0.14	0.13	0.13	0.13	0.12	0.12

6 构 造 要 求

6.1 墙、柱的允许高厚比

6.1.1 墙、柱的高厚比应按下式验算：

$$\beta=\frac{H_0}{h}\leqslant\mu_1\mu_2\ [\beta] \tag{6.1.1}$$

式中 H_0——墙、柱的计算高度，应按第5.1.3条采用；

h——墙厚或矩形柱与 H_0 相对应的边长；

μ_1——自承重墙允许高厚比的修正系数；

μ_2——有门窗洞口墙允许高厚比的修正系数；

$[\beta]$——墙、柱的允许高厚比，应按表6.1.1采用。

表 6.1.1 墙、柱的允许高厚比 $[\beta]$ 值

砂浆强度等级	墙	柱
M2.5	22	15
M5.0	24	16
≥M7.5	26	17

注：1 毛石墙、柱允许高厚比应按表中数值降低20%；

2 组合砖砌体构件的允许高厚比，可按表中数值提高20%，但不得大于28；

3 验算施工阶段砂浆尚未硬化的新砌砌体高厚比时，允许高厚比对墙取14，对柱取11。

注：1 当与墙连接的相邻两横墙间的距离 $s\leqslant\mu_1\mu_2\ [\beta]\ h$ 时，墙的高度可不受本条限制；

2 变截面柱的高厚比可按上、下截面分别验算，其计算高度可按第5.1.4条的规定采用。验算上柱的高厚比时，墙、柱的允许高厚比可按表6.1.1的数值乘以1.3后采用。

6.1.2 带壁柱墙和带构造柱墙的高厚比验算，应按下列规定进行：

1 按公式（6.1.1）验算带壁柱墙的高厚比，此时公式中 h 应改用带壁柱墙截面的折算厚度 h_T，在确定截面回转半径时，墙截面的翼缘宽度，可按第4.2.8条的规定采用；当确定带壁柱墙的计算高度 H_0 时，s 应取相邻横墙间的距离。

2 当构造柱截面宽度不小于墙厚时，可按公式（6.1.1）验算带构造柱墙的高厚比，

此时公式中 h 取墙厚；当确定墙的计算高度时，s 应取相邻横墙间的距离；墙的允许高厚比 $[\beta]$ 可乘以提高系数 μ_c：

$$\mu_c = 1 + \gamma \frac{b_c}{l} \tag{6.1.2}$$

式中 γ——系数。对细料石、半细料石砌体，$\gamma = 0$；对混凝土砌块、粗料石、毛料石及毛石砌体，$\gamma = 1.0$；其他砌体，$\gamma = 1.5$；

b_c——构造柱沿墙长方向的宽度；

l——构造柱的间距。

当 $b_c/l > 0.25$ 时取 $b_c/l = 0.25$，当 $b_c/l < 0.05$ 时取 $b_c/l = 0$。

注：考虑构造柱有利作用的高厚比验算不适用于施工阶段。

3 按公式（6.1.1）验算壁柱间墙或构造柱间墙的高厚比，此时 s 应取相邻壁柱间或相邻构造柱间的距离。设有钢筋混凝土圈梁的带壁柱墙或带构造柱墙，当 $b/s \geqslant 1/30$ 时，圈梁可视作壁柱间墙或构造柱间墙的不动铰支点（b 为圈梁宽度）。如不允许增加圈梁宽度，可按墙体平面外等刚度原则增加圈梁高度，以满足壁柱间墙或构造柱间墙不动铰支点的要求。

6.1.3 厚度 $h \leqslant 240$mm 的自承重墙，允许高厚比修正系数 μ_1 应按下列规定采用：

1 $h = 240$mm　　$\mu_1 = 1.2$；

2 $h = 90$mm　　$\mu_1 = 1.5$；

3 240mm $> h >$ 90mm　　μ_1 可按插入法取值。

注：**1** 上端为自由端墙的允许高厚比，除按上述规定提高外，尚可提高 30%；

2 对厚度小于 90mm 的墙，当双面用不低于 M10 的水泥砂浆抹面，包括抹面层的墙厚不小于 90mm 时，可按墙厚等于 90mm 验算高厚比。

6.1.4 对有门窗洞口的墙，允许高厚比修正系数 μ_2 应按下式计算：

$$\mu_2 = 1 - 0.4 \frac{b_s}{s} \tag{6.1.4}$$

式中 b_s——在宽度 s 范围内的门窗洞口总宽度；

s——相邻窗间墙或壁柱之间的距离。

当按公式（6.1.4）算得 μ_2 的值小于 0.7 时，应采用 0.7。当洞口高度等于或小于墙高的 1/5 时，可取 μ_2 等于 1.0。

6.2 一般构造要求

6.2.1 五层及五层以上房屋的墙，以及受振动或层高大于 6m 的墙、柱所用材料的最低强度等级，应符合下列要求：

1 砖采用 MU10；

2 砌块采用 MU7.5；

3 石材采用 MU30；

4 砂浆采用 M5。

注：对安全等级为一级或设计使用年限大于 50 年的房屋，墙、柱所用材料的最低强度等级应至少

提高一级。

6.2.2 地面以下或防潮层以下的砌体，潮湿房间的墙，所用材料的最低强度等级应符合表6.2.2的要求。

表6.2.2 地面以下或防潮层以下的砌体、潮湿房间墙所用材料的最低强度等级

基土的潮湿程度	烧结普通砖、蒸压灰砂砖		混凝土砌块	石材	水泥砂浆
	严寒地区	一般地区			
稍潮湿的	MU10	MU10	MU7.5	MU30	M5
很潮湿的	MU15	MU10	MU7.5	MU30	M7.5
含水饱和的	MU20	MU15	MU10	MU40	M10

注：1 在冻胀地区，地面以下或防潮层以下的砌体，不宜采用多孔砖，如采用时，其孔洞应用水泥砂浆灌实。当采用混凝土砌块砌体时，其孔洞应采用强度等级不低于Cb20的混凝土灌实；

2 对安全等级为一级或设计使用年限大于50年的房屋，表中材料强度等级应至少提高一级。

6.2.3 承重的独立砖柱截面尺寸不应小于240mm×370mm。毛石墙的厚度不宜小于350mm，毛料石柱较小边长不宜小于400mm。

注：当有振动荷载时，墙、柱不宜采用毛石砌体。

6.2.4 跨度大于6m的屋架和跨度大于下列数值的梁，应在支承处砌体上设置混凝土或钢筋混凝土垫块；当墙中设有圈梁时，垫块与圈梁宜浇成整体。

1 对砖砌体为4.8m;

2 对砌块和料石砌体为4.2m;

3 对毛石砌体为3.9m。

6.2.5 当梁跨度大于或等于下列数值时，其支承处宜加设壁柱，或采取其他加强措施：

1 对240mm厚的砖墙为6m,对180mm厚的砖墙为4.8m;

2 对砌块、料石墙为4.8m。

6.2.6 预制钢筋混凝土板的支承长度，在墙上不宜小于100mm；在钢筋混凝土圈梁上不宜小于80mm；当利用板端伸出钢筋拉结和混凝土灌缝时，其支承长度可为40mm，但板端缝宽不小于80mm，灌缝混凝土不宜低于C20。

6.2.7 支承在墙、柱上的吊车梁、屋架及跨度大于或等于下列数值的预制梁的端部，应采用锚固件与墙、柱上的垫块锚固：

1 对砖砌体为9m;

2 对砌块和料石砌体为7.2m。

6.2.8 填充墙、隔墙应分别采取措施与周边构件可靠连接。

6.2.9 山墙处的壁柱宜砌至山墙顶部，屋面构件应与山墙可靠拉结。

6.2.10 砌块砌体应分皮错缝搭砌，上下皮搭砌长度不得小于90mm。当搭砌长度不满足上述要求时，应在水平灰缝内设置不少于2ϕ4的焊接钢筋网片（横向钢筋的间距不宜大于200mm)，网片每端均应超过该垂直缝，其长度不得小于300mm。

6.2.11 砌块墙与后砌隔墙交接处，应沿墙高每400mm在水平灰缝内设置不少于2ϕ4、横

筋间距不大于200mm的焊接钢筋网片（图6.2.11）。

6.2.12 混凝土砌块房屋，宜将纵横墙交接处、距墙中心线每边不小于300mm范围内的孔洞，采用不低于Cb20灌孔混凝土灌实，灌实高度应为墙身全高。

6.2.13 混凝土砌块墙体的下列部位，如未设圈梁或混凝土垫块，应采用不低于Cb20灌孔混凝土将孔洞灌实：

1 搁栅、檩条和钢筋混凝土楼板的支承面下，高度不应小于200mm的砌体；

2 屋架、梁等构件的支承面下，高度不应小于600mm，长度不应小于600mm的砌体；

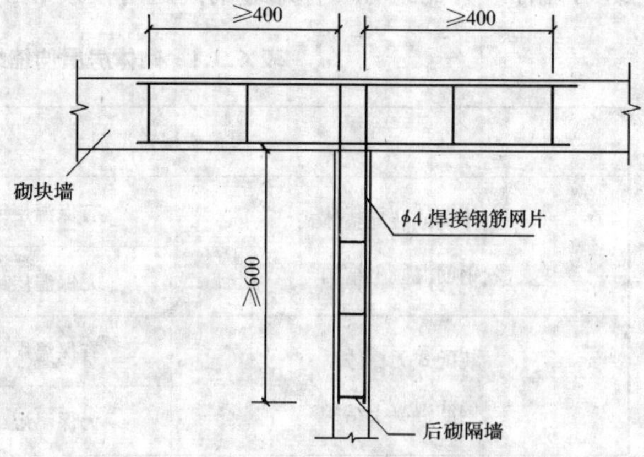

图6.2.11 砌块墙与后砌隔墙交接处钢筋网片

3 挑梁支承面下，距墙中心线每边不应小于300mm，高度不应小于600mm的砌体。

6.2.14 在砌体中留槽洞及埋设管道时，应遵守下列规定：

1 不应在截面长边小于500mm的承重墙体、独立柱内埋设管线；

2 不宜在墙体中穿行暗线或预留、开凿沟槽，无法避免时应采取必要的措施或按削弱后的截面验算墙体的承载力。

注：对受力较小或未灌孔的砌块砌体，允许在墙体的竖向孔洞中设置管线。

6.2.15 夹心墙应符合下列规定：

1 混凝土砌块的强度等级不应低于MU10；

2 夹心墙的夹层厚度不宜大于100mm；

3 夹心墙外叶墙的最大横向支承间距不宜大于9m。

6.2.16 夹心墙叶墙间的连接应符合下列规定：

1 叶墙应用经防腐处理的拉结件或钢筋网片连接；

2 当采用环形拉结件时，钢筋直径不应小于4mm，当为Z形拉结件时，钢筋直径不应小于6mm。拉结件应沿竖向梅花形布置，拉结件的水平和竖向最大间距分别不宜大于800mm和600mm；对有振动或有抗震设防要求时，其水平和竖向最大间距分别不宜大于800mm和400mm；

3 当采用钢筋网片作拉结件时，网片横向钢筋的直径不应小于4mm，其间距不应大于400mm；网片的竖向间距不宜大于600mm，对有振动或有抗震设防要求时，不宜大于400mm；

4 拉结件在叶墙上的搁置长度，不应小于叶墙厚度的2/3，并不应小于60mm；

5 门窗洞口周边300mm范围内应附加间距不大于600mm的拉结件。

注：对安全等级为一级或设计使用年限大于50年的房屋，夹心墙叶墙间宜采用不锈钢拉结件。

6.3 防止或减轻墙体开裂的主要措施

6.3.1 为了防止或减轻房屋在正常使用条件下，由温差和砌体干缩引起的墙体竖向裂缝，应在墙体中设置伸缩缝。伸缩缝应设在因温度和收缩变形可能引起应力集中、砌体产生裂缝可能性最大的地方。伸缩缝的间距可按表6.3.1采用。

表6.3.1 砌体房屋伸缩缝的最大间距（m）

屋盖或楼盖类别		间距
整体式或装配整体式钢筋混凝土结构	有保温层或隔热层的屋盖、楼盖	50
	无保温层或隔热层的屋盖	40
装配式无檩体系钢筋混凝土结构	有保温层或隔热层的屋盖、楼盖	60
	无保温层或隔热层的屋盖	50
装配式有檩体系钢筋混凝土结构	有保温层或隔热层的屋盖	75
	无保温层或隔热层的屋盖	60
瓦材屋盖、木屋盖或楼盖、轻钢屋盖		100

注：1 对烧结普通砖、多孔砖、配筋砌块砌体房屋取表中数值；对石砌体、蒸压灰砂砖、蒸压粉煤灰砖和混凝土砌块房屋取表中数值乘以0.8的系数。当有实践经验并采取有效措施时，可不遵守本表规定；

2 在钢筋混凝土屋面上挂瓦的屋盖应按钢筋混凝土屋盖采用；

3 按本表设置的墙体伸缩缝，一般不能同时防止由于钢筋混凝土屋盖的温度变形和砌体干缩变形引起的墙体局部裂缝；

4 层高大于5m的烧结普通砖、多孔砖、配筋砌块砌体结构单层房屋，其伸缩缝间距可按表中数值乘以1.3；

5 温差较大且变化频繁地区和严寒地区不采暖的房屋及构筑物墙体的伸缩缝的最大间距，应按表中数值予以适当减小；

6 墙体的伸缩缝应与结构的其他变形缝相重合，在进行立面处理时，必须保证缝隙的伸缩作用。

6.3.2 为了防止或减轻房屋顶层墙体的裂缝，可根据情况采取下列措施：

1 屋面应设置保温、隔热层；

2 屋面保温（隔热）层或屋面刚性面层及砂浆找平层应设置分隔缝，分隔缝间距不宜大于6m，并与女儿墙隔开，其缝宽不小于30mm；

3 采用装配式有檩体系钢筋混凝土屋盖和瓦材屋盖；

4 在钢筋混凝土屋面板与墙体圈梁的接触面处设置水平滑动层，滑动层可采用两层油毡夹滑石粉或橡胶片等；对于长纵墙，可只在其两端的2~3个开间内设置，对于横墙可只在其两端各$l/4$范围内设置（l为横墙长度）；

5 顶层屋面板下设置现浇钢筋混凝土圈梁，并沿内外墙拉通，房屋两端圈梁下的墙体内宜适当设置水平钢筋；

6 顶层挑梁末端下墙体灰缝内设置3道焊接钢筋网片（纵向钢筋不宜少于2ϕ4，横筋间距不宜大于200mm）或2ϕ6钢筋，钢筋网片或钢筋应自挑梁末端伸入两边墙体不小于1m（图6.3.2）；

7　顶层墙体有门窗等洞口时，在过梁上的水平灰缝内设置2～3道焊接钢筋网片或2ϕ6钢筋，并应伸入过梁两端墙内不小于600mm；

8　顶层及女儿墙砂浆强度等级不低于M5；

9　女儿墙应设置构造柱，构造柱间距不宜大于4m，构造柱应伸至女儿墙顶并与现浇钢筋混凝土压顶整浇在一起；

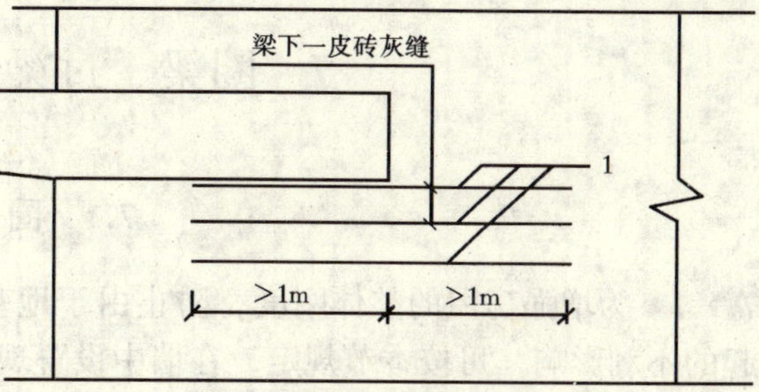

图6.3.2　顶层挑梁末端钢筋网片或钢筋

1—2ϕ4钢筋网片或2ϕ6钢筋

10　房屋顶层端部墙体内适当增设构造柱。

6.3.3　为防止或减轻房屋底层墙体裂缝，可根据情况采取下列措施：

1　增大基础圈梁的刚度；

2　在底层的窗台下墙体灰缝内设置3道焊接钢筋网片或2ϕ6钢筋，并伸入两边窗间墙内不小于600mm；

3　采用钢筋混凝土窗台板，窗台板嵌入窗间墙内不小于600mm。

6.3.4　墙体转角处和纵横墙交接处宜沿竖向每隔400～500mm设拉结钢筋，其数量为每120mm墙厚不少于1ϕ6或焊接钢筋网片，埋入长度从墙的转角或交接处算起，每边不小于600mm。

6.3.5　对灰砂砖、粉煤灰砖、混凝土砌块或其他非烧结砖，宜在各层门、窗过梁上方的水平灰缝内及窗台下第一和第二道水平灰缝内设置焊接钢筋网片或2ϕ6钢筋，焊接钢筋网片或钢筋应伸入两边窗间墙内不小于600mm。

当灰砂砖、粉煤灰砖、混凝土砌块或其他非烧结砖实体墙长大于5m时，宜在每层墙高度中部设置2～3道焊接钢筋网片或3ϕ6的通长水平钢筋，竖向间距宜为500mm。

6.3.6　为防止或减轻混凝土砌块房屋顶层两端和底层第一、第二开间门窗洞处的裂缝，可采取下列措施：

1　在门窗洞口两侧不少于一个孔洞中设置不小于1ϕ12钢筋，钢筋应在楼层圈梁或基础锚固，并采用不低于Cb20灌孔混凝土灌实；

2　在门窗洞口两边的墙体的水平灰缝中，设置长度不小于900mm、竖向间距为400mm的2ϕ4焊接钢筋网片；

3　在顶层和底层设置通长钢筋混凝土窗台梁，窗台梁的高度宜为块高的模数，纵筋不少于4ϕ10、箍筋ϕ6@200，Cb20混凝土。

6.3.7　当房屋刚度较大时，可在窗台下或窗台角处墙体内设置竖向控制缝。在墙体高度或厚度突然变化处也宜设置竖向控制缝，或采取其他可靠的防裂措施。竖向控制缝的构造和嵌缝材料应能满足墙体平面外传力和防护的要求。

6.3.8　灰砂砖、粉煤灰砖砌体宜采用粘结性好的砂浆砌筑，混凝土砌块砌体应采用砌块专用砂浆砌筑。

6.3.9　对防裂要求较高的墙体，可根据情况采取专门措施。

7 圈梁、过梁、墙梁及挑梁

7.1 圈 梁

7.1.1 为增强房屋的整体刚度，防止由于地基的不均匀沉降或较大振动荷载等对房屋引起的不利影响，可按本节规定，在墙中设置现浇钢筋混凝土圈梁。

7.1.2 车间、仓库、食堂等空旷的单层房屋应按下列规定设置圈梁：

1 砖砌体房屋，檐口标高为 5～8m 时，应在檐口标高处设置圈梁一道，檐口标高大于 8m 时，应增加设置数量；

2 砌块及料石砌体房屋，檐口标高为 4～5m 时，应在檐口标高处设置圈梁一道，檐口标高大于 5m 时，应增加设置数量。

对有吊车或较大振动设备的单层工业房屋，除在檐口或窗顶标高处设置现浇钢筋混凝土圈梁外，尚应增加设置数量。

7.1.3 宿舍、办公楼等多层砌体民用房屋，且层数为 3～4 层时，应在檐口标高处设置圈梁一道。当层数超过 4 层时，应在所有纵横墙上隔层设置。

多层砌体工业房屋，应每层设置现浇钢筋混凝土圈梁。

设置墙梁的多层砌体房屋应在托梁、墙梁顶面和檐口标高处设置现浇钢筋混凝土圈梁，其他楼层处应在所有纵横墙上每层设置。

7.1.4 建筑在软弱地基或不均匀地基上的砌体房屋，除按本节规定设置圈梁外，尚应符合现行国家标准《建筑地基基础设计规范》GB 50007 的有关规定。

7.1.5 圈梁应符合下列构造要求：

1 圈梁宜连续地设在同一水平面上，并形成封闭状；当圈梁被门窗洞口截断时，应在洞口上部增设相同截面的附加圈梁。附加圈梁与圈梁的搭接长度不应小于其中到中垂直间距的二倍，且不得小于 1m；

2 纵横墙交接处的圈梁应有可靠的连接。刚弹性和弹性方案房屋，圈梁应与屋架、大梁等构件可靠连接；

3 钢筋混凝土圈梁的宽度宜与墙厚相同，当墙厚 $h \geq 240$mm 时，其宽度不宜小于 $2h/3$。圈梁高度不应小于 120mm。纵向钢筋不应少于 $4\phi10$，绑扎接头的搭接长度按受拉钢筋考虑，箍筋间距不应大于 300mm；

4 圈梁兼作过梁时，过梁部分的钢筋应按计算用量另行增配。

7.1.6 采用现浇钢筋混凝土楼（屋）盖的多层砌体结构房屋，当层数超过 5 层时，除在檐口标高处设置一道圈梁外，可隔层设置圈梁，并与楼（屋）面板一起现浇。未设置圈梁的楼面板嵌入墙内的长度不应小于 120mm，并沿墙长配置不少于 $2\phi10$ 的纵向钢筋。

7.2 过 梁

7.2.1 砖砌过梁的跨度，不应超过下列规定：

钢筋砖过梁为 1.5m；

砖砌平拱为 1.2m。

对有较大振动荷载或可能产生不均匀沉降的房屋，应采用钢筋混凝土过梁。

7.2.2 过梁的荷载，应按下列规定采用：

1 梁、板荷载

对砖和小型砌块砌体，当梁、板下的墙体高度 $h_w < l_n$ 时（l_n 为过梁的净跨），应计入梁、板传来的荷载。当梁、板下的墙体高度 $h_w \geqslant l_n$ 时，可不考虑梁、板荷载。

2 墙体荷载

1）对砖砌体，当过梁上的墙体高度 $h_w < l_n/3$ 时，应按墙体的均布自重采用。当墙体高度 $h_w \geqslant l_n/3$ 时，应按高度为 $l_n/3$ 墙体的均布自重采用；

2）对混凝土砌块砌体，当过梁上的墙体高度 $h_w < l_n/2$ 时，应按墙体的均布自重采用。当墙体高度 $h_w \geqslant l_n/2$ 时，应按高度为 $l_n/2$ 墙体的均布自重采用。

7.2.3 过梁的计算，宜符合下列规定：

1 砖砌平拱

砖砌平拱受弯和受剪承载力，可按第 5.4.1 条和 5.4.2 条的公式并采用沿齿缝截面的弯曲抗拉强度或抗剪强度设计值进行计算；

2 钢筋砖过梁

1）受弯承载力可按下式计算：

$$M \leqslant 0.85 h_0 f_y A_s \tag{7.2.3}$$

式中 M——按简支梁计算的跨中弯矩设计值；

f_y——钢筋的抗拉强度设计值；

A_s——受拉钢筋的截面面积；

h_0——过梁截面的有效高度，$h_0 = h - a_s$；

a_s——受拉钢筋重心至截面下边缘的距离；

h——过梁的截面计算高度，取过梁底面以上的墙体高度，但不大于 $l_n/3$；当考虑梁、板传来的荷载时，则按梁、板下的高度采用。

2）受剪承载力可按第 5.4.2 条计算。

3）钢筋混凝土过梁，应按钢筋混凝土受弯构件计算。验算过梁下砌体局部受压承载力时，可不考虑上层荷载的影响。

7.2.4 砖砌过梁的构造要求应符合下列规定：

1 砖砌过梁截面计算高度内的砂浆不宜低于 M5；

2 砖砌平拱用竖砖砌筑部分的高度不应小于 240mm；

3 钢筋砖过梁底面砂浆层处的钢筋，其直径不应小于 5mm，间距不宜大于 120mm，钢筋伸入支座砌体内的长度不宜小于 240mm，砂浆层的厚度不宜小于 30mm。

7.3 墙 梁

7.3.1 墙梁包括简支墙梁、连续墙梁和框支墙梁。可划分为承重墙梁和自承重墙梁。

7.3.2 采用烧结普通砖和烧结多孔砖砌体和配筋砌体的墙梁设计应符合表 7.3.2 的规定。墙梁计算高度范围内每跨允许设置一个洞口；洞口边至支座中心的距离 a_i，距边支座不应小于 $0.15l_{0i}$，距中支座不应小于 $0.07l_{0i}$。对多层房屋的墙梁，各层洞口宜设置在相同

位置，并宜上、下对齐。

表 7.3.2 墙梁的一般规定

墙梁类别	墙体总高度 (m)	跨 度 (m)	墙 高 h_w/l_{0i}	托梁高 h_b/l_{0i}	洞 宽 b_h/l_{0i}	洞 高 h_h
承重墙梁	≤18	≤9	≥0.4	≥1/10	≤0.3	$\leqslant 5h_w/6$ 且 $h_w-h_h\geqslant 0.4m$
自承重墙梁	≤18	≤12	≥1/3	≥1/15	≤0.8	

注：1 采用混凝土小型砌块砌体的墙梁可参照使用；

2 墙体总高度指托梁顶面到檐口的高度，带阁楼的坡屋面应算到山尖墙 1/2 高度处；

3 对自承重墙梁，洞口至边支座中心的距离不宜小于 $0.1l_{0i}$，门窗洞上口至墙顶的距离不应小于 0.5m；

4 h_w——墙体计算高度，按本规范第 7.3.3 条取用；

h_b——托梁截面高度；

l_{0i}——墙梁计算跨度，按本规范第 7.3.3 条取用；

b_h——洞口宽度；

h_h——洞口高度，对窗洞取洞顶至托梁顶面距离。

7.3.3 墙梁的计算简图应按图 7.3.3 采用。各计算参数应按下列规定取用：

1）墙梁计算跨度 l_0（l_{0i}），对简支墙梁和连续墙梁取 $1.1l_n$（$1.1l_{ni}$）或 l_c（l_{ci}）两者的较小值；l_n（l_{ni}）为净跨，l_c（l_{ci}）为支座中心线距离。对框支墙梁，取框架柱中心线间的距离 l_c（l_{ci}）；

2）墙体计算高度 h_w，取托梁顶面上一层墙体高度，当 $h_w > l_0$ 时，取 $h_w = l_0$（对连续墙梁和多跨框支墙梁，l_0 取各跨的平均值）；

3）墙梁跨中截面计算高度 H_0，取 $H_0 = h_w + 0.5h_b$；

4）翼墙计算宽度 b_f，取窗间墙宽度或横墙间距的 2/3，且每边不大于 $3.5h$（h 为墙体厚度）和 $l_0/6$；

5）框架柱计算高度 H_c，取 $H_c = H_{cn} + 0.5h_b$；H_{cn} 为框架柱的净高，取基础顶面至托梁底面的距离。

7.3.4 墙梁的计算荷载，应按下列规定采用：

1 使用阶段墙梁上的荷载

1）承重墙梁

（1）托梁顶面的荷载设计值 Q_1、F_1，取托梁自重及本层楼盖的恒荷载和活荷载；

（2）墙梁顶面的荷载设计值 Q_2，取托梁以上各层墙体自重，以及墙梁顶面以上各层楼（屋）盖的恒荷载和活荷载；集中荷载可沿作用的跨度近似化为均布荷载。

2）自承重墙梁

墙梁顶面的荷载设计值 Q_2，取托梁自重及托梁以上墙体自重。

2 施工阶段托梁上的荷载

1）托梁自重及本层楼盖的恒荷载；

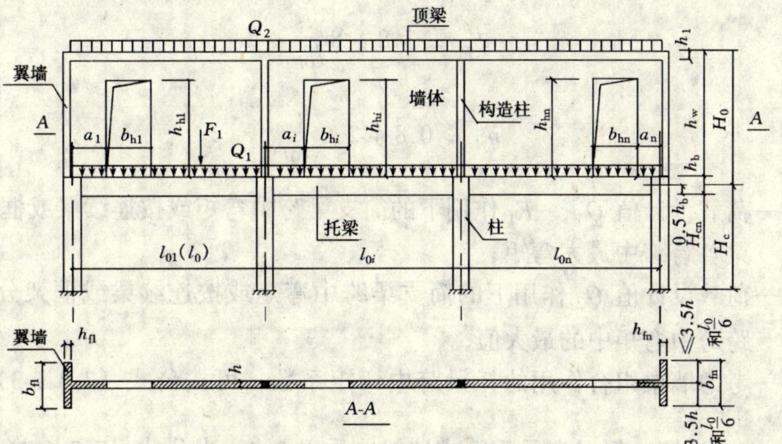

图 7.3.3　墙梁的计算简图

2）本层楼盖的施工荷载；

3）墙体自重，可取高度为$\frac{l_{0\max}}{3}$的墙体自重，开洞时尚应按洞顶以下实际分布的墙体自重复核；$l_{0\max}$为各计算跨度的最大值。

7.3.5　墙梁应分别进行托梁使用阶段正截面承载力和斜截面受剪承载力计算、墙体受剪承载力和托梁支座上部砌体局部受压承载力计算，以及施工阶段托梁承载力验算。自承重墙梁可不验算墙体受剪承载力和砌体局部受压承载力。

7.3.6　墙梁的托梁正截面承载力应按下列规定计算：

1　托梁跨中截面应按钢筋混凝土偏心受拉构件计算，其弯矩 M_{bi}及轴心拉力N_{bti}可按下列公式计算：

$$M_{bi} = M_{1i} + \alpha_M M_{2i} \tag{7.3.6-1}$$

$$N_{bti} = \eta_N \frac{M_{2i}}{H_0} \tag{7.3.6-2}$$

对简支墙梁，

$$\alpha_M = \psi_M\left(1.7\frac{h_b}{l_0} - 0.03\right) \tag{7.3.6-3}$$

$$\psi_M = 4.5 - 10\frac{a}{l_0} \tag{7.3.6-4}$$

$$\eta_N = 0.44 + 2.1\frac{h_w}{l_0} \tag{7.3.6-5}$$

对连续墙梁和框支墙梁，

$$\alpha_M = \psi_N\left(2.7\frac{h_b}{l_{0i}} - 0.08\right) \tag{7.3.6-6}$$

$$\psi_M = 3.8 - 8\frac{a_i}{l_{0i}} \tag{7.3.6-7}$$

$$\eta_N = 0.8 + 2.6\frac{h_w}{l_{0i}} \tag{7.3.6-8}$$

式中 M_{1i}——荷载设计值 Q_1、F_1 作用下的简支梁跨中弯矩或按连续梁或框架分析的托梁各跨跨中最大弯矩；

M_{2i}——荷载设计值 Q_2 作用下的简支梁跨中弯矩或按连续梁或框架分析的托梁各跨跨中弯矩中的最大值；

α_M——考虑墙梁组合作用的托梁跨中弯矩系数，可按公式（7.3.6-3）或（7.3.6-6）计算，但对自承重简支墙梁应乘以 0.8；当公式（7.3.6-3）中的 $\frac{h_b}{l_0} > \frac{1}{6}$ 时，取 $\frac{h_b}{l_0} = \frac{1}{6}$；当公式（7.3.6-6）中的 $\frac{h_b}{l_{0i}} > \frac{1}{7}$ 时，取 $\frac{h_b}{l_{0i}} = \frac{1}{7}$；

η_N——考虑墙梁组合作用的托梁跨中轴力系数，可按公式（7.3.6-5）或（7.3.6-8）计算，但对自承重简支墙梁应乘以 0.8；式中，当 $\frac{h_w}{l_{0i}} > 1$ 时，取 $\frac{h_w}{l_{0i}} = 1$；

ψ_M——洞口对托梁弯矩的影响系数，对无洞口墙梁取 1.0，对有洞口墙梁可按公式（7.3.6-4）或（7.3.6-7）计算；

a_i——洞口边至墙梁最近支座的距离，当 $a_i > 0.35l_{0i}$ 时，取 $a_i = 0.35l_{0i}$。

2 托梁支座截面应按钢筋混凝土受弯构件计算，其弯矩 M_{bj} 可按下列公式计算：

$$M_{bj} = M_{1j} + \alpha_M M_{2j} \tag{7.3.6-9}$$

$$\alpha_M = 0.75 - \frac{a_i}{l_{0i}} \tag{7.3.6-10}$$

式中 M_{1j}——荷载设计值 Q_1、F_1 作用下按连续梁或框架分析的托梁支座弯矩；

M_{2j}——荷载设计值 Q_2 作用下按连续梁或框架分析的托梁支座弯矩；

α_M——考虑组合作用的托梁支座弯矩系数，无洞口墙梁取 0.4，有洞口墙梁可按公式（7.3.6-10）计算，当支座两边的墙体均有洞口时，a_i 取较小值。

7.3.7 对在墙梁顶面荷载 Q_2 作用下的多跨框支墙梁的框支柱，当边柱的轴力不利时，应乘以修正系数 1.2。

7.3.8 墙梁的托梁斜截面受剪承载力应按钢筋混凝土受弯构件计算，其剪力 V_{bj} 可按下式计算：

$$V_{bj} = V_{1j} + \beta_V V_{2j} \tag{7.3.8}$$

式中 V_{1j}——荷载设计值 Q_1、F_1 作用下按连续梁或框架分析的托梁支座边剪力或简支梁支座边剪力；

V_{2j}——荷载设计值 Q_2 作用下按连续梁或框架分析的托梁支座边剪力或简支梁支座边剪力；

β_v——考虑组合作用的托梁剪力系数，无洞口墙梁边支座取 0.6，中支座取 0.7；有洞口墙梁边支座取 0.7，中支座取 0.8。对自承重墙梁，无洞口时取 0.45，有洞口时取 0.5。

7.3.9 墙梁的墙体受剪承载力，应按下列公式计算：

$$V_2 \leqslant \xi_1 \xi_2 \left(0.2 + \frac{h_b}{l_{0i}} + \frac{h_t}{l_{0i}}\right) f h h_w \tag{7.3.9}$$

式中 V_2——在荷载设计值 Q_2 作用下墙梁支座边剪力的最大值；

ξ_1——翼墙或构造柱影响系数，对单层墙梁取 1.0，对多层墙梁，当 $\frac{b_f}{h}=3$ 时取 1.3，当 $\frac{b_f}{h}=7$ 或设置构造柱时取 1.5，当 $3<\frac{b_f}{h}<7$ 时，按线性插入取值；

ξ_2——洞口影响系数，无洞口墙梁取 1.0，多层有洞口墙梁取 0.9，单层有洞口墙梁取 0.6；

h_t——墙梁顶面圈梁截面高度。

7.3.10 托梁支座上部砌体局部受压承载力应按下列公式计算：

$$Q_2 \leqslant \zeta f h \tag{7.3.10-1}$$

$$\zeta = 0.25 + 0.08\frac{b_f}{h} \tag{7.3.10-2}$$

式中 ζ——局压系数，当 $\zeta>0.81$ 时，取 $\zeta=0.81$。

当 $b_f/h \geqslant 5$ 或墙梁支座处设置上、下贯通的落地构造柱时可不验算局部受压承载力。

7.3.11 托梁应按混凝土受弯构件进行施工阶段的受弯、受剪承载力验算，作用在托梁上的荷载可按第 7.3.4 条的规定采用。

7.3.12 墙梁除应符合本规范和现行国家标准《混凝土结构设计规范》GB 50010 的有关构造规定外，尚应符合下列构造要求：

1 材料

1）托梁的混凝土强度等级不应低于 C30；

2）纵向钢筋宜采用 HRB335、HRB400 或 RRB400 级钢筋；

3）承重墙梁的块体强度等级不应低于 MU10，计算高度范围内墙体的砂浆强度等级不应低于 M10。

2 墙体

1）框支墙梁的上部砌体房屋，以及设有承重的简支墙梁或连续墙梁的房屋，应满足刚性方案房屋的要求；

2）墙梁的计算高度范围内的墙体厚度，对砖砌体不应小于 240mm，对混凝土小型砌块砌体不应小于 190mm；

3）墙梁洞口上方应设置混凝土过梁，其支承长度不应小于 240mm；洞口范围内不应施加集中荷载；

4）承重墙梁的支座处应设置落地翼墙，翼墙厚度，对砖砌体不应小于 240mm，对

混凝土砌块砌体不应小于190mm，翼墙宽度不应小于墙梁墙体厚度的3倍，并与墙梁墙体同时砌筑。当不能设置翼墙时，应设置落地且上、下贯通的构造柱；

5）当墙梁墙体在靠近支座$\frac{1}{3}$跨度范围内开洞时，支座处应设置落地且上、下贯通的构造柱，并应与每层圈梁连接；

6）墙梁计算高度范围内的墙体，每天可砌高度不应超过1.5m，否则，应加设临时支撑。

3 托梁

1）有墙梁的房屋的托梁两边各一个开间及相邻开间处应采用现浇混凝土楼盖，楼板厚度不宜小于120mm，当楼板厚度大于150mm时，宜采用双层双向钢筋网，楼板上应少开洞，洞口尺寸大于800mm时应设洞边梁；

2）托梁每跨底部的纵向受力钢筋应通长设置，不得在跨中段弯起或截断。钢筋接长应采用机械连接或焊接；

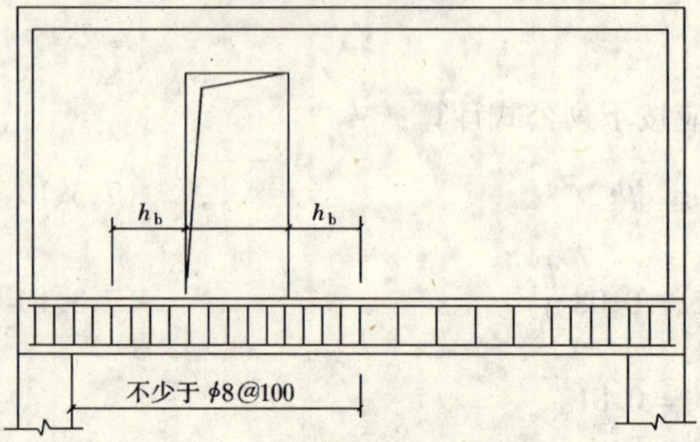

图 7.3.12 偏开洞时托梁箍筋加密区

3）墙梁的托梁跨中截面纵向受力钢筋总配筋率不应小于0.6%；

4）托梁距边支座边$l_0/4$范围内，上部纵向钢筋面积不应小于跨中下部纵向钢筋面积的1/3。连续墙梁或多跨框支墙梁的托梁中支座上部附加纵向钢筋从支座边算起每边延伸不少于$l_0/4$；

5）承重墙梁的托梁在砌体墙、柱上的支承长度不应小于350mm。纵向受力钢筋伸入支座应符合受拉钢筋的锚固要求；

6）当托梁高度$h_b \geqslant 500$mm时，应沿梁高设置通长水平腰筋，直径不应小于12mm，间距不应大于200mm；

7）墙梁偏开洞口的宽度及两侧各一个梁高h_b范围内直至靠近洞口的支座边的托梁箍筋直径不宜小于8mm，间距不应大于100mm（图7.3.12）。

7.4 挑 梁

7.4.1 砌体墙中钢筋混凝土挑梁的抗倾覆应按下式验算：

$$M_{ov} \leqslant M_r \tag{7.4.1}$$

式中 M_{ov}——挑梁的荷载设计值对计算倾覆点产生的倾覆力矩；

M_r——挑梁的抗倾覆力矩设计值，可按第7.4.3条的规定计算。

7.4.2 挑梁计算倾覆点至墙外边缘的距离可按下列规定采用：

1 当$l_1 \geqslant 2.2h_b$时

$$x_0 = 0.3h_b \tag{7.4.2-1}$$

且不大于$0.13l_1$。

2 当 $l_1 < 2.2h_b$ 时

$$x_0 = 0.13 l_1 \tag{7.4.2-2}$$

式中 l_1——挑梁埋入砌体墙中的长度（mm）；

x_0——计算倾覆点至墙外边缘的距离（mm）；

h_b——挑梁的截面高度（mm）。

注：当挑梁下有构造柱时，计算倾覆点至墙外边缘的距离可取 $0.5x_0$。

7.4.3 挑梁的抗倾覆力矩设计值可按下式计算：

$$M_r = 0.8G_r(l_2 - x_0) \tag{7.4.3}$$

式中 G_r——挑梁的抗倾覆荷载，为挑梁尾端上部45°扩展角的阴影范围（其水平长度为 l_3）内本层的砌体与楼面恒荷载标准值之和（图 7.4.3）；

l_2——G_r 作用点至墙外边缘的距离。

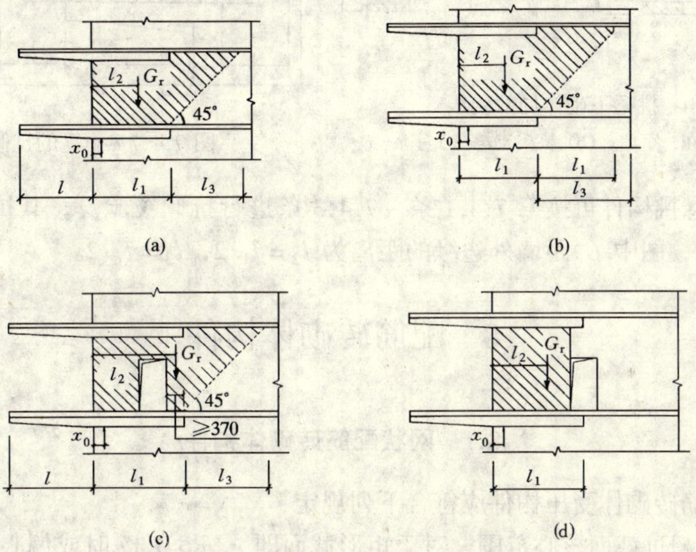

图 7.4.3 挑梁的抗倾覆荷载

(a) $l_3 \leqslant l_1$ 时；(b) $l_3 > l_1$ 时；(c) 洞在 l_1 之内；(d) 洞在 l_1 之外

7.4.4 挑梁下砌体的局部受压承载力，可按下式验算（图 7.4.4）：

$$N_l \leqslant \eta \gamma f A_l \tag{7.4.4}$$

式中 N_l——挑梁下的支承压力，可取 $N_l = 2R$，R 为挑梁的倾覆荷载设计值；

η——梁端底面压应力图形的完整系数，可取 0.7；

γ——砌体局部抗压强度提高系数，对图 7.4.4a 可取 1.25；对图 7.4.4b 可取 1.5；

A_l——挑梁下砌体局部受压面积，可取 $A_l = 1.2bh_b$，b 为挑梁的截面宽度，h_b 为挑梁的截面高度。

7.4.5 挑梁的最大弯矩设计值 M_{max} 与最大剪力设计值 V_{max}，可按下列公式计算：

$$M_{max} = M_{0v} \tag{7.4.5-1}$$

$$V_{max} = V_0 \tag{7.4.5-2}$$

式中　V_0——挑梁的荷载设计值在挑梁墙外边缘处截面产生的剪力。

7.4.6　挑梁设计除应符合现行国家标准《混凝土结构设计规范》GB 50010 的有关规定外，尚应满足下列要求：

1　纵向受力钢筋至少应有 1/2 的钢筋面积伸入梁尾端，且不少于 2ϕ12。其余钢筋伸入支座的长度不应小于 $2l_1/3$；

2　挑梁埋入砌体长度 l_1 与挑出长度 l 之比宜大于 1.2；当挑梁上无砌体时，l_1 与 l 之比宜大于 2。

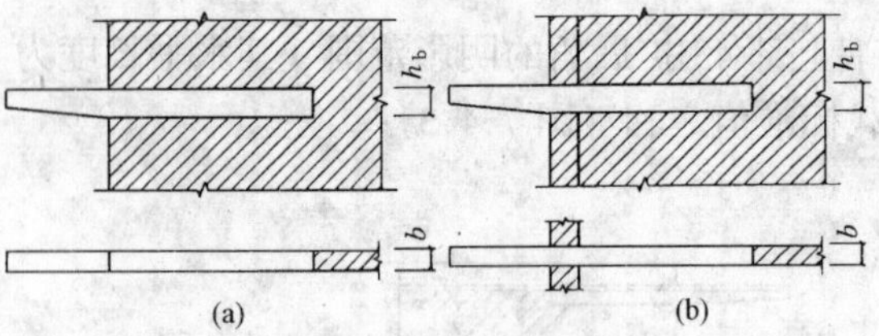

图 7.4.4　挑梁下砌体局部受压

（a）挑梁支承在一字墙；（b）挑梁支承在丁字墙

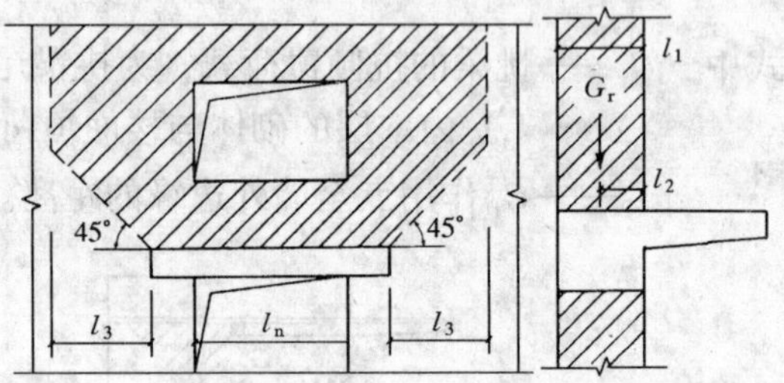

图 7.4.7　雨篷的抗倾覆荷载

7.4.7　雨篷等悬挑构件可按第 7.4.1 条～7.4.3 条进行抗倾覆验算，其抗倾覆荷载 G_r 可按图 7.4.7 采用，图中 G_r 距墙外边缘的距离为 $l_2 = l_1/2$，$l_3 = l_n/2$。

8　配筋砖砌体构件

8.1　网状配筋砖砌体构件

8.1.1　网状配筋砖砌体受压构件应符合下列规定：

1　偏心距超过截面核心范围，对于矩形截面即 $e/h > 0.17$ 时或偏心距虽未超过截面核心范围，但构件的高厚比 $\beta > 16$ 时，不宜采用网状配筋砖砌体构件；

2　对矩形截面构件，当轴向力偏心方向的截面边长大于另一方向的边长时，除按偏心受压计算外，还应对较小边长方向按轴心受压进行验算；

3　当网状配筋砖砌体构件下端与无筋砌体交接时，尚应验算交接处无筋砌体的局部受压承载力。

8.1.2　网状配筋砖砌体受压构件（图 8.1.2）的承载力应按下列公式计算：

$$N \leqslant \varphi_n f_n A \tag{8.1.2-1}$$

$$f_n = f + 2\left(1 - \frac{2e}{y}\right)\frac{\rho}{100}f_y \tag{8.1.2-2}$$

$$\rho = (V_S/V)100 \tag{8.1.2-3}$$

式中　N——轴向力设计值；

φ_n——高厚比和配筋率以及轴向力的偏心距对网状配筋砖砌体受压构件承载力的影

响系数，可按附录 D.0.2 的规定采用；

f_n——网状配筋砖砌体的抗压强度设计值；

A——截面面积；

e——轴向力的偏心距；

ρ——体积配筋率，当采用截面面积为 A_s 的钢筋组成的方格网（图 8.1.2a），网格尺寸为 a 和钢筋网的竖向间距为 s_n 时，$\rho=\frac{2A_s}{as_n}100$；

V_s、V——分别为钢筋和砌体的体积；

f_y——钢筋的抗拉强度设计值，当 f_y 大于 320MPa 时，仍采用 320MPa。

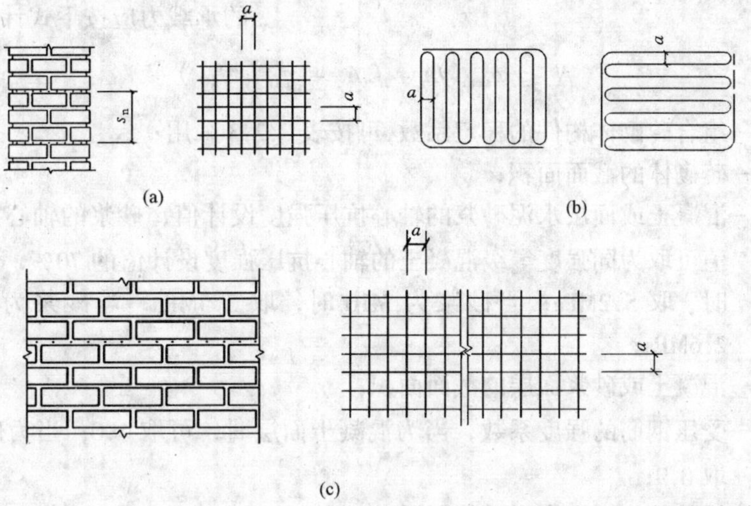

图 8.1.2　网状配筋砌体

（a）用方格网配筋的砖柱；（b）连弯钢筋网；（c）用方格网配筋的砖墙

注：当采用连弯钢筋网（图 8.1.2b）时，网的钢筋方向应互相垂直，沿砌体高度交错设置。s_n 取同一方向网的间距。

8.1.3　网状配筋砖砌体构件的构造应符合下列规定：

1　网状配筋砖砌体中的体积配筋率，不应小于 0.1%，并不应大于 1%；

2　采用钢筋网时，钢筋的直径宜采用 3～4mm；当采用连弯钢筋网时，钢筋的直径不应大于 8mm；

3　钢筋网中钢筋的间距，不应大于 120mm，并不应小于 30mm；

4　钢筋网的竖向间距，不应大于五皮砖，并不应大于 400mm；

5　网状配筋砖砌体所用的砂浆强度等级不应低于 M7.5；钢筋网应设置在砌体的水平灰缝中，灰缝厚度应保证钢筋上下至少各有 2mm 厚的砂浆层。

8.2　组合砖砌体构件

Ⅰ　砖砌体和钢筋混凝土面层或钢筋砂浆面层的组合砌体构件

8.2.1　当轴向力的偏心距超过第 5.1.5 条规定的限值时，宜采用砖砌体和钢筋混凝土面层或钢筋砂浆面层组成的组合砖砌体构件（图 8.2.1）。

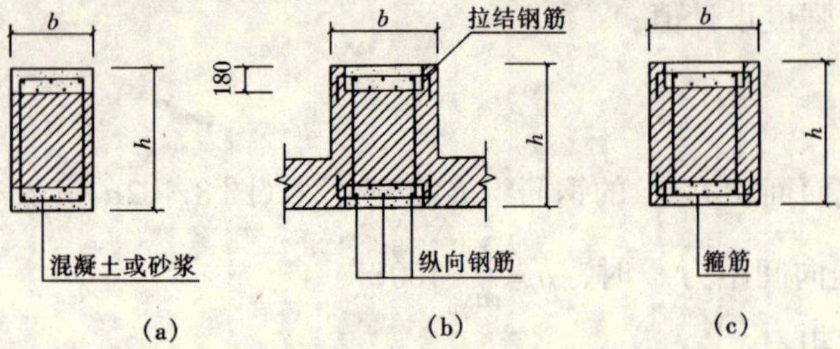

图 8.2.1 组合砖砌体构件截面

8.2.2 对于砖墙与组合砌体一同砌筑的 T 形截面构件（图 8.2.1*b*），可按矩形截面组合砌体构件计算（图 8.2.1*c*）。但构件的高厚比 β 仍按 T 形截面考虑，其截面的翼缘宽度尚应符合第 4.2.8 条的规定。

8.2.3 组合砖砌体轴心受压构件的承载力应按下式计算：

$$N \leqslant \varphi_{com}(fA + f_c A_c + \eta_s f'_y A'_s) \qquad (8.2.3)$$

式中 φ_{com}——组合砖砌体构件的稳定系数，可按表 8.2.3 采用；

A——砖砌体的截面面积；

f_c——混凝土或面层水泥砂浆的轴心抗压强度设计值，砂浆的轴心抗压强度设计值可取为同强度等级混凝土的轴心抗压强度设计值的 70%，当砂浆为 M15 时，取 5.2MPa；当砂浆为 M10 时，取 3.5MPa；当砂浆为 M7.5 时，取 2.6MPa；

A_c——混凝土或砂浆面层的截面面积；

η_s——受压钢筋的强度系数，当为混凝土面层时，可取 1.0；当为砂浆面层时可取 0.9；

f'_y——钢筋的抗压强度设计值；

A'_s——受压钢筋的截面面积。

表 8.2.3 组合砖砌体构件的稳定系数 φ_{com}

高厚比 β	配筋率 ρ (%) 0	0.2	0.4	0.6	0.8	≥1.0
8	0.91	0.93	0.95	0.97	0.99	1.00
10	0.87	0.90	0.92	0.94	0.96	0.98
12	0.82	0.85	0.88	0.91	0.93	0.95
14	0.77	0.80	0.83	0.86	0.89	0.92
16	0.72	0.75	0.78	0.81	0.84	0.87
18	0.67	0.70	0.73	0.76	0.79	0.81
20	0.62	0.65	0.68	0.71	0.73	0.75
22	0.58	0.61	0.64	0.66	0.68	0.70
24	0.54	0.57	0.59	0.61	0.63	0.65
26	0.50	0.52	0.54	0.56	0.58	0.60
28	0.46	0.48	0.50	0.52	0.54	0.56

注：组合砖砌体构件截面的配筋率 $\rho = A'_s / bh$。

8.2.4 组合砖砌体偏心受压构件的承载力应按下列公式计算：

$$N \leqslant fA' + f_c A'_c + \eta_s f'_y A'_s - \sigma_s A_s \tag{8.2.4-1}$$

或

$$Ne_N \leqslant f S_s + f_c S_{c,s} + \eta_s f'_y A'_s (h_0 - a'_s) \tag{8.2.4-2}$$

此时受压区的高度 x 可按下列公式确定：

$$fS_N + f_c S_{c,N} + \eta_s f'_y A'_s e'_N - \sigma_s A_s e_N = 0 \tag{8.2.4-3}$$

$$e_N = e + e_a + (h/2 - a_s) \tag{8.2.4-4}$$

$$e'_N = e + e_a - (h/2 - a'_s) \tag{8.2.4-5}$$

$$e_a = \frac{\beta^2 h}{2200}(1 - 0.022\beta) \tag{8.2.4-6}$$

式中 σ_s——钢筋 A_s 的应力；

A_s——距轴向力 N 较远侧钢筋的截面面积；

A'——砖砌体受压部分的面积；

A'_c——混凝土或砂浆面层受压部分的面积；

S_s——砖砌体受压部分的面积对钢筋 A_s 重心的面积矩；

$S_{c,s}$——混凝土或砂浆面层受压部分的面积对钢筋 A_s 重心的面积矩；

S_N——砖砌体受压部分的面积对轴向力 N 作用点的面积矩；

$S_{c,N}$——混凝土或砂浆面层受压部分的面积对轴向力 N 作用点的面积矩；

e_N，e'_N——分别为钢筋 A_s 和 A'_s 重心至轴向力 N 作用点的距离（图 8.2.4）；

e——轴向力的初始偏心距，按荷载设计值计算，当 e 小于 $0.05h$ 时，应取 e 等于 $0.05h$；

e_a——组合砖砌体构件在轴向力作用下的附加偏心距；

h_0——组合砖砌体构件截面的有效高度，取 $h_0 = h - a_s$；

a_s，a'_s——分别为钢筋 A_s 和 A'_s 重心至截面较近边的距离。

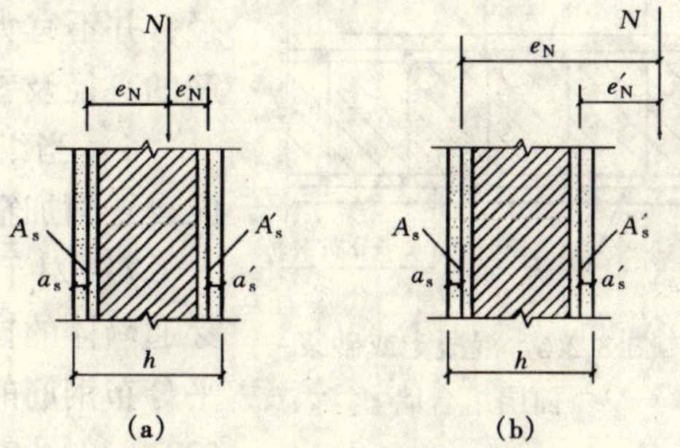

图 8.2.4 组合砖砌体偏心受压构件

(a) 小偏心受压；(b) 大偏心受压

8.2.5 组合砖砌体钢筋 A_s 的应力（单位为 MPa，正值为拉应力，负值为压应力）应按下列规定计算：

小偏心受压时，即 $\xi > \xi_b$

$$\sigma_s = 650 - 800\xi \tag{8.2.5-1}$$

$$-f'_y \leqslant \sigma_s \leqslant f_y \tag{8.2.5-2}$$

大偏心受压时，即 $\xi \leqslant \xi_b$

$$\sigma_s = f_y \tag{8.2.5-3}$$

$$\xi = x/h_0 \tag{8.2.5-4}$$

式中　ξ——组合砖砌体构件截面的相对受压区高度；

f_y——钢筋的抗拉强度设计值。

组合砖砌体构件受压区相对高度的界限值 ξ_b，对于 HPB235 级钢筋，应取 0.55；对于 HRB335 级钢筋，应取 0.425。

8.2.6 组合砖砌体构件的构造应符合下列规定：

表 8.2.6 混凝土保护层最小厚度（mm）

构件类别 \ 环境条件	室内正常环境	露天或室内潮湿环境
墙	15	25
柱	25	35

注：当面层为水泥砂浆时，对于柱，保护层厚度可减小 5mm。

1 面层混凝土强度等级宜采用 C20。面层水泥砂浆强度等级不宜低于 M10。砌筑砂浆的强度等级不宜低于 M7.5；

2 竖向受力钢筋的混凝土保护层厚度，不应小于表 8.2.6 中的规定。竖向受力钢筋距砖砌体表面的距离不应小于 5mm；

3 砂浆面层的厚度，可采用 30～45mm。当面层厚度大于 45mm 时，其面层宜采用混凝土；

4 竖向受力钢筋宜采用 HPB235 级钢筋，对于混凝土面层，亦可采用 HRB335 级钢筋。受压钢筋一侧的配筋率，对砂浆面层，不宜小于 0.1%，对混凝土面层，不宜小于 0.2%。受拉钢筋的配筋率，不应小于 0.1%。竖向受力钢筋的直径，不应小于 8mm，钢筋的净间距，不应小于 30mm；

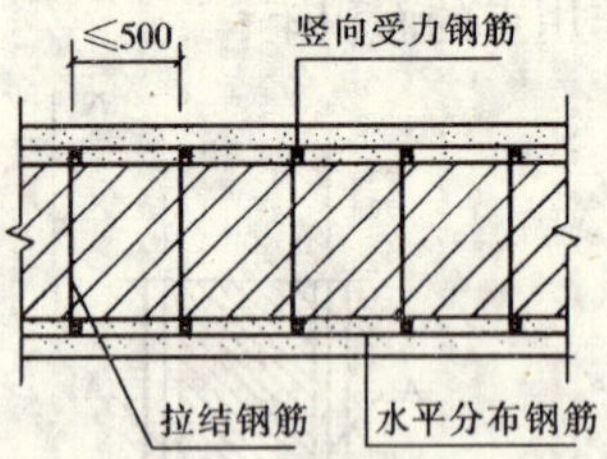

图 8.2.6　混凝土或砂浆面层组合墙

5 箍筋的直径，不宜小于 4mm 及 0.2 倍的受压钢筋直径，并不宜大于 6mm。箍筋的间距，不应大于 20 倍受压钢筋的直径及 500mm，并不应小于 120mm；

6 当组合砖砌体构件一侧的竖向受力钢筋多于 4 根时，应设置附加箍筋或拉结钢筋；

7 对于截面长短边相差较大的构件如墙体等，应采用穿通墙体的拉结钢筋作为箍筋，同时设置水平分布钢筋。水平分布钢筋的竖向间距及拉结钢筋的水平间距，均不应大于 500mm（图 8.2.6）；

8 组合砖砌体构件的顶部及底部，以及牛腿部位，必须设置钢筋混凝土垫块。竖向受力钢筋伸入垫块的长度，必须满足锚固要求。

Ⅱ　砖砌体和钢筋混凝土构造柱组合墙

8.2.7 砖砌体和钢筋混凝土构造柱组成的组合砖墙（图 8.2.7）的轴心受压承载力应按下列公式计算：

$$N \leqslant \varphi_{com}[fA_n + \eta(f_c A_c + f'_y A'_s)] \tag{8.2.7-1}$$

$$\eta = \left[\frac{1}{\frac{l}{b_c} - 3}\right]^{\frac{1}{4}} \tag{8.2.7-2}$$

式中　φ_{com}——组合砖墙的稳定系数，可按表 8.2.3 采用；

η——强度系数，当 l/b_c 小于 4 时取 l/b_c 等于 4；

l——沿墙长方向构造柱的间距；

b_c——沿墙长方向构造柱的宽度；

A_n——砖砌体的净截面面积；

A_c——构造柱的截面面积。

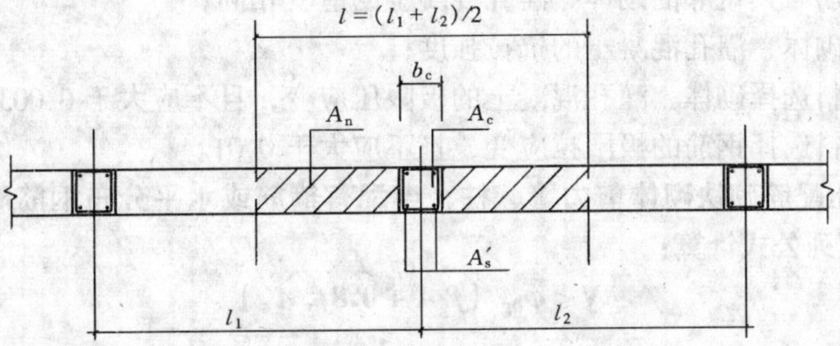

图 8.2.7 砖砌体和构造柱组合墙截面

8.2.8 组合砖墙的材料和构造应符合下列规定：

1 砂浆的强度等级不应低于 M5，构造柱的混凝土强度等级不宜低于 C20；

2 柱内竖向受力钢筋的混凝土保护层厚度，应符合表 8.2.6 的规定；

3 构造柱的截面尺寸不宜小于 240mm × 240mm，其厚度不应小于墙厚，边柱、角柱的截面宽度宜适当加大。柱内竖向受力钢筋，对于中柱，不宜少于 4ϕ12；对于边柱、角柱，不宜少于 4ϕ14。构造柱的竖向受力钢筋的直径也不宜大于 16mm。其箍筋，一般部位宜采用 ϕ6、间距 200mm，楼层上下 500mm 范围内宜采用 ϕ6、间距 100mm。构造柱的竖向受力钢筋应在基础梁和楼层圈梁中锚固，并应符合受拉钢筋的锚固要求；

4 组合砖墙砌体结构房屋，应在纵横墙交接处、墙端部和较大洞口的洞边设置构造柱，其间距不宜大于 4m。各层洞口宜设置在相应位置，并宜上下对齐；

5 组合砖墙砌体结构房屋应在基础顶面、有组合墙的楼层处设置现浇钢筋混凝土圈梁。圈梁的截面高度不宜小于 240mm；纵向钢筋不宜小于 4ϕ12，纵向钢筋应伸入构造柱内，并应符合受拉钢筋的锚固要求；圈梁的箍筋宜采用 ϕ6、间距 200mm；

6 砖砌体与构造柱的连接处应砌成马牙槎，并应沿墙高每隔 500mm 设 2ϕ6 拉结钢筋，且每边伸入墙内不宜小于 600mm；

7 组合砖墙的施工程序应为先砌墙后浇混凝土构造柱。

9 配筋砌块砌体构件

9.1 一 般 规 定

9.1.1 配筋砌块砌体剪力墙结构的内力与位移，可按弹性方法计算。应根据结构分析所得的内力，分别按轴心受压、偏心受压或偏心受拉构件进行正截面承载力和斜截面承载力计算，并应根据结构分析所得的位移进行变形验算。

9.2 正截面受压承载力计算

9.2.1 配筋砌块砌体构件正截面承载力应按下列基本假定进行计算：

1 截面应变保持平面；

2 竖向钢筋与其毗邻的砌体、灌孔混凝土的应变相同；

3 不考虑砌体、灌孔混凝土的抗拉强度；

4 根据材料选择砌体、灌孔混凝土的极限压应变，且不应大于0.003；

5 根据材料选择钢筋的极限拉应变，且不应大于0.01。

9.2.2 轴心受压配筋砌块砌体剪力墙、柱，当配有箍筋或水平分布钢筋时，其正截面受压承载力应按下列公式计算：

$$N \leqslant \varphi_{0g}(f_g A + 0.8 f'_y A'_s) \quad (9.2.2\text{-}1)$$

$$\varphi_{0g} = \frac{1}{1 + 0.001\beta^2} \quad (9.2.2\text{-}2)$$

式中 N——轴向力设计值；

f_g——灌孔砌体的抗压强度设计值，应按第3.2.1条第4款采用；

f'_y——钢筋的抗压强度设计值；

A——构件的毛截面面积；

A'_s——全部竖向钢筋的截面面积；

φ_{0g}——轴心受压构件的稳定系数；

β——构件的高厚比。

注：1 无箍筋或水平分布钢筋时，仍可按式9.2.2计算，但应使 $f'_y A'_s = 0$；

2 配筋砌块砌体构件的计算高度 H_0 可取层高。

9.2.3 配筋砌块砌体剪力墙，当竖向钢筋仅配在中间时，其平面外偏心受压承载力可按式（5.1.1）进行计算，但应采用灌孔砌体的抗压强度设计值。

9.2.4 矩形截面偏心受压配筋砌块砌体剪力墙正截面承载力计算，应符合下列规定：

1 大小偏心受压界限

当 $x \leqslant \xi_b h_0$ 时，为大偏心受压；

当 $x > \xi_b h_0$ 时，为小偏心受压。

式中 ξ_b——界限相对受压区高度，对HPB235级钢筋取 ξ_b 等于0.60，对HRB335级钢筋取 ξ_b 等于0.53；

x——截面受压区高度；

h_0——截面有效高度。

2 大偏心受压时应按下列公式计算（图9.2.4）：

$$N \leqslant f_g bx + f'_y A'_s - f_y A_s - \Sigma f_{si} A_{si} \quad (9.2.4\text{-}1)$$

$$Ne_N \leqslant f_g bx(h_0 - x/2) + f'_y A'_s(h_0 - a'_s) - \Sigma f_{si} S_{si} \quad (9.2.4\text{-}2)$$

式中 N——轴向力设计值；

f_g——灌孔砌体的抗压强度设计值；

f_y，f'_y——竖向受拉、受压主筋的强度设计值；

b——截面宽度；

f_{si}——竖向分布钢筋的抗拉强度设计值；

A_s，A'_s——竖向受拉、受压主筋的截面面积；

A_{si}——单根竖向分布钢筋的截面面积；

S_{si}——第 i 根竖向分布钢筋对竖向受拉主筋的面积矩；

e_N——轴向力作用点到竖向受拉主筋合力点之间的距离，可按第 8.2.4 条的规定计算。

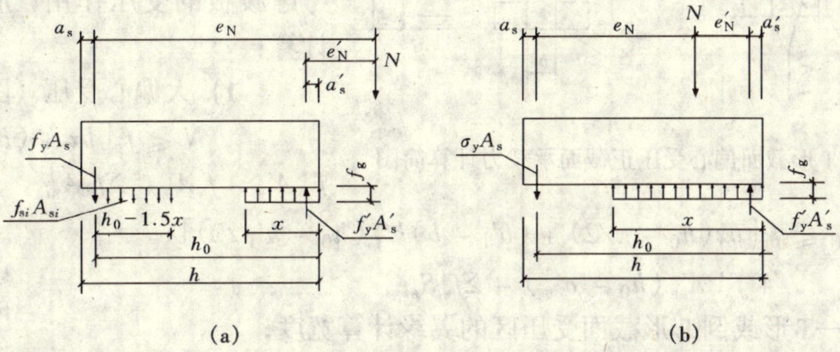

图 9.2.4　矩形截面偏心受压正截面承载力计算简图

(a) 大偏心受压；(b) 小偏心受压

当受压区高度 $x<2a'_s$ 时，其正截面承载力可按下式计算：

$$Ne'_N \leqslant f_yA_s(h_0 - a'_s) \tag{9.2.4-3}$$

式中　e'_N——轴向力作用点至竖向受压主筋合力点之间的距离，可按第 8.2.4 条的规定计算。

3　小偏心受压时应按下列公式计算（图 9.2.4）：

$$N \leqslant f_g bx + f'_y A'_s - \sigma_s A_s \tag{9.2.4-4}$$

$$Ne_N \leqslant f_g bx(h_0 - x/2) + f'_y A'_s(h_0 - a'_s) \tag{9.2.4-5}$$

$$\sigma_s = \frac{f_y}{\xi_b - 0.8}\left(\frac{x}{h_0} - 0.8\right) \tag{9.2.4-6}$$

注：当受压区竖向受压主筋无箍筋或无水平钢筋约束时，可不考虑竖向受压主筋的作用，即取 $f'_y A'_s=0$。

矩形截面对称配筋砌块砌体剪力墙小偏心受压时，也可近似按下式计算钢筋截面面积：

$$A_s = A'_s = \frac{Ne_N - \xi(1-0.5\xi)f_g bh_0^2}{f'_y(h_0 - a'_s)} \tag{9.2.4-7}$$

此处，相对受压区高度可按下式计算：

$$\xi = \frac{x}{h_0} = \frac{N - \xi_b f_g bh_0}{\dfrac{Ne_N - 0.43 f_g bh_0^2}{(0.8-\xi_b)(h_0 - a'_s)} + f_g bh_0} + \xi_b \tag{9.2.4-8}$$

注：小偏心受压计算中未考虑竖向分布钢筋的作用。

9.2.5　T形、倒L形截面偏心受压构件，当翼缘和腹板的相交处采用错缝搭接砌筑和同时设置中距不大于1.2m的配筋带（截面高度≥60mm，钢筋不少于2ϕ12）时，可考虑翼缘

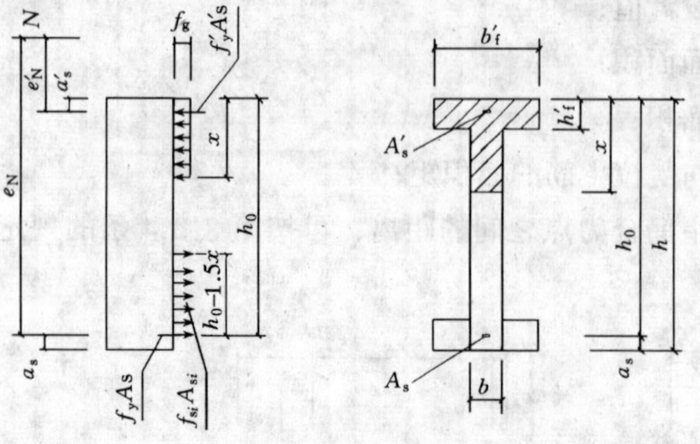

图 9.2.5　T形截面偏心受压正截面承载力计算简图

的共同工作，翼缘的计算宽度应按表9.2.5中的最小值采用，其正截面受压承载力应按下列规定计算：

1　当受压区高度 $x \leqslant h'_f$ 时，应按宽度为 b'_f 的矩形截面计算；

2　当受压区高度 $x > h'_f$ 时，则应考虑腹板的受压作用，应按下列公式计算：

1) 大偏心受压（图 9.2.5)

$$N \leqslant f_g[bx + (b'_f - b)h'_f] + f'_yA'_s - f_yA_s - \Sigma f_{si}A_{si} \tag{9.2.5-1}$$

$$Ne_N \leqslant f_g[bx(h_0 - x/2) + (b'_f - b)h'_f(h_0 - h'_f/2)] + f'_yA'_s(h_0 - a'_s) - \Sigma f_{si}S_{si} \tag{9.2.5-2}$$

式中　b'_f——T形或倒L形截面受压区的翼缘计算宽度；

h'_f——T形或倒L形截面受压区的翼缘高度。

2) 小偏心受压

$$N \leqslant f_g[bx + (b'_f - b)h'_f] + f'_yA'_s - \sigma_sA_s \tag{9.2.5-3}$$

$$Ne_N \leqslant f_g[bx(h_0 - x/2) + (b'_f - b)h'_f(h_0 - h'_f/2)] + f'_yA'_s(h_0 - a'_s) \tag{9.2.5-4}$$

表 9.2.5　T形、倒L形截面偏心受压构件翼缘计算宽度 b'_f

考　虑　情　况	T形截面	倒L形截面
按构件计算高度 H_0 考虑	$H_0/3$	$H_0/6$
按腹板间距 L 考虑	L	$L/2$
按翼缘厚度 h'_f 考虑	$b+12h'_f$	$b+6h'_f$
按翼缘的实际宽度 b'_f 考虑	b'_f	b'_f
注：构件的计算高度 H_0 可取层高。		

9.3　斜截面受剪承载力计算

9.3.1　偏心受压和偏心受拉配筋砌块砌体剪力墙，其斜截面受剪承载力应根据下列情况进行计算：

1　剪力墙的截面应满足下列要求：

$$V \leqslant 0.25f_gbh \tag{9.3.1-1}$$

式中　V——剪力墙的剪力设计值；

b——剪力墙截面宽度或T形、倒L形截面腹板宽度；

h——剪力墙的截面高度。

2　剪力墙在偏心受压时的斜截面受剪承载力应按下列公式计算：

$$V \leqslant \frac{1}{\lambda - 0.5}\left(0.6f_{vg}bh_0 + 0.12N\frac{A_w}{A}\right) + 0.9f_{yh}\frac{A_{sh}}{s}h_0 \tag{9.3.1-2}$$

$$\lambda = M/Vh_0 \tag{9.3.1-3}$$

式中 f_{vg}——灌孔砌体抗剪强度设计值，应按第3.2.2条的规定采用；

M、N、V——计算截面的弯矩、轴向力和剪力设计值，当 $N > 0.25f_g bh$ 时取 $N = 0.25f_g bh$；

A——剪力墙的截面面积，其中翼缘的有效面积，可按表9.2.5的规定确定；

A_w——T形或倒L形截面腹板的截面面积，对矩形截面取 A_w 等于 A；

λ——计算截面的剪跨比，当 λ 小于1.5时取1.5，当 λ 大于等于2.2时取2.2；

h_0——剪力墙截面的有效高度；

A_{sh}——配置在同一截面内的水平分布钢筋的全部截面面积；

s——水平分布钢筋的竖向间距；

f_{yh}——水平钢筋的抗拉强度设计值。

3 剪力墙在偏心受拉时的斜截面受剪承载力应按下式计算：

$$V \leqslant \frac{1}{\lambda - 0.5}\left(0.6f_{vg}bh_0 - 0.22N\frac{A_w}{A}\right) + 0.9f_{yh}\frac{A_{sh}}{s}h_0 \tag{9.3.1-4}$$

9.3.2 配筋砌块砌体剪力墙连梁的斜截面受剪承载力，应符合下列规定：

1 当连梁采用钢筋混凝土时，连梁的承载力应按现行国家标准《混凝土结构设计规范》GB 50010的有关规定进行计算；

2 当连梁采用配筋砌块砌体时，应符合下列规定：

1） 连梁的截面应符合下列要求：

$$V_b \leqslant 0.25f_g bh_0 \tag{9.3.2-1}$$

2） 连梁的斜截面受剪承载力应按下式计算：

$$V_b \leqslant 0.8f_{vg}bh_0 + f_{yv}\frac{A_{sv}}{s}h_0 \tag{9.3.2-2}$$

式中 V_b——连梁的剪力设计值；

b——连梁的截面宽度；

h_0——连梁的截面有效高度；

A_{sv}——配置在同一截面内箍筋各肢的全部截面面积；

f_{yv}——箍筋的抗拉强度设计值；

s——沿构件长度方向箍筋的间距。

注：连梁的正截面受弯承载力应按现行国家标准《混凝土结构设计规范》GB 50010受弯构件的有关规定进行计算，当采用配筋砌块砌体时，应采用其相应的计算参数和指标。

9.4 配筋砌块砌体剪力墙构造规定

Ⅰ 钢 筋

9.4.1 钢筋的规格应符合下列规定：

1 钢筋的直径不宜大于25mm，当设置在灰缝中时不应小于4mm；

2 配置在孔洞或空腔中的钢筋面积不应大于孔洞或空腔面积的6%。

9.4.2 钢筋的设置应符合下列规定：

1 设置在灰缝中钢筋的直径不宜大于灰缝厚度的1/2；

2 两平行钢筋间的净距不应小于25mm；

3　柱和壁柱中的竖向钢筋的净距不宜小于40mm（包括接头处钢筋间的净距）。

9.4.3　钢筋在灌孔混凝土中的锚固应符合下列规定：

1　当计算中充分利用竖向受拉钢筋强度时，其锚固长度 L_a，对HRB335级钢筋不宜小于30d；对HRB400和RRB400级钢筋不宜小于35d；在任何情况下钢筋（包括钢丝）锚固长度不应小于300mm；

2　竖向受拉钢筋不宜在受拉区截断。如必须截断时，应延伸至按正截面受弯承载力计算不需要该钢筋的截面以外，延伸的长度不应小于20d；

3　竖向受压钢筋在跨中截断时，必须伸至按计算不需要该钢筋的截面以外，延伸的长度不应小于20d；对绑扎骨架中末端无弯钩的钢筋，不应小于25d；

4　钢筋骨架中的受力光面钢筋，应在钢筋末端作弯钩，在焊接骨架、焊接网以及轴心受压构件中，可不作弯钩；绑扎骨架中的受力变形钢筋，在钢筋的末端可不作弯钩。

9.4.4　钢筋的接头应符合下列规定：

钢筋的直径大于22mm时宜采用机械连接接头，接头的质量应符合有关标准、规范的规定；其他直径的钢筋可采用搭接接头，并应符合下列要求：

1　钢筋的接头位置宜设置在受力较小处；

2　受拉钢筋的搭接接头长度不应小于 $1.1L_a$，受压钢筋的搭接接头长度不应小于 $0.7L_a$，但不应小于300mm；

3　当相邻接头钢筋的间距不大于75mm时，其搭接长度应为 $1.2L_a$。当钢筋间的接头错开20d时，搭接长度可不增加。

9.4.5　水平受力钢筋（网片）的锚固和搭接长度应符合下列规定：

1　在凹槽砌块混凝土带中钢筋的锚固长度不宜小于30d，且其水平或垂直弯折段的长度不宜小于15d和200mm；钢筋的搭接长度不宜小于35d；

2　在砌体水平灰缝中，钢筋的锚固长度不宜小于50d，且其水平或垂直弯折段的长度不宜小于20d和150mm；钢筋的搭接长度不宜小于55d；

3　在隔皮或错缝搭接的灰缝中为 $50d+2h$，d 为灰缝受力钢筋的直径；h 为水平灰缝的间距。

9.4.6　钢筋的最小保护层厚度应符合下列要求：

1　灰缝中钢筋外露砂浆保护层不宜小于15mm；

2　位于砌块孔槽中的钢筋保护层，在室内正常环境不宜小于20mm；在室外或潮湿环境不宜小于30mm。

注：对安全等级为一级或设计使用年限大于50年的配筋砌体结构构件，钢筋的保护层应比本条规定的厚度至少增加5mm，或采用经防腐处理的钢筋、抗渗混凝土砌块等措施。

Ⅱ　配筋砌块砌体剪力墙、连梁

9.4.7　配筋砌块砌体剪力墙、连梁的砌体材料强度等级应符合下列规定：

1　砌块不应低于MU10；

2　砌筑砂浆不应低于Mb7.5；

3　灌孔混凝土不应低于Cb20。

注：对安全等级为一级或设计使用年限大于50年的配筋砌块砌体房屋，所用材料的最低强度等级

应至少提高一级。

9.4.8 配筋砌块砌体剪力墙厚度、连梁截面宽度不应小于 190mm。

9.4.9 配筋砌块砌体剪力墙的构造配筋应符合下列规定：

1 应在墙的转角、端部和孔洞的两侧配置竖向连续的钢筋，钢筋直径不宜小于 12mm；

2 应在洞口的底部和顶部设置不小于 2ϕ10 的水平钢筋，其伸入墙内的长度不宜小于 35d 和 400mm；

3 应在楼（屋）盖的所有纵横墙处设置现浇钢筋混凝土圈梁，圈梁的宽度和高度宜等于墙厚和块高，圈梁主筋不应少于 4ϕ10，圈梁的混凝土强度等级不宜低于同层混凝土块体强度等级的 2 倍，或该层灌孔混凝土的强度等级，也不应低于 C20；

4 剪力墙其他部位的竖向和水平钢筋的间距不应大于墙长、墙高之半，也不应大于 1200mm。对局部灌孔的砌体，竖向钢筋的间距不应大于 600mm；

5 剪力墙沿竖向和水平方向的构造钢筋配筋率均不宜小于 0.07%。

9.4.10 按壁式框架设计的配筋砌块窗间墙除应符合第 9.4.7 条～9.4.9 条规定外，尚应符合下列规定：

1 窗间墙的截面应符合下列要求：

1）墙宽不应小于 800mm，也不宜大于 2400mm；

2）墙净高与墙宽之比不宜大于 5。

2 窗间墙中的竖向钢筋应符合下列要求：

1）每片窗间墙中沿全高不应少于 4 根钢筋；

2）沿墙的全截面应配置足够的抗弯钢筋；

3）窗间墙的竖向钢筋的含钢率不宜小于 0.2%，也不宜大于 0.8%。

3 窗间墙中的水平分布钢筋应符合下列要求：

1）水平分布钢筋应在墙端部纵筋处弯 180°标准钩，或等效的措施；

2）水平分布钢筋的间距：在距梁边 1 倍墙宽范围内不应大于 1/4 墙宽，其余部位不应大于 1/2 墙宽；

3）水平分布钢筋的配筋率不宜小于 0.15%。

9.4.11 配筋砌块砌体剪力墙应按下列情况设置边缘构件：

1 当利用剪力墙端的砌体时，应符合下列规定：

1）在距墙端至少 3 倍墙厚范围内的孔中设置不小于 ϕ12 通长竖向钢筋；

2）当剪力墙端部的设计压应力大于 0.8f_g 时，除按 1）的规定设置竖向钢筋外，尚应设置间距不大于 200mm、直径不小于 6mm 的水平钢筋（钢箍），该水平钢筋宜设置在灌孔混凝土中。

2 当在剪力墙墙端设置混凝土柱时，应符合下列规定：

1）柱的截面宽度宜等于墙厚，柱的截面长度宜为 1～2 倍的墙厚，并不应小于 200mm；

2）柱的混凝土强度等级不宜低于该墙体块体强度等级的 2 倍，或该墙体灌孔混凝土的强度等级，也不应低于 C20；

3）柱的竖向钢筋不宜小于 4ϕ12，箍筋宜为 ϕ6、间距 200mm；

4）墙体中的水平钢筋应在柱中锚固，并应满足钢筋的锚固要求；

5）柱的施工顺序宜为先砌砌块墙体，后浇捣混凝土。

9.4.12 配筋砌块砌体剪力墙中当连梁采用钢筋混凝土时，连梁混凝土的强度等级不宜低于同层墙体块体强度等级的2倍，或同层墙体灌孔混凝土的强度等级，也不应低于C20；其他构造尚应符合现行国家标准《混凝土结构设计规范》GB 50010的有关规定要求。

9.4.13 配筋砌块砌体剪力墙中当连梁采用配筋砌块砌体时，连梁应符合下列规定：

1 连梁的截面应符合下列要求：

1）连梁的高度不应小于两皮砌块的高度和400mm；

2）连梁应采用H型砌块或凹槽砌块组砌，孔洞应全部浇灌混凝土。

2 连梁的水平钢筋宜符合下列要求：

1）连梁上、下水平受力钢筋宜对称、通长设置，在灌孔砌体内的锚固长度不应小于35d和400mm；

2）连梁水平受力钢筋的含钢率不宜小于0.2%，也不宜大于0.8%。

3 连梁的箍筋应符合下列要求：

1）箍筋的直径不应小于6mm；

2）箍筋的间距不宜大于1/2梁高和600mm；

3）在距支座等于梁高范围内的箍筋间距不应大于1/4梁高，距支座表面第一根箍筋的间距不应大于100mm；

4）箍筋的面积配筋率不宜小于0.15%；

5）箍筋宜为封闭式，双肢箍末端弯钩为135°；单肢箍末端的弯钩为180°，或弯90°加12倍箍筋直径的延长段。

Ⅲ 配筋砌块砌体柱

9.4.14 配筋砌块砌体柱（图9.4.14）除应符合第9.4.7条的要求外，尚应符合下列规定：

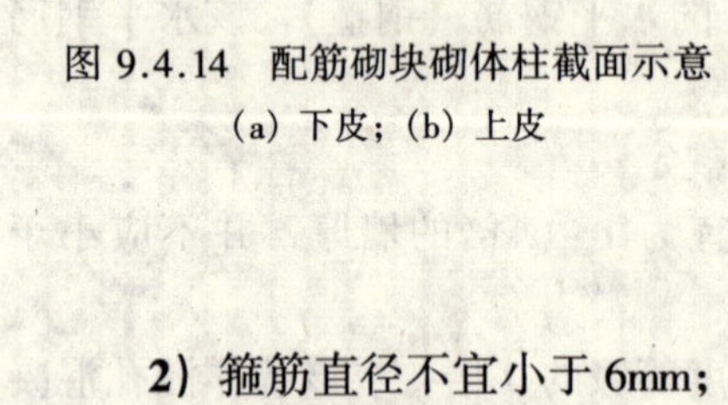

图 9.4.14 配筋砌块砌体柱截面示意
(a) 下皮；(b) 上皮

1 柱截面边长不宜小于400mm，柱高度与截面短边之比不宜大于30；

2 柱的纵向钢筋的直径不宜小于12mm，数量不应少于4根，全部纵向受力钢筋的配筋率不宜小于0.2%；

3 柱中箍筋的设置应根据下列情况确定：

1）当纵向钢筋的配筋率大于0.25%，且柱承受的轴向力大于受压承载力设计值的25%时，柱应设箍筋；当配筋率≤0.25%时，或柱承受的轴向力小于受压承载力设计值的25%时，柱中可不设置箍筋；

2）箍筋直径不宜小于6mm；

3）箍筋的间距不应大于16倍的纵向钢筋直径、48倍箍筋直径及柱截面短边尺寸中较小者；

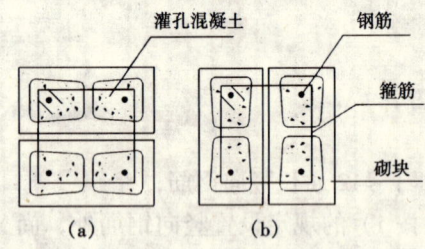

4）箍筋应封闭，端部应弯钩；

5）箍筋应设置在灰缝或灌孔混凝土中。

10 砌体结构构件抗震设计

10.1 一 般 规 定

10.1.1 地震区的砌体结构构件，除应符合第1章至第9章的要求外，尚应按本章的规定进行抗震设计。

10.1.2 按本章规定的配筋砌块砌体剪力墙结构构件抗震设计的适用的房屋最大高度不宜超过表10.1.2的规定。

表 10.1.2 配筋砌块砌体剪力墙房屋适用的最大高度（m）

最小墙厚	6度	7度	8度
190mm	54	45	30

注：1 房屋高度指室外地面至檐口的高度；
2 房屋的高度超过表内高度时，应根据专门的研究，采取有效的加强措施。

10.1.3 配筋砌块砌体剪力墙和墙梁的抗震设计应根据设防烈度和房屋高度，采用表10.1.3规定的结构抗震等级，并应符合相应的计算和构造要求。

表 10.1.3 抗震等级的划分

结构类型		设防烈度					
		6		7		8	
配筋砌块砌体剪力墙	高度（m）	≤24	>24	≤24	>24	≤24	>24
	抗震等级	四	三	三	二	二	一
框支墙梁	底层框架	三		二		一	
	剪力墙	三		二		一	

注：1 对于四级抗震等级，除本章规定外，均按非抗震设计采用；
2 接近或等于高度分界时，可结合房屋不规则程度及场地、地基条件确定抗震等级；
3 当配筋砌体剪力墙结构为底部大空间时，其抗震等级宜按表中规定适当提高一级。

10.1.4 配筋砌块砌体剪力墙结构应进行多遇地震作用下的抗震变形验算，其楼层内最大的层间弹性位移角不宜超过1/1000。

10.1.5 考虑地震作用组合的砌体结构构件，其截面承载力应除以承载力抗震调整系数γ_{RE}，承载力抗震调整系数应按表10.1.5采用。

表 10.1.5 承载力抗震调整系数

结构构件类别	受力状态	γ_{RE}
无筋、网状配筋和水平配筋砖砌体剪力墙	受 剪	1.0
两端均设构造柱、芯柱的砌体剪力墙	受 剪	0.9
组合砖墙、配筋砌块砌体剪力墙	偏心受压、受拉和受剪	0.85
自承重墙	受 剪	0.75
无筋砖柱	偏心受压	0.9
组合砖柱	偏心受压	0.85

注：本章的剪力墙即为现行国家标准《建筑抗震设计规范》GB 50011中的抗震墙。

10.1.6 地震区的混凝土砌块、石砌体结构构件的材料，应符合下列规定：

1 混凝土砌块砌筑砂浆的强度等级不应低于 Mb5.0；配筋砌块砌体剪力墙中砌筑砂浆的强度等级不应低于 Mb10；

2 料石的强度等级不应低于 MU30，砌筑砂浆的强度等级不应低于 M5。

10.1.7 考虑地震作用组合的配筋砌体结构构件，其配置的受力钢筋的锚固和接头，除应符合本规范第 9 章的要求外，尚应符合下列要求：

1 竖向钢筋或纵向钢筋的最小锚固长度 l_{ae}，应按下列规定采用：

一、二级抗震等级 $$l_{ae}=1.15l_a \tag{10.1.7-1}$$

三级抗震等级 $$l_{ae}=1.05l_a \tag{10.1.7-2}$$

四级抗震等级 $$l_{ae}=1.0l_a \tag{10.1.7-3}$$

式中 l_a——受拉钢筋的锚固长度，应按第 9.4.3 条的规定确定。

2 钢筋搭接接头，对一、二级抗震等级不小于 $1.2l_a+5d$；对三、四级不小于 $1.2l_a$。

10.1.8 蒸压灰砂砖、蒸压粉煤灰砖砌体结构房屋应符合下列规定：

1 房屋的层数与构造柱的设置位置应符合表 10.1.8 的要求。构造柱的截面及配筋等构造要求，应符合现行国家标准《建筑抗震设计规范》GB 50011 的规定；

表 10.1.8 蒸压灰砂砖、蒸压粉煤灰砖房屋构造柱设置要求

房屋层数			设置部位
6 度	7 度	8 度	
四～五	三～四	二～三	外墙四角、楼（电）梯间四角，较大洞口两侧、大房间内外墙交接处
六	五	四	外墙四角、楼（电）梯间四角，较大洞口两侧、大房间内外墙交接处，山墙与内纵墙交接处，隔开间横墙（轴线）与外纵墙交接处
七	六	五	外墙四角、楼（电）梯间四角，较大洞口两侧、大房间内外墙交接处，各内墙（轴线）与外墙交接处；8 度时，内纵墙与横墙（轴线）交接处
八	七	六	较大洞口两侧，所有纵横墙交接处，且构造柱间距不宜大于 4.8m
注：房屋的层高不宜超过 3m。			

2 当 6 度 8 层、7 度 7 层和 8 度 6 层时，应在所有楼（屋）盖处的纵横墙上设置混凝土圈梁，圈梁的截面尺寸不应小于 240mm×180mm，圈梁主筋不应少于 4ϕ12，箍筋 ϕ6、间距 200mm。其他情况下圈梁的设置和构造要求应符合现行国家标准《建筑抗震设计规范》GB 50011 规定。

10.1.9 结构构件抗震设计时，地震作用应按现行国家标准《建筑抗震设计规范》GB50011 的规定计算。

10.1.10 砌体结构构件进行抗震设计时，房屋的总高度和层数、高宽比、结构体系、抗震横墙的间距、局部尺寸的限值、防震缝设置及结构构造措施，除本章规定者外均应符合现行国家标准《建筑抗震设计规范》GB 50011 的要求。

10.2 无筋砌体构件

10.2.1 烧结普通砖、烧结多孔砖、蒸压灰砂砖、蒸压粉煤灰砖墙体和石墙体的截面抗震承载力应按下式验算：

$$V \leqslant \frac{f_{VE}A}{\gamma_{RE}} \tag{10.2.1}$$

式中 V——考虑地震作用组合的墙体剪力设计值；

f_{VE}——砌体沿阶梯形截面破坏的抗震抗剪强度设计值；

A——墙体横截面面积；

γ_{RE}——承载力抗震调整系数。

10.2.2 混凝土砌块墙体的截面抗震承载力应按下式验算：

$$V \leqslant \frac{1}{\gamma_{RE}}[f_{VE}A + (0.3f_tA_c + 0.05f_yA_s)\zeta_c] \tag{10.2.2}$$

式中 f_t——灌孔混凝土的轴心抗拉强度设计值，应按现行国家标准《混凝土结构设计规范》GB 50010采用；

A_c——灌孔混凝土或芯柱截面总面积；

f_y——芯柱钢筋的抗拉强度设计值；

A_s——芯柱钢筋截面总面积；

ζ_c——芯柱参与工作系数，可按表 10.2.2 采用。

注：当同时设置芯柱和构造柱时，构造柱截面可作为芯柱截面。构造柱钢筋可作为芯柱钢筋。

表 10.2.2 芯柱参与工作系数

灌孔率 ρ	$\rho<0.15$	$0.15\leqslant\rho<0.25$	$0.25\leqslant\rho<0.5$	$\rho\geqslant0.5$
ζ_c	0	1.0	1.10	1.15
注：灌孔率指芯柱根数（含构造柱和填实孔洞数）与孔洞总数之比。				

10.2.3 各类砌体沿阶梯形截面破坏的抗震抗剪强度设计值应按下式计算：

$$f_{VE} = \zeta_N f_V \tag{10.2.3}$$

式中 f_{VE}——砌体沿阶梯形截面破坏的抗震抗剪强度设计值；

f_V——砌体抗剪强度设计值；

ζ_N——砌体抗震抗剪强度的正应力影响系数，应按表 10.2.3 采用。

表 10.2.3 砌体强度的正应力影响系数

砌体类别	σ_0/f_V							
	0.0	1.0	3.0	5.0	7.0	10.0	15.0	20.0
普通砖、多孔砖	0.80	1.00	1.28	1.50	1.70	1.95	2.32	
混凝土砌块		1.25	1.75	2.25	2.60	3.10	3.95	4.80
注：σ_0 为对应于重力荷载代表值的砌体截面平均压应力。								

10.2.4 考虑地震作用组合的无筋砖砌体受压构件，其抗震承载力应按本规范第 5 章的规定计算，但其抗力应除以承载力抗震调整系数，承载力抗震调整系数应按表 10.1.5 采用。

10.3 配筋砖砌体构件

10.3.1 网状配筋或水平配筋烧结普通砖、烧结多孔砖墙的截面抗震承载力应按下式验算：

$$V \leqslant \frac{1}{\gamma_{RE}}(f_{VE} + \zeta_s f_y \rho_s)A \tag{10.3.1}$$

式中 V——考虑地震作用组合的墙体剪力设计值；

γ_{RE}——承载力抗震调整系数；

ζ_s——钢筋参与工作系数，可按表 10.3.1 采用；

f_y——钢筋的抗拉强度设计值；

ρ_s——按层间墙体竖向截面计算的水平钢筋面积配筋率，应不小于 0.07%且不宜大于 0.17%。

表 10.3.1 钢筋参与工作系数 ζ_s

墙体高宽比	0.4	0.6	0.8	1.0	1.2
ξ_s	0.10	0.12	0.14	0.15	0.12

10.3.2 砖砌体和钢筋混凝土构造柱组合墙的截面抗震承载力应按下式计算：

$$V \leqslant \frac{1}{\gamma_{RE}}(\eta_c f_{VE}(A - A_c) + \zeta f_t A_c + 0.08 f_y A_s) \tag{10.3.2}$$

式中 A_c——中部构造柱的截面面积（对横墙和内纵墙，$A_c > 0.15A$ 时，取 $0.15A$；对外纵墙，$A_c > 0.25A$ 时，取 $0.25A$）；

f_t——中部构造柱的混凝土抗拉强度设计值， 应按现行国家标准《混凝土结构设计规范》GB 50010 采用；

A_s——中部构造柱的纵向钢筋截面总面积（配筋率不小于 0.6%，大于 1.4%时取 1.4%）；

ζ——中部构造柱参与工作系数；居中设一根时取 0.5，多于一根时取 0.4；

η_c——墙体约束修正系数；一般情况取 1.0，构造柱间距不大于 2.8m 时取 1.1。

10.3.3 组合砖柱的抗震承载力，应按本规范第 8 章的规定计算，承载力抗震调整系数应按表 10.1.5 采用。

10.3.4 水平配筋砖墙的材料和构造应符合下列要求：

1 砂浆的强度等级不应低于 M7.5；水平钢筋宜采用 HPB235、HRB335 钢筋；

2 水平钢筋的配筋率不应小于 0.07%，且不宜大于 0.17%；水平分布钢筋间距不应大于 400mm；

3 水平钢筋端部伸入垂直墙体中的锚固长度不宜小于 300mm，伸入构造柱的锚固长度不宜小于 180mm。

10.3.5 组合砖墙的材料和构造，除应符合第 8.2.8 条的要求外，尚应符合下列要求：

1 构造柱的混凝土强度等级不应低于 C20；

2 构造柱的纵向钢筋，对中柱不应少于 4ϕ12，对边柱、角柱不应少于 4ϕ14；

3 砖砌体与构造柱的拉结钢筋每边伸入墙内不宜小于 1m。

10.4 配筋砌块砌体剪力墙

Ⅰ 承载力计算

10.4.1 考虑地震作用组合的配筋砌块砌体剪力墙的正截面承载力应按第 9 章的规定计

算，但其抗力应除以承载力抗震调整系数。

10.4.2 配筋砌块砌体剪力墙承载力计算时，底部加强部位的截面组合剪力设计值 V_w，应按下列规定调整：

一级抗震等级 $V_w=1.6V$ (10.4.2-1)

二级抗震等级 $V_w=1.4V$ (10.4.2-2)

三级抗震等级 $V_w=1.2V$ (10.4.2-3)

四级抗震等级 $V_w=1.0V$ (10.4.2-4)

式中 V——考虑地震作用组合的剪力墙计算截面的剪力设计值。

10.4.3 配筋砌块砌体剪力墙的截面应符合下列要求：

1 当剪跨比大于2时

$$V_w \leqslant \frac{1}{\gamma_{RE}} 0.2 f_g bh \tag{10.4.3-1}$$

2 当剪跨比小于或等于2时

$$V_w \leqslant \frac{1}{\gamma_{RE}} 0.15 f_g bh \tag{10.4.3-2}$$

10.4.4 偏心受压配筋砌块砌体剪力墙，其斜截面受剪承载力应按下列公式计算：

$$V_W \leqslant \frac{1}{\gamma_{RE}}\left[\frac{1}{\lambda-0.5}\left(0.48 f_{vg} bh_0 + 0.10N\frac{A_w}{A}\right) + 0.72 f_{yh}\frac{A_{sh}}{s}h_0\right] \tag{10.4.4-1}$$

$$\lambda = \frac{M}{Vh_0} \tag{10.4.4-2}$$

式中 f_{vg}——灌孔砌体的抗剪强度设计值，可按本规范第3.2.2条的规定采用；

M——考虑地震作用组合的剪力墙计算截面的弯矩设计值；

V——考虑地震作用组合的剪力墙计算截面的剪力设计值；

N——考虑地震作用组合的剪力墙计算截面的轴向力设计值，当 $N>0.2f_g bh$ 时，取 $N=0.2f_g bh$；

A——剪力墙的截面面积，其中翼缘的有效面积，可按第9.2.5条的规定计算；

A_w——T形或I字形截面剪力墙腹板的截面面积，对于矩形截面取 $A_w=A$；

λ——计算截面的剪跨比，当 $\lambda\leqslant1.5$ 时，取 $\lambda=1.5$；当 $\lambda\geqslant2.2$ 时，取 $\lambda=2.2$；

A_{sh}——配置在同一截面内的水平分布钢筋的全部截面面积；

f_{yh}——水平钢筋的抗拉强度设计值；

f_g——灌孔砌体的抗压强度设计值；

s——水平分布钢筋的竖向间距；

γ_{RE}——承载力抗震调整系数。

10.4.5 偏心受拉配筋砌块砌体剪力墙，其斜截面受剪承载力应按下式计算：

$$V_W \leqslant \frac{1}{\gamma_{RE}}\left[\frac{1}{\lambda-0.5}\left(0.48 f_{vg} bh_0 - 0.17N\frac{A_w}{A}\right)\right.$$

$$+ 0.72 f_{yh} \frac{A_{sh}}{s} h_0 \Big] \tag{10.4.5}$$

注：当 $0.48 f_{vg} b h_0 - 0.17 N \frac{A_w}{A} < 0$ 时，取 $0.48 f_{vg} b h_0 - 0.17 N \frac{A_w}{A} = 0$。

10.4.6 配筋砌块砌体剪力墙连梁的正截面受弯承载力可按现行国家标准《混凝土结构设计规范》GB50010受弯构件的有关规定进行计算；当采用配筋砌块砌体连梁时，应采用相应的计算参数和指标；连梁的正截面承载力应除以相应的承载力抗震调整系数。

10.4.7 配筋砌块砌体剪力墙连梁的剪力设计值，抗震等级一、二、三级时应按下列公式调整，四级时可不调整：

$$V_b = \eta_v \frac{M_b^l + M_b^r}{l_n} + V_{Gb} \tag{10.4.7}$$

式中 V_b——连梁的剪力设计值；

η_v——剪力增大系数，一级时取1.3；二级时取1.2；三级时取1.1；

M_b^l、M_b^r——分别为梁左、右端考虑地震作用组合的弯矩设计值；

V_{Gb}——在重力荷载代表值作用下，按简支梁计算的截面剪力设计值；

l_n——连梁净跨。

10.4.8 配筋砌块砌体剪力墙连梁的截面应符合下列要求：

1 当跨高比大于2.5时

$$V_b \leqslant \frac{1}{\gamma_{RE}} (0.2 f_g b h_0) \tag{10.4.8-1}$$

2 当跨高比小于或等于2.5时

$$V_b \leqslant \frac{1}{\gamma_{RE}} (0.15 f_g b h_0) \tag{10.4.8-2}$$

10.4.9 配筋砌块砌体剪力墙连梁的斜截面受剪承载力应按下列公式计算：

1 当跨高比大于2.5时

$$V_b \leqslant \frac{1}{\gamma_{RE}} \Big(0.64 f_{vg} b h_0 + 0.8 f_{yv} \frac{A_{sv}}{s} h_0 \Big] \tag{10.4.9-1}$$

2 当跨高比小于或等于2.5时

$$V_b \leqslant \frac{1}{\gamma_{RE}} \Big(0.56 f_{vg} b h_0 + 0.7 f_{yv} \frac{A_{sv}}{s} h_0 \Big] \tag{10.4.9-2}$$

式中 A_{sv}——配置在同一截面内的箍筋各肢的全部截面面积；

f_{yv}——箍筋的抗拉强度设计值。

注：当连梁跨高比大于2.5时，宜采用混凝土连梁。

Ⅱ 构 造 措 施

10.4.10 配筋砌块砌体剪力墙的厚度，一级抗震等级剪力墙不应小于层高的1/20，二、三、四级剪力墙不应小于层高的1/25，且不应小于190mm。

10.4.11 配筋砌块砌体剪力墙的水平和竖向分布钢筋应符合表10.4.11-1和10.4.11-2的要求；剪力墙底部加强区的高度不小于房屋高度的1/6，且不小于两层的高度。

表 10.4.11-1　剪力墙水平分布钢筋的配筋构造

抗震等级	最小配筋率（%）		最大间距（mm）	最小直径（mm）
	一般部位	加强部位		
一　级	0.13	0.13	400	ϕ8
二　级	0.11	0.13	600	ϕ8
三　级	0.11	0.11	600	ϕ6
四　级	0.07	0.10	600	ϕ6

表 10.4.11-2　剪力墙竖向分布钢筋的配筋构造

抗震等级	最小配筋率（%）		最大间距（mm）	最小直径（mm）
	一般部位	加强部位		
一　级	0.13	0.13	400	ϕ12
二　级	0.11	0.13	600	ϕ12
三　级	0.11	0.11	600	ϕ12
四　级	0.07	0.10	600	ϕ12

10.4.12　配筋砌块砌体剪力墙边缘构件的设置，除应符合第 9.4.11 条的规定外，当剪力墙的压应力大于 $0.5f_g$ 时，其构造配筋应符合表 10.4.12 的规定。

表 10.4.12　剪力墙边缘构件构造配筋

抗震等级	底部加强区	其他部位	箍筋或拉筋直径和间距
一　级	3ϕ20（4ϕ16）	3ϕ18（4ϕ16）	ϕ8@200
二　级	3ϕ18（4ϕ16）	3ϕ16（4ϕ14）	ϕ8@200
三　级	3ϕ14（4ϕ12）	3ϕ14（4ϕ12）	ϕ6@200
四　级	3ϕ12（4ϕ12）	3ϕ12（4ϕ12）	ϕ6@200

注：表中括号中数字为混凝土柱时的配筋。

10.4.13　配筋砌块砌体剪力墙的布置，应符合下列要求：

1　平面形状宜简单、规则，凹凸不宜过大；竖向布置宜规则、均匀，避免有过大的外挑和内收；

2　纵横方向的剪力墙宜拉通对齐；较长的剪力墙可用楼板或弱连梁分为若干个独立的墙段，每个独立墙段的总高度与长度之比不宜小于 2；

3　剪力墙的门窗洞口宜上下对齐，成列布置；

4　剪力墙小墙肢的截面高度不宜小于 3 倍墙厚，也不应小于 600mm，小墙肢的配筋应符合表 10.4.12 的要求，一级剪力墙小墙肢的轴压比不宜大于 0.5，二、三级剪力墙的轴压比不宜大于 0.6；

5　单肢剪力墙和由弱连梁连接的剪力墙，宜满足在重力荷载作用下，墙体平均轴压比 N/f_gA_w 不大于 0.5 的要求。

10.4.14　配筋砌块砌体剪力墙的水平分布钢筋（网片）宜沿墙长连续设置，其锚固或搭接要求除应符合第 9.4.5 条的规定外，尚应符合下列规定：

1　水平分布钢筋可绕端部主筋弯 180 度弯钩，弯钩端部直段长度不宜小于 12*d*；该钢筋亦可垂直弯入端部灌孔混凝土中锚固，其弯折段长度，对一、二级抗震等级不应小于 250mm；

对三、四级抗震等级，不应小于 200mm；

2　当采用焊接网片作为剪力墙水平钢筋时，应在钢筋网片的弯折端部加焊两根直径与抗剪钢筋相同的横向钢筋，弯入灌孔混凝土的长度不应小于 150mm。

10.4.15　配筋砌块砌体剪力墙连梁的构造，当采用混凝土连梁时，应符合第 9.4.12 条的规定和现行国家标准《混凝土结构设计规范》GB50010 中有关地震区连梁的构造要求；当采用配筋砌块砌体连梁时，除应符合第 9.4.13 条的规定外，尚应符合下列要求：

1 连梁上下水平钢筋锚入墙体内的长度，一、二级抗震等级不应小于 $1.1l_a$，三、四级抗震等级不应小于 l_a，且不应小于 600mm；

2 连梁的箍筋应沿梁长布置，并应符合表 10.4.15 的要求：

表 10.4.15 连梁箍筋的构造要求

抗震等级	箍筋加密区			箍筋非加密区	
	长 度	箍筋间距(mm)	直 径	间距(mm)	直 径
一 级	2h	100	ϕ10	200	ϕ10
二 级	1.5h	200	ϕ8	200	ϕ8
三 级	1.5h	200	ϕ8	200	ϕ8
四 级	1.5h	200	ϕ8	200	ϕ8
注：h 为连梁截面高度；加密区长度不小于 600mm。					

3 在顶层连梁伸入墙体的钢筋长度范围内，应设置间距不大于 200mm 的构造箍筋，箍筋直径应与连梁的箍筋直径相同；

4 跨高比小于 2.5 的连梁，在自梁底以上 200mm 和梁顶以下 200mm 范围内，每隔 200mm 增设水平分布钢筋，当一级抗震等级时，不小于 2ϕ12，二～四级抗震等级时为 2ϕ10，水平分布钢筋伸入墙内的长度不小于 30d 和 300mm；

5 连梁不宜开洞。当需要开洞时，应在跨中梁高 1/3 处预埋外径不大于 200mm 的钢套管，洞口上下的有效高度不应小于 1/3 梁高，且不应小于 200mm，洞口处应配补强钢筋并在洞周边浇注灌孔混凝土，被洞口削弱的截面应进行受剪承载力验算。

10.4.16 配筋砌块砌体柱的构造除应符合第 9.4.14 条的规定外，尚应符合下列要求：

1 纵向钢筋直径不应小于 12mm，全部纵向钢筋的配筋率不应小于 0.4%；

2 箍筋直径不应小于 6mm，且不应小于纵向钢筋直径的1/4；箍筋的间距，应符合下列要求：

1）地震作用产生轴向力的柱，箍筋间距不宜大于 200mm；

2）地震作用不产生轴向力的柱，在柱顶和柱底的 1/6 柱高、柱截面长边尺寸和 450mm 三者较大值范围内，箍筋间距不宜大于 200mm；其他部位不宜大于 16 倍纵向钢筋直径、48 倍箍筋直径和柱截面短边尺寸三者较小值。

3 箍筋或拉结钢筋端部的弯钩不应小于 135°。

10.4.17 夹心墙的自承重叶墙的横向支承间距，宜符合下列规定：

1 8、9度时不宜大于 3m；

2 7度时不宜大于 6m；

3 6度时不宜大于 9m。

10.4.18 配筋砌块砌体剪力墙房屋的楼、屋盖宜采用现浇钢筋混凝土结构；抗震等级为四级时，也可采用装配整体式钢筋混凝土楼盖。

10.4.19 配筋砌块砌体剪力墙房屋的楼、屋盖处，应按下列规定设置钢筋混凝土圈梁：

1 圈梁混凝土强度等级不宜小于砌块强度等级的 2 倍，或该层灌孔混凝土的强度等级，但不应低于 C20；

2 圈梁的宽度宜为墙厚，高度不宜小于 200mm；纵向钢筋直径不应小于墙中水平分

布钢筋的直径，且不宜小于 4ϕ12；箍筋直径不应小于 ϕ6，间距不大于 200mm。

10.4.20 配筋砌块砌体剪力墙房屋的基础与剪力墙结合处的受力钢筋，当房屋高度超过 50m 或一级抗震等级时宜采用机械连接或焊接，其他情况可采用搭接。当采用搭接时，一、二级抗震等级时搭接长度不宜小于 50d，三、四级抗震等级时不宜小于 40d（d 受力钢筋直径）。

10.5 墙 梁

10.5.1 底层设置抗震墙的框支墙梁房屋的层数和高度应符合现行国家标准《建筑抗震设计规范》GB 50011 中第 7.1.2 条和 7.1.3 条的要求。

10.5.2 框支墙梁房屋的底层应沿纵向和横向设置一定数量的抗震墙，且应均匀对称布置或基本均匀对称布置。其间距不应超过现行国家标准《建筑抗震设计规范》GB 50011 中表 7.1.5 的要求。6、7 度且总层数不超过五层的框支墙梁房屋，允许采用嵌砌于框架之间的砌体抗震墙，其余情况应采用混凝土抗震墙。框支墙梁房屋的纵横两个方向，第二层与底层侧向刚度的比值，6、7 度时不应大于 2.5，8 度时不应大于 2.0，且均不应小于 1.0。

10.5.3 框支墙梁上层承重墙应沿纵、横两个方向按底部框架和抗震墙的轴线布置，宜上、下对齐，分布均匀，使各层刚度中心接近质量中心。应在墙体中的框架柱上方和纵横墙交接处设置混凝土构造柱，其截面和配筋应符合现行国家标准《建筑抗震设计规范》GB50011 的要求。框支墙梁的托梁处应采用现浇混凝土楼盖，其楼板厚度不应小于 120mm。应在托梁和上一层墙体顶面标高处均设置现浇混凝土圈梁。其余各层楼盖可采用装配整体式楼盖，也应沿纵横承重墙设置现浇混凝土圈梁。

10.5.4 框支墙梁房屋的抗震计算，可采用底部剪力法。底层的纵向和横向地震剪力设计值均应乘以增大系数，其值允许根据第二层与底层侧向刚度比值的大小在 1.2～1.5 范围内选用。底层的纵向和横向地震剪力设计值应全部由该方向的抗震墙承担，并按各抗震墙侧向刚度比例分配。

10.5.5 底部框架柱承担的地震剪力设计值，可按各抗侧力构件有效刚度比例分配确定；有效侧向刚度的取值，框架不折减，混凝土抗震墙可乘以折减系数 0.3，砌体抗震墙可乘以折减系数 0.2。框架柱应计入地震倾覆力矩引起的附加轴力，此时框支墙梁可视为刚体。底部各构件承受的地震倾覆力矩，可近似按底层抗震墙和框架的侧向刚度比例分配确定。

10.5.6 由重力荷载代表值产生的框支墙梁内力应按本规范第 7.3 节的有关规定计算。重力荷载代表值应按现行国家标准《建筑抗震设计规范》GB50011 中第 5.1.3 条的有关规定计算。但托梁弯矩系数 α_M、剪力系数 β_V 应予增大；增大系数当抗震等级为一级时，取为 1.10，当抗震等级为二级时，取为 1.05，当抗震等级为三级时，取为 1.0。

10.5.7 计算底部框架地震剪力产生的柱端弯矩时可取柱的反弯点距柱底为 0.55 倍柱高。

10.5.8 框支墙梁上部计算高度范围内墙体的截面抗震承载力，应按第 10.2 节、10.3 节的规定计算，但在公式右边应乘以降低系数 0.9。

10.5.9 框支墙梁的框架柱、抗震墙和托梁的混凝土强度等级不应低于 C30，托梁上一层墙体的砂浆强度等级不应低于 M10，其余墙体的砂浆强度等级不应低于 M5。

10.5.10 框支墙梁的托梁应符合下列构造要求：

1 托梁的截面宽度不应小于300mm，截面高度不应小于跨度的1/10，净跨不宜小于截面高度的4倍；当墙体在梁端附近有洞口时，梁截面高度不宜小于跨度的1/8，且不宜大于跨度的1/6；

2 托梁每跨底部纵向钢筋应通长设置，不得在跨中弯起或截断，伸入支座锚固长度不应小于受拉钢筋最小锚固长度 l_{aE}，且伸过中心线不应小于 $5d$；钢筋应采用机械连接或焊接接头，不得采用搭接接头；托梁上部纵向钢筋应贯穿中间节点，其在端节点的弯折锚固水平投影长度不应小于 $0.4l_{aE}$，垂直投影长度不应小于 $15d$；

3 托梁截面受压区高度应符合的要求，对一级抗震等级 $x \leqslant 0.25h_0$，对二、三级抗震等级 $x \leqslant 0.35h_0$；受拉钢筋配筋率均不应大于 2.5%；

4 托梁箍筋直径不应小于8mm，间距不应大于200mm；梁端1.5倍梁高且不小于1/5净跨范围内及上部墙体偏开洞口区段及洞口两侧各一个梁高，且不小于500mm范围内，箍筋间距不应大于100mm；

5 托梁沿梁高应设置不小于2ϕ14mm的通长腰筋，间距不应大于200mm。

10.5.11 底部混凝土框架柱、剪力墙和梁、柱节点的构造措施尚应符合现行国家标准《建筑抗震设计规范》GB50011和《混凝土结构设计规范》GB50010的有关规定。

附录A 石材的规格尺寸及其强度等级的确定方法

A.1 石材按其加工后的外形规则程度，可分为料石和毛石。

A.1.1 料石

1 细料石：通过细加工，外表规则，叠砌面凹入深度不应大于10mm，截面的宽度、高度不宜小于200mm，且不宜小于长度的1/4。

2 半细料石：规格尺寸同上，但叠砌面凹入深度不应大于15mm。

3 粗料石：规格尺寸同上，但叠砌面凹入深度不应大于20mm。

4 毛料石：外形大致方正，一般不加工或仅稍加修整，高度不应小于200mm，叠砌面凹入深度不应大于25mm。

A.1.2 毛石

形状不规则，中部厚度不应小于200mm。

A.2 石材的强度等级，可用边长为70mm的立方体试块的抗压强度表示。抗压强度取三个试件破坏强度的平均值。试件也可采用表A.2所列边长尺寸的立方体，但应对其试验结果乘以相应的换算系数后方可作为石材的强度等级。

表A.2 石材强度等级的换算系数

立方体边长（mm）	200	150	100	70	50
换算系数	1.43	1.28	1.14	1	0.86

A.3 石砌体中的石材应选用无明显风化的天然石材。

附录B 各类砌体强度平均值的计算公式和强度标准值

B.1 各类砌体强度平均值的计算公式

表 B.1.1 轴心抗压强度平均值 f_m（MPa）

砌体种类	$f_m = k_1 f_1^{\alpha}(1+0.07f_2)k_2$		
	k_1	α	k_2
烧结普通砖、烧结多孔砖、蒸压灰砂砖、蒸压粉煤灰砖	0.78	0.5	当 $f_2<1$ 时，$k_2=0.6+0.4f_2$
混凝土砌块	0.46	0.9	当 $f_2=0$ 时，$k_2=0.8$
毛料石	0.79	0.5	当 $f_2<1$ 时，$k_2=0.6+0.4f_2$
毛　石	0.22	0.5	当 $f_2<2.5$ 时，$k_2=0.4+0.24f_2$

注：1　k_2 在表列条件以外时均等于1；

2　式中 f_1 为块体（砖、石、砌块）的抗压强度等级值或平均值；f_2 为砂浆抗压强度平均值。单位均以MPa计；

3　混凝土砌块砌体的轴心抗压强度平均值，当 $f_2>10$MPa时，应乘系数 $1.1-0.01f_2$，MU20的砌体应乘系数0.95，且满足 $f_1 \geqslant f_2$，$f_1 \leqslant 20$MPa。

表 B.1.2 轴心抗拉强度平均值 $f_{t,m}$、弯曲抗拉强度平均值 $f_{tm,m}$ 和抗剪强度平均值 $f_{v,m}$（MPa）

砌体种类	$f_{t,m}=k_3\sqrt{f_2}$	$f_{tm,m}=k_4\sqrt{f_2}$		$f_{v,m}=k_5\sqrt{f_2}$
	k_3	k_4		k_5
		沿齿缝	沿通缝	
烧结普通砖、烧结多孔砖	0.141	0.250	0.125	0.125
蒸压灰砂砖、蒸压粉煤灰砖	0.09	0.18	0.09	0.09
混凝土砌块	0.069	0.081	0.056	0.069
毛石	0.075	0.113	—	0.188

B.2 各类砌体的强度标准值

表 B.2.1 砖砌体的抗压强度标准值 f_k（MPa）

砖强度等级	砂浆强度等级					砂浆强度
	M15	M10	M7.5	M5	M2.5	0
MU30	6.30	5.23	4.69	4.15	3.61	1.84
MU25	5.75	4.77	4.28	3.79	3.30	1.68
MU20	5.15	4.27	3.83	3.39	2.95	1.50
MU15	4.46	3.70	3.32	2.94	2.56	1.30
MU10	3.64	3.02	2.71	2.40	2.09	1.07

表 B.2.2 混凝土砌块砌体的抗压强度标准值 f_k（MPa）

砌块强度等级	砂浆强度等级				砂浆强度
	M15	M10	M7.5	M5	0
MU20	9.08	7.93	7.11	6.30	3.73
MU15	7.38	6.44	5.78	5.12	3.03
MU10	—	4.47	4.01	3.55	2.10
MU7.5	—	—	3.10	2.74	1.62
MU5	—	—	—	1.90	1.13

表 B.2.3 毛料石砌体的抗压强度标准值 f_k（MPa）

料石强度等级	砂浆强度等级			砂浆强度
	M7.5	M5	M2.5	0
MU100	8.67	7.68	6.68	3.41
MU80	7.76	6.87	5.98	3.05
MU60	6.72	5.95	5.18	2.64
MU50	6.13	5.43	4.72	2.41
MU40	5.49	4.86	4.23	2.16
MU30	4.75	4.20	3.66	1.87
MU20	3.88	3.43	2.99	1.53

表 B.2.4 毛石砌体的抗压强度标准值 f_k（MPa）

毛石强度等级	砂浆强度等级			砂浆强度
	M7.5	M5	M2.5	0
MU100	2.03	1.80	1.56	0.53
MU80	1.82	1.61	1.40	0.48
MU60	1.57	1.39	1.21	0.41
MU50	1.44	1.27	1.11	0.38
MU40	1.28	1.14	0.99	0.34
MU30	1.11	0.98	0.86	0.29
MU20	0.91	0.80	0.70	0.24

表 B.2.5 沿砌体灰缝截面破坏时的轴心抗拉强度标准值 $f_{t,k}$、弯曲抗拉强度标准值 $f_{tm,k}$和抗剪强度标准值 $f_{v,k}$（MPa）

强度类别	破坏特征	砌体种类	砂浆强度等级			
			≥M10	M7.5	M5	M2.5
轴心抗拉	沿齿缝	烧结普通砖、烧结多孔砖	0.30	0.26	0.21	0.15
		蒸压灰砂砖、蒸压粉煤灰砖	0.19	0.16	0.13	—
		混凝土砌块	0.15	0.13	0.10	—
		毛石	0.14	0.12	0.10	0.07

续表 B.2.5

强度类别	破坏特征	砌体种类	砂浆强度等级			
			≥M10	M7.5	M5	M2.5
弯曲抗拉	沿齿缝	烧结普通砖、烧结多孔砖	0.53	0.46	0.38	0.27
		蒸压灰砂砖、蒸压粉煤灰砖	0.38	0.32	0.26	—
		混凝土砌块	0.17	0.15	0.12	—
		毛石	0.20	0.18	0.14	0.10
	沿通缝	烧结普通砖、烧结多孔砖	0.27	0.23	0.19	0.13
		蒸压灰砂砖、蒸压粉煤灰砖	0.19	0.16	0.13	—
		混凝土砌块	0.12	0.10	0.08	—
抗剪		烧结普通砖、烧结多孔砖	0.27	0.23	0.19	0.13
		蒸压灰砂砖、蒸压粉煤灰砖	0.19	0.16	0.13	—
		混凝土砌块	0.15	0.13	0.10	—
		毛石	0.34	0.29	0.24	0.17

附录C 刚弹性方案房屋的静力计算方法

在水平荷载（风荷载）作用下，刚弹性方案房屋墙、柱内力分析可按如下两步进行，然后将两步结果叠加，即得最后内力：

1 在平面计算简图中，各层横梁与柱连接处加水平铰支杆，计算其在水平荷载（风荷载）作用下无侧移时的内力与各支杆反力 R_i（图 Ca）。

2 考虑房屋的空间作用，将各支杆反力 R_i 乘以由表 4.2.4 查得的相应空间性能影响系数 η_i，并反向施加于节点上，计算其内力（图 Cb）。

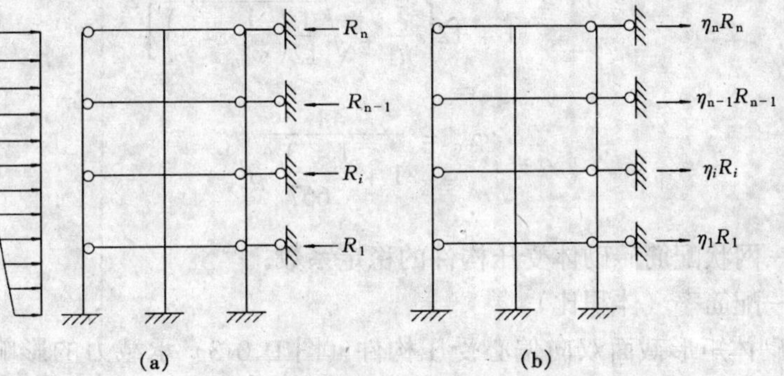

图 C 刚弹性方案房屋的静力计算简图

附录D 影响系数 φ 和 φ_n

D.0.1 无筋砌体矩形截面单向偏心受压构件（图 D.0.1）承载力的影响系数 φ，可按表 D.0.1-1 至表 D.0.1-3 采用或按下列公式计算：

当 $\beta \leqslant 3$ 时

$$\varphi = \frac{1}{1 + 12\left(\frac{e}{h}\right)^2} \tag{D.0.1-1}$$

当 $\beta > 3$ 时

$$\varphi = \frac{1}{1 + 12\left[\frac{e}{h} + \sqrt{\frac{1}{12}\left(\frac{1}{\varphi_0} - 1\right)}\right]^2} \tag{D.0.1-2}$$

$$\varphi_0 = \frac{1}{1 + \alpha\beta^2} \tag{D.0.1-3}$$

式中 e——轴向力的偏心距；

h——矩形截面的轴向力偏心方向的边长；

φ_0——轴心受压构件的稳定系数；

α——与砂浆强度等级有关的系数，当砂浆强度等级大于或等于 M5 时，α 等于 0.0015；当砂浆强度等级等于 M2.5 时，α 等于 0.002；当砂浆强度等级 f_2 等于 0 时，α 等于 0.009；

β——构件的高厚比。

计算 T 形截面受压构件的 φ 时，应以折算厚度 h_T 代替公式(D.0.1-2)中的 h。$h_T = 3.5i$，i 为 T 形截面的回转半径。

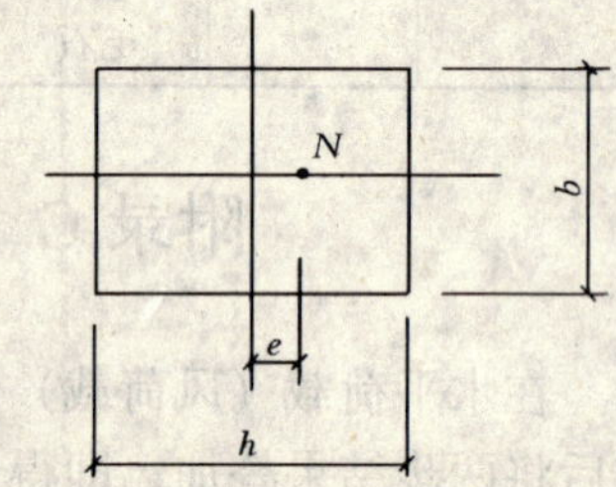

图 D.0.1 单向偏心受压

D.0.2 网状配筋砖砌体矩形截面单向偏心受压构件承载力的影响系数 φ_n，可按表 D.0.2 采用或按下列公式计算：

$$\varphi_n = \frac{1}{1 + 12\left[\frac{e}{h} + \sqrt{\frac{1}{12}\left(\frac{1}{\varphi_{0n}} - 1\right)}\right]^2} \tag{D.0.2-1}$$

$$\varphi_{0n} = \frac{1}{1 + \frac{1 + 3\rho}{667}\beta^2} \tag{D.0.2-2}$$

式中 φ_{0n}——网状配筋砖砌体受压构件的稳定系数；

ρ——配筋率（体积比）。

D.0.3 无筋砌体矩形截面双向偏心受压构件（图 D.0.3）承载力的影响系数，可按下列公式计算：

$$\varphi = \frac{1}{1 + 12\left[\left(\frac{e_b + e_{ib}}{b}\right)^2 + \left(\frac{e_h + e_{ih}}{h}\right)^2\right]} \tag{D.0.3-1}$$

$$e_{ib} = \frac{b}{\sqrt{12}}\sqrt{\frac{1}{\varphi_0} - 1}\left(\frac{\frac{e_b}{b}}{\frac{e_b}{b} + \frac{e_h}{h}}\right) \tag{D.0.3-2}$$

$$e_{ih}=\frac{h}{\sqrt{12}}\sqrt{\frac{1}{\varphi_0}-1}\left(\frac{\frac{e_h}{h}}{\frac{e_b}{b}+\frac{e_h}{h}}\right) \quad (D.0.3\text{-}3)$$

式中　e_b、e_h——轴向力在截面重心 x 轴、y 轴方向的偏心距，e_b、e_h 宜分别不大于 $0.5x$ 和 $0.5y$；

x、y——自截面重心沿 x 轴、y 轴至轴向力所在偏心方向截面边缘的距离；

e_{ib}、e_{ih}——轴向力在截面重心 x 轴、y 轴方向的附加偏心距；

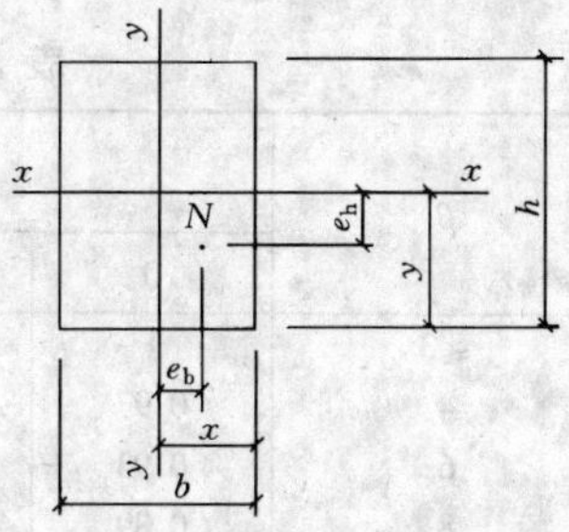

图 D.0.3　双向偏心受压

当一个方向的偏心率（e_b/b 或 e_h/h）不大于另一个方向的偏心率的 5%时，可简化按另一个方向的单向偏心受压，按本规范第 D.0.1 条的规定确定承载力的影响系数。

表 D.0.1-1　影响系数 φ（砂浆强度等级≥M5）

β	$\frac{e}{h}$ 或 $\frac{e}{h_T}$						
	0	0.025	0.05	0.075	0.1	0.125	0.15
≤3	1	0.99	0.97	0.94	0.89	0.84	0.79
4	0.98	0.95	0.90	0.85	0.80	0.74	0.69
6	0.95	0.91	0.86	0.81	0.75	0.69	0.64
8	0.91	0.86	0.81	0.76	0.70	0.64	0.59
10	0.87	0.82	0.76	0.71	0.65	0.60	0.55
12	0.82	0.77	0.71	0.66	0.60	0.55	0.51
14	0.77	0.72	0.66	0.61	0.56	0.51	0.47
16	0.72	0.67	0.61	0.56	0.52	0.47	0.44
18	0.67	0.62	0.57	0.52	0.48	0.44	0.40
20	0.62	0.57	0.53	0.48	0.44	0.40	0.37
22	0.58	0.53	0.49	0.45	0.41	0.38	0.35
24	0.54	0.49	0.45	0.41	0.38	0.35	0.32
26	0.50	0.46	0.42	0.38	0.35	0.33	0.30
28	0.46	0.42	0.39	0.36	0.33	0.30	0.28
30	0.42	0.39	0.36	0.33	0.31	0.28	0.26

β	$\frac{e}{h}$ 或 $\frac{e}{h_T}$					
	0.175	0.2	0.225	0.25	0.275	0.3
≤3	0.73	0.68	0.62	0.57	0.52	0.48
4	0.64	0.58	0.53	0.49	0.45	0.41
6	0.59	0.54	0.49	0.45	0.42	0.38
8	0.54	0.50	0.46	0.42	0.39	0.36
10	0.50	0.46	0.42	0.39	0.36	0.33
12	0.47	0.43	0.39	0.36	0.33	0.31
14	0.43	0.40	0.36	0.34	0.31	0.29
16	0.40	0.37	0.34	0.31	0.29	0.27
18	0.37	0.34	0.31	0.29	0.27	0.25
20	0.34	0.32	0.29	0.27	0.25	0.23
22	0.32	0.30	0.27	0.25	0.24	0.22
24	0.30	0.28	0.26	0.24	0.22	0.21
26	0.28	0.26	0.24	0.22	0.21	0.19
28	0.26	0.24	0.22	0.21	0.19	0.18
30	0.24	0.22	0.21	0.20	0.18	0.17

表 D.0.1-2 影响系数 φ（砂浆强度等级 M2.5）

β	$\frac{e}{h}$或$\frac{e}{h_T}$						
	0	0.025	0.05	0.075	0.1	0.125	0.15
≤3	1	0.99	0.97	0.94	0.89	0.84	0.79
4	0.97	0.94	0.89	0.84	0.78	0.73	0.67
6	0.93	0.89	0.84	0.78	0.73	0.67	0.62
8	0.89	0.84	0.78	0.72	0.67	0.62	0.57
10	0.83	0.78	0.72	0.67	0.61	0.56	0.52
12	0.78	0.72	0.67	0.61	0.56	0.52	0.47
14	0.72	0.66	0.61	0.56	0.51	0.47	0.43
16	0.66	0.61	0.56	0.51	0.47	0.43	0.40
18	0.61	0.56	0.51	0.47	0.43	0.40	0.36
20	0.56	0.51	0.47	0.43	0.39	0.36	0.33
22	0.51	0.47	0.43	0.39	0.36	0.33	0.31
24	0.46	0.43	0.39	0.36	0.33	0.31	0.28
26	0.42	0.39	0.36	0.33	0.31	0.28	0.26
28	0.39	0.36	0.33	0.30	0.28	0.26	0.24
30	0.36	0.33	0.30	0.28	0.26	0.24	0.22

β	$\frac{e}{h}$或$\frac{e}{h_T}$					
	0.175	0.2	0.225	0.25	0.275	0.3
≤3	0.73	0.68	0.62	0.57	0.52	0.48
4	0.62	0.57	0.52	0.48	0.44	0.40
6	0.57	0.52	0.48	0.44	0.40	0.37
8	0.52	0.48	0.44	0.40	0.37	0.34
10	0.47	0.43	0.40	0.37	0.34	0.31
12	0.43	0.40	0.37	0.34	0.31	0.29
14	0.40	0.36	0.34	0.31	0.29	0.27
16	0.36	0.34	0.31	0.29	0.26	0.25
18	0.33	0.31	0.29	0.26	0.24	0.23
20	0.31	0.28	0.26	0.24	0.23	0.21
22	0.28	0.26	0.24	0.23	0.21	0.20
24	0.26	0.24	0.23	0.21	0.20	0.18
26	0.24	0.22	0.21	0.20	0.18	0.17
28	0.22	0.21	0.20	0.18	0.17	0.16
30	0.21	0.20	0.18	0.17	0.16	0.15

表 D.0.1-3 影响系数 φ（砂浆强度 0）

β	$\frac{e}{h}$或$\frac{e}{h_T}$						
	0	0.025	0.05	0.075	0.1	0.125	0.15
≤3	1	0.99	0.97	0.94	0.89	0.84	0.79
4	0.87	0.82	0.77	0.71	0.66	0.60	0.55
6	0.76	0.70	0.65	0.59	0.54	0.50	0.46
8	0.63	0.58	0.54	0.49	0.45	0.41	0.38
10	0.53	0.48	0.44	0.41	0.37	0.34	0.32

续表 D.0.1-3

β	$\frac{e}{h}$或$\frac{e}{h_T}$						
	0	0.025	0.05	0.075	0.1	0.125	0.15
12	0.44	0.40	0.37	0.34	0.31	0.29	0.27
14	0.36	0.33	0.31	0.28	0.26	0.24	0.23
16	0.30	0.28	0.26	0.24	0.22	0.21	0.19
18	0.26	0.24	0.22	0.21	0.19	0.18	0.17
20	0.22	0.20	0.19	0.18	0.17	0.16	0.15
22	0.19	0.18	0.16	0.15	0.14	0.14	0.13
24	0.16	0.15	0.14	0.13	0.13	0.12	0.11
26	0.14	0.13	0.13	0.12	0.11	0.11	0.10
28	0.12	0.12	0.11	0.11	0.10	0.10	0.09
30	0.11	0.10	0.10	0.09	0.09	0.09	0.08

β	$\frac{e}{h}$或$\frac{e}{h_T}$					
	0.175	0.2	0.225	0.25	0.275	0.3
≤3	0.73	0.68	0.62	0.57	0.52	0.48
4	0.51	0.46	0.43	0.39	0.36	0.33
6	0.42	0.39	0.36	0.33	0.30	0.28
8	0.35	0.32	0.30	0.28	0.25	0.24
10	0.29	0.27	0.25	0.23	0.22	0.20
12	0.25	0.23	0.21	0.20	0.19	0.17
14	0.21	0.20	0.18	0.17	0.16	0.15
16	0.18	0.17	0.16	0.15	0.14	0.13
18	0.16	0.15	0.14	0.13	0.12	0.12
20	0.14	0.13	0.12	0.12	0.11	0.10
22	0.12	0.12	0.11	0.10	0.10	0.09
24	0.11	0.10	0.10	0.09	0.09	0.08
26	0.10	0.09	0.09	0.08	0.08	0.07
28	0.09	0.08	0.08	0.08	0.07	0.07
30	0.08	0.07	0.07	0.07	0.07	0.06

表 D.0.2 影 响 系 数 φ_n

ρ	β \ e/h	0	0.05	0.10	0.15	0.17
0.1	4	0.97	0.89	0.78	0.67	0.63
	6	0.93	0.84	0.73	0.62	0.58
	8	0.89	0.78	0.67	0.57	0.53
	10	0.84	0.72	0.62	0.52	0.48
	12	0.78	0.67	0.56	0.48	0.44
	14	0.72	0.61	0.52	0.44	0.41
	16	0.67	0.56	0.47	0.40	0.37
0.3	4	0.96	0.87	0.76	0.65	0.61
	6	0.91	0.80	0.69	0.59	0.55
	8	0.84	0.74	0.62	0.53	0.49
	10	0.78	0.67	0.56	0.47	0.44
	12	0.71	0.60	0.51	0.43	0.40
	14	0.64	0.54	0.46	0.38	0.36
	16	0.58	0.49	0.41	0.35	0.32

续表 D.0.2

ρ	β \ e/h	0	0.05	0.10	0.15	0.17
0.5	4	0.94	0.85	0.74	0.63	0.59
	6	0.88	0.77	0.66	0.56	0.52
	8	0.81	0.69	0.59	0.50	0.46
	10	0.73	0.62	0.52	0.44	0.41
	12	0.65	0.55	0.46	0.39	0.36
	14	0.58	0.49	0.41	0.35	0.32
	16	0.51	0.43	0.36	0.31	0.29
0.7	4	0.93	0.83	0.72	0.61	0.57
	6	0.86	0.75	0.63	0.53	0.50
	8	0.77	0.66	0.56	0.47	0.43
	10	0.68	0.58	0.49	0.41	0.38
	12	0.60	0.50	0.42	0.36	0.33
	14	0.52	0.44	0.37	0.31	0.30
	16	0.46	0.38	0.33	0.28	0.26
0.9	4	0.92	0.82	0.71	0.60	0.56
	6	0.83	0.72	0.61	0.52	0.48
	8	0.73	0.63	0.53	0.45	0.42
	10	0.64	0.54	0.46	0.38	0.36
	12	0.55	0.47	0.39	0.33	0.31
	14	0.48	0.40	0.34	0.29	0.27
	16	0.41	0.35	0.30	0.25	0.24
1.0	4	0.91	0.81	0.70	0.59	0.55
	6	0.82	0.71	0.60	0.51	0.47
	8	0.72	0.61	0.52	0.43	0.41
	10	0.62	0.53	0.44	0.37	0.35
	12	0.54	0.45	0.38	0.32	0.30
	14	0.46	0.39	0.33	0.28	0.26
	16	0.39	0.34	0.28	0.24	0.23

附录 E　本规范用词说明

为便于在执行本规范条文时区别对待，对要求严格程度不同的用词说明如下：

E.0.1　表示很严格，非这样做不可的用词

正面词采用“必须”，反面词采用“严禁”；

E.0.2　表示严格，在正常情况下均应这样做的用词

正面词采用“应”，反面词采用“不应”或“不得”；

E.0.3　表示允许稍有选择，在条件许可时首先应这样做的用词

正面词采用“宜”，反面词采用“不宜”；

表示有选择，在一定条件下可以这样做的，采用“可”。

国家标准《砌体结构设计规范》
GB 50003—2001 局部修订
(强制性条文)

局部修订条文及其具体内容如下：

3.1.1 块体和砂浆的强度等级，应按下列规定采用：

1 烧结普通砖、烧结多孔砖等的强度等级：MU30、MU25、MU20、MU15 和 MU10；

2 蒸压灰砂砖、蒸压粉煤灰砖的强度等级：MU25、MU20、MU15 和 MU10；

3 砌块的强度等级：MU20、MU15、MU10、MU7.5 和 MU5；

4 石材的强度等级：MU100、MU80、MU60、MU50、MU40、MU30 和 MU20；

5 砂浆的强度等级：M15、M10、M7.5、M5 和 M2.5。

注：1 确定蒸压粉煤灰砖和掺有粉煤灰 15% 以上的混凝土砌块的强度等级时，其抗压强度应乘以自然碳化系数，当无自然碳化系数时，应取人工碳化系数的 1.15 倍；

2 确定砂浆强度等级时应采用同类块体为砂浆强度试块底模。

3.2.1 龄期为28d以毛截面计算的各类砌体抗压强度设计值，当施工质量控制等级为 B 级时，应根据块体和砂浆的强度等级分别按下列规定采用：

1 烧结普通砖和烧结多孔砖砌体的抗压强度设计值，应按表 3.2.1-1 采用。

2 蒸压灰砂砖和蒸压粉煤灰砖砌体的抗压强度设计值，应按表 3.2.1-2 采用。

表 3.2.1-1　烧结普通砖和烧结多孔砖砌体的抗压强度设计值（MPa）

砖强度等级	砂浆强度等级					砂浆强度
	M15	M10	M7.5	M5	M2.5	0
MU30	3.94	3.27	2.93	2.59	2.26	1.15
MU25	3.60	2.98	2.68	2.37	2.06	1.05
MU20	3.22	2.67	2.39	2.12	1.84	0.94
MU15	2.79	2.31	2.07	1.83	1.60	0.82
MU10	—	1.89	1.69	1.50	1.30	0.67

注：当烧结多孔砖的孔洞率大于 30% 时，表中数值应乘以 0.9。

表 3.2.1-2　蒸压灰砂砖和蒸压粉煤灰砖砌体的抗压强度设计值（MPa）

砖强度等级	砂浆强度等级				砂浆强度
	M15	M10	M7.5	M5	0
MU25	3.60	2.98	2.68	2.37	1.05
MU20	3.22	2.67	2.39	2.12	0.94
MU15	2.79	2.31	2.07	1.83	0.82
MU10	—	1.89	1.69	1.50	0.67

3 单排孔混凝土和轻骨料混凝土砌块砌体的抗压强度设计值，应按表 3.2.1-3 采用。

表 3.2.1-3　单排孔混凝土和轻骨料混凝土砌块砌体的抗压强度设计值（MPa）

砌块强度等级	砂 浆 强 度 等 级				砂浆强度
	Mb15	Mb10	Mb7.5	Mb5	0
MU20	5.68	4.95	4.44	3.94	2.33
MU15	4.61	4.02	3.61	3.20	1.89
MU10	—	2.79	2.50	2.22	1.31

续表 3.2.1-3

砌块强度等级	砂浆强度等级				砂浆强度
	Mb15	Mb10	Mb7.5	Mb5	0
MU7.5	—	—	1.93	1.71	1.01
MU5	—	—	—	1.19	0.70

注：1 对错孔砌筑的砌体，应按表中数值乘以 0.8；
2 对独立柱或厚度为双排组砌的砌块砌体，应按表中数值乘以 0.7；
3 对 T 型截面砌体，应按表中数值乘以 0.85；
4 表中轻骨料混凝土砌块为煤矸石和水泥煤渣混凝土砌块。

4 砌块砌体的灌孔混凝土强度等级不应低于 Cb20，也不宜低于 1.5 倍的块体强度等级。单排孔混凝土砌块对孔砌筑时，灌孔砌体的抗压强度设计值 f_g，应按下列公式计算：

$$f_g = f + 0.6\alpha f_c \quad (3.2.1\text{-}1)$$

$$\alpha = \delta\rho \quad (3.2.1\text{-}2)$$

式中 f_g——灌孔砌体的抗压强度设计值，并不应大于未灌孔砌体抗压强度设计值的2倍；

f——未灌孔砌体的抗压强度设计值，应按表 3.2.1-3 采用；

f_c——灌孔混凝土的轴心抗压强度设计值；

α——砌块砌体中灌孔混凝土面积和砌体毛面积的比值；

δ——混凝土砌块的孔洞率；

ρ——混凝土砌块砌体的灌孔率，系截面灌孔混凝土面积和截面孔洞面积的比值，ρ 不应小于 33%。

注：灌孔混凝土的强度等级 Cb×× 等同于对应的混凝土强度等级 C×× 的强度指标。

5 孔洞率不大于 35% 的双排孔或多排孔轻骨料混凝土砌块砌体的抗压强度设计值，应按表 3.2.1-5 采用。

6 块体高度为 180～350mm 的毛料石砌体的抗压强度设计值，应按表 3.2.1-6 采用。

表 3.2.1-5 轻骨料混凝土砌块砌体的抗压强度设计值（MPa）

砌块强度等级	砂浆强度等级			砂浆强度
	Mb10	Mb7.5	Mb5	0
MU10	3.08	2.76	2.45	1.44
MU7.5	—	2.13	1.88	1.12
MU5	—	—	1.31	0.78

注：1 表中的砌块为火山渣、浮石和陶粒轻骨料混凝土砌块；
2 对厚度方向为双排组砌的轻骨料混凝土砌块砌体的抗压强度设计值，应按表中数值乘以 0.8。

表 3.2.1-6 毛料石砌体的抗压强度设计值（MPa）

毛料石强度等级	砂浆强度等级			砂浆强度
	M7.5	M5	M2.5	0
MU100	5.42	4.80	4.18	2.13
MU80	4.85	4.29	3.73	1.91
MU60	4.20	3.71	3.23	1.65
MU50	3.83	3.39	2.95	1.51
MU40	3.43	3.04	2.64	1.35
MU30	2.97	2.63	2.29	1.17
MU20	2.42	2.15	1.87	0.95

注：对下列各类料石砌体，应按表中数值分别乘以系数：
细料石砌体 1.5
半细料石砌体 1.3
粗料石砌体 1.2
干砌勾缝石砌体 0.8

7 毛石砌体的抗压强度设计值，应按表 3.2.1-7 采用。

表 3.2.1-7 毛石砌体的抗压强度设计值（MPa）

毛石强度等级	砂浆强度等级 M7.5	砂浆强度等级 M5	砂浆强度等级 M2.5	砂浆强度 0
MU100	1.27	1.12	0.98	0.34
MU80	1.13	1.00	0.87	0.30
MU60	0.98	0.87	0.76	0.26
MU50	0.90	0.80	0.69	0.23
MU40	0.80	0.71	0.62	0.21
MU30	0.69	0.61	0.53	0.18
MU20	0.56	0.51	0.44	0.15

*《多孔砖砌体结构技术规范》JGJ 137—2001（2002 年局部修订）中第 3.0.2 条与本条等效。

3.2.2 龄期为28d的以毛截面计算的各类砌体的轴心抗拉强度设计值、弯曲抗拉强度设计值和抗剪强度设计值，当施工质量控制等级为 B 级时，应按表 3.2.2 采用。

表 3.2.2 沿砌体灰缝截面破坏时砌体的轴心抗拉强度设计值、弯曲抗拉强度设计值和抗剪强度设计值（MPa）

强度类别	破坏特征	砌体种类	砂浆强度等级 ≥M10	M7.5	M5	M2.5
轴心抗拉	 沿齿缝	烧结普通砖、烧结多孔砖	0.19	0.16	0.13	0.09
		蒸压灰砂砖，蒸压粉煤灰砖	0.12	0.10	0.08	0.06
		混凝土砌块	0.09	0.08	0.07	
		毛石	0.08	0.07	0.06	0.04
弯曲抗拉	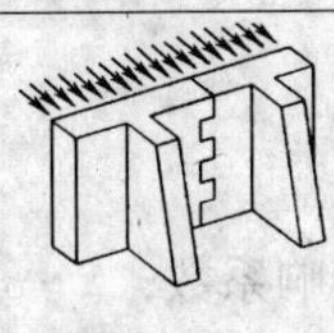 沿齿缝	烧结普通砖、烧结多孔砖	0.33	0.29	0.23	0.17
		蒸压灰砂砖，蒸压粉煤灰砖	0.24	0.20	0.16	0.12
		混凝土砌块	0.11	0.09	0.08	
		毛石	0.13	0.11	0.09	0.07
	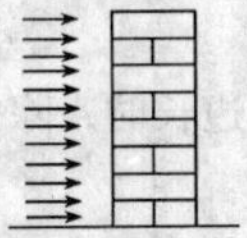 沿通缝	烧结普通砖、烧结多孔砖	0.17	0.14	0.11	0.08
		蒸压灰砂砖，蒸压粉煤灰砖	0.12	0.10	0.08	0.06
		混凝土砌块	0.08	0.06	0.05	
抗剪		烧结普通砖、烧结多孔砖	0.17	0.14	0.11	0.08
		蒸压灰砂砖，蒸压粉煤灰砖	0.12	0.10	0.08	0.06
		混凝土和轻骨料混凝土砌块	0.09	0.08	0.06	
		毛石	0.21	0.19	0.16	0.11

注：1 对于用形状规则的块体砌筑的砌体，当搭接长度与块体高度的比值小于 1 时，其轴心抗拉强度设计值 f_t 和弯曲抗拉强度设计值 f_{tm} 应按表中数值乘以搭接长度与块体高度比值后采用；

2 对孔洞率不大于 35% 的双排孔或多排孔轻骨料混凝土砌块砌体的抗剪强度设计值，应按表中混凝土砌块砌体抗剪强度设计值乘以 1.1；

3 对蒸压灰砂砖、蒸压粉煤灰砖砌体，当有可靠的试验数据时，表中强度设计值，允许作适当调整；

4 对烧结页岩砖、烧结煤矸石砖、烧结粉煤灰砖砌体，当有可靠的试验数据时，表中强度设计值，允许作适当调整。

单排孔混凝土砌块对孔砌筑时，灌孔砌体的抗剪强度设计值 f_{vg}，应按下列公式计算：

$$f_{vg} = 0.2 f_{g}^{0.55} \tag{3.2.2}$$

式中　f_g——灌孔砌体的抗压强度设计值（MPa）。

＊《多孔砖砌体结构技术规范》JGJ 137—2001（2002 年局部修订）中第 3.0.3 条与本条等效。

3.2.3　下列情况的各类砌体，其砌体强度设计值应乘以调整系数 γ_a：

1　有吊车房屋砌体、跨度不小于 9m 的梁下烧结普通砖砌体、跨度不小于 7.2m 的梁下烧结多孔砖、蒸压灰砂砖、蒸压粉煤灰砖砌体，混凝土和轻骨料混凝土砌块砌体，γ_a 为 0.9；

2　对无筋砌体构件，其截面面积小于 $0.3m^2$ 时，γ_a 为其截面面积加 0.7。对配筋砌体构件，当其中砌体截面面积小于 $0.2m^2$ 时，γ_a 为其截面面积加 0.8。构件截面面积以 m^2 计；

3　当砌体用水泥砂浆砌筑时，对第 3.2.1 条各表中的数值，γ_a 为 0.9；对第 3.2.2 条表 3.2.2 中数值，γ_a 为 0.8；对配筋砌体构件，当其中的砌体采用水泥砂浆砌筑时，仅对砌体的强度设计值乘以调整系数 γ_a；

4　当施工质量控制等级为 C 级时，γ_a 为 0.89；

5　当验算施工中房屋的构件时，γ_a 为 1.1。

注：配筋砌体不得采用 C 级。

＊《多孔砖砌体结构技术规范》JGJ 137—2001（2002 年局部修订）中第 3.0.4 条与本条等效。

5.1.1　受压构件的承载力应按下式计算：

$$N \leqslant \varphi f A \tag{5.1.1}$$

式中　N——轴向力设计值；

φ——高厚比 β 和轴向力的偏心距 e 对受压构件承载力的影响系数；

f——砌体的抗压强度设计值；

A——截面面积，对各类砌体均应按毛截面计算。

注：1　对矩形截面构件，当轴向力偏心方向的截面边长大于另一方向的边长时，除按偏心受压计算外，还应对较小边长方向，按轴心受压进行验算；

2　受压构件承载力的影响系数 φ，应按本规范附录 D 的规定采用；

3　对带壁柱墙，当考虑翼缘宽度时，应按本规范第 4.2.8 条采用。

＊《多孔砖砌体结构技术规范》JGJ 137—2001（2002 年局部修订）中第 4.2.1 条与本条等效。

5.2.4　梁端支承处砌体的局部受压承载力应按下列公式计算：

$$\psi N_0 + N_l \leqslant \eta \gamma f A_l \tag{5.2.4-1}$$

$$\psi = 1.5 - 0.5 \frac{A_0}{A_l} \tag{5.2.4-2}$$

$$N_0 = \sigma_0 A_l \tag{5.2.4-3}$$

$$A_l = a_0 b \tag{5.2.4-4}$$

$$a_0 = 10\sqrt{\frac{h_c}{f}} \tag{5.2.4-5}$$

式中 ψ——上部荷载的折减系数，当 A_0/A_l 大于等于 3 时，应取 ψ 等于 0；

N_0——局部受压面积内上部轴向力设计值（N）；

N_l——梁端支承压力设计值（N）；

σ_0——上部平均压应力设计值（N/mm²）；

η——梁端底面压应力图形的完整系数，应取 0.7，对于过梁和墙梁应取 1.0；

a_0——梁端有效支承长度（mm），当 a_0 大于 a 时，应取 a_0 等于 a；

a——梁端实际支承长度（mm）；

b——梁的截面宽度（mm）；

h_c——梁的截面高度（mm）；

f——砌体的抗压强度设计值（MPa）。

6.1.1 墙、柱的高厚比应按下式验算：

$$\beta = \frac{H_0}{h} \leqslant \mu_1 \mu_2 \; [\beta] \tag{6.1.1}$$

式中 H_0——墙、柱的计算高度；

h——墙厚或矩形柱与 H_0 相对应的边长；

μ_1——自承重墙允许高厚比的修正系数；

μ_2——有门窗洞口墙允许高厚比的修正系数；

$[\beta]$——墙、柱的允许高厚比。

注：1. 墙、柱的计算高度应按第 5.1.3 条采用；墙、柱的允许高厚比应按表 6-1-1 采用；

2. 当与墙连接的相邻两横墙间的距离 $s \leqslant \mu_1 \mu_2 [\beta] h$ 时，墙的高度可不受本条限制；

3. 变截面柱的高厚比可按上、下截面分别验算，其计算高度可按 5.1.4 条的规定采用。验算上柱的高厚比时，墙、柱的允许高厚比可按表 6.1.1 的数值乘以 1.3 后采用。

6.2.1 五层及五层以上房屋的墙，以及受振动或层高大于 6m 的墙、柱所用材料的最低强度等级，应符合下列要求：

1 砖采用MU10；

2 砌块采用MU7.5；

3 石材采用MU30；

4 砂浆采用M5。

注：对安全等级为一级或设计使用年限大于 50 年的房屋，墙、柱所用材料的最低强度等级应至少提高一级。

6.2.2 地面以下或防潮层以下的砌体，潮湿房间的墙，所用材料的最低强度等级应符合表 6.2.2 的要求。

表 6.2.2 地面以下或防潮层以下的砌体、潮湿房间墙所用材料的最低强度等级

基土的潮湿程度	烧结普通砖、蒸压灰砂砖		混凝土砌块	石材	水泥砂浆
	严寒地区	一般地区			
稍潮湿的	MU10	MU10	MU7.5	MU30	M5
很潮湿的	MU15	MU10	MU7.5	MU30	M7.5
含水饱和的	MU20	MU15	MU10	MU40	M10

注：1 在冻胀地区，地面以下或防潮层以下的砌体，当采用多孔砖时，其孔洞应用水泥砂浆灌实。当采用混凝土砌块砌体时，其孔洞应采用强度等级不低于 Cb20 的混凝土灌实；

2 对安全等级为一级或设计使用年限大于 50 年的房屋，表中材料强度等级应至少提高一级。

6.2.10 砌块砌体应分皮错缝搭砌，上下皮搭砌长度不得小于 90mm。当搭砌长度不满足上述要求时，应在水平灰缝内设置不少于 2ϕ4 的焊接钢筋网片（横向钢筋的间距不应不大于 200mm），网片每端均应超过该垂直缝，其长度不得小于 300mm。

6.2.11 砌块墙与后砌隔墙交接处，应沿墙高每 400mm 在水平灰缝内设置不少于 2ϕ4、横筋间距不大于 200mm 的焊接钢筋网片（图 6.2.11）。

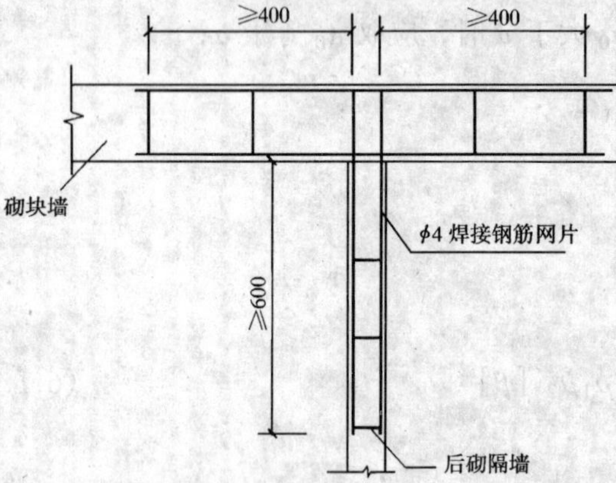

图 6.2.11 砌块墙与后砌隔墙交接处钢筋网片

7.1.2 车间、仓库、食堂等空旷的单层房屋应按下列规定设置圈梁：

1 砖砌体房屋，檐口标高为 5～8m 时，应在檐口标高处设置圈梁一道，檐口标高大于 8m 时，应增加设置数量；

2 砌块及料石砌体房屋，檐口标高为 4～5m 时，应在檐口标高处设置圈梁一道，檐口标高大于 5m 时，应增加设置数量。

对有吊车或较大振动设备的单层工业房屋，除在檐口或窗顶标高处设置现浇钢筋混凝土圈梁外，尚应增加设置数量。

7.1.3 宿舍、办公楼等多层砌体民用房屋，且层数为3～4层时，应在底层、檐口标高处设置圈梁一道。当层数超过 4 层时，至少应在所有纵横墙上隔层设置。

多层砌体工业房屋，应每层设置现浇钢筋混凝土圈梁。

设置墙梁的多层砌体房屋应在托梁、墙梁顶面和檐口标高处设置现浇钢筋混凝土圈梁，其他楼层处应在所有纵横墙上每层设置。

7.3.2 采用烧结普通砖、烧结多孔砖、混凝土砌块砌体和配筋砌体的墙梁设计应符合表 7.3.2 的规定。墙梁计算高度范围内每跨允许设置一个洞口；洞口边至支座中心的距离 a_i，距边支座不应小于 $0.15l_{0i}$，距中支座不应小于 $0.07l_{0i}$。对多层房屋的墙梁，各层洞口应设置在相同位置，并应上、下对齐。

表 7.3.2 墙梁的一般规定

墙梁类别	墙体总高度（m）	跨 度（m）	墙 高 h_w/l_{0i}	托梁高 h_b/l_{0i}	洞 宽 b_h/l_{0i}	洞 高 h_h
承重墙梁	≤18	≤9	≥0.4	≥1/10	≤0.3	$\leq 5h_w/6$ 且 $h_w-h_h\geq 0.4$m
自承重墙梁	≤18	≤12	≥1/3	≥1/15	≤0.8	

注：1 墙体总高度指托梁顶面到檐口的高度，带阁楼的坡屋面应算到山尖墙 1/2 高度处；

2 对自承重墙梁，洞口至边支座中心的距离不宜小于 $0.1l_{0i}$，门窗洞上口至墙顶的距离不应小于 0.5m；

3 h_w——墙体计算高度；

h_b——托梁截面高度；

l_{0i}——墙梁计算跨度；

b_h——洞口宽度；

h_h——洞口高度，对窗洞取洞顶至托梁顶面距离。

7.3.12 墙梁应符合下列构造要求：

1 材料

1）托梁的混凝土强度等级不应低于 C30；

2）纵向钢筋应采用 HRB335、HRB400 或 RRB400 级钢筋；

3）承重墙梁的块体强度等级不应低于 MU10，计算高度范围内墙体的砂浆强度等级不应低于 M10。

2 墙体

1）框支墙梁的上部砌体房屋，以及设有承重的简支墙梁或连续墙梁的房屋，应满足刚性方案房屋的要求；

2）墙梁洞口上方应设置混凝土过梁，其支承长度不应小于 240mm；洞口范围内不应施加集中荷载；

3）承重墙梁的支座处应设置落地翼墙，翼墙宽度不应小于墙体厚度的 3 倍，并应与墙梁墙体同时砌筑。当不能设置翼墙时，应设置落地且上、下贯通的构造柱；

4）当墙梁墙体在靠近支座 1/3 跨度范围内开洞时，支座处应设置落地且上、下贯通的构造柱，并应与每层圈梁连接。

3 托梁

1）有墙梁的房屋的托梁两边各一个开间及相邻开间处应采用现浇混凝土楼盖，楼板厚度不应小于 120mm，当楼板厚度大于 150mm 时，应采用双层双向钢筋网，楼板上应少开洞，洞口尺寸大于 800mm 时应设洞口边梁；

2）托梁每跨底部的纵向受力钢筋应通长设置，不得在跨中段弯起或截断。钢筋接长应采用机械连接或焊接；

3）墙梁的托梁跨中截面纵向受力钢筋总配筋率不应小于 0.6%；

4）托梁距边支座边 $l_0/4$ 围内，上部纵向钢筋面积不应小于跨中下部纵向钢筋面积的 1/3。连续墙梁或多跨框支墙梁的托梁中支座上部附加纵向钢筋从支座边算起每边延伸不应小于 $l_0/4$；

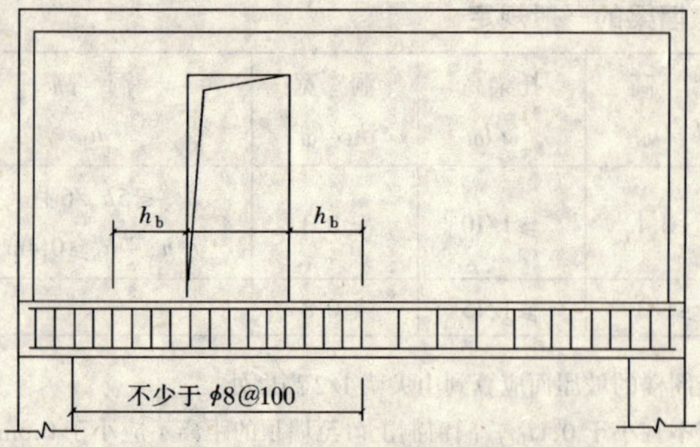

图 7.3.12 偏开洞时托梁箍筋加密区

5）承重墙梁的托梁在砌体墙、柱上的支承长度不应小于 350mm。纵向受力钢筋伸入支座应符合受拉钢筋的锚固要求；

6）当托梁高度 $h_b \geqslant 500$mm 时，应沿梁高设置通长水平腰筋，直径不应小于 12mm，间距不应大于 200mm；

7）墙梁偏开洞口的宽度及两侧各一个梁高 h_b 范围内直至靠近洞口的支座边的托梁箍筋直径不应小于 8mm，间距不应大于 100mm（图 7.3.12）。

7.4.1 砌体墙中钢筋混凝土挑梁的抗倾覆应按下列公式进行验算：

$$M_{ov} \leqslant M_r \tag{7.4.1}$$

式中 M_{ov}——挑梁的荷载设计值对计算倾覆点产生的倾覆力矩；

M_r——挑梁的抗倾覆力矩设计值。

9.2.2 轴心受压配筋砌块砌体剪力墙、柱，当配有箍筋或水平分布钢筋时，其正截面受压承载力应按下列公式计算：

$$N \leqslant \varphi_{0g}(f_g A + 0.8 f'_y A'_s) \tag{9.2.2-1}$$

$$\varphi_{0g} = \frac{1}{1 + 0.001\beta^2} \tag{9.2.2-2}$$

式中 N——轴向力设计值；

f_g——灌孔砌体的抗压强度设计值，应按第 3.2.1 条第 4 款采用；

f'_y——钢筋的抗压强度设计值；

A——构件的毛截面面积；

A'_s——全部竖向钢筋的截面面积；

φ_{0g}——轴心受压构件的稳定系数；

β——构件的高厚比。

注：1 无箍筋或水平分布钢筋时，仍应按式（9.2.2）计算，但应使 $f'_y A'_s = 0$；

2 配筋砌块砌体构件的计算高度 H_0 可取层高。

中华人民共和国行业标准

混凝土小型空心砌块建筑技术规程

Technical specification for concrete small-sized hollow block masonry building

JGJ/T 14—2004

批准部门：中华人民共和国建设部
施行日期：2 0 0 4 年 8 月 1 日

中华人民共和国建设部
公　　告

第 235 号

建设部关于发布行业标准《混凝土小型空心砌块建筑技术规程》的公告

现批准《混凝土小型空心砌块建筑技术规程》为行业标准，编号为 JGJ/T 14—2004，自 2004 年 8 月 1 日起实施。原行业标准《混凝土小型空心砌块建筑技术规程》JGJ/T 14—95 同时废止。

本标准由建设部标准定额研究所组织中国建筑工业出版社出版发行。

中华人民共和国建设部

2004 年 4 月 30 日

前　言

根据建设部建标［2000］284号文的要求，规程编制组经广泛调查研究，认真总结实践经验，参考有关国际标准和国外先进标准，并在广泛征求意见的基础上，制定了本规程。

本规程主要技术内容是：

1. 总则；2. 术语和符号；3. 材料和砌体的计算指标；4. 建筑设计与建筑节能设计；5. 静力设计；6. 抗震设计；7. 施工及验收。

本规程修订后主要内容如下：

1. 根据国家建筑设计热工规范及国家有关规范增加砌块建筑设计与建筑节能设计一章；

2. 总结近十年来砌块建筑设计与工程实践经验，增加了防止砌块建筑墙体开裂构造措施；

3. 本规程规定了芯柱、构造柱、芯柱与构造柱三种构造措施，都可用于小砌块房屋；

4. 对不同抗震设防地区提出增强抗震性能的构造措施；

5. 为确保小砌块建筑工程质量，总结近十年来工程实践经验，针对小砌块建筑施工中的一些问题进行了修改和补充。

本规程由建设部负责管理，由主编单位负责具体技术内容的解释。

主编单位：四川省建筑科学研究院（地址：成都市一环路北三段55号，邮政编码：610081）。

参编单位：哈尔滨工业大学
浙江大学建筑设计研究院
北京市建筑设计研究院
上海住总（集团）总公司
上海市城乡建筑设计院
上海中房建筑设计院
中国建筑标准设计所
上海市申城建筑设计有限公司
天津市建筑设计院
四川省建筑设计院
辽宁省建筑科学研究院
甘肃省建筑科学研究院
重庆市建筑科学研究院
成都市墙材革新与建筑节能办公室

主要起草人：孙氰萍　唐岱新　严家熺　周炳章　李渭渊
韦延年　刘声惠　刘永峰　高永孚　李晓明
楼永林　李振长　林文修　唐元旭　尹　康

目　次

1　总则 …… 180
2　术语、符号 …… 180
2.1　术语 …… 180
2.2　符号 …… 181
3　材料和砌体的计算指标 …… 183
3.1　材料强度等级 …… 183
3.2　砌体的计算指标 …… 183
4　建筑设计与建筑节能设计 …… 185
4.1　建筑设计 …… 185
4.2　建筑节能设计 …… 186
5　静力设计 …… 188
5.1　设计基本规定 …… 188
5.2　受压构件承载力计算 …… 189
5.3　局部受压承载力计算 …… 190
5.4　受剪构件承载力计算 …… 192
5.5　墙、柱的允许高厚比 …… 193
5.6　一般构造要求 …… 194
5.7　小砌块墙体的抗裂措施 …… 195
5.8　圈梁、过梁、芯柱和构造柱 …… 197
6　抗震设计 …… 198
6.1　一般规定 …… 198
6.2　地震作用和结构抗震验算 …… 200
6.3　抗震构造措施 …… 202
7　施工及验收 …… 207
7.1　材料要求 …… 207
7.2　砌筑砂浆 …… 208
7.3　施工准备 …… 209
7.4　墙体砌筑 …… 210
7.5　芯柱施工 …… 212
7.6　构造柱施工 …… 213
7.7　雨、冬期施工 …… 213
7.8　安全施工 …… 215
7.9　工程验收 …… 215
附录A　小砌块孔洞中内插、内填保温材料的热工性能 …… 215

附录 B　部分轻骨料小砌块砌体的热工性能 …………………………………… 216
附录 C　外墙平均传热系数与平均热惰性指标的计算方法 ………………………… 216
附录 D　外墙主体部位与结构性冷（热）桥部位的传热系数及
　　　　热惰性指标的计算方法 …………………………………………………… 217
附录 E　外墙和屋顶的隔热指标验算方法 ………………………………………… 217
附录 F　影响系数 ……………………………………………………………………… 218
本规程用词说明 ………………………………………………………………………… 220

1 总 则

1.0.1 为使混凝土小型空心砌块建筑设计与施工做到因地制宜、就地取材、技术先进、经济合理、安全适用、确保工程质量，制订本规程。

1.0.2 本规程适用于非抗震设防地区和抗震设防烈度为6至8度地区，以混凝土小型空心砌块为墙体材料的砌块房屋建筑的设计与施工。

1.0.3 混凝土小型空心砌块建筑的设计与施工，除应符合本规程外，尚应符合国家现行有关强制性标准的规定。

2 术 语、符 号

2.1 术 语

2.1.1 混凝土小型空心砌块 concrete small-sized hollow block

普通混凝土小型空心砌块和轻骨料混凝土小型空心砌块的总称，简称小砌块。

2.1.2 普通混凝土小型空心砌块 normal concrete small-sized hollow block

以碎石或卵碎石为粗骨料制作的混凝土小型空心砌块，主规格尺寸为390mm×190mm×190mm，简称普通小砌块。

2.1.3 轻骨料混凝土小型空心砌块 lightweight aggreagate concrete small-sized hollow block

以浮石、火山渣、煤渣、自然煤矸石、陶粒等为粗骨料制作的混凝土小型空心砌块，主规格尺寸为390mm×190mm×190mm，简称轻骨料小砌块。

2.1.4 单排孔小砌块 single row small-sized hollow block

沿厚度方向只有一排孔洞的小砌块。

2.1.5 双排孔或多排孔小砌块 two or many rows small-sized hollow block

沿厚度方向有双排条形孔洞或多排条形孔洞的小砌块，称双排孔或多排孔小砌块。

2.1.6 对孔砌筑 stacked hollow bond

砌筑墙体时，上下层小砌块的孔洞对准。

2.1.7 错孔砌筑 staggered hollow bond

砌筑墙体时，上下层小砌块的孔洞相互错位。

2.1.8 反砌 reverse bond

砌筑墙体时，小砌块的底面朝上。

2.1.9 芯柱 core column

小砌块墙体的孔洞内浇灌混凝土称素混凝土芯柱，小砌块墙体的孔洞内插有钢筋并浇灌混凝土称钢筋混凝土芯柱。

2.1.10 混凝土构造柱 structural concrete column

按构造要求设置在砌块房屋中的钢筋混凝土柱，并按先砌墙后浇灌混凝土的顺序施工，简称构造柱。

2.1.11 控制缝 control joint

设置在墙体应力比较集中或墙的垂直灰缝相一致的部位，并允许墙身自由变形和对外力有足够抵抗能力的构造缝。

2.1.12 传热系数 heat transfer coefficient

在稳定传热条件下，围护结构两侧空气温度差为1℃，1h内通过$1m^2$面积传递的热量。传热系数K是热阻R_0的倒数。

2.1.13 热惰性指标 index of thermal inertia

表征围护结构反抗温度波动和热流波动的无量纲指标。单一材料的热惰性指标等于材料层热阻与蓄热系数的乘积。多层材料组成的围护结构的热惰性指标等于各种材料层热惰性指标之和。

2.2 符 号

2.2.1 材料性能

MU——小砌块强度等级；

M——砂浆强度等级；

f_1——小砌块抗压强度平均值；

f_2——砂浆抗压强度平均值；

f_g——对孔砌筑单排孔混凝土砌块灌孔砌体抗压强度设计值；

f_t——砌体轴心抗拉强度设计值；

f_v——砌体抗剪强度设计值；

f_{vg}——对孔砌筑单排孔混凝土砌块灌孔砌体抗剪强度设计值；

f_{VE}——砌体沿阶梯形截面破坏的抗震抗剪强度设计值；

f_y——钢筋抗拉强度设计值；

f_c——混凝土轴心抗压强度设计值。

2.2.2 作用、效应与抗力

K——结构（构件）的刚度；

N——轴向力设计值；

N_k——轴向力标准值；

N_l——局部受压面积上轴向力设计值，梁端支承压力设计值；

N_0——上部轴向力设计值；

V——剪力设计值；

F——集中力设计值；

F_{EK}——结构总水平地震作用标准值；

G_{eq}——地震时结构（构件）的等效总重力荷载代表值。

2.2.3 几何参数

A——构件截面毛面积；

A_l——局部受压面积；

A_c——芯柱截面总面积；

A_0——影响局部抗压强度的计算面积；

A_b——垫块面积；

A_s——钢筋截面面积；

B——房屋总宽度；

H——结构或墙体总高度，构件高度；

H_i——第 i 层高；

H_0——构件的计算高度；

L——结构（单元）总长度；

a——距离，边长，梁端实际支承长度；

a_0——梁端有效支承长度；

b——截面宽度，边长；

b_f——带壁柱墙的计算截面翼缘宽度，翼墙计算宽度；

b_s——在相邻横墙、窗间墙间或壁柱间范围内的门窗洞口宽度；

S——相邻横墙、窗间墙间或壁柱间的距离；

e——轴向力合力作用点到截面重心的距离，简称偏心距；

h——墙的厚度或矩形截面轴向力偏心方向的边长；

h_c——梁的截面高度；

h_b——小砌块的高度；

h_0——截面有效高度；

h_T——T 形截面的折算厚度；

y——截面重心到轴向力所在方向截面边缘的距离。

2.2.4 计算系数

γ_f——结构构件材料性能分项系数；

γ_a——砌体强度设计值调整系数；

γ——局部抗压强度提高系数；

γ_{RE}——承载力抗震调整系数；

α_{max}——水平地震影响系数最大值；

φ——组合值系数，轴向力影响系数；

β——墙、柱的高厚比；

ζ——计算系数，局压系数；

λ——构件长细比，比例系数；

ρ——配筋率，比率；

μ_1——自承重墙允许高厚比的修正系数；

μ_2——有门窗洞口墙允许高厚比的修正系数；

n——总数，如楼层数、质点数、钢筋根数、跨数等。

3 材料和砌体的计算指标

3.1 材料强度等级

3.1.1 混凝土小型空心砌块（以下简称小砌块）、砌筑砂浆和灌孔混凝土的强度等级，应按下列规定采用：

1 混凝土小型空心砌块的强度等级：MU20、MU15、MU10、MU7.5 和 MU5。

2 砌筑砂浆的强度等级：M15、M10、M7.5 和 M5。

3 灌孔混凝土强度等级：C30、C25 和 C20。

注：1 普通混凝土小型空心砌块（以下简称普通小砌块）和轻骨料混凝土小型空心砌块（以下简称轻骨料小砌块）的砂浆的技术要求、试验方法和检验规则应符合现行国家标准；

2 确定掺有粉煤灰 15%以上的小砌块强度等级时，小砌块抗压强度应乘以自然碳化系数；当无自然碳化系数时，取人工碳化系数的 1.15 倍；

3 确定砂浆强度等级时，应采用同类砌块为砂浆强度试块底模；

4 砌筑砂浆的强度等级等同于对应的普通砂浆强度等级的强度指标。

3.2 砌体的计算指标

3.2.1 龄期为 28d 的以毛截面计算的小砌块砌体的抗压强度设计值，当施工质量控制等级为 B 级时，应根据块体和砂浆强度等级按下列规定采用：

1 单排孔普通和轻骨料小砌块砌体的抗压强度设计值，应按表 3.2.1-1 采用。

2 单排孔小砌块对孔砌筑时，灌孔后的砌体抗压强度设计值 f_g，应按下列公式计算：

表 3.2.1-1 单排孔普通和轻骨料小砌块砌体的抗压强度设计值（MPa）

砌块强度等级	砂浆强度等级				砂浆强度
	M15	M10	M7.5	M5	0
MU20	5.68	4.95	4.44	3.94	2.33
MU15	4.61	4.02	3.61	3.20	1.89
MU10	—	2.79	2.50	2.22	1.31
MU7.5	—	—	1.93	1.71	1.01
MU5	—	—	—	1.19	0.70

注：1 表中轻骨料小砌块为水泥煤矸石和水泥煤渣混凝土小砌块；
2 对错孔砌筑的砌体，应按表中数值乘以 0.8；
3 对独立柱或厚度为双排组砌的砌块砌体，应按表中数值乘以 0.7；
4 对 T 型截面砌体，应按表中数值乘以 0.85。

$$f_g = f + 0.6\alpha f_c \quad (3.2.1\text{-}1)$$

$$\alpha = \delta\rho \quad (3.2.1\text{-}2)$$

式中 f_g——灌孔砌体的抗压强度设计值,并不应大于未灌孔砌体抗压强度设计值的2倍;

f——未灌孔砌体的抗压强度设计值，应按表3.2.1-1采用;

f_c——灌孔混凝土的轴心抗压强度设计值;

α——普通小砌块砌体中灌孔混凝土面积和砌体毛面积的比值;

δ——普通小砌块的孔洞率;

ρ——普通小砌块砌体的灌孔率，系截面灌孔混凝土面积和截面孔洞面积的比值，灌孔率不应小于33%。

普通小砌块砌体的灌孔混凝土强度等级不应低于C20，并不应低于1.5倍的块体强度等级。

注：灌孔混凝土的强度等级等同于对应的混凝土强度等级的强度指标。灌孔混凝土应采用高流动性、低收缩的细石混凝土。

3 孔洞率不大于35%的双排孔或多排孔轻骨料小砌块砌体的抗压强度设计值，应按表3.2.1-2采用。

表3.2.1-2 轻骨料小砌块砌体的抗压强度设计值（MPa）

砌块强度等级	砂浆强度等级			砂浆强度
	M10	M7.5	M5	0
MU10	3.08	2.76	2.45	1.44
MU7.5	—	2.13	1.88	1.12
MU5	—	—	1.31	0.78

注：1 表中的小砌块为火山渣、浮石和陶粒轻骨料小砌块；

2 对厚度方向为双排组砌的轻骨料小砌块砌体的抗压强度设计值，应按表3.2.1-2中数值乘以0.8。

3.2.2 龄期为28d的以毛截面计算的小砌块砌体的轴心抗拉强度设计值、弯曲抗拉强度设计值和抗剪强度设计值，当施工质量控制等级为B级时，应按表3.2.2采用。

表3.2.2 沿小砌块砌体灰缝截面破坏时砌体的轴心抗拉强度设计值、弯曲抗拉强度设计值和抗剪强度设计值（MPa）

强度类别	破坏特征及砌体种类		砂浆强度等级		
			≥M10	M7.5	M5
轴心抗拉	沿齿缝截面	普通小砌块	0.09	0.08	0.07
弯曲抗拉	沿齿缝截面	普通小砌块	0.11	0.09	0.08
	沿通缝截面	普通小砌块	0.08	0.06	0.05
抗 剪	沿通缝或阶梯形截面	普通和轻骨料小砌块	0.09	0.08	0.06

注：1 对形状规则的块体砌筑的砌体，当搭接长度与块体高度的比值小于1时，其轴心抗拉强度设计值（f_t）和弯曲抗拉强度设计值（f_{tm}）应按表中值乘以搭接长度与块体高度比值后采用；

2 对孔洞率不大于35%的双排孔或多排孔轻骨料小砌块砌体的抗剪强度设计值，按表中普通小砌块砌体抗剪强度设计值乘以1.10。

对孔砌筑的单排孔小砌块砌体，灌孔后的砌体的抗剪强度设计值，应按下式计算：

$$f_{vg} = 0.2 f_g^{0.55} \tag{3.2.2}$$

式中 f_{vg}——对孔砌筑单排孔混凝土砌块灌孔砌体抗剪强度设计值（MPa）；

f_g——灌孔砌体的抗压强度设计值（MPa）。

3.2.3 小砌块砌体，其砌体强度设计值应乘以调整系数（γ_a），并应符合下列规定：

1 有吊车房屋砌体、跨度不小于 7.2m 的梁下普通和轻骨料小砌块砌体，γ_a 为 0.9。

2 对无筋砌体构件，其截面面积小于 $0.3m^2$ 时，γ_a 为其截面面积加 0.7。对配筋砌体构件，当其中砌体截面面积小于 $0.2m^2$ 时，γ_a 为其截面面积加 0.8。构件截面面积以平方米计。

3 当砌体用水泥砂浆砌筑时，对本规程第 3.2.1 条各表中的数值，γ_a 为 0.9；对本规程第 3.2.2 条表 3.2.2 中数值，γ_a 为 0.8；对配筋砌体构件，当其中的砌体采用水泥砂浆砌筑时，仅对砌体的强度设计值乘以调整系数 γ_a。

4 当施工质量控制等级为 C 级时，γ_a 为 0.89。

5 当验算施工中房屋的砌体构件时，γ_a 为 1.1。

注：配筋砌体不得采用 C 级。

3.2.4 施工阶段砂浆尚未硬化的新砌砌体的强度和稳定性，可按砂浆强度为零进行验算。

对冬期施工采用掺盐砂浆法施工的砌体，砂浆强度等级按常温施工的强度等级提高一级时，砌体强度和稳定性可不验算。

注：配筋砌体不得用掺盐砂浆施工。

3.2.5 小砌块砌体的弹性模量、剪变模量、线膨胀系数、收缩率、摩擦系数可按现行国家标准《砌体结构设计规范》GB 50003 中相应指标执行。

4 建筑设计与建筑节能设计

4.1 建 筑 设 计

4.1.1 小砌块建筑的平面及竖向设计应符合下列要求：

1 平面设计宜以 2M 为基本模数，特殊情况下可采用 1M；竖向设计及墙的分段净长度应以 1M 为模数。

2 平面及立面应做墙体排块设计，宜采用主规格砌块，减少辅助规格砌块的数量及种类。

3 设计预留孔洞、管线槽口以及门窗、设备等固定点和固定件，应在墙体排块图上详细标注。施工时应采用混凝土填实各固定点范围内的孔洞。

4 平面应简洁，体形不宜凹凸转折过多。小砌块住宅建筑的体形系数不宜大于 0.3。

5 墙体宜设控制缝，并应做好室内墙面的盖缝粉刷。

6 在小砌块住宅建筑的门厅和楼梯间内，应安排好竖向水、电管线用的管道井，以及各种表盒的位置，并保证表盒安装后的楼梯及通道的尺寸符合有关规范要求。

7 下水管道的主管、支管或立管、横管均宜明管安装。管径较小的管线，可预埋于墙体内。

8 立面设计宜利用装饰砌块突出小砌块建筑的特色。

4.1.2 小砌块建筑的防水设计应符合下列要求：

1 在多雨水地区，单排孔小砌块墙体应做双面粉刷，勒脚应采用水泥砂浆粉刷。

2 对伸出墙外的雨篷、开敞式阳台、室外空调机搁板、遮阳板、窗套、外楼梯根部及水平装饰线脚等处，均应采用有效的防水措施。

3 室外散水坡顶面以上和室内地面以下的砌体内，宜设置防潮层。

4 卫生间等有防水要求的房间，四周墙下部应灌实一皮砌块，或设置高度为200mm的现浇混凝土带。内墙粉刷应采取有效防水措施。

5 处于潮湿环境的小砌块墙体，墙面应采用水泥砂浆粉刷等有效的防潮措施。

6 在夹心墙的外叶墙每层圈梁上的砌块竖缝底宜设置排水孔。

4.1.3 小砌块墙体的耐火极限应按表4.1.3采用。

对防火要求高的砌块建筑或其局部，宜采用提高墙体耐火极限的混凝土或松散材料灌实孔洞的方法，或采取其他附加防火措施。

4.1.4 对190厚单排孔小砌块墙体双面粉刷（各20厚）的空气声计权隔声量应按43～47dB采用。对隔声要求较高的小砌块建筑，可采用下列措施提高其隔声性能：

表4.1.3 混凝土小砌块墙体的燃烧性能和耐火极限

小砌块墙体类型	耐火极限（h）	燃烧性能
90厚小砌块墙体	1	非燃烧体
190厚小砌块墙体	2	非燃烧体

注：墙体两面无粉刷。

1 孔洞内填矿渣棉、膨胀珍珠岩、膨胀蛭石等松散材料。

2 在小砌块墙体的一面或双面采用纸面石膏板或其他板材做带有空气隔层的复合墙体构造。

4.1.5 小砌块建筑的屋面设计应符合下列要求：

1 小砌块建筑采用钢筋混凝土平屋面时，应在屋面上设置保温隔热层。

2 小砌块住宅建筑宜做成有檩体系坡屋面。

当采用钢筋混凝土基层坡屋面时，坡屋面宜外挑出墙面，并应在屋面上设置保温隔热层。

3 钢筋混凝土屋面板及上面的保温隔热防水层中的刚性面层、砂浆找平层等应设置分隔缝，并应与周边的女儿墙断开。

4.2 建筑节能设计

4.2.1 小砌块建筑中的居住建筑节能设计应符合下列要求：

1 小砌块建筑的体形系数、窗墙面积比、窗的传热系数、遮阳系数和空气渗透性能，均应符合本地区建筑节能设计标准的有关规定。

2 小砌块建筑围护结构各部分的传热系数和热惰性指标，应符合本地区居住建筑节能设计标准的规定。通过建筑热工节能设计选择的围护结构各部分的构造措施，应满足建筑结构整体性和变形能力以及安全、可靠，并应具有可操作性。

3 小砌块建筑墙体和楼地板的建筑热工节能设计，应同时考虑建筑装饰与设备节能对管线及设备埋设、安装和维修的要求。

4.2.2 小砌块建筑外墙的建筑热工节能设计，应符合下列要求：

1 小砌块砌体的热工性能用热阻（R_b）和热惰性指标（D_b）应按照表4.2.2采用。小砌块孔洞中内填、内插不同类型轻质保温材料时的砌体热工性能指标可按本规程附录A采用。部分轻骨料小砌块砌体的热工性能指标可按本规程附录B采用。

表4.2.2 小砌块砌体的热阻（R_b）和热惰性指标（D_b）计算值

孔 型	厚度 (mm)	孔隙率 (%)	表观密度 (kg/m^3)	R_b ($m^2\cdot K/W$)	D_b
单排孔混凝土小型空心砌块	90	30	1500	0.12	0.85
	190	44	1200	0.17	1.47
双排孔混凝土小型空心砌块	190	40	1370	0.22	1.70

注：当小砌块的孔型和厚度与表4.2.2不同，或在孔洞中内填、内插不同类型的轻质保温材料时，其R_b和D_b值应按《民用建筑热工设计规范》GB 50176—93附录一中的计算方法确定。

2 小砌块建筑外墙的传热系数和热惰性指标，应考虑结构性冷（热）桥的影响，根据主体部位与结构性冷（热）桥部位的热工性能和面积取平均传热系数和平均热惰性指标，结构性冷（热）桥部位的传热阻（$R_{0,min}$），不应小于建筑物所在地区要求的最小传热阻（$R_{0,min}$）。

3 小砌块建筑外墙平均传热系数和平均热惰性指标的计算方法应符合本规程附录C的规定。外墙主体部位和结构性冷（热）桥部位的传热系数和热惰性指标应按本规程附录D的计算方法进行计算。

4 在夏热冬冷地区，当小砌块建筑外墙的传热系数满足规定性指标且不大于1.50W/（$m^2\cdot K$），但热惰性指标不满足规定性指标且不小于3.0时，可按本规程附录E的计算方法进行隔热性能验算。

5 小砌块建筑的外墙可采用外保温、内保温或带有空气间层和不带空气间层的夹心复合保温技术。各种保温技术措施及保温层的厚度应根据本地区建筑节能设计标准的规定，按照建筑热工设计方法计算确定。保温材料的导热系数和蓄热系数应采用修正后的计算导热系数和计算蓄热系数。对一般常用的保温材料，修正系数可取1.2。

6 当小砌块建筑外墙的保温层外侧有密实保护层或内侧构造层为加气混凝土及其他多孔材料时，保温设计时应根据地区气候条件及室内环境设计指标，按现行国家标准《民用建筑热工设计规范》GB 50176的规定进行内部冷凝受潮验算并确定是否设置隔气层。设置隔气层应保证施工质量，并应有与室外空气相通的排湿措施。

夏热冬冷地区的小砌块建筑外墙，可不进行内部冷凝受潮验算。

7 夏热冬冷地区和夏热冬暖地区的小砌块建筑外墙，宜采用外反射、外遮阳、外通风和外蒸发等外隔热措施。

8 小砌块建筑外墙的保温隔热措施，应与屋顶、楼地板、门窗等构件连接部位的保温隔热措施保持构造上的连续性和可靠性。

4.2.3 小砌块建筑的外墙和屋顶应按照下列建筑热工节能要求进行设计：

1 小砌块建筑外墙和屋顶的传热系数和热惰性指标应符合本地区居住建筑节能设计标准的规定。在夏热冬冷地区，当外墙和屋顶的传热系数满足规定性指标且不大于

1.00W/（$m^2·K$），但热惰性指标不满足规定性指标且不小于 3.0 时，可按照本规程附录 E 的计算方法进行隔热验算。

2 小砌块建筑的屋顶宜设计为保温隔热层置于防水层上的倒置式屋顶，且宜选择憎水型的绝热材料做保温隔热层。

3 各种形式的屋顶，其保温层的厚度应根据本地区居住建筑节能设计标准的规定，通过建筑热工设计方法计算确定，保温材料的导热系数和蓄热系数应采用修正后的计算导热系数和计算蓄热系数。

4 屋面的天沟、女儿墙、变形缝及突出屋面的构件与屋面交接处，应按现行国家标准《民用建筑热工设计规范》GB 50176—93 第 4.1.1 条规定的最小传热阻通过热工计算，在该部位的垂直或水平面上宜设置一定厚度的保温材料。

5 在夏热冬冷地区和夏热冬暖地区，小砌块建筑屋顶的外表面宜采用浅色饰面材料。平屋顶宜采用绿色植物或有保温材料基层的架空通风屋顶。

5 静 力 设 计

5.1 设 计 基 本 规 定

5.1.1 本规程采用以概率理论为基础的极限状态设计方法，采用分项系数的设计表达式进行计算。

5.1.2 小砌块砌体结构应按承载能力极限状态设计，并应有相应的构造措施满足正常使用极限状态的要求。

5.1.3 根据建筑结构破坏可能产生的后果（危及人的生命、造成经济损失、产生社会影响等）的严重性，建筑结构按表 5.1.3 划分为三个安全等级。

表 5.1.3 建筑结构的安全等级

安全等级	破坏后果	建筑物类型
一级	很严重	重要的建筑物
二级	严 重	一般的建筑物
三级	不严重	次要的建筑物

注：1 对特殊的建筑物，其安全等级可根据具体情况另行确定；
2 对地震区砌体结构设计，应按现行国家标准《建筑抗震设防分类标准》GB 50223 根据建筑物重要性区分建筑物类别。

5.1.4 小砌块砌体结构承载能力极限状态设计表达式，整体稳定性验算表达式，弹性方案、刚弹性方案、刚性方案的静力设计规定及其相应的横墙间距要求等，应按现行国家标准《砌体结构设计规范》GB 50003 的规定执行。

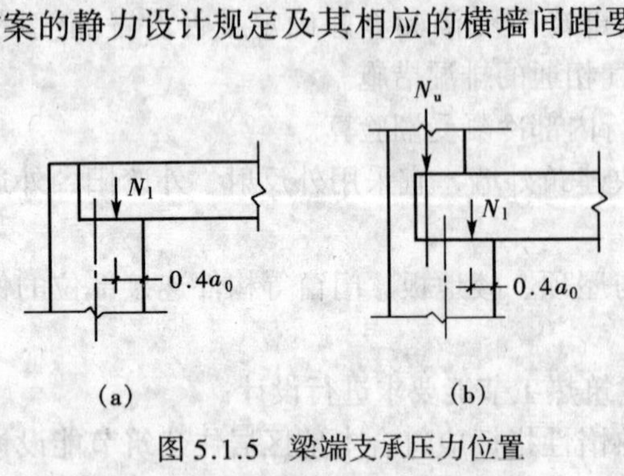

图 5.1.5 梁端支承压力位置
(a) 屋盖梁情况；(b) 楼盖梁情况

5.1.5 梁支承在墙上时，梁端支承压力（N_l）到墙边的距离，对刚性方案房屋屋盖梁和楼盖梁均应取梁端有效支承长度（a_0）的 0.4 倍（见图 5.1.5）。多层房屋由上面楼层传来的荷载（N_u），可视为作用于上一楼层的墙、柱的截面重心处。

5.1.6 带壁柱墙的计算截面翼缘宽度（b_f），可按下列规定采用：

1 对多层房屋，当有门窗洞口时，可取窗间墙宽度；当无门窗洞口时，每侧翼墙宽度可取壁柱高度的1/3。

2 对单层房屋，可取壁柱宽加2/3墙高，但不应大于窗间墙宽度和相邻壁柱间的距离。

3 计算带壁柱墙体的条形基础时，应取相邻壁柱间的距离。

5.2 受压构件承载力计算

5.2.1 受压构件的承载力应按下式计算：

$$N \leqslant \varphi f A \tag{5.2.1}$$

式中 N——轴向力设计值（N）；

φ——高厚比 β 和轴向力偏心距 e 对受压构件承载力的影响系数，应按本规程附录F附表采用；

f——砌体抗压强度设计值（Pa），应按本规程第3.2.1条采用；

A——截面毛面积（m^2）；对带壁柱墙，其翼缘宽度可按本规程第5.1.6条采用。

注：对矩形截面构件，当轴向力偏心方向的截面边长大于另一方向的边长时，除按偏心受压计算外，还应对较小边长方向，按轴心受压进行验算。

5.2.2 根据房屋类别、构件支承条件等应按下列规定取用构件高度（H）：

1 对房屋底层，取楼板顶面到构件下端支点的距离。下端支点的位置，应取在基础顶面；当埋置较深时，应取在室内地面或室外地面下500mm处。

2 对在房屋其他层次，取楼板或其他水平支点间的距离。

3 对无壁柱的山墙，可取层高加山墙尖高度的1/2；对带壁柱的山墙可取壁柱处的山墙高度。

5.2.3 受压构件的计算高度（H_0）应按表5.2.3采用。

表5.2.3 受压构件的计算高度（H_0）

房屋类别		柱		带壁柱墙或周边拉结的墙		
		排架方向	垂直排架方向	$S>2H$	$2H \geqslant S > H$	$S \leqslant H$
单跨	弹性方案	$1.5H$	$1.0H$	$1.5H$		
	刚弹性方案	$1.2H$	$1.0H$	$1.2H$		
两跨或多跨	弹性方案	$1.25H$	$1.0H$	$1.25H$		
	刚性方案	$1.1H$	$1.0H$	$1.1H$		
刚性方案		$1.0H$	$1.0H$	$1.0H$	$0.4S+0.2H$	$0.6S$

注：1 对上端为自由端的构件 $H_0=2H$；

2 对独立柱，当无柱间支撑时，在垂直排架方向的 H_0，应按表中数值乘以1.25后采用；

3 S 为房屋横墙间距。

5.2.4 轴向力的偏心距（e）应符合下式要求：

$$e \leqslant 0.6y \tag{5.2.4}$$

式中 e——轴向力的偏心距（mm），按内力设计值计算；

y——截面重心到轴向力所在偏心方向截面边缘的距离（mm）。

5.3 局部受压承载力计算

5.3.1 砌体截面中受局部均匀压力时的承载力，应按下式计算：

$$N_l \leqslant \gamma f A_1 \tag{5.3.1}$$

式中 N_l——局部受压面积上轴向力设计值（N）；

γ——砌体局部抗压强度提高系数；

A_l——局部受压面积（m^2）；

f——砌体抗压强度设计值（Pa）；当局部荷载作用面用混凝土灌实一皮时，应按本规程表 3.2.1-1 采用，不考虑强度调整系数（γ_a）的影响。

5.3.2 砌体局部抗压强度提高系数（γ），可按下式计算，计算所得 γ 值，应符合本规程表 5.3.3 中 γ 限值；

$$\gamma = 1 + 0.35\sqrt{\frac{A_0}{A_l} - 1} \tag{5.3.2}$$

式中 A_0——影响砌体局部抗压强度的计算面积（m^2）（见图 5.3.2）。

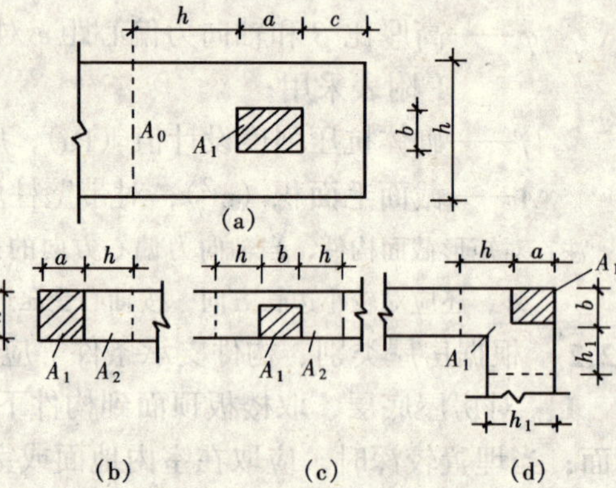

图 5.3.2 影响局部抗压强度的面积（A_0）

局压面未灌实的小型空心砌块砌体，局部抗压强度提高系数（γ）应取为 1.0。

5.3.3 影响砌体局部抗压强度的计算面积和局部抗压强度提高系数（γ）限值，可按表 5.3.3 采用。

表 5.3.3 影响局部抗压强度的面积（A_0）值和提高系数（γ）限值

局部荷载位置	A_0	γ 限值	注
局部受压	$(a+c+h)\ h$	2.5	图 5.3.2（a）
端部局部受压	$(a+h)\ h$	1.25	图 5.3.2（b）
边部局部受压	$(b+2h)\ h$	2.0	图 5.3.2（c）
角部局部受压	$(a+h)\ h+(b+h_1-h)\ h_1$	1.5	图 5.3.2（d）

注：表中 a、b 为矩形局部总受压面积 A_l 的边长；h、h_1 分别为墙厚或柱的较小边长；c 为矩形局部受压面积的外边缘至构件边缘的较小距离，当大于 h 时，应取 h。

5.3.4 梁端支承处砌体的局部受压承载力应按下列公式计算：

$$\psi N_0 + N_l \leqslant \eta\gamma f A_l \tag{5.3.4-1}$$

$$\psi = 1.5 - 0.5\frac{A_0}{A_l} \tag{5.3.4-2}$$

式中 ψ——上部荷载的折减系数，当 $A_0/A_l \geqslant 3$ 时，取 $\psi=0$；

N_0——局部受压面积内上部轴向力设计值，取上部平均压应力设计值 σ_0 与局部受压面积的乘积（N）；

f——砌体抗压强度设计值（Pa）；

N_l——梁端支承压力设计值（N）；

η——梁端底面压力图形的完整系数，可取 0.7；对过梁可取 1.0；

A_l——局部受压面积，取梁宽与梁端有效支承长度的乘积（m^2）。

5.3.5 梁直接支承在砌体上时，梁端有效支承长度可按下式计算：

$$a_0 = 10\sqrt{\frac{h_c}{f}} \tag{5.3.5}$$

式中 a_0——梁端有效支承长度（mm），其值不应大于梁端实际支承长度；

h_c——钢筋混凝土梁的截面高度（mm）；

f——砌体抗压强度设计值（MPa）。

5.3.6 在梁端下设有预制或现浇垫块时，垫块下砌体的局部受压承载力，应按下列规定计算：

1 刚性垫块的局部受压承载力：

$$N_0 + N_l \leqslant \varphi\gamma_1 f A_b \tag{5.3.6-1}$$

式中 N_0——垫块面积（A_b）内上部轴向力设计值（N），取上部平均压应力设计值与垫块面积的乘积；

φ——垫块上 N_0 及 N_l 合力的影响系数，应按本规程第 5.2.1 条及附录 F，当 β 不小于 3 时的 φ 值；

γ_1——垫块外砌体面积的有利影响系数，γ_1 取 0.8γ，且应不小于 1.0；γ 应按本规程式 5.3.2 以 A_b 代替 A_l 计算；

A_b——垫块面积（m^2），取垫块伸入墙内的长度（a_b）与垫块宽度值（b_b）的乘积。

刚性垫块的高度不宜小于 190mm，自梁边算起的垫块挑出长度不宜大于垫块高度（t_b）。

当带壁柱墙的壁柱内设刚性垫块时（见图 5.3.6），其计算面积应取壁柱面积，且不应计算翼缘部分，同时壁柱上垫块伸入翼缘内的长度不应小于 100mm。

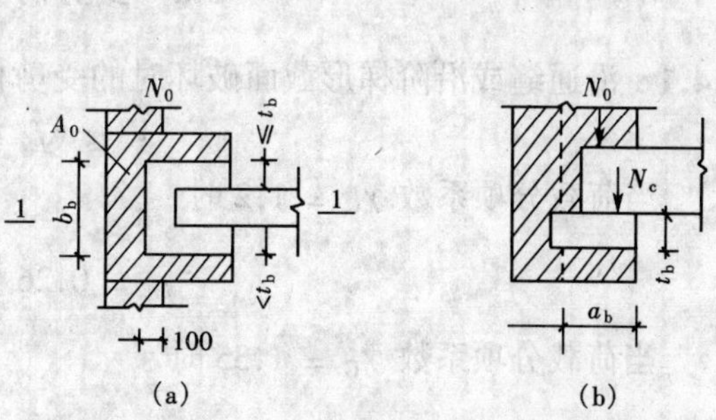

图 5.3.6 壁柱内设有垫块时梁端局部受压

（a）平面；（b）剖面

2 刚性垫块上梁端有效支承长度 a_0 应按下式确定：

$$a_0 = \delta_1\sqrt{\frac{h}{f}} \tag{5.3.6-2}$$

式中 δ_1——刚性垫块 a_0 计算的影响系数，可根据轴压比（σ_0/f）按表 5.3.6 采用。

垫块上局部受压面积上的轴向力 N_b 作用点位置可取 $0.4a_0$ 处。

表 5.3.6 系 数 δ_1 值

σ_0/f	0	0.2	0.4	0.6	0.8
δ_1	5.4	5.7	6.0	6.9	7.8
注：表中其间的数值可采用插入法求得。					

5.3.7 梁下设有长度大于 πh_0 的垫梁时（见图 5.3.7），垫梁下的砌体局部受压承载力应按下列公式计算：

$$N_0 + N_l \leqslant 2.4\delta_2 f b_b h_0 \quad (5.3.7\text{-}1)$$

$$N_0 = \pi b_b h_0 \sigma_0 / 2 \quad (5.3.7\text{-}2)$$

$$h_0 = 2\sqrt[3]{\frac{E_b I_b}{Eh}} \quad (5.3.7\text{-}3)$$

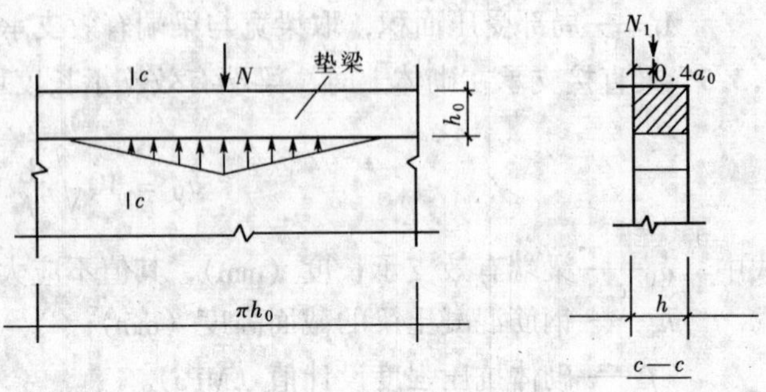

图 5.3.7 垫梁局部受压

式中 N_0——垫梁上部轴向力设计值（N）；

b_b——垫梁在墙厚方向的宽度（mm）；

δ_2——当荷载沿墙厚方向均匀分布时 δ_2 取 1.0，不均匀时 δ_2 可取 0.8；

h_0——垫梁折算高度（mm）；

E_b、I_b——分别为垫梁的混凝土弹性模量和截面惯性矩；

h_b——垫梁的高度（mm）；

E——砌体的弹性模量；

h——墙厚（mm）。

垫梁上梁端有效支承长度 a_0 可按本规程式（5.3.6-2）计算。

5.4 受剪构件承载力计算

5.4.1 沿通缝或沿阶梯形截面破坏时的受剪构件承载力应按下列公式计算：

$$V \leqslant (f_v + \alpha\mu\sigma_0)A \quad (5.4.1\text{-}1)$$

当荷载分项系数 $\gamma_G = 1.2$ 时

$$\mu = 0.26 - 0.082\frac{\sigma_0}{f} \quad (5.4.1\text{-}2)$$

当荷载分项系数 $\gamma_G = 1.35$ 时

$$\mu = 0.23 - 0.065\frac{\sigma_0}{f} \quad (5.4.1\text{-}3)$$

式中 V——截面剪力设计值（N）；

A——水平截面面积；当有孔洞时，应取净截面面积（m^2）；

f_v——砌体抗剪强度设计值（Pa），对灌孔的混凝土砌块砌体应取 f_{vg}；

α——修正系数：当 $\gamma_G = 1.2$ 时，取 0.64；当 $\gamma_G = 1.35$ 时取 0.66；

μ——剪压复合受力影响系数；

σ_0——永久荷载设计值产生的水平截面平均压应力（Pa）；

f——砌体的抗压强度设计值（Pa）；

σ_0/f——轴压比，且不大于0.8。

5.5 墙、柱的允许高厚比

5.5.1 墙、柱高厚比应按下式验算：

$$\beta = \frac{H_0}{h} \leqslant \mu_1\mu_2[\beta] \tag{5.5.1}$$

式中 H_0——墙、柱的计算高度（mm）；

h——墙厚或矩形柱与 H_0 相对应的边长（mm）；

μ_1——自承重墙允许高厚比的修正系数；

μ_2——有门窗洞口墙允许高厚比的修正系数；

$[\beta]$ ——墙柱的允许高厚比应按表5.5.1采用。

注：当与墙连的相邻两横墙间的距离（S）不大于 $\mu_1\mu_2[\beta]h$ 时，墙的高厚比可不受本条限制。

5.5.2 带壁柱墙和带构造柱墙的高厚比验算，应符合下列规定：

表5.5.1 墙、柱的允许高厚比［β］值

砂浆强度等级	墙	柱
M5	24	16
≥M7.5	26	17

注：验算施工阶段砂浆尚未硬化的新砌砌体高厚比时，对墙允许高厚比取14，对柱允许高厚比取11。

1 当按本规程式5.5.1验算带壁柱墙的高厚比时，公式中 h 应改用带壁柱墙截面的折算厚度 h_T；当确定截面回转半径时，墙截面的翼缘宽度，可按第5.1.6条的规定采用；当确定带壁柱墙的计算高度 H_0 时，S 应取相邻横墙间的距离。

2 当构造柱截面宽度不小于墙厚时，可按本规程式（5.5.1）验算带构造柱墙的高厚比，此时公式中 h 取墙厚；当确定墙的计算高度时，S 应用相邻横墙间的距离；墙的允许高厚比［β］可乘以下列的提高系数 μ_0：

$$\mu_0 = 1 + \frac{b_c}{l} \tag{5.5.2}$$

式中 b_c——构造柱沿墙长方向的宽度；

l——构造柱的间距；

当 $b_c/l > 0.25$ 时，取 $b_c/l = 0.25$；当 $b_c/l < 0.05$ 时，取 $b_c/l = 0$。

注：考虑构造柱有利作用的高厚比验算不适用于施工阶段。

3 当按本规程式5.5.1验算壁柱间墙的高厚比时，S 值应取相邻壁柱间的距离。设有钢筋混凝土圈梁的带壁柱墙，b/S 不小于1/30时，圈梁可视作壁柱间墙的不动铰支点（b 为圈梁宽度）。如不允许增加圈梁宽度，可按等刚度原则（墙体平面外刚度相等）增加圈梁高度。

5.5.3 当自承重墙厚度等于190mm时，允许高厚比修正系数（μ_1）取值应为1.2；当厚度等于90mm时 μ_1 取值应为1.5；当厚度在90～190mm之间时，μ_1 可按插入法取值。

注：上端为自由端墙的允许高厚比，除按上述规定提高外，尚可再提高30%。

5.5.4 对有门窗洞口的墙，允许高厚比修正系数（μ_2）应按下式计算：

$$\mu_2 = 1 - 0.4\frac{b_s}{S} \tag{5.5.4}$$

式中 b_s——在宽度 S 范围内的门窗洞口总宽度（mm）；

S——相邻窗间墙或壁柱之间的距离（mm）；

μ_2——允许高厚比修正系数，当 $\mu_2 < 0.7$ 时，应取0.7。当洞口高度等于或小于墙高的1/5时，可取 μ_2 等于1.0。

5.6 一般构造要求

5.6.1 小砌块房屋所用的材料，除满足承载力计算要求外，尚应符合下列要求：

1 五层及五层以上民用房屋的底层墙体，应采用不低于MU7.5的砌块和M5砌筑砂浆。

2 地面以下或防潮层以下的砌体、潮湿房间的墙，所用材料的最低强度等级应符合表5.6.1的要求。

表5.6.1 地面以下或防潮层以下的墙体、潮湿房间墙所用材料的最低强度等级

基土潮湿程度	混凝土砌块	水泥砂浆
稍潮湿的	MU7.5	M5
很潮湿的	MU7.5	M7.5
含水饱和的	MU10	M10

注：1 砌块孔洞应采用强度等级不低于C20的混凝土灌实。
2 对安全等级为一级或设计使用年限大于50年的房屋，表中材料强度等级应至少提高一级。

5.6.2 在墙体的下列部位，应采用C20混凝土灌实砌体的孔洞：

1 底层室内地面以下或防潮层以下的砌体。

2 无圈梁的檩条和钢筋混凝土楼板支承面下的一皮砌块。

3 未设置混凝土垫块的屋架、梁等构件支承处，灌实宽度不应小于600mm，高度不应小于600mm的砌块。

4 挑梁支承面下，其支承部位的内外墙交接处，纵横各灌实3个孔洞，灌实高度不小于三皮砌块。

5.6.3 跨度大于4.2m的梁，其支承面下应设置混凝土或钢筋混凝土垫块。当墙中设有圈梁时，垫块宜与圈梁浇成整体。

当大梁跨度不小于4.8m，且墙厚为190mm时，其支承处宜加设壁柱。

5.6.4 小砌块墙与后砌隔墙交接处，应沿墙高每400mm在水平灰缝内设置不少于2ϕ4、横筋间距不大于200mm的焊接钢筋网片（见图5.6.4）。

5.6.5 预制钢筋混凝土板在墙上或圈梁上支承长度不应小于80mm；当支承长度不足时，应采取有效的锚固措施。

5.6.6 山墙处的壁柱，宜砌至山墙顶部；檩条应与山墙锚固。

5.6.7 混凝土小砌块房屋纵横墙交接处，距墙中心线每边不小于300mm范围内的孔洞，应采用不低于C20混凝土灌实，灌实高度应为墙身全高。

5.6.8 在砌体中留槽洞及埋设管道时，应符合下列规定：

1 在截面长边小于500mm的承重墙体、独立柱内不得埋设管线。

2 墙体中应避免开凿沟槽；当无法避免时，应采取必要的加强措施或按削弱后的截面验算墙体的承载力。

5.6.9 夹心墙应符合下列规定：

1 混凝土小砌块的强度等级不应低于MU10。

2 夹心墙的夹层厚度不宜大于100mm。

5.6.10 夹心墙叶墙间的连接应符合下列规定：

1 内外叶墙应采用经防腐处理的拉结件或钢筋网片连接。

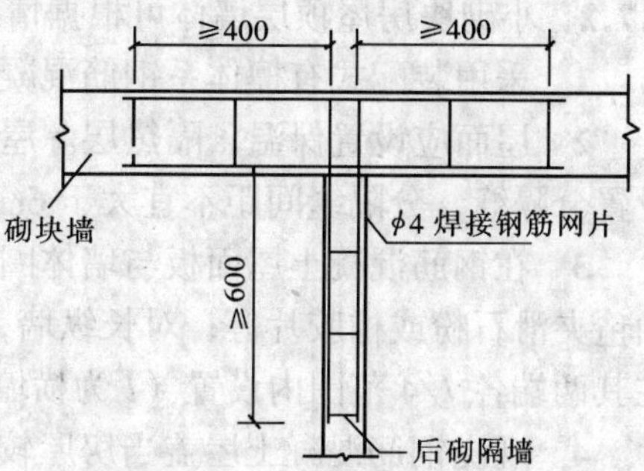

图5.6.4 砌块墙与后砌隔墙交接处钢筋网片

2 当采用环形拉结件时，钢筋直径不应小于4mm；当为Z形拉结件时，钢筋直径不应小于6mm。拉结件应按梅花形布置，拉结件的水平和竖向最大间距分别不宜大于800mm和600mm；对有振动或有抗震设防要求时，其水平间距不宜大于800mm，竖向间距不宜大于400mm。

3 当采用钢筋网片做拉结件时，网片横向钢筋的直径不应小于4mm，其间距不应大于400mm；网片的竖向间距不宜大于600mm，对有振动或有抗震设防要求时，竖向间距不宜大于400mm。

4 拉结件在叶墙上的伸入长度，不应小于叶墙厚度的2/3，并不应小于60mm。

5 门窗洞口两侧300mm范围内应附加间距不大于400mm的拉结件。

注：对安全等级为一级或设计使用年限大于50年的房屋，夹心墙叶墙间宜采用不锈钢拉结件。

5.7 小砌块墙体的抗裂措施

5.7.1 小砌块房屋的墙体应按表5.7.1规定设置伸缩缝。

表5.7.1 小砌块房屋伸缩缝的最大间距（m）

屋盖或楼盖类别		间距
整体式或装配整体式钢筋混凝土结构	有保温层或隔热层的屋盖、楼盖	40
	无保温层或隔热层的屋盖	32
装配式无檩体系钢筋混凝土结构	有保温层或隔热层的屋盖、楼盖	48
	无保温层或隔热层的屋盖	40
装配式有檩体系钢筋混凝土结构	有保温层或隔热层的屋盖	60
	无保温层或隔热层的屋盖	48
瓦材屋盖、木屋盖或楼盖、砖石屋盖或楼盖		75

注：1 当有实践经验并采取有效措施时，可适当放宽；
2 在钢筋混凝土屋面上挂瓦的屋盖应按钢筋混凝土屋盖采用；
3 按本表设置的墙体伸缩缝，一般不能同时防止由于钢筋混凝土屋盖的温度变形和砌体干缩变形引起的墙体局部裂缝；
4 温差较大且变化频繁地区和严寒地区不采暖的房屋及构筑物墙体的伸缩缝的最大间距，应按表中数值予以适当减小；
5 墙体的伸缩缝应与结构的其他变形缝相重合，在进行立面处理时，必须保证缝隙的伸缩作用。

5.7.2 小砌块房屋顶层墙体可根据情况采取下列措施：

1 采用装配式有檩体系钢筋混凝土屋盖和瓦材屋盖。

2 屋面应设置保温、隔热层。屋面保温（隔热）层的屋面刚性面层及砂浆找平层应设置分隔缝，分隔缝间距不宜大于6m，并应与女儿墙隔开，其缝宽不应小于30mm。

3 在钢筋混凝土屋面板与墙体圈梁的接触面处设置水平滑动层，滑动层可采用两层油毡夹滑石粉或橡胶片等；对长纵墙，可仅在其两端的2~3个开间内设置，对横墙可只在其两端各 $l/4$ 范围内设置（l 为横墙长度）。

4 现浇钢筋混凝土屋盖当房屋较长时，宜在屋盖设置分格缝，分格缝间距不宜大于20m。

5 当顶层屋面板下设置现浇钢筋混凝土圈梁并沿内外墙拉通时，圈梁高度不宜小于190mm，纵向钢筋不应少于4ϕ12。房屋两端圈梁下的墙体内宜适当设置水平筋。

6 顶层挑梁末端下墙体灰缝内设置3道焊接钢筋网片（纵向钢筋不宜少于2ϕ4，横筋间距不宜大于200mm），钢筋网片应自挑梁末端伸入两边墙体不小于1m（见图5.7.2）。

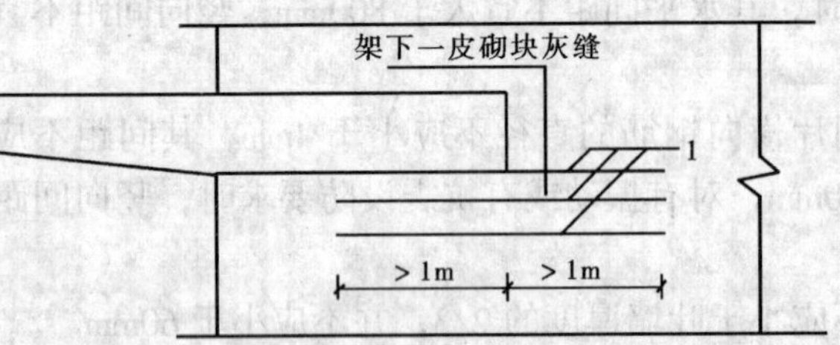

图5.7.2　顶层挑梁末端钢筋网片

7 顶层墙体门窗洞口过梁上砌体每皮水平灰缝内设置2ϕ4焊接钢筋网片，并应伸入过梁两端墙内不小于600mm。

8 女儿墙应设置钢筋混凝土芯柱或构造柱，构造柱间距不宜大于4m（或每开间设置），插筋芯柱间距不宜大于600mm，构造柱或芯柱插筋应伸至女儿墙顶，并与现浇钢筋混凝土压顶整浇在一起。

9 加强顶层芯柱（或构造柱）与墙体的拉结，拉结钢筋网片的竖向间距不宜大于400mm，伸入墙体长度不宜小于1000mm。

10 当顶层房屋两端第一、二开间的内纵墙长度大于3m时，在墙中应加设钢筋混凝土芯柱，并设置横向水平钢筋网片。

11 房屋山墙可采取设置水平钢筋网片或在山墙中增设钢筋混凝土芯柱或构造柱。在山墙内设置水平钢筋网片时，其间距不宜大于400mm；在山墙内增设钢筋混凝土芯柱或构造柱时，其间距不宜大于3m。

12 顶层横墙在窗口高度中部宜加设3~4道钢筋网片。

5.7.3 为防止房屋底层墙体裂缝，可根据情况采取下列措施：

1 增加基础和圈梁刚度。

2 基础部分砌块墙体在砌块孔洞中用C20混凝土灌实。

3 底层窗台下墙体设置通长钢筋网片，竖向间距不大于400mm。

4 底层窗台采用现浇钢筋混凝土窗台板，窗台板伸入窗间墙内不小于600mm。

5.7.4 对出现在小砌块房屋顶层两端和底层第一、第二开间门窗洞处的裂缝，可采取下列措施：

1 在门窗洞口两侧不少于一个孔洞中设置不小于1ϕ12钢筋，钢筋应与楼层圈梁或基础锚固，并采用不低于C20灌孔混凝土灌实。

2 在门窗洞口两边的墙体水平灰缝中，设置长度不小于 900mm、竖向间距为 400mm 的 2ϕ4 焊接钢筋网片。

3 在顶层和底层设置通长钢筋混凝土窗台梁时，窗台梁的高度宜为块高的模数，纵筋不少于 4ϕ10，钢箍宜为 ϕ6@200，混凝土强度等级宜为 C20。

5.7.5 砌块房屋的顶层可在窗台下或窗台角处墙体内设置竖向控制缝，缝的间距宜为 8 ~ 12m。在墙体高度或厚度突然变化处也宜设置竖向控制缝，或采取其他可靠的防裂措施。竖向控制缝的构造和嵌缝材料应能满足墙体平面外传力和防护的要求。

5.8 圈梁、过梁、芯柱和构造柱

5.8.1 钢筋混凝土圈梁应按下列规定设置：

1 多层房屋或比较空旷的单层房屋，应在基础部位设置一道现浇圈梁；当房屋建筑在软弱地基或不均匀地基上时，圈梁刚度应适当加强。

2 比较空旷的单层房屋，当檐口高度为 4 ~ 5m 时，应设置一道圈梁；当檐口高度大于 5m 时，宜适当增设。

3 一般多层民用房屋，应按表 5.8.1 的规定设置圈梁。

5.8.2 圈梁应符合下列构造要求：

1 圈梁宜连续地设在同一水平面上，并形成封闭状；当不能在同一水平面上闭合时，应增设附加圈梁，其搭接长度不应小于两倍圈梁的垂直距离，且不应小于 1m。

表 5.8.1 多层民用房屋圈梁设置要求

圈梁位置	圈梁设置要求
沿外墙	屋盖处必须设置，楼盖处隔层设置
沿内横墙	屋盖处必须设置，间距不大于 7m 楼盖处隔层设置，间距不大于 15m
沿内纵横	屋盖处必须设置 楼盖处：房屋总进深小于 10m 者，可不设置； 房屋总进深等于或大于 10m 者，宜隔层设置

2 圈梁截面高度不应小于 200mm，纵向钢筋不应少于 4ϕ10，箍筋间距不应大于 300mm，混凝土强度等级不应低于 C20。

3 圈梁兼作过梁时，过梁部分的钢筋应按计算用量单独配置。

4 屋盖处圈梁宜现浇，楼盖处圈梁可采用预制槽型底模整浇，槽型底模应采用不低于 C20 细石混凝土制作。

5 挑梁与圈梁相遇时，宜整体现浇；当采用预制挑梁时，应采取适当措施，保证挑梁、圈梁和芯柱的整体连接。

6 整体式钢筋混凝土楼盖可不设圈梁。

5.8.3 门窗洞口顶部应采用钢筋混凝土过梁，验算过梁下砌体局部受压承载力时，可不考虑上层荷载的影响。

5.8.4 过梁上的荷载，可按下列规定采用：

1 梁、板荷载：当梁、板下的墙体高度小于过梁净跨时，可按梁、板传来的荷载采用。当梁、板下墙体高度不小于过梁净跨时，可不考虑梁、板荷载。

2 墙体荷载：当过梁上墙体高度小于 1/2 过梁净跨时，应按墙体的均布自重采用。

当墙体高度不小于1/2过梁净跨时，应按高度为1/2过梁净跨墙体的均布自重采用。

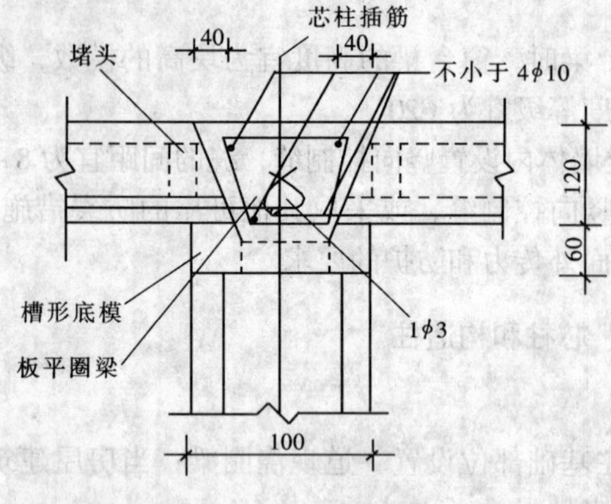

图5.8.6　芯柱贯穿楼板的构造

5.8.5　墙体的下列部位应设置芯柱：

1　在外墙转角、楼梯间四角的纵横墙交接处的三个孔洞，宜设置素混凝土芯柱。

2　五层及五层以上的房屋，应在上述部位设置钢筋混凝土芯柱。

5.8.6　芯柱应符合下列构造要求：

1　芯柱截面不宜小于120mm×120mm，宜采用不低于C20的细石混凝土灌实。

2　钢筋混凝土芯柱每孔内插竖筋不应小于1ϕ10，底部应伸入室内地坪下500mm或与基础圈梁锚固，顶部应与屋盖圈梁锚固。

3　芯柱应沿房屋全高贯通，并与各层圈梁整体现浇，可采用图5.8.6的做法。

4　在钢筋混凝土芯柱处，沿墙高每隔400mm应设ϕ4钢筋网片拉结，每边伸入墙体不应小于600mm。

5.8.7　采用钢筋混凝土构造柱加强的小砌块房屋，应在外墙四角、楼梯间四角的纵横墙交接处设置构造柱。

5.8.8　小砌块房屋的构造柱应符合下列要求：

1　构造柱最小截面宜为190mm×190mm，纵向钢筋宜采用4ϕ12，箍筋间距不宜大于250mm。

2　构造柱与砌块连接处宜砌成马牙槎，并应沿墙高每隔400mm设焊接钢筋网片（纵向钢筋不应少于2ϕ4，横筋间距不应大于200mm），伸入墙体不应小于600mm。

3　与圈梁连接处的构造柱的纵筋应穿过圈梁，构造柱纵筋上下应贯通。

6　抗　震　设　计

6.1　一　般　规　定

6.1.1　抗震设防地区的多层小砌块房屋，除应满足静力设计要求外，尚应按本章的规定进行抗震设计。

6.1.2　小砌块房屋的抗震设计应符合下列要求：

1　合理规划，选择对抗震有利的场地。

2　保证结构的整体性，应按规定设置钢筋混凝土圈梁、芯柱和构造柱，或采用配筋砌体等，使墙体之间、墙体和楼盖之间的连接部位具备必要的承载力和变形能力。

6.1.3　多层小砌块房屋的结构体系，应符合下列要求：

1　应采用横墙承重或纵横墙共同承重的结构体系。

2　纵横墙的布置宜均匀对称，沿平面内宜对齐，沿竖向应上下连续；同一轴线上的窗间墙宽度宜均匀。

3 房屋有下列情况之一时宜设置防震缝，缝两侧均应设置墙体，缝宽应根据烈度和房屋高度确定，可采用 50～100mm。

1）房屋立面高差在 6m 以上；

2）房屋有错层，且楼板高差较大；

3）各部分结构刚度、质量截然不同。

4 楼梯间不宜设置在房屋的尽端和转角处。

5 烟道、风道、垃圾道等不应削弱墙体，不宜采用无竖向配筋的附墙烟囱及出屋面的烟囱。

6 不应采用无锚固的钢筋混凝土预制挑檐。

6.1.4 小砌块的强度等级不应低于 MU7.5，其砌筑砂浆强度等级不应低于 M7.5。

6.1.5 小砌块房屋的总高度和层数不应超过表 6.1.5 的规定；对医院、教学楼等横墙较少的多层砌体房屋，总高度应比表 6.1.5 的规定降低 3m，层数相应减少一层。

表 6.1.5 房屋的层数和总高度限值

房屋类别		最小厚度（mm）	烈度					
			6		7		8	
			高度（m）	层数	高度（m）	层数	高度（m）	层数
多层砌体	普通小砌块	190	21	七	21	七	18	六
	轻骨料小砌块	190	18	六	15	五	12	四
底部框架抗震墙		190	22	七	22	七	19	六
多排柱内框架		190	16	五	16	五	13	四

注：1 房屋的总高度指室外地面到主要屋面板板顶或檐口的高度，半地下室从地下室室内地面算起，全地下室和嵌固条件好的半地下室可从室外地面算起；对带阁楼的坡屋面应算到山尖墙的 1/2 高度处。

2 室内外高差大于 0.6m 时，房屋总高度可比表中数据适当增加，但不应多于 1m。

3 本表小砌块砌体房屋不包括配筋混凝土小砌块砌体房屋。

6.1.6 横墙较少的多层小砌块住宅楼，当按本规程第 6.3.14 条规定采取加强措施并满足抗震承载力要求时，其总高和层数限值应仍按本规程表 6.1.5 的规定采用。

6.1.7 多层小砌块房屋总高度与总宽度的最大比值，应符合表 6.1.7 的要求。

表 6.1.7 房屋最大高宽比

烈度	6	7	8
最大高宽比	2.5	2.5	2.0

注：单面走廊房屋的总宽度不包括走廊宽度。

6.1.8 小砌块房屋抗震横墙的间距，不应超过表 6.1.8 的要求。

表 6.1.8 房屋抗震横墙最大间距（m）

房屋和楼屋盖类别		烈度		
		6	7	8
多层砌体	现浇或装配整体式钢筋混凝土楼、屋盖	18	18	15
	装配式钢筋混凝土楼、屋盖	15	15	11
底部框架-抗震墙	上部各层	同上		
	底层或底部两层	21	18	15
多排柱内框架		25	21	18

注：多层砌体房屋的顶层，最大横墙间距可适当放宽。

6.1.9 小砌块房屋的局部尺寸限值，宜符合表 6.1.9 的要求。

6.1.10 底部框架-抗震墙房屋和多排柱内框架房屋的结构布置和混凝土部分的抗震等级，应符合现行国家标准《建筑抗震设计规范》GB 50011 的有关规定。

表 6.1.9 房屋的局部尺寸限值（m）

部　位	6度	7度	8度
承重窗间墙最小宽度	1.0	1.0	1.2
非承重外墙尽端至门窗洞边的最小距离	1.0	1.0	1.0
内墙阳角至门窗洞边的最小距离	1.0	1.0	1.5
无锚固女儿墙（非出入口处）的最大高度	0.5	0.5	0.5

注：1 局部尺寸不足时应采取局部加强措施弥补。
2 出入口处的女儿墙应有锚固。
3 多排柱内框架房屋的纵向窗间墙宽度，不应小于 1.5m。

6.2 地震作用和结构抗震验算

6.2.1 计算地震作用时，建筑的重力荷载代表值应取结构和构配件自重标准值和各可变荷载组合值之和。各可变荷载的组合值系数，应按表 6.2.1 采用。

6.2.2 小砌块房屋可采用底部剪力法进行抗震计算。计算时，各楼层可取一个自由度，结构的水平地震作用标准值应按下列公式确定（见图 6.2.2）：

$$F_{Ek} = \alpha_{max} G_{eq} \tag{6.2.2-1}$$

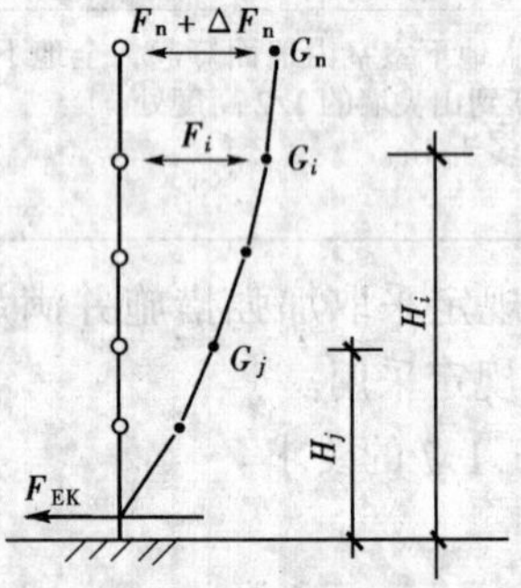

图 6.2.2 结构水平地震作用计算简图

表 6.2.1 组合值系数

可变荷载种类		组合值系数
雪荷载		0.5
屋面积灰荷载		0.5
屋面活荷载		不计入
按实际情况计算的楼面活荷载		1.0
按等效均布荷载计算的楼面活荷载	藏书库、档案库	0.8
	其他民用建筑	0.5

$$F_i = \frac{G_i H_i}{\sum_{j=1}^{n} G_j H_j} F_{Ek}(1 - \delta_n)(i = 1,2\cdots n) \tag{6.2.2-2}$$

$$\Delta F_n = \delta_n F_{Ek} \tag{6.2.2-3}$$

式中 F_{Ek}——结构总水平地震作用标准值；

α_{max}——水平地震影响系数最大值，应按表 6.2.2 采用；

G_{eq}——结构等效总重力荷载，单质点应取总重力荷载代表值，多质点可取总重力荷载代表值的 85%；

F_i——质点 i 的水平地震作用标准值；

G_i，G_j——分别为集中于质点 i、j 的重力荷载代表值，应按本规程第 6.2.1 条确定；

H_i，H_j——分别为质点 i、j 的计算高度；

ΔF_n——顶部附加水平地震作用；

δ_n——顶部附加地震作用系数，多层内框架房屋可采用0.2，其他房屋可采用0。

表6.2.2 水平地震影响系数最大值

烈　度	6　度	7　度	8　度
α_{max}	0.04	0.08（0.12）	0.16（0.24）
注：括号中数值分别用于设计基本地震加速度为0.15g和0.30g的地区。			

6.2.3 采用底部剪力法时，突出屋面的屋顶间、女儿墙、烟囱等的地震作用效应，宜乘以增大系数3，此增大部分不应往下传递，但与该突出部分相连的构件应予计入。

6.2.4 一般情况下，小砌块房屋可在建筑结构的两个主轴方向分别计算水平地震作用并进行抗震验算，各方向的水平地震作用应由该方向抗侧力构件承担。

6.2.5 质量和刚度分布明显不对称的小砌块结构房屋，应计入双向水平地震作用下的扭转影响。

6.2.6 结构的楼层水平地震剪力设计值，应按下式计算：

$$V_i = 1.3V_{hi} \tag{6.2.6}$$

式中　V_i——第 i 层水平地震剪力设计值；

V_{hi}——第 i 层水平地震剪力标准值；对多层小砌块房屋，由本规程第6.2.2条的水平地震作用标准值计算得到。

6.2.7 进行地震剪力分配和截面验算时，砌体墙段的层间等效侧向刚度应按下列原则确定：

1 高宽比小于1时，可只计算剪切变形。

2 高宽比不大于4且不小于1时，应同时计算弯曲和剪切变形。

3 高宽比大于4时，等效侧向刚度可取0。

6.2.8 多层小砌块房屋，可只选择承载面积较大和竖向应力较小的墙段进行截面抗震承载力验算。

6.2.9 小砌块砌体沿阶梯形截面破坏的抗震抗剪强度设计值，应按下式确定：

$$f_{vE} = \zeta_N f_v \tag{6.2.9}$$

式中　f_{vE}——砌体沿阶梯形截面破坏的抗震抗剪强度设计值；

f_v——非抗震设计的砌体抗剪强度设计值，应按本规程表3.2.2采用；

ζ_N——砌体抗震抗剪强度的正应力影响系数，应按表6.2.9采用。

表6.2.9 砌体抗剪强度正应力影响系数

砌体类别	σ_0/f_v						
	1.0	3.0	5.0	7.0	10.0	15.0	20.0
普通小砌块	1.00	1.75	2.25	2.60	3.10	3.95	4.80
轻骨料小砌块	1.18	1.54	1.90	2.20	2.65	3.40	4.15
注：σ_0为对应于重力荷载代表值的砌体截面平均压应力。							

6.2.10 小砌块墙体的截面抗震受剪承载力，应按下式验算：

$$V \leqslant f_{vE}A/\gamma_{RE} \tag{6.2.10}$$

式中　V——墙体剪力设计值；

A——墙体横截面面积；

γ_{RE}——承载力抗震调整系数，应按表 6.2.10 采用。

表 6.2.10　承载力抗震调整系数

墙　体	两端设置芯柱或构造柱的承重抗震墙	自承重抗震墙	其他抗震墙
γ_{RE}	0.90	0.75	1.00

6.2.11　设置芯柱的小砌块墙体的截面抗震受剪承载力，应按下式验算：

$$V \leqslant \frac{1}{\gamma_{RE}}[f_{vE}A + (0.3f_t A_c + 0.05f_y A_s)\zeta_c] \quad (6.2.11)$$

式中　f_t——芯柱混凝土轴心抗拉强度设计值；

A_c——芯柱截面总面积；

A_s——芯柱钢筋截面总面积；

f_y——钢筋抗拉强度设计值；

ζ_c——芯柱参与工作系数，可按表 6.2.11 采用。

表 6.2.11　芯柱参与工作系数

填孔率 ρ	$\rho<0.15$	$0.15\leqslant\rho<0.25$	$0.25\leqslant\rho<0.5$	$\rho\geqslant0.5$
ζ_c	0.0	1.0	1.10	1.15
注：填孔率指芯柱根数（含构造柱和填实孔洞数量）与孔洞总数之比。				

6.2.12　设置构造柱和芯柱的小砌块墙体的截面抗震受剪承载力，可按下式验算：

$$V \leqslant \frac{1}{\gamma_{RE}}[f_{vE}A + (0.3f_{t1}A_c + 0.3f_{t2}bh + 0.05f_{y1}A_{s1} + 0.05f_{y2}A_{s2})\zeta_c] \quad (6.2.12)$$

式中　f_{t1}——芯柱混凝土轴心抗拉强度设计值；

f_{t2}——构造柱混凝土轴心抗拉强度设计值；

A_c——芯柱截面总面积；

A_{s1}——芯柱钢筋截面总面积；

f_{y1}——芯柱钢筋抗拉强度设计值；

f_{y2}——构造柱钢筋抗拉强度设计值；

A_{s2}——构造柱钢筋截面总面积；

bh——构造柱截面总面积；

ζ_c——芯柱、构造柱参与工作系数，可按本规程表 6.2.11 采用。

6.2.13　底部框架-抗震墙房屋和多排柱内框架房屋的抗震验算，应按现行国家标准《建筑抗震设计规范》GB 50011 的有关规定执行。

6.3　抗震构造措施

6.3.1　小砌块房屋同时设置构造柱和芯柱时，应按下列要求设置现浇钢筋混凝土构造柱（以下简称构造柱）。

1　构造柱设置部位，应符合表 6.3.1 的要求。

2 外廊式和单面走廊式的多层小砌块房屋，应根据房屋增加一层后的层数，按表6.3.1的要求设置构造柱，且单面走廊两侧的纵墙均应按外墙处理。

3 教学楼、医院等横墙较少的房屋，应根据房屋增加一层后的层数，按表6.3.1的要求设置构造柱；当教学楼、医院等横墙较少的房屋为外廊式或单面走廊式时，应按本条第2款要求设置构造柱；当6度不超过四层、7度不超过三层和8度不超过二层时，应按增加二层后的层数设置。

表6.3.1 多层小砌块房屋构造柱设置要求

<table>
<tr><th colspan="3">房屋层数</th><th colspan="2" rowspan="2">设置部位</th></tr>
<tr><th>6度</th><th>7度</th><th>8度</th></tr>
<tr><td>四、五</td><td>三、四</td><td>二、三</td><td rowspan="3">外墙四角，楼、电梯间的四角；错层部位横墙与外纵墙交接处，大房间内外墙交接处，较大洞口两侧</td><td>隔15m或单元横墙与外纵墙交接处</td></tr>
<tr><td>六</td><td>五</td><td>四</td><td>隔开间横墙（轴线）与外墙交接处，山墙与内纵墙交接处四角</td></tr>
<tr><td>七</td><td>六、七</td><td>五、六</td><td>内墙（轴线）与外墙交接处，内墙的局部较小墙垛处；
8度时内纵墙与横墙（轴线）交接处</td></tr>
<tr><td colspan="5">注：较大洞口两侧可设置芯柱。</td></tr>
</table>

6.3.2 同时设置构造柱和芯柱的小砌块房屋，当高度和层数接近本规程表6.1.5的限值时，纵、横墙内尚应按下列要求设置芯柱或构造柱：

1 横墙内的芯柱或构造柱间距不宜大于层高的二倍，下部1/3楼层的芯柱或构造柱间距应适当减小。

2 当外纵墙开间大于3.9m时，应另设加强措施。内纵墙的芯柱或构造柱间距不宜大于4.2m。

3 为提高墙体抗震受剪承载力而设置的芯柱，应符合本规程第6.3.5条的有关要求。

6.3.3 小砌块房屋的构造柱，应符合下列要求：

1 构造柱最小截面可采用190mm×190mm，纵向钢筋不宜少于4ϕ12，箍筋间距不宜大于200mm，且在柱上下端宜适当加密；7度时六层及以上、8度时五层及以上，构造柱纵向钢筋宜采用4ϕ14，房屋四角的构造柱可适当加大截面及配筋。

2 构造柱与砌块墙连接处应砌成马牙槎，其相邻的孔洞，6度时宜填实或采用加强拉结筋构造（沿高度每隔200mm设置2ϕ4焊接钢筋网片）代替马牙槎；7度时应填实，8度时应填实并插筋1ϕ12，沿墙高每隔600mm应设置2ϕ4焊接钢筋网片，每边伸入墙内不宜小于1m。

3 与圈梁连接处的构造柱的纵筋应穿过圈梁，保证构造柱纵筋上下贯通。

4 构造柱可不单独设置基础，但应伸入室外地面下500mm，或与埋深小于500mm的基础圈梁相连。

5 必须先砌筑砌块墙体，再浇筑构造柱混凝土。

6.3.4 小砌块房屋采用芯柱做法时，应按表6.3.4的要求设置芯柱，对外廊式和单面走廊式房屋以及医院、教学楼等横墙较少的房屋，应按本规程第6.3.1条2、3款规定增加对应的房屋层数，再按表6.3.4的要求设置芯柱。

表 6.3.4　小砌块房屋芯柱设置要求

房屋层数			设置部位	设置数量
6度	7度	8度		
四、五	三、四	二、三	外墙转角，楼梯间四角；大房间内外墙交接处；隔 15m 或单元横墙与外纵墙交接处	外墙转角，灌实 3 个孔； 内外墙交接处，灌实 4 个孔
六	五	四	外墙转角，楼梯间四角，大房间内外墙交接处，山墙与内纵墙交接处，隔开间横墙（轴线）与外纵墙交接处	
七	六	五	外墙转角，楼梯间四角；各内墙（轴线）与外纵墙交接处；8、9 度时，内纵墙与横墙（轴线）交接处和洞口两侧	外墙转角，灌实 5 个孔； 内外墙交接处，灌实 4 个孔；内墙交接处，灌实 4～5 个孔；洞口两侧各灌实 1 个孔
	七	六	外墙转角，楼梯间四角；各内墙（轴线）与外纵墙交接处；8、9 度时，内纵墙与横墙（轴线）交接处和洞口两侧 横墙内芯柱间距不宜大于 2m	外墙转角，灌实 7 个孔； 内外墙交接处，灌实 5 个孔；内墙交接处，灌实 4～5 个孔；洞口两侧各灌实 1 个孔

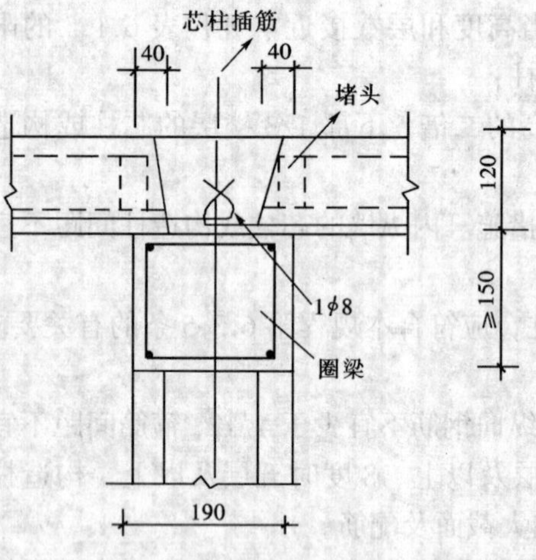

图 6.3.5　芯柱贯穿楼板构造

6.3.5　墙体的芯柱，应符合下列构造要求：

1　芯柱的竖向插筋应贯通墙身且与圈梁连接；插筋不应小于 $1\phi12$，7 度时六层及以上、8 度时五层及以上，插筋不应小于 $1\phi14$。

2　芯柱混凝土应贯通楼板，当采用装配式钢筋混凝土楼盖时，应优先采用适当设置钢筋混凝土板带的方法，或采用贯通措施（见图 6.3.5）。

3　在房屋的第一、第二层和顶层，6、7、8 度时芯柱的最大净距分别不宜大于 2.0m、1.6m、1.2m。

4　为提高墙体抗震受剪承载力而设置的其他芯柱，宜在墙体内均匀布置，最大间距不应大于 2.4m。

5　芯柱应伸入室外地面下 500mm 或与埋深小于 500mm 的基础圈梁相连。

6.3.6　小砌块房屋各楼层均应设置现浇钢筋混凝土圈梁，不得采用槽形小砌块作模，并应按表 6.3.6 的要求设置。圈梁宽度不应小于 190mm，配筋不应少于 $4\phi12$。现浇或装配整体式钢筋混凝土楼、屋盖与墙体有可靠连接，可不另设圈梁，但楼板沿墙体周边应加强配筋并应与相应的构造柱可靠连接。

6.3.7　小砌块房屋墙体交接处或芯柱、构造柱与墙体连接处，应设置拉结钢筋网片，网片可采用直径 4mm 的钢筋点焊而成，每边伸入墙内不宜小于 1m，且沿墙高应每隔 400mm 设置。

表 6.3.6 小砌块房屋现浇钢筋混凝土圈梁设置要求

墙类	烈度	
	6、7	8
外墙和内墙	屋盖处及每层楼盖处	屋盖处及每层楼盖处
内横墙	屋盖处及每层楼盖处；屋盖处沿所有横墙； 楼盖处间距不应大于 7m； 构造柱对应部位	屋盖处及每层楼盖处；各层所有横墙

6.3.8 多层小砌块房屋的层数，6 度时七层、7 度时六层及以上、8 度时五层及以上，在底层和顶层的窗台标高处，沿纵横墙应设置通长的水平现浇钢筋混凝土带；其截面高度不应小于 60mm，纵筋不应少于 2ϕ10，并应有分布拉结钢筋；其混凝土强度等级不应低于 C20。

6.3.9 楼梯间应符合下列要求：

1 7 度和 8 度时，顶层楼梯间横墙和外墙应沿墙高每隔 400mm 设 2ϕ4 通长钢筋；8 度时其他各层楼梯间墙体应在休息平台或楼层半高处设置 60mm 厚的钢筋混凝土带，其混凝土强度等级不宜低于 C20，纵向钢筋不宜少于 2ϕ10。

2 7 度和 8 度时，楼梯间及门厅内墙阳角处的大梁支承长度不应小于 500mm，并应与圈梁连接。

3 装配式楼梯段应与平台板的梁可靠连接，不应采用墙中悬挑式踏步或踏步竖肋插入墙体的楼梯，不应采用无筋砖砌栏板。

4 突出屋顶的楼梯间和电梯间，构造柱、芯柱应伸到顶部，并与顶部圈梁连接，内外墙交接处应沿墙高每隔 400mm 设 2ϕ4 拉结钢筋，且每边伸入墙内不应小于 1m。

6.3.10 坡屋顶房屋的屋架应与顶层圈梁可靠连接，檩条或屋面板应与墙及屋架可靠连接，房屋出入口处的檐口瓦应与屋面构件锚固；7 度和 8 度时，顶层内纵墙顶宜增砌支撑山墙的踏步式墙垛。

6.3.11 预制阳台应与圈梁和楼板的现浇板带可靠连接。

6.3.12 多层小砌块房屋的女儿墙高度超过 0.5m 时，应增设锚固于顶层圈梁的构造柱或芯柱；墙顶应设置压顶圈梁，其截面高度不应小于 60mm，纵向钢筋不应少于 2ϕ10。

6.3.13 同一结构单元的基础或桩承台，宜采用同一类型的基础，底面宜埋置在同一标高上，否则应增设基础圈梁并应按1:2的台阶逐步放坡。

6.3.14 横墙较少的多层小砌块住宅楼的总高度和层数接近或达到规程表 6.1.5 规定限值，应采取下列加强措施：

1 房屋的最大开间尺寸不宜大于 6.6m。

2 同一结构单元内横墙错位数量不宜超过横墙总数的 1/3，且连续错位不宜多于两道；错位的墙体交接处均应增设构造柱，且楼、屋面板应采用现浇钢筋混凝土板。

3 横墙和内纵墙上洞口的宽度不宜大于 1.5m；外纵墙上洞口的宽度不宜大于 2.1m 或开间尺寸的一半；且内外墙上洞口位置不应影响内外纵墙与横墙的整体连接。

4 所有纵横墙均应在楼、屋盖标高处设置加强的现浇钢筋混凝土圈梁，圈梁的截面高度不宜小于 150mm，上下纵筋各不应少于 3ϕ10。

5 所有纵横墙交接处及横墙的中部，均应增设构造柱，在横墙内的柱距不宜大于层高，在纵墙内的柱距不宜大于 4.2m，配筋宜符合表 6.3.14 的要求。

6 同一结构单元的楼板和屋面板应设置在同一标高。

7 房屋底层和顶层，在窗台标高处宜设置沿纵横墙通长的水平现浇钢筋混凝土带；其截面高度不应小于60mm，宽度不应小于190mm，纵向钢筋不应少于3ϕ10。

8 所有门窗洞口两侧，均应设置一个芯柱，配置不应小于1ϕ12钢筋。

表 6.3.14 增设构造柱的纵筋和箍筋设置要求

位置	纵向钢筋			箍筋		
	最大配筋率（%）	最小配筋率（%）	最小直径（mm）	加密区范围	加密区间距（mm）	最小直径（mm）
角柱	1.8	0.8	14	全高	100	6
边柱			14	上端700mm 下端500mm		
中柱	1.4	0.6	12			

6.3.15 底部框架-抗震墙房屋的上部小砌块墙体，应同时设置构造柱和芯柱，并应符合下列要求：

1 构造柱和芯柱的设置部位，应根据房屋的总层数按本规程第6.3.1条和第6.3.3条的规定设置。过渡层尚应在底部框架柱对应位置处设置构造柱。

2 构造柱的纵向钢筋不宜少于4ϕ14，箍筋间距不宜大于200mm。

3 过渡层的构造柱的纵向钢筋，7度时不宜少于4ϕ16，8度时不宜少于6ϕ16。与底部框架柱贯通的构造柱，纵向钢筋应锚入底部的框架柱内，相邻的小砌块孔洞应填实并插筋；当纵向钢筋锚固在框架梁内时，框架梁的相应位置应加强。

6.3.16 底部框架-抗震墙房屋的上部抗震墙的中心线宜同底部的框架梁、抗震墙的轴线相重合；构造柱宜与框架柱上下贯通。

6.3.17 底部框架-抗震墙房屋的楼盖应符合下列要求：

1 过渡层的底板应采用现浇钢筋混凝土板，板厚不应小于120mm；并应少开洞、开小洞，当洞口尺寸大于800mm时，洞口周边应设置边梁。

2 其他楼层，采用装配式钢筋混凝土楼板时均应设置现浇圈梁；采用现浇钢筋混凝土楼、屋盖与墙体有可靠连接，可不另设圈梁，但楼板沿墙体周边应加强配筋并应与相应的构造柱可靠连接。

6.3.18 底部框架-抗震墙房屋的钢筋混凝土托墙梁，其截面和构造应符合下列要求：

1 梁的截面宽度不应小于300mm，梁的截面高度不应小于跨度的1/10。

2 箍筋的直径不应小于8mm，间距不应大于200mm；梁端在1.5倍梁高且不小于1/5梁净跨范围内，以及上部墙体的洞口处和洞口两侧各500mm且不小于梁高的范围内，箍筋间距不应大于100mm。

3 沿梁高应设腰筋，数量不应少于2ϕ14，间距不应大于200mm。

4 梁的主筋和腰筋应按受拉钢筋的要求锚固在柱内，且支座上部的纵向钢筋在柱内的锚固长度应符合钢筋混凝土框支梁的有关要求。

6.3.19 底部的钢筋混凝土抗震墙，其截面和构造应符合下列要求：

1 抗震墙周边应设置梁（或暗梁）和边框柱（或框架柱）组成的边框；边框梁的截面宽度不宜小于墙板厚度的1.5倍，截面高度不宜小于墙板厚度的2.5倍；边框柱的截面高度不宜小于墙板厚度的2倍。

2　抗震墙墙板的厚度不宜小于160mm，且不应小于墙板净高的1/20；抗震墙宜开设洞口形成若干墙段，各墙段的高宽比不宜小于2。

3　抗震墙的竖向和横向分布钢筋配筋率均不应小于0.25%，并应采用双排布置；双排分布钢筋间拉筋的间距不应大于600mm，直径不应小于6mm。

4　抗震墙的边缘构件可按现行国家标准《建筑抗震设计规范》GB 50011—2001第6.4节的规定设置。

6.3.20　6、7度且总层数不超过五层的底层框架-抗震墙房屋，可采用嵌砌于框架之间的小砌块抗震墙，但应计入小砌块墙对框架的附加轴力和附加剪力，并应符合下列构造要求：

1　墙厚不应小于190mm，砌筑砂浆强度等级不应低于M10，应先砌墙后浇框架。

2　沿框架柱每隔400mm配置2ϕ4拉结的焊接钢筋网片，并沿墙全长设置；在墙体半高处尚应设置与框架相连的钢筋混凝土水平系梁。

3　墙长大于5m时，应在墙内增设钢筋混凝土构造柱。

6.3.21　底部框架-抗震墙房屋的材料强度等级，应符合下列要求：

1　框架柱、抗震墙和托墙梁的混凝土强度等级，不应低于C30。

2　过渡层墙体的砌筑砂浆强度等级，不应低于M10。

6.3.22　底部框架-抗震墙房屋的其他抗震构造措施，应符合现行国家标准《建筑抗震设计规范》GB 50011的有关要求。

6.3.23　多排柱内框架房屋同时设置构造柱和芯柱时，构造柱设置应符合下列要求：

1　下列部位应设置构造柱：

1）外墙四角、楼梯间和电梯间四角，楼梯休息平台梁的支承部位；

2）抗震墙两端及未设置组合柱的外纵墙、外横墙上对应于中间柱列轴线的部位。

2　构造柱的截面不应小于190mm×190mm，相邻的小砌块孔洞应填实。

3　构造柱的纵向钢筋不宜少于4ϕ14，箍筋间距不宜大于200mm。

4　构造柱应与每层圈梁连接，或与现浇楼板可靠拉接。

6.3.24　多排柱内框架房屋设置芯柱及其他抗震构造措施应按现行国家标准《建筑抗震设计规范》GB 50011的有关规定执行。

7　施工及验收

7.1　材料要求

7.1.1　小砌块强度等级应符合设计要求。

7.1.2　同一单位工程使用的小砌块应持有同一厂家生产的产品合格证明书和进场复验报告。

7.1.3　小砌块在厂内的自然养护龄期或蒸汽养护期及其后的停放期总时间必须确保28d。

7.1.4　小砌块产品宜包装出厂，并可采用托板装运。

7.1.5　住宅和其他民用建筑内隔墙、围墙可使用合格品等级小砌块，房屋建筑工程的其他部位均应使用不得低于一等品等级的小砌块。

7.1.6 水泥应采用有质量保证书的普通硅酸盐水泥或矿渣硅酸盐水泥，并应按有关规定进行复验。安定性不合格的水泥严禁使用。不同品种的水泥，不得混合使用。

7.1.7 砌筑砂浆中的砂宜采用过筛的洁净中砂，并应符合现行国家标准《建筑用砂》GB/T 14684 的规定。芯柱与构造柱混凝土用砂必须满足国家现行标准《普通混凝土用砂质量标准及检验方法》JGJ 52 的规定。

采用人工砂、山砂及特细砂时应符合相应的现行技术标准。

7.1.8 芯柱混凝土粗骨料粒径宜为 5～15mm，构造柱混凝土粗骨料粒径宜为 10～30mm，并均应符合国家现行标准《普通混凝土用碎石或卵石质量标准及检验方法》JGJ 53 的有关规定。

7.1.9 拌制水泥混合砂浆用的石灰膏、电石膏、粉煤灰和磨细生石灰粉等无机掺合料应符合下列要求：

1 生石灰及磨细生石灰粉质量应符合国家现行标准《建筑生石灰》JC/T 479 和《建筑生石灰粉》JC/T 480 的有关规定。

2 石灰膏用块状生石灰熟化时，应采用孔格不大于 3mm×3mm 的网过滤。熟化时间不得少于 7d；磨细生石灰粉的熟化时间不得少于 2d。沉淀池中的石灰膏应防止干燥、冻结和污染。严禁使用脱水硬化的石灰膏。

消石灰粉不应直接用于砂浆中。

3 制作电石膏的电石渣应加热至 70℃进行检验，无乙炔气味方可使用。

4 粉煤灰品质指标应符合现行国家标准《用于水泥和混凝土中的粉煤灰》GB 1596 的有关规定。

7.1.10 掺入砌筑砂浆中的有机塑化剂或早强、缓凝、防冻等外加剂，应经检验和试配，符合要求后，方可使用。有机塑化剂产品，应具有法定检测机构出具的砌体强度型式检验报告。

7.1.11 砌筑砂浆和混凝土的拌合用水应符合国家现行标准《混凝土拌合用水标准》JGJ 63的规定。

7.1.12 钢筋的品种、规格的数量应符合设计要求，并应有质量合格证书及按要求取样复验，复验合格方可使用。

7.2 砌 筑 砂 浆

7.2.1 小砌块砌体的砌筑砂浆强度等级不得低于 M5，并应符合设计要求。

7.2.2 砌筑砂浆应具有良好的和易性，分层度不得大于 30mm。砌筑普通小砌块砌体的砂浆稠度宜为 50～70mm；轻骨料小砌块的砌筑砂浆稠度宜为 60～90mm。

7.2.3 小砌块基础砌体必须采用水泥砂浆砌筑，地坪以上的小砌块墙体应采用水泥混合砂浆砌筑。施工中用水泥砂浆代替水泥混合砂浆，应按现行国家标准《砌体结构设计规范》GB 50003 的规定执行。

7.2.4 砌筑砂浆配合比应符合国家现行标准《砌筑砂浆配合比设计规程》JGJ 98 的规定，并必须经试验按重量比配制。

7.2.5 砌筑砂浆应采用机械搅拌，拌合时间自投料完算起，不得少于 2min。当掺有外加剂时，不得少于 3min；当掺有机塑化剂时，宜为 3～5min，并均应在初凝前使用完毕。如砂浆出现泌水现象，应在砌筑前再次拌合。

7.2.6 采用预拌砂浆的地区，砂浆的储存、使用及试件取样等应符合有关技术标准要求。

7.2.7 砌筑砂浆试块取样应取自搅拌机出料口。同盘砂浆应制作一组试块。

7.2.8 砌筑砂浆强度等级的评定应以标准养护、龄期为28d的试块抗压试验结果为准，并应按国家现行标准《建筑砂浆基本性能试验方法》JGJ 70的规定执行。

7.2.9 同一验收批的砌筑砂浆试块抗压强度平均值必须大于或等于设计强度等级所对应的立方体抗压强度；其中抗压强度最小一组的平均值必须大于或等于设计强度等级所对应的立方体抗压强度的75%。

注：砌筑砂浆的验收批指同一类型、强度等级的砂浆试块应不少于3组。当同一验收批只有一组试块时，该组试块抗压强度的平均值必须大于或等于设计强度等级所对应的立方体抗压强度。

7.2.10 每一检验批且不超过一个楼层或250m^3小砌块砌体所用的砌筑砂浆，每台搅拌机应至少抽检一次。当配合比变更时，应制作相应试块。

注：1. 用小砌块砌筑的基础砌体可按一个楼层计；

2. 制作砌筑砂浆试件时，应将无底试模放在铺有潮湿新闻纸的小砌块上。

7.2.11 当施工中出现下列情况时，宜采用非破损和微破损检验方法对砌筑砂浆和砌体强度进行原位检测，判定砌筑砂浆的强度：

1 砌筑砂浆试块缺乏代表性或试块数量不足；

2 对砌筑砂浆试块的试验结果有怀疑或争议；

3 砌筑砂浆试块的试验结果不能满足设计要求时，需另行确认砌筑砂浆或砌体的实际强度。

7.3 施 工 准 备

7.3.1 堆放小砌块的场地应预先夯实平整，并便于排水。不同规格型号、强度等级的小砌块应分别覆盖堆放。堆垛上应有标志，垛间应留适当宽度的通道。堆置高度不宜超过1.6m，堆放场地应有防潮措施。装卸时，不得采用翻斗卸车和随意抛掷。

7.3.2 墙体施工前必须按房屋设计图编绘小砌块平、立面排块图。排列时应根据小砌块规格、灰缝厚度和宽度、门窗洞口尺寸、过梁与圈梁或连系梁的高度、芯柱或构造柱位置、预留洞大小、管线、开关、插座敷设部位等进行对孔、错缝搭接排列，并以主规格小砌块为主，辅以相应的辅助块。

7.3.3 砌入墙体内的各种建筑构配件、钢筋网片与拉结筋应事先预制加工，按不同型号、规格进行堆放。

7.3.4 严禁使用有竖向裂缝、断裂、龄期不足28d的小砌块及外表明显受潮的小砌块进行砌筑。

7.3.5 小砌块表面的污物和用于芯柱小砌块的底部孔洞周围的混凝土毛边应在砌筑前清理干净。

7.3.6 砌筑小砌块基础或底层墙体前，应采用经检定的钢尺校核房屋放线尺寸，允许偏差值应符合表7.3.6的规定。

表7.3.6 房屋放线尺寸允许偏差

长度 L，宽度 B（m）	允许偏差（mm）
$L(B) \leqslant 30$	±5
$30 < L(B) \leqslant 60$	±10
$60 < L(B) \leqslant 90$	±15
$L(B) > 90$	±20

7.3.7 砌筑底层墙体前必须对基础工程按有关规定进行检查和验收，符合要求后方可进行墙体施工。

7.3.8 小砌块砌体施工质量的控制等级应符合表7.3.8的规定。

表7.3.8 小砌块砌体工程施工质量控制等级

项　目	施工质量控制等级		
	A	B	C
现场质量管理	制度健全，并严格执行；非施工方质量监督人员经常到现场，或现场设有常驻代表；施工方有在岗专业技术管理人员，人员齐全，并持证上岗	制度基本健全，并能执行；非施工方质量监督人员间断地到现场进行质量控制；施工方有在岗专业技术管理人员，并持证上岗	有制度；非施工方质量监督人员很少做现场质量控制；施工方有在岗专业技术管理人员
砂浆、混凝土强度	试块按规定制作，强度满足验收规定，离散性小	试块按规定制作，强度满足验收规定，离散性较小	试块强度满足验收规定，离散性大
砂浆拌合方式	机械拌合：配合比计量控制严格	机械拌合：配合比计量控制一般	机械或人工拌合：配合比计量控制较差
砌筑工人	中级工以上，其中高级工不少于20%	高、中级工不少于70%	初级工以上

7.4 墙　体　砌　筑

7.4.1 墙体砌筑应从房屋外墙转角定位处开始。砌筑皮数、灰缝厚度、标高应与该工程的皮数杆相应标志一致。皮数杆应竖立在墙的转角处和交接处，间距宜小于15m。

7.4.2 正常施工条件下，小砌块墙体每日砌筑高度宜控制在1.4m或一步脚手架高度内。

7.4.3 小砌块砌筑前不得浇水。在施工期间气候异常炎热干燥时，可在砌筑前稍喷水湿润。轻骨料小砌块应根据施工时实际气温和砌筑情况而定，必要时应按当地气温情况提前洒水湿润。

7.4.4 砌筑时，小砌块包括多排孔封底小砌块、带保温夹芯层的小砌块均应底面朝上（即反砌）砌筑。

7.4.5 小砌块墙内不得混砌黏土砖或其他墙体材料。镶砌时，应采用与小砌块材料强度同等级的预制混凝土块。

7.4.6 小砌块砌筑形式应每皮顺砌，上下皮小砌块应对孔，竖缝应相互错开1/2主规格小砌块长度。使用多排孔小砌块砌筑墙体时，应错缝搭砌，搭接长度不应小于主规格小砌块长度的1/4。否则，应在此水平灰缝中设4ϕ4钢筋点焊网片。网片两端与竖缝的距离不得小于400mm。竖向通缝不得超过两皮小砌块。

7.4.7 190mm厚度的小砌块内外墙和纵横墙必须同时砌筑并相互交错搭接。临时间断处应砌成斜槎，斜槎水平投影长度不应小于斜槎高度。严禁留直槎。

7.4.8 隔墙顶接触梁板底的部位应采用实心小砌块斜砌楔紧；房屋顶层的内隔墙应离该处屋面板板底15mm，缝内采用1:3石灰砂浆或弹性腻子嵌塞。

7.4.9 在砌筑中，已砌筑的小砌块受撬动或碰撞时，应清除原砂浆，重新砌筑。

7.4.10 砌筑小砌块的砂浆应随铺随砌，墙体灰缝应横平竖直。水平灰缝宜采用坐浆法满铺小砌块全部壁肋或多排孔小砌块的封底面；竖向灰缝应采取满铺端面法，即将小砌块端面朝上铺满砂浆再上墙挤紧，然后加浆插捣密实。饱满度均不宜低于90%。水平灰缝厚度和竖向灰缝宽度宜为10mm，不得小于8mm，也不应大于12mm。

7.4.11 砌筑时，墙面必须用原浆做勾缝处理。缺灰处应补浆压实，并宜做成凹缝，凹进墙面2mm。

7.4.12 砌入墙内的钢筋点焊网片和拉结筋必须放置在水平灰缝的砂浆层中，不得有露筋现象。钢筋网片的纵横筋不得重叠点焊，应控制在同一平面内。

7.4.13 小砌块墙体孔洞中需充填隔热或隔声材料时，应砌一皮灌填一皮。应填满，不得捣实。充填材料必须干燥、洁净，粒径应符合设计要求。

墙体采用内保温隔热或外保温隔热材料时，应按现行相关标准施工。

7.4.14 砌筑带保温夹芯层的小砌块墙体时，应将保温夹芯层一侧靠置室外，并应对孔错缝。左右相邻小砌块中的保温夹芯层应互相衔接，上下皮保温夹芯层之间的水平灰缝处应砌入同质保温材料。

7.4.15 小砌块夹芯墙施工宜符合下列要求：

1 内外叶墙均应按皮数杆依次往上砌筑。

2 内外墙应按设计要求及时砌入拉结件。

3 砌筑时灰缝中挤出的砂浆与空腔槽内掉落的砂浆应在砌筑后及时清理。

7.4.16 固定圈梁、挑梁等构件侧模的水平拉杆、扁铁或螺栓应从小砌块灰缝中预留 $4\phi10$ 孔穿入，不得在小砌块块体上打凿安装洞。内墙可利用侧砌的小砌块孔洞进行支模，模板拆除后应采用C20混凝土将孔洞填实。

7.4.17 安装预制梁、板时，必须先找平后灌浆，不得干铺。预制楼板安装也可采用硬架支模法施工。

7.4.18 窗台梁两端伸入墙内的支承部位应预留孔洞。孔洞口的大小、部位与上下皮小砌块孔洞，应保证门窗洞两侧的芯柱竖向贯通。

7.4.19 木门窗框与小砌块墙体两侧连接处的上、中、下部位应砌入埋有沥青木砖的小砌块（190mm×190mm×190mm）或实心小砌块，并用铁钉、射钉或膨胀螺栓固定。

7.4.20 门窗洞口两侧的小砌块孔洞灌填C20混凝土后，其门窗与墙体的连接方法可按实心混凝土墙体施工。

7.4.21 对设计规定或施工所需的孔洞、管道、沟槽和预埋件等，应在砌筑时进行预留或预埋，不得在已砌筑的墙体上打洞和凿槽。

7.4.22 水、电管线的敷设安装应按小砌块排块图的要求与土建施工进度密切配合，不得事后凿槽打洞。

7.4.23 照明、电信、闭路电视等线路可采用内穿12号铁丝的白色增强塑料管。水平管线宜预埋于专供水平管用的实心带凹槽小砌块内，也可敷设在圈梁模板内侧或现浇混凝土楼板（屋面板）中。竖向管线应随墙体砌筑埋设在小砌块孔洞内。管线出口处应采用U型小砌块（190mm×190mm×190mm）竖砌，内埋开关、插座或接线盒等配件，四周用水泥砂浆填实。

冷、热水水平管可采用实心带凹槽的小砌块进行敷设。立管宜安装在E字型小砌块中的一个开口孔洞中。待管道试水验收合格后，采用 C20 混凝土浇灌封闭。

7.4.24 卫生设备安装宜采用筒钻成孔。孔径不得大于 120mm，上下左右孔距应相隔一块以上的小砌块。

7.4.25 严禁在外墙和纵、横承重墙沿水平方向凿长度大于 390mm 的沟槽。

7.4.26 安装后的管道表面应低于墙面 4～5mm，并与墙体卡牢固定，不得有松动、反弹现象。浇水湿润后用 1:2 水泥砂浆填实封闭。外设 10mm×10mm 的 $\phi0.5 \sim 0.8$ 钢丝网，网宽应跨过槽口，每边不得小于 80mm。

7.4.27 墙体施工段的分段位置宜设在伸缩缝、沉降缝、防震缝、构造柱或门窗洞口处。相邻施工段的砌筑高差不得超过一个楼层高度，也不应大于 4m。

7.4.28 墙体的伸缩缝、沉降缝和防震缝内，不得夹有砂浆、碎砌块和其他杂物。

7.4.29 每一楼层砌完后，必须校核墙体的轴线尺寸和标高。对允许范围内的偏差，应在本层楼面上校正。

7.4.30 小砌块墙体砌筑应采用双排外脚手架或里脚手架进行施工，严禁在砌筑的墙体上设脚手孔洞。

7.4.31 房屋顶层内粉刷必须待钢筋混凝土平屋面保温层、隔热层施工完成后方可进行；对钢筋混凝土坡屋面，应在屋面工程完工后进行。

7.4.32 房屋外墙抹灰必须待屋面工程全部完工后进行。

7.4.33 墙面设有钢丝网的部位，应先采用有机胶拌制的水泥浆或界面剂等材料满涂后，方可进行抹灰施工。

7.4.34 抹灰前墙面不宜洒水。天气炎热干燥时可在操作前 1～2h 适度喷水。

7.4.35 墙面抹灰应分层进行，总厚度宜为 18～20mm。

7.4.36 小砌块砌体尺寸和位置允许偏差应符合表 7.4.36 的规定。

表 7.4.36 小砌块砌体尺寸和位置允许偏差

序号	项目			允许偏差（mm）	检验方法
1	轴线位置偏移			10	用经纬仪或拉线和尺量检查
2	基础和砌体顶面标高			±15	用水准仪和尺量检查
3	垂直度	每层		5	用线锤和 2m 托线板检查
		全高	≤10m	10	用经纬仪或重锤挂线和尺量检查
			>10m	20	
4	表面平整度	清水墙、柱		6	用 2m 靠尺和塞尺检查
		混水墙、柱		6	
5	水平灰缝平直度	清水墙 10m 以内		7	用 10m 拉线和尺量检查
		混水墙 10m 以内		10	
6	水平灰缝厚度（连续五皮砌块累计）			±10	与皮数杆比较，尺量检查
7	垂直灰缝宽度（水平方向连续五块累计）			±15	用尺量检查
8	门窗洞口（后塞口）	宽度		±5	用尺量检查
		高度		±5	
9	外墙窗上下窗口偏移			20	以底层窗口为准，用经纬仪或吊线检查

7.5 芯柱施工

7.5.1 每层每根芯柱柱脚应采用竖砌单孔 U 型、双孔 E 型或 L 型小砌块留设清扫口。

7.5.2 每层墙体砌筑到要求标高后，应及时清扫芯柱孔洞内壁及芯柱孔道内掉落的砂浆等杂物。

7.5.3 芯柱钢筋应采用带肋钢筋，并从上向下穿入芯柱孔洞，通过清扫口与圈梁（基础圈梁、楼层圈梁）伸出的插筋绑扎搭接。搭接长度应为钢筋直径的45倍。

7.5.4 用模板封闭芯柱的清扫口时，必须采取防止混凝土漏浆的措施。

7.5.5 灌筑芯柱混凝土前，应先浇50mm厚的水泥砂浆，水泥砂浆应与芯柱混凝土成分相同。

7.5.6 芯柱混凝土必须待墙体砌筑砂浆强度等级达到1MPa时方可浇灌，并应定量浇灌，做好记录。

7.5.7 芯柱混凝土宜采用坍落度为70~80mm的细石混凝土。当采用泵送时，坍落度宜为140~160mm。

7.5.8 芯柱混凝土必须按连续浇灌、分层（300~500mm高度）捣实的原则进行操作，直浇至离该芯柱最上一皮小砌块顶面50mm止，不得留施工缝。振捣时宜选用微型插入式振动棒振捣。

7.5.9 芯柱混凝土试件制作、养护和抗压强度取值应符合现行国家标准《混凝土结构工程施工质量验收规范》GB 50204的规定。混凝土配合比变更时，应相应制作试块。施工现场实测检验可采用锤击法敲击该芯柱小砌块外表面。必要时，可采用钻芯法或超声法检测。

7.6 构造柱施工

7.6.1 设置钢筋混凝土构造柱的小砌块砌体，应按绑扎钢筋、砌筑墙体、支设模板、浇筑混凝土的施工顺序进行。

7.6.2 墙体与构造柱连接处应砌成马牙槎。从每层柱脚开始，先退后进，形成100mm宽、200mm高的凹凸槎口。柱墙间应采用2ϕ6的拉结筋拉结、间距宜为400mm，每边伸入墙内长度应为1000mm或伸至洞口边。

7.6.3 构造柱两侧模板必须紧贴墙面，支撑必须牢靠，严禁板缝漏浆。

7.6.4 构造柱混凝土保护层宜为20mm,且不应小于15mm。混凝土坍落度宜为50~70mm。

7.6.5 浇灌构造柱混凝土前应清除落地灰等杂物并将模板浇水湿润，然后先注入与混凝土配比相同的50mm厚水泥砂浆，再分段浇灌、振捣混凝土，直至完成。凹型槎口的腋部必须振捣密实。

7.6.6 构造柱尺寸的允许偏差值应符合表7.6.6的规定。

表7.6.6 构造柱尺寸允许偏差

序号	项目			允许偏差(mm)	检查方法
1	柱中心线位置			10	用经纬仪检查
2	柱层间错位			8	用经纬仪检查
3	柱垂直度	每层		10	用吊线法检查
		全高	≤10m	15	用经纬仪或吊线法检查
			>10m	20	用经纬仪或吊线法检查

7.7 雨、冬期施工

7.7.1 雨期施工应符合下列规定：

1 雨期施工，堆放室外的小砌块应有覆盖设施。

2 雨量为小雨及以上时，应停止砌筑。对已砌筑的墙体宜覆盖。继续施工时，应复核墙体的垂直度。

3 砌筑砂浆稠度应视实际情况适当减小，每日砌筑高度不宜超过 1.2m。

7.7.2 冬期施工应符合下列规定：

1 当室外日平均气温连续 5d 稳定低于 5℃或气温骤然下降时，应及时采取冬期施工措施；当室外日平均气温连续 5d 高于 5℃时应解除冬期施工。

注：1. 气温根据当地气象资料确定；
2. 冬期施工期限以外，当日最低气温低于 -3℃时，也应根据本节的规定执行。

2 冬期施工所用的材料，应符合下列规定：

1）不得使用浇过水或浸水后受冻的小砌块。

2）砌筑砂浆宜用普通硅酸盐水泥拌制。

3）石灰膏、电石膏应防止受冻，如遭冻结，应融化后方可使用。

4）砌筑砂浆和芯柱、构造柱混凝土所用的砂与粗骨料不得含有冰块和直径大于 10mm 的冻结块。

5）拌合砌筑砂浆宜采用两步投料法。水的温度不得超过 80℃，砂的温度不得超过 40℃，砂浆稠度宜较常温适当减小。

6）现场运输与储存砂浆应有冬期施工措施。

3 砌筑后，应及时用保温材料对新砌砌体进行覆盖，砌筑面不得留有砂浆。继续砌筑前，应清扫砌筑面。

4 冬期施工时，对低于 M10 强度等级的砌筑砂浆，应比常温施工提高一级，且砂浆使用时的温度不应低于 5℃。

5 记录冬期砌筑的施工日记除按常规要求外，尚应记载室外空气温度、砌筑时砂浆温度、外加剂掺量以及其他有关资料。

6 芯柱、构造柱混凝土的冬期施工应按国家现行标准《建筑工程冬期施工规程》JGJ 104 和《混凝土结构工程施工质量验收规范》GB 50204 中有关规定执行。

7 基土不冻胀时，基础可在冻结的地基上砌筑；基土有冻胀性时，必须在未冻的地基上砌筑。在基槽、基坑回填土前应采取防止地基遭受冻结的措施。

8 小砌块砌体不得采用冻结法施工。埋有未经防腐处理的钢筋（网片）的小砌块砌体不应采用掺氯盐砂浆法施工。

9 采用掺外加剂法时，其掺量应由试验确定，并应符合现行国家标准《混凝土外加剂应用技术规范》GB 50119 的有关规定。

10 采用暖棚法施工时，小砌块和砂浆在砌筑时的温度不应低于 5℃，同时离所砌的结构底面 500mm 处的棚内温度也不应低于 5℃。

11 暖棚内的小砌块砌体养护时间，应根据暖棚内的温度按表 7.7.2 确定。

表 7.7.2 暖棚法小砌块砌体的养护时间

暖棚内温度（℃）	5	10	15	20
养护时间不少于（d）	6	5	4	3

7.8 安 全 施 工

7.8.1 小砌块墙体施工的安全技术要求必须遵守现行建筑工程安全技术标准的规定。

7.8.2 垂直运输使用托盘吊装时，应使用尼龙网或安全罩围护小砌块。

7.8.3 在楼面或脚手架上堆放小砌块或其他物料时，严禁倾卸和抛掷，不得撞击楼板和脚手架。

7.8.4 堆放在楼面和屋面上的各种施工荷载不得超过楼板（屋面板）的设计允许承载力。

7.8.5 砌筑小砌块或进行其他施工时，施工人员严禁站在墙上进行操作。

7.8.6 对未浇筑（安装）楼板或屋面板的墙和柱，在遇大风时，其允许自由高度不得超过表7.8.6的规定。

表7.8.6 小砌块墙和柱的自由高度

墙（柱）厚度(mm)	墙和柱的允许自由高度（m）		
	风载（kN/m²）		
	0.3（相当7级风）	0.4（相当8级风）	0.6（相当9级风）
190	1.4	1.0	0.6
390	4.2	3.2	2.0
490	7.0	5.2	3.4
590	10.0	8.6	5.6
注：允许自由高度超过时，应加设临时支撑或及时现浇圈梁。			

7.8.7 施工中，如需在砌体中设置临时施工洞口，其洞边离交接处的墙面距离不得小于600mm，并应沿洞口两侧每400mm处设置$\phi 4$点焊网片及洞顶钢筋混凝土过梁。

7.8.8 射钉枪的使用与保管必须符合有关部门规定。

7.9 工 程 验 收

7.9.1 混凝土小型空心砌块砌体工程验收应按现行国家标准《砌体工程施工质量验收规范》GB 50203有关要求执行。

附录A 小砌块孔洞中内插、内填保温材料的热工性能

表A.0.1 小砌块孔洞内插、内填保温材料的热工性能

序号	措施	砌体厚度(mm)	材料及其导热系数		R_b	D_b
			材料	λ[W/m·K)]	[(m²·K)/W]	
1	孔洞中插板	190	25厚发泡聚苯小板	0.04	0.32	1.66
2			30厚矿棉毡(包塑)	0.05	0.31	1.66
3			40厚膨胀珍珠岩芯板	0.06	0.31	1.75
4			25厚硬质矿棉板	0.05	0.33	1.70
5			2厚单面铝箔聚苯板	0.04	0.42	1.55
6	孔洞中填料	190	满填膨胀珍珠岩0.06	0.40	1.91	—
7			满填松散矿棉	0.45	0.43	1.90
8			满填水泥聚苯碎粒混合料	0.09	0.36	1.91
9			满填水泥珍珠岩混合料	0.12	0.33	1.95

附录 B 部分轻骨料小砌块砌体的热工性能

表 B.0.1 部分轻骨料混凝土小砌块砌体的热工性能

序 号	主体材料	孔 型	表观密度 (kg/m³)	孔洞率 (%)	厚 度 (mm)	R_b [(m²·K)/W]	D_b
1	煤渣硅酸盐	单排孔	1000	44	190	0.23	1.66
2	水泥煤渣硅酸盐	单排孔	940	44	190	0.24	1.64
3	水泥石灰窑渣	单排孔	990	44	190	0.22	1.66
4	煤渣硅酸盐	双排孔	890	40	190	0.35	1.92
5	煤渣硅酸盐	三排孔	890	35	240	0.45	2.20
6	陶粒（500级）	单排孔	707	44	190	0.36	1.36
			547	44	190	0.43	1.30
7	陶粒（500级）	双排孔	510	40	190	0.74	1.50
8	陶粒（500级）	三排孔	474	35	190	1.07	1.72
			465	36.2	190	0.98	1.70

附录 C 外墙平均传热系数与平均热惰性指标的计算方法

C.0.1 外墙受周边结构性冷（热）桥的影响，应取平均传热系数（K_m）和平均热惰性指标（D_m），评价其保温隔热性能，K_m 和 D_m 应分别按下列公式计算。计算时，可以一个典型居室的开间和上下层高定位轴线围合的外墙为计算单元，该外墙上的门窗洞口面积不计入外墙面积。

$$K_m = \frac{K_p F_p + K_{B1} F_{B1} + K_{B2} + F_{B2} + \cdots\cdots + K_{Bj} F_{Bj}}{F_p + F_{B1} + F_{B2} \cdots\cdots + F_{Bj}} \quad (C.0.1\text{-}1)$$

$$D_m = \frac{D_p F_p + D_{B1} F_{B1} + D_{B2} F_{B2} + \cdots\cdots + D_{Bj} F_{Bj}}{F_p + F_{B1} + F_{B2} \cdots\cdots + F_{Bj}} \quad (C.0.1\text{-}2)$$

式中 K_m——小砌块外墙的平均传热系数[W/(m²·K)]；

D_m——小砌块外墙的平均热惰性指标；

K_p——计算单元中外墙主体部位的传热系数［W/（m²·K)］，按本规程附录 D 中的公式 D.0.1-1 计算；

K_{B1}、K_{B2}……、K_{Bj}——计算单元中外墙结构性冷（热）桥部位的传热系数［W/（m²·K)］，按本规程附录 D 中的公式 D.0.1-1 计算；

D_p——计算单元中外墙主体部位的热惰性指标，按本规程附录 D 中的公式 D.0.1-2 计算；

D_{B1}、D_{B2}……、D_{Rj}——计算单元中外墙结构性冷(热)桥部位的热惰性指标，按本规程附录 D 中的公式 D.0.1-2 计算；

F_{B1}、F_{B2}……、F_{Bj}——计算单元中外墙结构性冷(热)桥部位的面积(m²)。

附录D 外墙主体部位与结构性冷（热）桥部位的传热系数及热惰性指标的计算方法

D.0.1 小砌块建筑外墙主体部位和结构性冷（热）桥部位的传热系数和热惰性指标可按下列公式计算：

$$K_p = \frac{1}{R_p} = \frac{1}{R_e + R_b + R_{ad} + R_i} \tag{D.0.1-1}$$

$$D_p = D_b + D_{ad} \tag{D.0.1-2}$$

$$R_{ad} = \Sigma R_j, R_j = \frac{\delta_j}{\lambda_{cj}} \tag{D.0.1-3}$$

$$D_j = R_j S_{cj} \tag{D.0.1-4}$$

式中 K_p——小砌块外墙主体部位的传热系数 [W/（m^2·K）]；

R_p——小砌块外墙主体部位的传热阻 [（m^2·K）/W]；

R_e——外表面的热交换阻，取 0.04 [（m^2·K）/W]；

R_b——未经混凝土或钢筋混凝土填实的小砌块砌体的热阻 [（m^2·K）/W]，按本规程第 4.2.2 条和附录 A 选择；

R_{ad}——除小砌块砌体以外的其他各层（包括空气间层）的热阻之和 [（m^2·K）/W]；

δ_j——除小砌块砌体以外其他各层材料的厚度（m）；

λ_{cj}——除小砌块砌体以外其他各层材料的计算导热系数 [W/（m^2·K）]；

R_i——内表面的热交换阻，取 0.11 [（m^2·K）/W]；

D_p——小砌块外墙主体部位的热惰性指标；

D_{ad}——除小砌块砌体以外的其他各层材料的热惰性指标之和（空气间层的 $D_j = 0$）；

S_{cj}——除小砌块砌体以外其他各层材料的计算蓄热系数 [W/（m^2·K）]。

附录E 外墙和屋顶的隔热指标验算方法

E.0.1 外墙和屋顶的隔热指标可按照下列公式验算：

$$G_1 = \frac{\rho}{R_0 \alpha_e \alpha_i} \tag{E.0.1-1}$$

$$G_2 = \frac{\rho}{m \alpha_e \alpha_i} \tag{E.0.1-2}$$

外墙的
$$m = 2.62e^{0.46D} \tag{E.0.1-3}$$

屋顶的
$$m = 2.52e^{0.44D} \tag{E.0.1-4}$$

架空通风屋顶的 $m = 2.52e^{0.44D} + 1$ (E.0.1-5)

式中 G_1——热阻抗隔热指数 [$\times 10^{-2}$ ($m^2\cdot K$) /W]；

G_2——热稳定隔热指数 [$\times 10^{-2}$ ($m^2\cdot K$) /W]；

ρ——外表面对太阳辐射热的吸收系数，按照现行国家标准《民用建筑热工设计规范》GB 51076—93 附表 2.6 选择；

R_0——外墙或屋顶的传热阻 [($m^2\cdot K$) /W]，其值为传热系数的倒数；

α_e——外表面热交换系数，取 19 [W/ ($m^2\cdot K$)]；

α_i——内表面热交换系数，取 8.7 [W/ ($m^2\cdot K$)]；

m——综合热稳定系数；

D——外墙或屋顶的热惰性指标；

e——自然对数的底。

E.0.2 外墙和屋顶的隔热指数限值可按表 E.0.2 的规定选用。

表 E.0.2 外墙和屋顶的隔热指数限值

部位	隔热指数	限值	单位
外墙	热阻抗隔热指数 G_1	0.60	[$\times 10^{-2}$ ($m^2\cdot K$) /W]
	热稳定隔热指数 G_2	0.35	
屋顶	热阻抗隔热指数 G_1	0.40	[$\times 10^{-2}$ ($m^2\cdot K$) /W]
	热稳定隔热指数 G_2	0.35	

E.0.3 若计算的 G_1、G_2 小于或等于表 E.0.2 所列限值，即可认为设计的小砌块建筑外墙和屋顶的热工性能符合隔热指标的要求。

附录 F 影 响 系 数

F.0.1 无筋砌体矩形截面单向偏心受压构件（图 F.0.1）承载力的影响系数，可按表 F.0.1-1、表 F.0.1-2 采用；也可按下列公式计算：

当 $\beta \leqslant 3$ 时

$$\varphi = \frac{1}{1 + 12\left(\frac{e}{h}\right)^2} \quad (F.0.1-1)$$

当 $\beta > 3$ 时

$$\varphi = \frac{1}{1 + 12\left[\frac{e}{h} + \frac{1}{12}\left(\frac{1}{\varphi_0} - 1\right)\right]^2} \quad (F.0.1-2)$$

$$\varphi_0 = \frac{1}{1 + \alpha\ (1.1\beta)^2} \quad (F.0.1-3)$$

式中 φ——影响系数；

e——轴向力的偏心距；

h——矩形截面的轴向力偏心方向的边长；

φ_0——轴心受压构件的稳定系数；

α——与砂浆强度等级有关的系数，当砂浆强度等级大于或等于 M5 时，α 取

0.0015；当砂浆强度等级等于 M2.5 时，α 取 0.002；当砂浆强度等级等于0时，α 取0.009；

β——构件的高厚比。

F.0.2 计算T形截面受压构件的影响系数时，应以折算厚度 h_T 代替公式F.0.1中的 h，折算厚度可按下式计算：

$$h_T = 3.5i \tag{F.0.2}$$

式中 h_T——T形截面折算厚度；

i——T形截面的回转半径。

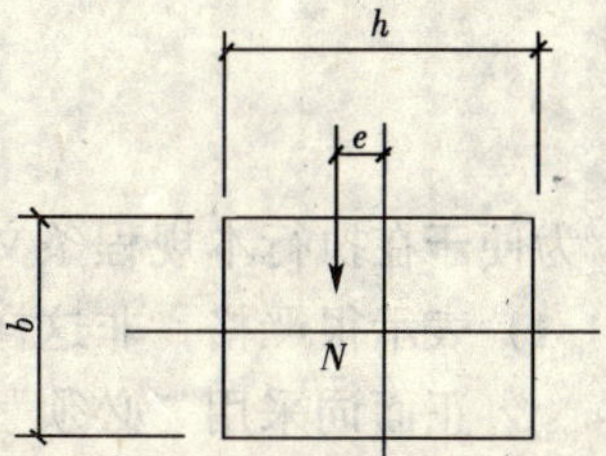

图 F.0.1 单向偏心受压

表 F.0.1-1 影响系数 φ（砂浆强度等级$\geqslant M$）

β	$\frac{e}{h}$或$\frac{e}{h_T}$												
	0	0.025	0.05	0.075	0.1	0.125	0.15	0.175	0.2	0.225	0.25	0.275	0.3
≤3	1	0.99	0.97	0.94	0.89	0.84	0.79	0.73	0.68	0.62	0.57	0.52	0.48
4	0.98	0.95	0.90	0.85	0.80	0.74	0.69	0.64	0.58	0.53	0.49	0.45	0.41
6	0.95	0.91	0.86	0.81	0.75	0.69	0.64	0.59	0.54	0.49	0.45	0.42	0.38
8	0.91	0.86	0.81	0.76	0.70	0.64	0.59	0.54	0.50	0.46	0.42	0.39	0.36
10	0.87	0.82	0.76	0.71	0.65	0.60	0.55	0.50	0.46	0.42	0.39	0.36	0.33
12	0.82	0.77	0.71	0.66	0.60	0.55	0.51	0.47	0.43	0.39	0.36	0.33	0.31
14	0.77	0.72	0.66	0.61	0.56	0.51	0.47	0.43	0.40	0.36	0.34	0.31	0.29
16	0.72	0.67	0.61	0.56	0.52	0.47	0.44	0.40	0.37	0.34	0.31	0.29	0.27
18	0.67	0.62	0.57	0.52	0.48	0.44	0.40	0.37	0.34	0.31	0.29	0.27	0.25
20	0.62	0.57	0.53	0.48	0.44	0.40	0.37	0.34	0.32	0.29	0.27	0.25	0.23
22	0.58	0.53	0.49	0.45	0.41	0.38	0.35	0.32	0.30	0.27	0.25	0.24	0.22
24	0.54	0.49	0.45	0.41	0.38	0.35	0.32	0.30	0.28	0.26	0.24	0.22	0.21
26	0.50	0.46	0.42	0.38	0.35	0.33	0.30	0.28	0.26	0.24	0.22	0.21	0.19
28	0.46	0.42	0.39	0.36	0.33	0.30	0.28	0.26	0.24	0.22	0.21	0.19	0.18
30	0.42	0.39	0.36	0.33	0.31	0.28	0.26	0.24	0.22	0.21	0.20	0.18	0.17

表 F.0.1-2 影响系数 φ（砂浆强度为零）

β	$\frac{e}{h}$或$\frac{e}{h_T}$												
	0	0.025	0.05	0.075	0.1	0.125	0.15	0.175	0.2	0.225	0.25	0.275	0.3
≤3	1	0.99	0.97	0.94	0.89	0.84	0.79	0.73	0.68	0.62	0.57	0.52	0.48
4	0.87	0.82	0.77	0.71	0.66	0.60	0.55	0.51	0.46	0.43	0.39	0.36	0.33
6	0.76	0.70	0.65	0.59	0.54	0.50	0.46	0.42	0.39	0.36	0.33	0.30	0.28
8	0.63	0.58	0.54	0.49	0.45	0.41	0.38	0.35	0.32	0.30	0.28	0.25	0.24
10	0.53	0.48	0.44	0.41	0.37	0.34	0.32	0.29	0.27	0.25	0.23	0.22	0.20
12	0.44	0.40	0.37	0.34	0.31	0.29	0.27	0.25	0.23	0.21	0.20	0.19	0.17
14	0.36	0.33	0.31	0.28	0.26	0.24	0.23	0.21	0.20	0.18	0.17	0.16	0.15
16	0.30	0.28	0.26	0.24	0.22	0.21	0.19	0.18	0.17	0.316	0.15	0.14	0.13
18	0.26	0.24	0.22	0.21	0.19	0.18	0.17	0.16	0.15	0.14	0.13	0.12	0.12
20	0.22	0.20	0.19	0.18	0.17	0.16	0.15	0.14	0.13	0.12	0.12	0.11	0.10
22	0.19	0.18	0.16	0.15	0.14	0.14	0.13	0.12	0.12	0.11	0.10	0.10	0.09
24	0.16	0.15	0.14	0.13	0.13	0.12	0.11	0.11	0.10	0.10	0.09	0.09	0.08
26	0.14	0.13	0.13	0.12	0.11	0.11	0.09	0.10	0.09	0.09	0.08	0.08	0.07
28	0.12	0.12	0.11	0.11	0.10	0.10	0.09	0.09	0.08	0.08	0.08	0.07	0.07
30	0.11	0.10	0.10	0.09	0.09	0.09	0.08	0.08	0.07	0.07	0.07	0.07	0.06

本规程用词说明

1 为便于在执行本规程条文时区别对待，对要求严格程度不同的用词用语说明如下：

1）表示很严格，非这样做不可的；

正面词采用“必须”，反面词采用“严禁”。

2）表示严格，在正常情况下均应这样做的；

正面词采用“应”，反面词采用“不应”或“不得”。

3）表示允许稍有选择，在条件许可时首先应这样做的；

正面词采用“宜”，反面词采用“不宜”。

表示有选择，在一定条件下可以这样做的，采用“可”。

2 条文中指明必须按有关标准、规范或规定执行的写法为，“应按……执行”或“应符合……的要求（规定）”。

中华人民共和国行业标准

多孔砖砌体结构技术规范

Technical code for perforated brick masonry structures

JGJ 137—2001

（2002年版）

批准部门：中 华 人 民 共 和 国 建 设 部

实施日期：2 0 0 1 年 1 2 月 1 日

中华人民共和国建设部
公　　告

第69号

建设部关于行业标准
《多孔砖砌体结构技术规范》
局部修订的公告

现批准《多孔砖砌体结构技术规范》JGJ 137—2001局部修订的条文，自2003年1月1日起实施。经此次修改的原条文同时废止。其中，第3.0.2、3.0.3、3.0.4、4.2.1、4.4.1、4.5.1、5.1.4、5.1.5、5.2.10、5.3.1、5.3.4、5.3.5、5.3.6（1）（2）、5.3.7、5.3.10（1）（2）条（款）为强制性条文，必须严格执行；原第4.5.2（1）（4）、5.1.2（5）、5.3.10（4）条（款）不再作为强制性条文。

中华人民共和国建设部

2002年9月27日

关于发布行业标准
《多孔砖砌体结构技术规范》的通知

建标［2001］208号

根据建设部《关于印发〈一九八九年工程建设专业标准规范制订、修订计划〉的通知》(［89］建标计字第8号）的要求，由中国建筑科学研究院主编的《多孔砖砌体结构技术规范》，经审查，批准为行业标准。其中3.0.2，3.0.3，3.0.4，4.4.1，4.5.1，4.5.2中1、4款，5.1.2中5款，5.1.4，5.1.5，5.2.10，5.3.1，5.3.4，5.3.5，5.3.6中1、2款，5.3.7中2、3、4款，5.3.10中1、4款为强制性条文，必须执行。该规范编号为JGJ 137—2001，自2001年12月1日起施行。

本规范由建设部建筑工程标准技术归口单位中国建筑科学研究院负责管理和具体解释，建设部标准定额研究所组织中国建筑工业出版社出版。

中华人民共和国建设部

2001年10月10日

前　言

《多孔砖砌体结构技术规范》行业标准，是根据建设部建标［1989］8号文的要求，标准编制组经广泛调查研究，认真总结实践经验，参考有关国际标准和国外先进标准，并在广泛征求意见基础上，制定了本规范。

本规范的主要内容是：1. 砖和砂浆的强度等级，砌体力学性能的计算指标；2. 静力设计包括基本规定、受压构件承载力计算、墙柱的允许高厚比、构造要求、预防和减轻裂缝的措施；3. 抗震设计包括一般规定、房屋总高度限值及房屋局部尺寸和房屋高宽比的要求、地震作用和抗震承载力验算、抗震构造措施；4. 施工和质量检验中规定了施工准备、施工技术要求、安全措施、工程质量检验和工程验收。

本规范由建设部建筑工程标准技术归口单位中国建筑科学研究院归口管理，授权由主编单位负责具体解释。

本规范的主编单位是：中国建筑科学研究院（地址：北京市北三环东路30号；邮政编码：100013）

本规范参加单位是：

北京市建筑设计研究院、四川省建筑科学研究院、陕西省建筑科学研究设计院和安徽省建筑科学研究设计院

本规范主要起草人员是：

董竞成　刘经伟　王增培　周炳章　侯汝欣　张昌叙　雷　波　刘莉芳

目　次

1　总则 …… 226
2　术语、符号 …… 226
2.1　术语 …… 226
2.2　符号 …… 226
3　材料和砌体的计算指标 …… 228
4　静力设计 …… 229
4.1　基本设计规定 …… 229
4.2　受压构件承载力计算 …… 231
4.3　墙、柱的允许高厚比 …… 232
4.4　一般构造要求 …… 233
4.5　圈梁、过梁 …… 234
4.6　预防和减轻墙体裂缝措施 …… 234
5　抗震设计 …… 235
5.1　一般规定 …… 235
5.2　地震作用和抗震承载力验算 …… 237
5.3　抗震构造措施 …… 239
6　施工和质量检验 …… 241
6.1　施工准备 …… 241
6.2　施工技术要求 …… 243
6.3　安全措施 …… 244
6.4　工程质量检验 …… 244
6.5　工程验收 …… 246
附录A　轴向力影响系数 φ …… 246
本规范用词说明 …… 248

1 总　则

1.0.1 为了使烧结多孔砖砌体结构的设计和施工贯彻节能、节地的技术经济政策，减轻建筑物的地震破坏，做到技术先进、经济合理、安全适用、确保质量，制定本规范。

1.0.2 本规范适用于非抗震设防区和抗震设防烈度为6度至9度的地区，以P型烧结多孔砖和M型模数烧结多孔砖（以下简称多孔砖）为墙体材料的砌体结构的设计、施工及验收。

1.0.3 在进行多孔砖砌体结构设计、施工及验收时，除遵守本规范外，尚应符合国家现行有关强制性标准的规定。

2 术语、符号

2.1 术　语

2.1.1 烧结多孔砖　fired perforated brick

以粘土、页岩、煤矸石为主要原料，经焙烧而成、孔洞率不小于15%，孔形为圆孔或非圆孔。孔的尺寸小而数量多，主要适用于承重部位的砖，简称多孔砖。目前多孔砖分为P型砖和M型砖。

2.1.2 P型多孔砖 P-type perforated brick

外形尺寸为240mm×115mm×90mm的砖。简称P型砖。

2.1.3 M型模数多孔砖 M-type madular perforated brick

外形尺寸为190mm×190mm×90mm的砖，简称M型砖。

2.1.4 配砖 auxiliary brick

砌筑时与主规格砖配合使用的砖，如半砖、七分头、M型砖的系列配砖等。

2.1.5 硬架支模 supporting floor loading formwork

多层砖房现浇圈梁的一种施工做法，其具体操作是：在砌至圈梁底标高的墙上，支模、绑扎圈梁钢筋、铺楼、屋面板（暂时由模板支承楼屋面板荷载），绑扎预制板端伸出的预应力筋、浇灌圈梁混凝土。

2.2 符　号

2.2.1 作用和作用效应

F_{Ek}——结构总水平地震作用标准值；

F——集中力设计值；

G_E——重力荷载代表值；

G_k——结构构件、配件的永久荷载标准值；

G_{ki}——可变荷载标准值；

G_{eq}——地震时结构（构件）的等效总重力荷载代表值；

N——轴向力设计值；

N_k——轴向力标准值；

N_u——上部轴向力设计值；

V——剪力设计值；

σ_0——对应于重力荷载代表值的砌体截面平均压应力；

γ——重力密度。

2.2.2 材料性能和抗力

C——混凝土强度等级；

E——砌体弹性模量；

f_1——多孔砖的抗压强度平均值；

f——砌体抗压强度设计值；

f_d——砌体的强度设计值；

f_k——砌体强度标准值；

f_m——砌体强度平均值；

f_{tm}——砌体的弯曲抗拉强度设计值；

$f_{tm,k}$——砌体的弯曲抗拉强度标准值；

f_2——砂浆抗压强度平均值；

f_{2m}——同一验收批砂浆抗压强度平均值；

f_{2min}——同一验收批砂浆抗压强度最小一组平均值；

f_{VE}——砌体沿阶梯形截面破坏的抗震抗剪强度设计值；

f_V——砌体抗剪强度设计值；

G——砌体剪变模量；

MU——多孔砖强度等级；

M——砂浆强度等级。

2.2.3 几何参数

A——多孔砖砌体毛截面面积；

a_0——梁端有效支承长度；

a——边长、梁端实际支承长度；

b——截面宽度、边长；

b_f——带壁柱墙的计算截面翼缘宽度、翼缘计算宽度；

b_s——在相邻横墙或壁柱间的距离范围内的门窗洞口的宽度；

c、d——距离、直径；

e——偏心距；

e_0——附加偏心距；

H——构件高度；

H_0——构件的计算高度；

h——墙的厚度或矩形截面的纵向力偏心方向的边长、梁的高度；

h_c——梁的截面高度；

h_T——T形截面的折算厚度；

i——截面的回转半径；

q——孔洞率；

s——相邻横墙或壁柱间的距离；

y——截面重心到轴向力所在方向截面边缘的距离。

2.2.4 计算系数

C_{Eh}——水平地震作用效应系数；

γ_a——调整系数；

φ——轴向力影响系数；

φ_0——轴心受压稳定系数；

ψ——折减系数；

γ_0——结构重要性系数；

γ_f——结构构件材料性能分项系数；

μ_1——非承重墙允许高厚比的修正系数；

μ_2——有门窗洞口墙允许高厚比的修正系数；

β——构件的高厚比；

$[\beta]$——墙、柱的允许高厚比；

γ_{Eh}——水平地震作用分项系数；

γ_{RE}——承载力抗震调整系数；

ψ_{Ei}——可变荷载的组合值系数；

α_{max}——水平地震影响系数最大值；

ζ_N——砌体强度正应力影响系数；

η_k——多孔砖砌体孔洞效应折减系数。

3 材料和砌体的计算指标

3.0.1 多孔砖和砌筑砂浆的强度等级，应按下列规定采用：

1 多孔砖的强度等级：MU30、MU25、MU20、MU15、MU10；

2 砌筑砂浆的强度等级：M15、M10、M7.5、M5、M2.5。

注：确定砂浆强度等级时，应采用同类多孔砖侧面为砂浆强度试块底模。

3.0.2 龄期为28d，以毛截面积计算的多孔砖砌体抗压强度设计值，当施工质量控制等级为B级时，应根据多孔砖和砂浆的强度等级按表3.0.2采用。当多孔砖的孔洞率大于30%时，应按表中数值乘以0.9后采用。

3.0.3 龄期为28d，以毛截面积计算的多孔砖砌体弯曲抗拉强度设计值和抗剪强度设计值，当施工质量控制等级为B级时，应按表3.0.3采用。

表 3.0.2　多孔砖砌体抗压强度设计值（MPa）

多孔砖强度等级	砂浆强度等级				砂浆强度	
	M15	M10	M7.5	M5	M2.5	0
MU30	3.94	3.27	2.93	2.59	2.26	1.15
MU25	3.60	2.98	2.68	2.37	2.06	1.05
MU20	3.22	2.67	2.39	2.12	1.84	0.94
MU15	2.79	2.31	2.07	1.83	1.60	0.82
MU10	—	1.89	1.69	1.50	1.30	0.67

注：表中砂浆强度为零时的砌体抗压强度设计值，仅适用于施工阶段新砌多孔砖砌体的强度验算。

表 3.0.3　多孔砖砌体弯曲抗拉强度设计值、抗剪强度设计值（MPa）

强度类别	破坏特征	砂浆强度等级			
		≥M10	M7.5	M5	M2.5
弯曲抗拉	沿齿缝截面	0.33	0.29	0.23	0.17
	沿通缝截面	0.17	0.14	0.11	0.08
抗　剪	沿齿缝或阶梯形截面	0.17	0.14	0.11	0.08

注：用多孔砖砌筑的砌体，当搭接长度与多孔砖的高度比值小于1时，其弯曲抗拉强度设计值 f_{tm} 应按表中数值乘以搭接长度与多孔砖高度比值后采用。

3.0.4　多孔砖砌体的强度设计值，应按下列规定分别乘以调整系数 γ_a：

1　跨度不小于7.2m时梁下砌体，γ_a 为0.9；

2　砌体毛截面面积小于 $0.3m^2$ 时，γ_a 为其毛截面面积值加0.7。构件截面面积以 m^2 计；

3　当砌体用水泥砂浆砌筑时，对表3.0.2中的数值，γ_a 为0.9；对表3.0.3中的数值，γ_a 为0.8；

4　当施工质量控制等级为C级时，γ_a 为0.89；

5　当验算施工中房屋的构件时，γ_a 为1.1。

3.0.5　多孔砖砌体的弹性模量、剪变模量、摩擦系数、线膨胀系数，应按现行国家标准《砌体结构设计规范》（GB 50003）的规定取值。

3.0.6　多孔砖砌体的重力密度应按下式计算：

$$\gamma = \left(1 - \frac{q}{2}\right) \times 19 \ (kN/m^3) \tag{3.0.6}$$

式中　γ——多孔砖的重力密度（kN/m^3）；

q——孔洞率。孔洞率大于28%时，可取 $\gamma = 16.4kN/m^3$。

4　静 力 设 计

4.1　基 本 设 计 规 定

4.1.1　本规范采用以概率理论为基础的极限状态设计方法，以可靠指标度量结构构件的可靠度，用分项系数的设计表达式进行计算。

4.1.2 根据多孔砖砌体建筑结构破坏可能产生的后果（危及人的生命、造成经济损失、产生社会影响等）的严重程度，其建筑结构按表4.1.2划分为三个安全等级。设计时应根据破坏后果及建筑类型选用。

表 4.1.2 建筑结构的安全等级

安全等级	破坏后果	建筑物类型
一　级	很严重	重要的建筑物
二　级	严　重	一般的建筑物
三　级	不严重	次要的建筑物

注：对于特殊的建筑物，其安全等级可根据具体情况另行确定。

4.1.3 砌体结构按承载能力极限状态设计时，应按下列公式计算：

$$\gamma_0 S \leqslant R\ (f_d，\alpha_k \cdots\cdots) \tag{4.1.3-1}$$

$$f_d = \frac{f_k}{\gamma_f} \tag{4.1.3-2}$$

$$f_k = f_m - 1.645\sigma_f \tag{4.1.3-3}$$

式中 γ_0——结构重要性系数。对安全等级为一级或设计工作寿命为100年以上的结构构件，对安全等级为二级或设计工作寿命为50年的结构构件，对安全等级为三级或设计工作寿命为5年及以下的结构构件，应分别取不小于1.1、1.0、0.9；

S——内力设计值，分别表示为轴向力设计值 N、弯矩设计值 M 和剪力设计值 V 等；

R（）——结构构件的承载力设计值函数；

f_d——砌体的强度设计值；

f_k——砌体的强度标准值；

γ_f——砌体结构的材料性能分项系数；$\gamma_f = 1.6$；

f_m——砌体的强度平均值；

σ_f——砌体的强度标准差；

α_k——几何参数标准值。

4.1.4 多孔砖砌体结构整体稳定性验算和房屋考虑空间作用性能静力计算原则，应按现行国家标准《砌体结构设计规范》（GB 50003）的有关规定执行。

4.1.5 作用在墙、柱上的竖向荷载，应考虑实际偏心影响。本层梁端支承压力 N_1 到墙、柱内边的距离，应取梁端有效支承长度 a_0 的0.4倍（图4.1.5）。由上一楼层施加的荷载 N_u，可视为作用于上一楼层的墙、柱截面重心处。

4.1.6 带壁柱墙的计算截面翼缘宽度（b_f）可按下列规定采用：

1 多层房屋，当有门窗洞口时，可取窗间墙宽度，当无门窗洞口时，每侧翼缘墙宽度可取壁柱高度的1/3；

2 单层房屋，可取壁柱宽加2/3墙高，但不应大于窗间墙宽度和相邻壁柱间的距离；

3 计算带壁柱墙体的条形基础时，可取相邻壁柱间的距离。

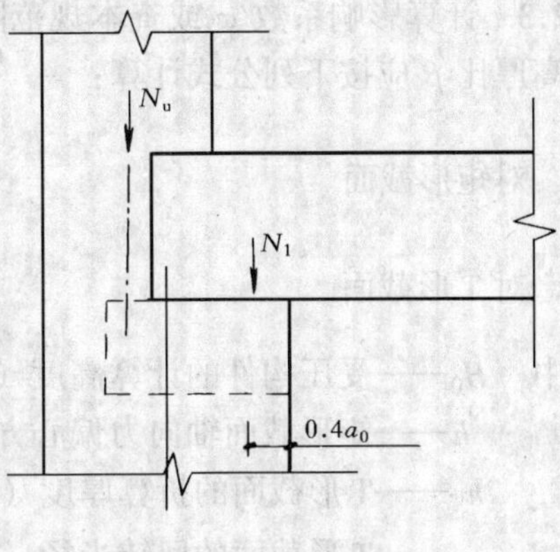

图 4.1.5 梁端支承压力位置

4.1.7 对底层采用钢筋混凝土框架结构或钢筋混凝土“框架-剪力墙”结构的多层砖房，非抗震设计应符合下列要求：

1 总层数不宜超过 8 层；

2 底层的开敞大房间不宜设在房屋的端部；

3 框架-剪力墙部分的纵横两个方向均应沿底层全高设置剪力墙。横向剪力墙的间距不宜大于房屋宽度的 3 倍。剪力墙的数量应满足房屋抗侧力的要求；

4 框架-剪力墙结构的剪力墙，可采用厚度不小于 240mm 的多孔砖砌体，此时砖砌体剪力墙应按照先砌墙后浇柱方法将剪力墙嵌砌于框架之间；

5 底层框架-剪力墙结构部分的楼盖应采用现浇钢筋混凝土或装配整体式钢筋混凝土楼盖。

4.1.8 底层为砖柱或组合砖柱承重的多层砌体房屋，应在结构单元的多层砌体房屋，端部布置不小于 240mm 厚的纵横墙体。横墙长度宜等于房屋宽度，纵墙长度不宜小于一个开间；当房屋纵向较长时，纵横墙的数量还应适当增加。

4.1.9 多孔砖房屋应选取短墙、墙垛等砌体截面较小的和轴向力较大的部位进行受压承载力验算。

4.1.10 有单边挑廊、阳台等悬挑结构的房屋，应考虑其对房屋内力及变形的不利影响；并应满足房屋的抗倾覆稳定要求；同时对挑梁下支承面砌体的局部受压承载力进行验算。

4.1.11 跨度较大的钢筋混凝土楼盖梁的支座伸入砖（带壁柱）柱中较长或当楼盖梁、板伸入墙体全厚并与梁垫（圈梁）整浇时，其内力除按本规范 4.1.5 条的方法进行分析外，还宜按刚节点的计算图形补充进行内力分析，并据此复核墙体的承载力。

4.1.12 墙梁和支座反力较大的梁下砌体和承重墙梁的托梁支座上部砌体，均应进行局部受压承载力计算，根据计算结果决定对砌体是否采取加强措施。

4.2 受压构件承载力计算

4.2.1 受压构件的承载力应按下式计算：

$$N \leqslant \varphi f A \tag{4.2.1}$$

式中 N——轴向力设计值；

φ——高厚比 β 和轴向力的偏心距 e 对受压构件承载力的影响系数；应按附录 A 的规定采用；

f——砌体的抗压强度设计值，应按第 3.0.2 条采用；

A——砌体的毛截面面积；对带壁柱墙，当考虑翼缘宽度时，应按第 4.1.6 条采用。

4.2.2 对矩形截面构件，当轴向力偏心方向的截面边长大于另一方向的边长时，除按偏心受压计算外，还应对较小边长方向，按轴心受压进行验算。

4.2.3 计算影响系数 φ 或查本规范附录 A 表格时，应先计算构件高厚比，多孔砖砌体构件高厚比 β 应按下列公式计算：

对矩形截面
$$\beta = \frac{H_0}{h} \tag{4.2.3-1}$$

对 T 形截面
$$\beta = \frac{H_0}{h_T} \tag{4.2.3-2}$$

式中 H_0——受压构件的计算高度（m）；

h——矩形截面轴向力偏心方向的边长，当轴心受压时，为截面较小边长（m）；

h_T——T 形截面的折算厚度（m），可近似按 $3.5i$ 计算；

i——T 形截面的回转半径（m）。

4.2.4 受压构件的计算高度 H_0，应根据房屋类别和构件支承条件等按表 4.2.4 采用。

表 4.2.4 受压构件计算高度 H_0

结构类别		柱		带壁柱墙或周边拉结的墙		
		排架方向	垂直排架方向	$s>2H$	$2H\geqslant s>H$	$s\leqslant H$
单跨	弹性方案	$1.5H$	$1.0H$	$1.5H$		
	刚弹性方案	$1.2H$	$1.0H$	$1.2H$		
两跨或多跨	弹性方案	$1.25H$	$1.0H$	$1.25H$		
	刚弹性方案	$1.10H$	$1.0H$	$1.1H$		
刚性方案		$1.0H$	$1.0H$	$1.0H$	$0.4s+0.2H$	$0.6s$

注：1 表中 s 为房屋横墙间距，其长度单位为 m；
2 构件高度 H，按现行国家标准《砌体结构设计规范》(GB 50003)有关规定采用；
3 独立砖柱，当无柱间支撑时，柱在垂直排架方向的 H_0 应按表中取值乘以 1.25 后采用。

4.2.5 轴向力的偏心距（e）按荷载设计值计算，不宜大于 $0.4y$，且不应大于 $0.6y$（y 为截面重心到轴向力所在偏心方向截面边缘的距离）。

4.2.6 多孔砖砌体的局部承压计算，应按现行国家标准《砌体结构设计规范》(GB 50003)进行，但应把局部受压强度计算面积范围内的孔洞，用砌筑砂浆填实，填实高度不应小于 300mm。

4.3 墙、柱的允许高厚比

4.3.1 墙柱的高厚比应按下式验算：当墙高 H 不小于相邻横墙或壁柱间的距离 s 时，应按计算高度 $H_0=0.6s$ 验算高厚比；当与墙连接的相邻两横墙间的距离 $s\leqslant\mu_1\mu_2[\beta]h$ 时，墙的高厚比可不受本条限制。

$$\beta \leqslant \mu_1\mu_2[\beta] \tag{4.3.1}$$

式中 μ_1——非承重墙允许高厚比的修正系数；

μ_2——有门窗洞口墙允许高厚比的修正系数；

$[\beta]$——墙、柱的允许高厚比，应按表4.3.1采用。

4.3.2 厚度不大于240mm的非承重墙，允许高厚比可按本规范表4.3.1数值乘以下列提高系数 μ_1：

1 $h=240\text{mm}$ $\mu_1=1.2$；

2 $h=190\text{mm}$ $\mu_1=1.3$；

3 $h=120\text{mm}$ $\mu_1=1.4$。

表4.3.1 墙、柱的允许高厚比 $[\beta]$ 值

砂浆强度等级	墙	柱
M5	24（22）	16（14）
≥M7.5	26（24）	17（15）

注：1 带钢筋混凝土构造柱（以下简称构造柱）墙的允许高厚比 $[\beta]$，可适当提高；
2 括号内数值，适用于 $h=190\text{mm}$ 的墙。

4.3.3 对有门窗洞口的墙，允许高厚比应按本规范表4.3.1数值乘以修正系数（μ_2），修正系数 μ_2 应按下式计算：

$$\mu_2 = 1 - 0.4\frac{b_s}{s} \tag{4.3.3}$$

式中 b_s——在宽度 s 范围内的门窗洞口宽度（m）；

s——相邻窗间墙或壁柱间的距离（m）。

当按公式（4.3.3）算出的修正系数 μ_2 值小于0.7时，应取0.7。当洞口高度不大于墙体高的1/5时，可取修正系数 μ_2 为1.0。

4.3.4 设有钢筋混凝土圈梁的带壁柱墙或构造柱间墙，当圈梁宽度 b 与相邻横墙或相邻壁柱间的距离 s 之比 b/s 不小于1/30时，圈梁可视作壁柱间墙的不动铰支点。当条件不允许增加圈梁宽度时，可按等刚度原则（墙体平面外刚度相等）增加圈梁高度。

4.4 一般构造要求

4.4.1 跨度大于6m的屋架和跨度大于4.8m的梁，其支承面处应设置混凝土或钢筋混凝土垫块；当墙中设有圈梁时，垫块与圈梁应浇成整体。

4.4.2 对厚度为190mm的墙，当大梁跨度不小于4.8m时，或对于厚度为240mm的墙，当大梁跨度不小于6m时，其支承处宜加设壁柱或构造柱或采取其他加强措施。

4.4.3 预制钢筋混凝土板的支承长度，在墙上不宜小于100mm；在钢筋混凝土圈梁上，不宜小于80mm；当利用板端伸出钢筋和混凝土灌缝时，其支承长度可为40mm，但板端缝宽不宜小于80mm，灌缝混凝土强度等级不宜低于C20。

4.4.4 对墙厚为240mm、跨度不小于9m和墙厚为190mm、跨度不小于6.6m的预制梁和支承在墙、柱上的屋架端部，应采用锚固件与墙、柱上的垫块锚固。

4.4.5 框架房屋的填充墙、隔墙应分别采用拉结钢筋或其他措施与柱和横梁连接。

4.4.6 山墙处的壁柱宜砌至山墙顶部。檩条应与山墙锚固，屋盖不宜挑出山墙。

4.4.7 墙厚190mm的4层及4层以上的房屋，内外墙接槎处及外墙转角处应设置拉接钢筋，沿墙高每600mm应设置2根 $\phi6$ 钢筋，并应伸入每侧墙内600mm。

4.4.8 多孔砖外墙的室外勒角处应作水泥砂浆粉刷。

4.4.9 在多孔砖砌体中留槽洞及埋设管道时，应符合下列规定：

1 施工中应准确预留槽洞位置，不得在已砌墙体上凿槽打洞；

2 不应在墙面上留（凿）水平槽、斜槽或埋设水平暗管和斜暗管；

3 墙体中的竖向暗管宜预埋；无法预埋需留槽时，墙体施工时预留槽的深度及宽度不宜大于 95mm×95mm。管道安装完后，应采用强度等级不低于 C10 的细石混凝土或强度等级为 M10 的水泥砂浆填塞。当槽的平面尺寸大于 95mm×95mm 时，应对墙身削弱部分予以补强并将槽两侧的墙体内预留钢筋相互拉结；

4 在宽度小于 500mm 的承重小墙段及壁柱内不应埋设竖向管线；

5 墙体中不应设水平穿行暗管或预留水平沟槽；无法避免时，宜将暗管居中埋于局部现浇的混凝土水平构件中。当暗管直径较大时，混凝土构件宜配筋。墙体开槽后应满足墙体承载力要求；

6 管道不宜横穿墙垛、壁柱；确实需要时，应采用带孔的混凝土块砌筑。

4.4.10 当洞口的宽度大于或等于 3m 时，洞口两侧应设置钢筋混凝土边框或壁柱。

4.4.11 多孔砖砌体位于地面以下或防潮层以下时，多孔砖的孔洞应用水泥砂浆灌实。

4.5 圈梁、过梁

4.5.1 多孔砖砌筑的住宅、宿舍、办公楼等民用房屋：当层数在四层及以下时，墙厚为 190mm 时，应在底层和檐口标高处各设置圈梁一道，墙厚不小于 240mm 时，应在檐口标高处设置圈梁一道；当层数超过四层时，除顶层必须设置圈梁外，至少应隔层设置。

4.5.2 圈梁应符合下列构造要求：

1 圈梁应采用现浇钢筋混凝土，且宜连续地设置在同一水平面上，形成封闭状；当圈梁被门窗洞口截断时，应在洞口上部增设相同截面的附加圈梁。附加圈梁与圈梁的搭接长度不应小于其中到中垂直间距的 2 倍，且不得小于 1m；

2 圈梁应与横墙加以连接，其间距不应大于 15m。连接时可将圈梁伸入横墙 1.5～2.1m，或在横墙上设置贯通圈梁。圈梁应与屋架、大梁等构件可靠连接；

3 钢筋混凝土圈梁的宽度可取墙厚。当墙厚不小于 240mm 时，其宽度不宜小于 2/3 墙厚。圈梁高度不宜小于 200mm。纵向钢筋不宜少于 4 根 $\phi10$，绑扎接头的搭接长度应按受拉钢筋考虑，箍筋直径不宜小于 6mm，间距不宜大于 250mm；

4 圈梁兼作过梁时，过梁部分的钢筋应按计算用量另行增配。

4.5.3 建筑在软弱地基或不均匀地基上的砌体房屋，除按本节规定设置圈梁外，尚应符合现行国家标准《建筑地基基础设计规范》（GB 50007）的有关规定。

4.5.4 计算过梁上的梁板荷载，当梁板下的墙体高度小于过梁净跨时，可按梁、板传来的荷载采用。梁板下墙体高度不小于过梁净跨时，可不考虑梁、板荷载。

4.5.5 计算过梁上的墙体荷载，当过梁上的墙体高度小于 1/3 过梁净跨时，应按墙体的均布自重采用。当墙体高度不小于 1/3 过梁净跨时，应按高度为 1/3 过梁净跨的墙体均布自重采用。

4.5.6 多孔砖砌体房屋宜采用钢筋混凝土过梁，并应按钢筋混凝土受弯构件计算。

4.6 预防和减轻墙体裂缝措施

4.6.1 对于钢筋混凝土屋盖的墙体裂缝（如顶层墙体的八字缝、水平缝等），可采取下列预防或减轻的措施：

1 屋盖上应设置有效的保温层或隔热层；

2 采用装配式有檩体系钢筋混凝土屋盖和瓦材屋盖；

3 提高顶层墙体砌筑砂浆的强度等级；

4 减少屋面混凝土构件的外露面；

5 在屋面保温层或刚性面层上设置分隔层；

6 在顶层墙体内适当增设构造柱，适当配置水平钢筋或水平钢筋混凝土带。

4.6.2 多孔砖多层房屋伸缩缝的间距应按表 4.6.2 采用。

表 4.6.2 伸缩缝的最大间距（m）

屋盖或楼盖类别		间距
整体式或装配整体式钢筋混凝土结构	有保温层或隔热层的屋盖、楼盖	50
	无保温层或隔热层的屋盖	40
装配式有檩体系钢筋混凝土结构	有保温层或隔热层的屋盖	75
	无保温层或隔热层的屋盖	60
装配式无檩体系钢筋混凝土结构	有保温层或隔热层的屋盖、楼盖	60
	无保温层或隔热层的屋盖	50
粘土瓦或石棉水泥瓦屋盖、木屋盖或楼盖、砖石屋盖或楼盖		100

注：1 温差较大且变化频繁地区和严寒地区不采暖的房屋墙体的伸缩缝的最大间距，应按表中数值予以适当减少；

2 墙体的伸缩缝应与其他的变形缝相重合，缝内应嵌以软质材料，在进行立面处理时，应使缝隙能起伸缩作用。

5 抗震设计

5.1 一般规定

5.1.1 抗震设防地区的多孔砖多层房屋除应满足静力设计要求外，尚应按本章的规定进行抗震设计。

5.1.2 多孔砖多层砖房的抗震设计应符合下列规定：

1 应合理规划、选择对抗震有利的场地和地基；

2 建筑的平、立面布置宜规则、对称，建筑的质量分布和刚度变化宜均匀。房屋不宜有错层；

3 纵横墙的布置宜均匀对称，沿平面内宜对齐，沿竖向应上下连续，同一轴线上的窗间墙宜均匀；

4 楼梯间不宜设置在房屋的尽端和转角处；

5 应优先采用横墙承重或纵横墙共同承重的结构体系；

6 应按规定设置钢筋混凝土圈梁和构造柱或其他加强措施。

5.1.3 构造柱、圈梁混凝土强度等级不应低于 C20，钢筋可采用 HPB235 或 HRB335 级热轧钢筋。

5.1.4 多孔砖房屋总高度及层数不应超过表 5.1.4 的规定。医院、学校等横墙较少的多

孔砖房屋，总高度应比表 5.1.4 的规定降低 3m，层数相应减少一层；各层横墙很少的房屋，应根据具体情况，再适当降低总高度和减少层数。

表 5.1.4 房屋总高度（m）及层数限值

最小墙厚（mm）	6 度		7 度		8 度		9 度	
	高度	层数	高度	层数	高度	层数	高度	层数
240	21	7	21	7	18	6	12	4
190	21	7	18	6	15	5	—	—

注：房屋的总高度指室外地面到主要屋面板板顶或檐口的高度，半地下室从地下室室内地面算起；全地下室和嵌固条件好的半地下室应允许从室外地面算起；对带阁楼的坡屋面应算到山尖墙的 1/2 高度处。

多孔砖房屋的层高不应超过 3.6m。

5.1.5 多层房屋抗震横墙的最大间距，不应超过表 5.1.5 的规定。

表 5.1.5 抗震横墙的最大间距（m）

楼（屋）盖类别	6 度	7 度	8 度	9 度
现浇及装配整体式钢筋混凝土	18	18	15	11
装配式钢筋混凝土	15	15	11	7
木	11	11	7	4

注：1 厚度为 190mm 的抗震横墙，最大间距应为表中数值减 3m；
2 9 度区表中数值，不适用于厚度为 190mm 的抗震横墙；
3 多层砌体房屋的顶层，当采取了抗震加强措施时，最大横墙间距可适当放宽。

5.1.6 多孔砖房屋的局部尺寸限值宜符合表 5.1.6 的规定。

表 5.1.6 多孔砖房屋局部尺寸限值（m）

部 位	6 度	7 度	8 度	9 度
承重窗间墙最小宽度	1.0	1.0	1.2	1.5
承重外墙尽端至门窗洞边的最小距离	1.0	1.0	1.2	1.5
非承重外墙尽端至门窗洞边的最小距离	1.0	1.0	1.0	1.0
内墙阳角至门窗洞边的最小距离	1.0	1.0	1.5	2.0
无锚固女儿墙（非出入口处）最大高度	0.5	0.5	0.5	—

注：局部尺寸不足时，可采取局部加强措施弥补。

5.1.7 多孔砖房屋总高度与总宽度的最大比值，应符合表 5.1.7 的规定。

5.1.8 抗震设防烈度为 8 度和 9 度的地区，当有下列情况之一时，应设置防震缝：

1 房屋立面高差在 6m 以上；

2 房屋有错层，且楼板高差较大；

3 房屋各部分结构刚度、质量截然不同。

防震缝两侧均应设置墙体，缝宽可采用 50 ~ 100mm。

表 5.1.7 多孔砖房屋总高度与总宽度的最大比值

6度和7度	8 度	9 度
2.5	2.0	1.5

注：1 单边走廊或挑廊的宽度不包括在房屋总宽度之内；
2 表中 9 度区，不适用于 190mm 厚砖墙房屋。

5.1.9 烟道、风道、垃圾道等不应削弱墙体。当墙体截面被削弱时，必须对墙体采取加强措施。不宜采用无竖向配筋的附墙烟囱和出屋面的烟囱。

5.2 地震作用和抗震承载力验算

5.2.1 多孔砖房屋应在建筑结构的两个主轴方向分别考虑水平地震作用并进行抗震承载力验算；各方向的水平地震作用应全部由该方向抗侧力构件承担。

5.2.2 多孔砖房屋可不进行天然地基和基础的抗震承载力验算。

5.2.3 设防烈度为6度时，可不进行地震作用计算，但应符合有关的抗震措施规定。

5.2.4 计算地震作用时，房屋的重力荷载代表值应取结构和构配件自重标准值和各可变荷载组合值之和，并按下式计算：

表 5.2.4 组合值系数

可变荷载种类		组合值系数
雪荷载		0.5
屋面活荷载		不考虑
按实际情况考虑的楼面活荷载		1.0
按等效均布荷载考虑的楼面活荷载	藏书库、档案库	0.8
	其他民用建筑	0.5

$$G_E = G_k + \Sigma \psi_{Ei} G_{ki} \tag{5.2.4}$$

式中 G_E——重力荷载代表值（kN）；

G_k——结构构件、配件的永久荷载标准值（kN）；

G_{ki}——有关可变荷载标准值（kN）；

ψ_{Ei}——可变荷载的组合值系数，按表5.2.4采用。

5.2.5 多孔砖房屋的水平地震作用计算可采用底部剪力法。各楼层可仅考虑一个自由度，结构的水平地震作用标准值，应按下列公式确定（图5.2.5）：

$$F_{Ek} = \alpha_{max} G_{eq} \tag{5.2.5-1}$$

$$F_i = \frac{G_i H_i}{\sum_{j=1}^{n} G_j H_j} F_{Ek} \quad (i = 1,2,\cdots,n) \tag{5.2.5-2}$$

式中 F_{Ek}——结构总水平地震作用标准值（kN）；

α_{max}——水平地震影响系数最大值，当设防烈度为7度、8度和9度时，分别取0.08（0.12）、0.16（0.24）、0.32；括号中数值分别用于设计基本地震加速度为0.15g和0.30g的地区；

G_{eq}——结构等效总重力荷载（kN），单质点应取总重力荷载代表值，多质点可取总重力荷载代表值的85%；

F_i——质点 i 的水平地震作用标准值（kN）；

G_i，G_j——分别为集中于质点 i、j 的重力荷载代表值（kN），应按本规范5.2.4条确定；

H_i，H_j——分别为质点 i、j 的计算高度（m）。

5.2.6 采用底部剪力法时，突出屋面的屋顶间、女儿墙、烟囱等的地震作用效应，宜乘以增

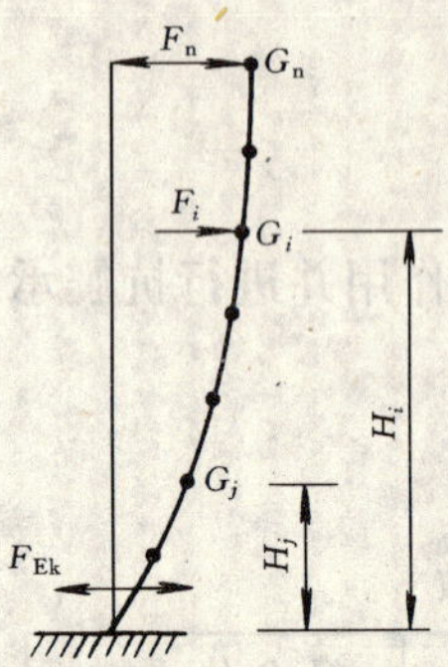

图 5.2.5 结构水平地震作用计算简图

大系数3,此增大部分不应往下传递,但与该突出部分相连的构件应予计入。

5.2.7 结构的楼层水平地震剪力的分配原则，应符合下列规定：

1 现浇和装配整体式钢筋混凝土楼、屋盖等刚性楼、屋盖的建筑，宜按抗侧力构件等效刚度的比例分配；

2 木楼、屋盖等柔性楼、屋盖的建筑，宜按抗侧力构件从属面积上重力荷载代表值的比例分配；

3 普通预制板的装配式钢筋混凝土楼、屋盖的建筑，可取上述两种分配结果的平均值。

5.2.8 多孔砖房屋可只选择承载面积较大或竖向应力较小的墙段进行截面抗剪验算。

5.2.9 进行地震剪力分配和截面验算时，墙段的层间抗侧力等效刚度确定应符合下列规定：

1 墙段高宽比小于1时，可只考虑剪切变形；

2 高宽比不大于4且不小于1时，应同时考虑弯曲和剪切变形；

3 高宽比大于4时，可不考虑刚度。

5.2.10 砌体沿阶梯形截面破坏的抗震抗剪强度设计值，应按下式确定：

$$f_{VE} = \zeta_N f_v \tag{5.2.10}$$

式中 f_{VE}——砌体沿阶梯形截面破坏的抗震抗剪强度设计值（MPa）；

f_v——非抗震设计的砌体抗剪强度设计值（MPa），应按第3.0.3条采用；

ζ_N——砌体抗震抗剪强度的正应力影响系数，应按表5.2.10采用。

表 5.2.10 砌体强度的正应力影响系数

σ_0/f_v	0.0	1.0	3.0	5.0	7.0	10.0	15.0
ζ_N	0.80	1.00	1.28	1.50	1.70	1.95	2.32

注：σ_0 为对应于重力荷载代表值的砌体截面平均压应力。

5.2.11 墙体的截面抗震承载力，应按下列公式验算：

$$V \leqslant \frac{f_{VE} A}{\gamma_{RE}} \eta_k \tag{5.2.11-1}$$

$$V = \gamma_{Eh} C_{Eh} F_{Ek} \tag{5.2.11-2}$$

式中 V——墙体剪力设计值；

γ_{Eh}——水平地震作用分项系数，取1.3；

C_{Eh}——水平地震作用效应系数，应按本规范5.2.5条、5.2.7条和5.2.9条的规定确定。突出屋面的屋顶间、女儿墙、烟囱等的地震效应，尚应按本规范5.2.6条的规定，乘以增大系数；

F_{Ek}——水平地震作用标准值，同本规范公式（5.2.5-1）；

A——墙体横截面毛面积；

γ_{RE}——承载力抗震调整系数。承重墙对两侧均设构造柱的墙体，应取0.9，其他墙体，应取 1.0，自承重墙应取 0.75；

η_k——多孔砖砌体孔洞效应折减系数。当孔洞率不大于 20%时，应取 1.0；当孔洞率大于 20%，应取 0.9。

5.3 抗震构造措施

5.3.1 多孔砖房屋设置现浇钢筋混凝土构造柱应符合表 5.3.1 的规定。

表 5.3.1-1 墙厚不小于 240mm 时多孔砖房屋构造柱设置

房屋层数				设置部位	
6 度	7 度	8 度	9 度		
4、5	3、4	2、3		外墙四角，错层部位横墙与外纵墙交接处，大房间内外墙交接处，较大洞口两侧	7、8 度时，楼、电梯间的四角；隔 15m 或单元横墙与外纵墙交接处
6、7	5	4	2		隔开间横墙（轴线）与外墙交接处，山墙与内纵墙交接处；7～9 度时，楼、电梯间的四角
	6、7	5、6	3、4		内墙（轴线）与外墙交接处，内墙的局部较小墙垛处；7～9 度时，楼、电梯间的四角；9 度时内纵墙与横墙（轴线）交接处

表 5.3.1-2 墙厚 190mm 时多孔砖房屋构造柱设置

房屋层数			设置部位	
6 度	7 度	8 度		
4	3、4	2、3	外墙四角，错层部位横墙与外纵墙交接处，大房间内外墙交接处，较大洞口两侧	7、8 度时，楼、电梯间的四角；隔 15m 或单元横墙与外纵墙交接处
5、6	5	4		隔开间横墙（轴线）与外墙交接处，山墙与内纵墙交接处；7、8 度时，楼、电梯间的四角
7	6	5		内墙（轴线）与外墙交接处，内墙的局部较小墙垛处；7、8 度时，楼、电梯间的四角
注：较大洞口是指宽度大于 2.1m 的洞口。				

5.3.2 外廊式或单面走廊式的多层房屋，应根据房屋增加一层后的层数，按本规范表 5.3.1 要求设置构造柱，单面走廊两侧的纵墙均应按外墙处理。

教学楼、医院等横墙较少的房屋，应根据房屋增加一层后的层数，按本规范表 5.3.1 的要求设置构造柱。

5.3.3 构造柱应符合下列规定：

1 构造柱最小截面，对于 240mm 厚砖墙应为 240mm×180mm，对于 190mm 厚砖墙应为 190mm×250mm，纵向钢筋不小于 4 根 $\phi 12$，箍筋直径不应小于 6mm，间距不宜大于 200mm，且在圈梁相交的节点处应适当加密，加密范围在圈梁上下均不应小于 1/6 层高及 450mm 中之较大者，箍筋间距不宜大于 100mm。房屋四大角的构造柱可适当加大截面及配筋；

2 7 度区超过 6 层、8 度区超过 5 层和 9 度区建筑的构造柱，纵向钢筋宜采用 4 根 $\phi 14$，箍筋间距不宜大于 200mm；

3 构造柱与墙体的连接处宜砌成马牙槎，并沿墙高每 500mm 设 2 根 $\phi 6$ 的拉结钢筋，每边伸入墙内不宜小于 1m（图 5.3.3-1）；

4 构造柱可不单独设置基础，但应伸入室外地面下 500mm（图 5.3.3-2），或锚入距室外地面小于 500mm 的基础圈梁内。当遇有管沟时，应伸到管沟下。

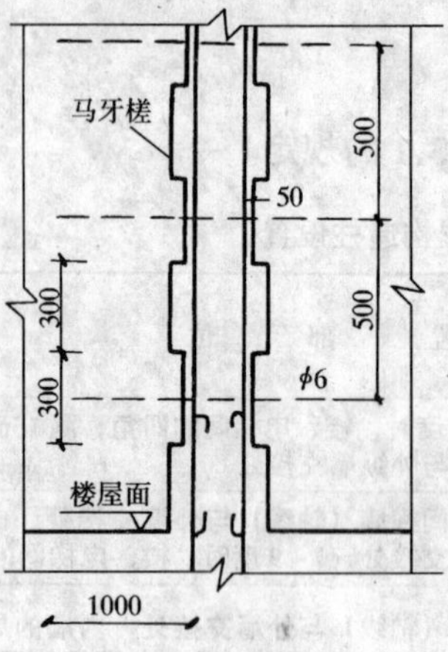

图 5.3.3-1　拉结钢筋布置及马牙槎示意图

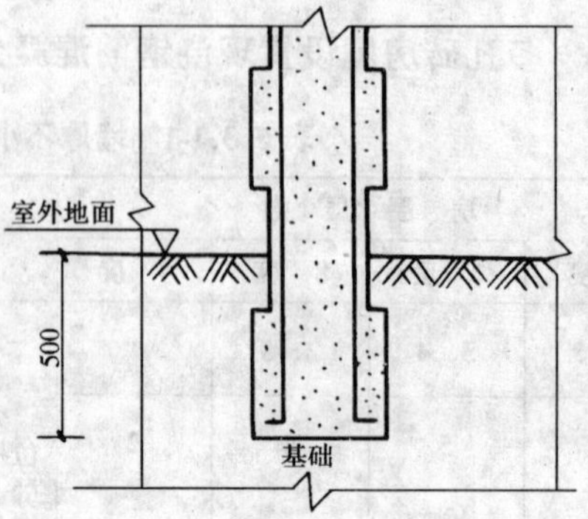

图 5.3.3-2　构造柱根部示意图

5.3.4　后砌的非承重砌体隔墙，应沿墙高每隔 500mm 配置 2 根 $\phi 6$ 钢筋与承重墙或柱拉结，每边伸入墙内不应小于 500mm。设防烈度为 8 度和 9 度区，长度大于 5m 的后砌隔墙，墙顶尚应与楼板或梁拉结。

5.3.5　多孔砖房屋的现浇混凝土圈梁设置应符合下列规定：

1　装配式钢筋混凝土楼、屋盖或木楼、屋盖的多孔砖房屋，横墙承重时应按表 5.3.5 的要求设置圈梁；纵墙承重时每层均应设置圈梁，且抗震横墙上的圈梁间距应比表内要求适当加密；

表 5.3.5　现浇钢筋混凝土圈梁设置

墙　类	6 度和 7 度	8 度	9 度
外墙和内纵墙	屋盖处及每层楼盖处	屋盖处及每层楼盖处	屋盖处及每层楼盖处
内横墙	同上；屋盖处间距不应大于 7m；楼盖处间距不应大于 15m；构造柱对应部位	同上；屋盖处沿所有横墙，且间距不应大于 7m；楼盖处间距不应大于 7m；构造柱对应部位	同上；各层所有横墙

2　现浇或装配整体式钢筋混凝土楼、屋盖与墙体有可靠连接的房屋，应允许不另设圈梁，但楼板沿墙体周边应加强配筋，并应与相应的构造柱可靠连接。

5.3.6　现浇钢筋混凝土圈梁构造应符合下列规定：

1　圈梁应闭合，遇有洞口应上下搭接，圈梁应与预制板设在同一标高处或紧靠板底；

2　当圈梁在规定的间距内无横墙时，应利用梁或板缝中设置钢筋混凝土现浇带替代圈梁；

3　圈梁钢筋应伸入构造柱内，并应有可靠锚固。伸入顶层圈梁的构造柱钢筋长度不应小于 40 倍钢筋直径；

4　圈梁的截面高度不应小于 200mm。配筋应符合表 5.3.6 的规定。

表 5.3.6 圈 梁 配 筋

配　筋	6度和7度	8　度	9　度
最小纵筋	4ϕ10	4ϕ12	4ϕ14
最小箍筋	ϕ6 间距 250mm	ϕ6 间距 200mm	ϕ6 间距 150mm

5.3.7　多孔砖房屋的楼、屋盖应符合下列规定：

1　现浇钢筋混凝土楼板或屋面板，板伸进外墙的长度不应小于 120mm，伸进不小于 240mm 厚内墙的长度不应小于 120mm，伸进 190mm 厚内墙的长度不应小于 90mm；

2　装配式钢筋混凝土楼板或屋面板，当圈梁未设在板的同一标高时，板伸进外墙的长度不应小于 120mm，伸进不小于 240mm 厚内墙的长度不应小于 100mm，伸进 190mm 厚内墙的长度不应小于 80mm，板在梁上的支承长度不应小于 80mm；

3　当板的跨度大于 4.8m 并与外墙平行时，靠外墙的预制板侧边应与墙或圈梁拉结；

4　房屋端部大房间的楼盖，8 度时房屋的屋盖和 9 度时房屋的楼、屋盖，当圈梁设在板底时，钢筋混凝土预制板应相互拉结，并应与梁、墙或圈梁拉结。

5.3.8　多孔砖房屋楼、屋盖的连接应符合下列规定：

1　楼、屋盖的钢筋混凝土梁或屋架，应与墙、柱（包括构造柱）或圈梁可靠连接，梁与砖柱的连接不应削弱砖柱截面，各层独立砖柱顶部应在两个方向均有可靠连接；

2　坡屋顶房屋的屋架应与顶层圈梁可靠连接，檩条或屋面板应与墙及屋架可靠连接，房屋出入口处的檐口瓦应与屋面构件锚固；

3　不应采用无锚固措施的钢筋混凝土预制挑檐。

5.3.9　在设防烈度为 8 度和 9 度区，坡屋顶房屋的顶层内纵墙顶宜增砌支撑端山墙的踏步式墙垛。

5.3.10　楼梯间应符合下列规定：

1　装配式楼梯段应与平台板的梁可靠连接，不应采用墙中悬挑式踏步或踏步竖肋插入墙体的楼梯，不应采用无筋砖砌栏板；

2　在 8 度和 9 度区，顶层楼梯间横墙和外墙应沿墙高每隔 500mm 设 2 根 ϕ6 通长钢筋；

3　在 9 度区，除顶层外，其他各层楼梯间墙体应在休息平台或楼层半高处设置 100mm 厚的钢筋混凝土带，其混凝土强度等级不应低于 C20，纵向钢筋不应少于 2 根 ϕ10；

4　在 8 度和 9 度区，楼梯间及门厅内墙阳角处的大梁支承长度不应小于 500mm，并应与圈梁连接；

5　突出屋顶的楼、电梯间，构造柱应伸到顶部，并与顶部圈梁连接，内外墙交接处应沿墙高每隔 500mm 设 2 根 ϕ6 拉结钢筋，且每边伸入墙内不应小于 1m。

6　施工和质量检验

6.1　施 工 准 备

6.1.1　砖的型号、强度等级必须符合设计要求，并应按现行国家标准《烧结多孔砖》（GB 13544）进行检验和验收。

6.1.2 砌筑清水墙、柱的多孔砖，应边角整齐、色泽均匀。

6.1.3 多孔砖在运输、装卸过程中，严禁倾倒和抛掷。经验收的砖，应分类堆放整齐，堆置高度不宜超过2m。

6.1.4 在常温状态下，多孔砖应提前1至2d浇水湿润。砌筑时砖的含水率宜控制在10%～15%。

6.1.5 拌制砂浆及混凝土的水泥，应按品种、等级、出厂日期分别堆放，并保持干燥。当水泥出厂日期超过三个月时，应经试验后，方可使用。

6.1.6 砂浆用砂宜采用中砂，并应过筛，不得含有草根等杂物。对于水泥砂浆和强度等级不小于M5的水泥混合砂浆，砂中含泥量不应超过5%。

6.1.7 拌制水泥混合砂浆用的石灰膏、粘土膏、电石膏、粉煤灰和磨细生石灰粉应符合以下规定：

1 块状生石灰熟化为石灰膏，其熟化时间不得少于7d；当采用磨细生石灰粉时，其熟化时间不得少于2d；沉淀池中贮存的石灰膏，应防止干燥、冻结和污染。不应使用脱水硬化的石灰膏；消石灰粉不应直接用于砂浆中；

2 采用粘土或粉质粘土备制粘土膏时，宜过筛，并用搅拌机加水搅拌，粘土中的有机物含量用比色法鉴定时应浅于标准色；

3 制作电石膏的电石渣应经20min加热至70℃，没有乙炔气味后，方可使用；

4 粉煤灰的品质指标应符合现行行业标准《粉煤灰在混凝土及砂浆中应用技术规程》JGJ 28的有关规定；

5 生石灰及磨细生石灰粉的品质应符合现行行业标准《建筑生石灰》（JC/T 479）及《建筑生石灰粉》（JC/T 480）的规定；

6 石灰膏的用量，可按稠度120±10mm计量。现场施工中，当石灰膏稠度与试配不一致时，可按表6.1.7换算。

表6.1.7 石灰膏不同稠度时的换算系数

稠度（mm）	120	110	100	90	80	70	60	50	40	30
换算系数	1.00	0.99	0.97	0.95	0.93	0.92	0.90	0.88	0.87	0.86

6.1.8 水泥砂浆掺入有机塑化剂应经检验试配，并符合要求后方可使用，并应考虑砌体抗压强度较水泥混合砂浆降低10%的不利影响。

6.1.9 拌制砂浆及混凝土用水应符合现行行业标准《混凝土拌合用水标准》（JGJ 63）的规定。

6.1.10 构造柱混凝土所用石子的粒径不宜大于20mm。

6.1.11 砌筑砂浆的配合比应采用重量比，配合比应经试验确定。当砂浆的组成材料有变更时，其配合比应重新确定。施工时砌筑砂浆配制强度应按现行行业标准《砌筑砂浆配合比设计规程》（JGJ 98）确定。砂浆稠度宜控制在60～80mm。

6.1.12 混凝土的配合比应通过计算和试配确定，并以重量计。

6.1.13 当砂浆和混凝土掺入外加剂时，外加剂应符合国家现行标准《砂浆、混凝土防水剂标准》（JC 474）、《混凝土外加剂应用技术规范》（GBJ 119）、《混凝土外加剂》（GB 8076）的有关规定，并应通过试验确定其掺量。

6.2 施工技术要求

6.2.1 砌体应上下错缝、内外搭砌，宜采用一顺一丁或梅花丁的砌筑形式。砖柱不得采用包心砌法。

6.2.2 砌体灰缝应横平竖直。水平灰缝厚度和竖向灰缝宽度宜为10mm，但不应小于8mm，也不应大于12mm。

6.2.3 砌体灰缝砂浆应饱满。水平灰缝的砂浆饱满度不得低于80%，竖向灰缝宜采用加浆填灌的方法，使其砂浆饱满，严禁用水冲浆灌缝。

对抗震设防地区砌体应采用一铲灰、一块砖、一揉压的“三一”砌砖法砌筑。对非地震区可采用铺浆法砌筑，铺浆长度不得超过750mm；当施工期间最高气温高于30℃时，铺浆长度不得超过500mm。

6.2.4 砌筑砌体时，多孔砖的孔洞应垂直于受压面，砌筑前应试摆。

6.2.5 砌筑砂浆应采用机械拌合；拌合时间，自投料完算起，应符合下列规定：

1 水泥砂浆和水泥混合砂浆，不得少于2min；

2 水泥粉煤灰砂浆和有机塑化剂砂浆，不得少于3min。

6.2.6 砌筑砂浆应随拌随用。水泥砂浆和水泥混合砂浆应分别在拌成后3h和4h内使用完毕；当施工期间最高气温超过30℃时，必须分别在拌成后2h和3h内使用完毕。

超过上述时间的砂浆，不得使用，并不应再次拌合后使用。

6.2.7 砂浆拌合后和使用中，当出现泌水现象，应在砌筑前再次拌合。

6.2.8 除设置构造柱的部位外，砌体的转角处和交接处应同时砌筑，对不能同时砌筑而又必须留置的临时间断处，应砌成斜槎。

临时间断处的高度差，不得超过一步脚手架的高度。

6.2.9 砌体接槎时，必须将接槎处的表面清理干净，浇水湿润并填实砂浆，保持灰缝平直。

6.2.10 设置构造柱的墙体应先砌墙，后浇混凝土。构造柱应有外露面。

6.2.11 浇灌混凝土构造柱前，必须将砖砌体和模板浇水湿润，并将模板内的落地灰、砖渣等清除干净。

6.2.12 构造柱混凝土分段浇灌时，在新老混凝土接槎处，应先用水冲洗、湿润，再铺10~20mm厚的水泥砂浆（用原混凝土配合比去掉石子），方可继续浇灌混凝土。

6.2.13 浇捣构造柱混凝土时，宜采用插入式振捣棒。振捣时，振捣棒不应直接触碰砖墙。

6.2.14 砌筑完基础或每一楼层后，应校核砌体的轴线和标高。当偏差超出允许范围时，其偏差应在基础顶面或圈梁顶面上校正。标高偏差宜通过调整上部灰缝厚度逐步校正。

6.2.15 搁置预制板的墙顶面应找平，并应在安装时坐浆。

6.2.16 板平圈梁结构宜采用硬架支模施工。

6.2.17 墙面勾缝应横平竖直、深浅一致、搭接平顺。勾缝时，应采用加浆勾缝，并宜采用细砂拌制的1:1.5水泥砂浆。当勾缝为凹缝时，凹缝深度宜为4~5mm。内墙也可用原浆勾缝，但必须随砌随勾，并使灰缝光滑密实。

6.2.18 冬期施工时，尚应符合现行行业标准《建筑工程冬期施工规程》（JGJ 104）的有关规定。

6.2.19 砖柱和宽度小于 1m 的窗间墙，应选用整砖砌筑。半砖应分散使用在受力较小的砌体中或墙心。

6.3 安 全 措 施

6.3.1 砌完基础后，应及时回填。回填土的施工应符合现行国家标准《土方和爆破工程及施工验收规范》(GBJ 201) 的有关规定。

6.3.2 砌体相邻工作段的高度差，不得超过一层楼的高度，也不宜大于 3.6m。工作段的分段位置，宜设在伸缩缝、沉降缝、防震缝构造柱或门窗洞口处。

6.3.3 尚未安装楼板或屋面板的墙和柱，当可能遇大风时，其允许自由高度不得超过表 6.3.3 的规定。当超过表列限值时，必须采用临时支撑等有效措施。

表 6.3.3 墙和柱的允许自由高度

墙（柱）厚（mm）	风荷载（N/m^2）		
	300（相当于 7 级风）	400（相当于 8 级风）	600（相当于 9 级风）
190	1.4	1.1	0.7
240	2.2	1.7	1.1
400	4.2	3.2	2.1
490	7.0	5.2	3.5
620	11.4	8.6	5.7

注：1 本表适用于施工处相对标高（H）在 10m 范围内的情况。如 $10m < H \leqslant 15m$，$15m < H \leqslant 20m$ 时，表中的允许自由高度应分别乘以 0.9、0.8 的系数；如 $H > 20m$ 时，应通过抗倾覆验算确定其允许自由高度；

2 当所砌筑的墙，有横墙和其他结构与其连接，而且间距小于表列限值的 2 倍时，砌筑高度可不受本表规定的限制。

6.3.4 雨天施工应防止基槽灌水和雨水冲刷砂浆，砂浆的稠度应适当减小，每日砌筑高度不宜超过 1.2m。收工时，应覆盖砌体表面。

6.3.5 施工中需在砖墙中留的临时洞口，其侧边离交接处的墙面不应小于 0.5m；洞口顶部宜设置钢筋砖过梁或钢筋混凝土过梁。

6.3.6 设有钢筋混凝土抗风柱的房屋，应在柱顶与屋架间以及屋架间的支撑均已连接固定后，方可砌筑山墙。

6.3.7 在冬期施工中，对于抗震设防烈度为 9 度的建筑物，当砖无法浇水湿润又无特殊措施时，不得砌筑。

6.4 工 程 质 量 检 验

6.4.1 砂浆强度等级应以标准养护、龄期为 28d 的试块抗压试验结果为准。

砂浆试样应在搅拌机出料口随机抽样，每一楼层或 $250m^3$ 砌体中的各种强度等级的砂浆，每台搅拌机应至少检查一次，每次至少应制作一组试块。当砂浆强度等级或配合比变更时，还应制作试块。

注：基础砌体可按一层楼计。

6.4.2 砂浆试块强度必须满足下列要求：

$$f_{2,m} \geqslant f_2 \tag{6.4.2-1}$$

$$f_{2,min} \geqslant 0.75 f_2 \tag{6.4.2-2}$$

式中 $f_{2,m}$——同一验收批砂浆抗压强度平均值（N/mm^2）；

f_2——砂浆设计强度等级所对应的立方体抗压强度（N/mm^2）；

$f_{2,min}$——同一验收批中砂浆抗压强度的最小一组平均值（N/mm^2）。

6.4.3 在砌筑过程中，砌体的水平灰缝砂浆饱满度，每步架至少应抽查3处（每处3块砖）饱满度平均值不得低于80%。

6.4.4 混凝土试块强度的检验和评定，应按现行国家标准《混凝土强度检验评定标准》（GB 107）执行。

6.4.5 构造柱混凝土应振捣密实，不应露筋。

6.4.6 砌体的尺寸和位置的允许偏差，不得超过表6.4.6的规定。

表 6.4.6 砌体尺寸和位置的允许偏差

序号	项目			允许偏差（mm）			检验方法
				基础	墙	柱	
1	轴线位移			10	10	10	用经纬仪复查或检查施工记录
2	基础顶面和楼面标高			±15	±15	±15	用水平仪复查或检查施工记录
3	墙面垂直度	每层		—	5	5	用2m托线板检查
		全高	≤10m	—	10	10	用经纬仪或吊线和尺检查
			>10m	—	20	20	
4	表面平整度		清水墙、柱	—	5	5	用2m直尺和楔形塞尺检查
			混水墙、柱	—	8	8	
5	水平灰缝平直度		清水墙	—	7	—	拉10m线和尺检查
			混水墙	—	10	—	
6	水平灰缝厚度（10皮砖累计数）			—	±8	±8	与皮数杆比较，用尺检查
7	清水墙游丁走缝			—	20	—	吊线和尺检查，以每层每一皮砖为准
8	外墙上下窗口偏移			—	20	—	用经纬仪或吊线检查，以底层窗口为准
9	门窗洞口宽度（后塞口）			—	±5	—	用尺检查

6.4.7 构造柱尺寸和位置的允许偏差，不得超过表6.4.7的规定。

表 6.4.7 构造柱尺寸和位置的允许偏差

序号	项目			允许偏差（mm）	检验方法
1	柱中心线位置			10	用经纬仪检查
2	柱层间错位			8	用经纬仪检查
3	柱垂直度	每层		10	用吊线法检查
		全高	≤10m	15	用经纬仪或吊线法检查
			>10m	20	用经纬仪或吊线法检查

6.5 工 程 验 收

6.5.1 多孔砖砌体工程应对下列隐蔽工程进行验收：

1 基础砌体；

2 砌体中的预埋拉结筋、网片以及预埋件；

3 圈梁、过梁及构造柱；

4 其他隐蔽项目。

6.5.2 多孔砖砌体工程验收时应提供下列资料：

1 材料的出厂合格证或试验检验资料；

2 砂浆及混凝土试块强度试验报告；

3 砌体工程施工记录；

4 分项工程质量检验评定记录；

5 隐蔽工程验收记录；

6 冬期施工记录；

7 结构尺寸和位置对设计的偏差及检查记录；

8 重大技术问题的处理或修改设计的技术文件；

9 有特殊要求的工程项目应单独验收时的记录；

10 其他必须检查的项目；

11 其他有关文件和记录。

6.5.3 多孔砖砌体工程的验收，除检查有关文件、记录外，还应进行外观抽查。

6.5.4 当提供的文件、记录及外观检查的结果符合有关现行国家标准《建筑工程施工质量验收统一标准》(GB 50300) 和《砌体工程施工质量验收规范》(GB 50203) 的要求时方可进行验收。

附录 A 轴向力影响系数 φ

A.0.1 矩形截面单向偏心受压构件，$\beta\leqslant 3$ 时承载力的影响系数 φ，应按下式计算：

$$\varphi=\frac{1}{1+12\left(\frac{e}{h}\right)^2} \tag{A.0.1}$$

式中 e——轴向力的偏心矩；

h——矩形截面的轴向力偏心方向的边长。

A.0.2 矩形截面单向偏心受压构件，当 $\beta>3$ 时，尚应考虑附加偏心矩 e_0，此时承载力的影响系数 φ，应按下式计算：

$$\varphi=\frac{1}{1+12\left(\frac{e+e_0}{h}\right)^2} \tag{A.0.2}$$

A.0.3 附加偏心矩 e_0 应按下式计算：

$$e_0=\frac{h}{\sqrt{12}}\sqrt{\frac{1}{\varphi_0}-1} \tag{A.0.3}$$

式中　φ_0——轴心受压构件的稳定系数。

A.0.4　轴心受压构件的稳定系数 φ_0 应按下式计算：

$$\varphi_0 = \frac{1}{1 + \alpha\beta^2} \tag{A.0.4}$$

式中　α——与砂浆强度等级有关的系数；当砂浆强度等级不小于M5时，$\alpha = 0.0015$；当砂浆强度为零时，$\alpha = 0.009$；

β——构件的高厚比。

A.0.5　矩形和T形截面单向偏心受压构件，砂浆强度等级不小于M5和砂浆强度为零时的影响系数 φ，可按附表A.0.5-1和A.0.5-2采用。

附表 A.0.5-1　影响系数 φ（砂浆强度等级≥M5）

β	$\frac{e}{h}$或$\frac{e}{h_T}$													
	0	0.025	0.050	0.075	0.100	0.125	0.150	0.175	0.200	0.225	0.250	0.275	0.300	0.325
≤3	1.00	0.99	0.97	0.94	0.89	0.84	0.79	0.73	0.68	0.62	0.57	0.52	0.48	0.44
4	0.98	0.95	0.90	0.85	0.80	0.74	0.69	0.64	0.58	0.53	0.49	0.45	0.41	0.38
6	0.95	0.91	0.86	0.81	0.75	0.69	0.64	0.59	0.54	0.49	0.45	0.42	0.38	0.35
8	0.91	0.86	0.81	0.76	0.70	0.64	0.59	0.54	0.50	0.46	0.42	0.39	0.36	0.33
10	0.87	0.82	0.76	0.71	0.65	0.60	0.55	0.50	0.46	0.42	0.39	0.36	0.33	0.30
12	0.82	0.77	0.71	0.66	0.60	0.55	0.51	0.47	0.43	0.39	0.36	0.33	0.31	0.28
14	0.77	0.72	0.66	0.61	0.56	0.51	0.47	0.43	0.40	0.36	0.34	0.31	0.29	0.26
16	0.72	0.67	0.61	0.56	0.52	0.47	0.44	0.40	0.37	0.34	0.31	0.29	0.27	0.25
18	0.67	0.62	0.57	0.52	0.48	0.44	0.40	0.37	0.34	0.31	0.29	0.27	0.25	0.23
20	0.62	0.57	0.53	0.48	0.44	0.40	0.37	0.34	0.32	0.29	0.27	0.25	0.23	0.22
22	0.58	0.53	0.49	0.45	0.41	0.38	0.35	0.32	0.30	0.27	0.25	0.24	0.22	0.20
24	0.54	0.49	0.45	0.41	0.38	0.35	0.32	0.30	0.28	0.26	0.24	0.22	0.21	0.19
26	0.50	0.46	0.42	0.38	0.35	0.33	0.30	0.28	0.26	0.24	0.22	0.21	0.19	0.18
28	0.46	0.42	0.39	0.36	0.33	0.30	0.28	0.26	0.24	0.22	0.21	0.19	0.18	0.17

附表 A.0.5-2　影响系数 φ（砂浆强度为零）

β	$\frac{e}{h}$或$\frac{e}{h_T}$													
	0	0.025	0.050	0.075	0.100	0.125	0.150	0.175	0.200	0.225	0.250	0.275	0.300	0.325
≤3	1.00	0.99	0.97	0.94	0.89	0.84	0.79	0.73	0.68	0.62	0.57	0.52	0.48	0.44
4	0.87	0.82	0.77	0.71	0.66	0.60	0.55	0.51	0.46	0.43	0.39	0.36	0.33	0.31
6	0.76	0.70	0.65	0.59	0.54	0.50	0.46	0.42	0.39	0.36	0.33	0.30	0.28	0.26
8	0.63	0.58	0.54	0.49	0.45	0.41	0.38	0.35	0.32	0.30	0.28	0.25	0.24	0.22
10	0.53	0.48	0.44	0.41	0.37	0.34	0.32	0.29	0.27	0.25	0.23	0.22	0.20	0.19
12	0.44	0.40	0.37	0.34	0.31	0.29	0.27	0.25	0.23	0.21	0.20	0.19	0.17	0.16
14	0.36	0.33	0.31	0.28	0.26	0.24	0.23	0.21	0.20	0.18	0.17	0.16	0.15	0.14
16	0.30	0.28	0.26	0.24	0.22	0.21	0.19	0.18	0.17	0.16	0.15	0.14	0.13	0.13
18	0.26	0.24	0.22	0.21	0.19	0.18	0.17	0.16	0.15	0.14	0.13	0.12	0.12	0.11
20	0.22	0.20	0.19	0.18	0.17	0.16	0.15	0.14	0.13	0.12	0.12	0.11	0.10	0.10
22	0.19	0.18	0.16	0.15	0.14	0.14	0.13	0.12	0.12	0.11	0.10	0.10	0.09	0.09
24	0.16	0.15	0.14	0.13	0.13	0.12	0.11	0.11	0.10	0.10	0.09	0.09	0.08	0.08
26	0.14	0.13	0.13	0.12	0.11	0.11	0.10	0.10	0.09	0.09	0.08	0.08	0.07	0.07
28	0.12	0.12	0.11	0.11	0.10	0.10	0.09	0.09	0.08	0.08	0.08	0.07	0.07	0.06

本规范用词说明

1 为便于在执行本规范条文时区别对待，对于要求严格程度不同的用词说明如下：

(**1**) 表示很严格，非这样做不可的：

正面词采用“必须”；反面词采用“严禁”。

(**2**) 表示严格，在正常情况下均应这样做的：

正面词采用“应”；反面词采用“不应”或“不得”。

(**3**) 表示允许稍有选择，在条件许可时首先应这样做的：

正面词采用“宜”，反面词采用“不宜”；表示有选择，在一定条件下可以这样做的，采用“可”。

2 条文中指明应按其他有关标准执行的写法为，“应按……执行”或“应符合……要求”（或规定）。

中华人民共和国行业标准

民用建筑节能设计标准

（采暖居住建筑部分）

Energy conservation design standard for new heating residential buildings

JGJ 26—95

主编单位：中国建筑科学研究院
批准部门：中华人民共和国建设部
施行日期：1996年7月1日

关于发布行业标准《民用建筑节能设计标准（采暖居住建筑部分）》的通知

建标［1995］708号

根据建设部［1991］建标字第718号文的要求，由中国建筑科学研究院主编的《民用建筑节能设计标准（采暖居住建筑部分）》，业经审查，现批准为行业标准，编号JGJ 26—95，自1996年7月1日起施行。原部标准《民用建筑节能设计标准（采暖居住建筑部分）》（JGJ 26—86）同时废止。

本标准由建设部建筑工程标准技术归口单位中国建筑科学研究院归口管理并负责其具体解释。

本标准由建设部标准定额研究所组织出版。

中华人民共和国建设部

1995年12月7日

目　次

1　总则 ………………………………………………………………………… 252
2　术语、符号 ………………………………………………………………… 252
3　建筑物耗热量指标和采暖耗煤量指标 ……………………………… 253
4　建筑热工设计 ……………………………………………………………… 254
4.1　一般规定 ……………………………………………………………… 254
4.2　围护结构设计 ………………………………………………………… 254
5　采暖设计 …………………………………………………………………… 257
5.1　一般规定 ……………………………………………………………… 257
5.2　采暖供热系统 ………………………………………………………… 257
5.3　管道敷设与保温 ……………………………………………………… 259
附录 A　全国主要城镇采暖期有关参数及建筑物耗热量、采暖耗煤量指标 ……… 260
附录 B　围护结构传热系数的修正系数 ε_i 值 ………………………………… 263
附录 C　外墙平均传热系数的计算 ………………………………………… 264
附录 D　关于面积和体积的计算 …………………………………………… 264
附录 E　本标准用词说明 …………………………………………………… 265
附加说明 ……………………………………………………………………… 265

1 总　　则

1.0.1 为了贯彻国家节约能源的政策，扭转我国严寒和寒冷地区居住建筑采暖能耗大、热环境质量差的状况，通过在建筑设计和采暖设计中采用有效的技术措施，将采暖能耗控制在规定水平，制订本标准。

1.0.2 本标准适用于严寒和寒冷地区设置集中采暖的新建和扩建居住建筑建筑热工与采暖节能设计。暂无条件设置集中采暖的居住建筑，其围护结构宜按本标准执行。

1.0.3 按本标准进行居住建筑建筑热工与采暖节能设计时，尚应符合国家现行有关标准、规范的规定。

2 术语、符号

2.0.1 采暖期室外平均温度（t_e）outdoor mean air temperature during heating period

在采暖期起止日期内，室外逐日平均温度的平均值。

2.0.2 采暖期度日数（D_{di}）degreedays of heating period

室内基准温度18℃与采暖期室外平均温度之间的温差，乘以采暖期天数的数值，单位℃·d。

2.0.3 采暖能耗（Q）energy consumed for heating

用于建筑物采暖所消耗的能量，本标准中的采暖能耗主要指建筑物耗热量和采暖耗煤量。

2.0.4 建筑物耗热量指标（q_H）index of heat loss of building

在采暖期室外平均温度条件下，为保持室内计算温度，单位建筑面积在单位时间内消耗的、需由室内采暖设备供给的热量，单位：W/m^2。

2.0.5 采暖耗煤量指标（q_c）index of coal consumeption for heating

在采暖期室外平均温度条件下，为保持室内计算温度，单位建筑面积在一个采暖期内消耗的标准煤量，单位：kg/m^2。

2.0.6 采暖设计热负荷指标（q）index of design load for heating of building

在采暖室外计算温度条件下，为保持室内计算温度，单位建筑面积在单位时间内需由锅炉房或其他供热设施供给的热量，单位：W/m^2。

2.0.7 围护结构传热系数（K）overall heat transfer coefficient of building envelope

围护结构两侧空气温差为1K，在单位时间内通过单位面积围护结构的传热量，单位：$W/(m^2 \cdot K)$。

2.0.8 围护结构传热系数的修正系数（ε_i）correction factor for overall heat transfer coefficient of building envelope

不同地区、不同朝向的围护结构，因受太阳辐射和天空辐射的影响，使得其在两侧空气温差同样为1K情况下，在单位时间内通过单位面积围护结构的传热量要改变。这个改变后的传热量与未受太阳辐射和天空辐射影响的原有传热量的比值，即为围护结构传热系数的修正系数。

2.0.9 建筑物体形系数（S）shape coefficient of building

建筑物与室外大气接触的外表面积与其所包围的体积的比值。外表面积中，不包括地面和不采暖楼梯间隔墙和户门的面积。

2.0.10 窗墙面积比 area ratio of window to wall

窗户洞口面积与房间立面单元面积（即建筑层高与开间定位线围成的面积）的比值。

2.0.11 采暖供热系统 heating system

锅炉机组、室外管网、室内管网和散热器等设备组成的系统。

2.0.12 锅炉机组容量 capacity of boiler plant

又称额定出力。锅炉铭牌标出的出力，单位：MW。

2.0.13 锅炉效率 boiler efficiency

锅炉产生的、可供有效利用的热量与其燃烧的煤所含热量的比值。在不同条件下，又可分为锅炉铭牌效率和运行效率。

2.0.14 锅炉铭牌效率 rating boiler efficiency

又称额定效率。锅炉在设计工况下的效率。

2.0.15 锅炉运行效率（η_2）rating of boiler efficiency

锅炉实际运行工况下的效率。

2.0.16 室外管网输送效率（η_1）heat transfer efficiency of outdoor heating network

管网输出总热量（输入总热量减去各段热损失）与管网输入总热量的比值。

2.0.17 耗电输热比 *EHR* 值 ratio of electricity consumption to transferied heat quantity

在采暖室内外计算温度条件下，全日理论水泵输送耗电量与全日系统供热量的比值。两者取相同单位，无因次。

3 建筑物耗热量指标和采暖耗煤量指标

3.0.1 建筑物耗热量指标应按下式计算：

$$q_{\mathrm{H}} = q_{\mathrm{H \cdot T}} + q_{\mathrm{INF}} - q_{\mathrm{I \cdot H}} \tag{3.0.1}$$

式中 q_{H}——建筑物耗热量指标（W/m^2）；

$q_{\mathrm{H \cdot T}}$——单位建筑面积通过围护结构的传热耗热量（W/m^2）；

q_{INF}——单位建筑面积的空气渗透耗热量（W/m^2）；

$q_{\mathrm{I \cdot H}}$——单位建筑面积的建筑物内部得热（包括炊事、照明、家电和人体散热），住宅建筑，取 3.80W/m^2。

3.0.2 单位建筑面积通过围护结构的传热耗热量应按下式计算：

$$q_{\mathrm{H \cdot T}} = (t_i - t_e)\left(\sum_{i=1}^{m} \varepsilon_i \cdot K_i \cdot F_i\right)/A_o \tag{3.0.2}$$

式中 t_i——全部房间平均室内计算温度，一般住宅建筑，取 16℃；

t_e——采暖期室外平均温度（℃），应按本标准附录 A 附表 A 采用；

ε_i——围护结构传热系数的修正系数，应按本标准附录 B 附表 B 采用；

K_i——围护结构的传热系数［W/（$m^2 \cdot K$）］，对于外墙应取其平均传热系数，计算方法见本标准附录 C；

F_i——围护结构的面积（m^2），应按本标准附录 D 的规定计算；

A_o——建筑面积（m^2），应按本标准附录 D 的规定计算。

3.0.3 单位建筑面积的空气渗透耗热量应按下式计算：

$$q_{INF} = (t_i - t_e)(C_\rho \cdot \rho \cdot N \cdot V)/A_o \quad (3.0.3)$$

式中 C_ρ——空气比热容，取 0.28W·h/（kg·K）；

ρ——空气密度（kg/m^2），取 t_e 条件下的值；

N——换气次数，住宅建筑取 0.5 1/h；

V——换气体积（m^2），应按本标准附录 D 的规定计算。

3.0.4 采暖耗煤量指标应按下式计算：

$$q_c = 24 \cdot Z \cdot q_H/H_c \cdot \eta_1 \cdot \eta_2 \quad (3.0.4)$$

式中 q_c——采暖耗煤量指标（kg/m^2）标准煤；

q_H——建筑物耗热量指标（W/m^2）；

Z——采暖期天数（d），应按本标准附录 A 附表 A 采用；

H_c——标准煤热值，取 8.14×10^3W·h/kg；

η_1——室外管网输送效率，采取节能措施前，取 0.85，采取节能措施后，取 0.90；

η_2——锅炉运行效率，采取节能措施前，取 0.55，采取节能措施后，取 0.68。

3.0.5 不同地区采暖住宅建筑耗热量指标和采暖耗煤量指标不应超过本标准附录 A 附表 A 规定的数值。

3.0.6 集体宿舍、招待所、旅馆、托幼建筑等采暖居住建筑围护结构的保温应达到当地采暖住宅建筑相同的水平。

4 建筑热工设计

4.1 一般规定

4.1.1 建筑物朝向宜采用南北向或接近南北向，主要房间宜避开冬季主导风向。

4.1.2 建筑物体形系数宜控制在 0.30 及 0.30 以下；若体形系数大于 0.30，则屋顶和外墙应加强保温，其传热系数应符合表 4.2.1 的规定。

4.1.3 采暖居住建筑的楼梯间和外廊应设置门窗；在采暖期室外平均温度为 -0.1～-6.0℃的地区，楼梯间不采暖时，楼梯间隔墙和户门应采取保温措施；在 -6.0℃以下地区，楼梯间应采暖，入口处应设置门斗等避风设施。

4.2 围护结构设计

4.2.1 不同地区采暖居住建筑各部分围护结构的传热系数不应超过表 4.2.1 规定的限值。

4.2.2 当实际采用的窗户传热系数比表 4.2.1 规定的限值低 0.5 及 0.5 以上时，在满足本标准规定的耗热量指标条件下，可按本标准 3.0.1～3.0.3 条规定的方法，重新计算确定外墙和屋顶所需的传热系数。

表 4.2.1 不同地区采暖居住建筑各部分围护结构传热系数限值［W/（m²·K）］

采暖期室外平均温度（℃）	代表性城市	屋顶		外墙		不采暖楼梯间		窗户（含阳台门上部）	阳台门下部门芯板	外门	地板		地面	
		体形系数 ≤0.3	体形系数 >0.3	体形系数 ≤0.3	体形系数 >0.3	隔墙	户门				接触室外空气地板	不采暖地下室上部地板	周边地面	非周边地面
2.0～1.0	郑州、洛阳、宝鸡、徐州	0.80	0.60	1.10 1.40	0.80 1.10	1.83	2.70	4.70 4.00	1.70	/	0.60	0.65	0.52	0.30
0.9～0.0	西安、拉萨、济南、青岛、安阳	0.80	0.60	1.00 1.28	0.70 1.00	1.83	2.70	4.70 4.00	1.70	/	0.60	0.65	0.52	0.30
-0.1～-1.0	石家庄、德州、晋城、天水	0.80	0.60	0.92 1.20	0.60 0.85	1.83	2.00	4.70 4.00	1.70	/	0.60	0.65	0.52	0.30
-1.1～-2.0	北京、天津、大连、阳泉、平凉	0.80	0.60	0.90 1.16	0.55 0.82	1.83	2.00	4.70 4.00	1.70	/	0.50	0.55	0.52	0.30
-2.1～-3.0	兰州、太原、唐山、阿坝、喀什	0.70	0.50	0.85 1.10	0.62 0.78	0.94	2.00	4.70 4.00	1.70	/	0.50	0.55	0.52	0.30
-3.1～-4.0	西宁、银川、丹东	0.70	0.50	0.68	0.65	0.94	2.00	4.00	1.70	/	0.50	0.55	0.52	0.30
-4.1～-5.0	张家口、鞍山、酒泉、伊宁、吐鲁番	0.70	0.50	0.75	0.60	0.94	2.00	3.00	1.35	/	0.50	0.55	0.52	0.30
-5.1～-6.0	沈阳、大同、本溪、阜新、哈密	0.60	0.40	0.68	0.56	0.94	1.50	3.00	1.35	/	0.40	0.55	0.30	0.30
-6.1～-7.0	呼和浩特、抚顺、大柴旦	0.60	0.40	0.65	0.50	/	/	3.00	1.35	2.50	0.40	0.55	0.30	0.30
-7.1～-8.0	延吉、通辽、通化、四平	0.60	0.40	0.65	0.50	/	/	2.50	1.35	2.50	0.40	0.55	0.30	0.30
-8.1～-9.0	长春、乌鲁木齐	0.50	0.30	0.56	0.45	/	/	2.50	1.35	2.50	0.30	0.50	0.30	0.30
-9.1～-10.0	哈尔滨、牡丹江、克拉玛依	0.50	0.30	0.52	0.40	/	/	2.50	1.35	2.50	0.30	0.50	0.30	0.30
-10.1～-11.0	佳木斯、安达、齐齐哈尔、富锦	0.50	0.30	0.52	0.40	/	/	2.50	1.35	2.50	0.30	0.50	0.30	0.30

续表 4.2.1

采暖期室外平均温度（℃）	代表性城市	屋顶		外墙		不采暖楼梯间		窗户（含阳台门上部）	阳台门下部门芯板	外门	地板		地面	
		体形系数≤0.3	体形系数＞0.3	体形系数≤0.3	体形系数＞0.3	隔墙	户门				接触室外空气地板	不采暖地下室上部地板	周边地面	非周边地面
－11.1～－12.0	海伦、博克图	0.40	0.25	0.52	0.40	/	/	2.00	1.35	2.50	0.25	0.45	0.30	0.30
－12.1～－14.5	伊春、呼玛、海拉尔、满洲里	0.40	0.25	0.52	0.40	/	/	2.00	1.35	2.50	0.25	0.45	0.30	0.30

注：①表中外墙的传热系数限值系指考虑周边热桥影响后的外墙平均传热系数。有些地区外墙的传热系数限值有两行数据，上行数据与传热系数为 4.70 的单层塑料窗相对应；下行数据与传热系数为 4.00 的单框双玻金属窗相对应。

②表中周边地面一栏中 0.52 为位于建筑物周边的不带保温层的混凝土地面的传热系数；0.30 为带保温层的混凝土地面的传热系数。非周边地面一栏中 0.30 为位于建筑物非周边的不带保温层的混凝土地面的传热系数。

4.2.3 外墙受周边混凝土梁、柱等热桥影响条件下，其平均传热系数不应超过表 4.2.1 规定的限值。

4.2.4 窗户（包括阳台门上部透明部分）面积不宜过大。不同朝向的窗墙面积比不应超过表4.2.4规定的数值。

4.2.5 设计中应采用气密性良好的窗户（包括阳台门），其气密性等级，在 1～6 层建筑中，不应低于现行国家标准《建筑外窗空气渗透性能分级及其检测方法》（GB 7107）规定的Ⅲ级水平；在 7～30 层建筑中，不应低于上述标准规定的Ⅱ级水平。

表 4.2.4　不同朝向的窗墙面积比

朝　向	窗墙面积比
北	0.25
东、西	0.30
南	0.35

注：如窗墙面积比超过上表规定的数值，则应调整外墙和屋顶等围护结构的传热系数，使建筑物耗热量指标达到规定要求。

4.2.6 在建筑物采用气密窗或窗户加设密封条的情况下，房间应设置可以调节的换气装置或其他可行的换气设施。

4.2.7 围护结构的热桥部位应采取保温措施，以保证其内表面温度不低于室内空气露点温度并减少附加传热热损失。

4.2.8 采暖期室外平均温度低于－5.0℃的地区，建筑物外墙在室外地坪以下的垂直墙面，以及周边直接接触土壤的地面应采取保温措施。在室外地坪以下的垂直墙面，其传热系数不应超过表 4.2.1 规定的周边地面传热系数限值。在外墙周边从外墙内侧算起 2.0m 范围内，地面的传热系数不应超过 0.30W/（m^2·K）。

5 采 暖 设 计

5.1 一 般 规 定

5.1.1 居住建筑的采暖供热应以热电厂和区域锅炉房为主要热源。在工厂区附近，应充分利用工业余热和废热。

5.1.2 城市新建的住宅区，在当地没有热电联产和工业余热，废热可资利用的情况下，应建以集中锅炉房为热源的供热系统。集中锅炉房的单台容量不宜小于7.0MW，供热面积不宜小于 10 万 m^2。对于规模较小的住宅区，锅炉房的单台容量可适当降低，但不宜小于4.2MW。在新建锅炉房时应考虑与城市热网连接的可能性。锅炉房宜建在靠近热负荷密度大的地区。

5.1.3 新建居住建筑的采暖供热系统，应按热水连续采暖进行设计。住宅区内的商业、文化及其他公共建筑以及工厂生活区的采暖方式，可根据其使用性质、供热要求由技术经济比较确定。

5.2 采 暖 供 热 系 统

5.2.1 在设计采暖供热系统时，应详细进行热负荷的调查和计算，确定系统的合理规模和供热半径。当系统的规模较大时，宜采用间接连接的一、二次水系统，从而提高热源的运行效率，减少输配电耗。一次水设计供水温度应取 115～130℃，回水温度应取 70～80℃。

5.2.2 在进行室内采暖系统设计时，设计人员应考虑按户热表计量和分室控制温度的可能性。房间的散热器面积应按设计热负荷合理选取。室内采暖系统宜南北朝向房间分开环路布置。采暖房间有不保温采暖干管时，干管散入房间的热量应予考虑。

5.2.3 设计中应对采暖供热系统进行水力平衡计算，确保各环路水量符合设计要求。在室外各环路及建筑物入口处采暖供水管（或回水管）路上应安装平衡阀或其他水力平衡元件，并进行水力平衡调试。对同一热源有不同类型用户的系统应考虑分不同时间供热的可能性。

5.2.4 在设计热力站时，间接连接的热力站应选用结构紧凑，传热系数高，使用寿命长的换热器。换热器的传热系数宜大于或等于 3000W/（m^2·K）。直接连接和间接连接的热力站均应设置必要的自动或手动调节装置。

5.2.5 锅炉的选型应与当地长期供应的煤种相匹配。锅炉的额定效率不应低于表 5.2.5 中规定的数值。

表 5.2.5 锅炉最低额定效率（%）

燃料品种		发热值（kJ/kg）	锅 炉 容 量 （MW）				
			2.8	4.2	7.0	14.0	28.0
烟 煤	Ⅱ	15500～19700	72	73	74	76	78
	Ⅲ	＞19700	74	76	78	80	82

5.2.6 锅炉房总装机容量应按下式确定：

$$Q_B = Q_o / \eta_1 \tag{5.2.6}$$

式中 Q_B——锅炉房总装机容量（W）；

Q_o——锅炉负担的采暖设计热负荷（W）；

η_1——室外管网输送效率，一般取0.90。

5.2.7 新建锅炉房选用锅炉台数，宜采用2~3台，在低于设计运行负荷条件下，单台锅炉运行负荷不应低于额定负荷的50%。

5.2.8 锅炉用鼓风机、引风机与除尘器，宜单炉配置，其容量应与锅炉容量相匹配。选取设备的功率消耗宜低于或接近表5.2.8规定的数值。设计中应充分利用锅炉产生的各种余热。

表5.2.8 燃用Ⅱ、Ⅲ类烟煤层燃炉的鼓风机与引风机匹配指标

风机	鼓风机		引风机	
锅炉容量 MW (t/h)	风量 m^3/h / 风压 Pa（mmH_2O）	配用电动机功率 kW	风量 m^3/h / 风压 Pa（mmH_2O）	配用电动机功率 kW
2.8（4）	6000 / 508（52）	2.2	10590 / 2225（227）	10.0
4.2（6）	9100 / 1362（139）	5.5	16050 / 2097（214）	13.0
7.0（10）	14760 / 1352（138）	7.5	25200 / 2097（214）	22.0
14.0（20）	29520 / 1352（138）	17.0	50400 / 2097（214）	40.0
28.0（40）	59040 / 1352（138）	30.0	100800 / 2097（214）	75.0

5.2.9 一、二次循环水泵应选用高效节能低噪声水泵。水泵台数宜采用2台，一用一备。系统容量较大时，可合理增加台数，但必须避免“大流量、小温差”的运行方式。一次水泵选取时应考虑分阶段改变流量质调节的可能性。系统的水质应符合现行国家标准《热水锅炉水质标准》（GB 1576）的要求。锅炉容量较大时，宜设置除氧装置。

5.2.10 设计中应提出对锅炉房、热力站和建筑物入口进行参数监测与计量的要求。锅炉房总管，热力站和每个独立建筑物入口应设置供回水温度计、压力表和热表（或热水流量计）。补水系统应设置水表。锅炉房动力用电、水泵用电和照明用电应分别计量。单台锅炉容量超过7.0MW的大型锅炉房，应设置计算机监控系统。

5.2.11 热水采暖供热系统的一、二次水的动力消耗应予以控制。一般情况下，耗电输热比，即设计条件下输送单位热量的耗电量 *EHR* 值应不大于按下式所得的计算值：

$$EHR = \frac{\varepsilon}{\Sigma Q} = \frac{\tau \cdot N}{24q \cdot A} \leqslant \frac{0.0056(14 + a\Sigma L)}{\Delta t} \tag{5.2.11}$$

式中 *EHR*——设计条件下输送单位热量的耗电量，无因次；

ΣQ——全日系统供热量（kW·h）；

ε——全日理论水泵输送耗电量（kW·h）；

τ——全日水泵运行时数，连续运行时 $\tau = 24h$；

N——水泵铭牌轴功率（kW）；

q——采暖设计热负荷指标（kW/m^2）；

A——系统的供热面积（m^2）；

Δt——设计供回水温差，对于一次网，$\Delta t = 45 \sim 50$℃，对于二次网，$\Delta t = 25$℃；

ΣL——室外管网主干线（包括供回水管）总长度（m）。

a 的取值：　当 $\Sigma L \leqslant 500m$，$a = 0.0115$；

$500m < \Sigma L < 1000m$，$a = 0.0092$；

$\Sigma L \geqslant 1000m$，$a = 0.0069$。

一次网和二次网按式（5.2.11）计算所得的 EHR 值见表 5.2.11。

表 5.2.11　*EHR* 计算值

管网主干线总长度 ΣL（m）	设计供回水温差 Δt		
	50℃	45℃	25℃
200	0.0018	0.002	0.0037
400	0.0021	0.0023	0.0042
600	0.0022	0.0024	0.0044
800	0.0024	0.0026	0.0048
1000	0.0025	0.0028	0.0050
1500	0.0027	0.0030	0.0055
2000	0.0031	0.0035	0.0062
2500	0.0035	0.0039	0.0070
3000	0.0039	0.0043	0.0078
3500	0.0043	0.0047	0.0085
4000	0.0047	0.0052	0.0093

5.3　管道敷设与保温

5.3.1　设计一、二次热水管网时，应采用经济合理的敷设方式。对于庭院管网和二次网，宜采用直埋管敷设。对于一次管网，当管径较大且地下水位不高时可采用地沟敷设。

5.3.2　采暖供热管道保温厚度应按现行国家标准《设备及管道保温设计导则》（GB 8175）中经济厚度的计算公式确定。

5.3.3　当供热热媒与采暖管道周围空气之间的温差等于或低于 60℃时，安装在室外或室内地沟中的采暖供热管道的保温厚度不得小于表 5.3.3 中规定的数值。

5.3.4　当选用其他保温材料或其导热系数与表 5.3.3 中值差异较大时，最小保温厚度应按下式修正：

$$\delta'_{min} = \lambda'_m \cdot \delta'_{min} / \lambda_m \quad (5.3.4\text{-}1)$$

式中　δ'_{min}——修正后的最小保温厚度（mm）；

δ'_{min}——表中最小保温厚度（mm）；

λ'_m——实际选用的保温材料在其平均使用温度下的导热系数［W/（m·K）］；

λ_m——表中保温材料在其平均使用温度下的导热系数［W/（m·K）］。

当实际热媒温度与管道周围空气温度之差大于 60℃时，最小保温厚度应按下式修正：

$$\delta'_{min} = (t_w - t_a)\delta_{min}/60 \quad (5.3.4\text{-}2)$$

式中 t_w——实际供热热媒温度（℃）；

t_a——管道周围空气温度（℃）。

5.3.5 当系统供热面积大于或等于 5 万 m^2 时，应将 200～300mm 管径的保温厚度在表 5.3.3 最小保温厚度的基础上再增加 10mm。

表 5.3.3 采暖供热管道最小保温厚度 δ_{min}

保温材料	直径（mm）		最小保温厚度
	公称直径 D_o	外径 D	δ_{min}（mm）
岩棉或矿棉管壳 $\lambda_m = 0.0314 + 0.0002t_m$（W/m·K） $t_m = 70$℃ $\lambda_m = 0.0452$（W/m·K）	25～32 40～200 250～300	32～38 45～219 273～325	30 35 45
玻璃棉管壳 $\lambda_m = 0.024 + 0.00018t_m$（W/m·K） $t_m = 70$℃ $\lambda_m = 0.037$（W/m·K）	25～32 40～200 250～300	32～38 45～219 273～325	25 30 40
聚氨酯硬质泡沫保温管（直埋管） $\lambda_m = 0.02 + 0.00014t_m$（W/m·K） $t_m = 70$℃ $\lambda_m = 0.03$（W/m·K）	25～32 40～200 250～300	32～38 45～219 273～325	20 25 35

注：表中 t_m 为保温材料层的平均使用温度（℃），取管道内热媒与管道周围空气的平均温度。

附录 A 全国主要城镇采暖期有关参数及建筑物耗热量、采暖耗煤量指标

附表 A 全国主要城镇采暖期有关参数及建筑物耗热量、采暖耗煤量指标

地名	计算用采暖期			耗热量指标	耗煤量指标
	天数 Z(d)	室外平均温度 t_e(℃)	度日数 D_{di}(℃·d)	q_H(W/m^2)	q_c(kg/m^2)
北京市	125	−1.6	2450	20.6	12.4
天津市	119	−1.2	2285	20.5	11.8
河北省					
石家庄	112	−0.6	2083	20.3	11.0
张家口	153	−4.8	3488	21.1	15.3
秦皇岛	135	−2.4	2754	20.8	13.5
保定	119	−1.2	2285	20.5	11.8
邯郸	108	0.1	1933	20.3	10.6
唐山	127	−2.9	2654	20.8	12.8
承德	144	−4.5	3240	21.0	14.6
丰宁	163	−5.6	3847	21.2	16.6
山西省					
太原	135	−2.7	2795	20.8	13.5
大同	162	−5.2	3758	21.1	16.5
长治	135	−2.7	2795	20.8	13.5
阳泉	124	−1.3	2393	20.5	12.2
临汾	113	−1.1	2158	20.4	11.1

续附表 A

地名	计算用采暖期			耗热量指标	耗煤量指标
	天数 Z(d)	室外平均温度 t_e(℃)	度日数 D_{di}(℃·d)	q_H(W/m^2)	q_c(kg/m^2)
晋　城	121	−0.9	2287	20.4	11.9
运　城	102	0.0	1836	20.3	10.0
内蒙古自治区					
呼和浩特	166	−6.2	4017	21.3	17.0
锡林浩特	190	−10.5	5415	22.0	20.1
海拉尔	209	−14.3	6751	22.6	22.8
通　辽	165	−7.4	4191	21.6	17.2
赤　峰	160	−6.0	3840	21.3	16.4
满洲里	211	−12.8	6499	22.4	22.8
博克图	210	−11.3	6153	22.2	22.5
二连浩特	180	−9.9	5022	21.9	19.0
多　伦	192	−9.2	5222	21.8	20.2
白云鄂博	191	−8.2	5004	21.6	19.9
辽宁省					
沈　阳	152	−5.7	3602	21.2	15.5
丹　东	144	−3.5	3096	20.9	14.5
大　连	131	−1.6	2568	20.6	13.0
阜　新	156	−6.0	3744	21.3	16.0
抚　顺	162	−6.6	3985	21.4	16.7
朝　阳	148	−5.2	3434	21.1	15.0
本　溪	151	−5.7	3579	21.2	15.4
锦　州	144	−4.1	3182	21.0	14.6
鞍　山	144	−4.8	3283	21.1	14.6
锦　西	143	−4.2	3175	21.0	14.5
吉林省					
长　春	170	−8.3	4471	21.7	17.8
吉　林	171	−9.0	4617	21.8	18.0
延　吉	170	−7.1	4267	21.5	17.6
通　化	168	−7.7	4318	21.6	17.5
双　辽	167	−7.8	4309	21.6	17.4
四　平	163	−7.4	4140	21.5	16.9
白　城	175	−9.0	4725	21.8	18.4
黑龙江省					
哈尔滨	176	−10.0	4928	21.9	18.6
嫩　江	197	−13.5	6206	22.5	21.4
齐齐哈尔	182	−10.2	5132	21.9	19.2
富　锦	184	−10.6	5262	22.0	19.5
牡丹江	178	−9.4	4877	21.8	18.7
呼　玛	210	−14.5	6825	22.7	23.0
佳木斯	180	−10.3	5094	21.9	19.0
安　达	180	−10.4	5112	22.0	19.1
伊　春	193	−12.4	5867	22.4	20.8
克　山	191	−12.1	5749	22.3	20.5
江苏省					
徐　州	94	1.4	1560	20.0	9.1
连云港	96	1.4	1594	20.0	9.2
宿　迁	94	1.4	1560	20.0	9.1

续附表 A

地　名	计算用采暖期			耗热量指标	耗煤量指标
	天数 Z(d)	室外平均温度 t_e(℃)	度日数 D_{di}(℃·d)	q_H(W/m^2)	q_c(kg/m^2)
淮　阴	95	1.7	1549	20.0	9.2
盐　城	90	2.1	1431	20.0	8.7
山东省					
济　南	101	0.6	1757	20.2	9.8
青　岛	110	0.9	1881	20.2	10.7
烟　台	111	0.5	1943	20.2	10.8
德　州	113	-0.8	2124	20.5	11.2
淄　博	111	-0.5	2054	20.4	10.9
兖　州	106	-0.4	1950	20.4	10.4
潍　坊	114	-0.7	2132	20.4	11.2
河南省					
郑　州	98	1.4	1627	20.0	9.4
安　阳	105	0.3	1859	20.3	10.3
濮　阳	107	0.2	1905	20.3	10.5
新　乡	100	1.2	1680	20.1	9.7
洛　阳	91	1.8	1474	20.0	8.8
商　丘	101	1.1	1707	20.1	9.8
开　封	102	1.3	1703	20.1	9.9
四川省					
阿　坝	189	-2.8	3931	20.8	18.9
甘　孜	165	-0.9	3119	20.5	16.3
康　定	139	0.2	2474	20.3	18.5
西藏自治区					
拉　萨	142	0.5	2485	20.2	13.8
噶　尔	240	-5.5	5640	21.2	24.5
日喀则	158	-0.5	2923	20.4	15.5
陕西省					
西　安	100	0.9	1710	20.2	9.7
榆　林	148	-4.4	3315	21.0	14.8
延　安	130	-2.6	2678	20.7	13.0
宝　鸡	101	1.1	1707	20.1	9.8
甘肃省					
兰　州	132	-2.8	2746	20.8	13.2
酒　泉	155	-4.4	3472	21.0	15.7
敦　煌	138	-4.1	3053	21.0	14.0
张　掖	156	-4.5	3510	21.0	15.8
山　丹	165	-5.1	3812	21.1	16.8
平　凉	137	-1.7	2699	20.6	13.6
天　水	116	-0.3	2123	20.3	11.3
青海省					
西　宁	162	-3.3	3451	20.9	16.3
玛　多	284	-7.2	7159	21.5	29.4
大柴旦	205	-6.8	5084	21.4	21.1
共　和	182	-4.9	4168	21.1	18.5
格尔木	179	-5.0	4117	21.1	18.2
玉　树	194	-3.1	4093	20.8	19.4
宁夏回族自治区					
银　川	145	-3.8	3161	21.0	14.7
中　宁	137	-3.1	2891	20.8	13.7
固　原	162	-3.3	3451	20.9	16.3
石嘴山	149	-4.1	3293	21.0	15.1

续附表 A

地名	计算用采暖期			耗热量指标	耗煤量指标
	天数 Z(d)	室外平均温度 t_e(℃)	度日数 D_{di}(℃·d)	q_H(W/m^2)	q_c(kg/m^2)
新疆维吾尔自治区					
乌鲁木齐	162	-8.5	4293	21.8	17.0
塔城	163	-6.5	3994	21.4	16.8
哈密	137	-5.9	3274	21.3	14.1
伊宁	139	-4.8	3169	21.1	14.1
喀什	118	-2.7	2443	20.7	11.8
富蕴	178	-12.6	5447	22.4	19.2
克拉马依	146	-9.2	3971	21.8	15.3
吐鲁番	117	-5.0	2691	21.1	11.9
库车	123	-3.6	2657	20.9	12.4
和田	112	-2.1	2251	20.7	11.2

附录 B 围护结构传热系数的修正系数 ε_i 值

附表 B 围护结构传热系数的修正系数 ε_i 值

地区	窗户（包括阳台门上部）					外墙（包括阳台门下部）			屋顶
	类型	有无阳台	南	东、西	北	南	东、西	北	水平
西安	单层窗	有 无	0.69 0.52	0.80 0.69	0.86 0.78	0.79	0.88	0.91	0.94
	双玻窗及双层窗	有 无	0.60 0.28	0.76 0.60	0.84 0.73				
北京	单层窗	有 无	0.57 0.34	0.78 0.66	0.88 0.81	0.70	0.86	0.92	0.91
	双玻窗及双层窗	有 无	0.50 0.18	0.74 0.57	0.86 0.76				
兰州	单层窗	有 无	0.71 0.54	0.82 0.71	0.87 0.80	0.79	0.88	0.92	0.93
	双玻窗及双层窗	有 无	0.66 0.43	0.78 0.64	0.85 0.75				
沈阳	双玻窗及双层窗	有 无	0.64 0.39	0.81 0.69	0.90 0.83	0.78	0.89	0.94	0.95
呼和浩特	双玻窗及双层窗	有 无	0.55 0.25	0.76 0.60	0.88 0.80	0.73	0.86	0.93	0.89
乌鲁木齐	双玻窗及双层窗	有 无	0.60 0.34	0.75 0.59	0.92 0.86	0.76	0.85	0.95	0.95
长春	双玻窗及双层窗	有 无	0.62 0.36	0.81 0.68	0.91 0.84	0.77	0.89	0.95	0.92
	三玻窗及单层窗+双玻窗	有 无	0.60 0.34	0.79 0.66	0.90 0.84				
哈尔滨	双玻窗及双层窗	有 无	0.67 0.45	0.83 0.71	0.91 0.85	0.80	0.90	0.95	0.96
	三玻窗及单层窗+双玻窗	有 无	0.65 0.43	0.82 0.70	0.90 0.84				

注：①阳台门上部透明部分的 ε_i 按同朝向窗户采用；阳台门下部不透明部分的 ε_i 按同朝向外墙采用。
②不采暖楼梯间隔墙和户门，以及不采暖地下室上面的楼板的 ε_i 应以温差修正系数 n 代替。
③接触土壤的地面，取 $\varepsilon_i = 1$。

附录 C 外墙平均传热系数的计算

C.0.1 外墙受周边热桥影响条件下，其平均传热系数应按下式计算：

$$K_m = \frac{K_p \cdot F_p + K_{B1} \cdot F_{B1} + K_{B2} \cdot F_{B2} + K_{B3} \cdot F_{B3}}{F_p + F_{B1} + F_{B2} + F_{B3}} \tag{C.0.1}$$

式中 K_m——外墙的平均传热系数[W/(m²·K)]；

K_p——外墙主体部位的传热系数 [W/(m²·K)]，应按国家现行标准《民用建筑热工设计规范》GB 50176—93的规定计算；

K_{B1}、K_{B2}、K_{B3}——外墙周边热桥部位的传热系数[W/(m²·K)]；

F_p——外墙主体部位的面积（m²）；

F_{B1}、F_{B2}、F_{B3}——外墙周边热桥部位的面积（m²）。

外墙主体部位和周边热桥部位如附图 C.0.1 所示。

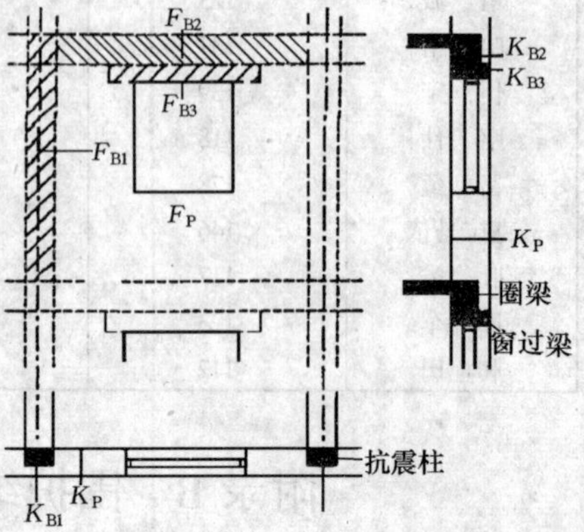

附图 C.0.1 外墙主体部位和周边热桥部位示意图

附录 D 关于面积和体积的计算

D.0.1 建筑面积 A_o，应按各层外墙外包线围成面积的总和计算。

D.0.2 建筑体积 V_o，应按建筑物外表面和底层地面围成的体积计算。

D.0.3 换气体积 V，楼梯间不采暖时，应按 $V = 0.60V_o$ 计算；楼梯间采暖时，应按 $V = 0.65V_o$ 计算。

D.0.4 屋顶或顶棚面积 F_R，应按支承屋顶的外墙外包线围成的面积计算，如果楼梯间不采暖，则应减去楼梯间的屋顶面积。

D.0.5 外墙面积 F_W，应按不同朝向分别计算。某一朝向的外墙面积，由该朝向外表面积减去窗户和外门洞口面积构成。当楼梯间不采暖时，应减去楼梯间的外墙面积。

D.0.6 窗户（包括阳台门上部透明部分）面积 F_G，应按朝向和有、无阳台分别计算，取窗户洞口面积。

D.0.7 外门面积 F_D，应按不同朝向分别计算，取外门洞口面积。

D.0.8 阳台门下部不透明部分面积 F_B，应按不同朝向分别计算，取洞口面积。

D.0.9 地面面积 F_F，应按周边和非周边，以及有、无地下室分别计算。周边地面系指由外墙内侧算起向内 2.0m 范围内的地面；其余为非周边地面。如果楼梯间不采暖，还应减去楼梯间所占地面面积。

D.0.10 地板面积 F_B，接触室外空气的地板和不采暖地下室上面的地板应分别计算。

D.0.11 楼梯间隔墙面积 $F_{S\cdot W}$，楼梯间不采暖时应计算这一面积，由楼梯间隔墙总面积

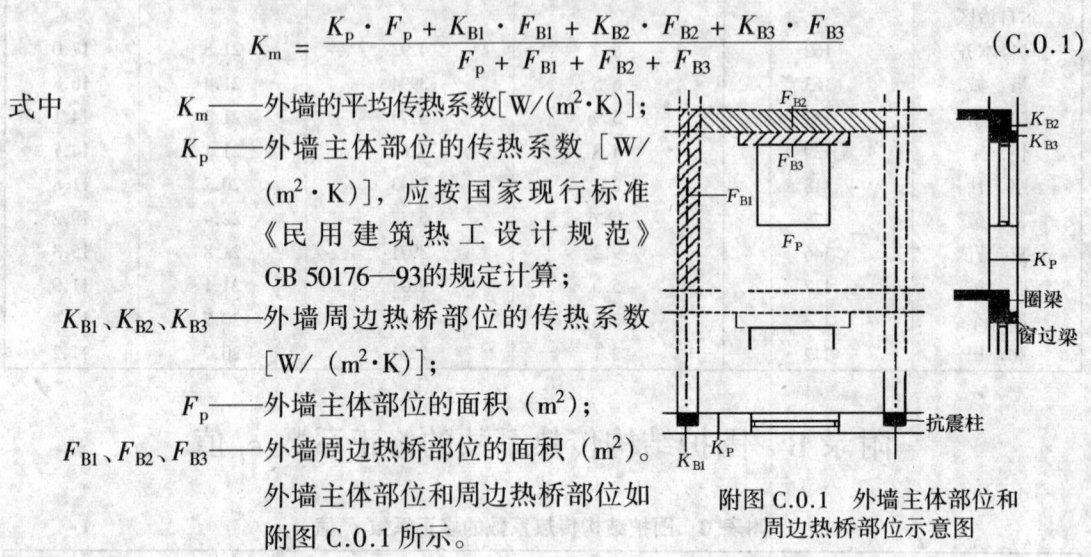

减去户门洞口总面积构成。

D.0.12 户门面积 $F_{S\cdot D}$，楼梯间不采暖时应计算这一面积，由各层户门洞口面积的总和构成。

附录 E 本标准用词说明

E.0.1 为便于在执行本标准条文时区别对待，对要求严格程度不同的用词说明如下：

(1) 表示很严格，非这样做不可的：

正面词采用“必须”；

反面词采用“严禁”。

(2) 表示严格，在正常情况下均应这样做的：

正面词采用“应”；

反面词采用“不应”或不得。

(3) 表示允许稍有选择，在条件许可时首先应这样做的：

正面词采用“宜”或“可”；

反面词采用“不宜”。

E.0.2 条文中必须按指定的标准、规范或其他有关规定执行的写法为“应按……执行”或“应符合……规定”。

附加说明

本标准主编单位、参加单位和主要起草人名单

主 编 单 位： 中国建筑科学研究院

参 加 单 位： 中国建筑技术研究院
北京市建筑设计研究院
哈尔滨建筑大学
辽宁省建筑材料科学研究所

主要起草人： 杨善勤 郎四维 李惠茹
朱文鹏 许文发 朱盈豹
欧阳坤泽 黄 鑫 谢守穆

中华人民共和国行业标准

夏热冬暖地区居住建筑节能设计标准

Design standard for energy efficiency of residential buildings in hot summer and warm winter zone

JGJ 75—2003

批准部门：中华人民共和国建设部
施行日期：2 0 0 3 年 1 0 月 1 日

中华人民共和国建设部
公　　告

第 165 号

建设部关于发布行业标准《夏热冬暖地区居住建筑节能设计标准》的公告

现批准《夏热冬暖地区居住建筑节能设计标准》为行业标准，编号为 JGJ 75—2003，自 2003 年 10 月 1 日起实施。其中，第 4.0.4、4.0.5、4.0.6、4.0.7、4.0.10、4.0.11、6.0.2、6.0.6 条为强制性条文，必须严格执行。

本标准由建设部标准定额研究所组织中国建筑工业出版社出版发行。

中华人民共和国建设部

2003 年 7 月 11 日

前　　言

根据建设部建标［2002］84号文件的要求，标准编制组经广泛调查研究，认真总结实践经验，参考有关国际标准和国外先进标准，并在广泛征求意见的基础上，制定了本标准。

本标准的主要技术内容是：

1. 总则；
2. 术语；
3. 建筑节能设计计算指标；
4. 建筑和建筑热工节能设计；
5. 建筑节能设计的综合评价；
6. 空调采暖和通风节能设计。

本标准由建设部负责管理和对强制性条文的解释，由主编单位负责具体技术内容的解释。

本标准的主编单位：中国建筑科学研究院（地址：北京北三环东路30号；邮政编码：100013）

广东省建筑科学研究院（地址：广州市先烈东路121号；邮政编码：510500）

本标准的参编单位：中国建筑业协会建筑节能专业委员会

福建省建筑科学研究院

广西建筑科学研究设计院

华南理工大学建筑学院

广州市建筑科学研究院

深圳市建筑科学研究院

广州大学土木工程学院

厦门市建筑科研院

福建省建筑设计研究院

广东省建筑设计研究院

海南省建筑设计院

本标准的主要起草人：郎四维　杨仕超　林海燕　涂逢祥

赵士怀　彭红圃　孟庆林　任　俊

刘俊跃　冀兆良　石民祥　黄夏东

李劲鹏　赖卫中　梁章旋　陆　琦

张黎明　王云新

目　次

1　总则 …………………………………………………………………………………………… 271
2　术语 …………………………………………………………………………………………… 271
3　建筑节能设计计算指标 ………………………………………………………………… 271
4　建筑和建筑热工节能设计 ……………………………………………………………… 272
5　建筑节能设计的综合评价 ……………………………………………………………… 274
6　空调采暖和通风节能设计 ……………………………………………………………… 275
附录 A　夏季和冬季建筑外遮阳系数的简化计算方法 ………………………………… 276
附录 B　建筑物空调采暖年耗电指数的简化计算方法 ………………………………… 278
本标准用词说明 ………………………………………………………………………………… 281

1 总 则

1.0.1 为贯彻国家有关节约能源、保护环境的法规和政策，改善夏热冬暖地区居住建筑热环境，提高空调和采暖的能源利用效率，制定本标准。

1.0.2 本标准适用于夏热冬暖地区新建、扩建和改建居住建筑的建筑节能设计。

1.0.3 夏热冬暖地区居住建筑的建筑热工和空调暖通设计，必须采取节能措施，在保证室内热环境舒适的前提下，将空调和采暖能耗控制在规定的范围内。

1.0.4 夏热冬暖地区居住建筑的节能设计，除应符合本标准的规定外，尚应符合国家现行有关强制性标准的规定。

2 术 语

2.0.1 外窗的综合遮阳系数（S_W） overall shading coefficient of window

考虑窗本身和窗口的建筑外遮阳装置综合遮阳效果的一个系数，其值为窗本身的遮阳系数（*SC*）与窗口的建筑外遮阳系数（*SD*）的乘积。

2.0.2 平均窗墙面积比（C_M） mean ratio of window area to wall area

整栋建筑外墙面上的窗及阳台门的透明部分的总面积与整栋建筑的外墙面的总面积（包括其上的窗及阳台门的透明部分面积）之比。

2.0.3 对比评定法 custom budget method

将所设计建筑物的空调采暖能耗和相应参照建筑物的空调采暖能耗作对比，根据对比的结果来判定所设计的建筑物是否符合节能要求。

2.0.4 参照建筑 reference building

采用对比评定法时作为比较对象的一栋符合节能要求的假想建筑。

2.0.5 空调采暖年耗电量（*EC*） annual cooling and heating electricity consumption

按照设定的计算条件，计算出的单位建筑面积空调和采暖设备每年所要消耗的电能。

2.0.6 空调采暖年耗电指数（*ECF*） annual cooling and heating electricity consumption factor

实施对比评定法时需要计算的一个空调采暖能耗无量纲指数，其值与空调采暖年耗电量相对应。

3 建筑节能设计计算指标

3.0.1 本标准将夏热冬暖地区划分为南北两个区（图 3.0.1）。北区内建筑节能设计应主要考虑夏季空调，兼顾冬季采暖。南区内建筑节能设计应考虑夏季空调，可不考虑冬季采暖。

3.0.2 夏季空调室内设计计算指标应按下列规定取值：

1 居住空间室内设计计算温度 26℃；

2 计算换气次数 1.0 次/h。

3.0.3 北区冬季采暖室内设计计算指标应按下列规定取值：

1 居住空间室内设计计算温度16℃；

2 计算换气次数1.0次/h。

3.0.4 居住建筑通过采用合理节能建筑设计，增强建筑围护结构隔热、保温性能和提高空调、采暖设备能效比的节能措施，在保证相同的室内热环境的前提下，与未采取节能措施前相比，全年空调和采暖总能耗应减少50%。

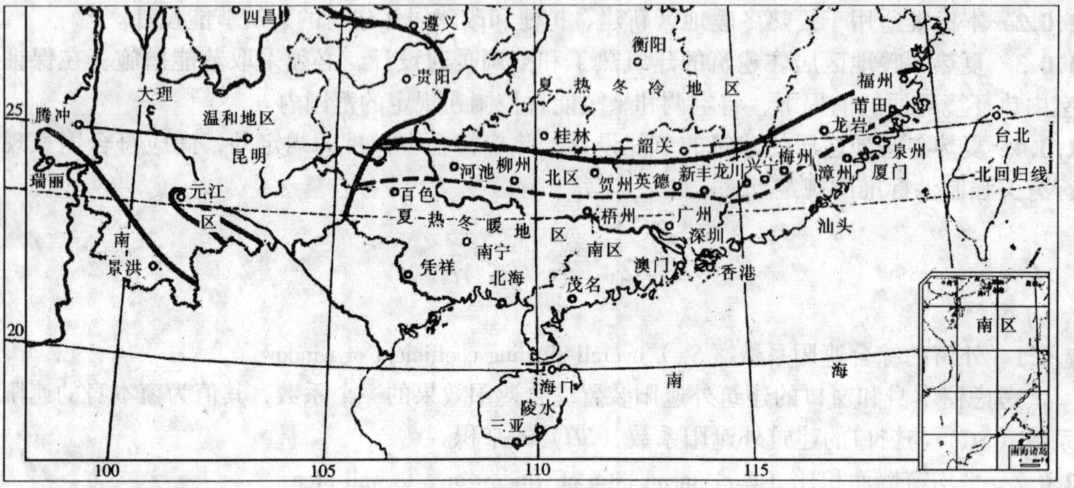

图3.0.1 夏热冬暖地区分区图

4 建筑和建筑热工节能设计

4.0.1 居住区的总体规划和居住建筑的平面、立面设计应有利于自然通风。

4.0.2 居住建筑的朝向宜采用南北向或接近南北向。

4.0.3 北区内，单元式、通廊式住宅的体形系数不宜超过0.35，塔式住宅的体形系数不宜超过0.40。

4.0.4 居住建筑的外窗面积不应过大，各朝向的窗墙面积比，北向不应大于0.45；东、西向不应大于0.30；南向不应大于0.50。当设计建筑的外窗不符合上述规定时，其空调采暖年耗电指数（或耗电量）不应超过参照建筑的空调采暖年耗电指数（或耗电量）。

4.0.5 居住建筑的天窗面积不应大于屋顶总面积的4%，传热系数不应大于4.0W/（m^2·K)，本身的遮阳系数不应大于0.5。当设计建筑的天窗不符合上述规定时，其空调采暖年耗电指数（或耗电量）不应超过参照建筑的空调采暖年耗电指数（或耗电量）。

4.0.6 居住建筑屋顶和外墙的传热系数和热惰性指标应符合表4.0.6的规定。当设计建筑的屋顶和外墙不符合表4.0.6的规定时，其空调采暖年耗电指数（或耗电量）不应超过参照建筑的空调采暖年耗电指数（或耗电量）。

表4.0.6 屋顶和外墙的传热系数 K［W/（m^2·K)］、热惰性指标 D

屋顶	外墙
$K≤1.0$，$D≥2.5$	$K≤2.0$，$D≥3.0$ 或 $K≤1.5$，$D≥3.0$ 或 $K≤1.0$，$D≥2.5$
$K≤0.5$	$K≤0.7$
注：$D<2.5$ 的轻质屋顶和外墙，还应满足国家标准《民用建筑热工设计规范》GB 50176—93所规定的隔热要求。	

4.0.7 居住建筑采用不同平均窗墙面积比时，其外窗的传热系数和综合遮阳系数应符合表4.0.7-1和表4.0.7-2的规定。当设计建筑的外窗不符合表4.0.7-1和表4.0.7-2的规定时，其空调采暖年耗电指数（或耗电量）不应超过参照建筑的空调采暖年耗电指数（或耗电量）。

表 4.0.7-1 北区居住建筑外窗的传热系数和综合遮阳系数限值

外墙	外窗的综合遮阳系数 S_w	外窗的传热系数 K [W/(m²·K)]				
		平均窗墙面积比 $C_M\leqslant0.25$	平均窗墙面积比 $0.25<C_M\leqslant0.3$	平均窗墙面积比 $0.3<C_M\leqslant0.35$	平均窗墙面积比 $0.35<C_M\leqslant0.4$	平均窗墙面积比 $0.4<C_M\leqslant0.45$
$K\leqslant2.0$ $D\geqslant3.0$	0.9	≤2.0	—	—	—	—
	0.8	≤2.5	—	—	—	—
	0.7	≤3.0	≤2.0	≤2.0	—	—
	0.6	≤3.0	≤2.5	≤2.5	≤2.0	—
	0.5	≤3.5	≤2.5	≤2.5	≤2.0	≤2.0
	0.4	≤3.5	≤3.0	≤3.0	≤2.5	≤2.5
	0.3	≤4.0	≤3.0	≤3.0	≤2.5	≤2.5
	0.2	≤4.0	≤3.5	≤3.0	≤3.0	≤3.0
$K\leqslant1.5$ $D\geqslant3.0$	0.9	≤5.0	≤3.5	≤2.5	—	—
	0.8	≤5.5	≤4.0	≤3.0	≤2.0	—
	0.7	≤6.0	≤4.5	≤3.5	≤2.5	≤2.0
	0.6	≤6.5	≤5.0	≤4.0	≤3.0	≤3.0
	0.5	≤6.5	≤5.0	≤4.5	≤3.5	≤3.5
	0.4	≤6.5	≤5.5	≤4.5	≤4.0	≤3.5
	0.3	≤6.5	≤5.5	≤5.0	≤4.0	≤4.0
	0.2	≤6.5	≤6.0	≤5.0	≤4.0	≤4.0
$K\leqslant1.0$ $D\geqslant2.5$ 或 $K\leqslant0.7$	0.9	≤6.5	≤6.5	≤4.0	≤2.5	—
	0.8	≤6.5	≤6.5	≤5.0	≤3.5	≤2.5
	0.7	≤6.5	≤6.5	≤5.5	≤4.5	≤3.5
	0.6	≤6.5	≤6.5	≤6.0	≤5.0	≤4.0
	0.5	≤6.5	≤6.5	≤6.5	≤5.0	≤4.5
	0.4	≤6.5	≤6.5	≤6.5	≤5.5	≤5.0
	0.3	≤6.5	≤6.5	≤6.5	≤5.5	≤5.0
	0.2	≤6.5	≤6.5	≤6.5	≤6.0	≤5.5

表 4.0.7-2 南区居住建筑外窗的综合遮阳系数限值

外墙（$\rho\leqslant0.8$）	外窗的综合遮阳系数 S_w				
	平均窗墙面积比 $C_M\leqslant0.25$	平均窗墙面积比 $0.25<C_M\leqslant0.3$	平均窗墙面积比 $0.3<C_M\leqslant0.35$	平均窗墙面积比 $0.35<C_M\leqslant0.4$	平均窗墙面积比 $0.4<C_M\leqslant0.45$
$K\leqslant2.0$，$D\geqslant3.0$	≤0.6	≤0.5	≤0.4	≤0.4	≤0.3
$K\leqslant1.5$，$D\geqslant3.0$	≤0.8	≤0.7	≤0.6	≤0.5	≤0.4
$K\leqslant1.0$，$D\geqslant2.5$ 或 $K\leqslant0.7$	≤0.9	≤0.8	≤0.7	≤0.6	≤0.5

注：1 本条文所指的外窗包括阳台门的透明部分。
2 南区居住建筑的节能设计对外窗的传热系数不作规定。
3 ρ 是外墙外表面的太阳辐射吸收系数。

表 4.0.8　典型形式的建筑外遮阳系数 *SD*

遮阳形式	*SD*
可完全遮挡直射阳光的固定百叶、固定挡板、遮阳板	0.5
可基本遮挡直射阳光的固定百叶、固定挡板、遮阳板	0.7
较密的花格	0.7
非透明活动百叶或卷帘	0.6
注：位于窗口上方的上一楼层的阳台也作为遮阳板考虑。	

4.0.8　综合遮阳系数应为外窗的遮阳系数与窗口的建筑外遮阳系数的乘积。

计算建筑外遮阳系数可采用本标准附录 A 的方法。当采用附录 A 计算时，对北区，建筑外遮阳系数应取冬季建筑外遮阳系数和夏季建筑外遮阳系数的平均值；南区应取夏季的建筑外遮阳系数。典型形式的建筑外遮阳系数可按表 4.0.8 取值。

4.0.9　居住建筑的外窗，尤其是东、西朝向的外窗宜采用活动或固定的建筑外遮阳设施。

4.0.10　居住建筑外窗（包括阳台门）的可开启面积不应小于外窗所在房间地面面积的 8%或外窗面积的 45%。

4.0.11　居住建筑 1 至 9 层外窗的气密性，在 10Pa 压差下，每小时每米缝隙的空气渗透量不应大于 2.5m^3，且每小时每平方米面积的空气渗透量不应大于 7.5m^3；10 层及 10 层以上外窗的气密性，在 10Pa 压差下，每小时每米缝隙的空气渗透量不应大于 1.5m^3，且每小时每平方米面积的空气渗透量不应大于 4.5m^3。

4.0.12　居住建筑的屋顶和外墙宜采用下列节能措施：

1　浅色饰面（如浅色粉刷、涂层和面砖等）；

2　屋顶内设置贴铝箔的封闭空气间层；

3　用含水多孔材料做屋面层；

4　屋面蓄水；

5　屋面遮阳；

6　屋面有土或无土种植；

7　东、西外墙采用花格构件或爬藤植物遮阳。

计算屋顶和外墙总热阻时，上述各项节能措施的当量热阻附加值，可按表 4.0.12 取值。

表 4.0.12　隔热措施的当量附加热阻

采取节能措施的屋顶或外墙	当量热阻附加值（m^2·K/W）
浅色外饰面（$\rho < 0.6$）	0.2
内部有贴铝箔的封闭空气间层的屋顶	0.5
用含水多孔材料做面层的屋面	0.45
屋面蓄水	0.4
屋面遮阳	0.3
屋面有土或无土种植	0.5
东、西外遮阳墙体	0.3
注：ρ 为屋顶外表面的太阳辐射吸收系数。	

5　建筑节能设计的综合评价

5.0.1　居住建筑的节能设计可采用“对比评定法”进行综合评价。当所设计的建筑不能完全符合本标准第 4.0.4、4.0.5、4.0.6 和 4.0.7 条的规定时，则必须采用“对比评定法”对其进行综合评价。综合评价的指标可采用空调采暖年耗电指数，也可直接采用空调采暖年耗电量，并应符合下列规定：

1　当采用空调采暖年耗电指数作为综合评价指标时，所设计建筑的空调采暖年耗电指数不得超过参照建筑的空调采暖年耗电指数，即应符合下式的规定：

$$ECF \leqslant ECF_{ref} \tag{5.0.1-1}$$

式中 ECF——所设计建筑的空调采暖年耗电指数；

ECF_{ref}——参照建筑的空调采暖年耗电指数。

2 当采用空调采暖年耗电量作为综合评价指标时，在相同的计算条件下，用相同的计算方法，所设计建筑的空调采暖年耗电量不得超过参照建筑的空调采暖年耗电量，即应符合下式的规定：

$$EC \leqslant EC_{ref} \tag{5.0.1-2}$$

式中 EC——所设计建筑的空调采暖年耗电量（$kW \cdot h/m^2$）；

EC_{ref}——参照建筑的空调采暖年耗电量（$kW \cdot h/m^2$）。

3 对节能设计进行综合评价的建筑，其天窗的遮阳系数和传热系数、屋顶的传热系数，以及热惰性指标小于2.5的墙体的传热系数仍应满足本标准第4章的要求。

5.0.2 参照建筑应按下列原则确定：

1 参照建筑的建筑形状、大小和朝向均应与所设计建筑完全相同；

2 参照建筑各朝向和屋顶的开窗面积应与所设计建筑相同，但当所设计建筑某个朝向的窗（包括屋顶的天窗）面积超过本标准第4.0.4、4.0.5条的规定时，参照建筑该朝向（或屋顶）的窗面积应减小到符合本标准第4.0.4、4.0.5条的规定；

3 参照建筑外墙和屋顶的各项性能指标应为本标准第4.0.6和4.0.7条规定的限值。其中墙体、屋顶外表面的太阳辐射吸收率应取0.7；当所设计建筑的墙体热惰性指标大于2.5时，墙体传热系数应取1.5W/（$m^2 \cdot K$），屋顶的传热系数应取1.0W/（$m^2 \cdot K$），北区窗的综合遮阳系数应取0.6；当所设计建筑的墙体热惰性指标小于2.5时，墙体传热系数应取0.7W/（$m^2 \cdot K$），屋顶的传热系数应取0.5W/（$m^2 \cdot K$），北区窗的综合遮阳系数应取0.6。

5.0.3 建筑节能设计综合评价指标的计算条件应符合下列规定：

1 室内计算温度：冬季16℃，夏季26℃；

2 室外计算气象参数采用当地典型气象年；

3 换气次数取1.0次/h；

4 空调额定能效比取2.7，采暖额定能效比取1.5；

5 室内不考虑照明得热和其他内部得热；

6 建筑面积按墙体中轴线计算；计算体积时，墙仍按中轴线计算，楼层高度按楼板面至楼板面计算；外表面积的计算按墙体中轴线和楼板面计算。

5.0.4 建筑的空调采暖年耗电量应采用动态逐时模拟的方法计算。空调采暖年耗电量应为计算所得到的单位建筑面积空调年耗电量与采暖年耗电量之和。南区内的建筑物可忽略采暖年耗电量。

5.0.5 建筑的空调采暖年耗电指数应采用本标准附录B的方法计算。

6 空调采暖和通风节能设计

6.0.1 居住建筑空调与采暖方式及设备的选择，应根据当地资源情况，充分考虑节能、环保因素，并经技术经济分析后确定。

6.0.2 采用集中式空调（采暖）方式的居住建筑，应设置分室（户）温度控制及分户冷（热）量计量设施。

6.0.3 采用集中供冷（热）方式的居住建筑，供冷（热）设备宜选用电驱动空调机组（或热泵型机组），或燃气吸收式冷热水机组，或有利于节能的其他型式的冷（热）源。所选用机组的能效比（性能系数）应符合现行有关产品标准的规定值，并优先选用能效比较高的产品、设备。

6.0.4 采用分散式房间空调器进行空调采暖的居住建筑，空调设备应选用符合现行国家标准《房间空气调节器能源效率限定值及节能评价值》GB 12021.3 的节能型空调器。居住建筑采用户式中央空调（热泵）系统时，所选用机组的能效比（性能系数）不应低于现行有关产品标准的规定值。对冬季需要采暖的地区，宜采用电驱动风冷或水源热泵型空调器，或燃气驱动的吸收式冷（热）水机组，或多联式空调（热泵）机组等。

6.0.5 居住建筑采暖不宜采用直接电热设备。以空调为主，采暖负荷小，采暖时间很短的地区，可采用直接电热采暖。

6.0.6 当选择水源热泵作为居住区或户用空调（热泵）机组的冷热源时，水源热泵系统应用的水资源必须确保不被破坏，并不被污染。

6.0.7 在有条件时，居住区宜采用热电厂冬季集中供热、夏季吸收式集中供冷技术，或小型（微型）燃气轮机吸收式集中供冷供热技术，或蓄冰集中供冷等技术。有条件时，在居住建筑中宜采用太阳能、地热能、海洋能等可再生能源空调、采暖技术。

6.0.8 居住建筑应统一设计分体式房间空调器的安放位置和搁板构造，设计安放位置时应避免多台相邻室外机吹出气流相互干扰，并应考虑凝结水的排放和减少对相邻住户的热污染和噪声污染；设计搁板构造时应有利于室内机和室外机的吸入和排出气流通畅；设计安装整体式（窗式）房间空调器的建筑应预留其安放位置。

6.0.9 当室外热环境参数优于室内热环境时，居住建筑通风宜采用自然通风使室内满足热舒适及空气质量要求；当自然通风不能满足要求时，可辅以机械通风；当机械通风不能满足要求时，宜采用空调。

6.0.10 在进行居住建筑通风设计时，通风机械设备宜选用符合国家现行标准规定的节能型设备及产品。

6.0.11 居住建筑通风设计应处理好室内气流组织，提高通风效率。厨房、卫生间应安装机械排风装置。

6.0.12 当居住建筑设置全年性空调、采暖系统，并对室内空气品质要求较高时，宜在机械通风系统中采用全热或显热热量回收装置。

附录 A 夏季和冬季建筑外遮阳系数的简化计算方法

A.0.1 水平遮阳板的外遮阳系数和垂直遮阳板的外遮阳系数可按以下方法计算：

水平遮阳板：

$$\left.\begin{aligned} \text{夏季}: SD_{C\cdot H} &= a_C PF^2 + b_C PF + 1 \\ \text{冬季}: SD_{H\cdot H} &= a_H PF^2 + b_H PF + 1 \end{aligned}\right\} \tag{A.0.1-1}$$

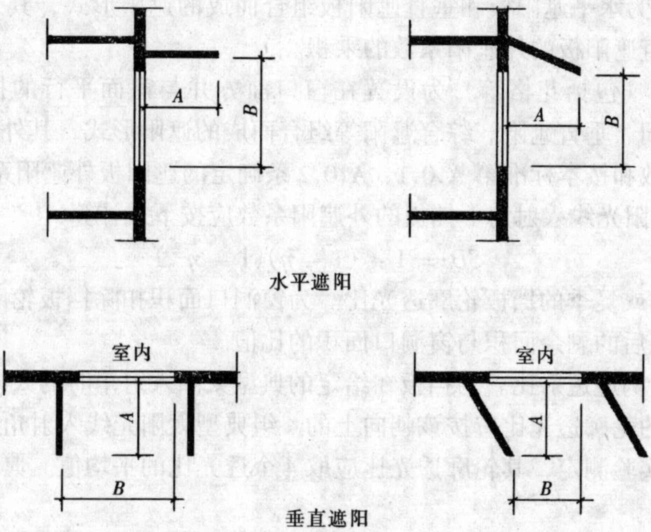

A—遮阳板外挑长度；*B*—遮阳板根部到窗对边距离

图 A.0.1　遮阳板外挑系数 *PF* 计算示意

垂直遮阳板：

$$\left.\begin{aligned}\text{夏季}:SD_{C\cdot V} &= a_C PF^2 + b_C PF + 1\\ \text{冬季}:SD_{H\cdot V} &= a_H PF^2 + b_H PF + 1\end{aligned}\right\}\qquad(\text{A.0.1-2})$$

式中　$SD_{C\cdot H}$——水平遮阳板夏季外遮阳系数；

$SD_{H\cdot H}$——水平遮阳板冬季外遮阳系数；

$SD_{C\cdot V}$——垂直遮阳板夏季外遮阳系数；

$SD_{H\cdot V}$——垂直遮阳板冬季外遮阳系数；

a_C、b_C、a_H、b_H——系数，应符合表 A.0.1 的规定；

PF——遮阳板外挑系数，为遮阳板外挑长度（*A*）与遮阳板端部到窗对边距离（*B*）之比。

表 A.0.1　水平遮阳和垂直遮阳的外遮阳系数计算公式的有关系数

遮阳装置		系数	东	南	西	北
夏季	水平遮阳板	a_C	0.35	0.35	0.20	0.20
		b_C	−0.65	−0.65	−0.40	−0.40
	垂直遮阳板	a_C	0.25	0.40	0.30	0.30
		b_C	−0.60	−0.75	−0.60	−0.60
冬季	水平遮阳板	a_H	0.30	0.10	0.20	0.00
		b_H	−0.75	−0.45	−0.45	0.00
	垂直遮阳板	a_H	0.30	0.25	0.25	0.05
		b_H	−0.75	−0.60	−0.60	−0.15

注：其余朝向的外遮阳系数按等角度插值原则计算。

A.0.2 综合遮阳为水平遮阳板和垂直遮阳板组合而成的遮阳形式，其外遮阳系数值应取水平遮阳板和垂直遮阳板的外遮阳系数的乘积。

A.0.3 挡板遮阳（包括花格等）为设置在窗口前方并与窗面平行的挡板（或花格等），或挡板与水平遮阳、垂直遮阳、综合遮阳等组合而成的遮阳形式，其外遮阳系数应分别为挡板的外遮阳系数和按本标准第A.0.1、A.0.2条确定的遮阳板外遮阳系数的乘积。

A.0.4 在典型太阳光线入射角下挡板的外遮阳系数应按下式计算：

$$SD = 1 - (1 - \eta)(1 - \eta^{*}) \tag{A.0.4}$$

式中 η——冬季或夏季的挡板轮廓透光比。为窗洞口面积扣除挡板轮廓在窗洞口上阴影面积后的剩余面积与窗洞口面积的比值。

η^{*}——挡板构造透射比。为挡板在给定的典型太阳入射角时的太阳辐射透射比。

挡板各朝向的轮廓透光比应按该朝向上的4组典型太阳光线入射角，采用平行光投射方法分别计算或实验测定，其轮廓透光比应取4个透光比的平均值。典型太阳入射角可按表A.0.4选取。

表A.0.4 典型的太阳光线入射角（°）

窗口朝向		南				东、西				北			
		1组	2组	3组	4组	1组	2组	3组	4组	1组	2组	3组	4组
夏季	高度角	0	0	60	60	0	0	45	45	0	30	30	30
	方位角	0	45	0	45	75	90	75	90	180	180	135	-135
冬季	高度角	0	0	45	45	0	0	45	45	0	0	0	45
	方位角	0	45	0	45	45	90	45	90	180	135	-135	180

A.0.5 典型遮阳材料和构造的太阳辐射透射比 η^{*} 可按以下规定确定：

1 膜、板类材料

1） 混凝土、金属类挡板取 $\eta^{*}=0.1$；

2） 厚帆布、玻璃钢类挡板取 $\eta^{*}=0.4$；

3） 深色玻璃、卡布隆、有机玻璃类挡板取 $\eta^{*}=0.6$；

4） 浅色玻璃、卡布隆、有机玻璃类挡板取 $\eta^{*}=0.8$。

2 金属或其他非透明材料制作的花格、百叶类构造取 $\eta^{*}=0.15$。

附录B 建筑物空调采暖年耗电指数的简化计算方法

B.0.1 建筑物的空调采暖年耗电指数应按下式计算：

$$ECF = ECF_{C} + ECF_{H} \tag{B.0.1}$$

式中 ECF_{C}——空调年耗电指数；

ECF_{H}——采暖年耗电指数。

B.0.2 建筑物空调年耗电指数应按下列公式计算：

$$ECF_{C} = \left[\frac{(ECF_{C.R} + ECF_{C.WL} + ECF_{C.WD})}{A} + C_{C.N} \cdot h \cdot N + C_{C.0}\right] \cdot C_{C} \tag{B.0.2-1}$$

$$C_C = C_{qC} \cdot C_{FA}^{-0.147} \quad (B.0.2\text{-}2)$$

$$ECF_{C.R} = C_{C.R}\sum_i K_i F_i \rho_i \quad (B.0.2\text{-}3)$$

$$ECF_{C.WL} = C_{C.WL.E}\sum_{i=1} K_i F_i \rho_i + C_{C.WL.S}\sum_i K_i F_i \rho_i + C_{C.WL.W}\sum_i K_i F_i \rho_i + C_{C.WL.N}\sum_i K_i F_i \rho_i \quad (B.0.2\text{-}4)$$

$$ECF_{C.WD} = C_{C.WD\cdot E}\sum_i F_i SC_i SD_{C.i} + C_{C.WD.S}\sum_i F_i SC_i SD_{C.i} + C_{C.WD.W}\sum_i F_i SC_i SD_{C.i} + C_{C.WD.N}\sum_i F_i SC_i SD_{C.i} + C_{C.SK}\sum_i F_i SC_i \quad (B.0.2\text{-}5)$$

式中 A——总建筑面积（m^2）；

N——换气次数（次/h）；

h——按建筑面积进行加权平均的楼层高度（m）；

$C_{C.N}$——空调年耗电指数与换气次数有关的系数，$C_{C.N}$取 4.16；

$C_{C.0}$，C_C——空调年耗电指数的有关系数，$C_{C.0}$取 – 4.47；

$ECF_{C.R}$——空调年耗电指数与屋面有关的参数；

$ECF_{C.WL}$——空调年耗电指数与墙体有关的参数；

$ECF_{C.WD}$——空调年耗电指数与外门窗有关的参数；

F_i——各个围护结构的面积（m^2）；

K_i——各个围护结构的传热系数［W/（m^2·K)］；

ρ_i——各个墙面的太阳辐射吸收系数；

SC_i——各个外门窗的遮阳系数；

$SD_{C.i}$——各个窗的夏季建筑外遮阳系数，外遮阳系数按本标准附录 A 计算；

C_{FA}——外围护结构的总面积（不包括室内地面）与总建筑面积之比；

C_{qC}——空调年耗电指数与地区有关的系数，南区取 1.13，北区取 0.64；

公式 B.0.2-3、B.0.2-4、B.0.2-5 中的其他有关系数见表 B.0.2。

表 B.0.2 空调耗电指数计算的有关系数

系 数	所在墙面的朝向			
	东	南	西	北
$C_{C.WL}$（重质）	18.6	16.6	20.4	12.0
$C_{C.WL}$（轻质）	29.2	33.2	40.8	24.0
$C_{C.WD}$	137	173	215	131
$C_{C.R}$（重质）	35.2			
$C_{C.R}$（轻质）	70.4			
$C_{C.SK}$	363			

注：重质是指热惰性指标大于等于 2.5 的墙体和屋顶；轻质是指热惰性指标小于 2.5 的墙体和屋顶。

B.0.3 建筑物采暖的年耗电指数应按下列公式计算：

$$ECF_{H} = \left[\frac{(ECF_{H.R} + ECF_{H.WL} + ECF_{H.WD})}{A} + C_{H.N} \cdot h \cdot N + C_{H.0}\right] \cdot C_{H} \quad (B.0.3\text{-}1)$$

$$C_{H} = C_{qH} \cdot C_{FA}^{0.370} \quad (B.0.3\text{-}2)$$

$$ECF_{H.R} = C_{H.R.K}\sum_{i} K_iF_i + C_{H.R}\sum_{i} K_iF_i\rho_i \quad (B.0.3\text{-}3)$$

$$\begin{aligned} ECF_{H.WL} = & C_{H.WL.E}\sum_{i} K_iF_i\rho_i + C_{H.WL.S}\sum_{i} K_iF_i\rho_i \\ & + C_{H.WL.W}\sum_{i} K_iF_i\rho_i + C_{H.WL.N}\sum_{i} K_iF_i\rho_i \\ & + C_{H.WL.K.E}\sum_{i} K_iF_i + C_{H.WL.K.S}\sum_{i} K_iF_i \\ & + C_{H.WL.K.W}\sum_{i} K_iF_i + C_{H.WL.K.N}\sum_{i} K_iF_i \end{aligned} \quad (B.0.3\text{-}4)$$

$$\begin{aligned} ECF_{H.WD} = & C_{H.WD\cdot E}\sum_{i} F_iSC_iSD_{H.i} + C_{H.WD.S}\sum_{i} F_iSC_iSD_{H.i} \\ & + C_{H.WD.W}\sum_{i} F_iSC_iSD_{H.i} + C_{H.WD.N}\sum_{i} F_iSC_iSD_{H.i} \\ & + C_{H.WD.K.E}\sum_{i} F_iK_i + C_{H.WD.K.S}\sum_{i} F_iK_i \\ & + C_{H.WD.K.W}\sum_{i} F_iK_i + C_{H.WD.K.N}\sum_{i} F_iK_i \\ & + C_{H.SK}\sum_{i} F_iSC_iSD_{H.i} + C_{H.SK.K}\sum_{i} F_iK_i \end{aligned} \quad (B.0.3\text{-}5)$$

式中 A——总建筑面积（m^2）；

h——按建筑面积进行加权平均的楼层高度（m）；

N——换气次数（次/h）；

$C_{H.N}$——采暖年耗电指数与换气次数有关的系数，$C_{H.N}$取 4.61；

$C_{H.0}$，C_{H}——采暖的年耗电指数的有关系数，$C_{H.0}$取 2.60；

$ECF_{H.R}$——采暖年耗电指数与屋面有关的参数；

$ECF_{H.WL}$——采暖年耗电指数与墙体有关的参数；

$ECF_{H.WD}$——采暖年耗电指数与外门窗有关的参数；

F_i——各个围护结构的面积（m^2）；

K_i——各个围护结构的传热系数［$W/(m^2\cdot K)$］；

ρ_i——各个墙面的太阳辐射吸收系数；

SC_i——各个窗的遮阳系数；

$SD_{H.i}$——各个窗的冬季建筑外遮阳系数，外遮阳系数应按本标准附录 A 计算；

C_{FA}——外围护结构的总面积（不包括室内地面）与总建筑面积之比；

C_{qH}——采暖年耗电指数与地区有关的系数，南区取 0，北区取 0.7；

公式 B.0.3-3、B.0.3-4、B.0.3-5 中的其他有关系数见表 B.0.3。

表 B.0.3　采暖能耗指数计算的有关系数

系　数	东	南	西	北
$C_{H.WL}$（重质）	-3.6	-9.0	-10.8	-3.6
$C_{H.WL}$（轻质）	-7.2	-18.0	-21.6	-7.2
$C_{H.WL.K}$（重质）	14.4	15.1	23.4	14.6
$C_{H.WL.K}$（轻质）	28.8	30.2	46.8	29.2
$C_{H.WD}$	-32.5	-103.2	-141.1	-32.7
$C_{H.WD.K}$	8.3	8.5	14.5	8.5
$C_{H.R}$（重质）	-7.4			
$C_{H.R}$（轻质）	-14.8			
$C_{H.R.K}$（重质）	21.4			
$C_{H.R.K}$（轻质）	42.8			
$C_{H.SK}$	-97.3			
$C_{H.SK.K}$	13.3			
注：重质是指热惰性指标大于等于2.5的墙体和屋顶；轻质是指热惰性指标小于2.5的墙体和屋顶。				

本标准用词说明

1　为便于在执行本标准条文时区别对待，对要求严格程度不同的用词说明如下：

1）表示很严格，非这样做不可的：
正面词采用"必须"，反面词采用"严禁"；

2）表示严格，在正常情况下均应这样做的：
正面词采用"应"，反面词采用"不应"或"不得"；

3）表示允许稍有选择，在条件许可时首先应这样做的：
正面词采用"宜"，反面词采用"不宜"；
表示有选择，在一定条件下可以这样做的：
采用"可"。

2　标准中指明应按其他有关标准执行时，写法为："应符合……的规定（或要求）"或"应按……执行"。

中华人民共和国行业标准

既有采暖居住建筑节能改造技术规程

Technical Specification for Energy Conservation Renovation of Existing Heating Residential Building

JGJ 129—2000

主编单位：北京中建建筑设计院
批准部门：中华人民共和国建设部
施行日期：2001年1月1日

关于发布行业标准《既有采暖居住建筑节能改造技术规程》的通知

建标［2000］224号

根据建设部《关于印发1993年工程建设行业标准制订、修订项目计划（建设部部分第二批）的通知》（建标［1993］699号）的要求，由北京中建建筑设计院主编的《既有采暖居住建筑节能改造技术规程》，经审查，批准为行业标准，其中2.1.1，2.1.2，3.2.2，3.2.5，3.2.10，3.4.2，4.2.3为强制性条文。该标准编号为JGJ129—2000，自2001年1月1日起施行。

本标准由建设部建筑工程标准技术归口单位中国建筑科学研究院负责管理，北京中建建筑设计院负责具体解释，建设部标准定额研究所组织中国建筑工业出版社出版。

中华人民共和国建设部

2000年10月11日

前　　言

根据建设部建标［1993］699号文的要求，规程编制组在广泛调查研究，认真总结实践经验，参考有关国际标准和国外先进标准，并广泛征求意见基础上，制定了本规程。

本规程的主要技术内容是：1. 建筑节能改造的判定原则及方法；2. 墙体外保温技术（以纤维增强聚苯板外保温技术为重点）；3. 墙体内保温技术；4. 改善门窗的气密性及提高门窗的保温性能；5. 屋面和地面的保温改造；6. 采暖供热系统的节能改造等等。

本规程由建设部建筑工程标准技术归口单位中国建筑科学研究院归口管理，授权由主编单位负责具体解释。

本规程主编单位是：北京中建建筑设计院（地址：北京市丰台路60号；邮政编码：100073）

本规程参加单位是：中国建筑科学研究院

中国建筑一局（集团）有限公司技术部

本规程主要起草人员是：陈圣奎　李爱新　周景德　沈韫元

董增福　魏大福　刘春雁

目　次

1　总则 …………………………………………………………………………………… 287
2　建筑节能改造的判定原则及方法 ………………………………………………… 287
2.1　判定原则 ……………………………………………………………………… 287
2.2　判定方法 ……………………………………………………………………… 287
2.3　既有建筑节能改造后的验收 ………………………………………………… 287
3　围护结构保温改造 ………………………………………………………………… 288
3.1　一般规定 ……………………………………………………………………… 288
3.2　墙体 …………………………………………………………………………… 289
3.3　门窗 …………………………………………………………………………… 293
3.4　屋面和地面 …………………………………………………………………… 294
4　采暖供热系统改造 ………………………………………………………………… 295
4.1　一般规定 ……………………………………………………………………… 295
4.2　采暖锅炉房（换热站） ……………………………………………………… 295
4.3　室内采暖系统 ………………………………………………………………… 296
附录 A　全国主要城镇采暖期有关参数及建筑物耗热量、采暖耗煤量指标 ……… 296
附录 B　墙体外保温常见做法 ……………………………………………………… 299
附录 C　墙体内保温常见做法 ……………………………………………………… 301
附录 D　围护结构热桥部位保温做法 ……………………………………………… 302
附录 E　窗框与墙体间缝隙封堵做法 ……………………………………………… 302
附录 F　保温地面构造做法 ………………………………………………………… 303
本规程用词说明 ……………………………………………………………………… 304

1 总　　则

1.0.1 为贯彻落实《中华人民共和国节约能源法》及国家关于节约能源的法规，改变我国严寒和寒冷地区大量既有居住建筑采暖能耗大、热环境质量差的现状，采取有效的节能改造技术措施，以达到节约能源、改善居住热环境的目的，制定本规程。

1.0.2 本规程适用于我国严寒及寒冷地区设置集中采暖的既有居住建筑节能改造。无集中采暖的既有居住建筑，其围护结构及采暖系统宜按本规程的有关规定执行。

1.0.3 既有采暖居住建筑节能改造的设计、施工及验收除应符合本规程外，尚应符合国家现行有关强制性标准的规定。

2 建筑节能改造的判定原则及方法

2.1 判　定　原　则

2.1.1 既有采暖居住建筑，当其建筑物耗热量指标、围护结构保温和门窗气密性等不能满足现行行业标准《民用建筑节能设计标准（采暖居住建筑部分）》（JGJ 26）的要求时，应进行节能改造。

2.1.2 既有采暖供热系统的锅炉年运行效率低于 0.68 及（或）室外管网的输送效率低于 0.90，并由此造成室温达不到要求的，应予以改造。

2.1.3 当既有采暖居住建筑的室内系统不能实现分室控制室温及分户计量用热量时，宜予以改造。

2.1.4 旅馆、招待所、托幼建筑、集体宿舍等公共采暖居住建筑，当其围护结构的保温性能不能达到当地采暖住宅建筑相应的要求时，应予以改造。

2.2 判　定　方　法

2.2.1 对原建筑应通过设计验算或实地考察了解室内热环境状况，或进行仪器检测，作出主客观的评价。

2.2.2 复核单位锅炉容量的供热面积，测算其采暖耗煤量指标，应符合本规程附录 A 的规定。

2.3 既有建筑节能改造后的验收

2.3.1 对节能改造后的建筑，应进行验收。验收人员应由业主方、设计单位、施工单位的代表及建设行政主管部门指派的人员组成。

2.3.2 验收的主要内容应符合下列要求：

1. 节能改造方案、设计图纸、计算复核资料等应完整齐全；
2. 材料、配件、设备的质量应符合要求；
3. 施工质量应符合设计要求；
4. 抽检建筑物围护结构的保温气密性能和采暖供热系统的效果，考察建筑物室内热环境状况并应符合现行行业标准《民用建筑节能设计标准（采暖居住建筑部分）》（JGJ 26）的规定；

5. 复核改造后建筑物的实际耗煤量指标，据此测算建筑物的节能率并应符合规定。

3 围护结构保温改造

3.1 一 般 规 定

3.1.1 围护结构改造前应进行查勘，查勘时应具备下列资料：

1. 房屋地形图及设计图纸；
2. 房屋装修改造资料；
3. 历年修缮资料；
4. 城市建设规划和市容要求；
5. 其他必要的资料。

3.1.2 围护结构改造应重点查勘下列内容：

1. 荷载及使用条件的变化；
2. 重要结构构件的安全性评价；
3. 墙面受到冻害、析盐、侵蚀损坏及结露状况；
4. 屋顶及墙面裂缝、渗漏状况；
5. 门窗翘曲、变形等状况。

3.1.3 进行围护结构保温改造设计时，应从下列二项中选取一项作为控制指标：

1. 不同地区采暖居住建筑各部位围护结构的传热系数应符合表 3.1.3 规定的限值。

2. 通过围护结构单位建筑面积的耗热量指标不应超过现行行业标准《民用建筑节能设计标准（采暖居住建筑部分）》（JGJ 26）的规定，该耗热量指标应按现行行业标准《民用建筑节能设计标准（采暖居住建筑部分）》（JGJ 26）第 3.0.1 条的规定进行验算。

表 3.1.3 不同地区采暖居住建筑各部分围护结构传热系数限值［W/（m^2·K）］

采暖期室外平均温度（℃）	代表性城市	屋顶 体形系数≤0.3	屋顶 体形系数>0.3	外墙 体形系数≤0.3	外墙 体形系数>0.3	不采暖楼梯间 隔墙	不采暖楼梯间 户门	窗户（含阳台门上部）	阳台门下部门芯板	外门	地板 接触室外空气地板	地板 不采暖地下室上部地板	地面 周边地面	地面 非周边地面
2.0~1.0	郑州、洛阳、宝鸡、徐州	0.80	0.60	1.10 1.40	0.80 1.10	1.83	2.70	4.70 4.00	1.70	—	0.60	0.65	0.52	0.30
0.9~0.0	西安、拉萨、济南、青岛、安阳	0.80	0.60	1.00 1.28	0.70 1.00	1.83	2.70	4.70 4.00	1.70	—	0.60	0.65	0.52	0.30
-0.1~-1.0	石家庄、德州、晋城、天水	0.80	0.60	0.92 1.20	0.60 0.85	1.83	2.00	4.70 4.00	1.70	—	0.60	0.65	0.52	0.30
-1.1~-2.0	北京、天津、大连、阳泉、平凉	0.80	0.60	0.90 1.16	0.55 0.82	1.83	2.00	4.70 4.00	1.70	—	0.50	0.55	0.52	0.30

续表 3.1.3

采暖期室外平均温度（℃）	代表性城市	屋顶		外墙		不采暖楼梯间		窗户（含阳台门上部）	阳台门下部门芯板	外门	地板		地面	
		体形系数≤0.3	体形系数＞0.3	体形系数≤0.3	体形系数＞0.3	隔墙	户门				接触室外空气地板	不采暖地下室上部地板	周边地面	非周边地面
-2.1～-3.0	兰州、太原、唐山、阿坝、喀什	0.70	0.50	0.85 1.10	0.62 0.78	0.94	2.00	4.70 4.00	1.70	—	0.50	0.55	0.52	0.30
-3.1～-4.0	西宁、银川、丹东	0.70	0.50	0.68	0.65	0.94	2.00	4.00	1.70	—	0.50	0.55	0.52	0.30
-4.1～-5.0	张家口、鞍山、酒泉、伊宁、吐鲁番	0.70	0.50	0.75	0.60	0.94	2.00	3.00	1.35	—	0.50	0.55	0.52	0.30
-5.1～-6.0	沈阳、大同、本溪、阜新、哈密	0.60	0.40	0.68	0.56	0.94	1.50	3.00	1.35	—	0.40	0.55	0.30	0.30
-6.1～-7.0	呼和浩特、抚顺、大柴旦	0.60	0.40	0.65	0.50	—	—	3.00	1.35	2.50	0.40	0.55	0.30	0.30
-7.1～-8.0	延吉、通辽、通化、四平	0.60	0.40	0.65	0.50	—	—	2.50	1.35	2.50	0.40	0.55	0.30	0.30
-8.1～-9.0	长春、乌鲁木齐	0.50	0.30	0.56	0.45	—	—	2.50	1.35	2.50	0.30	0.50	0.30	0.30
-9.1～-10.0	哈尔滨、牡丹江、克拉玛依	0.50	0.30	0.52	0.40	—	—	2.50	1.35	2.50	0.30	0.50	0.30	0.30
-10.1～-11.0	佳木斯、安达、齐齐哈尔、富锦	0.50	0.30	0.52	0.40	—	—	2.50	1.35	2.50	0.30	0.50	0.30	0.30
-11.1～-12.0	海伦、博克图	0.40	0.25	0.52	0.40	—	—	2.00	1.35	2.50	0.25	0.45	0.30	0.30
-12.1～-14.5	伊春、呼玛、海拉尔、满洲里	0.40	0.25	0.52	0.40	—	—	2.00	1.35	2.50	0.25	0.45	0.30	0.30

注：1. 表中外墙的传热系数限值系指考虑周边热桥影响后的外墙平均传热系数。有些地区外墙的传热系数限值有两行数据，上行数据与传热系数为4.70的单层塑料窗相对应；下行数据与传热系数为4.00的单框双玻金属窗相对应。

2. 表中周边地面一栏中0.52为位于建筑物周边的不带保温层的混凝土地面的传热系数；0.3为带保温层的混凝土地面的传热系数，非周边地面一栏中0.30为位于建筑物非周边的不带保温层的混凝土地面的传热系数。

3.1.4 采暖居住建筑的楼梯间及外廊应封闭，严寒地区应增设闭门器。采暖居住建筑楼梯间不采暖时，楼梯间隔墙和户门应采取保温措施；楼梯间采暖时，入口处应设置门斗等避风设施。

3.2 墙 体

3.2.1 对墙体进行内、外保温改造时，应优先选用外保温技术。操作人员应经过培训，考核合格后方可上岗。

3.2.2 对墙体进行节能改造前，必须进行设计计算。设计计算的主要内容应包括：

1. 外墙平均传热系数的计算；

2. 所用保温材料的厚度的计算；

3. 墙体改造的构造措施及节点设计等。

3.2.3 外墙平均传热系数的计算，应符合现行行业标准《民用建筑节能设计标准（采暖居住建筑部分）》（JGJ 26）附录C的规定。

3.2.4 墙体改造所用保温材料的厚度计算应符合现行国家标准《民用建筑热工设计规范》（GB 50176）的规定。

3.2.5 墙体外保温所用材料、配件应符合下列要求：

1. 胶粘剂及（或）固定件：胶粘剂应采用经过鉴定的专用胶粘剂材料，其主要技术性能指标应符合表3.2.5-1的规定；固定件应采用膨胀螺栓或特制的防锈连接件。

表 3.2.5-1 胶粘剂的主要技术性能指标

项目	实验条件	采用标准	单位	指标	
				掺合强度等级42.5水泥	掺合强度等级52.5水泥
抗拉粘结强度	常温常态14d	GB/T12954—91	MPa	≥1.0	≥1.0
抗拉粘结强度	常态14d，浸碱4d	GB/T12954—91	MPa	≥0.6	≥0.6
抗拉粘结强度	常态14d，浸水7d	GB/T12954—91	MPa	≥0.6	≥0.6
压剪粘结强度	常温常态7d	GB/T12954—91	MPa	≥1.5	≥2.5
压剪粘结强度	常态7d，浸水24h	JC/T547—94	MPa	≥0.9	≥1.8
压剪粘结强度	常温常态28d	GB/T12954—91	MPa	≥1.7	≥3.0
压剪粘结强度	常态28d，浸水24h	JC/T547—94	MPa	≥1.7	≥3.0

2. 保温板应采用自熄型高效保温、耐久性好的材料，并应符合防火要求。当采用聚苯乙烯泡沫塑料板（以下简称聚苯板）时，其主要技术性能指标应符合表3.2.5-2的规定。

表 3.2.5-2 聚苯板的主要技术性能指标

项目		单位	指标
密度	最小	kg/m^3	≥18.0
	最大	kg/m^3	≤20.0
导热系数		W/（m·K）	≤0.042
抗压强度		kPa	≥69
抗拉强度		kPa	≥103
抗弯强度		kPa	≥172
剪切模量		kPa	≥2758
体积吸水率		%	≤2.5
尺寸稳定性		%	≤2.0
氧指数		%	≥30
火焰扩散指数			≤25
烟密度指数			≤450
板长×宽		mm	≤1200×600
养护天数	自然养护	d	≥42
	蒸汽养护	d（60℃恒温）	≥5
溶结性	断裂弯曲负荷	N	≥15
	弯曲变形	mm	≥20

3. 底层抹面材料，应采用专用聚合物水泥砂浆，其主要技术性能指标应符合表3.2.5-1的规定。

4. 增强网布应选择极限延伸率低的材料，并应具有防腐耐碱性能。当选用玻纤网布时，其主要技术性能指标应符合表3.2.5-4的规定，并应埋置在底层抹面材料内。

5. 装饰面层，应符合抗裂及防水要求，并应具有装饰效果，其主要技术性能指标应符合表 3.2.5-5 的规定。

表 3.2.5-4　玻纤网布的主要技术性能指标

项目		单位	指标	
			标准网布	加强网布
标准网眼尺寸		mm	3.5×4.0	5.5×5.0
公称单位面积质量		g/m²	≥139	≥678
抗拉强度	经向	N/2.5cm	667	3336
	纬向	N/2.5cm	667	2446
耐碱性抗拉强度	经向	N/2.5cm	534	2668
	纬向	N/2.5cm	534	1956
耐碱抗拉强度保持率	经向	%	≥80	≥80
	纬向	%	≥80	≥80

表 3.2.5-5　装饰面层的主要技术性能指标

项目	单位	指标
抗拉强度	MPa	≥2.20
延伸率	%	≥64
弹性变形恢复率	%	80
柔韧性		-26℃以上温度快弯试验无裂缝出现
抗粉尘附着（残留反射率）	%	98
耐水性		240h 后试验，涂层无裂纹、起泡、剥落、软化物析出
		与未浸泡部分相比，颜色、光泽允许有轻微变化
耐碱性		240h 后试验，涂层无裂纹、起泡、剥落、软化物析出
		与未浸泡部分相比，颜色、光泽允许有轻微变化
耐洗刷性		1000 次洗刷试验后，涂层无变化
耐沾污率		5 次沾污试验后，沾污率在 45%以下
耐冻融循环性		10 次冻融循环试验后，涂层无裂纹、起泡、剥落
		与未试验部分相比，颜色、光泽允许有轻微变化
粘结强度	MPa	≥0.69
人工加速耐候性		2000h 试验后，涂层无裂纹、剥落、起泡、粉化、变色不大于 2 级

3.2.6　墙体外保温的基本构造应符合表 3.2.6 的要求。墙体外保温做法可按附录 B 进行。

表 3.2.6　墙体外保温的基本构造

墙体①	粘结层②	保温层③	保护层④	饰面层⑤	构造示意
钢筋混凝土墙 粘土砖 粘土多孔砖墙 混凝土空心砌块墙	胶粘剂	保温板	底层抹灰材料+网布	装饰面层+罩面材料	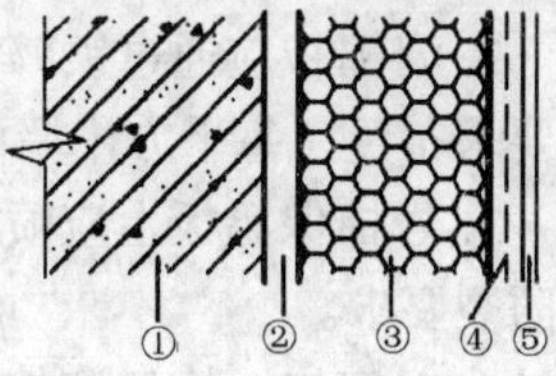

3.2.7 墙体外保温施工前准备工作应符合下列规定：

1. 在对墙面状况进行查勘的基础上，施工前应对原墙面上由于冻害、析盐或侵蚀所产生的损害予以修复；

2. 油渍应进行清洗；

3. 损坏的砖或砌块应更换；

4. 墙面的缺损和孔洞应填补密实；

5. 墙面上疏松的砂浆应清除；

6. 不平的表面应事先抹平；

7. 墙外侧管道、线路应拆除，在可能的条件下，宜改为地下管道或暗线；

8. 原有窗台宜接出加宽，窗台下宜设滴水槽；

9. 脚手架宜采用与墙面分离的双排脚手架。

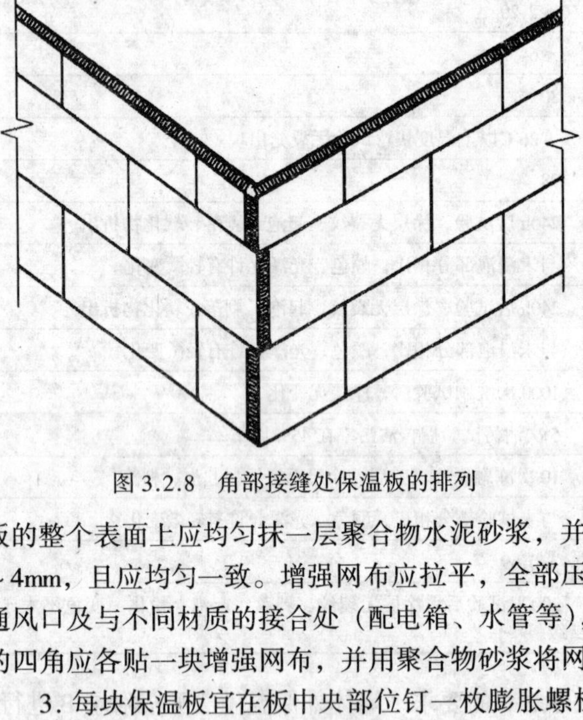

图 3.2.8 角部接缝处保温板的排列

3.2.8 聚苯板外保温施工应符合下列要求：

1. 保温板的固定：保温板应从墙壁的基部或坚固的支撑处开始，自下而上逐排沿水平方向依次安设，拉线校核，并逐列用铅坠校直。在阳角与阴角的垂直接缝处应交错排列（图 3.2.8）。安设时，应采用点粘或条粘的方法，通过挤紧胶粘剂层，使保温板有规则地牢固地粘结在外墙面上。

保温板安设时及安设后至少 24h 之内，空气温度和外墙表面温度不应低于 5℃。

2. 抹灰与埋入增强网布：在保温板的整个表面上应均匀抹一层聚合物水泥砂浆，并随抹随铺增强网布。抹灰层厚度宜为 3～4mm，且应均匀一致。增强网布应拉平，全部压埋在抹灰层内，不应裸露。遇门窗口、通风口及与不同材质的接合处（配电箱、水管等），应将增强网布翻边包紧保温板；洞口的四角应各贴一块增强网布，并用聚合物砂浆将网布折叠部分抹平封严。

3. 每块保温板宜在板中央部位钉一枚膨胀螺栓。螺栓应套一直径 5cm 的垫片，栓铆后应对螺栓表面进行抹灰平整处理。

4. 外装修：应在抹灰工序完成后，进行外装修，宜采用薄涂层。

3.2.9 岩棉板外保温施工应符合下列要求：

1. 岩棉板的密度不应小于 $100kg/m^3$，应平整地铺在外墙面上。

2. 岩棉板应通过镀锌钢丝网及防锈金属固定件固定在墙体上，固定件应按设计图纸的要求布置，每平方米墙面不应少于 3 个。

3. 岩棉保温板上应喷涂或压抹水泥砂浆作为保护层（厚度宜为 25mm），保护层应满足防裂要求。

4. 对窗口、檐口和外墙角等部位应采取局部加强措施。

5. 保护层硬化后，方可进行饰面层施工，饰面层可采用涂料等饰面材料。

3.2.10 墙体内保温所用材料、配件应符合下列要求：

1. 胶粘剂或固定件：胶粘剂应采用经过鉴定的专用胶粘剂材料；固定件可采用膨胀螺栓或特制的防锈连接件。

2. 保温层应采用保温隔热性能、防火性能及耐久性均好的保温材料，可选用下列类型：

1）充气石膏板，增强石膏（或水泥）聚苯板，纸面石膏板复合岩棉板、玻璃棉或聚苯板等保温材料；

2）轻质砌块。

3. 热反射材料：铝箔热反射板宜加贴在暖气散热器后的内墙面上。

4. 饰面层应符合抗裂及卫生要求，并具有装饰效果。

3.2.11 墙体内保温的基本构造宜符合图 3.2.11 的要求。墙体内保温常见做法可按附录C进行。

3.2.12 墙体内保温施工应符合下列要求：

1. 施工准备：施工前遇有墙体疏松、脱落、霉烂等情况应修复；原墙面涂层应刮掉并打扫干净；墙面潮湿时应先晾干或吹干，墙面过干应予以湿润。

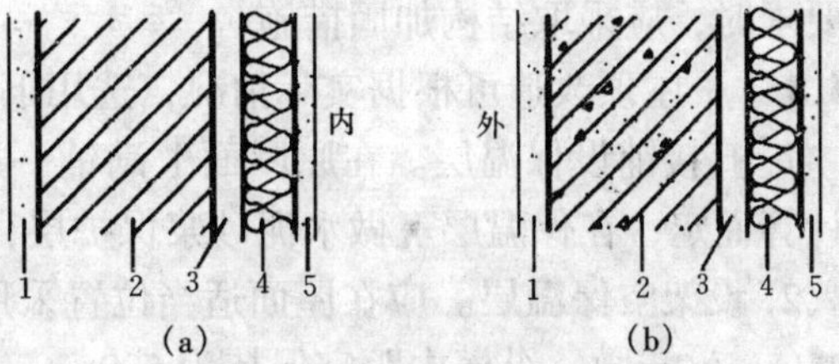

图 3.2.11 墙体内保温的基本构造

1—墙体外饰面；2—墙体（a 为砖墙，b 为混凝土墙）；3—空气层；4—保温层；5—内饰面

2. 保温层固定：使用石膏板加高效保温材料的复合保温板时可采用胶粘剂粘结或同时采用膨胀螺栓锚固的方法与墙体固定；使用轻质砌块做保温层时，应采用砌筑并与原墙体可靠拉接。

3. 饰面处理：饰面层与保温层应连接牢靠，不得出现空鼓、裂缝及脱落现象。

3.2.13 墙体内保温时，对围护结构易出现热桥的部位，如混凝土梁、边柱或丁字墙的外柱等应采取有效的保温措施，具体做法可按附录 D 进行。

3.2.14 楼梯间墙面保温可按墙体内保温的要求及做法进行。

3.3 门　　窗

3.3.1 户门的保温、密闭性能应实地考察。应在户门关闭的状态下，测量门框与墙身、门框与门扇、门扇与门扇之间的缝隙宽度。在缝隙部位应设置耐久性和弹性均好的密封条。

3.3.2 对传热系数不符合要求的户门应提高其保温性能，在门芯板内应加贴高效保温材料如聚苯板、玻璃棉、岩棉板、矿棉板等，并应使用强度较高且能阻止空气渗透的面板加以保护。

3.3.3 在严寒地区对于关启频繁的户门宜安装闭门器。

3.3.4 对原有的窗户、阳台门应进行气密性能检查或抽样检测。其气密性等级，在 1 ~ 6 层建筑中，不应低于现行国家标准《建筑外窗空气渗透性能分级及其检测方法》（GB7107）规定的Ⅲ级水平；在 7 ~ 30 层建筑中，不应低于上述标准中规定的Ⅱ级水平。

当不能满足要求时，应对原窗进行更新或改造。

3.3.5 对于空腹钢窗和木窗，宜采用性能好的橡塑密封条来改善其气密性。

阳台门门芯板应加贴保温材料。对原有阳台可进行封闭处理。

3.3.6 对窗框与墙体之间的缝隙，宜采用高效保温气密材料加弹性密封胶封堵，其具体做法可按附录E进行。

3.3.7 在寒冷地区，宜将单玻窗改造成双玻窗；在严寒地区，宜将双玻窗改造成三玻窗，或在原窗的一侧安设一樘保温性能好的新窗。

3.3.8 当门窗的气密性显著提高时，房间应设置有组织、可调节的换气装置或设施。

3.4 屋面和地面

3.4.1 对屋面和地面的传热系数应进行测算。当其明显超出表3.1.3中规定的传热系数限值时，应对屋面和地面实施改造。

3.4.2 拟定屋面节能改造方案时，应对原房屋结构进行复核、验算；当不能满足节能改造要求时，应采取结构加固措施。

3.4.3 平屋顶改造可根据实际情况，选用下列方法之一：

1. 直接铺设保温层。在原屋面上满铺一层经过憎水处理的岩棉板，其厚度应根据热工计算而定；在保温层上做水泥砂浆保护层，并做防水层。

2. 设架空保温层。应在屋面适当位置采用1:0.5:10水泥石灰膏砂浆卧砌115×115×180（mm）砖墩，纵横中距宜保持为500mm，砖墩应落在相应的承重墙上，并将预制钢筋混凝土架空板卧在砖礅上。铺设架空板前，在原屋面上应铺放保温材料，其厚度应根据热工计算而定。铺设架空板后，应采用砂浆勾缝，板上应做找坡层、找平层及防水层。

3. 采用倒铺屋面。在防水层良好的情况下，可在其上直接铺设挤塑聚苯乙烯硬性泡沫板或现场发泡聚氨酯等不吸水保温材料，其厚度应根据热工计算而定，然后再覆盖保护层。

4. 加设坡屋顶。应在原有建筑平屋顶上铺设保温层，其厚度应根据热工计算而定，

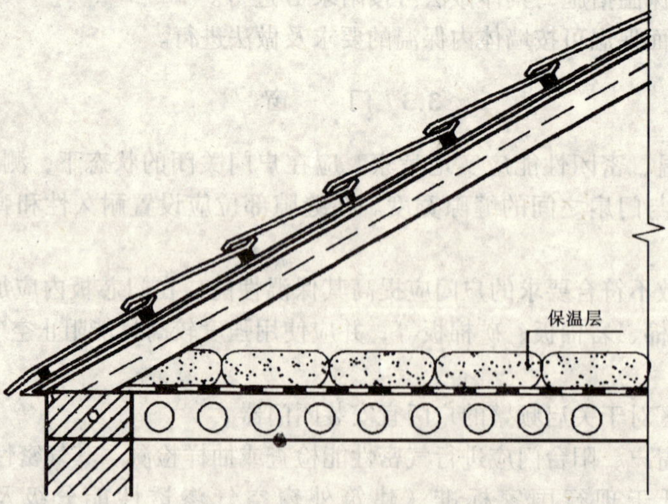

图3.4.3 加设坡屋顶并铺设保温层做法

并在上面加设挂瓦尖屋顶进行保护（图 3.4.3)。

3.4.4 坡屋顶改造时宜在屋顶吊顶上铺放轻质保温材料，其厚度应根据热工计算而定。无吊顶的屋顶应增设吊顶层，吊顶层应耐久性好，并能承受铺设保温层的荷载。

3.4.5 楼面地面节能改造时，对下列情况均应进行保温设计验算，其传热系数限值应符合表 3.1.3 的要求。

1. 不采暖地下室的顶板作为首层地面（楼板）；
2. 下方直接暴露在大气中的楼板。

3.4.6 保温地面的构造做法可按附录 F 进行。

4 采暖供热系统改造

4.1 一 般 规 定

4.1.1 采暖供热系统改造前应进行查勘，查勘时应具备下列资料：

1. 设计图纸；
2. 历年维修改造资料；
3. 其他必要的资料。

4.1.2 采暖供热系统改造前应重点查勘下列内容：

1. 单位锅炉容量的供暖面积；
2. 采暖期间单位建筑面积的耗煤量（折合成标准煤）、耗电量和水量；
3. 根据建筑耗热量、耗煤量指标和实际供暖天数推算系统的运行效率；
4. 供暖质量。

4.2 采暖锅炉房（换热站）

4.2.1 热水采暖系统应采用连续供暖方式，并根据室外温度变化采用质调节。

4.2.2 锅炉改造时应充分利用烟气余热，宜选用热管省煤器。

4.2.3 对于 10t 以上锅炉应加装质量可靠的分层给煤装置；对于 10t 以下的锅炉，应采用有效的节煤燃烧措施。

4.2.4 锅炉房宜加装燃煤计量装置。

4.2.5 热水采暖供热系统的循环水泵应采用高效节能低噪声水泵，输热动力消耗应予控制。耗电输热比应达到现行行业标准《民用建筑节能设计标准（采暖居住建筑部分)》(JGJ 26）的规定。

4.2.6 锅炉房的循环水泵应同建筑热负荷相匹配，宜采用变频调速装置，保证水泵流量适应热负荷变化。

4.2.7 当锅炉的鼓风机、引风机与锅炉出力不相匹配时，应进行调整改造；宜加装变频调速装置，合理控制风煤比。

4.2.8 系统定压宜采用变频调速的补水定压方式。

4.2.9 对热交换器的容量及二次水循环泵的流量应进行验算，并应与供暖负荷相匹配。

4.2.10 对小型分散的锅炉房宜连片改造成集中高效锅炉房。

4.2.11 锅炉房的锅炉进出口总管、分集水缸及循环水泵进出口管凡未设置温度计、压力表的，应予补装。

4.3 室内采暖系统

4.3.1 室内采暖系统改造应考虑分室、分户控温的可能性，宜安装热表分户计量热量。

4.3.2 室内采暖系统的排气装置应采用质量可靠的自动排气阀。

4.3.3 当室内采暖系统需全面更新时，应采用新双管系统或带三通阀的单管系统。

4.3.4 室内采暖系统改造时应进行水力平衡验算，采取措施解决室内采暖系统垂直及水平方向的失调。

附录A 全国主要城镇采暖期有关参数及建筑物耗热量、采暖耗煤量指标

地名	计算用采暖期			耗热量指标 q_H (W/m^2)	耗煤量指标 q_c (kg/m^2)
	天数 Z（d）	室外平均温度 f_e（℃）	度日数 D_{di}（℃·d）		
北京市	125	-1.6	2450	20.6	12.4
天津市	119	-1.2	2285	20.5	11.8
河北省					
石家庄	112	-0.6	2083	20.3	11.0
张家口	153	-4.8	3488	21.1	15.3
秦皇岛	135	-2.4	2754	20.8	13.5
保定	119	-1.2	2285	20.5	11.8
邯郸	108	0.1	1933	20.3	10.6
唐山	127	-2.9	2654	20.8	12.8
承德	144	-4.5	3240	21.0	14.6
丰宁	163	-5.6	3847	21.2	16.6
山西省					
太原	135	-2.7	2795	20.8	13.5
大同	162	-5.2	3758	21.1	16.5
长治	135	-2.7	2795	20.8	13.5
阳泉	124	-1.3	2393	20.5	12.2
临汾	113	-1.1	2158	20.4	11.1
晋城	121	-0.9	2287	20.4	11.9
运城	102	0.0	1836	20.3	10.0
内蒙古自治区					
呼和浩特	166	-6.2	4017	21.3	17.0
锡林浩特	190	-10.5	5415	22.0	20.1
海拉尔	209	-14.3	6751	22.6	22.8
通辽	165	-7.4	4191	21.6	17.2
赤峰	160	-6.0	3840	21.3	16.4
满洲里	211	-12.8	6499	22.4	22.8
博克图	210	-11.3	6153	22.2	22.5
二连浩特	180	-9.9	5022	21.9	19.0
多伦	192	-9.2	5222	21.8	20.2
白云鄂博	191	-8.2	5004	21.6	19.9

续附录 A

地名	计算用采暖期			耗热量指标 q_H (W/m^2)	耗煤量指标 q_c (kg/m^2)
	天数 Z (d)	室外平均温度 f_e (℃)	度日数 D_{di} (℃·d)		
辽宁省					
沈阳	152	−5.7	3602	21.2	15.5
丹东	144	−3.5	3096	20.9	14.5
大连	131	−1.6	2568	20.6	13.0
阜新	156	−6.0	3744	21.3	16.0
抚顺	162	−6.6	3985	21.4	16.7
朝阳	148	−5.2	3434	21.1	15.0
本溪	151	−5.7	3579	21.2	15.4
锦州	144	−4.1	3182	21.0	14.6
鞍山	144	−4.8	3283	21.1	14.6
锦西	143	−4.2	3175	21.0	14.5
吉林省					
长春	170	−8.3	4471	21.7	17.8
吉林	171	−9.0	4617	21.8	18.0
延吉	170	−7.1	4267	21.5	17.6
通化	168	−7.7	4318	21.6	17.5
双辽	167	−7.8	4309	21.6	17.4
四平	163	−7.4	4140	21.5	16.9
白城	175	−9.0	4725	21.8	18.4
黑龙江省					
哈尔滨	176	−10.0	4928	21.9	18.6
嫩江	197	−13.5	6206	22.5	21.4
齐齐哈尔	182	−10.2	5132	21.9	19.2
富锦	184	−10.6	5262	22.0	19.5
牡丹江	178	−9.4	4877	21.8	18.7
呼玛	210	−14.5	6825	22.7	23.0
佳木斯	180	−10.3	5094	21.9	19.0
安达	180	−10.4	5112	22.0	19.1
伊春	193	−12.4	5867	22.4	20.8
克山	191	−12.1	5749	22.3	20.5
江苏省					
徐州	94	1.4	1560	20.0	9.1
连云港	96	1.4	1594	20.0	9.2
宿迁	94	1.4	1560	20.0	9.1
淮阴	95	1.7	1549	20.0	9.2
盐城	90	2.1	1431	20.0	8.7
山东省					
济南	101	0.6	1757	20.2	9.8
青岛	110	0.9	1881	20.2	10.7
烟台	111	0.5	1943	20.2	10.8
德州	113	−0.8	2124	20.5	11.2
淄博	111	−0.5	2054	20.4	10.9
兖州	106	−0.4	1950	20.4	10.4
潍坊	114	−0.7	2132	20.4	11.2

续附录 A

地　　名	计算用采暖期			耗热量指标 q_H（W/m²）	耗煤量指标 q_c（kg/m²）
	天数 Z（d）	室外平均温度 f_e（℃）	度日数 D_{di}（℃·d）		
河南省					
郑　州	98	1.4	1627	20.0	9.4
安　阳	105	0.3	1859	20.3	10.3
濮　阳	107	0.2	1905	20.3	10.5
新　乡	100	1.2	1680	20.1	9.7
洛　阳	91	1.8	1474	20.0	8.8
商　丘	101	1.1	1707	20.1	9.8
开　封	102	1.3	1703	20.1	9.9
四川省					
阿　坝	189	－2.8	3931	20.8	18.9
甘　孜	165	－0.9	3119	20.5	16.3
康　定	139	0.2	2474	20.3	18.5
西藏自治区					
拉　萨	142	0.5	2485	20.2	13.8
噶　尔	240	－5.5	5640	21.2	24.5
日喀则	158	－0.5	2923	20.4	15.5
陕西省					
西　安	100	0.9	1710	20.2	9.7
榆　林	148	－4.4	3315	21.0	14.8
延　安	130	－2.6	2678	20.7	13.0
宝　鸡	101	1.1	1707	20.1	9.8
甘肃省					
兰　州	132	－2.8	2746	20.8	13.2
酒　泉	155	－4.4	3472	21.0	15.7
敦　煌	138	－4.1	3053	21.0	14.0
张　掖	156	－4.5	3510	21.0	15.8
山　丹	165	－5.1	3812	21.1	16.8
平　凉	137	－1.7	2699	20.6	13.6
天　水	116	－0.3	2123	20.3	11.3
青海省					
西　宁	162	－3.3	3451	20.9	16.3
玛　多	284	－7.2	7159	21.5	29.4
大柴旦	205	－6.8	5084	21.4	21.1
共　和	182	－4.9	4168	21.1	18.5
格尔木	179	－5.0	4117	21.1	18.2
玉　树	194	－3.1	4093	20.8	19.4
宁夏回族自治区					
银　川	145	－3.8	3161	21.0	14.7
中　宁	137	－3.1	2891	20.8	13.7
固　原	162	－3.3	3451	20.9	16.3
石嘴山	149	－4.1	3293	21.0	15.1

续附录 A

地　　名	计 算 用 采 暖 期			耗热量指标 q_H （W/m^2）	耗煤量指标 q_c （kg/m^2）
	天数 Z （d）	室外平均温度 f_e （℃）	度日数 D_{di} （℃·d）		
新疆维吾尔自治区					
乌鲁木齐	162	-8.5	4293	21.8	17.0
塔　　城	163	-6.5	3994	21.4	16.8
哈　　密	137	-5.9	3274	21.3	14.1
伊　　宁	139	-4.8	3169	21.1	14.1
喀　　什	118	-2.7	2443	20.7	11.8
富　　蕴	178	-12.6	5447	22.4	19.2
克拉玛依	146	-9.2	3971	21.8	15.3
吐 鲁 番	117	-5.0	2691	21.1	11.9
库　　车	123	-3.6	2657	20.9	12.4
和　　田	112	-2.1	2251	20.7	11.2

附录 B　墙体外保温常见做法

B.0.1　纤维增强聚苯板外保温

1. 外墙为混凝土空心砌块墙
2. 外墙为砖墙或混凝土墙
3. 采用专用胶粘剂的外保温系统

B.0.2　加气混凝土外保温

B.0.3　GRC 与聚苯复合板外保温

B.0.4　钢丝网水泥砂浆、岩棉板外保温

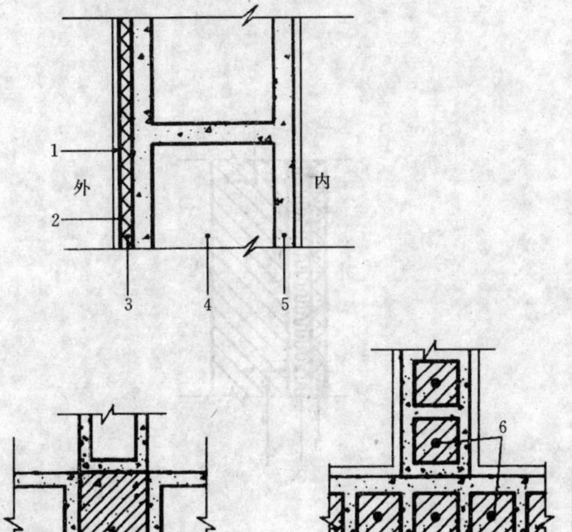

图 B.0.1-1　混凝土空心砌块外墙外保温构造做法
1—外墙饰面层；2—玻纤网布；3—保温层；
4—空心砌块；5—混合砂浆；6—灌芯柱

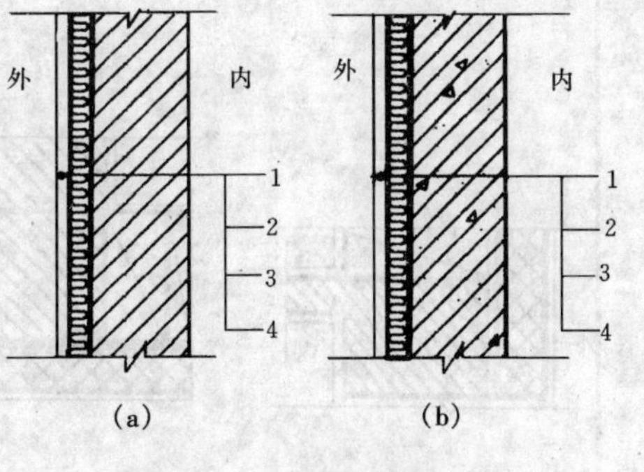

图 B.0.1-2　砖墙或混凝土墙外保温构造做法
1—饰面层；2—纤维增强层；
3—保温层；4—墙体（a 为砖墙，b 为混凝土墙）

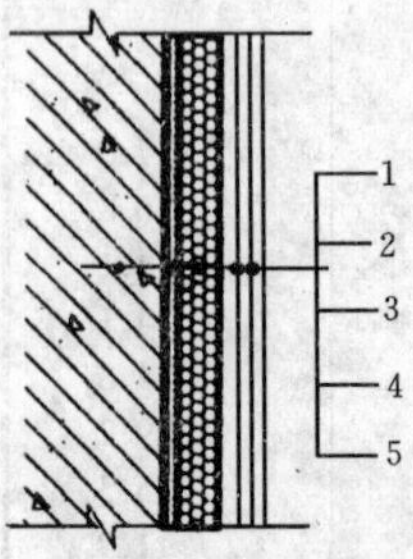

图 B.0.1－3 采用专用胶粘剂的外保温系统
1—墙体；2—专用胶粘剂层；3—聚苯板保温层；4—玻纤增强层；5—饰面层

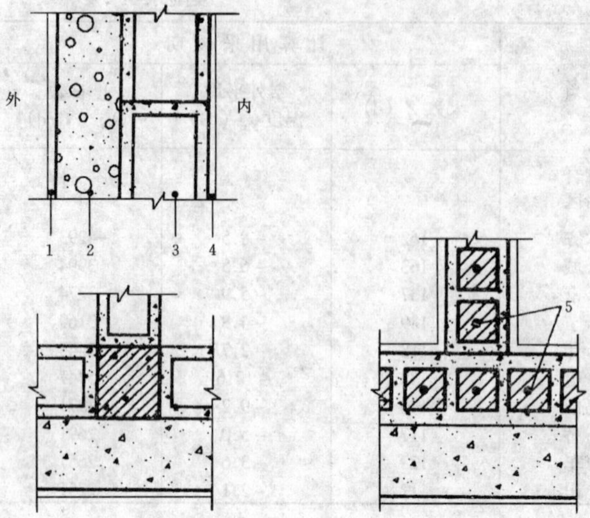

图 B.0.2 加气混凝土外保温构造做法
1—专用砂浆；2—加气混凝土保温层；3—混凝土砌块墙体；4—混合砂浆；5—灌芯柱

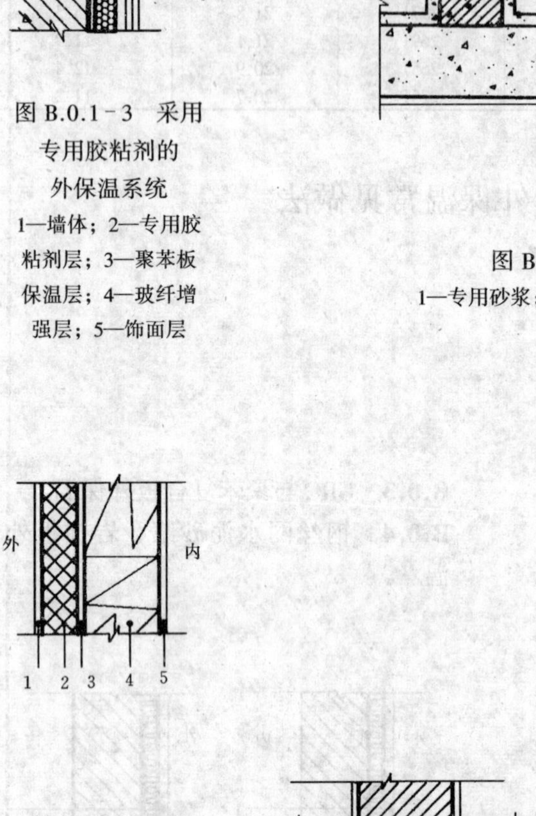

图 B.0.3 GRC与聚苯复合板外保温构造做法
1—饰面砂浆；2—保温层；3—空气层；4—多孔砖墙；5—混合砂浆

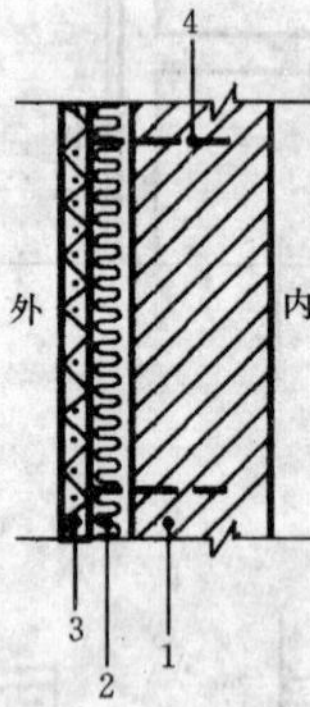

图 B.0.4 钢丝网水泥砂浆、岩棉板外保温构造做法
1—墙体；2—岩棉板；3—钢丝网水泥砂浆；4—连接件

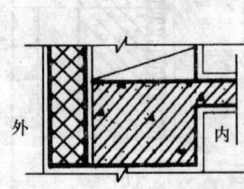

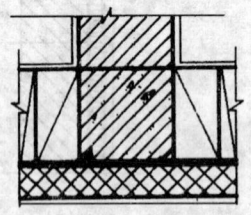

附录C　墙体内保温常见做法

C.0.1　饰面石膏聚苯板复合内保温

1. 粘贴保温层前先清除主墙面的浮尘；

2. 墙面潮湿需先晾干，墙面过干应稍予湿润；

3. 挂线、找平坐标，用适用胶粘剂点粘聚苯板，拍压贴紧在主墙面上；

4. 在聚苯板上刮适用胶粘剂然后满铺一层玻纤网布；

5. 面层的饰面石膏分两遍涂抹成活，第一遍用掺细砂的膏浆，表面用不掺砂的饰面石膏，总厚度5mm。

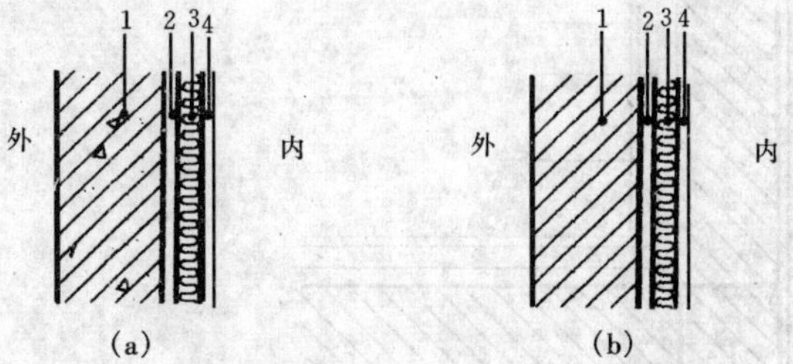

图 C.0.1　饰面石膏聚苯板复合内保温构造
1—墙体（a为混凝土墙，b为砖墙）；2—空气层；
3—保温层；4—饰面石膏

C.0.2　纸面石膏板复合内保温

C.0.3　无纸石膏板复合内保温

C.0.4　加气混凝土内保温

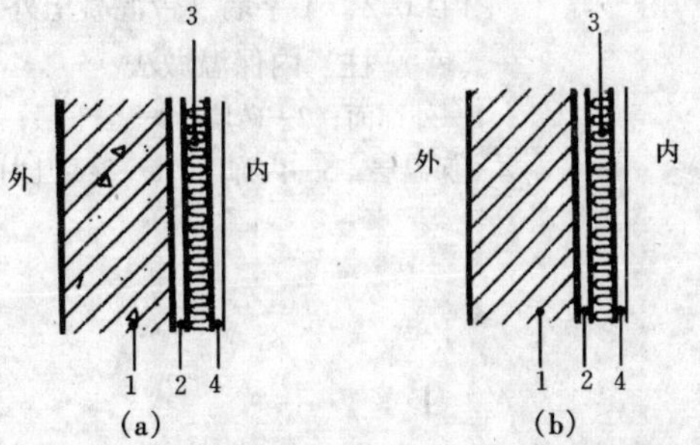

图 C.0.2　纸面石膏板复合保温板内保温构造
1—墙体（a为混凝土墙，b为砖墙）；
2—空气层；3—保温层；4—内面层
注：保温层采用岩棉板或玻璃棉板，
内面层采用纸面石膏板及饰面腻子。

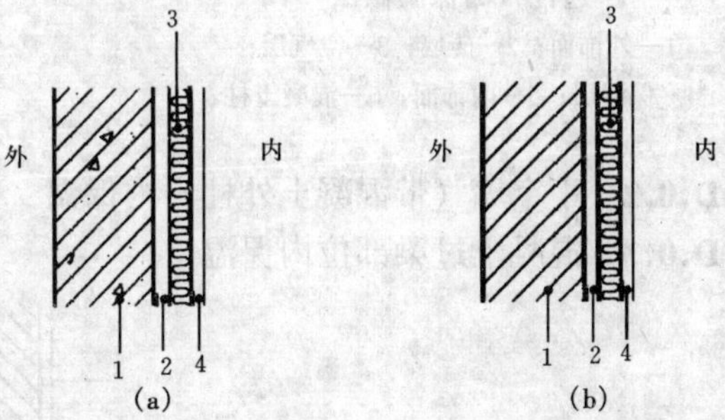

图 C.0.3　无纸石膏板复合内保温构造
1—墙体（a为混凝土墙，b为砖墙）；2—空气层；
3—保温层；4—内面层（无纸石膏板及罩面）

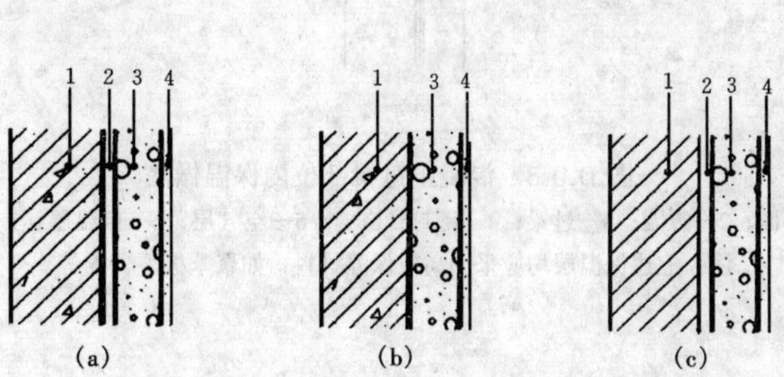

图 C.0.4　加气混凝土内保温构造
1—墙体（a为混凝土墙，b、c为砖墙）；2—空气层；
3—加气混凝土；4—抹灰层

附录D　围护结构热桥部位保温做法

D.0.1　墙角（带混凝土边柱）内保温

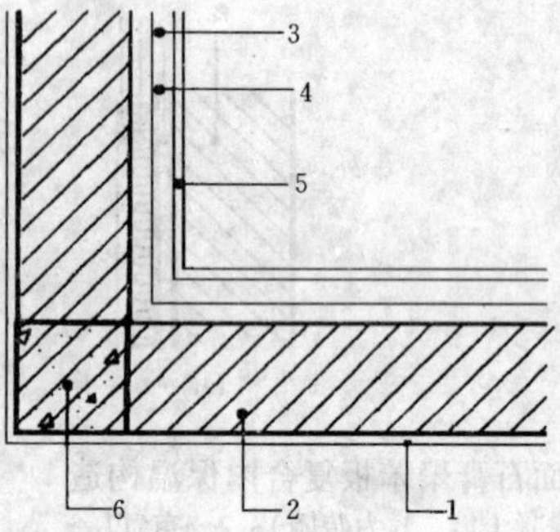

图D.0.1　墙角（带混凝土边柱）内保温做法

1—外饰面；2—砖墙；3—空气层；4—保温层；5—内饰面；6—混凝土柱

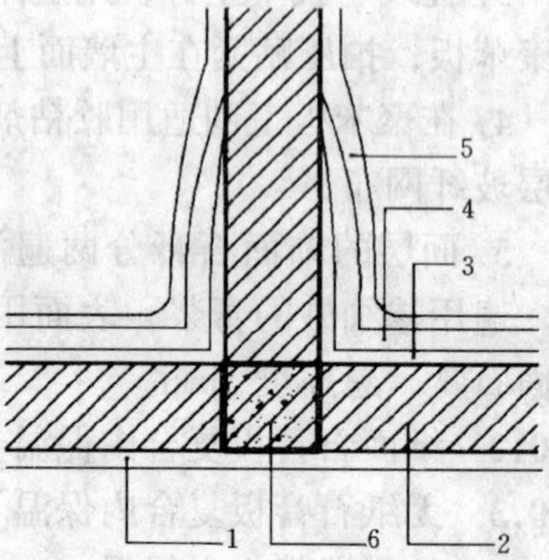

图D.0.2　丁字墙（带混凝土外柱）内保温做法

1—外饰面；2—砖墙；3—空气层；4—保温层；5—内饰面；6—混凝土柱

D.0.2　丁字墙（带混凝土外柱）内保温

D.0.3　混凝土过梁部位内保温

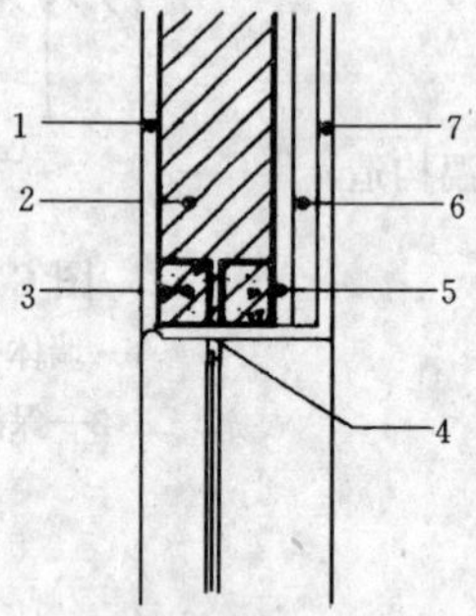

图D.0.3　混凝土过梁部位内保温做法

1—外饰面；2—砖墙；3—过梁；4—密封膏嵌缝；5—空气层；6—保温层；7—内饰面

注：上述保温层均应采用高效保温材料，如聚苯板、岩棉等。

附录E　窗框与墙体间缝隙封堵做法

E.0.1　封堵窗框与墙体之间的缝隙，可根据实际情况选用下列做法之一：

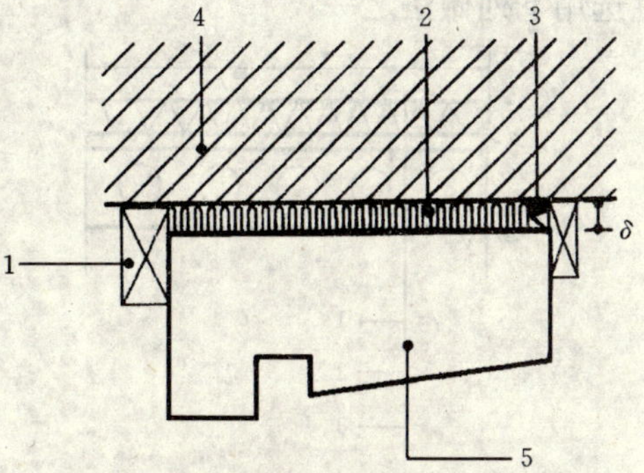

图 E.0.1-1　封堵窗墙间缝隙做法
（缝宽 $\delta < 7$mm）
1—木条；2—袋装矿棉；3—弹性密封胶；4—外墙；5—窗框

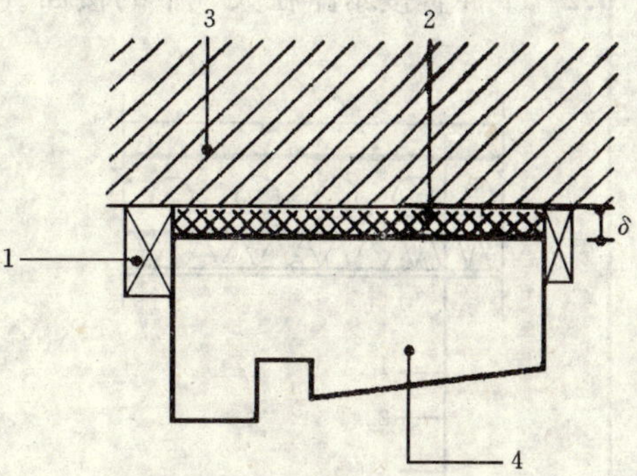

图 E.0.1-2　封堵窗墙间缝隙做法
（缝宽 $\delta = 7 \sim 10$mm）
1—木条；2—发泡聚氨酯；3—外墙；4—窗框

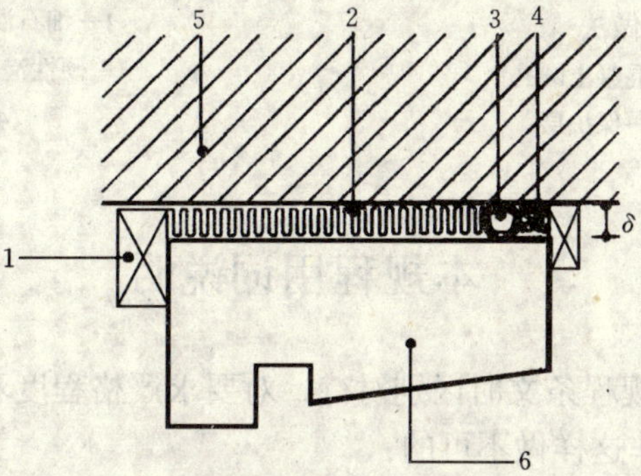

图 E.0.1-3　封堵窗墙间缝隙做法（缝宽 $\delta = 10 \sim 20$mm）
1—木条；2—袋装玻璃棉；3—底部密封条；4—弹性密封胶；5—外墙；6—窗框

附录 F　保温地面构造做法

F.0.1　下面为不采暖地下室的地面（楼板）：

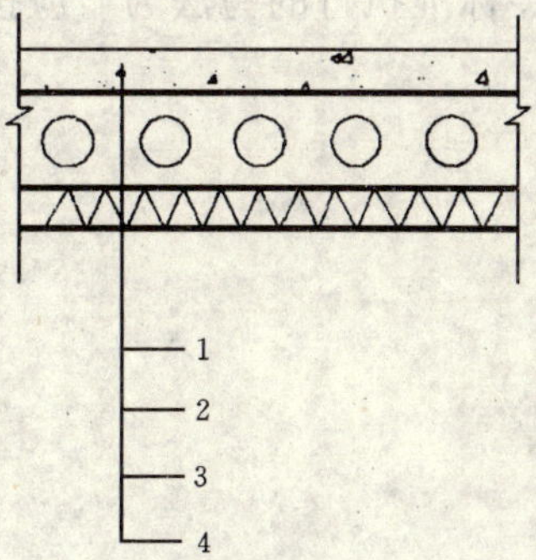

图 F.0.1　下面为不采暖地下室的地面保温构造做法
1—细石混凝土；2—混凝土圆孔板；3—聚苯板；4—保护层

注：聚苯板表面处理：

1. 地下室相对湿度不高时：抹 2mm 饰面石膏，敷设玻纤布一层，再抹 3mm 饰面石膏。
2. 地下室相对湿度较高时：刷界面处理剂一道，敷设玻纤布一层，抹 3mm 聚合物砂浆。

F.0.2 下面直接暴露在大气中的楼面（地面）宜选用下列做法之一：

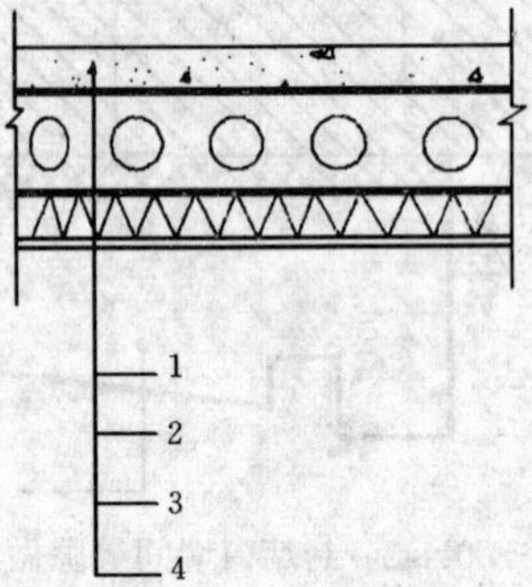

图 F.0.2-1 保温层做在楼板下部的构造做法

1—细石混凝土；2—混凝土圆孔板；3—聚苯板；4—保护层

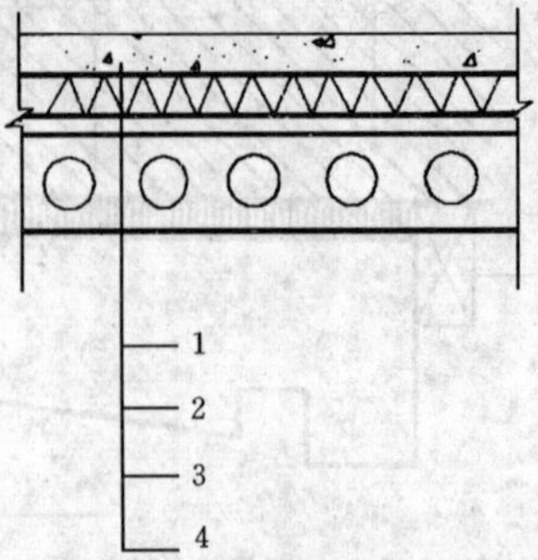

图 F.0.2-2 保温层做在楼板上部的构造做法

1—细石混凝土；2—挤塑聚苯乙烯硬性泡沫板；3—楼板原面层；4—混凝土圆孔板

本规程用词说明

1. 为便于在执行本规程条文时区别对待，对要求严格程度不同的用词说明如下：

（1）表示很严格，非这样做不可的：

正面词采用“必须”，反面词采用“严禁”。

（2）表示严格，在正常情况下均应这样做的：

正面词采用“应”，反面词采用“不应”或“不得”。

（3）表示允许稍有选择，在条件许可时首先应这样做的：

正面词采用“宜”，反面词采用“不宜”。

（4）表示有选择，在一定条件下可以这样做的，采用“可”。

2. 条文中指明应按其他有关标准执行的写法为“应按……执行”或“应符合……规定或要求”。

中华人民共和国行业标准

采暖居住建筑节能检验标准

Standard for Energy Efficiency Inspection of Heating Residential Buildings

JGJ 132—2001

主编单位：中国建筑科学研究院
批准部门：中华人民共和国建设部
施行日期：2001年6月1日

关于发布行业标准《采暖居住建筑节能检验标准》的通知

建标［2001］33号

根据建设部《关于印发1992年工程建设行业标准制订、修订项目计划（建设部部分第二批）的通知》（建标［1992］732号）的要求，由中国建筑科学研究院主编的《采暖居住建筑节能检验标准》，经审查，批准为行业标准，其中3.0.1，3.0.2，3.0.3，3.0.4，3.0.6，4.1.1，4.4.2，4.4.6，4.4.10，4.5.4，4.7.2，4.8.2，4.9.1，5.1.1，5.1.2，5.1.3，5.1.4，5.1.5，5.1.6，5.1.7，5.1.8，5.2.1，5.2.2，5.2.4，5.2.5，5.2.6，5.2.7，5.2.8为强制性条文。该标准编号为JGJ132—2001，自2001年6月1日起施行。

本标准由建设部建筑工程标准技术归口单位中国建筑科学研究院负责管理，中国建筑科学研究院负责具体解释，建设部标准定额研究所组织中国建筑工业出版社出版。

中华人民共和国建设部

2001年2月9日

前　言

根据建设部［1992］建标字第732号文的要求，标准编制组在广泛调查研究，认真总结我国在建筑热工检测和供热系统测试诊断的实践经验，参考有关国际和国外的先进标准，并在广泛征求全国有关专家意见的基础上，制定了本标准。

本标准的主要技术内容是：1　总则；2　术语；3　一般规定；4　检测方法；5　检验规则；附录A仪器仪表的性能要求。黑体字部分为强制性条文。

本标准由建设部建筑工程标准技术归口单位中国建筑科学研究院归口管理，授权由主编单位负责具体解释。

本标准主编单位：中国建筑科学研究院

（地址：北京市朝阳区北三环东路30号，邮政编码：100013）

本标准参加单位：哈尔滨工业大学土木工程学院

北京市建筑设计研究院

本标准主要起草人员：徐选才　冯金秋　赵立华　梁　晶

目　次

1 总则 …… 309
2 术语 …… 309
3 一般规定 …… 309
4 检测方法 …… 310
4.1 建筑物单位采暖耗热量 …… 310
4.2 小区单位采暖耗煤量 …… 311
4.3 建筑物室内平均温度 …… 312
4.4 建筑物围护结构传热系数 …… 313
4.5 建筑物围护结构热桥部位内表面温度 …… 314
4.6 建筑物围护结构热工缺陷 …… 315
4.7 室外管网水力平衡度 …… 315
4.8 供热系统补水率 …… 315
4.9 室外管网输送效率 …… 316
5 检验规则 …… 316
5.1 检验对象的确定 …… 316
5.2 合格判据 …… 317
附录A 仪器仪表的性能要求 …… 317
本标准用词说明 …… 318

1 总　　则

1.0.1 为了贯彻国家有关节约能源的法律、法规和政策，检验采暖居住建筑的实际节能效果，制定本标准。

1.0.2 本标准适用于严寒和寒冷地区设置集中采暖的居住建筑及节能技术措施的节能效果检验。

1.0.3 在进行采暖居住建筑及节能技术措施的节能效果检验时，除应符合本标准外，尚应符合国家现行有关强制性标准的规定。

2 术　　语

2.0.1 水力平衡度（HB）　hydraulic balance level

采暖居住建筑物热力入口处循环水量（质量流量）的测量值与设计值之比。

2.0.2 供热系统补水率（R_{mu}）　rate of water makeup

供热系统在正常运行条件下，检测持续时间内系统的补水量与设计循环水量之比。

2.0.3 热像图　thermogram

用红外摄像仪拍摄的表示物体表面表观辐射温度的图片。

3 一 般 规 定

3.0.1 对试点小区应检验下列项目：

1 建筑物单位采暖耗热量；

2 小区单位采暖耗煤量；

3 建筑物室内平均温度；

4 建筑物围护结构传热系数；

5 建筑物围护结构热桥部位内表面温度；

6 建筑物围护结构热工缺陷；

7 室外管网水力平衡度；

8 供热系统补水率；

9 室外管网输送效率。

3.0.2 对试点建筑应检验下列项目：

1 建筑物单位采暖耗热量；

2 建筑物室内平均温度；

3 建筑物围护结构传热系数；

4 建筑物围护结构热桥部位内表面温度；

5 建筑物围护结构热工缺陷。

3.0.3 对非试点小区应检验下列项目：

1 建筑物单位采暖耗热量；

2 建筑物室内平均温度；

3 室外管网水力平衡度；

4 供热系统补水率。

3.0.4 对非试点建筑应检验下列项目：

1 建筑物单位采暖耗热量；

2 建筑物室内平均温度。

3.0.5 节能检验必须在下列有关技术文件准备齐全的基础上进行：

1 国家有关部门对节能设计的审核文件；

2 由国家认可的检测机构出具的外门（或户门）、外窗及保温材料的性能检测报告；

3 锅炉或热交换器、循环水泵等的产品合格证；

4 节能隐蔽工程施工质量的验收报告。

3.0.6 检测中使用的仪器仪表应在检定有效期内，并应具有法定计量部门出具的校验合格证（或校验印记）。除另有规定外，仪器仪表的性能应符合本标准附录 A 的有关规定。

3.0.7 建筑物体形系数（S）类型可分为以下两类：

1 当 S≤0.30 时为第一类；

2 当 S>0.30 时为第二类。

3.0.8 建筑物窗墙面积比（WWR）类型可分为以下两类：

1 当 WWR≤0.30 时为第一类；

2 当 WWR>0.30 时为第二类。

3.0.9 当采暖居住建筑物同时符合下列条件时应视为同一类采暖居住建筑物：

——相同的外围护结构体系；

——相同的建筑物体形系数类型；

——相同的窗墙面积比类型。

3.0.10 代表性建筑物应根据层数、朝向和采暖系统形式在同一类采暖居住建筑物中综合选取。

4 检 测 方 法

4.1 建筑物单位采暖耗热量

4.1.1 与建筑物单位采暖耗热量有关的物理量的检测应在供热系统正常运行后进行，检测持续时间不应少于 168h。

4.1.2 对建筑物的供热量应采用热量计量装置在建筑物热力入口处测量。计量装置中温度计和流量计的安装应符合相关产品的使用规定。供回水温度测点宜位于外墙外侧且距外墙轴线 2.5m 以内。

4.1.3 建筑物室内平均温度应按本标准第 4.3 节规定的检测方法进行检测。

4.1.4 室外空气温度计应设置在百叶箱内；当无百叶箱时，应采取防护措施；感温测头宜距地面 1.5~2.0m，且宜在建筑物不同方向同时设置室外温度测点。检测持续时间内室外平均温度应按下列公式计算：

$$t_{ea}=\frac{\sum_{i=1}^{m}\sum_{j=1}^{n}t_{e_{i,j}}}{m\cdot n} \tag{4.1.4}$$

式中 t_{ea}——检测持续时间内室外平均温度（℃）；

$t_{e_{i,j}}$——第 i 个温度测点的第 j 个逐时测量值（℃）；

m——室外温度测点的数量；

n——单个温度测点逐时测量值的总个数；

i——室外温度测点的编号；

j——室外温度第 i 个测点测量值的顺序号。

4.1.5 在有人居住的条件下进行检测时，建筑物单位采暖耗热量应按公式（4.1.5-1）计算；在无人居住的条件下进行检测时，建筑物单位采暖耗热量应按公式（4.1.5-2）计算。

$$q_{hm}=\frac{Q_{hm}}{A_0}\cdot\frac{t_i-t_e}{t_{ia}-t_{ea}}\cdot\frac{278}{H_r}+\left(\frac{t_i-t_e}{t_{ia}-t_{ea}}-1\right)\cdot q_{IH} \tag{4.1.5-1}$$

$$q_{hm}=\frac{Q_{hm}}{A_0}\cdot\frac{t_i-t_e}{t_{ia}-t_{ea}}\cdot\frac{278}{H_r}-q_{IH} \tag{4.1.5-2}$$

式中 q_{hm}——建筑物单位采暖耗热量（W/m^2）；

Q_{hm}——检测持续时间内在建筑物热力入口处测得的总供热量（MJ）；

q_{IH}——单位建筑面积的建筑物内部得热（W/m^2），应按行业标准《民用建筑节能设计标准（采暖居住建筑部分）》（JGJ26）的规定采用；

t_i——全部房间平均室内计算温度，一般住宅建筑取 16℃；

t_e——计算用采暖期室外平均温度（℃），应按行业标准《民用建筑节能设计标准（采暖居住建筑部分）》（JGJ26）附录 A 的规定采用；

t_{ia}——检测持续时间内建筑物室内平均温度（℃）；

t_{ea}——检测持续时间内室外平均温度（℃）；

A_0——建筑物的总采暖建筑面积（m^2），应按行业标准《民用建筑节能设计标准（采暖居住建筑部分）》（JGJ26）附录 D 的规定计算；

H_r——检测持续时间（h）；

278——单位换算系数。

4.2 小区单位采暖耗煤量

4.2.1 与小区单位采暖耗煤量有关的物理量的检测，应在供热系统正常运行后进行，检测持续时间应为整个采暖期。

4.2.2 耗煤量应按批逐日计量和统计。

4.2.3 在检测持续时间内，煤应用基低位发热值的化验批数应与供热锅炉房进煤批数相一致，且煤样的制备方法应符合现行国家标准《工业锅炉热工试验规范》（GB10180）的有关规定。

4.2.4 小区室内平均温度应以代表性建筑物的室内平均温度的检测值为基础。代表性建筑物室内平均温度的检测应按本标准第 4.3 节规定的检测方法执行。代表性建筑物的采暖建筑面积应占其同一类建筑物采暖建筑面积的10%以上。

4.2.5 室外平均温度的检测和计算应符合本标准第4.1.4条的有关规定。

4.2.6 小区室内平均温度应按下列公式计算：

$$t_{qt} = \frac{\sum_{i=1}^{m} t_{i,qt} \cdot A_{0,i}}{\sum_{i=1}^{m} A_{0,i}} \tag{4.2.6-1}$$

$$t_{i,qt} = \frac{\sum_{j=1}^{n} t_{i,j} \cdot A_{i,j}}{\sum_{j=1}^{n} A_{i,j}} \tag{4.2.6-2}$$

式中 t_{qt}——检测持续时间内小区室内平均温度（℃）；

$t_{i,qt}$——检测持续时间内第 i 类建筑物的室内平均温度（℃）；

$t_{i,j}$——检测持续时间内第 i 类建筑物中第 j 栋代表性建筑物的室内平均温度（℃），应按本标准公式（4.3.3）计算；

$A_{0,i}$——第 i 类建筑物的采暖建筑面积（m^2）；

$A_{i,j}$——第 i 类建筑物中第 j 栋代表性建筑物的采暖建筑面积（m^2），应按行业标准《民用建筑节能设计标准（采暖居住建筑部分）》（JGJ26）附录D的规定计算；

n——第 i 类建筑物中代表性建筑物的栋数；

m——小区中采暖居住建筑物的类别数。

4.2.7 小区单位采暖耗煤量应按下式计算：

$$q_{cm} = 8.2 \times 10^{-4} \cdot \frac{G_{ct} \cdot Q_{dw,av}^{y}}{A_{0,qt}} \cdot \frac{t_i - t_e}{t_{qt} - t_{ea}} \cdot \frac{Z}{H_r} \tag{4.2.7}$$

式中 q_{cm}——小区单位采暖耗煤量（标准煤）（$kg/m^2 \cdot a$）；

G_{ct}——检测持续时间内的耗煤量（kg）；当燃料为天然气时，天然气耗量应按热值折算为标准煤量；

$Q_{dw,av}^{y}$——检测持续时间内燃用煤的平均应用基低位发热值（kJ/kg）；当燃料为天然气时，取标煤发热值；

$A_{0,qt}$——小区内所有采暖建筑物的总采暖建筑面积（m^2）；

Z——采暖期天数（d），应按行业标准《民用建筑节能设计标准（采暖居住建筑部分）》（JGJ26）附录A附表A的规定采用。

4.3 建筑物室内平均温度

4.3.1 建筑物室内平均温度应在采暖期最冷月检测，且检测持续时间不应少于168h。但当该项检测是为了配合单位采暖耗热量或单位采暖耗煤量的检测而进行时，其检测的起止时间应符合相应项目检测方法中的有关规定。

4.3.2 温度计应设于室内有代表性的位置，且不应受太阳辐射或室内热源的直接影响。

4.3.3 建筑物室内平均温度应以代表性房间室内温度的逐时检测值为依据，且应按下式

计算:

$$t_{ia}=\frac{\sum_{j=1}^{n}t_{rm,j}\cdot A_{rm,j}}{\sum_{j=1}^{n}A_{rm,j}} \tag{4.3.3}$$

式中 t_{ia}——检测持续时间内建筑物室内平均温度（℃）；

$t_{rm,j}$——检测持续时间内第 j 个温度计逐时检测值的算术平均值（℃）；

$A_{rm,j}$——第 j 个温度计所代表的采暖建筑面积（m^2）；

j——室内温度计的序号；

n——建筑物室内温度计的个数。

4.4 建筑物围护结构传热系数

4.4.1 围护结构传热系数的现场检测宜采用热流计法或经国家质量技术监督部门认定的其他方法。

4.4.2 热流计及其标定应符合现行行业标准《建筑用热流计》(JG/T 3016) 的规定。

4.4.3 温度传感器用于温度测量时，测量误差应小于 0.5℃；用一对温度传感器直接测量温差时，测量误差应小于 2%；用两个温度值相减求取温差时，测量误差应小于 0.2℃。

4.4.4 热流和温度测量应采用自动化数据采集记录仪表，数据存储方式应适用于计算机分析。测量仪表的附加误差应小于 2μV 或 0.05℃。

4.4.5 测点位置应根据检测目的确定。测量主体部位的传热系数时，测点位置不应靠近热桥、裂缝和有空气渗漏的部位，不应受加热、制冷装置和风扇的直接影响。

4.4.6 热流计和温度传感器的安装应符合下列规定：

1 热流计应直接安装在被测围护结构的内表面上，且应与表面完全接触；

2 温度传感器应在被测围护结构两侧表面安装。内表面温度传感器应靠近热流计安装，外表面温度传感器宜在与热流计相对应的位置安装。温度传感器连同 0.1m 长引线应与被测表面紧密接触，传感器表面的辐射系数应与被测表面基本相同。

4.4.7 检测应在采暖供热系统正常运行后进行，检测时间宜选在最冷月且应避开气温剧烈变化的天气，检测持续时间不应少于 96h。检测期间室内空气温度应保持基本稳定，热流计不得受阳光直射，围护结构被测区域的外表面宜避免雨雪侵袭和阳光直射。

4.4.8 检测期间，应逐时记录热流密度和内、外表面温度。可记录多次采样数据的平均值，采样间隔宜短于传感器最小时间常数的二分之一。

4.4.9 数据分析可采用算术平均法或动态分析法。

4.4.10 采用算术平均法进行数据分析时，应按下式计算围护结构的热阻，并符合下列规定：

$$\boldsymbol{R}=\frac{\sum_{j=1}^{n}(\theta_{Ij}-\theta_{Ej})}{\sum_{j=1}^{n}q_j} \tag{4.4.10}$$

式中 R——围护结构的热阻（$m^2\cdot K/W$）；

θ_{Ij}——围护结构内表面温度的第 j 次测量值（℃）；

θ_{Ej}——围护结构外表面温度的第 j 次测量值（℃）；

q_j——热流密度的第 j 次测量值（W/m^2）。

1 对于轻型围护结构（单位面积比热容小于20kJ/（$m^2 \cdot K$）），宜使用夜间采集的数据（日落后 1h 至日出）计算围护结构的热阻。当经过连续四个夜间测量之后，相邻两次测量的计算结果相差不大于 5%时即可结束测量。

2 对于重型围护结构（单位面积比热容大于等于20kJ/（$m^2 \cdot K$）），应使用全天数据（24h 的整数倍）计算围护结构的热阻，且只有在下列条件得到满足时方可结束测量：

1）末次 R 计算值与 24h 之前的 R 计算值相差不大于 5%；

2）检测期间内第一个 INT（2×DT/3）天内与最后一个同样长的天数内的 R 计算值相差不大于 5%。

注：DT 为检测持续天数，INT 表示取整数部分。

4.4.11 围护结构的传热系数应按下式计算：

$$K = 1/(R_i + R + R_e) \tag{4.4.11}$$

式中 K——围护结构的传热系数（$W/m^2 \cdot K$）；

R_i——内表面换热阻，应按国家标准《民用建筑热工设计规范》（GB 50176）附录二附表 2.2 的规定采用；

R_e——外表面换热阻，应按国家标准《民用建筑热工设计规范》（GB 50176）附录二附表 2.3 的规定采用。

4.5 建筑物围护结构热桥部位内表面温度

4.5.1 热桥部位内表面温度宜采用热电偶等温度传感器贴于被测表面进行检测；检测仪表应符合本标准第 4.4.3 条和第 4.4.4 条的规定；也可采用红外摄像仪测量热桥部位内表面温度，但应符合本标准第 4.5.4 条的规定。

4.5.2 内表面温度测点应选在热桥部位温度最低处。室内空气温度测点距离地面的高度应为 1.5m 左右，并应离开被测墙面 0.5m 以上。室外空气温度测点距离地面的高度应为 1.5～2.0m，并应离开被测墙面 0.5m 以上。空气温度传感器应采用热辐射防护措施。

4.5.3 内表面温度传感器连同 0.1m 长引线应与被测表面紧密接触，传感器表面的辐射系数应与被测表面相同。

4.5.4 检测应在供热系统正常运行后进行，检测时间宜选在最冷月，并应避开气温剧烈变化的天气。检测持续时间不应少于 96h。温度测量数据应每小时记录一次。

4.5.5 室内外计算温度下热桥部位的内表面温度应按下式计算：

$$\theta_I = t_{di} - \frac{t_{im} - \theta_{Im}}{t_{im} - t_{em}}(t_{di} - t_{de}) \tag{4.5.5}$$

式中 θ_I——室内外计算温度下热桥部位内表面温度（℃）；

θ_{Im}——检测持续时间内热桥部位内表面温度逐次测量值的算术平均值（℃）；

t_{im}——检测持续时间内室内空气温度逐次测量值的算术平均值（℃）；

t_{em}——检测持续时间内室外空气温度逐次测量值的算术平均值（℃）；

t_{di}——室内计算温度（℃），应根据具体设计图纸确定或按国家标准《民用建筑热工设计规范》(GB 50176)第 4.1.1 条的规定采用；

t_{de}——围护结构冬季室外计算温度（℃），应根据具体设计图纸确定或按国家标准《民用建筑热工设计规范》（GB 50176）第 2.0.1 条的规定采用。

4.6 建筑物围护结构热工缺陷

4.6.1 建筑物围护结构热工缺陷宜采用红外摄像法进行定性检测。

4.6.2 红外摄像仪及其温度测量范围应符合冬季现场测量要求。红外摄像仪传感器的使用波长应处在 2.0 ~ 2.6μm、3.0 ~ 5.0μm 或 8.0 ~ 14.0 μm 之内，传感器分辨率不应低于 0.1℃，其测量误差应小于 0.5℃。

4.6.3 检测应在供热系统正常运行后进行。围护结构处于直射阳光下时不应进行检测。

4.6.4 用红外摄像仪对围护结构进行检测之前，应首先对围护结构进行普测，然后对可疑部位进行详细检测。

4.6.5 应对实测热像图进行分析并判断是否存在热工缺陷以及缺陷的类型和严重程度。可通过与参考热像图的对比进行判断。必要时可采用内窥镜、取样等方法进行认定。

4.6.6 围护结构空气渗透性能宜采用经国家质量技术监督部门认定的测试方法进行检测。

4.7 室外管网水力平衡度

4.7.1 水力平衡度的检测应在供热系统运行稳定的基础上进行。

4.7.2 在水力平衡度检测过程中，循环水泵的运行状态应和设计相符。循环水泵出口总流量应稳定维持为设计值的 100% ~ 110%。

4.7.3 流量计量装置应安装在供热系统相应的热力入口处，且应符合相应产品的使用要求。

4.7.4 循环水量的测量值应以相同检测持续时间（一般为 30min）内各热力入口处测得的结果为依据进行计算。

4.7.5 水力平衡度应按下式计算：

$$HB_j = \frac{G_{wm,j}}{G_{wd,j}} \tag{4.7.5}$$

式中 HB_j——第 j 个热力入口处的水力平衡度；

$G_{wm,j}$——第 j 个热力入口处循环水量的测量值（kg/s）；

$G_{wd,j}$——第 j 个热力入口处循环水量的设计值（kg/s）；

j——热力入口的序号。

4.8 供热系统补水率

4.8.1 补水率的检测应在供热系统运行稳定且室外管网水力平衡度检验合格的基础上进行。

4.8.2 检测持续时间不应少于 24h。

4.8.3 总补水量应采用具有累计流量显示功能的流量计量装置测量。流量计量装置应安装在系统补水管上适宜的位置，且应符合相应产品的使用要求。

4.8.4 供热系统补水率应按下式计算：

$$R_{\mathrm{mu}}=\frac{G_{\mathrm{mu}}}{G_{\mathrm{wt}}}\cdot 100\% \tag{4.8.4}$$

式中 R_{mu}——供热系统补水率；

G_{mu}——检测持续时间内系统的总补水量（kg）；

G_{wt}——检测持续时间内系统的设计循环水量的累计值（kg）。

4.9 室外管网输送效率

4.9.1 室外管网输送效率的检测应在最冷月进行，且检测持续时间不应少于24h。

4.9.2 检测期间，供热系统应处于正常运行状态，且锅炉（或换热器）的热力工况应保持稳定，并应符合下列规定：

1 锅炉或换热器出力的波动不应超过10%；

2 锅炉或换热器的进出水温度与设计值之差不应大于10℃。

4.9.3 各个热力（包括锅炉房或热力站）入口的热量应同时测量，其检测方法应符合本标准第4.1.2条的规定。

4.9.4 室外管网输送效率应按下式计算：

$$\eta_{\mathrm{m,t}}=\sum_{j=1}^{n}Q_{\mathrm{m},j}/Q_{\mathrm{m,t}} \tag{4.9.4}$$

式中 $\eta_{\mathrm{m,t}}$——室外管网输送效率；

$Q_{\mathrm{m},j}$——检测持续时间内在第 j 个热力入口处测得的热量累计值（MJ）；

$Q_{\mathrm{m,t}}$——检测持续时间内在锅炉房或热力站总管处测得的热量累计值（MJ）；

j——热力入口的序号。

5 检 验 规 则

5.1 检验对象的确定

5.1.1 试点小区及非试点小区建筑物节能效果的检验应以同类建筑物中的代表性建筑物为对象。

5.1.2 检验建筑物单位采暖耗热量时，其受检面积不应小于一个热力入口所对应的采暖建筑面积。

5.1.3 试点小区及非试点小区单位采暖耗煤量的检验应以整个供热系统（含锅炉、管网和热用户）为对象。

5.1.4 建筑物室内平均温度的检验部位应为底层、顶层和中间层的代表性房间，且每层的测点数不应少于3个。

5.1.5 每一种保温结构体系至少应选择一处对外围护结构主体部位的传热系数进行检验。

5.1.6 热桥部位内表面温度检验部位的数量可依现场情况而定，但在同一类建筑物中，

其检验部位不应少于一处。

5.1.7 建筑物围护结构热工缺陷应实行普测。

5.1.8 水力平衡度、补水率和输送效率的检验均应以独立的供热系统为对象。

5.2 合 格 判 据

5.2.1 建筑物单位耗热量或小区单位采暖耗煤量不应大于行业标准《民用建筑节能设计标准（采暖居住建筑部分）》(JGJ26)附录A附表A中相关指标值。

5.2.2 建筑物室内温度的逐时值最低不应低于16℃，最高不应高于24℃。

5.2.3 建筑物围护结构主体部位的传热系数应符合设计要求。

5.2.4 在室内外计算温度条件下，围护结构热桥部位的内表面温度不应低于室内空气露点温度，且在确定室内空气露点温度时，室内空气相对湿度应按60%计算。

5.2.5 建筑物外围护结构不应存在热工缺陷。

5.2.6 室外供热管网各个热力入口处的水力平衡度应为0.9～1.2。

5.2.7 供热系统补水率不应大于0.5%。

5.2.8 室外管网输送效率不应小于0.9。

附录A 仪器仪表的性能要求

A.0.1 在按本标准进行节能检验过程中，除另有规定外，所使用的仪器仪表的性能应符合表A的有关规定。

表A 仪器仪表的性能要求

序号	测量的目标参数	测头的不确定度（℃）	二次仪表		总不确定度
			功能	精度（级）	
1	空气温度	≤0.5	应具有自动采集和存储数据功能，并可以和计算机接口	0.1	≤5%
2	空气温差	≤0.4	应具有自动采集和存储数据功能，并可以和计算机接口	0.1	≤5%
3	水温度	≤2（低温水系统） ≤3（高温水系统）	宜具有自动采集和存储数据功能，并可以和计算机接口	0.1	≤5%
4	水温差	≤0.5（低温水系统） ≤1.0（高温水系统）	宜具有自动采集和存储数据功能，并可以和计算机接口	0.1	≤5%
5	水流量	—	二次仪表应能显示瞬时流量或累计流量、或能自动存储、打印数据、或可以和计算机接口	—	≤5%
6	热量	—	集成化热表应具有自动采集和自动存储瞬时或累计数据的功能，并能打印数据或可与计算机接口	—	≤10%
7	煤量	—	—	2	≤5%

本标准用词说明

1. 为便于在执行本标准条文时区别对待，对于要求严格程度不同的用词说明如下：

1）表示很严格，非这样做不可的：

正面词采用“必须”；反面词采用“严禁”。

2）表示严格，在正常情况下均应这样做的：

正面词采用“应”；反面词采用“不应”或“不得”。

3）表示允许稍有选择，在条件许可时首先应这样做的：

正面词采用“宜”；反面词采用“不宜”。

表示有选择，在一定条件下可以这样做的，采用“可”。

2. 条文中指明应按其他有关标准执行的写法为：“应符合……的规定”或“应按……执行”。

中华人民共和国行业标准

夏热冬冷地区居住建筑节能设计标准

Design Standard for Energy Efficiency of Residential Buildings in Hot Summer and Cold Winter Zone

JGJ 134—2001

主编单位：中国建筑科学研究院
重庆大学
批准部门：中华人民共和国建设部
施行日期：2001年10月1日

关于发布行业标准《夏热冬冷地区居住建筑节能设计标准》的通知

建标［2001］139号

根据建设部《关于印发〈一九九九年工程建设城建、建工行业标准制订、修订计划〉的通知》（建标［1999］309号）的要求，由中国建筑科学研究院和重庆大学主编的《夏热冬冷地区居住建筑节能设计标准》，经审查，批准为行业标准，其中3.0.3，4.0.3，4.0.4，4.0.7，4.0.8，5.0.5，6.0.2为强制性条文，必须严格执行。该标准编号为JGJ 134—2001，自2001年10月1日起施行。

本标准由建设部建筑工程标准技术归口单位中国建筑科学研究院负责管理和具体解释，建设部标准定额研究所组织中国建筑工业出版社出版。

中华人民共和国建设部

2001年7月5日

前　言

根据建设部建标［1999］309号文的要求，标准编制组经广泛调查研究，认真总结实践经验，参考有关国际标准和国外先进标准，并在广泛征求意见的基础上，制定了本标准。

本标准的主要技术内容是：

1. 总则；

2. 术语；

3. 室内热环境和建筑节能设计指标；

4. 建筑和建筑热工节能设计；

5. 建筑物的节能综合指标；

6. 采暖、空调和通风节能设计。

本标准由建设部建筑工程标准技术归口单位中国建筑科学研究院负责管理和具体解释。

本标准的主编单位是：中国建筑科学研究院（地址：北京北三环东路30号；邮政编码：100013）；重庆大学（地址：重庆沙坪坝北街83号；邮政编码：400045）。

本标准参编单位是：中国建筑业协会建筑节能专业委员会、上海市建筑科学研究院、同济大学、江苏省建筑科学研究院、东南大学、中国西南建筑设计研究院、成都市墙体改革和建筑节能办公室、武汉市建工科研设计院、武汉市建筑节能办公室、重庆市建筑技术发展中心、北京中建建筑科学技术研究院、欧文斯科宁公司上海科技中心、北京振利高新技术公司、爱迪士（上海）室内空气技术有限公司。

本标准主要起草人员是：郎四维、付祥钊、林海燕、涂逢祥、刘明明、蒋太珍、冯雅、许锦峰、林成高、杨维菊、徐吉浣、彭家惠、鲁向东、段恺、孙克光、黄振利、王一丁。

目　次

1　总则 …………………………………………………………………… 323
2　术语 …………………………………………………………………… 323
3　室内热环境和建筑节能设计指标 ………………………………… 324
4　建筑和建筑热工节能设计 ………………………………………… 324
5　建筑物的节能综合指标 …………………………………………… 325
6　采暖、空调和通风节能设计 ……………………………………… 326
附录 A　外墙平均传热系数的计算 ………………………………… 327
附录 B　建筑面积和体积的计算 …………………………………… 328
本标准用词说明 ………………………………………………………… 328

1 总　　则

1.0.1 为贯彻国家有关节约能源、环境保护的法规和政策，改善夏热冬冷地区居住建筑热环境，提高采暖和空调的能源利用效率，制定本标准。

1.0.2 本标准适用于夏热冬冷地区新建、改建和扩建居住建筑的建筑节能设计。

1.0.3 夏热冬冷地区居住建筑的建筑热工和暖通空调设计必须采取节能措施，在保证室内热环境的前提下，将采暖和空调能耗控制在规定的范围内。

1.0.4 夏热冬冷地区居住建筑的节能设计，除应符合本标准外，尚应符合国家现行有关强制性标准的规定。

2 术　　语

2.0.1 建筑物耗冷量指标 index of cool loss of building

按照夏季室内热环境设计标准和设定的计算条件，计算出的单位建筑面积在单位时间内消耗的需要由空调设备提供的冷量。

2.0.2 建筑物耗热量指标 index of heat loss of building

按照冬季室内热环境设计标准和设定的计算条件，计算出的单位建筑面积在单位时间内消耗的需要由采暖设备提供的热量。

2.0.3 空调年耗电量 annual cooling electricity consumption

按照夏季室内热环境设计标准和设定的计算条件，计算出的单位建筑面积空调设备每年所要消耗的电能。

2.0.4 采暖年耗电量 annual heating electricity consumption

按照冬季室内热环境设计标准和设定的计算条件，计算出的单位建筑面积采暖设备每年所要消耗的电能。

2.0.5 空调、采暖设备能效比（EER）energy efficiency ratio

在额定工况下，空调、采暖设备提供的冷量或热量与设备本身所消耗的能量之比。

2.0.6 采暖度日数（HDD18）heating degree day based on 18℃

一年中，当某天室外日平均温度低于18℃时，将低于18℃的度数乘以1天，并将此乘积累加。

2.0.7 空调度日数（CDD26）cooling degree day based on 26℃

一年中，当某天室外日平均温度高于26℃时，将高于26℃的度数乘以1天，并将此乘积累加。

2.0.8 热惰性指标（D）index of thermal inertia

表征围护结构反抗温度波动和热流波动能力的无量纲指标，其值等于材料层热阻与蓄热系数的乘积。

2.0.9 典型气象年（TMY）Typical Meteorological Year

以近30年的月平均值为依据，从近10年的资料中选取一年各月接近30年的平均值作为典型气象年。由于选取的月平均值在不同的年份，资料不连续，还需要进行月间平滑处理。

3 室内热环境和建筑节能设计指标

3.0.1 冬季采暖室内热环境设计指标，应符合下列要求：

1 卧室、起居室室内设计温度取 16～18℃；

2 换气次数取 1.0 次/h。

3.0.2 夏季空调室内热环境设计指标，应符合下列要求：

1 卧室、起居室室内设计温度取 26～28℃；

2 换气次数取 1.0 次/h。

3.0.3 居住建筑通过采用增强建筑围护结构保温隔热性能和提高采暖、空调设备能效比的节能措施，在保证相同的室内热环境指标的前提下，与未采取节能措施前相比，采暖、空调能耗应节约 50%。

4 建筑和建筑热工节能设计

4.0.1 建筑群的规划布置、建筑物的平面布置应有利于自然通风。

4.0.2 建筑物的朝向宜采用南北向或接近南北向。

4.0.3 条式建筑物的体形系数不应超过 0.35，点式建筑物的体形系数不应超过 0.40。

4.0.4 外窗（包括阳台门的透明部分）的面积不应过大。不同朝向、不同窗墙面积比的外窗，其传热系数应符合表 4.0.4 的规定。

表 4.0.4 不同朝向、不同窗墙面积比的外窗传热系数

朝 向	窗外环境条件	外窗的传热系数 K [W/（m²·K）]				
		窗墙面积比 ≤0.25	窗墙面积比 >0.25 且 ≤0.30	窗墙面积比 >0.30 且 ≤0.35	窗墙面积比 >0.35 且 ≤0.45	窗墙面积比 >0.45 且 ≤0.50
北（偏东 60°到偏西 60°范围）	冬季最冷月室外平均气温 >5℃	4.7	4.7	3.2	2.5	—
	冬季最冷月室外平均气温 ≤5℃	4.7	3.2	3.2	2.5	—
东、西（东或西偏北 30°到偏南 60°范围）	无外遮阳措施	4.7	3.2	—	—	—
	有外遮阳（其太阳辐射透过率 ≤20%）	4.7	3.2	3.2	2.5	2.5
南（偏东 30°到偏西 30°范围）		4.7	4.7	3.2	2.5	2.5

4.0.5 多层住宅外窗宜采用平开窗。

4.0.6 外窗宜设置活动外遮阳。

4.0.7 建筑物 1～6 层的外窗及阳台门的气密性等级，不应低于现行国家标准《建筑外窗空气渗透性能分级及其检测方法》GB7107 规定的 Ⅲ 级；7 层及 7 层以上的外窗及阳台门

的气密性等级，不应低于该标准规定的Ⅱ级。

4.0.8 围护结构各部分的传热系数和热惰性指标应符合表 4.0.8 的规定。其中外墙的传热系数应考虑结构性冷桥的影响，取平均传热系数，其计算方法应符合本标准附录 A 的规定。

表 4.0.8 围护结构各部分的传热系数
（K [W/（m^2·K）]）和热惰性指标（D）

屋 顶*	外 墙*	外窗（含阳台门透明部分）	分户墙和楼板	底部自然通风的架空楼板	户 门
$K \leqslant 1.0$ $D \geqslant 3.0$	$K \leqslant 1.5$ $D \geqslant 3.0$	按表 4.0.4 的规定	$K \leqslant 2.0$	$K \leqslant 1.5$	$K \leqslant 3.0$
$K \leqslant 0.8$ $D \geqslant 2.5$	$K \leqslant 1.0$ $D \geqslant 2.5$				

*注：当屋顶和外墙的 K 值满足要求，但 D 值不满足要求时，应按照《民用建筑热工设计规范》GB 50176—93 第 5.1.1 条来验算隔热设计要求。

4.0.9 围护结构的外表面宜采用浅色饰面材料。平屋顶宜采用绿化等隔热措施。

5 建筑物的节能综合指标

5.0.1 当设计的居住建筑不符合本标准第 4.0.3、4.0.4 和 4.0.8 条中的各项规定时，则应按本章的规定计算和判定建筑物节能综合指标。

5.0.2 本标准采用建筑物耗热量、耗冷量指标和采暖、空调全年用电量为建筑物的节能综合指标。

5.0.3 建筑物的节能综合指标应采用动态方法计算。

5.0.4 建筑节能综合指标应按下列计算条件计算：

1 居室室内计算温度，冬季全天为 18℃；夏季全天为 26℃。

2 室外气象计算参数采用典型气象年。

3 采暖和空调时，换气次数为 1.0 次/h。

4 采暖、空调设备为家用气源热泵空调器，空调额定能效比取 2.3，采暖额定能效比取 1.9。

5 室内照明得热为每平方米每天 0.0141kWh。室内其他得热平均强度为 4.3W/m^2。

6 建筑面积和体积应按本标准附录 B 计算。

5.0.5 计算出的每栋建筑的采暖年耗电量和空调年耗电量之和，不应超过表 5.0.5 按采暖度日数列出的采暖年耗电量和按空调度日数列出的空调年耗电量限值之和。

表 5.0.5 建筑物节能综合指标的限值

HDD18（℃·d）	耗热量指标 q_h（W/m^2）	采暖年耗电量 E_h（kWh/m^2）	CDD26（℃·d）	耗冷量指标 q_c（W/m^2）	空调年耗电量 E_c（kWh/m^2）
800	10.1	11.1	25	18.4	13.7
900	10.9	13.4	50	19.9	15.6
1000	11.7	15.6	75	21.3	17.4
1100	12.5	17.8	100	22.8	19.3

续表 5.0.5

HDD18（℃·d）	耗热量指标 q_h（W/m²）	采暖年耗电量 E_h（kWh/m²）	CDD26（℃·d）	耗冷量指标 q_c（W/m²）	空调年耗电量 E_c（kWh/m²）
1200	13.4	20.1	125	24.3	21.2
1300	14.2	22.3	150	25.8	23.0
1400	15.0	24.5	175	27.3	24.9
1500	15.8	26.7	200	28.8	26.8
1600	16.6	29.0	225	30.3	28.6
1700	17.5	31.2	250	31.8	30.5
1800	18.3	33.4	275	33.3	32.4
1900	19.1	35.7	300	34.8	34.2
2000	19.9	37.9	—	—	—
2100	20.7	40.1	—	—	—
2200	21.6	42.4	—	—	—
2300	22.4	44.6	—	—	—
2400	23.2	46.8	—	—	—
2500	24.0	49.0	—	—	—

6 采暖、空调和通风节能设计

6.0.1 居住建筑采暖、空调方式及其设备的选择，应根据当地资源情况，经技术经济分析，及用户对设备运行费用的承担能力综合考虑确定。

6.0.2 居住建筑当采用集中采暖、空调时，应设计分室（户）温度控制及分户热（冷）量计量设施。采暖系统其他节能设计应符合现行行业标准《民用建筑节能设计标准（采暖居住建筑部分）》JGJ26 中的有关规定。集中空调系统设计应符合现行国家标准《旅游旅馆建筑热工与空气调节节能设计标准》GB50189 中的有关规定。

6.0.3 一般情况下，居住建筑采暖不宜采用直接电热式采暖设备。

6.0.4 居住建筑进行夏季空调、冬季采暖时，宜采用电驱动的热泵型空调器（机组），或燃气（油）、蒸汽或热水驱动的吸收式冷（热）水机组，或采用低温地板辐射采暖方式，或采用燃气（油、其他燃料）的采暖炉采暖等。

6.0.5 居住建筑采用燃气为能源的家用采暖设备或系统时，燃气采暖器的热效率应符合国家现行有关标准中的规定值。

6.0.6 居住建筑采用分散式（户式）空气调节器（机）进行空调（及采暖）时，其能效比、性能系数应符合国家现行有关标准中的规定值。居住建筑采用集中采暖空调时，作为集中供冷（热）源的机组，其性能系数应符合现行有关标准中的规定值。

6.0.7 具备有地面水资源（如江河、湖水等），有适合水源热泵运行温度的废水等水源条件时，居住建筑采暖、空调设备宜采用水源热泵。当采用地下井水为水源时，应确保有回灌措施，确保水源不被污染，并应符合当地有关规定；具备可供地热源热泵机组埋管用的土壤面积时，宜采用埋管式地热源热泵。

6.0.8 居住建筑采暖、空调设备，应优先采用符合国家现行标准规定的节能型采暖、空调产品。

6.0.9 应鼓励在居住建筑小区采用热、电、冷联产技术，以及在住宅建筑中采用太阳能、地热等可再生能源。

6.0.10 未设置集中空调、采暖的居住建筑，在设计统一的分体空调器室外机安放搁板时，应充分考虑其位置有利于空调器夏季排放热量、冬季吸收热量，并应防止对室内产生热污染及噪声污染。

6.0.11 居住建筑通风设计应处理好室内气流组织，提高通风效率。厨房、卫生间应安装局部机械排风装置。对采用采暖、空调设备的居住建筑，可采用机械换气装置（热量回收装置）。

附录 A 外墙平均传热系数的计算

A.0.1 外墙受周边热桥的影响，其平均传热系数应按下式计算：

$$K_{m}=\frac{K_{P}\cdot F_{P}+K_{B1}\cdot F_{B1}+K_{B2}\cdot F_{B2}+K_{B3}\cdot F_{B3}}{F_{P}+F_{B1}+F_{B2}+F_{B3}} \quad \text{(附 A.0.1)}$$

式中 K_m——外墙的平均传热系数［W/（m^2·K)］；

K_P——外墙主体部位的传热系数［W/（m^2·K)］，按《民用建筑热工设计规范》GB50176—93的规定计算；

K_{B1}、K_{B2}、K_{B3}——外墙周边热桥部位的传热系数［W/(m^2·K)］；

F_P——外墙主体部位的面积（m^2）；

F_{B1}、F_{B2}、F_{B3}——外墙周边热桥部位的面积（m^2）。

外墙主体部位和周边热桥部位如图 A.0.1 所示。

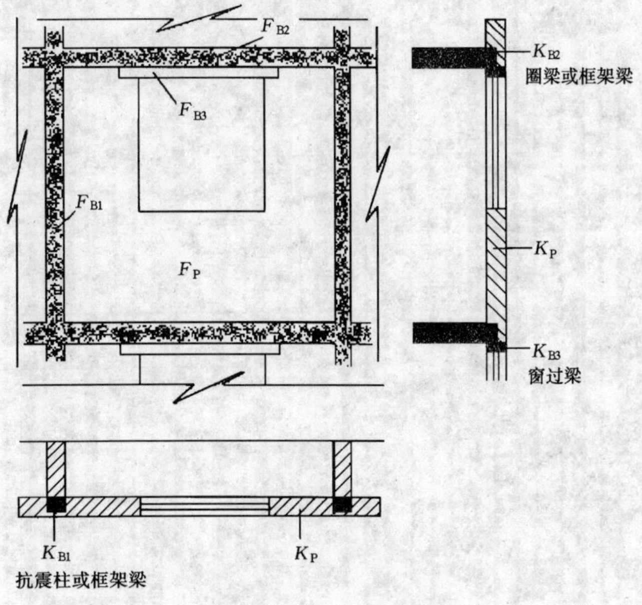

附图 A.0.1 外墙主体部位与周边热桥部位示意

附录 B 建筑面积和体积的计算

B.0.1 建筑面积应按各层外墙外包线围成面积的总和计算。

B.0.2 建筑体积应按建筑物外表面和底层地面围成的体积计算。

B.0.3 建筑物外表面积应按墙面面积、屋顶面积和下表面直接接触室外空气的楼板面积的总和计算。

本标准用词说明

1. 为便于在执行本标准条文时区别对待，对要求严格程度不同的用词说明如下：

1）表示很严格，非这样做不可的：

正面词采用“必须”，反面词采用“严禁”；

2）表示严格，在正常情况下均应这样做的：

正面词采用“应”，反面词采用“不应”或“不得”；

3）表示允许稍有选择，在条件许可时首先应这样做的：

正面词采用“宜”，反面词采用“不宜”；

表示有选择，在一定条件下可以这样做的：

采用“可”。

2. 标准中指明应按其他有关标准执行时，写法为：“应符合……的规定”或“应按……执行”。

中华人民共和国行业标准

外墙外保温工程技术规程

Technical specification for external thermal insulation on walls

JGJ 144—2004

批准部门：中华人民共和国建设部
施行日期：2 0 0 5 年 3 月 1 日

中华人民共和国建设部
公　　告

第305号

建设部关于发布行业标准《外墙外保温工程技术规程》的公告

现批准《外墙外保温工程技术规程》为行业标准，编号为JGJ 144—2004，自2005年3月1日起实施。其中，第4.0.2、4.0.5、4.0.8、4.0.10、5.0.11、6.2.7、6.3.2、6.4.3、6.5.6、6.5.9条为强制性条文，必须严格执行。

本规程由建设部标准定额研究所组织中国建筑工业出版社出版发行。

中华人民共和国建设部
2005年1月13日

前　　言

根据建设部建标［1999］309号文的要求，标准编制组经广泛调查研究，认真总结实践经验，参考有关国际标准和国外先进标准，并在广泛征求意见基础上，制定了本规程。

本规程的主要技术内容是：

1　总则

2　术语

3　基本规定

4　性能要求

5　设计与施工

6　外墙外保温系统构造和技术要求

7　工程验收

附录A　外墙外保温系统及其组成材料性能试验方法

附录B　现场试验方法

本规程由建设部负责管理和对强制性条文的解释，由主编单位负责具体技术内容的解释。

本规程主编单位：建设部科技发展促进中心

（地址：北京市三里河路9号　邮政编码：100835）

本规程参编单位：中国建筑科学研究院

中国建筑标准设计研究所

北京中建建筑科学技术研究院

北京振利高新技术公司

山东龙新建材股份有限公司

北京亿丰豪斯沃尔公司

广州市建筑科学研究院

北京润适达建筑化学品有限公司

冀东水泥集团唐山盾石干粉建材有限责任公司

上海永成建筑创艺有限公司

江苏九鼎集团新型建材公司

（德国）上海申得欧有限公司

北京市建兴新建材开发中心

本规程主要起草人员：张庆风　杨西伟　冯金秋　李晓明

张树君　黄振利　邸占英　张仁常

耿大纯　王庆生　任　俊　于承安

李　冰

目　次

1　总则 …… 333
2　术语 …… 333
3　基本规定 …… 334
4　性能要求 …… 334
5　设计与施工 …… 336
6　外墙外保温系统构造和技术要求 …… 337
6.1　EPS 板薄抹灰外墙外保温系统 …… 337
6.2　胶粉 EPS 颗粒保温浆料外墙外保温系统 …… 338
6.3　EPS 板现浇混凝土外墙外保温系统 …… 338
6.4　EPS 钢丝网架板现浇混凝土外墙外保温系统 …… 339
6.5　机械固定 EPS 钢丝网架板外墙外保温系统 …… 340
7　工程验收 …… 341
附录 A　外墙外保温系统及其组成材料性能试验方法 …… 342
附录 B　现场试验方法 …… 349
本规程用词说明 …… 350

1 总　　则

1.0.1 为规范外墙外保温工程技术要求，保证工程质量，做到技术先进、安全可靠、经济合理，制定本规程。

1.0.2 本规程适用于新建居住建筑的混凝土和砌体结构外墙外保温工程。

1.0.3 外墙外保温工程除应符合本规程外，尚应符合国家现行有关强制性标准的规定。

2 术　　语

2.0.1 外墙外保温系统　external thermal insulation system

由保温层、保护层和固定材料（胶粘剂、锚固件等）构成并且适用于安装在外墙外表面的非承重保温构造总称。

2.0.2 外墙外保温工程　external thermal insulation on walls

将外墙外保温系统通过组合、组装、施工或安装固定在外墙外表面上所形成的建筑物实体。

2.0.3 外保温复合墙体　wall composed with external thermal insulation

由基层和外保温系统组合而成的墙体。

2.0.4 基层　substrate

外保温系统所依附的外墙。

2.0.5 保温层　thermal insulation layer

由保温材料组成，在外保温系统中起保温作用的构造层。

2.0.6 抹面层　rendering coat

抹在保温层上，中间夹有增强网，保护保温层，并起防裂、防水和抗冲击作用的构造层。抹面层可分为薄抹面层和厚抹面层。用于 EPS 板和胶粉 EPS 颗粒保温浆料时为薄抹面层，用于 EPS 钢丝网架板时为厚抹面层。

2.0.7 饰面层　finish coat

外保温系统外装饰层。

2.0.8 保护层　protecting coat

抹面层和饰面层的总称。

2.0.9 EPS 板　expanded polystyrene board

由可发性聚苯乙烯珠粒经加热预发泡后在模具中加热成型而制得的具有闭孔结构的聚苯乙烯泡沫塑料板材。

2.0.10 胶粉 EPS 颗粒保温浆料　insulating mortar consisting of gelatinous powder and expanded polystyrene pellets

由胶粉料和 EPS 颗粒集料组成，并且 EPS 颗粒体积比不小于 80%的保温灰浆。

2.0.11 EPS 钢丝网架板　EPS board with metal network

由 EPS 板内插腹丝，外侧焊接钢丝网构成的三维空间网架芯板。

2.0.12 胶粘剂　adhesive

用于 EPS 板与基层以及 EPS 板之间粘结的材料。

2.0.13 抹面胶浆 rendering coat mortar

在 EPS 板薄抹灰外墙外保温系统中用于做薄抹面层的材料。

2.0.14 抗裂砂浆 anti-crack mortar

以由聚合物乳液和外加剂制成的抗裂剂、水泥和砂按一定比例制成的能满足一定变形而保持不开裂的砂浆。

2.0.15 界面砂浆 interface treating mortar

用以改善基层或保温层表面粘结性能的聚合物砂浆。

2.0.16 机械固定件 mechanical fastener

用于将系统固定于基层上的专用固定件。

3 基本规定

3.0.1 外墙外保温工程应能适应基层的正常变形而不产生裂缝或空鼓。

3.0.2 外墙外保温工程应能长期承受自重而不产生有害的变形。

3.0.3 外墙外保温工程应能承受风荷载的作用而不产生破坏。

3.0.4 外墙外保温工程应能耐受室外气候的长期反复作用而不产生破坏。

3.0.5 外墙外保温工程在罕遇地震发生时不应从基层上脱落。

3.0.6 高层建筑外墙外保温工程应采取防火构造措施。

3.0.7 外墙外保温工程应具有防水渗透性能。

3.0.8 外保温复合墙体的保温、隔热和防潮性能应符合国家现行标准《民用建筑热工设计规范》GB 50176、《民用建筑节能设计标准（采暖居住建筑部分）》JGJ 26、《夏热冬冷地区居住建筑节能设计标准》JGJ 134 和《夏热冬暖地区居住建筑节能设计标准》JGJ 75 的有关规定。

3.0.9 外墙外保温工程各组成部分应具有物理-化学稳定性。所有组成材料应彼此相容并应具有防腐性。在可能受到生物侵害（鼠害、虫害等）时，外墙外保温工程还应具有防生物侵害性能。

3.0.10 在正确使用和正常维护的条件下，外墙外保温工程的使用年限不应少于 25 年。

4 性能要求

4.0.1 应按本规程附录 A 第 A.2 节规定对外墙外保温系统进行耐候性检验。

4.0.2 外墙外保温系统经耐候性试验后，不得出现饰面层起泡或剥落 、保护层空鼓或脱落等破坏，不得产生渗水裂缝。具有薄抹面层的外保温系统，抹面层与保温层的拉伸粘结强度不得小于 0.1MPa，并且破坏部位应位于保温层内。

4.0.3 应按本规程附录 A 第 A.7 节规定对胶粉 EPS 颗粒保温浆料外墙外保温系统进行抗拉强度检验，抗拉强度不得小于 0.1MPa，并且破坏部位不得位于各层界面。

4.0.4 EPS 板现浇混凝土外墙外保温系统应按本规程附录 B 第 B.2 节规定做现场粘结强度检验。

4.0.5 EPS 板现浇混凝土外墙外保温系统现场粘结强度不得小于 0.1MPa，并且破坏部位应位于 EPS 板内。

4.0.6 外墙外保温系统其他性能应符合表 4.0.6 规定。

表 4.0.6 外墙外保温系统性能要求

检验项目	性 能 要 求	试 验 方 法
抗风荷载性能	系统抗风压值 R_d 不小于风荷载设计值。 EPS 板薄抹灰外墙外保温系统、胶粉 EPS 颗粒保温浆料外墙外保温系统、EPS 板现浇混凝土外墙外保温系统和 EPS 钢丝网架板现浇混凝土外墙外保温系统安全系数 K 应不小于 1.5，机械固定 EPS 钢丝网架板外墙外保温系统安全系数 K 应不小于 2	附录 A 第 A.3 节；由设计要求值降低 1kPa 作为试验起始点
抗冲击性	建筑物首层墙面以及门窗口等易受碰撞部位：10J 级；建筑物二层以上墙面等不易受碰撞部位：3J 级	附录 A 第 A.5 节
吸水量	水中浸泡 1h，只带有抹面层和带有全部保护层的系统的吸水量均不得大于或等于 1.0kg/m^2	附录 A 第 A.6 节
耐冻融性能	30 次冻融循环后 保护层无空鼓、脱落，无渗水裂缝；保护层与保温层的拉伸粘结强度不小于 0.1MPa，破坏部位应位于保温层	附录 A 第 A.4 节
热 阻	复合墙体热阻符合设计要求	附录 A 第 A.9 节
抹面层不透水性	2h 不透水	附录 A 第 A.10 节
保护层水蒸气渗透阻	符合设计要求	附录 A 第 A.11 节
注：水中浸泡 24h，只带有抹面层和带有全部保护层的系统的吸水量均小于 0.5kg/m^2 时，不检验耐冻融性能。		

4.0.7 应按本规程附录 A 第 A.8 节规定对胶粘剂进行拉伸粘结强度检验。

4.0.8 胶粘剂与水泥砂浆的拉伸粘结强度在干燥状态下不得小于 0.6MPa，浸水 48h 后不得小于 0.4MPa；与 EPS 板的拉伸粘结强度在干燥状态和浸水 48h 后均不得小于 0.1MPa，并且破坏部位应位于 EPS 板内。

4.0.9 应按本规程附录 A 第 A12.2 条规定对玻纤网进行耐碱拉伸断裂强力检验。

4.0.10 玻纤网经向和纬向耐碱拉伸断裂强力均不得小于 750N/50mm，耐碱拉伸断裂强力保留率均不得小于 50%。

4.0.11 外保温系统其他主要组成材料性能应符合表 4.0.11 规定。

表 4.0.11 外墙外保温系统组成材料性能要求

检 验 项 目		性能要求		试验方法
		EPS 板	胶粉 EPS 颗粒保温浆料	
保温材料	密度（kg/m^3）	18～22	—	GB/T 6343—1995
	干密度（kg/m^3）	—	180～250	GB/T 6343—1995（70℃恒重）
	导热系数［W/（m·K）］	≤0.041	≤0.060	GB 10294—88
	水蒸气渗透系数［ng/（Pa·m·s）］	符合设计要求	符合设计要求	附录 A 第 A.11 节

续表 4.0.11

<table>
<tr><td colspan="3" rowspan="2">检 验 项 目</td><td colspan="2">性 能 要 求</td><td rowspan="2">试 验 方 法</td></tr>
<tr><td>EPS 板</td><td>胶粉 EPS 颗粒保温浆料</td></tr>
<tr><td rowspan="8">保温材料</td><td colspan="2">压缩性能（MPa）（形变 10%）</td><td>≥0.10</td><td>≥0.25（养护 28d）</td><td>GB 8813—88</td></tr>
<tr><td rowspan="2">抗拉强度（MPa）</td><td>干燥状态</td><td>≥0.10</td><td rowspan="2">≥0.10</td><td rowspan="2">附录 A 第 A.7 节</td></tr>
<tr><td>浸水 48h，取出后干燥 7d</td><td>—</td></tr>
<tr><td colspan="2">线性收缩率（%）</td><td>—</td><td>≤0.3</td><td>GBJ 82—85</td></tr>
<tr><td colspan="2">尺寸稳定性（%）</td><td>≤0.3</td><td>—</td><td>GB 8811—88</td></tr>
<tr><td colspan="2">软化系数</td><td>—</td><td>≥0.5（养护 28d）</td><td>JGJ 51—2002</td></tr>
<tr><td colspan="2">燃烧性能</td><td>阻燃型</td><td>—</td><td>GB/T 10801.1—2002</td></tr>
<tr><td colspan="2">燃烧性能级别</td><td>—</td><td>B_1</td><td>GB 8624—1997</td></tr>
<tr><td rowspan="3">EPS 钢丝网架板</td><td rowspan="2">热阻（$m^2 \cdot K/W$）</td><td>腹丝穿透型</td><td colspan="2">≥0.73（50mm 厚 EPS 板）
≥1.5（100mm 厚 EPS 板）</td><td rowspan="2">附录 A 第 A.9 节</td></tr>
<tr><td>腹丝非穿透型</td><td colspan="2">≥1.0（50mm 厚 EPS 板）
≥1.6（80mm 厚 EPS 板）</td></tr>
<tr><td colspan="2">腹丝镀锌层</td><td colspan="3">符合 QB/T 3897—1999 规定</td></tr>
<tr><td>抹面胶浆、抗裂砂浆、界面砂浆</td><td colspan="2">与 EPS 板或胶粉 EPS 颗粒保温浆料拉伸粘结强度（MPa）</td><td colspan="2">干燥状态和浸水 48h 后≥0.10，破坏界面应位于 EPS 板或胶粉 EPS 颗粒保温浆料</td><td>附录 A 第 A.8 节</td></tr>
<tr><td>饰面材料</td><td colspan="5">必须与其他系统组成材料相容，应符合设计要求和相关标准规定</td></tr>
<tr><td>锚 栓</td><td colspan="5">符合设计要求和相关标准规定</td></tr>
</table>

4.0.12 本章所规定的检验项目应为型式检验项目，型式检验报告有效期为 2 年。

5 设 计 与 施 工

5.0.1 设计选用外保温系统时，不得更改系统构造和组成材料。

5.0.2 外保温复合墙体的热工和节能设计应符合下列规定：

1 保温层内表面温度应高于 0℃；

2 外保温系统应包覆门窗框外侧洞口、女儿墙以及封闭阳台等热桥部位；

3 对于机械固定 EPS 钢丝网架板外墙外保温系统，应考虑固定件、承托件的热桥影响。

5.0.3 对于具有薄抹面层的系统，保护层厚度应不小于 3mm 并且不宜大于 6mm。对于具有厚抹面层的系统，厚抹面层厚度应为 25～30mm。

5.0.4 应做好外保温工程的密封和防水构造设计，确保水不会渗入保温层及基层，重要部位应有详图。水平或倾斜的出挑部位以及延伸至地面以下的部位应做防水处理。在外墙外保温系统上安装的设备或管道应固定于基层上，并应做密封和防水设计。

5.0.5 除采用现浇混凝土外墙外保温系统外，外保温工程的施工应在基层施工质量验收合格后进行。

5.0.6 除采用现浇混凝土外墙外保温系统外，外保温工程施工前，外门窗洞口应通过验收，洞口尺寸、位置应符合设计要求和质量要求，门窗框或辅框应安装完毕。伸出墙面的消防梯、水落管、各种进户管线和空调器等的预埋件、连接件应安装完毕，并按外保温系统厚度留出间隙。

5.0.7 外保温工程的施工应具备施工方案，施工人员应经过培训并经考核合格。

5.0.8 基层应坚实、平整。保温层施工前，应进行基层处理。

5.0.9 EPS板表面不得长期裸露，EPS板安装上墙后应及时做抹面层。

5.0.10 薄抹面层施工时，玻纤网不得直接铺在保温层表面，不得干搭接，不得外露。

5.0.11 外保温工程施工期间以及完工后24h内，基层及环境空气温度不应低于5℃。夏季应避免阳光暴晒。在5级以上大风天气和雨天不得施工。

5.0.12 外保温施工各分项工程和子分部工程完工后应做好成品保护。

6 外墙外保温系统构造和技术要求

6.1 EPS板薄抹灰外墙外保温系统

6.1.1 EPS板薄抹灰外墙外保温系统（以下简称EPS板薄抹灰系统）由EPS板保温层、薄抹面层和饰面涂层构成，EPS板用胶粘剂固定在基层上，薄抹面层中满铺玻纤网（图6.1.1）。

6.1.2 建筑物高度在20m以上时，在受负风压作用较大的部位宜使用锚栓辅助固定。

6.1.3 EPS板宽度不宜大于1200mm，高度不宜大于600mm。

6.1.4 必要时应设置抗裂分隔缝。

6.1.5 EPS板薄抹灰系统的基层表面应清洁，无油污、脱模剂等妨碍粘结的附着物。凸起、空鼓和疏松部位应剔除并找平。找平层应与墙体粘结牢固，不得有脱层、空鼓、裂缝，面层不得有粉化、起皮、爆灰等现象。

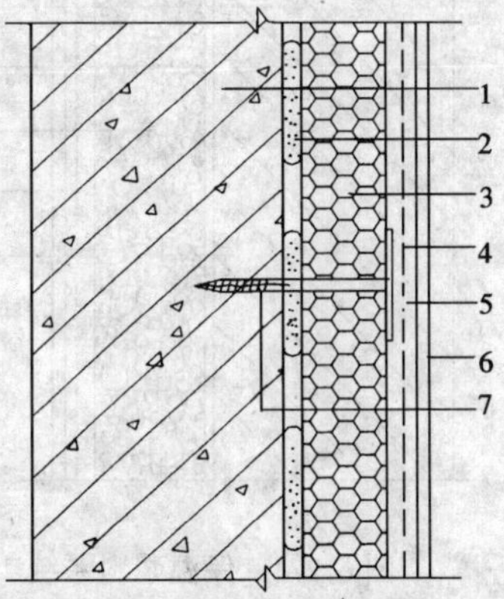

图6.1.1 EPS板薄抹灰系统
1—基层；2—胶粘剂；3—EPS板；4—玻纤网；5—薄抹面层；6—饰面涂层；7—锚栓

6.1.6 应按本规程附录B第B.1节规定做基层与胶粘剂的拉伸粘结强度检验，粘结强度不应低于0.3MPa，并且粘结界面脱开面积不应大于50%。

6.1.7 粘贴EPS板时，应将胶粘剂涂在EPS板背面，涂胶粘剂面积不得小于EPS板面积的40%。

6.1.8 EPS板应按顺砌方式粘贴，竖缝应逐行错缝。EPS板应粘贴牢固，不得有松动和空鼓。

6.1.9 墙角处EPS板应交错互锁（图6.1.9a）。门窗洞口四角处EPS板不得拼接，应采用整块EPS板切割成形，EPS板接缝应离开角部至少200mm（图6.1.9b）。

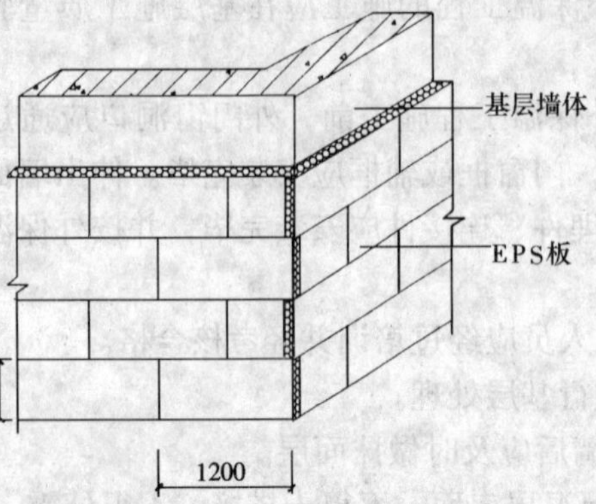

图 6.1.9（a） EPS 板排板图

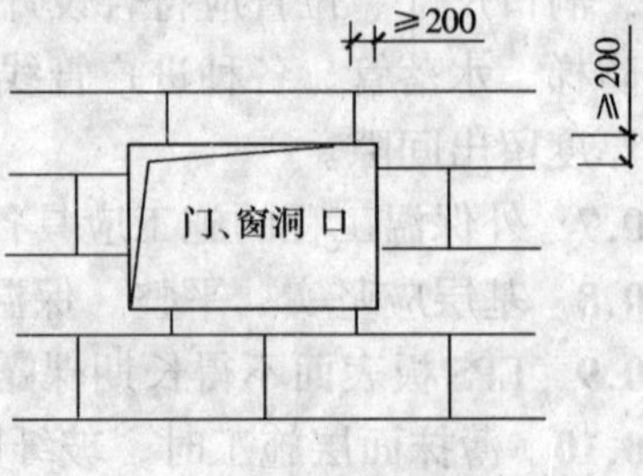

图 6.1.9(b) 门窗洞口 EPS 板排列

6.1.10 应做好系统在檐口、勒脚处的包边处理。装饰缝、门窗四角和阴阳角等处应做好局部加强网施工。变形缝处应做好防水和保温构造处理。

6.2 胶粉 EPS 颗粒保温浆料外墙外保温系统

6.2.1 胶粉 EPS 颗粒保温浆料外墙外保温系统（以下简称保温浆料系统）应由界面层、胶粉 EPS 颗粒保温浆料保温层、抗裂砂浆薄抹面层和饰面层组成（图 6.2.1）。胶粉 EPS 颗粒保温浆料经现场拌合后喷涂或抹在基层上形成保温层。薄抹面层中应满铺玻纤网。

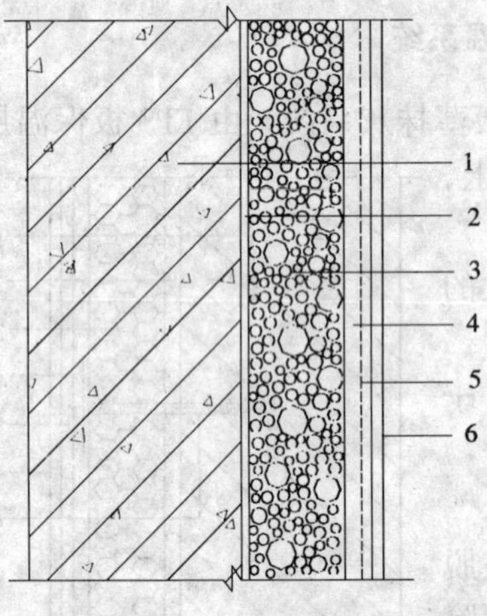

图 6.2.1 保温浆料系统

1—基层；2—界面砂浆；3—胶粉 EPS 颗粒保温浆料；4—抗裂砂浆薄抹面层；5—玻纤网；6—饰面层

6.2.2 胶粉 EPS 颗粒保温浆料保温层设计厚度不宜超过 100mm。

6.2.3 必要时应设置抗裂分隔缝。

6.2.4 基层表面应清洁，无油污和脱模剂等妨碍粘结的附着物，空鼓、疏松部位应剔除。

6.2.5 胶粉 EPS 颗粒保温浆料宜分遍抹灰，每遍间隔时间应在 24h 以上，每遍厚度不宜超过 20mm。第一遍抹灰应压实，最后一遍应找平，并用大杠搓平。

6.2.6 保温层硬化后，应现场检验保温层厚度并现场取样检验胶粉 EPS 颗粒保温浆料干密度。

6.2.7 现场取样胶粉 EPS 颗粒保温浆料干密度不应大于250kg/m³，并且不应小于 180kg/m³。现场检验保温层厚度应符合设计要求，不得有负偏差。

6.3 EPS 板现浇混凝土外墙外保温系统

6.3.1 EPS 板现浇混凝土外墙外保温系统（以下简称无网现浇系统）以现浇混凝土外墙作为基层，EPS 板为保温层。EPS 板内表面（与现浇混凝土接触的表面）沿水平方向开有矩形齿槽，内、外表面均满涂界面砂浆。在施工时将 EPS 板置于外模板内侧，并安装锚栓作为辅助固定件。浇灌混凝土后，墙体与 EPS 板以及锚栓结合为一体。EPS 板表面抹抗裂砂浆薄抹面层，外表以涂料为饰面层（图 6.3.1），薄抹面层中满铺玻纤网。

6.3.2 无网现浇系统 EPS 板两面必须预喷刷界面砂浆。

6.3.3 EPS 板宽度宜为 1.2m，高度宜为建筑物层高。

6.3.4 锚栓每平方米宜设 2～3 个。

6.3.5 水平抗裂分隔缝宜按楼层设置。垂直抗裂分隔缝宜按墙面面积设置，在板式建筑中不宜大于 $30m^2$，在塔式建筑中可视具体情况而定，宜留在阴角部位。

6.3.6 应采用钢制大模板施工。

6.3.7 混凝土一次浇筑高度不宜大于 1m，混凝土需振捣密实均匀，墙面及接茬处应光滑、平整。

6.3.8 混凝土浇筑后，EPS 板表面局部不平整处宜抹胶粉 EPS 颗粒保温浆料修补和找平，修补和找平处厚度不得大于 10mm。

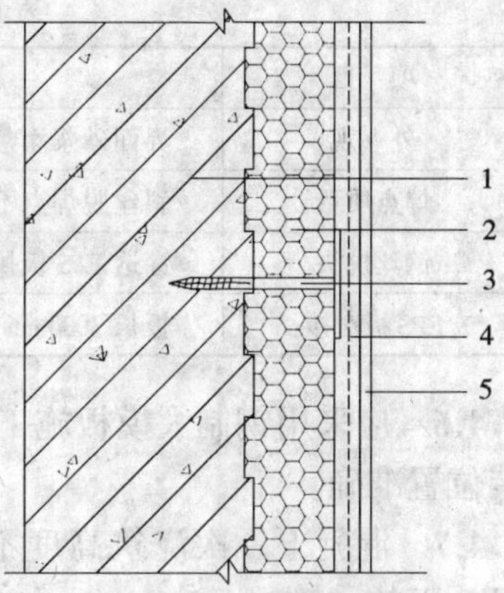

图 6.3.1 无网现浇系统

1—现浇混凝土外墙；2—EPS 板；3—锚栓；4—抗裂砂浆薄抹面层；5—饰面层

6.4 EPS 钢丝网架板现浇混凝土外墙外保温系统

6.4.1 EPS 钢丝网架板现浇混凝土外墙外保温系统（以下简称有网现浇系统）以现浇混凝土为基层，EPS 单面钢丝网架板置于外墙外模板内侧，并安装 $\phi6$ 钢筋作为辅助固定件。浇灌混凝土后，EPS 单面钢丝网架板挑头钢丝和 $\phi6$ 钢筋与混凝土结合为一体，EPS 单面钢丝网架板表面抹掺外加剂的水泥砂浆形成厚抹面层，外表做饰面层（图 6.4.1）。以涂料做饰面层时，应加抹玻纤网抗裂砂浆薄抹面层。

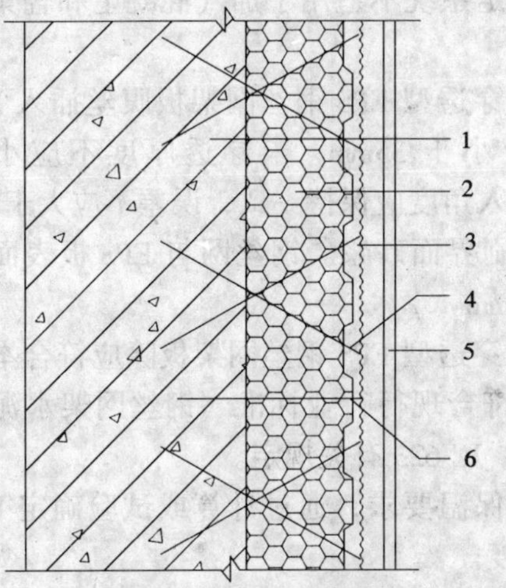

图 6.4.1 有网现浇系统

1—现浇混凝土外墙；2—EPS 单面钢丝网架板；3—掺外加剂的水泥砂浆厚抹面层；4—钢丝网架；5—饰面层；6—$\phi6$ 钢筋

6.4.2 EPS 单面钢丝网架板每平方米斜插腹丝不得超过 200 根，斜插腹丝应为镀锌钢丝，板两面应预喷刷界面砂浆。加工质量除应符合表 6.4.2 规定外，尚应符合现行行业标准《钢丝网架水泥聚苯乙烯夹心板》JC 623 有关规定。

6.4.3 有网现浇系统 EPS 钢丝网架板厚度、每平方米腹丝数量和表面荷载值应通过试验确定。EPS 钢丝网架板构造设计和施工安装应考虑现浇混凝土侧压力影响，抹面层厚度应均匀，钢丝网应完全包覆于抹面层中。

6.4.4 $\phi6$ 钢筋每平方米宜设 4 根，锚固深度不得小于 100mm。

6.4.5 在每层层间宜留水平抗裂分隔缝，层间保温板外钢丝网应断开，抹灰时嵌入层间塑料分隔条或泡沫塑料棒，外表用建筑密封膏嵌缝。垂直抗裂分隔缝宜按墙面面积设置，在板式建筑中不宜大于 $30m^2$，在塔式建筑中可视具体情况而定，宜留在阴角部位。

表 6.4.2 EPS 单面钢丝网架板质量要求

项 目	质 量 要 求
外 观	界面砂浆涂敷均匀，与钢丝和 EPS 板附着牢固
焊点质量	斜丝脱焊点不超过 3%
钢丝挑头	穿透 EPS 板挑头不小于 30mm
EPS 板对接	板长 3000mm 范围内 EPS 板对接不得多于两处，且对接处需用胶粘剂粘牢

6.4.6 应采用钢制大模板施工，并应采取可靠措施保证 EPS 钢丝网架板和辅助固定件安装位置准确。

6.4.7 混凝土一次浇筑高度不宜大于 1m，混凝土需振捣密实均匀，墙面及接茬处应光滑、平整。

6.4.8 应严格控制抹面层厚度并采取可靠抗裂措施确保抹面层不开裂。

6.5 机械固定 EPS 钢丝网架板外墙外保温系统

6.5.1 机械固定 EPS 钢丝网架板外墙外保温系统（以下简称机械固定系统）由机械固定装置、腹丝非穿透型 EPS 钢丝网架板、掺外加剂的水泥砂浆厚抹面层和饰面层构成（图 6.5.1）。以涂料做饰面层时，应加抹玻纤网抗裂砂浆薄抹面层。

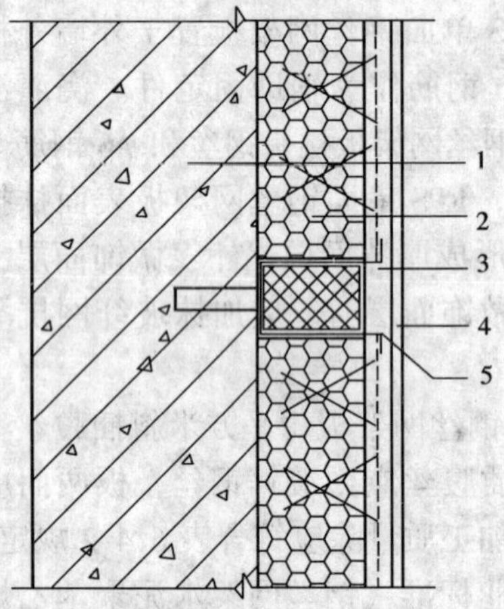

图 6.5.1 机械固定系统

1—基层；2—EPS 钢丝网架板；3—掺外加剂的水泥砂浆厚抹面层；4—饰面层；5—机械固定装置

6.5.2 机械固定系统不适用于加气混凝土和轻集料混凝土基层。

6.5.3 腹丝非穿透型 EPS 钢丝网架板腹丝插入 EPS 板中深度不应小于 35mm，未穿透厚度不应小于 15mm。腹丝插入角度应保持一致，误差不应大于 3°。板两面应预喷刷界面砂浆。钢丝网与 EPS 板表面净距不应小于 10mm。

6.5.4 腹丝非穿透型 EPS 钢丝网架板除应符合本节规定外，尚应符合现行行业标准《钢丝网架水泥聚苯乙烯夹芯板》JC 623 有关规定。

6.5.5 应根据保温要求，通过计算或试验确定 EPS 钢丝网架板厚度。

6.5.6 机械固定系统锚栓、预埋金属固定件数量应通过试验确定，并且每平方米不应小于 7 个。单个锚栓拔出力和基层力学性能应符合设计要求。

6.5.7 用于砌体外墙时，宜采用预埋钢筋网片固定 EPS 钢丝网架板。

6.5.8 机械固定系统固定 EPS 钢丝网架板时应逐层设置承托件，承托件应固定在结构构件上。

6.5.9 机械固定系统金属固定件、钢筋网片、金属锚栓和承托件应做防锈处理。

6.5.10 应按设计要求设置抗裂分隔缝。

6.5.11 应严格控制抹灰层厚度并采取可靠措施确保抹灰层不开裂。

7 工 程 验 收

7.0.1 外墙外保温工程应按现行国家标准《建筑工程施工质量验收统一标准》GB 50300规定进行施工质量验收。

7.0.2 外保温工程分部工程、子分部工程和分项工程应按表7.0.2进行划分。

表7.0.2 外保温工程分部工程、子分部工程和分项工程划分

分部工程	子分部工程	分 项 工 程
外保温	EPS板薄抹灰系统	基层处理，粘贴EPS板，抹面层，变形缝，饰面层
	保温浆料系统	基层处理，抹胶粉EPS颗粒保温浆料，抹面层，变形缝，饰面层
	无网现浇系统	固定EPS板，现浇混凝土，EPS局部找平，抹面层,变形缝，饰面层
	有网现浇系统	固定EPS钢丝网架板，现浇混凝土，抹面层，变形缝，饰面层
	机械固定系统	基层处理，安装固定件，固定EPS钢丝网架板，抹面层，变形缝，饰面层

7.0.3 分项工程应以每500～1000m^2划分为一个检验批，不足500m^2也应划分为一个检验批；每个检验批每100m^2应至少抽查一处，每处不得小于10m^2。

7.0.4 主控项目的验收应符合下列规定：

1 外保温系统及主要组成材料性能应符合本规程要求。

检查方法：检查型式检验报告和进场复检报告。

2 保温层厚度应符合设计要求。

检查方法：插针法检查。

3 EPS板薄抹灰系统EPS板粘结面积应符合本规程要求。

检查方法：现场测量。

4 无网现浇系统粘结强度应符合本规程要求。

检查方法：本规程附录B第B.2节。

7.0.5 一般项目的验收应符合下列规定：

1 EPS板薄抹灰系统和保温浆料系统保温层垂直度和尺寸允许偏差应符合现行国家标准《建筑装饰装修工程质量验收规范》GB 50210规定。

2 现浇混凝土分项工程施工质量应符合现行国家标准《混凝土结构工程施工质量验收规范》GB 50204规定。

3 无网现浇系统EPS板表面局部不平整处的修补和找平应符合本规程要求。找平后保温层垂直度和尺寸允许偏差应符合现行国家标准《建筑装饰装修工程质量验收规范》GB 50210规定。

厚度检查方法：插针法检查。

4 有网现浇系统和机械固定系统抹面层厚度应符合本规程要求。

检查方法：插针法检查。

5 抹面层和饰面层分项工程施工质量应符合现行国家标准《建筑装饰装修工程质量验收规范》GB 50210规定。

6 系统抗冲击性应符合本规程要求

检查方法：本规程附录 B 第 B.3 节。

7.0.6 外墙外保温工程竣工验收应提交下列文件：

1 外保温系统的设计文件、图纸会审、设计变更和洽商记录；

2 施工方案和施工工艺；

3 外保温系统的型式检验报告及其主要组成材料的产品合格证、出厂检验报告、进场复检报告和现场验收记录；

4 施工技术交底；

5 施工工艺记录及施工质量检验记录；

6 其他必须提供的资料。

7.0.7 外保温系统主要组成材料复检项目应符合表 7.0.7 规定。

表 7.0.7 外保温系统主要组成材料复检项目

组 成 材 料	复 检 项 目
EPS 板	密度，抗拉强度，尺寸稳定性。用于无网现浇系统时，加验界面砂浆喷刷质量
胶粉 EPS 颗粒保温浆料	湿密度，干密度，压缩性能
EPS 钢丝网架板	EPS 板密度，EPS 钢丝网架板外观质量
胶粘剂、抹面胶浆、抗裂砂浆、界面砂浆	干燥状态和浸水 48h 拉伸粘结强度
玻纤网	耐碱拉伸断裂强力，耐碱拉伸断裂强力保留率
腹 丝	镀锌层厚度

注 1 胶粘剂、抹面胶浆、抗裂砂浆、界面砂浆制样后养护 7d 进行拉伸粘结强度检验。发生争议时，以养护 28d 为准。
2 玻纤网按附录 A 第 A.12.3 条检验。发生争议时，以第 A.12.2 条方法为准。

附录 A 外墙外保温系统及其组成材料性能试验方法

A.1 试样制备、养护和状态调节

A.1.1 外保温系统试样应按照生产厂家说明书规定的系统构造和施工方法进行制备。材料试样应按产品说明书规定进行配制。

A.1.2 试样养护和状态调节环境条件应为：温度 10～25℃，相对湿度不应低于 50%。

A.1.3 试样养护时间应为 28d。

A.2 系统耐候性试验方法

A.2.1 试样由混凝土墙和被测外保温系统构成，混凝土墙用作基层墙体。试样宽度不应小于 2.5m，高度不应小于 2.0m，面积不应小于 $6m^2$。混凝土墙上角处应预留一个宽 0.4m、高 0.6m 的洞口，洞口距离边缘 0.4m（图 A.2.1）。外保温系统应包住混凝土墙的侧边。侧边保温板最大厚度为 20mm。预留洞口处应安装窗框。如有必要，可对洞口四角做特殊加强处理。

A.2.2 试验步骤应符合以下规定：

1　EPS 板薄抹灰系统和无网现浇系统试验步骤如下：

1）高温—淋水循环 80 次，每次 6h。

①升温 3h

使试样表面升温至 70℃，并恒温在（70 ± 5）℃（其中升温时间为 1h）。

②淋水 1h

向试样表面淋水，水温为（15 ± 5）℃，水量为 1.0 ~ 1.5L/（m^2·min）。

③静置 2h

2）状态调节至少 48h。

3）加热—冷冻循环 5 次，每次 24h。

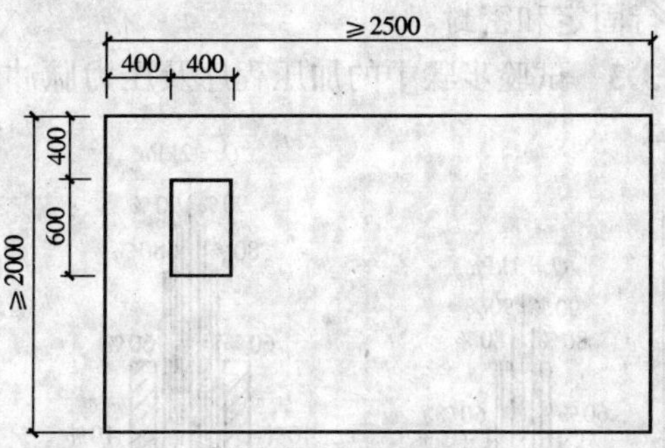

图 A.2.1　试样

①升温 8h

使试样表面升温至 50℃，并恒温在（50 ± 5）℃（其中升温时间为 1h）。

②降温 16h

使试样表面降温至 - 20℃，并恒温在（ - 20 ± 5）℃（其中降温时间为 2h）。

2　保温浆料系统、有网现浇系统和机械固定系统试验步骤如下：

1）高温—淋水循环 80 次，每次 6h。

①升温 3h

使试样表面升温至 70℃，并恒温在（70 ± 5）℃，恒温时间不应小于 1h。

②淋水 1h

向试样表面淋水，水温为（15 ± 5）℃，水量为 1.0 ~ 1.5 L/（m^2·min）。

③静置 2h

2）状态调节至少 48h。

3）加热—冷冻循环 5 次，每次 24h。

①升温 8h

使试样表面升温至 50℃，并恒温在（50 ± 5）℃，恒温时间不应小于 5h。

②降温 16h

使试样表面降温至 - 20℃，并恒温在（ - 20 ± 5）℃，恒温时间不应小于 12h。

A.2.3　观察、记录和检验时，应符合下列规定：

1　每 4 次高温—淋水循环和每次加热—冷冻循环后观察试样是否出现裂缝、空鼓、脱落等情况并做记录。

2　试验结束后，状态调节 7d，按现行行业标准《建筑工程饰面砖粘结强度检验标准》JGJ 110 规定检验抹面层与保温层的拉伸粘结强度，断缝应切割至保温层表面。并按本规程附录 B 第 B.3 节规定检验系统抗冲击性。

A.3　系统抗风荷载性能试验方法

A.3.1　试样应由基层墙体和被测外保温系统组成，试样尺寸应不小于 2.0m × 2.5m。

基层墙体可为混凝土墙或砖墙。为了模拟空气渗漏，在基层墙体上每平方米应预留一个直径 15mm 的孔洞，并应位于保温板接缝处。

A.3.2 试验设备是一个负压箱。负压箱应有足够的深度，以保证在外保温系统可能的变形范围内能使施加在系统上的压力保持恒定。试样安装在负压箱开口中并沿基层墙体周边进行固定和密封。

A.3.3 试验步骤中的加压程序及压力脉冲图形见图 A.3.3。

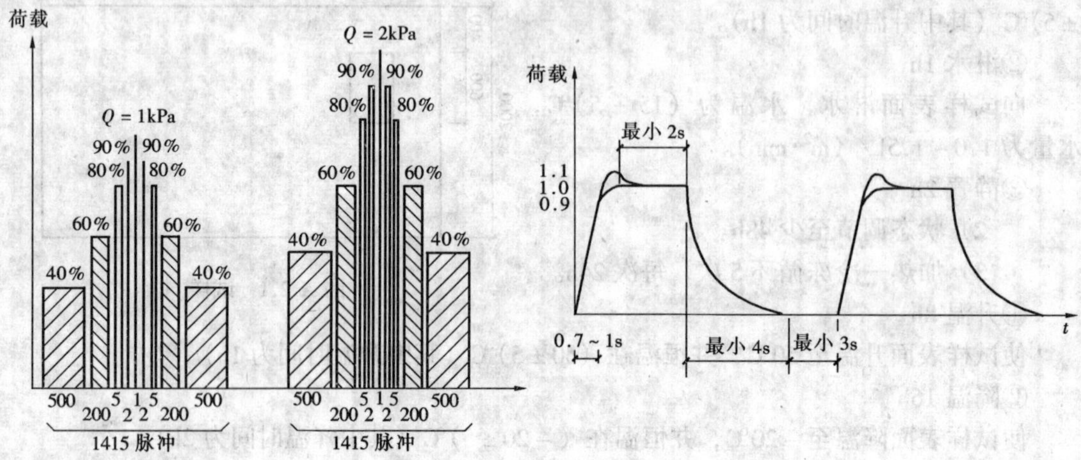

图 A.3.3 加压步骤及压力脉冲图形

每级试验包含 1415 个负风压脉冲，加压图形以试验风荷载 Q 的百分数表示。试验以 1kPa 的级差由低向高逐级进行，直至试样破坏。

有下列现象之一时，可视为试样破坏：

1 保温板断裂；

2 保温板中或保温板与其保护层之间出现分层；

3 保护层本身脱开；

4 保温板被从固定件上拉出；

5 机械固定件从基底上拔出；

6 保温板从支撑结构上脱离。

A.3.4 系统抗风压值 R_d 应按下式进行计算：

$$R_d = \frac{Q_1 C_s C_a}{K} \tag{A.3.4}$$

式中 R_d——系统抗风压值，kPa；

Q_1——试样破坏前一级的试验风荷载值，kPa；

K——安全系数，按本规程第 4.0.6 条表 4.0.6 选取；

C_a——几何因数，$C_a = 1$；

C_s——统计修正因数，按表 A.3.4 选取。

表 A.3.4 保温板为粘接固定时的 C_s 值

粘接面积 B（%）	C_s
$50 \leqslant B \leqslant 100$	1
$10 < B < 50$	0.9
$B \leqslant 10$	0.8

A.4 系统耐冻融性能试验方法

A.4.1 当采用以纯聚合物为粘结基料的材料做饰面涂层时，应对以下两种试样进行试验：

1 由保温层和抹面层构成（不包含饰面层）的试样；

2 由保温层和保护层构成（包含饰面层）的试样。

当饰面层材料不是以纯聚合物为粘结基料的材料时，试样应包含饰面层。如果不只使用一种饰面材料，应按不同种类的饰面材料分别制样。如果仅颗粒大小不同，可视为同种类材料。

试样尺寸为500mm×500mm，试样数量为3件。

试样周边涂密封材料密封。

A.4.2 试验步骤应符合下列规定：

1 冻融循环30次，每次24h。

1）在（20±2）℃自来水中浸泡8h。试样浸入水中时，应使抹面层或保护层朝下，使抹面层浸入水中，并排除试样表面气泡。

2）在（－20±2）℃冰箱中冷冻16h。

试验期间如需中断试验，试样应置于冰箱中在（－20±2）℃下存放。

2 每3次循环后观察试样是否出现裂缝、空鼓、脱落等情况，并做记录。

3 试验结束后，状态调节7d，按本规程第A.8.2条规定检验拉伸粘结强度。

A.5 系统抗冲击性试验方法

A.5.1 试样由保温层和保护层构成。

试样尺寸不应小于1200mm×600mm，保温层厚度不应小于50mm，玻纤网不得有搭接缝。试样分为单层网试样和双层网试样。单层网试样抹面层中应铺一层玻纤网，双层网试样抹面层中应铺一层玻纤网和一层加强网。

试样数量：

1 单层网试样：2件，每件分别用于3J级和10J级冲击试验。

2 双层网试样：2件，每件分别用于3J级和10J级冲击试验。

A.5.2 试验可采用摆动冲击或竖直自由落体冲击方法。摆动冲击方法可直接冲击经过耐候性试验的试验墙体。竖直自由落体冲击方法按下列步骤进行试验：

1 将试样保护层向上平放于光滑的刚性底板上，使试样紧贴底板。

2 试验分为3J和10J两级，每级试验冲击10个点。3J级冲击试验使用质量为500g的钢球，在距离试样上表面0.61m高度自由降落冲击试样。10J级冲击试验使用质量为1000g的钢球，在距离试样上表面1.02m高度自由降落冲击试样。冲击点应离开试样边缘至少100mm，冲击点间距不得小于100mm。以冲击点及其周围开裂作为破坏的判定标准。

A.5.3 结果判定时，10J级试验10个冲击点中破坏点不超过4个时，判定为10J级。10J级试验10个冲击点中破坏点超过4个，3J级试验10个冲击点中破坏点不超过4个时，判定为3J级。

A.6 系统吸水量试验方法

A.6.1 试样制备应符合下列规定：

试样分为两种，一种由保温层和抹面层构成，另一种由保温层和保护层构成。

试样尺寸为200mm×200mm，保温层厚度为50mm，抹面层和饰面层厚度应符合受检外保温系统构造规定。每种试样数量各为 3 件。

试样周边涂密封材料密封。

A.6.2 试验步骤应符合下列规定：

1 测量试样面积 A。

2 称量试样初始重量 m_0。

3 使试样抹面层或保护层朝下浸入水中并使表面完全湿润。分别浸泡 1h 和 24h 后取出，在 1min 内擦去表面水分，称量吸水后的重量 m。

A.6.3 系统吸水量应按下式进行计算：

$$M = \frac{m - m_0}{A} \tag{A.6.3}$$

式中 M——系统吸水量，kg/m^2；

m——试样吸水后的重量，kg；

m_0——试样初始重量，kg；

A——试样面积，m^2。

试验结果以 3 个试验数据的算术平均值表示。

A.7 抗拉强度试验方法

A.7.1 试样制备应符合下列规定：

1 EPS 板试样在 EPS 板上切割而成。

2 胶粉 EPS 颗粒保温浆料试样在预制成型的胶粉 EPS 颗粒保温浆料板上切割而成。

3 胶粉 EPS 颗粒保温浆料外保温系统试样由混凝土底板（作为基层墙体）、界面砂浆层、保温层和抹面层组成并切割成要求的尺寸。

4 EPS 板现浇混凝土外保温系统试样应按以下方法制备：

1）在 EPS 板两表面喷刷界面砂浆；

2）界面砂浆固化后将 EPS 板平放于地面，并在其上浇筑 30mm 厚 C20 豆石混凝土；

3）混凝土固化后在 EPS 板外表面抹 10mm 厚胶粉 EPS 颗粒保温浆料找平层；

4）找平层固化后做抹面层；

5）充分养护后按要求的尺寸切割试样。

5 试样尺寸为 100mm×100mm，保温层厚度 50mm。每种试样数量各为 5 个。

A.7.2 抗拉强度应按以下规定进行试验：

1 用适当的胶粘剂将试样上下表面分别与尺寸为 100mm×100mm 的金属试验板粘结。

2 通过万向接头将试样安装于拉力试验机上，拉伸速度为 5mm/min，拉伸至破坏，并记录破坏时的拉力及破坏部位。破坏部位在试验板粘结界面时试验数据无效。

3 试验应在以下两种试样状态下进行：

1）干燥状态；

2）水中浸泡 48h，取出后干燥 7d。

注：EPS 板只做干燥状态试验。

A.7.3 抗拉强度应按下式进行计算：

$$\sigma_t = \frac{P_t}{A} \tag{A.7.3}$$

式中 σ_t——抗拉强度，MPa；

P_t——破坏荷载，N；

A——试样面积，mm^2。

试验结果以5个试验数据的算术平均值表示。

A.8 拉伸粘结强度试验方法

A.8.1 胶粘剂拉伸粘结强度应按以下方法进行试验：

1 水泥砂浆底板尺寸为80mm×40mm×40mm。底板的抗拉强度应不小于1.5MPa。

2 EPS板密度应为18～22kg/m^3，抗拉强度应不小于0.1MPa。

3 与水泥砂浆粘结的试样数量为5个，制备方法如下：

在水泥砂浆底板中部涂胶粘剂，尺寸为40mm×40mm，厚度为（3±1）mm。经过养护后，用适当的胶粘剂（如环氧树脂）按十字搭接方式在胶粘剂上粘结砂浆底板。

4 与EPS板粘结的试样数量为5个，制备方法如下：

将EPS板切割成100mm×100mm×50mm，在EPS板一个表面上涂胶粘剂，厚度为（3±1）mm。经过养护后，两面用适当的胶粘剂（如环氧树脂）粘结尺寸为100mm×100mm的钢底板。

5 试验应在以下两种试样状态下进行：

1）干燥状态；

2）水中浸泡48h，取出后2h。

6 将试样安装于拉力试验机上，拉伸速度为5mm/min，拉伸至破坏，并记录破坏时的拉力及破坏部位。

A.8.2 抹面材料与保温材料拉伸粘结强度应按以下方法进行试验：

1 试样尺寸为100mm×100mm，保温板厚度为50mm。试样数量为5件。

2 保温材料为EPS保温板时，将抹面材料抹在EPS板一个表面上，厚度为（3±1）mm。经过养护后，两面用适当的胶粘剂（如环氧树脂）粘结尺寸为100mm×100mm的钢底板。

3 保温材料为胶粉EPS颗粒保温浆料板时，将抗裂砂浆抹在胶粉EPS颗粒保温浆料板一个表面上，厚度为（3±1）mm。经过养护后，两面用适当的胶粘剂（如环氧树脂）粘结尺寸为100mm×100mm的钢底板。

4 试验应在以下3种试样状态下进行：

1）干燥状态；

2）经过耐候性试验后；

3）经过冻融试验后。

5 将试样安装于拉力试验机上，拉伸速度为5mm/min，拉伸至破坏并记录破坏时的拉力及破坏部位。

A.8.3 拉伸粘结强度应按下式进行计算：

$$\sigma_b = \frac{P_b}{A} \tag{A.8.3}$$

式中 σ_b——拉伸粘结强度，MPa；

P_b——破坏荷载，N；

A——试样面积，mm^2。

试验结果以5个试验数据的算术平均值表示。

A.9 系统热阻试验方法

A.9.1 系统热阻应按现行国家标准《建筑构件稳态热传递性质的测定标定和防护热箱法》GB/T 13475规定进行试验。制样时EPS板拼缝缝隙宽度、单位面积内锚栓和金属固定件的数量应符合受检外保温系统构造规定。

A.10 抹面层不透水性试验方法

A.10.1 试样制备应符合下列规定：

试样由EPS板和抹面层组成，试样尺寸为200mm×200mm，EPS板厚度60mm，试样数量2个。将试样中心部位的EPS板除去并刮干净，一直刮到抹面层的背面，刮除部分的尺寸为100mm×100mm。将试样周边密封，抹面层朝下浸入水槽中，使试样浮在水槽中，底面所受压强为500Pa。浸水时间达到2h时，观察是否有水透过抹面层（为便于观察，可在水中添加颜色指示剂）。

A.10.2 2个试样浸水2h时均不透水时，判定为不透水。

A.11 水蒸气渗透性能试验方法

A.11.1 试样制备应符合下列规定：

1 EPS板试样在EPS板上切割而成。

2 胶粉EPS颗粒保温浆料试样在预制成型的胶粉EPS颗粒保温浆料板上切割而成。

3 保护层试样是将保护层做在保温板上，经过养护后除去保温材料，并切割成规定的尺寸。

当采用以纯聚合物为粘结基料的材料作饰面涂层时，应按不同种类的饰面材料分别制样。如果仅颗粒大小不同，可视为同类材料。当采用其他材料作饰面涂层时，应对具有最厚饰面涂层的保护层进行试验。

A.11.2 保护层和保温材料的水蒸气渗透性能应按现行国家标准《建筑材料水蒸气透过性能试验方法》GB/T 17146中的干燥剂法规定进行试验。试验箱内温度应为（23±2）℃，相对湿度可为50%±2%（23℃下含有大量未溶解重铬酸钠或磷酸氢铵（$NH_4H_2PO_4$）的过饱和溶液）或85%±2%（23℃下含有大量未溶解硝酸钾的过饱和溶液）。

A.12 玻纤网耐碱拉伸断裂强力试验方法

A.12.1 试样制备应符合下列规定：

1 试样尺寸：试样宽度为50mm，长度为300mm。

2 试样数量：纬向、经向各20片。

A.12.2 标准方法应符合下列规定：

1 首先对10片纬向试样和10片经向试样测定初始拉伸断裂强力。其余试样放入

(23±2)℃、浓度为5%的 NaOH 水溶液中浸泡（10片纬向和10片经向试样，浸入4L溶液中)。

2 浸泡28d后，取出试样，放入水中漂洗5min，接着用流动水冲洗5min，然后在(60±5)℃烘箱中烘1h后取出，在10~25℃环境条件下放置至少24h后测定耐碱拉伸断裂强力，并计算耐碱拉伸断裂强力保留率。

拉伸试验机夹具应夹住试样整个宽度。卡头间距为200mm。加载速度为（100±5）mm/min，拉伸至断裂并记录断裂时的拉力。试样在卡头中有移动或在卡头处断裂时，其试验值应被剔除。

A.12.3 应用快速法时，使用混合碱溶液。碱溶液配比如下：0.88g NaOH，3.45g KOH，0.48g $Ca(OH)_2$，1L 蒸馏水（pH 值12.5）。

80℃下浸泡6h。其他步骤同 A.12.2。

A.12.4 耐碱拉伸断裂强力保留率应按下式进行计算：

$$B = \frac{F_1}{F_0} \times 100\% \qquad (A.12.4)$$

式中 B——耐碱拉伸断裂强力保留率，%；

F_1——耐碱拉伸断裂强力，N/50mm；

F_0——初始拉伸断裂强力，N/50mm。

试验结果分别以经向和纬向5个试样测定值的算术平均值表示。

附录B 现场试验方法

B.1 基层与胶粘剂的拉伸粘结强度检验方法

B.1.1 在每种类型的基层墙体表面上取5处有代表性的部位分别涂胶粘剂或界面砂浆，面积为3~4dm^2，厚度为5~8mm。干燥后应按现行行业标准《建筑工程饰面砖粘结强度检验标准》JGJ 110规定进行试验，断缝应从胶粘剂或界面砂浆表面切割至基层表面。

B.2 无网现浇系统粘结强度试验方法

B.2.1 混凝土浇筑后应养护28d。

B.2.2 测点选取如图 B.2.1所示，共测9点。

B.2.3 试验方法应按现行行业标准《建筑工程饰面砖粘结强度检验标准》JGJ 110规定进行试验，试样尺寸为100mm×100mm，断缝应从 EPS 板表面切割至基层表面。

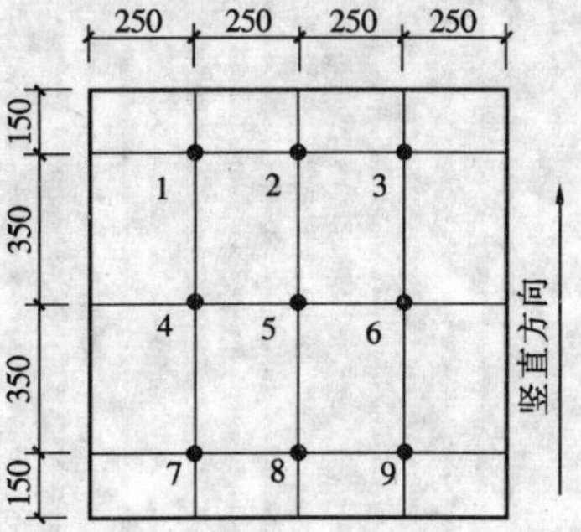

图 B.2.1 测点位置

B.3 系统抗冲击性检验方法

B.3.1 系统抗冲击性检验应在保护层施工完成28d后进行。应根据抹面层和饰面层性能的不同而选取冲击点，且不要选在局部增强区域和玻纤网搭接部位。

B.3.2 采用摆动冲击，摆动中心固定在冲击点的垂线上，摆长至少为1.50m。取钢球从静止开始下落的位置与冲击点之间的高差等于规定的落差。10J 级钢球质量为 1000g（直径 6.25cm），落差为 1.02m。3J 级钢球质量为 500g，落差为 0.61m。

B.3.3 应按本规程第 A.5.3 条规定对试验结果进行判定。

本规程用词说明

1 为便于在执行本规程条文时区别对待，对要求严格程度不同的用词说明如下：

1）表示很严格，非这样做不可的：

正面词采用“必须”，反面词采用“严禁”。

2）表示严格，在正常情况下均应这样做的：

正面词采用“应”，反面词采用“不应”或“不得”。

3）表示允许稍有选择，在条件许可时首先应这样做的：

正面词采用“宜”，反面词采用“不宜”。

表示允许有选择，在一定条件下可以这样做的，采用“可”。

2 条文中指明应按其他有关标准的规定执行时，写法为“应符合……规定”或“应符合……要求”。

中华人民共和国国家标准

节能监测技术通则

Gencral principles for monitoring and testing of energy conservation

GB/T 15316—94

国家技术监督局 1994-12-17 批准
1995-10-01 实施

1 主题内容与适用范围

本标准规定了对用能单位的能源利用状况进行监测的通用技术原则。

本标准适用于制订专项节能监测技术标准和对企、事业单位及其他用能单位进行的节能监测工作。

2 引 用 标 准

GB/T 2589 综合能耗计算通则

GB/T 12723 产品单位产量能源消耗定额编制通则

GB/T 3485 评价企业合理用电技术导则

GB/T 3486 评价企业合理用热技术导则

GB/T 1028 工业余热术语、分类、等级及余热资源量计算方法

GB/T 6422 企业能耗计量与测试导则

3 术 语

3.1 能源利用状况

能源利用状况是指用能单位在能源转换、输配和利用系统的设备及网络配置上的合理性与实际运行状况，工艺及设备技术性能的先进性及实际运行操作技术水平，能源购销、分配、使用管理的科学性等方面所反映的实际耗能情况及用能水平。

3.2 供能质量

供能质量是指供能单位和销售单位提供给用户的能源的品种、质量指标和技术参数。

3.3 节能监测

节能监测是指依据国家有关节约能源的法规（或行业、地方规定）和能源标准，对用能单位的能源利用状况所进行的监督、检查、测试和评价工作。

3.4 综合节能监测

综合节能监测是指对用能单位整体的能源利用状况所进行的节能监测。

3.5 单项节能监测

单项节能监测是指对用能单位能源利用状况中的部分项目所进行的监测。

4 节能监测的范围

4.1 对重点耗能单位应定期进行综合节能监测。

4.2 对一般企、事业和其他用能单位，可进行单项节能监测。

5 节能监测的内容及要求

5.1 用能设备的技术性能和运行状况。

5.1.1 用能设备应采用节能型产品或效率高、能耗低的产品，已被明令禁止生产、使用的能耗高、效率低的设备应限期更新、改造。

5.1.2 用能设备的实际运行效率或主要运行参数应符合该设备经济运行的要求。

5.2 能源转换、输配与利用系统的配置与运行效率。

5.2.1 供热、发电、制气、炼焦等供能系统，设备、管网和电网设置要合理、节能，能量损失应符合相应技术标准的规定。

5.2.2 主要用能设备和系统应实现经济运行，符合相应技术标准的规定。

5.2.3 符合 GB/T 1028 的余热、余能资源应加以回收利用。

5.3 用能工艺和操作技术。

5.3.1 对工艺用能的先进、合理性和实际状况包括工艺能耗或工序能耗进行评价。

5.3.2 对人员的操作技术应进行培训、考核，并对总体状况做出评价。

5.4 企业能源管理技术状况。

5.4.1 用能单位必须齐备有关的能源法规和标准文本，并已对有关人员进行宣讲、培训。

5.4.2 应建立完善的能源管理的规章制度（如岗位责任、部门职责分工、人员培训、耗能定额管理、奖罚等制度）。

5.4.3 必须按要求安装计量仪表，符合《企业能源计量器具配备与管理导则》规定。

5.4.4 能源记录台帐、统计报表必须真实、完整、规范。

5.4.5 应建立完整的能源技术档案。

5.5 能源利用的效果。

5.5.1 用能单位的产品单位产量能源消耗定额必须按 GB/T 12723 进行制定并贯彻实施。

5.5.2 产品单位产量综合能耗及单耗，应在定额以内。

5.6 供能质量与用能品种。

5.6.1 供能应符合国家政策规定并与提供给用户的报告单一致。

5.6.2 用能单位使用的能源品种应符合国家政策规定和分类合理使用的原则。

5.7 对生产、销售标明“节能型”的产品的能耗指标应进行抽查和检验。

6 节能监测的技术条件

6.1 监测应在生产正常,设备运行工况稳定条件下进行,测试工作要与生产过程相适应。

6.2 监测必须按照与监测相关的国家标准进行。尚未制定出国家标准的监测项目，可按行业或地方标准进行监测。

6.3 监测过程所用的时间，应根据监测项目的技术要求确定，时间不宜过长。

6.4 定期监测周期为 1 ~ 3 年，不定期监测时间间隔根据被监测对象的用能特点确定。

6.5 监测用的仪表、量具，其精度和量程必须保证所测结果具有可靠性，监测误差应在被监测项目的相关标准所规定的允许范围以内。

7 节能监测的方式

7.1 由监测机构进行现场监测。

7.2 由用能单位在监测机构的监督、指导下进行自检，经监测机构检验符合监测要求者，监测机构予以确认，并在此基础上进行评价和作出结论。

8 节能监测项目评价指标的确定

8.1 监测项目评价指标应按相关的国家标准确定。

8.2 监测项目评价指标没有国家标准者，应按行业或地方规定确定。

8.3 无现成依据的监测项目评价指标的确定应以专门的技术调查或统计资料分析为基础。

9 监测机构的技术要求

监测机构应符合有关节能监测机构认证审定办法和节能监测机构计量认证评审考核要求的规定。

9.1 节能监测机构的实验室的工作环境应能满足节能监测的要求。

9.2 节能监测用的仪器、仪表、量具和设备应与所从事的监测项目相适应。

9.3 监测人员应具备节能监测所必要的专业知识和实践经验,需经技术、业务考核合格。

9.4 监测机构应具有确保监测数据公正、可靠的管理制度。

10 节能监测报告的编写要求

10.1 监测工作完成后，监测机构应在2周内作出监测结果评价结论，写出监测报告交有关节能主管部门和被监测单位。

10.2 监测报告分为两类：单项节能监测报告和综合节能监测报告。

10.3 节能监测报告内容

10.3.1 单项节能监测报告应包括：监测依据（进行监测的文件编号）、被监测单位的名称、被监测系统（设备）名称、被监测项目及内容（包括测试数据、分析判断依据等）、评价结论和处理意见的建议。

10.3.2 综合节能监测报告应包括：监测依据（进行监测的文件编号）、被监测单位名称、综合节能监测项目及内容、评价结论和处理意见的建议。

10.3.3 节能监测结果的分析与评价应考虑供能质量变化的影响。

10.4 节能监测报告格式

10.4.1 综合节能监测报告格式由行业和地方节能主管部门根据能源科学管理实际需要统一拟定、铅印。

10.4.2 单项节能监测报告的格式由专项节能监测标准规定。

附加说明：

本标准由国家经贸委、国家技术监督局标准化司提出。

本标准由全国能源基础与管理标准化技术委员会能源管理分委员会技术归口。

本标准由中国标准化与信息分类编码研究所、国家计委-中国科学院能源研究所负责起草。

本标准起草人辛定国、张管生、李爱仙、夏里扬、王汉卿、刘选秀。

中华人民共和国国家标准

设备及管道保温设计导则

Guide for design of thermal insulation of equipments and pipes

GB/T 8175—87

国家标准局 1987-08-28 批准
1988-06-01 实施

本标准根据 GB 4272 的原则并遵照其第四章“保温设计”的规定编制的。

1 主题内容与适用范围

本标准规定了保温设计的基本原则、保温材料的选择、保温层厚度的计算和确定、保温计算主要数据选取原则及保温结构。

本标准适用于一般热设备和管道。不适用于船舶、核能以及工业炉窑和锅炉的内衬等有特殊要求的装置设施。

施工中的临时设施、各种热工仪表系统的管道及伴热管道不受本标准的约束。

2 引用标准

GB 4132 绝热材料名词术语

GB 4272 设备及管道保温技术通则

GB 8174 设备及管道保温效果的测试与评价

3 保温设计的基本原则

保温设计应符合减少散热损失、节约能源、满足工艺要求、保持生产能力、提高经济效益、改善工作环境、防止烫伤等基本原则。

3.1 具有下列情况之一的设备、管道、管件、阀门等（以下对管道、管件、阀门等统称为管道）必需保温。

3.1.1 外表面温度大于 323K（50℃）[1]以及根据需要要求外表面温度小于或等于 323K（50℃）的设备和管道。

注：1）指环境温度为 298K（25℃）时的表面温度。

3.1.2 介质凝固点高于环境温度的设备和管道。

3.2 除防烫伤要求保温的部位外，具有下列情况之一的设备和管道可不保温：

3.2.1 要求散热或必需裸露的设备和管道；

3.2.2 要求及时发现泄漏的设备和管道上的连接法兰；

3.2.3 要求经常监测，防止发生损坏的部位；

3.2.4 工艺生产中排气、放空等不需要保温的设备和管道。

3.3 表面温度超过 333K（60℃）的不保温设备和管道，需要经常维护又无法采用其他措施防止烫伤的部位应在下列范围内设置防烫伤保温：

3.3.1 距离地面或工作平台的高度小于 2.1m；

3.3.2 靠近操作平台距离小于 0.75m。

4 保温材料选择

4.1 保温材料制品应具有的主要技术性能：

4.1.1 平均温度等于或小于 623K（350℃）时，导热系数值不得大于0.12W/(m·K)[0.103kcal/(m·h·℃)]，并有明确的随温度变化的导热系数方程式或图表；

对于松散或可压缩的保温材料及其制品，应提供在使用密度下的导热系数方程式或图表；

4.1.2 密度不大于 400kg/m^3；

4.1.3 除软质、半硬质[1)]及散状材料外，硬质成型制品的抗压强度不应小于 0.294MPa（3kgf/cm^2）。

注：1）用软质材料成型的制品。

4.2 保温材料制品应具有下列性能资料：

4.2.1 允许最高使用温度；

4.2.2 必要时尚需注明耐火性、吸水率、吸湿率、热膨胀系数、收缩率、抗折强度、腐蚀性及耐蚀性等。

4.3 应由生产厂按用户提出的要求提供符合上述各项性能指标的产品，必要时应委托国家指定的检测机构按国家标准测定。

4.4 保温材料的选择原则：

4.4.1 保温材料制品的允许使用温度应高于正常操作时的介质最高温度；

4.4.2 相同温度范围内有不同材料可供选择时，应选用导热系数小、密度小、造价低、易于施工的材料制品，同时应进行综合比较，其经济效益高者应优先选用；

4.4.3 在高温条件下经综合经济比较后可选用复合材料。

5 保温层厚度的计算和确定

5.1 管道和圆筒设备外径大于 1020mm 者，可按平面计算保温层厚度；其余均按圆筒面计算保温层厚度。

5.2 为减少散热损失的保温层其厚度应按经济厚度方法计算。

5.2.1 对于热价低廉，保温材料制品或施工费用较高，根据公式计算得出的经济厚度偏小以致散热损失超过 GB 4272 中表 1 或表 2 内规定的最大允许散热损失时，应重新按表内最大允许散热损失的 80%～90%计算其保温层厚度；

5.2.2 对于热价偏高、保温材料制品或施工费用低廉、并排敷设的管道，尚应考虑支撑结构、占地面积等综合经济效益，其厚度可小于经济厚度。

5.3 保温层厚度和散热损失的计算

5.3.1 保温层经济厚度的计算公式

a. 平面的计算公式见式（1）：

$$\delta = A_1\sqrt{\frac{f_n \cdot \lambda \cdot t\ (T - T_a)}{P_i \cdot S}} - \frac{\lambda}{\alpha} \tag{1}$$

式中 δ——保温层厚度，m；

A_1——常数，按中华人民共和国法定计量单位计算 $A_i = 1.8975 \times 10^{-3}$（按公制计量单位计算 $A_1 = 10^{-3}$）；

f_n——热价，元/10^6kJ（元/10^6kcal）；

λ——保温材料制品导热系数，对于软质材料应取安装密度下的导热系数，W/（m·K）[kcal/（m·h·℃）]；

t——年运行时间，h；

T——设备和管道的外表面温度，K（℃）；

T_a——环境温度，K（℃）；

P_i——保温结构单位造价，元/m^3；

S——保温工程投资贷款年分摊率，按复利计息：$S=\frac{i\ (1+i)^n}{(1+i)^n-1}$,%；

i——年利率（复利率），%；

n——计息年数，年；

α——保温层外表面向大气的放热系数，W/（m^2·K）[kcal/（m^2·h·℃）]。

b. 圆筒面的计算公式见式（2）：

$$\left.\begin{aligned} D_0L_n\frac{D_0}{D_i}&=A_2\sqrt{\frac{f_n\cdot\lambda\cdot t\ (T-T_a)}{P_i\cdot S}}-\frac{2\lambda}{\alpha}\\ \delta&=\frac{D_0-D_i}{2}\end{aligned}\right\}\qquad(2)$$

式中 A_2——常数，按中华人民共和国法定计量单位计算 $A_2=3.795\times10^{-3}$按公制计量单位计算 $A_2=2\times10^{-3}$；

D_0——保温层外径，m；

D_i——保温层内径，m；

其余符号说明与式（1）相同。

5.3.2 保温层表面散热损失计算公式

a. 平面的计算公式见式（3）：

$$q=\frac{T-T_a}{R_i+R_s}=\frac{T-T_a}{\frac{\delta}{\lambda}+\frac{1}{\alpha}}\qquad(3)$$

b. 圆筒面的计算公式见式（4）：

$$q=\frac{T-T_a}{R_i+R_s}=\frac{2\pi\ (T-T_a)}{\frac{1}{\lambda}L_n\frac{D_0}{D_i}+\frac{2}{\alpha\cdot D_0}}\qquad(4)$$

式中 q——单位表面散热损失，

平面：W/m^2 [kcal/(m^2·h)]，

管道：W/m [kcal/(m·h)]；

R_i——保温层热阻，

平面：(m^2·K)/W[(m^2·h·℃)/kcal]，

管道：(m·K)/W[(m·h·℃)/kcal]；

R_s——保温层表面热阻，

平面：(m^2·K)/W[(m^2·h·℃)/kcal]，

管道：(m·K)/W[(m·h·℃)/kcal]；

其余符号说明与式（1）、（2）相同。

5.3.3 保温层外表面温度的计算公式

a. 平面的计算公式见式（5）：

$$T_s=q\cdot R_s+T_a=\frac{q}{\alpha}+T_a\qquad(5)$$

b. 圆筒面的计算公式见式（6）：

$$T_s = q \cdot R_s + T_a = \frac{q}{\pi \cdot D_0 \cdot \alpha} + T_a \tag{6}$$

式中 T_s——保温层外表面温度，K（℃）；

其余符号说明与式（1）～（4）相同。

6 保温计算主要数据选取原则

6.1 温度

6.1.1 表面温度 T

6.1.1.1 无衬里的金属设备和管道的表面温度 T，取介质的正常运行温度。

6.1.1.2 有内衬的金属设备和管道应进行传热计算确定外表面温度。

6.1.2 环境温度 T_a

6.1.2.1 设置在室外的设备和管道在经济保温厚度和散热损失计算中，环境温度 T_a 常年运行的取历年之年平均温度的平均值；季节性运行的取历年运行期日平均温度的平均值。

6.1.2.2 设置在室内的设备和管道在经济保温厚度及散热损失计算中环境温度 T_a 均取293K（20℃）。

6.1.2.3 设置在地沟中的管道，当介质温度 $T=352$K（80℃）时，环境温度 T_a 取293K（20℃）；当介质温度 $T=354\sim383$K（81～110℃）时，环境温度 T_a 取303K（30℃）；当介质温度 $T\geqslant383$K（110℃）时，环境温度 T_a 取313K（40℃）。

6.1.2.4 在校核有工艺要求的各保温层计算中环境温度 T_a 应按最不利的条件取值。

6.2 表面放热系数 α

6.2.1 在经济厚度及热损失计算中，设备和管道的保温结构外表面放热系数 α 一般取 $11.63\text{W}/(\text{m}^2\cdot\text{K})[10\text{kcal}/(\text{m}^2\cdot\text{h}\cdot℃)]$。

6.2.2 在校核保温结构表面温度计算中，一般情况按 $\alpha=1.163\ (6+3\sqrt{\omega})\ \text{W/m}^2$ 计算，式中 ω 为风速，单位 m/s。

6.2.3 如要求计算值更接近于真值，则应按不同外表面材料的热发射率与环境风速对 α 值的影响，将辐射与对流放热系数分别计算然后取其和。

6.3 导热系数 λ1)

保温材料制品的导热系数或导热系数方程应由制造厂提供并应符合本标准6.3的要求。

注：1）一般试验室均将材料烘干至恒重后再行测试，所得 λ 值常与实际有差别。为使设计计算更接近于实际，可采用经环境因素影响而校正后的导热系 λ_p 代替试验室测出的 λ 值。

6.4 保温结构的单位造价 P_i

单位造价应包括主材费、包装费、运输费、损耗、安装（包括辅助材料费）及保护结构费等。

6.5 计息年数 n

指计算期年数。根据不同情况取5～10年。

6.6 年利率 i

取6%～10%（复利）

6.7 热价格 f^n

应按各地区、各部门的具体情况确定，一般在 3.6 ~ 6 元/10^6kJ（15 ~ 25 元/10^6kcal）之间取值。

6.8 年运行时间 t

常年运行一般按 8000h 计；

采暖运行中的采暖期按 3000h 计；采暖期较长地区得按实际采暖期（小时）计；

其他按实际情况选取年运行时间。

7 保 温 结 构

7.1 保温结构一般由保温层和保护层组成。保温结构的设计应符合保温效果好、施工方便、防火、耐久、美观等。

7.2 保温层：

7.2.1 设备、直管道、管件等无需检修处宜采用固定式保温结构；法兰、阀门、人孔等处宜采用可拆卸式的保温结构。

7.2.2 保温厚度宜按 10mm 为分级单位。

7.2.3 保温层设计厚度大于 100mm 时，保温结构宜按双层考虑；双层的内外层缝隙应彼此错开。

7.2.4 使用软质和半硬质保温材料时，设计应根据材料的最佳保温密度或保证其在长期运行中不致塌陷的密度而规定其施工压缩量。

7.3 保温层的支撑及紧固：

7.3.1 高于 3m 的立式设备、垂直管道以及与水平夹角大于 45°，长度超过 3m 的管道应设支撑圈，其间距一般为 3 ~ 6m。

7.3.2 硬质材料施工中应预留伸缩缝。设置支撑圈者应在支撑圈下预留伸缩缝。缝宽应按金属壁和保温材料的伸缩量之间的差值考虑。伸缩缝间应填塞与硬质材料厚度相同的软质材料，该材料使用温度应大于设备和管道的表面温度。

7.3.3 保温层应采取适当措施进行紧固。

7.4 保护层：

7.4.1 保护层应具有保护保温层和防水的性能。

7.4.2 一般金属保护层应采用 0.3 ~ 0.8mm 厚的镀锌薄钢板、或防锈铝板制成外壳，壳的接缝必搭接以防雨水进入。

7.4.3 玻璃布保护层一般在室内使用。石棉水泥类抹面保护层不得在室外使用。

7.4.4 可采用其他已被确认可靠的新型外保护层材料。

附 录 A
保温层厚度的计算方法
（补充件）

在允许温降条件下输送液体管道的保温层厚度应按热平衡方法计算。

A.1 无分支（无结点）管道

A.1.1

$$\text{当}\quad \frac{T_1-T_a}{T_2-T_a}>2\text{ 时}$$

$$\left.\begin{aligned} L_n\frac{D_0}{D_i}&=2\pi\lambda\left[\frac{L_c}{q_m\cdot C\cdot L_n\dfrac{T_1-T_a}{T_2-T_a}}-\frac{1}{\pi D_0\alpha}\right] \\ \delta&=\frac{D_0-D_i}{2}\end{aligned}\right\}\tag{A1}$$

A.1.2

$$\text{当}\quad \frac{T_1-T_a}{T_2-T_a}<2\text{ 时}$$

$$\left.\begin{aligned} L_n\frac{D_0}{D_i}&=2\pi\lambda\left[\frac{L_c\ (T_m-T_a)}{q_m\cdot C\ (T_1-T_2)}-\frac{1}{\pi D_0\alpha}\right] \\ \delta&=\frac{D_0-D_i}{2}\end{aligned}\right\}\tag{A2}$$

$$L_c=K_r\cdot L\tag{A3}$$

式中 T_1——管道 1 点处的介质温度，K（℃）；

T_2——管道 2 点处的介质温度，K（℃）；

L_c——管道计算长度，m；

K_r——管道通过吊架处的热损失附加系数；

L——管道实际长度，m；

T_m——算术平均温度，K（℃）；

q_m——介质质量流量，kg/h；

C——介质热容，J/（kg·K）[kcal/（kg·℃）]；

其余符号说明与本标准式（1）、（2）相同。

A.2 有分支（有结点）管道

结点处温度按式（A4）计算：

$$T_c = T_{c-1}-(T_i-T_n)\frac{\dfrac{L_{c-1\to c}}{q_{mc-1\to c}}}{\sum\limits_{i=2}^{n}\dfrac{L_{i-1\to i}}{q_{mi-1\to i}}}\tag{A4}$$

式中 T_c，T_{c-1}——分别为结点 c 与前一结点 $c-1$ 处的温度，K（℃）；

T_i——管道起点的温度，K（℃）；

T_n——管道终点的温度，K（℃）；

$L_{c-1\to c}$——结点 c 与前一结点 $c-1$ 之间的管段长度，m；

$L_{i-1\to i}$——任意点 i 与前一结点 $i-1$ 之间的管段长度，m；

$q_{mc-1\to c}$——$c-1$ 与 c 两点间管道介质质量流量，kg/h；

$q_{mi-1\rightarrow i}$——任意点 i 与前一结点 $i-1$ 之间介质质量流量，kg/h。

附　录　B
保温层厚度的计算方法
（补充件）

延迟管道内介质冻结、凝固的保温层厚度应按热平衡方法计算

$$\left.\begin{aligned} L_n\frac{D_0}{D_i}&=2\pi\lambda\left[\frac{K_r\cdot t_{fr}}{\dfrac{2\,(T-T_{fr})\,(V\rho C+V_p\rho_p C_p)}{T+T_{fr}-2T_a}-\dfrac{0.25V\rho H_{fr}}{T_{fr}-T_a}}-\frac{1}{\pi D_0\alpha}\right]\\ \delta&=\frac{D_0-D_i}{2}\end{aligned}\right\}\quad(B1)$$

式中　K_r——见式（A3）说明；

t_{fr}——介质在管道内防止冻结停留时间，h；

T_{fr}——管道内介质的冻结温度，K（℃）；

V，V_p——分别为介质体积和管壁体积，m^3；

ρ，ρ_p——分别为介质密度和管材密度，kg/m^3；

C，C_p——分别为介质热容和管材热容，J/kg·K［kcal/（kg·℃）］；

H_{fr}——介质融解热，J（kcal/kg）；

其他符号说明与本标准式（1）、（2）相同。

附　录　C
不同材料双层保温厚度的计算方法
（补充件）

C.1　内层厚度按表面温度计算；外层厚度按经济厚度方法计算。

C.2　内外层界面处温度应按外层保温材料最高使用温度的 0.9 倍计算。

附加说明：

本标准由全国能源基础与管理标准化技术委员会提出。

本标准由中国石油化工总公司洛阳石油化工工程公司、国家建筑材料工业局标准化研究所、南京玻璃纤维研究设计院、国家医药局上海医药设计院、中国建筑科学研究院空调研究所、华东电力设计院负责起草。

本标准主要起草人王怀义、李苏华、裘应林、李鸿法、夏敏、汪训昌、莫松涛。

中华人民共和国国家标准

PVC塑料窗建筑物理性能分级

Graduation for building physical performances of PVC windows

GB/T 11793.1—89

国家技术监督局 1989-11-30批准

1990-07-01实施

1 主题内容与适用范围

本标准规定了PVC塑料窗空气渗透、雨水渗漏、抗风压性能指标及保温和隔声性能分级。

本标准适用于建筑用PVC塑料窗。

2 引 用 标 准

GB 7106 建筑外窗抗风压性能分级及其检测方法
GB 7107 建筑外窗空气渗透性能分级及其检测方法
GB 7108 建筑外窗雨水渗漏性能分级及其检测方法
GB 8484 建筑外窗保温性能分级及其检测方法
GB 8485 建筑外窗空气声隔声性能分级及其检测方法

3 性 能

3.1 依据不同建筑物的使用要求，按抗风压、空气渗透、雨水渗漏三项性能指标，将产品划分为A、B、C三类（见表1）。

3.2 保温性能分级（见表2）。

3.3 空气声隔声性能分级（见表3）。

表1

类别	等级	性能指标		
		抗风压性能 Pa≥	空气渗透性能（10Pa下）$m^3/m\cdot h$≤	雨水渗漏性能 Pa≥
A类（高性能窗）	优等品（A_1级）	3500	0.5	400
	一等品（A_2级）	3000	0.5	350
	合格品（A_3级）	2500	1.0	350
B类（中性能窗）	优等品（B_1级）	2500	1.0	300
	一等品（B_2级）	2000	1.5	300
	合格品（B_3级）	2000	2.0	250
C类（低性能窗）	优等品（C_1级）	2000	2.0	200
	一等品（C_2级）	1500	2.5	150
	合格品（C_3级）	1000	3.0	100

表2

等级	Ⅰ	Ⅱ	Ⅲ	Ⅳ
传热系数 K_0 W/m^2K	≤2.00	>2.00 ≤3.00	>3.00 ≤4.00	>4.00 ≤5.00
传热阻 R_0 m^2K/W	≥0.50	<0.50 ≥0.33	<0.33 ≥0.25	<0.25 ≥0.20

表 3

等　　级	Ⅰ（优等品）	Ⅱ（一等品）	Ⅲ（合格品）
空气声计权隔声量 dB	≥35	≥30	≥25

4 检 测 方 法

4.1 抗风压性能检测

抗风压性能检测方法按 GB 7106 规定。

4.2 空气渗透性能检测

空气渗透性能检测方法按 GB 7107 规定。

4.3 雨水渗漏性能检测

雨水渗漏性能检测方法按 GB 7108 规定。

4.4 保温性能检测

保温性能检测方法按 GB 8484 规定。

4.5 空气声隔声性能检测方法

空气声隔声性能检测方法按 GB 8485 规定。

附加说明：

本标准由中华人民共和国建设部提出。

本标准由中国建筑标准设计研究所归口。

本标准由中国建筑科学研究院建筑物理研究所起草并负责解释。

本标准主要起草人管慰萱、高锡九。

中华人民共和国国家标准

PVC塑料窗力学性能、耐候性技术条件

Technical requirements on mechanical and weathering properties for PVC windows

GB/T 11793.2—89

国家技术监督局 1989-11-30批准
1990-07-01实施

1 主题内容及适用范围

本标准规定了塑料窗的机械力学性能，耐候性的技术指标。本标准适用于由硬质聚氯乙烯（PVC）塑料型材组装成的窗（以下称塑料窗）。

2 引 用 标 准

GB 3681 塑料自然气候曝露试验方法

GB 8814 门、窗框用硬聚氯乙烯（PVC）型材

GB 11793.3 塑料窗力学性能、耐候性试验方法

3 技 术 要 求

3.1 窗用型材应符合 GB 8814 门、窗框用硬聚氯乙烯（PVC）型材的要求。

3.2 各类塑料窗的力学性能检测项目按表 1 规定进行，其力学性能应满足表 2 所列的要求。

表 1 各类塑料窗的力学性能检测项目

窗的种类			模拟非正常受力试验				窗撑和开启限位器	窗的开关力	开关疲劳	大力关闭	角强度
			悬端吊重	翘曲或弯曲	扭曲	对角线变形					
平开窗	垂直轴	内开	✓	✓	—	—	—	✓	✓	✓	✓
		外开	✓	✓	—	—	✓	✓	✓	✓	✓
	滑轴平开窗		✓	✓	—	—	—	✓	✓	✓	✓
悬窗	上悬窗		—	✓	—	—	✓	✓	✓	✓	✓
	下悬窗		—	✓	—	—	✓	✓	✓	✓	✓
	中悬窗		—	✓	—	—	✓	✓	✓	✓	✓
	立转窗		✓	✓	—	—	✓	✓	✓	✓	✓
推拉窗	右左推拉窗		—	✓	✓	✓	—	✓	✓	—	✓
	上下推拉窗		—	✓	✓	—	✓	✓	—	—	✓
注：“✓”符号表示应检测的项目。											

表 2 塑料窗的机械力学性能要求

序号	性能项目		技术要求
1	窗开、关过程中移动窗扇的力		不大于 50N
2	悬端吊重		在 500N 力作用下，残余变形应不大于 3mm，试件应不损坏，仍保持使用功能
3	翘曲或弯曲		在 300N 力作用下，允许有不影响使用的残余变形，试件不允许破裂，仍保持使用功能
4	扭曲		在 200N 力作用下，试件不允许损坏，不允许有影响使用功能的残余变形
5	对角线变形		
6	开关疲劳	平开窗	开关速度为 10~20 次/min，经不少于一万次的开关，试件及五金不应损坏，其固定处及玻璃压条不应松脱
		推拉窗	开关速度为 15m/min，开关不应少于一万次，试件及五金不应损坏
7	大力关闭		经模拟 7 级风连续开关 10 次，试件不损坏，仍保持原有开关功能
8	窗撑试验		能支持 200N 力，不允许移位，联接处型材不应破裂
9	开启限位器		10N10 次，试件不应损坏
10	角强度		平均值不低于 3000N，最小值不低于平均值的 70%

3.3 耐候性

耐候性试验方法分以下三类：人工老化试验、自然耐候性试验以及整樘塑料窗耐候性试验。一般情况下，进行人工加速老化或自然耐候性试验即可，当需检验具体使用条件下的耐候性时，则做整窗试验。

3.3.1 人工加速老化

外窗用型材人工老化应不少于1000h;

内窗用型材人工老化应不少于500h;

老化后外观、变退色及冲击强度应符合表3要求。

表3 老化后型材外观、变退色及冲击强度的要求

项　目	技 术 要 求
外　观	无气泡、裂纹等
变退色	不应超过3级灰度
冲击强度保留率	简支梁冲击强度保留率不低于70%

3.3.2 自然老化性能

试验方法按GB 3681，曝晒两年后其性能应符合表3要求。

3.3.3 在实际使用条件下整窗自然耐候性

窗在建筑物上使用两年后，其性能应符合表3的要求。

4 试 验 方 法

本标准规定的质量指标均按GB 11793.3测定。

附加说明：

本标准由中华人民共和国建设部提出。

本标准由中国建筑标准设计研究所归口。

本标准由建设部中国建筑科学研究院、建筑装修研究部负责起草并负责解释。

本标准主要起草人王永菁。

中华人民共和国国家标准

PVC塑料窗力学性能、耐候性试验方法

Testing methods on mechanical and weathering properties for PVC windows

GB/T 11793.3—89

国家技术监督局 1989-11-30 批准

1990-07-01 实施

1 主题内容及适用范围

本标准规定了PVC塑料窗（以下简称塑料窗）的机械力学性能、耐候性的试验方法。

本标准适用于由硬聚氯乙烯（PVC）塑料异型材组装而成的整樘塑料窗的机械力学性能和耐候性的测定。不涉及窗与墙体的结合部位。

用于制造塑料窗的型材，必须符合GB 8814门、窗框用硬聚氯乙烯（PVC）型材的要求。

2 引 用 标 准

GB 1043 塑料简支梁冲击试验方法

GB 3681 塑料自然气候曝露试验方法

GB 8814 门、窗框用硬聚氯乙烯（PVC）型材

GB 9158 建筑用窗承受机械力学的检测方法

3 塑料窗机械力学性能试验方法

3.1 检测内容

a. 测定操纵塑料窗开关所需的力；

b. 测定窗非正常受力时的变形及损坏情况；

c. 测定窗撑和开启限位器的性能；

d. 测定塑料窗开关疲劳性能；

e. 测定塑料窗大力关闭时的承受能力；

f. 测定角强度。

各类窗应按表1所列项目进行力学性能检测。其中如具有多种开启方式的窗，应对其每一种开启方式分别进行检测。

表1 各类塑料窗的力学性能检测项目

窗的种类			模拟非正常受力试验				窗撑或开启限位器	窗的开关力	开关疲劳	大力关闭	角强度
			悬端吊重	翘曲或弯曲	扭曲	对角线变形					
平开窗	垂直轴	内开	✓	✓	—	—	—	✓	✓	✓	✓
		外开	✓	✓	—	—	✓	✓	✓	✓	✓
	滑轴平开窗		✓	✓	—	—	—	✓	✓	✓	✓
悬窗	上悬窗		—	✓	—	—	✓	✓	✓	✓	✓
	下悬窗		—	✓	—	—	✓	✓	✓	✓	✓
	中悬窗		—	✓	—	—	✓	✓	✓	✓	✓
	立转窗		✓	✓	—	—	✓	✓	✓	✓	✓
推拉窗	左右推拉窗		—	✓	✓	✓	—	✓	✓	—	✓
	上下推拉窗		—	✓	✓	—	✓	✓	—	—	✓

注：“✓”符号表示应检测的项目。

3.2 检测装置

检测装置可包括下列主要部分：

a. 窗试件的固定装置：该装置应不妨碍窗扇开关方向的自由度；

b. 加力和测力装置；

c. 测量位移（变形）的装置：包括位移测定器及使其定位的装置；

d. 开关疲劳测定装置；

e. 角强度测定装置。

3.3 检测准备

3.3.1 取样方法及试件数量

塑料窗——每一种窗以随机取样的方法从批量产品中抽取窗试件应不少于 3 樘。

角强度试件——每次检测的型材试件数应不少于 5 个。

3.3.2 试件要求

a. 试件应为生产厂的合格产品，不可附加多余的零配件，或采用特殊的组装工艺；

b. 试件的镶嵌应符合设计要求，或按有关规定进行，（如因玻璃质量问题或镶嵌质量不符合有关规范要求；而在检测过程中发生不正常的玻璃破碎现象时，应重新测定）；

c. 玻璃厚度、型号和镶嵌方式应符合生产厂的规定；

d. 角强度试件的制作及要求见本标准第 3.5.7 条。

3.3.3 试件存放

试件应在 18～28℃条件下至少放置 16h，然后再进行各项性能试验。

3.4 试件安装

将窗试件安装在固定的试验架上，并尽可能接近实际使用时的受力状态，要求其上下垂直，左右水平，不允许由于安装而产生变形。

3.5 检测方法

3.5.1 窗开关力的测定

测定正常使用时，窗扇在持续开启或关闭过程中所需的最大力，以 N 表示。试验时将弹簧秤钩住执手处，通过弹簧秤用手拉动窗扇，使其开启或关闭，读取开启，关闭时弹簧秤显示的最大读数。试验时应使加力方向与开关的方向保持一致。

3.5.2 模拟非正常受力试验

模拟非正常受力试验包括悬端吊重试验、翘曲或弯曲试验、扭曲及对角线变形试验。

试验时作用力应平稳均恒地施加不应有冲击，以第二次加荷时的变形及卸荷后的残余变形作为评定指标。

3.5.2.1 悬端吊重试验

悬端吊重试验是测定开着的窗在受到外加垂直力作用时的性能。

在开启角为 90°±5°的窗扇自由端的扇框型材中心线上，施加 500N 的垂直向下力，保持 5s 后立即卸荷，卸荷 60s 后，记录窗扇自由端扇框型材中心线上测定点的位置初始读数 L_0（精确到 0.10mm）。再进行第二次加荷（500N），保持 60s，记录此时测定点的读数 L_1，立即卸荷，保持 60s，记录该测定点的读数 L_2。

负载变形 = $L_1 - L_0$

残余变形 = $L_2 - L_0$

3.5.2.2 翘曲或弯曲变形试验

翘曲或弯曲变形试验是模拟窗扇的一角被卡住强行开窗或人倚靠在打开着的窗扇上以及受风力时，窗扇产生变形的情况。

平开窗及悬窗的翘曲变形试验是将窗扇的锁松开，并使窗扇一角卡住，然后在窗扇执手处施加300N的作用力，保持5s后即卸除作用力，卸荷60s后记录执手处位移测量仪表上的初始读数 L_0（精确到0.10mm）再进行第二次加荷（300N），保持60s，记录测量仪表上的读数 L_1，立即卸荷，保持60s，记录测量仪表上的读数 L_2，单位为mm。

负载变形 $= L_1 - L_0$

残余变形 $= L_2 - L_0$

推拉窗的弯曲变形试验是将窗扇处于半开状态，作用力的位置应处于窗扇开启边竖挺的中点，施力方向垂直于窗平面，试验程序及变形测定要求与平开窗相同。

3.5.2.3 扭曲变形试验

扭曲变形试验是模拟推拉窗在使用过程中，当窗扇突然受阻而强行推拉时（图1）窗扇框执手处受扭曲变形的情况，见图2。

图1 扭曲试验状态图

在推拉窗扇框执手处，施加200N与开关方向一致的力，按照本章3.5.2.1中规定的加荷程序进行加荷，测定第二次加荷及卸荷后执手处的负载变形及残余变形，以毫米表示，精确到0.10mm。对于没有外凸执手的推拉窗可不作扭曲试验。

3.5.2.4 对角线变形试验

对角线变形试验是测定推拉窗在开关过程中，窗扇受阻时其对角线的变形情况。

试验是在窗扇的一角被卡住的情况下，在窗扇的执手处，施加与推拉方向一致的力200N，按本章第3.5.2.1条规定的程序进行加荷，测定第二次加荷时及卸荷后窗扇对角线的变形，以毫米表示，精确到0.1mm。

3.5.3 窗撑试验

窗撑试验是测定窗撑受力（如阵风吹袭窗扇）时的承受能力。

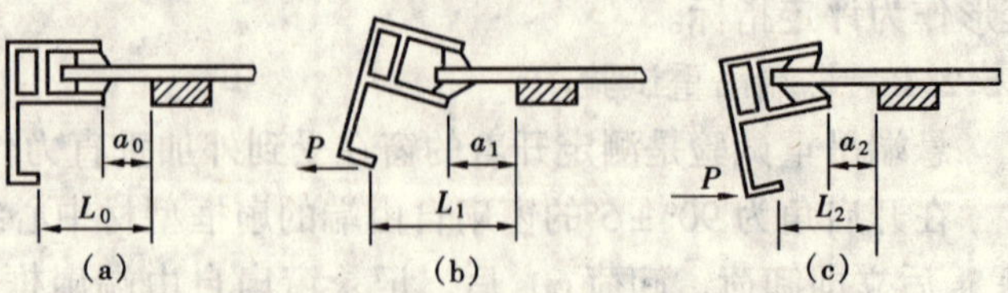

图2 扭曲试验时执手处窗扇框的变形情况

(a) 初始状态；(b) 推窗时的变形情况；(c) 拉窗时变形情况

试验时窗扇处于稳定的开启状态，以200N的力垂直作用在执手处，按本章第3.5.2.1条的规定程序进行加荷。测定窗撑处在荷载作用下的最大变形及卸荷后的残余变形，以毫米表示，精确到0.10mm。

3.5.4 开启限位器试验

开启限位器试验是测定关闭着的窗扇被阵风吹开时，窗扇开启限位器遭受猛然开启力作用的承受能力。

试验时窗先处于关闭状态，经滑轮以 10N 的力将窗扇拉开，限位器则受到 10N 的力以及窗扇惯性力的冲击，如此反复 10 次，记录试验过程中及试验后窗扇及其限位器的损坏情况。按照 GB 9158 中的有关规定进行试验。

3.5.5 开关疲劳试验

开关疲劳试验是测定窗扇经一万次开关后的性能。

a. 平开窗的开关疲劳试验

窗扇的开启度为 60° ± 5°，在开关速度为每分钟 10 ~ 20 次的条件下，进行不少于一万次的开关试验（以开关一个来回为一次计算）。试验时，当窗扇与框接触时所作用的外力为零，试验过程中应检查并记录试件的损坏情况。

b. 推拉窗的开关疲劳试验

首先使窗扇处于非锁闭状态，然后在执手处施加一定的力，使推拉窗扇以约 15m/min 的速度进行一万次以上的开关试验，（以开关一个来回为一次计算）。试验过程中应观察和记录试件是否损坏或开裂。

3.5.6 大力关闭试验

大力关闭试验是模拟开着的窗，当窗撑忘了锁紧或因使用失效时，在阵风吹袭下窗扇与框发生猛然碰撞时的承受能力。

试验时将窗扇开启 45° ± 5°，然后松开窗扇，使窗扇在荷载作用下猛力关闭，反复 10 次，观察并记录窗试件有无损坏。试验荷载应通过滑轮作用在窗扇的执手处，其大小应相当于七级风的作用力的一半即为 75Pa 乘以窗扇的面积。

3.5.7 角强度试验

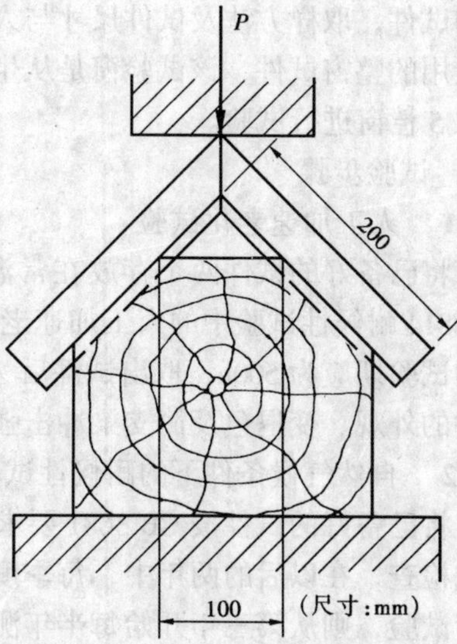

图 3 角强度试验

角强度试验是为了测定窗扇和窗框的角隅部位的断裂强度，试验前先按照图 3 的尺寸截取型材，并将其一端锯成 45°角。然后用与生产厂相同的工艺方法制成 90° ± 1°的直角试件，并清除焊瘤，试件数量应不少于 5 个，将试件在 18 ~ 28℃的环境中至少存放 16h，并在同样温度条件下以 50 ± 5mm/min 的加荷速度进行试验，测定破坏时的最大荷载及试件破坏情况，以 5 个试件测定结果的平均值表示，试验时应在试件下面放上垫块，使试件受力均匀。

3.6 检测报告

检测报告应包括下列内容：

a. 试件来源；

b. 试件名称、类型、开启方式、规格尺寸以及整窗的立面、剖面和型材断面图等；

c. 五金种类及数量；

d. 玻璃的类型、厚度及镶嵌方式；密封条的类型及材质；各项力学性能测定结果。

4 塑料窗的耐候性试验方法

塑料窗的耐候性试验方法可分为人工加速老化和自然耐候性试验方法，可根据具体条件选用上列两种方法中的任一种，或同时用两种方法进行试验。

4.1 检测用的设备

4.1.1 人工气候试验箱

应符合 GB 8814 的规定。

4.1.2 摆锤冲击仪应符合 GB 8814 的规定。

4.1.3 评定变色用灰色样卡应符合 GB 250—84 要求。

4.1.4 试件曝露架

4.2 试件

4.2.1 进行人工气候加速老化试验时，应以随机抽样的方法，从窗框用型材的外露面上至少截取试件 4 个。试件尺寸为：长 150mm；宽 70mm（或型材使用面的宽度）；厚度为型材的壁厚。

4.2.2 进行自然气候条件下的耐候性试验时，试件可采用下列两种：其一是放在曝晒架上的试件，取样方法及试件尺寸与人工老化试验的试件相同；其二是安装在建筑物上进行试验用的整窗试件，该试验窗是从生产厂的合格产品中，采用随机抽样的方法选取，至少应取 5 樘窗进行试验。

4.3 试验步骤

4.3.1 人工加速老化试验

将已备好的试件两个存放在常温的暗室中，另外两个放入人工气候试验箱中，按照 GB 8814 耐候性试验中的人工加速老化有关规定进行试验。外窗的试验期应为 1000h。内窗的试验期应为 500h，取出试件后，在 24h 内按照本标准中第 4.4 条要求，检测老化前后试件的外观、变退色及简支梁冲击强度。

4.3.2 自然气候条件下的耐候性试验

将已备好的试件按 GB 3681 要求进行曝晒试验，在头三个月中，每月进行一次外观观测或检查，在以后的两年中，每季度检测一次，并进行简支梁冲击试验，两年后如需继续进行试验，则从第三年开始每半年测定一次，直至其耐候性不合格为止。试件应能经受不少于两年的大气曝露试验。

4.3.3 在实际使用条件下的耐候性测定

将两根长度为 300mm 的窗型材，放在常温下的暗室中，此外将已备好的 5 樘试验窗按照通常的施工方法安装在建筑物的外墙上，在建筑物上使用两年即检查其外观（外表、颜色）及开关功能，从其中取一扇外观性能最差的窗扇，从其上截取型材，按 4.4.3 进行冲击试验，并与保留在暗室中的型材进行对比。

4.4 试件性能测定

经过人工老化和自然气候曝露试验后的试件，应进行外观、变退色、简支梁冲击性能及整窗开关功能的试验，并应与原始试件进行对比。

4.4.1 外观

在自然光线下，距试件表面400～500mm，用目测其表面是否有气泡、裂纹等。

4.4.2 变退色

用灰度标尺进行检测。

4.4.3 简支梁冲击性能的测定

按下列方法测定耐候性试验前后两种试件的冲击强度，由此得出其冲击强度保留率。

a. 试件制取及数量

将老化前后的型材试片、按下列尺寸制取V型缺口试件，其数量应不少于5个。

表2 简支梁缺口试件的尺寸 mm

长 L	宽 b	厚 d	缺口深	缺口宽	圆弧半径
55±1	6±0.2	型材壁厚	$d1/3$	0.8±0.1	≤0.1

b. 试验方法

按GB 1043的要求对老化前后的试件进行简支梁冲击性能试验，并以老化前后试件的冲击强度平均值之比作为冲击强度保留率。

c. 试验结果按下列方法计算：

冲击强度 f_i（kJ/m^2）

$$f_i = \frac{W}{b \cdot d_g}$$

式中 W——试件破坏所消耗的功kJ；

b——试件宽度m；

d_g——试件缺口处剩余厚度m。

并计算冲击值的算术平均值。

冲击强度保留率 β 按下式计算：

$$\beta = \frac{f_{i2}}{f_{i1}} \times 100$$

式中 f_{i1}——未老化试件的冲击强度；

f_{i2}——老化后试件的冲击强度。

4.4.4 整窗的开关功能：将窗扇反复开关5次观察其开关是否受阻。

4.5 检测报告

检测报告应包括：

a. 试件来源、生产测定日期；

b. 试件名称：类型、开启方式、规格尺寸以及整窗的立面、剖面和型材断面图；

c. 五金种类及数量；

d. 玻璃的类型、厚度及镶嵌方式；

e. 密封条类型及材质；

f. 试验条件；

g. 人工气候或自然气候曝露试验前后的试件表面性能：外观是否有气泡和裂纹；变

退色及简支梁冲击；整窗是否仍保持原有的开、关功能。

附加说明：

本标准由中华人民共和国建设部提出。

本标准由建设部中国建筑标准设计研究所归口。

本标准由中国建筑科学研究院装修部负责起草并负责解释。

本标准主要起草人王永菁。

中华人民共和国国家标准

建筑外窗采光性能分级及检测方法

Graduation and test method of daylighting properties for windows

GB/T 11976—2002

中华人民共和国国家质量监督检验检疫总局　2002-04-28 批准
2002-12-01 实施

前　言

本标准是对 GB/T 11976—1989《建筑外窗采光性能分级及其检测方法》的修订。

本标准保留了原标准的适用部分，并将原标准中的采光性能分级的 6 级改为现标准的 5 级，取消了原标准的采光性能分级中的Ⅰ级，并将原标准的Ⅵ、Ⅴ、Ⅳ、Ⅲ、Ⅱ级改为现标准的 1、2、3、4、5 级。同时对检测装置的光源室、接收室及光源作了更详细的规定，使其更具适用性。将原标准的窗采光性能分级表作为本标准提示的附录。

附录 A 为提示的附录。

本标准自实施之日起代替 GB/T 11976—1989。

本标准由建设部提出。

本标准由建设部建筑制品与构配件产品标准化技术委员会归口。

本标准负责起草单位：中国建筑科学研究院。

本标准参加起草单位：北京科搏华建筑采光技术开发有限责任公司。

本标准主要起草人：林若慈、张建平、汪家郴。

本标准委托中国建筑科学研究院建筑物理研究所负责解释。

1 范围

本标准规定了建筑外窗采光性能分级及检测方法。

本标准适用于各种框用材料和透光材料的建筑外窗，以及各种采光板和采光罩。

2 引用标准

下列标准所包含的条文，通过在本标准中引用而构成为本标准的条文。本标准出版时，所示版本均为有效。所有标准都会被修订，使用本标准的各方应探讨使用下列标准最新版本的可能性。

JJG 245—1994 光照度计

JJG 247—1994 总光通量白炽标准灯

3 定义

本标准采用下列定义。

3.1 采光性能 daylighting properties

建筑外窗在漫射光照射下透过光的能力。

3.2 漫射光照度（E_0） diffusion illuminance

安装窗试件前，在接收室内表面上测得的透过窗洞口的光照度。

3.3 透射漫射光照度（E_W） transmitted diffusion illuminance

安装窗试件后，在接收室内表面上测得的透过窗试件的光照度。

3.4 透光折减系数（T_r） transmitting rebate factor

透射漫射光照度（E_W）与漫射光照度（E_0）之比。

4 分级

4.1 分级指标

采用窗的透光折减系数 T_r 作为采光性能的分级指标。

4.2 分级指标值

窗的采光性能分级指标值及分级应按照表 1 的规定。

表 1 建筑外窗采光性能分级

分级	采光性能分级指标值
1	$0.02 \leqslant T_r < 0.30$
2	$0.30 \leqslant T_r < 0.40$
3	$0.40 \leqslant T_r < 0.50$
4	$0.50 \leqslant T_r < 0.60$
5	$T_r \geqslant 0.60$*

* T_r 值大于 0.60 时，应给出具体数值。

5 检测

5.1 检测项目

检测窗的透光折减系数 T_r 值。

5.2 检测装置

检测装置由光源室、光源、接收室、试件框和检测仪表五部分组成（见图 1）。

5.2.1 光源室

5.2.1.1 内表面应采用漫反射、光谱选择性小的涂料，其反射比应不小于 0.8。

5.2.1.2 试件表面上的照度宜不小于 1000lx，各点的照度差不应超过 1%。

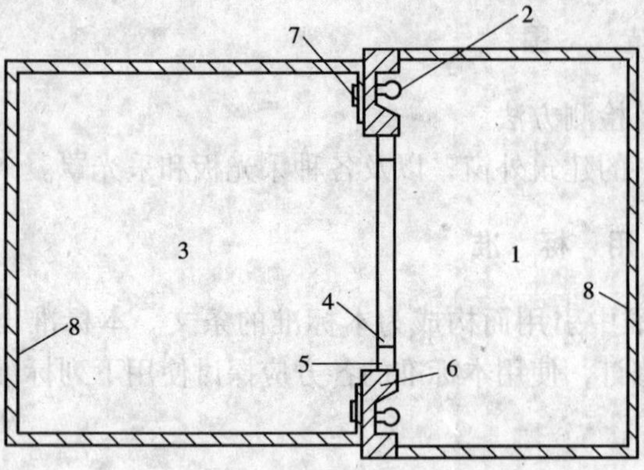

图 1 检测装置示意图

1—光源室；2—光源；3—接收室；4—试件洞口；5—试件框；6—灯槽；7—接收器；8—漫反射层

5.2.1.3 光源室应采用球体或正方体，以及满足 5.2.1.1 条和 5.2.1.2 条要求的其他形状，其最大开口面积应小于室内表面积的 10%。

5.2.2 光源

5.2.2.1 光源应采用具有连续光谱的电光源，且应对称布置，并应有控光装置。

5.2.2.2 光源应由稳压装置供电，其电压波动应不大于 0.5%。

5.2.2.3 光源应按 JJG 247—1994 附录 1 所述方法进行稳定性检查。

5.2.2.4 光源安装位置应保证不得有直射光落到试件表面。

5.2.3 接收室

5.2.3.1 接收室应为球体或正方体，其开口面积同光源室。

5.2.3.2 对接收室内表面的要求应与光源室相同。

5.2.4 试件框

5.2.4.1 试件框厚度应等于实际墙厚度。

5.2.4.2 试件框与两室开口相连接部分不应漏光。

5.2.5 光接收器

5.2.5.1 光接收器应具有 $V(\lambda)$ 修正，其光谱响应应与国际照明委员会的明视觉光谱光视效率一致。

5.2.5.2 光接收器应具有余弦修正器，光接收器应符合JJG 245规定的一级照度计要求。

5.2.5.3 光接收器应均匀设置在接收室开口周边内侧，数量不少于 4 个，且应对各光接受器的示值进行统一校准。

5.2.6 检测仪表

应采用一级及以上的照度计。

5.3 试件

5.3.1 试件数量

试件数量一般可为一件。

5.3.2 对试件的要求

5.3.2.1 试件必须和产品设计、加工和实际使用要求完全一致，不得有多余附件或采用特殊加工方法。

5.3.2.2 试件必须装修完好、无缺损、无污染。

5.3.3 试件安装

5.3.3.1 试件应备有相应的安装外框，外框应有足够的刚度，在检测中不应发生变形。

5.3.3.2 窗试件应安装在框厚中线位置，安装后的试件要求垂直、平行、无扭曲或弯曲现象。

5.3.3.3 试件与试件框连接处不应有漏光缝隙。

5.4 检测方法

5.4.1 检测程序

5.4.1.1 试件安装应按 5.3.3 条执行。

5.4.1.2 关闭接收室，开启检测仪表，待光源点燃 15min 后，采集各光接收器数据 E_{wi}。采集次数不得少于 3 次。

5.4.1.3 打开接收室，卸下窗试件，保留堵塞缝隙材料，合上接收室，采集各光接收器数据 E_{0i}。采集次数应与 E_{wi}采集次数相同。

5.4.2 数据处理

可按式（1）计算出 T_r 值：

$$T_r = \frac{\sum_{j=1}^{m}\sum_{i=1}^{n}\frac{E_{wij}}{E_{0ij}}}{m \times n} \tag{1}$$

式中 E_w——安装窗试件后，光接收器的漫射光照度；

E_0——窗试件卸下后，光接受器的漫射光照度；

i——光接受器序号；

j——数据采集次数序号；

n——光接收器个数；

m——数据采集次数。

5.5 检测报告

5.5.1 试件类型、尺寸和构造简图。

5.5.2 采光材料特性，如玻璃的种类、厚度和颜色。

5.5.3 窗框材料及颜色。

5.5.4 检测条件：光源类型，漫射光照射试件。

5.5.5 检测结果：窗的透光折减系数 T_r、所属级别。

5.5.6 检测人和审核人签名。

5.5.7 检测单位名称，检测日期。

附 录 A
（提示的附录）
GB/T 11976—1989 窗的采光性能分级表

原建筑外窗采光性能分级如表 A1 所示。

表 A1 窗的采光性能分级

分 级	透光折减系数 T_r
Ⅰ	$T_r \geqslant 0.70$
Ⅱ	$0.70 > T_r \geqslant 0.60$
Ⅲ	$0.60 > T_r \geqslant 0.50$
Ⅳ	$0.50 > T_r \geqslant 0.40$
Ⅴ	$0.40 > T_r \geqslant 0.30$
Ⅵ	$0.30 > T_r \geqslant 0.20$

中华人民共和国国家标准

钢窗建筑物理性能分级

Graduation of building physical performances for steel windows

GB/T 13684—92

国家技术监督局 1992-09-28 批准
1993-05-01 实施

1 主题内容与适用范围

本标准规定了钢窗风压变形、空气渗透、雨水渗漏等综合性能指标及保温、隔声性能的分级值。

本标准适用于建筑用各种类型钢窗，亦适用于阳台门。

2 引 用 标 准

GB 7106 建筑外窗抗风压性能分级及其检测方法

GB 7107 建筑外窗空气渗透性能分级及其检测方法

GB 7108 建筑外窗雨水渗漏性能分级及其检测方法

GB 8484 建筑外窗保温性能分级及其检测方法

GB 8485 建筑外窗隔声性能分级及其检测方法

3 综合性能指标及分级

3.1 依据不同层数和质量等级建筑物的使用要求，按风压变形、空气渗透和雨水渗漏三项综合性能指标，将产品划分为A、B、C三类，供建筑设计时选用。每类分别规定出优等品、一等品和合格品的分级值，供产品性能检测时评定等级用（见表1和表2）。

表1 实腹框钢窗的等级和综合性能指标

类 别	等 级	综 合 性 能 指 标				
		风压变形性，kPa	空气渗透性，m^3/mh		雨水渗漏性，Pa	
			普通型	密封型	普通型	密封型
A 类（高性能窗）	优等品（A1级）	4.5	1.5	0.5	250	350
	一等品（A2级）	4.0	2.0	1.0	250	300
	合格品（A3级）	3.5	2.5	1.5	200	300
B 类（中性能窗）	优等品（B1级）	3.5	3.0	1.5	200	250
	一等品（B2级）	3.5	3.5	2.0	150	250
	合格品（B3级）	3.0	4.0	2.5	150	200
C 类（低性能窗）	优等品（C1级）	3.0	4.5	2.5	100	200
	一等品（C2级）	2.5	5.0	3.0	100	150
	合格品（C3级）	2.0	5.5	3.5	50	100

表2 空腹框钢窗的等级和综合性能指标

类 别	等 级	综 合 性 能 指 标				
		风压变形性，kPa	空气渗透性，m^3/mh		雨水渗漏性，Pa	
			普通型	密封型	普通型	密封型
A 类（高性能窗）	优等品（A1级）	4.0	2.0	0.5	250	350
	一等品（A2级）	3.5	2.5	1.0	250	350
	合格品（A3级）	3.5	3.0	1.5	200	300
B 类（中性能窗）	优等品（B1级）	3.0	3.5	1.5	200	300
	一等品（B2级）	2.5	4.0	2.0	150	250
	合格品（B3级）	2.5	4.5	2.5	150	250

续表 2

类别	等级	综合性能指标				
		风压变形性，kPa	空气渗透性，m^3/mh		雨水渗漏性，Pa	
			普通型	密封型	普通型	密封型
C 类（低性能窗）	优等品（C1 级）	2.0	5.0	2.5	100	200
	一等品（C2 级）	2.0	5.5	3.0	100	150
	合格品（C3 级）	1.5	6.0	3.5	50	100

3.2 保温性能分级（见表 3）

3.3 隔声性能分级（见表 4）

表 3 保温性能等级

性能 / 等级	保温性能，W/m^2K	备注
优等品	3.0	本表仅适用于保温窗、门
一等品	3.5	
合格品	4.0	

表 4 隔音性能等级

性能 / 等级	隔声性能，dB	备注
优等品	35	本表仅适用于隔声窗、门
一等品	30	
合格品	25	

4 检测方法

4.1 风压变形性能检测

风压变形性能检测按 GB 7106 进行。

4.2 空气渗透性能检测

空气渗透性能检测按 GB 7107 进行。

4.3 雨水渗漏性能检测

雨水渗漏性能检测按 GB 7108 进行。

4.4 保温性能检测

保温性能检测按 GB 8484 进行。

4.5 隔声性能检测

隔声性能检测按 GB 8485 进行。

附加说明：

本标准由中华人民共和国建设部提出。

本标准由建设部建筑制品与设备标准技术归口单位中国建筑标准设计研究所归口。

本标准由中国建筑科学研究院建筑物理研究所负责起草。

本标准主要起草人高锡九。

本标准委托中国建筑科学研究院建筑物理研究所负责解释。

中华人民共和国国家标准

建筑外门的风压变形性能分级及其检测方法

Graduation and test methods of resisting wind pressure capacity for building external doors

GB/T 13685—92

国家技术监督局 1992-09-28 批准

1993-05-01 实施

1 主题内容与适用范围

本标准规定了建筑外门风压变形性能的分级及其检测方法。

本标准适用于任何材料制作的对风压变形性能有要求的建筑外门。检测对象只限于外门试件本身，不涉及外门和围护结构之间的接缝部位。

2 术 语

2.1 外门 external door

门扇至少有一面朝向室外的门。

2.2 压力差 pressure difference

门的外表面和内表面所受空气绝对压力之差。当门的朝向室外的面上所受的压力高于朝向室内的面上所受的压力时，压力差为正值；反之为负值。压力差的单位以 Pa（帕）表示。$Pa = 1N/m^2$。

2.3 面法线位移和挠度 frontal displacement and deflection

在门表面上某点所测得的法线方向上的位移量。位移量的最大值即为挠度。

2.4 相对面法线挠度 relative frontal deflection

门试件主要受力杆件的面法线挠度和该杆件两端测点间距离的比值。

2.5 残余变形 residual deformation

当作用力消失后，构件仍然存在的变形量。

2.6 变形检测 deformation test

检测试件在风荷载作用下，保持正常使用功能的能力。以主要受力杆件产生的相对面法线挠度为杆件长度的 1/300 时所承受的压力差值（P_1）进行评价。（单扇平开门 P_1 的定义见 4.4.1.2c）。

2.7 反复受荷检测 repeated pressure test

检测试件在风荷载的反复作用下，保持正常使用功能的能力。其检测压力差值（P_2）为变形检测压力差的 0.6 倍。（$P_2 = 0.6P_1$）以不产生使用功能障碍和损坏现象进行评价。

2.8 安全检测 safety test

检测试件在阵风荷载作用下，保持正常使用功能的能力。以不产生使用功能障碍和损坏现象进行评价，其检测压力差值（P_a）为变形检测压力差的 2.5 倍（$P_3 = 2.5P_1$，单扇平开门负压时 $P_3 = 2P_1$）。

3 分 级

3.1 分级指标值 以安全检测压力差 P_3 值作为风压变形性能的分级指标值。在该压力差作用后，试件能保持正常使用功能，并且无损坏现象。

3.2 分级下限值

建筑外门风压变形性能的分级下限值 ΔP 见表 1。

表 1 Pa

等 级	Ⅰ	Ⅱ	Ⅲ	Ⅳ	Ⅴ	Ⅵ
ΔP，Pa ≥	3500	3000	2500	2000	1500	1000

4 检　　测

4.1　检测项目

变形检测、反复受荷检测和安全检测。

4.2　检测装置

检测装置见图 1。

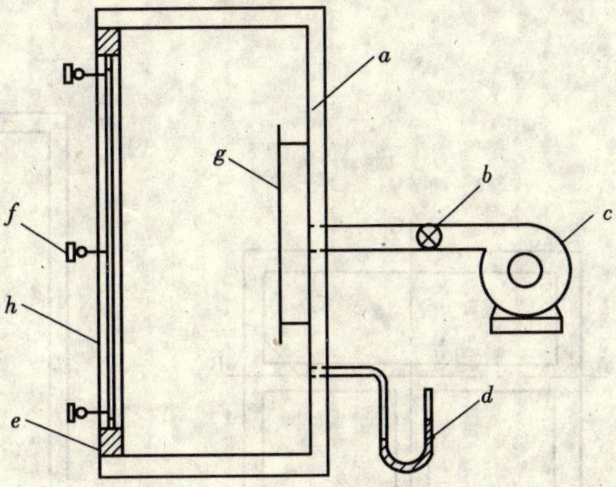

图 1　检测装置纵剖面示意图

a—静压箱；*b*—调压阀；*c*—供压系统；*d*—压力计；*e*—镶嵌框；*f*—位移计；*g*—进气口挡板；*h*—试件

4.3　检测准备

4.3.1　试件的数量及选取方法

同一类型规格的外门应采用随机抽样的方法任取三樘试件。如果是专门制作的送检样品，必须在检测报告中加以说明。

4.3.2　试件要求

4.3.2.1　试件应为生产厂家检验合格准备出厂的产品，不得加设任何附件或采用其他改善措施。

4.3.2.2　试件的镶嵌、装修和油饰应符合设计要求。

4.3.3　试件安装

4.3.3.1　试件应安装在具有足够刚度的检测装置的试件安装口或镶嵌框上。

4.3.3.2　试件与检测装置的试件安装口或镶嵌框之间的连接方式应尽可能与实际安装要求相一致。安装好的试件要求垂直，上、下框要求水平，不允许因安装出现变形。

4.3.3.3　试件安装完毕后，将试件上所有可开关的部分，开关 5 次最后关紧。

4.4　检测方法

4.4.1　变形检测

4.4.1.1　布测点

将测量试件主要受力杆件各测点面法线位移量的仪器安装在规定的位置上。一般外门的测点位置规定为：中间测点在主要受力杆件的中点；两端测点在距杆件端点向中点方向 10mm 处。见图 2。

当试件的主要受力杆件难以判断时，也可选取两根或两根以上主要受力杆件分别布点进行测量。见图 3。

单扇平开门的测点位置规定为：E 点在门扇上部自由角，距门框 10mm 处，F 点在门扇上锁位置的外侧，距门框 10mm 处。见图 4。

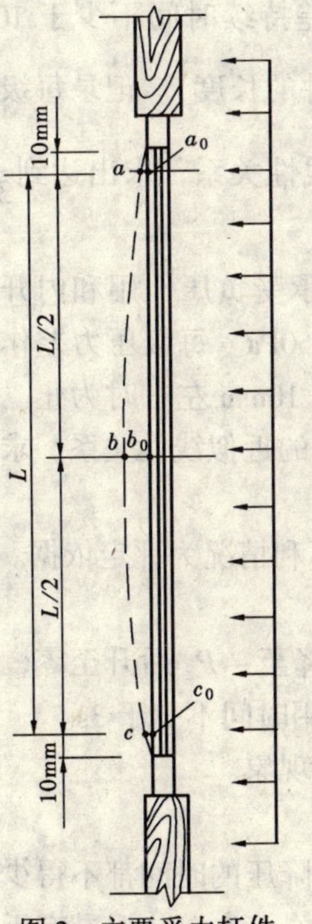

图 2　主要受力杆件测点分布图

a_0，b_0，c_0—三测点初始读数值（mm）；a，b，c—三测点在压力差作用过程中的稳定读数值（mm）；L—主要受力杆件两端测点 a，c 之间的距离（mm）

4.4.1.2　加压检测

a. 在进行正负变形检测前，先分别提供三个压力脉冲（P_0），压力差的绝对值至少为 500Pa。升降压过程不得少于 1s，不得超过 10s，压力作用持续时间不得少于 3s。加压顺序见图 5。

b. 一般建筑外门先进行正压变形检测，后进行负压变形检测，

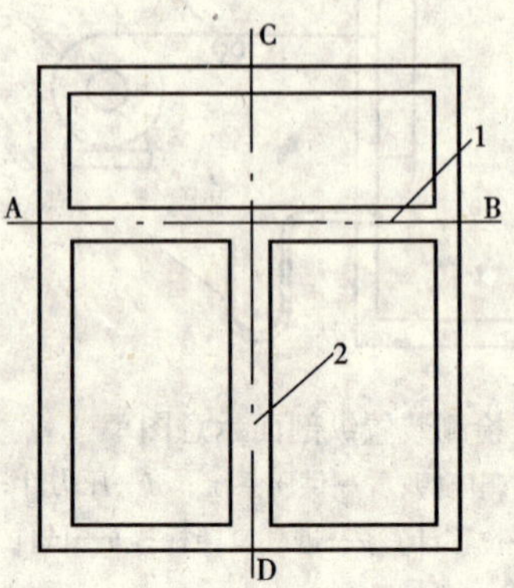

图 3　主要受力杆件选取图

1、2—主要受力杆件

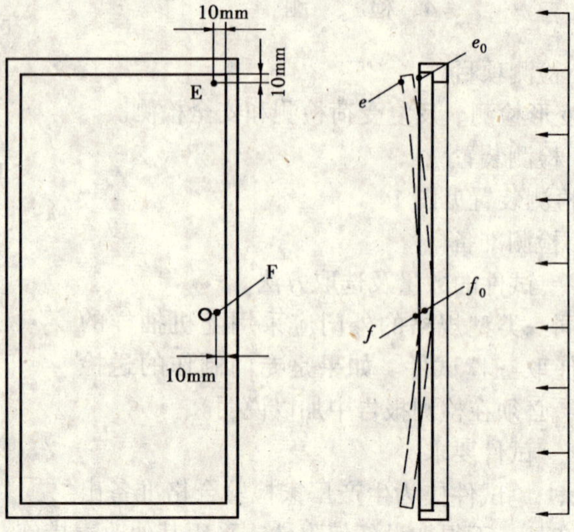

图 4　单扇平开门的测点位置

e_0，f_0—测点初始读数值（mm）；

e，f—测点在压力差作用过程中的稳定读数值（mm）

检测压力分级升降，每级升降压力差值不超过 250Pa，每级压力差持续时间不少于 10s。压力升降直到面法线挠度值达到$\frac{L}{300}$左右时为止（L 为主要受力杆件的长度）。记录每级压力差作用下的面法线位移量。并利用上述压差和变形之间的近似线性关系，求出达到$\frac{L}{300}$面法线挠度时的压差的确切值，作为变形检测压力差值 P_1。

c. 单扇平开外门进行变形检测时分下列两种情况：当外开门承受负压作用和内开门承受正压作用时，检测压力分级升降，每级升降压力差值不超过 250Pa。每级压力差作用持续时间不少于 10s。压力升降直到门扇自由角位移值 δ 近似达到 10mm 左右时为止。记录每级压力差作用下的面法线位移量。并利用上述压差和变形之间的近似线性关系，求出 δ 达到 10mm 时的确切压力差值作为变形检测压力差值 P_1。

d. 双扇平开门进行变形检测时，兼用 b 和 c 的检测方法，以不利情况为评定依据。

4.4.2　反复受荷检测

检测压力差值从零升到 P_2 后降至零，反复 5 次。然后再由零降至 $-P_2$ 后升至零，反复 5 次。每次升降压时间不少于 1s，不得超过 10s，每级压力差作用时间不少于 3s。

将试件可开关部分开关 5 次，并记录有无使用功能障碍和损坏现象。

4.4.3　安全检测

使检测压力尽快升至 P_3 后至零，再降至 $-P_3$ 后至零。升压和降压的时间都不得少于 1s，不得大于 10s，持续时间不少于 3s，最后将试件可开关部分开关 5 次，并记录有无使用功能障碍和损坏现象。

4.5　检测值的整理

变形检测中，求取主要受力杆件中间点的面法线挠度的方法可按式（1）进行（见图 2）。

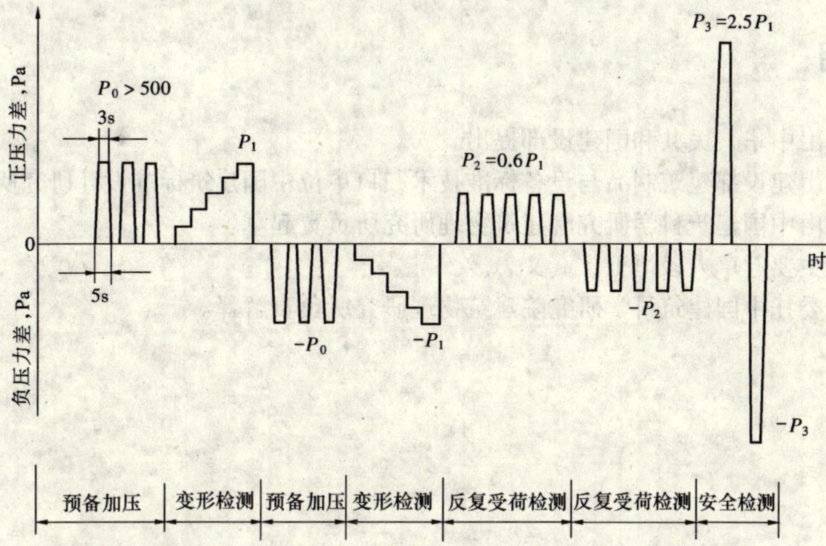

图5　检测压差顺序图

$$B = (b - b_0) - \frac{(a - a_0) + (c - c_0)}{2} \tag{1}$$

式中　a_0，b_0，c_0——各测点在预备加压后的稳定初始读数值，mm；

a，b，c——某级检测压力差作用过程中的稳定读数值，mm；

B——主要受力杆件中间测点的面法线挠度值，mm。

单扇平开外门的门角位移值 δ 为 E 测点的位移值和 F 测点位移值之差。

$$\delta = (e - e_0) - (f - f_0) \tag{2}$$

式中　e_0，f_0——测点 E 和 F 在预备加压后的稳定初始读数值，mm；

e，f——某级检测压力差作用过程中的稳定读数值，mm。

4.6　检测报告

检测报告必须包括下列内容：

a. 试件来源、试件编号，并说明该试件是随机抽样或专制的样品；

b. 试件品种、型号、规格、尺寸及有关图示（包括外门的立面、剖面、开启方向、材质、型材截面和附件截面）；

c. 玻璃的品种、厚度、玻璃最大尺寸及镶嵌方法；

d. 密封材料的名称、牌号和材质；

e. 附件的名称、牌号、材质及其功能质量；

f. 检测用的主要仪器设备；

g. 检测结果；

h. 检测日期和检测人员。

附加说明：

本标准由中华人民共和国建设部提出。

本标准由建设部建筑制品与设备标准技术归口单位中国建筑标准设计研究所归口。

本标准由中国建筑科学研究院建筑物理研究所负责起草。

本标准主要起草人谈恒玉、龚文忠。

本标准委托中国建筑科学研究院建筑物理研究所负责解释。

中华人民共和国国家标准

建筑外门的空气渗透性能和雨水渗漏性能分级及其检测方法

Graduation and test methods of air permeability and water penetration for building external doors

GB/T 13686—92

国家技术监督局 1992-09-28 批准
1993-05-01 实施

1　主题内容与适用范围

本标准规定了建筑外门空气渗透和雨水渗漏性能的分级及其检测方法。

本标准适用于任何材料制作的对空气渗透和雨水渗漏性能有要求的建筑外门，检测对象只限于外门试件本身，不涉及外门和围护结构之间的接缝部位。

2　术　　语

2.1　外门　external door

门扇至少有一面朝向室外的门。

2.2　压力差　pressure diffrence

门的外表面和内表面所受空气绝对压力之差。当门的朝向屋外的面上所受的压力高于朝向屋内的面上所受的压力时，压力差为正值，反之为负值。压力差的单位以 Pa（帕）表示。$1Pa = 1N/m^2$。

2.3　空气渗透性　air permeability

在压力差作用下，关闭的门透过空气的性能。

2.4　标准状态　standard condition

空气流量的标准状态条件如下：

温度　293K（20℃）

气压　101.3kPa（760mmHg）

空气密度　$1.202kg/m^3$

2.5　整樘门的空气渗透量　volume of air flow through the whole door specimen

在标准状态下，每小时通过整樘门的空气流量。单位为 m^3/h，符号为 q。

2.6　开启缝隙长度　length of opening joint

外门开启扇周长的总和，以内表面测定值为准。如遇两扇互相搭接时，其搭接部分的缝长按单缝长计算。单位为 m，符号为 l。

2.7　单位缝长空气渗透量　volume of air flow through a unit length of opening joint

外门在标准状态下，每小时通过每米缝长的空气量，单位为 $m^3/m \cdot h$，符号为 q_o。

2.8　单位面积空气渗透量　volume of air flow through a unit area

外门在标准状态下，每小时通过单位面积的空气量。单位为 $m^3/m^2 \cdot h$，符号为 q_{ao}。

2.9　附加渗透量 q_f　extraneous leakage

附加渗透量系指通过试件本身的空气渗透量以外的通过设备和镶嵌框及各部分之间连接处的空气渗透量。

2.10　雨水渗漏性　water penetration

在风雨同时作用下，关闭的门渗漏雨水的性能。

2.11　雨水严重渗漏　water leakage

雨水渗入外门内侧，把设计中不应浸湿的部位浸湿的现象，以雨水渗入门内侧持续流出试件界面作为出现严重渗漏的标志。

2.12　雨水渗漏压力差值　pressure difference under water leakage

试件失去阻止雨水渗漏的能力，出现严重渗漏时的压力差值。

2.13 淋水量 volume of water spray

能使试件表面保持连续水面的检测淋水量，单位为 L/m^2·min。

3 分 级

3.1 分级指标

3.1.1 空气渗透性能的分级指标

采用压力差为 10Pa 时，单位缝长的空气渗透量 q_o 值作为分级指标。单位面积的空气渗透量 q_{ao} 值作为参考指标。

3.1.2 雨水渗漏性能的分级指标

采用试验中保持雨水不渗漏的最大压力差值，即出现严重渗漏时压力差值的前一级压力差值作为分级指标。

3.2 分级下限值

3.2.1 建筑外门空气渗透性能分级下限值 q_o 见表 1。

表 1

等 级	Ⅰ	Ⅱ	Ⅲ	Ⅳ	Ⅴ
q_o，m^3/m·h ≤	0.5	1.5	2.5	4.0	6.0
q_{ao}，m^3/m^2·h ≤	2	4	7	11	16
注：对于平开门（900×2100）和推拉门（1800×2100）两种分级指标所定级别基本一致。如两者相矛盾时，以前者为准。					

3.2.2 建筑外门的雨水渗漏性能分级下限值 ΔP（P_a）见表 2。

表 2

等 级	Ⅰ	Ⅱ	Ⅲ	Ⅳ	Ⅴ	Ⅵ
ΔP，Pa ≥	500	350	250	150	100	50

4 检 测

4.1 检测项目

建筑外门的空气渗透性能和雨水渗漏性能。

4.2 检测装置

检测装置应能检测外门的空气渗透性和雨水渗漏性。见图1。

4.3 检测准备

4.3.1 试件的数量及选取方法

同一类型规格的外门应选取三樘试件，对每个试件检测其空气渗透性能和雨水渗漏性能，应

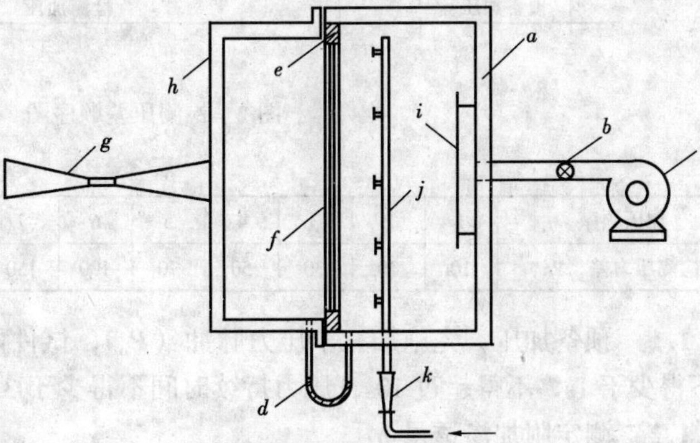

图 1 检测装置纵剖面示意图

a—静压箱；b—调压阀；c—供压装置；d—压力计；e—镶嵌框；f—试件；g—集流管；h—扣箱；i—进气口挡板；j—淋水装置；k—水流量计

该采用随机抽样的方法选取试件。如果是专门制作的样品，必须在检测报告中加以说明。

4.3.2 对试件的要求

4.3.2.1 试件应为生产厂家检验合格准备出厂的产品，不得加设任何附件或采用其他改善措施。

4.3.2.2 试件镶嵌、装修和油饰应符合设计要求。

4.3.3 试件安装

4.3.3.1 试件安装在具有足够刚度的检测装置的试件安装口上或镶嵌框上。

4.3.3.2 试件与检测装置的试件安装口或镶嵌框之间的连接方式应尽可能与实际安装要求相一致。安装好的试件要求垂直，上、下框要求水平，不允许因安装出现变形。

4.3.3.3 试件表面不可沾有油污等不洁物。

4.3.3.4 试件安装完毕后，将试件上所有可开关的部分开关5次，最后关紧。

4.4 检测方法

4.4.1 外门空气渗透性能的检测方法

试件安装在检测装置的试件安装口上后，开动风机按图2和表3所示的检测压差顺序，向静压箱内加压。

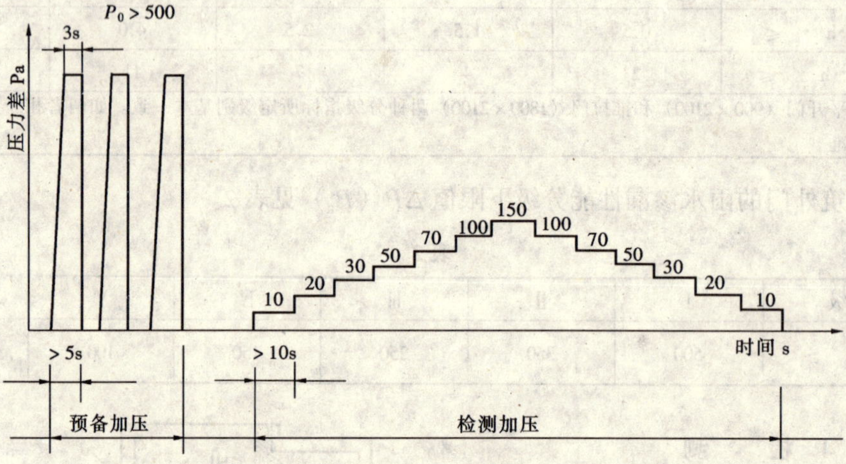

图2 检测压差顺序图

表3

加压顺序	1	2	3	4	5	6	7	8	9	10	11	12	13
检测压力差，Pa	10	20	30	50	70	100	150	100	70	50	30	20	10

4.4.1.1 预备加压，先施加三个压力脉冲（P_o），试件两侧压力差至少为500Pa。升压过程不得少于1s，不得超过10s，压力持续时间不得少于3s。

4.4.1.2 测定附加渗透量 q_f

测定的方法是：将试件的开启缝隙密封起来。如采用干法镶嵌玻璃的镶嵌缝亦应密封。然后按表3所示的检测压力差逐级加压，每级压力作用时间不得少于10s。记录各级压力差作用下通过试件的空气量 q_f（m^3/h）。

注：如能将附加渗透量控制在极小范围内时，可不用每次测量。

4.4.1.3 测定总渗透量 q_z。

去除试验中所加的密封措施后，再按表 3 所示的检测压力差逐级加压，加压时间和空气量测定方法与 4.4.1.2 相同。

4.4.2 外门空气渗透性能测定值的整理方法

4.4.2.1 分别计算出每级检测压力差在升降压过程中两个附加渗透量测定值的平均值 $\overline{q}_f$ (m^3/h) 和总渗透量两个测定值的平均值 $\overline{q}_z$ (m^3/h)，则门试件本身在各级压力差下的空气渗透量 q_t (m^3/h) 可按式（1）计算：

$$q_t = \overline{q}_z - \overline{q}_f \quad (1)$$

然后，再利用式（2）将 q_t 换算成标准状态下的渗透量 q (m^3/h)。

$$q = \frac{293}{101.3} \times \frac{q_t \times P}{T} \quad (2)$$

式中 q——标准状态下试件的空气渗透量值，m^3/h；

P——检测室气压值，kPa；

T——检测室空气温度值，K；

q_t——试件空气渗透量测定值，m^3/h。

将标准状态下试件的空气渗透量值 q (m^3/h) 除以试件开启缝长度 l (m) 或试件面积 A (m^2)，即可得出各级压差下单位开启缝长的空气渗透量值 q_o ($m^3/m \cdot h$)，或单位面积的空气渗透量值 q_{ao} ($m^3/m^2 \cdot h$)。

$$q_o = \frac{q}{l} \quad (3)$$

$$q_{ao} = \frac{q}{A} \quad (4)$$

4.4.2.2 确定分级指标值

为了保证分级指标值的准确度，采取由检测压力差为 100Pa 时的测定值 q'_o 或 q'_{ao} 按式（5）或式（6）换算为检测压力差为 10Pa 时的相应值 q_o ($m^3/m \cdot h$) 或 q_{ao} ($m^3/m^2 \cdot h$)。

$$q_o = \frac{q'_o}{4.65} \quad (5)$$

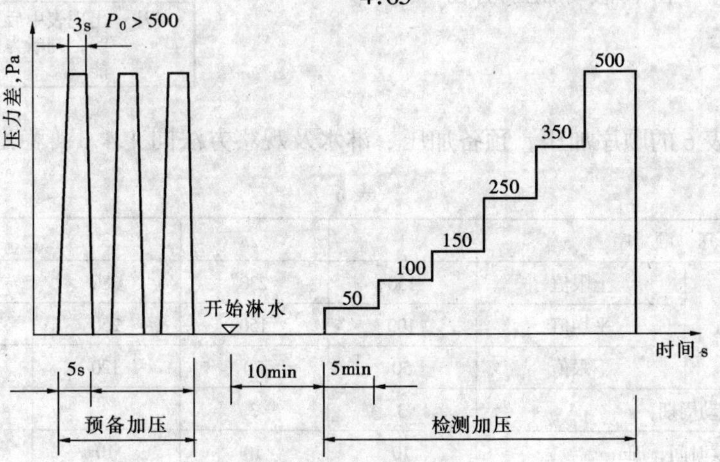

图 3 稳定加压顺序图

$$q_{ao}=\frac{q'_{ao}}{4.65} \tag{6}$$

分级指标值为三樘试件的 q_o 或 q_{ao}的平均值。然后对照表 1 确定外门的空气渗透性所属等级。其他压力差时的测值除了作为定级值的参考值外还可用作计算空气渗透负荷。

4.4.3 外门雨水渗漏性能的检测方法

4.4.3.1 稳定加压法

a. 按图 3 和表 4 的顺序加压。预备加压的方法同 4.4.1.1 在紧接检测空气渗透性后检测雨水渗漏性时，可省略预备加压。

表 4

加压顺序	1	2	3	4	5	6	7
检测压力差，Pa	0	50	100	150	250	350	500
持续时间，min	10	5	5	5	5	5	5

b. 淋水：预备加压后对整个试件均匀地淋水，直至检测完毕。淋水量为 2L/m²·min。水温应在 8～25℃范围内。

c. 观察：在逐级升压及持续作用过程中，观察并记录雨水渗漏状况，直至可判断为失去水密功能为止。代表各种渗漏状况的符号列于表 5。

4.4.3.2 波动加压法

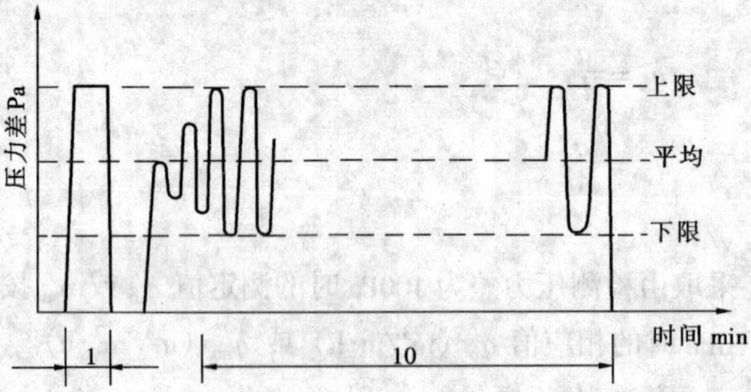

图 4　波动加压顺序图

表 5

渗　漏　状　况	符号
门内侧出现水	○
水珠连成线，但未流出门试件界面	⦶
局部少量喷溅	△
喷溅出门试件界面	▲
水溢出门试件界面	◒

注：出现表中后二项情况时为严重渗漏，判断为失去阻止雨水渗漏性能。

按图 4 和表 6 的顺序加压，预备加压、淋水及观察方法同 4.4.3.1 稳定加压法。

表 6

加　压　顺　序		1	2	3	4	5
波动压力差，Pa	上限值	150	230	380	530	750
	平均值	100	150	250	350	500
	下限值	50	70	120	170	250
波动周期，s		3	3	3	3	3
持续时间，min		10	10	10	10	10

4.4.4 外门雨水渗漏性能的测值整理方法。

4.4.4.1 记录逐级压力差下的雨水渗漏情况，直至试件出现严重渗漏时的检测压力差。利用表 5 中的符号标明试件各部分的渗漏状况。

4.4.4.2 以试件出现严重渗漏时所承受的压力差值作为雨水渗漏性能的判断基础。以该压力差的前一级压力差值作为试件雨水渗漏性能的分级指标值。

4.5 检测报告

检测报告必须包括下列内容：

a. 试件来源、试件编号，并说明该试件是随机抽样或专门制作的样品；

b. 试件品种、型号、规格、尺寸及有关图示（包括外门的立面、剖面、开启方向、材质、型材截面和附件截面）；

c. 玻璃的品种、厚度、玻璃最大尺寸及镶嵌方法；

d. 密封材料的名称、牌号和材质；

e. 附件的名称、牌号、材质及其功能质量；

f. 检测用的主要仪器设备；

g. 检测室的温度和气压；

h. 检测结果；

i. 检测日期和检测人员。

附加说明：

本标准由中华人民共和国建设部提出。

本标准由建设部建筑制品与设备标准技术归口单位、中国建筑标准设计研究所归口。

本标准由中国建筑科学研究院建筑物理研究所负责起草。

本标准主要起草人谈恒玉、龚文忠。

本标准委托中国建筑科学研究院建筑物理研究所负责解释。

中华人民共和国国家标准

建筑外窗保温性能分级及检测方法

Graduation and test method for thermal insulating properties of windows

GB/T 8484—2002

中华人民共和国国家质量监督检验检疫总局 2002-04-28 批准

2002-12-01 实施

前　言

本标准是对 GB/T 8484—1987《建筑外窗保温性能分级及其检测方法》的修订。

本标准主要修改内容：

1. 标准名称《建筑外窗保温性能分级及其检测方法》改为《建筑外窗保温性能分级及检测方法》；

2. 窗保温性能的分级顺序进行了调整，并增为十级；

3. 对外窗传热系数的有效位数、热流系数标定和热电偶布置数量等几方面进行了修改和补充；

4. 增加了铜—康铜热电偶校验和加权平均温度计算的有关内容。

本标准自实施之日起，代替 GB/T 8484—1987。

本标准的附录 A、附录 B、附录 C 都是标准的附录，附录 D 是提示的附录。

本标准由建设部提出。

本标准由建设部建筑制品与构配件产品标准化技术委员会归口。

本标准起草单位：中国建筑科学研究院、大连实德塑胶工业有限公司、上海市建筑科学研究院。

本标准主要起草人：张家猷、冯金秋、刘月莉、黄英升、刘明明。

本标准委托中国建筑科学研究院建筑物理研究所负责解释。

本标准于 1987 年 12 月首次发布。

1 范　围

本标准规定了建筑外窗保温性能分级及检测方法。

本标准适用于建筑外窗（包括天窗以及阳台门上部镶嵌玻璃部分，不包括阳台门下部不透明部分）保温性能的检测及分级。

2 引 用 标 准

下列标准所包含的条文，通过在本标准中引用而构成为本标准的条文。本标准出版时，所示版本均为有效。所有标准都会被修订，使用本标准的各方应探讨使用下列标准最新版本的可能性。

GB/T 4132—1996　绝热材料与相关术语（eqv ISO 7345：1987）

GB/T 13475—92　建筑构件稳态热传递性质的测定标定和防护热箱法（eqv ISO/DIS 8990）

JJG 115—1999　标准铜—铜镍热电偶检定规程

3 定　义

本标准除采用 GB/T 4132—1996 定义外，还采用下列定义。

3.1　传热系数（K）　thermal transmittance

在稳定传热条件下，外窗两侧空气温差为 1K，单位时间内，通过单位面积的传热量，以 W/($m^2 \cdot K$)计。

3.2　热阻（R）　thermal resistance

在稳定状态下，与热流方向垂直的物体两表面温度差除以热流密度，以 $m^2 \cdot K/W$ 计。

3.3　热导率（Λ）　thermal conductance

稳定状态下，通过物体的热流密度除以物体两表面的温度差，以 W/（$m^2 \cdot K$）计。

3.4　总的半球发射率（ε）　total hemispherical emissivity

表面的总的半球发射密度与相同温度黑体的总的半球发射密度之比。

同义词：黑度。

4 分　级

4.1　外窗保温性能按外窗传热系数 K 值分为十级。

4.2　外窗保温性能分级见表 1。

表 1　外窗保温性能分级　　W/（$m^2 \cdot K$）

分　级	1	2	3	4	5
分级指标值	$K \geq 5.5$	$5.5 > K \geq 5.0$	$5.0 > K \geq 4.5$	$4.5 > K \geq 4.0$	$4.0 > K \geq 3.5$
分　级	6	7	8	9	10
分级指标值	$3.5 > K \geq 3.0$	$3.0 > K \geq 2.5$	$2.5 > K \geq 2.0$	$2.0 > K \geq 1.5$	$K < 1.5$

5 检 测 方 法

5.1　原理

本标准基于稳定传热原理，采用标定热箱法检测窗户保温性能。试件一侧为热箱，模拟采暖建筑冬季室内气候条件，另一侧为冷箱，模拟冬季室外气候条件。在对试件缝隙进行密封处理，试件两侧各自保持稳定的空气温度、气流速度和热辐射条件下，测量热箱中电暖气的发热量，减去通过热箱外壁和试件框的热损失［两者均由标定试验确定，见附录A（标准的附录）］，除以试件面积与两侧空气温差的乘积，即可计算出试件的传热系数K值。

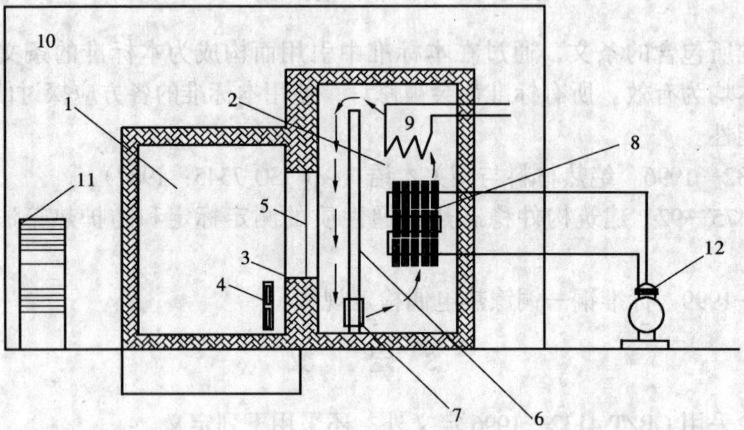

图1　检测装置示意图

1—热箱；2—冷箱；3—试件框；4—电暖气；5—试件；6—隔风板；7—风机；8—蒸发器；9—加热器；10—环境空间；11—空调器；12—冷冻机

5.2　检测装置

检测装置主要由热箱、冷箱、试件框和环境空间四部分组成，如图1所示。

5.2.1　热箱

5.2.1.1　热箱开口尺寸不宜小于2100mm×2400mm（宽×高），进深不宜小于2000mm。

5.2.1.2　热箱外壁构造应是热均匀体，其热阻值不得小于$3.5m^2 \cdot K/W$。

5.2.1.3　热箱内表面的总的半球发射率ε值应大于0.85。

5.2.2　冷箱

5.2.2.1　冷箱开口尺寸应与试件框外边缘尺寸相同，进深以能容纳制冷、加热及气流组织设备为宜。

5.2.2.2　冷箱外壁应采用不透气的保温材料，其热阻值不得小于$3.5m^2 \cdot K/W$，内表面应采用不吸水、耐腐蚀的材料。

5.2.2.3　冷箱通过安装在冷箱内的蒸发器或引入冷空气进行降温。

5.2.2.4　利用隔风板和风机进行强迫对流，形成沿试件表面自上而下的均匀气流，隔风板与试件框冷侧表面距离宜能调节。

5.2.2.5　隔风板宜采用热阻不小于$1.0m^2 \cdot K/W$的板材，隔风板面向试件的表面，其总的半球发射率ε值应大于0.85。隔风板的宽度与冷箱内净宽度相同。

5.2.2.6　蒸发器下部应设置排水孔或盛水盘。

5.2.3　试件框

5.2.3.1　试件框外缘尺寸应不小于热箱开口部处的内缘尺寸。

5.2.3.2 试件框应采用不透气、构造均匀的保温材料，热阻值不得小于 $7.0m^2 \cdot K/W$，其容重应为 $20kg/m^3$ 左右。

5.2.3.3 安装试件的洞口尺寸不应小于 1500mm × 1500mm。洞口下部应留有不小于 600mm 高的窗台。窗台及洞口周边应采用不吸水、导热系数小于 $0.25W/(m^2 \cdot K)$ 的材料。

5.2.4 环境空间

5.2.4.1 检测装置应放在装有空调器的试验室内，保证热箱外壁内、外表面面积加权平均温差小于 1.0K。试验室空气温度波动不应大于 0.5K。

5.2.4.2 试验室围护结构应有良好的保温性能和热稳定性。应避免太阳光通过窗户进入室内，试验室内表面应进行绝热处理。

5.2.4.3 热箱外壁与周边壁面之间至少应留有 500mm 的空间。

5.3 感温元件的布置

5.3.1 感温元件

5.3.1.1 感温元件采用铜—康铜热电偶，测量不确定度应小于 0.25K。

5.3.1.2 铜—康铜热电偶必须使用同批生产、丝径为0.2～0.4mm的铜丝和康铜丝制作。铜丝和康铜丝应有绝缘包皮。

5.3.1.3 铜—康铜热电偶感应头应作绝缘处理。

5.3.1.4 铜—康铜热电偶应定期进行校验［见附录 B（标准的附录）］。

5.3.2 铜—康铜热电偶的布置

5.3.2.1 空气温度测点

a）应在热箱空间内设置两层热电偶作为空气温度测点，每层均匀布 4 点；

b）冷箱空气温度测点应布置在符合 GB/T 13475 规定的平面内，与试件安装洞口对应的面积上均匀布 9 点；

c）测量空气温度的热电偶感应头，均应进行热辐射屏蔽；

d）测量热、冷箱空气温度的热电偶可分别并联。

5.3.2.2 表面温度测点

a）热箱每个外壁的内、外表面分别对应布 6 个温度测点；

b）试件框热侧表面温度测点不宜少于 20 个。试件框冷侧表面温度测点不宜少于 14 个点；

c）热箱外壁及试件框每个表面温度测点的热电偶可分别并联；

d）测量表面温度的热电偶感应头应连同至少 100mm 长的铜、康铜引线一起，紧贴在被测表面上。粘贴材料的总的半球发射率 ε 值应与被测表面的 ε 值相近。

5.3.2.3 凡是并联的热电偶，各热电偶引线电阻必须相等。各点所代表被测面积应相同。

5.4 热箱加热装置

5.4.1 热箱采用交流稳压电源供电暖气加热。窗台板至少应高于电暖气顶部 50mm。

5.4.2 计量加热功率 Q 的功率表的准确度等级不得低于 0.5 级，且应根据被测值大小转换量程，使仪表示值处于满量程的 70%以上。

5.5 风速

5.5.1 冷箱风速可用热球风速仪测量，测点位置与冷箱空气温度测点位置相同。

5.5.2 不必每次试验都测定冷箱风速。当风机型号、安装位置、数量及隔风板位置发生变化时，应重新进行测量。

5.6 试件安装

5.6.1 被检试件为一件。试件的尺寸及构造应符合产品设计和组装要求，不得附加任何多余配件或特殊组装工艺。

5.6.2 试件安装位置：单层窗及双层窗外窗的外表面应位于距试件框冷侧表面50mm处；双层窗内窗的内表面距试件框热侧表面不应小于50mm，两玻间距应与标定一致。

5.6.3 试件与试件洞口周边之间的缝隙宜用聚苯乙烯泡沫塑料条填塞，并密封。

5.6.4 试件开启缝应采用塑料胶带双面密封。

5.6.5 当试件面积小于试件洞口面积时，应用与试件厚度相近，已知热导率 Λ 值的聚苯乙烯泡沫塑料板填堵。在聚苯乙烯泡沫塑料板两侧表面粘贴适量的铜—康铜热电偶，测量两表面的平均温差，计算通过该板的热损失。

5.6.6 在试件热侧表面适当布置一些热电偶。

5.7 检测条件

5.7.1 热箱空气温度设定范围为18~20℃，温度波动幅度不应大于0.1K。

5.7.2 热箱空气为自然对流，其相对湿度宜控制在30%左右。

5.7.3 冷箱空气温度设定范围为-19~-21℃，温度波动幅度不应大于0.3K。《建筑热工设计分区》中的夏热冬冷地区、夏热冬暖地区及温和地区，冷箱空气温度可设定为-9~-11℃，温度波动幅度不应大于0.2K。

5.7.4 与试件冷侧表面距离符合GB/T 13475规定平面内的平均风速设定为3.0m/s。

注：气流速度系指在设定值附近的某一稳定值。

5.8 检测程序

5.8.1 检查热电偶是否完好。

5.8.2 启动检测装置，设定冷、热箱和环境空气温度。

5.8.3 当冷、热箱和环境空气温度达到设定值后，监控各控温点温度，使冷、热箱和环境空气温度维持稳定。4h之后，如果逐时测量得到热箱和冷箱的空气平均温度 t_h 和 t_c 每小时变化的绝对值分别不大于0.1℃和0.3℃；温差 $\Delta\theta_1$（见5.9.2）和 $\Delta\theta_2$（见5.9.2）每小时变化的绝对值分别不大于0.1K和0.3K，且上述温度和温差的变化不是单向变化，则表示传热过程已经稳定。

5.8.4 传热过程稳定之后，每隔30min测量一次参数 t_h、t_c、$\Delta\theta_1$、$\Delta\theta_2$、$\Delta\theta_3$、Q，共测六次。

5.8.5 测量结束之后，记录热箱空气相对湿度，试件热侧表面及玻璃夹层结露、结霜状况。

5.9 数据处理

5.9.1 各参数取六次测量的平均值。

5.9.2 试件传热系数 K 值［W/（m²·K）］按下式计算：

$$K = \frac{Q - M_1 \cdot \Delta\theta_1 - M_2 \cdot \Delta\theta_2 - S \cdot \Lambda \cdot \Delta\theta_3}{A \cdot \Delta t} \tag{1}$$

式中　Q——电暖气加热功率，W；

M_1——由标定试验确定的热箱外壁热流系数，W/K（见附录 A）；

M_2——由标定试验确定的试件框热流系数，W/K（见附录 A）；

$\Delta\theta_1$——热箱外壁内、外表面面积加权平均温度之差，K；

$\Delta\theta_2$——试件框热侧冷侧表面面积加权平均温度之差，K；

S——填充板的面积，m^2；

Λ——填充板的热导率，W/（$m^2 \cdot K$）；

$\Delta\theta_3$——填充板两表面的平均温差，K；

A——试件面积，m^2；按试件外缘尺寸计算，如试件为采光罩，其面积按采光罩水平投影面积计算；

Δt——热箱空气平均温度 t_h 与冷箱空气平均温度 t_c 之差，K。

$\Delta\theta_1$、$\Delta\theta_2$ 的计算见附录 C（标准的附录）。如果试件面积小于试件洞口面积时，式（1）中分子 $S \cdot \Lambda \cdot \Delta\theta_3$ 项为聚苯乙烯泡沫塑料填充板的热损失。

5.9.3 试件传热系数 K 值取两位有效数字。

6 检 测 报 告

检测报告应包括以下内容：

a）委托和生产单位；

b）试件名称、编号、规格、玻璃品种、玻璃及双玻空气层厚度、窗框面积与窗面积之比；

c）检测依据、检测设备、检测项目、检测类别和检测时间；

d）检测条件：热箱空气温度 t_h 和空气相对湿度、冷箱空气温度 t_c 和气流速度；

e）检测结果：试件传热系数 K 值和保温性能等级；试件热测表面温度、结露和结霜情况；

f）测试人、审核人及负责人签名；

g）检测单位。

附 录 A
（标准的附录）
热流系数标定

A1 标定内容

热箱外壁热流系数 M_1 和试件框热流系数 M_2。

A2 标准试件

A2.1 标准试件应使用材质均匀、不透气、内部无空气层、热性能稳定的材料制作。宜采用经过长期存放、厚度为 50mm 左右的聚苯乙烯泡沫塑料板，其密度不应小于 18kg/m^3。

A2.2 标准试件热导率 Λ［W/（$m^2 \cdot K$）］值，应在与标定试验温度相近的温差条件下，采用单向防护热板仪进行测定。

A3 标定方法

A3.1 单层窗（包括单玻窗和双玻窗）

A3.1.1 标准试件安装

用与试件洞口面积相同的标准试件安装在洞口上，位置与单层窗安装位置相同。标准试件周边与洞口之间的缝隙用聚苯乙烯泡沫塑料条塞紧，并密封。在标准板两表面分别均匀布置 9 个铜—康铜热电偶。

A3.1.2 标定

标定试验在冷箱空气温度分别为 -10℃ ± 1K 和 -20℃ ± 1K，在其他检测条件与窗户保温性能试验条件相近的两种不同工况下各进行一次。当传热过程达到稳定之后，每隔 30min 测量一次有关参数，共测 6 次，取各测量参数的平均值，按下面两式联解求出热流系数 M_1 和 M_2。

$$\begin{cases} Q - M_1 \cdot \Delta\theta_1 - M_2 \cdot \Delta\theta_2 = S_b \cdot \Lambda_b \cdot \Delta\theta_3 & \text{(A1)} \\ Q' - M_1 \cdot \Delta\theta'_1 - M_2 \cdot \Delta\theta'_2 = S_b \cdot \Lambda_b \cdot \Delta\theta'_3 & \text{(A2)} \end{cases}$$

式中 Q、Q'——分别为两次标定试验的热箱电暖气加热功率，W；

$\Delta\theta_1$、$\Delta\theta'_1$——分别为两次标定试验的热箱外壁内、外表面面积加权平均温差，K；

$\Delta\theta_2$、$\Delta\theta'_2$——分别为两次标定试验的试件框热侧与冷侧表面面积加权平均温差，K；

$\Delta\theta_3$、$\Delta\theta'_3$——分别为两次标定试验的标准试件两表面之间平均温差，K；

Λ_b——标准试件的热导率，W/（m^2·K）；

S_b——标准试件面积，m^2。

Q、$\Delta\theta_1$、$\Delta\theta_2$、$\Delta\theta_3$ 为第一次标定试验测量的参数，右上角标有“′”的参数，为第二次标定试验测量的参数。$\Delta\theta_1$、$\Delta\theta_2$、$\Delta\theta_3$ 及 $\Delta\theta'_1$、$\Delta\theta'_2$、$\Delta\theta'_3$ 的计算公式见附录 C。

A3.2 双层窗

A3.2.1 双层窗热流系数 M_1 值与单层窗标定结果相同。

A3.2.2 双层窗的热流系数 M_2 应按下面方法进行标定：在试件洞口上安装两块标准试件。第一块标准试件的安装位置与单层窗标定试验的标准试件位置相同，并在标准试件两侧表面分别均匀布置 9 个铜—康铜热电偶。第二块标准试件安装在距第一块标准试件表面不小于 100mm 的位置。标准试件周边与试件洞口之间的缝隙按 A3.1 要求处理，并按 A3.1 规定的试验条件进行标定试验，将测定的参数 Q、$\Delta\theta_1$、$\Delta\theta_2$、$\Delta\theta_3$ 及标定单层窗的热流系数 M_1 值代入式（A1），计算双层窗的热流系数 M_2。

A3.3 两次标定试验应在标准板两侧空气温差相同或相近的条件下进行，$\Delta\theta_1$ 和 $\Delta\theta'_1$ 的绝对值不应小于 4.5K，且 $|\Delta\theta_1 - \Delta\theta'_1|$ 应大于 9.0K，$\Delta\theta_2$、$\Delta\theta'_2$ 尽可能相同或相近。

A3.4 热流系数 M_1 和 M_2 应每年定期标定一次。如试验箱体构造、尺寸发生变化，必须重新标定。

A3.5 新建窗户保温性能检测装置，应进行热流系数 M_1 和 M_2 标定误差和窗户传热系数 K 值检测误差分析。

附　录　B

（标准的附录）

铜—康铜热电偶的校验

B1　铜—康铜热电偶的筛选

外窗保温性能检测装置上使用的铜—康铜热电偶必须进行筛选。取被筛选的热电偶与分辨率为1/100℃的铂电阻温度计捆在一起，插入油温为20℃的广口保温瓶中。另一支热电偶插入装有冰、水混合物的广口保温瓶中，作为零点。热电偶与温度计的感应头应在同一平面上。感应头插入液体的深度不宜小于200mm。瓶中液体经充分搅拌搁置10min后，用不低于0.05级的低电阻直流电位差计或数字多用表测量热电偶的热电势 e_i。如果 $\left|1/n\sum_{i=1}^{n} e_i - e_k\right| \leqslant 4\mu V$，则第 k 个热电偶满足要求。

B2　铜—康铜热电偶的校验采用比对试验方法

外窗保温性能检测装置上使用的铜—康铜热电偶，必须进行比对试验。

B2.1　热电偶比对试验方法

B2.1.1　从经过筛选的铜—康铜热电偶中任选一支送计量部门检定，建立热电势 e_j 与温差 Δt 的关系式：

$\Delta t < 0$℃时

$$e_j = a_{10} + a_{11}\Delta t + a_{12}\Delta t^2 + a_{13}\Delta t^3 \tag{B1}$$

$\Delta t > 0$℃时

$$e_j = a_{20} + a_{21}\Delta t + a_{22}\Delta t^2 + a_{23}\Delta t^3 \tag{B2}$$

式中　a——铜—康铜热电偶温差与热电势的转换系数。

B2.1.2　被比对的热电偶感应头应与分辨率为1/100℃的铂电阻温度计感应头捆在同一平面上，插入广口保温瓶中，瓶中油温与试件检测时所处的温度相近。另一支热电偶插入装有冰、水混合物的广口保温瓶中，作为零点。感应头插入液体的深度不宜小于200mm。瓶中液体经充分搅拌搁置10min后，用不低于0.05级的低电阻直流电位差计或多用数字表计测量热电偶的热电势 e_c 和两个保温瓶中液体之间的温度差 Δt。

B2.1.3　按式（B1）或式（B2）计算在温差 Δt 时热电偶的热电势 e_j，如果 $|e_c - e_j| \leqslant 4\mu V$，则热电偶满足测温要求。

B2.2　固定测温点和非固定测温点的比对试验

B2.2.1　非固定测温点（试件和填充板表面测温点）的热电偶，应按B2.1规定的方法，定期进行比对试验。

B2.2.2　固定测温点（热箱外壁和试件框表面测温点及冷、热箱空气测温点）热电偶的比对试验方法如下：

B2.2.2.1　取经过比对的热电偶，按与固定测温点相同的粘贴方法粘贴在固定测温点旁，作为临时固定点；

B2.2.2.2 在与外窗保温性能检测条件相近的情况下，用不低于 0.05 级的低电阻直流电位差计或多用数字表计测量固定点和临时固定点热电偶的热电势；

B2.2.2.3 如果固定点和临时固定点热电偶的热电势之差绝对值小于或等于 4μV，则固定点热电偶合格，否则应予以更换。

B2.3 热电偶比对试验应定期进行，每年一次。

附 录 C

（标准的附录）

加权平均温度的计算

C1 热箱外壁内、外表面面积加权平均温度之差 $\Delta\theta_1$ 及试件框热侧、冷侧表面面积加权平均温度之差 $\Delta\theta_2$，按下列公式进行计算：

$$\Delta\theta_1 = t_{jp1} - t_{jp2} \tag{C1}$$

$$\Delta\theta_2 = t_{jp3} - t_{jp4} \tag{C2}$$

$$t_{jp1} = \frac{t_1 \cdot s_1 + t_2 \cdot s_2 + t_3 \cdot s_3 + t_4 \cdot s_4 + t_5 \cdot s_5}{s_1 + s_2 + s_3 + s_4 + s_5} \tag{C3}$$

$$t_{jp2} = \frac{t_6 \cdot s_6 + t_7 \cdot s_7 + t_8 \cdot s_8 + t_9 \cdot s_9 + t_{10} \cdot s_{10}}{s_6 + s_7 + s_8 + s_9 + s_{10}} \tag{C4}$$

$$t_{jp3} = \frac{t_{11} \cdot s_{11} + t_{12} \cdot s_{12} + t_{13} \cdot s_{13} + t_{14} \cdot s_{14}}{s_{11} + s_{12} + s_{13} + s_{14}} \tag{C5}$$

$$t_{jp4} = \frac{t_{15} \cdot s_{11} + t_{16} \cdot s_{12} + t_{17} \cdot s_{13} + t_{18} \cdot s_{14}}{s_{11} + s_{12} + s_{13} + s_{14}} \tag{C6}$$

式中 t_{jp1}、t_{jp2}——热箱外壁内、外表面面积加权平均温度，℃；

t_{jp3}、t_{jp4}——试件框热侧表面与冷侧表面面积加权平均温度，℃；

t_1、t_2、t_3、t_4、t_5——分别为热箱五个外壁的内表面平均温度，℃；

s_1、s_2、s_3、s_4、s_5——分别为热箱五个外壁的内表面面积，m^2；

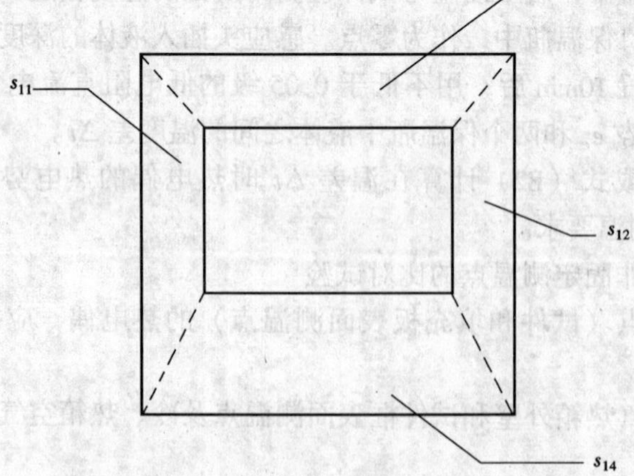

图 C1 试件框面积划分示意图

t_6、t_7、t_8、t_9、t_{10}——分别为热箱五个外壁的外表面平均温度，℃；
s_6、s_7、s_8、s_9、s_{10}——分别为热箱五个外壁的外表面面积，m^2；
t_{11}、t_{12}、t_{13}、t_{14}——分别为试件框热侧表面平均温度，℃；
t_{15}、t_{16}、t_{17}、t_{18}——分别为试件框冷侧表面平均温度，℃；
s_{11}、s_{12}、s_{13}、s_{14}——垂直于热流方向划分的试件框面积(见图 C1)，m^2。

附 录 D
（提示的附录）
《建筑外窗保温性能分级及其检测方法》（GB/T 8484—1987）的外窗保温性能分级表

D1 原标准外窗保温性能分级顺序如表 D1 所示。

表 D1 窗户保温性能分级

等级	传热系数 K W/（m^2·K）	传热阻 R_0 m^2·K/W
Ⅰ	≤2.00	≥0.500
Ⅱ	>2.00，≤3.00	<0.500，≥0.333
Ⅲ	>3.00，≤4.00	<0.333，≥0.250
Ⅳ	>4.00，≤5.00	<0.250，≥0.200
Ⅴ	>5.00，≤6.40	<0.200，≥0.156

中华人民共和国国家标准

建筑外窗空气声隔声性能分级及检测方法

The graduation and test method for airborne sound insulating properties of windows

GB/T 8485—2002

中华人民共和国国家质量监督检验检疫总局　2002-04-28 批准
2002-12-01 实施

前　言

本标准是对 GB/T 8485—1987《建筑外窗空气声隔声性能分级及其检测方法》的修订。本标准与 GB/T 8485—1987 主要区别在于隔声性能分级顺序相反，87 版本中“Ⅰ级”为最高隔声量级别，新版标准中“1 级”为最低隔声量级别。本标准将原标准的“建筑外窗空气声隔声性能分级表”作为本标准的提示附录。

本标准 5.2.1、5.2.2 参照国际标准 ISO 140-1（1997）《声学　建筑和建筑构件的隔声测量第一部分：实验室试验装置对抑制侧向传声的要求》、ISO 140-3（1995）《声学　建筑和建筑构件的隔声测量第三部分：建筑构件空气声隔声实验室测量》的最新版本有关规定进行了修订。

本标准附录 A 为提示的附录。

本标准自实施之日起代替 GB/T 8485—1987。

本标准由建设部提出。

本标准由建设部建筑制品与构配件产品标准化技术委员会归口。

本标准负责起草单位：中国建筑科学研究院。

本标准参加起草单位：上海建筑科学研究院。

本标准主要起草人：丁国强、谭华、刘明明。

本标准于 1987 年 12 月首次发布。

本标准委托中国建筑科学研究院建筑物理研究所负责解释。

1 范　　围

本标准规定了建筑外窗空气声隔声性能分级及检测方法。

本标准适用于任何材料制作的建筑外窗空气声隔声性能分级及检测。也适用于有隔声要求的其他窗。

2 引 用 标 准

下列标准所包含的条文，通过在本标准中引用而构成为本标准的条文。本标准出版时，所示版本均为有效。所有标准都会被修订，使用本标准的各方应探讨使用下列标准最新版本的可能性。

GBJ 47—1983　混响室法吸声系数测量规范

GBJ 121—1988　建筑隔声评价标准

GB/T 3241—1998　倍频程和分数倍频程滤波器（eqv IEC 1260：1995）

GB/T 3769—1983　绘制频率特性图和极坐标图的标度和尺寸（neq IEC 263：1975）

GB/T 3785—1983　声级计的电、声性能及测试方法

GB/T 3947—1996　声学名词术语

3 定　　义

本标准中除采用 GB/T 3947 定义外，还采用以下定义。

3.1 计权隔声量　weighted sound reduction index

将测得的构件空气声隔声量频率特性曲线与GBJ 121 规定的空气声隔声参考曲线按照规定的方法相比较而得出的单值评价量，用 R_W 表示，单位为 dB，取整数。

3.2 扩散体　diffuser

建筑空间内可使声音扩散的物体。通常做成尺度和声波波长相当的散射物悬挂于空中，或在墙壁、顶棚上做成凹凸起伏的表面。

4 分　　级

4.1 分级指标

以窗户空气声隔声性能的单值评价量——计权隔声量 R_W 作为分级指标值。

4.2 分级指标值

分级指标值如表 1。

表 1　建筑外窗空气声隔声性能分级dB

分级	分级指标值
1	$20 \leq R_W < 25$
2	$25 \leq R_W < 30$
3	$30 \leq R_W < 35$
4	$35 \leq R_W < 40$
5	$40 \leq R_W < 45$
6	$45 \leq R_W$

5 检　　测

5.1 检测项目

检测试件在下列中心频率：100、125、160、200、250、315、400、500、630、800、1000、1250、1600、2000、2500、3150（Hz）1/3 倍频程的隔声量。

5.2 检测装置

检测装置由实验室和测试仪器两部分组成，如图 1 所示。

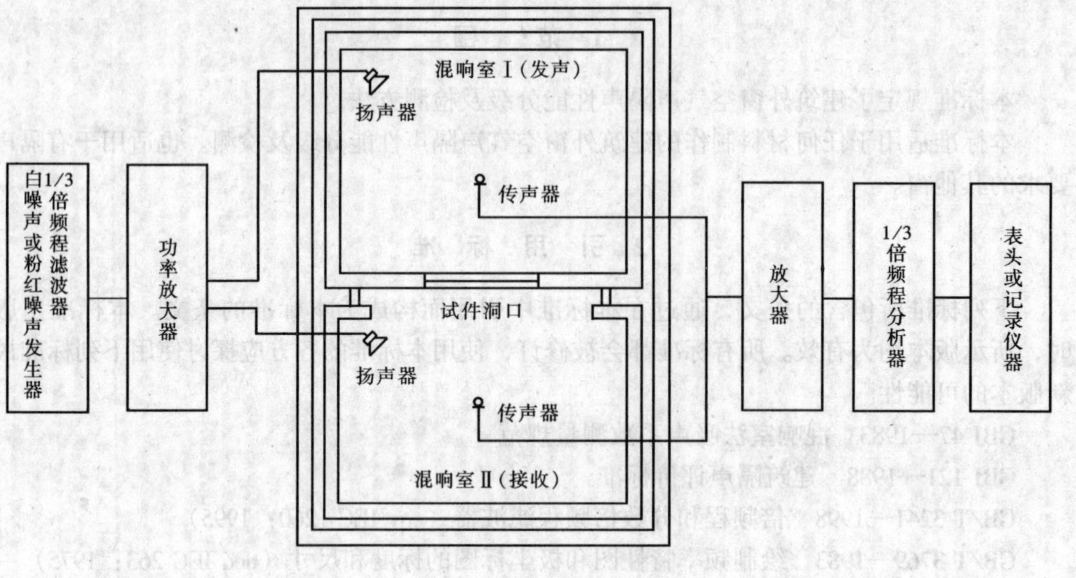

图1 检测装置示意图

5.2.1 实验室

实验室由两个混响室组成，在两室的公共墙面中部有一个安装窗户试件的洞口，洞口尺寸在宽的方向上应比试件尺寸大2～3cm；在高的方向上应比试件尺寸大1～1.5cm。洞口的下边，离地面90cm左右。公共墙面宜以砖砌成，亦可以别的隔声构件拼装组成。实验室应符合下列条件：

5.2.1.1 每个混响室的体积不应小于50m^3，两室的体积和形状不应完全相同，其体积差不应小于10%。

5.2.1.2 每个混响室尺寸的比例应合理选择（如矩形混响室的长、宽、高尺寸组成调和级数），诸尺寸中不应有两个是相等的，亦不应成整数比。

5.2.1.3 声场不均匀时，室内应安装扩散体。

5.2.1.4 接收室内背景噪声应足够低，低频混响时间应控制在1～2（$V/50)^{2/3}$s范围内。V为接收室体积（m^3）。

5.2.1.5 两室之间（包括公共墙面在内）的任何间接传声与通过试件的直接传声相比可以忽略。它可通过下面的方法来确认：预先测出公共墙面上没有开窗洞时的表观隔声量R'。在检测时，若试件的表观隔声量R小于R'10dB以上，可认为间接传声和通过试件的直接传声相比是可以忽略的。

5.2.1.6 两室之间在结构上应采取有效的隔振措施。

5.2.2 仪器设备

5.2.2.1 声源系统：由白噪声发生器或粉红噪声发生器、1/3倍频程滤波器、功率放大器和扬声器组成，它应满足下列条件：

a）声源系统应能发射稳定的声波，在测试频率范围内应有一个连续的频谱；

b）滤波器的特性应符合GB/T 3241的规定；

c）声源应有足够的声功率，使接收室内任一频带的声压级比背景噪声级至少高10dB；

d）若声源有两个或两个以上的扬声器同时工作，这些扬声器应安装在同一个箱内，箱的最大尺寸不应超过 0.7m，各扬声器应同相驱动；

e）扬声器放在试件对面的墙角上，但不应指向试件。

5.2.2.2 接收设备：由传声器、放大器、1/3 倍频程分析器和打印记录等仪器组成。它们应满足下列要求：

a）传声器的扩散场频率响应，应平直和尽可能地无指向性；

b）滤波器的特性要求与 5.2.2.1 中 b）相同；

c）测量声压级用的仪器应符合 GB/T 3785 中 2 型或 2 型以上的有关规定。

5.3 试件

5.3.1 试件数量和选取方法

同一窗型选取三樘样窗，对于抽检，采用随机抽样的方法选取试件。

5.3.2 对试件的要求

试件必须和产品设计、组装图完全一致，不可附加任何多余的零配件，或采用特殊的组装工艺和改善措施。

5.3.3 试件有关参数的检验

在试件安装前应预先检验试件的重量、总面积、开启面积和玻璃厚度。

5.3.4 试件的安装

5.3.4.1 试件可以用下列方法之一进行安装：

a）当安装试件的洞口是由砖墙或混凝土墙组成时，可用白灰（或水泥）砂浆将试件砌筑在洞口内。窗框与墙体间的缝隙以砂浆填堵，洞口内的墙面抹 2.5cm 厚砂浆（覆盖窗框约 1cm）。砂浆固化后方可开始测试。窗框与墙体间的缝隙也可用吸声材料（如矿棉）填堵，两面再用弹性密封剂密封；

b）当安装试件的洞口是由其他隔声构件拼装而成时，应预先校验所使用的隔声构件和各拼装缝隙密封措施的隔声能力，以达到检验的要求；

c）安装试件洞口墙体的厚度不应超过 500mm。

5.3.4.2 试件两面形成壁龛的厚度不应一样，其比例近似于 2:1 为宜。

5.3.4.3 不得因安装而造成试件变形。

5.4 检测

5.4.1 窗的隔声量 R（dB）按式（1）计算：

$$R = L_{p1} - L_{p2} + 10\lg S/A \quad (1)$$

式中 L_{p1}——声源室内平均声压级，dB；

L_{p2}——接收室内平均声压级，dB；

S——窗的面积，m^2；

A——接收室的吸声量，m^2。

接收室的吸声量 A（m^2）由式（2）确定：

$$A = 0.163\,V/T_{60} \quad (2)$$

式中 V——接收室的体积，m^3；

T_{60}——接收室的混响时间，s。

混响时间 T_{60}按 GBJ 47 有关规定进行测量。

5.4.2 检测程序

5.4.2.1 在开始检验前，先将试件上所有可启闭部分开启、关闭 10 次。在此过程中如有密封件损坏、脱落，均不得采取任何补救措施。然后使用窗上的关紧装置关闭窗户。

5.4.2.2 检验前应校核检验仪器并作记录。

5.4.2.3 按 5.1 规定的中心频率检测隔声量。

5.4.2.4 检测步骤

1）使用声源系统在声源室依次产生上述频率的稳态声场，分别测量声源室内和接收室内平均声压级 L_{p1}和 L_{p2}。平均声压级可用下列方法之一获得：

a）采用移动单个传声器或用多个固定位置传声器来获得平均声压级 L_{p1}和 L_{p2}。对于中心频率高于 500Hz 时可取 3 个位置，其余频率取 6 个位置。在各位置上，传声器离房间各界面和扩散体的距离应大于 1m。每个位置上，每个中心频率用 5s 的平均时间读取声压级值。当房间内声场不同点间声压级变化范围不大于 6dB 时可直接将各位置测得的算术平均值作为平均声压级；若房间内声场不同点间声压级变化范围大于 6dB 时，平均声压级 L_p（dB）应按式（3）计算：

$$L_p = 10\lg\frac{1}{n}\sum_{i=1}^{n}10^{0.1L_{pi}} \tag{3}$$

式中 L_{pi}——室内第 i 点声压级；

n——室内测点位置数目。

b）采用能匀速连续移动的传声器和具有 P^2 积分的仪器来获得平均声压级。传声器旋转一周的时间应大于 30s。

2）测量混响时间 T_{60}，传声器位置宜取 3 个。每个位置至少作 2 次混响时间分析。

5.4.2.5 按式（1）和式（2）计算出各 1/3 倍频程的隔声量，然后按 GBJ 121 求出计权隔声量 R_W。

6 检 验 报 告

6.1 每一樘样窗的空气声隔声性能应以表格和频率特性曲线图的形式给出。曲线应绘制在纵坐标表示隔声量，横坐标（对数刻度）表示频率的坐标纸上。频率比 10∶1 的长度宜等于纵坐标 25dB。横坐标、纵坐标亦可采用别的比例，但应符合 GB/T 3769 的要求。

6.2 三樘样窗的空气声计权隔声量 R_W 值的算术平均值即为本窗型的分级指标值。若平均值含有小数时按四舍五入取整数。然后对照表 1 确定该组窗的性能等级并在检验报告的结论中标出。当样窗不足三樘时，检验结果不得作该窗型的分级指标值。

6.3 检验报告还应包括下列内容：

6.3.1 试件的生产厂名、品种、型号、规格尺寸及有关的图示（整窗的立面和剖面、型材断面和镶嵌条、密封条的断面等）。

6.3.2 玻璃厚度、种类及镶嵌方式，窗的面密度和可开启面积。

6.3.3 有无密封措施，如有，应标注出密封条的材质、断面和安装方式。

6.3.4 检验仪器的型号。

6.3.5 检验单位的名称、检验日期并盖章。

6.3.6 检验人员和审核人员签名。

附 录 A
（提示的附录）
GB 8485—87《建筑外窗空气声隔声性能分级及其检测方法》分级表

GB 8485—87《建筑外窗空气声隔声性能分级及其检测方法》中的分级表（见表 A1）。

表 A1

分 级	计权隔声量 R_W 值范围（dB）
Ⅰ	$R_W \geqslant 45$
Ⅱ	$45 > R_W \geqslant 40$
Ⅲ	$40 > R_W \geqslant 35$
Ⅳ	$35 > R_W \geqslant 30$
Ⅴ	$30 > R_W \geqslant 25$
Ⅵ	$25 > R_W \geqslant 20$

6.3.4 长度及其测量结果;
6.3.5 检测日期及检测人员、检测日期及检验人员;
6.3.6 检验人员、技术负责人签名。

附 录 A
(补充件)
GB 8485—87《建筑外窗空气渗透性
能分级及其检测方法》分级表

GB 8485—87《建筑外窗空气渗透性能分级及其检测方法》中的分级表（见表 A1）

表 A1

每米缝长空气渗透量 q_1 [$m^3/(m \cdot h)$]	等级
$R_1 \leq 0.5$	I
$0.5 < R_1 \leq 1.0$	II
$1.0 < R_1 \leq 2.0$	III
$2.0 < R_1 \leq 3.0$	IV
$3.0 < R_1 \leq 4.0$	V
$R_1 > 4.0$	VI

中华人民共和国国家标准

建筑外窗水密性能分级及检测方法

Graduation and test method for watertightness performance of windows

GB/T 7108—2002

中华人民共和国国家质量监督检验检疫总局　2002-04-28 批准
2002-12-01 实施

前　言

本标准是对 GB/T 7108—1986《建筑外窗雨水渗漏性能分级及检测方法》的修订。

本标准主要修改内容：

1. 将标准名称中的“雨水渗漏”性能改为“水密”性能。

2. 分级顺序改为由低指标至高指标。

3. 取消原分级标准中的最低级 50Pa，最高指标指值由 500Pa 提高至≥700Pa。

4. 增加检测压力等级。

5. 对检测装置的主要组成部分及压力测量仪器的测量误差提出具体要求。

6. 增加对升压速度的要求。

7. 对波动加压的使用范围作出规定。

8. 提出综合三试件严重渗漏压力差的方法。

9. 将原标准的分级表作为本标准提示的附录。

本标准的附录 A 为提示的附录。

本标准自实施之日起代替 GB/T 7108—1986。

本标准由建设部提出。

本标准由建设部建筑制品与构配件产品标准化技术委员会归口。

本标准负责起草单位：中国建筑科学研究院。

本标准参加起草单位：中国建筑标准设计研究所、广东省建筑科学研究院、上海建筑门窗检测站、首都航天机械公司橡胶塑料制品厂、深圳市富诚幕墙装饰工程有限公司、厦门市建筑科学研究院。

本标准主要起草人：谈恒玉、刘达民、姜仁、王洪涛、杨仕超、施伯年、费中强、姚耘晖、蔡永泰。

本标准委托中国建筑科学研究院建筑物理研究所负责解释。

本标准于 1986 年首次发布。

1　范　　围

本标准规定了建筑外窗水密性能的分级及检测方法。

本标准适用于建筑外窗（含落地窗）的水密性能分级及检测方法。检测对象只限于窗试件本身，不涉及窗与围护结构之间的接缝部位。

2　引　用　标　准

下列标准所包含的条文，通过在本标准中引用而构成为本标准的条文。本标准出版时，所示版本均为有效。所有标准都会被修订，使用本标准的各方应探讨使用下列标准最新版本的可能性。

GB/T 5823—1986　建筑门窗术语

GB 50178—1993　建筑气候区划标准

3　定　　义

本标准除采用 GB/T 5823 定义之外还采用下列定义。

3.1　外窗　external window

有一个面朝向室外的窗。

3.2　水密性　watertightness performance

关闭着的外窗在风雨同时作用下，阻止雨水渗漏的能力。

3.3　严重渗漏　serious water leakage

雨水从窗外持续或反复渗入窗内侧，喷溅或溢出试件界面。

3.4　压力差　pressure difference

外窗室内外表面所受到的空气压力的差值。当室外表面空气压力大于室内表面时，压力差为正值，反之为负值。压力的单位以帕（Pa）表示。

3.5　严重渗漏压力差值　pressure difference under serious water leakage

试件发生严重渗漏时的压力差值。

3.6　淋水量　volume of water spray

外窗试件表面保持连续水膜时单位面积所需的水流量。

4　分　　级

4.1　分级指标

采用严重渗漏压力差的前一级压力差作为分级指标。分级指标值 ΔP 列于表 1。

表 1　建筑外窗水密性能分级表　　Pa

分　级	1	2	3	4	5	×××× [1]
分级指标 ΔP	$100 \leqslant \Delta P < 150$	$150 \leqslant \Delta P < 250$	$250 \leqslant \Delta P < 350$	$350 \leqslant \Delta P < 500$	$500 \leqslant \Delta P < 700$	$\Delta P \geqslant 700$
1）××××表示用≥700Pa 的具体值取代分级代号。						

4.2 表1中××××级窗适用于热带风暴和台风地区（GB 50178 中的ⅢA 和ⅣA 地区）的建筑。

5 检 测

5.1 检测项目

检测试件的水密性能。

5.2 检测装置

图1为检测装置示意图。

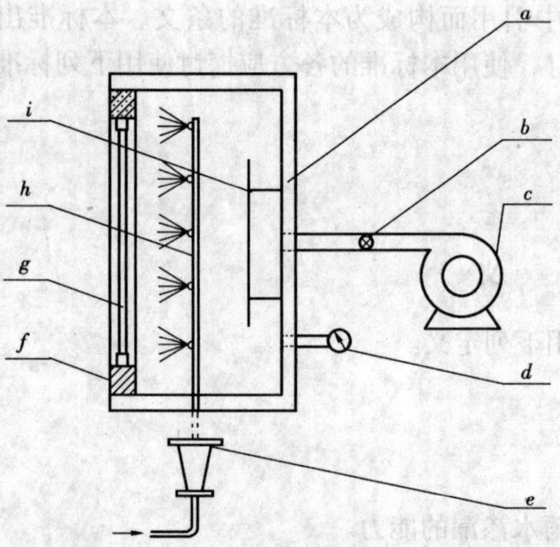

图1 检测装置示意图

a—压力箱；b—调压系统；c—供压设备；d—压力监测仪器；e—水流量计；f—镶嵌框；g—试件；h—淋水装置；i—进气口挡板

5.2.1 压力箱

压力箱一侧开口部位可安装试件，箱体应有足够的刚度和良好的密封性能。

5.2.2 供压和压力控制系统

供压和压力控制系统供压和压力控制能力必须满足5.4的要求。

5.2.3 压力测量仪器

压力测量仪器测值误差不应大于2%。

5.2.4 喷淋装置

必须满足在窗试件的全部面积上形成连续水膜并达到规定淋水量的要求。

5.3 检测的准备

5.3.1 试件的数量

同一窗型、规格尺寸应至少测定三樘试件。

5.3.2 试件要求

a）试件应为生产厂按所提供的图样生产的合格产品或研制的试件。不得附有任何多余的零配件或采用特殊的组装工艺或改善措施；

b）试件镶嵌应符合设计要求；

c）试件必须按照设计要求组合、装配完好。并保持清洁、干燥。

5.3.3 试件安装

a）试件应安装在镶嵌框上。镶嵌框应具有足够的刚度；

b）试件与镶嵌框之间的连接应牢固并密封。安装好的试件要求垂直，下框要求水平。不允许因安装而出现变形；

c）试件安装后，表面不可沾有油污等不洁物；

d）试件安装完毕后，应将试件可开启部分开关5次。最后关紧。

5.4 检测方法

可分别采用稳定加压法和波动加压法。定级检测和工程所在地为非热带风暴和台风地区时，采用稳定加压法；如工程所在地为热带风暴和台风地区时，应采用波动加压法。

5.4.1 稳定加压法

按图 2、表 2 顺序加压。

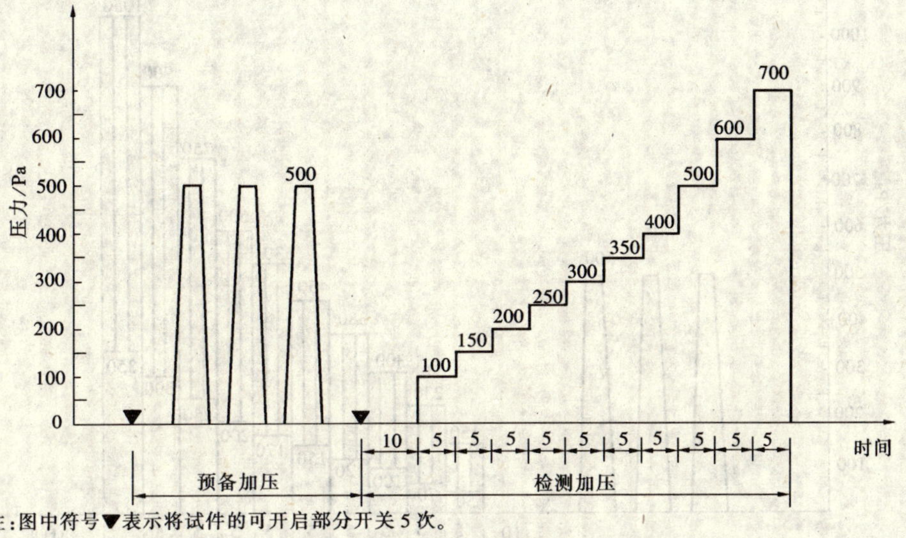

注:图中符号▼表示将试件的可开启部分开关 5 次。

图 2　稳定加压顺序示意图

a）预备加压：施加三个压力脉冲。压力差值为 500Pa。加载速度约为 100Pa/s，压力稳定作用时间为 3s，泄压时间不少于 1s。待压力差回零后，将试件所有可开启部分开关 5 次，最后关紧；

b）淋水：对整个试件均匀地淋水。淋水量为 2L/（m^2·min）；

c）加压：在稳定淋水的同时，定级检验时，加压至出现严重渗漏，工程检验时，加压至设计指标值；

表 2　稳定加压顺序表

加压顺序	1	2	3	4	5	6	7	8	9	10	11
检测压力/Pa	0	100	150	200	250	300	350	400	500	600	700
持续时间/min	10	5	5	5	5	5	5	5	5	5	5
注：检测压力超过 700Pa 时，每级间隔仍为 100Pa。											

d）观察：在逐级升压及持续作用过程中，观察并参照表 4 记录渗漏情况。

5.4.2 波动加压法

按图 3、表 3 顺序加压。

a）预备加压：施加三个压力脉冲，压力差值为 500Pa。加载速度约为 100Pa/s，压力稳定作用时间为 3s，泄压时间不少于 1s。待压力回零后，将试件所有分可开关部分开关 5 次，最后关紧；

b）淋水：对整个试件均匀地淋水。淋水量为 3L/（m^2·min）；

c）加压：在稳定淋水的同时，定级检验时加压至出现严重渗漏。工程检验时加压至平均值为设计指标值。波动周期为 3～5s；

d）观察：在各级波动加压过程中，观察并参照表 4 记录渗漏情况，直到严重渗漏为止。

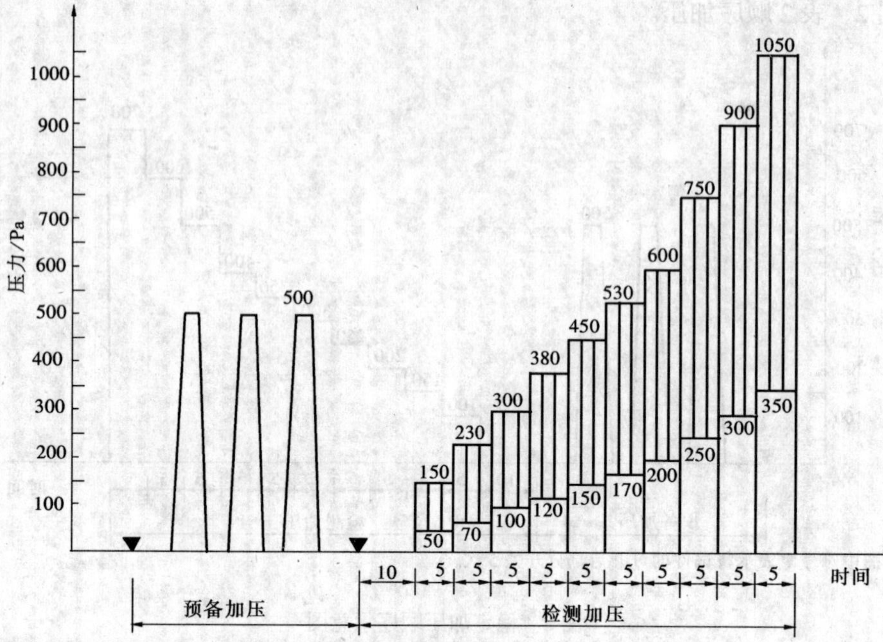

注:图中▼符号表示将试件的可开启部分开关 5 次。

图 3　波动加压示意图

表 3　波动加压顺序表

加压顺序		1	2	3	4	5	6	7	8	9	10	11
波动压力值	上限值/Pa	0	150	230	300	380	450	530	600	750	900	1050
	平均值/Pa	0	100	150	200	250	300	350	400	500	600	700
	下限值/Pa	0	50	70	100	120	150	170	200	250	300	350
波动周期/s		3~5										
每级加压时间/min		5										
注：波动压力平均值超过 700Pa 时，每级间隔仍为 100Pa。												

表 4　记录渗漏情况的符号表

渗　漏　情　况	符　　号
窗内侧出现水滴	○
水珠联成线，但未渗出试件界面	□
局部少量喷溅	△
喷溅出窗试件界面	▲
水溢出窗试件界面	●
注 1：表中后两项为严重渗漏。	
注 2：稳定加压和波动加压检测结果均采用此表。	

6　检 测 值 的 处 理

记录每个试件严重渗漏时的检测压力差值。以严重渗漏时所受压力差值的前一级检测压力差值作为该试件水密性能检测值。如果检测至委托方确认的检测值尚未渗漏，则此值为该试件的检测值。

三试件水密性检测值综合方法为：一般取三樘检测值的算数平均值。如果三樘检测值中最高值和中间值相差两个检测压力级以上时，将最高值降至比中间值高两个检测压力级后，再进行算术平均。（3 个检测值中，较小的两值相等时，其中任一值可视为中间值）。

最后，以此三樘窗的综合检测值向下套级。综合检测值应大于或等于分级指标值。

7 检 测 报 告

检测报告应包括下列内容：

a）试件的品种、系列、型号、规格、主要尺寸及图纸（包括试件立面和剖面、型材和镶嵌条截面）；

b）玻璃品种、厚度及镶嵌方法；

c）明确注出有无密封条。如有密封条则应注出密封材料的材质；

d）明确注出有无采用密封胶类材料填缝。如采用则应注出密封材料的材质；

e）五金配件的配置；

f）将试件所属等级标明于检测结果栏内。并注明是以稳定压或波动压检测结果进行定级。

附 录 A

（提示的附录）

GB/T 7108—1986 建筑外窗雨水渗漏性能分级表

原建筑外窗雨水渗漏性能分级见表 A1。

表 A1

等　级	Ⅰ	Ⅱ	Ⅲ	Ⅳ	Ⅴ	Ⅵ
ΔP/Pa	500	350	250	150	100	50

中华人民共和国国家标准

铝 合 金 门

Aluminium doors

GB/T 8478—2003

代替 GB/T 8478—1987
GB/T 8480—1987
GB/T 8482—1987

中华人民共和国国家质量监督检验检疫总局 2003-03-12 批准

2003-09-01 实施

前　言

本标准代替 GB/T 8478—1987《平开铝合金门》、GB/T 8480—1987《推拉铝合金门》和 GB/T 8482—1987《铝合金地弹簧门》。

本标准与 GB/T 8478—1987、GB/T 8480—1987 和 GB/T 8482—1987 的主要差异如下：

——将上述三项标准合为一项标准，名称为《铝合金门》；

——完善产品类别划分；

——本标准采用最新版本的抗风压、水密、气密、保温、空气声隔声、采光等性能指标；

——增加反复启闭要求和挠度控制值；

——取消窗框深度尺寸系列（原标准 3.1 条）；

——取消原标准中以洞口表示的一节（原标准 3.2.1 条与 3.2.2 条）。

本标准的附录 A 为资料性附录。

本标准由中华人民共和国建设部提出。

本标准由建设部制品与构配件产品标准化技术委员会归口。

本标准起草单位：中国建筑标准设计研究所、中国建筑科学研究院建筑物理研究所、中国建筑金属结构协会、西安飞机工业装饰装修工程股份有限公司、深圳华加日铝业有限公司、辽宁东林瑞那斯股份有限公司、广州铝质装饰工程有限公司、广东省佛山市季华铝业公司、广东坚美铝型材厂、武汉特凌节能门窗有限公司、高明市季华铝建有限公司。

本标准主要起草人：刘达民、曹颖奇、王洪涛、谈恒玉、黄圻、马文龙、张根祥、王柏洪、石民祥、蔡业基、卢继延、付纪频、韩广建。

本标准代替标准的历次版本发布情况为：

——GB/T 8478—1987，GB/T 8480—1987，GB/T 8482—1987。

铝 合 金 门

1 范 围

本标准规定了铝合金门的分类、规格、代号、要求、试验方法、检验规则和标志、包装、运输、贮存。

本标准适用于铝合金建筑型材制作的门。

本标准不适用于自动门、卷帘门、防火门、防射线屏蔽门等特种门。

2 规范性引用文件

下列文件中的条款通过本标准的引用而成为本标准的条款。凡是注日期的引用文件，其随后所有的修改单（不包括勘误的内容）或修订版均不适用于本标准，然而，鼓励根据本标准达成协议的各方研究是否可使用这些文件的最新版本。凡是不注日期的引用文件，其最新版本适用于本标准。

GB 191 包装储运图示标志（eqv ISO 780：1997）

GB/T 2518 连续热镀锌薄钢板和钢带

GB/T 5237 铝合金建筑型材

GB/T 5823—1986 建筑门窗术语

GB/T 5824—1986 建筑门窗洞口尺寸系列

GB/T 6388 运输包装收发货标志

GB/T 7106 建筑外窗抗风压性能分级及其检测方法

GB/T 7107 建筑外窗空气渗透性能分级及其检测方法

GB/T 7108 建筑外窗雨水渗漏性能分级及其检测方法

GB/T 8484 建筑外窗保温性能分级及其检测方法

GB/T 8485 建筑外窗空气声隔声性能分级及其检测方法

GB/T 9158—1988 建筑用窗承受机械力的检测方法

GB/T 9799 金属覆盖层 钢铁上的锌电镀层（eqv ISO 2081：1986）

GB/T 13306 标牌

GB/T 14154 塑料门 垂直荷载试验方法

GB/T 14436 工业产品保证文件 总则

GB/T 14952.3 铝及铝合金阳极氧化 着色阳极氧化膜色差和外观质量检验方法 目视观察法

QB/T 1129 塑料门窗 硬物撞击试验方法

QB/T 3892（GB 9304） 推拉铝合门窗用滑轮

ISO 9379 整樘门—反复开、关试验

JGJ 113 建筑玻璃应用技术规程

3 术 语 和 定 义

GB/T 5823—1986、GB/T 5824—1986 确定的以及下列术语和定义适用于本标准。

3.1 铝合金门 aluminium doors

由铝合金建筑型材制作框、扇结构的门。

4 分类、规格、代号

4.1 按开启形式区分

开启形式与代号按表1规定。

表1 开启形式与代号

开启形式	折　叠	平　开	推　拉	地弹簧	平开下悬
代号	Z	P	T	DH	PX

注1：固定部分与平开门或推拉门组合时为平开门或推拉门。

注2：百叶门符号为Y、纱扇门符号为S。

4.2 按性能区分

性能按表2规定。

表2 性　　能

性能项目	种类		
	普通型	隔声型	保温型
抗风压性能（P_3）	○	○	○
水密性能（ΔP）	○	○	○
气密性能（q_1，q_2）	○	◎	◎
保温性能（K）	○	○	◎
空气声隔声性能（R_W）	○	◎	○
采光性能（T_r）	○	○	○
撞击性能	◎	◎	◎
垂直荷载强度	◎	◎	◎
启闭力	◎	◎	◎
反复启闭性能	◎	◎	◎

注：○为选择项目，◎为必须项目。用于外推拉门、外平开门抗风压、水密、气密性能为必选项目。

4.3 规格型号

a）门洞口尺寸系列应符合GB 5824的规定。

b）门的构造尺寸可根据门洞口饰面材料厚度、附框尺寸、安装缝隙确定。

4.4 标记示例

4.4.1 标记方法

型号由门型、规格、性能标记代号组成。

当抗风压、水密、气密、保温、隔声、采光等性能和纱扇无要求时不填写。

4.4.2 示例

铝合金平开门，规格型号为1524，抗风压性能为2.0kPa，水密性能为150Pa，气密性能1.5m³/（m·h）保温性能3.5W/（m²·K），隔声性能30dB，采光性能0.40带纱扇门。

PLM 1524-P_3 2.0-ΔP150-q_1（或 q_2）1.5-K3.0-R_W30-T_r0.40-S。

5 材料

门用材料应符合有关标准的规定，参见附录A。

5.1 铝合金门受力构件应经试验或计算确定。未经表面处理的型材最小实测壁厚应≥2.0mm。

注：受力构件指参与受力和传力的杆件。

5.2 表面处理

a）铝合金型材表面处理应符合表3的规定。

表3 铝合金型材表面处理

品种	阳极氧化、着色	电泳涂漆	粉末喷涂	氟碳喷涂
厚度	AA15	B级	40～120μm	≥30μm
注：有特殊要求的按GB/T 5237选择。				

b）黑色金属材料，除不锈钢外应按GB/T 9799的规定进行表面锌电镀处理，其镀层厚度应大于12μm或采用GB/T 2518的材质。

5.3 玻璃

玻璃应根据功能要求选取适当品种、颜色，宜采用安全玻璃。

地弹簧门或有特殊要求的门应采用安全玻璃。

玻璃厚度、面积应经计算确定，计算方法按JGJ 113规定。

5.4 密封材料

密封材料应按功能要求、密封材料特性、型材特点选用。

5.5 五金件、附件、紧固件

五金件、附件、紧固件应满足功能要求。

门用五金件、附件安装位置正确、齐全、牢固，具有足够的强度，启闭灵活、无噪声，承受反复运动的附件、五金件应便于更换。

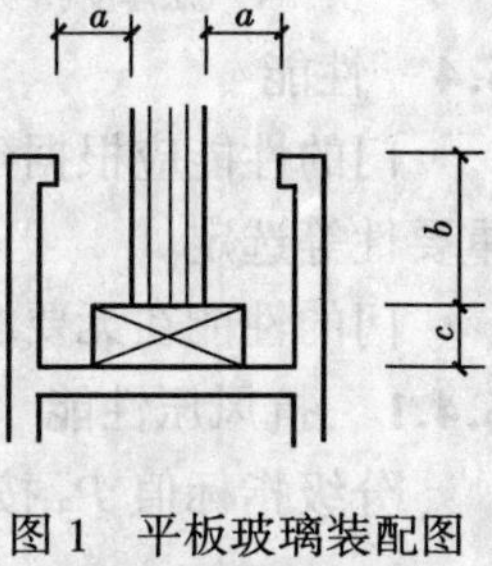

图1 平板玻璃装配图

a—玻璃前部余隙或后部余隙；

b—玻璃嵌入深度；

c—玻璃边缘余隙。

6 要求

6.1 外观质量

产品表面不应有铝屑、毛刺、油污或其他污迹。连接处不应有外溢的胶粘剂。表面平整，没有明显的色差、凹凸不平、划伤、擦伤、碰伤等缺陷。

6.2 尺寸偏差

尺寸允许偏差按表4的规定。

6.3 玻璃与槽口配合

a）平板玻璃与玻璃槽口的配合，见图1、表5。

表4　尺寸允许偏差　　单位为毫米

项　目	尺寸范围	偏差值
门框槽口高度、宽度	≤2000	±2.0
	＞2000	±3.0
门框槽口对边尺寸之差	≤2000	≤2.0
	＞2000	≤3.0
门框对角线尺寸之差	≤3000	≤3.0
	＞3000	≤4.0
门框与门扇搭接宽度		±2.0
同一平面高低差		≤0.3
装配间隙		≤0.2

表5　玻璃厚度与玻璃槽口的尺寸　单位为毫米

玻璃厚度	密封材料					
	密封胶			密封条		
	a	b	c	a	b	c
5、6	≥5	≥10	≥7	≥3	≥8	≥4
8	≥5	≥10	≥8	≥3	≥10	≥5
10	≥5	≥12	≥8	≥3	≥10	≥5
3＋3	≥7	≥10	≥7	≥3	≥8	≥4
4＋4	≥8	≥10	≥8	≥3	≥10	≥5
5＋5	≥8	≥12	≥8	≥3	≥10	≥5

b）中空玻璃与玻璃槽口的配合，见图2，表6。

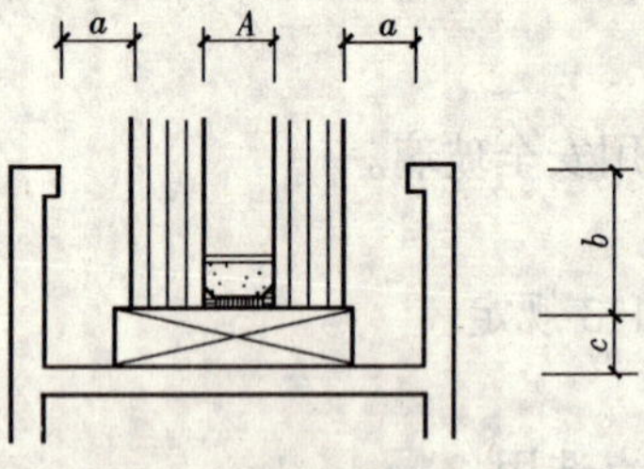

图2　中空玻璃装配图

a—玻璃前部余隙或后部余隙；
b—玻璃嵌入深度；
c—玻璃边缘余隙；
A—空气层厚度（A为6、9、12）。

表6　中空玻璃厚度与玻璃槽口的尺寸　单位为毫米

<table>
<tr><th rowspan="3">玻璃厚度</th><th colspan="6">密封材料</th></tr>
<tr><th colspan="3">密封胶</th><th colspan="3">密封条</th></tr>
<tr><th>a</th><th>b</th><th>c</th><th>a</th><th>b</th><th>c</th></tr>
<tr><td>4＋A＋4</td><td rowspan="3">≥5.0</td><td rowspan="3">≥15.0</td><td rowspan="4">≥7.0</td><td rowspan="4">≥5.0</td><td rowspan="4">≥15.0</td><td rowspan="4">≥7.0</td></tr>
<tr><td>5＋A＋5</td></tr>
<tr><td>6＋A＋6</td></tr>
<tr><td>8＋A＋8</td><td>≥7.0</td><td>≥17.0</td></tr>
</table>

6.4　性能

门的性能应根据建筑物所在地区的地理、气候和周围环境以及建筑物的高度、体型、重要性等选定。

门的性能在无要求的情况下应符合其性能最低值的要求。

6.4.1　抗风压性能

分级指标值P_3按表7规定。

表7　抗风压性能分级　　单位为千帕

分　级	1	2	3	4	5	6	7	8	×·×
指标值	$1.0 \leq P_3 < 1.5$	$1.5 \leq P_3 < 2.0$	$2.0 \leq P_3 < 2.5$	$2.5 \leq P_3 < 3.0$	$3.0 \leq P_3 < 3.5$	$3.5 \leq P_3 < 4.0$	$4.0 \leq P_3 < 4.5$	$4.5 \leq P_3 < 5.0$	$P_3 \geq 5.0$
注：×·×表示用≥5.0kPa的具体的值，取代分级代号。									

在各分级指标值中，门主要受力构件相对挠度单层、夹层玻璃挠度≤$L/120$，中空玻璃挠度≤$L/180$。其绝对值不应超过15mm，取其较小值。

6.4.2 水密性能

分级指标值ΔP按表8规定。

表8 水密性能分级　　单位为帕

分级	1	2	3	4	5	××××
指标值	$100\leqslant\Delta P<150$	$150\leqslant\Delta P<250$	$250\leqslant\Delta P<350$	$350\leqslant\Delta P<500$	$500\leqslant\Delta P<700$	$\Delta P\geqslant700$
注：××××表示用≥700Pa的具体值取代分级代号，适用于热带风暴和台风袭击地区的建筑。						

6.4.3 气密性能

分级指标值q_1，q_2按表9规定。

表9 气密性能分级

分级	2	3	4	5
单位缝长指标值q_1/（m^3/（m·h））	$4.0\geqslant q_1>2.5$	$2.5\geqslant q_1>1.5$	$1.5\geqslant q_1>0.5$	$q_1\leqslant0.5$
单位面积指标值q_2/（m^3/（m^2·h））	$12\geqslant q_2>7.5$	$7.5\geqslant q_2>4.5$	$4.5\geqslant q_2>1.5$	$q_2\leqslant1.5$

6.4.4 保温性能

分级指标值K按表10规定。

表10 保温性能分级　　单位为瓦每平方米开

分级	5	6	7	8	9	10
指标值	$4.0>K\geqslant3.5$	$3.5>K\geqslant3.0$	$3.0>K\geqslant2.5$	$2.5>K\geqslant2.0$	$2.0>K\geqslant1.5$	$K<1.5$

6.4.5 空气声隔声性能

分级指标值R_W按表11规定。

表11 空气声隔声性能分级　　单位为分贝

分级	2	3	4	5	6
指标值	$25\leqslant R_W<30$	$30\leqslant R_W<35$	$35\leqslant R_W<40$	$40\leqslant R_W<45$	$R_W\geqslant45$

6.4.6 撞击性能

门撞击后应符合下列要求：

a）门框、扇无变形、连接处无松动现象。

b）插销、门锁等附件应完整无损，启闭正常。

c）玻璃无破损。

d）门扇下垂量应不大于2mm。

6.4.7 垂直荷载强度

垂直荷载强度适应于平开门、地弹簧门。

当施加 30kg 荷载，门扇卸荷后的下垂量应不大于 2mm。

6.4.8 启闭力

启闭力应不大于 50N。

6.4.9 反复启闭性能

反复启闭应不少于 10 万次，启闭无异常，使用无障碍。

7 检验与试验方法

7.1 外观质量按 GB/T 14852.3 的规定，进行目测。

7.2 尺寸偏差，用卡尺、塞尺、钢卷尺进行检查。

7.3 玻璃与槽口配合用卡尺进行检查。

7.4 性能试验应符合表 12 的规定。

表 12 性能试验方法

项目	标准编号
抗风压性能	GB/T 7106
水密性能	GB/T 7108
气密性能	GB/T 7107
保温性能	GB/T 8484
空气声隔声性能	GB/T 8485
撞击性能	QB/T 1129
垂直荷载强度	GB/T 14154
启闭力	GB/T 9158—1988 中第 6.1 条
反复启闭性能	QB/T 3892（GB 9304）（适用于推拉门）
	ISO 9379（适用于平开门）

7.5 门物理、机械性能试验顺序应符合下列规定：

a）物理性能宜按气密、水密、抗风压性能的顺序试验。

b）机械性能应按撞击、启闭力、反复启闭、下垂量的顺序试验。

8 检验规则

产品检验分出厂检验和型式检验。

产品经检验合格后应有合格证。合格证应符合 GB/T 14436 的规定。

8.1 出厂检验

a）检验项目

产品检验项目应符合表 14 的规定。

b）组批规则与抽样方案

从每项工程中的不同品种、规格分别随机抽取 10% 且不得少于三樘。

c）判定规则与复检规则

产品检验不符合本标准要求时，应重新加倍抽取进行检验。

产品仍不符合要求时，则判为不合格产品。

8.2 型式检验

a）检验项目

产品检验项目应符合表 13 的规定。

表 13 出厂检验与型式检验项目

序号	项目名称	出厂检验	型式检验
1	抗风压性能	—	✓
2	水密性能	—	✓

续表 13

序号	项 目 名 称	出厂检验	型式检验
3	气密性能	—	✓
4	保温性能	—	△
5	空气声隔声性能	—	△
6	撞击性能	—	✓
7	垂直荷载强度	—	✓
8	启闭力	✓	✓
9	反复启闭性能	—	✓
10	玻璃与槽口配合	✓	✓
11	门框槽口高度偏差	✓	✓
12	门框槽口宽度偏差	✓	✓
13	门框对边尺寸之差	✓	✓
14	门框对角线尺寸之差	✓	✓
15	门框与扇搭接宽度偏差	✓	✓
16	同一平面高低之差	✓	✓
17	装配间隙	✓	✓
18	外观质量	✓	✓
注：1.△根据用户要求进行测试。 2. 地弹簧门不做前三项检测。			

b）有下列情况之一时应进行型式检验：

1）产品或老产品转厂生产的试制定型鉴定；

2）正式生产后当结构、材料、工艺有较大改变可能影响产品性能时；

3）正常生产时每两年检测一次；

4）产品停一年以上再恢复生产时；

5）发生重大质量事故时；

6）出厂检验结果与上次型式检验有较大差异时；

7）国家质量监督机构或合同规定要求进行型式检验时。

c）组批规则和抽样方案

从产品的不同品种、相同规格中每两年在出厂检验合格产品中随机抽取三樘。

d）判定规则

产品检验不符合本标准要求时，应另外加倍抽样复检，当复检仍不合格时则判为不合格产品。

9 标志、包装、运输、贮存

9.1 标志

9.1.1 在产品明显部位应标明下列标志：

a）制造厂名与商标；

b）产品名称、型号和标志；

c）产品应贴有标牌，标牌应符合 GB/T 13306 的规定；

d）制作日期或编号。

9.1.2 包装箱的箱面标志应符合 GB/T 6388 的规定。

9.1.3 包装箱上应有明显的“怕湿”“小心轻放”“向上”字样和标志，其图形应符合 GB 191 的规定。

9.2 包装

9.2.1 产品应用无腐蚀作用的材料包装。

9.2.2 包装箱应有足够的强度，确保运输中不受损坏。

9.2.3 包装箱内的各类部件，避免发生相互碰撞、窜动。

9.2.4 产品装箱后，箱内应有装箱单和产品检验合格证。

9.3 运输

9.3.1 在运输过程中避免包装箱发生相互碰撞。

9.3.2 搬运过程中应轻拿轻放，严禁摔、扔、碰击。

9.3.3 运输工具应有防雨措施，并保持清洁无污染。

9.4 贮存

9.4.1 产品应放置通风、干燥的地方。严禁与酸、碱、盐类物质接触并防止雨水侵入。

9.4.2 产品严禁与地面直接接触，底部垫高大于 100mm。

9.4.3 产品放置应用垫块垫平，立放角度不小于 70°。

附　录　A

（资料性附录）

常用材料标准

A.1　金属材料及表面处理

GB/T 708—1988　冷轧钢板和钢带的尺寸、外型、重量及允许偏差

GB/T 2518—1988　连续热镀锌薄钢板和钢带

GB/T 3280—1992　不锈钢冷轧钢板

GB/T 3880—1997　铝及铝合金轧制板材

GB/T 4239—1991　不锈钢和耐热钢冷轧钢带

GB/T 5237.1—2000　铝合金建筑型材　第 1 部分　基材

GB/T 5237.2—2000　铝合金建筑型材　第 2 部分　阳极氧化、着色型材

GB/T 5237.3—2000　铝合金建筑型材　第 3 部分　电泳涂漆型材

GB/T 5237.4—2000　铝合金建筑型材　第 4 部分　粉末喷涂型材

GB/T 5237.5—2000　铝合金建筑型材　第 5 部分　氟碳漆喷涂型材

GB/T 9799—1997　金属覆盖层　钢铁件上的锌电镀层

GB/T 13821—1992　锌合金压铸件

GB/T 15114—1994　铝合金压铸件

A.2 玻璃

GB 9962—1999 夹层玻璃

GB/T 9963—1998 钢化玻璃

GB 17841—1999 幕墙用钢化玻璃与半钢化玻璃

GB 11614—1999 浮法玻璃

GB/T 11944—2002 中空玻璃

JC 693—1998 热反射玻璃

JC 433—1991 夹丝玻璃

GB/T 18701—2002 着色玻璃

A.3 窗纱

QB/T 3882—1999（GB 8379—1987） 窗纱型式尺寸

QB/T 3883—1999（GB 8380—1987） 窗纱技术条件

A.4 密封材料

GB/T 5574—1994 工业用橡胶板

GB/T 16589—1996 硫化橡胶分类 橡胶材料

HG/T 3100—1997 建筑橡胶密封垫 密封玻璃窗和镶板的预成型实心硫化橡胶材料规范

GB/T 12002—1989 塑料门窗用密封条

JC/T 635—1996 建筑门窗密封毛条技术条件

GB/T 14683—1993 硅酮建筑密封膏

A.5 五金件

QB/T 3884—1999（GB 9296—1988） 地弹簧

QB/T 3885—1999（GB 9297—1988） 铝合金门插销

QB/T 3889—1999（GB 9301—1988） 铝合金门窗拉手

QB/T 3891—1999（GB 9303—1988） 铝合金门锁

QB/T 3892—1999（GB 9304—1988） 推拉铝合金门窗用滑轮

QB/T 3893—1999（GB 9305—1988） 闭门器

QB/T 2473—2000 外装门锁

QB/T 2474—2000 弹子插芯门锁

QB/T 2475—2000 叶片门锁

QB/T 2476—2000 球形门锁

中华人民共和国国家标准

铝 合 金 窗

Aluminium windows

GB/T 8479—2003
代替 GB/T 8479—1987　GB/T 8481—1987

中华人民共和国国家质量监督检验检疫总局　2003-03-12 批准
2003-09-01 实施

前　言

本标准代替 GB/T 8479—1987《平开铝合金窗》和 GB/T 8481—1987《推拉铝合金窗》。

本标准与 GB/T 8479—1987、GB/T 8481—1987 的主要差异如下：

——将上述两项标准合为一项标准，名称为《铝合金窗》；

——完善产品类别划分；

——本标准采用最新版本的抗风压、水密、气密、保温、空气声隔声、采光等性能指标；

——增加反复启闭要求和挠度控制值；

——取消窗框深度尺寸系列（原标准 3.1 条）；

——取消原标准中以洞口表示的一节（原标准 3.2.1 和 3.2.2 条）。

本标准的附录 A 为资料性附录。

本标准由中华人民共和国建设部提出。

本标准由建设部制品与构配件产品标准化技术委员会归口。

本标准起草单位：中国建筑标准设计研究所、中国建筑科学研究院建筑物理研究所、中国建筑金属结构协会、广州铝质装饰工程有限公司、广东省佛山市季华铝业公司、广东坚美铝型材厂、西安飞机工业装饰装修工程股份有限公司、深圳华加日铝业有限公司、辽宁东林瑞那斯股份有限公司、武汉特凌节能门窗有限公司、高明市季华铝建有限公司。

本标准主要起草人：刘达民、曹颖奇、谈恒玉、王洪涛、黄圻、石民祥、蔡业基、卢继延、马文龙、张根祥、王柏洪、付纪频、韩广建。

本标准代替标准的历次版本发布情况为：

——GB/T 8479—1987、GB/T 8481—1987。

1 范 围

本标准规定了铝合金窗的分类、规格、代号、要求、试验方法、检验规则和标志、包装、运输、贮存。

本标准适用于铝合金建筑型材制作的窗。

本标准不适用于卷帘、防火窗、防射线屏蔽窗等特种窗。

2 规范性引用文件

下列文件中的条款通过本标准的引用而成为本标准的条款。凡是注日期的引用文件，其随后所有的修改单（不包括勘误的内容）或修订版均不适用于本标准，然而，鼓励根据本标准达成协议的各方研究是否可使用这些文件的最新版本。凡是不注日期的引用文件，其最新版本适用于本标准。

GB 191 包装储运图示标志（eqv ISO 780：1997）

GB/T 2518 连续热镀锌薄板和钢带

GB/T 5237 铝合金建筑型材

GB/T 5823—1986 建筑门窗术语

GB/T 5824—1986 建筑门窗洞口尺寸系列

GB/T 6388 运输包装收发货标志

GB/T 7106 建筑外窗抗风压性能分级及其检测方法

GB/T 7107 建筑外窗空气渗透性能分级及其检测方法

GB/T 7108 建筑外窗雨水渗漏性能分级及其检测方法

GB/T 8484 建筑外窗保温性能分级及其检测方法

GB/T 8485 建筑外窗空气声隔声性能分级及其检测方法

GB/T 9158—1988 建筑用窗承受机械力的检测方法

GB/T 9799 金属覆盖层 钢铁上的锌电镀层（eqv ISO 2081：1986）

GB/T 11976 建筑外窗采光性能分级及检测方法

GB/T 13306 标牌

GB/T 14436 工业产品保证文件 总则

GB/T 14952.3 铝及铝合金阳极氧化 着色阳极氧化膜色差和外观质量检验方法 目视观察法

JG 3035—1996 建筑幕墙

QB/T 3886（原 GB 9298） 平开铝合金窗执手

QB/T 3888（原 GB 9300） 铝合金窗不锈钢滑撑

QB/T 3892（原 GB 9304） 推拉铝合金门窗用滑轮

JGJ 102—1996 玻璃幕墙工程技术规范

JGJ 113 建筑玻璃应用技术规程

3 术 语 和 定 义

GB/T 5823—1986、GB/T 5824—1986 确定的以及下列术语和定义适用于本标准。

3.1

铝合金窗 aluminium windows

由铝合金建筑型材制作框、扇结构的窗。

4 分类、规格、代号

4.1 按开启形式区分

开启形式与代号按表1规定。

表1 开启形式与代号

开启形式	固定	上悬	中悬	下悬	立转	平开	滑轴平开	滑轴	推拉	推拉平开	平开下悬
代号	G	S	C	X	L	P	HP	H	T	TP	PX

注1：固定窗与平开窗或推拉窗组合时为平开窗或推拉窗。

注2：百叶窗符号为Y，纱扇窗符号为A。

4.2 按性能区分

性能按表2规定。

表2 性 能

性能项目	种类		
	普通型	隔声型	保温型
抗风压性能（P_3）	◎	◎	◎
水密性能（ΔP）	◎	◎	◎
气密性能（q_1，q_2）	◎	◎	◎
保温性能（K）	○	○	◎
空气声隔声性能（R_W）	○	◎	○
采光性能（T_r）	○	○	○
启闭力	◎	◎	◎
反复启闭性能	◎	◎	◎

注：○为选择项目，◎为必须项目。

4.3 规格型号

a）窗洞口尺寸系列应符合GB 5824的规定。

b）窗的构造尺寸可根据窗洞口饰面材料厚度、附框尺寸、安装缝隙确定。

4.4 标记示例

4.4.1 标记方法

型号由窗型、规格、性能标记代号组成。

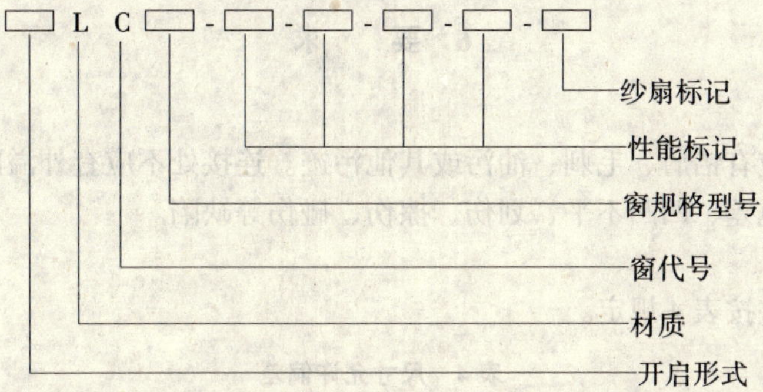

当抗风压、水密、气密、保温、隔声、采光等性能和纱扇无要求时不填写。

4.4.2　示例

铝合金推拉窗，规格型号为 1521，抗风压性能为 2.0kPa，水密性能为 150Pa，气密性能 1.5m^3/（m·h），保温性能 3.5W/（m^2·K），隔声性能 30dB，采光性能 0.40 带纱扇窗。

TLC 1521-P_3 2.0-ΔP150-q_1（或 q_2）1.5-K3.5-R_W30-T_r40-A

5　材　　料

窗用材料应符合有关标准的规定，参见附录 A。

5.1　铝合金窗受力构件应经试验或计算确定。未经表面处理的型材最小实测壁厚应≥1.4mm。

注：受力构件指参与受力和传力的杆件。

5.2　表面处理

a）铝合金型材表面处理应符合表 3 规定。

表 3　铝合金型材表面处理

品　　种	阳极氧化、着色	电泳涂漆	粉末喷涂	氟碳漆喷涂
厚度	AA15	B 级	40～120μm	≥30μm
注：有特殊要求的按 GB/T 5237 选择。				

b）黑色金属材料，除不锈钢外应按 GB/T 9799 的规定进行表面锌电镀处理，其镀层厚度应大于 12μm 或采用 GB/T 2518 的材质。

5.3　玻璃

玻璃应根据功能要求选取适当品种、颜色。

玻璃厚度、面积应经计算确定，计算方法按 JGJ 113 规定。

5.4　密封材料

密封材料应按功能要求、密封材料特性、型材特点选用。

5.5　五金件、附件、紧固件

五金件、附件、紧固件应满足功能要求。

窗用五金件、附件安装位置正确、齐全、牢固，具有足够的强度，启闭灵活、无噪声，承受反复运动的附件、五金件应便于更换。

6 要　　求

6.1　外观质量

产品表面不应有铝屑、毛刺、油污或其他污迹。连接处不应有外溢的胶粘剂。表面平整，没有明显的色差、凹凸不平、划伤、擦伤、碰伤等缺陷。

6.2　尺寸偏差

尺寸允许偏差按表4规定。

表4　尺寸允许偏差　　　　单位为毫米

项　目	尺寸范围	偏差值
窗框槽口高度、宽度	≤2000	±2.0
	>2000	±2.5
窗框槽口对边尺寸之差	≤2000	≤2.0
	>2000	≤3.0
窗框对角线尺寸之差	≤2000	≤2.5
	>2000	≤3.5
窗框与窗扇搭接宽度		±1.0
同一平面高低差		≤0.3
装配间隙		≤0.2

6.3　玻璃与槽口配合

a）平板玻璃与玻璃槽口的配合，见图1、表5。

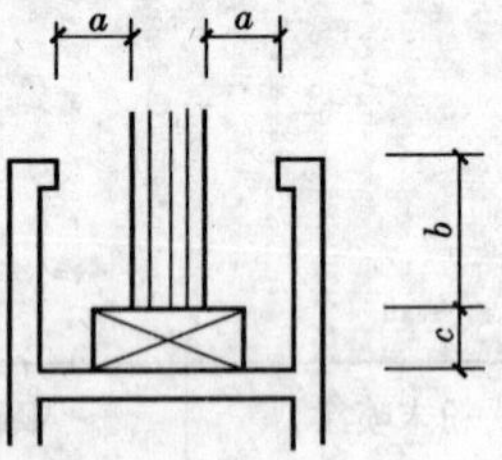

a—玻璃前部余隙或后部余隙；
b—玻璃嵌入深度；
c—玻璃边缘余隙。

图1　平板玻璃装配图

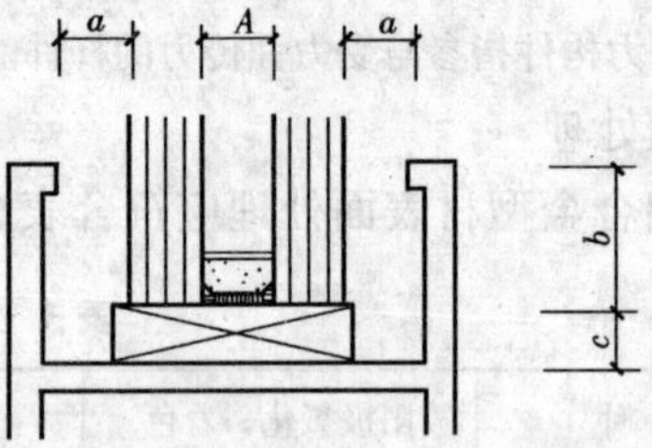

a—玻璃前部余隙或后部余隙；
b—玻璃嵌入深度；
c—玻璃边缘余隙；
A—空气层厚度（A为6、9、12）。

图2　中空玻璃装配图

表5　玻璃厚度与玻璃槽口的尺寸　　　　单位为毫米

玻璃厚度	密封材料					
	密封胶			密封条		
	a	*b*	*c*	*a*	*b*	*c*
5、6	≥5	≥10	≥7	≥3	≥8	≥4
8	≥5	≥10	≥8	≥3	≥10	≥5
10	≥5	≥12	≥8	≥3	≥10	≥5
3+3	≥7	≥10	≥7	≥3	≥8	≥4
4+4	≥8	≥10	≥8	≥3	≥10	≥5
5+5	≥8	≥12	≥8	≥3	≥10	≥5

b）中空玻璃与玻璃槽口的配合，见图 2，表 6。

表 6　中空玻璃厚度与玻璃槽口的尺寸　　单位为毫米

玻璃厚度	密封材料					
	密封胶			密封条		
	a	b	c	a	b	c
$4+A+4$	≥5.0	≥15.0	≥7.0	≥5.0	≥15.0	≥7.0
$5+A+5$						
$6+A+6$						
$8+A+8$	≥7.0	≥17.0				

c）隐框窗的玻璃装配要求如下，见图 3。

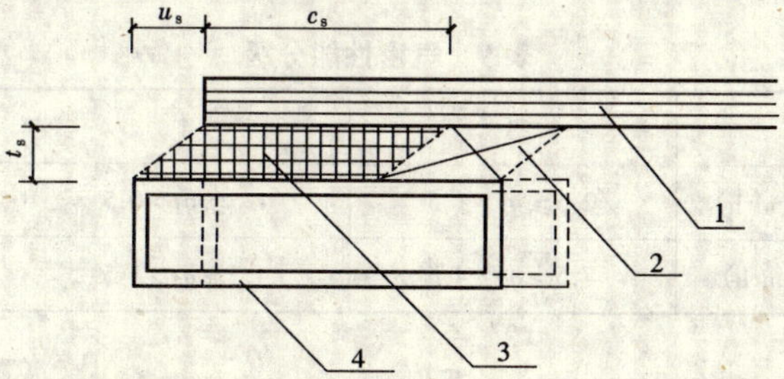

u_s—玻璃与铝合金框相对位移量；

t_s—胶缝厚度；

c_s—胶缝宽度；

1—玻璃；

2—垫条；

3—结构硅酮密封胶；

4—铝合金型材。

图 3　结构硅酮密封胶粘结节点图

隐框窗结构胶计算按 JGJ 102—1996 中的 5、6 条规定。其质量要求应符合 JG 3035—1996 中的 4.3.3.2 条的规定。

6.4　性能

窗的性能应根据建筑物所在地区的地理、气候和周围环境以及建筑物的高度、体型、重要性等选定。

6.4.1　抗风压性能

分级指标值 P_3 按表 7 规定。

表 7　抗风压性能分级　　单位为千帕

分级	1	2	3	4	5
指标值	$1.0\leq P_3<1.5$	$1.5\leq P_3<2.0$	$2.0\leq P_3<2.5$	$2.5\leq P_3<3.0$	$3.0\leq P_3<3.5$
分级	6	7	8	×·×	
指标值	$3.5\leq P_3<4.0$	$4.0\leq P_3<4.5$	$4.5\leq P_3<5.0$	$P_3\geq5.0$	
注：×·×表示用≥5.0kPa 的具体值，取代分级代号。					

在各分级指标值中，窗主要受力构件相对挠度单层、夹层玻璃挠度 $\leqslant L/120$，中空玻璃挠度 $\leqslant L/180$。其绝对值不应超过 15mm，取其较小值。

6.4.2 水密性能

分级指标值 ΔP 按表 8 规定。

表 8 水密性能分级 单位为帕

分　级	1	2	3	4	5	××××
指标值	$100 \leqslant \Delta P < 150$	$150 \leqslant \Delta P < 250$	$250 \leqslant \Delta P < 350$	$350 \leqslant \Delta P < 500$	$500 \leqslant \Delta P < 700$	$\Delta P \geqslant 700$
注：××××表示用≥700Pa 的具体值取代分级代号，适用于热带风暴和台风袭击地区的建筑。						

6.4.3 气密性能

分级指标值 q_1，q_2 按表 9 的规定。

表 9 气密性能分级

分　级	3	4	5
单位缝长指标值 $q_1/m^3/(m \cdot h)$	$2.5 \geqslant q_1 > 1.5$	$1.5 \geqslant q_1 > 0.5$	$q_1 \leqslant 0.5$
单位面积指标值 $q_2/m^3(m \cdot h)$	$7.5 \geqslant q_2 > 4.5$	$4.5 \geqslant q_2 > 1.5$	$q_2 \leqslant 1.5$

6.4.4 保温性能

分级指标值 K 按表 10 规定。

表 10 保温性能分级 单位为瓦每平方米开

分　级	5	6	7	8	9	10
指标值	$4.0 > K \geqslant 3.5$	$3.5 > K \geqslant 3.0$	$3.0 > K \geqslant 2.5$	$2.5 > K \geqslant 2.0$	$2.0 > K \geqslant 1.5$	$K < 1.5$

6.4.5 空气声隔声性能

分级指标值 R_W 按表 11 规定。

表 11 空气声隔声性能分级 单位为分贝

分　级	2	3	4	5	6
指标值	$25 \leqslant R_W < 30$	$30 \leqslant R_W < 35$	$35 \leqslant R_W < 40$	$40 \leqslant R_W < 45$	$R_W \geqslant 45$

6.4.6 采光性能

分级指标值 T_r 按表 12 规定。

表 12 采光性能分级

分　级	1	2	3	4	5
指标值	$0.20 \leqslant T_r < 0.30$	$0.30 \leqslant T_r < 0.40$	$0.40 \leqslant T_r < 0.50$	$0.50 \leqslant T_r < 0.60$	$T_r \geqslant 0.60$

6.4.7 启闭力

启闭力应不大于 50N。

6.4.8 反复启闭性能

反复启闭应不少于 1 万次，启闭无异常，使用无障碍。

7 检验与试验方法

表 13 性能试验方法

项　目	标 准 编 号
抗风压性能	GB/T 7106
水密性能	GB/T 7108
气密性能	GB/T 7107
保温性能	GB/T 8484
空气声隔声性能	GB/T 8485
采光性能	GB/T 11976
启闭力	GB/T 9158—1988 中第 6.1 条
反复启闭性能	QB/T 3892(原 GB 9304)(适用于推拉窗)
	QB/T 3886(原 GB 9298)(适用于执手)
	QB/T 3888(原 GB 9300)(适用于滑撑)

7.1 外观质量按 GB/T 14852.3 的规定，目测检验。

7.2 尺寸偏差，用卡尺、塞尺、钢卷尺进行检查。

7.3 玻璃与槽口配合用卡尺进行检查。

7.4 性能试验应符合表 13 的规定。

7.5 窗物理、机械性能试验顺序应符合下列规定：

a）物理性能宜按气密、水密、抗风压性能的顺序试验。

b）机械性能应按启闭力、反复启闭的顺序试验。

8 检 验 规 则

产品检验分出厂检验和型式检验。

产品经检验合格后应有合格证。合格证应符合 GB/T 14436 的规定。

8.1 出厂检验

a）检验项目

产品检验项目应符合表 14 的规定。

b）组批规则与抽样方案

从每项工程中的不同品种、规格分别随机抽取 5%且不得少于三樘。

c）判定规则与复检规则

产品检验不符合本标准要求时，应重新加倍抽取进行检验。

产品仍不符合要求时，则判为不合格产品。

8.2 型式检验

a）检验项目

产品检验项目应符合表 14 的规定。

表 14 出厂检验与型式检验项目

序　号	项 目 名 称	出 厂 检 验	型 式 检 验
1	抗风压性能	—	√
2	水密性能	—	√
3	气密性能	—	√
4	保温性能	—	△
5	空气声隔声性能	—	△
6	采光性能	—	△
7	启闭力	√	√
8	反复启闭性能	—	√
9	玻璃与槽口配合	√	√

续表 14

序　号	项 目 名 称	出 厂 检 验	型 式 检 验
10	窗框槽口高度偏差	√	√
11	窗框槽口宽度偏差	√	√
12	窗框对边尺寸之差	√	√
13	窗框对角线尺寸之差	√	√
14	窗框与扇搭接宽度偏差	√	√
15	同一平面高低之差	√	√
16	装配间隙	√	√
17	隐框窗的装配要求	√	√
18	外观质量	√	√
注：△根据用户要求进行测试。			

b）有下列情况之一时应进行型式检验：

1）产品或老产品转厂生产的试制定型鉴定；

2）正式生产后当结构、材料、工艺有较大改变可能影响产品性能时；

3）正常生产时每两年检测一次；

4）产品停一年以上再恢复生产时；

5）发生重大质量事故时；

6）出厂检验结果与上次型式检验有较大差异时；

7）国家质量监督机构或合同规定要求进行型式检验时。

c）组批规则和抽样方案

从产品的不同品种、相同规格中每两年在出厂检验合格产品中随机抽取三樘。

d）判定规则

产品检验不符合本标准要求时，应另外加倍复检，当复检仍不合格时则判为不合格产品。

9　标志、包装、运输、贮存

9.1　标志

9.1.1　在产品明显部位应标明下列标志：

a）制造厂名与商标；

b）产品名称、型号和标志；

c）产品应贴有标牌，标牌应符合 GB/T 13306 的规定；

d）制作日期或编号。

9.1.2　包装箱的箱面标志应符合 GB/T 6388 的规定。

9.1.3　包装箱上应有明显的“怕湿”“小心轻放”“向上”字样和标志，其图形应符合 GB 191 的规定。

9.2　包装

9.2.1　产品应用无腐蚀作用的材料包装。

9.2.2　包装箱应有足够的强度，确保运输中不受损坏。

9.2.3　包装箱内的各类部件，避免发生相互碰撞、窜动。

9.2.4 产品装箱后，箱内应有装箱单和产品检验合格证。

9.3 运输

9.3.1 在运输过程中避免包装箱发生相互碰撞。

9.3.2 搬运过程中应轻拿轻放，严禁摔、扔、碰击。

9.3.3 运输工具应有防雨措施，并保持清洁无污染。

9.4 贮存

9.4.1 产品应放置通风、干燥的地方。严禁与酸、碱、盐类物质接触并防止雨水侵入。

9.4.2 产品严禁与地面直接接触，底部垫高大于100mm。

9.4.3 产品放置应用垫块垫平，立放角度不小于70°。

附 录 A

（资料性附录）

常用材料标准

A.1 金属材料及表面处理

GB/T 708—1988　冷轧钢板和钢带的尺寸、外型、重量及允许偏差

GB/T 2518—1988　连续热镀锌薄钢板和钢带

GB/T 3280—1992　不锈钢冷轧钢板

GB/T 3880—1997　铝及铝合金轧制板材

GB/T 4239—1991　不锈钢和耐热钢冷轧钢带

GB/T 5237.1—2000　铝合金建筑型材　第1部分　基材

GB/T 5237.2—2000　铝合金建筑型材　第2部分　阳极氧化、着色型材

GB/T 5237.3—2000　铝合金建筑型材　第3部分　电泳涂漆型材

GB/T 5237.4—2000　铝合金建筑型材　第4部分　粉末喷涂型材

GB/T 5237.5—2000　铝合金建筑型材　第5部分　氟碳漆喷涂型材

GB/T 9799—1997　金属履盖层　钢铁件上的锌电镀层

GB/T 8013—1987　铝及铝合金阳极氧化　阳极氧化膜的总规范

GB/T 13821—1992　锌合金压铸件

GB/T 15114—1994　铝合金压铸件

A.2 玻璃

GB 9962—1999　夹层玻璃

GB/T 9963—1998　钢化玻璃

GB 17841—1999　幕墙用钢化玻璃与半钢化玻璃

GB 11614—1999　浮法玻璃

GB/T 11944—2002　中空玻璃

JC 693—1998　热反射玻璃

JC 433—1991　夹丝玻璃

JC/T 511—1993　压花玻璃

GB/T 18701—2002　着色玻璃

A.3 窗纱

QB/T 3882—1999（原 GB 8379—1987）窗纱型式尺寸

QB/T 3883—1999（原 GB 8380—1987）窗纱技术条件

A.4 密封材料

GB/T 5574—1994 工业用橡胶板

GB/T 16589—1996 硫化橡胶分类 橡胶材料

HG/T 3100—1997 橡胶密封垫 密封玻璃窗和镶板的预成型实心硫化橡胶材料规范

GB/T 12002—1989 塑料门窗用密封条

JC/T 635—1996 建筑门窗密封毛条技术条件

GB 16776—1997 建筑用硅酮结构密封胶

GB/T 14683—1993 硅酮建筑密封膏

A.5 五金件

QB/T 3886—1999（GB 9298—1988） 平开铝合金窗执手

QB/T 3887—1999（GB 9299—1988） 铝合金窗撑档

QB/T 3888—1999（GB 9300—1988） 铝合金窗不锈钢滑撑

QB/T 3889—1999（GB 9301—1988） 铝合金门窗拉手

QB/T 3890—1999（GB 9302—1988） 铝合金窗锁

QB/T 3892—1999（GB 9304—1988） 推拉铝合金门窗用滑轮

中华人民共和国建筑工业行业标准

PVC 塑料悬转窗

Rigid polyvinyl chloride (PVC) hung and pivoted windows

JG/T 140—2001

中华人民共和国建设部　2001-11-21 批准
2002-01-01 实施

前　言

本标准主要参照德国 DIN18055 和 DIN 107 和我国的 JG/T 3018 进行编制的。

本标准附录 A、附录 B、附录 C 都是标准的附录。

本标准由建设部标准定额研究所提出。

本标准由建设部建筑制品与构配件产品标准化技术委员会归口。

本标准负责起草单位：中国建筑科学研究院建筑装修研究所。

本标准参加起草单位：四川华塑建材有限公司、芜湖海螺塑料型材有限公司、中国塑料加工工业协会塑料异型材及门窗制品专业委员会。

本标准主要起草人：王永菁、邹开林、李剑、卢鸣、黄家文。

本标准于 2001 年 11 月 21 日首次发布。

1 范　围

本标准规定了聚氯乙烯（PVC）塑料悬转窗（以下简称悬转窗）的品种规格、分类、要求、试验方法、检验规则、标志、包装、运输和贮存。

本标准适用于由硬聚氯乙烯（PVC）型材组装成的上悬窗、下悬窗、平开下悬窗、中悬窗、立转窗，以及带纱扇的上悬窗和下悬窗。

2 引用标准

下列标准所包含的条文，通过在本标准中引用而构成为本标准的条文。本标准出版时，所示版本均为有效。所有标准都会被修订，使用本标准的各方应探讨使用下列标准最新版本的可能性。

GB/T 5824—1986　建筑门窗洞口尺寸系列

GB/T 7106—1986　建筑外窗抗风压性能分级及检测方法

GB/T 7107—1986　建筑外窗气密性能分级及检测方法

GB/T 7108—1986　建筑外窗水密性能分级及检测方法

GB/T 8484—1987　建筑外窗保温性能分级及其检测方法

GB/T 8485—1987　建筑外窗空气声隔声性能分级及其检测方法

GB/T 8814—1998　门、窗框用硬聚氯乙烯（PVC）型材

GB 11793.3—1989　PVC 塑料窗力学性能，耐候性试验方法

GB/T 12002—1989　塑料门窗用密封条

GB/T 12003—1989　塑料窗基本尺寸公差

GB/T 14638—1993　硅酮建筑密封膏

GBJ 50009—2001　建筑结构荷载规范

JG/T 131—2000　聚氯乙烯（PVC）门窗增强型钢

JGJ 113—1997　建筑玻璃应用技术规程

3 定　义

本标准采用下列定义。

3.1　悬转窗　hung and pivoted windows

悬转窗是上悬窗、下悬窗、平开下悬窗、中悬窗（水平轴转窗）和立转窗（竖直轴转窗）的总称。

3.2　上悬窗　top hung window

窗扇的旋转轴线在窗的上边框处，扇可以绕该轴线向内或向外开启的窗。

3.3　下悬窗　bottom hung window

窗扇的旋转轴线在窗的下边框处，扇可以绕该轴线向内或向外开启的窗。

3.4　平开下悬窗　casement and bottom hung dual action window

窗扇的旋转轴线在窗框的侧边框和下边框处，扇绕该轴线可以内平开和内倾开启的窗。

3.5　中悬窗（水平轴转窗）　horizontally pivoted window

窗扇的旋转轴装在扇左右窗框高度的中部，窗扇可以绕该水平轴转动使之开启或关闭的窗。

3.6 立转窗（竖直轴转窗） vertically pivoted window

窗扇的旋转轴装在窗扇宽度的中部，窗扇可以绕该竖直轴转动使之开启或关闭的窗。

4 分类、规格和型号

4.1 按开启形式，悬转窗可分为：上悬窗、下悬窗、平开下悬窗、中悬窗、立转窗。

4.2 窗框厚度基本尺寸系列

4.2.1 窗框厚度基本尺寸系列见表1。

表1 窗框厚度基本尺寸系列 mm

45	50	55	60	65	70

4.2.2 窗框厚度基本尺寸系列为五进制，表1中未列出的窗框厚度尺寸，凡与基本尺寸系列相差在±2mm之内的，均靠用基本尺寸系列。

4.3 窗洞口尺寸系列与规格

4.3.1 窗洞口尺寸系列与规格见表2。

表2 窗的洞口尺寸与代号 mm

洞口代号		洞口宽 *W*						
		600	900	1200	1500	1800	2100	2400
洞口高 *H*	600	0606	0906	1206	1506	1806	2106	2406
	900	0609	0909	1209	1509	1809	2109	2409
	1200	0612	0912	1212	1512	1812	2112	2412
	1400	0614	0914	1214	1514	1814	2114	2414
	1500	0615	0915	1215	1515	1815	2115	2415
	1600	0616	0916	1216	1516	1816	2116	2416
	1800	0618	0918	1218	1518	1818	2118	2418
	2100	0621	0921	1221	1521	1821	2121	2421

4.3.2 除表2规定外，当需要窗与窗之间组合时，组合后的洞口尺寸应符合GB/T 5824的规定。

4.4 窗的型材颜色分为白色、其他色和双色，其代号见表3。

表3 型材颜色及代号

型材颜色	代号	备注
白色	B	
其他色	Q	宜用于非阳光直射处
双色	S	

4.5 产品型号

产品型号由产品的名称代号、特性代号、主参数代号组成。

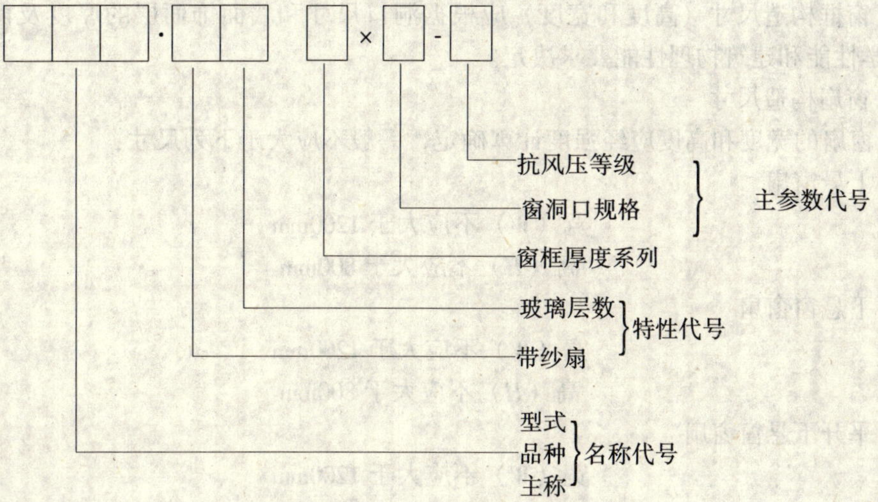

4.5.1 名称、代号

上悬塑料窗 SSC　　下悬塑料窗 XSC

平开下悬塑料窗 PXSC　　中悬塑料窗 ZSC

立转塑料窗 LSC

4.5.2 特性代号

玻璃层数 Y、E（分别为一、二层）

中空玻璃 K

纱 扇 S

4.5.3 主参数代号

窗框厚度系列（见表 1）。

窗洞口规格（见表 2）。

抗风压性能等级 1、2、3、4、5、6 级，（分别为等级）。

4.5.4 产品型号示例

中悬塑料窗：纱扇、单层玻璃、窗框厚度 60 系列，洞口宽度 1500mm、洞口高度 1800mm，抗风压性能 2 级。

ZSC·SY60×1518-2

5 要 求

5.1 材料

5.1.1 窗用型材应符合 GB/T 8814 的要求。

5.1.2 窗用密封条应符合 GB/T 12002 的要求。

5.1.3 窗用增强型钢应符合 JG/T 131 的要求。增强型钢除用不锈钢材料外，其表面均应经防腐处理，采用热镀锌、电镀锌等，其镀膜厚度不应小于 12μm。紧固件及五金件用的金属材料规格与质量要求见附录 A（标准的附录）。

5.1.4 硅酮密封材料应符合 GB/T 14638 的要求。

5.1.5 玻璃应符合 JGJ 113 的要求。

5.2 窗构造尺寸

5.2.1 窗框构造尺寸（高度和宽度）应根据洞口尺寸和墙面饰面层的厚度及窗框厚度、窗的力学性能和建筑物理性能要求决定。

5.2.2 窗扇构造尺寸

a）窗扇的宽度和高度应经强度计算确定，一般不应大于下列尺寸：

1）上悬窗扇

宽（W）不应大于 1200mm

高（H）不应大于 800mm

2）下悬窗窗扇

宽（W）不应大于 1200mm

高（H）不应大于 800mm

3）平开下悬窗窗扇

宽（W）不应大于 1200mm

高（H）不应大于 1500mm

4）中悬窗窗扇

宽（W）不应大于 1300mm

高（H）不应大于 800mm

5）立转窗窗扇

宽（W）不应大于 900mm

高（H）不应大于 1200mm

b）如增大窗扇尺寸，则窗扇的刚度、五金件等配件的强度必须满足窗的力学性能及建筑物理性能的要求。

5.3 装配质量

5.3.1 角强度

窗框、窗扇角强度应符合表 5 的规定。

5.3.2 增强型钢

为了确保窗的抗风压等性能要求，窗框、窗扇的结构应具有可靠的刚度，当悬转窗的窗杆件符合下列情况之一时，其内腔必须加衬增强型钢：

a）窗框构件长度不应小于 1000mm；

窗扇构件长度不应小于 1000mm；

b）当采用不大于 50 系列的型材，窗构件长度不应小于 900mm；

c）中横框和中竖框构件长度不应小于 900mm；

d）安装五金配件的构件。

增强型钢应符合 JG/T 131 中的要求，其壁厚不应小于 1.2mm。增强型钢应与型材内腔尺寸相一致，增强型钢与型材内腔之间的配合间隙每边以 1mm ± 0.5mm 为宜，所用增强型钢的端头与焊缝的距离不应大于 10mm，并且不应影响端头的焊接，每根型材仅允许使用一根增强型钢。用于固定每根增强型钢的紧固件，不得少于 3 个，其间距不应大于 300mm，紧固件与型材焊缝的最大距离不应大于 100mm，固定后的增强型钢不得松动。

紧固件宜采用直径为 ϕ4mm 的十字槽盘头自攻螺钉或加放垫圈的自攻螺钉，所钻基孔的孔径不应大于 3.2mm，或采用自钻自攻螺钉以保证紧固度。

5.3.3 外窗的框扇均应有排水槽，使侵入框内的水及时排出室外。

5.3.4 窗框、窗扇外形尺寸允许偏差应符合表 4 的要求。

表 4 窗的尺寸允许偏差 mm

窗高度和窗宽的尺寸范围	≤900	901～1500	1501～2000	>2001～2400
尺寸允许偏差	≤±2.0	≤±2.5	≤±3.0	≤±3.5

5.3.5 窗框、窗扇对角线尺寸之差不应大于 3mm。

5.3.6 窗框、窗扇相邻杆件焊接后的同一平面上的不平度应小于 0.5mm，相邻两杆件机械联接处的同一平面上的不平度应小于 0.8mm，窗框、窗扇相邻杆件机械联接处的装配间隙应小于 0.5mm。

5.3.7 装配式结构的窗框、窗扇的四角，在构件型材内腔应加衬连接件，该连接件与增强型钢用紧固件固定，连接件的四周缝隙宜采用中性硅酮系密封材料封闭。

5.3.8 上悬窗、下悬窗、平开下悬窗的窗框与窗扇组装后铰链部位（未装密封条时）的配合间隙 c 见图 1，中悬窗、立转窗的窗框与窗扇组装后的配合间隙 c 见图 2，其允许偏差为 $c^{+2.0}_{0}$mm。

5.3.9 窗框、窗扇四周搭接宽度 b 的允许偏差为 ±2.0mm，见图 1、图 2，且实测的 b 值不得小于 6mm。

5.3.10 窗框、窗扇装配后，不得妨碍开关功能。

5.3.11 应按照悬转窗扇最大规格，以及按照装双层玻璃时的窗扇重量选用具有足够安全承载能力的五金件，悬转窗用的五金件（开启限位器、合页（铰链）、滑撑、撑档、执手及圆心铰链等）应符合附录 B（标准的附录）、附录 C（标准的附录）的要求。

5.3.12 五金配件安装位置应正确，数量齐全，安装牢固，具有足够的强度，开关灵活并满足使用功能要求。承受反复运动的配件在结构上应便于更换，当开启扇的构件长度不小于 900mm 时，应有两个锁闭点。

5.3.13 密封条装配应均匀、牢固，接口严密，无脱槽现象。装配式密封条，仅允许有一个接口，接口位置应在框或扇的上部。

5.3.14 玻璃压条应装配牢固，转角部位对接处的间隙应小于 1mm，每边仅允许使用一根压条。

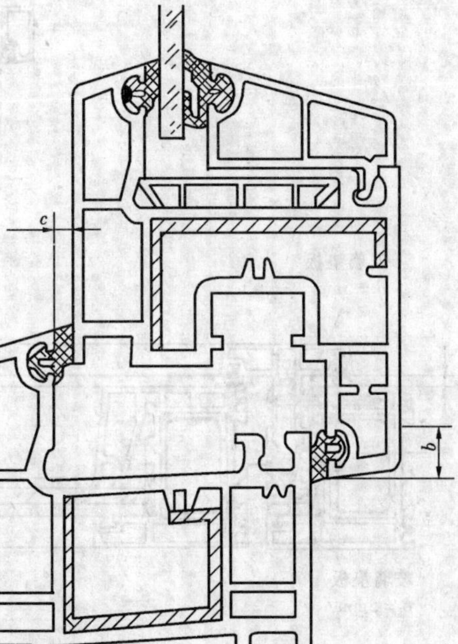

图 1 上悬窗、下悬窗、平开下悬窗扇框配合示意图

5.4 玻璃装配

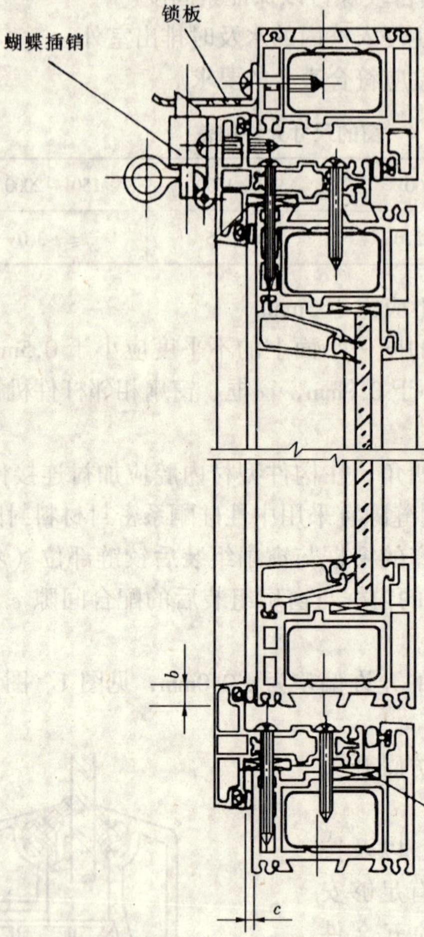

中悬窗

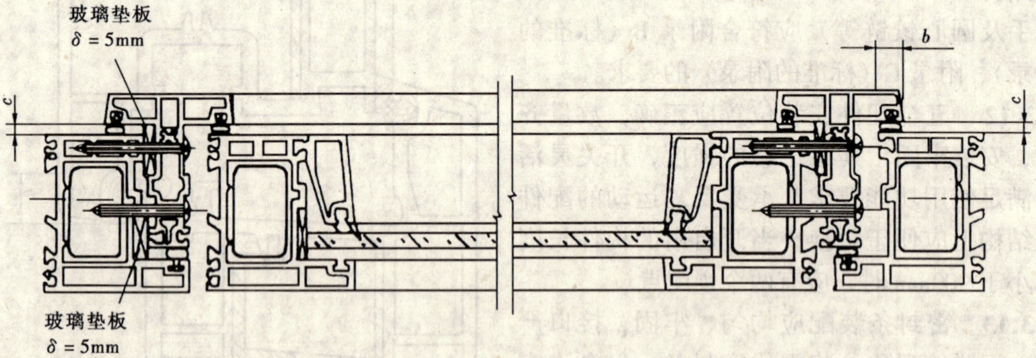

立转窗

图 2　中悬窗、立转窗扇框配合剖面图

玻璃装配尺寸、窗用玻璃的最大允许使用面积、玻璃垫块和装配要求应符合 JGJ 113 的规定。

5.5　外观

窗的表面应平滑，颜色应基本均匀一致，无裂纹、气泡，焊缝平整。

5.6 性能

5.6.1 窗的建筑物理性能：抗风压、气密性、水密性、保温及隔声性能应符合表5、表6、表7、表8、表9中的要求。

表5 窗的抗风压性能 kPa

分 级	1	2	3	4	5	6	7	8	××
分级指标值 p_3	$1.0\leqslant p_3<1.5$	$1.5\leqslant p_3<2.0$	$2.0\leqslant p_3<2.5$	$2.5\leqslant p_3<3.0$	$3.0\leqslant p_3<3.5$	$3.5\leqslant p_3<4.0$	$4.0\leqslant p_3<4.5$	$4.5\leqslant p_3<5.0$	$p_3\geqslant 5.0$

注：表中××表示用≥5.0kPa的具体值，取代分级代号。
p_3值与工程的风荷载标准值W_k相对比，应大于等于W_k。工程的风荷载标准值W_k的确定方法见GBJ 50009。

表6 窗气密性能

分 级	2	3	4	5
单位缝长分级指标值 q_1 $m^3/(m\cdot h)$	$4.0\geqslant q_1>2.5$	$2.5\geqslant q_1>1.5$	$1.5\geqslant q_1>0.5$	$q_1\leqslant 0.5$
单位面积分级指标值 q_2 $m^3/(m^2\cdot h)$	$12\geqslant q_2>7.5$	$7.5\geqslant q_2>4.5$	$4.5\geqslant q_2>1.5$	$q_2\leqslant 1.5$

表7 窗水密性能 Pa

分 级	1	2	3	4	5	××××
分级指标值 Δp	$100\leqslant\Delta p<150$	$150\leqslant\Delta p<250$	$250\leqslant\Delta p<350$	$350\leqslant\Delta p<500$	$500\leqslant\Delta p<700$	$\Delta p\geqslant 700$

注：表7中××××表示用≥700Pa的具体值取代分级代号。
表7中××××级窗适用于热带风暴和台风袭击地区的建筑。

表8 窗的保温性能 W/(m²·K)

分 级	3	4	5	6
分级指标值 K	$4.5\leqslant K<5.0$	$4.0\leqslant K<4.5$	$3.5\leqslant K<4.0$	$3.0\leqslant K<3.5$
分 级	7	8	9	10
分级指标值 K	$2.5\leqslant K<3.0$	$2.0\leqslant K<2.5$	$1.5\leqslant K<2.0$	$K<1.5$

表9 窗的空气声隔声性能 dB

分 级	3	4	5
分级指标值	≥35	≥30	≥25

注：悬转窗隔声性能的合格指标为不小于25dB。

5.6.2 窗的力学性能

窗的力学性能应符合表10的要求，根据悬转窗窗型确定对该窗的力学性能要求（见表11）。

表10 窗的力学性能

项目	技术要求			
锁紧器（执手）的开关力	不大于100N，力矩不大于10N·m			
开关力	圆心铰链及平铰链	不大于80N	滑撑	不小于30N 不大于80N
悬端吊重	在500N力作用下，残余变形不大于2mm。试件不得损坏，仍保持使用功能			
翘曲	在300N力作用下，允许有不影响使用功能的残余变形，试件不允许破裂，仍保持使用功能			
开关疲劳	经不少于一万次的开关，试件及五金配件不得损坏，其固定处及玻璃压条不应松脱			
大力关闭	经模拟7级风连续开关10次，试件不得损坏，仍保持原有开关功能			
角强度	平均值不低于3000N，其中最小值不低于平均值的70%			
窗撑试验	在200N力作用下，不允许位移，联接处的型材不破裂			
开启限位器（制动器）	10N力、10次开启、试件不损坏			

6 试验方法

6.1 外观质量

用精度为0.02mm的量具测量不平度，在自然光线下，距试样400~500mm目测其他外观项目。

6.2 窗框、窗扇外形尺寸及对角线，按GB/T 12003规定的方法检测。

6.3 窗框、窗扇相邻构件装配间隙，窗框与窗扇的配合间隙 c 用塞尺检测，窗框与窗扇四周搭接宽度 b 用精度为0.02mm的量具检测。

6.4 力学性能

锁紧器（执手）开关力、窗扇开关力、悬端吊重、翘曲、开关疲劳、大力关闭、窗撑试验、开启限位器及角强度按GB 11793.3的方法进行测定。

6.5 物理性能

抗风压性能、气密性、水密性按GB/T 7106、GB/T 7107、GB/T 7108规定的方法测定；保温性能按GB/T 8484规定的方法测定；隔声性能按GB/T 8485规定的方法测定。

7 检验规则

产品分出厂检验和型式检验。

7.1 出厂检验

应在型式检验合格后的有效期内进行出厂检验，否则检验结果无效。

7.1.1 出厂检验项目见表11，按本标准规定的方法检测，不合格的产品不允许出厂。

7.1.2 抽样方法

产品出厂前，应按每一批次、品种、规格的5%随机抽样，但抽检量最少不得少于3樘窗。

7.1.3 产品出厂应有检验合格证书。

7.1.4 产品出厂检验判定规则

根据表 11 规定的出厂检验项目，检验悬转窗的性能。当其中某项不合格时，应加倍抽样。对不合格的项目进行复检，如该项仍不合格，则判定该批产品为不合格品。经检验若全部检测项目符合本标准规定的合格指标，则判定该批产品为合格品。

注：如有必要，出厂检验也可按有关各方协议的技术要求进行。

7.1.5 悬转窗的建筑物理性能和力学性能应符合订货合同中的使用要求。

7.2 型式检验

7.2.1 有下列情况之一时应进行型式检验：

a）新产品或老产品转厂生产的试制定型鉴定；

b）正式生产后，如结构、材料、工艺有较大改变，可能影响产品性能时；

c）正常生产时，每两年检测一次；

d）产品长期停产后，恢复生产时；

e）出厂检验结果与上次型式检验有较大差异时；

f）国家质量监督机构提出进行型式检验要求时。

7.2.2 型式检验项目见表 11，按本标准规定的方法测定。

表 11 检验项目

序号	项目	型式检验					出厂检验					备注
		上悬窗	下悬窗	平开下悬窗	中悬窗	立转窗	上悬窗	下悬窗	平开下悬窗	中悬窗	立转窗	
1	抗风压	✓	✓	✓	✓	✓	—	—	—	—	—	①出厂检验：出厂前检查焊缝是否开裂和型材角强度原始记录或型材厂质量保证书； ②表 11 中符号“✓”表示需检测的项目
2	气密性	✓	✓	✓	✓	✓	—	—	—	—	—	
3	水密性	✓	✓	✓	✓	✓	—	—	—	—	—	
4	保温	✓	✓	✓	✓	✓	—	—	—	—	—	
5	隔声	✓	✓	✓	✓	✓	—	—	—	—	—	
6	角强度	✓	✓	✓	✓	✓	—	—	—	—	—	
7	悬端吊重	—	—	✓	—	✓	—	—	—	—	—	
8	翘曲	✓	✓	✓	✓	✓	—	—	—	—	—	
9	开关疲劳	✓	✓	✓	✓	✓	—	—	—	—	—	
10	大力关闭	✓	—	—	—	✓	—	—	—	—	—	
11	窗撑试验	✓	✓	✓	✓	✓	—	—	—	—	—	
12	开启限位器	—	✓	✓	—	—	—	—	—	—	—	
13	锁紧器（执手）的开关力	✓	✓	✓	✓	✓	—	—	—	—	—	
14	窗扇开关力	✓	✓	✓	✓	✓	✓	✓	✓	✓	✓	
15	增强型钢	✓	✓	✓	✓	✓	✓	✓	✓	✓	✓	
16	五金件安装	✓	✓	✓	✓	✓	✓	✓	✓	✓	✓	
17	外形高，宽尺寸	✓	✓	✓	✓	✓	✓	✓	✓	✓	✓	
18	对角线	✓	✓	✓	✓	✓	✓	✓	✓	✓	✓	

续表 11

序号	项目	型式检验					出厂检验					备注
		上悬窗	下悬窗	平开下悬窗	中悬窗	立转窗	上悬窗	下悬窗	平开下悬窗	中悬窗	立转窗	
19	窗框、扇框相邻杆件装配间隙	√	√	√	√	√	√	√	√	√	√	①出厂检验：出厂前检查焊缝是否开裂和型材角强度原始记录或型材厂质量保证书；②表 11 中符号"√"表示需检测的项目
20	相邻杆件同一平面度	√	√	√	√	√	√	√	√	√	√	
21	窗框、窗扇配合间隙 c	√	√	√	√	√	√	√	√	√	√	
22	窗框、窗扇搭接量 b	√	√	√	√	√	√	√	√	√	√	
23	密封条安装质量	√	√	√	√	√	√	√	√	√	√	
24	压条安装质量	√	√	√	√	√	√	√	√	√	√	
25	外观	√	√	√	√	√	√	√	√	√	√	

7.2.3 抽样方法：批量生产时，从合格产品中随机抽取 3 樘窗进行型式检验。

7.2.4 型式检验判定规则

根据表 11 规定的检验项目，检验悬转窗的性能。当其中某项不合格时，应加倍抽样。对不合格的项目进行复检，如该项仍不合格，则判定该批产品为不合格品。经检验，若全部检验项目符合本标准规定的合格指标，则判定该批产品为合格品。

7.3 仲裁检验

当供需双方对产品质量发生争议时，按本标准由国家法定检测机构进行仲裁检验。

8 标志、包装、运输及贮存

8.1 标志

在产品明显部位应注明产品标志，标志内容包括：

a）制造厂名或商标；

b）产品名称；

c）产品型号及标准编号；

d）制造日期和编号。

8.2 包装

8.2.1 主型材的主要表面应贴保护膜。

8.2.2 产品应用无腐蚀作用的软质材料包装，包装应牢固可靠。

8.2.3 每批产品包装后，应附有产品清单及产品检验合格证。

8.3 运输

8.3.1 产品运输时，应有防雨措施并保持清洁。

8.3.2 在运输装卸时，应保证产品不变形、不损伤，表面完好。

8.4 贮存

8.4.1 产品应放置在通风、防雨、干燥、清洁、平整的地方，严禁与腐蚀物质接触。

8.4.2 产品贮存环境温度应低于 50℃，距离热源不应小于 1m。

8.4.3 产品应立放，立放角不应小于 70°，并应有防倾倒措施。

附 录 A

（标准的附录）

常用辅助材料标准编号及名称表

使用范围	材料	标准编号及名称
附 件	不锈钢	GB/T 1220—1992 不锈钢棒 GB/T 3280—1992 不锈钢冷轧钢板 GB/T 4237—1992 不锈钢热轧钢板 GB/T 4232—1993 冷顶锻不锈钢丝
	铝合金	GB/T 5237—1993 铝合金建筑型材
	锌合金	GB/T 16746—1997 锌合金铸件 GB/T 13821—1992 锌合金压铸件
	铜合金	GB/T 4423—1992 铜及铜合金拉制棒 GB/T 13808—1992 铜及铜合金挤制棒 GB/T 13819—1992 铜合金铸件
	钢	GB/T 700—1988 碳素结构钢 GB/T 716—1991 碳素结构钢按冷轧钢带 GB/T 912—1989 碳素结构钢和低合金结构钢热轧薄钢板及钢带 GB/T 6723—1986 通用冷弯开口型钢尺寸、外形、重量及允许偏差 GB/T 3274—1988 碳素结构钢和低合金结构钢热轧厚钢板和钢带 GB 11253—1989 碳素结构钢和低合金结构钢冷轧薄钢板及钢带
	塑 料	GB/T 10009—1988 ABS 塑料挤出板材 HG/T 2868—1976 聚酰胺 6 树脂 HG/T 2349—1992 聚酰胺 1010 树脂

附 录 B

（标准的附录）

常用五金配件的标准编号及名称表

标准编号	标准名称
JG/T 124—2000	聚氯乙烯 PVC 塑料门窗执手
JG/T 125—2000	聚氯乙烯 PVC 塑料门窗活页
JG/T 126—2000	聚氯乙烯 PVC 塑料门窗传动器
JG/T 127—2000	聚氯乙烯 PVC 塑料门窗滑撑
JG/T 128—2000	聚氯乙烯 PVC 塑料门窗撑档
JG/T 131—2000	聚氯乙烯 PVC 塑料门窗增强型钢
JG/T 132—2000	聚氯乙烯 PVC 塑料门窗固定片

附 录 C

(标准的附录)

圆心铰链的技术要求表

序号	项　目	技 术 要 求
1	开关疲劳(耐久性)试验	装在窗上的具有开启功能的五金件,应分别各作15000次开、关[开关速度为250(1±10%)次/h],试验后仍保持正常的开关功能,开关力不应大于120N,其转动力矩不应大于10N·m
2	1000N试验	窗扇开启90°,在窗扇把手处施加1000N垂直力,保持5min,窗扇应不脱落
3	"八字"侧摆试验	在窗扇把手处,施加100N作用力,窗扇在开关方向摆动(摆幅450mm)试验三次,试验后,窗扇不应掉下,配件不应松脱
4	槽口障碍试验	在离铰链或转轴200mm处使窗关闭受阻,在100N作用力的作用下,使窗扇关闭三次;试验后,窗扇应不掉下,铰链或转轴不松脱
注:表中各项性能是将圆芯铰链安装在窗上进行检验。		

中华人民共和国建筑工业行业标准

建筑木门、木窗

Wood doors and windows for building

JG/T 122—2000

中华人民共和国建设部　2000-06-21 批准

2000-12-01 实施

前　　言

为了规范建筑木门窗的生产，提高木门窗产品质量，保证正常的使用功能，制订本标准。

本标准的附录 A 是标准的附录。

本标准由建设部标准定额研究所提出。

本标准由建设部建筑制品与设备标准技术归口单位中国建筑标准设计研究所归口。

本标准负责起草单位：北京市盛大钢木制品厂。

本标准参加起草单位：重庆吉象人造林木业制品有限公司、北京城建集团总公司钢木制品有限公司。

本标准主要起草人：郑国政、林国樑、李广宝、杨淑环、刘刚、朱乃纲。

目　次

前言 …… 470
1　范围 …… 472
2　引用标准 …… 472
3　定义 …… 472
4　分类与代号、等级、规格及标记 …… 473
5　要求 …… 476
6　试验方法 …… 480
7　检验规则 …… 481
8　标志、包装、运输及贮存 …… 482
附录 A（标准的附录）　常用材料目录 …… 483

1 范　围

本标准规定了木门、木窗的产品分类、要求、试验方法、检验规则、标志、包装、运输及贮存。

本标准适用于建筑用木门、木窗。

本标准不适用于特殊功能的木门、木窗，如防火门、防火窗等。

2 引 用 标 准

下列标准所包含的条文，通过在本标准中引用而构成为本标准的条文。本标准出版时，所示版本均为有效。所有标准都会被修订，使用本标准的各方应探讨使用下列标准最新版本的可能性。

GB 191—1990　包装储运图示标志
GB/T 2828—1987　逐批检查计数抽样程序及抽样表
GB/T 4823—1995　锯材缺陷
GB/T 5824—1986　建筑门窗洞口尺寸系列
GB/T 5825—1986　建筑门窗扇开、关方向和开、关面的标志符号
GB/T 6388—1986　运输包装收发货标志
GB/T 7106—1986　建筑外窗抗风压性能分级及其检测方法
GB/T 7107—1986　建筑外窗空气渗透性能分级及其检测方法
GB/T 7108—1986　建筑外窗雨水渗漏性能分级及其检测方法
GB/T 8484—1987　建筑外窗保温性能分级及其检测方法
GB/T 8485—1987　建筑外窗空气声隔声性能分级及其检测方法
GB/T 9158—1988　建筑用窗承受机械力的检测方法
GB/T 11954—1989　指接材
GB/T 13685—1992　建筑外门的风压变形性能分级及其检测方法
GB/T 13686—1992　建筑外门的空气渗透性能和雨水渗漏性能分级及其检测方法
GB/T 14154—1993　塑料门垂直荷载试验方法
GB/T 14155—1993　塑料门软物体撞击试验方法
GB/T 15104—1994　装饰单板贴面人造板
GB/T 16729—1997　建筑外门保温性能分级及其检测方法
GB/T 16730—1997　建筑外门空气声隔声性能分级及其检测方法

3 定　义

本标准采用下列定义。

3.1　木门　wood door

指用木材或木质人造板为主要材料制作门框、门扇的门。

3.2　木窗　wood window

指用木材或木质人造板为主要材料制作窗框、窗扇的窗。

4 分类与代号、等级、规格及标记

4.1 分类与代号

4.1.1 木门的分类与代号

4.1.1.1 按构造分为：

夹板门——JM　模压门——MM　镶板门——XM
拼板门——PM　实拼门——AM　玻璃门——LM
格栅门——GM　连窗门——CM　百叶门——YM
镶玻璃门——BM　带纱扇门——SM 等。

4.1.1.2 按开启分为：

平开门——PM　弹簧门——HM　推拉门——TM
折叠门——ZM
转门——XM　固定门——GM 等。

4.1.2 木窗的分类与代号

4.1.2.1 按构造分为：

单层窗——DC　双层窗——SC　双玻窗——BC
组合窗——HC　百叶窗——YC　带纱扇窗——AC
落地窗——LC 等。

4.1.2.2 按开启分为：

平开窗——PC　推拉窗——TC　上悬窗——SC
中悬窗——CC　下悬窗——XC　立转窗——LC
固定窗——GC 等。

4.1.3 木门窗的开启方向代号应符合 GB/T 5825 的规定。

4.2 等级

按产品的用途和质量分为三个等级：

Ⅰ（高）级：用材及产品质量应符合高级木门窗要求。

Ⅱ（中）级：用材及产品质量应符合中级木门窗要求。

Ⅲ（普）级：用材及产品质量应符合普通级木门窗要求。

4.3 规格

4.3.1 门窗洞口的尺寸应符合 GB/T 5824 的规定。

4.3.2 厚度规格

门框、窗框的厚度分为 70mm，90mm，105mm，125mm；

门扇、窗扇的厚度分为 35mm，40mm，50mm。

4.4 标记

4.4.1 方法

木门窗的标记由开启方式、构造、用料、代号、洞口尺寸、开启方向顺序组合而成。

4.4.2 示例

平开夹板门，洞口宽 900mm，洞口高 2100mm 顺时针方向关闭。

标记为：PJMM-0921-5

表 1　木门窗用木材的材质要求

缺陷名称		允许限度	门窗框			木板门扇(纱门扇)						窗扇(纱窗扇)亮窗扇			夹板门及模压门内部零件			横芯、竖芯、斜撑等小零件		
			上框、边框(立边及坎)			上梃、中梃、下梃、边梃(立边、冒头)			门芯板			上梃、中梃、下梃、边梃								
			Ⅰ(高)级	Ⅱ(中)级	Ⅲ(普)级	Ⅰ(高)级	Ⅱ(中)级	Ⅲ(普)级	Ⅰ(高)级	Ⅱ(中)级	Ⅲ(普)级	Ⅰ(高)级	Ⅱ(中)级	Ⅲ(普)级	Ⅰ(高)级	Ⅱ(中)级	Ⅲ(普)级	Ⅰ(高)级	Ⅱ(中)级	Ⅲ(普)级
节子	活节	不计算的节子尺寸不超过或材宽的	1/4	1/3	2/5	1/5	1/4	1/3	10mm	15mm	30mm	1/4	1/4	1/3	—			1/4	1/4	1/3
		计算的节子尺寸不超过材宽的	2/5	1/2	1/2	1/3	1/3	1/2	—			1/3	1/3	1/2	1/2	1/2	不限	1/3	1/3	2/5
		计算的节子的最大直径不超过/mm	40	—	—	35	—	—	25	30	45	—			—			—		
		大 小 小面表面贯通的条状节在大面的直径不超过	1/4	1/3	2/5	不许有	1/5	1/4	不许有			不许有	1/4	1/4	1/3	1/3	1/3	不许有		
	死节	不计算的节子尺寸不超过或材宽的	1/4	1/4	1/3	1/5	1/4	1/3	5mm	15mm	30mm	1/5	1/4	1/3	—			1/5	1/4	1/4
		计算的节子尺寸不超过材宽的	1/3 (2/5)	2/5 (2/5)	2/5 (1/2)	1/4 (1/4)	1/3 (2/5)	2/5 (1/2)	—			1/4 (1/4)	1/3 (2/5)	2/5 (1/2)	1/3 (1/3)	1/3 (1/2)	1/2 (1/2)	1/4	1/3	1/3
		计算的节子的最大直径不超过/mm	35(40)	—	—	30(35)	—	—	20(25)	25(30)	40(45)	—			—			—		
		大 小 小面表面贯通的条状节在大面的直径不超过	1/5	1/4	1/3	不许有	1/5	1/4	不许有			不许有	1/5	1/5	1/4	1/4	1/4	不许有		
	贯通节	大 大 小面贯通至小面不超过小面的或不超过	1/3	2/5	2/5	1/4	1/3	2/5	不许有			不许有	1/4	1/3	1/3	1/3	1/3	不许有	5mm	7mm

续表 1

缺陷名称	允许限度	门窗框 上框、边框(立边及坎) Ⅰ(高)级	门窗框 上框、边框(立边及坎) Ⅱ(中)级	门窗框 上框、边框(立边及坎) Ⅲ(普)级	木板门扇(纱门扇) 上梃、中梃、下梃、边梃(立边、冒头) Ⅰ(高)级	木板门扇(纱门扇) 上梃、中梃、下梃、边梃(立边、冒头) Ⅱ(中)级	木板门扇(纱门扇) 上梃、中梃、下梃、边梃(立边、冒头) Ⅲ(普)级	木板门扇(纱门扇) 门芯板 Ⅰ(高)级	木板门扇(纱门扇) 门芯板 Ⅱ(中)级	木板门扇(纱门扇) 门芯板 Ⅲ(普)级	窗扇(纱窗扇)亮窗扇 上梃、中梃、下梃、边梃 Ⅰ(高)级	窗扇(纱窗扇)亮窗扇 上梃、中梃、下梃、边梃 Ⅱ(中)级	窗扇(纱窗扇)亮窗扇 上梃、中梃、下梃、边梃 Ⅲ(普)级	夹板门及模压门内部零件 Ⅰ(高)级	夹板门及模压门内部零件 Ⅱ(中)级	夹板门及模压门内部零件 Ⅲ(普)级	横芯、竖芯、斜撑等小零件 Ⅰ(高)级	横芯、竖芯、斜撑等小零件 Ⅱ(中)级	横芯、竖芯、斜撑等小零件 Ⅲ(普)级
节子 允许个数	每米长的个数(门芯板为每平方米个数)	6	7	8	4	6	7	5	6	7	4	6	7	不影响强度者不限			4	5	6
裂纹	贯通裂长度不超过/mm	60	80	100	不许有			不许有			不许有			不许有			不许有		
裂纹	未贯通的长度不超过材长的	1/5	1/3	1/2	1/6	1/5	1/4	不许有			1/7	1/5	1/5	1/3	1/3	不限	1/8	1/6	1/4
裂纹	未贯通的深度不超过材厚的	1/4	1/3	1/2	1/4	1/3	2/5	不许有			1/4	1/3	2/5	1/2	1/2	不限	1/4	1/3	1/3
斜纹	不超过/%	20	25	25	15	20	20	20	25	25	15	15	20	20	20	20	10	15	15
变色	不超过材面的/%	25	不限		25	不限		20	不限		25	不限		不限			25	不限	
夹皮	长度不超过/mm	50	不限		50	不限		不许有	同死节		30	不限		不限			同死节		
夹皮	每米长的条数不超过	1			1						1								
腐朽	正面不许有，背面允许有面积不大于20%，其深度不得超过材厚的	1/10	1/5	1/4	不许有			不许有			不许有			不许有			不许有		
树脂囊(油眼)		同死节			同死节			同死节			同死节			胶接面不许有，其余不限			同死节		
髓心		不露出表面的允许			不露出表面的允许			不露出表面的允许			不露出表面的允许			允许			不许有		
虫眼	直径 3mm 以下的其深度不超过 5mm 者不计；直径 3.1 ~ 8mm 的(包括长度在 35mm 以下者，每 100cm² 内的允许数：Ⅰ级 3 个，Ⅱ级的 4 个，Ⅲ级 5 个；直径 8.1mm 以上的(包括长度在 35mm 以上者)同死节																		

注：1 表内列入的全部允许缺陷均按外露面计算，未列入的缺陷不限。 2 在开榫、打眼和装五金件部位计算的节子与虫眼不许有。
3 计算的节子间距不得小于 50mm。 4 门窗框的上框及边框，如不裁灰口，其小面允许有不超过 10mm 的钝棱。
5 表内括号中数字为修补后补块尺寸的允许值。

推拉单层窗，洞口宽1500mm，洞口高1400mm。

标记为：TDMC-1514

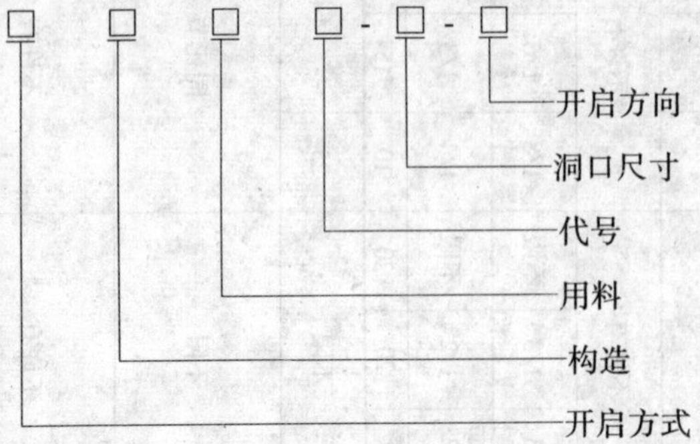

5 要　求

5.1 材料

5.1.1 木材

5.1.1.1 各类门窗的零部件使用的木材，其材质应符合表1的规定。

5.1.1.2 门窗用材的木材含水率应符合表2的规定。

表2　木门窗用材的含水率　　%

零部件名称		Ⅰ（高）级	Ⅱ（中）级	Ⅲ（普）级
门窗框	针叶材	≤14	≤14	≤14
	阔叶材	≤12	≤14	≤14
拼接零件		≤10	≤10	≤10
门扇及其余零部件		≤10	≤12	≤12
注：南方高湿地区含水率的允许值可比表内规定加大1%。				

5.1.1.3 Ⅰ（高）级、Ⅱ（中）级门窗外露零部件的木材树种应根据材性相近的原则配套使用，Ⅰ（高）级产品材色应近似，其门芯板如采用木板拼接的，纹理也应近似；Ⅲ（普）级产品按软硬杂树种分开使用；采用胶拼方法制作的零部件均需使用单一树种。

5.1.2 人造板

5.1.2.1 各种人造板，包括硬质纤维板、中密度纤维板、胶合板、刨花板等应符合相应的国家标准及设计要求，见附录A（标准的附录）。

5.1.2.2 各等级门窗使用的人造板的等级应符合表3的规定。

表3　木门窗用人造板的等级

材料名称	Ⅰ（高）级	Ⅱ（中）级	Ⅲ（普）级
胶合板	特、1	2、3	3
硬质纤维板	特、1	1、2	3
中密度纤维板	优、1	1、合格	合格
刨花板	A类优、1	A类1、2	A类2及B类

5.1.3 辅助材料

各类木门窗所使用的胶粘剂、涂料和蜂窝纸等辅助材料的质量应符合相应产品技术标准的规定并满足设计要求，见附录 A（标准的附录）。

5.2 加工工艺质量

5.2.1 结构

5.2.1.1 木门窗的边框与上下框直角交接处，可采用直密榫或其他结构形式。门窗框边缘凡有线脚者，其外露面结构一般为 45°割角直密榫。硬木门窗的边角一般采用 45°割角做法。

5.2.1.2 木板门扇上、中、下梃与边梃的接合，窗扇、亮窗扇上、中、下梃与边梃的接合，可采用直密榫或其他结构形式。夹板门及模压门门胎四角和零、部件之间可采用榫结构，也可采用∩钉连接。

5.2.1.3 凡采用榫接合结构者，装配时应分别在榫头和榫孔壁上施胶，并应涂刷均匀。外露零、部件的透榫，组装后应加木楔子。

5.2.1.4 外露的榫眼结构及线条对角处必须严密，不得有缺榫和空头，线条要交圈。Ⅰ（高）级产品结构处的缝隙不得超过 0.2mm，条数不得超过一个框或一个扇的总结构处的 1/4；Ⅱ（中）级、Ⅲ（普）级产品不得超过 0.4mm，条数不得超过总结构处的 1/4，并不得有遗留胶痕。直密榫的中间榫肩最大缝隙不得超过 1mm。

5.2.1.5 夹板门和模压门如采用人造板（中密度板及刨花板）制作门框，其上框与边框的接合处一般为 45°割角、交圈，接缝应严密，内部金属连接件的安装连接应紧密、牢靠。固定侧边的筒子板与贴脸的拐角及门框中间主板应胶粘牢固，其可伸缩的侧边与主板的配合应严密，并与主板榫槽底部留有 2mm 左右的缝隙。

5.2.2 零部件的拼接与胶贴

5.2.2.1 木门窗框的上、下框、边框，木板门扇的上、下梃及边梃的宽度均可以胶拼。Ⅱ（中）级、Ⅲ（普）级产品其厚度亦可胶拼。

5.2.2.2 木门的门芯板如用木材制作，必须使用拼板。内门的门芯板亦可采用胶合板。Ⅱ（中）级、Ⅲ（普）级内门亦可采用其他贴面人造板，其基材等级按表 3 规定。

5.2.2.3 用于木门窗框料的双裁口的梗条亦可进行胶贴，但梗条必须嵌入框料 5mm 深的沟槽内，并施胶钉牢；(转窗的梗条可用胶粘平钉)。

5.2.2.4 胶拼应严密。Ⅰ(高)级门窗零件不许有明显胶缝；Ⅱ(中)级、Ⅲ(普)级的零件的局部胶缝最宽处不得超过 0.2mm，长不得超过 1/4。

5.2.2.5 Ⅱ（中）级、Ⅲ（普）级门窗的所有零件及各级夹板门和模压门门胎的零件（包括门胎上、下、边梃）均可以短料指接方式接长。夹板门、模压门门胎零件的指接料，长度不得小于 200mm（两端除外），其余各级门窗零件的指接料长度不得小于 300mm（两端除外）。指接的技术要求和质量必须符合 GB/T 11954 的规定。

5.2.2.6 Ⅱ（中）级、Ⅲ（普）级内门的边框，上、中、下梃均可用软杂木（如松木等），表面胶贴刨切硬木单板制作；胶贴的零件应平整、牢固，不得有开胶、波纹、压痕等缺陷。

5.2.2.7 各种夹板门、模压门或以装饰人造板为材料制作的门框，其表面装饰材料与基材的胶贴，或装饰人造板与门胎的胶贴均应平整、牢固；不得开胶分层；不得有局部鼓泡，凹陷及明显的硬楞、压痕或波纹、砂透等缺陷。

5.2.2.8 各类夹板门及模压门门扇两面所使用的人造板或模压门皮种类及厚度必须一致，如使用胶合板，其树种亦应相同。Ⅱ（中）级、Ⅲ（普）级夹板门所使用的人造板允许长度方向由两块拼接而成（接口应在门的下部或玻璃口的上、下部），接缝处应严密、平整。

5.2.2.9 夹板门扇的镶边

镶木围条的夹板门扇，应在门边与围条上分别施胶后钉合，接缝要严密，不得有遗留的痕迹。以单板或其他装饰材料封边的门边，应平整、牢固；拐角处应自然相接，接缝严密，不得有折断，开裂等缺陷。

5.2.2.10 镶板门的镶线条，亦须施胶并加钉钉合，接缝要严密。

5.2.3 表面粗糙度

5.2.3.1 木门窗成品和零、部件的表面经砂光或净光后，不得有波纹，哨头或由于砂光造成的局部变色。

5.2.3.2 木材零件表面的毛刺、沟痕、嵌楂、刨痕的允许范围如下：

a）Ⅰ(高)级：深度不超过0.5mm，面积不超过5cm^2，间距不小于80mm的不计；

b）Ⅱ(中)级、Ⅲ(普)级：深度不应超过1mm，面积不超过6cm^2，间距不小于70mm的不计；厂房大门扇高度超过2500mm者，面积不超过8cm^2的不计；

c）横芯、竖芯、梗条等小零件的允许限度（深度同各级门窗），Ⅰ(高)级，间距不应小于60mm，面积不超过3cm^2的不计；Ⅱ(中)级、Ⅲ(普)级间距不应小于50mm，面积不超过4cm^2的不计；

d）组装后的门窗扇的周边均不净光，但应锯截整齐，不得有深度超过1mm的锤痕。

5.2.4 修补

木材缺陷处的修补（挖补）必须做到接缝严密，胶接牢固。Ⅰ(高)级产品补块的树种、纹理、颜色应与木材近似；Ⅱ(中)级、Ⅲ(普)级产品树种、颜色应与木材近似。各类缺陷的修补范围及要求应符合如下规定：

a）死节与虫眼：直径在8mm以下，长度在35mm以内的可不修补；直径在8mm以上的（含5~8mm以内，但长度超过35mm以上的）须用木材修补；

b）树脂囊宽度在3mm以上的须用木条挖补；

c）大于表1规定的死节经修补后补块的大小不得超过括号中的数值；

d）由于加工引起节疤本身的裂纹和周围的崩楂，宽度不超过2mm的不贯通裂纹可不修补；宽度不应超过3mm，长度不超过8mm的崩楂须用腻子填平，超过的须用木材修补；

e）裂纹的修补：Ⅰ(高)级产品宽度在0.5mm以上，Ⅱ(中)级、Ⅲ(普)级产品宽度在1mm以上，须用木条粘胶修补；

f）各种缺陷用木材挖补后的胶缝，宽度不超过0.3mm，长度不超过周长1/3的不限。但因修补扩大了缺陷尺寸达到计算标准时，均应列入计算缺陷内一并计算。

5.2.5 木门窗成品的尺寸允许偏差

木门窗成品的尺寸允许偏差应符合表4的规定。

5.2.6 木门窗成品的形位公差

木门窗成品的形位公差应符合表5的规定。

表4 木门窗成品的尺寸允许偏差

mm

成品名称	Ⅰ(高)级			Ⅱ(中)级、Ⅲ(普)级			备注
	高	宽	厚	高	宽	厚	
木门窗框	±2	+2 −1	±1	±2	±2	±1	以里口尺寸计算
木门扇（含装木围条的夹板门扇）	+2 −1	+2 −1	±1	±2	+2 −1	±1	以外口尺寸计算
木窗扇、亮窗扇	+2 −1	+2 −1	±1	±2	+2 −1	±1	以外口尺寸计算
用于人造板门的木门框及人造板门框	+2 0	+1 0	±1	+2 0	+1 0	±1	以里口尺寸计算
人造板门扇	0 −1	0 −1	0 −1	0 −1	0 −1	0 −1	以外口尺寸计算

注

1 表中的人造板门仅指用薄木、浸渍纸、PVC薄膜等装饰材料封边的夹板门及模压门。

2 高度超过2500mm的厂房木门扇，高和宽度允许偏差可放宽至±5mm。

表5 木门窗成品的形位公差

项目	门窗框		门扇		窗扇		落叶松门窗框	落叶松门窗扇
	Ⅰ(高)级	Ⅱ(中)级 Ⅲ(普)级	Ⅰ(高)级	Ⅱ(中)级 Ⅲ(普)级	Ⅰ(高)级	Ⅱ(中)级 Ⅲ(普)级	Ⅱ(中)级 Ⅲ(普)级	Ⅱ(中)级 Ⅲ(普)级
顺弯/‰	≤1.0	≤1.5	≤1.5	≤2.0	≤1.5	≤1.5	≤2.0	≤3.0
扭曲(皮楞)/mm	≤2.0	≤3.0	≤2.5	≤2.5	≤2.0	≤2.0	≤5.0	≤3.0
对角线差/mm	≤2.0	≤2.0	≤1.5	≤2.0	≤1.5	≤2.0	≤2.5	≤2.0

注：门框与窗框连接在一起的应分别计算形位公差。

5.2.7 其他

5.2.7.1 空心夹板门及模压门的门胎内安装锁盒部位应加锁带，板框内部各空格间均需留有通气路，并在下梃上打排气孔。

5.2.7.2 无下框的木门框边梃，应留有20~30mm埋头长度。装配后，其下口应加钉横拉杆以防变形，无中梃的木门窗框应在上角钉1~2根斜拉杆。拉杆的用料规格应不小于25mm×25mm。

5.2.7.3 外埠定制的木门窗框可不组装，但必须经过预装配检验。发往外埠的木门窗出厂前应涂刷干性油，以防受潮变形。

5.2.7.4 用作外窗的窗扇下梃应加披水板。

5.3 物理力学性能

5.3.1 各种薄木贴面的人造板或单板贴皮零、部件，其表面胶合强度均不得低于0.40MPa。浸渍剥离试验，试件每一边剥离长度均不得超过25mm。

5.3.2 所有胶拼件的胶缝（纵向）的顺纹抗剪强度，硬杂木不应低于 6.9N/mm²，软杂木不应低于 4.9N/mm²。

5.3.3 各类木门应具有足够的整体强度。按规定进行沙袋撞击试验后，仍应保持良好的完整性。

5.3.4 各类木窗承受的机械力应符合 GB/T 9158 的有关规定。

5.3.5 用于建筑外门的木门，其物理性能应符合表 6 的规定。

表 6 建筑木门的物理性能等级

项　目	风压变形性能	空气渗透、雨水渗漏性能	保温性能	空气声隔声性能
标准编号	GB/T 13685—1992	GB/T 13686—1992	GB/T 16729—1997	GB/T 16730—1997
允许等级（不低于）	Ⅲ	空气渗透性Ⅱ 雨水渗漏性Ⅲ	Ⅴ	Ⅵ

5.3.6 用于建筑外窗的木窗，其物理性能应符合表 7 的规定。

表 7 建筑木窗的物理性能等级

项　目	抗风压性能	空气渗透性能	雨水渗漏性能	保温性能	空气声隔声性能
标准编号	GB/T 7106—1986	GB/T 7107—1986	GB/T 7108—1986	GB/T 8484—1987	GB/T 8485—1987
允许等级（不低于）	Ⅲ	Ⅱ	Ⅲ	Ⅴ	Ⅲ

6 试验方法

6.1 薄木或单板贴面、贴皮的浸渍剥离试验，表面胶合强度试验，按 GB/T 15104 规定的试验方法测定。

6.2 木材顺纹胶合抗剪强度试验

在木材万能力学试验机上进行。根据图 1 制作试件。试机的加荷速度，在试验的全过程中应保持均匀，在全试样上的平均速度每分钟 12.25kN（允许误差不得超过 20%），试验进行至试样破坏为止，按计力器的刻度读出最大荷重 P_{max}，精确至 50N。

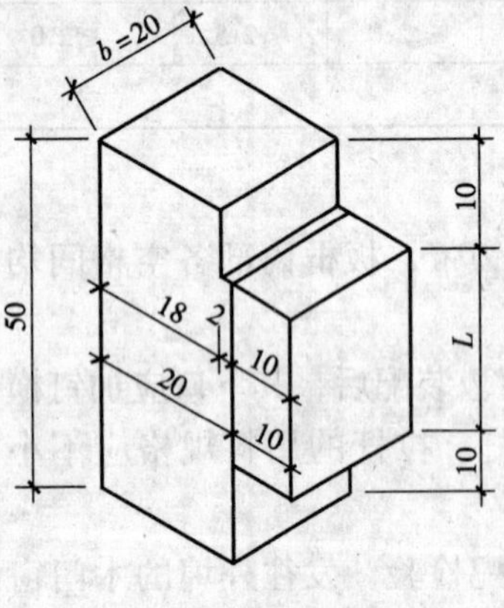

图 1 试件示意图

计算公式为：$\tau = P_{max} / (b \times L)$

式中：τ——抗剪极限强度，N/mm²；

P_{max}——最大荷重，N；

b——试件厚度，mm；

L——剪切面的高度，mm。

6.3 沙袋撞击试验按 GB/T 14154 和 GB/T 14155 规定的试验方法测定。

6.4 承受机械力的试验，按 GB/T 9158 规定的检测方法测定。

6.5 各项物理性能试验，如抗风压性能、空气渗透性能、雨水渗漏性能、保温性能、空气声隔声性能、风压变形性能等按表 6、表 7 所列的国家标准规定的检测方法测定。

7 检 验 规 则

7.1 检验分类

产品检验分出厂检验和型式检验。

7.1.1 出厂检验

生产厂应保证产品质量符合标准规定。日常生产中应逐件检验产品的规格尺寸和形位公差及产品的外观质量（见5.1.1.1，5.1.1.3，5.1.2，5.2）。成批拨交时除按照本标准规定的技术要求和检验规则对上述项目进行检验外，还应进行木材含水率检验和木材顺纹抗剪强度试验。

7.1.2 型式检验

7.1.2.1 有下列情况之一时，应进行型式检验：

a）新产品试制定型鉴定时；

b）当原辅材料及生产工艺发生较大变动时；

c）长期停产（停产两年），恢复生产时；

d）正常生产时，每两年检验一次；

e）质量监督机构提出型式检验要求时。

7.1.2.2 型式检验包括出厂检验和物理力学性能试验的全部项目。

7.2 抽样方法

7.2.1 规格尺寸和形位公差及产品的外观质量检验（见5.1.1.1，5.1.1.3，5.1.2，5.2）。采用GB/T 2828中的二次抽样方案，检查水平为Ⅱ、合格质量水平为4.0，见表8。

表8 规格尺寸及形位公差和产品的外观质量检验抽样方案

批量范围	样 本	样本大小	累计样本大小	合格判定数	不合格判定数
26～50	第一	5	5	0	2
	第二	5	10	1	2
51～90	第一	8	8	0	2
	第二	8	16	1	2
91～150	第一	13	13	0	3
	第二	13	26	3	4
151～280	第一	20	20	1	3
	第二	20	40	4	5
281～500	第一	32	32	2	5
	第二	32	64	6	7
501～1200	第一	50	50	3	6
	第二	50	100	9	10

7.2.2 物理力学性能检验

7.2.2.1 含水率检验

木门窗的含水率检验（检查成品含水率），每批出厂前随机抽取一樘进行检验。

7.2.2.2 木材顺纹抗剪强度及薄木或单板贴面和贴皮的浸渍剥离试验、表面胶合强度试验，正常生产情况下，每月进行一次抽检，每次随机抽取一套（件）进行检验。

7.2.2.3 其他物理力学性能检验

每批抽取一樘进行检验，本项检验只在7.1.2.1所规定的情况下，方予安排。

7.3 检验方法

7.3.1 规格尺寸及形位公差的检验

7.3.1.1 量具

a）钢卷尺，精度为1.0mm；

b）钢板尺，精度为0.5mm；

c）游标卡尺，精度为0.02mm；

d）深度尺，精度为0.02mm。

7.3.1.2 检验方法

a）零、部件厚度尺寸用游标卡尺测量，精确至0.1mm；长、宽度尺寸用钢卷尺或钢板尺测量，精确至1mm或0.5mm；门窗框量里口尺寸；门窗扇量外口尺寸；线型的测量需用专用的金属样板。

b）形位公差

1）顺弯：将成品置于专用平台上用三个标准顶尖支撑，用钢板尺或钢卷尺测量其最大弯曲拱高与内曲面水平长度之比。以千分率表示。

2）扭曲（皮楞）：将成品置于专用平台上用三个标准顶尖支撑，用钢板尺测量成品最高扭曲的一角的下表面与平面偏离的最大高度。

3）对角线差：用钢板尺或钢卷尺测量成品的里口两对角线之长度差的绝对值。

7.3.2 木材含水率的检验

用木材含水率测定器，在同一零、部件上任意三点测量计算其平均值。

7.3.3 外观质量的检验

7.3.3.1 材质缺陷的检验

按照GB/T 4823的规定，测量成品各零、部件的材质缺陷与表1对照。

7.3.3.2 结构的检验

通过观察或测量零、部件相结合处的缝隙严密程度评定。

7.3.3.3 表面光洁度的检验，以目视或尺量评定。

7.3.3.4 其他外观质量的检验，根据5.2有关条文的规定，以目视或尺量评定。

7.4 综合判定

产品外观质量、规格尺寸、形位公差及各项物理力学性能检验均符合本标准相应等级的要求，判为相应等级的合格品。否则判为不合格品或作降等处理（物理力学性能检验，若第一次抽样不合格，允许加倍抽样检验，全部合格者判为合格品）。

8 标志、包装、运输及贮存

8.1 标志

产品入库前，应在明显部位作标志。其内容应包括：制造厂名称、产品名称、产品代号、生产日期。

8.2 产品合格证

产品发货时应将产品合格证随同发货单一起交给用户。其内容应包括：编号、制造厂名称、厂址、产品名称、级别、规格、数量、生产日期、产品检验结果及检验部门和检验人员印章。

8.3 包装

木门窗的包装采用捆扎或包装箱。用包装箱包装箱面标志应符合 GB 191 和 GB/T 6388 的规定。

8.4 运输

木门窗在运输过程中要避免雨淋、受潮。运往外埠的产品应加盖覆盖物，避免擦伤表面或碰坏边角，并应装于带棚的车厢内。且加防雨、防潮标志。

8.5 贮存

8.5.1 木门窗应在干燥通风的仓库或棚内贮存。

8.5.2 贮存时应水平码放。离地 200mm 以上。型号规格相同的产品应码放在一起，上下垂直，并在垛的上方压放重物避免引起局部弯曲变形。垛的高度不应超过 3000mm，两个产品垛的间距应不小于 500mm。

附 录 A
（标准的附录）
常用材料目录

序号	名称	标准编号
1	胶合板	GB/T 9846.1～9846.12—1988
2	硬质纤维板	GB/T 12626.1～12626.9—1990
3	中密度纤维板	GB/T 11718—1999
4	刨花板	GB/T 4897—1992
5	热固性树脂装饰层压板	GB/T 7911—1999
6	浸渍胶膜纸饰面人造板	GB/T 15102—1994
7	装饰单板贴面人造板	GB/T 15104—1994
8	刨切单板	GB/T 13010—1991
9	针叶树锯材	GB/T 153—1995
10	阔叶树锯材	GB/T 4817—1995
11	木材工业胶粘剂用脲醛、酚醛、三聚氰胺甲醛树脂	GB/T 14732—1993
12	聚乙酸乙烯脂乳液木材胶粘剂	GB/T 11178—1989

中华人民共和国建筑工业行业标准

推拉自动门

Sliding automatic door

JG/T 3015.1—94

中华人民共和国建设部　1994-04-20 批准

1994-12-01 实施

1　主题内容与适用范围

本标准规定了推拉自动门的产品分类、技术要求、试验方法、检验规则和标志、包装、运输、贮存。

本标准适用于建筑物中自动开闭于出入口处的推拉门即推拉自动门（以下简称门），代号为 TDM。圆弧推拉自动门，亦可参照使用，代号为 YTDM。

2　引　用　标　准

GB 191　包装储运指示标志

GB 2423.1　电工电子产品基本环境试验规程　试验 A：低温试验方法

GB 2423.2　电工电子产品基本环境试验规程　试验 B：高温试验方法

GB 2423.3　电工电子产品基本环境试验规程　试验 Ca：恒定湿热试验方法

GB 3797　电控设备　装有电子器件的电控设备

GB 4706.1　家用和类似用途电器的安全　通用要求

GB 5237　铝合金建筑型材

GB 5824　建筑门窗洞口尺寸系列

GB 6388　运输包装收发货标志

3　产　品　分　类

3.1　门厚度基本尺寸

3.1.1　门厚度基本尺寸，按门边框厚度构造尺寸区分，见表 1。

表 1　　　　mm

门厚度基本尺寸系列	70	80	90	100

3.1.2　未列门厚度尺寸系列，相对于基本尺寸系列在 ± 2mm 之内，可靠近基本尺寸系列。

3.2　门洞口尺寸系列

3.2.1　门的宽度、高度构造尺寸主要根据洞口安装要求确定。

3.2.2　基本门洞口的规格型号见表 2。

表 2

洞口型号 洞宽 mm / 洞高 mm	1500	1800	2100	2400	3000	3300	3600	4200
2100	1521	1821	2121	2421				
2400	1524	1824	2124	2424	3024	3324	3624	
2700	1527	1827	2127	2427	3027	3327	3627	
3000	1530	1830	2130	2430	3030	3330	3630	4230
3300					3033	3333	3633	4233
3600					3036	3336	3636	4236

3.2.3 除表 2 规定外，允许门与门之间任意组合，组合后的洞口尺寸应符合 GB 5824 的规定。

3.3 门的基本立面型式

a. 单扇门

b. 单扇带上亮门

c. 双扇门

d. 双扇带上亮门

注：①上述单扇、双扇的定义系指动扇，其基本立面型式见表 3。

②其他型式的门可按用户要求设计制造。

③单扇门可为右开方式或左开方式。

④双扇门为动扇往二侧开方式。

3.4 门扇高度基本尺寸分为 2100，2400mm 两个系列。

3.5 门的单扇质量分为 45，75，125kg 三个等级。

3.6 按门扇结构区分

a. 有框门，代号为 Y

b. 无框门，代号为 W

3.7 按探测装置区分

a. 微波探测器，代号为 B

b. 红外线探测器，代号为 H

c. 超声波探测器，代号为 C

d. 电磁感应探测器，代号为 D

e. 特殊探测器，代号为 T

表 3

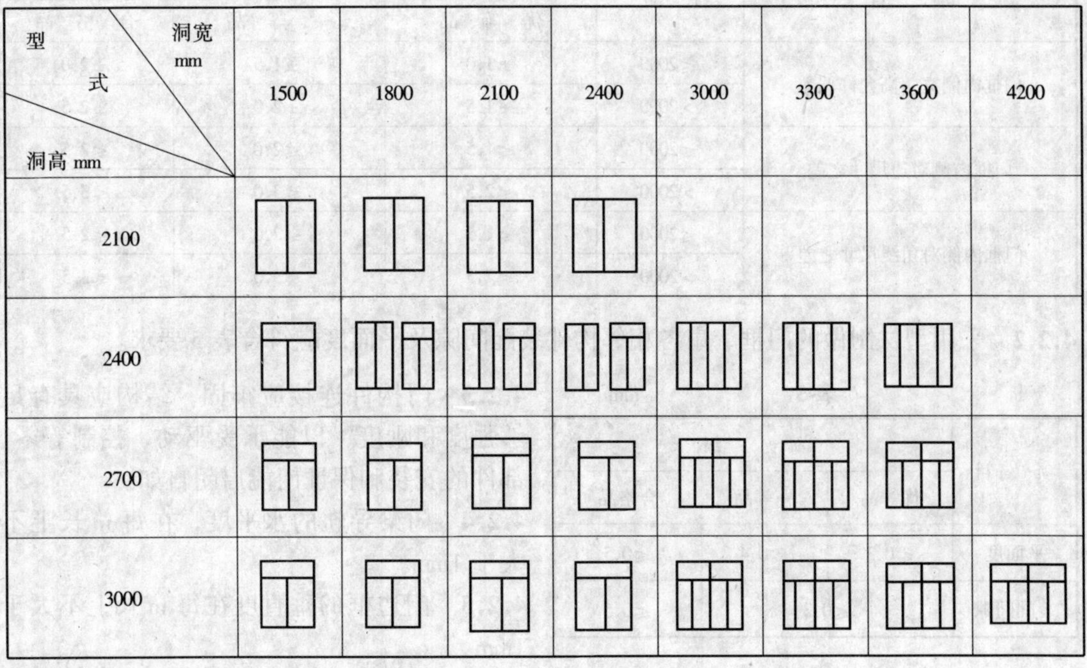

型式 洞高 mm \ 洞宽 mm	1500	1800	2100	2400	3000	3300	3600	4200
2100	▢	▢	▢	▢				
2400	▢	▢	▢	▢	▢	▢	▢	
2700	▢	▢	▢	▢	▢	▢	▢	
3000	▢	▢	▢	▢	▢	▢	▢	▢

续表3

型式 / 洞宽 mm / 洞高 mm	1500	1800	2100	2400	3000	3300	3600	4200
3300							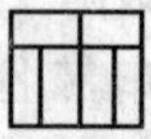	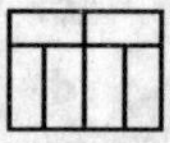
3600								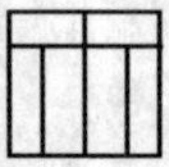

4 技 术 要 求

4.1 材料

4.1.1 门体材料采用铝合金建筑型材，也可采用其他材料。

4.1.2 门用铝合金建筑型材应符合 GB 5237 的规定，其他材料及附件应符合现行国家标准、行业标准规定。

4.1.3 门和选用的零、附件材料、除不锈钢或耐蚀材料外，均应经防锈、防腐蚀处理，不允许与铝合金型材发生接触腐蚀。

4.2 装配要求

4.2.1 采用型材制做的门框，其尺寸偏差应符合表 4 要求。

表 4 mm

项　目	尺　寸	等　级		
		优 等 品	一 等 品	合 格 品
门框内侧宽、高允许偏差	≤2000	±1.0	±1.5	±2.0
	>2000	±1.5	±2.0	±2.5
门框内侧对边尺寸之差	≤2000	≤1.5	≤2.0	≤2.5
	>2000	≤2.5	≤3.0	≤3.5
门框内侧对角线尺寸之差	≤2000	≤1.5	≤2.0	≤2.5
	>2000	≤2.5	≤3.0	≤3.5

4.2.2 采用型材制做的门框、扇各相邻构件装配间隙及平面度应符合表 5 要求。

表 5 mm

项　目	等　级		
	优等品	一等品	合格品
平面度	≤0.3	≤0.4	≤0.5
装配间隙	≤0.3		≤0.5

4.2.3 门构件连接应牢固，结构应具有足够强度和刚度，以能承受驱动、控制等零、部件的安装和保证门能启闭自如。

4.2.4 门梁导轨的水平度，在每 m 长上不大于 1mm。

4.2.5 门边框的垂直度在每 m 长上不大于 1mm。

4.2.6 下导轨与门梁导轨所在的垂直面应平行，其平行度在每 m 长上不大于 1mm。

4.2.7 门框、扇配合间隙应均匀，全闭时，动扇与边框或与定扇的立边间隙极限偏差应不大于 ±1.5mm；扇与扇的间隙极限偏差应不大于 ±1.5mm。

4.2.8 运行过程中，动扇不得与门梁盖板、定扇和地面刮、擦。

4.2.9 门用零、附件安装应位置正确、齐全、牢固，起到各自的作用，具有足够强度，启闭灵活。

4.3 表面质量

4.3.1 门装饰表面不应有明显的损伤和影响性能的缺陷，每樘门局部擦、划伤应符合相应标准或有关标准的规定。

4.3.2 门相邻构件着色表面不应有明显的色差。

4.3.3 门表面不应有金属屑、毛刺、腐蚀斑痕及其他污迹。

4.4 门的性能

4.4.1 门用电源电压应为 AC220V ± 10%，频率 50Hz。

4.4.2 超声波、红外线和微波探测器的探测范围应可调，其探测面积应符合表 6 要求。

4.4.3 探测器安装应保证其盲区边缘距门的距离不大于 200mm。

4.4.4 门应启闭灵敏，当人或物体以 0.3m/s 的速度通过探测范围时，应正常启闭。

表 6 m^2

探测装置类型	探测面积
超声波探测器	0.8
红外线探测器	1 ~ 2
微波探测器	1 ~ 3

4.4.5 门在开启、关闭过程中，快速运行速度应为 0.2 ~ 0.4m/s。

4.4.6 在全开启或全关闭之前，门的速度减至安全可靠的慢速，且可调，缓冲明显，启闭平稳。

4.4.7 开门响应时间，应不大于 0.5s。

4.4.8 堵门保护延时，应不大于 18s。

4.4.9 门扇全开启后保持时间不大于 1.5s。

4.4.10 门在正常工作状态下，运行噪声应不大于 65dB。

4.4.11 门在切断电源时，手动推拉力，应不大于 50N。当门动扇质量大于 100kg 时，推拉力应不大于其门扇质量的 5% 当量。

4.4.12 在湿热条件下，绝缘电阻应不小于 2MΩ。

4.4.13 门的带电主回路与金属外壳之间应能承受 AC1500V，在 1min 内无击穿现象。

4.4.14 门在周围工作环境温度为 -10 ~ 50℃的条件下应能正常工作。

4.4.15 门在周围工作环境温度为 40℃，最大相对湿度为 80% 的条件下应能正常工作。

4.4.16 门在正常工作条件下，其工作寿命不小于 50 万次。

4.4.17 门的耐风性能：在风速为 0 ~ 10m/s 条件下，应能正常工作。

5 试 验 方 法

5.1 对 4.1 条内容的检测

用目测法进行检测。

5.2 对 4.2 和 4.3 条内容的检测

分别用钢卷尺、塞尺、卡尺、水平仪等专用仪器及目测、手感的方法进行检测。

5.3 对 4.4.1 条内容检测

用调压器调节电源电压，并用万用表电压档进行检测。

5.4 对 4.4.2～4.4.4 条内容试验

身高为 1.5m 以上的人，以 0.3m/s 的速度进入规定的探测范围内，观察门动扇能否开启，动作是否良好，并测取探测盲区边缘距门的距离。

5.5 对 4.4.5 条内容试验

被测门处于正常工作状态，用钢卷尺测量动扇启动后到缓冲前快速运行的距离，并用计时器记取时间，然后求其速度，连续检测 3 次，取其平均值。

5.6 对 4.4.6 条内容试验

将被测门体置于工作状态，启动控制系统，使动扇作全开、全闭动作，观察门扇运行情况是否平稳，连续 3 次。

5.7 对 4.4.7 条内容试验

将正常工作状态下的门体呈关闭位置，起始为静止的人体在探测区内，观察并用计时器记取自人体发生移动到门动扇启动的时间。连续测试 3 次，取其平均值。

5.8 对 4.4.8 条内容试验

用计时器记取，动扇在自动关闭过程中，从接触到堵于门出入口中心位置的人到门自动停止关闭动作的时间。连续测试 3 次，取其平均值。

5.9 对 4.4.9 条内容试验

用计时器记取，动扇在自动启闭过程中，自探测器信号消失到门开始关闭的时间。连续测试 3 次，取其平均值。

5.10 对 4.4.10 条内容试验

在环境噪声不大于 45dB 的条件下，距门中心前后 1.0m，高度 1.5m 处，用 A 声级计测量门在正常工作状态下的噪声。连续测 3 次，取其平均值。

5.11 对 4.4.11 条内容试验

切断电源，将测力计固定在动扇中间位置，用以缓慢施加于与门扇平面平行的水平力，将门动扇开启或关闭，记取测力计上的最大力值，连续测试 3 次，取其平均值。

5.12 对 4.4.12 条内容试验

按 GB 4706.1 规定的试验方法进行试验。

5.13 对 4.4.13 条内容试验

按 GB 3797 中 4.4 条规定的试验方法进行试验。

5.14 对 4.4.14 条内容试验

按 GB 2423.1 试验 Ab 和 GB 2423.2 试验 Bb 规定的测试方法进行试验，检测试件外观有无损坏和能否正常工作。

5.15 对 4.4.15 条内容试验

按 GB 2423.3 试验 Ca 规定的试验方法进行试验，试验严酷等级为 2 天，检测试件外观有无损坏和能否正常工作。

5.16 对 4.4.16 条内容试验

将控制按钮启动，以 10～30s 周期启闭一次，连续往返运行 50 万次。在全过程中允许更换二次易损件。

5.17 对 4.4.17 条内容试验

将门扇置于开启或关闭状态，沿门的垂直方向以 10m/s 的风速送风，使门启闭 3 次，检查门的状态和动作有无异常现象。

6 检 验 规 则

6.1 出厂检验

6.1.1 产品出厂前须经制造厂质量检验部门检验合格，并签发合格证后，方可出厂。

6.1.2 出厂检验项目

按照本标准第 4.1～4.3、4.4.2～4.4.12 条规定的内容和要求进行检验。

6.1.3 抽样方法和判定规则

每项工程抽检不少于 50%，但抽检数不少于二樘。若检验项目全合格，则为合格。当其中有一项不合格时，应加倍抽检，如该项仍不合格，则判定该批为不合格。对不合格品应全部返修，复检合格后方可交付。

6.2 型式检验

6.2.1 有下列情况之一时，应进行型式检验。

a. 新产品或老产品转厂生产的试制定型鉴定；

b. 正常生产后，如结构、材料、工艺有较大改变，可能影响产品性能时；

c. 正常生产时，连续生产 5 年以上时；

d. 停产一年以上，恢复生产时；

e. 国家质量监督机构提出进行型式检验的要求时。

6.2.2 型式检验项目

按本标准第 4 章规定的内容和要求进行试验。

6.2.3 抽样方法和判定规则

由合格产品中抽检 3 樘进行型式试验。若检验项目全合格，则为合格。当其中有一项不合格时，应加倍抽检，如该项仍不合格，则判定该批为不合格。对不合格品，允许返修复检。

7 标志、包装、运输、贮存

7.1 标志

7.1.1 在产品明显部位应有铭牌，其上应注明：

a. 商标和制造厂名；

b. 产品名称；

c. 产品型号；

d. 制造日期或编号。

7.1.2 包装箱的箱面标志应符合 GB 6388 的规定。

7.1.3 包装箱上应有“防潮”、“小心轻放”及“向上”等字样和标志，其图形应符合 GB 191 的规定。

7.2 包装

7.2.1 产品应用无腐蚀作用的材料进行包装。

7.2.2 包装箱应具有足够强度，并有防潮防震措施。

7.2.3 装入箱内的产品应保证其相互间不发生窜动。

7.2.4 产品装箱后，箱内须有装箱单、产品合格证、产品使用说明书及保修卡。

7.3 运输

7.3.1 运输工具应有防雨措施，并保持清洁无污物。

7.3.2 产品在运输装卸过程中严禁摔、碰撞，应保证产品几何形状不变，表面完好。

7.4 贮存

7.4.1 产品应放置在通风、干燥的地点，严禁与酸、碱、盐类物质接触，并防止雨水浸入。

7.4.2 产品不能直接接触地面，底部应垫高 100mm 以上。

附加说明：

本标准由建设部标准定额研究所提出。

本标准由建筑制品与设备标准化技术归口单位中国建筑标准设计研究所归口。

本标准由中国建筑金属结构协会（主编）、沈阳黎明铝门窗工程公司、山东滕州市钢窗厂、宁波市自动门厂参加编制。

本标准主要起草人：崔永峰、李金凤、靳顺兴、梁全顺、井传棣、林万炯。

本标准委托中国建筑标准设计研究所负责解释。

中华人民共和国建筑工业行业标准

平 开 自 动 门

Side hung aotmatic door

JG/T 3015.2—94

中华人民共和国建设部 1994-04-20 批准

1994-12-01 实施

1　主题内容与适用范围

本标准规定了平开自动门的产品分类、技术要求、试验方法、检验规则和标志、包装、运输、贮存。

本标准适用于建筑物中自动启闭于出入口处的平开门即平开自动门（以下简称门），代号为PDM。

2　引　用　标　准

GB 191　包装储运指示标志

GB 2423.1　电工电子产品基本环境试验规程　试验A：低温试验方法

GB 2423.2　电工电子产品基本环境试验规程　试验B：高温试验方法

GB 2423.3　电工电子产品基本环境试验规程　试验Ca：恒定湿热试验方法

GB 3797　电控设备　第二部分：装有电子器件的电控设备

GB 4706.1　家用和类似用途电器的安全　通用要求

GB 5237　铝合金建筑型材

GB 5824　建筑门窗洞口尺寸系列

GB 6388　运输包装收发货标志

3　产　品　分　类

3.1　门厚度基本尺寸

门厚度基本尺寸，按门边框厚度构造尺寸区分，见表1。

表1　　mm

门厚度基本尺寸系列	70	80	90	100

3.2　门洞口尺寸系列

3.2.1　门的宽度、高度构造尺寸主要根据洞口安装要求确定。

3.2.2　基本门洞口的规格型号见表2。

3.2.3　除表2规定外，允许门与门之间任意组合，组合后的洞口尺寸应符合GB 5824的规定。

表2

洞　高　mm	洞　宽　mm		
	900	1500	1800
	洞　口　型　号		
2100	0921	1521	1821
2400	0924	1524	1824
2700	0927	1527	1827
3000		1530	1830

3.3　门的基本立面型式

a. 单扇门

b. 单扇门带上亮

c. 双扇门

d. 双扇门带上亮

注：1）上述基本立面型式见表 3。

2）其他型式的门可按用户要求设计制造。

3.4 门扇高度基本尺寸为 2100，2400mm 两个系列。

3.5 门的单扇质量为 30，50，70kg 三个等级。

3.6 按门扇结构区分

a. 有框门 代号为 Y

b. 无框门 代号为 W

3.7 按探测装置区分

a. 微波探测器 代号为 B

b. 红外线探测器 代号为 H

c. 超声波探测器 代号为 C

d. 电磁感应探测器 代号为 D

e. 特殊探测器 代号为 T

3.8 开关方向

表 3

洞高 mm	洞 宽 mm		
	900	1500	1800
	型 式		
2100		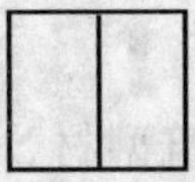	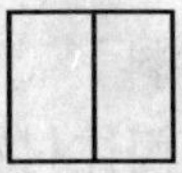
2400	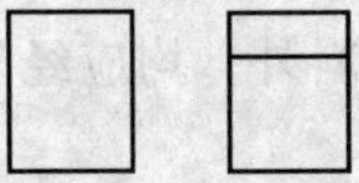	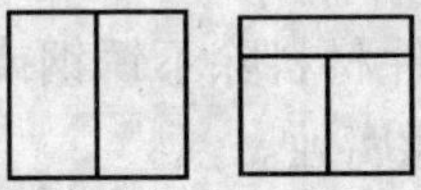	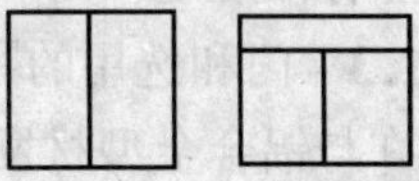
2700	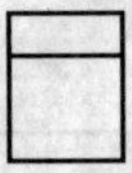	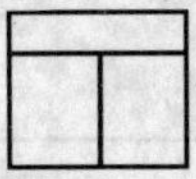	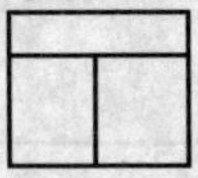
3000		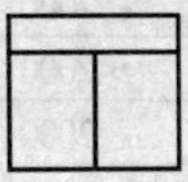	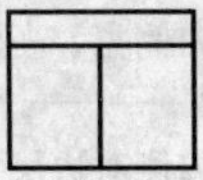

3.8.1 单扇门开关方向

开关方向代号	说　明	图　例
5.0	门扇顺时针方向由内向外关	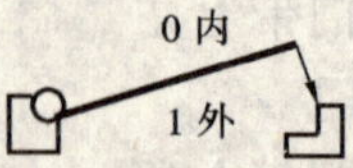
6.0	门扇逆时针方向由内向外关	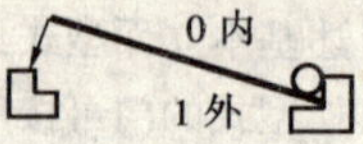
5.1	门扇顺时针方向由外向内关	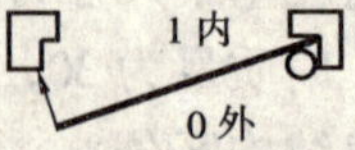
6.1	门扇逆时针方向由外向内关	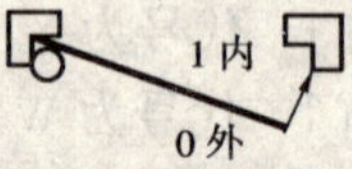

3.8.2 双扇门开关方向

开关方向代号	说　明	图　例
0	两门扇同时由内向外关	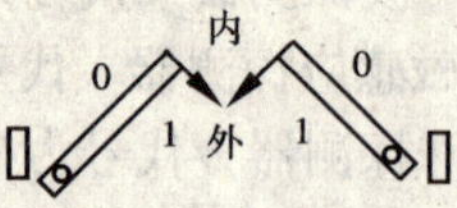
1	两门扇同时由外向内关	

4 技 术 要 求

4.1 材料

4.1.1 门体材料采用铝合金建筑型材，也可采用其他材料。

4.1.2 门用铝合金建筑型材应符合 GB 5237 规定，其他材料及附件应符合现行国家标准、行业标准规定。

4.1.3 门和选用的零、附件材料除不锈钢或耐蚀材料外，均应经防锈、防腐蚀处理，不允许与铝合金型材发生接触腐蚀。

4.2 装配要求

4.2.1 采用型材制做的门框，其尺寸偏差应符合表 4 要求。

表 4　　　　mm

项　目	尺　寸	等　级		
		优等品	一等品	合格品
门框内侧宽、高允许偏差	≤2000	±1.0	±1.5	±2.0
	>2000	±1.5	±2.0	±2.5
门框内侧对边尺寸之差	≤2000	≤1.0	≤1.5	≤2.0
	>2000	≤2.0	≤2.5	≤3.0
门框内侧对角线尺寸之差	≤2000	≤1.0	≤1.5	≤2.0
	>2000	≤2.0	≤2.5	≤3.0

4.2.2 采用型材制做的门框、扇各相邻构件装配间隙及平面度应符合表5要求。

表5 mm

项　目	等　级		
	优等品	一等品	合格品
平面度	≤0.3	≤0.4	≤0.5
装配间隙	≤0.3		≤0.5

4.2.3 门构件连接应牢固，结构应具有足够强度和刚度，以能承受驱动、控制等零部件的安装和保证门能启闭自如。

4.2.4 门边框的垂直度在每m长上不大于1mm。上框的水平度在每m长上不大于1mm。

4.2.5 门框、扇配合间隙应均匀，全闭时，扇与边框的间隙极限偏差应不大于±1.5mm，扇与扇的间隙极限偏差应不大于±1.5mm。

4.2.6 门用零、附件安装应位置正确、齐全、牢固，起到各自的作用，具有足够强度，启闭灵活。

4.3 表面质量

4.3.1 门装饰表面不应有明显的损伤和影响性能的缺陷，每樘门局部擦、划伤应符合相应标准或有关标准规定。

4.3.2 门相邻构件着色表面不应有明显色差。

4.3.3 门表面不应有金属屑、毛刺、腐蚀斑痕及其他污迹。

4.4 门的性能

4.4.1 门用电源电压为AC220V±10%，频率50Hz。

4.4.2 超声波、红外线、微波探测器的探测范围应可调，其探测面积应符合表6的要求。

表6

探测装置类型	探测面积（m^2）
超声波探测器	0.8
红外线探测器	1~2
微波探测器	1~3

4.4.3 探测器安装应保证其盲区边缘距门的距离不大于200mm。

4.4.4 门应启闭灵敏，当人或物体以0.3m/s的速度通过探测范围时，应正常启闭。

4.4.5 开启（或关闭）时间应为2~4s。

4.4.6 门在全开启或全关闭之前，门的速度减至安全可靠的慢速，且可调，缓冲明显，启闭平稳。

4.4.7 开门响应时间应不大于0.5s。

4.4.8 堵门保护延时应不大于18s。

4.4.9 开门保持时间为0.5~10s可调。

4.4.10 门正常工作时，运行噪声应不大于65dB。

4.4.11 门在切断电源时，手动开门力矩应不大于45N·m。

4.4.12 绝缘电阻在湿热条件下不小于2MΩ。

4.4.13 门的带电主回路与金属外壳之间应能承受AC1500V、在1min内无击穿现象。

4.4.14 门在周围工作环境温度为－10～50℃的条件下应能正常工作。

4.4.15 门在周围工作环境温度为40℃，最大相对湿度为80%的条件下，应能正常工作。

4.4.16 门在正常工作条件下，其工作寿命不小于50万次。

5 试验方法

5.1 对4.1条内容的检测

用目测法进行检测。

5.2 对4.2条和4.3条内容的检测

分别用钢卷尺、塞尺、卡尺、水平仪等专用仪器及目测、手感的方法进行检测。

5.3 对4.4.1条内容的检测

用调压器调节电源电压，并用万用表进行检测。

5.4 对4.4.2～4.4.4条内容的试验

一个身高不低于1.5m的人，以0.3m/s的速度进入规定的探测范围内，观察门扇能否开启，动作是否良好，并测取探测盲区边缘距门的距离。

5.5 对4.4.5条内容的试验

被测门体处于正常工作状态，用计时器测量门扇从全闭位置到全开位置（或门扇从全开位置到全闭位置）的时间，连续检测3次，取其平均值。

5.6 对4.4.6条内容的试验

将被测门体置于工作状态，启动控制系统，使门扇作全开、全闭动作，观察门扇运行情况是否平稳，连续3次。

5.7 对4.4.7条内容的试验

将正常工作状态下的门扇呈关闭位置，起始为静止的人体立于探测区内，观察并用计时器记取自人体发生移动到门扇启动的时间。连续测试三次，取其平均值。

5.8 对4.4.8条内容的试验

用计时器记取门扇在自动启闭过程中，从接触到堵于门口的人到门自动停止关闭动作的时间。连续测试3次，取其平均值。

5.9 对4.4.9条内容的试验

用计时器记取门扇在自动启闭过程中，从门扇开启到位，探测器信号消失，到开始关闭的时间，并能在规定的时间范围内调节。

5.10 对4.4.10条内容的试验

在环境噪声不大于45dB的条件下，距门中心前后1m，高度1.5m处，用A级声级计测量门在正常工作状态下的噪声，连续测3次，取其平均值。

5.11 对4.4.11条内容的试验

断开电源后，分别在门扇关闭状态、中间状态及全开状态下，用测力计拉门扇做匀速转动，测开门力矩。连续测试3次，取其平均值。

5.12 对4.4.12条内容的试验

按GB 4706.1规定的试验方法进行试验。

5.13 对4.4.13条内容的试验

按GB 3797中4.4条规定的试验方法进行试验。

5.14 对4.4.14条内容的试验

按GB 2423.1试验Ab和GB 2423.2试验Bb规定的测试方法进行试验，检测试件外观有无损坏和能否正常工作。

5.15 对4.4.15条内容的试验

按GB 2423.3试验Ca规定的试验方法进行试验，试验严酷等级为2天，检测试件外观有无损坏和能否正常工作。

5.16 对4.4.16条内容的试验

将控制按钮启动，以10~30s周期启闭一次，连续往返运行50万次。在全过程中允许更换二次易损件。

6 检 验 规 则

6.1 出厂检验

6.1.1 产品出厂前必须经制造厂质量检验部门检验合格，并签发合格证后，方可出厂。

6.1.2 出厂检验项目

按照本标准第4.1~4.3、4.4.2~4.4.12条规定的内容和要求进行检验。

6.1.3 抽样方法和判定规则

每项工程抽检不少于50%，但抽检数不少于两批。若检验项目全合格，则为合格。当其中有一项不合格时，应加倍抽检，如该项仍不合格，则判定该批为不合格。对不合格品应全部返修，复检合格后方可交付。

6.2 型式检验

6.2.1 有下列情况之一时，应进行型式检验

a. 新产品或老产品转厂生产的试制定型鉴定；

b. 正常生产后，因结构、材料、工艺有较大改变，可能影响产品性能时；

c. 正常生产时，连续生产五年以上时；

d. 停产一年以上，恢复生产时；

e. 国家质量监督机构提出进行型式检验的要求时。

6.2.2 型式检验项目和判定规则

按本标准第4章规定的内容和要求进行试验。

6.2.3 抽样方法

由合格产品中抽检3樘进行型式检验。若检验项目全合格，则为合格。当其中有一项不合格时，应加倍抽检，如该项仍不合格，则判定该批为不合格。对不合格品，允许返修复检。

7 标志、包装、运输和贮存

7.1 标志

7.1.1 在产品明显部位应有铭牌，其上应注明：

a. 商标和制造厂名；

b. 产品名称；

c. 产品型号；

d. 制造日期或编号。

7.1.2 包装箱的箱面标志应符合 GB 6388 的规定。

7.1.3 包装箱上应有“防潮”、“小心轻放”及“向上”等字样和标志，其图样应符合 GB 191 的规定。

7.2 包装

7.2.1 产品应用无腐蚀作用的材料进行包装。

7.2.2 包装箱应具有足够强度，并有防潮防震措施。

7.2.3 装入箱内的产品应保证其相互间不发生窜动。

7.2.4 产品装箱后，箱内须有装箱单、产品合格证、产品使用说明书及保修卡。

7.3 运输

7.3.1 运输工具应具有防雨措施，并保持清洁无污物。

7.3.2 产品在运输装卸过程中严禁摔、碰撞，应保证产品几何形状不变，表面完好。

7.4 贮存

7.4.1 产品应放置在通风、干燥的地方，严禁与酸、碱、盐类物质接触，并防止雨水浸入。

7.4.2 产品不能直接接触地面，底部应垫高 100mm 以上。

附加说明：

本标准由建设部标准定额研究所提出。

本标准由建筑制品与设备标准化技术归口单位中国建筑标准设计研究所归口。

本标准由中国建筑金属结构协会（主编）、山西电子仪器总厂（山西自动门公司）、苏州市苏鑫装饰实业总公司起草。

本标准主要起草人：崔永峰、许子昌、孙俊安、靳顺兴、陶红星。

本标准委托中国建筑标准设计研究所负责解释。

中华人民共和国建筑工业行业标准

PVC 塑 料 门

Rigid polyvinyl chloride doors

JG/T 3017—94

中华人民共和国建设部 1994-12-05 批准
1995-07-01 实施

本标准等效采用德国 DIN 18055、DIN 4108 及 DIN 4109 中有关门的技术要求。

1 主题内容与适用范围

本标准规定了平开及推拉硬聚氯乙烯塑料门（以下简称塑料门）的品种、规格、分类、技术要求、试验方法、检验规则和包装、标志、运输、贮存。

本标准适用于由硬聚氯乙烯（PVC）异型材组装成的平开塑料门及推拉塑料门。

本标准也适用于带纱扇的平开塑料门、固定塑料门、无槛平开塑料门和带纱扇的推拉塑料门。

2 引 用 标 准

GB 5824 建筑门窗洞口尺寸系列

GB 8814 门、窗框用硬聚氯乙烯（PVC）型材

GB 10804 硬聚氯乙烯（PVC）内门

GB 12002 塑料门窗用密封条

GB 12003 塑料窗基本尺寸公差

GB 11793.1 PVC 塑料窗建筑物理性能

GB 11793.2 PVC 塑料窗力学性能、耐候性技术条件

GB 11793.3 PVC 塑料窗力学性能、耐候性试验方法

GB 7106 建筑外窗抗风压性能分级及其检测方法

GB 7107 建筑外窗空气渗透性能分级及其检测方法

GB 7108 建筑外窗雨水渗漏性能分级及其检测方法

GB 8484 建筑外窗保温性能分级及其检测方法

GB 8485 建筑外窗空气隔声性能分级及其检测方法

GB 6388 运输、包装、收发货标志

GB 191 包装储运图示标志

3 分类、规格和型号

3.1 按开启形式，塑料门分为固定门、平开门和推拉门。

3.2 门框厚度基本尺寸系列

3.2.1 按门框厚度基本尺寸系列分类，见表 1。

表 1 门框厚度基本尺寸系列

平开门	50	55	60	—	—	—	—	—	—	—
推拉门	—	—	—	60	75	80	85	90	95	100

3.2.2 表 1 中未列出的门框厚度尺寸，凡与基本尺寸系列相差在 ± 2mm 之内的，均靠用基本尺寸系列。

3.3 门洞口尺寸系列与规格

3.3.1 门的宽度、高度尺寸，主要根据门框厚度、门的力学性能和建筑物理性能要求，以及洞口安装要求确定。

3.3.2 门洞口的规格及其代号，见表 2 和表 3。

3.3.3 除表 2 和表 3 的规格外，当采用门与窗、门与门组合时，组合后的洞口尺寸尚应符合 GB 5824 的规定。

3.4 门的型材颜色分为：白色、其他色和双色，其代号见表 4。

表 2　平开门洞口尺寸 mm

洞口规格代号 \ 洞口宽 / 洞口高	700	800	900	1000	1200	1500	1800
2100	0721	0821	0921	1021	1221	1521	1821
2400	0724	0824	0924	1024	1224	1524	1824
2500	0725	0825	0925	1025	1225	1525	1825
2700		0827	0927	1027	1227	1527	1827
3000			0930	1030	1230	1530	1830

表 3　推拉门洞口尺寸 mm

洞口规格代号 \ 洞口宽 / 洞口高	1500	1800	2100	2400	3000
2000	1520	1820	2120	2420	3020
2100	1521	1821	2121	2421	3021
2400	1524	1824	2124	2424	3024

表 4

型材颜色	代　号	备　注
白　色	W	
其他色	O	宜用于非阳光直射处
双　色	WO	

3.5　产品型号

产品型号由产品的名称代号、特性代号、主参数代号组成。

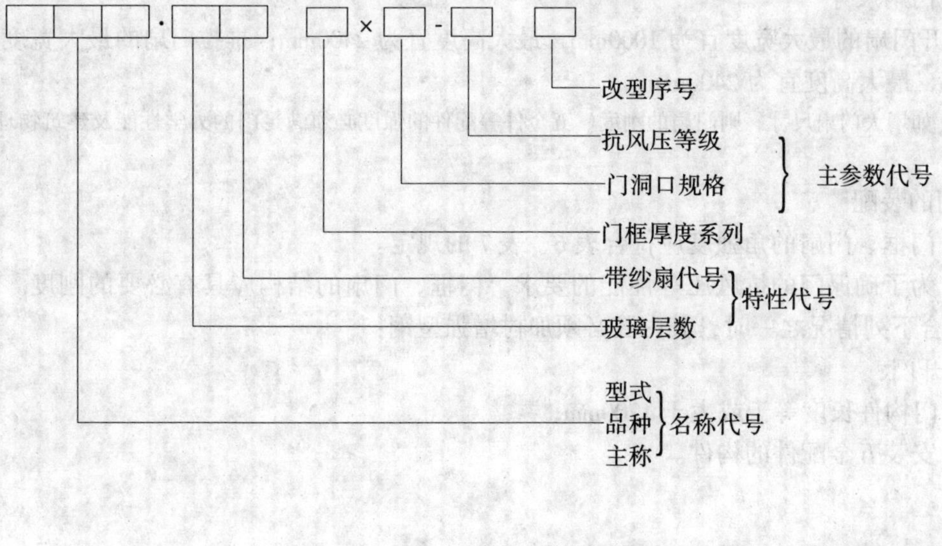

3.5.1 名称代号

固定塑料门　MSG

平开塑料门　MSP

推拉塑料门　MST

3.5.2 特性代号

玻璃层数　A、B、C（分别为一、二、三层）

中空玻璃　K

带纱扇　S

3.5.3 主参数代号

门框厚度系列，见表1。

门洞口规格，见表2、表3。

抗风压性能等级　1、2、3、4、5、6（分别为等级）

3.5.4 产品型号示例

推拉塑料门：双层玻璃，带纱扇，门框厚度90系列，洞口宽度1500mm、洞口高度2100mm，抗风压性能2级，第一次设计：

MST·BS 90×1521-2

4 技 术 要 求

4.1 材料

4.1.1 门用型材应符合GB 8814的要求。

4.1.2 门用密封条应符合GB 12002的要求。

4.1.3 门用增强型钢及其紧固件的表面应经防锈处理。增强型钢的壁厚应不小于1.2mm。门用增强型钢，紧固件及五金件的金属材料的规格与质量要求见附录A（补充件）。五金件应能满足门的机械力学性能要求。

4.2 门框外形尺寸

4.2.1 门框外形尺寸根据洞口尺寸（见表2、表3）和墙面装饰层的厚度要求决定。一般门框高度、宽度应比洞口尺寸小30~50mm。

4.2.2 门扇尺寸

平开门扇的最大宽度宜为1000mm，最大高度宜为2400mm；推拉门扇的最大宽度宜为1000mm，最大高度宜为2400mm。

注：如增大门扇尺寸，则门扇的刚度、五金件等配件的强度必须满足门的力学性能及建筑物理性能的要求。

4.3 门的装配

4.3.1 门框、门扇的角强度应符合表6、表7的规定。

4.3.2 为了确保门的抗风压等性能的要求，门框、门扇的结构应具有必要的刚度。当门构件符合下列情况之一时，其内腔必须加衬增强型钢：

平开门：

a. 门构件长度等于或大于1200mm；

b. 安装五金配件的构件。

推拉门：

a. 门框构件长度等于或大于 1300mm；

b. 门扇构件（上、中、边框）长度等于或大于 1300mm，以及门扇下框用构件长度等于或大于 600mm；

c. 安装五金配件的构件。

增强型钢应与型材内腔尺寸相一致，其长度以不影响端头的焊接为宜。用于固定每根增强型钢的紧固件不得少于 3 个，其间距应不大于 300mm，距型钢端夹应不大于 100mm。固定后的增强型钢不得松动。紧固件采用 ϕ4mm 的大头自攻螺钉或加放垫圈的自攻螺钉，所钻孔的孔径应不大于 3.2mm，以保证紧固度。

4.3.3 门应有排水槽，使侵入框内的水及时排出室外。

4.3.4 门框、门扇外形尺寸的允许偏差见表 5。

4.3.5 门框、门扇对角线尺寸之差应不大于 3.0mm。

表 5 门的尺寸公差 mm

门高度和宽度的尺寸范围	≤2000	>2000
门尺寸允许偏差	≤±2.0	≤±3.5

4.3.6 门板拼装的允许缝隙应不大于 0.6mm。

4.3.7 门框、门扇相邻构件装配间隙应不大于 0.5mm，相邻两构件焊接（或机械连接）处的同一平面度应不大于 0.8mm。

4.3.8 装配式结构的门框、门扇的四个角处，在构件型材内腔应加衬连接件，该连接件与增强型钢用紧固件紧固，连接件的四周缝隙宜采用中性硅酮系密封胶封闭。

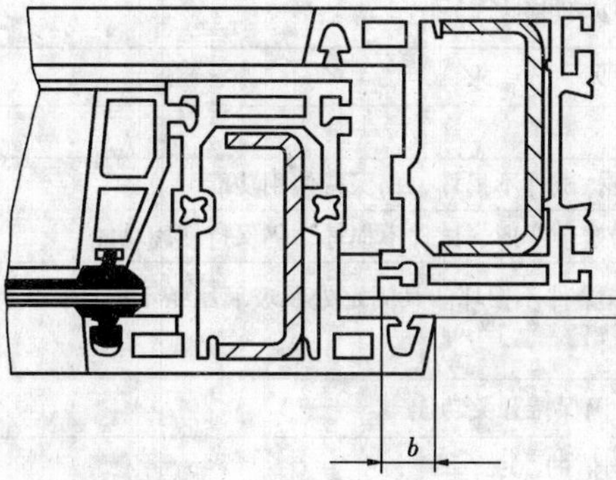

图 1

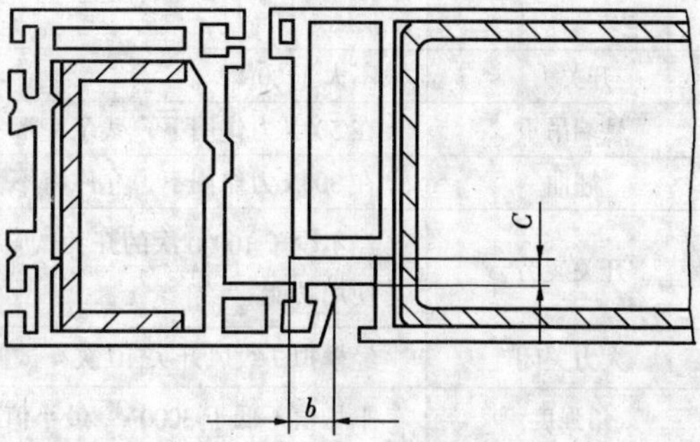

图 2

4.3.9 门框、门扇组装后铰链部位（未装密封条时）的配合间隙 C 见图 1、图 2，其允许偏差为 $C^{+0.2}_{-1.0}$mm。

4.3.10 门框、门扇四周搭接宽度应均匀。平开门其搭接量 b（见图 1 和图 2）的允许偏差小于或等于 2.5mm，平开门扇装配时应吊高 2mm。

推拉门框、门扇四周搭接量 b（见图 3）的允许偏差为 $b^{+1.5}_{-3.5}$mm。

4.3.11 门框、门扇装配后，不得妨碍开关功能，门扇不应翘曲。

4.3.12 五金配件安装位置应准确，数量应齐全、安装应牢固。五金配件应开关灵活，具

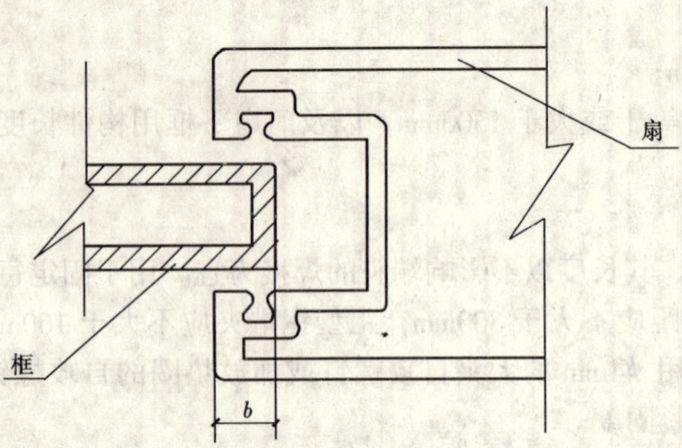

图3

有足够的强度，满足门的机械力学性能要求。承受往复运动的配件，在结构上要便于更换。

4.3.13 五金配件、密封条等的质量应与门的质量相适应。

4.3.14 密封条装配后应均匀、牢固，接口严密，无脱槽等现象。

4.3.15 压条装配后应牢固。压条转角部位对接处间隙应不大于1mm，不得在一边使用两根压条。

4.4 玻璃装配

4.4.1 玻璃的尺寸，从门框、门扇的透光边缘算起，每边搭接应不小于8mm。

4.4.2 装玻璃时，在玻璃四周必须配防震垫块，其要求见附录B（补充件）。

4.4.3 确定玻璃的最大允许面积，可参考附录C（参考件）

4.5 门的外观

门的表面应平滑，颜色应基本均匀一致，无裂纹、无气泡，焊缝平整，不得有影响使用的伤痕、杂质等缺陷。

4.6 门的性能要求

4.6.1 力学性能

a. 平开塑料门：开关力　悬端吊重、翘曲、开关疲劳、大力关闭、角强度、软物冲击及硬物冲击应符合表6的要求。

表6　平开塑料门的力学性能

项　目	技 术 要 求
开关力	不大于80N
悬端吊重	在500N力作用下，残余变形不大于2mm，试件不损坏，仍保持使用功能
翘曲	在300N力作用下，允许有不影响使用的残余变形，试件不损坏，仍保持使用功能
开关疲劳	经不少于10000次的开关试验，试件及五金件不损坏。其固定处及玻璃压条不松脱，仍保持使用功能
大力关闭	经模拟7级风开关10次，试件不损坏，仍保持开关功能
角强度	平均值不低于3000N，最小值不低于平均值的70%
软物冲击	无破损，开关功能正常
硬物冲击	无破损
注：全玻璃门不检测软、硬物体的冲击性能。	

b. 推拉塑料门：开关力、弯曲、扭曲、对角线变形、开关疲劳、角强度、软物冲击、硬物冲击应符合表7的要求。

4.6.2 建筑物理性能

抗风压、空气渗透、雨水渗漏、保温及隔声性能应分别符合表8、表9、表10、表11及表12的要求。

表7 推拉塑料门的力学性能

项 目	技 术 要 求
开关力	不大于100N
弯曲	在300N力作用下，允许有不影响使用的残余变形，试件不得损坏，仍保持使用功能
扭曲	在200N力作用下，试件不损坏，允许有不影响使用的残余变形
对角线变形	
开关疲劳	经不少于10000次的开关试验，试件及五金件不损坏，固定处及玻璃压条等不松脱
软物冲击	试验后无损坏，启闭功能正常
硬物冲击	试验后无损坏
角强度	平均值不低于3000N，最小值不低于平均值的70%

注：①无凸出把手的推拉门不作扭曲试验。

②全玻璃门不检测软、硬物的冲击性能。

表8 门的抗风压性能 W_G Pa

等级	1	2	3	4	5	6
W_G	≥3500	<3500 ≥3000	<3000 ≥2500	<2500 ≥2000	<2000 ≥1500	<1500 ≥1000

注：表中取值是建筑荷载规范中设计荷载值的2.25倍。

表9 门的空气渗透性能 q_0 $m^3/h\cdot m$

等 级	2	3	4	5
q_0	≤1.0	>1.0 ≤1.5	>1.5 ≤2.0	>2.0 ≤2.5

注：①表中数值为压力差10Pa时单位缝长空气渗透量。

②空气渗透量的合格指标为不小于2.5$m^3/h\cdot m$。

表10 门的雨水渗漏性能 ΔP Pa

等 级	1	2	3	4	5	6
ΔP	≥600	<600 ≥500	<500 ≥350	<350 ≥250	<250 ≥150	<150 ≥100

注：①表中所列压力等级下，以雨水不连续流入室内为合格。

②雨水渗漏性能的最低合格指标为不小于100Pa。

表11 门的保温性能 K_0 $W/m^2\cdot K$

型式 \ 等级	1	2	3	4
平开塑料门	≤2.00	>2.00 ≤3.00	>3.00 ≤4.00	>4.00 ≤5.00
推拉塑料门	—	>2.00 ≤3.00	>3.00 ≤4.00	>4.00 ≤5.00

表12 门的空气声计权隔声性能 dB

型式＼等级	1	2	3
平开塑料门	≥35	≥30	≥25
推拉塑料门	—	≥30	≥25

5 检 验 方 法

5.1 试件存放及试验环境

试验前试件应在18~28℃的条件下存放16h以上，并在该条件下进行检测。

5.2 外观质量检测

用精确度为0.02mm的量具测量相邻构件同一平面度。在自然光线下，距试样400~500mm目测其他外观项目。

5.3 门框、门扇外形尺寸及对角线，按GB 12003规定的方法检测。

5.4 门框、门扇相邻构件的装配间隙、门板拼装缝隙及门框与门扇的配合间隙 C 用塞尺检测；门框与门扇四周搭接量 b 用精度为0.02mm的量具检测。门框与门扇四周搭接量，考虑到门扇吊高影响，其检测部位应在门扇宽度和高度的中点。

5.5 力学性能检测

开关力、悬端吊重、翘曲、开关疲劳、大力关闭、弯曲、扭曲、对角线变形及角强度按GB 11793.3规定的方法进行检测，门的软物体冲击和硬物体冲击性能，按GB 10804规定的方法检测。

5.6 建筑物理性能检测

抗风压性能、空气渗透性能、雨水渗漏性能按GB 7106~7108规定的方法检测。保温性能按GB 8484规定的方法检测。隔声性能按GB 8485规定的方法检测。

无下框（无槛）门不检测抗风压性能、空气渗透性能、雨水渗漏性能。

6 检 验 规 则

6.1 出厂检验

应在型式检验合格后的有效期内进行出厂检验，否则检验结果无效。

6.1.1 出厂检验项目见表13，按本标准规定的方法检测，不合格的产品不允许出厂。

6.1.2 抽样方法

产品出厂前，应按每一批次、品种、规格随机抽样，抽检量不得少于3樘。

6.1.3 产品出厂时应附有合格证。

6.1.4 产品出厂检验判定规则

根据表13规定的出厂检验项目检验塑料门的性能。当其中某项不合格时，应加倍抽样，对不合格的项目进行复检，如该项仍不合格，则判定该批产品为不合格品；经检验，若全部检验项目符合本标准中规定的合格指标，则判定该批产品为合格品。

注：如有必要，出厂检验也可按有关各方协议的技术要求进行。

6.1.5 塑料门的建筑物理性能和力学性能应符合订货合同中的要求。凡在订货合同中未提出要求的，则其建筑物理性能和力学性能应不低于本标准规定的合格指标。

表 13 出厂检验项目

项目	型式检验		出厂检验		备注
	平开门	推拉门	平开门	推拉门	
抗风压	√	√	—	—	
空气渗透	√	√	—	—	
雨水渗漏	√	√	—	—	
保温	√	√	—	—	
隔声	√	√	—	—	
角强度	√	√	√	√	
增强型钢	√	√	√	√	
五金件安装	√	√	√	√	
开关力	√	√	√	√	
悬端吊重	√	—	—	—	
翘曲	√	—	—	—	
大力关闭	√	—	—	—	
开关疲劳	√	√	—	—	
弯曲	—	√	—	—	
扭曲	—	√	—	—	
对角线变形	—	√	—	—	
软物冲击	√	√	—	—	
硬物冲击	√	√	—	—	
外形高、宽尺寸	√	√	√	√	
对角线尺寸	√	√	√	√	
门框、门扇相邻构件装配间隙	√	√	√	√	
相邻构件同一平面度	√	√	√	√	
门框与扇框配合间隙 C	√	√	√	√	
门板拼装缝隙	√	√	√	√	
门框与门扇塔接量 b	√	√	√	√	
密封条安装质量	√	√	√	√	
压条安装质量	√	√	√	√	
外观	√	√	√	√	

注：①全玻璃的门不进行软、硬物体的冲击检验。
②没有凸出把手的推拉门，不检测扭曲性能。
③表中符号"√"表示需检测的项目。

6.2 型式检验

6.2.1 有下列情况之一时应进行型式检验：

a. 新产品或老产品转厂生产的试制定型鉴定；

b. 正式生产后，当结构、材料、工艺有较大改变而可能影响产品性能时；

c. 正常生产时，每两年检测一次；

d. 产品长期停产后，恢复生产时；

e. 出厂检验结果与上次型式检验有较大差异时；

f. 国家质量监督机构提出进行型式检验的要求时。

6.2.2 型式检验项目（见表 13）按本标准规定的方法检测。

6.2.3 抽样方法：批量生产时，每二年由合格的产品中随机抽取 3 樘进行型式检验。

6.2.4 型式检验的判定规则

根据表13规定的型式检验项目，检验塑料门的性能。当其中某项不合格时，应加倍抽样，对不合格项目进行复检，如该项仍不合格，则判定该批产品为不合格品。经检验，若全部检验项目符合本标准规定的合格指标，则判定该批产品为合格品。

6.3 仲裁检验

当供需双方对产品质量发生争议时，应按本标准由国家法定检测机构进行仲裁检验。

7 标志、包装、运输、贮存

7.1 标志

7.1.1 在产品的明显部位应注明产品标志，标志内容包括：

a. 制造厂名或商标；

b. 产品名称；

c. 产品型号及标准编号；

d. 制造日期或编号。

7.2 包装

7.2.1 产品的室内、外表面应加保护膜。

7.2.2 产品应用无腐蚀作用的软质材料包装。

7.2.3 包装应牢固可靠，并有防潮措施。

7.2.4 每批产品包装后，应附有产品清单及产品检验合格证。

7.3 运输

7.3.1 装运产品的运输工具，应有防雨措施并保持清洁。

7.3.2 在运输装卸时，应保证产品不变形、不损伤、表面完好。

7.4 贮存

7.4.1 产品应放置在通风、防雨、干燥、清洁、平整的地方，严禁与腐蚀物质接触。

7.4.2 产品贮存环境温度应低于50℃，距离热源处应不小于1m。

7.4.3 产品不应直接接触地面，底部垫高应不小于5cm。产品应立放，立放角不小于70°，并有防倾倒措施。

附录A
常用辅助材料的标准编号及名称
（补充件）

材料	标准编号及名称
不锈钢	GB 1220 不锈钢棒 GB 3280 不锈钢冷轧钢板 GB 4237 不锈钢热轧钢板 GB 4232 冷顶锻用不锈钢丝
铝合金	GB 5237 铝合金建筑型材
锌合金	GB 1175 铸造锌合金 JB 2702 锌合金、铝合金、铜合金压铸件技术条件
铜合金	GB 13808 铜及铜合金挤制棒

续表

材　料	标 准 编 号 及 名 称
钢	GB 6723　通用冷弯开口型钢尺寸、外形、重量及允许偏差 GB 3274　碳素结构钢和低合金结构钢热轧厚钢板和钢带 GB 700　碳素结构钢 GB 912　碳素结构钢和低合金结构钢　热轧薄钢板及钢带
塑　料	GB 10009　丙烯腈-丁二烯-苯乙烯（ABS）塑料挤出板材 HG/T 2-868　聚酰胺 6 树脂 HG/T 2349　聚酰胺 1010 树脂
注：用于硬质 PVC 塑料窗的增强型钢、紧固件与五金件的金属材料应符合本附录中有关标准的要求；制得的增强型钢、紧固件、五金件，除不锈钢外，其表面均应经耐腐蚀镀膜处理；采用热镀锌的低碳钢增强型材、紧固件，其镀膜厚度应不小于 12μm。	

附　录 B
玻璃装配技术要求
（补充件）

玻璃装配时应保证玻璃与镶嵌槽的间隙，并在玻璃四周装有垫块使其能缓冲开关等力

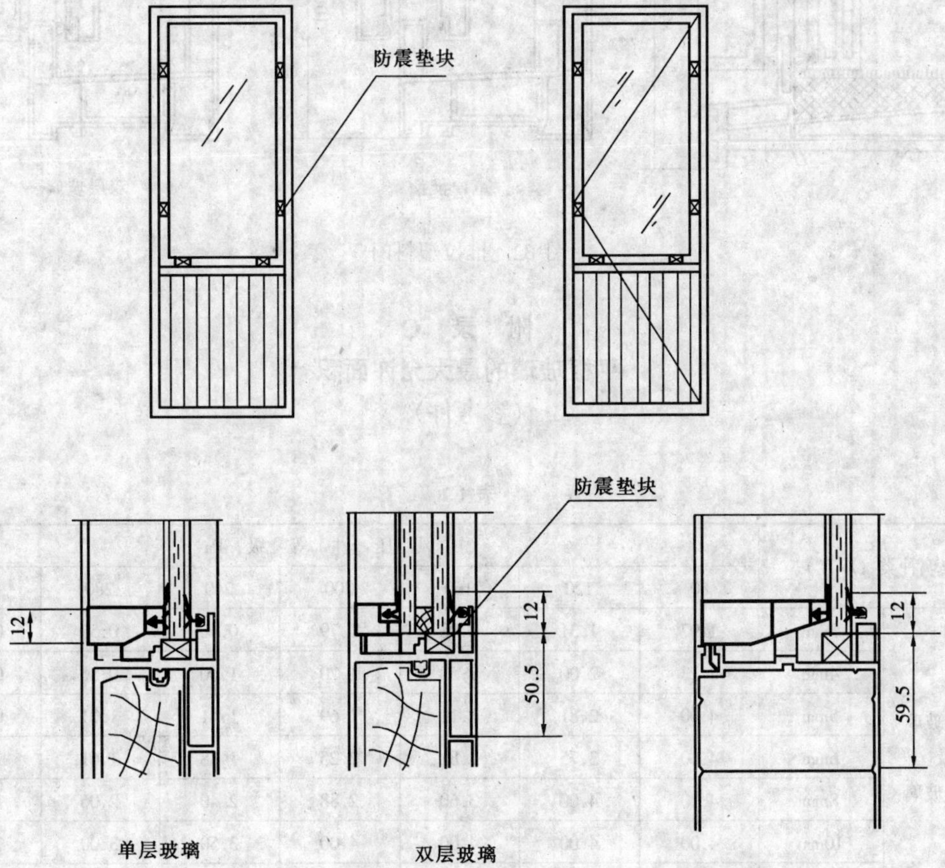

图 B1　平开塑料门

的冲击，垫块的装配，必须按不同扇框要求进行，见图 B1、图 B2。防震垫块的材料为硬 PVC 塑料、ABS 塑料及硬橡胶。

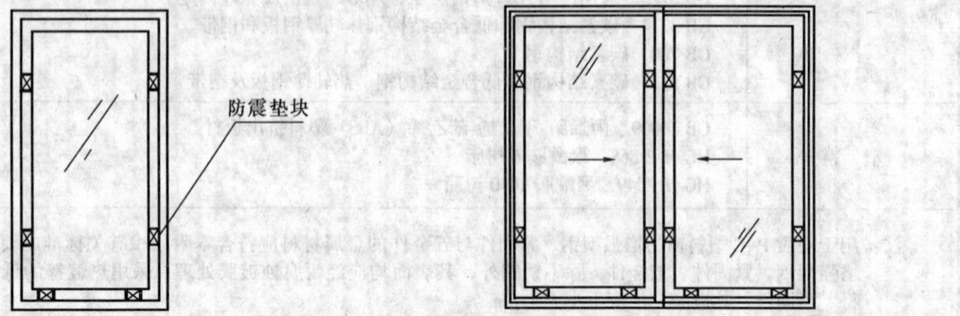

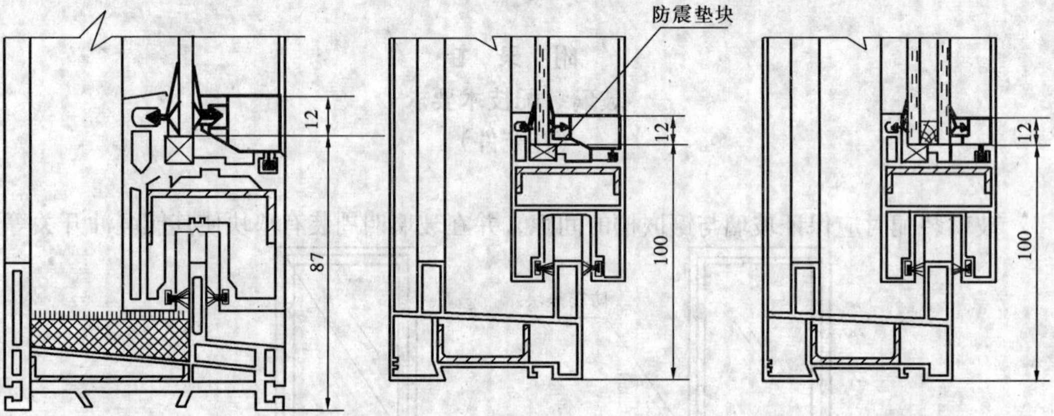

图 B2　推拉塑料门

附　录　C
平板玻璃的最大允许面积
（参考件）

表 C1　　m^2

玻璃种类（厚度）		耐风压性等级，Pa						
		80	120	160	200	240	280	360
浮法玻璃及磨光玻璃	3mm	1.97	1.31	0.98	0.79	0.66	0.56	0.44
	4mm	2.23	2.00	1.50	1.20	1.00	0.86	0.67
	5mm	4.00	2.81	2.11	1.69	1.41	1.21	0.94
	6mm	4.00	3.75	2.81	2.25	1.88	1.61	1.25
	8mm	4.00	4.00	3.60	2.88	2.40	2.06	1.60
	10mm	4.00	4.00	4.00	4.00	3.50	3.00	2.33
	12mm	4.00	4.00	4.00	4.00	4.00	4.00	3.20

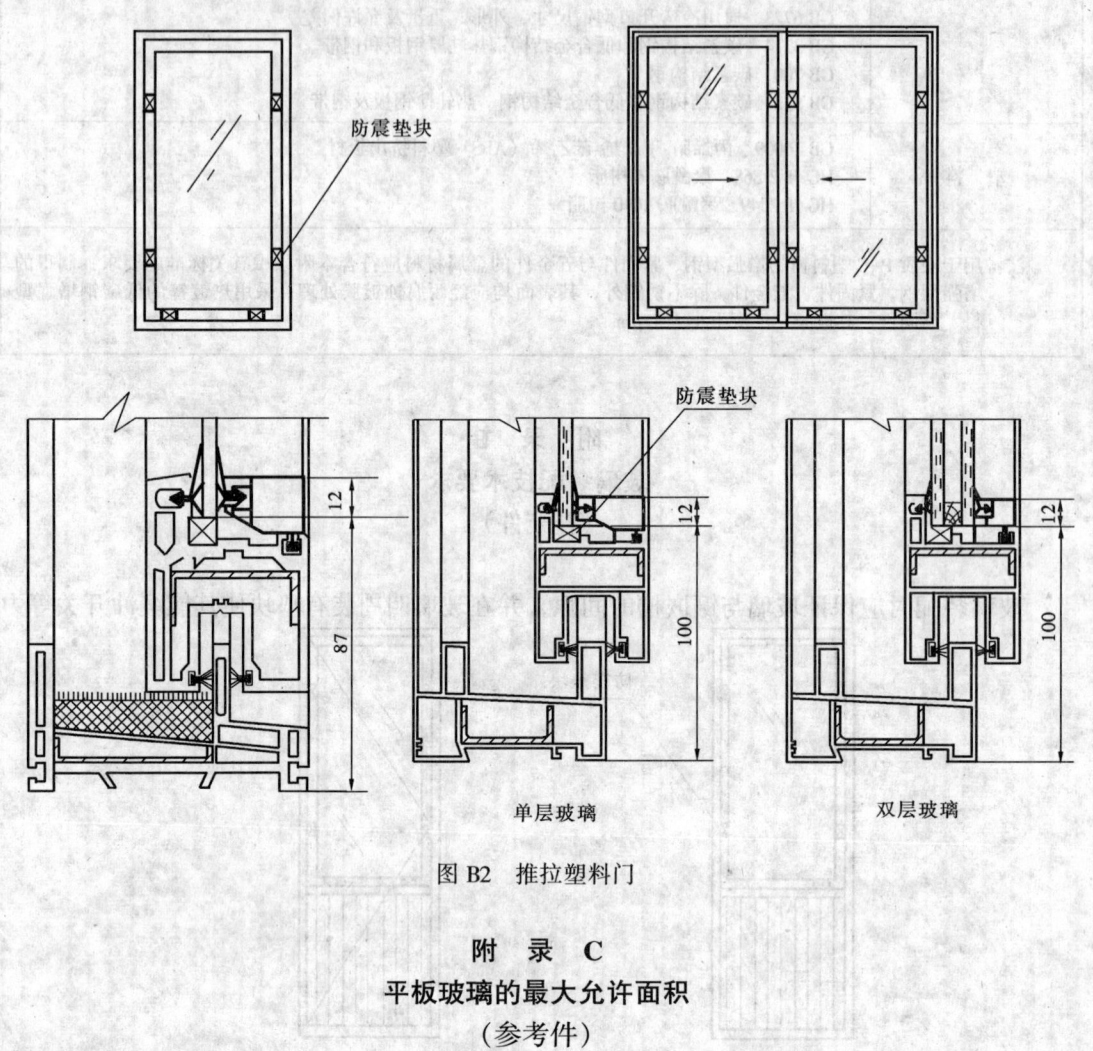

续表 C1

玻璃种类（厚度）		耐 风 压 性 等 级，Pa						
		80	120	160	200	240	280	360
压花玻璃	4mm	1.80	1.00	0.90	0.72	0.60	0.51	0.40
	6mm	3.38	2.25	1.69	1.35	1.13	0.96	0.75
钢化玻璃	4mm	1.80	1.80	1.80	1.80	—	—	—
	5mm	1.80	1.80	1.80	1.80	—	—	—
嵌网玻璃	磨光 6.8mm	4.00	3.21	2.41	1.93	1.61	1.38	—
	型 6.8mm	3.44	2.30	1.72	1.38	1.15	0.98	—
夹层玻璃	6mm	2.16	2.10	1.58	1.26	1.05	0.90	0.70
	8mm	2.16	2.16	2.16	1.92	1.60	1.37	1.07
	10mm	4.00	4.00	3.38	2.70	2.25	1.93	1.50
	12mm	4.00	4.00	4.00	3.60	3.00	2.57	2.00
中空玻璃	3 + 4mm	1.92	1.92	1.47	1.18	0.98	0.84	0.65
	3 + 4mm	1.92	1.80	1.35	1.08	0.90	0.77	0.60
	4 + 4mm	2.16	2.16	2.16	1.80	1.50	1.29	1.00
	5 + 网、丝 6.8mm	4.00	3.44	2.58	2.07	1.72	1.48	—
	5 + 5mm	4.00	4.00	3.16	2.53	2.10	1.80	1.40
	5 + 网、丝磨光 6.8mm	4.00	4.00	3.16	2.53	2.10	1.80	—
	6 + 8mm	4.00	4.00	4.00	3.37	2.81	2.41	1.87

注：①3mm 的浮法玻璃中包括 3mm 的普通玻璃。
②4mm 的钢化玻璃中包括压花钢化玻璃。
③夹层玻璃的材料玻璃使用浮法玻璃，公称厚度是材料玻璃厚度之和。
④中空玻璃的种类用材料玻璃的厚度表示，没有标记的均为浮法玻璃，两块玻璃间有 6~12mm 厚的气体层。
⑤除 4mm 的玻璃外，浮法玻璃及嵌网、嵌丝玻璃中均包括吸热玻璃，6mm 以上的浮法玻璃中包括热反射玻璃。

附加说明：

本标准由建设部标准定额研究所提出。

本标准由建设部建筑制品及设备标准技术归口单位中国建筑技术研究院建筑标准设计研究所归口。

本标准由中国建筑科学研究院、中国建筑金属结构协会门窗委员会、鸡西门窗厂、烟台福山钢窗厂、上海玻路塑料建材有限公司、安庆钢窗厂、中国建设机械总公司、中山市威力塑料建材实业公司负责起草。

本标准主要起草人王永菁、阎雷光、刘玉臣、迟培盛、阮景贤、吴国荣、郑金峰、赖一鸣。

本标准委托中国建筑科学研究院负责解释。

中华人民共和国建筑工业行业标准

PVC 塑 料 窗

Rigid polyvinyl chloride windows

JG/T 3018—94

中华人民共和国建设部 1994-12-05 批准
1995-07-01 实施

本标准等效采用德国标准 DIN 18055、DIN 4108 及 DIN 4109 中有关窗的技术要求。

1　主题内容与适用范围

本标准规定了平开及推拉硬聚氯乙烯塑料窗（以下简称塑料窗）的品种、规格、分类、技术要求、试验方法、检验规则和包装、标志、运输、贮存。

本标准适用于由硬聚氯乙烯（PVC）异型材组装成的固定窗、平开塑料窗、带纱扇的平开塑料窗、推拉塑料窗和带纱扇的推拉塑料窗。

2　引　用　标　准

GB 5824　建筑门窗洞口尺寸系列

GB 8814　门、窗框用硬聚氯乙烯（PVC）型材

GB 12002　塑料门、窗用密封条

GB 12003　塑料窗基本尺寸公差

GB 11793.1　PVC 塑料窗建筑物理性能分级

GB 11793.2　PVC 塑料窗力学性能、耐候性技术条件

GB 11793.3　PVC 塑料窗力学性能、耐候性试验方法

GB 7106　建筑外窗抗风压性能分级及其检测方法

GB 7107　建筑外窗空气渗透性能分级及其检测方法

GB 7108　建筑外窗雨水渗漏性能分级及其检测方法

GB 8484　建筑外窗保温性能分级及其检测方法

GB 8485　建筑外窗空气隔声性能分级及其检测方法

GB 6388　运输包装收发货标志

GB 191　包装储运图示标志

3　分类、规格和型号

3.1　按开启形式，窗可分为固定窗、平开窗和推拉窗。

3.1.1　固定窗

3.1.2　平开窗

a. 内开窗、外开窗；

b. 滑轴平开窗。

3.1.3　推拉窗

a. 左右推拉窗；

b. 上下推拉窗。

3.2　窗框厚度基本尺寸系列

3.2.1　窗框厚度基本尺寸系列见表 1。

表 1　窗框厚度基本尺寸系列　　mm

平开窗	45	50	55	60	—	—	—	—	—	—
推拉窗	—	—	—	60	75	80	85	90	95	100

3.2.2 表1中未列出的窗框厚度尺寸，凡与基本尺寸系列相差在±2mm之内的，均靠用基本尺寸系列。

3.3 窗洞口尺寸系列与规格

3.3.1 窗的宽度、高度尺寸，主要根据窗框厚度、窗的力学性能和建筑物理性能要求以及洞口安装要求确定。

3.3.2 窗洞口的规格及其代号，见表2和表3。

表2 平开窗洞口尺寸

mm

洞口宽 / 洞口规格代号 / 洞口高	600	900	1200	1500	1800	2100	2400
600	0606	0906	1206	1506	1806	2106	2406
900	0609	0909	1209	1509	1809	2109	2400
1200	0612	0912	1212	1512	1812	2112	2412
1400	0614	0914	1214	1514	1814	2114	2414
1500	0615	0915	1215	1515	1815	2115	2415
1600	0616	0916	1216	1516	1816	2116	2416
1800	0618	0918	1218	1518	1818	2118	2418
2100	0621	0921	1221	1521	1821	2121	2421

表3 推拉窗洞口尺寸

mm

洞口宽 / 洞口规格代号 / 洞口高	1200	1500	1800	2100	2400	2700	3000
600	1206	1506	1806	2106	2406	—	—
900	1209	1509	1809	2109	2409	2709	—
1200	1212	1512	1812	2112	2412	2712	3012
1400	1214	1514	1814	2114	2414	2714	3014
1500	1215	1515	1815	2115	2415	2715	3015
1600	1216	1516	1816	2116	2416	2716	3016
1800	—	1518	1818	2118	2418	2718	3018
2100	—	—	1821	2121	2421	2721	3021

3.3.3 除表2和表3的规格外，当采用组合窗时，组合后的洞口尺寸尚应符合GB 5824的规定。

3.4 窗的型材颜色分为白色、其他色和双色，其代号见表4。

表 4

型材颜色	代　　号	备　注
白　色	W	
其他色	O	宜用于非阳光直射处
双　色	WO	

3.5 产品型号

产品型号由产品的名称代号、特性代号、主参数代号组成。

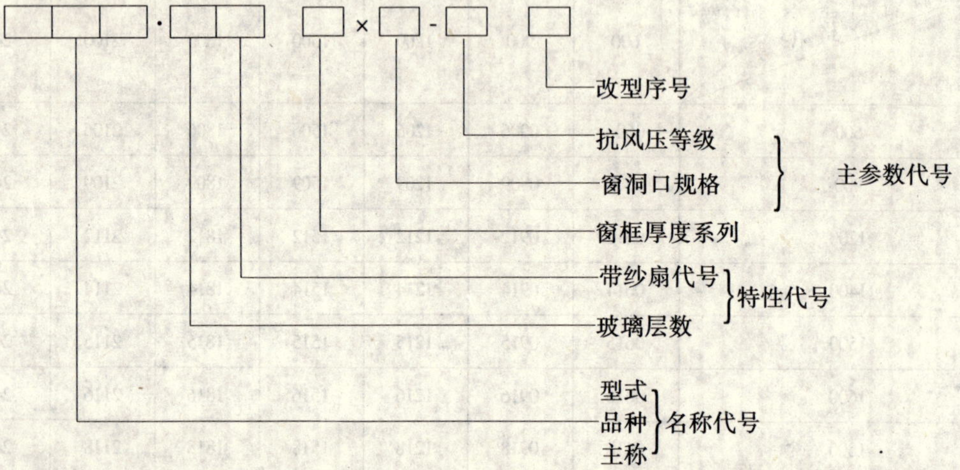

3.5.1 名称、代号

固定塑料窗　CSG

平开塑料窗　CSP

推拉塑料窗　CST

3.5.2 特性代号

玻璃层数　A、B、C（分别为一、二、三层）

中空玻璃　K

带纱扇　S

3.5.3 主参数代号

窗框厚度系列见表 1。

窗洞口规格见表 2、表 3。

抗风压性能等级　1、2、3、4、5、6（分别为等级）。

3.5.4 产品型号示例

平开塑料窗：双层玻璃，带纱扇，窗框厚度 60 系列，洞口宽度 1500mm、洞口高度 1800mm，抗风压性能 2 级，第一次设计：

CSP·BS60×1518-2

4 技 术 要 求

4.1 材料

4.1.1 窗用型材应符合 GB 8814 的要求。

4.1.2 窗用密封条应符合 GB 12002 的要求。

4.1.3 窗用增强型钢及其紧固件的表面应经防锈处理。增强型钢的壁厚应不小于 1.2mm。窗用增强型钢、紧固件及五金件的金属材料的规格与质量要求详见附录 A（补充件）。五金件应能满足窗的机械力学性能要求。

4.2 窗框外形尺寸

4.2.1 窗框外形尺寸根据洞口尺寸（见表 2、表 3）和墙面饰面层的厚度要求决定。一般窗框的高度、宽度应比洞口尺寸小 20～50mm。

4.2.2 窗扇尺寸

平开窗：装配平铰链的窗扇，最大宽度宜为 600mm，最大高度宜为 1500mm。装配滑撑铰链的窗扇，最大宽度宜为 600mm，最大高度宜为 1200mm。

推拉窗：窗扇的最大宽度宜为 900mm，最大高度宜为 1800mm。

注：如增大窗扇尺寸，则窗扇的刚度、五金件等配件的强度须满足窗的力学性能及建筑物理性能的要求。

4.3 窗的装配

4.3.1 角强度

窗框、窗扇的角强度应符合表 6 的规定。

4.3.2 增强型钢

为了确保窗的抗风压等性能要求，窗框、窗扇的结构应具有必要的刚度。当窗构件符合下列情况之一时，其内腔必须加衬增强型钢：

平开窗：

a. 窗框构件长度等于或大于 1300mm，窗扇构件长等于或大于 1200mm；

b. 中横框和中竖框构件长度等于或大于 900mm；

c. 采用小于 50 系列的型材，窗框构件长度等于或大于 1000mm，窗扇构件长度等于或大于 900mm；

d. 安装五金配件的构件。

推拉窗：

a. 窗框构件长度等于或大于 1300mm；

b. 窗扇边框：厚度为 45mm 以上的型材，长度等于或大于 1000mm；厚度为 25mm 以上的型材，长度等于或大于 900mm；

c. 窗扇下框长度等于或大于 700mm，滑轮直接承受玻璃重量的不加衬增强型钢；

d. 安装五金配件的构件。

增强型钢应与型材内腔尺寸相一致，其长度以不影响端头的焊接为宜。用于固定每根增强型钢的紧固件不得少于 3 个，其间距应不大于 300mm，距型钢端头应不大于 100mm。固定后的增强型钢不得松动。

紧固件采用 ϕ4mm 的大头自攻螺钉或加放垫圈的自攻螺钉，所钻基孔的孔径应不大于 3.2mm，以保证紧固度。

4.3.3 窗应有排水槽，使浸入框内的水及时排出室外。

4.3.4 窗框、窗扇外形尺寸的允许偏差见表 5。

表5　窗的尺寸偏差　　mm

窗高度和宽度的尺寸范围	300 ~ 900	901 ~ 1500	1502 ~ 2000	> 2000
窗尺寸允许偏差	≤ ± 2.0	≤ ± 2.5	≤ ± 3.0	≤ ± 3.5

4.3.5　窗框、窗扇的对角线尺寸之差应不大于 3.0mm。

4.3.6　窗框、窗扇相邻构件装配间隙应不大于 0.5mm，相邻两构件焊接（或机械联接）处的同一平面度应不大于 0.8mm。

4.3.7　装配式结构的窗框、窗扇的四角处，在构件型材内腔应加衬连接件。该连接件与增强型钢用紧固件固定，连接件的四周缝隙宜采用中性硅酮系密封胶封闭。

4.3.8　窗框、窗扇组装后铰链部位（未装密封条时）的配合间隙 c 见图 1，其允许偏差为 $c^{+2.0}_{-1.0}$mm。

4.3.9　窗框、窗扇四周搭接宽度应均匀。平开塑料窗其搭接量 b（见图 1）的允许偏差小于或等于 2.5mm，窗扇装配时应吊高 1 ~ 2mm。推拉塑料窗的窗框、窗扇搭接量 b（见图 2）的允许偏差为 $b^{+1.5}_{-2.5}$mm。

4.3.10　窗框、窗扇装配后，不得妨碍开关功能，窗扇不应翘曲。

4.3.11　五金配件安装位置应正确，数量应齐全、安装应牢固。当平开窗扇高度大于 900mm 时，应有两个锁闭点。五金配件应开关灵活，具有足够的强度，满足窗的机械力学性能要求。承受往复运动的配件，在结构上应便于更换。

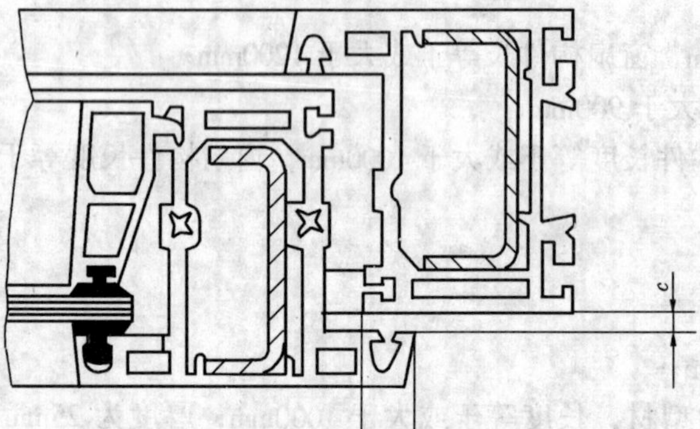

图 1

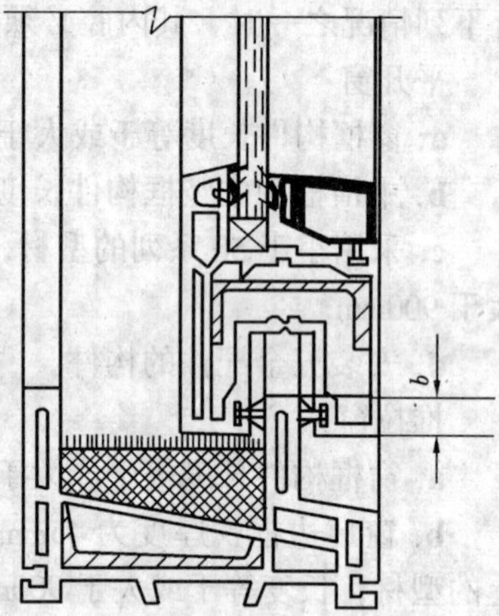

图 2

4.3.12　五金配件、密封条等的质量应与窗的质量相适应。

4.3.13　密封条装配后应均匀、牢固、接口严密、无脱槽等现象。

4.3.14　压条装配后应牢固。转角部位对接处的间隙应不大于 1mm，不得在一边使用两根压条。

4.4　玻璃装配

4.4.1　玻璃的尺寸，从窗框、窗扇的透光边缘算起，每边搭接应不小于 8mm。

4.4.2　装玻璃时，在玻璃四周必须配防震垫块，其要求见附录 B（补充件）。

4.4.3 确定玻璃的最大允许面积，可参考附录 C（参考件）。

4.5 窗的外观

窗的表面应平滑，颜色应基本均匀一致，无裂纹、无气泡、焊缝平整，不得有影响使用的伤痕、杂质等缺陷。

4.6 窗的性能要求

4.6.1 力学性能

a. 平开窗：锁紧器（执手）的开关力、窗的开关力、悬端吊重、翘曲、开关疲劳、大力关闭、角强度及窗撑试验应符合表 6 的要求。

b. 推拉窗：窗的开关力、弯曲、扭曲、对角线变形、开关疲劳及角强度应符合表 7 的要求。

表 6　平开塑料窗的力学性能

型式	项　目	技　术　要　求			
平开塑料窗	锁紧器（执手）的开关力	不大于 100N（力矩不大于 10N·m）			
	开关力	平铰链	不大于 80N	滑撑铰链	不小于 30N 不大于 80N
	悬端吊重	在 500N 力作用下，残余变形不大于 2mm，试件不损坏，仍保持使用功能			
	翘　曲	在 300N 作用力下，允许有不影响使用的残余变形，试件不损坏，仍保持使用功能			
	开关疲劳	经不少于 10000 次的开关试验，试件及五金件不损坏，其固定处及玻璃压条不松脱，仍保持使用功能			
	大力关闭	经模拟 7 级风连续开关 10 次，试件不损坏，仍保持开关功能			
	角强度	平均值不低于 3000N，最小值不低于平均值的 70%			
	窗撑试验	在 200N 力作用下，不允许位移，连接处型材不破裂			

表 7　推拉塑料窗的力学性能

型　式	项　目	技　术　要　求
推拉塑料窗	开关力	不大于 100N
	弯曲	在 300N 力作用下，允许有不影响使用的残余变形，试件不损坏，仍保持使用功能
	扭曲	在 200N 力作用下，试件不损坏，允许有不影响使用的残余变形
	对角线变形	
	开关疲劳	经不少于 10000 次的开关试验，试件及五金件不损坏，其固定处及玻璃压条不松脱
	角强度	平均值不低于 3000N，最小值不低于平均值的 70%

4.6.2 建筑物理性能：抗风压、空气渗透、雨水渗漏、保温及隔声性能应符合表 8、表 9、表 10、表 11 及表 12 的要求。

表 8　窗的抗风压性能 W_q

等　级	1	2	3	4	5	6
W_q，Pa	≥3500	<3500 ≥3000	<3000 ≥2500	<2500 ≥2000	<2000 ≥1500	<1500 ≥1000

注：表中取值是建筑荷载规范中设计荷载取值的 2.25 倍。

表 9　窗的空气渗透性能 q_0　　$m^3/h·m$

等级 窗型	1	2	3	4	5
平开窗	≤0.5	>0.5 ≤1.0	>1.0 ≤1.5	>1.5 ≤2.0	—
推拉窗	—	≤1.0	>1.0 ≤1.5	>1.5 ≤2.0	>2.0 ≤2.5

注：①表中数值是压力差为 10Pa 时单位缝长空气渗透量。

②平开塑料窗单位缝长空气渗透量的合格指标为不大于 $2.0m^3/h·m$。

③推拉塑料窗单位缝长空气渗透量的合格指标为不大于 $2.5m^3/h·m$。

表 10　窗的雨水渗漏性能 ΔP

等　级	1	2	3	4	5	6
ΔP，Pa	≥600	<600 ≥500	<500 ≥350	<350 ≥250	<250 ≥150	<150 ≥100

注：①在表中所列压力等级下，以雨水不进入室内为合格。

②塑料窗雨水渗漏性能的合格指标为不小于 100Pa。

表 11　窗的保温性能 K_0　　$W/m^2·K$

等级 型式	1	2	3	4
平开塑料窗	≤2.00	>2.00 ≤3.00	>3.00 ≤4.00	>4.00 ≤5.00
推拉塑料窗	—	≤3.00	>3.00 ≤4.00	>4.00 ≤5.00

注：塑料窗保温性能的合格指标为 K_0 值不大于 $5.00W/m^2·K$。

表 12　窗的空气声计权隔声性能　　dB

等级 型式	1	2	3
平开塑料窗	≥35	≥30	≥25
推拉塑料窗	—	≥30	≥25

注：①塑料窗隔声性能的合格指标为不小于 25dB。

②推拉塑料窗隔声性能的合格指标也可按协议确定。

5 检 验 方 法

5.1 试件存放及试验环境

试验前窗试件应在18~28℃的条件下存放16h以上，并在该条件下进行检测。

5.2 外观质量检测

用精度为0.02mm的量具测量相邻构件同一平面度。在自然光线下，距试样400~500mm目测其他外观项目。

5.3 窗框、窗扇外形尺寸及对角线，按GB 12003规定的方法检测。

5.4 窗框、窗扇相邻构件的装配间隙，窗框与窗扇的配合间隙 c 用塞尺检测，窗框与窗扇四周搭接量 b 用精度为0.02mm的量具检测。窗框与窗扇四周搭接量，考虑到窗扇吊高影响，其检测部位应在窗扇宽度和高度的中点，搭接量 b 的位置见图1。

5.5 力学性能检测

开关力、悬端吊重、翘曲、开关疲劳、大力关闭、窗撑试验、弯曲、扭曲、对角线变形及角强度按GB 11793.3的方法进行检测。

锁紧器（执手）的开关力检测：在锁紧器的手柄上，距其转动轴心100mm处，挂一个0~150N的测力弹簧秤，沿垂直手柄的方向以顺或逆时针方向加力，直到手柄移动使窗扇松开或紧闭，此时测力秤上所显示的力（N）即为该锁紧器的开关或关力。

5.6 建筑物理性能检测

抗风压性能、空气渗透性能、雨水渗漏性能按GB 7106~7108规定的方法检测。保温性能按GB 8484规定的方法检测。隔声性能按GB 8485规定的方法检测。

6 检 验 规 则

6.1 出厂检验

应在型式检验合格后的有效期内进行出厂检验，否则检验结果无效。

6.1.1 出厂检验项目见表13。按本标准规定的方法检测，不合格的产品不允许出厂。

6.1.2 抽样方法

产品出厂前，应按每一批次、品种，规格随机抽样，抽检量不得少于3樘。

6.1.3 产品出厂应有检验合格证书。

表13 出 厂 检 验 项 目

项 目	型式检验		出厂检验	
	平开窗	推拉窗	平开窗	推拉窗
抗风压	√	√	—	—
空气渗透	√	√	—	—
雨水渗漏	√	√	—	—
保温	√	√	—	—
隔声	√	√	—	—
角强度	√	√	√	√

续表 13

项 目	型式检验		出厂检验	
	平开窗	推拉窗	平开窗	推拉窗
增强型钢	√	√	√	√
五金件安装	√	√	√	√
锁紧器（执手）的开关力	√	—	√	—
窗扇开关力	√	√	√	√
悬端吊重	√	—	—	—
翘曲	√	—	—	—
开关疲劳	√	√	—	—
大力关闭	√	—	—	—
窗撑试验	√	—	—	—
弯曲	—	√	—	—
扭曲	—	√	—	—
对角线变形	—	√	—	—
外形高，宽尺寸	√	√	√	√
对角线尺寸	√	√	√	√
窗框、窗扇框相邻构件装配间隙	√	√	√	√
相邻构件同一平面度	√	√	√	√
窗框、窗扇配合间隙 *c*	√	—	√	—
窗框、窗扇搭接量 *b*	√	√	√	√
密封条安装质量	√	√	√	√
压条安装质量	√	√	√	√
外观	√	√	√	√

注：①出厂检验：出厂前检查焊缝开裂和型材角强度原始记录或型材出厂质量保证书。
②没有凸出把手的推拉窗不作扭曲试验。
③表中符号"√"表示需检测的项目。

6.1.4 产品出厂检验判定规则

根据表 13 规定的出厂检验项目，检验塑料窗的性能。当其中某项不合格时，应加倍抽样。对不合格的项目进行复检，如该项仍不合格，则判定该批产品为不合格品。经检验若全部检测项目符合本标准规定的合格指标，则判定该批产品为合格品。

注：如有必要，出厂检验也可按有关各方协议的技术要求进行。

6.1.5 塑料窗的建筑物理性能（抗风压、空气渗透、雨水渗漏、保温、隔声性能）和力学性能（锁紧器的开关力、窗扇开关力、悬端吊重、翘曲、开关疲劳、大力关闭、窗撑试验、角强度、弯曲、扭曲、对角线变形等）应符合订货合同中的要求。在定货合同中未提出要求的，则其建筑物理性能和力学性能应不低于本标准规定的合格指标。

6.2 型式检验

6.2.1 有下列情况之一时应进行型式检验：

a. 新产品或老产品转厂生产的试制定型鉴定；

b. 正式生产后，当结构、材料、工艺有较大改变而可能影响产品性能时；

c. 正常生产时，每两年检测一次；

d. 产品长期停产后，恢复生产时；

e. 出厂检验结果与上次型式检验有较大差异时；

f. 国家质量监督机构提出进行型式检验要求时。

6.2.2 型式检验项目见表13，按本标准规定的方法检测。

6.2.3 抽样方法：批量生产时，每二年从合格产品中随机抽取3樘进行型式检验。

6.2.4 型式检验判定规则

根据表13规定的型式检验项目，检验塑料窗的性能。当其中某项不合格时，应加倍抽样。对不合格的项目进行复检，如该项仍不合格，则判定该批产品为不合格品。经检验，若全部检验项目符合本标准规定的合格指标，则判定该批产品为合格品。

6.3 仲裁检验：当供需双方对产品质量发生争议时，应按本标准由法定检测机构进行仲裁检验。

7 标志、包装、运输、贮存

7.1 标志

7.1.1 在产品的明显部位应注明产品标志，标志内容包括：

a. 制造厂名或商标；

b. 产品名称；

c. 产品型号及标准编号；

d. 制造日期或编号。

7.2 包装

7.2.1 产品的室内、外表面应加保护膜。

7.2.2 产品应用无腐蚀作用的软质材料包装。

7.2.3 包装应牢固可靠，并有防潮措施。

7.2.4 每批产品包装后，应附有产品清单及产品检验合格证。

7.3 运输

7.3.1 装运产品的运输工具，应有防雨措施并保持清洁。

7.3.2 在运输装卸时，应保证产品不变形、不损伤、表面完好。

7.4 贮存

7.4.1 产品应放置在通风、防雨、干燥、清洁、平整的地方，严禁与腐蚀物质接触。

7.4.2 产品贮存环境温度应低于50℃，距离热源应不小于1m。

7.4.3 产品不应直接接触地面，底部垫高应不小于5cm，产品应立放，立放角应不小于70°，并有防倾倒措施。

附　录　A

常用辅助材料的标准编号及名称

（补充件）

表 A1

材　料	标　准　编　号　及　名　称
不锈钢	GB 1220　不锈钢棒 GB 3280　不锈钢冷轧钢板 GB 4237　不锈钢热轧钢板 GB 4232　冷顶锻用不锈钢丝
铝合金	GB 5237　铝合金建筑型材
锌合金	GB 1175　铸造锌合金 JB 2702　锌合金、铝合金、铜合金压铸件技术条件
铜合金	GB 13808　铜及铜合金挤制棒
钢	GB 6723　通用冷弯开口型钢尺寸、外形、重量及允许偏差 GB 3274　碳素结构钢和低合金结构钢热轧厚钢板和钢带 GB 700　碳素结构钢 GB 912　碳素结构钢和低合金结构钢热轧薄钢板及钢带
塑　料	GB 10009　丙烯腈-丁二烯-苯乙烯（ABS）塑料挤出板材 HG/T 2-868　聚酰胺 6 树脂 HG/T 2349　聚酰胺 1010 树脂
注：用于塑料窗的增强型钢、紧固件与五金件的金属材料应符合本附录中有关标准的要求；制得的增强型钢、紧固件、五金件，除不锈钢外，其表面均应经耐腐蚀镀膜处理；采用热镀锌的低碳钢增强型材、紧固件，其镀膜厚度应不小于 12μm。	

附　录　B

玻璃装配技术要求

（补充件）

玻璃装配时应保证玻璃与镶嵌槽的间隙，在玻璃四周应装防震垫块，使其能缓冲开关等力的冲击。垫块的装配，必须按不同扇框要求进行，见图 B1 及图 B2。防震垫块的材料为硬橡胶、硬 PVC 塑料或 ABS 塑料。

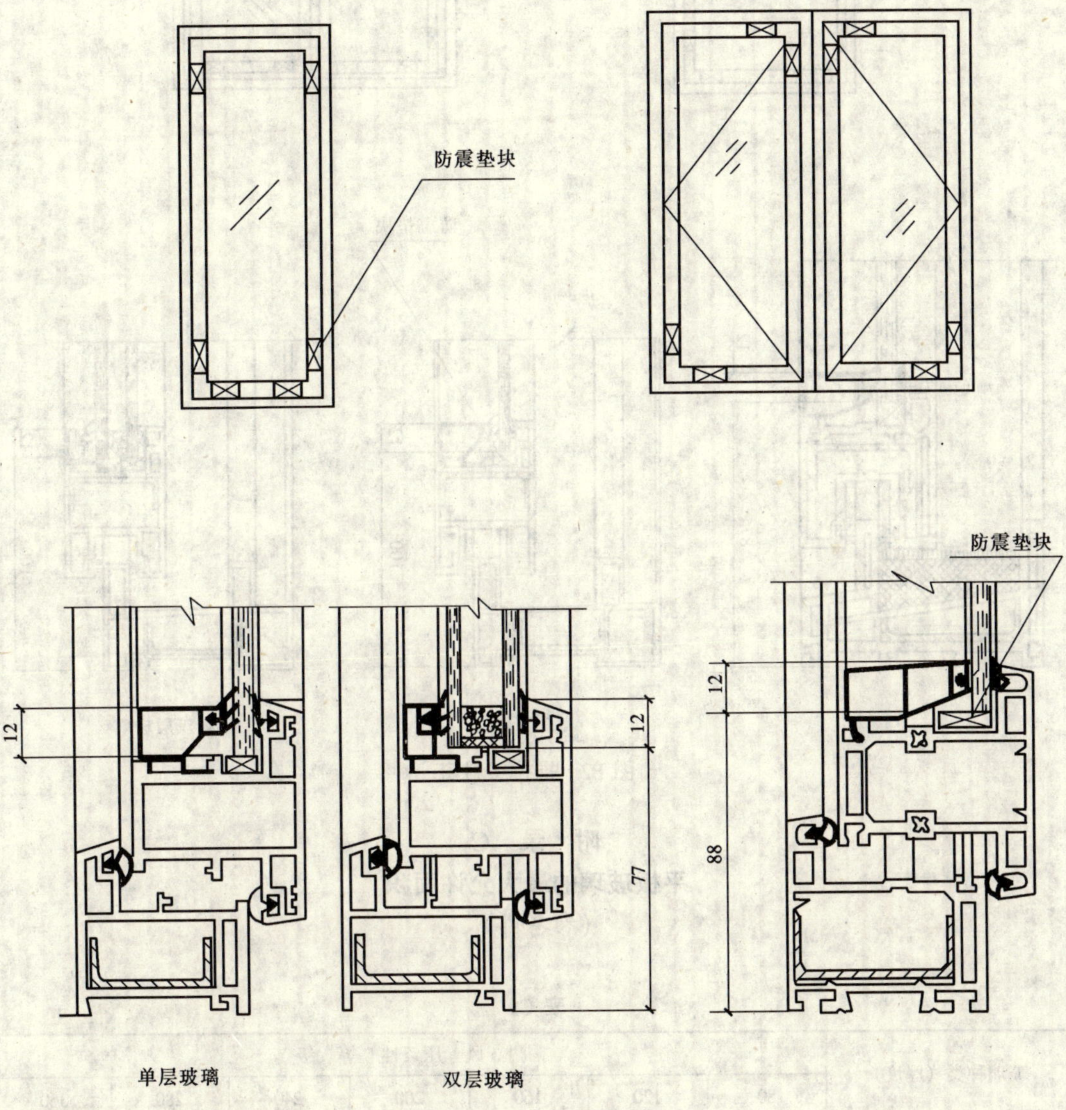

图 B1　平开塑料窗

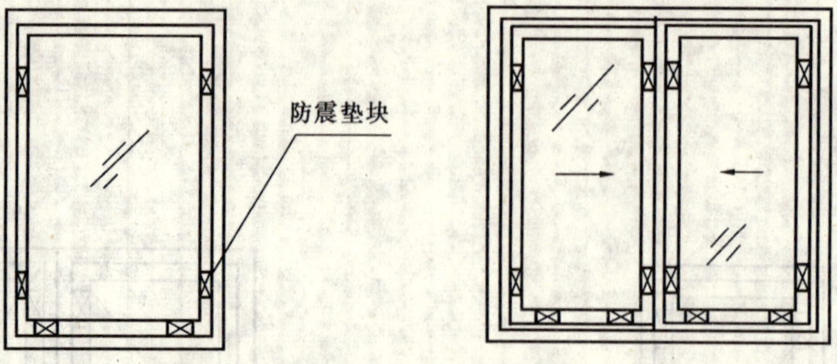

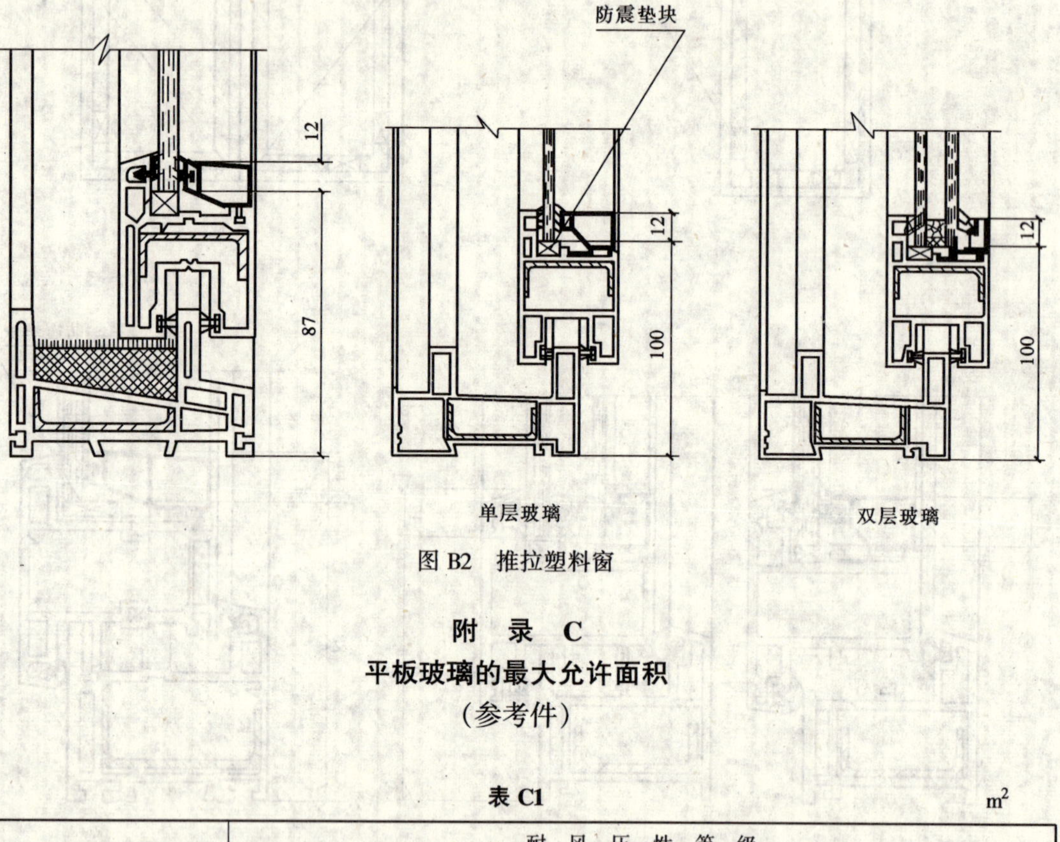

单层玻璃　　双层玻璃

图 B2　推拉塑料窗

附　录　C
平板玻璃的最大允许面积
（参考件）

表 C1　　m^2

玻璃种类（厚度）		耐风压性等级						
		80	120	160	200	240	280	360
浮法玻璃及磨光玻璃	3mm	1.97	1.31	0.98	0.79	0.66	0.56	0.44
	4mm	2.23	2.00	1.50	1.20	1.00	0.86	0.67
	5mm	4.00	2.81	2.11	1.69	1.41	1.21	0.94
	6mm	4.00	2.75	2.81	2.25	1.88	1.61	1.25
	8mm	4.00	4.00	3.60	2.88	2.40	2.06	1.60
	10mm	4.00	4.00	4.00	4.00	3.50	3.00	2.33
	12mm	4.00	4.00	4.00	4.00	4.00	4.00	3.20

续表 C1

玻璃种类（厚度）		耐风压性等级						
		80	120	160	200	240	280	360
压花玻璃	4mm	1.00	1.05	0.90	0.72	0.60	0.51	0.40
	6mm	3.38	2.25	1.69	1.35	1.13	0.96	0.75
钢化玻璃	4mm	1.80	1.80	1.80	1.80	—	—	—
	5mm	1.80	1.80	1.80	1.80	—	—	—
嵌网玻璃	磨光 6.8mm	4.00	3.21	2.41	1.93	1.61	1.38	—
	型 6.8mm	3.44	2.30	1.72	1.38	1.15	0.98	—
夹层玻璃	6mm	2.16	2.10	1.58	1.26	1.05	0.90	0.70
	8mm	2.16	2.16	2.16	1.92	1.60	1.37	1.07
	10mm	4.06	4.00	3.38	2.70	2.25	1.93	1.50
	12mm	4.00	4.00	4.00	3.60	3.00	2.57	2.00
中空玻璃	3+4mm	1.92	1.92	1.47	1.18	0.98	0.84	0.65
	3+4mm	1.92	1.80	1.35	1.08	0.90	0.77	0.60
	4+4mm	2.16	2.16	2.16	1.80	1.50	1.20	1.00
	5+网、丝 6.8mm	4.00	3.44	2.58	2.07	1.72	1.48	—
	5+5mm	4.00	4.00	3.16	2.53	2.10	1.80	1.40
	5+网、丝磨光 6.8mm	4.00	4.00	3.16	2.53	2.10	1.80	—
	6+6mm	4.00	4.00	4.00	3.37	2.81	2.41	1.87

注：①3mm 的浮法玻璃中包括 3mm 的普通玻璃。

②4mm 的钢化玻璃中包括压花钢化玻璃。

③夹层玻璃的材料玻璃使用浮法玻璃，公称厚度是材料玻璃厚度之和。

④中空玻璃的种类用材料玻璃的厚度表示，没有标记的均为浮法玻璃，两块玻璃间有 6~12mm 厚的气体层。

⑤除 4mm 的玻璃外，浮法玻璃及嵌网、嵌丝玻璃中均包括吸热玻璃，6mm 以上的浮法玻璃中包括热反射玻璃。

附加说明：

本标准由建设部标准定额研究所提出。

本标准由建设部建筑制品及设备标准技术归口单位中国建筑技术研究院建筑标准设计研究所归口。

本标准由中国建筑科学研究院、中国建筑金属结构协会门窗委员会、上海玻路塑料建材有限公司、鸡西门窗厂、烟台福山钢窗厂、安庆钢窗厂、江苏无锡县塑铝门窗厂、中国建设机械总公司、中山市威力塑料建材实业公司负责起草。

本标准主要起草人王永菁、阎雷光、阮景贤、刘玉臣、迟培盛、张东伯、钱明禄、郑金峰、赖一鸣。

本标准委托中国建筑科学研究院负责解释。

中华人民共和国建筑工业行业标准

平开、推拉彩色涂层钢板门窗

Side hung or sliding colour coated sheet doors and windows

JG/T 3041—1997

中华人民共和国建设部　1997-05-21 批准
1997-10-01 实施

前　言

本标准的附录 A 是提示的附录。

本标准的附录 B 是标准的附录。

本标准由建设部标准定额研究所提出。

本标准由建设部建筑制品与配件标准技术归口单位中国建筑标准设计研究所归口。

本标准主要起草单位：中国建筑金属结构协会、潍坊长城门窗集团公司、北京市门窗公司、长沙大吉门窗集团公司、四川彩色门窗有限公司。

本标准主要起草人：马美贞、王廷芬、张爱兰、柴曙光。

目　次

前言 …… 532
1　范围 …… 534
2　引用标准 …… 534
3　分类、规格和型号 …… 534
4　技术要求 …… 536
5　试验方法 …… 539
6　检验规则 …… 539
7　标志、包装、运输、贮存 …… 540
附录 A（提示的附录）　常用辅助材料及其配件标准编号及名称 …… 541
附录 B（标准的附录）　彩板门窗检验项目、量具及检测方法 …… 542

1 范　　围

本标准规定了平开、推拉彩色涂层钢板门窗（以下简称彩板门窗）的品种规格、技术要求、试验方法及检验规则等。

本标准适用于彩色涂层钢板型材加工制做的建筑用平开、推拉门窗，也适用于固定窗。

2 引 用 标 准

下列标准包含的条文，通过在本标准中引用而构成为本标准的条文。在标准出版时，所示版本均为有效。所有标准都会被修订，使用本标准的各方应探讨使用下列标准最新版本的可能性。

GB 5823—86　建筑门窗术语

GB 5824—86　建筑门窗洞口尺寸系列

GB 6388—86　运输包装收发货标志

GB 7106—86　建筑外窗抗风压性能分级及其检测方法

GB 7107—86　建筑外窗空气渗透性能分级及其检测方法

GB 7108—86　建筑外窗雨水渗漏性能分级及其检测方法

GB 8484—87　建筑外窗保温性能分级及其检测方法

GB 8485—87　建筑外窗空气隔声性能分级及其检测方法

GB/T 12754—91　彩色涂层钢板及钢带

GB 13685—92　建筑外门的风压变形性能分级及其检测方法

GB 13686—92　建筑外门的空气渗透性能和雨水渗漏性能分级及其检测方法

GB/T 16729—1997　建筑外门保温性能分级及其检测方法

GB/T 16730—1997　建筑用门空气隔声性能分级及其检测方法

CJ/T 3035—95　城镇建设和建筑工业产品型号编制规则

3 分类、规格和型号

3.1　按使用型式分

a）平开窗；b）平开门；c）推拉窗；d）推拉门；e）固定窗。

3.2　规格

3.2.1　门窗洞口尺寸应符合 GB 5824 中有关规定。

3.2.2　平开基本窗的洞口规格代号应符合表 1 规定。

表 1　　mm

洞　高	洞　　宽						
	600	900	1200	1500	1800	2100	2400
	洞　口　代　号						
600	0606	0906	1206	1506	1806	2106	2406
900	0609	0909	1209	1509	1809	2109	2409
1200	0612	0912	1212	1512	1812	2112	2412
1500	0615	0915	1215	1515	1815	2115	2415
1800	0618	0918	1218	1518	1818	2118	2418

3.2.3 平开基本门的洞口规格代号应符合表 2 规定。

表 2

mm

洞 高	洞 宽			
	900	1200	1500	1800
	洞 口 代 号			
2100	0921	1221	1521	1821
2400	0924	1224	1524	1824
2700	0927	1227	1527	1827

3.2.4 推拉基本窗的洞口规格代号应符合表 3 规定。

表 3

mm

洞 高	洞 宽						
	900	1200	1500	1800	2100	2400	2700
	洞 口 代 号						
600	0906	1206	1506	1806	2106	2406	2706
900	0909	1209	1509	1809	2109	2409	2709
1200	0912	1212	1512	1812	2112	2412	2712
1500	0915	1215	1515	1815	2115	2415	2715
1800	0918	1218	1518	1518	2118	2418	2718

3.2.5 推拉基本门的洞口规格代号应符合表 4 规定。

表 4

mm

洞 高	洞 宽	
	1500	1800
	洞 口 代 号	
1800	1518	1818
2100	1521	1821
2400	1524	1824

注：除表 1、表 2、表 3、表 4 中规定尺寸外，允许门窗间任意组合，自行编号，组合后的洞口尺寸应符合 GB 5824 的规定。

3.3 产品型号

产品型号由产品的名称代号、特性代号、主参数代号和改型序号组成。

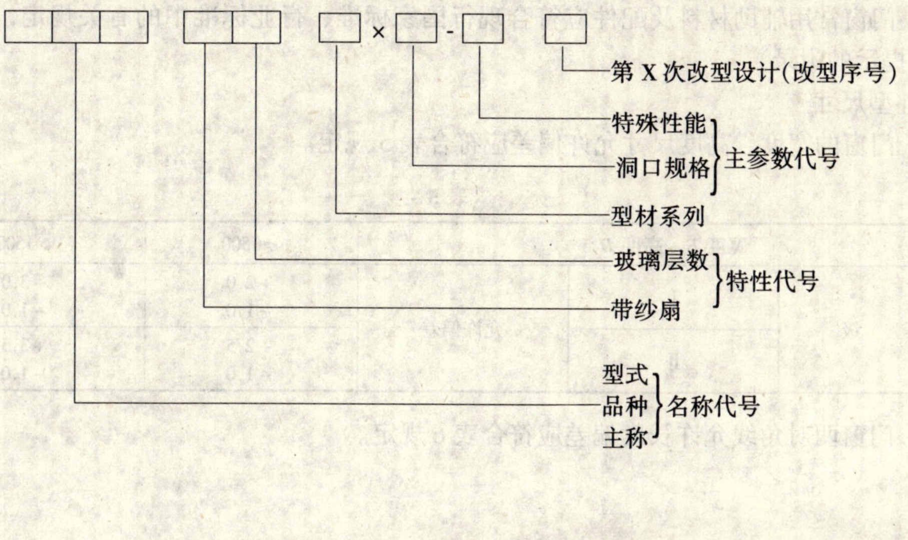

3.3.1 名称代号

平开窗 CCP　平开门 MCP

推拉窗 CCT　推拉门 MCT

固定窗 CCG

3.3.2 特性代号

玻璃层数 A、B、C（分别为一、二、三层）

带纱扇 S

3.3.3 主要参数代号

a）型材系列；

b）洞口规格见表 1、表 2、表 3、表 4；

c）特殊性能见表 9、表 10、表 11、表 12、表 13、表 14、表 15、表 16。

例 1：CCT·SA46×1512-2D

CCT——彩板推拉窗；

S——带纱扇；

A——单层玻璃；

46——型材系列；

1512——洞口宽度 1500mm，洞口高度为 1200mm；

2——抗风压 2 级；

D——第 4 次改型设计。

例 2：MCP·0921-3

MCP——彩板平开门；

0921——洞口尺寸宽度为 900mm，洞口高度为 2100mm；

3——保温性能 3 级。

4 技 术 要 求

4.1 材料

4.1.1 型材原材料应为建筑门窗外用彩色涂层钢板，涂料种类为外用聚酯，基材类型为镀锌平整钢带，其技术要求应符合 GB/T 12754 中的有关规定。

4.1.2 门窗常用辅助材料及配件应符合现行国家标准、行业标准中的有关规定，参照附录 A（提示的附录）。

4.2 外型尺寸

4.2.1 门窗的宽度、高度尺寸允许偏差应符合表 5 规定。

表 5　　mm

宽度 *B*　高度 *H*			≤1500	>1500
等　级	Ⅰ	允许偏差	+2.0 −1.0	+3.0 −1.0
	Ⅱ		+2.5 −1.0	+3.5 −1.0

4.2.2 门窗两对角线允许长度偏差应符合表 6 规定。

表 6 mm

对角线长度 L			≤2000	>2000
等　级	Ⅰ	允许偏差	≤4	≤5
	Ⅱ		≤5	≤6

4.3 搭接量

4.3.1 平开门窗框与扇、梃与扇的搭接量应符合表 7 规定。

表 7 mm

搭 接 量	≥8		≥6 且 <8	
等　级	Ⅰ	Ⅱ	Ⅰ	Ⅱ
允许偏差	±2	±3	±1.5	±2.5

4.3.2 推拉门窗安装时调整滑块或滚轮使之达到设计及使用要求。

4.4 联接与外观

4.4.1 门窗框、扇四角处交角缝隙不应大于 0.5mm，平开门窗缝隙处用密封膏密封严密，不应出现透光。

4.4.2 门窗框、扇四角处交角同一平面高低差不应大于 0.3mm。

4.4.3 门窗框、扇四角组装牢固，不应有松动、锤迹、破裂及加工变形等缺陷。

4.4.4 门窗各种零附件位置应准确，安装牢固；门窗启闭灵活，不应有阻滞、回弹簧缺陷，并应满足使用功能。

4.4.5 平开窗分格尺寸允许偏差为 ±2mm。

4.4.6 门窗装饰表面涂层不应有明显脱漆、裂纹，每樘门窗装饰表面局部擦伤、划伤等应符合表 8 规定。

表 8

项　目	等　级	
	Ⅰ	Ⅱ
擦伤、划伤深度	不大于面漆厚度	不大于底漆厚度
擦伤总面积，mm^2	≤500	≤1000
每处擦伤面积，mm^2	≤100	≤150
划伤总长度，mm	≤100	≤150
注：有以上缺陷时必须修补。		

4.4.7 门窗相邻构件漆膜不应有明显色差。

4.4.8 门窗橡胶密封条安装后接头严密，表面平整，玻璃密封条无咬边。

4.5 性能

4.5.1 彩板窗的抗风压性能、空气渗透性能和雨水渗漏性能应符合表 9 规定。

表 9

开启方式	等　级	抗风压性能 Pa	空气渗透性能 $m^3/(m\cdot h)$	雨水漏性能 Pa
平　开	Ⅰ	≥3000	≤0.5	≥350
	Ⅱ	≥2000	≤1.5	≥250
推　拉	Ⅰ	≥2000	≤1.5	≥250
	Ⅱ	≥1500	≤2.5	≥150

4.5.2 建筑外用的彩板门的抗风压性能、空气渗透性能和雨水渗漏性能按 GB 13685 及 GB 13686 规定方法检测，分级下限值应符合表 10、表 11、表 12 规定。

表 10 建筑外门抗风压性能分级下限值 Pa

等 级	Ⅰ	Ⅱ	Ⅲ	Ⅳ	Ⅴ	Ⅵ
⩾	3500	3000	2500	2000	1500	1000

表 11 建筑外门空气渗透性能分级下限值 $m^3/(m \cdot h)$

等 级	Ⅰ	Ⅱ	Ⅲ	Ⅳ	Ⅴ
⩽	0.5	1.5	2.5	4.0	6.0

表 12 建筑外门雨水渗漏性能分级下限值 Pa

等 级	Ⅰ	Ⅱ	Ⅲ	Ⅳ	Ⅴ	Ⅵ
⩾	500	350	250	150	100	50

4.5.3 保温窗的外窗保温性能按 GB 8484 规定方法检测，分级值应符合表 13 规定，凡传阻 $R_0 \geqslant 0.25 m^2 \cdot K/W$ 者为保温窗。

表 13 $m^2 \cdot K/W$

等 级	Ⅰ	Ⅱ	Ⅲ
传热阻 R_0 ⩾	0.5	0.333	0.25

4.5.4 隔声窗外窗的空气隔声性能应按 GB 8485 规定的方法检测，分级值应符合表 14 规定，凡计权隔声量 $R_W \geqslant 25dB$ 者为隔声窗。

表 14 dB

等 级	Ⅱ	Ⅲ	Ⅳ	Ⅴ
计权隔声量 R_W ⩾	40	35	30	25

4.5.5 建筑用门空气隔声性能应按 GB 16730 建筑用门空气隔声性能分级及其检测方法（报批稿）检测，分级值应符合表 15 规定。

表 15 dB

等 级	计权隔声量 R_W 值范围
Ⅰ	$R_W \geqslant 45$
Ⅱ	$45 > R_W \geqslant 40$
Ⅲ	$40 > R_W \geqslant 35$
Ⅳ	$35 > R_W \geqslant 30$
Ⅴ	$30 > R_W \geqslant 25$
Ⅵ	$25 > R_W \geqslant 20$

4.5.6 建筑外门保温性能按 GB 16729 建筑外门保温性能分级及其检测方法（报批稿）检测，分级值应符合表 16 规定。

表 16

等 级	传热系数 K [$W/(m^2 \cdot K)$]
Ⅰ	⩽1.50
Ⅱ	>1.50 且⩽2.50
Ⅲ	>2.50 且⩽3.60
Ⅳ	>3.60 且⩽4.80
Ⅴ	>4.80 且⩽6.20

5 试 验 方 法

5.1 彩板窗的抗风压性能

试验方法按 GB 7106 的规定进行。

5.2 彩板门的抗风压性能

试验方法按 GB 13685 的规定进行。

5.3 彩板窗的空气渗透性能

试验方法按 GB 7107 的规定进行。

5.4 彩板门的空气渗透性能

试验方法按 GB13686 的规定进行。

5.5 彩板窗的雨水渗漏性能

试验方法按 GB 7108 的规定进行。

5.6 彩板门的雨水渗漏性能

试验方法按 GB 13686 的规定进行。

5.7 彩板窗的保温性能

试验方法按 GB 8484 的规定进行。

5.8 彩板窗的隔声性能

试验方法按 GB 8485 的规定进行。

5.9 彩板门的保温性能

试验方法按 GB/T 16729 建筑外门保温性能分级及其检测方法的规定进行。

5.10 彩板门的隔声性能

试验方法按 GB/T 16730 建筑用门空气隔声性能分级及其检测的规定进行。

6 检 验 规 则

6.1 出厂检验

6.1.1 应在型式检验合格后的有效期内进行出厂检验，否则检验结果无效。

按供需双方协议要求，选定产品出厂检验的合格指标作为判定合格品的依据。

6.1.2 抽样方法：按合同号随机抽检 10%，且不少于 5 樘

6.1.3 判定规则：根据表 17 的出厂检验项目及附录 B（标准的附录）项目分类进行检测，按品种不同，其关键项目、主要项目必须达到各自要求，一般项目必须三项以上（含三项）达到要求者为合格品。当其中有一樘不符合本标准要求时，应加倍抽检，若其中仍有一樘不符合要求时，则判定该批均为不合格应全部返修，复检合格后方可出厂。

6.1.4 彩板门窗出厂检验项目见表 17，项目分类、量具及检测方法见附录 B。

表 17 出厂检验、型式检验项目

本标准中序号	项 目 内 容	型式检验		出厂检验	
		平开门窗	推拉门窗	平开门窗	推拉门窗
4.5.1	抗风压	√	√	—	—
	空气渗透	√	√	—	—
	雨水渗漏	√	√	—	—

续表 17

本标准中序号	项目内容	型式检验		出厂检验	
		平开门窗	推拉门窗	平开门窗	推拉门窗
4.5.3 4.5.6	保温	✓	✓	—	—
4.5.4 4.5.5	隔声	✓	✓	—	—
4.4.3	框、扇四角组装质量	✓	✓	✓	✓
4.2.1	门窗的宽度、高度尺寸允许偏差	✓	✓	✓	✓
4.2.2	两对角线允许长度差	✓	✓	✓	✓
4.4.1	门窗框、扇四角交角缝隙	✓	✓	✓	✓
4.4.2	四角同一平面高低差	✓	✓	✓	✓
4.4.6	表面涂层局部擦伤划痕	✓	✓	✓	✓
4.3.1	平开门窗框与扇、梃与扇搭接量	✓	—	✓	—
4.3.2	推拉门窗滑块或滚轮调整	—	✓	—	✓
4.4.4	零附件安装	✓	✓	✓	✓
4.4.5	分格尺寸	✓	—	✓	—
4.4.7	相邻构件色差	✓	✓	✓	✓
4.4.8	密封条安装质量	✓	✓	✓	✓

6.2 型式检验

6.2.1 有下列情况之一时，应进行型式检验：

a）新产品或老产品转厂生产的试制定型鉴定；

b）正式生产后，当结构、材料、工艺有较大改变，可能影响产品性能时；

c）正常生产时，定期每三年检测一次；

d）产品长期停产后，恢复生产时；

e）出厂检验结果与上次型式检验有较大差异时；

f）国家质量监督机构提出进行型式检验要求时。

6.2.2 型式检验项目见表 17，按本标准规定的方法进行检测。

6.2.3 抽样方法：批量生产时，每三年由出厂检验合格的产品中随机抽取三樘进行型式检验。

6.2.4 型式检验判定规则：

根据表 17 规定的型式检验项目进行检验，按各项指标要求作为判定合格品的依据。当其中某项不符合技术要求时，应加倍抽样复检，如该项仍不合格，则判定该批产品为不合格品。

7 标志、包装、运输、贮存

7.1 标志

7.1.1 在产品明显部位应注明下列产品标志：

a）产品名称；

b）产品型号或标记；

c）制造厂名或商标；

d）制造日期或编号；

e）标准代号。

7.1.2 包装箱和箱面标志应符合 GB 6388 的规定。

7.2 包装

7.2.1 产品应用无腐蚀作用的材料进行包装。

7.2.2 包装箱应具有足够强度，并有防潮措施。

7.2.3 箱内产品应保证其相互间不发生窜动。

7.2.4 产品装箱后，箱内须有产品检验合格证。

7.3 运输、贮存

7.3.1 装运产品的运输工具应有防雨措施，并保持清洁无污物。

7.3.2 门窗运输时应轻抬、缓放，防止挤压变形及玻璃破损。

7.3.3 产品应存放于仓库中或通风干燥的场地，严禁与腐蚀性介质接触，并防止雨水浸入。

7.3.4 产品存放时不应直接接触地面，底部应垫高 100mm 以上。

附 录 A
（提示的附录）
常用辅助材料及其配件标准编号及名称

序 号	标 准 编 号 及 名 称	使 用 范 围
1	GB 3274 普通碳素结构钢和低合金结构钢热轧原钢板技术条件	附件
2	GB 700 普通碳素结构钢技术条件	
3	GB 912 普通碳素结构钢和低合金结构钢薄钢板技术条件	
4	GB 699 优质碳素结构钢钢号和一般技术条件	
5	GB 4871 普通平板玻璃	
6	GB 7020 中空玻璃测试方法	
7	GB 531 橡胶邵尔 A 型硬度试验方法	
8	GB 12002 塑料窗用密封条	
9	JB 2702 锌合金、铝合金、铜合金压铸件技术条件	
10	GB 845 十字槽平圆头自攻螺钉	
11	GB 847 十字槽半沉头自攻螺钉	

附　录　B

（标准的附录）

彩板门窗检验项目、量具及检测方法

表 B1

序号	项目分类	本标准中序号	项　目　内　容	检验量具和方法
1	关键项目	4.4.3	门窗框扇四角组装牢固，不应有松动、锤迹、破裂及加工变形等缺隙	门窗平放于工作台上手动目测组角部位
2	主要项目	4.2.1	门窗的宽度、高度尺寸允许偏差	钢卷尺、钢板尺，测量位置：两端面
3		4.2.2	门窗两对角线允许长度差	钢卷尺、专用圆柱，测量位置：专用圆柱测内角
4		4.4.1	门窗框、扇四角处交角缝隙不大于 0.5mm，平开门窗缝隙处用密封膏密封严密，不应出现透光现象	塞尺目测
5		4.4.2	门窗框、扇四角处交角同一平面高低差不应大于 0.3mm	深度尺 测量位置：四角交角处
6		4.4.6	门窗装饰表面涂层不应有明显脱漆、裂漆，每樘门窗装饰表面局部擦伤、划伤不超过表 8 规定	目测
7	一般项目	4.3.1	平开门窗框与扇、梃与扇搭接量	深度尺、卡尺
8		4.3.2	推拉门窗安装时调整滑块使之达到设计及使用要求	目　测
9		4.4.4	门窗各零附件位置准确、安装牢固；门窗启闭灵活，不应有阻滞回弹等缺陷	手动、目测
10		4.4.5	平开窗分格尺寸允许偏差 ±2mm	钢板尺
11		4.4.7	门窗相邻构件漆膜不应有明显色差	目　测
12		4.4.8	门窗橡胶密封条安装后接头严密，表面平整玻璃密封条无咬边	目　测

中华人民共和国建筑工业行业标准

单扇平开多功能户门

Single side-hung multifunctional external door

JG/T 3054—1999

中华人民共和国建设部 1999-04-13 批准

1999-10-01 实施

前　　言

本标准由建设部标准定额研究所提出。

本标准由建设部建筑制品与设备标准技术归口单位中国建筑标准设计研究所归口。

本标准由中国建筑金属结构协会、河北省建设委员会负责起草。

本标准参加起草单位：河北省遵化市钟馗实业公司、深圳方大集团、河北省霸州市特种门窗厂、浙江省湖州钢铁股份有限公司、石家庄开启利门窗公司。

本标准主要起草人：刘敬涛、冯晓峰、李同泽、赵占明。

1 范　围

本标准规定了单扇平开多功能户门的产品分类、技术要求、试验方法、检验规则、标志、包装、运输及贮存。

本标准主要适用于住宅建筑用的单扇平开多功能户门。使用功能相近的其他建筑用的分室门也可参照使用。

2 引 用 标 准

下列标准所包含的条文，通过在本标准中引用而构成为本标准的条文。本标准出版时，所示版本均为有效。所有标准都会被修订，使用本标准的各方应探讨使用下列标准最新版本的可能性。

GB/T 1720—1979　漆膜附着力测定法

GB/T 1732—1993　漆膜耐冲击性测定法

GB/T 5824—1986　建筑门窗洞口尺寸系列

GB/T 7633—1987　门和卷帘的耐火试验方法

GB/T 13685—1992　建筑外门的风压变形性能分级及其检测方法

GB/T 13686—1992　建筑外门的空气渗透性能和雨水渗漏性能分级及其检测方法

GB/T 16729—1997　建筑外门保温性能分级及其检测方法

GB/T 16730—1997　建筑用门空气声隔声性能分级及其检测方法

GB 17565—1998　防盗安全门通用技术条件

GB 50045—1995　高层民用建筑设计防火规范

GB J 118—1988　民用建筑隔声设计规范

JG/T 3017—1994　硬聚氯乙烯（PVC）内门

JG J 26—1995　居民建筑节能设计标准

CJ/T 3035—1995　城镇建设和建筑工业产品型号编制规则

3 定　义

本标准采用下列定义。

3.1　多功能户门　multifunctional external door

具有防盗、防火、保温、隔声、通风等其中三种及其以上组合的使用功能的住宅各户所用的外门。

3.2　单扇平开多功能户门　single side-hung multifunctional external door

单扇门扇、开启方式为平开的多功能户门。

4 产 品 分 类

4.1　分类

4.1.1　按组合使用功能分为 10 种，其代号及功能见表 1。

4.1.2　按户门门扇结构分为两种：

a）整扇密闭型；

b）子母扇通风型。

表 1　组合功能代号

代　号	功　能
A	防盗，防火，保温，隔声，通风
B	防盗，防火，保温，隔声
C	防盗，防火，隔声，通风
D	防盗，防火，隔声
E	防盗，保温，隔声，通风
F	防盗，保温，隔声
G	防盗，隔声，通风
H	防火，保温，隔声，通风
I	防火，保温，隔声
J	保温，隔声，通风

4.2　规格

产品规格应符合 GB/T 5824 的规定，其基本规格及代号见表 2。

表 2　基本规格及代号　　mm

规格代号（洞口高 \ 洞口宽）	900	1000
2000	0920	1020
2100	0921	1021
2400	0924	1024
2500	0925	1025

注：洞口高超过 2400mm 时，宜作上亮。

4.3　产品型号

4.3.1　产品型号的编制应符合 CJ/T 3035 的规定，图示如下：

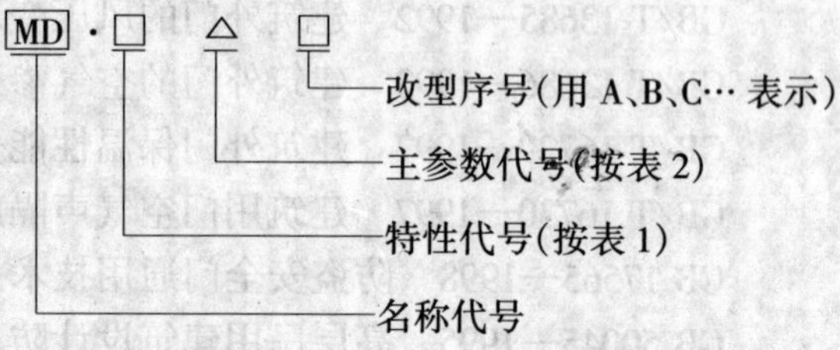

4.3.2　示例

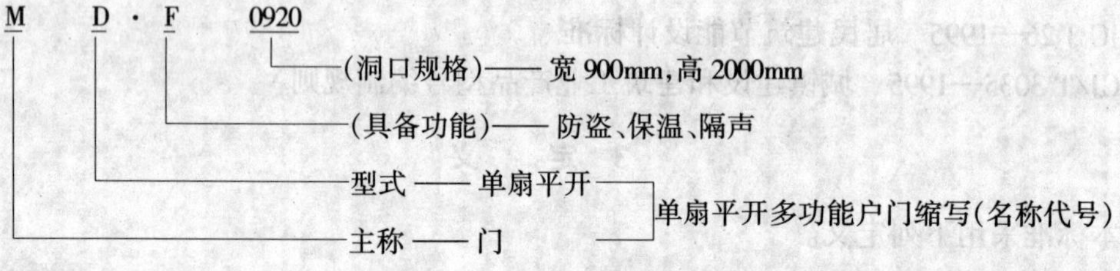

5　技　术　要　求

5.1　主要构件材质和五金附件

门的主要构件的材质及合页、插销、门锁等五金附件应符合有关标准的规定，并与该门使用功能协调一致。

5.2　连接

各构件的连接（焊、铆、螺）应牢固可靠，不允许有未熔合、开裂、松动等缺陷。

5.3　五金附件安装

门锁、合页、插销、执手等五金件与门框、扇的连接位置应有加强措施、安装牢固、使用可靠。

5.4　密封胶条的安装

密封胶条的种类和质量应与该门的使用功能相协调，安装牢固，接口严密。

5.5 钢质表面涂层质量

5.5.1 涂层附着力不得低于3级。

5.5.2 涂层耐冲击不得低于50cm。

5.6 外观质量

5.6.1 门框、扇构件表面应平整光洁，无明显凹痕和机械损伤。

5.6.2 涂层均匀、色泽一致，无明显流挂、脱落、露底等缺陷。

5.6.3 铭牌标志应端正、牢固、清晰、美观。

5.7 尺寸偏差与形位公差

尺寸偏差与形位公差应符合表3的规定。

表3 尺寸偏差与形位公差 mm

项　目	门框槽口宽、高尺寸偏差	门框槽口对角线尺寸差	框扇相邻构件装配间隙	框扇相邻构件交角平面高低差	扇平面度 mm/m^2
技术要求	±2.0	≤3.0	≤0.5	≤0.7	≤3.0

5.8 框扇配合

框、扇（含子母扇）的配合应符合表4的规定。

表4 框 扇 配 合 mm

项　目	框扇搭接量		框扇配合与贴合间隙		扇吊高	图　示
	钢框	木框	配合间隙 C_1	贴合间隙 C_2		
技术要求	≥6.0	≥7.0	3.0~4.0	≤3.0	2.0~3.0	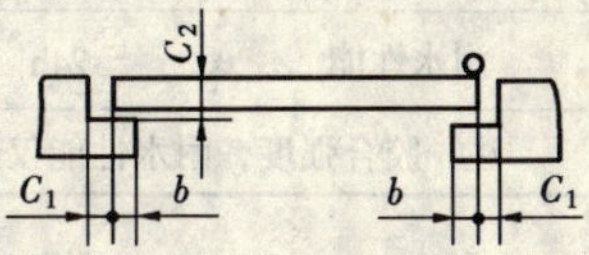

5.9 性能

5.9.1 使用功能

使用功能要求见表5。

表5 功 能 要 求

功 能 项 目			单　位	技 术 要 求	
防 盗 性 能			min	≥15 GB 17565—1998	
防 火 性 能			h	≥0.6（丙级）GB 50045	
保温性能	采暖期室外平均温度	2.0~0℃	W/m²·K	≤2.7	JG J 26
		-0.1~-5.0℃		≤2.0	
		-5.1~-6.0℃		≤1.5	
隔 声 性 能			dB	≥20 GBJ 118	
通 风 性 能				按设计要求	
注：使用功能的组合按表1。					

5.9.2 基本物理性能

基本物理性能应符合表6的规定。

表6 基本物理性能

项 目	单 位	技 术 要 求 及 等 级					
		Ⅰ	Ⅱ	Ⅲ	Ⅳ	Ⅴ	Ⅵ
风压变形性能	Pa	3500	3000	2500	2000	1500	1000
空气渗透性能	$m^3/m\cdot h$	0.5	1.5	2.5	4.0	6.0	
雨水渗漏性能	Pa	500	350	250	150	100	50
注：性能项目和等级的选择根据门的使用场所确定。							

5.9.3 力学性能和耐水性能

力学性能和耐水性能应符合表7的规定。

表7 力学性能和耐水性能

项 目	技 术 要 求
软物冲击	试验后无损坏，启闭功能正常
悬端吊重	在500N力作用下，残余变形不大于2mm，试件不损坏，启闭正常
关闭力	≤50N
胶合强度	≥0.8MPa
耐水性能	≥24h
注：胶合强度，耐水性能仅适用于木、塑贴面。	

6 试 验 方 法

6.1 主要构件材质和五金附件

检查产品质量合格证或检验单，必要时抽样复查。

6.2 构件连接，附件安装、密封胶条安装及外观质量。

用目测、手试方法进行检查。

6.3 钢质表面涂层质量

6.3.1 涂层附着力按GB/T 1720的规定进行试验。

6.3.2 涂层耐冲击按GB/T 1732的规定进行试验。

6.4 尺寸偏差与形位公差

门框槽口宽、高尺寸偏差和对角线尺寸差用钢卷尺进行检查；相邻构件交角高底差用深度卡尺进行检查；门扇平面度用1m直尺和塞尺进行检查；框扇相邻构件装配间隙用塞尺进行检查。

6.5 框扇配合

框扇配合间隙和贴合间隙在安装密封胶条前用塞尺进行检查；框扇搭接量和吊高用

150mm 直尺进行检查。

6.6 性能

6.6.1 使用功能

6.6.1.1 防盗性能按 GB 17565—1998 中 7.1 进行试验。

6.6.1.2 防火性能按 GB/T 7633 进行试验。

6.6.1.3 保温性能按 GB/T 16729 进行试验。

6.6.1.4 隔声性能按 GB/T 16730 进行试验。

6.6.1.5 通风性能用目测、手试方法进行检查。

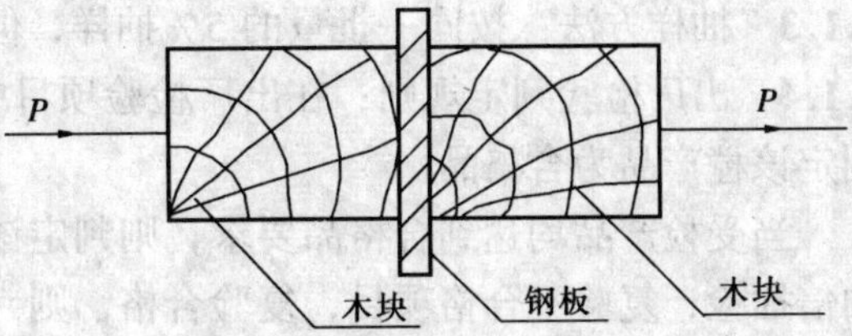

图 1 胶合强度测试图

6.6.2 基本物理性能

6.6.2.1 风压变形性能按 GB/T 13685 的规定进行试验。

6.6.2.2 空气渗透性能和雨水渗漏性能按 GB/T 13686 的规定进行试验。

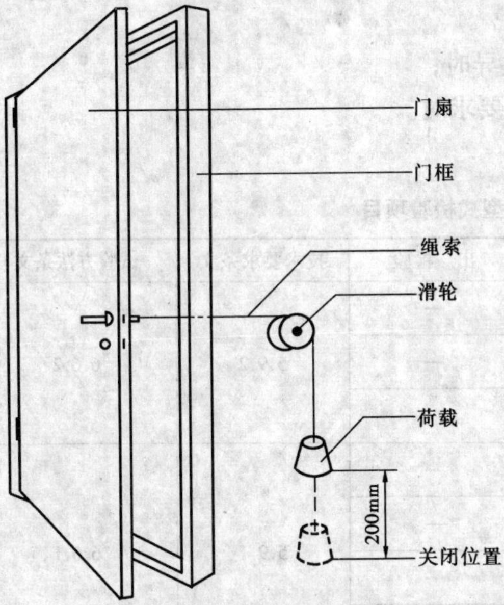

图 2 关闭力试验示意图

6.6.3 力学性能和耐水性能

6.6.3.1 软物冲击按 JG/T 3017—1994 中 4.6 进行试验。

6.6.3.2 悬端吊重按 JG/T 3017—1994 中 4.6 进行试验。

6.6.3.3 胶合强度的测定

用截面积为 20mm × 30mm 的门用木块两块，与 0.8 ~ 1.0mm 厚的冷轧钢板粘接，用测力计按图 1 所示要求进行。

6.6.3.4 关闭力的测定

试验用门按使用状态安装在试验装置上，呈关闭状态。将直径为 ϕ6mm 的绳索一端固定在门的执手上，另一端绕过直径为 15 ~ 20mm 的滑轮与加力装置固定，使荷载呈自由悬重状态。将门扇从关闭状态开启至使荷载上升 200mm 的位置放开，靠荷载重力使其关闭。如此开关五次。然后用可调量为 1N 的荷载重复以上程序，确定门扇的最小关闭力(见图 2)。

6.6.3.5 耐水性能试验

取门扇面积的 100mm × 100mm 作为试件，浸入温度为 20℃ ± 4℃的清水中，在 24h 的时间内不得开胶。

7 检 验 规 则

产品检验分出厂检验和型式检验。

7.1 出厂检验

7.1.1 检验条件：在型式检验合格的有效期内有效。

7.1.2 检验项目：见表 8。

7.1.3 抽样方法：按同一批量的 5%抽样，但不得少于 3 樘。

7.1.4 出厂检验判定规则：在出厂检验项目中，每樘户门有 14 项必须达到标准要求，则判定该樘产品为合格品。

当受检产品均达到合格品要求，则判定该批产品为合格品；如有一樘产品不合格，应加倍抽检，复验不合格项目，复验合格，则判定该批产品为合格品；当复验后仍有一樘产品不合格，则判定该批产品为不合格品。

7.1.5 产品检验合格后，应填写产品质量合格证。

7.2 型式检验

7.2.1 有下列情况之一时，应进行型式检验：

a）新产品或老产品转厂生产的试制定型鉴定；

b）正式生产后，当结构、材料、工艺有较大改变可能影响产品性能时；

c）正常生产时，每两年检验一次；

d）产品停产两年后恢复生产时；

e）出厂检验结果与上次型式检验有较大差异时；

f）国家质量监督机构提出进行型式检验的要求时。

7.2.2 检验项目：见表 8。

表 8 出厂检验和型式检验项目

序号	分类	项目名称	型式检验	出厂检验	技术要求条文	试验方法条文
1	关键项目	风压变形性能	√	—	5.9.2	6.6.2
2		空气渗透性能	√	—		
3		雨水渗漏性能	√	—		
4		防盗性能	√	—	5.9.1	6.6.1
5		防火性能	√	—		
6		保温性能	√	—		
7		隔声性能	√	—		
8	主要项目	软物冲击	√	—	5.9.3	6.6.3
9		悬端吊重	√	—		
10		关闭力	√	—		
11		耐水性能	√	—		
12		胶合强度	√	—		
13		涂膜附着力	√	—	5.5.1	6.3.1
14		涂膜耐冲击	√	—	5.5.2	6.3.2
15		连接	√	√	5.2	6.2

续表 8

序号	分类	项目名称	型式检验	出厂检验	技术要求条文	试验方法条文
16	一般项目	宽度偏差	√	√	5.7	6.4
17		高度偏差	√	√		
18		对角线尺寸差	√	√		
19		装配间隙	√	√		
20		交角高低差	√	√		
21		扇平面度	√	√		
22		框扇搭接量	√	√	5.8	6.5
23		框扇配合间隙	√	√		
24		框扇贴合间隙	√	√		
25		通风性能	√	√	5.9.1	6.6.1.5
26		附件安装	√	√	5.3	6.2
27		密封胶条安装	√	√	5.4	
28		外观	√	√	5.6	
注：检验项目按该门的使用场所在合同中确定。						

7.2.3 抽样方法：从出厂检验合格的同一批次同一型号的产品中随机抽取三樘产品。

7.2.4 型式检验判定规则：在型式检验项目中，每樘户门关键项目、主要项目必须达到标准要求，其他项目达到出厂检验合格品要求时，则判定该樘产品型式检验合格。当受检的三樘产品型式检验均为合格品，则判定该批产品型式检验合格。如有一樘型式检验不合格，应加倍抽检，复验不合格项目，复验合格，则判定该批产品型式检验合格；复验后仍有一樘产品不合格，则判定该批产品型式检验不合格。

8 标志、包装、运输及贮存

8.1 标志

在产品的明显部位应注明产品标志，其内容应包括：

a）制造厂名和商标；

b）产品名称；

c）产品型号及标准编号；

d）制造日期或编号。

8.2 包装

8.2.1 产品应用无腐蚀作用的软质材料进行包装。包装应牢固可靠，方便运输。

8.2.2 每批产品包装后，应附有产品清单、产品质量合格证和安装使用说明书。

8.3 运输

产品在装运过程中，应采取相应措施，确保产品完好无损。

8.4 贮存

8.4.1 产品应存放在通风、干燥、防雨、防腐蚀的场所。

8.4.2 产品应立放，立放角度不应小于 70°，底部应垫以高度不小于 100mm 的木块。

中华人民共和国国家标准

中 空 玻 璃

Sealed insulating glass unit

GB/T 11944—2002

代替 GB/T 11944—1989 GB/T 7020—1986

中华人民共和国国家质量监督检验检疫总局 2002-06-12 批准

2002-10-01 实施

前　言

本标准参考英国标准 BS 5713：1979《中空玻璃技术要求》、ASTM E546—88《中空玻璃结霜点测试方法》和 JIS R3209—1998《中空玻璃》标准。本标准是在原国家标准 GB/T 11944—1989《中空玻璃》和 GB/T 7020—1986《中空玻璃测试方法》的基础上修订的，并将两标准合为一个标准。

本标准与 GB/T 11944—1989 和 GB/T 7020—1986 的主要技术差异为：

——中空玻璃重新定义。包括了胶条式中空玻璃；

——中空玻璃常用规格、最大尺寸采用了 BS 5713：1979 的规定；

——中空玻璃尺寸偏差采用了 JIS R3209—1998 的规定；

——中空玻璃密封性能增加了对 5mm + 9mm + 5mm 厚度样品的技术要求；

——露点试验中对露点仪与玻璃的接触时间参照了 ASTM E546—1988 和 JIS R3209—1998 标准进行了具体规定；

——增加了对密封性能试验、露点试验、气候循环耐久性试验的环境条件要求；

——耐紫外线辐照性能增加了对原片玻璃的错位、胶条蠕变等缺陷的要求。对该项试验的环境条件不作要求；

——将气候循环耐久性能和高温高湿耐久性能分开进行判定。

本标准自实施之日起，同时代替 GB/T 11944—1989 和 GB/T 7020—1986。

本标准由中国建材工业协会提出。

本标准由全国建筑用玻璃标准化技术委员会归口。

本标准负责起草单位：秦皇岛玻璃工业研究设计院。

本标准参加起草单位：中国南玻科技控股（集团）股份有限公司、东营胜明玻璃有限公司。

本标准主要起草人：李勇、刘志付、嵇书伟、高淑兰、董凤龙、王立祥、李新达。

本标准首次发布于 1989 年 12 月 23 日。本次为第一次修订。

中 空 玻 璃

1 范 围

本标准规定了中空玻璃的规格、技术要求、试验方法、检验规则、包装、标志、运输和贮存。

本标准适用于建筑、冷藏等用途的中空玻璃。

2 规范性引用文件

下列文件中的条款通过本标准的引用而成为本标准的条款。凡是注日期的引用文件，其随后所有的修改单（不包括勘误的内容）或修订版均不适用于本标准，然而，鼓励根据本标准达成协议的各方研究是否可使用这些文件的最新版本。凡是不注日期的引用文件，其最新版本适用于本标准。

GB/T 1216 外径千分尺（neq ISO 3611）

GB 9962 夹层玻璃

GB/T 9963 钢化玻璃

GB 11614 浮法玻璃

GB 17841 幕墙用钢化玻璃与半钢化玻璃

JC/T 486 中空玻璃用弹性密封胶

3 术 语 和 定 义

下列术语和定义适用于本标准。

中空玻璃

Sealed insulating glass unit

两片或多片玻璃以有效支撑均匀隔开并周边粘接密封，使玻璃层间形成有干燥气体空间的制品。

4 规 格

常用中空玻璃形状和最大尺寸见表1。

表 1 单位为毫米

玻璃厚度	间隔厚度	长边最大尺寸	短边最大尺寸（正方形除外）	最大面积/m^2	正方形边长最大尺寸
3	6	2110	1270	2.4	1270
	9 ~ 12	2110	1270	2.4	1270
4	6	2420	1300	2.86	1300
	9 ~ 10	2440	1300	3.17	1300
	12 ~ 20	2440	1300	3.17	1300

续表 1

玻璃厚度	间隔厚度	长边最大尺寸	短边最大尺寸（正方形除外）	最大面积/m^2	正方形边长最大尺寸
5	6 9～10 12～20	3000 3000 3000	1750 1750 1815	4.00 4.80 5.10	1750 2100 2100
6	6 9～10 12～20	4550 4550 4550	1980 2280 2440	5.88 8.54 9.00	2000 2440 2440
10	6 9～10 12～20	4270 5000 5000	2000 3000 3180	8.54 15.00 15.90	2440 3000 3250
12	12～20	5000	3180	15.90	3250

5 要　求

5.1 材料

中空玻璃所用材料应满足中空玻璃制造和性能要求。

5.1.1 玻璃

可采用浮法玻璃、夹层玻璃、钢化玻璃、幕墙用钢化玻璃和半钢化玻璃、着色玻璃、镀膜玻璃和压花玻璃等。浮法玻璃应符合 GB 11614 的规定，夹层玻璃应符合 GB 9962 的规定，钢化玻璃应符合 GB/T 9963 的规定、幕墙用钢化玻璃和半钢化玻璃应符合 GB 17841 的规定。其他品种的玻璃应符合相应标准或由供需双方商定。

5.1.2 密封胶

密封胶应满足以下要求：

（1）中空玻璃用弹性密封胶应符合 JC/T 486 的规定。

（2）中空玻璃用塑性密封胶应符合有关规定。

5.1.3 胶条

用塑性密封胶制成的含有干燥剂和波浪型铝带的胶条，其性能应符合相应标准。

5.1.4 间隔框

使用金属间隔框时应去污或进行化学处理。

5.1.5 干燥剂

干燥剂质量、性能应符合相应标准。

5.2 尺寸偏差

5.2.1 中空玻璃的长度及宽度允许偏差见表 2。

5.2.2 中空玻璃厚度允许偏差见表 3。

表 2　　单位为毫米

长（宽）度 L	允许偏差
$L<1000$	±2
$1000\leqslant L<2000$	+2、-3
$L\geqslant2000$	±3

表 3　　单位为毫米

公称厚度 t	允许偏差
$t<17$	±1.0
$17\leqslant t<22$	±1.5
$t\geqslant22$	±2.0

注：中空玻璃的公称厚度为玻璃原片的公称厚度与间隔层厚度之和。

5.2.3 中空玻璃两对角线之差

正方形和矩形中空玻璃对角线之差应不大于对角线平均长度的0.2%。

5.2.4 中空玻璃的胶层厚度

单道密封胶层厚度为10mm±2mm，双道密封外层密封胶层厚度为5~7mm（见图1），胶条密封胶层厚度为8mm±2mm（见图2），特殊规格或有特殊要求的产品由供需双方商定。

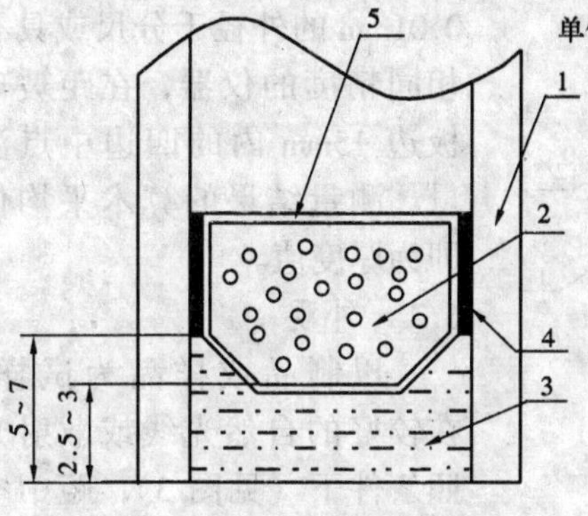

图1 密封胶厚度

1—玻璃；2—干燥剂；

3—外层密封胶；4—内层密封胶；5—间隔框

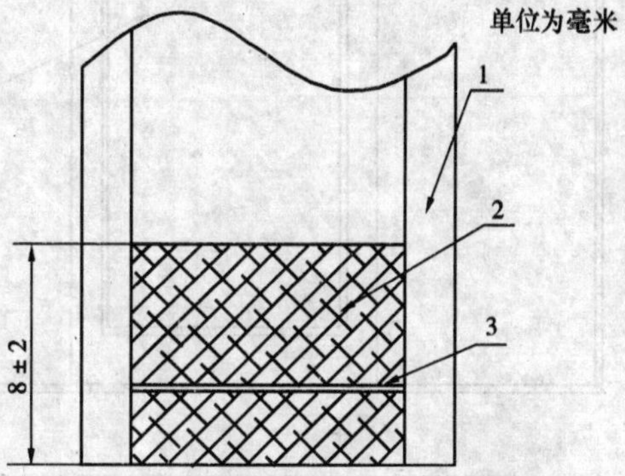

图2 胶条厚度

1—玻璃；2—胶条；3—铝带

5.2.5 其他规格和类型的尺寸偏差由供需双方协商决定。

5.3 外观

中空玻璃不得有妨碍透视的污迹、夹杂物及密封胶飞溅现象。

5.4 密封性能

20块4mm+12mm+4mm试样全部满足以下两条规定为合格：(1)在试验压力低于环境气压10kPa±0.5kPa下，初始偏差必须≥0.8mm；(2)在该气压下保持2.5h后，厚度偏差的减少应不超过初始偏差的15%。

20块5mm+9mm+5mm试样全部满足以下两条规定为合格：(1)在试验压力低于环境气压10kPa±0.5kPa下，初始偏差必须≥0.5mm；(2)在该气压下保持2.5h后，厚度偏差的减少应不超过初始偏差的15%。

其他厚度的样品供需双方商定。

5.5 露点

20块试样露点均≤-40℃为合格。

5.6 耐紫外线辐照性能

2块试样紫外线照射168h，试样内表面上均无结雾或污染的痕迹、玻璃原片无明显错位和产生胶条蠕变为合格。如果有1块或2块试样不合格，可另取2块备用试样重新试验，2块试样均满足要求为合格。

5.7 气候循环耐久性能

试样经循环试验后进行露点测试。4块试样露点≤-40℃为合格。

5.8 高温高湿耐久性能

试样经循环试验后进行露点测试。8块试样露点≤-40℃为合格。

6 试 验 方 法

6.1 尺寸偏差

中空玻璃长、宽、对角线和胶层厚度用钢卷尺测量。

中空玻璃厚度用符合GB/T 1216规定的精度为0.01mm的外径千分尺或具有相同精度的仪器，在距玻璃板边15mm内的四边中点测量。测量结果的算术平均值即为厚度值。

6.2 外观

以制品或样品为试样，在较好的自然光线或散射光照条件下（见图3），距中空玻璃正面1m，用肉眼进行检查。

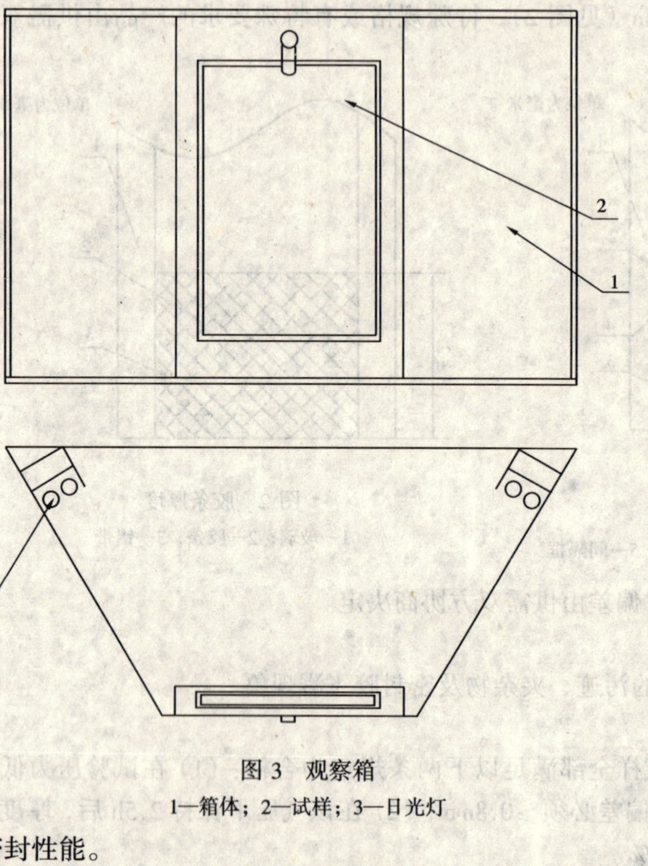

图3 观察箱

1—箱体；2—试样；3—日光灯

6.3 密封试验

6.3.1 试验原理

试样放在低于环境气压10kPa ± 0.5kPa的真空箱内，其内部压力大于箱内压力，以测量试样厚度增长程度及变形的稳定程度来判定试样的密封性能。

6.3.2 仪器设备

真空箱：由金属材料制成的能达到试验要求真空度的箱子。真空箱内装有测量厚度变化的支架和百分表，支点位于试样中部（见图4）。

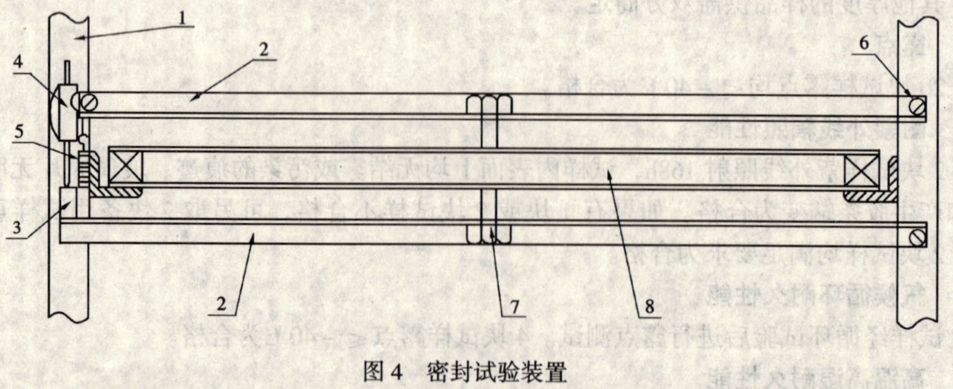

图4 密封试验装置

1—主框架；2—试样支架；3—触点；4—百分表；5—弹簧；6—枢轴；7—支点；8—试样

6.3.3　试验条件

试样为20块与制品在同一工艺条件下制作的尺寸为510mm×360mm的样品，试验在23℃±2℃，相对湿度30%～75%的环境中进行。试验前全部试样在该环境放置12h以上。

6.3.4　试验步骤

6.3.4.1　将试样分批放入真空箱内，安装在装有百分表的支架中。

6.3.4.2　把百分表调整到零点或记下百分表初始读数。

6.3.4.3　试验时把真空箱内压力降到低于环境气压10kPa±0.5kPa。在达到低压后5min～10min内记下百分表读数，计算出厚度初始偏差。

6.3.4.4　保持低压2.5h后，在5min内再记下百分表的读数，计算出厚度偏差。

6.4　露点试验

6.4.1　试验原理

施置露点仪后玻璃表面局部冷却，当达到一定温度后，内部水气在冷点部位结露，该温度为露点。

6.4.2　仪器设备

6.4.2.1　露点仪：测量管的高度为300mm，测量表面直径为ϕ50mm（见图5）；

6.4.2.2　温度计：测量范围为-80℃～30℃，精度为1℃。

6.4.3　试验条件

试样为制品或20块与制品在同一工艺条件下制作的尺寸为510mm×360mm的样品，试验在温度23℃±2℃，相对湿度30%～75%的条件下进行。试验前将全部试样在该环境条件下放置一周以上。

6.4.4　试验步骤

6.4.4.1　向露点仪的容器中注入深约25mm的乙醇或丙酮，再加入干冰，使其温度冷却到等于或低于-40℃并在试验中保持该温度。

6.4.4.2　将试样水平放置，在上表面涂一层乙醇或丙酮，使露点仪与该表面紧密接触，停留时间按表4的规定。

表4

原片玻璃厚度/mm	接触时间/min
≤4	3
5	4
6	5
8	7
≥10	10

6.4.4.3　移开露点仪，立刻观察玻璃试样的内表面上有无结露或结霜。

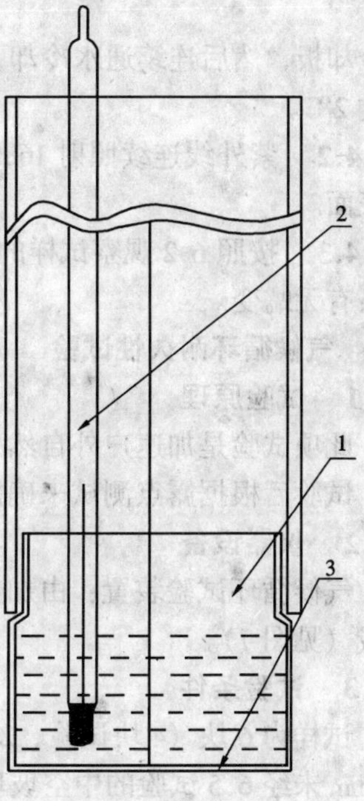

图5　露点仪

1—铜槽；2—温度计；3—测量面

6.5　耐紫外线辐照试验

6.5.1　试验原理

此项试验是检验中空玻璃耐紫外线辐照性能，照射后密封胶如果有有机物、水等挥发物，通过冷却水盘可以把这些物质吸附到玻璃内表面。并检验试样在紫外线辐照下胶条蠕变情况。

6.5.2　仪器设备

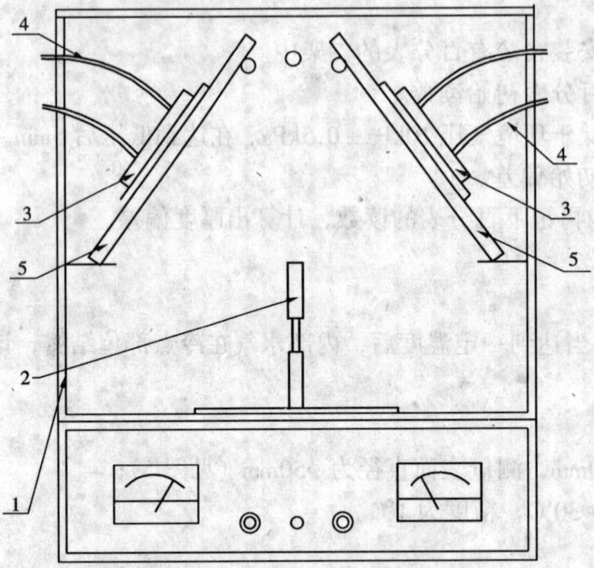

图 6　紫外线试验箱

1—箱体；2—光源；3—冷却盘；4—冷却水管；5—试样

6.5.2.1　紫外线试验箱：箱体尺寸为 560mm × 560mm × 560mm，内装由紫铜板制成的 ϕ150mm 的冷却盘 2 个（见图 6）。

6.5.2.2　光源为 MLU 型 300W 紫外线灯，电压为 220V ± 5V，其输出功率不低于 40W/m²，每次试验前必须用照度计检查光源输出功率。

6.5.2.3　试验箱内温度为 50℃ ± 3℃。

6.5.3　试验条件

试样为 4 块（2 块试验、2 块备用）与制品在同一工艺条件下制作的尺寸为 510mm × 360mm 的样品。

6.5.4　试验步骤

6.5.4.1　在试验箱内放 2 块试样，试样放置如图 6，试样中心与光源相距 300mm，在每块试样中心表面各放置冷却板，然后连续通水冷却，进口水温保持在 16℃ ± 2℃，冷却板进出口水温相差不得超过 2℃。

6.5.4.2　紫外线连续照射 168h 后，把试样移出放到 23℃ ± 2℃温度下存放一周，然后擦净表面。

6.5.4.3　按照 6.2 观察试样的内表面有无雾状、油状或其他污物，玻璃是否有明显错位、胶条有无蠕变。

6.6　气候循环耐久性试验

6.6.1　试验原理

此项试验是加速户外自然条件的模拟试验，通过试验来考验试样耐户外自然条件的能力。试验后根据露点测试来确定该项性能的优劣。

6.6.2　仪器设备

气候循环试验装置：由加热、冷却、喷水、吹风等能够达到模拟气候变化要求的部件构成（见图 7）。

6.6.3　试验条件

试样为 6 块（4 块试验、2 块备用）与制品在同一工艺条件下制作的尺寸为 510mm × 360mm 未经 6.5 试验的中空玻璃。试验在温度 23℃ ± 2℃，相对湿度 30% ~ 75% 的条件下进行。

6.6.4　试验步骤

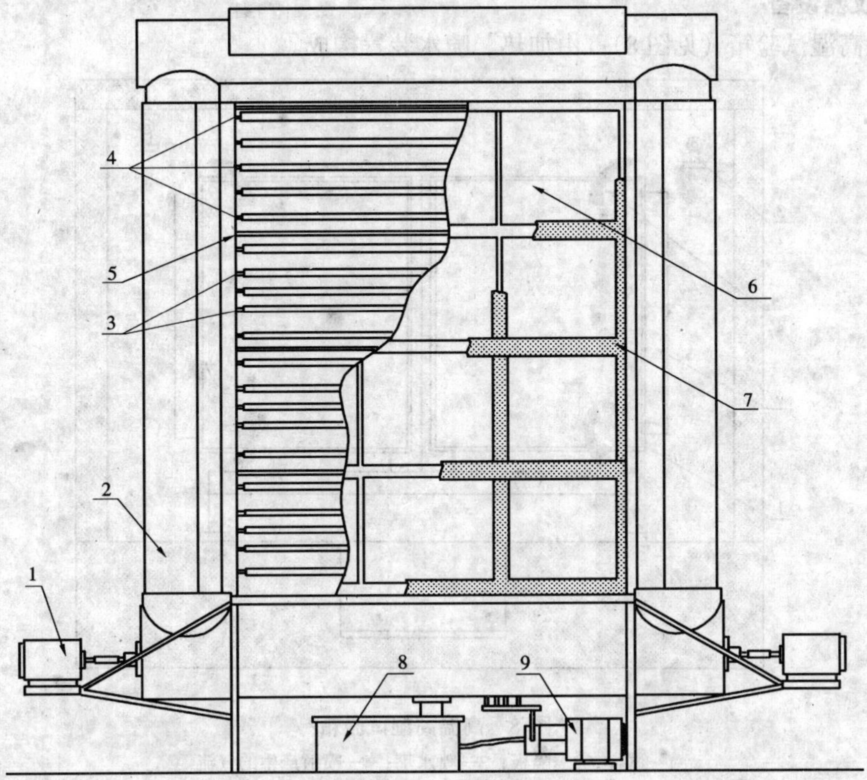

图 7　气候循环试验装置

1—风扇电机；2—风道；3—加热器；4—冷却管；5—喷水管；
6—试样；7—试样框架；8—水槽；9—水泵

6.6.4.1　将 4 块试样装在气候循环装置的框架上，试样的一个表面暴露在气候循环条件下，另一表面暴露在环境温度下。安装时注意不要使试样产生机械应力。

6.6.4.2　气候循环试验进行 320 个连续循环，每个循环周期分为三个阶段。

加热阶段：时间为90min ± 1min，在 60min ± 30min 内加热到 52℃ ± 2℃，其余时间保温。

冷却阶段：时间为 90min ± 1min，冷却 25min 后用 24℃ ± 3℃的水向试样表面喷 5min，其余时间通风冷却。

制冷阶段：时间为 90min ± 1min，在 60min ± 30min 内将温度降低到 - 15℃ ± 2℃，其余时间保温。

最初 50 个循环里最多允许 2 块试样破裂，可用备用试样更换，更换后继续试验。更换后的试样再进行 320 次循环试验。

6.6.4.3　完成 320 次循环后，移出试样，在 23℃ ± 2℃和相对湿度 30% ~ 75%的条件下放置一周，然后按 6.4 测量露点。

6.7　高温高湿耐久性试验

6.7.1　试验原理

此项试验是检验中空玻璃在高温高湿环境下的耐久性能，试样经高温高湿及温度变化产生热胀冷缩，强制水气进入试样内部，试验后根据露点测试确定该项性能的优劣。

6.7.2　仪器设备

高温高湿试验箱（见图8）：由加热、喷水装置构成。

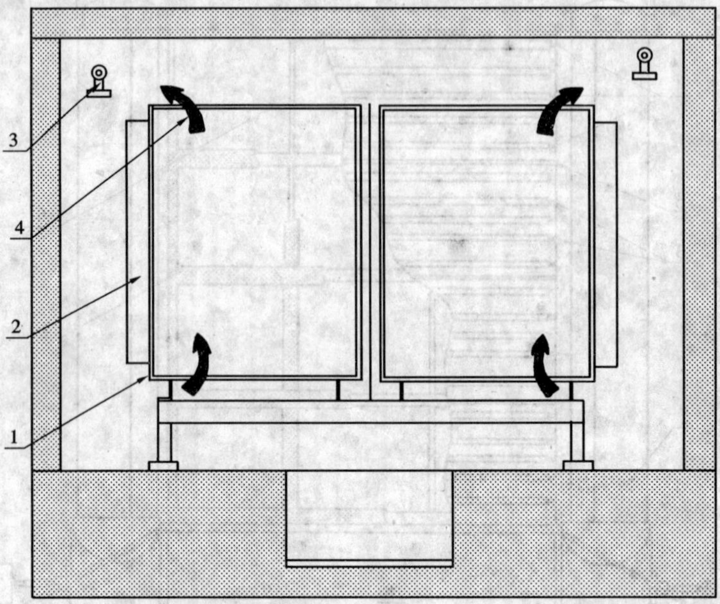

图8　高温高湿试验箱

1—试样；2—隔板；3—喷水嘴；4—喷射产生的气流

6.7.3　试验条件

试样为10块（8块试验、2块备用）与制品在同一工艺条件下制作的尺寸为510mm×360mm，未经6.5和6.6试验的中空玻璃，放置在相对湿度大于95%的高温高湿试验箱内，在箱壁和隔板之间连续喷水，使温度在25℃±3℃～55℃±3℃之间有规律变动。

6.7.4　试验步骤

6.7.4.1　试验进行224次循环，每个循环分为两个阶段

加热阶段：时间为140min±1min，在90min±1min内将箱内温度升高到55℃±3℃，其余时间保温。

冷却阶段：时间为40min±1min，在30min±1min内将箱内温度降低到25℃±3℃，其余时间保温。

6.7.4.2　试验最初50个循环里最多允许有2块试样破裂，可以更换后继续试验。更换后的试样再进行224次循环试验。

6.7.4.3　完成224次循环后移出试样，在温度23℃±2℃，相对湿度30%～75%的条件下放置一周，然后按6.4测量露点。

7　检　验　规　则

7.1　检验分类

7.1.1　型式检验

型式检验项目包括外观、尺寸偏差、密封性能、露点、耐紫外线辐照性能、气候循环

耐久性能和高温高湿耐久性能试验。

7.1.2 出厂检验

出厂检验项目包括外观、尺寸偏差。若要求增加其他检验项目由供需双方商定。

7.2 组批和抽样

7.2.1 组批：采用同一工艺条件下生产的中空玻璃，500块为一批。

7.2.2 产品的外观、尺寸偏差按表5从交货批中随机抽样进行检验。

表5 单位为块

批量范围	抽检数	合格判定数	不合格判定数
1~8	2	1	2
9~15	3	1	2
16~25	5	1	2
26~50	8	2	3
51~90	13	3	4
91~150	20	5	6
151~280	32	7	8
281~500	50	10	11

对于产品所要求的其他技术性能，若用制品检验时，根据检测项目所要求的数量从该批产品中随机抽取。

7.3 判定规则

若不合格品数等于或大于表5的不合格判定数，则认为该批产品外观质量、尺寸偏差不合格。

其他性能也应符合相应条款的规定，否则认为该项不合格。

若上述各项中，有一项不合格，则认为该批产品不合格。

8 包装、标志、运输和贮存

8.1 包装

中空玻璃用木箱或集装箱包装，包装箱应符合国家有关标准规定。每块玻璃应用塑料或纸隔开，玻璃与包装箱之间用不易引起玻璃划伤等外观缺陷的轻软材料填实。

8.2 标志

包装标志应符合国家有关标准的规定，应包括产品名称、厂名、厂址、商标、规格、数量、生产日期、批号、执行标准，且应标明“朝上、轻搬正放、防雨、防潮、防日晒、小心破碎”等字样。

8.3 运输

产品可用各种类型车辆运输，搬运规则、条件等应符合国家有关规定。

运输时，不得平放或斜放，长度方向应与输送车辆运行方向相同，应有防雨措施。

8.4 贮存

产品应垂直放置贮存在干燥的室内。

中华人民共和国国家标准

硅酮建筑密封胶

Silicone sealant for building

GB/T 14683—2003
代替 GB/T 14683—1993

中华人民共和国国家质量监督检验检疫总局 2003-05-22 批准
2004-01-01 实施

前　言

本标准参考了ISO/FDIS 11600（2002年英文版）《建筑结构　接缝产品　密封材料　分级和要求》的有关内容。本标准代替GB/T 14683—1993《硅酮建筑密封膏》。

本标准与GB/T 14683—1993相比主要变化如下：

——对标准的中文名称做了修改；

——对标准的适用范围做了修改（1993年版的第1章；本版的第1章）；

——对规范性引用文件做了修改（1993年版的第2章；本版的第2章）；

——对产品的分类做了修改，增加级别和次级别（1993年版的3.1；本版的3.1、3.2、3.3和表1）；

——对产品的物理力学性能要求做了修改，取消了流平性、低温柔性、热—水循环后定伸粘结性、拉伸—压缩循环性能；增加拉伸模量、冷拉—热压后粘结性、质量损失率；将浸水光照后定伸粘结性改为紫外线辐照后粘结性；将粘结性试验项目的技术指标改为无破坏（1993年版的表1；本版的表2）；

——对试验基本要求做了修改（1993年版的5.1；本版的5.1）；

——对挤出性、表干时间、定伸粘结性、浸水光照后定伸粘结性、弹性恢复率的试验方法做了修改（1993年版的5.3、5.5、5.6.1、5.8.1、5.8.3、5.9；本版的5.4、5.5、5.6、5.8、5.9）；

——增加了粘结性试件破坏深度的测量和判定方法（见5.8.1、5.8.2和图1）；

——对组批与抽样规则做了修改（1993年版的6.3.1、6.3.2；本版的6.3.1、6.3.2）；

——对判定规则做了修改（1993年版的6.4；本版的6.4）；

本标准由中国建筑材料工业协会提出。

本标准由全国轻质与装饰装修建筑材料标准化技术委员会归口。

本标准负责起草单位：河南建筑材料研究设计院、广州白云粘胶厂。

本标准参加起草单位：南海市嘉美精细化工有限公司、江门市精细化工厂、杭州之江有机硅化工有限公司、广州市高士实业有限公司。

本标准主要起草人：邓超、丁苏华、李谷云、王跃林、刘虎城、黄细杰、倪宏志、李步春。

本标准所代替标准的历次版本发布情况：

GB/T 14683—1993

硅酮建筑密封胶

1 范　围

本标准规定了镶装玻璃和建筑接缝用硅酮密封胶的产品分类、要求、试验方法、检验规则及标志、包装、运输、贮存的基本要求。

本标准适用于以聚硅氧烷为主要成分、室温固化的单组分密封胶

2 规范性引用文件

下列文件中的条款通过本标准的引用而成为本标准的条款。凡是注日期的引用文件，其随后所有的修改单（不包括勘误的内容）或修订版均不适用于本标准，然而，鼓励根据本标准达成协议的各方研究是否可使用这些文件的最新版本。凡是不注日期的引用文件，其最新版本适用于本标准。

GB/T 13477.1　建筑密封材料试验方法　第1部分：试验基材的规定（GB/T 13477.1—2002，ISO 13640：1999，Building construction—Jointing products—Specifications for test substrates，MOD）

GB/T 13477.2　建筑密封材料试验方法　第2部分：密度的测定

GB/T 13477.3—2002　建筑密封材料试验方法　第3部分：使用标准器具测定密封材料挤出性的方法（ISO 9048：1987，Building construction—Jointing products—Determination of extrudability of sealants using standardized apparatus，MOD）

GB/T 13477.5　建筑密封材料试验方法　第5部分：表干时间的测定

GB/T 13477.6—2002　建筑密封材料试验方法　第6部分：流动性的测定（ISO 7390：1987，Building construction—Jointing products—Determination of resistance to flow，MOD）

GB/T 13477.8—2002　建筑密封材料试验方法　第8部分：拉伸粘结性的测定（ISO 8339：1984，Building construction—Jointing products—Sealants—Determination of tensile properties，MOD）

GB/T 13477.10—2002　建筑密封材料试验方法　第10部分：定伸粘结性的测定（ISO 8340：1984，Building construction—Jointing products—Sealants—Determination of tensile properties at maintained extension，MOD）

GB/T 13477.11—2002　建筑密封材料试验方法　第11部分：浸水后定伸粘结性的测定（ISO 10590：1991，Building construction—Sealants—Determination of adhesion/cohesion properties at maintained extension after immersion in water，MOD）

GB/T 13477.13—2002　建筑密封材料试验方法　第13部分：冷拉—热压后粘结性的测定（ISO 9047：1989，Building construction—Jointing products—Determination of adhesion/cohesion properties at variable temperatures，MOD）

GB/T 13477.17—2002　建筑密封材料试验方法　第17部分：弹性恢复率的测定（ISO 7389：1987，Building construction—Jointing products—Determination of elastic recovery，MOD）

GB/T 13477.19 建筑密封材料试验方法 第19部分：质量与体积变化的测定（GB/T 13477.19—2002，ISO 10563，1991：Building construction—Sealants for joints—Determination of change in mass and volume，MOD）

JC/T 485—1992 建筑窗用弹性密封剂

3 分 类

3.1 种类

3.1.1 硅酮建筑密封胶按固化机理分为两种类型：

A 型——脱酸（酸性）

B 型——脱醇（中性）

3.1.2 硅酮建筑密封胶按用途分为两种类别：

G 类——镶装玻璃用

F 类——建筑接缝用

不适用于建筑幕墙和中空玻璃。

3.2 级别

产品按位移能力分为 25、20 两个级别，见表 1。

表 1 密封胶级别 单位为百分数

级 别	试验拉压幅度	位移能力
25	±25	25
20	±20	20

3.3 次级别

产品按拉伸模量分为高模量（HM）和低模量（LM）两个次级别。

3.4 产品标记

产品按下列顺序标记：名称、类型、类别、级别、次级别、标准号。

示例：镶装玻璃用 25 级高模量酸性硅酮建筑密封胶的标记为：硅酮建筑密封胶 A G 25HM GB/T 14683—2003

4 要 求

4.1 外观

4.1.1 产品应为细腻、均匀膏状物，不应有气泡、结皮和凝胶。

4.1.2 产品的颜色与供需双方商定的样品相比，不得有明显差异。

4.2 理化性能

硅酮建筑密封胶的理化性能应符合表 2 的规定。

表 2 理 化 性 能

序 号	项 目		技术指标			
			25HM	20HM	25LM	20LM
1	密度/（g/cm³）		规定值 ±0.1			
2	下垂度/mm	垂直	≤3			
		水平	无变形			
3	表干时间/h		≤3[a]			
4	挤出性/（mL/min）		≥80			
5	弹性恢复率/%		≥80			

续表 2

<table>
<tr><td rowspan="2">序 号</td><td rowspan="2" colspan="2">项 目</td><td colspan="4">技 术 指 标</td></tr>
<tr><td>25HM</td><td>20HM</td><td>25LM</td><td>20LM</td></tr>
<tr><td rowspan="2">6</td><td rowspan="2">拉伸模量/MPa</td><td>23℃</td><td colspan="2" rowspan="2">>0.4
或>0.6</td><td colspan="2" rowspan="2">≤0.4 和
≤0.6</td></tr>
<tr><td>-20℃</td></tr>
<tr><td>7</td><td colspan="2">定伸粘结性</td><td colspan="4">无破坏</td></tr>
<tr><td>8</td><td colspan="2">紫外线辐照后粘结性[b]</td><td colspan="4">无破坏</td></tr>
<tr><td>9</td><td colspan="2">冷拉—热压后粘结性</td><td colspan="4">无破坏</td></tr>
<tr><td>10</td><td colspan="2">浸水后定伸粘结性</td><td colspan="4">无破坏</td></tr>
<tr><td>11</td><td colspan="2">质量损失率/%</td><td colspan="4">≤10</td></tr>
<tr><td colspan="7">a 允许采用供需双方商定的其他指标值。
b 此项仅适用于 G 类产品。</td></tr>
</table>

5 试 验 方 法

5.1 试验基本要求

5.1.1 标准试验条件

试验室标准试验条件为：温度（23±2）℃，相对湿度（50±5）%。

5.1.2 试验基材

试验基材的材质和尺寸应符合 GB/T 13477.1 的规定。G 类产品使用玻璃基材，也可选用铝合金基材（用于试件的一侧）；F 类产品选用水泥砂浆和/或铝合金基材和/或玻璃基材。

当基材需要涂敷底涂料时，应按生产厂要求进行。

5.1.3 试件制备

制备前，样品应在标准条件下放置 24h 以上。

制备时，应用挤枪将试样从包装筒（膜）中直接挤出注模，使试样充满模具内腔，勿带入气泡。挤注与修整的动作要快，防止试样在成型完毕前结膜。

粘结试件的数量见表 3。表 3 所列项目的试件选用基材种类应保持一致。

表 3 粘结试件数量和处理条件

<table>
<tr><td rowspan="2">序 号</td><td rowspan="2" colspan="2">项 目</td><td colspan="2">试件数量/个</td><td rowspan="2">处 理 条 件</td></tr>
<tr><td>试验组</td><td>备用组</td></tr>
<tr><td>1</td><td colspan="2">弹性恢复率</td><td>3</td><td>—</td><td>GB/T 13477.17—2002 8.1 A 法</td></tr>
<tr><td rowspan="2">2</td><td rowspan="2">拉伸模量</td><td>23℃</td><td>3</td><td>—</td><td rowspan="2">GB/T 13477.8—2002 8.2 A 法</td></tr>
<tr><td>-20℃</td><td>3</td><td>—</td></tr>
<tr><td>3</td><td colspan="2">定伸粘结性</td><td>3</td><td>3</td><td>GB/T 13477.10—2002 8.2 A 法</td></tr>
<tr><td>4</td><td colspan="2">紫外线辐照后粘结性</td><td>3</td><td>3</td><td>GB/T 13477.8—2002 8.2 A 法</td></tr>
<tr><td>5</td><td colspan="2">冷拉—热压后粘结性</td><td>3</td><td>3</td><td>GB/T 13477.13—2002 8.1 A 法</td></tr>
<tr><td>6</td><td colspan="2">浸水后定伸粘结性</td><td>3</td><td>3</td><td>GB/T 13477.11—2002 8.1 A 法</td></tr>
</table>

5.2 外观

从包装中挤出试样，刮平后目测。

5.3 密度

按 GB/T 13477.2 试验。

5.4 下垂度

按 GB/T 13477.6—2002 中 7.1 试验。试件在 50℃恒温箱中放置 4h。

5.5 表干时间

按 GB/T 13477.5 试验。型式检验应采用 A 法试验，出厂检验可采用 B 法试验。

5.6 挤出性

按 GB/T 13477.3—2002 中 7.2 试验。挤出孔直径为 4mm，样品预处理温度 (23 ± 2)℃。

5.7 弹性恢复率

按 GB/T 13477.17—2002 试验。试验伸长率见表 4。

表4 试验伸长率

单位为百分数

项目	试验伸长率			
	25HM	25LM	20HM	20LM
弹性恢复率	100		60	
拉伸模量	100		60	
定伸粘结性	100		60	
紫外线辐照后粘结性	100		60	
浸水后定伸粘结性	100		60	

5.8 拉伸模量

拉伸模量以相应伸长率时的应力表示。按 GB/T 13477.8—2002 试验，测定并计算试件拉伸至表 4 规定的相应伸长率时的应力 (MPa)，其平均值修约至一位小数。

5.9 定伸粘结性

5.9.1 试验步骤

在标准试验条件下按 GB/T 13477.10—2002 试验。试验伸长率见表 4。试验结束后，用精度为 0.5mm 的量具测量每个试件粘结和内聚破坏深度（试件端部 2mm × 12mm × 12mm 体积内的破坏不计，见图 1A 区），记录试件最大破坏深度 (mm)。

试验后，三个试件中有两个破坏，则试验评定为“破坏”。若只有一块试件破坏，则另取备用的一组试件进行复验。若仍有一块试件破坏，则试验评定为“破坏”。

5.9.2 试件“破坏”的评定

在密封胶表面任何位置，如果粘结或内聚破坏深度超过 2mm，则试件为“破坏”（见图 1），即：

A 区：在 2mm × 12mm × 12mm 体积内允许破坏，且不报告。

B 区：允许破坏深度不大于 2mm，报告为“无破坏”，并记录试验结果。

C 区：破坏从密封胶表面延伸到此区域，报告为“破坏”。

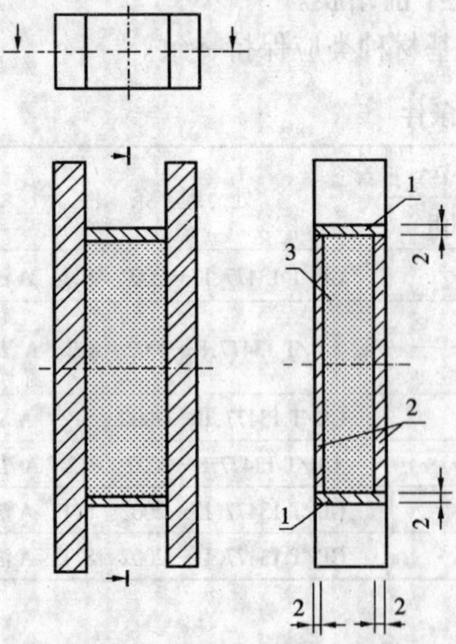

图 1 粘结试件破坏分区图

1—A 区；2—B 区；3—C 区

5.10 紫外线辐照后粘结性

紫外线辐照箱应符合 JC/T 485—1992 中 5.12.1 的规定，在不浸水的条件下连续光照 300h。试验伸长率见表 4。试验结束后检查每个试件。若有一块试件破坏，则另取备用的一组试件复验。试件的检查方法同 5.9。

5.11 冷拉—热压后粘结性

按 GB/T 13477.13—2002 试验。试件的拉伸—压缩率和相应宽度见表 5。第一周期试验结束后，检查每个试件粘结和内聚破坏情况。无破坏的试件继续进行第二周期试验；若有两个或两个以上试件破坏，应停止试验。第二周期试验结束后，若只有一块试件破坏，则另取备用的一组试件复验。试件的检查方法同 5.9。

表 5 拉伸压缩幅度

级别	25HM	25LM	20HM	20LM
拉伸压缩率％	±25		±20	
拉伸时宽度/mm	15.0		14.4	
压缩时宽度/mm	9.0		9.6	

5.12 浸水后定伸粘结性

按 GB/T 13477.11—2002 试验。

5.13 质量损失率

按 GB/T 13477.19 试验。

6 检验规则

6.1 检验分类

6.1.1 出厂检验

生产厂应按本标准的规定，对每批密封胶产品进行出厂检验，检验项目为：

a）外观；

b）下垂度；

c）表干时间；

d）挤出性；

e）拉伸模量；

f）定伸粘结性。

6.1.2 型式检验

有下列情况之一时，须按本标准第 4 章逐项进行型式检验。

a）新产品试制或老产品转厂生产的试制定型鉴定；

b）正常生产时，每年至少进行一次；

c）产品的原料、配方、工艺及生产装备有较大改变，可能影响产品质量时；

d）产品停产一年以上，恢复生产时；

e）出厂检验结果与上次型式检验有较大差异时；

f）国家质量监督机构提出进行型式检验要求时。

6.2 组批与抽样规则

6.2.1 组批

以同一品种、同一类型的产品每 5t 为一批进行检验，不足 5t 也作为一批。

6.2.2 抽样

支装产品由该批产品中随机抽取 3 件包装箱，从每件包装箱中随机抽取 2～3 支样品，共取 6～9 支。

桶装产品随机抽样，样品总量为4kg，取样后应立即密封包装。

6.3 判定规则

6.3.1 单项判定

下垂度、表干时间、定伸粘结性、紫外线辐照后粘结性、冷拉—热压后粘结性、浸水后定伸粘结性试验，每个试件均符合规定，则判该项合格。

挤出性试验每个试样均符合规定，则判该项合格。

密度、弹性恢复率、质量损失率试验每组试件的平均值符合规定，则判该项合格。

高模量产品在23℃和－20℃的拉伸模量有一项符合表2中高模量（HM）指标规定时，则判该项合格（以修约值判定）。

低模量产品在23℃和－20℃时的拉伸模量均符合表2中低模量（LM）指标规定时，则判该项合格（以修约值判定）。

6.3.2 综合判定

检验结果符合第4章全部要求时，则判该批产品合格。

外观质量不符合4.1规定时，则判该批产品不合格。

有两项或两项以上指标不符合规定时，则判该批产品为不合格；若有一项指标不符合规定时，在同批产品中再次抽取相同数量的样品进行单项复验，如该项仍不合格，则判该批产品为不合格。

7 标志、包装、运输、贮存

7.1 标志

产品最小包装上应有牢固的不褪色标志，内容包括：

a）产品名称；

b）产品标记；

c）生产日期、批号及保质期；

d）净容量或净质量；

e）制造方名称和地址；

f）商标；

g）使用说明及注意事项。

7.2 包装

产品采用支装或桶装，包装容器应密闭。

包装箱或包装桶除应有7.1标志外，还应有防雨、防潮、防日晒、防撞击标志。产品出厂时应附有产品合格证。

7.3 运输

运输时应防止日晒雨淋，撞击、挤压包装，产品按非危险品运输。

7.4 贮存

产品应在干燥、通风、阴凉的场所贮存，贮存温度不超过27℃。

产品自生产之日起，保质期不少于6个月。

中华人民共和国国家标准

塑料门窗用密封条

Sealing strips for plastic doors and windows

GB/T 12002—89

国家技术监督局 1989-12-25 批准

1990-11-01 实施

1 主题内容与适用范围

本标准规定了塑料门窗用密封条系列公差及质量。

本标准适用于塑料门窗安装玻璃和框扇间用的改性聚氯乙烯（PVC）或橡胶弹性密封条，也适用于钢、铝合金门窗用的弹性密封条。

2 引 用 标 准

GB 1039　塑料力学性能试验方法总则
GB 1040　塑料拉伸试验方法
GB 1683　硫化橡胶恒定形变压缩永久变形的测定方法
GB 2411　塑料邵氏硬度试验方法
GB 2828　逐批检查计数抽样程序及抽样表（适用于连续批的检查）
GB 2829　周期检查计数抽样程序及抽样表（适用于生产过程稳定性的检查）
GB 2918　塑料试样状态调节和试验的标准环境
GB 5470　塑料冲击脆化温度试验方法
GB 7107　建筑外窗空气渗透性能分级及其检测方法
GB 7108　建筑外窗雨水渗漏性能分级及其检测方法
GB 7141　塑料热空气老化试验方法（热老化箱法）通则
GB 7526　车辆门窗橡胶密封条

3 产 品 分 类

密封条根据用途、使用范围、材质、形状及尺寸进行分类并命名。

3.1 按用途分类

安装玻璃用密封条，代号 GL；
框扇间用密封条，代号 We。

3.2 按使用范围分类

低层和中层建筑用密封条，代号Ⅰ；
高层和寒冷地区建筑用密封条，代号Ⅱ。

3.3 按材质分类

PVC 系列密封条，代号Ⅴ；
橡胶系列密封条，代号 R。

3.4 按形状分类

3.4.1 安装玻璃用密封条

槽型密封条，代号 U；
棒型密封条，代号 J。

3.4.2 框扇间用密封条

带中空部分密封条，代号 H；
不带中空部分密封条，代号 S。

3.5 按尺寸分类

3.5.1 槽型密封条按安装玻璃槽宽尺寸 W 与所安玻璃厚度 G 的配合尺寸分类，其主要形状及配合尺寸如图1所示。

W 和 G 具有下列尺寸：

W：9，11，13，15，20，25mm

G：3.0，4.0，5.0，6.0，7.0，8.0，12.0，16.0，18.0mm

注：12.0，16.0，18.0mm 是夹层玻璃或中空玻璃。

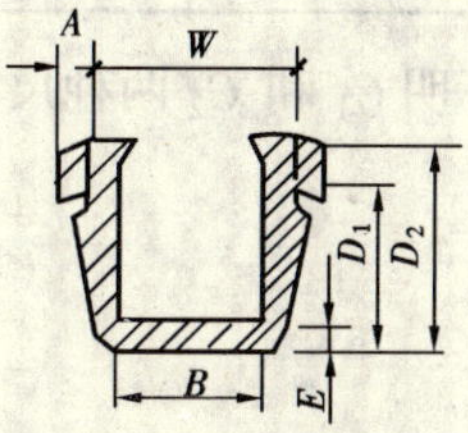

图1　槽型

A—镶嵌边宽；B—玻璃槽宽；D_1—镶嵌深度；D_2—密封深度；E—槽底厚度；W—镶嵌宽度

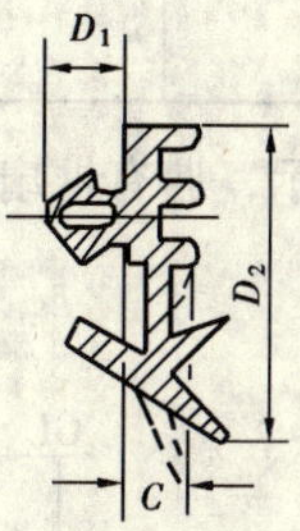

图2　棒型

C—玻璃面与窗框间隙；D_1—镶嵌深度；D_2—密封深度

3.5.2 棒型密封条按窗框与玻璃面的间隙尺寸 C 分类，其主要形状及间隙尺寸 C 如图2和表1所示。

表1　间隙尺寸 C 的范围　　mm

尺　寸　C	范　　围
2.5	$2.5 \leqslant C < 3.0$
3	$3.0 \leqslant C < 3.5$
3.5	$3.5 \leqslant C < 4.0$
4	$4.0 \leqslant C < 5.0$
5	$5.0 \leqslant C$

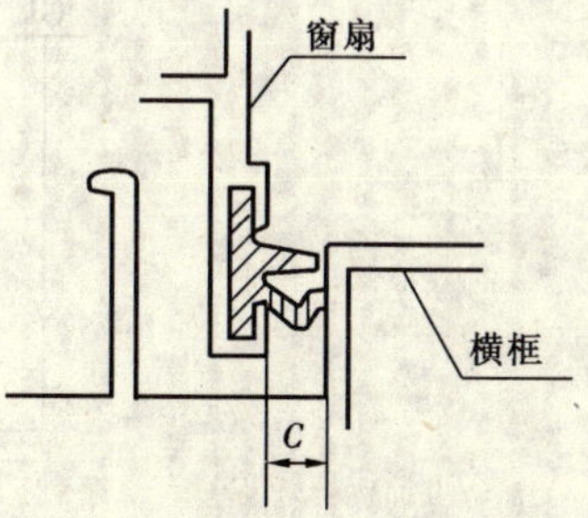

图3　推拉窗扇与下框的间隙

3.5.3 框扇间用密封条是按窗扇与窗边框间隙尺寸 C 分类，如图3、图4、图5和表2所示。

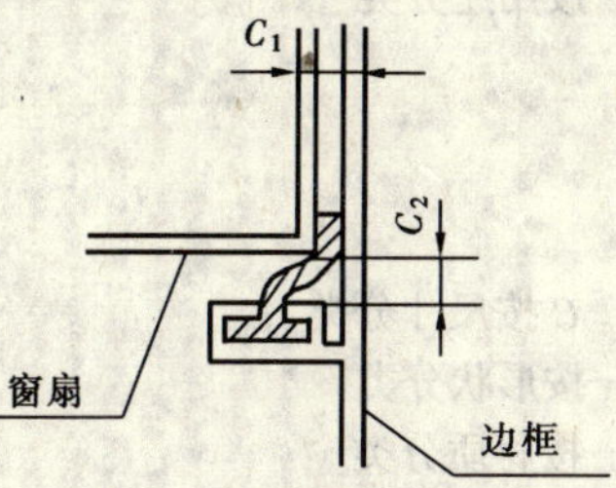

图4　推拉窗扇与边框的间隙

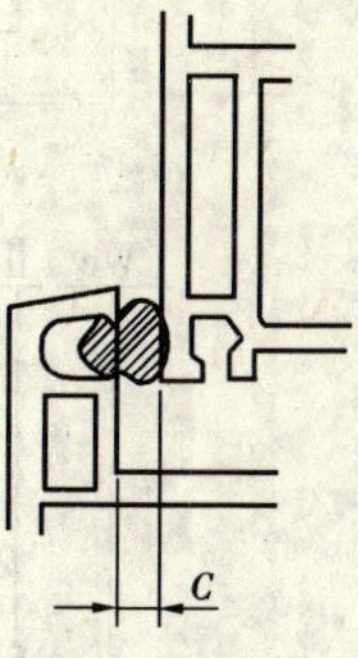

图5　平开窗扇与边框间隙

表2　间隙尺寸 C 的范围　　mm

尺　寸 C	范　围	尺　寸 C	范　围
1	$1 \leqslant C < 3$	13	$13 \leqslant C < 15$
3	$3 \leqslant C < 5$	15	$15 \leqslant C < 18$
5	$5 \leqslant C < 7$	18	$18 \leqslant C < 20$
7	$7 \leqslant C < 10$	20	$20 \leqslant C < 23$
10	$10 \leqslant C < 13$	23	$23 \leqslant C < 25$

但如图4所示，遇有框扇正交时，则间隙尺寸 C 应标明 C_1 和 C_2 两种尺寸的 C 值。

3.6　命名举例

例：

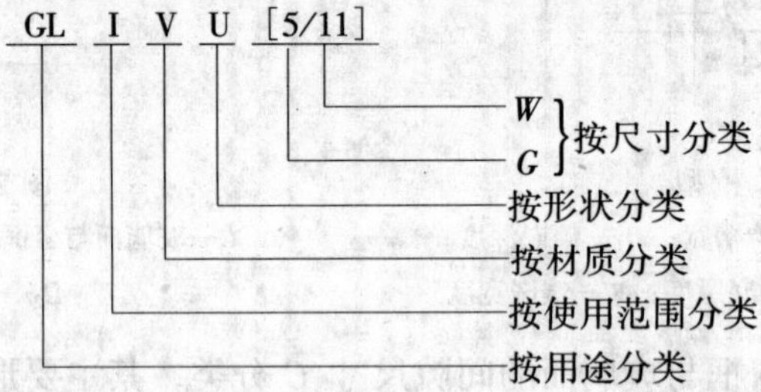

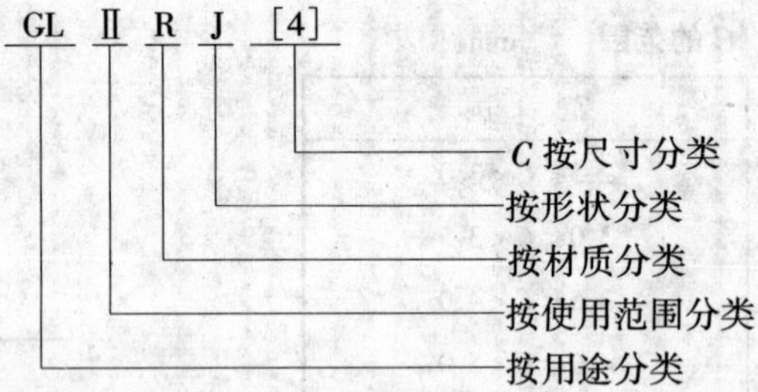

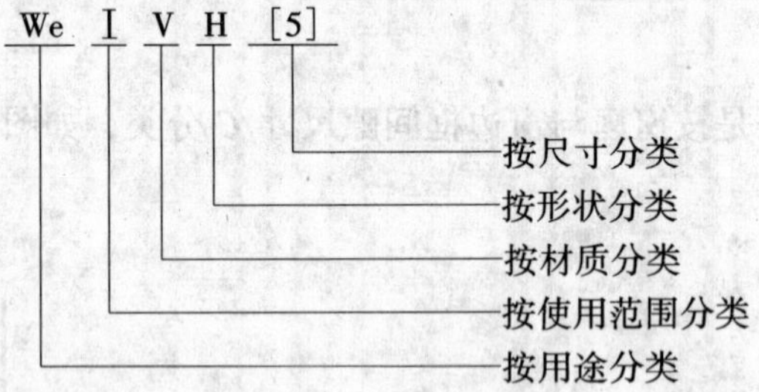

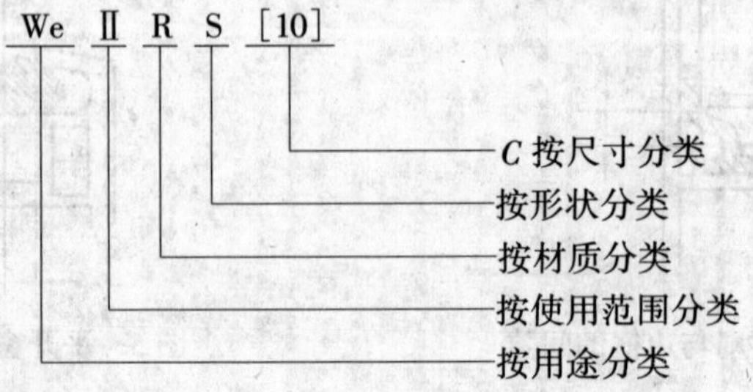

4 技 术 要 求

4.1 产品质量要求

4.1.1 外观

外观应光滑、平直无扭曲变形，表面无裂纹，边角无锯齿及其他缺陷。颜色为黑色(或与用户协商确定)。

4.1.2 加热收缩率

密封条产品的加热收缩率应小于2%。

4.1.3 截面形状、基本尺寸及公差

截面形状和基本尺寸由制造厂与用户协商确定。其主要尺寸如图1和图2所示，要求 A 大于1.2mm，B 大于玻璃厚度，D_1 大于4mm，D_2 大于10mm，E 大于1.0mm。基本尺寸公差见表3。

4.2 材质的物理性能

密封条用材质的物理性能必须符合表4的规定。

表3 尺寸及公差 mm

基本尺寸 \ 允许差 \ 材质		V 系	R 系
	<1	±0.2	±0.3
>1～	<3	±0.3	±0.4
>3～	<5	±0.4	±0.5
>5～	<10	±0.5	±0.6
>10～	<15	±0.6	±0.7
>15～	<20	±0.8	±0.9
>20～	<30	±1.0	±1.0

表4 材质的物理性能

项目 \ 指标 \ 类别			单位	安装玻璃用密封条		框扇间用密封条		试验方法
				GLⅠ	GLⅡ	WeⅠ	WeⅡ	
硬度（邵尔A型）	23℃		度	65±5	60±5	60±5	60±5	5.4.3
	0℃	<	度	85	75	85	75	5.4.4
	40℃	<	度	50	45	45	45	
	0℃与40℃硬度差	<		30	15	30	15	
100%定伸强度		≥	MPa	3.0	2.0	3.0	2.0	5.4.5
拉伸断裂强度		≥	MPa	7.5	10.0	7.5	10.0	
拉伸断裂伸长率			%	300	300	300	300	
热空气老化性能 100℃×72h	拉伸强度保留率	≥	%	85	85	85	85	5.4.6
	伸长率保留率	≥	%	70	70	70	70	
	加热失重	≤	%	3.0	3.0	3.0	3.0	
加热收缩率 70℃×24h		≤	%	2.0	2.0	2.0	2.0	5.3

续表 4

指标 项目 \ 类别	单位	安装玻璃用密封条		框扇间用密封条		试验方法
		GLⅠ	GLⅡ	WeⅠ	WeⅡ	
压缩永久变形（压缩率 30%） 70℃ × 24h <	%	75	75	75	75	5.4.7
脆性温度 不高于	℃	−30	−40	−30	−40	5.4.8
耐臭氧性（50pphm，伸长 20%） 40℃ × 96h		不出现龟裂				5.4.9
注：有要求时密封条按 GB 7107 进行气密性试验，按 GB 7108 进行水密性试验，并记录于报告中。						

5 检验方法

5.1 产品外观用目测和精度为 0.02mm 的量具进行检验。

5.2 产品截面形状主要尺寸及公差用精度为 0.02mm 的量具进行测量。

用游标卡尺检验时，要使密封条在不施加压力的自然状态下进行测量。

用光学投影仪检验时，用锐利的切刀，把密封条的长轴垂直截断，切取小于 1mm 薄片，放大 5～10 倍测量。

5.3 加热收缩率测定

5.3.1 试验装置

a. 电热鼓风干燥箱，温度波动 1℃。

b. 测长仪，精度为 0.5mm 的直尺。

5.3.2 试样

从制品上截取长度为 100 ± 1mm 的试样三个。

5.3.3 试验步骤

用直尺测量试样长度，准确至 0.5mm。然后水平放置于 70 ± 2℃ 电热鼓风干燥箱内，24h 后取出，置于标准状态下的平板上，静置 2h 后测其长度。

5.3.4 计算

加热收缩率按式（1）计算：

$$L = \frac{L_0 - L_1}{L_0} \times 100 \tag{1}$$

式中 L——加热收缩率，%；

L_0——加热前试样长度，mm；

L_1——加热后试样长度，mm。

测试结果以三个试样的算术平均值表示。

5.4 材质的物理性能测试方法

5.4.1 试片

按 GB 1039 规定进行。

5.4.2 材质物理试验要求

按 GB 2918 规定进行。

5.4.3 硬度测定

按 GB 2411 规定进行。

5.4.4 变温硬度测定

将试样放入 0±2℃或 40±2℃的恒温容器中，1h 后迅速取出，按 GB2411 中第 12 条规定在 10s 之内测定硬度。最后以 0℃和 40℃两种温度下硬度差作为感温性能表征数据。

5.4.5 拉伸断裂强度和断裂伸长率测定

按 GB 1040 规定进行，采用哑铃型Ⅲ号样。

5.4.6 热空气老化性能试验

5.4.6.1 试验装置

热空气老化试验箱应符合 GB 7141 中第 3 章规定。

5.4.6.2 试样

采用 GB 1040 中哑铃型Ⅲ号样，每组 10 条试样，5 条进行老化试验，5 条为原始试样。

5.4.6.3 试验步骤

在分析天平上称量老化前试样质量，准确至 0.0001g。然后放入已恒温 100±1℃的老化箱中，开始记时，到达 72h 从老化箱中取出试样，放入干燥器中，静置 16h，再称量老化后试样质量，热失重按公式（4）计算。

老化前后的拉伸断裂强度和断裂伸长率按 GB 1040 规定进行测定。

5.4.6.4 试验结果显示

试样热老化处理后性能变化保留率，按公式（2）、（3）、（4）计算。

拉伸断裂强度保留率：

$$rF = \frac{F_1}{F} \times 100 \quad (2)$$

式中 rF——老化后拉伸强度保留率,%；

F_1——老化后拉伸强度，MPa；

F——老化前拉伸强度，MPa。

伸长率保留率：

$$rE = \frac{E_1}{E} \times 100 \quad (3)$$

式中 rE——老化后断裂伸长率保留率,%；

E_1——老化后断裂伸长率,%；

E——老化前断裂伸长率,%。

热失重：

$$W = \frac{W_0 - W_1}{W_0} \times 100 \quad (4)$$

式中 W——热失重,%；

W_0——加热前试样质量，g；

W_1——加热后试样质量，g。

5.4.7 压缩永久变形测定

按 GB 1683 规定进行。

5.4.8 脆性温度测定

按 GB 5470 规定进行。

5.4.9 耐臭氧性能测定

按 GB 7526 附录 A 规定进行。

无要求时，PVC 系密封条一般不作臭氧老化试验。

6 检 验 规 则

6.1 产品外观按本标准 4.1.1 规定检验。

6.2 产品截面主要尺寸及公差按检验批进行抽检，每批每种规格抽检数量不少于 2%，但每种规格不少于三箱、每箱任选三处检验。抽检结果不合格，应再取双倍数量的产品进行复查，复查后仍不合格，则应逐箱进行检查。

6.3 材质物理性能，取样由同一配方同样原料规格的一批混合料中进行随机取样，数量不少于 2kg。性能测试按本标准第 5.4 条对本标准第 4.2 条所规定的项目进行试验，每月不少于一次。脆性温度试验每季一次。

6.4 产品应由生产厂的技术检验部门检验，产品出厂必须有产品合格证。

6.5 当需要抽检时，按 GB 2828 或 GB 2829 规定进行。

7 包 装

7.1 准备

包装前密封条应盘绕在纸质或木质的圆盘上，根据类型、规格分别装入外包装箱内。每箱净重不超过 20kg。

7.2 外包装

应采用纸箱、木箱、木板条加固的纤维板箱等作外包装。外包装箱应配备箱衬（牛皮纸或聚乙烯薄膜），并牢固捆扎。特殊情况供需双方协商确定。

7.3 标志

包装上都应有标志，包括下列内容：

a. 产品名称及代号；

b. 产品质量；

c. 生产厂名和商标；

d. 生产日期、检验批号和产品等级。

7.4 运输

产品在贮存和运输中应避免阳光照射、雨、雪浸淋，禁止与酸、碱、油类、有机溶剂等有损密封条质量的物质接触。

7.5 贮存

产品应贮存在通风良好的仓库内，温度以 -10~30℃为宜（寒冷地区在冬季安装密封条时，必须事先在常温下放置一天），距离热源 1m 以外，避免重压。

8 质 量 保 证

在遵守 7.3 条和 7.4 条规定的情况下，制造厂应保证产品自出厂之日起，三年内其性能应符合本标准的规定。

附加说明：

本标准由中华人民共和国化学工业部提出，由全国塑料标准化技术委员会归口。

本标准由化学工业部北京化工研究院负责起草。

本标准主要起草人李志英、张国立、安群。

本标准参照采用日本工业标准 JIS A 5756—1981《建筑（门窗和连接板）用密封垫》。

中华人民共和国建材行业标准

建筑门窗密封毛条技术条件

JC/T 635—1996

国家建筑材料工业局 1996-05-09 批准

1996-10-01 实施

1 范　　围

本标准规定了建筑门窗用密封毛条的产品分类、技术要求、试验方法、检验规则、标志、包装、运输及贮存等。

本标准适用于以丙纶长丝制造的密封毛条，代号为“MT”。

2 引 用 标 准

GB 7107　建筑外窗空气渗透性能分级及其检测方法

3 产 品 分 类

3.1 品种代号

3.1.1 品种型式

品种型式见图1和表1。

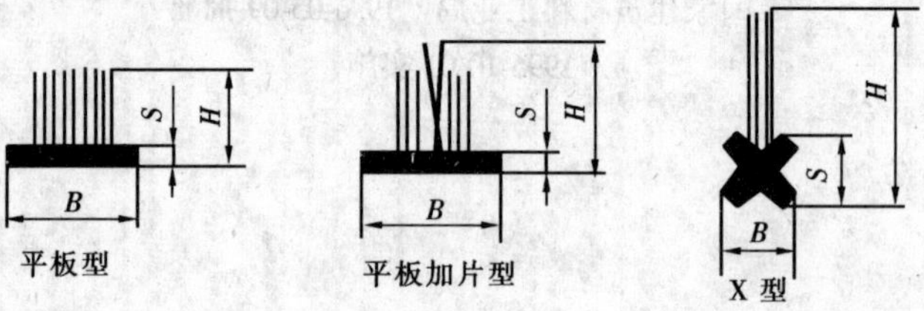

图1

3.1.2 绒毛密度。

绒毛密度见表2。

表1

品　种	平板型	平板加片型	X　型
代　号	Ⅰ	Ⅱ	Ⅲ

表2

绒毛密度	普通密度	中密度	高密度
代　号	S	E	P

3.1.3 颜色

颜色见表3。

3.2 毛条基本尺寸系列

毛条基本尺寸系列见表4和表5。

表3

颜　色	黑	灰	白	棕
代　号	BL	GR	WH	BR

表4

名　称	底板宽度	毛条总高度	底板厚度
代　号	B	H	S

表5　　mm

品　种	B	H	S
Ⅰ、Ⅱ型	4.8，5.8，6.8，9.8，10.8，12.7	3～13每0.5一档	1
Ⅲ型	2.8	9～19每0.5一档	3
注：其他规格尺寸可由使用单位与制造厂协商制定。			

3.3 标记示例

3.3.1 标记

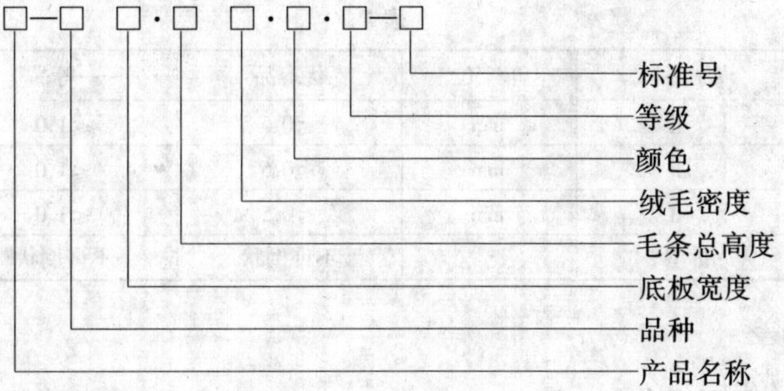

3.3.2 示例

MT—1 58·45E·GR·A – JC/T 635

其中：MT—建筑门窗密封毛条；

I—平板型；

58—底板宽 5.8mm；

45—毛条总高 4.5mm；

E—中密度；

GR—灰色；

A—优等品；

JC/T 635—本标准号。

4 技 术 要 求

4.1 材料要求

4.1.1 毛条用绒线须采用丙纶纤维异形长丝。

4.1.2 丙纶纤维必须经过紫外线稳定性处理和硅化处理。

4.2 外观质量

4.2.1 绒毛应均匀致密，毛簇挺直，切割平整，不得有缺毛及凹凸不齐现象。

4.2.2 底板表面光滑平直，不得有裂纹、气泡、粘合不牢固等缺陷。

4.2.3 拼接：最短段不得短于 2m；每 50m 密封毛条允许 4 段拼接。

4.2.4 不允许有油污、脏物。

4.3 空气渗透性能（q）

应符合表 6 规定。

表 6

品　种	单　位	优等品	一等品	合格品
Ⅰ型	$m^3/m·h$	$q≤1.0$	$q≤1.5$	$q≤2.0$
Ⅱ型	$m^3/m·h$	$q≤0.7$	$q≤1.0$	$q≤1.5$
Ⅲ型	$m^3/m·h$	$q≤2.5$	$q≤3.0$	$q≤3.0$
注：检测时Ⅰ、Ⅲ型毛条压缩 15%～20%，Ⅱ型毛条压缩 10%。				

4.4 机械性能

试验2万次后测量其高度应符合表7规定。

表7

方 式	品 种	单 位	优等品	一等品	合格品
正 压	Ⅰ、Ⅱ型	mm	≤0.5	≤1.0	≤1.5
挤 压	Ⅰ、Ⅱ型	mm	≤0.5	≤1.0	≤1.5
扫 刮	Ⅰ、Ⅱ型	mm	≤0.5	≤1.0	≤1.5
摩 擦	Ⅲ型		不许倒状	不许倒状	轻微倒伏

4.5 尺寸允许偏差

应符合表8规定。

表8

项 目	范 围	单 位	优等品	一等品	合格品
底板宽度差	$B\leqslant10$	mm	0 -0.2	0 -0.25	0 -0.25
	$B>10$	mm	0 -0.3	0 -0.35	0 -0.35
毛条高度差	$H\leqslant8$	mm	±0.25	±0.5	±0.5
	$H>8$	mm	±0.5	±0.75	±0.75
底板厚度差	Ⅰ、Ⅱ、Ⅲ型	mm	0 -0.3	0 -0.3	0 -0.3
偏边（绒毛）（底板）	$B\leqslant10$	mm	±0.25	±0.25	±0.5
	$B>10$	mm	±0.5	±0.5	±0.75
长 度	工艺规定	%	±1.0	±2.0	±3.0

5 试 验 方 法

5.1 外观

检验时在正常光照条件下对密封毛条进行目测和手感检验。

5.2 尺寸偏差

密封毛条的主要尺寸，用精度高于0.05mm游标卡尺测定。

5.3 空气渗透性能

测试方法见附录A（标准的附录）。

5.4 机械性能

测试方法见附录B（标准的附录）。

6 检 验 规 则

6.1 出厂检验

检验项目包括外观质量和尺寸偏差。

6.2 型式检验

6.2.1 有下列情况之一时，应进行型式检验：

a）正式生产后，如组织结构、材料、工艺有较大改变，可能影响产品性能时；

b）正常生产时，每 2 年进行一次检验；

c）出厂检验结果与上次型式检验有较大差异时；

d）产品停产半年后恢复生产时；

e）国家质量监督检验机构提出进行型式检验的要求时。

6.2.2 型式检验的项目为本标准技术要求的全部项目。

6.3 组批与抽样

每一品种、规格的产品以日产量为一批，抽取 10%进行检验。

6.4 判定规则

按标准要求进行检验，如有某项达不到技术指标时，允许对该项目进行复验，从该批产品中加倍抽验，若该项仍达不到要求时，则判该批产品为不合格品；如复验达到要求，则判该批产品为合格品。

7 标志、包装、运输与贮存

7.1 标志

7.1.1 产品标志

生产单位应向消费者提供产品标签、合格证。基本内容包括：

a）制造厂名；

b）产品商标；

c）产品标记；

d）生产日期。

7.1.2 外包装标志

基本内容包括：

a）制造厂名；

b）产品商标；

c）产品规格；

d）产品质量等级；

e）产品数量；

f）产品重量；

g）生产日期、批号；

h）箱体尺寸：$l \times b \times h$；

i）防潮、防火等标志。

7.2 包装

密封毛条，应具有内、外两层闭式包装，包装应保证产品品质不受损伤，能防腐、防潮，便于贮存和运输。

7.3 运输、贮存

在运输和贮存时不得挤压，避免日晒雨淋，严防受潮。

附 录 A
（标准的附录）
空气渗透性能测试方法

A1 测试装置

测试装置见图 A1。

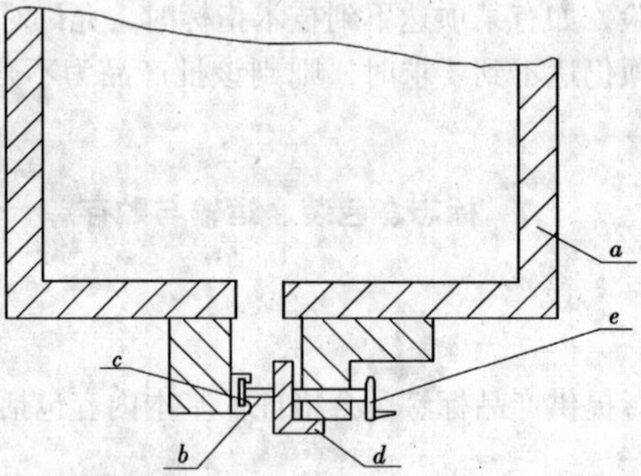

图 A1
a—静压箱；*b*—毛条；*c*—试样安装架；
d—缝隙调节装置；*e*—调节手柄

A2 试件安装

A2.1 应选用与试件相配用的试样安装架，试样在安装架内不应活动和位移。
A2.2 调节手柄，使缝隙装置平压至毛条总高度的 15% ~ 20%（加片的毛条压缩 10%）。

A3 测试方法

参照 GB 7107 的规定。

附 录 B
（标准的附录）
密封毛条机械性能综合测试方法

B1 测试装置

B1.1 平板型、平板加片型（Ⅰ、Ⅱ）毛条机械性能综合测试装置，见图 B1。
B1.2 X 型（Ⅲ）毛条机械性能测试装置，见图 B2。

B2 测前记录

将待测毛条做好编号和标记，检查外观，用游标卡尺测量毛条的高度和宽度，并

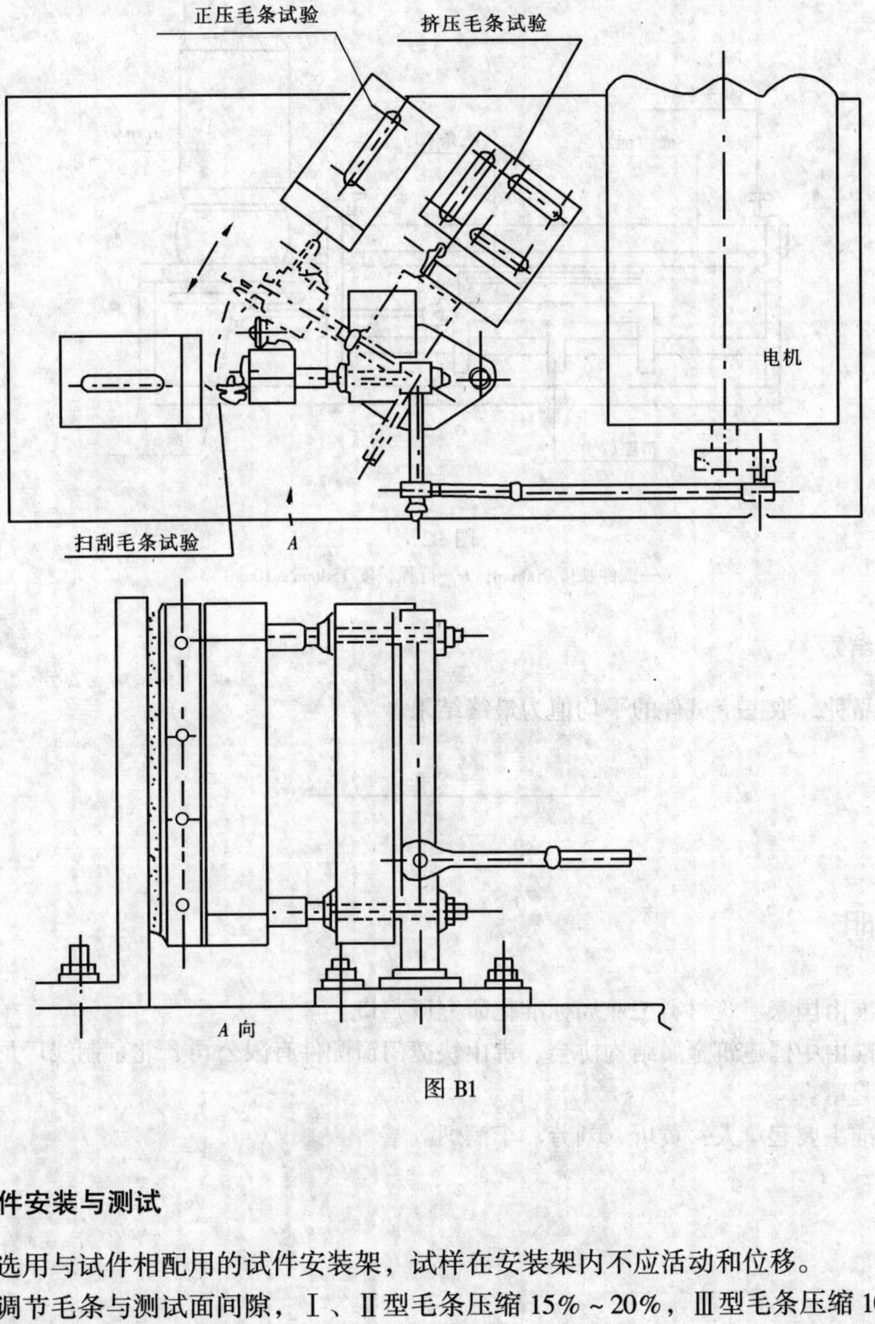

图 B1

记录。

B3　试件安装与测试

B3.1　选用与试件相配用的试件安装架，试样在安装架内不应活动和位移。

B3.2　调节毛条与测试面间隙，Ⅰ、Ⅱ型毛条压缩 15% ~ 20%，Ⅲ型毛条压缩 10%。

B3.3　开动测试装置，试验运转 2 万次后停机。

B4　测后记录

停机取出试件观察外观；用游标卡尺测量毛条试验后的高度、宽度。详细记录毛条有无开叉、倒伏、掉毛现象，计算毛条测试前后的高度差。

最后将毛条梳整，观察有无恢复现象。

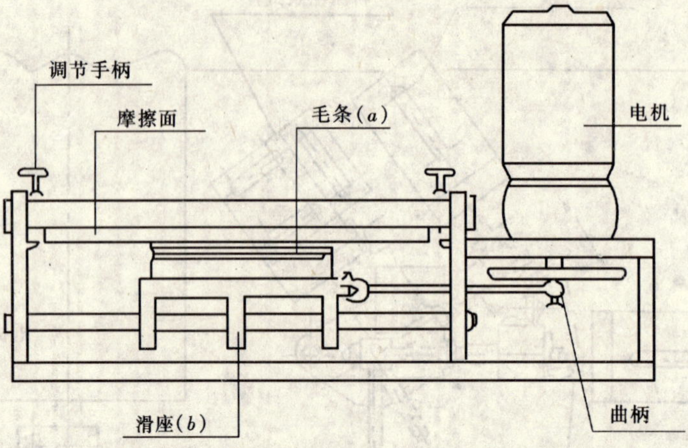

图 B2

a—试件长度 200mm；b—行程长度 150mm ± 10mm

B5　测试结果

同一品种，取三个试件的平均值为最终结果。

附加说明：

本标准由国家建筑材料工业局标准化研究所归口。

本标准由中国建筑金属结构协会、佛山快捷门窗配件有限公司、北京制线厂尼龙搭扣分厂负责起草。

本标准主要起草人：黄圻、刘芳、李满炳。

中华人民共和国国家标准

氯丁海绵橡胶粘贴式钢门窗密闭条

Chloroprene foam rubber sealing sfrip for steel doors and windows（stick-on type）

JC/T 15—1999

中华人民共和国城乡建设环境保护部　1987-12-26 批准
1988-07-01 实施

目　录

1　主题内容与适用范围 …… 593
2　引用标准 …… 593
3　品种规格 …… 593
4　技术要求 …… 593
5　试验方法 …… 594
6　检验规则 …… 594
7　标志、包装、贮存 …… 594
附录 A　氯丁海绵橡胶粘贴式钢门窗密闭条的使用方法（补充件） …… 595

1 主题内容与适用范围

本标准规定了氯丁海绵橡胶粘贴式钢门、窗密闭条的品种型式、技术性能，质量等级和检验方法等。

本标准适用于普通空腹、实腹钢门、窗用氯丁海绵橡胶粘贴式密闭条（以下简称密闭条）。

2 引 用 标 准

HG6—1267 海绵胶热空气老化试验方法

HG6—1268 海绵胶压缩率和压缩永久变形试验方法

3 品 种 规 格

3.1 型号与适用系列

密闭条的型号与适用系列见表1

3.2 型式与结构尺寸

表1

型 号	适用于钢门窗系列
S型	实腹25，32，40系列
K型	空腹25

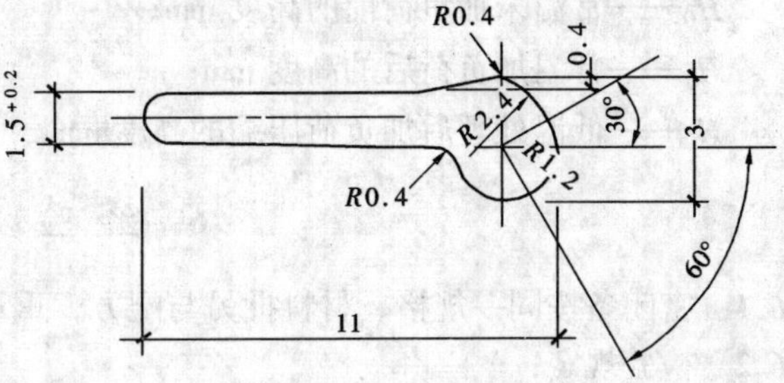

图1

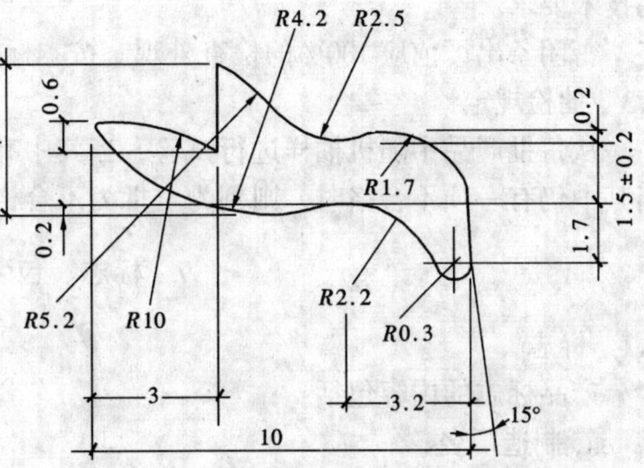

图2

a. S型密闭条的结构尺寸见图1；

b. K型密闭条的结构尺寸见图1。

3.3 标记示例

25mm实腹钢窗用S型密闭条

S GB8483

4 技 术 要 求

4.1 密闭条的材料为氯丁海绵橡胶。

4.2 密闭条的尺寸密差应符合本标准第3.2条的规定。

4.3 密闭条的理化性能见表2。

4.4 密闭条的质量等级见表3。

表2

项 目	指 标
视比重（标准试样尺寸，5×8×50mm）	≤0.6
压缩率%（标准试样尺寸，5×8×50mm）	40~80
压缩永久变形%	≤2
老化系数（70±2℃，经96h）	≥0.9
耐寒系数（-45±2℃，经96h）	≥0.8

表3

项 目	等 级	
	一等品	二等品
飞边缺口	不允许	不大于1mm
表面气泡	1×1mm气泡 每米不多于3处	2×2mm气泡 每米不多于5处
破 裂	不允许	不允许

4.5 密闭条的安装使用方法参见附录 A。

5 试 验 方 法

5.1 密闭条的压缩率和压缩永久变形试验：按 HG6—1268《海绵胶压缩率和压缩永久变形试验方法》的规定。

5.2 密闭条的老化系数试验：按 HG6—1267《海绵胶热空气老化试验方法》的规定。

5.3 密闭条的耐寒系数试验：参照 HG6—1268 中的第 4 与第 5 款要求。标准试样置于 -45±2℃的低温箱内，保持 6 小时后，取出试样移至带低温装置的压力机上，压缩至规定的负荷时，测量试样的高度，其结果按下式计算

$$K=\frac{H_0-H_2}{H_0-H_1}$$

K——耐寒系数；

H_0——常温未加负荷前的高度 mm;

H_1——常温加负荷后的高度 mm;

H_2——低温处理后加负荷压缩的高度 mm。

6 检 验 规 则

6.1 密闭条按同一规格、材料批另与配方，重量不超过 500kg 为一批。

6.2 检验规定：

密闭条出厂前必须按本标准第 5 章规定的试验方法进行，其结果应符合本标准第 4 章的技术要求。

密闭条出厂前应 100％的检查外观。按本标准第 3 章规定采取随机抽样进行尺寸检查。

6.3 抽检规定：

从每批产品中随机抽样进行试验，当其中有一项不合格时，应取双倍试样重新试验，当其中仍有一项不合格时，则判为全批为不合格品。

7 标志、包装、贮存

7.1 标志

产品标志的内容包括

a. 制造厂名；

b. 产品名称；

c. 产品型号与标记；

d. 制造日期或生产批号；

e. 质量等级。

7.2 包装

7.2.1 密闭条按同一规格捆式包装，每捆重量为 1kg，每 10 捆装于一个包装箱内。

包装箱应具有足够的强度。

7.2.2 每捆密闭条应带有合格证，每箱应带有产品说明书。

7.3 贮存

7.3.1 密闭条应存放在温度为 0～20℃，相对湿度不大于 80%的库房内。应防止酸、碱、油和其他有害于橡胶的物质浸蚀，避免阳光直接照射、距热源在 1m 以上，离地面不低于 0.3m。

7.3.2 密闭条贮存期为二年。

附 录 A
氯丁海绵橡胶粘贴式钢门窗密闭条的使用方法
（补 充 件）

A1 密闭条的粘贴型式位置如图所示。

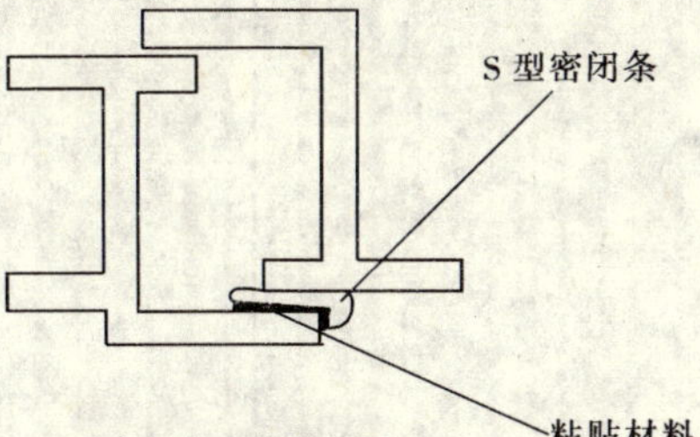

S 型密闭条安装位置图

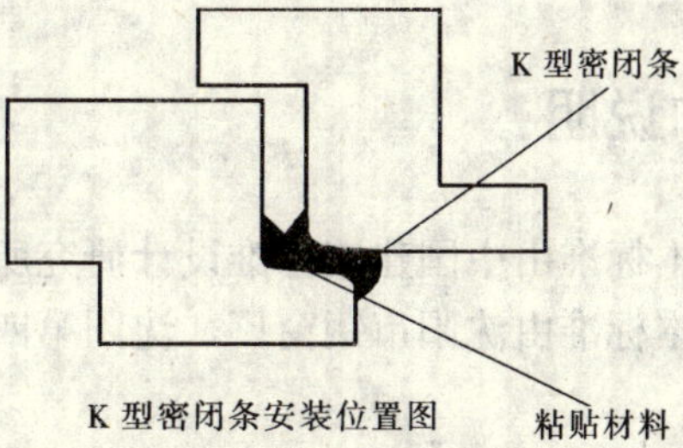

K 型密闭条安装位置图

A2 粘贴材料种类

粘贴材料可分为

a. 双面压敏胶带　SY-01

b. 快干胶　XG-01

A3 粘贴材料的技术要求

密闭条用粘贴材料的性能应符合表 A1 规定。

A4 粘贴材料适用于油漆的种类

双面压敏胶带与快干胶适用于醇酸调合漆、丙烯酸漆、聚氨酯漆、硝基漆和油漆的钢门、窗。

表 A1

试 验 条 件	180°剥离强度≥g/2.5cm	
	双面压敏胶带	快 干 胶
常温	400	800
常温浸水 48 小时	400	800
60±2℃×48 小时	200	600
−40±3℃×6 小时	600	800

A5 使用方法

A5.1 对钢门窗粘贴的要求：

钢门、窗粘贴面的漆膜应充分干燥，表面无油污，无灰尘。

A5.2 双面压敏胶带的安装操作步骤

A5.2.1 先将双面压敏胶带自然平直地粘贴在钢门、窗的密闭部位、压实，然后撕去压敏胶带表面隔离膜，再将密闭条平直地贴在压敏胶带上，平整地压实。

A5.2.2 在钢门、窗转角处，应将双面压敏胶带和密闭条剪成45°或90°拼接。

A5.3 快干胶的安装步骤

A5.3.1 用10mm宽的扁笔，对钢门、窗粘贴面及密闭条粘贴面均匀地涂刷一遍快干胶，停留5分钟后，将密闭条平直地粘贴于钢门窗上，平整的压实。

A5.3.2 在钢门，窗转角处，应将密闭条剪成45°或90°拼接。

A5.4 检验

施工完毕后应检查密闭条粘贴质量，如发现脱粘，鼓起，错位，皱褶等缺陷时，应重新加压或补粘。

附加说明：

本标准由中国建筑标准设计研究所归口。

本标准由沈阳市钢窗厂、沈阳第四橡胶厂起草。

中华人民共和国建筑工业行业标准

建 筑 幕 墙

Building curtain walls

JG 3035—1996

中华人民共和国建设部 1996-07-30 批准
1997-01-01 实施

前　言

本标准参考了日本《JASS14 幕墙工事》；在物理性能部分参考了《JCMA 日本幕墙工业协会规范》幕墙性能部分。

本标准由建设部标准定额研究所提出。

本标准由建设部建筑制品与设备标准技术归口单位中国建筑标准设计研究所归口管理并负责具体解释。

本标准由中国建筑科学研究院负责起草；深圳金粤铝制品有限公司、武汉凌云建筑装饰工程总公司、深圳航空铝型材公司、沈阳黎明铝门窗幕墙公司、沈飞工业集团铝合金结构工程公司、深圳方大集团股份有限公司和广州铝合金门窗厂参加起草。

本标准起草人：高锡九、谈恒玉、杜继予、龙文志、姜成爰、李宝成、温革、张湛、石民祥。

注：本标准内容与 JGJ 102《玻璃幕墙工程技术规范》配套实施。

目　次

前言 …… 598
1　范围 …… 600
2　引用标准 …… 600
3　产品分类及型号 …… 600
4　技术要求 …… 602
5　试验方法 …… 608
6　检验规则 …… 609
7　标志、包装、运输、贮存 …… 611
附录 A（标准的附录）　试验方法 …… 611

1 范　　围

本标准规定了建筑幕墙的分类、技术要求、试验方法、检验规则、标志、包装、运输与贮存等内容。

本标准适用于玻璃幕墙和金属板幕墙，其他类型幕墙可参照执行。本标准不适用于混凝土板幕墙。

2 引 用 标 准

下列标准所包含的条文，通过在本标准中引用而构成为本标准的条文。本标准出版时，所示版本均为有效。所有标准都会被修订，使用本标准的各方应探讨使用下列标准的最新版本的可能性。

GBJ 16—87　建筑设计防火规范
GB 191—91　包装储运图示标志
GB 2518—88　连续热镀锌薄钢板和钢带
GB/T 3280—92　不锈钢冷轧钢板
GB 3880—83　铝及铝合金板材
GB/T 5237—93　铝合金建筑型材
GB 6388—86　运输包装收发货标志
GB 8013—87　铝及铝合金阳极氧化-阳极氧化膜的总规范
GB 8484—87　建筑外窗保温性能分级及其检测方法
GB 8485—87　建筑外窗空气声隔声性能分级及其检测方法
GB/T 12754—91　彩色涂层钢板及钢带
GB/T 14683—93　硅酮建筑密封膏
GB/T 15225—94　建筑幕墙物理性能分级
GB/T 15226—94　建筑幕墙空气渗透性能检测方法
GB/T 15227—94　建筑幕墙风压变形性能检测方法
GB/T 15228—94　建筑幕墙雨水渗漏性能检测方法
GB 50057—94　建筑防雷设计规范
GB 50045—95　高层民用建筑设计防火规范
JGJ 102—96　玻璃幕墙工程技术规范

3 产品分类及型号

3.1 产品分类

3.1.1 按镶嵌材料可分为：

a）玻璃幕墙；

b）金属板幕墙；

c）组合幕墙。

3.1.2 按框架材料的构造可分为：

a）铝合金挤出型材明框幕墙；

b）铝合金挤出型材隐框幕墙；

c）铝合金挤出型材半隐框幕墙；

d）金属板轧制型材明框幕墙；

e）金属板轧制型材隐框幕墙；

f）金属板轧制型材半隐框幕墙。

3.2 产品型号

3.2.1 产品型号由主称、品种、型式、特性代号和主参数代号等组成。

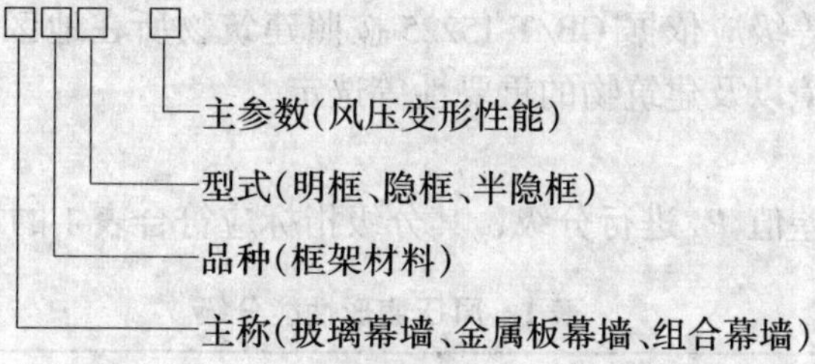

3.2.2 型号示例

符号说明：

BQ——玻璃幕墙；

JQ——金属板幕墙；

ZQ——组合幕墙；

L——铝合金型材；

C——彩色钢板型材；

M——明框；

Y——隐框；

BY——半隐框；

Ⅰ~Ⅴ——风压变形性能分级。

例1 铝合金明框玻璃幕墙，其风压变形性能为第Ⅴ级时，型号由下列符号组成：

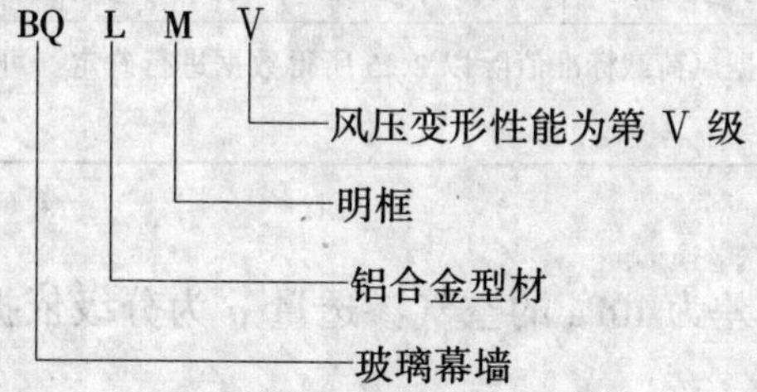

例2 彩板隐框组合幕墙，其风压变形性能为第Ⅱ级时，型号由下列符号组成：

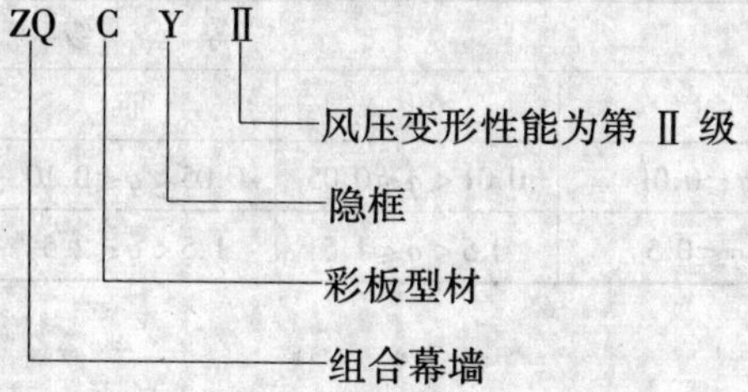

4 技 术 要 求

玻璃幕墙设计应按照 JGJ 102 进行，其他类型幕墙如搪瓷板幕墙、石板幕墙等可参照执行。

注：当幕墙高度大于 150m，地震裂度超过 8 度时，应进行结构和抗震试验，符合设计要求后，方可采用。

4.1 物理性能

幕墙的物理性能等级应依据 GB/T 15225 按照建筑物所在地区的地理、气候条件、建筑物高度、体型和环境以及建筑物的重要性等选定。

4.1.1 风压变形性能

以安全检测压力差值 P_3 进行分级，其分级指标应符合表 1 的规定。

表 1 风压变形性能分级 kPa

分级指标	等级				
	Ⅰ	Ⅱ	Ⅲ	Ⅳ	Ⅴ
p_3	$p_3 \geqslant 5.0$	$5.0 > p_3 \geqslant 4.0$	$4.0 > p \geqslant 3.0$	$3.0 > p_3 \geqslant 2.0$	$2.0 > p_3 \geqslant 1.0$
注：表中分级值表示在此风荷载标准值作用下，幕墙主要受力杆件的相对挠度值不应大于 $L/180$（L——杆件长度），其绝对挠度值在 20mm 以内。如绝对挠度值超过 20mm 时，以 20mm 所对应的压力值作为分级值。					

4.1.2 雨水渗漏性能

以发生渗漏现象的前级压力差值 P 作为分级依据，其分级指标值应符合表 2 的规定。

表 2 雨水渗漏性能分级 Pa

分级指标	部位区别	等级				
		Ⅰ	Ⅱ	Ⅲ	Ⅳ	Ⅴ
P	固定部位	$P \geqslant 2500$	$2500 > P \geqslant 1600$	$1600 > P \geqslant 1000$	$1000 > P \geqslant 700$	$700 > P \geqslant 500$
	可开启部位	$P \geqslant 500$	$500 > P \geqslant 350$	$350 > P \geqslant 250$	$250 > P \geqslant 150$	$150 > P \geqslant 100$
注：设计时固定部分 P 值根据风荷载标准值除以 2.25 所得数据进行确定。可开启部分的等级和固定部分相对应。						

4.1.3 空气渗透性能

以标准状态下，压力差为 10Pa 的空气渗透量 q 为分级依据，其分级指标应符合表 3 的规定。

表 3 空气渗透性能分级 $m^3/m \cdot h$

分级指标	部位区别	等级				
		Ⅰ	Ⅱ	Ⅲ	Ⅳ	Ⅴ
q	固定部位	$q \leqslant 0.01$	$0.01 < q \leqslant 0.05$	$0.05 < q \leqslant 0.10$	$0.10 < q \leqslant 0.20$	$0.20 < q \leqslant 0.50$
	可开启部位	$q \leqslant 0.5$	$0.5 < q \leqslant 1.5$	$1.5 < q \leqslant 2.5$	$2.5 < q \leqslant 4.0$	$4.0 < q \leqslant 6.0$

4.1.4 保温性能

以传热系数 K 进行分级，其分级指标值应符合表 4 的规定。

表 4　保温性能分级　$W/m^2 \cdot K$

分级指标	等级			
	Ⅰ	Ⅱ	Ⅲ	Ⅳ
K	$K \leqslant 0.7$	$0.7 < K \leqslant 1.25$	$1.25 < K \leqslant 2.0$	$2.0 < K \leqslant 3.3$
注：表中 K 值为幕墙中固定部分和可开启部分各占面积的加权平均值。				

4.1.5 隔声性能

以空气计权隔声量 R_W 进行分级，其分级指标应符合表 5 的规定。

表 5　隔声性能分级　dB

分级指标	等级			
	Ⅰ	Ⅱ	Ⅲ	Ⅳ
R_w	$R_w \geqslant 40$	$40 > R_w \geqslant 35$	$35 > R_w \geqslant 30$	$30 > R_w \geqslant 25$
注：按不同构造单元分类进行隔声量测量，然后通过传声量的计算求得整体幕墙的隔声量值。				

4.1.6 耐撞击性能

以撞击物体的运动量 F 进行分级，分界线以不使幕墙发生损伤为依据，其分级指标应符合表 6 的规定。

表 6　耐撞击性能分级　$N \cdot m/s$

分级指标	等级			
	Ⅰ	Ⅱ	Ⅲ	Ⅳ
F	$F > 280$	$280 > F \geqslant 210$	$210 > F \geqslant 140$	$140 > F \geqslant 70$

4.1.7 平面内变形性能

以建筑物层间相对位移值 γ 表示。要求幕墙在该相对位移范围内不受损坏，其分级指标应符合表 7 的规定。

表 7　平面内变形性能分级

分级指标	等级				
	Ⅰ	Ⅱ	Ⅲ	Ⅳ	Ⅴ
γ	$\gamma \geqslant \frac{1}{100}$	$\frac{1}{100} > \gamma \geqslant \frac{1}{150}$	$\frac{1}{150} > \gamma \geqslant \frac{1}{200}$	$\frac{1}{200} > \gamma \geqslant \frac{1}{300}$	$\frac{1}{300} > \gamma \geqslant \frac{1}{400}$
注：表中 $\gamma = \frac{\Delta}{h}$，式中 Δ 为层间位移量，h 为层高。					

4.1.8 幕墙的防火性能要求

幕墙应按建筑防火设计分区和层间分隔等要求采取防火措施，设计应符合 GBJ 16 和 GB 50045 的有关规定。

4.1.9 幕墙的防雷性能要求

幕墙的防雷设计应符合 GB 50057 的有关规定。幕墙应形成自身的防雷体系并和主体结构的防雷体系有可靠的连接。

4.1.10 幕墙的抗震性能要求

幕墙的构造应具有抗震能力，并满足主体结构的抗震要求。

4.2 材料

4.2.1 型材及板材

4.2.1.1 铝合金型材应符合 GB/T 5237 的规定。其精度要求达到高精度要求。其中凡与结构胶相接触的部分的阳极氧化镀膜层不应低于 GB 8013 中所规定的 AA15 级要求。

4.2.1.2 铝合金板材应符合 GB 3880 的有关要求。

4.2.1.3 彩色钢板应符合 GB/T 12754 的要求，热镀锌钢板应符合 GB 2518 的要求，不锈钢冷轧板应符合 GB/T 3280 的要求。

4.2.2 玻璃应根据设计要求的功能分别选用适宜品种，其性能应符合国家现行标准或行业标准的有关规定，并满足 JGJ 102 要求。

4.2.3 密封材料应满足 JGJ102 的要求。结构胶和耐候胶在使用前必须与所接触部位的所有材料作相容性和粘接力试验，并提交检测报告。所提供的报告应证明其相容性符合要求并具有足够的粘接力，必要时由国家或部级建设主管部门批准或认可的检测机构进行检验。胶产品外包装应标有商品名称、产地、厂名、厂址、生产日期和有效期，严禁过期使用。

4.2.4 幕墙所采用的金属附件等金属材料，除不锈钢外，应进行防腐蚀处理，并应防止发生接触腐蚀。

4.2.5 幕墙的所有构件、零配件以及其他材料应符合现行的国家标准或行业标准的有关要求。

4.3 幕墙的组装。

包括幕墙组件制作与组装两部分。

4.3.1 幕墙主要竖向构件及主要横向构件的尺寸允许偏差应符合表 8 的规定。

表 8 幕墙主要竖向构件及主要横向构件的尺寸允许偏差 mm

序号	部位		材料	允许偏差
1	长度	主要竖向构件		±1.0
		主要横向构件	铝型材	±0.5
			金属板型材	0 −1.0
2	端头斜度			−15′

4.3.2 幕墙的竖向构件和横向构件的组装允许偏差应符合表 9 的规定。

表 9 幕墙竖向和横向构件的组装允许偏差 mm

序号	项目	尺寸范围	允许偏差	检查方法
1	相邻两竖向构件间距尺寸（固定端头）		±2.0	用钢卷尺
2	相邻两横向构件间距尺寸	间距≤2000 时 间距＞2000 时	±1.5 ±2.0	用钢卷尺
3	分格对角线差	对角线长≤2000 时 对角线长＞2000 时	3.0 3.5	用钢卷尺或伸缩尺

续表 9

序号	项　目	尺 寸 范 围	允许偏差	检 查 方 法
4	竖向构件垂直度	高度≤30m 时 高度≤60m 时 高度≤90m 时 高度＞90m 时	10 15 20 25	用经纬仪或激光仪
5	相邻两横向构件的水平标高差		1	用钢板尺或水平仪
6	横向构件水平度	构件长≤2000 时	2	水平仪或水平尺
		构件长＞2000 时	3	
7	竖向构件直线度		2.5	用 2.0m 靠尺
8	竖向构件外表面平面度	相邻三立柱 宽度≤20m 宽度≤40m 宽度≤60m 宽度＞60m	＜2 ≤5 ≤7 ≤9 ≤10	用激光仪
9	同高度内主要横向构件的高度差	长度≤35 长度＞35	≤5 ≤7	用水平仪

4.3.3 玻璃幕墙组装要求

4.3.3.1 明框玻璃幕墙

a）明框玻璃幕墙的玻璃镶嵌

幕墙玻璃镶嵌时，对于插入槽口的配合尺寸可参照表 10 及表 11，并根据 JGJ 102 的规定进行校核计算。配合尺寸见图 1 和图 2。

表 10　单层玻璃与槽口的配合尺寸 mm

厚　度	a	b	c
5～6	≥3.5	≥15	≥5
8～10	≥4.5	≥16	≥5
12 以上	≥5.5	≥18	≥5
注：包括夹层玻璃。			

表 11　中空玻璃与槽口的配合尺寸 mm

厚　度	a	b	c
$4+d_a+4$	≥5	≥16	≥5
$5+d_a+5$	≥5	≥16	≥5
$6+d_a+6$	≥5	≥17	≥5
$8+d_a+8$ 以上	≥6	≥18	≥5
注：d_a＝6、9、12mm，表示空气层厚度。			

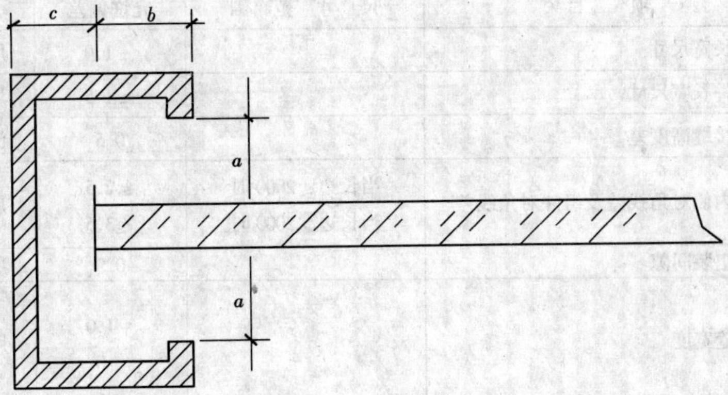

图 1　玻璃与槽口的配合尺寸示意图

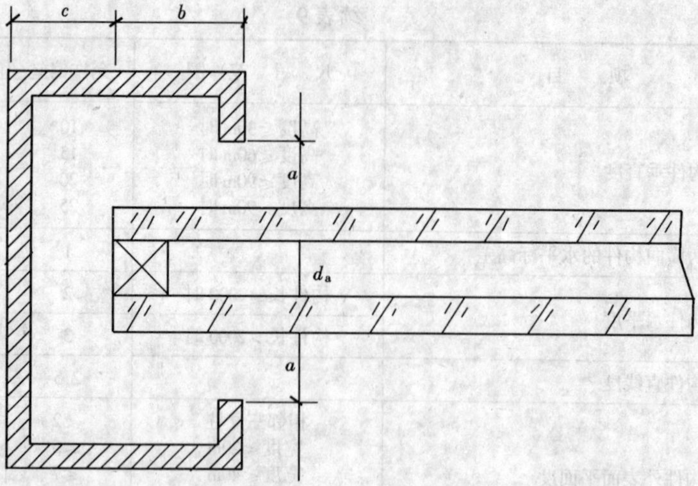

图 2　中空玻璃与槽口的配合尺寸示意图

b）在玻璃镶嵌定位后，玻璃定位垫块位置必须正确，数量应满足要求，并要用胶条或密封胶将玻璃与槽口两侧之间进行密封。

4.3.3.2　隐框玻璃幕墙

a）隐框玻璃幕墙装配组件（包括半隐框玻璃幕墙）系指用结构胶将玻璃和铝合金型材框架粘接在一起所组成的单体构件。该单体构件为隐框幕墙的基本组件，必须符合设计要求，保证安全。

b）隐框玻璃幕墙玻璃和铝合金框架的粘接部位必须用规定的溶剂和工艺净化表面。注胶和固化过程必须在符合要求的环境、时间、气候条件下进行，并在其固化前不允许搬动和严禁上房安装。

c）隐框玻璃幕墙装配组件的注胶空腔必须填满结构胶，并不得出现气泡。胶缝表面应平整光滑。

d）隐框玻璃幕墙装配组件，其铝框应满足强度和刚度要求，注胶之前其表面应平整，不可翘曲。

e）结构胶完全固化后，隐框玻璃幕墙装配组件的尺寸偏差应符合表 12 的规定。

表 12　结构胶完全固化后隐框玻璃幕墙组件尺寸偏差　　mm

序号	项　目	尺 寸 范 围	允许偏差	检 测 方 法
1	框长宽尺寸		±1.0	用钢卷尺
2	组件长宽尺寸		±1.5	用钢卷尺
3	框接缝高度差		0.5	深度尺
4	框内侧对角线差及组件对角线差	当长边≤2000 时 当长边＞2000 时	≤2.5 ≤3.5	用钢卷尺
5	框组装间隙		0.5	用塞尺
6	胶缝宽度		+1.0 0	用卡尺或钢板尺

续表 12

序号	项　目	尺 寸 范 围	允许偏差	检 测 方 法
7	胶缝厚度		+0.5 0	用卡尺或钢板尺
8	组件周边玻璃与铝框位置差		1	深度尺
9	结构组件平面度		3	1m 靠尺

f）隐框玻璃幕墙组装允许偏差应符合表 13 的规定。

表 13　隐框玻璃幕墙组装允许偏差　mm

序号	项　目	尺 寸 范 围	允许偏差	检 查 方 法
1	竖缝及墙面垂直度	幕墙高度，m ≤30 ＞30，≤60 ＞60，≤90 ＞90	 10 15 20 25	用激光仪或经纬仪
2	幕墙平面度		2.5	用 2m 靠尺、钢板尺
3	竖缝直线度		2.5	用 2m 靠尺、钢板尺
4	横缝水平度		3	用水平尺
5	缝宽度（与设计值比较）		±2	用卡尺
6	两相邻玻璃之间接缝高低差		1	用深度尺

4.3.3.3　玻璃幕墙外露表面的质量

a）明框玻璃幕墙外露表面不应有明显擦伤、腐蚀、斑痕。

b）隐框玻璃幕墙外露表面耐候胶接缝处应按规定工艺施工，应与玻璃粘接牢固；胶线应横平竖直、粗细均匀；目视应无明显弯曲扭斜；胶缝外应无胶渍。

4.3.3.4　幕墙上的开启部分应符合相应窗型的有关产品标准的规定。

4.3.4　金属板幕墙的组装

4.3.4.1　金属板幕墙的竖向构件和横向构件尺寸偏差允许值应符合表 8 的规定。

4.3.4.2　金属板幕墙组件必须符合下列要求：

a）金属板幕墙组件加工尺寸的允许偏差应符合表 14 的规定。

表 14　金属板幕墙组件加工尺寸允许偏差　mm

项　目	尺 寸 范 围	允 许 偏 差
长宽尺寸	≤2000	±2.0
	＞2000	±2.5
对角线尺寸	≤2000	3.0
	＞2000	3.5

b）金属板幕墙组件平面度的允许偏差应符合表 15 的规定。

c）当采用复合铝板时，折边部位外层铝板处所保留的塑胶厚度不少于 0.3mm。周边内侧应设置加强框。

d）金属板幕墙组件铝板折边角度允许偏差不大于 2°，组角处缝隙不大于 1mm。

e）金属板幕墙组件中装饰板表面处理层厚度应满足表 16 的规定。

f）装饰表面不得有明显压痕、印痕和凹陷等残迹。装饰表面每平米内的划伤、擦伤应符合表17的规定。

表15 金属板幕墙组件平面度允许偏差 mm

类　别	长边尺寸	允许偏差
单层金属板	≤2000	3.0
	>2000	5.0
复合金属板	≤2000	2.0
	>2000	3.0
蜂窝金属板	≤2000	1.5
	>2000	2.5

表16 装饰板表面的处理层厚度要求 μm

表面处理方法	厚　度 T
阳极氧化着色	$20>T\geqslant15$
静电粉末喷涂	$T\geqslant60$
氟碳喷涂	$T\geqslant40$
聚胺脂喷涂	$T\geqslant60$
电泳涂漆	$T\geqslant17$

表17 装饰表面划伤和擦伤的允许范围

项　　目	要　　求
划伤深度	不大于表面处理层厚度
划伤总长度，mm	≤100
擦伤总面积，mm^2	≤300
划伤、擦伤总处数	≤4

4.3.4.3 金属板幕墙的组装要求

a）金属板幕墙竖向构件和横向构件的组装允许偏差应满足表9要求。金属板幕墙组装允许偏差应满足表18的要求。

b）金属板幕墙的组装应满足JGJ 102中构件及面板伸缩变位的要求。

表18 金属板幕墙组装允许偏差

项　　目		允许偏差 mm	检 查 方 法
竖缝及墙面垂直度	幕墙高度，m		用激光仪或经纬仪
	≤30	10	
	>30，≤60	15	
	>60，≤90	20	
	>90	25	
幕墙平面度		2.5	用2m靠尺、钢板尺
竖缝直线度		2.5	用2m靠尺、钢板尺
横缝直线度		2.5	用2m靠尺，钢板尺
缝宽度（与设计值比较）		±2	用卡尺
两相邻面板之间接缝高低差		1.0	用深度尺

4.4 幕墙的附件应齐全并符合设计要求，幕墙和主体结构的连接应牢固可靠。

4.5 幕墙设计应便于维护和清洁墙面。

5 试 验 方 法

5.1 风压变形性能试验按GB/T 15227的规定执行。

5.2 雨水渗漏性能试验按GB/T 15228的规定执行。

5.3 空气渗透性能试验按GB/T 15226的规定执行。

5.4 保温性能试验按GB 8484的规定执行。

5.5 隔声性能试验按GB 8485的规定执行。

5.6 耐撞击性能试验按附录A（标准的附录）的A1执行。

5.7 平面内变形性能试验按附录A的A2执行。

6 检 验 规 则

6.1 检验类别

主要为出厂检验和型式检验，尚应有中间检验和材料进厂检验。

6.2 检验项目

检验项目见表19。

表19 检 验 项 目 表

序号	项目类别	项 目 内 容	判 定 依 据	检 验 类 别
一		幕墙材料与零配件		
1	主要	型材与板材	4.2.1	材料进厂检验
2	主要	玻璃	4.2.2	材料进厂检验
3	主要	胶	4.2.3	材料进厂检验
4	一般	金属附件及零配件	4.2.4 4.2.5	材料进厂检验
二		幕墙组装要求		
1	主要	竖向及横向构件的尺寸及组装偏差要求	4.3.1 表8 4.3.2 表9	中间检验
2	主要	明框幕墙玻璃镶嵌要求	4.3.3.1a)	型式检验
3	主要	隐框幕墙结构装配组件的要求	4.3.3.2 表12	中间检验 型式检验
4	主要	隐框幕墙组装允许偏差	4.3.3.2 表13	出厂检验
5	一般	幕墙外表面的质量要求	4.3.3.3	出厂检验
6	主要	金属板幕墙的组件要求	4.3.4.2a) ~d)	中间检验 型式检验
7	一般	金属板幕墙组件的表面质量要求	4.3.4.2e) ~f)	中间检验 出厂检验
8	主要	金属板幕墙的构件尺寸等要求	4.3.4.1 表8	中间检验
9	主要	金属板幕墙的组装要求	4.3.2 表9 4.3.4.3 表18	中间检验 出厂检验
三		组件粘接可靠性		
1	主要	结构胶的相容性和粘接性试验合格报告	4.2.3	进厂检验
2	主要	结构胶和耐候胶切开剥离试验	附录AA4	中间检验
四		幕墙的物理性能		
1	主要	风压变形性能	4.1.1	型式试验*)
2	主要	雨水渗漏性能	4.1.2	型式试验*)
3	主要	空气渗漏性能	4.1.3	型式试验*)
4	一般	保温性能	4.1.4	根据设计要求进行**)
5	一般	隔声性能	4.1.5	根据设计要求进行**)

续表 19

序号	项目类别	项目内容	判定依据	检验类别
6	一般	耐撞击性能	4.1.6	中间试验**)
7	一般	平面内变形性能	4.1.7	根据设计要求进行**)
8	主要	防火性能	4.1.8	中间试验
9	主要	防雷性能	4.1.9	中间试验
10	主要	抗震性能	4.1.10	中间试验
11	一般	现场渗漏检验	附录 AA3	中间试验、出厂检验
五	主要	隐蔽项目检验记录	检验资料 4.2.4、4.4	中间检验、出厂检验

注

*）有下列情况之一时要进行风压变形性能、雨水渗漏性能、空气渗透性能检验：

a）型式检验；

b）非定型幕墙出厂检验时；

c）用户或设计要求时。

**）根据设计或用户要求可定为主要项目。

6.3 型式检验

6.3.1 有下列情况之一时应进行型式检验：

a）新产品或老产品转厂生产的试制定型鉴定（包括技术转让）；

b）正式生产后，当结构、材料、工艺有较大改变而可能影响产品性能时；

c）正常生产时每三年检测一次；

d）产品长期停产后，恢复生产时；

e）出厂检验结果与上次型式检验有较大差别时；

f）国家质量监督机构提出进行型式检验要求时。

6.3.2 型式检验项目见表 19，按本标准规定的方法进行检测。

6.3.3 判定规则

如在表 19 规定项目的检测结果中有某项不合格，应重新复检；如仍不合格，则该幕墙应判定为不合格。

6.4 进厂检验

对于进厂的幕墙材料及零配件，按同期同厂、同类产品作为一验收批，每批随机抽取 3%，且不可少于 5 件。如经检测不合格，可再随机抽取 6%；如仍不合格，则该批材料即判定为不合格，并要提交结构胶和耐候胶的相容性和粘接性试验报告。

6.5 中间检验

6.5.1 隐框幕墙组件，每百个组件随机抽取一件进行剥离试验。其方法应符合附录 A 中 A4 的要求。如不合格，则该批组件为不合格。

6.5.2 幕墙竖向及横向构件允许偏差项目须抽样 10%，并且不少于 5 件，其所检测点不合格个数不超过 10%，可判为合格。但结构胶的宽度和厚度必须检验合格。

6.6 出厂检验

幕墙组装完毕后的检验为出厂检验。

6.6.1 应检查幕墙组件结构胶的剥离试验、试样的试验报告。双组份胶还应检查其折断和蝴蝶试样等小样试验报告。

6.6.2 幕墙在组装过程中宜进行连接缝部位的渗漏检验，其方法应符合附录 A 和 A3 的要求。

6.6.3 外观检验

幕墙表面应平整、无锈蚀。装饰表面颜色不应超过一个级差。胶缝应横平竖直、缝宽均匀。

6.6.4 按表9、表13、表18检查幕墙的几何尺寸，每幅幕墙抽检5%的分格，且不得少于5个分格。允许偏差项目中有80%抽检实测值合格，其余抽检实测值不影响安全和使用，则可判为合格。

6.6.5 检查隐蔽工程记录

6.6.6 幕墙的主要项目全部合格，一般项目的不合格项数不超过两项，则该幕墙判定为合格。

6.7 幕墙出厂应有检验合格证书。

7 标志、包装、运输、贮存

7.1 标志

7.1.1 在幕墙明显部位标明下列标志：

a）制造厂厂名；

b）产品名称和标志；

c）制作日期和编号。

7.1.2 包装箱上的标志应符合GB 6388的规定。

7.1.3 包装箱上应有明显的"怕湿"、"小心轻放"、"向上"等标志，其图型应符合GB 191的规定。

7.2 包装

7.2.1 幕墙部件应使用无腐蚀作用的材料包装。

7.2.2 包装箱应有足够的牢固程度，以能保证在运输过程中不会损坏。

7.2.3 装入箱内的各类部件应保证不会发生相互碰撞。

7.3 运输

7.3.1 部件在运输过程中应保证不会发生相互碰撞。

7.3.2 部件搬运时应轻拿轻放，严禁摔、扔、碰撞。

7.4 储存

7.4.1 部件应放在通风、干燥的地方，严禁与酸碱等类物质接触，并要严防雨水渗入。

7.4.2 部件不允许直接接触地面，应用不透水的材料在部件底部垫高100mm以上。

附 录 A
(标准的附录)
试 验 方 法

A1 耐撞击性能试验方法

将试件垂直支承起来，用弹出式或摆式试验机进行撞击。

重锤为钢制的，其重量根据试验要求选用，经常使用的重量有0.225kg、1.0kg、3.0kg等。

重锤的加击头部是半径为20mm的球面。

以击穿表面材料或具有影响密封性能的有害变形为判断破坏的依据。试件实际构造的一个面上，至少要测试四个以上的点，如图A1，取较为安全的值。原则上，同一处不加击两次以上。

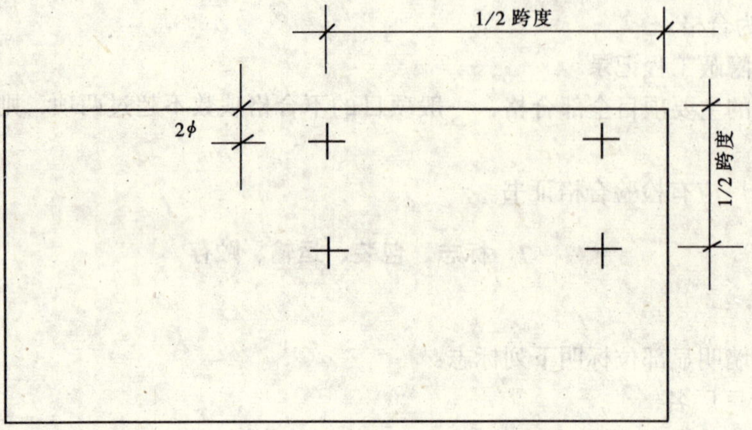

图 A1

注：ϕ为重锤直径。

A2 幕墙平面内变形性能试验方法

A2.1 试件

试件至少包括一个或一个以上的具有代表性的足尺墙体构件。对于具有垂直构件的幕墙构件应包括两侧垂直构件。幕墙构件上下端应按实际连接方法安装在刚性足够的试验框架的横架上。

A2.2 试验方法

使安装上试件的横架在墙板平面内水平方向上相互变位，测定造成墙体构件、垂直框或其连接部位损伤时的水平变位，算出水平变位测值和建筑层高的比值，据此确定平面变形性能的等级。

A3 现场雨水渗漏性检测方法

标准方法：规定使用20mm直径普通软管，装上喷嘴，要求水能直接射在指定的接缝处。

一般情况下要求在幕墙组装两个层高，以20m长度作为一个试验段，要在进行镶嵌密封后，并在接缝上按设计要求先进行防水处理后，再进行渗漏性检测。

喷射水头应垂直于墙面，沿接缝前后缓缓移动，每处喷射时间约为5min（水压力至少达210kPa）。在实验时在墙内侧要安排人员检查是否存在渗漏现象。经渗漏检查无问题后方可砌筑内墙。

A4 隐框幕墙玻璃结构组件切开剥离试验方法

将已固化的结构装配组件的结构胶部位切开，在切开剥离后的玻璃和铝框上进行结构胶的剥离试验。方法是用力将胶切断并切开一段用手捏住，以大于90°的角度向后顺着长度方向撕扯结构胶，观察剥离情况：如结构胶与基材剥离，此组件为不合格；如沿胶体撕开则判为合格，同时可观察结构胶的宽度、厚度及固化情况。

中华人民共和国国家标准

建筑幕墙物理性能分级

Graduation of physical performances for building curtain walls

GB/T 15225—94

国家技术监督局 1994-09-24 批准

1995-08-01 实施

1 主题内容与适用范围

本标准规定了建筑幕墙的主要物理性能分级。包括有风压变形性、空气渗透性、雨水渗漏性、保温性和隔声性。

本标准适用于建筑玻璃幕墙。

2 引用标准

GB 8484 建筑外窗保温性能分级及其检测方法

GB 8485 建筑外窗空气隔声性能分级及其检测方法

GB/T 15226 建筑幕墙空气渗透性能检测方法

GB/T 15227 建筑幕墙风压变形性能检测方法

GB/T 15228 建筑幕墙雨水渗漏性能检测方法

3 性能分级（见表 1～表 5）

3.1 风压变形性能分级

表 1

性能	计量单位	分级				
		Ⅰ	Ⅱ	Ⅲ	Ⅳ	Ⅴ
风压变形性	kPa	≥5	<5，≥4	<4，≥3	<3，≥2	<2，≥1
注：表中分级值与安全检测压力值相对应，表示在此风压作用下，幕墙受力构件的相对挠度值应在 $L/180$ 以下，其绝对挠度值在 20mm 以内。如绝对挠度值超过 20mm 时，以 20mm 所对应的压力值为分级值。						

3.2 空气渗透性能分级

表 2

性能	计量单位		分级				
			Ⅰ	Ⅱ	Ⅲ	Ⅳ	Ⅴ
空气渗透性	$m^3/m\cdot h$ (10Pa)	可开部分	≤0.5	>0.5，≤1.5	>1.5，≤2.5	>2.5，≤4.0	>4.0，≤6.0
		固定部分	≤0.01	>0.01，≤0.05	>0.05，≤0.10	>0.10，≤0.20	>0.20，≤0.50

3.3 雨水渗漏性能分级

表 3

性能	计量单位		分级				
			Ⅰ	Ⅱ	Ⅲ	Ⅳ	Ⅴ
雨水渗漏性	Pa	可开部分	≥500	<500，≥350	<350，≥250	<250，≥150	<150，≥100
		固定部分	≥2500	<2500，≥1600	<1600，≥1000	<1000，≥700	<700，≥500

3.4 保温性能分级

表 4

性　能	计量单位	分　级			
		Ⅰ	Ⅱ	Ⅲ	Ⅳ
保温性	$W/m^2 \cdot K$	≤0.70	>0.70，≤1.25	>1.25，≤2.00	>2.00，≤3.30

3.5　隔声性能分级

表 5

性　能	计量单位	分　级			
		Ⅰ	Ⅱ	Ⅲ	Ⅳ
隔声性	dB	≥40	<40，≥35	<35，≥30	<30，≥25

4　检　测　方　法

4.1　风压变形性能检测

风压变形性能检测按 GB/T 15227 的规定进行。

4.2　空气渗透性能检测

空气渗透性能检测按 GB/T 15226 的规定进行。

4.3　雨水渗漏性能检测方法

雨水渗漏性能检测按 GB/T 15228 的规定进行。

4.4　保温性能检测

保温性能检测方法按 GB 8484 的规定进行。

4.5　空气声隔声检测方法按 GB 8485 的规定进行。

附加说明：

本标准由中华人民共和国建设部提出。

本标准由建设部建筑制品与设备标准技术归口单位中国建筑标准研究所归口。

本标准由中国建筑科学研究院建筑物理研究所起草。

本标准主要起草人高锡九、谈恒玉、龚文忠。

本标准委托中国建筑科学研究院建筑物理研究所负责解释。

中华人民共和国国家标准

建筑幕墙空气渗透性能检测方法

Test method of air permeability performance for building curtain walls

GB/T 15226—94

国家技术监督局 1994-09-24 批准

1995-08-01 实施

1 主题内容与适用范围

本标准规定了建筑幕墙的空气渗透性能检测方法。

本标准适用于建筑玻璃幕墙。检测对象只限于幕墙本身，不涉及幕墙和其他结构之间的接缝部位。

2 名 词 术 语

2.1 幕墙 curtain walls

系指悬挂在承重结构上的，由金属、玻璃和密封材料等所构成的围护构件。

2.2 空气渗透性 air permeability

系指在风压作用下，其开启部分为关闭状况的幕墙透过空气的性能。

2.3 压力差 pressure difference

系指幕墙试件内外表面所受到的空气绝对压力的差值。当外表面所受的压力大于内表面所受的压力时，压力差为正值；反之为负值。压力差的单位以 Pa（帕）表示，$1Pa = 1N/m^2$。

2.4 标准状态 standard condition

空气流量的标准状态如下：

温度 293K（20℃）；

压力 101.3kPa（760mmHg）；

空气密度 $1.202kg/m^3$。

2.5 总空气渗透量 volume of air flow

在标准状态下，每小时通过整个幕墙试件的空气流量。单位为 m^3/h，符号为 q。

2.6 固定部分缝隙长度 joint length of the fixed part

幕墙上非开启部分缝隙长度的总和，以内表面测定值为准。单位为 m，符号为 l_1。

2.7 开启缝隙长度 length of opening joint

幕墙上开启扇周长的总和，以内表面测定值为准。单位为 m，符号为 l_2。

2.8 固定部分单位缝长空气渗透量 volume of air flow through the unit joint length of the fixed part

在标准状态下，每小时通过固定部分每米缝长的空气渗透量。单位为 $m^3/m \cdot h$，符号为 q_{01}。

2.9 单位开启缝长空气渗透量 volume of air flow through the unit joint length of the opening part

在标准状态下，每小时通过每米开启缝长的空气渗透量。单位为 $m^3/m \cdot h$，符号为 q_{02}。

3 检 测 装 置

3.1 检测装置应具有安装试件所需足够大的开口部位，具有检测幕墙空气渗透性能的能力。由图 1 所示各部分组成。

3.2 压力箱除了开口部位外，必须保证其密闭性。

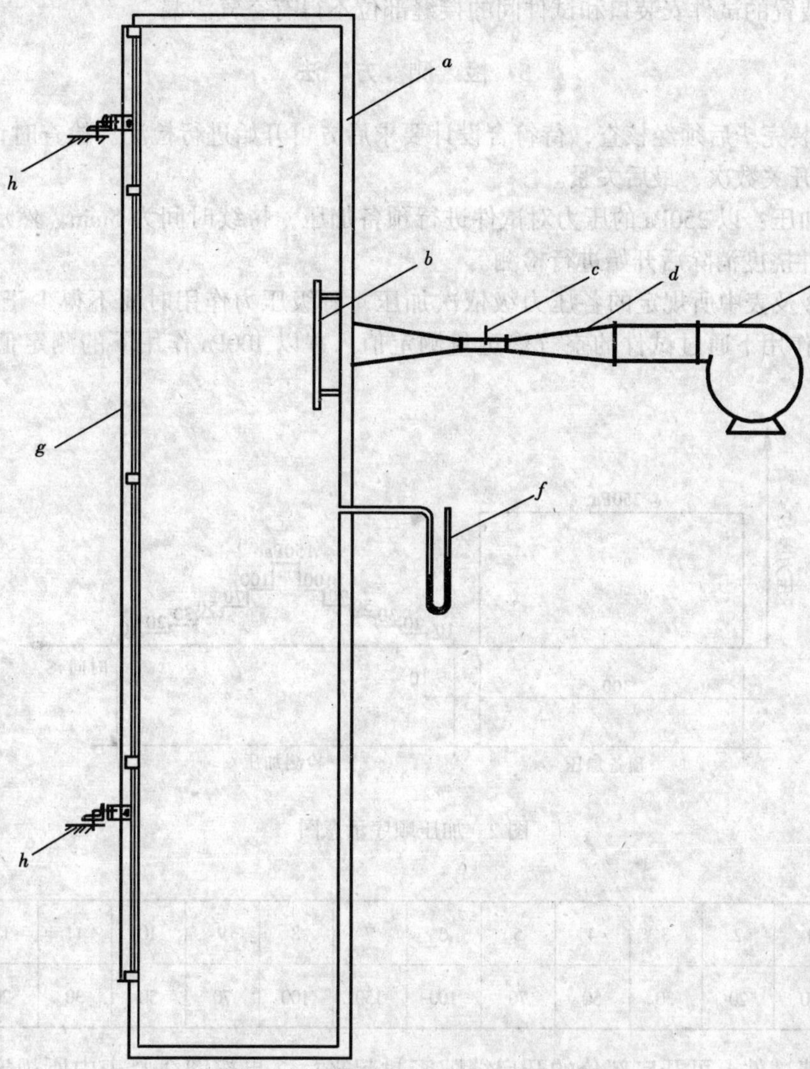

图 1　检测装置纵剖面示意图

a—静压箱；*b*—进气口挡板；*c*—风速仪；*d*—集流管；
e—供压系统；*f*—压力计；*g*—试件；*h*—试件的支点

4　试　　件

4.1　试件各组成部分应为生产厂家检验合格的产品，试件的安装、镶嵌应符合设计要求。不得加设任何特殊附件或采取其他特殊措施。试件所使用的玻璃和胶应和工程所使用的相同。

4.2　试件宽度最少应包括一个承受设计负荷的垂直承力构件。试件高度最少应包括一个层高，并在垂直方向上要有两处或两处以上和承重结构相连接。试件的安装和受力状况应尽可能和实际相符。

4.3　试件必须包括典型的垂直接缝和水平接缝。

4.4 试验装置的试件安装口和试件间的接缝部位不得有空气渗漏。

5 检 测 方 法

试件安装完毕后须经核查，待符合设计要求后方可开始进行检测。检查时，将试件可开启的部分开关数次，最后关紧。

5.1 预备加压：以250Pa的压力对试件进行预备加压，持续时间为5min。然后使压力降为0，在试件挠度消除后开始进行检测。

5.2 按图2及表中所规定的各压力级依次加压，每级压力作用时间不得少于10s，记录各级压力差作用下通过试件的空气渗透量测定值，并以100Pa作用下的测定值，作为 q' (m^3/h)。

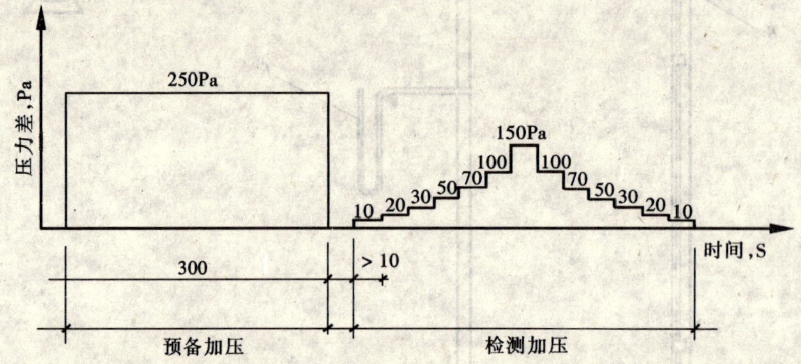

图2 加压顺序示意图

Pa

加压顺序	1	2	3	4	5	6	7	8	9	10	11	12	13
检测压力	10	20	30	50	70	100	150	100	70	50	30	20	10

5.3 将幕墙试件上可开启部分的开启缝隙密封起来后，再按图2及表中所规定的各压力级依次加压，每级压力作用时间不得少于10s，记录各级压力差作用下通过试件固定部分的空气渗透量测定值。并以100Pa作用下的测定值作为 q'_1 (m^3/h)。

6 测定值整理方法

6.1 幕墙试件上开启部分的空气渗透量 q'_2 (m^3/h)：

$$q'_2 = q' - q'_1$$

6.2 将 q'_1 和 q'_2 换算成10Pa作用下标准状态固定部分的空气渗透量 q_1 (m^3/h) 和开启部分的空气渗透量 q_2 (m^3/h)：

$$q_1 = \frac{293}{101.3} \times \frac{q'_1 \cdot P}{T} \times \frac{1}{4.65}$$

$$q_2 = \frac{293}{101.3} \times \frac{q'_2 \cdot P}{T} \times \frac{1}{4.65}$$

式中 P——检测室气压值，kPa；

T——检测室空气温度值，K。

6.3 计算标准状态下，固定部分单位缝长的空气渗透量 q_{01}（$m^3/h\cdot m$）和开启部分单位缝长的空气渗透量 q_{02}（$m^3/h\cdot m$）：

$$q_{01} = \frac{q_1}{l_1}$$

$$q_{02} = \frac{q_2}{l_2}$$

分别以 q_{01}和 q_{02}作为幕墙固定部分和开启部分空气渗透性能的分级指标值。

7 检 测 报 告

7.1 试件类型、规格尺寸以及有关图示（包括外、内立面、纵、横剖面和型材、附件的截面）。必须表示出试件的支承体系以及可开启部分的开启方式；

7.2 镶嵌缝和开启缝的长度；

7.3 玻璃的品种、厚度、最大尺寸和镶嵌方法；

7.4 密封材料的材质和牌号；

7.5 附件的名称、材质和牌号；

7.6 检测用的主要仪器设备；

7.7 检测室的温度和气压；

7.8 检测结果：标准状态下固定部分单位缝长的空气渗透量和开启部分单位缝长的空气渗透量；

7.9 检测日期和检测人员。

附加说明：

本标准由中华人民共和国建设部提出。

本标准由建设部建筑制品与设备标准技术归口单位中国建筑标准研究所归口。

本标准由中国建筑科学研究院建筑物理研究所起草。

本标准主要起草人谈恒玉、龚文忠、高锡九。

本标准委托中国建筑科学研究院建筑物理研究所负责解释。

中华人民共和国国家标准

建筑幕墙风压变形性能检测方法

Test method of deformation under wind pressure for building curtain walls

GB/T 15227—94

国家技术监督局　1994-09-24 批准
1995-08-01 实施

1 主题内容与适用范围

本标准规定了建筑幕墙的风压变形性能检测方法。

本标准适用于建筑玻璃幕墙。检测对象只限于幕墙本身，不涉及幕墙和其他结构之间的接缝部位。

2 名 词 术 语

2.1 幕墙 curtain walls

系指悬挂在承重结构上的，由金属、玻璃和密封材料等所构成的围护构件。

2.2 风压变形性 deformation under wind pressure capacity

系指建筑幕墙在与其相垂直的风压作用下，保持正常使用功能，不发生任何损坏的能力。

2.3 压力差 pressure difference

系指幕墙试件内外表面所受到的空气绝对压力的差值。当外表面所受的压力大于内表面所受的压力时，压力差值为正值；反之为负值。压力差的单位以 Pa（帕）表示。$1Pa = 1N/m^2$。

2.4 残余变形 residual deformation

当外力消失后，构件仍然存在的变形量。

2.5 面法线位移 frontal displacement

系指在试件的受力杆件或镶嵌体表面上所测得的面法线方向线位移量（符号为 f）。

2.6 面法线挠度 frontal deflection

系指试件受力杆件或镶嵌体表面上所测得的线位移量最大差值（符号为 f_{max}）。

2.7 相对面法线挠度 relative frontal deflection

系指试件主要受力杆件的面法线挠度值和该杆件两端测点间距离的比值（符号为 f_{max}/l，l 为杆件两端测点间的距离）。

3 检 测

3.1 变形检测

检测试件在风荷载作用下，主要受力杆件的面法线挠度的变化规律，以主要受力杆件的相对面法线挠度达到$\frac{L}{360}$时所对应的压力值进行评价。

3.2 反复受荷检测

检测试件在波动风荷作用下，能否避免发生损坏的能力，以是否发生功能障碍和损坏进行评价。

3.3 安全检测

检测试件在最大瞬时风荷载作用下，能否避免发生损坏的能力，以是否发生使用功能障碍、残余变形或损坏进行评价。

4 检 测 装 置

4.1 检测装置应具有安装试件所需足够大的开口部位，具有检测幕墙风压变形性能的能力。由图1所示各部分组成。

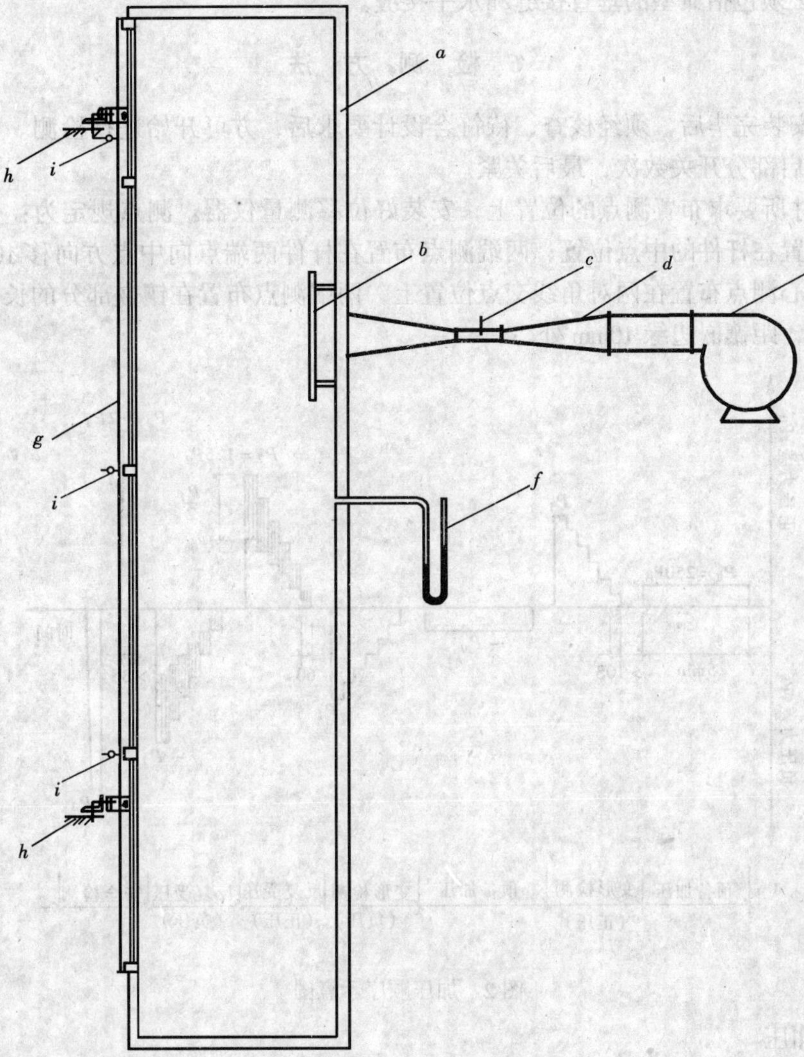

图1 检测装置纵剖面示意图

a—静压箱；*b*—进气口挡板；*c*—风速仪；*d*—集流管；*e*—供压系统；*f*—压力计；*g*—试件；*h*—试件的支点；*i*—位移计

4.2 检测装置应设有安全网，以防止试件突然损坏造成伤害。

5 试 件

5.1 试件各组成部分应为生产厂家检测合格的产品，试件的安装、镶嵌应符合设计要求，不得加设任何特殊附件或采用其他特殊措施。试件所使用的玻璃和胶应和工程所使用的相同。

5.2 试件宽度最少应包括三个垂直承力杆件，其中最少有一个能承受设计负荷；试件的高度最少应包括一个层高，并在垂直方向上要有两处或两处以上和承重结构相连接。试件的安装和受力状况应尽可能和实际相符。

5.3 试件必须包括典型的垂直接缝和水平接缝。

6 检 测 方 法

6.1 试件安装完毕后，须经核查，待符合设计要求后，方可开始进行检测。检查时，将试件的可开启部分开关数次，最后关紧。

6.2 在试件所要求布置测点的位置上，安装好位移测量仪器。测点规定为：受力杆件的中间测点布置在杆件的中点位置；两端测点布置在杆件两端点向中点方向移 10mm 处。镶嵌部分的中心测点布置在两对角线交点位置上，两端测点布置在镶嵌部分的长度方向两端向中点方向，距镶嵌边缘 10mm 处。

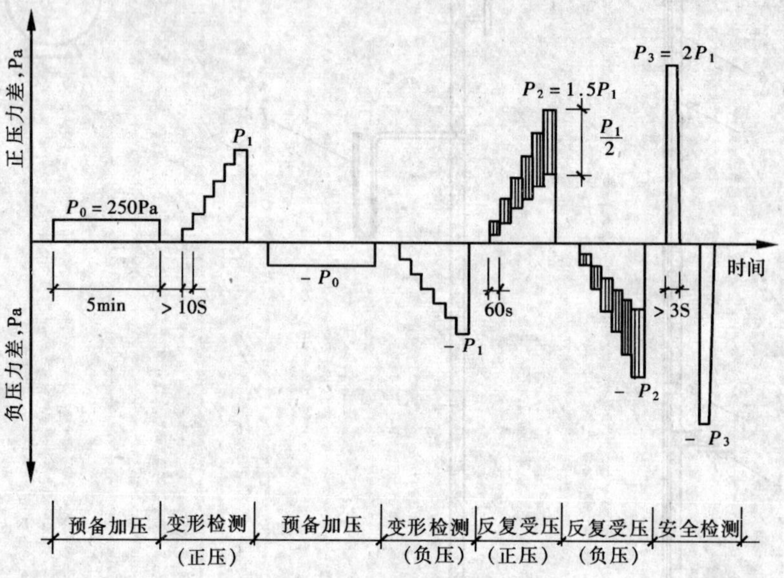

图 2 加压顺序示意图

6.3 预备加压

以 250Pa 的压力加荷 5min，作为预备加压，待泄压平稳后，记录各测点的初始位移量。预备压力为 P_0。

6.4 变形检测

先进行正压检测，后进行负压检测。检测压力分级升降。每级升、降压力不超过 250Pa，每级压力作用时间不少于 10s。压力升、降直到任一受力杆件挠度值达到 $L/360$ 为止，记录每级压力差作用下的面法线位移量和达到 $L/360$ 时之压力值 P_1。

6.5 反复受荷检测

以每级检测压力为波峰，波幅为二分之一压力值，进行波动检测。最高波峰值为 $P_1 \times 1.5$，每级波动压力持续时间不少于 60s，波动次数不少于 10 次。记录尚未出现功能障碍或损坏时的最大检测压力值 P_2。

6.6 安全检测

如反复受荷检测未出现功能障碍或损坏，则进行安全检测，使检测压力升至 P_3，随后降至 0，再降至 $-P_3$，然后升至零，升、降压时间不少于 1s，压力持续时间不少于 3s。必要时可持续至 10s，然后记录功能障碍、残余变形或损坏情况和部位。$P_3=2P_1$，即相对挠度$\leqslant \frac{L}{180}$。如挠度绝对值超过 20mm 时，以 20mm 所对应的压力值为 P_3 值。

7 检测数值的整理和记录

7.1 检测数值的整理方法

变形检测中求取受力杆件中间点的面法线挠度的方法，按下式计算（见图 3）：

$$f_{max}=(b-b_0)-\frac{(a-a_0)+(c-c_0)}{2}$$

式中 a_0、b_0、c_0——各测点在预备加压后的稳定初始读数值，mm；

a、b、c——为某级检测压力作用过程中的稳定读数值，mm；

f_{max}——为中间测点的面法线挠度值，mm。

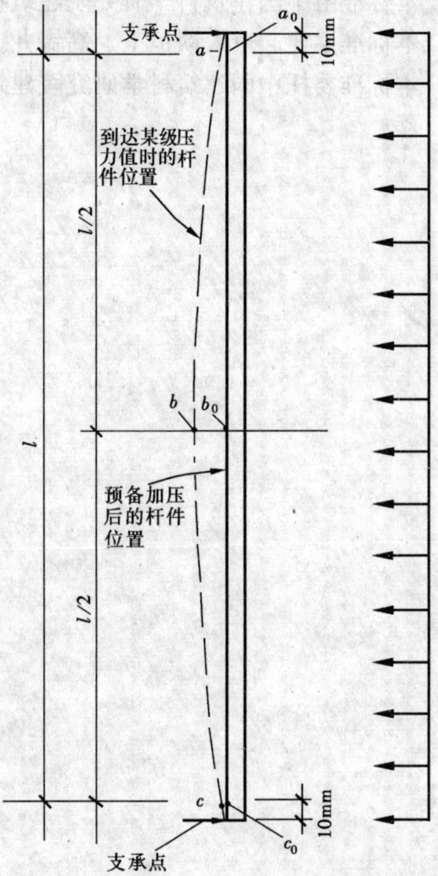

图 3 主要受力杆件测点分布图

7.2 检测报告

7.2.1 试件类型、规格尺寸以及有关图示（包括外、内立面、纵、横剖面和型材、附件截面）必须表示出试件的支承体系，以及可开启部分的开启方式。

7.2.2 玻璃的品种、厚度、最大尺寸和镶嵌方法。

7.2.3 密封材料的材质和牌号。

7.2.4 附件的名称、材质和牌号。

7.2.5 检测用的主要仪器设备。

7.2.6 检测室的温度和气压。

7.2.7 检测结果

7.2.7.1 以压力差和挠度关系曲线表示检测记录值，并注明主要受力杆件的长度。

7.2.7.2 检测结果的评定

a. 变形检测：注明相对面法线挠度达到 $\pm\frac{L}{360}$时的压力差值 $\pm P_1$，绘图表示测点位置。

b. 反复受荷检测：注明 $\pm P_2$ 值，记录出现的功能障碍的具体情况，并绘图注出其发生部位。

c. 安全检测：注明 $\pm P_3$ 值，记录出现的功能障碍、残余变形或损坏的情况，绘图注出其发生部位，并以前一级测值为定级值。如未发生功能障碍和损坏情况，以 P_3 正负值中绝对值较小的值为定级值。

7.2.8 检测日期和检测人员。

附加说明：

本标准由中华人民共和国建设部提出。

本标准由建设部建筑制品与设备标准技术归口单位中国建筑标准研究所归口。

本标准由中国建筑科学研究院建筑物理研究所起草。

本标准主要起草人谈恒玉、高锡九、刘浩。

本标准委托中国建筑科学研究院建筑物理研究所负责解释。

中华人民共和国国家标准

建筑幕墙雨水渗漏性能检测方法

Test method of water penetration performance for building curtain walls

GB/T 15228—94

国家技术监督局 1994-09-24 批准

1995-08-01 实施

1 主题内容与适用范围

本标准规定了建筑幕墙的雨水渗漏性能检测方法。

本标准适用于建筑玻璃幕墙。检测对象只限于幕墙本身，不涉及幕墙和其他结构之间的接缝部位。

2 名 词 术 语

2.1 幕墙 curtain walls

系指悬挂在建筑承重结构上的，由金属、玻璃和密封材料等所构成的围护构件。

2.2 雨水渗漏性 water penetration

系指在风雨同时作用下。幕墙透过雨水的性能。

2.3 压力差 pressure difference

系指幕墙试件内外表面所受到的空气绝对压力的差值。当外表面所受的压力大于内表面所受的压力时，压力差为正值；反之为负值。压力差的单位以 Pa（帕）表示。$1Pa = 1N/m^2$。

2.4 雨水严重渗漏 rain water leakage

雨水渗入幕墙内侧，把设计中不应浸湿的部位浸湿的现象。以雨水渗入幕墙内侧，持续流出试件界面作为出现严重渗漏的标志。

2.5 雨水渗漏压力差 pressure difference under rain water leakage

幕墙失去阻止雨水渗漏的能力，出现严重渗漏时的压力差值。

2.6 淋水量 volume of water spray

能使幕墙试件表面保持连续水幕的检测用水量。其量值为 $4L/m^2 \cdot min$。

3 检 测 装 置

3.1 检测装置应具有安装试件所需足够大的开口部位，并具有检测幕墙雨水渗漏性能的能力，由图 1 所示各部分组成。

3.2 设备的喷淋装置应能将水均匀地喷向试件表面，形成连续水幕。

3.3 检测装置应设安全网，以防止试件突然破坏造成伤害。

4 试 件

4.1 试件各组成部件应为生产厂家检验合格的产品，试件的安装、镶嵌应符合设计要求。不得加设任何特殊的附件或采取其他特殊措施，试件所使用的玻璃和胶应和工程所使用的相同。

4.2 试件宽度最少应包括一个承受设计负荷的垂直承力构件。试件高度最少应包括一个层高，并在垂直方向上要有两处或两处以上和承重结构相连接。试件的安装和受力状况应尽可能和实际相符。

4.3 试件必须包括典型的垂直接缝和水平接缝。

4.4 试验装置的试件安装口和试件间的接缝部位不得有空气渗漏。

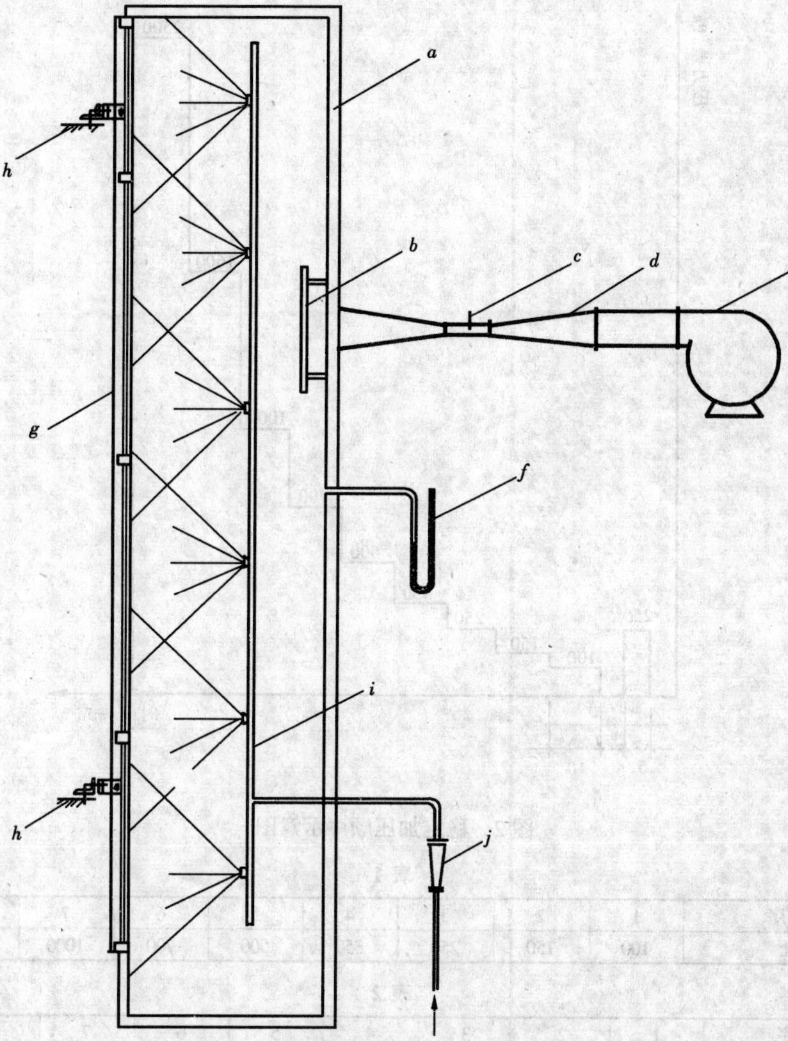

图 1　检测装置纵剖面示意图

a—静压箱；*b*—进气口挡板；*c*—风速仪；*d*—集流管；*e*—供压系统；*f*—压力计；

g—试件；*h*—试件的支点；*i*—淋水装置；*j*—水流量计

5 检 测 方 法

试件安装完毕后须经核查，待符合设计要求后才可开始进行检测。检查时将试件可开启部分开关数次，最后关紧。

5.1　预备加压：以 250Pa 的压力对试件进行预备加压，持续时间为 5min。然后使压力降为 0，在试件挠度消除后开始进行检测。

5.2　淋水：以 $4L/m^2 \cdot min$ 的水量对整个试件均匀地喷淋，直至检测完毕。水温应在 8～25℃的范围内。

5.3　加压：在淋水的同时，按规定的各压力级依次加压。每级压力的持续时间为10min，直到试件开启部分和固定部分室内侧分别出现严重渗漏为止。加压形式分为稳定和波动两种。波动范围为稳定压的3/5，波动周期为 3s。分别见图 2，图 3 和表 1，表 2。

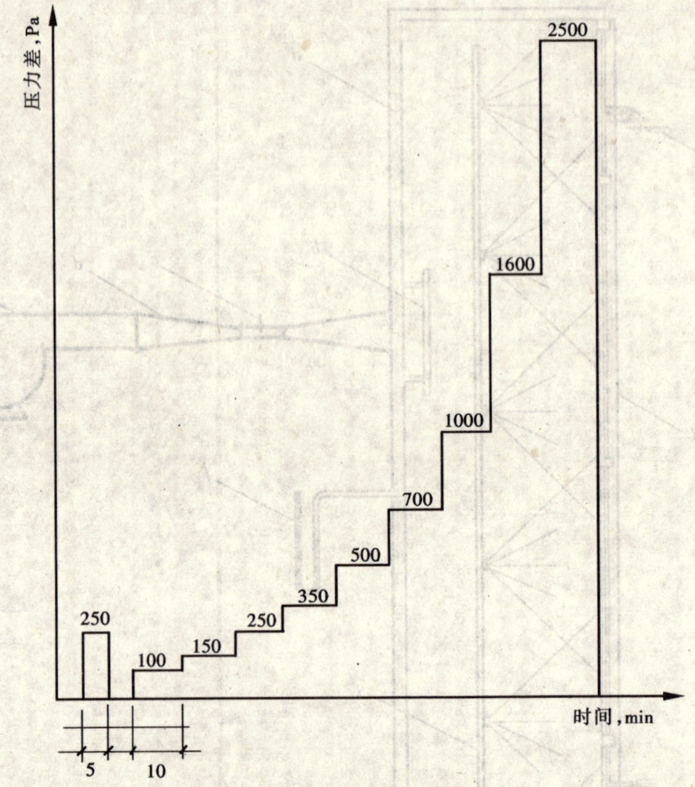

图 2　稳定加压顺序示意图

表 1　　Pa

加压顺序	1	2	3	4	5	6	7	8	9
稳定压	100	150	250	350	500	700	1000	1600	2500

表 2　　Pa

加压顺序		1	2	3	4	5	6	7	8	9
波动压	上限值	100	150	250	350	500	700	1000	1600	2500
	平均值	70	110	180	250	350	500	700	1100	1750
	下限值	40	70	110	150	200	300	400	600	1000

5.4　记录：记录渗漏时的压力差值、渗漏部位和渗漏状况。

5.5　判断：以试件出现严重渗漏时所承受的压力差值作为雨水渗漏性能的判断基础。以该压力差的前一级压力差作为试件雨水渗漏性能的分级指标值。

6 检 测 报 告

6.1　试件类型、规格尺寸以及有关图示（包括外、内立面、纵、横剖面和型材、附件的截面）必须表示出试件的支承体系和排水体系，并标出排水孔尺寸和位置，以及可开启部分的开启方式；

6.2　玻璃的品种、厚度、最大尺寸和镶嵌方法；

6.3　密封材料的材质和牌号；

6.4　附件的名称、材质和牌号；

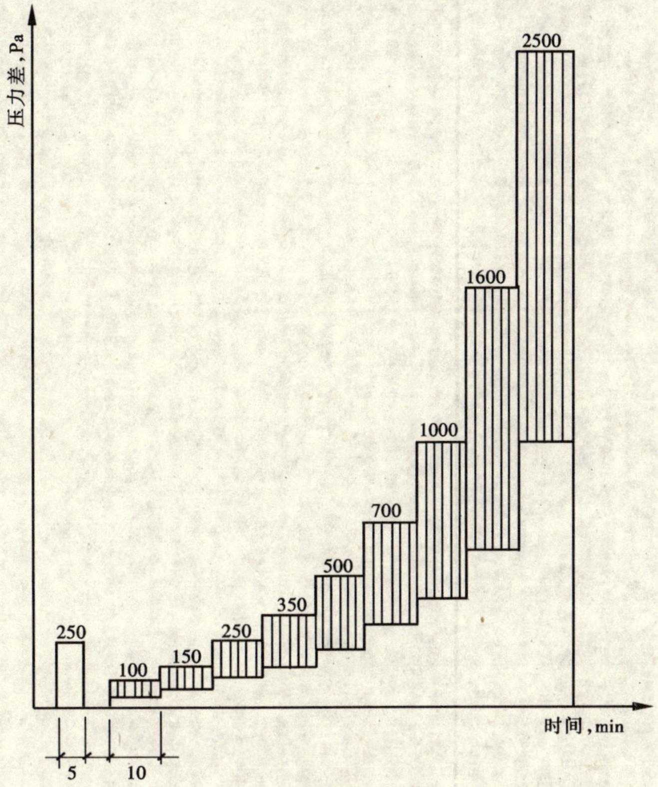

图3 波动加压顺序图

6.5 检测用的主要仪器设备；

6.6 检测室的温度和气压；

6.7 检测结果

a. 检测淋水量；

b. 可开启部分和固定部分发生严重渗漏时的压力差值；

c. 图示渗漏部位。

6.8 检测日期和检测人员。

附加说明：

本标准由中华人民共和国建设部提出。

本标准由建设部建筑制品与设备标准技术归口单位中国建筑标准研究所归口。

本标准由中国建筑科学研究院建筑物理研究所起草。

本标准主要起草人谈恒玉、刘浩、高锡九。

本标准委托中国建筑科学研究院建筑物理研究所负责解释。

中华人民共和国国家标准

玻璃幕墙光学性能

Optical properties of glass curtain walls

GB/T 18091—2000

国家质量技术监督局 2000-05-08 批准

2000-10-01 实施

前　言

本标准是为了限制玻璃幕墙有害光反射而编制的。

本标准是与 JG3035—1996《建筑幕墙》及 JGJ102—1996《玻璃幕墙工程技术规范》相配套的标准。

本标准的附录 A、B、C 都是标准的附录。

本标准的附录 D 是提示的附录。

本标准由建设部提出。

本标准由建设部建筑制品与设备标准技术归口单位中国建筑标准设计研究所归口。

本标准负责起草单位：中国建筑科学研究院。

本标准参加起草单位：中国建筑金属结构协会、深圳中航幕墙有限公司、中南玻璃制品有限公司、深圳现代幕墙工程设计顾问有限公司、中国南玻集团公司、骏雄玻璃幕墙有限公司。

本标准主要起草人：林若慈、郑金峰、张建平、赵燕华、闭思廉、谢于深、张幼佩、肖小奇、许武毅。

本标准委托中国建筑标准设计研究所负责解释。

1 范　围

本标准规定了玻璃幕墙的有害光反射及相关光学性能指标、技术要求、试验方法和检验规则。

本标准适用于玻璃幕墙。

2 引 用 标 准

下列标准所包含的条文，通过在本标准中引用而构成为本标准的条文。本标准出版时，所示版本均为有效。所有标准都会被修订，使用本标准的各方应探讨使用下列标准最新版本的可能性。

GB/T 2680—1994　建筑玻璃　可见光透射比、太阳光直接透射比、太阳能总透射比、紫外线透射比及有关窗玻璃参数的测定

GB/T 5702—1985　光源显色性评价方法

GB/T 11942—1989　彩色建筑材料色度测量方法

GB/T 11976—1989　建筑外窗采光性能分级及其检测方法

JC 693—1998　热反射玻璃

JG 3035—1996　建筑幕墙

3 定　义

本标准采用下列定义。

3.1　（光）反射比　luminous reflectance

被物体表面反射的光通量 Φ_ρ 与入射到物体表面的光通量 Φ_i 之比，用符号 ρ 表示。

3.2　（光）透射比　luminous transmittance

从物体透射出的光通量 Φ_τ 与入射到物体的光通量 Φ_i 之比，用符号 τ 表示。

3.3　色差 ΔE　colour difference

以定量表示的色知觉差异。

3.4　颜色透视指数　colour rendering index

光源（D_{65}）透过玻璃后的一般显色指数，用 R_a 表示。

3.5　透光折减系数　transmitting rebate factor

光通过窗框和采光材料与窗相组合的挡光部件后减弱的系数，用符号 T_r 表示。

3.6　玻璃幕墙的有害光反射　harmful luminous reflection of glass curtain walls

对人引起视觉累积损害或干扰的玻璃幕墙光反射，包括失能眩光或不舒适眩光。

3.7　失能眩光　disability glare

降低视觉对象的可见度，但并不一定产生不舒适感觉的眩光。

3.8　不舒适眩光　discomfort glare

产生不舒适感觉，但并不一定降低视觉对象可见度的眩光。

3.9　视场　visual field

当头和眼睛不动时，人眼能察觉到的空间角度范围。

3.10　畸变　deformation

物体经成像后变为扭曲的现象。

4 要　求

玻璃幕墙的设置应符合城市规划的要求，应满足采光、保温、隔热等要求，还应符合有关光学性能的要求。

4.1 幕墙玻璃产品应符合下列光学性能：

4.1.1 一般幕墙玻璃产品应提供可见光透射比、可见光反射比、太阳光透射比、太阳光反射比、太阳能总透射比、遮蔽系数、色差。

对有特殊要求的博物馆、展览馆、图书馆、商厦的幕墙玻璃产品还应提供紫外线透射比、颜色透视指数。

幕墙玻璃的光学性能参数应符合附录 A、附录 B 和附录 C 的规定。

4.1.2 为限制玻璃幕墙的有害光反射，玻璃幕墙应采用反射比不大于 0.30 的幕墙玻璃。

4.1.3 幕墙玻璃颜色的均匀性用（CIELAB 系统）色差 ΔE 表示，同一玻璃产品的色差 ΔE 应不大于 3CIELAB 色差单位。本标准规定的色差为反射色差。

4.1.4 为减小玻璃幕墙的影像畸变，玻璃幕墙的组装与安装应符合 JG3035 规定的平直度要求，所选用的玻璃应符合相应的现行国家、行业标准的要求。

4.1.5 对有采光功能要求的玻璃幕墙其透光折减系数一般不应低于 0.20。

4.2 玻璃幕墙的设计与设置应符合以下规定：

4.2.1 在城市主干道、立交桥、高架路两侧的建筑物 20m 以下，其余路段 10m 以下不宜设置玻璃幕墙的部位如使用玻璃幕墙，应采用反射比不大于 0.16 的低反射玻璃。若反射比高于此值应控制玻璃幕墙的面积或采用其他材料对建筑立面加以分隔。

4.2.2 居住区内应限制设置玻璃幕墙。

4.2.3 历史文化名城中划定的历史街区、风景名胜区应慎用玻璃幕墙。

4.2.4 在 T 形路口正对直线路段处不应设置玻璃幕墙。在十字路口或多路交叉路口不宜设置玻璃幕墙。

4.2.5 道路两侧玻璃幕墙设计成凹形弧面时应避免反射光进入行人与驾驶员的视场内。凹形弧面玻璃幕墙的设计与设置应控制反射光聚焦点的位置，其幕墙弧面的曲率半径 R_ρ 一般应大于幕墙至对面建筑物立面的最大距离 R_s，即 R_ρ 大于 R_s。

4.2.6 南北向玻璃幕墙做成向后倾斜某一角度时，应避免太阳反射光进入行人与驾驶员的视场内，其向后与垂直面的倾角 θ 应大于 $h/2$。当幕墙离地高度大于 36m 时可不受此限制。h 为当地夏至正午时的太阳高度角。中国主要城市夏至正午时的太阳高度角见附录 D（提示的附录）。

5 试 验 方 法

5.1 可见光透射比、可见光反射比、太阳光透射比、太阳光反射比、太阳能总透射比、遮蔽系数、紫外线透射比应按 GB/T2680 的规定执行。

5.2 颜色透视指数应按 GB/T2680 和 GB/T5702 的规定执行。

5.3 透光折减系数应按 GB/T11976 的规定执行。

5.4 色差检验

5.4.1 实验室色差检验应按 GB/T11942 和 JC693 的规定执行。

5.4.2 现场色差检验

5.4.2.1 目视：对色差进行目测时，以一面墙作为一个目测单元，并对各面墙逐个进行。当目测判定色差有问题或有争议时，应采用仪器进行检验。

5.4.2.2 仪器检验：在有色差问题的玻璃幕墙部位选取检验点。以 2 片幕墙玻璃作为一个色差检验组，每组选取 5 个检验点，每片至少包含一个检验点。色差分组检验，有色差问题的玻璃幕墙部位都应包含在检验组内。检验方法应按 GB/T11942 和 JC693 的规定执行。

5.5 影像畸变

5.5.1 玻璃幕墙出现影像畸变时应进行影像畸变检验。

5.5.2 对影像畸变进行目测时，以一面墙作为一个目测单元，并对各面墙逐个进行。当对目测判定影像畸变有争议时，应按 JG3035 规定的方法对玻璃幕墙的组装允许偏差进行检验。

6 检验规则

6.1 检验类别

分为型式检验、出厂检验和现场检验。

6.2 检验项目

检验项目见表 1。

表 1 检验项目表

序号	项目类别	项目内容	判定依据	检验类别		
				型式检验	出厂检验	现场检验
一	幕墙玻璃					
1	主要	可见光透射比	4.1.1 附录 A	✓		
2		可见光反射比	4.1.2 4.2.1	✓	✓	
3		太阳光透射比	4.1.1 附录 A	✓		
4		太阳光反射比	4.1.1 附录 A	✓		
5		太阳能总透射比	4.1.1 附录 A	✓		
6		遮蔽系数	4.1.1 附录 A	✓		
7		色差	4.1.3	✓	✓	
8	一般	紫外线透射比	4.1.1 附录 B	✓		
9		颜色透视指数	4.1.1 附录 C	✓		
二	玻璃幕墙					
1	主要	色差	4.1.3			✓
2		影像畸变	JG3035			✓
3	一般	透光折减系数	4.1.5		✓	

6.3 型式检验

6.3.1 有下列情况之一时应进行型式检验：

a）新产品或老产品转厂生产的试制定型鉴定；

b）正式生产后，当材料、工艺有较大改变而可能影响产品性能时；

c）产品长期停产后，恢复生产时；

d）出厂检验结果与上次型式检验有较大差别时；

e）国家质量监督机构提出进行型式检验要求时。

6.3.2 判定规则

如在表1规定项目的检验结果中有一项不合格，应重新复检；如仍不合格，则应判定该幕墙玻璃为不合格。

表2 抽 样 表 单位：片

批量范围	样本数	合格判定数	不合格判定数
50	8	1	2
50～90	13	2	3
91～150	20	3	4
151～280	32	5	6
281～500	50	7	8
501～1000	80	10	11

6.4 出厂检验

6.4.1 幕墙玻璃的出厂检验：

6.4.1.1 检验项目见表1，应按本标准规定的方法进行检验。

6.4.1.2 抽样规则

检验抽样应按表2的规定进行随机抽样。

6.4.1.3 判定规则

若不合格数等于或大于表2的不合格判定数，则认为该批产品不合格。

6.4.2 玻璃幕墙的出厂检验应按GB/T11976的规定执行。

6.5 现场检验

6.5.1 色差检验和影像畸变检验应按本标准规定的方法进行检验。

6.5.2 判定规则

6.5.2.1 色差：检验组的色差ΔE大于3CIELAB色差单位的幕墙玻璃则为色差不合格。

6.5.2.2 影像畸变：应按JG3035的规定检验后判定。

附 录 A
（标准的附录）
幕墙玻璃的光学性能参数

玻璃种类		可见光（380～780nm）		太阳光（300～2500nm）		太阳能	遮蔽系数	色差ΔE
		透射比	反射比	透射比	反射比	总透射比		（CIELAB）
热反射镀膜玻璃	银灰色	≥0.14	≤0.30	0.12～0.20	0.23～0.28	0.25～0.35	0.30～0.35	<3
	灰色	≥0.14	≤0.30	0.10～0.28	0.14～0.30	0.18～0.38	0.26～0.48	<2
	金色	≥0.10	≤0.26	0.07～0.13	0.22～0.29	0.18～0.27	0.22～0.26	<2
	土色	≥0.10	≤0.23	0.08～0.12	0.25～0.30	0.15～0.25	0.20～0.25	<2
	银蓝	≥0.20	≤0.23	0.13～0.24	0.18～0.21	0.32～0.28	0.38～0.41	<2
	蓝色	≥0.10	≤0.30	0.10～0.22	0.19～0.23	0.27～0.38	0.38～0.43	<3
	绿色	≥0.10	≤0.30	0.09～0.13	0.16～0.20	0.10～0.30	0.25～0.31	<2
	浅茶色	≥0.14	≤0.26	0.13～0.26	0.10～0.34	0.33～0.50	0.32～0.50	<3
	茶色	≥0.10	≤0.29	0.10～0.18	0.12～0.38	0.28～0.35	0.36～0.80	<2
	蓝绿色	≥0.07	≤0.26	0.04～0.16	0.06～0.13	0.25～0.40	0.25～0.38	<3
	浅蓝色	≥0.09	≤0.30	0.08～0.30	0.07～0.24	0.13～0.30	0.24～0.49	<2

续表

<table>
<tr><td colspan="2" rowspan="2">玻 璃 种 类</td><td colspan="2">可见光（380～780nm）</td><td colspan="2">太阳光（300～2500nm）</td><td rowspan="2">太阳能
总透射比</td><td rowspan="2">遮蔽系数</td><td rowspan="2">色差 ΔE
（CIELAB）</td></tr>
<tr><td>透射比</td><td>反射比</td><td>透射比</td><td>反射比</td></tr>
<tr><td rowspan="3">吸热玻璃</td><td>茶色</td><td>≥0.42</td><td>≤0.30</td><td rowspan="3">—</td><td rowspan="3">—</td><td>≤0.60</td><td rowspan="3">—</td><td><2</td></tr>
<tr><td>银灰</td><td>≥0.30</td><td>≤0.30</td><td>≤0.60</td><td><2</td></tr>
<tr><td>蓝色</td><td>≥0.45</td><td>≤0.30</td><td>≤0.60</td><td><2</td></tr>
<tr><td rowspan="5">低辐射玻璃</td><td>无色透明</td><td>≥0.70</td><td>0.07～0.18</td><td>0.43～0.66</td><td>0.13～0.30</td><td>0.48～0.77</td><td>0.56～0.81</td><td><2</td></tr>
<tr><td>浅灰色</td><td>≥0.56</td><td>≤0.11</td><td>≤0.38</td><td>≤0.24</td><td>0.44～0.68</td><td>≤0.51</td><td><2</td></tr>
<tr><td>浅蓝色</td><td>≥0.50</td><td>≤0.23</td><td>≤0.45</td><td>≤0.28</td><td>0.40～0.49</td><td>≤0.57</td><td><2</td></tr>
<tr><td>绿色</td><td>≥0.30</td><td>≤0.30</td><td>≤0.15</td><td>≤0.15</td><td>0.28～0.40</td><td>0.31～0.44</td><td><3</td></tr>
<tr><td>蓝绿色</td><td>≥0.40</td><td>≤0.30</td><td>0.20～0.24</td><td>0.10～0.15</td><td>0.30～0.35</td><td>0.34～0.40</td><td><3</td></tr>
<tr><td rowspan="2">复合玻璃</td><td>中空玻璃</td><td colspan="7" rowspan="2">复合玻璃产品若选用上述玻璃，其单片玻璃的性能应分别符合表中参数的规定，复合玻璃产品的参数应重新测定</td></tr>
<tr><td>夹层玻璃</td></tr>
</table>

附 录 B
（标准的附录）
紫外线相对含量

光源类型	紫外线相对含量（μW/lm）
蓝天（15000K）	1600
北向天空光	800
直射阳光	400

注

1 对有紫外线要求的场所，幕墙玻璃的紫外线透射比宜小于0.30。

2 对于博物馆，光源透过幕墙玻璃后的紫外线相对含量应小于75μW/lm。

附 录 C
（标准的附录）
透 视 指 数

分 级	透视指数（R_a）	评 判
Ⅰ	$R_a \geqslant 80$	好
Ⅱ	$60 \leqslant R_a < 80$	较好
Ⅲ	$40 \leqslant R_a < 60$	一般
Ⅳ	$R_a < 40$	较差

附 录 D

（提示的附录）

中国主要城市夏至正午时的太阳高度角

城 市	纬度（北纬）	太阳高度角 h	太阳方位角 A
齐齐哈尔	47°20″	$h=60°07″$	$A=0°$
长春	43°53″	$h=69°34″$	$A=0°$
北京	39°57″	$h=73°30″$	$A=0°$
济南	36°42″	$h=76°46″$	$A=0°$
郑州	34°43″	$h=78°44″$	$A=0°$
上海	31°12″	$h=82°15″$	$A=0°$
长沙	28°11″	$h=85°16″$	$A=0°$
昆明	25°02″	$h=88°25″$	$A=0°$
广州	23°00″	$h=89°33″$	$A=180°$
海口	20°02″	$h=86°35″$	$A=180°$

中华人民共和国国家标准

建筑用硅酮结构密封胶

Structural silicone sealants for building

GB 16776—1997

国家技术监督局 1997-05-15 批准

1997-08-01 实施

前言

本标准规定了硅酮结构密封胶满足建筑玻璃系统装配用最基本技术要求。随着产品性能研究和试验方法研究的发展，将会补充新的技术要求和试验方法。

本标准非等效采用 ASTM C 1184—95《硅酮结构密封胶》标准，包括了该标准规定的全部物理力学性能。本标准拉伸粘接性技术指标高于 ASTM C 1184。根据我国国情，本标准增加了双组分产品“适用期”一项指标。本标准附录 A《相容性试验方法》等效采用了 ASTM C 1087—87《玻璃结构用密封胶同附件相容性试验方法》，并增加了剥离试验项目。

在试验方法上，本标准按非等效采用 ISO 标准的 GB/T 13477《建筑密封材料试验方法》和 GB/T 531《硫化橡胶邵氏 A 型硬度试验方法》。本标准规定的水-紫外线辐照老化试验方法，采用 JC/T 485 规定的方法，与 ISO 11431《建筑结构——密封胶——人工日光透过玻璃曝晒后粘接/粘附性测定》试验原理、试验条件基本相同，不同于 ASTM C 1184。

为指导产品的正确使用，本标准规定了相容性试验方法（附录 A）和使用工艺指南(附录 B)。

本标准为首次发布，自 1997 年 8 月 1 日起实施。

本标准附录 A 为标准的附录，附录 B 为标准的提示附录。

本标准由全国轻质与装饰装修建材标准化技术委员会归口。

本标准负责起草单位：中国化学建筑材料公司、郑州市中原应用技术研究所、河南省建筑材料研究设计院。

本标准参加起草单位：广州市白云粘胶厂、南海市嘉美化工厂、江门市精细化工厂、深圳金粤铝制品有限公司、深圳光华中空玻璃工程公司。

本标准主要起草人：马启元、张德恒、李谷云、刘明、丁苏华、王耀林、耿滨。

1 范　围

本标准规定了建筑用硅酮结构密封胶（简称结构胶）的分类、要求、试验方法、检验规则、包装、标志、运输和贮存。本标准适用于建筑玻璃幕墙及其他结构的粘结、密封用结构胶。

2 引 用 标 准

下列标准所包含的条文，通过在本标准中引用而构成本标准的条文。本标准出版时，所示版本均为有效。所有标准都会被修订，使用本标准的各方应探讨使用下列标准最新版本的可能性。

GB/T 531—92　硫化橡胶邵氏 A 型硬度试验方法

GB/T 13477—92　建筑密封材料试验方法

GB/T 14682—93　建筑密封材料术语

JC/T 485—92　建筑窗用弹性密封剂

JGJ 102—96　玻璃幕墙工程技术规范

3 术　语

本标准采用的术语，按 GB/T 14682 定义。

4 分　类

4.1　型别

产品分单组分型和双组分型，用组成产品的组分数数字标记。

4.2　适用基材类别

按产品适用基材分以下类别，用代号表示：

类别代号	适用基材
M	金属
C	水泥砂浆、混凝土
G	玻璃
Q	其他

4.3　产品标记

4.3.1　标记方法

产品按基础聚合物、型别、适用基材类别、标准号标记。

4.3.2　标记示例

如适用于金属、玻璃、混凝土的双组分结构胶，标记为：

SR-2 MCG GB16776—1997

GB16776—1997——标准代号

MCG——适用基材类别

2——型别

SR——硅酮产品系列

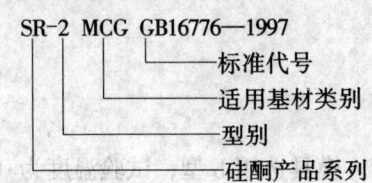

5 技 术 要 求

5.1 外观

5.1.1 产品应为细腻、均匀膏状物、无结块、凝胶、结皮及不易迅速分散的析出物。

5.1.2 双组分结构胶的两组分颜色应有明显区别。

5.2 物理力学性能

产品物理力学性能应符合表1要求。

表1

序号	项目			技术指标
1	下垂度	垂直放置，mm 不大于		3
		水平放置		不变形
2	挤出性，s 不大于			10
3	适用期1)，min 不小于			20
4	表干时间，h 不大于			3
5	邵氏硬度			30～60
6	拉伸粘结性	拉伸粘结强度 MPa，不小于	标准条件	0.45
			90℃	0.45
			−30℃	0.45
			浸水后	0.45
			水-紫外线光照后	0.45
		粘结破坏面积，% 不大于		5
7	热老化	热失重，% 不大于		10
		龟裂		无
		粉化		无

1）仅适用于双组分产品

6 试 验 方 法

6.1 试验基本要求

6.1.1 标准试验条件

温度（23±2）℃、相对湿度45%～55%。

6.1.2 试样准备

试样以原包装状态在6.1.1标准条件下放置24h。

制备双组分结构胶试样时，A组分至少取250g，按生产方提供的比例与固化剂（B组分）混合搅拌5min。

6.2 外观

打开原包装容器目测检查。

6.3 下垂度

按GB/T 13477第7章进行。模具选用b型，试验温度为（50±2）℃。

6.4 挤出性

按 GB/T 13477 第 4 章进行，挤胶枪选用 177mL 聚乙烯筒，不安装挤胶嘴，挤胶气压为 0.34MPa，测定一次将全部试样挤出所需的时间，以秒计。

6.5 适用期

按生产方规定的比例混合双组分结构胶，从两个组分混和时开始计时。20min 时，按 6.4 测定挤出性，应不大于 10s。

6.6 表干时间

按 GB/T 13477 第 5 章规定进行。

6.7 邵氏硬度

按 GB/T 531 规定进行。

6.8 拉伸粘结性

6.8.1 基材

a）基材规格应符合 GB/T 13477 第 13 章图 6 规定。

b）按产品适用基材类别选用下列基材：

M 类——表面阳极氧化处理的铝板，厚度不小于 3mm；

C 类——水泥砂浆板，厚度不小于 10mm；

G 类——清洁、无镀膜浮法玻璃，厚度不小于 5mm；

注：以上基材仅用于产品基本性能检验，不代表实际工程用基材的性质。实际工程用基材的粘结性应按附录 A 检验。

c）产品生产方要求使用底涂时，所有试件表面应按规定进行底涂处理。

6.8.2 试件

a）按 GB/T 13477 中 9.2 规定制备试件，每 5 块为一组。

b）试件基材必须有一面为 G 类。

c）制备后的试件按以下条件养护：

1）双组分结构胶制备的试件在标准条件下放置 14d；

2）单组分结构胶制备的试件在标准条件下放置 21d；

3）养护期间在不损坏结构胶试件条件下，应尽快分离挡块。

6.8.3 标准条件下的拉伸粘结性

按 GB/T 13477 中 9.4、9.5、9.6 进行试验。

6.8.4 90℃时的拉伸粘结性

取一组试件放入（90±2）℃鼓风干燥箱中处理 1h，然后在该温度下按 6.8.3 进行试验。

6.8.5 －30℃时的拉伸粘结性

取一组试件放入（－30±2）℃低温箱内处理 1h，然后在该温度下按 6.8.3 进行试验。

6.8.6 浸水后拉伸粘结性

在标准条件下，将一组试件浸入蒸馏水或去离子水中保持 7d，取出后 10min 内按 6.8.3 进行试验。

6.8.7 水-紫外光照耐久性试验后拉伸粘结性

取一组试件，按 JC/T 485 中 5.12 规定，连续试验 300h 后按 6.8.3 进行试验。

6.9 热老化

6.9.1 试验器具

a）鼓风干燥箱：温度控制在（90±2）℃；

b）天平：精度为1mg；

c）铝板:尺寸为152mm×80mm×0.6mm～1.6mm;

d）金属模框：内框尺寸130mm×40mm×6.4mm;

e）刮刀：长约150mm。

6.9.2 试验步骤

6.9.2.1 取3块洁净的铝板，分别称重。

6.9.2.2 将金属模框放在铝板上，把结构胶刮涂在框内铝板上，刮平后立即取走模框，分别称重后，在标准条件下放置7d。

6.9.2.3 取2个试件放入90℃鼓风干燥箱中，保持21d，第3个试件在标准条件下放置21d。

6.9.2.4 从干燥箱中取出的试件，在标准条件下冷却1h后，称量。

6.9.3 质量损失按式（1）计算，试验结果取2个试件的算术平均值，精确至0.1%：

$$\Delta W = \frac{(m_2 - m_3)}{(m_2 - m_1)} \times 100 \quad (1)$$

式中 ΔW——质量损失，%；

m_1——铝板质量，g;

m_2——铝板和结构胶质量，g;

m_3——试验后铝板和结构胶质量，g。

6.9.4 龟裂和粉化检查：与第3个试件对比，检查试件表面变化情况。

7 检验规则

7.1 出厂检验

出厂检验项目为：

a）外观；

b）下垂度；

c）挤出性；

d）适用期；

e）表干时间；

f）邵氏硬度；

g）标准条件下拉伸粘结性。

7.2 型式检验

型式检验项目为本标准第5章所有的项目。有下列情况之一时，应进行型式检验：

a）新产品或老产品转厂生产的试制定型鉴定；

b）产品配方、原材料、工艺有较大改变时；

c）正常生产时，每年进行一次；

d）长期停产后恢复生产时；

e）出厂检验结果与上次型式检验有较大差异时；

f）国家质量监督机构提出进行型式检验要求时。

7.3 组批、抽样规则

7.3.1 连续生产时每3t为一批，不足3t以3t计；间断生产时，每釜投料为一批。

7.3.2 随机抽样。抽取量应满足检验需用量。从原包装双组分结构胶中抽样后，应立即另行密封包装。

7.4 判定规则

7.4.1 外观质量不符合5.1规定，则判定该批产品不合格。

7.4.2 单项结果判定

表干时间、下垂度、拉伸粘结性试验项目，每个试件的试验结果均符合表1规定，则判定为该项合格；其余试验项目的试验结果符合表1规定的，则判定为该项合格。

7.4.3 在出厂检验和型式检验中若有两项达不到表1规定，则判定该批产品不合格；若有一项达不到规定，允许在该批产品中双倍抽样进行单项复验，如该项仍达不到规定，该批产品即判定为不合格。

8 包装、标志、运输及贮存

8.1 包装

单组分结构胶用密封的管状包装，外包装用纸箱或其他材料包装，每箱产品内应附一份产品合格证。双组分结构胶应分别装入两个密闭桶内，组成一组单元包装，每组单元包装应附一份产品合格证。批检验应附出厂检验单。

8.2 标志

包装容器外应标明：

a）生产厂名称及厂址；

b）产品名称；

c）产品标记；

d）生产日期；

e）产品生产批号；

f）贮存期；

g）包装产品净容量；

h）产品颜色；

i）产品使用说明。

8.3 贮存及运输

8.3.1 本产品为非易燃易爆材料，可按一般非危险品运输。

8.3.2 贮存运输中应防止日晒、雨淋，防止撞击、挤压产品包装。

8.3.3 贮存温度不高于27℃，贮存期不少于6个月；或按生产厂保证期限。

附 录 A

（标准的附录）

相容性试验方法

A1 范围

A1.1 本附录规定了结构胶同玻璃、铝型材结构系统附件（如：垫片、填料及调整片等）粘结，经热及紫外线老化后的相容性试验方法和剥离粘结性试验方法。用于确定结构胶与各种材料粘结相容性，适用于幕墙工程中玻璃结构系统的选材。

A1.2 本试验方法是一项实验筛选过程。试验后颜色和粘结性的改变是一项可用来确定材料相容性的关键，实践已表明试验中那些粘结性丧失和褪色的基材和附件，在实际使用中也同样会发生。

A2 试验原理

A2.1 用结构胶粘结实际工程用基材，测定剥离粘结性，确定结构胶与基材的相容性。

A2.2 用结构胶粘结玻璃结构系统各种附件，经热及紫外线老化处理后，考查试样颜色变化，检验与玻璃、附件的粘结性，确定结构胶与附件的相容性。

A3 实际工程用基材与结构胶相容性测定

按照 GB/T 13477 第 12 章规定方法试验，测定剥离粘结性。

A4 附件与结构胶相容性测定

A4.1 试验仪器与材料

A4.1.1 试验仪器

a）紫外线灯，符合 JC/T 485 中 5.12.1 要求；

b）紫外线强度计，量程为 1000～4000μW/cm^2；

c）温度计，量程 0～100℃。

A4.1.2 试验材料

a）玻璃板，为清洁的浮法玻璃，尺寸为 76mm×50mm×6mm，应制备 12 块；

b）防粘带，每块玻璃板用一条，尺寸为 25mm×76mm；

c）清洗剂，推荐用 50%异丙醇-蒸馏水溶液；

d）试验结构胶，实际工程采用的结构胶；

e）基准密封胶，与试验结构胶成分相近的半透明密封胶，由供应试验结构胶的制造厂提供或推荐。

A4.2 试件制备和准备

A4.2.1 试验室条件

应符合 6.1.1 要求，结构胶样品应在标准条件下至少放置 24h。

A4.2.2 试件制备

A4.2.2.1 清洁玻璃、附件。用 A4.1.2c 规定的清洗剂洗净，擦除水分后自然风干。

A4.2.2.2 按图 A1 所示，在玻璃板一端粘贴防粘带，覆盖宽度约 25mm。

A4.2.2.3 按图 A1 所示制备 12 块试件，6 块为校验试件，另外 6 块加附件为试验试件。附件应裁切成条状，尺寸为 6.5mm × 51mm × 6.5mm，放置在玻璃板的中间。分别将基准密封胶和试验结构胶挤注在附件两侧至上部，并与玻璃粘结密实，两种胶相接处高于附件约 3mm。

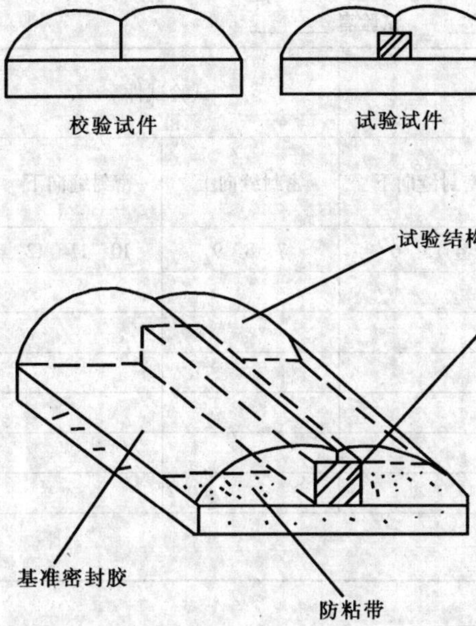

图 A1 试件

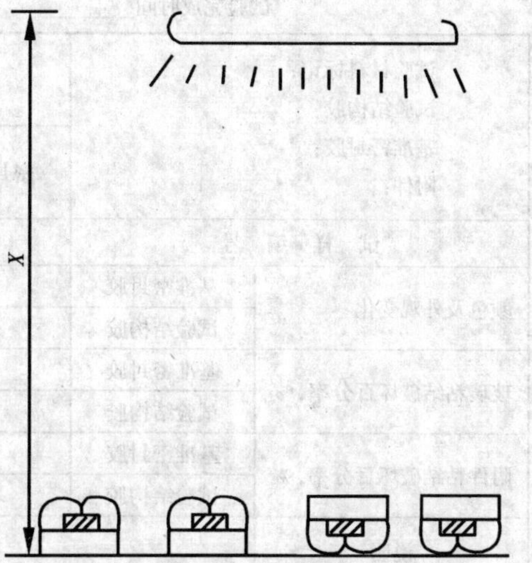

图 A2 试件放置状态

注："X"的尺寸应保证光照强度和温度

A4.2.2.4 制备的试件按 6.8.2c 处理。

A4.3 试验程序

A4.3.1 试件放置

试件编号后在 6.1.1 条件下放置 24h。取试验试件和校验试件各三块，组成一组试件。将两组试件放在紫外线灯下，一组试件的密封缝向上，另一组试件的玻璃面向上（密封缝在下面），见图 A2。

A4.3.2 光照试验

启动紫外线灯连续照射试样 21d。用紫外线强度计和温度计测量试样表面，紫外线辐射强度为 2000 ~ 3000μW/cm^2，温度为（50 ± 2）℃。紫外线强度应每周测定一次。

A4.3.3 观察颜色变化和测定粘结力

A4.3.3.1 光照结束后，取出试件冷却 4h。

A4.3.3.2 仔细观察并记录试验试件、校验试件上结构胶的颜色及其他值得注意的变化。

A4.3.3.3 测量结构胶与玻璃粘结性。将结构胶从防粘带处揭起，在与玻璃板结合处以 90°方向拉扯并从玻璃上剥离，测量并计算粘结破坏(AL)的百分率：

$$AL = 100 - CF \tag{A1}$$

式中 AL——粘结破坏占破坏面积的百分率，%；

CF——内聚破坏占破坏面积的百分率，%。

A4.3.3.4 测量结构胶与附件粘结性。将结构胶从与附件结合处以 90°方向拉扯并从附件上剥离，测量并计算结构胶与附件粘结破坏的百分率。

A4.4 试验报告

试验结果按下表格式记录并报告：

相容性试验报告

试验开始时间________ 试验标准________ 登记号________

试验完成时间________ 用　户________ 试验者________

试验材料标记： 试验结构胶： 基准密封胶： 附件：		校验试件		试验试件	
		密封缝向上	密封缝向下	密封缝向上	密封缝向下
试　样　编　号		1 2 3	4 5 6	7 8 9	10 11 12
颜色及外观变化	基准密封胶				
	试验结构胶				
玻璃粘结破坏百分率，%	基准密封胶				
	试验结构胶				
附件粘结破坏百分率，%	基准密封胶				
	试验结构胶				
说明					

附　录　B

（提示的附录）

结构胶粘结装配玻璃结构单元件工艺指南

B1 范围

本附录规定了结构胶粘结装配玻璃结构单元件工艺和过程质量控制检测方法。适用于结构胶粘结装配结构单元件装配施工及质量控制，也可用于中空玻璃结构的制作。

B2 结构胶粘结装配玻璃结构单元件工艺

B2.1 组合装配结构单元件材料要求

B2.1.1 结构胶

应符合本标准要求。

B2.1.2 底涂材料

应符合供应方要求。

B2.1.3 基础材料

结构装配用玻璃、铝型材等被粘结的基础材料，按 A3 测定剥离粘结性。

B2.1.4 衬垫材料

按附录 A 试验应与结构胶相容。

注：附录 A 规定的相容性试验，应由结构胶制造厂进行。

B2.1.5 清洗用溶剂

推荐用试剂级丁酮、异丙醇，也可用二甲苯。

B2.1.6 抹布

白色清洁、柔软、烧毛处理的棉布。

B2.1.7 隔离胶带

推荐用纸基压敏胶带，粘贴后容易撕脱且不留痕迹。

B2.2 施工条件

B2.2.1 施工环境条件

a）环境温度为（5～30）℃，空气相对湿度为 35%～75%。

b）注胶施工场地应清洁、平整、无粉尘，应有良好通风。

B2.2.2 施工机具

a）单组分结构胶挤注机具：

手动挤胶枪或气动注胶枪（配置气压为 0.1～0.6MPa 空气压缩机）。

b）双组分结构胶专用混胶注胶机。

c）注胶整形修饰用刮刀、割刀、注胶工作平台。

B2.3 施工程序及工艺过程质量控制

B2.3.1 施工程序

按 JGJ 102 规定进行。

B2.3.2 双组分结构胶混合注胶时，应首先按 B3.3 检验混胶均匀性，合格后方能涂施结构胶。

B2.3.3 涂施结构胶的同时，应按 B3.1 进行随批剥离粘结试验。一旦试验脱粘，应追溯检查施工操作技术，停止同批制造的单元件出厂。

B2.3.4 密封粘结的玻璃单元件成品，应按 B3.2 进行切胶剥离粘结性测定。一旦试验脱粘，应追溯检查施工操作技术，由技术质量部门决定增加抽样试验，对同批玻璃单元件提出处理决定。

B2.4 玻璃结构单元件粘结密封装配质量

按 JGJ 102 规定进行。

B3 工艺过程质量控制检测方法

B3.1 随批剥离粘结试验

B3.1.1 取与玻璃结构单元件同质量的玻璃和铝型材，随单元件同时分别按 B2.3 施工程序清洗、涂施结构胶。

B3.1.2 注施的结构胶在 B2.2.1a）条件下放置，单组分放置时间为 7d，双组分为 3d。

B3.1.3 按图 B1 从胶条一端以垂直或大于 90°方向用力剥离结构胶，检查结构胶发生粘结脱胶 *a* 或内聚破坏 *b* 现象，记录内聚破坏百分比。测定中，如果结构胶发生断裂，表明粘结良好（粘结强度大于内聚强度）；如果在胶内气孔或缺陷处发生断裂，表明施工操作技术有问题。

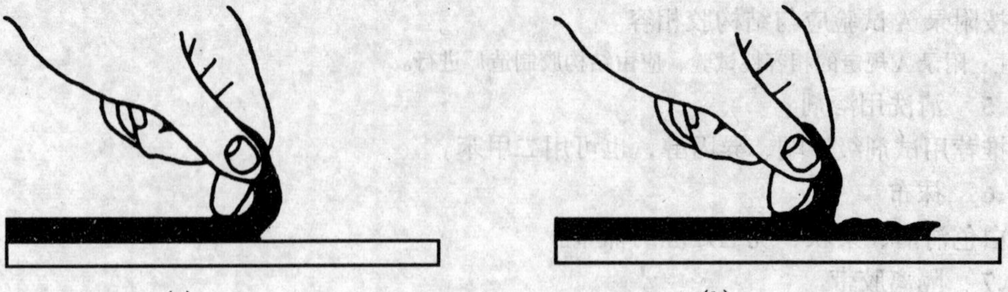

(a)　　　　　　　　　　　　(b)

图 B1　随批剥离粘结性测定示意图

(a) 粘结脱胶；(b) 内聚破坏

B3.2　玻璃结构单元件成品切胶剥离粘结性测定

B3.2.1　应从每 100 个单元件中随机抽取一件。抽取试验的单元件上结构胶应初步固化。使用双组分结构胶应固化 7d，单组分结构胶应固化 14d。

B3.2.2　切开装配框与玻璃之间的结构胶，使玻璃与铝框分开，然后用刀切断结构胶并沿基材水平切出长约 50mm 的胶条。

B3.2.3　按图 B2 所示，用手紧握结构胶条以大于 90°方向剥离，检查结构胶发生内聚破坏 b 或脱胶 a 现象，记录内聚破坏的百分比。

B3.3　混胶均匀性测定

B3.3.1　将混胶注胶机挤出的胶，挤注在纸（尺寸相当于 A4 复印纸）中间，折合纸将胶压平。

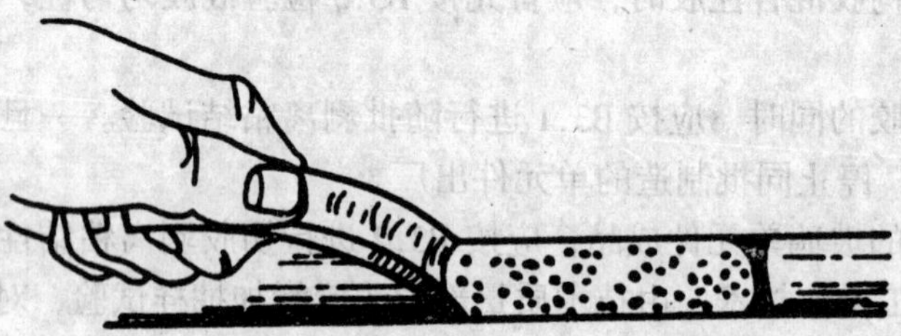

图 B2　单元件切胶剥离粘结性测定示意

B3.3.2　打开纸检查结构胶，混合均匀的结构胶应无异色条纹，如果胶上出现白色条纹，则表明混胶不均匀。

中华人民共和国建筑工业行业标准

外 墙 内 保 温 板

Panels for interior thermal insulation of the outer-wall

JG/T 159—2004

中华人民共和国建设部　2004-03-29 批准
2004-08-01 实施

前　言

外墙内保温板目前已在我国得到广泛应用，但目前国内尚无统一标准，国外无同类产品标准可等同或等效采用。本标准是在各地方和企业标准的基础上，经过对国内生产与使用外墙内保温板情况广泛的调查研究、试验验证而制定的。

本标准由建设部标准定额研究所提出。

本标准由建设部建筑制品与构配件产品标准化技术委员会归口。

本标准负责起草单位：北京市建筑材料科学研究院、北京市建筑材料质量监督检验站。

本标准参加起草单位：北京华丽联合高科技有限公司、北京市燕兴隆墙体材料有限公司、北京鹏程新型建筑材料有限公司、北京中大嘉晟建筑新材料有限公司、北京金科利源科技发展公司、湖北襄樊杰邦玻璃纤维有限公司、北京市大兴宏光新型保温建筑材料厂、西安万凯工贸有限公司咸阳绿得新型建材厂、北京保温建筑材料厂、中建－大成建筑有限责任公司。

本标准主要起草人：杨永起、周晓群、朱连滨、罗淑湘、张增寿、张丙志、杨智航、朱恒杰、贾海旺、孟庆文、赵文燕、傅佩儒、扈永增、杨兴明、孙峰军、皮润泽、王永建。

外墙内保温板

1 范　围

本标准规定了外墙内保温板（以下简称内保温板）产品的术语、分类、技术要求、试验方法、检验规则和产品的标志、运输、储存。

本标准适用于居住建筑外墙内保温，其他建筑需用保温的可参照执行。

2 规范性引用文件

下列文件中的条款通过本标准的引用而成为本标准的条款。凡是注日期的引用文件，其随后所有的修改单（不包括勘误的内容）或修订版均不适用于本标准，然而，鼓励根据本标准达成协议的各方研究是否可使用这些文件的最新版本。凡是不注日期的引用文件，其最新版本适用于本标准。

GB 175　硅酸盐水泥、普通硅酸盐水泥

GB 6566　建筑材料放射性核素限量

GB 8076　混凝土外加剂

GB 8624—1997　建筑材料燃烧性能分级方法

GB 9776　建筑石膏

GB/T 2828—1989　逐批检查计数抽样程序及抽样表（适用于连续批的检查）

GB/T 10294—1988　绝热材料稳态热阻及有关特性的测定　防护热板法

GB/T 10801.1　绝热用模塑聚苯乙烯泡沫塑料

GB/T 14684　建筑用砂

GB 50176　民用建筑热工设计规范

JC 435　快硬铁铝酸盐水泥

JC 561　玻璃纤维网布

JC 714　快硬硫铝酸盐水泥

JC/T 209—1992（1996）　膨胀珍珠岩

JC/T 572　耐碱玻璃纤维无捻粗纱

JC/T 659　低碱度硫铝酸盐水泥

JC/T 841　耐碱玻璃纤维网格布

JGJ 26　民用建筑节能设计标准

3 定　义

3.1

增强水泥聚苯保温板　reinforced panel consisting of polystyrene foam and cement for thermal insulation

以聚苯乙烯泡沫塑料板同耐碱玻璃纤维网格布或耐碱纤维及低碱度水泥一起复合而成

的保温板。

3.2

增强石膏聚苯保温板　reinforced panel consisting of polystyrene foam and plaster for thermal insulation

以聚苯乙烯泡沫塑料板同中碱玻璃纤维涂塑网格布、建筑石膏（允许掺加重量小于15%的水泥）及珍珠岩一起复合而成的保温板。

3.3

聚合物水泥聚苯保温板　thermal insulation panel consisting of polystyrene foam and polymer cement mortar

以耐碱玻璃纤维网格布或耐碱纤维、聚合物低碱度水泥砂浆同聚苯乙烯泡沫塑料板复合而成的保温板。

3.4

发泡水泥聚苯保温板　thermal insulating panel consisting of polystyrene foam and aerated cement

以硫铝酸盐水泥等无机胶凝材料、粉煤灰、发泡剂等同聚苯乙烯泡沫塑料板复合而成的保温板。

3.5

水泥聚苯颗粒保温板　thermal insulating panel of cemented polystyrene foaming granule

以水泥、发泡剂等材料同聚苯乙烯泡沫塑料颗粒经搅拌后，浇注而成的保温板。

4　分类和标记

4.1　类别

内保温板按所使用原材料分为增强水泥聚苯保温板、增强石膏聚苯保温板、聚合物水泥聚苯保温板、发泡水泥聚苯保温板、水泥聚苯颗粒保温板。产品类别及代号见表1。

内保温板按板型分为标准板和非标准板。

表1　内保温板类别及其代号

板　类　型	代　号
增强水泥聚苯保温板	SNB
增强石膏聚苯保温板	SGB
聚合物水泥聚苯保温板	JHB
发泡水泥聚苯保温板	FPB
水泥聚苯颗粒保温板	SJB

4.2　产品标记

4.2.1　标记方法

标记顺序为：产品代号和主参数（长、宽、厚）。

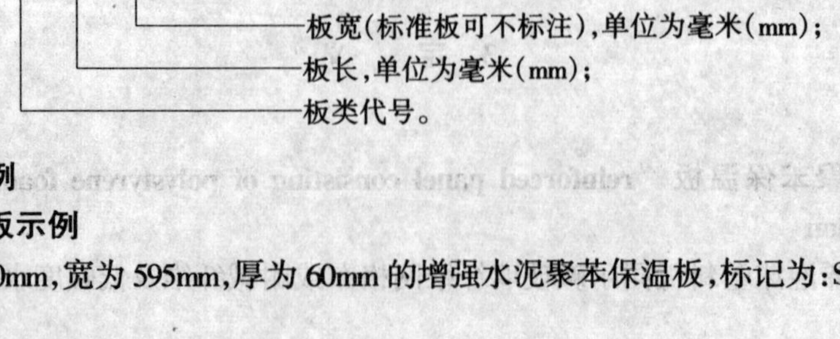

4.2.2　标记示例

4.2.2.1　标准板示例

板长为2540mm,宽为595mm,厚为60mm的增强水泥聚苯保温板,标记为:SNB2540×60

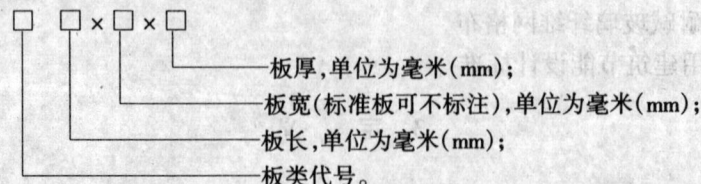

4.2.2.2 非标准板示例

板长为2540mm，宽为495mm，厚为60mm的增强水泥聚苯保温板，标记为：SNB 2540×495×60

5 要 求

5.1 材料

5.1.1 建筑石膏

应符合GB/T 9776标准。

5.1.2 膨胀珍珠岩

应符合JC/T 209—1992标准中70~100级的要求。

5.1.3 水泥

5.1.3.1 低碱度硫铝酸盐水泥

应符合JC/T 659标准中强度标号425#（含）以上水泥的指标要求。

5.1.3.2 快硬硫铝酸盐水泥

应符合JC 714标准中强度标号425#（含）以上水泥的指标要求。

5.1.3.3 快硬铁铝酸盐水泥

应符合JC 435标准中强度标号425#（含）以上水泥的指标要求。

5.1.3.4 普通硅酸盐水泥

应符合GB 175标准中强度等级32.5（含）以上水泥的指标要求。

5.1.4 聚苯乙烯泡沫塑料

应符合GB/T 10801.1标准中阻燃型的指标要求。

5.1.5 玻纤网布

增强水泥类应采用符合JC/T 841标准要求的耐碱玻璃纤维网格布，增强石膏类应采用符合JC 561标准中中碱网布要求的玻璃纤维网布。

5.1.6 耐碱玻璃纤维无捻粗纱

应符合JC/T 572标准。

5.1.7 砂子

应符合GB/T 14684标准。

5.1.8 外加剂

应符合GB 8076标准。

5.2 规格和尺寸允许偏差

内保温板制作规格尺寸应符合有关建筑设计要求，见表2。

表2 板的规格尺寸 单位为毫米

板类型	项目				
	板 型	厚 度	宽 度	长 度	边 肋
标准板	条 板	40、50、60、70、80、90	595	2400~2900	≤15
	小块板	40、50、60、70、80、90	595	900~1500	≤10
非标准板	按设计要求而定				
注：聚合物水泥聚苯保温板标准板宽为600mm，无边肋。					

内保温板的尺寸允许偏差应符合表 3 的规定。

表 3　尺寸允许偏差　　　　单位为毫米

项　　目	允 许 偏 差
长　度	±5
宽　度	±2
厚　度	±2
对角线差	≤8（条板）或≤3（小板）
板侧面平直度	≤L^a/750
板面平整度	≤2
a　L 为板长	

5.3　外观质量

内保温板的外观质量应符合表 4 的规定。

表 4　外　观　质　量

项　目	指　　标
露　网	无外露纤维
缺　棱	深度大于 10mm 的棱同条边累计长度小于 150mm
掉　角	三个方向破坏尺寸同时大于 10mm 的掉角不超过 2 处；三个方向破坏尺寸的最大值不大于 30mm
裂　纹	无贯穿性裂纹及非贯穿性横向裂纹 无长度大于 50mm 或宽度大于 0.2mm 的非贯穿性裂纹 长度大于 20mm 的非贯穿性裂纹不超过 2 处
蜂窝麻面	长径≥5mm，深度≥2mm 的板面气孔不多于 10 处
注：缺棱掉角尺寸以投影尺寸计。	

5.4　物理力学性能

内保温板的物理力学性能应符合表 5 的规定。

表 5　物理力学性能

项　目			增强水泥聚苯保温板	增强石膏聚苯保温板	聚合物水泥聚苯保温板	发泡水泥聚苯保温板	水泥聚苯颗粒保温板
面密度/（kg/m²）			≤40	≤30	≤25	≤30	—
密度/（kg/m³）			—				≤380
含水率/%			≤5				≤10
主断面热阻/（m²·k/W）	板厚/mm	40	≥0.50				≥0.50
		50	≥0.70				≥0.60
		60	≥0.90				≥0.75
		70	≥1.15				≥0.90
		80	≥1.40				≥1.00
		90	≥1.65				≥1.15
抗弯荷载/N			≥G^a				
抗冲击性/次			≥10				
燃烧性能/级			B_1				
面板收缩率/%			≤0.08				
a　G 为板材的重量。							

5.5 放射性水平

内保温板的放射性水平应符合 GB 6566 的规定。

6 试验方法

6.1 外观质量

6.1.1 量具

直尺：量程 0 ~ 300mm，精度 1mm；游标卡尺：量程 0 ~ 200mm，精度 0.02mm。

6.1.2 检验方法

在自然光条件下，距板 0.5m 处目测是否有外露纤维；用钢直尺测量缺棱掉角尺寸；用游标卡尺和直尺测量裂纹及蜂窝气孔尺寸，并记录缺陷数量。

6.2 尺寸偏差

6.2.1 量具

卷尺：量程 0 ~ 4000mm，精度 1mm；游标卡尺：量程 0 ~ 200mm，精度 0.02mm；直尺：量程 0 ~ 300mm，精度 1mm；靠尺 2m；塞尺：量程 0.01 ~ 10mm，精度 0.03mm。

6.2.2 检验方法

6.2.2.1 长度

用卷尺测量，距板两边 100mm 平行于板边测 2 处，取这 2 个测量值与公称尺寸之差的较大值为长度偏差，精确至 1mm。

6.2.2.2 宽度

用卷尺测量，距板两端 100mm 平行于板端测 2 处，取这 2 个测量值与公称尺寸之差的较大值为长度偏差，精确至 1mm。

6.2.2.3 厚度

用外卡钳与游标卡尺配合测量，距板两边、两端各 100mm 交会点各测 1 个值（4 处），距板两边 100mm 与横向中心线交会点各测 1 个值（2 处），共 6 个测量值，取这 6 个测量值与公称尺寸之差的最大值为厚度偏差，精确至 1mm。

6.2.2.4 对角线差

用卷尺测量两条对角线长度，取其差值为对角线差，精确至 1mm。

6.2.2.5 板侧面平直度

用 2m 靠尺和塞尺沿板的侧面测量侧面弯曲，记录靠尺与板面间隙的数值，取最大值为检测数值，精确至 1mm。

6.2.2.6 板面平整度

用 2m 靠尺和塞尺沿板的两条对角线分别测量，记录靠尺与板面最大间隙的数值，取 2 个测量值中的较大值为检测数值，精确至 1mm。

6.3 物理力学性能

6.3.1 含水率

6.3.1.1 仪器

电热鼓风干燥箱：室温 ~ 200℃，精确至 1℃。

精密工业天平：量程 0kg ~ 5kg，精度 0.5g。

6.3.1.2 测定方法

从板上沿长度方向横向截取60mm宽的试件三块，其尺寸为板宽×板厚×60mm。称取试件质量（m_1），精确至1g。然后将试件放入电热鼓风干燥箱中，温度为40℃±2℃，烘至间隔4h二次称量质量之差小于2g时，即为恒重（m_2）。

试件含水率按式（1）计算：

$$W = (m_1 - m_2)/m_2 \times 100 \quad (1)$$

式中　W——含水率，%；

m_1——试件烘干前质量，单位为克（g）；

m_2——试件烘干后质量，单位为克（g）；

取三块试件的算术平均值为检测数值，精确至0.1%。

6.3.2　面密度

6.3.2.1　仪器

地秤：量程0kg～100kg，精度0.05kg。

6.3.2.2　测定方法

取整块板作试验，用地秤称量板重，精确至0.1kg。

试件面密度按式（2）计算：

$$\rho = G \cdot (1 - W)/(L \times B) \quad (2)$$

式中　ρ——面密度，单位为千克每平方米（kg/m^2）；

W——含水率，%；

G——板质量，单位为千克（kg）；

L——板长度，单位为米（m）；

B——板宽度，单位为米（m）；

取三块板的算术平均值为检测数值，精确至$1kg/m^2$。

6.3.3　密度

6.3.3.1　仪器

地秤：量程0kg～100kg，精度0.05kg。

6.3.3.2　测定方法

取整块板作试验，用台秤称量板重，精确至0.1kg。

试件密度按式（3）计算：

$$r = G \cdot (1 - W)/(L \times B \times H) \quad (3)$$

式中　r——面密度，单位为千克每立方米（kg/m^3）；

W——含水率，%；

G——板质量，单位为千克（kg）；

L——板长度，单位为米（m）；

B——板宽度，单位为米（m）；

H——板厚度，单位为米（m）；

取三块板的算术平均值为检测数值，精确至$1kg/m^3$。

6.3.4　抗弯荷载

6.3.4.1　仪器

抗折试验机，荷载误差不大于±1%，其量程为0N～1500N，最小分度值5N；0N～

6000N，最小分度值 10N。试验机应有调速装置，可匀速加载。

6.3.4.2 测定方法

a）条板测试

加载装置如图 1，加载杆应平行于支座，长度等于或大于板的宽度，加载杆作用于板面的力应垂直于板的侧边。

将板平置于两个平行支座上，使板中心线与加载杆中心线重合，两支座间跨距为 2400mm，如图 1 所示，当用量程为 0N～6000N 范围的压力加载时，以 100±10（N/s）的加荷速度均匀加载，直至试件断裂，记录板破坏时的表盘压力读数 F，精确至 10N；当用量程为 0N～1500N 范围的压力加载时，以 50±5（N/s）的加荷速度均匀加载，直至试件断裂，记录板破坏时的表盘压力读数 F，精确至 10N，则板的抗弯荷载按下式计算：

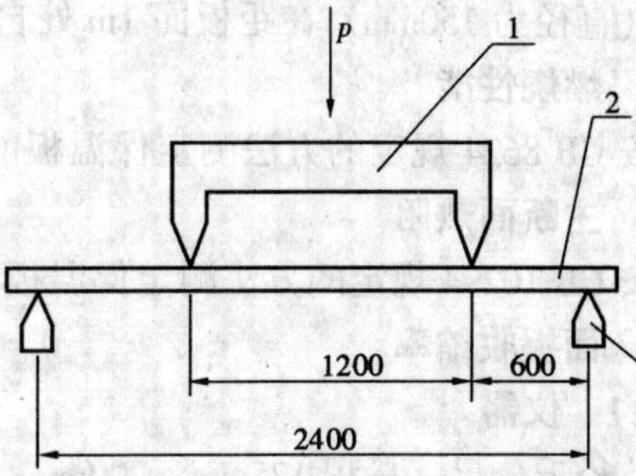

图 1 抗弯荷载加荷装置示意图

1—压力架；2—内保温条板；3—支座

$$P = F - 9.8G \quad (4)$$

式中 P——板的抗弯荷载，单位为牛顿（N）；

F——表盘压力读数，单位为牛顿（N）；

G——板的自重，单位为千克（kg）；

取三块板的算术平均值为检测数值，修约至 10N。

b）小块板测试

加载装置如图 2，加载杆应平行于支座，长度等于或大于板的宽度，加载杆作用于板面的力应垂直于板的侧边。

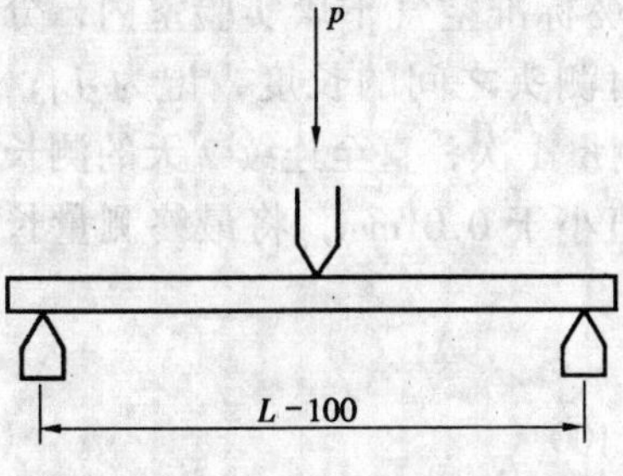

图 2 抗弯荷载加荷装置示意图

将板平置于两个平行支座上，使板中心线与加载杆中心线重合，两支座间跨距为（$L-100$）mm，L 为板的长度，如图 2 所示，当用量程为 0N～6000N 范围的压力加载时，以 100±10（N/s）的加荷速度均匀加载，直至试件断裂，记录板破坏时的表盘压力读数 F，精确至 10N，当用量程为 0N～1500N 范围的压力加载时，以 50±5（N/s）的加荷速度均匀加载，直至试件断裂，记录板破坏时的表盘压力读数 F，精确至 10N，计算与条板测试相同，取三块板的算术平均值为检测数值，修约至 10N。

6.3.5 抗冲击性

6.3.5.1 条板测试

取一块整板作为抗冲击性试验的试件，将被测的试样用钢框支架垂直固定在墙面上，并使其背面紧贴墙面，试样在钢架上跨距为 2.4m，在钢架上端距板边 5mm 处安置一个铁环，系一个直径为 200mm 的帆布制作的砂袋，内装石英砂 10kg，砂袋绳长 1.2m，砂袋高度与板面冲击点的落差为 500mm，使砂袋自由向板面中部冲击，记录板正面出现可见裂纹的次数。

6.3.5.2 小块板测试

取一块整板作为抗冲击性试验的试件，将被测试样平放于铺着细砂的地面上，以 5kg 砂袋（直径为 150mm）在距板面 1m 处自由向下冲击，记录板正面出现可见裂纹的次数。

6.3.6 燃烧性能

按 GB 8624 规定的方法测定保温板的燃烧性能。

6.3.7 主断面热阻

按 GB 10294 规定的方法测定保温板的主断面热阻。

6.3.8 面板收缩率

6.3.8.1 仪器

外径千分尺：量程 175mm ~ 200mm，分度值 0.01mm。

电热鼓风干燥箱：室温 ~ 200℃，精确至 1℃。

6.3.8.2 试件的制备

从三块保温板的中间部位（不含热桥）各切取一块 180mm × 180mm × 板厚的试件。在试件的任意对边距板边 20mm 处划出测量标线，粘贴厚度为 3mm ~ 5mm，直径为 8mm 的铜测头或不锈钢测头，如图 3。

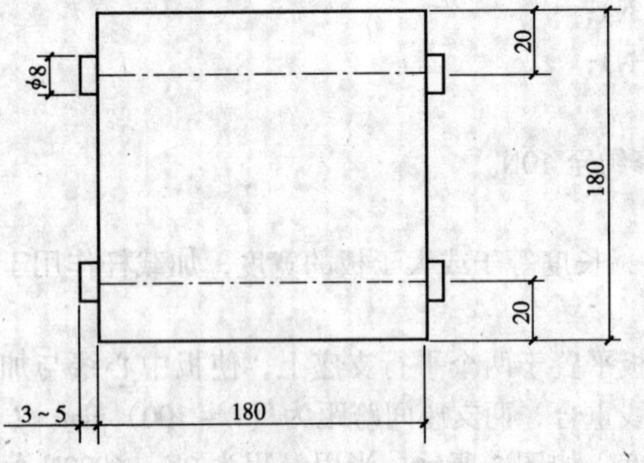

图 3 面板收缩率试件示意图

6.3.8.3 测定方法

将试件在温度为 18℃ ~ 24℃、相对湿度 95% 以上的养护室中放置 2 天，取出用湿毛巾擦干表面水分，分别测量 2 对测头之间的长度，记为 L_0；然后将试件放在 50℃ ± 2℃烘箱中烘 48h，取出试件，将试件置于温度为 20℃ ± 2℃，相对湿度 55% ± 5% 标准空气干燥实验室内，分别测量 2 对测头之间的长度，记为 L_1；每隔 24h 测量 1 次，直至连续 2 天的测长读数波动值小于 0.01mm，将最终测量长度值记为 L_n。

面板收缩率按式（5）计算：

$$\varepsilon = (L_0 - L_n)/(L_0 - L) \times 100 \tag{5}$$

式中 ε——面板干缩率，%；

L_0——干燥处理前的试件初长值，单位为毫米（mm）；

L_n——干燥处理后的试件最终测量长度，单位为毫米（mm）；

L——两个测头之和，单位为毫米（mm）。

试件长度测量均精确至 0.01mm，结果以三块试件共 6 个数据的算术平均值表示，精确至 0.01%。

6.4 放射性水平

按 GB 6566 规定的方法测定保温板的放射性。

7 检 验 规 则

7.1 检验分类

产品检验分为出厂检验和型式检验两类。

7.1.1 出厂检验

产品出厂前必须进行出厂检验。出厂检验项目包括外观质量、尺寸允许偏差、面密度、抗冲击性、含水率、密度（对水泥聚苯颗粒保温板）。产品经出厂检验合格后方可出厂。

7.1.2 型式检验

型式检验项目包括本标准要求的全部项目。有下列之一情况者，应进行型式检验。

a）试制的产品进行投产鉴定时；

b）产品的材料、配方、工艺有重大改变时；

c）产品停产半年以上再恢复生产时；

d）连续生产的产品每半年时；

e）出厂检验结果与上次型式检验结果有较大差异时；

f）用户有特殊要求时；

g）国家质量监督机构提出时。

7.2 抽样方法

7.2.1 出厂检验抽样

检验外观质量和尺寸允许偏差的样品按 GB/T 2828 中正常二次抽样方案抽取，如表 6。检验面密度、含水率、抗冲击性、密度（对水泥聚苯颗粒保温板）项目的样品从外观质量合格的样品中按试验要求随机抽取 3 块作为检验样。

表 6 产品二次抽样方案

批量范围 N	样 本	样本大小 n_1	样本大小 n_2	合格判定数 A_1	合格判定数 A_2	不合格判定数 R_1	不合格判定数 R_2
150 ~ 280	1	8		0		2	
	2		8		1		2
281 ~ 500	1	13		0		3	
	2		13		3		4
501 ~ 1200	1	20		1		3	
	2		20		4		5
1201 ~ 3200	1	32		2		5	
	2		32		6		7
3201 ~ 10000	1	50		3		6	
	2		50		9		10

7.2.2 型式检验抽样

检验外观质量和尺寸允许偏差的样品按 GB/T 2828 中正常二次抽样方案抽取，如表 6；检验物理力学性能的试件从外观质量合格的样品中按试验要求随机抽取 6 块样品作为检验样。

7.3 判定规则

7.3.1 外观质量和尺寸允许偏差

7.3.1.1 单个样品判定

根据样品检验结果，若受检样品的外观质量和尺寸允许偏差均符合 5.2、5.3 中相应规定时，则判该样品合格。若受检样品的外观质量和尺寸允许偏差有 1 项或多余 1 项不符合 5.2、5.3 中相应规定时，则判该样品不合格。不合格者，允许修补，修补后经重新检验合格者，仍判为合格品。

7.3.1.2 批样品判定

根据批样品检验结果，若在第一样本（n_1）中不合格样品数 a_1 小于或等于表 6 中第一合格判定数（A_1），则判该批产品合格。若在第一样本（n_1）中不合格样品数 a_1 大于或等于表 6 中第一不合格判定数（R_1），则判该批产品不合格。若在第一样本（n_1）中，不合格样品数 a_1 大于第一合格判定数（A_1）而小于第一不合格判定数（R_1），则抽第二样本（n_2）进行检验；若在第一和第二样本中的不合格样品数总和（a_1+a_2）小于或等于第二不合格判定数（A_2），则判该批产品合格；若在第一和第二样本中的不合格样品数总和（a_1+a_2）大于或等于第二不合格判定数（R_2），则判该批产品不合格。判定结果如表 7。

7.3.2 物理力学性能

7.3.2.1 出厂检验

表7 判 定 结 果

$a_1 \leqslant A_1$	合格批
$a_1 \geqslant R_1$	不合格批
$A_1 < a_1 < R_1$	抽第二样本进行检验
$(a_1+a_2) \leqslant A_2$	合格批
$(a_1+a_2) \geqslant R_2$	不合格批

若受检样品的面密度、抗冲击性、含水率、密度（水泥聚苯颗粒保温板）项目均符合 5.4 中相应规定时，则判该批产品合格；若有 2 项或 2 项以上不合格，则判该批产品不合格；若仅有 1 项不合格，允许从原批量中加倍抽取不合格项目的样品进行复检，若符合 5.4 中相应规定时，则判该批产品合格，若仍不符合 5.4 中相应规定时，则判该批产品不合格。

7.3.2.2 型式检验

若受检样品的物理力学性能和放射性水平项目符合 5.4、5.5 中相应规定时，则判该批产品合格；若有 2 项或 2 项以上不合格，则判该批产品不合格；若仅有一项指标不符合规定，允许从原批量中加倍抽取不合格项目的样品进行复验，若复检合格，则判该批产品合格，若仍不符合 5.4、5.5 中相应规定时，则判该批产品不合格。抗弯荷载、放射性水平项目不得复检。

7.3.2.3 综合判定规则

若受检样品的外观质量、尺寸允许偏差、物理力学性能、放射性水平项目符合标准中相应规定时，则判为合格；若有 1 项不合格，则判为不合格。

8 标志、运输、储存

8.1 标志

产品出厂时，必须提供产品质量合格证和产品说明书。产品说明书主要包括：产品用途和使用范围、产品特点及选用方法、产品结构及组成材料、使用环境条件、安装使用方法、板材储存方式等。产品质量合格证主要包括：生产厂名、厂址、产品标记、批量、编号、生产日期等，并有检验员和单位签章。产品表面应有合格品的标记。

8.2 运输

产品搬运、装卸过程应轻起轻放。运输过程中应使其固定，以减少运输过程中的震动、碰撞，避免破坏和变形。必要时应有遮篷，防止受潮。

8.3 储存

产品存放场地应坚实平整、干燥通风，防止侵蚀介质和明水侵害。产品应按板型规格分类储存，防止变形和损坏。

中华人民共和国建筑工业行业标准

工业灰渣混凝土空心隔墙条板

Concrete hollow panels contained industrial fly ash and waste slags for partition wall in buildings

JG/T 3063—1999

中华人民共和国建设部 1999-07-07 批准

1999-12-01 实施

前　言

本标准根据建筑墙体对以水泥为胶凝材料的工业灰渣混凝土条板产品的功能要求进行编写。在编写规则上按 GB/T 1.1—1993《标准化工作导则　第 1 单元：标准的起草与表述规则　第 1 部分：标准编写的基本规定》和 GB/T 1.3—1997《标准化工作导则　第 1 单元：标准的起草与表述规则　第 3 部分：产品标准编写规定》进行。技术内容上，鉴于此产品在建筑应用上的广泛性及工业灰渣综合利用特点，在反映产品性能时，对涉及健康、安全、环境保护方面因素及使用性能、物理性能、稳定性能、环境适应性等方面的要求，遵照国家有关法规和强制性标准进行编写，将有关要求纳入标准，并同时规定了极限值。

本标准由中华人民共和国建设部标准定额研究所提出。

本标准由建设部建筑结构构件标准技术归口单位中国建筑标准设计研究所归口。

本标准主要起草单位：建设部居住建筑与设备研究所、沈阳市三众新型建材制品有限公司、煤炭科学研究总院北京建井研究所、北京热电三众新型建材有限公司、山东德州汇源轻质空心隔墙板厂、辽宁省铁法矿务局煤矸石建材制品厂、北京万航建材有限责任公司。

本标准主要起草人：赵国强、高宝林、王鼎、郭爱民、罗起信、刘清正、朱柏林、黄爱悦、董杰。

本标准委托建设部居住建筑与设备研究所负责解释。

目　次

前言 …… 672
1　范围 …… 674
2　引用标准 …… 674
3　定义 …… 674
4　产品分类 …… 675
5　要求 …… 676
6　试验方法 …… 677
7　检验规则 …… 683
8　标志、运输和贮存 …… 686

1 范　围

本标准规定了工业灰渣混凝土空心隔墙条板的定义、产品分类、要求、检验抽样、试验方法、判定规则及标志、运输和贮存。

本标准适用于民用建筑中作非承重内隔墙用的，以粉煤灰、经煅烧或自燃的煤矸石、炉渣、矿渣、加气混凝土碎屑等工业灰渣为集料制成的混凝土空心条板。

以粉煤灰陶粒和陶砂、页岩陶粒和陶砂、天然浮石等为集料制成的混凝土空心隔墙条板可以参照本标准执行。

2 引 用 标 准

下列标准所包含的条文，通过在本标准中引用而构成为本标准的条文。本标准出版时，所示版本均为有效。所有标准都会被修订，使用本标准的各方应探讨使用下列标准最新版本的可能性。

GB 175—1992　硅酸盐水泥、普通硅酸盐水泥

GB/T 701—1997　低碳钢热轧圆盘条

GB/T 1216—1985　外径千分尺

GB 1344—1992　矿渣硅酸盐水泥、火山灰质硅酸盐水泥及粉煤灰硅酸盐水泥

GB 1499—1998　钢筋混凝土用热轧带肋钢筋

GB/T 1596—1991　用于水泥和混凝土中的粉煤灰

GB 6763—1986　建筑材料用工业废渣放射性物质限制标准

GB 9196—1988　掺工业废渣建筑材料产品放射性物质控制标准

GB/T 9978—1988　建筑构件耐火试验方法

GB/T 17431.1—1998　轻集料及其试验方法　第1部分：轻集料

GB/T 17431.2—1998　轻集料及其试验方法　第2部分：轻集料试验方法

GBJ 75—1984　建筑隔声测量规范

JGJ 63—1989　混凝土拌合用水标准

JC 209—1992　膨胀珍珠岩

JC 714—1996　快硬硫铝酸盐水泥

JC/T 541—1994　自燃煤矸石轻集料

JC/T 572—1994　耐碱玻璃纤维无捻粗纱

3 定　义

本标准采用下列定义。

工业灰渣混凝土空心隔墙条板　concrete hollow panels contained industrial fly ash and waste slags for partition wall in buildings

一种机制条板，用作民用建筑非承重内隔墙，其构造断面为多孔空心式，生产原材料中，工业灰渣总掺量为40%（重量比）以上。

4 产 品 分 类

4.1 产品类型

工业灰渣混凝土空心隔墙条板产品按构件类型分为普通板、门框板和过梁板三种板型。工业灰渣混凝土空心隔墙条板产品名称代号为 GH，板型代号：普通板为 PB、门框板为 MB、过梁板为 LB。

4.2 产品型式

条板随生产工艺不同可采用不同企口和开孔形式，图 1 和图 2 为工业灰渣混凝土空心隔墙条板的各部位名称及外形、断面示意图。

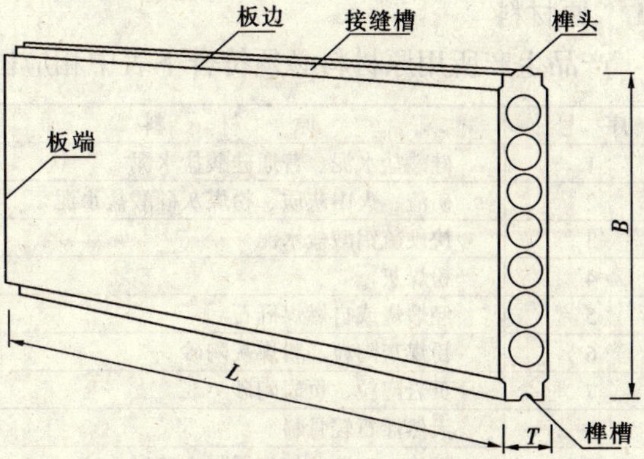

图 1 工业灰渣混凝土空心隔墙条板各部位名称及外形示意图

4.3 产品规格

条板的主规格标志尺寸为：

长度 mm × 宽度 mm × 厚度 mm：2500 ~ 3000 × 600 × 90、100

其他规格尺寸，可由产需双方协商。

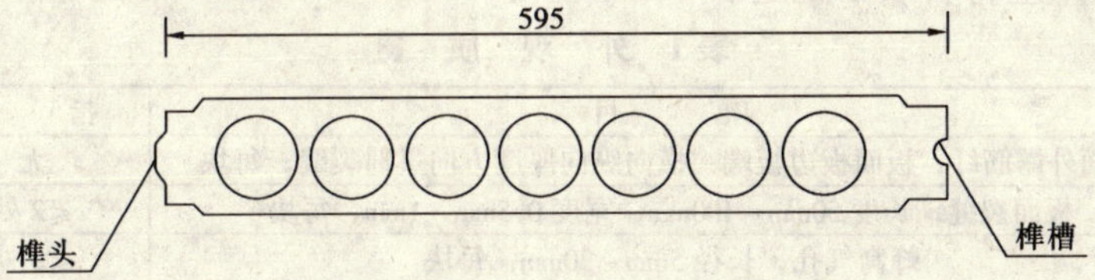

图 2 工业灰渣混凝土空心隔墙条板断面示意图

4.4 型号

4.4.1 标记方法

工业灰渣混凝土空心隔墙条板按产品名称代号（GH）、特性代号（见 4.1）、主参数代号和标准编号的顺序进行标记。标记按以下图示方法编制。

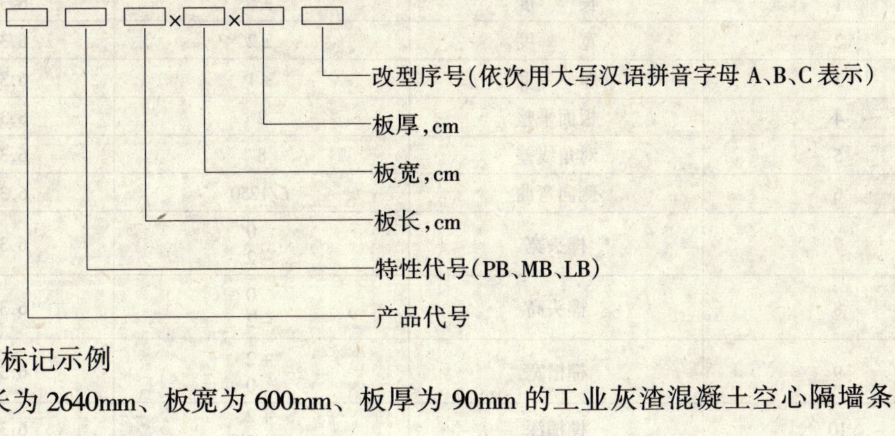

4.4.2 标记示例

板长为 2640mm、板宽为 600mm、板厚为 90mm 的工业灰渣混凝土空心隔墙条板门框板。

标记为：GH MB 264×60×9　JG 3063—1999

5 要　　求

5.1 原材料

产品生产所用原材料必须符合下表中相应国家标准或国家行业标准的要求。

序　号	原　材　料	必须符合的标准
1	硅酸盐水泥、普通硅酸盐水泥	GB 175
2	矿渣、火山灰质、粉煤灰硅酸盐水泥	GB 1344
3	快硬硫铝酸盐水泥	JC 174
4	粉煤灰	GB/T 1596、GB 6763
5	经煅烧或自燃煤矸石	JC/T 541、GB 6763
6	粉煤灰陶粒、粉煤灰陶砂	GB/T 17431.1 ~ 17431.2 GB 6763
7	页岩陶粒、页岩陶砂	
8	天然浮石轻骨料	
9	炉渣、矿渣、加气混凝土碎屑	GB 6763
10	膨胀珍珠岩	JC 209
11	钢丝	GB 701、GB 1499
12	耐碱玻璃纤维	JC/T 572
13	混凝土拌合水	JGJ 63

5.2 外观质量

条板外观质量应符合表1规定。

表1　外　观　质　量

序　号	项　　目	指　　标	检验方法
1	板面外露筋纤；板面板边板端：横向纵向厚度方向贯通裂缝，每块	无	6.2
2	板面裂缝，长度50mm～100mm，宽度0.5mm～1mm，每块	≤2处	6.2
3	蜂窝气孔，长径5mm～30mm，每块	≤3处	6.2
4	缺棱掉角，宽度（mm）×长度（mm）　10×25～20×30，每块	≤2处	6.2

5.3 尺寸偏差

条板尺寸偏差应符合表2规定。

表2　尺　寸　偏　差　　mm

序　　号	项　　目	允 许 偏 差	检 验 方 法
1	长　　度	±5	6.3.1
2	宽　　度	±2	6.3.2
3	厚　　度	±1	6.3.3
4	板面平整	2	6.3.4
5	对角线差	8	6.3.5
6	侧向弯曲	L/1250	6.3.6
7	榫头宽	0 −2	6.3.7
8	榫头高	0 −2	6.3.7
9	榫槽宽	+2 0	6.3.8
10	榫槽深	+2 0	6.3.8

5.4 物理力学性能

条板的物理力学性能应符合表3规定。

表3 物理力学性能

序号	项目	指标	检验方法
1	抗冲击性能，次	≥5	6.4.1
2	抗弯破坏荷载，板自重倍数	≥1.0	6.4.2
3	抗压强度，MPa	≥5	6.4.3
4	面密度，kg/m^2	≤80	6.4.4
5	相对含水率，%	≤45/40/35[1)]	6.4.5
6	干燥收缩值，mm/m	≤0.6	6.4.6
7	吊挂力，N	≥1000	6.4.7
8	空气声计权隔声量，dB	≥35	6.4.8
9	耐火极限，h	≥1	6.4.9
10	放射性比活度限值，$C_{Ra}/740+C_{Th}/520+C_{k}/9600$ 及 $C_{Ra}/400$	≤1	6.4.10

1）此项指标不同限值规定对应的使用地区如表4。

表4 条板不同相对含水率限值规定对应的使用地区

相对含水率，%	≤45	≤40	≤35
使用地区	潮　湿	中　等	干　燥

潮　湿——系指年平均相对湿度大于75%的地区；
中　等——系指年平均相对湿度50%～75%的地区；
干　燥——系指年平均相对湿度小于50%的地区。

5.5 生产工艺方法

工业灰渣混凝土空心隔墙条板产品应采用机制成型生产方法生产。

6 试验方法

6.1 试验环境及试验条件

试验应在常温常湿环境下进行。所有提交试验的条板样本，属普通硅酸盐水泥生产的，其养护龄期不应少于35d，属硫铝酸盐水泥生产的，其养护龄期不应少于14d。

6.2 外观质量检验

对受检板，视距0.5m左右，目测有无外露筋纤、贯通裂缝；用精度为0.5mm的钢直尺量测板面裂缝、蜂窝气孔、缺棱掉角数据，并记录缺陷数量。

6.3 尺寸偏差检验

6.3.1 长度检验

量测三处：

板边两处：各距两板边100mm，平行于该板边；

板中一处：过两板端中点。如图3所示。

用精度1mm的钢卷尺拉测，取三处测量数据的算术平均值为检验结果，数据精确至1mm。

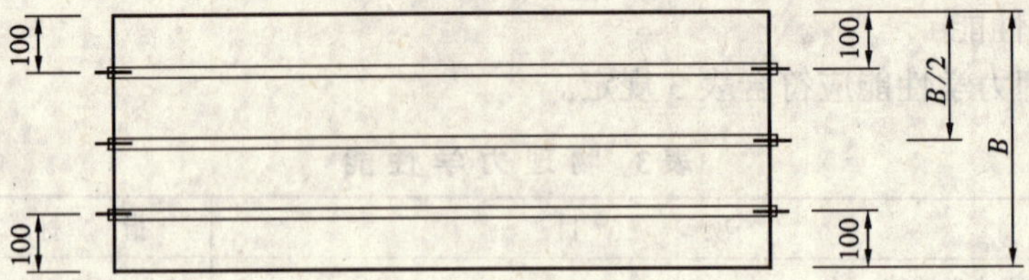

图 3 长度测量位置

6.3.2 宽度检验

测量三处：

板端两处：各距两板端 100mm，平行于该板端；

板中一处：过两板边中点。如图 4 所示。

用精度为 1mm 的钢直尺配合直角尺测量，取三处测量数据的算术平均值为检验结果，数据精确至 1mm。

6.3.3 厚度检验

a）在各距板两端 100mm，两边 100mm 及横向中线处布置测点，如图 5 所示共量测六处。

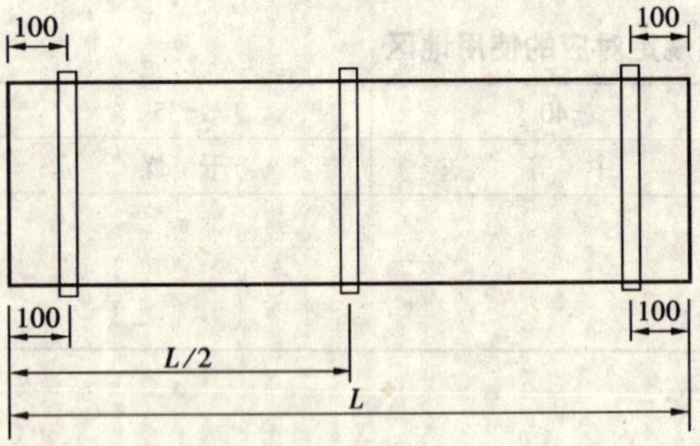

图 4 宽度测量位置

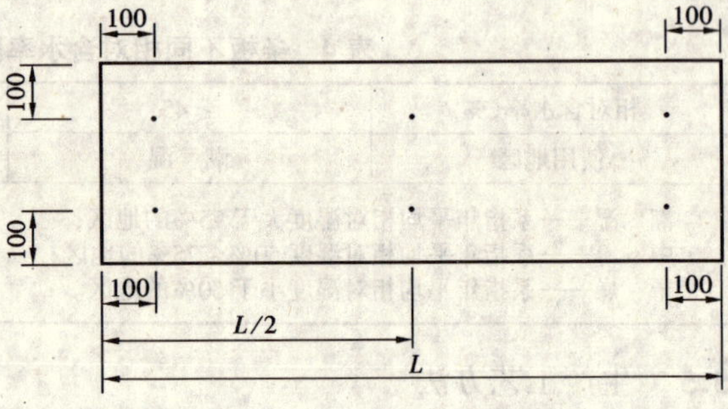

图 5 厚度测量位置

b）用精度为 0.5mm 的钢直尺，或用外卡钳和游标卡尺配合测量，读数读至 0.1mm，记录测量数据。

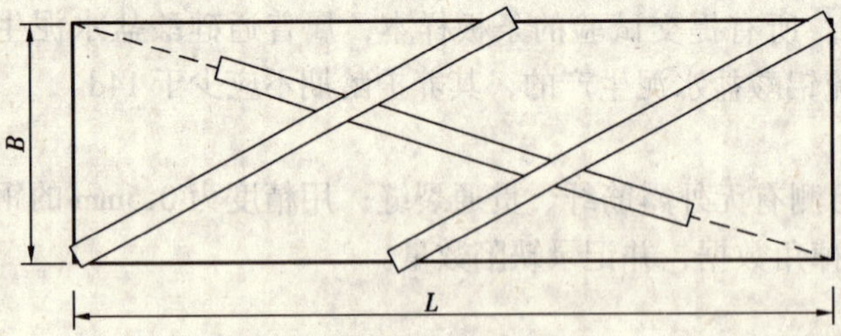

图 6 板面平整测量位置

c）取六处测量数据的算术平均值为检验结果，精确至 1mm。

6.3.4 板面平整检验

a）受检板两板面各量测三处，共六处。第一处：使靠尺中点位于板面中心，靠尺尺身重合于板面一条对角线；另二处：靠尺位置关于板面中心对称，靠尺一端位于板面另一条对角线端点，靠尺另一端交于对边板边，如图 6 所示，条板另一面测量位置与图示位置关于条板中心对称。

b）用 2m 靠尺和楔形塞尺测量。记录每处靠尺与板面最大间隙的读数，读数读至 0.1mm。

c）取六处测量数据的算术平均值为检验结果，精确至 1mm。

6.3.5 对角线差检验

用精度为 1mm 的钢卷尺量测两条对角线的长度，取两个测量数据的差值为检验结果，精确至 1mm。

6.3.6 侧向弯曲检验

过板边端点沿板面拉直测线，用精度 0.5mm 的钢直尺量测板边侧向弯曲处，取最大测量值为检验结果，精确至 1mm。

6.3.7 榫头宽榫头高检验

沿榫头中心线纵向在榫头端点及三分点位置量测共四处。用钢板直尺、内外卡钳测量，读数读至 0.1mm。取四处测量数据的最大值和最小值为检验结果，精确至 1mm。

6.3.8 榫槽宽榫槽深检验

沿榫槽中心线纵向在榫槽端点及三分点位置量测共四处。用钢板直尺测量，读数读至 0.1mm。取四处测量数据的最大值和最小值为检验结果，精确至 1mm。

6.4 物理力学性能试验

6.4.1 抗冲击性能试验

a）试验条板的长度尺寸不得小于 2000mm。

b）取条板三块为一组样本，按图 7 所示组装并固定，上下钢管中心间距为板长减去 100mm，即（$L-100$）mm。板缝用水泥水玻璃砂浆粘结，其中砂子粒径不大于 1mm。板与板之间挤紧，接缝处用玻璃纤维布搭接，并用水泥水玻璃砂浆刮平。

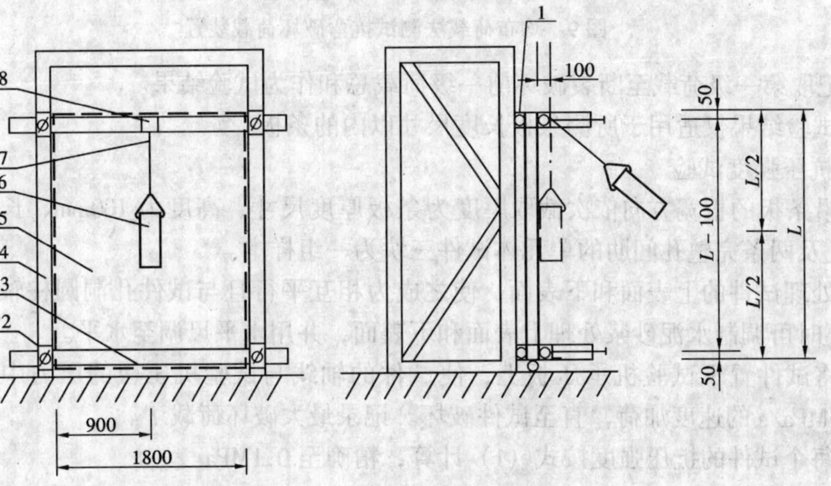

1—钢管（ϕ50mm）；2—横梁紧固装置；3—固定横梁（10[#]热轧等边角钢）；4—固定架；5—条板拼装的隔墙试件；6—标准砂袋，细部如图 8 所示；7—吊绳（直径 15mm）；8—吊环（内径 52mm）

图 7 抗冲击性能试验装置

c）1d 后将如图 8 所示装有 30kg、粒径 2mm 以下细砂的标准砂袋用直径 15mm 的绳子固定在其中心距板面 100mm 的钢环上，使砂袋垂悬状态时的重心位于 $L/2$ 高度处。

d）以绳长为半径沿圆弧将砂袋在与板面垂直的平面内拉开，使重心提高 500mm（标尺测量），然后自由摆动下落，冲击设定位置，反复 5 次。

e）目测板背面有无贯通裂缝，记录试验结果。

f）试验结果仅适用于所测条板长度尺寸以内的条板。

6.4.2 抗弯破坏荷载试验

a）试验条板的长度尺寸不得小于2000mm。

b）将完成面密度测试的条板简支在支座长度大于板宽尺寸的两个平行支座上（图9），其一为固定铰支座，另一为滚动铰支座，支座中间间距调至（$L-100$）mm，两端伸出长度相等。

c）空载静置2min，分五级施加荷载，每级荷载为板自重的20%。

d）用堆荷方式从两端向中间均匀加荷共计五堆，堆长相等，间隙均匀，堆宽与板宽相同。

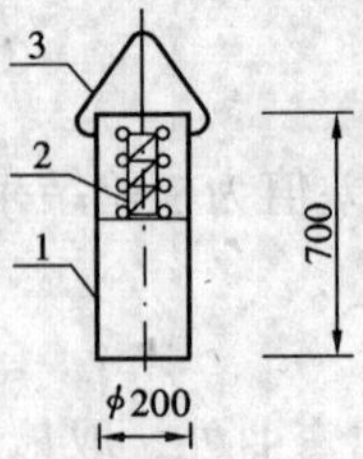

1—帆布；2—注砂口；3—皮革（厚6mm，宽40mm，长70mm）

图8 标准砂袋

e）前四级每级加荷后静置2min，第五级加荷后静置5min。此后按此分级加荷方式循环加荷直至断裂破坏。

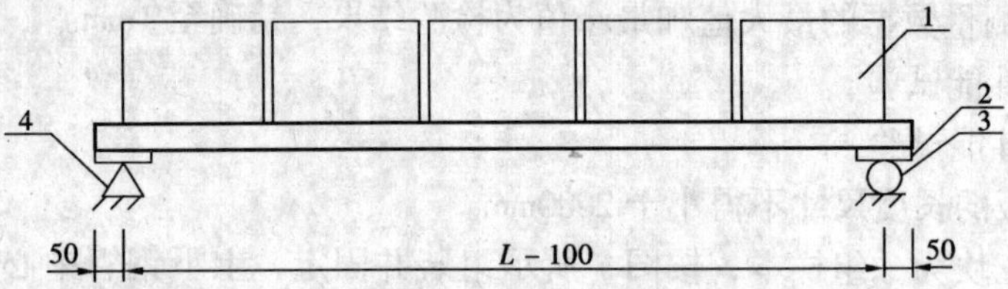

1—加载砝码；2—承压板（宽100mm，厚6～15mm钢板）；3—滚动铰支座（ϕ60mm钢柱）；4—固定铰支座

图9 均布荷载法测试抗弯破坏荷载装置

f）记取第一级荷载至断裂破坏前一级荷载总和作为试验结果。

g）试验结果仅适用于所测条板长度尺寸以内的条板。

6.4.3 抗压强度试验

a）沿条板的板宽方向依次截取厚度为条板厚度尺寸、高度为100mm、长度为包括一个完整孔及两条完整孔间肋的单元体试件三块为一组样本。

b）处理试件的上表面和下表面，使之成为相互平行且与试件孔洞圆柱轴线垂直的平面。必要时可调制水泥砂浆处理上表面和下表面，并用水平尺调至水平。

c）将试件置于试验机承压板上，使试件的轴线与试验机压板的压力中心重合，以0.3～0.5MPa/s的速度加荷，直至试件破坏。记录最大破坏荷载P。

d）每个试件的抗压强度按式（1）计算，精确至0.1MPa。

$$R=\frac{P}{lb} \tag{1}$$

式中 R——试件的抗压强度，MPa；

P——破坏荷载，N；

l——试件受压面的长度，mm；

b——试件受压面的宽度，mm。

e）条板的抗压强度以三个试件抗压强度的算术平均值表示，精确至0.1MPa。

6.4.4 面密度试验

a）取含水率不大于10%的条板三块为一组样本进行试验，用量程不小于150kg，精度不低于0.5kg的磅秤称取试验条板重量 G，读数数至0.1kg。

b）每块试验条板的面密度按式（2）计算，精确至 $0.1kg/m^2$。

$$\rho = \frac{G}{\frac{L}{1000} \times \frac{B}{1000}} \tag{2}$$

式中 ρ——试验条板的面密度，kg/m^2；

G——试验条板的重量，kg；

L——试验条板的长度尺寸，mm；

B——试验条板的宽度尺寸，mm。

c）条板的面密度以三块试验条板面密度的算术平均值表示，精确至 $0.1kg/m^2$。

6.4.5 相对含水率试验

6.4.5.1 含水率测试

a）试件制取：从用于力学性能试验破坏后的条板上沿板宽方向截取单元体试件三件为一组样本，试件高度为100mm、长度与条板宽度尺寸相同、厚度与条板厚度尺寸相同。试件试验地点如远离取样处，则在取样后应立即用塑料袋将试件包装密封。

b）试件取样后立即称取其取样重量 m_1，精确至0.01kg。如试件为用塑料袋密封运至者，则在开封前先将试件连同包装袋一起称量；然后称量包装袋的重量，称前应观察袋内是否出现由试件析出的水珠，如有水珠，应将水珠擦干。计算两次称量所得重量的差值，作为试件取样时重量，精确至0.01kg。

c）将试件送入电热鼓风干燥箱内，在（105±5)℃温度条件下，干燥24h。此后每隔2h称量一次，直至前后两次称量值之差不超过后一次称量值的0.2%为止。

d）试件在电热鼓风干燥箱内冷却至与室温之差不超过20℃时取出，立即称量其绝干重量 m_0，精确至0.01kg。

6.4.5.2 吸水率测试

1）将做完本标准6.4.5.1之a）~d）项试验后的试件浸入室温（15~25)℃的水中，水面应高出试件20mm以上。

2）24h后取出，放在铁丝网架上滴水1min，再用拧干的湿布拭去试件孔洞内及试件外表面上的水珠，立即称量其饱水状态的重量 m_2，精确至0.01kg。

6.4.5.3 试验数据计算与结果取值

a）每个试件的含水率按式（3）计算，精确至0.1%。

$$W_1 = \frac{m_1 - m_0}{m_0} \times 100 \tag{3}$$

式中 W_1——试件的含水率，%；

m_1——试件的取样重量，kg；

m_0——试件的绝干重量，kg。

条板的含水率 $\overline{W}_1$ 以三个试件含水率的算术平均值表示，精确至0.1%。

b）每个试件的吸水率按式（4）计算，精确至0.1%。

$$W_2 = \frac{m_2 - m_0}{m_0} \times 100 \tag{4}$$

式中 W_2——试件的吸水率，%；

m_2——试件的饱水重量，kg；

m_0——试件的绝干重量，kg。

条板的吸水率 $\overline{W}_2$ 以三个试件吸水率的算术平均值表示，精确至 0.1%。

c）条板的相对含水率按式（5）计算，精确至 0.1%。

$$W = \frac{\overline{W}_1}{\overline{W}_2} \times 100 \tag{5}$$

式中 W——条板的相对含水率，%；

$\overline{W}_1$——条板的含水率，%；

$\overline{W}_2$——条板的吸水率，%。

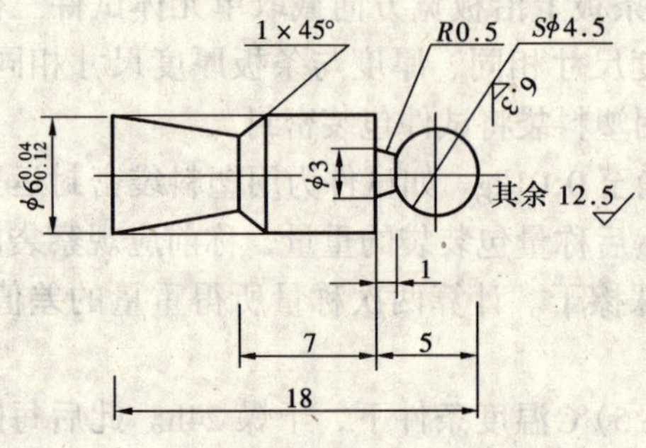

图 10 收缩头

6.4.6 干燥收缩试验

a）取试验条板一块，沿板宽方向截取试件，即高度为 100mm、长度为包括三个完整孔及四条完整孔间肋的单元体试件，五件为一组样本。

b）在每件试件两个端面中心各钻一个直径 8～10mm、深度 14～18mm 的孔洞，在孔洞内灌入水玻璃调合的水泥浆，然后在孔洞内埋置如图 10 所示的收缩头，使每个收缩头的中心线均与试件的中心线重合，且使收缩头露在试件外的那部分测头的长度 η_1 及 η_2 均在 5～1mm 之间。

c）试件制备好放置 1d 后，检查测头是否安装牢固，否则重装。将制备好的试件浸没在20℃±2℃的水中，水面高出试件 20mm，浸泡 72h。

d）将试件从水中取出，用拧干的湿布抹去表面水分，并将测头擦干净，立刻采用符合 GB/T 1216 的千分尺测定初始长度 l_1。

e）将试件放入温度 20℃±2℃，相对湿度（55±5）%的标准干燥空气室内，进行收缩值测量，每天测量一次，直至达到干缩平衡，即连续 3d 内任意 2d 的测长读数波动值小于 0.001mm，量出试件干燥后的长度 l_2。

f）试件干缩值按式（6）计算：

$$s = \frac{l_1 - l_2}{l_1 - (\eta_1 + \eta_2)} \times 1000 \tag{6}$$

式中 s——干燥收缩值，mm/m；

l_1——试件初始长度，mm；

l_2——试件干燥后长度，mm；

$(\eta_1 + \eta_2)$——两个收缩头露在试件外的部分测头的长度之和，mm。

g）取五块试件干燥收缩值的算术平均值为试验结果，精确至0.01mm/m。

6.4.7 吊挂力试验

a）取试验条板一块，在板中高2000mm处，切深×高×宽为50mm×40mm×90mm的孔洞，扫清残灰后，用水泥水玻璃浆（或其他粘结粘）粘结如图11所示的钢板吊挂件。吊挂件孔与板面间距为100mm。24h后，检查吊挂件安装是否牢固，否则重装。

b）将试验条板如图12所示固定，上下管间距（$L-1000$）mm。

c）通过钢板吊挂件的圆孔，分二级施加荷载。第一级加荷500N，静置2min。第二级再加荷500N，静置24h。观察吊挂区周围板面有无宽度超过0.5mm以上的裂缝。记录试验结果。

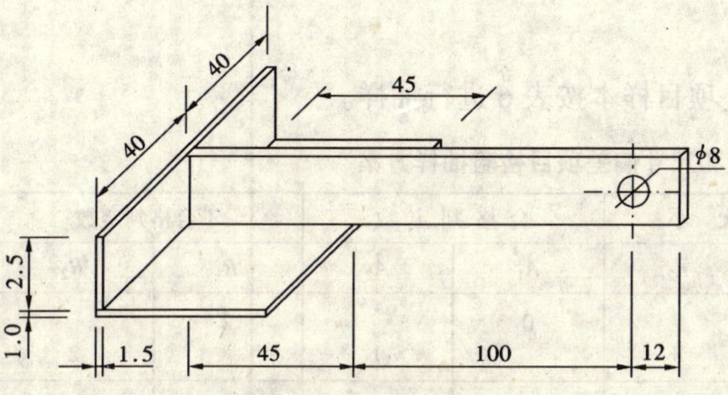

图11 钢板吊挂件

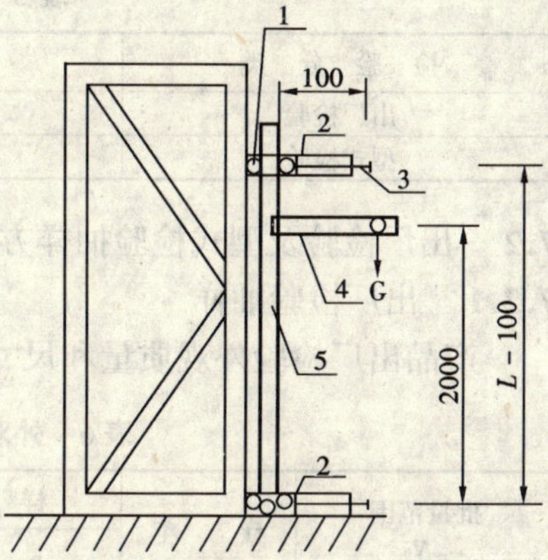

1—钢管（φ50mm）；2—固定横梁（10#热轧等边角钢）；3—紧固螺栓；4—钢板吊挂件；5—试验用条板

图12 吊挂力试验装置

6.4.8 空气声计权隔声量试验

按GBJ 75的规定进行。

6.4.9 耐火极限试验

按GB/T 9978的规定进行。

6.4.10 放射性比活度限值试验

按GB 9196的规定进行。

7 检 验 规 则

7.1 检验分类

7.1.1 出厂检验

产品出厂必须进行出厂检验。出厂检验项目为外观质量、尺寸偏差全部规定项目以及抗冲击性能、抗弯破坏荷载两项力学性能项目（见表5）。产品经出厂检验合格后方可出厂。

7.1.2 型式试验

7.1.2.1 型式检验条件

有下列情况之一时，应进行型式检验：

a）试制的新产品进行投产鉴定时；

b）产品的材料、配方、工艺有重大改变，可能影响产品性能时；

c）连续生产的产品，每两年或生产 70000m^2 时；

d）产品停产半年以上再投入生产时；

e）出厂检验结果与上次型式检验结果有较大差异时；

f）用户有特殊要求时；

g）国家质量监督检验机构提出型式检验要求时。

7.1.2.2 产品型式检验项目为5.2、5.3、5.4 中全部规定项目（见表5）。

表5 出厂检验项目和型式检验项目

检验分类	检验项目
出厂检验	5.2和5.3全部规定、5.4表3中序号1和序号2两项规定
型式检验	5.2、5.3、5.4全部规定

7.2 出厂检验及型式检验抽样方法

7.2.1 出厂检验抽样

产品出厂检验外观质量和尺寸偏差项目样本按表6进行抽样。

表6 外观质量和尺寸偏差项目检验抽样方案

批量范围 N	样本	样本大小		合格判定数		不合格判定数	
		n_1	n_2	A_1	A_2	R_1	R_2
151～280	1 2	8	8	0	1	2	2
281～500	1 2	13	13	0	3	3	4
501～1200	1 2	20	20	1	4	3	5
1201～3200	1 2	32	32	2	6	5	7
3201～10000	1 2	50	50	3	9	6	10
10001～35000	1 2	80	80	5	12	9	13

出厂检验抗冲击性能、抗弯破坏荷载项目样本从上述外观质量和尺寸偏差项目检验合格的产品中随机抽取，抽样方案按表7相应项目进行。

表7 物理力学性能项目检验抽样方案

序号	项目	第一样本	第二样本
1	抗冲击性能，组	1	2
2	抗弯破坏荷载，块	1	2
3	抗压强度，组	1	2
4	面密度，组	1	2

续表 7

序　号	项　　目	第一样本	第二样本
5	相对含水率，组	1	2
6	干燥收缩值，组	1	2
7	吊挂力，块	1	2
8	空气声计权隔声量，件	1	2
9	耐火极限，件	1	2
10	放射性比活度限值，组	1	2

7.2.2　型式检验抽样

产品进行型式检验时，外观质量和尺寸偏差项目样本按表 6 进行抽样，物理力学性能项目样本从外观质量和尺寸偏差项目检验合格的产品中随机抽取，抽样方案见表 7。

7.3　判定规则

7.3.1　外观质量与尺寸偏差项目检验判定规则

7.3.1.1　根据样本单位检验结果，若受检板外观质量、尺寸偏差项目均符合本标准 5.2、5.3 中相应规定时，则判该板是合格板；若受检板外观质量、尺寸偏差项目中有一项或一项以上不符合本标准 5.2、5.3 中相应规定时，则判该板是不合格板。

7.3.1.2　根据样本检验结果，若在第一样本（n_1）中发现不合格板数（u_1）小于或等于第一合格判定数（A_1），则判该批外观质量与尺寸偏差项目合格；若在第一样本（n_1）中发现的不合格板数（u_1）大于或等于第一不合格判定数（R_1）则判定该批外观质量与尺寸偏差项目不合格。

若在第一样本（n_1）中发现的不合格板数（u_1）大于第一合格判定数（A_1），同时又小于第一不合格判定数（R_1），则抽第二样本（n_2）进行检验。

根据第一样本和第二样本的检验结果，若在第一和第二样本中发现的不合格板数总和（u_1+u_2）小于或等于第二合格判定数（A_2），则判该批外观质量与尺寸偏差项目合格。若在第一和第二样本中发现的不合格板数总和（u_1+u_2）大于或等于第二不合格判定数（R_2），则判该批外观质量与尺寸偏差项目不合格。

判定结果见表 8。

表 8　判　定　结　果

$u_1 \leqslant A_1$	合格
$u_1 \geqslant R_1$	不合格
$A_1 < u_1 < R_1$	抽第二样本进行检验
$(u_1+u_2) \leqslant A_2$	合　格
$(u_1+u_2) \geqslant R_2$	不合格

7.3.2　物理力学性能检验判定规则

7.3.2.1　出厂检验力学性能检验项目判定规则

a）根据试验结果，若抗冲击性能、抗弯破坏荷载二个项目均符合本标准 5.4 中相应规定时，则判该批产品为合格批；若此二项检验均不符合本标准 5.4 中相应规定，则判该批产品为批不合格。

b）若在此二个项目检验中发现有一个项目不合格，则按表 7 对该不合格项目抽第二样本进行检验。第二样本检验，若无任一结果不合格，则判该批产品为合格批；若仍有一个结果不合格，则判该批产品为批不合格。

7.3.2.2 型式检验物理力学性能项目判定规则

a）根据样本检验结果，若在第一样本全部项目中发现的不合格项目数为0，则判该型式检验合格；若在第一样本全部项目中发现的不合格项目数大于或等于2，则判该型式检验不合格。

b）若在第一样本全部项目中发现的不合格项目数为1，则抽第二样本对该不合格项目进行检验。第二样本检验，若无任一结果不合格，则判该型式检验合格；若仍有一个结果不合格，则判该型式检验不合格。

7.4 复验规则

用户有权按本标准对产品进行复验。复验项目、地点按双方合同规定。复验应在购货合同生效后或购方收到货后20日内进行。

7.5 仲裁检验

a）当产需双方对复验结果发生争议时，应委托国家质量监督检验机构按本标准进行仲裁检验。该仲裁检验为终裁结果。

b）若仲裁检验合格，则用于仲裁检验的样品及试验费用由用户承担。若仲裁检验不合格，则用于仲裁检验的样品及试验费用由生产厂承担。

8 标志、运输和贮存

8.1 标志

出厂产品应有质量合格证书和警示语标志。

8.1.1 合格证书应具下列内容：

a）产品名称、产品标准编号、生产许可证号、商标；

b）生产厂名称、详细地址、产品产地；

c）产品规格、型号、主要技术参数；

d）生产日期、生产批号、出厂日期或编号；

e）产品检验报告单，其中应有检验人员代号、检验部门印章；

f）产品说明书和出厂合格证。

8.1.2 警示语标志应按本标准8.2和8.3要求编写，并应包括“侧立搬运、禁止平抬、避免雨淋”等内容。

8.1.3 每块条板均应有警示语标志。

8.2 运输

8.2.1 运输方式：产品应侧立搬运，禁止平抬。条板短距离可用推车运输；长距离可使用车船等货运方式运输。

8.2.2 运输条件：长距离运输应打捆，每捆不应多于8块，轻吊轻落。运输过程中应侧立贴实，用绳索绞紧，支撑合理，防止撞击，避免破损和变形，必要时应有篷布，防止雨淋。

8.3 贮存

8.3.1 贮存场所：条板产品可库存，亦可露天存放。存放场地应坚实平整、搬抬方便。露天存放时，应备有防雨雪措施。

8.3.2 贮存条件：可在常温常湿条件下贮存。环境条件应保持干燥通风，并应采取措施，防止浸蚀介质和雨水浸害。

8.3.3 贮存方式：产品应按型号、规格分类贮存。贮存应采用侧立方式，下部用方木或砖垫高，板面与铅垂面夹角不应大于15°；堆长不超过4m；堆层两层。

8.3.4 贮存期限：产品贮存超过半年，应翻换板面朝向和侧边位置；贮存期超过一年，产品在出厂或使用前应按本标准进行抽检。

中华人民共和国国家标准

绝热用硅酸铝棉及其制品

Aluminium silicate wool and it's products for thermal insulation

GB/T 16400—2003
代替 GB/T 16400—1996

中华人民共和国国家质量监督检验检疫总局 2003-07-23 批准
2004-03-01 实施

前　言

本标准代替 GB/T 16400—1996《绝热用硅酸铝棉及其制品》，在技术内容上参考 ASTM C 892—1993《高温纤维绝热毡标准规范》。

本标准与 GB/T 16400—1996 相比较，主要做了如下修改：

——在“产品分类”中，不再区分“a”、“b”号；

——增加了在不同应用环境中，对产品的技术要求；

——增加了含锆型硅酸铝棉产品的技术要求；

——修改了板、毡制品的密度系列；

——修改了渣球含量试验中对筛网孔径的规定；

——增加了毯的抗拉强度要求；

——增加了管壳及异型制品和高温炉内用制品的技术要求；

——调整了加热永久线变化的试验温度和保温时间；

——在“标志、标签和使用说明书”中，增列指导产品使用温度提示语；

——增加了规范性附录“含水率试验方法”；

——增加了规范性附录“抽样方案、检验项目和判定规则”；

——增加了资料性附录“不同温度下的导热系数”，以便使用方选用；

——取消原标准中有关“加热线收缩率试验方法”和“抗拉强度试验方法”的附录，改用现行国家标准。

本标准的附录 A、附录 B 为规范性附录，附录 C 为资料性附录。

本标准由中国建筑材料工业协会提出。

本标准由全国绝热材料标准化技术委员会（CSBTS/TC 191）归口。

本标准负责起草单位：南京玻璃纤维研究设计院。

本标准参加起草单位：摩根热陶瓷（上海）有限公司、淄博红阳耐火保温材料厂、安徽淮南常华保温材料厂、浙江德清浦森耐火材料有限公司、贵阳耐火材料厂硅酸铝纤维分厂、山东鲁阳股份有限公司、宁波泰山凡年耐火材料有限公司、大同特种耐火材料有限公司、南京铜井陶纤有限责任公司、河南三门峡腾翔特种耐火材料有限公司。

本标准主要起草人：曾乃全、葛敦世、陈尚、成钢、沙德仁、张游。

本标准委托南京玻璃纤维研究设计院负责解释。

本标准于 1996 年 12 月首次发布。

绝热用硅酸铝棉及其制品

1 范围

本标准规定了绝热用硅酸铝棉及其制品的分类和标记、要求、试验方法、检验规则、标志、包装、运输和贮存。

本标准适用于工业热力设备、窑炉和管道高温绝热用的硅酸铝棉、硅酸铝棉板、毡、针刺毯、管壳和异形制品。

2 规范性引用文件

下列文件中的条款通过本标准的引用而成为本标准的条款。凡是注日期的引用文件，其随后所有的修改单（不包括勘误的内容）或修改版均不适用于本标准，然而，鼓励根据本标准达成协议的各方研究是否可使用这些文件的最新版本。凡是不注日期的引用文件，其最新版本适用于本标准。

GB/T 191 包装储运图示标志

GB/T 4132—1996 绝热材料及相关术语

GB/T 4984 锆刚玉耐火材料化学分析方法

GB/T 5464—1999 建筑材料不燃性试验方法（idt ISO 1182:1990）

GB/T 5480.3 矿物棉及其板、毡、带尺寸和容重试验方法

GB/T 5480.5 矿物棉制品渣球含量试验方法

GB/T 5480.7 矿物棉制品吸湿性试验方法

GB/T 6900.2—1996 粘土、高铝质耐火材料化学分析方法 重量-钼蓝光度法测定二氧化硅量

GB/T 6900.3—1996 粘土、高铝质耐火材料化学分析方法 邻二氮杂菲光度法测定三氧化二铁含量

GB/T 6900.4—1996 粘土、高铝质耐火材料化学分析方法 EDTA 容量法测定氧化铝量

GB/T 6900.9—1996 粘土、高铝质耐火材料化学分析方法 原子吸收分光光度法测定氧化钾、氧化钠量

GB/T 10294—1988 绝热材料稳态热阻及有关特性的测定 防护热板法（idt ISO/DIS 8302:1986）

GB/T 10299 保温材料憎水性试验方法

GB/T 11835—1988 绝热用岩棉、矿渣棉及其制品

GB/T 17393 覆盖奥氏体不锈钢用绝热材料规范

GB/T 17911.4—1999 耐火陶瓷纤维制品 加热永久线变化试验方法

GB/T 17911.5—1999 耐火陶瓷纤维制品 抗拉强度试验方法

JC/T 618 绝热材料中可溶出氯化物、氟化物、硅酸盐及钠离子的化学分析方法

3 术语和定义

GB/T 4132—1996 确定的以及下列术语和定义适用于本标准。

3.1

硅酸铝棉板 aluminum silicate wool board

用加有粘结剂的硅酸铝棉制成的具有一定刚度的平面制品。

3.2

硅酸铝棉毡 aluminum silicate wool felt

用加有粘结剂的硅酸铝棉制成的柔性平面制品。

3.3

硅酸铝棉针刺毯 needled aluminum silicate wool blanket

将不加粘结剂的硅酸铝棉采用针刺方法，使其纤维相互勾织，制成的柔性平面制品。

3.4

分类温度 classified temperature

是指线收缩率小于某给定值的最高温度，这个温度以℃表示，并以 50℃为间隔。

3.5

加热永久线变化 permanent linear change on heating

在规定的温度下，恒温一定时间后冷却至室温，试样线尺寸的不可逆变化量占原长度的百分率。

4 分类和标记

4.1 分类

4.1.1 产品按分类温度及化学成分的不同，分成 5 个类型，见表 1。

表 1 型号及分类温度 单位为摄氏度

型号	分类温度	推荐使用温度
1 号（低温型）	1000	≤800
2 号（标准型）	1200	≤1000
3 号（高纯型）	1250	≤1100
4 号（高铝型）	1350	≤1200
5 号（含锆型）	1400	≤1300

4.1.2 产品按其形态分为硅酸铝棉、硅酸铝棉板、硅酸铝棉毡、硅酸铝棉针刺毯、硅酸铝棉管壳、硅酸铝棉异形制品（简称棉、板、毡、毯、管壳、异形制品）。

4.2 产品标记

4.2.1 产品标记的组成

产品标记由 4 部分组成：型号、产品名称（全称）、产品技术特征值（体积密度、尺寸）和本标准号。

4.2.2 标记示例

示例 1：体积密度为 190kg/m^3，长度 × 宽度 × 厚度为 1000mm × 600mm × 25mm 的 2 号硅酸铝棉板标记为：

2 号硅酸铝棉板　190 - 1000 × 600 × 25　GB/T 16400—2003

示例 2：体积密度为 128kg/m^3，长度 × 宽度 × 厚度为 7200mm × 610mm × 30mm 的 4 号硅酸铝棉毯标记为：

4 号硅酸铝棉毯　128 - 7200 × 610 × 30　GB/T 16400—2003

示例 3：体积密度为 120kg/m^3，内径 × 长度 × 壁厚为 89mm × 1000mm × 50mm 的 2 号硅酸铝棉管壳标记为：

2 号硅酸铝棉管壳　120 - ϕ89 × 1000 × 50　GB/T 16400—2003

5 要　求

5.1 棉

5.1.1 棉的化学成分应符合表 2 的规定。

表 2 棉 的 化 学 成 分　　单位为百分数

型 号	w（Al_2O_3）	w（$Al_2O_3 + SiO_2$）	w（$Na_2O + K_2O$）	w（Fe_2O_3）	w（$Na_2O + K_2O + Fe_2O_3$）
1号	≥40	≥95	≤2.0	≤1.5	<3.0
2号	≥45	≥96	≤0.5	≤1.2	—
3号	≥47	≥98	≤0.4	≤0.3	—
	≥43	≥99	≤0.2	≤0.2	—
4号	≥53	≥99	≤0.4	≤0.3	—
5号	w（$Al_2O_3 + SiO_2 + ZrO_2$）≥99		≤0.2	≤0.2	w（ZrO_2）≥15

在满足其制品加热永久线变化指标的前提下，化学成分可由供需双方商定，但 Al_2O_3（和 Zr_2O）含量必须明示。

5.1.2 棉的物理性能应符合表 3 的规定。

表 3 棉的物理性能指标

渣球含量（粒径大于 0.21mm）/%	导热系数（平均温度 500℃ ± 10℃）/［W/（m·K）］
≤20.0	≤0.153
注：测试导热系数时试样体积密度为 160kg/m^3。	

5.2 毯

5.2.1 毯的尺寸、体积密度及极限偏差应符合表 4 的规定。

表 4 毯的尺寸、体积密度及极限偏差

长 度	极限偏差	宽 度	极限偏差	厚 度	极限偏差	体积密度	极限偏差
mm		mm		mm		kg/m^3	%
供需双方商定	不允许负偏差	305 610	+15 −6	10 15	+4 −2	65 100 130 160	±15
				20 25 30 40 50	+8 −4		
注：体积密度以公称厚度计算。							

如需其他尺寸、体积密度，由供需双方商定，其极限偏差仍按表 4 的规定。

5.2.2 毯的物理性能应符合表 5 的规定。

表 5 毯的物理性能指标

体积密度/（kg/m³）	导热系数（平均温度 500℃±10℃）/［W/（m·K）］	渣球含量/%（粒径大于 0.21mm）	加热永久线变化/%	抗拉强度/kPa
65	≤0.178	≤20.0	≤5.0	≥10
100	≤0.161			≥14
130	≤0.156			≥21
160	≤0.153			≥35

5.3 板、毡、管壳

5.3.1 板、毡的尺寸、体积密度及极限偏差应符合表 6 的规定。

表 6 板、毡的尺寸、体积密度及极限偏差

长 度	极限偏差	宽 度	极限偏差	厚 度	极限偏差	体积密度的极限偏差
mm		mm		mm		%
600~1200	±10	400~600	±10	10~80	+6 −2	±15
注：毡的体积密度以公称厚度计算。						

如需其他尺寸、体积密度，由供需双方商定，其极限偏差仍按表 6 的规定。

5.3.2 管壳的尺寸、体积密度及偏差应符合表 7 规定。

表 7 管壳的尺寸、体积密度及偏差

长 度	极限偏差	宽 度	极限偏差	内 径	极限偏差	体积密度的极限偏差	管壳偏心度
mm		mm		mm		%	%
1000 1200	+10 0	30 40	+4 −2	22~59	+3 −1	±15	≤10
		50 60 75 100	+5 −3	102~325	+4 −1		

如需其他尺寸、体积密度，可由供需双方商定，其极限偏差仍按表 7 规定。

5.3.3 板、毡、管壳的物理性能应符合表 8 规定。

表 8 板、毡、管壳的物理性能指标

体积密度/（kg/m³）	导热系数（平均温度 500℃±10℃）	渣球含量/%（粒径大于 0.21mm）	加热永久线变化/%
60	≤0.178	≤20.0	≤5.0
90	≤0.161		
120	≤0.156		
≥160	≤0.153		

5.3.4 湿法制品含水率不大于 1.0%。

5.3.5 湿法模压成型产品的抗拉强度不小于 30kPa。

5.4 异形制品

5.4.1 异形制品尺寸的极限偏差按合同规定，体积密度的极限偏差应不大于 ±15%。

5.4.2 异形制品的物理性能应符合表 8 规定。

5.5 其他要求

5.5.1 用于高温炉内工作面时，板和预成型体的加热永久线变化应不大于 2%，毡、毯的加热永久线变化应不大于 4%。

5.5.2 有粘结剂的产品，其燃烧性能级别应达 A 级（不燃材料）。

5.5.3 用于覆盖奥氏体不锈钢时，其浸出液的离子含量应符合 GB/T 17393 的要求。

5.5.4 有防水要求时，其质量吸湿率不大于 5%，憎水率不小于 98%。

6 试 验 方 法

6.1 试样制备

应以供货形态制备试样。当产品由于其形状不适宜进行试验或制备试样时，可用同一生产工艺、同一配方、同期生产、相同体积密度的适宜进行试验的样品代替。

6.2 尺寸、体积密度和管壳偏心度

尺寸、体积密度和管壳偏心度的检测按 GB/T 5480.3 及 GB/T 11835—1998 附录 A 的规定进行。

6.3 化学成分

化学成分的检测按 GB/T 6900.2 ~ GB/T 6900.4—1996、GB/T 6900.9—1996 的规定进行，ZrO_2 成分按 GB/T 4984 的规定进行。

6.4 含水率

含水率的检测按附录 A（规范性附录）的规定进行。

6.5 渣球含量

渣球含量的检测按 GB/T 5480.5 的规定进行。

6.6 导热系数

导热系数的检测按 GB/T 10294—1988 的规定进行。管壳和异形制品的导热系数采用同质、同体积密度、同粘结剂含量的板材进行测定。

6.7 抗拉强度

抗拉强度的检测按 GB/T 17911.5—1999 的规定进行。

6.8 加热永久线变化

加热永久线变化的检测按 GB/T 17911.4—1999 的规定进行。试验温度为分类温度。对于出厂检验和型式检验保温时间为 8h，仲裁检验保温时间为 24h。

管壳制品的加热永久线变化沿样品的长度方向取样，尺寸为 150mm × 50mm × 厚度，测量间距为 100mm。

异形制品采用同质、同体积密度、同粘结剂含量的板材进行测定。

6.9 吸湿率

吸湿率的检测按 GB/T 5480.7 的规定进行。

6.10 憎水率

憎水率的检测按 GB/T 10299 的规定进行。

6.11 燃烧性能级别

燃烧性能级别的检测按 GB/T 5464—1999 的规定进行。

6.12 浸出液离子含量

浸出液离子含量的检测按 JC/T 618 的规定进行。

7 检 验 规 则

7.1 检验分类

硅酸铝棉产品的检验分为出厂检验和型式检验。

7.1.1 出厂检验

产品出厂时，必须进行出厂检验。出厂检验的检查项目见附录 B 中表 B2。

7.1.2 型式检验

有下列情况之一时，应进行型式检验。型式检验按第 5 章中对应产品的全部性能要求进行。

a）新产品定型鉴定；

b）正式生产后，原材料，工艺有较大的改变，可能影响产品性能时；

c）正常生产时，每年至少进行一次（除燃烧性能外）；

d）出厂检验结果与上次型式检验有较大差异时；

e）国家质量监督机构提出进行型式检验要求时。

7.2 组批与抽样

以同一原料，同一生产工艺，同一品种，稳定连续生产的产品为一个检查批。同一批被检产品的生产时限不得超过一周。

出厂检验、型式检验的抽样方案、检验项目及判定规则按附录 B 的规定。

8 标志、标签和使用说明书

在标志、标签和使用说明书上应标明：

a）产品标记、商标；

b）生产企业名称、详细地址；

c）产品的净重或数量；

d）生产日期或批号；

e）按 GB/T 191 规定，标明“怕湿”等标志；

f）注明指导使用温度的提示语。例如：本产品在×××气氛下使用时，工作温度应不超过×××℃。

8.1 包装、运输及贮存

8.1.1 包装

包装材料应具有防潮性能，每一包装中应放入同一规格的产品，特殊包装由供需双方商定。

8.1.2 运输

应用干燥防雨的工具运输、运输时应轻拿轻放。

8.1.3　贮存

应在干燥通风的库房里贮存，并按品种、规格分别堆放，避免重压。

附　录　A
（规范性附录）
含水率试验方法

A.1　仪器设备

A.1.1　电热鼓风干燥箱

A.1.2　天平：分度值为0.1mg。

A.1.3　干燥器

A.2　试验步骤

称试样约10g，将试样放入干燥箱内，在（105±5）℃（若含有在此温度下易发生变化的材料时，则应低于其变化温度10℃）的条件下烘干到恒质量。

A.3　结果计算

含水率按式（A1）计算，结果保留至小数点后一位。

$$W = \frac{G_0 - G_1}{G_1} \times 100 \qquad (A1)$$

式中　W——含水率，单位为百分数（%）；

G_0——试样的质量，单位为克（g）；

G_1——试样烘干后的质量，单位为克（g）。

附　录　B
（规范性附录）
抽样方案、检验项目和判定规则

B.1　抽样

B.1.1　样本的抽取

单位产品应从检查批中随机抽取。样本可以由一个或几个单位产品构成。所有的单位产品被认为是质量相同的，必须的试样可随机地从单位产品中切取。

B.1.2　抽样方案

抽样方案见表B.1，对于出厂检验，批量大小可根据生产量或生产时限确定，取较大者。

表 B.1 二次抽样方案

型式检验					出厂检验					
批量大小			样本大小		批量大小				样本大小	
管壳/包	棉/包	板、毡、毯/m^2	第一样本	总样本	管壳/包	棉/包	板、毡、毯/m^2	生产天数	第一样本	总样本
15	150	1500	2	4	30	300	3000	1	2	4
25	250	2500	3	6	50	500	5000	2	3	6
50	500	5000	5	10	100	1000	10000	3	5	10
90	900	9000	8	16	180	1800	18000	7	8	16
150	1500	15000	13	26						
280	2800	28000	20	40						
> 280	> 2800	> 28000	32	64						
注：样本量为单位产品。										

B.2 检验项目

B.2.1 出厂检验和型式检验的检查项目见表 B.2。

表 B.2 检 查 项 目

项目		棉		板、毡		毯		管壳	
		出厂	型式	出厂	型式	出厂	型式	出厂	型式
尺寸	长度			√	√	√	√	√	√
	宽度			√	√	√	√		
	厚度			√	√	√	√	√	√
	内径							√	√
体积密度				√	√	√	√	√	√
管壳偏心度								√	√
化学成分		√	√						
含水率（湿法制品）				√	√				
渣球含量		√	√	√	√	√	√	√	√
导热系数			√		√		√		√
抗拉强度					√		√		
加热永久线变化				√	√	√	√	√	√
燃烧性能级别					*				√
吸湿率					*		*		*
憎水率					*		*		*
浸出液离子含量			*		*		*		*
注：“√”表示应检项目；“*”表示选作项目。									

B.2.2 单位产品的试验次数见表 B.3。

表 B.3 单位产品的试验次数

项目	单位产品	试验次数/次	结果表示
长度	1	2	2 次测量结果的算术平均值
宽度	1	3	3 次测量结果的算术平均值
厚度	1	4	4 次测量结果的算术平均值
体积密度	1	1	

B.3 判定规则

B.3.1 所有的性能应看作独立的。品质要求以测定结果的修约值进行判定。

B.3.2 尺寸 体积密度及管壳偏心度采用计数判定，合格质量水平（*AQL*）为15。一项性能不合格，计一个缺陷。其判定规则见表B.4。

表 B.4 计数检查的判定规则

样本大小		第一样本		总样本	
第一样本	总样本	*Ac*	*Re*	*Ac*	*Re*
Ⅰ	Ⅱ	Ⅲ	Ⅳ	Ⅴ	Ⅵ
2	4	0	2	1	2
3	6	0	3	3	4
5	10	1	4	4	5
8	16	2	5	6	7
13	26	3	7	8	9
20	40	5	9	12	13
32	64	7	11	18	19

注：*Ac*—合格判定数，*Re*—不合格判定数。样本量为单位产品。

根据样本检查结果，若第一样本中相关性能的缺陷数小于或等于第一合格判定数 *Ac*（表B4中第Ⅲ栏），则该批的计数检查可接收。若第一样本中的缺陷数大于或等于第一不合格判定数 *Re*（表B4中第Ⅳ栏），则判该批不合格。

若第一样本中相关性能的缺陷数在第1样本合格判定数 *Ac* 和不合格判定数 *Re* 之间，则样本数应增到总样本数，并以总样本检查结果判定。

若总样本中的缺陷数小于或等于总样本合格判定数 *Ac*（表B4中第Ⅴ栏），则判该批计数检查可接收。若总样本中的缺陷数大于或等于总样本不合格判定数 *Re*（表B4中第Ⅵ栏），则判该批不合格。

B.3.3 化学成分、含水率、渣球含量、导热系数、抗拉强度、加热永久线变化、不燃性、吸湿率、憎水率、浸出液离子含量等性能按测定的平均值判定。若第一样本的测定值合格，则判定该批产品上述性能单项合格。若不合格，应再测定第二样本，并以两个样本测定结果的平均值，作为批质量各单项合格与否的判定。

批质量的综合判定规则是：合格批的所有品质指标，必须同时符合B.3.2和B.3.3规定的可接收的合格要求，否则判该批产品不合格。

附 录 C
（资料性附录）
不同温度下的导热系数

本附录提供了硅酸铝棉毡（毯）不同温度下的导热系数，供使用方参比选用。

ASTM C892—2000《高温纤维绝热毡规范》中关于导热系数的技术要求如表C.1。

表 C.1　不同平均温度下高温纤维绝热毡的最大导热系数（采用 ASTM C177 测试方法）

体积密度/（kg/m³）	导热系数/［W/（m·K）］				
	（204℃）	（427℃）	（649℃）	（871℃）	（1093℃）
48	0.096	0.163	0.258	0.398	0.605
64	0.089	0.148	0.239	0.372	0.552
96	0.078	0.136	0.212	0.329	0.480
128	0.076	0.133	0.203	0.291	0.392
192	0.076	0.131	0.199	0.259	0.313

将体积密度换算成公制并取整，按两点内插法换算，得工程常用平均温度的最大导热系数如表 C.2。

表 C.2　不同平均温度下高温纤维绝热毡最大导热系数内插值

体积密度/（kg/m³）	导热系数/［W/（m·K）］			
	（200℃）	（300℃）	（400℃）	（500℃）
65	0.089	0.114	0.141	0.178
100	0.078	0.103	0.129	0.161
130	0.076	0.101	0.126	0.156
≥160	0.076	0.100	0.124	0.153

中华人民共和国建筑工业行业标准

膨胀聚苯板薄抹灰外墙外保温系统

External thermal insulation composite systems based on expanded polystyrene

JG 149—2003

中华人民共和国建设部 20003-03-24 批准

2003-07-01 实施

前　言

本标准所规定的是墙体保温中广泛使用的建筑节能产品。

本标准非等效采用 EOTA ETAG 004《有饰面层的复合外墙外保温系统欧洲技术认证指南》、öNORM B6110《膨胀聚苯乙烯泡沫塑料与面层组成的外墙复合绝热系统》、CEN/TC 88/WG18N166《膨胀聚苯乙烯外墙外保温复合系统规范》、ICBO ES AC24《外墙外保温及饰面系统的验收规范》。根据我国国情，调整了部分技术性能指标。

在试验方法上，本标准非等效采用 EIMA 101.86《外保温与装饰系统抗快速变形冲击标准试验方法》、ASTM D2794—93《有机涂层抗快速变形试验方法（冲击）》、prEN 13497《建筑保温产品　外墙外保温复合系统的抗冲击性规定》、EIMA101.01《外保温及饰面系统抗冻融试验方法》、ASTM E 2134-01《外保温及饰面系统拉伸粘接强度测定方法》、prEN 13494《建筑用保温产品　胶粘剂和抹面胶浆与保温材料之间的拉伸粘接强度测定》、ASTM E 2098-00《外墙外保温及饰面系统 PB 类用增强玻璃纤维网布在氢氧化钠溶液中浸泡后的拉伸断裂强度测定》、prEN 13496《建筑保温产品　玻璃纤维网布机械性能测定》。

本标准为首次发布，自 2003 年 7 月 1 日起实施。

本标准 5.3 中“膨胀聚苯板应为阻燃型”为强制性条款。

本标准的附录 A、附录 B、附录 C、附录 D、附录 E、附录 F 为规范性附录。

本标准由建设部标准定额研究所提出。

本标准由建设部建筑制品与构配件产品标准化技术委员会归口。

本标准主要负责起草单位：中国建筑标准设计研究所、北京专威特化学建材有限公司。

本标准参加起草单位：蒙达公司、北京中建建筑科学技术研究院、北京住总集团有限责任公司、上海申得欧有限公司、特艺建材科技工业（苏州）有限公司、中国建筑科学研究院物理所、北京振利高新技术公司、北京黄金海岸瑞荣科技发展有限公司、慧鱼（太仓）建筑锚栓有限公司、圣戈班（中国）投资有限公司、上海永成建筑创艺有限公司、北京雷浩节能工程技术有限公司、装和技研建材科技有限公司、喜力得（中国）有限公司、艾绿建材（上海）有限公司。

本标准主要起草人：李晓明、桂永全、雷勇、费慧慧、王新民、李冰、吕大鹏、钱选青、林益民、冯金秋、黄振利、郭玉玲、王祖光、管沄涛、周强、宋燕、王稚、苏闰甡。

目　次

前言 …… 702
1 范围 …… 704
2 规范性引用文件 …… 704
3 术语和定义 …… 704
4 分类和标记 …… 706
5 要求 …… 706
6 试验方法 …… 708
7 检验规则 …… 712
8 产品合格证和使用说明书 …… 713
9 包装、运输和贮存 …… 713
附录 A（规范性附录） 薄抹灰外保温系统抗风压试验方法 …… 714
附录 B（规范性附录） 薄抹灰外保温系统不透水性试验方法 …… 715
附录 C（规范性附录） 薄抹灰外保温系统耐候性试验方法 …… 716
附录 D（规范性附录） 膨胀聚苯板垂直于板面方向的抗拉强度试验方法 …… 718
附录 E（规范性附录） 抹面胶浆开裂应变试验方法 …… 719
附录 F（规范性附录） 锚栓试验方法 …… 720

膨胀聚苯板薄抹灰外墙外保温系统

1 范　围

本标准规定了膨胀聚苯板薄抹灰外墙外保温系统产品的定义、分类和标记、要求、试验方法、检验规则、产品合格证和使用说明书，以及产品的包装、运输和贮存。

本标准适用于工业与民用建筑采用的膨胀聚苯板薄抹灰外墙外保温系统产品，组成系统的各种材料应由系统产品制造商配套供应。

2 规范性引用文件

下列文件中的条款通过本标准的引用而成为本标准的条款。凡是注日期的引用文件，其随后所有的修改单（不包括勘误的内容）或修订版均不适用于本标准，然而，鼓励根据本标准达成协议的各方研究是否可使用这些文件的最新版本。凡是不注日期的引用文件，其最新版本适用于本标准。

GB/T 2828—1987　逐批检查计数抽样程序及抽样表（适用于连续批的检查）

GB 3186　涂料产品的取样

GB/T 7689.5—2001　增强材料　机织物试验方法　第5部分：玻璃纤维拉伸断裂强力和断裂伸长的测定。

GB/T 9914.3—2001　增强制品试验方法　第3部分：单位面积质量的测定

GB/T 10801.1—2202　绝热用模塑聚苯乙烯泡沫塑料

GB/T 13475—1992　建筑构件稳态热传递性质的测定、标定和防护热箱法

GB/T 17146—1997　建筑材料水蒸气透过性能试验方法

GB/T 17671—1999　水泥胶砂强度检验方法（ISO 法）

JC/T 547—1994　陶瓷墙地砖胶粘剂

JC/T 841—1999　耐碱玻璃纤维网格布

JC/T 3049—1998　建筑室内用腻子

3 术语和定义

下列术语和定义适用于本标准。

3.1

膨胀聚苯板薄抹灰外墙外保温系统（以下简称薄抹灰外保温系统）　external thermal insulation composite systems based on expanded polystyrene（英文缩写为 ETICS）

置于建筑物外墙外侧的保温及饰面系统，是由膨胀聚苯板、胶粘剂和必要时使用的锚栓、抹面胶浆和耐碱网布及涂料等组成的系统产品。薄抹灰增强防护层的厚度宜控制在：普通型 3mm～5mm，加强型 5mm～7mm。该系统采用粘接固定方式与基层墙体连接，也可辅有锚栓，其基本构造见表1及表2。

3.2

基层墙体　substrate

建筑物中起承重或围护作用的外墙墙体，可以是混凝土墙体或各种砌体墙体。

3.3

胶粘剂　adhesive

专用于把膨胀聚苯板粘接到基层墙体上的工业产品。产品形式有两种：一种是在工厂生产的液状胶粘剂，在施工现场按使用说明加入一定比例的水泥或由厂商提供的干粉料，搅拌均匀即可使用。另一种是在工厂里预混合好的干粉状胶粘剂，在施工现场只需按使用说明加入一定比例的拌和用水，搅拌均匀即可使用。

表 1　无锚栓薄抹灰外保温系统基本构造

基层墙体 ①	系统的基本构造				构造示意图
	粘接层 ②	保温层 ③	薄抹灰增强防护层 ④	饰面层 ⑤	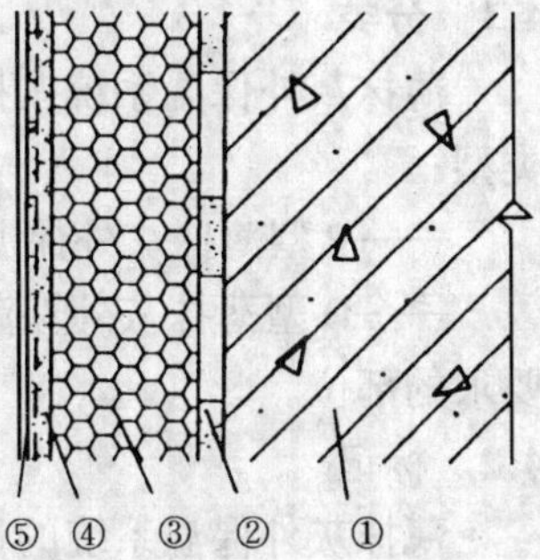
混凝土墙体 各种砌体墙体	胶粘剂	膨胀聚苯板	抹面胶浆 复合耐碱网布	涂　料	

表 2　辅有锚栓的薄抹灰外保温系统基本构造

基层墙体 ①	系统的基本构造					构造示意图
	粘接层 ②	保温层 ③	连接件 ④	薄抹灰增强防护层 ⑤	饰面层 ⑥	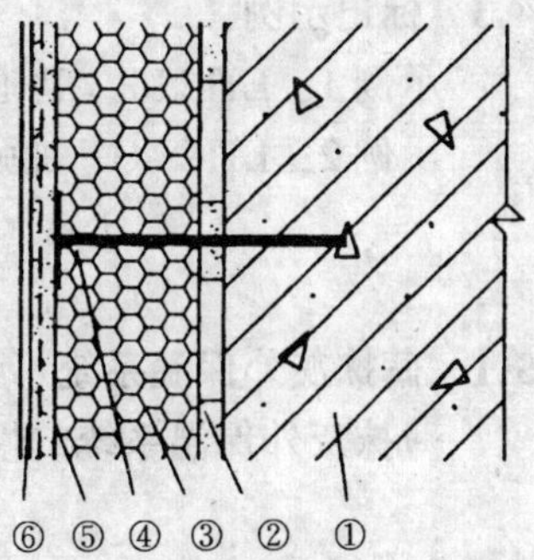
混凝土墙体 各种砌体墙体	胶粘剂	膨胀聚苯板	锚　栓	抹面胶浆 复合耐碱网布	涂　料	

3.4

膨胀聚苯板　expanded polystyrene panel

保温材料，专指采用符合 GB/T 10801.1—2002 的阻燃型绝热用模塑聚苯乙烯泡沫塑料制作的板材。

3.5

锚栓　mechanical fixings

把膨胀聚苯板固定于基层墙体的专用连接件，通常情况下包括塑料钉或具有防腐性能的金属螺钉和带圆盘的塑料膨胀套管两部分。

3.6

抹面胶浆　base coat

聚合物抹面胶浆，由水泥基或其他无机胶凝材料、高分子聚合物和填料等材料组成，薄抹在粘贴好的膨胀聚苯板外表面，用以保证薄抹灰外保温系统的机械强度和耐久性。

3.7

耐碱网布　alkali-resistant fiberglass mesh

耐碱型玻璃纤维网格布，由表面涂覆耐碱防水材料的玻璃纤维网格布制成，埋入抹面胶浆中，形成薄抹灰增强防护层，用以提高防护层的机械强度和抗裂性。

4 分类和标记

4.1 分类

薄抹灰外保温系统按抗冲击能力分为普通型（缩写为P）和加强型（缩写为Q）两种类型：

——P型薄抹灰外保温系统用于一般建筑物2m以上墙面；

——Q型薄抹灰外保温系统主要用于建筑首层或2m以下墙面，以及对抗冲击有特殊要求的部位。

4.2 标记

薄抹灰外保温系统的标记由代号和类型组成：

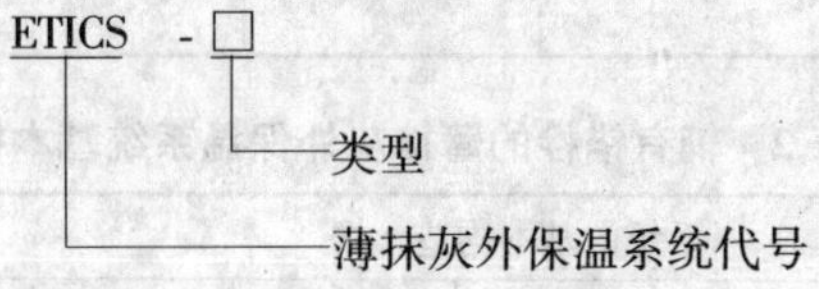

4.3 标记示例

示例1：ETICS-P　普通型薄抹灰外保温系统

示例2：ETICS-Q　加强型薄抹灰外保温系统

5 要　求

5.1 薄抹灰外保温系统

薄抹灰外保温系统的性能指标应符合表3的要求。

表3　薄抹灰外保温系统的性能指标

试验项目		性能指标
吸水量/（g/m^2），浸水24h		≤500
抗冲击强度/J	普通型（P型）	≥3.0
	加强型（Q型）	≥10.0
抗风压值/kPa		不小于工程项目的风荷载设计值
耐冻融		表面无裂纹、空鼓、起泡、剥离现象
水蒸气湿流密度/g/（$m^2 \cdot h$）		≥0.85
不透水性		试样防护层内侧无水渗透
耐候性		表面无裂纹、粉化、剥落现象

5.2 胶粘剂

胶粘剂的性能指标应符合表 4 的要求。

表 4 胶粘剂的性能指标

试验项目		性能指标
拉伸粘接强度/MPa（与水泥砂浆）	原强度	≥0.60
	耐水	≥0.40
拉伸粘接强度/MPa（与膨胀聚苯板）	原强度	≥0.10，破坏界面在膨胀聚苯板上
	耐水	≥0.10，破坏界面在膨胀聚苯板上
可操作时间/h		1.5~4.0

5.3 膨胀聚苯板

膨胀聚苯板应为阻燃型。其性能指标除应符合表 5、表 6 的要求外，还应符合 GB/T 10801.1—2002 第Ⅱ类的其他要求。膨胀聚苯板出厂前应在自然条件下陈化 42d 或在 60℃ 蒸气中陈化 5d。

表 5 膨胀聚苯板主要性能指标

试验项目	性能指标
导热系数/W/（m·K）	≤0.041
表观密度/（kg/m³）	18.0~22.0
垂直于板面方向的抗拉强度/MPa	≥0.10
尺寸稳定性/%	≤0.30

表 6 膨胀聚苯板允许偏差

试验项目		允许偏差
厚度/mm	≤50mm	±1.5
	>50mm	±2.0
长度/mm		±2.0
宽度/mm		±1.0
对角线差/mm		±3.0
板边平直/mm		±2.0
板面平整度/mm		±1.0

注：本表的允许偏差值以 1200mm 长 × 600mm 宽的膨胀聚苯板为基准。

5.4 抹面胶浆

抹面胶浆的性能指标应符合表 7 的要求。

表 7 抹面胶浆的性能指标

试验项目		性能指标
拉伸粘接强度/MPa（与膨胀聚苯板）	原强度	≥0.10，破坏界面在膨胀聚苯板上
	耐水	≥0.10，破坏界面在膨胀聚苯板上
	耐冻融	≥0.10，破坏界面在膨胀聚苯板上
柔韧性	抗压强度/抗折强度（水泥基）	≤3.0
	开裂应变（非水泥基）/%	≥1.5
可操作时间/h		1.5~4.0

5.5 耐碱网布

耐碱网布的主要性能指标应符合表 8 的要求。

表 8 耐碱网布主要性能指标

试验项目	性能指标
单位面积质量/（g/m²）	≥130
耐碱断裂强力（经、纬向）/N/50mm	≥750
耐碱断裂强力保留率（经、纬向）/%	≥50
断裂应变（经、纬向）/%	≤5.0

5.6 锚栓

金属螺钉应采用不锈钢或经过表面防腐处理的金属制成，塑料钉和带圆盘的塑料膨胀套管应采用聚酰胺（polyamide 6、polyamide 6.6）、聚乙烯（polyethylene）或聚丙烯（polypropylene）制成，制作塑料钉和塑料套管的材料不得使用回收的再生材料。锚栓有效锚固深度不小于25mm，塑料圆盘直径不小于50mm。其技术性能指标应符合表9的要求。

表9 锚栓技术性能指标

试验项目	技术指标
单个锚栓抗拉承载力标准值/kN	≥0.30
单个锚栓对系统传热增加值/W/（m^2·K）	≤0.004

5.7 涂料

涂料必须与薄抹灰外保温系统相容，其性能指标应符合外墙建筑涂料的相关标准。

5.8 附件

在薄抹灰外保温系统中所采用的附件，包括密封膏、密封条、包角条、包边条、盖口条等应分别符合相应的产品标准的要求。

6 试验方法

6.1 试验环境

标准试验环境为空气温度（23±2）℃，相对湿度（50±10）%。在非标准试验环境下试验时，应记录温度和相对湿度。

6.2 薄抹灰外保温系统

6.2.1 吸水量

6.2.1.1 仪器设备

天平：称量范围2000g，精度2g。

6.2.1.2 试样

a）尺寸与数量：200mm×200mm，三个；

b）制作：在表观密度为18kg/m^3，厚度为50mm的膨胀聚苯板上按产品说明刮抹抹面胶浆，压入耐碱网布，再用抹面胶浆刮平，抹面层总厚度为5mm。在试验环境下养护28d后，按试验要求的尺寸进行切割；

c）每个试样除抹面胶浆的一面外，其他五面用防水材料密封。

6.2.1.3 试验过程

用天平称量制备好的试样质量 m_0，然后将试样抹面胶浆的一面向下平稳地放入室温水中，浸水深度等于抹面层的厚度，浸入水中时表面应完全润湿。浸泡24h取出后用湿毛巾迅速擦去试样表面的水分，称其吸水24h后的质量 m_h。

6.2.1.4 试验结果

吸水量应按式（1）计算，以三个试验结果的算术平均值表示，精确至1g/m^2。

$$M = \frac{(m_h - m_0)}{A} \tag{1}$$

式中 M——吸水量，g/m^2；

m_h——浸水后试样质量，g；

m_0——浸水前试样质量，g；

A——试样抹面胶浆的面积，m^2。

6.2.2 抗冲击强度

6.2.2.1 试验仪器

a）钢板尺：测量范围 0m～1.02m，分度值 10mm；

b）钢球：质量分别为 0.5kg 和 1.0kg。

6.2.2.2 试样

a）尺寸与数量：600mm×1200mm，二个；

b）制作：见 6.2.1.2b)。

6.2.2.3 试验过程

a）将试样抹面层向上，平放在水平的地面上，试样紧贴地面；

b）分别用质量为 0.5kg（1.0kg）的钢球，在 0.61m（1.02m）的高度上松开，自由落体冲击试样表面。每级冲击 10 个点，点间距或与边缘距离至少 100mm。

6.2.2.4 试验结果

以抹面胶浆表面断裂作为破坏的评定，当 10 次中小于 4 次破坏时，该试样抗冲击强度符合P（Q)型的要求；当 10 次中有 4 次或 4 次以上破坏时，则为不符合该型的要求。

6.2.3 抗风压

见附录 A。

6.2.4 耐冻融

6.2.4.1 试验仪器

a）冷冻箱：最低温度 -30℃，控制精度 ±3℃；

b）干燥箱：控制精度 ±3℃。

6.2.4.2 试样：

a）尺寸与数量：150mm×150mm，三个；

b）试样按 6.2.1.2b)、c）的规定制备后，在薄抹灰增强防护层表面涂刷涂料。

6.2.4.3 试验过程

试样放在（50±3)℃的干燥箱中 16h，然后浸入（20±3)℃的水中 8h，试样抹面胶浆面向下，水面应至少高出试样表面 20mm；再置于（-20±3)℃冷冻 24h 为一个循环，每一个循环观察一次，试样经 10 个循环，试验结束。

6.2.4.4 试验结果

试验结束后，观察表面有无空鼓、起泡、剥离现象，并用五倍放大镜观察表面有无裂纹。

6.2.5 水蒸气湿流密度

按 GB/T 17146—1997 中水法的规定进行测定，并应符合以下规定：

a）试验温度（23±2)℃；

b）试样按 6.2.1.2b）的规定制备后，在薄抹灰增强防护层表面涂刷涂料，干固后除去膨胀聚苯板，试样厚度（4.0±1.0）mm，试样涂料表面朝向湿度小的一侧。

6.2.6 不透水性

见附录 B。

6.2.7 耐候性

见附录 C。

6.3 胶粘剂

6.3.1 拉伸粘接强度

拉伸粘接强度按 JG/T 3049—1998 中 5.10 进行测定。

6.3.1.1 试样

a）尺寸如图 1 所示，胶粘剂厚度为 3.0mm，膨胀聚苯板厚度为 20mm；

b）每组试件由六块水泥砂浆试块和六个水泥砂浆或膨胀聚苯板试块粘接而成；

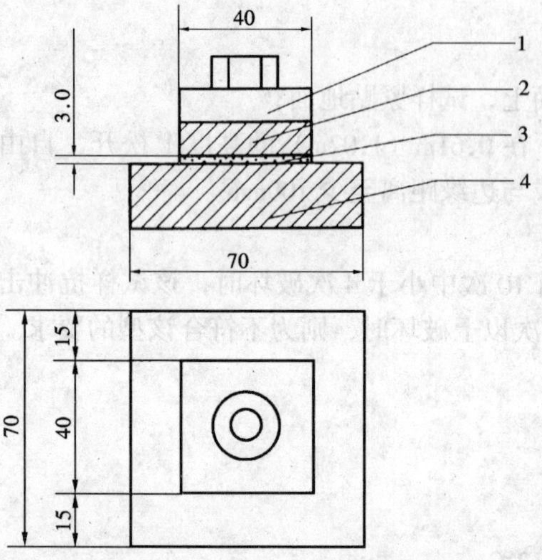

1—拉伸用钢质夹具；2—水泥砂浆块；
3—胶粘剂；4—膨胀聚苯板或砂浆块

图 1　拉伸粘接强度试样示意图

c）制作：

——按 GB/T 17671—1999 中第 6 章的规定，用普通硅酸盐水泥与中砂按 1∶3（重量比）水灰比 0.5 制作水泥砂浆试块，养护 28d 后，备用；

——用表观密度为 18kg/m^3 的、按规定经过陈化后合格的膨胀聚苯板作为试验用标准板，切割成试验所需尺寸；

——按产品说明书制备胶粘剂后粘接试件，粘接厚度为 3mm，面积为 40mm × 40mm。分别准备测原强度和测耐水拉伸粘接强度的试件各一组，粘接后在试验条件下养护。

d）养护环境：按 JC/T 547—1994 中 6.3.4.2 的规定。

6.3.1.2 试验过程

养护期满后进行拉伸粘接强度测定，拉伸速度为（5 ± 1）mm/min。记录每个试样的测试结果及破坏界面，并取 4 个中间值计算算术平均值。

6.3.2 可操作时间

胶浆搅拌后，在试验环境中按薄抹灰外保温系统制造商提供的可操作时间（没有规定时按 4h）放置，然后按 6.3.1 中原强度测试的规定进行，试验结果平均粘接强度不低于表 4 原强度的要求。

6.4 膨胀聚苯板

6.4.1 垂直于板面方向的抗拉强度

见附录 D。

6.4.2 其他性能

按 GB/T 10801.1—2002 的规定进行。

6.5 抹面胶浆

6.5.1 拉伸粘接强度

a）拉伸粘接强度按 6.3.1 规定的方法，进行原强度、耐水和耐冻融试验，抹面胶浆厚度为 3mm；

b）耐冻融拉伸粘接强度试样按 6.2.4 的规定条件下经冻融循环后测定。

6.5.2 抗压强度/抗折强度

6.5.2.1 抗压强度、抗折强度的测定应按 GB/T 17671—1999 的规定进行，试样龄期 28d，应按产品说明书的规定制备。

6.5.2.2 试验结果

抗压强度/抗折强度应按式（2）计算，结果精确至 1%。

$$T = \frac{R_c}{R_f} \tag{2}$$

式中 T——抗压强度/抗折强度；

R_c——抗压强度，MPa；

R_f——抗折强度，MPa。

6.5.3 开裂应变

见附录 E。

6.5.4 可操作时间

按 6.3.2 的原强度测试规定进行，试验结果拉伸粘接强度不低于表 7 原强度的要求。

6.6 耐碱网布

6.6.1 单位面积质量

按 GB/T 9914.3—2001 进行。

6.6.2 耐碱断裂强力及耐碱断裂强力保留率

6.6.2.1 试样

按 GB/T 7689.5—2001 表 1 的类型Ⅰ规定制备。

6.6.2.2 试验过程

a）按 GB/T 7689.5—2001 的类型Ⅰ规定测定初始断裂强力 F_0；

b）将耐碱试验用的试样全部浸入（23±2）℃的 5% NaOH 水溶液中，试样在加盖封闭的容器中浸泡 28d；

c）取出试样，用自来水浸泡 5min 后，用流动的自来水漂洗 5min，然后在（60±5）℃的烘箱中烘 1h 后，在试验环境中存放 24h；

d）测试每个试样的耐碱断裂强力 F_1 并记录。

6.6.2.3 试验结果

a）耐碱断裂强力为五个试验结果的算术平均值，精确至 1N/50mm。

b）耐碱断裂强力保留率应按式（3）计算，以五个试验结果的算术平均值表示，精确至 0.1%。

$$B = \frac{F_1}{F_0} \times 100\% \tag{3}$$

式中 B——耐碱断裂强力保留率，%；

F_0——初始断裂强力，N；

F_1——耐碱断裂强力，N。

6.6.3 断裂应变

6.6.3.1 按 GB/T 7689.5—2001 的类型Ⅰ规定测定断裂伸长值 ΔL。

6.6.3.2 试验结果

断裂应变应按式（4）计算，以五个试验结果的算术平均值表示，精确至0.1%。

$$D = \frac{\Delta L}{L} \times 100\% \tag{4}$$

式中 D——断裂应变,%；

ΔL——断裂伸长值，mm；

L——试样初始受力长度，mm。

6.7 锚栓

见附录 F。

6.8 涂料

按建筑外墙涂料相关标准的规定进行。

7 检 验 规 则

产品检验分出厂检验和型式检验。

7.1 出厂检验

7.1.1 出厂检验项目

a）胶粘剂：拉伸粘接强度原强度、可操作时间；

b）膨胀聚苯板；垂直于板面方向的抗拉强度及 GB/T 10801.1—2002 所规定的出厂检验项目；

c）抹面胶浆：拉伸粘接强度原强度、可操作时间；

d）耐碱网布：单位面积质量；

e）涂料：按建筑外墙涂料相关标准规定的出厂检验项目。

出厂检验应按第 6 章的规定进行，检验合格并附有合格证方可出厂。

7.1.2 抽样方法

a）胶粘剂和抹面胶浆按 JC/T 547—1994 中 7.2 的规定进行；

b）膨胀聚苯板按 GB/T 10801.1—2002 中第 6 章的规定进行；

c）耐碱网布按 JC/T 841—1999 中第 7 章的规定进行；

d）涂料按 GB 3186 规定的方法进行。

7.1.3 判定规则

经检验，全部检验项目符合本标准规定的技术指标，则判定该批产品为合格品；若有一项指标不符合要求时，则判定该批产品为不合格品。

7.2 型式检验

7.2.1 型式检验项目

a）表 3 ~ 表 9 所列项目及 GB/T 10801.1—2002 和建筑外墙涂料相关标准规定的型式检验项目为薄抹灰外保温系统及其组成材料的型式检验项目；

b）正常生产时，每两年进行一次型式检验；

c）有下列情况之一时，应进行型式检验：

——新产品定型鉴定时；

——当产品主要原材料及用量或生产工艺有重大变更时；

——停产一年以上恢复生产时；

——国家质量监督机构提出型式检验要求时。

7.2.2 抽样方法

a）胶粘剂、抹面胶浆、膨胀聚苯板、耐碱网布、涂料按7.1.2的规定进行；

b）锚栓、薄抹灰外保温系统的抽样按GB/T 2828规定的方法进行。

7.2.3 判定规则

按7.2.1规定的检验项目进行型式检验，若有某项指标不合格时，应对同一批产品的不合格项目加倍取样进行复检。如该项指标仍不合格，则判定该产品为不合格品。经检验，若全部检验项目符合本标准规定的技术指标，则判定该产品为合格品。

8 产品合格证和使用说明书

8.1 产品合格证

8.1.1 系统及组成材料应有产品合格证，产品合格证应包括下列内容：

a）产品名称、标准编号、商标；

b）生产企业名称、地址；

c）产品规格、等级；

d）生产日期、质量保证期；

e）检验部门印章、检验人员代号。

8.1.2 产品合格证应于产品交付时提供。

8.2 使用说明书

8.2.1 使用说明书是交付产品的组成部分。

8.2.2 使用说明书应包括下列主要内容：

a）产品用途及使用范围；

b）产品特点及选用方法；

c）产品结构及组成材料；

d）使用环境条件；

e）使用方法；

f）材料贮存方式；

g）成品保护措施；

h）验收标准；

i）安全及其他注意事项。

8.2.3 应标明使用说明书的出版日期。

8.2.4 生产厂家可根据产品特点编制施工技术规程，若施工技术规程能满足用户对使用说明书的需要时，可用其代替使用说明书。

9 包装、运输和贮存

9.1 包装

9.1.1 膨胀聚苯板采用塑料袋包装，在捆扎角处应衬垫硬质材料。

9.1.2 胶粘剂、抹面胶浆可根据情况采用编织袋或塑料桶盛装，但应注意密封，严防受潮或外泄。

9.1.3 耐碱网布每卷应紧密，整齐卷绕，用防水防潮材料包装。

9.1.4 锚栓采用纸箱包装。

9.2 运输

9.2.1 膨胀聚苯板应侧立搬运，在运输过程中应侧立贴实，并用包装带或麻绳与运输设备固定好；严禁烟火；不得重压猛摔或与锋利物品碰撞，以避免破坏和变形。

9.2.2 胶粘剂、抹面胶浆在运输设备上的摆放应根据其包装情况而定，运输中应避免材料的挤压、碰撞、雨淋、日晒等，以免影响使用。

9.2.3 耐碱网布、锚栓在运输中应防止雨淋。

9.2.4 其他系统组成材料在运输、装卸过程中应整齐码装，包装不得破损，不得使其受到扔摔、冲击、日晒、雨淋。

9.3 贮存

9.3.1 所有系统组成材料应防止与腐蚀性介质接触，远离火源，不宜露天长期曝晒；存放场地应干燥、通风、防冻。

9.3.2 所有材料应按型号、规格分类贮存，贮存期限不得超过材料保质期。

附 录 A
(规范性附录)
薄抹灰外保温系统抗风压试验方法

A.1 试验仪器

负压箱：应有足够的深度，确保在薄抹灰外保温系统可能变形范围内，使施加在系统上的压力保持恒定。负压箱安装在围绕被测系统的框架上。

A.2 试样

a）尺寸与数量：尺寸不小于2.0m×2.5m，数量一个；

b）制作：在混凝土基层墙体上按6.2.1.2b）制作，保温板厚度符合工程设计要求。

A.3 试验过程

a）按工程项目设计的最大负风荷载设计值 W 降低2kPa，开始循环加压，每增加1kPa做一个循环，直至破坏；

b）加压过程和压力脉冲见图A.1；

c）有下列现象之一时，即表示试样破坏：

——保温板断裂；

——保温板中或保温板与其防护层之间出现分层；

——防护层本身脱开；

——保温板被从锚栓上拉出；

——锚栓从基层拔出；

——保温板从基层脱离。

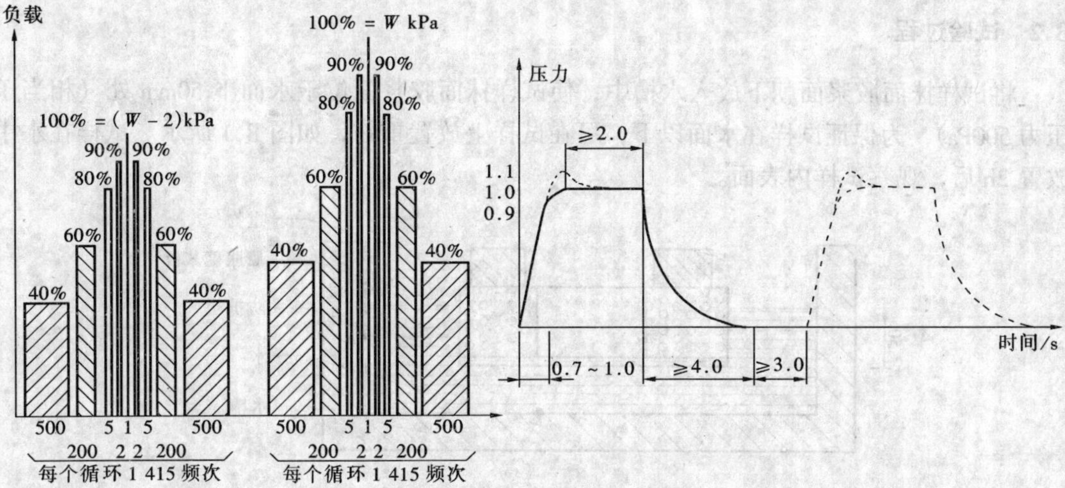

图 A.1 加压过程和压力脉冲示意图

A.4 试验结果

试验结果 Q 是试样破坏的前一个循环的风荷载值，Q 值应按（A.1）式进行修正，得出要求的抗风压值：

$$W_d = \frac{Q \cdot C_a \cdot C_s}{m} \quad (A.1)$$

式中 W_d——抗风压值，kPa；

Q——风荷载试验值，kPa；

C_a——几何系数，薄抹灰外保温系统 $C_a = 1.0$；

C_s——统计修正系数，按表 A.1 选取；

m——安全系数，薄抹灰外保温系统 $m = 1.5$。

表 A.1 薄抹灰外保温系统 C_s 值

粘接面积 $B/\%$	统计修正参数 C_s
$50 \leqslant B \leqslant 100$	1.0
$10 < B < 50$	0.9
$B \leqslant 10$	0.8

附 录 B
（规范性附录）
薄抹灰外保温系统不透水性试验方法

B.1 试样

a）尺寸与数量：尺寸 65mm × 200mm × 200mm，数量二个；

b）制作：用 60mm 厚膨胀聚苯板，按 6.2.1.2b）的规定制作，去除试样中心部位的膨胀聚苯板，去除部分的尺寸为 100mm × 100mm，并在试样侧面标记出距抹面胶浆表面 50mm 的位置。

B.2 试验过程

将试样抹面胶浆面朝下放入水槽中，使试样抹面胶浆面位于水面下 50mm 处（相当于压力 500Pa），为保证试样在水面以下，可在试样上放置重物，如图 B.1 所示。试样在水中放置 2h 后，观察试样内表面。

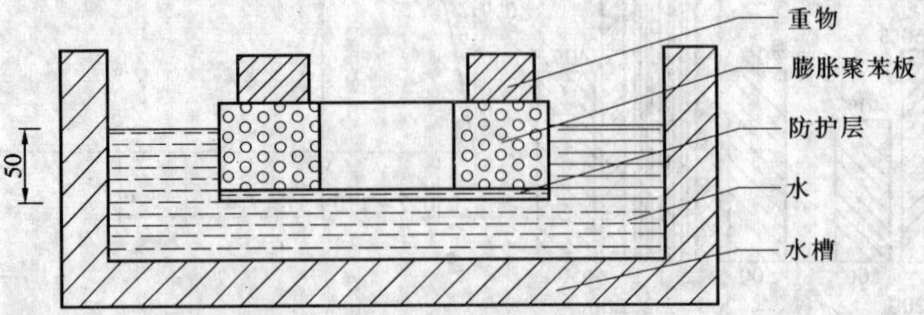

图 B.1 不透水性试验示意图

B.3 试验结果

试样背面去除膨胀聚苯板的部分无水渗透为合格。

附 录 C
（规范性附录）
薄抹灰外保温系统耐候性试验方法

C.1 试验仪器

a）气候调节箱：温度控制范围 -25～75℃，带有自动喷淋设备；

b）一对安装在轨道上的带支架的混凝土墙体。

C.2 试样的制备

a）一组试验的试样数量为二个；

b）按薄抹灰外保温系统制造商的要求在混凝土墙体上制作薄抹灰外保温系统模型。每个试验模型沿高度方向均匀分段，第一段只涂抹面胶浆，下面各段分别涂上薄抹灰外保温系统制造商提供的最多四种饰面涂料；

c）在墙体侧面粘贴膨胀聚苯板厚度为 20mm 的薄抹灰外保温系统；

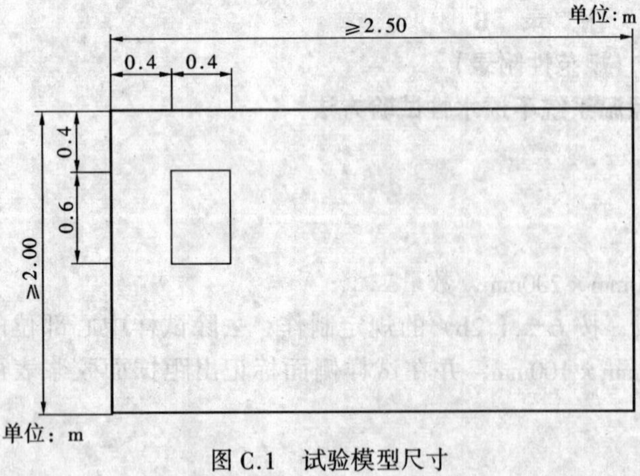

图 C.1 试验模型尺寸

d）试样的尺寸如图 C.1 所示，

并应满足：

——面积不小于 6.00m^2；

——宽度不小于 2.50m；

——高度不小于 2.00m；

e）在试样距离边缘 0.40m 处开一个 0.40m 宽 × 0.60m 高的洞口，在此洞口上安装窗；

f）试样应至少有 28d 的硬化时间。硬化过程中，周围环境温度应保持在 10℃ ~ 25℃，相对湿度不应小于 50%，并应定时作记录。对抹面胶浆为水泥基材料的系统，为了避免系统过快干燥，可每周一次用水喷洒 5min，使薄抹灰增强防护层保持湿润，在模型安装后第三天即开始喷水。硬化过程中，应记录下系统所有的变形情况（如：起泡，裂缝）。

注 1：试验模型的安装细节（材料的用量，板与板之间的接缝位置，锚栓…）均需由试验人员检查和记录。

注 2：膨胀聚苯板必须满足陈化要求。

注 3：可在试验模型的窗角部位做增强处理。

C.3 试验过程

将两试样面对面装配到气候调节箱的两侧。在试样表面测量以下试验周期中的温度。

a）热/雨周期

试样需依次经过以下步骤 80 次：

1）将试样表面加热至 70℃（温度上升时间为 1h），保持温度（70 ± 5）℃，相对湿度 10% ~ 15%2h（共 3h）；

2）喷水 1h，水温（15 ± 5）℃，喷水量 1.0 ~ 1.5L/m^2·min；

3）静置 2h（干燥）。

b）热/冷周期

经受上述热/雨周期后的试样在温度为（10 ~ 25）℃，相对湿度不小于 50%的条件下放置至少 48h 后，再根据以下步骤执行 5 个热/冷周期；

1）在温度为（50 ± 5）℃（温度上升时间为 1h），相对湿度不大于 10%的条件下放置 7h（共 8h）；

2）在温度为（ − 20 ± 5）℃（降温时间为 2h）的条件下放置 14h（共 16h）。

C.4 试验结果

在每 4 个热/雨周期后，及每个热/冷周期后均应观察整个系统和抹面胶浆的特性或性能变化（起泡，剥落，表面细裂缝，各层材料间丧失粘结力，开裂等等），并作如下记录：

——检查系统表面是否出现裂缝，若出现裂缝，应测量裂缝尺寸和位置并作记录；

——检查系统表面是否起泡或脱皮，并记录下它的位置和大小；

——检查窗是否有损坏以及系统表面是否有与其相连的裂缝，并记录位置和大小。

附 录 D
（规范性附录）
膨胀聚苯板垂直于板面方向的抗拉强度试验方法

D.1 试验仪器

a）拉力机：需有合适的测力范围和行程，精度 1%。

b）固定试样的刚性平板或金属板：互相平行的一组附加装置，避免试验过程中拉力的不均衡。

c）直尺：精度为 0.1mm。

D.2 试样

a）试样尺寸与数量：100mm×100mm×50mm，五个。

b）制备：在保温板上切割下试样，其基面应与受力方向垂直。切割时需离膨胀聚苯板边缘 15mm 以上，试样的两个受检面的平行度和平整度的偏差不大于 0.5mm。

c）试样在试验环境下放置 6h 以上。

D.3 试验过程

a）试样以合适的胶粘剂粘贴在两个刚性平板或金属板上；

——胶粘剂对产品表面既不增强也不损害；

——避免使用损害产品的强力粘胶；

——胶粘剂中如含有溶剂，必须与产品相容。

b）试样装入拉力机上，以（5±1）mm/min 的恒定速度加荷，直至试样破坏。最大拉力以 kN 表示。

D.4 试验结果

a）记录试样的破坏形状和破坏方式，或表面状况。

b）垂直于板面方向的抗拉强度 σ_{mt}应按式（D.1）计算，以五个试验结果的算术平均值表示，精确至 0.01kPa；

$$\sigma_{mt} = \frac{F_m}{A} \tag{D.1}$$

式中 σ_{mt}——拉伸强度，kPa；

F_m——最大拉力，kN；

A——试样的横断面积，m^2。

c）破坏面如在试样与两个刚性平板或金属板之间的粘胶层中，则该试样测试数据无效。

附　录　E
（规范性附录）
抹面胶浆开裂应变试验方法

E.1　试验仪器

a）应变仪：长度为150mm，精密度等级0.1级；

b）小型拉力试验机。

E.2　试样

a）数量：纬向、经向各六条。

b）抹面胶浆按照产品说明配制搅拌均匀后，待用。

c）制备：将抹面胶浆满抹在600mm×100mm膨胀聚苯板上，贴上标准网布，网布两端应伸出抹面胶浆100mm，再刮抹面胶浆至3mm厚。网布伸出部分反包在抹面胶浆表面，试验时把两条试条对称地互相粘贴在一起，网格布反包的一面向外，用环氧树脂粘贴在拉力机的金属夹板之间。

d）将试样放置在室温条件下养护28d，将膨胀聚苯板剥掉，待用。

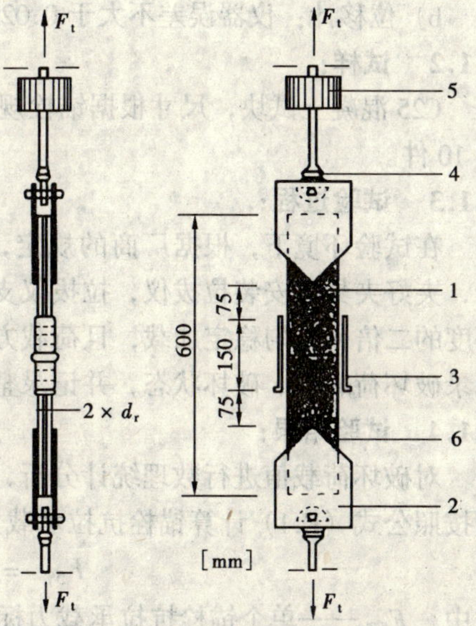

1—对称安装的试样；2—用于传递拉力的钢板；3—电子应变计；4—用于传递拉力的万向节；5—10kN测力元件；6—粘拉防护层与钢板的环氧树脂。

图E.1　抹面胶浆防护层拉伸试验装置

E.3　试验过程

a）将两个对称粘贴的试条安装在试验机的夹具上，应变仪应安装在试样中部，两端距金属夹板尖端至少75mm，如图E.1所示。

b）加荷速度应为0.5mm/min，加荷至50%预期裂纹拉力，之后卸载。如此反复进行10次。加荷和卸载持续时间应为（1~2）min。

c）如果在10次加荷过程中试样没有破坏，则第11次加荷直至试条出现裂缝并最终断裂。在应变值分别达到0.3%、0.5%、0.8%、1.5%和2.0%时停顿，观察试样表面是否开裂，并记录裂缝状态。

E.4　试验结果

a）观察试样表面裂缝的数量，并测量和记录裂纹的数量和宽度，记录试样出现第一条裂缝时的应变值（开裂应变）；

b）试验结束后，测量和记录试样的宽度和厚度。

附　录　F
（规范性附录）
锚栓试验方法

F.1　单个锚栓抗拉承载力

F.1.1　试验仪器：

a）拉拔仪：测量误差不大于2%；

b）位移计：仪器误差不大于0.02mm。

F.1.2　试样：

C25混凝土试块，尺寸根据锚栓规格确定。锚栓边距、间距均不小于100mm，锚栓试样10件。

F.1.3　试验过程：

在试验环境下，根据厂商的规定，在混凝土试块上安装锚栓，并在锚栓上安装位移计，夹好夹具，安装拉拔仪，拉拔仪支脚中心轴线与锚栓中心轴线间距离不小于有效锚固深度的二倍；均匀稳定加载，且荷载方向垂直于混凝土试块表面，加载至出现锚栓破坏，记录破坏荷载值、破坏状态，并记录整个试验的位移值。

F.1.4　试验结果：

对破坏荷载值进行数理统计分析，假设其为正态分布，并计算标准偏差。根据试验数据按照公式（F.1）计算锚栓抗拉承载力标准值 $F_{5\%}$。

$$F_{5\%} = F_{平均} \cdot (1 - k_s \cdot \nu) \tag{F.1}$$

式中　$F_{5\%}$——单个锚栓抗拉承载力标准值，kN；

$F_{平均}$——试验数据平均值，kN；

k_s——系数，$n = 5$(试验个数)时，$k_s = 3.4$；$n = 10$ 时，$k_s = 2.568$；$n = 15$ 时，$k_s = 2.329$；

ν——变异系数（试验数据标准偏差与算术平均值的绝对值之比）。

F.1.5　锚栓在其他种类的基层墙体中的抗拉承载力应通过现场试验确定。

F.2　单个锚栓对系统传热增加值

F.2.1　试验过程

在没有安装锚栓的系统中遵照GB 13475—1992进行系统传热系数的测定（试验1），然后在同一个系统中按照厂家规定安装锚栓，遵照GB 13475—1992测量其传热系数（试验2）。

F.2.2　试验结果

计算试验2中测量的传热系数和试验1中测量的传热系数的差值，此差值除以每平方米试验锚栓的个数，得出单个锚栓对系统传热性能的平均影响值。

中华人民共和国建筑工业行业标准

胶粉聚苯颗粒外墙外保温系统

External thermal insulating rendering systems made of mortar with mineral binder and using expanded polystyrene granule as aggregate

JG 158—2004

中华人民共和国建设部　2004-08-18 批准

2004-12-01 实施

前　　言

本标准按照 GB/T 1.1—2000《标准化工作导则　第 1 部分：标准的结构和编写规则》和 GB/T 1.2—2002《标准化工作导则　第 2 部分：标准中规范性技术要素内容的确定方法》的规定编写。本标准非等效采用 DIN18550 第 3 部分《灰浆和面涂　由矿物胶凝剂和聚苯乙烯泡沫塑料（EPS）颗粒复合而成的保温浆料系统》。根据我国国情，调整和增加了组成材料的部分技术性能指标。

在试验方法上，本标准非等效采用了 EOTA ETAG 004《有饰面层的复合外墙外保温系统欧洲技术认证指南》、EIMA 101.86《外保温与装饰系统抗快速变形冲击标准试验方法》、EIMA 105.01《耐碱玻璃纤维增强网　外保温与装饰系统类》、ASTM D 968—1993《系统涂层下落法磨损测试耐磨性的标准试验方法》。

本标准 5.1.1 为强制性条文。

本标准的附录 A、附录 B、附录 C、附录 D、附录 E、附录 F、附录 G、附录 H、附录 J 为规范性附录。

本标准由建设部标准定额研究所提出。

本标准由建设部建筑制品与构配件产品标准化技术委员会归口。

本标准主要负责起草单位：北京振利高新技术公司、中国建筑标准设计研究所。

本标准参加起草单位：建设部科技发展促进中心、北京市恒岳新技术发展中心、中国建筑科学研究院物理所、中国建筑科学研究院工程抗震研究所、国家发展和改革委员会国家投资项目评审中心、北京建工集团有限责任公司、国民淀粉化学（上海）有限责任公司、新疆建筑标准设计办公室、天津市建筑标准设计办公室、济南市墙体改革办公室、北京市昌平区建委、北京市第五建筑工程公司、北京市第六建筑工程公司、北京住总集团住一分部。

本标准主要起草人：黄振利、李晓明、杨西伟、方展和、冯金秋、程绍革、李东杰、王庆生、朱青、刘钢、张量、陈平、王建康、李东毅、康伟、杜洪涛、陈丹林、朱晓伟、钱艳荣、陈全良、林燕成、何晓燕、靳仲兰、王兵涛、孙桂芳、杨国萍、刘莹琨、马才。

本标准为首次发布，自 2004 年 12 月 1 日起实施。

目　次

前言 …… 722
1　范围 …… 724
2　规范性引用文件 …… 724
3　术语和定义 …… 725
4　分类和标记 …… 726
5　要求 …… 728
6　试验方法 …… 732
7　检验规则 …… 744
8　标志和标签 …… 745
9　包装、运输和贮存 …… 746
附录 A（规范性附录）　系统耐候性试验方法 …… 746
附录 B（规范性附录）　系统吸水量试验方法 …… 748
附录 C（规范性附录）　系统抗风荷载性能试验方法 …… 748
附录 D（规范性附录）　系统不透水性试验方法 …… 750
附录 E（规范性附录）　系统耐磨损试验方法 …… 750
附录 F（规范性附录）　系统抗拉强度试验方法 …… 751
附录 G（规范性附录）　系统抗震性能试验方法 …… 752
附录 H（规范性附录）　火反应性试验方法 …… 752
附录 J（规范性附录）　面砖勾缝料透水性试验方法 …… 753

1 范　围

本标准规定了胶粉聚苯颗粒外墙外保温系统的适用范围、术语和定义、分类和标记、技术要求、试验方法、检验规则、标志和标签以及产品的包装、运输和贮存。

本标准适用于以胶粉聚苯颗粒保温浆料为保温层、抗裂砂浆复合耐碱玻璃纤维网格布或热镀锌电焊网为抗裂防护层、涂料或面砖为饰面层的建筑物外墙外保温系统。

2 规范性引用文件

下列文件中的条款通过本标准的引用而成为本标准的条款。凡是注日期的引用文件，其随后所有的修改单（不包括勘误的内容）或修订版均不适用于本标准，然而，鼓励根据本标准达成协议的各方研究是否可使用这些文件的最新版本。凡是不注日期的引用文件，其最新版本适用于本标准。

GBJ 82—1985　普通混凝土长期性能和耐久性能试验方法

GB 175—1999　硅酸盐水泥、普通硅酸盐水泥

GB/T 1346—2001　水泥标准稠度用水量、凝结时间、安定性检验方法

GB/T 1728—1979　漆膜、腻子膜干燥时间测定法

GB 1748—1979　腻子膜柔韧性测定法

GB/T 2793—1995　胶粘剂不挥发物含量的测定

GB 3186　涂料产品的取样

GB/T 3810.1—1999　陶瓷砖试验方法　第1部分：抽样和接收条件（idt ISO 10545-1：1995）

GB/T 3810.2—1999　陶瓷砖试验方法　第2部分：尺寸和表面质量的检验（idt ISO 10545-2：1995）

GB/T 3810.3—1999　陶瓷砖试验方法　第3部分：吸水率、显气孔率、表观相对密度和容重的测定（idt ISO 10545-3：1995）

GB/T 3810.12—1999　陶瓷砖试验方法　第12部分：抗冻性的测定（idt ISO 10545-12：1995）

GB/T 4100.1～4100.4—1999　干压陶瓷砖

GB/T 7689.3—2001　增强材料　机织物试验方法　第3部分：宽度和长度的测定

GB/T 7689.5—2001　增强材料　机织物试验方法　第5部分：玻璃纤维拉伸断裂强力和断裂伸长的测定

GB/T 7697　玻璃马赛克

GB/T 8625—1988　建筑材料难燃性试验方法

GB/T 9195　陶瓷砖和卫生陶瓷分类及术语

GB 9779—1988　复层建筑涂料

GB/T 9914.2—2001　增强制品试验方法　第2部分：玻璃纤维可燃物含量的测定

GB/T 9914.3—2001　增强制品试验方法　第3部分：单位面积质量的测定

GB/T 10294—1988　绝热材料稳态热阻及有关特性的测定　防护热板法

GB 10299—1988　保温材料憎水性试验方法

GB/T 16777—1997 建筑防水涂料试验方法
GB/T 17146—1997 建筑材料水蒸气透过性能试验方法
GB/T 17371—1998 硅酸盐复合绝热涂料
GB/T 17671—1999 水泥胶砂强度检验方法（ISO 法）
GB 50011—2001 建筑抗震设计规范
GB 50178—1993 建筑气候区划标准
JC 209—1992 膨胀珍珠岩
JC/T 457 陶瓷劈离砖
JC/T 547—1994 陶瓷墙地砖胶粘剂
JC 719 耐碱玻璃球
JC/T 841—1999 耐碱玻璃纤维网格布
JG/T 24—2000 合成树脂乳液砂壁状建筑涂料
JGJ 51—2002 轻骨料混凝土技术规程
JGJ 52—1992 普通混凝土用砂质量标准及检验方法
JGJ 70—1990 建筑砂浆基本性能试验方法
JGJ 101—1996 建筑抗震试验方法规程
JGJ 110—1997 建筑工程饰面砖粘结强度检验标准
JG 149—2003 膨胀聚苯板薄抹灰外墙外保温系统
JG/T 157—2004 建筑外墙用腻子
JG/T 3049—1998 建筑室内用腻子
QB/T 3897—1999 镀锌电焊网

3 术语和定义

下列术语和定义适用于本标准。

3.1

胶粉聚苯颗粒外墙外保温系统（简称胶粉聚苯颗粒外保温系统） external thermal insulating rendering systems made of mortar with mineral binder and using expanded polystyrene granule as aggregate（英文缩写为 ETIRS）

设置在外墙外侧，由界面层、胶粉聚苯颗粒保温层、抗裂防护层和饰面层构成，起保温隔热、防护和装饰作用的构造系统。

3.2

基层墙体 substrate

建筑物中起承重或围护作用的外墙体。

3.3

界面砂浆 interface treating agent

由高分子聚合物乳液与助剂配制成的界面剂与水泥和中砂按一定比例拌合均匀制成的砂浆。

3.4

胶粉聚苯颗粒保温浆料 mineral binder and expanded polystyrene granule insulating

material

由胶粉料和聚苯颗粒组成并且聚苯颗粒体积比不小于 80% 的保温灰浆。

3.5

胶粉料　mineral binder

由无机胶凝材料与各种外加剂在工厂采用预混合干拌技术制成的专门用于配制胶粉聚苯颗粒保温浆料的复合胶凝材料。

3.6

聚苯颗粒　expanded polystyrene granule

由聚苯乙烯泡沫塑料经粉碎、混合而制成的具有一定粒度、级配的专门用于配制胶粉聚苯颗粒保温浆料的轻骨料。

3.7

抗裂砂浆　finishing coat mortar

在聚合物乳液中掺加多种外加剂和抗裂物质制得的抗裂剂与普通硅酸盐水泥、中砂按一定比例拌合均匀制成的具有一定柔韧性的砂浆。

3.8

耐碱涂塑玻璃纤维网格布（以下简称耐碱网布）　alkali-resistant fibreglass mesh

以耐碱玻璃纤维织成的网格布为基布，表面涂覆高分子耐碱涂层制成的网格布。

3.9

高分子乳液弹性底层涂料（以下简称弹性底涂）　elastic ground coating

由弹性防水乳液加入多种助剂、颜填料配制而成的具有防水和透气效果的封底涂层。

3.10

抗裂柔性耐水腻子（简称柔性耐水腻子）　waterproof flexible putty

由弹性乳液、助剂和粉料等制成的具有一定柔韧性和耐水性的腻子。

3.11

塑料锚栓　mechanical fixings

由螺钉（塑料钉或具有防腐性能的金属钉）和带圆盘的塑料膨胀套管两部分组成的用于将热镀锌电焊网固定于基层墙体的专用连接件。

3.12

面砖粘结砂浆　adhesive for tile

由聚合物乳液和外加剂制得的面砖专用胶液同强度等级 42.5 的普通硅酸盐水泥和建筑砖质砂（一级中砂）按一定质量比混合搅拌均匀制成的粘结砂浆。

3.13

面砖勾缝料　jointing mortar

由高分子材料、水泥、各种填料、助剂复配而成的陶瓷面砖勾缝材料。

4 分类和标记

4.1 分类

胶粉聚苯颗粒外保温系统分为涂料饰面（缩写为 C）和面砖饰面（缩写为 T）两种类型：

——C 型胶粉聚苯颗粒外保温系统用于饰面为涂料的胶粉聚苯颗粒外保温系统，宜采用的基本构造见表 1；

——T 型胶粉聚苯颗粒外保温系统用于饰面为面砖的胶粉聚苯颗粒外保温系统，宜采用的基本构造见表 2。

表 1　涂料饰面胶粉聚苯颗粒外保温系统基本构造

基层墙体	涂料饰面胶粉聚苯颗粒外保温系统基本构造				构造示意图
	界面层 ①	保温层 ②	抗裂防护层 ③	饰面层 ④	
混凝土墙及各种砌体墙	界面砂浆	胶粉聚苯颗粒保温浆料	抗裂砂浆 + 耐碱涂塑玻璃纤维网格布（加强型增设一道加强网格布） + 高分子乳液弹性底层涂料	柔性耐水腻子 + 涂料	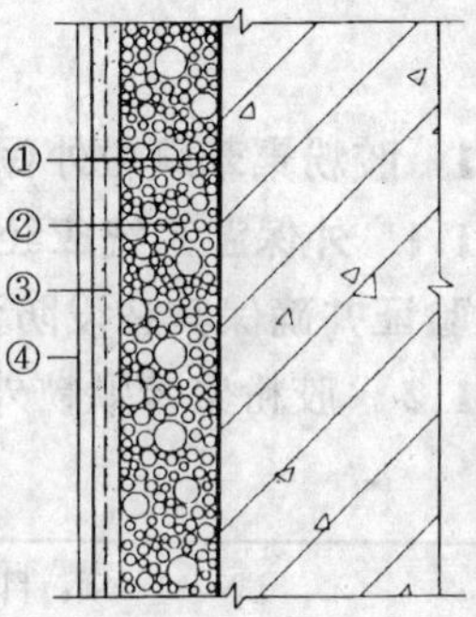

表 2　面砖饰面胶粉聚苯颗粒外保温系统基本构造

基层墙体	面砖饰面胶粉聚苯颗粒外保温系统基本构造				构造示意图
	界面层 ①	保温层 ②	抗裂防护层 ③	饰面层 ④	
混凝土墙及各种砌体墙	界面砂浆	胶粉聚苯颗粒保温浆料	第一遍抗裂砂浆 + 热镀锌电焊网（用塑料锚栓与基层锚固） + 第二遍抗裂砂浆	粘结砂浆 + 面砖 + 勾缝料	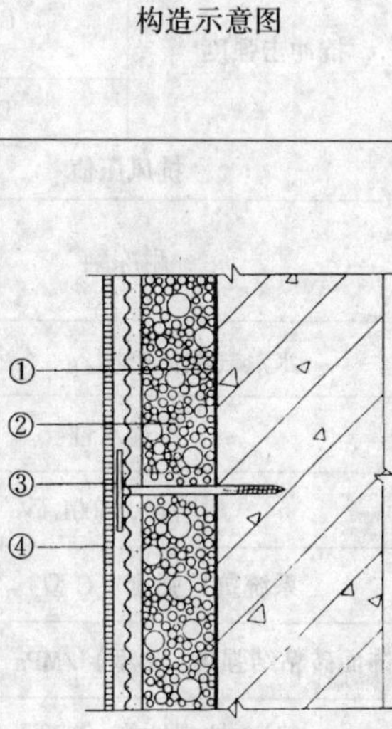

4.2 标记

胶粉聚苯颗粒外保温系统的标记由代号和类型组成：

ETIRS - □

—— 类型

—— 胶粉聚苯颗粒外保温系统代号

4.3 标记示例

示例 1：ETIRS-C　涂料饰面胶粉聚苯颗粒外保温系统

5 要　求

5.1 胶粉聚苯颗粒外保温系统

5.1.1 外保温系统应经大型耐候性试验验证。对于面砖饰面外保温系统，还应经抗震试验验证并确保其在设防烈度等级地震下面砖饰面及外保温系统无脱落。

5.1.2 胶粉聚苯颗粒外保温系统的性能应符合表 3 的要求。

表 3　胶粉聚苯颗粒外保温系统的性能指标

试验项目		性能指标	
耐候性		经 80 次高温（70℃）-淋水（15℃）循环和 20 次加热（50℃）-冷冻（-20℃）循环后不得出现开裂、空鼓或脱落。抗裂防护层与保温层的拉伸粘结强度不应小于 0.1MPa，破坏界面应位于保温层	
吸水量/（g/m^2）浸水 1h		≤1000	
抗冲击强度	C 型	普通型（单网）	3J 冲击合格
		加强型（双网）	10J 冲击合格
	T 型	3.0J 冲击合格	
抗风压值		不小于工程项目的风荷载设计值	
耐冻融		严寒及寒冷地区 30 次循环、夏热冬冷地区 10 次循环 表面无裂纹、空鼓、起泡、剥离现象	
水蒸气湿流密度/g/（m^2·h）		≥0.85	
不透水性		试样防护层内侧无水渗透	
耐磨损，500L 砂		无开裂，龟裂或表面保护层剥落、损伤	
系统抗拉强度（C 型）/MPa		≥0.1 并且破坏部位不得位于各层界面	
饰面砖粘结强度（T 型）/MPa（现场抽测）		≥0.4	
抗震性能（T 型）		设防烈度等级下面砖饰面及外保温系统无脱落	
火反应性		不应被点燃，试验结束后试件厚度变化不超过 10%	

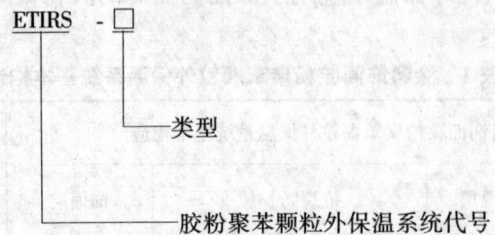

5.2 界面砂浆

界面砂浆性能应符合表 4 的要求。

表 4 界面砂浆性能指标

项目		单位	指标
界面砂浆压剪粘结强度	原强度	MPa	≥0.7
	耐水	MPa	≥0.5
	耐冻融	MPa	≥0.5

5.3 胶粉料

胶粉料的性能应符合表 5 的要求。

表 5 胶粉料性能指标

项目	单位	指标
初凝时间	h	≥4
终凝时间	h	≤12
安定性（试饼法）	—	合格
拉伸粘结强度	MPa	≥0.6
浸水拉伸粘结强度	MPa	≥0.4

5.4 聚苯颗粒

聚苯颗粒的性能应符合表 6 的要求。

表 6 聚苯颗粒性能指标

项目	单位	指标
堆积密度	kg/m^3	8.0～21.0
粒度（5mm 筛孔筛余）	%	≤5

5.5 胶粉聚苯颗粒保温浆料

胶粉聚苯颗粒保温浆料的性能应符合表 7 的要求。

表 7 胶粉聚苯颗粒保温浆料性能指标

项目	单位	指标
湿表观密度	kg/m^3	≤420
干表观密度	kg/m^3	180～250
导热系数	W/（m·K）	≤0.060
蓄热系数	W/（m^2·K）	≥0.95
抗压强度	kPa	≥200
压剪粘结强度	kPa	≥50
线性收缩率	%	≤0.3
软化系数	—	≥0.5
难燃性	—	B_1 级

5.6 抗裂砂浆

抗裂剂及抗裂砂浆性能应符合表 8 的要求。

表 8 抗裂剂及抗裂砂浆性能指标

项目		单位	指标
抗裂剂	不挥发物含量	%	≥20
	贮存稳定性（20℃±5℃）	—	6 个月，试样无结块凝聚及发霉现象，且拉伸粘结强度满足抗裂砂浆指标要求

续表 8

项目			单位	指标
抗裂砂浆	可使用时间	可操作时间	h	≥1.5
		在可操作时间内拉伸粘结强度	MPa	≥0.7
	拉伸粘结强度（常温 28d）		MPa	≥0.7
	浸水拉伸粘结强度（常温 28d，浸水 7d）		MPa	≥0.5
	压折比		—	≤3.0

注：水泥应采用强度等级 42.5 的普通硅酸盐水泥，并应符合 GB 175—1999 的要求；砂应符合 JGJ 52—1992 的规定，筛除大于 2.5mm 颗粒，含泥量少于 3%。

5.7 耐碱网布

耐碱网布的性能应符合表 9 的要求。

表 9 耐碱网布性能指标

项目		单位	指标
外观		—	合格
长度、宽度		m	50～100、0.9～1.2
网孔中心距	普通型	mm	4×4
	加强型		6×6
单位面积质量	普通型	g/m^2	≥160
	加强型		≥500
断裂强力（经、纬向）	普通型	N/50mm	≥1250
	加强型	N/50mm	≥3000
耐碱强力保留率（经、纬向）		%	≥90
断裂伸长率（经、纬向）		%	≤5
涂塑量	普通型	g/m^2	≥20
	加强型		
玻璃成分		%	符合 JC 719 的规定，其中 $ZrO_2$14.5±0.8，$TiO_2$6±0.5

5.8 弹性底涂

弹性底涂的性能应符合表 10 的要求。

表 10 弹性底涂性能指标

项目		单位	指标
容器中状态		—	搅拌后无结块，呈均匀状态
施工性		—	刷涂无障碍
干燥时间	表干时间	h	≤4
	实干时间	h	≤8
断裂伸长率		%	≥100
表面憎水率		%	≥98

5.9 柔性耐水腻子

柔性耐水腻子的性能应符合表 11 的要求。

表 11 柔性耐水腻子性能指标

项目			单位	指标
柔性耐水腻子	容器中状态		—	无结块、均匀
	施工性		—	刮涂无障碍
	干燥时间（表干）		h	≤5
	打磨性		—	手工可打磨
	耐水性 96h		—	无异常
	耐碱性 48h		—	无异常
	粘结强度	标准状态	MPa	≥0.60
		冻融循环（5 次）	MPa	≥0.40
	柔韧性		—	直径 50mm，无裂纹
	低温贮存稳定性		—	-5℃冷冻 4h 无变化，刮涂无困难

5.10 外墙外保温饰面涂料

外墙外保温饰面涂料必须与胶粉聚苯颗粒外保温系统相容，其性能除应符合国家及行业相关标准外，还应满足表 12 的抗裂性要求。

表 12 外墙外保温饰面涂料抗裂性能指标

项目		指标
抗裂性	平涂用涂料	断裂伸长率≥150%
	连续性复层建筑涂料	主涂层的断裂伸长率≥100%
	浮雕类非连续性复层建筑涂料	主涂层初期干燥抗裂性满足要求

5.11 面砖粘结砂浆

面砖粘结砂浆性能应符合表 13 的要求。

5.12 面砖勾缝料

面砖勾缝料的性能应符合表 14 的要求。

表 13 面砖粘结砂浆的性能指标

项目		单位	指标
拉伸粘结强度		MPa	≥0.60
压折比		—	≤3.0
压剪粘结强度	原强度	MPa	≥0.6
	耐温 7d	MPa	≥0.5
	耐水 7d	MPa	≥0.5
	耐冻融 30 次	MPa	≥0.5
线性收缩率		%	≤0.3

注：水泥应采用强度等级 42.5 的普通硅酸盐水泥，并应符合 GB 175—1999 的要求；砂应符合 JGJ 52—1992 的规定，筛除大于 2.5mm 颗粒，含泥量少于 3%。

表 14 面砖勾缝料性能指标

项目		单位	指标
外观		—	均匀一致
颜色		—	与标准样一致
凝结时间		h	大于 2h，小于 24h
拉伸粘结强度	常温常态 14d	MPa	≥0.60
	耐水（常温常态 14d，浸水 48h，放置 24h）	MPa	≥0.50
压折比		—	≤3.0
透水性（24h）		mL	≤3.0

5.13 塑料锚栓

塑料锚栓由螺钉和带圆盘的塑料膨胀套管两部分组成。金属螺钉应采用不锈钢或经过表面防腐蚀处理的金属制成，塑料钉和带圆盘的塑料膨胀套管应采用聚酰胺（polyamide 6、polyamide 6.6）、聚乙烯（polyethylene）或聚丙烯（polypropylene）制成，制作塑料钉和塑料套管的材料不得使用回收的再生材料。塑料锚栓有效锚固深度不小于25mm，塑料圆盘直径不小于50mm，套管外径7～10mm。单个塑料锚栓抗拉承载力标准值（C25混凝土基层）不小于0.80kN。

5.14 热镀锌电焊网

热镀锌电焊网（俗称四角网）应符合QB/T 3897—1999并满足表15的要求。

表15 热镀锌电焊网性能指标

项　目	单　位	指　标
工　艺	—	热镀锌电焊网
丝　径	mm	0.90±0.04
网孔大小	mm	12.7×12.7
焊点抗拉力	N	>65
镀锌层质量	g/m^2	≥122

5.15 饰面砖

外保温饰面砖应采用粘贴面带有燕尾槽的产品并不得带有脱模剂。其性能应符合下列现行标准的要求：GB/T 9195；GB/T 4100.1、GB/T 4100.2、GB/T 4100.3、GB/T 4100.4；JC/T 457；GB/T 7697，并应同时满足表16性能指标的要求。

表16 饰面砖性能指标

项　目			单　位	指　标
尺　寸	6m以下墙面	表面面积	cm^2	≤410
		厚　度	cm	≤1.0
	6m及以上墙面	表面面积	cm^2	≤190
		厚　度	cm	≤0.75
单位面积质量			kg/m^2	≤20
吸水率	Ⅰ、Ⅵ、Ⅶ气候区		%	≤3
	Ⅱ、Ⅲ、Ⅳ、Ⅴ气候区			≤6
抗冻性	Ⅰ、Ⅵ、Ⅶ气候区		—	50次冻融循环无破坏
	Ⅱ气候区			40次冻融循环无破坏
	Ⅲ、Ⅳ、Ⅴ气候区			10次冻融循环无破坏

注：气候区划分级按GB 50178—1993中一级区划的Ⅰ～Ⅶ区执行。

5.16 附件

在胶粉聚苯颗粒外保温系统中所采用的附件，包括射钉、密封膏、密封条、金属护角、盖口条等应分别符合相应的产品标准的要求。

6 试 验 方 法

标准试验室环境为空气温度（23±2)℃，相对湿度（50±10)%。在非标准试验室环境下试验时，应记录温度和相对湿度。本标准试验方法中所述脱模剂是采用机油和黄油调制的，黏度大于100s。

6.1 胶粉聚苯颗粒外保温系统

6.1.1 耐候性

按附录A的规定进行。

6.1.2 吸水量

按附录B的规定进行。

6.1.3 抗冲击强度

6.1.3.1 试样

a）C型单网普通试样：

数量：2件，用于3J级冲击试验；

尺寸：1200mm×600mm，保温层厚度50mm；

制作：50mm胶粉聚苯颗粒保温层（7d）+4mm抗裂砂浆（压入耐碱网布，网布不得有搭接缝）（5d）+弹性底涂（24h）+柔性耐水腻子，在试验室环境下养护56d后，涂刷饰面涂料，涂料实干后，待用。

b）C型双网加强试样：

数量：2件，每件分别用于3J级和10J级冲击试验；

尺寸：1200mm×600mm，保温层厚度50mm；

制作：50mm胶粉聚苯颗粒保温层（5d）+4mm抗裂砂浆（先压入一层加强型耐碱网布，再压入一层普通型耐碱网布，网布不得有搭接缝）（5d）+弹性底涂（24h）+柔性耐水腻子，在试验室环境下养护56d后，涂刷饰面涂料，涂料实干后，待用。

c）T型试样：

数量：2件，用于3J级冲击试验；

尺寸：1200mm×600mm，保温层厚度50mm；

制作：50mm胶粉聚苯颗粒保温层（5d）+4mm抗裂砂浆（压入热镀锌电焊网）（24h）+4mm抗裂砂浆（5d）+粘贴面砖（2d）+勾缝，在试验室环境下养护56d。

6.1.3.2 试验过程

a）将试样抗裂防护层向上平放于光滑的刚性底板上。

b）试验分为3J和10J两级，每级试验冲击10个点。3J级冲击试验使用质量为500g的钢球，在距离试样上表面0.61m高度自由降落冲击试样。10J级冲击试验使用质量为1000g的钢球，在距离试样上表面1.02m高度自由降落冲击试样。冲击点应离开试样边缘至少100mm，冲击点间距不得小于100mm。以冲击点及其周围开裂作为破坏的判定标准。

6.1.3.3 试验结果

10J级试验10个冲击点中破坏点不超过4个时，判定为10J冲击合格。10J级试验10个冲击点中破坏点超过4个，3J级试验10个冲击点中破坏点不超过4个时，判定为3J级冲击合格。

6.1.4 抗风压

按附录C的规定进行。

6.1.5 耐冻融

6.1.5.1 试验仪器

a）低温冷冻箱，最低温度（−30±3）℃；

b）密封材料：松香、石蜡。

6.1.5.2 试样：

a）C型试样：

数量：3个，尺寸：500mm×500mm，保温层厚度50mm。

制作：50mm 胶粉聚苯颗粒保温层（5d）+4mm 抗裂砂浆（压入标准耐碱网布）（5d）+弹性底涂，在试验室环境下养护 56d。除试件涂料面外将其他 5 面用融化的松香、石蜡（1:1）密封。

b）T 型试样：

数量：3 个，尺寸：500mm×500mm，保温层厚度 50mm。

制作：见 6.1.3.1 中 c）。除面砖这一面外将其他 5 面用融化的松香、石蜡（1:1）密封。

6.1.5.3 试验过程

冻融循环次数应符合本标准表 3 的规定，每次 24h。

a）在（20±2）℃自来水中浸泡 8h。试样浸入水中时，应使抗裂防护层朝下，使抗裂防护层浸入水中，并排除试样表面气泡。

b）在（-20±2）℃冰箱中冷冻 16h。

试验期间如需中断试验，试样应置于冰箱中在（-20±2）℃下存放。

6.1.5.4 试验结果

每 3 次循环后观察试样是否出现裂纹、空鼓、起泡、剥离等情况并做记录。经 10 次冻融循环试验后观察，试样无裂纹、空鼓、起泡、剥离者为 10 次冻融循环合格；经 30 次冻融循环试验后观察，试样无裂纹、空鼓、起泡、剥离者为 30 次冻融循环合格。

6.1.6 水蒸气湿流密度

按 GB/T 17146—1997 中水法的规定进行。试样制备同附录 D.1，弹性底涂表面朝向湿度小的一侧。

6.1.7 不透水性

按附录 D 的规定进行。

6.1.8 耐磨损

按附录 E 的规定进行。

6.1.9 系统抗拉强度

按附录 F 的规定进行。

6.1.10 饰面砖粘结强度

系统成型 56d 后，按 JGJ 110—1997 的规定进行饰面砖粘结强度拉拔试验。断缝应从饰面砖表面切割至抗裂防护层表面（不应露出热镀锌电焊网），深度应一致。

6.1.11 抗震性能

按附录 G 的规定进行。

6.1.12 火反应性

按附录 H 的规定进行。

6.2 界面砂浆

6.2.1 界面砂浆压剪粘结强度

按 JC/T 547—1994 中 6.3.4 规定进行测定。

养护条件：

原强度：在试验室标准条件下养护 14d；

耐水：在试验室标准条件下养护 14d，然后在标准试验室温度水中浸泡 7d，取出擦干表面水分，进行测定；

耐冻融:在试验室标准条件下养护14d,然后按GBJ 82—1985抗冻性能试验循环10次。

6.3 胶粉料

6.3.1 初凝时间、终凝时间和安定性

6.3.1.1 按GB/T 1346—2001中第7章的规定测定标准稠度用水量。

6.3.1.2 在试验室标准条件下，按GB/T 1346—2001中第8章规定的方法测定初凝时间、终凝时间。配料时在胶砂搅拌机中搅拌3min。

6.3.1.3 按GB/T 1346—2001中第11章的规定测定安定性。配料时在胶砂搅拌机中搅拌3min。

6.3.2 拉伸粘结强度、浸水拉伸粘结强度

按JG/T 24—2000中6.14的规定进行。

6.3.2.1 试样

制作：把10个70mm×70mm×20mm水泥砂浆试块用水浸透，擦干表面后，在1.1倍标准稠度用水量条件下按JG/T 24—2000中6.14.2.1的规定制备试块。

养护：试块用聚乙烯薄膜覆盖，在试验室温度条件下养护7d。去掉覆盖物在试验室标准条件下养护48d，用双组份环氧树脂或其他高强度粘结剂粘结钢质上夹具，放置24h。

6.3.2.2 试验过程

其中5个试件按JG/T 24—2000中6.14.2.2的规定测抗拉强度即为拉伸粘结强度。

另5个试件按JG/T 24—2000中6.14.3.2的规定测浸水7d的抗拉强度即为浸水拉伸粘结强度。

6.4 聚苯颗粒

6.4.1 堆积密度

按JC 209—1992中6.1的规定进行。

6.4.2 粒度

按JC 209—1992中6.3的规定进行。烘干温度为（50±2）℃，筛孔尺寸为5mm。

6.5 胶粉聚苯颗粒保温浆料

胶粉聚苯颗粒保温浆料标准试样（简称标准浆料）制备：按厂家产品说明书中规定的比例和方法，在胶砂搅拌机中加入水和胶粉料，搅拌均匀后加入聚苯颗粒继续搅拌至均匀。

6.5.1 湿表观密度

6.5.1.1 仪器设备

a）标准量筒：容积为0.001m^3，要求内壁光洁，并具有足够的刚度，标准量筒应定期进行校核；

b）天平：精度为0.01g;

c）油灰刀，抹子;

d）捣棒：直径10mm，长350mm的钢棒，端部应磨圆。

6.5.1.2 试验步骤

将称量过的标准量筒，用油灰刀将标准浆料填满量筒，使稍有富余，用捣棒均匀插捣25次（插捣过程中如浆料沉落到低于筒口，则应随时填加浆料），然后用抹子抹平，将量筒外壁擦净，称量浆料与量筒的总重，精确至0.001kg。

6.5.1.3 结果计算

湿表观密度按式（1）计算：

$$\rho_s = (m_1 - m_0)V \tag{1}$$

式中 ρ_s——湿表观密度，单位为千克每立方米（kg/m^3）；

m_0——标准量筒质量，单位为千克（kg）；

m_1——浆料加标准量筒的质量，单位为千克（kg）；

V——标准量筒的体积，单位为立方米（m^3）。

试验结果取3次试验结果的算术平均值，保留3位有效数字。

6.5.2 干表观密度

6.5.2.1 仪器设备

a）烘箱：灵敏度±2℃；

b）天平：精度为0.01g；

c）干燥器：直径大于300mm；

d）游标卡尺：（0~125）mm；精度0.02mm；

e）钢板尺：500mm；精度：1mm；

f）油灰刀，抹子；

g）组合式无底金属试模：300mm×300mm×30mm；

h）玻璃板：400mm×400mm×（3~5）mm。

6.5.2.2 试件制备

成型方法：将3个空腔尺寸为300mm×300mm×30mm的金属试模分别放在玻璃板上，用脱模剂涂刷试模内壁及玻璃板，用油灰刀将标准浆料逐层加满并略高出试模，为防止浆料留下孔隙，用油灰刀沿模壁插数次，然后用抹子抹平，制成3个试件。

养护方法：试件成型后用聚乙烯薄膜覆盖，在试验室温度条件下养护7d后拆模，拆模后在试验室标准条件下养护21d，然后将试件放入（65±2)℃的烘箱中，烘干至恒重，取出放入干燥器中冷却至室温备用。

6.5.2.3 试验步骤

取制备好的3块试件分别磨平并称量质量，精确至1g。按顺序用钢板尺在试件两端距边缘20mm处和中间位置分别测量其长度和宽度，精确至1mm，取3个测量数据的平均值。

用游标卡尺在试件任何一边的两端距边缘20mm和中间处分别测量厚度，在相对的另一边重复以上测量，精确至0.1mm，要求试件厚度差小于2%，否则重新打磨试件，直至达到要求。最后取6个测量数据的平均值。

由以上测量数据求得每个试件的质量与体积。

6.5.2.4 结果计算

干表观密度按（2）计算：

$$\rho_g = m/V \tag{2}$$

式中 ρ_g——干密度，单位为千克每立方米（kg/m^3）；

m——试件质量，单位为千克（kg）；

V——试件体积，单位为立方米（m^3）。

试验结果取三个试件试验结果的算术平均值，保留三位有效数字。

6.5.3　导热系数

测试干表观密度后的试件，按 GB/T 10294—1988 的规定测试导热系数。

6.5.4　蓄热系数

按 JGJ 51—2002 中 7.5 的规定进行。

6.5.5　抗压强度

6.5.5.1　仪器设备

a）钢质有底试模 100mm × 100mm × 100mm，应具有足够的刚度并拆装方便。试模的内表面不平整度应为每 100mm 不超过 0.05mm，组装后各相邻面的不垂直度小于 0.5 度；

b）捣棒：直径 10mm，长 350mm 的钢棒，端部应磨圆；

c）压力试验机：精度（示值的相对误差）小于 ± 2%，量程应选择在材料的预期破坏荷载相当于仪器刻度的 20% ~ 80% 之间；试验机的上、下压板的尺寸应大于试件的承压面，其不平整度应为每 100mm 不超过 0.02mm。

6.5.5.2　试件制备

成型方法：将金属模具内壁涂刷脱模剂，向试模内注满标准浆料并略高于试模的上表面，用捣棒均匀由外向里按螺旋方向插捣 25 次，为防止浆料留下孔隙，用油灰刀沿模壁插数次，然后将高出的浆料沿试模顶面削去用抹子抹平。须按相同的方法同时成型 10 块试件，其中 5 个测抗压强度，另 5 个用来测软化系数。

养护方法：试块成型后用聚乙烯薄膜覆盖，在试验室温度条件下养护 7d 后去掉覆盖物，在试验室标准条件下继续养护 48d。放入（65 ± 2）℃的烘箱中烘 24h，从烘箱中取出放入干燥器中备用。

6.5.5.3　试验步骤

抗压强度：从干燥器中取出的试件应尽快进行试验，以免试件内部的温湿度发生显著的变化。取出其中的 5 块测量试件的承压面积，长宽测量精确到 1mm，并据此计算试件的受压面积。将试件安放在压力试验机的下压板上，试件的承压面应与成型时的顶面垂直，试件中心应与试验机下压板中心对准。开动试验机，当上压板与试件接近时，调整球座，使接触面均衡受压。承压试验应连续而均匀地加荷，加荷速度应为每秒钟（0.5 ~ 1.5）kN，直至试件破坏，然后记录破坏荷载 N_0。

6.5.5.4　结果计算

抗压强度按式（3）计算：

$$f_0 = N_0/A \tag{3}$$

式中　f_0——抗压强度，单位为千帕（kPa）；

N_0——破坏压力，单位为千牛（kN）；

A——试件的承压面积，单位为平方毫米（mm^2）。

试验结果以 5 个试件检测值的算术平均值作为该组试件的抗压强度，保留三位有效数字。当五个试件的最大值或最小值与平均值的差超过 20% 时，以中间三个试件的平均值作为该组试件的抗压强度值。

6.5.6 软化系数

取 6.5.5.2 余下的 5 块试件，将其浸入到（20±5）℃的水中（用铁篦子将试件压入水面下 20mm 处），48h 后取出擦干，测饱水状态下胶粉聚苯颗粒保温浆料的抗压强度 f_1；

软化系数按式（4）进行计算：

$$\psi = f_1/f_0 \tag{4}$$

式中 ψ——软化系数；

f_0——绝干状态下的抗压强度，单位为千帕（kPa）；

f_1——饱水状态下的抗压强度，单位为千帕（kPa）。

6.5.7 压剪粘结强度

按 JC/T 547—1994 中 6.3.4 进行。标准浆料厚度控制在 10mm。成型 5 个试件，用聚乙烯薄膜覆盖，在试验室温度条件下养护 7d。去掉覆盖物后在试验室标准条件下养护 48d，将试件放入（65±2）℃的烘箱中烘 24h，然后取出放在干燥器中冷却待用。

6.5.8 线性收缩率

按 JGJ 70—1990 中第 10 章进行。

6.5.8.1 试验仪器

JGJ 70—1990 中 10.0.2 的规定。

6.5.8.2 试验步骤

a）将收缩头固定在试模两端的孔洞中，使收缩头露出试件端面（8±1）mm；

b）将试模内壁涂刷脱模剂，向试模内注满标准浆料并略高于试模的上表面，用捣棒均匀插捣 25 次，为防止浆料留下孔隙，用油灰刀沿模壁插数次，然后将高出的浆料沿试模顶面削去抹平。试块成型后用聚乙烯薄膜覆盖，在试验室温度条件下养护 7d 后去掉覆盖物，对试件进行编号、拆模并标明测试方向。然后用标准杆调整收缩仪的百分表的零点，按标明的测试方向立即测定试件的长度，即为初始长度；

c）测定初始长度后，将试件放在标准试验条件下继续养护 49d。第 56d 测定试件的长度，即为干燥后长度。

6.5.8.3 结果计算：

收缩率按式（5）计算：

$$\varepsilon = (L_0 - L_1)/(L - L_d) \tag{5}$$

式中 ε——自然干燥收缩率，%；

L_0——试件的初始长度，单位为毫米（mm）；

L_1——试件干燥后的长度，单位为毫米（mm）；

L——试件的长度，单位为毫米（mm）；

L_d——两个收缩头埋入砂浆中长度之和，单位为毫米（mm）。

试验结果以 5 个试件检测值的算术平均值来确定，保留两位有效数字。当 5 个试件的最大值或最小值与平均值的差超过 20% 时，以中间 3 个试件的平均值作为该组试件的线性收缩率值。

6.5.9 难燃性

按 GB/T 8625—1988 的规定进行。

6.6 抗裂剂及抗裂砂浆

标准抗裂砂浆的制备：按厂家产品说明书中规定的比例和方法配制的抗裂砂浆即为标准抗裂砂浆。抗裂砂浆的性能均应采用标准抗裂砂浆进行测试。

6.6.1 抗裂剂不挥发物含量

按 GB/T 2793—1995 的规定进行。试验温度（105±2)℃，试验时间（180±5）min，取样量 2.0g。

6.6.2 抗裂剂贮存稳定性

从刚生产的抗裂剂中取样，装满 3 个容量为 500mL 有盖容器。在（20±5)℃条件下放置 6 个月，观察试样有无结块、凝聚及发霉现象，并按 6.6.4 的规定测抗裂砂浆的拉伸粘结强度，粘结强度不低于表 8 拉伸粘结强度的要求。

6.6.3 抗裂砂浆可使用时间

可操作时间：标准抗裂砂浆配制好后，在试验室标准条件下按制造商提供的可操作时间（没有规定时按 1.5h）放置，此时材料应具有良好的操作性。然后按 6.6.4 中拉伸粘结强度测试的规定进行，试验结果以 5 个试验数据的算术平均值表示，平均粘结强度不低于表 8 拉伸粘结强度的要求。

6.6.4 抗裂砂浆拉伸粘结强度、浸水拉伸粘结强度

按 JG/T 24—2000 中 6.14 的规定进行。

6.6.4.1 试样

在 10 个 70mm×70mm×20mm 水泥砂浆试块上，用标准抗裂砂浆按 JG/T 24—2000 中 6.14.2.1 的规定成型试块，成型时注意用刮刀压实。试块用聚乙烯薄膜覆盖，在试验室温度条件下养护 7d，取出试验室标准条件下继续养护 20d。用双组份环氧树脂或其他高强度粘结剂粘结钢质上夹具，放置 24h。

6.6.4.2 试验过程

其中 5 个试件按 JG/T 24—2000 中 6.14.2.2 的规定测抗拉强度即为拉伸粘结强度。

另 5 个试件按 JG/T 24—2000 中 6.14.3.2 的规定测浸水 7d 的抗拉强度即为浸水拉伸粘结强度。

6.6.5 抗裂砂浆压折比

a）抗压强度、抗折强度测定按 GB/T 17671—1999 的规定进行。养护条件：采用标准抗裂砂浆成型，用聚乙烯薄膜覆盖，在试验室标准条件下养护 2d 后脱模，继续用聚乙烯薄膜覆盖养护 5d，去掉覆盖物在试验室温度条件下养护 21d。

b）压折比的计算：

压折比按式（6）计算：

$$T = R_c / R_f \tag{6}$$

式中 T——压折比；

R_c——抗压强度，单位为牛顿每平方毫米（N/mm^2）；

R_f——抗折强度，单位为牛顿每平方毫米（N/mm^2）。

6.7 耐碱网布

6.7.1 外观

按 JC/T 841—1999 中 5.2 的规定进行。

6.7.2　长度及宽度

按 GB/T 7689.3—2001 的规定进行。

6.7.3　网孔中心距

用直尺测量连续 10 个孔的平均值。

6.7.4　单位面积质量

按 GB/T 9914.3—2001 的规定进行。

6.7.5　断裂强力

按 GB/T 7689.5—2001 中类型Ⅰ的规定测经向和纬向的断裂强力。

6.7.6　耐碱强力保留率

6.7.6.1　由 6.7.5 测试经向和纬向初始断裂强力 F_0。

6.7.6.2　水泥浆液的配制：

取 1 份强度等级 42.5 的普通硅酸盐水泥与 10 份水搅拌 30min 后，静置过夜。取上层澄清液作为试验用水泥浆液。

6.7.6.3　试验过程

a）方法一：在试验室条件下，将试件平放在水泥浆液中，浸泡时间 28d。

方法二（快速法）：将试件平放在（80±2）℃的水泥浆液中，浸泡时间 4h。

b）取出试件，用清水浸泡 5min 后，用流动的自来水漂洗 5min，然后在（60±5）℃的烘箱中烘 1h 后，在试验环境中存放 24h。

c）按 GB/T 7689.5—2001 测试经向和纬向耐碱断裂强力 F_1。

注：如有争议以方法一为准。

6.7.6.4　试验结果

耐碱强力保留率应按式（7）计算：

$$B = (F_1/F_0) \times 100\% \tag{7}$$

式中　B——耐碱强力保留率，%；

F_1——耐碱断裂强力，单位为牛顿（N）；

F_0——初始断裂强力，单位为牛顿（N）。

6.7.7　断裂伸长率

6.7.7.1　试验步骤

按 GB/T 7689.5—2001 测定断裂强力并记录断裂伸长值 ΔL。

6.7.7.2　试验结果

断裂伸长率按式（8）计算：

$$D = (\Delta L/L) \times 100\% \tag{8}$$

式中　D——断裂伸长率，%；

ΔL——断裂伸长值，单位为毫米（mm）；

L——试件初始受力长度，单位为毫米（mm）。

6.7.8　涂塑量

按 GB/T 9914.2—2001 的规定进行。

试样涂塑量 G（g/m^2）按式（9）计算：

$$G = [(m_1 - m_2)/L \cdot B] \times 10^6 \tag{9}$$

式中 m_1——干燥试样加试样皿的质量，单位为克（g）；

m_2——灼烧后试样加试样皿的质量，单位为克（g）；

L——小样长度，单位为毫米（mm）；

B——小样宽度，单位为毫米（mm）。

6.7.9 玻璃成分

按 JC 719 规定进行。

6.8 弹性底涂

6.8.1 容器中状态

打开容器允许在容器底部有沉淀，经搅拌易于混合均匀时，可评为“搅拌均匀后无硬块，呈均匀状态”。

6.8.2 施工性

用刷子在平滑面上刷涂试样，涂布量为湿膜厚度约 100μm，使试板的长边呈水平方向，短边与水平方向成约 85°角竖放，放置 6h 后再用同样方法涂刷第二道试样，在第二道涂刷时，刷子运行无困难，则可判为“刷涂无障碍”。

6.8.3 干燥时间

6.8.3.1 表干时间

按 GB/T 16777—1997 中 12.2.1B 法进行，试件制备时，用规格为 250μm 的线棒涂布器进行制膜。

6.8.3.2 实干时间

按 GB/T 16777—1997 中 12.2.2B 法进行，试件制备时，用规格为 250μm 的线棒涂布器进行制膜。

6.8.4 断裂伸长率

6.8.4.1 试验步骤

按 GB/T 16777—1997 中 8.2.2 进行。拉伸速度为 200mm/min，并记录断裂时标线间距离 L_1。

6.8.4.2 结果计算

断裂伸长率应按式（10）计算：

$$L = (L_1 - 25)/25 \tag{10}$$

式中 L——试件断裂时的伸长率，%；

L_1——试件断裂时标线间的距离，单位为毫米（mm）；

25——拉伸前标线间的距离，单位为毫米（mm）。

6.8.5 表面憎水率

按 GB 10299—1988 的规定进行。

6.8.5.1 试样

试样尺寸：300mm×150mm。保温层厚度50mm。

试样制备：50mm胶粉聚苯颗粒保温层（7d）+4mm抗裂砂浆（复合耐碱网布）（5d）+弹性底涂。实干后放入（65±2）℃的烘箱中烘至恒重。

6.8.5.2 试验步骤

按GB 10299—1988中第7章进行。

6.8.5.3 结果计算

表面憎水率按式（11）计算：

$$\text{表面憎水率} = \left(1 - \frac{V_1}{V}\right) \times 100 = \left(1 - \frac{m_2 - m_1}{V \times \rho}\right) \times 100 \qquad (11)$$

式中 V_1——试样中吸入水的体积，单位为立方厘米（cm^3）；

V——试样的体积，单位为立方厘米（cm^3）；

m_2——淋水后试样的质量，单位为克（g）；

m_1——淋水前试样的质量，单位为克（g）；

ρ——水的密度，取$1g/cm^3$。

6.9 柔性耐水腻子

标准腻子的制备：按厂家产品说明书中规定的比例和方法配制的柔性耐水腻子为标准腻子，柔性耐水腻子的性能检测均须采用标准腻子。本标准中除粘结强度、柔韧性外，所用的试板均为石棉水泥板。石棉水泥板、砂浆块要求同JG/T 157—2004中6.3的规定。柔韧性试板采用马口铁板。

6.9.1 容器中状态

按JG/T 157—2004中6.5的规定进行。

6.9.2 施工性

按JG/T 157—2004中6.6的规定进行。

6.9.3 干燥时间

按JG/T 157—2004中6.7的规定进行。

6.9.4 打磨性

按JG/T 157—2004中6.9的规定进行。制板要求两次成型，第一道刮涂厚度约为1mm，第二道刮涂厚度约为1mm，每道间隔5h。

6.9.5 耐水性

按JG/T 157—2004中6.11的规定进行。制板要求同6.9.4。

6.9.6 耐碱性

按JG/T 157—2004中6.12的规定进行。制板要求同6.9.4。

6.9.7 粘结强度

按JG/T 157—2004中6.13的规定进行。

6.9.8 柔韧性

按GB 1748—1979中的规定进行。制板要求两次成型，第一道刮涂厚度约为0.5mm，第二道刮涂厚度约为0.5mm，每道间隔5h。

6.9.9 低温贮存稳定性

按 JG/T 157—2004 中 6.15 的规定进行。

6.10 外墙外保温饰面涂料

6.10.1 断裂伸长率

GB/T 16777—1997 的规定进行。

6.10.2 初期干燥抗裂性

按 GB 9779—1988 的规定进行。

6.10.3 其他性能指标

按建筑外墙涂料相关标准的规定进行。

6.11 面砖粘结砂浆

标准粘结砂浆的制备：按厂家产品说明书中规定的比例和方法配制的面砖粘结砂浆为标准粘结砂浆，面砖粘结砂浆的性能检测均须采用标准粘结砂浆。

6.11.1 拉伸粘结强度

按 JC/T 547—1994 的规定进行。

试件成型后用聚乙烯薄膜覆盖，在试验室温度条件下养护 7d，将试件取出继续在试验室标准条件下养护 7d。按 JC/T 547—1994 中 6.3.1.3 和 6.3.1.4 的规定进行测试和评定。标准粘结砂浆厚度控制在 3mm。测试时，如果是 G 型砖与钢夹具之间分开，应重新测定。

6.11.2 压折比

按 6.6.5 的规定进行。养护条件：采用标准粘结砂浆成型，用聚乙烯薄膜覆盖，在试验室标准条件下养护 2d 后脱模，继续用聚乙烯薄膜覆盖养护 5d，去掉覆盖物在试验室标准条件下养护 7d。

6.11.3 压剪粘结强度

按 JC/T 547—1994 中 6.3.4 进行。标准粘结砂浆厚度控制在 3mm。

6.11.4 线性收缩率

按 JC/T 547—1994 中 6.3.3 进行。

6.12 面砖勾缝料

标准面砖勾缝料的制备：按厂家产品说明书中规定的比例和方法配制的面砖勾缝料为标准粘结砂浆，面砖勾缝料的性能检测均须采用标准面砖勾缝料。

6.12.1 外观

目测，无明显混合不匀物及杂质等异常情况。

6.12.2 颜色

取样（300±5）g，按厂家产品说明书中规定的比例加水混合均匀后，在 80℃下烘干，目测颜色是否与标样一致。

6.12.3 凝结时间

按 JGJ 70—1990 中第 6 章的规定进行。

6.12.4 拉伸粘结强度

按 6.6.4 的规定进行。养护条件：采用标准面砖勾缝料成型，用聚乙烯薄膜覆盖，在试验室标准条件下养护 7d 后去掉覆盖物，继续在试验室标准条件下养护 7d。

6.12.5 压折比

按 6.6.5 的规定进行。养护条件：采用标准面砖勾缝料成型，用聚乙烯薄膜覆盖，在试验室标准条件下养护 2d 后脱模，继续用聚乙烯薄膜覆盖养护 5d，去掉覆盖物在试验室标准条件下养护 7d。

6.12.6　透水性

按附录 J 的规定进行。

6.13　塑料锚栓

按 JG 149—2003 附录 F 中 F.1 的规定进行。

6.14　热镀锌电焊网

按 QB/T 3897—1999 的规定进行。

6.15　饰面砖

6.15.1　尺寸

按 GB/T 3810.1—1999 的规定抽取 10 块整砖为试件。按 GB/T 3810.2—1999 的规定进行检测。

6.15.2　单位面积质量

a）干砖的质量：将 6.15.1 所测的 10 块整砖，放在 (110 ± 5)℃的烘箱中干燥至恒重后，放在有硅胶或其他干燥剂的干燥器内冷却至室温。采用能称量精确到试样质量 0.01%的天平称量。以 10 块整砖的平均值作为干砖的质量 W。

b）表面积的测量：以 6.15.1 所测得的平均长和宽，作为试样长 L 和宽 B。

c）单位面积质量：单位面积质量计算按式（12）进行：

$$M = W \times 10^3/(L \times B) \tag{12}$$

式中　M——单位面积质量，单位为千克每平方米（kg/m^2）；

W——干砖的质量，单位为克（g）；

L——饰面砖长度，单位为毫米（mm）；

B——饰面砖宽度，单位为毫米（mm）。

6.15.3　吸水率

按 GB/T 3810.3—1999 的规定进行。

6.15.4　抗冻性

按 GB/T 3810.12—1999 的规定进行，其中低温环境温度采用 (－30 ± 2)℃，保持 2h 后放入不低于 10℃的清水中融化 2h 为一个循环。

6.15.5　其他项目

按国家或行业相关产品标准进行。

7　检　验　规　则

产品检验分出厂检验和型式检验。

7.1　检验分类

7.1.1　出厂检验

以下指标为出厂必检项目，企业可根据实际增加其他出厂检验项目。出厂检验应按第 6 章的要求进行，并应进行净含量检验，检验合格并附有合格证方可出厂。

a）界面砂浆：压剪粘结原强度；

b）胶粉料：初凝结时间、终凝结时间、安定性；

c）聚苯颗粒：堆积密度、粒度；

d）胶粉聚苯颗粒保温浆料：湿表观密度；

e）抗裂剂：不挥发物含量及抗裂砂浆的可操作时间；

f）耐碱网布：外观、长度及宽度、网孔中心距、单位面积质量、断裂强力、断裂伸长率；

g）弹性底涂：容器中状态、施工性、表干时间；

h）柔性耐水腻子：容器中状态、施工性、表干时间、打磨性；

i）饰面层涂料：涂膜外观、施工性、表干时间、抗裂性；

j）面砖粘结砂浆：拉伸粘结强度、压剪胶接原强度；

k）面砖勾缝料：外观、颜色、凝结时间；

l）塑料锚栓：塑料圆盘直径、单个塑料锚栓抗拉承载力标准值；

m）热镀锌电焊网：QB/T 3897—1999 中 6.2 规定的项目；

n）饰面砖：表面面积、厚度、单位面积质量、吸水率及国家或行业相关产品标准规定的出厂检验项目。

7.1.2　型式检验

表 3～表 16 所列性能指标（除抗震试验外）及所用饰面层涂料、塑料锚栓、热镀锌电焊网及饰面砖相关标准所规定的型式检验性能指标为型式检验项目。在正常情况下，型式检验项目每两年进行一次，在外保温系统粘贴面砖时应提供抗震试验报告。有下列情况之一时，应进行型式检验：

a）新产品定型鉴定时；

b）产品主要原材料及用量或生产工艺有重大变更，影响产品性能指标时；

c）停产半年以上恢复生产时；

d）国家质量监督机构提出型式检验要求时。

7.2　组批规则与抽样方法

a）粉状材料：以同种产品、同一级别、同一规格产品 30t 为一批，不足一批以一批计。从每批任抽 10 袋，从每袋中分别取试样不少于 500g，混合均匀，按四分法缩取出比试验所需量大 1.5 倍的试样为检验样；

b）液态剂类材料：以同种产品、同一级别、同一规格产品 10t 为一批，不足一批以一批计。取样方法按 GB 3186 的规定进行。

7.3　判定规则

若全部检验项目符合本标准规定的技术指标，则判定为合格；若有两项或两项以上指标不符合规定时，则判定为不合格；若有一项指标不符合规定时，应对同一批产品进行加倍抽样复检不合格项，如该项指标仍不合格，则判定为不合格。若复检项目符合本标准规定的技术指标，则判定为合格。

8　标志和标签

8.1　包装或标签上应标明材料名称、标准编号、商标、生产企业名称、地址、产品规格型号、等级、数量、净含量、生产日期、质量保证期。

8.2　包装或标签上还可标明对保证产品质量有益的具有提示或警示作用的其他信息。

9 包装、运输和贮存

9.1 包装

9.1.1 液态产品可根据情况采用塑料桶或铁桶盛装并注意密封。

9.1.2 粉状产品可根据情况采用有内衬防潮塑料袋的编织袋或防潮纸袋包装。

9.1.3 聚苯颗粒轻骨料包装应为塑料编织袋包装，包装应无破损。

9.1.4 耐碱网布应紧密整齐地卷在硬质纸管上，不得有折叠和不均匀等现象，用结实的防水防潮材料包装。

9.1.5 热镀锌电焊网单件用防潮材料包装。

9.1.6 塑料锚栓、饰面砖用纸盒/箱包装。

9.2 运输

9.2.1 界面剂、抗裂剂、水性涂料、腻子胶、面砖专用胶液等产品可按一般运输方式办理。运输、装卸过程中，应整齐码装。应注意防冻并防止雨淋、曝晒、挤压、碰撞、扔摔，保持包装完好无损。

9.2.2 胶粉料、腻子粉、面砖勾缝料、粉状涂料及聚苯颗粒轻骨料等产品可按一般运输方式办理。运输、装卸过程中，应整齐码装，包装不得破损，应防潮、防雨、防曝晒。

9.2.3 耐碱网布在运输时，应防止雨淋和过度挤压。

9.2.4 热镀锌电焊网在运输中避免冲击、挤压、雨淋、受潮及化学品的腐蚀。

9.2.5 塑料锚栓、饰面砖在运输中避免扔摔、雨淋，保持包装完好。

9.3 贮存

9.3.1 所有材料均应贮存在防雨库房内。

9.3.2 界面剂、抗裂剂、水性涂料、腻子胶、瓷砖胶等产品还应注意防冻，包装桶的分层码放高度不宜超过3层。

9.3.3 粉状材料及热镀锌电焊网应注意防潮。

9.3.4 聚苯颗粒应防止飞散，应远离火源及化学药品。

9.3.5 饰面砖应整齐码放，码放高度以不压坏包装箱及产品为宜。

9.3.6 所有材料应按型号、规格分类贮存，贮存期限不得超过材料保质期。

9.4 产品随行文件的要求

9.4.1 产品合格证；

9.4.2 使用说明书；

9.4.3 其他有关技术资料。

附 录 A
（规范性附录）
系统耐候性试验方法

A.1 试样

试样由混凝土墙和被测外保温系统构成，混凝土墙用作外保温系统的基层墙体。

尺寸：试样宽度应不小于2.5m，高度应不小于2.0m，面积应不小于6m^2。混凝土墙上角处应预留一个宽 0.4m、高 0.6m 的洞口，洞口距离边缘 0.4m（图 A.1）。

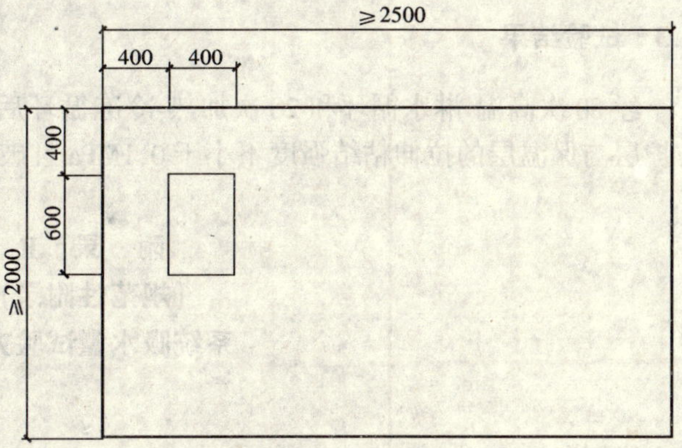

图 A.1 试样

制备：外保温系统应包住混凝土墙的侧边。侧边保温层最大厚度为 20mm。预留洞口处应安装窗框。如有必要，可对洞口四角做特殊加强处理。

a）C 型单网普通试样：混凝土墙 + 界面砂浆（24h）+ 50mm 胶粉聚苯颗粒保温层（5d）+ 4mm 抗裂砂浆（压入一层普通型耐碱网布）（5d）+ 弹性底涂（24h）+ 柔性耐水腻子（24h）+ 涂料饰面，在试验室环境下养护 56d。

b）C 型双网加强试样：混凝土墙 + 界面砂浆（24h）+ 50mm 胶粉聚苯颗粒保温层（5d）+ 4mm 抗裂砂浆（压入一层加强型耐碱网布）+ 3mm 第二遍抗裂砂浆（再压入一层普通型耐碱网布）（5d）+ 弹性底涂（24h）+ 1mm 柔性耐水腻子（24h）+ 涂料饰面，在试验室环境下养护 56d。

c）T 型试样：混凝土墙 + 界面砂浆（24h）+ 50mm 胶粉聚苯颗粒保温层（5d）+ 4mm 抗裂砂浆（24h）+ 锚固热镀锌电焊网 + 4mm 抗裂砂浆（5d）+（5～8）mm 面砖粘结砂浆粘贴面砖（2d）+ 面砖勾缝料勾缝，在试验室环境下养护 56d。

A.2 试验步骤

a）高温-淋水循环 80 次，每次 6h。

1）升温 3h

使试样表面升温至 70℃并恒温在（70±5）℃，恒温时间应不小于 1h。

2）淋水 1h

向试样表面淋水，水温为（15±5）℃，水量为（1.0～1.5）L/（m^2·min）。

3）静置 2h。

b）状态调节至少 48h。

c）加热-冷冻循环 20 次，每次 24h。

1）升温 8h

使试样表面升温至 50℃并恒温在（50±5）℃，恒温时间应不小于 5h。

2）降温 16h

使试样表面降温至 -20℃并恒温在（-20±5）℃，恒温时间应不小于 12h。

d）每 4 次高温-降雨循环和每次加热-冷冻循环后观察试样是否出现裂缝、空鼓、脱落等情况并做记录。

e）试验结束后，状态调节 7d，检验拉伸粘结强度和抗冲击强度。

A.3 试验结果

经 80 次高温-淋水循环和 20 次加热-冷冻循环后系统未出现开裂、空鼓或脱落，抗裂防护层与保温层的拉伸粘结强度不小于 0.1MPa 且破坏界面位于保温层则系统耐候性合格。

附　录　B
（规范性附录）
系统吸水量试验方法

B.1 试样

试样由保温层和抗裂防护层构成。

尺寸：200mm×200mm。保温层厚度 50mm。

制备：50mm 胶粉聚苯颗粒保温层（7d）+4mm 抗裂砂浆（复合耐碱网布）（5d）+弹性底涂，养护 56d。试样周边涂密封材料密封。试样数量为 3 件。

B.2 试验步骤

a）测量试样面积 A。

b）称量试样初始质量 m_0。

c）使试样抹面层朝下将抹面层浸入水中并使表面完全湿润。分别浸泡 1h 后取出，在 1min 内擦去表面水分，称量吸水后的质量 m。

B.3 试验结果

系统吸水量按式（B.1）进行计算。

$$M = \frac{(m - m_0)}{A} \tag{B.1}$$

式中 M——系统吸水量，单位为千克每平方米（kg/m^2）；

m——试样吸水后的质量，单位为千克（kg）；

m_0——试样初始质量，单位为千克（kg）；

A——试样面积，单位为平方米（m^2）。

试验结果以 3 个试验数据的算术平均值表示。

附　录　C
（规范性附录）
系统抗风荷载性能试验方法

C.1 试样

试样由基层墙体和被测外保温系统组成。基层墙体可为混凝土墙或砖墙。为了模拟空气渗漏，在基层墙体上每平米预留一个直径 15mm 的洞。

尺寸：试样面积至少为 2.0m×2.5m。

制备：见附录 A.1.a)、A.1.b)、A.1.c)。

C.2 试验设备

试验设备是一个负压箱。负压箱应有足够的深度，以保证在外保温系统可能的变形范围内能使施加在系统上的压力保持恒定。试样安装在负压箱开口中并沿基层墙体周边进行固定和密封。

C.3 试验步骤

加压程序及压力脉冲图形见图 C.1。

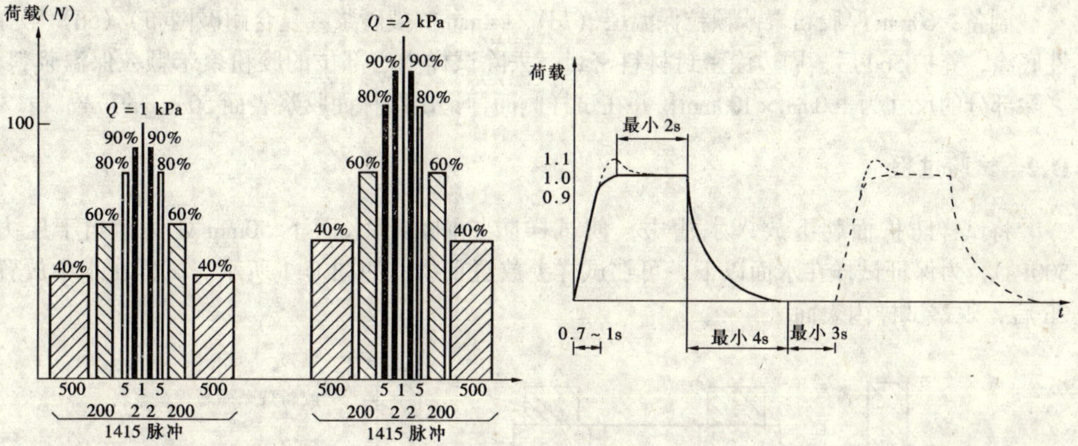

图 C.1 加压步骤及压力脉冲图形

每级试验包含 1415 个负风压脉冲，加压图形以试验风荷载 Q 的百分数表示，Q 取 1kPa 的整数倍。试验应从设计要求的风荷载值 W_d 降低两级开始，并以 1kPa 的级差由低向高逐级进行直至试样破坏。有下列现象之一时，即表示试样破坏：

a）保温层脱落；

b）保温层与其保护层之间出现分层；

c）保护层本身脱开；

d）当采用面砖饰面时，塑料锚栓被拉出。

C.4 试验结果

系统抗风压值 R_d 按式（C.1）进行计算。

$$R_d = \frac{Q_1 C_s C_a}{K} \qquad (C.1)$$

式中 R_d——系统抗风压值，单位为千帕（kPa）；

Q_1——试样破坏前一级的试验风荷载值，单位为千帕（kPa）；

K——安全系数，取 1.5；

C_a——几何因数，对于外保温系统 $C_a=1$；

C_s——统计修正因数，对于胶粉聚苯颗粒外保温系统 $C_a=1$。

附 录 D
（规范性附录）
系统不透水性试验方法

D.1 试样

尺寸与数量：尺寸 65mm×200mm×200mm，数量 2 个；

制备：60mm 厚胶粉聚苯颗粒保温层（7d）+4mm 抗裂砂浆（复合耐碱网布）（5d）+弹性底涂，养护 56d 后，周边涂密封材料密封。去除试样中心部位的胶粉聚苯颗粒保温浆料，去除部分的尺寸为 100mm×100mm，并在试样侧面标记出距抹面胶浆表面 50mm 的位置。

D.2 试验过程

将试样防护面朝下放入水槽中，使试样防护面位于水面下 50mm 处（相当于压力 500Pa），为保证试样在水面以下，可在试样上放置重物，如图 D.1 所示。试样在水中放置 2h 后，观察试样内表面。

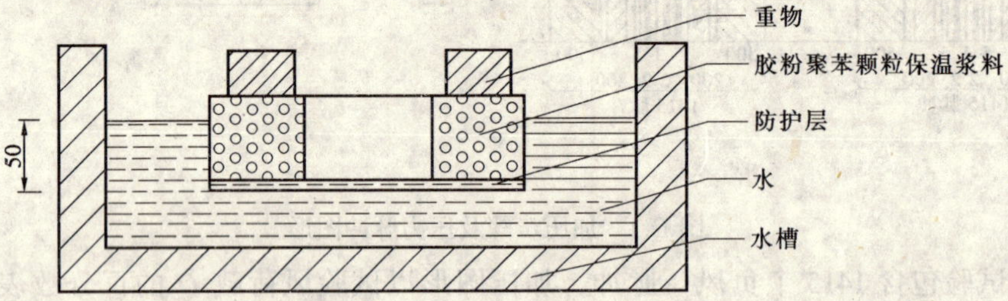

图 D.1 系统不透水性试验示意图

D.3 试验结果

试样背面去除胶粉聚苯颗粒保温浆料的部分无水渗透为合格。

附 录 E
（规范性附录）
系统耐磨损试验方法

E.1 试样

尺寸：100mm×200mm，保温层厚度 50mm；数量：3 个。

制作：见 6.1.3.1 中 a)。

E.2 试验仪器

a）耐磨损试验器：由金属漏斗和支架组成，漏斗垂直固定在支架上，漏斗下部装有笔直、内部平滑导管，内径为（19±0.1）mm。导管正下方有可调整试件位置的试架，倾斜角45°导管下口距离试件表面最近点25mm，锥形体下部100mm处装有可控制标准砂流量的控制板，流速控制在（2000±10）mL标准砂全部流出时间为21s～23.5s。见图E.1。

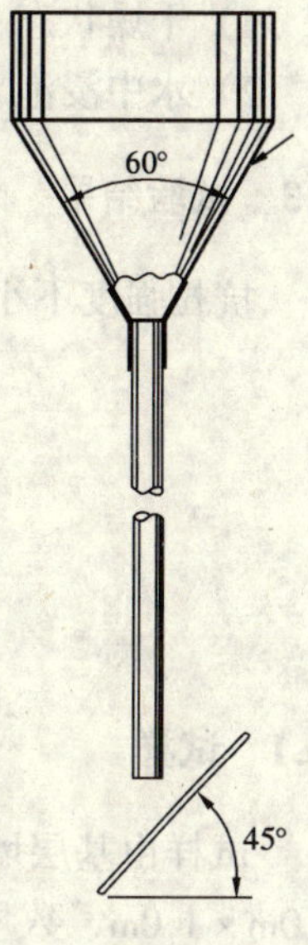

图E.1

b）研磨剂：标准砂。

E.3 试验过程

试验室温度（23±5）℃，相对湿度（65±20）%。

a）将试件按试验要求正确安装在试架上。

b）将（2000±10）mL标准砂装入漏斗中，拉开控制板使砂子落下冲击试件表面，冲击完毕后观察试件表面的磨损情况，收集在试验器底部的砂子以重复使用。

c）试件表面没有损坏，重复b)，直至标准砂总量达500L，试验结束。

E.4 试验结果

观察并记录试验结束时试件表面是否出现开裂、龟裂或防护层剥落、损伤的状态。无上述现象出现为合格。

附 录 F
（规范性附录）
系统抗拉强度试验方法

F.1 试样

制备：10mm水泥砂浆底板+界面砂浆（24h）+50mm胶粉聚苯颗粒保温层（5d）+4mm抗裂砂浆（压入耐碱网布）（5d）+弹性底涂（24h）+柔性耐水腻子，在试验室环境下养护56d后，涂刷饰面涂料，涂料实干后，待用。

尺寸：切割成尺寸为100mm×100mm试样5个。

F.2 试验过程

a）用适当的胶粘剂将试样上下表面分别与尺寸为100mm×100mm的金属试验板粘结。

b）通过万向接头将试样安装于拉力试验机上，拉伸速度为5mm/min，拉伸至破坏并记录破坏时的拉力及破坏部位。破坏部位在试验板粘结界面时试验数据无效。

c）试验应在以下两种试样状态下进行：

1）干燥状态；

2）水中浸泡 48h，取出后在（50±5）℃条件下干燥 7d。

F.3 试验结果

抗拉强度不小于 0.1MPa，并且破坏部位不位于各层界面为合格。

附 录 G
（规范性附录）
系统抗震性能试验方法

G.1 试样

试样由基层墙体和 T 型外保温系统组成，试样制备见 A.1 中 c)，试样面积至少为 1.0m×1.0m，数量不少于 3 个。

基层墙体可为混凝土墙或砖墙，应保证基层墙体在试验过程中不破坏。

G.2 试验设备

试验设备有振动台、计算机和分析仪等。

G.3 试验过程

按照 JGJ 101—1996 规定的方法进行多遇地震、设防烈度地震及罕遇地震阶段的抗震试验，输入波形可采用正弦拍波，也可采用特定的天然地震波。

当采用正弦拍波激振时，激振频率宜按每分钟一个倍频程分级，每次振动时间大于 20s 且不少于 5 个拍波，台面加速度峰值可取 GB 50011—2001 规定值的 1.4 倍。当采用天然地震波激振时，每次振动时间为结构基本周期的 5 倍～10 倍且不少于 20s，台面加速度峰值可取 GB 50011—2001 规定值的 2.0 倍。

当试件有严重损坏脱落时立即终止试验。

G.4 试验结果

设防烈度地震试验完毕后，面砖及外保温系统无脱落时即为抗震性能合格。

附 录 H
（规范性附录）
火反应性试验方法

H.1 试样

试件制备：10mm 水泥砂浆底板＋界面砂浆（24h）＋50mm 胶粉聚苯颗粒保温层（5d）＋4mm 抗裂砂浆（压入耐碱网布）（5d），在试验室环境下养护 56d 后，待用。

尺寸：切割成尺寸为100mm×100mm试样6个。其中3个即为开放试件。另3个样的四周用抗裂砂浆封闭，作为封闭试件。

H.2 试验设备

检测设备采用锥型量热计（Cone Calorimeter）。

游标卡尺：（0～125）mm；精度0.02mm。

H.3 试验过程

设定检测条件如下：

辐射能量：50kW/m^2；

排气管道流量：0.024m^3/s；

试件定位方向：水平。

试验前将用游标卡尺测量试件厚度，精确至0.1mm。采用锥型量热计测量试件的点火性，试验结束后用游标卡尺测量试件厚度，精确至0.1mm。

H.4 试验结果

火反应性试验过程中，开放试件及封闭试件均不应被点燃。试验完毕后，试件厚度变化不应超过10%。

附 录 J
（规范性附录）
面砖勾缝料透水性试验方法

J.1 试件

尺寸：200mm×200mm。

制备：50mm胶粉聚苯颗粒保温层+5mm面砖勾缝料，用聚乙烯薄膜覆盖，在试验室温度条件下养护7d。去掉覆盖物在试验室标准条件下养护21d。

J.2 试验装置

由带刻度的玻璃试管（卡斯通管Carsten-Rohrchen）组成，容积10mL，试管刻度为0.05mL。

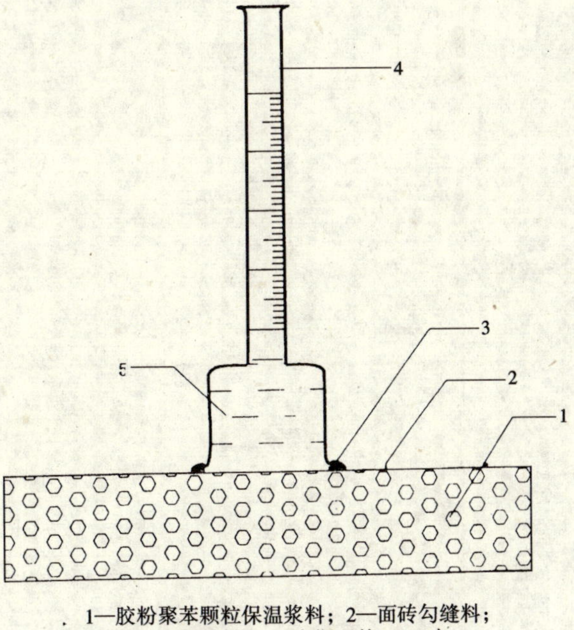

1—胶粉聚苯颗粒保温浆料；2—面砖勾缝料；3—密封材料；4—卡斯通管；5—水

图J.1 面砖勾缝料透水性试验示意图

J.3 试验过程

将试件置于水平状态，将卡斯通

管放于试件的中心位置，用密封材料密封试件和玻璃试管间的缝隙，确保水不会从试件和玻璃试管间的缝隙渗出，往玻璃试管内注水，直至试管的0刻度，在试验条件下放置24h，再读取试管的刻度。见图J.1。

J.4 试验结果

试验前后试管的刻度之差即为透水量，取2个试件的平均值，精确至0.1mL。

中华人民共和国国家标准

膨胀珍珠岩绝热制品

Expanded perlite thermal insulation

GB/T 10303—2001

中华人民共和国国家质量监督检验检疫总局 2001-04-29 批准

2001-10-01 实施

前　言

本标准为 GB/T 10303—1989《膨胀珍珠岩绝热制品》的修订版，修订时参考了 ASTM C 610—1995《模压膨胀珍珠岩块和管壳绝热制品)、JIS A9510—1995《无机多孔绝热材料》、ASTM C728—1997《膨胀珍珠岩绝热板标准规范》。

对 GB/T 10303—1989 修改的主要内容为：

1. 增加了产品的标记方法；

2. 取消了 350 号优等品及 300 号产品；

3. 增加了弧形板产品和憎水型产品；

4. 对设备及管道、工业炉窑用膨胀珍珠岩绝热制品增加了 623K（350℃）时的导热系数、923K（650℃）时的匀温灼烧线收缩率的要求；

5. 增加了对憎水型产品憎水率的要求；

6. 对优等品增加了抗折强度的要求；

7. 对导热系数的要求值进行了适当的调整；

8. 增加了组批规则、抽样规则及判定规则，取消了对 GB/T 5485—1985《膨胀珍珠岩绝热制品抽样方案和抽样方法》的引用。

本标准自实施之日起代替 GB/T 10303—1989，GB/T 5485—1985。

本标准由国家建筑材料工业局提出。

本标准由全国绝热材料标准化技术委员会（CSBTS/TC 191）归口。

本标准负责起草单位：河南建筑材料研究设计院、浙江阿斯克新型保温材料有限公司、上海强威保温材料有限公司。

本标准参加起草单位：上海宝能轻质材料有限公司、江苏江阴申港保温材料有限公司、信阳市平桥区中山保温建材厂、上海建科院丰能制材有限公司、信阳市平桥区平桥珍珠岩厂。

本标准主要起草人：白召军、申国权、张利萍、裘茂法、周国良。

本标准委托河南建筑材料研究设计院负责解释。

本标准 1989 年 1 月首次发布。

1 范　围

本标准规定了膨胀珍珠岩绝热制品的分类、技术要求、试验方法、检验规则、产品合格证、包装、标志、运输和贮存。

本标准适用于以膨胀珍珠岩为主要成分，掺加粘结剂、掺或不掺增强纤维而制成的膨胀珍珠岩绝热制品。

2 引 用 标 准

下列标准所包含的条文，通过在本标准中引用而构成为本标准的条文。本标准出版时，所示版本均为有效。所有标准都会被修订，使用本标准的各方应探讨使用下列标准最新版本的可能性。

GB 191—1990　包装储运图示标志

GB/T 1250—1989　极限数值的表示方法和判定方法

GB/T 4132—1996　绝热材料及相关术语（neq ISO 7345:1987）

GB/T 5464—1985　建筑材料不燃性试验方法（neq ISO 1182:1983）

GB/T 5486.1—2001　无机硬质绝热制品试验方法　外观质量

GB/T 5486.2—2001　无机硬质绝热制品试验方法　力学性能

GB/T 5486.3—2001　无机硬质绝热制品试验方法　密度、含水率及吸水率

GB/T 5486.4—2001　无机硬质绝热制品试验方法　匀温灼烧性能

GB 8624—1997　建筑材料燃烧性能分级方法

GB/T 10294—1988　绝热材料稳态热阻及有关特性的测定　防护热板法（idt ISO/DIS 8302：1986）

GB/T 10295—1988　绝热材料稳态热阻及有关特性的测定　热流计法（idt ISO/DIS 8301：1987）

GB/T 10296—1988　绝热层稳态热传递特性的测定　圆管法（idt ISO/DIS 8947：1986）

GB/T 10297—1998　非金属固体材料导热系数的测定方法　热线法

GB/T 10299—1988　保温材料憎水性试验方法

GB/T 17393—1998　覆盖奥氏体不锈钢用绝热材料规范

JC/T 618—1996　绝热材料中可溶出氯化物、氟化物、硅酸盐及钠离子的化学分析方法

3 定　义

本标准有关术语按 GB/T 4132 的规定。对上述标准没有涉及的术语，定义如下：

憎水型膨胀珍珠岩绝热制品：产品中添加憎水剂，降低了表面亲水性能的膨胀珍珠岩绝热制品。

4 产 品 分 类

4.1　品种

4.1.1　按产品密度分为 200 号、250 号、350 号。

4.1.2·按产品有无憎水性分为普通型和憎水型（用 Z 表示）。

4.1.3 产品按用途分为建筑物用膨胀珍珠岩绝热制品（用J表示）；设备及管道、工业炉窑用膨胀珍珠岩绝热制品（用S表示）。

4.2 形状

按制品外形分为平板（用P表示）、弧形板（用H表示）和管壳（用G表示）。

4.3 等级

膨胀珍珠岩绝热制品按质量分为优等品（用A表示）和合格品（用B表示）。

4.4 产品标记

4.4.1 产品标记方法

标记中的顺序为产品名称、密度、形状、产品的用途、憎水性、长度×宽度（内径）×厚度、等级、本标准号。

4.4.2 标记示例

示例1：长为600mm、宽为300mm、厚为50mm，密度为200号的建筑物用憎水型平板优等品标记为：

膨胀珍珠岩绝热制品 200PJZ 600×300×50A GB/T 10303

示例2：长为400mm、内径为57mm、厚为40mm，密度为250号的普通型管壳合格品标记为：

膨胀珍珠岩绝热制品 250GS 400×57×40B GB/T 10303

示例3：长为500mm、内径为560mm、厚为80mm，密度为300号的憎水型弧形板合格品标记为：

膨胀珍珠岩绝热制品 300HSZ 500×560×80B GB/T 10303

5 要 求

5.1 尺寸、尺寸偏差及外观质量

5.1.1 尺寸

5.1.1.1 平板：长度400mm~600mm；宽度200mm~400mm；厚度40mm~100mm。

5.1.1.2 弧形板：长度400mm~600mm；内径>1000mm；厚度40mm~100mm。

5.1.1.3 管壳：长度400mm~600mm；内径57mm~1000mm；厚度40mm~100mm。

5.1.1.4 特殊规格的产品可按供需双方的合同执行，但尺寸偏差及外观质量应符合5.1.2的规定。

5.1.2 膨胀珍珠岩绝热制品的尺寸偏差及外观质量应符合表1的要求。

表1 尺寸偏差及外观质量

项目		指标			
		平板		弧形板、管壳	
		优等品	合格品	优等品	合格品
尺寸允许偏差	长度，mm	±3	±5	±3	±5
	宽度，mm	±3	±5	—	—
	内径，mm	—	—	+3 +1	+5 +1
	厚度，mm	+3 −1	+5 −2	+3 −1	+5 −2

续表 1

项目		指标			
		平板		弧形板、管壳	
		优等品	合格品	优等品	合格品
外观质量	垂直度偏差，mm	≤2	≤5	≤5	≤8
	合缝间隙，mm	—	—	≤2	≤5
	裂纹	不允许			
	缺棱掉角	优等品：不允许。 合格品：1. 三个方向投影尺寸的最小值不得大于 10mm，最大值不得大于投影方向边长的 1/3。 2. 三个方向投影尺寸的最小值不大于 10mm、最大值不大于投影方向边长 1/3 的缺棱掉角总数不得超过 4 个 注：三个方向投影尺寸的最小值不大于 3mm 的棱损伤不作为缺棱，最小值不大于 4mm 的角损伤不作为掉角			
	弯曲度，mm	优等品：≤3，合格品：≤5			

5.2 膨胀珍珠岩绝热制品的物理性能指标应符合表 2 的要求。

表 2 物理性能要求

项目		指标				
		200 号		250 号		350 号
		优等品	合格品	优等品	合格品	合格品
密度，kg/m³		≤200		≤250		≤350
导热系数 W/（m·K）	298K ± 2K	≤0.060	≤0.068	≤0.068	≤0.072	≤0.087
	623K ± 2K（S 类要求此项）	≤0.10	≤0.11	≤0.11	≤0.12	≤0.12
抗压强度，MPa		≥0.40	≥0.30	≥0.50	≥0.40	≥0.40
抗折强度，MPa		≥0.20	—	≥0.25	—	—
质量含水率，%		≤2	≤5	≤2	≤5	≤10

5.3 S 类产品 923K（650℃）时的匀温灼烧线收缩率应不大于 2%，且灼烧后无裂纹。

5.4 憎水型产品的憎水率应不小于 98%。

5.5 当膨胀珍珠岩绝热制品用于奥氏体不锈钢材料表面绝热时，其浸出液的氯离子、氟离子、硅酸根离子、钠离子含量应符合 GB/T 17393 的要求。

5.6 掺有可燃性材料的产品，用户有不燃性要求时，其燃烧性能级别应达到 GB 8624 中规定的 A 级（不燃材料）。

6 试 验 方 法

6.1 尺寸偏差和外观质量试验按 GB/T 5486.1 规定进行。

6.2 抗压强度、抗折强度试验按 GB/T 5486.2 规定进行。

6.3 密度、质量含水率试验按 GB/T 5486.3 规定进行。

6.4 匀温灼烧线收缩率试验按 GB/T 5486.4 规定进行。

6.5 导热系数试验按 GB/T 10294 规定进行，允许按 GB/T 10295、GB/T 10296、GB/T 10297 规定进行。如有异议，以 GB/T 10294 作为仲裁检验方法。

弧形板和管壳可加工成符合要求的平板试件按 GB/T 10294 规定进行测定，如无法加工时，可用相同原材料、相同工艺制成的同品种平板制品代替。

6.6 憎水率试验按 GB/T 10299 规定进行。

6.7 燃烧性能试验按 GB/T 5464 规定进行。

6.8 氯离子、氟离子、硅酸根离子及钠离子含量试验按 JC/T 618 规定进行。

7 检 验 规 则

7.1 检验分类

检验分交付检验和型式检验。

7.1.1 交付检验

检验项目为产品外观质量、尺寸偏差、密度、质量含水率、抗压强度。交付检验时，若仅为外观质量、尺寸偏差不合格，允许供方对产品逐个挑选检查后重新进行交付检验。

7.1.2 型式检验

型式检验的项目为第 5 章规定要求中的全部项目；有下列情况之一时应进行型式检验。

a）新产品定型鉴定时；

b）产品主要原材料或生产工艺变更时；

c）产品连续生产超过半年时；如连续三次型式检验合格，可放宽到每年检验一次；

d）质量监督检验机构提出型式检验要求时；

e）当供需双方合同中有约定时。

7.2 组批规则

以相同原材料、相同工艺制成的膨胀珍珠岩绝热制品按形状、品种、尺寸、等级分批验收，每 10000 块为一检验批量，不足 10000 块者亦视为一批。

7.3 抽样规则

从每批产品中随机抽取 8 块制品作为检验样本，进行尺寸偏差与外观质量检验。尺寸偏差与外观质量检验合格的样品用于其他项目的检验。

7.4 判定规则

本标准采用 GB/T 1250 中的修约值比较法进行判定。

7.4.1 样本的尺寸偏差、外观质量不合格数不超过两块，则判该批膨胀珍珠岩绝热制品的尺寸偏差、外观质量合格，反之为不合格。

7.4.2 当所有检验项目的检验结果均符合本标准第 5 章的要求时，则判该批产品合格；当检验项目有两项以上（含两项）不合格时，则判该批产品不合格；当检验项目有一项不合格时，可加倍抽样复检不合格项。如复检结果两组数据的平均值仍不合格，则判该批产品不合格。

8 产品合格证、包装、标志、运输和贮存

8.1 产品合格证

出厂产品应有产品合格证，其应包括以下内容：

a）生产厂名称及地址；

b）本标准编号；

c）产品标记及生产日期；

d）产品数量；

e）检验结论；

f）生产厂技术检验部门及检验人员签章。

8.2 包装与标志

8.2.1 包装形式由供需双方商定，如供需双方在合同中注明，产品也可以不用包装。

8.2.2 包装的产品应采取防潮措施，包装箱应按 GB 191 规定标明“禁止滚翻”和“怕湿”标记。

8.2.3 每一包装箱上应标有产品标记、数量、生产厂名称、地址及生产日期。

8.3 运输

8.3.1 产品装运时应轻拿轻放，防止损坏。

8.3.2 产品装运时应有防雨和防潮措施。

8.4 贮存

8.4.1 不同品种、形状、尺寸的产品应分别堆放。

8.4.2 产品堆放场地应有防雨、防潮措施。

中华人民共和国建材行业标准

聚硫建筑密封膏

JC/T 483—92

国家建筑材料工业局 1992-08-08 批准
1993-02-01 实施

1 主题内容与适用范围

本标准规定了聚硫建筑密封膏的产品分类、技术要求、试验方法、检验规则及包装、标志、运输及贮存等基本要求。

本标准适用于以液态聚硫橡胶为基料的常温硫化双组分建筑密封膏。

2 引 用 标 准

GB 3186 涂料产品的取样

GB/T 13477 建筑密封材料试验方法

3 产 品 分 类

3.1 类别

按伸长率和模量分为 A 类和 B 类：

A 类：指高模量低伸长率的聚硫密封膏。

B 类：指高伸长率低模量的聚硫密封膏。

3.2 型别

按流变性分为 N 型和 L 型：

N 型：指用于立缝或斜缝而不塌落的非下垂型。

L 型：指用于水平接缝能自动流平形成光滑平整表面的自流平型。

3.3 拉伸-压缩循环性能级别

按试验温度及拉伸压缩百分率分为 9030、8020、7010。

3.4 产品标记

3.4.1 标记方法

产品按下列顺序标记：名称、拉伸-压缩循环性能级别、类别、型别、本标准号。

3.4.2 标记示例

非下垂型 B 类 8020 级聚硫建筑密封膏标记为：

PS 8020 B N JC483

JC483——本标准号

N——非下垂型

B——B 类

8020——拉伸 - 压缩循环性能级别

PS——聚硫建筑密封膏

4 技 术 要 求

4.1 外观质量

4.1.1 外观应为均匀膏状物、无结皮结块、无不易分散的析出物，两组分应有明显色差。

4.1.2 密封膏颜色与供需双方商定的颜色不得有明显差异。

4.2 理化性能

聚硫建筑密封膏理化性能必须符合下表中规定的技术指标要求。

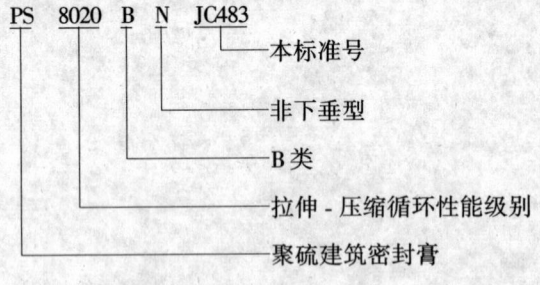

序号	指标 / 试验项目		等级	A类 一等品	A类 合格品	B类 优等品	B类 一等品	B类 合格品
1	密度，g/cm^3			规定值±0.1				
2	适用期，h			2~6				
3	表干时间，h		不大于	24				
4	渗出性指数		不大于	4				
5	流变性	下垂度（N型），mm	不大于	3				
		流平性（L型）		光滑平整				
6	低温柔性，C			－30		－40	－30	
7	拉伸粘接性	最大拉伸强度，MPa	不小于	1.2	0.8	0.2		
		最大伸长率，%	不小于	100		400	300	200
8	恢复率，%		不小于	90		80		
9	拉伸-压缩循环性能	级别		8020	7010	9030	8020	7010
		粘接破坏面积，%	不大于	25				
10	加热失重，%		不大于	10		6	10	

5 试验方法

5.1 试验基本要求

5.1.1 标准试验条件同 GB/T 13477 第 2 章规定。

5.1.2 密封膏的混合

基膏与硫化膏按生产厂标明的比例混合均匀，避免带入气泡。

5.1.3 硫化条件

将制备好的试件在标准条件下放置 14d。

在出厂检验时，允许采用加速硫化条件，即 80℃，8h。但在型式检验或仲裁检验时不得使用加速硫化条件。

5.2 密度的测定

按 GB/T 13477 第 3 章试验。

5.3 适用期的测定

5.3.1 试验器具

试验器具同 GB/T 13477 第 4 章。

料筒选用 177mL 聚乙烯筒，喷嘴口径为 6mm。

5.3.2 试验方法

按 GB/T 13477 第 4 章 B 法试验，描绘出从混合开始的时间与挤出率的关系曲线，读取挤出速度为 50mL/min 的对应时间即为适用期。

5.3.3 试验报告

试验报告应写明下述内容：

a. 密封膏名称、类型、批号；

b. 挤出筒体积和喷嘴口径；

c. 适用期；

d. 测定日期。

5.4 表干时间的测定

按 GB/T 13477 第 5 章试验。

5.5　渗出性的测定

按 GB/T 13477 第 6 章试验。

5.6　流变性的测定

5.6.1　下垂度的测定

按 GB/T 13477 第 7 章试验。

A 类产品用 a 型模具测定；B 类产品用 b 型模具测定。

试验温度选用 50±2℃。试件垂直放置。

5.6.2　流平性的测定

5.6.2.1　试验器具

a. 模具：槽形容器，用 1mm 厚耐蚀金属制成，尺寸如下图所示：

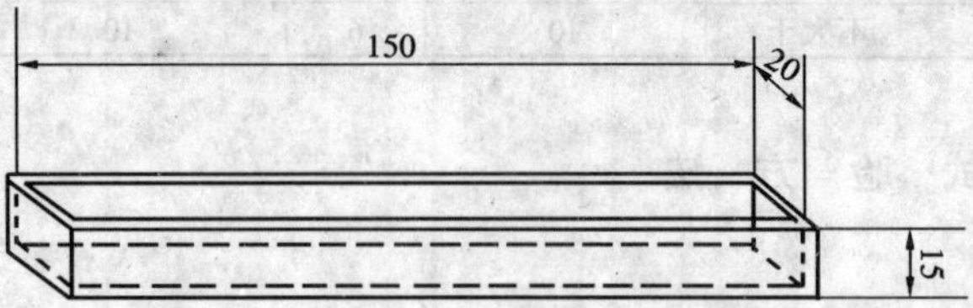

流平性试验模具示意图

b. 低温试验箱：温度能控制在 5±2℃。

5.6.2.2　试验步骤

将待测的基膏和硫化膏在 5±2℃条件下放置 8h，模具也在同样条件下放置 1h，然后从 5±2℃低温箱中取出混合均匀，再放回低温箱中放置 30min，然后沿模具的一端到另一端注入约 20mL 试料，在同样温度下水平静置 1h，观察试料表面是否光滑平整。

5.6.2.3　试验报告

试验报告应写明下述内容：

a. 密封膏名称、类型、批号；

b. 流平状况；

c. 测定日期。

5.7　低温柔性的测定

按 GB/T 13477 第 8 章试验。

试验选用直径为 6mm 圆棒。

5.8　拉伸粘接性的测定

按 GB/T 13477 第 9 章试验，试件按 A 法处理。试验温度为 23±2℃。

5.9　恢复率的测定

按 GB/T 13477 第 11 章试验。

A 类产品的测定伸长率选用 160%。

B 类产品的测定伸长率选用 200%。

5.10　拉伸-压缩循环性能的测定

按 GB/T 13477 第 13 章试验。

试验报告应写明每组试件粘接破坏面积的百分比，精确至 1%。

5.11　加热失重的测定

5.11.1　试验器具

a．培养皿：ϕ75mm；

b．鼓风干燥箱：可调 80±2℃；

c．天平：称量 200g，感量 0.001g；

d．干燥器：ϕ250mm；

e．油灰刀：小号。

5.11.2 试件的制备

将培养皿清洗干净，在 100℃干燥箱中烘至恒重。

按配比称取适量基膏与硫化膏，混合均匀。用油灰刀在恒重的培养皿中涂上直径约 60mm，厚约 2mm 混合均匀的试料，将另一块培养皿盖在涂有试料的培养皿上，称其重量，然后在标准条件下放置 14d。每组制备三个试件。

5.11.3 试验步骤

将硫化好的试件放入 80±2℃的鼓风干燥箱中加热 168h，然后取出在干燥器中放置 2h，称重。

5.11.4 试验结果的计算

加热失重按下式计算：

$$L = \frac{M_2 - M_3}{M_2 - M_1} \times 100$$

式中 L——加热失重，%；

M_1——培养皿重，g；

M_2——加热前培养皿与试料重，g；

M_3——加热后培养皿与试料重，g。

5.11.5 试验报告

试验报告应写明下述内容：

a．密封膏名称、类型，批号；

b．加热失重平均值；

c．测定日期。

6 检 验 规 则

6.1 出厂检验

生产厂应按本标准的规定，对每批产品进行出厂检验。

出厂检验项目为：

a．适用期；

b．表干时间；

c．下垂度或流平性；

d．拉伸粘接性。

6.2 型式检验

有下列情况之一者，必须按本标准第 4 章规定的全部项目进行型式检验：

a．正常生产每年进行一次；

b．在主要原材料及配方有较大变动可能影响产品质量时；

c. 产品停产一年以上，恢复生产时；

d. 出厂检验结果与上次型式检验有较大差异时；

e. 国家质量监督机构提出进行型式检验要求时。

6.3　组批与抽样规则

6.3.1　组批：以出厂的同等级同类型产品每2t为一批，进行出厂检验。不足2t也可为一批。

6.3.2　抽样：按照GB 3186规定执行。

6.4　判定规则

在产品检验项目中，若有三项以上指标不合格时，即该批为不合格产品。若有两项以下不合格时，可再从该批产品中抽取双倍样品进行单项复验，仍有一项不合格时该批产品判定为不合格产品。

7　标志、包装、运输与贮存

7.1　标志

包装筒及包装箱上应有明显标志，其内容包括：

a. 制造厂名；

b. 产品名称；

c. 商标；

d. 产品标记和质量等级标记；

e. 生产日期或产品批号；

f. 净重；

g. 组分标记。

7.2　包装

7.2.1　产品基膏用镀锌铁桶或塑料筒包装，硫化膏用塑料袋或内筒隔离装于基膏包装筒内，也可采用两组分分别包装。小包装或相应的基膏和硫化膏可用纸箱或木箱集装，以防组分散失。

7.2.2　包装上应有防雨淋、不倒置标志，包装箱内应附有产品合格证和使用说明书。

7.3　运输

7.3.1　聚硫建筑密封膏不易燃、无爆炸危险可按一般非危险品运输。

7.3.2　运输中严防日晒雨淋，禁止接近热源防止碰撞挤压，保持包装完好无损。

7.4　贮存

7.4.1　聚硫建筑密封膏应贮存于阴凉、干燥、通风的仓库中，桶盖必须盖紧。

7.4.2　在不高于27℃的条件下，自生产之日起贮存期为六个月。

附加说明：

本标准由化学工业部锦西化工研究院负责起草。

本标准主要起草人钱隆昌。

中华人民共和国建材行业标准

聚氨酯建筑密封胶

Polyurethane sealant for building

JC/T 482—2003
代替 JC/T 482—1992

中华人民共和国国家发展和改革委员会　2003-09-20 批准
2003-12-01 实施

前　言

本标准参考了 ISO/FDIS 11600（2002 年英文版）《建筑结构—接缝产品—密封材料—分级和要求》的有关内容。本标准代替 JC/T 482—1992《聚氨酯建筑密封膏》。

本标准与 JC/T 482—1992 相比主要变化如下：

——对标准的中文名称做了修改；

——对标准的适用范围做了修改，增加单组分产品（1992 年版的第 1 章；本版的第 1 章）；

——对规范性引用文件做了修改（1992 年版的第 2 章；本版的第 2 章）；

——对产品的分类做了修改，增加了按包装形式区分的品种以及按模量和位移能力区分的级别（1992 年版的 3.1；本版的 3.1、3.3 和表 1）；

——对产品的物理力学性能要求做了修改，取消渗出性指数、低温柔性、拉伸粘结性、剥离粘结性、拉伸压缩循环性能；增加挤出性、拉伸模量、浸水后定伸粘结性、冷拉—热压后粘结性和质量损失率；将流变性、恢复率改为流动性、弹性恢复率；将粘结性试验项目的技术指标改为无破坏（1992 年版的表 1；本版的表 2）；

——对试验基本要求做了修改（1992 年版的 5.1；本版的 5.1）；

——对流动性、表干时间、适用期、弹性恢复率、定伸粘结性的试验方法做了修改（1992 年版的 5.3、5.4、5.6、5.8、5.9；本版的 5.3、5.4、5.6、5.7、5.9）；

——增加了粘结性试件破坏深度的测量和评定方法（见 5.9.1、5.9.2 和图 1）；

——对出厂检验项目、组批、抽样规则和判定规则做了修改（1992 年版的 6.1、6.3、6.4；本版的 6.1、6.3、6.4）；

——对标志、包装、运输、贮存做了修改（1992 年的第 7 章；本版的第 7 章）。

本标准由全国轻质与装饰装修建筑材料标准化技术委员会提出并归口。

本标准负责起草单位：河南建筑材料研究设计院、深圳鸿三松实业有限公司。

本标准参加起草单位：上海汇丽集团公司防水材料厂、河南永丽化工有限公司、波士胶芬得利公司。

本标准主要起草人：邓　超、丁苏华、李谷云、周文新、唐素霞、杨宏生、刘汉伟。

本标准所代替标准的历次版本发布情况：

JC/T 482—1992

聚氨酯建筑密封胶

1 范　围

本标准规定了建筑接缝用聚氨酯密封胶的产品分类、要求、试验方法、检验规则及标志、包装、运输、贮存的基本要求。

本标准适用于以氨基甲酸酯聚合物为主要成分的单组分和多组分建筑密封胶。

2 规范性引用文件

下列文件中的条款通过本标准的引用而成为本标准的条款。凡是注日期的引用文件，其随后所有的修改单（不包括勘误的内容）或修订版均不适用于本标准，然而，鼓励根据本标准达成协议的各方研究是否可使用这些文件的最新版本。凡是不注日期的引用文件，其最新版本适用于本标准。

GB/T 13477.1　建筑密封材料试验方法　第 1 部分：试验基材的规定（GB/T 13477.1—2002，ISO 13640:1999，Building construction—Jointing products—Specifications for test substrates，MOD）

GB/T 13477.2　建筑密封材料试验方法　第 2 部分：密度的测定

GB/T 13477.3—2002　建筑密封材料试验方法　第 3 部分：使用标准器具测定密封材料挤出性的方法（ISO 9048:1987，Building construction—Jointing products—Determination of extrudability of sealants using standardized apparatus，MOD）

GB/T 13477.5　建筑密封材料试验方法　第 5 部分：表干时间的测定

GB/T 13477.6—2002　建筑密封材料试验方法　第 6 部分：流动性的测定（ISO 7390:1987，Building construction—Jointing products—Determination of resistance to flow，MOD）

GB/T 13477.8—2002　建筑密封材料试验方法　第 8 部分：拉伸粘结性的测定（ISO 8339:1984，Building construction—Jointing products——Sealants—Determination of tensile properties，MOD）

GB/T 13477.10—2002　建筑密封材料试验方法　第 10 部分：定伸粘结性的测定（ISO 8340:1984，Building construction—Jointing products—Sealants—Determination of tensile properties at maintained extension，MOD）

GB/T 13477.11—2002　建筑密封材料试验方法　第 11 部分：浸水后定伸粘结性的测定（ISO 10590:1991，Building construction—Sealants—Determination of adhesion/cohesion properties at maintained extension after immersion in water，MOD）

GB/T 13477.13—2002　建筑密封材料试验方法　第 13 部分：冷拉—热压后粘结性的测定（ISO 9047:1989，Building construction—Jointing products—Determination of adhesion/cohesion properties at variable temperatures，MOD）

GB/T 13477.17—2002　建筑密封材料试验方法　第 17 部分：弹性恢复率的测定（ISO 7389:1987，Building construction—Jointing products—Determination of elastic recovery，MOD）

GB/T 13477.19　建筑密封材料试验方法　第19部分：质量与体积变化的测定（GB/T 13477.19—2002，ISO 10563：1991，Building construction—Sealants for joints—Determination of change in mass and volume，MOD）

GB 3186　涂料产品的取样

3 分　类

3.1　品种

聚氨酯建筑密封胶产品按包装形式分为单组分（Ⅰ）和多组分（Ⅱ）两个品种。

3.2　类型

产品按流动性分为非下垂型（N）和自流平型（L）两个类型。

3.3　级别

产品按位移能力分为25、20两个级别，见表1。

表1　密封胶级别

级　别	试验拉压幅度，%	位移能力，%
25	±25	25
20	±20	20

3.4　次级别

产品按拉伸模量分为高模量（HM）和低模量（LM）两个次级别。

3.5　产品标记

产品按下列顺序标记：名称、品种、类型、级别、次级别、标准号。

示例：25级低模量单组分非下垂型聚氨酯建筑密封胶的标记为：

聚氨酯建筑密封胶　IN　25LM　JC/T 482—2003

4 要　求

4.1　外观

4.1.1　产品应为细腻、均匀膏状物或粘稠液，不应有气泡。

4.1.2　产品的颜色与供需双方商定的样品相比，不得有明显差异。多组分产品各组分的颜色间应有明显差异。

4.2　物理力学性能

聚氨酯建筑密封胶的物理力学性能应符合表2的规定。

5 试验方法

5.1　试验基本要求

5.1.1　标准试验条件

试验室标准试验条件为：温度（23±2）℃，相对湿度（50±5）%。

5.1.2　试验基材

试验基材选用水泥砂浆和/或铝合金基材，其材质和尺寸应符合GB/T 13477.1的规定。

当基材需要涂敷底涂料时，应按生产厂要求进行。

5.1.3　试件制备

制备前，样品应在标准试验条件下放置24h以上。

制备时，单组分试样应用挤枪从包装筒（膜）中直接挤出注模，使试样充满模具内腔，勿带入气泡。挤注与修整的动作要快，防止试样在成型完毕前结膜。

多组分试样应按生产厂标明的比例混合均匀，避免混入气泡。若事先无特殊要求，混合后应在 30min 内注模完毕。

粘结试件的数量见表 3。

5.2 外观

从包装中取出试样，刮平后目测。

5.3 密度

按 GB/T 13477.2 试验。

5.4 流动性

5.4.1 下垂度

按 GB/T 13477.6—2002 中 7.1 试验。试件在（50±2）℃恒温箱中垂直放置 4h。

表 2 物理力学性能

试验项目		技术指标		
		20HM	25LM	20LM
密度，g/cm³		规定值±0.1		
流动性	下垂度（N 型），mm	≤3		
	流平性（L 型）	光滑平整		
表干时间，h		≤24		
挤出性[1]，mL/min		≥80		
适用期[2]，h		≥1		
弹性恢复率，%		≥70		
拉伸模量，MPa	23℃	>0.4 或	≤0.4 和	
	-20℃	>0.6	≤0.6	
定伸粘结性		无破坏		
浸水后定伸粘结性		无破坏		
冷拉—热压后的粘结性		无破坏		
质量损失率，%		≤7		

注 1)：此项仅适用于单组分产品。

注 2)：此项仅适用于多组分产品，允许采用供需双方商定的其他指标值。

表 3 粘结试件数量和处理条件

项目		试件数量，个		处理条件
		试验组	备用组	
弹性恢复率		3	—	GB/T 13477.17—2002 8.1A 法
拉伸模量	23℃	3	—	GB/T 13477.8—2002 8.2A 法
	-20℃	3	—	
定伸粘结性		3	3	GB/T 13477.10—2002 8.2A 法
浸水后定伸粘结性		3	3	GB/T 13477.11—2002 8.1A 法
冷拉—热压粘结性		3	3	GB/T 13477.13—2002 8.1A 法

注：多组分试件可放置 14d。

5.4.2　流平性

按 GB/T 13477.6—2002 中 7.2 试验。

5.5　表干时间

按 GB/T 13477.5 试验。型式检验应采用 A 法试验，出厂检验可采用 B 法试验。

5.6　挤出性

按 GB/T 13477.3—2002 中 7.2 试验。挤出孔直径为 6mm，样品预处理温度（23 ± 2)℃。

5.7　适用期

5.7.1　按 GB/T 13477.3—2002 中 7.3 的 A 法或 B 法试验。挤出孔直径为 6mm，样品预处理温度（23 ± 2)℃。

5.7.2　每个试样挤出 3 次，每隔适当时间挤出一次。描绘出试样混合后各次挤出时间间隔与挤出率的关系曲线，读取挤出率为 50mL/min 时对应的时间，即为适用期。精确至 0.5h，取 3 个试样的平均值。

5.8　弹性恢复率

按 GB/T 13477.17 试验。试验伸长率见表 4。

表 4　试验伸长率

项　　目	试验伸长率，%		
	20HM	25LM	20LM
弹性恢复率	60	100	60
拉伸模量	60	100	60
定伸粘结性	60	100	60
浸水后定伸粘结性	60	100	60

5.9　拉伸模量

拉伸模量以相应伸长率时的应力表示。按 GB/T 13477.8 试验，测定并计算试件拉伸至表 4 规定的相应伸长率时的应力（MPa)，其平均值修约至一位小数。

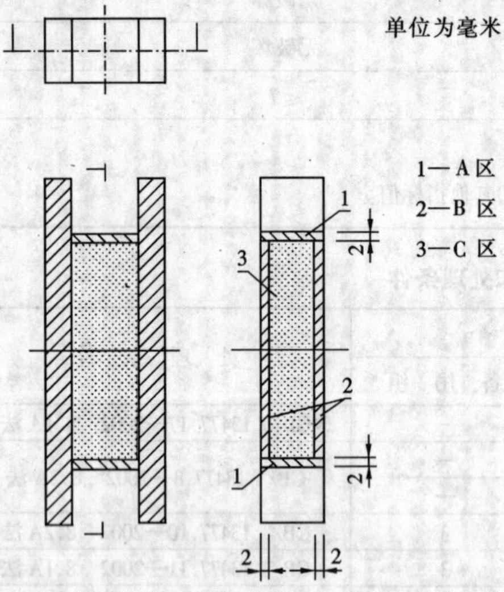

图 1　粘结试件破坏分区图

5.10　定伸粘结性

5.10.1　试验步骤

在标准试验条件下按 GB/T 13477.10 试验。试验伸长率见表 4。试验结束后，用精度为 0.5mm 的量具测量每个试件粘结和内聚破坏深度（试件端部 2mm × 12mm × 12mm 体积内的破坏不计，见图 1A 区)，记录试件最大破坏深度(mm)。

试验后，三个试件中有两个破坏，则试验评定为“破坏”。若只有一块试件破坏，则另取备用的一组试件进行复验。若仍有一块试件破坏，则试验评定为“破坏”。

5.10.2　试件“破坏”的评定

在密封胶表面任何位置，如果粘结或内聚

破坏深度超过 2mm，则试件为“破坏”（见图 1），即：

A 区：在 2mm × 12mm × 12mm 体积内允许破坏，且不报告。

B 区：允许破坏深度不大于 2mm，报告为“无破坏”，并记录试验结果。

C 区：破坏从密封胶表面延伸到此区域，报告为“破坏”。

5.11 浸水后定伸粘结性

按 GB/T 13477.11 试验。试验伸长率见表 4。试验结束后检查每个试件。若有一块试件破坏，则另取备用的一组试件复验。试件的检查方法同 5.10。

5.12 冷拉—热压后粘结性

按 GB/T 13477.13 试验。试件的拉伸—压缩率和相应宽度见表 5。第一周期试验结束后，检查每个试件粘结和内聚破坏情况。无破坏的试件继续进行第二周期试验；若有两个或两个以上试件破坏，应停止试验。第二周期试验结束后，若只有一块试件破坏，则另取备用的一组试件复验。试件的检查方法同 5.10。

表 5 拉伸压缩幅度

级　别	20HM	25LM	20LM
拉伸压缩率，%	± 20	± 25	± 20
拉伸时宽度，mm	14.4	15.0	14.4
压缩时宽度，mm	9.6	9.0	9.6

5.13 质量损失率

按 GB/T 13477.19 试验。

6 检验规则

6.1 检验分类

6.1.1 出厂检验

生产厂应按本标准的规定，对每批密封胶产品进行出厂检验，检验项目为：

a）外观；

b）下垂度（N 型）；

c）流平性（L 型）；

d）表干时间；

e）挤出性（单组分）；

f）适用期（多组分）；

g）拉伸模量；

h）定伸粘结性。

6.1.2 型式检验

有下列情况之一时，须按本标准第 4 章逐项进行型式检验：

a）新产品试制或老产品转厂生产的试制定型鉴定；

b）正常生产时，每年至少进行一次；

c）产品的原料、配方、工艺及生产装备有较大改变，可能影响产品质量时；

d）产品停产一年以上，恢复生产时；

e）出厂检验结果与上次型式检验有较大差异时；

f）国家质量监督机构提出进行型式检验要求时。

6.2 组批与抽样规则

6.2.1 组批

以同一品种、同一类型的产品每5t为一批进行检验，不足5t也作为一批。

6.2.2 抽样

单组分支装产品由该批产品中随机抽取3件包装箱，从每件包装箱中随机抽取2~3支样品，共取6~9支。

多组分桶装产品的抽样方法及数量按照GB 3186的规定执行，样品总量为4kg，取样后应立即密封包装。

6.3 判定规则

6.3.1 单项判定

下垂度、流平性、表干时间、定伸粘结性、浸水后定伸粘结性、冷拉—热压后粘结性试验，每个试件均符合规定，则判该项合格。

挤出性、适用期试验每个试样均符合规定，则判该项合格。

密度、弹性恢复率、质量损失率试验每组试件的平均值符合规定，则判该项合格。

高模量产品在23℃和－20℃的拉伸模量有一项符合表2中高模量（HM）指标规定时，则判该项合格（以修约值判定）。

低模量产品在23℃和－20℃时的拉伸模量均符合表2中低模量（LM）指标规定时，则判该项合格（以修约值判定）。

6.3.2 综合判定

检验结果符合第4章全部要求时，则判该批产品合格。

外观质量不符合4.1规定时，则判该批产品不合格。

有两项或两项以上指标不符合规定时，则判该批产品为不合格；若有一项指标不符合规定时，在同批产品中再次抽取相同数量的样品进行单项复验，如该项仍不合格，则判该批产品为不合格。

7 标志、包装、运输和贮存

7.1 标志

产品最小包装上应有牢固的不褪色标志，内容包括：

a）产品名称；

b）产品标记；

c）组分标记；

d）生产日期、批号及保质期；

e）净容量或净质量；

f）制造方名称和地址；

g）商标；

h）使用说明及注意事项。

7.2 包装

产品采用支装或桶装，包装容器应密闭。多组分产品应配套分装。

包装箱或包装桶除应有 7.1 标志外，还应有防雨、防潮、防日晒、防撞击标志。产品出厂时应附有产品合格证。

7.3 运输

运输时应防止日晒雨淋，撞击、挤压包装，产品按非危险品运输。

7.4 贮存

产品应在干燥、通风、阴凉的场所贮存，贮存温度不超过 27℃。

产品自生产之日起，保质期不少于 6 个月。

中华人民共和国国家标准

民用建筑热工设计规范

GB 50176—93

主编部门：中华人民共和国建设部
批准部门：中华人民共和国建设部
施行日期：1 9 9 3 年 10 月 1 日

关于发布国家标准《民用建筑热工设计规范》的通知

建标［1993］196号

根据国家计委计综［1984］305号文的要求，由中国建筑科学研究院会同有关单位制订的《民用建筑热工设计规范》，已经有关部门会审，现批准《民用建筑热工设计规范》GB 50176—93为强制性国家标准，自一九九三年十月一日起施行。

本标准由建设部负责管理，具体解释等工作由中国建筑科学研究院负责，出版发行由建设部标准定额研究所负责组织。

中华人民共和国建设部

一九九三年三月十七日

编 制 说 明

本规范是根据国家计委计综［1984］305号文的要求，由中国建筑科学研究院负责主编，并会同有关单位共同编制而成。

本规范在编制过程中，规范编制组进行了广泛的调查研究，认真总结了我国建国以来在建筑热工科研和设计方面的实践经验，参考了有关国际标准和国外先进标准，针对主要技术问题开展了科学研究与试验验证工作，并广泛征求了全国有关单位的意见。最后，由我部会同有关部门审查定稿。

鉴于本规范系初次编制，在执行过程中，希望各单位结合工程实践和科学研究，认真总结经验，注意积累资料，如发现需要修改和补充之处，请将意见和有关资料寄交中国建筑科学研究院建筑物理研究所（地址：北京车公庄大街19号，邮政编码：100044），以供今后修订时参考。

中华人民共和国建设部

1993年1月

目　录

主要符号………………………………………………………………………………… 783
第一章　总则…………………………………………………………………………… 784
第二章　室外计算参数………………………………………………………………… 784
第三章　建筑热工设计要求…………………………………………………………… 785
　第一节　建筑热工设计分区及设计要求 ……………………………………………… 785
　第二节　冬季保温设计要求 …………………………………………………………… 785
　第三节　夏季防热设计要求 …………………………………………………………… 785
　第四节　空调建筑热工设计要求……………………………………………………… 786
第四章　围护结构保温设计…………………………………………………………… 786
　第一节　围护结构最小传热阻的确定 ………………………………………………… 786
　第二节　围护结构保温措施 …………………………………………………………… 788
　第三节　热桥部位内表面温度验算及保温措施 ……………………………………… 788
　第四节　窗户保温性能、气密性和面积的规定 ……………………………………… 790
　第五节　采暖建筑地面热工要求……………………………………………………… 791
第五章　围护结构隔热设计…………………………………………………………… 791
　第一节　围护结构隔热设计要求……………………………………………………… 791
　第二节　围护结构隔热措施 …………………………………………………………… 792
第六章　采暖建筑围护结构防潮设计………………………………………………… 792
　第一节　围护结构内部冷凝受潮验算 ………………………………………………… 792
　第二节　围护结构防潮措施 …………………………………………………………… 794
附录一　名词解释……………………………………………………………………… 794
附录二　建筑热工设计计算公式及参数……………………………………………… 796
附录三　室外计算参数………………………………………………………………… 805
附录四　建筑材料热物理性能计算参数……………………………………………… 811
附录五　窗墙面积比与外墙允许最小传热阻的对应关系…………………………… 814
附录六　围护结构保温的经济评价…………………………………………………… 815
附录七　法定计量单位与习用非法定计量单位换算表……………………………… 817
附录八　全国建筑热工设计分区图（插页）
附录九　本规范用词说明……………………………………………………………… 817
附加说明………………………………………………………………………………… 818

主 要 符 号

A_{te}——室外计算温度波幅

A_{ti}——室内计算温度波幅

$A_{\theta i}$——内表面温度波幅

a——导温系数，导热系数和蓄热系数的修正系数

B——地面吸热指数

b——材料层的热渗透系数

c——比热容

D——热惰性指标

D_{di}——采暖期度日数

F——传热面积

H——蒸汽渗透阻

I——太阳辐射照度

K——传热系数

P_e——室外空气水蒸气分压力

P_i——室内空气水蒸气分压力

R——热阻

R_o——传热阻

$R_{o\cdot min}$——最小传热阻

$R_{o\cdot E}$——经济传热阻

R_e——外表面换热阻

R_i——内表面换热阻

S——材料蓄热系数

t_e——室外计算温度

t_i——室内计算温度

t_d——露点温度

t_w——采暖室外计算温度

t_{sa}——室外综合温度

$[\Delta t]$——室内空气与内表面之间的允许温差

Y_e——外表面蓄热系数

Y_i——内表面蓄热系数

Z——采暖期天数

α_e——外表面换热系数

α_i——内表面换热系数

θ——表面温度，内部温度

$\theta_{i\cdot\max}$——内表面最高温度

μ——材料蒸汽渗透系数

ν_o——衰减倍数

ν_i——室内空气到内表面的衰减倍数

ξ_o——延迟时间

ξ_i——室内空气到内表面的延迟时间

ρ——太阳辐射吸收系数

ρ_o——材料干密度

φ——空气相对湿度

ω——材料湿度或含水率

$[\Delta\omega]$——保温材料重量湿度允许增量

λ——材料导热系数

第一章　总　　则

第 1.0.1 条　为使民用建筑热工设计与地区气候相适应，保证室内基本的热环境要求，符合国家节约能源的方针，提高投资效益，制订本规范。

第 1.0.2 条　本规范适用于新建、扩建和改建的民用建筑热工设计。

本规范不适用于地下建筑、室内温湿度有特殊要求和特殊用途的建筑，以及简易的临时性建筑。

第 1.0.3 条　建筑热工设计，除应符合本规范要求外，尚应符合国家现行的有关标准、规范的要求。

第二章　室 外 计 算 参 数

第 2.0.1 条　围护结构根据其热惰性指标 D 值分成四种类型，其冬季室外计算温度 t_e 应按表 2.0.1 的规定取值。

表 2.0.1　围护结构冬季室外计算温度 t_e（℃）

类　型	热惰性指标 D 值	t_e 的取值
Ⅰ	>6.0	$t_e = t_w$
Ⅱ	4.1～6.0	$t_e = 0.6t_w + 0.4t_{e\cdot\min}$
Ⅲ	1.6～4.0	$t_e = 0.3t_w + 0.7t_{e\cdot\min}$
Ⅳ	≤1.5	$t_e = t_{e\cdot\min}$

注：①热惰性指标 D 值应按本规范附录二中（二）的规定计算。

②t_w 和 $t_{e\cdot\min}$ 分别为采暖室外计算温度和累年最低一个日平均温度。

③冬季室外计算温度 t_e 应取整数值。

④全国主要城市四种类型围护结构冬季室外计算温度 t_e 值，可按本规范附录三附表 3.1 采用。

第 2.0.2 条　围护结构夏季室外计算温度平均值 $\bar{t}_e$，应按历年最热一天的日平均温度的平均值确定。围护结构夏季室外计算温度最高值 $t_{e\cdot\max}$，应按历年最热一天的最高温度的平均值确定。围护结构夏季室外计算温度波幅值 A_{te}，应按室外计算温度最高值 $t_{e\cdot\max}$ 与室外计算温度平均值 $\bar{t}_e$ 的差值确定。

注：全国主要城市的 $\bar{t}_e$、$t_{e\cdot\max}$ 和 A_{te} 值，可按本规范附录三附表 3.2 采用。

第 2.0.3 条　夏季太阳辐射照度应

取各地历年七月份最大直射辐射日总量和相应日期总辐射日总量的累年平均值，通过计算分别确定东、南、西、北垂直面和水平面上逐时的太阳辐射照度及昼夜平均值。

注：全国主要城市夏季太阳辐射照度可按本规范附录三附表 3.3 采用。

第三章　建筑热工设计要求

第一节　建筑热工设计分区及设计要求

第 3.1.1 条　建筑热工设计应与地区气候相适应。建筑热工设计分区及设计要求应符合表 3.1.1 的规定。全国建筑热工设计分区应按本规范附图 8.1 采用。

表 3.1.1　建筑热工设计分区及设计要求

分区名称	分区指标		设计要求
	主要指标	辅助指标	
严寒地区	最冷月平均温度≤ -10℃	日平均温度≤5℃的天数≥145d	必须充分满足冬季保温要求，一般可不考虑夏季防热
寒冷地区	最冷月平均温度 0 ~ -10℃	日平均温度≤5℃的天数 90 ~ 145d	应满足冬季保温要求，部分地区兼顾夏季防热
夏热冬冷地区	最冷月平均温度 0 ~ 10℃，最热月平均温度 25 ~ 30℃	日平均温度≤5℃的天数0 ~ 90d，日平均温度≥25℃的天数 40 ~ 110d	必须满足夏季防热要求，适当兼顾冬季保温
夏热冬暖地区	最冷月平均温度 > 10℃，最热月平均温度 25 ~ 29℃	日平均温度≥25℃的天数 100 ~ 200d	必须充分满足夏季防热要求，一般可不考虑冬季保温
温和地区	最冷月平均温度 0 ~ 13℃，最热月平均温度 18 ~ 25℃	日平均温度≤5℃的天数 0 ~ 90d	部分地区应考虑冬季保温，一般可不考虑夏季防热

第二节　冬季保温设计要求

第 3.2.1 条　建筑物宜设在避风和向阳的地段。

第 3.2.2 条　建筑物的体形设计宜减少外表面积，其平、立面的凹凸面不宜过多。

第 3.2.3 条　居住建筑，在严寒地区不应设开敞式楼梯间和开敞式外廊；在寒冷地区不宜设开敞式楼梯间和开敞式外廊。公共建筑，在严寒地区出入口处应设门斗或热风幕等避风设施；在寒冷地区出入口处宜设门斗或热风幕等避风设施。

第 3.2.4 条　建筑物外部窗户面积不宜过大，应减少窗户缝隙长度，并采取密闭措施。

第 3.2.5 条　外墙、屋顶、直接接触室外空气的楼板和不采暖楼梯间的隔墙等围护结构，应进行保温验算，其传热阻应大于或等于建筑物所在地区要求的最小传热阻。

第 3.2.6 条　当有散热器、管道、壁龛等嵌入外墙时，该处外墙的传热阻应大于或等于建筑物所在地区要求的最小传热阻。

第 3.2.7 条　围护结构中的热桥部位应进行保温验算，并采取保温措施。

第 3.2.8 条　严寒地区居住建筑的底层地面，在其周边一定范围内应采取保温措施。

第 3.2.9 条　围护结构的构造设计应考虑防潮要求。

第三节　夏季防热设计要求

第 3.3.1 条　建筑物的夏季防热应采取自然通风、窗户遮阳、围护结构隔热和环境绿化等综合性措施。

第 3.3.2 条 建筑物的总体布置，单体的平、剖面设计和门窗的设置，应有利于自然通风，并尽量避免主要房间受东、西向的日晒。

第 3.3.3 条 建筑物的向阳面，特别是东、西向窗户，应采取有效的遮阳措施。在建筑设计中，宜结合外廊、阳台、挑檐等处理方法达到遮阳目的。

第 3.3.4 条 屋顶和东、西向外墙的内表面温度，应满足隔热设计标准的要求。

第 3.3.5 条 为防止潮霉季节湿空气在地面冷凝泛潮，居室、托幼园所等场所的地面下部宜采取保温措施或架空做法，地面面层宜采用微孔吸湿材料。

第四节　空调建筑热工设计要求

第 3.4.1 条 空调建筑或空调房间应尽量避免东、西朝向和东、西向窗户。

第 3.4.2 条 空调房间应集中布置、上下对齐。温湿度要求相近的空调房间宜相邻布置。

第 3.4.3 条 空调房间应避免布置在有两面相邻外墙的转角处和有伸缩缝处。

第 3.4.4 条 空调房间应避免布置在顶层；当必须布置在顶层时，屋顶应有良好的隔热措施。

第 3.4.5 条 在满足使用要求的前提下，空调房间的净高宜降低。

第 3.4.6 条 空调建筑的外表面积宜减少，外表面宜采用浅色饰面。

第 3.4.7 条 建筑物外部窗户当采用单层窗时，窗墙面积比不宜超过 0.30；当采用双层窗或单框双层玻璃窗时，窗墙面积比不宜超过 0.40。

第 3.4.8 条 向阳面，特别是东、西向窗户，应采取热反射玻璃、反射阳光涂膜、各种固定式和活动式遮阳等有效的遮阳措施。

第 3.4.9 条 建筑物外部窗户的气密性等级不应低于现行国家标准《建筑外窗空气渗透性能分级及其检测方法》GB 7107 规定的Ⅲ级水平。

第 3.4.10 条 建筑物外部窗户的部分窗扇应能开启。当有频繁开启的外门时，应设置门斗或空气幕等防渗透措施。

第 3.4.11 条 围护结构的传热系数应符合现行国家标准《采暖通风与空气调节设计规范》GBJ 19 规定的要求。

第 3.4.12 条 间歇使用的空调建筑,其外围护结构内侧和内围护结构宜采用轻质材料。连续使用的空调建筑,其外围护结构内侧和内围护结构宜采用重质材料。围护结构的构造设计应考虑防潮要求。

第四章　围护结构保温设计

第一节　围护结构最小传热阻的确定

第 4.1.1 条 设置集中采暖的建筑物，其围护结构的传热阻应根据技术经济比较确定，且应符合国家有关节能标准的要求，其最小传热阻应按下式计算确定：

$$R_{o\cdot\min} = \frac{(t_i - t_e)n}{[\Delta t]} R_i \tag{4.1.1}$$

式中 $R_{o\cdot min}$——围护结构最小传热阻（$m^2\cdot K/W$）；

t_i——冬季室内计算温度（℃），一般居住建筑，取 18℃；高级居住建筑，医疗、托幼建筑，取 20℃；

t_e——围护结构冬季室外计算温度（℃），按本规范第 2.0.1 条的规定采用；

n——温差修正系数，应按表 4.1.1-1 采用；

R_i——围护结构内表面换热阻（$m^2\cdot K/W$），应按本规范附录二附表 2.2 采用；

$[\Delta t]$——室内空气与围护结构内表面之间的允许温差（℃），应按表 4.1.1-2 采用。

表 4.1.1-1 温差修正系数 *n* 值

围护结构及其所处情况	温差修正系数 n 值
外墙、平屋顶及与室外空气直接接触的楼板等	1.00
带通风间层的平屋顶、坡屋顶顶棚及与室外空气相通的不采暖地下室上面的楼板等	0.90
与有外门窗的不采暖楼梯间相邻的隔墙：	
1~6 层建筑	0.60
7~30 层建筑	0.50
不采暖地下室上面的楼板：	
外墙上有窗户时	0.75
外墙上无窗户且位于室外地坪以上时	0.60
外墙上无窗户且位于室外地坪以下时	0.40
与有外门窗的不采暖房间相邻的隔墙	0.70
与无外门窗的不采暖房间相邻的隔墙	0.40
伸缩缝、沉降缝墙	0.30
抗震缝墙	0.70

表 4.1.1-2 室内空气与围护结构内表面之间的允许温差 $[\Delta t]$（℃）

建筑物和房间类型	外墙	平屋顶和坡屋顶顶棚
居住建筑、医院和幼儿园等	6.0	4.0
办公楼、学校和门诊部等	6.0	4.5
礼堂、食堂和体育馆等	7.0	5.5
室内空气潮湿的公共建筑：		
不允许外墙和顶棚内表面结露时	t_i-t_d	$0.8(t_i-t_d)$
允许外墙内表面结露，但不允许顶棚内表面结露时	7.0	$0.9(t_i-t_d)$

注：①潮湿房间系指室内温度为 13~24℃，相对湿度大于 75%，或室内温度高于 24℃，相对湿度大于 60% 的房间。
②表中 t_i、t_d 分别为室内空气温度和露点温度（℃）。
③对于直接接触室外空气的楼板和不采暖地下室上面的楼板，当有人长期停留时，取允许温差 $[\Delta t]$ 等于 2.5℃；当无人长期停留时，取允许温差 $[\Delta t]$ 等于 5.0℃。

第 4.1.2 条 当居住建筑、医院、幼儿园、办公楼、学校和门诊部等建筑物的外墙为轻质材料或内侧复合轻质材料时，外墙的最小传热阻应在按式（4.1.1）计算结果的基础上进行附加，其附加值应按表 4.1.2 的规定采用。

表 4.1.2　轻质外墙最小传热阻的附加值（%）

外墙材料与构造	当建筑物处在连续供热热网中时	当建筑物处在间歇供热热网中时
密度为 800～1200kg/m³ 的轻骨料混凝土单一材料墙体	15～20	30～40
密度为 500～800kg/m³ 的轻混凝土单一材料墙体；外侧为砖或混凝土、内侧复合轻混凝土的墙体	20～30	40～60
平均密度小于 500kg/m³ 的轻质复合墙体；外侧为砖或混凝土、内侧复合轻质材料（如岩棉、矿棉、石膏板等）墙体	30～40	60～80

第 4.1.3 条　处在寒冷和夏热冬冷地区，且设置集中采暖的居住建筑和医院、幼儿园、办公楼、学校、门诊部等公共建筑，当采用Ⅲ型和Ⅳ型围护结构时，应对其屋顶和东、西外墙进行夏季隔热验算。如按夏季隔热要求的传热阻大于按冬季保温要求的最小传热阻，应按夏季隔热要求采用。

第二节　围护结构保温措施

第 4.2.1 条　提高围护结构热阻值可采取下列措施：

一、采用轻质高效保温材料与砖、混凝土或钢筋混凝土等材料组成的复合结构。

二、采用密度为 500～800kg/m³ 的轻混凝土和密度为 800～1200kg/m³ 的轻骨料混凝土作为单一材料墙体。

三、采用多孔粘土空心砖或多排孔轻骨料混凝土空心砌块墙体。

四、采用封闭空气间层或带有铝箔的空气间层。

第 4.2.2 条　提高围护结构热稳定性可采取下列措施：

一、采用复合结构时，内外侧宜采用砖、混凝土或钢筋混凝土等重质材料，中间复合轻质保温材料。

二、采用加气混凝土、泡沫混凝土等轻混凝土单一材料墙体时，内外侧宜作水泥砂浆抹面层或其他重质材料饰面层。

第三节　热桥部位内表面温度验算及保温措施

第 4.3.1 条　围护结构热桥部位的内表面温度不应低于室内空气露点温度。

第 4.3.2 条　在确定室内空气露点温度时，居住建筑和公共建筑的室内空气相对湿度均应按 60%采用。

第 4.3.3 条　围护结构中常见五种形式热桥（见图 4.3.3），其内表面温度应按下列规定验算：

一、当肋宽与结构厚度比 a/δ 小于或等于 1.5 时，

$$\theta'_i = t_i - \frac{R'_o + \eta(R_o - R'_o)}{R'_o \cdot R_o} R_i (t_i - t_e) \qquad (4.3.3\text{-}1)$$

式中　θ'_i——热桥部位内表面温度（℃）；

t_i——室内计算温度（℃）；

t_e——室外计算温度（℃），应按本规范附录三附表 3.1 中Ⅰ型围护结构的室外计算温度采用；

R_o——非热桥部位的传热阻（$m^2 \cdot K/W$）；

R'_o——热桥部位的传热阻（$m^2 \cdot K/W$）；

R_i——内表面换热阻，取 $0.11m^2 \cdot K/W$；

η——修正系数，应根据比值 a/δ，按表 4.3.3-1 或表 4.3.3-2 采用。

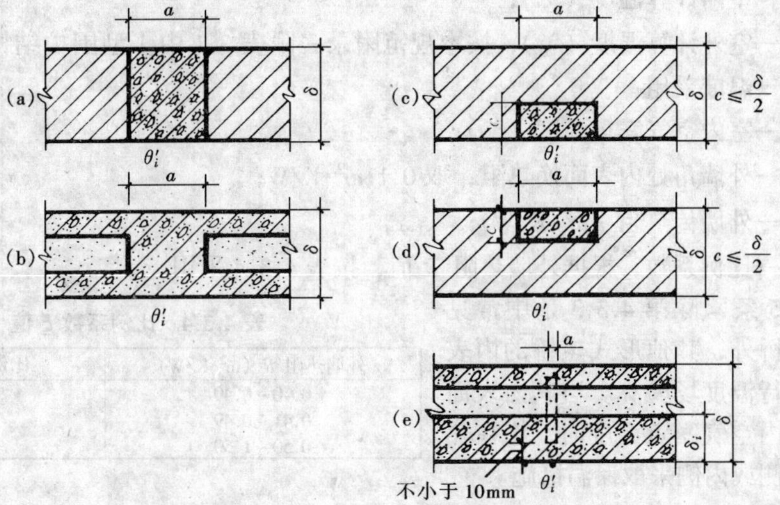

图 4.3.3 常见五种形式热桥

二、当肋宽与结构厚度比 a/δ 大于 1.5 时，

$$\theta'_i = t_i - \frac{t_i - t_e}{R'_o} R_i \tag{4.3.3-2}$$

表 4.3.3-1 修正系数 η 值

热桥形式	肋宽与结构厚度比 a/δ								
	0.02	0.06	0.10	0.20	0.40	0.60	0.80	1.00	1.50
(1)	0.12	0.24	0.38	0.55	0.74	0.83	0.87	0.90	0.95
(2)	0.07	0.15	0.26	0.42	0.62	0.73	0.81	0.85	0.94
(3)	0.25	0.50	0.96	1.26	1.27	1.21	1.16	1.10	1.00
(4)	0.04	0.10	0.17	0.32	0.50	0.62	0.71	0.77	0.89

表 4.3.3-2 修正系数 η 值

热桥形式	δ_i/δ	肋宽与结构厚度比 a/δ							
		0.04	0.06	0.08	0.10	0.12	0.14	0.16	0.18
	0.50	0.011	0.025	0.044	0.071	0.102	0.136	0.170	0.205
(5)	0.25	0.006	0.014	0.025	0.040	0.054	0.074	0.092	0.112

注：a/δ 的中间值可用内插法确定。

第 4.3.4 条 单一材料外墙角处的内表面温度和内侧最小附加热阻，应按下列公式计算：

$$\theta'_i = t_i - \frac{t_i - t_e}{R_o} R_i \cdot \xi \tag{4.3.4-1}$$

$$R_{ad\cdot min}=(t_i-t_e)\left(\frac{1}{t_i-t_d}-\frac{1}{t_i-\theta'_i}\right)R_i \qquad (4.3.4\text{-}2)$$

式中 θ'_i——外墙角处内表面温度（℃）；

$R_{ad\cdot min}$——内侧最小附加热阻（$m^2\cdot K/W$）；

t_i——室内计算温度（℃）；

t_e——室外计算温度（℃），按本规范附录三附表 3.1 中Ⅰ型围护结构的室外计算温度采用；

t_d——室内空气露点温度（℃）；

R_i——外墙角处内表面换热阻，取 $0.11m^2\cdot K/W$；

R_o——外墙传热阻（$m^2\cdot K/W$）；

ξ——比例系数，根据外墙热阻 R 值，按表 4.3.4 采用。

第 4.3.5 条 除第 4.3.3 条中常见五种形式热桥外，其他形式热桥的内表面温度应进行温度场验算。当其内表面温度低于室内空气露点温度时，应在热桥部位的外侧或内侧采取保温措施。

表 4.3.4 比例系数 ξ 值

外墙热阻 R（$m^2\cdot K/W$）	比例系数 ξ
0.10～0.40	1.42
0.41～0.49	1.72
0.50～1.50	1.73

第四节 窗户保温性能、气密性和面积的规定

第 4.4.1 条 窗户的传热系数应按经国家计量认证的质检机构提供的测定值采用；如无上述机构提供的测定值时，可按表 4.4.1 采用。

表 4.4.1 窗户的传热系数

窗框材料	窗户类型	空气层厚度（mm）	窗框窗洞面积比（%）	传热系数 K（$W/m^2\cdot K$）
钢、铝	单层窗	—	20～30	6.4
	单框双玻窗	12	20～30	3.9
		16	20～30	3.7
		20～30	20～30	3.6
	双层窗	100～140	20～30	3.0
	单层＋单框双玻窗	100～140	20～30	2.5
木、塑料	单层窗	—	30～40	4.7
	单框双玻窗	12	30～40	2.7
		16	30～40	2.6
		20～30	30～40	2.5
	双层窗	100～140	30～40	2.3
	单层＋单框双玻窗	100～140	30～40	2.0

注：①本表中的窗户包括一般窗户、天窗和阳台门上部带玻璃部分。
②阳台门下部门肚板部分的传热系数，当下部不作保温处理时，应按表中值采用；当作保温处理时，应按计算确定。
③本表中未包括的新型窗户，其传热系数应按测定值采用。

第 4.4.2 条 居住建筑和公共建筑外部窗户的保温性能，应符合下列规定：

一、严寒地区各朝向窗户，不应低于现行国家标准《建筑外窗保温性能分级及其检测方法》GB8484 规定的Ⅱ级水平。

二、寒冷地区各朝向窗户，不应低于上述标准规定的Ⅴ级水平；北向窗户，宜达到上述标准规定的Ⅳ级水平。

第 4.4.3 条 阳台门下部门肚板部分的传热系数，严寒地区应小于或等于 1.35W/(m²·K)；寒冷地区应小于或等于 1.72W/(m²·K)。

第 4.4.4 条 居住建筑和公共建筑窗户的气密性，应符合下列规定：

一、在冬季室外平均风速大于或等于 3.0m/s 的地区，对于 1～6 层建筑，不应低于现行国家标准《建筑外窗空气渗透性能分级及其检测方法》GB7107 规定的Ⅲ级水平；对于 7～30层建筑，不应低于上述标准规定的Ⅱ级水平。

二、在冬季室外平均风速小于 3.0m/s 的地区，对于 1～6 层建筑，不应低于上述标准规定的Ⅳ级水平；对于 7～30 层建筑，不应低于上述标准规定的Ⅲ级水平。

第 4.4.5 条 居住建筑各朝向的窗墙面积比应符合下列规定：

一、当外墙传热阻达到按式(4.1.1)计算确定的最小传热阻时，北向窗墙面积比，不应大于 0.20；东、西向，不应大于 0.25(单层窗)或 0.30(双层窗)；南向，不应大于 0.35。

二、当建筑设计上需要增大窗墙面积比或实际采用的外墙传热阻大于按式(4.1.1)计算确定的最小传热阻时，所采用的窗墙面积比和外墙传热阻应符合本规范附录五的规定。

第五节 采暖建筑地面热工要求

第 4.5.1 条 采暖建筑地面的热工性能，应根据地面的吸热指数 B 值，按表 4.5.1 的规定，划分成三个类别。

第 4.5.2 条 不同类型采暖建筑对地面热工性能的要求，应符合表 4.5.2 的规定。

表 4.5.1 采暖建筑地面热工性能类别

地面热工性能类别	B 值 [W/ (m²·h^{-1/2}·K)]
Ⅰ	<17
Ⅱ	17～23
Ⅲ	>23

注：地面吸热指数 B 值应按本规范附录二中（三）的规定计算。

表 4.5.2 不同类型采暖建筑对地面热工性能的要求

采暖建筑类型	对地面热工性能的要求
高级居住建筑、幼儿园、托儿所、疗养院等	宜采用Ⅰ类地面
一般居住建筑、办公楼、学校等	可采用Ⅱ类地面
临时逗留用房及室温高于 23℃的采暖房间	可采用Ⅲ类地面

第 4.5.3 条 严寒地区采暖建筑的底层地面，当建筑物周边无采暖管沟时，在外墙内侧 0.5～1.0m 范围内应铺设保温层，其热阻不应小于外墙的热阻。

第五章 围护结构隔热设计

第一节 围护结构隔热设计要求

第 5.1.1 条 在房间自然通风情况下，建筑物的屋顶和东、西外墙的内表面最高温度，应满足下式要求：

$$\theta_{i\cdot\max} \leqslant t_{e\cdot\max} \tag{5.1.1}$$

式中 $\theta_{i\cdot\max}$——围护结构内表面最高温度(℃)，应按本规范附录二中(八)的规定计算；

$t_{e\cdot\max}$——夏季室外计算温度最高值(℃)，应按本规范附录三附表3.2采用。

第二节 围护结构隔热措施

第5.2.1条 围护结构的隔热可采用下列措施：

一、外表面做浅色饰面，如浅色粉刷、涂层和面砖等。

二、设置通风间层，如通风屋顶、通风墙等。通风屋顶的风道长度不宜大于10m。间层高度以20cm左右为宜。基层上面应有6cm左右的隔热层。夏季多风地区，檐口处宜采用兜风构造。

三、采用双排或三排孔混凝土或轻骨料混凝土空心砌块墙体。

四、复合墙体的内侧宜采用厚度为10cm左右的砖或混凝土等重质材料。

五、设置带铝箔的封闭空气间层。当为单面铝箔空气间层时，铝箔宜设在温度较高的一侧。

六、蓄水屋顶。水面宜有水浮莲等浮生植物或白色漂浮物。水深宜为15～20cm。

七、采用有土和无土植被屋顶，以及墙面垂直绿化等。

第六章 采暖建筑围护结构防潮设计

第一节 围护结构内部冷凝受潮验算

第6.1.1条 外侧有卷材或其他密闭防水层的平屋顶结构，以及保温层外侧有密实保护层的多层墙体结构，当内侧结构层为加气混凝土和砖等多孔材料时，应进行内部冷凝受潮验算。

第6.1.2条 采暖期间，围护结构中保温材料因内部冷凝受潮而增加的重量湿度允许增量，应符合表6.1.2的规定。

表6.1.2 采暖期间保温材料重量湿度的允许增量[$\Delta\omega$]（%）

保温材料名称	重量湿度允许增量($\Delta\omega$)
多孔混凝土（泡沫混凝土、加气混凝土等），$\rho_o=500\sim700kg/m^3$	4
水泥膨胀珍珠岩和水泥膨胀蛭石等，$\rho_o=300\sim500kg/m^3$	6
沥青膨胀珍珠岩和沥青膨胀蛭石等，$\rho_o=300\sim400kg/m^3$	7
水泥纤维板	5
矿棉、岩棉、玻璃棉及其制品（板或毡）	3
聚苯乙烯泡沫塑料	15
矿渣和炉渣填料	2

第 6.1.3 条 根据采暖期间围护结构中保温材料重量湿度的允许增量，冷凝计算界面内侧所需的蒸汽渗透阻应按下式计算：

$$H_{o\cdot i}=\frac{P_i-P_{s\cdot c}}{\frac{10\rho_o\delta_i[\Delta\omega]}{24Z}+\frac{P_{s\cdot c}-P_e}{H_{o\cdot e}}} \tag{6.1.3}$$

式中 $H_{o\cdot i}$——冷凝计算界面内侧所需的蒸汽渗透阻（$m^2\cdot h\cdot Pa/g$）；

$H_{o\cdot e}$——冷凝计算界面至围护结构外表面之间的蒸汽渗透阻（$m^2\cdot h\cdot Pa/g$）；

P_i——室内空气水蒸气分压力（Pa），根据室内计算温度和相对湿度确定；

P_e——室外空气水蒸气分压力（Pa），根据本规范附录三附表 3.1 查得的采暖期室外平均温度和平均相对湿度确定；

$P_{s\cdot c}$——冷凝计算界面处与界面温度 θ_c 对应的饱和水蒸气分压力（Pa）；

Z——采暖期天数，应符合本规范附录三附表 3.1 的规定；

$[\Delta\omega]$——采暖期间保温材料重量湿度的允许增量（%），应按表 6.1.2 中的数值直接采用；

ρ_o——保温材料的干密度（kg/m^3）；

δ_i——保温材料厚度（m）。

第 6.1.4 条 冷凝计算界面温度应按下式计算：

$$\theta_c=t_i-\frac{t_i-\bar{t}_e}{R_o}(R_i+R_{o\cdot i}) \tag{6.1.4}$$

式中 θ_c——冷凝计算界面温度（℃）；

t_i——室内计算温度（℃）；

$\bar{t}_e$——采暖期室外平均温度（℃），应符合本规范附录三附表 3.1 的规定；

R_o、R_i——分别为围护结构传热阻和内表面换热阻（$m^2\cdot K/W$）；

$R_{o\cdot i}$——冷凝计算界面至围护结构内表面之间的热阻（$m^2\cdot K/W$）。

第 6.1.5 条 冷凝计算界面的位置，应取保温层与外侧密实材料层的交界处（见图 6.1.5）。

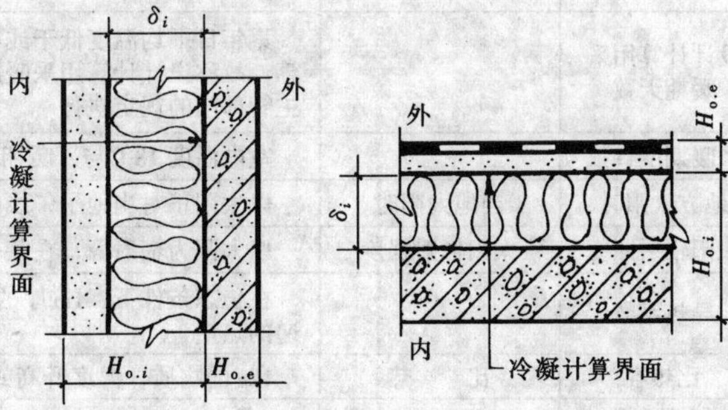

(a)　(b)

图 6.1.5 冷凝计算界面

(a) 外墙；(b) 屋顶

第 6.1.6 条 对于不设通风口的坡屋顶，其顶棚部分的蒸汽渗透阻应符合下式要求：

$$H_{o\cdot i}>1.2(P_i-P_e) \tag{6.1.6}$$

式中 $H_{o\cdot i}$——顶棚部分的蒸汽渗透阻（$m^2\cdot h\cdot Pa/g$）；

P_i、P_e——分别为室内和室外空气水蒸气分压力（Pa）。

第 6.1.7 条 围护结构材料层的蒸汽渗透阻应按下式计算：

$$H = \frac{\delta}{\mu} \tag{6.1.7}$$

式中 H——材料层的蒸汽渗透阻（$m^2 \cdot h \cdot Pa/g$）；

δ——材料层的厚度（m）；

μ——材料的蒸汽渗透系数［$g/(m \cdot h \cdot Pa)$］，应按本规范附录四附表 4.1 采用。

注：①多层结构的蒸汽渗透阻应按各层蒸汽渗透阻之和确定。

②封闭空气间层的蒸汽渗透阻取零。

③某些薄片材料和涂层的蒸汽渗透阻应按本规范附录四附表 4.3 采用。

第二节 围护结构防潮措施

第 6.2.1 条 采用多层围护结构时，应将蒸汽渗透阻较大的密实材料布置在内侧，而将蒸汽渗透阻较小的材料布置在外侧。

第 6.2.2 条 外侧有密实保护层或防水层的多层围护结构，经内部冷凝受潮验算而必须设置隔汽层时，应严格控制保温层的施工湿度，或采用预制板状或块状保温材料，避免湿法施工和雨天施工，并保证隔汽层的施工质量。对于卷材防水屋面，应有与室外空气相通的排湿措施。

第 6.2.3 条 外侧有卷材或其他密闭防水层，内侧为钢筋混凝土屋面板的平屋顶结构，如经内部冷凝受潮验算不需设隔汽层，则应确保屋面板及其接缝的密实性，达到所需的蒸汽渗透阻。

附录一 名 词 解 释

附表 1.1 名 词 解 释

名 词	曾用名词	名 词 解 释
历 年		逐年，特指整编气象资料时，所采用的以往一段连续年份中的每一年
累 年	历 年	多年，特指整编气象资料时，所采用的以往一段连续年份（不少于 3 年）的累计
设计计算用采暖期天数		累年日平均温度低于或等于 5℃的天数。这一天数仅用于建筑热工设计计算，故称设计计算用采暖期天数。各地实际的采暖期天数，应按当地行政或主管部门的规定执行
采暖期度日数		室内温度 18℃与采暖期室外平均温度之间的温差值乘以采暖期天数
地方太阳时	当地太阳时	以太阳正对当地子午线的时刻为中午 12 时所推算出的时间
太阳辐射照度	太阳辐射强度	以太阳为辐射源，在某一表面上形成的辐射照度
导热系数		在稳态条件下，1m 厚的物体，两侧表面温差为 1℃，1h 内通过 $1m^2$ 面积传递的热量
比热容	比 热	1kg 的物质，温度升高或降低 1℃所需吸收或放出的热量
密 度	容 重	$1m^3$ 的物体所具有的质量
材料蓄热系 数		当某一足够厚度单一材料层一侧受到谐波热作用时，表面温度将按同一周期波动，通过表面的热流波幅与表面温度波幅的比值。其值越大，材料的热稳定性越好
表面蓄热系数		在周期性热作用下，物体表面温度升高或降低 1℃时，在 1h 内，$1m^2$ 表面积贮存或释放的热量

续附表 1.1

名　词	曾用名词	名 词 解 释
导温系数	热扩散系数	材料的导热系数与其比热容和密度乘积的比值。表征物体在加热或冷却时各部分温度趋于一致的能力。其值越大，温度变化的速度越快
围护结构		建筑物及房间各面的围挡物。它分透明和不透明两部分：不透明围护结构有墙、屋顶和楼板等；透明围护结构有窗户、天窗和阳台门等。按是否同室外空气直接接触，又可分外围护结构和内围护结构
外围护结构		同室外空气直接接触的围护结构，如外墙、屋顶、外门和外窗等
内围护结构		不同室外空气直接接触的围护结构，如隔墙、楼板、内门和内窗等
热　阻		表征围护结构本身或其中某层材料阻抗传热能力的物理量
内表面换热系数	内表面热转移系数	围护结构内表面温度与室内空气温度之差为 1℃，1h 内通过 $1m^2$ 表面积传递的热量
内表面换热阻	内表面热转移阻	内表面换热系数的倒数
外表面换热系数	外表面热转移系数	围护结构外表面温度与室外空气温度之差为 1℃，1h 内通过 $1m^2$ 表面积传递的热量
外表面换热阻	外表面热转移阻	外表面换热系数的倒数
传热系数	总传热系数	在稳态条件下，围护结构两侧空气温度差为 1℃，1h 内通过 $1m^2$ 面积传递的热量
传 热 阻	总 热 阻	表征围护结构（包括两侧表面空气边界层）阻抗传热能力的物理量。为传热系数的倒数
最小传热阻	最小总热阻	特指设计计算中容许采用的围护结构传热阻的下限值。规定最小传热阻的目的，是为了限制通过围护结构的传热量过大，防止内表面冷凝，以及限制内表面与人体之间的辐射换热量过大而使人体受凉
经济传热阻	经济热阻	围护结构单位面积的建造费用（初次投资的折旧费）与使用费用（由围护结构单位面积分摊的采暖运行费和设备折旧费）之和达到最小值时的传热阻
热惰性指标（D 值）		表征围护结构对温度波衰减快慢程度的无量纲指标。单一材料围护结构，$D=RS$；多层材料围护结构，$D=\Sigma RS$。式中 R 为围护结构材料层的热阻，S 为相应材料层的蓄热系数。D 值越大，温度波在其中的衰减越快，围护结构的热稳定性越好
围护结构的热稳定性		在周期性热作用下，围护结构本身抵抗温度波动的能力。围护结构的热惰性是影响其热稳定性的主要因素
房间的热稳定性		在室内外周期性热作用下，整个房间抵抗温度波动的能力。房间的热稳定性主要取决于内外围护结构的热稳定性
窗墙面积比	窗墙比	窗户洞口面积与房间立面单元面积（即房间层高与开间定位线围成的面积）的比值
温度波幅		当温度呈周期性波动时，最高值或最低值与平均值之差
综合温度		室外空气温度 t_e 与太阳辐射当量温度 $\rho I/\alpha_e$ 之和，即 $t_{sa}=t_e+\rho I/\alpha_e$。式中 ρ 为太阳辐射吸收系数，I 为太阳辐射照度，α_e 为外表面换热系数
衰减倍数	总衰减倍数	围护结构内侧空气温度稳定，外侧受室外综合温度或室外空气温度谐波作用，室外综合温度或室外空气温度谐波波幅与围护结构内表面温度谐波波幅的比值
延迟时间	总延迟时间	围护结构内侧空气温度稳定，外侧受室外综合温度或室外空气温度谐波作用，围护结构内表面温度谐波最高值（或最低值）出现时间与室外综合温度或室外空气温度谐波最高值（或最低值）出现时间的差值
露点温度		在大气压力一定、含湿量不变的情况下，未饱和的空气因冷却而达到饱和状态时的温度
冷凝或结露	凝　结	特指围护结构表面温度低于附近空气露点温度时，表面出现冷凝水的现象
水蒸气分压力		在一定温度下湿空气中水蒸气部分所产生的压力

续附表 1.1

名　词	曾用名词	名 词 解 释
饱和水蒸气分压力		空气中水蒸气呈饱和状态时水蒸气部分所产生的压力
空气相对湿度		空气中实际的水蒸气分压力与同一温度下饱和水蒸气分压力的百分比
蒸汽渗透系数		1m 厚的物体，两侧水蒸气分压力差为 1Pa，1h 内通过 $1m^2$ 面积渗透的水蒸气量
蒸汽渗透阻		围护结构或某一材料层，两侧水蒸气分压力差为 1Pa，通过 $1m^2$ 面积渗透 1g 水分所需要的时间

附录二　建筑热工设计计算公式及参数

（一）热阻的计算

1. 单一材料层的热阻应按下式计算：

$$R = \frac{\delta}{\lambda} \tag{附 2.1}$$

式中　R——材料层的热阻（$m^2 \cdot K/W$）；

δ——材料层的厚度（m）；

λ——材料的导热系数［$W/(m \cdot K)$］，应按本规范附录四附表 4.1 和表注的规定采用。

2. 多层围护结构的热阻应按下式计算：

$$R = R_1 + R_2 + \cdots\cdots + R_n \tag{附 2.2}$$

式中　$R_1 + R_2 \cdots\cdots R_n$——各层材料的热阻（$m^2 \cdot K/W$）。

3. 由两种以上材料组成的、两向非均质围护结构（包括各种形式的空心砌块，填充保温材料的墙体等，但不包括多孔粘土空心砖），其平均热阻应按下式计算：

$$\overline{R} = \left[\frac{F_o}{\frac{F_1}{R_{o \cdot 1}} + \frac{F_2}{R_{o \cdot 2}} + \cdots\cdots + \frac{F_n}{R_{o \cdot n}}} - (R_i + R_e) \right] \varphi \tag{附 2.3}$$

式中　$\overline{R}$——平均热阻（$m^2 \cdot K/W$）；

F_o——与热流方向垂直的总传热面积（m^2），（见附图 2.1）；

F_1、$F_2 \cdots\cdots F_n$——按平行于热流方向划分的各个传热面积（m^2）；

$R_{o \cdot 1}$、$R_{o \cdot 2} \cdots\cdots R_{o \cdot n}$——各个传热面部位的传热阻（$m^2 \cdot K/W$）；

R_i——内表面换热阻，取 $0.11m^2 \cdot K/W$；

R_e——外表面换热阻，取 $0.04m^2 \cdot K/W$；

φ——修正系数，应按本附录附表 2.1 采用。

4. 围护结构的传热阻应按下式计算：

$$R_o = R_i + R + R_e \tag{附 2.4}$$

式中　R_o——围护结构的传热阻（$m^2 \cdot K/W$）；

R_i——内表面换热阻（$m^2 \cdot K/W$），应按本附录附表 2.2 采用；

R_e——外表面换热阻（$m^2 \cdot K/W$），应按本附录附表 2.3 采用；

R——围护结构热阻（$m^2 \cdot K/W$）。

附表 2.1　修正系数 φ 值

λ_2/λ_1 或 $\frac{\lambda_2+\lambda_3}{2}/\lambda_1$	φ
0.09～0.10	0.86
0.20～0.39	0.93
0.40～0.69	0.96
0.70～0.99	0.98

注：①表中 λ 为材料的导热系数。当围护结构由两种材料组成时，λ_2 应取较小值，λ_1 应取较大值，然后求两者的比值。
②当围护结构由三种材料组成，或有两种厚度不同的空气间层时，φ 值应按比值 $\frac{\lambda_2+\lambda_3}{2}/\lambda_1$ 确定。空气间层的 λ 值，应按附表 2.4 空气间层的厚度及热阻求得。
③当围护结构中存在圆孔时，应先将圆孔折算成同面积的方孔，然后按上述规定计算。

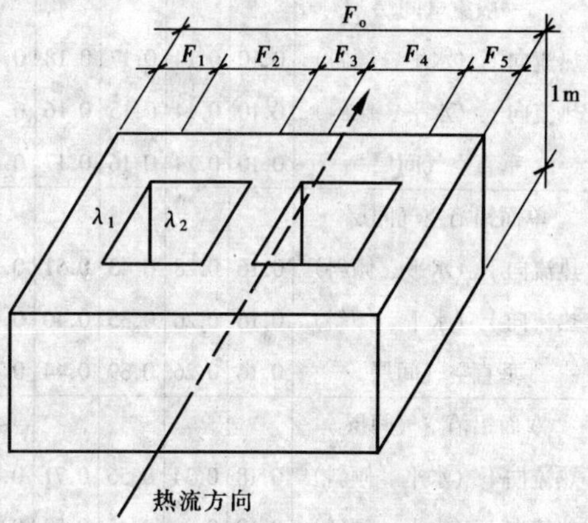

附图 2.1　计算用图

5. 空气间层热阻的确定：

（1）不带铝箔、单面铝箔、双面铝箔封闭空气间层的热阻，应按本附录附表 2.4 采用。

（2）通风良好的空气间层，其热阻可不予考虑。这种空气间层的间层温度可取进气温度，表面换热系数可取 12.0W/（$m^2 \cdot K$）。

附表 2.2　内表面换热系数 α_i 及内表面换热阻 R_i 值

适用季节	表面特征	α_i [W/（$m^2 \cdot K$）]	R_i （$m^2 \cdot K/W$）
冬季和夏季	墙面、地面、表面平整或有肋状突出物的顶棚，当 $h/s \leq 0.3$ 时	8.7	0.11
	有肋状突出物的顶棚，当 $h/s > 0.3$ 时	7.6	0.13

注：表中 h 为肋高，s 为肋间净距。

附表 2.3　外表面换热系数 α_e 及外表面换热阻 R_e 值

适用季节	表面特征	α_e [W/（$m^2 \cdot K$）]	R_e [$m^2 \cdot K/W$]
冬季	外墙、屋顶、与室外空气直接接触的表面	23.0	0.04
	与室外空气相通的不采暖地下室上面的楼板	17.0	0.06
	闷顶、外墙上有窗的不采暖地下室上面的楼板	12.0	0.08
	外墙上无窗的不采暖地下室上面的楼板	6.0	0.17
夏季	外墙和屋顶	19.0	0.05

附表 2.4 空气间层热阻值（$m^2 \cdot K/W$）

位置、热流状况及材料特性	冬季状况							夏季状况						
	间层厚度（mm）							间层厚度（mm）						
	5	10	20	30	40	50	60 以上	5	10	20	30	40	50	60 以上
一般空气间层														
热流向下（水平、倾斜）	0.10	0.14	0.17	0.18	0.19	0.20	0.20	0.09	0.12	0.15	0.15	0.16	0.16	0.15
热流向上（水平、倾斜）	0.10	0.14	0.15	0.16	0.17	0.17	0.17	0.09	0.11	0.13	0.13	0.13	0.13	0.13
垂直空气间层	0.10	0.14	0.16	0.17	0.18	0.18	0.18	0.09	0.12	0.14	0.14	0.15	0.15	0.15
单面铝箔空气间层														
热流向下（水平、倾斜）	0.16	0.28	0.43	0.51	0.57	0.60	0.64	0.15	0.25	0.37	0.44	0.48	0.52	0.54
热流向上（水平、倾斜）	0.16	0.26	0.35	0.40	0.42	0.42	0.43	0.14	0.20	0.28	0.29	0.30	0.30	0.28
垂直空气间层	0.16	0.26	0.39	0.44	0.47	0.49	0.50	0.15	0.22	0.31	0.34	0.36	0.37	0.37
双面铝箔空气间层														
热流向下（水平、倾斜）	0.18	0.34	0.56	0.71	0.84	0.94	1.01	0.16	0.30	0.49	0.63	0.73	0.81	0.86
热流向上（水平、倾斜）	0.17	0.29	0.45	0.52	0.55	0.56	0.57	0.15	0.25	0.34	0.37	0.38	0.38	0.35
垂直空气间层	0.18	0.31	0.49	0.59	0.65	0.69	0.71	0.15	0.27	0.39	0.46	0.49	0.50	0.50

（二）围护结构热惰性指标 D 值的计算

1. 单一材料围护结构或单一材料层的 D 值应按下式计算：

$$D = RS \tag{附 2.5}$$

式中 R——材料层的热阻（$m^2 \cdot K/W$）；

S——材料的蓄热系数［$W/(m^2 \cdot K)$］。

2. 多层围护结构的 D 值应按下式计算：

$$D = D_1 + D_2 + \cdots\cdots + D_n$$

$$= R_1S_1 + R_2S_2 + \cdots\cdots + R_nS_n \tag{附 2.6}$$

式中 R_1、R_2……R_n——各层材料的热阻（$m^2 \cdot K/W$）；

S_1、S_2……S_n——各层材料的蓄热系数［$W/(m^2 \cdot K)$］，空气间层的蓄热系数取 $S = 0$。

3. 如某层有两种以上材料组成，则应先按下式计算该层的平均导热系数：

$$\overline{\lambda} = \frac{\lambda_1F_1 + \lambda_2F_2 + \cdots\cdots + \lambda_nF_n}{F_1 + F_2 + \cdots\cdots + F_n} \tag{附 2.7}$$

然后按下式计算该层的平均热阻：

$$\overline{R} = \frac{\delta}{\overline{\lambda}}$$

该层的平均蓄热系数按下式计算：

$$\overline{S} = \frac{S_1F_1 + S_2F_2 + \cdots\cdots + S_nF_n}{F_1 + F_2 + \cdots\cdots + F_n} \tag{附 2.8}$$

式中 F_1、F_2……F_n——在该层中按平行于热流划分的各个传热面积（m^2）；

λ_1、λ_2……λ_n——各个传热面积上材料的导热系数[W/（m·K）]；

S_1、S_2……S_n——各个传热面积上材料的蓄热系数[W/（m^2·K）]。

该层的热惰性指标 D 值应按下式计算：

$$D = \overline{R}\,\overline{S}$$

（三）地面吸热指数 B 值的计算

地面吸热指数 B 值，应根据地面中影响吸热的界面位置，按下面几种情况计算：

1. 影响吸热的界面在最上一层内，即当：

$$\frac{\delta_1^2}{a_1\tau} \geqslant 3.0 \tag{附 2.9}$$

式中 δ_1——最上一层材料的厚度（m）；

a_1——最上一层材料的导温系数（m^2/h）；

τ——人脚与地面接触的时间，取 0.2h。

这时，B 值应按下式计算：

$$B = b_1 = \sqrt{\lambda_1 c_1 \rho_1} \tag{附 2.10}$$

式中 b_1——最上一层材料的热渗透系数[W/（$m^2 \cdot h^{-1/2} \cdot K$）]；

c_1——最上一层材料的比热容［W·h/（kg·K）］；

λ_1——最上一层材料的导热系数[W/（m·K）]；

ρ_1——最上一层材料的密度（kg/m^3）。

2. 影响吸热的界面在第二层内，即当：

$$\frac{\delta_1^2}{a_1\tau} + \frac{\delta_2^2}{a_2\tau} \geqslant 3.0 \tag{附 2.11}$$

式中 δ_2——第二层材料的厚度（m）；

a_2——第二层材料的导温系数（m^2/h）。

这时，B 值应按下式计算：

$$B = b_1(1 + K_{1,2}) \tag{附 2.12}$$

式中 $K_{1,2}$——第 1、2 两层地面吸热计算系数，根据 b_2/b_1 和 $\delta_1^2/a_1\tau$ 两值按附表 2.5 查得；

b_2——第二层材料的热渗透系数[W/（$m^2 \cdot h^{-1/2} \cdot K$）]。

3. 影响吸热的界面在第二层以下，即按式（附 2.11）求得的结果小于 3.0，则影响吸热的界面位于第三层或更深处。这时，可仿照式（附 2.12）求出 $B_{2,3}$或 $B_{3,4}$等，然后按顺序依次求出 $B_{1,2}$值。这时，式中的 $K_{1,2}$值应根据 $B_{2,3}/b_1$ 和 $\delta_1^2/a_1\tau$ 值按附表 2.5 查得。

附表 2.5 地面吸热计算系数 *K* 值

$\frac{b_2}{b_1}$ \ $\frac{\delta_1^2}{a_1\tau}$	0.005	0.01	0.05	0.10	0.15	0.20	0.25	0.30	0.40	0.50	0.60	0.80	1.00	1.50	2.00	3.00
0.2	-0.82	-0.80	-0.80	-0.79	-0.78	-0.78	-0.77	-0.76	-0.73	-0.70	-0.65	-0.56	-0.47	-0.30	-0.18	-0.07
0.3	-0.70	-0.70	-0.69	-0.69	-0.68	-0.67	0.66	-0.64	-0.61	-0.58	-0.54	-0.46	-0.39	-0.24	-0.15	-0.05
0.4	-0.60	-0.60	-0.59	-0.58	-0.57	-0.56	-0.55	-0.54	-0.51	-0.47	-0.44	-0.37	-0.31	-0.19	-0.12	-0.04
0.5	-0.50	-0.50	-0.49	-0.48	-0.47	-0.46	-0.45	-0.43	-0.41	-0.38	-0.35	-0.29	-0.24	-0.15	-0.09	-0.03
0.6	-0.40	-0.40	-0.39	-0.38	-0.37	-0.36	-0.35	-0.34	-0.31	-0.29	-0.26	-0.22	-0.18	-0.11	-0.07	-0.03
0.7	-0.30	-0.30	-0.29	-0.28	-0.27	-0.26	-0.25	-0.24	-0.22	-0.21	-0.19	-0.16	-0.13	-0.08	-0.05	-0.02
0.8	-0.20	-0.20	-0.19	-0.19	-0.18	-0.17	-0.16	-0.16	-0.14	-0.13	-0.12	-0.10	-0.08	-0.05	-0.03	0.00
0.9	-0.10	-0.10	-0.10	-0.09	-0.09	-0.08	-0.08	-0.08	-0.07	-0.06	-0.06	-0.05	-0.04	-0.02	-0.01	0.00
1.1	0.10	0.10	0.09	0.09	0.09	0.08	0.08	0.07	0.07	0.06	0.05	0.04	0.04	0.02	0.01	0.00
1.2	0.20	0.20	0.19	0.18	0.17	0.16	0.15	0.14	0.13	0.11	0.10	0.08	0.07	0.04	0.03	0.00
1.3	0.30	0.30	0.28	0.26	0.24	0.23	0.22	0.20	0.18	0.16	0.15	0.13	0.10	0.06	0.04	0.01
1.4	0.40	0.40	0.38	0.34	0.32	0.30	0.28	0.26	0.24	0.21	0.19	0.15	0.12	0.08	0.05	0.02
1.5	0.50	0.49	0.46	0.42	0.39	0.37	0.34	0.32	0.29	0.25	0.23	0.18	0.15	0.09	0.05	0.02
1.6	0.60	0.59	0.55	0.50	0.46	0.43	0.40	0.38	0.33	0.30	0.26	0.21	0.17	0.10	0.06	0.02
1.7	0.70	0.68	0.63	0.58	0.53	0.49	0.46	0.43	0.38	0.33	0.30	0.24	0.19	0.12	0.07	0.03
1.8	0.79	0.78	0.71	0.65	0.60	0.55	0.51	0.48	0.42	0.37	0.33	0.26	0.21	0.13	0.08	0.03
1.9	0.89	0.88	0.80	0.72	0.66	0.61	0.56	0.52	0.46	0.40	0.36	0.29	0.23	0.14	0.08	0.03
2.0	0.99	0.97	0.88	0.79	0.72	0.66	0.61	0.57	0.49	0.44	0.39	0.31	0.25	0.15	0.09	0.03
2.2	1.18	1.16	1.03	0.92	0.83	0.76	0.70	0.65	0.56	0.49	0.44	0.35	0.28	0.17	0.10	0.04
2.4	1.37	1.35	1.19	1.04	0.94	0.85	0.78	0.72	0.62	0.55	0.48	0.38	0.31	0.19	0.11	0.04
2.6	1.57	1.53	1.33	1.16	1.04	0.94	0.86	0.79	0.68	0.60	0.52	0.42	0.34	0.20	0.12	0.04
2.8	1.77	1.72	1.47	1.27	1.13	1.02	0.93	0.85	0.73	0.66	0.56	0.45	0.36	0.21	0.13	0.05
3.0	1.95	1.89	1.60	1.37	1.21	1.09	0.99	0.91	0.78	0.68	0.60	0.47	0.38	0.23	0.14	0.05

（四）室外综合温度的计算

1. 室外综合温度各小时值应按下式计算：

$$t_{sa} = t_e + \frac{\rho I}{\alpha_e} \qquad (附 2.13)$$

式中 t_{sa}——室外综合温度（℃）；

t_e——室外空气温度（℃）；

I——水平或垂直面上的太阳辐射照度（W/m²）；

ρ——太阳辐射吸收系数，应按本附录附表 2.6 采用；

α_e——外表面换热系数，取 19.0W/（m²·K）。

2. 室外综合温度平均值应按下式计算：

$$\bar{t}_{sa} = \bar{t}_e + \frac{\rho \bar{I}}{\alpha_e} \qquad (附 2.14)$$

式中 $\bar{t}_{sa}$——室外综合温度平均值（℃）；

$\bar{t}_e$——室外空气温度平均值（℃），应按本规范附录三附表 3.2 采用；

$\bar{I}$——水平或垂直面上太阳辐射照度平均值（W/m²），应按本规范附录三附表 3.3 采用；

ρ——太阳辐射吸收系数，应按本附录附表 2.6 采用；

α_e——外表面换热系数，取 19.0 W/（$m^2·K$）。

3. 室外综合温度波幅应按下式计算：

$$A_{tsa} = (A_{te} + A_{ts})\beta \tag{附 2.15}$$

式中 A_{tsa}——室外综合温度波幅（℃）；

A_{te}——室外空气温度波幅（℃），应按本规范附录三附表 3.2 采用；

A_{ts}——太阳辐射当量温度波幅（℃），应按下式计算：

$$A_{ts} = \frac{\rho(I_{max} - \overline{I})}{\alpha_e} \tag{附 2.16}$$

I_{max}——水平或垂直面上太阳辐射照度最大值（W/m^2），应按本规范附录三附表 3.3 采用；

$\overline{I}$——水平或垂直面上太阳辐射照度平均值（W/m^2），应按本规范附录三附表 3.3 采用；

α_e——外表面换热系数，取 19.0W/（$m^2·K$）；

β——相位差修正系数，根据 A_{te} 与 A_{ts} 的比值（两者中数值较大者为分子）及 φ_{te} 与 φ_I 之间的差值按本附录附表 2.7 采用；

ρ——太阳辐射吸收系数，应按本附录附表 2.6 采用。

附表 2.6 太阳辐射吸收系数 ρ 值

外表面材料	表面状况	色泽	ρ 值
红瓦屋面	旧	红褐色	0.70
灰瓦屋面	旧	浅灰色	0.52
石棉水泥瓦屋面		浅灰色	0.75
油毡屋面	旧，不光滑	黑色	0.85
水泥屋面及墙面		青灰色	0.70
红砖墙面		红褐色	0.75
硅酸盐砖墙面	不光滑	灰白色	0.50
石灰粉刷墙面	新，光滑	白色	0.48
水刷石墙面	旧，粗糙	灰白色	0.70
浅色饰面砖及浅色涂料		浅黄、浅绿色	0.50
草坪		绿色	0.80

附表 2.7 相位差修正系数 β 值

$\frac{A_{tsa}}{\nu_o}$ 与 $\frac{A_{ti}}{\nu_i}$ 的比值或 A_{te} 与 A_{ts} 的比值	$\Delta\varphi = (\varphi_{tsa} + \xi_o) - (\varphi_{ti} + \xi_i)$ 或 $\Delta\varphi = \varphi_{te} - \varphi_I$ (h)									
	1	2	3	4	5	6	7	8	9	10
1.0	0.99	0.97	0.92	0.87	0.79	0.71	0.60	0.50	0.38	0.26
1.5	0.99	0.97	0.93	0.87	0.80	0.72	0.63	0.53	0.42	0.32
2.0	0.99	0.97	0.93	0.88	0.81	0.74	0.66	0.58	0.49	0.41
2.5	0.99	0.97	0.94	0.89	0.83	0.76	0.69	0.62	0.55	0.49
3.0	0.99	0.97	0.94	0.90	0.85	0.79	0.72	0.65	0.60	0.55
3.5	0.99	0.97	0.94	0.91	0.86	0.81	0.76	0.69	0.64	0.59
4.0	0.99	0.97	0.95	0.91	0.87	0.82	0.77	0.72	0.67	0.63
4.5	0.99	0.97	0.95	0.92	0.88	0.83	0.79	0.74	0.70	0.66
5.0	0.99	0.98	0.95	0.92	0.89	0.85	0.81	0.76	0.72	0.69

注：表中 φ_{tsa} 为室外综合温度最大值的出现时间(h)，通常可取：水平及南向，13；东向，9；西向，16。

（五）围护结构衰减倍数和延迟时间的计算

1. 多层围护结构的衰减倍数应按下式计算：

$$\nu_o = 0.9e^{\frac{D}{\sqrt{2}}}\frac{S_1+\alpha_i}{S_1+Y_1}\cdot\frac{S_2+Y_1}{S_2+Y_2}\cdots\cdots\frac{Y_{K-1}}{Y_K}\cdots\cdots\frac{S_n+Y_{n-1}}{S_n+Y_n}\cdot\frac{Y_n+\alpha_e}{\alpha_e} \tag{附 2.17}$$

式中 ν_o——围护结构的衰减倍数；

D——围护结构的热惰性指标，应按本附录中（二）的规定计算；

α_i、α_e——分别为内、外表面换热系数，取 $\alpha_i=8.7\text{W/(m}^2\cdot\text{K)}$，$\alpha_e=19.0\text{W/(m}^2\cdot\text{K)}$；

S_1、S_2……S_n——由内到外各层材料的蓄热系数［W/（m^2·K)］，空气间层取 $S=0$；

Y_1、Y_2……Y_n——由内到外各层（见附图 2.2）材料外表面蓄热系数［W/（m^2·K)］，应按本附录中（七）1. 的规定计算；

Y_K、Y_{K-1}——分别为空气间层外表面和空气间层前一层材料外表面的蓄热系数［W/（m^2·K)］。

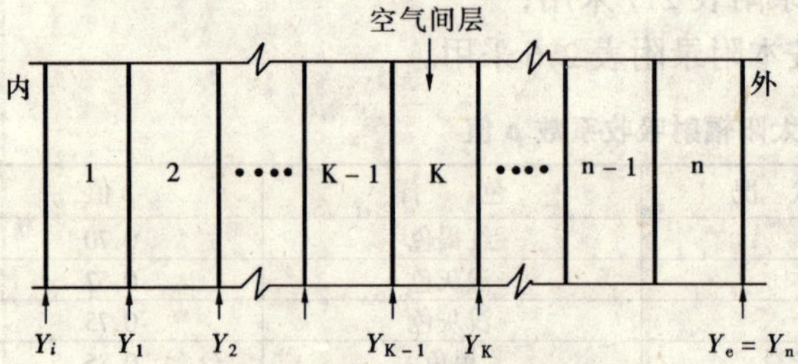

附图 2.2　多层围护结构的层次排列

2. 多层围护结构延迟时间应按下式计算：

$$\xi_o = \frac{1}{15}\left(40.5D - \text{arctg}\frac{\alpha_i}{\alpha_i+Y_i\sqrt{2}} + \text{arctg}\frac{R_K\cdot Y_{Ki}}{R_K\cdot Y_{Ki}+\sqrt{2}} + \text{arctg}\frac{Y_e}{Y_e+\alpha_e\sqrt{2}}\right) \tag{附 2.18}$$

式中 ξ_o——围护结构延迟时间（h）；

Y_e——围护结构外表面（亦即最后一层外表面）蓄热系数［W/（m^2·K)］，应按本附录中（七）2. 的规定计算；

R_K——空气间层热阻（m^2·K/W)，应按本规范附录二附表 2.4 采用；

Y_{Ki}——空气间层内表面蓄热系数［W/（m^2·K)］，参照本附录中（七）2. 的规定计算。

（六）室内空气到内表面的衰减倍数及延迟时间的计算

1. 室内空气到内表面的衰减倍数应按下式计算：

$$\nu_i = 0.95\frac{\alpha_i+Y_i}{\alpha_i} \tag{附 2.19}$$

2. 室内空气到内表面的延迟时间应按下式计算：

$$\xi_i = \frac{1}{15}\text{arctg}\frac{Y_i}{Y_i+\alpha_i\sqrt{2}} \tag{附 2.20}$$

式中 ν_i——内表面衰减倍数；

ξ_i——内表面延迟时间（h）；

α_i——内表面换热系数 [W/ ($m^2 \cdot K$)];

Y_i——内表面蓄热系数 [W/ ($m^2 \cdot K$)]。

(七) 表面蓄热系数的计算

1. 多层围护结构各层外表面蓄热系数应按下列规定由内到外逐层(见附图 2.2)进行计算:

如果任何一层的 $D \geqslant 1$,则 $Y = S$,即取该层材料的蓄热系数。

如果第一层的 $D < 1$,则:

$$Y_1 = \frac{R_1 S_1^2 + \alpha_i}{1 + R_1 \alpha_i}$$

如果第二层的 $D < 1$,则:

$$Y_2 = \frac{R_2 S_2^2 + Y_1}{1 + R_2 Y_1}$$

其余类推,直到最后一层(第 n 层):

$$Y_n = \frac{R_n S_n^2 + Y_{n-1}}{1 + R_n Y_{n-1}}$$

式中 S_1、S_2……S_n——各层材料的蓄热系数 [W/ ($m^2 \cdot K$)];

R_1、R_2……R_n——各层材料的热阻 ($m^2 \cdot K/W$);

Y_1、Y_2……Y_n——各层材料的外表面蓄热系数 [W/ ($m^2 \cdot K$)];

α_i——内表面换热系数[W/ ($m^2 \cdot K$)]。

2. 多层围护结构外表面蓄热系数应取最后一层材料的外表面蓄热系数,即 $Y_e = Y_n$。

3. 多层围护结构内表面蓄热系数应按下列规定计算:

如果多层围护结构中的第一层(即紧接内表面的一层)$D_1 \geqslant 1$,则多层围护结构内表面蓄热系数应取第一层材料的蓄热系数,即 $Y_i = S_1$。

如果多层围护结构中最接近内表面的第 m 层,其 $D_m \geqslant 1$,则取 $Y_m = S_m$,然后从第 $m-1$层开始,由外向内逐层(层次排列见附图 2.2)计算,直至第一层的 Y_1,即为所求的多层围护结构内表面蓄热系数。

如果多层围护结构中的每一层 D 值均小于 1,则计算应从最后一层(第 n 层)开始,然后由外向内逐层计算,直至第一层的 Y_1,即为所求的多层围护结构内表面蓄热系数。

(八) 围护结构内表面最高温度的计算

1. 非通风围护结构内表面最高温度可按下式计算:

$$\theta_{i \cdot max} = \overline{\theta}_i + \left(\frac{A_{tsa}}{\nu_o} + \frac{A_{ti}}{\nu_i}\right)\beta \quad \text{(附 2.21)}$$

内表面平均温度可按下式计算:

$$\overline{\theta}_i = \overline{t}_i + \frac{\overline{t}_{sa} - \overline{t}_i}{R_o \alpha_i} \quad \text{(附 2.22)}$$

式中 $\theta_{i \cdot max}$——内表面最高温度 (℃);

$\overline{\theta}_i$——内表面平均温度 (℃);

$\overline{t}_i$——室内计算温度平均值（℃），取 $\overline{t}_i = \overline{t}_e + 1.5℃$；

$\overline{t}_e$——室外计算温度平均值（℃），应按本规范附录三附表 3.2 采用；

A_{ti}——室内计算温度波幅值（℃），取 $A_{ti} = A_{te} - 1.5℃$，A_{te}为室外计算温度波幅值，应按本规范附录三附表 3.2 采用；

$\overline{t}_{sa}$——室外综合温度平均值（℃），应按本附录式（附 2.14）计算；

A_{tsa}——室外综合温度波幅值（℃），应按本附录式（附 2.15）计算；

ν_o——围护结构衰减倍数，应按本附录式（附 2.17）计算；

ξ_o——围护结构延迟时间（h），应按本附录式（附 2.18）计算；

ν_i——室内空气到内表面的衰减倍数，应按本附录式（附 2.19）计算；

ξ_i——室内空气到内表面的延迟时间（h），应按本附录式（附 2.20）计算；

β——相位差修正系数，根据$\frac{A_{tsa}}{\nu_o}$与$\frac{A_{ti}}{\nu_i}$的比值（两者中数值较大者为分子）及（$\varphi_{tsa} + \xi_o$）与（$\varphi_{ti} + \xi_i$）的差值，按本附录附表 2.7 采用；

φ_{ti}——室内空气温度最大值出现时间（h），通常取 16；

φ_{te}——室外空气温度最大值出现时间（h），通常取 15；

φ_I——太阳辐射照度最大值出现时间（h），通常取：水平及南向，12；东向，8；西向，16；

A_{te}——室外计算温度波幅值（℃），应按本规范附录三附表 3.2 采用；

A_{ts}——太阳辐射当量温度波幅值（℃），应按本附录式（附 2.16）计算。

2. 通风屋顶内表面最高温度的计算：

对于薄型面层（如混凝土薄板　大阶砖等）、厚型基层（如混凝土实心板、空心板等）、间层高度为 20cm 左右的通风屋顶，其内表面最高温度应按下列规定计算：

（1）面层下表面温度最高值、平均值和波幅值应分别按下列三式计算：

$$\theta_{1\cdot max} = 0.8 t_{sa\cdot max} \tag{附 2.23}$$

$$\overline{\theta}_1 = 0.54 t_{sa\cdot max} \tag{附 2.24}$$

$$A_{\theta 1} = 0.26 t_{sa\cdot max} \tag{附 2.25}$$

式中　$\theta_{1\cdot max}$——面层下表面温度最高值（℃）；

$\overline{\theta}_1$——面层下表面温度平均值（℃）；

$A_{\theta 1}$——面层下表面温度波幅值（℃）；

$t_{sa\cdot max}$——室外综合温度最高值（℃），应按本附录式（附 2.13）计算室外综合温度各小时值，然后取其中的最高值。

（2）间层综合温度（作为基层上表面的热作用）的平均值和波幅值应分别按下列二式计算：

$$\overline{t}_{vc\cdot sy} = 0.5(\overline{t}_{vc} + \overline{\theta}_1) \tag{附 2.26}$$

$$A_{tvc\cdot sy} = 0.5(A_{tvc} + A_{\theta 1}) \tag{附 2.27}$$

式中　$\overline{t}_{vc\cdot sy}$——间层综合温度平均值（℃）；

$A_{tvc \cdot sy}$——间层综合温度波幅值（℃）；

$\bar{t}_{vc}$——间层空气温度平均值（℃），取 $\bar{t}_{vc}=1.06\bar{t}_e$，$\bar{t}_e$ 为室外计算温度平均值；

A_{tvc}——间层空气温度波幅值（℃），取 $A_{tvc}=1.3A_{te}$，A_{te}为室外计算温度波幅值；

$\bar{\theta}_1$——面层下表面温度平均值（℃）；

A_{θ_1}——面层下表面温度波幅值（℃）。

(3) 在求得间层综合温度后，即可按本附录中（八）1. 同样的方法计算基层内表面（即下表面）最高温度。计算中，间层综合温度最高值出现时间取 $\varphi_{tvc \cdot sy}=13.5h$。

附录三　室外计算参数

附表 3.1　围护结构冬季室外计算参数及最冷最热月平均温度

地　名	冬季室外计算温度 t_e(℃)				设计计算用采暖期				冬季室外平均风速(m/s)	最冷月平均温度(℃)	最热月平均温度(℃)
	Ⅰ型	Ⅱ型	Ⅲ型	Ⅳ型	天数 Z(d)	平均温度 $\bar{t}_e$(℃)	平均相对湿度 $\bar{\varphi}_e$(%)	度日数 D_{di}(℃·d)			
北京市	-9	-12	-14	-16	125(129)	-1.6	50	2450	2.8	-4.5	25.9
天津市	-9	-11	-12	-13	119(122)	-1.2	57	2285	2.9	-4.0	26.5
河北省											
石家庄	-8	-12	-14	-17	112(117)	-0.6	56	2083	1.8	-2.9	26.6
张家口	-15	-18	-21	-23	153(155)	-4.8	42	3488	3.5	-9.6	23.3
秦皇岛	-11	-13	-15	-17	135	-2.4	51	2754	3.0	-6.0	24.5
保　定	-9	-11	-13	-14	119(124)	-1.2	60	2285	2.1	-4.1	26.6
邯　郸	-7	-9	-11	-13	108	0.1	60	1933	2.5	-2.1	26.9
唐　山	-10	-12	-14	-15	127(137)	-2.9	55	2654	2.5	-5.6	25.5
承　德	-14	-16	-18	-20	144(147)	-4.5	44	3240	1.3	-9.4	24.5
丰　宁	-17	-20	-23	-25	163	-5.6	44	3847	2.7	-11.9	22.1
山西省											
太　原	-12	-14	-16	-18	135(144)	-2.7	53	2795	2.4	-6.5	23.5
大　同	-17	-20	-22	-24	162(165)	-5.2	49	3758	3.0	-11.3	21.8
长　治	-13	-17	-19	-22	135	-2.7	58	2795	1.4	-6.8	22.8
五台山	-28	-32	-34	-37	273	-8.2	62	7153	12.5	-18.3	9.5
阳　泉	-11	-12	-15	-16	124(129)	-1.3	46	2393	2.4	-4.2	24.0
临　汾	-9	-13	-15	-18	113	-1.1	54	2158	2.0	-3.9	26.0
晋　城	-9	-12	-15	-17	121	-0.9	53	2287	2.4	-3.7	24.0
运　城	-7	-9	-11	-13	102	0.0	57	1836	2.6	-2.0	27.2
内蒙古自治区											
呼和浩特	-19	-21	-23	-25	166(171)	-6.2	53	4017	1.6	-12.9	21.9
锡林浩特	-27	-29	-31	-33	190	-10.5	60	5415	3.3	-19.8	20.9
海拉尔	-34	-38	-40	-43	209(213)	-14.3	69	6751	2.4	-26.7	19.6
通　辽	-20	-23	-25	-27	165(167)	-7.4	48	4191	3.5	-14.3	23.9
赤　峰	-18	-21	-23	-25	160	-6.0	40	3840	2.4	-11.7	23.5
满州里	-31	-34	-36	-38	211	-12.8	64	6499	3.9	-23.8	19.4
博克图	-28	-31	-34	-36	210	-11.3	63	6153	3.3	-21.3	17.7
二连浩特	-26	-30	-32	-35	180(184)	-9.9	53	5022	3.9	-18.6	22.9
多　伦	-26	-29	-31	-33	192	-9.2	62	5222	3.8	-18.2	18.7
白云鄂博	-23	-26	-28	-30	191	-8.2	52	5004	6.2	-16.0	19.5

续附表 3.1

地名	冬季室外计算温度 t_e(℃)				设计计算用采暖期				冬季室外平均风速(m/s)	最冷月平均温度(℃)	最热月平均温度(℃)
	Ⅰ型	Ⅱ型	Ⅲ型	Ⅳ型	天数 Z(d)	平均温度 t_e(℃)	平均相对湿度 $\overline{\varphi}_e$(%)	度日数 D_{di}(℃·d)			
辽宁省											
沈阳	-19	-21	-23	-25	152	-5.7	58	3602	3.0	-12.0	24.6
丹东	-14	-17	-19	-21	144(151)	-3.5	60	3096	3.7	-8.4	23.2
大连	-11	-14	-17	-19	131(132)	-1.6	58	2568	5.6	-4.9	23.9
阜新	-17	-19	-21	-23	156	-6.0	50	3744	2.2	-11.6	24.3
抚顺	-21	-24	-27	-29	162(160)	-6.6	65	3985	2.7	-14.2	23.6
朝阳	-16	-18	-20	-22	148(154)	-5.2	42	3434	2.7	-10.7	24.7
本溪	-19	-21	-23	-25	151	-5.7	62	3579	2.6	-12.2	24.2
锦州	-15	-17	-19	-20	144(147)	-4.1	47	3182	3.8	-8.9	24.3
鞍山	-18	-21	-23	-25	144(148)	-4.8	59	3283	3.4	-10.1	24.8
锦西	-14	-16	-18	-19	143	-4.2	50	3175	3.4	-9.0	24.2
吉林省											
长春	-23	-26	-28	-30	170(174)	-8.3	63	4471	4.2	-16.4	23.0
吉林	-25	-29	-31	-34	171(175)	-9.0	68	4617	3.0	-18.1	22.9
延吉	-20	-22	-24	-26	170(174)	-7.1	58	4267	2.9	-14.4	21.3
通化	-24	-26	-28	-30	168(173)	-7.7	69	4318	1.3	-16.1	22.2
双辽	-21	-23	-25	-27	167	-7.8	61	4309	3.4	-15.5	23.7
四平	-22	-24	-26	-28	163(162)	-7.4	61	4140	3.0	-14.8	23.6
白城	-23	-25	-27	-28	175	-9.0	54	4725	3.5	-17.1	23.3
黑龙江省											
哈尔滨	-26	-29	-31	-33	176(179)	-10.0	66	4928	3.6	-19.4	22.8
嫩江	-33	-36	-39	-41	197	-13.5	66	6206	2.5	-25.2	20.6
齐齐哈尔	-25	-28	-30	-32	182(186)	-10.2	62	5132	2.9	-19.4	22.8
富锦	-25	-28	-30	-32	184	-10.6	65	5262	3.9	-20.2	21.9
牡丹江	-24	-27	-29	-31	178(180)	-9.4	65	4877	2.3	-18.3	22.0
呼玛	-39	-42	-45	-47	210	-14.5	69	6825	1.7	-27.4	20.2
佳木斯	-26	-29	-32	-34	180(183)	-10.3	68	5094	3.4	-19.7	22.1
安达	-26	-29	-32	-34	180(182)	-10.4	64	5112	3.5	-19.9	22.9
伊春	-30	-33	-35	-37	193(197)	-12.4	70	5867	2.0	-23.6	20.6
克山	-29	-31	-33	-35	191	-12.1	66	5749	2.4	-22.7	21.4
上海市	-2	-4	-6	-7	54(62)	3.7	76	772	3.0	3.5	27.8
江苏省											
南京	-3	-5	-7	-9	75(83)	3.0	74	1125	2.6	1.9	27.9
徐州	-5	-8	-10	-12	94(97)	1.4	63	1560	2.7	0.0	27.0
连云港	-5	-7	-9	-11	96(105)	1.4	68	1594	2.9	-0.2	26.8
浙江省											
杭州	-1	-3	-5	-6	51(61)	4.0	80	714	2.3	3.7	28.5
宁波	0	-2	-3	-4	42(50)	4.3	80	575	2.8	4.1	28.1
安徽省											
合肥	-3	-7	-10	-13	70(75)	2.9	73	1057	2.6	2.0	28.2
阜阳	-6	-9	-12	-14	85	2.1	66	1352	2.8	0.8	27.7
蚌埠	-4	-7	-10	-12	83(77)	2.3	68	1303	2.5	1.0	28.0
黄山	-11	-15	-17	-20	121	-3.4	64	2589	6.2	-3.1	17.7
福建省											
福州	6	4	3	2	0	—	—	—	2.6	10.4	28.8

续附表 3.1

地　名	冬季室外计算温度 t_e(℃)				设计计算用采暖期				冬季室外平均风速 (m/s)	最冷月平均温度 (℃)	最热月平均温度 (℃)
	Ⅰ型	Ⅱ型	Ⅲ型	Ⅳ型	天数 Z(d)	平均温度 $\bar{t}_e$(℃)	平均相对湿度 $\bar{\varphi}_e$(%)	度日数 D_{di}(℃·d)			
江西省											
南　昌	0	-2	-4	-6	17(35)	4.7	74	226	3.6	4.9	29.5
天目山	-10	-13	-15	-17	136	-2.0	68	2720	6.3	-2.9	20.2
庐　山	-8	-11	-13	-15	106	1.7	70	1728	5.5	-0.2	22.5
山东省											
济　南	-7	-10	-12	-14	101(106)	0.6	52	1757	3.1	-1.4	27.4
青　岛	-6	-9	-11	-13	110(111)	0.9	66	1881	5.6	-1.2	25.2
烟　台	-6	-8	-10	-12	111(112)	0.5	60	1943	4.6	-1.6	25.0
德　州	-8	-12	-14	-17	113(118)	-0.8	63	2124	2.6	-3.4	26.9
淄　博	-9	-12	-14	-16	111(116)	-0.5	61	2054	2.6	-3.0	26.8
泰　山	-16	-19	-22	-24	166	-3.7	52	3602	7.3	-8.6	17.8
兖　州	-7	-9	-11	-12	106	-0.4	62	1950	2.9	-1.9	26.9
河南省											
郑　州	-5	-7	-9	-11	98(102)	1.4	58	1627	3.4	-0.3	27.2
安　阳	-7	-11	-13	-15	105(109)	0.3	59	1859	2.3	-1.8	26.9
濮　阳	-7	-9	-11	-12	107	0.2	69	1905	3.1	-2.2	26.9
新　乡	-5	-8	-11	-13	100(105)	1.2	63	1680	2.6	-0.7	27.0
洛　阳	-5	-8	-10	-12	91(95)	1.8	55	1474	2.4	0.3	27.4
南　阳	-4	-8	-11	-14	84(89)	2.2	67	1327	2.5	0.9	27.3
信　阳	-4	-7	-10	-12	78	2.6	72	1201	2.2	1.6	27.6
商　丘	-6	-9	-12	-14	101(106)	1.1	67	1707	3.0	-0.9	27.0
开　封	-5	-7	-9	-10	102(106)	1.3	63	1703	3.5	-0.5	27.0
湖北省											
武　汉	-2	-6	-8	-11	58(67)	3.4	77	847	2.6	3.0	28.7
湖南省											
长　沙	0	-3	-5	-7	30(45)	4.6	81	402	2.7	4.6	29.3
南　岳	-7	-10	-13	-15	86	1.3	80	1436	5.7	0.1	21.6
广东省											
广　州	7	5	4	3	0	—	—	—	2.2	13.3	28.4
广西壮族自治区											
南　宁	7	5	3	2	0	—	—	—	1.7	12.7	28.3
四川省											
成　都	2	1	0	-1	0	—	—	—	0.9	5.4	25.5
阿　坝	-12	-16	-20	-23	189	-2.8	57	3931	1.2	-7.9	12.5
甘　孜	-10	-14	-18	-21	165(169)	-0.9	43	3119	1.6	-4.4	14.0
康　定	-7	-9	-11	-12	139	0.2	65	2474	3.1	-2.6	15.6
峨嵋山	-12	-14	-15	-16	202	-1.5	83	3939	3.6	-6.0	11.8
贵州省											
贵　阳	-1	-2	-4	-6	20(42)	5.0	78	260	2.2	4.9	24.1
毕　节	-2	-3	-5	-7	70(81)	3.2	85	1036	0.9	2.4	21.8
安　顺	-2	-3	-5	-6	43(48)	4.1	82	598	2.4	4.1	22.0
威　宁	-5	-7	-9	-11	80(98)	3.0	78	1200	3.4	1.9	17.7
云南省											
昆　明	13	11	10	9	0	—	—	—	2.5	7.7	19.8

续附表 3.1

地　名	冬季室外计算温度 t_e(℃)				设计计算用采暖期				冬季室外平均风速(m/s)	最冷月平均温度(℃)	最热月平均温度(℃)
	Ⅰ型	Ⅱ型	Ⅲ型	Ⅳ型	天数 Z(d)	平均温度 $\bar{t}_e$(℃)	平均相对湿度 $\bar{\varphi}_e$(%)	度日数 D_{di}(℃·d)			
西藏自治区											
拉　萨	-6	-8	-9	-10	142(149)	0.5	35	2485	2.2	-2.3	15.5
噶　尔	-17	-21	-24	-27	240	-5.5	28	5640	3.0	-12.4	13.6
日喀则	-8	-12	-14	-17	158(160)	-0.5	28	2923	1.8	-3.9	14.6
陕西省											
西　安	-5	-8	-10	-12	100(101)	0.9	66	1710	1.7	-0.9	26.4
榆　林	-16	-20	-23	-26	148(145)	-4.4	56	3315	1.8	-10.2	23.3
延　安	-12	-14	-16	-18	130(133)	-2.6	57	2678	2.1	-6.3	22.9
宝　鸡	-5	-7	-9	-11	101(104)	1.1	65	1707	1.0	-0.7	25.4
华　山	-14	-17	-20	-22	164	-2.8	57	3411	5.4	-6.7	17.5
汉　中	-1	-2	-4	-5	75(83)	3.1	76	1118	0.9	2.1	25.4
甘肃省											
兰　州	-11	-13	-15	-16	132(135)	-2.8	60	2746	0.5	-6.7	22.2
酒　泉	-16	-19	-21	-23	155(154)	-4.4	52	3472	2.1	-9.9	21.8
敦　煌	-14	-18	-20	-23	138(140)	-4.1	49	3053	2.1	-9.1	24.6
张　掖	-16	-19	-21	-23	156	-4.5	55	3510	1.9	-10.1	21.4
山　丹	-17	-21	-25	-28	165(172)	-5.1	55	3812	2.3	-11.3	20.3
平　凉	-10	-13	-15	-17	137(141)	-1.7	59	2699	2.1	-5.5	21.0
天　水	-7	-10	-12	-14	116(117)	-0.3	67	2123	1.3	-2.9	22.5
青海省											
西　宁	-13	-16	-18	-20	162(165)	-3.3	50	3451	1.7	-8.2	17.2
玛　多	-23	-29	-34	-38	284	-7.2	56	7159	2.9	-16.7	7.5
大柴旦	-19	-22	-24	-26	205	-6.8	34	5084	1.4	-14.0	15.1
共　和	-15	-17	-19	-21	182	-4.9	44	4168	1.6	-10.9	15.2
格尔木	-15	-18	-21	-23	179(189)	-5.0	35	4117	2.5	-10.6	17.6
玉　树	-13	-15	-17	-19	194	-3.1	46	4093	1.2	-7.8	12.5
宁夏回族自治区											
银　川	-15	-18	-21	-23	145(149)	-3.8	57	3161	1.7	-8.9	23.4
中　宁	-12	-16	-19	-22	137	-3.1	52	2891	2.9	-7.6	23.3
固　原	-14	-17	-20	-22	162	-3.3	57	3451	2.8	-8.3	18.8
石嘴山	-15	-18	-20	-22	149(152)	-4.1	49	3293	2.6	-9.2	23.5
新疆维吾尔自治区											
乌鲁木齐	-22	-26	-30	-33	162(157)	-8.5	75	4293	1.7	-14.6	23.5
塔　城	-23	-27	-30	-33	163	-6.5	71	3994	2.1	-12.1	22.3
哈　密	-19	-22	-24	-26	137	-5.9	48	3274	2.2	-12.1	27.1
伊　宁	-20	-26	-30	-34	139(143)	-4.8	75	3169	1.6	-9.7	22.7
喀　什	-12	-14	-16	-18	118(122)	-2.7	63	2443	1.2	-6.4	25.8
富　蕴	-36	-40	-42	-45	178	-12.6	73	5447	0.5	-21.7	21.4
克拉玛依	-24	-28	-31	-33	146(149)	-9.2	68	3971	1.5	-16.4	27.5
吐鲁番	-15	-19	-21	-24	117(121)	-5.0	50	2691	0.9	-9.3	32.6
库　车	-15	-18	-20	-22	123	-3.6	56	2657	1.9	-8.2	25.8
和　田	-10	-13	-16	-18	112(114)	-2.1	50	2251	1.6	-5.5	25.5
台湾省											
台　北	11	9	8	7	0	—	—	—	3.7	14.8	28.6
香　港	10	8	7	6	0	—	—	—	6.3	15.6	28.6

注：①表中设计计算用采暖期仅供建筑热工设计计算采用。各地实际的采暖期应按当地行政或主管部门的规定执行。

②在设计计算用采暖期天数一栏中，不带括号的数值系指累年日平均温度低于或等于5℃的天数；带括号的数值系指累年日平均温度稳定低于或等于5℃的天数。在设计计算中，这两种采暖期天数均可采用。

附表 3.2　围护结构夏季室外计算温度（℃）

城市名称	夏季室外计算温度		
	平均值 $\bar{t}_e$	最高值 $t_{e\cdot max}$	波幅值 A_{te}
西　安	32.3	38.4	6.1
汉　中	29.5	35.8	6.3
北　京	30.2	36.3	6.1

续附表 3.2

城市名称	夏季室外计算温度		
	平均值 $\bar{t}_e$	最高值 $t_{e\cdot max}$	波幅值 A_{te}
天　津	30.4	35.4	5.0
石家庄	31.7	38.3	6.6
济　南	33.0	37.3	4.3
青　岛	28.1	31.1	3.0
上　海	31.2	36.1	4.9
南　京	32.0	37.1	5.1
常　州	32.3	36.4	4.1
徐　州	31.5	36.7	5.2
东　台	31.1	35.8	4.7
合　肥	32.3	36.8	4.5
芜　湖	32.5	36.9	4.4
阜　阳	32.1	37.1	5.2
杭　州	32.1	37.2	5.1
衢　县	32.1	37.6	5.5
温　州	30.3	35.7	5.4
南　昌	32.9	37.8	4.9
赣　州	32.2	37.8	5.6
九　江	32.8	37.4	4.6
景德镇	31.6	37.2	5.6
福　州	30.9	37.2	6.3
建　阳	30.5	37.3	6.8
南　平	30.8	37.4	6.6
永　安	30.8	37.3	6.5
漳　州	31.3	37.1	5.8
厦　门	30.8	35.5	4.7
郑　州	32.5	38.8	6.3
信　阳	31.9	36.6	4.7
武　汉	32.4	36.9	4.5
宜　昌	32.0	38.2	6.2
黄　石	33.0	37.9	4.9
长　沙	32.7	37.9	5.2
藏　江	30.4	36.3	5.9
岳　阳	32.5	35.9	3.4
株　洲	34.4	39.9	5.5
衡　阳	32.8	38.3	5.5
广　州	31.1	35.6	4.5
海　口	30.7	36.3	5.6
汕　头	30.6	35.2	4.6
韶　关	31.5	30.3	4.8
德　庆	31.2	36.6	5.4
湛　江	30.9	35.5	4.6
南　宁	31.0	36.7	5.7
桂　林	30.9	36.2	5.3
百　色	31.8	37.6	5.8
梧　州	30.9	37.0	6.1
柳　州	32.9	38.8	5.9
桂　平	32.4	37.5	5.1
成　都	29.2	34.4	5.2
重　庆	33.2	38.9	5.7
达　县	33.2	38.6	5.4
南　充	34.0	39.3	5.3
贵　阳	26.9	32.7	5.8
铜　仁	31.2	37.8	6.6
遵　义	28.5	34.1	5.6
思　南	31.4	36.8	5.4
昆　明	23.3	29.3	6.0
元　江	33.7	40.3	6.6

附表 3.3　全国主要城市夏季太阳辐射照度（W/m^2）

城市名称	朝向	地方太阳时													日总量	昼夜平均
		6	7	8	9	10	11	12	13	14	15	16	17	18		
南宁	S	17	60	98	129	150	182	196	182	150	129	98	60	17	1468	61.2
	W(E)	17	60	98	129	150	162	166	352	502	591	594	483	255	3559	148.3
	N	100	168	186	176	157	162	166	162	157	176	186	168	100	2064	86.0
	H	60	251	473	678	838	942	976	942	838	678	473	251	60	7462	310.9

续附表 3.3

城市名称	朝向	地方太阳时													日总量	昼夜平均
		6	7	8	9	10	11	12	13	14	15	16	17	18		
广州	S	15	53	89	118	138	175	189	175	138	118	89	53	15	1365	56.9
	W(E)	15	53	89	118	138	151	154	341	494	586	591	487	265	3482	145.1
	N	101	163	176	162	143	151	154	151	143	162	176	163	101	1946	81.1
	H	58	244	462	664	824	926	962	926	824	664	462	244	58	7318	304.9
福州	S	16	52	86	112	163	211	227	211	163	112	86	52	16	1507	62.8
	W(E)	16	52	86	112	131	143	146	344	508	609	624	528	305	3604	150.2
	N	113	162	159	131	131	143	146	143	131	131	159	162	113	1824	76.0
	H	70	261	481	685	845	949	983	949	845	685	481	261	70	7565	315.2
贵阳	S	20	67	110	145	205	255	273	255	205	145	110	67	20	1877	78.2
	W(E)	20	67	110	145	169	184	189	375	524	608	603	489	267	3750	156.3
	N	103	163	174	158	169	184	189	184	169	158	174	163	103	2091	87.1
	H	73	269	496	708	876	983	1021	983	876	708	496	269	73	7831	326.3
长沙	S	16	48	79	106	184	236	254	236	184	106	79	48	16	1592	66.3
	W(E)	16	48	79	104	123	134	138	345	518	629	651	561	341	3687	153.6
	N	124	159	141	104	123	134	138	134	123	104	141	159	124	1708	71.2
	H	77	272	493	697	860	964	1000	964	860	697	493	272	77	7726	321.9
北京	S	30	65	116	245	352	423	447	423	352	245	116	65	30	2909	121.2
	W(E)	30	65	95	118	136	147	151	364	543	662	697	629	441	4078	169.9
	N	148	137	95	118	136	147	151	147	136	118	95	137	148	1713	71.4
	H	139	336	543	730	878	972	1003	972	878	730	543	336	139	8199	341.6
郑州	S	20	53	83	172	261	319	340	319	261	172	83	53	20	2156	89.8
	W(E)	20	53	83	109	126	138	141	333	491	590	609	528	338	3559	148.3
	N	118	132	98	109	126	138	141	138	126	109	98	132	118	1583	66.0
	H	95	275	475	661	808	902	935	902	808	661	475	275	95	7367	307.0
上海	S	18	50	79	134	217	273	291	273	217	134	79	50	18	1833	76.4
	W(E)	18	50	79	102	119	130	133	336	505	615	640	558	353	3638	151.6
	N	125	148	118	102	119	130	133	130	119	102	118	148	125	1617	67.4
	H	88	276	487	681	836	933	967	933	836	681	487	276	88	7569	315.4
武汉	S	17	47	76	125	207	261	280	261	207	125	76	47	17	1746	72.8
	W(E)	17	47	76	100	117	127	131	332	501	609	633	551	345	3586	149.4
	N	123	147	120	100	117	127	131	127	117	100	120	147	123	1599	66.6
	H	83	269	480	675	829	928	961	928	829	675	480	269	83	7489	312.0
西安	S	24	60	94	180	267	325	345	325	267	180	94	60	24	2245	93.5
	W(E)	24	60	94	122	141	153	157	344	496	591	607	523	332	3644	151.8
	N	119	139	111	122	141	153	157	153	141	122	111	139	119	1727	72.0
	H	98	282	486	672	819	914	945	914	819	672	486	282	98	7487	312.0
重庆	S	16	47	79	119	200	252	270	252	200	119	79	47	16	1696	70.7
	W(E)	16	47	79	104	122	133	138	340	509	617	640	555	345	3645	151.9
	N	124	153	131	104	122	133	138	133	122	104	131	153	124	1672	69.7
	H	81	270	487	686	844	945	980	945	844	686	487	270	81	7606	316.9
杭州	S	18	53	84	131	209	261	279	261	209	131	84	53	18	1791	74.6
	W(E)	18	53	84	109	127	138	143	333	490	590	608	521	318	3532	147.2
	N	116	147	127	109	127	138	143	138	127	109	127	147	116	1671	69.6
	H	82	266	473	664	815	910	944	910	815	664	473	266	82	7364	306.8
南京	S	18	51	82	148	237	296	316	296	237	148	82	51	18	1980	82.5
	W(E)	18	51	82	108	126	138	141	350	521	629	650	560	350	3724	155.1
	N	124	146	117	108	126	138	141	138	126	108	117	146	124	1659	69.1
	H	89	281	497	700	860	964	999	964	860	700	497	281	89	7781	324.2
南昌	S	15	46	76	108	189	244	262	244	189	108	76	46	15	1618	67.4
	W(E)	15	46	76	101	118	132	133	350	530	647	676	589	366	3779	157.4
	N	131	161	138	101	118	130	133	130	118	101	138	161	131	1691	70.5
	H	82	280	505	714	879	985	1021	985	879	714	505	280	82	7911	329.6
合肥	S	18	51	81	150	241	302	324	302	241	150	81	51	18	2010	83.8
	W(E)	18	51	81	106	125	137	141	361	544	660	687	596	377	3884	161.8
	N	133	153	119	106	125	137	141	137	125	106	119	153	133	1687	70.3
	H	94	294	521	730	897	1004	1040	1004	897	730	521	294	94	8120	338.3

附录四　建筑材料热物理性能计算参数

附表 4.1　建筑材料热物理性能计算参数

序号	材料名称	干密度 ρ_o (kg/m³)	计算参数：导热系数 λ [W/(m·K)]	计算参数：蓄热系数 S (周期 24h) [W/(m²·K)]	计算参数：比热容 C [kJ/(kg·K)]	计算参数：蒸汽渗透系数 μ [g/(m·h·Pa)]
1	混凝土					
1.1	普通混凝土					
	钢筋混凝土	2500	1.74	17.20	0.92	0.0000158*
	碎石、卵石混凝土	2300	1.51	15.36	0.92	0.0000173*
		2100	1.28	13.57	0.92	0.0000173*
1.2	轻骨料混凝土					
	膨胀矿渣珠混凝土	2000	0.77	10.49	0.96	
		1800	0.63	9.05	0.96	
		1600	0.53	7.87	0.96	
	自然煤矸石、炉渣混凝土	1700	1.00	11.68	1.05	0.0000548*
		1500	0.76	9.54	1.05	0.0000900
		1300	0.56	7.63	1.05	0.0001050
	粉煤灰陶粒混凝土	1700	0.95	11.40	1.05	0.0000188
		1500	0.70	9.16	1.05	0.0000975
		1300	0.57	7.78	1.05	0.0001050
		1100	0.44	6.30	1.05	0.0001350
	粘土陶粒混凝土	1600	0.84	10.36	1.05	0.0000315*
		1400	0.70	8.93	1.05	0.0000390*
		1200	0.53	7.25	1.05	0.0000405*
	页岩渣、石灰、水泥混凝土	1300	0.52	7.39	0.98	0.0000855*
	页岩陶粒混凝土	1500	0.77	9.65	1.05	0.0000315*
		1300	0.63	8.16	1.05	0.0000390*
		1100	0.50	6.70	1.05	0.0000435*
	火山灰渣、沙、水泥混凝土	1700	0.57	6.30	0.57	0.0000395*
	浮石混凝土	1500	0.67	9.09	1.05	
		1300	0.53	7.54	1.05	0.0000188*
		1100	0.42	6.13	1.05	0.0000353*
1.3	轻混凝土					
	加气混凝土、泡沫混凝土	700	0.22	3.59	1.05	0.0000998*
		500	0.19	2.81	1.05	0.0001110*
2	砂浆和砌体					
2.1	砂浆					
	水泥砂浆	1800	0.93	11.37	1.05	0.0000210*
	石灰水泥砂浆	1700	0.87	10.75	1.05	0.0000975*
	石灰砂浆	1600	0.81	10.07	1.05	0.0000443*
	石灰石膏砂浆	1500	0.76	9.44	1.05	
	保温砂浆	800	0.29	4.44	1.05	
2.2	砌体					
	重砂浆砌筑粘土砖砌体	1800	0.81	10.63	1.05	0.0001050*
	轻砂浆砌筑粘土砖砌体	1700	0.76	9.96	1.05	0.0001200
	灰砂砖砌体	1900	1.10	12.72	1.05	0.0001050
	硅酸盐砖砌体	1800	0.87	11.11	1.05	0.0001050
	炉渣砖砌体	1700	0.81	10.43	1.05	0.0001050
	重砂浆砌筑 26、33 及 36 孔粘土空心砖砌体	1400	0.58	7.92	1.05	0.0000158

续附表 4.1

序号	材料名称	干密度 ρ_o (kg/m³)	计算参数			
			导热系数 λ [W/(m·K)]	蓄热系数 S (周期 24h) [W/(m²·K)]	比热容 C [kJ/(kg·K)]	蒸汽渗透系数 μ [g/(m·h·Pa)]
3	热绝缘材料					
3.1	纤维材料					
	矿棉、岩棉、玻璃棉板	80 以下	0.050	0.59	1.22	
		80 ~ 200	0.045	0.75	1.22	0.0004880
	矿棉、岩棉、玻璃棉毡	70 以下	0.050	0.58	1.34	
		70 ~ 200	0.045	0.77	1.34	0.0004880
	矿棉、岩棉、玻璃棉松散料	70 以下	0.050	0.46	0.84	
		70 ~ 120	0.045	0.51	0.84	0.0004880
	麻刀	150	0.070	1.34	2.10	
3.2	膨胀珍珠岩、蛭石制品					
	水泥膨胀珍珠岩	800	0.26	4.37	1.17	0.0000420*
		600	0.21	3.44	1.17	0.0000900*
		400	0.16	2.49	1.17	0.0001910*
	沥青、乳化沥青膨胀珍珠岩	400	0.12	2.28	1.55	0.0000293*
		300	0.093	1.77	1.55	0.0000675*
	水泥膨胀蛭石	350	0.14	1.99	1.05	
3.3	泡沫材料及多孔聚合物					
	聚乙烯泡沫塑料	100	0.047	0.70	1.38	
	聚苯乙烯泡沫塑料	30	0.042	0.36	1.38	0.0000162
	聚氨酯硬泡沫塑料	30	0.033	0.36	1.38	0.0000234
	聚氯乙烯硬泡沫塑料	130	0.048	0.79	1.38	
	钙塑	120	0.049	0.83	1.59	
	泡沫玻璃	140	0.058	0.70	0.84	0.0000225
	泡沫石灰	300	0.116	1.70	1.05	
	炭化泡沫石灰	400	0.14	2.33	1.05	
	泡沫石膏	500	0.19	2.78	1.05	0.0000375
4	木材、建筑板材					
4.1	木材					
	橡木、枫树(热流方向垂直木纹)	700	0.17	4.90	2.51	0.0000562
	橡木、枫树(热流方向顺木纹)	700	0.35	6.93	2.51	0.0003000
	松、木、云杉(热流方向垂直木纹)	500	0.14	3.85	2.51	0.0000345
	松、木、云杉(热流方向顺木纹)	500	0.29	5.55	2.51	0.0001680
4.2	建筑板材					
	胶合板	600	0.17	4.57	2.51	0.0000225
	软木板	300	0.093	1.95	1.89	0.0000255*
		150	0.058	1.09	1.89	0.0000285*
	纤维板	1000	0.34	8.13	2.51	0.0001200
		600	0.23	5.28	2.51	0.0001130
	石棉水泥板	1800	0.52	8.52	1.05	0.0000135*
	石棉水泥隔热板	500	0.16	2.58	1.05	0.0003900
	石膏板	1050	0.33	5.28	1.05	0.0000790*
	水泥刨花板	1000	0.34	7.27	2.01	0.0000240*
		700	0.19	4.56	2.01	0.0001050
	稻草板	300	0.13	2.33	1.68	0.0003000
	木屑板	200	0.065	1.54	2.10	0.0002630

续附表 4.1

序号	材料名称	干密度 ρ_o (kg/m^3)	计算参数			
			导热系数 λ [W/(m·K)]	蓄热系数 S (周期 24h) [$W/(m^2·K)$]	比热容 C [kJ/(kg·K)]	蒸汽渗透系数 μ [g/(m·h·Pa)]
5	松散材料					
5.1	无机材料					
	锅炉渣	1000	0.29	4.40	0.92	0.0001930
	粉煤灰	1000	0.23	3.93	0.92	
	高炉炉渣	900	0.26	3.92	0.92	0.0002030
	浮石、凝灰岩	600	0.23	3.05	0.92	0.0002630
	膨胀蛭石	300	0.14	1.79	1.05	
	膨胀蛭石	200	0.10	1.24	1.05	
	硅藻土	200	0.076	1.00	0.92	
	膨胀珍珠岩	120	0.07	0.84	1.17	
	膨胀珍珠岩	80	0.058	0.63	1.17	
5.2	有机材料					
	木屑	250	0.093	1.84	2.01	0.0002630
	稻壳	120	0.06	1.02	2.01	
	干草	100	0.047	0.83	2.01	
6	其他材料					
6.1	土壤					
	夯实粘土	2000	1.16	12.99	1.01	
		1800	0.93	11.03	1.01	
	加草粘土	1600	0.76	9.37	1.01	
		1400	0.58	7.69	1.01	
	轻质粘土	1200	0.47	6.36	1.01	
	建筑用砂	1600	0.58	8.26	1.01	
6.2	石材					
	花岗岩、玄武岩	2800	3.49	25.49	0.92	0.0000113
	大理石	2800	2.91	23.27	0.92	0.0000113
	砾石、石灰岩	2400	2.04	18.03	0.92	0.0000375
	石灰石	2000	1.16	12.56	0.92	0.0000600
6.3	卷材、沥青材料					
	沥青油毡、油毡纸	600	0.17	3.33	1.47	
	沥青混凝土	2100	1.05	16.39	1.68	0.0000075
	石油沥青	1400	0.27	6.73	1.68	
		1050	0.17	4.71	1.68	0.0000075
6.4	玻璃					
	平板玻璃	2500	0.76	10.69	0.84	
	玻璃钢	1800	0.52	9.25	1.26	
6.5	金属					
	紫铜	8500	407	324	0.42	
	青铜	8000	64.0	118	0.38	
	建筑钢材	7850	58.2	126	0.48	
	铝	2700	203	191	0.92	
	铸铁	7250	49.9	112	0.48	

注：①围护结构在正确设计和正常使用条件下，材料的热物理性能计算参数应按本表直接采用。

②有附表 4.2 所列情况者，材料的导热系数和蓄热系数计算值应分别按下列两式修正：

$$\lambda_c = \lambda \cdot a$$

$$S_c = S \cdot a$$

式中 λ、S——材料的导热系数和蓄热系数，应按本表采用；

a——修正系数，应按附表 4.2 采用。

③表中比热容 C 的单位为法定单位，但在实际计算中比热容 C 的单位应取 W·h/（kg·K），因此，表中数值应乘以换算系数 0.2778。

④表中带 * 号者为测定值。

附表 4.2　导热系数 λ 及蓄热系数 S 的修正系数 a 值

序号	材料、构造、施工、地区及使用情况	a
1	作为夹芯层浇筑在混凝土墙体及屋面构件中的块状多孔保温材料（如加气混凝土、泡沫混凝土及水泥膨胀珍珠岩等），因干燥缓慢及灰缝影响	1.60
2	铺设在密闭屋面中的多孔保温材料（如加气混凝土、泡沫混凝土、水泥膨胀珍珠岩、石灰炉渣等），因干燥缓慢	1.50
3	铺设在密闭屋面中及作为夹芯层浇筑在混凝土构件中的半硬质矿棉、岩棉、玻璃棉板等，因压缩及吸湿	1.20
4	作为夹芯层浇筑在混凝土构件中的泡沫塑料等，因压缩	1.20
5	开孔型保温材料（如水泥刨花板、木丝板、稻草板等），表面抹灰或与混凝土浇筑在一起，因灰浆渗入	1.30
6	加气混凝土、泡沫混凝土砌块墙体及加气混凝土条板墙体、屋面，因灰缝影响	1.25
7	填充在空心墙体及屋面构件中的松散保温材料（如稻壳、木屑、矿棉、岩棉等），因下沉	1.20
8	矿渣混凝土、炉渣混凝土、浮石混凝土、粉煤灰陶粒混凝土、加气混凝土等实心墙体及屋面构件，在严寒地区，且在室内平均相对湿度超过65%的采暖房间内使用，因干燥缓慢	1.15

附表 4.3　常用薄片材料和涂层蒸汽渗透阻 H_c 值

材料及涂层名称	厚度（mm）	H_c（$m^2·h·Pa/g$）	材料及涂层名称	厚度（mm）	H_c（$m^2·h·Pa/g$）
普通纸板	1	16	环氧煤焦油二道	—	3733
石膏板	8	120	油漆二道(先做油灰嵌缝、上底漆)	—	640
硬质木纤维板	8	107	聚氯乙烯涂层二道	—	3866
软质木纤维板	10	53	氯丁橡胶涂层二道	—	3466
三层胶合板	3	227	玛琋脂涂层一道	2	600
石棉水泥板	6	267	沥青玛琋脂涂层一道	1	640
热沥青一道	2	267	沥青玛琋脂涂层二道	2	1080
热沥青二道	4	480	石油沥青油毡	1.5	1107
乳化沥青二道	—	520	石油沥青油纸	0.4	333
偏氯乙烯二道	—	1240	聚乙烯薄膜	0.16	733

附录五　窗墙面积比与外墙允许最小传热阻的对应关系

附表 5.1　单层钢窗和单层木窗

地区	外墙类型	朝向	窗墙面积比 0.20	0.25	0.30	0.35
北京	Ⅰ	S W、E N	最小传热阻	0.56	0.66	0.53
	Ⅱ	S W、E N	最小传热阻	0.63	0.77	0.62
	Ⅲ	S W、E N	最小传热阻	0.69	0.86	0.69
	Ⅳ	S W、E N	最小传热阻	0.75	0.64 0.96	0.75

注：①粗实线以上最小传热阻系指按式（4.1.1）计算确定的传热阻。这时，窗墙面积比应符合第 4.4.5 条一款的规定。当窗墙面积比超过这一规定时，外墙采用的传热阻不应小于粗实线以下的数值。
②表中外墙的最小传热阻未考虑按第 4.1.2 条规定的附加值。

附表 5.2　双层钢窗和双层木窗

地区	外墙类型	朝向	窗墙面积比 0.20	0.25	0.30	0.35
沈阳、呼和浩特	Ⅰ	S W、E N		最小传热阻 0.70	0.73	0.70
	Ⅱ	S W、E N		最小传热阻 0.74	0.78	0.74
	Ⅲ	S W、E N	最小传热阻	0.78	0.76 0.83	0.79
	Ⅳ	S W、E N	最小传热阻	0.83	0.80 0.88	0.85
哈尔滨	Ⅰ	S W、E N		最小传热阻 0.83	0.94	0.87
	Ⅱ	S W、E N	最小传热阻	0.93	0.88 1.03	0.96
	Ⅲ	S W、E N	最小传热阻	0.98	0.93 1.09	1.02
	Ⅳ	S W、E N	最小传热阻	1.02	0.97 1.15	1.07
乌鲁木齐	Ⅰ	S W、E N		最小传热阻 0.76	0.80	0.67
	Ⅱ	S W、E N		最小传热阻 0.85	0.90	0.75
	Ⅲ	S W、E N		最小传热阻 0.93	1.00	0.82
	Ⅳ	S W、E N		最小传热阻 1.00	1.09	0.89

注：本表注与附表 5.1 注相同。

附录六　围护结构保温的经济评价

(一) 围护结构保温的经济性

围护结构保温的经济性可用其经济传热阻进行评价。

(二) 围护结构的经济传热阻

围护结构（系指外墙和屋顶）的经济传热阻，应按下式计算：

$$R_{o\cdot E} = \sqrt{\frac{24D_{di}}{PE_{I}\lambda_{I}m}(PB + CM + rmM)} \qquad (附6.1)$$

式中 $R_{o\cdot E}$——围护结构的经济传热阻（$m^2\cdot K/W$）；

D_{di}——采暖期度日数（℃·d/an），应按本规范附录三附表3.1采用；

B——供暖系统造价（元/W）；

C——供暖系统运行费［元/（an·W）］；

m——采暖期小时数（h/an）；

M——回收年限（an）；

r——有效热价格［元/（W·h）］；

P——利息系数；

E_I——保温层造价（元/m^3）；

λ_I——保温材料导热系数［W/（m·K）］。

（三）围护结构保温层的经济热阻和经济厚度

围护结构保温层的经济热阻和经济厚度应分别按下列两式计算：

$$R_{I\cdot E} = R_{o\cdot E} - (R_i + \Sigma R + R_e) \qquad (附6.2)$$

$$\delta_{I\cdot E} = R_{I\cdot E}\cdot\lambda_I \qquad (附6.3)$$

式中 $R_{I\cdot E}$——保温层的经济热阻（$m^2\cdot K/W$）；

$\delta_{I\cdot E}$——保温层的经济厚度（m）；

λ_I——保温材料导热系数［W/（m·K）］；

$R_{o\cdot E}$——围护结构经济传热阻（$m^2\cdot K/W$）；

ΣR——除保温层外各层材料的热阻之和（$m^2\cdot K/W$）；

R_i、R_e——分别为内、外表面换热阻（$m^2\cdot K/W$）。

（四）不同材料、不同构造围护结构的经济性

不同材料、不同构造围护结构的经济性，可用其单位热阻造价进行比较，造价较低者较经济。单位热阻造价应按下式计算：

$$Y = \sum_{i=1}^{n} E_i\delta_i / R_{o\cdot E} \qquad (附6.4)$$

式中 Y——围护结构单位热阻造价［元/（$m^2\cdot m^2\cdot K/W$）］；

E_i——第 i 层材料造价（元/m^3）；

δ_i——第 i 层材料厚度（m）；

$R_{o\cdot E}$——围护结构经济传热阻（$m^2\cdot K/W$）；

n——围护结构层数。

附录七 法定计量单位与习用非法定计量单位换算表

附表 7.1 法定计量单位与习用非法定计量单位换算表

量的名称	法定计量单位		非法定计量单位		单位换算关系
	名称	符号	名称	符号	
压强	帕斯卡	Pa	毫米水柱	mmH_2O	$1mmH_2O = 9.80665Pa$
	帕斯卡	Pa	毫米汞柱	mmHg	1mmHg = 133.322Pa
功、能、热	千焦耳	kJ	千卡	kcal	1kcal = 4.1868kJ
	兆焦耳	MJ	千瓦小时	kW·h	1kW·h = 3.6MJ
功率	瓦特	W	千卡每小时	kcal/h	1kcal/h = 1.163W
比热容	千焦耳每千克开尔文	kJ/(kg·K)	千卡每千克摄氏度	kcal/(kg·℃)	1kcal/(kg·℃) = 4.1868kJ/(kg·K)
热流密度	瓦特每平方米	W/m^2	千卡每平方米小时	$kcal/(m^2·h)$	$1kcal/(m^2·h) = 1.163W/m^2$
传热系数	瓦特每平方米开尔文	$W/(m^2·K)$	千卡每平方米小时摄氏度	$kcal/(m^2·h·℃)$	$1kcal/(m^2·h·℃) = 1.163W/(m^2·K)$
导热系数	瓦特每米开尔文	W/(m·K)	千卡每米小时摄氏度	kcal/(m·h·℃)	1kcal/(m·h·℃) = 1.163W/(m·K)
蓄热系数	瓦特每平方米开尔文	$W/(m^2·K)$	千卡每平方米小时摄氏度	$kcal/(m^2·h·℃)$	$1kcal/(m^2·h·℃) = 1.163W/(m^2·K)$
表面换热系数	瓦特每平方米开尔文	$W/(m^2·K)$	千卡每平方米小时摄氏度	$kcal/(m^2·h·℃)$	$1kcal/(m^2·h·℃) = 1.163W/(m^2·K)$
太阳辐射照度	瓦特每平方米	W/m^2	千卡每平方米小时	$kcal/(m^2·h)$	$1kcal/(m^2·h) = 1.163W/m^2$
蒸汽渗透系数	克每米小时帕斯卡	g/(m·h·Pa)	克每米小时毫米汞柱	g/(m·h·mmHg)	1g/(m·h·mmHg) = 0.0075g/(m·h·Pa)

注：①比热容、传热系数、导热系数、蓄热系数、表面换热系数等法定计量单位中的 K(开尔文)也可以用℃(摄氏度)代替。

②比热容的法定计量单位为 kJ/(kg·K),但在实际计算中比热容的单位应取 W·h/(kg·K),由前者换算成后者应乘以换算系数 0.2778。

附录九 本规范用词说明

一、为便于在执行本规范条文时区别对待，对要求严格程度不同的用词说明如下：

1. 表示很严格，非这样做不可的：

正面词采用“必须”；

反面词采用“严禁”。

2. 表示严格，在正常情况下均应这样做的：

正面词采用“应”；

反面词采用“不应”或“不得”。

3. 表示允许稍有选择，在条件许可时首先应这样做的：

正面词采用“宜”；

反面词采用“不宜”。

二、条文中指定应按其他有关标准、规范执行时，写法为“应符合……的规定”或“应按……执行”。

附加说明

本规范主编单位、参加单位和主要起草人名单

主编单位：中国建筑科学研究院

参加单位：西安冶金建筑学院
浙江大学
重庆建筑工程学院
哈尔滨建筑工程学院
南京大学
华南理工大学
清华大学
东南大学
中国建筑东北设计院
北京市建筑设计研究院
江南省建筑设计院
湖北工业建筑设计院
四川省建筑科学研究所
广东省建筑科学研究所

主要起草人：杨善勤　胡　璘　蒋镒明　陈启高
王建瑚　王景云　周景德　沈韫元
初仁兴　许文发　李怀瑾　毛慰国
朱文鹏　张宝库　林其标　甘　柽
陈庆丰　丁小中　李焕文　杜文英
白玉珍　王启欢　张廷全　韦延年
高伟俊

中华人民共和国国家标准

采暖通风与空气调节设计规范

Code for design of heating ventilation and air conditioning

GB 50019—2003

主编部门：中华人民共和国建设部
批准部门：中华人民共和国建设部
施行日期：2004 年 4 月 1 日

建设部关于发布国家标准《采暖通风与空气调节设计规范》的公告

现批准《采暖通风与空气调节设计规范》为国家标准，编号为 GB 50019—2003，自 2004 年 4 月 1 日起实施。其中，第 3.1.9、4.1.8、4.3.4、4.3.11、4.4.11、4.5.2、4.5.4、4.5.9、4.7.4、4.8.17、4.9.1、5.1.10、5.1.12、5.3.3、5.3.4(1)(2)、5.3.5、5.3.6、5.3.12、5.3.14、5.4.6、5.6.10、5.7.5、5.7.8、5.8.5、5.8.15、6.2.1、6.2.15、6.6.3、6.6.8、7.1.5、7.1.7、7.3.4、7.8.3、8.2.9、8.4.8 条（款）为强制性条文,必须严格执行。原《采暖通风与空气调节设计规范》GBJ 19—87及 2001 年标准局部修订第 26 号公告同时废止。

本规范由建设部标准定额研究所组织中国计划出版社出版发行。

中华人民共和国建设部

二〇〇三年十一月五日

前　言

根据建设部建标[1998]第244号文件"关于印发《一九九八年工程建设国家标准制定、修订计划》的通知"要求，由中国有色工程设计研究总院主编，会同国内有关设计、科研和高等院校等单位组成修订组，对《采暖通风与空气调节设计规范》(GBJ 19—87)进行了全面修订。

在修订过程中，修订组进行了广泛深入地调查研究，总结了国内实践经验，吸取了近年来有关的科研成果，借鉴了国外同类技术中符合我国实际的内容，多次征求了全国各有关单位以及业内专家的意见，对其中一些重要问题进行了专题研究和反复讨论，最后召开了全国审查会议，会同各有关部门共同审查定稿。

本规范共分9章和9个附录，主要内容有：总则、术语、室内外计算参数、采暖、通风、空气调节、空气调节冷热源、监测与控制、消声与隔震等。

本规范修订的主要内容有：

一、新增室内热舒适性、室内空气质量的要求以及对室内新风作了规定；

二、新增有关采暖地区划分的规定；

三、新增热水集中采暖分户热计量的规定；

四、新增有害和极毒、剧毒生产厂房布置的安全要求条文；

五、新增事故通风一节；

六、取消防火防爆一节，其内容分别纳入通风的其他有关条文；

七、新增对于设置集中空气调节的建筑物及民用建筑利用自然通风的要求；

八、对空气调节内容进行全面修订，新增变风量空气调节系统、低温通风系统、变制冷剂流量分体式空气调节系统、热回收系统等内容以及对空气调节水系统的设计要求；

九、对空气调节的冷热源进行全面修订，新增热泵、蓄冷、蓄热、换热装置的设计规定；对空气调节冷却水设计要求新增加了规定；

十、新增关于直燃型溴化锂吸收式冷(温)水机组的设计要求；

十一、"自动控制"改为"监测与控制"，修订并新增对采暖、通风、空气调节系统和防排烟的监测与控制的要求；

十二、新增对振动控制设计的规定，以及对室外设备噪声的控制要求；

十三、取消"室外气象参数"表，另行出版《采暖通风与空气调节气象资料集》。

本规范以黑体字标志的条文为强制性条文，必须严格执行。

本规范由建设部负责对强制性条文的解释，由中国有色金属工业协会负责日常管理工作，由中国有色工程设计研究总院负责具体技术内容的解释。

本规范在执行过程中，请各单位注意总结经验，积累资料，随时将有关意见和建议反馈给中国有色工程设计研究总院暖通规范管理组(北京复兴路12号邮编100038)，以便今后修订时参考。

本标准主编单位、参编单位和主要起草人名单：

主 编 单 位:中国有色工程设计研究总院

参 编 单 位(以所负责的章节先后为序):

中国疾病预防控制中心环境与健康相关产品安全所

中国建筑设计研究院

中国气象科学研究院

中国建筑东北设计研究院

中南大学

哈尔滨工业大学

中国航空工业规划设计研究院

北京国电华北电力设计院工程有限公司

同济大学

中国建筑西北设计研究院

华东建筑设计研究院

贵州省建筑设计研究院

北京市建筑设计研究院

上海机电设计研究院

中南建筑设计院

清华大学

中国建筑科学研究院空气调节研究所

北京绿创环保科技责任有限公司

阿乐斯绝热材料(广州)有限公司

杭州华电华源环境工程有限公司

主要起草人(以所负责的章节先后为序):

张克崧　周吕军　陆耀庆　戴自祝　朱瑞兆
李娥飞　房家声　丁力行　董重成　赵继豪
魏占和　董纪林　李强民　马伟骏　孙延勋
孙敏生　周祖毅　蔡路得　赵庆珠　王志忠
江　亿　耿晓音　罗　英

目　次

1　总则 …… 825
2　术语 …… 825
3　室内外计算参数 …… 826
3.1　室内空气计算参数 …… 826
3.2　室外空气计算参数 …… 828
3.3　夏季太阳辐射照度 …… 829
4　采暖 …… 830
4.1　一般规定 …… 830
4.2　热负荷 …… 833
4.3　散热器采暖 …… 835
4.4　热水辐射采暖 …… 836
4.5　燃气红外线辐射采暖 …… 838
4.6　热风采暖及热空气幕 …… 839
4.7　电采暖 …… 840
4.8　采暖管道 …… 840
4.9　热水集中采暖分户热计量 …… 842
5　通风 …… 843
5.1　一般规定 …… 843
5.2　自然通风 …… 844
5.3　机械通风 …… 845
5.4　事故通风 …… 847
5.5　隔热降温 …… 848
5.6　除尘与有害气体净化 …… 849
5.7　设备选择与布置 …… 850
5.8　风管及其他 …… 851
6　空气调节 …… 853
6.1　一般规定 …… 853
6.2　负荷计算 …… 855
6.3　空气调节系统 …… 858
6.4　空气调节冷热水及冷凝水系统 …… 860
6.5　气流组织 …… 861
6.6　空气处理 …… 863
7　空气调节冷热源 …… 864
7.1　一般规定 …… 864

7.2 电动压缩式冷水机组 …… 865
7.3 热泵 …… 865
7.4 溴化锂吸收式机组 …… 866
7.5 蓄冷、蓄热 …… 867
7.6 换热装置 …… 869
7.7 冷却水系统 …… 869
7.8 制冷和供热机房 …… 870
7.9 设备、管道的保冷和保温 …… 871
8 监测与控制 …… 871
8.1 一般规定 …… 871
8.2 传感器和执行器 …… 872
8.3 采暖、通风系统的监测与控制 …… 873
8.4 空气调节系统的监测与控制 …… 874
8.5 空气调节冷热源和空气调节水系统的监测与控制 …… 874
8.6 中央级监控管理系统 …… 875
9 消声与隔振 …… 876
9.1 一般规定 …… 876
9.2 消声与隔声 …… 876
9.3 隔振 …… 877
附录 A 夏季太阳总辐射照度 …… 878
附录 B 夏季透过标准窗玻璃的太阳辐射照度 …… 892
附录 C 夏季空气调节大气透明度分布图 …… 913
附录 D 加热由门窗缝隙渗入室内的冷空气的耗热量 …… 914
附录 E 渗透冷空气量的朝向修正系数 n 值 …… 915
附录 F 自然通风的计算 …… 918
附录 G 除尘风管的最小风速 …… 920
附录 H 蓄冰装置容量与双工况制冷机的空气调节标准制冷量 …… 921
附录 J 设备和管道最小保冷厚度及凝结水管防凝露厚度 …… 922
本规范用词说明 …… 924

1 总　则

1.0.1 为了在采暖、通风与空气调节设计中采用先进技术，合理利用和节约能源与资源，保护环境，保证质量和安全，改善并提高劳动条件，营造舒适的生活环境，制定本规范。

1.0.2 本规范适用于新建、扩建和改建的民用和工业建筑的采暖、通风与空气调节设计。

本规范不适用于有特殊用途、特殊净化与防护要求的建筑物、洁净厂房以及临时性建筑物的设计。

1.0.3 采暖、通风与空气调节设计方案，应根据建筑物的用途与功能、使用要求、冷热负荷构成特点、环境条件以及能源状况等，结合国家有关安全、环保、节能、卫生等方针、政策，会同有关专业通过综合技术经济比较确定。在设计中应优先采用新技术、新工艺、新设备、新材料。

1.0.4 在采暖、通风与空气调节系统设计中，应预留设备、管道及配件所必须的安装、操作和维修的空间，并应根据需要在建筑设计中预留安装和维修用的孔洞。对于大型设备及管道应设置运输通道和起吊设施。

1.0.5 在采暖、通风与空气调节设计中，对有可能造成人体伤害的设备及管道，必须采取安全防护措施。

1.0.6 位于地震区或湿陷性黄土地区的工程，在采暖、通风与空气调节设计中，应根据需要，按照现行国家标准、规范的规定分别采取防震和有效的预防措施。

1.0.7 在采暖、通风与空气调节设计中，应考虑施工及验收的要求，并执行相关的施工及验收规范。当设计对施工及验收有特殊要求时，应在设计文件中加以说明。

1.0.8 采暖、通风与空气调节设计，除执行本规范的规定外，尚应符合国家现行的有关标准、规范的规定。

2 术　语

2.0.1 预计平均热感觉指数（PMV）　predicted mean vote

PMV 指数是根据人体热平衡的基本方程式以及心理生理学主观热感觉的等级为出发点，考虑了人体热舒适感的诸多有关因素的全面评价指标。PMV 指数表明群体对于(+3～-3)7个等级热感觉投票的平均指数。

2.0.2 预计不满意者的百分数（PPD）　predicted percentage of dissatisfied

PPD 指数为预计处于热环境中的群体对于热环境不满意的投票平均值。PPD 指数可预计群体中感觉过暖或过凉“根据七级热感觉投票表示热（+3），温暖（+2），凉（-2）或冷（-3）”的人的百分数。

2.0.3 湿球黑球温度（WBGT）指数　wet-bulb black globe temperature index

是表示人体接触生产环境热强度的一个经验指数。由下列公式计算获得：

1 室内作业：

$$WBGT = 0.7t_{nw} + 0.3t_g \quad (2.0.3\text{-}1)$$

2　室外作业：

$$WBGT = 0.7t_{nw} + 0.2t_g + 0.1t_a \quad (2.0.3\text{-}2)$$

式中　$WBGT$——湿球黑球温度（℃）；

t_{nw}——自然湿球温度（℃）；

t_g——黑球温度（℃）；

t_a——干球温度（℃）。

2.0.4　活动区　occupied zone

指人、动物或工艺生产所在的空间。

2.0.5　置换通风　displacement ventilation

借助空气热浮力作用的机械通风方式。空气以低风速、小温差的状态送入活动区下部，在送风及室内热源形成的上升气流的共同作用下，将热浊空气提升至顶部排出。

2.0.6　变制冷剂流量多联分体式空气调节系统　variable refrigerant volume split air conditioning system

一台室外空气源制冷或热泵机组配置多台室内机，通过改变制冷剂流量适应各房间负荷变化的直接膨胀式空气调节系统。

2.0.7　空气分布特性指标（ADPI）　air diffusion performance index

舒适性空气调节中用来评价人的舒适性的指标，系指活动区测点总数中符合要求测点所占的百分比。

2.0.8　空气源热泵　air-source heat pump

以空气为低位热源的热泵。通常有空气/空气热泵、空气/水热泵等形式。

2.0.9　水源热泵　water-source heat pump

以水为低位热源的热泵。通常有水/水热泵、水/空气热泵等形式。

2.0.10　地源热泵　ground-source heat pump

以土壤或水为热源、水为载体在封闭环路中循环进行热交换的热泵。通常有地下埋管、井水抽灌和地表水盘管等系统形式。

2.0.11　水环热泵空气调节系统　water-loop heat pump air conditioning system

水/空气热泵的一种应用方式。通过水环路将众多的水/空气热泵机组并联成一个以回收建筑物余热为主要特征的空气调节系统。

2.0.12　低温送风空气调节系统　cold air distribution system

送风温度低于常规数值的全空气空气调节系统。

2.0.13　分区两管制水系统　zoning two-pipe water system

按建筑物的负荷特性将空气调节水路分为冷水和冷热水合用的两个两管制系统。需全年供冷区域的末端设备只供应冷水，其余区域末端设备根据季节转换，供应冷水或热水。

3　室内外计算参数

3.1　室内空气计算参数

3.1.1　设计采暖时，冬季室内计算温度应根据建筑物的用途，按下列规定采用：

1 民用建筑的主要房间，宜采用16~24℃；

2 工业建筑的工作地点，宜采用：

轻作业 18~21℃

中作业 16~18℃

重作业 14~16℃

过重作业 12~14℃

注：1 作业种类的划分，应按国家现行的《工业企业设计卫生标准》（GBZ 1）执行。

2 当每名工人占用较大面积（50~100m²）时，轻作业时可低至10℃；中作业时可低至7℃；重作业时可低至5℃。

3 辅助建筑物及辅助用室，不应低于下列数值：

浴室 25℃

更衣室 25℃

办公室、休息室 18℃

食堂 18℃

盥洗室、厕所 12℃

注：当工艺或使用条件有特殊要求时，各类建筑物的室内温度可按照国家现行有关专业标准、规范执行。

3.1.2 设置采暖的建筑物，冬季室内活动区的平均风速，应符合下列规定：

1 民用建筑及工业企业辅助建筑，不宜大于0.3m/s；

2 工业建筑，当室内散热量小于23W/m³时，不宜大于0.3m/s；当室内散热量大于或等于23W/m³时，不宜大于0.5m/s。

3.1.3 空气调节室内计算参数，应符合下列规定：

1 舒适性空气调节室内计算参数应符合表3.1.3规定；

2 工艺性空气调节室内温湿度基数及其允许波动范围，应根据工艺需要及卫生要求确定。活动区的风速：冬季不宜大于0.3m/s，夏季宜采用0.2~0.5m/s；当室内温度高于30℃时，可大于0.5m/s。

表3.1.3 舒适性空气调节室内计算参数

参数	冬季	夏季
温度（℃）	18~24	22~28
风速（m/s）	≤0.2	≤0.3
相对湿度（%）	30~60	40~65

3.1.4 采暖与空气调节室内的热舒适性应按照《中等热环境PMV和PPD指数的测定及热舒适条件的规定》（GB/T 18049），采用预计的平均热感觉指数（PMV）和预计不满意者的百分数（PPD）评价，其值宜为：$-1 \leq PMV \leq +1$；$PPD \leq 27\%$。

当工艺无特殊要求时，工业建筑夏季工作地点WBGT指数应根据《高温作业分级》（GB/T 4200）的规定进行分级、评价。

3.1.5 当工艺无特殊要求时，生产厂房夏季工作地点的温度，应根据夏季通风室外计算温度及其与工作地点的允许温差，不得超过表3.1.5的规定。

表3.1.5 夏季工作地点温度（℃）

夏季通风室外计算温度	≤22	23	24	25	26	27	28	29~32	≥33
允许温差	10	9	8	7	6	5	4	3	2
工作地点温度	≤32	32						32~35	35

3.1.6 在特殊高温作业区附近，应设置工人休息室。夏季休息室的温度，宜采用26～30℃。

3.1.7 设置局部送风的工业建筑，其室内工作地点的风速和温度，应按本规范第5.5.5条至第5.5.7条的有关规定执行。

3.1.8 建筑物室内空气应符合国家现行的有关室内空气质量、污染物浓度控制等卫生标准的要求。

3.1.9 建筑物室内人员所需最小新风量，应符合以下规定：

1 民用建筑人员所需最小新风量按国家现行有关卫生标准确定；

2 工业建筑应保证每人不小于 $30m^3/h$ 的新风量。

3.2 室外空气计算参数

3.2.1 采暖室外计算温度，应采用历年平均不保证5天的日平均温度。

注：本条及本节其他条文中的所谓“不保证”，系针对室外空气温度状况而言；“历年平均不保证”，系针对累年不保证总天数或小时数的历年平均值而言。

3.2.2 冬季通风室外计算温度，应采用累年最冷月平均温度。

3.2.3 夏季通风室外计算温度，应采用历年最热月14时的月平均温度的平均值。

3.2.4 夏季通风室外计算相对湿度，应采用历年最热月14时的月平均相对湿度的平均值。

3.2.5 冬季空气调节室外计算温度，应采用历年平均不保证1天的日平均温度。

3.2.6 冬季空气调节室外计算相对湿度，应采用累年最冷月平均相对湿度。

3.2.7 夏季空气调节室外计算干球温度，应采用历年平均不保证50h的干球温度。

注：统计干湿球温度时，宜采用当地气象台站每天4次的定时温度记录，并以每次记录值代表6h的温度值核算。

3.2.8 夏季空气调节室外计算湿球温度，应采用历年平均不保证50h的湿球温度。

3.2.9 夏季空气调节室外计算日平均温度，应采用历年平均不保证5天的日平均温度。

3.2.10 夏季空气调节室外计算逐时温度，可按下式确定：

$$t_{sh} = t_{wp} + \beta\Delta t_r \tag{3.2.10-1}$$

式中 t_{sh}——室外计算逐时温度（℃）；

t_{wp}——夏季空气调节室外计算日平均温度（℃），按本规范第3.2.9条采用；

β——室外温度逐时变化系数，按表3.2.10采用；

Δt_r——夏季室外计算平均日较差，应按下式计算：

$$\Delta t_r = \frac{t_{wg} - t_{wp}}{0.52} \tag{3.2.10-2}$$

式中 t_{wg}——夏季空气调节室外计算干球温度（℃），按本规范第3.2.7条采用。

其他符号意义同式（3.2.10-1）。

表3.2.10 室外温度逐时变化系数

时刻	1	2	3	4	5	6	7	8	9	10	11	12
β	-0.35	-0.38	-0.42	-0.45	-0.47	-0.41	-0.28	-0.12	0.03	0.16	0.29	0.40

续表 3.2.10

时　刻	13	14	15	16	17	18	19	20	21	22	23	24
β	0.48	0.52	0.51	0.43	0.39	0.28	0.14	0.00	-0.10	-0.17	-0.23	-0.26

3.2.11　当室内温湿度必须全年保证时，应另行确定空气调节室外计算参数。

仅在部分时间(如夜间)工作的空气调节系统,可不遵守本规范第 3.2.7 条至第 3.2.10 条的规定。

3.2.12　冬季室外平均风速，应采用累年最冷 3 个月各月平均风速的平均值。冬季室外最多风向的平均风速，应采用累年最冷 3 个月最多风向（静风除外）的各月平均风速的平均值。

夏季室外平均风速，应采用累年最热 3 个月各月平均风速的平均值。

3.2.13　冬季最多风向及其频率，应采用累年最冷 3 个月的最多风向及其平均频率。

夏季最多风向及其频率，应采用累年最热 3 个月的最多风向及其平均频率。

年最多风向及其频率，应采用累年最多风向及其平均频率。

3.2.14　冬季室外大气压力，应采用累年最冷 3 个月各月平均大气压力的平均值。

夏季室外大气压力，应采用累年最热 3 个月各月平均大气压力的平均值。

3.2.15　冬季日照百分率，应采用累年最冷 3 个月各月平均日照百分率的平均值。

3.2.16　设计计算用采暖期天数，应按累年日平均温度稳定低于或等于采暖室外临界温度的总日数确定。

采暖室外临界温度的选取，一般民用建筑和工业建筑，宜采用 5℃。

3.2.17　室外计算参数的统计年份宜取近 30 年。不足 30 年者，按实有年份采用，但不得少于 10 年；少于 10 年时，应对气象资料进行修正。

3.2.18　山区的室外气象参数，应根据就地的调查、实测并与地理和气候条件相似的邻近台站的气象资料进行比较确定。

3.3　夏季太阳辐射照度

3.3.1　夏季太阳辐射照度，应根据当地的地理纬度、大气透明度和大气压力，按 7 月 21 日的太阳赤纬计算确定。

3.3.2　建筑物各朝向垂直面与水平面的太阳总辐射照度，可按本规范附录 A 采用。

3.3.3　透过建筑物各朝向垂直面与水平面标准窗玻璃的太阳直接辐射照度和散射辐射照度，可按本规范附录 B 采用。

3.3.4　采用本规范附录 A 和附录 B 时，当地的大气透明度等级，应根据本规范附录 C 及夏季大气压力，按表 3.3.4 确定。

表 3.3.4　大气透明度等级

附录 C 标定的大气透明度等级	下列大气压力（hPa）时的透明度等级							
	650	700	750	800	850	900	950	1000
1	1	1	1	1	1	1	1	1
2	1	1	1	1	1	2	2	2
3	1	2	2	2	2	3	3	3

续表 3.3.4

附录C标定的大气透明度等级	下列大气压力（hPa）时的透明度等级							
	650	700	750	800	850	900	950	1000
4	2	2	3	3	3	4	4	4
5	3	3	4	4	4	4	5	5
6	4	4	4	5	5	5	6	6

4 采 暖

4.1 一 般 规 定

4.1.1 采暖方式的选择，应根据建筑物规模，所在地区气象条件、能源状况、能源政策、环保等要求，通过技术经济比较确定。

4.1.2 累年日平均温度稳定低于或等于5℃的日数大于或等于90天的地区，宜采用集中采暖。

4.1.3 符合下列条件之一的地区，其幼儿园、养老院、中小学校、医疗机构等建筑宜采用集中采暖：

1 累年日平均温度稳定低于或等于5℃的日数为60~89天；

2 累年日平均温度稳定低于或等于5℃的日数不足60天，但累年日平均温度稳定低于或等于8℃的日数大于或等于75天。

4.1.4 采暖室外气象参数，应按本规范第3.2节中的有关规定，采用当地的气象资料进行计算确定。

4.1.5 设置采暖的公共建筑和工业建筑，当其位于严寒地区或寒冷地区，且在非工作时间或中断使用的时间内，室内温度必须保持在0℃以上，而利用房间蓄热量不能满足要求时，应按5℃设置值班采暖。

注：当工艺或使用条件有特殊要求时，可根据需要另行确定值班采暖所需维持的室内温度。

4.1.6 设置采暖的工业建筑，如工艺对室内温度无特殊要求，且每名工人占用的建筑面积超过100m² 时，不宜设置全面采暖，应在固定工作地点设置局部采暖。当工作地点不固定时，应设置取暖室。

4.1.7 设置全面采暖的建筑物，其围护结构的传热阻，应根据技术经济比较确定，且应符合国家现行有关节能标准的规定。

4.1.8 围护结构的最小传热阻，应按下式确定：

$$R_{o\cdot min}=\frac{\alpha\ (t_n-t_w)}{\Delta t_y\alpha_n} \tag{4.1.8-1}$$

或

$$R_{o\cdot min}=\frac{\alpha\ (t_n-t_w)}{\Delta t_y}R_n \tag{4.1.8-2}$$

式中 $R_{o\cdot min}$**——围护结构的最小传热阻（m²·℃/W）；**

t_n**——冬季室内计算温度（℃），按本规范第3.1.1条和第4.2.4条采用；**

t_w——冬季围护结构室外计算温度（℃），按本规范第 4.1.9 条采用；

α——围护结构温差修正系数，按本规范表 4.1.8-1 采用；

Δt_y——冬季室内计算温度与围护结构内表面温度的允许温差（℃），按本规范表 4.1.8-2 采用；

α_n——围护结构内表面换热系数［W/（m^2·℃）］，按本规范表4.1.8-3采用；

R_n——围护结构内表面换热阻（m^2·℃/W），按本规范表4.1.8-3采用。

注：1 本条不适用于窗、阳台门和天窗。

2 砖石墙体的传热阻，可比式（4.1.8-1、4.1.8-2）的计算结果小 5%。

3 外门（阳台门除外）的最小传热阻，不应小于按采暖室外计算温度所确定的外墙最小传热阻的 60%。

4 当相邻房间的温差大于 10℃时，内围护结构的最小传热阻，亦应通过计算确定。

5 当居住建筑、医院及幼儿园等建筑物采用轻型结构时，其外墙最小传热阻，尚应符合国家现行标准《民用建筑热工设计规范》（GB 50176）及《民用建筑节能设计标准（采暖居住建筑部分）》（JGJ 26）的要求。

表 4.1.8-1 温差修正系数 α

围护结构特征	α
外墙、屋顶、地面以及与室外相通的楼板等	1.00
闷顶和与室外空气相通的非采暖地下室上面的楼板等	0.90
与有外门窗的不采暖楼梯间相邻的隔墙（1～6 层建筑）	0.60
与有外门窗的不采暖楼梯间相邻的隔墙（7～30 层建筑）	0.50
非采暖地下室上面的楼板，外墙上有窗时	0.75
非采暖地下室上面的楼板，外墙上无窗且位于室外地坪以上时	0.60
非采暖地下室上面的楼板，外墙上无窗且位于室外地坪以下时	0.40
与有外门窗的非采暖房间相邻的隔墙	0.70
与无外门窗的非采暖房间相邻的隔墙	0.40
伸缩缝墙、沉降缝墙	0.30
防震缝墙	0.70

表 4.1.8-2 允许温差 Δt_y 值（℃）

建筑物及房间类别	外墙	屋顶
居住建筑、医院和幼儿园等	6.0	4.0
办公建筑、学校和门诊部等	6.0	4.5
公共建筑（上述指明者除外）和工业企业辅助建筑物（潮湿的房间除外）	7.0	5.5
室内空气干燥的生产厂房	10.0	8.0
室内空气湿度正常的生产厂房	8.0	7.0
室内空气潮湿的公共建筑、生产厂房及辅助建筑物：		
当不允许墙和顶棚内表面结露时	t_n-t_1	0.8（t_n-t_1）
当仅不允许顶棚内表面结露时	7.0	0.9（t_n-t_1）
室内空气潮湿且具有腐蚀性介质的生产厂房	t_n-t_1	t_n-t_1
室内散热量大于 23W/m^3，且计算相对湿度不大于 50%的生产厂房	12.0	12.0

注：1 室内空气干湿程度的区分，应根据室内温度和相对湿度按表 4.1.8-4 确定。

2 与室外空气相通的楼板和非采暖地下室上面的楼板，其允许温差 Δt_y 值，可采用 2.5℃。

3 t_n——同式（4.1.8-1、4.1.8-2）；

t_1——在室内计算温度和相对湿度状况下的露点温度（℃）。

表 4.1.8-3 换热系数 α_n 和换热阻值 R_n

围护结构内表面特征	α_n [W/(m²·℃)]	R_n (m²·℃/W)
墙、地面、表面平整或有肋状突出物的顶棚，当 $\frac{h}{s} \leqslant 0.3$ 时	8.7	0.115
有肋状突出物的顶棚，当 $\frac{h}{s} > 0.3$ 时	7.6	0.132
注：h——肋高（m）；s——肋间净距（m）。		

表 4.1.8-4 室内空气干湿程度的区分

类别 ＼ 相对湿度（%） ＼ 室内温度（℃）	≤12	13~24	>24
干　燥	≤60	≤50	≤40
正　常	61~75	51~60	41~50
较　湿	>75	61~75	51~60
潮　湿	—	>75	>60

4.1.9 确定围护结构的最小传热阻时，冬季围护结构室外计算温度 t_w，应根据围护结构热惰性指标 D 值，按表 4.1.9 采用。

表 4.1.9 冬季围护结构室外计算温度（℃）

围护结构类型	热惰性指标 D 值	t_w 的取值（℃）
Ⅰ	>6.0	$t_w = t_{wn}$
Ⅱ	4.1~6.0	$t_w = 0.6t_{wn} + 0.4\ t_{p,min}$
Ⅲ	1.6~4.0	$t_w = 0.3t_{wn} + 0.7\ t_{p,min}$
Ⅳ	≤1.5	$t_w = t_{p,min}$

注：t_{wn} 和 $t_{p,min}$——分别为采暖室外计算温度和累年最低日平均温度（℃），按《采暖通风与空气调节气象资料集》数据采用。

4.1.10 围护结构的传热阻，应按下式计算：

$$R_o = \frac{1}{\alpha_n} + R_j + \frac{1}{\alpha_w} \tag{4.1.10-1}$$

或

$$R_o = R_n + R_j + R_w \tag{4.1.10-2}$$

式中 R_o——围护结构的传热阻（m²·℃/W）；

α_n、R_n——同式（4.1.8-1、4.1.8-2）；

α_w——围护结构外表面换热系数［W/(m²·℃)］，按本规范表4.1.10采用；

R_w——围护结构外表面换热阻（m²·℃/W），按本规范表4.1.10采用；

R_j——围护结构本体（包括单层或多层结构材料层及封闭的空气间层）的热阻（m²·℃/W）。

表 4.1.10 换热系数 α_w 和换热阻值 R_w

围护结构外表面特征	α_w [W/(m²·℃)]	R_w (m²·℃/W)
外墙和屋顶	23	0.04
与室外空气相通的非采暖地下室上面的楼板	17	0.06
闷顶和外墙上有窗的非采暖地下室上面的楼板	12	0.08
外墙上无窗的非采暖地下室上面的楼板	6	0.17

4.1.11 设置全面采暖的建筑物，其玻璃外窗、阳台门和天窗的层数，宜按表 4.1.11 采用。

表 4.1.11 外窗、阳台门和天窗层数

建筑物及房间类型	室内外温差（℃）	层数		
		外窗	阳台门	天窗
民用建筑（居住建筑及潮湿的公共建筑除外）	<33	单层	单层	—
	≥33	双层	双层	—
干燥或正常湿度状况的工业建筑物	<36	单层	—	单层
	≥36	双层	—	单层
潮湿的公共建筑、工业建筑物	<31	单层	—	单层
	≥31	双层	—	单层
散热量大于 23W/m³，且室内计算相对湿度不大于 50%的工业建筑	不限	单层	—	单层

注：1 表中所列的室内外温差，系指冬季室内计算温度和采暖室外计算温度之差。
2 高级民用建筑，以及其他经技术经济比较设置双层窗合理的建筑物，可不受本条规定的限制。
3 居住建筑外窗的层数，应符合国家有关节能标准的规定。
4 对较高的工业建筑及特殊建筑，可视具体情况研究确定。

4.1.12 设置全面采暖的建筑物，在满足采光要求的前提下，其开窗面积应尽量减小。民用建筑的窗墙面积比，应按国家现行标准《民用建筑热工设计规范》（GB 50176）执行。

4.1.13 集中采暖系统的热媒，应根据建筑物的用途、供热情况和当地气候特点等条件，经技术经济比较确定，并应按下列规定选择：

1 民用建筑应采用热水做热媒；

2 工业建筑，当厂区只有采暖用热或以采暖用热为主时，宜采用高温水做热媒；当厂区供热以工艺用蒸汽为主时，在不违反卫生、技术和节能要求的条件下，可采用蒸汽做热媒。

注：1 利用余热或天然热源采暖时，采暖热媒及其参数可根据具体情况确定。
2 辐射采暖的热媒，应符合本规范第 4.4 节、第 4.5 节的规定。

4.1.14 改建或扩建的建筑物，以及与原有热网相连接的新增建筑物，除遵守本规范的规定外，尚应根据原有建筑物的状况，采取相应的技术措施。

4.2 热 负 荷

4.2.1 冬季采暖通风系统的热负荷，应根据建筑物下列散失和获得的热量确定：

1 围护结构的耗热量；

2 加热由门窗缝隙渗入室内的冷空气的耗热量；

3 加热由门、孔洞及相邻房间侵入的冷空气的耗热量；

4 水分蒸发的耗热量；

5 加热由外部运入的冷物料和运输工具的耗热量；

6 通风耗热量；

7 最小负荷班的工艺设备散热量；

8 热管道及其他热表面的散热量；

9 热物料的散热量；

10 通过其他途径散失或获得的热量。

注：1 不经常的散热量，可不计算。

2 经常而不稳定的散热量，应采用小时平均值。

4.2.2 围护结构的耗热量，应包括基本耗热量和附加耗热量。

4.2.3 围护结构的基本耗热量，应按下式计算：

$$Q = \alpha FK\ (t_n - t_{wn}) \tag{4.2.3}$$

式中 Q——围护结构的基本耗热量（W）；

F——围护结构的面积（m^2）；

K——围护结构的传热系数［W/（m^2·℃）］；

t_{wn}——采暖室外计算温度（℃），按本规范第3.2.1条采用；

α、t_n——与本规范第4.1.8条相同。

注：当已知或可求出冷侧温度时，t_{wn}一项可直接用冷侧温度值代入，不再进行α值修正。

4.2.4 计算围护结构耗热量时，冬季室内计算温度，应按本规范第3.1.1条采用，但层高大于4m的工业建筑，尚应符合下列规定：

1 地面应采用工作地点的温度。

2 屋顶和天窗应采用屋顶下的温度。屋顶下的温度，可按下式计算：

$$t_d = t_g + \Delta t_H\ (H - 2) \tag{4.2.4-1}$$

式中 t_d——屋顶下的温度（℃）；

t_g——工作地点的温度（℃）；

Δt_H——温度梯度（℃/m）；

H——房间高度（m）。

3 墙、窗和门应采用室内平均温度。室内平均温度，应按下式计算：

$$t_{np} = \frac{t_d + t_g}{2} \tag{4.2.4-2}$$

式中 t_{np}——室内平均温度（℃）；

t_d、t_g——与式（4.2.4-1）相同。

注：散热量小于23W/m^3的工业建筑，当其温度梯度值不能确定时，可用工作地点温度计算围护结构耗热量，但应按本规范第4.2.7条的规定进行高度附加。

4.2.5 与相邻房间的温差大于或等于5℃时，应计算通过隔墙或楼板等的传热量。与相邻房间的温差小于5℃，且通过隔墙和楼板等的传热量大于该房间热负荷的10%时，尚应计算其传热量。

4.2.6 围护结构的附加耗热量，应按其占基本耗热量的百分率确定。各项附加（或修正）百分率，宜按下列规定的数值选用：

1 朝向修正率：

北、东北、西北	0～10%
东、西	－5%

东南、西南　　　　　　　　　　　－10%～－15%

南　　　　　　　　　　　　　　－15%～－30%

注：1　应根据当地冬季日照率、辐射照度、建筑物使用和被遮挡等情况选用修正率。

2　冬季日照率小于35%的地区，东南、西南和南向的修正率，宜采用－10%～0，东、西向可不修正。

2　风力附加率：建筑在不避风的高地、河边、海岸、旷野上的建筑物，以及城镇、厂区内特别高出的建筑物，垂直的外围护结构附加5%～10%。

3　外门附加率：

当建筑物的楼层数为 n 时：

一道门　　　　　　　　　　　　$65\% \times n$

两道门（有门斗）　　　　　　　$80\% \times n$

三道门（有两个门斗）　　　　　$60\% \times n$

公共建筑和工业建筑的主要出入口　500%

注：1　外门附加率，只适用于短时间开启的、无热空气幕的外门。

2　阳台门不应计入外门附加。

4.2.7　民用建筑和工业企业辅助建筑（楼梯间除外）的高度附加率，房间高度大于4m时，每高出1m应附加2%，但总的附加率不应大于15%。

注：高度附加率，应附加于围护结构的基本耗热量和其他附加耗热量上。

4.2.8　加热由门窗缝隙渗入室内的冷空气的耗热量，应根据建筑物的内部隔断、门窗构造、门窗朝向、室内外温度和室外风速等因素确定，宜按本规范附录D进行计算。

4.3　散热器采暖

4.3.1　选择散热器时，应符合下列规定：

1　散热器的工作压力，应满足系统的工作压力，并符合国家现行有关产品标准的规定；

2　民用建筑宜采用外形美观、易于清扫的散热器；

3　放散粉尘或防尘要求较高的工业建筑，应采用易于清扫的散热器；

4　具有腐蚀性气体的工业建筑或相对湿度较大的房间，应采用耐腐蚀的散热器；

5　采用钢制散热器时，应采用闭式系统，并满足产品对水质的要求，在非采暖季节采暖系统应充水保养；蒸汽采暖系统不应采用钢制柱型、板型和扁管等散热器；

6　采用铝制散热器时，应选用内防腐型铝制散热器，并满足产品对水质的要求；

7　安装热量表和恒温阀的热水采暖系统不宜采用水流通道内含有粘砂的铸铁等散热器。

4.3.2　布置散热器时，应符合下列规定：

1　散热器宜安装在外墙窗台下，当安装或布置管道有困难时，也可靠内墙安装；

2　两道外门之间的门斗内，不应设置散热器；

3　楼梯间的散热器，宜分配在底层或按一定比例分配在下部各层。

4.3.3　散热器宜明装。暗装时装饰罩应有合理的气流通道、足够的通道面积，并方便维修。

4.3.4 幼儿园的散热器必须暗装或加防护罩。

4.3.5 铸铁散热器的组装片数，不宜超过下列数值：

粗柱型（包括柱翼型） 20片

细柱型 25片

长翼型 7片

4.3.6 确定散热器数量时，应根据其连接方式、安装形式、组装片数、热水流量以及表面涂料等对散热量的影响，对散热器数量进行修正。

4.3.7 民用建筑和室内温度要求较严格的工业建筑中的非保温管道，明设时，应计算管道的散热量对散热器数量的折减；暗设时，应计算管道中水的冷却对散热器数量的增加。

4.3.8 条件许可时，建筑物的采暖系统南北向房间宜分环设置。

4.3.9 建筑物的热水采暖系统高度超过50m时，宜竖向分区设置。

4.3.10 垂直单、双管采暖系统，同一房间的两组散热器可串联连接；贮藏室、盥洗室、厕所和厨房等辅助用室及走廊的散热器，亦可同邻室串联连接。

注：热水采暖系统两组散热器串联时，可采用同侧连接，但上、下串联管道直径应与散热器接口直径相同。

4.3.11 有冻结危险的楼梯间或其他有冻结危险的场所，应由单独的立、支管供暖。散热器前不得设置调节阀。

4.3.12 安装在装饰罩内的恒温阀必须采用外置传感器，传感器应设在能正确反映房间温度的位置。

4.4 热水辐射采暖

4.4.1 设计加热管埋设在建筑构件内的低温热水辐射采暖系统时，应会同有关专业采取防止建筑物构件龟裂和破损的措施。

4.4.2 低温热水辐射采暖，辐射体表面平均温度，应符合表4.4.2的要求。

表 4.4.2 辐射体表面平均温度（℃）

设置位置	宜采用的温度	温度上限值
人员经常停留的地面	24~26	28
人员短期停留的地面	28~30	32
无人停留的地面	35~40	42
房间高度2.5~3.0m的顶棚	28~30	—
房间高度3.1~4.0m的顶棚	33~36	—
距地面1m以下的墙面	35	—
距地面1m以上3.5m以下的墙面	45	—

4.4.3 低温热水地板辐射采暖的供水温度和回水温度应经计算确定。民用建筑的供水温度不应超过60℃，供水、回水温差宜小于或等于10℃。

4.4.4 低温热水地板辐射采暖的耗热量应经计算确定。全面辐射采暖的耗热量，应按本规范第4.2节的有关规定计算，并应对总耗热量乘以0.9~0.95的修正系数或将室内计算温度取值降低2℃。

局部辐射采暖的耗热量，可按整个房间全面辐射采暖所算得的耗热量乘以该区域面积与所在房间面积的比值和表4.4.4中所规定的附加系数确定。

建筑物地板敷设加热管时，采暖耗热量中不计算地面的热损失。

表 4.4.4 局部辐射采暖耗热量附加系数

采暖区面积与房间总面积比值	0.55	0.40	0.25
附加系数	1.30	1.35	1.50

4.4.5 低温热水地板辐射采暖的有效散热量应经计算确定，并应计算室内设备、家具等地面覆盖物等对散热量的折减。

4.4.6 低温热水地板辐射采暖的加热管及其覆盖层与外墙、楼板结构层间应设绝热层。

注：当使用条件允许楼板双向传热时，覆盖层与楼板结构层间可不设绝热层。

4.4.7 低温热水地板辐射采暖系统敷设加热管的覆盖层厚度不宜小于 50mm。覆盖层应设伸缩缝，伸缩缝的位置、距离及宽度，应会同有关专业计算确定。加热管穿过伸缩缝时，宜设长度不小于 100mm 的柔性套管。

4.4.8 低温热水地板辐射采暖系统的阻力应计算确定。加热管内水的流速不应小于 0.25m/s，同一集配装置的每个环路加热管长度应尽量接近，每个环路的阻力不宜超过 30kPa。低温热水地板辐射采暖系统分水器前应设阀门及过滤器，集水器后应设阀门；集水器、分水器上应设放气阀；系统配件应采用耐腐蚀材料。

4.4.9 低温热水地板辐射采暖系统的工作压力不宜大于0.8MPa;当超过上述压力时，应采取相应的措施。

4.4.10 低温热水地板辐射采暖，当绝热层辅设在土壤上时，绝热层下部应做防潮层。在潮湿房间（如卫生间、厨房等）敷设地板辐射采暖系统时，加热管覆盖层上应做防水层。

4.4.11 地板辐射采暖加热管的材质和壁厚的选择，应根据工程的耐久年限、管材的性能、管材的累计使用时间以及系统的运行水温、工作压力等条件确定。

4.4.12 热水吊顶辐射板采暖，可用于层高为 3～30m 建筑物的采暖。

4.4.13 热水吊顶辐射板的供水温度，宜采用 40～140℃的热水，其水质应满足产品的要求。在非采暖季节，采暖系统应充水保养。

4.4.14 热水吊顶辐射板的工作压力，应符合国家现行有关产品标准的规定。

4.4.15 热水吊顶辐射板采暖的耗热量应按本规范第 4.2 节的有关规定进行计算，并按本规范第 4.5.6 条的规定进行修正。当屋顶耗热量大于房间总耗热量的 30%时，应采取必要的保温措施。

4.4.16 热水吊顶辐射板的有效散热量应根据下列因素确定：

1 当热水吊顶辐射板倾斜安装时，辐射板安装角度修正系数，应按表 4.4.16 进行确定；

表 4.4.16 辐射板安装角度修正系数

辐射板与水平面的夹角（°）	0	10	20	30	40
修正系数	1	1.022	1.043	1.066	1.088

2 辐射板的管中流体应为紊流。当达不到最小流量且辐射板不能串联连接时，辐射板的散热量应乘以 1.18 的安全系数。

4.4.17 热水吊顶辐射板的安装高度，应根据人体的舒适度确定。辐射板的最高平均水温应根据辐射板安装高度和其面积占顶棚面积的比例按表 4.4.17 确定。

表 4.4.17　热水吊顶辐射板最高平均水温（℃）

最低安装高度（m）	热水吊顶辐射板占顶棚面积的百分比					
	10%	15%	20%	25%	30%	35%
3	73	71	68	64	58	56
4	115	105	91	78	67	60
5	>147	123	100	83	71	64
6	—	132	104	87	75	69
7	—	137	108	91	80	74
8	—	>141	112	96	86	80
9	—	—	117	101	92	87
10	—	—	122	107	98	94

注：表中安装高度系指地面到板中心的垂直距离（m）。

4.4.18　热水吊顶辐射板采暖系统的管道布置，宜采用同程式。

4.4.19　热水吊顶辐射板与采暖系统供水管、回水管的连接方式，可采用并联或串联、同侧或异侧连接，并应采取使辐射板表面温度均匀、流体阻力平衡的措施。

4.4.20　布置全面采暖的热水吊顶辐射板装置时，应使室内作业区辐射照度均匀，并符合以下要求：

1　安装吊顶辐射板时，宜沿最长的外墙平行布置；

2　设置在墙边的辐射板规格应大于在室内设置的辐射板规格；

3　层高小于 4m 的建筑物，宜选择较窄的辐射板；

4　房间应预留辐射板沿长度方向热膨胀余地。

注：辐射板装置不应布置在对热敏感的设备附近。

4.4.21　局部区域采用热水吊顶辐射板采暖时，其耗热量可按本规范第4.4.4条的规定计算。

4.5　燃气红外线辐射采暖

4.5.1　燃气红外线辐射采暖，可用于建筑物室内采暖或室外工作地点的采暖。

4.5.2　采用燃气红外线辐射采暖时，必须采取相应的防火防爆和通风换气等安全措施。

4.5.3　燃气红外线辐射采暖的燃料，可采用天然气、人工煤气、液化石油气等。燃气质量、燃气输配系统应符合国家现行标准《城镇燃气设计规范》（GB 50028）的要求。

4.5.4　燃气红外线辐射器的安装高度，应根据人体舒适度确定，但不应低于 3m。

4.5.5　燃气红外线辐射器用于局部工作地点采暖时，其数量不应少于两个，且应安装在人体的侧上方。

4.5.6　燃气红外线辐射器全面采暖的耗热量应按本规范第 4.2 节的有关规定进行计算，可不计高度附加，并应对总耗热量乘以 0.8～0.9 的修正系数。

辐射器安装高度过高时，应对总耗热量进行必要的高度修正。

4.5.7　局部区域燃气红外线辐射采暖耗热量可按本规范第4.4.4条中的有关规定计算。

4.5.8　布置全面辐射采暖系统时，沿四周外墙、外门处的辐射器散热量，不宜少于总热负荷的 60%。

4.5.9 由室内供应空气的厂房或房间，应能保证燃烧器所需要的空气量。当燃烧器所需要的空气量超过该房间每小时 0.5 次的换气次数时，应由室外供应空气。

4.5.10 燃气红外线辐射采暖系统采用室外供应空气时，进风口应符合下列要求：

1 设在室外空气洁净区，距地面高度不低于 2m；

2 距排风口水平距离大于 6m；当处于排风口下方时，垂直距离不小于 3m；当处于排风口上方时，垂直距离不小于 6m；

3 安装过滤网。

4.5.11 无特殊要求时，燃气红外线辐射采暖系统的尾气应排至室外。排风口应符合下列要求：

1 设在人员不经常通行的地方，距地面高度不低于 2m；

2 水平安装的排气管，其排风口伸出墙面不少于 0.5m；

3 垂直安装的排气管，其排风口高出半径为 6m 以内的建筑物最高点不少于 1m；

4 排气管穿越外墙或屋面处加装金属套管。

4.5.12 燃气红外线辐射采暖系统，应在便于操作的位置设置能直接切断采暖系统及燃气供应系统的控制开关。利用通风机供应空气时，通风机与采暖系统应设置联锁开关。

4.6 热风采暖及热空气幕

4.6.1 符合下列条件之一时，应采用热风采暖：

1 能与机械送风系统合并时；

2 利用循环空气采暖，技术经济合理时；

3 由于防火防爆和卫生要求，必须采用全新风的热风采暖时。

注：循环空气的采用，应符合国家现行《工业企业设计卫生标准》和本规范第 5.3.6 条。

4.6.2 热风采暖的热媒宜采用 0.1～0.3MPa 的高压蒸汽或不低于 90℃的热水。当采用燃气、燃油加热或电加热时，应符合国家现行标准《城镇燃气设计规范》（GB 50028）和《建筑设计防火规范》（GB 50016）的要求。

4.6.3 位于严寒地区或寒冷地区的工业建筑，采用热风采暖且距外窗 2m 或 2m 以内有固定工作地点时，宜在窗下设置散热器，条件许可时，兼做值班采暖。当不设散热器值班采暖时，热风采暖不宜少于两个系统（两套装置）。一个系统（装置）的最小供热量，应保持非工作时间工艺所需的最低室内温度，但不得低于 5℃。

4.6.4 选择暖风机或空气加热器时，其散热量应乘以 1.2～1.3 的安全系数。

4.6.5 采用暖风机热风采暖时，应符合下列规定：

1 应根据厂房内部的几何形状，工艺设备布置情况及气流作用范围等因素，设计暖风机台数及位置；

2 室内空气的换气次数，宜大于或等于每小时 1.5 次；

3 热媒为蒸汽时，每台暖风机应单独设置阀门和疏水装置。

4.6.6 采用集中热风采暖时，应符合下列规定：

1 工作区的风速应按本规范第 3.1.2 条的规定确定，但最小平均风速不宜小于 0.15m/s；送风口的出口风速，应通过计算确定，一般情况下可采用 5～15m/s；

2 送风口的高度不宜低于 3.5m，回风口下缘至地面的距离宜采用 0.4～0.5m；

3 送风温度不宜低于35℃并不得高于70℃。

4.6.7 符合下列条件之一时，宜设置热空气幕：

1 位于严寒地区、寒冷地区的公共建筑和工业建筑，对经常开启的外门，且不设门斗和前室时；

2 公共建筑和工业建筑，当生产或使用要求不允许降低室内温度时或经技术经济比较设置热空气幕合理时。

4.6.8 热空气幕的送风方式：公共建筑宜采用由上向下送风。工业建筑，当外门宽度小于3m时，宜采用单侧送风；当大门宽度为3～18m时，应经过技术经济比较，采用单侧、双侧送风或由上向下送风；当大门宽度超过18m时，应采用由上向下送风。

注：侧面送风时，严禁外门向内开启。

4.6.9 热空气幕的送风温度，应根据计算确定。对于公共建筑和工业建筑的外门，不宜高于50℃；对高大的外门，不应高于70℃。

4.6.10 热空气幕的出口风速，应通过计算确定。对于公共建筑的外门，不宜大于6m/s；对于工业建筑的外门，不宜大于8m/s；对于高大的外门，不宜大于25m/s。

4.7 电 采 暖

4.7.1 符合下列条件之一，经技术经济比较合理时，可采用电采暖：

1 环保有特殊要求的区域；

2 远离集中热源的独立建筑；

3 采用热泵的场所；

4 能利用低谷电蓄热的场所；

5 有丰富的水电资源可供利用时。

4.7.2 采用电采暖时，应满足房间用途、特点、经济和安全防火等要求。

4.7.3 低温加热电缆辐射采暖，宜采用地板式；低温电热膜辐射采暖，宜采用顶棚式。辐射体表面平均温度，应符合本规范第4.4.2条的有关规定。

4.7.4 低温加热电缆辐射采暖和低温电热膜辐射采暖的加热元件及其表面工作温度，应符合国家现行有关产品标准规定的安全要求。

根据不同使用条件，电采暖系统应设置不同类型的温控装置。

绝热层、龙骨等配件的选用及系统的使用环境，应满足建筑防火要求。

4.8 采 暖 管 道

4.8.1 采暖管道的材质，应根据采暖热媒的性质、管道敷设方式选用，并应符合国家现行有关产品标准的规定。

4.8.2 散热器采暖系统的供水、回水、供汽和凝结水管道，应在热力入口处与下列系统分开设置：

1 通风、空气调节系统；

2 热风采暖和热空气幕系统；

3 热水供应系统；

4 生产供热系统。

4.8.3 热水采暖系统，应在热力入口处的供水、回水总管上设置温度计、压力表及除污器。必要时，应装设热量表。

4.8.4 蒸汽采暖系统，当供汽压力高于室内采暖系统的工作压力时，应在采暖系统入口的供汽管上装设减压装置。必要时，应安装计量装置。

注：减压阀进出口的压差范围，应符合制造厂的规定。

4.8.5 高压蒸汽采暖系统最不利环路的供汽管，其压力损失不应大于起始压力的25%。

4.8.6 热水采暖系统的各并联环路之间（不包括共同段）的计算压力损失相对差额，不应大于15%。

4.8.7 采暖系统供水、供汽干管的末端和回水干管始端的管径，不宜小于20mm，低压蒸汽的供汽干管可适当放大。

4.8.8 采暖管道中的热媒流速，应根据热水或蒸汽的资用压力、系统形式、防噪声要求等因素确定，最大允许流速应符合下列规定：

1 热水采暖系统：

民用建筑	1.5m/s
辅助建筑物	2m/s
工业建筑	3m/s

2 低压蒸汽采暖系统：

汽水同向流动时	30m/s
汽水逆向流动时	20m/s

3 高压蒸汽采暖系统：

汽水同向流动时	80m/s
汽水逆向流动时	60m/s

4.8.9 机械循环双管热水采暖系统和分层布置的水平单管热水采暖系统，应对水在散热器和管道中冷却而产生自然作用压力的影响采取相应的技术措施。

4.8.10 采暖系统计算压力损失的附加值宜采用10%。

4.8.11 蒸汽采暖系统的凝结水回收方式，应根据二次蒸汽利用的可能性以及室外地形、管道敷设方式等情况，分别采用以下回水方式：

1 闭式满管回水；

2 开式水箱自流或机械回水；

3 余压回水。

注：凝结水回收方式，尚应符合国家现行《锅炉房设计规范》(GB 50041) 的要求。

4.8.12 高压蒸汽采暖系统，疏水器前的凝结水管不应向上抬升；疏水器后的凝结水管向上抬升的高度应经计算确定。当疏水器本身无止回功能时，应在疏水器后的凝结水管上设置止回阀。

4.8.13 疏水器至回水箱或二次蒸发箱之间的蒸汽凝结水管，应按汽水乳状体进行计算。

4.8.14 采暖系统各并联环路，应设置关闭和调节装置。当有冻结危险时，立管或支管上的阀门至干管的距离，不应大于120mm。

4.8.15 多层和高层建筑的热水采暖系统中，每根立管和分支管道的始末段均应设置调节、检修和泄水用的阀门。

4.8.16 热水和蒸汽采暖系统，应根据不同情况，设置排气、泄水、排污和疏水装置。

4.8.17 采暖管道必须计算其热膨胀。当利用管段的自然补偿不能满足要求时，应设置补偿器。

4.8.18 采暖管道的敷设，应有一定的坡度。对于热水管、汽水同向流动的蒸汽管和凝结水管，坡度宜采用0.003，不得小于0.002；立管与散热器连接的支管，坡度不得小于0.01；对于汽水逆向流动的蒸汽管，坡度不得小于0.005。

当受条件限制时，热水管道（包括水平单管串联系统的散热器连接管）可无坡度敷设，但管中的水流速度不得小于0.25m/s。

4.8.19 穿过建筑物基础、变形缝的采暖管道，以及埋设在建筑结构里的立管，应采取预防由于建筑物下沉而损坏管道的措施。

4.8.20 当采暖管道必须穿过防火墙时，在管道穿过处应采取防火封堵措施，并在管道穿过处采取固定措施使管道可向墙的两侧伸缩。

4.8.21 采暖管道不得与输送蒸汽燃点低于或等于120℃的可燃液体或可燃、腐蚀性气体的管道在同一条管沟内平行或交叉敷设。

4.8.22 符合下列情况之一时，采暖管道应保温：

1 管道内输送的热媒必须保持一定参数；

2 管道敷设在地沟、技术夹层、闷顶及管道井内或易被冻结的地方；

3 管道通过的房间或地点要求保温；

4 管道的无益热损失较大。

注：不通行地沟内仅供冬季采暖使用的凝结水管，如余热不加以利用，且无冻结危险时，可不保温。

4.9 热水集中采暖分户热计量

4.9.1 新建住宅热水集中采暖系统，应设置分户热计量和室温控制装置。

对建筑内的公共用房和公用空间，应单独设置采暖系统，宜设置热计量装置。

4.9.2 分户热计量采暖耗热量计算，应按本规范第4.2节的有关规定进行计算。户间楼板和隔墙的传热阻，宜通过综合技术经济比较确定。

4.9.3 在确定分户热计量采暖系统的户内采暖设备容量和计算户内管道时，应计入向邻户传热引起的耗热量附加，但所附加的耗热量不应统计在采暖系统的总热负荷内。

4.9.4 分户热计量热水集中采暖系统，应在建筑物热力入口处设置热量表、差压或流量调节装置、除污器或过滤器等。

4.9.5 当热水集中采暖系统分户热计量装置采用热量表时，应符合下列要求：

1 应采用共用立管的分户独立系统形式；

2 户用热量表的流量传感器宜安装在供水管上，热量表前应设置过滤器；

3 系统的水质，应符合国家现行标准《工业锅炉水质》（GB 1576）的要求；

4 户内采暖系统宜采用单管水平跨越式、双管水平并联式、上供下回式等形式；

5 户内采暖系统管道的布置，条件许可时宜暗埋布置。但是暗埋管道不应有接头，且暗埋的管道宜外加塑料套管；

6 系统的共用立管和入户装置，宜设于管道井内。管道井宜邻楼梯间或户外公共空间；

7 分户热计量热水集中采暖系统的热量表，应符合国家现行行业标准《热量表》(CJ 128)的要求。

5 通　　风

5.1 一 般 规 定

5.1.1 为了防止大量热、蒸汽或有害物质向人员活动区散发，防止有害物质对环境的污染，必须从总体规划、工艺、建筑和通风等方面采取有效的综合预防和治理措施。

5.1.2 放散有害物质的生产过程和设备，宜采用机械化、自动化，并应采取密闭、隔离和负压操作措施。对生产过程中不可避免放散的有害物质，在排放前，必须采取通风净化措施，并达到国家有关大气环境质量标准和各种污染物排放标准的要求。

5.1.3 放散粉尘的生产过程，宜采用湿式作业。输送粉尘物料时，应采用不扬尘的运输工具。放散粉尘的工业建筑，宜采用湿法冲洗措施，当工艺不允许湿法冲洗且防尘要求严格时，宜采用真空吸尘装置。

5.1.4 大量散热的热源（如散热设备、热物料等），宜放在生产厂房外面或坡屋内。对生产厂房内的热源，应采取隔热措施。工艺设计，宜采用远距离控制或自动控制。

5.1.5 确定建筑物方位和形式时，宜减少东西向的日晒。以自然通风为主的建筑物，其方位还应根据主要进风面和建筑物形式，按夏季最多风向布置。

5.1.6 位于夏热冬冷或夏热冬暖地区的建筑物建筑热工设计，应符合国家现行标准《民用建筑热工设计规范》（GB 50176）的规定。采用通风屋顶隔热时，其通风层长度不宜大于10m，空气层高度宜为20cm左右。散热量小于23W/m^{3}的工业建筑，当屋顶离地面平均高度小于或等于8m时，宜采用屋顶隔热措施。

5.1.7 对于放散热或有害物质的生产设备布置，应符合下列要求：

1 放散不同毒性有害物质的生产设备布置在同一建筑物内时，毒性大的应与毒性小的隔开；

2 放散热和有害气体的生产设备，应布置在厂房自然通风的天窗下部或穿堂风的下风侧；

3 放散热和有害气体的生产设备，当必须布置在多层厂房的下层时，应采取防止污染室内上层空气的有效措施。

5.1.8 建筑物内，放散热、蒸汽或有害物质的生产过程和设备，宜采用局部排风。当局部排风达不到卫生要求时，应辅以全面排风或采用全面排风。

5.1.9 设计局部排风或全面排风时，宜采用自然通风。当自然通风不能满足卫生、环保或生产工艺要求时，应采用机械通风或自然与机械的联合通风。

5.1.10 凡属设有机械通风系统的房间，人员所需的新风量应满足第3.1.9条的规定；人员所在房间不设机械通风系统时，应有可开启外窗。

5.1.11 组织室内送风、排风气流时，不应使含有大量热、蒸汽或有害物质的空气流入没有或仅有少量热、蒸汽或有害物质的人员活动区，且不应破坏局部排风系统的正常工作。

5.1.12 凡属下列情况之一时，应单独设置排风系统：

1 两种或两种以上的有害物质混合后能引起燃烧或爆炸时；

2 混合后能形成毒害更大或腐蚀性的混合物、化合物时；

3 混合后易使蒸汽凝结并聚积粉尘时；

4 散发剧毒物质的房间和设备；

5 建筑物内设有储存易燃易爆物质的单独房间或有防火防爆要求的单独房间。

5.1.13 同时放散有害物质、余热和余湿时，全面通风量应按其中所需最大的空气量确定。多种有害物质同时放散于建筑物内时，其全面通风量的确定应按国家现行标准《工业企业设计卫生标准》（GBZ 1）执行。

送入室内的室外新风量，不应小于本规范第 3.1.9 条所规定的人员所需最小新风量。

5.1.14 放散入室内的有害物质数量不能确定时，全面通风量可参照类似房间的实测资料或经验数据，按换气次数确定，亦可按国家现行的各相关行业标准执行。

5.1.15 建筑物的防烟、排烟设计，应按国家现行标准《高层民用建筑设计防火规范》（GB 50045）及《建筑设计防火规范》（GB 50016）执行。

5.2 自 然 通 风

5.2.1 消除建筑物余热、余湿的通风设计，应优先利用自然通风。

5.2.2 厨房、厕所、盥洗室和浴室等，宜采用自然通风。当利用自然通风不能满足室内卫生要求时，应采用机械通风。

民用建筑的卧室、起居室（厅）以及办公室等，宜采用自然通风。

5.2.3 放散热量的工业建筑，其自然通风量应根据热压作用按本规范附录 F 的规定进行计算。

5.2.4 利用穿堂风进行自然通风的厂房，其迎风面与夏季最多风向宜成 60°～90°角，且不应小于 45°角。

5.2.5 夏季自然通风应采用阻力系数小、易于操作和维修的进排风口或窗扇。

5.2.6 夏季自然通风用的进风口，其下缘距室内地面的高度不应大于 1.2m；冬季自然通风用的进风口，当其下缘距室内地面的高度小于 4m 时，应采取防止冷风吹向工作地点的措施。

5.2.7 当热源靠近工业建筑的一侧外墙布置，且外墙与热源之间无工作地点时，该侧外墙上的进风口，宜布置在热源的间断处。

5.2.8 利用天窗排风的工业建筑，符合下列情况之一时，应采用避风天窗：

1 夏热冬冷和夏热冬暖地区，室内散热量大于 $23W/m^3$ 时；

2 其他地区，室内散热量大于 $35W/m^3$ 时；

3 不允许气流倒灌时。

注：多跨厂房的相邻天窗或天窗两侧与建筑物邻接，且处于负压区时，无挡风板的天窗，可视为避风天窗。

5.2.9 利用天窗排风的工业建筑，符合下列情况之一时，可不设避风天窗：

1 利用天窗能稳定排风时；

2 夏季室外平均风速小于或等于 1m/s 时。

5.2.10 当建筑物一侧与较高建筑物相邻接时，为了防止避风天窗或风帽倒灌，其各部尺寸应符合图 5.2.10-1、图 5.2.10-2 和表5.2.10的要求。

表 5.2.10 避风天窗或风帽与建筑物的相关尺寸

Z/h	0.4	0.6	0.8	1.0	1.2	1.4	1.6	1.8	2.0	2.1	2.2	2.3
$\frac{B-Z}{H}$	≤1.3	1.4	1.45	1.5	1.65	1.8	2.1	2.5	2.9	3.7	4.6	5.6
注：当 $Z/h>2.3$ 时，建筑物的相关尺寸可不受限制。												

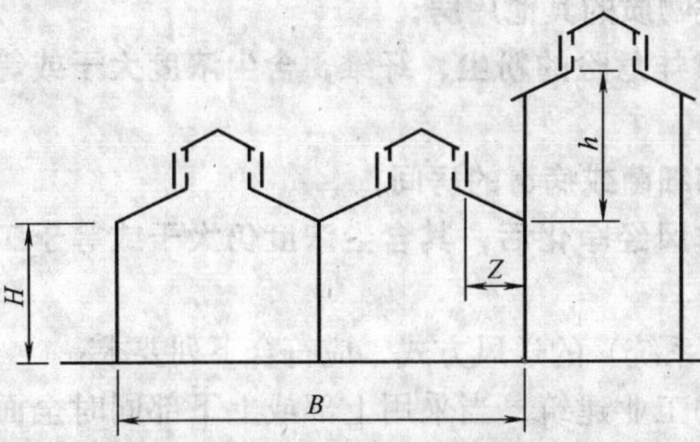

图 5.2.10-1 避风天窗与建筑的相关尺寸

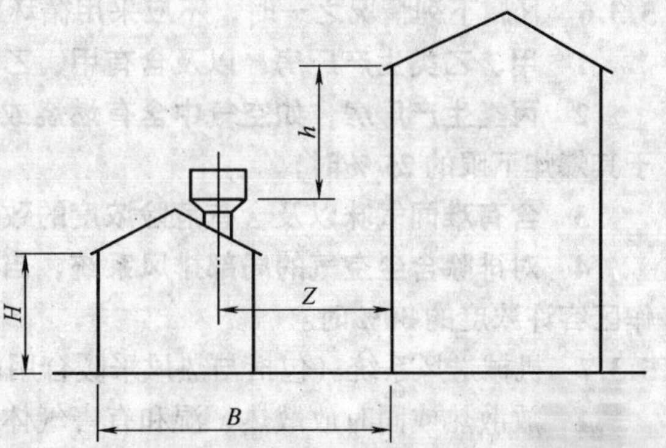

图 5.2.10-2 风帽与建筑物的相关尺寸

5.2.11 挡风板与天窗之间，以及作为避风天窗的多跨工业建筑相邻天窗之间，其端部均应封闭。当天窗较长时，应设置横向隔板，其间距不应大于挡风板上缘至地坪高度的 3 倍，且不应大于 50m。在挡风板或封闭物上，应设置检查门。

挡风板下缘至屋面的距离，宜采用 0.1～0.3m。

5.2.12 不需调节天窗窗扇开启角度的高温工业建筑，宜采用不带窗扇的避风天窗，但应采取防雨措施。

5.3 机 械 通 风

5.3.1 设置集中采暖且有机械排风的建筑物，当采用自然补风不能满足室内卫生条件、生产工艺要求或在技术经济上不合理时，宜设置机械送风系统。设置机械送风系统时，应进行风量平衡及热平衡计算。

每班运行不足 2h 的局部排风系统，当室内卫生条件和生产工艺要求许可时，可不设机械送风补偿所排出的风量。

5.3.2 选择机械送风系统的空气加热器时，室外计算参数应采用采暖室外计算温度；当其用于补偿消除余热、余湿用全面排风耗热量时，应采用冬季通风室外计算温度。

5.3.3 要求空气清洁的房间，室内应保持正压。放散粉尘、有害气体或有爆炸危险物质的房间，应保持负压。

当要求空气清洁程度不同或与有异味的房间比邻且有门（孔）相通时，应使气流从较清洁的房间流向污染较严重的房间。

5.3.4 机械送风系统进风口的位置，应符合下列要求：

1 应直接设在室外空气较清洁的地点；

2 应低于排风口；

3 进风口的下缘距室外地坪不宜小于 2m，当设在绿化地带时，不宜小于 1m；

4 应避免进风、排风短路。

5.3.5 用于甲、乙类生产厂房的送风系统，可共用同一进风口，但应与丙、丁、戊类生产厂房和辅助建筑物及其他通风系统的进风口分设；对有防火防爆要求的通风系统，其进风口应设在不可能有火花溅落的安全地点，排风口应设在室外安全处。

5.3.6 凡属下列情况之一时，不应采用循环空气：

1 甲、乙类生产厂房，以及含有甲、乙类物质的其他厂房；

2 丙类生产厂房，如空气中含有燃烧或爆炸危险的粉尘、纤维，含尘浓度大于或等于其爆炸下限的 25 %时；

3 含有难闻气味以及含有危险浓度的致病细菌或病毒的房间；

4 对排除含尘空气的局部排风系统，当排风经净化后，其含尘浓度仍大于或等于工作区容许浓度的 30%时。

5.3.7 机械送风系统（包括与热风采暖合用的系统）的送风方式，应符合下列要求：

1 放散热或同时放散热、湿和有害气体的工业建筑，当采用上部或上下部同时全面排风时，宜送至作业地带；

2 放散粉尘或密度比空气大的气体和蒸汽，而不同时放散热的工业建筑，当从下部地区排风时，宜送至上部区域；

3 当固定工作地点靠近有害物质放散源，且不可能安装有效的局部排风装置时，应直接向工作地点送风。

5.3.8 符合下列条件，可设置置换通风：

1 有热源或热源与污染源伴生；

2 人员活动区空气质量要求严格；

3 房间高度不小于 2.4m；

4 建筑、工艺及装修条件许可且技术经济比较合理。

5.3.9 置换通风的设计，应符合下列规定：

1 房间内人员头脚处空气温差不应大于 3℃；

2 人员活动区内气流分布均匀；

3 工业建筑内置换通风器的出风速度不宜大于 0.5m/s；

4 民用建筑内置换通风器的出风速度不宜大于 0.2m/s。

5.3.10 同时放散热、蒸汽和有害气体或仅放散密度比空气小的有害气体的工业建筑，除设局部排风外，宜从上部区域进行自然或机械的全面排风，其排风量不应小于每小时 1 次换气；当房间高度大于 6m 时，排风量可按 $6m^3/(h·m^2)$ 计算。

5.3.11 当采用全面排风消除余热、余湿或其他有害物质时，应分别从建筑物内温度最高、含湿量或有害物质浓度最大的区域排风。全面排风量的分配应符合下列要求：

1 当放散气体的密度比室内空气轻，或虽比室内空气重但建筑内放散的显热全年均能形成稳定的上升气流时，宜从房间上部区域排出；

2　当放散气体的密度比空气重，建筑内放散的显热不足以形成稳定的上升气流而沉积在下部区域时，宜从下部区域排出总排风量的2/3，上部区域排出总排风量的1/3，且不应小于每小时1次换气；

3　当人员活动区有害气体与空气混合后的浓度未超过卫生标准，且混合后气体的相对密度与空气密度接近时，可只设上部或下部区域排风。

注：1　相对密度小于或等于0.75的气体视为比空气轻，当其相对密度大于0.75时，视为比空气重。

2　上、下部区域的排风量中，包括该区域内的局部排风量。

3　地面以上2m以下规定为下部区域。

5.3.12　排除有爆炸危险的气体、蒸汽和粉尘的局部排风系统，其风量应按在正常运行和事故情况下，风管内这些物质的浓度不大于爆炸下限的50%计算。

5.3.13　局部排风罩不能采用密闭形式时，应根据不同的工艺操作要求和技术经济条件选择适宜的排风罩。

5.3.14　建筑物全面排风系统吸风口的布置，应符合下列规定：

1　位于房间上部区域的吸风口，用于排除余热、余湿和有害气体时（含氢气时除外），吸风口上缘至顶棚平面或屋顶的距离不大于0.4m；

2　用于排除氢气与空气混合物时，吸风口上缘至顶棚平面或屋顶的距离不大于0.1m；

3　位于房间下部区域的吸风口，其下缘至地板间距不大于0.3m；

4　因建筑结构造成有爆炸危险气体排出的死角处，应设置导流设施。

5.3.15　含有剧毒物质或难闻气味物质的局部排风系统，或含有浓度较高的爆炸危险性物质的局部排风系统所排出的气体，应排至建筑物空气动力阴影区和正压区外。

注：当排出的气体符合国家现行的大气环境质量和各种污染物排放标准及各行业污染物排放标准时，可不受本条规定的限制。

5.3.16　采用燃气加热的采暖装置、热水器或炉灶等的通风要求，应符合国家现行标准《城镇燃气设计规范》（GB 50028）的有关规定。

5.3.17　民用建筑的厨房、卫生间宜设置竖向排风道。竖向排风道应具有防火、防倒灌、防串味及均匀排气的功能。

住宅建筑无外窗的卫生间，应设置机械排风排入有防回流设施的竖向排风道，且应留有必要的进风面积。

5.4　事　故　通　风

5.4.1　可能突然放散大量有害气体或有爆炸危险气体的建筑物，应设置事故通风装置。

5.4.2　设置事故通风系统，应符合下列要求：

1　放散有爆炸危险的可燃气体、粉尘或气溶胶等物质时，应设置防爆通风系统或诱导式事故排风系统；

2　具有自然通风的单层建筑物，所放散的可燃气体密度小于室内空气密度时，宜设置事故送风系统；

3　事故通风宜由经常使用的通风系统和事故通风系统共同保证，但在发生事故时，必须保证能提供足够的通风量。

5.4.3 事故通风量，宜根据工艺设计要求通过计算确定，但换气次数不应小于每小时12次。

5.4.4 事故排风的吸风口，应设在有害气体或爆炸危险性物质放散量可能最大或聚集最多的地点。对事故排风的死角处，应采取导流措施。

5.4.5 事故排风的排风口，应符合下列规定：

1 不应布置在人员经常停留或经常通行的地点；

2 排风口与机械送风系统的进风口的水平距离不应小于20m；当水平距离不足20m时，排风口必须高出进风口，并不得小于6m；

3 当排气中含有可燃气体时，事故通风系统排风口距可能火花溅落地点应大于20m；

4 排风口不得朝向室外空气动力阴影区和正压区。

5.4.6 事故通风的通风机，应分别在室内、外便于操作的地点设置电器开关。

5.5 隔 热 降 温

5.5.1 工作人员在较长时间内直接受辐射热影响的工作地点，当其辐射照度大于或等于350W/m^{2}时，应采取隔热措施；受辐射热影响较大的工作室应隔热。

5.5.2 经常受辐射热影响的工作地点，应根据工艺、供水和室内气象等条件，分别采用水幕、隔热水箱或隔热屏等隔热措施。

5.5.3 工作人员经常停留的高温地面或靠近的高温壁板，其表面平均温度不应高于40℃。当采用串水地板或隔热水箱时，其排水温度不宜高于45℃。

5.5.4 较长时间操作的工作地点，当其热环境达不到卫生要求时，应设置局部送风。

5.5.5 当采用不带喷雾的轴流式通风机进行局部送风时，工作地点的风速，应符合下列规定：

轻作业　2～3m/s

中作业　3～5m/s

重作业　4～6m/s

5.5.6 当采用喷雾风扇进行局部送风时，工作地点的风速应采用3～5m/s，雾滴直径应小于100μm。

注：喷雾风扇只适用于温度高于35℃，辐射照度大于1400W/m^2，且工艺不忌细小雾滴的中、重作业的工作地点。

5.5.7 设置系统式局部送风时，工作地点的温度和平均风速，应按表5.5.7采用。

5.5.8 当局部送风系统的空气需要冷却或加热处理时，其室外计算参数，夏季应采用通风室外计算温度及相对湿度；冬季应采用采暖室外计算温度。

5.5.9 系统式局部送风，宜符合下列要求：

1 送风气流宜从人体的前侧上方倾斜吹到头、颈和胸部，必要时亦可从上向下垂直送风；

2 送到人体上的有效气流宽度，宜采用1m；对于室内散热量小于23W/m^{3}的轻作业，可采用0.6m；

3 当工作人员活动范围较大时，宜采用旋转送风口。

表 5.5.7 工作地点的温度和平均风速

热辐射照度（W/m^2）	冬季		夏季	
	温度（℃）	风速（m/s）	温度（℃）	风速（m/s）
350～700	20～25	1～2	26～31	1.5～3
701～1400	20～25	1～3	26～30	2～4
1401～2100	18～22	2～3	25～29	3～5
2101～2800	18～22	3～4	24～28	4～6

注：1 轻作业时，温度宜采用表中较高值，风速宜采用较低值；重作业时，温度宜采用较低值，风速宜采用较高值；中作业时，其数据可按插入法确定。

2 表中夏季工作地点的温度，对于夏热冬冷或夏热冬暖地区可提高 2℃；对于累年最热月平均温度小于 25℃的地区可降低 2℃。

3 表中的热辐射照度系指 1h 内的平均值。

5.5.10 特殊高温的工作小室，应采取密闭、隔热措施，采用冷风机组或空气调节机组降温，并符合国家现行标准《工业企业设计卫生标准》（GBZ 1）的要求。

5.6 除尘与有害气体净化

5.6.1 局部排风系统排出的有害气体，当其有害物质的含量超过排放标准或环境要求时，应采取有效净化措施。

5.6.2 放散粉尘的生产工艺过程，当湿法除尘不能满足环保及卫生要求时，应采用其他的机械除尘、机械与湿法联合除尘或静电除尘。

5.6.3 放散粉尘或有害气体的工艺流程和设备，其密闭形式应根据工艺流程、设备特点、生产工艺、安全要求及便于操作、维修等因素确定。

5.6.4 吸风点的排风量，应按防止粉尘或有害气体逸至室内的原则通过计算确定。有条件时，可采用实测数据经验数值。

5.6.5 确定密闭罩吸风口的位置、结构和风速时，应使罩内负压均匀，防止粉尘外逸并不致把物料带走。吸风口的平均风速，不宜大于下列数值：

细粉料的筛分 0.6m/s

物料的粉碎 2m/s

粗颗粒物料的破碎 3m/s

5.6.6 除尘系统的排风量，应按其全部吸风点同时工作计算。

注：有非同时工作吸风点时，系统的排风量可按同时工作的吸风点的排风量与非同时工作吸风点排风量的 15%～20%之和确定，并应在各间歇工作的吸风点上装设与工艺设备联锁的阀门。

5.6.7 除尘风管内的最小风速，不得低于本规范附录 G 的规定。

5.6.8 除尘系统的划分，应按下列规定：

1 同一生产流程、同时工作的扬尘点相距不远时，宜合设一个系统；

2 同时工作但粉尘种类不同的扬尘点，当工艺允许不同粉尘混合回收或粉尘无回收价值时，可合设一个系统；

3 温湿度不同的含尘气体，当混合后可能导致风管内结露时，应分设系统。

注：除尘系统的划分，尚应符合本规范第 5.1.11 条的要求。

5.6.9 除尘器的选择，应根据下列因素并通过技术经济比较确定：

1 含尘气体的化学成分、腐蚀性、爆炸性、温度、湿度、露点、气体量和含尘浓度；

2 粉尘的化学成分、密度、粒径分布、腐蚀性、亲水性、磨琢度、比电阻、黏结性、纤维性和可燃性、爆炸性等；

3 净化后气体的容许排放浓度；

4 除尘器的压力损失和除尘效率；

5 粉尘的回收价值及回收利用形式；

6 除尘器的设备费、运行费、使用寿命、场地布置及外部水、电源条件等；

7 维护管理的繁简程度。

5.6.10 净化有爆炸危险的粉尘和碎屑的除尘器、过滤器及管道等，均应设置泄爆装置。

净化有爆炸危险粉尘的干式除尘器和过滤器，应布置在系统的负压段上。

5.6.11 用于净化有爆炸危险粉尘的干式除尘器和过滤器的布置，应符合国家现行标准《建筑设计防火规范》(GB 50016) 中的有关规定。

5.6.12 对除尘器收集的粉尘或排出的含尘污水，根据生产条件、除尘器类型、粉尘的回收价值和便于维护管理等因素，必须采取妥善的回收或处理措施；工艺允许时，应纳入工艺流程回收处理。处理干式除尘器收集的粉尘时，应采取防止二次扬尘的措施。含尘污水的排放，应符合国家现行标准《污水综合排放标准》(GB 8978)和《工业企业设计卫生标准》(GBZ 1) 的要求。

5.6.13 当收集的粉尘允许直接纳入工艺流程时，除尘器宜布置在生产设备（胶带运输机、料仓等）的上部。当收集的粉尘不允许直接纳入工艺流程时，应设储尘斗及相应的搬运设备。

5.6.14 干式除尘器的卸尘管和湿式除尘器的污水排出管，必须采取防止漏风的措施。

5.6.15 吸风点较多时，除尘系统的各支管段，宜设置调节阀门。

5.6.16 除尘器宜布置在除尘系统的负压段。当布置在正压段时，应选用排尘通风机。

5.6.17 湿式除尘器有冻结可能时，应采取防冻措施。

5.6.18 粉尘净化遇水后，能产生可燃或有爆炸危险的混合物时，不得采用湿式除尘器。

5.6.19 当含尘气体温度高于过滤器、除尘器和风机所容许的工作温度时，应采取冷却降温措施。

5.6.20 旅馆、饭店及餐饮业建筑物以及大、中型公共食堂的厨房，应设机械排风和油烟净化装置，其油烟排放浓度不应大于2.0mg/m^3。条件许可时，宜设置集中排油烟烟道。

5.7 设备选择与布置

5.7.1 选择空气加热器、冷却器和除尘器等设备时，应附加风管等的漏风量。风管允许漏风量应符合本规范第 5.8.2 条的规定。

5.7.2 选择通风机时，应按下列因素确定：

1 通风机的风量应在系统计算的总风量上附加风管和设备的漏风量；

注：正压除尘系统不计除尘器的漏风量。

2 采用定转速通风机时，通风机的压力应在系统计算的压力损失上附加10%～15%；

3 采用变频通风机时，通风机的压力应以系统计算的总压力损失作为额定风压，但风机电动机的功率应在计算值上再附加15%～20%；

4 风机的选用设计工况效率，不应低于风机最高效率的90%。

5.7.3 输送非标准状态空气的通风、空气调节系统，当以实际容积风量用标准状态下的图表计算出的系统压力损失值，并按一般的通风机性能样本选择通风机时，其风量和风压均不应修正，但电动机的轴功率应进行验算。

5.7.4 当通风系统的风量或阻力较大，采用单台通风机不能满足使用要求时，宜采用两台或两台以上同型号、同性能的通风机并联或串联安装，但其联合工况下的风量和风压应按通风机和管道的特性曲线确定。不同型号、不同性能的通风机不宜串联或并联安装。

5.7.5 在下列条件下，应采用防爆型设备：

1 直接布置在有甲、乙类物质场所中的通风、空气调节和热风采暖的设备；

2 排除有甲、乙类物质的通风设备；

3 排除含有燃烧或爆炸危险的粉尘、纤维等丙类物质，其含尘浓度高于或等于其爆炸下限的25%时的设备。

5.7.6 排除有爆炸危险的可燃气体、蒸汽或粉尘气溶胶等物质的排风系统，当防爆通风机不能满足技术要求时，可采用诱导通风装置；当其布置在室外时，通风机应采用防爆型的，电动机可采用密闭型。

5.7.7 空气中含有易燃易爆危险物质的房间中的送风、排风系统应采用防爆型的通风设备。送风机如设置在单独的通风机室内且送风干管上设置止回阀门时，可采用非防爆型通风设备。

5.7.8 用于甲、乙类的场所的通风、空气调节和热风采暖的送风设备，不应与排风设备布置在同一通风机室内。

用于排除甲、乙类物质的排风设备，不应与其他系统的通风设备布置在同一通风机室内。

5.7.9 甲、乙类生产厂房的全面和局部送风、排风系统，以及其他建筑物排除有爆炸危险物质的局部排风系统，其设备不应布置在建筑物的地下室、半地下室内。

5.7.10 排除、输送有燃烧或爆炸危险混合物的通风设备和风管，均应采取防静电接地措施（包括法兰跨接），不应采用容易积聚静电的绝缘材料制作。

5.7.11 符合下列条件之一时，通风设备和风管应采取保温或防冻等措施：

1 不允许所输送空气的温度有较显著升高或降低时；

2 所输送空气的温度较高时；

3 除尘风管或干式除尘器内可能有结露时；

4 排出的气体在排入大气前，可能被冷却而形成凝结物堵塞或腐蚀风管时；

5 湿法除尘设施或湿式除尘器等可能冻结时。

5.8 风管及其他

5.8.1 通风、空气调节系统的风管，宜采用圆形或长、短边之比不大于4的矩形截面，其最大长、短边之比不应超过10。风管的截面尺寸，宜按国家现行标准《通风与空气调节工程施工质量验收规范》（GB 50243）中的规定执行。金属风管管径应为外径或外边长；非金属风管管径应为内径或内边长。

5.8.2 风管漏风量应根据管道长短及其气密程度，按系统风量的百分率计算。风管漏风率宜采用下列数值：

一般送、排风系统　　5%～10%

除尘系统　　10%～15%

5.8.3 通风、除尘、空气调节系统各环路的压力损失应进行压力平衡计算。各并联环路压力损失的相对差额，不宜超过下列数值：

一般送、排风系统　　15%

除尘系统　　10%

注：当通过调整管径或改变风量仍无法达到上述数值时，宜装设调节装置。

5.8.4 除尘系统的风管，应符合下列要求：

1 宜采用明设的圆形钢制风管，其接头和接缝应严密、平滑；

2 除尘风管最小直径，不应小于以下数值：

细矿尘、木材粉尘　　80mm

较粗粉尘、木屑　　100mm

粗粉尘、粗刨花　　130mm

3 风管宜垂直或倾斜敷设。倾斜敷设时，与水平面的夹角应大于45°；小坡度或水平敷设的管段不宜过长，并应采取防止积尘的措施；

4 支管宜从主管的上面或侧面连接；三通的夹角宜采用15°～45°；

5 在容易积尘的异形管件附近，应设置密闭清扫孔。

5.8.5 输送高温气体的风管，应采取热补偿措施。

5.8.6 一般工业建筑的机械通风系统，其风管内的风速宜按表5.8.6采用。

表5.8.6 风管内的风速（m/s）

风管类别	钢板及非金属风管	砖及混凝土风道
干　管	6～14	4～12
支　管	2～8	2～6

5.8.7 通风设备、风管及配件等，应根据其所处的环境和输送的气体或粉尘的温度、腐蚀性等，采用防腐材料制作或采取相应的防腐措施。

5.8.8 建筑物内的热风采暖、通风与空气调节系统的风管布置，防火阀、排烟阀等的设置，均应符合国家现行有关建筑设计防火规范的要求。

5.8.9 甲、乙、丙类工业建筑的送风、排风管道宜分层设置。当水平和垂直风管在进入车间处设置防火阀时，各层的水平或垂直送风管可合用一个送风系统。

5.8.10 通风、空气调节系统的风管，应采用不燃材料制作。接触腐蚀性气体的风管及柔性接头，可采用难燃材料制作。

5.8.11 用于甲、乙类工业建筑的排风系统，以及排除有爆炸危险物质的局部排风系统，其风管不应暗设，亦不应布置在建筑物的地下室、半地下室内。

5.8.12 甲、乙、丙类生产厂房的风管，以及排除有爆炸危险物质的局部排风系统的风管，不宜穿过其他房间。必须穿过时，应采用密实焊接、无接头、非燃烧材料制作的通过式风管。通过式风管穿过房间的防火墙、隔墙和楼板处应用防火材料封堵。

5.8.13 排除有爆炸危险物质和含有剧毒物质的排风系统，其正压管段不得穿过其他房间。

排除有爆炸危险物质的排风管上，其各支管节点处不应设置调节阀，但应对两个管段结合点及各支管之间进行静压平衡计算。

排除含有剧毒物质的排风系统，其正压管段不宜过长。

5.8.14 有爆炸危险厂房的排风管道及排除有爆炸危险物质的风管，不应穿过防火墙，其他风管不宜穿过防火墙和不燃性楼板等防火分隔物。如必须穿过时，应在穿过处设防火阀。在防火阀两侧各2m范围内的风管及其保温材料，应采用不燃材料。风管穿过处的缝隙应用防火材料封堵。

5.8.15 可燃气体管道、可燃液体管道和电线、排水管道等，不得穿过风管的内腔，也不得沿风管的外壁敷设。可燃气体管道和可燃液体管道，不应穿过通风机室。

5.8.16 热媒温度高于110℃的供热管道不应穿过输送有爆炸危险混合物的风管，亦不得沿上述风管外壁敷设；当上述风管与热媒管道交叉敷设时，热媒温度应至少比有爆炸危险的气体、蒸汽、粉尘或气溶胶等物质的自燃点（℃）低20%。

5.8.17 外表面温度高于80℃的风管和输送有爆炸危险物质的风管及管道，其外表面之间，应有必要的安全距离；当互为上下布置时，表面温度较高者应布置在上面。

5.8.18 输送温度高于80℃的空气或气体混合物的风管，在穿过建筑物的可燃或难燃烧体结构处，应保持大于150mm的安全距离或设置不燃材料的隔热层，其厚度应按隔热层外表面温度不超过80℃确定。

5.8.19 输送高温气体的非保温金属风管、烟道，沿建筑物的可燃或难燃烧体结构敷设时，应采取有效的遮热防护措施并保持必要的安全距离。

5.8.20 当排除含有氢气或其他比空气密度小的可燃气体混合物时，局部排风系统的风管，应沿气体流动方向具有上倾的坡度，其值不小于0.005。

5.8.21 当风管内可能产生沉积物、凝结水或其他液体时，风管应设置不小于0.005的坡度，并在风管的最低点和通风机的底部设排水装置。

5.8.22 当风管内设有电加热器时，电加热器前后各800mm范围内的风管和穿过设有火源等容易起火房间的风管及其保温材料均应采用不燃材料。

5.8.23 通风系统的中、低压离心式通风机，当其配用的电动机功率小于或等于75kW，且供电条件允许时，可不装设仅为启动用的阀门。

5.8.24 与通风机等振动设备连接的风管，应装设挠性接头。

5.8.25 对于排除有害气体或含有粉尘的通风系统，其风管的排风口宜采用锥形风帽或防雨风帽。

6 空 气 调 节

6.1 一 般 规 定

6.1.1 符合下列条件之一时，应设置空气调节：

1 采用采暖通风达不到人体舒适标准或室内热湿环境要求时；

2　采用采暖通风达不到工艺对室内温度、湿度、洁净度等要求时；

3　对提高劳动生产率和经济效益有显著作用时；

4　对保证身体健康、促进康复有显著效果时；

5　采用采暖通风虽能达到人体舒适和满足室内热湿环境要求，但不经济时。

6.1.2　在满足工艺要求的条件下，宜减少空气调节区的面积和散热、散湿设备。当采用局部空气调节或局部区域空气调节能满足要求时，不应采用全室性空气调节。

有高大空间的建筑物，仅要求下部区域保持一定的温湿度时，宜采用分层式送风或下部送风的气流组织方式。

6.1.3　空气调节区内的空气压力应满足下列要求：

1　工艺性空气调节，按工艺要求确定；

2　舒适性空气调节，空气调节区与室外的压力差或空气调节区相互之间有压差要求时，其压差值宜取5～10Pa，但不应大于50Pa。

6.1.4　空气调节区宜集中布置。室内温湿度基数和使用要求相近的空气调节区宜相邻布置。

6.1.5　围护结构的传热系数，应根据建筑物的用途和空气调节的类别，通过技术经济比较确定。对于工艺性空气调节不应大于表6.1.5所规定的数值；对于舒适性空气调节，应符合国家现行有关节能设计标准的规定。

6.1.6　工艺性空气调节区，当室温允许波动范围小于或等于±0.5℃时，其围护结构的热惰性指标 D 值，不应小于表6.1.6的规定。

6.1.7　工艺性空气调节区的外墙、外墙朝向及其所在层次，应符合表6.1.7的要求。

表6.1.5　围护结构传热系数 K 值［W/（m²·℃）］

围护结构名称	室温允许波动范围（℃）		
	±0.1～0.2	±0.5	≥±1.0
屋　顶	—	—	0.8
顶　棚	0.5	0.8	0.9
外　墙	—	0.8	1.0
内墙和楼板	0.7	0.9	1.2

注：1　表中内墙和楼板的有关数值，仅使用于相邻空气调节区的温差大于3℃时。
2　确定围护结构的传热系数时，尚应符合本规范第4.1.8条的规定。

表6.1.6　围护结构最小热惰性指标 D 值

围护结构名称	室温允许波动范围（℃）	
	±0.1～0.2	±0.5
外　墙	—	4
屋　顶	—	3
顶　棚	4	3

表6.1.7　外墙、外墙朝向及所在层次

室温允许波动范围（℃）	外　墙	外墙朝向	层　次
≥±1.0	宜减少外墙	宜北向	宜避免在顶层
±0.5	不宜有外墙	如有外墙时，宜北向	宜底层
±0.1～0.2	不应有外墙	—	宜底层

注：1　室温允许波动范围小于或等于±0.5℃的空气调节区，宜布置在室温允许波动范围较大的空气调节区之中，当布置在单层建筑物内时，宜设通风屋顶。
2　本条和本规范第6.1.9条规定的“北向”，适用于北纬23.5°以北的地区；北纬23.5°以南的地区，可相应地采用南向。

6.1.8 空气调节建筑的外窗面积不宜过大。不同窗墙面积比的外窗，其传热系数应符合国家现行有关节能设计标准的规定；外窗玻璃的遮阳系数，严寒地区宜大于0.80，非严寒地区宜小于0.65或采用外遮阳措施。

室温允许波动范围大于或等于±1.0℃的空气调节区，部分窗扇应能开启。

6.1.9 工艺性空气调节区，当室温允许波动范围大于±1.0℃时，外窗宜北向；±1.0℃时，不应有东、西向外窗；±0.5℃时，不宜有外窗，如有外窗时，应北向。

6.1.10 工艺性空气调节区的门和门斗，应符合表6.1.10的要求。舒适性空气调节区开启频繁的外门，宜设门斗、旋转门或弹簧门等，必要时可设置空气幕。

表6.1.10 门 和 门 斗

室温允许波动范围（℃）	外门和门斗	内门和门斗
≥±1.0	不宜设置外门，如有经常开启的外门，应设门斗	门两侧温差大于或等于7℃时，宜设门斗
±0.5	不应有外门，如有外门时，必须设门斗	门两侧温差大于3℃时，宜设门斗
±0.1~0.2	—	内门不宜通向室温基数不同或室温允许波动范围大于±1.0℃的邻室
注：外门门缝应严密，当门两侧的温差大于或等于7℃时，应采用保温门。		

6.1.11 选择确定功能复杂、规模很大的公共建筑的空气调节方案时，宜通过全年能耗分析和投资及运行费用等的比较，进行优化设计。

6.2 负 荷 计 算

6.2.1 除方案设计或初步设计阶段可使用冷负荷指标进行必要的估算之外，应对空气调节区进行逐项逐时的冷负荷计算。

6.2.2 空气调节区的夏季计算得热量，应根据下列各项确定：

1 通过围护结构传入的热量；

2 通过外窗进入的太阳辐射热量；

3 人体散热量；

4 照明散热量；

5 设备、器具、管道及其他内部热源的散热量；

6 食品或物料的散热量；

7 渗透空气带入的热量；

8 伴随各种散湿过程产生的潜热量。

6.2.3 空气调节区的夏季冷负荷，应根据各项得热量的种类和性质以及空气调节区的蓄热特性，分别进行计算。

通过围护结构进入的非稳态传热量、透过外窗进入的太阳辐射热量、人体散热量以及非全天使用的设备、照明灯具的散热量等形成的冷负荷，应按非稳态传热方法计算确定，不应将上述得热量的逐时值直接作为各相应时刻冷负荷的即时值。

6.2.4 计算围护结构传热量时，室外或邻室计算温度，宜按下列情况分别确定：

1 对于外窗，采用室外计算逐时温度，按本规范第3.2.10条式（3.2.10-1）计算。

2 对于外墙和屋顶，采用室外计算逐时综合温度，按式(6.2.4-1)计算：

$$t_{zs}=t_{sh}+\frac{\rho J}{\alpha_w} \tag{6.2.4-1}$$

式中 t_{zs}——夏季空气调节室外计算逐时综合温度（℃）；

t_{sh}——夏季空气调节室外计算逐时温度（℃），按本规范第3.2.10条的规定采用；

ρ——围护结构外表面对于太阳辐射热的吸收系数；

J——围护结构所在朝向的逐时太阳总辐射照度（W/m^2）；

α_w——围护结构外表面换热系数［$W/(m^2\cdot ℃)$］。

3 对于室温允许波动范围大于或等于±1.0℃的空气调节区，其非轻型外墙的室外计算温度可采用近似室外计算日平均综合温度，按式（6.2.4-2）计算：

$$t_{zp}=t_{wp}+\frac{\rho J_p}{\alpha_w} \tag{6.2.4-2}$$

式中 t_{zp}——夏季空气调节室外计算日平均综合温度（℃）；

t_{wp}——夏季空气调节室外计算日平均温度（℃），按本规范第3.2.9条的规定采用；

J_p——围护结构所在朝向太阳总辐射照度的日平均值(W/m^2)；

ρ、α_w——同式（6.2.4-1）。

4 对于隔墙、楼板等内围护结构，当邻室为非空气调节区时，采用邻室计算平均温度，按式（6.2.4-3）计算：

$$t_{1s}=t_{wp}+\Delta t_{1s} \tag{6.2.4-3}$$

式中 t_{1s}——邻室计算平均温度（℃）；

t_{wp}——同式（6.2.4-2）；

Δt_{1s}——邻室计算平均温度与夏季空气调节室外计算日平均温度的差值（℃），宜按表6.2.4采用。

表6.2.4 温度的差值（℃）

邻室散热量（W/m^3）	Δt_{1s}
很少（如办公室和走廊等）	0~2
<23	3
23~116	5

6.2.5 外墙和屋顶传热形成的逐时冷负荷，宜按式（6.2.5）计算：

$$CL=KF(t_{wl}-t_n) \tag{6.2.5}$$

式中 CL——外墙或屋顶传热形成的逐时冷负荷（W）；

K——传热系数［$W/(m^2\cdot ℃)$］；

F——传热面积（m^2）；

t_{wl}——外墙或屋顶的逐时冷负荷计算温度（℃），根据建筑物的地理位置、朝向和构造、外表面颜色和粗糙程度以及空气调节区的蓄热特性，可按本规范第6.2.4条确定的 t_{zs}值，通过计算确定；

t_n——夏季空气调节室内计算温度（℃）。

注：当屋顶处于空气调节区之外时，只计算屋顶传热进入空气调节区的辐射部分形成的冷负荷。

6.2.6 对于室温允许波动范围大于或等于±1.0℃的空气调节区，其非轻型外墙传热形成的冷负荷，可近似按式（6.2.6）计算。

$$CL = KF\ (t_{zp} - t_n) \tag{6.2.6}$$

式中　CL、K、F、t_n——同式（6.2.5）；

t_{zp}——同式（6.2.4-2）。

6.2.7　外窗温差传热形成的逐时冷负荷，宜按式（6.2.7）计算：

$$CL = KF\ (t_{w1} - t_n) \tag{6.2.7}$$

式中　CL——外窗温差传热形成的逐时冷负荷（W）；

t_{w1}——外窗的逐时冷负荷计算温度（℃），根据建筑物的地理位置和空气调节区的蓄热特性，按本规范第3.2.10条确定的 t_{sh}值，通过计算确定；

K、F、t_n——同式（6.2.5）。

6.2.8　空气调节区与邻室的夏季温差大于3℃时，宜按式(6.2.8)计算通过隔墙、楼板等内围护结构传热形成的冷负荷：

$$CL = KF\ (t_{1s} - t_n) \tag{6.2.8}$$

式中　CL——内围护结构传热形成的冷负荷（W）；

K、F、t_n——同式（6.2.5）；

t_{1s}——同式（6.2.4-3）。

6.2.9　舒适性空气调节区，夏季可不计算通过地面传热形成的冷负荷。工艺性空气调节区，有外墙时，宜计算距外墙2m范围内的地面传热形成的冷负荷。

6.2.10　透过玻璃窗进入空气调节区的太阳辐射热量，应根据当地的太阳辐射照度、外窗的构造、遮阳设施的类型以及附近高大建筑或遮挡物的影响等因素，通过计算确定。

6.2.11　透过玻璃窗进入空气调节区的太阳辐射热形成的冷负荷，应根据本规范第6.2.10条得出的太阳辐射热量，考虑外窗遮阳设施的种类、室内空气分布特点以及空气调节区的蓄热特性等因素，通过计算确定。

6.2.12　确定人体、照明和设备等散热形成的冷负荷时，应根据空气调节区蓄热特性和不同使用功能，分别选用适宜的人员群集系数、设备功率系数、同时使用系数以及通风保温系数，有条件时宜采用实测数值。

当上述散热形成的冷负荷占空气调节区冷负荷的比率较小时，可不考虑空气调节区蓄热特性的影响。

6.2.13　空气调节区的夏季计算散湿量，应根据下列各项确定：

1　人体散湿量；

2　渗透空气带入的湿量；

3　化学反应过程的散湿量；

4　各种潮湿表面、液面或液流的散湿量；

5　食品或其他物料的散湿量；

6　设备散湿量。

6.2.14　确定散湿量时，应根据散湿源的种类，分别选用适宜的人员群集系数、同时使用系数以及通风系数。有条件时，应采用实测数值。

6.2.15　空气调节区的夏季冷负荷，应按各项逐时冷负荷的综合最大值确定。

空气调节系统的夏季冷负荷，应根据所服务空气调节区的同时使用情况、空气调节系统的类型及调节方式，按各空气调节区逐时冷负荷的综合最大值或各空气调节区夏季冷负荷的累计值确定，并应计入各项有关的附加冷负荷。

6.2.16 空气调节系统的冬季热负荷，宜按本规范第4.2节的规定计算；室外计算温度，应按本规范第3.2.5条的规定计算。

6.3 空气调节系统

6.3.1 选择空气调节系统时，应根据建筑物的用途、规模、使用特点、负荷变化情况与参数要求、所在地区气象条件与能源状况等，通过技术经济比较确定。

6.3.2 属下列情况之一的空气调节区，宜分别或独立设置空气调节风系统：

1 使用时间不同的空气调节区；

2 温湿度基数和允许波动范围不同的空气调节区；

3 对空气的洁净要求不同的空气调节区；

4 有消声要求和产生噪声的空气调节区；

5 空气中含有易燃易爆物质的空气调节区；

6 在同一时间内须分别进行供热和供冷的空气调节区。

6.3.3 全空气空气调节系统应采用单风管式系统。下列空气调节区宜采用全空气定风量空气调节系统：

1 空间较大、人员较多；

2 温湿度允许波动范围小；

3 噪声或洁净度标准高。

6.3.4 当各空气调节区热湿负荷变化情况相似，采用集中控制，各空气调节区温湿度波动不超过允许范围时，可集中设置共用的全空气定风量空气调节系统。需分别控制各空气调节区室内参数时，宜采用变风量或风机盘管等空气调节系统，不宜采用末端再热的全空气定风量空气调节系统。

6.3.5 当空气调节区允许采用较大送风温差或室内散湿量较大时，应采用具有一次回风的全空气定风量空气调节系统。

6.3.6 当多个空气调节区合用一个空气调节风系统，各空气调节区负荷变化较大、低负荷运行时间较长，且需要分别调节室内温度，在经济、技术条件允许时，宜采用全空气变风量空气调节系统。当空气调节区允许温湿度波动范围小或噪声要求严格时，不宜采用变风量空气调节系统。

6.3.7 采用变风量空气调节系统时，应符合下列要求：

1 风机采用变速调节；

2 采取保证最小新风量要求的措施；

3 当采用变风量的送风末端装置时，送风口应符合本规范第6.5.2条的规定。

6.3.8 全空气空气调节系统符合下列情况之一时，宜设回风机：

1 不同季节的新风量变化较大、其他排风出路不能适应风量变化要求；

2 系统阻力较大，设置回风机经济合理。

6.3.9 空气调节区较多、各空气调节区要求单独调节，且建筑层高较低的建筑物，宜采用风机盘管加新风系统。经处理的新风宜直接送入室内。当空气调节区空气质量和温、湿度波动范围要求严格或空气中含有较多油烟等有害物质时，不应采用风机盘管。

6.3.10 经技术经济比较合理时，中小型空气调节系统可采用变制冷剂流量分体式空气调节系统。该系统全年运行时，宜采用热泵式机组。在同一系统中，当同时有需要分别供冷和供热的空气调节区时，宜选择热回收式机组。

变制冷剂流量分体式空气调节系统不宜用于振动较大、油污蒸汽较多以及产生电磁波或高频波的场所。

6.3.11 当采用冰蓄冷空气调节冷源或有低温冷媒可利用时，宜采用低温送风空气调节系统；对要求保持较高空气湿度或需要较大送风量的空气调节区，不宜采用低温送风空气调节系统。

6.3.12 采用低温送风空气调节系统时，应符合下列规定：

1 空气冷却器出风温度与冷媒进口温度之间的温差不宜小于3℃，出风温度宜采用4～10℃，直接膨胀系统不应低于7℃。

2 应计算送风机、送风管道及送风末端装置的温升，确定室内送风温度并应保证在室内温湿度条件下风口不结露。

3 采用低温送风时，室内设计干球温度宜比常规空气调节系统提高1℃。

4 空气处理机组的选型，应通过技术经济比较确定。空气冷却器的迎风面风速宜采用1.5～2.3m/s，冷媒通过空气冷却器的温升宜采用9～13℃。

5 采用向空气调节区直接送低温冷风的送风口，应采取能够在系统开始运行时，使送风温度逐渐降低的措施。

6 低温送风系统的空气处理机组、管道及附件、末端送风装置必须进行严密的保冷，保冷层厚度应经计算确定，并应符合本规范第7.9.4条的规定。

7 低温送风系统的末端送风装置，应符合本规范第6.5.2条的规定。

6.3.13 下列情况应采用直流式（全新风）空气调节系统：

1 夏季空气调节系统的回风焓值高于室外空气焓值；

2 系统服务的各空气调节区排风量大于按负荷计算出的送风量；

3 室内散发有害物质，以及防火防爆等要求不允许空气循环使用；

4 各空气调节区采用风机盘管或循环风空气处理机组，集中送新风的系统。

6.3.14 空气调节系统的新风量，应符合下列规定：

1 不小于人员所需新风量，以及补偿排风和保持室内正压所需风量两项中的较大值；

2 人员所需新风量应满足本规范第3.1.9条的要求，并根据人员的活动和工作性质以及在室内的停留时间等因素确定。

6.3.15 舒适性空气调节和条件允许的工艺性空气调节可用新风作冷源时，全空气调节系统应最大限度地使用新风。

6.3.16 新风进风口的面积应适应最大新风量的需要。进风口处应装设能严密关闭的阀门。进风口位置应符合本规范第5.3.4条的规定。

6.3.17 空气调节系统应有排风出路并应进行风量平衡计算，室内正压值应符合本规范第6.1.3条的规定。人员集中或过渡季节使用大量新风的空气调节区，应设置机械排风设施，排风量应适应新风量的变化。

6.3.18 设有机械排风时，空气调节系统宜设置热回收装置。

6.3.19 空气调节系统风管内的风速，应符合本规范第9.1.5条的规定。

6.4 空气调节冷热水及冷凝水系统

6.4.1 空气调节冷热水参数，应通过技术经济比较后确定。宜采用以下数值：

1 空气调节冷水供水温度：5～9℃，一般为7℃；

2 空气调节冷水供回水温差：5～10℃，一般为5℃；

3 空气调节热水供水温度：40～65℃，一般为60℃；

4 空气调节热水供回水温差：4.2～15℃，一般为10℃。

6.4.2 空气调节水系统宜采用闭式循环。当必须采用开式系统时，应设置蓄水箱；蓄水箱的蓄水量，宜按系统循环水量的5%～10%确定。

6.4.3 全年运行的空气调节系统，仅要求按季节进行供冷和供热转换时，应采用两管制水系统；当建筑物内一些区域需全年供冷时，宜采用冷热源同时使用的分区两管制水系统。当供冷和供热工况交替频繁或同时使用时，可采用四管制水系统。

6.4.4 中小型工程宜采用一次泵系统；系统较大、阻力较高，且各环路负荷特性或阻力相差悬殊时，宜在空气调节水的冷热源侧和负荷侧分别设一次泵和二次泵。

6.4.5 设置2台或2台以上冷水机组和循环泵的空气调节水系统，应能适应负荷变化改变系统流量，并宜按照本规范第8.5.6条的要求，设置相应的自控设施。

6.4.6 水系统的竖向分区应根据设备、管道及附件的承压能力确定。两管制风机盘管水系统的管路宜按建筑物的朝向及内外区分区布置。

6.4.7 空气调节水循环泵，应按下列原则选用：

1 两管制空气调节水系统，宜分别设置冷水和热水循环泵。当冷水循环泵兼作冬季的热水循环泵使用时，冬、夏季水泵运行的台数及单台水泵的流量、扬程应与系统工况相吻合。

2 一次泵系统的冷水泵以及二次泵系统中一次冷水泵的台数和流量，应与冷水机组的台数及蒸发器的额定流量相对应。

3 二次泵系统的二次冷水泵台数应按系统的分区和每个分区的流量调节方式确定，每个分区不宜少于2台。

4 空气调节热水泵台数应根据供热系统规模和运行调节方式确定，不宜少于2台；严寒及寒冷地区，当热水泵不超过3台时，其中一台宜设置为备用泵。

6.4.8 多台一次冷水泵之间通过共用集管连接时，每台冷水机组入口或出口管道上宜设电动阀，电动阀宜与对应运行的冷水机组和冷水泵联锁。

6.4.9 空气调节水系统布置和选择管径时，应减少并联环路之间的压力损失的相对差额，当超过15%时，应设置调节装置。

6.4.10 空气调节水系统的小时泄漏量，宜按系统水容量的1%计算。

6.4.11 空气调节水系统的补水点，宜设置在循环水泵的吸入口处。当补水压力低于补水点压力时，应设置补水泵。空气调节补水泵按下列要求选择和设定：

1 补水泵的扬程，应保证补水压力比系统静止时补水点的压力高30～50kPa；

2 小时流量宜为系统水容量的5%～10%；

3 严寒及寒冷地区空气调节热水用及冷热水合用的补水泵，宜设置备用泵。

6.4.12 当设置补水泵时，空气调节水系统应设补水调节水箱；水箱的调节容积应按照水源的供水能力、水处理设备的间断运行时间及补水泵稳定运行等因素确定。

6.4.13 闭式空气调节水系统的定压和膨胀，应按下列要求设计：

1 定压点宜设在循环水泵的吸入口处，定压点最低压力应使系统最高点压力高于大气压力 5kPa 以上；

2 宜采用高位水箱定压；

3 膨胀管上不应设置阀门；

4 系统的膨胀水量应能够回收。

6.4.14 当给水硬度较高时，空气调节热水系统的补水宜进行水处理，并应符合设备对水质的要求。

6.4.15 空气调节水管的坡度、设置伸缩器的要求，应符合本规范第 4.8.17 条和第 4.8.18 条对热水供暖管道的规定。

6.4.16 空气调节水系统应设置排气和泄水装置。

6.4.17 冷水机组或换热器、循环水泵、补水泵等设备的入口管道上，应根据需要设置过滤器或除污器。

6.4.18 空气处理设备冷凝水管道，应按下列规定设置：

1 当空气调节设备的冷凝水盘位于机组的正压段时，冷凝水盘的出水口宜设置水封；位于负压段时，应设置水封，水封高度应大于冷凝水盘处正压或负压值。

2 冷凝水盘的泄水支管沿水流方向坡度不宜小于 0.01，冷凝水水平干管不宜过长，其坡度不应小于 0.003，且不允许有积水部位。

3 冷凝水水平干管始端应设置扫除口。

4 冷凝水管道宜采用排水塑料管或热镀锌钢管，管道应采取防凝露措施。

5 冷凝水排入污水系统时，应有空气隔断措施，冷凝水管不得与室内密闭雨水系统直接连接。

6 冷凝水管管径应按冷凝水的流量和管道坡度确定。

6.5 气 流 组 织

6.5.1 空气调节区的气流组织，应根据建筑物的用途对空气调节区内温湿度参数、允许风速、噪声标准、空气质量、室内温度梯度及空气分布特性指标（ADPI）的要求，结合建筑物特点、内部装修、工艺（含设备散热因素）或家具布置等进行设计、计算。

6.5.2 空气调节区的送风方式及送风口的选型，应符合下列要求：

1 宜采用百叶风口或条缝型风口等侧送，侧送气流宜贴附；工艺设备对侧送气流有一定阻碍或单位面积送风量较大，人员活动区的风速有要求时，不应采用侧送。

2 当有吊顶可利用时，应根据空气调节区高度与使用场所对气流的要求，分别采用圆形、方形、条缝形散流器或孔板送风。当单位面积送风量较大，且人员活动区内要求风速较小或区域温差要求严格时，应采用孔板送风。

3 空间较大的公共建筑和室温允许波动范围大于或等于 ±1.0℃的高大厂房，宜采用喷口送风、旋流风口送风或地板式送风。

4 变风量空气调节系统的送风末端装置，应保证在风量改变时室内气流分布不受影响，并满足空气调节区的温度、风速的基本要求。

5 选择低温送风口时，应使送风口表面温度高于室内露点温度 1~2℃。

6.5.3 采用贴附侧送风时，应符合下列要求：

1 送风口上缘离顶棚距离较大时，送风口处设置向上倾斜 10°~20°的导流片；

2 送风口内设置使射流不致左右偏斜的导流片；

3 射流流程中无阻挡物。

6.5.4 采用孔板送风时，应符合下列要求：

1 孔板上部稳压层的高度应按计算确定，但净高不应小于 0.2m。

2 向稳压层内送风的速度宜采用 3~5m/s。除送风射流较长的以外，稳压层内可不设送风分布支管。在送风口处，宜装设防止送风气流直接吹向孔板的导流片或挡板。

6.5.5 采用喷口送风时，应符合下列要求：

1 人员活动区宜处于回流区；

2 喷口的安装高度应根据空气调节区高度和回流区的分布位置等因素确定；

3 兼作热风采暖时，宜能够改变射流出口角度的可能性。

6.5.6 分层空气调节的气流组织设计，应符合下列要求：

1 空气调节区宜采用双侧送风，当空气调节区跨度小于 18m 时，亦可采用单侧送风，其回风口宜布置在送风口的同侧下方。

2 侧送多股平行射流应互相搭接；采用双侧对送射流时，其射程可按相对喷口中点距离的 90%计算。

3 宜减少非空气调节区向空气调节区的热转移。必要时，应在非空气调节区设置送、排风装置。

6.5.7 空气调节系统上送风方式的夏季送风温差应根据送风口类型、安装高度、气流射程长度以及是否贴附等因素确定。在满足舒适和工艺要求的条件下，宜加大送风温差。舒适性空气调节的送风温差，当送风口高度小于或等于 5m 时，不宜大于 10℃，当送风口高度大于 5m 时，不宜大于 15℃；工艺性空气调节的送风温差，宜按表 6.5.7 采用。

表 6.5.7 工艺性空气调节的送风温差（℃）

室温允许波动范围（℃）	送风温差（℃）
> ±1.0	≤15
±1.0	6~9
±0.5	3~6
±0.1~0.2	2~3

6.5.8 空气调节区的换气次数，应符合下列规定：

1 舒适性空气调节每小时不宜小于 **5** 次，但高大空间的换气次数应按其冷负荷通过计算确定；

2 工艺性空气调节不宜小于表 6.5.8 所列的数值。

6.5.9 送风口的出口风速应根据送风方式、送风口类型、安装高度、室内允许风速和噪声标准等因素确定。消声要求较高时，宜采用 2~5m/s，喷口送风可采用 4~10m/s。

6.5.10 回风口的布置方式，应符合下列要求：

1 回风口不应设在射流区内和人员长时间停留的地点；采用侧送时，宜设在送风口的同侧下方。

2 条件允许时，宜采用集中回风或走廊回风，但走廊的横断面风速不宜过大且应保持走廊与非空气调节区之间的密封性。

6.5.11 回风口的吸风速度，宜按表6.5.11选用。

表6.5.8 工艺性空气调节换气次数

室温允许波动范围（℃）	每小时换气次数	附　注
±1.0	5	高大空间除外
±0.5	8	—
±0.1～0.2	12	工作时间不送风的除外

表6.5.11 回风口的吸风速度（m/s）

回风口的位置		最大吸风速度（m/s）
房间上部		≤4.0
房间下部	不靠近人经常停留的地点时	≤3.0
	靠近人经常停留的地点时	≤1.5

6.6 空　气　处　理

6.6.1 组合式空气处理机组宜安装在空气调节机房内，并留有必要的维修通道和检修空间。

6.6.2 空气的冷却应根据不同条件和要求，分别采用以下处理方式：

1 循环水蒸发冷却；

2 江水、湖水、地下水等天然冷源冷却；

3 采用蒸发冷却和天然冷源等自然冷却方式达不到要求时，应采用人工冷源冷却。

6.6.3 空气的蒸发冷却采用江水、湖水、地下水等天然冷源时，应符合下列要求：

1 水质符合卫生要求；

2 水的温度、硬度等符合使用要求；

3 使用过后的回水予以再利用；

4 地下水使用过后的回水全部回灌并不得造成污染。

6.6.4 空气冷却装置的选择，应符合下列要求：

1 采用循环水蒸发冷却或采用江水、湖水、地下水作为冷源时，宜采用喷水室；采用地下水等天然冷源且温度条件适宜时，宜选用两级喷水室。

2 采用人工冷源时，宜采用空气冷却器、喷水室。当利用循环水进行绝热加湿或利用喷水提高空气处理后的饱和度时，可采用带喷水装置的空气冷却器。

6.6.5 在空气冷却器中,空气与冷媒应逆向流动,其迎风面的空气质量流速宜采用2.5～3.5kg/(m^2·s)。当迎风面的空气质量流速大于3.0kg/(m^2·s)时,应在冷却器后设置挡水板。

6.6.6 制冷剂直接膨胀式空气冷却器的蒸发温度，应比空气的出口温度至少低3.5℃；在常温空气调节系统情况下，满负荷时，蒸发温度不宜低于0℃；低负荷时，应防止其表面结霜。

6.6.7 空气冷却器的冷媒进口温度，应比空气的出口干球温度至少低3.5℃。冷媒的温升宜采用5～10℃，其流速宜采用0.6～1.5m/s。

6.6.8 空气调节系统采用制冷剂直接膨胀式空气冷却器时，不得用氨作制冷剂。

6.6.9 采用人工冷源喷水室处理空气时，冷水的温升宜采用3～5℃；采用天然冷源喷水室处理空气时，其温升应通过计算确定。

6.6.10 在进行喷水室热工计算时，应进行挡水板过水量对处理后空气参数影响的修正。

6.6.11 加热空气的热媒宜采用热水。对于工艺性空气调节系统，当室内温度要求控制的允许波动范围小于±1.0℃时，送风末端精调加热器宜采用电加热器。

6.6.12 空气调节系统的新风和回风应过滤处理，其过滤处理效率和出口空气的清洁度应符合本规范第3.1.8条的有关要求。当采用粗效空气过滤器不能满足要求时，应设置中效空气过滤器。空气过滤器的阻力应按终阻力计算。

6.6.13 一般中、大型恒温恒湿类空气调节系统和对相对湿度有上限控制要求的空气调节系统，其空气处理的设计，应采取新风预先单独处理，除去多余的含湿量在随后的处理中取消再热过程，杜绝冷热抵消现象。

7 空气调节冷热源

7.1 一 般 规 定

7.1.1 空气调节人工冷热源宜采用集中设置的冷（热）水机组和供热、换热设备。其机型和设备的选择，应根据建筑物空气调节规模、用途、冷热负荷、所在地区气象条件、能源结构、政策、价格及环保规定等情况，按下列要求通过综合论证确定：

1 热源应优先采用城市、区域供热或工厂余热；

2 具有城市燃气供应的地区，可采用燃气锅炉、燃气热水机供热或燃气吸收式冷（温）水机组供冷、供热；

3 无上述热源和气源供应的地区，可采用燃煤锅炉、燃油锅炉供热，电动压缩式冷水机组供冷或燃油吸收式冷（温）水机组供冷、供热；

4 具有多种能源的地区的大型建筑，可采用复合式能源供冷、供热；

5 夏热冬冷地区、干旱缺水地区的中、小型建筑可采用空气源热泵或地下埋管式地源热泵冷（热）水机组供冷、供热；

6 有天然水等资源可供利用时，可采用水源热泵冷（热）水机组供冷、供热；

7 全年进行空气调节，且各房间或区域负荷特性相差较大，需要长时间向建筑物同时供热和供冷时，经技术经济比较后，可采用水环热泵空气调节系统供冷、供热；

8 在执行分时电价、峰谷电价差较大的地区，空气调节系统采用低谷电价时段蓄冷（热）能明显节电及节省投资时，可采用蓄冷（热）系统供冷（热）。

7.1.2 在电力充足、供电政策和价格优惠的地区，符合下列情况之一时，可采用电力为供热能源：

1 以供冷为主，供热负荷较小的建筑；

2 无城市、区域热源及气源，采用燃油、燃煤设备受环保、消防严格限制的建筑；

3 夜间可利用低谷电价进行蓄热的系统。

7.1.3 需设空气调节的商业或公共建筑群，有条件时宜采用热、电、冷联产系统或设置集中供冷、供热站。

7.1.4 符合下列情况之一时，宜采用分散设置的风冷、水冷式或蒸发冷却式空气调节机组：

1 空气调节面积较小，采用集中供冷、供热系统不经济的建筑；

2　需设空气调节的房间布置过于分散的建筑；

3　设有集中供冷、供热系统的建筑中，使用时间和要求不同的少数房间；

4　需增设空气调节，而机房和管道难以设置的原有建筑；

5　居住建筑。

7.1.5　电动压缩式机组的总装机容量，应按本规范第6.2.15条计算的冷负荷选定，不另作附加。

7.1.6　电动压缩式机组台数及单机制冷量的选择，应满足空气调节负荷变化规律及部分负荷运行的调节要求，一般不宜少于两台；当小型工程仅设一台时，应选调节性能优良的机型。

7.1.7　选择电动压缩式机组时，其制冷剂必须符合有关环保要求，采用过渡制冷剂时，其使用年限不得超过中国禁用时间表的规定。

7.2　电动压缩式冷水机组

7.2.1　水冷电动压缩式冷水机组的机型，宜按表7.2.1内的制冷量范围，经过性能价格比进行选择。

7.2.2　水冷、风冷式冷水机组的选型，应采用名义工况制冷性能系数（COP）较高的产品。制冷性能系数（COP）应同时考虑满负荷与部分负荷因素。

表7.2.1　水冷式冷水机组选型范围

单机名义工况制冷量（kW）	冷水机组机型
≤116	往复式、涡旋式
116～700	往复式
	螺杆式
700～1054	螺杆式
1054～1758	螺杆式
	离心式
≥1758	离心式

注：名义工况指出水温度7℃，冷却水温度30℃。

7.2.3　在有工艺用氨制冷的冷库和工业等建筑，其空气调节系统采用氨制冷机房提供冷源时，必须符合下列条件：

1　应采用水/空气间接供冷方式，不得采用氨直接膨胀空气冷却器的送风系统；

2　氨制冷机房及管路系统设计应符合国家现行标准《冷库设计规范》（GB 50072）的规定。

7.2.4　采用氨冷水机组提供冷源时，应符合下列条件：

1　氨制冷机房单独设置且远离建筑群；

2　采用安全性、密封性能良好的整体式氨冷水机组；

3　氨冷水机排氨口排气管，其出口应高于周围50m范围内最高建筑物屋脊5m；

4　设置紧急泄氨装置。当发生事故时，能将机组氨液排入水池或下水道。

7.3　热　　泵

7.3.1　空气源热泵机组的选型，应符合下列要求：

1　机组名义工况制冷、制热性能系数（COP）应高于国家现行标准；

2　具有先进可靠的融霜控制，融霜所需时间总和不应超过运行周期时间的20%；

3　应避免对周围建筑物产生噪声干扰，符合国家现行标准《城市区域环境噪声标准》（GB 3096—82）的要求；

4 在冬季寒冷、潮湿的地区，需连续运行或对室内温度稳定性有要求的空气调节系统，应按当地平衡点温度确定辅助加热装置的容量。

7.3.2 空气源热泵冷热水机组冬季的制热量，应根据室外空气调节计算温度修正系数和融霜修正系数，按下式进行修正：

$$Q = qK_1K_2 \tag{7.3.2}$$

式中 Q——机组制热量（kW）；

q——产品样本中的瞬时制热量（标准工况：室外空气干球温度 7℃、湿球温度 6℃）（kW）；

K_1——使用地区室外空气调节计算干球温度的修正系数，按产品样本选取；

K_2——机组融霜修正系数，每小时融霜一次取 0.9，两次取 0.8。

注：每小时融霜次数可按所选机组融霜控制方式、冬季室外计算温度、湿度选取或向生产厂家咨询。

7.3.3 水源热泵机组采用地下水、地表水时，应符合以下原则：

1 机组所需水源的总水量应按冷（热）负荷、水源温度、机组和板式换热器性能综合确定。

2 水源供水应充足稳定，满足所选机组供冷、供热时对水温和水质的要求，当水源的水质不能满足要求时，应相应采取有效的过滤、沉淀、灭藻、阻垢、除垢和防腐等措施。

3 采用集中设置的机组时，应根据水源水质条件确定水源直接进入机组换热或另设板式换热器间接换热；采用分散小型单元式机组时，应设板式换热器间接换热。

7.3.4 水源热泵机组采用地下水为水源时，应采用闭式系统；对地下水应采取可靠的回灌措施，回灌水不得对地下水资源造成污染。

7.3.5 采用地下埋管换热器和地表水盘管换热器的地源热泵时，其埋管和盘管的形式、规格与长度，应按冷（热）负荷、土地面积、土壤结构、土壤温度、水体温度的变化规律和机组性能等因素确定。

7.3.6 采用水环热泵空气调节系统时，应符合下列规定：

1 循环水水温宜控制在 15～35℃。

2 循环水系统宜通过技术经济比较确定采用闭式冷却塔或开式冷却塔。使用开式冷却塔时，应设置中间换热器。

3 辅助热源的供热量应根据冬季白天高峰和夜间低谷负荷时的建筑物的供暖负荷、系统可回收的内区余热等，经热平衡计算确定。

7.4 溴化锂吸收式机组

7.4.1 蒸汽、热水型溴化锂吸收式冷水机组和直燃型溴化锂吸收式冷（温）水机组的选择，应根据用户具备的加热源种类和参数合理确定。各类机型的加热源参数见表 7.4.1。

7.4.2 直燃型溴化锂吸收式冷（温）水机组应优先采用天然气、人工煤气或液化石油气做加热源。当无上述气源供应时，宜采用轻柴油。

7.4.3 溴化锂吸收式机组在名义工况下的性能参数，应符合现行国家标准《蒸汽和热水型溴化锂吸收式冷水机组》（GB/T 18431）和《直燃型溴化锂吸收式冷（温）水机组》

（GB/T 18362）的规定。

7.4.4 选用直燃型溴化锂吸收式冷（温）水机组时，应符合以下规定：

1 按冷负荷选型，并考虑冷、热负荷与机组供冷、供热量的匹配。

2 当热负荷大于机组供热量时，不应用加大机型的方式增加供热量；当通过技术经济比较合理时，可加大高压发生器和燃烧器以增加供热量，但增加的供热量不宜大于机组原供热量的50%。

表 7.4.1 各类机型的加热源参数

机 型	加热源种类及参数
直燃机组	天然气、人工煤气、轻柴油、液化石油气
蒸汽双效机组	蒸汽额定压力（表）0.25、0.4、0.6、0.8MPa
热水双效机组	＞140℃热水
蒸汽单效机组	废汽（0.1MPa）
热水单效机组	废热（85～140℃热水）

7.4.5 选择溴化锂吸收式机组时，应考虑机组水侧污垢及腐蚀等因素，对供冷（热）量进行修正。

7.4.6 采用供冷（温）及生活热水三用直燃机时，除应符合本规范第7.4.3条外，尚应符合下列要求：

1 完全满足冷（温）水与生活热水日负荷变化和季节负荷变化的要求，并达到实用、经济、合理；

2 设置与机组配合的控制系统，按冷（温）水及生活热水的负荷需求进行调节；

3 当生活热水负荷大、波动大或使用要求高时，应另设专用热水机组供给生活热水。

7.4.7 溴化锂吸收式机组的冷却水、补充水的水质要求，直燃型溴化锂吸收式冷（温）水机组的储油、供油系统、燃气系统等的设计，均应符合国家现行有关标准的规定。

7.5 蓄冷、蓄热

7.5.1 在执行峰谷电价且峰谷电价差较大的地区，具有下列条件之一，经综合技术经济比较合理时，宜采用蓄冷蓄热空气调节系统：

1 建筑物的冷、热负荷具有显著的不均衡性，有条件利用闲置设备进行制冷、制热时；

2 逐时负荷的峰谷差悬殊，使用常规空气调节会导致装机容量过大，且经常处于部分负荷下运行时；

3 空气调节负荷高峰与电网高峰时段重合，且在电网低谷时段空气调节负荷较小时；

4 有避峰限电要求或必须设置应急冷源的场所。

7.5.2 在设计与选用蓄冷、蓄热装置时，蓄冷、蓄热系统的负荷，应按一个供冷或供热周期计算。所选蓄能装置的蓄存能力和释放能力，应满足空气调节系统逐时负荷要求，并充分利用电网低谷时段。

7.5.3 冰蓄冷系统形式，应根据建筑物的负荷特点、规律和蓄冰装置的特性等确定。

7.5.4 载冷剂的选择，应符合下列要求：

1 制冷机制冰时的蒸发温度，应高于该浓度下溶液的凝固点，而溶液沸点应高于系统的最高温度；

2　物理化学性能稳定；

3　比热大，密度小，黏度低，导热好；

4　无公害；

5　价格适中；

6　溶液中应添加防腐剂。

7.5.5　当采用乙烯乙二醇水溶液作为载冷剂时，开式系统应设补液设备，闭式系统应配置溶液膨胀箱和补液设备。

7.5.6　乙烯乙二醇水溶液的管道，可按冷水管道进行水力计算，再加以修正后确定。25%浓度的乙烯乙二醇水溶液在管内的压力损失修正系数为1.2~1.3；流量修正系数为1.07~1.08。

7.5.7　载冷剂管路系统的设计，应符合下列规定：

1　载冷剂管路，不应选用镀锌钢管。

2　空气调节系统规模较小时，可采用乙烯乙二醇水溶液直接进入空气调节系统供冷；当空气调节水系统规模大、工作压力较高时，宜通过板式换热器向空气调节系统供冷。

3　管路系统的最高处应设置自动排气阀。

4　溶液膨胀箱的溢流管应与溶液收集箱连接。

5　多台蓄冷装置并联时，宜采用同程连接；当不能实现时，宜在每台蓄冷装置的入口处安装流量平衡阀。

6　开式系统中，宜在回液管上安装压力传感器和电动阀控制。

7　管路系统中所有手动和电动阀，均应保证其动作灵活而且严密性好，既无外泄漏，也无内泄漏。

8　冰蓄冷系统应能通过阀门转换，实现不同的运行工况。

7.5.8　蓄冰装置的蓄冷特性，应保证在电网低谷时段内能完成全部预定蓄冷量的蓄存。

7.5.9　蓄冰装置的取冷特性，不仅应保证能取出足够的冷量，满足空气调节系统的用冷需求，而且在取冷过程中，取冷速率不应有太大的变化，冷水温度应基本稳定。

7.5.10　蓄冰装置容量与双工况制冷机的空气调节标准制冷量，宜按附录H计算确定。

7.5.11　较小的空气调节系统在制冰同时，有少量（一般不大于制冰量的15%）连续空气调节负荷需求，可在系统中单设循环小泵取冷。

7.5.12　较大的空气调节系统制冰同时，如有一定量的连续空气调节负荷存在，宜专门设置基载制冷机。

7.5.13　蓄冰空气调节系统供水温度及回水温差，宜满足下列要求：

1　选用一般内融冰系统时，空气调节供回水宜为7~12℃。

2　需要大温差供水（5~15℃）时，宜选用串联式蓄冰系统。

3　采用低温送风系统时，宜选用3~5℃的空气调节供水温度；仅局部有低温送风要求时，可将部分载冷剂直接送至空气调节表冷器。

4　采用区域供冷时，供回水温度宜为3~13℃。

7.5.14　共晶盐材料蓄冷装置的选择，应符合下列规定：

1　蓄冷装置的蓄冷速率应保证在允许的时段内能充分蓄冷，制冷机工作温度的降低应控制在整个系统具有经济性的范围内；

2 蓄冰装置的融冰速率与出水温度应满足空气调节系统的用冷要求；

3 共晶盐相变材料应选用物理化学性能稳定，相变潜热量大、无毒、价格适中的材料。

7.5.15 水蓄冷蓄热系统设计，应符合下列规定：

1 蓄冷水温不宜低于4℃；

2 蓄冷、蓄热混凝土水池容积不宜小于100m³；

3 蓄冷、蓄热水池深度，应考虑到水池中冷热掺混热损失，在条件允许时宜尽可能加深；

4 蓄热水池不应与消防水池合用；

5 水路设计时，应采用防止系统中水倒灌的措施；

6 当有特殊要求时，可采用蒸汽和高压过热水蓄热装置。

7.6 换 热 装 置

7.6.1 采用城市热网或区域锅炉房热源（蒸汽、热水）供热的空气调节系统，应设换热器进行供热。

7.6.2 换热器应选择高效、结构紧凑、便于维护、使用寿命长的产品。

7.6.3 换热器的容量，应根据计算热负荷确定。当一次热源稳定性差时，换热器的换热面积应乘以1.1～1.2的系数。

7.6.4 汽水换热器的蒸汽凝结水，应回收利用。

7.7 冷 却 水 系 统

7.7.1 水冷式冷水机组和整体式空气调节器的冷却水应循环使用。冷却水的热量宜回收利用，冷季宜利用冷却塔作为冷源设备使用。

7.7.2 空气调节用冷水机组和水冷整体式空气调节器的冷却水水温，应按下列要求确定：

1 冷水机组的冷却水进口温度不宜高于33℃。

2 冷却水进口最低温度应按冷水机组的要求确定：电动压缩式冷水机组不宜低于15.5℃；溴化锂吸收式冷水机组不宜低于24℃；冷却水系统，尤其是全年运行的冷却水系统，宜对冷却水的供水温度采取调节措施。

3 冷却水进出口温差应按冷水机组的要求确定：电动压缩式冷水机组宜取5℃，溴化锂吸收式冷水机组宜为5～7℃。

7.7.3 冷却水的水质应符合国家现行标准《工业循环冷却水处理设计规范》（GB 50050）及有关产品对水质的要求，并采取下列措施：

1 应设置稳定冷却水系统水质的有效水质控制装置；

2 水泵或冷水机组的入口管道上应设置过滤器或除污器；

3 当一般开式冷却水系统不能满足制冷设备的水质要求时，宜采用闭式冷却塔或设置中间换热器。

7.7.4 除采用分散设置的水冷整体式空气调节器或小型户式冷水机组等，可以合用冷却水系统外，冷却水泵台数和流量应与冷水机组相对应；冷却水泵的扬程应能满足冷却塔的进水压力要求。

7.7.5 多台冷水机组和冷却水泵之间通过共用集管连接时，每台冷水机组入口或出口管道上宜设电动阀，电动阀宜与对应运行的冷水机组和冷却水泵联锁。

7.7.6 冷却塔的选用和设置，应符合下列要求：

1 冷却塔的出口水温、进出口水温差和循环水量，在夏季空气调节室外计算湿球温度条件下，应满足冷水机组的要求；

2 对进口水压有要求的冷却塔的台数，应与冷却水泵台数相对应；

3 供暖室外计算温度在0℃以下的地区，冬季运行的冷却塔应采取防冻措施；

4 冷却塔设置位置应通风良好，远离高温或有害气体，并应避免飘逸水对周围环境的影响；

5 冷却塔的噪声标准和噪声控制，应符合本规范第9章的有关要求；

6 冷却塔材质应符合防火要求。

7.7.7 当多台开式冷却塔并联运行，且不设集水箱时，应使各台冷却塔和水泵之间管段的压力损失大致相同，在冷却塔之间宜设平衡管或各台冷却塔底部设置公用连通水槽。

7.7.8 除横流式等进水口无余压要求的冷却塔外，多台冷却水泵和冷却塔之间通过共用集管连接时，应在每台冷却塔进水管上设置电动阀，当无集水箱或连通水槽时，每台冷却塔的出水管上也应设置电动阀，电动阀宜与对应的冷却水泵联锁。

7.7.9 开式系统冷却水补水量应按系统的蒸发损失、飘逸损失、排污泄漏损失之和计算。不设集水箱的系统，应在冷却塔底盘处补水；设置集水箱的系统，应在集水箱处补水。

7.7.10 间歇运行的开式冷却水系统，冷却塔底盘或集水箱的有效存水容积，应大于湿润冷却塔填料等部件所需水量，以及停泵时靠重力流入的管道等的水容量。

7.7.11 当冷却塔设置在多层或高层建筑的屋顶时，冷却水集水箱不宜设置在底层。

7.8 制冷和供热机房

7.8.1 制冷和供热机房宜设置在空气调节负荷的中心，并应符合下列要求：

1 机房宜设观察控制室、维修间及洗手间。

2 机房内的地面和设备机座应采用易于清洗的面层。

3 机房内应有良好的通风设施；地下层机房应设机械通风，必要时设置事故通风；控制室、维修间宜设空气调节装置。

4 机房应考虑预留安装孔、洞及运输通道。

5 机房应设电话及事故照明装置，照度不宜小于100 lx，测量仪表集中处应设局部照明。

6 设置集中采暖的制冷机房，其室内温度不宜低于16℃。

7 机房应设给水与排水设施，满足水系统冲洗、排污要求。

7.8.2 机房内设备布置，应符合以下要求：

1 机组与墙之间的净距不小于1m，与配电柜的距离不小于1.5m；

2 机组与机组或其他设备之间的净距不小于1.2m；

3　留有不小于蒸发器、冷凝器或低温发生器长度的维修距离；

4　机组与其上方管道、烟道或电缆桥架的净距不小于1m；

5　机房主要通道的宽度不小于1.5m。

7.8.3　氨制冷机房，应满足下列要求：

1　机房内严禁采用明火采暖；

2　设置事故排风装置，换气次数每小时不少于12次，排风机选用防爆型。

7.8.4　直燃吸收式机房及其配套设施的设计应符合国家现行有关防火及燃气设计规范的规定。

7.9　设备、管道的保冷和保温

7.9.1　保冷、保温设计应符合保持供冷、供热生产能力及输送能力，减少冷、热量损失和节约能源的原则。具有下列情形的设备、管道及其附件、阀门等均应保冷或保温：

1　冷、热介质在生产和输送过程中产生冷热损失的部位；

2　防止外壁、外表面产生冷凝水的部位。

7.9.2　管道的保冷和保温，应符合下列要求：

1　保冷层的外表面不得产生凝结水。

2　管道和支架之间，管道穿墙、穿楼板处应采取防止“冷桥”、“热桥”的措施。

3　采用非闭孔材料保冷时，外表面应设隔汽层和保护层；保温时，外表面应设保护层。

7.9.3　设备和管道的保冷、保温材料，应按下列要求选择：

1　保冷、保温材料的主要技术性能应按国家现行标准《设备及管道保冷设计导则》(GB/T 15586)及《设备及管道保温设计导则》(GB 8175)的要求确定；

2　优先采用导热系数小、湿阻因子大、吸水率低、密度小、综合经济效益高的材料；

3　用于冰蓄冷系统的保冷材料，除满足上述要求外，应采用闭孔型材料和对异形部位保冷简便的材料；

4　保冷、保温材料为不燃或难燃材料。

7.9.4　设备和管道的保冷及保温层厚度，应按以下原则计算确定：

1　供冷或冷热共用时，按《设备及管道保冷设计导则》(GB/T 15586)中经济厚度或防止表面凝露保冷厚度方法计算确定，亦可参照本规范附录J选用；

2　供热时，按《设备及管道保温设计导则》(GB 8175)中经济厚度方法计算确定；

3　凝结水管按《设备及管道保冷设计导则》(GB/T 15586)中防止表面凝露保冷厚度方法计算确定，可以参照本规范附录J选用。

8　监测与控制

8.1　一般规定

8.1.1　采暖、通风与空气调节系统应设置监测与控制系统，包括参数检测、参数与设备状态显示、自动调节与控制、工况自动转换、设备联锁与自动保护、能量计量以及中央监控与管理等。设计时，应根据建筑物的功能与标准、系统类型、设备运行时间以及工艺对管理的要求等因素，通过技术经济比较确定。

8.1.2 符合下列条件之一，采暖、通风和空气调节系统宜采用集中监控系统：

1 系统规模大，制冷空气调节设备台数多，采用集中监控系统可减少运行维护工作量，提高管理水平；

2 系统各部分相距较远且有关联，采用集中监控系统便于工况转换和运行调节；

3 采用集中监控系统可合理利用能量实现节能运行；

4 采用集中监控系统方能防止事故，保证设备和系统运行安全可靠。

8.1.3 不具备采用集中监控系统的采暖、通风和空气调节系统，当符合下列条件之一时，宜采用就地的自动控制系统：

1 工艺或使用条件有一定要求；

2 防止事故保证安全；

3 可合理利用能量实现节能运行。

8.1.4 采暖通风与空气调节设备设置联动、联锁等保护措施时，应符合下列规定：

1 当采用集中监控系统时，联动、联锁等保护措施应由集中监控系统实现；

2 当采用就地自动控制系统时，联动、联锁等保护措施，应为自控系统的一部分或独立设置；

3 当无集中监控或就地自动控制系统时，设置专门联动、联锁等保护措施。

8.1.5 采暖、通风与空气调节系统有代表性的参数，应在便于观察的地点设置就地检测仪表。

8.1.6 采用集中监控系统控制的动力设备，应设就地手动控制装置，并通过远距离/手动转换开关实现自动与就地手动控制的转换；自动/手动转换开关的状态应为集中监控系统的输入参数之一。

8.1.7 控制器宜安装在被控系统或设备附近，当采用集中监控系统时，应设置控制室；当就地控制系统环节及仪表较多时，宜设置控制室。

8.1.8 涉及防火与排烟系统的监测与控制，应执行国家现行有关防火规范的规定；与防排烟系统合用的通风空气调节系统应按消防设施的要求供电，并在火灾时转入火灾控制状态；通风空气调节风道上宜设置带位置反馈的防火阀。

8.2 传感器和执行器

8.2.1 温度传感器的设置，应满足下列条件：

1 温度传感器测量范围应为测点温度范围的1.2～1.5倍，传感器测量范围和精度应与二次仪表匹配，并高于工艺要求的控制和测量精度。

2 壁挂式空气温度传感器应安装在空气流通，能反映被测房间空气状态的位置；风道内温度传感器应保证插入深度，不得在探测头与风道外侧形成热桥；插入式水管温度传感器应保证测头插入深度在水流的主流区范围内。

3 机器露点温度传感器应安装在挡水板后有代表性的位置，应避免辐射热、振动、水滴及二次回风的影响。

4　风道内空气含有易燃易爆物质时，应采用本安型温度传感器。

8.2.2　湿度传感器的设置，应满足下列条件：

1　湿度传感器应安装在空气流通，能反映被测房间或风管内空气状态的位置，安装位置附近不应有热源及水滴；

2　易燃易爆环境应采用本安型湿度传感器。

8.2.3　压力（压差）传感器的设置，应满足下列条件：

1　选择压力（压差）传感器的工作压力（压差）应大于该点可能出现的最大压力（压差）的1.5倍，量程应为该点压力（压差）正常变化范围的1.2～1.3倍；

2　在同一建筑层的同一水系统上安装的压力（压差）传感器应处于同一标高。

8.2.4　流量传感器的设置，应满足下列条件：

1　流量传感器量程应为系统最大工作流量的1.2～1.3倍；

2　流量传感器安装位置前后应有保证产品所要求的直管段长度；

3　应选用具有瞬态值输出的流量传感器。

8.2.5　当用于安全保护和设备状态监视为目的时，宜选择温度开关、压力开关、风流开关、水流开关、压差开关、水位开关等以开关量形式输出的传感器，不宜使用连续量输出的传感器。

8.2.6　自动调节阀的选择，宜按下列规定确定：

1　水两通阀，宜采用等百分比特性的。

2　水三通阀，宜采用抛物线特性或线性特性的。

3　蒸汽两通阀，当压力损失比大于或等于0.6时，宜采用线性特性的；当压力损失比小于0.6时，宜采用等百分比特性的。压力损失比应按式（8.2.6）确定：

$$S = \Delta p_{\min}/\Delta p \qquad (8.2.6)$$

式中　S——压力损失比；

$\Delta p_{\min}$——调节阀全开时的压力损失（Pa）；

Δp——调节阀所在串联支路的总压力损失（Pa）。

4　调节阀的口径应根据使用对象要求的流通能力，通过计算选择确定。

8.2.7　蒸汽两通阀应采用单座阀；三通分流阀不应用作三通混合阀；三通混合阀不宜用作三通分流阀使用。

8.2.8　当仅以开关形式做设备或系统水路的切换运行时，应采用通断阀，不得采用调节阀。

8.2.9　在易燃易爆环境中，应采用气动执行器与调节水阀、风阀配套使用。

8.3　采暖、通风系统的监测与控制

8.3.1　采暖、通风系统，应对下列参数进行监测：

1　采暖系统的供水、供汽和回水干管中的热媒温度和压力；

2　热风采暖系统的室内温度和热媒参数；

3　兼作热风采暖的送风系统的室内外温度和热媒参数；

4　除尘系统的除尘器进出口静压；

5　风机、水泵等设备的启停状态。

8.3.2 间歇供热的暖风机热风采暖系统，宜根据热媒的温度和压力变化控制暖风机的启停，当热媒的温度和压力高于设定值时暖风机自动开启；低于设定值时自动关闭。

8.3.3 排除剧毒物质或爆炸危险物质的局部排风系统，以及甲、乙类工业建筑的全面排风系统，应在工作地点设置通风机启停状态显示信号。

8.4 空气调节系统的监测与控制

8.4.1 空气调节系统中，应对下列参数进行监测：

1 室内外温度；

2 喷水室用的水泵出口压力及进出口水温；

3 空气冷却器出口的冷水温度；

4 加热器进出口的热媒温度和压力；

5 空气过滤器进出口静压差的超限报警；

6 风机、水泵、转轮热交换器、加湿器等设备启停状态。

8.4.2 全年运行的空气调节系统，宜按变结构多工况运行方式设计。

8.4.3 室温允许波动范围大于或等于±1℃和相对湿度允许波动范围大于或等于±5%的空气调节系统，当水冷式空气冷却器采用变水量控制时，宜由室内温、湿度调节器通过高值或低值选择器进行优先控制，并对加热器或加湿器进行分程控制。

8.4.4 室内相对湿度的控制，可采用机器露点温度恒定、不恒定或不达到机器露点温度等方式。当室内散湿量较大时，宜采用机器露点温度不恒定或不达到机器露点温度的方式，直接控制室内相对湿度。

8.4.5 当受调节对象纯滞后、时间常数及热湿扰量变化的影响，采用单回路调节不能满足调节参数要求时，空气调节系统宜采用串级调节或送风补偿调节。

8.4.6 变风量系统的空气处理机组送风温度设定值，应按冷却和加热工况分别确定。当冷却和加热工况互换时，控制变风量末端装置的温控器，应相应地变换其作用方向。

8.4.7 变风量系统的空气处理机组，当其末端装置由室内温控器控制时，宜采用控制系统静压方式，通过改变变频风机转数实现对机组送风量的调节。

8.4.8 空气调节系统的电加热器应与送风机联锁，并应设无风断电、超温断电保护装置；电加热器的金属风管应接地。

8.4.9 处于冬季有冻结可能性的地区的新风机组或空气处理机组，应对热水盘管加设防冻保护控制。

8.4.10 冬季和夏季需要改变送风方向和风量的风口（包括散流器和远程投射喷口）应设置转换装置实现冬夏转换。转换装置的控制可独立设置或作为集中监控系统的一部分。

8.4.11 风机盘管应设温控器。温控器可通过控制电动水阀或控制风机三速开关实现对室温的控制；当风机盘管冬季、夏季分别供热水和冷水时，温控器应设冷热转换开关。

8.5 空气调节冷热源和空气调节水系统的监测与控制

8.5.1 空气调节冷热源和空气调节水系统，应对下列参数进行监测：

1 冷水机组蒸发器进、出口水温、压力；

2 冷水机组冷凝器进、出口水温、压力；

3 热交换器一二次侧进、出口温度、压力；

4 分集水器温度、压力（或压差），集水器各支管温度；

5 水泵进出口压力；

6 水过滤器前后压差；

7 冷水机组、水阀、水泵、冷却塔风机等设备的启停状态。

8.5.2 蓄冷、蓄热系统，应对下列参数进行监测：

1 蓄热水槽的进、出口水温；

2 电锅炉的进、出口水温；

3 冰槽进、出口溶液温度；

4 蓄冰槽液位；

5 调节阀的阀位；

6 流量计量；

7 故障报警；

8 冷量计量。

8.5.3 当冷水机组采用自动方式运行时，冷水系统中各相关设备及附件与冷水机组应进行电气联锁，顺序启停。

8.5.4 冰蓄冷系统的二次冷媒侧换热器应设防冻保护控制。

8.5.5 当冷水机组在冬季或过渡季需经常运行时，宜在冷却塔供回水总管间设置旁通调节阀。

8.5.6 闭式变流量空气调节水系统的控制，应满足下列规定：

1 一次泵系统末端装置宜采用两通调节阀，二次泵系统应采用两通调节阀。

2 根据系统负荷变化，控制冷水机组及其一次泵的运行台数。

3 根据系统压差变化，控制二次泵的运行台数或转数。

4 末端装置采用两通调节阀的变流量的一次泵系统，宜在系统总供回水管间设置压差控制的旁通阀；通过改变水泵运行台数调节系统流量的二次泵系统，在各二次泵供回水集管间设置压差控制的旁通阀。

8.5.7 条件许可时，宜建立集中监控系统与冷水机组控制器之间的通讯，实现集中监控系统中央主机对冷水机组运行参数的监测和控制。

8.6 中央级监控管理系统

8.6.1 中央级监控管理系统应能以多种方式显示各系统运行参数和设备状态的当前值与历史值。

8.6.2 中央级监控管理系统应能以与现场测量仪表相同的时间间隔与测量精度连续记录各系统运行参数和设备状态。其存储介质和数据库应能保证记录连续一年以上的运行参数，并可以多种方式进行查询。

8.6.3 中央级监控管理系统应能计算和定期统计系统的能量消耗、各台设备连续和累计运行时间，并能以多种形式显示。

8.6.4 中央级监控管理系统应能改变各控制器的设定值、各受控设备的“自动/自动”状态，并能对设置为“自动”状态的设备直接进行启/停和调节。

8.6.5 中央级监控管理系统应能根据预定的时间表，或依据节能控制程序自动进行系统或设备的启停。

8.6.6 中央级监控管理系统应设立安全机制，设置操作者的不同权限，对操作者的各种操作进行记录、存储。

8.6.7 中央级监控管理系统应有参数越线报警、事故报警及报警记录功能，宜设有系统或设备故障诊断功能。

8.6.8 中央级监控管理系统应兼有信息管理（MIS）功能，为所管辖的采暖、通风与空气调节设备建立设备档案，供运行管理人员查询。

8.6.9 中央级监控管理系统宜设有系统集成接口，以实现建筑内弱电系统数据信息共享。

9 消 声 与 隔 振

9.1 一 般 规 定

9.1.1 采暖、通风与空气调节系统的消声与隔振设计计算，应根据工艺和使用的要求、噪声和振动的大小、频率特性及其传播方式确定。

9.1.2 采暖、通风与空气调节系统的噪声传播至使用房间和周围环境的噪声级，应符合国家现行有关标准的规定。

9.1.3 采暖、通风与空气调节系统的振动传播至使用房间和周围环境的振动级，应符合国家现行有关标准的规定。

9.1.4 设置风系统管道时，消声处理后的风管不宜穿过高噪声的房间；噪声高的风管，不宜穿过噪声要求低的房间，当必须穿过时，应采取隔声处理。

9.1.5 有消声要求的通风与空气调节系统，其风管内的风速，宜按表9.1.5选用。

表 9.1.5 风管内的风速（m/s）

室内允许噪声级 dB（A）	主管风速	支管风速
25～35	3～4	≤2
35～50	4～7	2～3
50～65	6～9	3～5
65～85	8～12	5～8
注：通风机与消声装置之间的风管，其风速可采用8～10m/s。		

9.1.6 通风、空气调节与制冷机房等的位置，不宜靠近声环境要求较高的房间；当必须靠近时，应采取隔声和隔振措施。

9.1.7 暴露在室外的设备，当其噪声达不到环境噪声标准要求时，应采取降噪措施。

9.2 消 声 与 隔 声

9.2.1 采暖、通风和空气调节设备噪声源的声功率级，应依据产品资料的实测数值。

9.2.2 气流通过直风管、弯头、三通、变径管、阀门和送回风口等部件产生的再生噪声声功率级与噪声自然衰减量，应分别按各倍频带中心频率计算确定。

注：对于直风管，当风速小于5m/s时，可不计算气流再生噪声；风速大于8m/s时，可不计算噪声自然衰减量。

9.2.3 通风与空气调节系统产生的噪声，当自然衰减不能达到允许噪声标准时，应设置消声设备或采取其他消声措施。系统所需的消声量，应通过计算确定。

9.2.4 选择消声设备时，应根据系统所需消声量、噪声源频率特性和消声设备的声学性能及空气动力特性等因素，经技术经济比较确定。

9.2.5 消声设备的布置应考虑风管内气流对消声能力的影响。消声设备与机房隔墙间的风管应具有隔声能力。

9.2.6 管道穿过机房围护结构处四周的缝隙，应使用具备隔声能力的弹性材料填充密实。

9.3 隔　振

9.3.1 当通风、空气调节、制冷装置以及水泵等设备的振动靠自然衰减不能达标时，应设置隔振器或采取其他隔振措施。

9.3.2 对本身不带有隔振装置的设备，当其转速小于或等于1500r/min时，宜选用弹簧隔振器；转速大于1500r/min时，根据环境需求和设备振动的大小，亦可选用橡胶等弹性材料的隔振垫块或橡胶隔振器。

9.3.3 选择弹簧隔振器时，宜符合下列要求：

1 设备的运转频率与弹簧隔振器垂直方向的固有频率之比，应大于或等于2.5，宜为4~5；

2 弹簧隔振器承受的载荷，不应超过允许工作载荷；

3 当共振振幅较大时，宜与阻尼大的材料联合使用；

4 弹簧隔振器与基础之间宜设置一定厚度的弹性隔振垫。

9.3.4 选择橡胶隔振器时，应符合下列要求：

1 应计入环境温度对隔振器压缩变形量的影响；

2 计算压缩变形量，宜按生产厂家提供的极限压缩量的1/3~1/2采用；

3 设备的运转频率与橡胶隔振器垂直方向的固有频率之比，应大于或等于2.5，宜为4~5；

4 橡胶隔振器承受的荷载，不应超过允许工作荷载；

5 橡胶隔振器与基础之间宜设置一定厚度的弹性隔振垫。

注：橡胶隔振器应避免太阳直接辐射或与油类接触。

9.3.5 符合下列要求之一时，宜加大隔振台座质量及尺寸：

1 设备重心偏高；

2 设备重心偏离中心较大，且不易调整；

3 不符合严格隔振要求的。

9.3.6 冷（热）水机组、空气调节机组、通风机以及水泵等设备的进口、出口管道，宜采用软管连接。水泵出口设止回阀时，宜选用消锤式止回阀。

9.3.7 受设备振动影响的管道，应采用弹性支吊架。

附录 A　夏季太阳总辐射照度

表 A-1　北纬 20°太阳总辐射照度（W/m²）[kcal/(m²·h)]

透明度等级	1						2						3						透明度等级
朝向	S	SE	E	NE	N	H	S	SE	E	NE	N	H	S	SE	E	NE	N	H	朝向
时刻（地方太阳时） 6	26 (22)	255 (219)	527 (453)	505 (434)	202 (174)	96 (83)	28 (24)	209 (180)	424 (365)	407 (350)	169 (145)	90 (77)	29 (25)	172 (148)	341 (293)	328 (282)	140 (120)	83 (71)	18 时刻（地方太阳时）
7	63 (54)	454 (390)	825 (709)	749 (644)	272 (234)	349 (300)	63 (54)	408 (351)	736 (633)	670 (576)	249 (214)	321 (276)	70 (60)	373 (321)	661 (568)	602 (518)	233 (200)	306 (263)	17
8	92 (79)	527 (453)	872 (750)	759 (653)	257 (221)	602 (518)	98 (84)	495 (426)	811 (697)	708 (609)	249 (214)	573 (493)	104 (89)	464 (399)	751 (646)	658 (566)	241 (207)	545 (469)	16
9	117 (101)	518 (445)	791 (680)	670 (576)	224 (193)	826 (710)	121 (104)	494 (425)	748 (643)	635 (546)	220 (189)	787 (677)	130 (112)	476 (409)	711 (611)	606 (521)	222 (191)	759 (653)	15
10	134 (115)	442 (380)	628 (540)	523 (450)	191 (164)	999 (859)	144 (124)	434 (373)	608 (523)	511 (439)	198 (170)	969 (833)	145 (125)	415 (357)	578 (497)	486 (418)	195 (168)	921 (792)	14
11	145 (125)	312 (268)	404 (347)	344 (296)	169 (145)	1105 (950)	150 (129)	307 (264)	394 (339)	338 (291)	173 (149)	1064 (915)	156 (134)	302 (260)	384 (330)	333 (286)	177 (152)	1022 (879)	13
12	149 (128)	149 (128)	149 (128)	157 (135)	161 (138)	1142 (982)	156 (134)	156 (134)	156 (134)	164 (141)	167 (144)	1107 (952)	162 (139)	162 (139)	162 (139)	170 (146)	172 (148)	1065 (916)	12
13	145 (125)	145 (125)	145 (125)	145 (125)	169 (145)	1105 (950)	150 (129)	150 (129)	150 (129)	150 (129)	173 (149)	1064 (915)	156 (134)	156 (134)	156 (134)	156 (134)	177 (152)	1022 (879)	11
14	134 (115)	134 (115)	134 (115)	134 (115)	191 (164)	999 (859)	144 (124)	144 (124)	144 (124)	144 (124)	198 (170)	969 (833)	145 (125)	145 (125)	145 (125)	145 (125)	195 (168)	921 (792)	10
15	117 (101)	117 (101)	117 (101)	117 (101)	224 (193)	826 (710)	121 (104)	121 (104)	121 (104)	121 (104)	220 (189)	787 (677)	130 (112)	130 (112)	130 (112)	130 (112)	222 (191)	759 (653)	9
16	92 (79)	92 (79)	92 (79)	92 (79)	257 (221)	602 (518)	98 (84)	98 (84)	68 (84)	98 (84)	249 (214)	573 (493)	104 (89)	104 (89)	104 (89)	104 (89)	241 (207)	545 (469)	8
17	63 (54)	63 (54)	63 (54)	63 (54)	272 (234)	349 (300)	63 (54)	63 (54)	63 (54)	63 (54)	249 (214)	321 (276)	70 (60)	70 (60)	70 (60)	70 (60)	233 (200)	306 (263)	7
18	26 (22)	26 (22)	26 (22)	26 (22)	202 (174)	96 (83)	28 (24)	28 (24)	28 (24)	28 (24)	169 (145)	90 (77)	29 (25)	29 (25)	29 (25)	29 (25)	140 (120)	83 (71)	6
日总计	1303 (1120)	3232 (2779)	4772 (4103)	4284 (3684)	2791 (2400)	9096 (7822)	1363 (1172)	3108 (2672)	4481 (3853)	4037 (3471)	2682 (2306)	8716 (7494)	1429 (1229)	2998 (2578)	4221 (3629)	3817 (3282)	2587 (2224)	8339 (7170)	日总计
日平均	55 (47)	135 (116)	199 (171)	179 (154)	116 (100)	379 (326)	57 (49)	129 (111)	187 (161)	168 (145)	112 (96)	363 (312)	60 (51)	125 (107)	176 (151)	159 (137)	108 (93)	347 (299)	日平均
朝向	S	SW	W	NW	N	H	S	SW	W	NW	N	H	S	SW	W	NW	N	H	朝向

续表 A-1

透明度等级		4						5						6						透明度等级	
朝向		S	SE	E	NE	N	H	S	SE	E	NE	N	H	S	SE	E	NE	N	H	朝向	
时刻（地方太阳时）	6	27 (28)	130 (112)	254 (218)	243 (209)	107 (92)	69 (59)	22 (19)	97 (83)	184 (158)	177 (152)	79 (68)	55 (47)	22 (19)	72 (62)	131 (113)	127 (109)	60 (52)	48 (41)	18	时刻（地方太阳时）
	7	74 (64)	331 (285)	577 (496)	527 (453)	213 (183)	285 (245)	77 (66)	295 (254)	504 (433)	461 (396)	193 (166)	264 (227)	76 (65)	252 (217)	421 (362)	386 (332)	171 (147)	236 (203)	17	
	8	106 (91)	423 (364)	677 (582)	594 (511)	227 (195)	505 (434)	113 (97)	395 (340)	620 (533)	548 (471)	220 (189)	480 (413)	116 (100)	354 (304)	542 (466)	481 (414)	207 (178)	440 (378)	16	
	9	137 (118)	451 (388)	665 (572)	570 (490)	221 (190)	722 (621)	147 (126)	437 (376)	635 (546)	547 (470)	224 (193)	701 (603)	157 (135)	409 (352)	580 (499)	404 (433)	224 (193)	658 (566)	15	
	10	155 (133)	402 (346)	551 (474)	468 (402)	200 (172)	880 (757)	165 (142)	397 (341)	536 (461)	458 (394)	208 (179)	857 (737)	179 (154)	385 (331)	508 (437)	438 (377)	217 (187)	815 (701)	14	
	11	169 (145)	305 (262)	380 (327)	331 (285)	188 (162)	986 (848)	178 (153)	304 (261)	374 (322)	329 (283)	197 (169)	951 (818)	190 (163)	302 (260)	365 (314)	326 (280)	206 (177)	904 (777)	13	
	12	172 (148)	172 (148)	172 (148)	179 (154)	181 (156)	1023 (880)	181 (156)	181 (156)	181 (156)	188 (162)	191 (164)	983 (845)	199 (171)	199 (171)	199 (171)	205 (176)	207 (178)	947 (814)	12	
	13	169 (145)	169 (145)	169 (145)	169 (145)	188 (162)	986 (848)	178 (153)	178 (153)	178 (153)	178 (153)	197 (169)	951 (818)	190 (163)	190 (163)	190 (163)	190 (163)	206 (177)	904 (777)	11	
	14	155 (133)	155 (133)	155 (133)	155 (133)	200 (172)	880 (757)	165 (142)	165 (142)	165 (142)	165 (142)	208 (179)	857 (737)	179 (154)	179 (154)	179 (154)	179 (154)	217 (187)	815 (701)	10	
	15	137 (118)	137 (118)	137 (118)	137 (118)	221 (190)	722 (621)	147 (126)	147 (126)	147 (126)	147 (126)	224 (193)	701 (603)	157 (135)	157 (135)	157 (135)	157 (135)	224 (193)	658 (566)	9	
	16	106 (91)	106 (91)	106 (91)	106 (91)	227 (195)	505 (434)	113 (97)	113 (97)	113 (97)	113 (97)	220 (189)	480 (413)	116 (100)	116 (100)	116 (100)	116 (100)	207 (178)	440 (378)	8	
	17	74 (64)	74 (64)	74 (64)	74 (64)	213 (183)	285 (245)	77 (66)	77 (66)	77 (66)	77 (66)	193 (166)	264 (227)	76 (65)	76 (65)	76 (65)	76 (65)	171 (147)	236 (203)	7	
	18	27 (23)	27 (23)	27 (23)	27 (23)	107 (92)	69 (59)	22 (19)	22 (19)	22 (19)	22 (19)	79 (68)	55 (47)	22 (19)	22 (19)	22 (19)	22 (19)	60 (52)	48 (41)	6	
日总计		1507 (1296)	2883 (2479)	3944 (3391)	3580 (3078)	2493 (2144)	7918 (6808)	1584 (1362)	2807 (2414)	3736 (3212)	3409 (2931)	2433 (2092)	7600 (6535)	1678 (1443)	2713 (2333)	3487 (2998)	3206 (2757)	2379 (2046)	7148 (6146)	日总计	
日平均		63 (54)	120 (103)	164 (141)	149 (128)	104 (89)	330 (284)	66 (57)	117 (101)	156 (134)	142 (122)	101 (87)	317 (272)	70 (60)	113 (97)	145 (125)	134 (115)	99 (85)	298 (256)	日平均	
朝向		S	SW	W	NW	N	H	S	SW	W	NW	N	H	S	SW	W	NW	N	H	朝向	

表 A-2　北纬 25°太阳总辐射照度（W/m²）[kcal/(m²·h)]

透明度等级		1						2						3						透明度等级	
朝　向		S	SE	E	NE	N	H	S	SE	E	NE	N	H	S	SE	E	NE	N	H	朝　向	
时刻（地方太阳时）	6	33 (28)	287 (247)	579 (498)	551 (474)	220 (189)	127 (109)	34 (29)	243 (209)	484 (416)	461 (396)	187 (161)	116 (100)	36 (31)	206 (177)	401 (345)	383 (329)	162 (139)	109 (94)	18	时刻（地方太阳时）
	7	66 (57)	483 (415)	842 (724)	747 (642)	252 (217)	373 (321)	67 (58)	436 (375)	755 (649)	670 (576)	233 (200)	345 (297)	73 (63)	398 (342)	678 (583)	604 (519)	219 (188)	327 (281)	17	
	8	93 (80)	564 (485)	877 (754)	730 (628)	212 (182)	618 (531)	100 (86)	530 (456)	818 (703)	684 (588)	208 (179)	590 (507)	106 (91)	498 (428)	758 (652)	637 (548)	204 (175)	562 (483)	16	
	9	119 (102)	566 (487)	793 (682)	625 (537)	159 (137)	834 (717)	121 (104)	540 (464)	750 (645)	593 (510)	159 (137)	795 (684)	131 (113)	518 (445)	713 (613)	568 (488)	166 (143)	768 (660)	15	
	10	158 (136)	500 (430)	628 (540)	466 (401)	134 (115)	1000 (860)	166 (143)	488 (420)	608 (523)	456 (392)	144 (124)	970 (834)	166 (143)	466 (401)	578 (497)	436 (375)	145 (125)	922 (793)	14	
	11	212 (182)	376 (323)	404 (347)	281 (242)	145 (125)	1104 (949)	213 (183)	368 (316)	394 (339)	279 (240)	151 (130)	1062 (913)	215 (185)	359 (309)	384 (330)	276 (237)	156 (134)	1020 (877)	13	
	12	226 (194)	202 (174)	144 (124)	144 (124)	144 (124)	1133 (974)	228 (196)	206 (177)	151 (130)	151 (130)	151 (130)	1096 (942)	229 (197)	208 (179)	157 (135)	157 (135)	157 (135)	1054 (906)	12	
	13	212 (182)	145 (125)	145 (125)	145 (125)	145 (125)	1104 (949)	213 (183)	151 (130)	151 (130)	151 (130)	151 (130)	1062 (913)	215 (185)	156 (134)	156 (134)	156 (134)	156 (134)	1020 (877)	11	
	14	158 (136)	134 (115)	134 (115)	134 (115)	134 (115)	1000 (860)	166 (143)	144 (124)	144 (124)	144 (124)	144 (124)	970 (834)	166 (143)	145 (125)	145 (125)	145 (125)	145 (125)	922 (793)	10	
	15	119 (102)	119 (102)	119 (102)	119 (102)	159 (137)	834 (717)	121 (104)	121 (104)	121 (104)	121 (104)	159 (137)	795 (684)	131 (113)	131 (113)	131 (113)	131 (113)	166 (143)	768 (660)	9	
	16	93 (80)	93 (80)	93 (80)	93 (80)	212 (182)	618 (531)	100 (86)	100 (86)	100 (86)	100 (86)	208 (179)	590 (507)	106 (91)	106 (91)	106 (91)	106 (91)	204 (175)	562 (483)	8	
	17	66 (57)	66 (57)	66 (57)	66 (57)	252 (217)	373 (321)	67 (58)	67 (58)	67 (58)	67 (58)	233 (200)	345 (297)	73 (63)	73 (63)	73 (63)	73 (63)	219 (188)	327 (281)	7	
	18	33 (28)	33 (28)	33 (28)	33 (28)	220 (189)	127 (109)	34 (29)	34 (29)	34 (29)	34 (29)	187 (161)	116 (100)	36 (31)	36 (31)	36 (31)	36 (31)	162 (139)	109 (94)	6	
日总计		1586 (1364)	3568 (3068)	4857 (4176)	4134 (3555)	2389 (2054)	9244 (7948)	1631 (1402)	3429 (2948)	4578 (3936)	3911 (3363)	2317 (1992)	8853 (7612)	1685 (1449)	3301 (2838)	4317 (3712)	3708 (3188)	2260 (1943)	8469 (7282)	日总计	
日平均		66 (57)	149 (128)	202 (174)	172 (148)	100 (86)	385 (331)	68 (58)	143 (123)	191 (164)	163 (140)	97 (83)	369 (317)	70 (60)	138 (118)	180 (155)	154 (133)	94 (81)	353 (303)	日平均	
朝　向		S	SW	W	NW	N	H	S	SW	W	NW	N	H	S	SW	W	NW	N	H	朝　向	

续表 A-2

透明度等级		4						5						6						透明度等级	
朝向		S	SE	E	NE	N	H	S	SE	E	NE	E	H	S	SE	E	NE	N	H	朝向	
时刻（地方太阳时）	6	35 (30)	164 (141)	312 (268)	298 (256)	129 (111)	95 (82)	33 (28)	129 (111)	240 (206)	229 (197)	104 (89)	81 (70)	29 (25)	95 (82)	171 (147)	164 (141)	80 (67)	67 (58)	18	时刻（地方太阳时）
	7	77 (66)	355 (305)	594 (511)	530 (456)	201 (173)	305 (262)	80 (69)	316 (272)	521 (448)	466 (401)	186 (160)	284 (244)	81 (70)	274 (236)	441 (379)	397 (341)	167 (144)	257 (221)	17	
	8	108 (93)	454 (390)	684 (588)	577 (496)	194 (167)	520 (447)	115 (99)	424 (365)	629 (541)	534 (459)	193 (166)	495 (426)	119 (102)	379 (326)	551 (474)	471 (405)	184 (158)	454 (390)	16	
	9	138 (119)	491 (422)	669 (575)	536 (461)	171 (147)	730 (628)	148 (127)	475 (408)	640 (550)	516 (444)	177 (152)	709 (610)	158 (136)	442 (380)	585 (503)	478 (411)	185 (159)	666 (573)	15	
	10	173 (149)	449 (386)	551 (474)	421 (362)	155 (133)	882 (758)	184 (158)	441 (379)	536 (461)	415 (357)	165 (142)	858 (738)	195 (168)	423 (364)	508 (437)	400 (344)	179 (154)	816 (702)	14	
	11	223 (192)	357 (307)	380 (327)	280 (241)	169 (145)	985 (847)	229 (197)	352 (303)	374 (322)	281 (242)	178 (153)	950 (817)	235 (202)	345 (297)	365 (314)	281 (242)	190 (163)	901 (775)	13	
	12	235 (202)	215 (185)	169 (145)	169 (145)	169 (145)	1014 (872)	240 (206)	222 (191)	178 (153)	178 (153)	178 (153)	973 (837)	250 (215)	234 (201)	194 (167)	194 (167)	194 (167)	935 (804)	12	
	13	223 (192)	169 (145)	169 (145)	169 (145)	169 (145)	985 (847)	229 (197)	178 (153)	178 (153)	178 (153)	178 (153)	950 (817)	235 (202)	190 (163)	190 (163)	190 (163)	190 (163)	901 (775)	11	
	14	173 (149)	155 (133)	155 (133)	155 (133)	155 (133)	882 (758)	184 (158)	165 (142)	165 (142)	165 (142)	165 (142)	858 (738)	195 (168)	179 (154)	179 (154)	179 (154)	179 (154)	816 (702)	10	
	15	138 (119)	138 (119)	138 (119)	138 (119)	171 (147)	730 (628)	148 (127)	148 (127)	148 (127)	148 (127)	177 (152)	709 (610)	158 (136)	158 (136)	158 (136)	158 (136)	185 (159)	666 (573)	9	
	16	108 (93)	108 (93)	108 (93)	108 (93)	194 (167)	520 (447)	115 (99)	115 (99)	115 (99)	115 (99)	193 (166)	495 (426)	119 (102)	119 (102)	119 (102)	119 (102)	184 (158)	454 (390)	8	
	17	77 (66)	77 (66)	77 (66)	77 (66)	201 (173)	305 (262)	80 (69)	80 (69)	80 (69)	80 (69)	186 (160)	284 (244)	81 (70)	81 (70)	81 (70)	81 (70)	167 (144)	257 (221)	7	
	18	35 (30)	35 (30)	35 (30)	35 (30)	129 (111)	95 (82)	33 (28)	33 (28)	33 (28)	33 (28)	104 (89)	81 (70)	29 (25)	29 (25)	29 (25)	29 (25)	80 (67)	67 (58)	6	
日总计		1745 (1500)	3166 (2722)	4040 (3474)	3492 (3003)	2206 (1897)	8048 (6920)	1817 (1562)	3078 (2647)	3837 (3299)	3339 (2871)	2183 (1877)	7730 (6647)	1885 (1621)	2949 (2536)	3572 (3071)	3141 (2701)	2160 (1857)	7259 (6242)	日总计	
日平均		73 (63)	132 (113)	168 (145)	146 (125)	92 (79)	335 (288)	76 (65)	128 (110)	160 (137)	139 (120)	91 (78)	322 (277)	79 (68)	123 (106)	149 (128)	131 (113)	90 (77)	302 (260)	日平均	
朝向		S	SW	W	NW	N	H	S	SW	W	NW	N	H	S	SW	W	NW	N	H	朝向	

表 A-3　北纬 30°太阳总辐射照度（W/m²）［kcal/(m²·h)］

透明度等级	1						2						3						透明度等级
朝向	S	SE	E	NE	N	H	S	SE	E	NE	N	H	S	SE	E	NE	N	H	朝向
时刻（地方太阳时） 6	38 (33)	320 (275)	629 (541)	593 (510)	231 (199)	156 (134)	38 (33)	277 (238)	538 (463)	507 (436)	201 (173)	142 (122)	42 (36)	239 (206)	457 (393)	431 (371)	178 (153)	135 (116)	18 时刻（地方太阳时）
7	69 (59)	512 (440)	856 (736)	740 (636)	229 (197)	395 (340)	71 (61)	464 (399)	770 (662)	666 (573)	214 (184)	368 (316)	76 (65)	423 (364)	693 (596)	601 (517)	201 (173)	345 (297)	17
8	94 (81)	600 (516)	879 (756)	699 (601)	164 (141)	627 (539)	101 (87)	566 (487)	822 (707)	656 (564)	164 (141)	599 (515)	107 (92)	530 (456)	764 (657)	613 (527)	165 (142)	571 (491)	16
9	144 (124)	614 (528)	794 (683)	578 (497)	119 (102)	835 (718)	145 (125)	584 (502)	750 (645)	549 (472)	121 (104)	795 (684)	154 (132)	558 (480)	713 (613)	527 (453)	131 (113)	768 (660)	15
10	240 (206)	557 (479)	628 (540)	408 (351)	134 (115)	996 (856)	243 (209)	542 (466)	608 (523)	402 (346)	144 (124)	966 (831)	237 (204)	516 (444)	577 (496)	386 (332)	145 (125)	918 (789)	14
11	300 (258)	436 (375)	401 (345)	215 (185)	143 (123)	1091 (938)	297 (255)	424 (365)	392 (337)	217 (187)	149 (128)	1050 (903)	292 (251)	413 (355)	381 (328)	217 (187)	154 (132)	1008 (867)	13
12	316 (272)	266 (229)	143 (123)	143 (123)	143 (123)	1119 (962)	313 (269)	265 (228)	149 (128)	149 (128)	149 (128)	1079 (928)	309 (266)	264 (227)	155 (133)	155 (133)	155 (133)	1037 (892)	12
13	300 (258)	143 (123)	143 (123)	143 (123)	143 (123)	1091 (928)	297 (255)	149 (128)	149 (128)	149 (128)	149 (128)	1050 (903)	292 (251)	154 (132)	154 (132)	154 (132)	154 (132)	1008 (867)	11
14	240 (206)	134 (115)	134 (115)	134 (115)	134 (115)	996 (856)	243 (209)	144 (124)	144 (124)	144 (124)	144 (124)	966 (831)	237 (204)	145 (125)	145 (125)	145 (125)	145 (125)	918 (789)	10
15	144 (124)	119 (102)	119 (102)	119 (102)	119 (102)	835 (718)	145 (125)	121 (104)	121 (104)	121 (104)	121 (104)	795 (684)	154 (132)	131 (113)	131 (113)	131 (113)	131 (113)	768 (660)	9
16	94 (81)	94 (81)	94 (81)	94 (81)	164 (141)	627 (539)	101 (87)	101 (87)	101 (87)	101 (87)	164 (141)	599 (515)	107 (92)	107 (92)	107 (92)	107 (92)	165 (142)	571 (491)	8
17	69 (59)	69 (59)	69 (59)	69 (59)	229 (197)	395 (340)	71 (61)	71 (61)	71 (61)	71 (61)	214 (184)	368 (316)	76 (65)	76 (65)	76 (65)	76 (65)	201 (173)	345 (297)	7
18	38 (33)	38 (33)	38 (33)	38 (33)	231 (199)	156 (134)	38 (33)	38 (33)	38 (33)	38 (33)	201 (173)	142 (122)	42 (36)	42 (36)	42 (36)	42 (36)	178 (153)	135 (116)	6
日总计	2086 (1794)	3902 (3355)	4928 (4237)	3973 (3416)	2183 (1877)	9318 (8012)	2104 (1809)	3747 (3222)	4654 (4002)	3772 (3243)	2135 (1836)	8920 (7670)	2124 (1826)	3599 (3095)	4395 (3779)	3586 (3083)	2104 (1809)	8527 (7332)	日总计
日平均	87 (75)	163 (140)	205 (177)	166 (142)	91 (78)	388 (334)	88 (75)	156 (134)	194 (167)	157 (135)	89 (77)	372 (320)	88 (76)	150 (129)	183 (157)	149 (128)	88 (75)	355 (306)	日平均
朝向	S	SW	W	NW	N	H	S	SW	W	NW	N	H	S	SW	W	NW	N	H	朝向

续表 A-3

透明度等级	4						5						6						透明度等级
朝向	S	SE	E	NE	N	H	S	SE	E	NE	N	H	S	SE	E	NE	N	H	朝向
时刻（地方太阳时） 6	42 (36)	197 (169)	366 (315)	345 (297)	148 (127)	121 (104)	41 (35)	160 (138)	292 (251)	277 (238)	122 (105)	107 (92)	35 (30)	117 (101)	208 (179)	198 (170)	92 (79)	86 (74)	18 时刻（地方太阳时）
7	79 (68)	377 (324)	608 (523)	530 (456)	187 (161)	321 (276)	83 (71)	338 (291)	536 (461)	469 (403)	176 (151)	300 (258)	86 (74)	295 (254)	457 (393)	402 (346)	162 (139)	276 (237)	17
8	109 (94)	484 (416)	690 (593)	556 (478)	160 (138)	529 (455)	116 (100)	451 (388)	636 (547)	516 (444)	163 (140)	505 (434)	121 (104)	402 (346)	557 (479)	457 (393)	159 (137)	462 (397)	16
9	159 (137)	528 (454)	669 (575)	499 (429)	138 (119)	732 (629)	166 (143)	508 (437)	640 (550)	483 (415)	148 (127)	711 (611)	176 (151)	472 (406)	585 (503)	449 (386)	159 (137)	668 (574)	15
10	238 (205)	494 (425)	550 (473)	374 (322)	154 (132)	877 (754)	244 (210)	483 (415)	535 (460)	371 (319)	165 (142)	855 (735)	249 (214)	461 (396)	507 (436)	362 (311)	179 (154)	812 (698)	14
11	294 (253)	406 (349)	377 (324)	226 (194)	166 (143)	972 (836)	294 (253)	398 (342)	372 (320)	230 (198)	176 (151)	939 (807)	293 (252)	386 (332)	363 (312)	237 (204)	187 (161)	891 (766)	13
12	309 (266)	267 (230)	166 (143)	166 (143)	166 (143)	1000 (860)	308 (265)	270 (232)	177 (152)	177 (152)	177 (152)	962 (827)	309 (266)	274 (236)	191 (164)	191 (164)	191 (164)	919 (790)	12
13	294 (253)	166 (143)	166 (143)	166 (143)	166 (143)	972 (836)	294 (253)	176 (151)	176 (151)	176 (151)	176 (151)	939 (807)	293 (252)	187 (161)	187 (161)	187 (161)	187 (161)	891 (766)	11
14	238 (205)	154 (132)	154 (132)	154 (132)	154 (132)	877 (754)	244 (210)	165 (142)	165 (142)	165 (142)	165 (142)	855 (735)	249 (214)	179 (154)	179 (154)	179 (154)	179 (154)	812 (698)	10
15	159 (137)	138 (119)	138 (119)	138 (119)	138 (119)	732 (629)	166 (143)	148 (127)	148 (127)	148 (127)	148 (127)	711 (611)	176 (151)	159 (137)	159 (137)	159 (137)	159 (137)	668 (574)	9
16	109 (94)	109 (94)	109 (94)	109 (94)	160 (138)	529 (455)	116 (100)	116 (100)	116 (100)	116 (100)	163 (140)	505 (434)	121 (104)	121 (104)	121 (104)	121 (104)	159 (137)	462 (397)	8
17	79 (68)	79 (68)	79 (68)	79 (68)	187 (161)	321 (276)	83 (71)	83 (71)	83 (71)	83 (71)	176 (151)	300 (258)	86 (74)	86 (74)	86 (74)	86 (74)	162 (139)	276 (237)	7
18	42 (36)	42 (36)	42 (36)	42 (36)	148 (127)	121 (104)	41 (35)	41 (35)	41 (35)	41 (35)	122 (105)	107 (92)	35 (30)	35 (30)	35 (30)	35 (30)	92 (79)	86 (74)	6
日总计	2154 (1852)	3441 (2959)	4115 (3538)	3385 (2911)	2074 (1783)	8104 (6968)	2197 (1889)	3337 (2869)	3916 (3367)	3251 (2795)	2075 (1784)	7793 (6701)	2228 (1916)	3176 (2731)	3636 (3126)	3063 (2634)	2068 (1778)	7306 (6282)	日总计
日平均	90 (77)	143 (123)	171 (147)	141 (121)	86 (74)	338 (290)	92 (79)	139 (120)	163 (140)	135 (116)	86 (74)	325 (279)	93 (80)	132 (114)	151 (130)	128 (110)	86 (74)	304 (262)	日平均
朝向	S	SW	W	NW	N	H	S	SW	W	NW	W	H	S	SW	W	NW	N	H	朝向

表 A-4 北纬 35°太阳总辐射照度（W/m²）[kcal/(m²·h)]

透明度等级	1						2						3						透明度等级
朝向	S	SE	E	NE	N	H	S	SE	E	NE	N	H	S	SE	E	NE	N	H	朝向
时刻（地方太阳时）																			时刻（地方太阳时）
6	43 (37)	348 (300)	670 (576)	622 (535)	236 (203)	184 (158)	43 (37)	304 (261)	576 (495)	536 (461)	207 (178)	167 (144)	48 (41)	267 (230)	498 (428)	465 (400)	187 (161)	160 (138)	18
7	71 (61)	541 (465)	869 (747)	728 (626)	204 (175)	413 (355)	73 (63)	492 (423)	783 (673)	658 (566)	192 (165)	385 (331)	77 (66)	448 (385)	705 (606)	594 (511)	181 (156)	361 (310)	17
8	94 (81)	636 (547)	880 (757)	665 (572)	114 (98)	632 (543)	101 (87)	600 (516)	825 (709)	626 (538)	120 (103)	605 (520)	108 (93)	562 (483)	766 (659)	585 (503)	124 (107)	577 (496)	16
9	209 (180)	659 (567)	792 (681)	529 (455)	117 (101)	828 (712)	207 (178)	626 (538)	749 (644)	504 (433)	121 (104)	790 (679)	209 (180)	598 (514)	721 (612)	485 (417)	130 (112)	762 (655)	15
10	320 (275)	614 (528)	627 (539)	351 (302)	134 (115)	984 (846)	319 (274)	595 (512)	608 (523)	349 (300)	144 (124)	956 (822)	307 (264)	565 (486)	577 (496)	336 (289)	145 (125)	907 (780)	14
11	383 (329)	493 (424)	397 (341)	149 (128)	138 (119)	1066 (917)	376 (323)	479 (412)	388 (334)	155 (133)	145 (125)	1029 (885)	365 (314)	462 (397)	377 (324)	158 (136)	150 (129)	985 (847)	13
12	409 (352)	333 (286)	145 (125)	145 (125)	145 (125)	1105 (950)	400 (344)	327 (281)	151 (130)	151 (130)	151 (130)	1063 (914)	390 (335)	321 (276)	156 (134)	156 (134)	156 (134)	1021 (878)	12
13	383 (329)	138 (119)	138 (119)	138 (119)	138 (119)	1066 (917)	376 (323)	145 (125)	145 (125)	145 (125)	145 (125)	1029 (885)	365 (314)	150 (129)	150 (129)	150 (129)	150 (129)	985 (847)	11
14	320 (275)	134 (115)	134 (115)	134 (115)	134 (115)	984 (846)	319 (274)	144 (124)	144 (124)	144 (124)	144 (124)	956 (822)	307 (264)	145 (125)	145 (125)	145 (125)	145 (125)	907 (780)	10
15	209 (180)	117 (101)	117 (101)	117 (101)	117 (101)	828 (712)	207 (178)	121 (104)	121 (104)	121 (104)	121 (104)	790 (679)	209 (180)	130 (112)	130 (112)	130 (112)	130 (112)	762 (655)	9
16	94 (81)	94 (81)	94 (81)	94 (81)	114 (98)	632 (543)	101 (87)	101 (87)	101 (87)	101 (87)	120 (103)	605 (520)	108 (93)	108 (93)	108 (93)	108 (93)	124 (107)	577 (496)	8
17	71 (61)	71 (61)	71 (61)	71 (61)	204 (175)	413 (355)	73 (63)	73 (63)	73 (63)	73 (63)	192 (165)	385 (331)	77 (66)	77 (66)	77 (66)	77 (66)	181 (156)	361 (310)	7
18	43 (37)	43 (37)	43 (37)	43 (37)	236 (203)	184 (158)	43 (37)	43 (37)	43 (37)	43 (37)	207 (178)	167 (144)	48 (41)	48 (41)	48 (41)	48 (41)	187 (161)	160 (138)	6
日总计	2649 (2278)	4223 (3631)	4978 (4280)	3788 (3257)	2032 (1747)	9318 (8012)	2638 (2268)	4051 (3483)	4708 (4048)	3606 (3101)	2010 (1728)	8927 (7676)	2618 (2251)	3881 (3337)	4448 (3825)	3438 (2956)	1993 (1714)	8525 (7330)	日总计
日平均	110 (95)	176 (151)	207 (178)	158 (136)	85 (73)	388 (334)	110 (95)	169 (145)	197 (169)	150 (129)	84 (72)	372 (320)	109 (94)	162 (139)	185 (159)	143 (123)	83 (71)	355 (305)	日平均
朝向	S	SW	W	NW	N	H	S	SW	W	NW	N	H	S	SW	W	NW	N	H	朝向

续表 A-4

透明度等级		4						5						6						透明度等级	
朝	向	S	SE	E	NE	N	H	S	SE	E	NE	N	H	S	SE	E	NE	N	H	朝	向
时刻（地方太阳时）	6	48 (41)	223 (192)	408 (350)	380 (327)	158 (136)	144 (124)	47 (40)	185 (159)	331 (285)	309 (266)	134 (115)	128 (110)	42 (36)	141 (121)	245 (211)	230 (198)	105 (90)	107 (92)	18	时刻（地方太阳时）
	7	81 (70)	399 (343)	621 (543)	526 (452)	171 (147)	335 (288)	85 (73)	354 (309)	549 (472)	468 (402)	163 (140)	314 (270)	90 (77)	315 (271)	472 (406)	405 (348)	154 (132)	291 (250)	17	
	8	109 (94)	511 (439)	692 (595)	531 (457)	124 (107)	534 (459)	117 (101)	477 (410)	638 (549)	495 (426)	130 (112)	509 (438)	121 (104)	423 (364)	561 (482)	440 (378)	133 (114)	466 (401)	16	
	9	209 (180)	562 (483)	666 (573)	495 (395)	137 (118)	725 (623)	214 (184)	541 (465)	636 (547)	445 (383)	147 (126)	704 (605)	215 (185)	499 (429)	582 (500)	416 (358)	157 (135)	661 (568)	15	
	10	302 (260)	538 (463)	549 (472)	328 (282)	154 (132)	865 (744)	304 (261)	525 (451)	534 (459)	328 (282)	165 (142)	844 (726)	302 (260)	497 (427)	506 (435)	323 (278)	179 (154)	802 (690)	14	
	11	361 (310)	450 (387)	371 (319)	170 (146)	162 (139)	950 (815)	356 (306)	440 (378)	366 (315)	179 (154)	172 (148)	918 (789)	349 (300)	423 (364)	358 (308)	191 (164)	185 (159)	871 (749)	13	
	12	385 (331)	321 (276)	169 (145)	169 (145)	169 (145)	986 (848)	379 (326)	320 (275)	178 (153)	178 (153)	178 (153)	950 (817)	370 (318)	316 (272)	190 (163)	190 (163)	190 (163)	902 (776)	12	
	13	361 (310)	162 (139)	162 (139)	162 (139)	162 (139)	950 (815)	356 (306)	172 (148)	172 (148)	172 (148)	172 (148)	918 (789)	349 (300)	185 (159)	185 (159)	185 (159)	185 (159)	871 (749)	11	
	14	302 (260)	154 (132)	154 (132)	154 (132)	154 (132)	865 (744)	304 (261)	165 (142)	165 (142)	165 (142)	165 (142)	844 (726)	302 (260)	179 (154)	179 (154)	179 (154)	179 (154)	802 (690)	10	
	15	209 (180)	137 (118)	137 (118)	137 (118)	137 (118)	725 (623)	214 (184)	147 (126)	147 (126)	147 (126)	147 (126)	704 (605)	215 (185)	157 (135)	157 (135)	157 (135)	157 (135)	661 (568)	9	
	16	109 (94)	109 (94)	109 (94)	109 (94)	124 (107)	534 (459)	117 (101)	117 (101)	117 (101)	117 (101)	130 (112)	509 (438)	121 (104)	121 (104)	121 (104)	121 (104)	133 (114)	466 (401)	8	
	17	81 (70)	81 (70)	81 (70)	81 (70)	171 (147)	335 (288)	85 (73)	85 (73)	85 (73)	85 (73)	163 (140)	314 (270)	90 (77)	90 (77)	90 (77)	90 (77)	154 (132)	291 (250)	7	
	18	48 (41)	48 (41)	48 (41)	48 (41)	158 (136)	144 (124)	47 (40)	47 (40)	47 (40)	47 (40)	134 (115)	128 (110)	42 (36)	42 (36)	42 (36)	42 (36)	105 (90)	107 (92)	6	
日总计		2606 (2241)	3695 (3177)	4166 (3582)	3254 (2798)	1981 (1703)	8088 (6954)	2624 (2256)	3579 (3077)	3966 (3410)	3135 (2696)	1999 (1719)	7784 (6693)	2607 (2242)	3388 (2913)	3687 (3170)	2968 (2552)	2013 (1731)	7299 (6276)	日总计	
日平均		108 (93)	154 (132)	173 (149)	136 (117)	83 (71)	337 (290)	109 (94)	149 (128)	165 (142)	130 (112)	84 (72)	324 (279)	108 (93)	141 (121)	154 (132)	123 (106)	84 (72)	305 (262)	日平均	
朝	向	S	SW	W	NW	N	H	S	SW	W	NW	N	H	S	SW	W	NW	N	H	朝	向

表 A-5　北纬 40°太阳总辐射照度（W/m²）[kcal/(m²·h)]

透明度等级		1						2						3						透明度等级	
朝向		S	SE	E	NE	N	H	S	SE	E	NE	N	H	S	SE	E	NE	N	H	朝向	
时刻（地方太阳时）	6	45 (39)	378 (325)	706 (607)	648 (557)	236 (203)	209 (180)	47 (40)	330 (284)	612 (526)	562 (483)	209 (180)	192 (165)	52 (45)	295 (254)	536 (461)	493 (424)	192 (165)	185 (159)	18	时刻（地方太阳时）
	7	72 (62)	570 (490)	878 (755)	714 (614)	174 (150)	427 (367)	76 (65)	519 (446)	793 (682)	648 (557)	166 (143)	399 (343)	79 (68)	471 (405)	714 (614)	585 (503)	159 (137)	373 (321)	17	
	8	124 (107)	671 (577)	880 (757)	629 (541)	94 (81)	630 (542)	129 (111)	632 (543)	825 (709)	593 (510)	101 (87)	604 (519)	133 (114)	591 (508)	766 (659)	556 (478)	108 (93)	576 (495)	16	
	9	273 (235)	702 (604)	787 (677)	479 (412)	115 (99)	813 (699)	266 (229)	665 (572)	475 (641)	458 (394)	120 (103)	777 (668)	264 (227)	634 (545)	707 (608)	442 (380)	129 (111)	749 (644)	15	
	10	393 (338)	663 (570)	621 (534)	292 (251)	130 (112)	958 (824)	386 (332)	640 (550)	600 (516)	291 (250)	140 (120)	927 (797)	371 (319)	607 (522)	570 (490)	283 (243)	142 (122)	883 (759)	14	
	11	465 (400)	550 (473)	392 (337)	135 (116)	135 (116)	1037 (892)	454 (390)	534 (459)	385 (331)	144 (124)	144 (124)	1004 (863)	436 (375)	511 (439)	372 (320)	147 (126)	147 (126)	958 (824)	13	
	12	492 (423)	388 (334)	140 (120)	140 (120)	140 (120)	1068 (918)	478 (411)	380 (327)	147 (126)	147 (126)	147 (126)	1030 (886)	461 (396)	370 (318)	150 (129)	150 (129)	150 (129)	986 (848)	12	
	13	465 (400)	187 (161)	135 (116)	135 (116)	135 (116)	1037 (892)	454 (390)	192 (165)	144 (124)	144 (124)	144 (124)	1004 (863)	436 (375)	192 (165)	147 (126)	147 (126)	147 (126)	958 (824)	11	
	14	393 (338)	130 (112)	130 (112)	130 (112)	130 (112)	958 (824)	386 (332)	140 (120)	140 (120)	140 (120)	140 (120)	927 (797)	371 (319)	142 (122)	142 (122)	142 (122)	142 (122)	883 (759)	10	
	15	273 (235)	115 (99)	115 (99)	115 (99)	115 (99)	813 (699)	266 (229)	120 (103)	120 (103)	120 (103)	120 (103)	777 (668)	264 (227)	129 (111)	129 (111)	129 (111)	129 (111)	749 (644)	9	
	16	124 (107)	94 (81)	94 (81)	94 (81)	94 (81)	630 (542)	129 (111)	101 (87)	101 (87)	101 (87)	101 (87)	604 (519)	133 (114)	108 (93)	108 (93)	108 (93)	108 (93)	571 (495)	8	
	17	72 (62)	72 (62)	72 (62)	72 (62)	174 (150)	427 (367)	76 (65)	76 (65)	76 (65)	76 (65)	166 (143)	399 (343)	79 (68)	79 (68)	79 (68)	79 (68)	159 (137)	373 (321)	7	
	18	45 (39)	45 (39)	45 (39)	45 (39)	236 (203)	209 (180)	47 (40)	47 (40)	47 (40)	47 (40)	209 (180)	192 (165)	52 (45)	52 (45)	52 (45)	52 (45)	192 (165)	185 (159)	6	
日总计		3239 (2785)	4567 (3927)	4996 (4296)	3629 (3120)	1910 (1642)	9218 (7926)	3192 (2745)	4374 (3761)	4733 (4070)	3469 (2983)	1907 (1640)	8834 (7596)	3131 (2692)	4181 (3595)	4473 (3846)	3312 (2848)	1904 (1637)	8434 (7252)	日总计	
日平均		135 (116)	191 (164)	208 (179)	151 (130)	79 (68)	384 (330)	133 (114)	183 (157)	198 (170)	144 (124)	79 (68)	369 (317)	130 (112)	174 (150)	186 (160)	138 (119)	79 (68)	351 (302)	日平均	
朝向		S	SW	W	NW	N	H	S	SW	W	NW	N	H	S	SW	W	NW	N	H	朝向	

续表 A-5

透明度等级	4						5						6						透明度等级
朝向	S	SE	E	NE	N	H	S	SE	E	NE	N	H	S	SE	E	NE	N	H	朝向
时刻（地方太阳时） 6	52 (45)	250 (215)	445 (383)	411 (353)	165 (142)	166 (143)	50 (43)	209 (180)	368 (316)	340 (292)	142 (122)	148 (127)	49 (42)	164 (141)	279 (240)	258 (222)	115 (99)	127 (109)	18 时刻（地方太阳时）
7	83 (71)	421 (362)	630 (542)	519 (446)	152 (131)	345 (297)	87 (75)	379 (326)	559 (481)	463 (398)	148 (127)	324 (279)	93 (80)	334 (287)	483 (415)	404 (347)	142 (122)	304 (261)	17
8	131 (113)	537 (462)	692 (595)	506 (435)	109 (94)	533 (458)	137 (118)	500 (430)	638 (549)	472 (406)	117 (101)	509 (438)	137 (118)	443 (381)	559 (481)	420 (361)	121 (104)	466 (401)	16
9	258 (222)	593 (510)	661 (568)	420 (361)	135 (116)	711 (611)	258 (222)	569 (489)	630 (542)	407 (350)	144 (124)	690 (593)	254 (218)	521 (448)	575 (494)	381 (328)	155 (133)	645 (555)	15
10	361 (310)	576 (495)	542 (466)	279 (240)	151 (130)	842 (724)	357 (307)	558 (480)	527 (453)	281 (242)	162 (139)	821 (706)	349 (300)	526 (452)	498 (428)	281 (242)	176 (151)	779 (670)	14
11	424 (365)	493 (424)	365 (314)	158 (136)	158 (136)	919 (790)	416 (358)	480 (413)	362 (311)	169 (145)	169 (145)	892 (767)	402 (346)	495 (395)	354 (304)	181 (156)	181 (156)	847 (728)	13
12	448 (385)	364 (313)	162 (139)	162 (139)	162 (139)	949 (816)	438 (377)	361 (310)	172 (148)	172 (148)	172 (148)	919 (790)	422 (363)	352 (303)	185 (159)	185 (159)	185 (159)	872 (750)	12
13	424 (365)	199 (171)	158 (136)	158 (136)	158 (136)	919 (790)	416 (358)	207 (178)	169 (145)	169 (145)	169 (145)	892 (767)	402 (346)	216 (186)	181 (156)	181 (156)	181 (156)	847 (728)	11
14	361 (310)	151 (130)	151 (130)	151 (130)	151 (130)	842 (724)	357 (307)	162 (139)	162 (139)	162 (139)	162 (139)	821 (706)	349 (300)	176 (151)	176 (151)	176 (151)	176 (151)	779 (670)	10
15	258 (222)	135 (116)	135 (116)	135 (116)	135 (116)	711 (611)	258 (222)	144 (124)	144 (124)	144 (124)	144 (124)	690 (593)	254 (218)	155 (133)	155 (133)	155 (133)	155 (133)	645 (555)	9
16	131 (113)	109 (94)	109 (94)	109 (94)	109 (94)	533 (458)	137 (118)	117 (101)	117 (101)	117 (101)	117 (101)	509 (438)	137 (118)	121 (104)	121 (104)	121 (104)	121 (104)	466 (401)	8
17	83 (71)	83 (71)	83 (71)	83 (71)	152 (131)	345 (297)	87 (75)	87 (75)	87 (75)	87 (75)	148 (127)	324 (279)	93 (80)	93 (80)	93 (80)	93 (80)	142 (122)	304 (261)	7
18	52 (45)	52 (45)	52 (45)	52 (45)	165 (142)	166 (143)	50 (43)	50 (43)	50 (43)	50 (43)	142 (122)	148 (127)	49 (42)	49 (42)	49 (42)	49 (42)	115 (99)	127 (109)	6
日总计	3067 (2637)	3964 (3408)	4186 (3599)	3142 (2702)	1904 (1637)	7981 (6862)	3051 (2623)	3824 (3288)	3986 (3427)	3033 (2608)	1935 (1664)	7687 (6610)	2990 (2571)	3609 (3103)	3706 (3187)	2885 (2481)	1964 (1689)	7208 (6198)	日总计
日平均	128 (110)	165 (142)	174 (150)	131 (113)	79 (68)	333 (286)	127 (109)	159 (137)	166 (143)	127 (109)	80 (69)	320 (275)	124 (107)	150 (129)	155 (133)	120 (103)	81 (70)	300 (258)	日平均
朝向	S	SW	W	NW	N	H	S	SW	W	NW	N	H	S	SW	W	NW	N	H	朝向

表 A-6　北纬 45°太阳总辐射照度（W/m^2）[$kcal/(m^2 \cdot h)$]

透明度等级		1						2						3						透明度等级	
朝向		S	SE	E	NE	N	H	S	SE	E	NE	N	H	S	SE	E	NE	N	H	朝向	
时刻（地方太阳时）	6	48 (41)	407 (350)	740 (636)	668 (574)	233 (200)	234 (201)	49 (42)	357 (307)	644 (554)	582 (500)	208 (179)	214 (184)	56 (48)	323 (278)	571 (491)	518 (445)	193 (166)	207 (178)	18	时刻（地方太阳时）
	7	73 (63)	598 (514)	885 (761)	698 (600)	143 (123)	437 (376)	77 (66)	544 (468)	801 (689)	634 (545)	140 (120)	409 (352)	80 (69)	494 (425)	721 (620)	573 (493)	135 (116)	381 (328)	17	
	8	173 (149)	705 (606)	879 (756)	593 (510)	94 (81)	625 (537)	173 (149)	662 (569)	821 (706)	559 (481)	101 (87)	598 (514)	173 (149)	618 (531)	763 (656)	525 (451)	107 (92)	570 (490)	16	
	9	333 (286)	742 (638)	782 (672)	429 (369)	112 (96)	791 (680)	323 (278)	704 (605)	740 (636)	413 (355)	117 (101)	758 (652)	316 (272)	668 (574)	701 (603)	399 (343)	127 (109)	730 (628)	15	
	10	464 (399)	709 (610)	614 (528)	234 (201)	127 (109)	926 (796)	449 (386)	679 (584)	590 (507)	233 (200)	134 (115)	891 (766)	431 (371)	657 (565)	562 (483)	231 (199)	140 (120)	851 (732)	14	
	11	545 (469)	606 (521)	390 (335)	134 (115)	134 (115)	1005 (864)	530 (456)	587 (505)	384 (330)	143 (123)	143 (123)	975 (838)	506 (435)	558 (480)	370 (318)	145 (125)	145 (125)	927 (797)	13	
	12	571 (491)	443 (381)	135 (116)	135 (116)	135 (116)	1028 (884)	554 (476)	434 (373)	143 (123)	143 (123)	143 (123)	996 (856)	529 (455)	418 (359)	147 (126)	147 (126)	147 (126)	949 (816)	12	
	13	545 (469)	244 (210)	134 (115)	134 (115)	134 (115)	1005 (864)	530 (456)	248 (213)	143 (123)	143 (123)	143 (123)	975 (838)	506 (435)	242 (208)	145 (125)	145 (125)	145 (125)	927 (797)	11	
	14	464 (399)	127 (109)	127 (109)	127 (109)	127 (109)	926 (796)	449 (386)	134 (115)	134 (115)	134 (115)	134 (115)	891 (766)	421 (371)	140 (120)	140 (120)	140 (120)	140 (120)	851 (732)	10	
	15	333 (286)	112 (96)	112 (96)	112 (96)	112 (96)	791 (680)	323 (278)	117 (101)	117 (101)	117 (101)	117 (101)	758 (652)	316 (272)	127 (109)	127 (109)	127 (109)	127 (109)	730 (628)	9	
	16	173 (149)	94 (81)	94 (81)	94 (81)	94 (81)	625 (537)	173 (149)	101 (87)	101 (87)	101 (87)	101 (87)	598 (514)	173 (149)	107 (92)	107 (92)	107 (92)	107 (92)	570 (490)	8	
	17	73 (63)	73 (63)	73 (63)	73 (63)	143 (123)	437 (376)	77 (66)	77 (66)	77 (66)	77 (66)	140 (120)	409 (352)	80 (69)	80 (69)	80 (69)	80 (69)	135 (116)	381 (328)	7	
	18	48 (41)	48 (41)	48 (41)	48 (41)	233 (200)	234 (201)	49 (42)	49 (42)	49 (42)	49 (42)	208 (179)	214 (184)	56 (48)	56 (48)	56 (48)	56 (48)	193 (166)	207 (178)	6	
日总计		3844 (3305)	4908 (4220)	5011 (4309)	3477 (2990)	1819 (1564)	9062 (7792)	3756 (3230)	4693 (4035)	4744 (4079)	3327 (2861)	1829 (1573)	8685 (7468)	3655 (3143)	4475 (3848)	4489 (3860)	3192 (2745)	1840 (1582)	8283 (7122)	日总计	
日平均		160 (138)	205 (176)	209 (180)	145 (125)	76 (65)	378 (325)	157 (135)	195 (168)	198 (170)	138 (119)	77 (66)	362 (311)	152 (131)	186 (160)	187 (161)	133 (114)	77 (66)	345 (297)	日平均	
朝向		S	SW	W	NW	N	H	S	SW	W	NW	N	H	S	SW	W	NW	N	H	朝向	

续表 A-6

透明度等级		4						5						6						透明度等级	
朝向		S	SE	E	NE	N	H	S	SE	E	NE	N	H	S	SE	E	NE	N	H	朝向	
时刻（地方太阳时）	6	56 (48)	276 (237)	480 (413)	435 (374)	169 (145)	187 (161)	53 (46)	234 (201)	400 (344)	364 (313)	147 (126)	166 (143)	53 (46)	186 (160)	311 (267)	283 (243)	122 (105)	145 (125)	18	时刻（地方太阳时）
	7	84 (72)	441 (379)	637 (548)	509 (438)	131 (113)	354 (304)	88 (76)	398 (342)	566 (487)	456 (392)	130 (112)	333 (286)	95 (82)	351 (302)	491 (422)	399 (343)	129 (111)	312 (268)	17	
	8	167 (144)	561 (482)	688 (592)	478 (411)	109 (94)	527 (453)	169 (145)	520 (447)	635 (546)	447 (384)	116 (100)	504 (433)	164 (141)	459 (395)	556 (478)	398 (342)	120 (103)	461 (396)	16	
	9	304 (261)	621 (534)	652 (561)	378 (325)	131 (113)	690 (593)	300 (258)	592 (509)	621 (534)	369 (317)	142 (122)	669 (575)	287 (247)	538 (463)	563 (484)	347 (298)	150 (129)	623 (536)	15	
	10	415 (357)	611 (525)	535 (460)	231 (199)	148 (127)	813 (699)	408 (351)	590 (507)	519 (446)	236 (203)	158 (136)	792 (681)	391 (339)	551 (474)	488 (420)	241 (207)	171 (147)	750 (645)	14	
	11	486 (418)	534 (459)	361 (310)	155 (133)	155 (133)	886 (762)	475 (408)	520 (447)	358 (308)	166 (143)	166 (143)	863 (742)	454 (390)	494 (425)	350 (301)	180 (155)	180 (155)	820 (705)	13	
	12	509 (438)	406 (349)	157 (135)	157 (135)	157 (135)	909 (782)	495 (426)	400 (344)	167 (144)	167 (144)	167 (144)	884 (760)	473 (407)	387 (333)	181 (156)	181 (156)	181 (156)	840 (722)	12	
	13	486 (418)	243 (209)	155 (133)	155 (133)	155 (133)	886 (762)	475 (408)	249 (214)	166 (143)	166 (143)	166 (143)	863 (742)	454 (390)	254 (218)	180 (155)	180 (155)	180 (155)	820 (705)	11	
	14	415 (357)	148 (127)	148 (127)	148 (127)	148 (127)	813 (699)	408 (351)	158 (136)	158 (136)	158 (136)	158 (136)	792 (681)	391 (336)	171 (147)	171 (147)	171 (147)	171 (147)	750 (645)	10	
	15	304 (261)	131 (113)	131 (113)	131 (113)	131 (113)	690 (593)	300 (258)	142 (122)	142 (122)	142 (122)	142 (122)	669 (575)	287 (247)	150 (129)	150 (129)	150 (129)	150 (129)	623 (536)	9	
	16	167 (144)	109 (94)	109 (94)	109 (94)	109 (94)	527 (453)	169 (145)	116 (100)	116 (100)	116 (100)	116 (100)	504 (433)	164 (141)	120 (103)	120 (103)	120 (103)	120 (103)	461 (396)	8	
	17	84 (72)	84 (72)	84 (72)	84 (72)	131 (113)	354 (304)	88 (76)	88 (76)	88 (76)	88 (76)	130 (112)	333 (286)	95 (82)	95 (82)	95 (82)	95 (82)	129 (111)	312 (268)	7	
	18	56 (48)	56 (48)	56 (48)	56 (48)	169 (145)	187 (161)	53 (46)	53 (46)	53 (46)	53 (46)	147 (126)	166 (143)	53 (46)	53 (46)	53 (46)	53 (46)	122 (105)	145 (125)	6	
日总计		3573 (3038)	4219 (3628)	4194 (3606)	3026 (2602)	1843 (1585)	7822 (6726)	3482 (2994)	4060 (3491)	3991 (3432)	2930 (2519)	1886 (1622)	7536 (6480)	3362 (2891)	3811 (3277)	3710 (3190)	2798 (2406)	1926 (1656)	7062 (6072)	日总计	
日平均		148 (127)	176 (151)	174 (150)	126 (108)	77 (66)	326 (280)	145 (125)	169 (145)	166 (143)	122 (105)	79 (68)	314 (270)	140 (120)	159 (137)	155 (133)	116 (100)	80 (69)	294 (253)	日平均	
朝向		S	SW	W	NW	N	H	S	SW	W	NW	N	H	S	SW	W	NW	N	H	朝向	

表 A-7 北纬 50°太阳总辐射照度（W/m^2）[$kcal/(m^2 \cdot h)$]

透明度等级	1						2						3						透明度等级
朝向	S	SE	E	NE	N	H	S	SE	E	NE	N	H	S	SE	E	NE	N	H	朝向
时刻（地方太阳时） 6	51 (44)	435 (374)	768 (660)	680 (585)	224 (193)	257 (221)	52 (45)	384 (330)	671 (577)	595 (512)	202 (174)	236 (203)	58 (50)	348 (299)	598 (514)	533 (458)	190 (163)	228 (196)	18
7	74 (64)	625 (537)	890 (765)	677 (582)	112 (96)	444 (382)	78 (67)	569 (489)	805 (692)	615 (529)	112 (96)	415 (357)	80 (69)	516 (444)	726 (624)	558 (480)	110 (95)	387 (333)	17
8	220 (189)	736 (633)	876 (753)	557 (479)	93 (80)	615 (529)	216 (186)	688 (592)	816 (702)	525 (451)	99 (85)	586 (504)	212 (182)	642 (552)	757 (651)	492 (423)	106 (91)	558 (480)	16
9	390 (335)	778 (669)	773 (665)	379 (326)	108 (93)	763 (656)	377 (324)	737 (634)	734 (631)	368 (316)	115 (99)	734 (631)	365 (314)	698 (600)	694 (597)	356 (306)	124 (107)	706 (607)	15
10	530 (456)	752 (647)	607 (522)	178 (153)	124 (107)	887 (763)	507 (436)	715 (615)	579 (498)	178 (153)	128 (110)	848 (729)	488 (420)	680 (585)	554 (476)	183 (157)	136 (117)	815 (701)	14
11	620 (533)	656 (564)	385 (331)	131 (113)	131 (113)	963 (828)	599 (515)	634 (545)	379 (326)	141 (121)	141 (121)	933 (802)	569 (489)	601 (517)	364 (313)	143 (123)	143 (123)	887 (763)	13
12	650 (559)	499 (429)	134 (115)	134 (115)	134 (115)	989 (850)	630 (542)	487 (419)	144 (124)	144 (124)	144 (124)	961 (826)	598 (514)	465 (400)	145 (125)	145 (125)	145 (125)	912 (784)	12
13	620 (533)	297 (255)	131 (113)	131 (113)	131 (113)	963 (828)	599 (515)	297 (255)	141 (121)	141 (121)	141 (121)	933 (802)	569 (489)	287 (247)	143 (123)	143 (123)	143 (123)	887 (763)	11
14	530 (456)	124 (107)	124 (107)	124 (107)	124 (107)	887 (763)	507 (436)	128 (110)	128 (110)	128 (110)	128 (110)	848 (729)	488 (420)	136 (117)	136 (117)	136 (117)	136 (117)	815 (701)	10
15	390 (335)	108 (93)	108 (93)	108 (93)	108 (93)	763 (656)	377 (324)	115 (99)	115 (99)	115 (99)	115 (99)	734 (631)	365 (314)	124 (107)	124 (107)	124 (107)	124 (107)	706 (607)	9
16	220 (189)	93 (80)	93 (80)	93 (80)	93 (80)	615 (529)	216 (186)	99 (85)	99 (85)	99 (85)	99 (85)	586 (504)	212 (182)	106 (91)	106 (91)	106 (91)	106 (91)	558 (480)	8
17	74 (64)	74 (64)	74 (64)	74 (64)	112 (96)	444 (382)	78 (67)	78 (67)	78 (67)	78 (67)	112 (96)	415 (357)	80 (69)	80 (69)	80 (69)	80 (69)	110 (95)	378 (333)	7
18	51 (44)	51 (44)	51 (44)	51 (44)	224 (193)	257 (221)	52 (45)	52 (45)	52 (45)	52 (45)	202 (174)	236 (203)	58 (50)	58 (50)	58 (50)	58 (50)	190 (163)	228 (196)	6 时刻（地方太阳时）
日总计	4421 (3801)	5229 (4496)	5015 (4312)	3319 (2854)	1720 (1479)	8848 (7608)	4289 (3688)	4983 (4285)	4742 (4077)	3178 (2733)	1738 (1494)	8464 (7278)	4143 (3562)	4743 (4078)	4486 (3857)	3058 (2629)	1764 (1517)	8076 (6944)	日总计
日平均	184 (158)	217 (187)	209 (180)	138 (119)	72 (62)	369 (317)	179 (154)	208 (179)	198 (170)	133 (114)	72 (62)	352 (303)	172 (148)	198 (170)	187 (161)	128 (110)	73 (63)	336 (289)	日平均
朝向	S	SW	W	NW	N	H	S	SW	W	NW	N	H	S	SW	W	NW	N	H	朝向

续表 A-7

透明度等级	4						5						6						透明度等级
朝向	S	SE	E	NE	N	H	S	SE	E	NE	N	H	S	SE	E	NE	N	H	朝向
时刻（地方太阳时） 6	59 (51)	299 (257)	507 (436)	454 (390)	167 (144)	207 (178)	58 (50)	256 (220)	428 (368)	383 (329)	148 (127)	186 (160)	58 (50)	208 (179)	337 (290)	304 (261)	126 (108)	164 (141)	18 时刻（地方太阳时）
7	85 (73)	461 (396)	642 (552)	497 (427)	109 (94)	359 (309)	90 (77)	414 (356)	571 (491)	445 (383)	112 (96)	338 (291)	95 (82)	365 (314)	495 (426)	391 (336)	114 (98)	316 (272)	17
8	201 (173)	580 (499)	683 (587)	448 (385)	107 (92)	518 (445)	198 (170)	536 (461)	628 (540)	419 (360)	115 (99)	492 (423)	188 (162)	473 (407)	550 (473)	374 (322)	119 (102)	451 (388)	16
9	345 (297)	644 (554)	641 (551)	337 (290)	128 (110)	663 (570)	337 (290)	612 (529)	608 (523)	329 (283)	137 (118)	642 (552)	316 (272)	551 (474)	549 (472)	309 (266)	145 (125)	595 (512)	15
10	466 (401)	642 (552)	527 (453)	187 (161)	144 (124)	779 (670)	454 (390)	618 (531)	511 (439)	193 (166)	154 (132)	758 (652)	429 (369)	572 (492)	478 (411)	201 (173)	163 (143)	716 (616)	14
11	542 (466)	571 (491)	355 (305)	151 (130)	151 (130)	847 (728)	527 (453)	554 (476)	352 (303)	163 (140)	163 (140)	826 (710)	498 (428)	522 (449)	343 (295)	177 (152)	177 (152)	784 (674)	13
12	568 (488)	447 (384)	154 (132)	154 (132)	154 (132)	870 (748)	552 (475)	438 (377)	165 (142)	165 (142)	165 (142)	849 (730)	522 (449)	422 (363)	179 (154)	179 (154)	179 (154)	807 (694)	12
13	542 (466)	284 (244)	151 (130)	151 (130)	151 (130)	847 (728)	527 (453)	286 (246)	163 (140)	163 (140)	163 (140)	826 (710)	498 (428)	285 (245)	177 (152)	177 (152)	177 (152)	784 (674)	11
14	466 (401)	144 (124)	144 (124)	144 (124)	144 (124)	779 (670)	454 (390)	154 (132)	154 (132)	154 (132)	154 (132)	758 (652)	429 (369)	163 (143)	163 (143)	163 (143)	163 (143)	716 (616)	10
15	345 (297)	128 (110)	128 (110)	128 (110)	128 (110)	663 (570)	337 (290)	137 (118)	137 (118)	137 (118)	137 (118)	642 (552)	316 (272)	145 (125)	145 (125)	145 (125)	145 (125)	595 (512)	9
16	201 (173)	107 (92)	107 (92)	107 (92)	107 (92)	518 (445)	198 (170)	115 (99)	115 (99)	115 (99)	115 (99)	492 (423)	188 (162)	119 (102)	119 (102)	119 (102)	119 (102)	451 (388)	8
17	85 (73)	85 (73)	85 (73)	85 (73)	109 (94)	359 (309)	90 (77)	90 (77)	90 (77)	90 (77)	112 (96)	338 (291)	95 (82)	95 (82)	95 (82)	95 (82)	114 (98)	316 (272)	7
18	59 (51)	59 (51)	59 (51)	59 (51)	167 (144)	207 (178)	58 (50)	58 (50)	58 (50)	58 (50)	148 (127)	186 (106)	58 (50)	58 (50)	58 (50)	58 (50)	126 (108)	164 (141)	6
日总计	3966 (3410)	4451 (3827)	4182 (3596)	2902 (2495)	1768 (1520)	7615 (6548)	3879 (3335)	4267 (3669)	3980 (3422)	2813 (2419)	1821 (1566)	7334 (6306)	3693 (3175)	3983 (3425)	3693 (3175)	2696 (2318)	1872 (1610)	6862 (5900)	日总计
日平均	165 (142)	185 (159)	174 (150)	121 (104)	73 (63)	317 (273)	162 (139)	178 (153)	166 (143)	117 (101)	76 (65)	306 (263)	154 (132)	166 (143)	154 (132)	113 (97)	78 (67)	286 (246)	日平均
朝向	S	SW	W	NW	N	H	S	SW	W	NW	N	H	S	SW	W	NW	N	H	朝向

附录B 夏季透过标准窗玻璃的太阳辐射照度

表 B-1 北纬 20°透过标准窗玻璃的太阳辐射照度（W/m²）[kcal/(m²·h)]

透明度等级	1						2						透明度等级
朝向	S	SE	E	NE	N	H	S	SE	E	NE	N	H	朝向
辐射照度	上行——直接辐射 下行——散射辐射						上行——直接辐射 下行——散射辐射						辐射照度
时刻（地方太阳时） 6	0(0)	162(139)	423(364)	404(347)	112(96)	20(17)	0(0)	128(110)	335(288)	320(275)	88(76)	15(13)	18
	21(18)	21(18)	21(18)	21(18)	21(18)	27(23)	23(20)	23(20)	23(20)	23(20)	23(20)	31(27)	
7	0(0)	286(246)	552(642)	576(495)	109(94)	192(165)	0(0)	254(218)	568(488)	509(438)	97(83)	170(146)	17
	52(45)	52(45)	52(45)	52(45)	52(45)	47(40)	52(45)	52(45)	52(45)	52(45)	52(45)	51(44)	
8	0(0)	315(271)	654(562)	550(473)	65(56)	428(368)	0(0)	288(248)	598(514)	502(432)	59(51)	391(336)	16
	76(65)	76(65)	76(65)	76(65)	76(65)	52(45)	80(69)	80(69)	80(69)	80(69)	80(69)	66(57)	
9	0(0)	274(236)	552(475)	430(370)	130(112)	628(540)	0(0)	256(220)	514(442)	401(345)	122(105)	585(503)	15
	97(83)	97(83)	97(83)	97(83)	97(83)	57(49)	99(85)	99(85)	99(85)	99(85)	99(85)	69(59)	
10	0(0)	180(155)	364(313)	258(222)	8(7)	784(674)	0(0)	170(146)	342(294)	243(209)	8(7)	737(634)	14
	110(95)	110(95)	110(95)	110(95)	110(95)	56(48)	119(102)	119(102)	119(102)	119(102)	119(102)	77(66)	
11	0(0)	60(52)	133(114)	85(73)	1(1)	878(755)	0(0)	57(49)	126(108)	79(68)	1(1)	826(710)	13
	120(103)	120(103)	120(103)	120(103)	120(103)	57(49)	123(106)	123(106)	123(106)	123(106)	123(106)	72(62)	
12	0(0)	0(0)	0(0)	0(0)	1(1)	911(783)	0(0)	0(0)	0(0)	0(0)	1(1)	863(742)	12
	122(105)	122(105)	122(105)	122(105)	122(105)	56(48)	128(110)	128(110)	128(110)	128(110)	128(110)	73(63)	
13	0(0)	0(0)	0(0)	0(0)	1(1)	878(755)	0(0)	0(0)	0(0)	0(0)	1(1)	826(710)	11
	120(103)	120(103)	120(103)	120(103)	120(103)	57(49)	123(106)	123(106)	123(106)	123(106)	123(106)	72(62)	
14	0(0)	0(0)	0(0)	0(0)	8(7)	784(674)	0(0)	0(0)	0(0)	0(0)	8(7)	737(634)	10
	110(95)	110(95)	110(95)	110(95)	110(95)	56(48)	119(102)	119(102)	119(102)	119(102)	119(102)	77(66)	
15	0(0)	0(0)	0(0)	0(0)	130(112)	628(540)	0(0)	0(0)	0(0)	0(0)	122(105)	585(503)	9
	97(83)	97(83)	97(83)	97(83)	97(83)	57(49)	99(85)	99(85)	99(85)	99(85)	99(85)	69(59)	
16	0(0)	0(0)	0(0)	0(0)	65(56)	428(368)	0(0)	0(0)	0(0)	0(0)	59(51)	391(336)	8
	76(65)	76(65)	76(65)	76(65)	76(65)	52(45)	80(69)	80(69)	80(69)	80(69)	80(69)	66(57)	
17	0(0)	0(0)	0(0)	0(0)	109(94)	192(165)	0(0)	0(0)	0(0)	0(0)	97(83)	170(146)	7
	52(45)	52(45)	52(45)	52(45)	52(45)	47(40)	52(45)	52(45)	52(45)	52(45)	52(45)	51(44)	
18	0(0)	0(0)	0(0)	0(0)	112(96)	20(17)	0(0)	0(0)	0(0)	0(0)	88(76)	15(13)	6 时刻（地方太阳时）
	21(18)	21(18)	21(18)	21(18)	21(18)	27(23)	23(20)	23(20)	23(20)	23(20)	23(20)	31(27)	
朝向	S	SW	W	NW	N	H	S	SW	W	NW	N	H	朝向

续表 B-1

透明度等级	3						4						透明度等级
朝向	S	SE	E	NE	N	H	S	SE	E	NE	N	H	朝向
辐射照度	上行——直接辐射 下行——散射辐射						上行——直接辐射 下行——散射辐射						辐射照度
时刻（地方太阳时） 6	0(0)	101(87)	263(226)	251(216)	70(60)	12(10)	0(0)	73(63)	191(164)	183(157)	50(43)	9(8)	18
	24(21)	24(21)	24(21)	24(21)	24(21)	35(30)	22(19)	22(19)	22(19)	22(19)	22(19)	33(28)	
7	0(0)	222(191)	498(428)	445(383)	85(73)	149(128)	0(0)	190(163)	423(364)	380(327)	72(62)	127(109)	17
	58(50)	58(50)	58(50)	58(50)	58(50)	65(56)	60(52)	60(52)	60(52)	60(52)	60(52)	76(65)	
8	0(0)	262(225)	543(467)	456(392)	53(46)	355(305)	0(0)	231(199)	479(412)	402(346)	48(41)	313(269)	16
	85(73)	85(73)	85(73)	85(73)	85(73)	80(69)	87(75)	87(75)	87(75)	87(75)	87(75)	91(78)	
9	0(0)	236(203)	476(409)	371(319)	113(97)	542(466)	0(0)	215(185)	433(372)	337(290)	102(88)	492(423)	15
	107(92)	107(92)	107(92)	107(92)	107(92)	90(77)	113(97)	113(97)	113(97)	113(97)	113(97)	107(92)	
10	0(0)	158(136)	319(274)	227(195)	7(6)	686(590)	0(0)	145(125)	292(251)	208(179)	7(6)	629(541)	14
	120(103)	120(103)	120(103)	120(103)	120(103)	87(75)	127(109)	127(109)	127(109)	127(109)	127(109)	109(94)	
11	0(0)	53(46)	117(101)	74(64)	1(1)	775(666)	0(0)	49(42)	109(94)	69(59)	1(1)	718(617)	13
	128(110)	128(110)	128(110)	128(110)	128(110)	88(76)	138(119)	138(119)	138(119)	138(119)	138(119)	115(99)	
12	0(0)	0(0)	0(0)	0(0)	1(1)	811(697)	0(0)	0(0)	0(0)	0(0)	1(1)	751(646)	12
	133(114)	133(114)	133(114)	133(114)	133(114)	91(78)	141(121)	141(121)	141(121)	141(121)	141(121)	114(98)	
13	0(0)	0(0)	0(0)	0(0)	1(1)	775(666)	0(0)	0(0)	0(0)	0(0)	1(1)	718(617)	11
	128(110)	128(110)	128(110)	128(110)	128(110)	88(76)	138(119)	138(119)	138(119)	138(119)	138(119)	115(99)	
14	0(0)	0(0)	0(0)	0(0)	7(6)	686(590)	0(0)	0(0)	0(0)	0(0)	7(6)	629(541)	10
	120(103)	120(103)	120(103)	120(103)	120(103)	87(75)	127(109)	127(109)	127(109)	127(109)	127(109)	109(94)	
15	0(0)	0(0)	0(0)	0(0)	113(97)	542(466)	0(0)	0(0)	0(0)	0(0)	102(88)	492(423)	9
	107(92)	107(92)	107(92)	107(92)	107(92)	90(77)	113(97)	113(97)	113(97)	113(97)	113(97)	107(92)	
16	0(0)	0(0)	0(0)	0(0)	53(46)	355(305)	0(0)	0(0)	0(0)	0(0)	48(41)	313(269)	8
	85(73)	85(73)	85(73)	85(73)	85(73)	80(69)	87(75)	87(75)	87(75)	87(75)	87(75)	91(78)	
17	0(0)	0(0)	0(0)	0(0)	85(73)	149(128)	0(0)	0(0)	0(0)	0(0)	72(62)	127(109)	7
	58(50)	58(50)	58(50)	58(50)	58(50)	65(56)	60(52)	60(52)	60(52)	60(52)	60(52)	76(65)	
18	0(0)	0(0)	0(0)	0(0)	70(60)	12(10)	0(0)	0(0)	0(0)	0(0)	50(43)	9(8)	6
	24(21)	24(21)	24(21)	24(21)	24(21)	35(30)	22(19)	22(19)	22(19)	22(19)	22(19)	33(28)	时刻（地方太阳时）
朝向	S	SW	W	NW	N	H	S	SW	W	NW	N	H	朝向

续表 B-1

透明度等级	5						6						透明度等级
朝向	S	SE	E	NE	N	H	S	SE	E	NE	N	H	朝向
辐射照度	上行——直接辐射 下行——散射辐射						上行——直接辐射 下行——散射辐射						辐射照度
时刻（地方太阳时）													时刻（地方太阳时）
6	0(0) 19(16)	52(45) 19(16)	136(117) 19(16)	130(112) 19(16)	36(31) 19(16)	6(5) 28(24)	0(0) 17(15)	36(31) 17(15)	93(80) 17(15)	88(76) 17(15)	24(21) 17(15)	5(4) 28(24)	18
7	0(0) 63(54)	160(138) 63(54)	359(309) 63(54)	323(278) 63(54)	62(53) 63(54)	107(92) 81(70)	0(0) 62(53)	130(112) 62(53)	271(250) 62(53)	261(224) 62(53)	50(43) 62(53)	87(75) 85(73)	17
8	0(0) 93(80)	206(177) 93(80)	426(366) 93(80)	358(308) 93(80)	42(36) 93(80)	278(239) 106(91)	0(0) 95(82)	172(148) 95(82)	357(307) 95(82)	300(258) 95(82)	36(31) 95(82)	234(201) 120(103)	16
9	0(0) 120(103)	199(171) 120(103)	401(345) 120(103)	313(269) 120(103)	95(82) 120(103)	456(392) 126(108)	0(0) 129(111)	172(148) 129(111)	347(298) 129(111)	271(233) 129(111)	83(71) 129(111)	395(340) 150(129)	15
10	0(0) 136(117)	135(116) 136(117)	273(235) 136(117)	194(167) 136(117)	6(5) 136(117)	587(505) 131(113)	0(0) 148(127)	120(103) 148(127)	242(208) 148(127)	172(148) 148(127)	6(5) 148(127)	521(448) 162(139)	14
11	0(0) 147(126)	45(39) 147(126)	101(87) 147(126)	64(55) 147(126)	1(1) 147(126)	665(572) 136(117)	0(0) 156(134)	41(35) 156(134)	91(78) 156(134)	57(49) 156(134)	1(1) 156(134)	597(513) 163(140)	13
12	0(0) 149(128)	0(0) 149(128)	0(0) 149(128)	0(0) 149(128)	0(0) 149(128)	692(595) 137(118)	0(0) 164(141)	0(0) 164(141)	0(0) 164(141)	0(0) 164(141)	0(0) 164(141)	627(539) 171(147)	12
13	0(0) 147(126)	0(0) 147(126)	0(0) 147(126)	0(0) 147(126)	1(1) 147(126)	665(572) 136(117)	0(0) 156(134)	0(0) 156(134)	0(0) 156(134)	0(0) 156(134)	1(1) 156(134)	597(513) 163(140)	11
14	0(0) 136(117)	0(0) 136(117)	0(0) 136(117)	0(0) 136(117)	6(5) 136(117)	587(505) 131(113)	0(0) 148(127)	0(0) 148(127)	0(0) 148(127)	0(0) 148(127)	6(5) 148(127)	521(448) 162(139)	10
15	0(0) 120(103)	0(0) 120(103)	0(0) 120(103)	0(0) 120(103)	95(82) 120(103)	456(392) 126(108)	0(0) 129(111)	0(0) 129(111)	0(0) 129(111)	0(0) 129(111)	83(71) 129(111)	395(340) 150(129)	9
16	0(0) 93(80)	0(0) 93(80)	0(0) 93(80)	0(0) 93(80)	42(36) 93(80)	278(239) 106(91)	0(0) 95(82)	0(0) 95(82)	0(0) 95(82)	0(0) 95(82)	36(31) 95(82)	234(201) 120(103)	8
17	0(0) 63(54)	0(0) 63(54)	0(0) 63(54)	0(0) 63(54)	62(53) 63(54)	107(92) 81(70)	0(0) 62(53)	0(0) 62(53)	0(0) 62(53)	0(0) 62(53)	50(43) 62(53)	87(75) 85(73)	7
18	0(0) 19(16)	0(0) 19(16)	0(0) 19(16)	0(0) 19(16)	36(31) 19(16)	6(5) 28(24)	0(0) 17(15)	0(0) 17(15)	0(0) 17(15)	0(0) 17(15)	24(21) 17(15)	5(4) 28(24)	6
朝向	S	SW	W	NW	N	H	S	SW	W	NW	N	H	朝向

表 B-2　北纬 25°透过标准窗玻璃的太阳辐射照度(W/m^2)[kcal/(m^2·h)]

透明度等级		1						2						透明度等级	
朝	向	S	SE	E	NE	N	H	S	SE	E	NE	N	H	朝	向
辐射照度				上行——直接辐射 下行——散射辐射						上行——直接辐射 下行——散射辐射				辐射照度	
时刻(地方太阳时)	6	0(0) 27(23)	183(157) 27(23)	462(397) 27(23)	437(376) 27(23)	115(99) 27(23)	31(27) 33(28)	0(0) 28(24)	150(127) 28(24)	379(326) 28(24)	359(309) 28(24)	94(81) 28(24)	27(23) 37(32)	18	时刻(地方太阳时)
	7	0(0) 55(47)	312(268) 55(47)	654(562) 55(47)	570(490) 55(47)	88(76) 55(47)	212(182) 48(41)	0(0) 56(48)	276(237) 56(48)	579(498) 56(48)	505(434) 56(48)	78(67) 56(48)	187(161) 53(46)	17	
	8	0(0) 77(66)	352(303) 77(66)	657(565) 77(66)	522(449) 77(66)	36(31) 77(66)	440(378) 52(45)	0(0) 81(70)	323(278) 81(70)	602(518) 81(70)	478(411) 81(70)	33(28) 81(70)	402(346) 67(58)	16	
	9	0(0) 98(84)	322(277) 98(84)	554(476) 98(84)	383(329) 98(84)	5(4) 98(84)	636(547) 57(49)	0(0) 100(86)	300(258) 100(86)	515(443) 100(86)	356(306) 100(86)	4(3) 100(86)	593(510) 68(59)	15	
	10	1(1) 101(95)	236(203) 101(95)	364(313) 101(95)	204(175) 101(95)	0(0) 101(95)	785(675) 56(48)	1(1) 119(102)	222(191) 119(102)	342(294) 119(102)	191(164) 119(102)	0(0) 119(102)	739(635) 77(66)	14	
	11	10(9) 120(103)	108(93) 120(103)	133(114) 120(103)	42(36) 120(103)	0(0) 120(103)	876(753) 58(50)	10(9) 124(107)	102(88) 124(107)	126(108) 124(107)	40(34) 124(107)	0(0) 124(107)	825(709) 73(63)	13	
	12	15(13) 119(102)	8(7) 119(102)	0(0) 119(102)	0(0) 119(102)	0(0) 119(102)	906(779) 51(44)	15(13) 124(107)	7(6) 124(107)	0(0) 124(107)	0(0) 124′(107)	0(0) 124(107)	857(737) 69(59)	12	
	13	10(9) 120(103)	0(0) 120(103)	0(0) 120(103)	0(0) 120(103)	0(0) 120(103)	876(753) 58(50)	10(9) 124(107)	0(0) 124(107)	0(0) 124(107)	0(0) 124(107)	0(0) 124(107)	825(709) 73(63)	11	
	14	1(1) 101(95)	0(0) 101(95)	0(0) 101(95)	0(0) 101(95)	0(0) 101(95)	785(675) 56(48)	1(1) 119(102)	0(0) 119(102)	0(0) 119(102)	0(0) 119(102)	0(0) 119(102)	739(635) 77(66)	10	
	15	0(0) 98(84)	0(0) 98(84)	0(0) 98(84)	0(0) 98(84)	5(4) 98(84)	636(547) 57(49)	0(0) 100(86)	0(0) 100(86)	0(0) 100(86)	0(0) 100(86)	4(3) 100(86)	593(510) 68(59)	9	
	16	0(0) 77(66)	0(0) 77(66)	0(0) 77(66)	0(0) 77(66)	36(31) 77(66)	440(378) 52(45)	0(0) 81(70)	0(0) 81(70)	0(0) 81(70)	0(0) 81(70)	33(28) 81(70)	402(346) 67(58)	8	
	17	0(0) 55(47)	0(0) 55(47)	0(0) 55(47)	0(0) 55(47)	88(76) 55(47)	212(182) 48(41)	0(0) 56(48)	0(0) 56(48)	0(0) 56(48)	0(0) 56(48)	78(67) 56(48)	187(161) 53(46)	7	
	18	0(0) 27(23)	0(0) 27(23)	0(0) 27(23)	0(0) 27(23)	115(99) 27(23)	31(27) 33(28)	0(0) 28(24)	0(0) 28(24)	0(0) 28(24)	0(0) 28(24)	94(81) 28(24)	27(23) 37(32)	6	
朝	向	S	SW	W	NW	N	H	S	SW	W	NW	N	H	朝	向

续表 B-2

透明度等级	3						4						透明度等级
朝向	S	SE	E	NE	N	H	S	SE	E	NE	N	H	朝向
辐射照度	上行——直接辐射 下行——散射辐射						上行——直接辐射 下行——散射辐射						辐射照度
时刻（地方太阳时） 6	0(0) 30(26)	121(104) 30(26)	308(265) 30(26)	290(250) 30(26)	77(66) 30(26)	21(18) 42(36)	0(0) 29(25)	92(79) 29(25)	234(201) 29(25)	221(190) 29(25)	58(50) 29(25)	16(14) 42(36)	18 时刻（地方太阳时）
7	0(0) 60(52)	243(209) 60(52)	511(439) 60(52)	445(383) 60(52)	69(59) 60(52)	165(142) 66(57)	0(0) 64(55)	208(179) 64(55)	436(375) 64(55)	380(327) 64(55)	59(51) 64(55)	141(121) 77(66)	17
8	0(0) 87(75)	294(253) 87(75)	548(471) 87(75)	435(374) 87(75)	30(26) 87(75)	366(315) 81(70)	0(0) 88(76)	259(223) 88(76)	484(416) 88(76)	384(330) 88(76)	27(23) 88(76)	323(278) 92(79)	16
9	0(0) 108(93)	278(239) 108(93)	477(410) 108(93)	445(383) 108(93)	4(3) 108(93)	549(472) 90(77)	0(0) 114(98)	252(217) 114(98)	434(373) 114(98)	300(258) 114(98)	4(3) 114(98)	500(430) 107(92)	15
10	1(1) 120(103)	207(178) 120(103)	319(274) 120(103)	178(153) 120(103)	0(0) 120(103)	687(591) 87(75)	1(1) 127(109)	190(163) 127(109)	292(251) 127(109)	163(140) 127(109)	0(0) 127(109)	632(543) 109(94)	14
11	9(8) 128(110)	95(82) 128(110)	117(101) 128(110)	37(32) 128(110)	0(0) 128(110)	773(665) 88(76)	8(7) 138(119)	88(76) 138(119)	109(94) 138(119)	34(29) 138(119)	0(0) 138(119)	715(615) 115(99)	13
12	14(12) 129(111)	7(6) 129(111)	0(0) 129(111)	0(0) 129(111)	0(0) 129(111)	804(691) 86(74)	13(11) 138(119)	7(6) 138(119)	0(0) 138(119)	0(0) 138(119)	0(0) 138(119)	745(641) 110(95)	12
13	9(8) 128(110)	0(0) 128(110)	0(0) 128(110)	0(0) 128(110)	0(0) 128(110)	773(665) 88(76)	8(7) 138(119)	0(0) 138(119)	0(0) 138(119)	0(0) 138(119)	0(0) 138(119)	715(615) 115(99)	11
14	1(1) 120(103)	0(0) 120(103)	0(0) 120(103)	0(0) 120(103)	0(0) 120(103)	687(591) 87(75)	1(1) 127(109)	0(0) 127(109)	0(0) 127(109)	0(0) 127(109)	0(0) 127(109)	632(543) 109(94)	10
15	0(0) 108(93)	0(0) 108(93)	0(0) 108(93)	0(0) 108(93)	4(3) 108(93)	549(472) 90(77)	0(0) 114(98)	0(0) 114(98)	0(0) 114(98)	0(0) 114(98)	4(3) 114(98)	500(430) 107(92)	9
16	0(0) 87(75)	0(0) 87(75)	0(0) 87(75)	0(0) 87(75)	30(26) 87(75)	366(315) 81(70)	0(0) 88(76)	0(0) 88(76)	0(0) 88(76)	0(0) 88(76)	27(23) 88(76)	323(278) 92(79)	8
17	0(0) 60(52)	0(0) 60(52)	0(0) 60(52)	0(0) 60(52)	69(59) 60(52)	165(142) 66(57)	0(0) 64(55)	0(0) 64(55)	0(0) 64(55)	0(0) 64(55)	59(51) 64(55)	141(121) 77(66)	7
18	0(0) 30(26)	0(0) 30(26)	0(0) 30(26)	0(0) 30(26)	77(66) 30(26)	21(18) 42(36)	0(0) 29(25)	0(0) 29(25)	0(0) 29(25)	0(0) 29(25)	58(50) 29(25)	16(14) 42(36)	6
朝向	S	SW	W	NW	N	H	S	SW	W	NW	N	H	朝向

续表 B-2

透明度等级		5						6						透明度等级
朝向		S	SE	E	NE	N	H	S	SE	E	NE	N	H	朝向
辐射照度		上行——直接辐射 下行——散射辐射						上行——直接辐射 下行——散射辐射						辐射照度
时刻（地方太阳时）	6	0(0) 27(23)	69(59) 27(23)	176(151) 27(23)	166(143) 27(23)	44(38) 27(23)	12(10) 40(34)	0(0) 24(21)	48(41) 24(21)	120(103) 24(21)	113(97) 24(21)	30(26) 24(21)	8(7) 37(32)	18
	7	0(0) 66(57)	177(152) 66(57)	372(320) 66(57)	324(279) 66(57)	50(43) 66(57)	120(103) 62(53)	0(0) 67(58)	144(124) 67(58)	302(260) 67(58)	264(227) 67(58)	41(35) 67(58)	98(84) 92(79)	17
	8	0(0) 94(81)	231(199) 94(81)	431(371) 94(81)	343(295) 94(81)	23(20) 94(81)	288(248) 108(93)	0(0) 98(84)	194(167) 98(84)	363(312) 98(84)	288(248) 98(84)	20(17) 98(84)	242(208) 121(104)	16
	9	0(0) 121(104)	235(202) 121(104)	402(346) 121(104)	278(239) 121(104)	4(3) 121(104)	463(398) 126(108)	0(0) 130(112)	204(175) 130(112)	349(300) 130(112)	241(207) 130(112)	2(2) 130(112)	402(346) 151(130)	15
	10	1(1) 136(117)	177(152) 136(117)	273(235) 136(117)	152(131) 136(117)	0(0) 136(117)	588(506) 131(113)	1(1) 148(127)	157(135) 148(127)	242(208) 148(127)	135(116) 148(127)	0(0) 148(127)	522(449) 162(139)	14
	11	8(7) 147(126)	83(71) 147(126)	101(87) 147(126)	31(27) 147(126)	0(0) 147(126)	664(571) 137(118)	7(6) 156(134)	73(63) 156(134)	91(78) 156(134)	28(24) 156(134)	0(0) 156(134)	595(512) 164(141)	13
	12	12(10) 147(126)	6(5) 147(126)	0(0) 147(126)	0(0) 147(126)	0(0) 147(126)	687(591) 133(114)	10(9) 159(137)	6(5) 159(137)	0(0) 159(137)	0(0) 159(137)	0(0) 159(137)	621(534) 165(142)	12
	13	8(7) 147(126)	0(0) 147(126)	0(0) 147(126)	0(0) 147(126)	0(0) 147(126)	664(571) 137(118)	7(6) 156(134)	0(0) 156(134)	0(0) 156(134)	0(0) 156(134)	0(0) 156(134)	595(512) 164(141)	11
	14	1(1) 136(117)	0(0) 136(117)	0(0) 136(117)	0(0) 136(117)	0(0) 136(117)	588(506) 131(113)	1(1) 148(127)	0(0) 148(127)	0(0) 148(127)	0(0) 148(127)	0(0) 148(127)	522(449) 162(139)	10
	15	0(0) 121(104)	0(0) 121(104)	0(0) 121(104)	0(0) 121(104)	4(3) 121(104)	463(398) 126(108)	0(0) 130(112)	0(0) 130(112)	0(0) 130(112)	0(0) 130(112)	2(2) 130(112)	402(346) 151(130)	9
	16	0(0) 94(81)	0(0) 94(81)	0(0) 94(81)	0(0) 94(81)	23(20) 94(81)	288(248) 108(93)	0(0) 98(84)	0(0) 98(84)	0(0) 98(84)	0(0) 98(84)	20(17) 98(84)	242(208) 121(104)	8
	17	0(0) 66(57)	0(0) 66(57)	0(0) 66(57)	0(0) 66(57)	50(43) 66(57)	120(103) 62(53)	0(0) 67(58)	0(0) 67(58)	0(0) 67(58)	0(0) 67(58)	41(35) 67(58)	98(84) 92(79)	7
	18	0(0) 27(23)	0(0) 27(23)	0(0) 27(23)	0(0) 27(23)	44(38) 27(23)	12(10) 40(34)	0(0) 24(21)	0(0) 24(21)	0(0) 24(21)	0(0) 24(21)	30(26) 24(21)	8(7) 37(32)	6
朝向		S	SW	W	NW	N	H	S	SW	W	NW	N	H	朝向

时刻（地方太阳时）)

表 B-3 北纬 30°透过标准窗玻璃的太阳辐射照度（W/m²）[kcal/(m²·h)]

透明度等级	1						2						透明度等级
朝向	S	SE	E	NE	N	H	S	SE	E	NE	N	H	朝向
辐射照度	上行——直接辐射 下行——散射辐射						上行——直接辐射 下行——散射辐射						辐射照度
时刻（地方太阳时） 6	0(0)	204(175)	499(429)	466(401)	116(100)	48(41)	0(0)	172(148)	422(363)	394(339)	98(84)	41(35)	18
	31(27)	31(27)	31(27)	31(27)	31(27)	37(32)	31(27)	31(27)	31(27)	31(27)	31(27)	40(34)	
7	0(0)	338(291)	664(571)	559(481)	67(58)	229(197)	0(0)	300(258)	590(507)	497(427)	59(51)	204(175)	17
	57(49)	57(49)	57(49)	57(49)	57(49)	48(41)	58(50)	58(50)	58(50)	58(50)	58(50)	56(48)	
8	0(0)	390(335)	659(567)	490(421)	13(11)	450(387)	0(0)	358(308)	605(520)	450(387)	12(10)	414(356)	16
	78(67)	78(67)	78(67)	78(67)	78(67)	52(45)	83(71)	83(71)	83(71)	83(71)	83(71)	67(58)	
9	1(1)	371(319)	554(476)	332(286)	0(0)	637(548)	1(1)	345(297)	515(443)	311(267)	0(0)	593(510)	15
	98(84)	98(84)	98(84)	98(84)	98(84)	58(50)	100(86)	100(86)	100(86)	100(86)	100(86)	68(59)	
10	31(27)	292(251)	364(313)	144(128)	0(0)	780(671)	29(25)	274(236)	342(294)	140(120)	0(0)	734(631)	14
	110(95)	110(95)	110(95)	110(95)	110(95)	57(49)	119(102)	119(102)	119(102)	119(102)	119(102)	78(67)	
11	53(46)	164(141)	133(114)	13(11)	0(0)	866(745)	50(43)	155(133)	126(108)	12(10)	0(0)	815(701)	13
	117(101)	117(101)	117(101)	117(101)	117(101)	56(48)	123(106)	123(106)	123(106)	123(106)	123(106)	72(62)	
12	65(56)	85(73)	0(0)	0(0)	0(0)	896(770)	62(53)	80(69)	0(0)	0(0)	0(0)	846(727)	12
	117(101)	117(101)	117(101)	117(101)	117(101)	51(44)	123(106)	123(106)	123(106)	123(106)	123(106)	67(58)	
13	53(46)	0(0)	0(0)	0(0)	0(0)	866(745)	50(43)	0(0)	0(0)	0(0)	0(0)	815(701)	11
	117(101)	117(101)	117(101)	117(101)	117(101)	56(48)	123(106)	123(106)	123(106)	123(106)	123(106)	72(62)	
14	31(27)	0(0)	0(0)	0(0)	0(0)	780(671)	29(25)	0(0)	0(0)	0(0)	0(0)	734(631)	10
	110(95)	110(95)	110(95)	110(95)	110(95)	57(49)	119(102)	119(102)	119(102)	119(102)	119(102)	78(67)	
15	1(1)	0(0)	0(0)	0(0)	0(0)	637(548)	1(1)	0(0)	0(0)	0(0)	0(0)	593(510)	9
	98(84)	98(84)	98(84)	98(84)	98(84)	58(50)	100(86)	100(86)	100(86)	100(86)	100(86)	68(59)	
16	0(0)	0(0)	0(0)	0(0)	13(11)	450(387)	0(0)	0(0)	0(0)	0(0)	12(10)	414(356)	8
	78(67)	78(67)	78(67)	78(67)	78(67)	52(45)	83(71)	83(71)	83(71)	83(71)	83(71)	67(58)	
17	0(0)	0(0)	0(0)	0(0)	67(58)	229(197)	0(0)	0(0)	0(0)	0(0)	59(51)	204(175)	7
	57(49)	57(49)	57(49)	57(49)	57(49)	48(41)	58(50)	58(50)	58(50)	58(50)	58(50)	56(48)	时刻（地方太阳时）
18	0(0)	0(0)	0(0)	0(0)	116(100)	48(41)	0(0)	0(0)	0(0)	0(0)	98(84)	41(35)	6
	31(27)	31(27)	31(27)	31(27)	31(27)	37(32)	31(27)	31(27)	31(27)	31(27)	31(27)	40(34)	
朝向	S	SW	W	NW	N	H	S	SW	W	NW	N	H	朝向

续表 B-3

透明度等级	3						4						透明度等级
朝向	S	SE	E	NE	N	H	S	SE	E	NE	N	H	朝向
辐射照度	上行——直接辐射 下行——散射辐射						上行——直接辐射 下行——散射辐射						辐射照度
时刻（地方太阳时） 6	0(0) 35(30)	143(123) 35(30)	350(301) 35(30)	328(282) 35(30)	81(70) 35(30)	34(29) 47(40)	0(0) 35(30)	112(96) 35(30)	273(235) 35(30)	256(220) 35(30)	64(55) 35(30)	27(23) 50(43)	18 时刻（地方太阳时）
7	0(0) 62(53)	265(228) 62(53)	520(447) 62(53)	438(377) 62(53)	52(45) 62(53)	180(155) 67(58)	0(0) 65(56)	227(195) 65(56)	445(383) 65(56)	376(323) 65(56)	45(39) 65(56)	155(133) 78(67)	17
8	0(0) 88(76)	326(280) 88(76)	551(474) 88(76)	409(352) 88(76)	10(9) 88(76)	377(324) 83(71)	0(0) 90(77)	288(248) 90(77)	487(419) 90(77)	362(311) 90(77)	9(8) 90(77)	333(286) 92(79)	16
9	1(1) 108(93)	320(275) 108(93)	477(410) 108(93)	287(247) 108(93)	0(0) 108(93)	549(472) 90(77)	1(1) 114(98)	292(251) 114(98)	435(374) 114(98)	262(225) 114(98)	0(0) 114(98)	500(430) 108(93)	15
10	28(24) 120(103)	256(220) 120(103)	319(274) 120(103)	130(112) 120(103)	0(0) 120(103)	683(587) 88(76)	26(22) 127(109)	235(202) 127(109)	292(251) 127(109)	120(103) 127(109)	0(0) 127(109)	626(538) 109(94)	14
11	47(40) 127(109)	145(125) 127(109)	117(101) 127(109)	10(9) 127(109)	0(0) 127(109)	764(657) 87(75)	43(37) 137(118)	134(115) 137(118)	108(93) 137(118)	10(9) 137(108)	0(0) 137(108)	706(607) 114(98)	13
12	58(50) 128(110)	76(65) 128(110)	0(0) 128(110)	0(0) 128(110)	0(0) 128(110)	793(682) 85(73)	53(46) 137(118)	70(60) 137(118)	0(0) 137(118)	0(0) 137(118)	0(0) 137(118)	734(631) 110(95)	12
13	47(40) 127(109)	0(0) 127(109)	0(0) 127(109)	0(0) 127(109)	0(0) 127(109)	764(657) 87(75)	43(37) 137(118)	0(0) 137(118)	0(0) 137(118)	0(0) 137(118)	0(0) 137(118)	706(607) 114(98)	11
14	28(24) 120(103)	0(0) 120(103)	0(0) 120(103)	0(0) 120(103)	0(0) 120(103)	683(587) 88(76)	26(22) 127(109)	0(0) 127(109)	0(0) 127(109)	0(0) 127(109)	0(0) 127(109)	626(538) 109(94)	10
15	1(1) 108(93)	0(0) 108(93)	0(0) 108(93)	0(0) 108(93)	0(0) 108(93)	549(472) 90(77)	1(1) 114(98)	0(0) 114(98)	0(0) 114(98)	0(0) 114(98)	0(0) 114(98)	500(430) 108(93)	9
16	0(0) 88(76)	0(0) 88(76)	0(0) 88(76)	0(0) 88(76)	10(6) 88(76)	377(324) 83(71)	0(0) 90(77)	0(0) 90(77)	0(0) 90(77)	0(0) 90(77)	9(8) 90(77)	333(286) 92(79)	8
17	0(0) 62(53)	0(0) 62(53)	0(0) 62(53)	0(0) 62(53)	52(45) 62(53)	180(155) 67(58)	0(0) 65(56)	0(0) 65(56)	0(0) 65(56)	0(0) 65(56)	45(39) 65(56)	155(133) 78(67)	7
18	0(0) 35(30)	0(0) 35(30)	0(0) 35(30)	0(0) 35(30)	81(70) 35(30)	34(29) 47(40)	0(0) 35(30)	0(0) 35(30)	0(0) 35(30)	0(0) 35(30)	64(55) 35(30)	27(23) 50(43)	6
朝向	S	SW	W	NW	N	H	S	SW	W	NW	N	H	朝向

续表 B-3

透明度等级	5						6						透明度等级
朝向	S	SE	E	NE	N	H	S	SE	E	NE	N	H	朝向
辐射照度	上行——直接辐射 下行——散射辐射						上行——直接辐射 下行——散射辐射						辐射照度
时刻（地方太阳时） 6	0(0) 34(29)	86(74) 34(29)	213(183) 34(29)	199(171) 34(29)	49(42) 34(29)	21(18) 49(42)	0(0) 29(25)	59(51) 29(25)	147(126) 29(25)	136(117) 29(25)	34(29) 29(25)	14(12) 44(38)	18 时刻（地方太阳时）
7	0(0) 69(59)	194(167) 69(59)	383(329) 69(59)	322(277) 69(59)	38(33) 69(59)	133(114) 87(75)	0(0) 71(61)	159(137) 71(61)	313(269) 71(61)	264(227) 71(61)	31(27) 71(61)	108(93) 97(83)	17
8	0(0) 96(83)	258(222) 96(83)	435(374) 96(83)	323(278) 96(83)	8(7) 96(83)	298(256) 109(94)	0(0) 99(85)	216(186) 99(85)	366(315) 99(85)	272(234) 99(85)	7(6) 99(85)	250(215) 122(105)	16
9	1(1) 121(104)	270(232) 121(104)	404(347) 121(104)	243(209) 121(104)	0(0) 121(104)	464(399) 126(108)	1(1) 130(112)	235(202) 130(112)	350(301) 130(112)	211(181) 130(112)	0(0) 130(112)	402(346) 151(130)	15
10	23(20) 136(117)	219(188) 136(117)	272(234) 136(117)	112(96) 136(117)	0(0) 136(117)	585(503) 131(113)	21(18) 148(127)	194(167) 148(127)	242(208) 148(127)	99(85) 148(127)	0(0) 148(127)	518(445) 162(139)	14
11	41(35) 145(125)	124(107) 145(125)	101(87) 145(125)	9(8) 145(125)	0(0) 145(125)	656(564) 135(116)	36(31) 155(133)	112(96) 155(133)	90(77) 155(133)	8(7) 155(133)	0(0) 155(133)	587(505) 163(140)	13
12	50(43) 145(125)	65(56) 145(125)	0(0) 145(125)	0(0) 145(125)	0(0) 145(125)	679(584) 133(114)	45(39) 157(135)	58(50) 157(135)	0(0) 157(135)	0(0) 157(135)	0(0) 157(135)	612(526) 163(140)	12
13	41(35) 145(125)	0(0) 145(125)	0(0) 145(125)	0(0) 145(125)	0(0) 145(125)	656(564) 135(116)	36(31) 155(133)	0(0) 155(133)	0(0) 155(133)	0(0) 155(133)	0(0) 155(133)	587(505) 163(140)	11
14	23(20) 136(117)	0(0) 136(117)	0(0) 136(117)	0(0) 136(117)	0(0) 136(117)	585(503) 131(113)	21(18) 148(127)	0(0) 148(127)	0(0) 148(127)	0(0) 148(127)	0(0) 148(127)	518(445) 162(139)	10
15	1(1) 121(104)	0(0) 121(104)	0(0) 121(104)	0(0) 121(104)	0(0) 121(104)	464(399) 126(108)	1(1) 130(112)	0(0) 130(112)	0(0) 130(112)	0(0) 130(112)	0(0) 130(112)	402(346) 151(130)	9
16	0(0) 96(83)	0(0) 96(83)	0(0) 96(83)	0(0) 96(83)	8(7) 96(83)	298(256) 109(94)	0(0) 99(85)	0(0) 99(85)	0(0) 99(85)	0(0) 99(85)	7(6) 99(85)	250(215) 122(105)	8
17	0(0) 69(59)	0(0) 69(59)	0(0) 69(59)	0(0) 69(59)	38(33) 69(59)	133(114) 87(75)	0(0) 71(61)	0(0) 71(61)	0(0) 71(61)	0(0) 71(61)	31(27) 71(61)	108(93) 97(83)	7
18	0(0) 34(29)	0(0) 34(29)	0(0) 34(29)	0(0) 34(29)	49(42) 34(29)	21(18) 49(42)	0(0) 29(25)	0(0) 29(25)	0(0) 29(25)	0(0) 29(25)	34(29) 29(25)	14(12) 44(38)	6
朝向	S	SW	W	NW	N	H	S	SW	W	NW	N	H	朝向

表 B-4　北纬 35°透过标准窗玻璃的太阳辐射照度（W/m^2）[$kcal/(m^2 \cdot h)$]

透明度等级		1						2						透明度等级	
朝向		S	SE	E	NE	N	H	S	SE	E	NE	N	H	朝向	
辐射照度				上行——直接辐射 下行——散射辐射						上行——直接辐射 下行——散射辐射				辐射照度	
时刻（地方太阳时）	6	0(0) 35(30)	223(192) 35(30)	529(455) 35(30)	488(420) 35(30)	113(97) 35(30)	62(53) 40(34)	0(0) 35(30)	191(164) 35(30)	450(387) 35(30)	415(357) 35(30)	95(82) 35(30)	53(46) 43(37)	18	时刻（地方太阳时）
	7	0(0) 58(50)	365(314) 58(50)	672(578) 58(50)	547(470) 58(50)	47(40) 58(50)	245(211) 49(42)	0(0) 60(52)	324(279) 60(52)	598(514) 60(52)	486(418) 60(52)	40(35) 60(52)	219(188) 58(50)	17	
	8	0(0) 78(67)	427(367) 78(67)	659(567) 78(67)	456(392) 78(67)	1(1) 78(67)	453(390) 51(44)	0(0) 84(72)	392(337) 84(72)	607(522) 84(72)	419(360) 84(72)	1(1) 84(72)	418(359) 67(58)	16	
	9	44(34) 97(83)	420(361) 97(83)	552(475) 97(83)	285(245) 97(83)	0(0) 97(83)	632(543) 57(49)	37(32) 99(85)	392(337) 99(85)	515(443) 99(85)	265(228) 99(85)	0(0) 99(85)	588(506) 69(59)	15	
	10	74(64) 110(95)	350(301) 110(95)	363(312) 110(95)	99(85) 110(95)	0(0) 110(95)	768(660) 58(50)	70(60) 119(102)	329(283) 119(102)	342(294) 119(102)	93(80) 119(102)	0(0) 119(102)	722(621) 80(69)	14	
	11	121(104) 114(98)	224(193) 114(98)	133(114) 114(98)	0(0) 114(98)	0(0) 114(98)	847(728) 53(46)	114(98) 120(103)	211(181) 120(103)	124(107) 120(103)	0(0) 120(103)	0(0) 120(103)	797(685) 71(61)	13	
	12	138(119) 120(103)	74(64) 120(103)	0(0) 120(103)	0(0) 120(103)	0(0) 120(103)	877(754) 57(49)	130(112) 124(107)	71(61) 124(107)	0(0) 124(107)	0(0) 124(107)	0(0) 124(107)	825(709) 73(63)	12	
	13	121(104) 114(98)	0(0) 114(98)	0(0) 114(98)	0(0) 114(98)	0(0) 114(98)	847(728) 53(46)	114(98) 120(103)	0(0) 120(103)	0(0) 120(103)	0(0) 120(103)	0(0) 120(103)	797(685) 71(61)	11	
	14	74(64) 110(95)	0(0) 110(95)	0(0) 110(95)	0(0) 110(95)	0(0) 110(95)	768(660) 58(50)	70(60) 119(102)	0(0) 119(102)	0(0) 119(102)	0(0) 119(102)	0(0) 119(102)	722(621) 80(69)	10	
	15	40(34) 97(83)	0(0) 97(83)	0(0) 97(83)	0(0) 97(83)	0(0) 97(83)	632(543) 57(49)	37(32) 99(85)	0(0) 99(85)	0(0) 99(85)	0(0) 99(85)	0(0) 99(85)	588(506) 69(59)	9	
	16	0(0) 78(67)	0(0) 78(67)	0(0) 78(67)	0(0) 78(67)	1(1) 78(67)	453(390) 51(44)	0(0) 84(72)	0(0) 84(72)	0(0) 84(72)	0(0) 84(72)	1(1) 84(72)	418(359) 67(58)	8	
	17	0(0) 58(50)	0(0) 58(50)	0(0) 58(50)	0(0) 58(50)	47(40) 58(50)	245(211) 49(42)	0(0) 60(52)	0(0) 60(52)	0(0) 60(52)	0(0) 60(52)	40(35) 60(52)	219(188) 58(50)	7	
	18	0(0) 35(30)	0(0) 35(30)	0(0) 35(30)	0(0) 35(30)	113(97) 35(30)	62(53) 40(34)	0(0) 35(30)	0(0) 35(30)	0(0) 35(30)	0(0) 35(30)	95(82) 35(30)	53(46) 43(37)	6	
朝向		S	SW	W	NW	N	H	S	SW	W	NW	N	H	朝向	

续表 B-4

透明度等级	3						4						透明度等级
朝向	S	SE	E	NE	N	H	S	SE	E	NE	N	H	朝向
辐射照度	上行——直接辐射 下行——散射辐射						上行——直接辐射 下行——散射辐射						辐射照度
时刻（地方太阳时） 6	0(0) 40(34)	160(138) 40(34)	380(327) 40(34)	351(302) 40(34)	80(69) 40(34)	44(38) 52(45)	0(0) 40(34)	128(120) 40(34)	304(261) 40(34)	280(241) 40(34)	64(55) 40(34)	36(31) 55(47)	18
7	0(0) 64(55)	287(247) 64(55)	529(455) 64(55)	430(370) 64(55)	36(31) 64(55)	193(166) 67(58)	0(0) 67(58)	247(212) 67(58)	455(391) 67(58)	370(318) 67(58)	31(27) 67(58)	166(143) 79(68)	17
8	0(0) 88(76)	357(307) 88(76)	552(475) 88(76)	381(328) 88(76)	1(1) 88(76)	380(327) 83(71)	0(0) 91(78)	316(272) 91(78)	488(420) 91(78)	337(290) 91(78)	1(1) 91(78)	336(289) 93(80)	16
9	34(29) 107(92)	362(311) 107(92)	476(409) 107(92)	245(211) 107(92)	0(0) 107(92)	544(468) 90(77)	31(27) 113(97)	329(283) 113(97)	433(372) 113(97)	323(192) 113(97)	0(0) 113(97)	495(426) 107(92)	15
10	65(56) 120(103)	306(263) 120(103)	317(273) 120(103)	87(75) 120(103)	0(0) 120(103)	671(577) 90(77)	59(51) 127(109)	280(241) 127(109)	291(250) 127(109)	79(68) 127(109)	0(0) 127(109)	615(529) 110(95)	14
11	106(91) 123(106)	198(170) 123(106)	116(100) 123(106)	0(0) 123(106)	0(0) 123(106)	745(641) 85(73)	98(84) 134(115)	183(157) 134(115)	108(93) 134(115)	0(0) 134(115)	0(0) 134(115)	688(592) 110(92)	13
12	122(105) 128(110)	66(57) 128(110)	0(0) 128(110)	0(0) 128(110)	0(0) 128(110)	773(665) 85(76)	113(97) 138(119)	62(53) 138(119)	0(0) 138(119)	0(0) 138(119)	0(0) 138(119)	716(616) 115(99)	12
13	106(91) 123(106)	0(0) 123(106)	0(0) 123(106)	0(0) 123(106)	0(0) 123(106)	745(641) 85(73)	98(84) 134(115)	0(0) 134(115)	0(0) 134(115)	0(0) 134(115)	0(0) 134(115)	688(592) 110(95)	11
14	65(56) 120(103)	0(0) 120(103)	0(0) 120(103)	0(0) 120(103)	0(0) 120(103)	671(577) 90(77)	59(51) 127(109)	0(0) 127(109)	0(0) 127(109)	0(0) 127(109)	0(0) 127(109)	615(529) 110(95)	10
15	34(29) 107(92)	0(0) 107(92)	0(0) 107(92)	0(0) 107(92)	0(0) 107(92)	544(468) 90(77)	31(27) 113(97)	0(0) 113(97)	0(0) 113(97)	0(0) 113(97)	0(0) 113(97)	495(426) 107(92)	9
16	0(0) 88(76)	0(0) 88(76)	0(0) 88(76)	0(0) 88(76)	1(1) 88(76)	380(327) 83(71)	0(0) 91(78)	0(0) 91(78)	0(0) 91(78)	0(0) 91(78)	1(1) 91(78)	336(289) 93(80)	8
17	0(0) 64(55)	0(0) 64(55)	0(0) 64(55)	0(0) 64(55)	36(31) 64(55)	193(166) 67(58)	0(0) 67(58)	0(0) 67(58)	0(0) 67(58)	0(0) 67(58)	31(27) 67(58)	166(143) 79(68)	7
18	0(0) 40(34)	0(0) 40(34)	0(0) 40(34)	0(0) 40(34)	80(69) 40(34)	44(38) 52(45)	0(0) 40(34)	0(0) 40(34)	0(0) 40(34)	0(0) 40(34)	64(55) 40(34)	36(31) 55(47)	6 时刻（地方太阳时）
朝向	S	SW	W	NW	N	H	S	SW	W	NW	N	H	朝向

续表 B-4

透明度等级	5						6						透明度等级
朝向	S	SE	E	NE	N	H	S	SE	E	NE	N	H	朝向
辐射照度	上行——直接辐射 下行——散射辐射						上行——直接辐射 下行——散射辐射						辐射照度
时刻（地方太阳时） 6	0(0) 39(33)	102(88) 39(33)	241(207) 39(33)	222(191) 39(33)	51(44) 39(33)	28(24) 55(47)	0(0) 35(30)	72(62) 35(30)	171(147) 35(30)	158(136) 35(30)	36(31) 35(30)	20(17) 52(45)	18 时刻（地方太阳时）
7	0(0) 69(60)	212(182) 69(60)	391(336) 69(60)	317(273) 69(60)	27(23) 69(60)	143(123) 90(77)	0(0) 74(64)	174(150) 74(64)	322(277) 74(64)	262(225) 74(64)	22(19) 74(64)	117(101) 100(86)	17
8	0(0) 97(83)	283(243) 97(83)	437(376) 97(83)	302(260) 97(83)	1(1) 97(83)	301(259) 109(94)	0(0) 100(86)	238(205) 100(86)	369(317) 100(86)	254(219) 100(86)	1(1) 100(86)	254(218) 123(106)	16
9	29(25) 121(104)	305(262) 121(104)	401(345) 121(104)	207(178) 121(104)	0(0) 121(104)	459(395) 126(108)	24(21) 129(111)	264(227) 129(111)	348(299) 129(111)	179(154) 129(111)	0(0) 129(111)	398(342) 150(129)	15
10	56(48) 136(117)	262(225) 136(117)	272(234) 136(117)	77(64) 136(117)	0(0) 136(117)	575(494) 133(114)	49(42) 148(127)	231(199) 148(127)	241(207) 148(127)	66(57) 148(127)	0(0) 148(127)	508(437) 163(140)	14
11	91(78) 142(122)	170(146) 142(122)	100(86) 142(122)	0(0) 142(122)	0(0) 142(122)	640(550) 133(114)	81(70) 152(131)	151(130) 152(131)	90(77) 152(131)	0(0) 152(131)	0(0) 152(131)	571(491) 160(138)	13
12	105(90) 147(126)	57(49) 147(126)	0(0) 147(126)	0(0) 147(126)	0(0) 147(126)	664(571) 136(117)	94(81) 156(134)	51(44) 156(134)	0(0) 156(134)	0(0) 156(134)	0(0) 156(134)	595(512) 164(141)	12
13	91(78) 142(122)	0(0) 142(122)	0(0) 142(122)	0(0) 142(122)	0(0) 142(122)	640(550) 133(114)	81(70) 152(131)	0(0) 152(131)	0(0) 152(131)	0(0) 152(131)	0(0) 152(131)	571(491) 160(138)	11
14	56(48) 136(117)	0(0) 136(117)	0(0) 136(117)	0(0) 136(117)	0(0) 136(117)	575(494) 133(114)	49(42) 148(127)	0(0) 148(127)	0(0) 148(127)	0(0) 148(127)	0(0) 148(127)	508(437) 163(140)	10
15	29(25) 121(104)	0(0) 121(104)	0(0) 121(104)	0(0) 121(104)	0(0) 121(104)	459(395) 126(108)	24(21) 129(111)	0(0) 129(111)	0(0) 129(111)	0(0) 129(111)	0(0) 129(111)	398(342) 150(129)	9
16	0(0) 97(83)	0(0) 97(83)	0(0) 97(83)	0(0) 97(83)	1(1) 97(83)	301(259) 109(94)	0(0) 100(86)	0(0) 100(86)	0(0) 100(86)	0(0) 100(86)	1(1) 100(86)	254(218) 123(106)	8
17	0(0) 69(60)	0(0) 69(60)	0(0) 69(60)	0(0) 69(60)	27(23) 69(60)	143(123) 90(77)	0(0) 74(64)	0(0) 74(64)	0(0) 74(64)	0(0) 74(64)	22(19) 74(64)	117(101) 100(86)	7
18	0(0) 39(33)	0(0) 39(33)	0(0) 39(33)	0(0) 39(33)	51(44) 39(33)	28(24) 55(47)	0(0) 35(30)	0(0) 35(30)	0(0) 35(30)	0(0) 35(30)	36(31) 35(30)	20(17) 52(45)	6
朝向	S	SW	W	NW	N	H	S	SW	W	NW	N	H	朝向

表 B-5　北纬 40°透过标准窗玻璃的太阳辐射照度（W/m^2）[$kcal/(m^2·h)$]

透明度等级	1						2						透明度等级
朝向	S	SE	E	NE	N	H	S	SE	E	NE	N	H	朝向
辐射照度	上行——直接辐射 下行——散射辐射						上行——直接辐射 下行——散射辐射						辐射照度
时刻（地方太阳时）6	0(0) 37(32)	245(211) 37(32)	558(480) 37(32)	507(436) 37(32)	106(91) 37(32)	83(71) 41(35)	0(0) 38(33)	211(181) 38(33)	477(410) 38(33)	434(373) 38(33)	91(78) 38(33)	71(61) 45(39)	18
7	0(0) 59(51)	392(337) 59(51)	679(584) 59(51)	530(456) 59(51)	72(62) 59(51)	259(223) 49(42)	0(0) 63(54)	349(300) 63(54)	605(520) 63(54)	472(406) 63(54)	64(55) 63(54)	231(199) 59(51)	17
8	2(2) 78(67)	463(398) 78(67)	659(567) 78(67)	420(361) 78(67)	0(0) 78(67)	454(390) 51(44)	2(2) 84(72)	424(365) 84(72)	606(521) 84(72)	385(331) 84(72)	0(0) 84(72)	418(359) 67(58)	16
9	57(49) 95(82)	466(401) 95(82)	551(474) 95(82)	238(205) 95(82)	0(0) 95(82)	620(533) 56(48)	53(46) 98(84)	434(373) 98(84)	513(441) 98(84)	222(191) 98(84)	0(0) 98(84)	577(496) 69(59)	15
10	138(119) 108(93)	406(349) 108(93)	362(311) 108(93)	58(50) 108(93)	0(0) 108(93)	748(643) 57(49)	130(112) 115(99)	380(327) 115(99)	340(292) 115(99)	55(47) 115(99)	0(0) 115(99)	702(604) 77(66)	14
11	200(172) 112(96)	283(243) 112(96)	133(114) 112(96)	0(0) 112(96)	0(0) 112(96)	822(707) 52(45)	188(162) 119(102)	266(229) 119(102)	124(107) 119(102)	0(0) 119(102)	0(0) 119(102)	773(665) 71(61)	13
12	222(191) 114(98)	124(107) 114(98)	0(0) 114(98)	0(0) 114(98)	0(0) 114(98)	848(729) 53(46)	209(180) 120(103)	117(101) 120(103)	0(0) 120(103)	0(0) 120(103)	0(0) 120(103)	798(686) 71(61)	12
13	200(172) 112(96)	7(6) 112(96)	0(0) 112(96)	0(0) 112(96)	0(0) 112(96)	822(707) 52(45)	188(162) 119(102)	6(5) 119(102)	0(0) 119(102)	0(0) 119(102)	0(0) 119(102)	773(665) 71(61)	11
14	138(119) 108(93)	0(0) 108(93)	0(0) 108(93)	0(0) 108(93)	0(0) 108(93)	748(643) 57(49)	130(112) 115(99)	0(0) 115(99)	0(0) 115(99)	0(0) 115(99)	0(0) 115(99)	702(604) 77(66)	10
15	57(49) 95(82)	0(0) 95(82)	0(0) 95(82)	0(0) 95(82)	0(0) 95(82)	620(533) 56(48)	53(46) 98(84)	0(0) 98(84)	0(0) 98(84)	0(0) 98(84)	0(0) 98(84)	577(496) 69(59)	9
16	2(2) 78(67)	0(0) 78(67)	0(0) 78(67)	0(0) 78(67)	0(0) 78(67)	454(390) 51(44)	2(2) 84(72)	0(0) 84(72)	0(0) 84(72)	0(0) 84(72)	0(0) 84(72)	418(359) 67(58)	8
17	0(0) 59(51)	0(0) 59(51)	0(0) 59(51)	0(0) 59(51)	72(62) 59(51)	259(223) 49(42)	0(0) 63(54)	0(0) 63(54)	0(0) 63(54)	0(0) 63(54)	64(55) 63(54)	231(199) 59(51)	7
18	0(0) 37(32)	0(0) 37(32)	0(0) 37(32)	0(0) 37(32)	106(91) 37(32)	83(71) 41(35)	0(0) 38(33)	0(0) 38(33)	0(0) 38(33)	0(0) 38(33)	91(78) 38(33)	71(61) 45(39)	6 时刻（地方太阳时）
朝向	S	SW	W	NW	N	H	S	SW	W	NW	N	H	朝向

续表 B-5

透明度等级		3						4						透明度等级
朝向		S	SE	E	NE	N	H	S	SE	E	NE	N	H	朝向
辐射照度		上行——直接辐射 下行——散射辐射						上行——直接辐射 下行——散射辐射						辐射照度
时刻（地方太阳时）	6	0(0) 43(37)	180(155) 43(37)	409(352) 43(37)	371(319) 43(37)	78(67) 43(37)	60(52) 56(48)	0(0) 43(37)	145(125) 43(37)	331(285) 43(37)	301(259) 43(37)	63(54) 43(37)	49(42) 58(50)	18
	7	0(0) 65(56)	309(266) 65(56)	536(461) 65(56)	419(360) 65(56)	57(49) 65(56)	205(176) 69(59)	0(0) 67(58)	266(229) 67(58)	462(397) 67(58)	361(310) 67(58)	49(42) 67(58)	177(152) 79(68)	17
	8	2(2) 88(76)	387(333) 88(76)	552(475) 88(76)	351(302) 88(76)	0(0) 88(76)	379(326) 83(71)	2(2) 90(77)	342(294) 90(77)	488(420) 90(77)	311(267) 90(77)	0(0) 90(77)	336(289) 93(80)	16
	9	49(42) 106(91)	401(345) 106(91)	475(408) 106(91)	205(176) 106(91)	0(0) 106(91)	533(458) 88(76)	44(38) 112(96)	364(313) 112(96)	430(370) 112(96)	186(160) 112(96)	0(0) 112(96)	484(416) 106(91)	15
	10	121(104) 117(101)	354(304) 117(101)	315(271) 117(101)	50(43) 117(101)	0(0) 117(101)	652(561) 90(77)	110(95) 124(107)	324(279) 124(107)	288(248) 124(107)	47(40) 124(107)	0(0) 124(107)	598(514) 109(94)	14
	11	176(151) 121(104)	248(213) 121(104)	116(100) 121(104)	0(0) 121(104)	0(0) 121(104)	722(621) 84(72)	162(139) 130(112)	224(197) 130(112)	107(92) 130(112)	0(0) 130(112)	0(0) 130(112)	665(572) 108(93)	13
	12	195(168) 123(106)	114(95) 123(106)	0(0) 123(106)	0(0) 123(106)	0(0) 123(106)	747(642) 85(73)	180(155) 134(115)	101(87) 134(115)	0(0) 134(115)	0(0) 134(115)	0(0) 134(115)	688(592) 110(95)	12
	13	176(151) 121(104)	6(5) 121(104)	0(0) 121(104)	0(0) 121(104)	0(0) 121(104)	722(621) 84(72)	162(139) 130(112)	6(5) 130(112)	0(0) 130(112)	0(0) 130(112)	0(0) 130(112)	665(572) 108(93)	11
	14	121(104) 117(101)	0(0) 117(101)	0(0) 117(101)	0(0) 117(101)	0(0) 117(101)	652(561) 90(77)	110(95) 124(107)	0(0) 124(107)	0(0) 124(107)	0(0) 124(107)	0(0) 124(107)	598(514) 109(94)	10
	15	49(42) 106(91)	0(0) 106(91)	0(0) 106(91)	0(0) 106(91)	0(0) 106(91)	533(458) 88(76)	44(38) 112(96)	0(0) 112(96)	0(0) 112(96)	0(0) 112(96)	0(0) 112(96)	484(416) 106(91)	9
	16	2(2) 88(76)	0(0) 88(76)	0(0) 88(76)	0(0) 88(76)	0(0) 88(76)	379(326) 83(71)	2(2) 90(77)	0(0) 90(77)	0(0) 90(77)	0(0) 90(77)	0(0) 90(77)	336(289) 93(80)	8
	17	0(0) 65(56)	0(0) 65(56)	0(0) 65(56)	0(0) 65(56)	57(49) 65(56)	205(176) 69(59)	0(0) 67(58)	0(0) 67(58)	0(0) 67(58)	0(0) 67(58)	49(42) 67(58)	177(152) 79(68)	7
	18	0(0) 43(37)	0(0) 43(37)	0(0) 43(37)	0(0) 43(37)	78(67) 43(37)	60(52) 56(48)	0(0) 43(37)	0(0) 43(37)	0(0) 43(37)	0(0) 43(37)	63(54) 43(37)	49(42) 58(50)	6
朝向		S	SW	W	NW	N	H	S	SW	W	NW	N	H	朝向

续表 B-5

透明度等级		5						6						透明度等级	
朝向		S	SE	E	NE	N	H	S	SE	E	NE	N	H	朝向	
辐射照度				上行——直接辐射 下行——散射辐射						上行——直接辐射 下行——散射辐射				辐射照度	
时刻（地方太阳时）	6	0(0) 42(36)	117(101) 42(36)	267(230) 42(36)	243(209) 42(36)	51(44) 42(36)	40(34) 58(50)	0(0) 40(34)	86(74) 40(34)	194(167) 40(34)	177(152) 40(34)	37(32) 40(34)	29(25) 58(50)	18	时刻（地方太阳时）
	7	0(0) 72(62)	229(197) 72(62)	398(342) 72(62)	311(267) 72(62)	42(36) 72(62)	152(131) 91(78)	0(0) 77(66)	190(163) 77(66)	329(283) 77(66)	257(221) 77(66)	35(30) 77(66)	126(108) 104(89)	17	
	8	1(1) 96(83)	306(263) 96(83)	437(376) 96(83)	278(239) 96(83)	0(0) 96(83)	300(258) 109(94)	1(1) 100(86)	258(222) 100(86)	368(316) 100(86)	234(201) 100(86)	0(0) 100(86)	254(218) 123(106)	16	
	9	41(35) 119(102)	337(290) 119(102)	398(342) 119(102)	172(148) 119(102)	0(0) 119(102)	448(385) 124(107)	36(31) 128(110)	291(250) 128(110)	344(296) 128(110)	149(128) 128(110)	0(0) 128(110)	387(333) 149(128)	15	
	10	104(89) 133(114)	302(260) 133(114)	270(232) 133(114)	43(37) 133(114)	0(0) 133(114)	557(479) 131(113)	91(78) 144(124)	266(229) 144(124)	237(204) 144(124)	38(33) 144(124)	0(0) 144(124)	492(423) 160(138)	14	
	11	150(129) 138(119)	213(183) 138(119)	100(86) 138(119)	0(0) 138(119)	0(0) 138(119)	619(532) 130(112)	134(115) 149(128)	190(163) 149(128)	88(76) 149(128)	0(0) 149(128)	0(0) 149(128)	551(474) 159(137)	13	
	12	167(144) 142(122)	94(81) 142(122)	0(0) 142(122)	0(0) 142(122)	0(0) 142(122)	641(551) 133(114)	150(129) 152(131)	85(73) 152(131)	0(0) 152(131)	0(0) 152(131)	0(0) 152(131)	572(492) 160(138)	12	
	13	150(129) 138(119)	5(4) 138(119)	0(0) 138(119)	0(0) 138(119)	0(0) 138(119)	619(532) 130(112)	134(115) 149(128)	5(4) 149(128)	0(0) 149(128)	0(0) 149(128)	0(0) 149(128)	551(474) 159(137)	11	
	14	104(89) 133(114)	0(0) 133(114)	0(0) 133(114)	0(0) 133(114)	0(0) 133(114)	557(479) 131(113)	91(78) 144(124)	0(0) 144(124)	0(0) 144(124)	0(0) 144(124)	0(0) 144(124)	492(423) 160(138)	10	
	15	41(35) 119(102)	0(0) 119(102)	0(0) 119(102)	0(0) 119(102)	0(0) 119(102)	448(385) 124(107)	36(31) 128(110)	0(0) 128(110)	0(0) 128(110)	0(0) 128(110)	0(0) 128(110)	387(333) 149(128)	9	
	16	1(1) 96(83)	0(0) 96(83)	0(0) 96(83)	0(0) 96(83)	0(0) 96(83)	300(258) 109(94)	1(1) 100(86)	0(0) 100(86)	0(0) 100(86)	0(0) 100(86)	0(0) 100(86)	254(218) 123(106)	8	
	17	0(0) 72(62)	0(0) 72(62)	0(0) 72(62)	0(0) 72(62)	42(36) 72(62)	152(131) 91(78)	0(0) 77(66)	0(0) 77(66)	0(0) 77(66)	0(0) 77(66)	35(30) 77(66)	126(108) 104(89)	7	
	18	0(0) 42(36)	0(0) 42(36)	0(0) 42(36)	0(0) 42(36)	51(44) 42(36)	40(34) 58(50)	0(0) 40(34)	0(0) 40(34)	0(0) 40(34)	0(0) 40(34)	37(32) 40(34)	29(25) 58(50)	6	
朝向		S	SW	W	NW	N	H	S	SW	W	NW	N	H	朝向	

表 B-6 北纬 45°透过标准窗玻璃的太阳辐射照度(W/m²)[kcal/(m²·h)]

透明度等级	1						2						透明度等级
朝向	S	SE	E	NE	N	H	S	SE	E	NE	N	H	朝向
辐射照度	上行——直接辐射 下行——散射辐射						上行——直接辐射 下行——散射辐射						辐射照度
时刻（地方太阳时）6	0(0) 40(34)	269(231) 40(34)	584(502) 40(34)	521(448) 40(34)	97(83) 40(34)	100(86) 41(35)	0(0) 41(35)	230(198) 41(35)	502(432) 41(35)	448(385) 41(35)	84(72) 41(35)	86(74) 45(39)	18
7	0(0) 60(52)	418(360) 60(52)	685(589) 60(52)	514(442) 60(52)	14(12) 60(52)	266(229) 49(42)	0(0) 64(55)	373(321) 64(55)	611(525) 64(55)	458(394) 64(55)	13(11) 64(55)	238(205) 59(51)	17
8	16(14) 78(67)	497(427) 78(67)	658(566) 78(67)	383(329) 78(67)	0(0) 78(67)	449(386) 52(45)	15(13) 83(71)	456(392) 83(71)	605(520) 83(71)	351(302) 83(71)	0(0) 83(71)	413(355) 67(58)	16
9	105(90) 92(79)	511(439) 92(79)	548(471) 92(79)	193(166) 92(79)	0(0) 92(79)	599(515) 55(47)	98(84) 97(83)	475(408) 97(83)	511(439) 97(83)	180(155) 97(83)	0(0) 97(83)	558(480) 69(59)	15
10	209(180) 105(90)	458(394) 105(90)	359(309) 105(90)	117(101) 105(90)	0(0) 105(90)	720(619) 57(49)	197(169) 110(95)	429(369) 110(95)	336(289) 110(95)	109(94) 110(95)	0(0) 110(95)	675(580) 73(63)	14
11	280(241) 110(95)	341(293) 110(95)	131(113) 110(95)	0(0) 110(95)	0(0) 110(95)	790(679) 55(47)	264(227) 119(102)	321(276) 119(102)	123(106) 119(102)	0(0) 119(102)	0(0) 119(102)	743(639) 76(65)	13
12	305(262) 110(95)	180(155) 110(95)	0(0) 110(95)	0(0) 110(95)	0(0) 110(95)	814(700) 53(45)	287(247) 119(102)	170(146) 119(102)	0(0) 119(102)	0(0) 119(102)	0(0) 119(102)	766(659) 72(62)	12
13	280(241) 110(95)	137(118) 110(95)	0(0) 110(95)	0(0) 110(95)	0(0) 110(95)	790(679) 55(47)	264(227) 119(102)	129(111) 119(102)	0(0) 119(102)	0(0) 119(102)	0(0) 119(102)	743(639) 76(65)	11
14	209(180) 104(90)	0(0) 104(90)	0(0) 104(90)	0(0) 104(90)	0(0) 104(90)	720(619) 57(49)	197(169) 110(95)	0(0) 110(95)	0(0) 110(95)	0(0) 110(95)	0(0) 110(95)	675(580) 73(63)	10
15	105(90) 92(79)	0(0) 92(79)	0(0) 92(79)	0(0) 92(79)	0(0) 92(79)	599(515) 55(47)	98(84) 97(83)	0(0) 97(83)	0(0) 97(83)	0(0) 97(83)	0(0) 97(83)	558(480) 69(59)	9
16	16(14) 78(67)	0(0) 78(67)	0(0) 78(67)	0(0) 78(67)	0(0) 78(67)	449(386) 52(45)	15(13) 83(71)	0(0) 83(71)	0(0) 83(71)	0(0) 83(71)	0(0) 83(71)	413(355) 67(58)	8
17	0(0) 60(52)	0(0) 60(52)	0(0) 60(52)	0(0) 60(52)	14(12) 60(52)	266(229) 49(42)	0(0) 64(55)	0(0) 64(55)	0(0) 64(55)	0(0) 64(55)	13(11) 64(55)	238(205) 59(51)	7
18	0(0) 40(34)	0(0) 40(34)	0(0) 40(34)	0(0) 40(34)	97(83) 40(34)	100(86) 41(35)	0(0) 41(35)	0(0) 41(35)	0(0) 41(35)	0(0) 41(35)	84(72) 41(35)	86(74) 45(39)	6 时刻（地方太阳时）
朝向	S	SW	W	NW	N	H	S	SW	W	NW	N	H	朝向

续表 B-6

透明度等级		3						4						透明度等级	
朝向		S	SE	E	NE	N	H	S	SE	E	NE	N	H	朝向	
辐射照度		上行——直接辐射 下行——散射辐射						上行——直接辐射 下行——散射辐射						辐射照度	
时刻（地方太阳时）	6	0(0)	200(172)	435(374)	388(334)	72(62)	77(64)	0(0)	165(142)	358(308)	320(275)	59(51)	62(53)	18	时刻（地方太阳时）
		45(39)	45(39)	45(39)	45(39)	45(39)	57(49)	45(39)	45(39)	45(39)	45(39)	45(39)	61(52)		
	7	0(0)	330(284)	541(465)	406(349)	10(9)	211(181)	0(0)	285(245)	466(401)	350(301)	9(8)	181(156)	17	
		65(56)	65(56)	65(56)	65(56)	65(56)	69(59)	69(59)	69(59)	69(59)	69(59)	69(59)	79(68)		
	8	14(12)	415(357)	550(473)	320(275)	0(0)	376(323)	12(10)	366(315)	486(418)	283(243)	0(0)	331(285)	16	
		88(76)	88(76)	88(76)	88(76)	88(76)	83(71)	90(77)	90(77)	90(77)	90(77)	90(77)	92(79)		
	9	91(78)	438(377)	471(405)	163(143)	0(0)	515(443)	81(70)	397(341)	427(367)	150(129)	0(0)	465(400)	15	
		105(90)	105(90)	105(90)	105(90)	105(90)	88(76)	108(93)	108(93)	108(93)	108(93)	108(93)	104(89)		
	10	183(157)	399(343)	312(268)	101(87)	0(0)	626(538)	166(143)	365(314)	286(246)	93(80)	0(0)	572(492)	14	
		114(98)	114(98)	114(98)	114(98)	114(98)	88(76)	121(104)	121(104)	121(104)	121(104)	121(104)	109(94)		
	11	245(211)	299(257)	115(99)	0(0)	0(0)	692(595)	226(194)	274(236)	106(91)	0(0)	0(0)	635(546)	13	
		120(103)	120(103)	120(103)	120(103)	120(103)	87(75)	127(109)	127(109)	127(109)	127(109)	127(109)	108(93)		
	12	267(230)	158(136)	0(0)	0(0)	0(0)	714(614)	247(212)	145(125)	0(0)	0(0)	0(0)	657(565)	12	
		121(104)	121(104)	121(104)	121(104)	121(104)	85(73)	129(111)	129(111)	129(111)	129(111)	129(111)	108(93)		
	13	245(211)	120(103)	0(0)	0(0)	0(0)	692(595)	226(194)	110(95)	0(0)	0(0)	0(0)	635(546)	11	
		120(103)	120(103)	120(103)	120(103)	120(103)	87(75)	127(109)	127(109)	127(109)	127(109)	127(109)	108(93)		
	14	183(157)	0(0)	0(0)	0(0)	0(0)	626(538)	166(143)	0(0)	0(0)	0(0)	0(0)	572(492)	10	
		114(98)	114(98)	114(98)	114(98)	114(98)	88(76)	121(104)	121(104)	121(104)	121(104)	121(104)	109(94)		
	15	91(78)	0(0)	0(0)	0(0)	0(0)	515(443)	81(70)	0(0)	0(0)	0(0)	0(0)	465(400)	9	
		105(90)	105(90)	105(90)	105(90)	105(90)	88(76)	108(93)	108(93)	108(93)	108(93)	108(93)	104(89)		
	16	14(12)	0(0)	0(0)	0(0)	0(0)	376(323)	12(10)	0(0)	0(0)	0(0)	0(0)	331(285)	8	
		88(76)	88(76)	88(76)	88(76)	88(76)	83(71)	90(77)	90(77)	90(77)	90(77)	90(77)	92(79)		
	17	0(0)	0(0)	0(0)	0(0)	10(9)	211(181)	0(0)	0(0)	0(0)	0(0)	9(8)	181(156)	7	
		65(56)	65(56)	65(56)	65(56)	65(56)	69(59)	69(59)	69(59)	69(59)	69(59)	69(59)	79(68)		
	18	0(0)	0(0)	0(0)	0(0)	72(62)	77(64)	0(0)	0(0)	0(0)	0(0)	59(51)	62(53)	6	
		45(39)	45(39)	45(39)	45(39)	45(39)	57(49)	45(39)	45(39)	45(39)	45(39)	45(39)	61(52)		
朝向		S	SW	W	NW	N	H	S	SW	W	NW	N	H	朝向	

续表 B-6

透明度等级	5						6						透明度等级
朝向	S	SE	E	NE	N	H	S	SE	E	NE	N	H	朝向
辐射照度	上行——直接辐射 下行——散射辐射						上行——直接辐射 下行——散射辐射						辐射照度
时刻（地方太阳时） 6	0(0) 44(38)	135(116) 44(38)	293(252) 44(38)	262(225) 44(38)	49(42) 44(38)	50(43) 62(53)	0(0) 44(38)	100(86) 44(38)	216(186) 44(38)	193(166) 44(38)	36(31) 44(38)	37(32) 64(55)	18
7	0(0) 73(63)	247(212) 73(63)	402(346) 73(63)	302(260) 73(63)	8(7) 73(63)	157(135) 91(78)	0(0) 78(67)	204(175) 78(67)	334(287) 78(67)	256(215) 78(67)	7(6) 78(67)	130(112) 105(90)	17
8	10(9) 95(82)	328(282) 95(82)	435(374) 95(82)	252(217) 95(82)	0(0) 95(82)	297(255) 109(94)	9(8) 99(85)	276(237) 99(85)	366(315) 99(85)	213(183) 99(85)	0(0) 99(85)	249(214) 122(105)	16
9	76(65) 116(100)	365(314) 116(100)	393(338) 116(100)	138(119) 116(100)	0(0) 116(100)	429(369) 122(105)	65(56) 124(107)	315(271) 124(107)	338(291) 124(107)	120(103) 124(107)	0(0) 124(107)	370(318) 145(125)	15
10	156(134) 130(112)	341(293) 130(112)	266(229) 130(112)	87(75) 130(112)	0(0) 130(112)	534(459) 129(111)	136(117) 141(121)	299(257) 141(121)	234(201) 141(121)	77(66) 141(121)	0(0) 141(121)	469(403) 158(136)	14
11	211(181) 136(117)	256(220) 136(117)	99(85) 136(117)	0(0) 136(117)	0(0) 136(117)	593(510) 131(113)	186(160) 148(127)	227(195) 148(127)	87(75) 148(127)	0(0) 148(127)	0(0) 148(127)	526(452) 160(138)	13
12	229(197) 138(119)	136(117) 138(119)	0(0) 138(119)	0(0) 138(119)	0(0) 138(119)	613(527) 130(112)	204(175) 149(128)	121(104) 149(128)	0(0) 149(128)	0(0) 149(128)	0(0) 149(128)	544(468) 159(137)	12
13	211(181) 136(117)	104(89) 136(117)	0(0) 136(117)	0(0) 136(117)	0(0) 136(117)	593(510) 131(113)	186(160) 148(127)	92(79) 148(127)	0(0) 148(127)	0(0) 148(127)	0(0) 148(127)	526(452) 160(138)	11
14	156(134) 130(112)	0(0) 130(112)	0(0) 130(112)	0(0) 130(112)	0(0) 130(112)	534(459) 129(111)	136(117) 141(121)	0(0) 141(121)	0(0) 141(121)	0(0) 141(121)	0(0) 141(121)	469(403) 158(136)	10
15	76(65) 116(100)	0(0) 116(100)	0(0) 116(100)	0(0) 116(100)	0(0) 116(100)	429(369) 122(105)	65(56) 124(107)	0(0) 124(107)	0(0) 124(107)	0(0) 124(107)	0(0) 124(107)	370(318) 145(125)	9
16	10(9) 95(82)	0(0) 95(82)	0(0) 95(82)	0(0) 95(82)	0(0) 95(82)	297(255) 109(94)	9(8) 99(85)	0(0) 99(85)	0(0) 99(85)	0(0) 99(85)	0(0) 99(85)	249(214) 122(105)	8
17	0(0) 73(63)	0(0) 73(63)	0(0) 73(63)	0(0) 73(63)	8(7) 73(63)	157(135) 91(78)	0(0) 78(67)	0(0) 78(67)	0(0) 78(67)	0(0) 78(67)	7(6) 78(67)	130(112) 105(90)	7
18	0(0) 44(38)	0(0) 44(38)	0(0) 44(38)	0(0) 44(38)	49(42) 44(38)	50(43) 62(53)	0(0) 44(38)	0(0) 44(38)	0(0) 44(38)	0(0) 44(38)	36(31) 44(38)	37(32) 64(55)	6 时刻（地方太阳时）
朝向	S	SW	W	NW	N	H	S	SW	W	NW	N	H	朝向

表 B-7 北纬 50°透过标准窗玻璃的太阳辐射照度(W/m²)[kcal/(m²·h)]

透明度等级		1						2						透明度等级	
朝向		S	SE	E	NE	N	H	S	SE	E	NE	N	H	朝向	
辐射照度		上行——直接辐射 下行——散射辐射						上行——直接辐射 下行——散射辐射						辐射照度	
时刻（地方太阳时）	6	0(0) 42(36)	291(250) 42(36)	605(520) 42(36)	528(454) 42(36)	85(73) 42(36)	116(100) 42(36)	0(0) 43(37)	251(216) 43(37)	522(449) 43(37)	457(393) 43(37)	73(63) 43(37)	100(86) 47(40)	18	时刻（地方太阳时）
	7	0(0) 60(52)	442(382) 60(52)	687(591) 60(52)	494(425) 60(52)	3(3) 60(52)	276(237) 49(42)	0(0) 64(55)	397(341) 64(55)	613(527) 64(55)	441(379) 64(55)	3(3) 64(55)	245(211) 60(52)	17	
	8	40(34) 77(66)	527(453) 77(66)	657(565) 77(66)	345(297) 77(66)	0(0) 77(66)	437(376) 52(45)	36(31) 81(70)	484(416) 81(70)	601(517) 81(70)	316(272) 81(70)	0(0) 81(70)	401(345) 66(57)	16	
	9	160(138) 90(77)	549(472) 90(77)	545(469) 90(77)	150(129) 90(77)	0(0) 90(77)	576(495) 52(45)	149(128) 94(81)	511(439) 94(81)	507(436) 94(81)	140(120) 94(81)	0(0) 94(81)	555(460) 69(59)	15	
	10	278(239) 102(88)	507(436) 102(88)	356(306) 102(88)	7(6) 102(88)	0(0) 102(88)	685(589) 58(50)	261(224) 105(90)	475(408) 105(90)	333(286) 105(90)	7(6) 105(90)	0(0) 105(90)	640(550) 71(61)	14	
	11	359(309) 108(93)	398(342) 108(93)	130(112) 108(93)	0(0) 108(93)	0(0) 108(93)	751(646) 58(50)	337(290) 115(99)	373(321) 115(99)	123(106) 115(99)	0(0) 115(99)	0(0) 115(99)	706(607) 78(67)	13	
	12	388(334) 110(95)	235(202) 110(95)	0(0) 110(95)	0(0) 110(95)	0(0) 110(95)	773(665) 58(50)	365(314) 119(102)	221(190) 119(102)	0(0) 119(102)	0(0) 119(102)	0(0) 119(102)	727(625) 79(68)	12	
	13	359(309) 108(93)	62(53) 108(93)	0(0) 108(93)	0(0) 108(93)	0(0) 108(93)	751(646) 58(50)	337(290) 115(99)	57(49) 115(99)	0(0) 115(99)	0(0) 115(99)	0(0) 115(99)	706(607) 78(67)	11	
	14	278(239) 102(88)	0(0) 102(88)	0(0) 102(88)	0(0) 102(88)	0(0) 102(88)	685(589) 58(50)	261(224) 105(90)	0(0) 105(90)	0(0) 105(90)	0(0) 105(90)	0(0) 105(90)	640(550) 71(61)	10	
	15	160(138) 90(77)	0(0) 90(77)	0(0) 90(77)	0(0) 90(77)	0(0) 90(77)	576(495) 52(45)	149(128) 94(81)	0(0) 94(81)	0(0) 94(81)	0(0) 94(81)	0(0) 94(81)	555(460) 69(59)	9	
	16	40(34) 77(66)	0(0) 77(66)	0(0) 77(66)	0(0) 77(66)	3(3) 77(66)	437(376) 52(45)	36(31) 81(70)	0(0) 81(70)	0(0) 81(70)	0(0) 81(70)	0(0) 81(70)	401(345) 66(57)	8	
	17	0(0) 60(52)	0(0) 60(52)	0(0) 60(52)	0(0) 60(52)	3(3) 60(52)	276(237) 49(42)	0(0) 64(55)	0(0) 64(55)	0(0) 64(55)	0(0) 64(55)	3(3) 64(55)	245(211) 60(52)	7	
	18	0(0) 42(36)	0(0) 42(36)	0(0) 42(36)	0(0) 42(36)	85(73) 42(36)	116(100) 42(36)	0(0) 43(37)	0(0) 43(37)	0(0) 43(37)	0(0) 43(37)	73(63) 43(37)	100(86) 47(40)	6	
朝向		S	SW	W	NW	N	H	S	SW	W	NW	N	H	朝向	

续表 B-7

透明度等级	3						4						透明度等级
朝向	S	SE	E	NE	N	H	S	SE	E	NE	N	H	朝向
辐射照度	上行——直接辐射 下行——散射辐射						上行——直接辐射 下行——散射辐射						辐射照度
时刻（地方太阳时） 6	0(0) 49(42)	219(188) 49(42)	456(392) 49(42)	398(342) 49(42)	64(55) 49(42)	87(75) 59(51)	0(0) 49(42)	181(156) 49(42)	378(325) 49(42)	330(284) 49(42)	53(46) 49(42)	73(63) 64(55)	18 时刻（地方太阳时）
7	0(0) 66(57)	351(302) 66(57)	544(468) 66(57)	391(336) 66(57)	3(3) 66(57)	217(187) 69(59)	0(0) 70(60)	304(261) 70(60)	470(404) 70(60)	337(290) 70(60)	2(2) 70(60)	188(162) 80(69)	17
8	33(28) 87(75)	440(378) 87(75)	547(470) 87(75)	287(247) 87(75)	0(0) 87(75)	364(313) 81(70)	29(25) 88(76)	387(333) 88(76)	483(415) 88(76)	254(218) 88(76)	0(0) 88(76)	321(276) 92(79)	16
9	137(118) 102(88)	470(404) 102(88)	468(402) 102(88)	129(111) 102(88)	0(0) 102(88)	493(424) 87(75)	123(106) 105(90)	423(364) 105(90)	421(362) 105(90)	116(100) 105(90)	0(0) 105(90)	444(382) 101(87)	15
10	241(207) 112(96)	440(378) 112(96)	308(265) 112(96)	6(5) 112(96)	0(0) 112(96)	593(510) 90(77)	221(190) 119(102)	402(346) 119(102)	281(242) 119(102)	6(5) 119(102)	0(0) 119(102)	543(467) 109(94)	14
11	314(270) 117(101)	347(298) 117(101)	114(98) 117(101)	0(0) 117(101)	0(0) 117(101)	656(564) 90(77)	287(247) 124(107)	317(273) 124(107)	105(90) 124(107)	0(0) 124(107)	0(0) 124(107)	601(517) 109(94)	13
12	340(292) 120(103)	206(177) 120(103)	0(0) 120(103)	0(0) 120(103)	0(0) 120(103)	676(581) 90(77)	312(268) 127(109)	188(162) 127(109)	0(0) 127(109)	0(0) 127(109)	0(0) 127(109)	620(533) 109(94)	12
13	314(270) 117(101)	53(46) 117(101)	0(0) 117(101)	0(0) 117(101)	0(0) 117(101)	656(564) 90(77)	287(247) 124(107)	49(42) 124(107)	0(0) 124(107)	0(0) 124(107)	0(0) 124(107)	601(517) 109(94)	11
14	241(207) 112(96)	0(0) 112(96)	0(0) 112(96)	0(0) 112(96)	0(0) 112(96)	593(510) 90(77)	221(190) 119(102)	0(0) 119(102)	0(0) 119(102)	0(0) 119(102)	0(0) 119(102)	543(467) 109(94)	10
15	137(118) 102(88)	0(0) 102(88)	0(0) 102(88)	0(0) 102(88)	0(0) 102(88)	493(424) 87(75)	123(106) 105(90)	0(0) 105(90)	0(0) 105(90)	0(0) 105(90)	0(0) 105(90)	444(382) 101(87)	9
16	33(28) 87(75)	0(0) 87(75)	0(0) 87(75)	0(0) 87(75)	0(0) 87(75)	364(313) 81(70)	29(25) 88(76)	0(0) 88(76)	0(0) 88(76)	0(0) 88(76)	0(0) 88(76)	321(276) 92(79)	8
17	0(0) 66(57)	0(0) 66(57)	0(0) 66(57)	0(0) 66(57)	3(3) 66(57)	217(187) 69(59)	0(0) 70(60)	0(0) 70(60)	0(0) 70(60)	0(0) 70(60)	2(2) 70(60)	188(162) 80(69)	7
18	0(0) 49(42)	0(0) 49(42)	0(0) 49(42)	0(0) 49(42)	64(55) 49(42)	87(75) 59(51)	0(0) 49(42)	0(0) 49(42)	0(0) 49(42)	0(0) 49(42)	53(46) 49(42)	73(63) 64(55)	6
朝向	S	SW	W	NW	N	H	S	SW	W	NW	N	H	朝向

续表 B-7

透明度等级	5						6						透明度等级
朝向	S	SE	E	NE	N	H	S	SE	E	NE	N	H	朝向
辐射照度	上行——直接辐射 下行——散射辐射						上行——直接辐射 下行——散射辐射						辐射照度
时刻（地方太阳时） 6	0(0)	150(129)	312(268)	273(235)	44(38)	60(52)	0(0)	113(97)	236(203)	206(177)	33(28)	45(39)	18 时刻（地方太阳时）
	48(41)	48(41)	48(41)	48(41)	48(41)	65(56)	48(41)	48(41)	48(41)	48(41)	48(41)	69(59)	
7	0(0)	262(225)	406(349)	292(251)	2(2)	163(140)	0(0)	217(187)	336(289)	242(208)	2(2)	135(116)	17
	73(63)	73(63)	73(63)	73(63)	73(63)	92(79)	79(68)	79(68)	79(68)	79(68)	79(68)	106(91)	
8	26(22)	345(297)	430(370)	227(195)	0(0)	287(247)	22(19)	291(250)	362(311)	191(164)	0(0)	241(207)	16
	94(81)	94(81)	94(81)	94(81)	94(81)	108(93)	98(84)	98(84)	98(84)	98(84)	98(84)	121(104)	
9	113(97)	388(334)	386(332)	107(92)	0(0)	408(351)	98(84)	334(287)	331(285)	91(78)	0(0)	349(300)	15
	113(97)	113(97)	113(97)	113(97)	113(97)	121(104)	120(103)	120(103)	120(103)	120(103)	120(103)	141(121)	
10	206(177)	374(322)	263(226)	6(5)	0(0)	506(435)	179(154)	337(281)	229(197)	5(4)	0(0)	442(380)	14
	127(109)	127(109)	127(109)	127(109)	127(109)	128(110)	137(118)	137(118)	137(118)	137(118)	137(118)	156(134)	
11	269(231)	297(255)	98(84)	0(0)	0(0)	561(482)	236(203)	262(225)	86(74)	0(0)	0(0)	495(426)	13
	134(115)	134(115)	134(115)	134(115)	134(115)	131(113)	145(125)	145(125)	145(125)	145(125)	145(125)	162(139)	
12	291(250)	177(152)	0(0)	0(0)	0(0)	579(498)	257(221)	156(134)	0(0)	0(0)	0(0)	513(441)	12
	136(117)	136(117)	136(117)	136(117)	136(117)	133(114)	148(127)	148(127)	148(127)	148(127)	148(127)	163(140)	
13	269(231)	45(39)	0(0)	0(0)	0(0)	561(482)	236(203)	41(25)	0(0)	0(0)	0(0)	495(426)	11
	134(115)	134(115)	134(115)	134(115)	134(115)	131(113)	145(125)	145(125)	145(125)	145(125)	145(125)	162(139)	
14	206(177)	0(0)	0(0)	0(0)	0(0)	506(435)	179(154)	0(0)	0(0)	0(0)	0(0)	442(380)	10
	127(109)	127(109)	127(109)	127(109)	127(109)	128(110)	137(118)	137(118)	137(118)	137(118)	137(118)	156(134)	
15	113(97)	0(0)	0(0)	0(0)	0(0)	408(351)	98(84)	0(0)	0(0)	0(0)	0(0)	349(300)	9
	113(97)	113(97)	113(97)	113(97)	113(97)	121(104)	120(103)	120(103)	120(103)	120(103)	120(103)	141(121)	
16	26(22)	0(0)	0(0)	0(0)	0(0)	287(247)	22(19)	0(0)	0(0)	0(0)	0(0)	241(207)	8
	94(81)	94(81)	94(81)	94(81)	94(81)	108(93)	98(84)	98(84)	98(84)	98(84)	98(84)	121(104)	
17	0(0)	0(0)	0(0)	0(0)	2(2)	163(140)	0(0)	0(0)	0(0)	0(0)	2(2)	135(116)	7
	73(63)	73(63)	73(63)	73(63)	73(63)	92(79)	79(68)	79(68)	79(68)	79(68)	79(68)	106(91)	
18	0(0)	0(0)	0(0)	0(0)	44(38)	60(52)	0(0)	0(0)	0(0)	0(0)	33(28)	45(39)	6
	48(41)	48(41)	48(41)	48(41)	48(41)	65(56)	48(41)	48(41)	48(41)	48(41)	48(41)	69(59)	
朝向	S	SW	W	NW	N	H	S	SW	W	NW	N	H	朝向

附录C 夏季空气调节大气透明度分布图

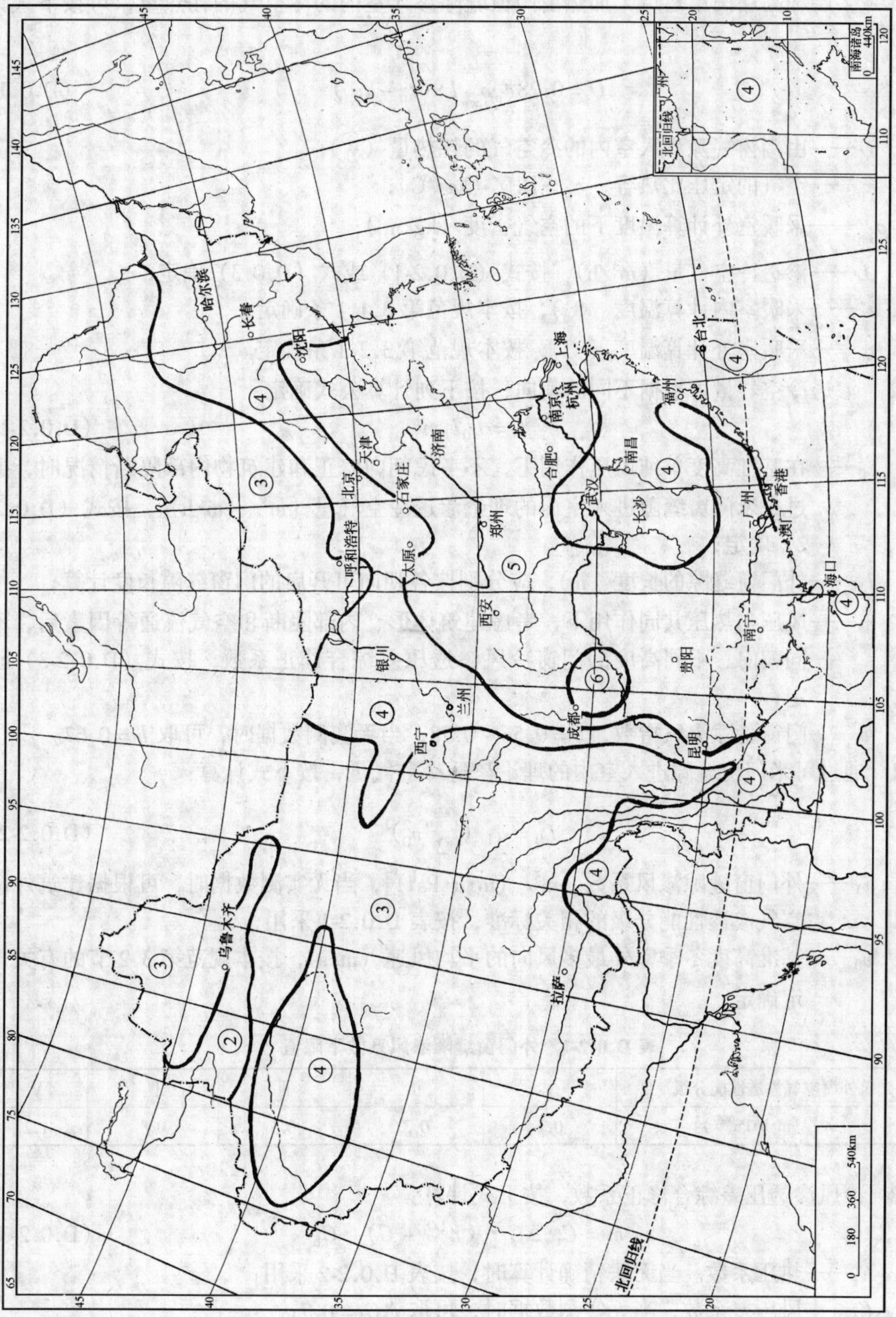

图C 夏季空气调节大气透明度分布图

附录D　加热由门窗缝隙渗入室内的冷空气的耗热量

D.0.1　多层和高层民用建筑，加热由门窗缝隙渗入室内的冷空气的耗热量，可按下式计算：

$$Q = 0.28 c_p \rho_{wn} L\ (t_n - t_{wn}) \tag{D.0.1}$$

式中　Q——由门窗缝隙渗入室内的冷空气的耗热量（W）；

c_p——空气的定压比热容，$c_p = 1$kJ/（kg·℃）；

ρ_{wn}——采暖室外计算温度下的空气密度（kg/m³）；

L——渗透冷空气量（m³/h），按式（D.0.2-1）或式（D.0.3）确定；

t_n——采暖室内计算温度（℃），按本规范第3.1.1条确定；

t_{wn}——采暖室外计算温度（℃），按本规范第3.2.1条确定。

D.0.2　渗透冷空气量可根据不同的朝向，按下列计算公式确定：

$$L = L_0 l_1 m^b \tag{D.0.2-1}$$

式中　L_0——在基准高度单纯风压作用下，不考虑朝向修正和建筑物内部隔断情况时，通过每米门窗缝隙进入室内的理论渗透冷空气量［m³/（m·h）］，按式（D.0.2-2）确定；

l_1——外门窗缝隙的长度（m），应分别按各朝向可开启的门窗缝隙长度计算；

m——风压与热压共同作用下，考虑建筑体形、内部隔断和空气流通等因素后，不同朝向、不同高度的门窗冷风渗透压差综合修正系数，按式（D.0.2-3）确定；

b——门窗缝隙渗风指数，$b = 0.56 \sim 0.78$，当无实测数据时，可取 $b = 0.67$。

1　通过每米门窗缝隙进入室内的理论渗透冷空气量，按下式计算：

$$L_0 = \alpha_1\ \left(\frac{\rho_{wn}}{2} v_0^2\right)^b \tag{D.0.2-2}$$

式中　α_1——外门窗缝隙渗风系数［m³/（m·h·Pa^b）］，当无实测数据时，可根据建筑外窗空气渗透性能分级的相关标准，按表D.0.2-1采用；

v_0——基准高度冬季室外最多风向的平均风速（m/s），按本规范第3.2节的有关规定确定。

表D.0.2-1　外门窗缝隙渗风系数下限值

建筑外窗空气渗透性能分级	Ⅰ	Ⅱ	Ⅲ	Ⅳ	Ⅴ
α_1［m³/（m·h·Pa^0.67）］	0.1	0.3	0.5	0.8	1.2

2　冷风渗透压差综合修正系数，按下式计算：

$$m = C_r \cdot \Delta C_f \cdot\ (n^{1/b} + C)\ \cdot C_h \tag{D.0.2-3}$$

式中　C_r——热压系数。当无法精确计算时，按表D.0.2-2采用；

ΔC_f——风压差系数，当无实测数据时，可取 $\Delta C_f = 0.7$；

n——单纯风压作用下，渗透冷空气量的朝向修正系数，按本规范附录E采用；

C——作用于门窗上的有效热压差与有效风压差之比，按式（D.0.2-5）确定；

C_h——高度修正系数，按下式计算：

$$C_h = 0.3h^{0.4} \tag{D.0.2-4}$$

式中 h——计算门窗的中心线标高（m）。

表 D.0.2-2 热 压 系 数

内部隔断情况	开敞空间	有内门或房门		有前室门、楼梯间门或走廊两端设门	
		密闭性差	密闭性好	密闭性差	密闭性好
C_r	1.0	1.0～0.8	0.8～0.6	0.6～0.4	0.4～0.2

3 有效热压差与有效风压差之比，按下式计算：

$$C = 70\frac{h_z - h}{\Delta C_f v_0^2 h^{0.4}} \cdot \frac{t'_n - t_{wn}}{273 + t'_n} \tag{D.0.2-5}$$

式中 h_z——单纯热压作用下，建筑物中和面的标高（m），可取建筑物总高度的1/2；

t'_n——建筑物内形成热压作用的竖井计算温度（℃）。

D.0.3 多层建筑的渗透冷空气量，当无相关数据时，可按以下公式计算：

$$L = kV \tag{D.0.3}$$

式中 V——房间体积（m^3）；

k——换气次数（次/h），当无实测数据时，可按表D.0.3采用。

表 D.0.3 换气次数（次/h）

房间类型	一面有外窗房间	两面有外窗房间	三面有外窗房间	门厅
k	0.5	0.5～1.0	1.0～1.5	2

D.0.4 工业建筑，加热由门窗缝隙渗入室内的冷空气的耗热量，可按表D.0.4估算。

表 D.0.4 渗透耗热量占围护结构总耗热量的百分率（%）

建筑物高度（m）		<4.5	4.5～10.0	>10.0
玻璃窗层数	单 层	25	35	40
	单、双层均有	20	30	35
	双 层	15	25	30

附录E 渗透冷空气量的朝向修正系数 n 值

表 E-1 朝向修正系数 n 值

地区及台站名称		朝向							
		N	NE	E	SE	S	SW	W	NW
北京市	北京	1.00	0.50	0.15	0.10	0.15	0.15	0.40	1.00
天津市	天津	1.00	0.40	0.20	0.10	0.15	0.20	0.40	1.00
	塘沽	0.90	0.55	0.55	0.20	0.30	0.30	0.70	1.00

续表 E-1

地区及台站名称		朝向							
		N	NE	E	SE	S	SW	W	NW
河北省	承德	0.70	0.15	0.10	0.10	0.10	0.40	1.00	1.00
	张家口	1.00	0.40	0.10	0.10	0.10	0.10	0.35	1.00
	唐山	0.60	0.45	0.65	0.45	0.20	0.65	1.00	1.00
	保定	1.00	0.70	0.35	0.35	0.90	0.90	0.40	0.70
	石家庄	1.00	0.70	0.50	0.65	0.50	0.55	0.85	0.90
	邢台	1.00	0.70	0.35	0.50	0.70	0.50	0.30	0.70
山西省	大同	1.00	0.55	0.10	0.10	0.10	0.30	0.40	1.00
	阳泉	0.70	0.10	0.10	0.10	0.10	0.35	0.85	1.00
	太原	0.90	0.40	0.15	0.20	0.30	0.40	0.70	1.00
	阳城	0.70	0.15	0.30	0.25	0.10	0.25	0.70	1.00
内蒙古自治区	通辽	0.70	0.20	0.10	0.25	0.35	0.40	0.85	1.00
	呼和浩特	0.70	0.25	0.10	0.15	0.20	0.15	0.70	1.00
辽宁省	抚顺	0.70	1.00	0.70	0.10	0.10	0.25	0.30	0.30
	沈阳	1.00	0.70	0.30	0.30	0.40	0.35	0.30	0.70
	锦州	1.00	1.00	0.40	0.10	0.20	0.25	0.20	0.70
	鞍山	1.00	1.00	0.40	0.25	0.50	0.50	0.25	0.55
	营口	1.00	1.00	0.60	0.20	0.45	0.45	0.20	0.40
	丹东	1.00	0.55	0.40	0.10	0.10	0.10	0.40	1.00
	大连	1.00	0.70	0.15	0.10	0.15	0.15	0.15	0.70
吉林省	通榆	0.60	0.40	0.15	0.35	0.50	0.50	1.00	1.00
	长春	0.35	0.35	0.15	0.25	0.70	1.00	0.90	0.40
	延吉	0.40	0.10	0.10	0.10	0.10	0.65	1.00	1.00
黑龙江省	爱辉	0.70	0.10	0.10	0.10	0.10	0.10	0.70	1.00
	齐齐哈尔	0.95	0.70	0.25	0.25	0.40	0.40	0.70	1.00
	鹤岗	0.50	0.15	0.10	0.10	0.10	0.55	1.00	1.00
	哈尔滨	0.30	0.15	0.20	0.70	1.00	0.85	0.70	0.60
	绥芬河	0.20	0.10	0.10	0.10	0.10	0.70	1.00	0.70
上海市	上海	0.70	0.50	0.35	0.20	0.10	0.30	0.80	1.00
江苏省	连云港	1.00	1.00	0.40	0.15	0.15	0.15	0.20	0.40
	徐州	0.55	1.00	1.00	0.45	0.20	0.35	0.45	0.65
	淮阴	0.90	1.00	0.70	0.30	0.25	0.30	0.40	0.60
	南通	0.90	0.65	0.45	0.25	0.20	0.25	0.70	1.00
	南京	0.80	1.00	0.70	0.40	0.20	0.25	0.40	0.55
	武进	0.80	0.80	0.60	0.60	0.25	0.50	1.00	1.00
浙江省	杭州	1.00	0.65	0.20	0.10	0.20	0.20	0.40	1.00
	宁波	1.00	0.40	0.10	0.10	0.10	0.20	0.60	1.00
	金华	0.20	1.00	1.00	0.60	0.10	0.15	0.25	0.25
	衢州	0.45	1.00	1.00	0.40	0.20	0.30	0.20	0.10
安徽省	亳县	1.00	0.70	0.40	0.25	0.25	0.25	0.25	0.70
	蚌埠	0.70	1.00	1.00	0.40	0.30	0.35	0.45	0.45
	合肥	0.85	0.90	0.85	0.35	0.35	0.25	0.70	1.00
	六安	0.70	0.50	0.45	0.45	0.25	0.15	0.70	1.00
	芜湖	0.60	1.00	1.00	0.45	0.10	0.60	0.90	0.65
	安庆	0.70	1.00	0.70	0.15	0.10	0.10	0.10	0.25
	屯溪	0.70	1.00	0.70	0.20	0.20	0.15	0.15	0.15
福建省	福州	0.75	0.60	0.25	0.25	0.20	0.15	0.70	1.00

续表 E-1

地区及台站名称		朝向							
		N	NE	E	SE	S	SW	W	NW
江西省	九江	0.70	1.00	0.70	0.10	0.10	0.25	0.35	0.30
	景德镇	1.00	1.00	0.40	0.20	0.20	0.35	0.35	0.70
	南昌	1.00	0.70	0.25	0.10	0.10	0.10	0.10	0.70
	赣州	1.00	0.70	0.10	0.10	0.10	0.10	0.10	0.70
山东省	烟台	1.00	0.60	0.25	0.15	0.35	0.60	0.60	1.00
	莱阳	0.85	0.60	0.15	0.10	0.10	0.25	0.70	1.00
	潍坊	0.90	0.60	0.25	0.35	0.50	0.35	0.90	1.00
	济南	0.45	1.00	1.00	0.40	0.55	0.55	0.25	0.15
	青岛	1.00	0.70	0.10	0.10	0.20	0.20	0.40	1.00
	菏泽	1.00	0.90	0.40	0.25	0.35	0.35	0.20	0.70
	临沂	1.00	1.00	0.45	0.10	0.10	0.15	0.20	0.40
河南省	安阳	1.00	0.70	0.30	0.40	0.50	0.35	0.20	0.70
	新乡	0.70	1.00	0.70	0.25	0.15	0.30	0.30	0.15
	郑州	0.65	0.90	0.65	0.15	0.20	0.40	1.00	1.00
	洛阳	0.45	0.45	0.45	0.15	0.10	0.40	1.00	1.00
	许昌	1.00	1.00	0.40	0.10	0.20	0.25	0.35	0.50
	南阳	0.70	1.00	0.70	0.15	0.10	0.15	0.10	0.10
	驻马店	1.00	0.50	0.20	0.20	0.20	0.20	0.40	1.00
	信阳	1.00	0.70	0.20	0.10	0.15	0.15	0.10	0.70
湖北省	光化	0.70	1.00	0.70	0.35	0.20	0.10	0.40	0.60
	武汉	1.00	1.00	0.45	0.10	0.10	0.10	0.10	0.45
	江陵	1.00	0.70	0.20	0.15	0.20	0.15	0.10	0.70
	恩施	1.00	0.70	0.35	0.35	0.50	0.35	0.20	0.70
湖南省	长沙	0.85	0.35	0.10	0.10	0.10	0.10	0.70	1.00
	衡阳	0.70	1.00	0.70	0.10	0.10	0.10	0.15	0.30
广东省	广州	1.00	0.70	0.10	0.10	0.10	0.10	0.15	0.70
广西壮族自治区	桂林	1.00	1.00	0.40	0.10	0.10	0.10	0.10	0.40
	南宁	0.40	1.00	1.00	0.60	0.30	0.55	0.10	0.30
四川省	甘孜	0.75	0.50	0.30	0.25	0.30	0.70	1.00	0.70
	成都	1.00	1.00	0.45	0.10	0.10	0.10	0.10	0.40
重庆市	重庆	1.00	0.60	0.55	0.20	0.15	0.15	0.40	1.00
贵州省	威宁	1.00	1.00	0.40	0.50	0.40	0.20	0.15	0.45
	贵阳	0.70	1.00	0.70	0.15	0.25	0.15	0.10	0.25
云南省	昭通	1.00	0.70	0.20	0.10	0.15	0.15	0.10	0.70
	昆明	0.10	0.10	0.10	0.15	0.70	1.00	0.70	0.20
西藏自治区	那曲	0.50	0.50	0.20	0.10	0.35	0.90	1.00	1.00
	拉萨	0.15	0.45	1.00	1.00	0.40	0.40	0.40	0.25
	林芝	0.25	1.00	1.00	0.40	0.30	0.30	0.25	0.15
陕西省	榆林	1.00	0.40	0.10	0.30	0.30	0.15	0.40	1.00
	宝鸡	0.10	0.70	1.00	0.70	0.10	0.15	0.15	0.15
	西安	0.70	1.00	0.70	0.25	0.40	0.50	0.35	0.25
甘肃省	兰州	1.00	1.00	1.00	0.70	0.50	0.20	0.15	0.50
	平凉	0.80	0.40	0.85	0.85	0.35	0.70	1.00	1.00
	天水	0.20	0.70	1.00	0.70	0.10	0.15	0.20	0.15
青海省	西宁	0.10	0.10	0.70	1.00	0.70	0.10	0.10	0.10
	共和	1.00	0.70	0.15	0.25	0.25	0.35	0.50	0.50

续表 E-1

地区及台站名称		朝向							
		N	NE	E	SE	S	SW	W	NW
宁夏回族自治区	石嘴山	1.00	0.95	0.40	0.20	0.20	0.20	0.40	1.00
	银川	1.00	1.00	0.40	0.30	0.25	0.20	0.65	0.95
	固原	0.80	0.50	0.65	0.45	0.20	0.40	0.70	1.00
新疆维吾尔自治区	阿勒泰	0.70	1.00	0.70	0.15	0.10	0.10	0.15	0.35
	克拉玛依	0.70	0.55	0.55	0.25	0.10	0.10	0.70	1.00
	乌鲁木齐	0.35	0.35	0.55	0.75	1.00	0.70	0.25	0.35
	吐鲁番	1.00	0.70	0.65	0.55	0.35	0.25	0.15	0.70
	哈密	0.70	1.00	1.00	0.40	0.10	0.10	0.10	0.10
	喀什	0.70	0.60	0.40	0.25	0.10	0.10	0.70	1.00
注：有根据时，表中所列数值，可按建设地区的实际情况，作适当调整。									

附录 F 自然通风的计算

F.0.1 自然通风的通风量，应按下式计算：

$$G=\frac{Q}{\alpha c_{\mathrm{p}}\ (t_{\mathrm{p}}-t_{\mathrm{wf}})} \tag{F.0.1-1}$$

或

$$G=\frac{mQ}{\alpha c_{\mathrm{p}}\ (t_{\mathrm{n}}-t_{\mathrm{wf}})} \tag{F.0.1-2}$$

式中 G——通风量（kg/h）；

Q——散至室内的全部显热量（W）；

c_{p}——空气的定压比热容［kJ/（kg·℃）］，$c_{\mathrm{p}}=1$；

α——单位换算系数，对于法定计量单位，$\alpha=0.28$；

t_{p}——排风温度（℃），按本附录第二款确定；

t_{n}——室内工作地点温度（℃），按本规范第 3.1.5 条采用；

t_{wf}——夏季通风室外计算温度（℃），按本规范第 3.2.3 条确定；

m——散热量有效系数，按本附录第三款确定。

注：确定自然通风量时，尚应考虑机械通风的影响。

F.0.2 排风口温度，应根据不同情况，分别按下列规定采用：

1 有条件时，可按与夏季通风室外计算温度的允许温差确定；

2 室内散热量比较均匀，且不大于 116W/m^3 时，可按下式计算：

$$t_{\mathrm{p}}=t_{\mathrm{n}}+\Delta t_{\mathrm{H}}\ (H-2) \tag{F.0.2-1}$$

式中 Δt_{H}——温度梯度（℃/m），按表 F.0.2 采用；

H——排风口中心距地面的高度（m）；

其他符号的意义同式（F.0.1-1、F.0.1-2）。

表 F.0.2 温度梯度 Δt_H值（℃/m）

室内散热量（W/m³）	厂房高度（m）										
	5	6	7	8	9	10	11	12	13	14	15
12～23	1.0	0.9	0.8	0.7	0.6	0.5	0.4	0.4	0.3	0.3	0.2
24～47	1.2	1.2	0.9	0.8	0.7	0.6	0.5	0.5	0.5	0.4	0.4
48～70	1.5	1.5	1.2	1.1	0.9	0.8	0.8	0.8	0.8	0.8	0.5
71～93	—	1.5	1.5	1.3	1.2	1.2	1.2	1.2	1.1	1.0	0.9
94～116	—	—	—	1.5	1.5	1.5	1.5	1.5	1.5	1.4	1.3

3 当采用 m 值时，可按下式计算：

$$t_p = t_{wf} + \frac{t_n - t_{wf}}{m} \tag{F.0.2-2}$$

式中各项符号的意义同式（F.0.1-1、F.0.1-2）。

F.0.3 散热量有效系数 m 值，宜按相同建筑物和工艺布置的实测数据采用，当无实测数据时，单跨生产厂房可按下式计算：

$$m = m_1 m_2 m_3 \tag{F.0.3}$$

式中 m_1——根据热源占地面积 f 和地面面积 F 之比值，按图 F.0.3 确定的系数；

m_2——根据热源的高度，按附表 F.0.3-1 确定的系数；

m_3——根据热源的辐射散热量 Q_t和总散热量 Q 之比值，按表 F.0.3-2 确定的系数。

表 F.0.3-1 系 数

热源高度（m）	≤2	4	6	8	10	12	≥14
m_2	1.0	0.85	0.75	0.65	0.6	0.55	0.5

表 F.0.3-2 系 数

Q_f/Q	≤0.40	0.45	0.5	0.55	0.6	0.65	0.7
m_3	1.00	1.03	1.07	1.12	1.18	1.30	1.45

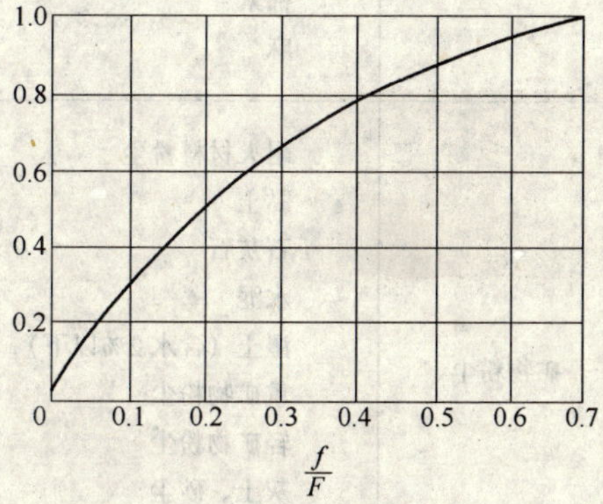

图 F.0.3 系数

F.0.4 进风口和排风口的面积，应按下式计算：

$$F_j = \frac{G_j}{3600\sqrt{\frac{2g\rho_{wf}h_j\ (\rho_{wf} - \rho_{np})}{\xi_j}}} \tag{F.0.4-1}$$

$$F_p = \frac{G_p}{3600\sqrt{\frac{2g\rho_p h_p\ (\rho_{wf} - \rho_{np})}{\xi_p}}} \tag{F.0.4-2}$$

式中 F_j、F_p——分别为进风口和排风口面积（m^2）；

G_j、G_p——分别为进风量和排风量（kg/h）；

h_j、h_p——分别为进风口和排风口中心与中和界的高差（m）；

ρ_{wf}——夏季通风室外计算温度下的空气密度（kg/m^3）；

ρ_p——排风温度下的空气密度（kg/m^3）；

ρ_{np}——室内空气的平均密度（kg/m^3），按作业地带和排风口处空气密度的平均值采用；

ξ_j、ξ_p——分别为进风口和排风口的局部阻力系数；

g——重力加速度（$9.81m/s^2$）。

附录 G 除尘风管的最小风速

表 G 除尘风管的最小风速（m/s）

粉尘类别	粉尘名称	垂直风管	水平风管
纤维粉尘	干锯末、小刨屑、纺织尘	10	12
	木屑、刨花	12	14
	干燥粗刨花、大块干木屑	14	16
	潮湿粗刨花、大块湿木屑	18	20
	棉絮	8	10
	麻	11	13
矿物粉尘	耐火材料粉尘	14	17
	黏土	13	16
	石灰石	14	16
	水泥	12	18
	湿土（含水2%以下）	15	18
	重矿物粉尘	14	16
	轻矿物粉尘	12	14
	灰土、砂尘	16	18
	干细型砂	17	20
	金刚砂、刚玉粉	15	19
金属粉尘	钢铁粉尘	13	15
	钢铁屑	19	23
	铅尘	20	25
其他粉尘	轻质干粉尘（木工磨床粉尘、烟草灰）	8	10
	煤尘	11	13
	焦炭粉尘	14	18
	谷物粉尘	10	12

附录 H　蓄冰装置容量与双工况制冷机的空气调节标准制冷量

H.0.1　全负荷蓄冰时：

1　蓄冰装置有效容量：

$$Q_s = \sum_{i=1}^{24} q_i = n_1 \cdot c_f \cdot q_c \tag{H.0.1-1}$$

2　蓄冰装置名义容量：

$$Q_{so} = \varepsilon \cdot Q_s \tag{H.0.1-2}$$

3　制冷机标定制冷量：

$$q_c = \frac{\sum_{i=1}^{24} q_i}{n_1 \cdot c_f} \tag{H.0.1-3}$$

式中　Q_s——蓄冰装置有效容量（kW·h）；

Q_{so}——蓄冰装置名义容量（kW·h）；

q_i——建筑物逐时冷负荷（kW）；

n_1——夜间制冷机在制冰工况下运行的小时数（h）；

c_f——制冷机制冰时制冷能力的变化率，即实际制冷量与标定制冷量的比值。一般情况下：

活塞式制冷机　$c_f = 0.60 \sim 0.65$

螺杆式制冷机　$c_f = 0.64 \sim 0.70$

离心式（中压）　$c_f = 0.62 \sim 0.66$

离心式（三级）　$c_f = 0.72 \sim 0.80$

q_c——制冷机的标定制冷量（空调工况）（kW·h）；

ε——蓄冰装置的实际放大系数（无因次）。

H.0.2　部分负荷蓄冰时，为使制冷机容量及投资最小，则：

1　蓄冰装置有效容量：

$$Q_s = n_1 \cdot c_f \cdot q_c \tag{H.0.2-1}$$

2　蓄冰装置名义容量：

$$Q_{so} = \varepsilon \cdot Q_s \tag{H.0.2-2}$$

3　制冷机标定制冷量：

$$q_c = \frac{\sum_{i=1}^{24} q_i}{n_2 + n_1 \cdot c_f} \tag{H.0.2-3}$$

式中 n_2——白天制冷机在空调工况下的运行小时数（h）。

其他符号同式（H.0.1-1～H.0.1-3）。

H.0.3 若当地电力部门有其他限电政策时，所选蓄冰量的最大小时取冷量，应满足限电时段的最大小时冷负荷的要求，即：

1 为满足限电要求时，蓄冰装置有效容量：

$$Q_s \cdot \eta_{max} \geqslant q'_{imax} \tag{H.0.3-1}$$

2 为满足限电要求所需蓄冰槽的有效容量：

$$Q'_s \geqslant \frac{q'_{imax}}{\eta_{max}} \tag{H.0.3-2}$$

3 为满足限电要求，修正后的制冷机标定制冷量：

$$q'_c \geqslant \frac{Q'_s}{n_1 \cdot c_f} \tag{H.0.3-3}$$

式中 Q'_s——为满足限电要求所需的蓄冰槽容量（kW·h）；

η_{max}——所选蓄冰设备的最大小时取冷率；

q'_{imax}——限电时段空气调节系统的最大小时冷负荷（kW）；

q'_c——修正后的制冷机标定制冷量（kW·h）。

其他符号同式（H.0.1-1～H.0.1-3）。

附录J 设备和管道最小保冷厚度及凝结水管防凝露厚度

J.0.1 空气调节设备和管道保冷厚度及凝结水管防凝露厚度，可参照表J.0.1-1～J.0.1-4中给出的厚度选择。

表 J.0.1-1 空气调节供冷管道最小保冷厚度（介质温度≥5℃）（mm）

保冷位置	保冷材料							
	柔性泡沫橡塑管壳、板				玻璃棉管壳			
	Ⅰ类地区		Ⅱ类地区		Ⅰ类地区		Ⅱ类地区	
	管径	厚度	管径	厚度	管径	厚度	管径	厚度
房间吊顶内	*DN*15～25 *DN*32～80 ≥*DN*100	13 15 19	*DN*15～25 *DN*32～80 ≥*DN*100	19 22 25	*DN*15～40 ≥*DN*50	20 25	*DN*15～40 *DN*50～150 ≥*DN*200	20 25 30
地下室机房	*DN*15～50 *DN*65～80 ≥*DN*100	19 22 25	*DN*15～40 *DN*50～80 ≥*DN*100	25 28 32	*DN*15～40 ≥*DN*50	25 30	*DN*15～40 *DN*50～150 ≥*DN*200	25 30 35
室外	*DN*15～25 *DN*32～80 ≥*DN*100	25 28 32	*DN*15～32 *DN*40～80 ≥*DN*100	32 36 40	*DN*15～40 ≥*DN*50	30 35	*DN*15～40 ≥*DN*50～150 ≥*DN*200	30 35 40

表 J.0.1-2　蓄冰系统管道最小保冷厚度（介质温度≥-10℃）（mm）

保冷位置	管径、设备	保冷材料			
		柔性泡沫橡塑管壳、板		聚氨酯发泡	
		Ⅰ类地区	Ⅱ类地区	Ⅰ类地区	Ⅱ类地区
机房内	DN15~40	25	32	25	30
	DN50~100	32	40	30	40
	≥DN125	40	50	40	50
	板式换热器	25	32	—	—
	蓄冰罐、槽	50	60	50	60
室外	DN15~40	32	40	30	40
	DN50~100	40	50	40	50
	≥DN125	50	60	50	60
	蓄冰罐、槽	60	70	60	70

表 J.0.1-3　空气调节风管最小保冷厚度（mm）

保冷位置		保冷材料			
		玻璃棉板、毡		柔性泡沫橡塑板	
		Ⅰ类地区	Ⅱ类地区	Ⅰ类地区	Ⅱ类地区
常规空气调节（介质温度≥14℃）	在非空气调节房间内	30	40	13	19
	在空气调节房间吊顶内	20	30	9	13
低温送风（介质温度≥4℃）	在非空气调节房间内	40	50	19	25
	在空气调节房间吊顶内	30	40	15	21

表 J.0.1-4　空气调节凝结水管防凝露厚度（mm）

位置	材料			
	柔性泡沫橡塑管壳		玻璃棉管壳	
	Ⅰ类地区	Ⅱ类地区	Ⅰ类地区	Ⅱ类地区
在空气调节房间吊顶内	6	9	10	10
在非空气调节房间内	9	13	10	15

注：1　表 J.0.1-1~J.0.1-4 中的保冷厚度按以下原则确定：

（1）以《设备及管道保冷设计导则》（GB/T 15586）的防凝露厚度计算为基础，并考虑减少冷损失的节能因素和材料的价格、产品规格，结合工程实际应用情况而确定，其厚度略大于防凝露厚度。

（2）表 J.0.1-1~J.0.1-3 中的地区范围，按《管道及设备保冷通用图》（98T902）中全国主要城市 θ 值（潮湿系数）分区表确定：Ⅰ类地区：北京、天津、重庆、武汉、西安、杭州、郑州、长沙、南昌、沈阳、大连、长春、哈尔滨、济南、石家庄、贵阳、昆明、台北。Ⅱ类地区：上海、南京、福州、厦门、广州及广东沿海城市，成都、南宁、香港、澳门。未包括的城市和地区，可参照邻近城市选用。

（3）保冷材料的导热系数 λ：

柔性泡沫橡塑：$\lambda = 0.03375 + 0.000125 t_m$ [W/（m·K）]

玻璃棉管、板：$\lambda = 0.031 + 0.00017 t_m$ [W/（m·K）]

硬质聚氨酯泡沫塑料：$\lambda = 0.0275 + 0.0009 t_m$ [W/（m·K）]

式中　t_m——保冷层的平均温度（℃）。

2　表 J.0.1-1、J.0.1-3 中的保冷厚度均大于空气调节水、风系统冬季供热时所需的保温厚度。

3　空气调节水系统采用四管制时，供热管的保温厚度可按《民用建筑节能设计标准（采暖居住建筑部分）》（JGJ 26）中保温规定执行，也可按表 J.0.1-1 中的厚度进行保温。

本规范用词说明

1 为便于在执行本规范条文时区别对待，对要求严格程度不同的用词说明如下：

1）表示很严格，非这样做不可的用词：

正面词采用“必须”，反面词采用“严禁”。

2）表示严格，在正常情况下均应这样做的用词：

正面词采用“应”，反面词采用“不应”或“不得”。

3）表示允许稍有选择，在条件许可时首先应这样做的用词：

正面词采用“宜”，反面词采用“不宜”；

表示有选择，在一定条件下可以这样做的用词，采用“可”。

2 本规范中指明应按其他有关标准、规范执行的写法为“应符合……的规定”或“应按……执行”。

中华人民共和国国家标准

通风与空调工程施工质量验收规范

Code of acceptance for construction quality of ventilation and air conditioning works

GB 50243—2002

主编部门：中华人民共和国建设部
批准部门：中华人民共和国建设部
施行日期：2002 年 4 月 1 日

关于发布国家标准《通风与空调工程施工质量验收规范》的通知

建标［2002］60号

根据建设部《关于印发〈二〇〇〇至二〇〇一年度工程建设国家标准制定、修订计划〉的通知》（建标［2001］87号）的要求，上海市建设和管理委员会会同有关部门共同修订了《通风与空调工程施工质量验收规范》。我部组织有关部门对该规范进行了审查，现批准为国家标准，编号为GB 50243—2002，自2002年4月1日起施行。其中，4.2.3、4.2.4、5.2.4、5.2.7、6.2.1、6.2.2、6.2.3、7.2.2、7.2.7、7.2.8、8.2.6、8.2.7、11.2.1、11.2.4为强制性条文，必须严格执行。原《通风与空调工程质量检验评定标准》GBJ 304—88及《通风与空调工程施工及验收规范》GB 50243—97同时废止。

本规范由建设部负责管理和对强制性条文的解释，上海市安装工程有限公司负责具体技术内容的解释，建设部标准定额研究所组织中国计划出版社出版发行。

中华人民共和国建设部

二〇〇二年三月十五日

前　言

本规范是根据建设部建标［2001］87号文件“关于印发《二〇〇〇至二〇〇一年度工程建设国家标准制订、修订计划》的通知”的要求，由上海市安装工程有限公司会同有关单位共同对《通风与空调工程质量检验评定标准》GBJ 304—88和《通风与空调工程施工及验收规范》GB 50243—97修订而成的。

在修订过程中，规范编制组开展了专题研究，进行了比较广泛、深入的调查研究，总结了多年来通风与空调工程施工质量检验和验收的经验，尤其总结了自GB 50243—97规范实施以来的工程实践经验，依照建设部“验评分离、强化验收、完善手段、过程控制”十六字方针，对原规范进行了全面修订。在修订的过程中，还以多种方式广泛征求了全国有关单位和行业专家的意见，对主要的质量指标进行了多次探讨和论证，对稿件进行了反复修改，最后经审定定稿。

本标准主要规定的内容有：

1　本规范的适用范围；

2　通风与空调工程施工质量验收的统一准则；

3　通风与空调工程施工质量验收中子分部工程的划分和所包含分项内容；

4　按通风与空调工程施工的特点，将本分部工程分为风管制作、风管部件制作、风管系统安装、通风与空调设备安装、空调制冷系统安装、空调水系统安装、防腐与绝热、系统调试、竣工验收和工程综合效能测定与调整等十个具体的工艺分类项目，并对其验收的内容、检查数量和检查方法作出了具体的规定；

5　按《建筑工程施工质量统一标准》GB 50300—2001的规定，完善了本分部工程使用的质量验收记录；

6　为保证通风与空调工程使用效果与工程质量验收的完整，本规范对工程综合效能测定与调整作出了规定；

7　本规范中的强制性条文。

本规范将来可能需要进行局部修订，有关局部修订的信息和条文内容将刊登在《工程建设标准化》期刊上。

本规范以黑体字标志的条文为强制性条文，必须严格执行。

为了提高规范质量，请各单位在执行本规范的过程中，注意总结经验，积累资料，随时将有关的意见和建议反馈给上海市安装工程有限公司（上海市塘沽路390号，邮编：200080，E-mail：kj@chinasiec.com），以供今后修订时参考。

本规范主编单位、参编单位和主要起草人：

主编单位：上海市安装工程有限公司

参编单位：同济大学

上海建筑设计研究院有限公司

陕西省设备安装工程公司

四川省工业设备安装公司
中国电子工程设计院
广州市机电安装有限公司
北京市设备安装工程公司
中国建筑科学研究院空气调节研究所
福建省建设工程质量监督总站
中国电子系统工程第二建设公司
北京城建九建设安装工程有限公司

主要起草人： 张耀良　刘传聚　寿炜炜
于正富　姚守先　秦学礼
陈晓文　何伟斌　刘元光
彭　荣　路小闽　秦立洋
傅超凡

目　次

1 总　则 …… 931
2 术　语 …… 931
3 基本规定 …… 932
4 风管制作 …… 934
4.1 一般规定 …… 934
4.2 主控项目 …… 935
4.3 一般项目 …… 939
5 风管部件与消声器制作 …… 945
5.1 一般规定 …… 945
5.2 主控项目 …… 945
5.3 一般项目 …… 946
6 风管系统安装 …… 948
6.1 一般规定 …… 948
6.2 主控项目 …… 949
6.3 一般项目 …… 950
7 通风与空调设备安装 …… 953
7.1 一般规定 …… 953
7.2 主控项目 …… 953
7.3 一般项目 …… 954
8 空调制冷系统安装 …… 959
8.1 一般规定 …… 959
8.2 主控项目 …… 959
8.3 一般项目 …… 961
9 空调水系统管道与设备安装 …… 962
9.1 一般规定 …… 962
9.2 主控项目 …… 963
9.3 一般项目 …… 965
10 防腐与绝热 …… 969
10.1 一般规定 …… 969
10.2 主控项目 …… 969
10.3 一般项目 …… 970
11 系统调试 …… 972
11.1 一般规定 …… 972
11.2 主控项目 …… 973

11.3 一般项目 …… 974
12 竣工验收 …… 975
13 综合效能的测定与调整 …… 976
附录 A 漏光法检测与漏风量测试 …… 977
附录 B 洁净室测试方法 …… 982
附录 C 工程质量验收记录用表 …… 987
本规范用词说明 …… 1014

1 总 则

1.0.1 为了加强建筑工程质量管理，统一通风与空调工程施工质量的验收，保证工程质量，制定本规范。

1.0.2 本规范适用于建筑工程通风与空调工程施工质量的验收。

1.0.3 本规范应与现行国家标准《建筑工程施工质量验收统一标准》GB 50300—2001 配套使用。

1.0.4 通风与空调工程施工中采用的工程技术文件、承包合同文件对施工质量的要求不得低于本规范的规定。

1.0.5 通风与空调工程施工质量的验收除应执行本规范的规定外，尚应符合国家现行有关标准规范的规定。

2 术 语

2.0.1 风管 air duct

采用金属、非金属薄板或其他材料制作而成，用于空气流通的管道。

2.0.2 风道 air channel

采用混凝土、砖等建筑材料砌筑而成，用于空气流通的通道。

2.0.3 通风工程 ventilation works

送风、排风、除尘、气力输送以及防、排烟系统工程的统称。

2.0.4 空调工程 air conditioning works

空气调节、空气净化与洁净室空调系统的总称。

2.0.5 风管配件 duct fittings

风管系统中的弯管、三通、四通、各类变径及异形管、导流叶片和法兰等。

2.0.6 风管部件 duct accessory

通风、空调风管系统中的各类风口、阀门、排气罩、风帽、检查门和测定孔等。

2.0.7 咬口 seam

金属薄板边缘弯曲成一定形状，用于相互固定连接的构造。

2.0.8 漏风量 air leakage rate

风管系统中，在某一静压下通过风管本体结构及其接口，单位时间内泄出或渗入的空气体积量。

2.0.9 系统风管允许漏风量 air system permissible leakage rate

按风管系统类别所规定平均单位面积、单位时间内的最大允许漏风量。

2.0.10 漏风率 air system leakage ratio

空调设备、除尘器等，在工作压力下空气渗入或泄漏量与其额定风量的比值。

2.0.11 净化空调系统 air cleaning system

用于洁净空间的空气调节、空气净化系统。

2.0.12 漏光检测 air leak check with lighting

用强光源对风管的咬口、接缝、法兰及其他连接处进行透光检查，确定孔洞、缝隙等渗漏部位及数量的方法。

2.0.13 整体式制冷设备 packaged refrigerating unit

制冷机、冷凝器、蒸发器及系统辅助部件组装在同一机座上，而构成整体形式的制冷设备。

2.0.14 组装式制冷设备 assembling refrigerating unit

制冷机、冷凝器、蒸发器及辅助设备采用部分集中、部分分开安装形式的制冷设备。

2.0.15 风管系统的工作压力 design working pressure

指系统风管总风管处设计的最大的工作压力。

2.0.16 空气洁净度等级 air cleanliness class

洁净空间单位体积空气中，以大于或等于被考虑粒径的粒子最大浓度限值进行划分的等级标准。

2.0.17 角件 corner pieces

用于金属薄钢板法兰风管四角连接的直角型专用构件。

2.0.18 风机过滤器单元（FFU、FMU） fan filter（module）unit

由风机箱和高效过滤器等组成的用于洁净空间的单元式送风机组。

2.0.19 空态 as-built

洁净室的设施已经建成，所有动力接通并运行，但无生产设备、材料及人员在场。

2.0.20 静态 at-rest

洁净室的设施已经建成，生产设备已经安装，并按业主及供应商同意的方式运行，但无生产人员。

2.0.21 动态 operational

洁净室的设施以规定的方式运行及规定的人员数量在场，生产设备按业主及供应商双方商定的状态下进行工作。

2.0.22 非金属材料风管 nonmetallic duct

采用硬聚氯乙烯、有机玻璃钢、无机玻璃钢等非金属无机材料制成的风管。

2.0.23 复合材料风管 foil-insulant composite duct

采用不燃材料面层复合绝热材料板制成的风管。

2.0.24 防火风管 refractory duct

采用不燃、耐火材料制成，能满足一定耐火极限的风管。

3 基 本 规 定

3.0.1 通风与空调工程施工质量的验收，除应符合本规范的规定外，还应按照被批准的设计图纸、合同约定的内容和相关技术标准的规定进行。施工图纸修改必须有设计单位的设计变更通知书或技术核定签证。

3.0.2 承担通风与空调工程项目的施工企业，应具有相应工程施工承包的资质等级及相应质量管理体系。

3.0.3 施工企业承担通风与空调工程施工图纸深化设计及施工时，还必须具有相应的设计资质及其质量管理体系，并应取得原设计单位的书面同意或签字认可。

3.0.4 通风与空调工程施工现场的质量管理应符合《建筑工程施工质量验收统一标准》GB 50300—2001 第3.0.1条的规定。

3.0.5 通风与空调工程所使用的主要原材料、成品、半成品和设备的进场，必须对其进行验收。验收应经监理工程师认可，并应形成相应的质量记录。

3.0.6 通风与空调工程的施工，应把每一个分项施工工序作为工序交接检验点，并形成相应的质量记录。

3.0.7 通风与空调工程施工过程中发现设计文件有差错的，应及时提出修改意见或更正建议，并形成书面文件及归档。

3.0.8 当通风与空调工程作为建筑工程的分部工程施工时，其子分部与分项工程的划分应按表 3.0.8 的规定执行。当通风与空调工程作为单位工程独立验收时，子分部上升为分部，分项工程的划分同上。

表 3.0.8 通风与空调分部工程的子分部划分

子分部工程	分项工程	
送、排风系统	风管与配件制作 部件制作 风管系统安装 风管与设备防腐 风机安装 系统调试	通风设备安装，消声设备制作与安装
防、排烟系统		排烟风口、常闭正压风口与设备安装
除尘系统		除尘器与排污设备安装
空调系统		空调设备安装，消声设备制作与安装，风管与设备绝热
净化空调系统		空调设备安装，消声设备制作与安装，风管与设备绝热，高效过滤器安装，净化设备安装
制冷系统	制冷机组安装，制冷剂管道及配件安装，制冷附属设备安装，管道及设备的防腐与绝热，系统调试	
空调水系统	冷热水管道系统安装，冷却水管道系统安装，冷凝水管道系统安装，阀门及部件安装，冷却塔安装，水泵及附属设备安装，管道与设备的防腐与绝热，系统调试	

3.0.9 通风与空调工程的施工应按规定的程序进行，并与土建及其他专业工种互相配合；与通风与空调系统有关的土建工程施工完毕后，应由建设或总承包、监理、设计及施工单位共同会检。会检的组织宜由建设、监理或总承包单位负责。

3.0.10 通风与空调工程分项工程施工质量的验收，应按本规范对应分项的具体条文规定执行。子分部中的各个分项，可根据施工工程的实际情况一次验收或数次验收。

3.0.11 通风与空调工程中的隐蔽工程，在隐蔽前必须经监理人员验收及认可签证。

3.0.12 通风与空调工程中从事管道焊接施工的焊工，必须具备操作资格证书和相应类别管道焊接的考核合格证书。

3.0.13 通风与空调工程竣工的系统调试，应在建设和监理单位的共同参与下进行，施工企业应具有专业检测人员和符合有关标准规定的测试仪器。

3.0.14 通风与空调工程施工质量的保修期限，自竣工验收合格日起计算为二个采暖期、供冷期。在保修期内发生施工质量问题的，施工企业应履行保修职责，责任方承担相应的经济责任。

3.0.15 净化空调系统洁净室（区域）的洁净度等级应符合设计的要求。洁净度等级的检测应按本规范附录 B 第 B.4 条的规定，洁净度等级与空气中悬浮粒子的最大浓度限值

(C_n)的规定，见本规范附录 B 表 B.4.6-1。

3.0.16 分项工程检验批验收合格质量应符合下列规定：

1 具有施工单位相应分项合格质量的验收记录；

2 主控项目的质量抽样检验应全数合格；

3 一般项目的质量抽样检验，除有特殊要求外，计数合格率不应小于 80%，且不得有严重缺陷。

4 风 管 制 作

4.1 一 般 规 定

4.1.1 本章适用于建筑工程通风与空调工程中，使用的金属、非金属风管与复合材料风管或风道的加工、制作质量的检验与验收。

4.1.2 对风管制作质量的验收，应按其材料、系统类别和使用场所的不同分别进行，主要包括风管的材质、规格、强度、严密性与成品外观质量等项内容。

4.1.3 风管制作质量的验收，按设计图纸与本规范的规定执行。工程中所选用的外购风管，还必须提供相应的产品合格证明文件或进行强度和严密性的验证，符合要求的方可使用。

4.1.4 通风管道规格的验收，风管以外径或外边长为准，风道以内径或内边长为准。通风管道的规格宜按照表 4.1.4-1、表 4.1.4-2 的规定。圆形风管应优先采用基本系列。非规则椭圆形风管参照矩形风管，并以长径平面边长及短径尺寸为准。

表 4.1.4-1 圆形风管规格（mm）

风管直径 D			
基本系列	辅助系列	基本系列	辅助系列
100	80	500	480
	90	560	530
120	110	630	600
140	130	700	670
160	150	800	750
180	170	900	850
200	190	1000	950
220	210	1120	1060
250	240	1250	1180
280	260	1400	1320
320	300	1600	1500
360	340	1800	1700
400	380	2000	1900
450	420		

表 4.1.4-2 矩形风管规格（mm）

风 管 边 长				
120	320	800	2000	4000
160	400	1000	2500	—
200	500	1250	3000	—
250	630	1600	3500	—

4.1.5 风管系统按其系统的工作压力划分为三个类别，其类别划分应符合表 4.1.5 的规定。

表 4.1.5 风管系统类别划分

系统类别	系统工作压力 P（Pa）	密 封 要 求
低压系统	$P \leqslant 500$	接缝和接管连接处严密
中压系统	$500 < P \leqslant 1500$	接缝和接管连接处增加密封措施
高压系统	$P > 1500$	所有的拼接缝和接管连接处，均应采取密封措施

4.1.6 镀锌钢板及各类含有复合保护层的钢板，应采用咬口连接或铆接，不得采用影响其保护层防腐性能的焊接连接方法。

4.1.7 风管的密封，应以板材连接的密封为主，可采用密封胶嵌缝和其他方法密封。密封胶性能应符合使用环境的要求，密封面宜设在风管的正压侧。

4.2 主 控 项 目

4.2.1 金属风管的材料品种、规格、性能与厚度等应符合设计和现行国家产品标准的规定。当设计无规定时，应按本规范执行。钢板或镀锌钢板的厚度不得小于表 4.2.1-1 的规定；不锈钢板的厚度不得小于表 4.2.1-2 的规定；铝板的厚度不得小于表 4.2.1-3 的规定。

表 4.2.1-1 钢板风管板材厚度（mm）

类别 风管直径 D 或长边尺寸 b	圆形风管	矩形风管		除尘系统风管
		中、低压系统	高压系统	
D（b）≤320	0.5	0.5	0.75	1.5
320 < D（b）≤450	0.6	0.6	0.75	1.5
450 < D（b）≤630	0.75	0.6	0.75	2.0
630 < D（b）≤1000	0.75	0.75	1.0	2.0
1000 < D（b）≤1250	1.0	1.0	1.0	2.0
1250 < D（b）≤2000	1.2	1.0	1.2	按设计
2000 < D（b）≤4000	按设计	1.2	按设计	

注：1 螺旋风管的钢板厚度可适当减小 10%～15%。
2 排烟系统风管钢板厚度可按高压系统。
3 特殊除尘系统风管钢板厚度应符合设计要求。
4 不适用于地下人防与防火隔墙的预埋管。

表 4.2.1-2 高、中、低压系统不锈钢板风管板材厚度（mm）

风管直径或长边尺寸 b	不锈钢板厚度
b≤500	0.5
500 < b≤1120	0.75
1120 < b≤2000	1.0
2000 < b≤4000	1.2

表 4.2.1-3 中、低压系统铝板风管板材厚度（mm）

风管直径或长边尺寸 b	铝板厚度
b≤320	1.0
320 < b≤630	1.5
630 < b≤2000	2.0
2000 < b≤4000	按设计

检查数量：按材料与风管加工批数量抽查 10%，不得少于 5 件。

检查方法：查验材料质量合格证明文件、性能检测报告，尺量、观察检查。

4.2.2 非金属风管的材料品种、规格、性能与厚度等应符合设计和现行国家产品标准的规定。当设计无规定时，应按本规范执行。硬聚氯乙烯风管板材的厚度，不得小于表 4.2.2-1 或表 4.2.2-2 的规定；有机玻璃钢风管板材的厚度，不得小于表 4.2.2-3 的规定；无机玻璃钢风管板材的厚度应符合表 4.2.2-4 的规定，相应的玻璃布层数不应少于表 4.2.2-5 的规定，其表面不得出现返卤或严重泛霜。

用于高压风管系统的非金属风管厚度应按设计规定。

表 4.2.2-1 中、低压系统硬聚氯乙烯圆形风管板材厚度（mm）

风管直径 D	板材厚度
$D \leqslant 320$	3.0
$320 < D \leqslant 630$	4.0
$630 < D \leqslant 1000$	5.0
$1000 < D \leqslant 2000$	6.0

表 4.2.2-2 中、低压系统硬聚氯乙烯矩形风管板材厚度（mm）

风管长边尺寸 b	板材厚度
$b \leqslant 320$	3.0
$320 < b \leqslant 500$	4.0
$500 < b \leqslant 800$	5.0
$800 < b \leqslant 1250$	6.0
$1250 < b \leqslant 2000$	8.0

表 4.2.2-3 中、低压系统有机玻璃钢风管板材厚度（mm）

圆形风管直径 D 或矩形风管长边尺寸 b	壁厚
$D(b) \leqslant 200$	2.5
$200 < D(b) \leqslant 400$	3.2
$400 < D(b) \leqslant 630$	4.0
$630 < D(b) \leqslant 1000$	4.8
$1000 < D(b) \leqslant 2000$	6.2

表 4.2.2-4 中、低压系统无机玻璃钢风管板材厚度（mm）

圆形风管直径 D 或矩形风管长边尺寸 b	壁厚
$D(b) \leqslant 300$	2.5~3.5
$300 < D(b) \leqslant 500$	3.5~4.5
$500 < D(b) \leqslant 1000$	4.5~5.5
$1000 < D(b) \leqslant 1500$	5.5~6.5
$1500 < D(b) \leqslant 2000$	6.5~7.5
$D(b) > 2000$	7.5~8.5

检查数量：按材料与风管加工批数量抽查10%，不得少于5件。

检查方法：查验材料质量合格证明文件、性能检测报告，尺量、观察检查。

4.2.3 防火风管的本体、框架与固定材料、密封垫料必须为不燃材料，其耐火等级应符合设计的规定。

检查数量：按材料与风管加工批数量抽查10%，不应少于5件。

检查方法：查验材料质量合格证明文件、性能检测报告，观察检查与点燃试验。

4.2.4 复合材料风管的覆面材料必须为不燃材料，内部的绝热材料应为不燃或难燃 B_1 级，且对人体无害的材料。

表 4.2.2-5 中、低压系统无机玻璃钢风管玻璃纤维布厚度与层数（mm）

圆形风管直径 D 或矩形风管长边 b	风管管体玻璃纤维布厚度		风管法兰玻璃纤维布厚度	
	0.3	0.4	0.3	0.4
	玻璃布层数			
$D(b) \leqslant 300$	5	4	8	7
$300 < D(b) \leqslant 500$	7	5	10	8
$500 < D(b) \leqslant 1000$	8	6	13	9
$1000 < D(b) \leqslant 1500$	9	7	14	10
$1500 < D(b) \leqslant 2000$	12	8	16	14
$D(b) > 2000$	14	9	20	16

检查数量：按材料与风管加工批数量抽查10%，不应少于5件。

检查方法：查验材料质量合格证明文件、性能检测报告，观察检查与点燃试验。

4.2.5 风管必须通过工艺性的检测或验证，其强度和严密性要求应符合设计或下列规定：

1 风管的强度应能满足在1.5倍工作压力下接缝处无开裂；

2 矩形风管的允许漏风量应符合以下规定：

低压系统风管　　$Q_L \leqslant 0.1056P^{0.65}$

中压系统风管　　$Q_M \leqslant 0.0352P^{0.65}$

高压系统风管　　$Q_H \leqslant 0.0117P^{0.65}$

式中 Q_L、Q_M、Q_H——系统风管在相应工作压力下，单位面积风管单位时间内的允许漏风量［m^3/（$h \cdot m^2$）］；

P——指风管系统的工作压力（Pa）。

3 低压、中压圆形金属风管、复合材料风管以及采用非法兰形式的非金属风管的允许漏风量，应为矩形风管规定值的50%；

4 砖、混凝土风道的允许漏风量不应大于矩形低压系统风管规定值的1.5倍；

5 排烟、除尘、低温送风系统按中压系统风管的规定，1~5级净化空调系统按高压系统风管的规定。

检查数量：按风管系统的类别和材质分别抽查，不得少于3件及15m^2。

检查方法：检查产品合格证明文件和测试报告，或进行风管强度和漏风量测试（见本规范附录A）。

4.2.6 金属风管的连接应符合下列规定：

1 风管板材拼接的咬口缝应错开，不得有十字型拼接缝。

2 金属风管法兰材料规格不应小于表4.2.6-1或表4.2.6-2的规定。中、低压系统风管法兰的螺栓及铆钉孔的孔距不得大于150mm；高压系统风管不得大于100mm。矩形风管法兰的四角部位应设有螺孔。

表4.2.6-1 金属圆形风管法兰及螺栓规格（mm）

风管直径 D	法兰材料规格		螺栓规格
	扁钢	角钢	
$D \leqslant 140$	20×4	—	M6
$140 < D \leqslant 280$	25×4	—	
$280 < D \leqslant 630$	—	25×3	
$630 < D \leqslant 1250$	—	30×4	M8
$1250 < D \leqslant 2000$	—	40×4	

表4.2.6-2 金属矩形风管法兰及螺栓规格（mm）

风管长边尺寸 b	法兰材料规格（角钢）	螺栓规格
$b \leqslant 630$	25×3	M6
$630 < b \leqslant 1500$	30×3	M8
$1500 < b \leqslant 2500$	40×4	
$2500 < b \leqslant 4000$	50×5	M10

当采用加固方法提高了风管法兰部位的强度时，其法兰材料规格相应的使用条件可适当放宽。

无法兰连接风管的薄钢板法兰高度应参照金属法兰风管的规定执行。

检查数量：按加工批数量抽查5%，不得少于5件。

检查方法：尺量、观察检查。

4.2.7 非金属（硬聚氯乙烯、有机、无机玻璃钢）风管的连接还应符合下列规定：

1　法兰的规格应分别符合表 4.2.7-1、4.2.7-2、4.2.7-3 的规定，其螺栓孔的间距不得大于 120mm；矩形风管法兰的四角处，应设有螺孔；

表 4.2.7-1　硬聚氯乙烯圆形风管法兰规格（mm）

风管直径 D	材料规格（宽×厚）	连接螺栓
$D \leqslant 180$	35×6	M6
$180 < D \leqslant 400$	35×8	M8
$400 < D \leqslant 500$	35×10	
$500 < D \leqslant 800$	40×10	
$800 < D \leqslant 1400$	45×12	M10
$1400 < D \leqslant 1600$	50×15	
$1600 < D \leqslant 2000$	60×15	
$D > 2000$	按设计	

表 4.2.7-2　硬聚氯乙烯矩形风管法兰规格（mm）

风管边长 b	材料规格（宽×厚）	连接螺栓
$b \leqslant 160$	35×6	M6
$160 < b \leqslant 400$	35×8	M8
$400 < b \leqslant 500$	35×10	
$500 < b \leqslant 800$	40×10	M10
$800 < b \leqslant 1250$	45×12	
$1250 < b \leqslant 1600$	50×15	
$1600 < b \leqslant 2000$	60×18	
$b > 2000$	按设计	

表 4.2.7-3　有机玻璃钢风管法兰规格（mm）

风管直径 D 或风管边长 b	材料规格（宽×厚）	连接螺栓
D（b）$\leqslant 400$	30×4	M8
$400 < D$（b）$\leqslant 1000$	40×6	
$1000 < D$（b）$\leqslant 2000$	50×8	M10

2　采用套管连接时，套管厚度不得小于风管板材厚度。

检查数量：按加工批数量抽查 5%，不得少于 5 件。

检查方法：尺量、观察检查。

4.2.8　复合材料风管采用法兰连接时，法兰与风管板材的连接应可靠，其绝热层不得外露，不得采用降低板材强度和绝热性能的连接方法。

检查数量：按加工批数量抽查 5%，不得少于 5 件。

检查方法：尺量、观察检查。

4.2.9　砖、混凝土风道的变形缝，应符合设计要求，不应渗水和漏风。

检查数量：全数检查。

检查方法：观察检查。

4.2.10　金属风管的加固应符合下列规定：

1　圆形风管（不包括螺旋风管）直径大于等于 800mm，且其管段长度大于 1250mm 或总表面积大于 $4m^2$ 均应采取加固措施；

2　矩形风管边长大于 630mm、保温风管边长大于 800mm，管段长度大于 1250mm 或低压风管单边平面积大于 $1.2m^2$、中、高压风管大于 $1.0m^2$，均应采取加固措施；

3　非规则椭圆形风管的加固，应参照矩形风管执行。

检查数量：按加工批抽查 5%，不得少于 5 件。

检查方法：尺量、观察检查。

4.2.11　非金属风管的加固，除应符合本规范第 4.2.10 条的规定外还应符合下列规定：

1　硬聚氯乙烯风管的直径或边长大于 500mm 时，其风管与法兰的连接处应设加强板，且间距不得大于 450mm；

2 有机及无机玻璃钢风管的加固，应为本体材料或防腐性能相同的材料，并与风管成一整体。

检查数量：按加工批抽查5%，不得少于5件。

检查方法：尺量、观察检查。

4.2.12 矩形风管弯管的制作，一般应采用曲率半径为一个平面边长的内外同心弧形弯管。当采用其他形式的弯管，平面边长大于500mm时，必须设置弯管导流片。

检查数量：其他形式的弯管抽查20%，不得少于2件。

检查方法：观察检查。

4.2.13 净化空调系统风管还应符合下列规定：

1 矩形风管边长小于或等于900mm时，底面板不应有拼接缝；大于900mm时，不应有横向拼接缝；

2 风管所用的螺栓、螺母、垫圈和铆钉均应采用与管材性能相匹配、不会产生电化学腐蚀的材料，或采取镀锌或其他防腐措施，并不得采用抽芯铆钉；

3 不应在风管内设加固框及加固筋，风管无法兰连接不得使用S形插条、直角形插条及立联合角形插条等形式；

4 空气洁净度等级为1~5级的净化空调系统风管不得采用按扣式咬口；

5 风管的清洗不得用对人体和材质有危害的清洁剂；

6 镀锌钢板风管不得有镀锌层严重损坏的现象，如表层大面积白花、锌层粉化等。

检查数量：按风管数抽查20%，每个系统不得少于5个。

检查方法：查阅材料质量合格证明文件和观察检查，白绸布擦拭。

4.3 一 般 项 目

4.3.1 金属风管的制作应符合下列规定：

1 圆形弯管的曲率半径（以中心线计）和最少分节数量应符合表4.3.1-1的规定。圆形弯管的弯曲角度及圆形三通、四通支管与总管夹角的制作偏差不应大于3°；

表4.3.1-1 圆形弯管曲率半径和最少节数

弯管直径 D（mm）	曲率半径 R	弯管角度和最少节数							
		90°		60°		45°		30°	
		中节	端节	中节	端节	中节	端节	中节	端节
80~220	≥1.5D	2	2	1	2	1	2	—	2
220~450	D~1.5D	3	2	2	2	1	2	—	2
450~800	D~1.5D	4	2	2	2	1	2	1	2
800~1400	D	5	2	3	2	2	2	1	2
1400~2000	D	8	2	5	2	3	2	2	2

2 风管与配件的咬口缝应紧密、宽度应一致；折角应平直，圆弧应均匀；两端面平

行。风管无明显扭曲与翘角；表面应平整，凹凸不大于10mm；

3 风管外径或外边长的允许偏差：当小于或等于300mm时，为2mm；当大于300mm时，为3mm。管口平面度的允许偏差为2mm，矩形风管两条对角线长度之差不应大于3mm；圆形法兰任意正交两直径之差不应大于2mm；

4 焊接风管的焊缝应平整，不应有裂缝、凸瘤、穿透的夹渣、气孔及其他缺陷等，焊接后板材的变形应矫正，并将焊渣及飞溅物清除干净。

检查数量：通风与空调工程按制作数量10%抽查，不得少于5件；净化空调工程按制作数量抽查20%，不得少于5件。

检查方法：查验测试记录，进行装配试验，尺量、观察检查。

4.3.2 金属法兰连接风管的制作还应符合下列规定：

1 风管法兰的焊缝应熔合良好、饱满，无假焊和孔洞；法兰平面度的允许偏差为2mm，同一批量加工的相同规格法兰的螺孔排列应一致，并具有互换性。

2 风管与法兰采用铆接连接时，铆接应牢固、不应有脱铆和漏铆现象；翻边应平整、紧贴法兰，其宽度应一致，且不应小于6mm；咬缝与四角处不应有开裂与孔洞。

3 风管与法兰采用焊接连接时，风管端面不得高于法兰接口平面。除尘系统的风管，宜采用内侧满焊、外侧间断焊形式，风管端面距法兰接口平面不应小于5mm。

当风管与法兰采用点焊固定连接时，焊点应融合良好，间距不应大于100mm；法兰与风管应紧贴，不应有穿透的缝隙或孔洞。

4 当不锈钢板或铝板风管的法兰采用碳素钢时，其规格应符合本规范表4.2.6-1、4.2.6-2的规定，并应根据设计要求做防腐处理；铆钉应采用与风管材质相同或不产生电化学腐蚀的材料。

检查数量：通风与空调工程按制作数量抽查10%，不得少于5件；净化空调工程按制作数量抽查20%，不得少于5件。

检查方法：查验测试记录，进行装配试验，尺量、观察检查。

4.3.3 无法兰连接风管的制作还应符合下列规定：

1 无法兰连接风管的接口及连接件，应符合表4.3.3-1、表4.3.3-2的要求。圆形风管的芯管连接应符合表4.3.3-3的要求；

2 薄钢板法兰矩形风管的接口及附件，其尺寸应准确，形状应规则，接口处应严密；

薄钢板法兰的折边（或法兰条）应平直，弯曲度不应大于5/1000；弹性插条或弹簧夹应与薄钢板法兰相匹配；角件与风管薄钢板法兰四角接口的固定应稳固、紧贴，端面应平整、相连处不应有缝隙大于2mm的连续穿透缝；

3 采用C、S形插条连接的矩形风管，其边长不应大于630mm；插条与风管加工插口的宽度应匹配一致，其允许偏差为2mm；连接应平整、严密，插条两端压倒长度不应小于20mm；

4 采用立咬口、包边立咬口连接的矩形风管，其立筋的高度应大于或等于同规格风管的角钢法兰宽度。同一规格风管的立咬口、包边立咬口的高度应一致，折角应倾角、直线度允许偏差为5/1000；咬口连接铆钉的间距不应大于150mm，间隔应均匀；立咬口四角连接处的铆固，应紧密、无孔洞。

表 4.3.3-1　圆形风管无法兰连接形式

无法兰连接形式		附件板厚（mm）	接口要求	使用范围
承插连接	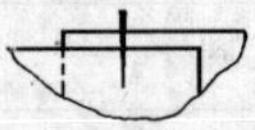	—	插入深度≥30mm，有密封要求	低压风管　直径＜700mm
带加强筋承插		—	插入深度≥20mm，有密封要求	中、低压风管
角钢加固承插		—	插入深度≥20mm，有密封要求	中、低压风管
芯管连接		≥管板厚	插入深度≥20mm，有密封要求	中、低压风管
立筋抱箍连接	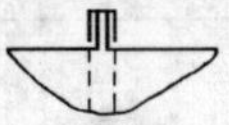	≥管板厚	翻边与楞筋匹配一致，紧固严密	中、低压风管
抱箍连接	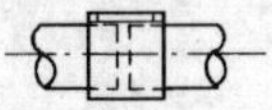	≥管板厚	对口尽量靠近不重叠，抱箍应居中	中、低压风管宽度≥100mm

表 4.3.3-2　矩形风管无法兰连接形式

无法兰连接形式		附件板厚（mm）	使用范围
S形插条	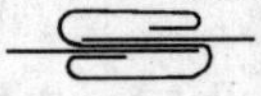	≥0.7	低压风管单独使用连接处必须有固定措施
C形插条		≥0.7	中、低压风管
立插条		≥0.7	中、低压风管
立咬口	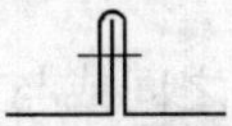	≥0.7	中、低压风管
包边立咬口		≥0.7	中、低压风管
薄钢板法兰插条		≥1.0	中、低压风管
薄钢板法兰弹簧夹		≥1.0	中、低压风管
直角形平插条		≥0.7	低压风管
立联合角形插条		≥0.8	低压风管

注：薄钢板法兰风管也可采用铆接法兰条连接的方法。

表 4.3.3-3　圆形风管的芯管连接

风管直径 D（mm）	芯管长度 l（mm）	自攻螺丝或抽芯铆钉数量（个）	外径允许偏差（mm）	
			圆管	芯管
120	120	3×2	−1～0	−3～−4
300	160	4×2		
400	200	4×2	−2～0	−4～−5
700	200	6×2		
900	200	8×2		
1000	200	8×2		

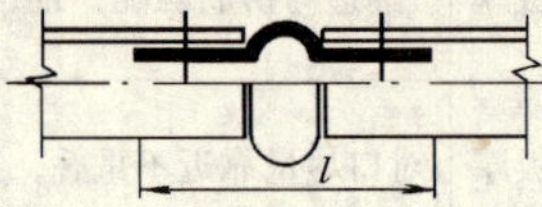

检查数量：按制作数量抽查 10%，不得少于 5 件；净化空调工程抽查 20%，均不得少于 5 件。

检查方法：查验测试记录，进行装配试验，尺量、观察检查。

4.3.4 风管的加固应符合下列规定：

1 风管的加固可采用楞筋、立筋、角钢（内、外加固）、扁钢、加固筋和管内支撑等形式，如图 4.3.4；

2 楞筋或楞线的加固，排列应规则，间隔应均匀，板面不应有明显的变形；

3 角钢、加固筋的加固，应排列整齐、均匀对称，其高度应小于或等于风管的法兰宽度。角钢、加固筋与风管的铆接应牢固、间隔应均匀，不应大于 220mm；两相交处应连接成一体；

4 管内支撑与风管的固定应牢固，各支撑点之间或与风管的边沿或法兰的间距应均匀，不应大于 950mm；

5 中压和高压系统风管的管段，其长度大于 1250mm 时，还应有加固框补强。高压系统金属风管的单咬口缝，还应有防止咬口缝胀裂的加固或补强措施。

检查数量：按制作数量抽查 10%，净化空调系统抽查 20%，均不得少于 5 件。

检查方法：查验测试记录，进行装配试验，观察和尺量检查。

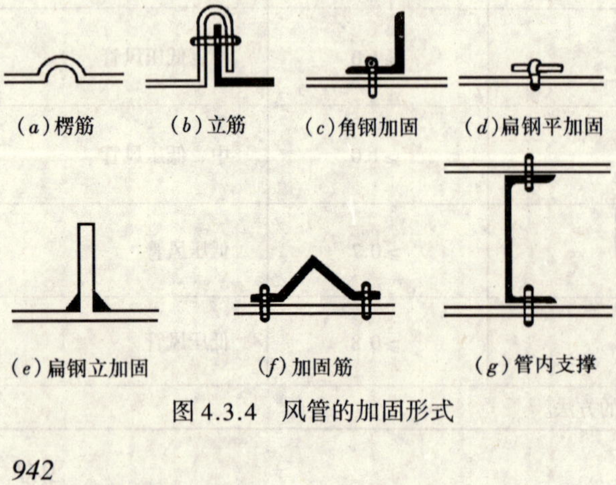

图 4.3.4　风管的加固形式

4.3.5 硬聚氯乙烯风管除应执行本规范第 4.3.1 条第 1、3 款和第 4.3.2 条第 1 款外，还应符合下列规定：

1 风管的两端面平行，无明显扭曲，外径或外边长的允许偏差为 2mm；表面平整、圆弧均匀，凹凸不应大于 5mm；

2 焊缝的坡口形式和角度应符合表 4.3.5 的规定；

3 焊缝应饱满，焊条排列应整齐，无焦黄、断裂现象；

4 用于洁净室时，还应按本规范第 4.3.11 条的有关规定执行。

检查数量：按风管总数抽查 10%，法兰数抽查 5%，不得少于 5 件。

表 4.3.5 焊缝形式及坡口

焊缝形式	焊缝名称	图 形	焊缝高度（mm）	板材厚度（mm）	焊缝坡口张角 α（°）
对接焊缝	V 形单面焊	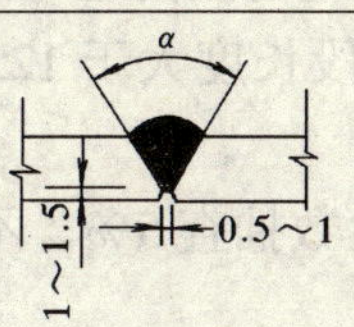	2～3	3～5	70～90
	V 形双面焊	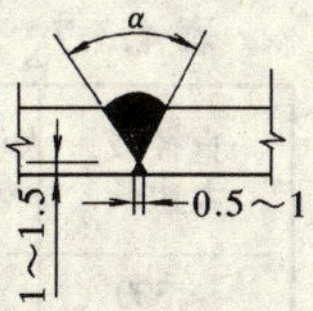	2～3	5～8	70～90
	X 形双面焊	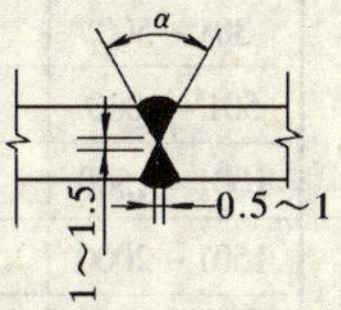	2～3	≥8	70～90
搭接焊缝	搭接焊	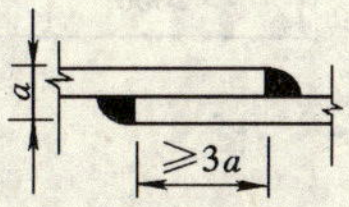	≥最小板厚	3～10	—
填角焊缝	填角焊无坡角	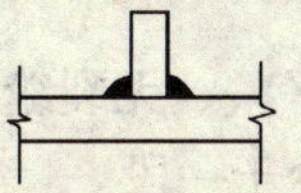	≥最小板厚	6～18	—
		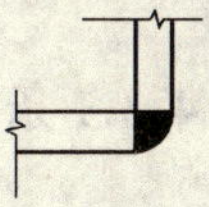	≥最小板厚	≥3	—
对角焊缝	V 形对角焊	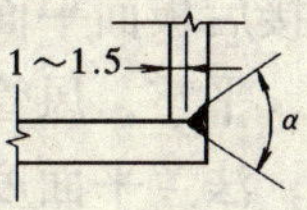	≥最小板厚	3～5	70～90
	V 形对角焊	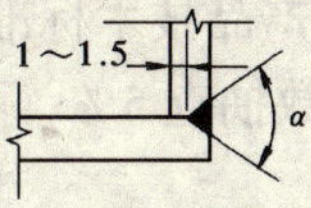	≥最小板厚	5～8	70～90
	V 形对角焊	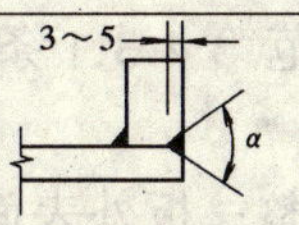	≥最小板厚	6～15	70～90

检查方法：尺量、观察检查。

4.3.6 有机玻璃钢风管除应执行本规范第 4.3.1 条第 1 ~ 3 款和第 4.3.2 条第 1 款外，还应符合下列规定：

1 风管不应有明显扭曲、内表面应平整光滑，外表面应整齐美观，厚度应均匀，且边缘无毛刺，并无气泡及分层现象；

2 风管的外径或外边长尺寸的允许偏差为 3mm，圆形风管的任意正交两直径之差不应大于 5mm；矩形风管的两对角线之差不应大于 5mm；

3 法兰应与风管成一整体，并应有过渡圆弧，并与风管轴线成直角，管口平面度的允许偏差为 3mm；螺孔的排列应均匀，至管壁的距离应一致，允许偏差为 2mm；

4 矩形风管的边长大于 900mm，且管段长度大于 1250mm 时，应加固。加固筋的分布应均匀、整齐。

检查数量：按风管总数抽查 10%，法兰数抽查 5%，不得少于 5 件。

检查方法：尺量、观察检查。

4.3.7 无机玻璃钢风管除应执行本规范第 4.3.1 条第 1 ~ 3 款和第 4.3.2 条第 1 款外，还应符合下列规定：

1 风管的表面应光洁、无裂纹、无明显泛霜和分层现象；

2 风管的外形尺寸的允许偏差应符合表 4.3.7 的规定；

3 风管法兰的规定与有机玻璃钢法兰相同。

检查数量：按风管总数抽查 10%，法兰数抽查 5%，不得少于 5 件。

检查方法：尺量、观察检查。

表 4.3.7 无机玻璃钢风管外形尺寸（mm）

直径或大边长	矩形风管外表平面度	矩形风管管口对角线之差	法兰平面度	圆形风管两直径之差
≤300	≤3	≤3	≤2	≤3
301 ~ 500	≤3	≤4	≤2	≤3
501 ~ 1000	≤4	≤5	≤2	≤4
1001 ~ 1500	≤4	≤6	≤3	≤5
1501 ~ 2000	≤5	≤7	≤3	≤5
>2000	≤6	≤8	≤3	≤5

4.3.8 砖、混凝土风道内表面水泥砂浆应抹平整、无裂缝，不渗水。

检查数量：按风道总数抽查 10%，不得少于一段。

检查方法：观察检查。

4.3.9 双面铝箔绝热板风管除应执行本规范第 4.3.1 条第 2、3 款和第 4.3.2 条第 2 款外，还应符合下列规定：

1 板材拼接宜采用专用的连接构件，连接后板面平面度的允许偏差为 5mm；

2 风管的折角应平直，拼缝粘接应牢固、平整，风管的粘结材料宜为难燃材料；

3 风管采用法兰连接时，其连接应牢固，法兰平面度的允许偏差为 2mm；

4 风管的加固，应根据系统工作压力及产品技术标准的规定执行。

检查数量：按风管总数抽查 10%，法兰数抽查 5%，不得少于 5 件。

检查方法：尺量、观察检查。

4.3.10 铝箔玻璃纤维板风管除应执行本规范第 4.3.1 条第 2、3 款和第 4.3.2 条第 2 款外，还应符合下列规定：

1 风管的离心玻璃纤维板材应干燥、平整；板外表面的铝箔隔气保护层应与内芯玻璃纤维材料粘合牢固；内表面应有防纤维脱落的保护层，并应对人体无危害。

2 当风管连接采用插入接口形式时，接缝处的粘接应严密、牢固，外表面铝箔胶带密封的每一边粘贴宽度不应小于25mm，并应有辅助的连接固定措施。

当风管的连接采用法兰形式时，法兰与风管的连接应牢固，并应能防止板材纤维逸出和冷桥。

3 风管表面应平整、两端面平行，无明显凹穴、变形、起泡，铝箔无破损等。

4 风管的加固，应根据系统工作压力及产品技术标准的规定执行。

检查数量：按风管总数抽查10%，不得少于5件。

检查方法：尺量、观察检查。

4.3.11 净化空调系统风管还应符合以下规定：

1 现场应保持清洁，存放时应避免积尘和受潮。风管的咬口缝、折边和铆接等处有损坏时，应做防腐处理；

2 风管法兰铆钉孔的间距，当系统洁净度的等级为1～5级时，不应大于65mm；为6～9级时，不应大于100mm；

3 静压箱本体、箱内固定高效过滤器的框架及固定件应做镀锌、镀镍等防腐处理；

4 制作完成的风管，应进行第二次清洗，经检查达到清洁要求后应及时封口。

检查数量：按风管总数抽查20%，法兰数抽查10%，不得少于5件。

检查方法：观察检查，查阅风管清洗记录，用白绸布擦拭。

5 风管部件与消声器制作

5.1 一 般 规 定

5.1.1 本章适用于通风与空调工程中风口、风阀、排风罩等其他部件及消声器的加工制作或产成品质量的验收。

5.1.2 一般风量调节阀按设计文件和风阀制作的要求进行验收，其他风阀按外购产品质量进行验收。

5.2 主 控 项 目

5.2.1 手动单叶片或多叶片调节风阀的手轮或扳手，应以顺时针方向转动为关闭，其调节范围及开启角度指示应与叶片开启角度相一致。

用于除尘系统间歇工作点的风阀，关闭时应能密封。

检查数量：按批抽查10%，不得少于1个。

检查方法：手动操作、观察检查。

5.2.2 电动、气动调节风阀的驱动装置，动作应可靠，在最大工作压力下工作正常。

检查数量：按批抽查10%，不得少于1个。

检查方法：核对产品的合格证明文件、性能检测报告，观察或测试。

5.2.3 防火阀和排烟阀（排烟口）必须符合有关消防产品标准的规定，并具有相应的产品合格证明文件。

检查数量：按种类、批抽查 10%，不得少于 2 个。

检查方法：核对产品的合格证明文件、性能检测报告。

5.2.4 防爆风阀的制作材料必须符合设计规定，不得自行替换。

检查数量：全数检查。

检查方法：核对材料品种、规格，观察检查。

5.2.5 净化空调系统的风阀，其活动件、固定件以及紧固件均应采取镀锌或作其他防腐处理（如喷塑或烤漆）；阀体与外界相通的缝隙处，应有可靠的密封措施。

检查数量：按批抽查 10%，不得少于 1 个。

检查方法：核对产品的材料，手动操作、观察。

5.2.6 工作压力大于 1000Pa 的调节风阀，生产厂应提供（在 1.5 倍工作压力下能自由开关）强度测试合格的证书（或试验报告）。

检查数量：按批抽查 10%，不得少于 1 个。

检查方法：核对产品的合格证明文件、性能检测报告。

5.2.7 防排烟系统柔性短管的制作材料必须为不燃材料。

检查数量：全数检查。

检查方法：核对材料品种的合格证明文件。

5.2.8 消声弯管的平面边长大于 800mm 时，应加设吸声导流片；消声器内直接迎风面的布质覆面层应有保护措施；净化空调系统消声器内的覆面应为不易产尘的材料。

检查数量：全数检查。

检查方法：观察检查、核对产品的合格证明文件。

5.3 一 般 项 目

5.3.1 手动单叶片或多叶片调节风阀应符合下列规定：

1 结构应牢固，启闭应灵活，法兰应与相应材质风管的相一致；

2 叶片的搭接应贴合一致，与阀体缝隙应小于 2mm；

3 截面积大于 $1.2m^2$ 的风阀应实施分组调节。

检查数量：按类别、批抽查 10%，不得少于 1 个。

检查方法：手动操作，尺量、观察检查。

5.3.2 止回风阀应符合下列规定：

1 启闭灵活，关闭时应严密；

2 阀叶的转轴、铰链应采用不易锈蚀的材料制作，保证转动灵活、耐用；

3 阀片的强度应保证在最大负荷压力下不弯曲变形；

4 水平安装的止回风阀应有可靠的平衡调节机构。

检查数量：按类别、批抽查 10%，不得少于 1 个。

检查方法：观察、尺量，手动操作试验与核对产品的合格证明文件。

5.3.3 插板风阀应符合下列规定：

1 壳体应严密，内壁应作防腐处理；

2 插板应平整，启闭灵活，并有可靠的定位固定装置；

3 斜插板风阀的上下接管应成一直线。

检查数量：按类别、批抽查 10%，不得少于 1 个。

检查方法：手动操作，尺量、观察检查。

5.3.4 三通调节风阀应符合下列规定：

1 拉杆或手柄的转轴与风管的结合处应严密；

2 拉杆可在任意位置上固定，手柄开关应标明调节的角度；

3 阀板调节方便，并不与风管相碰擦。

检查数量：按类别、批分别抽查 10%，不得少于 1 个。

检查方法：观察、尺量，手动操作试验。

5.3.5 风量平衡阀应符合产品技术文件的规定。

检查数量：按类别、批分别抽查 10%，不得少于 1 个。

检查方法：观察、尺量，核对产品的合格证明文件。

5.3.6 风罩的制作应符合下列规定：

1 尺寸正确、连接牢固、形状规则、表面平整光滑，其外壳不应有尖锐边角；

2 槽边侧吸罩、条缝抽风罩尺寸应正确，转角处弧度均匀、形状规则，吸入口平整，罩口加强板分隔间距应一致；

3 厨房锅灶排烟罩应采用不易锈蚀材料制作，其下部集水槽应严密不漏水，并坡向排放口，罩内油烟过滤器应便于拆卸和清洗。

检查数量：每批抽查 10%，不得少于 1 个。

检查方法：尺量、观察检查。

5.3.7 风帽的制作应符合下列规定：

1 尺寸应正确，结构牢靠，风帽接管尺寸的允许偏差同风管的规定一致；

2 伞形风帽伞盖的边缘应有加固措施，支撑高度尺寸应一致；

3 锥形风帽内外锥体的中心应同心，锥体组合的连接缝应顺水，下部排水应畅通；

4 筒形风帽的形状应规则、外筒体的上下沿口应加固，其不圆度不应大于直径的 2%。伞盖边缘与外筒体的距离应一致，挡风圈的位置应正确；

5 三叉形风帽三个支管的夹角应一致，与主管的连接应严密。主管与支管的锥度应为 3°~4°。

检查数量：按批抽查 10%，不得少于 1 个。

检查方法：尺量、观察检查。

5.3.8 矩形弯管导流叶片的迎风侧边缘应圆滑，固定应牢固。导流片的弧度应与弯管的角度相一致。导流片的分布应符合设计规定。当导流叶片的长度超过 1250mm 时，应有加强措施。

检查数量：按批抽查 10%，不得少于 1 个。

检查方法：核对材料，尺量、观察检查。

5.3.9 柔性短管应符合下列规定：

1 应选用防腐、防潮、不透气、不易霉变的柔性材料。用于空调系统的应采取防止结露的措施；用于净化空调系统的还应是内壁光滑、不易产生尘埃的材料；

2 柔性短管的长度，一般宜为 150~300mm，其连接处应严密、牢固可靠；

3 柔性短管不宜作为找正、找平的异径连接管；

4 设于结构变形缝的柔性短管，其长度宜为变形缝的宽度加100mm及以上。

检查数量：按数量抽查10%，不得少于1个。

检查方法：尺量、观察检查。

5.3.10 消声器的制作应符合下列规定：

1 所选用的材料，应符合设计的规定，如防火、防腐、防潮和卫生性能等要求；

2 外壳应牢固、严密，其漏风量应符合本规范第4.2.5条的规定；

3 充填的消声材料，应按规定的密度均匀铺设，并应有防止下沉的措施。消声材料的覆面层不得破损，搭接应顺气流，且应拉紧，界面无毛边；

4 隔板与壁板结合处应紧贴、严密；穿孔板应平整、无毛刺，其孔径和穿孔率应符合设计要求。

检查数量：按批抽查10%，不得少于1个。

检查方法：尺量、观察检查，核对材料合格的证明文件。

5.3.11 检查门应平整、启闭灵活、关闭严密，其与风管或空气处理室的连接处应采取密封措施，无明显渗漏。

净化空调系统风管检查门的密封垫料，宜采用成型密封胶带或软橡胶条制作。

检查数量：按数量抽查20%，不得少于1个。

检查方法：观察检查。

5.3.12 风口的验收，规格以颈部外径与外边长为准，其尺寸的允许偏差值应符合表5.3.12的规定。风口的外表装饰面应平整、叶片或扩散环的分布应匀称、颜色应一致、无明显的划伤和压痕；调节装置转动应灵活、可靠，定位后应无明显自由松动。

检查数量：按类别、批分别抽查5%，不得少于1个。

检查方法：尺量、观察检查，核对材料合格的证明文件与手动操作检查。

表5.3.12 风口尺寸允许偏差（mm）

圆形风口			
直径	≤250	>250	
允许偏差	0～-2	0～-3	
矩形风口			
边长	<300	300～800	>800
允许偏差	0～-1	0～-2	0～-3
对角线长度	<300	300～500	>500
对角线长度之差	≤1	≤2	≤3

6 风管系统安装

6.1 一般规定

6.1.1 本章适用于通风与空调工程中的金属和非金属风管系统安装质量的检验和验收。

6.1.2 风管系统安装后，必须进行严密性检验，合格后方能交付下道工序。风管系统严密性检验以主、干管为主。在加工工艺得到保证的前提下，低压风管系统可采用漏光法检测。

6.1.3 风管系统吊、支架采用膨胀螺栓等胀锚方法固定时，必须符合其相应技术文件的规定。

6.2 主 控 项 目

6.2.1 在风管穿过需要封闭的防火、防爆的墙体或楼板时，应设预埋管或防护套管，其钢板厚度不应小于1.6mm。风管与防护套管之间，应用不燃且对人体无危害的柔性材料封堵。

检查数量：按数量抽查20%，不得少于1个系统。

检查方法：尺量、观察检查。

6.2.2 风管安装必须符合下列规定：

1 风管内严禁其他管线穿越；

2 输送含有易燃、易爆气体或安装在易燃、易爆环境的风管系统应有良好的接地，通过生活区或其他辅助生产房间时必须严密，并不得设置接口；

3 室外立管的固定拉索严禁拉在避雷针或避雷网上。

检查数量：按数量抽查20%，不得少于1个系统。

检查方法：手扳、尺量、观察检查。

6.2.3 输送空气温度高于80℃的风管，应按设计规定采取防护措施。

检查数量：按数量抽查20%，不得少于1个系统。

检查方法：观察检查。

6.2.4 风管部件安装必须符合下列规定：

1 各类风管部件及操作机构的安装，应能保证其正常的使用功能，并便于操作；

2 斜插板风阀的安装，阀板必须为向上拉启；水平安装时，阀板还应为顺气流方向插入；

3 止回风阀、自动排气活门的安装方向应正确。

检查数量：按数量抽查20%，不得少于5件。

检查方法：尺量、观察检查，动作试验。

6.2.5 防火阀、排烟阀（口）的安装方向、位置应正确。防火分区隔墙两侧的防火阀，距墙表面不应大于200mm。

检查数量：按数量抽查20%，不得少于5件。

检查方法：尺量、观察检查，动作试验。

6.2.6 净化空调系统风管的安装还应符合下列规定：

1 风管、静压箱及其他部件，必须擦拭干净，做到无油污和浮尘，当施工停顿或完毕时，端口应封好；

2 法兰垫料应为不产尘、不易老化和具有一定强度和弹性的材料，厚度为5~8mm，不得采用乳胶海绵；法兰垫片应尽量减少拼接，并不允许直缝对接连接，严禁在垫料表面涂涂料；

3 风管与洁净室吊顶、隔墙等围护结构的接缝处应严密。

检查数量：按数量抽查20%，不得少于1个系统。

检查方法：观察、用白绸布擦拭。

6.2.7 集中式真空吸尘系统的安装应符合下列规定：

1 真空吸尘系统弯管的曲率半径不应小于4倍管径，弯管的内壁面应光滑，不得采用褶皱弯管；

2 真空吸尘系统三通的夹角不得大于45°；四通制作应采用两个斜三通的做法。

检查数量：按数量抽查20%，不得少于2件。

检查方法：尺量、观察检查。

6.2.8 风管系统安装完毕后，应按系统类别进行严密性检验，漏风量应符合设计与本规范第4.2.5条的规定。风管系统的严密性检验，应符合下列规定：

1 低压系统风管的严密性检验应采用抽检，抽检率为5%，且不得少于1个系统。在加工工艺得到保证的前提下，采用漏光法检测。检测不合格时，应按规定的抽检率做漏风量测试。

中压系统风管的严密性检验，应在漏光法检测合格后，对系统漏风量测试进行抽检，抽检率为20%，且不得少于1个系统。

高压系统风管的严密性检验，为全数进行漏风量测试。

系统风管严密性检验的被抽检系统，应全数合格，则视为通过；如有不合格时，则应再加倍抽检，直至全数合格。

2 净化空调系统风管的严密性检验，1～5级的系统按高压系统风管的规定执行；6～9级的系统按本规范第4.2.5条的规定执行。

检查数量：按条文中的规定。

检查方法：按本规范附录A的规定进行严密性测试。

6.2.9 手动密闭阀安装，阀门上标志的箭头方向必须与受冲击波方向一致。

检查数量：全数检查。

检查方法：观察、核对检查。

6.3 一 般 项 目

6.3.1 风管的安装应符合下列规定：

1 风管安装前，应清除内、外杂物，并做好清洁和保护工作；

2 风管安装的位置、标高、走向，应符合设计要求。现场风管接口的配置，不得缩小其有效截面；

3 连接法兰的螺栓应均匀拧紧，其螺母宜在同一侧；

4 风管接口的连接应严密、牢固。风管法兰的垫片材质应符合系统功能的要求，厚度不应小于3mm。垫片不应凸入管内，亦不宜突出法兰外；

5 柔性短管的安装，应松紧适度，无明显扭曲；

6 可伸缩性金属或非金属软风管的长度不宜超过2m，并不应有死弯或塌凹；

7 风管与砖、混凝土风道的连接接口，应顺着气流方向插入，并应采取密封措施。风管穿出屋面处应设有防雨装置；

8 不锈钢板、铝板风管与碳素钢支架的接触处，应有隔绝或防腐绝缘措施。

检查数量：按数量抽查10%，不得少于1个系统。

检查方法：尺量、观察检查。

6.3.2 无法兰连接风管的安装还应符合下列规定：

1 风管的连接处，应完整无缺损、表面应平整，无明显扭曲；

2 承插式风管的四周缝隙应一致，无明显的弯曲或褶皱；内涂的密封胶应完整，外粘的密封胶带，应粘贴牢固、完整无缺损；

3 薄钢板法兰形式风管的连接，弹性插条、弹簧夹或紧固螺栓的间隔不应大于150mm，且分布均匀，无松动现象；

4 插条连接的矩形风管，连接后的板面应平整、无明显弯曲。

检查数量：按数量抽查10%，不得少于1个系统。

检查方法：尺量、观察检查。

6.3.3 风管的连接应平直、不扭曲。明装风管水平安装，水平度的允许偏差为3/1000，总偏差不应大于20mm。明装风管垂直安装，垂直度的允许偏差为2/1000，总偏差不应大于20mm。暗装风管的位置，应正确、无明显偏差。

除尘系统的风管，宜垂直或倾斜敷设，与水平夹角宜大于或等于45°，小坡度和水平管应尽量短。

对含有凝结水或其他液体的风管，坡度应符合设计要求，并在最低处设排液装置。

检查数量：按数量抽查10%，但不得少于1个系统。

检查方法：尺量、观察检查。

6.3.4 风管支、吊架的安装应符合下列规定：

1 风管水平安装，直径或长边尺寸小于等于400mm，间距不应大于4m；大于400mm，不应大于3m。螺旋风管的支、吊架间距可分别延长至5m和3.75m；对于薄钢板法兰的风管，其支、吊架间距不应大于3m。

2 风管垂直安装，间距不应大于4m，单根直管至少应有2个固定点。

3 风管支、吊架宜按国标图集与规范选用强度和刚度相适应的形式和规格。对于直径或边长大于2500mm的超宽、超重等特殊风管的支、吊架应按设计规定。

4 支、吊架不宜设置在风口、阀门、检查门及自控机构处，离风口或插接管的距离不宜小于200mm。

5 当水平悬吊的主、干风管长度超过20m时，应设置防止摆动的固定点，每个系统不应少于1个。

6 吊架的螺孔应采用机械加工。吊杆应平直，螺纹完整、光洁。安装后各副支、吊架的受力应均匀，无明显变形。

风管或空调设备使用的可调隔振支、吊架的拉伸或压缩量应按设计的要求进行调整。

7 抱箍支架，折角应平直，抱箍应紧贴并箍紧风管。安装在支架上的圆形风管应设托座和抱箍，其圆弧应均匀，且与风管外径相一致。

检查数量：按数量抽查10%，不得少于1个系统。

检查方法：尺量、观察检查。

6.3.5 非金属风管的安装还应符合下列的规定：

1 风管连接两法兰端面应平行、严密，法兰螺栓两侧应加镀锌垫圈；

2 应适当增加支、吊架与水平风管的接触面积；

3 硬聚氯乙烯风管的直段连续长度大于20m，应按设计要求设置伸缩节；支管的重量不得由干管来承受，必须自行设置支、吊架；

4 风管垂直安装，支架间距不应大于3m。

检查数量：按数量抽查10%，不得少于1个系统。

检查方法：尺量、观察检查。

6.3.6 复合材料风管的安装还应符合下列规定：

1 复合材料风管的连接处，接缝应牢固，无孔洞和开裂。当采用插接连接时，接口应匹配、无松动，端口缝隙不应大于5mm；

2 采用法兰连接时，应有防冷桥的措施；

3 支、吊架的安装宜按产品标准的规定执行。

检查数量：按数量抽查10%，但不得少于1个系统。

检查方法：尺量、观察检查。

6.3.7 集中式真空吸尘系统的安装应符合下列规定：

1 吸尘管道的坡度宜为5/1000，并坡向立管或吸尘点；

2 吸尘嘴与管道的连接，应牢固、严密。

检查数量：按数量抽查20%，不得少于5件。

检查方法：尺量、观察检查。

6.3.8 各类风阀应安装在便于操作及检修的部位，安装后的手动或电动操作装置应灵活、可靠，阀板关闭应保持严密。

防火阀直径或长边尺寸大于等于630mm时，宜设独立支、吊架。

排烟阀（排烟口）及手控装置（包括预埋套管）的位置应符合设计要求。预埋套管不得有死弯及瘪陷。

除尘系统吸入管段的调节阀，宜安装在垂直管段上。

检查数量：按数量抽查10%，不得少于5件。

检查方法：尺量、观察检查。

6.3.9 风帽安装必须牢固，连接风管与屋面或墙面的交接处不应渗水。

检查数量：按数量抽查10%，不得少于5件。

检查方法：尺量、观察检查。

6.3.10 排、吸风罩的安装位置应正确，排列整齐，牢固可靠。

检查数量：按数量抽查10%，不得少于5件。

检查方法：尺量、观察检查。

6.3.11 风口与风管的连接应严密、牢固，与装饰面相紧贴；表面平整、不变形，调节灵活、可靠。条形风口的安装，接缝处应衔接自然，无明显缝隙。同一厅室、房间内的相同风口的安装高度应一致，排列应整齐。

明装无吊顶的风口，安装位置和标高偏差不应大于10mm。

风口水平安装，水平度的偏差不应大于3/1000。

风口垂直安装，垂直度的偏差不应大于2/1000。

检查数量：按数量抽查10%，不得少于1个系统或不少于5件和2个房间的风口。

检查方法：尺量、观察检查。

6.3.12 净化空调系统风口安装还应符合下列规定：

1 风口安装前应清扫干净，其边框与建筑顶棚或墙面间的接缝处应加设密封垫料或密封胶，不应漏风；

2 带高效过滤器的送风口，应采用可分别调节高度的吊杆。

检查数量：按数量抽查20%，不得少于1个系统或不少于5件和2个房间的风口。

检查方法：尺量、观察检查。

7 通风与空调设备安装

7.1 一 般 规 定

7.1.1 本章适用于工作压力不大于5kPa的通风机与空调设备安装质量的检验与验收。

7.1.2 通风与空调设备应有装箱清单、设备说明书、产品质量合格证书和产品性能检测报告等随机文件，进口设备还应具有商检合格的证明文件。

7.1.3 设备安装前，应进行开箱检查，并形成验收文字记录。参加人员为建设、监理、施工和厂商等方单位的代表。

7.1.4 设备就位前应对其基础进行验收，合格后方能安装。

7.1.5 设备的搬运和吊装必须符合产品说明书的有关规定，并应做好设备的保护工作，防止因搬运或吊装而造成设备损伤。

7.2 主 控 项 目

7.2.1 通风机的安装应符合下列规定：

1 型号、规格应符合设计规定，其出口方向应正确；

2 叶轮旋转应平稳，停转后不应每次停留在同一位置上；

3 固定通风机的地脚螺栓应拧紧，并有防松动措施。

检查数量：全数检查。

检查方法：依据设计图核对、观察检查。

7.2.2 通风机传动装置的外露部位以及直通大气的进、出口，必须装设防护罩（网）或采取其他安全设施。

检查数量：全数检查。

检查方法：依据设计图核对、观察检查。

7.2.3 空调机组的安装应符合下列规定：

1 型号、规格、方向和技术参数应符合设计要求；

2 现场组装的组合式空气调节机组应做漏风量的检测，其漏风量必须符合现行国家标准《组合式空调机组》GB/T 14294的规定。

检查数量：按总数抽检20%，不得少于1台。净化空调系统的机组，1~5级全数检查，6~9级抽查50%。

检查方法：依据设计图核对，检查测试记录。

7.2.4 除尘器的安装应符合下列规定：

1 型号、规格、进出口方向必须符合设计要求；

2 现场组装的除尘器壳体应做漏风量检测，在设计工作压力下允许漏风率为5%，其中离心式除尘器为3%；

3 布袋除尘器、电除尘器的壳体及辅助设备接地应可靠。

检查数量：按总数抽查 20%，不得少于 1 台；接地全数检查。

检查方法：按图核对、检查测试记录和观察检查。

7.2.5 高效过滤器应在洁净室及净化空调系统进行全面清扫和系统连续试车 12h 以上后，在现场拆开包装并进行安装。

安装前需进行外观检查和仪器检漏。目测不得有变形、脱落、断裂等破损现象；仪器抽检检漏应符合产品质量文件的规定。

合格后立即安装，其方向必须正确，安装后的高效过滤器四周及接口，应严密不漏；在调试前应进行扫描检漏。

检查数量：高效过滤器的仪器抽检检漏按批抽检 5%，不得少于 1 台。

检查方法：观察检查、按本规范附录 B 规定扫描检测或查看检测记录。

7.2.6 净化空调设备的安装还应符合下列规定：

1 净化空调设备与洁净室围护结构相连的接缝必须密封；

2 风机过滤器单元（FFU 与 FMU 空气净化装置）应在清洁的现场进行外观检查，目测不得有变形、锈蚀、漆膜脱落、拼接板破损等现象；在系统试运转时，必须在进风口处加装临时中效过滤器作为保护。

检查数量：全数检查。

检查方法：按设计图核对、观察检查。

7.2.7 静电空气过滤器金属外壳接地必须良好。

检查数量：按总数抽查 20%，不得少于 1 台。

检查方法：核对材料、观察检查或电阻测定。

7.2.8 电加热器的安装必须符合下列规定：

1 电加热器与钢构架间的绝热层必须为不燃材料；接线柱外露的应加设安全防护罩；

2 电加热器的金属外壳接地必须良好；

3 连接电加热器的风管的法兰垫片，应采用耐热不燃材料。

检查数量：按总数抽查 20%，不得少于 1 台。

检查方法：核对材料、观察检查或电阻测定。

7.2.9 干蒸汽加湿器的安装，蒸汽喷管不应朝下。

检查数量：全数检查。

检查方法：观察检查。

7.2.10 过滤吸收器的安装方向必须正确，并应设独立支架，与室外的连接管段不得泄漏。

检查数量：全数检查。

检查方法：观察或检测。

7.3 一 般 项 目

7.3.1 通风机的安装应符合下列规定：

1 通风机的安装，应符合表 7.3.1 的规定，叶轮转子与机壳的组装位置应正确；叶轮进风口插入风机机壳进风口或密封圈的深度，应符合设备技术文件的规定，或为叶轮外径值的 1/100；

表 7.3.1 通风机安装的允许偏差

项次	项 目	允许偏差		检验方法
1	中心线的平面位移	10mm		经纬仪或拉线和尺量检查
2	标高	±10mm		水准仪或水平仪、直尺、拉线和尺量检查
3	皮带轮轮宽中心平面偏移	1mm		在主、从动皮带轮端面拉线和尺量检查
4	传动轴水平度	纵向 0.2/1000 横向 0.3/1000		在轴或皮带轮 0°和 180°的两个位置上，用水平仪检查
5	联轴器	两轴芯径向位移	0.05mm	在联轴器互相垂直的四个位置上，用百分表检查
		两轴线倾斜	0.2/1000	

2 现场组装的轴流风机叶片安装角度应一致，达到在同一平面内运转，叶轮与筒体之间的间隙应均匀，水平度允许偏差为1/1000；

3 安装隔振器的地面应平整，各组隔振器承受荷载的压缩量应均匀，高度误差应小于 2mm；

4 安装风机的隔振钢支、吊架，其结构形式和外形尺寸应符合设计或设备技术文件的规定；焊接应牢固，焊缝应饱满、均匀。

检查数量：按总数抽查 20%，不得少于 1 台。

检查方法：尺量、观察或检查施工记录。

7.3.2 组合式空调机组及柜式空调机组的安装应符合下列规定：

1 组合式空调机组各功能段的组装，应符合设计规定的顺序和要求；各功能段之间的连接应严密，整体应平直；

2 机组与供回水管的连接应正确，机组下部冷凝水排放管的水封高度应符合设计要求；

3 机组应清扫干净，箱体内应无杂物、垃圾和积尘；

4 机组内空气过滤器（网）和空气热交换器翅片应清洁、完好。

检查数量：按总数抽查 20%，不得少于 1 台。

检查方法：观察检查。

7.3.3 空气处理室的安装应符合下列规定：

1 金属空气处理室壁板及各段的组装位置应正确，表面平整，连接严密、牢固；

2 喷水段的本体及其检查门不得漏水，喷水管和喷嘴的排列、规格应符合设计的规定；

3 表面式换热器的散热面应保持清洁、完好。当用于冷却空气时，在下部应设有排水装置，冷凝水的引流管或槽应畅通，冷凝水不外溢；

4 表面式换热器与围护结构间的缝隙，以及表面式热交换器之间的缝隙，应封堵严密；

5 换热器与系统供回水管的连接应正确，且严密不漏。

检查数量：按总数抽查 20%，不得少于 1 台。

检查方法：观察检查。

7.3.4 单元式空调机组的安装应符合下列规定：

1 分体式空调机组的室外机和风冷整体式空调机组的安装，固定应牢固、可靠；除应满足冷却风循环空间的要求外，还应符合环境卫生保护有关法规的规定；

2 分体式空调机组的室内机的位置应正确、并保持水平，冷凝水排放应畅通。管道穿墙处必须密封，不得有雨水渗入；

3 整体式空调机组管道的连接应严密、无渗漏，四周应留有相应的维修空间。

检查数量：按总数抽查 20%，不得少于 1 台。

检查方法：观察检查。

7.3.5 除尘设备的安装应符合下列规定：

1 除尘器的安装位置应正确、牢固平稳，允许误差应符合表 7.3.5 的规定；

表 7.3.5 除尘器安装允许偏差和检验方法

项次	项目		允许偏差（mm）	检验方法
1	平面位移		≤10	用经纬仪或拉线、尺量检查
2	标高		±10	用水准仪、直尺、拉线和尺量检查
3	垂直度	每米	≤2	吊线和尺量检查
		总偏差	≤10	

2 除尘器的活动或转动部件的动作应灵活、可靠，并应符合设计要求；

3 除尘器的排灰阀、卸料阀、排泥阀的安装应严密，并便于操作与维护修理。

检查数量：按总数抽查 20%，不得少于 1 台。

检查方法：尺量、观察检查及检查施工记录。

7.3.6 现场组装的静电除尘器的安装，还应符合设备技术文件及下列规定：

1 阳极板组合后的阳极排平面度允许偏差为 5mm，其对角线允许偏差为 10mm；

2 阴极小框架组合后主平面的平面度允许偏差为 5mm，其对角线允许偏差为 10mm；

3 阴极大框架的整体平面度允许偏差为 15mm，整体对角线允许偏差为 10mm；

4 阳极板高度小于或等于 7m 的电除尘器，阴、阳极间距允许偏差为 5mm。阳极板高度大于 7m 的电除尘器，阴、阳极间距允许偏差为 10mm；

5 振打锤装置的固定，应可靠；振打锤的转动，应灵活。锤头方向应正确；振打锤头与振打砧之间应保持良好的线接触状态，接触长度应大于锤头厚度的 0.7 倍。

检查数量：按总数抽查 20%，不得少于 1 组。

检查方法：尺量、观察检查及检查施工记录。

7.3.7 现场组装布袋除尘器的安装，还应符合下列规定：

1 外壳应严密、不漏，布袋接口应牢固；

2 分室反吹袋式除尘器的滤袋安装，必须平直。每条滤袋的拉紧力应保持在 25～35N/m；与滤袋连接接触的短管和袋帽，应无毛刺；

3 机械回转扁袋袋式除尘器的旋臂，转动应灵活可靠，净气室上部的顶盖，应密封不漏气，旋转应灵活，无卡阻现象；

4 脉冲袋式除尘器的喷吹孔，应对准文氏管的中心，同心度允许偏差为 2mm。

检查数量：按总数抽查 20%，不得少于 1 台。

检查方法：尺量、观察检查及检查施工记录。

7.3.8 洁净室空气净化设备的安装，应符合下列规定：

1　带有通风机的气闸室、吹淋室与地面间应有隔振垫；

2　机械式余压阀的安装，阀体、阀板的转轴均应水平，允许偏差为2/1000。余压阀的安装位置应在室内气流的下风侧，并不应在工作面高度范围内；

3　传递窗的安装，应牢固、垂直，与墙体的连接处应密封。

检查数量：按总数抽查20%，不得少于1件。

检查方法：尺量、观察检查。

7.3.9　装配式洁净室的安装应符合下列规定：

1　洁净室的顶板和壁板（包括夹芯材料）应为不燃材料；

2　洁净室的地面应干燥、平整，平整度允许偏差为1/1000；

3　壁板的构配件和辅助材料的开箱，应在清洁的室内进行，安装前应严格检查其规格和质量。壁板应垂直安装，底部宜采用圆弧或钝角交接；安装后的壁板之间、壁板与顶板间的拼缝，应平整严密，墙板的垂直允许偏差为2/1000，顶板水平度的允许偏差与每个单间的几何尺寸的允许偏差均为2/1000；

4　洁净室吊顶在受荷载后应保持平直，压条全部紧贴。洁净室壁板若为上、下槽形板时，其接头应平整、严密；组装完毕的洁净室所有拼接缝，包括与建筑的接缝，均应采取密封措施，做到不脱落，密封良好。

检查数量：按总数抽查20%，不得少于5处。

检查方法：尺量、观察检查及检查施工记录。

7.3.10　洁净层流罩的安装应符合下列规定：

1　应设独立的吊杆，并有防晃动的固定措施；

2　层流罩安装的水平度允许偏差为1/1000，高度的允许偏差为±1mm；

3　层流罩安装在吊顶上，其四周与顶板之间应设有密封及隔振措施。

检查数量：按总数抽查20%，且不得少于5件。

检查方法：尺量、观察检查及检查施工记录。

7.3.11　风机过滤器单元（FFU、FMU）的安装应符合下列规定：

1　风机过滤器单元的高效过滤器安装前应按本规范第7.2.5条的规定检漏，合格后进行安装，方向必须正确；安装后的FFU或FMU机组应便于检修；

2　安装后的FFU风机过滤器单元，应保持整体平整，与吊顶衔接良好。风机箱与过滤器之间的连接，过滤器单元与吊顶框架间应有可靠的密封措施。

检查数量：按总数抽查20%，且不得少于2个。

检查方法：尺量、观察检查及检查施工记录。

7.3.12　高效过滤器的安装应符合下列规定：

1　高效过滤器采用机械密封时，须采用密封垫料，其厚度为6～8mm，并定位贴在过滤器边框上，安装后垫料的压缩应均匀，压缩率为25%～50%；

2　采用液槽密封时，槽架安装应水平，不得有渗漏现象，槽内无污物和水分，槽内密封液高度宜为2/3槽深。密封液的熔点宜高于50℃。

检查数量：按总数抽查20%，且不得少于5个。

检查方法：尺量、观察检查。

7.3.13　消声器的安装应符合下列规定：

1 消声器安装前应保持干净，做到无油污和浮尘；

2 消声器安装的位置、方向应正确，与风管的连接应严密，不得有损坏与受潮。两组同类型消声器不宜直接串联；

3 现场安装的组合式消声器，消声组件的排列、方向和位置应符合设计要求。单个消声器组件的固定应牢固；

4 消声器、消声弯管均应设独立支、吊架。

检查数量：整体安装的消声器，按总数抽查10%，且不得少于5台。现场组装的消声器全数检查。

检查方法：手扳和观察检查、核对安装记录。

7.3.14 空气过滤器的安装应符合下列规定：

1 安装平整、牢固，方向正确。过滤器与框架、框架与围护结构之间应严密无穿透缝；

2 框架式或粗效、中效袋式空气过滤器的安装，过滤器四周与框架应均匀压紧，无可见缝隙，并应便于拆卸和更换滤料；

3 卷绕式过滤器的安装，框架应平整、展开的滤料，应松紧适度、上下筒体应平行。

检查数量：按总数抽查10%，且不得少于1台。

检查方法：观察检查。

7.3.15 风机盘管机组的安装应符合下列规定：

1 机组安装前宜进行单机三速试运转及水压检漏试验。试验压力为系统工作压力的1.5倍，试验观察时间为2min，不渗漏为合格；

2 机组应设独立支、吊架，安装的位置、高度及坡度应正确、固定牢固；

3 机组与风管、回风箱或风口的连接，应严密、可靠。

检查数量：按总数抽查10%，且不得少于1台。

检查方法：观察检查、查阅检查试验记录。

7.3.16 转轮式换热器安装的位置、转轮旋转方向及接管应正确，运转应平稳。

检查数量：按总数抽查20%，且不得少于1台。

检查方法：观察检查。

7.3.17 转轮去湿机安装应牢固，转轮及传动部件应灵活、可靠，方向正确；处理空气与再生空气接管应正确；排风水平管须保持一定的坡度，并坡向排出方向。

检查数量：按总数抽查20%，且不得少于1台。

检查方法：观察检查。

7.3.18 蒸汽加湿器的安装应设置独立支架，并固定牢固；接管尺寸正确、无渗漏。

检查数量：全数检查。

检查方法：观察检查。

7.3.19 空气风幕机的安装，位置方向应正确、牢固可靠，纵向垂直度与横向水平度的偏差均不应大于2/1000。

检查数量：按总数10%的比例抽查，且不得少于1台。

检查方法：观察检查。

7.3.20 变风量末端装置的安装，应设单独支、吊架，与风管连接前宜做动作试验。

检查数量：按总数抽查10%，且不得少于1台。

检查方法：观察检查、查阅检查试验记录。

8 空调制冷系统安装

8.1 一般规定

8.1.1 本章适用于空调工程中工作压力不高于2.5MPa，工作温度在-20~150℃的整体式、组装式及单元式制冷设备（包括热泵）、制冷附属设备、其他配套设备和管路系统安装工程施工质量的检验和验收。

8.1.2 制冷设备、制冷附属设备、管道、管件及阀门的型号、规格、性能及技术参数等必须符合设计要求。设备机组的外表应无损伤、密封应良好，随机文件和配件应齐全。

8.1.3 与制冷机组配套的蒸汽、燃油、燃气供应系统和蓄冷系统的安装，还应符合设计文件、有关消防规范与产品技术文件的规定。

8.1.4 空调用制冷设备的搬运和吊装，应符合产品技术文件和本规范第7.1.5条的规定。

8.1.5 制冷机组本体的安装、试验、试运转及验收还应符合现行国家标准《制冷设备、空气分离设备安装工程施工及验收规范》GB 50274有关条文的规定。

8.2 主控项目

8.2.1 制冷设备与制冷附属设备的安装应符合下列规定：

1 制冷设备、制冷附属设备的型号、规格和技术参数必须符合设计要求，并具有产品合格证书、产品性能检验报告；

2 设备的混凝土基础必须进行质量交接验收，合格后方可安装；

3 设备安装的位置、标高和管口方向必须符合设计要求。用地脚螺栓固定的制冷设备或制冷附属设备，其垫铁的放置位置应正确、接触紧密；螺栓必须拧紧，并有防松动措施。

检查数量：全数检查。

检查方法：查阅图纸核对设备型号、规格；产品质量合格证书和性能检验报告。

8.2.2 直接膨胀表面式冷却器的外表应保持清洁、完整，空气与制冷剂应呈逆向流动；表面式冷却器与外壳四周的缝隙应堵严，冷凝水排放应畅通。

检查数量：全数检查。

检查方法：观察检查。

8.2.3 燃油系统的设备与管道，以及储油罐及日用油箱的安装，位置和连接方法应符合设计与消防要求。

燃气系统设备的安装应符合设计和消防要求。调压装置、过滤器的安装和调节应符合设备技术文件的规定，且应可靠接地。

检查数量：全数检查。

检查方法：按图纸核对、观察、查阅接地测试记录。

8.2.4 制冷设备的各项严密性试验和试运行的技术数据，均应符合设备技术文件的规定。

对组装式的制冷机组和现场充注制冷剂的机组，必须进行吹污、气密性试验、真空试验和充注制冷剂检漏试验，其相应的技术数据必须符合产品技术文件和有关现行国家标准、规范的规定。

检查数量：全数检查。

检查方法：旁站观察、检查和查阅试运行记录。

8.2.5 制冷系统管道、管件和阀门的安装应符合下列规定：

1 制冷系统的管道、管件和阀门的型号、材质及工作压力等必须符合设计要求，并应具有出厂合格证、质量证明书；

2 法兰、螺纹等处的密封材料应与管内的介质性能相适应；

3 制冷剂液体管不得向上装成“Ω”形。气体管道不得向下装成“ʊ”形（特殊回油管除外）；液体支管引出时，必须从干管底部或侧面接出；气体支管引出时，必须从干管顶部或侧面接出；有两根以上的支管从干管引出时，连接部位应错开，间距不应小于2倍支管直径，且不小于200mm；

4 制冷机与附属设备之间制冷剂管道的连接，其坡度与坡向应符合设计及设备技术文件要求。当设计无规定时，应符合表8.2.5的规定；

5 制冷系统投入运行前，应对安全阀进行调试校核，其开启和回座压力应符合设备技术文件的要求。

表 8.2.5 制冷剂管道坡度、坡向

管道名称	坡向	坡度
压缩机吸气水平管（氟）	压缩机	≥10/1000
压缩机吸气水平管（氨）	蒸发器	≥3/1000
压缩机排气水平管	油分离器	≥10/1000
冷凝器水平供液管	贮液器	（1～3）/1000
油分离器至冷凝器水平管	油分离器	（3～5）/1000

检查数量：按总数抽检20%，且不得少于5件。第5款全数检查。

检查方法：核查合格证明文件、观察、水平仪测量、查阅调校记录。

8.2.6 燃油管道系统必须设置可靠的防静电接地装置，其管道法兰应采用镀锌螺栓连接或在法兰处用铜导线进行跨接，且接合良好。

检查数量：系统全数检查。

检查方法：观察检查、查阅试验记录。

8.2.7 燃气系统管道与机组的连接不得使用非金属软管。燃气管道的吹扫和压力试验应为压缩空气或氮气，严禁用水。当燃气供气管道压力大于0.005MPa时，焊缝的无损检测的执行标准应按设计规定。当设计无规定，且采用超声波探伤时，应全数检测，以质量不低于Ⅱ级为合格。

检查数量：系统全数检查。

检查方法：观察检查、查阅探伤报告和试验记录。

8.2.8 氨制冷剂系统管道、附件、阀门及填料不得采用铜或铜合金材料（磷青铜除外），管内不得镀锌。氨系统的管道焊缝应进行射线照相检验，抽检率为10%，以质量不低于Ⅲ级为合格。在不易进行射线照相检验操作的场合，可用超声波检验代替，以不低于Ⅱ级为合格。

检查数量：系统全数检查。

检查方法：观察检查、查阅探伤报告和试验记录。

8.2.9 输送乙二醇溶液的管道系统，不得使用内镀锌管道及配件。

检查数量：按系统的管段抽查20%，且不得少于5件。

检查方法：观察检查、查阅安装记录。

8.2.10 制冷管道系统应进行强度、气密性试验及真空试验，且必须合格。

检查数量：系统全数检查。

检查方法：旁站、观察检查和查阅试验记录。

8.3 一 般 项 目

8.3.1 制冷机组与制冷附属设备的安装应符合下列规定：

1 制冷设备及制冷附属设备安装位置、标高的允许偏差，应符合表8.3.1的规定；

2 整体安装的制冷机组，其机身纵、横向水平度的允许偏差为1/1000，并应符合设备技术文件的规定；

3 制冷附属设备安装的水平度或垂直度允许偏差为1/1000，并应符合设备技术文件的规定；

4 采用隔振措施的制冷设备或制冷附属设备，其隔振器安装位置应正确；各个隔振器的压缩量，应均匀一致，偏差不应大于2mm；

5 设置弹簧隔振的制冷机组，应设有防止机组运行时水平位移的定位装置。

表8.3.1 制冷设备与制冷附属设备安装允许偏差和检验方法

项次	项 目	允许偏差（mm）	检 验 方 法
1	平面位移	10	经纬仪或拉线和尺量检查
2	标 高	±10	水准仪或经纬仪、拉线和尺量检查

检查数量：全数检查。

检查方法：在机座或指定的基准面上用水平仪、水准仪等检测、尺量与观察检查。

8.3.2 模块式冷水机组单元多台并联组合时，接口应牢固，且严密不漏。连接后机组的外表，应平整、完好，无明显的扭曲。

检查数量：全数检查。

检查方法：尺量、观察检查。

8.3.3 燃油系统油泵和蓄冷系统载冷剂泵的安装，纵、横向水平度允许偏差为1/1000，联轴器两轴芯轴向倾斜允许偏差为0.2/1000，径向位移为0.05mm。

检查数量：全数检查。

检查方法：在机座或指定的基准面上，用水平仪、水准仪等检测，尺量、观察检查。

8.3.4 制冷系统管道、管件的安装应符合下列规定：

1 管道、管件的内外壁应清洁、干燥；铜管管道支吊架的型式、位置、间距及管道安装标高应符合设计要求，连接制冷机的吸、排气管道应设单独支架；管径小于等于20mm的铜管道，在阀门处应设置支架；管道上下平行敷设时，吸气管应在下方；

2 制冷剂管道弯管的弯曲半径不应小于3.5D（管道直径），其最大外径与最小外径之差不应大于0.08D，且不应使用焊接弯管及皱褶弯管；

3 制冷剂管道分支管应按介质流向弯成90°弧度与主管连接，不宜使用弯曲半径小于1.5D的压制弯管；

4 铜管切口应平整、不得有毛刺、凹凸等缺陷，切口允许倾斜偏差为管径的1%，管口翻边后应保持同心，不得有开裂及皱褶，并应有良好的密封面；

5 采用承插钎焊焊接连接的铜管，其插接深度应符合表8.3.4的规定，承插的扩口方向应迎介质流向。当采用套接钎焊焊接连接时，其插接深度应不小于承插连接的规定；

采用对接焊缝组对管道的内壁应齐平，错边量不大于0.1倍壁厚，且不大于1mm；

表 8.3.4 承插式焊接的铜管承口的扩口深度表（mm）

铜管规格	≤*DN*15	*DN*20	*DN*25	*DN*32	*DN*40	*DN*50	*DN*65
承插口的扩口深度	9~12	12~15	15~18	17~20	21~24	24~26	26~30

6 管道穿越墙体或楼板时，管道的支吊架和钢管的焊接应按本规范第9章的有关规定执行。

检查数量：按系统抽查20%，且不得少于5件。

检查方法：尺量、观察检查。

8.3.5 制冷系统阀门的安装应符合下列规定：

1 制冷剂阀门安装前应进行强度和严密性试验。强度试验压力为阀门公称压力的1.5倍，时间不得少于5min；严密性试验压力为阀门公称压力的1.1倍，持续时间30s不漏为合格。合格后应保持阀体内干燥。如阀门进、出口封闭破损或阀体锈蚀的还应进行解体清洗；

2 位置、方向和高度应符合设计要求；

3 水平管道上的阀门的手柄不应朝下；垂直管道上的阀门手柄应朝向便于操作的地方；

4 自控阀门安装的位置应符合设计要求。电磁阀、调节阀、热力膨胀阀、升降式止回阀等的阀头均应向上；热力膨胀阀的安装位置应高于感温包，感温包应装在蒸发器末端的回气管上，与管道接触良好，绑扎紧密；

5 安全阀应垂直安装在便于检修的位置，其排气管的出口应朝向安全地带，排液管应装在泄水管上。

检查数量：按系统抽查20%，且不得少于5件。

检查方法：尺量、观察检查、旁站或查阅试验记录。

8.3.6 制冷系统的吹扫排污应采用压力为0.6MPa的干燥压缩空气或氮气，以浅色布检查5min，无污物为合格。系统吹扫干净后，应将系统中阀门的阀芯拆下清洗干净。

检查数量：全数检查。

检查方法：观察、旁站或查阅试验记录。

9 空调水系统管道与设备安装

9.1 一 般 规 定

9.1.1 本章适用于空调工程水系统安装子分部工程，包括冷（热）水、冷却水、凝结水系统的设备（不包括末端设备）、管道及附件施工质量的检验及验收。

9.1.2 镀锌钢管应采用螺纹连接。当管径大于 *DN*100 时，可采用卡箍式、法兰或焊接连接，但应对焊缝及热影响区的表面进行防腐处理。

9.1.3 从事金属管道焊接的企业，应具有相应项目的焊接工艺评定，焊工应持有相应类别焊接的焊工合格证书。

9.1.4 空调用蒸汽管道的安装，应按现行国家标准《建筑给水、排水及采暖工程施工质量验收规范》GB 50242—2002 的规定执行。

9.2 主 控 项 目

9.2.1 空调工程水系统的设备与附属设备、管道、管配件及阀门的型号、规格、材质及连接形式应符合设计规定。

检查数量：按总数抽查 10%，且不得少于 5 件。

检查方法：观察检查外观质量并检查产品质量证明文件、材料进场验收记录。

9.2.2 管道安装应符合下列规定：

1 隐蔽管道必须按本规范第 3.0.11 条的规定执行；

2 焊接钢管、镀锌钢管不得采用热煨弯；

3 管道与设备的连接，应在设备安装完毕后进行，与水泵、制冷机组的接管必须为柔性接口。柔性短管不得强行对口连接，与其连接的管道应设置独立支架；

4 冷热水及冷却水系统应在系统冲洗、排污合格（目测：以排出口的水色和透明度与入水口对比相近，无可见杂物），再循环试运行 2h 以上，且水质正常后才能与制冷机组、空调设备相贯通；

5 固定在建筑结构上的管道支、吊架，不得影响结构的安全。管道穿越墙体或楼板处应设钢制套管，管道接口不得置于套管内，钢制套管应与墙体饰面或楼板底部平齐，上部应高出楼层地面20～50mm，并不得将套管作为管道支撑。

保温管道与套管四周间隙应使用不燃绝热材料填塞紧密。

检查数量：系统全数检查。每个系统管道、部件数量抽查 10%，且不得少于 5 件。

检查方法：尺量、观察检查，旁站或查阅试验记录、隐蔽工程记录。

9.2.3 管道系统安装完毕，外观检查合格后，应按设计要求进行水压试验。当设计无规定时，应符合下列规定：

1 冷热水、冷却水系统的试验压力，当工作压力小于等于1.0MPa时，为 1.5 倍工作压力，但最低不小于 0.6MPa；当工作压力大于 1.0MPa 时，为工作压力加 0.5MPa。

2 对于大型或高层建筑垂直位差较大的冷（热）媒水、冷却水管道系统宜采用分区、分层试压和系统试压相结合的方法。一般建筑可采用系统试压方法。

分区、分层试压：对相对独立的局部区域的管道进行试压。在试验压力下，稳压 10min，压力不得下降，再将系统压力降至工作压力，在 60min 内压力不得下降、外观检查无渗漏为合格。

系统试压：在各分区管道与系统主、干管全部连通后，对整个系统的管道进行系统的试压。试验压力以最低点的压力为准，但最低点的压力不得超过管道与组成件的承受压力。压力试验升至试验压力后，稳压 10min，压力下降不得大于 0.02MPa，再将系统压力降至工作压力，外观检查无渗漏为合格。

3　各类耐压塑料管的强度试验压力为1.5倍工作压力，严密性工作压力为1.15倍的设计工作压力；

4　凝结水系统采用充水试验，应以不渗漏为合格。

检查数量：系统全数检查。

检查方法：旁站观察或查阅试验记录。

9.2.4　阀门的安装应符合下列规定：

1　阀门的安装位置、高度、进出口方向必须符合设计要求，连接应牢固紧密；

2　安装在保温管道上的各类手动阀门，手柄均不得向下；

3　阀门安装前必须进行外观检查，阀门的铭牌应符合现行国家标准《通用阀门标志》GB 12220的规定。对于工作压力大于1.0MPa及在主干管上起到切断作用的阀门，应进行强度和严密性试验，合格后方准使用。其他阀门可不单独进行试验，待在系统试压中检验。

强度试验时，试验压力为公称压力的1.5倍，持续时间不少于5min，阀门的壳体、填料应无渗漏。

严密性试验时，试验压力为公称压力的1.1倍；试验压力在试验持续的时间内应保持不变，时间应符合表9.2.4的规定，以阀瓣密封面无渗漏为合格。

表9.2.4　阀门压力持续时间

公称直径 *DN*（mm）	最短试验持续时间（s）	
	严密性试验	
	金属密封	非金属密封
≤50	15	15
65～200	30	15
250～450	60	30
≥500	120	60

检查数量：1、2款抽查5%，且不得少于1个。水压试验以每批（同牌号、同规格、同型号）数量中抽查20%，且不得少于1个。对于安装在主干管上起切断作用的闭路阀门，全数检查。

检查方法：按设计图核对、观察检查；旁站或查阅试验记录。

9.2.5　补偿器的补偿量和安装位置必须符合设计及产品技术文件的要求，并应根据设计计算的补偿量进行预拉伸或预压缩。

设有补偿器（膨胀节）的管道应设置固定支架，其结构形式和固定位置应符合设计要求，并应在补偿器的预拉伸（或预压缩）前固定；导向支架的设置应符合所安装产品技术文件的要求。

检查数量：抽查20%，且不得少于1个。

检查方法：观察检查，旁站或查阅补偿器的预拉伸或预压缩记录。

9.2.6　冷却塔的型号、规格、技术参数必须符合设计要求。对含有易燃材料冷却塔的安装，必须严格执行施工防火安全的规定。

检查数量：全数检查。

检查方法：按图纸核对，监督执行防火规定。

9.2.7　水泵的规格、型号、技术参数应符合设计要求和产品性能指标。水泵正常连续试运行的时间，不应少于2h。

检查数量：全数检查。

检查方法：按图纸核对，实测或查阅水泵试运行记录。

9.2.8　水箱、集水缸、分水缸、储冷罐的满水试验或水压试验必须符合设计要求。储冷罐内壁防腐涂层的材质、涂抹质量、厚度必须符合设计或产品技术文件要求，储冷罐与底座必须进行绝热处理。

检查数量：全数检查。

检查方法：尺量、观察检查，查阅试验记录。

9.3 一 般 项 目

9.3.1 当空调水系统的管道，采用建筑用硬聚氯乙烯（PVC-U）、聚丙烯（PP-R）、聚丁烯（PB）与交联聚乙烯（PEX）等有机材料管道时，其连接方法应符合设计和产品技术要求的规定。

检查数量：按总数抽查20%，且不得少于2处。

检查方法：尺量、观察检查，验证产品合格证书和试验记录。

9.3.2 金属管道的焊接应符合下列规定：

1 管道焊接材料的品种、规格、性能应符合设计要求。管道对接焊口的组对和坡口形式等应符合表9.3.2的规定；对口的平直度为1/100，全长不大于10mm。管道的固定焊口应远离设备，且不宜与设备接口中心线相重合。管道对接焊缝与支、吊架的距离应大于50mm；

表9.3.2 管道焊接坡口形式和尺寸

项次	厚度 T（mm）	坡口名称	坡口形式	坡口尺寸 间隙 C（mm）	钝边 P（mm）	坡口角度 α（°）	备注
1	1~3	I型坡口	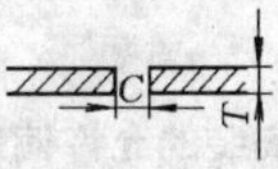	0~1.5	—	—	内壁错边量≤0.1T，且≤2mm；外壁≤3mm
	3~6 双面焊			1~2.5			
2	6~9	V型坡口	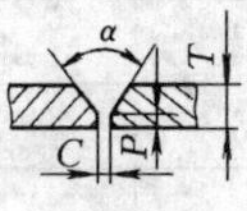	0~2.0	0~2	65~75	
	9~26			0~3.0	0~3	55~65	
3	2~30	T型坡口	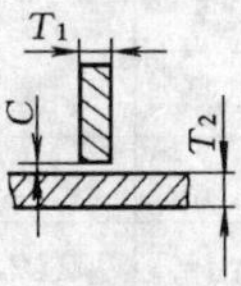	0~2.0	—	—	

2 管道焊缝表面应清理干净，并进行外观质量的检查。焊缝外观质量不得低于现行国家标准《现场设备、工业管道焊接工程施工及验收规范》GB 50236中第11.3.3条的Ⅳ级规定（氨管为Ⅲ级）。

检查数量：按总数抽查20%，且不得少于1处。

检查方法：尺量、观察检查。

9.3.3 螺纹连接的管道，螺纹应清洁、规整，断丝或缺丝不大于螺纹全扣数的10%；连接牢固；接口处根部外露螺纹为2~3扣，无外露填料；镀锌管道的镀锌层应注意保护，对局部的破损处，应做防腐处理。

检查数量：按总数抽查5%，且不得少于5处。

检查方法：尺量、观察检查。

9.3.4 法兰连接的管道，法兰面应与管道中心线垂直，并同心。法兰对接应平行，其偏差不应大于其外径的1.5/1000，且不得大于2mm；连接螺栓长度应一致、螺母在同侧、均匀拧紧。螺栓紧固后不应低于螺母平面。法兰的衬垫规格、品种与厚度应符合设计的要求。

检查数量：按总数抽查5%，且不得少于5处。

检查方法：尺量、观察检查。

9.3.5 钢制管道的安装应符合下列规定：

1 管道和管件在安装前，应将其内、外壁的污物和锈蚀清除干净。当管道安装间断时，应及时封闭敞开的管口；

2 管道弯制弯管的弯曲半径，热弯不应小于管道外径的3.5倍、冷弯不应小于4倍；焊接弯管不应小于1.5倍；冲压弯管不应小于1倍。弯管的最大外径与最小外径的差不应大于管道外径的8/100，管壁减薄率不应大于15%；

3 冷凝水排水管坡度，应符合设计文件的规定。当设计无规定时，其坡度宜大于或等于8‰；软管连接的长度，不宜大于150mm；

4 冷热水管道与支、吊架之间，应有绝热衬垫（承压强度能满足管道重量的不燃、难燃硬质绝热材料或经防腐处理的木衬垫），其厚度不应小于绝热层厚度，宽度应大于支、吊架支承面的宽度。衬垫的表面应平整、衬垫接合面的空隙应填实；

5 管道安装的坐标、标高和纵、横向的弯曲度应符合表9.3.5的规定。在吊顶内等暗装管道的位置应正确，无明显偏差。

表9.3.5 管道安装的允许偏差和检验方法

项目			允许偏差（mm）	检查方法
坐标	架空及地沟	室外	25	按系统检查管道的起点、终点、分支点和变向点及各点之间的直管 用经纬仪、水准仪、液体连通器、水平仪、拉线和尺量检查
		室内	15	
	埋地		60	
标高	架空及地沟	室外	±20	
		室内	±15	
	埋地		±25	
水平管道平直度		$DN \leqslant 100$mm	$2L$‰，最大40	用直尺、拉线和尺量检查
		$DN > 100$mm	$3L$‰，最大60	
立管垂直度			$5L$‰，最大25	用直尺、线锤、拉线和尺量检查
成排管段间距			15	用直尺尺量检查
成排管段或成排阀门在同一平面上			3	用直尺、拉线和尺量检查

注：L——管道的有效长度（mm）。

检查数量：按总数抽查10%，且不得少于5处。

检查方法：尺量、观察检查。

9.3.6 钢塑复合管道的安装，当系统工作压力不大于1.0MPa时，可采用涂（衬）塑焊接钢管螺纹连接，与管道配件的连接深度和扭矩应符合表9.3.6-1的规定；当系统工作压力为1.0~2.5MPa时，可采用涂（衬）塑无缝钢管法兰连接或沟槽式连接，管道配件均为无缝钢管涂（衬）塑管件。

沟槽式连接的管道，其沟槽与橡胶密封圈和卡箍套必须为配套合格产品；支、吊架的间距应符合表9.3.6-2的规定。

表9.3.6-1 钢塑复合管螺纹连接深度及紧固扭矩

<table>
<tr><td colspan="2">公称直径（mm）</td><td>15</td><td>20</td><td>25</td><td>32</td><td>40</td><td>50</td><td>65</td><td>80</td><td>100</td></tr>
<tr><td rowspan="2">螺纹连接</td><td>深度（mm）</td><td>11</td><td>13</td><td>15</td><td>17</td><td>18</td><td>20</td><td>23</td><td>27</td><td>33</td></tr>
<tr><td>牙 数</td><td>6.0</td><td>6.5</td><td>7.0</td><td>7.5</td><td>8.0</td><td>9.0</td><td>10.0</td><td>11.5</td><td>13.5</td></tr>
<tr><td colspan="2">扭矩（N·m）</td><td>40</td><td>60</td><td>100</td><td>120</td><td>150</td><td>200</td><td>250</td><td>300</td><td>400</td></tr>
</table>

表9.3.6-2 沟槽式连接管道的沟槽及支、吊架的间距

<table>
<tr><td>公称直径（mm）</td><td>沟槽深度（mm）</td><td>允许偏差（mm）</td><td>支、吊架的间距（m）</td><td>端面垂直度允许偏差（mm）</td></tr>
<tr><td>65~100</td><td>2.20</td><td>0~+0.3</td><td>3.5</td><td>1.0</td></tr>
<tr><td>125~150</td><td>2.20</td><td>0~+0.3</td><td>4.2</td><td rowspan="4">1.5</td></tr>
<tr><td>200</td><td>2.50</td><td>0~+0.3</td><td>4.2</td></tr>
<tr><td>225~250</td><td>2.50</td><td>0~+0.3</td><td>5.0</td></tr>
<tr><td>300</td><td>3.0</td><td>0~+0.5</td><td>5.0</td></tr>
<tr><td colspan="5">注：1 连接管端面应平整光滑、无毛刺；沟槽过深，应作为废品，不得使用。
2 支、吊架不得支承在连接头上，水平管的任意两个连接头之间必须有支、吊架。</td></tr>
</table>

检查数量：按总数抽查10%，且不得少于5处。

检查方法：尺量、观察检查、查阅产品合格证明文件。

9.3.7 风机盘管机组及其他空调设备与管道的连接，宜采用弹性接管或软接管（金属或非金属软管），其耐压值应大于等于1.5倍的工作压力。软管的连接应牢固、不应有强扭和瘪管。

检查数量：按总数抽查10%，且不得少于5处。

检查方法：观察、查阅产品合格证明文件。

9.3.8 金属管道的支、吊架的型式、位置、间距、标高应符合设计或有关技术标准的要求。设计无规定时，应符合下列规定：

1 支、吊架的安装应平整牢固，与管道接触紧密。管道与设备连接处，应设独立支、吊架；

2 冷（热）媒水、冷却水系统管道机房内总、干管的支、吊架，应采用承重防晃管架；与设备连接的管道管架宜有减振措施。当水平支管的管架采用单杆吊架时，应在管道起始点、阀门、三通、弯头及长度每隔15m设置承重防晃支、吊架；

3 无热位移的管道吊架，其吊杆应垂直安装；有热位移的，其吊杆应向热膨胀（或冷收缩）的反方向偏移安装，偏移量按计算确定；

4 滑动支架的滑动面应清洁、平整，其安装位置应从支承面中心向位移反方向偏移1/2位移值或符合设计文件规定；

5 竖井内的立管，每隔2~3层应设导向支架。在建筑结构负重允许的情况下，水平安装管道支、吊架的间距应符合表9.3.8的规定；

表 9.3.8 钢管道支、吊架的最大间距

公称直径（mm）		15	20	25	32	40	50	70	80	100	125	150	200	250	300
支架的最大间距（m）	L_1	1.5	2.0	2.5	2.5	3.0	3.5	4.0	5.0	5.0	5.5	6.5	7.5	8.5	9.5
	L_2	2.5	3.0	3.5	4.0	4.5	5.0	6.0	6.5	6.5	7.5	7.5	9.0	9.5	10.5
	对大于 300mm 的管道可参考 300mm 管道														
注：1 适用于工作压力不大于 2.0MPa，不保温或保温材料密度不大于 200kg/m³的管道系统。 2 L_1用于保温管道，L_2用于不保温管道。															

6 管道支、吊架的焊接应由合格持证焊工施焊，并不得有漏焊、欠焊或焊接裂纹等缺陷。支架与管道焊接时，管道侧的咬边量，应小于 0.1 管壁厚。

检查数量：按系统支架数量抽查 5%，且不得少于 5 个。

检查方法：尺量、观察检查。

9.3.9 采用建筑用硬聚氯乙烯（PVC-U）、聚丙烯（PP-R）与交联聚乙烯（PEX）等管道时，管道与金属支、吊架之间应有隔绝措施，不可直接接触。当为热水管道时，还应加宽其接触的面积。支、吊架的间距应符合设计和产品技术要求的规定。

检查数量：按系统支架数量抽查 5%，且不得少于 5 个。

检查方法：观察检查。

9.3.10 阀门、集气罐、自动排气装置、除污器（水过滤器）等管道部件的安装应符合设计要求，并应符合下列规定：

1 阀门安装的位置、进出口方向应正确，并便于操作；连接应牢固紧密，启闭灵活；成排阀门的排列应整齐美观，在同一平面上的允许偏差为 3mm；

2 电动、气动等自控阀门在安装前应进行单体的调试，包括开启、关闭等动作试验；

3 冷冻水和冷却水的除污器（水过滤器）应安装在进机组前的管道上，方向正确且便于清污；与管道连接牢固、严密，其安装位置应便于滤网的拆装和清洗。过滤器滤网的材质、规格和包扎方法应符合设计要求；

4 闭式系统管路应在系统最高处及所有可能积聚空气的高点设置排气阀，在管路最低点应设置排水管及排水阀。

检查数量：按规格、型号抽查 10%，且不得少于 2 个。

检查方法：对照设计文件尺量、观察和操作检查。

9.3.11 冷却塔安装应符合下列规定：

1 基础标高应符合设计的规定，允许误差为 ±20mm。冷却塔地脚螺栓与预埋件的连接或固定应牢固，各连接部件应采用热镀锌或不锈钢螺栓，其紧固力应一致、均匀；

2 冷却塔安装应水平，单台冷却塔安装水平度和垂直度允许偏差均为 2/1000。同一冷却水系统的多台冷却塔安装时，各台冷却塔的水面高度应一致，高差不应大于 30mm；

3 冷却塔的出水口及喷嘴的方向和位置应正确，积水盘应严密无渗漏；分水器布水均匀。带转动布水器的冷却塔，其转动部分应灵活，喷水出口按设计或产品要求，方向应一致；

4 冷却塔风机叶片端部与塔体四周的径向间隙应均匀。对于可调整角度的叶片，角

度应一致。

检查数量：全数检查。

检查方法：尺量、观察检查，积水盘做充水试验或查阅试验记录。

9.3.12 水泵及附属设备的安装应符合下列规定：

1 水泵的平面位置和标高允许偏差为±10mm，安装的地脚螺栓应垂直、拧紧，且与设备底座接触紧密；

2 垫铁组放置位置正确、平稳，接触紧密，每组不超过3块；

3 整体安装的泵，纵向水平偏差不应大于0.1/1000，横向水平偏差不应大于0.20/1000；解体安装的泵纵、横向安装水平偏差均不应大于0.05/1000；

水泵与电机采用联轴器连接时，联轴器两轴芯的允许偏差，轴向倾斜不应大于0.2/1000，径向位移不应大于0.05mm；

小型整体安装的管道水泵不应有明显偏斜。

4 减震器与水泵及水泵基础连接牢固、平稳、接触紧密。

检查数量：全数检查。

检查方法：扳手试拧、观察检查，用水平仪和塞尺测量或查阅设备安装记录。

9.3.13 水箱、集水器、分水器、储冷罐等设备的安装，支架或底座的尺寸、位置符合设计要求。设备与支架或底座接触紧密，安装平正、牢固。平面位置允许偏差为15mm，标高允许偏差为±5mm，垂直度允许偏差为1/1000。

膨胀水箱安装的位置及接管的连接，应符合设计文件的要求。

检查数量：全数检查。

检查方法：尺量、观察检查，旁站或查阅试验记录。

10 防腐与绝热

10.1 一般规定

10.1.1 风管与部件及空调设备绝热工程施工应在风管系统严密性检验合格后进行。

10.1.2 空调工程的制冷系统管道，包括制冷剂和空调水系统绝热工程的施工，应在管路系统强度与严密性检验合格和防腐处理结束后进行。

10.1.3 普通薄钢板在制作风管前，宜预涂防锈漆一遍。

10.1.4 支、吊架的防腐处理应与风管或管道相一致，其明装部分必须涂面漆。

10.1.5 油漆施工时，应采取防火、防冻、防雨等措施，并不应在低温或潮湿环境下作业。明装部分的最后一遍色漆，宜在安装完毕后进行。

10.2 主控项目

10.2.1 风管和管道的绝热，应采用不燃或难燃材料，其材质、密度、规格与厚度应符合设计要求。如采用难燃材料时，应对其难燃性进行检查，合格后方可使用。

检查数量：按批随机抽查1件。

检查方法：观察检查、检查材料合格证，并做点燃试验。

10.2.2 防腐涂料和油漆，必须是在有效保质期限内的合格产品。

检查数量：按批检查。

检查方法：观察、检查材料合格证。

10.2.3 在下列场合必须使用不燃绝热材料：

1 电加热器前后800mm的风管和绝热层；

2 穿越防火隔墙两侧2m范围内风管、管道和绝热层。

检查数量：全数检查。

检查方法：观察、检查材料合格证与做点燃试验。

10.2.4 输送介质温度低于周围空气露点温度的管道，当采用非闭孔性绝热材料时，隔汽层（防潮层）必须完整，且封闭良好。

检查数量：按数量抽查10%，且不得少于5段。

检查方法：观察检查。

10.2.5 位于洁净室内的风管及管道的绝热，不应采用易产尘的材料（如玻璃纤维、短纤维矿棉等）。

检查数量：全数检查。

检查方法：观察检查。

10.3 一 般 项 目

10.3.1 喷、涂油漆的漆膜，应均匀、无堆积、皱纹、气泡、掺杂、混色与漏涂等缺陷。

检查数量：按面积抽查10%。

检查方法：观察检查。

10.3.2 各类空调设备、部件的油漆喷、涂，不得遮盖铭牌标志和影响部件的功能使用。

检查数量：按数量抽查10%，且不得少于2个。

检查方法：观察检查。

10.3.3 风管系统部件的绝热，不得影响其操作功能。

检查数量：按数量抽查10%，且不得少于2个。

检查方法：观察检查。

10.3.4 绝热材料层应密实，无裂缝、空隙等缺陷。表面应平整，当采用卷材或板材时，允许偏差为5mm；采用涂抹或其他方式时，允许偏差为10mm。防潮层（包括绝热层的端部）应完整，且封闭良好；其搭接缝应顺水。

检查数量：管道按轴线长度抽查10%；部件、阀门抽查10%，且不得少于2个。

检查方法：观察检查、用钢丝刺入保温层、尺量。

10.3.5 风管绝热层采用粘结方法固定时，施工应符合下列规定：

1 粘结剂的性能应符合使用温度和环境卫生的要求，并与绝热材料相匹配；

2 粘结材料宜均匀地涂在风管、部件或设备的外表面上，绝热材料与风管、部件及设备表面应紧密贴合，无空隙；

3 绝热层纵、横向的接缝，应错开；

4 绝热层粘贴后，如进行包扎或捆扎，包扎的搭接处应均匀、贴紧；捆扎的应松紧适度，不得损坏绝热层。

检查数量：按数量抽查 10%。

检查方法：观察检查和检查材料合格证。

10.3.6 风管绝热层采用保温钉连接固定时，应符合下列规定：

1 保温钉与风管、部件及设备表面的连接，可采用粘接或焊接，结合应牢固，不得脱落；焊接后应保持风管的平整，并不应影响镀锌钢板的防腐性能；

2 矩形风管或设备保温钉的分布应均匀，其数量底面每平方米不应少于 16 个，侧面不应少于 10 个，顶面不应少于 8 个。首行保温钉至风管或保温材料边沿的距离应小于 120mm；

3 风管法兰部位的绝热层的厚度，不应低于风管绝热层的 0.8 倍；

4 带有防潮隔汽层绝热材料的拼缝处，应用粘胶带封严。粘胶带的宽度不应小于 50mm。粘胶带应牢固地粘贴在防潮面层上，不得有胀裂和脱落。

检查数量：按数量抽查 10%，且不得少于 5 处。

检查方法：观察检查。

10.3.7 绝热涂料作绝热层时，应分层涂抹，厚度均匀，不得有气泡和漏涂等缺陷，表面固化层应光滑，牢固无缝隙。

检查数量：按数量抽查 10%。

检查方法：观察检查。

10.3.8 当采用玻璃纤维布作绝热保护层时，搭接的宽度应均匀，宜为 30～50mm，且松紧适度。

检查数量：按数量抽查 10%，且不得少于 $10m^2$。

检查方法：尺量、观察检查。

10.3.9 管道阀门、过滤器及法兰部位的绝热结构应能单独拆卸。

检查数量：按数量抽查 10%，且不得少于 5 个。

检查方法：观察检查。

10.3.10 管道绝热层的施工，应符合下列规定：

1 绝热产品的材质和规格，应符合设计要求，管壳的粘贴应牢固、铺设应平整；绑扎应紧密，无滑动、松弛与断裂现象；

2 硬质或半硬质绝热管壳的拼接缝隙，保温时不应大于 5mm、保冷时不应大于 2mm，并用粘结材料勾缝填满；纵缝应错开，外层的水平接缝应设在侧下方。当绝热层的厚度大于 100mm 时，应分层铺设，层间应压缝；

3 硬质或半硬质绝热管壳应用金属丝或难腐织带捆扎，其间距为 300～350mm，且每节至少捆扎 2 道；

4 松散或软质绝热材料应按规定的密度压缩其体积，疏密应均匀。毡类材料在管道上包扎时，搭接处不应有空隙。

检查数量：按数量抽查 10%，且不得少于 10 段。

检查方法：尺量、观察检查及查阅施工记录。

10.3.11 管道防潮层的施工应符合下列规定：

1 防潮层应紧密粘贴在绝热层上，封闭良好，不得有虚粘、气泡、褶皱、裂缝等缺陷；

2　立管的防潮层，应由管道的低端向高端敷设，环向搭接的缝口应朝向低端；纵向的搭接缝应位于管道的侧面，并顺水；

3　卷材防潮层采用螺旋形缠绕的方式施工时，卷材的搭接宽度宜为30~50mm。

检查数量：按数量抽查10%，且不得少于10m。

检查方法：尺量、观察检查。

10.3.12　金属保护壳的施工，应符合下列规定：

1　应紧贴绝热层，不得有脱壳、褶皱、强行接口等现象。接口的搭接应顺水，并有凸筋加强，搭接尺寸为20~25mm。采用自攻螺丝固定时，螺钉间距应匀称，并不得刺破防潮层。

2　户外金属保护壳的纵、横向接缝，应顺水；其纵向接缝应位于管道的侧面。金属保护壳与外墙面或屋顶的交接处应加设泛水。

检查数量：按数量抽查10%。

检查方法：观察检查。

10.3.13　冷热源机房内制冷系统管道的外表面，应做色标。

检查数量：按数量抽查10%。

检查方法：观察检查。

11　系　统　调　试

11.1　一　般　规　定

11.1.1　系统调试所使用的测试仪器和仪表，性能应稳定可靠，其精度等级及最小分度值应能满足测定的要求，并应符合国家有关计量法规及检定规程的规定。

11.1.2　通风与空调工程的系统调试，应由施工单位负责、监理单位监督，设计单位与建设单位参与和配合。系统调试的实施可以是施工企业本身或委托给具有调试能力的其他单位。

11.1.3　系统调试前，承包单位应编制调试方案，报送专业监理工程师审核批准；调试结束后，必须提供完整的调试资料和报告。

11.1.4　通风与空调工程系统无生产负荷的联合试运转及调试，应在制冷设备和通风与空调设备单机试运转合格后进行。空调系统带冷（热）源的正常联合试运转不应少于8h，当竣工季节与设计条件相差较大时，仅做不带冷（热）源试运转。通风、除尘系统的连续试运转不应少于2h。

11.1.5　净化空调系统运行前应在回风、新风的吸入口处和粗、中效过滤器前设置临时用过滤器（如无纺布等），实行对系统的保护。净化空调系统的检测和调整，应在系统进行全面清扫，且已运行24h及以上达到稳定后进行。

洁净室洁净度的检测，应在空态或静态下进行或按合约规定。室内洁净度检测时，人员不宜多于3人，均必须穿与洁净室洁净度等级相适应的洁净工作服。

11.2 主 控 项 目

11.2.1 通风与空调工程安装完毕，必须进行系统的测定和调整（简称调试）。系统调试应包括下列项目：

1 设备单机试运转及调试；

2 系统无生产负荷下的联合试运转及调试。

检查数量：全数。

检查方法：观察、旁站、查阅调试记录。

11.2.2 设备单机试运转及调试应符合下列规定：

1 通风机、空调机组中的风机，叶轮旋转方向正确、运转平稳、无异常振动与声响，其电机运行功率应符合设备技术文件的规定。在额定转速下连续运转 2h 后，滑动轴承外壳最高温度不得超过 70℃；滚动轴承不得超过 80℃；

2 水泵叶轮旋转方向正确，无异常振动和声响，紧固连接部位无松动，其电机运行功率值符合设备技术文件的规定。水泵连续运转 2h 后，滑动轴承外壳最高温度不得超过 70℃；滚动轴承不得超过 75℃；

3 冷却塔本体应稳固、无异常振动，其噪声应符合设备技术文件的规定。风机试运转按本条第 1 款的规定；

冷却塔风机与冷却水系统循环试运行不少于 2h，运行应无异常情况；

4 制冷机组、单元式空调机组的试运转，应符合设备技术文件和现行国家标准《制冷设备、空气分离设备安装工程施工及验收规范》GB 50274 的有关规定，正常运转不应少于 8h；

5 电控防火、防排烟风阀（口）的手动、电动操作应灵活、可靠，信号输出正确。

检查数量：第 1 款按风机数量抽查 10%，且不得少于 1 台；第 2、3、4 款全数检查；第 5 款按系统中风阀的数量抽查 20%，且不得少于 5 件。

检查方法：观察、旁站、用声级计测定、查阅试运转记录及有关文件。

11.2.3 系统无生产负荷的联合试运转及调试应符合下列规定：

1 系统总风量调试结果与设计风量的偏差不应大于 10%；

2 空调冷热水、冷却水总流量测试结果与设计流量的偏差不应大于 10%；

3 舒适空调的温度、相对湿度应符合设计的要求。恒温、恒湿房间室内空气温度、相对湿度及波动范围应符合设计规定。

检查数量：按风管系统数量抽查 10%，且不得少于 1 个系统。

检查方法：观察、旁站、查阅调试记录。

11.2.4 防排烟系统联合试运行与调试的结果（风量及正压），必须符合设计与消防的规定。

检查数量：按总数抽查 10%，且不得少于 2 个楼层。

检查方法：观察、旁站、查阅调试记录。

11.2.5 净化空调系统还应符合下列规定：

1 单向流洁净室系统的系统总风量调试结果与设计风量的允许偏差为 0～20%，室内各风口风量与设计风量的允许偏差为 15%。

新风量与设计新风量的允许偏差为10%。

2 单向流洁净室系统的室内截面平均风速的允许偏差为0~20%，且截面风速不均匀度不应大于0.25。

新风量和设计新风量的允许偏差为10%。

3 相邻不同级别洁净室之间和洁净室与非洁净室之间的静压差不应小于5Pa，洁净室与室外的静压差不应小于10Pa。

4 室内空气洁净度等级必须符合设计规定的等级或在商定验收状态下的等级要求。

高于等于5级的单向流洁净室，在门开启的状态下，测定距离门0.6m室内侧工作高度处空气的含尘浓度，亦不应超过室内洁净度等级上限的规定。

检查数量：调试记录全数检查，测点抽查5%，且不得少于1点。

检查方法：检查、验证调试记录，按本规范附录B进行测试校核。

11.3 一 般 项 目

11.3.1 设备单机试运转及调试应符合下列规定：

1 水泵运行时不应有异常振动和声响、壳体密封处不得渗漏、紧固连接部位不应松动、轴封的温升应正常；在无特殊要求的情况下，普通填料泄漏量不应大于60mL/h，机械密封的不应大于5mL/h；

2 风机、空调机组、风冷热泵等设备运行时，产生的噪声不宜超过产品性能说明书的规定值；

3 风机盘管机组的三速、温控开关的动作应正确，并与机组运行状态一一对应。

检查数量：第1、2款抽查20%，且不得少于1台；第3款抽查10%，且不得少于5台。

检查方法：观察、旁站、查阅试运转记录。

11.3.2 通风工程系统无生产负荷联动试运转及调试应符合下列规定：

1 系统联动试运转中，设备及主要部件的联动必须符合设计要求，动作协调、正确，无异常现象；

2 系统经过平衡调整，各风口或吸风罩的风量与设计风量的允许偏差不应大于15%；

3 湿式除尘器的供水与排水系统运行应正常。

11.3.3 空调工程系统无生产负荷联动试运转及调试还应符合下列规定：

1 空调工程水系统应冲洗干净、不含杂物，并排除管道系统中的空气；系统连续运行应达到正常、平稳；水泵的压力和水泵电机的电流不应出现大幅波动。系统平衡调整后，各空调机组的水流量应符合设计要求，允许偏差为20%；

2 各种自动计量检测元件和执行机构的工作应正常，满足建筑设备自动化（BA、FA等）系统对被测定参数进行检测和控制的要求；

3 多台冷却塔并联运行时，各冷却塔的进、出水量应达到均衡一致；

4 空调室内噪声应符合设计规定要求；

5 有压差要求的房间、厅堂与其他相邻房间之间的压差，舒适性空调正压为0~25Pa；工艺性的空调应符合设计的规定；

6　有环境噪声要求的场所，制冷、空调机组应按现行国家标准《采暖通风与空气调节设备噪声声功率级的测定——工程法》GB 9068 的规定进行测定。洁净室内的噪声应符合设计的规定。

检查数量：按系统数量抽查10%，且不得少于1个系统或1间。

检查方法：观察、用仪表测量检查及查阅调试记录。

11.3.4　通风与空调工程的控制和监测设备，应能与系统的检测元件和执行机构正常沟通，系统的状态参数应能正确显示，设备联锁、自动调节、自动保护应能正确动作。

检查数量：按系统或监测系统总数抽查30%，且不得少于1个系统。

检查方法：旁站观察，查阅调试记录。

12　竣　工　验　收

12.0.1　通风与空调工程的竣工验收，是在工程施工质量得到有效监控的前提下，施工单位通过整个分部工程的无生产负荷系统联合试运转与调试和观感质量的检查，按本规范要求将质量合格的分部工程移交建设单位的验收过程。

12.0.2　通风与空调工程的竣工验收，应由建设单位负责，组织施工、设计、监理等单位共同进行，合格后即应办理竣工验收手续。

12.0.3　通风与空调工程竣工验收时，应检查竣工验收的资料，一般包括下列文件及记录：

1　图纸会审记录、设计变更通知书和竣工图；

2　主要材料、设备、成品、半成品和仪表的出厂合格证明及进场检（试）验报告；

3　隐蔽工程检查验收记录；

4　工程设备、风管系统、管道系统安装及检验记录；

5　管道试验记录；

6　设备单机试运转记录；

7　系统无生产负荷联合试运转与调试记录；

8　分部（子分部）工程质量验收记录；

9　观感质量综合检查记录；

10　安全和功能检验资料的核查记录。

12.0.4　观感质量检查应包括以下项目：

1　风管表面应平整、无损坏；接管合理，风管的连接以及风管与设备或调节装置的连接，无明显缺陷；

2　风口表面应平整，颜色一致，安装位置正确，风口可调节部件应能正常动作；

3　各类调节装置的制作和安装应正确牢固，调节灵活，操作方便。防火及排烟阀等关闭严密，动作可靠；

4　制冷及水管系统的管道、阀门及仪表安装位置正确，系统无渗漏；

5　风管、部件及管道的支、吊架型式、位置及间距应符合本规范要求；

6　风管、管道的软性接管位置应符合设计要求，接管正确、牢固，自然无强扭；

7　通风机、制冷机、水泵、风机盘管机组的安装应正确牢固；

8　组合式空气调节机组外表平整光滑、接缝严密、组装顺序正确，喷水室外表面无渗漏；

9　除尘器、积尘室安装应牢固、接口严密；

10　消声器安装方向正确，外表面应平整无损坏；

11　风管、部件、管道及支架的油漆应附着牢固，漆膜厚度均匀，油漆颜色与标志符合设计要求；

12　绝热层的材质、厚度应符合设计要求；表面平整、无断裂和脱落；室外防潮层或保护壳应顺水搭接、无渗漏。

检查数量：风管、管道各按系统抽查10%，且不得少于1个系统。各类部件、阀门及仪表抽检5%，且不得少于10件。

检查方法：尺量、观察检查。

12.0.5　净化空调系统的观感质量检查还应包括下列项目：

1　空调机组、风机、净化空调机组、风机过滤器单元和空气吹淋室等的安装位置应正确、固定牢固、连接严密，其偏差应符合本规范有关条文的规定；

2　高效过滤器与风管、风管与设备的连接处应有可靠密封；

3　净化空调机组、静压箱、风管及送回风口清洁无积尘；

4　装配式洁净室的内墙面、吊顶和地面应光滑、平整、色泽均匀、不起灰尘，地板静电值应低于设计规定；

5　送回风口、各类末端装置以及各类管道等与洁净室内表面的连接处密封处理应可靠、严密。

检查数量：按数量抽查20%，且不得少于1个。

检查方法：尺量、观察检查。

13　综合效能的测定与调整

13.0.1　通风与空调工程交工前，应进行系统生产负荷的综合效能试验的测定与调整。

13.0.2　通风与空调工程带生产负荷的综合效能试验与调整，应在已具备生产试运行的条件下进行，由建设单位负责，设计、施工单位配合。

13.0.3　通风、空调系统带生产负荷的综合效能试验测定与调整的项目，应由建设单位根据工程性质、工艺和设计的要求进行确定。

13.0.4　通风、除尘系统综合效能试验可包括下列项目：

1　室内空气中含尘浓度或有害气体浓度与排放浓度的测定；

2　吸气罩罩口气流特性的测定；

3　除尘器阻力和除尘效率的测定；

4　空气油烟、酸雾过滤装置净化效率的测定。

13.0.5　空调系统综合效能试验可包括下列项目：

1　送回风口空气状态参数的测定与调整；

2　空气调节机组性能参数的测定与调整；

3　室内噪声的测定；

4 室内空气温度和相对湿度的测定与调整；

5 对气流有特殊要求的空调区域做气流速度的测定。

13.0.6 恒温恒湿空调系统除应包括空调系统综合效能试验项目外，尚可增加下列项目：

1 室内静压的测定和调整；

2 空调机组各功能段性能的测定和调整；

3 室内温度、相对湿度场的测定和调整；

4 室内气流组织的测定。

13.0.7 净化空调系统除应包括恒温恒湿空调系统综合效能试验项目外，尚可增加下列项目：

1 生产负荷状态下室内空气洁净度等级的测定；

2 室内浮游菌和沉降菌的测定；

3 室内自净时间的测定；

4 空气洁净度高于5级的洁净室，除应进行净化空调系统综合效能试验项目外，尚应增加设备泄漏控制、防止污染扩散等特定项目的测定；

5 洁净度等级高于等于5级的洁净室，可进行单向气流流线平行度的检测，在工作区内气流流向偏离规定方向的角度不大于15°。

13.0.8 防排烟系统综合效能试验的测定项目，为模拟状态下安全区正压变化测定及烟雾扩散试验等。

13.0.9 净化空调系统的综合效能检测单位和检测状态，宜由建设、设计和施工单位三方协商确定。

附录A 漏光法检测与漏风量测试

A.1 漏光法检测

A.1.1 漏光法检测是利用光线对小孔的强穿透力，对系统风管严密程度进行检测的方法。

A.1.2 检测应采用具有一定强度的安全光源。手持移动光源可采用不低于100W带保护罩的低压照明灯，或其他低压光源。

A.1.3 系统风管漏光检测时，光源可置于风管内侧或外侧，但其相对侧应为暗黑环境。检测光源应沿着被检测接口部位与接缝作缓慢移动，在另一侧进行观察，当发现有光线射出，则说明查到明显漏风处，并应做好记录。

A.1.4 对系统风管的检测，宜采用分段检测、汇总分析的方法。在严格安装质量管理的基础上，系统风管的检测以总管和干管为主。当采用漏光法检测系统的严密性时，低压系统风管以每10m接缝，漏光点不大于2处，且100m接缝平均不大于16处为合格；中压系统风管每10m接缝，漏光点不大于1处，且100m接缝平均不大于8处为合格。

A.1.5 漏光检测中对发现的条缝形漏光，应作密封处理。

A.2 测 试 装 置

A.2.1 漏风量测试应采用经检验合格的专用测量仪器，或采用符合现行国家标准《流量测量节流装置》规定的计量元件搭设的测量装置。

A.2.2 漏风量测试装置可采用风管式或风室式。风管式测试装置采用孔板做计量元件；风室式测试装置采用喷嘴做计量元件。

A.2.3 漏风量测试装置的风机，其风压和风量应选择分别大于被测定系统或设备的规定试验压力及最大允许漏风量的1.2倍。

A.2.4 漏风量测试装置试验压力的调节，可采用调整风机转速的方法，也可采用控制节流装置开度的方法。漏风量值必须在系统经调整后，保持稳压的条件下测得。

A.2.5 漏风量测试装置的压差测定应采用微压计，其最小读数分格不应大于2.0Pa。

A.2.6 风管式漏风量测试装置：

1 风管式漏风量测试装置由风机、连接风管、测压仪器、整流栅、节流器和标准孔板等组成（图A.2.6-1）。

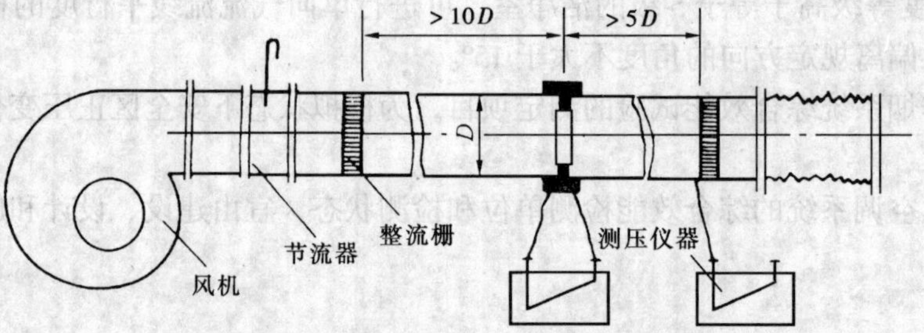

图 A.2.6-1　正压风管式漏风量测试装置

2 本装置采用角接取压的标准孔板。孔板 β 值范围为0.22～0.7（$\beta = d/D$）；孔板至前、后整流栅及整流栅外直管段距离，应分别符合大于10倍和5倍圆管直径 D 的规定。

3 本装置的连接风管均为光滑圆管。孔板至上游 $2D$ 范围内其圆度允许偏差为0.3%；下游为2%。

4 孔板与风管连接，其前端与管道轴线垂直度允许偏差为1°；孔板与风管同心度允许偏差为 $0.015D$。

5 在第一整流栅后，所有连接部分应该严密不漏。

6 用下列公式计算漏风量：

$$Q = 3600\varepsilon \cdot \alpha \cdot A_n \sqrt{\frac{2}{\rho}\ \Delta P} \qquad (A.2.6)$$

式中 Q——漏风量（m^3/h）；

ε——空气流束膨胀系数；

α——孔板的流量系数；

A_n——孔板开口面积（m^2）；

ρ——空气密度（kg/m^3）；

ΔP——孔板差压（Pa）。

7 孔板的流量系数与 β 值的关系根据图 A.2.6-2 确定，其适用范围应满足下列条件，在此范围内，不计管道粗糙度对流量系数的影响。

$10^5 < Re < 2.0 \times 10^6$

$0.05 < \beta^2 \leqslant 0.49$

$50\text{mm} < D \leqslant 1000\text{mm}$

雷诺数小于 10^5 时，则应按现行国家标准《流量测量节流装置》求得流量系数 α。

8 孔板的空气流束膨胀系数 ε 值可根据表 A.2.6 查得。

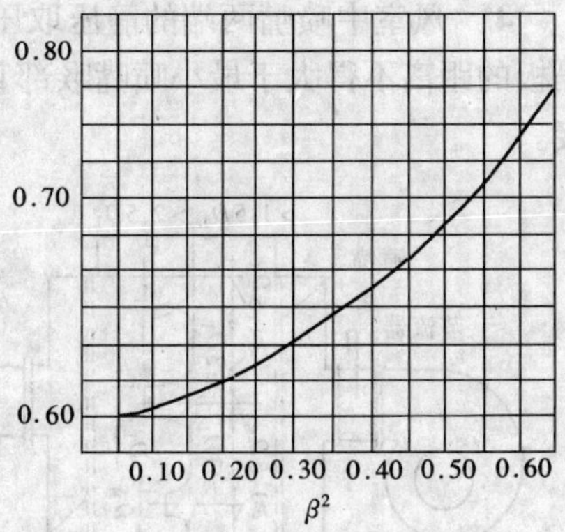

图 A.2.6-2 孔板流量系数图

表 A.2.6 采用角接取压标准孔板流束膨胀系数 ε 值（k = 1.4）

β^4 \ P_2/P_1	1.0	0.98	0.96	0.94	0.92	0.90	0.85	0.80	0.75
0.08	1.0000	0.9930	0.9866	0.9803	0.9742	0.9681	0.9531	0.9381	0.9232
0.1	1.0000	0.9924	0.9854	0.9787	0.9720	0.9654	0.9491	0.9328	0.9166
0.2	1.0000	0.9918	0.9843	0.9770	0.9698	0.9627	0.9450	0.9275	0.9100
0.3	1.0000	0.9912	0.9831	0.9753	0.9676	0.9599	0.9410	0.9222	0.9034

注：1 本表允许内插，不允许外延。

2 P_2/P_1 为孔板后与孔板前的全压值之比。

9 当测试系统或设备负压条件下的漏风量时，装置连接应符合图 A.2.6-3 的规定。

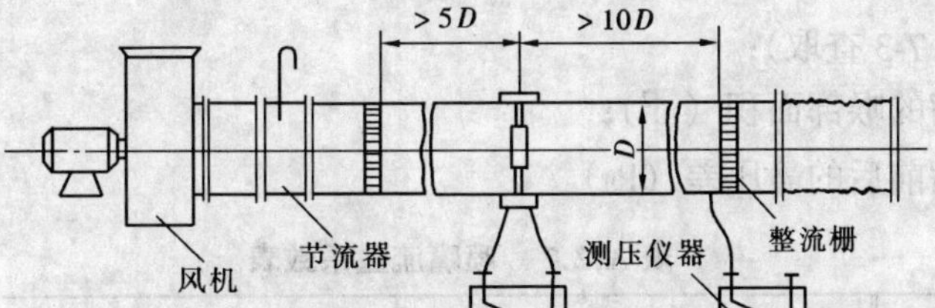

图 A.2.6-3 负压风管式漏风量测试装置

A.2.7 风室式漏风量测试装置：

1 风室式漏风量测试装置由风机、连接风管、测压仪器、均流板、节流器、风室、隔板和喷嘴等组成，如图 A.2.7-1 所示。

2 测试装置采用标准长颈喷嘴（图 A.2.7-2）。喷嘴必须按图 A.2.7-1 的要求安装在隔板上，数量可为单个或多个。两个喷嘴之间的中心距离不得小于较大喷嘴喉部直径的 3 倍；任一喷嘴中心到风室最近侧壁的距离不得小于其喷嘴喉部直径的 1.5 倍。

3 风室的断面面积不应小于被测定风量按断面平均速度小于 0.75m/s 时的断面积。风室内均流板（多孔板）安装位置应符合图 A.2.7-1 的规定。

4　风室中喷嘴两端的静压取压接口，应为多个且均布于四壁。静压取压接口至喷嘴隔板的距离不得大于最小喷嘴喉部直径的 1.5 倍。然后，并联成静压环，再与测压仪器相接。

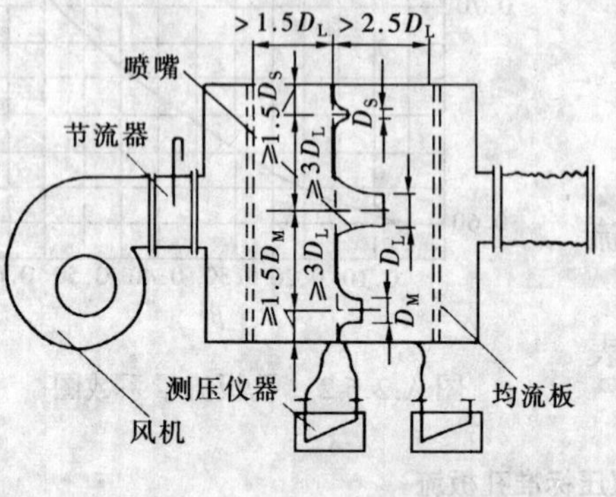

图 A.2.7-1　正压风室式漏风量测试装置

D_S—小号喷嘴直径；D_M—中号喷嘴直径；

D_L—大号喷嘴直径

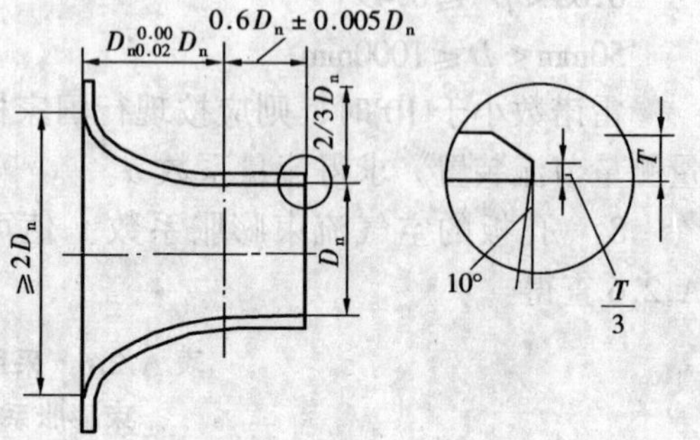

图 A.2.7-2　标准长颈喷嘴

5　采用本装置测定漏风量时，通过喷嘴喉部的流速应控制在 15～35m/s 范围内。

6　本装置要求风室中喷嘴隔板后的所有连接部分应严密不漏。

7　用下列公式计算单个喷嘴风量：

$$Q_n = 3600\,C_d \cdot A_d\sqrt{\frac{2}{\rho}\ \Delta P} \quad (A.2.7\text{-}1)$$

多个喷嘴风量：

$$Q = \sum Q_n \quad (A.2.7\text{-}2)$$

式中　Q_n——单个喷嘴漏风量（m^3/h）；

C_d——喷嘴的流量系数（直径 127mm 以上取 0.99，小于 127mm 可按表 A.2.7 或图 A.2.7-3 查取）；

A_d——喷嘴的喉部面积（m^2）；

ΔP——喷嘴前后的静压差（Pa）。

表 A.2.7　喷嘴流量系数表

Re	流量系数 C_d	*Re*	流量系数 C_d	*Re*	流量系数 C_d	*Re*	流量系数 C_d
12000	0.950	40000	0.973	80000	0.983	200000	0.991
16000	0.956	50000	0.977	90000	0.984	250000	0.993
20000	0.961	60000	0.979	100000	0.985	300000	0.994
30000	0.969	70000	0.981	150000	0.989	350000	0.994

注：不计温度系数。

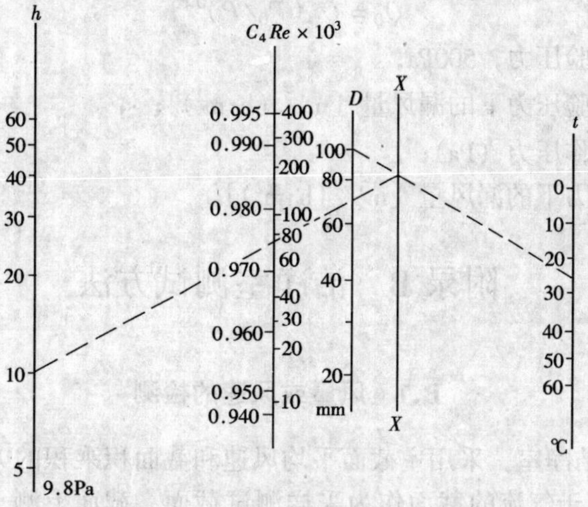

图 A.2.7-3　喷嘴流量系数推算图

注：先用直径与温度标尺在指数标尺（X）上求点，再将指数与压力标尺点相连，可求取流量系数值。

8　当测试系统或设备负压条件下的漏风量时，装置连接应符合图 A.2.7-4 的规定。

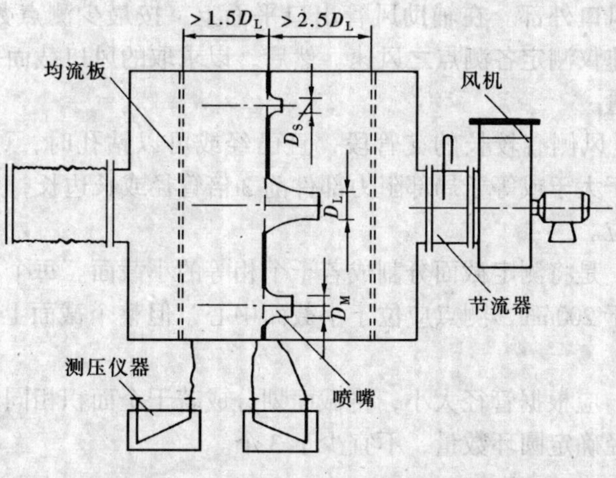

图 A.2.7-4　负压风室式漏风量测试装置

A.3　漏 风 量 测 试

A.3.1　正压或负压系统风管与设备的漏风量测试，分正压试验和负压试验两类。一般可采用正压条件下的测试来检验。

A.3.2　系统漏风量测试可以整体或分段进行。测试时，被测系统的所有开口均应封闭，不应漏风。

A.3.3　被测系统的漏风量超过设计和本规范的规定时，应查出漏风部位（可用听、摸、观察、水或烟检漏），做好标记；修补完工后，重新测试，直至合格。

A.3.4　漏风量测定值一般应为规定测试压力下的实测数值。特殊条件下，也可用相近或大于规定压力下的测试代替，其漏风量可按下式换算：

$$Q_0 = Q\ (P_0/P)^{0.65} \tag{A.3.4}$$

式中 P_0——规定试验压力，500Pa；

Q_0——规定试验压力下的漏风量〔$m^3/(h \cdot m^2)$〕；

P——风管工作压力（Pa）；

Q——工作压力下的漏风量〔$m^3/(h \cdot m^2)$〕。

附录 B 洁净室测试方法

B.1 风量或风速的检测

B.1.1 对于单向流洁净室，采用室截面平均风速和截面积乘积的方法确定送风量。离高效过滤器 0.3m，垂直于气流的截面作为采样测试截面，截面上测点间距不宜大于 0.6m，测点数不应少于 5 个，以所有测点风速读数的算术平均值作为平均风速。

B.1.2 对于非单向流洁净室，采用风口法或风管法确定送风量，做法如下：

1 风口法是在安装有高效过滤器的风口处，根据风口形状连接辅助风管进行测量。即用镀锌钢板或其他不产尘材料做成与风口形状及内截面相同，长度等于 2 倍风口长边长的直管段，连接于风口外部。在辅助风管出口平面上，按最少测点数不少于 6 点均匀布置，使用热球式风速仪测定各测点之风速。然后，以求取的风口截面平均风速乘以风口净截面积求取测定风量。

2 对于风口上风侧有较长的支管段，且已经或可以钻孔时，可以用风管法确定风量。测量断面应位于大于或等于局部阻力部件前 3 倍管径或长边长，局部阻力部件后 5 倍管径或长边长的部位。

对于矩形风管，是将测定截面分割成若干个相等的小截面。每个小截面尽可能接近正方形，边长不应大于 200mm，测点应位于小截面中心，但整个截面上的测点数不宜少于 3 个。

对于圆形风管，应根据管径大小，将截面划分成若干个面积相同的同心圆环，每个圆环测 4 点。根据管径确定圆环数量，不宜少于 3 个。

B.2 静压差的检测

B.2.1 静压差的测定应在所有的门关闭的条件下，由高压向低压，由平面布置上与外界最远的里间房间开始，依次向外测定。

B.2.2 采用的微差压力计，其灵敏度不应低于 2.0Pa。

B.2.3 有孔洞相通的不同等级相邻的洁净室，其洞口处应有合理的气流流向。洞口的平均风速大于等于 0.2m/s 时，可用热球风速仪检测。

B.3 空气过滤器泄漏测试

B.3.1 高效过滤器的检漏，应使用采样速率大于 1L/min 的光学粒子计数器。D 类高效过滤器宜使用激光粒子计数器或凝结核计数器。

B.3.2 采用粒子计数器检漏高效过滤器，其上风侧应引入均匀浓度的大气尘或含其他气溶胶尘的空气。对大于等于 0.5μm 尘粒，浓度应大于或等于 3.5×10^5pc/m³；或对大于或等于 0.1μm 尘粒，浓度应大于或等于 3.5×10^7pc/m³；若检测 D 类高效过滤器，对大于或等于 0.1μm 尘粒，浓度应大于或等于 3.5×10^9pc/m³。

B.3.3 高效过滤器的检测采用扫描法，即在过滤器下风侧用粒子计数器的等动力采样头，放在距离被检部位表面 20~30mm 处，以 5~20mm/s 的速度，对过滤器的表面、边框和封头胶处进行移动扫描检查。

B.3.4 泄漏率的检测应在接近设计风速的条件下进行。将受检高效过滤器下风侧测得的泄漏浓度换算成透过率，高效过滤器不得大于出厂合格透过率的 2 倍；D 类高效过滤器不得大于出厂合格透过率的 3 倍。

B.3.5 在移动扫描检测工程中，应对计数突然递增的部位进行定点检验。

B.4 室内空气洁净度等级的检测

B.4.1 空气洁净度等级的检测应在设计指定的占用状态（空态、静态、动态）下进行。

B.4.2 检测仪器的选用：应使用采样速率大于1L/min的光学粒子计数器，在仪器选用时应考虑粒径鉴别能力，粒子浓度适用范围和计数效率。仪表应有有效的标定合格证书。

B.4.3 采样点的规定：

1 最低限度的采样点数 N_L，见表 B.4.3；

表 B.4.3 最低限度的采样点数 N_L表

测点数 N_L	2	3	4	5	6	7	8	9	10
洁净区面积 A（m²）	2.1~6.0	6.1~12.0	12.1~20.0	20.1~30.0	30.1~42.0	42.1~56.0	56.1~72.0	72.1~90.0	90.1~110.0

注：1 在水平单向流时，面积 A 为与气流方向呈垂直的流动空气截面的面积。
2 最低限度的采样点数 N_L按公式 $N_L = A^{0.5}$计算（四舍五入取整数）。

2 采样点应均匀分布于整个面积内，并位于工作区的高度（距地坪 0.8m 的水平面），或设计单位、业主特指的位置。

B.4.4 采样量的确定：

1 每次采样的最少采样量见表 B.4.4；

表 B.4.4 每次采样的最少采样量 V_S（L）表

洁净度等级	粒径（μm）					
	0.1	0.2	0.3	0.5	1.0	5.0
1	2000	8400	—	—	—	—
2	200	840	1960	5680	—	—
3	20	84	196	568	2400	—
4	2	8	20	57	240	—
5	2	2	2	6	24	680
6	2	2	2	2	2	68
7	—	—	—	2	2	7
8	—	—	—	2	2	2
9	—	—	—	2	2	2

2　每个采样点的最少采样时间为 1min，采样量至少为 2L；

3　每个洁净室（区）最少采样次数为 3 次。当洁净区仅有一个采样点时，则在该点至少采样 3 次；

4　对预期空气洁净度等级达到 4 级或更洁净的环境，采样量很大，可采用 ISO 14644—1 附录 F 规定的顺序采样法。

B.4.5　检测采样的规定：

1　采样时采样口处的气流速度，应尽可能接近室内的设计气流速度；

2　对单向流洁净室，其粒子计数器的采样管口应迎着气流方向；对于非单向流洁净室，采样管口宜向上；

3　采样管必须干净，连接处不得有渗漏。采样管的长度应根据允许长度确定，如果无规定时，不宜大于 1.5m；

4　室内的测定人员必须穿洁净工作服，且不宜超过 3 名，并应远离或位于采样点的下风侧静止不动或微动。

B.4.6　记录数据评价。空气洁净度测试中，当全室（区）测点为 2 ~ 9 点时，必须计算每个采样点的平均粒子浓度 C_i 值、全部采样点的平均粒子浓度 N 及其标准差，导出 95% 置信上限值；采样点超过 9 点时，可采用算术平均值 N 作为置信上限值。

1　每个采样点的平均粒子浓度 C_i 应小于或等于洁净度等级规定的限值，见表 B.4.6-1。

表 B.4.6-1　洁净度等级及悬浮粒子浓度限值

洁净度等级	大于或等于表中粒径 D 的最大浓度 C_n（pc/m³）					
	0.1μm	0.2μm	0.3μm	0.5μm	1.0μm	5.0μm
1	10	2	—	—	—	—
2	100	24	10	4	—	—
3	1000	237	102	35	8	—
4	10000	2370	1020	352	83	—
5	100000	23700	10200	3520	832	29
6	1000000	237000	102000	35200	8320	293
7	—	—	—	352000	83200	2930
8	—	—	—	3520000	832000	29300
9	—	—	—	35200000	8320000	293000

注：1　本表仅表示了整数值的洁净度等级（N）悬浮粒子最大浓度的限值。

2　对于非整数洁净度等级，其对应于粒子粒径 D（μm）的最大浓度限值（C_n），应按下列公式计算求取。

$$C_n = 10^N \times \left(\frac{0.1}{D}\right)^{2.08}$$

3　洁净度等级定级的粒径范围为 0.1 ~ 5.0μm，用于定级的粒径数不应大于 3 个，且其粒径的顺序级差不应小于 1.5 倍。

2　全部采样点的平均粒子浓度 N 的 95% 置信上限值，应小于或等于洁净度等级规定的限值。即：

$$(N + t \times s/\sqrt{n}) \leqslant \text{级别规定的限值}$$

式中　N——室内各测点平均含尘浓度，$N = \sum C_i / n$；

n——测点数；

s——室内各测点平均含尘浓度 N 的标准差：$s=\sqrt{\frac{(C_i-N)^2}{n-1}}$；

t——置信度上限为95%时，单侧 t 分布的系数，见表B.4.6-2。

表 B.4.6-2　t 系数

点数	2	3	4	5	6	7~9
t	6.3	2.9	2.4	2.1	2.0	1.9

B.4.7　每次测试应做记录，并提交性能合格或不合格的测试报告。测试报告应包括以下内容：

1　测试机构的名称、地址；

2　测试日期和测试者签名；

3　执行标准的编号及标准实施日期；

4　被测试的洁净室或洁净区的地址、采样点的特定编号及坐标图；

5　被测洁净室或洁净区的空气洁净度等级、被测粒径（或沉降菌、浮游菌）、被测洁净室所处的状态、气流流型和静压差；

6　测量用的仪器的编号和标定证书；测试方法细则及测试中的特殊情况；

7　测试结果包括在全部采样点坐标图上注明所测的粒子浓度（或沉降菌、浮游菌的菌落数）；

8　对异常测试值进行说明及数据处理。

B.5　室内浮游菌和沉降菌的检测

B.5.1　微生物检测方法有空气悬浮微生物法和沉降微生物法两种，采样后的基片（或平皿）经过恒温箱内37℃、48h的培养生成菌落后进行计数。使用的采样器皿和培养液必须进行消毒灭菌处理。采样点可均匀布置或取代表性地域布置。

B.5.2　悬浮微生物法应采用离心式、狭缝式和针孔式等碰击式采样器，采样时间应根据空气中微生物浓度来决定，采样点数可与测定空气洁净度测点数相同。各种采样器应按仪器说明书规定的方法使用。

沉降微生物法，应采用直径为90mm培养皿，在采样点上沉降30min后进行采样，培养皿最少采样数应符合表B.5.2的规定。

表 B.5.2　最少培养皿数

空气洁净度级别	培养皿数
<5	44
5	14
6	5
≥7	2

B.5.3　制药厂洁净室（包括生物洁净室）室内浮游菌和沉降菌测试，也可采用按协议确定的采样方案。

B.5.4　用培养皿测定沉降菌，用碰撞式采样器或过滤采样器测定浮游菌，还应遵守以下规定：

1　采样装置采样前的准备及采样后的处理，均应在设有高效空气过滤器排风的负压实验室进行操作，该实验室的温度应为22±2℃；相对湿度应为50%±10%；

2　采样仪器应消毒灭菌；

3　采样器选择应审核其精度和效率，并有合格证书；

4　采样装置的排气不应污染洁净室；

5　沉降皿个数及采样点、培养基及培养温度、培养时间应按有关规范的规定执行；

6　浮游菌采样器的采样率宜大于100L/min；

7　碰撞培养基的空气速度应小于20m/s。

B.6　室内空气温度和相对湿度的检测

B.6.1　根据温度和相对湿度波动范围，应选择相应的具有足够精度的仪表进行测定。每次测定间隔不应大于30min。

B.6.2　室内测点布置：

1　送回风口处；

2　恒温工作区具有代表性的地点（如沿着工艺设备周围布置或等距离布置）；

3　没有恒温要求的洁净室中心；

4　测点一般应布置在距外墙表面大于0.5m，离地面0.8m的同一高度上；也可以根据恒温区的大小，分别布置在离地不同高度的几个平面上。

表 B.6.1　温、湿度测点数

波动范围	室面积≤50m²	每增加20～50m²
Δt = ±0.5～±2℃	5个	增加3～5个
ΔRH = ±5%～±10%		
Δt≤±0.5℃	点间距不应大于2m，点数不应少于5个	
ΔRH≤±5%		

B.6.3　测点数应符合表B.6.1的规定。

B.6.4　有恒温恒湿要求的洁净室。室温波动范围按各测点的各次温度中偏差控制点温度的最大值，占测点总数的百分比整理成累积统计曲线。如90%以上测点偏差值在室温波动范围内，为符合设计要求。反之，为不合格。

区域温度以各测点中最低的一次测试温度为基准，各测点平均温度与超偏差值的点数，占测点总数的百分比整理成累计统计曲线，90%以上测点所达到的偏差值为区域温差，应符合设计要求。相对温度波动范围可按室温波动范围的规定执行。

B.7　单向流洁净室截面平均速度，速度不均匀度的检测

B.7.1　洁净室垂直单向流和非单向流应选择距墙或围护结构内表面大于0.5m，离地面高度0.5～1.5m作为工作区。水平单向流以距送风墙或围护结构内表面0.5m处的纵断面为第一工作面。

B.7.2　测定截面的测点数和测定仪器应符合本规范第B.6.3条的规定。

B.7.3　测定风速应用测定架固定风速仪，以避免人体干扰。不得不用手持风速仪测定时，手臂应伸至最长位置，尽量使人体远离测头。

B.7.4　室内气流流形的测定，宜采用发烟或悬挂丝线的方法，进行观察测量与记录。然后，标在记录的送风平面的气流流形图上。一般每台过滤器至少对应1个观察点。

风速的不均匀度β_0按下列公式计算，一般β_0值不应大于0.25。

$$\beta_0 = \frac{s}{v}$$

式中　v——各测点风速的平均值；

s——标准差。

B.8 室内噪声的检测

B.8.1 测噪声仪器应采用带倍频程分析的声级计。

B.8.2 测点布置应按洁净室面积均分，每 $50m^2$ 设一点。测点位于其中心，距地面 1.1~1.5m 高度处或按工艺要求设定。

附录 C 工程质量验收记录用表

C.1 通风与空调工程施工质量验收记录说明

C.1.1 通风与空调分部工程的检验批质量验收记录由施工项目本专业质量检查员填写，监理工程师（建设单位项目专业技术负责人）组织项目专业质量检查员等进行验收，并按各个分项工程的检验批质量验收表的要求记录。

C.1.2 通风与空调分部工程的分项工程质量验收记录由监理工程师（建设单位项目专业技术负责人）组织施工项目经理和有关专业技术负责人等进行验收，并按表 C.3.1 记录。

C.1.3 通风与空调分部（子分部）工程的质量验收记录由总监理工程师（建设单位项目专业技术负责人）组织项目专业质量检查员等进行验收，并按表 C.4.1 或表 C.4.2 记录。

C.2 通风与空调工程施工质量检验批质量验收记录

C.2.1 风管与配件制作检验批质量验收记录见表 C.2.1-1、C.2.1-2。

C.2.2 风管部件与消声器制作检验批质量验收记录见表 C.2.2。

C.2.3 风管系统安装检验批质量验收记录见表 C.2.3-1、C.2.3-2、C.2.3-3。

C.2.4 通风机安装检验批质量验收记录见表 C.2.4。

C.2.5 通风与空调设备安装检验批质量验收记录见表C.2.5-1、C.2.5-2、C.2.5-3。

C.2.6 空调制冷系统安装检验批质量验收记录见表 C.2.6。

C.2.7 空调水系统安装检验批质量验收记录见表 C.2.7-1、C.2.7-2 、C.2.7-3。

C.2.8 防腐与绝热施工检验批质量验收记录见表 C.2.8-1、C.2.8-2。

C.2.9 工程系统调试检验批质量验收记录见表 C.2.9。

C.3 通风与空调分部工程的分项工程质量验收记录

C.3.1 通风与空调分部工程的分项工程质量验收记录见表 C.3.1。

C.4 通风与空调分部（子分部）工程的质量验收记录

C.4.1 通风与空调各子分部工程的质量验收记录按下列规定：

送、排风系统子分部工程见表 C.4.1-1。

防、排烟系统子分部工程见表 C.4.1-2。

除尘通风系统子分部工程见表 C.4.1-3。

空调风管系统子分部工程见表 C.4.1-4。

净化空调系统子分部工程见表 C.4.1-5。

制冷系统子分部工程见表 C.4.1-6。

空调水系统子分部工程见表 C.4.1-7。

C.4.2 通风与空调分部（子分部）工程的质量验收记录见表 C.4.2。

表 C.2.1-1 风管与配件制作检验批质量验收记录

（金属风管）

工程名称		分部工程名称		验收部位	
施工单位		专业工长		项目经理	
施工执行标准名称及编号					
分包单位		分包项目经理		施工班组长	
	质量验收规范的规定		施工单位检查评定记录	监理（建设）单位验收记录	
主控项目	1 材质种类、性能及厚度（第 4.2.1 条）				
	2 防火风管（第 4.2.3 条）				
	3 风管强度及严密性工艺性检测（第 4.2.5 条）				
	4 风管的连接（第 4.2.6 条）				
	5 风管的加固（第 4.2.10 条）				
	6 矩形弯管导流片（第 4.2.12 条）				
	7 净化空调风管（第 4.2.13 条）				
一般项目	1 圆形弯管制作（第 4.3.1-1 条）				
	2 风管的外形尺寸（第 4.3.1-2，3 条）				
	3 焊接风管（第 4.3.1-4 条）				
	4 法兰风管制作（第 4.3.2 条）				
	5 铝板或不锈钢板风管（第 4.3.2-4 条）				
	6 无法兰矩形风管制作（第 4.3.3 条）				
	7 无法兰圆形风管制作（第 4.3.3 条）				
	8 风管的加固（第 4.3.4 条）				
	9 净化空调风管（第 4.3.11 条）				
施工单位检查结果评定	项目专业质量检查员： 年 月 日				
监理（建设）单位验收结论	监理工程师： （建设单位项目专业技术负责人） 年 月 日				

表 C.2.1-2 风管与配件制作检验批质量验收记录

（非金属、复合材料风管）

工程名称		分部工程名称		验收部位	
施工单位		专业工长		项目经理	
施工执行标准名称及编号					
分包单位		分包项目经理		施工班组长	
	质量验收规范的规定		施工单位检查评定记录	监理（建设）单位验收记录	
主控项目	1 材质种类、性能及厚度（第 4.2.2 条）				
	2 复合材料风管的材料（第 4.2.4 条）				
	3 风管强度及严密性工艺性检测（第 4.2.5 条）				
	4 风管的连接（第 4.2.6、4.2.7 条）				
	5 复合材料风管的连接（第 4.2.8 条）				
	6 砖、混凝土风道的变形缝（第 4.2.9 条）				
	7 风管的加固（第 4.2.11 条）				
	8 矩形弯管导流片（第 4.2.12 条）				
	9 净化空调风管（第 4.2.13 条）				
一般项目	1 风管的外形尺寸（第 4.3.1 条）				
	2 硬聚氯乙烯风管（第 4.3.5 条）				
	3 有机玻璃钢风管（第 4.3.6 条）				
	4 无机玻璃钢风管（第 4.3.7 条）				
	5 砖、混凝土风道（第 4.3.8 条）				
	6 双面铝箔绝热板风管（第 4.3.9 条）				
	7 铝箔玻璃纤维板风管（第 4.3.10 条）				
	8 净化空调风管（第 4.3.11 条）				
施工单位检查结果评定	项目专业质量检查员： 年 月 日				
监理（建设）单位验收结论	监理工程师： （建设单位项目专业技术负责人） 年 月 日				

表 C.2.2 风管部件与消声器制作检验批质量验收记录

工程名称		分部工程名称		验收部位	
施工单位		专业工长		项目经理	
施工执行标准名称及编号					
分包单位		分包项目经理		施工班组长	

	质量验收规范的规定		施工单位检查评定记录	监理（建设）单位验收记录
主控项目	1 一般风阀（第 5.2.1 条）			
	2 电动风阀（第 5.2.2 条）			
	3 防火阀、排烟阀（口）（第 5.2.3 条）			
	4 防爆风阀（第 5.2.4 条）			
	5 净化空调系统风阀（第 5.2.5 条）			
	6 特殊风阀（第 5.2.6 条）			
	7 防排烟柔性短管（第 5.2.7 条）			
	8 消声弯管、消声器（第 5.2.8 条）			
一般项目	1 调节风阀（第 5.3.1 条）			
	2 止回风阀（第 5.3.2 条）			
	3 插板风阀（第 5.3.3 条）			
	4 三通调节阀（第 5.3.4 条）			
	5 风量平衡阀（第 5.3.5 条）			
	6 风罩（第 5.3.6 条）			
	7 风帽（第 5.3.7 条）			
	8 矩形弯管导流片（第 5.3.8 条）			
	9 柔性短管（第 5.3.9 条）			
	10 消声器（第 5.3.10 条）			
	11 检查门（第 5.3.11 条）			
	12 风口（第 5.3.12 条）			

施工单位检查结果评定	项目专业质量检查员：　　年　月　日
监理（建设）单位验收结论	监理工程师： （建设单位项目专业技术负责人）　　年　月　日

表 C.2.3-1 风管系统安装检验批质量验收记录

（送、排风，排烟系统）

工程名称			分部工程名称		验收部位	
施工单位			专业工长		项目经理	
施工执行标准名称及编号						
分包单位			分包项目经理		施工班组长	
	质量验收规范的规定		施工单位检查评定记录		监理（建设）单位验收记录	
主控项目	1 风管穿越防火、防爆墙（第 6.2.1 条）					
	2 风管内严禁其他管线穿越（第 6.2.2 条）					
	3 室外立管的固定拉索（第 6.2.2-3 条）					
	4 高于 80℃风管系统（第 6.2.3 条）					
	5 风阀的安装（第 6.2.4 条）					
	6 手动密闭阀安装（第 6.2.9 条）					
	7 风管严密性检验（第 6.2.8 条）					
一般项目	1 风管系统的安装（第 6.3.1 条）					
	2 无法兰风管系统的安装（第 6.3.2 条）					
	3 风管安装的水平、垂直质量（第 6.3.3 条）					
	4 风管的支、吊架（第 6.3.4 条）					
	5 铝板、不锈钢板风管安装（第 6.3.1-8 条）					
	6 非金属风管的安装（第 6.3.5 条）					
	7 风阀的安装（第 6.3.8 条）					
	8 风帽的安装（第 6.3.9 条）					
	9 吸、排风罩的安装（第 6.3.10 条）					
	10 风口的安装（第 6.3.11 条）					
施工单位检查结果评定	项目专业质量检查员：　　年　月　日					
监理（建设）单位验收结论	监理工程师： （建设单位项目专业技术负责人）　　年　月　日					

表 C.2.3-2 风管系统安装检验批质量验收记录

（空调系统）

工程名称		分部工程名称		验收部位	
施工单位		专业工长		项目经理	
施工执行标准名称及编号					
分包单位		分包项目经理		施工班组长	

	质量验收规范的规定			施工单位检查评定记录	监理(建设)单位验收记录
主控项目	1 风管穿越防火、防爆墙（第 6.2.1 条）				
	2 风管内严禁其他管线穿越（第 6.2.2 条）				
	3 室外立管的固定拉索（第 6.2.2-3 条）				
	4 高于 80℃风管系统（第 6.2.3 条）				
	5 风阀的安装（第 6.2.4 条）				
	6 手动密闭阀安装（第 6.2.9 条）				
	7 风管严密性检验（第 6.2.8 条）				
一般项目	1 风管系统的安装（第 6.3.1 条）				
	2 无法兰风管系统的安装（第 6.3.2 条）				
	3 风管安装的水平、垂直质量（第 6.3.3 条）				
	4 风管的支、吊架（第 6.3.4 条）				
	5 铝板、不锈钢板风管安装（第 6.3.1-8 条）				
	6 非金属风管的安装（第 6.3.5 条）				
	7 复合材料风管安装（第 6.3.6 条）				
	8 风阀的安装（第 6.3.8 条）				
	9 风口的安装（第 6.3.11 条）				
	10 变风量末端装置安装（第 7.3.20 条）				

施工单位检查结果评定	项目专业质量检查员：　　　　年　　月　　日
监理（建设）单位验收结论	监理工程师： （建设单位项目专业技术负责人）　　　　年　　月　　日

表 C.2.3-3　风管系统安装检验批质量验收记录

（净化空调系统）

工程名称		分部工程名称		验收部位	
施工单位		专业工长		项目经理	
施工执行标准名称及编号					
分包单位		分包项目经理		施工班组长	

	质量验收规范的规定		施工单位检查评定记录	监理(建设)单位验收记录
主控项目	1 风管穿越防火、防爆墙（第 6.2.1 条）			
	2 风管内严禁其他管线穿越（第 6.2.2 条）			
	3 室外立管的固定拉索（第 6.2.2-3 条）			
	4 高于 80℃风管系统（第 6.2.3 条）			
	5 风阀的安装（第 6.2.4 条）			
	6 手动密闭阀安装（第 6.2.5 条）			
	7 净化风管安装（第 6.2.6 条）			
	8 真空吸尘系统安装（第 6.2.7 条）			
	9 风管严密性检验（第 6.2.8 条）			
一般项目	1 风管系统的安装（第 6.3.1 条）			
	2 无法兰风管系统的安装（第 6.3.2 条）			
	3 风管安装的水平、垂直质量（第 6.3.3 条）			
	4 风管的支、吊架（第 6.3.4 条）			
	5 铝板、不锈钢板风管安装（第 6.3.1-8 条）			
	6 非金属风管的安装（第 6.3.5 条）			
	7 复合材料风管安装（第 6.3.6 条）			
	8 风阀的安装（第 6.3.8 条）			
	9 净化空调风口的安装（第 6.3.12 条）			
	10 真空吸尘系统安装（第 6.3.7 条）			
	11 风口的安装（第 6.3.12 条）			

施工单位检查结果评定	项目专业质量检查员：　　　年　　月　　日
监理（建设）单位验收结论	监理工程师： （建设单位项目专业技术负责人）　　　年　　月　　日

表 C.2.4　通风机安装检验批质量验收记录

工程名称		分部工程名称		验收部位	
施工单位		专业工长		项目经理	
施工执行标准名称及编号					
分包单位		分包项目经理		施工班组长	
	质量验收规范的规定		施工单位检查评定记录	监理（建设）单位验收记录	
主控项目	1 通风机的安装（第 7.2.1 条）				
	2 通风机安全措施（第 7.2.2 条）				
一般项目	1 离心风机的安装（第 7.3.1-1 条）				
	2 轴流风机的安装（第 7.3.1-2 条）				
	3 风机的隔振支架（第 7.3.1-3、7.3.1-4 条）				
施工单位检查结果评定	项目专业质量检查员：　　年　月　日				
监理（建设）单位验收结论	监理工程师： （建设单位项目专业技术负责人）　　年　月　日				

表 C.2.5-1 通风与空调设备安装检验批质量验收记录

（通风系统）

工程名称		分部工程名称		验收部位	
施工单位		专业工长		项目经理	
施工执行标准名称及编号					
分包单位		分包项目经理		施工班组长	

	质量验收规范的规定		施工单位检查评定记录	监理（建设）单位验收记录
主控项目	1 通风机的安装（第 7.2.1 条）			
	2 通风机安全措施（第 7.2.2 条）			
	3 除尘器的安装（第 7.2.4 条）			
	4 布袋与静电除尘器的接地（第 7.2.4-3 条）			
	5 静电空气过滤器安装（第 7.2.7 条）			
	6 电加热器的安装（第 7.2.8 条）			
	7 过滤吸收器的安装（第 7.2.10 条）			
一般项目	1 通风机的安装（第 7.3.1 条）			
	2 除尘设备的安装（第 7.3.5 条）			
	3 现场组装静电除尘器的安装（第 7.3.6 条）			
	4 现场组装布袋除尘器的安装（第 7.3.7 条）			
	5 消声器的安装（第 7.3.13 条）			
	6 空气过滤器的安装（第 7.3.14 条）			
	7 蒸汽加湿器的安装（第 7.3.18 条）			
	8 空气风幕机的安装（第 7.3.19 条）			

施工单位检查结果评定	项目专业质量检查员：　　年　月　日
监理（建设）单位验收结论	监理工程师： （建设单位项目专业技术负责人）　　年　月　日

表 C.2.5-2 通风与空调设备安装检验批质量验收记录

（空调系统）

工程名称			分部工程名称		验收部位	
施工单位			专业工长		项目经理	
施工执行标准名称及编号						
分包单位			分包项目经理		施工班组长	
	质量验收规范的规定		施工单位检查评定记录		监理（建设）单位验收记录	
主控项目	1 通风机的安装（第 7.2.1 条）					
	2 通风机安全措施（第 7.2.2 条）					
	3 空调机组的安装（第 7.2.3 条）					
	4 静电空气过滤器安装（第 7.2.7 条）					
	5 电加热器的安装（第 7.2.8 条）					
	6 干蒸汽加湿器的安装（第 7.2.9 条）					
一般项目	1 通风机的安装（第 7.3.1 条）					
	2 组合式空调机组的安装（第 7.3.2 条）					
	3 现场组装的空气处理室安装（第 7.3.3 条）					
	4 单元式空调机组的安装（第 7.3.4 条）					
	5 消声器的安装（第 7.3.13 条）					
	6 风机盘管机组安装（第 7.3.15 条）					
	7 粗、中效空气过滤器的安装（第 7.3.14 条）					
	8 空气风幕机的安装（第 7.3.19 条）					
	9 转轮式换热器安装（第 7.3.16 条）					
	10 转轮式去湿器安装（第 7.3.17 条）					
	11 蒸汽加湿器安装（第 7.3.18 条）					
施工单位检查结果评定	项目专业质量检查员： 年 月 日					
监理（建设）单位验收结论	监理工程师： （建设单位项目专业技术负责人） 年 月 日					

表 C.2.5-3 通风与空调设备安装检验批质量验收记录

（净化空调系统）

工程名称		分部工程名称		验收部位	
施工单位		专业工长		项目经理	
施工执行标准名称及编号					
分包单位		分包项目经理		施工班组长	

	质量验收规范的规定		施工单位检查评定记录	监理（建设）单位验收记录
主控项目	1 通风机的安装（第 7.2.1 条）			
	2 通风机安全措施（第 7.2.2 条）			
	3 空调机组的安装（第 7.2.3 条）			
	4 净化空调设备的安装（第 7.2.6 条）			
	5 高效过滤器的安装（第 7.2.5 条）			
	6 静电空气过滤器安装（第 7.2.7 条）			
	7 电加热器的安装（第 7.2.8 条）			
	8 干蒸汽加湿器的安装（第 7.2.9 条）			
一般项目	1 通风机的安装（第 7.3.1 条）			
	2 组合式净化空调机组的安装（第 7.3.2 条）			
	3 净化室设备安装（第 7.3.8 条）			
	4 装配式洁净室的安装（第 7.3.9 条）			
	5 洁净室层流罩的安装（第 7.3.10 条）			
	6 风机过滤单元安装（第 7.3.11 条）			
	7 粗、中效空气过滤器的安装（第 7.3.14 条）			
	8 高效过滤器安装（第 7.3.12 条）			
	9 消声器的安装（第 7.3.13 条）			
	10 蒸汽加湿器安装（第 7.3.18 条）			

施工单位检查结果评定	项目专业质量检查员： 年 月 日
监理（建设）单位验收结论	监理工程师： （建设单位项目专业技术负责人） 年 月 日

表 C.2.6 空调制冷系统安装检验批质量验收记录

工程名称		分部工程名称			验收部位	
施工单位			专业工长		项目经理	
施工执行标准名称及编号						
分包单位			分包项目经理		施工班组长	
	质量验收规范的规定		施工单位检查评定记录		监理(建设)单位验收记录	
主控项目	1 制冷设备与附属设备安装（第 8.2.1-1、3 条）					
	2 设备混凝土基础的验收（第 8.2.1-2 条）					
	3 表冷器的安装（第 8.2.2 条）					
	4 燃气、燃油系统设备的安装（第 8.2.3 条）					
	5 制冷设备的严密性试验及试运行（第 8.2.4 条）					
	6 管道及管配件的安装（第 8.2.5 条）					
	7 燃油管道系统接地（第 8.2.6 条）					
	8 燃气系统的安装（第 8.2.7 条）					
	9 氨管道焊缝的无损检测（第 8.2.8 条）					
	10 乙二醇管道系统的规定（第 8.2.9 条）					
	11 制冷剂管路的试验（第 8.2.10 条）					
一般项目	1 制冷设备安装（第 8.3.1-1、2、4、5 条）					
	2 制冷附属设备安装（第 8.3.1-3 条）					
	3 模块式冷水机组安装（第 8.3.2 条）					
	4 泵的安装（第 8.3.3 条）					
	5 制冷剂管道的安装（第 8.3.4-1、2、3、4 条）					
	6 管道的焊接（第 8.3.4-5、6 条）					
	7 阀门安装（第 8.3.5-2～5 条）					
	8 阀门的试压（第 8.3.5-1 条）					
	9 制冷系统的吹扫（第 8.3.6 条）					
施工单位检查结果评定	项目专业质量检查员：　　年　月　日					
监理（建设）单位验收结论	监理工程师： （建设单位项目专业技术负责人）　　年　月　日					

表 C.2.7-1 空调水系统安装检验批质量验收记录

（金属管道）

<table>
<tr><td colspan="2">工程名称</td><td colspan="2"></td><td>分部工程名称</td><td></td><td>验收部位</td><td></td></tr>
<tr><td colspan="2">施工单位</td><td colspan="2"></td><td>专业工长</td><td></td><td>项目经理</td><td></td></tr>
<tr><td colspan="3">施工执行标准名称及编号</td><td colspan="5"></td></tr>
<tr><td colspan="2">分包单位</td><td colspan="2"></td><td>分包项目经理</td><td></td><td>施工班组长</td><td></td></tr>
<tr><td rowspan="11">主控项目</td><td colspan="3">质量验收规范的规定</td><td colspan="2">施工单位检查评定记录</td><td colspan="2">监理（建设）单位验收记录</td></tr>
<tr><td colspan="2">1 系统的管材与配件验收（第 9.2.1 条）</td><td></td><td colspan="2"></td><td colspan="2" rowspan="10"></td></tr>
<tr><td colspan="2">2 管道柔性接管的安装（第 9.2.2-3 条）</td><td></td><td colspan="2"></td></tr>
<tr><td colspan="2">3 管道的套管（第 9.2.2-5 条）</td><td></td><td colspan="2"></td></tr>
<tr><td colspan="2">4 管道补偿器安装及固定支架（第 9.2.5 条）</td><td></td><td colspan="2"></td></tr>
<tr><td colspan="2">5 系统的冲洗、排污（第 9.2.2-4 条）</td><td></td><td colspan="2"></td></tr>
<tr><td colspan="2">6 阀门的安装（第 9.2.4 条）</td><td></td><td colspan="2"></td></tr>
<tr><td colspan="2">7 阀门的试压（第 9.2.4-3 条）</td><td></td><td colspan="2"></td></tr>
<tr><td colspan="2">8 系统的试压（第 9.2.3 条）</td><td></td><td colspan="2"></td></tr>
<tr><td colspan="2">9 隐蔽管道的验收（第 9.2.2-1 条）</td><td></td><td colspan="2"></td></tr>
<tr><td colspan="2"></td><td></td><td colspan="2"></td></tr>
<tr><td rowspan="11">一般项目</td><td colspan="2">1 管道的焊接（第 9.3.2 条）</td><td></td><td colspan="2"></td><td colspan="2" rowspan="11"></td></tr>
<tr><td colspan="2">2 管道的螺纹连接（第 9.3.3 条）</td><td></td><td colspan="2"></td></tr>
<tr><td colspan="2">3 管道的法兰连接（第 9.3.4 条）</td><td></td><td colspan="2"></td></tr>
<tr><td colspan="2">4 管道的安装（第 9.3.5 条）</td><td></td><td colspan="2"></td></tr>
<tr><td colspan="2">5 钢塑复合管道的安装（第 9.3.6 条）</td><td></td><td colspan="2"></td></tr>
<tr><td colspan="2">6 管道沟槽式连接（第 9.3.6 条）</td><td></td><td colspan="2"></td></tr>
<tr><td colspan="2">7 管道的支、吊架（第 9.3.8 条）</td><td></td><td colspan="2"></td></tr>
<tr><td colspan="2">8 阀门及其他部件的安装（第 9.3.10 条）</td><td></td><td colspan="2"></td></tr>
<tr><td colspan="2">9 系统放气阀与排水阀（第 9.3.10-4 条）</td><td></td><td colspan="2"></td></tr>
<tr><td colspan="2"></td><td></td><td colspan="2"></td></tr>
<tr><td colspan="2"></td><td></td><td colspan="2"></td></tr>
<tr><td colspan="2">施工单位检查结果评定</td><td colspan="6">项目专业质量检查员： 年 月 日</td></tr>
<tr><td colspan="2">监理（建设）单位验收结论</td><td colspan="6">监理工程师：
（建设单位项目专业技术负责人） 年 月 日</td></tr>
</table>

表 C.2.7-2　空调水系统安装检验批质量验收记录

（非金属管道）

工程名称		分部工程名称		验收部位	
施工单位		专业工长		项目经理	
施工执行标准名称及编号					
分包单位		分包项目经理		施工班组长	
	质量验收规范的规定		施工单位检查评定记录	监理（建设）单位验收记录	
主控项目	1 系统的管材与配件验收（第 9.2.1 条）				
	2 管道柔性接管的安装（第 9.2.2-3 条）				
	3 管道的套管（第 9.2.2-5 条）				
	4 管道补偿器安装及固定支架（第 9.2.5 条）				
	5 系统的冲洗、排污（第 9.2.2-4 条）				
	6 阀门的安装（第 9.2.4 条）				
	7 阀门的试压（第 9.2.4-3 条）				
	8 系统的试压（第 9.2.3 条）				
	9 隐蔽管道的验收（第 9.2.2-1 条）				
一般项目	1 PVC-U 管道的安装（第 9.3.1 条）				
	2 PP-R 管道的安装（第 9.3.1 条）				
	3 PEX 管道的安装（第 9.3.1 条）				
	4 管道安装的位置（第 9.3.9 条）				
	5 管道的支、吊架（第 9.3.8 条）				
	6 阀门的安装（第 9.3.10 条）				
	7 系统放气阀与排水阀（第 9.3.10-4 条）				
施工单位检查结果评定	项目专业质量检查员：　　年　月　日				
监理（建设）单位验收结论	监理工程师： （建设单位项目专业技术负责人）　　年　月　日				

表 C.2.7-3　空调水系统安装检验批质量验收记录
（设　备）

<table>
<tr><td>工程名称</td><td colspan="2"></td><td>分部工程名称</td><td></td><td>验收部位</td><td></td></tr>
<tr><td>施工单位</td><td colspan="2"></td><td>专业工长</td><td></td><td>项目经理</td><td></td></tr>
<tr><td colspan="2">施工执行标准名称及编号</td><td colspan="5"></td></tr>
<tr><td>分包单位</td><td colspan="2"></td><td>分包项目经理</td><td></td><td>施工班组长</td><td></td></tr>
<tr><td rowspan="7">主控项目</td><td colspan="2">质量验收规范的规定</td><td colspan="2">施工单位检查评定记录</td><td colspan="2">监理（建设）单位验收记录</td></tr>
<tr><td>1 系统的设备与附属设备（第 9.2.1 条）</td><td></td><td colspan="2"></td><td colspan="2" rowspan="6"></td></tr>
<tr><td>2 冷却塔的安装（第 9.2.6 条）</td><td></td><td colspan="2"></td></tr>
<tr><td>3 水泵的安装（第 9.2.7 条）</td><td></td><td colspan="2"></td></tr>
<tr><td>4 其他附属设备的安装（第 9.2.8 条）</td><td></td><td colspan="2"></td></tr>
<tr><td></td><td></td><td colspan="2"></td></tr>
<tr><td></td><td></td><td colspan="2"></td></tr>
<tr><td rowspan="8">一般项目</td><td>1 风机盘管的管道连接（第 9.3.7 条）</td><td></td><td colspan="2"></td><td colspan="2" rowspan="8"></td></tr>
<tr><td>2 冷却塔的安装（第 9.3.11 条）</td><td></td><td colspan="2"></td></tr>
<tr><td>3 水泵及附属设备的安装（第 9.3.12 条）</td><td></td><td colspan="2"></td></tr>
<tr><td>4 水箱、集水缸、分水缸、储冷罐等设备的安装(第 9.3.13 条)</td><td></td><td colspan="2"></td></tr>
<tr><td>5 水过滤器等设备的安装（第 9.3.10-3 条）</td><td></td><td colspan="2"></td></tr>
<tr><td></td><td></td><td colspan="2"></td></tr>
<tr><td></td><td></td><td colspan="2"></td></tr>
<tr><td></td><td></td><td colspan="2"></td></tr>
<tr><td colspan="2">施工单位检查
结果评定</td><td colspan="5">项目专业质量检查员：　　年　月　日</td></tr>
<tr><td colspan="2">监理（建设）单
位验收结论</td><td colspan="5">监理工程师：
（建设单位项目专业技术负责人）　　年　月　日</td></tr>
</table>

表 C.2.8-1 防腐与绝热施工检验批质量验收记录

（风管系统）

<table>
<tr><td>工程名称</td><td colspan="2"></td><td>分部工程名称</td><td></td><td>验收部位</td><td></td></tr>
<tr><td>施工单位</td><td colspan="2"></td><td>专业工长</td><td></td><td>项目经理</td><td></td></tr>
<tr><td colspan="2">施工执行标准名称及编号</td><td colspan="5"></td></tr>
<tr><td>分包单位</td><td colspan="2"></td><td>分包项目经理</td><td></td><td>施工班组长</td><td></td></tr>
<tr><td rowspan="8">主控项目</td><td colspan="2">质量验收规范的规定</td><td colspan="2">施工单位检查评定记录</td><td colspan="2">监理（建设）单位验收记录</td></tr>
<tr><td>1 材料的验证（第 10.2.1 条）</td><td></td><td colspan="2"></td><td colspan="2" rowspan="7"></td></tr>
<tr><td>2 防腐涂料或油漆质量（第 10.2.2 条）</td><td></td><td colspan="2"></td></tr>
<tr><td>3 电加热器与防火墙 2m 管道（第 10.2.3 条）</td><td></td><td colspan="2"></td></tr>
<tr><td>4 低温风管的绝热（第 10.2.4 条）</td><td></td><td colspan="2"></td></tr>
<tr><td>5 洁净室内风管（第 10.2.5 条）</td><td></td><td colspan="2"></td></tr>
<tr><td></td><td></td><td colspan="2"></td></tr>
<tr><td></td><td></td><td colspan="2"></td></tr>
<tr><td rowspan="11">一般项目</td><td>1 防腐涂层质量（第 10.3.1 条）</td><td></td><td colspan="2"></td><td colspan="2" rowspan="11"></td></tr>
<tr><td>2 空调设备、部件油漆或绝热(第 10.3.2、10.3.3 条)</td><td></td><td colspan="2"></td></tr>
<tr><td>3 绝热材料厚度及平整度（第 10.3.4 条）</td><td></td><td colspan="2"></td></tr>
<tr><td>4 风管绝热粘接固定（第 10.3.5 条）</td><td></td><td colspan="2"></td></tr>
<tr><td>5 风管绝热层保温钉固定（第 10.3.6 条）</td><td></td><td colspan="2"></td></tr>
<tr><td>6 绝热涂料（第 10.3.7 条）</td><td></td><td colspan="2"></td></tr>
<tr><td>7 玻璃布保护层的施工（第 10.3.8 条）</td><td></td><td colspan="2"></td></tr>
<tr><td>8 金属保护壳的施工（第 10.3.12 条）</td><td></td><td colspan="2"></td></tr>
<tr><td></td><td></td><td colspan="2"></td></tr>
<tr><td></td><td></td><td colspan="2"></td></tr>
<tr><td></td><td></td><td colspan="2"></td></tr>
<tr><td colspan="2">施工单位检查结果评定</td><td colspan="5">项目专业质量检查员：　　　年　　月　　日</td></tr>
<tr><td colspan="2">监理（建设）单位验收结论</td><td colspan="5">监理工程师：
（建设单位项目专业技术负责人）　　　年　　月　　日</td></tr>
</table>

表 C.2.8-2 防腐与绝热施工检验批质量验收记录

（管道系统）

工程名称		分部工程名称		验收部位	
施工单位		专业工长		项目经理	
施工执行标准名称及编号					
分包单位		分包项目经理		施工班组长	
	质量验收规范的规定		施工单位检查评定记录		监理（建设）单位验收记录
主控项目	1 材料的验证（第 10.2.1 条）				
	2 防腐涂料或油漆质量（第 10.2.2 条）				
	3 电加热器与防火墙 2m 管道（第 10.2.3 条）				
	4 冷冻水管道的绝热（第 10.2.4 条）				
	5 洁净室内管道（第 10.2.5 条）				
一般项目	1 防腐涂层质量（第 10.3.1 条）				
	2 空调设备、部件油漆或绝热(第 10.3.2、10.3.3 条)				
	3 绝热材料厚度及平整度（第 10.3.4 条）				
	4 绝热涂料（第 10.3.7 条）				
	5 玻璃布保护层的施工（第 10.3.8 条）				
	6 管道阀门的绝热（第 10.3.9 条）				
	7 管道绝热层的施工（第 10.3.10 条）				
	8 管道防潮层的施工（第 10.3.11 条）				
	9 金属保护层的施工（第 10.3.12 条）				
	10 机房内制冷管道色标（第 10.3.13 条）				
施工单位检查结果评定	项目专业质量检查员： 年 月 日				
监理（建设）单位验收结论	监理工程师： （建设单位项目专业技术负责人） 年 月 日				

表 C.2.9　工程系统调试检验批质量验收记录

<table>
<tr><td>工程名称</td><td colspan="2"></td><td>分部工程名称</td><td></td><td>验收部位</td><td></td></tr>
<tr><td>施工单位</td><td colspan="2"></td><td>专业工长</td><td></td><td>项目经理</td><td></td></tr>
<tr><td colspan="2">施工执行标准名称及编号</td><td colspan="5"></td></tr>
<tr><td>分包单位</td><td colspan="2"></td><td>分包项目经理</td><td></td><td>施工班组长</td><td></td></tr>
<tr><td rowspan="12">主控项目</td><td colspan="2">质量验收规范的规定</td><td colspan="2">施工单位检查评定记录</td><td colspan="2">监理（建设）单位验收记录</td></tr>
<tr><td>1 通风机、空调机组单机试运转及调试(第11.2.2-1条)</td><td></td><td colspan="2"></td><td colspan="2" rowspan="11"></td></tr>
<tr><td>2 水泵单机试运转及调试（第 11.2.2-2 条）</td><td></td><td colspan="2"></td></tr>
<tr><td>3 冷却塔单机试运转及调试（第 11.2.2-3 条）</td><td></td><td colspan="2"></td></tr>
<tr><td>4 制冷机组单机试运转及调试（第 11.2.2-4 条）</td><td></td><td colspan="2"></td></tr>
<tr><td>5 电控防、排烟阀的动作试验（第 11.2.2-5 条）</td><td></td><td colspan="2"></td></tr>
<tr><td>6 系统风量的调试（第 11.2.3-1 条）</td><td></td><td colspan="2"></td></tr>
<tr><td>7 空调水系统的调试（第 11.2.3-2 条）</td><td></td><td colspan="2"></td></tr>
<tr><td>8 恒温、恒湿空调（第 11.2.3-3 条）</td><td></td><td colspan="2"></td></tr>
<tr><td>9 防、排系统调试（第 11.2.4 条）</td><td></td><td colspan="2"></td></tr>
<tr><td>10 净化空调系统的调试（第 11.2.5 条）</td><td></td><td colspan="2"></td></tr>
<tr><td></td><td></td><td colspan="2"></td></tr>
<tr><td rowspan="9">一般项目</td><td>1 风机、空调机组（第 11.3.1-2、3 条）</td><td></td><td colspan="2"></td><td colspan="2" rowspan="9"></td></tr>
<tr><td>2 水泵的安装（第 11.3.1-1 条）</td><td></td><td colspan="2"></td></tr>
<tr><td>3 风口风量的平衡（第 11.3.2-2 条）</td><td></td><td colspan="2"></td></tr>
<tr><td>4 水系统的试运行（第 11.3.3-1、3 条）</td><td></td><td colspan="2"></td></tr>
<tr><td>5 水系统检测元件的工作（第 11.3.3-2 条）</td><td></td><td colspan="2"></td></tr>
<tr><td>6 空调房间的参数（第 11.3.3-4、5、6 条）</td><td></td><td colspan="2"></td></tr>
<tr><td>7 洁净空调房间的参数（第 11.3.3 条）</td><td></td><td colspan="2"></td></tr>
<tr><td>8 工程的控制和监测元件和执行结构（第 11.3.4 条）</td><td></td><td colspan="2"></td></tr>
<tr><td></td><td></td><td colspan="2"></td></tr>
<tr><td colspan="2">施工单位检查
结果评定</td><td colspan="5">项目专业质量检查员：　　　　年　　月　　日</td></tr>
<tr><td colspan="2">监理（建设）单
位验收结论</td><td colspan="5">监理工程师：
（建设单位项目专业技术负责人）　　　　年　　月　　日</td></tr>
</table>

表 C.3.1 通风与空调工程分项工程质量验收记录

（分项工程）

工程名称		结构类型		检验批数
施工单位		项目经理		项目技术负责人
分包单位		分包单位负责人		分包项目经理

序号	检验批部位、区、段	施工单位检查评定结果	监理（建设）单位验收结论

检查结论	项目专业 技术负责人： 年 月 日	验收结论	监理工程师： （建设单位项目 专业技术负责人） 年 月 日

表 C.4.1-1　通风与空调子分部工程质量验收记录

（送、排风系统）

<table>
<tr><td colspan="2">工程名称</td><td></td><td>结构类型</td><td></td><td>层数</td><td></td></tr>
<tr><td colspan="2">施工单位</td><td></td><td>技术部门负责人</td><td></td><td>质量部门负责人</td><td></td></tr>
<tr><td colspan="2">分包单位</td><td></td><td>分包单位负责人</td><td></td><td>分包技术负责人</td><td></td></tr>
<tr><td>序号</td><td colspan="2">分项工程名称</td><td>检验批数</td><td colspan="2">施工单位检查评定意见</td><td>验收意见</td></tr>
<tr><td>1</td><td colspan="2">风管与配件制作</td><td></td><td colspan="2"></td><td rowspan="10"></td></tr>
<tr><td>2</td><td colspan="2">部件制作</td><td></td><td colspan="2"></td></tr>
<tr><td>3</td><td colspan="2">风管系统安装</td><td></td><td colspan="2"></td></tr>
<tr><td>4</td><td colspan="2">风机与空气处理设备安装</td><td></td><td colspan="2"></td></tr>
<tr><td>5</td><td colspan="2">消声设备制作与安装</td><td></td><td colspan="2"></td></tr>
<tr><td>6</td><td colspan="2">风管与设备防腐</td><td></td><td colspan="2"></td></tr>
<tr><td>7</td><td colspan="2">系统调试</td><td></td><td colspan="2"></td></tr>
<tr><td></td><td colspan="2"></td><td></td><td colspan="2"></td></tr>
<tr><td></td><td colspan="2"></td><td></td><td colspan="2"></td></tr>
<tr><td></td><td colspan="2"></td><td></td><td colspan="2"></td></tr>
<tr><td colspan="3">质量控制资料</td><td></td><td colspan="2"></td><td></td></tr>
<tr><td colspan="3">安全和功能检验（检测）报告</td><td></td><td colspan="2"></td><td></td></tr>
<tr><td colspan="3">观感质量验收</td><td colspan="4"></td></tr>
<tr><td rowspan="5">验
收
单
位</td><td colspan="2">分包单位</td><td colspan="4">项目经理：　　　　　　　　　　　　　年　月　日</td></tr>
<tr><td colspan="2">施工单位</td><td colspan="4">项目经理：　　　　　　　　　　　　　年　月　日</td></tr>
<tr><td colspan="2">勘察单位</td><td colspan="4">项目负责人：　　　　　　　　　　　　年　月　日</td></tr>
<tr><td colspan="2">设计单位</td><td colspan="4">项目负责人：　　　　　　　　　　　　年　月　日</td></tr>
<tr><td colspan="2">监理（建设）单位</td><td colspan="4">总监理工程师：
（建设单位项目专业负责人）　　　　　年　月　日</td></tr>
</table>

表 C.4.1-2 通风与空调子分部工程质量验收记录

（防、排烟系统）

<table>
<tr><td colspan="2">工程名称</td><td></td><td>结构类型</td><td></td><td>层数</td><td></td></tr>
<tr><td colspan="2">施工单位</td><td></td><td>技术部门负责人</td><td></td><td>质量部门负责人</td><td></td></tr>
<tr><td colspan="2">分包单位</td><td></td><td>分包单位负责人</td><td></td><td>分包技术负责人</td><td></td></tr>
<tr><td>序号</td><td colspan="2">分项工程名称</td><td>检验批数</td><td colspan="2">施工单位检查评定意见</td><td>验收意见</td></tr>
<tr><td>1</td><td colspan="2">风管与配件制作</td><td></td><td colspan="2"></td><td rowspan="13"></td></tr>
<tr><td>2</td><td colspan="2">部件制作</td><td></td><td colspan="2"></td></tr>
<tr><td>3</td><td colspan="2">风管系统安装</td><td></td><td colspan="2"></td></tr>
<tr><td>4</td><td colspan="2">风机与空气处理设备安装</td><td></td><td colspan="2"></td></tr>
<tr><td>5</td><td colspan="2">排烟风口、常闭正压风口安装</td><td></td><td colspan="2"></td></tr>
<tr><td>6</td><td colspan="2">风管与设备防腐</td><td></td><td colspan="2"></td></tr>
<tr><td>7</td><td colspan="2">系统调试</td><td></td><td colspan="2"></td></tr>
<tr><td>8</td><td colspan="2">消声设备制作与安装（合用系统时检查）</td><td></td><td colspan="2"></td></tr>
<tr><td></td><td colspan="2"></td><td></td><td colspan="2"></td></tr>
<tr><td></td><td colspan="2"></td><td></td><td colspan="2"></td></tr>
<tr><td colspan="4">质量控制资料</td><td colspan="2"></td></tr>
<tr><td colspan="4">安全和功能检验（检测）报告</td><td colspan="2"></td></tr>
<tr><td colspan="6">观感质量验收</td></tr>
<tr><td rowspan="5">验
收
单
位</td><td colspan="2">分包单位</td><td colspan="4">项目经理： 年 月 日</td></tr>
<tr><td colspan="2">施工单位</td><td colspan="4">项目经理： 年 月 日</td></tr>
<tr><td colspan="2">勘察单位</td><td colspan="4">项目负责人： 年 月 日</td></tr>
<tr><td colspan="2">设计单位</td><td colspan="4">项目负责人： 年 月 日</td></tr>
<tr><td colspan="2">监理（建设）单位</td><td colspan="4">总监理工程师：
（建设单位项目专业负责人） 年 月 日</td></tr>
</table>

表 C.4.1-3　通风与空调子分部工程质量验收记录

（除尘系统）

工程名称		结构类型		层数	
施工单位		技术部门负责人		质量部门负责人	
分包单位		分包单位负责人		分包技术负责人	

序号	分项工程名称	检验批数	施工单位检查评定意见	验收意见
1	风管与配件制作			
2	部件制作			
3	风管系统安装			
4	风机安装			
5	除尘器与排污设备安装			
6	风管与设备防腐			
7	风管与设备绝热			
8	系统调试			
质量控制资料				
安全和功能检验（检测）报告				
观感质量验收				

验收单位	单位	签字	日期
验收单位	分包单位	项目经理：	年　月　日
	施工单位	项目经理：	年　月　日
	勘察单位	项目负责人：	年　月　日
	设计单位	项目负责人：	年　月　日
	监理（建设）单位	总监理工程师： （建设单位项目专业负责人）	年　月　日

表 C.4.1-4　通风与空调子分部工程质量验收记录

（空调系统）

<table>
<tr><td colspan="2">工程名称</td><td></td><td>结构类型</td><td></td><td>层数</td><td></td></tr>
<tr><td colspan="2">施工单位</td><td></td><td>技术部门负责人</td><td></td><td>质量部门负责人</td><td></td></tr>
<tr><td colspan="2">分包单位</td><td></td><td>分包单位负责人</td><td></td><td>分包技术负责人</td><td></td></tr>
<tr><td>序号</td><td colspan="2">分项工程名称</td><td>检验批数</td><td>施工单位检查评定意见</td><td colspan="2">验收意见</td></tr>
<tr><td>1</td><td colspan="2">风管与配件制作</td><td></td><td></td><td colspan="2" rowspan="12"></td></tr>
<tr><td>2</td><td colspan="2">部件制作</td><td></td><td></td></tr>
<tr><td>3</td><td colspan="2">风管系统安装</td><td></td><td></td></tr>
<tr><td>4</td><td colspan="2">风机与空气处理设备安装</td><td></td><td></td></tr>
<tr><td>5</td><td colspan="2">消声设备制作与安装</td><td></td><td></td></tr>
<tr><td>6</td><td colspan="2">风管与设备防腐</td><td></td><td></td></tr>
<tr><td>7</td><td colspan="2">风管与设备绝热</td><td></td><td></td></tr>
<tr><td>8</td><td colspan="2">系统调试</td><td></td><td></td></tr>
<tr><td></td><td colspan="2"></td><td></td><td></td></tr>
<tr><td></td><td colspan="2"></td><td></td><td></td></tr>
<tr><td colspan="3">质量控制资料</td><td></td><td></td></tr>
<tr><td colspan="3">安全和功能检验（检测）报告</td><td></td><td></td></tr>
<tr><td colspan="3">观感质量验收</td><td colspan="4"></td></tr>
<tr><td rowspan="5">验
收
单
位</td><td colspan="2">分包单位</td><td colspan="4">项目经理：　　　　　　年　月　日</td></tr>
<tr><td colspan="2">施工单位</td><td colspan="4">项目经理：　　　　　　年　月　日</td></tr>
<tr><td colspan="2">勘察单位</td><td colspan="4">项目负责人：　　　　　　年　月　日</td></tr>
<tr><td colspan="2">设计单位</td><td colspan="4">项目负责人：　　　　　　年　月　日</td></tr>
<tr><td colspan="2">监理（建设）单位</td><td colspan="4">总监理工程师：
（建设单位项目专业负责人）　　　　　　年　月　日</td></tr>
</table>

表 C.4.1-5　通风与空调子分部工程质量验收记录
（净化空调系统）

<table>
<tr><td colspan="2">工程名称</td><td></td><td>结构类型</td><td></td><td>层数</td><td></td></tr>
<tr><td colspan="2">施工单位</td><td></td><td>技术部门负责人</td><td></td><td>质量部门负责人</td><td></td></tr>
<tr><td colspan="2">分包单位</td><td></td><td>分包单位负责人</td><td></td><td>分包技术负责人</td><td></td></tr>
<tr><td>序号</td><td colspan="2">分项工程名称</td><td>检验批数</td><td colspan="2">施工单位检查评定意见</td><td>验收意见</td></tr>
<tr><td>1</td><td colspan="2">风管与配件制作</td><td></td><td colspan="2"></td><td rowspan="10"></td></tr>
<tr><td>2</td><td colspan="2">部件制作</td><td></td><td colspan="2"></td></tr>
<tr><td>3</td><td colspan="2">风管系统安装</td><td></td><td colspan="2"></td></tr>
<tr><td>4</td><td colspan="2">风机与空气处理设备安装</td><td></td><td colspan="2"></td></tr>
<tr><td>5</td><td colspan="2">消声设备制作与安装</td><td></td><td colspan="2"></td></tr>
<tr><td>6</td><td colspan="2">风管与设备防腐</td><td></td><td colspan="2"></td></tr>
<tr><td>7</td><td colspan="2">风管与设备绝热</td><td></td><td colspan="2"></td></tr>
<tr><td>8</td><td colspan="2">高效过滤器安装</td><td></td><td colspan="2"></td></tr>
<tr><td>9</td><td colspan="2">净化设备安装</td><td></td><td colspan="2"></td></tr>
<tr><td>10</td><td colspan="2">系统调试</td><td></td><td colspan="2"></td></tr>
<tr><td colspan="4">质量控制资料</td><td colspan="2"></td><td></td></tr>
<tr><td colspan="4">安全和功能检验（检测）报告</td><td colspan="2"></td><td></td></tr>
<tr><td colspan="4">观感质量验收</td><td colspan="3"></td></tr>
<tr><td rowspan="5">验
收
单
位</td><td colspan="2">分包单位</td><td colspan="4">项目经理：　　　　年　月　日</td></tr>
<tr><td colspan="2">施工单位</td><td colspan="4">项目经理：　　　　年　月　日</td></tr>
<tr><td colspan="2">勘察单位</td><td colspan="4">项目负责人：　　　　年　月　日</td></tr>
<tr><td colspan="2">设计单位</td><td colspan="4">项目负责人：　　　　年　月　日</td></tr>
<tr><td colspan="2">监理（建设）单位</td><td colspan="4">总监理工程师：
（建设单位项目专业负责人）　　　　年　月　日</td></tr>
</table>

表 C.4.1-6　通风与空调子分部工程质量验收记录

（制冷系统）

<table>
<tr><td colspan="2">工程名称</td><td></td><td>结构类型</td><td></td><td>层数</td><td></td></tr>
<tr><td colspan="2">施工单位</td><td></td><td>技术部门负责人</td><td></td><td>质量部门负责人</td><td></td></tr>
<tr><td colspan="2">分包单位</td><td></td><td>分包单位负责人</td><td></td><td>分包技术负责人</td><td></td></tr>
<tr><td>序号</td><td colspan="2">分项工程名称</td><td>检验批数</td><td colspan="2">施工单位检查评定意见</td><td>验收意见</td></tr>
<tr><td>1</td><td colspan="2">制冷机组安装</td><td></td><td colspan="2"></td><td rowspan="12"></td></tr>
<tr><td>2</td><td colspan="2">制冷剂管道及配件安装</td><td></td><td colspan="2"></td></tr>
<tr><td>3</td><td colspan="2">制冷附属设备安装</td><td></td><td colspan="2"></td></tr>
<tr><td>4</td><td colspan="2">管道及设备的防腐和绝热</td><td></td><td colspan="2"></td></tr>
<tr><td>5</td><td colspan="2">系统调试</td><td></td><td colspan="2"></td></tr>
<tr><td></td><td colspan="2"></td><td></td><td colspan="2"></td></tr>
<tr><td></td><td colspan="2"></td><td></td><td colspan="2"></td></tr>
<tr><td></td><td colspan="2"></td><td></td><td colspan="2"></td></tr>
<tr><td></td><td colspan="2"></td><td></td><td colspan="2"></td></tr>
<tr><td></td><td colspan="2"></td><td></td><td colspan="2"></td></tr>
<tr><td colspan="3">质量控制资料</td><td colspan="3"></td></tr>
<tr><td colspan="3">安全和功能检验（检测）报告</td><td colspan="3"></td></tr>
<tr><td colspan="3">观感质量验收</td><td colspan="4"></td></tr>
<tr><td rowspan="5">验
收
单
位</td><td colspan="2">分包单位</td><td colspan="4">项目经理：　　　　　　　　　　　　年　月　日</td></tr>
<tr><td colspan="2">施工单位</td><td colspan="4">项目经理：　　　　　　　　　　　　年　月　日</td></tr>
<tr><td colspan="2">勘察单位</td><td colspan="4">项目负责人：　　　　　　　　　　　年　月　日</td></tr>
<tr><td colspan="2">设计单位</td><td colspan="4">项目负责人：　　　　　　　　　　　年　月　日</td></tr>
<tr><td colspan="2">监理（建设）单位</td><td colspan="4">总监理工程师：
（建设单位项目专业负责人）　　　　年　月　日</td></tr>
</table>

表 C.4.1-7 通风与空调子分部工程质量验收记录

（空调水系统）

工程名称		结构类型		层数	
施工单位		技术部门负责人		质量部门负责人	
分包单位		分包单位负责人		分包技术负责人	

序号	分项工程名称	检验批数	施工单位检查评定意见	验收意见
1	冷热水管道系统安装			
2	冷却水管道系统安装			
3	冷凝水管道系统安装			
4	管道阀门和部件安装			
5	冷却塔安装			
6	水泵及附属设备安装			
7	管道与设备的防腐和绝热			
8	系统调试			
质量控制资料				
安全和功能检验（检测）报告				
观感质量验收				

验收单位	分包单位	项目经理： 年 月 日
	施工单位	项目经理： 年 月 日
	勘察单位	项目负责人： 年 月 日
	设计单位	项目负责人： 年 月 日
	监理（建设）单位	总监理工程师： （建设单位项目专业负责人） 年 月 日

表 C.4.2　通风与空调分部工程质量验收记录

工程名称		结构类型		层数	
施工单位		技术部门负责人		质量部门负责人	
分包单位		分包单位负责人		分包技术负责人	

序号	子分部工程名称	检验批数	施工单位检查评定意见	验收意见
1	送、排风系统			
2	防、排烟系统			
3	除尘系统			
4	空调系统			
5	净化空调系统			
6	制冷系统			
7	空调水系统			
质量控制资料				
安全和功能检验（检测）报告				
观感质量验收				

验收单位	分包单位	项目经理：　　　　年　月　日
	施工单位	项目经理：　　　　年　月　日
	勘察单位	项目负责人：　　　　年　月　日
	设计单位	项目负责人：　　　　年　月　日
	监理（建设）单位	总监理工程师： （建设单位项目专业负责人）　　　　年　月　日

本规范用词说明

1 为便于在执行本规范条文时区别对待，对要求严格程度不同的用词说明如下：

1）表示很严格，非这样做不可的用词：

正面词采用“必须”，反面词采用“严禁”。

2）表示严格，在正常情况下均应这样做的用词：

正面词采用“应”，反面词采用“不应”或“不得”。

3）表示允许稍有选择，在条件许可时首先应这样做的用词：

正面词采用“宜”，反面词采用“不宜”。

表示有选择，在一定条件下可以这样做的用词采用“可”。

2 本规范中指明应按其他有关标准、规范执行的写法为“应符合……要求或规定”或“应按……执行”。

中华人民共和国城乡建设环境保护部部标准

钢制柱型散热器

JG/T 1—1999

中华人民共和国城乡建设环境保护部　1986-11-22 批准
1987-05-01 实施

目　　录

1　引言 …… 1017
2　型式、尺寸与性能参数 …… 1017
3　技术要求 …… 1017
4　试验方法 …… 1019
5　检验规则 …… 1019
6　标志、包装、运输、贮存 …… 1020

1 引　言

1.1 本标准适用于工业、民用建筑中，以热水为热媒的钢制柱型散热器。

1.2 散热器钢板厚度为1.2～1.3mm，热媒温度低于100℃时，工作压力为0.6MPa；热媒温度为110～150℃时，工作压力为0.46MPa。散热器钢板厚度为1.4～1.5mm，热媒温度低于100℃时，工作压力为0.8MPa；热媒温度为110～150℃时，工作压力为0.7MPa。

1.3 热媒中含氧量每立方米不得大于0.05g。

2 型式、尺寸与性能参数

2.1 型号标记示例

G Z 3 — 1.2/5 — 6

- 6——工作压力（0.6MPa）
- 1.2/5——散热器宽度（120mm）/同侧进出口中心距（500mm）
- 3——柱的数量（3柱）
- Z——柱型
- G——钢制

2.2 散热器以同侧进出口中心距为系列主参数，其型式、尺寸及最小散热量应符合图1、表1的规定。

表1 柱型散热器尺寸及最小散热量参数表

项　目	单位	参　数　值											
高度（H）	mm	400			600			700			1000		
同侧进出口中心距（H_1）	mm	300			500			600			900		
宽度（B）	mm	120	140	160	120	140	160	120	140	160	120	160	200
每片最小散热量（Q）（$\Delta T=64.5$℃）	W	56	63	71	83	93	103	95	106	118	130	160	189

2.3 每组散热器的组合片数为3～20片。

3 技 术 要 求

3.1 散热器应按批准的图纸及技术文件制造，并应符合本标准的规定。

3.2 散热器材质应符合GB912—82《普通碳素结构钢和低合金结构钢薄钢板技术条件》的规定，采用牌号为A_3或B_2F，厚度1.2～1.5mm的普通碳素冷轧钢板，或符合GB710—65《优质碳素结构钢薄钢板技术条件》的规定，采用牌号为08F或10F厚度为1.2～1.5mm的优质碳素冷轧钢板。

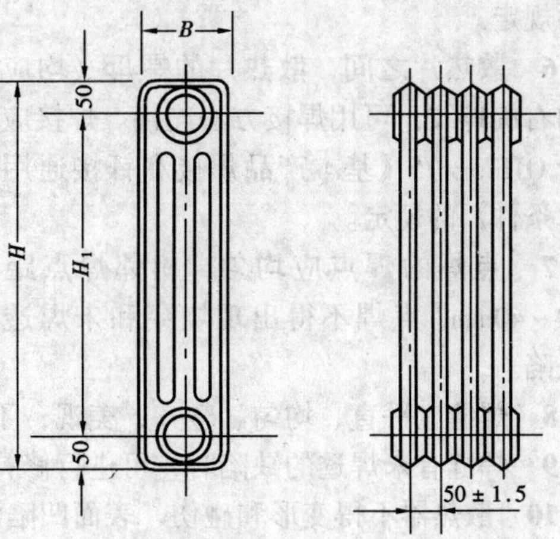

图1 柱型散热器示意图

3.3 散热器补心，丝堵及螺纹应符合

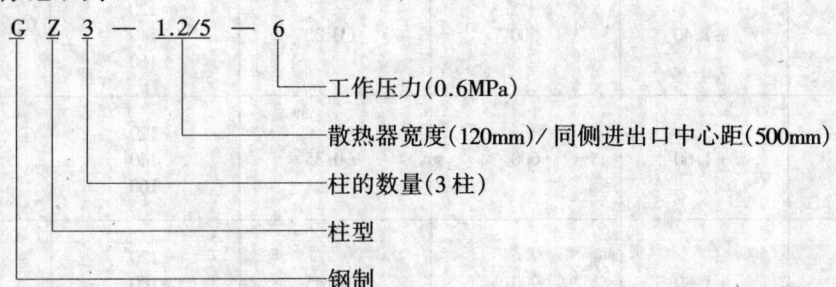

JGJ31—86《采暖散热器系列参数、螺纹及配件》的规定。

3.4 散热器单片尺寸极限偏差应符合表2的规定，组合后形位公差应符合表3的规定。

表2 柱型散热器单片尺寸极限偏差表

散热器高度（H，mm）		同侧进出口中心距（H_1，mm）		散热器宽度（B，mm）	
基本尺寸	极限偏差	基本尺寸	极限偏差	基本尺寸	极限偏差
400	±1.15	300	±0.26	120 140 160	±0.70 ±0.80 ±0.80
600	±1.40	500	±0.32	120 140 160	±0.70 ±0.80 ±0.80
700	±1.60	600	±0.35	120 140 160	±0.70 ±0.80 ±0.80
1000	±1.80	900	±0.45	120 160 200	±0.70 ±0.80 ±0.90

表3 柱型散热器组合后形位公差表

同侧进出口中心距（H_1，mm）	同侧进出口平面的平面度公差（mm）	进出口平面与孔中心线的垂直度公差（mm）
300	0.40	ϕ0.50
500	0.50	ϕ0.60
600	0.50	ϕ0.60
900	0.60	ϕ0.80

3.5 散热器组合后的形状公差应符合表4的规定。

表4 柱型散热器组合后形状公差表

项目	单位	组合片数（片）	
		3～12	13～20
水平面平面度公差	mm	4	6
正面平面度公差	mm	4	6

3.6 散热片之间，散热片的螺母（均应采用右旋螺纹）可用焊接方法连接。焊接应符合QJ173—75《基本产品焊接和钎接通用技术条件》的规定。

3.7 点焊的焊点应均匀，相邻焊点距为30～40mm，点焊不得出现烧穿和未焊透等缺陷。

3.8 焊缝应平直、均匀、整齐、美观，不得有裂纹、气孔、未焊透和烧穿等缺陷。

3.9 焊缝有未焊透的缺陷时，可进行修补，修补后必须按3.11条的规定进行试压。

3.10 散热器不得变形和碰伤，表面凹陷深度不得大于0.3mm。

3.11 散热器片与片连接应紧密，每组散热器必须由制造厂进行液压或气压试验。

钢板厚度为 1.2～1.3mm 散热器，试验压力为 0.9MPa；钢板厚度为 1.4～1.5mm 散热器，试验压力为 1.2MPa。

3.12 散热器表面应喷涂防锈底漆和面漆，并宜采用远红外烘干，不得自然干燥。漆膜的制备应符合 GB1727—79《漆膜一般制备法》的规定。

3.13 表面漆层应均匀，平整光滑，附着牢固，不得有气泡堆积、流淌和漏喷。

3.14 制造厂应向用户提供散热器使用说明书，政府有关部门对产品的签定证书和符合 JGJ32—86《采用闭式小室测试采暖散热器的热工性能》规定的试验台提供的热工性能测试报告。

3.15 从制造厂发货日起 18 个月内，散热器因制造质量不良不能正常工作时，制造厂应负责免费为用户修理或更换。

4 试 验 方 法

4.1 散热器的强度和严密性试验：应用专用的试验台、精度不低于 1.5 级、量程不得大于 1.6MPa 的压力计、压缩空气和试验液（推荐配合比见 4.3 条），按本标准 3.11 条规定的试验压力进行试验。

4.2 液压试验稳压时间为 2 分钟，气压试验稳压时间为 1 分钟。

4.2.1 液压试验在稳压时间内，散热器表面和片间连接处不渗漏为合格。

4.2.2 气压试验时，将散热器浸入试验液中，不冒气泡为合格。

4.3 试验液应定期检查，其推荐成份和配合比（质量比）为

水	98%
亚硝酸钠	1%
碳酸钠	0.5%
硅酸钠	0.5%

4.4 散热器经液压试验后，必须将残存在内腔的溶液吹干。

4.5 漆膜性能检验方法

4.5.1 漆膜附着力应符合 GB1720—79《漆膜附着力测定法》的规定。

4.5.2 漆膜耐冲击性能应符合 GB1732—79《漆膜耐冲击测定法》的规定，重锤高度为 50mm。

4.5.3 漆膜耐热性能应符合 GB1735—79《漆膜耐热性测定法》的规定。

5 检 验 规 则

5.1 散热器须经制造厂的质量检验部门检查，合格后应签署合格证，方准出厂。

5.2 散热器的试验分为出厂检查和型式试验。

5.2.1 出厂检查或用户验收：

a. 应按照 GB2828—81《逐批检查计数抽样程序及抽样表》中一般质量水平Ⅰ，采用二次正常检查抽样方案，其检查项目、合格质量水平等应符合表 5 的规定。

b. 用通用量具和专用量具检查散热器的尺寸和形位公差，按照本标准的规定目测外观。

c. 点焊的焊点距用通用量具检查。

表 5　检查抽样方案表

批量范围	样本大小尺寸	样本	样本大小	累计样本大小	合格质量水平（AQL）									
					压力试验		中心距焊接质量		平面度垂直度		螺纹质量长度		漆膜质量及其他	
					1.0		2.5		4.0		6.5		15	
					A_c	R_e	A_c	R_e	A_c	R_e	A_c	R_e	A_c	R_e
91～150	D	第一	5	5					0	2	0	2	1	3
			(8)		(0	1)	(0	1)						
		第二	5	10					1	2	1	2	4	5
151～280	E	第二	8	8			0	2	0	2	0	3	2	5
			(13)		(0	1)								
		第二	8	16			1	2	1	2	3	4	6	7
281～500	F	第一	13	13			0	2	0	3	1	3	3	6
			(20)		(0	1)								
		第二	13	26			1	2	3	4	4	5	9	10
501～1200	G	第一	20	20	0	2	0	3	1	3	2	5	5	9
		第二	20	40	1	2	3	4	4	5	6	7	12	13

注：A_c——合格判定数；

R_e——不合格判定数；

括号内数值为改用一次正常抽样方案的数值。

批合格或不合格的判断——根据样本检查的结果，若在第一样本中发现的不合格品数或缺陷数小于或等于第一合格判定数，则判断该批是合格的。若在第一样本中发现的不合格品数或缺陷数大于或等于第一不合格判定数，则判断该批是不合格的。若在第一样本中发现的不合格品数或缺陷数，大于第一合格判断数，同时小于第一不合格判定数，则抽第二样本进行检查。若在第一和第二样本中发现的不合格品数或缺陷数总和小于或等于第二合格判定数，则判断该批是合格的。相反，若大于或等于第二不合格判定数，则判断该批是不合格的。

5.2.2　型式试验：凡属于下列情况之一者，应进行热工性能试验。

a. 当散热器在设计、工艺或使用的原材料有重大改变时；

b. 经一年以上停产后再恢复生产时；

c. 对连续生产的散热器每四年进行一次。

6　标志、包装、运输、贮存

6.1　标志

6.1.1　每组散热器应有制造厂的注册商标。

6.1.2　每组散热器出厂时应有质量合格证，内容包括：

a. 制造厂名称；

b. 产品名称及规格；

c. 工作压力及试验压力；

d. 本批产品检查时间，检查人员标记和出厂日期。

6.2　包装

散热器包装时，应用专用瓦楞纸板箱包装。

6.3 运输

6.3.1 散热器运输时，应用带盖或有防雨苫布的运输工具。装在集装箱内的散热器可用敞开形式的运输工具运输。

6.3.2 在运输和搬运过程中，应轻拿轻放避免磕碰及其他重物挤压，以防损坏。

6.4 贮存

散热器应放在空气干燥、通风的库房内，存放时不得与任何化学制品和药品相接触，堆放高度不得超过 2m，底部应稳妥垫高 100～200mm。

附加说明：

本标准由哈尔滨建筑工程学院、吉林省建筑标准化管理所提出。

本标准主要起草人：郭骏、霍兆亿、董重成。

中华人民共和国城乡建设环境保护部部标准

钢制板型散热器

JG/T 2—1999

中华人民共和国城乡建设环境保护部　1986-11-22 批准

1987-05-01 实施

目　　录

1　引言 …… 1025
2　型式、尺寸与性能参数 …… 1025
3　技术要求 …… 1025
4　试验方法 …… 1026
5　检验规则 …… 1027
6　标志、包装、运输、贮存 …… 1028

1 引 言

1.1 本标准适用于工业、民用建筑中，以热水为热媒的钢制单板型散热器，多板及光板型散热器可参照本标准执行。

1.2 散热器钢板厚度为1.2～1.3mm，热媒温度低于100℃时工作压力为0.6MPa；热媒温度为110～150℃时，工作压力为0.46MPa。散热器钢板厚度为1.4～1.5mm，热媒温度低于100℃时工作压力为0.8MPa；热媒温度为110～150℃时，工作压力为0.7MPa。

1.3 热媒中含氧量每立方米不得大于0.05g。

2 型式、尺寸与性能参数

2.1 型号标记示例

G B 1 — 10/5 — 6

- 6 — 工作压力(0.6MPa)
- 10/5 — 散热器长度(1000mm)/同侧进出口中心距(500mm)
- 1 — 单面水道槽
- B — 板型
- G — 钢制

2.2 散热器以同侧进出口中心距为系列主参数，按外形结构分为单面水道槽和双面水道槽，其型式、尺寸及最小散热量应符合图1、表1的规定。

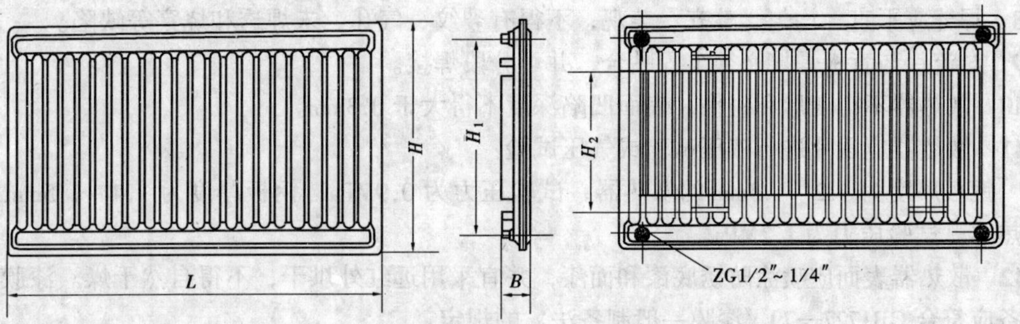

图1 板型散热器示意图

表1 板型散热器尺寸及最小散热量参数表

项 目	单位	参 数 值				
高度（H）	mm	380	480	580	680	980
同侧进出口中心距（H_1）	mm	300	400	500	600	900
对流片高度（H_2）	mm	130	230	330	430	730
宽度（B）	mm	50	50	50	50	50
长度（L）	mm	600、800、1000、1200、1400、1600、1800				
最小散热量（Q）（$L=1000$mm，$\Delta T=64.5$℃）	W	680	825	970	1113	1532

3 技 术 要 求

3.1 散热器应按批准的图纸及技术文件制造，并应符合本标准的规定。

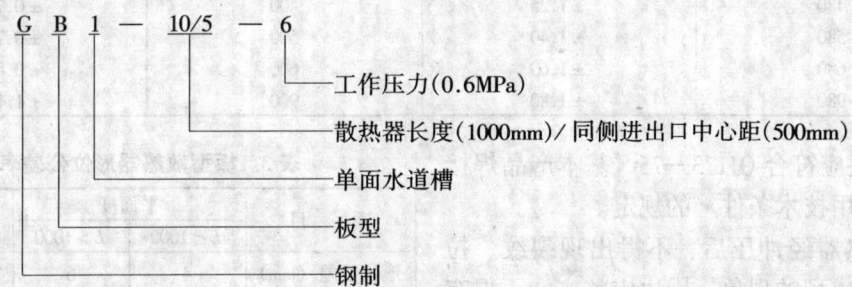

3.2 散热器材质应符合 GB912—82《普通碳素结构钢和低合金结构钢薄钢板技术条件》的规定，采用牌号为 A_3 或 B_2F，厚度为 1.2～1.5mm 与 0.5～0.8mm 的普通碳素冷轧钢板，或符合 GB710—65《优质碳素结构钢薄钢板技术条件》的规定，采用牌号为 08F 或 10F 厚度为 1.2～1.5mm 与 0.5～0.8mm 的优质碳素冷轧钢板。

3.3 散热器的管接头应设置在散热器的背面或侧面，接头螺纹应符合 JGJ31—86《采暖散热器系列参数、螺纹及配件》的规定。

3.4 散热器外形尺寸极限偏差应符合表 2 的规定，形位公差应符合表 3 的规定。

表 2　板型散热器外形尺寸极限偏差表

散热器高度（H，mm）		同侧进出口中心距（H_1，mm）	
基本尺寸	极限偏差	基本尺寸	极限偏差
380	±1.15	300	±0.65
480	±1.25	400	±0.70
580	±1.40	500	±0.78
680	±1.60	600	±0.88
980	±1.80	900	±1.15

3.5 焊接应符合 QJ173—75《基本产品焊接和钎接通用技术条件》的规定。

3.6 散热器经冲压后，不得出现裂纹、拉伤和重复成型的现象，周边应整齐，不得有明显皱纹。

表 3　板型散热器形位公差表

项　目	平面度		垂直度
	$L \leqslant 1000$	$L > 1000$	
形位公差（mm）	4	6	3

3.7 点焊的焊点应均匀，相邻焊点距为 30～40mm，焊点不得出现烧穿和未焊透等缺陷。

3.8 焊缝应平直、均匀、整齐、美观，不得有裂纹、气孔、未焊透和烧穿等缺陷。

3.9 对流片与背板焊接必须牢固贴合，并可分段焊接。

3.10 散热器不得变形和碰伤，表面凹陷深度不得大于 0.3mm。

3.11 散热器应逐片进行液压试验或气压试验：

钢板厚度为 1.2～1.3mm 的散热器，试验压力为 0.9MPa；钢板厚度为 1.4～1.5mm 的散热器，试验压力为 1.2MPa。

3.12 散热器表面应喷涂防锈底漆和面漆，并宜采用远红外烘干，不得自然干燥。漆膜的制备应符合 GB1727—79《漆膜一般制备法》的规定。

3.13 表面涂层应均匀，平整光滑，附着牢固，不得有气泡堆积，流淌和漏喷。

3.14 制造厂应向用户提供散热器使用说明书，政府有关部门对产品的鉴定证书和符合 JGJ32—86《采用闭式小室测试采暖散热器的热工性能》规定的试验台提供的热工性能测试报告。

3.15 从制造厂发货日起 18 个月内，散热器因制造质量不良不能正常工作时，制造厂应负责免费为用户修理或更换。

4 试 验 方 法

4.1 散热器的强度和严密性试验：应用专用的试验台、精度不低于 1.5 级，量程不得大于 1.6MPa 的压力计、压缩空气和试验液（推荐配合比见 4.3 条）。按本标准 3.11 条规定的试验压力进行试验。

4.2 液压试验稳压时间为2分钟，气压试验稳压时间为1分钟。

4.2.1 液压试验在稳压时间内，散热器表面和接头处不渗漏为合格。

4.2.2 气压试验时，将散热器浸入试验液中，不冒气泡为合格。

4.3 试验液应定期检查，其推荐成份和配合比（质量比）为：

水	98%
亚硝酸钠	1%
碳酸钠	0.5%
硅酸钠	0.5%

4.4 散热器经液压试验后，必须将残存在内腔的溶液吹干。液压或气压试验后，在连接管螺纹处应带上保护帽。

4.5 漆膜性能检验方法

4.5.1 漆膜附着力应符合GB1720—79《漆膜附着力测定法》的规定。

4.5.2 漆膜耐冲击性能应符合GB1732—79《漆膜耐冲击测定法》的规定，重锤高度为50mm。

4.5.3 漆膜耐热性应符合GB1735—79《漆膜耐热性测定法》的规定。

5 检 验 规 则

5.1 散热器须经制造厂的质量检验部门检查，合格后应鉴署合格证，方准出厂。

5.2 散热器的试验分为出厂检查和型式试验。

5.2.1 出厂检查或用户验收：

a. 应按照GB2828—81《逐批检查计数抽样程序及抽样表》中一般检查水平Ⅰ，采用二次正常抽样方案其检查项目，合格质量水平等应符合表4的规定。

表4 检查抽样方案表

批量范围	样本大小字码	样本	样本大小	累计样本大小	合格质量水平（AQL）									
					压力试验 1.0		中心距 焊接质量 2.5		平面度 垂直度 4.0		螺纹质 量长度 6.5		漆膜质量 及其他 15	
					A_c	R_e	A_c	R_e	A_c	R_e	A_c	R_e	A_c	R_e
91～150	D	第一 第二	5（8） 5	5 10	（0	1）	（0	1）	0 1	2 2	0 1	2 2	1 4	3 5
151～280	E	第二 第二	8（13） 8	3 16	（0	1）	0 1	2 2	0 1	2 2	0 3	3 4	2 6	5 7
281～500	F	第一 第二	13（20） 13	13 26	（0	1）	0 1	2 2	0 3	3 4	1 4	3 5	3 9	6 10
501～1200	G	第一 第二	20 20	20 40	0 1	2 2	0 3	3 4	1 4	3 5	2 6	5 7	5 12	9 13

注：A_c——合格判定数；

R_e——不合格判定数；

括号内数值为改用一次正常抽样方案的数值。

批合格或不合格的判断——根据样本检查的结果，若在第一样本中发现的不合格品数或缺陷数小于或等于第一合格判定数，则判断该批是合格的，若在第一样本中发现的不合格品数或缺陷数大于或等于第一不合格判定数，则判断该批是不合格的。若在第一样本中发现的不合格品数或缺陷数，大于第一合格判断数，同时小于第一不合格判定数，则抽第二样本进行检查。若在第一和第二样本中发现的不合格品数或缺陷数总和小于或等于第二合格判定数，则判断该批是合格的，相反，若大于或等于第二不合格判定数，则判断该批是不合格的。

b. 用通用量具和专用量具检查散热器的尺寸及形位公差；按照本标准的规定目测外观。

c. 点焊的焊点距用通用量具检查。

5.2.2 型式试验：凡属于下列情况之一者，应进行热工性能试验。

a. 当散热器在设计、工艺或使用的原材料有重大改变时；

b. 经一年以上停产后再恢复生产时；

c. 对连续生产的散热器每四年进行一次。

6 标志、包装、运输、贮存

6.1 标志

6.1.1 每片散热器应有制造厂的注册商标。

6.1.2 每片散热器出厂时应有质量合格证，内容包括：

a. 制造厂名称；

b. 产品名称及规格；

c. 工作压力及试验压力；

d. 本批产品检查时间，检查人员标记和出厂日期。

6.2 包装

散热器包装时，应把相同规格的散热器，面板对面板中间垫牛皮纸或软纸板后紧固四角，不得松动，外部用纸板箱包装或装于集装箱内。

6.3 运输

6.3.1 散热器运输时，应用带盖或有防雨苫布的运输工具。装在集装箱内的散热器可用敞开形式的运输工具运输。

6.3.2 在运输和搬运过程中，应轻拿轻放避免磕碰及其他重物挤压，以防损坏。

6.4 贮存

散热器应放在空气干燥，通风的库房内，存放时不得与任何化学制品和药品相接触，堆放高度不得超过 2m，底部应稳妥垫高 100～200mm。

附加说明：

本标准由哈尔滨建筑工程学院、吉林省建筑标准化管理所提出。

本标准主要起草人：郭骏、霍兆亿、董重成。

中华人民共和国建筑工业行业标准

采暖散热器　灰铸铁柱型散热器

Heating radiator—Cast iron column-type radiator

JG 3—2002

中华人民共和国建设部　2002-06-04 批准

2002-10-01 实施

前　言

本标准在对国内生产厂家相关产品进行调研，并结合十几年来产品标准执行情况，修订了 JG/T 3—1999，编制成本标准。

本标准的第 3.3 条、第 4.2 条、第 4.5.3 条为强制性的，其余为推荐性的。

本标准的附录 A 是标准的附录。

本标准由建设部标准定额研究所提出。

本标准由建设部建筑工程标准技术归口单位归口。

本标准由中国建筑金属结构协会采暖散热器委员会负责起草。

本标准主要起草人：张善道、董重成、宋为民、牟灵泉。

本标准委托中国建筑金属结构协会采暖散热器委员会负责解释。

本标准发布日起，原标准 JG/T 3—1999 将同时废止。

1 范　　围

本标准规定了灰铸铁柱型散热器的型式、尺寸与性能参数、要求、试验方法、检验规则、标志、包装、运输与贮存等。

本标准适用于工业、民用建筑中以热水、蒸汽为热媒的灰铸铁柱型散热器（以下简称散热器）。

热媒为热水时，温度不大于130℃，灰铸铁材质不低于HT100，工作压力为0.5MPa；温度不大于150℃，灰铸铁材质不低于HT150，工作压力为0.8MPa。热媒为蒸汽时，工作压力为0.2MPa。

2 引　用　标　准

下列标准所包含的条文，通过在本标准中引用而构成为本标准的条文。本标准出版时，所示版本均为有效。所有标准都会被修订，使用本标准的各方应探讨使用下列标准最新版本的可能性。

GB/T 1182—1996　形状和位置公差　通则、定义、符号和图样表示法

GB/T 13754—1992　采暖散热器散热量测定方法

GB/T 1804—2000　一般公差　未注公差的线性和角度尺寸的公差

GB/T 1048—1990　管道元件公称压力

GB/T 11351—1989　铸件重量公差

GB/T 9439—1988　灰铸铁件

GB/T 2828—1987　逐批检查计数抽样程序及抽样表（适用于连续批量的检查）

GB/T 6414—1986　铸件尺寸公差

GB/T 223.1～223.7　钢铁及合金化学分析法

JG/T 6—1999　采暖散热器系列参数、螺纹及配件

JB/T 7945—1995　灰铸铁机械性能试验方法

3 型号、尺寸与性能参数

3.1　主参数

按JG/T 6—1999规定，本标准主参数为300mm、500mm、600mm、900mm。

3.2　型号

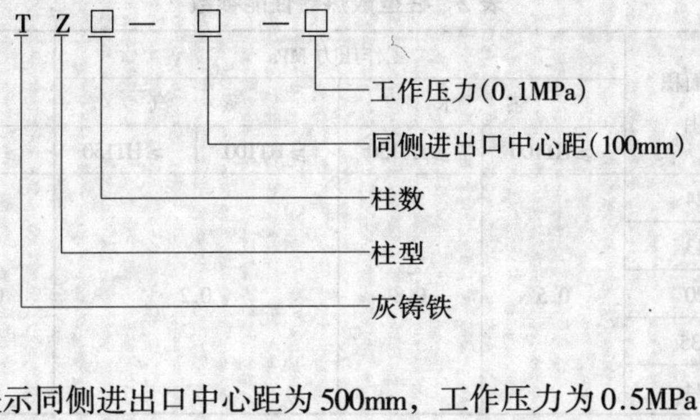

型号示例：

TZ4-5-5（8）表示同侧进出口中心距为500mm，工作压力为0.5MPa（或0.8MPa）的灰

铸铁四柱型散热器。

3.3 散热器示意见图1，散热器尺寸按表1的规定，散热器的性能参数按表2的规定。

4 要 求

4.1 散热器按批准的标准图及技术文件制造，并符合本标准表1的规定。

4.2 散热器材质应符合 GB/T 9439 的规定，牌号 HT 按表2规定。

4.3 散热器的散热量应不低于表3的规定。

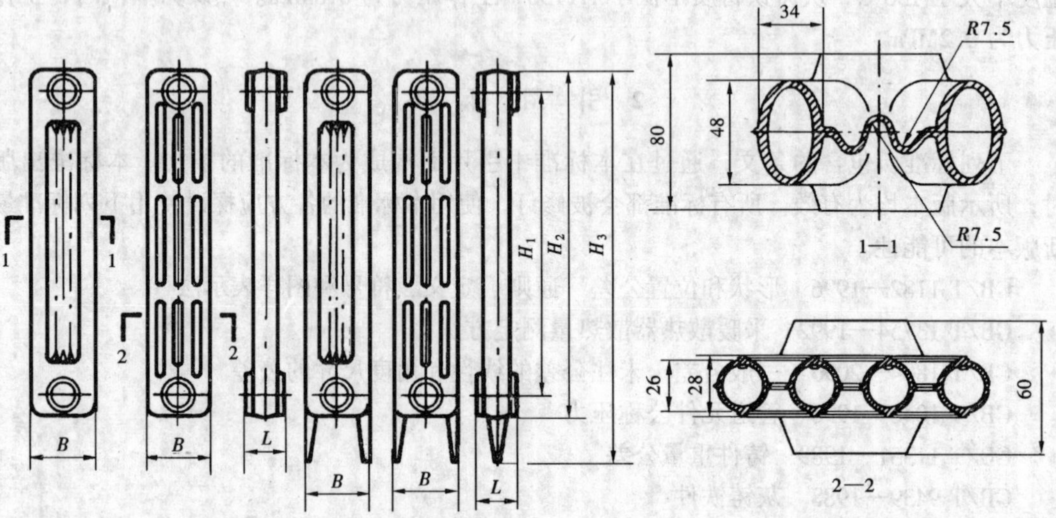

图1 散热器示意

表1 柱型散热器尺寸

mm

型 号	中片高度 H	足片高度 H_2	长 度 L	宽 度 B	同侧进出口中心距 H_1
TZ2-5-5（8）	582	660	80	132	500
TZ4-3-5（8）	382	460	60	143	300
TZ4-5-5（8）	582	660	60	143	500
TZ4-6-5（8）	682	760	60	143	600
TZ4-9-5（8）	982	1060	60	164	900

表2 柱型散热器性能参数

型 号	散热面积 m²/片	工作压力 MPa				试验压力 MPa	
		热 水		蒸 汽			
		≥HT100	≥HT150	≥HT100	≥HT150	≥HT100	≥HT150
TZ2-5-5（8）	0.24						
TZ4-3-5（8）	0.13						
TZ4-5-5（8）	0.20	0.5	0.8	0.2		0.75	1.2
TZ4-6-5（8）	0.235						
TZ4-9-5（8）	0.44						

表 3　柱型散热器散热量　W

型　号	每片散热量（热媒为热水 $\Delta T = 64.5$℃）
TZ2-5-5（8）	130
TZ4-3-5（8）	82
TZ4-5-5（8）	115
TZ4-6-5（8）	130
TZ4-9-5（8）	130
注：表中每片散热量为 10 片一组，不涂任何涂料测得结果的平均值。	

4.4　散热器外形尺寸极限偏差及质量应符合表 4、表 5 的规定。

表 4　柱型散热器外形尺寸极限偏差　mm

型　号		TZ2-5-5（8）	TZ4-3-5（8）	TZ4-5-5（8）	TZ4-6-5（8）	TZ4-9-5（8）
中片高度 H	基本尺寸	582	382	582	682	982
	极限偏差	±2.4	±2.2	±2.4	±2.8	±3.2
足片高度 H_2	基本尺寸	660	460	660	760	1060
	极限偏差	±2.4	±2.2	±2.4	±2.8	±3.2
长度 L	基本尺寸	80	60			60
	极限偏差	±0.6	±0.6			±0.6
宽度 B	基本尺寸	132	143			164
	极限偏差	±1.3	±1.8			±2.0

表 5　柱型散热器单片质量　kg

型　号	中　片	足　片
TZ2-5-5（8）	6.2±0.3	6.7±0.3
TZ4-3-5（8）	3.4±0.2	4.1±0.2
TZ4-5-5（8）	4.9±0.3	5.6±0.3
TZ4-6-5（8）	6.0±0.3	6.7±0.3
TZ4-9-5（8）	11.5±0.5	12.2±0.5

4.5　散热器铸造质量要求

4.5.1　散热器外表面不得有裂纹、疏松等缺陷和面积大于 4mm×4mm、深 1.0mm 的窝坑。

4.5.2　散热器外表面所附着的型砂应清理干净，表面除浇口外不应有粘砂，浇口附近粘砂面积不得超过 5500mm^2。

4.5.3　散热器内腔粘的芯砂必须清除干净。

4.5.4　散热器的飞刺、铸疤应清除干净，打磨光滑，其浇口残留纵向高度不得超过 3mm。

4.5.5　散热器表面应平整、光洁，表面粗糙度 *Ra* 值不应大于 50μm。

4.5.6　散热器错箱值不得大于 1.0mm。

4.5.7　散热器应逐片水压试验。

4.6　散热器经水压试验后，发现局部渗水、漏水的，可以修补。修补部位外表面应平整、光洁，每片散热器修补不得超过两处，且两缺陷处边缘最小距离应大于 50mm。修补后散热器必须重作水压试验，稳压时间应大于 3min。

4.7　散热器机械加工精度应符合下列规定。

4.7.1 散热器的连接螺纹为管螺纹 G1½或 G1¼，加工精度应符合 JG/T 6—1999 表 1 的规定。

4.7.2 同侧进出口中心距极限偏差应符合表 6 的规定。

4.7.3 同侧两凸缘端面应在同一平面上，其平面度公差为 0.5mm。

表 6 同侧进出口中心距极限偏差 mm

型 号	极限偏差
TZ2-5-5（8）	500 ± 0.36
TZ4-3-5（8）	300 ± 0.30
TZ4-5-5（8）	500 ± 0.36
TZ4-6-5（8）	600 ± 0.38
TZ4-9-5（8）	900 ± 0.38

4.7.4 螺纹孔轴线与凸缘端面应垂直，其垂直度公差为 0.3mm。

4.7.5 螺纹轴线与凸缘轴线同轴度公差为 2.0mm。

4.7.6 螺纹应由凸缘端面向里保证 3.5 扣完整，不得有缺陷。

4.7.7 凸缘端面不得凸心，但凹心量不大于 0.2mm。

4.7.8 凸缘端面上不准有砂眼和气孔。

4.8 散热器机械加工部位应涂防锈油，表面应涂防锈底漆一遍，涂前必须清除表面的灰尘、污垢、锈斑等物。

4.9 从制造厂发货日起 18 个月内，凡散热器因制造质量不符合本标准规定的，制造厂应负责为用户修理或更换。

5 试 验 方 法

5.1 散热器的强度和严密性试验应在专用的试验台上进行，其压力计的精度不低于 1.5 级，量程不大于 1.6MPa，试件温度应高于 5℃，试验压力为工作压力的 1.5 倍。

5.2 散热器应进行水压试验，散热器体内的空气应排除干净，压力应逐渐提高到规定的要求，并用 0.5kg 钢锤轻击，稳压时间 1min，不得渗漏。

5.3 螺纹精度应采用螺纹塞规检验。

5.4 同侧进出口中心距应采用专用量具检验。

5.5 用通用量具和专用量具检验散热器的尺寸和形位公差，按本标准的规定目测外观。

5.6 散热器材质的抗拉强度应按 JB/T 7945 的规定进行。

5.7 散热器材质的化学成分按 GB/T 223.1 ~ 223.7 的规定检验。材质牌号的化学成分见本标准附录 A（标准的附录）。

5.7.1 散热器进行认证或质量发生问题须仲裁时，应做材质化学成分检验。

5.7.2 散热器正常检测，按本标准中第 6 章检验规则进行。

5.8 散热器热工性能试验应在 GB/T 13754 规定的试验台进行。

6 检 验 规 则

6.1 散热器须经制造厂的质量检验部门检验，合格后应签署合格证，方可出厂。

6.2 散热器的检验分为出厂检验和型式检验。

6.2.1 出厂检验

a）应按照 GB/T 2828 中一般检查水平Ⅰ，采用二次正常抽样方案。其检验项目合格质量水平应符合表 7 的规定。

表7 检查抽样方案

批量范围	样本大小字码	样本	样本大小	累计样本大小	合格质量水平（AQL）									
					水压试验		同侧进出口中心距		垂直度平面度		同轴度		质量及其他	
					1.0		2.5		4.0		6.5		15	
					A_c	R_e	A_c	R_e	A_c	R_e	A_c	R_e	A_c	R_e
91～150	D	第一	5（8）	5	（0	1）	（0	1）	0	2	0	2	1	3
		第二	5	10					1	2	1	2	4	5
151～280	E	第一	8（13）	8	（0	1）	0	2	0	2	0	3	2	5
		第二	8	16			1	2	1	2	3	4	6	7
281～500	F	第一	13（20）	13	（0	1）	0	2	0	3	1	3	3	6
		第二	13	26			1	2	3	4	4	5	9	10
501～1200	G	第一	20	20	0	2	0	3	1	3	2	5	5	9
		第二	20	40	1	2	3	4	4	5	6	7	12	13

注：A_c—合格判定数；R_e—不合格判定数；括号内数值为改用一次正常抽样方案的数值。

b）批合格或不合格的判定规则：根据样本检验的结果，当在第一样本中发现的不合格品数或缺陷数小于或等于第一合格判定数，则判断该批为合格；当在第一样本中发现的不合格品数或缺陷数大于或等于第一不合格判定数，则判断该批为不合格；当在第一样本中发现的不合格品数或缺陷数大于第一合格判定数，同时小于第一不合格判定数，则抽样第二样本进行检验。当在第一和第二样本中发现的不合格品数或缺陷数总和小于或等于第二合格判定数，则判断该批为合格的；相反，当大于或等于第二不合格判定数，则判断该批为不合格的。

6.2.2 型式检验

凡属于下列情况之一者，应进行型式检验，并按本标准第4章要求的规定进行检验。

a）新产品或老产品转产生产的试制定型鉴定；

b）当散热器在设计、工艺或使用的原材料有重大改变时；

c）经一年以上停产后再恢复生产时；

d）对连续生产的散热器每四年进行一次。

6.3 制造厂应提供由国家指定的检测单位所做的热工性能测试报告。

7 标志、包装、运输和贮存

7.1 标志

7.1.1 散热器应铸有制造厂的注册商标或标志。

7.1.2 每批散热器出厂时应有使用说明书和质量合格证，质量合格证内容包括：

a）制造厂名称；

b）产品名称及规格；

c）工作压力、试验压力、每片标准散热量；

d）本批产品检验时间、检验人员标记和出厂日期。

7.2 包装

散热器可根据各地区合适的材料包装。

7.3 运输

散热器在运输和搬运过程中，应轻拿轻放，不得互相碰撞，以防损坏。

7.4 贮存

散热器应放在通风干燥的库房中，不得与腐蚀性物质放在一起。

附 录 A

（标准的附录）

散热器材质牌号化学成分

散热器材质牌号化学成分见表 A1。

表 A1 %

牌 号	C	Si	Mn	P	S
HT100	3.3～3.9	1.9～2.6	≥0.4	≤0.26	≤0.12
HT150	3.3～3.8	1.9～2.5	≥0.5	≤0.24	≤0.12

中华人民共和国建筑工业行业标准

采暖散热器　灰铸铁翼型散热器

Heating radiator—Cast iron wing-type radiator

JG 4—2002

中华人民共和国建设部　2002-06-03 批准

2002-10-01 实施

前　言

本标准在对国内有关生产厂家相关产品进行调研，并结合十几年来产品应用情况，修订了原JG/T 4—1999，编制成本标准。

本标准的第3.3条、第4.2条、第4.5.3条为强制性的，其余为推荐性的。

本标准的附录A是标准的附录。

本标准由建设部标准定额研究所提出。

本标准由建设部建筑工程标准技术归口单位归口。

本标准由中国建筑金属结构协会采暖散热器委员会、辽宁省黑山县冬乐暖气片铸造有限公司、山东省龙口市水暖器材厂负责起草。

本标准主要起草人：张善道、董重成、宋为民、牟灵泉、王俊新。

本标准委托中国建筑金属结构协会采暖散热器委员会负责解释。

本标准发布日起，原标准 JG/T 4—1999 将同时废止。

1 范　围

本标准规定了灰铸铁翼型散热器的型式、尺寸与性能参数、技术要求、试验方法、检测规则、标志、包装、运输与贮存等。

本标准适用于工业、民用建筑中以热水、蒸汽为热媒的灰铸铁翼型散热器（以下简称散热器）。

热媒为热水时，温度不大于130℃，灰铸铁材质为HT150，工作压力为0.5MPa；温度不大于130℃，灰铸铁材质＞HT150，工作压力为0.7MPa。热媒为蒸汽时，工作压力为0.2MPa。

2 引 用 标 准

下列标准所包含的条文，通过在本标准中引用而构成为本标准的条文。本标准出版时，所示版本均为有效。所有标准都会被修订，使用本标准的各方应探讨使用下列最新版本的可能性。

GB/T 1182—1996　形状和位置公差　通则、定义、符号和图样表示法

GB/T 13754—1992　采暖散热器散热量测定方法

GB/T 1804—2000　一般公差　未注公差的线性和角度尺寸的公差

GB/T 1048—1990　管道元件公称压力

GB/T 9439—1988　灰铸铁件

GB/T 2828—1987　逐批检查计数抽样程序及抽样表（适用于连续批量的检查）

GB/T 6414—1986　铸件尺寸公差

GB/T 223.1～223.7　钢铁及合金化学分析法

JG/T 6—1999　采暖散热器系列参数、螺纹及配件

JB/T 7945—1995　灰铸铁机械性能试验方法

3 型号、尺寸与性能参数

3.1 主参数

按JG/T 6—1999规定，本标准主参数为300mm、500mm。

3.2 型号

T Y □ / □ —□

- □ —— 工作压力(0.1MPa)
- □ —— 同侧进出口中心距(100mm)
- □ —— 散热器长度
- Y —— 翼型
- T —— 灰铸铁

型号示例：

TY 2.8/5-5（7）表示灰铸铁翼型散热器长度280mm，同侧进出口中心距为500mm，工作压力为0.5MPa（或0.7MPa）。

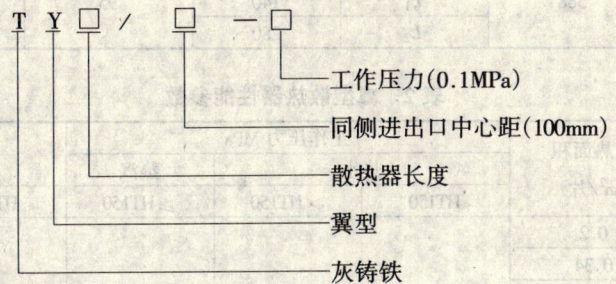

3.3 散热器尺寸表1规定，散热器的性能参数表2规定，散热器示意见图1。

4 要 求

4.1 散热器应按批准的标准图及技术文件制造，并符合本标准表1规定。

4.2 散热器材质应符合 GB/T 9439 的规定，牌号 HT 按表2规定。

4.3 散热器的散热量应符合表3的规定。

4.4 散热器外形尺寸极限偏差及重量应符合表4、表5的规定。

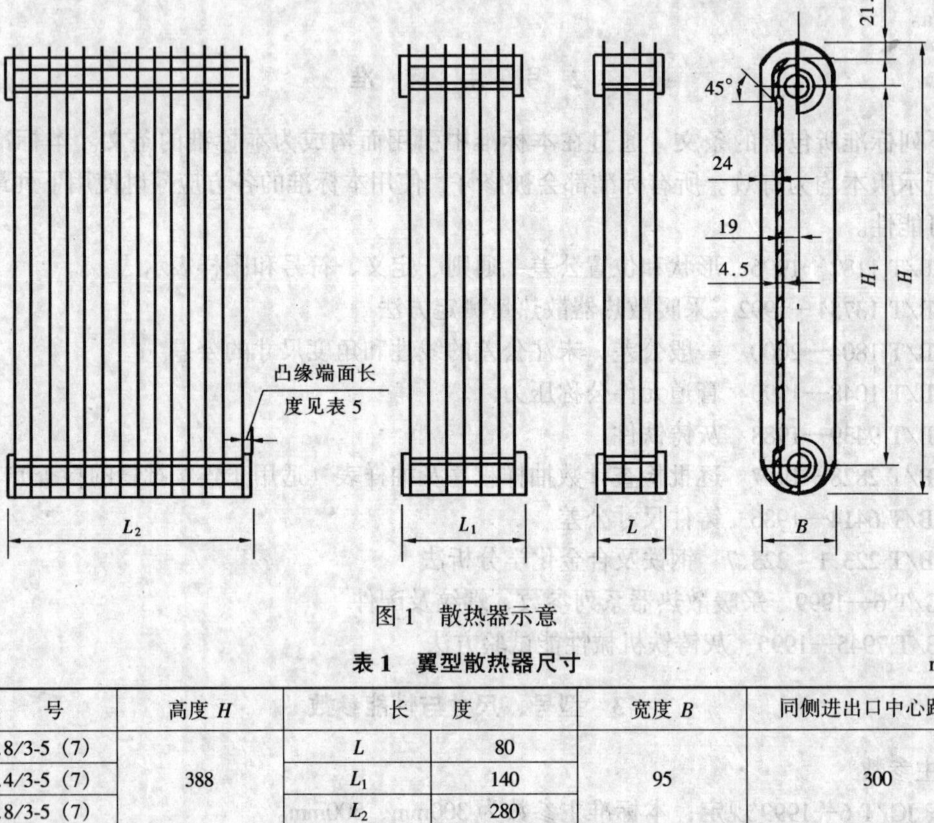

图1 散热器示意

表1 翼型散热器尺寸

mm

型 号	高度 H	长 度		宽度 B	同侧进出口中心距 H_1
TY 0.8/3-5（7）	388	L	80	95	300
TY 1.4/3-5（7）		L_1	140		
TY 2.8/3-5（7）		L_2	280		
TY 0.8/5-5（7）	588	L	80	95	500
TY 1.4/5-5（7）		L_1	140		
TY 2.8/5-5（7）		L_2	280		

表2 翼型散热器性能参数

型 号	散热面积 m²/片	工作压力 MPa			试验压力 MPa	
		热水		蒸汽		
		HT150	>HT150	≥HT150	HT150	>HT150
TY 0.8/3-5（7）	0.2	≤0.5	≤0.7	≤0.2	0.75	1.05
TY 1.4/3-5（7）	0.34					
TY 2.8/3-5（7）	0.73					
TY 0.8/5-5（7）	0.26					
TY 1.4/5-5（7）	0.50					
TY 2.8/5-5（7）	1.00					

表 3　翼型散热器散热量　　W

型　号	每片散热量（热媒为热水 $\Delta T=64.5℃$）
	合格品
TY 0.8/3-5（7）	88
TY 1.4/3-5（7）	144
TY 2.8/3-5（7）	296
TY 0.8/5-5（7）	127
TY 1.4/5-5（7）	216
TY 2.8/5-5（7）	430

注：表中散热器 TY 0.8/3 每 10 片组成一组，TY 1.4/3 每 8 片组成一组，TY 2.8/3 每 3 片组成一组，TY 0.8/5 每 10 片组成一组，TY 1.4/5 每 6 片组成一组，TY 2.8/5 每 3 片组成一组，不涂任何涂料测得结果的平均值。

表 4　翼型散热器外形尺寸极限偏差　　mm

型　号	片高 *H*		片长 *L*		片宽 *B*		翼翅厚度		凸缘端面长度	
	基本尺寸	极限偏差	基本尺寸	极限偏差	基本尺寸	极限偏差	基本尺寸	极限偏差	基本尺寸	极限偏差
TY 0.8/3-5（7）	388	±2.2	80	±0.6	95	±1.8	3.0	±0.3	8.2	≤+2
TY 1.4/3-5（7）			140	±0.8					7.9	
TY 2.8/3-5（7）			280	±1.0					7.2	
TY 0.8/5-5（7）	588	±2.4	80	±0.6	95	±1.8	3.0	±0.3	8.2	
TY 1.4/5-5（7）			140	±0.8					7.9	
TY 2.8/5-5（7）			280	±1.0					7.2	

表 5　翼型散热器单片质量　　kg

型　号	标 准 质 量	最 大 质 量
TY 0.8/3-5（7）	4.3	≤4.8
TY 1.4/3-5（7）	6.8	≤7.4
TY 2.8/3-5（7）	13.0	≤14.0
TY 0.8/5-5（7）	6.0	≤6.4
TY 1.4/5-5（7）	10.0	≤11.0
TY 2.8/5-5（7）	20.0	≤21.5

4.5　散热器铸造质量要求

4.5.1　散热器的一面及顶部（圆弧部分）翼翅应完整，另一面掉翼翅数不得多于两处，每处不得超过 100mm，其累计长度不得大于 150mm，花翅的连续长度不得大于 100mm，深度不得超过 12mm，其掉翼、花翅的缺陷总数不得多于两处。

4.5.2　散热器所附着的型砂、浇冒口、飞刺等应清除干净，带翼翅面不应有粘砂、飞刺，其余两侧面每侧粘砂面积不得大于 25000mm²，粘砂厚度不得大于 1mm。

4.5.3　散热器内腔粘的芯砂、芯铁必须清除干净。

4.5.4　散热器表面不得有深 1mm、面积为 25mm² 的缺陷。

4.5.5　散热器表面除应符合 4.5.4 的规定外，还应平整、光洁，表面粗糙度 *Ra* 值不应大于 50μm。

4.5.6 散热器错箱值不得大于 1.0mm。

4.6 散热器经水压实验后，发现局部渗水、漏水的，可以修补。修补部位表面应平整、光洁，每片散热器修补的缺陷不得超过三处，且两缺陷处边缘最小距离应大于 100mm。修补后散热器必须重做水压试验，稳压时间应大于 3min。。

4.7 散热器机械加工精度应符合下列规定。

4.7.1 散热器的连接螺纹为 G1 $\frac{1}{2}$ 管螺纹，加工精度应符合 JG/T 6—1999 表 2 的规定。

4.7.2 散热器同侧进出口中心距极限偏差应符合 GB/T 1804 中 JS12 级、JS13 级之间的规定（见表 6）。

表 6 散热器同侧进出口中心距极限偏差 mm

型号	极限偏差
TY 0.8～2.8/3-5（7）系列	300±0.30
TY 0.8～2.8/5-5（7）系列	500±0.36

4.7.3 同侧两凸缘端面应在同一平面上，其平面度公差为 0.5mm。

4.7.4 凸缘轴线与凸缘端面应垂直，其垂直度公差为 0.3mm。

4.7.5 螺纹轴线与凸缘端面轴线的同轴度公差为 2.0mm。

4.7.6 螺纹应由凸缘端面向里保证 3.5 扣完整，不得有缺陷。

4.7.7 凸缘端面不得凸心，但凹心量不应大于 0.2mm。

4.7.8 凸缘端面上不准有砂眼和气孔。

4.8 散热器机械加工部位应涂防锈油，表面应涂防锈漆一遍，涂前必须清除表面的灰尘，污垢、锈斑。

4.9 从制造厂发货日起 18 个月内，凡散热器因制造质量不符合本标准规定时，制造厂负责免费为用户修理或更换。

5 试验方法

5.1 散热器的强度和严密性试验应在专用的试验台上进行，其压力计的精度不低于 1.5 级，量程不大于 1.6MPa，试件温度应高于 5℃，试验压力为工作压力的 1.5 倍。

5.2 散热器应进行水压试验，散热器体内的空气应排除干净，压力应逐渐提高到规定的要求，稳压时间 1min，不得渗漏。

5.3 螺纹精度应采用螺纹塞规检验。

5.4 同侧进出口中心距应采用专用量具检验。

5.5 散热器材质的抗拉强度应按 JB/T 7945 的规定检验。

5.6 散热器材质的化学成分按 GB/T 223.1～223.7 的规定检验。材质牌号的化学成分见本标准的附录 A（标准的附录）。

5.6.1 散热器进行认证或质量发生问题须仲裁时，应做材质化学成分检验。

5.6.2 散热器正常检测，按本标准中第 6 章检验规定进行。

5.7 散热器热工性能试验应按 GB/T 13754 的规定进行。

6 检验规则

6.1 散热器须经制造厂的质量检验部门检验，合格后应签署合格证，方可出厂。

6.2 散热器的检验分为出厂检验和型式检验。

6.2.1 出厂检验

a）应按照 GB/T 2828 中一般检查水平Ⅰ，采用二次正常抽样方案。其检验项目、合格质量水平等应符合表 7 的规定。

表 7 检查抽样方案

批量范围	样本大小字码	样本	样本大小	累计样本大小	合格质量水平（AQL）									
					水压实验		同侧进出口中心距		垂直度平面度		同轴度		质量及其他	
					1.0		2.5		4.0		6.5		15	
					A_c	R_e	A_c	R_e	A_c	R_e	A_c	R_e	A_c	R_e
91～150	D	第一	5 (8)	5	(0	1)	(0	1)	0	2	0	2	1	3
		第二	5	10					1	2	1	2	4	5
151～280	E	第一	8 (13)	8	(0	1)	0	2	0	2	0	3	2	5
		第二	8	16			1	2	1	2	3	4	6	7
281～500	F	第一	13 (20)	13	(0	1)	0	2	0	3	1	3	3	6
		第二	13	26			1	2	3	4	4	5	9	10
501～1200	G	第一	20	20	0	2	0	3	1	3	2	5	5	9
		第二	20	40	1	2	3	4	4	5	6	7	12	13

注：A_c—合格判定数；R_c—不合格判定数；括号内数值为改用一次正常抽样方案的数值。

b）批合格或不合格的判定规则：根据样本检验的结果，当在第一样本中发现的不合格品数或缺陷数小于或等于第一合格判定数，则判断该批为合格；当在第一样本中发现的不合格品数或缺陷数大于或等于第一不合格判定数，则判断该批为不合格；当在第一样本中发现的不合格品数或缺陷数大于第一合格判定数，同时小于第一不合格判定数，则抽样第二样本进行检验。当在第一和第二样本中发现的不合格品数或缺陷数总和小于或等于第二合格判定数，则判断该批为合格的；相反，当大于或等于第二不合格判定数，则判断该批为不合格的。

c）用通用量具和专用量具检验散热器的尺寸及形位公差：按本标准的规定目测外观。

6.2.2 型式检验

凡属于下列情况之一者，应进行型式检验，并按本标准第 4 章要求的规定进行检验。

a）新产品或老产品转产生产的试制定型鉴定；

b）当散热器在设计、工艺或使用的原材料有重大改变时；

c）经一年以上停产后再恢复生产时；

d）对连续生产的散热器每四年进行一次。

6.3 散热器应逐片进行压力试验。

6.4 制造厂应提供由国家指定的检测单位所做的热工性能测试报告。

7 标志、包装、运输与贮存

7.1 标志

7.1.1 散热器应铸有制造厂的注册商标或标志。

7.1.2 每批散热器出厂时应有使用说明书和质量合格证，质量合格证内容包括：

a）制造厂名称；

b）产品名称及规格；

c）工作压力、试验压力、每片标准散热量；

d）本批产品检验时间、检验人员标记和出厂日期。

7.2 包装

散热器可根据各地区合适的材料包装。

7.3 运输

散热器在运输和搬运过程中，应轻拿轻放，不得互相碰撞，以防损坏。

7.4 贮存

散热器应放在通风干燥的库房中，不得与腐蚀性物质放在一起。

附 录 A

（标准的附录）

散热器材质牌号化学成分

散热器材质牌号化学成分见表A1。

表A1 %

牌 号	C	Si	Mn	P	S
HT150	3.3~3.8	1.9~2.5	≥0.5	≤0.24	≤0.12
>HT150	3.2~3.7	1.9~2.5	≥0.6	≤0.24	≤0.12

中华人民共和国城乡建设环境保护部部标准

灰铸铁圆翼型散热器

JG/T 5—1999

中华人民共和国城乡建设环境保护部　1986-11-22 批准
1987-05-01 实施

目　　录

1　引言 …… 1047
2　型式、尺寸与性能参数 …… 1047
3　技术要求 …… 1047
4　试验方法 …… 1049
5　检验规则 …… 1049
6　标志、包装、运输、贮存 …… 1050

1 引　　言

1.1 本标准适用于工业、民用建筑中，以热水、蒸汽为热媒的灰铸铁圆翼型散热器。

1.2 普通灰铸铁：热媒为热水时，温度低于150℃，工作压力为0.6MPa；热媒为水蒸汽时，工作压力为0.4MPa。

2 型式、尺寸与性能参数

2.1 型号标记示例

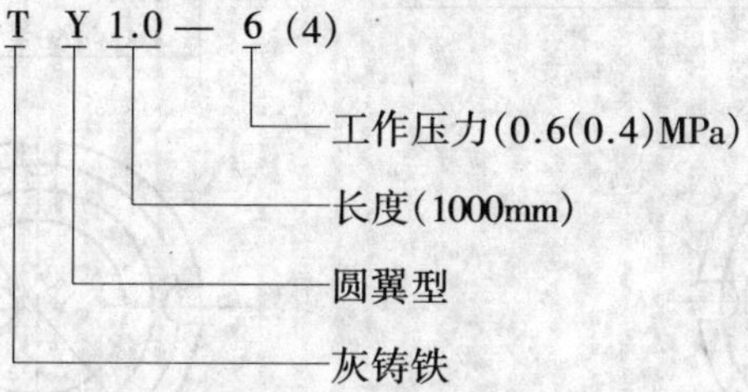

2.2 散热器的型式和尺寸应符合图1的规定。

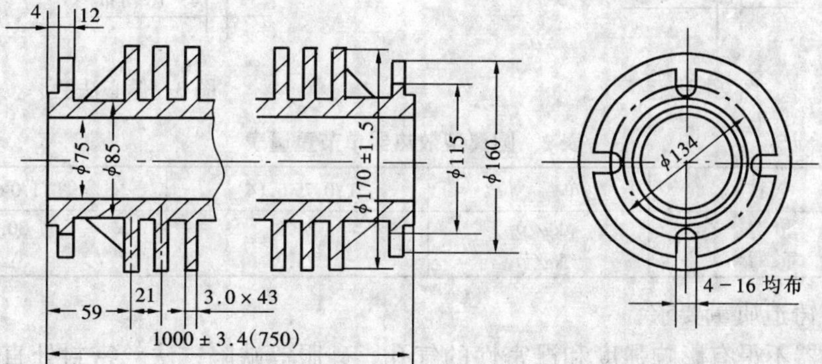

图1　圆翼型散热器示意图

2.3 散热器的性能参数应符合表1的规定。

表1　圆翼型散热器性能参数表

项　　目			单　位	TY0.75-6 (4)	TY1.0-6 (4)
散　热　面　积			m²/节	1.3	1.8
每节散热量（热媒为热水，$\Delta T=64.5$℃）			W	393	550
工　作　压　力	热　　水	普通灰铸铁	MPa	≤0.6	
	蒸　　汽	普通灰铸铁	MPa	≤0.4	
试　验　压　力			MPa	0.9	
注：每节散热器以2节散热器组成一组，不涂任何涂料以闭式小室测试结果平均值。					

2.4 散热器连接件——法兰和偏心法兰的型式尺寸应符合图2、图3的规定。

3 技 术 要 求

3.1 散热器应按批准的图纸及技术文件制造，并应符合本标准规定。

3.2 散热器的材质为 HT150，但不得低于 HT100。

3.3 散热器的单节重量应符合表 2 的规定。

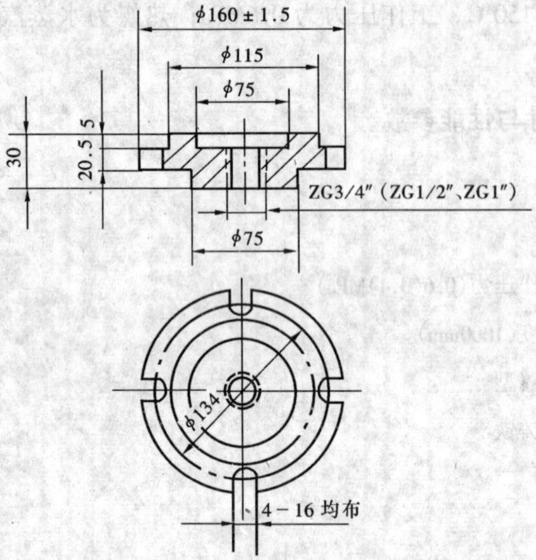

图 2　法兰

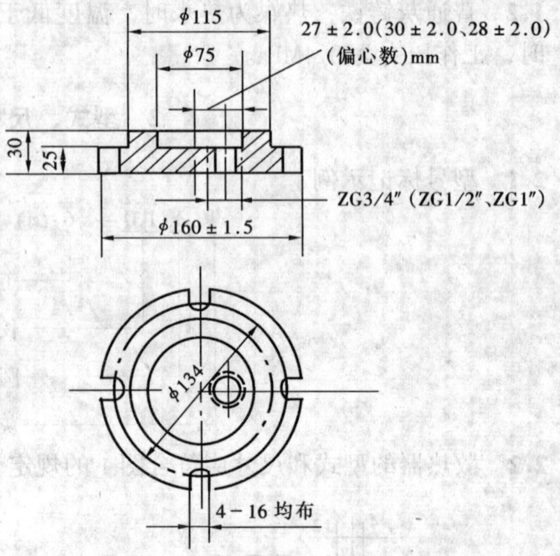

图 3　偏心法兰

表 2　圆翼型散热器单节重量表

项　　目	单　　位	TY0.75-6（4）	TY1.0-6（4）
标　准　重　量	kg/节	24.6	30.0
最　大　重　量	kg/节	25.9	31.5

3.4 散热器铸造质量要求

3.4.1 散热器不得有影响强度和严密性的气孔、砂眼等缺陷，法兰密封处直径和深度小于 2mm 的砂眼、气孔不得多于 6 个，且不能连续相接。

3.4.2 散热器表面及内腔的型砂必须清理干净，浇冒口、飞刺、铸疤要清除，散热器的翼翅不得粘砂，其他部位的粘砂面应不大于圆筒外表面的 10%。

3.4.3 掉翼数不得超过 2 个，其累计长度不得大于翼片周长的二分之一，深度小于 10mm 的花翅不得超过 3 处。

3.4.4 散热器表面粗糙度 *Ra* 值不应大于 50μm。

3.5 散热器经水压试验后，发现局部渗水、漏水的可修补，修补后的部位应平整，并必须重作水压试验，稳压时间不应少于 3 分钟。

3.6 散热器机械加工精度应符合下列规定

3.6.1 法兰上的螺纹精度应符合 JGJ 31—86《采暖散热器系列参数、螺纹及配件》规定。

3.6.2 散热器的轴线与法兰端面垂直度公差为 3.0mm。

3.6.3 法兰上内螺纹的轴线与端面垂直度的公差为 0.25mm。

3.6.4 散热器法兰及配件法兰不得凸心，但凹心量不得大于 0.2mm。

3.7 从制造厂发货日起 18 个月内，散热器因制造质量不良不能正常工作，制造厂应负责免费为用户修理或更换。

3.8 散热器机加工部位应涂防锈油，表面必须涂防锈底漆一遍，涂前必须清除表面灰尘、污垢、锈斑等物。

4 试 验 方 法

4.1 水压试验时，试件温度应高于5℃，散热器体内的空气应排除干净，压力应逐渐提高到规定的要求，持续2分钟，压力保持不变，且无渗漏为合格。

4.2 材料的化学成份应按GB 2231—7—81《钢铁及合金化学分析方法》的规定检验。

4.3 散热器材质的抗拉强度应按GB 977—84《灰铸铁机械性能试验方法》的规定检验。

4.4 热工试验：制造厂必须提供符合JGJ 32—86《采用闭式小室测试采暖散热器的热工性能》规定的试验台，热工性能测试报告。

5 检 验 规 则

5.1 散热器需经过制造厂质量检验部门检验，并签发合格证后方可出厂。

5.2 散热器应逐节进行水压试验。

5.3 出厂检查或用户验收应按GB 2828—81《逐批检查计数抽样程序及抽样表》中一般检查水平Ⅰ，采用二次正常检查抽样方案，其检查项目、合格质量水平等应符合表3的规定。

表3 检查抽样方案

批量范围	样本大小字码	样本	样本大小	累计样本大小	合格质量水平（AQL）									
					水压试验		同侧进出口中心距		垂直度同轴度		重量及其他		平面度	
					1.0		2.5		4.0		6.5		15	
					A_c	R_e	A_c	R_e	A_c	R_e	A_c	R_e	A_c	R_e
91～150	D	第一	5	5					0	2	0	2	1	3
			（8）		（0	1）	（0	1）						
		第二	5	10					1	2	1	2	4	5
151～280	E	第一	8	8			0	2	0	2	0	3	2	5
			（13）		（0	1）								
		第二	8	16			1	2	1	2	3	4	6	7
281～500	F	第一	13	13			0	2	0	3	1	3	3	6
			（20）		（0	1）								
		第二	13	26			1	2	3	4	4	5	9	10
501～1200	G	第一	20	20	0	2	0	3	1	3	2	5	5	9
		第二	20	40	1	2	3	4	4	5	6	7	12	13

注：A_c——合格判定数；
R_e——不合格判定数；
括号内数值为改用一次正常抽样方案的数值。
批合格或不合格的判断——根据样本检查的结果，若在第一样本中发现的不合格品数或缺陷数小于或等于第一合格判定数，则判断该批是合格的。若在第一样本中发现的不合格品数或缺陷数大于或等于第一不合格判定数，则判断该批是不合格的。若在第一样本中发现的不合格品数或缺陷数，大于第一合格判断数，同时小于第一不合格判定数，则抽第二样本进行检查。若在第一和第二样本中发现的不合格品数或缺陷数总和小于或等于第二合格判定数，则判断该批是合格的。相反，若大于或等于第二不合格判定数，则判断该批是不合格的。

6　标志、包装、运输、贮存

6.1　标志

6.1.1　散热器应铸有本厂注册商标或标志。

6.1.2　每批散热器出厂时应有质量合格证，内容包括：

a. 制造厂名称，

b. 散热器名称及规格，使用说明书；

c. 工作压力及试验压力；

d. 本批散热器检验时间，检验人员标记和出厂日期。

6.2　包装

散热器、配件可按各地区合适的材料包装。

6.3　运输

散热器在运输和搬运过程中，应轻拿轻放，不得互相碰撞，以防损坏。

6.4　贮存

散热器应存放在通风干燥的库房中，不得与腐蚀性物质放在一起。

附加说明：

本标准由哈尔滨建筑工程学院、辽宁省城乡建设厅建筑标准化办公室提出。

本标准主要起草人：郭骏、张善道、董重成。

中华人民共和国建筑工业行业标准

采暖散热器
钢制闭式串片散热器

Radiator
Steel convector with fin-and-tube

JG/T 3012.1—94

中华人民共和国建设部　1994-06-22 批准
1994-12-01 实施

1　主题内容与适用范围

1.1　本标准规定了钢制闭式串片散热器（简称散热器）的型式、技术要求、试验方法、检验规则、标志、包装、运输和贮存等。

1.2　本标准适用于工业、民用建筑中以热水和蒸汽为热媒的散热器。散热器的工作压力：热水热媒为1.0MPa；蒸汽热媒为0.3MPa以下。

2　引　用　标　准

GB 710　优质碳素结构钢薄钢板技术条件
GB 912　普通碳素结构钢和低合金结构薄钢板技术条件
GB 985　气焊、手工电焊及气体保护焊缝坡口的基本形式与尺寸
GB 3087　低中压锅炉用无缝钢管
GB 3092　低压流体输送用焊接钢管
GB 1727　漆膜一般制备法
GB 1720　漆膜附着力测定法
GB 1732　漆膜耐冲击测定法
GB 1735　漆膜耐热性测定法
GB 2828　逐批检查计数抽样程序及抽样表
JGJ 31　采暖散热器系列参数螺纹及配件
GB/T 13754　采暖散热器散热量测定方法

3　型式、尺寸与性能参数

散热器以同侧进出口中心距为系列主参数，型式、尺寸与性能参数见图1、表1。

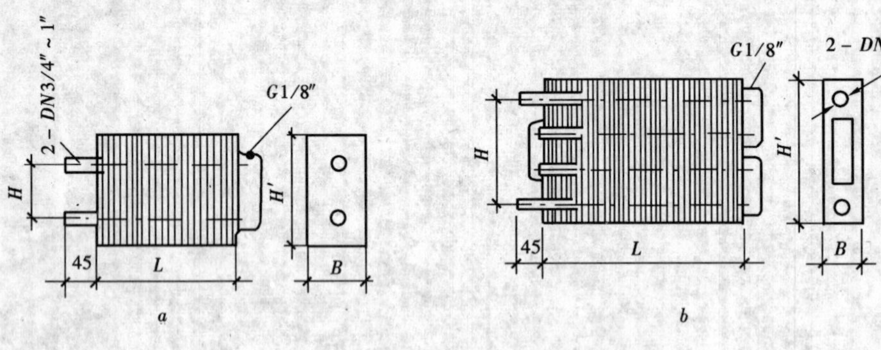

图1　钢制闭式串片散热器示意图

表1　制闭式串片散热器尺寸及性能参数表

项　　目	符　号	单　位	参　数　值		
同侧进出口中心距	*H*	mm	70	120	220
高　　度	*H′*	mm	150	240	300
宽　　度	*B*	mm	80	100	80

续表 1

项目	符号	单位	参数值		
每米最小散热量	Q	W	720	980	1180
管径	DN	mm	20	25	20
水阻力系数	ξ		5.0	5.0	16.0
长度	L	mm		400～1400	

4 技 术 要 求

4.1 散热器应按批准的图纸及技术文件制造，并应符合本标准 3 的规定。每米散热器串片数量为 100 片。

4.2 散热器串片和两端护板的板材材质应符合 GB 912 的规定；采用牌号为 Q215-B 或 Q215-B·F，厚度为 0.5mm 与 2.5～2.75mm 碳素冷轧钢板，或符合 GB 710 的规定，采用牌号为 0.8F 或 10F，厚度为 0.5mm 与 1.5～2.75mm 优质碳素冷轧钢板。

4.3 散热器钢管应符合 GB 3087 的规定或 GB 3092 的规定。

4.4 散热器接管螺纹应符合 JGJ 31 的规定。

4.5 散热片与钢管之间采用锡焊或其他金属材料焊接或采用胀管连接。

4.6 焊接应符合 GB 985 的规定。

4.7 焊接应牢固，外露焊缝应平整光滑。

4.8 散热器应逐组进行液压试验或气压试验，试验压力为 1.5MPa。

4.9 散热器片之间的折边缝隙应不大于 0.5mm。

4.10 散热器表面应喷除防锈底漆和面漆，不得自然干燥。漆膜的制备应符合 GB 1727 的规定。

4.11 散热器表面漆层应均匀光滑、附着牢固，不得有气泡堆积、流淌和漏喷。

4.12 散热器外形尺寸，极限偏差见表 2，形位公差见表 3。

表 2 钢制闭式串片散热器外形尺寸、极限偏差表 (mm)

散热器高度		同侧进出口中心距		散热器宽度	
基本尺寸	极限偏差	基本尺寸	极限偏差	基本尺寸	极限偏差
150	±0.8	70	±0.37	80	±0.70
240	±0.93	120	±0.44	100	±0.70
300	±1.05	220	±0.58	80	±0.60

表 3 钢制闭式串片散热器形位公差表 (mm)

项目	散热器平面度（长度≤1000）	散热器平面度（长度＞1000）	散热器垂直度
形位公差	4	6	3

4.13 从制造厂发货日起 18 个月内，凡散热器因制造质量不符合本标准 4 技术要求规定时，制造厂应免费为用户修理或更换。

5 试 验 方 法

5.1 散热器的压力试验，应用专用试验台，采用压缩空气或试验液，按本标准 4.8 规定进行试验，压力计精度应不低于 1.5 级，量程应不大于 2.0MPa。

5.2 液压试验停水稳压时间为 2min，采用气压试验时，停气稳压时间为 1min。

5.2.1 液压试验在稳压时间内，散热器表面和连接处不渗漏为合格。

5.2.2 气压试验时，将散热器浸入试验液中，散热器本身不渗漏气泡为合格。

5.3 散热器液压试验后，其内腔不得有残存液体。

5.4 散热器阻力试验，应用专用试验台，以 20℃水为介质，在同侧上进下出安装条件下，对进出口测量压力降，并整理出不同流量变化下的阻力系数。

5.5 漆膜性能试验方法

5.5.1 漆膜附着力应符合 GB 1720 的规定。

5.5.2 漆膜耐冲击性能应符合 GB 1732 的规定，重锤高度为 50mm。

5.5.3 漆膜耐热性应符合 GB 1735 的规定。

5.6 热工试验，制造厂必须提供符合 GB/T 13754 规定的试验台的热工性能测试报告。

6 检 验 规 则

6.1 散热器的检验分为出厂检验和型式试验。

6.2 散热器须经制造厂的质量检验部门检验，合格后应签署合格证，方可出厂。

6.3 出厂检验或用户验收应按照 GB 2828 的规定进行，一般质量水平Ⅰ，采用二次正常抽样方案，其检验项目、合格质量水平应符合表 4 的规定。

6.4 采用通用量具和专用量具检查散热器的尺寸和形位公差；按本标准的规定目测外观。

6.5 型式试验：凡属于下列情况之一者，应进行热工试验。

a. 当散热器在设计、工艺或使用的原材料有改变时；

b. 经一年以上停产后再恢复生产时；

c. 对连续生产的散热器每四年进行一次。

表 4 钢制闭式串片散热器合格质量水平表

批量范围	样本大小字码	样本	样本大小	累计样本大小	合格质量水平									
					压力试验		中心距偏差		平面度 垂直度 平行度		螺纹质量		漆膜质量及其他	
					1.0		2.5		4.0		6.5		15	
					A_c	B_e	A_c	B_e	A_c	B_e	A_c	B_e	A_c	B_e
91～150	D	第一	5	5	0	1			0	2	0	2	1	3
			(8)				0	1						
		第二	5	10					1	2	1	2	4	5
151～280	F	第一	8	8			0	2	0	2	0	3	2	5
			(13)		0	1								
		第二	8	16			1	2	1	2	3	4	6	7
281～500	F	第一	13	13			0	2	0	3	1	3	3	6
			(20)		0	1								
		第二	13	26			1	2	3	4	4	5	9	10

7 标志、包装、运输、贮存

7.1 标志

7.1.1 每组散热器应有制造厂的注册商标。

7.1.2 每组散热器出厂时应有质量合格证，内容包括：

a. 制造厂名称；

b. 产品名称及规格；

c. 工作压力及试验压力；

d. 本批产品检查时间，检查人员标记和出厂日期。

7.2 包装

7.2.1 散热器应采用瓦楞纸或其他能保证产品在搬运装卸时不变形、不损伤产品质量的包装措施。

7.2.2 散热器进出水口管螺纹应带保护套。

7.3 运输

7.3.1 散热器运输时，应用带盖或有防雨毡布的运输工具运输。

7.3.2 在运输和搬运过程中，应轻拿轻放，避免磕碰及其他重物挤压。

7.4 贮存

散热器应放在空气干燥、通风的库房内，严禁与腐蚀性介质接触，堆放高度不超过2m，底部应稳妥垫高100~200mm。

附加说明：

本标准由建设部标准定额研究所提出。

本标准由建设部空调净化设备标准化技术归口单位中国建筑科学研究院归口。

本标准由中国建筑科学研究院空气调节研究所（主编单位）、清华大学、北京散热器厂负责起草。

本标准主要起草人：郭晓光、郑金峰、王洪平、肖日荣、梁定铿。

本标准委托中国建筑科学研究院空气调节研究所负责解释。

中华人民共和国建筑工业行业标准

采暖散热器　钢制翅片管对流散热器

Heating radiator—Steel finned-tube convector

JG/T 3012.2—1998

中华人民共和国建设部　1998-07-13 批准
1999-02-01 实施

前　言

本标准在对北京、山东、河北、河南、黑龙江等地相关产品调研的基础上，研究分析了黑龙江、山东、吉林、天津的相关企业标准而编写。

本标准由建设部标准定额研究所提出。

本标准由全国暖通空调及净化设备标准化技术委员会归口。

本标准由中国建筑金属结构协会采暖散热器委员会、哈尔滨建筑大学负责起草。

本标准主要起草人：宋为民、董重成、郑金峰、梁定铿、吴辉敏。

本标准委托中国建筑金属结构协会采暖散热器委员会负责解释。

目　次

前言 …………………………………………………………………………………… 1058
1　范围 ………………………………………………………………………………… 1060
2　引用标准 …………………………………………………………………………… 1060
3　型式、尺寸与性能参数 …………………………………………………………… 1060
4　技术要求 …………………………………………………………………………… 1061
5　试验方法 …………………………………………………………………………… 1062
6　检验规则 …………………………………………………………………………… 1062
7　标志、包装、运输、贮存 ………………………………………………………… 1063

1 范　围

本标准规定了钢制翅片管对流散热器（简称对流器）的型式、尺寸与性能参数、技术要求、试验方法、检测规则、标志、包装、运输和贮存等。

本标准适用于工业、民用建筑中以热水和蒸汽为热媒的对流器。对流器的工作压力：热水热媒为1.0MPa；蒸汽热媒为0.3MPa。

2 引 用 标 准

下列标准所包含的条文，通过在本标准中引用而构成为本标准的条文。本标准出版时，所示版本均为有效。所有标准都会被修订，使用本标准的各方应探讨使用下列标准最新版本的可能性。

GB 151—1989　钢制管壳式换热器

GB/T 985—1988　气焊、手工电弧焊及气体保护焊焊缝坡口的基本形式与尺寸

GB/T 1720—1979　漆膜附着力测定法

GB/T 1727—1979　漆膜一般制备法

GB/T 1732—1979　漆膜耐冲击性测定法

GB/T 1735—1979　漆膜耐热性测定法

GB/T 2828—1987　逐批检查计数抽样程序及抽样表（适用于连续批的检查）

GB/T 3087—1982　低中压锅炉用无缝钢管

GB/T 3092—1993　低压流体输送用焊接钢管

GB/T 8163—1987　输送流体用无缝钢管

GB/T 13754—1992　采暖散热器散热量测定方法

JGJ 31—1986　采暖散热器系列参数、螺纹及配件

3 型式、尺寸与性能参数

3.1 主参数

对流器以同侧进出口中心距为系列主参数，型式尺寸及散热量应符合图1、表1的规定。

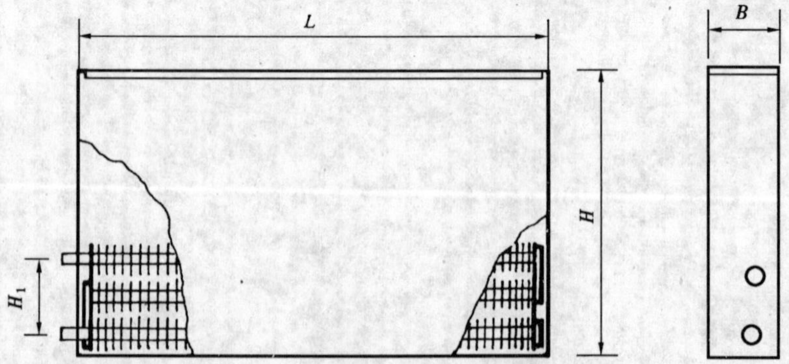

图1　钢制翅片管对流器示意图

表 1　钢制翅片管对流器尺寸及散热量

项　　目	符　号	单　位	参　数　值		
同侧进出口中心距	H_1	mm	180	200	300
高　　度	H	mm	480	500	600
宽　　度	B	mm	120	140	140
管　　径	DN	mm	20	25	25
每米最小散热量（热媒为热水，$\Delta T = 64.5℃$）	散热量	W	1500	1650	2100
长　　度	L	mm	400～2000（以 100 为一档）		

3.2　型号

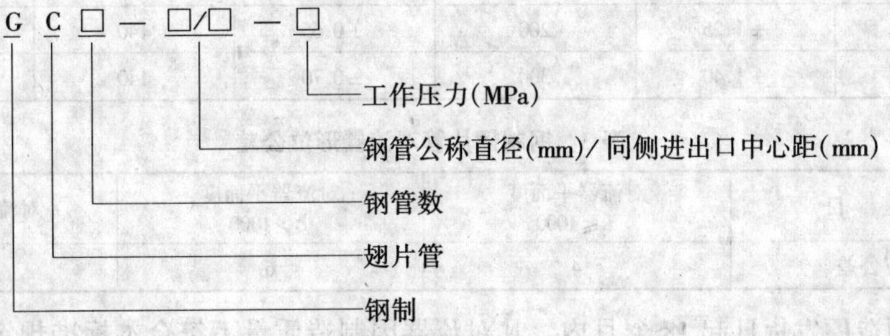

型号示例：

GC4-25/200-1.0

GC4 为钢制翅片管 4 根管排列，25/200-1.0 为钢管直径 25mm 同侧进出口中心距 200mm，工作压力 1MPa。

4　技　术　要　求

4.1　对流器应按批准的产品图样及技术文件制造，并应符合本标准的规定。

4.2　对流器外罩带后背板、联箱内藏。钢带、外罩板和两端护板应符合有关材料标准的规定，并且应具有材料质量合格证明书。

4.3　钢管椭圆度应不大于 0.3mm，钢管其他项目应符合 GB/T 3092、GB/T 3087、GB/T 8163 的规定。

4.4　钢带与钢管之间应采用高频焊或其他确保紧固的方法。

4.5　钢带、钢管的焊接表面应无涂层、铁锈、凹坑等影响焊接质量的缺陷和杂质。

4.6　翅片管质量要求

4.6.1　翅片管螺距 6～7mm，翅片高度应大于 15mm，翅片倾伏角不应大于 8°。

4.6.2　翅片管的直线度每米不应大于 1.0mm。

4.6.3　对于采用高频焊接工艺的翅片管，每米翅片管测量处实际焊缝长度的总和应大于 85%，且未连续焊接长度不应大于 50mm。

4.7　焊接质量要求

4.7.1　钢管与钢管的对接应符合 GB 151 的规定。

4.7.2　焊接应符合 GB/T 985 的规定。

4.8　对流器在加外罩前应逐组进行水压试验或气压试验，试验压力为工作压力的 1.5 倍。

4.9 对流器接管螺纹应符合 JGJ 31 的规定。

4.10 漆膜质量要求

4.10.1 对流器应喷涂防锈底漆和面漆；面板应烤漆，漆膜的制备应符合 GB/T 1727 的规定。

4.10.2 表面涂层应均匀光滑，附着牢固，不得有气泡、堆积、流淌和漏喷。

4.11 对流器外形尺寸、极限偏差见表 2，形位公差见表 3。

表 2 钢制翅片管对流器外形尺寸、极限偏差 mm

对流器高度		进出口中心距		对流器宽度	
基本尺寸	极限偏差	基本尺寸	极限偏差	基本尺寸	极限偏差
480	±1.15	180	±0.58	120	±0.70
500	±1.25	200	±0.65	140	±0.80
600	±1.40	300	±0.70	140	±0.80

表 3 钢制翅片管对流器形位公差 mm

项　　目	对流器平面度 $L\leqslant1000$	对流器平面度 $L>1000$	对流器垂直度
形位公差	4	6	3

4.12 从制造厂发货日起 18 个月内，凡对流器因制造质量不符合本标准规定时，制造厂应负责免费为用户修理或更换。

5 试 验 方 法

5.1 对流器的压力试验，应用专用试验台，采用压缩空气或试验液按 4.8 规定进行试验，压力计精度不应低于 1.5 级，量程应为试验压力的 1.5~2.0 倍。

5.2 水压试验，稳压时间为 2min；气压试验，稳压时间为 1min。

5.2.1 水压试验在稳压时间内，对流器表面和连接处不渗漏为合格。

5.2.2 气压试验时，将对流器浸入试验液中，以对流器不冒气泡为合格。

5.3 对流器水压试验后，其内腔不得有残存液体。

5.4 漆膜性能实验方法

5.4.1 漆膜附着力应符合 GB/T 1720 的规定。

5.4.2 漆膜耐冲击性能应符合 GB/T 1732 的规定，重锤高度为 50mm。

5.4.3 漆膜耐热性能应符合 GB/T 1735 的规定。

5.5 热工试验，制造厂应在符合 GB/T 13754 规定的试验台进行热工性能测试。

6 检 验 规 则

6.1 对流器的检验分为出厂检验和型式试验。

6.2 对流器须经制造厂的质量检验部门检验，合格后应签署合格证，方可出厂。

6.3 出厂检验或用户验收应按照 GB/T 2828 的规定进行，一般质量水平 Ⅰ，采用二次正常抽样方案，其检验项目、合格质量水平应符合表 4 的规定。

6.4 采用通用量具和专用量具检查散热器的尺寸和形位公差；按本标准的规定目测外观。

表 4　钢制翅片管对流器合格质量水平

批量范围	样本大小字码	样本	样本大小	累计样本大小	合格质量水平（AQL）									
					压力试验		中心距偏差		平面度 垂直度 平行度		螺纹质量		漆膜质量及其他	
					1.0		2.5		4.0		6.5		15	
					A_c	R_e	A_c	R_e	A_c	R_e	A_c	R_e	A_c	R_e
91～150	D	第一	5	5					0	2	0	2	1	3
			(8)		0	1	0	1						
		第二	5	10					1	2	1	2	4	5
151～280	E	第一	8	8			0	2	0	2	0	3	2	5
			(13)		0	1								
		第二	8	16			1	2	1	2	3	4	6	7
281～500	F	第一	13	13			0	2	0	3	1	3	3	6
			(20)		0	1								
		第二	13	26			1	2	3	4	4	5	9	10

注：A_c—合格判定数；R_e—不合格判定数

6.5　型式试验

凡属于下列情况之一者，应进行型式试验。

a）新产品或老产品转产生产的试制定型鉴定；

b）当对流器在设计、工艺或使用的原材料有改变时；

c）经一年以上停产后再恢复生产时；

d）对连续生产的对流器每四年进行一次；

e）出厂检验结果与上次型式试验有较大差异时；

f）国家质量监督机构提出进行型式试验要求时。

7　标志、包装、运输、贮存

7.1　标志

7.1.1　每组对流器应有制造厂的注册商标。

7.1.2　每组对流器出厂时应有质量合格证，内容包括：

a）制造厂名称；

b）产品名称及规格；

c）工作压力及试验压力；

d）本批产品检验时间、检验人员标记和出厂日期。

7.2　包装

7.2.1　对流器应采用瓦楞纸或其他能保证产品在搬运装卸时不变形、不损伤产品质量的包装措施。

7.2.2　对流器出水口管螺纹应带保护套。

7.3　运输

7.3.1　对流器运输时，应用带盖或有防雨毡布的运输工具运输。

7.3.2　在运输和搬运过程中，应轻拿轻放，避免磕碰及其他重物挤压。

7.4 贮存

对流器应放在空气干燥、通风的库房内，严禁与腐蚀性介质接触，堆放高度不超过2m，底部应稳妥垫高100～200mm。

中华人民共和国建筑工业行业标准

采暖散热器 灰铸铁柱翼型散热器

Heating radiator—Cast iron column-wing-type radiator

JG/T 3047—1998

中华人民共和国建设部 1998-07-13 批准
1999-02-01 实施

前　言

本标准在对北京、山东、河北、河南等地相关产品调研的基础上，主要研究、分析了山东省和北京市的相关企业标准而编写。

本标准由建设部标准定额研究所提出。

本标准由全国暖通空调及净化设备标准化技术委员会归口。

本标准由中国建筑金属结构协会采暖散热器委员会、山东省建筑设计研究院负责起草。

本标准主要起草人：胡必俊、牟灵泉。

本标准委托中国建筑金属结构协会采暖散热器委员会负责解释。

目 次

前言 …… 1066
1 范围 …… 1068
2 引用标准 …… 1068
3 型式、尺寸与性能参数 …… 1068
4 技术要求 …… 1070
5 试验方法 …… 1072
6 检验规则 …… 1072
7 标志、包装、运输、贮存 …… 1073

1 范　　围

本标准规定了灰铸铁柱翼型散热器的型式、尺寸与性能参数、技术要求、试验方法、检验规则、标志、包装、运输、贮存。

本标准适用于工业、民用建筑中以热水、蒸汽为热媒的灰铸铁柱翼型散热器（以下简称散热器）。

热媒为热水时，温度低于130℃，灰铸铁材质不低于HT100，工作压力为0.5MPa；温度低于150℃，材质不低于HT150，工作压力为0.8MPa。热媒为蒸汽时，工作压力为0.2MPa。

2 引　用　标　准

下列标准所包含的条文，通过在本标准中引用而构成为本标准的条文。本标准出版时，所示版本均为有效。所有标准都会被修订，使用本标准的各方应探讨使用下列标准最新版本的可能性。

GB/T 321—1980　优先数和优先数系

GB/T 1048—1990　管道元件公称压力

GB/T 1184—1980　形状和位置公差　未注公差的规定

GB/T 1804—1992　一般公差　线性尺寸的未注公差

GB/T 2828—1987　逐批检查计数抽样程序及抽样表（适用于连续批的检查）

GB/T 6414—1986　铸件尺寸公差

GB/T 7307—1987　非螺纹密封的管螺纹

GB/T 9439—1988　灰铸铁件

GB/T 11351—1989　铸件重量公差

GB/T 13754—1992　采暖散热器散热量测定方法

JB/T 7945—1995　灰铸铁机械性能试验方法（原GB 977—84）

JGJ 30.1—1986　灰铸铁柱型散热器

JGJ 31—1986　采暖散热器系列参数、螺纹及配件

3　型式、尺寸与性能参数

3.1　主参数

散热器以同侧进出口中心距为系列主参数，其型式和尺寸应符合图1、表1的规定。

表1　柱翼型散热器尺寸

mm

项目 型号	中片高度 H	足片高度 H_2	长度 L	宽度 B	同侧进出口中心距 H_1
TZY1-*B*/3-5（8）	≤400	≤480	70	100、120	300
TZY1-*B*/5-5（8）	≤600	≤680			500
TZY1-*B*/6-5（8）	≤700	≤780			600
TZY1-*B*/9-5（8）	≤1000	≤1080			900

续表 1

型号＼项目	中片高度 H	足片高度 H_2	长度 L	宽度 B	同侧进出口中心距 H_1
TZY2-*B*/3-5（8）	≤400	≤480	70	100、120	300
TZY2-*B*/5-5（8）	≤600	≤680			500
TZY2-*B*/6-5（8）	≤700	≤780			600
TZY2-*B*/9-5（8）	≤1000	≤1080			900

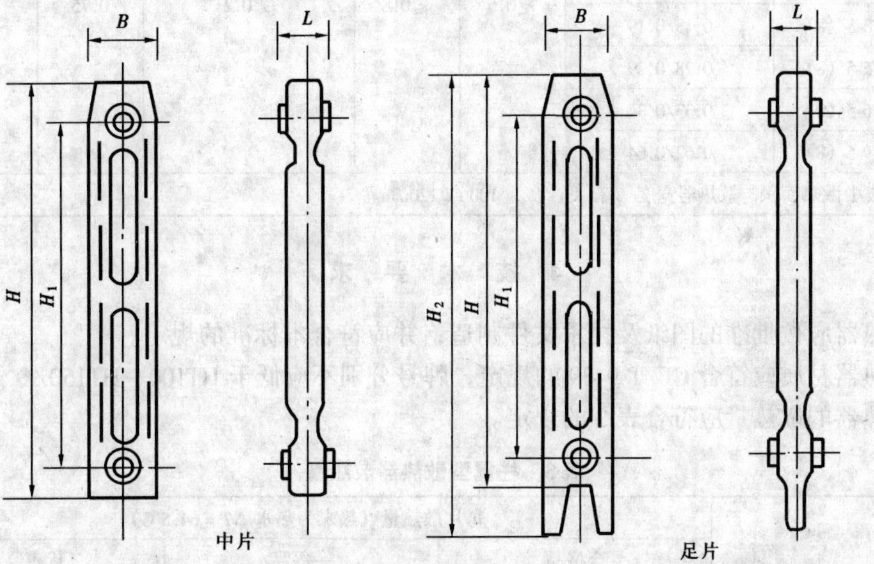

图 1　柱翼型散热器示意图

3.2　型号

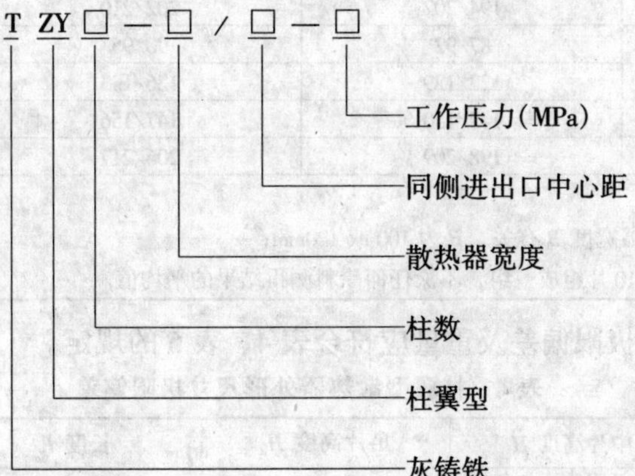

型号示例

TZY2-1.2/6-5（8）灰铸铁双柱翼型散热器宽度 120mm，同侧进出口中心距 600mm，工作压力 0.5MPa（或 0.8MPa）。

3.3　散热器的性能参数应符合表 2 的规定。

表 2 柱翼型散热器性能参数

型号＼项目	散热面积 m²/片	工作压力 MPa 热水 HT100	工作压力 MPa 热水 HT150	工作压力 MPa 蒸汽 HT100	工作压力 MPa 蒸汽 HT150	试验压力 MPa HT100	试验压力 MPa HT150
TZY1-*B*/3-5（8）	0.17/0.176	≤0.5	≤0.8	≤0.2		0.75	1.2
TZY1-*B*/5-5（8）	0.26/0.27						
TZY1-*B*/6-5（8）	0.31/0.32						
TZY1-*B*/9-5（8）	0.57/0.59						
TZY2-*B*/3-5（8）	0.18/0.19						
TZY2-*B*/5-5（8）	0.28/0.29						
TZY2-*B*/6-5（8）	0.33/0.34						
TZY2-*B*/9-5（8）	0.62/0.64						

注：表中散热面积与散热器宽度 *B* 有关，*B* 为 100 或 120mm。

4 技 术 要 求

4.1 散热器应按批准的图纸及技术文件制造，并应符合本标准的规定。

4.2 散热器材质应符合 GB/T 9439 的规定，牌号分别不应低于 HT100、HT150。

4.3 散热器的散热量应符合表 3 的规定。

表 3 柱翼型散热器散热量 W

型 号	每片散热量（热媒为热水 $\Delta T = 64.5℃$）合格品	一等品	优等品
TZY1-*B*/3-5（8）	85/89	88/92	92/95
TZY1-*B*/5-5（8）	120/124	124/129	129/134
TZY1-*B*/6-5（8）	139/145	145/150	150/156
TZY1-*B*/9-5（8）	194/202	202/210	210/218
TZY2-*B*/3-5（8）	87/92	90/95	93/99
TZY2-*B*/5-5（8）	122/129	126/133	131/139
TZY2-*B*/6-5（8）	142/150	147/156	153/161
TZY2-*B*/9-5（8）	198/209	206/217	214/226

注

1 表中散热量与散热器宽度 *B* 有关，*B* 为 100 或 120mm；

2 表中每片散热量为 10 片组成一组，不涂任何涂料测得结果的平均值。

4.4 散热器外形尺寸极限偏差及重量应符合表 4、表 5 的规定。

表 4 柱翼型散热器外形尺寸极限偏差 mm

型号＼项目	中片高度 *H* 基本尺寸	中片高度 *H* 极限偏差	足片高度 H_2 基本尺寸	足片高度 H_2 极限偏差	长度 *L* 基本尺寸	长度 *L* 极限偏差	宽度 *B* 基本尺寸	宽度 *B* 极限偏差
TZY-*B*/3-5（8）	≤400	±2.2	≤480	±2.2	70	±0.6	100	±1.0
TZY-*B*/5-5（8）	≤600	±2.4	≤680	±2.4				
TZY-*B*/6-5（8）	≤700	±2.8	≤780	±2.8			120	±1.3
TZY-*B*/9-5（8）	≤1000	±3.0	≤1080	±3.0				

表 5　柱翼型散热器重量　　kg/片

型　号	合格品		一等品		优等品	
	中片	足片	中片	足片	中片	足片
TZY1-*B*/3-5（8）	3.4/3.5	4.0/4.1	3.3/3.4	3.9/4.0	3.2/3.3	3.8/3.9
TZY1-*B*/5-5（8）	5.5/5.9	6.1/6.5	5.1/5.4	5.7/6.0	4.9/5.1	5.5/5.7
TZY1-*B*/6-5（8）	6.3/6.8	6.9/7.4	5.9/6.3	6.5/6.9	5.6/5.9	6.2/6.5
TZY1-*B*/9-5（8）	9.2/10.1	9.8/10.7	8.5/9.2	9.1/9.8	8.0/8.5	8.6/9.1
TZY2-*B*/3-5（8）	3.5/3.6	4.1/4.2	3.4/3.5	4.0/4.1	3.3/3.4	3.9/4.0
TZY2-*B*/5-5（8）	5.7/6.1	6.3/6.7	5.3/5.6	5.9/6.2	5.0/5.3	5.6/5.9
TZY2-*B*/6-5（8）	6.5/7.0	7.1/7.6	6.1/6.5	6.6/7.1	5.8/6.1	6.4/6.7
TZY2-*B*/9-5（8）	9.5/10.4	10.1/11.0	8.8/9.5	9.4/10.1	8.3/8.8	8.9/9.4
注：表中重量与散热器宽度 *B* 有关，*B* 为 100 或 120mm。						

4.5　散热器铸造质量要求

4.5.1　散热器不得有裂纹、疏松等缺陷和面积大于（4×4）mm^2、深 1.0mm 的窝坑。

4.5.2　散热器所附着的型砂、芯砂应清理干净，表面不应有粘砂，浇口附近粘砂面积不得超过 7500mm^2。

4.5.3　散热器的飞刺、铸疤应清除干净，打磨光滑，其浇口残留纵向高度不得超过 3mm。

4.5.4　散热器翼翅应完整。内翼掉翅数不得多于两处，每处长不超过 50mm，花翅的连续长度不得超过 100mm，深度不超过 5mm。

4.5.5　散热器表面应平整、光洁，表面粗糙度 *Ra* 值不应大于 50μm。

4.5.6　散热器错箱值不得大于 1.0mm。

4.6　散热器经水压试验后，发现局部渗水、漏水的，可以修补。修补部位表面应平整、光洁，每片散热器修补不得超过两处，且两缺陷处边缘最小距离应大于 50mm。修补后散热器必须重作水压试验，稳压时间应大于 3min。

4.7　散热器机械加工精度应符合下列规定。

表 6　同侧进出口中心距极限偏差　　mm

型　号	极　限　偏　差
TZY□-*B*/3-5（8）	300±0.26
TZY□-*B*/5-5（8）	500±0.32
TZY□-*B*/6-5（8）	600±0.35
TZY□-*B*/9-5（8）	900±0.35
注：□为柱数。	

4.7.1　散热器的连续螺纹为管螺纹 G1，加工精度应符合 JGJ 31—1986 表 2 的规定。

4.7.2　同侧进出口中心距极限偏差应符合 GB/T 1804 中 JS12 级的规定（见表 6）。

4.7.3　同侧两凸缘端面应在同一平面上，其平面度公差为 0.3mm。

4.7.4　螺纹孔轴线与凸缘端面应垂直，其垂直度公差为 0.3mm。

4.7.5　螺纹轴线与凸缘轴线同轴度公差为 2.0mm。

4.7.6　螺纹应由凸缘端面向里保证 3.5 扣完整，不得有缺陷。

4.7.7　凸缘端面不得凸心，但凹心量不大于 0.2mm。

4.7.8　凸缘端面上，直径及深度均小于 3mm 的砂眼和气孔不得多于两个，相邻两个孔眼边缘的最小距离应大于20mm，孔眼距螺纹边缘面大于3.5mm。

4.8 散热器机械加工部位应涂防锈油，其他表面应涂防锈底漆一遍，涂前必须清除表面的灰尘、污垢、锈斑等物。

5 试 验 方 法

5.1 散热器的强度和严密性试验应在专用的试验台上进行，其压力计的精度不低于1.5级，量程不大于1.6MPa，试件温度应高于5℃，试验压力为工作压力的1.5倍。

5.2 散热器应进行水压试验，散热器体内的空气应排除干净，压力应逐渐提高到规定的要求，并用0.5kg钢锤轻击，稳压1min，不得渗漏。

5.3 螺纹精度应采用螺纹塞规检验。

5.4 同侧进出口中心距应采用专用量具检验。

5.5 散热器材质的抗拉强度应按JB/T 7945的规定进行。

5.6 散热器热工性能试验应在GB/T 13754的规定的试验台进行。

6 检 验 规 则

6.1 散热器须经制造厂的质量检验部门检验，合格后应签署合格证，方可出厂。

6.2 散热器的检验分为出厂检验和型式试验。

6.2.1 出厂检验

a）应按照GB 2828中一般检查水平Ⅰ，采用二次正常抽样方案。其检验项目的合格质量水平应符合表7的规定。

b）批合格或不合格的判断规则：根据样本检验的结果，当在第一样本中发现的不合格品数或缺陷数小于或等于第一合格判定数，则判断该批为合格；当在第一样本中发现的不合格品数或缺陷数大于或等于第一不合格判定数，则判断该批为不合格；当在第一样本中发现的不合格品数或缺陷数大于第一合格判定数，同时小于第一不合格判定数，则抽样第二样本进行检验。当在第一和第二样本中发现的不合格品数或缺陷数总和小于或等于第二合格判定数，则判断该批为合格的；相反，当大于或等于第二不合格判定数，则判断该批为不合格的。

c）用通用量具和专用量具检验散热器的尺寸及形位公差；按照本标准的规定目测外观。

d）修补缺陷处边缘距离用通用量具检验。

表7 检查抽样方案

批量范围	样本大小字码	样本	样本大小	累计样本大小	合格质量水平（AQL）									
					水压试验		同侧进出口中心距		垂直度同轴度		平面度		重量及其他	
					1.0		2.5		4.0		6.5		15	
					A_c	R_e	A_c	R_e	A_c	R_e	A_c	R_e	A_c	R_e
91～150	D	第一	5 (8)	5	(0	1)	(0	1)	0	2	0	2	1	3
		第二	5	10					1	2	1	2	4	5

续表 7

批量范围	样本大小字码	样本	样本大小	累计样本大小	合格质量水平（AQL）									
					水压试验		同侧进出口中心距		垂直度同轴度		平面度		重量及其他	
					1.0		2.5		4.0		6.5		15	
					A_c	R_e	A_c	R_e	A_c	R_e	A_c	R_e	A_c	R_e
151 ~ 280	E	第一	8 (13)	8	(0	1)	0	2	0	2	0	3	2	5
		第二	8	16			1	2	1	2	3	4	6	7
281 ~ 500	F	第一	13 (20)	13	(0	1)	0	2	0	3	1	3	3	6
		第二	13	26			1	2	3	4	4	5	9	10
501 ~ 1200	G	第一	20	20	0	2	0	3	1	3	2	5	5	9
		第二	20	40	1	2	3	4	4	5	6	7	12	13

注：A_c——合格判定数；R_e——不合格判定数；括号内数值为改用一次正常抽样方案的数值。

6.2.2 型式试验

凡属下列情况之一者，应进行型式试验，并应符合 6.4 的规定。

a）新产品或老产品转产生产的试制定型鉴定；

b）当散热器在设计、工艺或使用的原材料有重大改变时；

c）经一年以上停产后再恢复生产时；

d）对连续生产的散热器每四年进行一次。

6.3 散热器应逐片进行压力试验。

6.4 制造厂应提供由国家指定的检测单位所做的热工性能测试报告。

7 标志、包装、运输、贮存

7.1 标志

7.1.1 散热器应铸有本厂注册商标或标志。

7.1.2 每批散热器出厂时应有使用说明书和质量合格证，质量合格证内容包括：

a）制造厂名称；

b）散热器名称及规格；

c）工作压力及试验压力；

d）本批散热器检验时间、检查人员标记和出厂日期。

7.2 包装

散热器可根据各地区合适的材料包装。

7.3 运输

散热器在运输和搬运过程中，应轻拿轻放，不得互相碰撞，以防损坏。

7.4 贮存

散热器应存放在通风干燥的库房中，不得与腐蚀性物质放在一起。

中华人民共和国建筑工业行业标准

采暖散热器 铝制柱翼型散热器

Heating radiator—Aluminium column-wing-type radiator

JG 143—2002

中华人民共和国建设部 2002-06-04 批准
2002-10-01 实施

前　言

本标准在对现有相关产品调研为基础，着重分析了国内部分企业标准及国外的相关标准而编写。

本标准的第 5.4 条、第 5.5 条、第 5.7 条为强制性的，其余为推荐性的。

本标准由建设部标准定额研究所提出。

本标准由建设部建筑工程标准技术归口单位归口。

本标准由中国建筑金属结构协会采暖散热器委员会、中国建设机械总公司、兰州陇星散热器有限公司、武汉宏达联丰冷暖设备有限责任公司、北京市新鸿节能建材厂、大连艺鑫散热器制造有限公司、青岛华泰铝业有限公司、山东省龙口丛林铝材有限公司、沈阳市创远散热器制造有限公司、河北祥和冷暖设备有限公司负责起草。

本标准主要起草人：宋为民、萧曰嵘、牟灵泉、梁定铿、关惠生、王洪平、吴辉敏。

本标准委托中国建筑金属结构协会采暖散热器委员会负责解释。

1 范 围

本标准规定了由型材焊接成型的铝制柱翼型散热器（以下简称散热器）型号尺寸与性能参数、要求、试验方法、检验规则、标志、包装、运输与贮存等。

本标准适用于工业、民用建筑中以热水为热媒的散热器。散热器工作压力不小于0.8MPa，热媒温度不大于95℃，适用水质pH值不大于12，氯离子含量不大于120×10^{-6}。

2 引 用 标 准

下列标准所包含的条文,通过在本标准中引用而构成为本标准的条文。本标准出版时,所示版本均为有效。所有标准都会被修订,使用本标准的各方应探讨使用下列最新版本的可能性。

GB/T 985—1988 气焊、手工电弧焊及气体保护焊焊缝坡口的基本形式与尺寸

GB/T 1720—1979 漆膜附着力测定法

GB/T 1727—1992 漆膜一般制备法

GB/T 1732—1993 漆膜耐冲击性测定法

GB/T 1735—1979 漆膜耐热性测定法

GB/T 2828—1987 逐批检查计数抽样程序及抽样表（适用于连续批的检查）

GB/T 3190—1996 变形铝及铝合金化学成分

GB/T 5237.1～5237.5—2000 铝合金建筑型材

GB/T 13754—1992 采暖散热器散热量测定方法

JG/T 6—1999 采暖散热器系列参数、螺纹及配件

GJB 481—1988 焊接质量控制要求

3 定 义

3.1 名义标准散热量：按 $L=(1000\pm100)$ mm送检样片的标准散热量，折算成该样片长度 $L=1000$mm时的标准散热量。

3.2 组合长度：按生产要求制作的散热器的实际长度。

4 型号尺寸与性能参数

4.1 主参数

散热器以同侧进出口中心距为系列主参数，型号尺寸及散热量应符合表1的规定，铝制柱翼型散热器示意见图1。

表1 铝制柱翼型散热器尺寸及散热量表

项 目	符 号	单 位	参 数 值				
同侧进出口中心距	H_1	mm	300	400	500	600	700
高 度	H	mm	340	440	540	640	740
宽 度*)	B	mm	50/60				
组合长度	L	mm	400～2000				
散热量**)（$\Delta t=64.5$℃）	Q	W/m	800/850	1070/1140	1280/1360	1450/1520	1600/1680

*）宽度以散热器外形最大宽度为准。

**）为散热器长度 $L=1000$（mm），表面涂非金属涂料时的标准散热量。

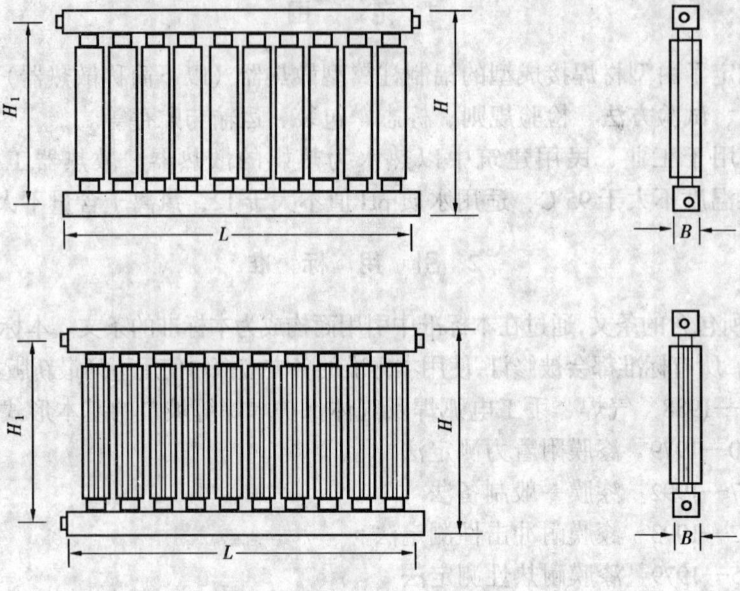

图 1　铝制柱翼型散热器示意

4.2　型号

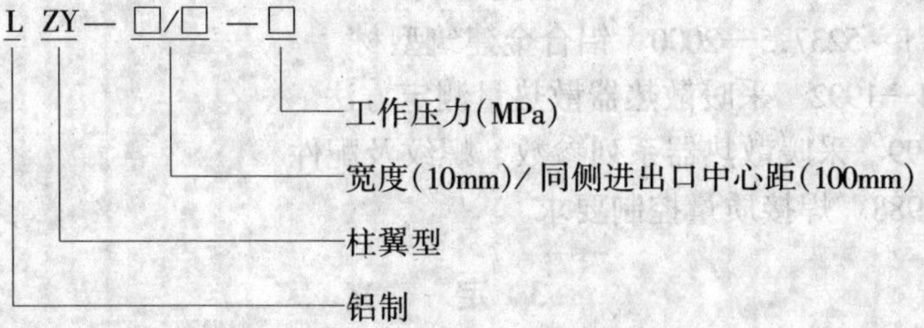

型号示例：

LZY-5/5-0.8　表示宽度为 50mm，同侧进出口中心距为 500mm，工作压力为 0.8MPa 的铝制柱翼型散热器。

5 要　求

5.1　散热器应按批准的产品图样及技术文件制造，并应符合本标准的规定。

5.2　散热器材质为 LD31，符合 GB/T 5237.1 ~ 5237.5 中有关力学性能和 GB/T 3190 中有关化学成分的规定。上下横水管壁厚≥1.8mm，竖水管最小壁厚 1.5mm。

5.3　焊接质量要求

5.3.1　散热器焊接应符合 GB/T 985 和 QJ 173 的规定。

5.3.2　焊接牢固，焊接部位表面光洁，无裂缝气孔。

5.3.3　散热器整体应平整，外观光滑，无明显变形、扭曲和表面凹陷。

5.4　内腔防蚀要求

散热器内腔应严格按涂装工艺要求由机械操作，采用可靠的覆膜、涂层或其他物理保护措施，以保证散热器能长期稳定工作。

5.5　工作压力应不小于 0.8MPa，试验压力为工作压力的 1.5 倍。

5.6 散热器接口采用螺纹连接时，内管螺纹为 G¾、G1，螺纹制作精度应符合 JG/T 6—1999 的规定。

5.7 散热器与系统螺纹连接时，须采用配套的专用非金属或双金属复合管件，不得使铝制螺纹直接与钢管连接。

5.8 涂层质量要求：散热器外表面喷塑或喷漆工艺应符合相应标准的规定。表面喷涂应均匀光滑，附着牢固，不得漏喷或起泡。

5.9 散热器外形尺寸、极限偏差见表 2，形位公差见表 3。

表 2　铝制柱翼型散热器外形尺寸、极限偏差　　mm

<table>
<tr><th colspan="2">高　度</th><th colspan="2">同侧进出口中心距</th><th colspan="2">宽　度</th></tr>
<tr><th>基本尺寸*)</th><th>极限偏差</th><th>基本尺寸</th><th>极限偏差</th><th>基本尺寸</th><th>极限偏差</th></tr>
<tr><td>340</td><td rowspan="2">±2.2</td><td>300</td><td rowspan="2">±1.5</td><td rowspan="2">50/60</td><td rowspan="5">±1.5</td></tr>
<tr><td>440</td><td>400</td></tr>
<tr><td>540</td><td rowspan="3">±3.0</td><td>500</td><td rowspan="3">±2.0</td><td rowspan="2">50/60</td></tr>
<tr><td>640</td><td>600</td></tr>
<tr><td>740</td><td>700</td><td>60</td></tr>
<tr><td colspan="6">*）高度基本尺寸为推荐值。</td></tr>
</table>

表 3　铝制柱翼型散热器形位公差　　mm

项　目	平面度	
	$L \leqslant 1000$	$L > 1000$
形位公差	4	6

5.10 散热器必须安装放气阀座，且应采用局部硬铝加厚处理。

5.11 从制造厂发货日起 18 个月内，凡散热器因制造质量不符合本标准规定时，制造厂应负责免费为用户修理或更换。

6 试 验 方 法

6.1 散热器的压力试验，应在专用试验台上，采用气压或液压按 5.5 规定逐组进行，压力计量程为 2.0MPa，精度不低于 1.5 级。

6.1.1 液压试验稳压时间 2min，在稳压时间内，散热器无渗漏为合格。

6.1.2 气压试验稳压时间 1min，在稳压时间内，散热器在试验水槽中不冒气泡为合格。

6.2 涂层性能试验

6.2.1 漆膜附着力试验，应按 GB/T 1720 的规定进行，附着力等级应达到 1～3 级。

6.2.2 漆膜耐冲击性能试验，应按 GB/T 1732 的规定进行，重锤高度为 350mm。

6.2.3 漆膜耐热性能试验应按 GB/T 1735 的规定进行。

6.3 热工性能试验应在符合 GB/T 13754 规定的检测台进行。送检样片长度为（1000±100）mm。

6.4 铝制散热器内表面涂装质量检测和耐蚀性评估，应在经计量认证并在国家行业主管部门认可的散热器防蚀性检测台进行。

7 检 验 规 则

7.1 散热器的检验分为出厂检验和型式试验。

7.2 散热器须经制造厂的质量检验部门进行出厂检验，合格后签署合格证，方可出厂。

7.3 出厂检验或用户验收应按照 GB/T 2828—1987 规定进行，一般质量水平Ⅰ，采用二次正常抽样方案，其检验项目、合格质量水平应符合表 4 的规定。

表 4 铝制柱翼型散热器合格质量水平

批量范围	样本大小字码	样本	样本大小	累计样本大小	合格质量水平（AQL）									
					压力试验		中心距偏差		平面度		螺纹质量		涂层质量及其他	
					1.0		2.5		4.0		6.5		15	
					A_c	R_e	A_c	R_e	A_c	R_e	A_c	R_e	A_c	R_e
		第一	5	5					0	2	0	2	1	3
91～150	D		(8)		0	1	0	1						
		第二	5	10					1	2	1	2	4	5
		第一	8	8			0	2	0	2	0	3	2	5
151～280	E		(13)		0	1								
		第二	8	16			1	2	1	2	3	4	6	7
		第一	13	13			0	2	0	3	1	3	3	6
281～500	F		(20)		0	1								
		第二	13	26			1	2	3	4	4	5	9	10

注：A_c——合格判定数；R_e——不合格判定数

7.4 采用通用量具和专用量具检查散热器的尺寸和形位公差；按本标准的规定目测外观。

7.5 型式试验：散热器型式试验包括散热器热工性能试验、防蚀性试验，以及出厂检验全项内容。

凡属于下列情况之一者，应进行型式试验。

a）新产品或转产生产时试制产品的定型鉴定；

b）当散热器在设计、工艺或使用的原材料有改变时；

c）经一年以上停产后再恢复生产时；

d）对连续生产的散热器每四年进行一次；

e）国家质量监督机构提出进行型式试验要求时。

8 标志、包装、运输与贮存

8.1 标志

8.1.1 每组散热器应有制造厂的注册商标。

8.1.2 每组散热器出厂时应有质量合格证，内容包括：

a）制造厂名称；

b）产品名称及规格；

c）工作压力、试验压力和标准散热量；

d）本批产品检验时间、检验人员标记和出厂日期。

8.2 包装

8.2.1 散热器应采用能保证在搬运装卸时不变形、不损伤产品的包装措施。

8.2.2 散热器进出水口管螺纹应带保护套具。

8.3 运输

8.3.1 散热器运输时应采取防雨措施。

8.3.2 在运输和搬运过程中，应轻拿轻放，避免磕碰及其他重物挤压。

8.4 贮存

散热器应在干燥通风的库房中存放，严禁与腐蚀性介质接触，堆放高度不超过 2m，底部应稳妥垫高 100 ~ 200mm。

中华人民共和国建筑工业行业标准

钢管散热器

Steel tube radiator

JG/T 148—2002

中华人民共和国建设部　2002-11-09 批准
2003-01-01 实施

前　言

本标准所用钢管的尺寸及性能修改采用欧洲工业标准 EN 10130-FeP01 和德国工业标准 DIN 2394T1/T2，钢板的尺寸及性能修改采用德国工业标准 DIN EN 10130-FeP04，散热器表面涂层修改采用德国工业标准 DIN 55900，散热器尺寸、极限偏差修改采用德国工业标准 DIN 4703 Teil 3。

本标准由建设部标准定额研究所提出。

本标准由建设部建筑工程标准技术归口单位（中国建筑科学研究院）归口。

本标准起草单位：中国建设机械总公司、北京森德散热器有限公司。

本标准主要起草人：张新明、郭占庚、吴红英、武学军、王俊生。

钢 管 散 热 器

1 范 围

本标准规定了钢管散热器（以下简称散热器）的符号和缩略语、要求、试验方法、检验规则、标志、包装、运输与存储等。

本标准适用于工业、民用建筑中以热水为热媒的散热器。采暖系统应为闭式系统，非采暖季应满水保养。热媒中含氧量每立方米不得大于0.1g，pH值（20℃）不得小于8，氯离子质量分数不大于120×10^{-6}。散热器的最大工作压力为1.0MPa。

2 规范性引用文件

下列文件中的条款通过本标准的引用而成为本标准的条款。凡是注日期的引用文件，其随后所有的修改单（不包括勘误的内容）或修订版均不适用于本标准，然而，鼓励根据本标准达成协议的各方研究是否可使用这些文件的最新版本。凡是不注日期的引用文件，其最新版本适用于本标准。

GB/T 13754—1992　采暖散热器散热量测定法

GB/T 7306.1　55°密封管螺纹　第1部分：圆柱内螺纹与圆锥外螺纹

3 分 类 和 命 名

3.1 散热器型号

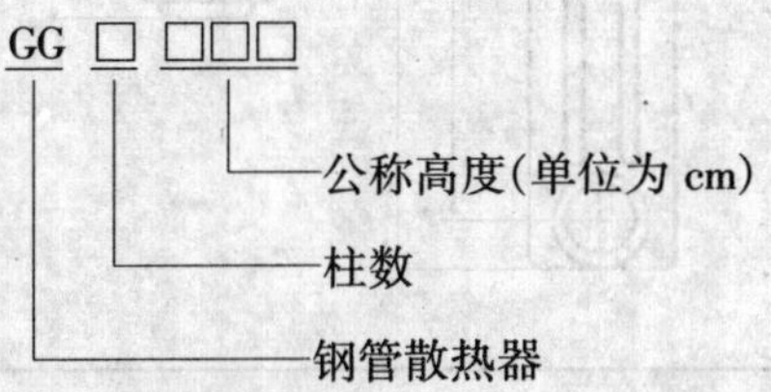

3.2 标记示例：

a）2柱150cm高钢管散热器用GG 2150表示

b）3柱60cm高钢管散热器用GG 3060表示

4 要 求

4.1 散热器基本尺寸和极限偏差应符合表1的规定

表1　钢管散热器基本尺寸、极限偏差　　单位为毫米

型　号	高度（H）		同侧进出口距离（H_1）		宽度（B）		单片长度（L）	
	基本尺寸	极限偏差	基本尺寸	极限偏差	基本尺寸	极限偏差	基本尺寸	极限偏差
GG2030	292	±2	234	±0.3	62	±2	46	±0.3
GG2040	392	±2	334	±0.3	62	±2	46	±0.3

续表 1

型　号	高度（H）		同侧进出口距离（H_1）		宽度（B）		单片长度（L）	
	基本尺寸	极限偏差	基本尺寸	极限偏差	基本尺寸	极限偏差	基本尺寸	极限偏差
GG2060	592	±2	534	±0.3	62	±2	46	±0.3
GG2150	1492	±2	1434	±0.3	62	±2	46	±0.3
GG2180	1792	±2	1734	±0.3	62	±2	46	±0.3
GG3040	400	±2	334	±0.3	100	±2	46	±0.3
GG3060	600	±2	534	±0.3	100	±2	46	±0.3
GG3067	666	±2	600	±0.3	100	±2	46	±0.3
GG3150	1500	±2	1434	±0.3	100	±2	46	±0.3
GG3180	1800	±2	1734	±0.3	100	±2	46	±0.3
GG4030	300	±2	234	±0.3	136	±2	46	±0.3
GG4040	400	±2	334	±0.3	136	±2	46	±0.3
GG4050	500	±2	434	±0.3	136	±2	46	±0.3
GG4060	600	±2	534	±0.3	136	±2	46	±0.3
GG4100	1000	±2	934	±0.3	136	±2	46	±0.3

注：钢管散热器尺寸标注示意。

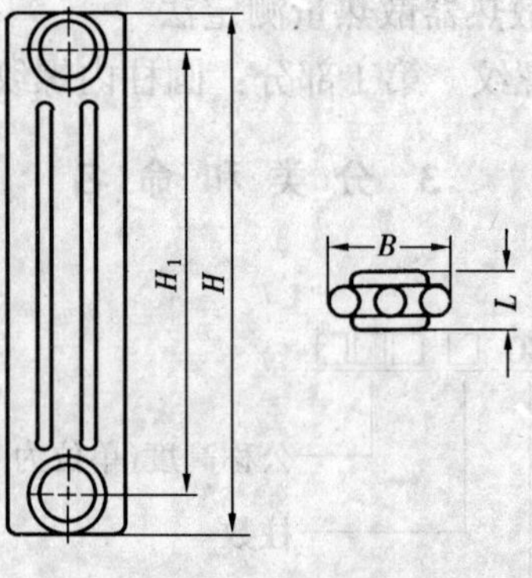

4.2　散热器的性能参数应符合表 2 的规定

表 2　钢管散热器性能参数

型　号	散热面积/（m²/片）	散热量/（W/片）		单片质量/（kg/片）	试验压力/MPa
		标准散热量	负偏差		
GG2030	0.04	29.2	≤3%	0.55	1.5
GG2040	0.06	39.0	≤3%	0.70	1.5
GG2060	0.09	59.9	≤3%	1.00	1.5
GG2150	0.23	146.2	≤3%	2.35	1.5
GG2180	0.28	172.7	≤3%	2.80	1.5
GG3040	0.09	57.1	≤3%	1.03	1.5
GG3060	0.14	83.5	≤3%	1.48	1.5
GG3067	0.15	93.3	≤3%	1.63	1.5

续表 2

型　　号	散热面积/(m^2/片)	散热量/（W/片）		单片质量/(kg/片)	试验压力/MPa
		标准散热量	负偏差		
GG3150	0.35	199.1	≤3%	3.50	1.5
GG3180	0.42	236.7	≤3%	4.18	1.5
GG4030	0.09	55.7	≤3%	1.05	1.5
GG4040	0.12	72.4	≤3%	1.35	1.5
GG4050	0.15	90.5	≤3%	1.65	1.5
GG4060	0.19	107.2	≤3%	1.95	1.5
GG4100	0.31	172.7	≤3%	3.15	1.5
注：标准散热量是工作温度为95℃/70℃/18℃时根据 GB/T 13754—1992 中有关规定测得的散热量。					

4.3　散热器应按批准的图纸及技术文件制造，并符合本标准的规定。

4.4　散热器所用的焊接钢管

4.4.1　材质：宜采用冷轧 St12 或性能等效的其他材料。

4.4.2　尺寸/公差：外径 ϕ25mm ± 0.1mm。

4.4.3　具体要求：钢管两端无毛刺；钢管表面不允许有颗粒、凹痕、折皱、锈蚀、焊渣、灰尘；100%气密；承压≥2.5MPa（气压）。

4.5　散热器所用的冷轧钢板

4.5.1　材质：宜采用冷轧 St14.03 或性能等效的其他材料。

4.5.2　尺寸/公差：厚度≥1.2mm。

4.5.3　机械性能：抗拉强度≥340N/mm^2；屈服强度≥200N/mm^2。

4.5.4　具体要求：平直度≤1.5mm/m；不允许有颗粒、凹痕、折皱、锈蚀、焊渣，表面无灰尘；纵切边无毛刺。

4.6　散热器单片外形尺寸极限偏差应符合表 1 的规定。

4.7　散热器单片之间采用专用焊接设备焊接，组合后散热器外形尺寸长度的极限偏差为 ±1.5%。

4.8　散热器单片的组合数量为 3 片 ~ 80 片，同侧及异侧进出水连接均适用。

4.9　散热器各焊接部位应平整光滑，不得有裂纹、气孔、焊渣及未焊透和烧穿等缺陷。

4.10　散热器表面采用电泳底漆、喷塑面漆工艺。表面喷涂厚度为 100μm ~ 280μm。表面涂层应光滑，不得有气泡、堆积、流淌和漏喷。涂层附着效果的检测按表 3 的内容检验，合格品应不低于表 3 中所列的 2 级标准。

表 3　涂层附着效果网格划痕法检测结果等级

检测等级	描　　述	网格划痕检测区的外表
0	划痕的边缘完全光滑，网格完整无剥落	—
1	涂层在网格的结点处有少许的剥落，剥落涂层的面积小于或略大于 5%	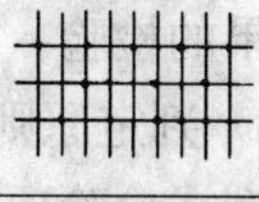
2	涂层在网格的沿线及结点处有剥落，剥落涂层的面积明显大于 5%，但小于或略大于 15%	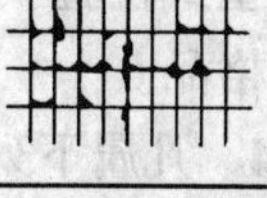

续表 3

检测等级	描　　述	网格划痕检测区的外表
3	涂层在网格的沿线处局部或全部有宽的带状剥落，或者或同时涂层在一些结点处有局部或全部的剥落。剥落涂层的面积明显大于 15%，但小于或略大于 35%	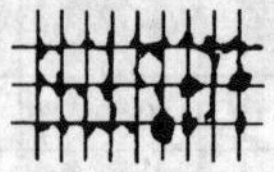
4	涂层在网格的沿线有宽的带状哺剥落，或者或同时涂层在一些结点处有局部或全部的剥落。剥落涂层的面积明显大于 35%，但小于或略大于 65%	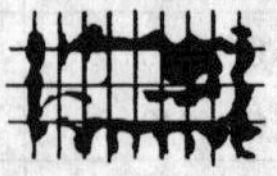
5	所有比 4 级更严重的涂层剥落	

4.11 散热器表面应无凹痕。

4.12 散热器在组合后必须逐组放在试验液中进行静压试验，试验压力大于等于最大工作压力的 1.5 倍，不得冒气泡。静压试验中发现的焊接缺陷可以进行修补，但修补后的散热器必须重新进行静压试验。

4.13 散热器外接口螺纹应符合 GB/T 7306.1 的规定。

5 试 验 方 法

5.1 散热器的静压试验应使用专用气压试验台，按本标准 4.12 规定进行试验。压力计精度不低于 1.5 级，量程应为试验压力的 1.5～2.0 倍。

5.2 静压试验时将散热器浸入试验液中，稳压时间为 1min，散热器不冒气泡为合格。

5.3 试验液由去离子水和防锈剂配制而成，应定期更换并保持透明度。试验液中防锈剂的浓度必须定期检查。

5.4 散热器单片和组合后的尺寸及形位公差采用精度为 0.01mm 的通用量具和专用量具检验。外表面检验以标准样品为准，目测检验。

5.5 散热器热工性能按 GB/T 13754—1992 的规定进行检验。

5.6 表面涂层性能采用网格划痕法进行检测。

6 检 验 规 则

6.1 散热器的检验分为出厂检验和型式检验。

6.2 散热器在出厂时必须 100% 进行检验。具体检验项目包括：压力试验、产品规格及型号、接口尺寸、外观。检验合格后应签署合格证方准出厂。

6.3 型式检验

6.3.1 型式检验项目包括压力试验、外形尺寸、涂层附着效果及热工试验。

6.3.2 抽样批数

在同种型号中以 50 组为一批次，随机抽样 4 组。3 组做压力试验、外形尺寸、涂层附着效果的检验，1 组做热工检验。

6.3.3 判定原则

型式检验项目全部合格则判定该批产品为合格品，如有一项不合格则判定该批产品为不合格品。

6.3.4 凡属下列情况之一者，应进行型式检验：

a）当散热器的设计、工艺或使用的原材料改变时；

b）经一年以上停产后再恢复生产时；

c）对连续生产的散热器每四年进行一次；

d）国家质量技术监督部门提出要求时。

7 标志、包装、运输、存储

7.1 标志

7.1.1 每组散热器应有制造厂的商标。

7.1.2 每批散热器出厂时应有检验合格证，内容包括：

a）制造厂名称；

b）产品名称及规则；

c）工作压力及试验压力；

d）本批产品检验时间、检验人员标记和生产日期。

7.2 包装

7.2.1 散热器应采用能够保证产品在搬运装卸时不变形、不损伤产品质量的包装措施。

7.2.2 散热器外接口螺纹应带塑料保护塞。

7.3 运输

7.3.1 散热器运输时应采用防雨措施。

7.3.2 在运输和搬运过程中应避免磕碰及其他重物挤压。

7.4 存储

散热器应置于空气干燥、通风的库房内，严禁与腐蚀性介质接触。堆放高度不超过2m，底部应稳妥垫高100～200mm。

中华人民共和国国家标准

房间空气调节器

Room air conditioners

(ISO 5151：1994，Non-ducted air conditioners and heat pumps—Testing and rating for performance，NEQ)

GB/T 7725—2004

代替 GB/T 7725—1996

中华人民共和国国家质量监督检验检疫总局
中国国家标准化管理委员会 2004-12-02 批准

2005-03-01 实施

前　言

GB/T 7725《房间空气调节器》为产品的使用性能标准。

本标准与 ISO 5151：1994《自由送风型空气调节器和热泵的试验和测定》（英文版）的一致性程度为非等效，本标准增加了主要技术参数、检验规则的要求和转速可控型、一拖多型空调器的技术要求和试验等内容，并对其编写进行了编辑性修改。

本标准是对 GB/T 7725—1996《房间空气调节器》的修订。

本标准与 GB/T 7725—1996 相比主要变化如下：

——增加了对新技术的要求和关注：对再生资源的利用、电磁兼容性、可靠性；

——调整和提高了产品的技术性能指标：噪声、能源效率；

——增加了"转速可控型空调器"产品的要求、试验及季节能源消耗效率的计算；

——增加了"一拖多空调器"产品的要求、试验、标识；

——增加了焓值法试验装置等。

本标准与 GB 4706.32《家用和类似用途电器的安全　热泵、空调器和除湿机的特殊要求》一并使用；本标准附录 E 等效采用 JRA 4046—1999《房间空气调节器的季节消耗电量的计算基准》，附录 F 等效采用 JRA 4033—2000《多连式房间空气调节器》。

本标准的附录 A、附录 B、附录 E、附录 F 为规范性附录，附录 C、附录 D 为资料性附录。

本标准于 1987 年 6 月首次发布，1996 年 4 月第一次修定，本次为第二次修订。

本标准由中国轻工业联合会提出。

本标准由全国家用电器标准化技术委员会归口。

本标准主要起草单位：中国家用电器研究院、广州日用电器检测院、珠海格力电器股份有限公司、江苏春兰制冷设备股份有限公司、青岛海尔空调器有限总公司、四川长虹电器股份有限公司、广东科龙空调器股份有限公司、广东美的制冷设备有限公司、青岛海信空调有限公司、上海三菱电机·上菱空调器有限公司、上海日立家用电器有限公司、广州华凌空调设备有限公司。

本标准主要起草人：张铁雁、姜俊明、陈建民、童杏生、沈健、王本庭、秦振宇、陈伟升、张仁天、郑崇开、王泰宇、潘培忠、刘连志。

目　次

前言 …… 1092
1　范围 …… 1094
2　规范性引用文件 …… 1094
3　术语和定义 …… 1095
4　产品分类 …… 1096
4.1　型式 …… 1096
4.2　基本参数 …… 1097
4.3　型号命名 …… 1098
5　要求 …… 1099
5.1　通用要求 …… 1099
5.2　性能要求 …… 1099
5.3　可靠性要求 …… 1101
6　试验 …… 1102
6.1　试验条件 …… 1102
6.2　试验要求 …… 1103
6.3　试验方法 …… 1103
6.4　测量要求 …… 1105
6.5　试验结果 …… 1106
7　检验规则 …… 1107
7.1　检验要求 …… 1107
7.2　产品检验 …… 1107
7.3　检验判定 …… 1110
7.4　产品验收 …… 1110
8　标志、包装、运输和贮存 …… 1110
8.1　标志 …… 1110
8.2　包装 …… 1111
8.3　运输和贮存 …… 1111
附录 A（规范性附录）　制冷量和热泵制热量的试验及计算方法 …… 1111
附录 B（规范性附录）　噪声的测定 …… 1124
附录 C（资料性附录）　测量仪器 …… 1127
附录 D（资料性附录）　风量测量 …… 1128
附录 E（规范性附录）　房间空气调节器季节能源消耗的计算 …… 1133
附录 F（规范性附录）　一拖多房间空气调节器 …… 1157

1 范　围

本标准规定了房间空气调节器的术语和定义、产品分类、技术要求、试验、检验规则、标志、包装、运输、贮存等。

本标准适用于采用风冷及水冷冷凝器、全封闭型电动机-压缩机，制冷量 14000W 以下家用和类似用途等房间空气调节器。

2 规范性引用文件

下列文件中的条款通过本标准的引用而成为本标准的条款。凡是注日期的引用文件，其随后所有的修改单（不包括勘误的内容）或修订版均不适用于本标准，然而，鼓励根据本标准达成协议的各方研究是否可使用这些文件的最新版本。凡是不注日期的引用文件，其最新版本适用于本标准。

GB/T 191　包装储运图示标志

GB/T 1019　家用电器包装通则

GB/T 1766　色漆和清漆　涂层老化的评级方法（GB/T 1766—1995，neq ISO 4628-1：1980）

GB/T 2423.3　电子电工产品基本环境试验规程　试验 Ca：恒定湿热试验方法（GB/T 2423.3—1993，eqv IEC 60068-2-3：1984）

GB/T 2423.17　电子电工产品基本环境试验规程　试验 Ka：盐雾试验方法（GB/T 2423.17—1993，eqv IEC 60068-2-11：1981）

GB/T 2828.1　计数抽样检验程序　第 1 部分：按接收质量限（AQL）检索的逐批检验抽样计划（GB/T 2828.1—2003，ISO 2859-1：1999，IDT）

GB/T 2829　周期检验计数抽样程序及表（适用于对过程稳定性的检验）

GB 4706.32　家用和类似用途电器的安全　热泵、空调器和除湿机的特殊要求（GB 4706.32—2004，IEC 60335-2-40：1995，IDT）

GB/T 4798.1　电工电子产品应用环境条件　贮存

GB/T 4798.2　电工电子产品应用环境条件　运输（GB/T 4798.2—1996，neq IEC 60721-3-2：1985）

GB/T 4857.7　包装　运输包装件　正弦定频振动试验方法（GB/T 4857.7—1992，eqv ISO 2247：1985）

GB/T 4857.10　包装　运输包装件　正弦变频振动试验方法（GB/T 4857.10—1992，eqv ISO 8318：1986）

GB 5296.2　消费品使用说明　家用和类似用途电器的使用说明

GB 6882　声学　噪声源声功率级的测定　消声室和半消声室精密法

GB/T 9286　色漆和清漆　漆膜的划格试验（GB/T 9286—1998，eqv ISO 2409：1992）

GB 12021.3　房间空气调节器能效限定值及能源效率等级

GB/T 14522　机械工业产品用塑料、涂料、橡胶材料人工气候加速试验方法（GB/T 14522—1993，neq ASTM G53：1984）

JB/T 10359　空调器室外机用塑料环境技术要求

3 术语和定义

下列术语和定义适用于本标准。

3.1

房间空气调节器 room air conditioner

一种向密闭空间、房间或区域直接提供经过处理的空气的设备。它主要包括制冷和除湿用的制冷系统以及空气循环和净化装置，还可包括加热和通风装置（它们可被组装在一个箱壳内或被设计成一起使用的组件系统），以下简称空调器。

3.2

热泵 heat pump

通过转换制冷系统制冷剂运行流向，从室外低温空气吸热并向室内放热，使室内空气升温的制冷系统，还可包括空气循环、净化装置和加湿、通风装置。

3.3

制热用电热装置 electrical heating devices used for heating

只用电热方法进行制热的电热装置及用温度开关等（因室内、室外温度等因素而动作的开关）转换用热泵和电热装置进行制热的电热装置（包括后安装的电热装置）。

3.4

制热用辅助电热装置 additionnal electrical heating devices used for heating

与热泵一起使用进行制热的电热装置（包括后安装的电热装置）。

3.5

制冷量（制冷能力） total cooling capacity

空调器在额定工况和规定条件下进行制冷运行时，单位时间内从密闭空间、房间或区域内除去的热量总和，单位：W。

3.6

制冷消耗功率 total cooling power input

空调器在额定工况和规定条件下进行制冷运行时，所输入的总功率，单位：W。

3.7

制热量（制热能力）heating capacity

空调器在额定工况和规定条件下进行制热运行时，单位时间内送入密闭空间、房间或区域内的热量总和，单位：W。

注：只有热泵制热功能时，其制热量（制热能力）称为热泵制热量（热泵制热能力）。

3.8

制热消耗功率 heating power input

空调器在额定工况和规定条件下进行制热运行时，所输入的总功率，单位：W。

注：只有热泵制热功能时，其制热消耗功率称为热泵制热消耗功率。

3.9

能效比（EER） energy efficiency ratio

在额定工况和规定条件下，空调器进行制冷运行时，制冷量与有效输入功率之比，其值用 W/W 表示。

3.10

性能系数（COP） coefficient of performance

在额定工况（高温）和规定条件下，空调器进行热泵制热运行时，制热量与有效输入功率（effective power input）* 之比，其值用 W/W 表示。

3.11

循环风量（房间送风量） indoor discharge air-flow

空调器用于室内、室外空气进行交换的通风门和排风门（如果有）完全关闭，并在额定制冷运行条件下，单位时间内向密闭空间、房间或区域送入的风量，单位：m^3/s（或 m^3/h）。

3.12

房间型量热计 room-type calorimeter

由两间相邻、中间有隔墙的房间所组成的试验装置。一间作为室内侧，另一间作为室外侧，每间均装有空气调节设备；其冷量、热量及水量均可测量和控制，并用以平衡被测空调器在室内侧的制冷量和除湿量以及在室外侧的加湿量和加热量。

3.13

空气焓值法 air-enthalpy test method

一种测定空调器制冷、制热能力的试验方法，它对空调器的送风参数、回风参数以及循环风量进行测量，用测出的风量与送风、回风焓差的乘积确定空调器的能力。

3.14

转速可控型房间空气调节器 variable speed room air conditioner

空调器运行时，根据热负荷的大小，其压缩机的转速在一定范围内发生 3 级以上或连续变化的空调器（简称变频空调器）。

3.15

容量可控型房间空气调节器 variable capacity room air conditioner

空调器运行时，根据热负荷的大小，压缩机的转速不变，其有效容积输气量（制冷剂质量流量）发生 3 级以上或无级变化的空调器（简称变容空调器）。

3.16

一拖多房间空气调节器 multi-split room air conditioner

一种向多个密闭空间、房间或区域直接提供经过处理的空气的设备。它主要是一台室外机组与多于一台的室内机组相连接，可以实现多室内机组同时工作、部分室内机组同时工作或单独室内机组工作的组合体系统（以下简称“一拖多空调器”）。

4 产 品 分 类

4.1 型式

---

* 有效输入功率指在单位时间内输入空调器内的平均电功率。其中包括：

1）压缩机运行的输入功率和除霜输入功率（不用于除霜的辅助电加热装置除外）；

2）所有控制和安全装置的输入功率；

3）热交换传输装置的输入功率（风扇、泵等）。

4.1.1 空调器按使用气候环境（最高温度）分为：

类型	T1	T2	T3
气候环境	温带气候	低温气候	高温气候
最高温度	43℃	35℃	52℃

4.1.2 空调器按结构形式分为：

a）整体式，其代号 C；整体式空调器结构分类为窗式（其代号省略）、穿墙式等[1)]，其代号为 C 等。

b）分体式，其代号 F；分体式空调器分为室内机组和室外机组。室内机组结构分类为吊顶式、挂壁式、落地式、嵌入式等，其代号分别为 D、G、L、Q 等，室外机组代号为 W。

c）一拖多空调器，详见附录 F.4.3。

4.1.3 空调器按主要功能分为：

a）冷风型，其代号省略（制冷专用）；

b）热泵型，其代号 R（包括制冷、热泵制热，制冷、热泵与辅助电热装置一起制热，制冷、热泵和以转换电热装置与热泵一起使用的辅助电热装置制热）；

c）电热型，其代号 D（制冷、电热装置制热）。、

4.1.4 空调器按冷却方式分为：

a）空冷式，其代号省略；

b）水冷式，其代号 S。

4.1.5 空调器按压缩机控制方式分为：

a）转速一定（频率、转速、容量不变）型，简称定频型，其代号省略；

b）转速可控（频率、转速、容量可变）型，简称变频型，其代号 Bp；

c）容量可控（含量可变）型，简称变容型，其代号 Br。

4.2 基本参数

4.2.1 空调器的额定制冷量（kW）优先选用系列为：

1.4	1.6	1.8	2.0	2.2	2.5	2.8	3.2	3.6
4.0	4.5	5.0	5.6	6.3	7.1	8.0	9.0	10.0
11.2	12.5	14.0						

4.2.2 空调器的额定制热量（kW）优先选用系列为：

1.6	1.8	2.0	2.2	2.5	2.8	3.0	3.2	3.4
3.6	3.8	4.0	4.2	4.5	4.8	5.0	5.3	5.6
6.0	6.3	6.7	7.1	7.5	8.0	8.5	9.0	9.5
10.0	10.6	11.2	11.8	12.5	13.2	14.0	15.0	16.0

4.2.3 电源额定频率 50Hz，单相交流额定电压 220V 或三相交流额定电压 380V，特殊要求不受此限。

4.2.4 空调器通常工作的环境温度如表 1 所示：

1）如移动式，其代号为 Y，移动式空调器可参照执行本标准。

表1 空调器工作的环境温度

空调器型式	气候类型		
	T1	T2	T3
冷风型	18℃～43℃	10℃～35℃	21℃～52℃
热泵型	－7℃～43℃	－7℃～35℃	－7℃～52℃
电热型	≤43℃	≤35℃	≤52℃
注：不带除霜装置的热泵型空调器，工作的最低环境温度可为5℃。			

4.2.5 空调器在正常使用条件下，当空调器的设定温度在18℃～30℃中某调定值时，其控制温度可在调定值的±2℃范围内自动调节。

4.3 型号命名

4.3.1 产品型号及含义如下：

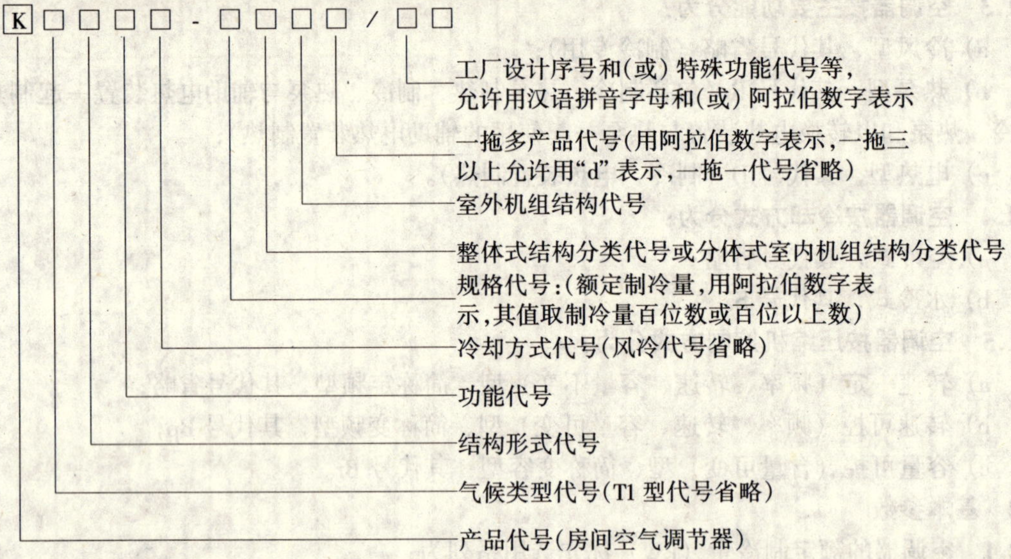

4.3.2 型号示例

例1：KT3C-35/A

表示T3气候类型、整体（窗式）冷风型房间空气调节器，额定制冷量为3500W，第一次改型设计。

例2：KFR-28GW

表示T1气候类型、分体热泵型挂壁式房间空气调节器（包括室内机组和室外机组），额定制冷量为2800W。

室内机组 KFR-28G

表示T1气候类型、分体热泵型挂壁式房间空气调节器室内机组，额定制冷量为2800W。

室外机组 KFR-28W

表示T1气候类型、分体热泵型房间空气调节器室外机组，额定制冷量为2800W。

例3：KFR-50LW/Bp

表示T1气候类型、分体热泵型落地式变频房间空气调节器（包括室内机组和室外机组），额定制冷量为5000W。

室内机组 KFR-50L/Bp

表示T1气候类型、分体热泵型落地式变频房间空气调节器室内机组，额定制冷量为5000W。

室外机组 KFR-50W/Bp

表示T1气候类型、分体热泵型变频房间空气调节器室外机组，额定制冷量为5000W。

注1：一拖多产品见附录F；

注2：出口产品不受此限。

5 要 求

5.1 通用要求

5.1.1 空调器应符合本标准和GB 4706.32标准的要求，并应按经规定程序批准的图样和技术文件制造。

5.1.2 热泵型空调器的热泵确定（高温）制热量应不低于其额定制冷量；对于额定制冷量不大于7.1kW的分体式热泵空调器，其热泵额定（高温）制热量应不低于其额定制冷量的1.1倍。

5.1.3 空调器的构件和材料

a）空调器的构件和材料的镀层和涂层外观应良好，室外部分应有良好的耐候性能。

b）空调器的保温层应有良好的保温性能和具有阻燃性、且无毒无异味。

c）空调器制冷系统受压零部件的材料应能在制冷剂、润滑油及其混合物的作用下，不产生劣化且保证整机正常工作。

5.1.4 空调器的结构、部件、材料，宜采用可作为再生资源而利用的部件、产品结构和材料。

5.1.5 空调器所具有的特殊功能（如：具有抑制、杀灭细菌功能的空调器、具有负离子清新空气功能的空调器等）应符合国家有关规定和相关标准的要求。

5.1.6 空调器的电磁兼容性应符合国家有关规定和相应标准的要求。

5.2 性能要求

5.2.1 制冷系统密封性能

按6.3.1方法试验时，制冷系统各部分不应有制冷剂泄漏。

5.2.2 制冷量

按6.3.2方法试验时，空调器的实测制冷量不应小于额定制冷量的95%。

5.2.3 制冷消耗功率

按6.3.3方法试验时，空调器的实测制冷消耗功率不应大于额定制冷消耗功率的110%；水冷式空调器制冷量每300W增加10W作为冷却系统水泵和冷却水塔风机的功率消耗。

5.2.4 热泵制热量

按6.3.4方法试验时，热泵的实测制热量不应小于热泵额定制热量的95%。

5.2.5 热泵制热消耗功率

按6.3.5方法试验时，热泵的实测制热消耗功率不应大于热泵额定制热消耗功率的

110%。

5.2.6 电热装置制热消耗功率

按6.3.6方法试验时，电热型和热泵型空调器的电热装置的实测制热消耗功率要求如下：电热装置额定消耗功率不大于200W的，其允差为±10%；200W以上的，其允差为-10%~+5%或20W（选大者），PTC电热元件制热消耗功率的下限不受此限。

5.2.7 最大运行制冷

a）按6.3.7方法试验时，空调器各部件不应损坏，空调器应能正常运行；

b）空调器在第1h连续运行期间，其电机过载保护器不应跳开；

c）当空调器停机3min后，再启动连续运行1h，但在启动运行的最初5min内允许电机过载保护器跳开，其后不允许动作；在运行的最初5min内电机过载保护器不复位时，其停机不超过30min内复位的，应连续运行1h；

d）对于手动复位的过载保护器，在最初5min内跳开的，应在跳开的10min后使其强行复位，并应能够再连续运行1h。

5.2.8 最小运行制冷

a）按6.3.8方法试验时，空调器在10min启动期间后的4h运行中，安全装置不应跳开：

b）室内侧蒸发器的迎风表面凝结的冰霜面积不应大于蒸发器迎风面积的50%。

注1：为防冻结而自动控制压缩机开、停的自动可复位保护器不视为安全装置。

注2：蒸发器迎风表面结霜面积目视不易看出时，可通过风量（风量下降不超过初始风量的25%）进行判定。

5.2.9 热泵最大运行制热

a）按6.3.9方法试验时，空调器各部件不应损坏，空调器应能正常运行；

b）空调器在第1h连续运行期间，其电机过载保护器不应跳开；

c）当空调器停机3min后，再启动连续运行1h，但在启动运行的最初5min内允许电机过载保护器跳开，其后不允许动作；在运行的最初5min内电机过载保护器不复位时，在停机不超过30min内复位的，应连续运行1h；

d）对于手动复位的过载保护器，在最初5min内跳开的，应在跳开的10min后使其强行复位，并应能够再连续运行1h。

注：上述试验中，为防止室内热交换器过热而使电机开、停的自动复位的过载保护装置周期性动作，可视为空调器连续运行。

5.2.10 热泵最小运行制热

按6.3.10方法试验时，空调器在4h试验运行期间，安全装置不应跳开。

注：试验中的除霜运行，其自动控制的保护器动作不视为是安全装置。

5.2.11 冻结

a）按6.3.11a）方法试验时，室内侧蒸发器迎风表面凝结的冰霜面积，不应大于蒸发器迎风面积的50%；

b）按6.3.11b）方法试验时，空调器室内侧不应有冰掉落，水滴滴下或吹出。

注1：空调器运行期间，允许防冻结的可自动复位装置动作。

注2：空调器进行最小制冷运行试验，生产厂推荐的空调器的室外侧进风温度低于21℃时，冻结试验a）可不进行。

注 3：蒸发器迎风表面结霜面积目视不易看出时，可通过风量（风量下降不超过初始风量的 25%）进行判断。

5.2.12 凝露

按 6.3.12 方法试验时，空调器箱体外表面凝露不应滴下，室内送风不应带有水滴。

5.2.13 凝结水排除能力

按 6.3.13 方法试验时，空调器应具有排除冷凝水能力，并且不应有水从空调器中溢出或吹出，以至弄湿建筑物或周围环境。

5.2.14 自动除霜

a）按 6.3.14 方法试验时，要求除霜所需总时间不超过试验总时间的 20%，在除霜周期中，室内侧的送风温度低于 18℃的持续时间不超过 1min；如果需要，可以使用制造厂规定的热泵机组内辅助电加热装置制热。

b）空调器除霜结束后，室外换热器的霜层应融化掉（以确保制热能力不降低）。

5.2.15 噪声

a）空调器使用时不应有异常噪声和振动；

b）按 6.3.15 方法试验时，T1 型和 T2 型空调器在半消声室测试噪声，其噪声测试值（声压级）应符合表 2 规定，T3 气候类型空调器的噪声值可增加 2dB（A）；

c）制造厂对空调器噪声的明示（铭牌、说明书、广告等）值的上偏差为 + 3dB（A），按 6.3.15 方法试验时，其噪声的实测值不应大于明示值的上限值（明示值 + 上偏差）和表 2 的限定值。

d）一拖多空调器的噪声按附录 F.6.3.15 进行；

注：空调器在全消声室测试的噪声值须注明“在全消声室测试”等字样，其符合性判定以半消声室测试为准。

表 2 额定噪声值（声压级）

额定制冷量/kW	室内噪声/dB（A）		室外噪声/dB（A）	
	整体式	分体式	整体式	分体式
<2.5	≤52	≤40	≤57	≤52
2.5~4.5	≤55	≤45	≤60	≤55
>4.5~7.1	≤60	≤52	≤65	≤60
>7.1~14		≤55		≤65

5.2.16 能源消耗效率

空调器的能效指标实测值应符合 GB 12021.3 的规定要求。

5.3 可靠性要求

5.3.1 包装强度

按 6.3.16 试验后，包装箱、泡沫及其他防护附件应没有影响防护功能的变形，包装状态下的空调器，应符合 GB/T 1019 的有关规定。

5.3.2 运输强度

按 6.3.17 试验后，空调器不应损坏，紧固件不应松动，制冷剂泄漏和噪声应符合 5.2.1 和 5.2.15 的要求。

5.3.3 耐候性能

按 6.3.18 试验后，空调器应有良好的耐候性能；

a）电镀件和紧固件应进行防锈蚀处理，其表面应光滑细密、色泽均匀、不应有明显的斑点、针孔、气泡、镀层脱落等缺陷；

b）涂装件涂层牢固、外观良好，表面不应有明显的气泡、流痕、漏涂、底漆外露及不应有的皱纹和其他损伤，涂层脱落不大于 2 级。室外机部分涂层按 6.3.18.4 试验后，其涂层的光泽失光率小于 50%，表面无明显的粉化和裂纹，色差变化不大于 2 级。

c）塑料件表面应平整光洁、色泽均匀、耐老化；不得有裂痕、气泡和明显缩孔、变形等缺陷。室外机用工程塑料耐久性应符合 JB/T 10359 标准的规定。

5.3.4 可靠性寿命

可靠性寿命指标要求（正在制定中）。

6 试　验

6.1 试验条件

6.1.1 制冷量和热泵制热量的试验装置详见附录 A。

6.1.2 试验工况见表 3 规定，按空调器气候类型分类，选用相应工况进行试验。

6.1.3 测量仪表和仪表准确度要求见附录 C。

表3　试　验　工　况

工况条件			室内侧回风状态/℃		室外侧进风状态/℃		水冷式进、出水温/℃[b]	
			干球温度	湿球温度	干球温度	湿球温度[a]	进水温度	出水温度
制冷运行	额定制冷	T1	27	19	35	24	30	35
		T2	21	15	27	19	22	27
		T3	29	19	46	24	30	35
	最大运行	T1	32	23	43	26	34	与制冷能力相同的水量
		T2	27	19	35	24	27	
		T3	32	23	52	31	34	
	冻　结	T1	21[c]	15	21	—	—	21[d]
		T2			10	—		10[d]
		T3			21	—		21[d]
	最小运行		21[c]	15	制造厂推荐的最低温度[e]		10	（或 21℃）
	凝露 凝结水排除		27	24	27	24	—	27
制热运行	热泵额定制热[f]	高温	20	15（最大）	7	6	—	—
		低温			2	1		
		超低温			−7	−8		
	最大制热运行		27	—	24	18	—	—
	最小制热运行[g]		20	—	−5	−6	—	—
	自动除霜		20	12	2	1	—	—
	电热额定制热		20	—	—	—	—	—

a　在空调器制冷运行试验中，空气冷却冷凝器没有冷凝水蒸发时，湿球温度条件可不做要求。
b　冷凝器进出水温指用冷却塔供水系统，用其水泵时可按制造商明示进、出水温或水量及进水温度。
c　21℃或因控制原因在 21℃以上的最低温度。
d　水量按制造厂规定。
e　制造厂未指明时，以 21℃为最低温度。
f　制造厂规定适于在低温、超低温工况运行的空调器，应进行低温、超低温工况的试验；若制热量（高温、低温或超低温）试验时发生除霜，则应采用空气焓值法（见附录 A.2）进行制热量试验。
g　如果空调器在超低温条件下进行制热运行试验，其最小运行制热试验可以不做。

6.2 试验要求

6.2.1 空调器应按铭牌标示的气候类型进行性能试验，对于适用两种以上气候类型的空调器，应在铭牌标出的每种气候类型工况条件下进行试验。

6.2.2 应按照制造厂的安装说明和所提供的附件，将被测空调器安装在试验房间内，空调器所有试验均按铭牌上的额定电压和额定频率进行，另有规定不受此限。

6.2.3 除按规定方式，试验需要的装置和仪器的连接外，对空调器不得更改。

6.2.4 试验进行时不能改变空调器风机转速和系统阻力（变频、变容型空调器除外），其试验结果应按标准大气压修正大气压力。

6.2.5 分体式空调器室内机组与室外机组的连接管，应按制造厂规定* 或7.5m为测试的管长，两者取小值，作为空调器部件的连接管不应切断管子进行试验。除设计要求外，一般应将一半管长置于室外侧环境进行试验，其管径、安装、绝缘保温、抽空排气、充注制冷剂等应符合制造厂要求。

6.2.6 对于湿球温度为0℃以下的工况条件，可通过控制相对湿度来获得对湿球温度的控制。

6.3 试验方法

6.3.1 制冷系统密封性能试验

空调器的制冷系统在正常的制冷剂充灌量下，用灵敏度为 $1 \times 10^{-6} Pa \cdot m^3/s$ 的检漏仪进行检验。空调器可不通电置于正压室内，环境温度为16℃～35℃。

6.3.2 制冷量试验

按附录A《制冷量和热泵制热量的试验及计算方法》和表3规定的额定制冷工况进行试验。

6.3.3 制冷消耗功率试验

按附录A给定的方法，在制冷量测定的同时，测定空调器的输入功率、电流。

6.3.4 热泵制热量试验

按附录A给定的方法和制造厂的说明，选用表3规定的热泵额定制热（高温）工况，进行热泵制热量的试验。

6.3.5 热泵制热消耗功率试验

按附录A给定的方法，在热泵制热量测定的同时，测定热泵的输入功率、电流。

6.3.6 电热装置制热消耗功率试验

a）空调器在热泵额定制热（高温）工况下运行，装有辅助电热装置的热泵以6.3.4方法进行试验，待热泵制热量试验稳定后，测定辅助电热装置的输入功率。

b）在电热额定制热工况下，将空调器设定在电热装置处于最大耗电工作状态下，运行稳定后，测试电热装置的输入功率。

c）当在a)、b）工况下进行试验而电热装置不动作时，将空调器设定（或按生产厂规定）在电热装置工作状态，运行稳定后，测试电热装置的输入功率。

6.3.7 最大运行制冷试验

将空调器室内、室外空气进行交换的通风门和排风门（如果有）完全关闭，其设定温

---

* 空调器的型式检验应使用不得低于5m的管长连接进行试验。

度、风扇速度、导向格栅等调到最大制冷状态，试验电压分别为额定电压的90%和110%，按表3规定的最大运行制冷工况运行稳定后再连续运行1h，然后停机3min（此间供电电源电压上升不超过3%），再启动运行1h。

6.3.8 最小运行制冷试验

将空调器室内、室外空气进行交换的通风门和排风门（如果有）完全关闭，其设定温度、风扇速度、导向格栅等调到最易结冰霜状态，按表3规定的最小运行制冷工况，使空调器启动运行至工况稳定后再运行4h。

6.3.9 热泵最大运行制热试验

将空调器室内、室外空气进行交换的通风门和排风门（如果有）完全关闭，其设定温度、风扇速度、导向格栅等调到最大制热状态，试验电压分别为额定电压的90%和110%，按表3规定的热泵最大运行制热工况运行稳定后再连续运行1h，然后停机3min（此间供电电源电压上升不超过3%），再启动运行1h。

6.3.10 热泵最小运行制热试验

将空调器室内、室外空气进行交换的通风门和排风门（如果有）完全关闭，其设定温度、风扇速度、导向格栅等调到最大制热状态，按表3规定的最小运行制热工况，使空调器启动运行至工况稳定后再运行4h。

6.3.11 冻结试验

将空调器的设定温度、风扇速度、导向格栅等，在不违反制造厂规定下调到最易使蒸发器结冰和结霜的状态，达到表3规定的冻结试验工况后进行下列试验：

a）空气流通试验：空调器启动并运行4h。

b）滴水试验：将空调器室内回风口遮住，完全阻止空气流通后运行6h，使蒸发器盘管风路被完全堵塞，停机后去除遮盖物至冰霜完全融化，再使风机以最高速度运转5min。

注：为防冻结自动控制装置动作，应视为空调器正常运行。

6.3.12 凝露试验

将空调器的温度控制器、风扇速度、风门和导向格栅，在不违反制造厂规定下调到最易凝露状态进行制冷运行，达到表3规定的凝露工况后，空调器连续运行4h。

6.3.13 凝结水排除能力试验

将空调器的温度控制器，风扇速度、风门和导向格栅调到最易凝水状态，在接水盘注满水即达到排水口流水后，按表3规定的凝水工况运行，当接水盘的水位稳定后，再连续运行4h。

注：非甩水型空调器接水盘的水不必注满。

6.3.14 自动除霜试验

装有自动除霜装置的空调器，将空调器的温度控制器、风扇速度（分体式室内风扇高速、室外风扇低速）、风门和导向格栅等调到换热器最易结霜状态，按表3规定的除霜工况运行稳定后，继续运行两个完整除霜周期或连续运行3h（试验的总时间应从首次除霜周期结束时开始），直到3h后首次出现除霜周期结束为止，应取其长者；除霜周期及除霜刚刚结束后，室外侧的空气温度升高不应大于5℃。

6.3.15 噪声试验

按附录B《噪声的测定》（规范性附录）要求，进行额定制冷工况和额定（高温）制热工况条件下噪声试验。

6.3.16 包装试验

空调器的包装应按 GB/T 1019 要求的防潮包装、流通条件的防震包装进行设计，并按流通条件 1 进行振动试验和对包装件进行跌落试验。

6.3.17 运输试验

包装好的空调器应按 GB/T 4798.2 进行运输试验，制造厂应按产地至销售地区在运输中可能经受的环境条件（参照 GB/T 4798.2 表 A.1）确定试验条件和方法，或按合同要求进行试验。

包装好的空调器应做振动试验，推荐按 GB/T 4857.7 进行正弦定频振动试验，按 GB/T 4857.10 进行正弦变频试验，根据运输环境或按合同要求，确定试验条件进行试验。

6.3.18 耐候性试验

6.3.18.1 盐雾试验

按 GB/T 2423.17 进行盐雾试验。试验持续时间为 48h。试验前，试件表面清洗除油，试验后，用清水冲掉残留在表面上的盐分，检查试件腐蚀情况，其结果符合 5.3.3 规定。

6.3.18.2 湿热试验

按 GB/T 2423.3 进行试件湿热试验，试验持续时间为 96h，取箱体顶面或侧面平整表面 100mm × 100mm 试样（也可取同批产品的试样），试验前对试样表面进行清洗除油，试验后进行外观质量检查，其结果应符合 5.3.3 规定。

6.3.18.3 涂层脱落（涂层附着力）试验

按 GB/T 9286 进行试件涂层性能试验，空调器放置 16h 后，在箱体外表面任取长 100mm，宽 100mm 的面积或同批产品的试样用划格法进行试验，涂层切割表面的脱落表现应不大于 2 级。

6.3.18.4 空调器室外机工程塑料件的耐候性能，生产厂根据空调器销售地气候和使用条件进行试验，试验结果应符合 5.3.3 规定。

a）涂层材料按 GB/T 14522 标准进行 500h 的紫外灯老化试验，并按 GB/T 1766 标准进行判断。

b）塑料材料按 JB/T 10359 标准要求进行试验和判断。

注：上述各项试验，制造厂也可采用等效试验方法对材料、涂层进行试验和判断。

6.3.19 可靠性寿命试验

可靠性寿命试验方法正在制定中。

6.4 测量要求

6.4.1 空调器的制冷量和热泵制热量试验可用房间型量热计方法或空气焓值法进行（详见附录 A），当两种试验结果有争议时，应以房间型量热计测试数据为准。

6.4.2 房间型量热计法或空气焓值法进行空调器的制冷量和热泵制热量试验时，其测量不确定度应不超过表 4 所示值。

6.4.3 空调器进行性能试验时（制冷量、热泵制热量试验除外），试验工况各参数的读数与表 3 中规定值的允差应符合表 5 规定。

6.4.4 空调器进行制冷量和热泵制热量试验时，试验工况各参数的读数允差应符合表 6 规定。

表 4 测量不确定度

测量值		测量量显示值的不确定度
水	温度	±0.1℃
	温差	±0.1℃
	体积流量	±5%
	静压差	±5Pa
空气	干球温度	±0.2℃
	湿球温度	±0.2℃
	体积流量	±5%
	静压差	±5Pa($P \leqslant 100$Pa)或±5%($P > 100$Pa)
输入电量		±0.5%
时间		±0.2%
质量		±1.0%
速度		±1.0%

注：测量的不确定度：表征被测量的真值所处量值范围的评定。

测量的不确定度通常包括许多分量，其中某些分量可在各连续测量结果的统计分布基础上进行估算并可用试验标准偏差表征，另一些分量可根据经验或其他信息进行估计，并可用假设存在的近似“标准偏差”表征。

表 5 性能试验的读数允差

测量值	读数与规定值的最大偏差
空气温度：干球温度	±1.0℃
湿球温度	±0.5℃
水温	±0.5℃
电压	±2%

表 6 制冷量和热泵制热量试验的读数允差

读数		读数的平均值对额定工况的偏差	各读数对额定工况的最大偏差
室内侧空气温度	干球	±0.3℃	±0.5℃
	湿球	±0.2℃	±0.3℃
室外侧空气温度	干球	±0.3℃	±0.5℃
	湿球	±0.2℃	±0.3℃
电压、频率		±1.0%	±2.0%
空气体积流量		±5%	±10%
水温	进口	±0.1℃	±0.2℃
	出口	±0.1℃	±0.2℃
水体积流量		±1.0%	±2.0%
空气流动的外阻力		±5Pa	±10Pa

6.5 试验结果

6.5.1 制冷量和热泵制热量采用房间型量热计方法试验时至少应记录的数据见表 7，采用空气焓值方法时至少应记录的数据见表 8。

表 7 量热计法试验应记录的数据

序号	制冷量记录内容	制热量记录内容
1	日期	同左
2	试验者	同左
3	大气压	同左
4	空调器风机速度	同左
5	电压和频率	同左
6	被测机组总输入功率和电流	同左
7	室内侧控制的干球、湿球温度	同左
8	室外侧控制的干球、湿球温度	同左
9	量热计周围平均温度（标定型）	同左
10	室内、外侧隔室的总输入功率	同左
11	加湿器中水的蒸发量	同左
12	进入室内侧、室外侧（如果用）试验室或加湿器的水温	同左
13	通过室外侧冷却盘管的冷却水量	同左
14	进入室外侧冷却盘管的冷却水温	同左

续表 7

序　号	制冷量记录内容	制热量记录内容
15	离开室外侧冷却盘管的冷却水温	同左
16	通过机组冷凝器的冷却水流量（仅用于水冷机组）	
17	进入机组冷凝器的水温（仅用于水冷机组）	
18	离开机组冷凝器的水温（仅用于水冷机组）	
19	再处理设备中室外盘管的冷凝水量	室内侧或室外侧冷凝水量
20	离开室外侧隔室的冷凝水温度	离开室内侧隔室的冷凝水温度
21	通过隔墙上喷嘴测试的空气体积流量	同左
22	量热计隔墙两侧的空气静压差	同左
注：空调器与多于一个的外部电源连接时，应记录每个连接电源的输入功率和电流，否则为机组的总输入。		

6.5.2　制冷量和热泵制热量试验数据的整理和计算见附录 A。

6.5.3　试验结束后应填写试验报告，其内容至少应包括下述各项：

a）日期；

b）试验地点；

c）试验方法（量热计或焓值法）；

d）试验目的和试验类别；

e）试验人员；

f）铭牌示出的主要内容；

g）试验结果。

表 8　焓值法试验应记录的数据

序号	记　录　内　容
1	日期
2	试验者
3	大气压
4	试验时间
5	输入功率（总输入功率和装置部件的输入功率）
6	使用电压
7	电流
8	频率
9	空气流动的外阻力（送风机外静压）
10	风扇速度（如果可调）
11	空气进入机组的干球、湿球温度
12	空气离开机组的干球、湿球温度
13	空气体积流量及相应测量的计算

7　检　验　规　则

7.1　检验要求

空调器产品的安全要求必须符合 GB 4706.32 的规定，其性能要求应符合本标准的规定。

7.2　产品检验

每台空调器须经制造厂质量部门检验合格后方能出厂，并附有质量检验合格证、使用说明书、保修单、装箱清单等。

空调器检验一般分为出厂检验、抽查检验和型式检验。

7.2.1　出厂检验

凡提出交货的空调器，均应进行出厂检验。出厂检验的试验项目、试验要求和试验方法见表 9，序号（1~9）项为产品必检项目。

表 9　出厂和抽检的试验项目、要求和试验方法

序号	试验项目	本标准		GB 4706.32		不合格分类			致命缺陷
		技术要求	试验方法	技术要求	试验方法	A	B	C	
1	一般检查	5.1	视检					√	
2	标志	8.1	视检	7 章	7 章				√

续表 9

序号	试验项目	本标准		GB 4706.32		不合格分类			致命缺陷
		技术要求	试验方法	技术要求	试验方法	A	B	C	
3	包装	8.2	视检					✓	
4	绝缘电阻（冷态）[a]			自定	等效 16 章				✓
5	电气强度（冷态）			自定	等效 16 章				✓
6	泄漏电流			16 章	16 章				✓
7	接地电阻			27 章	27 章				✓
8	制冷剂泄漏	5.2.1	6.3.1			✓			
9	运行性能	等效 5.2	自定			✓			
10	制冷量	5.2.2	6.3.2			✓			
11	制冷消耗功率	5.2.3	6.3.3			✓			
12	热泵制热量	5.2.4	6.3.4			✓			
13	热泵制热消耗功率	5.2.5	6.3.5			✓			
14	电热制热消耗功率	5.2.6	6.3.6			✓			
15	能效比（EER）、性能系数（COP）	5.2.16	6.3.2～6.3.5			✓			
16	季节能源消耗效率[b]	附录 E.9				✓			
17	噪声	5.2.15	6.3.15			✓			
18	防水			15 章	15 章				✓
19	防触电保护			8 章	8 章				✓
20	电源线			25 章	25 章				✓

a 按 GB 4706.32 标准最新版要求，此项目可不进行检测；

b 定频型空调器不强制要求。

7.2.2 抽查检验

产品抽查检验的项目见表 9 的序号（10～20）项目。抽查检验项目的抽样可按 GB/T 2828.1 进行，逐批检验的抽检项目、批量、抽样方案、检查水平及合格质量水平等可由制造厂质量检验部门自行决定。

7.2.3 型式检验

7.2.3.1 空调器在下列情况之一时，应进行型式检验：

a）试制的新产品；

b）间隔一年以上再生产时；

c）连续生产中的产品，每年不少于一次；

d）当产品在设计、工艺和材料等有重大改变时；

e）出厂检验结果与上次型式检验有较大差异时；

f）国家质量监督机构提出进行型式检验的要求时。

7.2.3.2 型式检验内容包括表 10 所列各项和 GB 4706.32 中规定的全部试验项目，抽样可按 GB/T 2829 标准进行，采用判别水平 I 的一次抽样方案，其样本大小、不合格质量水平见表 11，或按标准有关规定进行。

表 10 型式试验项目、要求和试验方法

序号	试验项目		本标准 技术要求	本标准 试验方法	不合格分类 A	不合格分类 B	不合格分类 C
1	制冷系统密封		5.2.1	6.3.1	√		
2	制冷量		5.2.2	6.3.2	√		
3	制冷消耗功率		5.2.3	6.3.3	√		
4	热泵制热量		5.2.4	6.3.4	√		
5	热泵制热消耗功率		5.2.5	6.3.5	√		
6	电热制热消耗功率		5.2.6	6.3.6	√		
7	最大运行制冷		5.2.7	6.3.7		√	
8	最小运行制冷		5.2.8	6.3.8		√	
9	热泵最大运行制热		5.2.9	6.3.9		√	
10	热泵最小运行制热		5.2.10	6.3.10		√	
11	冻结	a）空气流通	5.2.11	6.3.11a)		√	
		b）滴水		6.3.11b)		√	
12	凝露		5.2.12	6.3.12		√	
13	凝结水排除能力		5.2.13	6.3.13		√	
14	自动除霜		5.2.14	6.3.14		√	
15	噪声		5.2.15	6.3.15	√		
16	包装		5.3.1	6.3.16			√
17	运输		5.3.2	6.3.17			√
18	耐候性能		5.3.3	6.3.18			√
19	可靠性寿命		5.3.4	6.3.19			√
20	能效比（EER）、性能系数（COP）		5.2.16	6.3.2~3 6.3.4~5	√		
21	季节能源消耗效率[a]		E.5.2.17	附录 E	√		
22	外观检查		5.1	视检			√
23	安全检查		GB 4706.32				

a 定频型空调器不强制要求。

表 11 型式试验抽样方案

判别水平	抽样方案	样本大小	不合格质量水平 A类 RQL=40 Ac	Re	B类 RQL=80 Ac	Re	C类 RQL=120 Ac	Re
I	一次	$n=2$	0	1	1	2	2	3

7.3 检验判定

7.3.1 出厂检验项目中安全项目属致命缺陷性质，只要出现一台项不合格，则判该批产品不合格。经出厂检验和抽查检验后，凡合格的样品可作为合格品交订货方。

7.3.2 型式检验的安全项目属致命缺陷，安全项目判定要100%合格，若发现一台项不合格则判定该周期产品不合格。型式检验的样本应从合格的成品中随机抽取，型式检验的样品一律不能作为合格品交付订货方。

7.4 产品验收

7.4.1 订货方有权检查产品质量是否符合本标准要求，交货时订货方可按出厂检验项目验收。

7.4.2 根据订货方的要求，供货方可提供一年内完整的型式检验报告，验收的质量指标和抽样方案可由双方共同商定，抽样方案也可按GB/T 2829进行，如订货方对产品质量有疑问时，可与供货方和生产方共同商定，并可增加型式检验中部分项目或全部检验项目，如有争议应由法定部门进行仲裁。

7.4.3 产品储存超过两年再出厂，必须重新按出厂检验项目检查验收。

8 标志、包装、运输和贮存

8.1 标志

8.1.1 每台空调器上应有耐久性铭牌固定在明显部位，铭牌应清晰标出下述各项，并应标出GB 4706.32要求的有关内容。转速可控型空调器、一拖多空调器见附录E.8和附录F.8。

a）产品名称和型号；

b）气候类型（T1气候类型空调器可不标注）；

c）制造厂名称；

d）主要技术参数（制冷量、制热量、能源消耗效率、噪声、循环风量、制冷剂名称或代号以及注入量、额定电压、额定频率、额定电流、输入功率及质量等）。分体式空调器室内、室外机组应分别标示，其中室内机组标示整机所需参数，室外机组标示室外机组参数，但至少应标示制冷剂名称或代号及注入量、额定电压、额定频率和输入电流、功率；

e）产品出厂编号；

f）制造日期。

注1：通常铭牌标示的制热量为高温制热量，若空调器进行低温制热量考核时，铭牌应同时标示出低温制热量。

注2：输入功率应分别标示出额定制冷、额定制热消耗功率和电热装置制热消耗功率。

注3：产品出厂编号、制造日期允许在空调器明显部位进行耐久性标示。

8.1.2 空调器上应设有标明工作情况的标志，如控制开关和旋钮等旋动方向标志，在适当位置附上电气原理图。

8.1.3 空调器应有注册商标标志。

8.1.4 包装标志，包装箱应用不褪色的颜料清晰地标出；

a）产品名称、规格型号和商标；

b) 质量（毛质量、净质量）；

c) 外形尺寸：长×宽×高（cm）；

d) 制造厂名称；

e) 色别标志（整体式空调器应标明面板颜色，分体式空调器应标明室内机组的主色调）；

f) “易碎物品”、“向上”、“怕雨”和“堆码层数极限”等贮运注意事项，其标志应符合 GB/T 191 的有关规定。

8.1.5 包装上应注明采用的产品标准。

8.2 包装

8.2.1 空调器包装前应进行清洁和干燥处理。

8.2.2 空调器包装箱内应附有下述文件及附件。

8.2.2.1 产品合格证，其内容应包括：

a) 产品名称和型号；

b) 产品出厂编号；

c) 检查结论；

d) 检验印章；

e) 检验日期。

8.2.2.2 使用说明书应按 GB 5296.2 要求进行编写，至少应包括：

a) 产品名称、型号（规格）；

b) 产品概述（用途、特点、使用环境及主要使用性能指标和额定参数等）；

c) 接地说明；

d) 安装和使用要求，维护和保养注意事项；

e) 产品附件名称、数量、规格；

f) 常见故障及处理办法一览表，售后服务事项和生产者责任；

g) 制造厂名和地址；

注：上述内容亦可单独编写成册。

8.2.2.3 装箱清单、装箱要求的附件。

8.2.3 随机文件应防潮密封，并放置在箱内适当位置处。

8.3 运输和贮存

8.3.1 空调器在运输和贮存过程中，不应碰撞、倾斜、雨雪淋袭。

8.3.2 产品的存贮环境条件应按 GB/T 4798.1 标准有关规定，产品应储存在干燥的通风良好的仓库中。周围应无腐蚀性及有害气体。

8.3.3 产品包装经拆装后仍须继续贮存时应重新包装。

附 录 A

（规范性附录）

制冷量和热泵制热量的试验及计算方法

房间空调器的制冷量、热泵制热量可采用房间型量热计法或空气焓值法进行测量。

A.1 房间型量热计法

A.1.1 房间型量热计总则

A.1.1.1 房间型量热计有标定型和平衡环境型两种形式。

A.1.1.2 房间型量热计可同时在量热计的室内侧和室外侧测定空调器的制冷量或热泵制热量。空调器室内侧制冷量，是通过测定用于平衡制冷量和除湿量所输入量热计室内侧的热量和水量来确定；室外侧提供测定空调器能力的验证试验，其室外侧制冷量，是通过用于平衡空调器冷凝器侧排出的热量和凝结水量而从量热计室外侧取出的热量和水量来确定。

A.1.1.3 用绝热隔墙把量热计分成两间，即量热计室内侧隔室和量热计室外侧隔室。隔墙上开有孔洞用于安装空调器。应像正常安装情况一样，用支架和密封条安装空调器，不应为了防止漏风而堵塞空调器和内部结构的缝隙。不应有任何可能改变空调器正常运行的连接和改动。

A.1.1.4 在室内侧和室外侧之间的隔墙上应装有压力平衡装置，以保证量热计的室内、外侧压力平衡，并用以测量漏风量、排风量和通风量。压力平衡装置见附录 D。由于两室之间气流流动方向可能是变化的，故应采用两套相同的但安装方向相反的压力平衡装置或一套可逆的装置。压力取样装置的安装应不受空调器送风和压力平衡装置排风的影响，排风室的风机或风扇可用挡风板或变速装置改变风量，并应不影响空调器的回风。

测量制冷量、热泵制热量或风量时，可调节压力平衡装置，使两室之间的压力差不大于 1.25Pa。

A.1.1.5 量热计室的尺寸应做到不影响空调器回风和送风的气流。再处理机组的出风口应安装孔板或格栅，以使空调器迎风面的风速不超过 0.5m/s。空调器送风、回风格栅的前方应留出足够的空间，以免气流受到干扰。空调器离侧面墙或天花板的最小距离应为 1m，但有特殊安装要求的不受此限。其房间推荐尺寸如表 A.1 所示。为适应机组特殊尺寸要求可改变其尺寸。

表 A.1 量热计隔室内部推荐尺寸

额定制冷量/W	量热计隔室内部最小推荐尺寸/m		
	宽	高	长
3000	2.4	2.1	1.8
6000	2.4	2.1	2.4
9000	2.7	2.4	3.0
12000	3.0	2.4	3.7

A.1.1.6 量热计室内、外侧分别装有空气再处理机组，以保持室内、外侧的空气循环和规定的工况条件。室内侧再处理机组应包括供给显热的加热器、加湿用的加湿器，室外侧再处理机组应包括冷却、去湿和加湿设备，其能量可以控制并可测量。当量热计用于热泵测量时，两隔室皆应有加热、加湿和制冷功能（见图 A.1，图 A.2）或用其他方法，如空调器反向安装在量热计内进行测试。两隔室的再处理机组都应安装有足够风量的风机，其风量分别不小于被测空调器室内侧或室外侧循环风量的两倍，再处理机组出风口处风速应低于 1.0m/s。

A.1.1.7 量热计两隔室中再处理机组和空调器在试验中互相影响，其结果合成的温度场和气流场是独特的，它取决于量热计的尺寸、布置、再处理机组的大小和空调器送风特性的组合。取样装置的风机和它的电机应放在量热计室内，其输入功率计入量热计室的总输入功率中。取样管的测温段应在取样风机的吸入段，风机的排风不应影响温度测量或干扰空调器的循环气流。

A.1.1.8 量热计室干、湿球温度测点布置的原则：

a）所测得的温度应能代表空调器周围的环境温度，并尽可能接近于机组在实际工作时的室内或室外环境状态；

b）温度测点不应受被测空调器送风或出风的影响，即应在空调器循环气流的上游。

A.1.1.9 量热计室的内表面应采用无孔材料，全部接缝必须密封，量热计室的门、窗应采用衬垫或适当方法密封，以防量热计室漏气和漏湿。

A.1.2 标定型房间量热计

A.1.2.1 标定型房间量热计如图 A.1 所示。每个量热计隔室围护结构（包括中间隔墙）应有良好的保温性能，使漏热量（包括辐射热量）不超过被测空调器制冷量的 5%。量热计室应架空，使空气能在地板下方自由流通。

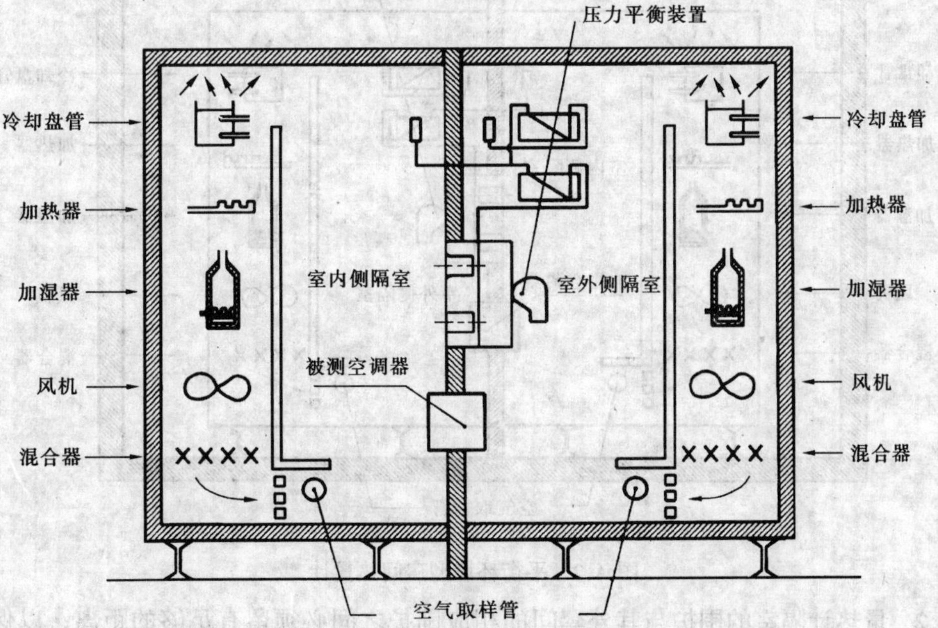

图 A.1 标定型房间量热计

A.1.2.2 量热计室内侧隔室或室外侧隔室的漏热量的标定方法如下：

将量热计隔室的所有开口关闭，用电加热器把隔室加热，使温度至少高于该隔室周围环境温度 11℃，其隔室的六面围护墙外侧空气温度应维持 ±1℃温差以内，当温度恒定后，该隔室总输入功率（包括风机等输入功率）即是该隔室在所保持的室内外温差下的漏热量。

A.1.2.3 中间隔墙的漏热量的标定方法如下：

试验在 A.1.2.2 基础上进行，将中间隔墙另一面隔室的温度升高到与已加热隔室温度相同，如此消除了中间隔墙的漏热，同时保持隔室五面围护墙与外部环境温度 11℃温差（与 A.1.2.2 试验的温差相同）。根据这次试验与 A.1.2.2 试验的热量差，就是中间隔墙的漏热量。如果墙的结构与其他墙相同，其漏热量也可按面积比例确定。

A.1.2.4 对于装有冷却设备的隔室可采取冷却隔室的温度，使其低于环境温度（六面墙）11℃，并运行上述类似分析。

A.1.2.5 用两个房间同时进行试验，以确定空调器能力的方法，其量热计室内侧隔室的性能应定期或至少 6 个月用标准制冷量检验装置进行校验，校验装置可以是一台经测量范围相当的国家试验室用房间型量热计测试过的空调器。

A.1.3 平衡环境型房间量热计

A.1.3.1 平衡环境型房间量热计如图 A.2 所示。其主要特点是在室内侧和室外侧隔室的外面分别设温度可控的套间，使套间内的干球温度分别等于室内侧和室外侧的干球温度。如果使套间的湿球温度也等于量热计室的湿球温度，则 A.1.1.9 可不作要求。

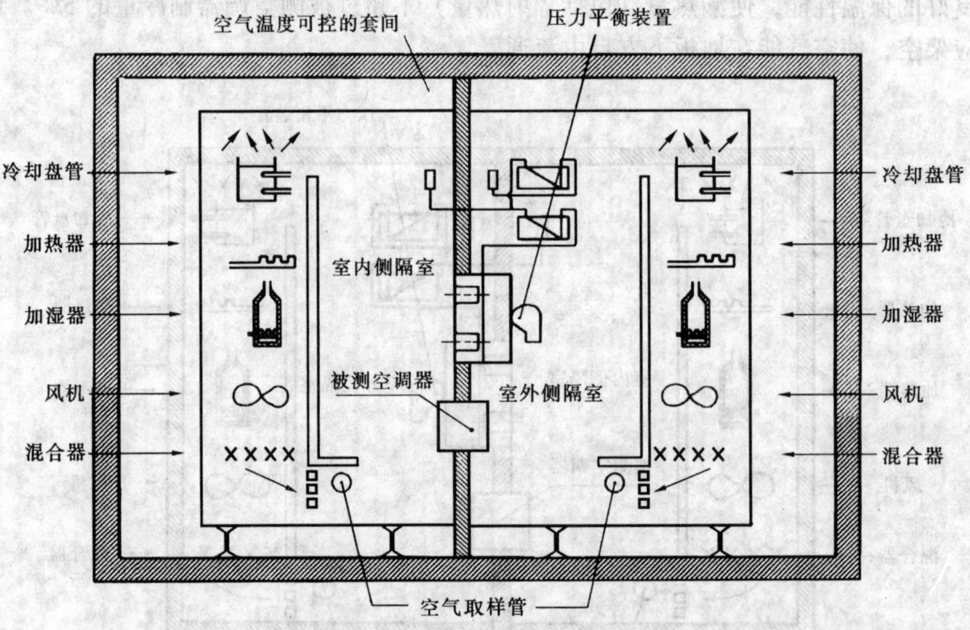

图 A.2 平衡环境型房间热量计

A.1.3.2 量热计隔室的围护与其外套间的相应围护之间必须留有足够的距离，以保证套间内的温度场均匀。建议此距离至少为 0.3m。此套间内装有空气循环装置以防止空气分层。

A.1.3.3 中间隔墙的漏热量，应计入热平衡计算中。漏热量按 A.1.2.3 标定或计算得出。

A.1.3.4 量热计隔室围护结构应有良好的保温性能，按 A.1.2.2 方法试验，在 11℃温差下的漏热量（包括辐射热量）不大于试验机组容量的 10%或 300W，两者取大值。

A.1.4 试验

A.1.4.1 调节再处理机组的加热量和加湿量或制冷量和除湿量，使室内侧和室外侧的工况条件满足 6.1.2 和 6.2 的要求。

A.1.4.2 将空调器室内、室外空气进行交换的通风门和排风门（如果有）完全关闭，其设定温度、风扇速度、导向格栅等在不违反制造厂规定下调到最大制冷量的位置，若试验时调到其他位置时，应与额定制冷量同时注明。

A.1.4.3 当试验工况达到稳定 1h 后进行测试，每 5min 读值一次，连续七次，其读数允差应符合正文表 6 规定（见正文 6.4.4）

A.1.4.4 按室内侧测得的空调器制冷量（或制热量）与按室外侧测得的空调器制冷量（或制热量）之间的偏差不大于 4%时，试验为有效。

A.1.4.5 空调器测定的制冷量应为显冷、潜冷和总制冷量，并以室内侧测得的值为准。热泵制热量以室内侧或室外侧（当热泵机组反向安装在试验装置内时）测得的值为准。制冷量和制热量均取连续七次的平均值。

A.1.5 水冷式空调器制冷量、制热量试验的量热计和辅助设备

A.1.5.1 标定型和平衡型量热计的室内侧均可用于水冷式空调器制冷量、制热量的试验。

A.1.5.2 用测量方法确定冷凝器冷却水的流量及温升，冷凝器和温度测点间的水管应进行保温处理。

A.2 空气焓值法

A.2.1 试验房间的要求

A.2.1.1 如果对试验房间的室内工况有要求，则此房间或区域应能使工况维持在规定允差内，在试验时装置周围的空气速度不超过 2.5m/s。

A.2.1.2 如果对试验房间或区域的室外工况有要求，则应具有足够的体积和使试验中空调器的气流场不能改变。

试验房间的尺寸，除了正常安装所要求的距地或墙之间的尺寸外，应使房间任一表面到空调器的送风口表面的距离不小于 1.8m，到空调器的其他任一表面的距离不小于 0.9m 房间再处理机组的送风量应不小于室外部分空气流量。在空调器送、回风方向的气流，要求工况稳定，温度均匀，低速。

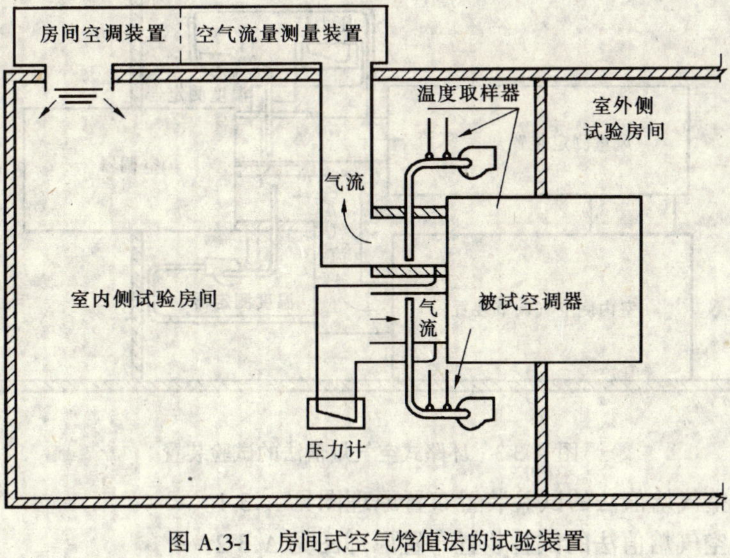

图 A.3-1 房间式空气焓值法的试验装置

A.2.2 试验装置

空气焓值法的试验装置布置如图 A.3-1、图 A.3-2、图 A.3-3、图 A.3-4。空气测量装置安装在室内侧并与空调器送风口相接。空气测量装置应有良好的保温，保温从空调器送风口开始，直至测温点为止，包括连接风管在内，以使漏热量不超过被测制热量的 5%。试验房间内设有空气再处理机组，以保证空调器的回风参数在规定的干球、湿球温度范围内。

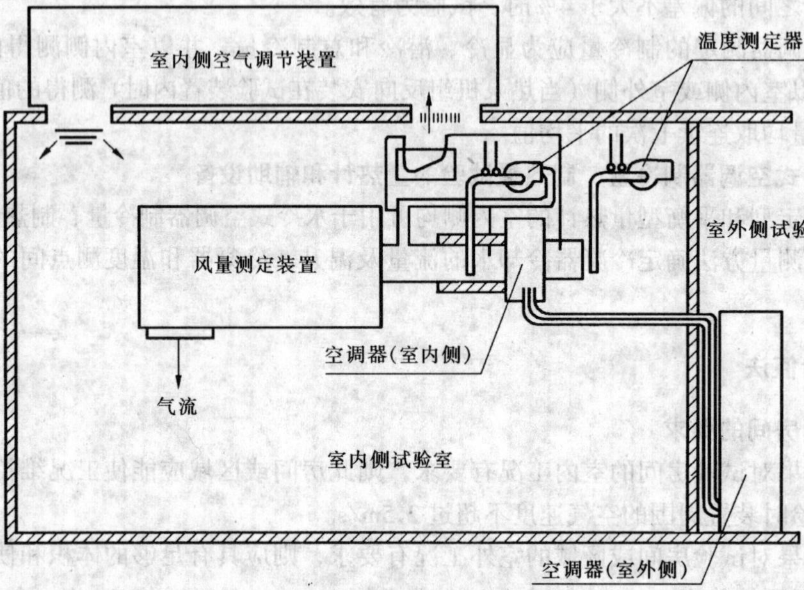

图 A.3-2 风洞式空气焓值法的试验装置

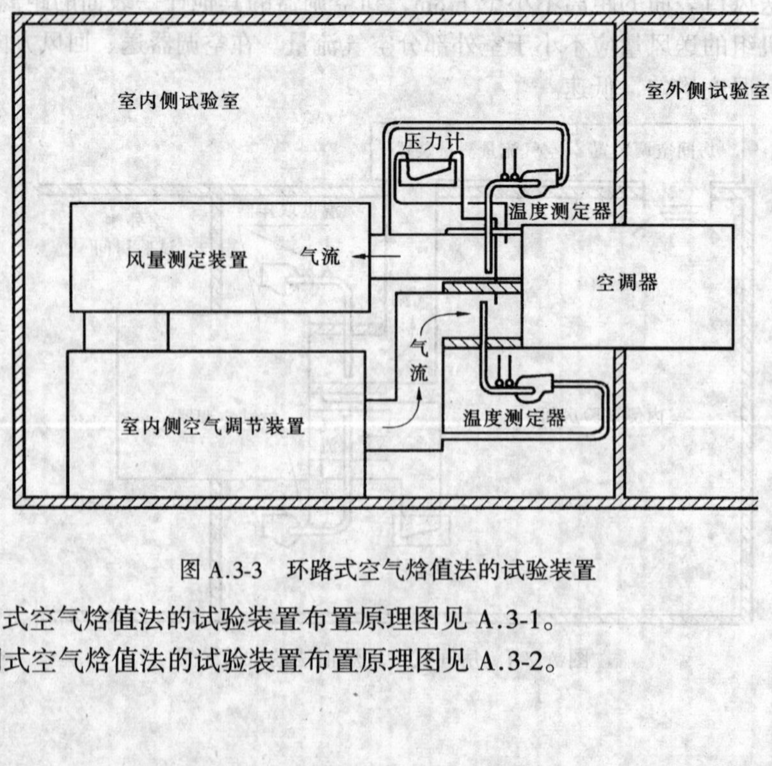

图 A.3-3 环路式空气焓值法的试验装置

a）房间式空气焓值法的试验装置布置原理图见 A.3-1。

b）风洞式空气焓值法的试验装置布置原理图见 A.3-2。

c）环路式空气焓值法的试验装置布置原理图见 A.3-3。测试环路应密闭，各处的空气渗漏量不应超过空气流量测试值的 1%，空调机周围的空气干球温度应保持在测试所要求的进口干球温度值的 ±3℃之内。

d）量热计式空气焓值法的试验装置布置原理图见 A.3-4。图中的封闭体应制成密闭和隔热的，进入的空气在空调器与封闭壳体之间应能自由循环，壳体和空调器任何部位之间的距离应不小于 150mm，封闭壳体的空气入口位置应远离空调器的空气进口。空气流量测量装置在封闭壳体中的部位应隔热。

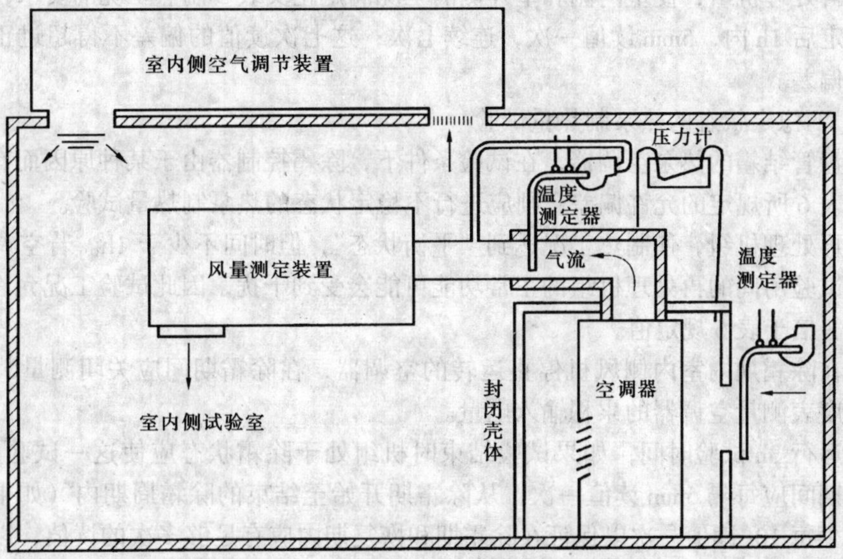

图 A.3-4　量热计式空气焓值法的试验装置

注：图 A.3-1～图 A.3-4 所示的布置是空气焓值法的各种使用场合，不代表某种布置仅适用于图中所示型式的空调器。当压缩机装在室内部分并单独通风时，应使用图 A.3-4 所示的封闭体。

A.2.3　测量

A.2.3.1　温度测量

a）空调器室内侧送风口温度优先采用图 A.4 的空气取样装置测量，安装位置如图 A.3-1、图 A.3-2、图 A.3-3、图 A.3-4 所示；也可在足够多的位置上直接测量，然后确定其平均温度。

b）空调器内侧回风口的温度可用空气取样装置测量，也可在足够多的位置上直接测量，然后确定其平均温度，取样装置测温仪表应位于距空调器室内侧回风口约 0.15m 处。

c）空调器室外侧进风口温度的测量位置应不受空调器排出风的影响，所测得的

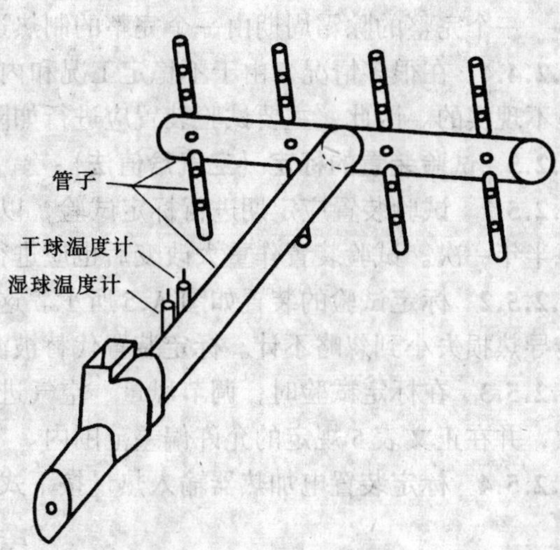

图 A.4　空气取样装置

温度应能代表空调器周围的温度。

A.2.3.2 风量测量

风量测量可见附录D《风量测量》(资料性附录)的有关规定。

A.2.4 热泵制热量试验

A.2.4.1 稳定状态的热泵制热量试验

如果在任一3h的周期内，空调器无除霜动作，并且工况不超过正文表6所规定的允许偏差，则应进行稳定状态的热泵制热量试验。

调节再处理机组，使室内侧和室外侧的工况满足正文表3制热工况的要求，当试验工况达到稳定后1h内，5min读值一次，连续七次；这七次读值的偏差不得超过正文表6规定的允许偏差。

A.2.4.2 不稳定状态的热泵制热量试验

室外盘管结霜的热泵空调器，在试验条件下，除霜控制器由于某种原因而有动作，或不能保证表6所规定的允许偏差，则应进行不稳定状态的热泵制热量试验。

调节再处理机组，使制热工况达到“平衡状态”，但时间不少于1h。若空调器进行除霜工作，试验房间的再处理机组的正常功能可能会受到干扰，因此试验工况允许有较宽的偏差，即3倍于表6规定值。

对于在除霜期内室内侧风机停止运转的空调器，在除霜期间应关闭测量装置的排风扇，用电度表测量空调器的累积输入电量。

机组运行3h试验时间，如果试验结束时机组处于除霜状态应使这一试验周期完成。正常试验期间应每隔5min读值一次，从除霜期开始至结束的除霜周期内（如果室内风扇运行）至少每10s读值一次以保证在除霜期和恢复期内应有足够多次的读值，以便正确地确定空调器送风温度随时间变化的曲线图，并能确定空调器的输入电量。

A.2.4.3 最短的试验时间应符合下列情况之一：

a）若没有出现除霜，试验时间应为6h；

b）最少三个完整的除霜周期；

c）最少有3h，包括一个完整的除霜周期；

一个完整的除霜周期由一个完整的制热过程和除霜过程组成。

A.2.4.4 在很多情况，由于不稳定工况和内部损失使测量制热量与精确的检验同时进行是不现实的。因此，主要试验装置应进行如附录A.2.5规定的标定试验。

A.2.5 试验装置的标定（空气焓值法）

A.2.5.1 试验装置应定期进行标定试验，以验证试验装置的测量准确度。标定试验至少每半年一次。试验装置作重大改变后也应进行标定试验。

A.2.5.2 标定试验的装置如图A.5所示。这种装置的构造和保温应使其向房间的辐射和传导热损失小到忽略不计。标定装置代替被测试空调器连接到空气测量装置上。

A.2.5.3 在标定试验时，调节风量、空气进出口温度使之与空调器试验时的测量值相一致，并在正文表5规定的允许偏差范围内。

A.2.5.4 标定装置电加热器输入热量按下式计算：

$$\phi_r = P_r \tag{A.0}$$

式中 ϕ_r——电加热器的制热能力，单位为瓦（W）；

P_r——电加热器的输入功率，单位为瓦（W）。

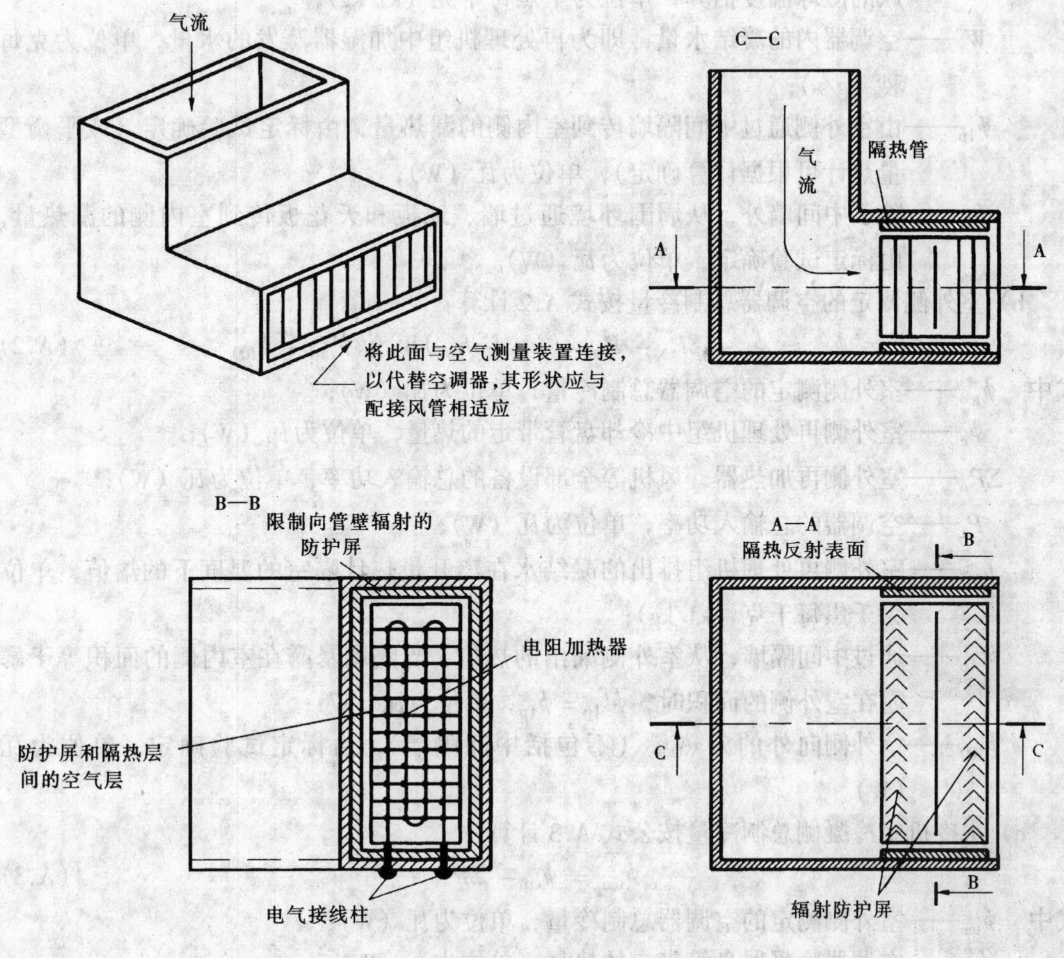

图 A.5　标定试验装置

A.2.5.5　标定装置的输出热量按 A.3.2.2 的公式进行计算。

A.2.5.6　标定装置电加热器输入热量（式 A.0）与测得的输出热量（A.3.2.2）之差应在4%以内，则认为试验装置是合格的。

A.3　制冷量、制热量计算

A.3.1　量热计法

A.3.1.1　制冷量计算

a）室内侧测定的空调器总制冷量按式 A.1 计算：

$$\phi_{tci} = \Sigma P_r + (h_{w1} - h_{w2}) W_r + \phi_{1p} + \phi_{1r} \quad \text{(A.1)}$$

式中　ϕ_{tci}——室内侧测定的空调器总制冷量，单位为瓦（W）；

ΣP_r——室内侧的总输入功率，单位为瓦（W）；

h_{w1}——加湿用的水或蒸汽的焓值，如试验过程中未曾向加湿器供水，则 h_{w1} 取再处理机组中加湿器内水温下的焓值，单位为千焦每千克（kJ/kg）；

h_{w2}——从室内侧排到室外侧的空调器凝结水的焓值，凝结水的温度不能实现测试时（一般在空调器内部发生），可以冷凝温度代替或通常假定等于空调器送风的湿球温度估算，单位为千焦每千克（kJ/kg）；

W_r——空调器内的凝结水量，即为再处理机组中加湿器蒸发的水量，单位为克每秒（g/s）；

ϕ_{1p}——由室外侧通过中间隔墙传到室内侧的漏热量，由标定试验确定（或平衡型量热计可根据计算确定），单位为瓦（W）；

ϕ_{1r}——除了中间墙外，从周围环境通过墙、地板和天花板传到室内侧的漏热量，由标定试验确定，单位为瓦（W）。

b）室外侧测定的空调器总制冷量按式 A.2 计算：

$$\phi_{tco} = \phi_c - \Sigma P_o - P_t + (h_{w3} - h_{w2}) W_r + \phi'_{1p} + \phi_{100} \quad (A.2)$$

式中 ϕ_{tco}——室外侧测定的空调器总制冷量，单位为瓦（W）；

ϕ_c——室外侧再处理机组中冷却盘管带走的热量，单位为瓦（W）；

ΣP_o——室外侧再加热器，风机等全部设备的总输入功率，单位为瓦（W）；

P_t——空调器的总输入功率，单位为瓦（W）；

h_{w3}——室外侧再处理机组排出的凝结水在离开量热计隔室的温度下的焓值，单位为千焦每千克（kJ/kg）；

ϕ'_{1p}——通过中间隔墙，从室外侧漏出的热量，当隔墙暴露在室内侧的面积等于暴露在室外侧的面积时，$\phi'_{1p} = \phi_{1p}$，单位为瓦（W）；

ϕ_{100}——室外侧向外的漏热量（不包括中间隔墙），由标定试验确定，单位为瓦（W）。

c）水冷机组冷凝侧总制冷量按公式 A.3 计算：

$$\phi_{tco} = \phi_{co} - \Sigma P_e \quad (A.3)$$

式中 ϕ_{tco}——室外侧测定的空调器总制冷量，单位为瓦（W）；

ϕ_{co}——空调器冷凝器盘管带走的热量，单位为瓦（W）；

ΣP_e——空调器的有效输入功率，单位为瓦（W）。

d）潜冷量（房间除湿量）按式 A.4 计算：

$$\phi_d = K_1 W_r \quad (A.4)$$

式中 ϕ_d——潜冷量，单位为瓦（W）；

K_1——2460，单位为千焦每千克（kJ/kg）；

W_r——空调器内的凝结水量（g/s），详见式 A.1 的说明。

e）显冷量按式 A.5 计算：

$$\phi_s = \phi_{tci} - \phi_d \quad (A.5)$$

式中 ϕ_s——显冷量，单位为瓦（W）；

ϕ_{tci}——空调器总净制冷量，单位为瓦（W）；

ϕ_d——潜冷量，单位为瓦（W）详见 d）；

f）房间显热比计算方法按式 A.6 进行：

$$\mathrm{SHR} = \phi_s / \phi_{tci} \quad (A.6)$$

式中 ϕ_s——显冷量，单位为瓦（W）；

ϕ_{tci}——室内侧测定的空调器总制冷量，单位为瓦（W）。

A.3.1.2 热泵制热量的计算（量热计方法）

a）室内侧测定的热泵制热量按式A.7计算：

$$\phi_{hi} = \phi_{1ci} + \phi_t + \phi_{1i} - P_i \tag{A.7}$$

式中 ϕ_{hi}——室内侧测定的热泵制热量，单位为瓦（W）；

ϕ_{1ci}——室内侧再处理机组中冷却盘管带走的热量，单位为瓦（W）；

ϕ_t——由室内侧通过中间隔墙传入室外侧的漏热量，单位为瓦（W）；

ϕ_{1i}——室内侧向室外的漏热量（不包括中间隔墙），单位为瓦（W）；

P_i——室内侧的总输入功率（如照明、辅助装置的电热功率、加湿装置的平衡热等），单位为瓦（W）。

b）室外侧热泵制热量按式A.8计算：

$$\phi_{ho} = P_o + P_t + q_{wo}(h_{w4} - h_{w5}) + \phi'_t + \phi_{100} \tag{A.8}$$

式中 ϕ_{ho}——室外侧测定的热泵制热量，单位为瓦（W）；

P_o——室外侧的总输入功率（空调器输入功率除外），单位为瓦（W）；

P_t——空调器的总输入功率，单位为瓦（W）；

q_{wo}——为维持试验工况，进入室外侧隔室水的质量流量，单位为克每秒（g/s）；

h_{w4}——进入室外侧水的焓值，单位为千焦每千克（kJ/kg）；

h_{w5}——室外侧凝结水的焓值（高温工况），或结霜的焓值（低温或超低温工况），单位为千焦每千克（kJ/kg）；

ϕ'_t——由室内侧通过中间墙传入室外侧的漏热量，当隔墙暴露在室内侧的面积等于暴露在室外侧的面积时，$\phi'_t = \phi_t$，单位为瓦（W）；

ϕ_{100}——除中间隔墙外，通过墙、地板和天花板传入室外侧的漏热量，单位为瓦（W）。

注：空调器漏风量和平衡风量之间的能量转移忽略不计。

A.3.2 空气焓值法

A.3.2.1 制冷量的计算

a）制冷量由室内侧确定，按式A.9进行计算：

$$\phi_{tci} = q_{mi}(h_{a1} - h_{a2})/V'_n(1 + W_n) \tag{A.9}$$

式中 ϕ_{tci}——室内侧测量的总制冷量，单位为瓦（W）；

q_{mi}——空调器室内测点的风量，单位为立方米每秒（m^3/s）；

h_{a1}——空调器室内侧回风空气焓值（干空气），单位为焦每千克（J/kg）；

h_{a2}——空调器室内侧送风空气焓值（干空气），单位为焦每千克（J/kg）；

V'_n——测点处湿空气比容，单位为立方米每千克（m^3/kg）；

W_n——测点处空气湿度，kg/kg（干）。

b）显冷量（房间显热制冷量）按式A.10计算：

$$\phi_{sci} = q_{mi}C_{pa}(t_{a1} - t_{a2})/V'_n(1 + W_n) \tag{A.10}$$

式中　ϕ_{sci}——显冷量，单位为瓦（W）；

C_{pa}——$1005+1846W_n$，单位为焦耳每千克·开［J/（kg·K］（干）；

t_{a1}——空调器室内侧回风温度，单位为摄氏度（℃）；

t_{a2}——空调器室内侧送风温度，单位为摄氏度（℃）。

c）潜冷量（房间除湿量）按式 A.11 进行计算：

$$\phi_{1ci} = K_1 q_{mi}(W_{i1} - W_{i2})/V'_n(1 + W_n) = \phi_{tci} - \phi_{sci} \tag{A.11}$$

式中　ϕ_{1ci}——潜冷量，单位为瓦（W）；

K_1——2.47×10^6（此值为 15℃±1℃时的蒸发潜热），单位为焦耳每千克（J/kg）；

W_{i1}——室内侧回风空气的绝对湿度，kg/kg（干）；

W_{i2}——室内侧送风空气的绝对湿度，kg/kg（干）。

其他符号定义见公式 A.9。

注：公式 A.9～A.10 不包括试验装置的漏热量。

A.3.2.2　热泵制热量的计算（空气焓值法）

a）稳定状态的热泵制热量按式 A.12 进行计算：

$$\phi_{hi} = \frac{q_{mi}C_{pa}(t_{a2} - t_{a1})}{V'_n(1 + W_n)} \tag{A.12}$$

式中　ϕ_{hi}——空调器热泵室内侧制热量，单位为瓦（W）；

q_{mi}——空调器室内测点的风量，单位为立方米每秒（m^3/s）；

C_{pa}——空气比热，单位为焦耳每千克·开（J/kg·K）（干）；

t_{a1}——空调器室内侧回风温度，单位为摄氏度（℃）；

t_{a2}——空调器室内侧送风温度，单位为摄氏度（℃）；

V'_n——测点处湿空气比容，单位为立方米每千克（m^3/kg）；

W_n——测点处空气湿度，kg/kg（干）。

注：公式 A.12 没有包括试验装置的漏热量，如若修正管路损失应将其计算在制热量内。

为保证湿度，室内空气的水蒸气增加，使空调器回风和送风的空气含湿量发生很大变化，可用式 A.13 进行计算：

$$\phi_{hi} = \frac{q_{mi}(h_{a2} - h_{a1})}{V'_n(1 + W_n)} \tag{A.13}$$

式中　h_{a1}——空调器室内侧回风空气焓值（干空气），单位为焦耳每千克（J/kg）；

h_{a2}——空调器室内侧送风空气焓值（干空气），单位为焦耳每千克（J/kg）。

其他符号见式 A.12 的符号说明。

b）不稳定状态的热泵制热量计算

不稳定状态的热泵制热量可按 A.3.2.2 公式 A.13 计算，并在整个试验期内按时间进行平均。对于在除霜期内室内侧风停止运转的空调器，在除霜期内的制热量认为等于零，所经历的除霜时间必须包括在求平均制热量的总试验时间内。

上述试验结果确定的空调器能力，没有进行试验条件的允差的修正。

A.3.3　室外空气焓值法

A.3.3.1　当空气焓值法用于室外侧试验时，其试验装置按 A.3.3.2 配置。如果空调器有远距离的室外盘管时，应对管路损失进行修正。

A.3.3.2 空气焓值法被用于室外侧时，应确认空气流量测试装置对空调器的性能是否有影响，如果有影响应进行修正。在空调器的室外侧热交换器的中点处应布置热电偶，对配有膨胀阀且对充注制冷剂量不敏感的空调器可把压力表接在检修阀上或吸气管和排气管上。把空调器与室内侧试验装置连接但不接室外侧试验装置，在规定的工况下进行预试验，运行至稳定后，每隔 5min 记录一次数据（包含室内侧数据和热电偶或压力表的数据），连续记录时间不少于 30min。然后与室外侧试验装置连接进行试验，待运行稳定后，将布置的热电偶指示的温度或压力表指示的压力记录下来。把这些数据的平均值与预试验的平均值进行比较，如果温度超过 ±0.3℃或压力不在相应的范围内时，则应调整室外空气流量直到达到上述要求为止。连接室外侧试验装置的试验应在运行工况稳定后再运行 30min，这一期间室内侧试验结果与预试验的结果相差不超过 ±2%。上述要求对空调器的制冷、制热循环均适用。

A.3.3.3 空调器的压缩机若与室外气流进行通风，考虑压缩机的热辐射应用量热计空气焓值法进行试验，其布置如图 A.3-4。

A.3.3.4 当室外侧空气流量按 A.3.3.2 进行调整后，其调整后的空气流量用于制冷（热）量的计算，但预试验记录的室外风机的输入功率应作为计算时的依据。

A.3.3.5 计算方法

a）基于室外侧数据的总制冷量由下式计算：

$$\phi_{tco} = \frac{q_{mo}(h_{a4} - h_{a3})}{V'_n(1 + W_n)} - P_t \tag{A.14}$$

对于冷凝水不蒸发的空调器的总制冷量由下式计算：

$$\phi_{tco} = \frac{q_{mo} C_{pa}(t_{a4} - t_{a3})}{V'_n(1 + W_n)} - P_t \tag{A.15}$$

式中 ϕ_{tco}——室外侧的总制冷量，单位为瓦（W）；

q_{mo}——室外侧风量测定值，单位为立方米每秒（m^3/s）；

h_{a4}——室外侧出风口空气的焓值（干空气），单位为焦耳每千克（J/kg）；

h_{a3}——室外侧进风口空气的焓值（干空气），单位为焦耳每千克（J/kg）；

C_{pa}——空气的比热，单位为焦耳每千克·开（J/kg·K）（干）；

t_{a4}——离开室外侧空气的温度，单位为摄氏度（℃）；

t_{a3}——进入室外侧空气的温度，单位为摄氏度（℃）；

V'_n——测定位置的湿空气比容，单位为立方米每千克（m^3/kg）；

W_n——喷嘴处空气湿度，kg/kg（干）；

P_t——空调器的总输入功率，单位为瓦（W）。

注：公式 A.14 ~ A.15 不包括试验装置的漏热量。

b）基于室外侧数据的总制热量由下式计算：

$$\phi_{tho} = \frac{q_{mo}(h_{a3} - h_{a4})}{V'_n(1 + W_n)} + P_t \tag{A.16}$$

对于冷凝水不蒸发的空调器的总制热量由下式计算：

$$\phi_{tho} = \frac{q_{mo} C_{pa}(t_{a3} - t_{a4})}{V'_n(1 + W_n)} + P_t \quad (A.17)$$

式中 ϕ_{tho}——室外侧的总制热量，单位为瓦（W）；

其他符号说明见式（A.15）。

注：公式 A.16～A.17 不包括试验装置的漏热量。

c）管路漏热损失的修正值由下式计算：

对于光铜管

$$\phi_L = [0.6057 + 0.005316(D_t)^{0.75}(\Delta t)^{1.25} + 79.8 D_t \Delta t] L \quad (A.18)$$

对于隔热管

$$\phi'_L = [0.6154 + 0.3092(T)^{-0.33}(D_t)^{0.75}(\Delta t)^{1.25}] L \quad (A.18')$$

式中 ϕ_L——连接管管路漏热损失，单位为瓦（W）；

D_t——室外连接管直径，单位为毫米（mm）；

Δt——制冷剂和周围环境间的平均温差，单位为摄氏度（℃）；

L——连接管的长度，单位为米（m）；

T——绝缘材料的厚度，单位为毫米（mm）。

管路漏热损失的修正值计入室外侧的能力中。

附 录 B
（规范性附录）
噪 声 的 测 定

B.1 噪声测试室要求

B.1.1 本底噪声与空调器噪声测定值的差不应小于 10dB（A）。

B.1.2 房间的声学环境应符合表 B.1 的要求（可采用 GB 6882—1986 标准中对消声室的鉴定程序进行测试）。

表 B.1 测得的声压级和理论的声压级之间最大允差

测试室类型	1/3 倍频带中心频率/Hz	最大允差/dB（A）
消声室（全消声室）	<630 800～5000 >6300	±1.5 ±1.0 ±1.5
半消声室	<630 800～5000 >6300	±2.5 ±2.0 ±3.0
注：房间地面应为硬性的光滑平面，正入射的吸声系数在测试频率范围内应不大于 0.06。		

B.2 噪声测试条件

B.2.1 被测空调器的电源输入为额定电压、额定频率。

B.2.2 噪声测试期间，进入空调器室内、外侧的空气状态应维持正文表 3 中额定制冷量或额定（高温）制热量工况（其允差可为±1.5℃）条件，运行 30min 后测量。对于转速可控型空调器，应在额定制冷量或额定（高温）制热量工况，压缩机以最大许用转速下运行进行噪声测试。

B.2.3 空调器的挡风板、导风格栅、风扇速度、温度控制器等，在不违反制造厂规定下调至最大制冷量或制热量位置，即与测定额定制冷量或额定制热量位置一致。

B.2.4 如果空调器有两种以上的安装位置，应按最不利安装位置或在每一种安装位置分别进行噪声试验。

B.3 噪声测试方法

B.3.1 将空调器安装在噪声测试室内，在室内侧按附录 B 中图 B.1～图 B.5 所示位置放

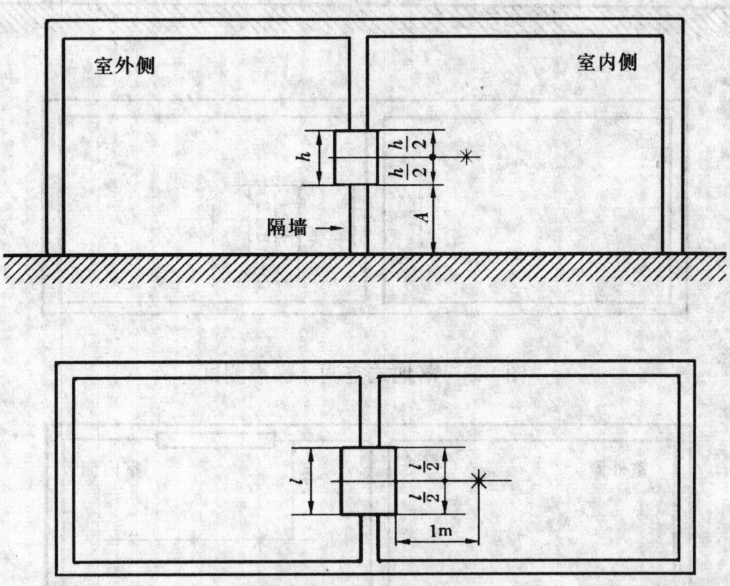

图 B.1 窗式空调器噪声测试

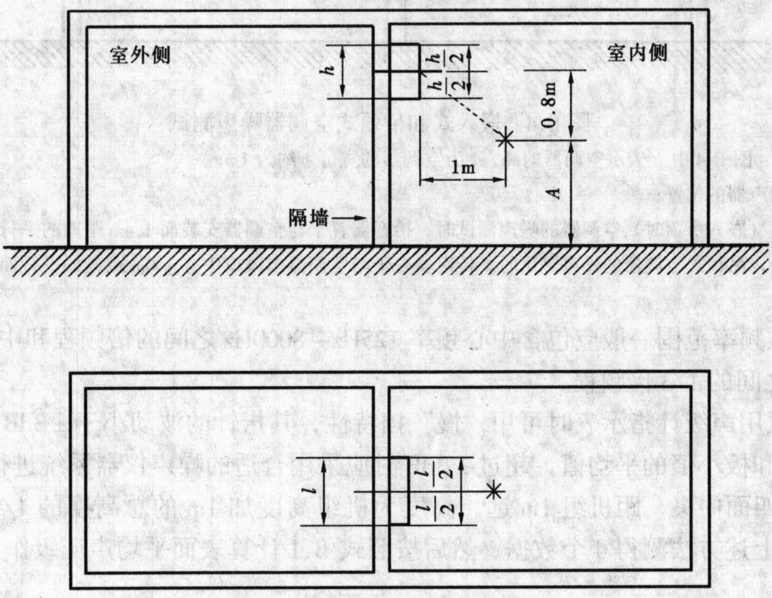

图 B.2 挂壁式空调器噪声测试

置传声器（应佩带海绵球风罩）进行测量。室外侧分体式机组放在 5mm 厚橡胶（邵氏硬度为 45）的垫上；若出风口中心高度离地面不足 1m 可垫高至 1m 处，且距机组前面板 1m 处，噪声最大位置进行测量。

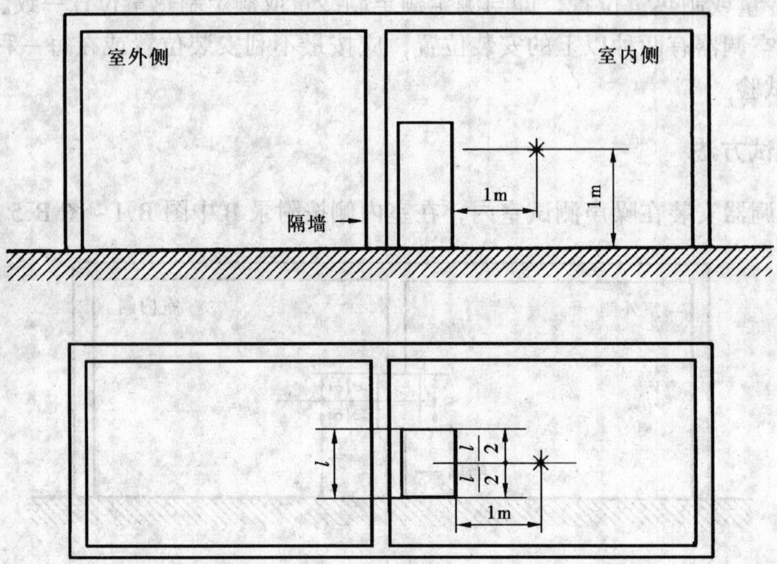

图 B.3　落地式空调器噪声测试

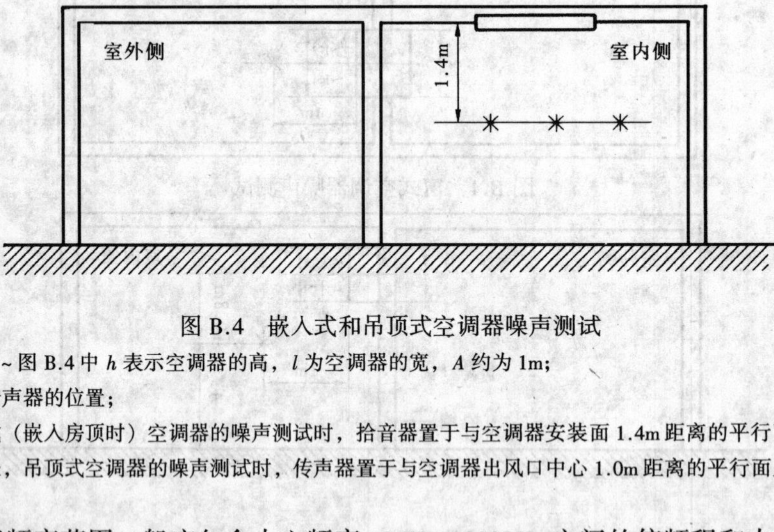

图 B.4　嵌入式和吊顶式空调器噪声测试

注 1：图 B.1 ~ 图 B.4 中 h 表示空调器的高，l 为空调器的宽，A 约为 1m；

注 2：表示传声器的位置；

注 3：嵌入式（嵌入房顶时）空调器的噪声测试时，拾音器置于与空调器安装面 1.4m 距离的平行面上噪声最大位置处，吊顶式空调器的噪声测试时，传声器置于与空调器出风口中心 1.0m 距离的平行面上噪声最大位置处。

B.3.2　测试频率范围一般应包含中心频率 125Hz ~ 8000Hz 之间的倍频程和中心频率 100Hz ~ 10000Hz 之间的 1/3 倍频程。

B.3.3　测试用声级计指示表时可用“慢”挡特性，其指针的波动小于 ± 3dB，声级可取观察中极大值和极小值的平均值，超过 ± 3dB 时应采用合适的噪声仪器系统进行检测。

在机组四面中央、距机组 1m 远、高度为机组高度加 1m 的总高度的 1/2 处布置四个测点。按照上述方法测得 4 个数据，然后按照式 B.1 计算表面平均声压级作为最终测试结果：

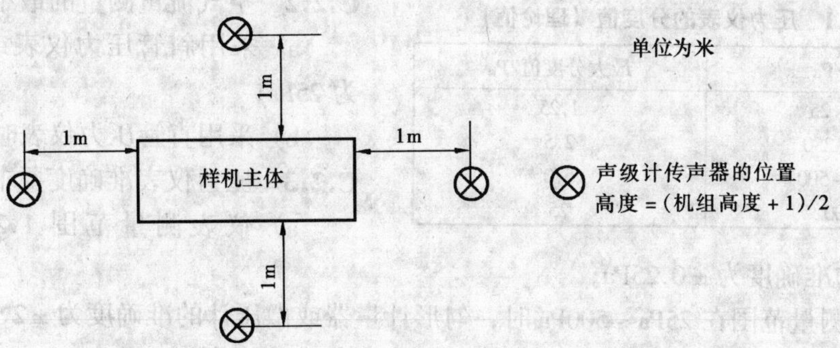

图 B.5　顶出风式室外机的测试方法（平面图）

$$\overline{L}_p = 10\lg(1/N)\left(\sum_{i=1}^{N}10^{0.1L_{pi}}\right) \tag{B.1}$$

式中　$\overline{L}_p$——测量表面平均声压级，单位为分贝［dB（A）］；

L_{pi}——第 i 点的声压级，单位为分贝［dB（A）］；

N——测点总数，这里 $N=4$。

附　录　C
（资料性附录）
测　量　仪　器

C.1　温度测量仪表

C.1.1　温度测量仪表的最小分度值不可超过仪表准确度的 2 倍。例如：规定仪表准确度为 ±0.05℃，则最小分度值不超过 ±0.1℃。

C.1.2　仪表准确度为 ±0.05℃时，该仪表应与国家计量单位校验过的温度仪表进行比较标定。

C.1.3　湿球温度的测量应保证足够的湿润条件，流过湿球温度计处的气流速度不小于 5m/s；对于其他仪表应有足够气流速度以达到蒸发平衡保证湿润条件，玻璃水银温度计感温包直径不大于 6.5mm。

C.1.4　如有可能安装测量温度变化的温度测量仪表，测量进出口位置温度变化值，以提高测量准确度。

C.1.5　液体管道温度应采用直接插入液体内或套管插入液体内的温度测量仪，使用玻璃水银温度计应校核该压力对温度的影响。

C.1.6　温度测量仪表应对附近热源的辐射有足够的防护。

C.1.7　仪表温差阶约等于或大于 7℃时，测量仪表的响应时间需达到最后稳态温差 63% 的时间。

C.2　压力测量仪表

C.2.1　压力仪表的最大分度值不能大于表 C.1 所示值：

表 C.1 压力仪表的分度值（理论值）

范围/Pa	最大分度值/Pa
1.25～25	1.25
>25～250	2.5
>250～500	5.0
>500	25

C.2.2 空气流量测量的最小压差为：

a）采用斜管压力仪表或微压计时为 25Pa；

b）采用直管压力仪表时为 500Pa。

C.2.3 压力仪表准确度要求：

a）仪表测量范围 1.25Pa～25Pa 时，微压计的准确度为±0.25Pa；

b）仪表测量范围在 25Pa～500Pa 时，勾形计量器或微压计的准确度为±2.5Pa；

c）仪表测量范围在 500Pa 以上时，直管压力表的准确度为±25Pa。

C.2.4 大气压测量用气压表，其准确度为±0.1%。

C.3 电气测量仪表

C.3.1 电气测量仪表使用指示型或积算型仪表。

C.3.2 测量输入到量热计的所有电气仪表准确度应达到被测量值的±0.5%以内。

C.4 水流量测量仪表

C.4.1 水流量测量用液体计量器（测量液体的质量、体积或液体流量计），其仪表准确度为测量值的±1.0%。

C.4.2 液体计量器应能积聚至少 2min 的流量。

C.5 其他仪表

C.5.1 时间测量仪表准确度为测量值的±0.2%。

C.5.2 质量测量应用准确度为测量值的±1.0%的器具。

C.5.3 转速测量可用遥感型测速仪，其准确度为测量值的±1.0%。

C.5.4 噪声测量应使用 I 型或 I 型以上的精确级声级计。

附 录 D
（资料性附录）
风 量 测 量

D.1 风量的确定

D.1.1 被测空调器下述风量可采用本标准规定的装置和试验步骤进行测量。

a）循环风量（房间的送风量）；

b）通风量；

c）排风量；

d）漏风量。

D.1.2 风量以质量流量确定，若以体积流量表示时其风量应在额定工况下（此时比容一定）确定；试验条件应符合正文 6.1.2 表 3 中额定制冷运行工况的要求，并在额定电压、额定频率和制冷系统运行情况下进行试验。

D.2 喷嘴

D.2.1 喷嘴应按图 D.1 规定的结构尺寸，并按本附录规定的下述条款安装。

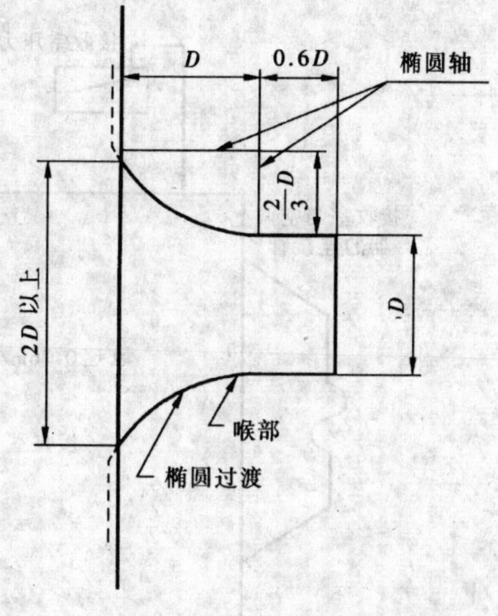

图 D.1 喷嘴

D.2.2 喷嘴的流量系数可按图 D.2 确定，图中各量值说明如下：

$$C_d = f(R_e)$$

$$R_e = VD\rho/\mu \qquad (D.1)$$

式中 C_d——流量系数；

R_e——雷诺数；

D——喷嘴直径；

V——速度；

ρ——密度；

μ——粘度。

其中：

$$V = \phi(h) \qquad (D.2)$$

$$\rho/\mu = \phi(t) \qquad (D.3)$$

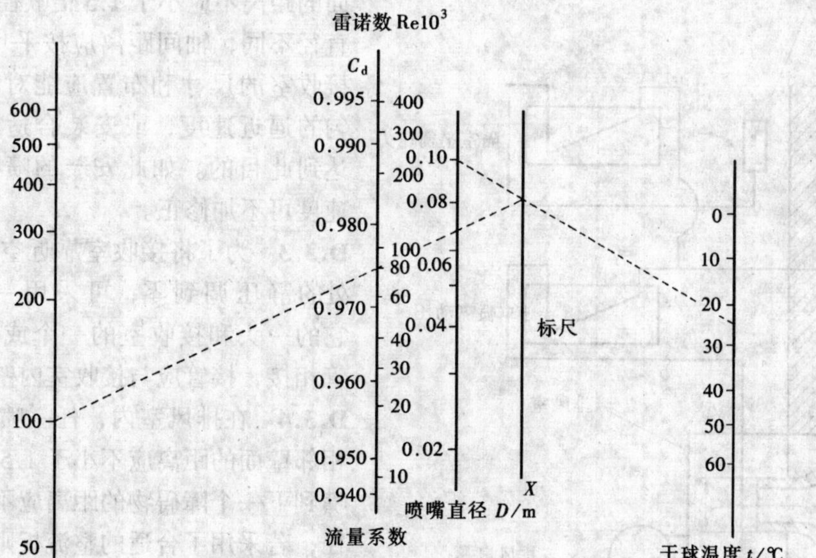

图 D.2 喷嘴的流量系数图线

注：由喷嘴直径和干球温度在标尺上得到一点，再由此点与动压线得到雷诺数和流量系数。

D.3 装置

D.3.1 应采用图 D.1、图 D.3、图 D.4 所示的装置测定风量。

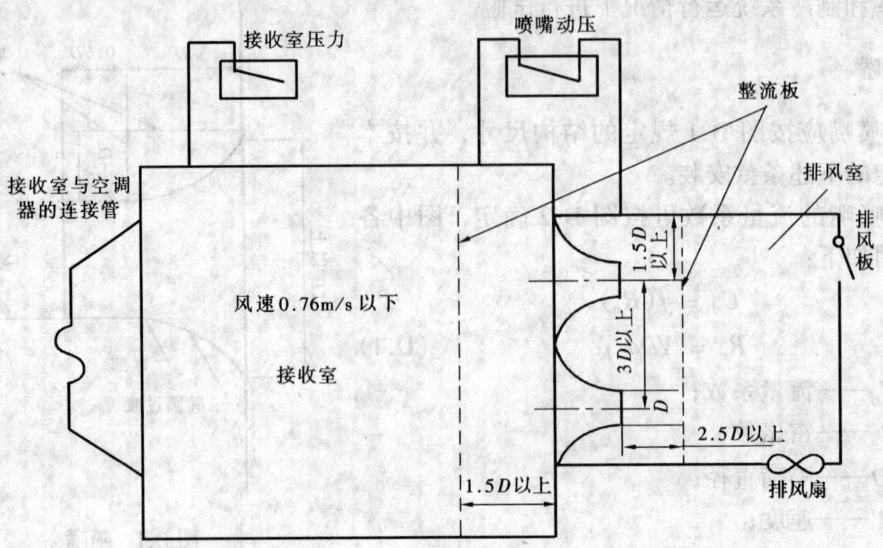

图 D.3　循环风量测量装置

D.3.2　将一个或多个按图 D.1、图 D.3 加工的喷嘴安装在接收室的一壁面上，并向排风室排风，排风室的大小应使喉嘴风速不小于 15m/s。喷嘴间的中心距不应小于三倍喉径；任一喷嘴的中心与相邻四壁面中任一壁面的距离不应小于 1.5 倍喉径。如各喷嘴直径不同，轴间距离应按平均直径取值。接收室的尺寸和布置应能对喷嘴提供均匀的逼近速度，或安装合适的整流板以达到此目的。如此安装的喷嘴对其逼近速度可不加修正。

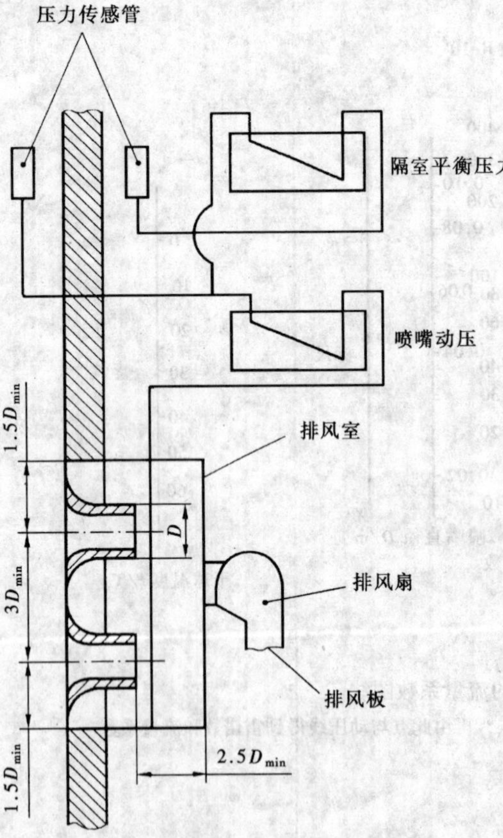

图 D.4　压力平衡装置

D.3.3　为了将接收室靠近空调器送风口处的静压调到零，可采用一台压差计，它的一头和接收室的一个或多个静压接管相接，接管应与接收室内壁齐平。

D.3.4　在排风室内，任一喷嘴的中心到相邻壁面的距离应不小于 1.5 倍喉径。喷嘴到下一个障碍物的距离应不小于 5 倍喉径，若采用了合适的整流板则不受此限。

D.3.5　排风室应装排风扇以克服排风室、喷嘴和整流板的阻力。

D.3.6　测量喷嘴前后的压力降应采用一个或多个并联的压差计，压差计的一头与接收室的静压接管相接；而另一头则与排气室的静压接管相接。静压接管的安装必须与外壁内表面齐平，并避免受到气流流动的影响。如有需要，喷嘴出口处的动压可用毕托管测量。若使用多个喷嘴，则需用毕托管对每个喷嘴进行测定。喷嘴处的温度读数仅用来确定空气密度。

D.4 循环风量测量

D.4.1 被测空调器的循环风量应采用图 D.3 所示装置进行测量。

D.4.2 采用一段空气阻力可以忽略不计的风管将房间空调器的送风口与接收室相接。

D.4.3 调节排风扇将接收室内空调器出口处的静压调到零。

D.4.4 记录下列数据

a）大气压力，kPa；

b）喷嘴喉部动压或喷嘴前后的静压差，Pa；

c）喷嘴处干球、湿球温度或露点温度，℃；

d）采用的电压（V）和频率（Hz）。

D.4.5 通过单个喷嘴的体积流量和质量流量分别按式 D.4、式 D.5 和式 D.6 计算；

$$q_v = K_2 C_d A \sqrt{1000 P_v V'_n} \tag{D.4}$$

$$q_m = K_2 C_d A \sqrt{P_v / V'_n} \tag{D.5}$$

$$V'_n = \frac{P_A V_n}{P_n(1 + W_n)} \tag{D.6}$$

式中 q_v——通过单个喷嘴的体积流量，单位为立方米每秒（m^3/s）；

q_m——通过单个喷嘴的质量流量，单位为千克每秒（kg/s）；

K_2——1.414；

C_d——喷嘴流量系数（按 D.2.2 确定）；

A——喷嘴面积，单位为平方米（m^2）；

P_v——喷嘴前后的静压差或喷嘴喉部的动压，单位为帕（Pa）；

V'_n——喷嘴进口处的湿空气比容，单位为立方米每千克（m^3/kg）；

P_A——标准大气压，101.325，单位为千帕（kPa）；

P_n——喷嘴进口处的大气压力，单位为千帕（kPa）；

W_n——喷嘴进口处的空气湿度，kg/kg（干）；

V_n——按喷嘴进口处的干球、湿球温度确定的，在标准大气压下的湿空气比容，单位为立方米每千克（m^3/kg）。

注：当大气压力与标准大气压偏差不超过 3kPa 时，为简化计算可以认为 V_n 等于 V'_n。

D.4.6 采用多喷嘴测量时应按 D.4.5 计算，其总风量为各喷嘴风量之和。

D.5 通风量、排风量和漏风量的测量

D.5.1 各种气流定义见图 D.5。

D.5.2 通风量、排风量和漏风量采用类似于图 D.4 表示装置，并在制冷系统运行达到冷凝平衡后测量，用压力平衡装置调节室内侧与室外侧之间的静压差不超过 1.0Pa。

D.5.3 记录下列数据：

a）大气压力，kPa；

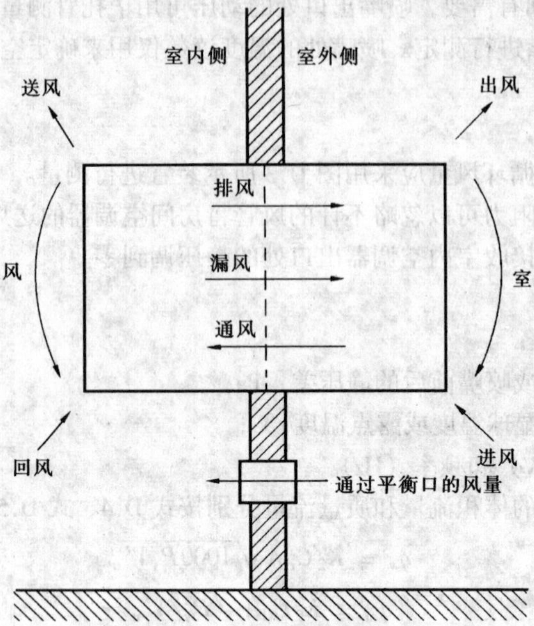

图 D.5　气流图

b）喷嘴处的干、湿球温度，℃；

c）喷嘴喉部的动压，kPa；

d）采用的电压 V 和频率 Hz。

D.5.4　按 D.4.5 计算风量。

D.6　静压的测量

D.6.1　单个空气出口的空调器

D.6.1.1　空调器的机外静压测量装置按图 D.6。

在空调器空气出口处安装一只短的静压箱，空气通过静压箱进入空气流量装置（不采用空气流量直接测量法时，进入一合适的风门装置），静压箱的横截面尺寸应大于空调器出口尺寸，使其出风不受影响（静压箱的平均风速小于 0.77m/s）。

D.6.1.2　测量机外静压的压力计的一端应接至排气静压箱的四个取压接口的箱外连通管，每个接口均位于静压箱各壁面的中心位置，与空调机空气出口的距离为出口平均横截面尺寸的两倍，另一端应和周围大气相通，进口风管的横截面尺寸应等于机组风口的尺寸。

D.6.2　多个空气出口的空调器

在空调器每个空气出口装一个符合图 D.6 的短静压箱，多个送风机使用单个空气出口的空调器应按照 D.6.1 的要求进行试验。

D.6.3　静压测定的一般要求

D.6.3.1　取压接口直径为 6mm 的短管制作，短管中心应与静压箱外表面上直径为 1mm 的孔同心。孔的边口不应有毛刺和其他不规则的表面。

D.6.3.2　静压箱和风管段、空调机以及空气测量装置的连接处应密封，不应漏气。在空调机出口和温度测量仪表之间应隔热，防止漏热。

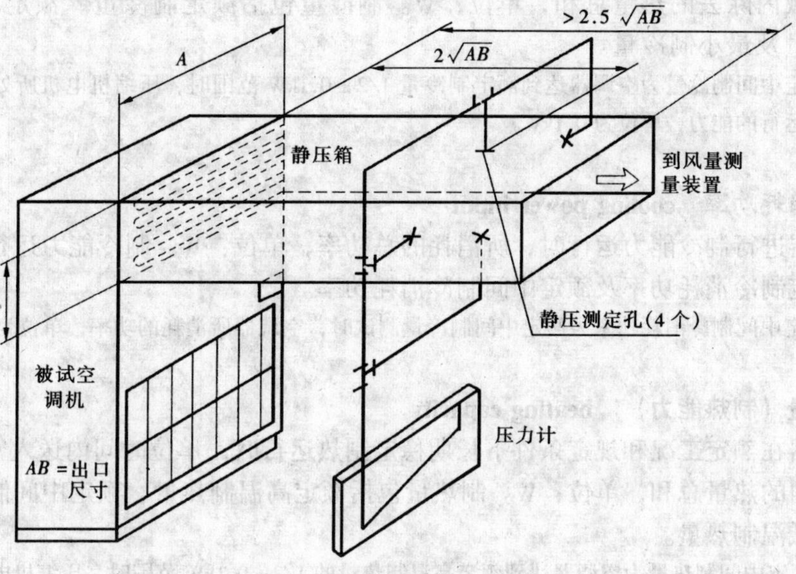

图 D.6　机外静压测量装置

附　录　E
（规范性附录）
房间空气调节器季节能源消耗的计算

E.1　范围

本附录规定了转速可控型房间空气调节器的术语和定义、技术要求、试验和标志，以及房间空气调节器的季节能源消耗效率的计算。

本附录适用于采用风冷冷凝器、转数一定型和转速可控型全封闭型电动机-压缩机，以创造室内舒适环境为目的的制冷量 14000W 以下家用和类似用途的房间空气调节器。

注 1：水冷式房间空气调节器除外；

注 2：容量可控型房间空气调节器可参照执行。

E.2　规范性引用文件

本标准中第 2 章增加：

JRA 4046：1999　房间空气调节器季节消耗电量计算基准

E.3　术语和定义

本标准第 3 章除下述内容外，均适用。

E.3.5

制冷量（制冷能力）　total cooling capacity

空调器在额定工况和规定条件下长期稳定制冷运行时，单位时间内从密闭空间、房间或区域内除去的热量总和，单位：W。制冷量包括额定制冷量、额定中间制冷量、最大制冷量及最小制冷量。

注：额定中间制冷量为空调器达到额定制冷量 1/2 ± 0.1kW 范围时，压缩机电机所处转速下连续稳定运行的能力，单位为 0.1kW。

E.3.6

制冷消耗功率　cooling power input

空调器进行制冷能力运行时，所消耗的总功率，单位：W。制冷能力运行时的消耗功率包括额定制冷消耗功率及额定中间制冷消耗功率。

注：额定中间制冷消耗功率为额定中间制冷量测试时，空调器所消耗的功率，单位为 5W。

E.3.7

制热量（制热能力）　heating capacity

空调器在额定工况和规定条件下长期稳定制热运行时，单位时间内送入密闭空间、房间或区域内的热量总和，单位：W。制热量包括额定高温制热量、额定中间制热量和低温制热时的低温制热量。

注 1：额定中间制热量为空调器达到额定高温制热量的 1/2 ± 0.1kW 范围时，压缩机电机所处转速下连续稳定运行的制热能力，单位为 0.1kW。

注 2：低温制热量指在附表 E.1 的低温制热工况条件下，空调器制热运行后，单位时间内送入密闭空间、房间或区域内的热量总和，单位：W。

注 3：只具有热泵制热功能时，其制热量称为热泵制热量。

E.3.8

制热消耗功率　heating power input

空调器进行制热运行时，所消耗的总功率，单位：W。制热运行时的消耗功率包括额定高温制热消耗功率、额定中间制热消耗功率和低温制热消耗功率。

注 1：额定中间制热消耗功率为额定中间制热量测试时，空调器所消耗的功率，单位为 5W。

注 2：只具有热泵制热功能时，其制热消耗功率称为热泵制热消耗功率。

本附录该章增加以下条款：

E.3.17

制冷负荷系数　cooling load factor

CLF

空调器制冷运行时，通过室内温度调节器的通（ON）、断（OFF）使空调器进行断续运行时，由 ON 时间与 OFF 时间构成的断续运行的 1 个周期内，从室内除去的热量和与此等周期时间内连续制冷运行时，从室内除去的热量之比。

E.3.18

制热负荷系数　heating load factor

HLF

空调器制热运行时，通过室内温度调节器的通（ON）、断（OFF）使空调器进行断续运行时，由 ON 时间与 OFF 时间构成的断续运行的 1 个周期内，送入室内的热量和与此等周期时间内连续制热运行时，送入室内的热量之比。

E.3.19

部分负荷率　part load factor

PLF

空调器在同一温湿度条件下，进行断续运行时能源消耗效率与进行连续运行时的能源消耗效率之比。

E.3.20

效率降低系数　degradation coefficient

C_D

空调器因断续运行而发生效率降低的系数，以 C_D 表示。

E.3.21

制冷季节能源消耗效率　seasonal energy efficiency ratio

SEER

制冷季节期间，空调器进行制冷运行时从室内除去的热量总和与消耗电量的总和之比。

E.3.22

制热季节能源消耗效率　heating seasonal performance factor

HSPF

制热季节期间，空调器进行热泵制热运行时，送入室内的热量总和与消耗电量的总和之比。

E.3.23

全年能源消耗效率　annual performance factor

APF

空调器在制冷季节和制热季节期间，从室内空气中除去的冷量与送入室内的热量的总和与同期间内消耗电量的总和之比。

E.3.24

制冷季节耗电量　cooling seasonal total energe

CSTE

制冷季节期间，空调器进行制冷运转时所消耗的电量总和。

E.3.25

制热季节耗电量　heating seasonal total energe

HSTE

制热季节期间，空调器进行热泵制热运转时所消耗的电量总和。

E.3.26

全年运转时季节耗电量　annual power consumption

APC

制冷季节时的制冷季节耗电量与制热季节时的制热季节耗电量之总和。

E.3.27

转速可控型空调器的最大能力　maximum capacity of revolution-adjustable

转速可控型空调器的最大能力：

a）在表 E.1 所示的额定制冷工况下试验，压缩机电机所处最大许用转速连续稳定运行（不少于 1h）时，所具有的能力为最大制冷能力，亦称最大制冷量。

b）在表 E.1 所示的低温制热能力工况下试验，压缩机电机所处最大许用转速连续运行时，所具有的能力为低温制热能力（最大额定高温制热量按低温制热能力的 1.38 倍计算）。

E.3.28

转速可控型空调器的最小能力　minimum capacity of revolution-adjustable

转速可控型空调器的最小能力：在表 E.1 所示的额定制冷工况试验、额定高温制热工况试验时，保证压缩机所处转速最小时连续运行的能力。

E.3.29

制冷负荷　cooling load

室外温度为 35℃时，空调器的制冷能力（额定制冷量）作为制冷建筑负荷，连接此点与室外温度 23℃时为 0 负荷的点的直线，即为制冷负荷线。

E.3.30

制热负荷　heating load

制热负荷用与制冷负荷大小相同的房间来评价，并用对制冷负荷的固定比率进行计算。

注 1：因住宅结构不同，制冷负荷与制热负荷的比率平均为 1.39，制热负荷可用下面的公式算出：
　　制热负荷 = 1.39 × 制冷负荷

注 2：室外温度 0℃时的制热的负荷（制冷能力 × 1.39 × 0.82），与室外温度 17℃为 0 负荷的点连接的直线作为制热负荷线。

E.4　产品分类

本标准第 4 章适用。

E.5　技术要求

E.5.1　通用要求

本标准中 5.1 条适用。

E.5.2　性能要求

本标准 5.2 条除下述条款内容被替代外，均适用。

E.5.2.2　制冷量

1）额定制冷量

按 E.6.3.2 方法试验时，空调器实测制冷量不应小于额定制冷量的 95%。

2）额定中间制冷量

按 E.6.3.2 方法试验时，空调器实测中间制冷量不应小于额定中间制冷量的 95%。

3）额定最小制冷量

按 E.6.3.2 方法试验时，当最小制冷量标示值小于 1kW，空调器实测最小制冷量不应大于标示值的 120%；当最小制冷量标示值不小于 1kW，空调器实测最小制冷量不应大于额定最小制冷量的 105%，或不大于（1 + 0.2）kW，选大者。

4）额定最大制冷量

按 E.6.3.2 方法试验时，空调器实测最大制冷量不应小于额定最大制冷量的 95%。

E.5.2.3　制冷消耗功率：

1）额定制冷消耗功率

按 E.6.3.3 方法试验时，空调器实测制冷消耗功率不应大于额定制冷消耗功率的 110%。

2）额定中间制冷消耗功率

按 E.6.3.3 方法试验时，空调器实测中间制冷消耗功率不应大于额定中间制冷消耗功率的 110%。

3）额定最小制冷消耗功率

按 E.6.3.3 方法试验时，当最小制冷消耗功率标示值小于 500W，空调器实测最小制冷消耗功率不应大于标示值的 120%；当最小制冷消耗功率标示值不小于 500W，空调器实测最小制冷消耗功率不应大于标示值的 110%，或不大于（500＋100）W，选大者。

4）额定最大制冷消耗功率

按 E.6.3.3 方法试验时，空调器实测最大制冷消耗功率不应大于额定最大制冷消耗功率的 110%。

E.5.2.4　热泵制热量

1）额定制热量

按 E.6.3.4 方法试验时，空调器实测制热量不应小于额定高温制热量的 95%。

2）额定中间制热量

按 E.6.3.4 方法试验时，空调器实测中间制热量不应小于额定中间制热量的 95%。

3）额定低温制热量

按 E.6.3.4 方法和表 E.1 低温制热条件下试验时，空调器实测低温制热量不应小于额定低温制热量的 95%。

4）额定最小制热量

按 E.6.3.4 方法试验时，当最小制热量标示值小于 1kW，空调器实测最小制热量不应大于标示值的 120%；当最小制热量标示值不小于 1kW，空调器实测最小制热量不应大于标示值的 105%，或不大于（1＋0.2）kW，选大者。

5）额定最大制热量

空调器的额定最大高温制热量（简称最大制热量）按低温制热能力的 1.38 倍计算，即：

$$最大制热量 = 低温制热量 \times 1.38$$

E.5.2.5　热泵制热消耗功率

1）额定制热消耗功率

按 E.6.3.5 方法试验时，空调器实测制热消耗功率不应大于额定高温制热消耗功率的 110%。

2）额定中间制热消耗功率

按 E.6.3.5 方法试验时，空调器实测制热消耗功率不应大于额定中间制热消耗功率的 110%。

3）额定低温制热消耗功率

按 E.6.3.5 方法试验时，空调器实测制热消耗功率不应大于额定低温制热消耗功率的

115%。

4）额定最小制热消耗功率

按E.6.3.5方法试验时，当最小制热消耗功率标示值小于500W，空调器实测最小制热消耗功率不应大于标示值的120%；当最小制热消耗功率标示值不小于500W，空调器实测最小制热消耗功率不应大于标示值的110%，或不大于（500+100）W，选大者。

5）额定最大制热消耗功率

空调器的最大制热消耗功率按低温制热消耗功率的1.17倍计算，即：

$$最大制热消耗功率=低温制热消耗功率\times 1.17$$

本附录新增加下述条款：

E.5.2.17 季节能源消耗效率

按E.6.3.2~E.6.3.5方法进行试验，并对其实测值进行空调器季节能源消耗效率（制冷、制热、全年）的计算，其计算值不应小于空调器的季节能源消耗效率标示值的90%，其值为0.01的倍数。

E.6 试验

E.6.1 试验条件

本标准6.1条除增加下述表E.1、表E.2外，均适用。

表E.1 试 验 工 况 单位为摄氏度

试验项目	室内侧		室外侧	
	干球	湿球	干球	湿球
额定制冷	27	19	35	24
低温制冷	27	19	29	19
低湿制冷	27	<16	29	—
断续制冷	27	<16	29	—
额定高温制热	20	—	7	6
断续制热	20	—	7	6
额定低温制热	20	<15	2	1
超低温制热	20	<15	−8.5	−9.5

表E.2 试 验 允 差 单位为摄氏度

项目		室内侧		室外侧	
		干球	湿球	干球	湿球
额定制冷、额定高温制热、额定低温制热	最大偏差	±1.0	±0.5[a]	±1.0	±0.5
	平均偏差	±0.3	±0.2[a]	±0.3	±0.2
低温制冷、低湿制冷	最大偏差	±0.5	±0.3[a]	±0.5	±0.3[a]
	平均偏差	±0.3	±0.2[a]	±0.3	±0.2[a]
断续制冷、断续制热	最大偏差	±1.5	—	±1.5	±1.0[b]
	平均偏差	±0.5	—	±0.5	±0.5[b]
超低温制热	最大偏差	±2.0	±1.5	±2.0	±1.0
	平均偏差	±0.5	±0.5	±0.5	±0.3

注：不稳定状态的热泵制热量试验3倍于表中值。

a 额定高温制热试验不适用，低湿制冷试验不适用。

b 断续制冷试验不适用。

E.6.2 试验要求

本标准 6.2 条除增加下述内容外，均适用。

E.6.2.2 空调器在启动或停止的负荷变动外，电源电压的变动为 ±2%，频率的变动为额定频率的 ±1%。

E.6.3 试验方法

本标准 6.3 条除下述条款内容被替代外，均适用。

E.6.3.2 制冷量试验

1）额定制冷量

按正文 6.3.2 方法进行试验，空调器在额定制冷工况和规定条件下、连续稳定运行 1h 后进行测试。

2）额定中间制冷量

按正文 6.3.2 方法进行试验，在额定制冷工况和规定条件下、空调器达到额定制冷量的 1/2 ± 0.1kW 时，压缩机电机所处转速下连续稳定运行 1h 后进行测试。

3）额定最小制冷量

按正文 6.3.2 方法进行，空调器在额定制冷工况和规定条件下，保证压缩机处在最小转速下，稳定运行 1h 后进行测试。

4）额定最大制冷量（如果额定最大制冷量压缩机的最大许用转速为额定制冷量压缩机的运行转速，此试验可不进行）。

按正文 6.3.2 方法试验时，在额定工况和规定条件下压缩机处在最大许用转速至少稳定运行 1h 后进行测试。

注：上述各试验中压缩机转速设定等可按制造厂提供的方法进行。

E.6.3.3 制冷消耗功率试验

按正文 6.3.2 方法进行额定制冷量、额定中间制冷量、额定最小制冷运行、额定最大制冷量运行的同时，测定空调器的输入功率、电流。

E.6.3.4 热泵制热量试验

1）额定制热量

按正文 6.3.4 方法进行试验，空调器在额定高温制热工况和规定条件下、连续稳定运行 1h 后进行测试。

2）额定中间制热量

按正文 6.3.4 方法进行试验，在额定高温制热工况和规定条件下，用空调器达到高温额定制热量的 1/2 ± 0.1kW 时，压缩机电机所处转速下，连续稳定运行 1h 后进行测试。

3）额定低温制热量

按正文 6.3.4 和附录 A.2.4.2 ~ A.2.4.3 方法进行试验，将空调器置于空气焓值法试验装置内，在表 E.1 低温制热工况和规定条件下（辅助电加热装置的电路断开），压缩机以最大转速稳定运行后进行测试。

4）额定最小制热量

按正文 6.3.4 方法进行试验，空调器在额定高温制热工况和规定条件下，保证压缩机处在最小转速下，稳定运行 1h 后进行测试。

5）额定最大制热量

最大制热量以计算式算出（最大制热量按低温制热量 ×1.38 计算）。

注：上述各试验中压缩机转速设定等可按制造厂提供的方法进行。

E.6.3.5 热泵制热消耗功率试验

按正文 6.3.4 方法进行额定高温制热量、额定中间制热量、额定低温制热量、最小制热量运行的同时，测定空调器的输入功率、电流，并以计算式算出空调器的最大制热消耗功率（按低温制热消耗功率 ×1.13 计算）。

本章增加下述条款，其试验可作为验证空调器季节能源消耗计算和控制产品质量的参考。

E.6.20 低温制冷试验

按正文 6.3.2 方法进行试验，空调器在低温制冷工况和规定条件下、连续稳定运行 1h 后进行测试。

E.6.21 低湿制冷试验

按正文 6.3.2 方法进行试验，空调器在低湿制冷工况和规定条件下、连续稳定运行 1h 后进行测试。

E.6.22 断续制冷试验

按正文 6.3.2 方法进行试验，空调器在断续制冷工况和下述条件下以焓值法进行测试：

1）用室内温度装置反复进行空调器的断续制冷运行 1h 以上，达到平衡后连续进行断续运行 3 个周期后进行测试，并将其换算为小时制冷能力；

2）运行周期为：开始运行至下一个运行开始，断续运行时间为运行 7min，停止 5min；

3）测定间隔为 10s 以内。

E.6.23 断续制热试验

按正文 6.3.4 方法进行试验，空调器在断续制热工况和下述条件下以焓值法进行测试：

1）用室内温度装置反复进行空调器的断续制热运行 1h 以上，达到平衡后连续进行断续运行 3 个周期后进行测试，并将其换算为小时制热能力；

2）运行周期为开始运行至下一个运行开始，断续运行时间为运行 5min，停止 3min；

3）测定间隔为 10s 以内。

E.6.24 超低温制热试验

按正文 6.3.4 方法进行试验，空调器在超低温制热工况和下述条件下以焓值法进行测试：

1）空调器运行达到平衡后再运行 30min 之后的 20min 期间进行测试，并将其换算为小时制热能力；

2）测定间隔为 10s 以内。

E.7 检测规则

标准正文中该章适用。

E.8 标志

E.8.1 本标准 8.1 条增加以下内容：

除标示出制冷量、输入功率外，还应标出制冷量范围（最大制冷量和最小制冷量）、输入功率范围（最大制冷输入功率和最小制冷输入功率），中间制冷量、中间制冷输入功率；

除标示出制热量、输入功率外，还应标出制热量范围（最大制热量和最小制热量）、输入功率范围（最大制热输入功率和最小制热输入功率），中间制热量、中间制热输入功率，低温制热量、低温制热输入功率；

标示出制冷季节能源消耗效率、制热季节能源消耗效率、全年能源消耗效率。

注：中间制冷/热量、中间制冷/热输入功率、低温制热量、低温制热输入功率可在说明书中表示。

E.9 季节能源消耗的计算

E.9.1 制冷季节能源消耗效率（SEER）、季节耗电量（CSTE）、季节制冷量（CSTL）的计算：

E.9.1.1 定频型空调器

定频空调器制冷计算时所用性能参数见表 E.3，制冷季节需要制冷的各温度发生时间见表 E.4，房间热负荷与制冷能力的关系见图 E.1：

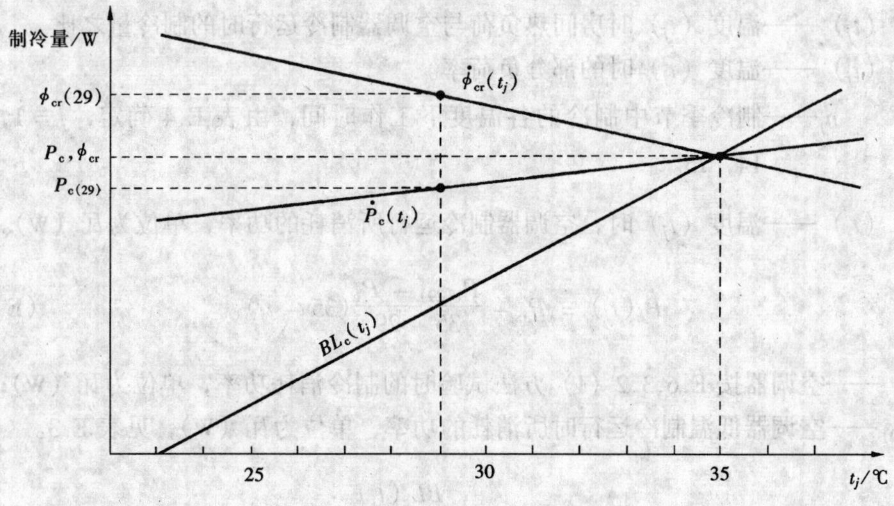

图 E.1 建筑负荷与制冷能力（定频型）

表 E.3 各工况条件的性能参数

试验项目	制 冷 量	制冷消耗功率
额定制冷	ϕ_{cr}（实测制冷量） ϕ_{cra}（额定制冷量）	P_c（实测制冷消耗功率） P_{ca}（额定制冷消耗功率）
低温制冷	$\phi_{cr(29)}=1.077\phi_{cr}$（计算值）	$P_{c(29)}=0.914P_c$（计算值）

表 E.4　制冷季节需要制冷的各温度发生时间

温度区分 j	温度　t/℃	时间/h	温度区分 j	温度　t/℃	时间/h
1	24	267	9	32	122
2	25	295	10	33	59
3	26	362	11	34	37
4	27	331	12	35	16
5	28	288	13	36	2
6	29	246	14	37	3
7	30	194	15	38	0
8	31	177	合计		2399

$$SEER = \frac{CSTL}{CSTE} \tag{E.1-1}$$

$$CSTE = \sum_{j=1}^{15} P_{\mathrm{c}}(t_j) \tag{E.1-1-1}$$

式中　$P_{\mathrm{c}}(t_j)$——在制冷季节的制冷温度（t_j）时间内，空调器制冷所消耗的电量（Wh）。

$$P_{\mathrm{c}}(t_j) = \frac{X(t_j) \times \dot{P}_{\mathrm{c}}(t_j) \times n_j}{PLF(t_j)} \tag{E.1-1-2}$$

式中　$X(t_j)$——温度（t_j）时房间热负荷与空调器制冷运行时的制冷量之比。

$PLF(t_j)$——温度（t_j）时的部分负荷率。

n_j——制冷季节中制冷的各温度下工作时间，由表 E.4 确定，$j=1$，2，…14，15。

$\dot{P}_{\mathrm{c}}(t_j)$——温度（$t_j$）时，空调器制冷运行所消耗的功率，单位为瓦（W）。

$$\dot{P}_{\mathrm{c}}(t_j) = P_{\mathrm{c}} + \frac{P_{\mathrm{c}(29)} - P_{\mathrm{c}}}{35 - 29}(35 - t_j) \tag{E.1-1-3}$$

式中　P_{c}——空调器按 E.6.3.2（1）方法试验时的制冷消耗功率，单位为瓦（W）；

$P_{\mathrm{c}(29)}$——空调器低温制冷运行时所消耗的功率，单位为瓦（W），见表 E.3。

$$X(t_j) = \frac{BL_{\mathrm{c}}(t_j)}{\dot{\phi}_{\mathrm{cr}}(t_j)} \tag{E.1-1-4}$$

$$BL_{\mathrm{c}}(t_j) = \phi_{\mathrm{cra}} \frac{t_j - 23}{35 - 23} \tag{E.1-1-5}$$

式中　$BL_{\mathrm{c}}(t_j)$——温度（t_j）时的房间热负荷，单位为瓦（W），当 $BL_{\mathrm{c}}(t_j) \geqslant \dot{\phi}_{\mathrm{cr}}(t_j)$ 时，$X(t_j)=1$

ϕ_{cra}——空调器额定制冷量的铭牌标示值。

$$\dot{\phi}_{cr}(t_j) = \phi_{cr} + \frac{\phi_{cr(29)} - \phi_{cr}}{35 - 29}(35 - t_j) \tag{E.1-1-6}$$

式中 $\dot{\phi}_{cr}$（t_j）——温度（t_j）时，空调器运行的制冷能力，单位为瓦（W）；

ϕ_{cr}——空调器按 E.6.3.2（1）方法试验时的实测制冷量，单位为瓦（W）；

$\phi_{cr(29)}$——空调器低温制冷运行时的制冷量，单位为瓦（W），见表 E.3。

$$PLF(t_j) = 1 - C_D[1 - X(t_j)] \tag{E.1-1-7}$$

式中 C_D——效率降低系数，取 $C_D = 0.25$；

注：C_D 值可通过试验并用下式计算求之：

$$C_D = \frac{1 - \dfrac{\phi_{cr(cyc)}/P_{c(cyc)}}{\phi_{cr(dry)}/P_{c(dry)}}}{1 - \phi_{cr(cyc)}/\phi_{cr(dry)}} = \frac{1 - \dfrac{EER_{c(cyc)}}{EER_{c(dry)}}}{1 - CLF} \tag{E.1-1-8}$$

式中 $\phi_{cr(cyc)}$——空调器按 E.6.22 方法试验时的实测制冷量，单位为瓦（W）；

$P_{c(cyc)}$——空调器按 E.6.22 方法试验时的实测制冷消耗功率，单位为瓦（W）；

$\phi_{cr(dry)}$——空调器按 E.6.21 方法试验时的实测制冷量，单位为瓦（W）；

$P_{c(dry)}$——空调器按 E.6.21 方法试验时的实测制冷消耗功率，单位为瓦（W）；

$EER_{c(cyc)}$——空调器按 E.6.22 方法试验时的能源消耗功率，（W/W）；

$EER_{c(dry)}$——空调器按 E.6.21 方法试验时的能源消耗功率，（W/W）；

CLF——$\phi_{cr(cyc)}$ 与 $\phi_{cr(dry)}$ 的比值（制冷负荷系数）。

$$CSTL = \sum_{j=1}^{15} \phi_{cr}(t_j) \tag{E.1-1-9}$$

$$\phi_{cr}(t_j) = X(t_j) \times \dot{\phi}_{cr}(t_j) \times n_j \tag{E.1-1-10}$$

式中 ϕ_{cr}（t_j）——在制冷季节制冷温度（t_j）的时间内，空调器对应房间负荷的制冷量，单位为瓦·时（Wh）；

X（t_j）——见 E.1-1-4 式；

$\dot{\phi}_{cr}$（t_j）——E.1-1-6 式计算。

E.9.1.2 变频型空调器的计算：

变频空调器制冷计算时所用性能参数见表 E.5，制冷季节需要制冷的各温度发生时间见表 E.4，房间热负荷与制冷能力的关系见图 E.2：

表 E.5 各工况条件的性能参数

试验项目	制 冷 量	制冷消耗功率
额定制冷	ϕ_{cr2a}（额定制冷量） ϕ_{cr2}（实测制冷量）	P_{c2a}（额定制冷消耗功率） P_{c2}（实测制冷消耗功率）
	ϕ_{crm}（实测中间制冷量）	P_{cm}（实测中间制冷消耗功率）
低温制冷	$\phi_{cr2(29)} = 1.077\phi_{cr2}$（计算值）	$P_{c2(39)} = 0.914P_{c2}$（计算值）
	$\phi_{crm(29)} = 1.077\phi_{crm}$（计算值）	$P_{cm(29)} = 0.914P_{cm}$（计算值）

$$SEER = \frac{CSTL}{CSTE} \tag{E.1-2}$$

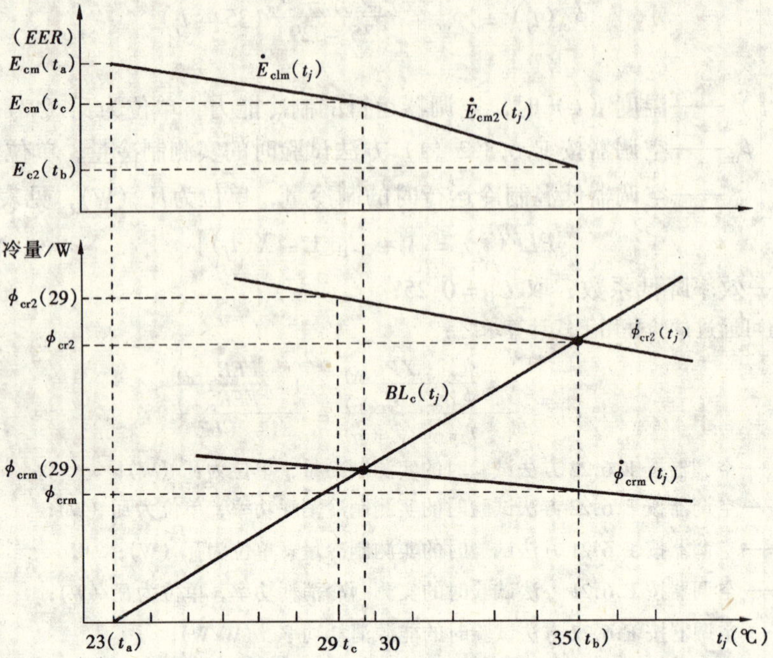

图 E.2　建筑负荷与制冷能力（变频型）

$$CSTE = \sum_{j=1}^{k} P_{clm}(t_j) + \sum_{j=k+1}^{12} P_{cm2}(t_j) + \sum_{j=13}^{15} P_{c2}(t_j) \qquad (E.1\text{-}2\text{-}1)$$

式中　P_{clm}（t_j）——制冷温度为 t_j 时，空调器在额定中间制冷能力以下，对应房间热负荷的能力保持连续可变运行时所需消耗的电量（Wh），用式 E.1-2-5、式 E.1-2-13 计算；

P_{cm2}（t_j）——制冷时温度为 t_j 时，空调器额定中间制冷能力与额定制冷能力之间，对应房间热负荷的能力连续可变运行时所需消耗的电量（Wh），用式 E.1-2-16 计算；

P_{c2}（t_j）——制冷时温度为 t_j 时，空调器以额定制冷能力运行的耗电量（Wh），用式E.1-2-21计算；

t_k——最靠近 t_c 的温度为 t_k。

$$CSTL = \sum_{j=1}^{12} BL_c(t_j) \times n_j + \sum_{j=13}^{15} \phi_{cr2}(t_j) \times n_j \qquad (E.1\text{-}2\text{-}2)$$

$$BL_c(t_j) = \phi_{cr2a} \frac{t_j - 23}{35 - 23} \qquad (E.1\text{-}2\text{-}3)$$

式中　ϕ_{cr2a}——空调器的额定制冷量的标示值；

ϕ_{cr2}（t_j）——空调器制冷运行中，在温度 t_j 时以额定制冷量对应房间所需的热量运行时的制冷量，即对应室外温度 t_b 以上时的房间热负荷的制冷量；

n_j——制冷季节中制冷的各温度下工作时间，由表 E.4 确定，$j = 1, 2, \cdots 14, 15$。

制冷计算时所需温度点（制冷能力与房间热负荷达到均衡时的温度）t_a、t_b、t_c 及其计算，其中：$t_a = 23℃ < t_c < t_b = 35℃$

$$t_c = \frac{\phi_{crm} + 23 \times \frac{\phi_{cr2a}}{35 - 23} + 35 \times \frac{\phi_{crm(29)} - \phi_{crm}}{35 - 29}}{\frac{\phi_{cr2a}}{35 - 23} + \frac{\phi_{crm(29)} - \phi_{crm}}{35 - 29}} \tag{E.1-2-4}$$

式中 t_c——房间热负荷与额定中间制冷能力达到均衡时的温度；

t_b——房间热负荷与额定制冷能力达到均衡时的温度，即 $t_b = 35℃$；

t_a——房间热负荷为 0 的温度，即 $t_a = 23℃$；

ϕ_{crm}、$\phi_{crm(29)}$——见表 E.5。

E.9.1.2.1 空调器在额定中间制冷能力以下（$t_j \leqslant t_c$）连续可变运行时的计算：

$$P_{clm}(t_j)\ \frac{BL_c(t_j) \times n_j}{\dot{E}_{clm}(t_j)} \tag{E.1-2-5}$$

式中 P_{clm}（t_j）——见 E.1-2-1 式符号说明；

BL_c（t_j）——温度 t_j 时的房间热负荷；

n_j——见 E.1-2-3 式符号说明；

$\dot{E}_{clm}$（t_j）——空调器在温度（t_j）以中间制冷能力以下对应与房间热负荷运行时的 EER 的计算值，用下式计算：

$$\dot{E}_{clm}(t_j) = E_{cm}(t_a) + \frac{E_{cm}(t_c) - E_{cm}(t_a)}{t_c - t_a}(t_j - t_a) \tag{E.1-2-6}$$

式中 E_{cm}（t_a）——空调器在 $t_a = 23℃$时，以中间能力运行时的 EER；

E_{cm}（t_c）——空调器在温度 t_c 时，以中间制冷能力运行时的 EER。

$$E_{cm}(t_a) = \frac{\phi_{crm}(t_a)}{P_{cm}(t_a)} \tag{E.1-2-7}$$

$$\phi_{crm}(t_a) = \phi_{crm} + \frac{\phi_{crm(29)} - \phi_{crm}}{35 - 29}(35 - t_a) \tag{E.1-2-8}$$

式中 ϕ_{crm}（t_a）——空调器在温度 t_a 时，以中间制冷能力运行的制冷量，单位为瓦（W）；

$\phi_{crm(29)}$——空调器在低温制冷时，以中间制冷能力运行的制冷量，单位为瓦（W），见表 E.5；

ϕ_{crm}——空调器按 E.6.3.2 的 2）方法试验时的中间制冷量，单位为瓦（W）。

$$P_{cm}(t_a) = P_{cm} + \frac{P_{cm(29)} - P_{cm}}{35 - 29}(35 - t_a) \tag{E.1-2-9}$$

式中 P_{cm}（t_a）——空调器在温度 t_a 时，以中间制冷能力运行的消耗功率，单位为瓦（W）；

$P_{cm(29)}$——空调器在低温制冷时，以中间制冷能力运行的消耗功率，单位为瓦（W），见表 E.5；

P_{cm}——空调器按 E.6.3.2 的 2）方法试验时的中间制冷消耗功率，单位为瓦（W）。

$$E_{cm}(t_c) = \frac{\phi_{crm}(t_c)}{P_{cm}(t_c)} \tag{E.1-2-10}$$

$$\phi_{crm}(t_c) = \phi_{crm} + \frac{\phi_{crm(29)} - \phi_{crm}}{35 - 29}(35 - t_c) \tag{E.1-2-11}$$

式中　ϕ_{crm}（t_c）——空调器在温度 t_a 时，以中间制冷能力运行的制冷量，单位为瓦（W）；

$$P_{cm}(t_c) = P_{cm} + \frac{P_{cm(29)} - P_{cm}}{35 - 29}(35 - t_c) \tag{E.1-2-12}$$

式中　P_{cm}（t_c）——空调器在温度 t_c 时，以中间制冷能力运行的消耗功率，单位为瓦（W）。

另外，空调器制冷能力可变幅度下限值大于中间制冷能力时，以其下限值作为中间能力，并用下列公式计算：

$$P_{clm}(t_j) = \frac{BL_c(t_j) \times n_j}{\dot{E}_{clm}(t_j) \times PLF(t_j)} \tag{E.1-2-13}$$

$$PLF(t_j) = 1 - C_D[1 - X_1(t_j)] \tag{E.1-2-14}$$

式中　$C_D = 0.25$

$$X_1(t_j) = \frac{BL_c(t_j)}{\dot{\phi}_{crm}(t_j)} = \frac{\phi_{cr2a}\dfrac{t_j - 23}{35 - 23}}{\phi_{crm} + \dfrac{\phi_{crm(29)} - \phi_{crm}}{35 - 29}(35 - t_j)} \tag{E.1-2-15}$$

式中符号说明同上。当 BL_c（t_j）$\geqslant \dot{\phi}_{crm}$（$t_j$）时，$X_1$（$t_j$）$=1$。

E.9.1.2.2　空调器以额定中间制冷能力与额定制冷能力之间（$t_c \leqslant t_j \leqslant t_b$）连续可变运转时的计算：

$$P_{cm2}(t_j) = \frac{BL_c(t_j) \times n_j}{\dot{E}_{cm2}(t_j)} \tag{E.1-2-16}$$

式中　P_{cm2}（t_j）——见公式 E.1-2-1 符号说明；

BL_c（t_j）——见公式 E.1-2-3 符号说明；

$\dot{E}_{cm2}$（t_j）——空调器在温度（t_j）时，在中间制冷能力和额定制冷能力之间对应房间热负荷运行时的 EER 的计算值，用下式计算：

$$\dot{E}_{cm2}(t_j) = E_{cm}(t_c) + \frac{E_{c2}(t_b) - E_{cm}(t_c)}{t_b - t_c}(t_j - t_c) \tag{E.1-2-17}$$

式中　E_{c2}（t_b）——空调器在 $t_b = 35$℃时，以额定制冷能力运行时的 EER；

E_{cm}（t_c）——见公式 E.1-2-6 符号说明。

$$E_{c2}(t_b) = \frac{\phi_{cr2}(t_b)}{P_{c2}(t_b)} \qquad (E.1\text{-}2\text{-}18)$$

式中 ϕ_{cr2} (t_b) ——空调器在温度 $t_b=35$℃时，以额定制冷能力运行时的制冷量，单位为瓦（W）；

P_{c2} (t_b) ——空调器在温度 $t_b=35$℃时，以额定制冷能力运行时的消耗功率，单位为瓦（W）。

$$\phi_{cr2}(t_b) = \phi_{cr2} + \frac{\phi_{cr2(29)} - \phi_{cr2}}{35-29}(35-t_b) \qquad (E.1\text{-}2\text{-}19)$$

式中 $\phi_{cr2(29)}$——空调器在低温制冷时，以额定制冷能力运行的制冷量，单位为瓦（W），见表 E.5；

ϕ_{cr2}——空调器按 E.6.3.2 的 1）方法试验时的实测制冷量，单位为瓦（W）。

$$P_{c2}(t_b) = P_{c2} + \frac{P_{c2(29)} - P_{c2}}{35-29}(35-t_b) \qquad (E.1\text{-}2\text{-}20)$$

式中 $P_{c2(29)}$——空调器在低温制冷时，以额定制冷能力运行的制冷消耗功率，单位为瓦（W），见表 E.5；

P_{c2}——空调器按 E.6.3.2 的 1）方法试验时的实测制冷消耗功率，单位为瓦（W）。

E.9.1.2.3 空调器以额定制冷能力（$t_b=35\leqslant t_j$）连续运转时的计算

$$P_{c2}(t_j) = \dot{P}_{c2}(t_j) \times n_j \qquad (E.1\text{-}2\text{-}21)$$

式中 P_{c2} (t_j) ——空调器在温度（t_j）时，以额定制冷能力运行时的消耗电量，单位为瓦时（Wh）；

$\dot{P}_{c2}$ (t_j) ——空调器在温度（t_j）时，以额定制冷能力运行时的消耗功率（W），用下式计算：

$$\dot{P}_{c2}(t_j) = P_{c2} + \frac{P_{c2(29)} - P_{c2}}{35-29}(35-t_j) \qquad (E.1\text{-}2\text{-}22)$$

式中 P_{c2}、$P_{c2(29)}$——见公式 E.1-2-20 符号说明。

$$\phi_{cr2}(t_j) = \dot{\phi}_{cr2}(t_j) \times n_j \qquad (E.1\text{-}2\text{-}23)$$

式中 ϕ_{cr2} (t_j) ——见式 E.1-2-2 的符号说明；

$\dot{\phi}_{cr2}$ (t_j) ——空调器在温度（t_j）时，以额定制冷能力运行时的制冷量，单位为瓦（W），用下式计算：

$$\dot{\phi}_{cr2}(t_j) = \phi_{cr2} + \frac{\phi_{cr2(29)} - \phi_{cr2}}{35-29}(35-t_j) \qquad (E.1\text{-}2\text{-}24)$$

式中 $\phi_{cr2(29)}$、ϕ_{cr2}——见公式 E.1-2-19 符号说明。

E.9.2 制热季节能源消耗效率（HSPF）、季节耗电量（HSTE）、季节制热量（HSTL）的计算

E.9.2.1 定频型热泵空调器

定频空调器制热计算时所用性能参数见表 E.6，制热季节需要制热的各温度发生时间见表 E.7，房间热负荷与制热能力的关系见图 E.3：

表 E.6 各条件的性能参数

试验项目	热泵制热量	热泵制热消耗功率
额定高温制热	ϕ_{hr}（实测高温制热量）	P_h（实测高温制热消耗功率）
额定低温制热	ϕ_{def}（实测低温制热量）	P_{def}（实测低温制热消耗功率）
	$\phi_{hr(2)}=1.12\phi_{def}$（计算值）	$P_{h(2)}=1.06P_{def}$（计算值）
超低温制热	$\phi_{hr(-8.5)}=0.601\phi_{hr}$（计算值）	$P_{h(-8.5)}=0.801P_h$（计算值）

表 E.7 制热季节需要制热的各温度的发生时间

温度区分 j	温度 t/℃	时间/h	温度区分 j	温度 t/℃	时间/h
1	−9	0	15	5	241
2	−8	2	16	6	282
3	−7	30	17	7	225
4	−6	29	18	8	199
5	−5	36	19	9	222
6	−4	45	20	10	170
7	−3	55	21	11	159
8	−2	79	22	12	176
9	−1	113	23	13	165
10	0	157	24	14	121
11	1	232	25	15	114
12	2	242	26	16	57
13	3	227			
14	4	222	总　计		3600

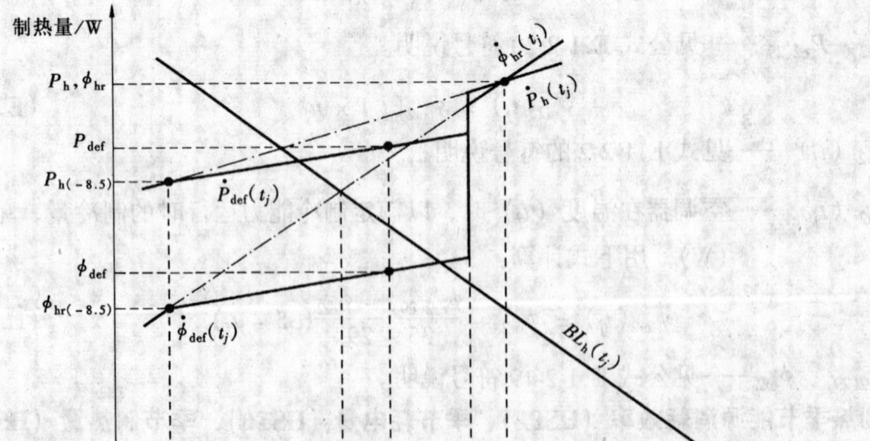

图 E.3 建筑负荷与制热能力（定频型）

$$HSPE = \frac{HSTL}{HSTE} \tag{E.2-1}$$

$$HSTE = \sum_{1}^{26} \frac{X(t_j) \times \dot{P}_{\mathrm{h}}(t_j) \times n_j}{PLF(t_j)} + \sum_{1}^{26} P_{\mathrm{RH}}(t_j) \tag{E.2-1-1}$$

式中　$X(t_j)$——温度（t_j）时房间热负荷与空调器制热运行时的制热量之比；

$\dot{P}_{\mathrm{h}}(t_j)$——温度（$t_j$）时，空调器制热运行所消耗的功率，单位为瓦（W）；

$PLF(t_j)$——温度（t_j）时，空调器继续运行的部分负荷率；

n_j——制热季节中制热的各温度下工作时间，由表 E.6 确定，$j = 1,2,\cdots 25,26$；

$P_{\mathrm{RH}}(t_j)$——空调器在温度（t_j）时，空调器对应于房间负荷的制热能力不足时，加入电热装置的消耗电量（Wh），当 $\dot{\phi}_{\mathrm{hr}}(t_j) \geqslant BL_{\mathrm{h}}(t_j)$ 时，$P_{\mathrm{RH}}(t_j) = 0$。

$$HSTL = \sum_{1}^{26} BL_{\mathrm{h}}(t_j) \times n_j \tag{E.2-1-2}$$

$$BL_{\mathrm{h}}(t_j) = 1.39 \times 0.82 \times \phi_{\mathrm{cr2a}} \frac{17 - t_j}{17} \tag{E.2-1-3}$$

式中　$BL_{\mathrm{h}}(t_j)$——房间热负荷，根据额定制冷量的标示值由 E.2-1-3 式进行计算；

ϕ_{cr2a}——空调器额定制冷量的标示值。

E.9.2.1.1　无霜区域制热运行的情况（$t_j \geqslant 5.5℃$ 或 $t_j \leqslant -8.5℃$）：

$$\dot{P}_{\mathrm{h}}(t_j) = P_{\mathrm{h}(-8.5)} + \frac{P_{\mathrm{h}} - P_{\mathrm{h}(-8.5)}}{7-(-8.5)}[t_j - (-8.5)] \tag{E.2-1-4}$$

$$X(t_j) = \frac{BL_{\mathrm{h}}(t_j)}{\dot{\phi}_{\mathrm{hr}}(t_j)} \tag{E.2-1-5}$$

当 $\dot{\phi}_{\mathrm{hr}}(t_j) \leqslant BL_{\mathrm{h}}(t_j)$ 时，$X(t_j) = 1$。

$$\dot{\phi}_{\mathrm{hr}}(t_j) = \phi_{\mathrm{hr}(-8.5)} + \frac{\phi_{\mathrm{hr}} - \phi_{\mathrm{hr}(-8.5)}}{7-(-8.5)}[t_j - (-8.5)] \tag{E.2-1-6}$$

$$PLF(t_j) = 1 - C_{\mathrm{D}}[1 - X(t_j)] \tag{E.2-1-7}$$

式中　C_{D}——效率降低系数，取 $C_{\mathrm{D}} = 0.25$；

注：C_{D} 值可通过试验并用下式求之：

$$C_{\mathrm{D}} = \frac{1 - \dfrac{\phi_{\mathrm{hr(cyc)}}/P_{\mathrm{h(cyc)}}}{\phi_{\mathrm{hr}}/P_{\mathrm{h}}}}{1 - \phi_{\mathrm{hr(cyc)}}/\phi_{\mathrm{hr}}} = \frac{1 - \dfrac{COP_{\mathrm{h(cyc)}}}{COP_{\mathrm{h}}}}{1 - HLF} \tag{E.2-1-8}$$

式中　$\phi_{\mathrm{hr(cyc)}}$——空调器按 E.6.23 方法试验时的实测制热量，单位为瓦（W）；

$P_{\mathrm{h(cyc)}}$——空调器按 E.6.23 方法试验时的实测制热消耗功率，单位为瓦（W）；

ϕ_{hr}——空调器按 E.6.3.4 方法试验时的实测制热量，单位为瓦（W）；

P_{h}——空调器按 E.6.3.4 方法试验时的实测制热消耗功率，单位为瓦（W）；

$COP_{\mathrm{h(cyc)}}$——空调器按 E.6.23 方法试验时的性能系数（W/W）；

COP_{h}——空调器按 E.6.3.4 方法试验时的性能系数（W/W）；

HLF——$\phi_{\mathrm{hr(cyc)}}$ 与 ϕ_{hr} 的比值（制热负荷系数）。

$$P_{\mathrm{Rh}}(t_j) = [BL_{\mathrm{h}}(t_j) - \dot{\phi}_{\mathrm{hr}}(t_j)] \times n_j \tag{E.2-1-9}$$

E.9.2.1.2　制热运行发生除霜的情况（$-8.5℃ < t_j < 5.5℃$）：

$$\dot{P}_{h}(t_j) = \dot{P}_{def}(t_j) = P_{h(-8.5)} + \frac{P_{def} - P_{h(-8.5)}}{2-(-8.5)}[t_j - (-8.5)] \quad (E.2\text{-}1\text{-}10)$$

$$X(t_j) = \frac{BL_h(t_j)}{\dot{\phi}_{def}(t_j)} \quad (E.2\text{-}1\text{-}11)$$

$$\dot{\phi}_{def}(t_j) = \phi_{hr(-8.5)} + \frac{\phi_{def} - \phi_{hr(-8.5)}}{2-(-8.5)}[t_j - (-8.5)] \quad (E.2\text{-}1\text{-}12)$$

$$PLF(t_j) = 1 - C_D[1 - X(t_j)] \quad (E.2\text{-}1\text{-}13)$$

$$P_{Rh}(t_j) = [BL_h(t_j) - \dot{\phi}_{def}(t_j)] \times n_j \quad (E.2\text{-}1\text{-}14)$$

式中　$\dot{P}_{def}(t_j) = \dot{P}_h(t_j)$——见公式 E.2-1-1 符号说明；

$P_{h(-8.5)}$——见表 E.6 说明，单位为瓦（W）；

P_{def}——空调器按 E.6.3.4（3）方法试验时的制热消耗功率，单位为瓦（W）；

$BL_h(t_j)$——温度（t_j）时的房间热负荷（W）当 $BL_h(t_j) \geqslant \dot{\phi}_{def}(t_j)$ 时，$X(t_j) = 1$；

$\phi_{hr(-8.5)}$——见表 E.6 说明，单位为瓦（W）；

ϕ_{def}——空调器按 E.6.3.4（3）方法试验时运行的制热量，单位为瓦（W）；

$P_{RH}(t_j)$——见公式 E.2-1-1 符号说明。

E.9.2.2　变频型热泵空调器的计算：

变频空调器制热计算时所用性能参数见表 E.8，制热季节需要制热的各温度发生时间见表 E.7，房间热负荷与制热能力的关系见图 E.3：

表 E.8　各条件的性能

试　验　项　目	热泵制热量	热泵制热消耗功率
高温额定制热	ϕ_{hr2}（实测高温制热量）	P_{h2}（实测高温制热消耗功率）
	ϕ_{hrm}（实测中间制热量）	P_{hm}（实测中间制热消耗功率）
额定低温制热最大值（峰值）	ϕ_{def}（实测低温制热量）	P_{def}（实测低温制热消耗功率）
	$\phi_{hr3(2)} = 1.12\phi_{def}$（计算值）	$P_{h3(2)} = 1.06P_{def}$（计算值）
超低温制热	$\phi_{hr3(-8.5)} = 0.68978\phi_{hr3(2)}$（计算值）	$P_{h3(-8.5)} = 0.85595P_{h3(2)}$（计算值）
	$\phi_{hr2(-8.5)} = 0.601\phi_{hr2}$（计算值）	$P_{h2(-8.5)} = 0.801P_{h2}$（计算值）
	$\phi_{hrm(-8.5)} = 0.601\phi_{hrm}$（计算值）	$P_{hm(-8.5)} = 0.801P_{hm}$（计算值）

表中：$\phi_{hr3(2)}$——除霜运行结束后，进入下个制热运转时，将制热运转 10min 后的 20min 的能力值换算成每小时的制热能力，单位为瓦（W）；

$P_{hr3(2)}$——除霜运行结束后，进入下个制热运转时，将制热运转 10min 后的 20min 的消耗功率换算成每小时的制热消耗功率，单位为瓦（W）。

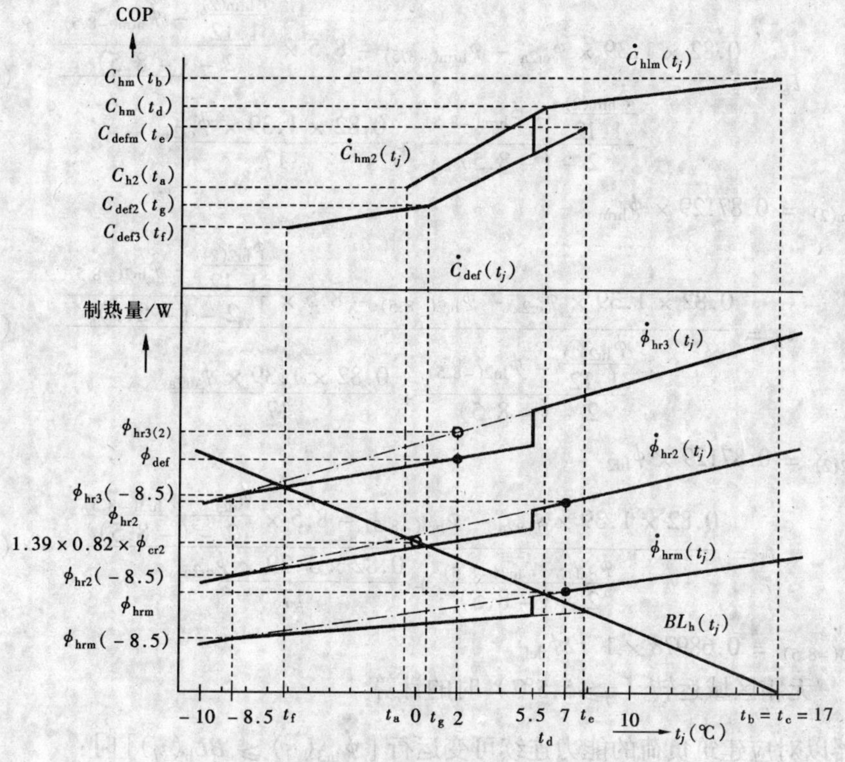

图 E.4 建筑负荷与制热能力（变频型）

$$HSPE = \frac{HSTL}{HSTE} \tag{E.2-2}$$

$$HSTE = \sum_{1}^{26}\dot{P}_h(t_j)\times n_j + \sum_{1}^{26}P_{RH}(t_j) \tag{E.2-2-1}$$

$$HSTL = \sum_{1}^{26}BL_h(t_j)\times n_j \tag{E.2-2-2}$$

$$BL_h(t_j) = 1.39\times0.82\times\frac{17-t_j}{17}\phi_{cr2a} \tag{E.2-2-3}$$

式中 $BL_h(t_j)$——空调器在温度（t_j）制热运行时的建筑负荷；

ϕ_{cr2a}——额定制冷量的标示值。

制热计算时所需温度点（制热能力与房间热负荷达到平衡时的温度点）t_f、t_a、t_g、t_d、t_e、t_b、t_c 及其计算，其中 $t_b = t_c = 17$℃：

$$t_d = \frac{0.82\times1.39\times\phi_{cr2a} - \phi_{hrm(-8.5)} - 8.5\times\dfrac{\phi_{hrm}-\phi_{hrm(-8.5)}}{7-(-8.5)}}{\dfrac{\phi_{hrm}-\phi_{hrm(-8.5)}}{7-(-8.5)} + \dfrac{0.82\times1.39\times\phi_{cr2a}}{17}} \tag{E.2-2-4}$$

$$t_a = \frac{0.82\times1.39\times\phi_{cr2a} - \phi_{hr2(-8.5)} - 8.5\times\dfrac{\phi_{hr2}-\phi_{hr2(-8.5)}}{7-(-8.5)}}{\dfrac{\phi_{hr2}-\phi_{hr2(-8.5)}}{7-(-8.5)} + \dfrac{0.82\times1.39\times\phi_{cr2a}}{17}} \tag{E.2-2-5}$$

$$t_e = \frac{0.82 \times 1.39 \times \phi_{cr2a} - \phi_{hrm(-8.5)} - 8.5 \times \frac{\frac{\phi_{hrm(2)}}{1.12} - \phi_{hrm(-8.5)}}{2-(-8.5)}}{\frac{\frac{\phi_{hrm(2)}}{1.12} - \phi_{hrm(-8.5)}}{2-(-8.5)} + \frac{0.82 \times 1.39 \times \phi_{cr2a}}{17}} \tag{E.2-2-6}$$

式中 $\phi_{hrm(2)} = 0.87129 \times \phi_{hrm}$

$$t_g = \frac{0.82 \times 1.39 \times \phi_{cr2a} - \phi_{hr2(-8.5)} - 8.5 \times \frac{\frac{\phi_{hr2(2)}}{1.12} - \phi_{hr2(-8.5)}}{2-(-8.5)}}{\frac{\frac{\phi_{hr2(2)}}{1.12} - \phi_{hr2(-8.5)}}{2-(-8.5)} + \frac{0.82 \times 1.39 \times \phi_{cr2a}}{17}} \tag{E.2-2-7}$$

式中 $\phi_{hr2(2)} = 0.87129 \times \phi_{hr2}$

$$t_f = \frac{0.82 \times 1.39 \times \phi_{cr2a} - \phi_{hr3(-8.5)} - 8.5 \times \frac{\phi_{def} - \phi_{hr3(-8.5)}}{2-(-8.5)}}{\frac{\phi_{def} - \phi_{hr3(-8.5)}}{2-(-8.5)} + \frac{0.82 \times 1.39 \times \phi_{cr2a}}{17}} \tag{E.2-2-8}$$

式中 $\phi_{hr3(-8.5)} = 0.68978 \times 1.12\phi_{def}$

E.9.2.2.1 无霜区域运转（$t_j \geqslant 5.5$℃）时的计算

空调器以对应建筑负荷的能力连续可变运行［$\dot{\phi}_{hr3}(t_j) \geqslant BL_h(t_j)$］时：

（1）$t_j \geqslant t_d$，

空调器以额定中间制热能力以下运行时：

$$\dot{P}_h(t_j) = \dot{P}_{hlm}(t_j) = \frac{BL_h(t_j)}{\dot{C}_h(t_j)} \tag{E.2-2-9}$$

$$\dot{C}_h(t_j) = \dot{C}_{hlm}(t_j) = C_{hm}(t_d) + \frac{C_{hm}(t_b) - C_{hm}(t_d)}{t_b - t_d}(t_j - t_d) \tag{E.2-2-10}$$

$$C_{hm}(t_b) = \frac{\phi_{hrm}(t_b)}{P_{hm}(t_b)} \tag{E.2-2-11}$$

$$\phi_{hrm}(t_b) = \phi_{hrm(-8.5)} + \frac{\phi_{hrm} - \phi_{hrm(-8.5)}}{7-(-8.5)}[t_b - (-8.5)] \tag{E.2-2-12}$$

$$P_{hm}(t_b) = P_{hm(-8.5)} + \frac{P_{hm} - P_{hm(-8.5)}}{7-(-8.5)}[t_b - (-8.5)] \tag{E.2-2-13}$$

$$C_{hm}(t_b) = \frac{\phi_{hrm}(t_d)}{P_{hm}(t_d)} \tag{E.2-2-14}$$

$$\phi_{hrm}(t_d) = \phi_{hrm(-8.5)} + \frac{\phi_{hrm} - \phi_{hrm(-8.5)}}{7-(-8.5)}[t_d - (-8.5)] \tag{E.2-2-15}$$

$$P_{hm}(t_d) = P_{hm(-8.5)} + \frac{P_{hm} - P_{hm(-8.5)}}{7-(-8.5)}[t_d - (-8.5)] \tag{E.2-2-16}$$

另外，空调器制热能力可变幅度下限值大于中间制热能力时，以下限值作为中间值，并用下列公式计算：

$$\dot{P}_{h}(t_j) = \dot{P}_{hlm}(t_j) = \frac{BL_{h}(t_j)}{\dot{C}_{h}(t_j)PLF(t_j)} \tag{E.2-2-17}$$

$$PLF(t_j) = 1 - C_{D}[1 - X_1(t_j)] \tag{E.2-2-18}$$

式中　取 $C_D = 0.25$

$$X_1(t_j) = X(t_j) = \frac{BL_{h}(t_j)}{\dot{\phi}_{hrm}(t_j)} \tag{E.2-2-19}$$

$$\dot{\phi}_{hrm}(t_j) = \phi_{hrm(-8.5)} + \frac{\phi_{hrm} - \phi_{hrm(-8.5)}}{7-(-8.5)}[t_j - (-8.5)] \tag{E.2-2-20}$$

式中　$\dot{P}_{h}(t_j) = \dot{P}_{hlm}(t_j)$——空调器在额定中间制热能力以下，以对应房间热负荷的能力连续可变制热运行，在温度（t_j）时的消耗功率，单位为瓦（W）；

$\dot{C}_{h}(t_j) = \dot{C}_{hlm}(t_j)$——空调器在额定中间制热能力以下，以对应房间热负荷的能力连续可变制热运行，在温度（t_j）时的性能系数COP，通过空调器以中间制热能力在温度（t_b）时的COP即 C_{hm}（t_b）和在温度（t_d）时的COP即 C_{hm}（t_d）进行计算；

ϕ_{hrm}（t_b）——空调器在额定中间制热能力以下，以对应房间热负荷的能力连续可变制热运行，在温度（t_b）时制热能力，单位为瓦（W），通过式E.2-2-12计算；

P_{hrm}（t_b）——空调器在额定中间制热能力以下，以对应房间热负荷的能力连续可变制热运行，在温度（t_b）时制热消耗功率，单位为瓦（W），通过式E.2-2-13计算；

ϕ_{hrm}（t_d）——空调器在额定中间制热能力以下，以对应房间热负荷的能力连续可变制热运行，在温度（t_d）时制热能力，单位为瓦（W），通过式E.2-2-15计算；

P_{hrm}（t_d）——空调器在额定中间制热能力以下，以对应房间热负荷的能力连续可变制热运行，在温度（t_b）时制热消耗功率，单位为瓦（W），通过式E.2-2-16计算；

$BL_{h}(t_j)$——见式E.2-2-3；

ϕ_{hrm}、$\phi_{hrm(-8.5)}$、P_{hm}、$P_{hm(-8.5)}$——见表E.8。

（2）$5.5℃ \leqslant t_j \leqslant t_d$；

空调器在额定中间制热能力与额定制热能力之间运转时：

$$\dot{P}_{h}(t_j) = \dot{P}_{hm2}(t_j) = \frac{BL_{h}(t_j)}{\dot{C}_{h}(t_j)} \tag{E.2-2-21}$$

$$\dot{C}_{h}(t_j) = \dot{C}_{hm2}(t_j) = C_{h2}(t_a) + \frac{C_{hm}(t_d) - C_{h2}(t_a)}{t_d - t_a}(t_j - t_a) \tag{E.2-2-22}$$

式中　C_{hm}（t_d）——按式E.2-2-14计算。

$$C_{h2}(t_a) = \frac{\phi_{hr2}(t_a)}{P_{h2}(t_a)} \quad (E.2\text{-}2\text{-}23)$$

$$\phi_{hr2}(t_a) = \phi_{hr2(-8.5)} + \frac{\phi_{hr2} - \phi_{hr2(-8.5)}}{7-(-8.5)}[t_a - (-8.5)] \quad (E.2\text{-}2\text{-}24)$$

$$P_{h2}(t_a) = P_{h2(-8.5)} + \frac{P_{h2} - P_{h2(-8.5)}}{7-(-8.5)}[t_a - (-8.5)] \quad (E.2\text{-}2\text{-}25)$$

式中 $\dot{P}_h(t_j) = \dot{P}_{hm2}(t_j)$——空调器在额定中间制热能力和额定制热能力之间，以对应房间热负荷的能力连续可变制热运行，在温度（t_j）时的消耗功率，单位为瓦（W）；

$\dot{C}_h(t_j) = \dot{C}_{hm2}(t_j)$——空调器在额定中间制热能力和额定制热能力间，以对应房间热负荷的能力连续可变制热运行，在温度（t_j）时的性能系数 COP，通过空调器以额定中间制热能力，在温度（t_a）时的 COP 即 C_{h2}（t_a）和在温度（t_d）时的 COP 即 C_{hm}（t_d）进行计算。

E.9.2.2.2 结霜区域运转（$-8.5 \leqslant t_j \leqslant 5.5$℃）时的计算

(1) 空调器以对应建筑负荷的制热能力连续可变运行时：

(1.1) $t_e \leqslant t_j \leqslant 5.5$℃（若 $t_e \geqslant 5.5$℃时，可采用（1.2）区域方法计算）

空调器在额定中间制热能力以下运转时：

$$\dot{P}_h(t_j) = \dot{P}_{deflm}(t_j) = \frac{BL_h(t_j)}{\dot{C}_{def}(t_j)} \quad (E.2\text{-}2\text{-}26)$$

$$\dot{C}_{def}(t_j) = \dot{C}_h(t_j) = \dot{C}_{deflm}(t_j) = C_{defm}(t_e) + \frac{C_{defm}(t_c) - C_{defm}(t_e)}{t_c - t_e}(t_j - t_e) \quad (E.2\text{-}2\text{-}27)$$

$$C_{defm}(t_c) = \frac{\phi_{defm}(t_c)}{P_{defm}(t_c)} \quad (E.2\text{-}2\text{-}28)$$

$$\phi_{defm}(t_c) = \phi_{hrm(-8.5)} + \frac{\dfrac{\phi_{hrm(2)}}{1.12} - \phi_{hrm(-8.5)}}{2-(-8.5)}[t_c - (-8.5)] \quad (E.2\text{-}2\text{-}29)$$

式中 $\phi_{hrm(2)} = 0.87129 \times \phi_{hrm}$

$$P_{defm}(t_c) = P_{hm(-8.5)} + \frac{\dfrac{P_{hm(2)}}{1.06} - P_{hm(-8.5)}}{2-(-8.5)}[t_c - (-8.5)] \quad (E.2\text{-}2\text{-}30)$$

式中 $P_{hm(2)} = 0.93581 \times P_{hm}$

$$C_{defm}(t_e) = \frac{\phi_{defm}(t_e)}{P_{defm}(t_e)} \quad (E.2\text{-}2\text{-}31)$$

$$\phi_{defm}(t_e) = \phi_{hrm(-8.5)} + \frac{\dfrac{\phi_{hrm(2)}}{1.12} - \phi_{hrm(-8.5)}}{2-(-8.5)}[t_e - (-8.5)] \quad (E.2\text{-}2\text{-}32)$$

$$P_{defm}(t_e) = P_{hm(-8.5)} + \frac{\dfrac{P_{hm(2)}}{1.06} - P_{hrm(-8.5)}}{2-(-8.5)}[t_e - (-8.5)] \quad (E.2\text{-}2\text{-}33)$$

另外，空调器制热能力可变幅度下限值大于中间值时，以下限值作为中间值，用下列公式计算：

$$\dot{P}_{h}(t_j) = \dot{P}_{deflm}(t_j) = \frac{BL_h(t_j)}{\dot{C}_{def}(t_j)PLF(t_j)} \quad (E.2\text{-}2\text{-}34)$$

式中 $\dot{P}_{h}(t_j) = \dot{P}_{deflm}(t_j)$——空调器在额定中间制热能力以下，以对应房间热负荷的能力连续可变制热运行，在温度（t_j）时的消耗功率，单位为瓦（W）；

$\dot{C}_h(t_j) = \dot{C}_{def}(t_j) = \dot{C}_{deflm}(t_j)$——空调器在额定中间制热能力以下，以对应房间热负荷的能力连续可变制热运行，在温度（t_j）时的性能系数COP。通过空调器以中间制热能力在温度（t_e）时的COP即 C_{defm}（t_e）和在温度（t_c）时的COP即 C_{defm}（t_c）进行计算；

PLF（t_j）——按式E.2-2-18计算；

$\phi_{hrm(2)}$——空调器以额定中间制热能力对应房间热负荷的连续可变制热运行，在温度2℃时制热能力，单位为瓦（W）；

$P_{hm(2)}$——空调器以额定中间制热能力制热运行，在温度2℃时制热消耗功率，单位为瓦（W）；

$\phi_{hrm(-8.5)}$、ϕ_{hrm}、$P_{hm(-8.5)}$、P_{hm}——见表E.8。

（1.2）$t_g \leqslant t_j \leqslant t_e$：

空调器在额定制热能力以下运转时：

$$\dot{P}_{h}(t_j) = \dot{P}_{defm2}(t_j) = \frac{BL_h(t_j)}{\dot{C}_{def}(t_j)} \quad (E.2\text{-}2\text{-}35)$$

$$\dot{C}_h(t_j) = \dot{C}_{def}(t_j) = \dot{C}_{def2}(t_g) + \frac{C_{defm}(t_e) - C_{def2}(t_g)}{t_e - t_g}(t_j - t_g) \quad (E.2\text{-}2\text{-}36)$$

$$C_{def2}(t_g) = \frac{\phi_{def2}(t_g)}{P_{def2}(t_g)} \quad (E.2\text{-}2\text{-}37)$$

$$\phi_{def2}(t_g) = \phi_{hr2(-8.5)} + \frac{\phi_{def2(2)} - \phi_{hr2(-8.5)}}{2-(-8.5)}[t_g - (-8.5)] \quad (E.2\text{-}2\text{-}38)$$

$$\phi_{def2(2)} = \frac{0.87129}{1.12} \times \phi_{hr2} \quad (E.2\text{-}2\text{-}38')$$

$$P_{def2}(t_g) = P_{h2(-8.5)} + \frac{P_{def2(2)} - P_{h2(-8.5)}}{2-(-8.5)}[t_g - (-8.5)] \quad (E.2\text{-}2\text{-}39)$$

$$P_{def2(2)} = \frac{0.93581}{1.06} \times P_{hr2} \quad (E.2\text{-}2\text{-}39')$$

式中 $\dot{P}_{h}(t_j) = \dot{P}_{defm2}(t_j)$——空调器在额定制热能力以下，以对应房间热负荷的能力连续可变制热运行,在温度(t_j)时的消耗功率,单位为瓦(W)；

$\dot{C}_h(t_j) = \dot{C}_{def}(t_j)$——空调器在额定制热能力以下，以对应房间热负荷的能力连续可变制热运行，在温度（t_j）时的性能系数 COP。通过空调器以额定低温制热能力在温度（t_g）时的 COP 即 C_{def2}（t_g）和以中间制热能力在温度（t_e）时的 COP 即 C_{defm}（t_e）进行计算；

$\phi_{hr2(-8.5)}$、ϕ_{hr2}、$P_{h2(-8.5)}$、P_{h2}——见表 E.8。

(1.3) $t_j < t_g$ 时：

空调器以额定制热能力以上运转时：

$$\dot{P}_h(t_j) = \dot{P}_{def23}(t_j) = \frac{BL_h(t_j)}{\dot{C}_{def}(t_j)} \quad (E.2\text{-}2\text{-}40)$$

$$\dot{C}_h(t_j) = \dot{C}_{def}(t_j) = C_{def3}(t_f) + \frac{C_{def2}(t_g) - C_{def3}(t_f)}{t_g - t_f}(t_j - t_f) \quad (E.2\text{-}2\text{-}41)$$

$$C_{def3}(t_f) = \frac{\phi_{def3}(t_f)}{P_{def3}(t_f)} \quad (E.2\text{-}2\text{-}42)$$

$$\phi_{def3}(t_f) = \phi_{hr3(-8.5)} + \frac{\phi_{def} - \phi_{hr3(-8.5)}}{2-(-8.5)}[t_f - (-8.5)] \quad (E.2\text{-}2\text{-}43)$$

$$P_{def3}(t_f) = P_{h3(-8.5)} + \frac{P_{def} - P_{h3(-8.5)}}{2-(-8.5)}[t_f - (-8.5)] \quad (E.2\text{-}2\text{-}44)$$

式中 $\dot{P}_h(t_j) = \dot{P}_{def23}(t_j)$——空调器在额定制热能力以上，以对应房间热负荷的能力连续可变制热运行,在温度(t_j)时的消耗功率,单位为瓦(W)；

$\dot{C}_h(t_j) = \dot{C}_{def}(t_j)$——空调器在额定制热能力以上，以对应房间热负荷的能力连续可变制热运行，在温度（t_j）时的性能系数 COP。通过空调器以最大制热能力在温度（t_f）的 COP 即 C_{def3}（t_f）和在额定低温制热能力温度（t_g）时的 COP 即 C_{def2}（t_g）进行计算；

$\phi_{hr3(-8.5)}$、ϕ_{def}、$P_{h3(-8.5)}$、P_{def}——见表 E.8。

(2) 空调器以最大转速连续运行区 $[\dot{\phi}_{def3}(t_j) < BL_h(t_j)]$ 的计算：

$$\dot{\phi}_{def3}(t_j) = \phi_{hr3(-8.5)} + \frac{\phi_{def} - \phi_{hr3(-8.5)}}{2-(-8.5)}[t_j - (-8.5)] \quad (E.2\text{-}2\text{-}45)$$

$$\dot{P}_{def3}(t_j) = P_{h3(-8.5)} + \frac{P_{def} - P_{h3(-8.5)}}{2-(-8.5)}[t_j - (-8.5)] \quad (E.2\text{-}2\text{-}46)$$

$$P_{RH}(t_j) = [BL_h(t_j) - \dot{\phi}_{def3}(t_j)] \times n_j \quad (E.2\text{-}2\text{-}47)$$

E.9.2.3 全年能源消耗效率计算

$$APF = \frac{CSTL + HSTL}{CSTE + HSTE} \quad (E.2\text{-}3)$$

E.9.2.4 全年季节耗电量计算

全年运转时季节耗电量 = 制冷季节耗电量 + 制热季节耗电量的之和（单位：Wh）：

$$APC = CSTE + HSTE \quad (E.2\text{-}4)$$

附 录 F
（规范性附录）
一拖多房间空气调节器

F.1 范围

本附录规定了一拖多房间空气调节器的术语和定义、产品分类、技术要求、性能试验和标志等。

本附录适用于制冷剂蒸发式系统，采用风冷及水冷冷凝器、全封闭型电动机-压缩机，以创造室内舒适环境为目的的制冷量14000W以下家用和类似用途的一拖多房间空气调节器。

F.2 规范性引用文件

本标准第2章增加：

JRA 4033:2000 多联式房间空气调节器

F.3 术语和定义

本标准第3章除下述条款被替代外，均适用。

F.3.5

制冷量 cooling capacity

a）总制冷量 total cooling capacity

一拖多空调器在额定工况和规定条件下制冷运行时，处于全工工作状态，单位时间内从密闭空间、房间或区域内除去的热量总和，称为总制冷量（室外机组额定制冷能力），单位：W。

b）单机制冷量 one-unit cooling capacity

一拖多空调器在额定工况和规定条件下制冷运行时，其室内机组分别处于单工工作状态，任一室内机组单位时间内从密闭空间、房间或区域内除去的热量，亦称为该室内机组单机制冷量，单位：W。

注：一拖多空调器处于全工工作状态，任一室内机组单位时间内从密闭空间、房间或区域内除去的热量，亦称为该室内机组全工状态单机制冷量。

F.3.6

制冷消耗功率 cooling power input

a）总制冷消耗功率 total cooling power input

一拖多空调器在额定工况和规定条件下制冷运行时，处于全工工作状态，所消耗的功率总和，称为总制冷消耗功率（室外机组额定制冷消耗功率），单位：W。

b）单机制冷消耗功率 one-unit cooling power input

一拖多空调器在额定工况和规定条件下制冷运行时，其室内机组分别处于单工工作状态所消耗的功率，单位：W。

F.3.7

制热量　heating capacity

a）总制热量　total heating capacity

一拖多空调器在额定高温工况和规定条件下制热运行时，处于全工工作状态，单位时间内向密闭空间、房间或区域内送入的热量总和，称为总制热量（室外机组额定制热能力），单位：W。

b）单机制热量　one-unit heating capacity

一拖多空调器在额定工况和规定条件下制热运行时，其室内机组分别处于单工工作状态，任一室内机组单位时间内向密闭空间、房间或区域内送入的热量，亦称为该室内机组单机制热量，单位：W。

F.3.8

制热消耗功率　heating power input

a）总制热消耗功率　total heating power input

一拖多空调器在额定高温工况和规定条件下制热运行时，处于全工工作状态，所消耗的功率总和，称为总制热消耗功率（室外机组额定制热消耗功率），单位：W。

b）单机制热消耗功率　one-unit heating power input

一拖多空调器在额定工况和规定条件下制热运行时，其室内机组分别处于单工工作状态所消耗的功率，单位：W。

本附录增加以下条款：

F.3.17

单工工作状态　one-unit operation

一拖多空调器室内机组中仅有一台空内机组与室外机组运行，其余室内机组处于停止使用的工作状态。

F.3.18

全工工作状态　all-unit operation

一拖多空调器室外机组与所有能同时启动的室内机组同时运行且处于使用的工作状态。

注1：如果一拖多空调器的室内机组与室外机组有多种组合配置，且存在多个全工工作状态（此状态的室内机组的制冷量总和不低于室外机组的制冷量）时，应在各种组合配置的全工工作状态或选厂家推荐组合配置的一种全工工作状态下进行总能力试验。

注2：如果一拖多空调器的室内机组与室外机组有多种组合并且在最大能力组合运行时，仍有室内机组处于停止使用的工作状态（室内机组同时运行台数少于室内机组的总台数）时，应在室内机组与室外机组最大组合能力工作状态运行即局部-全工工作状态下进行总能力试验。

F.3.19

局部工作状态　part-unit operation

一拖多空调器部分室内机组与室外机组处于同时运行且处于使用工作状态，而另一部分机组处于停止使用的工作状态。

F.4　产品分类

F.4.1　型式

本标准4.1条增加以下内容：

F.4.1.6 空调器按连接方式分为：

特定连接 室外机组与室内机组的连接，限定一种组合方式（固定配置）；

不特定连接 室外机组与室内机组的连接，不限定组合方式（自由配置）。

F.4.1.7 空调器按运行方式分为：

同时运行 多台室内机组同时控制时，一台室内机组能运行的方式；

切换运行 多台室内机组分别控制时，室内机组不能同时运行的方式；

分别运行 多台室内机组分别控制时，室内机组能同时运行的方式。

F.4.3 型号命名

F.4.3.2 型号示例

本标准 4.3.2 条由下述内容替代：

例 1：一拖二产品

KFR-50（25×2）GW2

表示 T1 气候类型、分体热泵型挂壁式一拖二房间空气调节器（包括室内机组和室外机组），总制冷量为 5000W。

室外机组 KFR-50W2

室内机组 KFR-25G 挂壁式

KFR-25G 挂壁式

例 2：一拖三产品

KFR-112（25G+50L+40D）W3/Bp

表示 T1 气候类型、分体热泵型一拖三变频式房间空气调节器（包括三个室内机组和一个室外机组），总制冷量为 11200W。

室外机组 KFR-112W3/Bp

室内机组 KFR-25G/Bp 挂壁式

KFR-50L/Bp 落地式

KFR-40D/Bp 吊顶式

例 3：一拖四及以上产品

室外机组 KFR-140Wd/Bp

室内机组根据产品匹配情况和上述命名表示原则可分别进行标示。

注 1：一拖四及以上产品和用于自由配置的室内、外机组可分别标示室内各机组和室外机组的型号规格，其室外机组的代号“d”也可用相应数字代替（其组合情况和技术参数应在说明书中详细标示）。

注 2：室内机组规格代号应标示室内机组额定制冷能力，（一拖三及以下产品应在说明书中标示单工状态制冷量和全工状态制冷量）。

F.5 技术要求

F.5.1 通用要求

本标准 5.1 条适用。

F.5.2 性能要求

本标准 5.2 条除下述条款被替代外，均适用。

F.5.2.2　**制冷量**

a）按 F.6.3.2 方法试验，一拖多空调器处于全工工作状态时，实测总制冷量不应小于标示总制冷量（室外机组额定制冷能力）的 95%。

b）按 F.6.3.2 方法试验，一拖多空调器室内机组处于单工工作状态时，各室内机组实测制冷量，不应小于其标示单机制冷量的 95%。

F.5.2.3　**制冷消耗功率**

a）按 F.6.3.3 方法试验，一拖多空调器处于全工工作状态时，实测制冷总消耗功率不应大于标示总制冷消耗功率（室外机组额定制冷消耗功率）的 110%。

b）按 F.6.3.3 方法试验，一拖多空调器室内机组处于单工工作状态工作时，各室内机组实测制冷消耗功率，不应大于其标示单机制冷消耗功率的 110%。

F.5.2.4　**制热量**

a）按 F.6.3.4 方法试验，一拖多空调器处于全工工作状态时，实测总制热量不应小于标示总制热量（室外机组额制热能力）的 95%。

b）按 F.6.3.4 方法试验，一拖多空调器室内机组处于单工工作状态时，各室内机组实测制热量不应小于其标示单机制热量的 95%。

F.5.2.5　**制热消耗功率**

a）按 F.6.3.5 方法试验，一拖多空调器处于全工工作状态时，实测制热消耗总功率不应大于标示总制热消耗功率（室外机组额定制热消耗功率）的 110%。

b）按 F.6.3.5 方法试验，一拖多空调器室内机组处于单工工作状态，室内机组实测制热消耗功率，不应大于其标示单机制热消耗功率的 110%。

F.5.2.15　**噪声**

按 F.6.3.15 方法测定，应符合标准正文 5.2.15 噪声值要求。

F.5.2.16　**能源消耗效率**

a）一拖多空调器按 F.6.3.2～F.6.3.3 方法进行全工工作状态运行试验，其实测制冷量和实测制冷消耗功率的比值，不应小于一拖多空调器能效比（EER）标示值的 90%，其值为 0.01 的倍数。

b）一拖多空调器按 F.6.3.4～F.6.3.5 方法进行全工工作状态运行试验，其实测制热量和实测制热消耗功率的比值，不应小于一拖多空调器性能系数（COP）标示值的 90%，其值为 0.01 的倍数。

F.5.3　**可靠性要求**

本标准 5.3 条适用。

F.6　试验

F.6.1　试验条件

本标准 6.1 条适用。

F.6.2　试验的要求

本标准 6.2 条均适用。

F.6.3　试验方法

本标准 6.3 条除下述内容被代替外，均适用。

F.6.3.2　制冷量试验

一拖多空调器应分别在全工工作状态，单工工作状态下，按正文6.1试验条件、正文6.3.2试验方法及产品说明书要求进行额定制冷运行试验，分别测定出全工工作状态的总制冷量和室内机组各单机制冷量。

F.6.3.3　制冷消耗功率试验

按F.6.3.2进行制冷量试验的同时，测定空调器的输入功率，电流。

F.6.3.4　热泵制热量试验

一拖多空调器应分别在全工工作状态，单工工作状态下，按正文6.1试验条件、正文6.3.4试验方法及产品说明书要求进行额定制热运行试验，分别测定出全工工作状态的总制热量和室内机组各单机制热量。

F.6.3.5　热泵制热消耗功率试验

按F.6.3.4进行制热量测定的同时，测定空调器的输入功率，电流。

F.6.3.6　电热装置制热消耗功率试验

一拖多空调器应在最不利（电热装置最大耗电状态）工作状态下，按正文6.3.6的规定进行试验。

F.6.3.7　最大运行制冷试验

一拖多空调器应在全工工作状态下，按正文6.3.7的规定进行试验。

F.6.3.8　最小运行制冷试验

一拖多空调器应在局部（最易结霜）工作状态下，按正文6.3.8的规定进行试验。

F.6.3.9　最大运行制热试验

一拖多空调器应在全工工作状态下，按正文6.3.9的规定进行试验。

F.6.3.10　最小运行制热试验

一拖多空调器应在全工工作状态下，按正文6.3.10的规定进行试验。

F.6.3.11　冻结试验

一拖多空调器应在最有利于冻结的工作状态下，按正文6.3.9的规定进行试验。

F.6.3.12　凝露试验

一拖多空调器应在最有利于凝露的工作状态下，按正文6.3.12的规定进行试验。

F.6.3.13　凝结水排除能力试验

一拖多空调器应在最有利于凝结水的工作状态下，按正文6.3.13的规定进行试验。

F.6.3.14　自动除霜试验

一拖多空调器应在最不利（全工）工作状态下，按正文6.3.14的规定进行试验。

F.6.3.15　噪声试验

一拖多空调器按附录B《噪声的测定》要求，进行额定制冷和额定制热工况条件下的噪声试验，并进行下列测定：

a）在单工工作状态下运行，分别测定各个室内机组各单元的噪声值；

b）在全工工作状态下运行，测定室外机组的噪声值。

F.7　检验规则

F.7.1　检验要求

本标准 7.1 条适用。

F.7.2　产品检验

本标准第 7 章除下述内容被代替外，均适用：

本标准第 7 章表 9 和表 10 中的制冷量、制热量，制冷消耗功率、热消耗功率为总制冷量、总制热量，总制冷消耗功率、总热消耗功率和单机制冷量、制热量，单机制冷消耗功率、制热消耗功率。

F.8　标志、包装、运输和贮存

标准正文中该章增加下述内容：

F.8.1.1　一拖多空调器按通常安装状态，应有耐久性铭牌固定在明显部位，标示内容增加：

d) 总制冷量（kW）、室内机组单机制冷量；

总制热量（kW）、室内机组单机制热量；

总制冷消耗功率（kW）、电流（A），室内机组单机消耗功率、电流（A）；

总制热消耗功率（kW）、电流（A），室内机组单机消耗功率、电流（A）。

注 1：一拖多空调器的压缩机为转速或容量可变时，还应标示出能力、功率范围。

注 2：室内机至少标室内机所需参数，室外机至少标室外机所需参数，整机参数（包括整机型号）可以在说明书、室外机铭牌、室内机铭牌的任一处标示。

F.8.1.5　一拖多空调器在各种组合情况运行的数据（如：室内机组单工工作、局部工作、全工工作状态的能力、功率及其范围等）应在使用说明书中注明；一拖多空调器在安装时需要注意和说明的问题（如：安装高度、连接管长度等）应在安装说明书中注明。

中华人民共和国建筑工业行业标准

建 筑 用 热 流 计

Heat flow meter for building

JG/T 3016—94

中华人民共和国建设部 1994-06-22 批准
1994-12-01 实施

引　言

本标准参照采用国际标准 ISO/DIS9869.2《现场测定建筑构件的热阻和传热系数》有关热流计的部分。

热流计是一种用于测定建筑围护结构热流密度的传感器。输出的电信号是通过热流计热流密度的函数。本标准中所描述的是温度梯度型热流计。

1　主题内容与适用范围

本标准规定了建筑用热流计的产品分类、技术要求、试验方法、检验规则及标志、包装、运输、贮存。

本标准适用于测定非透明平壁构件热流密度的热流计。

2　引　用　标　准

GB 4132　绝热材料名词术语

GB 10294　绝热材料稳态热阻及有关特性的测定　防护热板法

GB 10295　绝热材料稳态热阻及有关特性的测定　热流计法

3　产　品　分　类

3.1　形状

热流计的形状可分为：矩形（代号 JRJ）、方形（代号 JRF）和圆形（代号 JRY）。

3.2　规格

热流计的规格可由供需双方协商确定，其质量应符合本标准要求。

3.3　产品型号编制

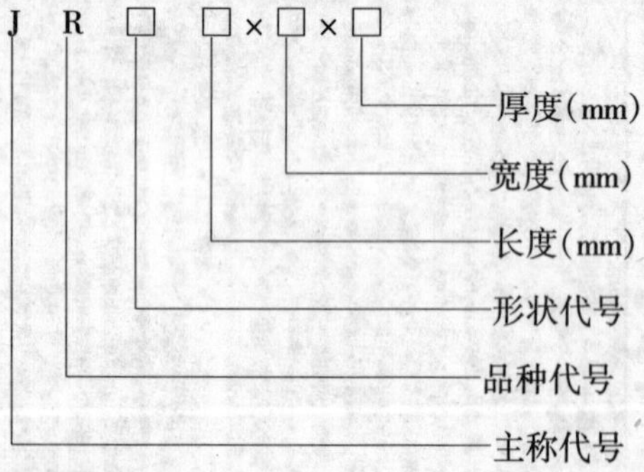

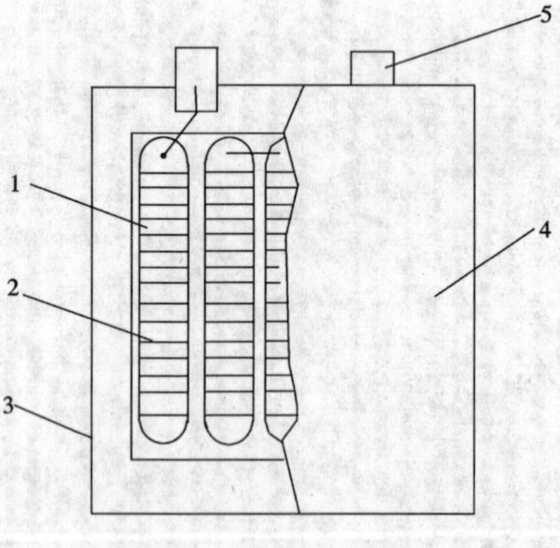

图 1　热流计构造图

1—芯板；2—热电堆；3—骨架；4—表面板；5—引线柱

3.4　标记示例

形状为方形，长度 100mm，宽度 100mm，厚度 1mm 的热流计：

热流计 JRF100 × 100 × 1 JG/T 3016—94

4 技 术 要 求

4.1 基本要求

4.1.1 结构形式

热流计由芯板、热电堆、骨架、表面板及引线柱组成。如图1所示。

4.1.2 规格

热流计外形尺寸可由供需双方商定。最小边长与厚度之比应大于20，厚度不宜大于2mm。

4.2 制作要求

4.2.1 基本要求：热阻低、灵敏度高、其构造不应引起热流场歪曲［见附录B（参考)］。

4.2.2 测量部分四周保护框的宽度不应小于热流计厚度的5倍。

4.2.3 芯板和骨架应由不吸温的，热匀质的，各向同性的，与期稳定的材料制作。

4.2.4 表面板表面的发射率应与建筑构件表面发射率接近。

4.2.5 热电堆应选用产生热电势高、线性度好、导热系数低的热电材料制作。

4.3 外观质量

4.3.1 表面不得翘曲，凹凸不平。

4.3.2 粘结部分应牢固，无气泡，表面无污痕。

4.3.3 引线柱必须与热电堆引出线焊接牢固。与表面板粘结紧密，不得松动。并且表面无锈斑、粘结剂。

4.4 尺寸偏差

热流计尺寸偏差应符合表1的规定。

表1

mm

项次	项目		允许偏差	检验方法
1	外形尺寸	长	±0.5	钢直尺量测平行长度部位
		宽	±0.5	钢直尺量测平行长度部位
		厚	±0.05	用精度0.02游标卡尺量测每边的中点
2	表面平面度		±0.05	用精度0.01塞尺和四棱尺或钢直尺量测两个对角线

4.5 物理性能

热流计的物理性能应符合表2的规定。

表2

项目		指标
标定系数	范围	10~200W/（m^2·mV）
	稳定性	在正常使用条件下，三年内标定系数变化不大于±5%
	不确定度	±5%
热阻		≤0.008（m^2·K）/W
使用温度		-10~70℃
耐压性		在10kPa压力下，性能无变化
绝缘电阻		≥20MΩ

5 热流计系数的标定

5.1 标定原理

热流计放置在具有一维恒定热流的两个相互平行且具有均匀温度的平板中。在稳定状态下，测量通过热流计的热流密度 q，输出热电势 e 和表面平均温度 T，就可计算任一平均温度下热流计的标定系数 f，$f = q/e$。

5.2 绝对法标定

5.2.1 标定装置

装置应符合 GB 10294 的规定。

5.2.2 标定条件

a. 热流计放置在防护热板装置的加热单元与冷却单元之间，它的周围必须放置一个与热流计厚度相同，平均热阻相接近的保护环。热流计与保护环组合的尺寸应与加热单元相同；

b. 热流计的一侧与加热单元必须紧密接触，另一侧应与导热系数不大于 0.04W/（m·K）的绝热材料（以下简称阻尼层）紧密接触。其尺寸应与加热单元相同，厚度为 15～20mm 范围内；

c. 热流计与阻尼层组成的复合板其厚度不应大于加热单元的 1/8；

d. 用双试件装置标定热流计时，两块阻尼层的性能应尽量一致，厚度差不得大于 20%。

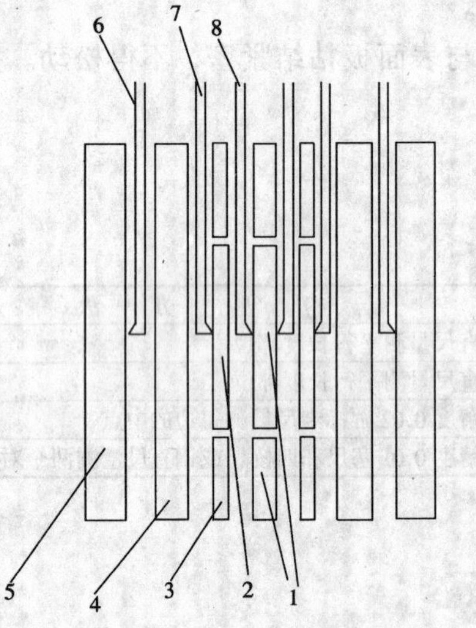

图 2　双试件装置

1—加热单元（包括计量单元和防护单元）；2—热流计；3—热流计保护环；4—阻尼层；5—冷却单元；6—冷却单元表面测温热电偶；7—热流计表面测温热电偶；8—加热单元表面测温热电偶

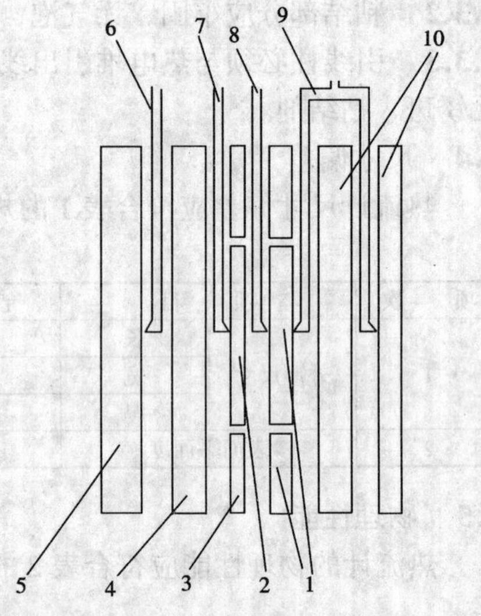

图 3　单试件装置

1—加热单元(包括计量单元和防护单元);2—热流计;3—热流计保护环;4—阻尼层;5—冷却单元;6—冷却单元表面测温热电偶;7—热流计表面测温热电偶;8—加热单元表面测温热电偶;9—背防护单元温差热电偶;10—背防护单元

5.2.3 标定步骤

a. 防护热板装置具有两种型式——双试件式和单试件式。标定热流计时，应按图 2 和图 3 进行组装；

b. 调节加热单元和冷却单元之间的温差或复合板两表面之间的温差，其值应在 10～

40K 之间；

c. 测量施加于计量面积的平均电功率，精确到 ±0.2%。输入功率的随机波动、变动引起的加热单元表面温度波动或变动，应小于加热单元和冷却单元之间温差的 ±0.3%。调节并维持防护部分的输入功率，应保证计量单元与防护单元之间温度不平衡引起的标定误差不大于 ±0.5%；

d. 测量热流计输出热电势的误差应小于 ±0.6%；

e. 采用双试件装置时，调节冷却单元温度使两个复合板的温差相同，其差异应小于 ±2%；

f. 观察热流计平均温度和输出热电势、复合板的平均温度及温差，检查热平衡状态；

g. 当热流计输出热电势趋于稳定后，应每隔 30min 测量一次热流计和阻尼层两侧的温差，热流计的输出热电势及热流量，直到用 4 次读数计算出的标定系数的差别不超过 ±1%，并且不是单调地朝一个方向改变时，试验可结束。

5.2.4 标定系数和热阻计算

用 5.2.3 中 g 条测量到的稳态数据的平均值进行计算。

a. 热流计标定系数按（1）、（2）、（3）式计算：

对于双试件装置

$$f_1 = \frac{Q}{Ae_1} \quad \mathrm{W/(m^2 \cdot mV)} \tag{1}$$

$$f_2 = \frac{Q}{Ae_2} \quad \mathrm{W/(m^2 \cdot mV)} \tag{2}$$

对于单试件装置

$$f_1 = \frac{Q}{Ae} \quad \mathrm{W/(m^2 \cdot mV)} \tag{3}$$

式中 Q——加热单元计量部分的平均热流量，其值等于平均发热功率（对于双试件装置应除以 2），W；

e、e_1、e_2——热流计输出热电势，mV；

A——加热单元计量部分的面积，m_2。

b. 热流计热阻按式（4）计算：

$$R = \frac{A(T_1 - T_2)}{Q} \quad (\mathrm{m^2 \cdot K/W}) \tag{4}$$

式中 T_1——热流计热面温度，K；

T_2——热流计冷面温度，K。

5.3 比较法标定

5.3.1 比较法——用标准试件标定

5.3.1.1 标定装置

装置应符合 GB 10295 的规定要求。

5.3.1.2 标定步骤

用标准试件标定热流计系数时，应按 GB 10295 中有关规定进行。

5.3.2 比较法——用标准热流计标定

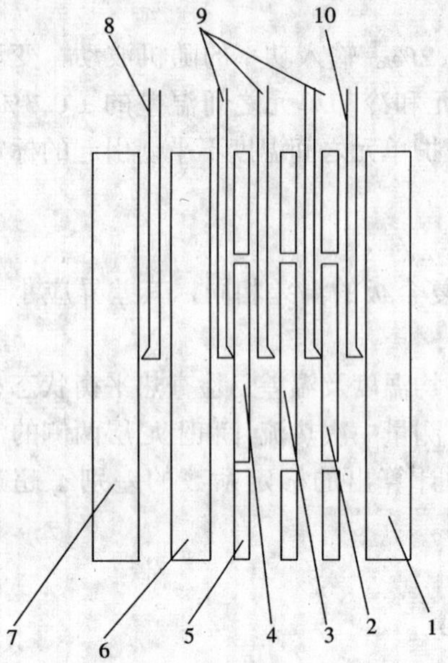

图 4　标准热流计标定组装图

1—加热单元；2—1＃标准热流计；3—待标热流计；4—2＃标准热流计；5—热流计保护环；6—阻尼层；7—冷却单元；8—冷却单元表面测温热电偶；9—热流计表面测温热电偶；10—加热单元表面测温热电偶

5.3.2.1　标定装置

装置应符合 GB 10295 的规定要求。

5.3.2.2　标定条件

a. 标准热流计必须由防护热板装置进行标定；

b. 待标热流计必须放置在两块标准热流计之间，每块热流计的周围应放置一个与热流计厚度相同、平均热阻相接近的保护环。热流计与保护环组合的尺寸应与加热单元相同；

c. 阻尼层材料的导热系数不大于 0.04W/（m·K)，其尺寸应与加热单元相同，厚度为 15～20mm 范围内；

d. 热流计、标准热流计与阻尼层组成的复合板其厚度不应大于加热单元的 1/8。

5.3.2.3　标定步骤

a. 用标准热流计标定时，应按图 4 进行组装；

b. 调节加热单元和冷却单元之间的温差或复合板两表面之间的温差，其值应在 10～40K 之间；

c. 测量热流计输出热电势的误差应小于 ±0.6%；

d. 观察热流计平均温度和输出热电势、复合板的平均温度及温差，检查热平衡状态；

e. 当热流计输出热电势趋于稳定后，应每隔 30min 测量一次热流计和阻尼层两侧的温差、热流计的输出热电势，直到用 4 次读数计算出标定系数的差别不超过 ±1%，并且不是单调地朝一个方向改变时，试验可结束。

5.3.2.4　标定系数和热阻的计算

用 5.3.2 中 e 条测量到的稳态数据的平均值进行计算。热流计的标定系数和热阻分别按式（5）和式（6）计算：

$$f = \frac{f_1 e'_1 + f_2 e'_2}{2e} \quad \text{W/(m}^2 \cdot \text{mV)} \tag{5}$$

$$R = \frac{2(T_1 - T_2)}{f'_1 e'_1 + f_2 e'_2} \quad (\text{m}^2 \cdot \text{K})/\text{W} \tag{6}$$

式中　f'_1、f'_2——标准热流计的标定系数，W/（m^2·mV)；

e'_1、e'_2——标准热流计的输出热电势，mV；

e——待标热流计输出热电势，mV；

T_1、T_2——分别为待标热流计热、冷面的温度，K。

5.4　结果

5.4.1　用绝对法或比较法进行标定，若对标定结果有异议，以绝对法的标定结果为准。

5.4.2　用绝对法标定，标定系数的不确定度优于 ±3%，重复性优于 ±2%。用比较法标定，标定系数的不确定度优于±5%，重复性优于±2%。

5.5 标定报告

标定报告应包括下列内容：

a. 产品名称。

b. 产品规格。

c. 标定日期。

d. 标定系数与平均温度的关系式。必要时给出以标定系数为纵坐标，相应的测定平均温度为横坐标的图表。

e. 若标定系数为热流密度的函数时应给出标定系数与热流密度的关系式或图表。

f. 热流计热阻。

g. 标定方法。

6 检验规则

6.1 出厂检验

6.1.1 每块热流计须按照出厂检验项目进行检验，并附有产品质量合格证书后方能出厂。

6.1.2 检验项目按表3的规定。

表3

项目		检验方法	合格指标
外观质量		目测	符合4.3条规定
外形尺寸（mm）	长	按条款4.4的表1	±0.5
	宽		±0.5
	厚		±0.05
表面平面度（mm）			±0.05
标定系数［W/（m^2·mV）］		按条款5和附录A	10～200
热阻［m^2·K/W］		按条款5	≤0.008

6.2 型式试验

6.2.1 型式检验项目除出厂检验项目外，还应按表4项目检验。

表4

项目	试验方法	性能要求
零点偏移	按条款5和附录A	输出为零
压力对标定系数的影响		无影响
热流计输出热电势与热流密度的关系		函数关系
阻尼层导热系数与标定系数的关系		函数关系

6.2.2 在正常生产情况下，应每三年进行一次型式检验。在有下列情况之一时，亦应进行型式检验：

a. 新试制成的热流计；

b. 热流计的构造、生产工艺或主要材料改变时；

c. 停止生产一年的产品重新生产时；

d. 国家质量监督机构和使用单位提出进行型式检验的要求时。

6.3 抽样方法

每 30 块同规格、同品种的热流计为一批，不足 30 块均按一批计。

从每批中随机抽取 4 块作为一组，用于检测尺寸偏差，零点偏移，压力对标定系数的影响，热流计输出热电势与热流密度的关系及阻尼层对标定系数的影响。外观质量、标定系数及热阻应逐块进行检验。

6.4 判定规则

外观质量、尺寸偏差、零点偏移、压力对标定系数的影响，经检验，如发现有不合格者，应加倍抽样进行复试。复试如仍有不合格者，则判该批产品为不合格。

经试验，若热流计输出热电势与电流密度不成线性关系时，该批热流计应逐块检验。获得每块热流计输出热电势与热流密度之间的关系。

若阻尼层导热系数对标定系数有影响时，也应逐块检验，获得阻尼层导热系数与标定系数之间的关系。

7 标志、包装、运输、贮存

7.1 标志

7.1.1 每块热流计应有产品标志，其内容包括：

a. 产品名称。

b. 制造厂名。

c. 产品标记。

d. 制造日期（或编号）或生产批号。

7.2 包装

产品采用盒装或箱装，并采取防潮措施。附带产品合格证和产品说明书或检验结果报告单。

7.3 运输

运输中应防潮避雨、避免摔碰。

7.4 贮存

热流计应存放在室内，盒装、防潮。

附 录 A
热流计的标定和检验
（补充件）

A.1 热流计应在使用温度范围内，不同平均温度下重复进行标定，作出标定曲线或标定系数与平均温度的关系式。

A.2 热流计用于专门场合时，可针对一个热流选择接近的使用温度下进行标定。

A.3 对任何新型的热流计或改进的热流计（如新的面层或工艺改变），必须进行下列检验，给出标定曲线或一个方程式（标定系数为平均温度、阻尼层材料的导热系数和热流密度的函数)。

A.3.1 零点偏移。热流计置于热均匀介质中，此时输出应为零。若有输出，应检查热流计是否损坏。

A.3.2 压力对标定系数的影响。如果芯板材料是硬的，在正常使用条件下，压力对标定系数无影响（参见 GB 10295 附录 D 第 D2 章）。

A.3.3 标定系数与平均温度的关系。应选择三个平均温度来检验标定系数与温度关系的线性度。若不是线性关系，应选用更多温度点，以便得到标定系数与温度的关系。

A.3.4 热流计输出热电热 e 与通过热流计热流密度 q 的关系。应选用二种或三种不同热阻的试件，在平均温度相同情况下进行标定。如果曲线 $q=F(e)$ 不是直线（斜率等于 f），即标定系数 f 随 q 变化，应在更多的热流密度下标定。标定时要注意严谨操作，以得到热流计输出热电势 e 与热流密度 q 的关系。

A.3.5 阻尼层材料的导热系数对标定系数的影响。最少选两种材料（低的与高的导热系数）做试验。若标定系数与阻尼层导热系数有关，应选用更多的材料，以得到标定系数与阻尼层导热系数之间的关系。

A.4 标定系数应每隔三年标定一次，若标定系数变化大于 5%时，应检查原因，进行处理。

附 录 B
热流计的制作要求
（参考件）

B.1 本标准中所描述的是温度梯度型热流计。热流计是利用在具有确定热阻的板材上产生温差来测量通过它本身的热流密度的装置。

B.2 热流计一般在热稳态或准稳态状态下，测量通过垂直于热流方向平壁形非透明建筑构件的热流密度。

B.3 热流计测量部分的面积一般小于热流计的总面积，其测量部分四周保护框的宽度应大于或等于热流计厚度的 5 倍。

B.4 热流计由芯板、骨架、热电堆、表面板和引线柱组成。

B.4.1 芯板和骨架

热流计的芯板和骨架应由不吸湿的、热匀质的、各向同性的，长期稳定的材料制作。在使用温度范围内及正常使用后，材料的性质不应发生有影响的变化，如用环氧或酚醛树脂板作芯板。芯板的两个表面应平行，以保证热流均

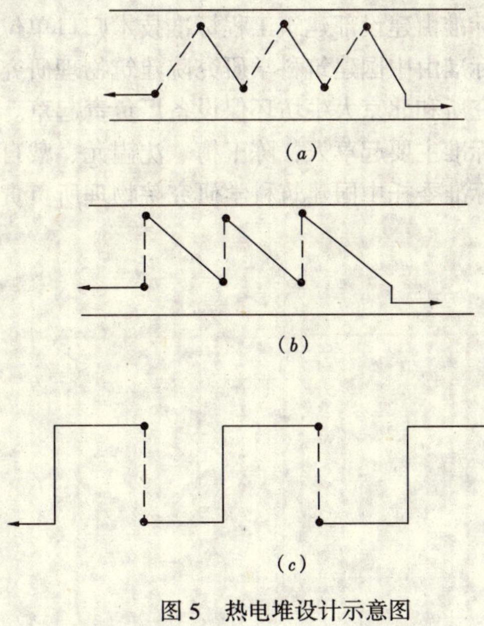

图5 热电堆设计示意图

—金属 A；---金属 B；·热结点

匀垂直于表面。骨架应采用与芯板相同的材料制作。

B.4.2 热电堆

B.4.2.1 一般用热电堆测量芯板上的微小温差。热电堆应尽量选用产生热电势高、线性度好、导热系数低的热电材料制作，直径宜小于0.2mm。可采用在镍铜丝上镀铜的方式制作热电堆。

B.4.2.2 热电堆应均匀分布在热流计中心区域，并且除边缘部分之外，热电堆应平行于热流计的工作表面，应避免采用图5a所示的热接点布置（见GB 10295第5.2条）。

B.4.2.3 电镀是制作热电堆的关键，应采取下列措施，保证镍铜丝半边电镀均匀：

a. 镍铜丝表面应清洗干净去掉油污；

b. 应尽量减小不镀边的电阻值，使之趋近于零；

c. 电镀液不应含有杂质及结晶体析出；

d. 电镀时，电镀液的温度不宜太低。电流密度、电镀时间应根据温度及镀层的厚度决定。

B.4.3 表面板

表面板面层的发射率应与建筑构件（如：墙、地板、天花板等）表面的发射率接近。厚度不宜超过0.3mm。用化学性能稳定，中性粘合剂粘合到芯板上。

B.5 热流计表面应平整，不得翘曲。各部应牢固粘结。

附加说明：

本标准由建设部标准定额研究所提出。

本标准由建设部建筑工程标准技术归口单位中国建筑科学研究院归口。

本标准由中国建筑科学研究院建筑物理研究所、中国预防医学科学院环境卫生与卫生工程研究所和北京大牛坊环保设备厂负责起草。

本标准主要起草人：陈玉梅、沈韫元、戴自祝、李成安、苏保山。

本标准委托中国建筑科学研究院物理所负责解释。

中华人民共和国国家标准

生活锅炉热效率及热工试验方法

Thermal efficiency and test methods of boilers for daily life

GB/T 10820—2002

代替 GB/T 10820—1989

中华人民共和国国家质量监督检验检疫总局 2002-04-28 批准

2002-10-01 实施

前　言

本标准代替 GB/T 10820—1989《燃煤生活锅炉热效率》。

本标准与 GB/T 10820—1989 相比主要技术内容变化如下：

——名称修订为《生活锅炉热效率及热工试验方法》；

——范围中增加了燃油、燃气和电热锅炉，并对锅炉的工作压力（表压）由不大于 0.4MPa 调整为不大于 0.7MPa，对锅炉的额定热功率不作限定（1989 年版的第 1 章；本版的第 1 章）；

——符号不再单列一章，该章调整为规范性引用文件（1989 年版的第 2 章；本版的第 2 章）；

——增加了热效率考核条件，强调锅炉首先应符合安全、环保有关规定（见 3.1）；

——不再对锅炉进行分等考核，并调整了锅炉应保证的最低热效率值（1989 年版的 3.1；本版的 3.2）；

——增加了锅炉热工试验总则（见 4.1）；

——调整了试验要求（1989 年版的 4.4；本版的 4.3）；

——增加了锅炉设计数据综合表（见表 2）；

——试验数据计算结果汇总表列入正文（1989 年版的附录 B；本版的表 3）；

——增加了资料性附录“常用气体一般性质”（见附录 C）。

本标准附录 A、附录 B、附录 D 为规范性附录，附录 C 为资料性附录。

本标准由全国能源基础与管理标准化技术委员会提出并归口。

本标准由中国标准研究中心、西安节能监测中心负责起草。西安市华东电力设备制造有限公司、陕西通用锅炉制造有限公司、宁夏三新真空锅炉制造有限公司、青海省青云锅炉有限公司、北京沃德韦尔节能环保科技责任有限公司参加起草。

本标准主要起草人：杨又新、贾铁鹰、张永照、许传凯、谭兆琦、张裕峰、张少军、卢建省。

本标准首次发布于 1989 年 3 月。

目　次

前言 …… 1174
1　范围 …… 1176
2　规范性引用文件 …… 1176
3　技术要求 …… 1176
3.1　生活锅炉热效率考核条件 …… 1176
3.2　生活锅炉热效率指标 …… 1176
4　热工试验 …… 1177
4.1　总则 …… 1177
4.2　试验准备 …… 1178
4.3　试验要求 …… 1178
4.4　测量项目 …… 1179
4.5　测试方法及使用仪表 …… 1179
4.6　试验结果计算 …… 1180
4.7　试验报告 …… 1182
附录 A（规范性附录）煤炭分类 …… 1186
附录 B（规范性附录）煤的取样和制备 …… 1186
附录 C（资料性附录）常用气体一般性质 …… 1187
附录 D（规范性附录）饱和蒸汽湿度的测定 …… 1187

1 范 围

本标准规定了燃煤、燃油、燃气和电热生活锅炉的热效率及热工试验方法。

本标准适用于压力不大于0.7MPa（表压）的蒸汽锅炉、热水锅炉，以及常压热水锅炉（以下简称常压锅炉）和真空相变热水锅炉（以下简称真空锅炉）。

本标准不适用于余热锅炉及不以水为介质的锅炉。

2 规范性引用文件

下列文件中的条款通过本标准的引用而成为本标准的条款。凡是注日期的引用文件，其随后所有的修改单（不包括勘误的内容）或修订版均不适应于本标准，然而，鼓励根据本标准达成协议的各方研究是否可使用这些文件的最新版本。凡是不注日期的引用文件，其最新版本适用于本标准。

GB 252　轻柴油

GB 474　煤样的制备方法

GB 1576　工业锅炉水质

GB 5749　生活饮用水卫生标准

GB 13271　锅炉大气污染物排放标准

SH/T 0356　燃料油

《蒸汽锅炉安全技术监察规程》

《热水锅炉安全技术监察规程》

《小型和常压热水锅炉安全监察规定》

3 技 术 要 求

3.1 生活锅炉热效率考核条件

考核热效率时，锅炉首先应符合下列规定：

a）锅炉的设计、制造、安装、修理、改造及附件仪表等均应符合锅炉安全技术有关规定：

1）《蒸汽锅炉安全技术监察规程》；

2）《热水锅炉安全技术监察规程》；

3）《小型和常压热水锅炉安全监察规定》；

b）锅炉大气污染物排放应符合 GB 13271 的规定；

c）锅炉燃烧设备、传动装置及辅机的A级噪声应不大于85dB（A）。

3.2 生活锅炉热效率指标

3.2.1 新产品锅炉、新出厂锅炉及节能改造锅炉应保证的最低热效率值按表1的规定。

3.2.2 海拔高度1000m以上地区，允许当地省级节能主管部门会同有关部门根据具体情况对表1中燃煤、燃气和燃油锅炉的热效率规定值作合理调整，调整值范围：0～－5个百分点。手烧燃煤锅炉，允许对表1中相应的热效率规定值降低3个百分点。表1中未列燃料的锅炉热效率规定值由供需双方商定。

3.2.3 表1注2中轻质燃油应符合 GB 252 或 SH/T 0356 的规定。

3.2.4 锅炉热工试验应符合本标准第4章的规定。

表1 生活锅炉应保证的最低热效率值[a]

锅炉额定热功率（N）/MW	使用燃料										
	煤炭[d]								油[b]	气[c]	电热锅炉
	褐煤	烟煤			贫煤	无烟煤					
		Ⅰ	Ⅱ	Ⅲ		Ⅰ	Ⅱ	Ⅲ			
	锅炉热效率/%										
$N \leqslant 0.1$	61	60	62	64	62	54	53	57	83	84 (82)	93
$0.1 < N < 0.35$	63	62	65	68	66	58	56	61	83	84 (82)	93
$0.35 \leqslant N \geqslant 0.7$	67	67	70	73	70	62	60	66	84	86 (84)	94
$0.7 < N \leqslant 1.4$	70	69	72	75	72	65	64	69	86	88 (86)	95
$1.4 < N \leqslant 2.8$	74	71	75	78	75	68	66	74	86	88 (86)	95
$N > 2.8$	76	73	77	80	77	70	68	76	88	88 (87)	95

[a] 表中所列为锅炉额定热功率时的热效率值。

[b] 指轻质燃油。

[c] 即气体燃料，指城市煤气、天然气、液化石油气及其他气体燃料。
括号内为气体燃料收到基低位发热量 $Q_{net,v,ar}$（标态）$< 20000kJ/m^3$ 的热效率规定值，括号外为气体燃料收到基低位发热量 $Q_{net,v,ar}$（标态）$\geqslant 20000kJ/m^3$ 的热效率规定值。

[d] 煤炭分类见附录A。

4 热 工 试 验

4.1 总则

4.1.1 本标准提供的热工试验方法是按本标准3.2的规定考核生活锅炉热效率的配套方法，同时适用于生活锅炉的仲裁试验及其他目的试验。

4.1.2 锅炉热效率通过正平衡法测得，取两次热效率的算术平均值。

4.1.3 锅炉热功率（或供热量）由实测决定。

4.1.4 饱和蒸汽湿度由实测决定。

4.1.5 锅炉热工试验的测试方应具备第三方公正检测资格。

4.1.6 蒸汽发生器、热水机组及使用其他固体燃料生活锅炉的热工试验可参照本标准本章的有关规定。

4.2 试验准备

4.2.1 试验负责人应由熟悉本标准并有锅炉热工试验经验的人担任。试验负责人应根据本标准的有关规定，结合具体情况制定试验大纲。试验负责人应向有关人员（包括司炉）介绍试验大纲，并组织试验大纲的实施。试验大纲内容包括：

a）试验目的和任务；

b）试验要求；

c）测量项目；

d）测点布置与所用仪表、设备；

e）试验人员组织与分工；

f）试验日程与进度；

g）注意事项及其他。

4.2.2 试验前应全面检查锅炉、辅机及供热系统的运行状况是否正常，如有不正常现象应予排除。对于电热锅炉应进行电气线路、开关、控制装置以及安全方面的检查，在确认一切正常后方能通电运行。

4.2.3 按照试验大纲的要求安装仪表和试验设备。

4.2.4 正式试验前，应按试验的要求和测量项目进行预备性试验，以全面检查仪表和试验设备是否正常工作，熟悉试验操作及人员的相互配合。

4.3 试验要求

4.3.1 锅炉给水和锅水应符合 GB 1576 的规定。饮水锅炉的水质应符合 GB 5749 的规定。

4.3.2 正式试验前应使锅炉达到热工况稳定。热工况稳定所需时间（自冷态点火或通电开始并连续运行）：

a）对无砖墙（整装、组装）的锅壳式：

1）燃油、燃气锅炉和电热锅炉不少于 2h；

2）燃煤锅炉不少于 4h；

b）对轻型炉墙锅炉不少于 8h；

c）对重型炉墙锅炉不少于 24h。

4.3.3 正式试验应在锅炉调整到试验工况稳定运行 1h 后，经有关各方确认后开始。

4.3.4 锅炉的试验工况

a）蒸汽锅炉压力不应小于设计压力的 80%，给水温度与设计值之差不应大于 ±10℃；

b）热水锅炉进水温度、出水温度与设计值之差不应大于 ±5℃。试验时锅炉的出水压力不应小于其出口热水温度加 20℃的相应饱和压力；铸铁锅炉的出水压力不应小于其出口热水温度加 40℃的相应饱和压力；

c）常压锅炉、真空锅炉进水温度、出水温度与设计值之差不应大于 ±5℃。

4.3.5 试验期间锅炉热功率的波动不应超过 10%。

4.3.6 在试验结束时，锅筒水位和煤斗煤位均应与试验开始时一致，如不一致应进行修正；蒸汽压力与试验开始时的压力差应小于 ±0.02MPa；进水温度、出水温度与试验开始时的温差应小于 ±2.5℃。试验期间过量空气系数，给燃料量、给水量、循环水量、出水量（或进水量）、炉排速度、煤层厚度等应基本一致。

对于手烧燃煤锅炉应在正式试验前 3min 内将炉内燃煤全部清除，立即重新点火开始计算正式试验。点火应使用准备好的木柴，不允许使用废油、棉纱、油毡等其他引燃材料。试验结束时在符合上述规定的前提下炉内燃煤应充分燃烧。

4.3.7 锅炉的进水温度、出水温度、蒸汽压力以 3min～5min 为间隔作对应记录，其他项目每隔 10min～15min 记录一次。

4.3.8 锅炉试验应在额定热功率下进行两次，每次试验的实测热功率应不低于额定热功率的 97%。

两次试验测得的热效率之差：

a）对于燃煤锅炉应不大于 4 个百分点；

b）对于燃油、燃气锅炉和电热锅炉均应不大于 2 个百分点。

如果两次试验测得的热效率之差大于上述规定，需重新试验，直至符合上述规定。

对于两次以上试验，其平均热效率取热效率之差为最小值的两次试验热效率进行计算。

4.3.9 每次试验持续时间：

a）手烧燃煤锅炉应不少于 5h；

b）非手烧燃煤锅炉应不少于 4h；

c）燃油、燃气锅炉应不少于 2h；

d）电热锅炉应不少于 1h。

4.3.10 试验期间安全阀不得起跳，锅炉不得吹灰、一般情况不排污。

4.3.11 锅炉试验所使用的燃料特性应符合设计要求。

4.3.12 试验所使用的仪表应具备法定检定单位出具的检定合格证（或检定印记）并均应在检定或标定的有效期内。仪表的安装、使用应符合其产品使用说明书和有关规定。在试验开始前和结束后应对仪表进行检查。

4.3.13 试验环境一般应为 0℃～30℃；若为露天装置的锅炉，应避免阳光直接照射，风速大于 5.4m/s 或雨雪天气应停止试验。

4.4 测量项目

4.4.1 测量项目按表 3 中规定。

4.4.2 测量项目对于不同燃料、不同供热方式（蒸汽、热水等）的锅炉是不同的。可按需要在试验大纲内明确，仲裁试验可协商确定。

4.5 测试方法及使用仪表

4.5.1 燃料取样

a）煤的取样和缩制应符合附录 B 的规定。

b）燃油取样应在整个试验时间内从燃烧器前（并尽量靠近燃烧器）的管道截面上连续抽取。小型锅炉可在燃油箱中取样，用抽油管沿油箱垂直高度方向分几点（不少于 3 点）抽取。每次试验应取 2L 以上的原始试样，在容器内搅拌均匀后，立即倒入两只约 1L 的玻璃瓶内，加盖密封，并作上封口标记，供化验分析及备用保存。

c）气体燃料在燃烧器前（并尽量靠近燃烧器）的管道上开一取样孔，接上燃气取样器连续取样。气体燃料的发热量用气体量热计测定，也可按具体成分计算，各种成分气体的发热量参见附录 C。

d）燃料试样应送具备为社会提供公证数据资格的检验机构（实验室）或有关各方认

可的具备燃料化验能力的单位进行化验。

4.5.2　燃料消耗量测量

a）对于煤、柴，使用衡器称重，所使用衡器（包括本标准中其他用于称重的衡器）的示值误差应不大于±0.1%。

b）对于燃油，用衡器称重或由经直接称重标定过的油箱上进行测量，也可通过测量流量及密度确定燃油消耗量。所使用的油流量计，其准确度应不低于0.5级。

c）对于气体燃料，用气体流量计测量，其准确度应不低于1.5级。气体燃料的压力和温度应在流量测点测出。

4.5.3　电热锅炉电耗量测量

用电度表测量，其准确度应不低于1.5级。如果使用互感器，互感器准确度应不低于0.5级。每kW·h电量的发热量以3600kJ计算。

4.5.4　蒸汽流量测量

蒸汽锅炉输出蒸汽量通过测量锅炉给水流量的方法确定。

4.5.5　水流量测量

a）给水流量、循环水量、出水量（或进水量）用标定过的水箱测量或其他流量计测量，流量计准确度应不低于0.5级，并采用累计方法。循环水量应在锅炉进水管道上测定。

b）锅水取样量、排污量用衡器称重或标定过的水箱测量。

4.5.6　压力测量

测量锅炉给水压力、蒸汽压力、进水压力、出水压力及气体燃料压力的压力表，其准确度应不低于1.5级。

大气压力可使用空盒气压表在被测锅炉附近测量，其示值误差应不大于±0.2kPa。

4.5.7　温度测量

锅炉给水温度、出水温度、进水温度及气体燃料温度的测量，可使用水银温度计或其他测温仪表，其示值误差应不大于±0.5℃。测温点应布置在管道上介质温度比较均匀的地方。

环境温度可使用水银温度计在被测锅炉附近测量，其示值误差应大于±0.5℃。

4.5.8　蒸汽湿度测定

饱和蒸汽湿度的测定按附录D的规定。

4.6　试验结果计算

4.6.1　锅炉供热量计算

a）对蒸汽锅炉按式（1）计算：

$$Q = D_{gs}\left(h_{bq} - h_{gs} - \frac{rw}{100}\right) - G_s r \qquad (1)$$

式中　Q——锅炉供热量，单位为千焦每小时（kJ/h）；

D_{gs}——蒸汽锅炉给水流量，单位为千克每小时（kg/h）；

h_{bq}——饱和蒸汽焓，单位为千焦每千克（kJ/kg）；

h_{gs}——给水焓，单位为千焦每千克（kJ/kg）；

r——汽化潜热，单位为千焦每千克（kJ/kg）；

w——蒸汽湿度，单位为质量分数（%）；

G_s——锅水取样量（计入排污量），单位为千克每小时（kg/h）。

b）对热水锅炉、真空锅炉按式（2）计算：

$$Q = G(h_{cs} - h_{js}) \tag{2}$$

式中 Q——锅炉供热量，单位为千焦每小时（kJ/h）；

G——锅炉循环水量，单位为千克每小时（kg/h）；

h_{cs}——锅炉出水焓，单位为千焦每千克（kJ/kg）；

h_{js}——锅炉进水焓，单位为千焦每千克（kJ/kg）。

c）对常压锅炉按式（3）计算：

$$Q = G_c(h_{cs} - h_{js}) \tag{3}$$

式中 Q——锅炉供热量，单位为千焦每小时（kJ/h）；

G_c（G_j）——锅炉出水量（或进水量），单位为千克每小时（kg/h）；

h_{cs}——锅炉出水焓，单位为千焦每千克（kJ/kg）；

h_{js}——锅炉进水焓，单位为千焦每千克（kJ/kg）。

4.6.2 锅炉热效率计算

a）对燃煤锅炉按式（4）计算：

$$\eta = \frac{Q}{BQ_{net,v,ar} + B_{mc}(Q_{net,v,ar})_{mc}} \times 100 \tag{4}$$

式中 η——锅炉热效率，单位为质量分数（%）；

Q——锅炉供热量，单位为千焦每小时（kJ/h）；

B——煤消耗量，单位为千克每小时（kg/h）；

$Q_{net,v,ar}$——煤收到基低位发热量，单位为千焦每千克（kJ/kg）；

B_{mc}——柴消耗量，单位为千克每小时（kg/h）；

$(Q_{net,v,ar})_{mc}$——柴收到基低位发热量，单位为千焦每千克（kJ/kg）。

b）燃油锅炉按式（5）计算：

$$\eta = \frac{Q}{B_{yo}(Q_{net,v,ar})_{yo}} \times 100 \tag{5}$$

式中 η——锅炉热效率，单位为质量分数（%）；

Q——锅炉供热量，单位为千焦每小时（kJ/h）；

B_{yo}——油消耗量，单位为千克每小时（kg/h）；

$(Q_{net,v,ar})_{yo}$——油收到基低位发热量，单位为千焦每千克（kJ/kg）。

c）对燃气锅炉按式（6）计算：

$$\eta = \frac{Q}{B_q(Q_{net,v,ar})_q} \times 100 \tag{6}$$

式中 η——锅炉热效率，单位为质量分数（%）；

Q——锅炉供热量，单位为千焦每小时（kJ/h）；

B_q——气体燃料消耗量（标态），单位为立方米每小时（m^3/h）；

$(Q_{net,v,ar})_q$——气体燃料收到基低位发热量（标态），单位为千焦每立方米（kJ/m^3）。

d）对电热锅炉按式（7）计算：

$$\eta = \frac{Q}{3.6 \times N_{dg} \times 10^3} \times 100 \tag{7}$$

式中 η——锅炉热效率，单位为质量分数（%）；

Q——锅炉供热量，单位为千焦每小时（kJ/h）；

N_{dg}——电消耗量，单位为千瓦时每小时（kW·h）/h。

4.7 试验报告

4.7.1 报告第一部分包括下列内容：

a）锅炉型号（包括出厂日期、生产编号）；

b）锅炉制造厂；

c）委托单位；

d）试验地点；

e）试验日期；

f）试验负责单位；

g）试验负责人；

h）试验参加单位和人员；

i）燃料化验单位。

4.7.2 报告第二部分为正文，包括下列内容：

a）试验目的、任务和要求；

b）测点布置图及测量仪表、设备说明；说明的内容至少应包括：仪表或设备的编号、名称、型号规格、技术指标（测量范围、准确度、分辨率等）及其他事宜；

c）试验工况说明及结果分析；

d）锅炉设计数据综合表（见表2）；

e）试验数据计算结果汇总表（见表3）。

4.7.3 编写试验报告时，试验数据计算结果汇总表应根据本标准要求，选择必要的项目填写。项目的序号分两项，第一项是试验单位自编顺序号，第二项是本标准原序号。

4.7.4 试验原始数据应存档备查。

表2 锅炉设计数据综合表

序　号	名　称	符　号	单　位	设计数据
（一）锅炉一般特性				
1	蒸汽锅炉额定热功率（额定蒸发量）		MW；（t/h）	
2	热水锅炉额定热功率		MW	
3	常压锅炉额定热功率		MW	
4	真空锅炉额定热功率		MW	
5	蒸汽锅炉输出蒸汽量	D_{sc}	kg/h	
6	蒸汽锅炉锅筒蒸汽压力	p	MPa	
7	蒸汽锅炉给水温度	t_{gs}	℃	

续表 2

序号	名称	符号	单位	设计数据
8	热水锅炉循环水量	G	kg/h	
9	热水锅炉进水温度	t_{js}	℃	
10	热水锅炉出水温度	t_{cs}	℃	
11	热水锅炉进水压力	P_{js}	MPa	
12	热水锅炉出水压力	P_{cs}	MPa	
13	常压锅炉进水温度	t_{js}	℃	
14	常压锅炉出水温度	t_{cs}	℃	
15	真空锅炉锅筒压力	p	MPa	
16	真空锅炉循环水量	G	kg/h	
17	真空锅炉进水温度	t_{js}	℃	
18	真空锅炉出水温度	t_{cs}	℃	
19	真空锅炉进水压力	P_{js}	MPa	
20	真空锅炉出水压力	P_{cs}	MPa	
21	炉膛容积	V_T	m^3	
22	炉膛容积热负荷	q_v	W/m^3	
23	炉排面积热负荷	q_R	W/m^2	
24	排烟温度	θ_{py}	℃	
25	锅炉效率	η	%	
26	燃料品种			
27	燃料低位热值（标态）	$Q_{net,v,ar}$	kJ/kg；kJ/m^3	
28	燃料消耗量（标态）	B	kg/h；m^3/h	
29	电热锅炉电耗量	N_{dg}	（kW·h）/h	
（二）受热面				
30	炉膛辐射受热面	H_f	m^2	
31	对流受热面	H_d	m^2	
32	省煤器受热面	H_{sm}	m^2	
33	空气预热器受热面	H_{ky}	m^2	
（三）燃烧设备				
34	炉排型式尺寸（有效长度×宽）		m	
35	炉排传动装置电动机功率		kW	
36	液体燃料燃烧器型式×数量×热功率			
37	燃烧器进油压力		MPa	
38	燃烧器回油压力		MPa	
39	进油温度	t_{yo}	℃	
40	压力雾化电动机功率		kW	
41	转杯式燃烧器电动机功率		kW	
42	气体燃烧器进气压力		MPa	
43	气体燃烧器型式×数量×热功率			
44	进气温度		℃	
（四）除尘装置				
45	除尘器型式×数量			
（五）通风装置				
46	烟囱高度		m	
47	引风机型呈			
48	引风机风量（标态）		m^3/h	
49	引风机风压		Pa	
50	引风机电动机功率		kW	
51	送风机型号			
52	送风机风量（标态）		m^3/h	

续表2

序号	名称	符号	单位	设计数据
53	送风机风压		Pa	
54	送风机电动机功率		kW	
（六）给水装置				
55	注水器数量×通径			
56	蒸汽泵型号×数量			
57	蒸汽泵流量		m^3/h	
58	电动泵型号×数量			
59	电动泵扬程		m	
60	电动泵流量		m^3/h	
61	电动泵电动机功率		kW	

表3　试验数据计算结果汇总表

序号	名称	符号	单位	计算公式或数据来源	试验数据	
					第一次	第二次
1	煤干燥无灰基挥发分	V_{daf}	%	化验数据		
2	煤收到基低位发热量	$Q_{net,v,ar}$	kJ/kg	化验数据		
3	木柴收到基低位发热量	$(Q_{net,v,ar})_{mc}$	kJ/kg	取经验数据：12545		
4	进油温度	t_{yo}	℃	试验数据		
5	燃油密度（标态）	ρ_{yo}	kg/m^3	化验数据		
6	燃油收到基低位发热量	$(Q_{net,v,ar})_{yo}$	kJ/kg	化验数据		
7	气体燃料收到基甲烷	$(CH_4)_{ar}$	%	化验数据		
8	气体燃料收到基乙烷	$(C_2H_6)_{ar}$	%	化验数据		
9	气体燃料收到基丙烷	$(C_3H_8)_{ar}$	%	化验数据		
10	气体燃料收到基丁烷	$(C_4H_{10})_{ar}$	%	化验数据		
11	气体燃料收到基戊烷	$(C_5H_{12})_{ar}$	%	化验数据		
12	气体燃料收到基氢气	$(H_2)_{ar}$	%	化验数据		
13	气体燃料收到基氧气	$(O_2)_{ar}$	%	化验数据		
14	气体燃料收到基氮气	$(N_2)_{ar}$	%	化验数据		
15	气体燃料收到基一氧化碳	$(CO)_{ar}$	%	化验数据		
16	气体燃料收到基二氧化碳	$(CO_2)_{ar}$	%	化验数据		
17	气体燃料收到基硫化氢	$(H_2S)_{ar}$	%	化验数据		
18	气体燃料收到基不饱烃	$(\Sigma C_mH_n)_{ar}$	%	化验数据		
19	标态下 $1m^3$ 干燃气所带的水量（标态）	M_d	kg/m^3	查表或化验数据		
20	标态下气体燃料含灰量（标态）	μ_h	kg/m^3	查表或化验数据		
21	气体燃料容积成分之和	ΣK_i	%	$\Sigma K_i = CH_4 + C_2H_6 + \cdots + O_2 + N_2 + H_2 + \cdots + \Sigma C_mH_n$		
22	干气体燃料密度（标态）	ρ_d	kg/m^3	$\rho_d = 0.0125(CO + N_2) + 0.0009H_2 + \Sigma(0.54m + 0.045n)C_mH_n/100 + 52H_2S + 0.0197CO_2 + 0.0143O_2$ 或 $\rho_d = 0.01\sum_{i=1} K_i(\rho_0)_i$，$(\rho_0)_i$ 查表		
23	气体燃料收到基密度（标态）	ρ_{ar}	kg/m^3	$\rho_{ar} = (\rho_d + M_d + \mu_h)\left(\frac{0.833}{0.833 + M_d}\right)$		
24	气体燃料干基低位发热量（标态）	$(Q_{net,v,d})_q$	kJ/m^3	$(Q_{net,v,d})_q = 0.01\sum_{i=1} K_i (Q_{net,v,d})_i$，$(Q_{net,v,d})_i$ 查表		

续表 3

序号	名　称	符　号	单　位	计算公式或数据来源	试验数据	
					第一次	第二次
25	气体燃料收到基低位发热量（标态）	$(Q_{\text{net,v,ar}})_q$	kJ/m^3	$(Q_{\text{net,v,ar}})_q = (Q_{\text{net,v,d}})_q \times \left(\frac{0.833}{0.833+M_d}\right)$ 或化验数据		
26	给水流量	D_{gs}	kg/h	试验数据		
27	锅水取样量（计入排污量）	G_s	kg/h	试验数据		
28	输出蒸汽量	D	kg/h	$D_{gs}-0.75G_s$		
29	蒸汽压力	P	MPa	试验数据		
30	饱和蒸汽焓	h_{bq}	kJ/kg	查表		
31	蒸汽湿度	w	%	试验数据		
32	汽化潜热	r	kJ/kg	查表		
33	给水温度	t_{gs}	℃	试验数据		
34	给水压力	P_{gs}	MPa	试验数据		
35	给水焓	h_{gs}	kJ/kg	查表		
36	热水锅炉或真空锅炉循环水量	G	kg/h	试验数据		
37	常压锅炉出水量（或进水量）	G_c（G_J）	kg/h	试验数据		
38	进水压力	P_{js}	MPa	试验数据		
39	进水温度	t_{js}	℃	试验数据		
40	进水焓	h_{js}	kJ/kg	查表		
41	出水压力	p_{cs}	MPa	试验数据		
42	出水温度	t_{cs}	℃	试验数据		
43	出水焓	h_{cs}	kJ/kg	查表		
44	锅炉供热量	Q	kJ/h	蒸汽锅炉按式（1）计算 热水锅炉、真空锅炉按式（2）计算 常压锅炉按式（3）计算		
45	锅炉热功率	N	MW	$N=Q/36\times10^{-5}$		
46	锅炉平均热功率	$\overline{N}$	MW	$\overline{N}=(N_1+N_2)/2$		
47	煤消耗量	B	kg/h	试验数据		
48	柴消耗量	B_{mc}	kg/h	试验数据		
49	油消耗量	B_{yo}	kg/h	试验数据		
50	气体燃料温度	t_q	℃	试验数据		
51	气体燃料压力	P_q	MPa	试验数据		
52	大气压力	P_d	MPa	试验数据		
53	环境温度	t_0	℃	试验数据		
54	气体燃料消耗量（标态）	B_q	m^3/h	试验数据		
55	电热锅炉电耗量	N_{dg}	（kW·h）/h	试验数据		
56	试验时间	S	h	试验数据		
57	锅炉热效率	η	%	燃煤锅炉按式（4）计算 燃油锅炉按式（5）计算 燃气锅炉按式（6）计算 电热锅炉按式（7）计算		
58	两次热效率差值	$\Delta\eta$	%	$\Delta\eta=\|\eta_1-\eta_2\|$		
59	平均热效率	$\overline{\eta}$	%	$\overline{\eta}=(\eta_1+\eta_2)/2$		

附 录 A

（规范性附录）

煤 炭 分 类

适用于本标准的煤炭分类见表 A.1。

表 A.1 煤 炭 分 类

序 号	煤炭分类		干燥无灰基挥发分 V_{daf}/%	收到基低位发热值 $Q_{net,v,ar}$/（kJ/kg）
1	褐 煤		≥40	≥11000
2	烟 煤	Ⅰ类	≥20.0	15500≥ $Q_{net,v,ar}$ > 11000
3		Ⅱ类		19700≥ $Q_{net,v,ar}$ > 15500
4		Ⅲ类		> 19700
5	贫 煤		> 10.0 < 20.0	≥18800
6	无烟煤	Ⅰ类	5 ~ 10	15000 ~ 21000
7		Ⅱ类	< 5	> 21000
8		Ⅲ类	5 ~ 10	> 21000

注：工业混煤、型煤以及经洗选和筛分的煤按其干燥无灰基挥发分 V_{daf}和收到基低位发热值 $Q_{net,v,ar}$比照表中数值归为相应煤炭类别。

附 录 B

（规范性附录）

煤的取样和制备

B.1 生活锅炉的上煤先用车从煤场拉至磅秤，过磅后再送至炉前煤斗，取样应紧接在过秤前小车上或炉前地面上进行。取样部位一般在小车上距离四角 5cm 处和中心部位五点取样；在地面上一般在煤堆四周高于地面 10cm 以上处，取样不得少于 5 点；在皮带输送机上取样应用铁铲横截煤流，时间要间隔均匀。上述取样方法每点或每次重量不得少于 0.5kg，取好后的煤样应放入带盖容器中，以防煤中水分蒸发。每次试验所取的原始煤样数量不少于总燃煤量的 1%，且总取样量不少于10kg。

B.2 取化验室煤样，原始煤样应经过混合缩分。混合时把原始煤样放入方形铁皮盘中或铁板上，先将大粒煤破碎，通过 13mm 以下分样筛后，再进行充分搅拌缩分。煤样的缩分简易方法是采用堆掺四分法缩分。操作时用平板铁锹将煤铲起，不应过多，自上而下撒落在锥体的顶端，使其均匀地落在锥体四周，反复三次，以使煤样的粒度分布均匀；然后用锹从锥体顶端压平，形成一个饼状，再分成四个形状相等的扇形体，将相对的两个扇形体抛去。再继续照同样的方法进行掺合和缩分，直到所需煤样重量为止。一般缩分到不小于2kg，分为两份装入容器内，并严密封口，一份送化验室，一份保存备查。

对要求更高的煤样制备应按 GB 474 进行。

附　录　C
（资料性附录）
常用气体一般性质

表 C.1 给出了常用气体的一般性质。

表 C.1　常用气体一般性质

名　　称	分 子 式	密度（标态）ρ_0/（kg/m^3）	沸点/℃	低位发热量（标态）$Q_{net,v,ar}$/（kJ/m^3）
甲　烷	CH_4	0.7168	-161.5	35773.6
乙　烷	C_2H_6	1.356	-88.6	63669.04
乙　烯	C_2H_4	1.2605	-103.5	58989.83
乙　炔	C_2H_2	1.1709	-83.6	55983.26
丙　烷	C_3H_8	2.0037	-42.6	91121.25
丙　烯	C_3H_6	1.915	-47	85894.25
丁　烷	C_4H_{10}	2.703	0.5	118498.18
异丁烷	C_4H_{10}	2.668	-10.2	117921.12
丁　烯	C_4H_8	2.50	-6	113367.35
戊　烷	C_5H_{12}	3.457	36.1	145896.02
硫化氢	H_2S	1.5392	-60.4	23354.24
氢	H_2	0.08987	-252.78	10784.35
一氧化碳	CO	1.2500	-191.5	12620
二氧化碳	CO_2	1.9768	-78.48	
二氧化硫	SO_2	2.9263	-10.0	
三氧化硫	SO_3	(30575)	46	
水蒸汽	H_2O	0.804	100.00	
氧	O_2	1.42895	-182.97	
氮	N_2	1.2505	-195.81	
空气（干）		1.2928	-193	
一氧化氮	NO	1.3402	-152	
一氧化二氮	N_2O	1.9780	-88.7	

附　录　D
（规范性附录）
饱和蒸汽湿度的测定

D.1　蒸汽和锅水样的采集

饱和蒸汽取样器的结构和安装如图 D.1 所示。

为使蒸汽取样管取出的蒸汽含水量与蒸汽引出管中的含水量一致，蒸汽取样管中的速度应和蒸汽引出管中蒸汽速度相等，等速取样时蒸汽试样流量可按式（D.1）决定：

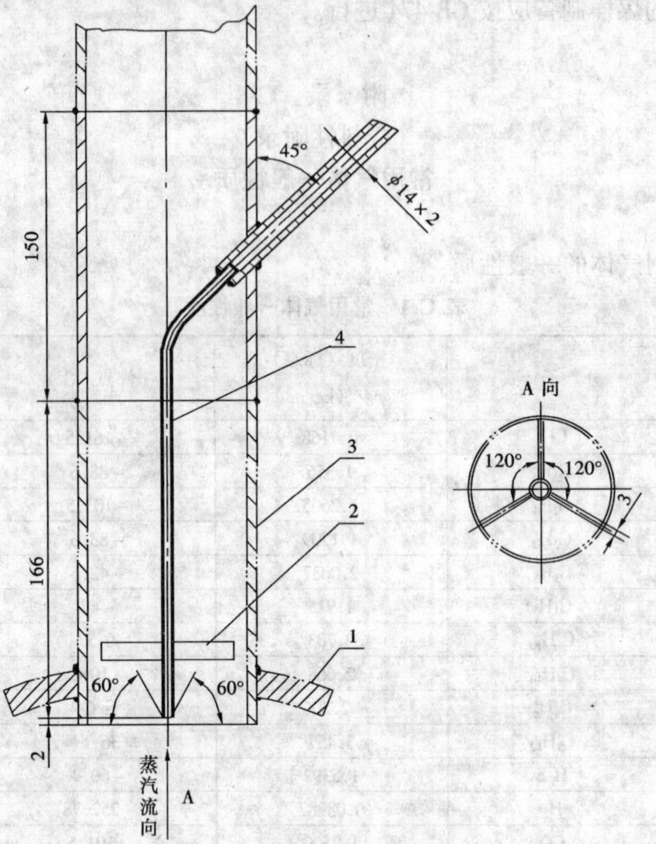

图 D.1　探针式取样器

1—锅筒；2—肋板；3—蒸汽引出管；4—蒸汽取样管

$$D_{qi} = \frac{d_{qi}^2}{d^2} D_{sc} \tag{D.1}$$

式中　D_{qi}——蒸汽试样流量，单位为千焦每小时（kJ/h）；

d_{qi}——蒸汽取样管孔内径，单位为毫米（mm）；

d——蒸汽引出管内径，单位为毫米（mm）；

D_{sc}——锅炉输出蒸汽量，单位为千克每小时（kg/h）。

锅水取样点应从具有代表锅水浓度的管道上引出。

蒸汽和锅水样品，必须通过冷却器冷却到低于 30℃～40℃。取样管道与设备必须用不影响分析的耐蚀材料制成。蒸汽和锅水样品应保持常流，以确保样品有充分的代表性。

盛取蒸汽凝结水样品必须是塑料制成的瓶，盛取锅水样品的容器也可以用硬质玻璃瓶。采样前，应先将取样瓶彻底清洗干净，采样时再用水样冲洗三次以后，按计算的试样流量取样，取样后应迅速盖上瓶塞。

在试验期间应定期同时对锅水和蒸汽进行取样和测定。

取样冷却器的结构如图 D.2 所示。

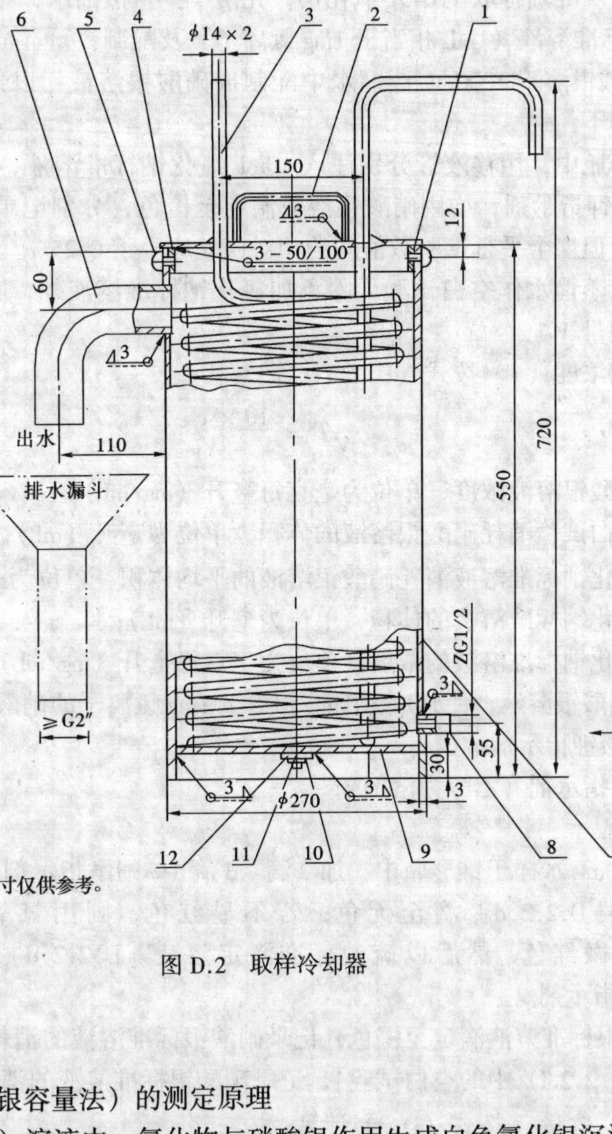

注：图示件号与尺寸仅供参考。

图 D.2　取样冷却器

D.2　蒸汽湿度的测定

D.2.1　氯根法（硝酸银容量法）的测定原理

在中性（pH7 左右）溶液中，氯化物与硝酸银作用生成白色氯化银沉淀，过量的硝酸银与铬酸钾作用生成红色铬酸银沉淀，使溶液显橙色，即为滴定终点。滴入的硝酸银量可以表示出溶液中的氯化物含量。

用氯根法测得的蒸汽和锅水氯根含量之比的质量分数称为饱和蒸汽湿度。

D.2.2　试剂及材料

a）氯化钠：基准试剂。

b）硝酸银。

c）氢氧化钠标准滴定溶液：$c(NaOH)=0.1mol/L$。

d）硫酸标准滴定溶液：$c(H_2SO_4)=0.05mol/L$。

e）氯化钠标准溶液（1mL 含 1mg 氯离子）及配制：

取氯化钠3g~4g置于瓷坩埚内，于高温炉内升温至500℃灼烧10min，然后放入干燥器内冷却至室温。准确称取1.649g氯化钠，先溶于少量蒸馏水，然后稀释至1000mL。

f）硝酸银标准溶液（1mL相当于1mg氯离子）及配制：

称取5g硝酸银溶于1000mL蒸馏水中配制成硝酸银溶液，以氯化钠标准溶液进行标定。标定方法如下：

于三个锥形瓶中，用移液管分别注入10mL氯化钠标准溶液，再各加入90mL蒸馏水及1mL10%铬酸钾指示剂，均用硝酸银溶液滴定至橙色，分别记录硝酸银溶液的消耗量。以平均值计算。但三个平行试验数值间的相对误差应小于0.25%。

另取100mL蒸馏水作空白试验，除不加氯化钠标准溶液外，其他步骤同上。记录硝酸银溶液的消耗量 V_1。

硝酸银溶液浓度（T）按式（D.2）计算：

$$T = \frac{10 \times c}{V - V_1} \tag{D.2}$$

式中 T——硝酸银溶液浓度，单位为毫克每毫升（mg/mL）；

V_1——空白试验消耗硝酸银溶液的体积，单位为毫升（mL）；

V——氯化钠标准溶液消耗硝酸银溶液的平均体积，单位为毫升（mL）；

10——氯化钠标准溶液的体积，单位为毫升（mL）；

c——氯化钠标准溶液的浓度，单位为毫克每毫升（mg/mL）。

最后调整硝酸银溶液，使其成为1mL相当于1mg氯离子的硝酸银标准溶液。

g）10%铬酸钾指示剂。

h）1%酚酞指示剂（乙醇为溶剂）。

D.2.3 测定方法

a）量取100mL水样于锥形瓶中，加2滴~3滴1%酚酞指示剂，若显红色，即用硫酸标准滴定溶液［D.2.2.d］滴至无色；若不显红色，则用氢氧化钠标准滴定溶液［D.2.2.c］滴至微红色，然后以硫酸标准滴定溶液［D.2.2.d］滴回至无色，再加入1mL10%铬酸钾指示剂。

b）用硝酸银标准溶液滴定至橙色，记录硝酸银标准溶液的消耗体积 V_1。同时作空白试验［方法同D.2.2.f）中的空白试验］，记录硝酸银标准溶液的消耗体积 V_2。

氯根（Cl^-）含量 X 按式（D.3）计算：

$$X = \frac{(V_1 - V_2) \times 1.0}{V} \times 1000 \tag{D.3}$$

式中 X——氯根（Cl^-）含量，单位为毫克每升（mg/L）；

V_1——滴定水样消耗硝酸银标准溶液的体积，单位为毫升（mL）；

V_2——滴定空白消耗硝酸银标准溶液的体积，单位为毫升（mL）；

1.0——硝酸银标准溶液的滴定度，1mL相当于1mg氯离子；

V——水样的体积，单位为毫升（mL）。

D.2.4 测定水样时注意事项

a）如水样中氯离子含量小于5mg/L，可将硝酸银标准溶液稀释为1mL相当于0.5mg氯离子后使用。

b）为了便于观察终点，可另取 100mL 水样加 1mL 铬酸钾指示剂作对照。

c）为便于滴定，宜取 10mL 锅水水样加蒸馏水稀释至 100mL 后，按上述规定的方法进行滴定。

中华人民共和国城镇建设行业标准

热 量 表

Heat meters

CJ 128—2000

中华人民共和国建设部 2001-02-05 批准

2001-06-01 实施

前　言

《热量表》标准在我国首次制定。标准制定过程结合了我国热量表研制、生产、使用情况，参照了欧洲热量表标准 EN 1434（Heat meters）和国际法制计量组织的 R75 号国际建议（OIML—R75）。本标准采用了 EN 1434 中的 EN 1434.1、EN 1434.2、EN 1434.4、EN 1434.5 四个标准中的主要内容。对 EN 1434.3 和 EN 1434.6 两个标准暂不采用。铂电阻的结构和应用基本上采用了欧洲标准 EN 1434.2。鉴于 R75 号国际建议也按照 EN 1434 修改，因此，本标准的准确度等级参照 EN 1434 制定。

标准虽然暂不编写 EN 1434.3 的内容，但为了热量表在测试过程中有输出信号接口，也为了信号远传或其他用途，规定热量表应有标准通讯接口。

本标准有七个附录。附录 A～附录 F 都是标准的附录，其中附录 A、附录 C～附录 F 就水的密度和焓值以及流量传感器、温度传感器、计算器和热量表的准确度测量和计算，规定得比欧洲标准详细，便于使用。附录 G 只是为了热量表信号远传和预付费技术的发展提供条件，是提示的附录。

本标准的第 4 章 4.2.3、4.2.4、4.2.5、4.3.3、4.3.4、第 5 章 5.2～5.7、第 6 章 6.2，均为强制性条文，其余为推荐性条文。

本标准由建设部标准定额研究所提出。

本标准由建设部城镇建设标准技术归口单位建设部城市建设研究院归口。

本标准起草单位：建设部城市建设研究院、中国科学院物理研究所、北京德宝泛华机电有限公司、清华同方股份有限公司、丹东思凯电子发展有限责任公司、天津市赛恩电子技术有限公司、江苏环能工程有限公司、中国航空工业沈阳发动机设计研究所沈阳航发热计量技术有限公司、唐山汇中仪表有限公司、大连天正热能自动化设备有限公司、西门子楼宇科技（香港）有限公司、丹佛斯公司。

本标准主要起草人：李国祥、吕士健、王树铎、王作春、狄洪发、史健君、左　晔、王建国、申秀丽、徐彦庆、郑吉发、邵康文、李滨涛。

本标准委托建设部城市建设研究院负责解释。

目　　次

前言 …… 1194
1　范围 …… 1196
2　引用标准 …… 1196
3　术语 …… 1196
4　技术特性 …… 1197
5　技术要求 …… 1199
6　试验方法 …… 1202
7　检验规则 …… 1204
8　标志、包装和贮存 …… 1204
附录 A（标准的附录）水的密度和焓值表 …… 1205
附录 B（标准的附录）铂电阻温度传感器的安装要求 …… 1208
附录 C（标准的附录）流量传感器的准确度试验 …… 1214
附录 D（标准的附录）温度传感器的准确度试验 …… 1215
附录 E（标准的附录）计算器的准确度试验 …… 1216
附录 F（标准的附录）热量表的准确度试验与计算 …… 1217
附录 G（提示的附录）数据通讯接口和预付费装置 …… 1218

1 范　　围

本标准规定了热量表的术语、技术特性、技术要求、试验方法、检验规则、标志、包装和贮存条件。

本标准适用于流动介质为水，温度为4℃～150℃，压力不大于2.5MPa的热量表。

2 引 用 标 准

下列标准所包含的条文，通过在本标准中引用而构成为本标准的条文。本标准出版时，所示版本均为有效。所有标准都会被修订，使用本标准的各方应探讨使用下列标准最新版本的可能性。

GB 191—1990　包装储运图示标志

GB/T 778.3—1996　冷水水表　第3部分：试验方法和试验设备

GB/T 2423.1—1989　电工电子产品基本环境试验规程　试验A：低温试验方法

GB/T 2423.2—1989　电工电子产品基本环境试验规程　试验B：高温试验方法

GB/T 2423.3—1993　电工电子产品基本环境试验规程　试验Ca：恒定湿热试验方法

GB/T 2423.4—1993　电工电子产品基本环境试验规程　试验Db：交变湿热试验方法

GB/T 2828—1987　逐批检查计数抽样程序及抽样表（适用于连续批的检查）

GB/T 2829—1987　周期检查计数抽样程序及抽样表（适用于生产过程稳定性的检查）

GB 4208—1993　外壳防护等级（IP代码）

GB 4706.1—1998　家用和类似用途电器的安全　第一部分：通用要求

GB/T 7306—1987　用螺纹密封的管螺纹

GB/T 7307—1987　非螺纹密封的管螺纹

GB/T 9113—1988　钢制管法兰尺寸

GB/T 17626.2—1998　电磁兼容　试验和测量技术　静电放电抗扰度试验

GB/T 17626.3—1998　电磁兼容　试验和测量技术　射频电磁场辐射抗扰度试验

JB/T 8622—1997　工业铂热电阻技术条件及分度表

JB/T 8802—1998　热水水表规范

JB/T 9329—1999　仪器仪表运输、贮存基本环境条件及试验方法

3 术　　语

3.1　热量表　heat meter

用于测量及显示水流经热交换系统所释放或吸收热量的仪表。

3.2　整体式热量表　complete heat meter

由流量传感器、计算器和配对温度传感器所组成不可分解的整体热量表。

3.3　组合式热量表　combined heat meter

由流量传感器、计算器、配对温度传感器等部件组合而成的热量表。

3.4　流量传感器　flow sensor

安装在热交换系统中，用于采集水流量并发出流量信号的部件。

3.5　温度传感器　temperature sensor

安装在热交换系统中，用于采集水的温度并发出温度信号的部件。

3.6 配对温度传感器 temperature sensor pair

在同一个热量表上，分别用来测量热交换系统的入口和出口温度的一对计量特性一致或相近的温度传感器。

3.7 计算器 calculator

接收来自流量传感器和配对温度传感器的信号，进行热量计算、存储和显示系统所交换的热量值的部件。

3.8 温差（Δt） temperature difference

热交换系统入口和出口水的温度差值。

3.9 最小温差(Δt_{min}) minimum temperature difference

温差的下限值，在此温差下，热量表准确度不应超过误差限。

3.10 最大温差(Δt_{max}) maximum temperature difference

温差的上限值，在此温差下，热量表准确度不应超过误差限。

3.11 流量（q） flow-rate

单位时间内，流经热量表的热载体水的体积或质量。q_v 为体积流量，q_m 为质量流量。

3.12 最小流量（q_{min}） minimum flow-rate

水流经热交换系统时的最小流量，在此流量时，热量表准确度不应超过误差限。

3.13 常用流量（q_p） the permanent flow-rate

系统正常连续运行时，水的最大流量，在此流量下，热量表准确度不应超过误差限。

3.14 最大流量（q_{max}） maximum flow-rate

水流经热交换系统，在短时间（<1h/天；<200h/年）内，正常运行的最大流量，在此流量下，热量表准确度不应超过误差限。

3.15 累积流量 total volume

流经热量表水的体积总和。

3.16 温度上限（t_{max}） the highest temperature

在热量表准确度不超过误差限时，水可能达到的最高温度。

3.17 温度下限（t_{min}） the lowest temperature

在热量表准确度不超过误差限时，水可能达到的最低温度。

3.18 最大允许工作压力(MAP) maximum admissible working pressure

在温度上限持续工作时，热量表所能承受的最大工作压力。

3.19 压力损失 pressure loss

在给定的流量下，热量表所造成的压力降低值。

3.20 最大允许压力损失 maximum admissible pressure loss

在常用流量 q_p 时，水流经热量表的压力损失的限定值。

3.21 最大热功率 maximum thermal power

在热量表准确度不超过误差限时，热功率可能达到的最大值。

4 技 术 特 性

4.1 热量测量

在热交换系统中安装整体式热量表或组合式热量表，当水流经系统时，根据流量传感器给出的流量和配对温度传感器给出的供回水温度，以及水流经的时间，通过计算器可计算并显示该系统所释放或吸收的热量。其基本公式为式（1）：

$$Q = \int_{\tau_0}^{\tau_1} q_m \Delta h \mathrm{d}\tau = \int_{\tau_0}^{\tau_1} \rho q_V \Delta h \mathrm{d}\tau \tag{1}$$

式中　Q——释放或吸收的热量，J 或 W·h；

q_m——流经热量表的水的质量流量，kg/h；

q_V——流经热量表的水的体积流量，m^3/h；

ρ——流经热量表的水的密度，kg/m^3；

Δh——在热交换系统的入口和出口温度下，水的焓值差，J/kg；

τ——时间，h。

公式（1）中密度和焓值应符合本标准附录 A（标准的附录）的规定。当温度为非整数时，应进行插值修正。

4.2　热量表结构和材料

4.2.1　热量表由流量传感器、配对温度传感器和计算器构成。热量表入口宜配置过滤装置。

4.2.2　热量表应有检测接口或数据通讯接口，其要求见附录 G（提示的附录），但所有接口均不得改变热量表计量特性。

4.2.3　热量表的壳体必须防水、防尘侵入。

4.2.4　流量传感器的材料，特别是转动部件，应有足够的机械强度及耐蚀性，并且在本标准表 2 的水温条件下能正常工作。

4.2.5　温度传感器结构和材料

4.2.5.1　温度测量应采用铂电阻温度传感器，其结构和安装应符合附录 B（标准的附录）的规定。如果温度传感器和计算器组成一体，也可采用其他形式的温度传感器。温度传感器应经过测量选择配对。

4.2.5.2　温度传感器与管路的连接，应采用密封螺纹连接，螺纹规格应符合国家的相关标准。

4.3　主要参数

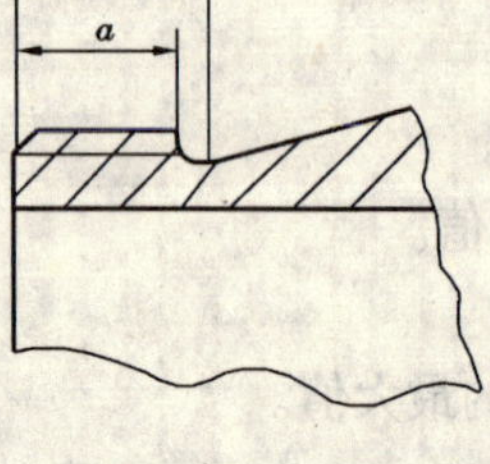

图 1

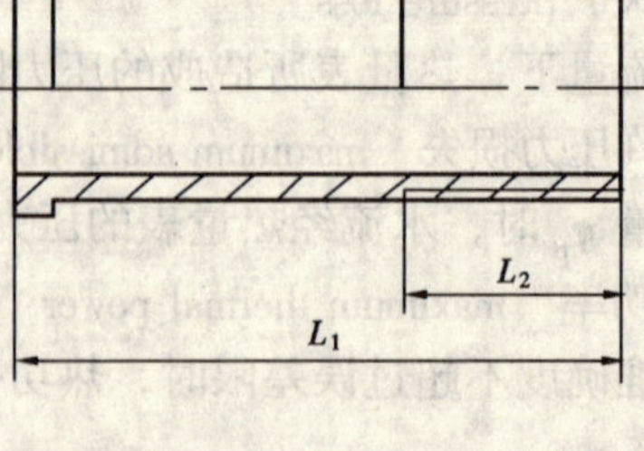

图 2

4.3.1　流量传感器采用螺纹连接时，连接尺寸和方法见表 1、图 1 和图 2。公称直径

40mm 以上或公称直径 40mm 以下（含 40mm），但工作压力大于 1.6MPa，小于 2.5MPa 的流量传感器应采用法兰连接，其法兰尺寸应符合 GB/T 9113 的规定。

表 1

公称直径 DN	常用流量 q_p (m^3/h)	流量传感器接口尺寸（见图 1）			流量传感器接管尺寸（见图 2）		
		接口螺纹 D	螺纹长度		接管长度 L_1 (mm)	螺纹有效长度 L_2 (mm)	螺纹 D_1
			a_{min} (mm)	b_{min} (mm)			
15	0.6	G¾B	10	12	45	14	R1/2
	1.5						
20	2.5	G1B	12	14	50	16	R3/4
25	3.5	G1¼B	12	16	58	18	R1
32	6.0	G1½B	13	18	60	20	R1¼
40	10	G2B	13	20	62	22	R1½

4.3.2 温度与压力

热量表按工作条件分为两种类型，见表 2。

表 2

类 型	温度，℃	压力，MPa
常温型	4～95	≤1.6
高温型	4～150	≤2.5

4.3.3 流量

热量表的常用流量应符合 GB/T 778.3 冷水水表的要求，最低一档常用流量为 $0.6m^3/h$。常用流量与最小流量之比应为 10、25、50 或 100。公称直径≤40mm 的热量表，其常用流量与最小流量之比必须采用 50 或 100。

4.3.4 温差

热量表的最大温差与最小温差之比应大于 10，供货厂家必须提供最小温差值，一般最小温差可为 1℃、2℃、3℃、5℃和 10℃，但公称直径≤40mm 的热量表，Δt_{min}≤3℃。

5 技 术 要 求

5.1 环境温度

环境 A 类：+5℃～+55℃，环境 B 类：−25℃～+55℃。

5.2 显示要求

5.2.1 热量表至少显示热量、流量、累积流量、供回水温度和累积工作时间。

5.2.2 热量的显示单位必须用 J 或 W·h 及其十倍数。累积流量的显示单位必须用 m^3。温度的显示单位必须用℃显示。显示单位必须标在不被混淆的位置。

5.2.3 显示数字的可见高度不应小于 4mm，小数数字必须有小数点分开。

5.2.4 热量表必须能够在最大热功率下持续 3000h 无超量程地显示热量。在最大热功率下工作 1h，热量表最小位数至少步进一位。

5.3 性能要求

5.3.1 强度和密封性

应能承受规定温度及压力下的水压强度试验和密封性试验。试验结果无渗漏、无损坏。

5.3.2 计量特性

热量表计量准确度分为三级，采用相对误差限 E 表示，相对误差限 E 定义如下：

$$E = \frac{V_d - V_c}{V_c} \times 100\% \tag{2}$$

式中 V_d——显示的测量值；

V_c——常规真实值。

1 级（见注）$E = \pm\left(2 + 4\frac{\Delta t_{min}}{\Delta t} + 0.01\frac{q_p}{q}\right)$ (3)

2 级 $E = \pm\left(3 + 4\frac{\Delta t_{min}}{\Delta t} + 0.02\frac{q_p}{q}\right)$ (4)

3 级 $E = \pm\left(4 + 4\frac{\Delta t_{min}}{\Delta t} + 0.05\frac{q_p}{q}\right)$ (5)

式中 E——相对误差限，%；

Δt_{min}——最小温差，℃；

Δt——使用范围内的温差，℃；

q_p——常用流量，m^3/h；

q——使用范围内的流量，m^3/h。

5.3.2.1 整体式热量表准确度应按上述三个等级执行。

5.3.2.2 组合式热量表准确度等级可按分部件误差限执行。热量表总误差为三项误差的算术和值（绝对值和）。

5.3.3 计算器误差限 E_c

$$E_c = \pm\left(0.5 + \frac{\Delta t_{min}}{\Delta t}\right) \tag{6}$$

5.3.4 配对温度传感器误差限 E_t

$$E_t = \pm\left(0.5 + 3\frac{\Delta t_{min}}{\Delta t}\right) \tag{7}$$

5.3.5 流量传感器误差限 E_q

1 级（见注） $E_q = \pm\left(1 + 0.01\frac{q_p}{q}\right)$ (8)

2 级 $E_q = \pm\left(2 + 0.02\frac{q_p}{q}\right)$ (9)

3 级 $E_q = \pm\left(3 + 0.05\frac{q_p}{q}\right)$ (10)

各级流量传感器误差限最大不应超过 5%。

注：如果第 1 级误差限能被测量和第 1 级流量传感器能够实现，那么第 1 级的 E 和 E_q 按公式(3)和(8)计算。

5.3.6 最大允许压力损失

在常用流量时，最大允许压力损失不应超过 0.025MPa。

5.3.7 电源要求

5.3.7.1 热量表的电源宜采用内装电池，内装电池的使用寿命应大于5年。

5.3.7.2 外接电网电源电压 $V_n = (220^{+22}_{-33})$ V，频率 $f_n = (50 \pm 1)$ Hz。

5.3.7.3 更换电池时，不得损坏热量表的检定标志。

5.3.7.4 工作电源欠压时，应提示。

5.4 加速耐用性

加速耐用性按表3的规定执行。

表3

项　目	试　验　条　件	备　　注
流量传感器	在温度为 $t_{max} - 5$℃，最大流量 q_{max} 时，连续运转300h	准确度误差限应符合本标准5.3.5的规定
配对温度传感器	温度加热到上限，再降到下限，重复10次	准确度误差限应符合本标准5.3.4的规定
计算器	在最大热功率连续运转500h	准确度误差限应符合本标准5.3.3的规定

5.5 安全要求

5.5.1 断电数据保护　当电源停止供电时，热量表应能保存所有数据，恢复供电后，能够恢复正常计量功能；断电期间应有措施计量或计算断电期间的热量。

5.5.2 抗磁干扰　当受到磁铁干扰时，不应影响其计量特性。

5.5.3 外壳防护等级　按GB 4208的规定，环境A类的热量表应具有IP52防护等级，环境B类的热量表应具有IP54的防护等级。

5.5.4 封印　热量表应有可靠封印，在不破坏封印的情况下，不能拆卸热量表。

5.5.5 热量表电器绝缘性能应符合GB 4706.1的规定。

5.6 运输要求

仪表按规定装入包装箱后，运输途中不应受雨、霜、雾直接影响，按标志向上放置，并不受挤压、撞击等损伤。运输的环境条件按JB/T 9329的规定执行。其温度范围可按热量表的环境等级而定，如环境A类为+5℃~55℃；环境B类为-25℃~55℃。

5.7 计算器的运行环境要求

在表4规定的运行环境条件下，计算器的性能不应受影响。

表4

项　目	环　境　条　件
干热环境	温度（55±2)℃、湿度不超过20%。
冷却环境	环境A：温度（5±3)℃、环境B：温度（-25±3)℃。
恒定湿热环境	温度（40±2)℃、湿度不低于93%。
循环湿热环境	温度由25℃变化至50℃、湿度不低于93%，循环2次。
电源电压变化	1）外接电源：电压上限为 $1.1V_n$、电压下限为 $0.85V_n$、频率变化为（0.98~1.02）f_n。 2）内置电池：电压上限为20℃无负载时的电池电压、电压下限为供货商规定的最低工作电压
电磁兼容性	1）静电放电抗扰度应符合GB/T 17626.2—1998第5章的规定，试验等级为2级，接触放电4kV，性能判据： a）试验时热量表功能暂时降低或丧失，但能自动恢复； b）热量表内程序不能有任何变化，内存数据不能丢失或改变。 2）射频电磁场辐射抗扰度应符合GB/T 17626.3—1998第5章的规定，试验等级为2级，试验场强3V/m，频率为80~1000 MHz

6 试 验 方 法

6.1 试验室试验条件

温度范围：15℃~35℃；相对湿度：25%~75%；大气压力：86kPa~106kPa。

6.2 试验装置

6.2.1 应能满足被测器具计量学特性，误差应不大于被测仪器 1/5 的试验装置。

6.2.2 流量传感器试验装置 冷水试验可按 GB/T 778.3 规定的冷水水表试验装置，热水试验可按 JB/T 8802 规定的热水水表试验装置。

6.2.3 计算器试验装置 一台脉冲发生器，用于模拟流量传感器的信号。一个准确度为万分之一的标准电阻，用于模拟铂电阻在对应测试温度下的阻值，也可以采用通过计量部门认定的试验装置。

6.2.4 温度传感器试验装置 温度传感器试验可按 JB/T 8622 规定的试验装置。

6.3 压力试验

6.3.1 出厂检验应按 GB/T 778.3—1996 冷水水表的第 3 部分的规定进行试验。

6.3.2 型式试验时应按 JB/T 8802 的规定进行试验，水温（55±5)℃。

6.3.3 试验装置和流量传感器内的空气应排除干净，试验装置应防泄漏，压力应逐渐增加，防止压力骤增。

6.4 热量表准确度试验

热量表准确度试验可分别对流量传感器、温度传感器和计算器进行性能测试或采用经计量部门认定的热量整体测量装置进行整体测试。

6.4.1 流量传感器准确度测试 进行测试时，流量传感器上、下游应为直管段，直管段长度应按被测流量传感器的要求执行。流量传感器的准确度测试和计算按附录 C（标准的附录）的规定进行。

6.4.2 温度传感器准确度测试 温度传感器的准确度测试和计算按附录 D（标准的附录）的规定进行。

6.4.3 计算器准确度测试 计算器的准确度测试和计算按附录 E（标准的附录）的规定进行。

6.4.4 热量表的准确度测试与计算 热量表的准确度测试与计算按附录 F（标准的附录）的规定进行。

6.5 压损试验

按 JB/T 8802 标准规定的压力损失试验进行。流量为常用流量，温度为（55±5)℃，压力损失应满足 5.3.6 的规定。

6.6 加速耐用性试验

按表 3 的规定进行热量表所有部件的加速耐用性试验，其误差限应满足 5.3.3~5.3.5 的规定。

6.7 运输条件试验

试验方法按 JB/T 9329 的规定进行。

6.8 内装电池寿命试验

根据电池额定容量值的 80%作为参考数据，按半年工作条件和半年休眠状态下实测的热量表相应电流的总和，计算出该热量表的功耗及相应的电池使用时间。

6.9 计算器环境试验

6.9.1 干热试验：根据表4的环境条件，按GB/T 2423.2的规定进行。

模拟水温（55±5)℃、温差$1.1\Delta t_{min}$、流量$1.1q_{min}$；试验样品达到温度稳定后，试验时间为2h。

6.9.2 冷却试验，根据表4的环境条件，按GB/T 2423.1的规定进行。

模拟水温（55±5)℃、温差$1.1\Delta t_{min}$、流量$1.1q_{min}$；试验样品达到温度稳定后，试验时间为2h。

6.9.3 恒定湿热试验，根据表4的环境条件，按GB/T 2423.3的规定进行。

模拟水温（55±5)℃、温差$1.1\Delta t_{min}$、流量$1.1q_{min}$；试验时间为试验样品达到温度稳定后2h。

6.9.4 循环湿热试验，根据表4的环境条件，按GB/T 2423.4的规定进行。

模拟水温（55±5)℃、温差$1.1\Delta t_{min}$、流量$1.1q_{min}$；12h为1个循环周期，周期数为2。

6.9.5 电压变化试验

6.9.5.1 电源电压变化试验　按表4的条件进行试验，模拟水温（55±5)℃，温差$1.1\Delta t_{min}$，流量$1.1q_{min}$，并满足5.7的规定。

6.9.5.2 电池电压变化试验　按表4的条件进行试验，模拟水温（55±5)℃，温差$1.1\Delta t_{min}$，流量$1.1q_{min}$，并满足5.7的规定。

6.9.6 电磁兼容性试验

6.9.6.1 射频电磁场辐射抗扰度试验　按GB/T 17626.3的规定进行试验，试验后应满足5.7的规定。

6.9.6.2 静电放电抗扰度试验　放电可施加在热量表的任何表面上，通常是用户能接触到的表面，接触放电电压为4kV，放电方式为单击、次数10次。放电电极接近热量表，直到发生放电现象为止。在下一次放电前要移开电极。连续放电时间的间隔应大于10s，试验按GB/T 17626.2的规定进行。

测试期间流量为0，试验后应满足5.7的规定。

6.10 显示器检测

测量各显示符号的高度应不低于4mm；目测显示器显示热量的单位，用J、W·h或其十进制倍数显示；目测显示器显示累积流量的单位，用m^3显示；目测显示器显示介质温度的单位，用℃显示；目测演示测量参数，满足5.2.1的规定。

6.11 安全要求检测

6.11.1 断电保护功能检测　当电源中断时，热量表保存所有数据，并记录中断的时间。当故障排除后，热量表自动恢复功能。

6.11.2 封印保护功能检测　目测所有影响计量的可拆卸部件的封印保护。

6.11.3 防磁保护功能检测　热量表正常工作条件下，将流量传感器、计算器壳体和显示器放置在磁场强度为100kA/m的环境下，监测期间显示器各指示值不能发生间断和突然加、减速现象。

6.11.4 目测检查外壳防护等级标志，满足5.5.3的要求。

6.11.5 热量表电器绝缘等级检测应按 GB 4706.1 的规定执行。

7 检 验 规 则

7.1 检验分类

热量表检验分为出厂检验和型式检验。

7.2 出厂检验

热量表出厂检验应由厂家的检验部门进行检验，并签署合格证后方可出厂。

7.3 型式检验

热量表在下列情况时须进行型式检验：

a）当生产材料、工艺和产品结构有变化，影响到产品质量时；

b）停产一年后恢复生产时；

c）正常生产时，每三年应进行一次型式检验。

7.4 组批与抽样

7.4.1 热量表应成批提交检验，每批应由同一型号、同一工艺状态下生产的热量表组成。

7.4.2 尺寸验收的抽样及合格水平按 GB/T 2828 的规定进行。

7.4.3 性能测试验收 出厂检验和型式检验的测试项目应按表 5 的规定执行；出厂检验应逐块表进行测试，所有项目合格时为合格；型式检验应按 GB/T 2829 的规定进行抽样和判断。

表5 检 测 项 目 表

序 号	技 术 要 求	对应条款	出厂检验	型式检验
1	显示要求	5.2	√	√
2	强度和密封性	5.3.1	√	√
3	热量表准确度	5.3.2	√	√
4	计算器准确度	5.3.3	√	√
5	配对温度传感器准确度	5.3.4	√	√
6	流量传感器准确度	5.3.5	√	√
7	最大允许压力损失	5.3.6	×	√
8	电源要求	5.3.7	√	√
9	加速耐用性	5.4	×	√
10	安全要求	5.5	√	√
11	运输要求	5.6	×	√
12	计算器运行环境要求	5.7	×	√
注：表 5 中打√的表示要求检测的项目，打 × 的表示不要求检测的项目。				

7.5 不合格规定

如检验结果不合格时，可以加倍重新取样，对不合格项复验，如复验结果符合本标准规定，则该批产品合格。如仍不合格，则该批产品不合格。

8 标志、包装和贮存

8.1 产品标志

8.1.1 必须在流量传感器上用箭头标出水流方向。

8.1.2 每套热量表的标志可制成标牌，固定在表身明显位置上。标牌应包括如下内容：

——制造厂名称、商标和出厂编号；

——产品名称、型号、流量范围、温度范围、温差范围、压力等级、准确度等级；

——环境温度类别；

——制造计量器具许可证标志、编号。

8.2 产品包装

包装箱外按 GB 191 的规定印刷“向上”、“防潮”、“小心轻放”标志，并标注厂址名称、计量器具许可证标志、编号、净重和制造日期（或编号）。

箱内随机文件有：

——产品合格证；

——使用说明书；

——装箱单。

8.3 贮存环境条件

8.3.1 产品垫离地面至少 30cm，距离四壁不应少于 1m，距离采暖设备不应少于 2m。

8.3.2 仓库的环境条件规定 环境 A 类：+5℃～+55℃；环境 B 类：-25℃～+55℃；相对湿度：小于 80%。

仓库内应无酸、碱、易燃、易爆、有毒等化学物品和其他具有腐蚀性的气体及物品，应防止强烈电磁场作用和阳光直射。

附 录 A

（标准的附录）

水的密度和焓值表

A1 当工作压力≤1.0MPa 时，水的密度和焓值应采用表 A1。

表 A1 $P=0.6000$MPa，温度为 1℃～150℃时水的密度和焓值表

温度 ℃	密度 kg/m³	焓 kJ/kg	温度 ℃	密度 kg/m³	焓 kJ/kg	温度 ℃	密度 kg/m³	焓 kJ/kg
1	1000.2	4.7841	12	999.74	50.989	23	997.77	97.021
2	1000.2	8.9963	13	999.61	55.178	24	997.52	101.20
3	1000.2	13.206	14	999.48	59.367	25	997.27	105.38
4	1000.2	17.412	15	999.34	63.554	26	997.01	109.56
5	1000.2	21.616	16	999.18	67.740	27	996.74	113.74
6	1000.2	25.818	17	999.01	71.926	28	996.46	117.92
7	1000.1	30.018	18	998.83	76.110	29	996.17	122.10
8	1000.1	34.215	19	998.64	80.294	30	995.87	126.28
9	1000.0	38.411	20	998.44	84.476	31	995.56	130.46
10	999.94	42.605	21	998.22	88.659	32	995.25	134.63
11	999.84	46.798	22	998.00	92.840	33	994.93	138.81

续表 A1

温度 ℃	密度 kg/m³	焓 kJ/kg	温度 ℃	密度 kg/m³	焓 kJ/kg	温度 ℃	密度 kg/m³	焓 kJ/kg
34	994.59	142.99	73	976.25	306.10	112	949.63	470.20
35	994.25	147.17	74	975.66	310.29	113	948.86	474.44
36	993.91	151.35	75	975.06	314.48	114	948.08	478.67
37	993.55	155.52	76	974.46	318.68	115	947.29	482.90
38	993.19	159.70	77	973.86	322.87	116	946.51	487.14
39	992.81	163.88	78	973.25	327.06	117	945.71	491.37
40	992.44	168.06	79	972.63	331.26	118	944.92	495.61
41	992.05	172.24	80	972.01	335.45	119	944.11	499.85
42	991.65	176.41	81	971.39	339.65	120	943.31	504.09
43	991.25	180.59	82	970.76	343.85	121	942.50	508.34
44	990.85	184.77	83	970.12	348.04	122	941.68	512.58
45	990.43	188.95	84	969.48	352.24	123	940.86	516.83
46	990.01	193.13	85	968.84	356.44	124	940.04	521.08
47	989.58	197.31	86	968.19	360.64	125	939.21	525.33
48	989.14	201.49	87	967.53	364.84	126	938.38	529.58
49	988.70	205.67	88	966.87	369.04	127	937.54	533.83
50	988.25	209.85	89	966.21	373.25	128	936.70	538.09
51	987.80	214.03	90	965.54	377.45	129	935.86	542.35
52	987.33	218.21	91	964.86	381.65	130	935.01	546.61
53	986.87	222.39	92	964.18	385.86	131	934.15	550.87
54	986.39	226.57	93	963.50	390.07	132	933.29	555.13
55	985.91	230.75	94	962.81	394.27	133	932.43	559.40
56	985.42	234.94	95	962.12	398.48	134	931.56	563.67
57	984.93	239.12	96	961.42	402.69	135	930.69	567.93
58	984.43	243.30	97	960.72	406.90	136	929.81	572.21
59	983.93	247.48	98	960.01	411.11	137	928.93	576.48
60	983.41	251.67	99	959.30	415.33	138	928.05	580.76
61	982.90	255.85	100	958.58	419.54	139	927.16	585.04
62	982.37	260.04	101	957.86	423.76	140	926.26	589.32
63	981.84	264.22	102	957.14	427.97	141	925.37	593.60
64	981.31	268.41	103	956.41	432.19	142	924.46	597.88
65	980.77	272.59	104	955.67	436.41	143	923.56	602.17
66	980.22	276.78	105	954.93	440.63	144	922.64	606.46
67	979.67	280.97	106	954.19	444.85	145	921.73	610.76
68	979.12	285.15	107	953.44	449.07	146	920.81	615.05
69	978.55	289.34	108	952.69	453.30	147	919.88	619.35
70	977.98	293.53	109	951.93	457.52	148	918.95	623.65
71	977.41	297.72	110	951.17	461.75	149	918.02	627.95
72	976.83	301.91	111	950.40	465.98	150	917.08	632.26

A2 当工作压力＞1.0MPa，且≤2.5MPa时，水的密度和焓值应采用表A2。

表A2 当 $P = 1.6000$MPa时，温度为1℃～150℃水的密度和焓值表

温度 ℃	密度 kg/m³	焓 kJ/kg	温度 ℃	密度 kg/m³	焓 kJ/kg	温度 ℃	密度 kg/m³	焓 kJ/kg
1	1000.7	5.7964	38	993.62	160.59	75	975.51	315.29
2	1000.7	10.004	39	993.25	164.77	76	974.91	319.48
3	1000.7	14.209	40	992.87	168.94	77	974.30	323.67
4	1000.7	18.411	41	992.49	173.12	78	973.70	327.86
5	1000.7	22.611	42	992.09	177.30	79	973.08	332.06
6	1000.7	26.808	43	991.69	181.47	80	972.40	336.25
7	1000.6	31.004	44	991.28	185.65	81	971.84	340.44
8	1000.6	35.197	45	990.87	189.82	82	971.21	344.64
9	1000.5	39.389	46	990.44	194.00	83	970.57	348.83
10	1000.4	43.579	47	990.02	198.18	84	969.93	353.03
11	1000.3	47.768	48	989.58	202.36	85	969.29	357.23
12	1000.2	51.956	49	989.14	206.53	86	968.64	361.42
13	1000.1	56.142	50	988.69	210.71	87	967.99	365.62
14	999.95	60.327	51	988.23	214.89	88	967.33	369.82
15	999.80	64.511	52	987.77	219.07	89	966.66	374.02
16	999.64	68.693	53	987.30	223.25	90	965.99	378.22
17	999.47	72.875	54	986.83	227.42	91	965.32	382.43
18	999.29	77.057	55	986.35	231.60	92	964.64	386.63
19	999.10	81.237	56	985.86	235.78	93	963.96	390.83
20	998.89	85.417	57	985.37	239.96	94	963.27	395.04
21	998.68	89.596	58	984.87	244.14	95	962.58	399.24
22	998.45	93.774	59	984.36	248.33	96	961.88	403.45
23	998.22	97.952	60	983.85	252.51	97	961.18	407.66
24	997.98	102.13	61	983.33	256.69	98	960.48	411.87
25	997.72	106.31	62	982.81	260.87	99	959.77	416.08
26	997.46	110.48	63	982.28	265.05	100	959.05	420.29
27	997.19	114.66	64	981.75	269.24	101	958.33	424.51
28	996.91	118.84	65	981.21	273.42	102	957.61	428.72
29	996.92	123.01	66	980.66	277.61	103	956.88	432.93
30	996.32	127.19	67	980.11	281.79	104	956.15	437.15
31	996.01	131.36	68	979.55	285.98	105	955.41	441.37
32	995.69	135.54	69	978.99	290.16	106	954.67	445.59
33	995.37	139.72	70	978.43	294.35	107	953.92	449.81
34	995.04	143.89	71	977.85	298.54	108	953.17	454.03
35	994.69	148.07	72	977.27	302.72	109	952.41	458.25
36	994.35	152.24	73	976.69	306.91	110	951.65	462.48
37	993.99	156.42	74	976.10	311.10	111	950.89	466.70

续表 A2

温度 ℃	密度 kg/m³	焓 kJ/kg	温度 ℃	密度 kg/m³	焓 kJ/kg	温度 ℃	密度 kg/m³	焓 kJ/kg
112	950.12	470.93	125	939.72	526.02	138	928.58	581.41
113	949.34	475.16	126	938.89	530.27	139	927.70	585.69
114	948.57	479.39	127	938.06	534.52	140	926.81	589.96
115	947.78	483.62	128	937.22	538.77	141	925.91	594.24
116	947.00	487.85	129	936.37	543.03	142	925.01	598.53
117	946.21	492.08	130	935.52	547.28	143	924.10	602.81
118	945.41	496.32	131	934.67	551.54	144	923.19	607.10
119	944.61	500.56	132	933.82	555.80	145	922.28	611.39
120	943.81	504.80	133	932.95	560.07	146	921.36	615.68
121	943.00	509.04	134	932.09	564.33	147	920.44	619.97
122	942.19	513.28	135	931.22	568.60	148	919.51	624.27
123	941.37	517.52	136	930.35	572.87	149	918.58	628.57
124	940.55	521.77	137	929.47	577.14	150	917.65	632.87

附　录　B

（标准的附录）

铂电阻温度传感器的安装要求

B1　结构

用于管道公称直径小于 DN250 的温度传感器，有三种不同的结构。

B1.1　直接插入管道的短探头，型号 DS，结构尺寸见图 B1，非标准数据见图 B5。DS 型探头必须用固定连接的引线电缆。

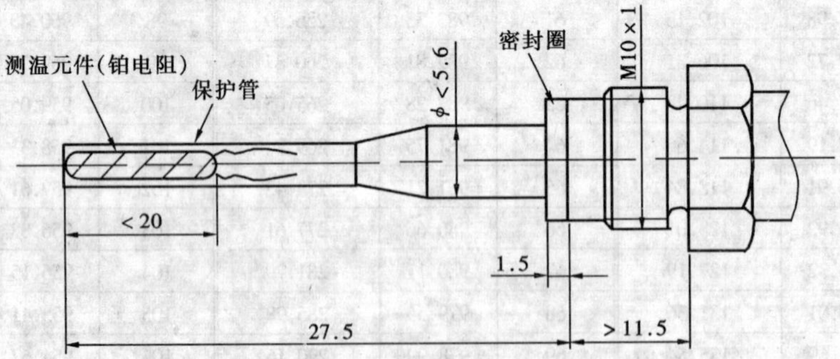

图 B1　DS 型测温探头结构

B1.2　直接插入管道的长探头，型号 DL，结构尺寸见图 B2，非标准数据见图 B6 和 B8。

B1.3　探头插在套管中，套管固定在管道上的长探头，型号 PL，结构尺寸见图 B3，非标准数据见图 B9 和 B10。使用 PL 探头配用的套管，穿入管道内，在管壁外面焊接，或焊接一个接头［见图 B11 (a)和 B11(b)]。此套管可与相应的插入深度的长探头交换。尺寸见图 B4。

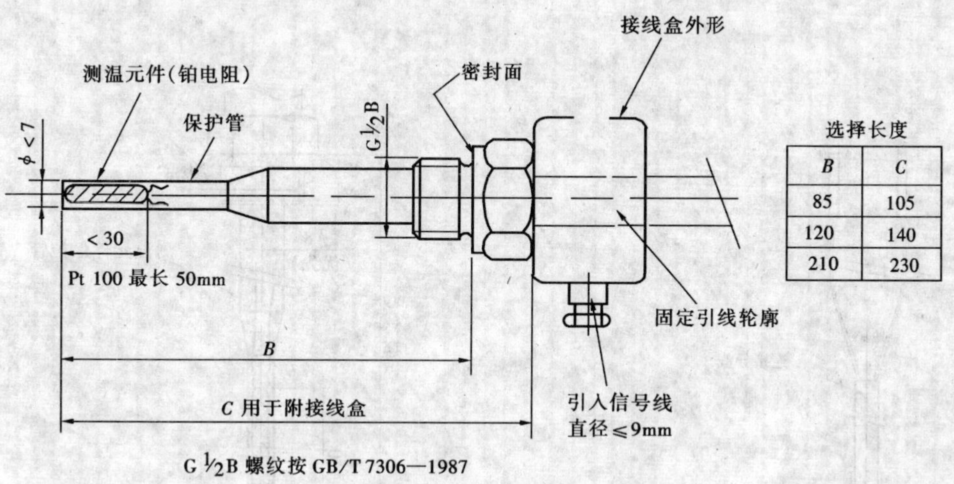

图 B2　DL 型测温探头（附接线盒或固定引线）

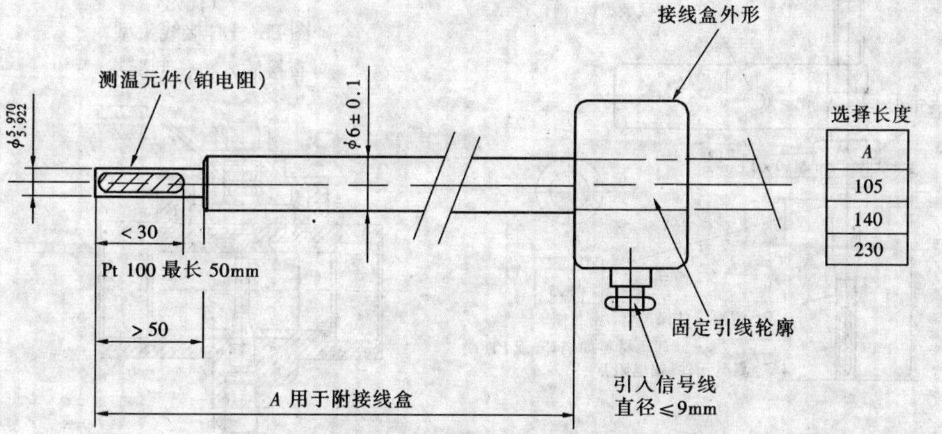

图 B3　PL 型测温探头（附接线盒或固定引线）

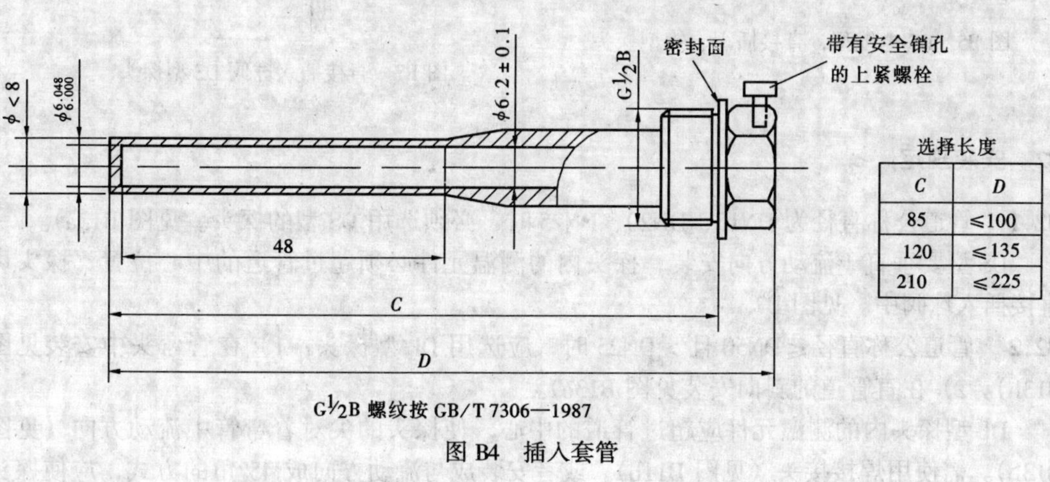

图 B4　插入套管

直接插入的探头保护管和插入探头的套管必须用导热率良好，而且坚固、耐磨的材料制造。

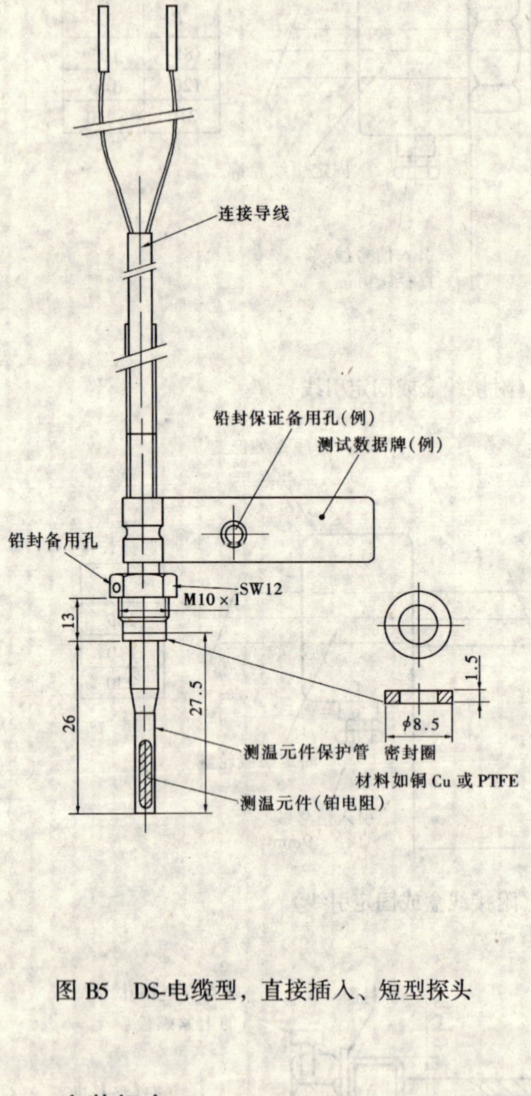

图 B5　DS-电缆型，直接插入、短型探头

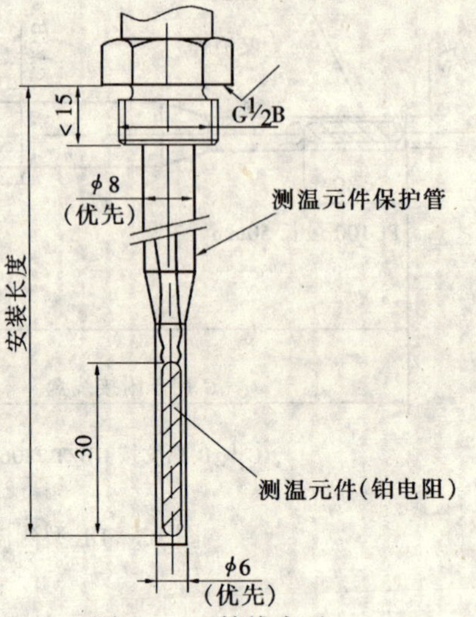

图 B6　DL-接线头型，直接插入、长型探头

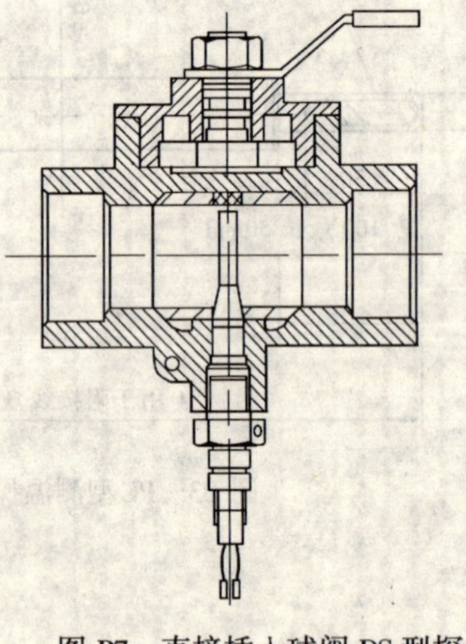

图 B7　直接插入球阀 DS 型探头

B2　安装规定

B2.1　管道公称直径为 DN15、DN20、DN25 时，必须选用 DS 型的探头。见图 B13a)。

DS 型要垂直于流动方向安装，探头内的测温元件必须超过管道的中心位置，探头可直接插入球阀中。见图 B7。

B2.2　管道公称直径≤DN50 且＞DN25 时，应选用 DL 型探头：1）在管弯头中安装见图 B13b)。2）在直管道的斜向安装见图 B13c)。

DL 型探头内的测温元件应超过管道的中心，使探头的尖对着弯管中流动方向（见图 B13b)。需使用焊接接头（见图 B11b)。或者安装成与流动方向成 45°角的方式，应使探头

尖迎着流动方向［见图 B13c)］

B2.3 管道公称直径 DN65 以上至 DN250 时，应采用 DL 型探头，或者加套管的 PL 型探头。DL 型探头可以垂直于流动方向安装［见图 B13d)］，需使用焊接接头［见图 B11a)］。

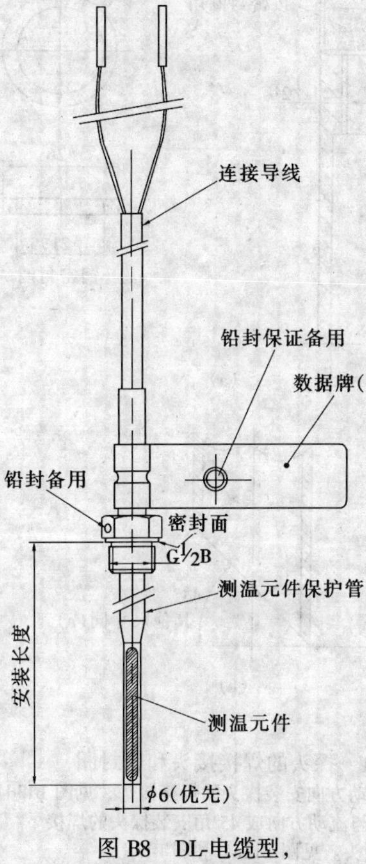

图 B8 DL-电缆型，直接插入、长型探头

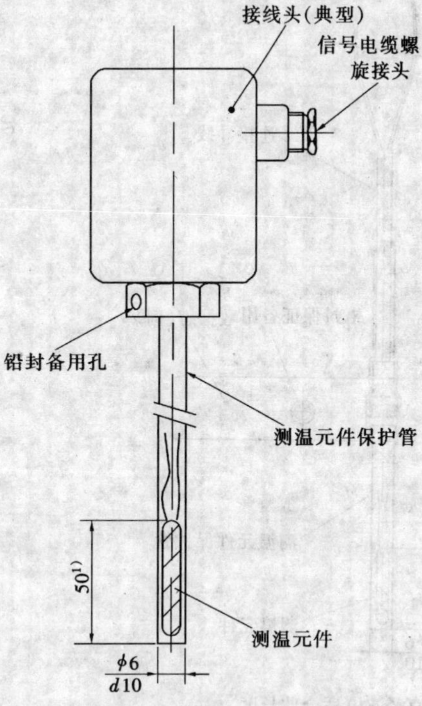

1）直径 $d10$ 适合此长度

图 B9 PL-接线盒型，插入套管式探头

B3 探头引线电缆

B3.1 探头的引线电缆一般由制造厂配套提供。已匹配成对的温度传感器，所采用的电缆导体截面和长度都必须相同。

B3.2 使用探头采用两线制技术时。其电缆长度应符合下列规定。

Pt100 探头导线允许的最大长度：

导线截面积，mm^2	最大长度，m
0.22	2.5
0.50	5.0
0.75	7.5
1.50	15.0

对于 Pt100 探头，导线的电阻不高于 $2\times0.2\Omega$ 时，信号导线的长度可以忽略不计；对于具有较高电阻的探头，其导线最大长度可按比例增长。

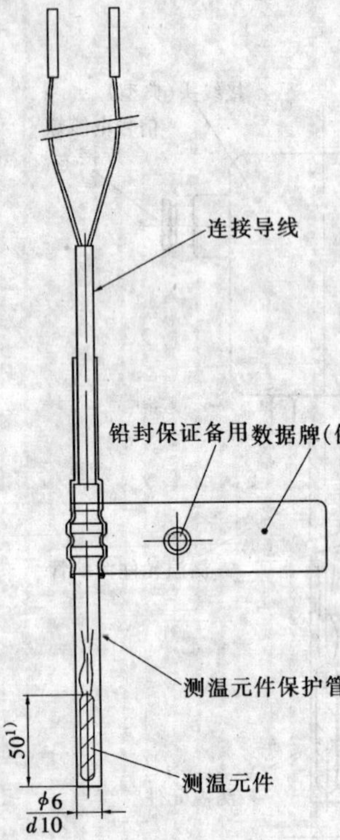

1) 直径 d10 适合此长度

图 B10 PL-电缆型，
插入套管式探头

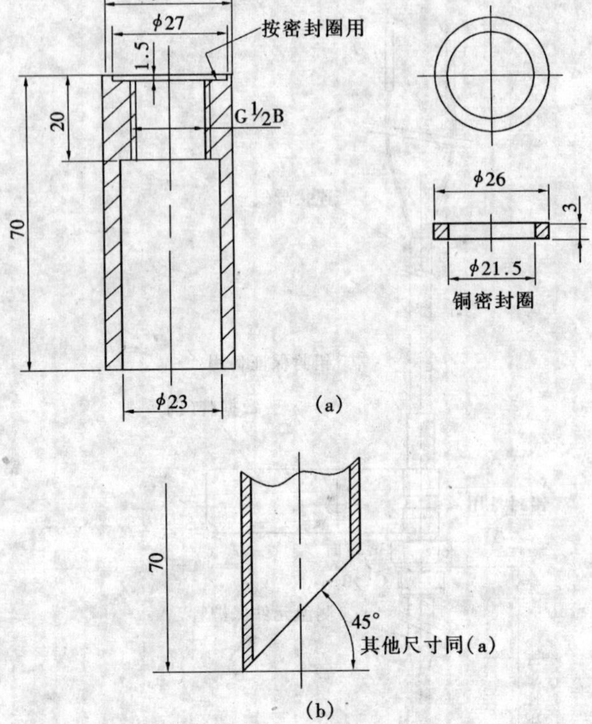

图 B11 探头的焊接接头和密封圈

(a) 用于垂直流动方向安装探头的焊接接头，见图 B13d)；

(b) 用于与流动方向成 45°角安装探头的焊接接头。见图 B13c) 和图 B13b)

B4 配对测量误差及其他规定

B4.1 每一只温度传感器应符合 JB/T 8622—1997 标准的 B 级或 A 级，而且必须进行配对。配对时在三个温度点上进行测量［温度选择范围按附录 D（标准的附录）的规定执行］。配对温度传感器的误差限应满足本标准 5.3.4 的规定。

B4.2 设计制作的套管材料、结构，温度偏差应不超过 0.1K。

B4.3 铂电阻温度传感器的设计，应符合 JB/T 8622—1997 的规定，所有的检测完成后，应提供每一对（每只）温度传感器的测试数据报告。

B4.4 配对温度传感器标牌应标出以下内容：

——型号标记；

——安装位置；

——配对标记；

——供货商名称。

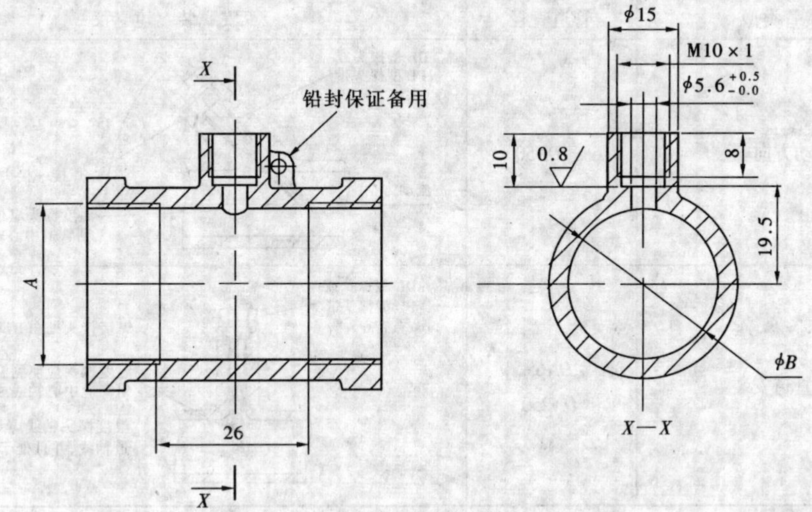

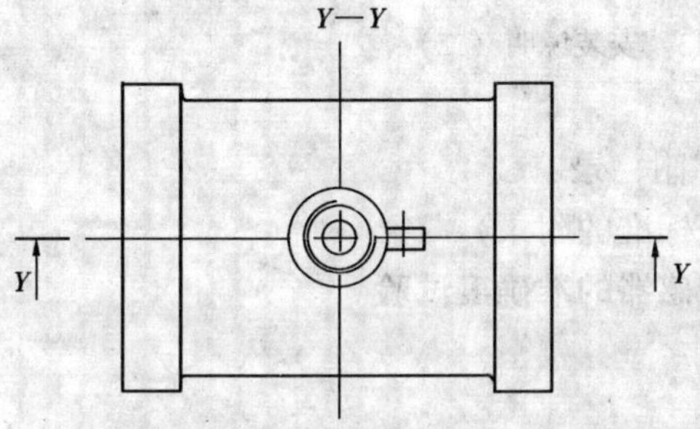

接口螺纹尺寸 A	螺丝口内径 B
G½B	18.5
G¾B	24
G1B	30.5

注意：加工尺寸极限偏差 ±0.5mm。

安装管件用于 DS 型探头，见图B13(a)

图 B12　配有 G½B，G¾B 和 G1B 螺纹接头安装管件

安装管类型	管道直径	安　装　建　议
a）在螺纹接头中	*DN*15 *DN*20 *DN*25	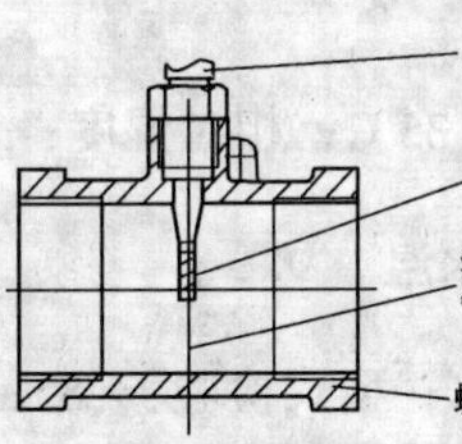
b）在弯头中	≤*DN*50	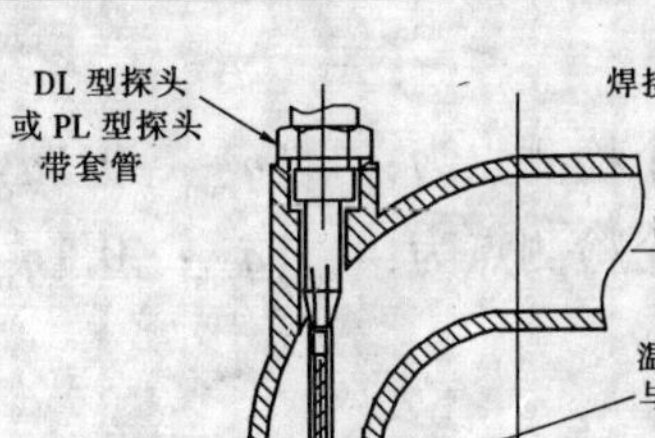

图 B13　安装说明（一）

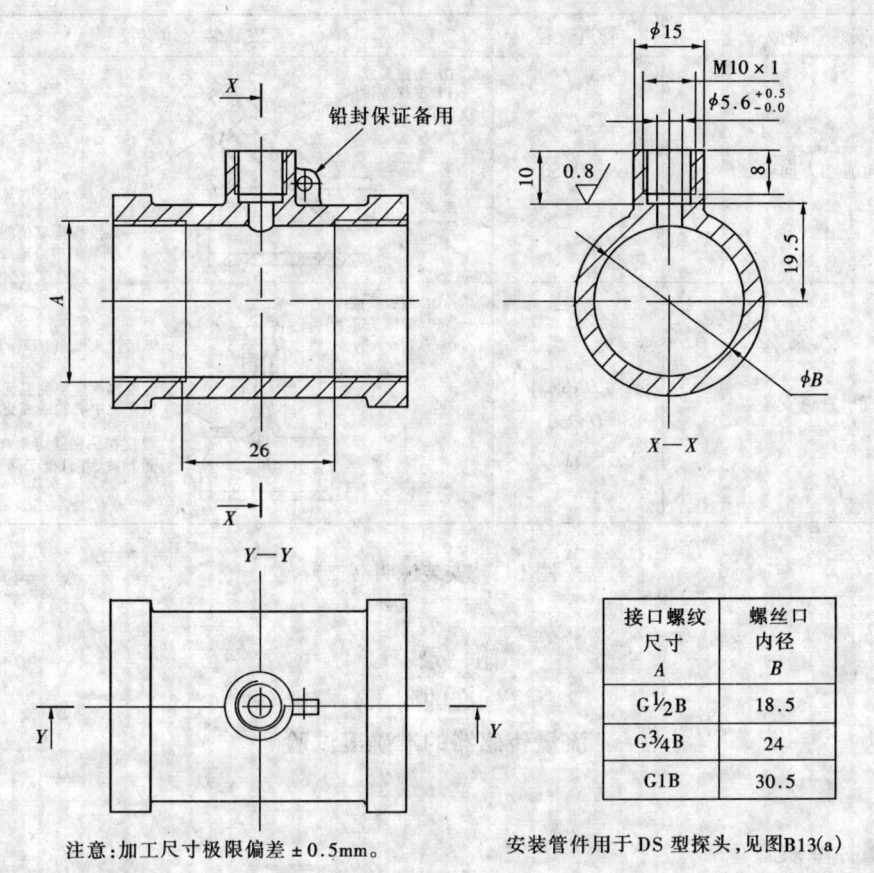

安装管类型	管道直径	安 装 建 议
c）斜向流动方向安装	≤*DN*50	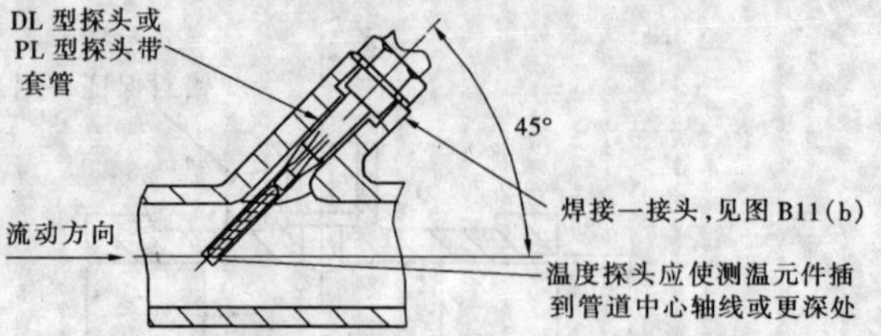
d）垂直于管道安装	*DN*65 *DN*250	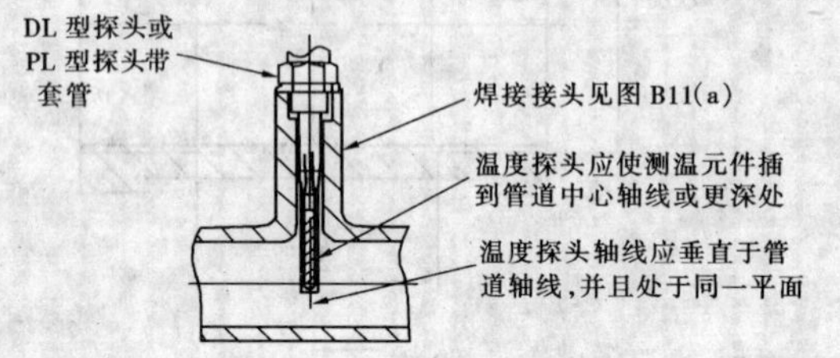

图 B13 安装说明（二）

附 录 C

（标准的附录）

流量传感器的准确度试验

C1 流量标准装置

流量标准装置应有有效的检定证书，准确度不应超过流量传感器误差限值的 1/5。该流量装置应输出标准的流量信号。

C2 环境条件

室内温度：15℃～35℃；相对湿度：25%～75%；大气压力：86kPa～106kPa。

C3 流量传感器校验水温

出厂检验：常温水；型式检验：(85±5)℃。

C4 流量测试范围

出厂检验：三个检测点为：$1.1q_{min}$、$0.1q_p$、q_p。

型式检验：六个检测点为：$1.1q_{min}$、$0.1q_p$、$0.3q_p$、$0.5q_p$、q_p、$0.9q_{max}$。

C5 示值检定

C5.1 流量传感器预热不少于 30min。

C5.2 准确度试验每个点测量 1 次。

C5.3 测量、记录流量标准装置的读数 q_{si} 和流量传感器有效读数 q_i 完成一次测量。

C6 试验结果的计算

C6.1 流量传感器第 i 个检测点的相对误差 E_i 按式（C1）计算。

$$E_i(\%) = \frac{q_i - q_{si}}{q_{si}} \times 100 \tag{C1}$$

式中 q_i——第 i 个点流量传感器的读数，$i=1$，2，……n；

q_{si}——第 i 个点的标准装置读数。

将 q_{si} 代入 5.3.5 的公式并最大误差限不超过 5%时，得出该流量传感器的误差限曲线。而实测传感器的相对误差线 E_i 在上述标准装置的误差界限内为合格；若有不合格点，需重复检测两次，两次均合格为合格，否则为不合格。

附 录 D

（标准的附录）

温度传感器的准确度试验

D1 温度标准装置

温度标准装置应有有效的检定证书，配对检测时准确度不应超过配对温度传感器误差限的 1/5。该装置应输出标准的温度信号。

D2 环境条件

室内温度：15℃～35℃；相对湿度：25%～75%；大气压力：86kPa～106kPa。

D3 温度传感器的测点必须在以下温度范围选三个检测点，其高、中、低应在热量表温度范围内均布选择。

(5±3)℃、(40±5)℃、(70±5)℃、(90±5)℃、(120±5)℃、(150±5)℃，所选的温度值必须在供货商提供的温度范围内。

D4 示值检定

D4.1 将温度传感器预热不少于 30min。

D4.2 准确度检测每个点测量 3 次。

D4.3 一次测量包括：测量、记录温度标准装置的读数 t_{sij} 和温度传感器有效读数 t_{ij}。

D5 试验结果的计算

D5.1 温度传感器第 i 个检测点第 j 次的基本误差 R_{ij} 按式（D1）计算；第 i 个检定点的基本误差 R_i 按式（D2）计算；温度传感器的基本误差 R 按（D3）计算。

$$R_{ij} = t_{ij} - t_{sij} \tag{D1}$$

式中 t_{ij}——第 i 个点第 j 次的温度传感器的读数，$i=1$，2……n，$j=1$，2……m；

t_{sij}——第 i 个点第 j 次的标准装置读数值。

$$R_i = \frac{1}{m}\sum_{j=1}^{m} R_{ij} \tag{D2}$$

$$R = (R_i)_{max} \tag{D3}$$

式中　$(R_i)_{max}$是试验中 R_i 误差的最大值，R 应满足 B4.1A 级或 B 级的要求。

D5.2　配对温度传感器温差误差

测量计算温度标准装置温差 Δt_{sij}和配对温度传感器温差有效读数 Δt_{ij}。并按式（D4）计算相对误差 E_{ij}；

$$E_{ij}(\%) = \frac{\Delta t_{ij} - \Delta t_{sij}}{\Delta t_{sij}} \times 100 \tag{D4}$$

式中　Δt_{ij}——第 i 个检测点第 j 次的配对温度传感器温差，$i=1$，$2\cdots\cdots n$，$j=1$，$2\cdots\cdots m$；

Δt_{sij}——第 i 个检测点第 j 次的标准装置温差读数值。

Δt_{si}按式（D5）计算：

$$\Delta t_{si} = \frac{1}{m}\sum_{j=1}^{m} \Delta t_{sij} \tag{D5}$$

将 Δt_{si}计算结果代入 5.3.4 中公式（7），得出配对温度传感器温差误差限曲线 $E_t = f(\Delta t_{si})$

第 i 点的配对温度传感器温差误差 E_i 按公式（D6）计算。

$$E_i = \frac{1}{m}\sum_{j=1}^{m} E_{ij} \tag{D6}$$

各点的 E_i 值在 $E_i = f(\Delta t_{si})$ 界限曲线内为合格，若有点不合格，该点需要再重复检测 2 次，2 次均合格为合格，否则为不合格。

附　录　E
（标准的附录）
计算器的准确度试验

E1　电信号标准装置

电信号标准装置应有有效的检定证书，并满足 6.2.3 的要求。

E2　环境条件

室内温度：15℃～35℃；相对湿度：25%～75%；大气压力：86kPa～106kPa。

E3　计算器检测应在下列模拟温度下进行：

a）回水温度＝（$t_{min}+5$）℃，温差为 Δt_{min}℃、5℃、20℃三个温差点测试；
b）进水温度＝（$t_{min}-5$）℃，温差为 10℃、20℃、Δt_{max}℃三个温差点测试；
c）模拟水流量为 q_{min}至 q_{max}范围内任一点流量。

E4　示值检定

E4.1　将计算器预热不少于 30min。

E4.2 准确度测量每个点测量 3 次。

E4.3 一次测量包括测量、记录电信号标准装置的读数 c_{sij}和计算器有效读数 c_{ij}。

E5 试验结果的计算

计算器第 i 个试验点的第 j 次的基本误差 E_{ij}按式（E1）计算；第 i 个检定点的基本误差 E_i 按式（E2）计算。第 i 个检测点的标准装置的平均温差值 Δt_{si}按（E3）式计算。

$$E_{ij}(\%) = \frac{c_{ij} - c_{sij}}{c_{sij}} \times 100 \quad \text{(E1)}$$

式中 c_{ij}——第 i 个点第 j 次的计算器的读数，$i = 1$，2，……n，$j = 1$，2……m；

c_{sij}——第 i 个点第 j 次的标准装置读数值。

$$E_i = \frac{1}{m}\sum_{j=1}^{m} E_{ij} \quad \text{(E2)}$$

$$\Delta t_{si} = \frac{1}{m}\sum_{j=1}^{m} \Delta t_{sij} \quad \text{(E3)}$$

式中 Δt_{sij}——第 i 个点第 j 次给定的温差。

将 Δt_{si}逐个点代入 5.3.3 中公式（6），得出计算器误差界限曲线，而 E_i 全部的值应在这个误差界限曲线内，若有一点不合格，该点应重复检测 2 次，2 次均合格为产品合格，否则为不合格。

附 录 F

（标准的附录）

热量表的准确度试验与计算

F1 热量表整体测量装置

热量表整体测量装置除满足 6.2.1 外，还应是直接显示热量值的标准装置。

F2 环境条件

室内温度：15℃～35℃；相对湿度：25%～75%；大气压力：86kPa～106kPa。

F3 测量范围

整体测量应在下列三条规定下，每条选择一点，测量一次。整体测量水温，出厂检验为常温水，型式检验为（85±5）℃。

a）$\Delta t_{min} \leqslant \Delta t \leqslant 1.2\Delta t_{min}$、$0.9q_p \leqslant q \leqslant q_p$；

b）$10℃ \leqslant \Delta t \leqslant 20℃$、$0.1q_p \leqslant q \leqslant 0.11q_p$；

c）$(\Delta t_{max} - 5)℃ \leqslant \Delta t \leqslant \Delta t_{max}$、$q_{min} \leqslant q \leqslant 1.1q_{min}$。

F4 热量表进行分部测量时，总误差界限为流量传感器误差限、配对温度传感器误差限、计算器误差限的算术和（绝对值之和）。

如：第3级热量表总误差限曲线是下列三公式值的算术和。

$$E_{\mathrm{q}} = \pm\left(3 + 0.05\frac{q_{\mathrm{p}}}{q_i}\right)q_i \text{ 为标准装置读数；}$$

$$E_{\mathrm{t}} = \pm\left(0.5 + 3\frac{\Delta t_{\min}}{\Delta t_i}\right)\Delta t_i \text{ 为标准装置读数；}$$

$$E_{\mathrm{c}} = \pm\left(0.5 + \frac{\Delta t_{\min}}{\Delta t_i}\right)\Delta t_i \text{ 为标准模拟值。}$$

F5　热量表实际检测误差为流量传感器实际误差 $E_{\mathrm{q}i}$、配对温度传感器实际误差 $E_{\mathrm{t}i}$、计算器实际误差 $E_{\mathrm{c}i}$的算术和。

如：$E_{\mathrm{q}i}$为公式（C1）的计算值；$E_{\mathrm{t}i}$为公式（D6）的计算值；$E_{\mathrm{q}i}$为公式（E2）的计算值。

三者的算术和在F4的总误差限曲线内为合格。

附　录　G
（提示的附录）
数据通讯接口和预付费装置

G1　数据通讯接口

G1.1　有数据通讯接口的热量表，接口规格应符合国家相关标准。

G1.2　数据通讯接口技术要求

通讯参数应有热量、流量、累积流量、累积工作时间和供回水温度。

接口形式按国家现行标准或供求双方协定。

G2　预付费装置组成

G2.1　预付费控制阀门

控制阀门用于及时切断水流，停止供热或控制供热量。控制阀门工作必须可靠。

G2.2　预付费输入接口

用于输入预购热量。当采用IC卡作为预付费存储媒体时，IC卡应符合相关标准。

G3　预付费控制装置功能

G3.1　提示功能

应具有工作电源欠压、预付费将用完、错误或非法操作等提示功能。

G3.2　预付费及用热控制功能

当预购热量为零时，能自动控制供热阀门，输入预购量后能自动恢复正常供热。

G3.3　预购热量累积功能

每次输入的预购热量与表内的剩余预购热量能累加。

G3.4　工作电源欠压保护功能

当表内电源电压低于设计欠压值时，能给出明确提示，并自动控制供热。恢复电源后能恢复正常供热。

G3.5 余量不足提示功能

当表内剩余预购热量达到或低于预设提示值时，应能给出明确提示。

中华人民共和国国家标准

室内空调至适温度

Optimum temperature in air-conditioning room

GB/T 5701—85

国家标准局 1985-12-05 批准

1986-09-01 实施

为使人们对所在室内空调环境的微小气候感到不冷不热的适宜温度而制订本标准。

本标准是评价室内空调环境气象条件的主要指标，可作为工作环境卫生管理的标准，亦可作为室内空调工程技术设计的依据。

1 至 适 温 度

1.1 以干球温度为指标，根据季节不同，室内呼吸带高度的温度应符合下表要求：

至适温度

季 节	气温℃
夏 季	24～28
冬 季	19～22

1.2 室内的空调工程技术设计，可采用相应的计算温度，计算方法见附录A（补充件），其范围是：夏季为24～29℃，冬季为19.5～22℃。

2 适用条件

2.1 室内清洁度应符合常规卫生要求（指通风换气量、二氧化碳含量、粉尘浓度及细菌数）。

2.2 室内工作人员体力劳动强度在GB 3869—83《体力劳动强度分级》所规定的Ⅱ级以下（不包括Ⅱ级）。

2.3 劳动强度超过Ⅱ级时，每增加半级应降低气温1.5～2.0℃。

2.4 室内风速，夏季不大于0.6m/s，冬季不超过0.15m/s。

2.5 室内垂直温差（指工作地点呼吸带高度的温度与地面0.1m高度的温度差）应小于3℃。

2.6 工作人员的服装隔热值（估算值），夏季为0.25～0.55clo，冬季为1.2～1.8clo。

3 测 定

3.1 测定项目

测定气温、气湿、平均辐射温度和风速。

在测定时，应记录室内工作人员的体力劳动强度，并估算其服装隔热值。估算方法见附录B（参考件）。

3.2 测定仪器

气温和气湿的测定采用通风干湿球温度计；平均辐射温度的测定采用黑球温度计；风速的测定采用热球风速仪。

3.3 测定方法

3.3.1 将仪器置于工作地带工作人员背侧呼吸带高度（坐姿1.1m，立姿1.5m）进行测定。同时，测定同一地点0.1m高度的气温。均按常规方法测定。

3.3.2 测定时间应为工作人员上班后第1、3、6小时。

附 录 A
计算温度的计算方法
（补充件）

计算温度（Operative Temperature）是评价热环境的综合指标，根据干球温度、黑球温度和风速的测定结果计算，公式如下：

$$t_0 = A \cdot t_a + (1 - A) t_g$$

式中　t_0——计算温度，摄氏度；

A——系数，随风速大小取值：

风　速 m/s	A　值
<0.2	0.5
0.2 ~0.6	0.6
0.6~1.0	0.7

t_a——干球温度，摄氏度；

t_g——黑球温度，摄氏度。

附　录　B
服装隔热值估算法
（参考件）

采用重量法并参考 ISO/TC 159 DIS 7730 的估算法，具体应用见下表：

我国有代表性的成年男女单件服装的隔热值　　单位　clo

		男	女			男	女
内裤	三角裤	0.04	0.03	裙子	半身薄		0.09
	短布裤	0.06	0.05		半身厚		0.12
内衫	背　心	0.03	0.03		全　身		0.20
	汗　衫	0.05	0.04	长白大衣		0.25	0.20
外衬衣	短　袖	0.05	0.05	毛线衣	背心	0.16	0.14
	长　袖	0.07	0.06		薄	0.2	0.18
	厚	0.10	0.10		厚	0.3	0.25
针织衣	薄	0.1	0.1	绒衣	大	0.4	0.4
	厚	0.15	0.15		中	0.35	0.35
单衫（春装）	薄	0.15	0.12		小	0.3	0.3
	厚	0.20	0.15	绒裤	大	0.4	0.4
长裤	薄	0.12	0.09		中	0.35	0.35
	中	0.15	0.12		小	0.3	0.3
	厚	0.20	0.15	毛线裤	薄	0.2	0.18
帆布工作服	大	0.25	0.25		厚	0.25	0.2
	中	0.20	0.20	线裤		0.1	0.08
	小	0.15	0.15	帆布工作裤	大	0.25	0.25
拖鞋		0.10	0.10		中	0.20	0.20
					小	0.15	0.15

附加说明：

本标准由全国人类工效学标准化技术委员会和中华人民共和国卫生部提出，由国家标准局归口。

本标准由武汉医学院劳动卫生与职业病教研室、武汉市职防院与鞍钢劳研所负责起草。

本标准主要起草人陈镜琼、张国高。

中华人民共和国国家标准

空气调节系统经济运行

Economic operation of air conditioning systems

GB/T 17981—2000

国家质量技术监督局 2000-02-16 批准

2000-08-01 实施

前　言

随着国民经济与社会的发展和人民物质文化生活水平的提高，空气调节系统在工业、公共及民用建筑中广泛应用，需要消耗大量的电能和热能，使建筑物的总能量消耗逐年增长。由于空气调节系统实际运行状态与设计要求存在差异，运行管理又缺乏评判依据，导致系统运行效率低，能源浪费严重。

为贯彻执行《中华人民共和国节约能源法》，对改建和现已运行的空气调节系统，不仅要改进能量转换和传递设备的性能、寻求合理的运行规律、提高系统的能源利用率，而且要创造有利于健康、舒适的工作和生活环境，特制定本标准。

本标准的制定是根据目前我国空气调节系统运行的现状，并参考了国外的有关规定。

执行本标准时，尚应遵守国家现行的有关标准、规范的规定。

本标准由国家经贸委、国家质量技术监督局提出。

本标准由全国能源基础与管理标准化技术委员会合理用电分委员会归口。

本标准起草单位：同济大学、中国标准化与信息分类编码研究所、上海市电力局、中国电子工程设计院、上海节电科技开发投资有限公司、国家电力公司杭州华源人工环境工程有限公司、广州市城市规划勘探设计研究院、上海扬子江大酒店、广州龙源热力设备有限公司。

本标准起草人：吴喜平、成建宏、章祖义、张维君、田世德、叶水泉、李　刚、任根湘、翟克俊。

1 范　围

本标准规定了空气调节系统经济运行的基本要求和评价方法。

本标准适用于工业、公共及民用建筑的空气调节系统（以下简称空调系统）。

2 引 用 标 准

下列标准所包含的条文，通过在本标准中引用而构成为本标准的条文。本标准出版时，所示版本均为有效。所有标准都会被修订，使用本标准的各方应探讨使用下列标准最新版本的可能性。

GB/T 8174—1987　设备及管道保温效果的测试与评价

GB 50050—1995　工业循环冷却水处理设计规范

GBJ 19—1987　采暖通风与空气调节设计规范

3 定　义

本标准采用下列定义。

3.1　双工况　duplex condition

是指制冷机组的空调工况和制冰工况。其中，制冰工况是指制冷机组蒸发温度能够满足冰蓄冷空调要求的工况。

4　空调系统经济运行的基本要求

4.1　应根据空调的冷（热）负荷及能源供应等条件，经技术经济比较，按节能、环保的原则和 GBJ19 的要求，采用不同的空调系统，并制定合理的全年运行模式。

4.2　当条件具备且技术经济合理时，应采用区域供冷（热）或热、电、冷联产技术。

4.3　凡有可利用的余热，如蒸汽、热水或窑炉排放热等，宜作为空调系统的能源。

4.4　充分利用天然能源，如太阳能、地热能、地下含水层或其他自然冷（热）源。

4.5　为转移电网高峰用电负荷，提高负荷率，合理利用电网峰谷电的差价和电网移峰的优惠政策。当条件许可时，宜采用蓄能空调技术。如采用水蓄能时，宜充分利用建筑物的消防水池等设施。

4.6　冰蓄冷空调，应采用双工况制冷机组，其系统宜加大供回水温差并采用低温送风方式。

4.7　当空调用热源为电加热设备时，宜采用蓄热技术。

4.8　应优先选用高性能系数（COP）的制冷机组。

4.9　为适应空调负荷的变化，对制冷压缩机、水泵、冷却塔、风机等设备应采取节能调节措施，如运行台数控制或转速调节等方法。

4.10　风机、水泵的特性和配置应与管网特性相匹配，使其运行工况点在高效率范围内。

4.11　凡有新风和排风的空调系统，宜采用热回收措施。

4.12　在空调系统中，应安装计量仪表，对系统运行进行经济分析和评价。

5　空调系统经济运行的评价方法

根据用户的性质和特点，分别对空调系统考核如下有关指标。

5.1 空调系统能量效率评价

冷（热）源供冷（热）系数：

$$\mathrm{CTF} = Q_{\mathrm{c}}/E_{\mathrm{c}} \tag{1}$$

式中 CTF——供冷（热）系数；

Q_{c}——冷（热）源全年供给空调系统的冷（热）量，MJ；

E_{c}——冷（热）源全年消耗的总能量（含冷却系统能耗），MJ。

当使用不同类型的能源时，应分项统计。

空气输送系数：

$$\mathrm{ATF} = Q_{\mathrm{a}}/E_{\mathrm{f}} \tag{2}$$

式中 ATF——空气输送系数；

Q_{a}——供给风系统的冷（热）量，MJ；

E_{f}——空调系统中输送空气的耗能量，MJ。

水输送系数：

$$\mathrm{WTF} = Q_{\mathrm{w}}/E_{\mathrm{p}} \tag{3}$$

式中 WTF——水输送系数；

Q_{w}——供给水系统的冷（热）量，MJ；

E_{p}——空调系统中输送水的耗能量，MJ。

5.2 单位空调面积能耗指标评价

$$n = L/Z \tag{4}$$

式中 n——单位空调面积能耗指标，$\mathrm{MJ/m^2}$；

L——空调系统全年总耗能量，MJ；

Z——空调面积，$\mathrm{m^2}$。

5.3 空调系统耗能系数评价

$$\mathrm{CEC} = L/T \tag{5}$$

式中 CEC——空调系统耗能系数；

L——空调系统全年总耗能量，MJ；

T——空调系统全年供热与供冷量之和，MJ。

当使用不同类型的能源时，应分项统计。

5.4 空调系统经济效益指标

$$H = I/T \tag{6}$$

式中 H——空调系统经济效益指标，元/MJ；

I——空调系统全年总耗能量费用，元；

T——空调系统全年供冷与供热量之和，MJ。

6 空调系统经济运行和技术管理

6.1 在满足生产工艺和舒适性的条件下，合理调整室内空气的温、湿度和新风量，适当增大送回风温差和供回水温差。

6.2 应充分利用室外新鲜空气冷却室内空气、设备等，以减少供冷负荷。

6.3 应采取有效方法（如改变窗帘颜色、遮阳形式等）减少透明体的夏天冷负荷，增加冬天太阳辐射热。

6.4 对蓄能空调系统，应充分发挥蓄能装置的能力。

6.5 对空调风系统和水系统，应调校水力平衡。

6.6 空调系统宜按用户单元装设冷（热）量计量仪表，加强能量使用管理。

6.7 定期检修、保养制冷机组，提高使用时的制冷性能系数（COP）。

6.8 定期检查、清洗表冷器、喷嘴、风机盘管机组、冷却塔、水及空气过滤器等，使其保持良好的工作状态。

6.9 定期检查和维修水、空气、输送系统，减少系统的泄漏。

6.10 应加强对空调水系统的水质管理，定期对冷冻水和冷却水进行处理，参照 GB 50050 执行。

6.11 定期检查和改善围护结构、设备、水、冷媒溶液和空气输送系统的保温性能，参照 GB/T 8174 执行。

6.12 定期维修、校核自动控制装置及监测计量仪表。

6.13 建立运行管理、维修等规章制度和运行日志及设备的技术档案。

6.14 操作人员要定期培训，经考核合格持证上岗。

中华人民共和国国家标准

单元式空气调节机能效限定值及能源效率等级

The minimum allowable values of the energy efficiency and energy efficiency grades for unitary air conditioners

GB 19576—2004

中华人民共和国国家质量监督检验检疫总局
中 国 国 家 标 准 化 管 理 委 员 会 2004-08-23 批准

2005-03-01 实施

前　　言

本标准的第 4 章是强制性的，其余是推荐性的。

本标准参考了欧洲 92/785/EEC 和美国 Department of energy，office of energy efficiency and renewable energy，10 CFR part 430。

本标准由国家发展和改革委员会环境和资源综合利用司、国家标准化管理委员会工交部提出。

本标准由全国能源基础与管理标准化技术委员会合理用电分技术委员会归口。

本标准负责起草单位：中国标准化研究院、合肥通用机械研究所、天津大学、艾默生电气（中国）投资有限公司、特灵空调器有限公司、广东省吉荣空调设备公司、约克（广州）空调有限公司、深圳麦克维尔空调有限公司、广东申菱空调设备有限公司、珠海格力电器股份有限公司、大连三洋压缩机有限公司、上海三菱电机·上菱空调机电器有限公司等。

本标准主要起草人：成建宏、张明圣、马一太、史　敏、王贻任、张维加、赵　薰、何小渝、李爱平、易新文、谭建明、赵之海、童杏生。

单元式空气调节机能效限定值及能源效率等级

1 范　围

本标准规定了单元式空气调节机能源效率限定值、节能评价值、能源效率等级、试验方法和检验规则。

本标准适用于名义制冷量大于7100W、采用电机驱动压缩机的单元式空气调节机、风管送风式和屋顶式空调机组（以下简称空调机）。本标准不包括多联式空调（热泵）机组和变频空调机。

2 规范性引用文件

下列文件中的条款通过本标准的引用而成为本标准的条款。凡是注日期的引用文件，其随后所有的修订单（不包括勘误的内容）或修订版均不适用于本标准，然而，鼓励根据本标准达成协议的各方研究是否可使用这些文件的最新的版本。凡是不注日期的引用文件，其最新版本适用于本标准。

GB/T 17758　单元式空气调节机

GB/T 18836　风管送风式空调（热泵）机组

JB/T 8072　屋顶式空调机组

3 术语和定义

本标准采用下列术语和定义。

3.1

空调机能源效率限定值　the minimum allowable value of energy efficiency for unitary air conditioners

空调机在名义制冷工况和规定条件下，能效比的最小允许值，简称能效限定值。

3.2

空调机节能评价值　the evaluating values of energy conservation for unitary air conditioners

空调机在名义制冷工况和规定条件下，节能型空调机应达到的能效比最小值。

3.3

能源效率等级　energy efficiency grade

能源效率等级（简称能效等级）是表示产品能源效率高低差别的一种分级方法，依据能效比（或性能系数）的大小确定，依次分成1、2、3、4、5五个等级，1级表示能源效率最高。

3.4

空调机额定能源效率等级　rated energy efficiency grade for unitary air conditioners

由生产厂家在产品上标注的空调机能源效率等级。

4 能源效率限定值

空调机的能效比实测值应大于等于表 1 的规定值。

表 1 空调机能源效率限定值

类　型		能效比（*EER*）/（W/W）
风冷式	不接风管	2.40
	接风管	2.10
	不接风管	2.80
	接风管	2.50

5 能源效率评定方法

5.1 能源效率等级判定方法

根据产品的能效比测试结果，依据表 2，判定该产品的额定能源效率等级。

产品的能效比测试值和标注值应不小于表 2 中其额定能源效率等级所对应指标规定值。

表 2 能源效率等级指标

类　型		能效等级（*EER*）/（W/W）				
		1	2	3	4	5
风冷式	不接风管	3.20	3.00	2.80	2.60	2.40
	接风管	2.90	2.70	2.50	2.30	2.10
水冷式	不接风管	3.60	3.40	3.20	3.00	2.80
	接风管	3.30	3.10	2.90	2.70	2.50

5.2 节能评价值

空调机的节能评价值为表 2 中能效等级 2 级。

6 能源效率的试验方法

能源效率的测试方法按照表 3 进行。

表 3 能源效率的测试方法

产品类型	测试方法
单元式空调机（热泵）	GB/T 17758，制冷消耗功率测试时，自带水泵不运行。
风管送风式空调（热泵）机组	GB/T 18836
屋顶式空调机组	JB/T 8072

7 检 验 规 则

在一批产品中，抽取一台样品，测试产品的能效比；若不满足规定要求，再抽取两台样品，实测值均应满足规定要求，否则判定该批产品为不合格。

8 能源效率等级标注

8.1 生产厂家应根据本标准的要求和测试结果，确定产品的额定能源效率等级。

8.2 生产厂家应在其产品的出厂文件上注明该产品的额定能源效率等级、所依据的标准号。

中华人民共和国国家标准

活塞式单级制冷机组及其供冷系统节能监测方法

Monitoring and testing method for energy saving of single-stage reciprocating refrigerating unit and its refrigeration system

GB/T 15912—1995

国家技术监督局 1995-12-20 批准
1996-08-01 实施

1 主题内容与适用范围

本标准规定了活塞式单级制冷机组及其冷冻、冷藏、空调供冷系统的节能监测内容、监测方法和合格指标。

本标准适用于制冷剂为 R12、R22、R717，电动机额定功率为 30kW 及其以上的活塞式单级制冷压缩机组。

本标准不适用于船舶用制冷机组。

2 引 用 标 准

GB 10875　中型活塞式单级制冷压缩机　技术条件

GB 11790　设备及管道保冷技术通则

3 术　　语

3.1　制冷机组的制冷量　cooling capacity of the refrigerating unit

制冷机组的制冷能力。单级制冷压缩机组的制冷量可以根据产品说明书设备性能曲线图按制冷压缩机组的工作温度查得。

3.2　单位输入功率制冷量（半封闭式机组）　cooling capacity of unit input power（semi-hermeticunit）

制冷机组消耗单位输入功率所获得的制冷量。

3.3　单位轴功率制冷量（开启式机组）　cooling capacity of unit shaft power（open-type unit）

制冷机组消耗单位轴功率所获得的制冷量。

4 监 测 项 目

4.1　监测检查项目

4.1.1　制冷机组主机应完好，附件（阀、表）齐全。

4.1.2　输送管道（冷风管、冷水管、冷媒管）不得泄漏，地下管道不得有积水，管道保温应符合 GB 11790 的规定。

4.2　监测测试项目

4.2.1　半封闭式机组单位输入功率制冷量。

4.2.2　开启式机组单位轴功率制冷量。

4.2.3　冷冻管隔热层表面温度与环境露点温度之差。

5 监 测 方 法

5.1　制冷机组的监测应在正常运行状态下进行。

5.2　吸、排气压力测试仪表的精度不低于 2.5 级，输入功率、轴功率测试仪表精度不低于 1.5 级。仪表应保持完好，并在检定周期之内。

5.3　吸、排气压力和输入功率、轴功率应连续监测，每 20min 读记一次数，取四次读数的算术平均值。

5.4　单位输入功率制冷量按下式计算：

$$EER = Q_0/P_1 \tag{1}$$

式中 EER——单位输入功率制冷量，kW/kW；

Q_0——制冷机组的制冷量，kW。根据压缩机组的吸、排气绝对压力由该工质的“饱和液体和饱和蒸气热力性质表”查得蒸发温度和冷凝温度，再根据蒸发温度和冷凝温度由设备的性能曲线图查得该机在此工作状态下的制冷量；

P_1——制冷机组的输入功率，kW。

5.5 单位轴功率制冷量按下式计算：

$$K_e = Q_0/P_e \tag{2}$$

式中 K_e——单位轴功率制冷量，kW/kW；

P_e——制冷机组的轴功率，kW。

5.6 冷冻管（包括载冷管）隔热层表面温度 T_b。

在企业的冷冻管（包括载冷管）道上，抽选一段作测试区，其长度不少于 20m（应包括一个弯头），沿测试区长度均布 4 个测试截面（其中一个测试截面布在弯头处），每个测试截面均布 4 个测点，测出冷冻管（包括载冷管）隔热层表面温度。

5.7 环境露点温度 T_W。

在被测位置 1m 处，测出相对应的空间干、湿球温度，查湿空气的焓——含湿量图，得出露点温度。

6 监测合格指标

6.1 制冷量合格指标见表 1。

表 1

制冷压缩机组型式		单位输入功率制冷量 EER，kW/kW		单位轴功率制冷量 K_e，kW/kW	
		冷冻、冷藏用	空调用	冷冻、冷藏用	空调用
R12	低冷凝压力开启式机组			≥1.8	
	高冷凝压力开启式机组			≥1.1	≥2.1
	低冷凝压力半封闭式机组	≥1.6			
	高冷凝压力半封闭式机组	≥1.0	≥1.6		
R22	低冷凝压力开启式机组			≥1.9	≥2.9
	高冷凝压力开启式机组			≥1.2	≥2.3
	低冷凝压力半封闭式机组	≥1.8	≥2.5		
	高冷凝压力半封闭式机组	≥1.0	≥1.6		
R717	低冷凝压力开启式机组			≥2.1	

6.2 冷冻管隔热层表面温度 T_b 与环境露点温度 T_W 之差应大于等于1℃。

7 监测结果的评价

7.1 本标准规定的活塞式单级制冷机组及其供冷系统节能监测检查项目及测试项目合格指标是监测合格的最低标准，监测单位应以此进行合格与不合格的评价。

全部监测指标同时合格方可视为“节能监测合格的活塞式单级制冷机组及其供冷系统”。

7.2 对监测不合格的，监测单位应作出浪费能源程度的分析和提出改进处理意见。

附 录 A
活塞式单级制冷机组及其供冷系统节能监测报告
（补充件）

编号：

<table>
<tr><td colspan="2">被监测单位</td><td></td><td>监测通知书</td><td></td></tr>
<tr><td colspan="2">被监测系统</td><td></td><td>监测日期</td><td></td></tr>
<tr><td colspan="2">监测依据</td><td colspan="3"></td></tr>
<tr><td rowspan="4">监测结果</td><td colspan="2">监测项目</td><td>监测数据</td><td>合格指标</td></tr>
<tr><td colspan="2">半封闭式机组
单位输入功率制冷量，kW/kW</td><td></td><td></td></tr>
<tr><td colspan="2">开启式机组
单位轴功率制冷量，kW/kW</td><td></td><td></td></tr>
<tr><td colspan="2">温度差 $T_b - T_w$，℃</td><td></td><td></td></tr>
<tr><td colspan="5">评价结论、处理意见及建议：

监测负责人：（签字） 监测单位：（盖章）
年 月 日</td></tr>
</table>

附加说明：

本标准由国家经济贸易委员会资源节约综合利用司和国家技术监督局标准化司提出。

本标准由全国能源基础与管理标准化技术委员会能源管理分委员会归口。

本标准由北京市技术监督局节能监测站负责起草。

本标准起草人马鸿儒、栾谦、刘胜良、裴晓兰、洪传友。

中华人民共和国国家标准

冷水机组能效限定值及能源效率等级

The minimum allowable values of the energy efficiency and energy efficiency grades for water chillers

GB 19577—2004

中华人民共和国国家质量监督检验检疫总局
中 国 国 家 标 准 化 管 理 委 员 会 2004-08-23 批准

2005-03-01 实施

前　　言

本标准的第 4 章是强制性的，其余是推荐性的。

本标准由国家发展和改革委员会环境和资源综合利用司、国家标准化管理委员会工交部提出。

本标准由全国能源基础与管理标准化技术委员会合理用电分技术委员会归口。

本标准负责起草单位：中国标准化研究院、合肥通用机械研究所、天津大学、特灵空调器有限公司、约克（无锡）空调冷冻设备有限公司、浙江盾安人工环境设备股份有限公司、艾默生（中国）投资有限公司、大连冷冻机股份有限公司、格力空调有限公司、广东申菱空调设备有限公司、清华同方人工环境有限公司、江苏双良空调设备股份有限公司、浙江国祥制冷工业股份有限公司、上海一冷开利空调设备有限公司等。

本标准主要起草人：成建宏、张明圣、马一太、张国宾、胡祥华、葛方根、白滨、张秀平、于洪海、蔡卫东、马鸿儒、刘晓立、章立标、孙文喆

冷水机组能效限定值及能源效率等级

1 范　围

本标准规定了冷水机组能源效率限定值、能源效率等级、节能评价值、试验方法和检验规则。

本标准适用于电机驱动压缩机的蒸汽压缩循环冷水（热泵）机组（以下简称“机组”）。

2 规范性引用文件

下列文件中的条款通过本标准的引用而成为本标准的条款。凡是注日期的引用文件，其随后所有的修订单（不包括勘误的内容）或修订版均不适用于本标准，然而，鼓励根据本标准达成协议的各方研究是否可使用这些文件的最新的版本。凡是不注日期的引用文件，其最新版本适用于本标准。

GB/T 18430.1　蒸汽压缩循环冷水（热泵）机组　工商业用和类似用途冷水（热泵）机组

GB/T 18430.2　蒸汽压缩循环冷水（热泵）机组　户用和类似用途冷水（热泵）机组

GB/T 10870　容积式和离心式冷水（热泵）机组性能试验方法

3 术语和定义

本标准采用下列术语和定义。

3.1

冷水机组能源效率限定值　the minimum allowable value of energy efficiency for water chillers

机组在额定制冷工况和规定条件下，性能系数的最小允许值，简称能效限定值。

3.2

冷水机组节能评价值　the evaluating values of energy conservation for water chillers

在额定制冷工况和规定条件下，节能型机组应达到的性能系数最小值。

3.3

能源效率等级　energy efficiency grade

能源效率等级（简称能效等级）是表示产品能源效率高低差别的一种分级方法，依据性能系数的大小确定，依次分成 1、2、3、4、5 五个等级，1 级所表示能源效率最高。

3.4

冷水机组额定能源效率等级　rated energy efficiency grade for water chillers

由生产厂家在产品上规定的机组的能源效率等级。

4 能源效率限定值

机组的性能系数实测值应大于等于表 1 的规定值。

表 1　能源效率限定值

类　　型	额定制冷量（CC）/kW	性　能　系　数
风冷式或蒸发冷却式	CC≤50	2.40
	CC>50	2.60
水冷式	CC≤528	3.80
	528<CC≤1163	4.00
	CC>1163	4.20

5　能源效率评定方法

5.1　能源效率等级判定方法

根据机组的性能系数测试结果，依据表 2，判定该机组的额定能源效率等级。

产品的性能系数测试值和标注值应不小于其表 2 中额定能源效率等级所对应的指标规定值。

表 2　能源效率等级指标

类　　型	额定制冷量（CC）/kW	能效等级（*COP*）/（W/W）				
		1	2	3	4	5
风冷式或蒸发冷却式	CC≤50	3.20	3.00	2.80	2.60	2.40
	CC>50	3.40	3.20	3.00	2.80	2.60
水冷式	CC≤528	5.00	4.70	4.40	4.10	3.80
	528<CC≤1163	5.50	5.10	4.70	4.30	4.00
	CC>1163	6.10	5.60	5.10	4.60	4.20

5.2　节能评价值

机组的节能评价值为表 2 中能效等级 2 级。

6　能源效率的试验方法

按 GB/T 18430 和 GB/T 10870 中的能源效率试验方法进行。

7　检　验　规　则

在一批产品中，抽取一台样品，测试其性能系数；若不满足规定要求，再抽取两台样品，实测值均应满足规定要求，否则判该批产品为不合格。

对于单台产品，测试其性能系数；若不满足规定要求，判该产品为不合格。

8　能源效率等级标注

8.1　生产厂家应根据本标准的要求和测试结果，确定机组的额定能源效率等级。

8.2　生产厂家应在其产品的出厂文件上注明该机组的额定能源效率等级、所依据的标准号。

中华人民共和国国家标准

蒸气压缩循环冷水（热泵）机组
户用和类似用途的冷水（热泵）机组

Water chilling (heat pump) packages
using the vapor compression cycle
Household and similar water chilling (heat pump) packages

GB/T 18430.2—2001

中 华 人 民 共 和 国
国家质量监督检验检疫总局 2001-08-30 批准
2002-04-01 实施

前　言

本标准是在 JB/T 4329—1997《容积式冷水（热泵）机组》的基础上制定的。本标准参考采用美国空调制冷协会 ARI 550/590—1998《采用蒸气压缩循环的冷水机组）及日本工业标准 JIS B8613—1994《冷水机组》。

本标准与 JB/T 4329—1997 相比较，在产品外观、安全要求、出厂试验和型式试验项目上有较大变化。

本标准的附录 A 是提示的附录。

本标准自实施之日起，JB/T 4329—1997 同时废止。

本标准由中国机械工业联合会提出。

本标准由全国冷冻设备标准化技术委员会归口。

本标准起草单位：浙江盾安三尚机电有限公司、合肥通用机械研究所。

本标准主要起草人：曹俊、葛传诗、黄毅飞、史敏、蒋家明。

本标准由全国冷冻设备标准化技术委员会负责解释。

1 范　围

本标准规定了由电动机驱动的采用蒸气压缩制冷循环的户用和类似用途的冷水（热泵）机组（以下简称机组）的型式和基本参数、技术要求、试验方法、检验规则、标志、包装、运输和贮存。

本标准适用于制冷量不大于 50kW，户用和类似用途的集中空调用机组。其他同类机组可参照执行。

2 引 用 标 准

下列标准所包含的条文，通过在本标准中引用而构成为本标准的条文。本标准出版时，所示版本均为有效。所有标准都会被修订，使用本标准的各方应探讨使用下列标准最新版本的可能性。

GB/T 1720—1979　漆膜附着力测定法

GB/T 2423.17—1993　电工电子产品基本环境试验规程　试验 Ka：盐雾试验方法（eqv IEC68-2-11：1981）

GB 4208—1993　外壳防护等级（IP 代码）（eqv IEC 529：1989）

GB 4343—1995　家用和类似用途电动、电热器具、电动工具以及类似电器无线电干扰特性测量方法和允许值（eqv CISPR 14：1993）

GB 4343.2—1999　电磁兼容　家用电器、电动工具和类似器具的要求　第 2 部分：抗扰度　产品类标准（idt CISPR 14-2：1997）

GB 4706.1—1998　家用和类似用途电器的安全　第一部分：通用要求（eqv IEC 335-1：1991）

GB 4706.32—1996　家用和类似用途电器的安全　热泵、空调器和除湿机的特殊要求（idt IEC 335-2-40：1992）

GB/T 5226.1—1996　工业机械电气设备　第一部分：通用技术条件（eqv IEC 204-1：1992）

GB 9237—2001　制冷和供热用机械制冷系统　安全要求（eqv ISO 5149：1993）

GB/T 10870—2001　容积式和离心式冷水（热泵）机组　性能试验方法

GB/T 13306—1991　标牌

GB/T 13384—1992　机电产品包装通用技术条件

JB/T 4330—1999　制冷和空调设备噪声的测定

3 型式与基本参数

3.1　型式

3.1.1　按机组功能分类：

3.1.1.1　单冷式机组；

3.1.1.2　制冷及热泵制热机组（包括热泵和电加热装置同时或切换使用制热的机组）；

3.1.1.3　制冷及电加热制热机组。

3.1.2　按机组冷却方式分类：

3.1.2.1 风冷式；

3.1.2.2 水冷式；

3.1.2.3 蒸发冷却式。

3.1.3 按机组使用电源分类

3.1.3.1 使用单相交流电源；

3.1.3.2 使用三相交流电源。

3.2 型号

机组的型号表示方法见附录 A（提示的附录）。

3.3 基本参数

3.3.1 名义工况

机组名义工况时的温度条件按表 1 的规定。

表 1 名义工况时的温度条件 ℃

项目	使用侧		热源侧（或放热侧）					
	冷、热水		水冷式		风冷式		蒸发冷却式	
	进口水温	出口水温	进口水温	出口水温	干球温度	湿球温度	干球温度	湿球温度
制冷	12	7	30	35	35	—	—	24
热泵制热	40	45	15	7	7	6	—	

3.3.2 机组名义工况的其他规定

a）机组名义工况时的使用侧和水冷式热源侧污垢系数为 0.086m²·℃/kW。

b）机组名义工况时的额定电压，单相交流为 220V、三相交流为 380V，额定频率均为 50Hz。

c）大气压力为 101kPa。

3.3.3 机组名义工况时的制冷性能系数（*COP*）

机组名义工况时的制冷性能系数（*COP*）应不低于表 2 规定的数值。

表 2 机组名义工况时的制冷性能系数（*COP*）限值

名义制冷量 kW	制冷性能系数（*COP*）		
	风冷式	水冷式	蒸发冷却式
<8	2.30	—	2.60
≥8～16	2.35	—	2.70
≥16～31.5	2.40	3.30	2.80
≥31.5～50	2.45	3.40	2.90

4 技 术 要 求

4.1 一般要求

4.1.1 机组应符合本标准的规定，并按经规定程序批准的图样和技术文件（或按用户和制造厂的协议）制造。

4.1.2 机组除配置所有制冷系统组件外，一般还应包括冷水循环水泵，蒸发式机组应包括淋水水泵。

4.1.3 机组的黑色金属制件，表面应进行防锈蚀处理。

4.1.4 机组电镀件表面应光滑，色泽均匀，不得有剥落、露底、针孔、明显的花斑和划伤等缺陷。

4.1.5 机组涂装件表面应平整、涂布均匀、色泽一致，不应有明显的气泡、流痕、漏涂、底漆外露及不应有的皱纹和其他损伤。

4.1.6 机组装饰性塑料件表面应平整光滑、色泽均匀，不得有裂痕、气泡和明显缩孔等缺陷，塑料件应耐老化。

4.1.7 电镀件耐盐雾性

按 5.3.9 方法试验后，金属镀层上的每个锈点锈迹面积不应超过 $1mm^2$，每 $100cm^2$ 试件镀层不超过 2 个锈点、锈迹，小于 $100cm^2$ 时，不应有锈点和锈迹。

4.1.8 涂装件涂层附着力

涂装件的涂层应牢固，按 5.3.10 方法试验，其附着力应达到 GB/T 1720 规定的二级以上。

4.1.9 机组各零部件的安装应牢固、可靠，制冷压缩机应具有防振动措施。机组运转时无异常声响，管路间或管路与零部件间不应有相互摩擦和碰撞。热泵型机组的电磁换向阀动作应灵敏、可靠。

4.1.10 机组的隔热层应有良好的隔热性能，在正常工作时表面不应有凝露现象。

4.1.11 机组的零部件和材料应分别符合各有关标准的规定，满足使用性能要求。机组内与制冷剂和润滑油接触的表面应保持清洁、干燥，机组外表面应清洁，管路附件安装一般应横平竖直，美观大方。

4.1.12 机组配置的冷水循环水泵，其流量和扬程应保证机组的正常工作，也可根据用户要求或实际用途配置合适扬程的循环水泵。

4.1.13 电气控制功能和设备

机组的电气控制应包括水泵、压缩机和风机的控制，一般还应具有电机过载保护、缺相保护（三相电源），水系统断流保护、防冻保护，制冷系统高压保护等必要的保护功能或器件。电气设备应符合 GB/T 5226.1 要求。各种控制功能正常，各种保护器件应符合设计要求并灵敏可靠。

4.2 气密性和液压要求

4.2.1 气密性要求

机组制冷系统各部分应密封，按 5.3.1.1 方法试验时，机组制冷系统各部分不应有制冷剂泄漏现象。

4.2.2 液压要求

按 5.3.1.2 方法试验时，水侧各部位及接头处不应有异常变形和水的泄漏现象。

4.3 机组名义工况性能

机组在制冷和热泵制热名义工况下进行试验时，其最大偏差应不超过以下规定。

4.3.1 制冷量和热泵制热量应不小于名义值的 95%。

4.3.2 机组名义工况时的制冷性能系数应不小于表 2 规定值，兼有热泵制热机组不应低于表 2 规定值的 97%。

4.3.3 带有电加热的热泵（或非热泵）制热机组的电加热消耗功率不应大于机组名义电加热消耗电功率的 105%。

4.3.4 冷（热）水、冷却水的压力损失不应大于机组名义值的115%。

4.3.5 噪声

机组应进行噪声测量，按5.3.5规定进行测量，其机组平均表面声压级应不大于表3规定值1dB（A）。

4.4 机组的考核工况

机组在表4规定的温度条件下应能正常工作，表中温度偏差为试验时应遵守的条件。

表3 噪声限值（声压级） dB（A）

名义制冷量，kW	风冷及蒸发式	水冷式
≤8	65	—
>8~16	67	—
>16~31.5	69	66
>31.5~50	71	68

4.4.1 最大负荷工况要求

机组按5.3.6.1方法分别进行制冷和制热最大负荷工况试验时，机组各部件不应损坏，过载保护器不应跳开，机组应能正常运行。

4.4.2 低温工况要求

机组按5.3.6.2方法分别进行制冷和制热低温工况试验时，机组各部件不应损坏，高压、防冻及过载保护器不应跳开，风冷热泵机组融霜功能正常，机组应能正常运行。

4.4.3 自动融霜

装有自动融霜机构的空气源热泵机组，按5.3.6.3方法试验时，应符合以下要求：

——安全保护元、器件不应动作而停止运行；

——融霜功能正常，融霜彻底，融霜时的融化水应能正常排放；

——在最初融霜结束后的连续运行中，融霜所需时间总和不应超过运行周期时间的20%。

4.4.4 变工况性能

机组变工况性能温度条件如表5所示。按5.3.6.4方法进行试验并绘制性能曲线图或表。

表4 机组的考核工况 ℃

项目		使用侧		热源侧（或放热侧）					
		冷、热水		水冷式		风冷式		蒸发冷却式	
		进口温度	出口温度	进口温度	出口温度	干球温度	湿球温度	干球温度	湿球温度
制冷	名义工况	12±0.3	7±0.3	30±0.3	35±0.3	35±1	—	—	24±0.5
	最大负荷工况	—1)	15±0.5	33±0.5	—2)	43±1	—	—	27±0.5 3)
	低温工况		5±0.5	—2)	21±0.5	21±1		—	15.5±0.5 4)
热泵制热	名义工况	40±0.3	45±0.3	15±0.3	7±0.3	7±1	6±0.5	—	
	最大负荷工况	—5)	50±0.5	21±0.5	—6)	21±1	15.5±0.5		
	融霜工况7)	40±0.5	—5)	—		2±1	1±0.5		
	低温工况	40±0.5	—5)	—		-7±1	-8±0.5		

1）由制冷名义工况时的冷水量决定；
2）由制冷名义工况时的冷却水量决定；
3）补充水温33℃±2℃；
4）补充水温15℃±2℃；
5）由热泵制热名义工况时的热水流量决定；
6）由热泵制热名义工况时的热源水流量决定；
7）表中融霜工况为融霜运行前的条件，融霜时的温度条件为：热水进口温度40℃±3℃，热源侧干球温度2℃±6℃，湿球温度不要求。

表 5　变工况性能温度范围　　℃

项目	使用侧		热源侧（或放热侧）					
	冷、热水		水冷式		风冷式		蒸发冷却式	
	进口水温	出口水温	进口水温	出口水温	干球温度	湿球温度	干球温度	湿球温度
制　冷	—	5～15	15.5～33		21～43	—	—	15.5～27
热泵制热		40～50	15.5～21		-7～21			—

4.5　安全性能

4.5.1　制冷系统安全

机组的机械制冷系统安全性能应符合 GB 9237 的有关规定。

4.5.2　机械安全

4.5.2.1　机组的设计应保证在正常运输、安装和使用时具有可靠的稳定性。机组应有足够的机械强度，其结构应能承受正常使用中可能发生的非正常操作。用 GB 4706.1—1998 中 21 所规定冲击试验来确定是否合格。

4.5.2.2　在正常使用状态下，人员有可能触及的运行部分和高温零部件等，应设置适当的防护罩或防护网，以便对人员安全提供充分的防护。防护罩、防护网或类似部件应有足够的机械强度。通过 GB 4706.1—1998 中 20.2 规定的试验指来进行检验是否安全，试验指不应触及到危险的运动部件和高温零部件。

4.5.3　电气安全性能

4.5.3.1　机组为公众易触及的器具，其防触电保护应符合 GB 4706.1—1998 规定的Ⅰ类器具的要求。

4.5.3.2　电压变化性能

机组在表 4 制冷和热泵制热名义工况运行，按 5.3.8.2 方法试验，安全保护结构不动作，带有电加热的机组中其防过热保护器亦不应动作，机组无异常现象并能连续运行。

4.5.3.3　温度限制

机组在表 4 制冷和热泵制热名义工况运行，按 5.3.8.3 方法试验，压缩机电动机绕组温度不应超过其产品标准规定，人体可能接触的零部件、外壳等发热部位的温度应小于等于 60℃，其他部位温度也不应有异常上升。

4.5.3.4　泄漏电流

按 5.3.8.4 的方法进行试验，机组外露金属部分和电源线间的泄漏电流值不超过 3.5mA。

4.5.3.5　电气强度

按 5.3.8.5 的方法进行试验，机组带电部位和非带电部位之间加上规定的试验电压时，不应出现击穿。

4.5.3.6　接地电阻

机组应有可靠的接地装置并标识明显，按 5.3.8.6 方法进行试验时，其接地电阻不得超过 0.1Ω。

4.5.3.7　耐潮湿性

机组的防水等级应符合 GB 4208—1993 规定的 IPX4，按 5.3.8.7 方法进行试验，其泄漏电流值不超过 3.5mA，电气强度试验不应出现击穿。

4.5.3.8　电磁兼容性

采用微处理器电气控制系统的机组，其电磁兼容性应符合以下规定：

a）机组电气控制系统应具有抑制电磁干扰的性能，按 GB 4343—1995 进行测试，应不超过该标准中规定的干扰特性允许值。

b）机组电气控制系统应具抗电磁干扰的性能，按 GB 4343.2—1999 进行测试，应不超过该标准中规定的Ⅱ类器具抗扰度的要求。

4.6　在用户遵守机组运输、保管、安装、使用和维护的条件下，从制造厂发货之日起 18 个月内或开机调试运行经用户认可之日起 12 个月内（以两者中先到者为准），机组因制造质量不良而发生损坏或不能正常工作时，制造厂应免费更换或修理。

5　试　验　方　法

5.1　测量仪表精度及测量规定

5.1.1　测量仪表精度：按 GB/T 10870—2001 附录 A 的规定。

5.1.2　测量规定如下：

a）测量仪表的安装和使用按 GB/T 10870 的规定。

b）风冷机组的空气干、湿球温度的测量按 GB/T 18430.1—2001 附录 A 的要求进行。

c）机组冷(热)水和冷却水的压力损失测定按 GB/T 18430.1—2001 附录 B 的要求进行。

5.2　机组的安装和试验规定

5.2.1　温度条件：机组的水温及空气干、湿球温度偏差按表 4 的规定。

5.2.2　电源条件：机组应在其铭牌规定的额定电压和额定频率下运行，其偏差值不应大于额定值的 ±1%。

5.2.3　被试机组应按生产厂规定的方法进行安装，风冷式和蒸发冷却式机组的环境应符合 GB/T 18430.1—2001 附录 A 的要求。

5.2.4　带冷水循环水泵的机组在试验时，水泵不通电。

5.2.5　机组试验的其他要求应符合 GB/T 10870 规定。

5.3　试验项目

5.3.1　机组气密性和液压试验

5.3.1.1　气密性试验

机组制冷系统在正常的制冷剂充灌量下，不通电置于环境温度为 16～35℃的室内，用灵敏度为 $5\times10^{-6}Pa\cdot m^3/s$（泄漏量为 7.5g/a）的检漏仪进行检验，应符合 4.2.1 的规定。

5.3.1.2　液压试验

机组水侧充入 1.25 倍设计压力的洁净水，观察各部位及接头处，应符合 4.2.2 的规定。

5.3.2　运转试验

机组应在接近名义制冷或制热工况的条件下连续运行，应符合 4.1.9 和 4.1.10 的规定，并测量机组的输入功率、运转电流和进、出水温度。

试验检查电气控制功能和保护器件，应符合 4.1.1.3 的规定。

5.3.3　机组名义工况性能试验

5.3.3.1　制冷量试验

制冷名义工况按表 1 和 3.3.3 以及表 4 的规定进行试验。按照以下规定进行试验测定和计算制冷量和消耗总功率，并应符合 4.3.1 的规定。同时测量运行电流和求出功率因数。

a）水冷式机组：制冷量按 GB/T 10870 的规定进行试验测定和计算。消耗总电功率包括压缩机电动机、油泵电动机和操作控制电路等的输入总电功率。

b）风冷式和蒸发冷却式机组：制冷量按 GB/T 10870 的规定进行试验测定和计算。放热侧环境的温、湿度条件可采用空调装置使其达到规定的工况要求，消耗总电功率除 5.3.3.1a）中包括项目外，风冷式还应包括放热侧冷却风机电功率，蒸发冷却式还应包括淋水装置水泵用电功率。

5.3.3.2 制热量试验

热泵制热名义工况按表 1 和 3.3.3 以及表 4 的规定进行试验。按照以下规定进行试验测定和计算制热量和消耗总功率，并应符合 4.3.1 的规定。同时测量运行电流和求出功率因数。

a）水冷式机组：制热量按 GB/T 10870 的规定进行试验测定和计算，消耗总电功率同 5.3.3.1a）的内容。但制热量和消耗总电功率不包括电加热的制热量和电功率消耗。

b）风冷式机组：制冷量按 GB/T 10870 的规定进行试验测定和计算，热源侧同 5.3.3.1b）的规定。制热量和消耗总电功率不包括电加热的制热量和电功率消耗。

5.3.3.3 电加热消耗的电功率

带有电加热的机组按 5.3.3.2 进行热泵制热量试验时，当热泵制热量的测定稳定后，给电加热通电，并测定消耗的电功率，应符合 4.3.3 的规定。

5.3.3.4 制冷性能系数（*COP*）

由 5.3.3.1 测定的制冷量 Q_n（kW）和消耗总电功率 N_o（kW）按照式（1）计算：

$$COP = \frac{Q_n}{N_o} \tag{1}$$

计算结果应符合 4.3.2 的规定。

5.3.4 水侧的压力损失试验

在进行名义工况制冷和制热性能试验时，按 GB/T 18430.1—2001 附录 B 的规定测定机组冷（热）水和冷却水的压力损失，其结果应符合 4.3.4 的规定。

5.3.5 噪声试验

机组在额定电压和额定频率以及接近制冷名义工况下，带循环水泵的机组，水泵应在接近铭牌标明的流量和扬程条件下进行运转，按 JB/T 4330—1999 中附录 C 规定测量机组的噪声。其结果应符合 4.3.5 的规定。

5.3.6 机组的考核工况试验

5.3.6.1 最大负荷工况试验

在额定电压和额定频率以及按表 4 分别进行制冷和制热最大负荷工况下运行，达到稳定状态后再运行 2h，应符合 4.4.1 的规定。

5.3.6.2 低温工况试验

机组在额定电压和额定频率以及按表 4 分别进行制冷和制热低温工况下运行 6h，应符合 4.4.2 的规定。

5.3.6.3 融霜试验

机组在表 4 的融霜工况下，连续进行热泵制热，最初的融霜周期结束后，再继续运行 3h，应符合 4.4.3 的规定。

5.3.6.4 变工况试验

机组按表5某一条件改变时，其他条件按名义工况时的流量和温度条件进行试验，测定其制冷量、制热量以及对应的消耗总电功率。该试验应包括表4中相应的工况温度条件点。将试验结果绘制成曲线图或表格，每条曲线或表格应不少于四个测量点的值。

5.3.7 机械安全试验：

按GB 4706.1—1998中21所规定冲击试验和20.2所规定的试验指试验，其结果应分别符合4.5.2.1和4.5.2.2要求。

5.3.8 电器安全试验

5.3.8.1 防触电保护试验

按GB 4706.1—1998中8.1进行防触电保护试验，应符合4.5.3.1规定。

5.3.8.2 电压变化试验

机组在表4制冷和热泵制热名义工况运行，使电源电压在额定电压值±10%的范围内变化运行1h，应符合4.5.3.2要求。

5.3.8.3 温度限制试验

机组在表4制冷或热泵制热试验的同时，利用电阻法测定压缩机电动机绕组温度，其余温度用热电偶丝测定，应符合4.5.3.3要求。

5.3.8.4 泄漏电流试验

按GB 4706.1—1998中16.2的方法进行试验，应符合4.5.3.4要求。

5.3.8.5 电气强度试验

按GB 4706.1—1998中16.3的方法进行试验，应符合4.5.3.5要求。

5.3.8.6 接地电阻试验

按GB 4706.1—1998中27.5的方法进行试验，应符合4.5.3.6要求。

5.3.8.7 耐潮湿性

按GB 4208—1993中IPX4等级进行淋水试验和按GB 4706.1—1998中15进行潮湿处理后，立即进行泄漏电流和电气强度试验，其结果应符合4.5.3.7要求。

5.3.9 电镀件盐雾试验

机组的电镀件应按GB/T 2423.17进行盐雾试验。试验周期24h。试验前，电镀件表面清洗除油，试验后，用清水冲掉残留在表面上的盐分，检查电镀件腐蚀情况，其结果符合4.1.7规定。

5.3.10 涂装件的涂层附着力试验

机组的涂装件应按GB/T 1720进行附着力试验，其附着力应符合4.1.8的规定。

5.3.11 试验报告

根据5.3.1~5.3.10各项试验内容，记录测试参数和结果，并根据相应试验标准的规定进行计算，试验报告的内容应符合相应试验标准的规定，并按本标准的要求进行判定是否合格，并应由试验操作人员、审核人员签字。

6 检 验 规 则

每台机组须经制造厂质量检验部门检验合格后方能出厂，并附有合格证、使用说明书以及装箱单等。

6.1 出厂检验

每台机组应做出厂检验，检验项目、技术要求和试验方法按表6的规定。

6.2 抽样检验

批量生产的机组应进行抽样检验，检验项目、技术要求和试验方法按表6的规定。抽样方法、批量、抽样方案、检查水平及合格质量水平等由制造厂质量检验部门自行确定。

6.3 型式检验

6.3.1 机组在下列情况之一时，应进行型式检验：

a）试制的新产品；

b）当产品在设计、工艺和材料等有重大改变时。

6.3.2 型式检验除按表6所列的全部试验项目外，还包括GB 4706.32—1996规定的其余项目，型式试验时间不应少于试验方法中规定的时间，其中名义工况运行不少于12h，允许中途停车，以检查机组运行情况。运行中如有故障，在故障排除后应重新进行试验，前面的试验无效。

表6 出厂、抽样和型式检验的项目、要求和试验方法

序号	检验项目	出厂检验	抽样检验	型式检验	技术要求	试验方法
1	一般检查	△	△	△	4.1.2～4.1.6、4.1.10～4.1.11	视　检
2	标志和安全标识	△	△	△	7.1	视　检
3	包装	△	△	△	7.3	视　检
4	泄漏电流	△	△	△	4.5.3.4	GB 4706.1—1998 16.2
5	电气强度	△	△	△	4.5.3.5	GB 4706.1—1998 16.3
6	接地电阻	△	△	△	4.5.3.6	GB 4706.1—1998 27.5
7	气密性试验	△	△	△	4.2.1	5.3.1.1
8	液压试验	△	△	△	4.2.2	5.3.1.2
9	运转试验	△	△	△	4.1.9、4.1.10、4.1.13	5.3.2
10	制冷量		△	△	4.3.1	5.3.3.1
11	热泵制热量		△	△	4.3.1	5.3.3.2
12	电加热制热消耗功率		△	△	4.3.3	5.3.3.3
13	制冷能效比		△	△	4.3.2	5.3.3.4
14	水压力损失		△	△	4.3.4	5.3.4
15	噪声		△	△	4.3.5	5.3.5
16	最大负荷工况		—	△	4.4.1	5.3.6.1
17	低温工况		—	△	4.4.2	5.3.6.2
18	自动融霜		—	△	4.4.3	5.3.6.3
19	变工况试验		—	△	4.4.4	5.3.6.4
20	电镀件耐盐雾性		—	△	4.1.7	5.3.9
21	涂装件涂层附着力		—	△	4.1.8	5.3.10
22	耐潮湿性		—	△	4.5.3.7	5.3.8.7
23	防触电保护		—	△	4.5.3.1	5.3.8.1
24	电压变化		—	△	4.5.3.2	5.3.8.2
25	温度限制		—	△	4.5.3.3	5.3.8.3
26	机械安全		—	△	4.5.2.1	GB 4706.1—1998 21.1
					4.5.2.2	GB 4706.1—1998 20.2
27	电磁兼容性		—	△	4.5.3.8	GB 4343—1995、GB 4343.2—1999

注：“△”应做试验；“—”不做试验。

7 标志、包装、运输和贮存

7.1 标志

7.1.1 每台机组应有耐久铭牌固定在明显部位，铭牌的尺寸和技术要求应符合 GB/T 13306 的规定。铭牌上应标示下列内容：

a）制造厂名称及商标；

b）产品名称和型号；

c）主要技术性能参数［名义制冷量、（热泵）名义制热量、制冷剂代号及其充注量、电源（电压、相数、频率）、额定功率（制冷压缩机和风机电机额定功率之和）和机组重量］；

d）产品出厂编号；

c）制造年月。

7.1.2 机组相关部位上应有标明运行状态的标志（如转向、水流方向、指示仪表以及各控制按钮等）和安全标识（如接地装置、警告标识等）。

7.2 出厂附件及文件

每台机组上应随带下列技术文件。

7.2.1 产品合格证，其内容包括：

a）产品型号和名称；

b）产品出厂编号；

c）检验员、检验负责人签章及日期；

d）制造厂名称。

7.2.2 产品说明书，其内容包括：

a）产品型号和名称、工作原理、适用范围、执行标准、主要技术参数［除铭牌标示的主要技术性能参数外，还应包括冷（热）水和冷却水的压力损失、电加热功率、水泵的扬程、流量及功率、机组总功率、最大运行电流等］；

b）产品的结构示意图、制冷系统图、电气原理图及接线图；

c）安装说明和要求；

d）使用说明、维护保养和注意事项。

7.2.3 装箱单。

7.2.4 随机附件。

7.3 包装

7.3.1 机组在包装前应进行清洁处理，各部件应清洁、干燥，易锈部件应涂防锈剂。制冷系统应充入额定量的制冷剂。

7.3.2 机组应外套塑料罩或防潮纸并应固定在包装箱内，其包装应符合 GB/T 13384 的规定。

7.3.3 机组包装箱上应有下列标志：

a）制造单位名称；

b）产品型号、名称及编号；

c）净重、毛重；

d）包装外形尺寸；

e）“小心轻放”、“向上”和“怕湿”等。

7.4 运输和贮存

7.4.1 机组在运输和贮存过程中不应碰撞、倾斜、雨雪淋袭。

7.4.2 产品应贮存在干燥的通风良好的仓库中，并注意电气系统的防潮。

附　录 A

（提示的附录）

户用和类似用途的冷水（热泵）机组
型号编制方法

A1 机组名义工况的制冷量（kW），按以下系列优先选用：

6.3　8　10　12.5　16　20　25　31.5　40　50

A2 机组的型式

A2.1 按机组功能分类

A2.1.1 单冷式机组（型号中不表示）；

A2.1.2 制冷及热泵制热机组（型号中用 R 表示）［包括热泵制热和电加热装置同时或切换使用制热的机组］；

A2.1.3 制冷及电加热制热机组（型号中用 Rd 表示）。

A2.2 按机组冷却方式分类

A2.2.1 风冷式（型号中不表示）；

A2.2.2 水冷式（型号中用 S 表示）。

A2.3 按机组使用电源分类

A2.3.1 使用单相交流电源（型号中用 D 表示）；

A2.3.2 使用三相交流电源（型号中不表示）。

A3 机组的型号由大写汉语拼音字母和阿拉伯数字组成，具体表示方法为：

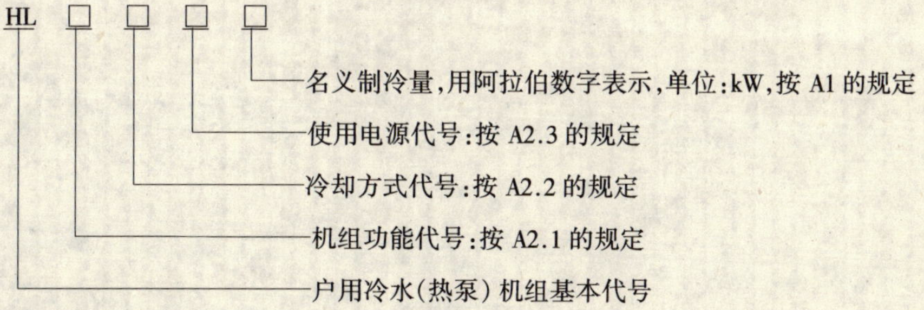

A4 型号示例

制冷量为 6.3kW 的单冷单相风冷户用冷水机组：HLD6.3；

制冷量为 12.5kW 的热泵三相水冷户用冷水机组：HLRS12.5；

制冷量为 12.5kW 的制冷电加热制热三相风冷户用冷水机组：HLRd12.5。

中华人民共和国国家标准

水 源 热 泵 机 组

Water-source heat pumps

（ISO 13256：1998

Water-source heat pump—Testing and rating for performance，NEQ）

GB/ T 19409—2003

中 华 人 民 共 和 国
国家质量监督检验检疫总局 2003-11-25 批准

2004-06-01 实施

前　　言

本标准为首次制定。

本标准非等效采用 ISO 13256-1：1998《水源热泵机组　试验及测定　第 1 部分：冷风式水源热泵机组》和 ISO 13256-2：1998《水源热泵机组　试验及测定　第 2 部分：冷水式水源热泵机组》。

本标准与 ISO 13256-1：1998、ISO 13256-2：1998 的主要差异如下：

——按照国内产品标准编写的惯例对编排格式进行了修改；

——增加了检验规则、包装、运输和贮存等内容；

——增加了噪声限值和 COP、EER 限值；

——根据国内的实际情况调整了地下水式机组的试验工况；

——增加了机组的安全要求和对应的试验方法。

本标准的附录 A 为资料性附录，附录 B 为规范性附录。

本标准由中国机械工业联合会提出。

本标准由全国冷冻设备标准化技术委员会归口。

本标准负责起草单位：深圳麦克维尔空调有限公司，合肥通用机械研究所。

本标准参加起草单位：清华同方人工环境有限公司、北京金万众空调制冷设备有限责任公司、浙江盾安人工环境设备股份有限公司。

本标准主要起草人：王义斌、李爱平、吴香葵、张秀平、郑兴旺、王晓民、黄毅飞。

目　次

前言 …… 1258
1 范围 …… 1260
2 规范性引用文件 …… 1260
3 术语和定义 …… 1261
4 型式和基本参数 …… 1261
5 技术要求 …… 1262
6 试验方法 …… 1267
7 检验规则 …… 1271
8 标志、包装、运输和贮存 …… 1273
附录 A（资料性附录） 水源热泵机组型号编制方法 …… 1274
附录 B（规范性附录） 水源热泵机组噪声试验方法 …… 1274

1 范　　围

本标准规定了水源热泵机组的术语和定义、型式和基本参数、技术要求、试验方法、检验规则、标志、包装、运输和贮存等。

本标准适用于以电动机械压缩式系统，以水为冷（热）源的户用、工商业用和类似用途的水源热泵机组。

注：术语“水”可能是指“水”、“盐水”或类似功能的流体（如“乙二醇”），应根据机组所使用的热源流体而定。

2 规范性引用文件

下列文件中的条款通过本标准的引用而成为本标准的条款。凡是注日期的引用文件，其随后所有的修改单（不包括勘误的内容）或修订版均不适用于本标准，然而，鼓励根据本标准达成协议的各方研究是否可使用这些文件的最新版本。凡是不注日期的引用文件，其最新版本适用于本标准。

GB/ T 191—2000　包装储运图示标志（eqv ISO 780：1997）

GB/ T 2423.17—1993　电工电子产品基本环境试验规程　试验 Ka：盐雾试验方法（eqv IEC 68-2-11：1981）

GB / T 2828.1—2003　计数抽样检验程序　第 1 部分：按接收质量限（AQL）检索的逐批检验抽样计划

GB/T 3785—1983　声级计的电、声性能及测试方法

GB 4208—1993　外壳防护等级（IP 代码）（eqv IEC 529：1989）

GB 4343—1995　家用和类似用途电动、电热器具、电动工具以及类似电器无线电干扰特性测量方法和允许值（eqv CISPR 14：1993）

GB 4706.1—1992　家用和类似用途电器的安全　第一部分：通用要求（eqv IEC 335-1：1991）

GB 4706.32—1996　家用和类似用途电器的安全　热泵、空调机和除湿机的特殊要求（idt IEC 335-2-40：1992）

GB 5226.1　机械安全　机械电器设备　第 1 部分：通用技术条件（IEC 60204-1：2000，IDT）

GB/T 6388—1986　运输包装收发货标志

GB 9237—2001　制冷和供热用机械制冷系统　安全要求（eqv ISO 5149：1993）

GB/T 10870—2001　容积式和离心式冷水（热泵）机组　性能试验方法

GB/T 13306—1991　标牌

GB 17625.1　电磁兼容　限值　谐波电流发射限值（设备每相输入电流≤16A）（IEC 61000-3-2：2001，IDT）

GB/T 17758—1999　单元式空气调节机

GB/T 18430.1—2001　蒸气压缩循环冷水（热泵）机组　工商业用和类似用途的冷水（热泵）机组

GB/ T 18836—2002　风管送风式空调（热泵）机组

JB/T 4330—1999 制冷和空调设备噪声的测定

JB/T 7249—1994 制冷设备 术语

3 术语和定义

JB/T 7249 中所确立的及下列术语和定义适用于本标准。

3.1

水源热泵机组 water-source heat pumps

一种采用循环流动于共用管路中的水、从水井、湖泊或河流中抽取的水或在地下盘管中循环流动的水为冷（热）源，制取冷（热）风或冷（热）水的设备；包括一个使用侧换热设备、压缩机、热源侧换热设备，具有单制冷或制冷和制热功能。水源热泵机组按使用侧换热设备的形式分为冷热风型水源热泵机组和冷热水型水源热泵机组，按冷（热）源类型分为水环式水源热泵机组、地下水式水源热泵机组和地下环路式水源热泵机组。以下简称机组。

3.1.1

冷热风型水源热泵机组 water-to-air heat pump

使用侧换热设备为带送风设备的室内空气调节盘管的机组。

注 1：若冷热风型机组由多个组件组成，分开的组件必须设计成能够组合使用。

注 2：冷热风型机组可以带有卫生热水加热、空气净化、除湿和加湿功能。

3.1.2

冷热水型水源热泵机组 water-to-water heat pump

使用侧换热设备为制冷剂-水热交换器的机组。

注 1：若机组由多个组件组成，分开的组件必须设计成能够组合使用的机组。

注 2：机组可以带有卫生热水加热的功能。

3.1.3

水环式水源热泵机组 water-loop heat pump

使用在共用管路循环流动的水为冷（热）源的机组。

3.1.4

地下水式水源热泵机组 ground-water heat pump

使用从水井、湖泊或河流中抽取的水为冷（热）源的机组。

3.1.5

地下环路式水源热泵机组 ground-loop heat pump

使用在地下盘管中循环流动的水为冷（热）源的机组。

4 型式和基本参数

4.1 冷热风型机组的型式

4.1.1 机组按功能分为：

a）冷风型；

b）热泵型（冷风和热风型）。

4.1.2 机组按结构型式分为：

a）整体型；

b）分体型。

4.1.3 机组按送风型式分为：

a）直接吹出型；

b）接风管型。

4.1.4 机组按冷（热）源类型分为：

a）水环式；

b）地下水式；

c）地下环路式。

4.2 冷热水型机组的型式

4.2.1 机组按功能分为：

a）冷水型；

b）热泵型。

4.2.2 机组按结构形式分为：

a）整体型；

b）分体型。

4.2.3 机组按冷（热）源类型分为：

a）水环式；

b）地下水式；

c）地下环路式。

4.3 基本参数

4.3.1 机组的电源为额定电压 220V 单相或 380V 三相交流电，额定频率 50Hz。

4.3.2 机组正常工作的冷（热）源温度范围见表 1。

表 1 机组正常工作的冷（热）源温度范围

单位为℃

机组型式	制冷	制热
水环式机组	20~40	15~30
地下水式机组	10~25	10~25
地下环路式机组	10~40	-5~25

4.3.3 型号编制方法

产品的型号编制方法见附录 A。

5 技 术 要 求

5.1 一般要求

5.1.1 机组应符合本标准的规定，并按照经规定程序批准的图样和技术文件制造。

5.1.2 机组除配置所有制冷系统组件外，冷热风型机组应配置送风设备。

5.1.3 机组的黑色金属制件表面应进行防锈蚀处理。

5.1.4 电镀件表面应光滑、色泽均匀，不得有剥落、露底、针孔，不应有明显的花斑和划伤等缺陷。

5.1.5 涂漆件表面应平整、涂布均匀、色泽一致，不应有明显的气泡、流痕、漏涂、底漆外露及不应有的皱纹和其他损伤。

5.1.6 装饰性塑料件表面应平整、色泽均匀，不得有裂痕、气泡和明显缩孔等缺陷，塑料件应耐老化。

5.1.7 机组各零部件的安装应牢固可靠，管路与零部件不应有相互摩擦和碰撞。

5.1.8 热泵型机组的电磁换向阀动作应灵敏、可靠，保证机组正常工作。

5.1.9 机组的隔热层应有良好的隔热性能，并且无毒、无异味、难燃。

5.1.10 机组制冷系统零部件的材料应能在制冷剂、润滑油及其混合物的作用下，不产生劣化且保证整机正常工作。

5.1.11 机组配置的水泵，其流量和扬程应保证机组的正常工作。

5.1.12 电气控制功能和设备

机组的电气控制应包括压缩机和风机的控制，一般还应具有电机过载保护、缺相保护（三相电源）、水系统断流保护、防冻保护、制冷系统高低压保护等必要的保护功能或器件。各种控制功能正常，各种保护器件应符合设计要求并灵敏可靠。

5.1.13 对地下水式机组和地下环路式机组，所有室外水侧的管路、换热设备应具有抗腐蚀的能力，使用过程中机组不应污染所使用的水源。

5.2 机组所有的零部件和材料应分别符合各有关标准的规定，满足使用性能要求，并保证安全。

5.3 性能要求

5.3.1 制冷系统密封试验

按6.3.1方法试验时，制冷系统各部分不应有制冷剂泄漏。

5.3.2 运转

按6.3.2方法试验，所检测项目应符合设计要求。

5.3.3 制冷量

按6.3.3方法试验，机组实测制冷量不应小于名义制冷量的95%。

5.3.4 制冷消耗功率

按6.3.4方法试验，机组的实测制冷消耗功率不应大于名义制冷消耗功率的110%。

5.3.5 热泵制热量

按6.3.5方法试验，机组实测制热量不应小于名义制热量的95%。

5.3.6 热泵制热消耗功率

按6.3.6方法试验，机组的实测制热消耗功率不应大于名义制热消耗功率的110%。

5.3.7 静压和风量

5.3.7.1 现场不接风管的冷热风型机组，机外静压为0Pa，接风管的室内机组最小机外静压按表2的规定。

表2 接风管的室内机组最小机外静压

名义制冷（热）量 Q/W	最小机外静压/Pa
$Q \leqslant 7100$	20
$7100 < Q \leqslant 14000$	30
$14000 < Q \leqslant 28000$	80
$28000 < Q \leqslant 50000$	120
$50000 < Q \leqslant 80000$	150
$80000 < Q \leqslant 100000$	180
$100000 < Q \leqslant 150000$	220
$Q > 150000$	250

5.3.7.2 对冷热风型机组，按6.3.7方法试验时，机组的实测风量不应小于名义风量的95%。

5.3.8 最大运行制冷

冷热风型机组按6.3.8.1方法试验，冷热水型机组按6.3.8.2方法试验，机组应满足以下条件：

a）整个试验过程，机组须正常运行，没有任何故障；

b）机组应能连续运行，电机过载保护装置或其他保护装置不应动作；

c）当机组停机3min后，再启动连续运行1h，但在启动运行的最初5min内允许电机过载保护器跳开，其后不允许动作；在运行的最初5min内跳开的电机过载保护器不复位时，在停机不超过30min内复位的，应连续运行1h。

5.3.9 热泵最大运行制热

冷热风型机组按6.3.9.1的方法试验，冷热水型机组按6.3.9.2的方法试验，机组应满足以下条件：

a）整个试验过程，机组须正常运行，没有任何故障。

b）机组应能连续运行，电机过载保护装置或其他保护装置不应动作。

c）当机组停机3min后，再启动连续运行1h但在启动运行的最初5min内允许电机过载保护器跳开，其后不允许动作；在运行的最初5min内跳开的电机过载保护器不复位时，在停机不超过30min内复位的，应连续运行1h。

5.3.10 最小运行制冷

按6.3.10的方法试验，试验运行过程中，保护装置不允许跳开，机组不能损坏。

5.3.11 热泵最小运行制热

按6.3.11的方法试验，试验运行过程中，保护装置不允许跳开，机组不能损坏。

5.3.12 凝露

冷热风型机组按6.3.12.1的方法试验，冷热水型机组按6.3.12.2的方法试验。试验过程中，机组壳体凝露不应滴下、流下或吹出。

5.3.13 凝结水排除能力

冷热风型机组按6.3.13方法试验时，机组应具有排除冷凝水的能力，并且不应有水从机组中溢出或吹出。

5.3.14 噪声

按6.3.14方法试验时，冷热风型机组的噪声应符合表3的要求，冷热水型机组的噪声应符合表4的要求。

表3 冷热风型机组的噪声限值

名义制冷量 Q/W	噪声限值/dB（A）				
	整体式		分体式		
			使用侧		热源侧
	带风管型	不带风管型	带风管型	不带风管型	
$Q \leq 4500$	55	53	48	46	48
$4500 < Q \leq 7100$	58	56	53	51	53
$7000 < Q \leq 14000$	64	62	60	58	58
$14000 < Q \leq 28000$	68	66	66	64	63
$28000 < Q \leq 50000$	70	68	68	66	67
$50000 < Q \leq 80000$	74	72	71	69	72
$80000 < Q \leq 100000$	77	75	73	71	74
$100000 < Q \leq 150000$	79	—	76	—	77
$Q > 150000$	—	—	—	—	—

表 4　冷热水型机组噪声限值

名义制冷量 Q/W	噪声限值/dB（A）
$Q \leqslant 4500$	48
$4500 < Q \leqslant 7100$	53
$7000 < Q \leqslant 14000$	58
$14000 < Q \leqslant 28000$	63
$28000 < Q \leqslant 50000$	67
$50000 < Q \leqslant 80000$	72
$80000 < Q \leqslant 100000$	74
$100000 < Q \leqslant 150000$	77
$Q > 150000$	—

5.3.15　部分负荷性能调节

带能量调节的机组，其调节装置应灵敏、可靠。

5.3.16　能效比（EER）

按 6.3.3 方法实测制冷量和按 6.3.4 方法实测制冷消耗功率之比，对冷热风型机组不应小于表 5 中的规定值；对冷热水型机组不应小于表 6 中的规定值。

5.3.17　性能系数（COP）

按 6.3.5 方法实测制热量和按 6.3.6 方法实测制热消耗功率之比，对冷热风型机组不应小于表 5 中的规定值；对冷热水型机组不应小于表 6 中的规定值。

表 5　冷热风型机组能效比（EER）、性能系数（COP）

名义制冷量 Q/W	EER			COP		
	水环式	地下水式	地下环路式	水环式	地下水式	地下环路式
$Q \leqslant 14000$	3.2	4.0	3.9	3.5	3.1	2.65
$14000 < Q \leqslant 28000$	3.25	4.05	3.95	3.55	3.15	2.7
$28000 < Q \leqslant 50000$	3.3	4.10	4.0	3.6	3.2	2.75
$50000 < Q \leqslant 80000$	3.35	4.15	4.05	3.65	3.25	2.8
$80000 < Q \leqslant 100000$	3.4	4.20	4.1	3.7	3.3	2.85
$Q > 100000$	3.45	4.25	4.15	3.75	3.35	2.9

表 6　冷热水型机组能效比（EER）、性能系数（COP）

名义制冷量 Q/W	EER			COP		
	水环式	地下水式	地下环路式	水环式	地下水式	地下环路式
$Q \leqslant 14000$	3.4	4.25	4.1	3.7	3.25	2.8
$14000 < Q \leqslant 28000$	3.45	4.3	4.15	3.75	3.3	2.85
$28000 < Q \leqslant 50000$	3.5	4.35	4.2	3.8	3.35	2.9
$50000 < Q \leqslant 80000$	3.55	4.4	4.25	3.85	3.4	2.95
$80000 < Q \leqslant 100000$	3.6	4.45	4.3	3.9	3.45	3.0
$100000 < Q \leqslant 150000$	3.65	4.5	4.35	3.95	3.5	3.05
$150000 < Q \leqslant 230000$	3.75	4.55	4.4	4.0	3.55	3.1
$Q > 230000$	3.85	4.6	4.45	4.05	3.6	3.15

5.3.18　水系统压力损失试验

按 6.3.15 方法试验，机组水侧的压力损失不应大于机组名义值的 115%。

5.3.19 变工况性能

按 6.3.16 方法进行试验并绘制性能曲线图或表。

5.3.20 电镀件耐盐雾性

按 6.3.17 方法试验后，金属镀层上的每个锈点锈迹面积不应超过 1mm²；每 100cm² 试件镀层不超过 2 个锈点、锈迹；小于 100cm²，不应有锈点和锈迹。

5.3.21 涂漆件的漆膜附着力

按 6.3.18 方法试验后，漆膜脱落格数不超过 15%。

5.3.22 机组的电器元件的选择以及电器安装、布线应符合 GB 4706.32 和 GB 5226.1 的要求。

5.4 安全要求

5.4.1 制冷系统安全

机组的机械制冷系统安全性能应符合 GB 9237 的有关规定。

5.4.2 机械安全

5.4.2.1 机组的设计应保证在正常运输、安装和使用时具有可靠的稳定性。机组应有足够的机械强度，其结构应能承受正常使用中可能发生的非正常操作。冲击试验按 GB 4706.1—1992 中 21.1 所规定的冲击试验方法。

5.4.2.2 在正常使用状态下，人员有可能触及的运行部分和高温零部件等，应设置适当的防护罩或防护网，以便对人员安全提供充分的防护。防护罩、防护网或类似部件应有足够的机械强度。通过 GB 4706.1—1992 中 20.2 规定的试验指来进行检验是否安全，试验指不应触及到危险的运行部分和高温零部件。

5.4.3 电气安全性能

5.4.3.1 按 GB 4706.1—1992 中 8.1 进行防触电保护试验，机组防触电保护应符合 GB 4706.1—1992 规定的Ⅰ类器具的要求。

5.4.3.2 温度限制

额定电压下，冷热风型机组在表 7 制冷和制热名义工况运行，冷热水型机组在表 8 制冷和制热名义工况运行，利用电阻法测定压缩机电动机绕组温度，利用热电偶丝测定人可能接触的零部件、外壳等发热部位的温度，压缩机电动机绕组温度不应超过其产品标准要求，人可能接触的零部件、外壳等发热部位的温度应不大于 60℃。其他部位温度也不应有异常上升。

5.4.3.3 电气强度

按 GB 4706.1—1992 中 16.3 的方法进行试验，机组带电部件和易触及部件之间施加规定的试验电压时，应无击穿或闪络。

5.4.3.4 泄漏电流

机组名义制冷（热）量不大于 24500W 时，按 GB 4706.1—1992 中 16.2 的方法进行试验，机组外露金属部分和电源线的泄漏电流不超过 2mA/kW 额定输入功率。

5.4.3.5 接地电阻

机组应有可靠的接地装置并标识明显，按 GB 4706.1—1992 中 27.5 的方法进行试验，其接地电阻不得超过 0.1Ω。

5.4.3.6 耐潮湿性

机组的防水等级应符合 GB 4208—1993 规定的 IPX4，按 GB 4706.1—1992 中第 15 章进行潮湿处理后，立即进行泄露电流和电气强度试验，机组外露金属部分和电源线的泄漏电流不超过 2mA/kW 额定输入功率。

5.4.3.7 电磁兼容性

5.4.3.7.1 机组发出的谐波电流值应符合 GB 17625.1 的规定。

5.4.3.7.2 机组名义制冷（热）量不大于 24500W 时，其电气控制系统应具有抑制电磁干扰的性能，按 GB 4343 进行测试，应不超过规定的干扰特性允许值。

5.4.3.8 安全标识

机组应在正常安装状态下，在易见的部位，用不易消失的方法，标出安全标识（如接地标识、警告标识等）。

6 试 验 方 法

6.1 试验条件

6.1.1 冷热风型机组的试验工况见表 7。

表 7 冷热风型机组的试验工况 单位为℃

试验条件		使用侧入口空气状态		热源侧状态			
		干球温度	湿球温度	环境干球温度	进水/出水温度		
					水环式	地下水式	地下环路式
制冷运行	名义制冷	27	19	27	30/35	18/29	25/30
	最大运行	32	23	32	40/—[a]	25/—[a]	40/—[a]
	最小运行	21	15	21	20/—[a]	10/—[a]	10/—[a]
	凝露 凝结水排除	27	24	27	20/—[a]	10/—[a]	10/—[a]
	变工况运行	21~32	15~24	27	20~40/—[a]	10~25/—[a]	10~40/—[a]
	名义制热	20	15	20	20/—[a]	15/—[a]	0/—[a]
	最大运行	27	—	27	30/—[a]	25/—[a]	25/—[a]
	最小运行	15	—	15	15/—[a]	10/—[a]	-5/—[a]
	变工况运行	15~27	—	27	15~30/—[a]	10~25/—[a]	-5~25/—[a]
风量静压		20	16	—	—	—	—

注：机组在标称的静压下进行试验。

[a] 采用名义制冷工况确定的水流量。

6.1.2 冷热水型机组的各试验工况分别见表 8。

6.1.3 测试间的要求

6.1.3.1 使用侧测试间应能建立试验所需的工况。

6.1.3.2 试验过程中机组周围的风速建议不超过 2.5m/s。

表 8　冷热水型机组的试验工况　　　　　　　　单位为℃

试验条件		环境空气状态		使用侧进水/出水温度	热源侧进水/出水温度		
		干球温度	湿球温度		水环式	地下水式	地下环路式
制冷运行	名义制冷	15 至 30	—	12/7	30/35	18/29	25/30
	最大运行			30/—[a]	40/—[a]	25/—[a]	40/—[a]
	最小运行			12/—[a]	20/—[a]	10/—[a]	10/—[a]
	凝　露	27	24	12/—[a]	20/—[a]	10/—[a]	10/—[a]
	变工况运行			12～30/—[a]	20～40/—[a]	10～25/—[a]	10～40/—[a]
制热运行	名义制热	15 至 30	—	40/—[a]	20/—[a]	15/—[a]	0/—[a]
	最大运行			50/—[a]	30/—[a]	25/—[a]	25/—[a]
	最小运行			15/—[a]	15/—[a]	10/—[a]	－5/—[a]
	变工况运行			15～50/—[a]	15～30/—[a]	10～25/—[a]	－5～25/—[a]

[a] 采用名义制冷工况确定的水流量。

6.1.4　测量仪器仪表的型式及准确度

空气温度测量仪表的型式有玻璃温度计和电阻温度计，其精度为±0.1；其他仪表的型式和精度按 GB/ T 10870—2001 附录 A 的规定。

6.1.5　机组进行制冷量和热泵制热量试验时，试验工况各参数的读数允差应符合表 9 规定。

表 9　制冷量和热泵制热量试验的读数允差

读数		读数的平均值对额定工况的偏差	各读数对额定工况的最大偏差
使用侧进口空气温度	干　球	±0.3℃	±1.0℃
	湿　球	±0.2℃	±0.5℃
水　温	进　口	±0.3℃	±0.5℃
	出　口	±0.3℃	±0.5℃
电　压		±1.0%	±2.0%
空气体积流量		±5%	±10%
液体体积流量		±1.0%	±2.0%

6.1.6　机组进行性能试验时（除制冷量、热泵制热量外），试验工况各参数的读数允差应符合表 10 的规定。

6.1.7　除机组噪声试验外，带水泵的机组在试验时，水泵不通电。

表 10　性能试验的读数允差

试验工况	测量值	读数与规定值的最大允许偏差
最小运行试验	空气温度	+1.0℃
	水　温	+0.6℃

续表 10

试验工况	测　量　值	读数与规定值的最大允许偏差
最大运行试验	空气温度	-1.0℃
	水　　温	-0.6℃
其他试验	空气温度	±1.0℃
	水　　温	±0.6℃

6.2　试验的一般要求

6.2.1　制冷量和制热量

制冷量和制热量应为净值，对冷热风机组其包含循环风扇热量，但不包含水泵热量和辅助热量。制冷（热）量由试验结果确定，在试验工况允许波动的范围之内不作修正，冷热风型机组，对试验时大气压的低于 101kPa 时，大气压读数每低 3.5kPa，制冷（热）量可增加 0.8%。

6.2.2　被测机组的安装要求

6.2.2.1　应按照制造厂的安装规定，使用所提供或推荐使用的附件、工具进行安装。

6.2.2.2　除按规定的方式进行试验所需要的装置和仪器的连接外，对机组不能进行更改和调整。

6.2.2.3　必要时，试验机组可以根据制造厂的指导抽真空和充注制冷剂。

6.2.2.4　分体式机组的安装要求

6.2.2.4.1　室内机组和室外机组的制冷剂连接管，应按照制造厂指定的最大长度或 7.5m 为测试管长，两者中取其大值；若连接管作为机组的一个整体且没有被要求截短连接管，则按已安装好的连接管的完整长度进行测试。另外，连接管的管径、保温、抽空和充注制冷剂应与制造厂的要求相符。

6.2.2.4.2　安装连接管不能有大的高度差（<2m）。

6.2.3　试验流体

6.2.3.1　水环式机组和地下水式机组的热源侧测试流体使用水。

6.2.3.2　地下环路式机组的热源侧测试流体使用质量浓度为 15% 的氯化钠溶液或质量浓度为 15% 的氯化钙溶液。

6.2.3.3　冷热水式机组使用侧使用水。

6.2.3.4　试验液体中必须充分排尽空气，以保证试验结果不受存在的空气的影响。

6.3　试验方法

对冷热风型机组，其制冷量和制热量按 GB/ T 17758—1999 附录 A2 空气焓差法进行试验。对冷热水机组，制冷量、制热量按 GB/T 10870—2001 中 5.1 载冷剂法进行试验。

6.3.1　制冷系统密封性能试验

机组的制冷系统在正常的制冷剂充灌量下，用下列灵敏度的制冷剂检漏仪进行检验：名义制冷量小于等于 28000W 的机组，灵敏度为 $1\times10^{-6}Pa\cdot m^3/s$；名义制冷量大于 28000W 的机组，灵敏度为 $1\times10^{-5}Pa\cdot m^3/s$。

6.3.2　运转试验

机组应在接近名义制冷工况的条件下运行，检查机组的运转状况、安全保护装置的灵敏度和可靠性，检验温度、电器等控制元件的动作是否正常。

6.3.3 制冷量试验

冷热风型机组按表7规定的名义制冷工况进行试验；冷热水型机组按表8规定的名义制冷工况进行试验。

6.3.4 制冷消耗功率

制冷量试验时，测量机组的输入功率和电流。

6.3.5 制热量试验

冷热风型机组按表7规定的名义制热工况进行试验；冷热水型机组按表8规定的名义制热工况进行试验。

6.3.6 热泵制热消耗功率

制热量试验时，测量机组的输入功率和电流。

6.3.7 冷热风型机组的风量试验

机组的名义风量由表7规定的风量测量工况确定。

使用时带风管的机组，在机组标称的静压下进行测试其风量。

使用时不带风管的机组，须在机外静压为0Pa的条件下进行测试。

6.3.8 最大运行制冷试验

6.3.8.1 冷热风型机组的最大运行制冷试验

试验电压为额定电压，按表7规定的最大运行制冷工况运行稳定后，连续运行1h，然后停机3min（此间电压上升不超过3%），再启动运行1h。

6.3.8.2 冷热水型机组的最大运行制冷试验

试验电压为额定电压，按表8规定的最大运行制冷工况运行稳定后，连续运行1h，然后停机3min（此间电压上升不超过3%），再启动运行1h。

6.3.9 热泵最大运行制热试验

6.3.9.1 冷热风型机组的最大运行制热试验

试验电压为额定电压，按表7规定的最大运行制热工况运行稳定后，连续运行1h，然后停机3min（此间电压上升不超过3%），再启动运行1h。

6.3.9.2 冷热水型机组的最大运行制热试验

试验电压为额定电压,按表8规定的最大运行制热工况运行稳定后,机组连续运行1h。

6.3.10 最小运行制冷试验

试验电压为额定电压，冷热风型机组按表7规定的最小运行制冷工况运行，冷热水型机组按表8规定的最小运行制冷工况运行，运行稳定后，再至少连续运行30min。

6.3.11 热泵最小运行制热试验

试验电压为额定电压，使用规定温度的液体流经盘管，浸湿盘管10min，冷热风型机组按表7规定的最小运行制热工况运行，冷热水型机组按表8规定的最小运行制热工况运行，机组应能连续运行至少30min。

6.3.12 凝露试验

6.3.12.1 冷热风型机组的凝露试验

试验电压为额定电压，机组在表7规定的凝露工况下作制冷运行。

所有的控制器、风机、风门和格栅在不违反制造厂对用户规定的情况下调到最易凝水的状态进行制冷运行。机组运行达到规定的工况后，再连续运行4h。

6.3.12.2 冷热水型机组的凝露试验

试验电压为额定电压，机组在表8规定的凝露工况下作制冷运行。机组运行达到规定的工况后，再连续运行4h。

6.3.13 冷热风型机组的凝结水排除能力试验

将机组的温度控制器、风机速度、风门和导向格栅调到最易凝水的状态，在接水盘注满水即达到排水口流水后，按表7规定的凝露工况作制冷运行，当接水盘的水位稳定后，再连续运行1h。

6.3.14 噪声试验

机组在额定电压和额定频率以及接近名义制冷工况下进行制冷运行，带水泵的机组，水泵应在接近铭牌规定的流量和扬程下进行运转，测试方法见附录B。

6.3.15 水系统压力损失

水系统的压力损失测定按照GB/ T 18430.1—2001附录B的要求进行，带水泵的机组允许拆除水泵。

6.3.16 变工况试验

冷热风型机组按表7规定的变工况运行中的某一条件改变，冷热水型机组按表8规定的变工况运行中的某一条件改变，其他条件按名义工况时的流量和温度条件。该试验应包含相应的名义工况、最大运行、最小运行温度条件点。将试验结果绘制成曲线图或制成表格，每条曲线或每个表格应不少于四个测量点的值。

6.3.17 电镀件盐雾试验

机组的电镀件应按GB/T 2423.17进行盐雾试验，试验周期为24h。试验前，电镀件表面清洗除油；试验后，用清水冲掉残留在表面上的盐分，检查电镀件被腐蚀的情况。

6.3.18 涂漆件漆膜附着力试验

在涂漆件的外表面任取长10mm、宽10mm的面积，用新刮脸刀片纵横各划11条间隔1mm，深达底材的平行切痕。用氧化锌胶布贴牢，然后沿垂直方向快速撕下。按划痕范围内漆膜脱落的格数对100的比值进行评定，每小格漆膜保留不足70%的视为脱落。试验后，检查漆膜脱落情况。

7 检 验 规 则

机组检验分为出厂检验、抽样检验和型式检验。

7.1 出厂检验

每台机组均应做出厂检验，检验项目、技术要求和试验方法按表11的规定。

7.2 抽样检验

7.2.1 机组应从出厂检验合格的产品中抽样，检验项目和试验方法按表11的规定。

7.2.2 抽检方法按GB/T 2828进行，逐批检验的抽检项目、批量、抽样方案、检查水平及合格质量水平等由制造厂质量检验部门自行决定。

表 11 检 验 项 目

序 号	项 目	出厂检验	抽样检验	型式检验	技术要求	试 验 方 法
1	一般要求				5.1	视 检
2	标志				8.1	视 检
3	包装				8.2	视 检
4	泄漏电流	△			5.4.3.4	GB 4706.1—1992 16.2
5	电气强度				5.4.3.3	GB 4706.1—1992 16.3
6	接地电阻				5.4.3.5	GB 4706.1—1992 27.5
7	制冷系统密封				5.3.1	6.3.1
8	运转		△		5.3.2	6.3.2
9	制冷量				5.3.3	6.3.3
10	制冷消耗功率				5.3.4	6.3.4
11	热泵制热量				5.3.5	6.3.5
12	热泵制热消耗功率				5.3.6	6.3.6
13	能效比（EER）				5.3.16	6.3.3、6.3.4
14	性能系数（COP）				5.3.17	6.3.5、6.3.6
15	噪声				5.3.14	6.3.14
16	最大运行制冷				5.3.8	6.3.8
17	热泵最大运行制热			△	5.3.9	6.3.9
18	最小运行制冷				5.3.10	6.3.10
19	热泵最小运行制热				5.3.11	6.3.11
20	凝露	—			5.3.12	6.3.12
21	凝结水排除能力[a]				5.3.13	6.3.13
22	风量[a]				5.3.7	6.3.7
23	水系统压力损失				5.3.18	6.3.15
24	变工况试验		—		5.3.19	6.3.16
25	电镀件耐盐雾试验				5.3.20	6.3.17
26	涂漆件漆膜附着力				5.3.21	6.3.18
27	耐潮湿性				5.4.3.6	GB 4706.1—1992 15
28	防触电保护				5.4.3.1	GB 4706.1—1992 8.1
29	温度限制				5.4.3.2	5.4.3.2
30	机械安全				5.4.2	GB 4706.1—1992 21.1 GB 4706.1—1992 20.2
31	电磁兼容性				5.4.3.7	GB 17625.1 GB 4343—1995

注：“△”应做试验，“—”不做试验。

[a] 冷热风型机组需要试验，冷热水型机组没有此项试验。

7.3 型式检验

7.3.1 新产品或定型产品作重大改进，第一台产品应作型式检验，检验项目按表11的规定。

7.3.2 型式检验时间不应少于试验方法中规定的时间，运行时如有故障，在排除故障后应重新检验。

8 标志、包装、运输和贮存

8.1 标志

8.1.1 每台机组应有耐久性铭牌固定在明显部位，铭牌的尺寸和技术要求应符合GB/T 13306的规定。铭牌上应标示下列内容：

a）制造厂名称和商标；

b）产品名称和型号；

c）主要技术性能参数（名义制冷量、名义制热量、制冷剂类型和充注量、额定电压、频率和相数、总输入功率、质量等，对冷热风型机组还应包含机组的静压和风量）；

d）产品出厂编号；

e）制造日期。

8.1.2 机组上应有标明运行状态的标志，如指示仪表和控制按钮的标志等。

8.1.3 出厂文件

每台机组上应随带下列技术文件。

8.1.3.1 产品合格证，其内容包括：

a）产品型号和名称；

b）产品出厂编号；

c）检验结论；

d）检验员签字或印章；

e）检验日期。

8.1.3.2 产品使用说明书，其内容包括：

a）产品型号和名称、适用范围、执行标准、噪声、水系统压力损失；

b）产品的结构示意图、电气原理图及接线图；

c）安装说明和要求；

d）使用说明、维修和保养注意事项。

8.1.3.3 装箱单。

8.2 包装

8.2.1 机组包装前应进行清洁处理。各部件应清洁、干燥，易锈部件应涂防锈剂。

8.2.2 机组应外套塑料袋或防潮纸并应固定在箱内，以免运输中受潮和发生机械损伤。

8.2.3 机组包装箱上应有下列标志：

a）制造厂名称；

b）产品型号和名称；

c）净质量、毛质量；

d）外形尺寸；

e）"向上"、"怕雨"、"禁止翻滚"和"堆码层数极限"等。有关包装、储运标志应符合 GB/T 6388 和 GB/ T 191 的有关规定。

8.3 运输和贮存

8.3.1 机组在运输和贮存过程中不应碰撞、倾斜、雨雪淋袭。

8.3.2 产品应储存在干燥的通风良好的仓库中。

附 录 A

（资料性附录）

水源热泵机组型号编制方法

A.1 机组的型号由大写汉语拼音字母和阿拉伯数字组成，具体表示方法为：

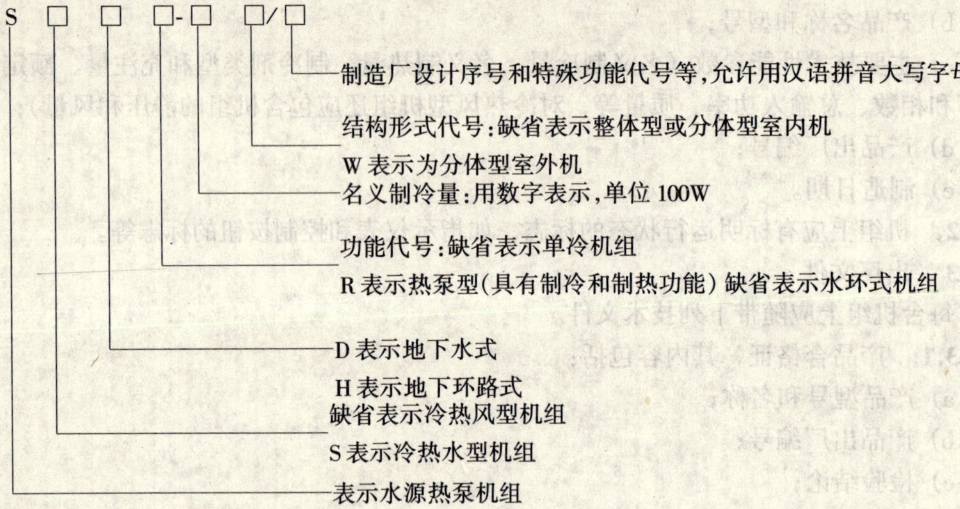

A.2 型号示例：

名义制冷量为 5500W 的水环式、整体式、单制冷的冷热风型机组表示为：S-55；

名义制冷量为 12500W 的水环式、整体式、热泵型的冷热风型机组表示为：SR-125；

名义制冷量为 125000W 的地下水式、整体式、热泵型的冷热风型机组表示为：SDR-1250；

名义制冷量为 125000W 的地下水式、整体式、热泵型的冷热水型机组表示为：SSDR-1250；

名义制冷量为 8750W 的地下环路式、分体式、热泵型的冷热水型机组的室外机，第一次设计，表示为：SSHR-87W/A。

附 录 B

（规范性附录）

水源热泵机组噪声试验方法

B.1 适用范围

本附录规定了水源热泵机组的噪声试验方法。

B.2 测定场所

测定场所应为反射平面上的半自由声场,被测机组的噪声与背景噪声之差应为 8dB 以上。

B.3 测量仪器

测试仪器应使用 GB/T 3785 中规定的Ⅰ型或Ⅰ型以上的声级计，以及精度相当的其他测试仪器。

B.4 安装与运行条件

机器的安装与运行条件参照 JB/T 4330 的相应规定。

B.5 测点布置与测试方法

B.5.1 冷热风型

B.5.1.1 整体式机组

a）接风管类型机组的噪音测试参照 GB/T 18836—2002 附录 B 相应规定。

b）不接风管类型机组的噪音测试参照 JB/T 4330—1999 附录 D 相应规定。

B.5.1.2 分体式机组

a）室内机

——接风管类型机组的噪音测试参照 GB/T 18836—2002 附录 B 相应规定。

——不接风管类型机组的噪音测试参照 JB/T 4330—1999 附录 D 相应规定。

b）室外机

在机组四面距机组 1m，其测点高度为机组高度加 1m 的总高度的 1/2 处四个测点，测试结果为按式（B.1）进行平均的平均声压级。在图 B.1 所示位置进行测量，噪音测试时机组应调至名义制冷工况并稳定运行。

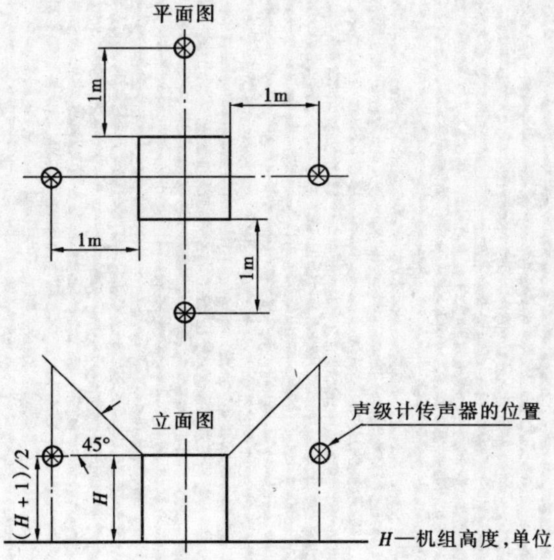

图 B.1 冷热风型分体式室外机

$$\overline{L}_P = 10\lg(1/4)(\sum_{i=1}^{4} 10^{0.1L_{Pi}}) \quad (B.1)$$

式中 $\overline{L}_P$——测量表面平均 A 计权或倍频程声压级，dB（基准值为 20μPa）；

L_{Pi}——第 i 测点所测得的 A 计权或倍频程声压级按 JB/T 4330—1999 中 8.1.1 修正后的数据，dB（基准值为 20μPa）。

B.5.2 冷热水型（含分体和整体）

在机组四面距机组 1m，其测点高度为机组高度加 1m 的总高度的 1/2 处四个测点，测试结果为按式（B.1）进行平均的平均声压级。在图 B.1 所示位置进行测量，噪音测试时机组应调至名义制冷工况并稳定运行。

中华人民共和国城镇建设行业标准

家用燃气取暖器

Cas-fired space heaters for domestic use

CJ/T 113—2000

中华人民共和国建设部 2000-05-10 批准

2000-10-01 实施

前　言

随着我国经济的发展，城市燃气气源不断增加，尤其是天然气的开采和引入，家用燃气取暖器的市场日益形成。为保证燃气取暖器的质量和使用安全，特编制本标准。

本标准主要参照日本工业标准调查会审议批准的 JIS S 2122：1996《家用燃气取暖器》和日本燃气用具检测协会制订的《燃气用具的设置基准及其实施指南》进行编制，因为同在亚洲东部，中、日两国的气候条件和人们生活习惯比较相近。此外在编写过程中也参考了欧洲标准和美国标准。

本标准由建设部标准定额研究所提出。

本标准由建设部城镇燃气标准技术归口单位中国市政工程华北设计研究院归口。

本标准由同济大学、上海市煤气销售集团公司、上海东方能源股份有限公司、上海倍兴实业有限公司、湛江市中新电气有限公司负责起草。

本标准主要起草人：徐吉浣、朱贤芬、单国富。

目　次

前言 …………………………………………………………………………… 1278
1　范围 ………………………………………………………………………… 1280
2　引用标准 …………………………………………………………………… 1280
3　术语与符号 ………………………………………………………………… 1280
4　分类与型号 ………………………………………………………………… 1281
5　技术要求 …………………………………………………………………… 1283
6　试验方法 …………………………………………………………………… 1289
7　检验规则 …………………………………………………………………… 1296
8　标志、包装、运输、贮存 ………………………………………………… 1297

1 范　围

本标准规定了家用燃气取暖器（以下简称取暖器）的技术要求、试验方法和检验规则等内容。

本标准适用于使用城市燃气以对流和辐射方式直接加热房间的、额定功率为 19kW 以下的家用燃气取暖器。

2 引 用 标 准

下列标准所包含的条文，通过在本标准中引用而构成为本标准的条文。本标准出版时，所示版本均为有效。所有标准都会被修订，使用本标准的各方应探讨使用下列标准最新版本的可能性。

GB 191—1990　包装储运图示标志

GB/ T 2828—1987　逐批检查计数抽样程序及抽样表（适用于连续批的检查）

GB/T 2829—1987　周期检查计数抽样程序及抽样表（适用于生产过程稳定性的检查）

GB 6932—1994　家用燃气快速热水器

GB/T 7306—1987　用螺纹密封的管螺纹

GB/T 7307—1987　非螺纹密封的管螺纹

GB/T 13611—1994　城市燃气分类

GB/T 14437—1997　产品质量监督计数一次抽样检查程序及抽样方案

GB 16410—1996　家用燃气灶具

GB/T 16411—1996　家用燃气用具的通用试验方法

CJ 3062—1996　燃气燃烧器具使用交流电源安全通用要求

CJ/T 3074—1998　家用燃气燃烧器具电子控制器

CJ/T 3075.2—1998　燃气燃烧器具试验室—试验装置和仪器

3 术 语 与 符 号

3.1　额定负荷（I_R）　rated heat input

在额定压力下，取暖器的输入功率（kW)。

3.2　熄火保护装置　flame failure device

当火焰意外熄灭时自动切断燃气输入通道的装置。

3.3　缺氧保护装置　oxygen depletion sensor

当周围空气中氧气稀少时自动切断燃气输入通道的装置。

3.4　热效率（η）　heat efficiency

在额定压力下取暖器的有效输出热量和同时间内输入热量之比。

3.5　辐射效率（η_R）　radiant efficiency

在额定压力下取暖器迎面半球空间内干空气中所得到的辐射热量与同一时间内输入热量之比。

4 分类与型号

4.1 取暖器可根据适用燃气的种类、给排气方式和放热方式进行分类。

4.1.1 按适用燃气的种类，取暖器可分为三种类型，见表1。

4.1.2 按给排气方式，取暖器可分为以下几种类型，见表2。

表1

类　型	分类内容	气种代号
人工燃气取暖器	适用于人工燃气	R
天然气取暖器	适用于天然气	T
液化石油气取暖器	适用于液化石油气	Y

表2

类　型		分类内容	简　称	代号	示意图
敞开式		燃烧时所需空气取自室内，燃烧后产生的烟气也排在室内，热负荷不得大于4.2kW	直排式	Z	图1
半密闭式	自然排烟式	燃烧时所需空气取自室内，燃烧后产生的烟气借自然引力从烟道排至室外	烟道式	D	图2a
	强制排烟式	燃烧时所需空气取自室内，燃烧后产生的烟气用排风扇从烟道排至室外	强排烟道式	DQ	图2b
密闭式	自然给排气式	用给排气筒穿过外墙壁伸到室外，利用自然引力将空气吸入，将烟气排出	平衡式	P	图3a
	强制给排气式	用给排气筒穿过墙壁伸到室外，利用风扇吸入空气，排出烟气	强制平衡式	PQ	图3b

4.1.3 按放热方式，取暖器可分为三种类型见表3。

表3

类　型	分类内容	代号	示意图
辐射式取暖器	主要利用辐射方式加热房间	F	图4
自然对流式取暖器	利用自然对流加热房间	L	图5
强制对流式取暖器	利用强制对流加热房间	LQ	图6

4.1.4 按安装取暖器的地点，取暖器还有室外机、室内机之分。

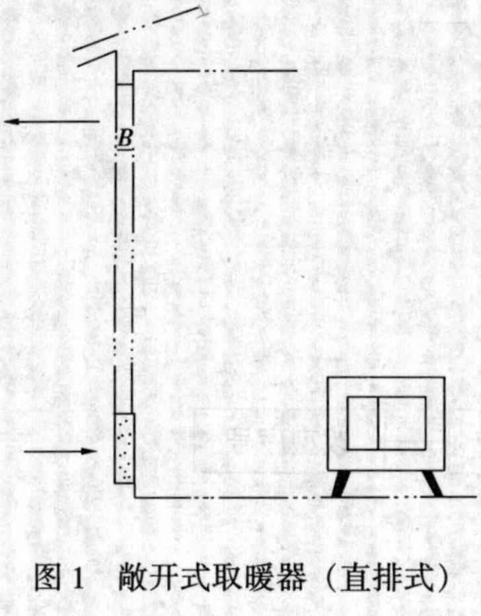

图1 敞开式取暖器（直排式）

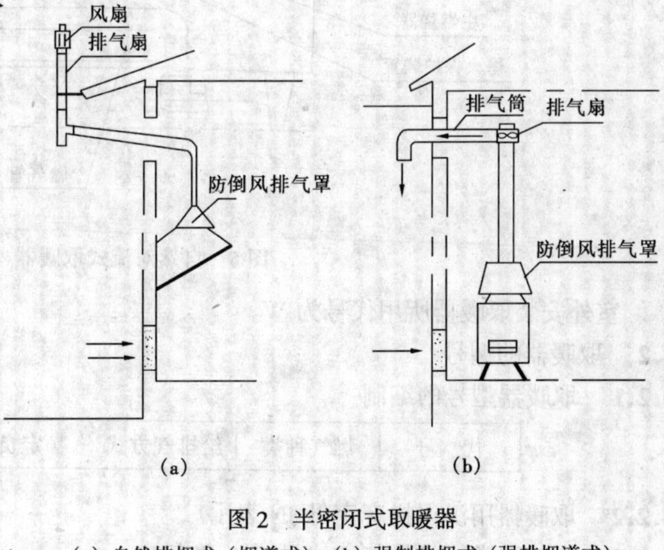

图2 半密闭式取暖器

(a) 自然排烟式（烟道式）；(b) 强制排烟式（强排烟道式）

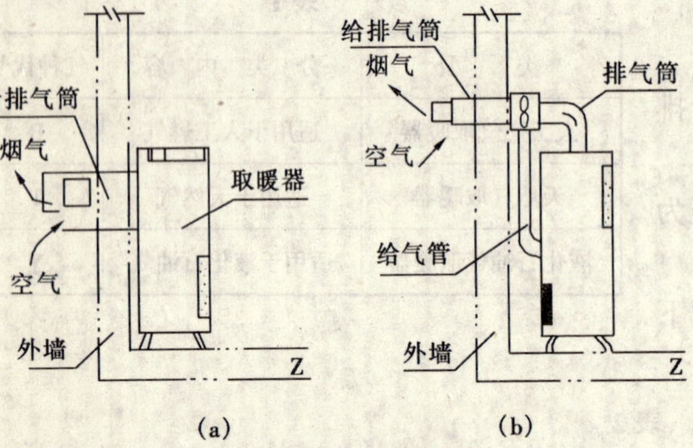

图3 密闭式取暖器

(a)自然给排气式(平衡式);(b)强制给排气式(强制平衡式)

图4 辐射式取暖器

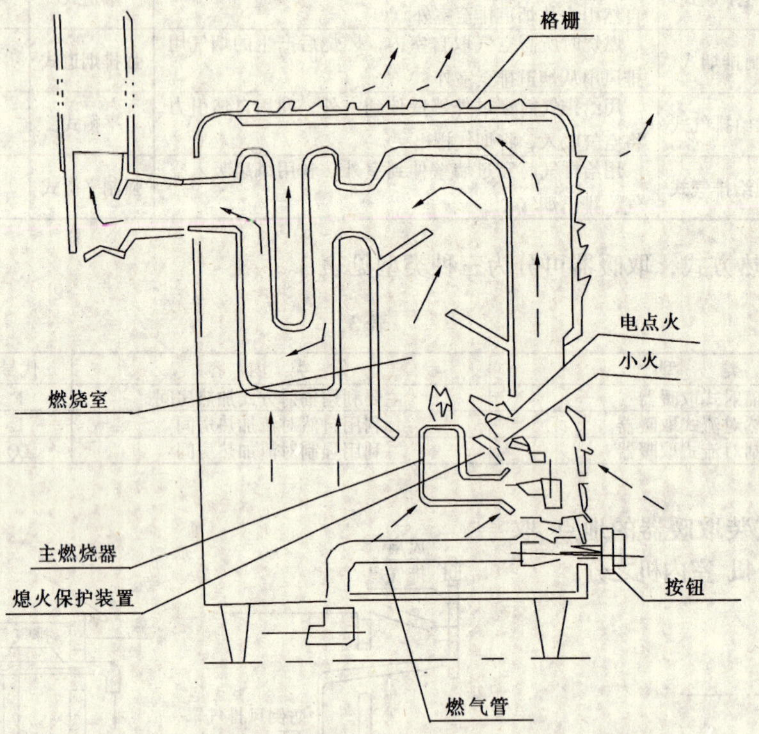

图5 自然对流式取暖器

室外安装取暖器所用代号为 W。

4.2 取暖器的型号

4.2.1 取暖器型号的编制

代 号	燃气种类	给排气方式	额定负荷	—	改型序号

4.2.2 取暖器用汉语拼音字母 JN 表示。

4.2.3 燃气种类、给排气方式见表 1 和表 2。

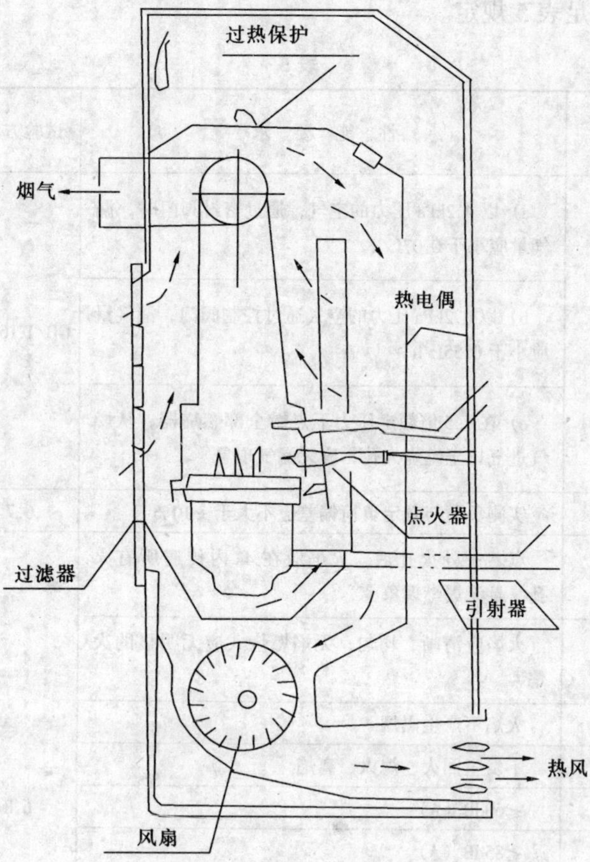

图 6　强制对流式取暖器

示例：

JN　20Y　Z　3 — A

- A —— 第一次定型
- 3 —— 额定负荷为 3kW
- Z —— 直接排烟式(敞开式)
- 20Y —— 适用于 20Y 液化气
- JN —— 家用燃气取暖器

5 技 术 要 求

5.1　基本设计参数

5.1.1　取暖器前燃气的压力值应符合表 4 规定。

表 4　　　Pa

燃 气 类 别	最高压力	额定压力	最低压力
5R、6R、7R、4T、6T	1500	1000	500
10T、12T、13T	3000	2000	1000
19Y、20Y、22Y	3300	2800	2000

5.1.2　在高原地区使用的取暖器，应考虑海拔高度对负荷的影响。

5.2　性能要求

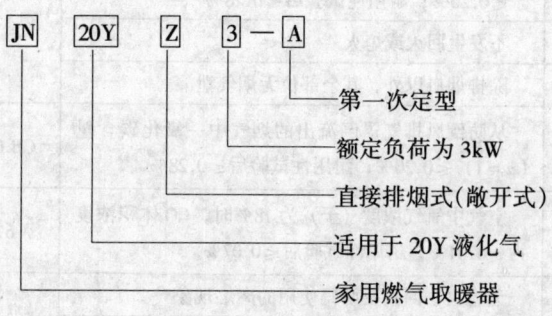

取暖器性能应满足表5规定。

表5

项目			性能要求	试验方法	适用机种 Z	D	DQ	P	PQ	W
燃气通路气密性			a）以4.2kPa压力的空气，通过密封阀门时，漏气量应小于0.07L/h	GB/T 16411	○	○	○	○	○	○
			b）以4.2kPa压力的空气通过控制阀门，漏气量应小于0.55L/h							
			c）在1.5倍额定压力下点燃全部燃烧器，从燃气进气口至燃烧火孔，应无漏气现象							
负荷偏差			实测负荷与额定负荷偏差应不大于±10%	6.7	○	○	○	○	○	○
燃烧工况	无风状态	火焰传递	点燃一处火孔后，火焰应在4s内传遍所有火孔，且无爆燃现象	6.8	○	○	○	○	○	○
		火焰状态	火焰应清晰、均匀；无焰燃烧式应无明显的火焰							
		黑烟	火焰不产生黑烟							
		火焰稳定性	不发生回火、熄火、离焰							
		燃烧噪声	≤60dB（A）							
		熄火噪声	≤85dB（A）							
		接触黄焰	正常使用时电极与换热部件不接触黄焰							
		干烟气中CO体积浓度（$a=1$）	≤0.03%；耐用性试验后≤0.07%		○	—	—	—	—	—
			≤0.20%；耐用性试验后≤0.28%		—	○	○	○	○	○
		小火燃烧器稳定性	不发生回火或熄火		○	○	○	○	○	○
		排烟系统	除排烟口以外，其余部位无烟气泄漏		—	○	○	○	○	○
		烟道堵塞时	从防倒风排气罩倒流出的烟气中一氧化碳含量（$a=1$）≤0.20%；耐用性试验后≤0.28%	GB 6932	—	○	—	—	—	—
		缺氧燃烧	空气中氧气浓度（干）为18%时，CO体积浓度为≤0.04%，耐用性试验后≤0.07%	6.8	○	—	—	—	—	—
	有风状态	主火燃烧器	无熄火、回火及妨碍使用的离焰现象	GB 6932	—	○	○	○	○	○
		小火燃烧器	无熄火与回火现象		—	○	○	○	○	○
		排烟系统	除排烟口以外，其余部位无烟气泄漏		—	○	○	—	—	—
		干烟气中CO体积浓度（$a=1$）	≤0.20%；耐用性试验后≤0.28%					○	○	○
		点火情况	火焰传递可靠，无爆燃现象		—	○	○	○	○	○
	喷淋状态		主火和小火燃烧器均无回火及熄火现象		—	—	—	○	○	○
			壳体内应无妨碍使用的积水		—	—	—	○	○	○

续表 5

项目		性能要求		试验方法	适用机种					
					Z	D	DQ	P	PQ	W
表面温升		操作时手触及部位（如旋钮等）的表面温度	金属、陶瓷及玻璃制品 30K 以下	6.9	○	○	○	○	○	○
			其他材料的表面 35K 以下							
		操作时手不易接触的部位 105K 以下								
		干电池外壳温度 20K 以下								
		燃气阀门外表温度 15K 以下								
		软管接头表面温度 25K 以下								
		点火装置外壳及导线表面温度 50K 以下								
		调压器外壳表面温度 35K 以下								
		安装取暖器的墙壁或台面及其烟道周围的木壁表面温度 65K 以下								
		异常时周围木板和排烟管周围木板温升、平衡式给排气管通过的木板表面或排烟管风帽周围的木板表面的温升 65K 以下		6.9.5	○	○	○	○	○	○
		耐半遮闭性试验无异常现象（适用于强制对流式）		6.9.6	—	—	—	—	—	—
点火性能	无风状态	连续点火 10 次，有效点燃不少于 8 次，不得发生 2 次连续失效点火，无爆燃现象		GB 6932	○	○	○	○	○	○
	喷淋状态	连续点火 10 次，有效点燃不少于 8 次，失效点火不得连续发生 2 次，无爆燃现象			—	—	—	○	○	○
	有风状态	连续点火 10 次，有效点燃不少于 5 次，无爆燃现象			—	○	○	○	○	○
安全装置	熄火保护装置	开阀时间 45s 以内，闭阀时间 60s 以内		GB/ T 16411	○	○	○	○	○	○
	缺氧保护装置	烟气中一氧化碳含量达到 0.07% 以前，应自动关闭通往燃烧器的燃气通路		6.10	○	—	—	—	—	—
	风压过大安全装置	在产生熄火、回火或离焰之前应自动关闭通往燃烧器的燃气通路且不应自动再开启		GB 6932	—	—	○	—	—	
	烟道堵塞安全装置	应在 5min 内关闭通往燃烧器的燃气通路，且不会自动开启，在关闭之前应无熄火、回火或离焰现象		GB 6932	—	—	○	—	—	—
	过热保护装置	当木质墙壁、木地板和木结构表面的温度到达 100℃时，关闭通往燃烧器的燃气通路，且不会自动再开启		6.13	○	○	○	○	○	○
	翻倒保护装置	当移动式取暖器翻倒时，在 10s 内关闭通往燃烧器的燃气通路，且不应自动再开启		6.14	○	—	—	—	—	○

续表 5

项目		性能要求		试验方法	适用机种 Z	D	DQ	P	PQ	W
安全装置	燃气稳压装置	进口压力为 1.0、0.9 倍额定压力和最高压力时，出口压力变化不应大于 0.05 倍额定后压加 30Pa		6.11	○	○	○	○	○	
	密封结构的漏气量	漏气量不得超过取暖器额定热负荷的一定比例数：每 kW 负荷 ≤ $0.86m^3/h$ 或每 MJ 负荷 ≤ $0.239m^3/h$		6.12	—	—	—	○	○	○
	定时器	在 3h 以内按设定时间关闭燃气通路，定时误差 ≤ ± 10%			○	—	—	—	—	—
交流电气部件	绝缘性能	绝缘电阻	> 5MΩ	CJ 3062	○	○	○	○	○	○
		电气强度	安全电压绝缘：500V 基本绝缘：1250V 附加绝缘：2750V 加强绝缘：3750V							
	电动机	起动	在额定电压 85% 的情况下能起动							
		电压变化	在额定电压变化 ± 10% 时能继续运行							
	耗电量	功率精确度	额定功率 ± 15%							
	线圈性能	在定额电压和额定频率下温升为	A 级绝缘：108K 以下 E 级绝缘：123K 以下 B 级绝缘：133K 以下 F 级绝缘：158K 以下 H 级绝缘：178K 以下							
	交流电源异常	停电	不影响安全性							
		降压	不影响安全性							
	自控装置	电源干扰	当脉冲加到电源线间和电源线对地之间不影响安全性							
	直流电源异常	瞬态电压低落至 50% 额定值	正常运行或安全中断	CJ/T 3074	○	○	○	○	○	○
	电路部分（适用于带电子控制的）	电压降为 0	安全中断							
		电路短路或断路	安全中断							
加热性能	辐射效率	> 17%（仅适用于辐射式取暖器）		6.15						
	热效率	> 66%		6.15		○	○	○	○	○
	热风温度	< 80℃（仅适用于强制对流式）		6.15						
	加湿量	达到标定加湿量以上		6.15		○	○	○	○	○

续表 5

<table>
<tr><th colspan="2" rowspan="2">项　目</th><th rowspan="2">性 能 要 求</th><th rowspan="2">试验方法</th><th colspan="6">适 用 机 种</th></tr>
<tr><th>Z</th><th>D</th><th>DQ</th><th>P</th><th>PQ</th><th>W</th></tr>
<tr><td rowspan="13">耐用性能</td><td>燃气旋塞</td><td>反复操作 6000 次无故障，且应符合燃气通路各项气密性要求</td><td rowspan="8">GB/T 16411</td><td rowspan="7">○</td><td rowspan="7">○</td><td rowspan="7">○</td><td rowspan="7">○</td><td rowspan="7">○</td><td rowspan="7">○</td></tr>
<tr><td>电点火装置</td><td>反复操作 6000 次无故障，且应符合点火性能要求</td></tr>
<tr><td>电磁阀</td><td>反复操作 30000 次无故障，且应符合燃气通路气密性要求</td></tr>
<tr><td>定时器（非电）</td><td>反复操作 2000 次无故障，且应符合燃气通路气密性要求，运行时间的偏差＜10%</td></tr>
<tr><td rowspan="3">机械式控温器</td><td>与电磁阀相联的热敏开关，反复操作 30000 次无故障</td></tr>
<tr><td>有旁通的与直接动作阀门相联的热敏开关，反复操作 1000 次无故障，且应符合燃气通路各项气密性要求</td></tr>
<tr><td>无旁通管，与直接动作阀门相联的热敏开关，反复操作 6000 次无障碍，且应符合燃气通路各项气密性要求</td></tr>
<tr><td>熄火保护装置</td><td>反复操作 1000 次无故障，且应符合燃气通路各项气密性要求</td><td>○</td><td>○</td><td>○</td><td>○</td><td>○</td><td>○</td></tr>
<tr><td>缺氧保护装置</td><td>反复操作 1000 次无障碍，且应符合缺氧保护装置的性能要求</td><td>6.16</td><td>○</td><td>—</td><td>—</td><td>—</td><td>—</td><td>—</td></tr>
<tr><td>燃气稳压装置</td><td>反复操作 30000 次无故障，且应符合稳压装置的性能要求</td><td rowspan="4">GB/T 16411</td><td>○</td><td>○</td><td>○</td><td>○</td><td>○</td><td>○</td></tr>
<tr><td>取暖器插座</td><td>操作 6000 次后应符合燃气通路气密性要求，使用可靠</td><td>○</td><td>○</td><td>○</td><td>○</td><td>○</td><td>○</td></tr>
<tr><td>胶管接口</td><td>操作 1000 次后应符合燃气通路气密性，不妨碍使用</td><td>○</td><td>○</td><td>○</td><td>○</td><td>○</td><td>○</td></tr>
<tr><td>遥控装置</td><td>操作 6000 次后应不妨碍使用</td><td>○</td><td>○</td><td>○</td><td>○</td><td>○</td><td>○</td></tr>
<tr><td colspan="2">耐振性能</td><td>振动以后应能满足燃气系统的密封性能要求，零部件应不松动，并能正常操作运行</td><td>6.17</td><td>○</td><td>○</td><td>○</td><td>○</td><td>○</td><td>○</td></tr>
<tr><td rowspan="4">连续燃烧</td><td>燃气通路的气密性</td><td>符合气密性要求</td><td rowspan="4">6.19</td><td rowspan="4">○</td><td rowspan="4">○</td><td rowspan="4">○</td><td rowspan="4">○</td><td rowspan="4">○</td><td rowspan="4">○</td></tr>
<tr><td>燃烧状态</td><td>无熄火与回火现象，于烟气中 CO 体积浓度 ≤0.28%，敞开式 ≤0.07%</td></tr>
<tr><td>热交换器部分有无异常</td><td>无异常现象</td></tr>
<tr><td>辐射体有无异常</td><td>辐射式取暖器的辐射体无异常现象</td></tr>
</table>

5.3 结构要求

5.3.1 取暖器的总体结构、燃气管路系统和燃烧器，应符合 GB 6932—1994 中 5.2 条的有关要求。此外还应符合下列规定。

5.3.1.1 取暖器应装有熄火保护装置。

5.3.1.2 敞开式（直排式）取暖器应符合下列规定：

a）只有使用天然气或液化石油气的取暖器才可以做成直接排烟式。

b）敞开式取暖器的额定负荷应≤4.2kW。

c）直排式取暖器应装有缺氧保护装置；其位置应固定而不易改变，且检测部件损坏时能自动关闭燃气通路。

d）直排式取暖器应装有定时器，在运行3h以内，按设定时间自动关闭燃气通路。

5.3.1.3 半密闭式（烟道式）和密闭式（平衡式）取暖器的燃气入口，宜采用螺纹联接，螺纹应符合GB/T 7306、GB/T 7307的规定。

5.3.1.4 辐射式取暖器应符合下列规定：

a）可改变辐射方向的取暖器应设计为使用时不能移动；

b）辐射体前应设有保护栅或保护网，直径为70mm的球体不会落入。

5.3.1.5 能在地面上移动位置的取暖器应做成不易翻倒的结构形式，朝任何方向推动作20°以内倾斜时都不应翻倒，且其中各部件的位置不会变化。

5.3.1.6 在一般使用情况下翻倒保护装置的安装位置不易改变，在取暖器翻倒时自动关闭燃气通路，若其检测部件损坏时也能自动关闭燃气通路。

5.3.2 取暖器的电路系统

5.3.2.1 使用交流电源的取暖器的电路系统结构设计应符合CJ 3062的规定。

5.3.2.2 采用市电的点火装置的零部件应设置在不易损坏的位置，并应符合CJ 3062的规定，明显标示永久性警告标志。电路系统中的元、器件和配线应设置在远离发热部件处。

5.3.2.3 电点火装置的两个电极之间的间隙、电极与小火燃烧器之间、主火燃烧器、小火燃烧器火孔间的位置应准确固定，在正常状态下不应松动。

5.3.2.4 采用干电池作电源和用电热丝作点火源时，干电池及电热丝等易耗品应易于更换。

5.3.3 防倒风排气罩

5.3.3.1 烟道式取暖器应设有防倒风排气罩，作为取暖器整体的组成部分装在壳体的外面或里面，应可拆卸，便于清扫。防倒风排气罩的排气短管应是承口，能与规定直径的排气筒相连接。

5.3.3.2 防倒风排气罩的连接口可参照表6规定的排气筒内径设计，而且应有15mm以上的承插部分。

表6 mm

排气筒公称直径	70	75	80	90	100	110	120	130	140	160	180	200	220	240
排气筒内径	70	75	80	90	100	110	120	130	140	160	180	200	220	240

5.3.4 进排气筒

平衡式和强制给排气式取暖器的室外进排气口，不得落入直径为16mm的球体，不得看见火焰，不得让雨水流进燃烧室，所排出的烟气不得直接接触墙面。

5.4 外观要求

取暖器外壳平整匀称，经表面处理后不应有喷涂不均、皱纹、裂痕、脱漆、掉瓷及其他明显的外观缺陷。

5.5 材料要求

5.5.1 一般规定

5.5.1.1 能承受正常使用状态下的温度并具有足够的强度。

5.5.1.2 易腐蚀的金属材料应进行电镀、喷漆、搪瓷或其他适当的防腐表面处理。

5.5.1.3 与水接触的材料，不得与水发生化学反应而析出有害人体的物质。

5.5.2 燃烧器应采用耐腐蚀、熔点大于700℃的金属材料或不燃材料，并具有耐腐蚀性能。

5.5.3 喷嘴、喷嘴托架、调风板应采用熔点大于500℃的金属材料或不燃材料，并具有耐腐蚀性能。

5.5.4 小火燃烧器供气管应采用熔点大于500℃的金属材料。

5.5.5 燃气管路系统零部件的材料应符合下列规定。

5.5.5.1 管路系统的零部件应采用耐腐蚀、熔点大于350℃的金属材料和不燃材料。

5.5.5.2 所采用的密封材料如油脂、密封垫等除符合密封性能规定外，还应耐燃气的腐蚀。

5.5.6 取暖器的热交换器应采用耐腐蚀、熔点大于500℃的金属材料。

5.5.7 通过烟气的部件应采用耐腐蚀的金属材料或表面进行过耐腐蚀处理的金属材料。

5.5.8 平衡式和强制给排气式取暖器的外壳和进排气筒应采用耐腐蚀的金属材料或表面进行过耐腐蚀处理的金属材料。其密封件、垫应采用耐腐蚀的柔性材料。

5.5.9 辐射式取暖器的安全保护栅应采用耐腐蚀、熔点大于700℃的金属材料。

6 试 验 方 法

6.1 实验室条件

实验室条件应符合 GB/T 16411 规定的要求。

6.2 试验用仪表

试验用仪表应符合 CJ/T 3075.2 规定的要求。对辐射式取暖器尚需使用辐射效率测定仪。

6.3 试验用燃气

6.3.1 试验用燃气的种类和燃烧特性应符合 GB/T 13611 规定的要求。

6.3.2 试验用燃气的压力应符合表 4 的规定。

6.4 取暖器的安装状态

当 GB/T 16411 和本标准中无特别规定时，应按制造厂规定的状态（使用、安装说明书规定的状态）安装和运行取暖器。

6.5 取暖器的使用状态

取暖器的使用状态应参照制造厂的使用说明书。采用 0-2 试验气点火燃烧，对有焰燃烧器将风门调节到火焰为最佳状态，然后将风门固定，进行各项性能试验时不得再调风门。

6.6 燃气通路气密性试验

按 GB/T 16411 的规定进行。

6.7　燃气额定负荷试验

按 GB/T 16411 的规定进行。强制对流式取暖器，风量应调至最大状态。

6.8　燃烧状态试验

6.8.1　基本燃烧状态试验

按 GB/T 16411—1996 表 2 的规定进行燃烧工况试验。

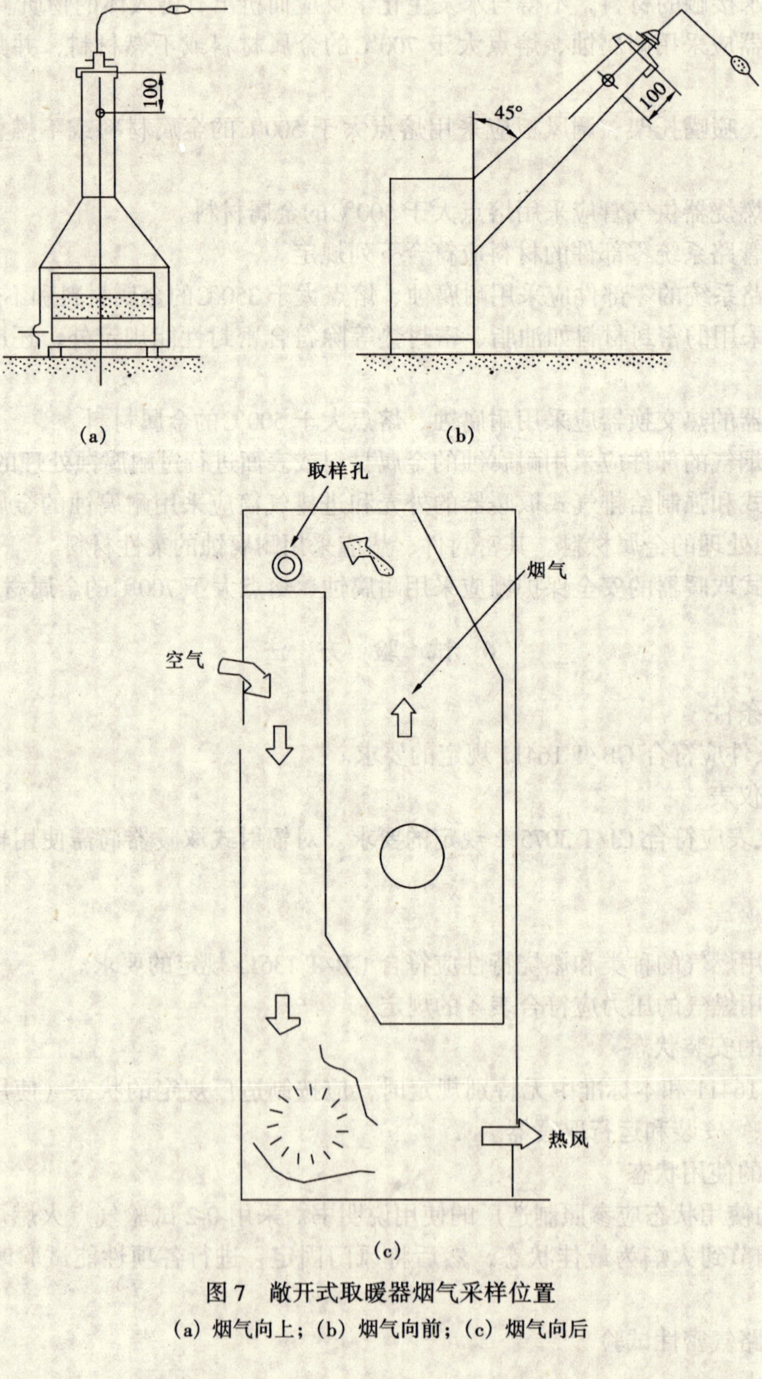

图 7　敞开式取暖器烟气采样位置

(a) 烟气向上；(b) 烟气向前；(c) 烟气向后

6.8.2 敞开式取暖器的烟气采样位置和采样器如图 7、图 8 所示。试验采用 1-1 气，取暖器运行 15min 后用采样器采样。采样烟气中氧含量应不超过 14%。

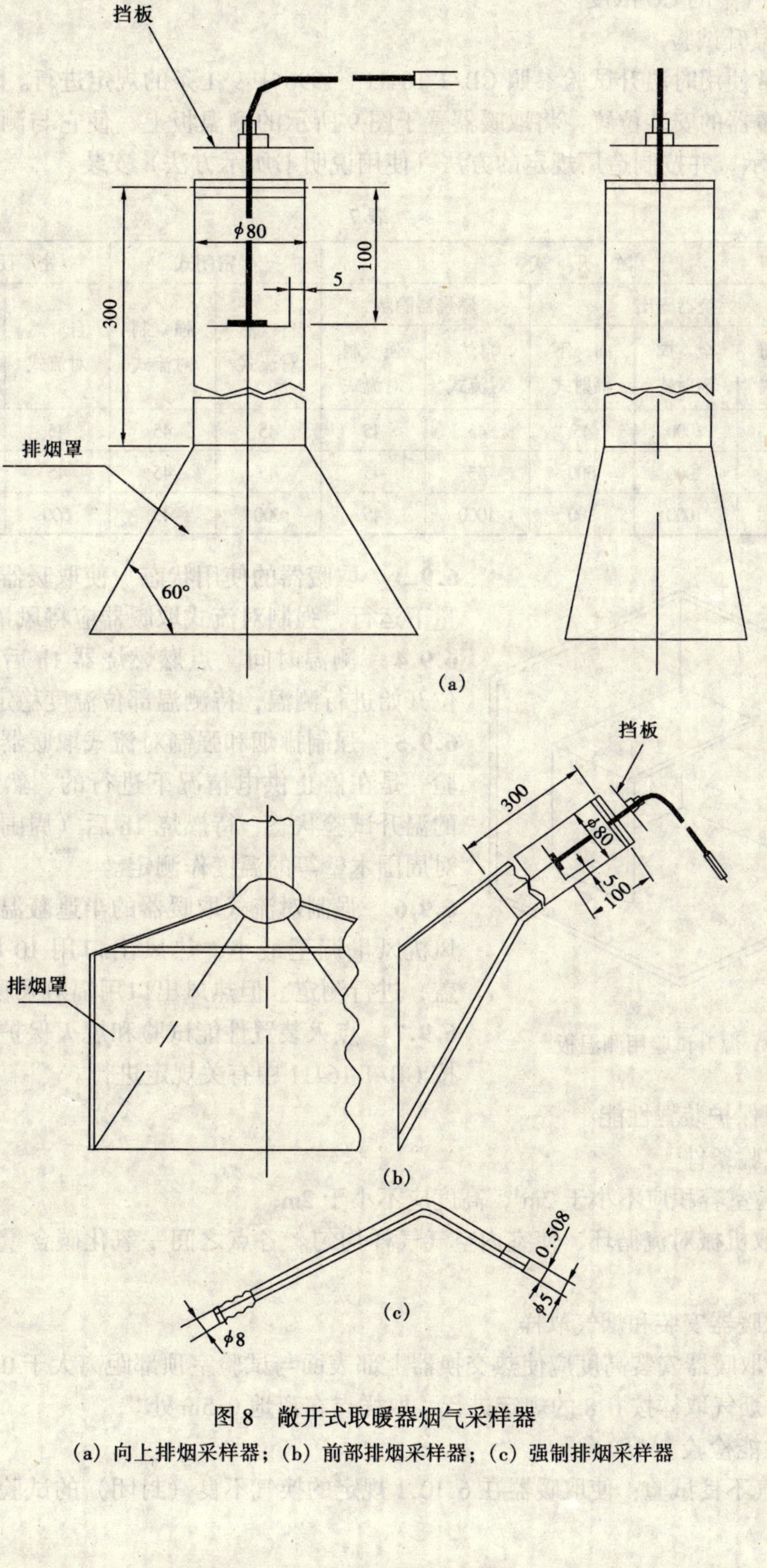

图 8　敞开式取暖器烟气采样器

(a) 向上排烟采样器；(b) 前部排烟采样器；(c) 强制排烟采样器

6.8.3 敞开式取暖器的缺氧燃烧试验：采用 1-1 气，燃气消耗量为最小和最大。在容积不小于 $2m^3$、高度不小于 2m 的密闭室中进行试验，设法维持燃烧使空气中氧含量缓慢下降，测定烟气中的 CO 浓度。

6.9 表面温升试验

6.9.1 正常使用时温升试验参照 GB/T 16411—1996 中 9.1 条的规定进行。

6.9.2 取暖器的安装位置　将取暖器置于图 9 所示的测温板上，使它与测温板之间的距离为表 7 所示，并按制造厂规定的方法（使用说明书所示方法）安装。

表 7　　mm

取暖器型式	敞开式					半密闭式		密闭式		室外式
	燃烧器露出			燃烧器隐蔽						
	向前辐射式	全周辐射式	向下辐射式	自然对流式	强制对流式	自然对流式	强制对流式	自然对流式	强制对流式	
后面	45	1000	45	45	45	45	45	45	45	45
侧面	300	1000	600	45	45	45	45	45	45	45
顶面	1000	1000	300	1000	45	600	45	600	45	45

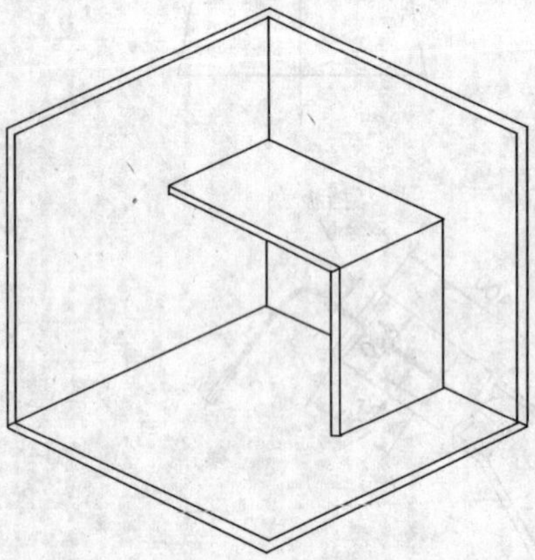

图 9　温升试验用测温板

6.9.3 取暖器的使用状态　使取暖器在最大燃气用量下运行，强制对流式取暖器应将风量调至最小。

6.9.4 测温时间　点燃燃烧器 1h 后对取暖器各部位开始进行测温，待测温部位温度稳定后读数。

6.9.5 强制排烟和强制对流式取暖器的异常温升试验　是在停止供电情况下进行的，然后按正常使用的温升试验状态，待燃烧 1h 后（周围温度稳定时），对周围木壁等的温度作测定。

6.9.6 强制对流式取暖器的半遮蔽温升试验　将送风机风量调至最小，热风出口用 10 层药用纱布遮盖，进行测定。但热风出口用辐射采暖的除外。

6.9.7 点火装置性能试验和熄火保护装置性能检验按 GB/T 16411 中有关规定进行。

6.10 缺氧保护装置性能

6.10.1 试验条件

a）试验室容积应不小于 $2m^3$，高度应不小于 2m；

b）采取机械对流循环，使室内空气气样均匀。各点之间一氧化碳含量偏差应不超过 4%。

6.10.2 取暖器安装和烟气取样

6.10.2.1 取暖器安装高度应使热交换器上部表面与试验室顶部距离大于 0.5m。

6.10.2.2 烟气取样按 6.8 的规定进行。取样点在离地 0.5m 处。

6.10.3 性能检验

a）换气不良试验：使取暖器在 6.10.1 规定的换气不良（封闭）的试验室内燃烧，至内的氧含量会慢慢地减少，烟气中的 CO 含量上升到 0.07%之前，应能自动关闭燃气通路，且不能自动再打开。

b）进风口堵塞试验：堵塞一次空气进口，使烟气中的 CO 含量达到 0.07%后，关闭取暖器，使之冷却。然后重新点着取暖器，燃气通路应在 10min 之内自动关闭，且不能自动再打开。

如果一次空气进口全堵塞烟气中 CO 含量达不到 0.07%，则应检测出一次空气全堵塞进行燃烧时烟气中的 CO 含量。

6.11 燃气稳压装置性能试验

用燃气进行试验，稳压装置前为额定燃气压力的 1.0、0.9 倍和最高压力时，分别测出其后压，应满足本标准表 5 的规定。

6.12 密封结构的漏气量检验

平衡式和强制给排气式取暖器密封结构的漏气量试验系统按图 10 安装。

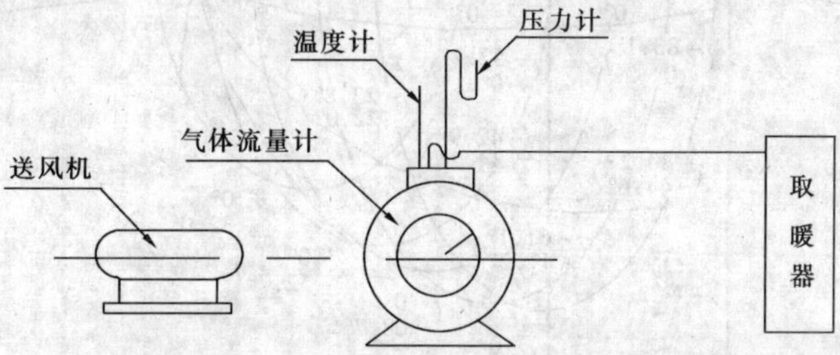

图 10 密封结构漏气量试验

将取暖器的进排气口堵上，留一进气接头。取暖器、气体流量计和送风装置用管道连接，由送风装置向取暖器送入压力 100Pa 的空气，用气体流量计测定漏气量（换算成 0℃，101.3kPa，干燥空气），测定过程中送风压力应保持稳定。

6.13 过热保护装置性能试验

按异常温升项目的要求进行试验。观察其动作是否符合表 5 要求。

6.14 翻倒保护装置性能试验

用 0-2 气在正常使用条件下点着燃烧器，然后沿有翻倒危险的方向将它推倒，测出自翻倒至关闭燃气通路的时间。

6.15 加热性能的检验

6.15.1 辐射效率测定

辐射式取暖器应做辐射效率测定。

6.15.1.1 试验条件：取暖器按 6.7 负荷试验状态运行，燃气条件为 0-2。

6.15.1.2 将取暖器点燃 30min 后，按图 11 和表 8 中所示的半球面上的 33 个点测定接收到的辐射强度，并按式（1）计算出辐射效率。

$$\eta_R = \frac{2\pi r^2 \Sigma E_i}{33 I_R} \times 100 \tag{1}$$

式中：η_R——辐射效率，%；

r——球面半径，m；

E_i——各点的辐射强度，kJ/（$m^2\cdot h$）；

I_R——取暖器的额定负荷用热量表示，kJ/h。

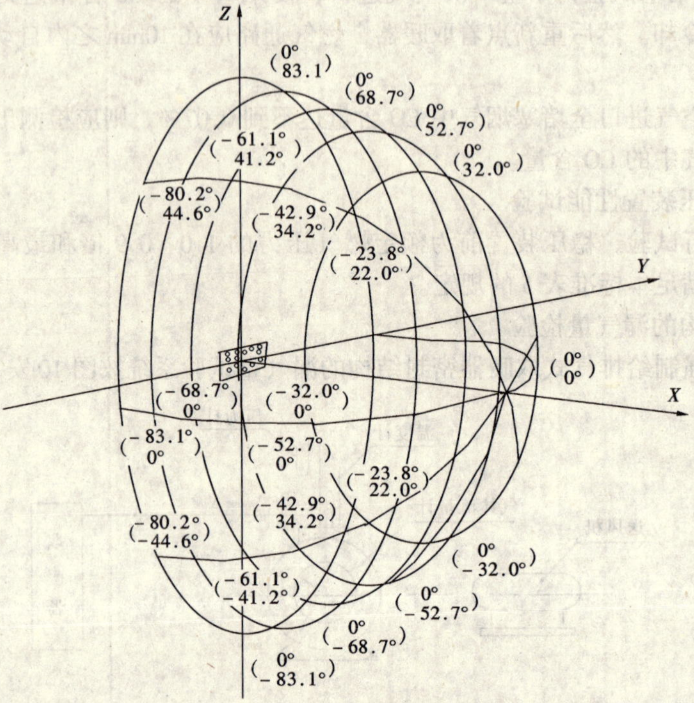

图 11　辐射效率测点布置

表 8

经　度	纬　度	经　度	纬　度	经　度	纬　度
80.2°	44.6°	−80.2°	44.6°	83.1°	0°
61.1°	41.2°	−61.1°	41.2°	68.7°	0°
42.9°	34.2°	−42.9°	34.2°	52.7°	0°
23.8°	22.0°	−23.8°	22.0°	32.0°	0°
23.8°	−22.0°	−23.8°	−22.0°	−32.0°	0°
42.9°	−34.2°	−42.9°	−34.2°	−52.7°	0°
61.1°	−41.2°	−61.1°	−41.2°	−68.7°	0°
80.2°	−44.6°	−80.2°	−44.6°	−83.1°	0°
0°	83.1°	0°	32.0°	0°	−52.7°
0°	68.7°	0°	0°	0°	−68.7°
0°	52.7°	0°	−32.0°	0°	−83.1°

注：表中经度以通过取暖器辐射表面中心的垂直面 XZ 为 0°。表中纬度以通过取暖器辐射表面中心的水平面 XY 为 0°

6.15.1.3　测点半球面的半径 r 定为 1m。当取暖器及其反射器的最大边尺寸超过 0.5m 时，半径 r 应为最大边尺寸的 2 倍以上。

6.15.1.4　对于 360°方向辐射的取暖器，应作前后两个半球面上 66 个点的辐射强度测量，并按整个球面积分加以计算（见式 2)。

$$\eta_R = \frac{4\pi r^2 \Sigma E_i}{66 I_R} \times 100 \qquad (2)$$

6.15.2 热效率测定

除直排式取暖器外，所有取暖器均应按下列方法做热效率测定。

6.15.2.1 燃气条件为 0-2，取暖器安装系统同 6.4。

6.15.2.2 点燃取暖器，在排烟管道出口处测得烟气温度并分析出干烟气中二氧化碳含量，然后可按式（3）计算出取暖器的热效率。

$$\eta = \left[1 \frac{\left\{ H_2O \cdot C_{H_2O} + CO_2 \cdot C_{CO_2} + N_2 \cdot C_{N_2} + \left[CO_2\left(\frac{100}{CO'_2} - 1\right) - N_2 \right] C_A \right\} (t_f - t) + H_2O \cdot L_v}{Q_d} \right] \times 100 \qquad (3)$$

式中 η——取暖器热效率，%；

Q_d——燃气低热值，kJ/Nm^3；

H_2O，CO_2，N_2——分别为烟气中水蒸气、二氧化碳、氮的理论产量，Nm^3/Nm^3 燃气；

CO'_2——测得的干烟气中二氧化碳含量，%；

t——室温，℃；

t_f——烟气的平均温度，℃；

C_{H_2O}，C_{CO_2}，C_{N_2}，C_A——分别为水蒸气、二氧化碳、氮和空气从 t 到 t_f 的平均比热容；C_{H_2O} 可取 1.59kJ/（$m^3 \cdot K$），C_{CO_2} 可取 1.63kJ/（$m^3 \cdot K$），C_{N_2} 可取 1.30kJ/（$m^3 \cdot K$），C_A 可取 1.30kJ/（$m^3 \cdot K$）。

L_v——水蒸气的汽化潜热，$L_v = 2010 kJ/Nm^3 \cdot K$。

6.15.3 热风温度的测定

强制对流式取暖器应做热风温度测定。

6.15.3.1 燃气条件为 0-2，取暖器的安装系统同 6.4。

6.15.3.2 用热电偶测量热风温度，将测温探头置于离开取暖器 1m 处。围绕取暖器上、下移动测出最高热风温度。对热负荷超过 6.98kW(25.1kJ/h)的取暖器，在距离 1.5m 处测热风温度(参见图 12)。

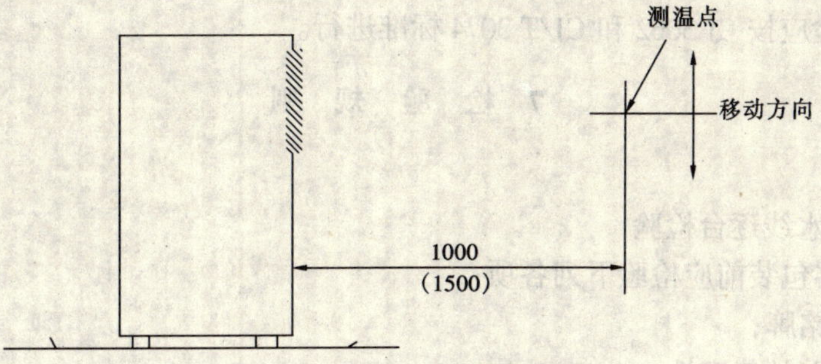

图 12 热风温度测点位置

6.15.4 加湿量的测定

6.15.4.1 燃气条件为 0-2，取暖器安装系统同 6.4。

6.15.4.2 按产品使用说明书规定的水量加入取暖器的加湿器，点燃取暖器，1h 后测出水量。继续使取暖器燃烧，3h 后再测一次水量。计算出每小时蒸发掉的水量即为房间的加湿量。

6.16 耐用性能试验

6.16.1 取暖器各主要部件的耐用性试验按 GB/T 16411 规定进行。

6.16.2 主火燃烧器的耐用性

6.16.2.1 试验条件

燃气条件：0-2；

燃烧工况：最佳工作状态。

6.16.2.2 试验方法：点燃取暖器，以燃烧 1min，停火 1min 作为一次计算，反复进行 450 次后，目测检查燃烧器有无异常现象，同时按表 5 规定检查燃烧工况。

6.16.3 缺氧保护装置

燃气条件：0-2，以点燃主火燃烧器取暖器运行 5min 后，停止运行，间隔 5min 为一次，反复运行 1000 次后，按表 5 规定检查。

6.16.4 遥控装置的耐用性试验，以 4～20 次/min 的速度重复操作，观察它是否妨碍使用。

6.17 振动试验

取暖器的结构试验、材料性能试验按 GB/T 16411 规定进行。

6.18 取暖器部件的耐热性能试验按 GB/T 16411 规定进行。

6.19 连续燃烧试验

6.19.1 试验燃气为 1-1。

6.19.2 取暖器状态、取暖器按最大耗气量运行，强制对流式可使风量调至最大。

6.19.3 试验方法 在正常使用条件下，燃烧 15h，按下列要求检验：

a）燃气通路气密性按 GB/T 16411 的有关规定检验；

b）燃烧状态在无风状态下按 GB/T 16411 的有关规定检验有无熄火、回火和烟气中 CO 含量；

c）用目测方法检查强制对流式取暖器的热交换器有无异常；

d）用目测方法检查辐射式取暖器的辐射体有无异常。

6.20 电器试验应按 CJ 3062 和 CJ/T 3074 标准进行。

7 检 验 规 则

7.1 出厂检验

7.1.1 生产流水线逐台检验

每台取暖器包装前应检验下列各项：

a）外观和铭牌；

b）燃气管路的气密性；

c）点火性能；

d）火焰状态和燃烧稳定性；

e）使用交流电源时的耐电压强度试验。

7.1.2 抽样检验

每批产品在入库时或在交货时由生产厂家的质检部门作抽样检验。抽样按 GB/T 2828 进行。检验项目除 7.1.1 规定的各项外，还必须检验热负荷准确度，烟气中一氧化碳含量、热效率和安全装置性能。

7.2 型式检验

7.2.1 有下列情况之一时，应进行型式检验：

a）新产品试制定型鉴定；

b）产品转厂生产试制定型鉴定；

c）正式生产后，如结构、材料、工艺有较大改变，可能影响产品性能时；

d）产品停产一年以上，恢复生产时；

e）出厂检验结果与上次型式检验有较大差异时；

f）连续生产时每二年进行一次。

7.2.2 抽样按 GB/T 2829 规定进行。

7.3 监督检验

7.3.1 质量监督部门定期或不定期地对经过验收合格的产品总体实施质量监督检验。

7.3.2 监督检验程序按 GB/T 14437 进行。

7.4 产品不合格分类

7.4.1 气密性、燃烧稳定性、烟气中 CO 浓度、熄火保护性能、缺氧保护性能、电压强度和绝缘电阻、铭牌、说明书（应写明安装方法、使用须知和安全事项）不符合规定称 A 类不合格。

7.4.2 热流量偏差、表面温升、点火性能、其他安全装置性能、其他电气性能、热效率、辐射效率、热风温度、连续燃烧性能等不符合规定称 B 类不合格。

7.4.3 除 7.4.1 和 7.4.2 规定以外的性能不符合规定称为 C 类不合格。

7.5 不合格判定原则

a）取暖器有一个 A 类不合格，称为 A 类不合格品；

b）取暖器有二个 B 类不合格，称为 B 类不合格品；

c）取暖器有四个 C 类不合格，称为 C 类不合格品。

8 标志、包装、运输、贮存

8.1 标志

每台取暖器均应在明显位置设规范的铭牌标志，说明下列各项：

a）名称和型号（型号应符合本标准 4.2 规定）；

b）适用燃气种类；

c）燃气额定压力；

d）额定功率；

e）制造厂名称；

f）制造年、月或编号。

8.2 使用说明书

每台取暖器应有使用说明书，使用说明书由制造厂按有关标准编写。

对燃气取暖器的安装方法、操作和调节方法以及安全注意事项（有关燃气、通风、操作、防火和防止一氧化碳中毒等方面）应详细加以说明。

8.3 包装

8.3.1 包装箱上应有如下标记：产品名称、商标、型号、适用燃气种类和类别、质量、生产日期、厂名、厂址、邮政编码、执行标准和名称、怕湿、向上、小心轻放等标志。并应符合 GB 191 规定。

8.3.2 包装箱内的产品合格证、使用说明书、附件应与装箱单一致。

8.4 运输

8.4.1 运输过程中应防止剧烈震动、挤压、雨淋及化学物品侵蚀。

8.4.2 搬运必须轻拿轻放、堆放整齐、严禁滚动和抛掷。

8.5 贮存

8.5.1 成品必须贮存于干燥通风、周围无腐蚀气体的仓库。

8.5.2 取暖器应按型号分类存放，堆码高度应考虑包装箱承受强度和便于取放。

中华人民共和国国家标准

生活锅炉经济运行

Economical operation of boilers for daily life

GB/ T 18292—2001

国家质量技术监督局 2001-01-10 批准

2001-07-01 实施

前　言

本标准是根据我国生活锅炉运行的实际状况，综合分析了国家、行业及地方有关标准，参考了 GB/T 10820—1989《燃煤生活锅炉热效率》、GB/T 3486—1993《评价企业合理用热技术导则》中的有关要求，并结合我国生活锅炉生产企业产品质量的情况而制定的。

本标准作为 GB/T 17954—2000《工业锅炉经济运行》的配套标准，是考核生活锅炉经济运行、管理水平的依据。

本标准由全国能源基础与管理标准化技术委员会提出并归口。

本标准由中国标准研究中心、陕西省能源技术服务中心负责起草。西安交通大学动力技术成套公司、陕西渭南国荣燃烧化工机械有限责任公司、中泰工贸有限责任公司、西安东方动力能源工程有限公司参加起草。

本标准主要起草人：柴隆谟、贾铁鹰、赵国凌、刘仲军、杨国荣、段晓刚、崔永明。

本标准为首次发布。

1 范 围

本标准规定了生活锅炉经济运行的要求、管理原则、分级、技术指标、监测方法与考核。

本标准适用于额定热功率为0.05～0.7MW、压力小于、等于0.7MPa（表压）的承压锅炉及额定热功率为0.05～2.8MW的常压热水锅炉。

本标准不适用于额定热功率小于0.05MW的锅炉、家用热水机组、不以煤、油、气为燃料和不以水为介质的锅炉。

2 引 用 标 准

下列标准所包含的条文，通过在本标准中引用而构成为本标准的条文。本标准出版时，所示版本均为有效。所有标准都会被修订，使用本标准的各方应探讨使用下列标准最新版本的可能性。

GB 1576—2001　工业锅炉水质

GB/T 4272—1992　设备及管道保温技术导则

GB 5749—1985　生活饮用水卫生标准

GB/ T 10820—1989　燃煤生活锅炉热效率

GB 13271—1991　锅炉大气污染物排放标准

GB/T 15317—1994　工业锅炉节能监测方法

GB 50041—1992　锅炉房设计规范

GB 50273—1998　工业锅炉安装工程施工及验收规范

JB/T 7985—1995　常压热水锅炉通用技术条件

3 定　义

本标准采用下列定义。

经济运行　economical operation

在满足运行安全、可靠、保护环境的前提下，通过科学管理、技术改造、司炉培训、优化操作等，以提高在役生活锅炉的热效率，使在役生活锅炉处于高效、节能的工作状态。

4 运 行 要 求

4.1　锅炉使用单位选用锅炉应进行必要的技术、经济分析，应按设计要求选购具有锅炉制造许可证的单位所生产的锅炉产品。

4.2　锅炉房的设计、布置和建造应考虑到对周围环境的影响和便于对锅炉进行操作、检修；锅炉房应有足够的光线和良好的通风条件。额定热功率≥0.7MW的锅炉应符合GB 50041的规定。锅炉安装完毕应进行竣工验收，取得锅炉使用登记证。

4.3　锅炉安装应符合设计要求，并按照制造厂提供的安装使用说明书进行。额定热功率≥0.7MW的锅炉安装应符合GB 50273的规定。

4.4　锅炉给水和炉水应符合GB 1576的要求。饮用水锅炉的水质应符合GB 5749的规定。

4.5 锅炉大气污染物排放指标应符合 GB 13271 的要求。

4.6 锅炉及其附属设备和热力管道的保温应符合 GB/T 4272 的要求。

4.7 新建锅炉的辅机应选用节能产品，禁止使用国家明令淘汰的产品。旧锅炉的辅机属国家公布的淘汰产品的，应更换为节能产品。

4.8 锅炉运行必须制定操作规程，承压锅炉的运行人员应持有职能管理部门颁发的操作证上岗，常压锅炉的运行人员应按 JB/T 7985 的规定进行培训。

4.9 锅炉运行时，应合理配风，压力、温度、水位均应保持稳定。锅炉应经常在额定负荷下运行。

4.10 锅炉一般应选用设计燃料为运行燃料。燃煤锅炉应推广燃用型煤。

4.11 锅炉受热面应定期清灰，保持清洁。使用清灰剂等化学药剂，必须防止炉内结渣、受热面沾污及腐蚀和造成炉内爆震。并应防止烟气排放对环境的污染。

4.12 锅炉运行中，应经常对锅炉烟风道、炉墙、炉门、烟箱、风机及除尘设备的严密性进行检查，发现泄漏、损坏应及时修理。

4.13 锅炉运行中，应经常对管道、阀门、仪表及保温结构等进行检查，确保其严密、完好，及时消除跑、冒、滴、漏等现象。

4.14 额定热功率≥0.1MW 的锅炉应配备相应的燃料耗量计量器具、汽或水流量计、压力表、温度计等能反映锅炉经济运行状态的仪器、仪表。在用仪器、仪表必须在校验周期内，并按规定定期检查、校正和维修。仪器、仪表的精度等级应≤2.0 级。额定热功率≥0.35MW 的燃油、燃气锅炉应配备燃烧过程自控装置。

4.15 锅炉应做好运行工况原始记录和检修记录。运行工况原始记录的主要项目应符合表 1 的规定。

表 1 锅炉运行原始记录项目

锅炉额定热功率，MW	锅炉类型	记 录 项 目
≥0.1～0.7	承压锅炉	运行时间
		燃料品种及消耗量累计值[1)]
		蒸汽压力、温度及流量
		热水工作压力、进出水温度及流量
		排渣含碳量[2)]
		水处理化验数据
		排烟温度
	常压热水锅炉	运行时间
		燃料品种及消耗量累计值[1)]
		热水流量、补给水量累计值
		进出水的压力、温度
		排烟温度
		水处理化验数据（饮用水锅炉的水质应符合 GB 5749 的规定）
>0.7～2.8	常压热水锅炉	运行时间
		燃料品种及消耗量累计值[1)]

续表1

锅炉额定热功率，MW	锅炉类型	记 录 项 目
>0.7~2.8	常压热水锅炉	热水流量、补给水量累计值
		进出水压力、温度
		排渣含碳量2)
		水处理化验数据（饮用水锅炉的水质应符合 GB 5749 的规定）
		排烟温度
注：锅炉运行原始记录应有记录日期。对海拔 2000m 以上的地区，应每季记录大气的压力。 1）燃油、燃气锅炉应每日记录燃料的压力、温度。 2）煤种变化时应化验记录；煤种无变化时应每半个月化验记录一次。		

5 管 理 原 则

5.1 锅炉经济运行分三个运行级别：一级（优秀）、二级（良好）、三级（合格）。

5.2 锅炉经济运行的技术指标按第 6 章划分。

6 技 术 指 标

6.1 锅炉热效率指标分三个运行级别，均应符合表 2 的规定。

表 2 锅炉热效率 %

锅炉额定热功率，MW	运行级别	使用燃料									
		气	烟煤			贫煤	无烟煤			褐煤	油
			Ⅰ	Ⅱ	Ⅲ		Ⅰ	Ⅱ	Ⅲ		
≥0.05~<0.1	一级	85	58	60	62	60	52	51	55	60	80
	二级	80	56	58	60	58	50	49	53	58	75
	三级	76	54	56	58	56	48	47	50	56	71
≥0.1~<0.35	一级	87	61	63	65	64	56	54	58	62	82
	二级	82	58	60	62	60	52	51	54	60	77
	三级	77	56	58	60	58	49	48	50	58	72
≥0.35~0.7	一级	88	68	70	72	68	60	58	64	67	83
	二级	84	63	65	67	64	56	54	58	63	79
	三级	79	59	61	63	60	51	50	53	60	75
>0.7~1.4	一级	89	70	72	74	70	63	62	67	70	85
	二级	86	65	68	70	67	60	58	63	67	82
	三级	81	63	65	67	65	56	54	59	65	78
>1.4~2.8	一级	91	72	75	77	73	66	64	72	74	87
	二级	87	70	72	74	71	64	62	69	72	83
	三级	83	68	70	72	70	63	60	66	70	80
注：表中数值为在役锅炉以额定负荷运行时的热效率值。											

6.2 锅炉排烟温度指标分三个运行级别，均应符合表3的规定。

表3 锅炉排烟温度 ℃

锅炉额定热功率 MW	承压锅炉			常压热水锅炉		
	一级	二级	三级	一级	二级	三级
≥0.1～<0.35	≤200	≤280	≤300	≤260	≤280	≤300
≥0.35～0.7	≤230	≤250	≤270	≤230	≤250	≤270
>0.7～1.4	—			≤210	≤230	≤250
>1.4～2.8	—			≤190	≤210	≤230
注：表中数值为在役锅炉以额定负荷运行时的排烟温度。						

6.3 锅炉排渣含碳量指标均应符合表4的规定。

表4 锅炉排渣含碳量 %

煤种		锅炉额定热功率，MW			
		≥0.1～<0.35	≥0.35～0.7	>0.7～1.4	>1.4～2.8
烟煤	Ⅰ	25	23	20	18
	Ⅱ	23	20	18	16
	Ⅲ	20	18	16	14
贫煤		23	20	18	16
无烟煤	Ⅰ	28	25	20	18
	Ⅱ	30	28	23	20
	Ⅲ	25	23	18	15
褐煤		22	20	18	16

6.4 锅炉排烟处过量空气系数指标分三个运行级别，均应符合表5的规定。

表5 排烟处过量空气系数（上限值）

燃料	燃烧方式	锅炉额定热功率，MW	过量空气系数		
			一级	二级	三级
煤	火床燃烧	≥0.1～0.7	2.2	2.4	2.6
		>0.7～2.8	2.0	2.2	2.4
油	火室燃烧	≥0.1～2.8	1.3	1.4	1.5
气		0.05～2.8	1.2	1.3	1.4

6.5 锅炉体外表面温度指标均应符合表6的规定。

表6 锅炉炉体外表面温度（上限值） ℃

炉体部位	侧面	炉顶
炉体外表面距门、孔300mm以外处的温度	50	70

6.6 对于海拔2000m以上地区的生活锅炉经济运行指标，由当地主管部门根据具体情况对本标准6.1～6.5做合理调整。

7 监测方法

7.1 额定热功率<0.7MW的燃煤生活锅炉，其热效率测试方法按GB/T 10820的规定进

行；燃油、燃气生活锅炉、额定热功率≥0.7MW 的生活锅炉，其热效率的监测方法按 GB/T 15317 的规定进行。其他技术指标的监测方法按 GB/T 15317 的规定进行。

7.2 技术指标的监测应在锅炉铭牌标志上的额定出力运行时进行。如锅炉的实际运行出力达不到其额定出力时，允许在实际出力下进行监测。

8 考 核

8.1 锅炉经济运行首先应符合第 4 章运行要求中的各项规定。

8.2 锅炉经济运行应符合第 6 章技术指标中的各项要求。对额定热功率小于 0.1MW 的锅炉本标准只规定了热效率，对其他指标暂不考虑。

8.3 锅炉经济运行技术数据，必须由职能管理部门认可的监测单位测定。

8.4 锅炉经济运行测定的技术数据有效期为 2 年。

8.5 额定热功率≥0.1MW 的锅炉在经济运行考核中锅炉运行符合 8.1 与 8.2 的规定，锅炉排渣含碳量、炉体外表面温度指标符合 6.3、6.5 的要求并且锅炉热效率、排烟温度、排烟处过量空气系数均达到一级的，发给“一级运行”标牌；达到二级以上的，发给“二级运行”标牌；达到三级以上的，发给“合格运行”标牌。对锅炉运行考核中不符合 8.1 与 8.2 规定的锅炉，为锅炉经济运行不合格，应进行相应处罚并停炉进行整改，限期半年内达到标准要求，在经过职能管理部门认可的监测单位监测合格认可后方可重新运行。

中华人民共和国国家标准

建筑采光设计标准

Standard for daylighting design of buildings

GB/T 50033－2001

主编部门：中华人民共和国建设部
批准部门：中华人民共和国建设部
施行日期：2001年11月1日

关于发布国家标准
《建筑采光设计标准》的通知

建标［2001］172号

根据国家计委《关于印发一九九三年工程建设标准定额制订、修订计划的通知》（计综合［1993］110号）的要求，由建设部会同有关部门共同对《工业企业采光设计标准》GB 50033—91进行了修订，现更名为《建筑采光设计标准》。经有关部门会审，批准为国家标准，编号为GB/T 50033—2001，自2001年11月1日起施行。原《工业企业采光设计标准》GB 50033—91同时废止。

本标准由建设部负责管理，中国建筑科学研究院负责具体解释工作，建设部标准定额研究所组织中国建筑工业出版社出版发行。

中华人民共和国建设部

2001年7月31日

前　言

本标准是在国家标准《工业企业采光设计标准》GB 50033—91 的基础上，总结了居住和公共建筑采光的经验，通过实测调查，并参考了国内外的建筑采光标准而制订的。

本标准由总则、术语和符号、采光系数标准、采光质量、采光计算五章和五个附录组成。主要规定了利用天然采光的居住、公共和工业建筑的采光系数、采光质量和计算方法及其所需的计算参数。

本标准在执行过程中如发现需修改和补充之处，请将意见和有关资料寄送中国建筑科学研究院建筑物理研究所（北京市车公庄大街 19 号，邮编 100044）。

本标准主编单位、参加单位和主要起草人名单

主编单位：中国建筑科学研究院

参加单位：中国航空工业规划设计研究院

清华大学

建设部建筑设计院

重庆建筑大学

主要起草人：林若慈　张绍纲　李长发　詹庆旋　刘福顺　杨光璿

目　次

1　总则 …………………………………………………………………………………… 1311
2　术语和符号 …………………………………………………………………………… 1311
　2.1　术语 ………………………………………………………………………………… 1311
　2.2　符号 ………………………………………………………………………………… 1312
3　采光系数 ……………………………………………………………………………… 1313
　3.1　一般规定 …………………………………………………………………………… 1313
　3.2　各类建筑的采光系数 ……………………………………………………………… 1314
4　采光质量 ……………………………………………………………………………… 1317
5　采光计算 ……………………………………………………………………………… 1318
附录 A　中国光气候分区 ……………………………………………………………… 插页
附录 B　计算点的确定 ………………………………………………………………… 1321
附录 C　建筑尺寸对应的窗地面积比 ………………………………………………… 插页
附录 D　采光计算参数 ………………………………………………………………… 1324
附录 E　本标准用词说明 ……………………………………………………………… 1329

1 总　则

1.0.1 为了在建筑采光设计中，贯彻国家的技术经济政策，充分利用天然光，创造良好光环境和节约能源，制订本标准。

1.0.2 本标准适用于利用天然采光的居住、公共和工业建筑的新建工程，也适用于改建和扩建工程的采光设计。

1.0.3 采光设计应做到技术先进、经济合理，有利于生产、工作、学习、生活和保护视力。

1.0.4 采光设计除应符合本标准外，尚应符合国家现行有关强制性标准、规范的规定。

2 术语和符号

2.1 术　语

2.1.1 参考平面，假定工作面　reference surface

测量或规定照度的平面（工业建筑取距地面 1m，民用建筑取距地面 0.8m）。

2.1.2 工作面　working plane

在其表面上进行工作的参考平面。

2.1.3 室外照度　exterior illuminance

在全阴天天空的漫射光照射下，室外无遮挡水平面上的照度。

2.1.4 房间典型剖面　typical section of room

房间内具有代表性的采光剖面，该剖面应位于房间中部或主要工作所在区域。

2.1.5 采光系数　daylight factor

在室内给定平面上的一点，由直接或间接地接收来自假定和已知天空亮度分布的天空漫射光而产生的照度与同一时刻该天空半球在室外无遮挡水平面上产生的天空漫射光照度之比。

2.1.6 采光系数标准值　standard value of daylight factor

室内和室外天然光临界照度时的采光系数值。

2.1.7 采光系数最低值　minimum value of daylight factor

侧面采光时，房间典型剖面和假定工作面交线上采光系数最低一点的数值。

2.1.8 采光系数平均值　average value of daylight factor

顶部采光时，房间典型剖面和假定工作面交线上采光系数的平均值。

2.1.9 识别对象　recognized object

识别的物体或细部（如需要识别的点、线、伤痕、污点等）。

2.1.10 窗地面积比　ratio of glazing to floor area

窗洞口面积与地面面积之比。

2.1.11 室外天然光临界照度　critical illuminance of exterior daylight

全部利用天然光进行采光时的室外最低照度。

2.1.12 室内天然光临界照度 critical illutminance of interior daylight

对应室外天然光临界照度时的室内天然光照度。

2.1.13 光气候 daylight climate

由太阳直射光、天空漫射光和地面反射光形成的天然光平均状况。

2.1.14 光气候系数 daylight climate coefficient

根据光气候特点，按年平均总照度值确定的分区系数。

2.1.15 晴天方向系数 orientation coefficient of clear sky

晴天不同朝向对室内采光影响的系数。

2.1.16 采光均匀度 uniformity of daylighting

假定工作面上的采光系数的最低值与平均值之比。

2.1.17 亮度对比 luminance contrast

视野中目标和背景的亮度差与背景亮度的对比。

2.2 符 号

2.2.1 照度

1 E_n——在全阴天空漫射光照射下，室内给定平面上的某一点由天空漫射光所产生的照度；

2 E_w——在全阴天空漫射光照射下，与室内某一点照度同一时间、同一地点，在室外无遮挡水平面上由天空漫射光所产生的室外照度；

3 E_l——室外天然光临界照度；

4 E_q——室外天然光年平均总照度。

2.2.2 采光系数

1 C——采光系数；

2 C_{min}——采光系数最低值；

3 C_{av}——采光系数平均值；

4 C_d——天窗窗洞口的采光系数；

5 C'_d——侧窗窗洞口的采光系数；

6 K——光气候系数。

2.2.3 计算系数

1 K_τ——顶部采光的总透射比；

2 K_ρ——顶部采光的室内反射光增量系数；

3 K_g——高跨比修正系数；

4 K_d——矩形天窗的挡风板挡光折减系数；

5 K_j——平天窗采光罩的井壁挡光折减系数；

6 K_f——晴天方向系数；

7 K'_τ——侧面采光的总透射比；

8 K'_ρ——侧面采光的室内反射光增量系数；

9 K_w——侧面采光的室外建筑物挡光折减系数；

10 K_c——侧面采光的窗宽修正系数；

11 τ——采光材料的透射比；

12 τ_c——窗结构的挡光折减系数；

13 τ_w——窗玻璃的污染折减系数；

14 τ_j——室内构件的挡光折减系数；

15 ρ——材料的反射比；

16 ρ_j——室内各表面反射比的加权平均值；

17 ρ_p——顶棚饰面材料的反射比；

18 ρ_q——墙面饰面材料的反射比；

19 ρ_d——地面饰面材料的反射比；

20 ρ_c——普通玻璃窗的反射比；

21 T_r——窗透光折减系数。

2.2.4 几何特征

1 A_p——顶棚面积；

2 A_q——墙面面积；

3 A_d——地面面积；

4 A_c——窗洞口面积；

5 b——建筑宽度，通常是指房屋进深或跨度；

6 b_c——窗宽；

7 B——计算点至窗的距离；

8 d——识别对象的最小尺寸；

9 D_c——窗间距；

10 D_d——窗对面遮挡物与窗的距离；

11 h_c——窗高；

12 h_x——工作面至窗下沿高度；

13 h_s——工作面至窗上沿高度；

14 H_d——窗对面遮挡物距工作面的平均高度；

15 l——建筑长度或侧窗采光时的开间宽；

16 P——采光系数的计算点。

3 采光系数

3.1 一般规定

3.1.1 本标准应以采光系数 C 作为采光设计的数量指标。

室内某一点的采光系数，可按下式计算：

$$C = \frac{E_n}{E_w} \times 100\% \quad (3.1.1)$$

式中 E_n——在全阴天空漫射光照射下，室内给定平面上的某一点由天空漫射光所产生的照度（lx）；

E_w——在全阴天空漫射光照射下，与室内某一点照度同一时间、同一地点，在室外无遮挡水平面上由天空漫射光所产生的室外照度（lx）。

3.1.2 采光系数标准值的选取，应符合下列规定：

1 侧面采光应取采光系数的最低值 C_{min}；

2 顶部采光应取采光系数的平均值 C_{av}；

3 对兼有侧面采光和顶部采光的房间，可将其简化为侧面采光区和顶部采光区，并应分别取采光系数的最低值和采光系数的平均值。

3.1.3 视觉作业场所工作面上的采光系数标准值，应符合表 3.1.3 的规定。

表 3.1.3 视觉作业场所工作面上的采光系数标准值

采光等级	视觉作业分类		侧面采光		顶部采光	
	作业精确度	识别对象的最小尺寸 d（mm）	采光系数最低值 C_{min}（%）	室内天然光临界照度（lx）	采光系数平均值 C_{av}（%）	室内天然光临界照度（lx）
Ⅰ	特别精细	$d\leqslant0.15$	5	250	7	350
Ⅱ	很精细	$0.15<d\leqslant0.3$	3	150	4.5	225
Ⅲ	精　细	$0.3<d\leqslant1.0$	2	100	3	150
Ⅳ	一　般	$1.0<d\leqslant5.0$	1	50	1.5	75
Ⅴ	粗　糙	$d>5.0$	0.5	25	0.7	35

注：表中所列采光系数标准值适用于我国Ⅲ类光气候区。采光系数标准值是根据室外临界照度为 5000lx 制定的。

亮度对比小的Ⅱ、Ⅲ级视觉作业，其采光等级可提高一级采用。

3.1.4 光气候分区应按本标准附录 A 确定。各光气候区的光气候系数 K 应按表 3.1.4 采用。所在地区的采光系数标准值应乘以相应地区的光气候系数 K。

表 3.1.4 光气候系数 K

光气候区	Ⅰ	Ⅱ	Ⅲ	Ⅳ	Ⅴ
K 值	0.85	0.90	1.00	1.10	1.20
室外天然光临界照度值 E_1（lx）	6000	5500	5000	4500	4000

3.1.5 对于Ⅰ、Ⅱ采光等级的侧面采光和矩形天窗采光的建筑，当开窗面积受到限制时，其采光系数值可降低到Ⅲ级，所减少的天然光照度应用人工照明补充，但由天然采光和人工照明所形成的总照度不宜超过原等级规定的照度标准值的 1.5 倍。

3.1.6 在采光设计中应选择采光性能好的窗作为建筑采光外窗，其透光折减系数 T_r 应大于 0.45。建筑采光外窗采光性能的检测可按现行国家标准《建筑外窗采光性能分级及其检测方法》执行。

3.1.7 在建筑设计中应为擦窗和维修创造便利条件。

3.1.8 采光设计的实际效果的检验，应按现行国家标准《采光测量方法》执行。

3.2 各类建筑的采光系数

3.2.1 居住建筑的采光系数标准值应符合表 3.2.1 的规定。

表 3.2.1 居住建筑的采光系数标准值

采光等级	房间名称	侧面采光	
		采光系数最低值 C_{min}（%）	室内天然光临界照度（lx）
Ⅳ	起居室（厅）、卧室、书房、厨房	1	50
Ⅴ	卫生间、过厅、楼梯间、餐厅	0.5	25

3.2.2 办公建筑的采光系数标准值应符合表 3.2.2 的规定。

表 3.2.2 办公建筑的采光系数标准值

采光等级	房间名称	侧面采光	
		采光系数最低值 C_{min}（%）	室内天然光临界照度（lx）
Ⅱ	设计室、绘图室	3	150
Ⅲ	办公室、视屏工作室、会议室	2	100
Ⅳ	复印室、档案室	1	50
Ⅴ	走道、楼梯间、卫生间	0.5	25

3.2.3 学校建筑的采光系数标准值必须符合表 3.2.3 的规定。

表 3.2.3 学校建筑的采光系数标准值

采光等级	房间名称	侧面采光	
		采光系数最低值 C_{min}（%）	室内天然光临界照度（lx）
Ⅲ	教室、阶梯教室、实验室、报告厅	2	100
Ⅴ	走道、楼梯间、卫生间	0.5	25

3.2.4 图书馆建筑的采光系数标准值应符合表 3.2.4 的规定。

表 3.2.4 图书馆建筑的采光系数标准值

采光等级	房间名称	侧面采光		顶部采光	
		采光系数最低值 C_{min}（%）	室内天然光临界照度（lx）	采光系数平均值 C_{av}（%）	室内天然光临界照度（lx）
Ⅲ	阅览室、开架书库	2	100	—	—
Ⅳ	目录室	1	50	1.5	75
Ⅴ	书库、走道、楼梯间、卫生间	0.5	25	—	—

3.2.5 旅馆建筑的采光系数标准值应符合表 3.2.5 的规定。

表 3.2.5 旅馆建筑的采光系数标准值

采光等级	房间名称	侧面采光		顶部采光	
		采光系数最低值 C_{min}（%）	室内天然光临界照度（lx）	采光系数平均值 C_{av}（%）	室内天然光临界照度（lx）
Ⅲ	会议厅	2	100	—	—
Ⅳ	大堂、客房、餐厅、多功能厅	1	50	1.5	75
Ⅴ	走道、楼梯间、卫生间	0.5	25	—	—

3.2.6 医院建筑的采光系数标准值应符合表3.2.6的规定。

表 3.2.6 医院建筑的采光系数标准值

采光等级	房间名称	侧面采光		顶部采光	
		采光系数最低值 C_{min}（%）	室内天然光临界照度（lx）	采光系数平均值 C_{av}（%）	室内天然光临界照度（lx）
Ⅲ	诊室、药房、治疗室、化验室	2	100	—	—
Ⅳ	候诊室、挂号处、综合大厅 病房、医生办公室（护士室）	1	50	1.5	75
Ⅴ	走道、楼梯间、卫生间	0.5	25	—	—

3.2.7 博物馆和美术馆建筑的采光系数标准值应符合表3.2.7的规定。

表 3.2.7 博物馆和美术馆建筑的采光系数标准值

采光等级	房间名称	侧面采光		顶部采光	
		采光系数最低值 C_{min}（%）	室内天然光临界照度（lx）	采光系数平均值 C_{av}（%）	室内天然光临界照度（lx）
Ⅲ	文物修复、复制、门厅 工作室、技术工作室	2	100	3	150
Ⅳ	展厅	1	50	1.5	75
Ⅴ	库房走道、楼梯间、卫生间	0.5	25	0.7	35

注：表中的展厅是指对光敏感的展品展厅，侧面采光时其照度不应高于50lx；顶部采光时其照度不应高于75lx；对光一般敏感或不敏感的展品展厅采光等级宜提高一级或二级。

3.2.8 工业建筑的采光系数标准值应符合表3.2.8的规定。

表 3.2.8 工业建筑的采光系数标准值

采光等级	车间名称	侧面采光		顶部采光	
		采光系数最低值 C_{min}（%）	室内天然光临界照度（lx）	采光系数平均值 C_{av}（%）	室内天然光临界照度（lx）
Ⅰ	特别精密机电产品加工、装配、检验 工艺品雕刻、刺绣、绘画	5	250	7	350
Ⅱ	很精密机电产品加工、装配、检验 通讯、网络、视听设备的装配与调试 纺织品精纺、织造、印染 服装裁剪、缝纫及检验 精密理化实验室、计量室 主控制室 印刷品的排版、印刷 药品制剂	3	150	4.5	225

续表 3.2.8

采光等级	车间名称	侧面采光		顶部采光	
		采光系数最低值 C_{min}（%）	室内天然光临界照度（lx）	采光系数平均值 C_{av}（%）	室内天然光临界照度（lx）
Ⅲ	机电产品加工、装配、检修 一般控制室 木工、电镀、油漆　铸工 理化实验室 造纸、石化产品后处理 冶金产品冷轧、热轧、拉丝、粗炼	2	100	3	150
Ⅳ	焊接、钣金、冲压剪切、锻工、热处理 食品、烟酒加工和包装 日用化工产品 炼铁、炼钢、金属冶炼 水泥加工与包装 配、变电所	1	50	1.5	75
Ⅴ	发电厂主厂房 压缩机房、风机房、锅炉房、泵房、电石库、乙炔库、氧气瓶库、汽车库、大中件贮存库 煤的加工、运输，选煤 配料间、原料间	0.5	25	0.7	35

4 采光质量

4.0.1 顶部采光时，Ⅰ～Ⅳ级采光等级的采光均匀度不宜小于0.7。为保证采光均匀度不小于0.7的规定，相邻两天窗中线间的距离不宜大于工作面至天窗下沿高度的2倍。

4.0.2 采光设计时，应采取下列减小窗眩光的措施：

1 作业区应减少或避免直射阳光；

2 工作人员的视觉背景不宜为窗口；

3 为降低窗亮度或减少天空视域，可采用室内外遮挡设施；

4 窗结构的内表面或窗周围的内墙面，宜采用浅色饰面。

4.0.3 对于办公、图书馆、学校等建筑的房间，其室内各表面的反射比宜符合表4.0.3的规定。

表 4.0.3 反射比

表面名称	反射比
顶棚	0.70～0.80
墙面	0.50～0.70
地面	0.20～0.40
桌面、工作台面、设备表面	0.25～0.45

4.0.4 采光设计，应注意光的方向性，应避免对工作产生遮挡和不利的阴影，如对书写作业，天然光线应从左侧方向射入。

4.0.5 当白天天然光线不足而需补充人工照明的场所，补充的人工照明光源宜选择接近天然光色温的高色温光源。

4.0.6 对于需识别颜色的场所，宜采用不改变天然光光色的采光材料。

4.0.7 对于博物馆和美术馆建筑的天然采光设计，宜消除紫外辐射、限制天然光照度值和减少曝光时间。

4.0.8 对具有镜面反射的观看目标，应防止产生反射眩光和映像。

5 采 光 计 算

5.0.1 在建筑方案设计时，对于Ⅲ类光气候区的普通玻璃单层铝窗采光，其采光窗洞口面积可按表5.0.1所列的窗地面积比估算。建筑尺寸对应的窗地面积比，可按本标准附录B的规定取值。

表 5.0.1 窗地面积比 A_c/A_d

采光等级	侧面采光		顶部采光					
	侧窗		矩形天窗		锯齿形天窗		平天窗	
	民用建筑	工业建筑	民用建筑	工业建筑	民用建筑	工业建筑	民用建筑	工业建筑
Ⅰ	1/2.5	1/2.5	1/3	1/3	1/4	1/4	1/6	1/6
Ⅱ	1/3.5	1/3	1/4	1/3.5	1/6	1/5	1/8.5	1/8
Ⅲ	1/5	1/4	1/6	1/4.5	1/8	1/7	1/11	1/10
Ⅳ	1/7	1/6	1/10	1/8	1/12	1/10	1/18	1/13
Ⅴ	1/12	1/10	1/14	1/11	1/19	1/15	1/27	1/23

注：计算条件：民用建筑：Ⅰ～Ⅳ级为清洁房间，取 $\rho_j=0.5$；Ⅴ级为一般污染房间，取 $\rho_j=0.3$。
工业建筑：Ⅰ级为清洁房间，取 $\rho_j=0.5$；Ⅱ和Ⅲ级为清洁房间，取 $\rho_j=0.4$；Ⅳ级为一般污染房间，取 $\rho_j=0.4$；Ⅴ级为一般污染房间，取 $\rho_j=0.3$。
非Ⅲ类光气候区的窗地面积比应乘以表3.1.4的光气候系数 K。

5.0.2 采光设计时，宜进行采光系数计算，采光计算点应符合本标准附录B的规定，采光系数值可按下列公式计算：

1 顶部采光：

$$C_{av}=C_d\cdot K_\tau\cdot K_\rho\cdot K_g \tag{5.0.2-1}$$

式中 C_d——天窗窗洞口的采光系数，可按本标准第5.0.5条的规定取值；

K_τ——顶部采光的总透射比；

K_ρ——顶部采光的室内反射光增量系数，可按本标准附录D表D-1的规定取值；

K_g——高跨比修正系数，可按本标准附录D表D-2的规定取值。

注：1. 在Ⅰ、Ⅱ、Ⅲ类光气候区（不包含北回归线以南的地区），应考虑晴天方向系数（K_f），其值可按本标准附录D表D-3的规定取值。
2. 当矩形天窗有挡风板时，应考虑其挡光折减系数（K_d），其值宜取0.6。

3. 当平天窗采用采光罩采光时，应考虑采光罩井壁的挡光折减系数（K_j），可按本标准附录 D 图 D 和表 D-4 的规定取值。

2 侧面采光：

$$C_{\min} = C'_{\mathrm{d}} \cdot K'_{\tau} \cdot K'_{\rho} \cdot K_{\mathrm{w}} \cdot K_{\mathrm{c}} \tag{5.0.2-2}$$

式中 C'_{d}——侧窗窗洞口的采光系数，可按本标准第 5.0.5 条的规定取值；

K'_{τ}——侧面采光的总透射比；

K'_{ρ}——侧面采光的室内反射光增量系数，可按本标准附录 D 表 D-5 的规定取值；

K_{w}——侧面采光的室外建筑物挡光折减系数，可按本标准附录 D 表 D-6 的规定取值；

K_{c}——侧面采光的窗宽修正系数，应取建筑长度方向一面墙上的窗宽总和与建筑长度之比。

注：1. 在Ⅰ、Ⅱ、Ⅲ类光气候区（不包含北回归线以南的地区），应考虑晴天方向系数（K_f），可按本标准附录 D 表 D-3 的规定取值。

2. 侧面采光时，窗下沿距工作面高度 $h_x > 1$m 时，采光系数的最低值应为窗高等于窗上沿高度（h_s）和窗下沿高度（h_x）的两个窗的采光系数的差值（图 5.0.5-3）。

3. 侧面采光口上部有宽度超过 1m 以上的外挑结构遮挡时，其采光系数应乘以 0.7 的挡光折减系数。

4. 侧窗窗台高度大于或等于 0.8m 时，可视为有效采光口面积。

5.0.3 采光的总透射比可按下列公式确定：

$$K_{\tau} = \tau \cdot \tau_{\mathrm{c}} \cdot \tau_{\mathrm{w}} \cdot \tau_j \tag{5.0.3-1}$$

$$K'_{\tau} = \tau \cdot \tau_{\mathrm{c}} \cdot \tau_{\mathrm{w}} \tag{5.0.3-2}$$

式中 K_{τ}——顶部采光的总透射比；

K'_{τ}——侧面采光的总透射比；

τ——采光材料的透射比，可按本标准附录 D 表 D-7 的规定取值；

τ_{c}——窗结构的挡光折减系数，可按本标准附录 D 表 D-8 的规定值；

τ_{w}——窗玻璃的污染折减系数，可按本标准附录 D 表 D-9 的规定取值；

τ_j——室内构件的挡光折减系数，可按本标准附录 D 表 D-10 的规定取值。

5.0.4 顶部采光和侧面采光的室内反射光增量系数应根据室内各表面饰面材料的反射比确定。室内各表面饰面材料反射比的加权平均值，可按下式确定：

$$\rho_j = \frac{\rho_{\mathrm{p}} \cdot A_{\mathrm{p}} + \rho_{\mathrm{q}} \cdot A_{\mathrm{q}} + \rho_{\mathrm{d}} \cdot A_{\mathrm{d}} + \rho_{\mathrm{c}} \cdot A_{\mathrm{c}}}{A_{\mathrm{p}} + A_{\mathrm{q}} + A_{\mathrm{d}} + A_{\mathrm{c}}} \tag{5.0.4}$$

式中 ρ_j——室内各表面反射比的加权平均值；

ρ_{p}、ρ_{q}、ρ_{d}、ρ_{c}——分别为顶棚、墙面、地面饰面材料和普通玻璃窗的反射比，可按本标准附录 D 表 D-11 的规定取值；

A_{p}、A_{q}、A_{d}、A_{c}——分别为顶棚、墙、地面和窗洞口的面积。

5.0.5 窗洞口的采光系数应符合下列规定：

1 顶部采光

顶部采光的采光简图如图 5.0.5-1 所示。其天窗窗洞口的采光系数 C_{d}，可按天窗窗洞

口面积 A_c 与地面面积 A_d 之比（简称窗地比）和建筑长度 l 确定（图 5.0.5-2）。

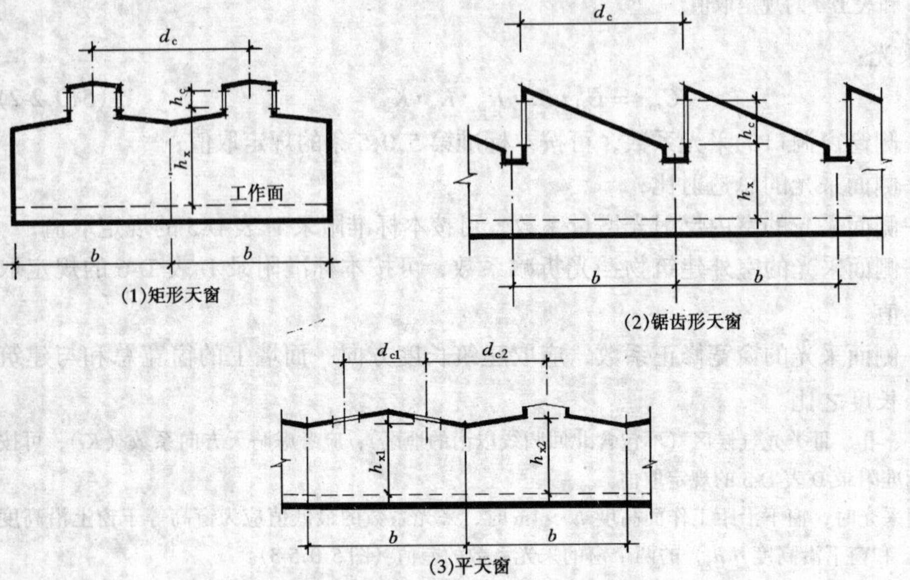

图 5.0.5-1　顶部采光简图

b—建筑宽度（跨度或进深）；h_c—窗高；d_c—窗间距；

h_s—工作面至窗上沿高度即 $h_x + h_c$；h_x—工作面至窗下沿高度

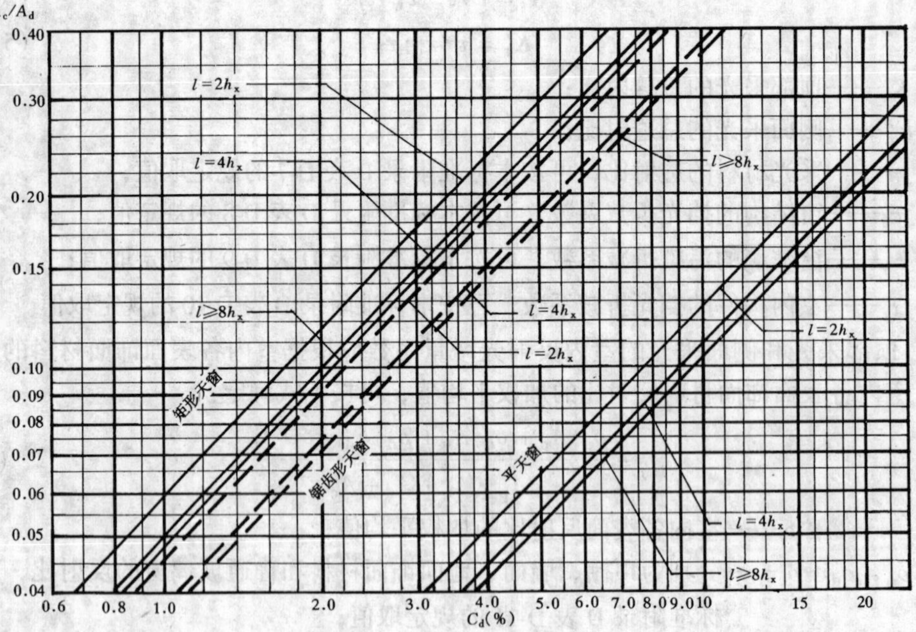

图 5.0.5-2　顶部采光计算图表

注：图 5.0.5-1 适用于高跨比 $h_x/b=0.5$ 的多跨厂房，其他高跨比的多跨厂房应乘以高跨比修正系数。

2 侧面采光

侧面采光的采光简图如图 5.0.5-3 所示。其带形窗洞（$\Sigma b_c=l$）的采光系数 C'_d 可按计算点至窗口的距离与窗高之比 B/h_c 和开间宽 l 确定（图 5.0.5-4）。非带形窗洞的采光系数尚应乘以窗宽修正系数。

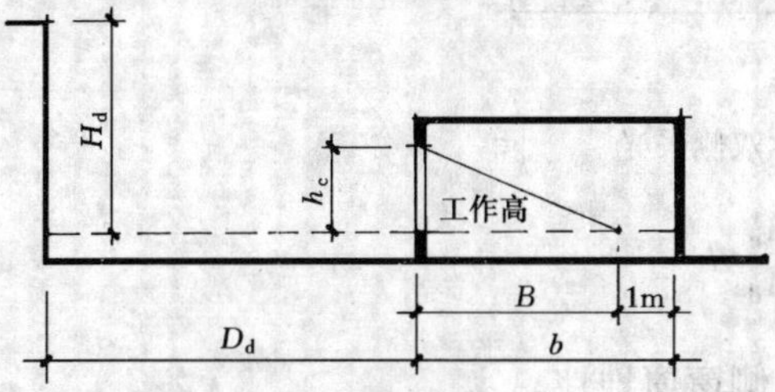

(1) 单侧采光

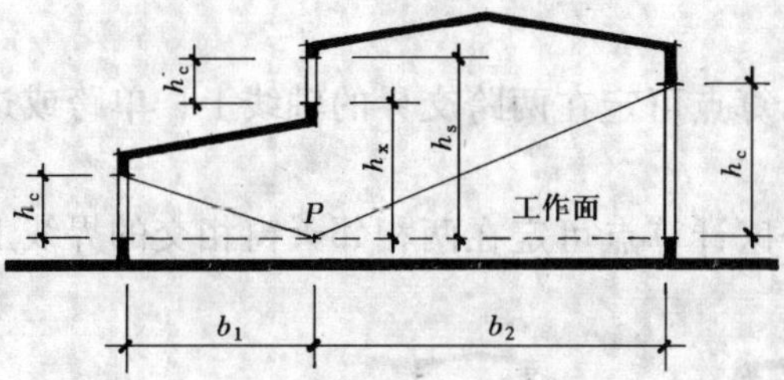

(2) 双侧采光

图 5.0.5-3 侧面采光

B—计算点至窗的距离；P—采光系数的计算点；

H_d—窗对面遮挡物距工作面的平均高度；

D_d—窗对面遮挡物与窗的距离

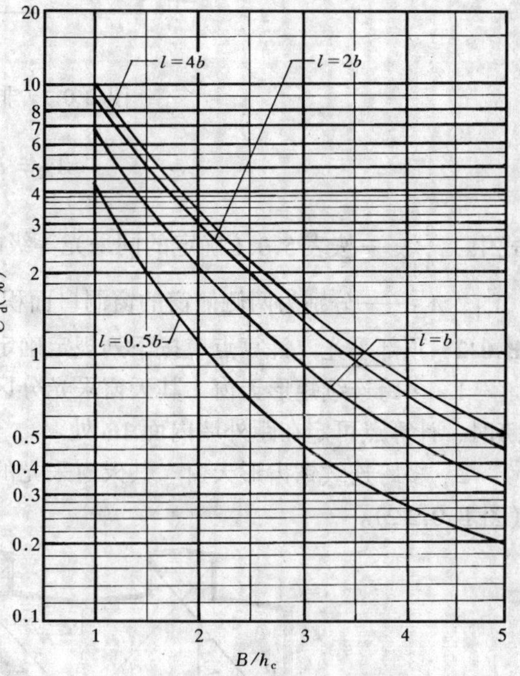

图 5.0.5-4 侧面采光计算图表

附录B 计 算 点 的 确 定

B.0.1 侧面采光 计算点应按下列规定确定

1 单侧采光应取假定工作面与房间典型剖面交线上距对面内墙面 1m 点上的数值；多跨建筑的边跨为侧窗采光时，计算点应定在边跨与邻近中间跨的交界处；

2 对称双侧采光应取假定工作面与房间典型剖面交线中点上的数值；

3 非对称双侧采光的计算点，可按单侧窗求出主要采光面侧窗的计算点 P，并以此计算另一面侧窗的洞口尺寸。当与设计基本相符时，可取 P 点作为计算点（图 B.0.1）。

$$B_1=\frac{A_{c1}}{\frac{A_c}{A_d}\cdot l}$$

$$B_2=b-B_1$$

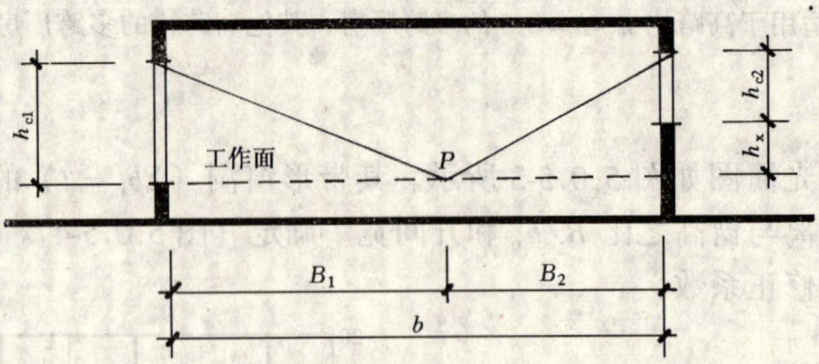

图 B.0.1 非对称双侧采光

$$A_{c2} = B_2 \cdot \frac{A_c}{A_d} \cdot l$$

式中 $\frac{A_c}{A_d}$——按表 5.0.1 确定的同采光等级的单侧窗窗地比；

A_{c1}、A_{c2}——分别为两侧侧窗的窗洞口面积（m^2）。

B.0.2 顶部采光 计算点应按下列规定确定

1 多跨连续矩形天窗 其天窗采光分区计算点可定在两跨交界的轴线上；单跨或边跨时，计算点可定在距外墙内面 1m 处。

2 多跨连续锯齿形天窗 其天窗采光的分区计算点可定在两相邻天窗相交的界线上（图 B.0.2-2）。

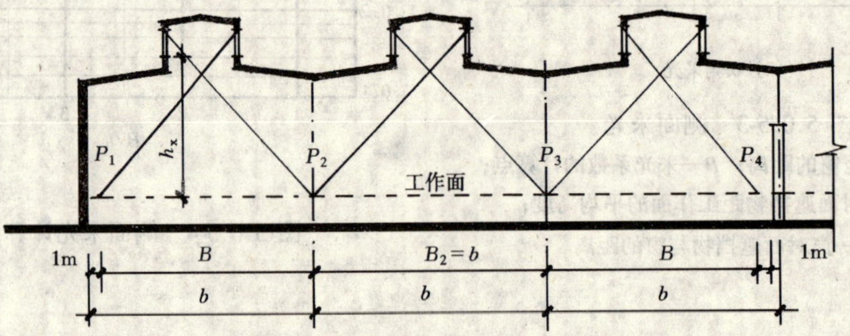

图 B.0.2-1 矩形天窗采光

3 平天窗采光的分区计算点，可按下列规定确定（图 B.0.2-3）：

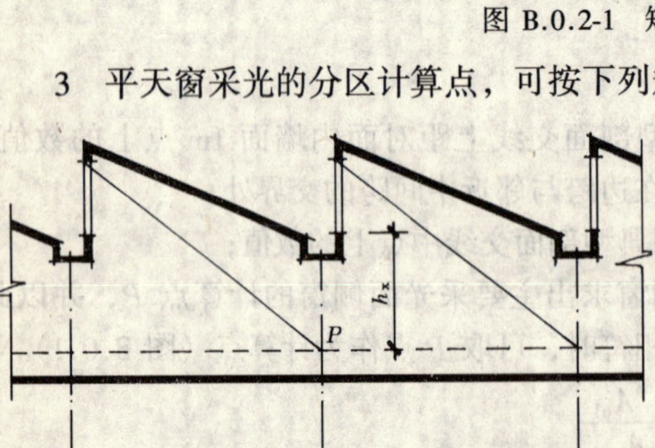

图 B.0.2-2 锯齿形天窗采光

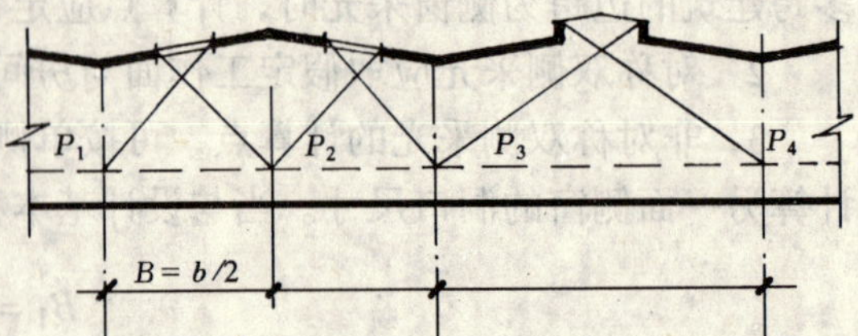

图 B.0.2-3 平天窗采光

（1）中间跨、屋脊两侧设平天窗时，采光分区计算点可定在跨中或两跨交界的轴线上。

（2）中间跨屋脊处设平天窗时，采光计算点可定在两跨交界轴线上。

B.0.3 兼有侧面采光和顶部采光的分区计算点，可按本标准表 5.0.1 所列的窗地面积比确定（图 B.0.3）。

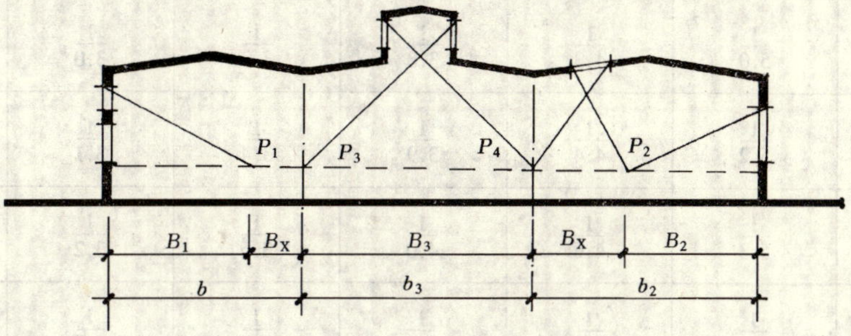

图 B.0.3 侧面和顶部采光

当以侧窗采光为主时，采光计算点以侧面采光计算点来控制；当侧面采光不满足宽度 B_x 时，应由顶部采光补充，其不满足区域所需的窗洞口面积可按本标准表 5.0.1 所列的窗地面积比确定。

表 C-2 矩形天窗窗地面积比

跨度（m）	天窗洞口高度（m）							
	1.2	1.5	1.8	2.1	2.4	2.7	3.0	3.6
12	1/5.0	1/4.0	1/3.3	1/2.9				
15	1/6.3	1/5.0	1/4.2	1/3.6	1/3.1			
18	1/7.5	1/6.0	1/5.0	1/4.3	1/3.8	1/3.3	1/3.0	
24	1/10.0	1/8.0	1/6.7	1/5.7	1/5.0	1/4.4	1/4.0	1/3.3
30	1/12.5	1/10.0	1/8.3	1/7.1	1/6.3	1/5.6	1/5.0	1/4.2
36	1/15.0	1/12.0	1/10.0	1/8.6	1/7.5	1/6.7	1/6.0	1/5.0

表 C-3 锯齿形天窗窗地面积比

房间进深（m）	天窗洞口高度（m）					
	1.8	2.1	2.4	2.7	3.0	3.3
7.8	1/4.3	1/3.7	1/3.3	1/2.9		
8.1	1/4.5	1/3.9	1/3.4	1/3.0		
8.4	1/4.7	1/4.0	1/3.5	1/3.1		

续表 C-3

房间进深 (m)	天窗洞口高度 (m)					
	1.8	2.1	2.4	2.7	3.0	3.3
8.7	$\frac{1}{4.8}$	$\frac{1}{4.1}$	$\frac{1}{3.6}$	$\frac{1}{3.2}$	$\frac{1}{2.9}$	
9.0	$\frac{1}{5.0}$	$\frac{1}{4.3}$	$\frac{1}{3.8}$	$\frac{1}{3.3}$	$\frac{1}{3.0}$	
9.3	$\frac{1}{5.2}$	$\frac{1}{4.4}$	$\frac{1}{3.9}$	$\frac{1}{3.4}$	$\frac{1}{3.1}$	
9.6	$\frac{1}{5.3}$	$\frac{1}{4.6}$	$\frac{1}{4.0}$	$\frac{1}{3.6}$	$\frac{1}{3.2}$	$\frac{1}{2.9}$
9.9	$\frac{1}{5.5}$	$\frac{1}{4.7}$	$\frac{1}{4.1}$	$\frac{1}{3.7}$	$\frac{1}{3.3}$	$\frac{1}{3.0}$
10.2	$\frac{1}{5.7}$	$\frac{1}{4.9}$	$\frac{1}{4.3}$	$\frac{1}{3.8}$	$\frac{1}{3.4}$	$\frac{1}{3.1}$
10.5	$\frac{1}{5.8}$	$\frac{1}{5.0}$	$\frac{1}{4.4}$	$\frac{1}{3.9}$	$\frac{1}{3.5}$	$\frac{1}{3.2}$
10.8	$\frac{1}{6.0}$	$\frac{1}{5.1}$	$\frac{1}{4.5}$	$\frac{1}{4.0}$	$\frac{1}{3.6}$	$\frac{1}{3.3}$
11.1	$\frac{1}{6.2}$	$\frac{1}{5.4}$	$\frac{1}{4.6}$	$\frac{1}{4.2}$	$\frac{1}{3.7}$	$\frac{1}{3.4}$
11.4	$\frac{1}{6.3}$	$\frac{1}{5.4}$	$\frac{1}{4.8}$	$\frac{1}{4.2}$	$\frac{1}{3.8}$	$\frac{1}{3.5}$
11.7	$\frac{1}{6.5}$	$\frac{1}{5.6}$	$\frac{1}{4.9}$	$\frac{1}{4.3}$	$\frac{1}{3.9}$	$\frac{1}{3.5}$
12.0	$\frac{1}{6.7}$	$\frac{1}{5.7}$	$\frac{1}{5.0}$	$\frac{1}{4.4}$	$\frac{1}{4.0}$	$\frac{1}{3.6}$

附录D 采光计算参数

表 D-1 顶部采光的室内反射光增量系数 K_ρ 值

ρ_j	天窗型式		
	平天窗	矩形天窗	锯齿形天窗
0.5	1.30	1.70	1.90
0.4	1.25	1.55	1.65
0.3	1.15	1.40	1.40
0.2	1.10	1.30	1.30

表 D-2 高跨比修正系数 K_g 值

天窗类型	跨 数	h_x/b									
		0.3	0.4	0.5	0.6	0.7	0.8	0.9	1.0	1.2	1.4
矩形天窗	1	1.04	0.88	0.77	0.69	0.61	0.53	0.48	0.44	—	—
	2	1.07	0.95	0.87	0.80	0.74	0.67	0.63	0.57	—	—
	3 及以上	1.14	1.06	1.00	0.95	0.90	0.85	0.81	0.78	—	—
平天窗	1	1.24	0.94	0.84	0.75	0.70	0.65	0.61	0.57	—	—
	2	1.26	1.02	0.93	0.83	0.80	0.77	0.74	0.71	—	—
	3 及以上	1.27	1.08	1.00	0.93	0.89	0.86	0.85	0.84	—	—
锯齿形天窗	3 及以上	—	1.04	1.00	0.98	0.95	0.92	0.89	0.86	0.82	0.78

注：1. 表中 h_x/b 应为工作面至窗下沿高度与建筑宽度之比。

2. 不等高、不等跨的两跨以上厂房应分别计算各单跨的采光系数平均值，但计算用的高跨比修正系数 K_g 值应按各单跨的高跨比选用两跨或多跨条件下的 K_g 值。

表 D-3 晴天方向系数 K_f

窗类型及朝向		纬 度（N）		
		30°	40°	50°
垂直窗朝向	东（西）	1.25	1.20	1.15
	南	1.45	1.55	1.64
	北	1.00	1.00	1.00
水 平 窗		1.65	1.35	1.25

表 D-4 推荐的采光罩距高比

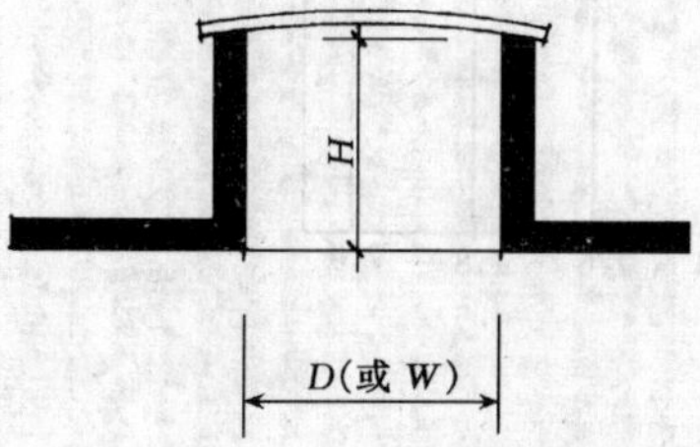

矩形采光罩：$W\cdot I=0.5\left(\frac{W+L}{W\cdot L}\right)$ 圆形采光罩：$W\cdot I=H/D$	d_c/h_x
0	1.25
0.25	1.00
0.50	1.00
1.00	0.75
2.00	0.50

注：$W\cdot I$—光井指数；W—采光口宽度（m）；L—采光口长度（m）；H—采光口井壁的高度（m）；D—圆形采光口直径（m）。

表 D-5 侧面采光的室内反射光增量系数 K'_ρ 值

ρ_j / B/h_c	采 光 型 式							
	单 侧 采 光				双 侧 采 光			
	0.2	0.3	0.4	0.5	0.2	0.3	0.4	0.5
1	1.10	1.25	1.45	1.70	1.00	1.00	1.00	1.05

续表 D-5

B/h_c \ ρ_j	采光型式							
	单侧采光				双侧采光			
	0.2	0.3	0.4	0.5	0.2	0.3	0.4	0.5
2	1.30	1.65	2.05	2.65	1.10	1.20	1.40	1.65
3	1.40	1.90	2.45	3.40	1.15	1.40	1.70	2.10
4	1.45	2.00	2.75	3.80	1.20	1.45	1.90	2.40
5	1.45	2.00	2.80	3.90	1.20	1.45	1.95	2.45

注：B/h_c 应为计算点至窗的距离与窗高之比。

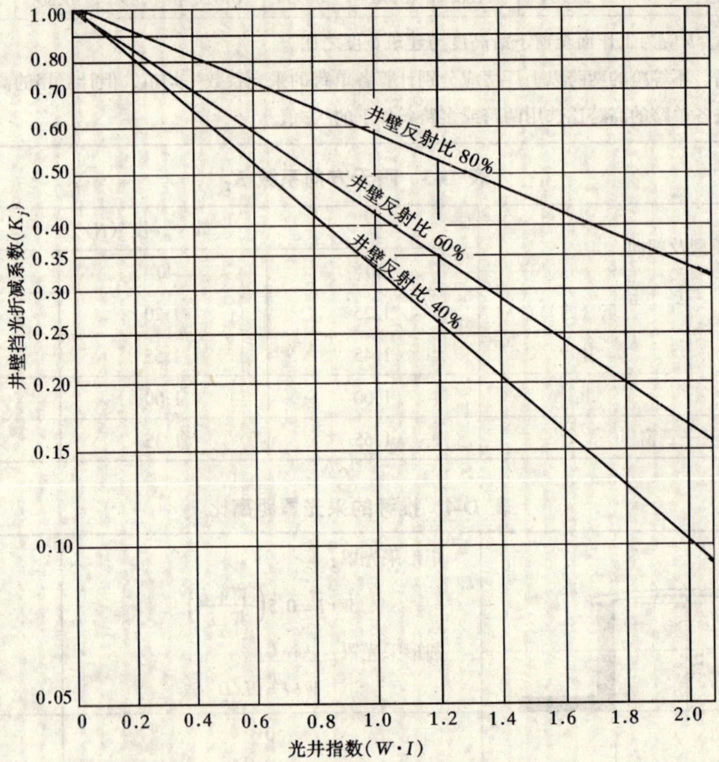

图 D　井壁挡光折减系数

表 D-6　侧面采光的室外建筑物挡光折减系数 K_w 值

B/h_c \ D_d/H_d	1	1.5	2	3	5
2	0.45	0.50	0.61	0.85	0.97
3	0.44	0.49	0.58	0.80	0.95
4	0.42	0.47	0.54	0.70	0.93
5	0.40	0.45	0.51	0.65	0.90

注：D_d/H_d 应为窗对面遮挡物距窗的距离与窗对面遮挡物距假定工作面的平均高度之比。当 $D_d/H_d>5$ 时，应取 $K_w=1$。

表 D-7 采光材料的透射比 τ 值

材料名称	颜色	厚度（mm）	τ 值
普通玻璃	无	3～6	0.78～0.82
钢化玻璃	无	5～6	0.78
磨砂玻璃（花纹深密）	无	3～6	0.55～0.60
压花玻璃（花纹深密）	无	3	0.57
（花纹浅稀）	无	3	0.71
夹丝玻璃	无	6	0.76
压花夹丝玻璃（花纹浅稀）	无	6	0.66
夹层安全玻璃	无	3+3	0.78
双层隔热玻璃（空气层 5mm）	无	3+5+3	0.64
吸热玻璃	蓝	3～5	0.52～0.64
乳白玻璃	乳白	1	0.60
有机玻璃	无	2～6	0.85
乳白有机玻璃	乳白	3	0.20
聚苯乙烯板	无	3	0.78
聚氯乙烯板	本色	2	0.60
聚碳酸脂板	无	3	0.74
聚酯玻璃钢板	本色	3～4 层布	0.73～0.77
	绿	3～4 层布	0.62～0.67
小波玻璃钢瓦	绿	—	0.38
大波玻璃钢瓦	绿	—	0.48
玻璃钢罩	本色	3～4 层布	0.72～0.74
钢窗纱	绿	—	0.70
镀锌铁丝网（孔 $20\times20mm^2$）	—	—	0.89
茶色玻璃	茶色	3～6	0.08～0.50
中空玻璃	无	3+3	0.81
安全玻璃	无	3+3	0.84
镀膜玻璃	金色	5	0.10
	银色	5	0.14
	宝石蓝	5	0.20
	宝石绿	5	0.08
	茶色	5	0.14

注：τ 值应为漫射光条件下测定值。

表 D-8 窗结构的挡光折减系数 τ_c 值

窗种类		τ_c 值
单层窗	木窗	0.70
	钢窗	0.80
	铝窗	0.75
	塑料窗	0.70

续表 D-8

窗种类		τ_c 值
双层窗	木窗	0.55
	钢窗	0.65
	铝窗	0.60
	塑料窗	0.55

注：表中塑料窗含塑钢窗、塑木窗和塑铝窗。

表 D-9 窗玻璃污染折减系数 τ_w 值

房间污染程度	玻璃安装角度		
	垂直	倾斜	水平
清洁	0.90	0.75	0.60
一般	0.75	0.60	0.45
污染严重	0.60	0.45	0.30

注：τ_w 值是按 6 个月擦洗一次确定的。
在南方多雨地区，水平天窗的污染系数可按倾斜窗的 τ_w 值选取。

表 D-10 室内构件的挡光折减系数 τ_j 值

构件名称	结构材料	
	钢筋混凝土	钢
实体梁	0.75	0.75
屋架	0.80	0.90
吊车梁	0.85	0.85
网架	—	0.65

表 D-11 饰面材料的反射比 ρ 值

材料名称	ρ 值	材料名称	ρ 值
石膏	0.91	无釉陶土地砖	
大白粉刷	0.75	土黄色	0.53
水泥砂浆抹面	0.32	朱砂	0.19
白水泥	0.75	马赛克地砖	
白色乳胶漆	0.84	白色	0.59
调和漆		浅蓝色	0.42
白色和米黄色	0.70	浅咖啡色	0.31
中黄色	0.57	绿色	0.25
红砖	0.33	深咖啡色	0.20
灰砖	0.23	铝板	
瓷釉面砖		白色抛光	0.83～0.87
白色	0.80	白色镜面	0.89～0.93
黄绿色	0.62	金色	0.45
粉色	0.65	浅色彩色涂料	0.75～0.82
天蓝色	0.55	不锈钢板	0.72
黑色	0.08		

续表 D-11

材料名称	ρ值	材料名称	ρ值
大理石		胶合板	0.58
白色	0.60	广漆地板	0.10
乳色间绿色	0.39	菱苦土地面	0.15
红色	0.32	混凝土面	0.20
黑色	0.08	沥青地面	0.10
水磨石		铸铁、钢板地面	0.15
白色	0.70	普通玻璃	0.08
白色间灰黑色	0.52	镀膜玻璃	
白色间绿色	0.66	金色	0.23
黑灰色	0.10	银色	0.30
塑料贴面板		宝石蓝	0.17
浅黄色木纹	0.36	宝石绿	0.37
中黄色木纹	0.30	茶色	0.21
深棕色木纹	0.12	彩色钢板	
塑料墙纸		红色	0.25
黄白色	0.72	深咖啡色	0.20
蓝白色	0.61		
浅粉白色	0.65		

附录E　本标准用词说明

E.0.1 为便于在执行本标准条文时区别对待，对要求严格程度不同的用词说明如下：

1 表示很严格，非这样做不可的用词：
正面词采用“必须”；
反面词采用“严禁”。

2 表示严格，在正常情况下均应这样做的用词：
正面词采用“应”；
反面词采用“不应”或“不得”。

3 表示允许稍有选择，在条件许可时首先应这样做的用词：
正面词采用“宜”；
反面词采用“不宜”。

表示有选择，在一定条件下可以这样做的，采用“可”。

E.0.2 标准条文中，“条”、“款”之间承上启下的连接用语，采用“符合下列规定”、“遵守下列规定”或“符合下列要求”等写法表示。

节能省地型住宅和公共建筑标准规范汇编

（下）

建设部标准定额研究所　编

中国建筑工业出版社
中国计划出版社

目　　录

第一篇　节　能　标　准

第一节　建筑节能标准

1. 公共建筑节能设计标准 GB 50189—2005 …… 3
2. 建筑气候区划标准 GB 50178—93 …… 29
3. 砌体结构设计规范 GB 50003—2001 …… 95
4. 混凝土小型空心砌块建筑技术规程 JGJ/T 14—2004 …… 175
5. 多孔砖砌体结构技术规范（2002 年版）JGJ 137—2001 …… 221
6. 民用建筑节能设计标准（采暖居住建筑部分）JGJ 26—95 …… 249
7. 夏热冬暖地区居住建筑节能设计标准 JGJ 75—2003 …… 267
8. 既有采暖居住建筑节能改造技术规程 JGJ 129—2000 …… 283
9. 采暖居住建筑节能检验标准 JGJ 132—2001 …… 305
10. 夏热冬冷地区居住建筑节能设计标准 JGJ 134—2001 …… 319
11. 外墙外保温工程技术规程 JGJ 144—2004 …… 329
12. 节能监测技术通则 GB/T 15316—94 …… 351
13. 设备及管道保温设计导则 GB/T 8175—87 …… 355
14. PVC 塑料窗建筑物理性能分级 GB/T 11793.1—89 …… 363
15. PVC 塑料窗力学性能、耐候性技术条件 GB/T 11793.2—89 …… 367
16. PVC 塑料窗力学性能、耐候性试验方法 GB/T 11793.3—89 …… 371
17. 建筑外窗采光性能分级及检测方法 GB/T 11976—2002 …… 379
18. 钢窗建筑物理性能分级 GB/T 13684—92 …… 385
19. 建筑外门的风压变形性能分级及其检测方法 GB/T 13685—92 …… 389
20. 建筑外门的空气渗透性能和雨水渗漏性能分级及其检测方法 GB/T 13686—92 …… 395
21. 建筑外窗保温性能分级及检测方法 GB/T 8484—2002 …… 403
22. 建筑外窗空气声隔声性能分级及检测方法 GB/T 8485—2002 …… 415
23. 建筑外窗水密性能分级及检测方法 GB/T 7108—2002 …… 423
24. 铝合金门 GB/T 8478—2003 …… 431
25. 铝合金窗 GB/T 8479—2003 …… 443
26. PVC 塑料悬转窗 JG/T 140—2001 …… 455
27. 建筑木门、木窗 JG/T 122—2000 …… 469
28. 推拉自动门 JG/T 3015.1—94 …… 485
29. 平开自动门 JG/T 3015.2—94 …… 493

30. PVC 塑料门 JG/T 3017—94 ………………………………………………………… 501
30. PVC 塑料窗 JG/T 3018—94 ………………………………………………………… 515
32. 平开、推拉彩色涂层钢板门窗 JG/T 3041—1997 ……………………………………… 531
33. 单扇平开多功能户门 JG/T 3054—1999 ………………………………………………… 543
34. 中空玻璃 GB/T 11944—2002 ………………………………………………………… 553
35. 硅酮建筑密封胶 GB/T 14683—2003 …………………………………………………… 565
36. 塑料门窗用密封条 GB/T 12002—89 …………………………………………………… 573
37. 建筑门窗密封毛条技术条件 JC/T 635—1996 ………………………………………… 583
38. 氯丁海绵橡胶粘贴式钢门窗密封条 JG/T 15—1999 …………………………………… 591
39. 建筑幕墙 JG 3035—1996 ……………………………………………………………… 597
40. 建筑幕墙物理性能分级 GB/T 15225—94 ……………………………………………… 615
41. 建筑幕墙空气渗透性能检测方法 GB/T 15226—94 …………………………………… 619
42. 建筑幕墙风压变形性能检测方法 GB/T 15227—94 …………………………………… 625
43. 建筑幕墙雨水渗漏性能检测方法 GB/T 15228—94 …………………………………… 631
44. 玻璃幕墙光学性能 GB/T 18091—2000 ………………………………………………… 637
45. 建筑用硅酮结构密封胶 GB 16776—1997 ……………………………………………… 645
46. 外墙内保温板 JG/T 159—2004 ………………………………………………………… 657
47. 工业灰渣混凝土空心隔墙条板 JG/T 3063—1999 ……………………………………… 671
48. 绝热用硅酸铝棉及其制品 GB/T 16400—2003 ………………………………………… 689
49. 膨胀聚苯板薄抹灰外墙外保温系统 JG 149—2003 …………………………………… 701
50. 胶粉聚苯颗粒外墙外保温系统 JG 158—2004 ………………………………………… 721
51. 膨胀珍珠岩绝热制品 GB/T 10303—2001 ……………………………………………… 755
52. 聚硫建筑密封膏 JG/T 483—92 ………………………………………………………… 763
53. 聚氨酯建筑密封胶 JC/T 482—2003 …………………………………………………… 769
第二节 建筑采暖通风标准
54. 民用建筑热工设计规范 GB 50176—93 ………………………………………………… 779
55. 采暖通风与空气调节设计规范 GB 50019—2003 ……………………………………… 819
56. 通风与空调工程施工质量验收规范 GB 50243—2002 ………………………………… 925
57. 钢制柱型散热器 JG/T 1—1999 ……………………………………………………… 1015
58. 钢制板型散热器 JG/T 2—1999 ……………………………………………………… 1023
59. 采暖散热器 灰铸铁柱型散热器 JG 3—2002 ………………………………………… 1029
60. 采暖散热器 灰铸铁翼型散热器 JG 4—2002 ………………………………………… 1037
61. 灰铸铁圆翼型散热器 JG/T 5—1999 ………………………………………………… 1045
62. 采暖散热器 钢制闭式串片散热器 JG/T 3012.1—94 ………………………………… 1051
63. 采暖散热器 钢制翅片管对流散热器 JG/T 3012.2—1998 …………………………… 1057
64. 采暖散热器 灰铸铁柱翼型散热器 JG/T 3047—1998 ………………………………… 1065
65. 采暖散热器 铝制柱翼型散热器 JG 143—2002 ……………………………………… 1075
66. 钢管散热器 JG/T 148—2002 ………………………………………………………… 1083
67. 房间空气调节器 GB/T 7725—2004 …………………………………………………… 1091

68. 建筑用热流计 JG/T 3016—94 …… 1163
69. 生活锅炉热效率及热工试验方法 GB/T 10820—2002 …… 1173
70. 热量表 CJ 128—2000 …… 1193
71. 室内空调至适温度 GB/T 5701—85 …… 1221
72. 空气调节系统经济运行 GB/T 17981—2000 …… 1225
73. 单元式空气调节机能效限定值及能源效率等级 GB 19576—2004 …… 1231
74. 活塞式单级制冷机组及其供冷系统节能监测方法 GB/T 15912—1995 …… 1235
75. 冷水机组能效限定值及能源效率等级 GB 19577—2004 …… 1239
76. 蒸气压缩循环冷水（热泵）机组户用和类似用途的冷水（热泵）机组 GB/T 18430.2—2001 …… 1243
77. 水源热泵机组 GB/T 19409—2003 …… 1257
78. 家用燃气取暖器 CJ/T 113—2000 …… 1277
79. 生活锅炉经济运行 GB/T 18292—2001 …… 1299
第三节 建筑节电标准
80. 建筑采光设计标准 GB/T 50033—2001 …… 1307
81. 建筑照明设计标准 GB 50034—2004 …… 1331
82. 民用建筑电气设计规范 JGJ/T 16—92 …… 1365
83. 延时节能照明开关通用技术条件 JG/T 7—1999 …… 1715
84. 地下建筑照明设计标准 CECS 45:92 …… 1729
85. 建筑用省电装置应用技术规程 CECS 163:2004 …… 1743
第四节 新能源利用标准
86. 平板型太阳集热器技术条件 GB/T 6424—1997 …… 1751
87. 平板型太阳集热器热性能试验方法 GB/T 4271—2000 …… 1763
88. 被动式太阳房技术条件和热性能测试方法 GB/T 15405—94 …… 1803
89. 家用太阳热水系统技术条件 GB/T 19141—2003 …… 1815
90. 家用太阳热水器热性能试验方法 GB/T 12915—91 …… 1837
91. 家用太阳热水系统热性能试验方法 GB/T 18708—2002 …… 1847
92. 真空管太阳集热器 GB/T 17581—1998 …… 1861
93. 农村家用沼气管路设计规范 GB7636—87 …… 1883
94. 农村家用沼气管路施工安装操作规程 GB7637—87 …… 1889
95. 户用沼气池质量检查验收规范 GB/T 4751—2002 …… 1895
96. 户用沼气池施工操作规程 GB/T 4752—2002 …… 1903
97. 家用沼气灶 GB/T 3606—2001 …… 1915

第二篇 节 水 标 准

98. 建筑给水排水设计规范 GB 50015—2003 …… 1927
99. 建筑中水设计规范 GB 50336—2002 …… 2007
100. 污水再生利用工程设计规范 GB 50335—2002 …… 2023

101. 居住小区给水排水设计规范 CECS 57:94 …… 2037
102. 农村给水设计规范 CECS 82:96 …… 2051
103. 公共浴室给水排水设计规程 CECS 108:2000 …… 2085
104. 雨水集蓄利用工程技术规范 SL 267—2001 …… 2099
105. 低温低浊水给水处理设计规程 CECS 110:2000 …… 2123
106. 一体式膜生物反应器污水处理应用技术规程 CECS 152:2003 …… 2131
107. 城市供水管网漏损控制及评定标准 CJJ 92—2002 …… 2141
108. 节水型产品技术条件与管理通则 GB/T 18870—2002 …… 2153
109. 城市用水分类标准 CJ/T 3070—1999 …… 2165
110. 城市居民生活用水量标准 GB/T 50331—2002 …… 2171
111. 城市污水再生利用　分类 GB/T 18919—2002 …… 2177
112. 城市污水再生利用　城市杂用水水质 GB/T 18920—2002 …… 2181
113. 城市污水再生利用　景观环境用水水质 GB/T 18921—2002 …… 2187
114. 非接触式给水器具 CJ/T 194—2004 …… 2197
115. 沐浴用机械式脚踏阀门 JG/T 3008—93 …… 2207
116. 节水型生活用水器具 CJ 164—2002 …… 2213
117. 免水冲卫生厕所 GB/T 18092—2000 …… 2223

第三篇　节 地 标 准

第一节　规划标准
118. 城市用地分类与规划建设用地标准 GBJ 137—90 …… 2237
119. 城市居住区规划设计规范 GB 50180—93 …… 2253
120. 城市电力规划规范 GB 50293—1999 …… 2283
121. 城市用地竖向规划规范 CJJ 83—99 …… 2303
122. 村镇规划标准 GB 50188—93 …… 2313
123. 乡镇集贸市场规划设计标准 CJJ/T 87—2000 …… 2331
第二节　建设标准和用地指标
124. 党政机关办公用房建设标准 …… 2341
125. 人民法院法庭建设标准 …… 2349
126. 人民检察院办案用房和专业技术用房建设标准 …… 2373
127. 监狱建设标准 …… 2385
128. 综合医院建设标准 …… 2395
129. 科研建筑工程规划面积指标 …… 2405
130. 城市幼儿园建筑面积定额 …… 2423
131. 招待所建设标准 …… 2433
132. 商业普通仓库建设标准 …… 2443
133. 普通高等学校建筑规划面积指标 …… 2453
134. 高等学校来华留学生生活用房建设标准 …… 2473

135. 技工学校（机械类通用工种）建筑规划面积指标 …………………… 2479
136. 农村普通中小学校建设标准（试行） …………………………………… 2483

附录　相关法规和政策

中华人民共和国节约能源法 ………………………………………………… 2499
中华人民共和国可再生能源法 ……………………………………………… 2504
中华人民共和国水法 ………………………………………………………… 2509
中华人民共和国土地管理法 ………………………………………………… 2519
中华人民共和国土地管理法实施条例 ……………………………………… 2531
中华人民共和国城市房地产管理法 ………………………………………… 2538
中华人民共和国城镇国有土地使用权出让和转让暂行条例 ……………… 2545
民用建筑节能管理规定 ……………………………………………………… 2550
中国节能产品认证管理办法 ………………………………………………… 2552
能源效率标识管理办法 ……………………………………………………… 2556
新型墙体材料专项基金征收和使用管理办法 ……………………………… 2559
新能源基本建设项目管理的暂行规定 ……………………………………… 2563
节约用电管理办法 …………………………………………………………… 2565
关于加强城市照明管理促进节约用电工作的意见 ………………………… 2570
关于发展新型建材的若干意见 ……………………………………………… 2573
关于进一步开展资源综合利用的意见 ……………………………………… 2576
建设部建筑节能"十五"计划纲要 ………………………………………… 2579
节能中长期专项规划 ………………………………………………………… 2589
能源节约与资源综合利用"十五"规划 …………………………………… 2603
建筑节能"九五"计划和2010年规划 ……………………………………… 2609
2000～2015年新能源和可再生能源产业发展规划要点 …………………… 2619
新能源和可再生能源产业发展"十五"规划 ……………………………… 2626
墙体材料革新"十五"规划 ………………………………………………… 2630
中国节能技术政策大纲 ……………………………………………………… 2635
建设事业技术政策纲要 ……………………………………………………… 2665
建设部建筑节能试点示范工程（小区）管理办法 ………………………… 2688
关于实施《民用建筑节能设计标准（采暖居住建筑部分）》的通知 …… 2690
关于实施《夏热冬冷地区居住建筑节能设计标准》的通知 ……………… 2692
关于加快墙体材料革新和推广节能建筑意见的通知 ……………………… 2694
关于控制城镇房屋拆迁规模、严格拆迁管理的通知 ……………………… 2697

中华人民共和国国家标准

建筑照明设计标准

Standard for lighting design of buildings

GB 50034—2004

主编部门：中华人民共和国建设部

批准部门：中华人民共和国建设部

施行日期：2004年12月1日

中华人民共和国建设部
公　　告

第 247 号

建设部关于发布国家标准《建筑照明设计标准》的公告

现批准《建筑照明设计标准》为国家标准，编号为GB 50034—2004，自2004年12月1日起实施。其中，第6.1.2、6.1.3、6.1.4、6.1.5、6.1.6、6.1.7条为强制性条文，必须严格执行。原《工业企业照明设计标准》（GB 50034—92）和《民用照明设计标准》（GBJ 133—90）同时废止。

本标准由建设部标准定额研究所组织中国建筑工业出版社出版发行。

中华人民共和国建设部

2004年6月18日

前　言

本标准系在原国家标准《民用建筑照明设计标准》GBJ 133—90 和《工业企业照明设计标准》GB 50034—92 的基础上，总结了居住、公共和工业建筑照明经验，通过普查和重点实测调查，并参考了国内外建筑照明标准和照明节能标准经修订、合并而成。其中照明节能部分是由国家发展和改革委员会环境和资源综合利用司组织主编单位完成的。

本标准由总则、术语、一般规定、照明数量和质量、照明标准值、照明节能、照明配电及控制、照明管理与监督共八章和二个附录组成。主要规定了居住、公共和工业建筑的照明标准值、照明质量和照明功率密度。

本标准将来可能需要局部修订，有关局部修订的信息和条文内容将刊登在《工程建设标准化》杂志上。

本标准以黑体字标志的强制性条文，必须严格执行。

本标准由建设部负责管理和对强制性条文的解释，中国建筑科学研究院负责具体技术内容的解释。本标准在执行过程中，如发现需修改和补充之处，请将意见和有关资料寄送中国建筑科学研究院建筑物理研究所（北京市车公庄大街 19 号，邮编：100044）。

本标准主编单位、参编单位和主要起草人名单。

主编单位：中国建筑科学研究院

参编单位：中国航空工业规划设计研究院
北京建筑工程学院
北京市建筑设计研究院
华东建筑设计研究院有限公司
中国建筑东北设计研究院
中国建筑西北设计研究院
中国建筑西南设计研究院
广州市设计院
中国电子工程设计院
佛山电器照明股份有限公司
浙江阳光集团股份有限公司
华星光电实业有限公司
广州市九佛电器实业有限公司
飞利浦（中国）投资有限公司
通用（中国）电气照明有限公司
索恩照明（广州）有限公司

主要起草人：赵建平　张绍纲　李景色　任元会　李德富　汪　猛　李国宾　王金元
杨德才　钟景华　徐建兵　周名嘉　张建平　刘　虹　姚　萌　钟信财
杭　军　柴国生　钟学周　姚梦明　顾　峰　宁　华

目　次

1　总则 …… 1335
2　术语 …… 1335
3　一般规定 …… 1339
3.1　照明方式和照明种类 …… 1339
3.2　照明光源选择 …… 1339
3.3　照明灯具及其附属装置选择 …… 1340
3.4　照明节能评价 …… 1341
4　照明数量和质量 …… 1341
4.1　照度 …… 1341
4.2　照度均匀度 …… 1342
4.3　眩光限制 …… 1342
4.4　光源颜色 …… 1343
4.5　反射比 …… 1343
5　照明标准值 …… 1343
5.1　居住建筑 …… 1343
5.2　公共建筑 …… 1344
5.3　工业建筑 …… 1348
5.4　公用场所 …… 1353
6　照明节能 …… 1354
6.1　照明功率密度值 …… 1354
6.2　充分利用天然光 …… 1357
7　照明配电及控制 …… 1357
7.1　照明电压 …… 1357
7.2　照明配电系统 …… 1358
7.3　导体选择 …… 1359
7.4　照明控制 …… 1359
8　照明管理与监督 …… 1359
8.1　维护与管理 …… 1359
8.2　实施与监督 …… 1360
附录 A　统一眩光值（UGR） …… 1360
附录 B　眩光值（GR） …… 1362
本标准用词说明 …… 1363

1 总　则

1.0.1 为了在建筑照明设计中，贯彻国家的法律、法规和技术经济政策，符合建筑功能，有利于生产、工作、学习、生活和身心健康，做到技术先进、经济合理、使用安全、维护管理方便，实施绿色照明，制订本标准。

1.0.2 本标准适用于新建、改建和扩建的居住、公共和工业建筑的照明设计。

1.0.3 建筑照明设计除应遵守本标准外，尚应符合国家现行有关强制性标准和规范的规定。

2 术　语

2.0.1 绿色照明　green lights

绿色照明是节约能源、保护环境，有益于提高人们生产、工作、学习效率和生活质量，保护身心健康的照明。

2.0.2 视觉作业　visual task

在工作和活动中，对呈现在背景前的细部和目标的观察过程。

2.0.3 光通量　luminous flux

根据辐射对标准光度观察者的作用导出的光度量。对于明视觉有：

$$\Phi = K_m \int_0^{\infty} \frac{d\Phi_e(\lambda)}{d\lambda} \cdot V(\lambda) \cdot d\lambda \tag{2.0.3}$$

式中 $d\Phi_e(\lambda)/d\lambda$——辐射通量的光谱分布；

$V(\lambda)$——光谱光（视）效率；

K_m——辐射的光谱（视）效能的最大值，单位为流明每瓦特（lm/W）。在单色辐射时，明视觉条件下的 K_m 值为 683lm/W（λ_m = 555nm 时）。

该量的符号为 Φ，单位为流明（lm），1lm = 1cd·1sr。

2.0.4 发光强度　luminous intensity

发光体在给定方向上的发光强度是该发光体在该方向的立体角元 $d\Omega$ 内传输的光通量 $d\Phi$ 除以该立体角元所得之商，即单位立体角的光通量，其公式为：

$$I = \frac{d\Phi}{d\Omega} \tag{2.0.4}$$

该量的符号为 I，单位为坎德拉（cd），1cd = 1lm/sr。

2.0.5 亮度　luminance

由公式 $d\Phi/(dA \cdot \cos\theta \cdot d\Omega)$ 定义的量，即单位投影面积上的发光强度，其公式为：

$$L = d\Phi/(dA \cdot \cos\theta \cdot d\Omega) \tag{2.0.5}$$

式中 $d\Phi$——由给定点的束元传输的并包含给定方向的立体角 $d\Omega$ 内传播的光通量；

dA——包括给定点的射束截面积；

θ——射束截面法线与射束方向间的夹角。

该量的符号为 L，单位为坎德拉每平方米（cd/m^2）。

2.0.6 照度 illuminance

表面上一点的照度是入射在包含该点的面元上的光通量 $d\Phi$ 除以该面元面积 dA 所得之商，即

$$E = \frac{d\Phi}{dA} \tag{2.0.6}$$

该量的符号为 E，单位为勒克斯（lx），$1lx = 1lm/m^2$。

2.0.7 维持平均照度 maintained average illuminance

规定表面上的平均照度不得低于此数值。它是在照明装置必须进行维护的时刻，在规定表面上的平均照度。

2.0.8 参考平面 reference surface

测量或规定照度的平面。

2.0.9 作业面 working plane

在其表面上进行工作的平面。

2.0.10 亮度对比 luminance contrast

视野中识别对象和背景的亮度差与背景亮度之比，即

$$C = \frac{\Delta L}{L_b} \tag{2.0.10}$$

式中 C——亮度对比；

ΔL——识别对象亮度与背景亮度之差；

L_b——背景亮度。

2.0.11 识别对象 recognized objective

识别的物体和细节（如需识别的点、线、伤痕、污点等）。

2.0.12 维护系数 maintenance factor

照明装置在使用一定周期后，在规定表面上的平均照度或平均亮度与该装置在相同条件下新装时在同一表面上所得到的平均照度或平均亮度之比。

2.0.13 一般照明 general lighting

为照亮整个场所而设置的均匀照明。

2.0.14 分区一般照明 localized lighting

对某一特定区域，如进行工作的地点，设计成不同的照度来照亮该区域的一般照明。

2.0.15 局部照明 local lighting

特定视觉工作用的、为照亮某个局部而设置的照明。

2.0.16 混合照明 mixed lighting

由一般照明与局部照明组成的照明。

2.0.17 正常照明 normal lighting

在正常情况下使用的室内外照明。

2.0.18 应急照明 emergency lighting

因正常照明的电源失效而启用的照明。应急照明包括疏散照明、安全照明、备用照明。

2.0.19 疏散照明 escape lighting

作为应急照明的一部分，用于确保疏散通道被有效地辨认和使用的照明。

2.0.20 安全照明 safety lighting

作为应急照明的一部分，用于确保处于潜在危险之中的人员安全的照明。

2.0.21 备用照明 stand-by lighting

作为应急照明的一部分，用于确保正常活动继续进行的照明。

2.0.22 值班照明 on-duty lighting

非工作时间，为值班所设置的照明。

2.0.23 警卫照明 security lighting

用于警戒而安装的照明。

2.0.24 障碍照明 obstacle lighting

在可能危及航行安全的建筑物或构筑物上安装的标志灯。

2.0.25 频闪效应 stroboscopic effect

在以一定频率变化的光照射下，观察到物体运动显现出不同于其实际运动的现象。

2.0.26 光强分布 distribution of luminous intensity

用曲线或表格表示光源或灯具在空间各方向的发光强度值，也称配光。

2.0.27 光源的发光效能 luminous efficacy of a source

光源发出的光通量除以光源功率所得之商，简称光源的光效。单位为流明每瓦特(lm/W)。

2.0.28 灯具效率 luminaire efficiency

在相同的使用条件下，灯具发出的总光通量与灯具内所有光源发出的总光通量之比，也称灯具光输出比。

2.0.29 照度均匀度 uniformity ratio of illuminance

规定表面上的最小照度与平均照度之比。

2.0.30 眩光 glare

由于视野中的亮度分布或亮度范围的不适宜，或存在极端的对比，以致引起不舒适感觉或降低观察细部或目标的能力的视觉现象。

2.0.31 直接眩光 direct glare

由视野中，特别是在靠近视线方向存在的发光体所产生的眩光。

2.0.32 不舒适眩光 discomfort glare

产生不舒适感觉，但并不一定降低视觉对象的可见度的眩光。

2.0.33 统一眩光值 unified glare rating（UGR）

它是度量处于视觉环境中的照明装置发出的光对人眼引起不舒适感主观反应的心理参量，其值可按 CIE 统一眩光值公式计算。

2.0.34 眩光值 glare rating（GR）

它是度量室外体育场和其他室外场地照明装置对人眼引起不舒适感主观反应的心理参量，其值可按 CIE 眩光值公式计算。

2.0.35 反射眩光 glare by reflection

由视野中的反射引起的眩光，特别是在靠近视线方向看见反射像所产生的眩光。

2.0.36 光幕反射 veiling reflection

视觉对象的镜面反射，它使视觉对象的对比降低，以致部分地或全部地难以看清细部。

2.0.37 灯具遮光角 shielding angle of luminaire

光源最边缘一点和灯具出口的连线与水平线之间的夹角。

2.0.38 显色性 colour rendering

照明光源对物体色表的影响，该影响是由于观察者有意识或无意识地将它与参比光源下的色表相比较而产生的。

2.0.39 显色指数 colour rendering index

在具有合理允差的色适应状态下，被测光源照明物体的心理物理色与参比光源照明同一色样的心理物理色符合程度的度量。符号为 R。

2.0.40 特殊显色指数 special colour rendering index

在具有合理允差的色适应状态下，被测光源照明 CIE 试验色样的心理物理色与参比光源照明同一色样的心理物理色符合程度的度量。符号为 R_i。

2.0.41 一般显色指数 general colour rendering index

八个一组色试样的 CIE1974 特殊显色指数的平均值，通称显色指数。符号为 R_a。

2.0.42 色温度 colour temperature

当某一种光源（热辐射光源）的色品与某一温度下的完全辐射体（黑体）的色品完全相同时，完全辐射体（黑体）的温度，简称色温。符号为 T_c，单位为开（K）。

2.0.43 相关色温度 correlated colour temperature

当某一种光源（气体放电光源）的色品与某一温度下的完全辐射体（黑体）的色品最接近时完全辐射体（黑体）的温度，简称相关色温。符号为 T_{cp}，单位为开（K）。

2.0.44 光通量维持率 luminous flux maintenance

灯在给定点燃时间后的光通量与其初始光通量之比。

2.0.45 反射比 reflectance

在入射辐射的光谱组成、偏振状态和几何分布给定状态下，反射的辐射通量或光通量与入射的辐射通量或光通量之比。符号为 ρ。

2.0.46 照明功率密度 lighting power density（LPD）

单位面积上的照明安装功率（包括光源、镇流器或变压器），单位为瓦特每平方米（W/m^2）。

2.0.47 室形指数 room index

表示房间几何形状的数值。其计算式为：

$$RI = \frac{a \cdot b}{h(a + b)} \tag{2.0.47}$$

式中 RI——室形指数；

a——房间宽度；

b——房间长度；

h——灯具计算高度。

3 一 般 规 定

3.1 照明方式和照明种类

3.1.1 按下列要求确定照明方式:

1 工作场所通常应设置一般照明;

2 同一场所内的不同区域有不同照度要求时,应采用分区一般照明;

3 对于部分作业面照度要求较高,只采用一般照明不合理的场所,宜采用混合照明;

4 在一个工作场所内不应只采用局部照明。

3.1.2 按下列要求确定照明种类:

1 工作场所均应设置正常照明。

2 工作场所下列情况应设置应急照明:

1) 正常照明因故障熄灭后,需确保正常工作或活动继续进行的场所,应设置备用照明;

2) 正常照明因故障熄灭后,需确保处于潜在危险之中的人员安全的场所,应设置安全照明;

3) 正常照明因故障熄灭后,需确保人员安全疏散的出口和通道,应设置疏散照明。

3 大面积场所宜设置值班照明。

4 有警戒任务的场所,应根据警戒范围的要求设置警卫照明。

5 有危及航行安全的建筑物、构筑物上,应根据航行要求设置障碍照明。

3.2 照 明 光 源 选 择

3.2.1 选用的照明光源应符合国家现行相关标准的有关规定。

3.2.2 选择光源时,应在满足显色性、启动时间等要求条件下,根据光源、灯具及镇流器等的效率、寿命和价格在进行综合技术经济分析比较后确定。

3.2.3 照明设计时可按下列条件选择光源:

1 高度较低房间,如办公室、教室、会议室及仪表、电子等生产车间宜采用细管径直管形荧光灯;

2 商店营业厅宜采用细管径直管形荧光灯、紧凑型荧光灯或小功率的金属卤化物灯;

3 高度较高的工业厂房,应按照生产使用要求,采用金属卤化物灯或高压钠灯,亦可采用大功率细管径荧光灯;

4 一般照明场所不宜采用荧光高压汞灯,不应采用自镇流荧光高压汞灯;

5 一般情况下,室内外照明不应采用普通照明白炽灯;在特殊情况下需采用时,其额定功率不应超过100W。

3.2.4 下列工作场所可采用白炽灯:

1　要求瞬时启动和连续调光的场所，使用其他光源技术经济不合理时；

2　对防止电磁干扰要求严格的场所；

3　开关灯频繁的场所；

4　照度要求不高，且照明时间较短的场所；

5　对装饰有特殊要求的场所。

3.2.5　应急照明应选用能快速点燃的光源。

3.2.6　应根据识别颜色要求和场所特点，选用相应显色指数的光源。

3.3　照明灯具及其附属装置选择

3.3.1　选用的照明灯具应符合国家现行相关标准的有关规定。

3.3.2　在满足眩光限制和配光要求条件下，应选用效率高的灯具，并应符合下列规定：

1　荧光灯灯具的效率不应低于表 3.3.2-1 的规定。

2　高强度气体放电灯灯具的效率不应低于表 3.3.2-2 的规定。

表 3.3.2-1　荧光灯灯具的效率

灯具出光口形式	开敞式	保护罩（玻璃或塑料）		格　栅
		透　明	磨砂、棱镜	
灯具效率	75%	65%	55%	60%

表 3.3.2-2　高强度气体放电灯灯具的效率

灯具出光口形式	开 敞 式	格栅或透光罩
灯具效率	75%	60%

3.3.3　根据照明场所的环境条件，分别选用下列灯具：

1　在潮湿的场所，应采用相应防护等级的防水灯具或带防水灯头的开敞式灯具；

2　在有腐蚀性气体或蒸汽的场所，宜采用防腐蚀密闭式灯具。若采用开敞式灯具，各部分应有防腐蚀或防水措施；

3　在高温场所，宜采用散热性能好、耐高温的灯具；

4　在有尘埃的场所，应按防尘的相应防护等级选择适宜的灯具；

5　在装有锻锤、大型桥式吊车等振动、摆动较大场所使用的灯具，应有防振和防脱落措施；

6　在易受机械损伤、光源自行脱落可能造成人员伤害或财物损失的场所使用的灯具，应有防护措施；

7　在有爆炸或火灾危险场所使用的灯具，应符合国家现行相关标准和规范的有关规定；

8　在有洁净要求的场所，应采用不易积尘、易于擦拭的洁净灯具；

9　在需防止紫外线照射的场所，应采用隔紫灯具或无紫光源。

3.3.4　直接安装在可燃材料表面的灯具，应采用标有 F 标志的灯具。

3.3.5　照明设计时按下列原则选择镇流器：

1　自镇流荧光灯应配用电子镇流器；

2　直管形荧光灯应配用电子镇流器或节能型电感镇流器；

3　高压钠灯、金属卤化物灯应配用节能型电感镇流器；在电压偏差较大的场所，宜配用恒功率镇流器；功率较小者可配用电子镇流器；

4　采用的镇流器应符合该产品的国家能效标准。

3.3.6 高强度气体放电灯的触发器与光源的安装距离应符合产品的要求。

3.4 照明节能评价

3.4.1 本标准采用房间或场所一般照明的照明功率密度（简称 LPD）作为照明节能的评价指标。常用房间或场所的照明功率密度应符合第 6 章的规定。

3.4.2 本标准规定了照明功率密度的现行值和目标值。现行值从本标准实施之日起执行，目标值执行日期由主管部门决定。

4 照明数量和质量

4.1 照 度

4.1.1 照度标准值应按 0.5、1、3、5、10、15、20、30、50、75、100、150、200、300、500、750、1000、1500、2000、3000、5000lx 分级。

4.1.2 本标准规定的照度值均为作业面或参考平面上的维持平均照度值。各类房间或场所的维持平均照度值应符合第 5 章的规定。

4.1.3 符合下列条件之一及以上时，作业面或参考平面的照度，可按照度标准值分级提高一级。

1 视觉要求高的精细作业场所，眼睛至识别对象的距离大于 500mm 时；

2 连续长时间紧张的视觉作业，对视觉器官有不良影响时；

3 识别移动对象，要求识别时间短促而辨认困难时；

4 视觉作业对操作安全有重要影响时；

5 识别对象亮度对比小于 0.3 时；

6 作业精度要求较高，且产生差错会造成很大损失时；

7 视觉能力低于正常能力时；

8 建筑等级和功能要求高时。

4.1.4 符合下列条件之一及以上时，作业面或参考平面的照度，可按照度标准值分级降低一级。

1 进行很短时间的作业时；

2 作业精度或速度无关紧要时；

3 建筑等级和功能要求较低时。

4.1.5 作业面邻近周围的照度可低于作业面照度，但不宜低于表 4.1.5 的数值。

表 4.1.5 作业面邻近周围照度

作业面照度（lx）	作业面邻近周围照度值（lx）
≥750	500
500	300
300	200
≤200	与作业面照度相同

注：邻近周围指作业面外 0.5m 范围之内。

4.1.6 在照明设计时，应根据环境污染特征和灯具擦拭次数从表 4.1.6 中选定相应的维护系数。

表 4.1.6 维护系数

环境污染特征		房间或场所举例	灯具最少擦拭次数（次/年）	维护系数值
室内	清洁	卧室、办公室、餐厅、阅览室、教室、病房、客房、仪器仪表装配间、电子元器件装配间、检验室等	2	0.80
	一般	商店营业厅、候车室、影剧院、机械加工车间、机械装配车间、体育馆等	2	0.70
	污染严重	厨房、锻工车间、铸工车间、水泥车间等	3	0.60
室外		雨篷、站台	2	0.65

4.1.7 在一般情况下，设计照度值与照度标准值相比较，可有 -10% ~ +10%的偏差。

4.2 照度均匀度

4.2.1 公共建筑的工作房间和工业建筑作业区域内的一般照明照度均匀度，不应小于 0.7，而作业面邻近周围的照度均匀度不应小于 0.5。

4.2.2 房间或场所内的通道和其他非作业区域的一般照明的照度值不宜低于作业区域一般照明照度值的 1/3。

4.2.3 在有彩电转播要求的体育场馆，其主摄像方向上的照明应符合下列要求：

1 场地垂直照度最小值与最大值之比不宜小于 0.4；

2 场地平均垂直照度与平均水平照度之比不宜小于 0.25；

3 场地水平照度最小值与最大值之比不宜小于 0.5；

4 观众席前排的垂直照度不宜小于场地垂直照度的 0.25。

4.3 眩光限制

4.3.1 直接型灯具的遮光角不应小于表 4.3.1 的规定。

表 4.3.1 直接型灯具的遮光角

光源平均亮度（kcd/m²）	遮光角（°）	光源平均亮度（kcd/m²）	遮光角（°）
1 ~ 20	10	50 ~ 500	20
20 ~ 50	15	≥500	30

4.3.2 公共建筑和工业建筑常用房间或场所的不舒适眩光应采用统一眩光值（UGR）评价，按附录 A 计算，其最大允许值宜符合第 5 章的规定。

4.3.3 室外体育场所的不舒适眩光应采用眩光值（GR）评价，按附录 B 计算，其最大允许值宜符合表 5.2.11-3 的规定。

4.3.4 可用下列方法防止或减少光幕反射和反射眩光：

1 避免将灯具安装在干扰区内；

2 采用低光泽度的表面装饰材料；

3　限制灯具亮度；

4　照亮顶棚和墙表面，但避免出现光斑。

4.3.5　有视觉显示终端的工作场所照明应限制灯具中垂线以上等于和大于65°高度角的亮度。灯具在该角度上的平均亮度限值宜符合表4.3.5的规定。

表4.3.5　灯具平均亮度限值

屏幕分类，见ISO 9241—7	Ⅰ	Ⅱ	Ⅲ
屏幕质量	好	中等	差
灯具平均亮度限值	≤1000cd/m²		≤200cd/m²

注：1　本表适用于仰角小于等于15°的显示屏。

2　对于特定使用场所，如敏感的屏幕或仰角可变的屏幕，表中亮度限值应用在更低的灯具高度角（如55°）上。

4.4　光源颜色

4.4.1　室内照明光源色表可按其相关色温分为三组，光源色表分组宜按表4.4.1确定。

表4.4.1　光源色表分组

色表分组	色表特征	相关色温（K）	适用场所举例
Ⅰ	暖	＜3300	客房、卧室、病房、酒吧、餐厅
Ⅱ	中间	3300～5300	办公室、教室、阅览室、诊室、检验室、机加工车间、仪表装配
Ⅲ	冷	＞5300	热加工车间、高照度场所

4.4.2　长期工作或停留的房间或场所，照明光源的显色指数（Ra）不宜小于80。在灯具安装高度大于6m的工业建筑场所，Ra可低于80，但必须能够辨别安全色。常用房间或场所的显色指数最小允许值应符合第5章的规定。

4.5　反射比

4.5.1　长时间工作的房间，其表面反射比宜按表4.5.1选取。

表4.5.1　工作房间表面反射比

表面名称	反射比
顶棚	0.6～0.9
墙面	0.3～0.8
地面	0.1～0.5
作业面	0.2～0.6

5　照明标准值

5.1　居住建筑

5.1.1　居住建筑照明标准值宜符合表5.1.1的规定。

表 5.1.1　居住建筑照明标准值

房间或场所		参考平面及其高度	照度标准值（lx）	Ra
起居室	一般活动	0.75m 水平面	100	80
	书写、阅读		300*	
卧　室	一般活动	0.75m 水平面	75	80
	床头、阅读		150*	
餐　厅		0.75m 餐桌面	150	80
厨　房	一般活动	0.75m 水平面	100	80
	操作台	台　面	150*	
卫生间		0.75m 水平面	100	80
注：* 宜用混合照明。				

5.2 公 共 建 筑

5.2.1　图书馆建筑照明标准值应符合表 5.2.1 的规定。

表 5.2.1　图书馆建筑照明标准值

房间或场所	参考平面及其高度	照度标准值（lx）	UGR	Ra
一般阅览室	0.75m 水平面	300	19	80
国家、省市及其他重要图书馆的阅览室	0.75m 水平面	500	19	80
老年阅览室	0.75m 水平面	500	19	80
珍善本、舆图阅览室	0.75m 水平面	500	19	80
陈列室、目录厅（室）、出纳厅	0.75m 水平面	300	19	80
书库	0.25m 垂直面	50	—	80
工作间	0.75m 水平面	300	19	80

5.2.2　办公建筑照明标准值应符合表 5.2.2 的规定。

表 5.2.2　办公建筑照明标准值

房间或场所	参考平面及其高度	照度标准值（lx）	UGR	Ra
普通办公室	0.75m 水平面	300	19	80
高档办公室	0.75m 水平面	500	19	80
会议室	0.75m 水平面	300	19	80
接待室、前台	0.75m 水平面	300	—	80
营业厅	0.75m 水平面	300	22	80
设计室	实际工作面	500	19	80
文件整理、复印、发行室	0.75m 水平面	300	—	80
资料、档案室	0.75m 水平面	200	—	80

5.2.3　商业建筑照明标准值应符合表 5.2.3 的规定。

表 5.2.3 商业建筑照明标准值

房间或场所	参考平面及其高度	照度标准值(lx)	UGR	Ra
一般商店营业厅	0.75m 水平面	300	22	80
高档商店营业厅	0.75m 水平面	500	22	80
一般超市营业厅	0.75m 水平面	300	22	80
高档超市营业厅	0.75m 水平面	500	22	80
收款台	台 面	500	—	80

5.2.4 影剧院建筑照明标准值应符合表 5.2.4 的规定。

表 5.2.4 影剧院建筑照明标准值

房 间 或 场 所		参考平面及其高度	照度标准值(lx)	UGR	Ra
门 厅		地 面	200	—	80
观众厅	影 院	0.75m 水平面	100	22	80
	剧 场	0.75m 水平面	200	22	80
观众休息厅	影 院	地 面	150	22	80
	剧 场	地 面	200	22	80
排演厅		地 面	300	22	80
化妆室	一般活动区	0.75m 水平面	150	22	80
	化妆台	1.1m 高处垂直面	500	—	80

5.2.5 旅馆建筑照明标准值应符合表 5.2.5 的规定。

表 5.2.5 旅馆建筑照明标准值

房 间 或 场 所		参考平面及其高度	照度标准值(lx)	UGR	Ra
客房	一般活动区	0.75m 水平面	75	—	80
	床 头	0.75m 水平面	150	—	80
	写字台	台 面	300	—	80
	卫生间	0.75m 水平面	150	—	80
中餐厅		0.75m 水平面	200	22	80
西餐厅、酒吧间、咖啡厅		0.75m 水平面	100	—	80
多功能厅		0.75m 水平面	300	22	80
门厅、总服务台		地 面	300	—	80
休息厅		地 面	200	22	80
客房层走廊		地 面	50	—	80
厨 房		台 面	200	—	80
洗衣房		0.75m 水平面	200	—	80

5.2.6 医院建筑照明标准值应符合表 5.2.6 的规定。

表 5.2.6 医院建筑照明标准值

房 间 或 场 所	参考平面及其高度	照度标准值(lx)	UGR	Ra
治疗室	0.75m 水平面	300	19	80

续表 5.2.6

房间或场所	参考平面及其高度	照度标准值（lx）	UGR	Ra
化验室	0.75m 水平面	500	19	80
手术室	0.75m 水平面	750	19	90
诊　室	0.75m 水平面	300	19	80
候诊室、挂号厅	0.75m 水平面	200	22	80
病　房	地　面	100	19	80
护士站	0.75m 水平面	300	—	80
药　房	0.75m 水平面	500	19	80
重症监护室	0.75m 水平面	300	19	80

5.2.7 学校建筑照明标准值应符合表 5.2.7 的规定。

表 5.2.7　学校建筑照明标准值

房间或场所	参考平面及其高度	照度标准值（lx）	UGR	Ra
教　室	课桌面	300	19	80
实验室	实验桌面	300	19	80
美术教室	桌　面	500	19	90
多媒体教室	0.75m 水平面	300	19	80
教室黑板	黑板面	500	—	80

5.2.8 博物馆建筑陈列室展品照明标准值不应大于表 5.2.8 的规定。

表 5.2.8　博物馆建筑陈列室展品照明标准值

类　别	参考平面及其高度	照度标准值（lx）
对光特别敏感的展品：纺织品、织绣品、绘画、纸质物品、彩绘、陶（石）器、染色皮革、动物标本等	展品面	50
对光敏感的展品：油画、蛋清画、不染色皮革、角制品、骨制品、象牙制品、竹木制品和漆器等	展品面	150
对光不敏感的展品：金属制品、石质器物、陶瓷器、宝玉石器、岩矿标本、玻璃制品、搪瓷制品、珐琅器等	展品面	300

注：1　陈列室一般照明应按展品照度值的 20%～30%选取；
2　陈列室一般照明 UGR 不宜大于 19；
3　辨色要求一般的场所 Ra 不应低于 80，辨色要求高的场所，Ra 不应低于 90。

5.2.9 展览馆展厅照明标准值应符合表 5.2.9 的规定。

表 5.2.9　展览馆展厅照明标准值

房间或场所	参考平面及其高度	照度标准值（lx）	UGR	Ra
一般展厅	地　面	200	22	80
高档展厅	地　面	300	22	80

注：高于 6m 的展厅 Ra 可降低到 60。

5.2.10 交通建筑照明标准值应符合表5.2.10的规定。

表5.2.10 交通建筑照明标准值

房间或场所		参考平面及其高度	照度标准值（lx）	UGR	Ra
售票台		台面	500	—	80
问讯处		0.75m水平面	200	—	80
候车（机、船）室	普通	地面	150	22	80
	高档	地面	200	22	80
中央大厅、售票大厅		地面	200	22	80
海关、护照检查		工作面	500	—	80
安全检查		地面	300	—	80
换票、行李托运		0.75m水平面	300	19	80
行李认领、到达大厅、出发大厅		地面	200	22	80
通道、连接区、扶梯		地面	150	—	80
有棚站台		地面	75	—	20
无棚站台		地面	50	—	20

5.2.11 体育建筑照明标准值应符合下列规定：

1 无彩电转播的体育建筑照度标准值应符合表5.2.11-1的规定；

2 有彩电转播的体育建筑照度标准值应符合表5.2.11-2的规定；

3 体育建筑照明质量标准值应符合表5.2.11-3的规定。

表5.2.11-1 无彩电转播的体育建筑照度标准值

运动项目	参考平面及其高度	照度标准值（lx）	
		训练	比赛
篮球、排球、羽毛球、网球、手球、田径（室内）、体操、艺术体操、技巧、武术	地面	300	750
棒球、垒球	地面	—	750
保龄球	置瓶区	300	500
举重	台面	200	750
击剑	台面	500	750
柔道、中国摔跤、国际摔跤	地面	500	1000
拳击	台面	500	2000
乒乓球	台面	750	1000
游泳、蹼泳、跳水、水球	水面	300	750
花样游泳	水面	500	750
冰球、速度滑冰、花样滑冰	冰面	300	1500
围棋、中国象棋、国际象棋	台面	300	750
桥牌	桌面	300	500

续表 5.2.11-1

运动项目			参考平面及其高度	照度标准值（lx）	
				训练	比赛
射击	靶心		靶心垂直面	1000	1500
	射击位		地面	300	500
足球、曲棍球	观看距离	120m	地面	—	300
		160m		—	500
		200m		—	750
观众席			座位面	—	100
健身房			地面	200	—
注：足球和曲棍球的观看距离是指观众席最后一排到场地边线的距离。					

表 5.2.11-2 有彩电转播的体育建筑照度标准值

项目分组	参考平面及其高度	照度标准值（lx）		
		最大摄影距离（m）		
		25	75	150
A组：田径、柔道、游泳、摔跤等项目	1.0m 垂直面	500	750	1000
B组：篮球、排球、羽毛球、网球、手球、体操、花样滑冰、速滑、垒球、足球等项目	1.0m 垂直面	750	1000	1500
C组：拳击、击剑、跳水、乒乓球、冰球等项目	1.0m 垂直面	1000	1500	—

表 5.2.11-3 体育建筑照明质量标准值

类别	GR	Ra
无彩电转播	50	65
有彩电转播	50	80
注：GR 值仅适用于室外体育场地。		

5.3 工业建筑

5.3.1 工业建筑一般照明标准值应符合表 5.3.1 的规定。

表 5.3.1 工业建筑一般照明标准值

房间或场所		参考平面及其高度	照度标准值（lx）	UGR	Ra	备注
1 通用房间或场所						
试验室	一般	0.75m 水平面	300	22	80	可另加局部照明
	精细	0.75m 水平面	500	19	80	可另加局部照明
检验	一般	0.75m 水平面	300	22	80	可另加局部照明
	精细，有颜色要求	0.75m 水平面	750	19	80	可另加局部照明
计量室，测量室		0.75m 水平面	500	19	80	可另加局部照明

续表 5.3.1

房间或场所		参考平面及其高度	照度标准值(lx)	UGR	Ra	备注
变、配电站	配电装置室	0.75m 水平面	200	—	60	
	变压器室	地面	100	—	20	
电源设备室，发电机室		地面	200	25	60	
控制室	一般控制室	0.75m 水平面	300	22	80	
	主控制室	0.75m 水平面	500	19	80	
电话站、网络中心		0.75m 水平面	500	19	80	
计算机站		0.75m 水平面	500	19	80	防光幕反射
动力站	风机房、空调机房	地面	100	—	60	
	泵房	地面	100	—	60	
	冷冻站	地面	150	—	60	
	压缩空气站	地面	150	—	60	
	锅炉房、煤气站的操作层	地面	100	—	60	锅炉水位表照度不小于 50lx
仓库	大件库（如钢坯、钢材、大成品、气瓶）	1.0m 水平面	50	—	20	
	一般件库	1.0m 水平面	100	—	60	
	精细件库（如工具、小零件）	1.0m 水平面	200	—	60	货架垂直照度不小于 50lx
车辆加油站		地面	100	—	60	油表照度不小于 50lx
2 机、电工业						
机械加工	粗加工	0.75m 水平面	200	22	60	可另加局部照明
	一般加工公差≥0.1mm	0.75m 水平面	300	22	60	应另加局部照明
	精密加工公差＜0.1mm	0.75m 水平面	500	19	60	应另加局部照明
机电、仪表装配	大件	0.75m 水平面	200	25	80	可另加局部照明
	一般件	0.75m 水平面	300	25	80	可另加局部照明
	精密	0.75m 水平面	500	22	80	应另加局部照明
	特精密	0.75m 水平面	750	19	80	应另加局部照明
电线、电缆制造		0.75m 水平面	300	25	60	
线圈绕制	大线圈	0.75m 水平面	300	25	80	
	中等线圈	0.75m 水平面	500	22	80	可另加局部照明
	精细线圈	0.75m 水平面	750	19	80	应另加局部照明
线圈浇注		0.75m 水平面	300	25	80	
焊接	一般	0.75m 水平面	200	—	60	
	精密	0.75m 水平面	300	—	60	
钣金		0.75m 水平面	300	—	60	

续表 5.3.1

房间或场所		参考平面及其高度	照度标准值(lx)	UGR	Ra	备注
冲压、剪切		0.75m水平面	300	—	60	
热处理		地面至0.5m水平面	200	—	20	
铸造	熔化、浇铸	地面至0.5m水平面	200	—	20	
	造型	地面至0.5m水平面	300	25	60	
精密铸造的制模、脱壳		地面至0.5m水平面	500	25	60	
锻工		地面至0.5m水平面	200	—	20	
电镀		0.75m水平面	300	—	80	
喷漆	一般	0.75m水平面	300	—	80	
	精细	0.75m水平面	500	22	80	
酸洗、腐蚀、清洗		0.75m水平面	300	—	80	
抛光	一般装饰性	0.75m水平面	300	22	80	防频闪
	精细	0.75m水平面	500	22	80	防频闪
复合材料加工、铺叠、装饰		0.75m水平面	500	22	80	
机电修理	一般	0.75m水平面	200	—	60	可另加局部照明
	精密	0.75m水平面	300	22	60	可另加局部照明
3 电子工业						
电子元器件		0.75m水平面	500	19	80	应另加局部照明
电子零部件		0.75m水平面	500	19	80	应另加局部照明
电子材料		0.75m水平面	300	22	80	应另加局部照明
酸、碱、药液及粉配制		0.75m水平面	300	—	80	
4 纺织、化纤工业						
纺织	选毛	0.75m水平面	300	22	80	可另加局部照明
	清棉、和毛、梳毛	0.75m水平面	150	22	80	
	前纺：梳棉、并条、粗纺	0.75m水平面	200	22	80	
	纺纱	0.75m水平面	300	22	80	
	织布	0.75m水平面	300	22	80	
织袜	穿综筘、缝纫、量呢、检验	0.75m水平面	300	22	80	可另加局部照明
	修补、剪毛、染色、印花、裁剪、熨烫	0.75m水平面	300	22	80	可另加局部照明
化纤	投料	0.75m水平面	100	—	60	
	纺丝	0.75m水平面	150	22	80	

续表 5.3.1

房间或场所		参考平面及其高度	照度标准值(lx)	UGR	Ra	备注
化纤	卷绕	0.75m 水平面	200	22	80	
	平衡间、中间贮存、干燥间、废丝间、油剂高位槽间	0.75m 水平面	75	—	60	
	集束间、后加工间、打包间、油剂调配间	0.75m 水平面	100	25	60	
	组件清洗间	0.75m 水平面	150	25	60	
	拉伸、变形、分级包装	0.75m 水平面	150	25	60	操作面可另加局部照明
	化验、检验	0.75m 水平面	200	22	80	可另加局部照明
5 制药工业						
制药生产：配制、清洗、灭菌、超滤、制粒、压片、混匀、烘干、灌装、轧盖等		0.75m 水平面	300	22	80	
制药生产流转通道		地面	200	—	80	
6 橡胶工业						
炼胶车间		0.75m 水平面	300	—	80	
压延压出工段		0.75m 水平面	300	—	80	
成型裁断工段		0.75m 水平面	300	22	80	
硫化工段		0.75m 水平面	300	—	80	
7 电力工业						
火电厂锅炉房		地面	100	—	40	
发电机房		地面	200	—	60	
主控室		0.75m 水平面	500	19	80	
8 钢铁工业						
炼铁	炉顶平台、各层平台	平台面	30	—	40	
	出铁场、出铁机室	地面	100	—	40	
	卷扬机室、碾泥机室、煤气清洗配水室	地面	50	—	40	
炼钢及连铸	炼钢主厂房和平台	地面	150	—	40	
	连铸浇注平台、切割区、出坯区	地面	150	—	40	
	精整清理线	地面	200	25	60	
轧钢	钢坯台、轧机区	地面	150	—	40	
	加热炉周围	地面	50	—	20	
	重绕、横剪及纵剪机组	0.75m 水平面	150	25	40	
	打印、检查、精密分类、验收	0.75m 水平面	200	22	80	
9 制浆造纸工业						
备料		0.75m 水平面	150	—	60	
蒸煮、选洗、漂白		0.75m 水平面	200	—	60	

续表 5.3.1

房间或场所		参考平面及其高度	照度标准值（lx）	UGR	Ra	备注
打浆、纸机底部		0.75m 水平面	200	—	60	
纸机网部、压榨部、烘缸、压光、卷取、涂布		0.75m 水平面	300	—	60	
复卷、切纸		0.75m 水平面	300	25	60	
选纸		0.75m 水平面	500	22	60	
碱回收		0.75m 水平面	200	—	40	
10 食品及饮料工业						
食品	糕点、糖果	0.75m 水平面	200	22	80	
	肉制品、乳制品	0.75m 水平面	300	22	80	
饮料		0.75m 水平面	300	22	80	
啤酒	糖化	0.75m 水平面	200	—	80	
	发酵	0.75m 水平面	150	—	80	
	包装	0.75m 水平面	150	25	80	
11 玻璃工业						
备料、退火、熔制		0.75m 水平面	150	—	60	
窑炉		地面	100	—	20	
12 水泥工业						
主要生产车间（破碎、原料粉磨、烧成、水泥粉磨、包装）		地面	100	—	20	
储存		地面	75	—	40	
输送走廊		地面	30	—	20	
粗坯成型		0.75m 水平面	300	—	60	
13 皮革工业						
原皮、水浴		0.75m 水平面	200	—	60	
轻毂、整理、成品		0.75m 水平面	200	22	60	可另加局部照明
干燥		地面	100	—	20	
14 卷烟工业						
制丝车间		0.75m 水平面	200	—	60	
卷烟、接过滤嘴、包装		0.75m 水平面	300	22	80	
15 化学、石油工业						
厂区内经常操作的区域，如泵、压缩机、阀门、电操作柱等		操作位高度	100	—	20	
装置区现场控制和检测点，如指示仪表、液位计等		测控点高度	75	—	60	
人行通道、平台、设备顶部		地面或台面	30	—	20	
装卸站	装卸设备顶部和底部操作位	操作位高度	75	—	20	
	平台	平台	30	—	20	

表 6.1.5 医院建筑照明功[…]

房间或场所	照明功率密[…]
	现行值
治疗室、诊室	11
化验室	18
手术室	30
候诊室、挂号厅	8
病　房	6
护士站	11
药　房	20
重症监护室	11

6.1.6 学校建筑照明功率密度值不应大于表 6.1.6[…]
或低于本表规定的对应照度值时，其照明功率密度值[…]

表 6.1.6 学校建筑照明功[…]

房间或场所	照明功率密[…]
	现行值
教室、阅览室	11
实验室	11
美术教室	18
多媒体教室	11

6.1.7 工业建筑照明功率密度值不应大于表 6.1.7[…]
或低于本表规定的对应照度值时，其照明功率密度值[…]

表 6.1.7 工业建筑照明功[…]

房　间　或　场　所	
1　通用房间或场所	
试验室	一　般
	精　细
检　验	一　般
	精细，有颜色要求
计量室，测量室	
变、配电站	配电装置室
	变压器室
电源设备室、发电机室	
控制室	一般控制室
	主控制室
电话站、网络中心、计算机站	

续表 5.3.1

房　间　或　场　所		参考平面及其高度	照度标准值（lx）	UGR	Ra	备　注
16　木业和家具制造						
一般机器加工		0.75m 水平面	200	22	60	防频闪
精细机器加工		0.75m 水平面	500	19	80	防频闪
锯木区		0.75m 水平面	300	25	60	防频闪
模型区	一　般	0.75m 水平面	300	22	60	
	精　细	0.75m 水平面	750	22	60	
胶合、组装		0.75m 水平面	300	25	60	
磨光、异形细木工		0.75m 水平面	750	22	80	

注：需增加局部照明的作业面，增加的局部照明照度值宜按该场所一般照明照度值的 1.0~3.0 倍选取。

5.4 公　用　场　所

5.4.1 公用场所照明标准值应符合表 5.4.1 的规定。

表 5.4.1 公用场所照明标准值

房　间　或　场　所		参考平面及其高度	照度标准值（lx）	UGR	Ra
门　　厅	普　通	地　面	100	—	60
	高　档	地　面	200	—	80
走廊、流动区域	普　通	地　面	50	—	60
	高　档	地　面	100	—	80
楼梯、平台	普　通	地　面	30	—	60
	高　档	地　面	75	—	80
自动扶梯		地　面	150	—	60
厕所、盥洗室、浴室	普　通	地　面	75	—	60
	高　档	地　面	150	—	80
电梯前厅	普　通	地　面	75	—	60
	高　档	地　面	150	—	80
休息室		地　面	100	22	80
储藏室、仓库		地　面	100	—	60
车　　库	停车间	地　面	75	28	60
	检修间	地　面	200	25	60

注：居住、公共建筑的动力站、变电站的照明标准值按表 5.3.1 选取。

5.4.2 应急照明的照度标准值宜符合下列规定：

1 备用照明的照度值除另有规定外，不低于该场所一般照明照度值的 10%；

2 安全照明的照度值不低于该场所一般照明照度值的 5%；

3 疏散通道的疏散照明的照度值不低于 0.5lx。

续表 6.1.7

房间或场所		照明功率密度（W/m²）现行值	照明功率密度（W/m²）目标值	对应照度值（lx）
动力站	风机房、空调机房	5	4	100
	泵 房	5	4	100
	冷冻站	8	7	150
	压缩空气站	8	7	150
	锅炉房、煤气站的操作层	6	5	100
仓 库	大件库（如钢坯、钢材、大成品、气瓶）	3	3	50
	一般件库	5	4	100
	精细件库（如工具、小零件）	8	7	200
	车辆加油站	6	5	100
2 机、电工业				
机械加工	粗加工	8	7	200
	一般加工，公差≥0.1mm	12	11	300
	精密加工，公差＜0.1mm	19	17	500
机电、仪表装配	大 件	8	7	200
	一般件	12	11	300
	精 密	19	17	500
	特精密	27	24	750
电线、电缆制造		12	11	300
线圈绕制	大线圈	12	11	300
	中等线圈	19	17	500
	精细线圈	27	24	750
线圈浇注		12	11	300
焊 接	一 般	8	7	200
	精 密	12	11	300
钣 金		12	11	300
冲压、剪切		12	11	300
热处理		8	7	200
铸 造	熔化、浇铸	9	8	200
	造 型	13	12	300
精密铸造的制模、脱壳		19	17	500
锻 工		9	8	200
电 镀		13	12	300
喷 漆	一 般	15	14	300
	精 细	25	23	500
酸洗、腐蚀、清洗		15	14	300

续表 6.1.7

房间或场所		照明功率密度（W/m²）		对应照度值（lx）
		现行值	目标值	
抛光	一般装饰性	13	12	300
	精细	20	18	500
复合材料加工、铺叠、装饰		19	17	500
机电修理	一般	8	7	200
	精密	12	11	300
3 电子工业				
电子元器件		20	18	500
电子零部件		20	18	500
电子材料		12	10	300
酸、碱、药液及粉配制		14	12	300
注：房间或场所的室形指数值等于或小于1时，本表的照明功率密度值可增加20%。				

6.1.8 设装饰性灯具场所，可将实际采用的装饰性灯具总功率的50%计入照明功率密度值的计算。

6.1.9 设有重点照明的商店营业厅，该楼层营业厅的照明功率密度值每平方米可增加5W。

6.2 充分利用天然光

6.2.1 房间的采光系数或采光窗地面积比应符合《建筑采光设计标准》GB/T 50033 的规定。

6.2.2 有条件时，宜随室外天然光的变化自动调节人工照明照度。

6.2.3 有条件时，宜利用各种导光和反光装置将天然光引入室内进行照明。

6.2.4 有条件时，宜利用太阳能作为照明能源。

7 照明配电及控制

7.1 照明电压

7.1.1 一般照明光源的电源电压应采用220V。1500W及以上的高强度气体放电灯的电源电压宜采用380V。

7.1.2 移动式和手提式灯具应采用Ⅲ类灯具，用安全特低电压供电，其电压值应符合以下要求：

1 在干燥场所不大于50V；

2 在潮湿场所不大于25V。

7.1.3 照明灯具的端电压不宜大于其额定电压的105%，亦不宜低于其额定电压的下列数值：

1 一般工作场所——95%；

2 远离变电所的小面积一般工作场所难以满足第1款要求时，可为90%；

3 应急照明和用安全特低电压供电的照明——90%。

7.2 照明配电系统

7.2.1 供照明用的配电变压器的设置应符合下列要求：

1 电力设备无大功率冲击性负荷时，照明和电力宜共用变压器；

2 当电力设备有大功率冲击性负荷时，照明宜与冲击性负荷接自不同变压器；如条件不允许，需接自同一变压器时，照明应由专用馈电线供电；

3 照明安装功率较大时，宜采用照明专用变压器。

7.2.2 应急照明的电源，应根据应急照明类别、场所使用要求和该建筑电源条件，采用下列方式之一：

1 接自电力网有效地独立于正常照明电源的线路；

2 蓄电池组，包括灯内自带蓄电池、集中设置或分区集中设置的蓄电池装置；

3 应急发电机组；

4 以上任意两种方式的组合。

7.2.3 疏散照明的出口标志灯和指向标志灯宜用蓄电池电源。安全照明的电源应和该场所的电力线路分别接自不同变压器或不同馈电干线。备用照明电源宜采用本章7.2.2所列的第1或第3种方式。

7.2.4 照明配电宜采用放射式和树干式结合的系统。

7.2.5 三相配电干线的各相负荷宜分配平衡，最大相负荷不宜超过三相负荷平均值的115%，最小相负荷不宜小于三相负荷平均值的85%。

7.2.6 照明配电箱宜设置在靠近照明负荷中心便于操作维护的位置。

7.2.7 每一照明单相分支回路的电流不宜超过16A，所接光源数不宜超过25个；连接建筑组合灯具时，回路电流不宜超过25A，光源数不宜超过60个；连接高强度气体放电灯的单相分支回路的电流不应超过30A。

7.2.8 插座不宜和照明灯接在同一分支回路。

7.2.9 在电压偏差较大的场所，有条件时，宜设置自动稳压装置。

7.2.10 供给气体放电灯的配电线路宜在线路或灯具内设置电容补偿，功率因数不应低于0.9。

7.2.11 在气体放电灯的频闪效应对视觉作业有影响的场所，应采用下列措施之一：

1 采用高频电子镇流器；

2 相邻灯具分接在不同相序。

7.2.12 当采用Ⅰ类灯具时，灯具的外露可导电部分应可靠接地。

7.2.13 安全特低电压供电应采用安全隔离变压器，其二次侧不应做保护接地。

7.2.14 居住建筑应按户设置电能表；工厂在有条件时宜按车间设置电能表；办公楼宜按租户或单位设置电能表。

7.2.15 配电系统的接地方式、配电线路的保护，应符合国家现行相关标准的有关规定。

7.3 导 体 选 择

7.3.1 照明配电干线和分支线，应采用铜芯绝缘电线或电缆，分支线截面不应小于 $1.5mm^2$。

7.3.2 照明配电线路应按负荷计算电流和灯端允许电压值选择导体截面积。

7.3.3 主要供给气体放电灯的三相配电线路，其中性线截面应满足不平衡电流及谐波电流的要求，且不应小于相线截面。

7.3.4 接地线截面选择应符合国家现行标准的有关规定。

7.4 照 明 控 制

7.4.1 公共建筑和工业建筑的走廊、楼梯间、门厅等公共场所的照明，宜采用集中控制，并按建筑使用条件和天然采光状况采取分区、分组控制措施。

7.4.2 体育馆、影剧院、候机厅、候车厅等公共场所应采用集中控制，并按需要采取调光或降低照度的控制措施。

7.4.3 旅馆的每间（套）客房应设置节能控制型总开关。

7.4.4 居住建筑有天然采光的楼梯间、走道的照明，除应急照明外，宜采用节能自熄开关。

7.4.5 每个照明开关所控光源数不宜太多。每个房间灯的开关数不宜少于2个（只设置1只光源的除外）。

7.4.6 房间或场所装设有两列或多列灯具时，宜按下列方式分组控制：

1 所控灯列与侧窗平行；

2 生产场所按车间、工段或工序分组；

3 电化教室、会议厅、多功能厅、报告厅等场所，按靠近或远离讲台分组。

7.4.7 有条件的场所，宜采用下列控制方式：

1 天然采光良好的场所，按该场所照度自动开关灯或调光；

2 个人使用的办公室，采用人体感应或动静感应等方式自动开关灯；

3 旅馆的门厅、电梯大堂和客房层走廊等场所，采用夜间定时降低照度的自动调光装置；

4 大中型建筑，按具体条件采用集中或集散的、多功能或单一功能的自动控制系统。

8 照明管理与监督

8.1 维 护 与 管 理

8.1.1 应以用户为单位计量和考核照明用电量。

8.1.2 应建立照明运行维护和管理制度，并符合下列规定：

1 应有专业人员负责照明维修和安全检查并做好维护记录，专职或兼职人员负责照明运行；

2 应建立清洁光源、灯具的制度，根据标准规定的次数定期进行擦拭；

3 宜按照光源的寿命或点亮时间、维持平均照度，定期更换光源；

4 更换光源时，应采用与原设计或实际安装相同的光源，不得任意更换光源的主要性能参数。

8.1.3 重要大型建筑的主要场所的照明设施，应进行定期巡视和照度的检查测试。

8.2 实 施 与 监 督

8.2.1 工程设计阶段，照明设计图应由设计单位按本标准自审、自查。

8.2.2 建筑装饰装修照明设计应按本标准审查。

8.2.3 施工阶段由工程监理机构按设计监理。

8.2.4 竣工验收阶段应按本标准规定验收。

附录A 统一眩光值（UGR）

A.0.1 照明场所的统一眩光值（UGR）计算

1 UGR应按A.0.1公式计算：

$$\mathrm{UGR} = 8\lg\frac{0.25}{L_b}\sum\frac{L_\alpha^2\cdot\omega}{P^2} \qquad (A.0.1)$$

式中 L_b——背景亮度（cd/m^2）；

L_α——观察者方向每个灯具的亮度（cd/m^2）；

ω——每个灯具发光部分对观察者眼睛所形成的立体角（sr）；

P——每个单独灯具的位置指数。

2 A.0.1式中的各参数应按下列公式和规定确定：

1）背景亮度 L_b 应按A.0.1-1式确定：

$$L_b = \frac{E_i}{\pi} \qquad (A.0.1\text{-}1)$$

式中 E_i——观察者眼睛方向的间接照度（lx）。

此计算一般用计算机完成。

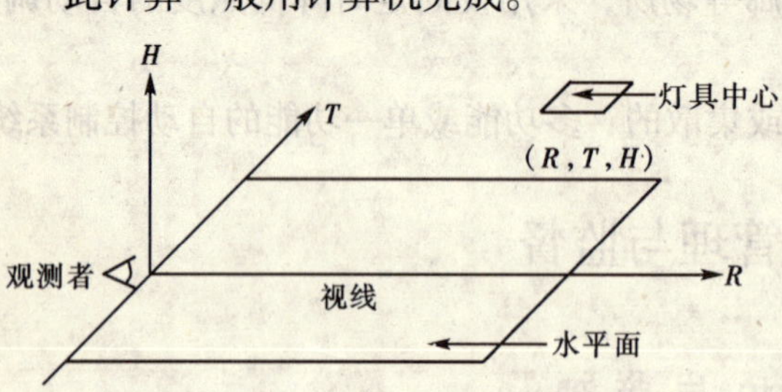

图A.0.1 以观察者位置为原点的位置指数坐标系统（R，T，H），对灯具中心生成 H/R 和 T/R 的比值

2）灯具亮度 L_α 应按A.0.1-2式确定：

$$L_\alpha = \frac{I_\alpha}{A\cdot\cos\alpha} \qquad (A.0.1\text{-}2)$$

式中 I_α——观察者眼睛方向的灯具发光强度（cd）；

$A\cdot\cos\alpha$——灯具在观察者眼睛方向的投影面积（m^2）；

α——灯具表面法线与观察者眼睛方向所夹的角度（°）。

3）立体角 ω 应按A.0.1-3式确定：

$$\omega = \frac{A_p}{r^2} \qquad (A.0.1\text{-}3)$$

式中 A_p——灯具发光部件在观察者眼睛方向的表观面积（m^2）；

r——灯具发光部件中心到观察者眼睛之间的距离（m）。

4）古斯位置指数 P 应按图 A.0.1 生成的 H/R 和 T/R 的比值由表 A.0.1 确定。

表 A.0.1 位置指数表

H/R \ T/R	0.00	0.10	0.20	0.30	0.40	0.50	0.60	0.70	0.80	0.90	1.00	1.10	1.20	1.30	1.40	1.50	1.60	1.70	1.80	1.90
0.00	1.00	1.26	1.53	1.90	2.35	2.86	3.50	4.20	5.00	6.00	7.00	8.10	9.25	10.35	11.70	13.15	14.70	16.20	—	—
0.10	1.05	1.22	1.45	1.80	2.20	2.75	3.40	4.10	4.80	5.80	6.80	8.00	9.10	10.30	11.60	13.00	14.60	16.10	—	—
0.20	1.12	1.30	1.50	1.80	2.20	2.66	3.18	3.88	4.60	5.50	6.50	7.60	8.75	9.85	11.20	12.70	14.00	15.70	—	—
0.30	1.22	1.38	1.60	1.87	2.25	2.70	3.25	3.90	4.60	5.45	6.45	7.40	8.40	9.50	10.85	12.10	13.70	15.00	—	—
0.40	1.32	1.47	1.70	1.96	2.35	2.80	3.30	3.90	4.60	5.40	6.40	7.30	8.30	9.40	10.60	11.90	13.20	14.60	16.00	—
0.50	1.43	1.60	1.82	2.10	2.48	2.91	3.40	3.98	4.70	5.50	6.40	7.30	8.30	9.40	10.50	11.75	13.00	14.40	15.70	—
0.60	1.55	1.72	1.98	2.30	2.65	3.10	3.60	4.10	4.80	5.50	6.40	7.35	8.40	9.40	10.50	11.70	13.00	14.10	15.40	—
0.70	1.70	1.88	2.12	2.48	2.87	3.30	3.78	4.30	4.88	5.60	6.50	7.40	8.50	9.50	10.50	11.70	12.85	14.00	15.20	—
0.80	1.82	2.00	2.32	2.70	3.08	3.50	3.92	4.50	5.10	5.75	6.60	7.50	8.60	9.50	10.60	11.75	12.80	14.00	15.10	—
0.90	1.95	2.20	2.54	2.90	3.30	3.70	4.20	4.75	5.30	6.00	6.75	7.70	8.70	9.65	10.75	11.80	12.90	14.00	15.00	16.00
1.00	2.11	2.40	2.75	3.10	3.50	3.91	4.40	5.00	5.60	6.20	7.00	7.90	8.80	9.75	10.80	11.90	12.95	14.00	15.00	16.00
1.10	2.30	2.55	2.92	3.30	3.72	4.20	4.70	5.25	5.80	6.55	7.20	8.15	9.00	9.90	10.95	12.00	13.00	14.00	15.00	16.00
1.20	2.40	2.75	3.12	3.50	3.90	4.35	4.85	5.50	6.05	6.70	7.50	8.30	9.20	10.00	11.02	12.10	13.10	14.00	15.00	16.00
1.30	2.55	2.90	3.30	3.70	4.20	4.65	5.20	5.70	6.30	7.00	7.70	8.55	9.35	10.20	11.20	12.25	13.20	14.00	15.00	16.00
1.40	2.70	3.10	3.50	3.90	4.35	4.85	5.35	5.85	6.50	7.25	8.00	8.70	9.50	10.40	11.40	12.40	13.25	14.05	15.00	16.00
1.50	2.85	3.15	3.65	4.10	4.55	5.00	5.50	6.20	6.80	7.50	8.20	8.85	9.70	10.55	11.50	12.50	13.30	14.05	15.02	16.00
1.60	2.95	3.40	3.80	4.25	4.75	5.20	5.75	6.30	7.00	7.65	8.40	9.00	9.80	10.80	11.75	12.60	13.40	14.20	15.10	16.00
1.70	3.10	3.55	4.00	4.50	4.90	5.40	5.95	6.50	7.20	7.80	8.50	9.20	10.00	10.85	11.85	12.75	13.45	14.20	15.10	16.00
1.80	3.25	3.70	4.20	4.65	5.10	5.60	6.10	6.75	7.40	8.00	8.65	9.35	10.10	11.00	11.90	12.80	13.50	14.20	15.10	16.00
1.90	3.43	3.86	4.30	4.75	5.20	5.70	6.30	6.90	7.50	8.17	8.80	9.50	10.20	11.00	12.00	12.82	13.55	14.20	15.10	16.00
2.00	3.50	4.00	4.50	4.90	5.35	5.80	6.40	7.10	7.70	8.30	8.90	9.60	10.40	11.10	12.00	12.85	13.60	14.30	15.10	16.00
2.10	3.60	4.17	4.65	5.05	5.50	6.00	6.60	7.20	7.82	8.45	9.00	9.75	10.50	11.20	12.10	12.90	13.70	14.35	15.10	16.00
2.20	3.75	4.25	4.72	5.20	5.60	6.10	6.70	7.35	8.00	8.55	9.15	9.85	10.60	11.30	12.10	12.90	13.70	14.40	15.15	16.00
2.30	3.85	4.35	4.80	5.25	5.70	6.22	6.80	7.40	8.10	8.65	9.30	9.90	10.70	11.40	12.20	12.95	13.70	14.40	15.20	16.00
2.40	3.95	4.40	4.90	5.35	5.80	6.30	6.90	7.50	8.20	8.80	9.40	10.00	10.80	11.50	12.25	13.00	13.75	14.45	15.20	16.00
2.50	4.00	4.50	4.95	5.40	5.85	6.40	6.95	7.55	8.25	8.85	9.50	10.05	10.85	11.55	12.30	13.00	13.80	14.50	15.25	16.00
2.60	4.07	4.55	5.05	5.47	5.95	6.45	7.00	7.65	8.35	8.95	9.55	10.10	10.90	11.60	12.32	13.00	13.80	14.50	15.25	16.00
2.70	4.10	4.60	5.10	5.53	6.00	6.50	7.05	7.70	8.40	9.00	9.60	10.16	10.92	11.63	12.35	13.00	13.80	14.50	15.25	16.00
2.80	4.15	4.62	5.15	5.56	6.05	6.55	7.08	7.73	8.45	9.05	9.65	10.20	10.95	11.65	12.35	13.00	13.80	14.50	15.25	16.00
2.90	4.20	4.65	5.17	5.60	6.07	6.57	7.12	7.75	8.50	9.10	9.70	10.23	10.95	11.65	12.35	13.00	13.80	14.50	15.25	16.00
3.00	4.22	4.67	5.20	5.65	6.12	6.60	7.15	7.80	8.55	9.12	9.70	10.23	10.95	11.65	12.35	13.00	13.80	14.50	15.25	16.00

A.0.2 统一眩光值（UGR）的应用条件

1 UGR 适用于简单的立方体形房间的一般照明装置设计，不适用于采用间接照明和发光天棚的房间；

2 适用于灯具发光部分对眼睛所形成的立体角为 $0.1\text{sr} > \omega > 0.0003\text{sr}$ 的情况；

3 同一类灯具为均匀等间距布置；

4 灯具为双对称配光；

5 坐姿观测者眼睛的高度通常取 1.2m，站姿观测者眼睛的高度通常取 1.5m；

6 观测位置一般在纵向和横向两面墙的中点，视线水平朝前观测；

7 房间表面为大约高出地面 0.75m 的工作面、灯具安装表面以及此两个表面之间的墙面。

附录 B 眩光值（GR）

B.0.1 室外体育场地的眩光值（GR）计算

1 GR 的计算应按 B.0.1 公式计算：

$$\mathrm{GR} = 27 + 24\lg \frac{L_{vl}}{L_{ve}^{0.9}} \tag{B.0.1}$$

式中 L_{vl}——由灯具发出的光直接射向眼睛所产生的光幕亮度（cd/m²）；

L_{ve}——由环境引起直接入射到眼睛的光所产生的光幕亮度（cd/m²）。

2 B.0.1 式中的各参数应按下列公式确定：

1） 由灯具产生的光幕亮度应按 B.0.1-1 式确定：

$$L_{vl} = 10\sum_{i=1}^{n} \frac{E_{eyei}}{\theta_i^2} \tag{B.0.1-1}$$

式中 E_{eyei}——观察者眼睛上的照度，该照度是在视线的垂直面上，由 i 个光源所产生的照度（lx）；

θ_i——观察者视线与 i 个光源入射在眼睛上的方向所形成的角度（°）；

n——光源总数。

2） 由环境产生的光幕亮度应按 B.0.1-2 式确定：

$$L_{ve} = 0.035 L_{av} \tag{B.0.1-2}$$

式中 L_{av}——可看到的水平照射场地的平均亮度（cd/m²）。

3） 平均亮度 L_{av} 应按 B.0.1-3 式确定：

$$L_{av} = E_{horav} \cdot \frac{\rho}{\pi \Omega_0} \tag{B.0.1-3}$$

式中 E_{horav}——照射场地的平均水平照度（lx）；

ρ——漫反射时区域的反射比；

Ω_0——1 个单位立体角（sr）。

B.0.2 眩光值（GR）的应用条件

1 本计算方法用于常用条件下，满足照度均匀度的室外体育场地的各种照明布灯方式；

2 用于视线方向低于眼睛高度；

3 看到的背景是被照场地；

4 眩光值计算用的观察者位置可采用计算照度用的网格位置，或采用标准的观察者位置；

5 可按一定数量角度间隔（5°……45°）转动选取一定数量观察方向。

本标准用词说明

1 为便于在执行本标准条文时区别对待，对要求严格程度不同的用语说明如下：

1）表示很严格，非这样做不可的用词：
正面词采用"必须"；
反面词采用"严禁"。

2）表示严格，在正常情况下均应这样做的用词：
正面词采用"应"，
反面词采用"不应"或"不得"。

3）表示允许稍有选择，在条件许可时首先应这样做的用词：
正面词采用"宜"，
反面词采用"不宜"；
表示有选择，在一定条件下可以这样做的，采用"可"。

2 标准条文中，"条"、"款"之间承上启下的连接用语，采用"符合下列规定"、"遵守下列规定"或"符合下列要求"等写法表示。

中华人民共和国行业标准

民用建筑电气设计规范

Code for Electrical Design of Civil Buildings

JGJ/T 16—92

主编单位：中国建筑东北设计研究院
批准部门：中华人民共和国建设部
施行日期：1 9 9 3 年 8 月 1 日

关于发布行业标准
《民用建筑电气设计规范》的通知

建标［1993］139号

根据建设部（87）城科字第276号文的要求，由中国建筑东北设计研究院主编的《民用建筑电气设计规范》，业经审查，现批准为推荐性行业标准，编号JGJ/T 16—92，自1993年8月1日起施行。原部标《建筑电气设计技术规程》（JGJ 16—83）同时废止。

本标准由建设部建筑设计标准技术归口单位中国建筑技术发展研究中心（建筑标准设计研究所）负责归口管理，主编单位负责具体解释等工作，建设部标准定额研究所组织出版。

中华人民共和国建设部

1993年2月26日

目　次

1　总则 …… 1374
2　术语、符号、代号 …… 1374
2.1　术语 …… 1374
2.2　符号 …… 1379
2.3　代号 …… 1383
3　供电系统 …… 1384
3.1　负荷分级及供电要求 …… 1384
3.2　电源及高压供配电系统 …… 1388
3.3　电压选择和电能质量 …… 1389
3.4　负荷计算 …… 1391
3.5　无功补偿 …… 1392
4　配变电所 …… 1393
4.1　一般规定 …… 1393
4.2　所址选择 …… 1393
4.3　配电变压器选择 …… 1394
4.4　主结线 …… 1395
4.5　配变电所型式和布置 …… 1396
4.6　高压配电装置 …… 1398
4.7　低压配电装置 …… 1403
4.8　控制方式及操作电源 …… 1404
4.9　移相电容器装置 …… 1404
4.10　对有关专业的要求 …… 1405
5　继电保护及电气测量 …… 1407
5.1　继电保护 …… 1407
5.2　电气测量 …… 1413
5.3　二次回路 …… 1416
6　自备电源及不间断电源 …… 1418
6.1　自备应急柴油发电机组 …… 1418
6.2　自备应急燃气轮发电机组 …… 1427
6.3　不间断电源系统 …… 1427
7　室外线路 …… 1431
7.1　一般规定 …… 1431
7.2　架空线路 …… 1431
7.3　电缆线路 …… 1440

8 低压配电 …… 1445
8.1 一般规定 …… 1445
8.2 低压配电系统 …… 1446
8.3 超低压配电 …… 1447
8.4 导体的选择 …… 1448
8.5 低压电器的选择 …… 1454
8.6 低压配电线路的保护 …… 1456
9 室内布线 …… 1463
9.1 一般规定 …… 1463
9.2 瓷（塑料）线夹、鼓形绝缘子、针式绝缘子布线 …… 1463
9.3 直敷布线 …… 1464
9.4 金属管布线 …… 1464
9.5 硬质塑料管布线 …… 1466
9.6 半硬塑料管及混凝土板孔布线 …… 1466
9.7 金属线槽布线 …… 1466
9.8 塑料线槽布线 …… 1467
9.9 地面内暗装金属线槽布线 …… 1468
9.10 电缆布线 …… 1468
9.11 电缆桥架布线 …… 1468
9.12 封闭式母线布线 …… 1469
9.13 竖井内布线 …… 1470
10 常用设备电气装置 …… 1471
10.1 一般规定 …… 1471
10.2 电动机 …… 1471
10.3 传动运输系统 …… 1475
10.4 电梯、自动扶梯和自动人行道 …… 1476
10.5 稳压、整流设备 …… 1478
10.6 蓄电池 …… 1481
10.7 自动门 …… 1482
10.8 家用电器 …… 1483
10.9 舞台用电设备 …… 1484
10.10 医用放射线设备 …… 1486
10.11 体育馆（场）设备 …… 1489
11 电气照明 …… 1490
11.1 一般规定 …… 1490
11.2 照明质量 …… 1490
11.3 照明方式与种类 …… 1492
11.4 照明光源与灯具 …… 1493
11.5 照度水平 …… 1494

11.6 照度计算 …… 1500
11.7 照明节能 …… 1501
11.8 照明供电 …… 1502
11.9 各类建筑照明设计要求 …… 1503
12 建筑物防雷 …… 1515
12.1 一般规定 …… 1515
12.2 建筑物的防雷分级 …… 1516
12.3 一级防雷建筑物的保护措施 …… 1516
12.4 二级防雷建筑物的保护措施 …… 1519
12.5 三级防雷建筑物的保护措施 …… 1520
12.6 其他防雷保护措施 …… 1521
12.7 接闪器 …… 1522
12.8 引下线 …… 1527
12.9 接地装置 …… 1528
13 电力设备防雷 …… 1529
13.1 一般规定 …… 1529
13.2 10kV 及以下架空线路保护 …… 1529
13.3 配变电所及与架空线连接的配电变压器和开关设备的保护 …… 1531
13.4 旋转电机的保护 …… 1532
14 接地及安全 …… 1534
14.1 一般规定 …… 1534
14.2 低压配电系统的接地型式和基本要求 …… 1534
14.3 低压配电系统的防触电保护 …… 1535
14.4 保护接地范围 …… 1537
14.5 接地要求和接地电阻 …… 1538
14.6 接地装置 …… 1539
14.7 通用电力设备及电气设施接地 …… 1541
14.8 特殊装置或场所的安全保护 …… 1545
15 共用天线电视系统 …… 1547
15.1 一般规定 …… 1547
15.2 系统组成 …… 1547
15.3 接收天线 …… 1551
15.4 前端 …… 1552
15.5 传输与分配网络 …… 1553
15.6 线路及敷设 …… 1554
15.7 安装要求 …… 1555
15.8 供电、防雷与接地 …… 1556
16 闭路应用电视 …… 1557
16.1 一般规定 …… 1557

16.2 闭路应用电视系统 …… 1558
16.3 设备器件选择 …… 1559
16.4 传输及线路 …… 1560
16.5 供电、接地 …… 1561
17 声、像节目制作 …… 1561
17.1 适用范围及功能要求 …… 1561
17.2 系统的组成及技术要求 …… 1562
17.3 设备配置量及设备选择 …… 1563
17.4 技术用房及设备布置 …… 1563
17.5 线路敷设 …… 1564
17.6 电源及接地 …… 1565
17.7 对其他专业的要求 …… 1565
18 呼应（叫）信号及公共显示装置 …… 1567
18.1 一般规定 …… 1567
18.2 呼应（叫）信号的呼叫方式及系统组成 …… 1567
18.3 呼应（叫）信号的设备选择及线路敷设 …… 1569
18.4 公共显示装置设置原则 …… 1569
18.5 公共显示装置显示方案的选择 …… 1570
18.6 公共显示装置的控制 …… 1571
18.7 公共显示装置的设备选择及线路敷设 …… 1571
18.8 时钟系统 …… 1572
19 电话 …… 1573
19.1 一般规定 …… 1573
19.2 对市内电话局的中继方式 …… 1574
19.3 电话站站址选择 …… 1576
19.4 电话站设备布置 …… 1576
19.5 会议电话、调度电话 …… 1577
19.6 电源、接地、照明 …… 1578
19.7 房屋建筑 …… 1581
20 通信线路 …… 1583
20.1 通信线路网络 …… 1583
20.2 电缆管道线路 …… 1584
20.3 直埋电缆线路 …… 1585
20.4 架空电缆 …… 1586
20.5 室外墙壁电缆 …… 1586
20.6 沿电力电缆沟敷设的托架电缆 …… 1587
20.7 架空线路 …… 1588
20.8 电缆充气维护 …… 1588
20.9 建筑物室内配线 …… 1588

20.10 接地保护 …… 1589
21 有线广播 …… 1590
21.1 有线广播的设置原则 …… 1590
21.2 有线广播网 …… 1590
21.3 设备的选择与设置 …… 1591
21.4 有线广播控制室 …… 1592
21.5 线路敷设 …… 1593
21.6 电源与接地 …… 1594
22 扩声与同声传译 …… 1594
22.1 扩声系统的确定 …… 1594
22.2 扩声系统的技术指标 …… 1594
22.3 扩声设计与计算 …… 1595
22.4 扩声设备的选择 …… 1595
22.5 扩声控制室 …… 1599
22.6 扬声器的布置与安装 …… 1599
22.7 传声器布置与声反馈的抑制 …… 1601
22.8 扩声网络与线路敷设 …… 1601
22.9 同声传译 …… 1602
22.10 电源与接地 …… 1602
23 仪表自控 …… 1603
23.1 检测与控制仪表 …… 1603
23.2 仪表的电源与气源 …… 1607
23.3 仪表盘与仪表室 …… 1607
23.4 仪表管线敷设 …… 1608
23.5 空调自动控制 …… 1610
23.6 锅炉房热工测量与自动控制 …… 1611
23.7 冷库自动控制 …… 1613
23.8 给水排水自动控制 …… 1614
23.9 微型计算机的应用 …… 1615
24 火灾报警与消防联动控制 …… 1617
24.1 一般规定 …… 1617
24.2 保护等级与保护范围的确定 …… 1618
24.3 系统设计 …… 1620
24.4 火灾事故广播 …… 1622
24.5 火灾探测器的选择与设置 …… 1623
24.6 消防联动控制 …… 1628
24.7 火灾应急照明 …… 1631
24.8 导线选择及线路敷设 …… 1632
24.9 系统供电 …… 1633

24.10 消防值班室与消防控制室 …… 1634
24.11 消防专用通信 …… 1636
24.12 防盗报警 …… 1636
24.13 可燃气体和可燃液体蒸气报警 …… 1637
24.14 接地 …… 1637
25 公用建筑计算机经营管理系统 …… 1637
25.1 一般规定 …… 1637
25.2 宾馆、饭店经营管理系统 …… 1644
25.3 图档馆检索系统 …… 1645
25.4 商业经营管理系统 …… 1647
25.5 停车场（库）计费管理系统 …… 1648
25.6 银行经营管理系统 …… 1649
25.7 铁路旅客站、航空港售票系统 …… 1650
25.8 办公自动化系统 …… 1652
26 建筑物自动化系统（BAS） …… 1654
26.1 一般规定 …… 1654
26.2 系统的服务功能与网络结构 …… 1656
26.3 监控总表的编制 …… 1659
26.4 BA系统硬件及其组态的规定 …… 1662
26.5 关于BA系统软件的原则规定 …… 1667
26.6 信号传输与数据通信 …… 1668
26.7 电源 …… 1669
26.8 线路敷设 …… 1670
26.9 监控中心 …… 1671
附录A 室外线路 …… 1672
A.1 典型气象区适用地区 …… 1672
A.2 架空线路污秽分级标准 …… 1672
附录B 常用设备电气装置 …… 1673
B.1 鼠笼型电动机降压起动方式的特点 …… 1673
B.2 交流稳压器类型特点 …… 1673
B.3 各种整流器的接线系数 …… 1674
B.4 整流器 η，$\cos\varphi$ 参考值 …… 1675
B.5 固定型铅蓄电池容量计算 …… 1675
附录C 电气照明 …… 1677
C.1 灯具亮度限制曲线及其使用方法 …… 1677
C.2 直接型灯具的遮光角 …… 1679
C.3 应急照明的设计规定 …… 1679
C.4 光源的混光比 …… 1682
C.5 灯具的分类 …… 1682

C.6 民用建筑照明负荷需要系数 …… 1682
C.7 紫外杀菌灯数量的确定 …… 1682
C.8 体育馆（场）照明的测量方法 …… 1683
附录D 建筑物防雷 …… 1686
D.1 全国主要城镇雷暴日数 …… 1686
D.2 建筑物年计算雷击次数的经验公式 …… 1688
D.3 建筑物易受雷击部位 …… 1689
D.4 等电位连接导线的最小截面 …… 1689
D.5 工频接地与冲击接地电阻的换算 …… 1690
附录E 接地及安全 …… 1691
E.1 低压配电系统的接地型式 …… 1691
E.2 澡盆和淋浴盆（间）区域的划分 …… 1693
E.3 游泳池和涉水池区域的划分 …… 1695
附录F 共用天线电视系统 …… 1695
F.1 系统指标分配系数与分贝值的换算公式 …… 1695
F.2 天线接收信号场强的估算公式 …… 1696
F.3 接收天线输出端电平值的计算 …… 1697
F.4 我国广播电视频道的频率配置 …… 1697
附录G 闭路应用电视 …… 1700
G.1 5级损伤标准评定 …… 1700
G.2 照度与摄像机选择的关系 …… 1700
G.3 摄像机镜头焦距的计算公式 …… 1700
G.4 使用无自动调整灵敏度功能的摄像机时对镜头的要求 …… 1700
附录H 声、像节目制作 …… 1700
H.1 电视中心视频系统和脉冲系统的技术要求 …… 1700
H.2 各类节目制作系统设备配置参考指标 …… 1702
H.3 各类节目制作系统用房面积参考指标 …… 1703
H.4 对相关专业的设计要求 …… 1703
附录K 扩声与同声传译部分的有关计算公式 …… 1704
附录L 火灾报警与消防联动控制 …… 1706
L.1 由 A 和 R 确定探测器 a、b 的极限曲线 …… 1706
L.2 房间高度及梁高对探测器设置的影响 …… 1706
L.3 按 Q 确定一只探测器能保护的梁间区域个数 …… 1707
附录M 建筑物自动化系统 …… 1707
M.1 BA系统中央软件的功能与技术要求 …… 1707
M.2 BA系统分站软件的功能与技术要求 …… 1710
M.3 各类描述短语示例 …… 1713
附录P 本规范用词说明 …… 1713
附加说明 …… 1714

1 总 则

1.0.1 为在民用建筑电气设计中更好地贯彻执行国家的技术经济政策，做到安全可靠、技术先进、经济合理、维护管理方便，并注意美观，制定本规范。

1.0.2 本规范适用于城镇新建、改建和扩建的单体及群体民用建筑的电气设计。

1.0.3 民用建筑电气设计采用的技术标准和装备水平，应与工程在国民经济和公共生活中的地位、规模、功能要求及建筑环境设计相适应。认真考虑设备、材料的供应可能，以及施工安装和维护管理水平。

1.0.4 民用建筑电气设计应积极采取各项节能措施，努力降低电能消耗；注意节约有色金属，合理选用铜、铝材质的导体。

1.0.5 民用建筑电气设计应根据地区条件、工程特点、规模和发展规划，正确处理近期和远期发展的关系，做到以近期为主，考虑发展的可能性。

1.0.6 民用建筑电气设计应积极采取经实践证明行之有效的新技术、新理论，努力创造经济效益、社会效益和环境效益。

1.0.7 设计中应选用技术先进、经济、适用的定型产品及经过鉴定、检测的优良产品。

1.0.8 民用建筑电气设计，除应符合本规范外，尚应符合国家现行有关标准、规范的规定。

2 术语、符号、代号

2.1 术 语

2.1.1 照明

(1) 光环境——光（照度水平、照度分布、照明形式、光色等）和颜色（色调、饱和度、室内色彩分布、显色性能等）与房间形状结合，在房间内所形成的生理和心理的环境。

(2) 工作面——指在其上面进行工作的平面。当没有特别指定工作位置时，一般把室内照明的工作面假设为距离地面0.75m高的水平面。

(3) 照度——在一个面上的光通密度。它是射入单位面积的光通量。

(4) 维护照度——在必须更换光源或在预期清洗灯具和清扫房间周期终止前，或者同时进行上述维护工作的时刻所应保持的平均照度。通常维护照度不应低于使用照度的80%。

(5) 使用照度——在一个维护周期内照度变化曲线的中间值。

(6) 初期照度——在新装照明设备初始时的照度。

(7) 标量照度——位于某一点的微小平面上的平均照度。标量照度又称平均球面照度。

(8) 平均柱面照度——位于某一点的微小圆柱曲面上的平均照度，圆柱的轴线与水平面垂直。

（9）等效球照度——在球照明条件下，作业的可见度与在给定照明条件下该作业的可见度相等时球照明条件下的照度水平。

（10）照度均匀度——表示给定平面上照度分布的量。照度均匀度可用最小照度与平均照度之比或最小照度与最大照度之比表示。

（11）减光补偿系数——照明装置经过一定期间使用后，工作面上的平均照度和同一条件的初期值之比称为维护系数。维护系数的倒数称为减光补偿系数。

（12）色调——非彩色即黑、白、灰以外呈现的彩色名称。如红、黄、蓝、绿等视觉的颜色特性。

（13）色温——光源发射的光的颜色与黑体在某一温度下辐射的光色相同时，黑体的温度称为该光源的色温。

（14）相关色温——黑体辐射的色度与所研究的光源色度最接近时，黑体的温度定义为该光源的相关色温。

（15）背景——与物体相邻近并被观察的表面。

（16）视野——当头和眼睛不动时，人眼能观察到的空间范围。

（17）可见度——人眼能够感知的物体清晰可见的程度。又称视度。

（18）视觉作业——在给定的活动中，必须观察的呈现在背景前的细节或目标。

（19）视觉环境——视野中除视觉作业以外的所有部分。

（20）视觉功效——用速度和精度来表示人的视觉器官完成给定视觉作业的定量评价。

（21）一般显色指数——系指在该光源照明下的物体颜色与色温类似的一个参比光源照明下，这些物体颜色的相符程度的量度。

（22）亮度——表面上一点在某一方向的亮度，是围绕该点的微单位表面在给定方向所发射或反射的发光强度除以该单元投影到同一方向的面积。

（23）亮度对比——物体及其背景亮度的差与背景亮度之比。

（24）眩光——由于亮度分布不适当或由于亮度的变化辐度太大，或由于空间和时间上存在极端的亮度对比，以致引起不舒适（不舒适眩光）或降低观察物体的能力（失能眩光）或同时产生这两种现象的视觉条件。

（25）直接眩光——在视野内由于高亮度所产生的眩光。

（26）反射眩光——在视野内由于光泽表面的反射所产生的眩光。

（27）光幕反射——在视觉作业上镜面反射与漫反射重叠造成对比减弱甚至全部细节模糊不清难以辨认所出现的现象。

（28）一般照明——为照亮整个工作面而设置的照明，是由若干灯具对称的排列在整个顶棚上所组成。

（29）分区一般照明——把灯具集中或分组集中设置在工作区上方所组成的布灯形式。

（30）局部照明——为增加特定的有限的部位的照度而设置的照明。

（31）混合照明——由一般照明和局部照明所组成的照明形式。

（32）正常照明——在正常情况下使用的室内外照明。

（33）应急照明——在正常照明因故熄灭的情况下，供暂时继续工作、保障安全或人员疏散用的照明。

（34）安全照明——当正常照明因故熄灭时，为确保处于潜在危险的人或物的安全而设的照明。

（35）值班照明——在非工作时间内所使用的照明。

（36）警卫照明——专用于警戒区的照明。

（37）景观照明——为观赏建筑物的外观和庭园、溶洞小景而设置的照明。

（38）重点照明——为突出特定目标或引起对视野中某一部分的注意力而设置的定向照明。

2.1.2 防雷、接地及安全

（1）接闪器——避雷针、避雷带、避雷网等直接接受雷击部分，以及用作接闪器的金属屋面和金属构件等。

（2）引下线——连接接闪器与接地装置的金属导体。

（3）接地装置——接地体和接地线的总称。

（4）接地体——埋入土壤中或混凝土基础中作散流用的导体。

（5）接地线——从引下线断接卡或换线处至接地体的连接导体。

（6）防雷装置——接闪器、引下线和接地装置的总合。

（7）直击雷——雷电直接击在建筑物上，产生电效应、热效应和机械力者。

（8）雷电波侵入——由于雷电对架空线路或金属管道的作用，雷电波可能沿着这些管线侵入室内，危及人身安全或损坏设备。

（9）过电压保护——用来限制存在于某两物体之间的冲击电压的一种设备，如放电间隙、避雷器、压敏电阻或半导体器具等。

（10）少雷区——年平均雷暴日数不超过15的地区。

（11）多雷区——年平均雷暴日数超过40的地区。

（12）雷电活动特殊强烈地区——年平均雷暴日数超过90的地区，以及雷害特别严重的地区。

（13）集中接地装置——为加强对雷电流的流散作用，降低对地电压而敷设的附加接地装置。

（14）弱电线路——指电报、电话、有线广播、线路闭塞装置与保护信号等线路。

（15）直配电机——不经过变压器而与架空线连接的电机。

（16）中性线（符号N）——与系统中性点相连接并能起传输电能作用的导体。

（17）接触电压——绝缘损坏后能同时触及的部分之间出现的电压。

（18）预期接触电压——在电气装置中发生阻抗可忽略的故障时，可能出现的最高接触电压。

（19）通称接触电压极限——在规定的外界影响下，允许无限期保持的接触电压的最大值。

（20）带电部分——在正常使用时带电的导体或可导电部分，它包括中性线，但不包括PEN线。

注：本术语不一定意味着有电击危险。

（21）外露可导电部分——指在正常情况时不带电，但在故障情况下可能带电的电气设备外露可导电体。

（22）装置外导电部分——不属于电气装置一部分的可导电部分，它可能引入电位，一般是地电位（在故障情况下，某局部的地电位可以不为零）。

（23） 保护线（符号 PE）——某些电击保护措施所要求的用来将以下任何部分作电气连接的导体；

——外露可导电部分；

——装置外导电部分；

——接地极；

——电源接地点或人工中性点。

（24） PEN 线——起中性线和保护线两种作用的接地的导体。

（25） 接地线——从总接地端子或总接地母线接至接地极的一段保护线。

（26） 总接地端子、总接地母线——将保护线接至接地设施的端子或母线。保护线包括等电位联结线。

（27） 等电位联结——使各个外露可导电部分及装置外导电部分的电位作实质上相等的电气连接。

（28） 等电位联结线——用作等电位联结的保护线。

（29） 总等电位联结——在建筑物电源线路进线处，将 PE 干线、接地干线、总水管、采暖和空调立管以及建筑物金属构件等相互作电气连接。

（30） 辅助等电位联结——在某一局部范围内的等电位联结。

（31） 直接接触保护——是防止人与带电导体直接接触时发生触电危险的保护，这时人接触的电压是电源系统电压。

（32） 间接接触保护——是在电气设备绝缘遭到破坏使外露可导电部分带电的情况下，用来防止人触及这些部位发生触电危险的保护。

2.1.3 共用天线电视系统

（1） 本地前端——直接与系统干线或与作干线用的短距离传输线路相连的前端。

（2） 中心前端——辅助性前端，通常设置在它服务区域的中心，其输入来自本地前端及其他可能的信号源。

（3） 远地前端——由这个前端，经过长距离电缆或微波线路把信号传递到本地前端。

（4） 超干线——仅指连接在前端之间的馈线。

（5） 干线——在前端和分配点之间或各分配点之间传输信号用的馈线。

（6） 桥接放大器——为提供分配点而接在干线中的放大器。

（7） 延长放大器——用作补偿分支线中衰减的放大器。

（8） 导频——由系统本身发送的反映传输电平变化情况的引导信号。

（9） 增补频道——在广播电视波段划分的空段内，专门为电缆分配系统设置的特殊频道。

（10） 载噪比——在系统的给定点，图像或声音载波电平与在该点的噪波电平间的分贝差。

（11） 交扰调制比——在系统指定点，指定载波上有用调制信号峰—峰值对转移调制成分峰—峰值的分贝差。

（12） 载波互调比——在系统指定点，载波电平对规定的互调产物电平或对互调产物组合电平的分贝差。

（13）系统输出口——连接用户线和接收机引入线的装置。

（14）双向传输——电缆分配系统的单根馈线上，载有两个方向的传输信号。

（15）双向电缆分配系统——在系统的一根或多根馈线中，使用了双向传输的系统。

（16）正向通道——即主通道，电缆分配系统中传输的主要业务通道，通常是从前端或中心向外（下行）传输至用户输出口。

（17）反向通道——即辅助通道，电缆分配系统中，除去主业务以外的传输信号，通常是向内（上行）传输至中心或前端。

2.1.4 公用建筑计算机经营管理

（1）比特（bit）——度量信息的单位。二进制的一位包含的信息量称为一比特。

（2）波特（baud）——在异步传输中，波特是调制率的单位，它是单位间隔的倒数，若单位间隔的宽度是20ms时，则调制率是50波特，也是传输速度的单位，它等于每秒内离散状态或信号事件的个数。

（3）字节（byte）——作为一个单位来处理的一串二进制数位，通常取8个bit为一个字节。

（4）字长（word length）——一个字中的数位或字符的数量。

（5）字（word）——在计算机和信息处理系统中，在存贮、传送或操作时，作为一个单元的一组字符。

（6）计算机系统（computing system）——以实现数据运算为目的的全部设备，包括中央处理机（CPU）、存贮器、输入输出通道、控制器、外存贮器、外部设备及软件等。

（7）计算机配置（computer configuration）——为了实现计算机的某种运行而连在一起的一组设备。

（8）硬件（hardware）——计算机系统中的实际装置的总称。它可以是电子的、电的、磁性的、机械的、光的元件或装置或由它们组成的计算机部件或计算机。

（9）中央处理单元（CPU）——计算机的一部分。它包含指令的解释和执行的线路，以及为执行指令所必需的运算、逻辑和控制线路。

（10）通道（channel）——将输入及输出控制器连接到中央处理单元和主存贮器的硬设备。

（11）外部设备（external device）——通常指外存贮器（例如磁带、磁盘）和输入/输出设备（例如键盘输入机、卡片输入机、打印机等）。

（12）终端（terminal）——能通过通信通道发送和接收信息的一种设备。它以联机方式工作，通常由一个键盘和某种型式的显示装置等所组成。

（13）磁盘（disk）——具有磁表面的圆盘形磁记录媒体。磁盘分为硬磁盘和软磁盘两类。

（14）磁带（magnetic tape）——具有磁表面的柔软带状记录媒体。

（15）打印机（printer）——把字符的编码转换为字符的形状并印成硬拷贝的设备，例如串行打印机及高速打印机等。

（16）调制解调器（MODEM）——对通信设备所传输的信号进行调制或解调的设备。

（17）系统软件（system software）——在计算机系统中，所有供用户使用的软件，包括操作系统、汇编程序、编译程序以及各种服务性程序。

（18）应用软件（application software）——为解决特定问题而编写的程序。

（19）信息（message）——用来传送一定信息量的符号、序列（例如字母、数字）或连续时间的函数（例如图像）。

（20）平均故障间隔时间（MTBF）——在相当长的运行时间内，机器工作时间除以运行期间内的故障次数。

（21）MIPS——标征计算机运算速度的单位。每秒钟执行百万条机器指令数。

（22）接口（interface）——两个不同系统的交接部分。例如：两种硬设备的接口装置，两个程序块的接口程序，两个或多个程序共同访问的存贮区等。

（23）节点（结点 node）——在网络中，一个或多个功能单元与传输线路互连的一个点。

（24）节点计算机（node computer）——在网络节点上配置的计算机。

（25）网络操作系统（network operation system）——包括通信协议的通信系统。

它允许各台计算机在自主的前提下，通过计算机互连，以提供一种统一、经济而有效地使用各台计算机的方法。例如：统一全网的存取方法；全网范围内的文件、资源管理；可靠性、保密性等。

2.2 符　号

2.2.1 供配电

C——热稳定系数；

C——风载体型系数；

F——电杆杆身侧面的投影面积或导线直径与水平档距的乘积（m^2）；

I——电流（A）；

I_c——短时负荷工作制施加于线芯的恒定电流（A）；

I_2——保证保护电器可靠动作的电流（A）；

I_m——短时工作制负荷电流（A）；

I_n——熔断器的熔体额定电流或低压断路器长延时脱扣器的整定电流（A）；

I_p——断续负荷运行时的电流（A）；

I_z——被保护导体的允许持续载流量（A）；

I_{zd}——低压断路器瞬时或短延时过电流脱扣器整定电流（A）；

K——绝缘子机械强度的安全系数；

K——校正系数；

K——计算系数；

K_c——容量换算系数；

K_k——容量储备系数；

K_{Lz}——低压断路器的动作灵敏系数；

K_p——断续负荷运行时载流量的校正系数；

K_t——温度校正系数；

Q_c——连续负荷时线芯允许工作温度（℃）；

Q_d——短路电流的热效应（$A^2·s$）；
R_s——线芯在 Q_s 时电阻（Ω/m）；
S——导体的线芯截面（mm^2）；
T——瓷横担的受弯破坏荷载（N）；
T_{max}——绝缘子最大使用荷载（N）；
t——短时工作制的负荷工作时间（min）；
t——在已达到允许最高持续工作温度的绝缘导体内短路电流持续作用的时间（s）；
t_k——短路电流的持续时间（s）；
t_s——事故持续时间（h）；
V——设计风速（m/s）；
W——电杆或导线风荷载（N）；
Z_s——接地故障回路阻抗（Ω）；
$\alpha=\frac{t}{p}$——接通率；
$\beta=\frac{I_0}{I_N}$——预加负荷系数；
γ——导体在 0℃时电阻温度系数的倒数（K）；
θ_o——环境温度（℃）；
θ_a——敷设处的环境温度（℃）；
θ_c——已知载流量数据的对应温度（℃）；
θ_c——20℃时载流导体的热容比（J/Kmm^3）；
θ_e——电线、电缆线芯长期允许最高工作温度（℃）；
θ_f——短路时导体最高允许温度（℃）；
θ_i——短路时导体起始温度（℃）；
θ_s——过负荷运行时线芯允许工作温度（℃）；
τ——电线、电缆的发热时间常数（min）。

2.2.2 电力、照明

A——在确定单台 X 射线诊断机的电源变压器容量时，瞬时负荷的计算系数；
B——在确定放射线科室变压器容量时，瞬时负荷的计算系数；
C——蓄电池额定容量（A·h）；
C_{10}——蓄电池 10h 放电率容量（A·h）；
C_{c1}——按持续放电容量条件计算出的蓄电池容量（A·h）；
C_{c2}——按冲击电流条件所计算出的蓄电池容量（A·h）；
E_c——柱面照度；
E_d——X 射线管最大工作电流（平均值）所允许的最大工作电压（平均值）（kV）；
E_h——水平照度；
E_M——X 射线管最大工作电流（平均值）所允许的最大工作电压（峰值）（kV）；
F——灯具效率（可取 0.8）；

f——X射线管整流电压的波峰值因数；
H——草坪灯距地安装高度（m）；
H——杀菌灯至顶棚距离（m）；
I_{qd}——电动机的全压起动电流（A）；
K_m——事故放电电流的放电率；
K_s——放电后容量保留系数；
K_{ur}——浮充时运行容量系数；
M_{qd}——电动机的全压起动转矩（N·m）；
P_{cd}——充电设备的容量（kW）；
P_d——整流器直流输出额定功率（kW）；
S——稳压器的容量（V·A）；
S——X射线诊断机瞬时最大负荷（kV·A）；
U_e——直流母线电压额定值（V）；
U_{hl}——水平照度均匀度；
η——整流器效率；
η——X射线诊断机工作时的效率。

2.2.3 防雷、接地

A_e——与建筑物截收相同雷击次数的等效面积（km^2）；
C——电容（F）；
E_{jm}——接地装置的最大接触电势（V）；
E_{km}——接地装置的最大跨步电势（V）；
FB——磁吹或普通阀型避雷器；
FCD——磁吹避雷器；
FS、FZ——阀型避雷器；
f——设备工作频率（Hz）；
h_r——滚球半径（m）；
h_x——被保护物的高度（m）；
L——电抗线圈；
L_e——接地体的有效长度（m）；
L_x——引下线计算点到地面长度（m）；
N——建筑物年预计雷击次数（次/a）；
N_g——建筑物所处地区雷击大地的年平均密度［次/（km^2·a）］；
R——考虑到季节变化的最大接地电阻（Ω）；
$R_{\sim}$——工频接地电阻（Ω）；
R_A——PE（PEN）重复接地极电阻（Ω）；
R_A——外露可导电部分的接地极电阻（Ω）；
R_B——接地极的并联有效接地电阻（Ω）；

R_B——变压器中性点接地极电阻（Ω）；

R_i——防雷接地装置的冲击接地电阻（Ω）；

S_{a1}——引下线与金属物体之间的空气中距离（m）；

T_d——年平均雷暴日（d/a）；

Z——接地引线的高频阻抗（Ω）；

ρ——接地体周围介质的土壤电阻率（Ω·m）；

ρ_b——人站立处地表面土壤电阻率（Ω·m）；

λ——波长（m）。

2.2.4 电视

A——像场高（mm）；

a——分配给某一部分（前端、干线、分配网络）的载噪比系数指标值；

b——分配给某一部分的交扰调制比系数指标值；

d——天线杆塔至电视发射塔间的距离（m）；

E——自由空间辐射波场强（μV/m）；

F——焦距（mm）；

F_a——单个干线放大器的噪声系数（dB）；

F_h——前端的噪声系数（dB）；

G_t——发射天线相对于半波振子天线的增益（倍数）；

H——视场高（m）；

h_1——电视发射塔的绝对高度（m）；

h_j——天线安装的最佳绝对高度（m）；

h_r——接收天线的绝对高度（m）；

h_t——发射天线的绝对高度（m）；

L——镜头到监视目标的距离（m）；

N——系统传输的频道数；

P_t——发射台馈送给发射天线的功率（kW）；

S_{ia}——干线放大器在常温时的输入电平最低极限值（dB·μV）；

P_{oa}——干线放大器在常温时的输出电平最高极限值（dB·μV）；

U_0——专用频道放大器输出电平最大可用值（dB·μV）；

λ——天线接收频道中心频率的波长（m）。

2.2.5 广播、扩声

$\overline{a}$——房内平均吸声系数；

D_c——临界距离（扩散场距离 m）；

L_p——室内距声源为 r 的某点的声压级（dB）；

L_w——声源声功率级（dB）；

m——空气的声能衰减常数（1/m）；

P——功放设备输出总功率（W）；

Q——声源的指向性因数；

r——受声点至扬声器（或扬声器系统）轴心点的距离（m）；

r——声源与接收点的距离（m）；

r_o——辐射距离，即受声点至扬声器（或扬声器系统）轴心点的距离（m）；

r_{max}——扬声器（或扬声器系统）最远供声距离（m）；

r_θ——离轴成 θ 角供声点辐射距离（m）；

T_{60}——房间的混响时间（s）；

W_a——声源的声功率（W）；

W_e——扬声器（或扬声器系统）的额定电功率（W）；

α——扬声器的垂直方向指向性角度（°）；

β——扬声器的水平方向指向性角度（°）。

2.2.6 公共建筑计算机经营管理系统

LS——链路速度（字符/s）；

PC——处理一份控制电文所需的指令数；

PI——处理一份入界电文所需要的指令数；

PX——处理一份出界电文所需的指令数；

RC——探询率；

RI——每条链路每秒接收的电文率（组电文/s）；

RX——每条链路每秒发出的电文率（组电文/s）；

SC——控制电文的平均长度；

SI——进入节点的电文平均长度（字符数/组）；

SX——从节点发出电文的平均长度（字符数/组）。

2.3 代　号

2.3.1 缩写词及其中英文全称对照

表 2.3.1 缩写词及其中英文全称对照

缩写词	英 文 全 称	中 文 全 称
BAS	Building Automation System	建筑物自动化系统
BMCS	Building Management and Control System	建筑物管理与控制系统
HVAC	Heating-Ventilating-Air Conditioning (Controls)	供热、通风及空气调节
DDC	Direct Digital Control	直接数字控制
TDS	Total Distribution System	集散型系统
CPU	Central Processing Unit	中央处理机
CIU	Communication Interface Unit	通信接口单元
CRT	Cathode Ray Tube (Display)	阴极射线管显示装置
PRT	Printer	打印机
UPS	Uninterrupted Power Supply	不停电电源
DGP	Data Gathering Plant	数据采集盘（站）
DCP	Distributed Control Plant	分散控制盘（站）
DCP-I	Distributed Control Plant Intelligent	智能型分散控制盘（站）
DCP-G	Distributed Control Plant-General	通用型分散控制盘（站）
EPROM	Erasable Programmable Read-Only Memory	可擦可编程序只读存储器
RAM	Random Access Memory	随机存取存储器
I/O	Input/Output	输入/输出

2.3.2 用于二位式或三位式状态的工程单位

表 2.3.2 用于二位式或三位式状态的工程单位

工程单位名称	代　　号	工程单位名称	代　　号
通/断	ON/OFF	保卫/出入	SEC/ACC
自动通/自动断	AON/AOF	加热/冷却	HTG/CLG
慢/快/断	SLO/FST/OFF	接通/断开/自动	ON/OFF/AUTO
日/夜	DA/NT	手动/自动	MAN/AUTO
开/闭	OPN/CLO	启动/停止	STAR/STOP
运行/停止	RUN/STOP		

2.3.3 用于工况或状态显示的工程单位

表 2.3.3 用于工况或状态显示的工程单位

工程单位名称	代　　号	工程单位名称	代　　号
事　故	EMG	火　灾	FIR
保　持	HOL	闯　入	INT
维　修	MNT	监　视	SPV
试　验	TST	安　全	SAF
重　置	RST	巡　更	PT
烟　雾	SMO	机械的	MEC
电气的	ELT	喷　水	SPR

3 供 电 系 统

3.1 负荷分级及供电要求

3.1.1 电力负荷应根据供电可靠性及中断供电在政治、经济上所造成的损失或影响的程度，分为一级负荷、二级负荷及三级负荷。

3.1.1.1 一级负荷

（1）中断供电将造成人身伤亡者。

（2）中断供电将造成重大政治影响者。

（3）中断供电将造成重大经济损失者。

（4）中断供电将造成公共场所秩序严重混乱者。

对于某些特等建筑，如重要的交通枢纽、重要的通信枢纽、国宾馆、国家级及承担重大国事活动的会堂、国家级大型体育中心，以及经常用于重要国际活动的大量人员集中的公共场所等的一级负荷，为特别重要负荷。

中断供电将影响实时处理计算机及计算机网络正常工作或中断供电后将发生爆炸、火灾以及严重中毒的一级负荷亦为特别重要负荷。

3.1.1.2 二级负荷

（1）中断供电将造成较大政治影响者。

（2）中断供电将造成较大经济损失者。

（3）中断供电将造成公共场所秩序混乱者。

3.1.1.3 三级负荷

不属于一级和二级的电力负荷。

3.1.2 民用建筑中常用重要电力负荷的分级应符合表3.1.2的规定。

表3.1.2 常用重要电力负荷级别

序号	建筑物名称	电力负荷名称	负荷级别	备注
1	高层普通住宅	客梯、生活水泵电力，楼梯照明	二级	
2	高层宿舍	客梯、生活水泵电力，主要通道照明	二级	
3	重要办公建筑	客梯电力，主要办公室、会议室、总值班室、档案室及主要通道照明	一级	
4	部、省级办公建筑	客梯电力，主要办公室、会议室、总值班室、档案室及主要通道照明	二级	
5	高等学校教学楼	客梯电力，主要通道照明	二级①	
6	一、二级旅馆	经营管理用及设备管理用电子计算机系统电源	一级④	
		宴会厅电声、新闻摄影、录像电源，宴会厅、餐厅、娱乐厅、高级客房、康乐设施、厨房及主要通道照明，地下室污水泵、雨水泵电力，厨房部分电力，部分客梯电力	一级	
		其余客梯电力，一般客房照明	二级	
7	科研院所重要实验室		一级②	
8	市（地区）级及以上气象台	主要业务用电子计算机系统电源	一级④	
		气象雷达、电报及传真收发设备、卫星云图接收机及语言广播电源，天气绘图及预报照明	一级	
		客梯电力	二级	
9	高等学校重要实验室		一级②	
10	计算中心	主要业务用电子计算机系统电源	一级	
		客梯电力	二级	
11	大型博物馆、展览馆	防盗信号电源，珍贵展品展室的照明	一级④	
		展览用电	二级	
12	甲等剧场	调光用电子计算机系统电源	一级④	
		舞台、贵宾室、演员化妆室照明，舞台机械电力，电声、广播及电视转播、新闻摄影电源	一级	
13	甲等电影院		二级	
14	重要图书馆	检索用电子计算机系统电源	一级④	
		其他用电	二级	
15	省、自治区、直辖市及以上体育馆、体育场	计时记分用电子计算机系统电源	一级④	
		比赛厅（场）、主席台、贵宾室、接待室及广场照明，电声、广播及电视转播、新闻摄影电源	一级	

续表 3.1.2

序号	建筑物名称	电力负荷名称	负荷级别	备注
16	县（区）级及以上医院	急诊部用房、监护病房、手术部、分娩室、婴儿室、血液病房的净化室、血液透析室、病理切片分析、CT扫描室、区域用中心血库、高压氧仓、加速器机房和治疗室及配血室的电力和照明，培养箱、冰箱、恒温箱的电源	一级	
		电子显微镜电源，客梯电力	二级	
17	银行	主要业务用电子计算机系统电源，防盗信号电源	一级④	
		客梯电力，营业厅、门厅照明	二级③	
18	大型百货商店	经营管理用电子计算机系统电源	一级④	
		营业厅、门厅照明	一级	
		自动扶梯、客梯电力	二级	
19	中型百货商店	营业厅、门厅照明、客梯电力	二级	
20	广播电台	电子计算机系统电源	一级④	
		直接播出的语言播音室、控制室、微波设备及发射机房的电力和照明	一级	
		主要客梯电力，楼梯照明	二级	
21	电视台	电子计算机系统电源	一级④	
		直接播出的电视演播厅、中心机房、录像室、微波机房及发射机房的电力和照明	一级	
		洗印室、电视电影室、主要客梯电力，楼梯照明	二级	
22	火车站	特大型站和国境站的旅客站房、站台、天桥、地道的用电设备	一级	
23	民用机场	航行管制、导航、通信、气象、助航灯光系统的设施和台站；边防、海关、安全检查设备；航班预报设备；三级以上油库；为飞行及旅客服务的办公用房；旅客活动场所的应急照明	一级④	
		候机楼、外航驻机场办事处、机场宾馆及旅客过夜用房、站坪照明、站坪机务用电	一级	
		其他用电	二级	
24	水运客运站	通讯枢纽，导航设施、收发讯台	一级	
		港口重要作业区，一等客运站用电	二级	
25	汽车客运站	一、二级站	二级	
26	市话局、电信枢纽、卫星地面站	载波机、微波机、长途电话交换机、市内电话交换机、文件传真机、会议电话、移动通信及卫星通信等通讯设备的电源；载波机室、微波机室、交换机室、测量室、转接台室、传输室、电力室、电池室、文件传真机室、会议电话室、移动通信室、调度机室及卫星地面站的应急照明，营业厅照明，用户电传机	一级⑤	
		主要客梯电力，楼梯照明	二级	

续表 3.1.2

序号	建筑物名称	电 力 负 荷 名 称	负荷级别	备 注
27	冷库	大型冷库、有特殊要求的冷库的一台氨压缩机及其附属设备的电力，电梯电力，库内照明	二级	
28	监狱	警卫照明	一级	
注：①仅当建筑物为高层建筑时，其客梯电力、楼梯照明为二级负荷； ②此处系指高等学校、科研院所中一旦中断供电将造成人身伤亡或重大政治影响、经济损失的实验室，例如生物制品实验室等； ③在面积较大的银行营业厅中，供暂时工作用的应急照明为一级负荷； ④该一级负荷为特别重要负荷； ⑤重要通讯枢纽的一级负荷为特别重要负荷； ⑥各种建筑物的分级见现行的有关设计规范。				

3.1.3 表 3.1.2 列为一级负荷的电子计算机，其机房及已记录的媒体存放间的应急照明亦为一级负荷。

3.1.4 当在主体建筑中有一级负荷时，与其有关的主要通道照明为一级负荷。

3.1.5 电话站的电源为一级负荷，其交流电源的负荷级别应与该建筑工程中最高等级的电力负荷相同。

3.1.6 表 3.1.2 所列的主体建筑中，当有大量一级负荷时，其附属的锅炉房、冷冻站、空调机房的电力和照明为二级负荷。

3.1.7 民用建筑中的消防水泵、消防电梯、防排烟设施、火灾自动报警、自动灭火装置、火灾应急照明、电动防火门窗、卷帘、阀门等消防用电的负荷等级，应符合国家现行的《高层民用建筑设计防火规范》和《建筑设计防火规范》的规定。

3.1.8 对负荷等级没有规定的重要电力负荷，应与有关部门协商确定。

3.1.9 一级负荷的供电电源应符合下列要求：

3.1.9.1 一级负荷应由两个电源供电，当一个电源发生故障时，另一个电源应不致同时受到损坏。

一级负荷容量较大或有高压用电设备时，应采用两路高压电源。如一级负荷容量不大时，应优先采用从电力系统或临近单位取得第二低压电源，亦可采用应急发电机组，如一级负荷仅为照明或电话站负荷时，宜采用蓄电池组作为备用电源。

3.1.9.2 一级负荷中特别重要负荷，除上述两个电源外，还必须增设应急电源。为保证对特别重要负荷的供电，严禁将其他负荷接入应急供电系统。

（1）常用的应急电源可有下列几种：

a. 独立于正常电源的发电机组。

b. 供电网络中有效地独立于正常电源的专门馈电线路。

c. 蓄电池。

（2）根据允许的中断供电时间可分别选择下列应急电源：

a. 静态交流不间断电源装置适用于允许中断供电时间为毫秒级的供电。

b. 带有自动投入装置的独立于正常电源的专门馈电线路，适用于允许中断时间为 1.5s 以上的供电。

c. 快速自起动的柴油发电机组，适用于允许中断供电时间为 15s 以上的供电。

3.1.10 二级负荷的供电系统应做到当发生电力变压器故障或线路常见故障时不致中断供电（或中断后能迅速恢复）。在负荷较小或地区供电条件困难时，二级负荷可由一回 6kV 及以上专用架空线供电。

3.1.11 三级负荷对供电无特殊要求。

3.2 电源及高压供配电系统

3.2.1 一般规定

3.2.1.1 符合下列条件之一时，用电单位宜设置自备电源：

（1）需要设置自备电源作为一级负荷中特别重要负荷的应急电源时。

（2）设置自备电源较从电力系统取得第二电源经济合理或第二电源不能满足一级负荷要求的条件时。

（3）所在地区偏僻，远离电力系统，经与供电部门共同规划，设置自备电源作为主电源经济合理时。

3.2.1.2 应急电源与工作电源之间必须采取可靠措施防止并列运行。

3.2.1.3 在设计供配电系统时，对于一级负荷中的特别重要负荷，应考虑一电源系统检修或故障的同时，另一电源系统又发生故障的严重情况，此时应从电力系统取得第三电源或自备电源。

3.2.1.4 需要两回电源线路的用电单位，宜采用同级电压供电，但根据各级负荷的不同需要及地区供电条件，也可采用不同电压供电。

3.2.1.5 同时供电的两回及以上供配电线路中，一回路中断供电时，其余线路应能满足全部一级和全部或部分二级负荷的用电需要。

3.2.1.6 供配电系统应简单可靠，同一电压的正常配电级数不宜多于两级。

3.2.1.7 高压配电线路应深入负荷中心。根据负荷容量和分布，宜使总变电所和配电所靠近高压负荷中心，变电所靠近各自的低压用电负荷中心。

3.2.1.8 对供电电压为 35kV 且负荷小而集中的用电单位，如没有高压用电设备，发展可能性小且面积受到限制，在取得供电部门同意后，可采用 35/0.4kV 直降配电变压器。

3.2.1.9 室外配电线路当有下列情况之一时，应采用电缆：

（1）没有架空线路走廊时。

（2）城市规划不允许通过架空线路时。

（3）高层建筑多，架空线路的安全运行受到严重威胁时。

（4）环境对架空线路有严重腐蚀时。

（5）重点风景旅游区的建筑群。

（6）大型民用建筑。

3.2.1.10 在用电单位内部为提高供电可靠性或出于节约用电及检修电源设备的需要，临近的变电所之间宜设置低压联络线。

3.2.1.11 小负荷的一般用电单位宜纳入当地低压电网。

3.2.2 居住区高压配电

3.2.2.1 应根据城市规划、城市电网发展规划综合考虑近期、中期、远期的用电负荷，确定居住区的供配电方案。

3.2.2.2 一般按每占地 $2km^2$ 或按总建筑面积 $4\times10^5m^2$ 设置一个 10kV 配电所。当变电所在六个以上时，也可设置 10kV 配电所。

3.2.2.3 10kV 配电系统应有较大的适应性。根据负荷等级、负荷容量、负荷分布及线路走廊等情况，配电系统宜以环式为主，也可采用放射式或树干式，有条件时也可采用格式接线。

每条线路、每个配变电所都应有明确的供电范围，不宜交错重叠。

3.2.2.4 对居住区内 10kV 用户变电所，可根据负荷等级、负荷容量、地理位置等情况采取不同的供电方式。对负荷等级较高及容量大的用户变电所宜采用双回专用线路或一回专用线路加公共备用干线或双干线方式供电；对其余用户变电所可采用树干式、环式或格式配电系统。

3.2.2.5 为了限制系统短路容量，简化继电保护，环式配电系统应采取开环方式。

3.2.2.6 配变电所进出线方式宜采用电缆。

3.2.2.7 在确定路灯变压器装设的位置、数量及控制方式时，应根据各城市有关规定，与主管部门商定。

3.2.2.8 配电线路的导线截面，应与城市供电部门协商确定，其中主干电缆截面应根据规划容量选定。

3.2.3 大型民用建筑高压配电

3.2.3.1 应根据用电负荷的容量及分布，使变压器深入负荷中心，以降低电能损耗和有色金属消耗。在下列情况之一时，宜分散设置配电变压器：

(1) 单体建筑面积大或场地大，用电负荷分散。

(2) 超高层建筑。

(3) 大型建筑群。

3.2.3.2 对于负荷较大而又相对集中的高层建筑，除底层、地下层外，可根据负荷分布将变压器设在顶层、中间层。具体要求见本规范第 4.2 节。

3.2.3.3 对于空调、采暖等季节性负荷所占比重较大的民用建筑，在确定变压器台数、容量时，应考虑变压器的经济运行。

3.2.3.4 一级负荷中特别重要负荷宜设置专用低压母线段。

3.2.3.5 高压配电系统宜采用放射式，根据具体情况也可采用环形、树干式或双干线。

3.3 电压选择和电能质量

3.3.1 用电单位的供电电压应从用电容量、用电设备特性、供电距离、供电线路的回路数、用电单位的远景规划、当地公共电网现状和它的发展规划以及经济合理等因素考虑决定。

用电设备容量在 250kW 或需用变压器容量在 160kV·A 以上者应以高压方式供电；用电设备容量在 250kW 或需用变压器容量在 160kV·A 及以下者，应以低压方式供电，特殊情况也可以高压方式供电。

3.3.2 用电单位的高压配电电压宜采用 10kV；如 6kV 用电设备的总容量较大，选用 6kV 电压配电技术经济合理时，则应采用 6kV。低压配电电压应采用 220/380V。

3.3.3 正常运行情况下用电设备端子处电压偏差允许值（以额定电压的百分数表示）可

按下列要求验算：

（1）一般电动机±5%。

（2）电梯电动机±7%。

（3）照明：在一般工作场所为±5%；在视觉要求较高的屋内场所为+5%、-2.5%；对于远离变电所的小面积一般工作场所，难以满足上述要求时，可为+5%、-10%；应急照明、道路照明和警卫照明为+5%、-10%。

（4）其他用电设备，当无特殊规定时为±5%。

3.3.4 电子计算机供电电源的电能质量应满足表3.3.4所列数值。

表3.3.4 计算机性能允许的电能参数变动范围表

指标 级别 项目	A 级	B 级	C 级
电压波动（%）	-5~+5	-10~+7	-10~+10
频率变化（Hz）	-0.05~+0.05	-0.5~+0.5	-1~+1
波形失真率（%）	≤5	≤10	≤20

3.3.5 医用X线诊断机的允许电压波动范围为额定电压的-10%~+10%。

3.3.6 为减少电压偏差，供配电系统的设计应符合下列要求：

（1）正确选择变压器的变压比和电压分接头；

（2）合理减少系统阻抗；

（3）合理补偿无功功率；

（4）尽量使三相负荷平衡。

3.3.7 计算电压偏差时，应计入采取下列措施的调压效果：

（1）自动或手动调整并联补偿电容器、并联电抗器。

（2）自动或手动调整同步电动机的励磁电流。

（3）改变供配电系统运行方式。

3.3.8 10（6）kV配电变压器不宜采用有载调压型，但在当地10（6）kV电源电压偏差不能满足要求，且用电单位有对电压要求严格的设备，单独设置调压装置技术经济不合理时，也可采用10（6）kV有载调压变压器。

3.3.9 为了限制电压波动和闪变（不包括电动机起动时允许的电压波动）在合理的范围，对冲击性低压负荷宜采取下列措施：

（1）采用专线供电。

（2）与其他负荷共用配电线路时，宜降低配电线路阻抗。

（3）较大功率的冲击性负荷或冲击性负荷群与对电压波动、闪变敏感的负荷，宜分别由不同的配电变压器供电。

3.3.10 为控制各类非线性用电设备所产生的谐波引起的电网电压正弦波形畸变在合理范围内，宜采取下列措施：

3.3.10.1 各类大功率非线性用电设备变压器的受电电压有多种可供选择时，如选用较低电压不能符合要求，宜选用较高电压。

3.3.10.2 对大功率静止整流器，宜采取下列措施：

（1）宜提高整流变压器二次侧的相数和增加整流器的整流脉冲数。

（2）多台相数相同的整流装置，宜使整流变压器的二次侧有适当的相角差。

（3）宜按谐波次数装设分流滤波器。

3.3.11 为降低三相低压配电系统的不对称度，设计低压配电系统应遵守下列规定：

3.3.11.1 220V 或 380V 单相用电设备接入 220V 或 380V 三相系统时，宜使三相平衡。

3.3.11.2 由地区公共低压电网供电的 220V 照明负荷，线路电流不超过 30A 时，可用 220V 单相供电，否则应以 220/380V 三相四线制供电。

3.4 负荷计算

3.4.1 负荷计算的内容包括：

3.4.1.1 计算负荷，作为按发热条件选择配电变压器、导体及电器的依据，并用来计算电压损失和功率损耗。在工程上为方便计，亦可作为电能消耗量及无功功率补偿的计算依据。

3.4.1.2 尖峰电流，用以校验电压波动和选择保护电器。

3.4.1.3 一级、二级负荷，用以确定备用电源或应急电源。

3.4.1.4 季节性负荷，从经济运行条件出发，用以考虑变压器的台数和容量。

3.4.2 负荷计算方法宜按下列原则选取：

3.4.2.1 在方案设计阶段可采用单位指标法；在初步设计及施工图设计阶段，宜采用需要系数法。

对于住宅，在设计的各个阶段均可采用单位指标法。

3.4.2.2 用电设备台数较多，各台设备容量相差不悬殊时，宜采用需要系数法，一般用于干线、配变电所的负荷计算。

3.4.2.3 用电设备台数较少，各台设备容量相差悬殊时，宜采用二项式法，一般用于支干线和配电屏（箱）的负荷计算。

3.4.3 进行负荷计算时，应按下列规定计算设备功率：

3.4.3.1 对于不同工作制的用电设备的额定功率应换算为统一的设备功率。

（1）连续工作制电动机的设备功率等于额定功率。

（2）断续或短时工作制电动机的设备功率，当采用需要系数法或二项式法计算时，是将额定功率统一换算到负载持续率为 25%时的有功功率。

（3）电焊机的设备功率是指将额定功率换算到负载持续率为 100%时的有功功率。

3.4.3.2 照明用电设备的设备功率为：

（1）白炽灯、高压卤钨灯是指灯泡标出的额定功率。

（2）低压卤钨灯除灯泡功率外，还应考虑变压器的功率损耗。

（3）气体放电灯、金属卤化物灯除灯泡的功率外，还应考虑镇流器的功率损耗。

3.4.3.3 整流器的设备功率是指额定交流输入功率。

3.4.3.4 成组用电设备的设备功率，不应包括备用设备。

3.4.4 当消防用电的计算有功功率大于火灾时可能同时切除的一般电力、照明负荷的计算有功功率时，应按未切除的一般电力、照明负荷加上消防负荷计算低压总的设备功率，计算负荷。否则计算低压总负荷时，不应考虑消防负荷。

3.4.5 单相负荷应均衡分配到三相上。当单相负荷的总容量小于计算范围内三相对称负荷总容量的15%时，全部按三相对称负荷计算；当超过15%时，应将单相负荷换算为等效三相负荷，再与三相负荷相加。等效三相负荷可按下列方法计算：

(1) 只有相负荷时，等效三相负荷取最大相负荷的3倍。

(2) 只有线间负荷时，等效三相负荷为：单台时取线间负荷的$\sqrt{3}$倍；多台时取最大线间负荷的$\sqrt{3}$倍加上次大线间负荷的（$3-\sqrt{3}$）倍。

(3) 既有线间负荷又有相负荷时，应先将线间负荷换算为相负荷，然后各相负荷分别相加，选取最大相负荷乘3倍作为等效三相负荷。

3.4.6 对用电设备进行分组计算时，应按下列条件考虑：

(1) 三台及以下，计算负荷等于其设备功率的总和；三台以上时，其计算负荷应通过计算确定。

(2) 类型相同的用电设备，其总容量可以用算数加法求得。

(3) 类型不同的用电设备，其总容量应按有功和无功负荷分别相加确定。

3.4.7 当采用需要系数法计算负荷时，应将配电干线范围内的用电设备按类型统一划组。配电干线的计算负荷为各用电设备组的计算负荷之和再乘以同时系数。变电所或配电所的计算负荷，为各配电干线计算负荷之和再乘以同时系数。计算变电所高压侧负荷时，应加上变压器的功率损耗。

3.4.8 采用二项式法计算负荷时，应注意以下几点：

(1) 应将计算范围内的所有设备统一划组，不应逐级计算；

(2) 不考虑同时系数；

(3) 当用电设备等于或少于4台时，该用电设备组的计算负荷按设备功率乘以计算系数求得；

(4) 计算多个用电设备组的负荷时，如果每组中的用电设备台数小于最大用电设备台数 n 时，则取小于 n 的两组或更多组中最大用电设备的附加功率之和作为总的附加功率。

3.5 无 功 补 偿

3.5.1 设计中应正确选择电动机、变压器的容量，减少线路感抗。在工艺条件适当时，可采用同步电动机以及选用带空载切除的间歇工作制设备等措施，以提高用电单位的自然功率因数。

3.5.2 当采用提高自然功率因数措施后，仍达不到下列要求时，应采用并联电力电容器作为无功补偿装置。

3.5.2.1 高压供电的用电单位，功率因数为0.9以上。

3.5.2.2 低压供电的用电单位，功率因数为0.85以上。

3.5.3 采用电力电容器作无功补偿装置时，宜采用就地平衡原则。低压部分的无功负荷由低压电容器补偿，高压部分的无功负荷由高压电容器补偿。容量较大、负荷平稳且经常使用的用电设备的无功负荷宜单独就地补偿。补偿基本无功负荷的电容器组，宜在配变电所内集中补偿。居住区的无功负荷宜在小区变电所低压侧集中补偿。

3.5.4 对下列情况之一者，宜采用手动投切的无功补偿装置：

（1）补偿低压基本无功功率的电容器组。

（2）常年稳定的无功功率。

（3）配电所内的高压电容器组。

3.5.5 对下列情况之一者，宜装设无功自动补偿装置：

（1）避免过补偿，装设无功自动补偿装置在经济上合理时。

（2）避免在轻载时电压过高，造成某些用电设备损坏（例如灯泡烧毁或缩短寿命）等损失，而装设无功自动补偿装置在经济上合理时。

（3）必须满足在所有负荷情况下都能改善电压变动率，只有装设无功自动补偿装置才能达到要求时。

在采用高、低压自动补偿效果相同时，宜采用低压自动补偿装置。

3.5.6 无功自动补偿宜采用功率因数调节原则，并要满足电压变动率的要求。

3.5.7 电容器分组时，应符合下列要求：

（1）分组电容器投切时，不应产生谐振；

（2）适当减少分组组数和加大分组容量；

（3）应与配套设备的技术参数相适应；

（4）应满足电压波动的允许条件。

3.5.8 接到电动机控制设备负荷侧的电容器容量，不应超过为提高电动机空载功率因数到0.9所需的数值，其过电流保护装置的整定值，应按电动机-电容器组的电流来选择。并应符合下列要求：

（1）电动机仍在继续运转并产生相当大的反电势时，不应再起动。

（2）不应采用星-三角起动器。

（3）对吊车、电梯等机械负载可能驱动电动机的用电设备，不应采用电容器单独就地补偿。

（4）对需停电进行变速或变压的用电设备，应将电容器接在接触器的线路侧。

3.5.9 高压电容器组宜串联适当的电抗器以减少合闸冲击涌流和避免谐波放大。有谐波源的用户，装设低压电容器时，宜采取措施，避免谐波造成过电压。

3.5.10 高压供电的用电单位采用低压补偿时，高压侧的功率因数应满足供电部门的要求。

4 配 变 电 所

4.1 一 般 规 定

4.1.1 本章适用于交流电压为10kV及以下的配变电所设计。

4.1.2 地震基本烈度为7度及以上的地区，配变电所的设计和电气设备安装应采取必要的抗震措施。

4.2 所 址 选 择

4.2.1 配变电所位置选择，应根据下列要求综合考虑确定：

（1）接近负荷中心。

（2）进出线方便。

（3）接近电源侧。

（4）设备吊装、运输方便。

（5）不应设在有剧烈振动的场所。

（6）不宜设在多尘、水雾（如大型冷却塔）或有腐蚀性气体的场所，如无法远离时，不应设在污源的下风侧。

（7）不应设在厕所、浴室或其他经常积水场所的正下方或贴邻。

（8）不应设在爆炸危险场所以内和不宜设在有火灾危险场所的正上方或正下方，如布置在爆炸危险场所范围以内和布置在与火灾危险场所的建筑物毗连时，应符合现行的《爆炸和火灾危险环境电力装置设计规范》的规定。

（9）配变电所为独立建筑物时，不宜设在地势低洼和可能积水的场所。

（10）高层建筑地下层配变电所的位置，宜选择在通风、散热条件较好的场所。

（11）配变电所位于高层建筑（或其他地下建筑）的地下室时，不宜设在最底层。当地下仅有一层时，应采取适当抬高该所地面等防水措施。并应避免洪水或积水从其他渠道淹渍配变电所的可能性。

4.2.2 装有可燃性油浸电力变压器的变电所，不应设在耐火等级为三、四级的建筑中。

4.2.3 在无特殊防火要求的多层建筑中，装有可燃性油的电气设备的配变电所，可设置在底层靠外墙部位，但不应设在人员密集场所的上方、下方、贴邻或疏散出口的两旁。

4.2.4 高层建筑的配变电所，宜设置在地下层或首层；当建筑物高度超过100m时，也可在高层区的避难层或上技术层内设置变电所。

4.2.5 一类高、低层主体建筑内，严禁设置装有可燃性油的电气设备的配变电所。二类高、低层主体建筑内不宜设置装有可燃性油的电气设备的配变电所，如受条件限制亦可采用难燃性油的变压器，并应设在首层靠外墙部位或地下室，且不应设在人员密集场所的上下方、贴邻或出口的两旁，并应采取相应的防火和排油措施。

4.2.6 大、中城市除居住小区的杆上变电所外，民用建筑中不宜采用露天或半露天的变电所，如确因需要设置时，宜选用带防护外壳的户外成套变电所。

4.3 配电变压器选择

4.3.1 变电所符合下列条件之一时，宜装设两台及以上变压器：

（1）有大量一级负荷及虽为二级负荷但从保安角度需设置时（如消防等）。

（2）季节性负荷变化较大时。

（3）集中负荷较大时。

4.3.2 在下列情况下可设专用变压器：

（1）当动力和照明采用共用变压器严重影响照明质量及灯泡寿命时，可设照明专用变压器。

（2）当季节性的负荷容量较大时（如大型民用建筑中的空调冷冻机等负荷），可设专用变压器。

（3）接线为Y，yno的变压器，当单相不平衡负荷引起的中性线电流超过变压器低压绕组额定电流的25%时，宜设单相变压器。

（4）出于功能需要的某些特殊设备（如容量较大的X光机等）宜设专用变压器。

4.3.3 具有下列情况之一者，宜选用接线为D，yn11型变压器：

（1）三相不平衡负荷超过变压器每相额定功率15%以上者。

（2）需要提高单相短路电流值，确保低压单相接地保护装置动作灵敏度者。

（3）需要限制三次谐波含量者。

4.3.4 设置在一类高、低层主体建筑中的变压器，应选择干式、气体绝缘或非可燃性液体绝缘的变压器；二类高、低层主体建筑中也宜如此，否则应采取防火措施并符合本章第4.2.5条的规定。

4.3.5 特别潮湿的环境不宜设置浸渍绝缘干式变压器。

4.3.6 低压为0.4kV变电所中单台变压器的容量不宜大于1000kV·A，当用电设备容量较大、负荷集中且运行合理时，可选用较大容量的变压器。

设置在二层以上的三相变压器，应考虑垂直与水平运输对通道及楼板荷载的影响，如采用干式变压器时，其容量不宜大于630kV·A。

4.3.7 居住小区变电所内单台变压器容量不宜大于630kV·A。

4.4 主结线

4.4.1 配变电所的高压及低压母线，宜采用单母线或分段单母线接线。

4.4.2 配电所专用电源线的进线开关，宜采用断路器或负荷开关。当无继电保护或自动装置要求，或者出线回路较少无需带负荷操作时，也可采用隔离开关或手车式隔离触头组。

4.4.3 从总配电所以放射式向本部门的分配电所供电时，该分配电所的电源进线开关宜采用隔离开关或手车式隔离触头组。

4.4.4 配变电所的6~10kV非专用电源线的进线侧，应装设带保护并能带负荷操作的开关设备。

4.4.5 6~10kV母线的分段处，宜装设断路器，但属于下列情况之一时，可装设隔离开关或隔离触头组：

（1）事故时手动切换电源能满足要求。

（2）不需要带负荷操作。

（3）继电保护或自动装置无要求。

（4）出线回路较少。

4.4.6 两配电所之间的联络线宜在供电可能性大的一侧配电所装设断路器，另一侧装隔离开关或负荷开关。如两侧供电可能性相同，宜在两侧均装设断路器。

4.4.7 配电所引出线宜装设断路器，当满足保护和操作要求时也可装带熔断器的负荷开关，但变压器容量不宜大于400kV·A，电容器容量不宜大于300kvar。

4.4.8 向高压并联电容器组或频繁操作的高压用电设备供电的出线开关，应采用高分断能力和具有频繁操作性能的断路器。

4.4.9 10（6）kV配电装置的出线侧，在有反馈可能的出线回路或架空线回路中，应装设线路隔离开关或手车式隔离触头组。

4.4.10 采用（10）6kV 固定式配电装置时，除装设母线隔离开关外，其熔断器负荷开关的熔断器应在电源侧。

4.4.11 接在母线上的阀型避雷器和电压互感器，宜合用一组隔离开关。配变电所架空进、出线上的避雷器回路中可不装隔离开关。

4.4.12 由地区电网供电的配变电所电源进线处，宜装设供计费用的专用电压、电流互感器。

4.4.13 变电所变压器电源侧开关的装设。应符合下列规定：

（1）以树干式供电时，应装设带保护的开关设备。

（2）以放射式供电时，宜装设隔离开关或负荷开关。当变压器在高压配电室贴邻时可不装设开关。

4.4.14 变压器低压侧（电压 0.4kV）的总开关和母线分段开关宜采用低压断路器。

4.4.15 当低压母线为双电源，变压器低压侧总开关和母线分段开关（或单台变压器母线的联络线开关）采用低压断路器时，在总开关的出线侧及母线分段开关（或联络线开关）的两侧，宜装设刀开关或隔离触头。

当低压母联断路器采用自投方式时，应符合下列要求：

（1）应装设“自投自复”、“自投手复”、“自投停用”三种状态的位置选择开关；

（2）低压母联断路器自投应有一定的延时（0～1s），当低压侧主断路器因过载及短路故障分闸时，不允许自动关合母联断路器；

（3）低压侧主断路器与母联断路器应有电气联锁。

4.4.16 应急电源（如柴油发电机组）接入变电所低压配电系统时，应符合下列要求：

（1）与外网电源间应设联锁，不得并网运行；

（2）避免与外网电源的计费混淆；

（3）在结线上要具有一定的灵活性，以满足在非事故情况下能供给部分重要负荷用电的可能。

4.5 配变电所型式和布置

4.5.1 配变电所的型式应根据用电负荷的状况和周围环境情况综合确定。

4.5.1.1 高层或大型民用建筑内，宜设室内变电所或户内成套变电所。

4.5.1.2 大中城市的居民区，宜设独立变电所或内外附变电所，有条件时也可设户外成套变电所。

4.5.1.3 环境允许的中小城镇居民区和工厂的生活区，其变压器容量在 315kV·A 及以下时，宜设杆上式或高台式变电所。

4.5.2 不带可燃性油的高、低压配电装置和非油浸的电力变压器及非可燃性油浸电容器可设在同一房间内。

干式变压器应具有不低于 IP2X 防护外壳。

4.5.3 室内变电所的每台油量为 100kg 及以上的三相变压器，应设在单独的变压器室内。

4.5.4 带可燃性油的高压开关柜，宜装设在单独的高压配电装置室内。当高压开关柜的数量为 5 台及以下时，可和低压配电屏装设在同一房间内。

4.5.5 在同一房间内布置高、低压配电装置时，当高压开关柜或低压配电屏顶面有裸露导体时，两者之间的净距不应小于 2m；当高压开关柜和低压配电屏的顶面和侧面的外壳防护等级符合 IP2X 级时，两者可靠近布置。

4.5.6 有人值班的配变电所，应设单独的值班室（可兼控制室）。当有低压配电装置室时，值班室可与低压配电装置室合并，此时在值班人员经常工作的一面或一端，低压配电装置到墙的距离不应小于 3m。

高压配电装置室与值班室应直通或经过走廊相通，值班室应有门直接通向户外或通向走廊。

4.5.7 独立变电所宜单层布置，当采用双层布置时，变压器应设在底层。设于二层的配电装置应有吊运设备的吊装孔或吊装平台。

4.5.8 高（低）压配电装置室内宜留有适当数量的开关柜（屏）的备用位置。

4.5.9 油浸变压器和充油电器的布置，应考虑在带电时对油位、油温等观察的方便和安全，并易于抽取油样。

4.5.10 由同一配电所供给一级负荷用电时，母线分段处应有防火隔板或隔墙。

供给一级负荷用的两路电缆不应通过同一电缆沟，当无法分开时，则该两路电缆应采用绝缘和护套均为非延燃性材料的电缆，且应分别置于电缆沟两侧支架上。

4.5.11 户外成套变电所的进出线应采用电缆，或架空线至附近改用短段电缆进出。

4.5.12 配电所的辅助用房，应根据需要和节约的原则确定。

4.5.13 变压器外廓（防护外壳）与变压器室墙壁和门的净距不应小于表 4.5.13 所列数值。干式变压器的金属网状遮栏，其防护等级不低于 IP1X，遮栏高度不低于 1.70m。

表 4.5.13 变压器外廓（防护外壳）与变压器室墙壁和门的最小净距（m）

项目 \ 净距（m） \ 变压器容量（kV·A）	100～1000	1250～1600
油浸变压器外廓与后壁、侧壁净距	0.60	0.80
油浸变压器外廓与门净距	0.80	1.00
干式变压器带有 IP2X 及以上防护等级金属外壳与后壁、侧壁净距	0.60	0.80
干式变压器有金属网状遮栏与后壁、侧壁净距	0.60	0.80
干式变压器带有 IP2X 及以上防护等级金属外壳与门净距	0.80	1.00
干式变压器有金属网状遮栏与门净距	0.80	1.00

注：①表中各值不适用于制造厂的成套产品；
②网状遮栏内与高、低压导电体之间的值见表 4.6.4.1。

4.5.14 对于就地检修的室内油浸变压器，室内高度可按吊芯所需的最小高度再加 0.70m；宽度可按变压器两侧各加 0.80m 确定。

4.5.15 多台干式变压器布置在同一房间内时，变压器防护外壳间的净距不应小于表 4.5.15 所列数值。

表 4.5.15　变压器防护外壳间的最小净距（m）

项目　　净距（m）　变压器容量（kV·A）		100~1000	1250~1600
变压器侧面具有 IP2X 防护等级及以上的金属外壳	*A*	0.60	0.80
变压器侧面具有 IP4X 防护等级及以上的金属外壳	*A*	可贴邻布置	可贴邻布置
考虑变压器外壳之间有一台变压器拉出防护外壳	*B*①	变压器宽度 *b* 加 0.60	变压器宽度 *b* 加 0.60
不考虑变压器外壳之间有一台变压器拉出防护外壳	*B*	1.00	1.20
注：①变压器外壳的门应为可拆卸式。当变压器外壳的门为不可拆卸式时其 *B* 值应是门扇的宽度 *c* 加变压器宽度 *b* 之和再加 0.30m。			

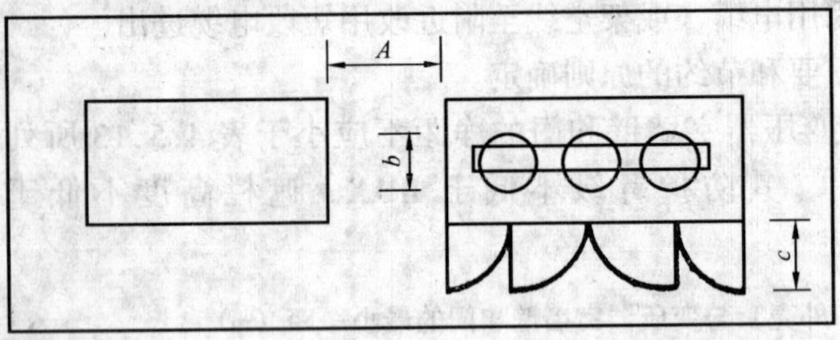

图 4.5.15-1　多台干式变压器之间 *A* 值

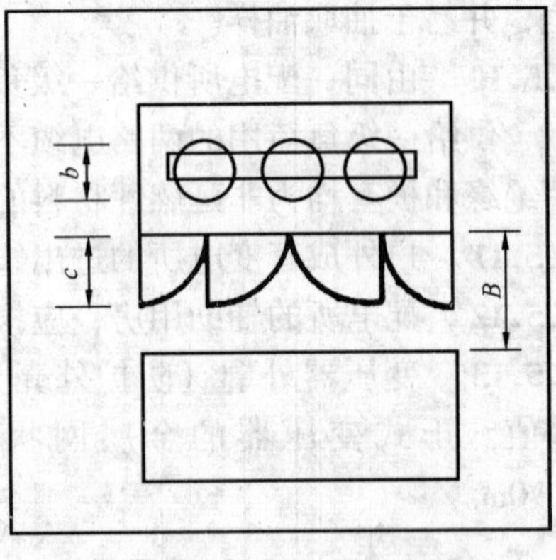

图 4.5.15-2　多台干式变压器之间 *B* 值

4.6　高 压 配 电 装 置

4.6.1　一般规定

4.6.1.1　配电装置的布置和导体、电器的选择，应满足在正常运行、检修、短路和过电压情况下的要求，并应不危及人身安全和周围设备。

配电装置的布置，应便于设备的操作、搬运、检修和试验，并应考虑电缆或架空线进出线方便。

4.6.1.2　配电装置的绝缘等级，应和电力系统的额定电压相配合。

4.6.1.3　配电装置中相邻带电部分的额定电压不同时，应按较高的额定电压确定其安全净距。

4.6.1.4　高压出线断路器当采用真空断路器时，为避免变压器（或电动机）操作过电压，应装有浪涌吸收器并装设在小车上。

高压出线断路器的下侧应装设接地开关和电源监视灯（或电压监视器）。

4.6.2　环境条件

4.6.2.1　选择导体和电器的环境温度一般采用表 4.6.2.1 所列数值。

表 4.6.2.1 选择导体和电器的环境温度（℃）

类 别	安装场所	环境温度 最 高	环境温度 最 低
裸导体	屋 内	该处通风设计温度。当无资料时，可取最热月平均最高温度加 5℃	
电 缆	屋外电缆沟（无覆土）	最热月平均最高温度	年最低温度
	屋内电缆沟	屋内通风设计温度。当无资料时，可取最热月平均最高温度加 5℃	
	电缆隧道	该处通风设计温度。当无资料时，可取最热月平均最高温度	
	土中直埋	最热月的平均地温	
电 器	屋内电抗器	该处通风设计最高排风温度	
	屋内其他	该处通风设计温度。当无资料时，可取最热月平均最高温度加 5℃	

注：①年最高（或最低）温度为一年中所测量的最高（或最低）温度的多年平均值；
②最热月平均最高温度为最热月每日最高温度的月平均值，取多年平均值。

4.6.2.2 选择导体和电器时的相对湿度，一般采用当地湿度最高月份的平均相对湿度。对湿度较高的场所，应采用该处实际相对湿度。

4.6.2.3 海拔高度超过 1000m 的地区，配电装置应选择适用于该海拔高度的电器和电瓷产品，其外部绝缘的冲击和工频试验电压应符合高压电气设备绝缘试验电压的有关规定。

4.6.3 导体和电器

4.6.3.1 选用的导体和电器，其允许的最高工作电压不得低于该回路的最高运行电压，其长期允许电流不得小于该回路的最大持续工作电流，并应按短路条件验算其动、热稳定。

用熔断器保护的导体和电器，可不验算热稳定，但动稳定仍应验算。

用高压限流熔断器保护的导体和电器，可根据限流熔断器的特性，来校验导体和电器的动、热稳定。

用熔断器保护的电压互感器回路，可不验算动稳定和热稳定。

4.6.3.2 确定短路电流时，应按可能发生最大短路电流的正常接线方式，并应考虑电力系统 5 ~ 10a 的发展规划以及本工程的规划。

4.6.3.3 计算短路点，应选择在正常接线方式时短路电流为最大的地点。

带电抗器的 6kV 或 10kV 出线，隔板（母线与母线隔离开关之间）前的引线和套管，应按短路点在电抗器前计算，隔板后的引线和电器，一般按短路点在电抗器后计算。

4.6.3.4 验算导体和电器时用的短路电流，宜按下列条件进行计算：

（1）电力系统所有供电电源都在额定负荷下运行；

（2）所有同步电机都具有强行励磁或自动调整励磁装置；

（3）短路发生在短路电流为最大值的瞬间；

（4）所有供电电源的电动势相位角相同；

（5）应考虑对短路电流值有影响的所有元件，但不考虑短路点的电弧电阻；

（6）在电气连接的网络中应考虑具有反馈作用的异步电动机的影响和电容补偿装置放电电流的影响。

4.6.3.5 导体和电器的热稳定、动稳定以及电器的短路开断电流，一般按三相短路验算。如单相、两相短路较三相短路严重时，则按严重情况验算。

4.6.3.6 当按短路开断电流选择高压断路器时，应能可靠地开断装设处可能发生的最大短路电流。

按断流能力校核高压断路器时，宜取断路器实际开断时间的短路电流作为校核条件。

装有自动重合闸装置的高压断路器，应考虑重合闸时对额定开断电流的影响。

4.6.3.7 验算导体短路热稳定用的计算时间，宜采用主保护动作时间加相应断路器全分闸时间。

如主保护有死区时，则应采用能对该死区起作用的保护装置动作时间，并采用相应处的短路电流值。

验算电器短路热稳定时间，采用后备保护动作时间加相应的断路器全分闸时间。

4.6.3.8 验算电缆热稳定时，短路点应按下列情况确定：

（1）不超过制造长度的单根电缆回路，应考虑短路发生在电缆的末端。但对于长度为200m以下的高压电缆，因其阻抗对热稳定计算截面影响较小，可按在电缆首端短路计算。

（2）有中间接头的电缆，短路发生在每一缩减电缆截面线段的首端；电缆线段为等截面时，则短路发生在第二段电缆的首端，即第一个中间接头处。

（3）无中间接头的并列连接的电缆，短路发生在并列点后。

4.6.3.9 验算短路热稳定时，裸导体的最高允许温度，宜采用表4.6.3.9-1所列数值，而导体在短路前的温度应采用额定负荷下的工作温度。

表 4.6.3.9-1 裸导体在短路时的最高允许温度（℃）

导体种类和材料	最高允许温度
铜	300
铝	200
钢（不和电器直接连接时）	400
钢（和电器直接连接时）	300

裸导体的热稳定可用下式验算：

$$S \geqslant \frac{\sqrt{Q_d}}{C} \qquad (4.6.3.9)$$

式中 S——裸导体的载流截面（mm^2）；

Q_d——短路电流的热效应（$A^2 \cdot s$）；

C——热稳定系数。

在不同的温度下，C 值可取表4.6.3.9-2所列数值。

表 4.6.3.9-2 不同温度下 C 值

工作温度（℃）	40	45	50	55	60	65	70	75	80	85	90
硬铝及铝锰合金	99	97	95	93	91	89	87	85	83	81	79
硬 铜	186	183	181	179	176	174	171	169	166	164	161

4.6.3.10 用于切合并联补偿电容器组的断路器宜用真空断路器或六氟化硫断路器。容量较小的电容器组，也可使用开断性能优良的少油断路器。

4.6.3.11 在正常运行和短路时电器引线的最大作用力，不应大于电器端子允许荷载。屋外部分的导体套管、绝缘子和金具，应根据当地气象条件和不同受力状态进行校验。

4.6.3.12 导线绝缘子和穿墙套管的机械强度安全系数，不应小于表4.6.3.12所列数值。

表 4.6.3.12　导体和绝缘子的安全系数

类　　别	荷载长期作用时	荷载短时作用时
套管、支持绝缘子、金具	2.5	1.67
悬式绝缘子及其金具①	5.3	3.3
软导体	4.0	2.6
硬导体②	2.0	1.67
注：①悬式绝缘子的安全系数对应于破坏荷载，而不是1h机电试验荷载，若是后者，则安全系数分别应为4.0和2.5； ②硬导体的安全系数对应于破坏应力，而不是屈服点应力，若是后者，则安全系数分别为1.6和1.4。		

4.6.3.13　验算短路动稳定时，硬导体的最大应力，不应大于表4.6.3.13所列数值。

重要回路的硬导体应力计算，还应考虑动力效应的影响。

表 4.6.3.13　硬导体的最大允许应力（N/mm^2）

材　　料	硬　　铜	硬　　铝	钢
最大应力	140	70	160
注：①本表不适用于有焊接接头的硬导体； ②表内所列数值为计及安全系数后的最大允许应力、安全系数一般取1.7（对应于材料破坏应力）或1.4（对应于屈服点应力）。			

4.6.3.14　配电装置各回路的相序排列应一致。硬导体的各相应涂色，色别应为A相黄色、B相绿色、C相红色。绞线可只标明相别。

4.6.3.15　在配电装置间隔内的硬导体及接地线上，应留有安装携带式接地线的接触面和连接端子。

4.6.3.16　高压配电装置均应装设闭锁装置及联锁装置，以防止带负荷拉合隔离开关、带接地合闸、有电挂接地线、误拉合断路器、误入屋内有电间隔等电气误操作事故。

4.6.4　屋内配电装置

4.6.4.1　屋内配电装置的各项安全净距，不应小于表4.6.4.1所列数值。

表 4.6.4.1　屋内配电装置的最小安全净距（mm）

项目 \ 额定电压（kV）	3	6	10
带电部分至接地部分（A_1）	75	100	125
不同相的带电部分之间（A_2）	75	100	125
1. 带电部分至栅栏（B_1） 2. 交叉的不同时停电检修的无遮栏带电部分之间	825	850	875
带电部分至网状遮栏（B_2）	175	200	225
无遮栏裸导体至地（楼）面（C）	2500	2500	2500
不同时停电检修的无遮拦裸导体之间的水平净距（D）	1875	1900	1925
出线套管至屋外通道的路面（E）	4000	4000	4000
注：①海拔高度超过1000m时，本表所列A值应按每升高100m增大1%进行修正，B、C、D值应分别增加A值的修正差值，当为板状遮栏时，其B_2值可取A_1+30mm； ②本表所列各值不适用于制造厂生产的产品。			

4.6.4.2 屋内配电装置的布置，应符合下列要求（见图 4.6.4.2-1、图 4.6.4.2-2）：

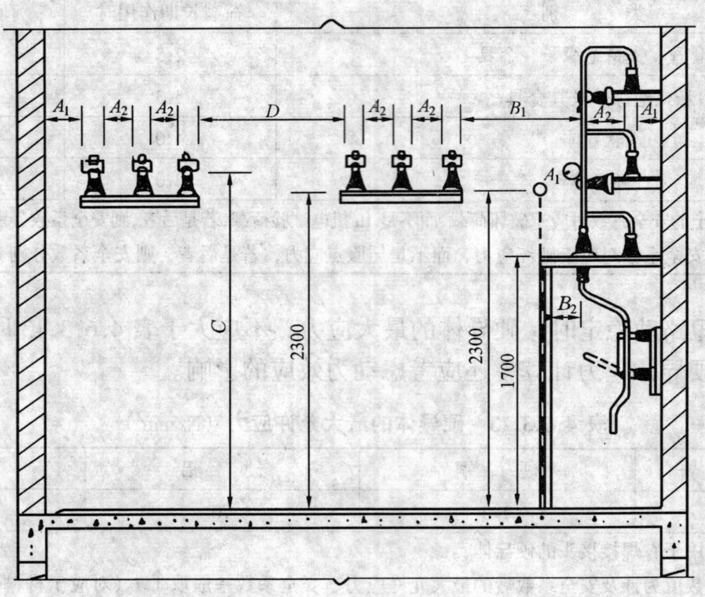

图 4.6.4.2-1　屋内 A_1、A_2、B_1、B_2、C、D 值校验图

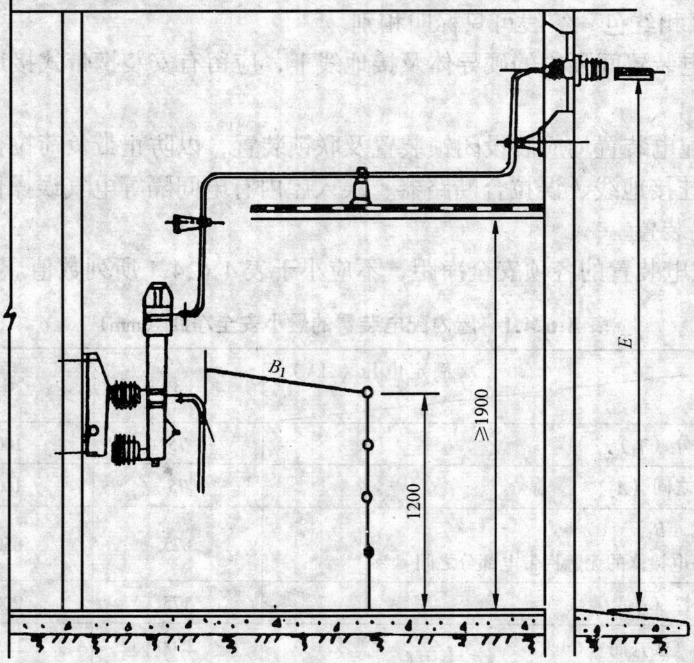

图 4.6.4.2-2　屋内 B_1、E 值校验图

（1）电气设备的套管和绝缘子最低绝缘部位距地（楼）面小于 2.30m 时，应装设固定围栏。

（2）围栏向上延伸线距地（楼）面 2.30m 处与围栏上方带电部分的净距，不应小于表

4.6.4.1 中的 A_1 值。

（3）位于地（楼）面上面的裸导电部分，如其尺寸小于 C 值则应用遮栏隔离，遮栏下通行部分的高度不应小于 1.90m。

4.6.4.3 配电装置室内各种通道的宽度（净距）不应小于表 4.6.4.3 所列数值。

表 4.6.4.3 配电装置室内各种通道的最小净宽（m）

通道分类 / 布置方式	维护通道	操作通道		通往防爆间隔的通道
		固定式	手车式	
一面有开关设备时	0.80	1.50	单车长 + 0.90	1.20
两面有开关设备时	1.00	2.00	双车长 + 0.60	1.20

4.6.4.4 屋内配电装置距屋顶（梁除外）的距离一般不小于 0.80m。

4.6.4.5 屋内配电装置裸露带电部分的上面不应有明敷的照明或动力线路跨越（顶部具有符合 IP4X 防护等级外壳的配电装置可例外）。

4.6.4.6 当电源从柜（屏）后进线，且需在柜（屏）后正背后墙上另装设隔离开关及其手动操作机构时，则柜（屏）后通道净宽不应小于 1.50m；当柜（屏）背面的防护等级为 IP2X 时，可减为 1.30m。

4.7 低压配电装置

4.7.1 选择低压配电装置时，除应满足所在网络的标称电压、频率及所在回路的计算电流外，尚应满足短路条件下的动、热稳定。对于要求断开短路电流的通、断保护电器，应满足短路条件下的通断能力。

4.7.2 配电装置的布置，应考虑设备的操作、搬运、检修和试验的方便。

4.7.3 成排布置的配电屏，其长度超过 6m 时，屏后面的通道应有两个通向本室或其他房间的出口，并宜布置在通道的两端。当两出口之间的距离超过 15m 时，其间还应增加出口。

4.7.4 成排布置的配电屏，其屏前和屏后的通道宽度，不应小于表 4.7.4 中所列数值。

表 4.7.4 配电屏前后的通道宽度（m）

通道宽度 / 布置方式 / 装置种类	单排布置		双排对面布置		双排背对背布置		多排同向布置	
	屏前	屏后	屏前	屏后	屏前	屏后	屏间	屏后
固定式	1.50 (1.30)	1.00 (0.80)	2.00	1.00 (0.80)	1.50 (1.30)	1.50	2.00	—
抽屉式、手车式	1.80 (1.60)	0.90 (0.80)	2.30 (2.00)	0.90 (0.80)	1.80	1.50	2.30 (2.00)	—
控制屏（柜）	1.50	0.80	2.00	0.80	—	—	2.00	屏前检修时靠墙安装

注：（）内的数字为有困难时（如受建筑平面的限制、通道内墙面有凸出的柱子或暖气片等）的最小宽度。

4.7.5 低压配电室通道上方裸带电体距地面的高度不应低于下列数值：

（1）屏前通道内者为 2.50m，加护网后其高度可降低，但护网最低高度为 2.20m。

(2) 屏后通道内者为 2.30m，否则应加遮护，遮护后的高度不应低于 1.90m，其宽度应符合第 4.7.4 条的规定。

4.7.6 同一配电室内的两段母线，如任一段母线有一级负荷时，则母线分段处应有防火隔断措施。

供给一级负荷的每回路电缆的敷设要求见本规范第 4.5.10 条的规定。

4.8 控制方式及操作电源

4.8.1 配电所所用电源一般引自就近的 220/380V 配电变压器。当配电所规模较大或距变电所较远时，可另设所用变压器，其容量不宜超过 30kV·A。

当有两回所用电源时，宜装设备用电源自动投入装置。

4.8.2 采用交流操作时，供操作、控制、保护、信号等的所用电源，如容量满足则应引自电压互感器。

4.8.3 采用电磁操动机构且仅有一路所用电源时，应专设所用变压器作为所用电源，并接在电源进线开关的前面。

4.8.4 重要配电所当装有电磁操动机构的断路器时，宜采用 220V 或 110V 镉镍电池组作为合、分闸直流操作电源；当装有弹簧储能操动机构的断路器时，宜采用小容量镉镍电池组作为分闸操作电源。

4.8.5 大、中型配电所当装有电磁操动机构的断路器时，合闸电源宜采用硅整流，分闸电源可采用小容量镉镍电池装置。当装有弹簧机构的断路器时，宜采用小容量镉镍电池装置作为分闸操作电源。

当采用硅整流作为合闸电源时，应校核该整流合闸电源能否保证断路器在事故情况下可靠合闸。

4.8.6 小型配电所宜采用弹簧储能操动机构合闸和去分流分闸的全交流操作。

4.8.7 当采用小容量镉镍电池组跳闸而外电源又不可靠时，直流部分信号灯的电源，不应接在镉镍电池组的放电回路上。

4.9 移相电容器装置

4.9.1 本节适用于电压为 10kV 及以下单组容量为 1000kvar 及以下，作并联补偿用的电力电容器装置的设计。

4.9.2 电容器装置载流部分（开关设备及导体等）的长期允许电流，高压不应小于电容器额定电流的 1.35 倍，低压不应小于电容器额定电流的 1.5 倍。

4.9.3 电容器组应装设放电装置，使电容器组两端的电压从峰值（$\sqrt{2}$倍额定电压）降至 50V 所需的时间，对高压电容器最长为 5min，对低压电容器最长为 1min。

4.9.4 高压电容器组宜接成中性点不接地星形，容量较小时也可接成三角形；低压电容器组应接成三角形。

4.9.5 高压电容器组应直接与放电装置连接，中间不应设置开关或熔断器。低压电容器组和放电设备之间，可设自动接通的接点。

4.9.6 电容器组应装设单独的控制和保护装置，但为提高单台用电设备功率因数用的电容器组，可与该设备共用控制和保护装置。

4.9.7 单台电容器应设置专用熔断器作为电容器内部故障保护，熔丝额定电流为电容器额定电流的1.5~2倍。

4.9.8 当装设电容器装置附近有高次谐波含量超过规定允许值时，应在回路中设置抑制谐波的串联电抗器，串联电抗器也可兼作限制合闸涌流的电抗器。

4.9.9 电容器的额定电压与电力网的标称电压相同时，应将电容器的外壳和支架接地。

当电容器的额定电压低于电力网的标称电压时，应将每相电容器的支架绝缘，其绝缘等级应和电力网的标称电压相配合。

4.9.10 装配式高压电容器组在室内安装时，下层电容器的底部距离地面不应小于0.20m，上层电容器的底部距离地面不宜大于2.50m，电容器装置顶部至屋顶净距不应小于1m，电容器布置不宜超过三层。

装配式电容器组当单列布置时，网门与墙距离不应小于1.30m；当双列布置时网门之间距离不应小于1.50m。

4.9.11 电容器外壳之间（宽面）的净距不宜小于0.10m，但成套电容器装置除外。

4.9.12 成套电容器柜单列布置时，柜与墙面距离不应小于1.50m；双列布置时，高压电容器柜面之间距离，不应小于1.50m；低压电容器柜面之间距离，不应小于2m。

4.9.13 设置在民用主体建筑中的低压电容器应采用非可燃性油浸式电容器或干式电容器。

4.10 对有关专业的要求

4.10.1 可燃油油浸电力变压器室的耐火等级应为一级。非燃（或难燃）介质的电力变压器室、高压配电装置室和高压电容器室的耐火等级不应低于二级。低压配电装置和低压电容器室的耐火等级不应低于三级。

4.10.2 有下列情况之一时，变压器室的门应为防火门：

（1）变压器室位于高层主体建筑物内。

（2）变压器室附近堆有易燃物品或通向汽车库。

（3）变压器位于建筑物的二层或更高层。

（4）变压器位于地下室或下面有地下室。

（5）变压器室通向配电装置室的门。

（6）变压器室之间的门。

4.10.3 变压器室的通风窗，应采用非燃烧材料。

4.10.4 配电装置室及变压器室门的宽度宜按最大不可拆卸部件宽度加0.30m，高度宜按不可拆卸部件最大高度加0.30m。

4.10.5 有下列情况之一时，油浸变压器室应设置容量为100%变压器油量的挡油设施或设置能将油排到安全处所的设施：

（1）变压器室附近有易燃物品堆积的场所。

（2）变压器室下面有地下室。

（3）变压器室位于民用主体建筑物内。

4.10.6 配变电所中消防设施的设置：一类建筑的配变电所宜设火灾自动报警及固定式灭火装置；二类建筑的配变电所可设火灾自动报警及手提式灭火装置。

4.10.7 当配电装置室设在楼上时，应设吊装设备的吊装孔或吊装平台。吊装平台、门或吊装孔的尺寸，应能满足吊装最大设备的需要，吊钩与吊装孔的垂直距离应满足吊装最高设备的需要。

4.10.8 高压配电室和电容器室，宜设不能开启的自然采光窗，窗户下沿距室外地面高度不宜小于1.80m。临街的一面不宜开窗。

4.10.9 变压器室、配电装置室、电容器室的门应向外开，并装有弹簧锁。装有电气设备的相邻房间之间有门时，此门应能双向开启或向低压方向开启。

4.10.10 配变电所各房间经常开启的门窗，不应直通相邻的酸、碱、蒸汽、粉尘和噪声严重的建筑。

4.10.11 当变压器室、电容器室采用机械通风且周围环境污秽时，宜加空气过滤器。

4.10.12 变压器室、配电装置室、电容器室等应有防止雨、雪和小动物从采光窗、通风窗、门、电缆沟等进入屋内的措施。

4.10.13 配电装置室、电容器室和各辅助房间的内墙表面均应抹灰刷白。配电装置室、变压器室、电容器室的顶棚及变压器室的内墙面应刷白。地（楼）面宜采用高标号水泥抹面压光或用水磨石地面。

4.10.14 长度大于8m的配电装置室应设两个出口，并宜布置在配电室的两端。若两个出口之间的距离超过60m时，尚应增加出口。

楼上、楼下均为配电装置室时，位于楼上的配电装置室至少应设一个出口通向室外的平台或通道。

4.10.15 配变电所的电缆沟和电缆室，应采取防水、排水措施。当配变电所设置在地下室时，其进出地下室的电缆口必须采取有效的防水措施。

4.10.16 变压器室宜采用自然通风，夏季的排风温度不宜高于45℃，进风和排风的温差不宜大于15℃。

4.10.17 电容器室应有良好的自然通风，通风量应根据电容器温度类别按夏季排风温度不超过电容器所允许的最高环境空气温度计算。当自然通风不满足排热要求时，可采用自然进风和机械排风方式。

电容器室内应有反映室内温度的指示装置。

4.10.18 变压器室、电容器室当采用机械通风或配变电所位于地下室时，其通风管道应采用非燃烧材料制作。如周围环境污秽时，宜加空气过滤器（进风口处）。

4.10.19 有条件时配电装置室宜采用自然通风。高压配电装置室装有较多油断路器时，宜装设事故排烟装置。

4.10.20 在采暖地区，控制室（值班室）应采暖，采暖计算温度为18℃。在特别严寒地区的配电装置室装有电度表时应设采暖。采暖计算温度为5℃。

控制室和配电装置室内的采暖装置，宜采用钢管焊接，且不应有法兰、螺纹接头和阀门等。

4.10.21 位于炎热地区的配变电所，屋面应有隔热措施。控制室（值班室）宜考虑通风，有条件时可接入空调系统。

4.10.22 位于地下室的配变电所，其控制室（值班室）应保证运行和卫生条件，当不能满足要求时，宜装设通风系统或空调装置。

4.10.23 变压器室、电容器室、配电装置室、控制室内不应有与其无关的管道、明敷线路通过。

4.10.24 装有六氟化硫的配电装置、变压器的房间其排风系统要考虑有底部排风口。

4.10.25 有人值班的配变电所，宜设有上、下水设施。

4.10.26 在配电装置室内裸导体上空布置灯具时，灯具的水平投影与裸导体的净距应大于1m。灯具不应采用软线吊装或链吊装。

4.10.27 干式变压器室、配电装置室、控制室、电容器室当设置在地下层时，在高潮湿场所，宜设置吸湿机或在装置内加装去湿电加热器，在地下室内并应有排水设施。

5 继电保护及电气测量

5.1 继 电 保 护

5.1.1 一般规定

5.1.1.1 本节适用于民用建筑中3～10kV电力设备和线路的继电保护和安全自动装置。

5.1.1.2 民用建筑中的电力设备和线路，应装设短路故障和异常运行保护装置。电力设备和线路短路故障的保护应有主保护和后备保护，必要时可再增设辅助保护。

（**1**）主保护：满足系统稳定和设备安全要求，能以最快速度有选择地切除被保护设备和线路故障的保护。

（**2**）后备保护：主保护或断路器拒动时，用以切除故障的保护。后备保护可分为远后备和近后备两种方式。

a．远后备：当主保护或断路器拒动时，由相邻电力设备或线路的保护实现后备。

b．近后备：当主保护拒动时，由本电力设备或线路的另一套保护实现后备；当断路器拒动时，由断路器失灵保护实现后备。

（**3**）辅助保护：为补充主保护和后备保护的性能或当主保护和后备保护退出运行而增设的简单保护。

（**4**）异常运行保护：是反应被保护电力设备或线路异常运行状态的保护。

5.1.1.3 继电保护装置应满足可靠性、选择性、灵敏性和速动性的要求。

（**1**）可靠性是指保护该动作时应动作，不该动作时不动作。

为保证可靠性，宜选用可能的最简单的保护方式，应采用由可靠的元件和尽可能简单的回路构成的性能良好的装置，并应具有必要的检测、闭锁和双重化等措施。保护装置应便于整定、调试和运行维护。

（**2**）选择性是指首先由故障设备或线路本身的保护切除故障，当故障设备或线路本身的保护或断路器拒动时，才允许由相邻设备、线路的保护或断路器失灵保护切除故障。

为保证选择性，对相邻设备和线路有配合要求的保护和同一保护内有配合要求的两元件（如起动与跳闸元件或闭锁与动作元件），其灵敏性及动作时间在一般情况下应相互配合。

在某些条件下必须加速切除短路时，可使保护装置无选择性动作。但必须采取补救措施，例如采用备用电源自动投入来补救。

（3）灵敏性是指在被保护设备或线路范围内金属性短路时，保护装置应具有必要的灵敏系数。灵敏系数应根据不利正常（含正常检修）运行方式和不利的故障类型计算。

各类短路保护装置的灵敏系数，不宜低于表 5.1.1.3 所列数值。

（4）速动性是指保护装置应能尽快地切除短路故障。

5.1.1.4 制定保护配置方案时，对稀有故障，根据对电网影响程度和后果应采取相应措施，使保护装置能按要求切除故障。对两种故障同时出现的稀有情况仅保证切除故障。

表 5.1.1.3 短路保护的最小灵敏系数

保护分类	保 护 类 型	组成元件	灵敏系数	备 注
主保护	变压器、线路和电动机的电流速断保护	电流元件	2.0	按保护安装处短路计算
	电流保护、电压保护	电流、电压元件	1.5	按保护区末端计算
	3～10kV 电力网中单相接地保护	电流元件	1.5	
后备保护	远后备保护	电流、电压元件	1.2	按相邻电力设备和线路末端短路计算
	近后备保护	电流、电压元件	1.3	按线路末端短路计算
辅助保护	电流速断保护		1.2	按正常运行方式下保护安装处短路计算

5.1.1.5 在各类保护装置接用电流互感器二次线圈时，应考虑到既要消除保护死区，同时又要尽可能减轻电流互感器本身故障时所产生的影响。

5.1.1.6 当采用远后备方式时，在变压器后面发生短路，由于短路电流水平低，而且对电网不致造成影响，可以缩小后备作用的范围。

5.1.1.7 如由于短路电流衰减、系统振荡和电弧电阻的影响，可能使带时限的保护装置拒绝动作时，应根据具体情况，设置按短路电流或阻抗初始值动作的瞬时测定回路或采取其他措施。但无论采用哪种措施，都不应引起保护装置误动作。

5.1.1.8 保护用电流互感器（包括中间电流互感器）的稳态比误差不应大于 10%。必要时还应考虑暂态误差。当技术上难以满足要求，且不致使保护装置不正确动作时，才允许较大的误差。

原则上，保护装置与测量仪表不共用电流互感器的二次线圈。当必须共用一组二次线圈时，则仪表回路应通过中间电流互感器或试验部件连接，当采用中间电流互感器时，其二次开路情况下，保护用电流互感器的比误差仍不应大于 10%。

5.1.1.9 在正常运行情况下，当电压互感器二次回路断线或其他故障能使保护装置误动作时，应装设断线闭锁或采取其他措施，将保护装置解除工作并发出信号，当保护装置不致误动作时，应设有电压回路断线信号。

5.1.1.10 为了分析和统计继电保护工作情况，保护装置设置指示信号，并应符合下列要求：

（1）在直流电压消失时不能自动复归，或在直流电源恢复时，仍能重现原来的动作状态。

（2）能分别显示各保护装置的动作情况。

（3）在由若干部分组成的保护装置中，能分别显示各部分及各段的动作情况。

（4）对复杂的保护装置，宜设置反应装置内部异常的信号。

（5）用于起动顺序记录或微机监控的信号接点应为瞬时重复动作接点。

（6）宜在保护出口至断路器跳闸的回路内装设信号指示装置。

5.1.1.11 为了便于分别校验保护装置和提高可靠性，主保护和后备保护宜做到回路彼此独立。

5.1.1.12 采用静态保护装置时，对工作环境、电缆、直流电源和二次回路应采取相应的措施，以满足静态保护装置的特殊技术要求。

5.1.1.13 当电力用户 3~10kV 断路器台数较多、负荷级别较高时，宜采用直流操作。

5.1.1.14 当采用蓄电池组作直流电源时，由浮充电设备引起的波纹系数不应大于5%。电压波动范围不应大于±5%。放电末期直流母线电压下限不低于85%，充电后期直流母线电压上限不高于115%额定电压。

当采用交流整流电源作为保护用直流电源时，应符合下列要求：

（1）直流母线电压，在最大负荷情况下保护动作时不应低于额定电压的80%，最高不应超过额定电压的115%。应采取限幅稳定（电压波动不大于±5%）和滤波（波纹系数不大于5%）措施。

（2）如采用复式整流，应保证各种运行方式下，在不同故障点和不同相别短路时，保护与断路器均能可靠动作跳闸；电流互感器的最大输出功率应满足直流回路最大负荷需要。

（3）对采用电容储能电源的变电所，其电力设备和线路除应具有可靠的远后备保护外，还应在失去交流电源情况下，有几套保护同时动作时，保证保护与有关断路器均能可靠动作跳闸。同一变电所的电源储能电容的组数应与保护的级数相适应。

5.1.1.15 采用交流操作的保护装置时，短路保护可由被保护电力设备或线路的电流互感器取得操作电源，变压器的瓦斯保护，绕组为 Y，yno 连接的变压器低压侧中性线上的零序电流保护和中性点非直接接地电力网的接地保护，可由电压互感器或变电所所用变压器取得操作电源。当有困难时，零序电流保护的操作电源也可取自本变压器低压侧线电压。电动机延时低电压保护、过负荷保护跳闸等应采用镉镍电池或电容储能装置作为跳闸的后备电源。

5.1.1.16 交流操作继电保护应采用电流互感器二次侧去分流跳闸间接动作方式。

5.1.2 电力变压器的保护

5.1.2.1 对电力变压器的下列故障及异常运行方式，应按第 5.1 节的规定装设相应的保护装置：

（1）绕组及其引出线的相间短路和在中性点直接接地侧的单相接地短路；

（2）绕组的匝间短路；

（3）外部相间短路引起的过电流；

（4）中性点直接接地网络中外部接地短路引起的过电流及中性点过电压；

（5）过负荷；

（6）油浸式变压器油面降低；

（7）变压器温度升高；

（8）气体绝缘变压器气体压力升高；

(9) 气体绝缘变压器气体密度降低。

5.1.2.2 800kV·A 及以上的油浸式变压器和 400kV·A 及以上的建筑物室内油浸式变压器，均应装设瓦斯保护。当壳内故障产生轻微瓦斯或油面下降时应瞬时动作于信号；当产生大量瓦斯时，应动作于断开变压器各侧断路器，如变压器电源侧无断路器时，可作用于信号。

带负荷调压的油浸式变压器的调压装置亦应装设瓦斯保护。

5.1.2.3 对变压器引出线、套管及内部的短路故障，当过电流保护时限大于 0.5s 时，应装设电流速断保护，瞬时动作于断开变压器的各侧断路器。

5.1.2.4 对由外部相间短路引起的变压器过电流，可采用过电流保护作为后备保护。保护装置的整定值应考虑事故时可能出现的过负荷。

保护装置应带时限动作于跳闸。

5.1.2.5 外部相间短路保护应装于主电源侧。保护装置可带一段时限。

5.1.2.6 一次电压为 10kV 及以下，低压侧中性点直接接地的变压器，对低压侧单相接地短路，当利用高压侧的过电流保护时应符合：当操作电源为直流时，保护装置采用二相三继电器式；当操作电源为交流时，保护装置采用三相式。保护装置带时限动作于跳闸。

对于在低压侧根据不同的接地系统型式所采取的单相接地故障保护方式，见本规范第 8 章的有关规定。

5.1.2.7 400kV·A 及以上变压器，当数台并列运行或单独运行并作为其他负荷的备用电源时，应根据可能过负荷的情况装设过负荷保护。

过负荷保护采用单相式，带时限动作于信号。

在无经常值班人员的变电所，必要时过负荷保护可动作于跳闸或断开部分负荷。

5.1.2.8 对变压器温度升高，应按现行电力变压器标准的要求，装设可作用于信号的装置。

5.1.2.9 气体绝缘变压器气体密度降低、压力升高，装设可作用于信号或动作于跳闸的保护装置。

5.1.3 3～10kV 电力线路的保护

5.1.3.1 相间短路保护应按下列原则配置：

(1) 保护装置如由电流继电器构成，应接于两相电流互感器上，并在同一网络的所有线路上均装于相同的两相上；

(2) 保护配置应采用远后备方式；

(3) 如线路短路使配电所母线电压低于额定电压的 50%～60%，以及线路导线截面过小，不允许带时限切除短路时，应快速切除故障；

(4) 过电流保护的时限不大于 0.5～0.7s，且没有第 5.1.3.1 款之 (3) 所列的情况，或没有配合上的要求时，可不装设瞬动的电流速断保护。

5.1.3.2 对 3～10kV 单侧电源线路，可装设两段过电流保护，第一段为不带时限的电流速断保护；第二段为带时限的过电流保护，可采用定时限或反时限特性的继电器。

保护装置仅装在线路的电源侧。

5.1.3.3 对单相接地故障，应按下列规定装设保护装置：

(1) 在变电所母线上，应装设单相接地监视装置。监视装置反应零序电压，动作于信号。

（2）有条件安装零序电流互感器的线路，如电缆线路或经电缆引出的架空线路，当单相接地电流能满足保护的选择性和灵敏性要求时，应装设动作于信号的单相接地保护。

如不能安装零序电流互感器，而单相接地保护能够躲过电流回路中不平衡电流的影响，例如单相接地电流较大，或保护装置反应接地电流的暂态值等，也可将保护装置接于三相电流互感器构成的零回路中。

（3）在出线回路数不多，或难以装设选择性单相接地保护时，可用依次断开线路的方法，寻找故障线路。

（4）根据人身和设备安全的要求，必要时，应装设动作于跳闸的单相接地保护。

5.1.3.4 对线路单相接地，可利用网络的自然电容电流构成有选择性的电流保护。

5.1.3.5 可能时常出现过负荷的电缆线路，应装设过负荷保护。保护装置宜带时限动作于信号，必要时可动作于跳闸。

5.1.4 电力电容器的保护

5.1.4.1 对3~10kV并联补偿电容器组的下列故障及异常运行方式，应装设相应的保护装置：

（1）电容器组和断路器之间连接线短路。

（2）电容器内部故障及其引出线短路。

（3）电容器组中某一故障电容器切除后所引起的过电压。

（4）电容器组的单相接地故障。

（5）电容器组过电压。

（6）所联接的母线失压。

5.1.4.2 对电容器组和断路器之间连接线的短路，可装设带有短时限的电流速断和过电流保护，动作于跳闸。速断保护的动作电流，按最小运行方式下，电容器端部引线发生两相短路时，有足够灵敏系数整定；过电流保护装置的动作电流，按电容器组长期允许的最大工作电流整定。

5.1.4.3 对电容器内部故障及其引出线的短路，宜对每台电容器分别装设专用的熔断器。熔体的额定电流可为电容器额定电流的1.5~2.0倍。

5.1.4.4 当电容器组中故障电容器切除到一定数量，引起电容器端电压超过110%额定电压时，保护应将整组电容器断开。为此，可采用下列保护之一：

（1）单星形接线电容器组的零序电压保护，电压差动保护或利用电桥原理的电流平衡保护等。

（2）双星形接线电容器组的中性点电压或电流不平衡保护。

5.1.4.5 对电容器组的单相接地故障，可参照本规范第5.1.3.3款的规定装设保护，但安装在绝缘支架上的电容器组，可不再装设单相接地保护。

5.1.4.6 对电容器组应装设过电压保护，带时限动作于信号或跳闸。

5.1.4.7 电容器装置应设置失压保护，当母线失压时，带时限动作于跳闸。

5.1.4.8 当有高次谐波且无限制措施，可能使电容器组过负荷时，电容器组宜装设过负荷保护，带时限动作于信号或跳闸。

5.1.4.9 低压电容器应按组装设熔断器作为短路保护，其熔体额定电流可为电容器额定电流的 1.3～1.8 倍。

5.1.5 3kV 及以上电动机的保护。

5.1.5.1 对电压为 3kV 及以上的异步电动机和同步电动机，应按本规定对下列故障及异常运行方式装设相应的保护装置：

（1）定子绕组相间短路；

（2）定子绕组单相接地；

（3）定子绕组过负荷；

（4）定子绕组低电压；

（5）同步电动机失步；

（6）同步电动机失磁；

（7）同步电动机出现非同步冲击电流；

（8）相电流不平衡。

5.1.5.2 对 2000kW 以下电动机的绕组及引出线的相间短路，应装设电流速断保护，保护装置宜采用两相式并应动作于跳闸。对于具有自动灭磁装置的同步电动机，保护装置并应动作于灭磁。

5.1.5.3 当接地电流大于 5A 时，应装设单相接地保护。

单相接地电流为 10A 及以上时，保护装置带时限动作于跳闸；单相接地电流为 10A 以下时，保护装置动作于跳闸或信号。

5.1.5.4 下列电动机应装设过负荷保护：

（1）运行过程中易发生过负荷的电动机。保护装置应根据负荷特性，带时限动作于信号或跳闸。

（2）起动或自起动困难，需要防止起动或自起动时间过长的电动机。保护装置动作于跳闸。

5.1.5.5 下列电动机应装设低电压保护，保护装置应动作于跳闸：

（1）当电源电压短时降低或短时中断后又恢复时，为保证重要电动机自起动而需要断开的次要电动机。

（2）当电源电压短时降低或短时中断后，根据运行过程不允许或不需要自起动的电动机。

（3）需要自起动，但为保证人身和设备安全，在电源电压长时间消失后须从电力网中自动断开的电动机。

（4）属一级负荷并装有自动投入装置的备用机械的电动机。

5.1.5.6 对同步电动机失步，应装设失步保护。

失步保护带时限动作。对于重要电动机，动作于再同步控制回路，不能再同步或根据运行过程不需要再同步的电动机，则应动作于跳闸：

失步保护可按下列原理构成；

（1）反应转子回路出现的交流分量。

（2）反应定子电压与电流间相角的变化。

（3）反应定子过负荷。这种方法，用于短路比在 0.8 及以上且负荷平衡的电动机。

5.1.5.7 对于负荷变动大的同步电动机，当用反应定子过负荷的失步保护时，应增设失磁保护。失磁保护带时限动作于跳闸。

5.1.5.8 不允许非同步冲击的同步电动机，应装设防止电源中断再恢复时造成非同步冲击的保护。

保护装置可反应功率方向、频率降低、频率下降速度或由有关保护和自动装置联锁动作。

保护装置应确保在电源恢复前动作。重要电动机的保护装置，宜动作于再同步控制回路。不能再同步或根据生产过程不需要再同步的电动机，保护装置应动作于跳闸。

5.1.6 3~10kV 分段母线保护

5.1.6.1 3~10kV 变电所分段母线的保护，宜在分段断路器装设下列保护装置：

（1）电流速断保护；

（2）过电流保护。

如采用反时限电流继电器时，可仅装设过电流保护。

5.1.6.2 分段断路器电流速断保护仅在合闸瞬间投入，合闸后自动解除。

5.1.6.3 分段断路器过电流保护应比出线回路的过电流保护增大一级时限。

5.1.7 备用电源和备用设备的自动投入装置

5.1.7.1 备用电源或备用设备的自动投入装置（以下简称自动投入装置），可在下列情况装设：

（1）由双电源供电的变电所和配电所，其中一个电源经常断开作为备用。

（2）变电所和配电所内有互为备用的母线段。

（3）变电所内有备用变压器。

（4）变电所内有两台所用变压器。

（5）运行过程中某些重要机组有备用机组。

5.1.7.2 自动投入装置，应符合下列要求：

（1）保证在工作电源或设备断开后才投入备用电源或设备；

（2）工作电源或设备上的电压消失时，自动投入装置应动作；

（3）自动投入装置保证只动作一次；

（4）自动投入装置动作，如备用电源或设备投入到故障上时，应使其保护加速动作；

（5）手动断开工作电源或设备时，自动投入装置不应起动。

5.2 电 气 测 量

5.2.1 常测仪表

5.2.1.1 本条适用于固定安装在屏、台、柜、箱上的指示仪表、数字仪表、记录仪表以及仪表配用的互感器等器件。

5.2.1.2 常测仪表应满足以下要求：

（1）能正确反映电力装置回路的运行参数；

（2）能随时监测电力装置回路的绝缘状况。

5.2.1.3 常测仪表的准确度等级选择如下：

（1）交流回路的仪表（谐波测量仪表除外）准确度等级不应低于 2.5 级。

（2）直流回路的仪表，准确度等级不应低于 1.5 级。

（3）电量变送器输出侧的仪表，准确度不应低于 1.0 级。

5.2.1.4 常测仪表配用的互感器准确度等级选择如下：

（1）1.5 级及 2.5 级的常测仪表，应配用不低于 1.0 级的互感器。

（2）电量变送器应配用不低于 0.5 级的电流互感器。

5.2.1.5 直流仪表配用的外附分流器，准确度等级不应低于 0.5 级。

5.2.1.6 电量变送器，准确度等级不应低于 0.5 级。

5.2.1.7 仪表的测量范围和电流互感器变比的选择，宜满足当电力装置回路以额定值的条件运行时，仪表的指示在标度尺的 70%。

对有可能过负荷运行的电力装置回路，仪表的测量范围，宜留有适当的过负荷裕度。

对重载起动的电动机和运行中有可能出现短时冲击电流的电力装置回路，宜采用具有过负荷标度尺的电流表。

对有可能双向运行的电力装置回路，应采用具有双向标度尺的仪表。

5.2.1.8 对多个同类型电力装置回路参数的测量，宜采用以电量变送器组成的选测系统。选测参数的种类及数量，可根据运行监测的需要确定。

5.2.1.9 下列电力装置回路，应测量交流电流：

（1）配电变压器回路。

（2）无功补偿装置。

（3）3～10kV 线路和 1200V 以下的供电、配电、用电网络的总干线路。

（4）母线联络、母线分段、旁路和桥断路器回路。

（5）55kW 及以上的电动机。

（6）根据工艺要求，需监测交流电流的其他电力装置回路。

5.2.1.10 三相电流基本平衡的电力装置回路，可采用一只电流表测量其中一相电流，但在下列电力装置回路，应采用三只电流表分别测量三相电流；

（1）无功补偿装置。

（2）三相负荷不平衡率大于 15% 的 1200V 以下的供电线路。

5.2.1.11 下列电力装置回路，应测量直流电流：

（1）直流发电机。

（2）直流电动机。

（3）蓄电池组。

（4）充电回路。

（5）电力整流装置。

（6）同步电动机的励磁回路（无刷励磁机除外）以及自动调整励磁装置的输出回路。

（7）根据工艺要求，需监测直流电流的其他电力装置回路。

5.2.1.12 交流系统的各段母线，应测量交流电压。

5.2.1.13 下列电力装置回路，应测量直流电压；

（1）直流发电机。

（2）直流系统的各段母线。

（3）蓄电池组。

（4）充电回路。

(5) 电力整流装置。

(6) 发电机的励磁回路。

(7) 根据工艺要求，需监测直流电压的其他电力装置回路。

5.2.1.14 中性点非有效接地系统的各段母线，应监测交流系统的绝缘。

5.2.1.15 根据工艺要求，需监测有功功率的电力装置回路，应测量有功功率。

5.2.1.16 下列电力装置回路，应测量无功功率：

(1) 1200V及以上的无功补偿装置。

(2) 根据工艺要求，需监测无功功率的其他电力装置回路。

5.2.1.17 同步电动机应装设功率因数表。

5.2.1.18 在谐波监测点，宜装设谐波电压电流的测量仪表。

5.2.2 电能计量

5.2.2.1 下列电力装置回路，应装设有功电度表：

(1) 3~10kV供配电线路。

(2) 1200V以下供电、配电、用电网络的总干线路。

(3) 电力用户处的有功电量计量点。

(4) 需要进行技术经济考核的75kW及以上的电动机。

(5) 根据技术经济考核和节能管理的要求，需计量有功电量的其他电力装置回路。

5.2.2.2 下列电力装置回路，应装设无功电度表：

(1) 无功补偿装置。

(2) 电力用户处的无功电量计量点。

(3) 根据技术经济考核和节能管理的要求，需计量无功电量的其他电力装置回路。

5.2.2.3 专用电能计量仪表的设置，应按供用电管理部门对不同计费方式的规定确定。

5.2.2.4 电力用户处的电能计量装置，宜采用全国统一标准的电能计量柜。

5.2.2.5 电力用户处电能计量点的计费电度表，应设置专用的互感器。

5.2.2.6 电能计量用的电流互感器，当满足电力装置回路以额定值的条件运行时，其二次侧电流为电度表标定电流的70%以上。

5.2.2.7 双向送、受电的电力装置回路，应分别计量送、受电的电量。当以两只电度表分别计量送、受电量时，应采用具有止逆器的电度表。

5.2.2.8 有功电度表的准确度等级选择如下：

(1) 月平均用电量10^6kW·h及以上的电力用户电能计量点，应采用0.5级的有功电度表。

(2) 下列电力装置回路，应采用1.0级的有功电度表：

a. 需考核有功电量平衡的供配电线路。

b. 在315kV·A及以上变压器（月平均用电量小于10^6kW·h）高压侧计费的电力用户电能计量点。

(3) 下列电力装置回路，应采用2.0级的有功电度表：

a. 在315kV·A以下变压器低压侧计费的电力用户电能计量点。

b. 75kW及以上的电动机。

c. 仅作为单位内部技术经济考核而不计费的线路和电力装置回路。

5.2.2.9　无功电度表的准确度等级选择如下：

（1）下列电力装置回路，应采用2.0级的无功电度表：

a．无功补偿装置。

b．在315kV·A及以上变压器高压侧计费的电力用户电能计量点。

c．供电系统中，需考核技术经济指标的供配电线路。

（2）下列电力装置回路，应采用3.0级的无功电度表：

a．在315kV·A以下变压器低压侧计费的电力用户电能计量点。

b．仅作为单位内部技术经济考核而不计费的线路和电力装置回路。

5.2.2.10　专用电能计量仪表的准确度等级的选择，可按其计量的对象（见第5.2.2.1款及第5.2.2.2款所列的各电力装置回路）不同，分别采用与其相应的普通电度表相同的准确度等级。

5.2.2.11　电能计量用互感器准确度等级选择如下：

（1）0.5级的有功电度表和0.5级的专用电能计量仪表，应配用0.2级的互感器。

（2）1.0级的有功电度表、1.0级的专用电能计量仪表、2.0级计费用的有功电度表及2.0级的无功电度表，应配用不低于0.5级的互感器。

（3）仅作为单位内部技术考核而不计费的2.0级有功电度表及3.0级的无功电度表，宜配用不低于1.0级的互感器。

5.2.3　仪表安装条件

5.2.3.1　仪表的安装设计，应满足运行监测、现场调试的要求和仪表正常工作的条件。

5.2.3.2　仪表水平中心线距地面尺寸如下：

（1）指示仪表和数字仪表，宜装在0.8～2m的高度；

（2）电能计量仪表和记录仪表，宜装在0.6～1.8m的高度。

5.3　二次回路

5.3.1　继电保护的二次回路

5.3.1.1　二次回路的工作电压不应超过500V。

5.3.1.2　互感器二次回路连接的负荷，不应超过继电保护和自动装置工作准确等级所规定的负荷范围。

5.3.1.3　变电所及其他重要的或有专门规定的二次回路，应采用铜芯控制电缆和绝缘电线。

在绝缘可能受到油侵蚀的地方，应采用耐油的绝缘电线或电缆。

5.3.1.4　按机械强度要求，铜芯控制电缆或绝缘电线的芯线最小截面为：连接于强电端子的，不应小于1.5mm²；连接于弱电端子的，不应小于0.5mm²。

电缆芯线截面的选择还应符合下列要求：

（1）电流回路：应使电流互感器的工作准确等级，符合本章第5.1.1.8款的规定。此时，如无可靠根据，可按断路器的电流容量确定最大短路电流。

（2）电压回路：当全部保护装置和安全自动装置动作时（考虑到发展，电压互感器的负荷最大时），电压互感器至保护和自动装置屏的电缆压降不应超过额定电压的3%。

（3）操作回路：在最大负荷下，操作母线至设备的电压降，不应超过10%额定电压。

5.3.1.5 屏（台）内与屏（台）外回路的连接，某些同名回路（如分闸回路）的连接，同一屏（台）内各安装单位的连接，均应经过端子排连接。

屏（台）内同一安装单位各设备之间的连接，电缆与互感器、单独设备的连接，可不经过端子排。

对于电流回路，需要接入试验设备的回路、试验时需要断开的电压和操作电源回路，以及在运行中需要停用或投入的保护装置，应装设必要的试验端子、试验端组（或试验盒）、连接片和切换片。其安装位置应便于操作。

属于不同安装单位或装置的端子，应分别组成单独的端子排。

5.3.1.6 在安装各种设备、断路器和隔离开关的连锁接点、端子排和接地线时，应能在不断开 3kV 及以上一次线的情况下，保证在二次回路端子排上安全地工作。

5.3.1.7 电压互感器一次侧隔离开关断开后，其二次回路应有防止电压反馈的措施。

5.3.1.8 电流互感器的二次回路应有一个接地点，并在配电装置附近经端子排接地。但对于有几组电流互感器连接在一起的保护装置，则应在保护屏上经端子排接地。

5.3.1.9 电压互感器的二次侧中性点或线圈引出端之一应接地。接地方式分直接接地和通过击穿保险器接地两种。向交流操作的保护装置和自动装置操作回路供电的电压互感器，中性点应通过击穿保险器接地。采用 B 相直接接地的星形接线的电压互感器，其中性点也应通过击穿保险器接地。

电压互感器的二次回路只允许有一处接地，接地点宜设在控制室内，并应牢固焊接在接地小母线上。

5.3.1.10 在电压互感器二次回路中，除开口三角绕组和另有专门规定者（例如自动调节励磁装置）外，应装设熔断器或低压断路器。

在接地线上不应安装有开断可能的设备。当采用 B 相接地时，熔断路或低压断路器应装在线圈引出端与接地点之间。

电压互感器开口三角绕组的试验用引出线上，应装设熔断器或低压断路器。

5.3.1.11 各独立安装单位二次回路的操作电源，应经过专用的熔断器或低压断路器。

在变电所中，每一安装单位的保护回路和断路器控制回路，可合用一组单独的熔断器或低压断路器。

5.3.1.12 变电所中重要设备和线路的继电保护和自动装置，应有经常监视操作电源的装置，断路器的分闸回路、重要设备断路器的合闸回路和装有自动合闸装置的断路器合闸回路应装设监视回路完整性的监视装置。

5.3.1.13 在可能出现操作过电压的二次回路内，应采取降低操作过电压的措施，例如对电感大的线圈并联消弧回路。

5.3.1.14 屏和屏上设备的前面和后面，应有必要的标志，以标明其所属安装单位及用途。屏上的设备，在布置上应使各安装单位分开，不允许互相交叉。

5.3.1.15 接到端子和设备上的电缆芯和绝缘电线应有标志，并避免分、合闸回路靠近正电源。

5.3.1.16 当采用静态保护时，根据保护装置的要求，在二次回路内宜采用下列抗干扰措施：

(1) 在电缆敷设时，应充分利用自然屏蔽物的屏蔽作用。必要时，可与保护用电缆平行设置专用屏蔽线。

(2) 采用铠装铅包电缆或屏蔽电缆，屏蔽层在两端接地。

(3) 强电和弱电回路不宜合用同一根电缆。

(4) 电缆芯线之间的电容充放电过程中，可能导致保护装置误动作时，应将相应的回路分开，使用不同的电缆中的芯线，或采用其他措施。

(5) 保护用电缆与电力电缆不应同层敷设。

(6) 保护用电缆敷设路径，尽可能离开高压母线及高频暂态电流的入地点，如避雷器和避雷针的接地点、并联电容器等设备。

5.3.2 电气测量的二次回路

5.3.2.1 电压互感器二次回路电压降，应满足以下要求：

(1) 电力用户处电能计量点的 0.5 级电度表和 0.5 级的专用电能计量仪表处，电压降不宜大于电压互感器额定二次电压的 0.25%。

(2) 1.0 级、2.0 级的电度表处，电压降不得大于电压互感器额定二次电压的 0.5%。

5.3.2.2 互感器二次回路中接入的负荷，不应大于互感器所规定准确度等级的允许值。

6 自备电源及不间断电源

6.1 自备应急柴油发电机组

6.1.1 一般规定

6.1.1.1 本节适用于发电机额定电压 230/400V，装机容量 800kW 及以下，新建、改建和扩建的民用建筑工程中自备应急柴油发电机组设计。

6.1.1.2 符合下列情况之一时，宜设自备应急柴油发电机组：

(1) 为保证一级负荷中特别重要的负荷用电。

(2) 有一级负荷，但从市电取得第二电源有困难或不经济合理时。

(3) 大、中型商业性大厦，当市电中断供电将会造成经济效益有较大损失时。

6.1.1.3 机组宜靠近一级负荷或配变电所设置。柴油发电机房可布置于坡屋、裙房的首层或附属建筑内，应避开主要出口通道，如确有困难也可布置在地下层。

当布置在地下层时，应处理好通风、防潮、机组的排烟、消音和减振等。

6.1.1.4 机房宜设有发电机间、控制及配电室、燃油准备及处理间、备品备件贮藏间等。设计时可根据具体情况对上述房间进行取舍、合并或增添。

6.1.1.5 当机组需遥控时，应设有机房与控制室联系的信号装置及测量仪表。

6.1.1.6 对不需要机组供电的低压配电回路，在系统电源发生故障停电后，应自动切除。

6.1.1.7 发电机间、控制室及配电室不应设在厕所、浴室或其他经常积水场所的正下方和贴邻。

6.1.1.8 属于一类防火建筑的柴油发电机房，应设卤代烷或二氧化碳等固定灭火装置及火灾自动报警装置；二类防火建筑的柴油发电机房，应设火灾自动报警装置和手提式灭火装置。

6.1.2　发电机组的选择

6.1.2.1　机组的容量与台数应根据应急负荷大小和投入顺序以及单台电动机最大的起动容量等因素综合考虑确定。机组总台数不宜超过两台。

6.1.2.2　在方案或初步设计阶段，可按供电变压器容量的 10%～20% 估算柴油发电机的容量。

6.1.2.3　在施工图阶段可根据一级负荷、消防负荷以及某些重要的二级负荷容量，按下述方法计算选择其最大者：

（1）按稳定负荷计算发电机容量。

（2）按最大的单台电动机或成组电动机起动的需要，计算发电机容量。

（3）按起动电动机时母线容许电压降计算发电机容量。

6.1.2.4　柴油机的额定功率，系指外界大气压力为 100kPa（760mmHg）、环境温度为 20℃、空气相对湿度为 50% 的情况下，能以额定方式连续运行 12h 的功率（包括超负荷 10% 运行 1h）。如连续运行时间超过 12h，则应按 90% 额定功率使用。如气温、气压、湿度与上述规定不同，应对柴油机的额定功率进行修正。

6.1.2.5　全压起动最大容量笼型电动机时，发电机母线电压不应低于额定电压的 80%；当无电梯负荷时，其母线电压不应低于额定电压的 75%，或通过计算确定。为缩小发电机装机容量，当条件允许时，电动机可采用降压起动方式。

6.1.2.6　多台机组应选择型号、规格和特性相同的成套设备，所用燃油性质应一致。

6.1.2.7　宜选用高速柴油发电机组和无刷型自动励磁装置，选用的机组应装设快速自动起动及电源自动切换装置，并应具有连续三次自起动的功能。不宜采用压缩空气起动。

6.1.3　机房设备布置

6.1.3.1　机房设备布置应符合机组运行工艺要求，力求紧凑、经济合理、保证安全及便于维护。

6.1.3.2　机组布置应符合下列规定：

（1）机组宜横向布置，当受建筑场地限制时，也可纵向布置。

（2）机房与控制及配电室毗邻布置时，发电机出线端及电缆沟宜布置在靠控制及配电室侧。

（3）机组之间、机组外廓至墙的距离应满足搬运设备、就地操作、维护检修或布置辅助设备的需要，机房内有关尺寸不应小于表 6.1.3.2 中数值，并见图 6.1.3.2。

表 6.1.3.2　机组外廓与墙壁的净距最小尺寸（m）

项目 ＼ 容量（kW）		64 以下	75～150	200～400	500～800
机组操作面	*a*	1.60	1.70	1.80	2.20
机组背面	*b*	1.50	1.60	1.70	2.00
柴油机端①	*c*	1.00	1.00	1.20	1.50
机组间距	*d*	1.70	2.00	2.30	2.60
发电机端	*e*	1.60	1.80	2.00	2.40
机房净高	*h*	3.50	3.50	4.00～4.30	4.30～5.00

注：①表中柴油机距排风口百叶窗间距，是根据国产封闭式自循环水冷却方式机组而定，当机组冷却方式与本表不同时，其间距应按实际情况选定。若机组设在地下层，其间距可适当加大。

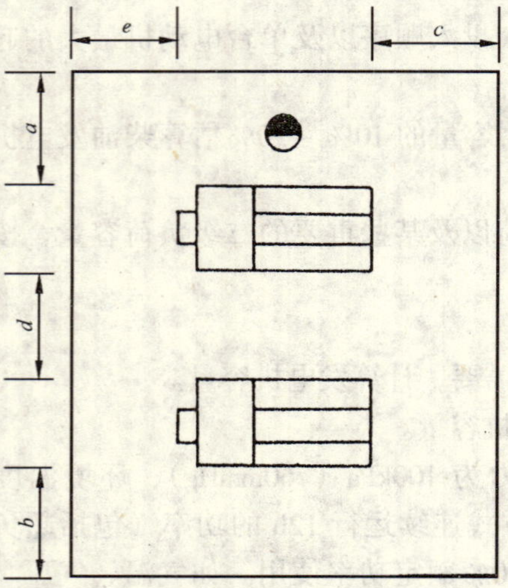

图 6.1.3.2 机组布置图

6.1.3.3 当不需设控制室时，控制屏和配电屏宜布置在发电机端或发电机侧，其操作检修通道不应小于下列数值：

（1）屏前距发电机端为 2m；

（2）屏前距发电机侧为 1.50m。

6.1.3.4 辅助设备宜布置在柴油机侧或靠机房侧墙，蓄电池宜靠近所属柴油机。

6.1.3.5 机房设置在地下层时，至少应有一侧靠外墙。热风和排烟管道应伸出室外，机房内应有足够的新风进口，气流分布应合理。

6.1.3.6 机组热风管设置应符合下列要求：

（1）热风出口宜靠近且正对柴油机散热器；

（2）热风管与柴油机散热器连接处，应采用软接头；

（3）热风出口的面积应为柴油机散热器面积的 1.5 倍；

（4）热风出口不宜设在主导风向一侧，若有困难时应增设挡风墙；

（5）机组设在地下层，热风管无法平直敷设需拐弯引出时，其热风管弯头不宜超过两处。

6.1.3.7 机房进风口设置应符合下列要求：

（1）进风口宜设在正对发电机端或发电机端两侧；

（2）进风口面积应大于柴油机散热器面积的 1.8 倍。

6.1.3.8 应合理确定烟道位置，发挥机组效率，减少对建筑物外观的影响和对周围环境的污染。当环境条件要求较高时，宜将烟气处理后排至室外。

6.1.3.9 机组排烟管的敷设应符合下列要求：

（1）每台柴油机的排烟管应单独引出室外，宜架空敷设，也可敷设在地沟中。排烟管弯头不宜过多，并能自由伸缩。水平敷设的排烟管道宜设 0.3% ~ 0.5% 的坡度，坡向室外，并在管道最低点装排污阀；

（2）机房内的排烟管采用架空敷设时，室内部分应设隔热保护层，且距地面 2m 以下部分隔热层厚度不应小于 60mm。当排烟管架空敷设在燃油管下方或沿地沟敷设需穿越燃油管时，还应考虑安全措施；

（3）排烟管较长时，应采用自然补偿段，若无条件，应装设补偿器；

（4）排烟管与柴油机排烟口连接处，应装设弹性波纹管；

（5）排烟管过墙应加保护套，伸出室外沿墙垂直敷设，其管出口端应加防雨帽或切成 30° ~ 45°的斜角；

（6）非增压柴油机和废气涡轮增压柴油机均应在排烟管装设消音器。两台柴油机不应共用一个消音器。

6.1.3.10 机房设计时应采取机组消音及机房隔音综合治理措施，治理后环境噪音不宜超过表 6.1.3.10 所规定的数值。

表 6.1.3.10 城市区域环境噪音标准（dBA）

适用区域	昼间	夜间
特殊住宅区	45	35
居民、文教区	50	40
一般商业与居民混合区	55	45
工业、商业、少量交通与居民混合区、商业中心区	60	50
工业集中区	65	55
交通干线道路两侧	70	55

6.1.3.11 机房配电设备选择应符合下列要求：

（1）设于地下层的柴油发电机组，其控制屏、配电屏及其他电器设备均应选择防潮或防霉型产品；

（2）设置在贮油间的电气设备，应按 H—1 级火灾危险场所选型。

6.1.3.12 机房配电导线选择及敷设应符合下列要求：

（1）机房、贮油间宜按潮湿环境选择电力电缆或绝缘电线；

（2）发电机至配电屏的引出线宜采用铜芯电缆或封闭式母线；

（3）强电控制测量线路、励磁线路应选择铜芯控制电缆或铜芯电线；

（4）控制线路、励磁线路和电力配线宜穿钢管埋地敷设或沿电缆沟敷设；

（5）励磁线与主干线采用钢管配线时，可穿于同一钢管中；

（6）当设电缆沟时，沟内应有排水和排油措施，电缆线路沿沟内敷设可不穿钢管，电缆线路不宜与水、油管线交叉。

6.1.3.13 附属设备的控制方式应符合下列要求：

（1）附属设备电动机的控制方式应与机组控制方式一致；

（2）柴油机冷却水泵宜采用就地控制和随机组运行联动控制；

（3）机组卸油泵宜采用就地控制。高位油箱供油泵宜采用就地控制和用液位信号器进行自动控制。

6.1.3.14 在扩建端应备有安装检修场地，否则机组间的通道可适当加宽。

6.1.3.15 机房内可不设置电动起重设备，但应妥善考虑设备吊装、搬运和检修等条件，根据需要留好吊装孔。

6.1.4 控制室的电气设备布置

6.1.4.1 装集式单台机组单机容量在 500kW 及以下者一般可不设控制室；多台机组单机容量在 500kW 及以上者宜设控制室。

6.1.4.2 控制室宜符合下列要求：

（1）便于观察、操作和调度；

（2）通风、采光良好；

（3）线路短，进出线方便。

6.1.4.3 控制室内不应有油、水等管道通过及安装与本装置无关的设备。

6.1.4.4 当控制室的长度在 8m 及以上时，应有两个出口，出口宜在控制室两端，门应向外开。

6.1.4.5 控制室内的控制屏（台）的安装距离和通道宽度，不宜小于下列数值：

（1）控制屏正面的操作通道宽度，单列布置为1.50m；双列布置为2m。

（2）离墙安装时，屏后维护通道为0.80～1m。

6.1.5　发电机组的自起动

6.1.5.1　机组应始终处于准备起动状态，当市电中断时，机组应立即起动，并在15s内能投入正常带负荷运行。机组应与电力系统联锁，不得与其并列运行。当市电恢复时，机组应自动退出工作并延时停机。

6.1.5.2　为避免防灾用电设备的电动机同时起动而造成柴油发电机组熄火停机，其用电设备应具有不同延时，错开起动时间。一般应先起动大容量电动机，然后再依次起动中、小容量电动机。

6.1.5.3　自起动机组的操作电源、热力系统、燃料油、润滑油、冷却水以及室内环境温度等均应保证机组随时起动，水源及能源必须具有足够的独立性，不得受工作电源停电的影响。

6.1.5.4　电起动设备应按下列要求设置：

（1）电起动用蓄电池组电压宜为24V，容量应按柴油机连续起动不少于6次确定；

（2）蓄电池组应尽量靠近起动电动机设置，并应防止油、水侵入；

（3）应设整流充电设备，其输出电压宜高于蓄电池组的电动势50%，输出电流不小于蓄电池10h放电率的电流。

6.1.6　发电机组的中性点工作制

6.1.6.1　发电机中性点接地应符合下列规定：

（1）只有单台机组时，发电机中性点应直接接地。

（2）当两台机组并列运行时，在任何情况下至少应保持一台发电机中性点接地。发电机中性点经电抗器与中性线连接，也可采用中性线经刀开关与接地线连接。

6.1.6.2　发电机中性线上的刀开关可根据发电机允许的不对称负荷电流及中性线上可能出现的负荷电流选择。

在各相电流均不超过额定值的情况下，发电机允许各相电流之差不超过额定值的20%。

6.1.6.3　采用装设中性线电抗器方法时，应考虑既能使中性线谐波电流限制在允许范围内，又能保证中性点电压偏移不太大。电抗器的额定电流可按发电机额定电流的25%选择，其阻抗值可按当通过额定电流时其端电压小于10V选择。

6.1.7　柴油发电机组的继电保护及自动化

6.1.7.1　发电机的保护应符合下列要求：

（1）应设有短路、过负荷、接地故障及过、欠电压保护装置。

（2）当两台机组并列运行且无人经常值班时，应设置逆功率保护。

6.1.7.2　机组控制选择应符合下列要求：

（1）机组的控制有机旁控制、控制室集中控制和自动控制三种方式。对于应急机组宜采用自动控制或控制室集中控制方式。

控制系统按功能分为起停装置、并车装置、频载调节装置、总体逻辑控制、事故处理和报警装置、附属系统控制装置及电源控制装置等。以上控制装置的配置应按机组自动化等级确定选设。

（2）严禁机组与电力系统电源并网运行，并应设置防止误并网的可靠联锁。

6.1.7.3　就地操作机组应符合下列要求：

（1）机旁人工起动、调速、停机；

（2）机房与值班室（或消防控制室）间应设必要的联络信号；

（3）可装设自起动装置。

6.1.7.4 隔室操作机组应符合下列要求：

（1）应满足本章第 6.1.7.3 款中（1）、（2）之要求；

（2）应能在控制室或配电室控制（或监视）以下全部或部分项目：

a．起动、停机、送电、停电、调频和调压；

b．各运行参数：电压、电流、功率、功率因数、频率、励磁电流、励磁电压、累计运行时间，柴油机和增压器的油压、油温、水温及水压等；

c．正常运行和事故性质的声光信号；

d．并联。

（3）应单独设置蓄电池组作为控制电源，并设置整流充电设备。

6.1.7.5 选择自起动机组应符合下列要求：

（1）当市电中断供电时，单台机组应能自动起动，并在 15s 内向负荷供电；

（2）当市电恢复正常后，应能自动切换和自动延时停机，由市电向负荷供电；

（3）当连续三次自起动失败，应能发出报警信号；

（4）应能隔室操作机组停机。

6.1.7.6 自动化机组应符合下列要求：

（1）应符合本章第 6.1.7.4 款中（1）、（3）及（2）之 a、b 和第 6.1.7.5 款的要求；

（2）机组应符合国标《自动化柴油发电机组分级要求》的规定；

（3）应能自动控制负荷的投入和切除；

（4）应能自动控制附属设备及自动转换冷却方式和通风方式。

6.1.7.7 机组并列运行时，一般采用手动准同期。若两台自起动机组需并车时，应采用自动同期，在机组间同期后再向负荷供电。

6.1.7.8 柴油发电机组报警信号分为预报警和故障报警。隔室操作机组和自动化机组分类及设置项目应按表 6.1.7.8 选用。

表 6.1.7.8 机组报警分类和项目选择

分类		项目名称	报警		处理		保护
			灯光	音响	分闸	停机	
柴油机	预报警	润滑油压力偏低	√				
		润滑油温度偏高	√				
		出水温度偏高	√				
		燃油箱油面（位）过低	√				
	故障报警	润滑油压力过低	√	√	√	√	
		冷却水断流	√	√	√	√	
		出水温度过高	√	√	√	√	
		过速	√	√	√	√	
		起动失败	√	√			
		停机失败	√	√			

续表 6.1.7.8

分类		项目名称	报警		处理		保护
			灯光	音响	分闸	停机	
发电机	故障报警	过载	√	√	√		√
		短路	√	√	√		√
		失压	√	√	√		√
		单相接地	√	√	√		√
		逆功率①	√	√	√	√	√
		并车失败①	√	√			
		合闸失败	√	√		√	
其他		火灾报警	√	√			
注：①单机运行的机组不需设置。							

6.1.8 测量仪表

6.1.8.1 发电机控制屏上电气测量仪表的装设应符合下列规定：

(1) 交流电流表3只，交流电压表、频率表、有功功率表、功率因数表、有功电度表和直流电流表各1只，其准确度等级均不低于1.5级。

(2) 测量仪表及电度表与继电保护装置应分开装设电流互感器。

(3) 并列运行的发电机应装设组合式整步表1只。

6.1.8.2 柴油机附属管道系统装设监视运行的温度计、压力表和保护装置（随机配套的仪表和保护除外）时，应符合下列要求：

(1) 对下列温度和压力应进行监测：

a. 冷却水温度、各气缸排气温度、润滑油进机和出机温度；

b. 润滑油进机压力。

(2) 有下列情况之一时，保护装置应可靠动作于声光信号：

a. 冷却水温度过高。

b. 冷却水进水压力过低或中断。

c. 润滑油出机温度过高。

d. 润滑油进机压力过低。

e. 柴油机转速过高。

f. 日用燃油箱油面（位）过低。

(3) 测量表计的安装和工作条件，应符合仪表技术条件的要求。

6.1.8.3 对于母管制燃油系统的计量装置，应设在每台柴油机的进油管路上；对于单元制燃油系统的计量装置，应设在燃油罐与日用燃油箱之间的燃油管路上。

6.1.9 对有关专业的要求

6.1.9.1 对动力专业的要求：

(1) 在燃油来源及运输不便时，宜在建筑物主体外设40~64h贮油设施；

(2) 按柴油发电机运行3~8h设置日用燃油箱，但油量超过消防有关规定时，应设贮油间，并采取相应防火措施；

（3）一般按 160～240h 消耗量设置润滑油贮存装置；

（4）日用燃油箱宜高位布置，出油口宜高于柴油机的高压射油泵；

（5）卸油泵和供油泵可共用，应装电动和机动各 1 台，其容量按最大的卸油或供油量确定。

6.1.9.2 对给排水专业的要求：

（1）柴油机的冷却水水质，应符合产品技术要求；

（2）柴油机采用闭式循环冷却系统时，应设置膨胀水箱，其装设位置应高于柴油机冷却水的最高水位；

（3）冷却水泵，应为一机一泵，当柴油机自带水泵时，宜设 1 台备用泵。

（4）机房内应设有洗手盆和落地洗涤槽。

6.1.9.3 对采暖通风专业的要求：

（1）宜利用自然通风排除发电机间内的余热，当不能满足工作地点的温度要求时应设机械通风装置；

（2）当机房设置在高层民用建筑的地下层时应设防烟、排烟设施；

（3）对 135、160、190 和 250 系列柴油机，排除机房有害气体所需排风量宜按表 6.1.9.3-1 选取；

表 6.1.9.3-1 排除机房有害气体排风量

序号	排烟管敷设方式	排风量（m^3/p·s·h）
1	架空敷设	15～20
2	地沟敷设	20～25

（4）机房内不应采用明火取暖；

（5）机房各房间的温湿度要求宜符合表 6.1.9.3-2 所列数值；

（6）对安装自起动机组的机房，应保证满足自起动温度需要，当环境温度达不到起动要求时，应采用局部或整机预热装置；

（7）非采暖地区可根据具体情况，采取适当措施。

表 6.1.9.3-2 机房各房间温湿度要求

序号	房间名称	冬季		夏季	
		温度（℃）	湿度（%）	温度（℃）	湿度（%）
1	机房（就地操作）	15～30	30～60	30～35	40～75
2	机房（隔室操作、自动化）	5～30	30～60	32～37	≤75
3	控制及配电室	16～18	≤75	28～30	≤75
4	值班室	16～20	≤75	≤28	≤75

6.1.9.4 对土建专业的要求：

（1）机房应有良好的采光和通风。在炎热地区，有条件时宜设天窗，有热带风暴地区天窗应加挡风防雨板或设专用双层百叶窗。在北方及风沙较大的地区，应设有防风沙侵入的措施；

（2）发电机间应有两个出入口，其中一个出口的大小应满足搬运机组的需要，否则应预留吊装孔。门应采取防火、隔音措施，并应向外开启，发电机间与控制及配电室之间的门和观察窗应采取防火、隔音措施，门开向发电机间；

（3）贮油间与机房相连布置时，应在隔墙上设防火门，并向发电机间开启；

（4）发电机间、贮油间宜做水泥压光地面，并应有防止油、水渗入地面的措施，控制室宜做水磨石地面；

（5）机房内的噪声应符合国家噪声标准规定，当机房噪声控制达不到要求时，应通过计算做消音、隔声处理；

（6）机组基础应采取减振措施，当机组设置在主体建筑内或地下层时，应防止与房屋产生共振现象；

（7）柴油机基础应采取防油浸的设施，可设置排油污的沟槽；

（8）机房内的管沟和电缆沟内应有0.3%的坡度和排水、排油措施，沟边缘应做挡油处理；

（9）机房各工作房间耐火等级与火灾危险性类别，见表6.1.9.4。

表 6.1.9.4　机房各工作房间耐火等级与火灾危险性类别

序号	名　称	火灾危险性类别	耐火等级
1	发电机间	丙	一级
2	控制与配电室	戊	二级
3	贮油间	丙	一级

6.1.9.5　其他要求：

（1）机房各工作房间的一般照度标准，见表6.1.9.5-1；

（2）发电机间、控制及配电室应设应急照明，其工作面上的照度，不应低于表6.1.9.5-1中一般照度的50%，其连续供电时间不应小于1h；

（3）机房各类接地装置的接地电阻不应大于表6.1.9.5-2所列数值；

（4）机房内的工作接地、保护接地、防雷接地和防静电接地可共用一个总接地体，其接地电阻应符合表6.1.9.5-2其中最小值的要求；

表 6.1.9.5-1　机房各工作房间照度标准值

房间名称	照度标准值（lx）	规定照度的平面
发电机间	75	距地面0.75m
控制与配电室	100～150	距地面0.75m
值班室	100	距地面0.75m
贮油间	20	地面
检修间（检修场地）	100	工作面

表 6.1.9.5-2　各类接地装置的接地电阻值

接地点 \ 类型及阻值	接地装置类型	接地电阻值（Ω）
电力设备	总容量＞100kV·A的发电机及其供电低压电力设备	4
	总容量≤100kV·A的发电机及其供电低压电力设备	10
零线重复接地	当电力设备接地电阻为4Ω时	10
	当电力设备接地电阻为10Ω时	30
	防雷接地	10
	防静电接地	30

（5）燃油系统的设备及管道，应采取防静电接地措施；

（6）控制室或值班室设一台电话，并应设置与消防控制室直通电话；

（7）宜减少或避免柴油发电机组的平时暖机功率；

（8）管道的管材种类、耐压要求和涂色标记可见表6.1.9.5-3、6.1.9.5-4。

表 6.1.9.5-3 管道管材选择

序号	管道名称	代号	管材种类
1	燃油管道	O_1	水、煤气钢管；无缝钢管；镀锌钢管
2	润滑油管道	O_3	水、煤气钢管；无缝钢管；镀锌钢管
3	给水管道	W	室内用水、煤气钢管；室外用上水铸铁管
4	排水管道	DW	室内用水、煤气钢管；室外用下水铸铁管
5	排烟管道	DA	焊接钢管；铸铁管
6	热力管道	HW	水、煤气钢管；无缝钢管；焊接钢管
7	废油管道	PO	水、煤气钢管；镀锌钢管

表 6.1.9.5-4 耐压、涂色选择

水压试验值（kPa）	管道涂色	
	底色	色环
600	紫红	黄
600	紫红	绿
400	绿	—
400	绿	黑
	蓝	—
600	绿	蓝
	紫红	双环 黑、灰

注：①色环的宽度宜为 50mm，除管道弯头及穿墙处应加色环外，一般直管段上的色环宜均匀布置，间距可取 1～2m，管道涂色前应先除锈并涂防锈漆；

②管道做耐压试验时，保压 5min 应无泄漏；

③管道的介质流向箭头宜用白色。

6.2 自备应急燃气轮发电机组

6.2.1 本节适用于民用建筑中采用燃气轮发电机做应急电源，其发电机额定电压为 230/400V，装机容量 1250kW 及以下。

6.2.2 机组设置原则应符合本章第 6.1.1.2 款的规定。

6.2.3 机组宜靠近一级负荷或配变电所设置，亦可设在民用建筑主体内，当有条件时不宜设在地下设备层。

6.2.4 宜利用自然通风和进风以满足机组运行时需要的大量燃烧空气。如通过计算达不到要求，应装设机械通风和进、排风装置，并要保证机房内气流分布合理。

6.2.5 机组排气管在室内宜架空敷设，并应单独引出室外，其管与墙壁及天棚净距不得小于 1.50m，与燃油管净距不得小于 2m，必要时应做隔热处理。沿外墙垂直敷设，其管距外墙不应小于 1m，排气管出口应高于屋檐 1m。

6.2.6 机房应进行隔音处理，机组应设消音罩。进风和排风应设消音设施，处理后环境噪音不宜超过表 6.1.3.10 所规定的数值。

6.2.7 机房耐火等级与火灾危险性类别应按本章第 6.1.9.4 款的规定划分。消防设施应按本章第 6.1.1.8 款的规定执行。

6.2.8 除应遵照本章第 6.2 节的规定外，并应参照第 6.1 节自备应急柴油发电机组有关规定执行。

6.3 不间断电源系统

6.3.1 一般规定

6.3.1.1 本节适用于主要以电力变流器构成的保证供电连续性的静止型交流不间断电源装置。

6.3.1.2 符合下列情况之一时，应设置不间断电源装置：

（1）当用电负荷不允许中断供电时（如用于实时性计算机的电子数据处理装置等）。

（2）当用电负荷允许中断供电时间要求在 1.5s 以内时。

（3）重要场所（如监控中心等）的应急备用电源。

6.3.1.3 不间断电源装置室，宜接近负荷中心，进出线方便。不应设在厕所、浴室或其他经常积水场所的正下方或贴邻。

6.3.2 不间断电源系统

6.3.2.1 根据用电设备对供电可靠性、连续性、稳定性和电源诸参数质量的要求，不间断电源系统主要宜采用下列几种：

（1）单一式不间断电源系统。

（2）并联式不间断电源系统。

（3）冗余式不间断电源系统。

（4）并联冗余式不间断电源系统。

6.3.2.2 为了提高不间断电源装置的供电可靠性和运行灵活性，需装设静止型旁路开关，其切换时间一般为 2～10ms，并应具有如下功能：

（1）当逆变装置故障或需要检修时，应及时切换到电网（市电备用）电源供电；

（2）当分支回路突然故障短路，电流超过预定值时，应切换到电网（市电备用）电源，以增加短路电流，使保护装置迅速动作，待切除故障后，再起动返回逆变器供电；

（3）带有频率跟踪环节的不间断电源装置，当电网频率波动或电压波动超过额定值时，应自动与电网解列。频率与电压恢复正常时再自动并网。

6.3.2.3 不间断电源装置的选型，应按负荷大小、运行方式、电压及频率波动范围、允许中断供电时间、波形畸变系数及切换波形是否连续等各项指标确定。

6.3.2.4 在采用市电旁路时，逆变器的频率和相位应与市电锁相同步。

6.3.2.5 不间断电源系统的直流环节有输出回路时，整流器及蓄电池均应满足其全部直流输出回路的负荷电流及最大冲击电流的要求，直流环节（整流器、蓄电池）的额定电压应根据需要按下列电压等级选取 24、48、60、110、220V。

6.3.2.6 对于三相输出的负荷不平衡度，最大一相和最小一相负载的基波均方根电流之差，不应超过不间断电源额定电流的 25%，而且最大线电流不超过其额定值。

6.3.2.7 三相输出系统输出电压的不平衡系数（负序分量对正序分量之比）应不超过 5%。输出电压的波形失真和谐波含量，如无特殊要求，输出电压的总波形失真度不应超过 5%（单相输出允许 10%）。

6.3.2.8 当不间断电源系统内整流器负荷较大时，应注意高次谐波对不间断电源装置输出电压波形、配出回路保护及对供电电网的影响，必要时应采取吸收高次谐波的措施。

6.3.2.9 不间断电源系统设计时，其系统的各级保护装置之间，应有选择性配合。

6.3.3 不间断电源设备的选择

6.3.3.1 不间断电源设备输出功率，应按下列条件选择：

（1）不间断电源设备对电子计算机供电时，其输出功率应大于电子计算机各设备额定功率总和的 1.5 倍；对其他用电设备供电时，为最大计算负荷的 1.3 倍。

（2）负荷的最大冲击电流不应大于不间断电源设备的额定电流的 150%。

6.3.3.2 不间断电源装置配套的整流器容量，应大于或等于逆变器需要容量与蓄电池直供的应急负荷之和。

6.3.3.3 不间断电源的过压保护除应符合国标《半导体电力变流器》关于过电压保护的规定外，对没有输出电压稳定措施的不间断电源，应有输出过电压的防护措施，以使负荷免受输出过电压的损害。

6.3.3.4 不间断电源的过电流保护应能保证在负荷发生短路或电流超过允许的极限时及时动作，使其免受浪涌电流的损伤。

6.3.3.5 不间断电源设备用的不间断电源开关类型的选择，可根据供电连续性的要求，选用机械式、电子式自动的和手动的开关。

6.3.3.6 不间断电源正常运行时所产生的噪音，不应超过 80dB，对于额定输出电流在 5A 及以下的小型不间断电源，不应超过 85dB。

6.3.4 不间断电源系统的交流电源

6.3.4.1 不间断电源系统宜采用两路电源供电。当备用电源为柴油发电机组时其机组不应做旁路电源。

6.3.4.2 不间断电源系统的交流输入，应符合国标《半导体电力变流器》第 4.1.1 条关于交流电网的规定。但下列各点应以本条所述为准；

（1）交流输入电压的持续波动范围如无其他要求，规定为 ±10%；

（2）旁路电源必须满足负荷容量及特性的要求；

（3）总相对谐波含量不超过 10%，各次谐波分量不超过图 6.3.4.2 的规定值。

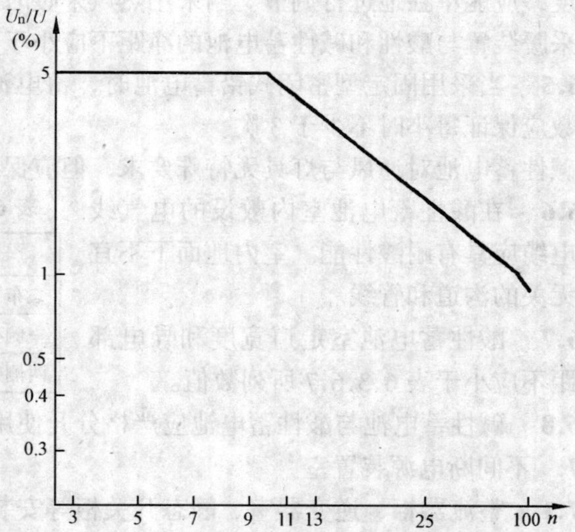

图 6.3.4.2 输入电压允许的最大谐波含量

n—谐波分量的序次；U_n—n 次谐波的均方根值；

U—额定输入电压的均方根值

6.3.4.3 当不间断电源设备交流输入侧电压偏移不能满足要求时，宜采用有载调压变压器或其他调压措施。

6.3.4.4 不间断电源系统的交流电源不宜与其他冲击性负荷由同一的变压器及母线段供电。

6.3.4.5 不间断电源系统的输入、输出回路宜采用电缆。

6.3.5 蓄电池的选择

6.3.5.1 蓄电池组容量应根据市电停电后由其维持供电时间长短的要求选定。

不间断电源系统用的蓄电池需在常温下能瞬时起动，宜选用碱性或酸性蓄电池，有条件时应选用碱性型燃料电池。

6.3.5.2 蓄电池的额定放电时间宜按下列条件确定：

（1）不间断电源系统在交流输入发生故障后，为保证用电设备按照操作顺序进行停机时，其蓄电池的额定放电时间可按停机所需最长时间来确定，一般可取 8～15min。

（2）当有备用电源时，不间断电源系统在交流输入发生故障后，为保证用电设备供电连续性，并等待备用电源投入，其蓄电池额定放电时间的确定，一般可取 10～30min。

（3）如有特殊要求，其蓄电池额定放电时间可根据负荷特性来确定。

6.3.6 蓄电池室

6.3.6.1 蓄电池室的向阳窗户，应装磨砂玻璃或在玻璃上涂漆。为避免风沙侵入或因保温需要，可采用双层玻璃窗。

蓄电池室门应向外开启。

6.3.6.2 酸性蓄电池室的顶棚宜作成平顶。顶棚、墙壁、门窗、通风管道、台架及金属结构等均应涂耐酸油漆。但对具有密封性能的酸性蓄电池，允许适当降低耐酸要求。碱性蓄电池可不考虑上述防腐措施。酸性蓄电池室的地面应采用耐酸材料并应有排水设施。

6.3.6.3 蓄电池室的温度不应低于 10℃，不高于 40℃。计算蓄电池容量时，如已考虑了允许降低容量，可适当降低室温的要求，但不宜低于 5℃。

6.3.6.4 蓄电池室不应采用明火采暖。当采用散热器采暖时，应采用焊接的钢管，且不应有法兰、螺纹接头、阀门等。当蓄电池室与其他房间采用公共采暖系统时，对蓄电池室的温度，应能单独地进行调节。当采用热风采暖时，风口处应设过滤装置。

采暖装置与酸性和碱性蓄电池的净距不应小于 0.75m。

6.3.6.5 当采用固定型密闭式铅蓄电池时，蓄电池室内的照明灯具可选密闭型，通风换气次数应保证每小时不少于 3 次。

碱性蓄电池对通风与灯具无特殊要求，但应保证正常的通风换气。

6.3.6.6 在酸性蓄电池室内敷设的电气线路或电缆应具有耐酸性能。室内地面下不宜通过无关的沟道和管线。

6.3.6.7 酸性蓄电池室走道宽度和导电部分间距不应小于表 6.3.6.7 所列数值。

表 6.3.6.7 酸性蓄电池室走道和导电部分间距

走道宽度		导电部分间距	
布置方式	宽度（m）	正常电压（V）	间距（m）
一侧有蓄电池	0.80	65～250	0.80
两侧有蓄电池	1.00	＞250	1.00

6.3.6.8 碱性蓄电池与酸性蓄电池应严格分开使用。

6.3.7 不间断电源装置室

6.3.7.1 整流器柜、逆变器室、静态开关柜等安装距离和通道宽度，不宜小于下列数值：

（1）柜顶距天棚净距为 1.20m；

（2）离墙安装时，柜后维护通道为 1m；

（3）柜前巡视通道为 1.50m。

6.3.7.2 不间断电源装置室与蓄电池室应分开设置。在不间断电源装置附近应设有检修电源。

6.3.7.3 不间断电源装置室应有良好的防尘设施，照度及通风要适中，室内温度宜在 5～30℃；相对湿度宜在 35%～85%范围内，有条件宜设空调设备。

6.3.7.4 整流器柜、逆变器柜、静态开关柜宜布置在下面有电缆沟或电缆夹层的楼板上。底部周围应采取防止鼠、蛇类小动物进入柜内的措施。

6.3.7.5 不间断电源装置室的控制电缆应与主回路电缆分开敷设。如有困难时，控制线应采用屏蔽线或穿钢管敷设。

7 室外线路

7.1 一般规定

7.1.1 本章适用于城镇居住区和民用建筑的10kV及以下新建和改、扩建室外配电线路的设计。

7.1.2 配电线路的导线选择、路径及对弱电线路的干扰等问题，架空线路宜按5～10a发展规划确定；电缆线路则按15～20a发展规划确定。

7.1.3 设计架空线路时，必须掌握线路通过地区的地形、地貌、地质、交通运输、通信设施以及气象条件等资料。

7.1.4 架空线路的路径和杆位应符合下列要求：

（1）应综合考虑运行、施工、交通条件和路径长度等因素；

（2）宜沿道路平行架设，并避免通过铁路起重机或汽车起重机频繁活动的地区和各种露天堆放场；

（3）宜减少与其他设施的交叉和跨越建筑物；

（4）与有爆炸物和可燃液（气）体的生产厂房、仓库、贮罐等接近时，应符合有关规程的规定；

（5）应与城镇规划及配电网络改造相协调。

7.1.5 设计电缆线路时，应符合下列要求：

（1）宜选择最短距离的路径，并考虑已有和拟建的建筑物位置；

（2）宜减少穿越各种管路、铁路、公路、城市道路、堆场和弱电电缆线路的次数；

（3）避免电缆遭受损坏及腐蚀，并便于维修。

7.1.6 电缆的敷设方式，应根据电缆敷设处的环境条件、电缆数量、施工条件及所选用的电缆型式决定。

7.1.7 在负荷电流较大的情况下，应考虑不同型式的电缆在选定的敷设方式下载流能力的差异，通过经济技术比较合理地选择电缆型式和截面。

7.1.8 3～10kV的配电线路称为高压配电线路（简称高压线路），1kV以下的配电线路称为低压配电线路（简称低压线路）。

7.1.9 有关架空线路和电缆线路接地的要求应符合本规范第14章的规定。

7.2 架空线路

7.2.1 气象条件

7.2.1.1 架空线路设计的计算气象条件，应根据当地气象资料和已有线路的运行经验确定，宜采用10a一遇的数值。

如当地气象资料与表7.2.1.1典型气象区接近时，宜采用典型气象区所列数值。典型气象区适用的地区参见附录A.1。

7.2.1.2 架空线路的最大设计风速，对高压线路应采用离地面10m高处，10a一遇10min平均最大值。如无可靠资料，在空旷平坦地区不应小于25m/s；在山区宜采用附近平地风速的 1.1 倍，且不应小于 25m/s。

表 7.2.1.1 典型气象区

气象区		Ⅰ	Ⅱ	Ⅲ	Ⅳ	Ⅴ	Ⅵ	Ⅶ
大气温度（℃）	最高	+40						
	最低	-5	-10	-5	-20	-20	-40	-20
	导线覆冰	-	-5					
	最大风	+10	+10	-5	-5	-5	-5	-5
风速（m/s）	最大风	30	25	25	25	25	25	25
	导线覆冰	10						
	最高、最低气温	0						
覆冰厚度（mm）		—	5	5	5	10	10	15
冰的比重		0.9						

7.2.1.3 设计覆冰厚度应根据当地城镇已有配电线路、架空通信线路的运行经验确定。如无资料，除第Ⅰ气象区外，宜采用表 7.2.1.1 所列数值。

7.2.1.4 电杆、导线的风荷载应按下式计算：

$$W = 9.807 C \cdot F \frac{V^2}{16} \tag{7.2.1.4}$$

式中 W——电杆或导线风荷载（N）；

C——风载体型系数，采用下列数值：

环形截面钢筋混凝土杆	0.6
矩形截面钢筋混凝土杆	1.4
导线直径 < 17mm	1.2
导线直径 ≥ 17mm	1.1
导线覆冰，不论直径大小	1.2

F——电杆杆身侧面的投影面积或导线直径与水平档距的乘积（m^2）；

V——设计风速（m/s）。

各种电杆均应按风向与线路方向相垂直的情况计算（转角杆按转角等分线方向）。

7.2.2 导线选择和架设

7.2.2.1 架空线路的导线一般采用铝绞线。当高压线路档距或交叉档距较长、杆位高差较大时，宜采用钢芯铝绞线。在沿海地区，由于盐雾或有化学腐蚀气体的存在，宜采用防腐铝绞线、铜绞线或采取其他措施。

在街道狭窄和建筑物稠密地区应采用绝缘导线。

7.2.2.2 钢芯铝绞线及其他复合导线，应按综合计算拉断力进行计算。

7.2.2.3 导线的设计安全系数，不应小于表 7.2.2.3 所列数值。

表 7.2.2.3 导线的设计安全系数

导线种类 \ 股别	单股	多股 一般地区	多股 重要地区
铝绞线、钢芯铝绞线及铝合金绞线	—	2.5	3.0
铜绞线	2.5	2.0	2.5

注：重要地区指大、中城市的主要街道及人口稠密的地方。

7.2.2.4 10kV 及以下架空线路的导线截面，一般按计算负荷、允许电压损失及机械强度确定。

7.2.2.5 当采用电压损失校核导线截面时：

（1）高压线路，自供电的变电所二次侧出口至线路末端变压器或末端受电变电所一次侧入口的允许电压损失，为供电变电所二次侧额定电压（6kV、10kV）的5%。

（2）低压线路，自配电变压器二次侧出口至线路末端（不包括接户线）的允许电压损失，一般为额定配电电压（220V、380V）的4%。

当建筑物的规模及容量较大，可按总的电压允许偏移对内外线路的电压损失值进行适当调整。

7.2.2.6 当确定高、低压线路的导线截面时，除根据负荷条件外，尚应与地区配电网的发展规划相结合。当无地区配电网规划时，配电线路的导线截面不宜小于表7.2.2.6所列数值。

表7.2.2.6 导线截面（mm^2）

线路 导线种类	高压线路			低压线路		
	主干线	分干线	分支线	主干线	分干线	分支线
铝绞线及铝合金线	120	70	35	70	50	35
钢芯铝绞线	120	70	35	70	50	35
铜绞线	—	—	16	50	35	16

7.2.2.7 架空线路导线的长期允许载流量，应按周围空气温度进行校正。

当导线按发热条件验算时，最高允许工作温度宜取+70℃。验算时的周围空气温度采用当地最热月份的月平均最高温度。

7.2.2.8 配电线路的导线不应采用单股的铝线或铝合金线。高压线路的导线不应采用单股铜线。

配电线路导线的截面按机械强度要求不应小于表7.2.2.8所列数值。

低压线路与铁路交叉跨越档，当采用裸铝绞线时，截面不应小于$35mm^2$。

表7.2.2.8 导线最小截面

线路 导线种类	高压线路		低压线路
	居民区	非居民区	
铝绞级及铝合金绞线	35	25	16
钢芯铝绞线	25	16	16
铜绞线	16	16	(直径3.2mm)

7.2.2.9 不同金属、不同绞向、不同截面的导线严禁在档距内连接。

高压配电线路架设在同一横担上的导线，其截面差不宜大于三级。

7.2.2.10 三相四线制的中性线截面不应小于表7.2.2.10所列数值。单相制的中性线截面应与相线截面相同。

表7.2.2.10 中性线截面（mm^2）

线别 导线种类	相线截面	中性线截面
铝绞线及钢芯铝绞线	LJ LGJ-50及以下	与相线截面同
	LJ LGJ-70及以上	不小于相线截面的50%，但不小于$50mm^2$
铜绞线	TJ-35及以下	与相线截面同
	TJ-50及以上	不小于相线截面的50%，但不小于$35mm^2$

7.2.2.11 高压线路的导线，应采用三角排列或水平排列，双回路线路同杆架设时，宜采用三角排列或垂直三角排列。

低压线路的导线，宜采用水平排列。

7.2.2.12　架空线路的排列相序应符合下列规定：

（1）高压线路：面向负荷从左侧起，导线排列相序为 A、B、C；

（2）低压线路：面向负荷从左侧起，导线排列相序为 A、N、B、C。

7.2.2.13　电杆上的中性线应靠近电杆，如线路沿建筑物架设时，应靠近建筑物。中性线的位置不应高于同一回路的相线。在同一地区内，中性线的排列应统一。

7.2.2.14　沿建（构）筑物架设的低压线路应采用绝缘线，导线支持点之间的距离不宜大于 15m。

7.2.2.15　架空线路导线的线间距离，应根据运行经验确定，如无可靠运行资料时，不应小于表 7.2.2.15 所列数值。

表 7.2.2.15　架空线路导线间的最小距离（m）

档距(m) / 电压	40 及以下	50	60	70	80	90	100
高　压	0.60	0.65	0.70	0.75	0.85	0.90	1.00
低　压	0.30	0.40	0.45	—	—	—	—

注：①表中所列数值适用于导线的各种排列方式；

②靠近电杆的两导线间的水平距离，对于低压线路不应小于 0.50m。

7.2.2.16　同杆架设的双回线路或高、低压同杆架设的线路、横担间的垂直距离，不应小于表 7.2.2.16 所列数值。

表 7.2.2.16　同杆架设的线路横担之间的最小垂直距离（m）

杆型 / 导线排列方式	直　线　杆	分支或转角杆
高压与高压	0.80	0.45/0.60①
高压与低压	1.20	1.00
低压与低压	0.60	0.30

注：①转角或分支线如为单回线，则分支线横担距主干线横担为 0.60m；如为双回线，则分支线横担距上排主干线横担取 0.45m；距下排主干线横担取 0.60m。

7.2.2.17　同一电源的高、低压线路宜同杆架设。为了维修和减少停电，直线杆横担数不宜超过四层（包括路灯线路）。

7.2.2.18　高、低压同杆架设的线路，高压线路在上。架设同一电压等级的不同回路导线时，应把弧垂较大的导线放置在下层。路灯照明回路应架设在最下层。

7.2.2.19　高、低压线路同杆或仅高压线路时，可在最下面架设通讯电缆，通讯电缆与高压线路间的垂直距离不得小于 2.50m；仅低压线路时，可在最下面架设广播明线和通讯电缆，其垂直距离不得小于 1.50m。

7.2.2.20　向一级负荷供电的双电源线路，不应同杆架设。

7.2.2.21　高、低压线路宜沿道路平行架设，电杆距路边可为 0.50～1m。

7.2.2.22　高、低压线路的档距，可采用表 7.2.2.22 所列数值。耐张段的长度不宜大于 2km。

表 7.2.2.22　架空线路档距（m）

电压 / 地区	高　压	低　压
城　区	40～50	30～45
居住区	30～50	30～40
郊　区	50～100	40～60

7.2.2.23　高压线路的过引线、引下线、接户线与邻相导线间的净空距离，不应小于 0.30m；低压线路不应小于 0.15m。

高压线路的导线与拉线、电杆或构架间的净空距离，不应小于 0.20m；低压线路不应小于 0.10m。

高压线路的引下线与低压线间的距离，不宜小于 0.20m。

7.2.3 电杆和埋设

7.2.3.1 配电线路的钢筋混凝土杆，宜采用定型产品，电杆的构造要求应符合国家标准。

7.2.3.2 各型电杆应按下列荷载条件进行计算：

(1) 最大风速、无冰、未断线；

(2) 覆冰、相应风速、未断线；

(3) 最低气温、无冰、无风、未断线（适用于转角杆和终端杆）。

7.2.3.3 钢筋混凝土杆的强度计算，应采用安全系数计算方法。普通钢筋混凝土杆采用的强度设计安全系数不应小于 1.7；预应力钢筋混凝土杆采用的强度设计安全系数不应小于 1.8。

7.2.3.4 电杆基础应结合当地的运行经验、材料来源、地质情况等条件进行设计。在有条件的地方，宜采用岩石的底盘、卡盘和拉线盘。

7.2.3.5 电杆的埋设深度，应根据地质条件进行倾覆稳定计算确定。单回路的配电线路，电杆埋深不应小于表 7.2.3.5 所列数值。

表 7.2.3.5 电杆埋设深度（m）

杆高（m）	8	9	10	11	12	13	15
埋深	1.50	1.60	1.70	1.80	1.90	2.00	2.30

7.2.3.6 电杆基础的上拔及倾覆稳定安全系数，不应小于表 7.2.3.6 所列数值。

表 7.2.3.6 电杆基础的上拔倾覆稳定安全系数

杆　型	直线杆	耐张杆	转角、终端杆
稳定安全系数	1.5	1.8	2.0

当土质不良（流沙地带等），杆基埋深难以满足上述要求时，应采取加设人字拉线、卡盘及培土等辅助措施。

7.2.3.7 钢筋混凝土基础的强度设计安全系数不应小于 1.7，预制基础的混凝土强度等级不宜低于 C20。

采用岩石制作的底盘、卡盘、拉线盘，应选择结构完整、质地坚硬的石料（如花岗岩等），并进行强度试验。其强度设计安全系数不应小于下列数值：

岩石底盘　　3

岩石卡盘　　4

岩石拉线盘　　5

7.2.3.8 电杆组立后回填土时，应分层夯实，并超出地面 0.30m。在易为流水冲洗的地方埋设电杆时，尚须在电杆周围埋设立桩并砌以石块做成水围子。

7.2.4 横担和绝缘子

7.2.4.1 高、低压线路宜采用镀锌角钢横担或瓷横担。

7.2.4.2 15°以下的转角杆和直线杆，宜采用单横担，但跨越主要道路时应采用单横担双绝缘子；15°～45°的转角杆，宜采用双横担双绝缘子；45°以上的转角杆，宜采用十字横担。

7.2.4.3　横担安装位置应符合下列要求：

（1）直线杆横担应装在负荷侧；

（2）终端杆、转角杆、分支杆以及导线张力不平衡处的横担，应装在张力的反向侧；

（3）直线杆多层横担应装设在同一侧。

7.2.4.4　支持铁拉板的安装应符合下列要求：

（1）高压线路横担应两侧安装铁拉板；

（2）低压线路横担可以一侧安装铁拉板。二线、四线横担装设垫铁时，可以不装设铁拉板。一侧铁拉板应装设在 B、C 相的一侧。

7.2.4.5　配电线路绝缘子的性能，应符合国家有关标准。各类杆型所采用的绝缘子应符合下列要求：

（1）高压线路

a．直线杆采用针式绝缘子或瓷横担。当采用铁横担时，针式绝缘子宜采用高一电压等级的绝缘子；

b．耐张杆宜采用一个悬式绝缘子和一个 10kV（6kV）蝴蝶式绝缘子或采用两个悬式绝缘子组成的绝缘子串。

（2）低压线路

a．直线杆一般采用低压针式绝缘子或低压瓷横担；

b．耐张杆应采用低压蝴蝶式绝缘子或一个悬式绝缘子。

（3）绝缘子的组装方式应防止瓷裙积水。

7.2.4.6　绝缘子机械强度的使用安全系数，不应小于下列数值：

瓷横担　3.0

针式绝缘子　2.5

悬式绝缘子　2.0

蝴蝶式绝缘子　2.5

绝缘子机械强度的安全系数，应按下式计算：

$$K=\frac{T}{T_{max}} \quad (7.2.4.6)$$

式中　T——瓷横担的受弯破坏荷载（N）；

针式绝缘子的受弯破坏荷载（N）；

悬式绝缘子的一小时机电试验的试验荷载（N）；

蝴蝶式绝缘子的破坏荷载（N）；

T_{max}——绝缘子最大使用荷载（N）。

7.2.4.7　配电线路的电瓷外绝缘应根据运行经验和所处地段外绝缘污秽等级，增加绝缘的泄漏距离或采取其他防污措施。如无运行经验，应按附录 A·2 所规定的数值进行设计。

7.2.5　拉线

7.2.5.1　拉线应采用镀锌钢绞线或镀锌铁线，其截面选择应根据计算确定。拉线的强度设计安全系数和最小截面或直径应符合表 7.2.5.1 的要求。

表 7.2.5.1　拉线的强度设计安全系数及最小截面

拉线材料	强度安全系数	最小截面（高、低压）
镀锌钢绞线	≥2.0	25（mm^2）
镀锌铁线	≥2.5	3/D4.0mm

注：①镀锌钢绞线破坏应力为 1200N/mm^2。
②镀锌铁线破坏应力为 370N/mm^2。

7.2.5.2　拉线应按电杆的受力情况装设，拉线与电杆夹角宜取45°，如受地形限制，可适当减小，但不应小于30°。

7.2.5.3　水平拉线跨越道路和其他设施时，应符合下列要求：

（1）跨越汽车通道时，拉线对路边的垂直距离不小于4.50m，对行车路面中心的垂直距离不小于6m；

（2）跨越电车行车线时，对路面中心的垂直距离，不应小于9m；

（3）拉线柱倾斜角宜取10°～20°，柱的埋深可为柱长的1/6。

7.2.5.4　线路的转角、耐张和终端杆的拉线，应符合下列要求：

（1）线路转角在45°及以下时，允许仅装设分角拉线；

（2）线路转角在45°以上时，应装设顺线型拉线；

（3）当电杆两侧导线截面相差较大时，应装设对穿拉线；

（4）终端杆应装设终端拉线；

（5）双横担，如为高压与高压或高压与低压时，应装Y型拉线，如为低压与低压且导线在$50mm^2$及以下时，可只做一组拉线；

（6）拉线盘的埋深不宜小于1.20m。

7.2.5.5　因受地形环境限制，不能装设拉线时，允许采用撑杆。

撑杆埋深宜为1m，其底部应垫底盘或石块。撑杆与主杆的夹角以30°为宜。

7.2.5.6　钢筋混凝土电杆的拉线，宜不装设拉线绝缘子。如拉线从导线之间穿过，应装设拉线绝缘子。在断拉线的情况下，拉线绝缘子距地面不应小于2.50m。拉线绝缘子的型号应根据拉线截面的大小选择，见表7.2.5.6。

表 7.2.5.6　拉线绝缘子型号选择

导线种类 \ 型号	J-4.5	J-9
镀锌钢绞线（mm^2）	25、35	50
镀锌铁线（股）	3、5、7	9、11

7.2.5.7　拉线棒应采用热镀锌圆钢，其大小应按承受的拉力计算确定，且直径不得小于16mm。在腐蚀严重地区，除镀锌外，并应适当加大直径2～4mm或采取其他有效防腐措施。

高、低压线路拉线上下把的连接，尚应符合下列要求：

（1）高压线路拉线上下把的连接，应采用楔形线夹或UT型线夹，如有困难也可采用心形环用花篮螺栓固定或用镀锌铁线缠绕；

（2）低压线路拉线的下把，如采用拉线棒有困难时，可采用镀锌铁线代替，但必须大于上把拉线2股以上，其直径不得小于5/D4.0mm。

7.2.6　接户线

7.2.6.1　由高、低压线路至建筑物第一个支持点之间的一段架空线，称为接户线。

由接户线至室内第一个配电设备的一段低压线路，称为进户线。此段线路不宜过长。

7.2.6.2　低压接户线的档距不宜大于25m，档距超过25m时，宜设接户杆。低压接户杆的档距不应超过40m。

低压接户线接户点处的墙体应牢固，接户点应接近供电线路，宜接近负荷中心，并便于维修和保证施工安全。

7.2.6.3　一幢建筑物，一般情况下对同一电源只做一个接户线。当建筑物体量较长、容量较大或有特殊要求时，可根据当地供电部门规定考虑多组接户线。

7.2.6.4 低压接户线应采用绝缘导线，导线截面应根据负荷计算电流和机械强度确定，并要考虑今后发展的可能性。当计算电流小于 30A 且无三相用电设备时，宜采用单相接户线；大于 30A 时，宜采用三相接户线。接户线的最小允许截面见表 7.2.6.4 所列数值。

7.2.6.5 高压接户线的档距不宜大于 40m，其截面不应小于下列数值：

铜绞线　16mm^2

铝绞线　25mm^2

7.2.6.6 低压接户线的线间距离不应小于表 7.2.6.6 所列数值。

低压接户线的中性线和相线交叉时，应保持一定的距离或采用绝缘措施。

高压接户线采用绝缘线时，线间距离不应小于 0.45m。

表 7.2.6.4　低压接户线的最小截面

接户线架设方式	档　距（m）	最小截面（mm^2）	
		绝缘铜线	绝缘铝线
自电杆上引下	10 以下	4	6
	10～25	6	10
沿墙敷设	6 及以下	4	6

表 7.2.6.6　低压接户线的线间距离

架设方式	档距（m）	线间距离（m）
自电杆上引下	25 及以下	0.15
	25 以上	0.20
沿墙敷设	6 及以下	0.10
	6 以上	0.15

7.2.6.7 接户线在受电端的对地距离，不应小于下列数值：

高压接户线　4.00m

低压接户线　2.50m

如特殊低矮房屋接户点离地低于 2.50m 时，应加装接户杆（落地杆或短杆），以绝缘线穿管接户。

7.2.6.8 低压进户线应穿管保护接至室内配电设备。进户线保护管采用钢管时，伸出墙外一般为 0.15m，距支持物为 0.25m，并应采取防水措施。

7.2.6.9 跨越街道的低压接户线，至路面中心的垂直距离不应小于下列数值：

通车街道　6.00m

通车困难的街道、人行道　3.50m

胡同（里）、弄、巷　3.00m

高压接户线至地面的距离见表 7.2.7.3。

7.2.6.10 低压接户线与建筑物有关部分的距离，不应小于下列数值：

与接户线下方窗户的垂直距离　0.30m

与接户线上方窗户或阳台的垂直距离　0.80m

与窗户或阳台的水平距离　0.75m

与墙壁、构架的距离　0.05m

7.2.6.11 低压接户线不应从高压引下线间穿过，严禁跨越铁路。

7.2.6.12 自电杆引下的导线截面为 16mm^2 及以上的低压接户线，应使用低压蝴蝶式绝缘子。

7.2.6.13 不同金属、不同规格的接户线，不应在档距内连接。跨越通车街道的接户线，不应有接头。

7.2.6.14　为美化环境、保证安全；大型建筑物和繁华街道两侧的接户线，可采用架空电缆或电缆沿墙敷设的接户方式。

7.2.7　对地距离和交叉跨越

7.2.7.1　高压配电线路不应跨越屋顶为可燃材料做成的建筑物。对耐火屋顶的建筑物，不宜跨越。如必须跨越时，应取得有关部门的同意，此时导线与建筑物的垂直距离，在最大计算弧垂情况下，高压线路不应小于3m，低压线路不应小于2.50m。

7.2.7.2　架空线路接近建筑物时，线路的边导线在最大计算风偏情况下与建筑物的水平距离：高压线路不应小于1.50m；低压线路不应小于1m。

7.2.7.3　导线与地面的距离，在最大弧垂情况下，不应小于表7.2.7.3所列数值。

7.2.7.4　导线与山坡、峭壁、岩石之间的净距，在最大计算风偏情况下，不应小于7.2.7.4所列数值。

7.2.7.5　架空线路与弱电线路交叉时，架空线路一般设在弱电线路的上方。交叉角应为：弱电线路为一级时大于或等于45°，二级时大于或等于30°，三级时不作具体规定。配电线路的电杆位置宜接近交叉点，但不应小于7m（城区线路不受此限）。

表 7.2.7.3　导线与地面的最小距离（m）

线路通过地区	线路电压	
	高压	低压
居民区①	6.50	6.00
非居民区②	5.50	5.00
交通困难地区③	4.50	4.00

注：①工业企业地区、港口、码头、火车站、市镇、乡等人口密集地区；
②上述居民区以外的地区，均属非居民区。虽时常有车辆或农机到达，但未建房屋或房屋稀少的地区，亦属非居民区；
③主要指车辆、农机不能到达的地区。

表 7.2.7.4　导线与山坡、峭壁、岩石最小净距（m）

线路通过地区	线路电压	
	高压	低压
步行可达到的山坡	4.50	3.00
步行不能达到的山坡、峭壁、岩石	1.50	1.00

7.2.7.6　架空线路与甲类火灾危险的生产厂房、物品仓库、易燃、易爆材料堆场以及可燃或易燃、易爆液（气）体贮罐的防火间距，应大于电杆高度的1.5倍。

7.2.7.7　高压架空线路通过绿化地带的间距要求如下：

（1）架空线路通过公园、绿化区和防护林带时，导线在最大风偏时与树木的距离不应小于3.00m；

（2）架空线路通过果木林、经济作物林以及城市灌木林时，不应砍伐通道，但导线至树梢的距离不应小于1.50m；

（3）架空线路的导线在最大风偏时，与街道绿化树之间的距离不应小于表7.2.7.7所列数值。

表 7.2.7.7　导线与街道绿化树之间的最小距离（m）

最大弧垂时的垂直距离		最大风偏时的水平距离	
高压	低压	高压	低压
1.50	1.00	2.00	1.00

7.2.7.8　10kV及以下架空线路杆塔的埋地部分，与地下各种工程设施（不包括电缆线路）间的水平净距离不宜小于1m。

7.2.7.9　架空线路与铁路、道路、管道及各种架空线路交叉或接近时，应符合表7.2.7.9的要求。

表 7.2.7.9 架空线路与铁路、道路及各种架空线路交叉或接近时的基本要求

项目	铁路			道路		电车道		弱电线路		电力线路		特殊管道		一般管道		人行天桥
	标准轨距	窄轨	电气化线路	一、二级	三级	有轨及无轨		一、二级	三、四级	1以下(kV)	6~10(kV)					
导线最小截面	铝绞线及铝合金线为 $35mm^2$,钢芯铝线为 $25mm^2$,铜线为 $16mm^2$															
导线在跨越档内的接头	不应接头	—	—	不得接头	—	不得接头		不得接头	—	—	—	不得接头		不得接头		—
导线支持方式	双固定		—	双固定	单固定	双固定		双固定	单固定	单固定	双固定	双固定		双固定		—
最小垂直距离(m) 线路电压(kV)＼项目	至轨顶		接触线或承力索	至路面		至路面	至承力索或接触线	至被跨越线		至导线		至管道任何部分				—
												管道上人	管道不上人	管道上人	管道不上人	
6~10 1以下	7.50 7.50	6.00 6.00	平原地区配电线路入地	7.00 6.00		9.00 9.00	3.00 3.00	2.00 1.00		2.00 1.00	2.00 2.00	3.00 2.50	3.00 1.50	3.00 2.00	3.00 1.50	城镇内宜入地
最小水平距离(m) 线路电压(kV)＼项目	电杆外缘至轨道中心			电杆中心至路面边缘		电杆中心至路面边缘	电杆外缘至轨道中心	在最大风偏情况下与边导线间距				在最大风偏情况下边导线至管道任何部分				导线边线至人行天桥边缘
6~10 1以下	交叉:5.00 平行:杆高加3.00		平行:杆高加3.00	0.50 0.50		0.50 0.50	3.00 3.00	2.00 1.00		2.50 2.50		2.00 1.50		2.00 1.50		4.00 2.00

注:①电力线路与弱电线路接近时,最小水平距离值未考虑对弱电线路的危险和干扰影响,如需考虑时应另行计算;

②特殊管道指架设在地面上输送易燃、易爆物的管道,各种管道上的附属设施均视为管道的一部分;

③架空线路与管道交叉时,交叉点不应选在管道的检查平台和阀门处。与管道交叉跨越或平行接近时管道应接地;

④弱电线路等级、道路等级,见水利电力部标准《架空配电线路设计技术规程》附录五、六中的划分。

7.3 电 缆 线 路

7.3.1 电缆选择

7.3.1.1 电力电缆型号的选择,应根据环境条件、敷设方式、用电设备的要求和产品技术数据等因素来确定,一般按下列原则考虑:

(1) 在一般环境和场所内宜采用铝芯电缆;在振动剧烈和有特殊要求的场所,应采用铜芯电缆;规模较大的重要公共建筑亦宜采用铜芯电缆。

(2) 埋地敷设的电缆,宜采用有外护层的铠装电缆。在无机械损伤可能的场所,也可采用塑料护套电缆或带外护层的铅(铝)包电缆。

(3) 在可能发生位移的土壤中(如沼泽地、流砂、大型建筑物附近)埋地敷设电缆时,应采用钢丝铠装电缆,或采取措施(如预留电缆长度,用板桩或排桩加固土壤等)消除因电缆位移作用在电缆上的应力。

(4) 在有化学腐蚀或杂散电流腐蚀的土壤中,不宜采用埋地敷设电缆。如果必须埋地时,应采用防腐型电缆或采取防止杂散电流腐蚀电缆的措施。

(5) 敷设在管内或排管内的电缆,宜采用塑料护套电缆,也可采用裸铠装电缆。

(6) 在电缆沟或电缆隧道内敷设的电缆,不应采用有易燃和延燃的外护层。宜采用裸铠装电缆、裸铅（铝）包电缆或阻燃塑料护套电缆。

（7）架空电缆宜采用有外被层的电缆或全塑电缆。

（8）当电缆敷设在较大高差的场所时，宜采用塑料绝缘电缆、不滴流电缆或干绝缘电缆。

（9）三相四线制线路中使用的电力电缆，应选用四芯电缆。

7.3.1.2 电缆截面的选择，一般按电缆长期允许载流量和允许电压损失确定，并考虑环境温度的变化、多根电缆的并列以及土壤热阻率等的影响，分别根据敷设的条件进行校正。若选出的截面为非标准截面时，应按上限选择。

7.3.1.3 电缆线路应进行短路条件下的热稳定校验，但用熔断器作为短路保护的电缆线路允许不作校验。

7.3.1.4 在电缆沟或电缆隧道内敷设的电缆，当确定其空气计算温度时，除采用规定的昼夜平均温度外，尚要根据电缆发热、散热和通风效果来确定。当缺乏计算资料时，可按规定空气温度加5℃考虑。

7.3.1.5 当按短路热稳定条件确定的电缆截面大于按正常工作电流选择的截面时，应结合其他条件综合考虑，宜选择在短路时允许温度高的电缆。

7.3.1.6 单根电缆穿管（管内无人工通风）并敷设于空气中，其长期允许电流的校正系数参照下列数值：

（1）低压电缆截面在95mm^2及以下时为0.90。

（2）低压电缆截面在120～185mm^2时为0.85。

（3）敷设在地中的单根电缆穿管时，其长期允许电流按敷设在空气中考虑。

7.3.1.7 电缆不允许长期过负荷，在事故或紧急情况下（如转换负荷等）不超过2h的过负荷能力可为：3kV为10%，6～10kV为15%。

7.3.1.8 沿不同冷却条件的路径敷设电缆线路时，其截面的选择见第8章有关规定。

7.3.2 电缆埋地敷设

7.3.2.1 当沿同一路径敷设的室外电缆根数为8根及以下且场地有条件时，宜采用直接埋地敷设。

7.3.2.2 电缆在室外直接埋地敷设的深度不应小于0.70m，穿越农田时不应小于1m，并应在电缆上下各均匀铺设100mm厚的细砂或软土，然后覆盖混凝土保护板或类似的保护层，覆盖的保护层应超过电缆两侧各50mm。

在寒冷地区，电缆应埋设于冻土层以下。当无法深埋时，应采取措施，防止电缆受到损坏。

直埋深度超过1.10m时可不考虑上部压力的机械损伤。

7.3.2.3 向一级负荷供电同一路径的双路电源电缆，不应敷设在同一沟内。当无法分开时，可按本规范第4.5.10条的有关规定执行。

7.3.2.4 电缆通过有振动和承受压力的下列各地段应穿管保护：

（1）电缆引入和引出建筑物和构筑物的基础、楼板和过墙等处。

（2）电缆通过铁路、道路和可能受到机械损伤等地段。

（3）电缆引出地面2m至地下0.20m处行人容易接触和可能受到机械损伤的地方。

7.3.2.5 埋地敷设的电缆之间及与各种设施平行或交叉的净距离，不应小于表7.3.2.5所列数值。

7.3.2.6 电缆与建筑物平行敷设时，电缆应埋设在建筑物的散水坡外。电缆引入建筑物时，所穿保护管应超出建筑物散水坡 100mm。

7.3.2.7 电缆与热力管沟交叉时，如电缆穿石棉水泥管保护，其长度应伸出热力管沟两侧各 2m；用隔热保护层时应超过热力管沟和电缆两侧各 1m。

7.3.2.8 电缆与道路、铁路交叉时，应穿管保护，保护管应伸出路基 1m。

7.3.2.9 埋地敷设的电缆长度，应比电缆沟长约 1.5%～2%，并做波状敷设。

7.3.2.10 埋地敷设的电缆，接头盒下面必须垫混凝土基础板，其长度应伸出接头保护盒两侧 0.60～0.70m。

7.3.2.11 电缆中间接头盒外面应设有生铁或混凝土保护盒，或者用铁管保护。当周围介质对电缆有腐蚀作用或地下经常有水冬季会造成冰冻时，保护盒应注沥青。

表 7.3.2.5 直接埋地敷设的电缆之间及与各种设施的最小净距（m）

项　　目	敷设条件	
	平行时	交叉时
建筑物、构筑物基础	0.50	
电杆	0.60	
乔木	1.50	
灌木丛	0.50	
1kV 以下电力电缆之间，以及与控制电缆和 1kV 以上电力电缆之间	0.10	0.50(0.25)
通讯电缆	0.50(0.10)	0.50(0.25)
热力管沟	2.00	(0.50)
水管、压缩空气管	1.00(0.25)	0.50(0.25)
可燃气体及易燃液体管道	1.00	0.50(0.25)
铁路(平行时与轨道、交叉时与轨底，电气化铁路除外)	3.00	1.00
道路(平行时与路边、交叉时与路面)	1.50	1.00
排水明沟(平行时与沟边、交叉时与沟底)	1.00	0.50

注：①表中所列净距，应自各种设施(包括防护外层)的外缘算起；
②路灯电缆与道路灌木丛平行距离不限；
③表中括号内数字是指局部地段电缆穿管，加隔板保护或加隔热层保护后允许的最小净距；
④电缆与水管、压缩空气管平行，电缆与管道标高差不大于 0.50m 时，平行净距可减少至 0.50m。

7.3.2.12 电缆沿坡度敷设时，中间接头应保持水平。多根电缆并列敷设时，中间接头的位置应互相错开，其净距不应小于 0.50m。

7.3.2.13 沿坡度或垂直敷设油浸纸绝缘电缆时，其敷设水平高差不应大于表 7.3.2.13 所列数值。

7.3.2.14 电缆敷设的弯曲半径与电缆外径的比值，不应小于表 7.3.2.14 所列数值。

7.3.2.15 电缆在拐弯、接头、终端和进出建筑物等地段，应装设明显的方位标志。直线段上应适当增设标桩，桩露出地面一般为 0.15m。

7.3.3 电缆在电缆沟或隧道内敷设。

7.3.3.1 当电缆与地下管网交叉不多，地下水位较低，且无高温介质和熔化金属液体流入可能的地区，同一路径的电缆根数为 18 根及以下时，宜采用电缆沟敷设。多于 18 根时，宜采用电缆隧道敷设。

7.3.3.2 电力电缆在电缆沟或电缆隧道内敷设时，其水平净距为 35mm，但不应小于电缆外径。

7.3.3.3 电缆在电缆沟和电缆隧道内敷设时，其支架层间垂直距离和通道宽度不应小于表 7.3.3.3 所列数值。

表 7.3.2.13 敷设电缆最大允许高差

电压（kV）	有无铠装	最大允许高差（m）	
		铅 包	铝 包
1~3	铠装	25	25
	无铠装	20	25
6~10	铠装或无铠装	15	20

注：如油浸纸绝缘电缆敷设的高差超过要求时，可采用塞子式接头盒，或另选不滴流电缆或橡皮、塑料绝缘电缆。

表 7.3.2.14 电缆弯曲半径与电缆外径比值

电缆护套类型		电力电缆		其他电缆
		单芯	多芯	多芯
金属护套	铅	25	15	15
	铝	30	30	30
	皱纹铝套和皱纹钢套	20	20	20
非金属护套		20	15	无铠装 10 有铠装 15

注：①表中未说明者，包括铠装和无铠装电缆；
②电力电缆中包括油浸纸绝缘电缆（不滴流电缆在内）和橡皮、塑料绝缘电缆，其他电缆指控制信号电缆等。

表 7.3.3.3 支架层间垂直距离和通道宽度的最小净距（m）

名称 \ 敷设条件		电缆隧道（净高 1.90）	电缆沟	
			沟深 0.60 以下	沟深 0.60 及以上
通道宽度	两侧设支架	1.00	0.30	0.50
	一侧设支架	0.90	0.30	0.45
支架层间垂直距离	电力电缆	0.20	0.15	0.15
	控制电缆	0.12	0.10	0.10

7.3.3.4 电缆在电缆沟或电缆隧道内敷设时，支架间或固定点间的距离不应大于表 7.3.3.4 所列数值。

表 7.3.3.4 电缆支架间或固定点间的最大间距（m）

敷设方式 \ 电缆种类	塑料护套、铝包、铅包钢带铠装		钢丝铠装
	电力电缆	控制电缆	
水平敷设	1.00	0.80	3.00
垂直敷设	1.50	1.00	6.00

7.3.3.5 电缆支架的长度，在电缆沟内不宜大于 0.35m；在隧道内不宜大于 0.50m。在盐雾地区或化学气体腐蚀地区，电缆支架应涂防腐漆或采用铸铁支架。

7.3.3.6 电缆沟和电缆隧道应采取防水措施，其底部应做坡度不小于 0.5% 的排水沟。积水可直接接入排水管道或经集水坑用泵排出。

7.3.3.7 在支架上敷设电缆时，电力电缆应放在控制电缆的上层。但 1kV 以下的电力电缆和控制电缆可并列敷设。

当两侧均有支架时，1kV 以下的电力电缆和控制电缆宜与 1kV 以上的电力电缆分别敷设于不同侧支架上。

7.3.3.8 电缆沟在进入建筑物处应设防火墙。电缆隧道进入建筑物处，以及在变电所围墙处，应设带门的防火墙。此门应采用非燃烧材料或难燃烧材料制作，并应装锁。

7.3.3.9 隧道内采用电缆桥架、托盘敷设时，应符合本规范第 9.11 节的有关规定。并应每隔 50m 安装一个防火密闭隔门，桥架、托盘通过防火的密闭隔门或可燃性的隔板墙时，通过段的电缆应作防火处理。

7.3.3.10 电缆沟宜采用钢筋混凝土盖板，每块盖板的重量不宜超过 50kg。

7.3.3.11 电缆隧道的净高不应低于 1.90m，有困难时局部地段可适当降低。

隧道内应采取通风措施，一般为自然通风。

7.3.3.12 电缆隧道长度大于 7m 时，两端应设出口（包括人孔），两个出口间的距离超过 75m 时，尚应增加出口。人孔井的直径不应小于 0.70m。

7.3.3.13 电缆隧道内应有照明，其电压不应超过 36V，否则应采取安全措施。

7.3.3.14 其他管线不得横穿电缆隧道。电缆隧道和其他地下管线交叉时，应尽可能避免隧道局部下降。

7.3.4 电缆在排管内敷设

7.3.4.1 电缆排管敷设方式，适用于电缆数量不多（一般不超过 12 根），而道路交叉较多，路径拥挤，又不宜采用直埋或电缆沟敷设的地段。

排管可采用石棉水泥管或混凝土管。

7.3.4.2 敷设在排管内的电缆，应按本章第 7.3.1.1 款选用，或采用特殊加厚的裸铅包电缆。

7.3.4.3 电缆排管应一次留足必要的备用管孔数，当无法预计发展情况时，除考虑散热孔外可留 10%的备用孔，但不少于 1～2 孔。

7.3.4.4 当地面上均匀荷载超过 100kN/m² 或排管通过铁路及遇有类似情况时，必须采取加固措施，防止排管受到机械损伤。

7.3.4.5 排管孔的内径不应小于电缆外径的 1.5 倍，但电力电缆的管孔内径不应小于 90mm，控制电缆的管孔内径不应小于 75mm。

7.3.4.6 电缆排管安装时应符合下列条件：

（1）排管安装时，应有倾向人孔井侧不小于 0.5%的排水坡度，并在人孔井内设集水坑，以便集中排水；

（2）排管顶部距地面不宜小于 0.70m，在人行道下面的排管可不小于 0.50m；

（3）排管沟底部应垫平夯实，并应铺设不少于 80mm 厚的混凝土垫层。

7.3.4.7 在线路转角、分支处应设电缆人孔井，在直线段上，为便于拉引电缆也应设置一定数量的电缆人孔井，人孔井间的距离不宜大于 150m。

7.3.4.8 电缆人孔井的净空高度不宜小于 1.80m，其上部人孔的直径不应小于 0.70m。

7.3.5 低压架空电力电缆。

7.3.5.1 当地下情况复杂不宜采用电缆直埋敷设，且用户密度高、用户的位置和数量变动较大，今后需要扩充和调整以及总图无隐蔽要求时，可采用架空电缆。但在覆冰严重地区不宜采用架空电缆。

7.3.5.2 有关架空电缆线路的电杆和埋设要求见本章第 7.2.3 条的有关规定。

7.3.5.3 架空电缆普通吊线或正吊线强度计算的安全系数不应小于 3；辅助吊线强度计算的安全系数不应小于 2。

7.3.5.4 架空电缆线路每条吊线上宜架设一根电缆。杆上有两层吊线时，上下两吊线的垂直距离不应小于 0.30m。

7.3.5.5 架空电缆与架空线路同杆时，电缆应在架空线路的下面，电缆与最下层的架空线横担的垂直间距不应小于 0.60m。

7.3.5.6 架空电缆在吊线上以吊钩敷架，吊钩的间隔不应大于 0.50m，吊线应采用不小于 7/D3.0mm 的镀锌铁绞线或具有同等强度及直径的绞线。

7.3.5.7 架空电缆与地面的最小净距不应小于表 7.3.5.7 所列数值。

表 7.3.5.7 架空电缆与地面的最小净距（m）

线路通过地区	线路电压	
	高压	低压
居民区	6.00	5.50
非居民区	5.00	4.50
交通困难地区	4.00	3.50

7.3.6 电缆保护管的加工与敷设

7.3.6.1 电缆保护管的内径应大于电缆外径的 1.5 倍。当电缆与城镇街道、公路或铁路交叉时，保护管的管径不得小于 100mm。

7.3.6.2 保护管的弯曲半径应符合所穿入电缆的允许弯曲半径，见表 7.3.2.14 所列数值。一根保护管的直角弯不得多于 2 个（但有中间接头盒，并便于安装、检修者可除外）。

7.3.6.3 保护管采用钢管时，其外表面应采用防腐处理，但埋入混凝土内的管子可不涂防腐漆。

7.3.6.4 当利用保护管作接地线时，管接头两侧应用跨接线焊接，若接头处采用套管焊接时可以例外。

8 低 压 配 电

8.1 一 般 规 定

8.1.1 本章适用于新建、扩建和改建民用建筑工频交流 1000V 以下的配电设计。

8.1.2 配电系统设计应根据工程规模、设备布置、负荷容量及性质等综合考虑确定。

8.1.3 确定低压配电系统时，应符合以下要求：

（1）供电可靠和保证电压质量；

（2）系统接线简单并具有一定的灵活性；

（3）操作安全、检修方便；

（4）节省有色金属消耗、减少电能损耗。

8.1.4 自变压器二次侧至用电设备之间的低压配电级数不宜超过三级，但对非重要负荷供电时，可超过三级。

8.1.5 各级低压配电屏或低压配电箱，应根据发展的可能性留有适当的备用回路。

8.1.6 变电所的低压配电系统之间，在下列情况下宜设联络线：

（1）为节日、假日节电和检修的需要。

（2）有较大容量的季节性负荷。

（3）周期性用电的科研单位和实验室等。

（4）由于供电可靠性的要求。

8.1.7 由公用电网引入建筑物内的电源线路，应在屋内靠近进线点便于操作维护的地方装设电源开关和保护电器。如由本单位配变电所引入建筑物内的专用电源线路，可装设不带保护的隔离电器。

由放射式线路供电的配电箱，其进线开关宜采用不带短路保护和过负荷保护的隔离电器。

8.2 低压配电系统

8.2.1 居住小区低压配电

8.2.1.1 居住小区配电应合理采用放射式和树干式或两者相结合的方式。为提高小区配电系统的供电可靠性，亦可采用环形网络配电。

8.2.1.2 居住小区配电系统的设计，应考虑由于发展需要增加出线回路和某些回路增容的可能性。

8.2.1.3 居住小区内的多层建筑群宜采用树干或环形方式配电，其照明与电力负荷宜采用同一回路供电。如电力负荷引起的电压波动超过本规范第3章规定的数值时，其电力负荷应由专用回路供电。

8.2.1.4 居住小区内的高层建筑，宜采用放射式配电。照明和电力负荷宜以不同回路分别供电。

8.2.1.5 居住小区内路灯照明应与城市规划相协调，宜以专用变压器或专用回路供电。

8.2.2 多层建筑低压配电

8.2.2.1 多层建筑低压配电设计应满足计量、维护管理、供电安全和可靠性要求，应将照明与电力负荷分成不同配电系统。

8.2.2.2 确定多层住宅的低压配电系统及计量方式时，应与当地供电部门协商，可采用以下几种方式：

（1）单元总配电箱设于首层，内设总计量表，层配电箱内设分户表，由总配电箱至层配电箱宜采用树干式配电，层配电箱至各户采用放射式配电。

（2）单元不设总计量表，只在分层配电箱内设分户表，其配电干线、支线的配电方式同上项。

（3）分户计量表全部集中于首层（或中间某层）电表间内，配电支线以放射式配电至各（层）户。

8.2.2.3 多层住宅照明计量应一户一表。其公用走道、楼梯间照明计量可采取：当供电部门收费到户时，可设公用电度表；如收费到楼（幢）总表时，一般不另设表。

8.2.2.4 除多层住宅外的其他多层民用建筑，对于较大的集中负荷或较重要的负荷应从配电室以放射式配电；对于向各层配电间或配电箱的配电，宜采用树干式和分区树干式的方式。

每个树干式回路的配电范围，应以用电负荷的密度、性质、维护管理及防火分区等条件综合考虑确定。

由层配电间或层配电箱至各分配电箱的配电，宜采用放射式或与树干式相结合的方式。

8.2.2.5 多层住宅中的电力计量表应单独装设。其他多层民用建筑的照明和电力负荷亦应分别设表计量。

8.2.2.6 多层单身宿舍建筑，宜对每室的用电采取限电措施，在系统结线上应予考虑。

8.2.3 高层建筑低压配电

8.2.3.1 高层建筑低压配电系统的确定，应满足计量、维护管理、供电安全及可靠性的要求。应将照明与电力负荷分成不同的配电系统；消防及其他防灾用电设施的配电宜自成体系。

8.2.3.2 对于容量较大的集中负荷或重要负荷宜从配电室以放射式配电；对各层配电间的配电宜采用下列方式之一：

（1）工作电源采用分区树干式，备用电源也采用分区树干式或由首层到顶层垂直干线的方式。

（2）工作电源和备用电源都采用由首层到顶层垂直干线的方式。

（3）工作电源采用分区树干式，备用电源取自应急照明等电源干线。

8.2.3.3 高层建筑内的消防及其他防灾用电设施，以及其他重要用电负荷的工作电源与备用电源应在末端自动切换。

高层建筑中应急照明和消防用电设施的配电要求，见本规范第 11 章及第 24 章有关规定。

8.2.3.4 高层建筑的配电箱设置和配电回路划分，应根据负荷的性质和密度、防火分区、维护管理等条件综合确定。

对于普通高层住宅的照明配电，每一单相回路如装设总计量表时其额定电源不宜超过 30A。

8.2.3.5 自层配电箱至用电负荷的分支回路，对于旅馆、饭店、公寓等建筑物内的客房，宜采用每套房间设一分配电箱的树干式配电，每套房间内根据负荷性质再设若干支路；或者采用对几套房间按不同用电类别，以几路分别配电的方式；但对贵宾间则宜采取专用分支回路供电。

8.2.3.6 高层住宅的照明计量表应采用一户一表。公用楼梯、公用走道的照明及公用电力计量宜单独设表，其装设位置和配电系统应符合本章第 8.2.2.2 款的规定。

8.3 超低压配电

8.3.1 本节适用于额定电压为 50V 及以下的安全超低压和功能超低压配电。

8.3.2 由于安全需要而采用超低压配电称为安全超低压。仅仅由于功能上的原因采用超低压配电，而不能或不需要在安全保护方面完全符合安全超低压的要求时，称为功能超低压配电。

8.3.3 安全超低压电源可以采用下列几种：

（1）安全隔离变压器；其一次绕组和二次绕组之间应采用加强绝缘层或接地屏蔽层隔离开。

（2）电动发电机组：其安全等级必须相当于安全隔离变压器。

（3）电化电源（例如蓄电池）或与电压较高回路无关的其他电源（例如柴油发电机）。

（4）电子装置：其性能必须保证该装置发生内部故障时，出现端子上的电压不超过 50V；或者输出端子上的电压可能高于 50V，但在直接或间接接触的情况下，其输出端子上的电压能立即降至 50V 及以下。

8.3.4 安全超低压回路的带电部分严禁与大地连接或与其他回路的带电部分或保护线连接。

8.3.5 安全超低压回路的带电部分（尤其是继电器、接触器、辅助开关之类的电气设备）必须与电压比它高的回路在电气上隔离，其电气隔离的安全要求必须不低于安全隔离变压器输入与输出之间的水平。

8.3.6 安全超低压回路的导线不宜与其他任何回路并靠一起或同穿一根管内敷设，但具有下列条件之一时可除外：

（1）安全超低压回路的导线在基本绝缘外包覆以密封的绝缘护套。

（2）电压不同的回路的导线之间，以接地的金属屏蔽层或接地的金属护套分隔开。

（3）电压不同的回路包含在一根多芯电缆或其他的组合电线内，但安全超低压回路的导线是单独地或集中地按各回路中最高电压绝缘起来的。

8.3.7 在安全超低压回路中，只用基本绝缘与其他电压回路的带电部分隔开的所有可导电部分，都必须封包在绝缘外护物内，其保护等级应不低于 IP2X。

8.3.8 第 8.3.7 条中所述的绝缘外护物，如果不用钥匙或工具就能打开其盖或门，则在盖或门被打开时，所有能触及的可导电部分都必须设在保护等级不低于 IP2X 的绝缘遮拦后面，以防人员无意识地触及，该绝缘遮栏只有用工具才能移开。

8.3.9 当安全超低压回路是由安全隔离变压器供电且无分支回路时，其线路的短路保护和过负荷保护可以由装设在变压器一次侧的保护电器来完成，但必须同时满足下列条件：

（1）安全超低压回路末端发生短路时，一次侧保护电器应有第 8.6 节所规定的足够的灵敏度使之动作；

（2）安全超低压回路导线额定负荷能力不应小于安全隔离变压器的额定容量。

8.3.10 如果功能超低压回路不是由本章第 8.3.3 条所规定的安全电源供电，或者该回路的任何电气设备和导线不符合本章第 8.3.5 条和第 8.3.6 条的规定时，应符合下列要求：

8.3.10.1 其可导电部分可按一次回路要求的最低电压来绝缘，或者用保护等级不低于 IP2X 的遮栏或外护物加以防护。

8.3.10.2 可以将超低压回路电气设备的外露可导电部分和回路中一根带电导线与一次回路的保护线相连接，依靠一次回路中的自动切断供电的保护措施，作为超低压回路的故障保护。但必须满足保护装置灵敏度的要求。

8.3.11 当安全超低压回路具有两个及以上分支回路时，每一分支回路的首端各相均应设保护电器。

8.3.12 安全超低压用的插头插座应符合本规范第 14.7.2.4 款的规定。

8.4 导体的选择

8.4.1 电线、电缆应按低压配电系统的额定电压、电力负荷、敷设环境及其与附近电气装置、设施之间能否产生有害的电磁感应等要求，选择合适的型号和截面。

8.4.2 电线、电缆导体截面的选择应符合下列要求：

（1）按照敷设方式、环境温度及使用条件确定导体的截面，其额定载流量不应小于预期负荷的最大计算电流；

（2）线路电压损失不应超过允许值；

（3）导体最小截面应满足机械强度的要求，绝缘导线的最小截面不应小于表 8.4.2 的规定。

（4）电线、电缆导体截面应按本章第 8.6 节的有关规定进行校验；

（5）固定敷设的硬导体应能承受预期短路电流的电动机械应力。

8.4.3 配电线路有下列情况之一时，应采用铜芯电线或电缆：

（1）特等建筑（具有重大纪念、历史或国际意义的各类建筑）。

（2）重要的公共建筑和居住建筑。

（3）重要的资料室（包括档案室、书库等），重要的库房。

表 8.4.2 绝缘导线最小允许截面（mm^2）

序号	用途及敷设方式	线芯的最小截面		
		铜芯软线	铜线	铝线
1	照明用灯头线 （1）屋内 （2）屋外	 0.4 1.0	 1.0 1.0	 2.5 2.5
2	移动式用电设备 （1）生活用 （2）生产用	 0.75 1.0		
3	架设在绝缘支持件上的绝缘导线其支持点间距 （1）2m及以下，屋内 （2）2m及以下，屋外 （3）6m及以下 （4）15m及以下 （5）25m及以下		 1.0 1.5 2.5 4 6	 2.5 2.5 4 6 10
4	穿管敷设的绝缘导线	1.0	1.0	2.5
5	塑料护套线沿墙明敷设		1.0	2.5
6	板孔穿线敷设的导线		1.5	2.5

（4）影剧院等人员聚集较多的场所。

（5）连接于移动设备或敷设于剧烈震动的场所。

（6）特别潮湿场所和对铝材质有严重腐蚀性的场所。

（7）易燃、易爆的场所。

（8）有特殊规定的其他场所。

8.4.4 用于长期连续负荷的电线、电缆，其截面应按电力负荷的计算电流及其他的规定条件选择。

各种常用的电线、电缆的长期连续负荷额定载流量，应以国家指定有关部门公布的数值为准。

8.4.5 电线、电缆的载流量，应按以下不同的基准条件乘以不同的校正系数。

8.4.5.1 各种类型的电线、电缆敷设于空气中（或土壤中）的连续载流量仅从发热特性方面（非经济方面）考虑，是在给定的基准条件下确定的，当实际敷设条件不同于基准条件时，应对载流量表中的载流量数据进行校正。表 8.4.5.1-1 和表 8.4.5.1-2 分别给出了在空气中和土壤中的校正系数值。

电线、电缆线芯的长期允许最高工作温度和短路时的允许最高温度见表 8.4.5.1-3。

表 8.4.5.1-1　不同环境温度下载流量校正系数（空气中）

导体工作温度（℃）	环境温度（℃）								
	10	15	20	25	30	35	40	45	50
50	1.70	1.62	1.52	1.42	1.32	1.22	1.00	0.75	—
60	1.58	1.50	1.41	1.32	1.22	1.11	1.00	0.86	0.73
65	1.48	1.41	1.34	1.26	1.18	1.09	1.00	0.89	0.77
70	1.41	1.35	1.29	1.22	1.15	1.08	1.00	0.91	0.81
80	1.32	1.27	1.22	1.17	1.11	1.06	1.00	0.93	0.86
90	1.26	1.22	1.18	1.14	1.09	1.04	1.00	0.94	0.89
100	1.22	1.19	1.15	1.11	1.08	1.04	1.00	0.95	0.91

表 8.4.5.1-2　不同环境温度下载流量校正系数（土壤中）

导体工作温度（℃）	环境温度（℃）					
	10	15	20	25	30	35
50	1.26	1.18	1.10	1.00	0.89	0.77
60	1.20	1.13	1.07	1.00	0.93	0.85
65	1.17	1.12	1.06	1.00	0.94	0.87
70	1.15	1.11	1.05	1.00	0.94	0.88
80	1.13	1.09	1.04	1.00	0.95	0.90
90	1.11	1.07	1.04	1.00	0.96	0.92

表 8.4.5.1-3　电线、电缆线芯的长期允许最高工作温度和短路时的允许最高温度

<table>
<tr><th rowspan="2">类　型</th><th colspan="3">导体长期允许最高工作温度 θ_e（℃）</th><th rowspan="2">短路时允许最高温度 θ_s（℃）</th></tr>
<tr><th>额定电压（kV）</th><th>单芯电缆或分相铅包电缆</th><th>带绝缘电缆</th></tr>
<tr><td>不滴流油浸纸绝缘电缆</td><td>0.1/1～6/6
6/10，8.7/10</td><td>80
70</td><td>80
65</td><td>250</td></tr>
<tr><td>粘性油浸纸绝缘电缆</td><td>0.6/1～3.6/3
3.6/6～6/6
6/10，8.7/10</td><td>80
80（65）
70（60）</td><td>80
65（65）
65（60）</td><td>250</td></tr>
<tr><td>PVC 电缆</td><td>0.1/6～6/10</td><td colspan="2">70</td><td>160、140</td></tr>
<tr><td>XIPE 电缆</td><td>0.1/6～8.7/10</td><td colspan="2">90</td><td>250</td></tr>
<tr><td>橡皮电缆</td><td>0.45/0.75</td><td colspan="2">65</td><td>200（天然橡胶）</td></tr>
<tr><td>塑料电线</td><td>0.45/0.75</td><td colspan="2">70</td><td>（同 PVC 电缆）</td></tr>
<tr><td>橡皮电线</td><td>0.45/0.75</td><td colspan="2">65</td><td>（同橡皮电缆）</td></tr>
</table>

8.4.5.2　电线、电缆穿管敷设于空气中载流量的校正系数，见表 8.4.5.2。

表 8.4.5.2　电线、电缆穿管敷设于空气中载流量校正系数

穿管根数	校正系数
2～4	0.80
5～8	0.60
9～12	0.50
12 以上	0.45

注：①穿管电线、电缆根数系指有负荷且发热的导线根数，中性线或保护线不计；
②一般情况下，穿管导线截面积占管内截面积的 40%左右；
③当管子并列敷设时乘以 0.95 的校正系数。

8.4.5.3 实际土壤热阻系数不同于基准条件下热阻系数时，应对载流量进行校正，不同土壤热阻时载流量校正系数见表 8.4.5.3。

表 8.4.5.3 不同土壤热阻系数时的载流量校正系数

电压 (kV)	截面范围 (mm^2)	土壤热阻系数 ρ_T = (℃ - M/W)							
		0.8	1.0	1.2	1.5	1.8	2.0	2.5	3.0
1	35 及以下	1.06	1.00	0.95	0.89	0.84	0.81	0.75	0.71
	50 ~ 120	1.08	1.00	0.94	0.87	0.80	0.77	0.70	0.65
	150 ~ 300	1.08	1.00	0.93	0.86	0.79	0.76	0.69	0.64
	400 及以上	1.09	1.00	0.93	0.85	0.79	0.76	0.68	0.63
6	35 及以下	1.06	1.00	0.95	0.89	0.84	0.81	0.75	0.70
	50 ~ 120	1.07	1.00	0.94	0.88	0.82	0.79	0.72	0.67
	150 ~ 300	1.08	1.00	0.93	0.86	0.80	0.77	0.70	0.65
	400 及以上	1.08	1.00	0.93	0.85	0.79	0.76	0.68	0.63
10	35 及以下	1.05	1.00	0.95	0.90	0.84	0.82	0.76	0.70
	50 ~ 120	1.06	1.00	0.94	0.88	0.82	0.80	0.73	0.68
	150 ~ 300	1.07	1.00	0.94	0.87	0.81	0.78	0.71	0.66
	400 及以上	1.07	1.00	0.93	0.87	0.81	0.77	0.71	0.65
20 ~ 35	50 ~ 95	1.05	1.00	0.95	0.90	0.85	0.82	0.76	0.71
	120 ~ 240	1.06	1.00	0.94	0.83	0.83	0.80	0.74	0.68
	300 及以上	1.06	1.00	0.93	0.83	0.83	0.80	0.74	0.68

8.4.5.4 电缆敷设于支撑架上，由于多根电缆的相互热的影响，载流量应乘以校正系数，其值见表 8.4.5.4。

表 8.4.5.4 电缆在空气中并列敷设时的载流量校正系数

根数 / 排列方式 / 电缆中心距 S (mm)	1	2	3	6	4	6	8	9	12
	○	○○	○○○	○○○○○○	○○ ○○	○○○ ○○○	○○○○ ○○○○	○○○ ○○○ ○○○	○○○○ ○○○○ ○○○○
$S = d$		0.85	0.80	0.70	0.70	0.70	—	—	—
$S = 2d$	1.00	0.95	0.95	0.90	0.90	0.90	0.85	0.80	0.80
$S = 3d$		1.00	1.00	0.95	0.95	0.95	0.90	0.85	0.85

注：d 为电缆外径，当电缆外径不同时，可取平均值。

8.4.5.5 电缆成束敷设于托架、托盘或塑料框槽中载流量的校正系数与电缆排列层数，每根电缆的负荷状况及同时工作系数等有关，表 8.4.5.5 提供的 0.6/1kV 及以下电缆成束敷设时的载流量校正系数，仅为参考值。对重要配电线路尚应根据实际敷设情况进行试验或计算。

表 8.4.5.5 电缆成束敷设于托架、托盘或塑料框槽中载流量校正系数（参考值）

电缆层数	同时工作系数		
	1.0	0.8	0.5
1	0.64	0.80	0.95
2	0.50	0.75	0.90
3	0.45	0.70	0.85
4	0.40	0.65	0.80

注：同时工作系数系指一电缆束中有负荷的电缆根数与总的电缆根数之比（负荷电缆指通有额定电流的发热电缆，信号电缆除外）。

8.4.5.6 电缆平行敷设于土壤中，对直埋的三芯电缆或三个单芯电缆组，在同时通以额定负荷时所引起的载流量校正值见表 8.4.5.6。

表 8.4.5.6 三芯或三个单芯电缆平行成组直埋于土壤中载流量校正系数

电缆间距	组数				
	2	3	4	5	6
相互接触	0.79	0.69	0.63	0.58	0.55
70～100（mm）	0.85	0.75	0.68	0.64	0.60
220～250（mm）	0.87	0.87	0.75	0.72	0.69

8.4.5.7 当电缆敷设于 PVC 或 PE 管道内直埋地时，其载流量可取同样电缆直埋地的 82%。

三芯电缆或三个单芯电缆组平行置于管道组内时，在同时通以额定负荷时，其载流量下降的校正系数见表 8.4.5.7。

表 8.4.5.7 管道组内电缆同时额定负荷时载流量校正系数

管道间距离	管道的根数				
	1	2	3	4	5
相互接触	0.82	0.75	0.66	0.59	0.56
70～100（mm）	—	0.76	0.69	0.62	0.60
220～250（mm）	—	0.77	0.72	0.68	0.67

8.4.5.8 电缆直埋土壤中，不同基准埋地深度时，载流量的校正系数见表 8.4.5.8。

表 8.4.5.8 不同埋地深度时载流量校正系数

深度 L（mm）	电压等级（kV）	
	0.6/1～1.8/3	3.6/6～26/35
$L=700$	1.00	1.00
$700<L\leqslant 1000$	0.97	0.98
$1000<L\leqslant 1250$	0.95	0.96
$1250<L\leqslant 1500$	0.93	0.95

8.4.6 配电线路沿不同环境条件敷设时，电线、电缆的载流量应按最不利的环境条件确定。当该条件的线路段不超过 5m（穿过道路时可为 10m），则应按整条线路一般环境条件确定载流量，同时也可以考虑对最不利于载流量的环境条件的线路段采取有利于增加载流量的措施（如采取强制冷却或采用土壤热阻系数小的回填土埋设电缆等）。

8.4.7 0.6/1kV 及以下电线、电缆在空气中敷设，短时工作制运行时，连续负荷额定载流量应给予校正。

8.4.7.1 短时工作制负荷电流按下式计算：

$$I_m = K_m \cdot I_N \tag{8.4.7.1-1}$$

式中 I_m——短时工作制负荷电流（A）；

I_N——连续负荷额定载流量（A）；

K_m——短时工作制运行时载流量校正系数，按下式计算：

$$K_m = \sqrt{\frac{1-\beta^2 \cdot e^{-\frac{t}{\tau}}}{1-e^{-\frac{t}{\tau}}}} \tag{8.4.7.1-2}$$

式中　$\beta=\frac{I_0}{I_N}$——预加负荷系数；

I_0——短时负荷工作制施加于线芯的恒定电流（A）；

t——短时工作制时的短时负荷工作时间（min）；

τ——电线、电缆发热时间常数（min）。

8.4.7.2　短时过负荷运行电流按下式计算：

$$I_s=K_s\cdot I_N \tag{8.4.7.2-1}$$

式中　I_s——短时过负荷运行电流（A）；

I_N——连续负荷额定载流量（A）；

K_s——过负荷校正系数，按下式计算：

$$K_s=\sqrt{\frac{R_c}{R_s}\left[1+\frac{\theta_s-\theta_o}{\theta_c-\theta_o}\cdot\frac{1}{1-e^{-\frac{t}{\tau}}}\right]} \tag{8.4.7.2-2}$$

式中　R_c——线芯在 θ_c 时电阻（Ω/m）；

R_s——线芯在 θ_s 时电阻（Ω/m）；

θ_c——连续负荷时线芯允许工作温度（℃）；

θ_s——过负荷运行时线芯允许工作温度（℃）；

θ_o——环境温度（℃）；

t——短时工作制的负荷工作时间（min）；

τ——电线、电缆的发热时间常数（min）；

8.4.8　用于断续工作制的电力负荷，电压级不超过 0.6/1kV 级的电线、电缆敷设于空气中时，连续负荷额定载流量应予校正。

断续负荷周期负荷运行时的载流量可按下式计算：

$$I_P=K_P\cdot I_N \tag{8.4.8-1}$$

式中　I_P——断续负荷运行时的电流（A）；

I_N——连续负荷额定载流量（A）；

K_P——断续负荷运行时载流量的校正系数，按下式计算：

$$K_P=\sqrt{\frac{(1-\beta^2)\cdot(1-e^{-\frac{\rho}{\tau}})}{1-e^{-\frac{\alpha\rho}{\tau}}}} \tag{8.4.8-2}$$

式中　ρ——断续负荷周期（min）；

α——接通率 $\alpha=\frac{t}{p}$（工作时间 t 与全周期时间 p 之比）；

其他符号同前。

8.4.9　对于电压级不超过 0.6/1kV 的电线、电缆短路电流计算由下式给出：

$$I_k=\frac{K\cdot S}{\sqrt{t_k}}\sqrt{\ln\left(\frac{\theta_f+r}{\theta_i+r}\right)} \tag{8.4.9-1}$$

式中　I_k——短路电流，持续时间内均方根的有效值（A）；

t_k——短路电流的持续时间（s）；

S——导体截面（mm^2）；

θ_f——短路时导体最高允许温度（℃）；

θ_i——短路时导体起始温度（℃）；

r——导体在0℃时电阻温度系数的倒数（K）；

K——与载流导体有关的系数，按下式计算：

$$K=\sqrt{\frac{\theta_c(\beta+20)\cdot 10^{-12}}{\rho_{20}}} \tag{8.4.9-2}$$

θ_c——20℃时载流导体的热容比（J/Kmm^3）；

ρ_{20}——20℃时载流导体的电阻率（$\Omega\cdot m$）。

8.4.10 单相回路中的中性线应与相线等截面。

8.4.11 在三相四线或二相三线的配电线路中，当用电负荷大部分为单相用电设备时，其N线或PEN线的截面不宜小于相线截面；以气体放电灯为主要负荷的回路中，N线截面不应小于相线截面；采用可控硅调光的三相四线或二相三线配电线路，其N线或PEN线的截面不应小于相线截面的2倍。

8.4.12 靠近有抗电磁干扰要求的设备及设施的线路或自身有防外界电磁干扰要求的线路，应采用绝缘导线穿金属管或金属屏蔽线槽敷设，或采用金属屏蔽结构的电缆。

8.4.13 室内明敷的电缆，宜采用裸铠装电缆；当敷设于无机械损伤及无鼠害的场所，允许采用非铠装电缆。

8.4.14 沿高层或大型民用建筑的电缆沟道、隧道、夹层、竖井、室内桥架和吊顶敷设的电缆，其绝缘或护套应具有非延燃性。

8.4.15 在有腐蚀性介质的室内明敷电缆，应视介质的性质采用塑料外护层电缆或其他防腐型电缆。

8.4.16 沿建筑物外面和敞露的天棚下等非延燃结构明敷电缆时，应采用具有防水及防老化外护层的电缆。

8.4.17 直埋电缆应采用具有防腐外护层的铠装电缆。

8.4.18 为减少相零回路阻抗，提高保护装置灵敏度及抑制高电位引入等，可采用零线屏蔽式电缆。

8.4.19 若采用单芯导线作固定装置的PEN干线时，其截面对铜材不应小于$10mm^2$，对铝材不应小于$16mm^2$。

当用多芯电缆的线芯作PEN线时，其最小截面可为$4mm^2$。

8.4.20 当PE线所用材质与相线相同时，按热稳定要求，截面不应小于本规范第14.6.2.1款的数值。

8.4.21 PE线若不是供电电缆或电缆外护层的组成部分时，按机械强度要求，截面亦不应小于本规范第14.6.2.1款的数值。

8.5 低压电器的选择

8.5.1 设计所选用的电器必须具有根据其用途所要求的各种功能。

8.5.2 选择电器时，应符合下列要求。

8.5.2.1 与所在回路额定电压（交流为均方根值）相适应。对于某些设备，应考虑正常工作时可能出现的最高或最低电压。

8.5.2.2 电器的额定电流应等于或大于所控制回路的预期工作电流，电器还应承载异常情况下可能流过的电流，保护装置应在其允许的持续时间内将电路切断。

8.5.2.3 电器的额定频率必须与所在电源回路的频率相适应。

8.5.2.4 电器应根据所在场所的环境条件选择。

8.5.2.5 电器应满足短路条件下的动稳定与热稳定。断开短路电流的电器，应满足短路条件下的通断能力。

注：验算电器在短路条件下的通断能力，应采用安装处预期短路电流周期分量的有效值。当短路点附近所接电动机额定电流之和超过短路电流的1%时，应考虑电动机反馈电流的影响。

8.5.3 如果操作人员不能观察到开关或控制电器的工作情况，而这样可能引起危险时，则必须在操作人员看得见的位置装设合适的指示器。

8.5.4 为了维护、测试、检修和安全需要应装设隔离电器。

8.5.5 隔离电器应能将所在回路与带电部分有效地隔离，但本章第8.5.10条和第8.5.11条所述者除外。

8.5.6 当隔离电器误操作会造成严重事故时，应有防止误操作的措施。

8.5.7 在TN-C及TN-C-S系统中，严禁单独断开PEN线。当保护电器的PEN极断开时，必须联动全部相线极一起断开。

8.5.8 在TN-C及TN-C-S系统中，当需要装设中性线断线保护电器时，必须将所在回路全部相线连同PEN线一起断开。且PE线应在保护电器负荷端同N线分接。

8.5.9 严禁隔离或断开PE线。

8.5.10 在TN、TT系统中，无电源转换或虽有电源转换但零序电流分量很小的三相四线配电线路，其隔离电器或开关电器不宜断开N线。

8.5.11 在TN、TT系统中，如果单相相电压回路前端已装设具有检测中性线对地电压的中性线断线保护的双极开关和具有电气专业人员维护的用户，则其后各级开关电器均可不切断N线。但开关电器宜有防止相线与N线接错的信号指示装置或跳闸装置。

8.5.12 在TN、TT系统中，如果单相相电压回路首端未装设具有检测中性线对地电压的中性线断线保护的双极开关时，则各级隔离电器应将N线同相线一起断开。

8.5.13 在含有较大零序电流分量的TN、TT系统的线路中，进行电源转换或联络用的功能性开关电器应将N线与相线一起断开或接通，且不应使这些线路并联运行（除非该装置是为这种情况特殊设计的）。当两个电源或线路的中性线有可能并联运行时，不应采用TN-C或TN-C-S系统。

8.5.14 IT系统中如有中性线引出的三相四线回路及单相相电压回路，其开关电器均须将N线同相线一起断开。功能性开关电器必须使相线比N线先断开，且中性线先于相线或与相线同时接通。

8.5.15 N线上严禁安装可以单独操作的单极开关电器。

8.5.16 严禁将半导体器件用作隔离电器。

8.5.17 隔离电器宜采用能同时断开有关电源所有极的多极开关，但并不排除采用多个彼此靠近的单极开关，可用同一隔离电器将数个回路隔离（对不重要负荷而言）。

8.5.18 选择功能性开关电器时，必须满足其执行最繁重任务的要求。

8.5.19 功能性开关电器可只控制电流而不必断开其相应各极。

8.5.20 隔离电器、熔断器以及连接片严禁用作功能性开关电器。

以下电器可以用作功能性开关：

负荷开关；

半导体电器；

断路器；

接触器；

继电器；

10A 及以下的单相插头和插座。

8.5.21 多功能综合保护电器（例如具有过电流、漏电、断相、过电压、低电压等多重功能的保护电器）宜有识别不同故障类别的信号指示。

8.6 低压配电线路的保护

8.6.1 一般规定

8.6.1.1 低压配电线路应根据不同故障类别和具体工程要求装设下列保护：

（1）短路保护；

（2）过负荷保护；

（3）接地故障保护；

（4）中性线断线故障保护。

8.6.1.2 配电线路上下级保护电器的动作应具有选择性，各级间应能协调配合。当有困难时，对于非重要负荷除第一、二级之间具有选择性动作外，其他可无选择性动作。

8.6.1.3 低压配电线路的保护应与配电系统的特征和接地型式相适应。

8.6.1.4 对电动机等用电设备配电线路的保护，除符合本章要求外，还应符合本规范第10章的有关规定。

8.6.1.5 低压配电线路的过电流应由一个或多个电器保护，用以在发生过负荷或短路时能自动切断供电。

8.6.2 短路保护

8.6.2.1 配电线路应装设短路保护，短路保护电器应在短路电流使导体及其连接件产生的热效应及机械应力造成危害之前切断短路电流。

8.6.2.2 短路保护电器的分断能力应能切断安装处的最大预期短路电流。

8.6.2.3 对持续时间不超过 5s 的短路，绝缘导体的热稳定应以下式进行校验：

$$S \geqslant \frac{I_k}{K}\sqrt{t} \tag{8.6.2.3}$$

式中 S——绝缘导体的线芯截面（mm^2）；

I_k——短路电流有效值（均方根值）（A）；

t——在已达到允许最高持续工作温度的绝缘导体内短路电流持续作用的时间（s）；

K——计算系数，常用值见表 8.6.2.3。

表 8.6.2.3 计 算 系 数 K

线芯 \ 绝缘	聚氯乙烯	普通橡胶	乙丙橡胶	油浸纸
铜　芯	115	131	142	107
铝　芯	76	87	95	71
注：短路持续时间小于 0.1s 时，应考虑短路电流非周期分量的影响。				

8.6.2.4 在线芯截面减小或分支处，以及因导体类型、敷设方式或环境条件改变而导致载流量减小的线路，如符合下列情况之一，且越级切断线路不引起故障线路以外的一、二级负荷中断供电，允许不装设短路保护：

(1) 上一级线路的保护电器已能有效地保护的线路。

(2) 电源侧装有额定电流不大于 20A 的保护电器所保护的线路。

(3) 电源侧装有短路保护电器的架空配电线路。

(4) 符合本章第 8.6.6.2 款和第 8.6.6.3 款规定的线路。

8.6.2.5 具备以下条件时，可不按分断能力选择保护电器，对于非重要负载在电源侧已装有能满足本章第 8.6.2.2 款要求的其他保护电器，则允许负载侧保护电器的分断能力小于预期的最大短路电流。但两个保护电器特性的配合，应使短路时通过的能量不致造成负荷侧保护电器和导线的损坏（包括机械应力和电弧造成保护电器的损坏）。

8.6.2.6 为使低压断路器可靠工作，应按公式 8.6.2.6 校验其灵敏度：

$$K_{LZ}=\frac{I_{dmin}}{I_{zd}} \tag{8.6.2.6}$$

式中 K_{LZ}——低压断路器的动作灵敏系数，可取 1.5；

I_{dmin}——被保护线路预期短路电流中的最小电流（A），在 TN、TT 系统中为单相短路电流；

I_{zd}——低压断路器瞬时或短延时过电流脱扣器整定电流（A）。

8.6.3 过负荷保护

8.6.3.1 配电线路应装设过负荷保护，使保护电器在过负荷电流引起的导体温升对导体的绝缘、接头、端子造成损害前切断负荷电流。

8.6.3.2 下列配电线路可不装设过负荷保护：

(1) 符合本章第 8.6.2.4 款规定的线路，如电源侧的过负荷保护电器已能有效地保护该段线路，且越级切断线路不致引起故障线路以外的一、二级负荷供电中断。

(2) 不可能增加负荷从而导致过负荷的线路。

(3) 由于电源容量的限制，不可能发生过负荷的线路。

8.6.3.3 过负荷保护宜采用反时限特性的保护电器，其分断能力可低于保护电器安装处的预期短路电流，但应能承受通过的短路能量。

8.6.3.4 过负荷保护电器的动作特性应同时满足以下二式要求：

$$I_B \leqslant I_n \leqslant I_z \tag{8.6.3.4-1}$$

$$I_2 \leqslant 1.45 I_z \tag{8.6.3.4-2}$$

式中　I_B——被保护线路的计算负荷电流（A）；

I_n——熔断器的熔体额定电流或低压断路器长延时脱扣器的整定电流（A）；

I_z——被保护导体的允许持续载流量（A）；

I_2——保证保护电器可靠动作的电流（A）。

在实际使用中取 I_2 为：当保护电器为低压断路器时，为约定时间内的约定动作电流；当保护电器为低压熔断器时，为约定时间内的约定熔断电流。

注：按公式 8.6.3.4-1 和 8.6.3.4-2，当采用符合 JB 1284—85 标准的低压断路器时，I_n 与 I_z 的比值不应大于 1，当采用符合 JB 4011 标准的刀型触头式、螺栓连接式、圆筒型帽式以及螺旋式熔断器作过负荷保护时，I_n 与 I_z 的比值如表 8.6.3.5 所示。

8.6.3.5　对于突然断电会导致比因过负荷而造成的损失更大的配电线路，不应装设切断电路的过负荷保护电器（如消防水泵的供电线路等），但应装设过负荷报警电器。

表 8.6.3.5　I_n 与 I_z 的允许比值表

熔断器熔体额定电流 I_n（A）	I_n/I_z 最大值
≤25	0.85
>25	1

8.6.3.6　当采用同一保护电器作多根并联导体组成的线路的过负荷保护时，该线路允许的持续载流量为多根并联导体的允许持续载流量之和，此时应符合下列要求：

（1）导体的型号、截面、长度和敷设方式均相同；

（2）线路全长内无分支引出线；

（3）线路的布置使各并联导体的负荷电流基本相等。

8.6.3.7　对于多个低压断路器同时装入密闭箱体内的过负荷保护，应根据环境温度、散热条件及断路器的数量、特性等因素，考虑降容系数。

8.6.3.8　过负荷保护电器的整定电流应保证在出现正常的短时尖峰负荷电流（如用电设备起动）时，保护电器不应切断线路供电。

8.6.4　接地故障保护

8.6.4.1　为防止人身间接触电和电气火灾事故而采取的接地故障保护措施，除正确地选用和整定配电线路的保护电器，使其可靠地切断故障线路外，还应正确地协调和配合下列因素：

（1）配电系统的接地型式；

（2）电气设备防触电保护等级和使用特点；

（3）导体截面；

（4）环境影响。

8.6.4.2　除本章第 8.6.4.1 款规定的接地故障保护外，下列措施也可用于防止人身间接触电：

（1）采用双重绝缘或加强绝缘的电气设备（即Ⅱ级设备）。

（2）采取电气隔离措施。

（3）采用安全超低压供电。

（4）将电气设备安装在非导电场所内。

8.6.4.3　第 8.6.4 条规定涉及的电气设备，按防触电保护分级均为Ⅰ级电气设备，且此类设备所在环境均指正常环境，在此环境内人身触电安全电压极限值为 50V。

切断接地故障的时间极限值应根据系统接地型式和电气设备使用情况而定，分别见以下各有关条款的规定，但其最大值不宜超过 5s。

8.6.4.4 为减小人体接触电压，在采取接地故障保护措施时应做总等电位联结，当仅做总等电位联结不能满足间接接触保护的条件时，还应采取辅助等电位联结。除本规范第 14 章规定的等电位联结内容之外，总等电位联结还应包括建筑物的钢筋混凝土基础，辅助等电位联结还应包括钢筋混凝土楼板和平房地板。

总等电位联结和辅助等电位联结做法见本规范第 14 章有关规定。

8.6.4.5 位于总等电位联结作用区以外的 TN、TT 系统的配电线路应采用漏电电流动作保护，并应符合第 8.6.4.20 款和第 8.6.4.12 款的规定。

8.6.4.6 在 TN 接地型式的配电线路中，其接地故障保护电器的动作特性应符合下式要求：

$$Z_s \cdot I_a \leqslant U_0 \tag{8.6.4.6}$$

式中 Z_s——接地故障回路阻抗（Ω）；

I_a——保证保护电器在本章第 8.6.4.7 款规定的时间内自动切断故障线路的动作电流（A）；

U_0——相线对地标称电压（V）。

8.6.4.7 相线对地标称电压为 220V 的 TN 系统配电线路的接地故障保护，其切断故障线路的时间应符合下列要求：

（1）配电干线和只供给固定式用电设备的末级配电线路不应大于 5s。

（2）供电给手握式和移动式用电设备的末级配电线路不应大于 0.4s。

8.6.4.8 当对第 8.6.4.4 款所述的基础和地板难以进行总等电位联结和辅助等电位联结时，则该场所内配电线路的接地故障保护应满足下列要求：

（1）对第 8.6.4.7 款之（2）所述配电线路采用漏电电流动作保护；

（2）当同时具有第 8.6.4.7 款两种线路时，除对（2）所述线路采用漏电电流动作保护外，对（1）所述线路如同时满足下列二式有困难时，则按第 8.6.4.20 款（2）要求采取保护措施。

$$\frac{Z_{PE}}{Z_s} U_0 \leqslant 50\text{V} \tag{8.6.4.8-1}$$

$$\frac{Z_{PE(N)} \cdot R_A}{Z_s\ (R_A + R_B)} U_0 \leqslant 50\text{V} \tag{8.6.4.8-2}$$

式中 Z_{PE}——第 8.6.4.7 款所述两种配电线路 PE 线联结点至总等电位联结点之间 PE 线阻抗（Ω）；

$Z_{PE(N)}$——总等电位联结点电源侧干线接地故障点至（变电所不在用户内部的）变压器中性点之间 PE 或 PEN 线阻抗（Ω）；

U_0——相线对地标称电压（V）；

R_A——PE（PEN）重复接地极电阻（Ω）；

R_B——变压器中性点接地极电阻（Ω）；

Z_s——接地故障回路阻抗（Ω）。

8.6.4.9 在 TN 系统配电线路中，接地故障保护宜采用下列方式：

（1）当过电流保护能满足本章第 8.6.4.7 款要求时，宜采用过电流保护兼作接地故障保护。

（2）在三相四线制配电系统中，如过电流保护不能满足第 8.6.4.7 款要求，而零序电流保护能满足时，宜采用零序电流保护。此时，保护整定值应大于配电线路最大不平衡电流。

（3）当上述（1）、（2）项的保护均不能满足要求时，应采用漏电电流保护。漏电电流保护的接线应符合第 8.6.4.20 款的规定。

8.6.4.10 TT 系统配电线路的接地故障保护应符合下式要求：

$$R_A \cdot I_a \leqslant 50V \qquad (8.6.4.10)$$

式中 R_A——外露可导电部分的接地极电阻（Ω）；

I_a——保证保护电器切断故障线路的动作电流（A）。

I_a 值与所采用的保护电器有关；当采用漏电电流动作保护电器时，I_a 为额定漏电动作电流 $I_{\Delta n}$；当采用反时限特性过电流保护电器时，如供电给固定式设备，I_a 为在 5s 以内切断故障回路的动作电流；如供电给手握式和移动式电气设备，切断回路的时间应符合表 8.6.4.10 所列数值；当采用瞬时短路保护电器时，I_a 为瞬时切断故障线路的动作电流。

表 8.6.4.10 预期接触电压与切断故障回路的最大时间

预期接触电压（V）	50	75	90	98	110	150	220
切断故障回路最大时间（s）	5	0.6	0.45	0.4	0.36	0.27	0.17

8.6.4.11 TT 系统配电线路的接地故障保护宜采用漏电电流保护方式。

只有在满足第 8.6.4.10 款的要求时，反时限特性和瞬时动作特性的过电流保护方可采用。

8.6.4.12 TT 系统配电线路采用多级漏电电流动作保护时，不宜超过三级。其电源侧漏电保护电器动作可返回时间应大于负荷侧漏电保护电器的全分断时间，但电源侧保护电器最大分断时间不宜超过 1s。

8.6.4.13 TT 系统配电线路内由同一接地故障保护电器保护的外露可导电部分应用 PE 线连接至共用的接地极上。当有多级保护时，各级宜有各自的接地极。

8.6.4.14 IT 系统配电线路的接地故障保护应满足下式要求：

$$R_A \cdot I_a \leqslant 50V \qquad (8.6.4.14)$$

式中 R_A——外露可导电部分的接地极电阻（Ω）；

I_a——相线和外露可导电部分间第一次接地故障电流（A），它计及泄漏电流和电气装置全部接地阻抗值的影响。

8.6.4.15 IT 系统配电线路的相线与外露可导电部分第一次接地故障时，可不自动切断供电，但应采用绝缘监视电器进行声光报警，第一次接地故障应在切实可行的最短时间内排除。

8.6.4.16 IT 系统外露可导电部分的接地可采用共同的接地极，也可采用个别的或成组的单独接地极。

如外露可导电部分为单独接地，发生第二次接地故障时，其切断时间应符合 TT 系统的要求。

如外露可导电部分为共同接地，发生第二次接地故障时，其切断时间应符合 TN 系统的要求。

8.6.4.17 当 IT 系统配电线路发生第二次接地故障时，应由过电流保护电器或漏电电流动作保护电器切断故障线路，并应符合下式要求：

当不配出 N 线时

$$Z_s \cdot I_a \leqslant \frac{\sqrt{3}}{2} U_0 \tag{8.6.4.17-1}$$

当配出 N 线时

$$Z'_s \cdot I_a \leqslant \frac{1}{2} U_0 \tag{8.6.4.17-2}$$

式中 Z_s——包括相线和 PE 线在内的故障回路阻抗（Ω）；

Z'_s——包括相线、N 线和 PE 线在内的故障回路阻抗（Ω）；

I_a——保护电器切断故障回路的动作电流（A）。

当线路标称电压为 220/380V 时，如不配出 N 线，为在 0.4s 内切断故障回路的动作电流；如配出 N 线则为在 0.8s 内切断故障回路的动作电流。

8.6.4.18 严禁 PE 或 PEN 线穿过漏电保护电器的零序电流互感器。

电子式漏电保护器及其与之配套使用的短路保护电器，在任何情况下不应单独切断 N 线。

8.6.4.19 漏电保护电器所保护的线路及设备外露可导电部分应接地。

8.6.4.20 TN 系统配电线路采用漏电电流动作保护时，宜采用下列接地方式之一：

（1）将被保护线路及设备的外露可导电部分与漏电保护电器电源侧的 PE 线相连接，并符合公式 8.6.4.6 的要求。

（2）漏电保护电器保护的线路和设备的接地型式如按局部 TT 系统处理，则将被保护线路及设备的外露可导电部分接至专用的接地极上，并符合公式 8.6.4.10 要求。

8.6.4.21 为保证在 TN-C-S 系统配电线路中装设的漏电保护与短路保护有足够的交叉范围（即无保护死区），宜采用电磁式或辅助电源可靠动作电压不大于 66V（$0.3V_e$）的电子式漏电电流动作保护电器。

8.6.4.22 在 IT 系统中采用漏电保护切断第二次接地故障时，保护电器额定不动作电流 $I_{\Delta n0}$ 应大于第一次接地故障时的相线内流过的接地故障电流。

8.6.5 中性线断线故障保护

8.6.5.1 中性线 N（PEN）断线故障保护系指有中性线配出，且以单相负荷为主的居住建筑的低压配电线路，因中性线断线而导致中性点电位偏移时，为保护人身和单相用电设备安全所采取的措施。

8.6.5.2 为防止或减少中性线断线，除应同时考虑下列因素外，还宜采用中性线断线保护：

（1）N（PEN）线应满足本规范第 7 章对导线机械强度和本章第 8.4 节对载流量的要

求；

（2）导线的连接点应牢固可靠，并采取防止气化腐蚀的措施。

8.6.5.3 中性线断线保护电器应能在三相四线制配电线路中的中性线断线时，自动切断负荷侧全部电源线路。

8.6.5.4 为有效抑制因中性线断线导致的电位偏移对人身或设备的危害，中性线断线保护电器应具有反时限特性（但欠电压除外）。

中性线断线故障保护应与配电系统的接地型式或等电位联结条件相适应。

8.6.5.5 当采用单相中性线断线保护电器需要工作接地时，其接地极应满足下列条件：

（1）当用于TT（局部TT）系统时，应与该系统中的PE线共用接地极，其接地电阻值不应大于30Ω。

（2）当用于TN-S系统时，应与该系统中的PE线连接。

（3）当用于TN-C（TN-C-S）系统时，应单独接地，不得与重复接地共用，并应保持保护装置的距离。

当中性线断线保护电器与漏电保护电器配合使用时，其配电系统宜采用本款（1）所述接地型式。

8.6.6 保护电器的装设位置

8.6.6.1 保护电器应装设在维护方便、不易受机械损伤、不靠近可燃物的地方，并应避免保护电器工作时意外损坏对周围人员造成伤害。

8.6.6.2 保护电器应装设在被保护线路与电源线路的连接处。但为了维护与操作方便可设置在离开连接点的地方，并应符合下列要求：

（1）线路长度不超过3m；

（2）采取措施将短路危险减至最小；

（3）不靠近可燃物。

8.6.6.3 从高处的干线向下引接分支线路，为了操作维护的方便需将分支线路的保护电器装设在距连接点的线路长度大于3m的地方时，应符合下列要求：

（1）在该分支线装设保护电器前的那一段线路发生单相（或两相）短路时，离短路点最近的上一级保护电器应能保证动作；

（2）该段分支线应敷设于不可燃的管、槽内。

8.6.6.4 短路保护电器应装设在配电线路中不接地的各相上。对于中性点不接地且无N线引出的三相三线配电系统，允许只在两相上装设保护电器。

8.6.6.5 在TT、TN系统中，如果N线截面小于相线，则N线应装设相应于该导线截面的过电流检测电器，该检测电器使保护电器断开相线，或同时断开相线和N线；但如果能同时满足下列条件时，则N线上可不装设过电流检测电器：

（1）线路的相线保护电器已能保护N线；

（2）正常（可较长时间缺相运行的线路除外）工作时，可能通过N线的最大电流明显地小于该导线的载流量。

8.6.6.6 IT系统不宜配出N线，如有N线配出时，需要在该N线上装设过电流保护电器，并用来使包括N线在内的所有带电导线断电。但具有下列条件之一者，可不遵守本规定：

（1）当个别 N 线的短路受到装设在供电侧保护电器的有效保护；

（2）如果个别线路是由漏电电流动作保护电器保护的，且其额定漏电电流不超过相应 N 线载流量的 0.15 倍。

8.6.6.7 中性线断线故障保护电器宜装设在三相四线制架空线路末端或单相分支线路首端。

9 室 内 布 线

9.1 一 般 规 定

9.1.1 本章适用于民用建筑室内（包括与建筑物、构筑物相关联的外部位）绝缘电线、电缆和封闭式母线的布线。

当本章条款无具体规定时，其适用电压范围为 500V 及以下。

9.1.2 布线及敷设方式应根据建筑物的性质、要求、用电设备的分布及环境特征等因素确定。应避免因外部热源、灰尘聚集及腐蚀或污染物存在对布线系统带来的影响。并应防止在敷设及使用过程中因受冲击、振动和建筑物的伸缩、沉降等各种外界应力作用而带来的损害。

9.1.3 敷设方式可分为：明敷——导线直接或者在管子、线槽等保护体内，敷设于墙壁、顶棚的表面及桁架、支架等处；暗敷——导线在管子、线槽等保护体内，敷设于墙壁、顶棚、地坪及楼板等内部，或者在混凝土板孔内敷线等。

9.1.4 金属管、塑料管及金属线槽、塑料线槽等布线，应采用绝缘电线和电缆。在同一根管或线槽内有几个回路时，所有绝缘电线和电缆都应具有与最高标称电压回路绝缘相同的绝缘等级。

9.1.5 布线工程中所有外露可导电部分的接地要求，应符合本规范第 14 章的有关规定。

9.1.6 布线用塑料管（硬质塑料管、半硬塑料管）、塑料线槽及附件，应采用氧指数为 27 以上的难燃型制品。

9.2 瓷（塑料）线夹、鼓形绝缘子、针式绝缘子布线

9.2.1 瓷（塑料）线夹布线一般适用于正常环境的室内场所和挑檐下室外场所。

鼓形绝缘子、针式绝缘子布线一般适用于室内、外场所。

在建筑物顶棚内，严禁采用瓷（塑料）线夹、鼓形绝缘子及针式绝缘子布线。

9.2.2 采用瓷（塑料）线夹、鼓形绝缘子、针式绝缘子在室内、外布线时，绝缘电线至地面的距离应不小于表 9.2.2 所列数值。

9.2.3 采用瓷（塑料）线夹、鼓形绝缘子在室内沿墙壁、顶棚布线时，绝缘电线固定点的间距不应大于表 9.2.3 所列数值；跨越柱子、桁架布线时，应符合本规范第 9.4 节所规定的机械强度要求。

9.2.4 采用鼓形绝缘子、针式绝缘子在室内、外布线时，绝缘电线的间距不应小于表 9.2.4 所列数值。

9.2.5 绝缘电线明敷在高温辐射或对绝缘有腐蚀的场所时，电线间及电线至建筑物表面

最小净距，不应小于表 9.2.5 所列数值。

表 9.2.2 绝缘电线至地面的最小距离

布线方式		最小距离（m）
电线水平敷设时：	室内	2.5
	室外	2.7
电线垂直敷设时：	室内	1.8
	室外	2.7

表 9.2.3 室内沿墙、顶棚布线的绝缘电线固定点最大间距

布线方式	电线截面（mm^2）	固定点最大间距（m）
瓷（塑料）线夹布线	1～4	0.6
	6～10	0.8
鼓形绝缘子布线	1～4	1.5
	6～10	2.0
	16～25	3.0

表 9.2.4 室内、外布线的绝缘电线最小间距

绝缘子类型	固定点间距 L（m）	电线最小间距（mm）	
		室内布线	室外布线
鼓形绝缘子	$L \leqslant 1.5$	50	100
鼓形或针式绝缘子	$1.5 < L \leqslant 3$	75	100
针式绝缘子	$3 < L \leqslant 6$	100	150
针式绝缘子	$6 < L \leqslant 10$	150	200

表 9.2.5 高温或腐蚀性场所绝缘电线间及导线至建筑物表面最小净距

电线固定点间距 L（m）	最小净距（mm）
$L \leqslant 2$	75
$2 < L \leqslant 4$	100
$4 < L \leqslant 6$	150
$6 < L \leqslant 10$	200

9.2.6 在与建筑物相关联的室外部位布线时，绝缘电线至建筑物的间距不应小于表 9.2.6 所列数值。

表 9.2.6 绝缘电线至建筑物的最小间距

布线方式	最小间距（mm）
水平敷设时的垂直间距	
距阳台、平台、屋顶	2500
距下方窗户	300
距上方窗户	800
垂直敷设时至阳台、窗户的水平间距	750
电线至墙壁、构架的间距（挑檐下除外）	50

9.3 直敷布线

9.3.1 直敷布线一般适用于正常环境室内场所和挑檐下室外场所。

建筑物顶棚内，严禁采用直敷布线。

9.3.2 直敷布线应采用护套绝缘电线，其截面不宜大于 $6mm^2$。

9.3.3 直敷布线的护套绝缘电线，应采用线卡沿墙壁、顶棚或建筑物构件表面直接敷设，固定点间距不应大于 0.30m。

不得将护套绝缘电线直接埋入墙壁、顶棚的抹灰层内。

9.3.4 直敷布线电线至地面的距离不应小于表 9.2.2 所列数值。导线垂直敷设至地面低于 1.80m 部分，应穿管保护。

9.3.5 护套绝缘电线与接地导体及不发热的管道紧贴交叉时，应加绝缘管保护，敷设在易受机械损伤的场所应用钢管保护。

9.4 金属管布线

9.4.1 金属管布线一般适用于室内、外场所，但对金属管有严重腐蚀的场所不宜采用。

建筑物顶棚内，宜采用金属管布线。

9.4.2 明敷于潮湿场所或埋地敷设的金属管布线，应采用水、煤气钢管。明敷或暗敷于干燥场所的金属管布线可采用电线管。

9.4.3 三根及以上绝缘导线穿于同一根管时，其总截面积（包括外护层）不应超过管内截面积的40%。

两根绝缘导线穿于同一根管时，管内径不应小于两根导线外径之和的1.35倍（立管可取1.25倍）。

9.4.4 穿金属管的交流线路，应将同一回路的所有相线和中性线（如果有中性线时）穿于同一根管内。

9.4.5 不同回路的线路不应穿于同一根金属管内，但下列情况可以除外：

（1）电压为50V及以下的回路。

（2）同一设备或同一联动系统设备的电力回路和无防干扰要求的控制回路。

（3）同一照明花灯的几个回路。

（4）同类照明的几个回路，但管内绝缘导线的根数不应多于8根。

9.4.6 金属管明敷时，其固定点的间距，不应大于表9.4.6所列数值。

表 9.4.6 金属管明敷时的固定点最大间距

金属管种类	金属管公称直径（mm）			
	15~20	25~32	40~50	70~100
	最 大 间 距（m）			
钢 管	1.5	2.0	2.5	3.5
电线管	1.0	1.5	2.0	—

9.4.7 电线管路与热水管、蒸汽管同侧敷设时，应敷设在热水管、蒸汽管的下面。有困难时，可敷设在其上面，相互间的净距不宜小于下列数值：

（1）当管路敷设在热水管下面时为0.20m，上面时为0.30m。

（2）当管路敷设在蒸汽管下面时为0.50m，上面时为1m。

当不能符合上列要求时，应采取隔热措施。对有保温措施的蒸汽管，上下净距均可减至0.20m。

电线管路与其他管道（不包括可燃气体及易燃、可燃液体管道）的平行净距不应小于0.10m。当与水管同侧敷设时，宜敷设在水管的上面。

当管路互相交叉时的距离，不宜小于相应上列情况的平行净距。

9.4.8 金属管布线的管路较长或有弯时，宜适当加装拉线盒，两个拉线点之间的距离应符合以下要求：

（1）对无弯的管路，不超过30m。

（2）两个拉线点之间有一个弯时，不超过20m。

（3）两个拉线点之间有两个弯时，不超过15m。

（4）两个拉线点之间有三个弯时，不超过8m。

当加装拉线盒有困难时，也可适当加大管径。

9.4.9 暗敷于地下的管路不宜穿过设备基础，在穿过建筑物基础时，应加保护管保护；在穿过建筑物伸缩、沉降缝时，应采取保护措施。

9.4.10 绝缘电线不宜穿金属管在室外直接埋地敷设。必要时对于次要用电负荷且线路较短（15m以下），可穿金属管埋地敷设，但应采取可靠的防水、防腐蚀措施。

9.5 硬质塑料管布线

9.5.1 硬质塑料管布线一般适用于室内场所和有酸碱腐蚀性介质的场所，但在易受机械损伤的场所不宜采用明敷设。

建筑物顶棚内，可采用难燃型硬质塑料管布线。

9.5.2 硬质塑料管暗敷或埋地敷设时，引出地（楼）面不低于0.50m的一段管路，应采取防止机械损伤的措施。

9.5.3 在采用硬质塑料管布线时，绝缘导线在管内的填充率应符合本章第9.4.3条的规定。

9.5.4 硬质塑料管明敷时，其固定点间距不应大于表9.5.4所列数值。

表 9.5.4 塑料管明敷时固定点最大间距

公称直径（mm）	20及以下	25~40	50及以上
最大间距（m）	1.00	1.50	2.00

9.5.5 不同回路的线路穿硬质塑料管，应符合本章第9.4.5条的规定。

9.5.6 硬质塑料管布线的管路与热水管、蒸汽管同侧敷设时，应符合本章第9.4.7条的规定。

9.5.7 硬质塑料管布线，当管路较长或有弯时，应符合本章第9.4.8条的规定。

9.6 半硬塑料管及混凝土板孔布线

9.6.1 半硬塑料管及混凝土板孔布线适用于正常环境一般室内场所，潮湿场所不应采用。

9.6.2 半硬塑料管布线应采用难燃平滑塑料管及塑料波纹管。

建筑物顶棚内，不宜采用塑料波纹管。

9.6.3 混凝土板孔布线应采用塑料护套电线或塑料绝缘电线穿半硬塑料管敷设。

9.6.4 塑料护套电线及塑料绝缘电线在混凝土板孔内不得有接头，接头应在接线盒内进行。

9.6.5 不同回路的线路穿半硬塑料管或混凝土板孔时应符合本章第9.4.5条的规定。

9.6.6 半硬塑料管布线宜减少弯曲，当线路直线段长度超过15m或直角弯超过三个时，均应装设拉线盒。

9.6.7 在现浇钢筋混凝土中敷设半硬塑料管时，应采取预防机械损伤措施。

9.7 金属线槽布线

9.7.1 金属线槽布线一般适用于正常环境的室内场所明敷，但对金属线槽有严重腐蚀的场所不应采用。

具有槽盖的封闭式金属线槽，可在建筑顶棚内敷设。

9.7.2 同一回路的所有相线和中性线（如果有中性线时），应敷设在同一金属线槽内。

9.7.3 同一路径无防干扰要求的线路，可敷设于同一金属线槽内。线槽内电线或电缆的总截面（包括外护层）不应超过线槽内截面的20%，载流导线不宜超过30根。

控制、信号或与其相类似的线路，电线或电缆的总截面不应超过线槽内截面的50%，电线或电缆根数不限。

注：①控制、信号等线路可视为非载流导线。

②三根以上载流电线或电缆在线槽内敷设，当乘以本规范第 8 章所规定的载流量校正系数时，电线或电缆根数不限。但其在线槽内的总截面仍不应超过线槽内截面的 20%。

9.7.4 电线或电缆在金属线槽内不宜有接头。但在易于检查的场所，可允许在线槽内有分支接头，电线、电缆和分支接头的总截面（包括外护层）不应超过该点线槽内截面的 75%。

9.7.5 金属线槽布线，在线路连接、转角、分支及终端处应采用相应的附件。

9.7.6 金属线槽垂直或倾斜敷设时，应采取措施防止电线或电缆在线槽内移动。

9.7.7 金属线槽敷设时，吊点及支持点的距离，应根据工程具体条件确定，一般应在下列部位设置吊架或支架：

（1）直线段不大于 3m 或线槽接头处。

（2）线槽首端、终端及进出接线盒 0.50m 处。

（3）线槽转角处。

9.7.8 金属线槽布线，不得在穿过楼板或墙壁等处进行连接。

9.7.9 由金属线槽引出的线路，可采用金属管、硬质塑料管、半硬塑料管、金属软管或电缆等布线方式。电线或电缆在引出部分不得遭受损伤。

9.8 塑料线槽布线

9.8.1 塑料线槽布线一般适用于正常环境的室内场所，在高温和易受机械损伤的场所不宜采用。

弱电线路可采用难燃型带盖塑料线槽在建筑顶棚内敷设。

9.8.2 强、弱电线路不应同敷于一根线槽内。线槽内电线或电缆的总截面及根数应符合本章第 9.7.3 条的规定。

9.8.3 电线、电缆在线槽内不得有接头，分支接头应在接线盒内进行。

9.8.4 塑料线槽敷设时，槽底固定点间距应根据线槽规格而定，一般不应大于表 9.8.4 所列数值。

表 9.8.4 塑料线槽明敷时固定点最大间距

固定点型式	线槽宽度（mm）		
	20～40	60	80～120
	固定点最大间距 L（m）		
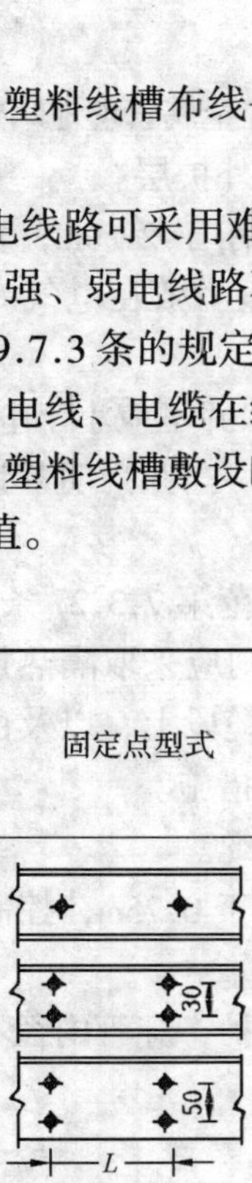	0.8	—	—
	—	1.0	—
	—	—	0.8

9.8.5 塑料线槽布线，在线路连接、转角、分支及终端处应采用相应附件。

9.9 地面内暗装金属线槽布线

9.9.1 地面内暗装金属线槽布线，适用于正常环境下大空间且隔断变化多、用电设备移动性大或敷有多种功能线路的场所，暗敷于现浇混凝土地面、楼板或楼板垫层内。

9.9.2 同一回路的所有导线应敷设在同一线槽内。

9.9.3 同一路径无防干扰要求的线路可敷设于同一线槽内。线槽内电线或电缆的总截面（包括外护层）不应超过线槽内截面的40%。

9.9.4 强、弱电线路应分槽敷设，两种线路交叉处应设置有屏蔽分线板的分线盒。

9.9.5 地面内暗装金属线槽内，电线或电缆不得有接头，接头应在分线盒或线槽出线盒内进行。

9.9.6 线槽在交叉、转弯或分支处应设置分线盒，线槽的直线长度超过6m时，宜加装分线盒。

9.9.7 由配电箱、电话分线箱及接线端子箱等设备引至线槽的线路，宜采用金属管布线方式引入分线盒，或以终端连接器直接引入线槽。

9.9.8 线槽出线口和分线盒不得突出地面且应做好防水密封处理。

9.9.9 地面内暗装金属线槽布线，在设计时应与土建专业密切配合，以便根据不同的结构型式和建筑布局，合理确定线路路径和设备选型。

9.10 电 缆 布 线

9.10.1 室内电缆布线,包括电缆在室内沿墙及建筑构件明敷设、电缆穿金属管埋地暗敷设。

9.10.2 电缆在室内宜采用明敷。电缆不应有黄麻或其他易延燃的外护层。

9.10.3 无铠装的电缆在室内明敷时，水平敷设至地面的距离不应小于2.50m，垂直敷设至地面的距离不应小于1.80m，否则应有防止机械损伤的措施。但明敷在电气专用房间（如电气竖井、配电室、电机室等）内时除外。

9.10.4 相同电压的电缆并列明敷时，电缆的净距不应小于35mm，并不应小于电缆外径。

1kV以下电力电缆及控制电缆与1kV以上电力电缆宜分开敷设。当并列明敷设时，其净距不应小于0.15m。

9.10.5 电缆明敷设时,电缆支架间或固定点间的距离,应符合本规范第7.3.27条的规定。

9.10.6 电缆明敷设时，电缆与热力管道的净距不应小于1m，否则应采取隔热措施。电缆与非热力管道的净距不应小于0.50m，否则应在与管道接近的电缆段上，以及由接近段两端向外延伸不小于0.50m以内的电缆段上，采取防止机械损伤的措施。

9.10.7 在有腐蚀性介质的房屋内明敷的电缆，宜采用塑料护套电缆。

9.10.8 电缆水平悬挂在钢索上时，电力电缆固定点的间距不应大于0.75m，控制电缆固定点的间距不应大于0.60m。

9.10.9 电缆在室内埋地敷设或电缆通过墙、楼板时，应穿钢管保护，穿管内径不应小于电缆外径的1.5倍。

9.11 电 缆 桥 架 布 线

9.11.1 电缆桥架布线适用于电缆数量较多或较集中的场所。

9.11.2　在室内采用电缆桥架布线时，其电缆不应有黄麻或其他易延燃材料外护层。

9.11.3　在有腐蚀或特别潮湿的场所采用电缆桥架布线时，应根据腐蚀介质的不同采取相应的防护措施，并宜选用塑料护套电缆。

9.11.4　电缆桥架（梯架、托盘）水平敷设时的距地高度一般不宜低于2.50m，垂直敷设时距地1.80m以下部分应加金属盖板保护，但敷设在电气专用房间（如配电室、电气竖井、技术层等）内时除外。

9.11.5　电缆桥架水平敷设时，宜按荷载曲线选取最佳跨距进行支撑，跨距一般为1.50～3m。垂直敷设时，其固定点间距不宜大于2m。

9.11.6　电缆桥架多层敷设时，其层间距离一般为：控制电缆间不应小于0.20m；电力电缆间不应小于0.30m；弱电电缆与电力电缆间不应小于0.50m，如有屏蔽盖板可减少到0.30m；桥架上部距顶棚或其他障碍物不应小于0.30m。

9.11.7　几组电缆桥架在同一高度平行敷设时，各相邻电缆桥架间应考虑维护、检修距离。

9.11.8　在电缆桥架上可以无间距敷设电缆，电缆在桥架内横断面的填充率：电力电缆不应大于40%；控制电缆不应大于50%。

9.11.9　下列不同电压、不同用途的电缆，不宜敷设在同一层桥架上：

（1）1kV以上和1kV以下的电缆。

（2）同一路径向一级负荷供电的双路电源电缆。

（3）应急照明和其他照明的电缆。

（4）强电和弱电电缆。

如受条件限制需安装在同一层桥架上时，应用隔板隔开。

9.11.10　电缆桥架与各种管道平行或交叉时，其最小净距应符合表9.11.10的规定。

表9.11.10　电缆桥架与各种管道的最小净距

管道类别		平行净距(m)	交叉净距(m)
一般工艺管道		0.4	0.3
具有腐蚀性液体（或气体）管道		0.5	0.5
热力管道	有保温层	0.5	0.5
	无保温层	1.0	1.0

9.11.11　电缆桥架不宜敷设在腐蚀性气体管道和热力管道的上方及腐蚀性液体管道的下方，否则应采取防腐、隔热措施。

9.11.12　电缆桥架内的电缆应在下列部位进行固定：

垂直敷设时，电缆的上端及每隔1.50～2m处。

水平敷设时，电缆的首、尾两端、转弯及每隔5～10m处。

9.11.13　电缆桥架内的电缆应在首端、尾端、转弯及每隔50m处，设有编号、型号及起、止点等标记。

9.11.14　电缆桥架在穿过防火墙及防火楼板时，应采取防火隔离措施。

9.12　封闭式母线布线

9.12.1　封闭式母线布线适用于干燥和无腐蚀性气体的室内场所。

9.12.2 封闭式母线水平敷设时，至地面的距离不应小于2.20m。垂直敷设时，距地面1.80m以下部分应采取防止机械损伤措施。但敷设在电气专用房间内（如配电室、电机室、电气竖井、技术层等）时除外。

9.12.3 封闭式母线水平敷设的支持点间距不宜大于2m。垂直敷设时，应在通过楼板处采用专用附件支承。

垂直敷设的封闭式母线；当进线盒及末端悬空时，应采用支架固定。

9.12.4 封闭式母线终端无引出、引入线时，端头应封闭。

9.12.5 当封闭式母线直线敷设长度超过制造厂给定的数值时，宜设置伸缩节。在封闭式母线水平跨越建筑物的伸缩缝或沉降缝处，也宜采取适当措施。

9.12.6 封闭式母线的插接分支点应设在安全及安装维护方便的地方。

9.12.7 封闭式母线的连接不应在穿过楼板或墙壁处进行。

9.12.8 封闭式母线在穿过防火墙及防火楼板时，应采取防火隔离措施。

9.13 竖井内布线

9.13.1 竖井内布线一般适用于多层和高层建筑内强电及弱电垂直干线的敷设。可采用金属管、金属线槽、电缆、电缆桥架及封闭式母线等布线方式。

9.13.2 竖井的位置和数量应根据建筑物规模、用电负荷性质、供电半径、建筑物的沉降缝设置和防火分区等因素确定。

选择竖井位置时，应考虑下列因素：

(1) 宜靠近用电负荷中心，减少干线电缆沟道的长度。

(2) 不得和电梯井、管道井共用同一竖井。

(3) 避免邻近烟道、热力管道及其他散热量大或潮湿的设施。

(4) 在条件允许时宜避免与电梯井及楼梯间相邻。

9.13.3 竖井的井壁应是耐火极限不低于1h的非燃烧体。竖井在每层楼应设维护检修门并应开向公共走廊，其耐火等级不应低于丙级。楼层间应做防火密封隔离，隔离措施如下：

(1) 封闭式母线、电缆桥架及金属线槽在穿过楼板处采用防火隔板及防火堵料隔离。

(2) 电缆和绝缘电线穿钢管布线时，应在楼层间预埋钢管，布线后两端管口空隙应做密封隔离。

9.13.4 竖井大小除满足布线间隔及端子箱、配电箱布置所必须尺寸外，并宜在箱体前留有不小于0.80m的操作、维护距离。

9.13.5 竖井内垂直布线时，应考虑以下因素：

(1) 顶部最大变位和层间变位对干线的影响。

(2) 电线、电缆及金属保护管、罩等自重所带来的荷重影响及其固定方式。

(3) 垂直干线与分支干线的联接方法。

9.13.6 竖井内高压、低压和应急电源的电气线路，相互之间应保持0.30m及以上距离或采取隔离措施，并且高压线路应设有明显标志。强电和弱电线路，有条件时宜分别设置在不同竖井内。如受条件限制必须合用时，强电与弱电线路应分别布置在竖井两侧或采取隔离措施以防止强电对弱电的干扰。

9.13.7 竖井内应敷有接地干线和接地端子。

9.13.8 竖井内不应有与其无关的管道等通过。

9.13.9 竖井内各种布线应符合本章相应的有关规定。

10 常用设备电气装置

10.1 一 般 规 定

10.1.1 本章适用于民用建筑中500V及以下常用设备电气装置的配电设计。

10.1.2 常用设备电气装置的配电设计，应采用效率高、能耗低、性能先进的电气产品。

10.2 电 动 机

10.2.1 电动机的起动

10.2.1.1 电动机起动时，其端子电压应能保证机械要求的起动转矩，且在配电系统中引起的电压波动不应破坏其他用电设备的工作。

交流电动机起动时，其端子上的计算电压应符合下列要求：

（1）电动机频繁起动时，不宜低于额定电压的90%，电动机不频繁起动时，不宜低于额定电压的85%。

（2）电动机不与照明或其他对电压波动敏感的负荷合用变压器，且不频繁起动时，不应低于额定电压的80%。

（3）当电动机由单独的变压器供电时，其允许值应按机械要求的起动转矩确定。

对于低压电动机，还应保证接触器线圈的电压不低于释放电压。

10.2.1.2 鼠笼型电动机起动方式的选择，应遵守下列规定：

（1）当符合下列条件时，电动机应全压起动：

a. 机械能承受电动机全压起动的冲击转矩；

b. 电动机起动时，其端子的电压应符合本章第10.2.1.1款的规定；

c. 电动机起动时，应不影响其他负荷的正常运行。

（2）当不符合全压起动条件时，电动机应降压起动，宜采用切换绕组接线或采用自耦变压器等方式起动。各种起动方式的特点，参见附录B.1。

（3）当机械有调速要求时，电动机的起动方式应与调速方式相配合。

（4）大型电动机可根据具体情况，选择其他适当的起动方式，构造特殊的电动机应按制造厂规定方式起动。

10.2.1.3 绕线型电动机起动方式的选择，应符合下列要求：

（1）起动电流的平均值不超过额定电流的2倍；

（2）起动转矩满足机械的要求；

（3）当有调速要求时，电动机的起动方式应与调速方式相配合。

绕线型电动机一般采用频繁变阻器接入转子回路的方式起动，但对在低速运转和要求起动力矩大的传动装置，其电动机不宜采用频繁变阻器起动，而宜采用电阻器起动。

10.2.1.4 直流电动机宜采用调节电源电压或电阻器降压起动，并应符合下列要求：

（1）起动电流不超过电动机的最大允许电流；

（2）起动转矩和调速特性应满足机械的要求。

10.2.1.5 由城市低压网络直接受电的场合，电动机允许全压起动的容量应与地区供电部门的规定相协调。如当地供电部门对允许鼠笼型电动机全压起动容量无明确规定时，可按下述条件确定：

（1）由公用低压网络供电时，容量在11kW及以下者，可全压起动。

（2）由居住小区变电所低压配电装置供电时，容量在15kW及以下者可全压起动。

10.2.2 低压电动机的保护

10.2.2.1 所有的交流电动机均应装设相间短路保护和根据本章第10.2.2.3款至第10.2.2.6款的规定，按具体情况分别考虑装设接地故障、过载、断相及低电压保护。

10.2.2.2 交流电动机的相间短路保护，应按下列规定装设：

（1）每台电动机宜单独装设相间短路保护，但符合下列条件之一时，数台电动机可共用一套短路保护电器：

a. 总计算电流不超过20A且允许无选择地切断的不重要负荷。

b. 工艺上密切相关的一组电动机，且允许同时起、停时。

（2）短路保护器件宜采用熔断器或低压断路器的瞬动过电流脱扣器，必要时可采用带瞬动元件的过电流继电器。保护器件的装设应符合下列要求：

a. 短路保护兼作接地故障保护时，应在每个不接地的相线上装设。

b. 仅作相间短路保护时，熔断器应在每个不接地的相线上装设，过电流脱扣器或继电器应至少在两相上装设。

c. 当只在两相上装设时，在有电气联系的同一网络中，保护器件应装设在相同的两相上。

（3）当电动机正常运行、正常起动或自起动时，短路保护器件不应误动作。为此，应符合下列要求：

a. 正确选择保护电器的使用类别，熔断器、低压断路器和过电流继电器，宜采用保护电动机型。

b. 熔断体的额定电流应根据其安秒特性曲线计及偏差后略高于电动机起动电流和起动时间的交点来选取，但不得小于电动机的额定电流。

c. 瞬动过电流脱扣器或继电器的整定电流应取电动机起动电流周期分量的1.7~2倍。

（4）经常有人操作的电动机，用过电流继电器保护时，宜选用自动复归的过电流继电器；经常无人操作的电动机，用过电流继电器保护时，宜选用手动复归的过电流继电器。

10.2.2.3 交流电动机的接地故障保护，应按下列规定装设：

（1）间接接触保护采用自动断电法时，每台电动机宜单独装设接地故障保护。但符合下列条件之一时，数台电动机可共用一套接地故障保护器件：

a. 共用一套短路保护电器的一组电动机。

b. 用电设备允许无选择地断电的一组次要的末端线路。

（2）在TN、TT系统中，电动机接地故障保护的装设要求，应符合本规范第8.6.4条的有关规定。

10.2.2.4 交流电动机的过载保护，应按下列规定装设：

（1）运行中容易过载的和连续运行的电动机，以及起动或自起动条件严酷而要求限制起动时间的电动机，应装设过载保护。过载保护宜动作于断开电源。

（2）短时工作或断续周期工作的电动机，可不装设过载保护。但运行中可能堵转时，应装设堵转保护，其时限应保证电动机起动时不动作。

（3）突然断电将导致比过载损失更大的电动机，不宜装设过载保护。如装设过载保护，可使过载保护作用于报警信号。

（4）过载保护器件宜采用热继电器或过载脱扣器。必要时，对个别较大容量的重要电动机，也可采用反时限特性的过电流继电器。有条件时，也可采用温度保护装置。

（5）过载保护器件的动作特性应与电动机的过载特性相配合。当电动机正常运行、正常起动或自起动时，保护器件不应误动作。保护器件的额定电流或整定电流宜按下列要求选择：

a. 保护器件的额定电流大于或等于电动机的额定电流；

b. 保护器件的整定电流：对1型器件（整定电流由电动机的满载电流选定）不应小于电动机的额定电流；对2型器件（整定电流就是最终动作电流）应为电动机额定电流的120%～130%。

必要时，可在起动过程的一定时限内短接或切除过载保护器件。

10.2.2.5 交流电动机的断相保护，应按下列规定装设：

（1）连续运行的三相电动机，用熔断器保护者应装设断相保护，用低压断路器保护者宜装设断相保护。

（2）短时工作或断续周期工作的电动机、额定功率不超过3kW的电动机，可不装设断相保护。

（3）断相保护器件宜采用带断相保护的热继电器，也可采用专用的断相保护装置。

有条件时，可采用温度保护或其他适当的保护。

10.2.2.6 交流电动机的低电压保护，应按下列规定装设：

（1）按工艺或安全条件不允许自起动的电动机，应装设低电压保护。此外，当电源电压短时降低或中断时，应断开足够数量的次要电动机，以保证重要电动机在电压恢复时能自起动：

a. 次要电动机一般装设瞬时动作的低电压保护。

b. 不允许或不需要自起动的重要电动机应装设短延时的低电压保护，其时限一般为0.5～1.5s。

（2）需要自起动的重要电动机，不宜装设低电压保护，但按工艺或安全条件在长时间停电后不允许自起动时，应装设长延时的低电压保护，其时限一般为9～20s。

（3）低电压保护器件宜采用低压断路器的欠电压脱扣器或接触器的电磁线圈。

当用电磁线圈作低电压保护时，其控制电源宜由电动机主回路供电；如由其他电源供电，则主回路失压时应自动断开控制电源。

（4）当采用低压断路器—接触器的保护、控制线路时，其接触器的失压释放动作时间，一定要长于低压断路器的断开短路电流时间，以防由接触器断开短路电流。

（5）对于不装设低电压保护或装设延时低电压保护的重要电动机，当电源电压中断后在规定的时限内恢复时，如采用起动器或接触器作为控制设备时，应在控制回路中采取措施，防止电压短时降低或中断时掉闸。

10.2.2.7 直流电动机应装设短路保护，并根据需要装设过载保护、堵转保护。他励、并励和复励电动机宜装设弱磁或失磁保护。串励电动机和机械有超速危险的直流电动机应装设超速保护。

10.2.3 低压交流电动机的主回路

10.2.3.1 隔离电器的装设应符合下列规定：

（1）每台电动机的主回路上应装设隔离电器，但符合下列条件之一时，数台电动机可共用一套隔离电器：

a. 共用一套短路保护电器的一组电动机。

b. 由同一配电箱（屏）供电且允许无选择地断开的一组电动机。

（2）隔离电器应把电动机及其控制电器与带电体有效地隔离。符合隔离要求的短路保护电器可兼作隔离电器。移动式和手握式设备可采用插头和插座作为隔离电器。

（3）隔离电器宜装设在控制电器附近或其他便于操作和维修的地点。无载开断的隔离电器应防止被无意识地断开。

10.2.3.2 短路保护电器的性能应符合下列规定：

（1）保护特性应符合本章第 10.2.2.2 款（3）的规定；兼作接地故障保护时，还应符合本规范第 8.6 节的有关规定。

（2）短路保护电器应与其负荷侧的控制电器和过载保护电器相配合。

（3）短路分断能力应符合本规范第 8.6.2.2 款的规定。

10.2.3.3 控制电器及过载保护电器的装设应符合下列规定：

（1）一般情况下，每台电动机应单独装设控制电器。当工艺需要或使用条件许可时一组电动机可共用一套控制电器。

（2）控制电器宜采用接触器、起动器或其他电动机专用控制开关。起动次数少的电动机，可使用低压断路器兼作控制电器。当符合控制和保护要求时，3kW 及以下的电动机可采用封闭式负荷开关（铁壳开关），但其开关的额定电流应不小于电动机额定电流的 1.5 倍。

（3）控制电器应能接通和分断电动机的堵转电流，其使用类别和操作频率应符合电动机的类型和机械的工作制。

（4）控制电器宜装设在电动机附近或其他便于操作和维修的地点。过载保护电器宜靠近控制电器或为其一部分。

10.2.3.4 电线或电缆（以下统称导线）的选择应符合下列规定：

（1）电动机主回路导线的载流量不应小于电动机的额定电流。当电动机为短时或断续工作时，应使导线在短时负载下或断续负载下的载流量不小于电动机的短时工作电流或标称负载持续率下的额定电流。

（2）电动机主回路导线的选择还应符合本规范第 8 章中有关机械强度、电压损失、短路热稳定、与间接接触保护配合等要求。

（3）绕线型电动机转子回路导线的载流量应符合下列规定：

a. 起动后电刷不短接：不应小于转子额定电流。当电动机为断续工作时，应采用导线在断续负载下的载流量。

b. 起动后电刷短接：当机械的起动静阻转矩不超过电动机额定转矩的 50%时，不宜小于转子额定电流的 35%；其他情况下，不宜小于 50%。当导线小于 $16mm^2$ 时，宜选大一级。

10.2.4 低压交流电动机的控制回路

10.2.4.1 电动机的控制回路应装设隔离电器和短路保护，但由电动机主回路供电且符合下列条件之一时，可不另装设：

（1）主回路短路保护器件的额定电流不超过 20A 时。

（2）控制回路接线简单、线路很短且有可靠的机械防护时。

（3）控制回路断电会造成严重后果时。

10.2.4.2 控制回路的电源和接线应安全、可靠，并在符合机械要求的条件下做到简单适用。

TN 和 TT 系统中的控制回路发生接地故障时，控制回路的接线方式应能防止电动机意外起动或不能停车，必要时，可在控制回路中装设隔离变压器。

对可靠性要求高的复杂控制回路，可采用直流电源。直流控制回路宜采用不接地系统并装设绝缘监视。

10.2.4.3 电动机的控制按钮或控制开关，宜装设在电动机附近便于操作和观察的地点。在控制点不能观察到电动机或所拖动的机械时，应在控制点装设指示电动机工作状态的信号和仪表。

10.2.4.4 自动控制、联锁控制或远方控制的电动机，宜有就地控制和解除远方控制的措施，当突然起动可能危及周围人员时，应在机旁装设起动预告信号和应急断电开关或自锁式按钮。

自动控制或联锁控制的电动机，还应有手动控制和解除自动控制或联锁控制的措施。

10.2.4.5 在操作频繁的可逆线路中，正转接触器和反转接触器之间，除应有电气联锁外，还应有机械联锁。

10.3 传动运输系统

10.3.1 传动运输系统一般采用电气联锁，联锁线应满足使用和安全的要求，并应可靠、简单、经济。

10.3.2 传动运输系统起动和停止的程序，应按工艺要求确定。运行中任何一台联锁机械故障停车时，应使传来方向的联锁机械立即停车。

10.3.3 传动运输系统电动机起动时，电动机端子电压应符合本章第 10.2.1.1 款的要求，当多台同时起动不能满足要求时，应错开起动。

10.3.4 传动运输系统联锁线控制方式的选择，应遵守下列规定：

（1）当联锁机械少，独立性强时，宜在机旁分散控制。

（2）当传输系统的联锁机械较少或联锁机械虽多但功能上允许分段控制时，宜按系统或按流程分段就地集中控制。

（3）当联锁机械多，传输系统复杂时，可在控制室内集中控制，且宜采用可编程序控制器（PC）控制。

10.3.5 控制箱（屏、台）面板上的电气元件，应按控制顺序布置。一般控制系统宜设置显示机组工作状态的光信号；较复杂的控制系统，宜设置模拟图。采用可编程序控制器（PC）控制时，也可采用电子显示器。

10.3.6 同一传动运输系统的电气设备，宜由同一电源供电，若传动运输系统很长，可按工艺分成多段由同一电源的多回路供电。但远离该电源的个别功率较大的电动机，可由附近线路供电。

当主回路和控制回路由不同线路或不同电源供电时，应设有联锁装置。

10.3.7 传动运输系统需要装设联系信号，并应采取下列安全措施：

（1）沿线设置起动预告信号。

（2）在值班控制室（点）设置允许起动信号、运行信号及事故信号。

（3）在控制箱（屏、台）面上设置事故断电开关或自锁式按钮。

（4）传动运输系统的巡视通道每隔 20～30m 或在联锁机械旁设置事故断电开关或自锁式按钮。

两个及以上平行的联锁线宜合用起动音响信号，但值班控制室内应设有能区分不同联锁线起动的灯光显示信号。

10.3.8 控制室或控制点与有关场所的联系，一般采用声光信号，当联系频繁时，宜设置通讯设备。

10.3.9 控制室和控制点的位置，宜符合下列要求：

（1）便于观察、操作和调度。

（2）通风、采光良好。

（3）振动小、灰尘少。

（4）线路短、进出线方便。

（5）离开厕所、浴室等潮湿场所。

10.3.10 移动式传输设备（图书馆用轨道运书小车、锅炉房用皮带卸料小车等）宜采用悬挂式软电缆供电。

10.3.11 传动运输系统上各电气设备的安全接地应按本规范第 14 章有关规定执行。

10.4 电梯、自动扶梯和自动人行道

10.4.1 本节所规定的内容仅限于公共建筑、居住建筑中设置的电梯、自动扶梯和自动人行道的配电设计。

10.4.2 电梯、自动扶梯和自动人行道的电源应由专用回路供电，并不得和其他导线敷设于同一电线管或电线槽中。

配电系统的构成，应根据其负荷级别，按照本规范第 3 章有关原则确定。

各类建筑物电梯的负荷分级见本规范第 3 章表 3.1.2。表中未详列者可按下列规定确定：一般乘客电梯为二级，重要的为一级；一般载货电梯、医用电梯为三级，重要的为二级；自动扶梯和自动人行道一般为三级，重要的为二级。

10.4.3 每台电梯、自动扶梯和自动人行道应装设单独的隔离电器和短路保护，并设置在机房内便于操作和维修的地点。

但该隔离电器和断路器不应切断下述供电电路：

（1）轿厢、机房和滑轮间的照明和通风；

（2）轿顶、底坑的电源插座；
（3）机房和滑轮间内的电源插座；
（4）电梯井道照明；
（5）报警装置。

为此，电梯的工作照明和通风装置以及各处用电插座的电源，宜由机房内电源配电箱（柜）单独供电；厅站指层器照明，宜由电梯自身动力电源供电。

10.4.4 电梯、自动扶梯和自动人行道的供电容量，应按它的全部用电负荷确定，即为拖动电机的电源容量与其他附属用电容量之和。对于由电动发电机组向直流曳引机供电的直流电梯，其电动机的功率是指拖动发电机的电动机或其他直流电源装置的功率。

单台电梯拖动电机所需的电源容量按公式 10.4.4 计算：

$$S \geqslant \sqrt{3} \cdot U \cdot I \cdot 10^{-3} \quad (10.4.4)$$

式中 S——电源容量（kV·A）；
U——电源电压（V）；
I——直流电梯为满载上行时的电流（A）；交流电梯为满载电流。当额定电流为 50A 及以下时，为额定电流的 1.25 倍；当额定电流大于 50A 时，为额定电流的 1.1 倍。

当电梯数量为二台及以上时，应考虑同时使用系数，见表 10.4.4。

表 10.4.4 同时使用系数

台　数	1	2	3	4	5	6	7	8	9
使用程度频繁	1.00	0.91	0.85	0.80	0.76	0.72	0.69	0.67	0.64
使用程度一般	1.00	0.85	0.78	0.72	0.67	0.65	0.59	0.56	0.54

自动扶梯和自动人行道的用电容量可为电动机铭牌容量。

10.4.5 电梯电源设备的馈电开关宜采用低压断路器。低压断路器的额定电流应根据电梯持续负荷电流和拖动电动机的起动电流来确定。

低压断路器的过电流保护装置的负载电流——时间特性应同电梯，自动扶梯和自动人行道设备负载——时间特性相配合。

10.4.6 电梯的控制方式应根据电梯的不同类别，不同的使用场所条件及配置的电梯数量等因素综合比较确定，做到操作方便、安全可靠、节约电能、经济技术指标先进。

对于载货电梯和病床电梯可采用简易自动式；乘客电梯可采用集选控制方式，但对电梯台数较多的大型公共建筑宜采用群控运行方式。有条件时宜使电梯具有节能控制、电源应急控制、灾情（地震、火灾）控制及自动营救控制等功能。

住宅及公寓的电梯禁止使用“无司机”自动工作方式。

10.4.7 高层建筑内的乘客电梯，应符合防灾系统的设置标准，采取相应的应急操作措施：

10.4.7.1 正常电源与防灾系统电源转换时，消防电梯能及时投入。

10.4.7.2 发现灾情后电梯能迅速依次停落在指定层，轿厢内乘客能迅速疏散。

10.4.7.3 当消防电梯平时兼作普通客梯使用时，应具有火灾时工作程序的转换装置。

对于超高层建筑和级别高的宾馆、大厦等大型公共建筑，在防灾控制中心宜设置显示各部电梯运行状态的模拟盘及电梯自身故障或出现异常状态时的操纵盘。事故运行操纵盘的内容包括：

（1）电梯异常的指示器；

（2）轿厢位置的指示器；

（3）轿厢起动和停止的指示器、远距离操纵装置；

（4）停电时运行的指示器和操纵装置；

（5）地震时运行的指示器和操纵装置；

（6）火灾时运行的指示器和操纵装置。

10.4.8 高层建筑内的乘客电梯，轿厢内应有应急照明（自容方式），连续供电时间不少于20min。轿厢内的工作照明灯数不应少于两个，轿厢底面的照度不应小于5lx。

10.4.9 井道内应设置永久性电气照明，其具体做法可为：

10.4.9.1 距井道最高点和最低点0.50m以内各装一盏灯，中间每隔一定距离（但不宜超过7m）分设若干盏灯。

10.4.9.2 对于井道周围有足够照明条件的非封闭式井道，井道中可不设照明装置。

轿顶及井道照明电源电压宜为36V。

10.4.10 在轿顶、机房、滑轮间、底坑应装有2P + PE型的电源插座。电压不同的电源插座，应有明显区别，并不得存在互换的可能和弄错的危险。

10.4.11 设有消防控制室的高层建筑中，乘客电梯的轿厢内宜设有和保安控制室及机房值班室的通讯电话；根据需要亦可设监视摄像机。

10.4.12 在气温较高地区，当机房的自然通风条件不能满足要求时，应采取空调或机械通风散热措施。

10.4.13 向电梯供电的电源线路，不应敷设在电梯井道内。除电梯的专用线路外，其他线路不得沿电梯井道敷设。

在井道内敷设的电缆和电线应是阻燃和耐潮湿的，穿线管槽亦应为阻燃型。

10.4.14 附设在建筑物外侧的电梯，其布线材料和方法以及所用电器器件均应考虑气候条件的影响，并应作好防水处理。

10.4.15 机房、轿厢和井道中电气装置的间接接触保护，应符合下列要求：

（1）与建筑物的用电设备采用同一接地型式保护，可不另设接地装置。

（2）整个电梯装置的金属件，应采取等电位连接措施。

（3）轿厢接地线如利用电缆芯线时不得少于两根，采用铜芯导体每根芯线截面不得小于$2.5mm^2$。

10.5 稳压、整流设备

10.5.1 稳压设备

10.5.1.1 本节所规定的内容仅适用于民用建筑中，当供电输入电压或负荷发生变动时，交流或直流输出电压能自动保持稳定的电源装置的配电设计。

10.5.1.2 在选择稳压设备时，除满足稳定性指标（亦称质量指标）外，尚应满足使用指标，即满足输出电压值及其调整范围、负载电流值及其使用范围等的要求。

此外，尚应要求所选择的稳压器，结构简单、价格便宜、运行可靠和维护方便。

10.5.1.3 直流稳压电源的选择，宜参照下述原则：

（1）当容量较小（1kW以下）时，可采用交流整流式稳压电源。

对于要求重量轻、体积小、精度高的直流稳压设备，应采用集成或开关稳压设备。但工作在空载或负载电流变化剧烈的场合，则不宜选用开关稳压电源。

（2）在没有交流电源的地方，以及负载极小、组件化的小型稳定高压电源等场合，可采用直流变换式稳压电源。

（3）对于功率较大的负载，可采用交流可控整流元件式稳压电源。

10.5.1.4 交流稳压电源的选择，宜参照下述原则：

（1）对稳压性能要求较高的场合，宜选电子交流稳压器。

（2）如果输入电压或负载电流有突然变化并需尽快应付快速干扰时，则宜选铁磁谐振稳压器。

（3）对电源频率影响敏感的场所，宜选自动补偿式调压器。

（4）对噪声干扰有较严要求的场所，不宜选铁磁谐振稳压器。

交流稳压器的类型选择可参见附录B.2，稳压器的容量可按公式10.5.1.4计算：

$$S = K \cdot U \cdot I_{max} \tag{10.5.1.4}$$

式中 S——稳压器的容量（V·A）；

U——负荷所要求的输出电压有效值（V）；

I_{max}——最大负荷情况下的电流（A）；

K——校正系数，按表10.5.1.4选定。

表10.5.1.4 交流稳压器校正系数

相别 / 容量 / 校正系数	三相			单相	
	100kV·A以上	50~100kV·A	50kV·A以下	5kV·A以上	5kV·A及以下
K	2.50	2.60	2.80	1.65	1.70

10.5.1.5 在选用交流稳压电源时，必须考虑在非电阻性负载下，各项性能指标是否满足要求，对于冲击性负载，尚须考虑在瞬时过载时，能否保证正常工作。

10.5.1.6 采用三台单相交流稳压设备接成三相电源时，应符合下列要求：

（1）三台单相稳压设备功率相同、技术指标相同、输出的三相电压幅值稳定、相位差保持120°；

（2）当三相输入电压或三相负载不平衡时，某一相的变化不应影响另外两相；

（3）宜减少三相交流稳压设备中的谐波含量；

（4）三相稳压设备应装设断相和过电压保护或报警装置。

10.5.1.7 计算机用稳压设备其周波变化和波形失真不应超过本规范第3.3.4条的规定。

10.5.1.8 直流稳压器输出端应设总接地点，即一点接地，不宜多点就近接地。电源变压器的中性点应接地。

10.5.2 整流设备

10.5.2.1 本条所规定的内容仅限于蓄电池充电和变电所用直流电源。

10.5.2.2 整流器的整流接线方式，应符合用电设备对整流器的要求。

10.5.2.3 变电所分、合闸和蓄电池充电用直流电源，宜采用硅或可控硅整流设备。

10.5.2.4 变电所合闸用硅整流器宜采用三相桥式接线，其容量按最大一台断路器的合闸电流确定。当一次母线接有备用电源自动投入装置时，其容量应按两台断路器确定。只作控制、保护及信号电源用的硅整流器，可采用单相桥式整流，其容量可按负荷电流确定。在承受瞬间最大负荷时，整流装置本身的电压损失不应大于额定电压值的 10%。

10.5.2.5 充电用整流器的直流输出电压，不宜低于蓄电池组额定电压的 1.5 倍，寒冷地区为 1.8～1.9 倍。

10.5.2.6 变电所蓄电池充电用整流器容量的确定：

（1）固定型铅蓄电池充电：

$$P_{cd}=U_{cd}\cdot I_{cd}\cdot 10^{-3}=U_{cd}\cdot(I_{jc}+0.1C_{10})\cdot 10^{-3} \qquad (10.5.2.6\text{-}1)$$

式中 P_{cd}——充电设备的容量（kW）；

U_{cd}——充电设备的最高电压，取 $2.7\cdot n$（V）；

n——蓄电池总数；

I_{cd}——充电设备的电流（A），包括直流系统的经常负荷电流和蓄电池组的最大充电电流两部分。在变电所中蓄电池组的最大充电电流，可采用蓄电池 10h 放电率的放电电流；

I_{jc}——直流系统的经常负荷电流（A）；

C_{10}——蓄电池 10h 放电率容量（A·h）。

（2）镉—镍蓄电池充电：

$$P_{cd}=U_{cd}\cdot I_{cd}\cdot 10^{-3}=U_{cd}\cdot(I_{jc}+K\cdot C)\cdot 10^{-3} \qquad (10.5.2.6\text{-}2)$$

式中 U_{cd}——充电设备的最高工作电压，取 $1.75\cdot n$（V）；

I_{cd}——充电设备的电流（A），包括直流系统的经常负荷电流和蓄电池充电电流两部分；

K——系数，取 0.2 或 0.25（取决于充电制）；

C——蓄电池额定容量（A·h）；

其他符号含义同公式（10.5.2.6-1）。

10.5.2.7 浮充电设备容量的确定应根据蓄电池组的经常负荷电流及自放电电流确定，其工作电压宜与充电设备电压一致。

10.5.2.8 恒压充电时，整流设备的输出电压应按不同蓄电池的充电电压值确定。

10.5.2.9 当充电和浮充电共用一组硅整流装置时，宜选用自耦变压器调压或可控硅调压的整流装置。

当正常浮充电运行的负荷电流大于装置额定电流的 20%时，亦可选用饱和电抗器调压方式。

10.5.2.10 用于镉-镍蓄电池的充电电源，其浮充电装置的直流输出超过额定值 110%时，该装置应能自动限流。

10.5.2.11 整流器电源交流输入电流如果没有制造厂提供的数据时，可按下式计算：

当已知整流器的整流线路接线方式时

$$I \geqslant K_{jz} \cdot K_i \cdot K_p \cdot P_d \quad (10.5.2.11\text{-}1)$$

当不了解整流器的整流线路接线方式时

$$I = \frac{K_1 \cdot P_d}{\eta \cdot \cos\varphi} \quad (10.5.2.11\text{-}2)$$

$$P_d = \frac{U_d \cdot I_d}{1000} \quad (10.5.2.11\text{-}3)$$

式中 I——交流输入电流（A）；

K_p——整流器的接线系数，按附录 B.3 选择；

K_1——交流功率换算成电流时的系数；

三相 380V 时为 1.52

单相 380V 时为 2.63

单相 220V 时为 4.55

K_{jz}——校正系数；

硅整流器取 1.1～1.2

可控硅整流器取 1.2～1.3

$\eta \cdot \cos\varphi$——分别为整流器效率和额定功率因数，在无制造厂提供的数据时可按附录 B.4 选取；

P_d——整流器直流输出额定功率；

U_d——整流器直流输出额定电压（V）；

I_d——整流器直流输出额定电流（A）。

10.5.2.12 充电用整流设备宜装设在与充电间相邻的单独房间内，当蓄电池数量少且对设备运行无不良影响的情况下亦可共用房间。

10.5.2.13 充电设备应装设直流电压表和直流电流表。并联充电的各回路应装设单独的调节装置和直流电流表。

10.6 蓄 电 池

10.6.1 本节所规定的内容仅限于起动用铅蓄电池，固定型铅蓄电池和镉-镍蓄电池。

10.6.2 起动用铅蓄电池，宜选干荷电系列蓄电池，根据情况也可选用湿荷电系列蓄电池。

建筑物应急照明用直流电源：集中供电当容量较大时，宜选用固定型铅蓄电池；集中分区供电时，宜选用镉-镍蓄电池，根据情况也可选用固定型铅蓄电池；分散供电时，应选用镉-镍蓄电池。

变电所分、合闸直流电源，宜选用镉-镍蓄电池；当蓄电池同时作为变电所操作电源和建筑物应急照明集中供电电源时，则宜选用固定型铅蓄电池。

作为不停电电源装置（UPS）的直流电源，当要求继续维持供电时间较短时，宜采用镉-镍蓄电池；否则宜选用固定型铅蓄电池。

10.6.3 在选用固定型铅蓄电池时，当环境条件不允许有大量析出气体或受安装空间所限，则宜选用固定型密闭铅蓄电池。

10.6.4 变电所分、合闸等有短时冲击负载的直流电源，当采用镉-镍蓄电池时，宜选用高倍率全烧结或半烧结式蓄电池。

10.6.5 变电所用蓄电池的容量，应满足持续放电容量和冲击电流两个条件，具体计算如下：

10.6.5.1 镉-镍蓄电池

（1）按持续放电容量计算：

$$C_{c1} \geqslant \frac{(I_{jc} + I_{sg})}{K_{ur} - K_s} \cdot t_s \tag{10.6.5-1}$$

式中 C_{c1}——按持续放电容量条件计算出的蓄电池容量（A·h）；

I_{jc}——经常直流负载电流（A）；

I_{sg}——事故时直流负载电流（A）；

t_s——事故持续时间（h），一般取 1h；

K_{ur}——浮充时运行容量系数，一般取 0.85～0.95；

K_s——放电后容量保留系数，事故放电终了时 $K_s = 0.25 \sim 0.50$，全容量核对放电终了时 $K_s = 0$。

（2）按冲击电流计算：

$$C_{c2} \geqslant \frac{(I_{jc} + I_{sg} + I_{ch})}{K_{ch}} \tag{10.6.5-2}$$

式中 C_{c2}——按冲击电流条件所计算出的蓄电池容量（A·h）；

I_{ch}——断路器合闸冲击电流（A）；

K_{ch}——蓄电池允许冲击电流倍数，一般取 6～12 倍；

I_{jc}、I_{sg}——符号含义同公式 10.6.5-1。

10.6.5.2 固定型铅蓄电池

（1）按持续放电容量选择；

（2）应满足事故放电时，对电压水平的要求。

具体计算方法见附录 B.5。

10.6.6 重要场所的蓄电池组，宜装设微机自动检测电池电压装置，能对电池组进行自动检测并打印数据，当发现有故障电池时除能打印外尚应报警。

10.6.7 起动用铅蓄电池和装有同型号的两组固定型铅蓄电池，一般采用充放电制。变电所直流操作电源用蓄电池，宜采用浮充电方式。

10.6.8 铅蓄电池应不受阳光直射，离热源（暖气设备等）不得少于 0.75m，并避免与任何有害物质接触。

10.7 自 动 门

10.7.1 本节适用于宾馆、饭店、办公大厦、医院手术室及残疾人活动场所等，人行出入口自动门的配电设计。

10.7.2 对于出入人流较多，探测对象为运动物体的场所（如宾馆、饭店、办公大厦等）宜采用微波传感器。对于出入人流较少，探测对象为静止或运动物体的场所（如医院手术室、残疾人活动室等）宜采用红外线传感器或超声波传感器。

10.7.3 传感器的工作环境应符合产品规定，如不能满足要求时，应采取相应的防护措施。

传感器安装在室外时，应避免遭受雨淋。

10.7.4 传感器宜远离干扰源，并要安装在不易受震动的地方，否则应采取防干扰或防震措施。

10.7.5 自动门的运行噪音不宜大于 60dBA；需要特别安静的场所（如医院手术室等）则不宜大于 45dBA。

10.7.6 自动门应由就近配电箱（屏）引单独回路供电，供电回路须装有过电流保护。

自动门的过负荷保护装置，应在电动机转子堵转时间内可靠动作，应装设定时限过电流保护。转子允许堵转时间由制造厂给定，其时限应保证电动机起动时不动作。

10.7.7 在自动门的就地应对其电源供电回路装设隔离电器和手动控制开关或按钮，其位置应选在操作和维护方便且不碍观瞻的地方。

10.7.8 自动门的所有金属构件及附属电气设备的外露可导电部分均应按本规范第 14 章有关规定予以接地。

10.8 家 用 电 器

10.8.1 本节所规定的内容仅适用于住宅建筑（公寓）中小容量家用电器器具的配电、保护和控制。在一般公共建筑中类似的电器亦可参照执行。

10.8.2 住宅建筑中家用电器用电宜用单独回路保护和控制，配电回路除具有过载、短路保护外宜设漏电电流动作保护和过、欠电压保护。

当家用电器与照明为共用回路时，亦应采取上述保护方式。

10.8.3 家用电器的接电方法，一般采用插座作为电源接插件。对于电感性负荷（如电动机）其接插功率应在 0.25kW 及以下；对于电阻性负荷（如电热器）其接插功率应在 2kW 及以下。当插座不作为接电开关使用时，其接插功率可不在此限。

10.8.4 当家用电器的额定电压为 220V 时，其供电电压允许偏移范围为 +5%、-10%。额定电压为 42V 及以下的家用电器的电源电压允许偏移范围为 ±10%。

10.8.5 供家用电器使用的电源插座，在住宅建筑中设置数量可按以下条件考虑：$10m^2$ 及以上的居室中应在使用家用电器可能性最大的两面墙上各设置一个插座位置；$10m^2$ 以下的居室的房间中，可设置一个插座位置；厨房、过厅可各设一个插座位置。在居室中，每一插座位置上必须使用户能任意使用“Ⅰ”和“Ⅱ”类家用电器。

10.8.6 有“Ⅲ”类家用电器的住宅，必须设置不同于其他电压插座的符合规定的安全超低电压专用插座。多处需要使用“Ⅲ”类家用电器的住宅，应设置符合本规范第 8.3 节规定的安全超低压供电系统，并在各使用场所安装必要数量的安全超低压专用插座。在只有个别“Ⅲ”类家用电器的住宅，可采用安全隔离变压器、专用插座和 220V 插头组成一体的供电装置，不得采用 220V 插头与变压器和插座两部分分开再以导线连接的方式。

10.8.7 当回路上接有二个及以上插座时，其接用的总负荷电流，不应大于线路的允许载流量。

10.8.8 在可能使用“Ⅰ”类家用电器的场所，必须设置带有保护线触头的电源插座，并将该触头与配电线路 TT 或 TN 系统中的 PE 线连成电气通路。

10.8.9 插座负荷宜按下述原则确定：连接固定设备的插座，按额定功率计；连接非固定设备的插座，住宅建筑每个插座按 50W 计；一般公共建筑每个插座按 100W 计。

10.8.10 家用电器的电源引线，应采用铜芯绝缘护套软线或电缆，其长度不得超过 5m。“Ⅰ”类电器应采用带有专用保护线的引线，其线芯颜色应有明显区别。

10.8.11 插座的型式和安装高度，应根据其周围环境和使用条件确定。

10.8.11.1 干燥场所，宜采用普通型插座。当需要接插带有保护线的电器时，应采用带保护线触头的插座。

10.8.11.2 潮湿场所，应采用密闭型或保护型的带保护线触头的插座，其安装高度不低于 1.50m。

10.8.11.3 儿童活动场所，插座距地安装高度不应低于 1.80m。

10.8.11.4 住宅内插座当安装距地高度为 1.80m 及以上时，可采用普通型插座；如采用安全型插座且配电回路设有漏电电流动作保护装置时，其安装高度可不受限制。

10.8.11.5 对于接插电源时有触电危险的家用电器（如洗衣机等），应采用带开关能断开电源的插座。

10.8.11.6 对于不同电压等级的插座，应采用符合该电压等级而又不同类型的产品，以防止将插头插入不同电压等级的插座。

10.8.12 高级居住建筑，宜设置门铃和防盗报警装置。

10.9 舞台用电设备

10.9.1 本节适用于城镇剧场舞台用电设备的配电及选型。

10.9.2 舞台照明光源通常采用白炽灯或卤钨灯。

10.9.3 舞台照明每一回路的可载容量不应小于 20A，并与所选用的调光设备型式相适应，使用容量一般可按 2～4kW 考虑。

10.9.4 舞台照明调光回路数量，应根据剧场等级、规模确定。

调光回路数量、直通回路数量及天幕灯区电源容量可参照表 10.9.4 确定。

天幕灯区应设专用电源线路，其电源开关箱宜设在靠近天幕的墙上。

表 10.9.4 舞台照明灯光回路及天幕灯区电源容量

剧场等级	调光回路数量	每个灯区直通回路数量	天幕灯区专用电源容量（A）
甲	≥180	1～3	≥150
乙	≥120	1～3	≥100
丙	≥60	1～3	≥75

10.9.5 舞台照明灯光回路的分配可参照表 10.9.5 确定。

10.9.6 舞台照明装置应符合下列要求。

10.9.6.1 各道面光其灯光轴投射到台口线与舞台面的夹角以 45°～50°为宜，并能射进舞台进深 3/5 的位置。

表 10.9.5 舞台照明灯光回路分配表

灯光名称 \ 剧场等级	甲		乙		丙	
	调光回路	直通回路	调光回路	直通回路	调光回路	直通回路
面光 1	30	3	30	3	12	2
面光 2	20	3	—	—	—	—
耳光（左）	15	2	10	2	6	2
耳光（右）	15	2	10	2	6	2
柱光（左）	10	2	6	1	3	1
柱光（右）	10	2	6	1	3	1
侧光（左）	10	2	6	2	3	1
侧光（右）	10	2	6	2	3	1
流光（左）	4	2	4	2	2	1
流光（右）	4	2	4	2	2	1
顶光 1	18	2	15	2	8	1
顶光 2	8	1	4	1	3	1
顶光 3	6	1	4	1	3	1
顶光 4	4	1	3	1	2	—
脚光	4	—	4	—	—	—
天排光	10	—	8	—	4	—
特技	2	1	—	—	—	—
合计	180	28	120	22	60	15

10.9.6.2 各道耳光灯光轴经台口边沿与舞台中轴线所形成的水平夹角不宜大于 45°，灯光照射面积宜为表演区纵向的 1/2 以上。

10.9.6.3 柱光灯分别设在舞台两侧活动台口的框架上，其电源软电缆应能随活动台口水平移动，当不设活动台口时，灯具应设在梯形支架上。

10.9.6.4 侧光灯宜设在舞台两侧的一层天桥上，根据需要也可设置侧光灯吊笼，其光轴射到舞台台中轴线与舞台面的夹角以 30°～40°为宜。

10.9.6.5 顶光和顶排光灯安装在吊杆上，其电源线应采用软电缆由栅顶电源接线箱引出，随悬吊钢丝绳上、下移动，并设置电缆收放装置。

10.9.6.6 流动光应装在舞台两侧可移动的灯架上，电源插座应分前、中、后三处设置在台板下带盖的凹槽里。

10.9.6.7 追光灯一般设置在面光桥中心区及观众席挑台前檐、后墙或放映室内。

10.9.7 舞台照明设备的接电方法，应使用专用接插件连接，接插件额定容量应留有足够的裕度。

10.9.8 舞台照明调光控制器的选型，对于乙等及以下规模的剧场可选用带预选场装置的控制器；当剧场为甲等规模时，宜选用带有微机的控制装置。

10.9.9 当舞台照明采用可控硅调光设备时，为抑制谐波干扰，可采取下列措施：

（1）电源变压器宜选用接线方式为D,yn11 的变压器；

（2）选用每一调光回路带有滤波装置的调光设备；

（3）由可控硅调光装置配出的舞台照明线路，应远离电声、电视转播设备的信号线路。当两种线路必须平行敷设时，其间距应大于1m，若垂直交叉时，其间距应大于0.50m，否则应采取屏蔽措施；

（4）电声、电视转播设备的电源宜由与舞台照明不同的变压器接引，或者为这些设备设置变比为1的高屏蔽隔离变压器。

10.9.10 由可控硅调光装置配出的舞台照明线路宜采用单相配电。当采用三相配电时，可采用三相六线或三相四线配电，后者的零线截面不应小于相线截面的2倍。

10.9.11 舞台电动悬吊设备的控制，宜选用带预选场装置的控制器控制，控制台的位置可安装在舞台左侧的一层天桥上，并宜设在封闭的小间内。

10.9.12 舞台电力传动设备（升降乐池、升降台、车台或转台）的起动装置可就地安装，控制电器按需要可设在便于观察机械运行的地方。

10.9.13 舞台照明负荷一般采用需要系数法计算，需要系数的参考值见表10.9.13。

表10.9.13 舞台照明负荷需要系数

舞台照明总负荷（kW）	需要系数 K_x
50及以下	1.00
50以上至100	0.75
100以上至200	0.60
超过200	0.50

10.9.14 在舞台照明设备的供电系统中，接有在演出过程中可能频繁起动的交流电动机时，当其起动冲击电流引起电源电压波动超过±3%时，宜采用与舞台照明负荷分开的变压器供电。

10.9.15 舞台监督、调度指挥用的声、光信号装置或对讲电话、闭路电视系统应根据剧场等级规模确定，舞台监督调度台宜设在台口内右侧。

10.9.16 舞台照明调光控制台的安装位置，宜按以下原则确定：

（1）舞台表演区能在灯控人员的视野范围内；

（2）使灯控人员能容易地观察到观众席的情况；

（3）能与舞台布灯配光联系方便；

（4）调光设备与线路安装方便；

（5）调光控制台宜安装在下列位置：

a. 观众厅池座后部，其观察窗开口净宽不应小于1.50m。

b. 舞台口内右侧，靠近一层耳光室的挑台上。

c. 舞台口大幕线内的地下室（地堡式）。

10.9.17 调光柜和舞台配电设备应设在靠近舞台的单独房间内。

10.9.18 舞台用电设备应根据低压配电系统接地型式确定采用接地或接零保护措施。

10.10 医用放射线设备

10.10.1 本节所规定的内容仅适用于固定式放射线诊断装置和放射线低线性能量传递治疗装置的配电设计。

10.10.2 医用放射线设备的配电设计，应充分掌握设备的技术性能及对配电设计的要求。

10.10.3 根据医疗工作的不同特点，医用放射线设备的工作制，可按下列情况划分：

（1）X射线诊断机、X线CT机及ECT机为断续工作用电设备。

（2）X 射线治疗机、电子加速器及 NMR-CT 机（核磁共振）为连续工作用电设备。

10.10.4 供电给放射线机的电源变压器、配电装置等电源设备，应靠近放射线科设置。

10.10.5 放射线科具备下列条件之一者，宜设置专用电源变压器：

（1）X 射线管管电流 200mA 及以上的射线机超过 5 台时。

（2）X 射线管管电流 200mA 及以上的射线机，虽不足 5 台但其中含有 CT 机时。

（3）X 射线机设备总容量超过 100kV·A 时。

（4）具备 300 张及以上床位的综合医院。

（5）虽不具备上述条件，但低压电网不能满足射线机要求的供电质量时。

10.10.6 放射线科采用专用变压器仍满足不了其中个别放射线机的供电质量要求时，宜对其中部分或全部放射线机设自动调压的调压器供电。

10.10.7 医用放射线设备的供电线路，宜按下列规定设计：

（1）X 射线管管电流 400mA 及以上规格的射线机，应采用专用回路供电；

（2）CT 机、电子加速器应至少采用二个回路供电，其中主机部分应采用专用回路供电；

（3）X 射线机不应与其他电力负荷共用同一回路供电；

（4）多台单相、两相医用射线机，应接于不同的相线上，并宜作到三相负荷平衡；

（5）放射线设备的供电线路，应采用铜芯绝缘电线或电缆；

（6）如果 X 射线机需要设置为其配套的电源开关箱时，则电源开关箱应设在便于操作处，但不得设在射线防护墙上。

10.10.8 X 射线诊断机（变压器式）瞬时最大负荷，可根据公式 10.10.8 计算：

$$S=\frac{1}{K}\cdot E_{\mathrm{sm}}\cdot I_{\mathrm{sm}}\cdot 10^{-3}=\frac{1}{K}\cdot\frac{1}{F}\cdot E_{\mathrm{sf}}\cdot I_{\mathrm{sm}}\cdot 10^{-3} \tag{10.10.8}$$

式中 S——X 射线诊断机的瞬时最大负荷（kV·A）；

I_{sm}——X 射线管最大工作电流（平均值）（mA）；

E_{sm}——X 射线管最大工作电流（平均值）所对应的最大工作电压（平均值）（kV）；

E_{sf}——X 射线管最大工作电流（平均值）所对应的最大工作电压（峰值）（kV）；

F——X 射线管整流电压的波形系数与峰值系数之积；

K——整流变压器初级线圈的利用系数。

各种直流高压发生电路的 $\frac{1}{K}\cdot\frac{1}{F}$ 值见表 10.10.8。

10.10.9 电源变压器容量的确定

10.10.9.1 单台 X 射线诊断机的电源变压器容量，可根据公式 10.10.9-1 计算：

$$S_{js}=\frac{A\cdot S_{\mathrm{sm}}}{\eta} \tag{10.10.9-1}$$

式中 S_{js}——确定电源变压器容量时的计算负荷（kV·A）；

A——在确定单台 X 射线诊断机的电源变压器容量时，瞬时负荷的计算系数；单相、三相瞬时负荷用电时，取 $\frac{1}{2}$，两相瞬时负荷用电时，取 $\frac{\sqrt{3}}{2}$；

S_{sm}——X 射线诊断机瞬时最大负荷（kV·A）；

η——X 射线诊断机工作时的效率。单相、两相瞬时负荷用电时，一般取 0.8，三相瞬时负荷用电时，一般取 0.9。

表 10.10.8 各种直流高压发生电路的$\frac{1}{K}\cdot\frac{1}{F}$值

电路参数值的倒数 / 直流高压发生电路中整流电路名称	$\frac{1}{F}$	$\frac{1}{K}$
单相全波整流电路①	0.636	1.330
三相星形整流电路	0.827	1.310
三相三角形/三相曲折形整流电路	0.827	1.310
三相三角形/六相星形整流电路	0.955	1.145
三相三角形/六相叉形整流电路	0.955	1.145
双 Y、中性点联有平衡电抗器的整流电路	0.955	1.145
三相三角形/十二相四重曲折形整流电路	0.990	1.110
单相桥式整流电路①	0.636	1.330
三相桥式整流电路	0.955	1.150
次级侧接成△、Y 并联三相桥式十二相整流电路（接有平衡电抗器）	0.990	1.110
次级侧接成△、Y 并联三相桥式十二相整流电路（不接平衡电抗器）	0.990	1.110
次级侧接成△、Y 串联三相桥式十二相整流电路	0.990	1.110

注：①二相全波（桥式）整流电路的 X 射线诊断机，在计算其瞬时最大负荷时，可采用单相整流相应电路的计算系数。

10.10.9.2 放射线科设置的电源变压器容量，可按其供电范围，由公式 10.10.9-2 计算：

$$S_{js} = B \cdot C \cdot S_{js\cdot\phi} + \sum_{i=1}^{n} S_{Hi} \tag{10.10.9-2}$$

式中 S_{js}——确定电源变压器容量时的计算负荷（kV·A）；

$\sum_{i=1}^{n} S_{Hi}$——连续工作制放射线机及放射线科的其他用电设备计算负荷的总和（kV·A）；

B——在确定放射线科变压器容量时，瞬时负荷的计算系数，取$\frac{1}{2}$；

C——用电负荷的相数，一般取 3；

$S_{js\cdot\phi}$——多台放射线机最大相的相瞬时计算负荷（kV·A），其相瞬时计算负荷值按公式 10.10.9-3 计算。

$$S_{js\cdot\phi} = S_{H\cdot m_1} + S_{H\cdot m_2} + 0.2 \cdot \sum_{i=1}^{n} S_{XH\cdot i} \tag{10.10.9-3}$$

式中 $S_{H\cdot m_1}$、$S_{H\cdot m_2}$——该相最大两台射线机的相计算负荷（kV·A）；

$\sum_{i=1}^{n} S_{XH\cdot i}$——该相其余射线机相计算负荷的总和（kV·A）。

10.10.10 电源开关和保护装置的选择，宜符合下列规定：

10.10.10.1 在机房装设的与 X 射线诊断机配套使用的电源开关和保护装置，应按不小于 X 射线机瞬时负荷的 50%或长期负荷的 100%的较大值进行参数计算，并选择相应的电源开关和保护装置。

10.10.10.2 如厂方供货已配套设置了电源控制柜，其设备不应重复设置操作开关和设备保护。但设备的供电线路应设隔离电器及保护装置，其线路隔离电器和保护装置，应比 X

射线机按第 10.10.10.1 款的原则确定的计算电流大 1～2 级。

10.10.10.3 多台 X 射线机共用一条供电线路时，其共用部分线路应按公式 10.10.9-3 计算的瞬时负荷来选择线路保护参数。

10.10.10.4 其他断续工作制的放射线机的电源开关和保护装置，宜参照上述原则选用。

10.10.11 X 射线机供电线路导线截面应根据下列条件确定：

10.10.11.1 单台 X 射线机的供电线路导线截面，应按满足 X 射线机电源内阻要求选用，并对选用的导线截面进行电压损失校验。

10.10.11.2 多台 X 射线机共用同一条供电线路时，其共用部分的导线截面，应按下述两个条件确定并取其较大者：

（1）按供电条件要求电源内阻最小值的 X 射线机确定的导线截面至少再加大一级；

（2）按公式 10.10.9-3 计算出多台放射线机的瞬时计算负荷，并以该负荷参与共用部分供电线路电压损失计算，以满足每台 X 射线机均能正常工作而确定的导线截面。

10.10.12 在 X 射线机室、同位素治疗室、电子加速器治疗室、CT 机扫描室的入口处，应设置红色工作标志灯。灯的开闭应受设备的操纵台控制。

10.10.13 根据设备的使用要求，应在 X 射线机诊断室、治疗室、电子加速器的治疗室和 CT 机的诊断室、扫描室等室内的显著处，设置紧急切断主机电源的开关。

10.10.14 根据设备的使用要求，在同位素治疗室、电子加速器治疗室应设置门、机联锁控制装置。

10.10.15 NMR-CT 机的扫描室应符合下列要求：

（1）室内的电气管线、器具及其支持构件不得使用铁磁物质或铁磁制品。

（2）进入室内的电源电线、电缆必须进行滤波。

10.10.16 医用放射线设备的接地应符合本规范第 14 章有关规定。

10.11 体育馆（场）设备

10.11.1 体育馆（场）电气设备，应根据体育馆（场）规模、级别及体育工艺使用要求设置。

10.11.2 体育场的竞赛场地用电点，宜设电源井或配电箱，其位置不得有碍于竞赛。设置数量及位置由体育工艺确定。

10.11.3 对电源井的供电方式宜采用环形系统供电，而对终点电子摄影计时器供电，宜采用专用线路并应设置不间断电源供电装置（UPS）。

10.11.4 电源井内不同用途的电气线路，相互之间应保持一定距离或采取隔离措施。为保证维护人员安全，井内电气设备为单侧布置时，其维护距离不应小于 0.60m，电力装置和信号装置分别布置井壁两侧时，其维护距离不应小于 0.80m。井内应有防排水措施。

10.11.5 体育场内竞赛场地的电气线路敷设，宜采用塑料护套电缆穿管埋地或电缆沟敷设方式。

10.11.6 终点电子摄影计时器的专用信号盘应在 100m、200m、300m 及终点（400m）各设一个，终点线跑道内、外侧各设两个。信号线通过管路与终点电子摄影计时房相连接。

10.11.7 体育馆比赛场四周墙壁应设一定数量的配电箱和安全型插座，其插座安装高度不应低于 0.30m。

10.11.8 游泳馆属潮湿场所，供游泳、水球、跳水及花样游泳的计时记分设备及其电源箱（柜）、插座箱及专用信号盘均应为防水、防潮型，室内的管线及用电设施尚应采取防腐措施。

电源配电箱（柜）宜设在专用计时记分控制室内。专用信号盘安装高度底边距地为1.50m，插座箱底边距地为0.50m。

11 电 气 照 明

11.1 一 般 规 定

11.1.1 在进行照明设计时，应根据视觉要求、作业性质和环境条件，使工作区或空间获得：良好的视觉功效，合理的照度和显色性，适宜的亮度分布，以及舒适的视觉环境。

11.1.2 在确定照明方案时，应考虑不同类型建筑对照明的特殊要求，处理好电气照明与天然采光的关系、合理使用建设资金与采用节能光源高效灯具等技术经济效益的关系。

11.1.3 电气照明设计，应考虑下列要素：

11.1.3.1 有利于对人的活动安全、舒适和正确识别周围环境，防止人与光环境之间失去协调性。

11.1.3.2 重视空间的清晰度，消除不必要的阴影，控制光热和紫外辐射对人和物产生的不利影响。

11.1.3.3 创造适宜的亮度分布和照度水平，限制眩光减少烦躁和不安。

11.1.3.4 处理好光源色温与显色性的关系、一般显色指数与特殊显色指数的色差关系，避免产生心理上的不平衡不和谐感。

11.1.3.5 有效利用天然光，合理的选择照明方式和控制照明区域，降低电能消耗指标。

11.1.4 电气照明设计，除执行本规范外，尚应符合现行的《民用建筑照明设计标准》的规定。

11.2 照 明 质 量

11.2.1 照度均匀度系指参考平面（工作面）上的最低照度与平均照度之比值，室内一般照明照度均匀度不应小于0.7。

11.2.2 一般照明在工作面上产生的照度，不宜低于由一般照明和局部照明所产生的总照度的1/3～1/5，且不宜低于50lx。

11.2.3 交通区的照度不宜低于工作区照度的1/5。

11.2.4 照明光源的颜色质量取决于光源本身的表观颜色及其显色性能。室内一般照明光源的颜色，根据其相关色温分为三类，其使用场所可依照表11.2.4选取。

11.2.5 照明光源的显色分组及其适用场所可根据表11.2.5选取。在照明设计中应协调显色性要求与光源光效的关系。

11.2.6 照明光源的颜色特征与室内表面的配色宜互相协调，以形成相应于房间功能要求的色彩环境。

11.2.7 在设计一般照明时，应根据视觉工作环境特点和眩光程度，合理确定对直接眩光限制的质量等级。直接眩光限制的质量等级见表11.2.7。

表11.2.4 光源的颜色分类

光源颜色分类	相关色温（K）	颜色特征	适用场所示例
Ⅰ	<3300	暖	居室、餐厅、宴会厅、多功能厅、四季厅（室内花园）、酒吧、咖啡厅、重点陈列厅
Ⅱ	3300～5300	中间	教室、办公室、会议室、阅览室、一般营业厅、普通餐厅、一般休息厅、洗衣房
Ⅲ	>5300	冷	设计室、计算机房

表11.2.5 照明用灯的显色组别

显色分组	一般显色指数（Ra）	类属光源示例	适用场所示例
Ⅰ	Ra≥80	白炽灯、卤钨灯 稀土节能荧光灯 三基色荧光灯 高显色高压钠灯	美术展厅、化妆室、客室、餐厅、宴会厅、多功能厅、酒吧、咖啡厅、高级商店营业厅、手术室
Ⅱ	60≤Ra<80	荧光灯 金属卤化物灯	办公室、休息室、普通餐厅、厨房、普通报告厅、教室、阅览室、自选商店、候车室、室外比赛场地
Ⅲ	40≤Ra<60	荧光高压汞灯	行李房、库房、室外门廊
Ⅳ	Ra<40	高压钠灯	辨色要求不高的库房、室外道路照明
注：金属卤化物灯中的镝灯可划在Ⅰ组。			

表11.2.7 直接眩光限制的质量等级

眩光限制质量等级		眩光程度	视觉要求和场所示例
Ⅰ	高质量	无眩光感	视觉要求特殊的高质量照明房间，如手术室、计算机房、绘图室
Ⅱ	中等质量	有轻微眩光感	视觉要求一般的作业且工作人员有一定程度的流动性或要求注意力集中，如会议室、营业厅、餐厅、观众厅、休息厅、候车厅、厨房、普通教室、普通阅览室、普通办公室
Ⅲ	较低质量	有眩光感	视觉要求和注意力集中程度较低的作业，工作人员在有限的区域内频繁走动或不是由同一批人连续使用的照明场所如室内通道、仓库

11.2.8 室内一般照明直接眩光的限制，应从光源亮度、光源和灯具的表观面积、背景亮度以及灯具位置等因素综合进行考虑。

通常应控制 r 角（最远灯具和视线的连线与该灯具下垂线间的夹角）在45°～85°范围内的灯具亮度，并采用灯具亮度限制曲线进行检验。亮度限制曲线及其使用方法见附录C.1。

11.2.9 采用发光顶棚和间接照明时，发光面的亮度，在 r 角大于45°的范围，应限制在500cd/m^{2}以内。

11.2.10 在眩光限制质量等级为Ⅰ、Ⅱ级时，对于损害对比降低可见度的光幕反射和反射眩光应有效的加以限制，通常可采取下列措施：

（1）使视觉工作对象不处在也不接近任何照明光源同眼睛形成的镜面反射角内，或是在确定照明方式和选择布灯方案时，力求使照明光源处于适宜的方位。

（2）使用发光表面面积大、亮度低、光扩散性能好的灯具。

（3）视觉工作对象和工作房间内，采用浅色无光泽的表面。

（4）在视线方向采用特殊配光（反射光通小）灯具，或采取间接照明方式。

（5）采用局部照明。

11.2.11 直接型灯具应根据光源亮度和眩光限制质量等级按表 11.2.11 所列直接型灯具允许的最小遮光角选取。

表 11.2.11 直接型灯具的最小遮光角

直接眩光限制质量等级		灯具出光口平均亮度 （cd/m^2）		
		$\leqslant 20\times10^3$	$20\times10^3\sim500\times10^3$	$>500\times10^3$
		直管型荧光灯	荧光高压汞灯等涂有荧光粉或漫射光玻壳的高光强气体放电灯	白炽灯、卤钨灯和透明玻壳的高光强气体放电灯
Ⅰ	最小遮光角	20°	25°	30°
Ⅱ		10°	20°	25°
Ⅲ		—	15°	20°
注：①直管型荧光灯从端头看时可为 0°； ②直接型灯具遮光角的确定见附录 C.2。				

11.2.12 照明房间内亮度与照度分布宜按下列比值选定：

11.2.12.1 工作区亮度与工作区相邻环境的亮度比值不宜低于 3:1；工作区亮度与视野周围（如顶棚、墙、窗等）的平均亮度比值不宜低于 10:1；灯的亮度与工作区亮度之比不应大于 40:1。

11.2.12.2 当照明灯具采用暗装时，顶棚的反射系数宜大于 60%，且顶棚的照度不宜小于工作区照度的 1/10。

11.2.12.3 在长时间连续工作的房间（如办公室、阅览室等），室内表面反射系数和照度比宜按表 11.2.12 选取。

表 11.2.12 室内表面反射系数与照度比的关系

表面名称	反射比	照度比
顶　棚	0.7～0.8	0.25～0.9
墙面、隔断	0.5～0.7	0.4～0.8
地　面	0.2～0.4	0.7～1.0
注：照度比——系指装修或家具设备表面的照度与工作面水平照度之比。		

11.2.13 当需要获得较完善的造型立体感时，宜使垂直照度（E_v）与水平照度（E_h）之比，保持下列条件：

$$0.25 \leqslant \frac{E_v}{E_h} \leqslant 0.5 \quad (11.2.13)$$

对于平面型作业，可采用方向性不强的漫射型照明形式。

11.3 照明方式与种类

11.3.1 照明方式可分为：一般照明、分区一般照明、局部照明和混合照明。

当仅需要提高房间内某些特定工作区的照度时，宜采用分区一般照明。

局部照明宜在下列情况中采用：

（1）局部需要有较高的照度。

（2）由于遮档而使一般照明照射不到的某些范围。

（3）视觉功能降低的人需要有较高的照度。

（4）需要减少工作区的反射眩光。

（5）为加强某方向光照以增强质感时。

当一般照明或分区一般照明不能满足要求时，可采用混合照明。

11.3.2 照明种类可分为：正常照明、应急照明、值班照明、警卫照明、景观照明和障碍标志灯。

11.3.2.1 应急照明包括备用照明（供继续和暂时继续工作的照明）、疏散照明和安全照明。

11.3.2.2 值班照明宜利用正常照明中能单独控制的一部分或备用照明的一部或全部。

11.3.3 备用照明宜装设在墙面或顶棚部位。疏散照明宜设在疏散出口的顶部或疏散走道及其转角处距地1m以下的墙面上。走道上的疏散指示标志灯间距不宜大于20m。应急照明的设置要求见附录C.3应急照明的设计规定，并应符合本规范第24章的有关规定。

11.3.4 航空障碍标志灯的装设应根据地区航空部门的要求决定。当需要装设时应符合下列要求：

（1）障碍标志灯的水平、垂直距离不宜大于45m；

（2）障碍标志灯应装设在建筑物或构筑物的最高部位。当至高点平面面积较大或为建筑群时，除在最高端装设障碍标志灯外，还应在其外侧转角的顶端分别设置；

（3）在烟囱顶上设置障碍标志灯时宜将其安装在低于烟囱口1.50～3m的部位并成三角形水平排列；

（4）障碍标志灯宜采用自动通断其电源的控制装置；

（5）低光强障碍标志灯（距地面60m以上装设时采用）应为恒定光强的红色灯。中光强障碍标志灯（距地面90m以上装设时采用）应为红色光，其有效光强应大于1600cd。高光强障碍标志灯（距地面150m以上装设时采用）应为白色光，其有效光强随背景亮度而定。

障碍标志灯的设置应有更换光源的措施；

（6）障碍标志灯电源应按主体建筑中最高负荷等级要求供电。

11.4 照明光源与灯具

11.4.1 室内照明光源的确定，应根据使用场所的不同，合理地选择光源的光效、显色性、寿命、起动点燃和再启燃时间等光电特性指标，以及环境条件对光源光电参数的影响。

11.4.2 室内照明应优先采用高光效光源和高效灯具。在有连续调光、防止电磁波干扰、频繁开闭或室内装修设计需要的场所，可选用白炽灯或卤钨灯光源。

11.4.3 在选择光源色温时，应随照度的增加而提高。当照度低于100lx时宜采用色温低于3300K的光源。

11.4.4 当电气照明需要同天然采光结合时，宜选用光源色温在4500～6500K的荧光灯或其他气体放电光源。

11.4.5 室内一般照明宜采用同一种类型的光源。当有装饰性或功能性要求时，亦可采用不同种类的光源。

11.4.6 当使用一种光源不能满足显色性要求时，可采用混光措施，并宜将两种光源组装在同一盏灯具内。混光比见附录C.4。

11.4.7 在需要进行彩色新闻摄影和电视转播的场所，光源的色温宜为2800~3500K（适于室内），色温偏差不应大于150K；或4500~6500K（适于室外或有天然采光的室内），色温偏差不应大于500K。光源的一般显色指数应大于65。

11.4.8 在选择灯具时，应根据环境条件和使用特点，合理地选定灯具的光强分布、效率、遮光角、类型、造型尺度以及灯的表观颜色等。灯具的分类见附录C.5。

11.4.9 灯具的遮光格栅的反射表面应选用难燃材料，其反射系数不应低于70%，遮光角宜为25°~45°。

11.4.10 对于功能性照明，宜采用直接照明和选用敞开式灯具。

11.4.11 在高空间安装的灯具，如楼梯大吊灯、室内花园高挂灯、多功能厅组合灯以及景观照明和障碍标志灯等不便检修和维护的场所，宜采取延长光源寿命的措施。

11.4.12 公共建筑中的门厅、大楼梯厅等处，可采用较高亮度的灯具。

11.4.13 灯具表面以及灯用附件等高温部位靠近可燃物时，应采取隔热、散热等防火保护措施。

11.4.14 在选择灯具时，应考虑灯具的允许距高比。

11.4.15 灯具的选择应符合现行的《灯具通用安全要求和试验》及《灯具外壳防护等级分类》等标准的有关规定。

11.5 照 度 水 平

11.5.1 在选择照度时，应符合下列分级：0.1、0.2、0.5、1、2、3、5、10、15、20、30、50、75、100、150、200、300、500、750、1000、1500、2000lx。

11.5.2 视觉工作对应的照度分级范围，见表11.5.2。

表11.5.2 视觉工作对应的照度分级范围

视觉工作	照度分级范围（lx）	照 明 方 式	适 用 场 所 示 例
简单视觉工作的照明	<30	一般照明	普通仓库等
一般视觉工作的照明	50~500	一般照明或分区一般照明或混合照明	设计室、办公室、教室、报告厅等
特殊视觉工作的照明	750~2000	一般照明或分区一般照明或混合照明	大会堂、综合性体育馆、拳击场等

11.5.3 民用建筑照度标准所规定的照度，系指工作面上的平均维护照度。若设计未加指明时，以距地0.75m的参考水平面作为工作面。

11.5.4 用于备用照明，其工作面上的照度不应低于一般照明照度的10%，当仅作为事故情况下短时使用时可为5%。

用于疏散照明，其照度不应低于0.5lx。

工作场所内安全照明的照度不宜低于该场所一般照明照度的5%。

11.5.5 在民用建筑照明设计中，应根据建筑性质、建筑规模、等级标准、功能要求和使用条件等依据表 11.5.5-1 至表 11.5.5-12 所列照度标准值选取。一般情况下应取中间值。

11.5.6 对于民用建筑中的技术用房的照度值可按照下列标准采用：

消防控制中心、中央监控室：150—200—300lx。

变电室、发电机室、空调机房、冷水机房、锅炉房、电梯机房：75—100—150lx。

11.5.7 对外出租办公楼、外国驻华使、领馆办公用房以及正式国际会议厅等照明标准，可按 200—300—500lx 选取。

11.5.8 对于建筑装饰照明，照度标准可有一个照度级差的上、下调整。

表 11.5.5-1 公用场所照明的照度标准值

类　别	参考平面及其高度	照度标准值（lx）		
		低	中	高
走廊、厕所	地面	15	20	30
楼梯间	地面	20	30	50
盥洗间	0.75m 水平面	20	30	50
贮藏室	0.75m 水平面	20	30	50
电梯前室	地面	30	50	75
吸烟室	0.75m 水平面	30	50	75
浴室	地面	20	30	50
开水房	地面	15	20	30

表 11.5.5-2 住宅建筑照明的照度标准值

类　别		参考平面及其高度	照度标准值（lx）		
			低	中	高
起居室、卧室	一般活动区	0.75m 水平面	20	30	50
	书写、阅读	0.75m 水平面	150	200	300
	床头阅读	0.75m 水平面	75	100	150
	精细作业	0.75m 水平面	200	300	500
餐厅或方厅、厨房		0.75m 水平面	20	30	50
卫　生　间		0.75m 水平面	10	15	20
楼　梯　间		地　　面	5	10	15

表 11.5.5-3 图书馆建筑照明的照度标准值

类　别	参考平面及其高度	照度标准值（lx）		
		低	中	高
一般阅览室、少年儿童阅览室、研究室、装裱修整间、美工室	0.75m 水平面	150	200	300
老年读者阅览室、善本书和舆图阅览室	0.75m 水平面	200	300	500
陈列室、目录厅（室）、出纳厅（室）、视听室、缩微阅览室	0.75m 水平面	75	100	150
读者休息室	0.75m 水平面	30	50	75
书库	0.25m 垂直面	20	30	50
开敞式运输传送设备	0.75m 水平面	50	75	100

表 11.5.5-4　中小学校建筑照明的照度标准

类　　别	照度标准值（lx）	备　注
普通教室、书法教室、语言教室、音乐教室、史地教室、合班教室	150	课桌面
实验室、自然教室	150	实验课桌面
微型电子计算机教室	200	机台面
琴房	150	谱架面
舞蹈教室	150	地　面
美术教室、阅览室	200	课桌面
风雨操场	100	地　面
办公室、保健室	150	桌　面
饮水处、厕所、走道、楼梯间	20	地　面

注：①本表系引自现行的《中小学校建筑设计规范》；
②本照度标准中只规定一个指标，在使用中可认为是中间值。

表 11.5.5-5　办公楼建筑照明的照度标准值

类　　别	参考平面及其高度	照度标准值（lx）		
		低	中	高
办公室、报告厅、会议室、接待室、陈列室、营业厅	0.75m 水平面	100	150	200
有视觉显示屏的作业	工作台水平面	150	200	300
设计室、绘图室、打字室	实际工作面	200	300	500
装订、复印、晒图、档案室	0.75m 水平面	75	100	150
值班室	0.75m 水平面	50	75	100
门厅	地　面	30	50	75

注：有视觉显示屏的作业，屏幕上的垂直照度不应大于 150lx。

表 11.5.5-6　商店建筑照明的照度标准值

类　　别		参考平面及其高度	照度标准值（lx）		
			低	中	高
一般商店营业厅	一般区域	0.75m 水平面	75	100	150
	柜　　台	柜台面上	100	150	200
	货　　架	1.5m 垂直面	100	150	200
	陈列柜、橱窗	货物所处平面	200	300	500
室内菜市场营业厅		0.75m 水平面	50	75	100
自选商场营业厅		0.75m 水平面	150	200	300
试衣室		试衣位置 1.5m 高处垂直面	150	200	300
收款处		收款台面	150	200	300
库房		0.75m 水平面	30	50	75

注：陈列柜和橱窗是指展出重点、时新商品的展柜和橱窗。

表 11.5.5-7 旅馆建筑照明的照度标准值

类别		参考平面及其高度	照度标准值（lx）		
			低	中	高
客房	一般活动区	0.75m 水平面	20	30	50
	床头	0.75m 水平面	50	75	100
	写字台	0.75m 水平面	100	150	200
	卫生间	0.75m 水平面	50	75	100
	会客间	0.75m 水平面	30	50	75
梳妆台		1.5m 高处垂直面	150	200	300
主餐厅、客房服务台、酒吧柜台		0.75m 水平面	50	75	100
西餐厅、酒吧间、咖啡厅、舞厅		0.75m 水平面	20	30	50
大宴会厅、总服务台、主餐厅柜台、外币兑换处		0.75m 水平面	150	200	300
门厅、休息厅		0.75m 水平面	75	100	150
理发		0.75m 水平面	100	150	200
美容		0.75m 水平面	200	300	500
邮电		0.75m 水平面	75	100	150
健身房、器械室、蒸汽浴室、游泳池		0.75m 水平面	30	50	75
游艺厅		0.75m 水平面	50	75	100
台球		台面	150	200	300
保龄球		地面	100	150	200
厨房、洗衣房、小卖部		0.75m 水平面	100	150	200
食品准备、烹调、配餐		0.75m 水平面	200	300	500
小件寄存处		0.75m 水平面	30	50	75

注：①客房无台灯等局部照明时，一般活动区的照度可提高一级；
②理发栏的照度值适用于普通招待所和旅馆的理发厅。

表 11.5.5-8 体育运动场地照度标准值

运动项目	参考平面及其高度	照度标准值（lx）					
		训练			比赛		
		低	中	高	低	中	高
篮球、排球、羽毛球、网球、手球、田径（室内）、体操、艺术体操、技巧、武术	地面	150	200	300	300	500	750
棒球、垒球	地面	—	—	—	300	500	750
保龄球	地面	150	200	300	200	300	500
举重	地面	100	150	200	300	500	750
击剑	台面	200	300	500	300	500	750
柔道、中国摔跤、国际摔跤	地面	200	300	500	300	500	750

续表 11.5.5-8

运动项目			参考平面及其高度	照度标准值（lx）					
				训练			比赛		
				低	中	高	低	中	高
拳击			地面	200	300	500	1000	1500	2000
乒乓球			台面	300	500	750	500	750	1000
游泳、蹼泳、跳水、水球			水面	150	200	300	300	500	750
花样游泳			水面	200	300	500	300	500	750
冰球、速度滑冰、花样滑冰			冰面	150	200	300	300	500	750
围棋、中国象棋、国际象棋			台面	—	—	—	500	750	1000
桥牌			桌面	—	—	—	100	150	200
射击	靶心		靶心垂直面	1000	1500	2000	1000	1500	2000
	射击房		地面	75	100	150	75	100	150
足球 曲棍球	观看距离	120m	地面	—	—	—	150	200	300
		160m		—	—	—	200	300	500
		200m		—	—	—	300	500	750
观众席			座位面	—	—	—	50	75	100
健身房			地面	100	150	200	—	—	—
消除疲劳用房			地面	50	75	100	—	—	—

注：①篮球等项目的室外比赛应比室内比赛照度标准值降低一级；
②乒乓球赛区其他部分不应低于台面照度的一半；
③跳水区的照明设计应使观众和裁判员视线方向上的照度不低于200lx；
④足球和曲棍球的观看距离是指观众席最后一排到场地边线的距离。

表 11.5.5-9　运动场地彩电转播照明的照度标准值

项目分组	参考平面及其高度	照度标准值 最大摄影距离		
		25m	75m	150m
A组：田径、柔道、游泳、摔跤等项目	1.0m垂直面	500	750	1000
B组：篮球、排球、羽毛球、网球、手球、体操、花样滑冰、速滑、垒球、足球等项目	1.0m垂直面	750	1000	1500
C组：拳击、击剑、跳水、乒乓球、冰球等项目	1.0m垂直面	1000	1500	—

表 11.5.5-10　影院剧场建筑照明的照度标准值

类别		参考平面及其高度	照度标准值（lx）		
			低	中	高
门厅		地面	100	150	200
门厅过道		地面	75	100	150
观众厅	影院	0.75m水平面	30	50	75
	剧场	0.75m水平面	50	75	100
观众休息厅	影院	0.75m水平面	50	75	100
	剧场	0.75m水平面	75	100	150

续表 11.5.5-10

类别		参考平面及其高度	照度标准值 (lx)		
			低	中	高
贵宾室、服装室、道具间		0.75m 水平面	75	100	150
化妆室	一般区域	0.75m 水平面	75	100	150
	化妆台	1.1m 高处垂直面	150	200	300
放映室	一般区域	0.75m 水平面	75	100	150
	放映	0.75m 水平面	20	30	50
演员休息室		0.75m 水平面	50	75	100
排演厅		0.75m 水平面	100	150	200
声、光、电控制室		控制台面	100	150	200
美工室、绘景间		0.75m 水平面	150	200	300
售票房		售票台面	100	150	200

表 11.5.5-11 铁路旅客站建筑照明的照度标准值

类别	参考平面及其高度	照度标准值 (lx)		
		低	中	高
普通候车室、母子候车室、售票室	0.75m 水平面	50	75	100
贵宾室、软席候车室、售票厅、广播室、调度室、行车计划室、海关办公室、公安验证处、问讯处、补票处	0.75m 水平面	75	100	150
进站大厅、行李托运和领取处、小件寄存处	地面	50	75	100
检票处、售票工作台、售票柜、结帐交班台、海关检验处、票据存放室（库）	0.75m 水平面	100	150	200
公安值班室	0.75m 水平面	50	75	100
有棚站台、进出站地道、站台通道	地面	15	20	30
无棚站台、人行天桥、站前广场	地面	10	15	20

表 11.5.5-12 港口旅客站建筑照明的照度标准值

类别	参考平面及其高度	照度标准值 (lx)		
		低	中	高
检票口、售票工作台、结帐交接班台、票据存放库、海关检查厅、护照检查室	0.75m 水平面	100	150	200
贵宾室、售票厅、补票处、调度室、广播室、问讯处、海关办公室	0.75m 水平面	75	100	150
售票室、候船室、候船通道、迎送厅、接待室、海关出入口	0.75m 水平面	50	75	100
行李托运处、小件寄存处	地面	50	75	100
栈桥、长廊	地面	20	30	50
站前广场	地面	10	15	20

11.6 照 度 计 算

11.6.1 圆形发光体的直径小于其至受照面距离的 1/5 或线形发光体的长度小于照射距离（斜距）的 1/4 时，可视为点光源。

11.6.2 当发光体的宽度小于计算高度的 1/4，长度大于计算高度的 1/2，发光体间隔较小（发光体间隔 $<\frac{h}{4\cos\theta}$）且等距的成行排列时，可视为连续线光源。

h——灯具在计算点上的垂直高度；$\cos\theta$——受照面法线与入射光线夹角的余弦。

11.6.3 面光源系指发光体的形状和尺寸在照明场所中占有很大比例，并且已超出点线光源所具有的形状概念。

11.6.4 单位容量法等简化计算方法只适用于方案或初步设计时的近似计算。

11.6.5 点照度计算适用于室内外照明（如体育馆、场）的直射光对任意平面上一点照度的计算，其中：

（1）点光源点照度计算可采用平方反比法。

（2）线光源点照度计算可采用方位系数法。

（3）面光源点照度计算可采用形状因数法（或称立体角投影率法）。

（4）当室内反射特性较好时，尚应计及相互反射光分量对照度计算结果产生的影响。

11.6.6 平均照度计算适用于房间长度小于宽度的 4 倍、灯具为均匀布置以及使用对称或近似对称光强分布灯具时的照度计算，可采用利用系数法。

11.6.7 平均球面照度（标量照度）和平均柱面照度计算，适用于在有少量视觉作业的房间如大门厅、大休息厅、候车室、营业厅等的照度计算，可采用流明法。

11.6.8 由于光源的光通衰减、灯具积尘和房间表面污染而引起的照度降低，在计算照度时应计入表 11.6.8 所列的维护系数。

表 11.6.8 维 护 系 数

环境特征	房间和场所示例	维护系数	
		白炽灯、荧光灯、高光强气体放电灯	卤钨灯
清 洁	卧室、客房、办公室、阅览室、餐厅、实验室、绘图室、病房	0.75	0.80
一 般	营业厅、展厅、影剧院、观众厅、候车厅	0.70	0.75
污染严重	锅炉房	0.65	0.70
室 外	室外庭园灯、体育场	0.55	0.60

注：①在进行室外照度计算时，应计入 30%的大气吸收系数；
②当“维护系数”用“减光补偿系数”表示时，应按表中所列系数的倒数计算；
③维护照度除以维护系数即为设计的初始照度。

11.6.9 在选用光源功率时，允许采取较计算光通量不超过 ±10%幅度的偏差。

11.6.10 一般建筑照明的测量方法应符合现行的《室内照明测量方法》标准的规定。体育照明的测量方法见附录 C.6。

11.7 照 明 节 能

11.7.1 根据视觉工作要求，应考虑照明装置的技术特性及其最初投资与长期运行的综合经济效益。

11.7.2 光源

11.7.2.1 一般房间优先采用荧光灯。在显色性要求较高的场所宜采用三基色荧光灯、稀土节能荧光灯、小功率高显钠灯等高效光源。

11.7.2.2 高大房间和室外场所的一般照明宜采用金属卤化物灯、高压钠灯等高光强气体放电光源。

11.7.2.3 当需要使用热辐射光源时，宜选用双螺旋（双绞丝）白炽灯或小功率高效卤钨灯。

11.7.3 灯具

11.7.3.1 除有装饰需要外，应优先选用直射光通比例高、控光性能合理的高效灯具。

（1）室内用灯具效率不宜低于70%（装有遮光格栅时不低于55%），室外用灯具效率不应低于40%，但室外投光灯灯具的效率不宜低于55%。

（2）根据使用场所不同，采用控光合理的灯具，如多平面反光镜定向射灯、蝙蝠翼式配光灯具、块板式高效灯具等。

（3）装有遮光格栅的荧光灯灯具，宜采用与灯管轴线相垂直排列的单向格栅。

（4）在符合照明质量要求的原则下，选用光通利用系数高的灯具。

（5）选用控光器变质速度慢、配光特性稳定、反射或透射系数高的灯具。

11.7.3.2 灯具的结构和材质应易于维护清洁和更换光源。

11.7.3.3 采用功率损耗低、性能稳定的灯用附件。

（1）直管形荧光灯使用电感式镇流器时能耗不应高于灯的标称功率的20%；高光强气体放电灯的电感式触发器能耗不应高于灯的标称功率的15%。

（2）高光强气体放电灯宜采用电子触发器。

11.7.4 照明方案

11.7.4.1 照明与室内装修设计应有机结合，避免片面追求形式和不适当选取照度标准以及照明方式，在不降低照明质量的前提下，应有效控制单位面积的安装功率。

11.7.4.2 在有集中空调而且照明容量大的场所，宜采用照明灯具与空调回风口结合的形式。

11.7.4.3 当条件允许时，可采用照明灯具与家具组合的照明形式。

11.7.4.4 正确选择照明方案，优先采用分区一般照明方式。

11.7.4.5 室内表面宜采用高反射率的饰面材料。

11.7.4.6 对于气体放电光源，宜采取分散进行无功功率补偿。

11.7.5 控制和管理

11.7.5.1 合理选择照明控制方式，充分利用天然光并根据天然光的照度变化，决定电气照明点亮的范围。

11.7.5.2 根据照明使用特点，可采取分区控制灯光或适当增加照明开关点。

11.7.5.3 采用各种类型的节电开关和管理措施，如定时开关、调光开关、光电自动控制器、节电控制器、限电器、电子控制门锁节电器以及照明自控管理系统等。

11.7.5.4 公共场所照明、室外照明，可采用集中遥控管理的方式或采用自动控光装置。

11.7.5.5 低压照明配电系统设计，应便于按经济核算单位装表计量。

11.8 照 明 供 电

11.8.1 照明负荷应根据其中断供电可能造成的影响及损失，合理地确定负荷等级，并应正确地选择供电方案。

11.8.2 当电压偏差或波动不能保证照明质量或光源寿命时，在技术经济合理的条件下，可采用有载自动调压电力变压器、调压器或照明专用变压器供电。

11.8.3 民用建筑照明负荷计算宜采用需要系数法。需要系数值可参照附录C.6选取。在计算照明分支回路和应急照明的所有回路时需要系数均应取1。

11.8.4 照明负荷的计算功率因数可采用下列数值：

（1）白炽灯——1。

（2）荧光灯（带有无功功率补偿装置时）——0.95。

（3）荧光灯（不带无功功率补偿装置时）——0.5。

（4）高光强气体放电灯（带有无功功率补偿装置时）——0.9。

（5）高光强气体放电灯（不带无功功率补偿装置时）——0.5。

在公共建筑内不宜使用不带无功功率补偿装置的荧光灯。

11.8.5 三相照明线路各相负荷的分配，宜保持平衡，在每个分配电盘中的最大与最小相的负荷电流差不宜超过30%。

11.8.6 特别重要的照明负荷，宜在负荷末级配电盘采用自动切换电源的方式，也可采用由两个专用回路各带约50%的照明灯具的配电方式。

11.8.7 备用照明应由两路电源或两回线路供电：

11.8.7.1 当采用两路高压电源供电时，备用照明的供电干线应接自不同的变压器。

11.8.7.2 当设有自备发电机组时，备用照明的一路电源应接自发电机作为专用回路供电，另一路可接自正常照明电源（如为两台以上变压器供电时，应接自不同的母干线上）。在重要场所，尚应设置带有蓄电池的应急照明灯或用蓄电池组供电的备用照明，作为发电机组投运前的过渡期间使用。

11.8.7.3 当采用两路低压供电时，备用照明的供电应从两段低压配电干线分别接引。

11.8.7.4 当供电条件不具备两个电源或两回线路时，备用电源宜采用蓄电池组或带有蓄电池的应急照明灯。

11.8.8 备用照明作为正常照明的一部分同时使用时，其配电线路及控制开关应分开装设。备用照明仅在事故情况下使用时，则当正常照明因故断电，备用照明应自动投入工作。

11.8.9 疏散照明采用带有蓄电池的应急照明灯时，正常供电电源可接自本层（或本区）的分配电盘的专用回路上，或接引自本层（或本区）的防灾专用配电盘。

11.8.10 在照明分支回路中应避免采用三相低压断路器对三个单相分支回路进行控制和保护。

11.8.11 照明系统中的每一单相回路，不宜超过16A，灯具为单独回路时数量不宜超过

25个。大型建筑组合灯具每一单相回路不宜超过25A，光源数量不宜超过60个。建筑物轮廓灯每一单相回路不宜超过100个。

当灯具和插座混为一回路时，其中插座数量不宜超过5个（组）。

当插座为单独回路时，数量不宜超过10个（组）。

但住宅可不受上述规定限制。

11.8.12 当照明回路采用遥控方式时，应同时具有解除遥控的可能性。

11.8.13 插座宜由单独的回路配电，并且一个房间内的插座宜由同一回路配电。

11.8.14 在潮湿房间（住宅中的厨房除外）内，不允许装设一般插座，但设置有安全隔离变压器的插座可例外。

11.8.15 备用照明、疏散照明的回路上不应设置插座。

11.8.16 重要场所和负载为气体放电灯的照明线路，其中性线截面应与相线规格相同(舞台照明见本规范第10章规定)。

11.8.17 为改善气体放电光源的频闪效应，可将其同一或不同灯具的相邻灯管分接在不同相别的线路上。

11.8.18 不应将线路敷设在高温灯具的上部。接入高温灯具的线路应采用耐热导线配线或采取其他隔热措施。

11.8.19 观众厅、比赛场地等的照明灯具，当顶棚内设有人行检修通道以及室外照明场所，宜在每盏灯具处设置单独的保护。

11.9 各类建筑照明设计要求

11.9.1 住宅（公寓）电气照明

11.9.1.1 住宅（公寓）照明宜选用以白炽灯、稀土节能荧光灯为主的照明光源。

11.9.1.2 住宅（公寓）中的灯具，可根据厅、室使用条件选用升降式灯具。

11.9.1.3 起居室的照明宜考虑多功能使用要求，如设置一般照明、装饰台灯、落地灯等。高级公寓的起居厅照明宜采用可调光方式。

11.9.1.4 可分隔式住宅（公寓）单元的布灯和电源插座的设置，宜适应轻墙任意分隔时的变化。可在顶棚上设置悬挂式插座、采用装饰性多功能线槽或将照明灯具以及电气装置件与家具、墙体相结合。

11.9.1.5 厨房的灯具应选用易于清洁的类型，如玻璃或搪瓷制品灯罩配以防潮灯口，并宜与餐厅（或方厅）用的照明光源显色性相一致或近似。

11.9.1.6 卫生间的灯具位置应避免安装在便器或浴缸的上面及其背后。开关如为跷板式时宜设于卫生间门外，否则应采用防潮防水型面板或使用绝缘绳操作的拉线开关。

11.9.1.7 高级住宅（公寓）中的方厅、通道和卫生间等，宜采用带有指示灯的跷板式开关。

11.9.1.8 为防范而设有监视器时，其功能宜与单元内通道照明灯和警铃联动。

11.9.1.9 公寓的楼梯灯应与楼层层数显示结合，公用照明灯可在管理室集中控制。高层住宅楼梯灯如选用定时开关时，应有限流功能并在事故情况下强制转换至点亮状态。

11.9.1.10 有关住宅（公寓）室内插座的设置，应符合本规范第10.8.5条的规定。

11.9.1.11 每户内的一般照明与插座宜分开配线，并且在每户的分支回路上除应装有过载、短路保护外并应在插座回路中装设漏电保护和有过、欠电压保护功能的保护装置。

11.9.1.12 单身宿舍照明光源宜选用荧光灯，并宜垂直于外窗布灯。每室内插座不应小于2组。条件允许时可采用限电器控制每室用电负荷或采取其他限电措施。在公共活动室亦应设有插座。

11.9.2 学校电气照明

11.9.2.1 高等学校普通教室的照度值宜为150—200—300lx。照度均匀度不应低于0.7。

11.9.2.2 教室照明宜采用蝙蝠翼式和非对称配光灯具，并且布灯原则应采取与学生主视线相平行、安装在课桌间的通道上方，与课桌面的垂直距离不宜小于1.7m。

11.9.2.3 当装设黑板照明时，黑板上的垂直照度宜高于水平照度值。

11.9.2.4 光学实验桌上、生物实验室的显微镜实验桌上，以及设有简易天象仪的地理教室的课桌上，宜设置局部照明。

11.9.2.5 教室照明的控制应平行外窗方向顺序设置开关（黑板照明开关应单独装设）。走廊照明宜在上课后可关掉其中部分灯具。

11.9.2.6 普通教室以及合班教室的前后墙上应各设置一组电源插座。物理实验室讲桌处应设有三相380V电源插座。语言、微型电子计算机教室宜采用地面线槽配线。

11.9.2.7 视听室不宜采用气体放电光源，视听桌上除设有电源开关外宜设有局部照明。供盲人使用的书桌上宜设有安全型电源插座。

11.9.2.8 在有电视教学的报告厅、大教室等场所，宜设置供记录笔记用的照明（如设置局部照明）和非电视教学时使用的一般照明，但一般照明宜采用调光方式。

11.9.2.9 演播室的演播区，推荐垂直照度宜在2000～3000lx（文艺演播室可为1000～1500lx）。演播用照明的用电功率，初步设计时可按0.6～0.8kW/m^{2}估算。当演播室的高度在7m及以下时宜采用轨道式布灯，高于7m时则可采用固定式布灯形式。

演播室的面积超过200m^{2}时应设有应急照明。

11.9.2.10 大阅览室照明当有吊顶时宜采用暗装的荧光灯具。其一般照明宜沿外窗平行方向控制或分区控制。供长时间阅览的阅览室宜设置局部照明。

11.9.2.11 大阅览室的插座宜按不少于阅览座位数的15%装设。

11.9.2.12 书库照明宜采用窄配光或其他配光适当的灯具。灯具与图书等易燃物的距离应大于0.50m。地面宜采用反射系数较高的建筑材料，以确保书架下层的必要照度。对于珍贵图书和文物书库应选用有过滤紫外线的灯具。

11.9.2.13 书库照明用电源配电箱应有电源指示灯并设于书库之外，书库通道照明应独立设置开关（在通道两端设置可两地控制的开关），书库照明的控制宜用可调整延时时间的开关。

11.9.2.14 重要图书馆应设应急照明、值班照明和警卫照明。

11.9.2.15 图书馆内的公共照明与工作（办公）区照明宜分开配电和控制。

11.9.2.16 每一照明分支回路，其配电范围不宜超过三个教室，且插座宜单独回路配电。

11.9.2.17 实验室内教学用电应采用专用回路配电。电气实验或非电专业实验室有电气设备的试验台上，配电回路应采用漏电保护装置。

11.9.2.18 每栋建筑在电源引入配电箱处应设有电源总切断开关，各层应分别设置电源切断开关。

学生活动区与教师和公共活动区宜分开配电。

11.9.3 办公楼电气照明

11.9.3.1 办公室、打字室、设计绘图室、计算机室等宜采用荧光灯，室内饰面及地面材料的反射系数宜满足：顶棚70%；墙面50%；地面30%。若不能达到上述要求时，宜采用上半球光通量不少于总光通量15%的荧光灯灯具。

11.9.3.2 办公房间的一般照明宜设计在工作区的两侧，采用荧光灯时宜使灯具纵轴与水平视线相平行。不宜将灯具布置在工作位置的正前方。大开间办公室宜采用与外窗平行的布灯形式。

11.9.3.3 在难于确定工作位置时，可选用发光面积大、亮度低的双向蝙蝠翼式配光灯具。

11.9.3.4 出租办公室的照明和插座，宜按建筑的开间或根据智能大楼办公室基本单元进行布置，以不影响分隔出租使用。

11.9.3.5 在有计算机终端设备的办公用房，应避免在屏幕上出现人和什物（如灯具、家具、窗等）的映象，通常应限制灯具下垂线成50°角以上的亮度不大于200cd/m^2，其照度可在300lx（不需要阅读文件时）至500lx（需要阅读文件时）。

11.9.3.6 当计算机室设有电视监视设备时，应设值班照明。

11.9.3.7 在会议室内放映幻灯或电影时，其一般照明宜采用调光控制。会议室照明设计一般可采用荧光灯（组成光带或光檐）与白炽灯或稀土节能型荧光灯（组成下射灯）相结合的照明形式。

11.9.3.8 以集会为主的礼堂舞台区照明，可采用顶灯配以台前安装的辅助照明，其水平照度宜为200—300—500lx，并使平均垂直照度不小于300lx（指舞台台板上1.5m处）。同时在舞台上应设有电源插座，以供移动式照明设备使用。

11.9.3.9 多功能礼堂的疏散通道和疏散门，应设置疏散照明。

11.9.4 商业电气照明

11.9.4.1 商业照明应选用显色性高、光束温度低、寿命长的光源，如荧光灯、高显色钠灯、金属卤化物灯、低压卤钨灯等，同时宜采用可吸收光源辐射热的灯具。

11.9.4.2 营业厅照明宜由一般照明、功能性（专用）照明（与柜台布置相协调）和重点照明组合而成。不宜把装饰商品用照明兼作一般照明。

11.9.4.3 营业厅的功能性照明设计宜采用非对称配光灯具，并应适应陈列柜台布局的变动。可选用配线槽与照明灯具相组合并配以导轨灯或小功率聚光灯的设计方案。

11.9.4.4 在营业厅照明设计中，一般照明可按水平照度设计，但对布匹、服装以及货架上的商品则应考虑垂直面上的照度。

11.9.4.5 对于营业厅光环境设计，应充分使照明起到功能作用。当显示在天然光下使用的商品时，以采用高显色性（$Ra>80$）光源、高照度水平为宜；而显示在室内照明下使用的商品时，则可采用荧光灯、白炽灯或其混光照明。

11.9.4.6 对于玻璃器皿、宝石、贵金属等类陈列柜台，应采用高亮度光源；对于布匹、服装、化妆品等柜台，宜采用高显色性光源。但由一般照明和局部照明所产生的照度不宜低于500lx。对于肉类、海鲜、苹果等柜台，则宜采用红色光谱较多的白炽灯。

11.9.4.7 在自选商场中，可采用固定安装的一般照明。其光源应以荧光灯为主。

11.9.4.8 重点照明的照度应为一般照明照度的3~5倍，柜台内照明的照度宜为一般照明照度的2~3倍。

11.9.4.9 对于导轨灯的容量确定在无确切资料时，可每延长米按100W计算。

11.9.4.10 橱窗照明宜采用带有遮光格栅或漫射型灯具。当采用带有遮光格栅的灯具安装在橱窗顶部距地高度大于3m时，灯具的遮光角不宜小于30°；如安装高度低于3m，则灯具遮光角宜为45°以上。

11.9.4.11 室外橱窗照明的设置应避免出现镜像，陈列品的亮度应大于室外景物亮度的10%。展览橱窗的照度宜为营业厅照度的2~4倍。

11.9.4.12 营业厅的每层面积超过1500m^{2}时应设有应急照明。灯光疏散指示标志宜设置在疏散通道的顶棚下和疏散出入口的上方。商业建筑的楼梯间照明宜按应急照明要求设计并与楼层层数显示结合。

11.9.4.13 对珠宝、首饰等贵重物品的营业厅宜设值班照明和备用照明。

11.9.4.14 大营业厅照明应采用分组、分区或集中控制方式。

11.9.5 旅馆电气照明

11.9.5.1 1~3级旅馆照明宜选用显色性较好的白炽灯、低压卤钨灯和稀土节能荧光灯光源，4级及以下旅馆可选用荧光灯光源。

11.9.5.2 大门厅照明应提高垂直照度，并宜随室内照度（受天然光影响）的变化而调节灯光或采用分路控制方式。门厅照明应满足客人阅读报刊所需要的照度要求。

11.9.5.3 旅馆内建筑艺术装饰品的照度选择可根据下述原则：当装饰材料的反射系数大于80%时为300lx；当反射系数在50%~80%为300~750lx。

11.9.5.4 大宴会厅照明应采用调光方式，同时宜设置小型演出用的可自由升降的灯光吊杆。灯光控制应在厅内和灯光控制室两地操作。

11.9.5.5 设有舞池的多功能厅，宜在舞池区内配置宇宙灯、旋转效果灯、频闪灯等现代舞用灯光及镜面反射球。舞池灯光宜采用计算机控制的声光控制系统，并可与任何调光器配套连机使用。

11.9.5.6 设有红外无线同声传译系统的多功能厅照明，当采用热辐射光源时，其照度不宜大于500lx。

11.9.5.7 酒吧、咖啡厅、茶室、牛排餐厅等照明设计，宜采用低照度水平并可调光，在餐桌可配以电烛型台灯，但在收款处应提高区域一般照明的照度水平。

11.9.5.8 屋顶旋转厅的照度，在观景时不宜低于0.5lx。

11.9.5.9 旅馆照明灯具宜选用下射灯。当厅室高度超过4m时宜配有大型建筑组合灯具。餐厅和多功能厅的布灯应结合建筑分隔使用的特点。

11.9.5.10 等级标准高的客房可不设一般照明，客房床头照明宜采用调光方式，客房的通道上宜设有备用照明。

11.9.5.11 客房照明应防止不舒适眩光和光幕反射，设置在写字台上的灯具亮度不应大于510cd/m^2，也不宜低于170cd/m^2。

11.9.5.12 客房穿衣镜和卫生间内化妆镜的照明，其灯具应安装在视野立体角60°以外（即水平视线与镜面相交一点为中心，半径大于300mm），灯具亮度不宜大于2100cd/m^2。当用照度计的光检测器贴靠在灯具上测量，其照度不宜大于6500lx。邻近化妆镜的墙面反射系数不宜低于50%。卫生间照明的控制宜设在卫生间门外。

11.9.5.13 客房内插座宜选用两孔和三孔安全型双联面板。当卫生间内设有220/110V剃须插座时，插座内220V电源侧应设有安全隔离变压器，或采用其他保证人身安全的措施。

除额定电压为220V以外的各种插座，应在插座面板上标刻电压等级或采用不同的插孔形式。

11.9.5.14 卫生间内如需要设置红外或远红外设施时，其功率不宜大于300W，并应配置0~30min定时开关。

11.9.5.15 客房的进门处宜设有切断除冰柜、通道灯以外的电源开关（面板上宜带有指示灯），或采用节能控制器。

11.9.5.16 客房设有床头控制板时，在控制板上可设有电视机电源开关、音响选频及音量调节开关、风机盘管风速高低控制开关、客房灯、通道灯开关（可两地控制）、床头照明灯调光开关、夜间照明灯开关等。有条件时尚可设置写字台台灯、沙发落地灯等开关。等级标准高的客房的夜间照明灯用开关宜选用可调光方式。

11.9.5.17 客房各种插座及床头控制板用接线盒一般装在墙上，当隔音条件要求高且条件允许时，可安装在地面上。

11.9.5.18 高级客房内用电设备的配电回路，应装设有过、欠电压保护功能的漏电保护器。

11.9.5.19 旅馆的公共大厅、门厅、休息厅、大楼梯厅、公共走道、客房层走道以及室外庭园等场所的照明，宜在服务台（总服务台或相应层服务台）处进行集中遥控，但客房层走道照明就地亦可控制。健身房照明宜在男女服务间分别设置遥控开关。

11.9.5.20 旅馆的疏散楼梯间照明应与楼层层数的标志灯结合设计，并宜采用应急照明灯。

11.9.5.21 旅馆的休息厅、餐厅、茶室、咖啡厅、牛排餐厅等宜设有地面插座及灯光广告用插座，客房层走道应设有清扫用插座。

11.9.5.22 旅馆的潮湿房间如厨房、开水间、洗衣间等处，应采用防潮型灯具。机房照明可采用荧光灯，布灯时应避免与管道安装的矛盾。

11.9.5.23 地球（保龄球）室照明应避免眩光，宜采用反射型白炽灯或卤钨灯所组成的光檐照明。光檐照明应垂直于球体滚动通道方向布置。每道光檐照明的间距宜在3.5~4.0m。

高尔夫球模拟室可采用荧光灯组成的光檐照明并在房间四周设置。

室外网球场或游泳池，宜设有正常照明，同时应设置杀虫灯（或杀虫器）。

11.9.5.24 地下车库出入口处应设有适应区照明。

11.9.6 医院电气照明

11.9.6.1 医院照明设计应合理选择光源和光色，对于诊室、检查室和病房等场所宜采用高显色光源。

11.9.6.2 诊室、护理单元通道和病房的照明设计，宜避免卧床病人视野内产生直射眩光。

11.9.6.3 护理单元的通道照明宜在深夜可关掉其中一部分或采用可调光方式。

11.9.6.4 护理单元的疏散通道和疏散门应设置灯光疏散标志。

11.9.6.5 儿科门诊和儿科病房内的电源插座和照明开关，设置高度不应低于1.5m，距病床的水平距离不应小于0.6m。

11.9.6.6 病房的照明设计宜与居室的照明设计相近。在有可能时，宜以病床床头照明为主，另设置一般照明（灯具亮度不宜大于2000cd/m²），当采用荧光灯时宜采用高显色性光源。但精神病房不宜选用荧光灯。

11.9.6.7 在病房的床头上如设有多功能控制板时，其上宜设有床头照明灯开关、电源插座、呼叫信号、对讲电话插座以及接地端子等。

单间病房的卫生间内宜设有紧急呼叫信号装置。

11.9.6.8 病房内宜设有夜间照明。在病床床头部位的照度不宜大于0.1lx；儿科病房可为1.0lx。

11.9.6.9 手术室内除设有专用手术无影灯外，宜另设有一般照明，其光源色温应与无影灯光源相适应，其水平照度不宜低于500lx，垂直照度不宜低于水平照度的1/2。手术室的一般照明宜采用调光方式。

11.9.6.10 手术专用无影灯，其照度应在$20\times10^3\sim100\times10^3$lx（胸外科为$60\times10^3\sim100\times10^3$lx）。口腔科无影灯可为$10\times10^3$lx。

11.9.6.11 进行神经外科手术时，应减少光谱区在800～1000nm的辐射能照射在病人身上。

11.9.6.12 每个手术室应有独立的电源控制箱。手术室的电源宜设置漏电检测装置以及接地端子等。

11.9.6.13 候诊室、传染病院的诊室和厕所、呼吸器科、血库、穿刺、妇科冲洗、手术室等场所应设置紫外线杀菌灯。如为固定安装时应避免直接照射到病人的视野范围之内。紫外杀菌灯数量的确定见附录C.7。

11.9.6.14 放射科、核医学科、功能检查室等部门的医疗装备电源，应分别设有切断电源的开关电器。

11.9.6.15 x线诊断室、加速器治疗室、核医学科扫描室和r照像机室等的外门上宜设有工作标志灯和防止误入室内的安全装置并可切断机组电源。

11.9.6.16 医院的下列场所和设施宜设有备用电源：

（1）急诊室的所有用房；

（2）监护病房、产房、婴儿室、血液病房的净化室、血液透析室、手术部、CT扫描室、加速器机房和治疗室、配血室；

（3）培养箱、冰箱、恒温箱以及必须持续供电的精密医疗装备；

（4）消防和疏散设施。

11.9.6.17 成人病房和护士室之间应设呼叫信号装置；教学医院宜有闭路电视设施。

11.9.6.18 医疗建筑照明的照度值见表11.9.6.18。

11.9.7 体育馆（场）电气照明

11.9.7.1 体育场地照明光源宜选用金属卤化物灯、高显色高压钠灯。同时场地用直接配光灯具宜带有格栅，并附有灯具安装角度指示器。

11.9.7.2 比赛场地照明宜满足使用的多样性。室内场地采用高光效、宽光束与狭光束配光灯具相结合的布灯方式或选用非对称配光灯具；室外足球场地应采用狭光束配光（1/10

峰值光强与峰值光强的夹角不宜大于12°)泛光灯具,同时应有效控制眩光、阴影和频闪效应:

表 11.9.6.18 医疗建筑照明的照度值

场所	照度值(lx)	备注
病房、监护病房	15-20-30	监护病房夜间守护用照明的照度宜大于5lx
诊室、急诊室、处置室、药房、化验室、同位素室、生理检查室(脑电、心电、视力等)、护士室、值班室	75-100-150	诊室内作局部检查时的照度宜为200~500lx 护士站夜间值班照明的照度不宜低于30lx
候诊室、消毒室、理疗室、麻醉室、病案室、保健室、康复健身房、血库	50-75-100	
X光透视室、暗室(照像)、更衣室、污物处理室、动物房、太平间	30-50-75	
钴^{60}治疗室、加速器治疗室、CT检查室、核磁共振检查室、手术室	100-150-200	手术专用无影灯距手术床1.50m,在其直径30cm的手术范围水平照度应在$20\times10^3\sim100\times10^3$lx

(1) 室内排球、羽毛球、网球、体操等场地照明,宜采用侧向投光照明;而篮球、手球、冰球等宜在场地上空均匀布灯再配以侧向投光照明。侧向投光照明其灯具的最大光强射线与场地水平面夹角不应小于45°。场地照明最外边的灯具宜选用狭光束配光(1/10峰值光强与峰值光强的夹角不宜大于15°)。

室内天棚和墙面的反射系数宜大于50%,地面宜为20%,同时应采用无光泽饰面。对于综合体育馆的场地照明宜采用调光方式并设有多种比赛用灯方案。

(2) 室内拳击、摔跤、柔道等场地照明宜采用可吸收光源辐射热的灯具。

(3) 室内游泳池照明采用直接照明时应控制光源投射角在50°角范围内的亮度,同时尚应使天棚的反射系数大于60%、墙面的反射系数不低于40%。当采用间接照明方式时,应配有水下照明。

(4) 室外游泳池侧面照明,宜使光源最大光强射线至最远池边与池面的夹角在50°~60°。

(5) 综合性大型体育场宜采用光带式布灯或与塔式布灯组成的混合式布灯形式:

a. 两侧光带式布灯,其在罩棚(灯桥)上布灯长度宜超过球门线(底线)10m以上,如尚有田径比赛场地时,每侧布灯总长度不宜少于160m或采取环绕式分组布灯。泛光灯的最大光强射线至场地中线与场地水平面的夹角宜为25°,至场地最近边线(足球场地)与场地水平面夹角宜为45°~70°。

b. 四角塔式布灯的灯塔位置,宜选在球门的中线与场地底线成15°,半场中心线与边线成5°角的两线相交后延长线所夹的范围以内,并宜将灯塔设置在场地的对角线上。灯塔最低一排灯组至场地中心与场地水平面的夹角宜在20°~30°。

(6) 室外足球训练场地可采用两侧多杆(4、6或8灯杆)塔式布灯,灯杆高度不宜低于12m。泛光灯的最大光强射线至场地中线与场地水平面的夹角不宜小于20°,至场地最近边线与场地水平面的夹角宜在45°~75°(采用6灯杆式时夹角可为45°~60°,采用8灯杆式时夹角可为60°~75°)。灯杆应在场地两侧均匀布置。

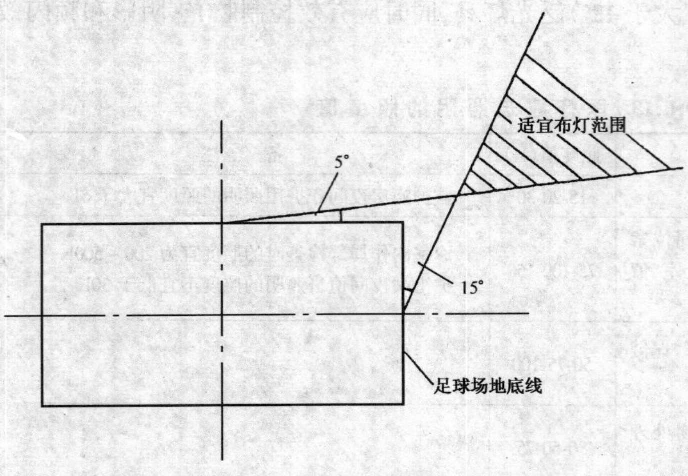

图 11.9.7.2　四角塔式适宜布灯的范围

11.9.7.3　在比赛场地内的主要摄像方向上，场地水平照度最小值与最大值之比不宜小于0.5；垂直照度最小值与最大值之比不宜小于0.4；平均垂直照度与平均水平照度之比不宜小于0.25。

体育馆（场）观众席的垂直照度不宜小于场地垂直照度的0.25。

体育馆（场）照明的测量方法参见附录C.8。

11.9.7.4　对于训练场地的水平照度均匀度，水平照度最小值与平均值之比不宜大于1:2（手球、速滑、田径场地照明可不大于1:3）。

11.9.7.5　足球与田径比赛相结合的室外场地，应同时满足足球比赛和田径场地照明要求。场地照明的光源色温宜为4000～6000K。光源的一般显色指数不应低于65。

11.9.7.6　当游泳池内设置水下照明时，应设有安全接地等保安措施。水下照明可参照下列指标设计：

室内：1000～1100　lm/m^2（池面）

室外：600～650　lm/m^2（池面）

水下照明灯上口距水面宜在0.30～0.50m；灯具间距宜为2.50～3m（浅水部分）和3.50～4.50m（深水部分）。

11.9.7.7　对于彩色电视实况转播照明可根据下列原则进行设计：

（1）光源的色温及显色指数应符合本章第11.4.7条的规定。

（2）场地照明应以垂直照明为设计依据，其检测点为场地区域距地1m的高度；垂直照度值选取方向宜平行于场地的边线。

（3）不同的运动项目，其摄像距离与对应的场地照度要求见表11.5.5-9。

11.9.7.8　体育馆的疏散通道和疏散门宜设置灯光疏散标志。

11.9.7.9　场地电源装置及设备可见本规范第10章第10.11节的有关规定。

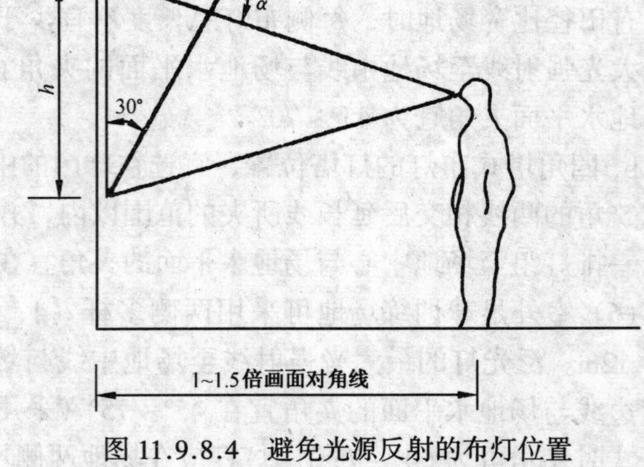

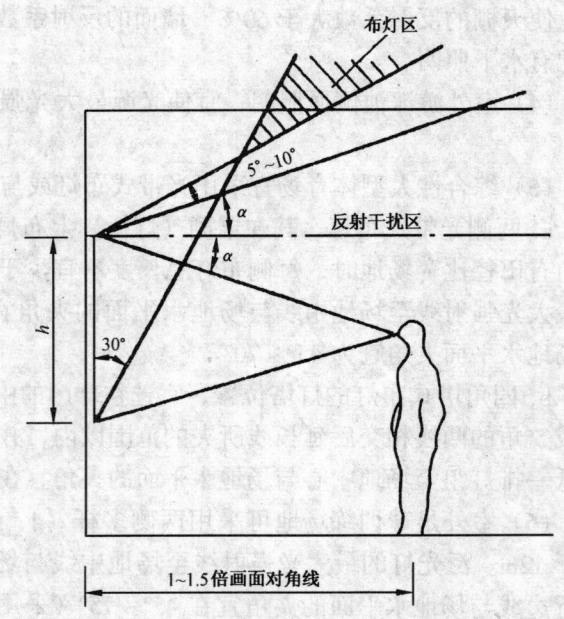

图 11.9.8.4　避免光源反射的布灯位置

11.9.8 博展馆电气照明

11.9.8.1 博展馆的照明设计应考虑下列因素；

（1）高质量——光源的显色性和光色应接近天然光；

（2）合理的色彩——室内色彩宜接近无彩色、无光泽；

（3）防止镜面映像；

（4）利用光影效果，有良好的实体感；

（5）限制紫外线对展示品的不利影响。

11.9.8.2 对于博展馆的照明光源宜采用三基色荧光灯、金属卤化物灯和有紫外滤光层的反射型白炽灯。当采用卤钨灯时，其灯具应配以抗热玻璃或滤光层以吸收波长小于300nm的辐射线。

11.9.8.3 壁挂式展示品，在保证必要照度的前提下，应使展示品表面的亮度在25cd/m^{2}以上，同时应使展示品表面的照度保持一定的均匀性，通常最低照度与最高照度之比应大于0.75。

11.9.8.4 对于有光泽或放入玻璃镜柜内的壁挂式展示品，为减少反射眩光，一般照明光源的位置可参照图11.9.8.4所示确定。

为了防止镜面映像，应使观众面向展示品方向的亮度与展示品表面亮度之比小于0.5。

11.9.8.5 对于具有立体造型的展示品，为获得实体质感效果，宜在展示品的侧前方40°~60°处，设置定向聚光灯，其照度宜为一般照度的3~5倍，当展示品为暗色时则应为5~10倍。

11.9.8.6 陈列橱柜的照明，应注意照明灯具的配置和遮光板的设置，防止直射眩光。通常可将光源设置在橱柜内顶部加装以遮光板，并可根据橱柜的尺度和展示品内容，设置导轨灯。

11.9.8.7 在灯光作用下易变质退色的展示品，应选择低照度水平和采用可过滤紫外线辐射的光源；对于机器和雕塑等展品，应有较强的灯光以显示其特征。在通常情况下，弱光展示区应设在强光展示区之前，并应使照度水平不同的展厅之间有适宜的过渡照明。

11.9.8.8 展厅灯光宜采用光电控制的自动调光系统，随天然光的变化自动控制或调节照明的强弱，保持照度的稳定和节约能源。同时，亦宜考虑在特殊情况下采用程序控制各展厅照明的亮灭，以方便在个别人参观时的灯光管理。

11.9.8.9 当无具体展品布设要求时，在展厅地面可按每3~5m方格的交点设置三相和单相地面插座。其配线方式宜采用地面线槽。

11.9.8.10 展厅的每层面积超过1500m^{2}时应设有应急照明。重要藏品库房宜设有警卫照明。

11.9.8.11 藏品库房和展厅的照明线路应采用铜芯绝缘导线暗配线方式。藏品库房的电源开关应统一设在藏品库区内的藏品库房总门之外，并有防止漏电的安全保护装置。藏品库房照明宜分区控制。

11.9.8.12 博展馆照明的照度值见表11.9.8.12。

11.9.9 影剧院电气照明

11.9.9.1 影剧院观众厅在演出时的照度可根据视觉适应所要求的照度级变化，宜为2~5lx。

表 11.9.8.12 博展馆照明的照度值

场　所	照度值（lx）	备　注
藏品库房	30-50-75	·对光特别敏感的展品应选用白炽灯
复制室、电教厅	75-100-150	
纸质书画、邮票、树胶彩画、水粉画、素描画、印刷品、纺织品、染色皮革、植物标本等展厅	50-75-100	·可设置重点照明 ·光源色温≤2900K ·展品采用悬挂方式时，照度值系指垂直照度
漆器、藤器、木器、竹器、石膏、骨器制品以及油画、壁画、天然皮革、动物标本等展厅	150-200-300	·可设置重点照明 ·光源色温≤4000K ·展品采用悬挂方式时，照度值系指垂直照度
玻璃、陶瓷、珐琅、石器、金属制品等展厅	200-300-500	·可设置重点照明 ·光源色温≤6500K ·展品采用悬挂方式时，照度值系指垂直照度

11.9.9.2 观众厅照明应采用平滑调节方式并应防止不舒适眩光（选用低亮度光源并使光源不处在观众的视野之内），以及不致有碍正常演出和放映影片，并易于从顶棚内进行维修灯具。当使用调光式荧光灯时，光源功率宜选用统一规格。

11.9.9.3 观众厅照明应根据使用需要可多处控制（如灯光控制室、放映室、舞台口以及前厅值班室等处控制），并宜设有值班清扫用照明（其控制开关宜设在前厅值班室）。

11.9.9.4 观众厅及其出口、疏散楼梯间、疏散通道以及演员和工作人员的出口，应设有应急照明。观众厅的出口安全标志灯宜选用可调式（演出时减光 40%；正常进出观众厅时减光 20%；事故时全亮），以不妨碍观众的正常欣赏。

11.9.9.5 剧场建筑的质量标准为甲、乙等级的观众厅应设置座位排号灯，其电源电压不应超过 36V，并可利用座位排号灯兼作疏散标志灯。

11.9.9.6 化妆室照明宜选用高显色性光源、高效灯具。光源的色温应与舞台照明光源色温接近。演员化妆台宜设有安全超低压 36V 以下的照明电源插座，也可与化妆镜组成镜箱照明形式。

11.9.9.7 为适应多种使用功能的需要，宜在门厅配置预留电源，供举办展览时连接临时照明之用。

11.9.9.8 当需要设置电视转播或拍摄电影等用电源时，宜在观众厅两侧装设容量不小于 10kW、电压为 220/380V 三相四线制的固定供电点。

11.9.9.9 影剧院前厅、休息厅、观众厅和走廊等直接为观众服务的房间，其照明控制开关应集中在前厅值班室或带锁的配电箱内控制。

11.9.9.10 在前厅、休息厅、观众厅和后台应设置开幕信号，其信号控制应设在舞台监督调度台上。

11.9.9.11 舞台和观众厅照明线路应采用铜芯导线穿金属管或护套为难燃材料的铜芯电缆配线。有关舞台灯光设计及其配电，见本规范第 10 章第 10.9 节的有关规定。

11.9.9.12 在伸出式舞台区上空（顶棚上或吊顶内）应预留电动吊钩电源，以备演出使用。

11.9.10 景观照明

11.9.10.1 灯光的设置应能表现建筑物或构筑物的特性，并能显示出建筑艺术立体感。景观照明通常采用泛光灯。

11.9.10.2 一般可采用在建筑物自身或在相邻建筑物上设置灯具的布灯方式；或是将两种方式结合。也可以将灯具设置在地面绿化带中。

11.9.10.3 在建筑物自身上设置照明灯具时，应使窗墙形成均匀的光幕效果。

11.9.10.4 整个建筑物或构筑物受照面的上半部的平均亮度宜为其下半部的2~4倍。

11.9.10.5 夜间景观照明的照度值可参照表11.9.10.5选择。

表11.9.10.5 景观照明的照度值

建筑物或构筑物表面特征		周围环境特征	
		明	暗
外观颜色	反射系数（%）	照度值（lx）	
白色（如白色、乳白色等）	70~80	75-100-150	30-50-75
浅色（如黄色等）	45~70	100-150-200	50-75-100
中间色（如浅灰色等）	20~45	150-200-300	75-100-150

注：①表面反射系数低于20%时，设置景观照明不甚经济；
②建筑物轮廓灯用电量大，不易检修（检修量大），当出现光源损坏而断续点亮时，会使夜间景观照明效果大大降低。

11.9.10.6 喷水的照明设计应避免出现眩光。当灯具置于水中时尚应注意水深对减光的影响。

11.9.10.7 喷水端部的照度可根据喷水周围明暗情况按表11.9.10.7选取。

表11.9.10.7 喷水端部照度值

环境特征	喷水端部照度值（lx）
明	100-150-200
暗	50-75-100

11.9.10.8 喷水用照明一般选用白炽灯，并且宜采用可调光方式。当喷水高度较高并且不需要调光时，可采用高压汞灯或金属卤化物灯。喷水高度与光源功率的关系可参见表11.9.10.8选用。

表11.9.10.8 喷水高度与光源功率的关系

光源类别	白炽灯					高压汞灯	金属卤化物灯
光源功率（W）	100	150	200	300	500	400	400
适宜的喷水高度（m）	1.50~3	2~3	2~6	3~8	5~8	>7	>10

表11.9.10.9 光色与光源电功率比例

光色	电功率比例
黄	1
红	2
绿	3
蓝	10

11.9.10.9 当喷水用照明采用彩色照明时，由于彩色滤光片的透射系数不同，要获得同等效果，应使各种颜色光的电功率的比例保持表11.9.10.9水平。

11.9.10.10 为使喷水的形态有所变化，可与背景音乐结合而形成“声控喷水”方式或采用“时控喷水”方式。

11.9.10.11 喷水用照明配电，宜采用漏电保护装置或其他安全措施，参见本规范第14章有关规定。

11.9.11 室外照明

11.9.11.1 路灯照明光源宜采用高压钠灯、高压汞灯、白炽灯等。路灯伸出路崖宜为0.6~1.0m，路灯的水平线上的仰角宜为5°，路面亮度不宜低于$1cd/m^2$。

11.9.11.2 路灯安装高度不宜低于4.5m。路灯杆间距可为25~30m，进入弯道处的灯杆间距应适当减小。

11.9.11.3 路灯照明的照度均匀度（最小照度与最大照度之比）宜为1:10~1:15之间。

11.9.11.4 庭园照明用光源宜采用小功率高显色高压钠灯、金属卤化物灯、高压汞灯和白炽灯。

11.9.11.5 庭园灯的高度可按$0.6B$（单侧布灯时）~$1.2B$（双侧对称布灯时）选取，但不宜高于3.5m。庭园灯杆间距可为15~25m。

注：B——道路宽度（m）。

11.9.11.6 庭园草坪灯的间距宜为$3.5\sim5.0H$。

注：H——草坪灯距地安装高度（m）。草坪灯的设置应避免直射光进入人的视野。

11.9.11.7 室外照明宜选用半截光型或非截光型配光灯具。当沿道路或庭园小路配置照明时，宜有诱导性的排列（如采用同一侧布灯）。

11.9.11.8 停车广场照明可采用显色性高、寿命长的光源。

11.9.11.9 室外停车广场灯杆的配置位置不得影响交通。灯杆宜沿广场的长向布置，当广场的宽度超过30m时宜采用双侧或多列布灯。

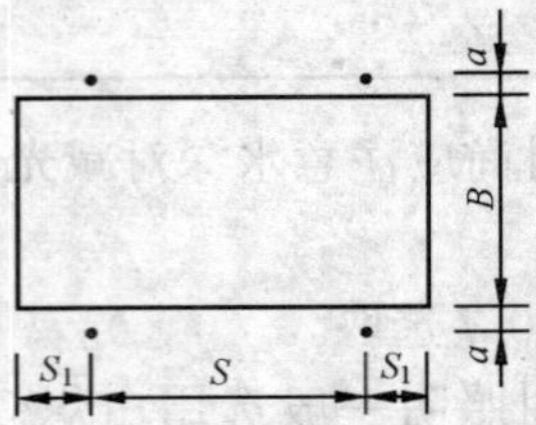

图11.9.11.10 广场灯杆配置

11.9.11.10 采用投光照明的广场，灯具安装高度H可由下式确定：

单侧布灯时：

$$H \geqslant 0.4B + 0.6a, S \leqslant 2H, S = 2S_1$$

双侧布灯时：

$$H \geqslant 0.2B + 0.6a, S \leqslant 2.7H, S = 2S_1$$

式中 H、B、a、S、S_1单位均为米。

多列布灯时的B值可取两列灯杆间的距离。

11.9.11.11 高杆照明应采用轴对称配光灯具，灯具安装高度H可由下式确定：

$$H \geqslant 0.5R \tag{11.9.11.11}$$

式中 R——被照范围的半径（m）。

高杆照明宜采用可升降式灯盘。

11.9.11.12 室外照明宜在每灯杆处设置单独的短路保护。

11.9.11.13 室外照明宜在值班室或变电室进行遥控，并在深夜可关掉部分灯光。

11.9.11.14 室外照明采用三相配电时应在不同控灯方式中保持三相负荷平衡。

11.9.11.15 城市中的隧道照明可选用荧光灯、低压钠灯，在隧道出入口处的适应性照明宜选用高压钠灯或荧光高压汞灯。

11.9.11.16 单向通行隧道入口区照明宜距隧道口5~10m处开始布灯，布灯长度不应少于 40m，其照度宜为 1000～1500lx（昼间）。隧道出口区的布灯长度不宜少于 80m，照度不宜低于 500lx（昼间）。

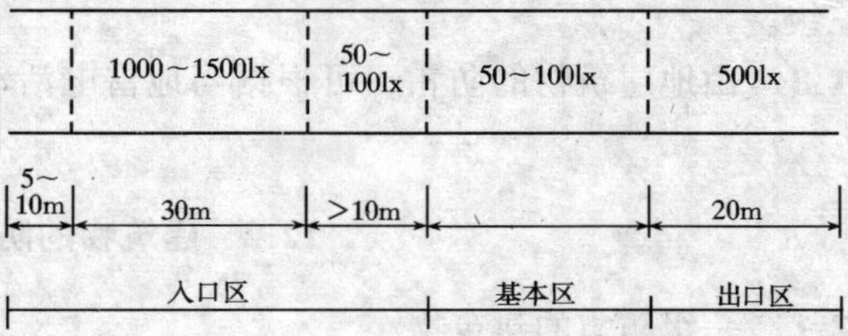

图 11.9.11.16　隧道照明照度分布

11.9.11.17　隧道内夜间照明的照度可为昼间照度的 1/2，出入口区的照度可为 1/10 并宜采用调光方式。

11.9.11.18　隧道内照明灯具安装高度（H）不宜低于 4m 并宜采用连续光带式布灯。当采用非连续式布灯时，灯间距离（S）可按下式确定：

两侧对称式布灯：$S \leqslant 2.5H$

两侧交错式布灯：$S \leqslant 1.5H$

为避免出现频率 5～10Hz 时的“频闪”现象，此时：

$$\frac{V}{36} \geqslant S \geqslant \frac{V}{18} \qquad (V\text{——行车速度，km/h})$$

式中 H、S 的单位为米。

11.9.11.19　隧道内应设有应急照明。隧道内避难区照度应为该区段照度的 1.5～2 倍。

11.9.11.20　隧道内的标志照明（如应急设备设置处、不许变线等标志灯）应设置在易于寻找和观察的明显部位。

11.9.11.21　隧道照明的控制可采用定时器、光电控制器、电视摄像监视等方式。

11.9.11.22　隧道照明应采用两路电源供电。应急照明应由备用电源（如自备发电机组）独立系统供电。

12　建筑物防雷

12.1　一　般　规　定

12.1.1　本章适用于民用建筑物防雷设计，对于有爆炸及火灾危险的建筑物防雷，应按现行的有关规范执行。

12.1.2　建筑物防雷设计，应认真调查地质、地貌、气象、环境等条件和雷电活动规律以及被保护物的特点等，因地制宜地采取防雷措施，做到安全可靠、技术先进、经济合理。

12.1.3　不应采用装有放射性物质的接闪器。

12.1.4　新建工程应在设计阶段详细研究防雷装置的形式及其布置，并与有关人员充分协商合作，尽可能利用建筑物金属导体作为防雷装置。

12.1.5　按照本规范装设防雷装置后将会防止或极大地减少雷害损失，但不能保证绝对的安全。

12.1.6　年平均雷暴日数，需根据当地气象台（站）的资料确定。如有困难时，可参照附录 D.1 的数据选取。

12.1.7　按建筑物的重要性、使用性质、发生雷电事故的可能性及后果，建筑物的防雷分为三级。

12.1.8 山地建筑物的防雷，可根据当地雷电活动特点，参照本章有关条文采取防雷措施。

12.2 建筑物的防雷分级

12.2.1 一级防雷的建筑物

12.2.1.1 具有特别重要用途的建筑物。如国家级的会堂、办公建筑、档案馆、大型博展建筑；特大型、大型铁路旅客站；国际性的航空港、通讯枢纽；国宾馆、大型旅游建筑、国际港口客运站等。

12.2.1.2 国家级重点文物保护的建筑物和构筑物。

12.2.1.3 高度超过 100m 的建筑物。

12.2.2 二级防雷的建筑物

12.2.2.1 重要的或人员密集的大型建筑物。如部、省级办公楼；省级会堂、博展、体育、交通、通讯、广播等建筑；以及大型商店、影剧院等。

12.2.2.2 省级重点文物保护的建筑物和构筑物。

12.2.2.3 19 层及以上的住宅建筑和高度超过 50m 的其他民用建筑物。

12.2.2.4 省级及以上大型计算中心和装有重要电子设备的建筑物。

12.2.3 三级防雷的建筑物

12.2.3.1 当年计算雷击次数大于或等于 0.05 时（见附录 D.2），或通过调查确认需要防雷的建筑物。

12.2.3.2 建筑群中最高或位于建筑群边缘高度超过 20m 的建筑物。

12.2.3.3 高度为 15m 及以上的烟囱、水塔等孤立的建筑物或构筑物。在雷电活动较弱地区（年平均雷暴日不超过 15）其高度可为 20m 及以上。

12.2.3.4 历史上雷害事故严重地区或雷害事故较多地区的较重要建筑物。

12.2.4 在确定建筑物防雷分级时，除按上述规定外，在雷电活动频繁地区或强雷区可适当提高建筑物的防雷等级。

12.3 一级防雷建筑物的保护措施

12.3.1 防直击雷的接闪器应采用装设在屋角、屋脊、女儿墙或屋檐上的避雷带（见附录 D.3），并在屋面上装设不大于 10m×10m 的网格。突出屋面的物体应沿其顶部四周装设避雷带，在屋面接闪器保护范围之外的物体应装接闪器，并和屋面防雷装置相连。当利用金属物体和金属屋面作接闪器时，应符合第 12.7.1.3 款的要求。

12.3.2 防直击雷装置的引下线应优先利用建筑物钢筋混凝土中的钢筋，但应符合第 12.8.6 条的要求。

12.3.3 防直击雷装置引下线的数量和间距规定如下：

12.3.3.1 专设引下线时，其根数不应少于两根，间距不应大于 18m。

12.3.3.2 当利用建筑物钢筋混凝土中的钢筋作为防雷装置的引下线时，其根数不做具体规定，间距不应大于 18m，但建筑外廓各个角上的柱筋应被利用。

12.3.4 为防止雷电波的侵入，进入建筑物的各种线路及金属管道宜采用全线埋地引入，并在入户端将电缆的金属外皮、钢管及金属管道与接地装置连接。当全线埋地电缆确有困难而无法实现时，可采用一段长度不小于 $2\sqrt{\rho}$（m）的铠装电缆或穿钢管的全塑电缆直接埋地引入，但电缆埋地长度不应小于15m，其入户端电缆的金属外皮或钢管应与接地装置连接；在电缆与架空线连接处，还应装设避雷器，并与电缆的金属外皮或钢管及绝缘子铁脚连在一起接地，其冲击接地电阻不应大于10Ω。

注：ρ 为埋电缆处的土壤电阻率（Ω·m）。

12.3.5 进出建筑物的各种金属管道及电气设备的接地装置，应在进出处与防雷接地装置连接。

12.3.6 有条件时宜将防雷装置的接闪器和引下线与建筑物内的金属物体隔开。金属物体至引下线的距离应符合公式12.3.6-1至12.3.6-3的要求，地下各种金属管道及其他各种接地装置距防雷接地装置的距离应符合公式12.3.6-4的要求，但不应小于2m，如达不到时应相互连接，其连接导线的最小截面应按附录D.4选择。

当 $L_x \geqslant 5R_i$ 时，$S_{a1} \geqslant 0.075K_c(R_i + L_x)$ （12.3.6-1）

当 $L_x < 5R_i$ 时，$S_{a1} \geqslant 0.3K_c(R_i + 0.1L_x)$ （12.3.6-2）

$$S_{a2} \geqslant 0.075K_cL_x \quad (12.3.6\text{-}3)$$

$$S_{ed} \geqslant 0.3K_cR_i \quad (12.3.6\text{-}4)$$

式中 S_{a1}——当金属管道的埋地部分未与防雷接地装置连接时，引下线与金属物体之间的空气中距离（m）；

S_{a2}——当金属管道的埋地部分已与防雷接地装置连接时，引下线与金属物体之间的空气中距离（m）；

R_i——防雷接地装置的冲击接地电阻（Ω）；

L_x——引下线计算点到地面长度（m）；

S_{ed}——防雷接地装置与各种接地装置或埋地各种电缆和金属管道间的地下距离（m）；

K_c——系数，按图12.3.6确定。

当利用建筑物的钢筋体或钢结构作为引下线，同时建筑物的大部分金属物（钢筋、钢结构）与被利用的部分连成整体时，其距离可不受限制。

当引下线与金属物或线路之间有自然接地或人工接地的钢筋混凝土构件、金属板、金属网等静电屏蔽物隔开时，其距离可不受限制。

当引下线与金属物或线路之间有混凝土墙、砖墙隔开时，混凝土墙的击穿强度与空气击穿强度相同，砖墙的击穿强度为空气击穿强度的二分之一。如距离不能满足上述要求时，金属物或线路应与引下线直接相连或通过过电压保护器相连。

12.3.7 当整个建筑物全部为钢筋混凝土结构，或为砖混结构但有钢筋混凝土组合柱和圈梁时，应将建筑物内的各种竖向金属管道每三层与圈梁的钢筋连接一次。对没有组合柱和圈梁的建筑物，应将建筑物内的各种竖向金属管道每三层与敷设在建筑物外墙内的一圈D12mm镀锌圆钢均压环相连，均压环应与所有防雷装置专设引下线连接。

12.3.8 防雷接地装置符合第12.9.8条的要求时，应优先利用建筑物钢筋混凝土基础内的钢筋作为接地装置。当为专设接地装置时，接地装置应围绕建筑物敷设成一个闭合环

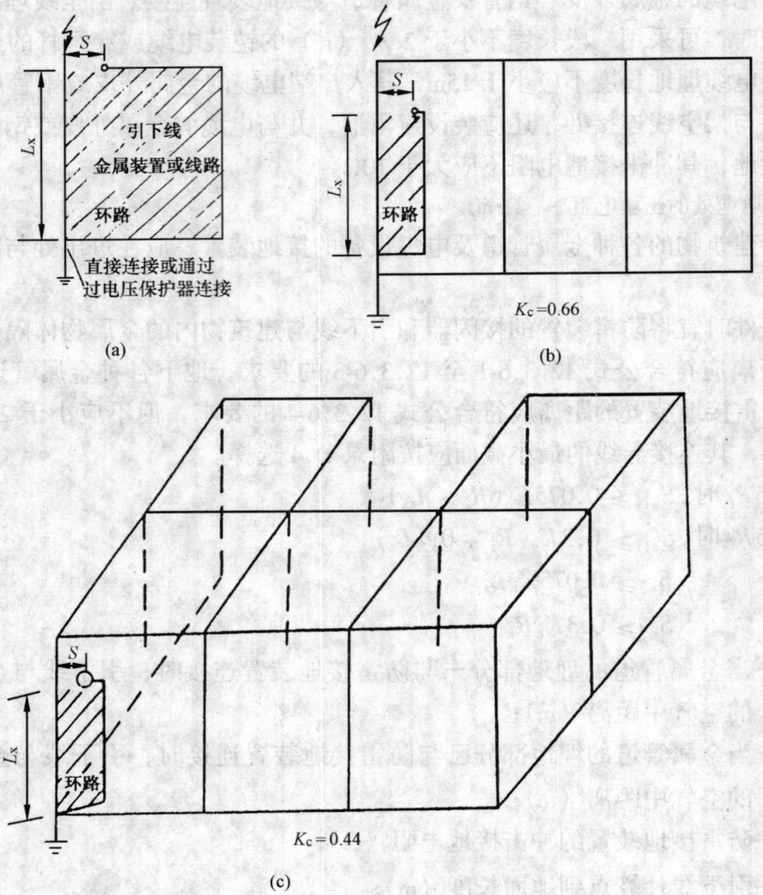

图 12.3.6　确定 K_c 值的图

（a）单根引下线 $K_c=1$；（b）两根引下线及接闪器不成闭合环的多根引下线；

（c）接闪器成闭合环或网状的多根引下线

路，其冲击接地电阻不应大于 10Ω。

12.3.9　防雷接地装置宜与其他各种接地装置连在一起。与专用接地或直流接地相连时还应符合第 12.6.1 条的要求。

12.3.10　当建筑物高度超过 30m 时，30m 及以上部分应采取下列防侧击雷和等电位措施：

（**1**）建筑物内钢构架和钢筋混凝土的钢筋应互相连接；

（**2**）应利用钢柱或钢筋混凝土柱子内钢筋作为防雷装置引下线；

（**3**）应将 30m 及以上部分外墙上的栏杆，金属门窗等较大金属物直接或通过金属门窗埋铁与防雷装置相连；

（**4**）垂直金属管道及类似金属物除应满足本章第 12.3.7 条规定外，尚应在底部与防雷装置连接。

12.3.11　建筑物内的各种竖向管线应采用金属管、槽配线，并应符合本章第 12.3.7 条及第 12.3.10 条（4）款的规定。

12.3.12　在电气接地装置与防雷接地装置共用或相连的情况下，应符合下列要求：

（1）当低压电源用电缆引入时（包括全长电缆或架空线换电缆引入），应在电源引入处的总配电箱装设过电压保护器。

（2）当 Y，yno 或 D，yno 接线的配电变压器设在本建筑物内或外时，高压侧采用电缆进线的场合下，应在变压器高压侧的各相装设避雷器。

（3）在高压侧采用架空进线时，除按有关规定在高压侧装设避雷器外，还应在低压侧装设阀型避雷器。

（4）当采用一段金属铠装电缆或护套电缆穿金属管埋地进出建筑物时，其长度应大于 $2\sqrt{\rho}$（m），但不小于 15m。电缆与架空线连接处应装设避雷器，电缆的金属外皮或金属管两端应接地，其冲击接地电阻不应大于 10Ω。在进出线端要与保护接地和防雷接地相连。

12.4 二级防雷建筑物的保护措施

12.4.1 防直击雷宜采用装设在屋角、屋脊、女儿墙或屋檐上的环状避雷带（见附录 D.3），并在屋面上装设不大于 15m×15m 的网格；突出屋面的物体，应沿其顶部四周装设避雷带，符合本章第 12.7.1.3 款要求的金属物体和金属屋面可用作接闪器。

12.4.2 对防直击雷也可采用装设在建筑物上的避雷网（带）和避雷针或由这两种混合组成的接闪器。此时除应符合第 12.4.1 条的规定外，并将所有避雷针用避雷带相互连接起来。

在屋面接闪器保护范围之外的物体应装接闪器，并和屋面防雷装置相连。

12.4.3 防直击雷装置的引下线应优先利用建筑物钢筋混凝土中的钢筋，但应符合本章第 12.8.6 条的要求。

12.4.4 防直击雷装置引下线的数量和间距规定如下：

12.4.4.1 为防雷装置专设引下线时，其引下线的数量不应少于 2 根，间距不应大于 20m。

12.4.4.2 当利用建筑物钢筋混凝土中的钢筋作为防雷装置的引下线时，其引下线的数量不做具体规定，间距不应大于 20m，但建筑物外廓各个角上的钢筋应被利用。

12.4.5 有条件时宜将防雷装置的接闪器和引下线与建筑物内的金属物体隔开。此时为防止雷电流流经引下线和接地装置时产生的高电位对附近金属物体的反击，金属物体至引下线的距离应符合公式 12.4.5-1 或 12.4.5-2 的要求。地下各种金属管道及其他各种接地装置距防雷接地装置的距离应符合公式 12.3.6-4 的要求，但不应小于 2m。如达不到时应相互连接，其连接导线的最小截面应按附录 D.4 选择。

当 $L_x \geqslant 5R_i$ 时，$$S_{a1} \geqslant 0.05K_c(R_i + L_x) \quad (12.4.5\text{-}1)$$

当 $L_x < 5R_i$ 时，$$S_{a1} \geqslant 0.2K_c(R_i + 0.1L_x) \quad (12.4.5\text{-}2)$$

式中 S_{a1}——当金属管道的埋地部分未与防雷接地装置连接时，引下线与金属物体之间的空气中距离（m）；

R_i——防雷接地装置的冲击接地电阻（Ω）；

K_c——系数，按图 12.3.6 确定；

L_x——引下线计算点到地面长度（m）。

在共用接地装置并与埋地金属管道相连的情况下，其引下线与金属物之间的空气中距离应符合公式 12.3.6-3 的要求。

当利用建筑物的钢筋体或钢结构作为引下线，同时建筑物的大部分金属物（钢筋、钢结构）与被利用的部分连成整体时，其距离可不受限制。

当引下线与金属物或线路之间有自然接地或人工接地的钢筋混凝土构件、金属板、金属网等静电屏蔽物隔开时，其距离可不受限制。

12.4.6 防雷电波侵入的措施，应符合下列要求：

12.4.6.1 当低压线路全长采用埋地电缆或在架空金属线槽内的电缆引入时，在入户端应将电缆金属外皮、金属线槽接地，并应与防雷接地装置相连。

12.4.6.2 低压架空线应采用一段埋地长度不小于 $2\sqrt{\rho}$（m）的金属铠装电缆或护套电缆穿钢管直接埋地引入，但电缆埋地长度不应小于 15m。电缆与架空线连接处应装设避雷器。避雷器、电缆金属外皮、钢管和绝缘子铁脚等应连在一起接地，其冲击接地电阻不应大于 10Ω。

12.4.6.3 年平均雷暴日在 30 及以下地区的建筑物，可采用低压架空线直接引入，但应符合下列要求：

（1）入户端应装设避雷器，并应与绝缘子铁脚连在一起接到防雷接地装置上，冲击接地电阻不应大于 5Ω；

（2）入户端的三基电杆绝缘子铁脚应接地，其冲击接地电阻均不应大于 20Ω。

12.4.7 进出建筑物的各种金属管道及电气设备的接地装置，应在进出处与防雷接地装置连接。

12.4.8 二级防雷建筑物的其他防雷措施还应符合本章第 12.3.7 条至第 12.3.11 条的要求。

12.5 三级防雷建筑物的保护措施

12.5.1 防直击雷宜在建筑物屋角、屋檐、女儿墙或屋脊上装设避雷带或避雷针（见附录 D.3），当采用避雷带保护时，应在屋面上装设不大于 20m×20m 的网格。采用避雷针保护时，被保护的建筑物及突出屋面的物体均应处于接闪器的保护范围内。

12.5.2 防直击雷装置的引下线应优先利用建筑物钢筋混凝土中的钢筋，但应符合本章第 12.8.6 条的要求。

12.5.3 防直击雷装置引下线的数量和间距规定如下：

12.5.3.1 为防雷装置专设引下线时，其引下线的数量不宜少于两根，间距不应大于 25m。

12.5.3.2 当利用建筑物钢筋混凝土中的钢筋作为防雷装置引下线时，其引下线的数量不做具体规定，间距不应大于 25m。建筑物外廓易受雷击的几个角上的柱子钢筋宜被利用。

12.5.4 构筑物的防直击雷装置引下线一般可为一根，但其高度超过 40m 时，应在相对称的位置上装设两根。钢筋混凝土结构的构筑物中的钢筋，当符合本章第 12.8.6 条的要求时，可作为引下线。

12.5.5 防直击雷装置每根引下线的冲击接地电阻不宜大于 30Ω，其接地装置宜和电气设备等接地装置共用。防雷接地装置宜与埋地金属管道及不共用的电气设备接地装置相连。

在共用接地装置并与埋地金属管道相连的情况下，接地装置宜围绕建筑物敷设成环形接地体。当符合本章第 12.9.8 条的要求时，应利用基础和圈梁作为环形接地体。

12.5.6 防雷电波侵入的措施，应符合下列要求：

12.5.6.1 对电缆进出线，应在进出端将电缆的金属外皮、钢管等与电气设备接地相连。如电缆转换为架空线，则应在转换处装设避雷器，避雷器、电缆金属外皮和绝缘子铁脚应连在一起接地，其冲击接地电阻不宜大于 30Ω。

12.5.6.2 对低压架空进出线，应在进出处装设避雷器并与绝缘子铁脚连在一起接到电气设备的接地装置上。当多回路进出线时，可仅在母线或总配电箱处装设避雷器或其他形式的过电压保护器，但绝缘子铁脚仍应接到接地装置上。

12.5.6.3 进出建筑物的架空金属管道，在进出处应就近接到防雷和电气设备的接地装置上。

12.5.7 装设在建筑物上的避雷带或避雷针的引下线和接地装置，距周围架空线及架空管道的空气距离应满足公式 12.4.5-1 或 12.4.5-2 的要求，距周围地下各种金属管道及其他各种接地装置的距离应满足公式 12.3.6-4 的要求，但不应小于 2m。如达不到时，应将各种接地连在一起。

12.5.8 进出建筑物的各种金属管道及电气设备的接地装置，应在进出处与防雷接地装置连接。

12.6 其他防雷保护措施

12.6.1 微波站、电视台、地面卫星站、广播发射台等通讯枢纽建筑物的防雷，应符合下列规定：

12.6.1.1 天线塔设在机房顶上时，塔的金属结构应与机房屋面上的防雷装置连在一起，其连接点不应少于两处。波导管或同轴电缆的金属外皮和航空障碍灯用的穿线金属管道，均应与防雷装置连接在一起，并应符合第 12.3.7 条的规定。

12.6.1.2 天线塔远离机房时进出机房的各种金属管道和电缆的金属外皮或穿全塑电缆的金属管道应埋地敷设，其埋地长度不应小于 50m，两端应与塔体接地网和电气设备接地装置相连接。

12.6.1.3 机房建筑的防雷装置，应符合本章第 12.3.2 条及第 12.3.7 条的要求。当建筑物不是钢筋混凝土结构时，应围绕机房敷设闭合环形接地体，引下线不得少于四组。非钢筋混凝土楼板的地面，应在地面构造内敷设不大于 1.5m×1.5m 的均压网，与闭合环形接地连成一体。专用接地或直流接地宜采用一点接地，在室内不应与其他接地相连，此时距其他接地装置的地下距离不应小于 20m，地上距防雷装置的距离应满足公式 12.3.6-1 或 12.3.6-3 的要求。当不能满足上述要求时，应与防雷接地和保护接地连在一起，其冲击接地电阻不应大于 1Ω。

12.6.1.4 专用接地或直流接地的室内接地网，宜采用绝缘电线或单芯电缆穿塑料管，在室外接地手孔井处与接地母线连接。

12.6.1.5 为防止同轴电缆及其保护管与电源线之间可能产生的高电位击坏设备，室内几种专用接地导线之间和电源保护接地之间，每隔不大于 15m 通过低压避雷器与附近的防雷装置和保护接地连在一起。

12.6.2 固定在建筑物上的节日彩灯、航空障碍标志灯及其他用电设备的线路，应根据建筑物的重要性采取相应的防止雷电波侵入的措施：

（1）无金属外壳或保护网罩的用电设备应处在接闪器的保护范围内；

（2）从配电盘引出的线路应穿钢管，钢管的一端与配电盘外露可导电部分相连，另一端与用电设备外露可导电部分及保护罩相连，并就近与屋顶防雷装置相连，钢管因连接设备而在中间断开时应设跨接线；

（3）在配电盘内，应在开关的电源侧与外露可导电部分之间装设过电压保护器。

12.6.3 不装防雷装置的所有建筑物和构筑物，为防止雷电波沿架空线侵入室内，应在进户处将绝缘子铁脚连同铁横担一起接到电气设备的接地装置上。

12.6.4 为防止雷电波侵入，严禁在独立避雷针、避雷网、引下线和避雷线支柱上悬挂电话线、广播线和低压架空线等。

12.6.5 在装设防雷装置的空间内，避免发生生命危险的最重要措施是采用等电位连接。

12.6.6 为降低电视前端与电源之间的电位差对电视机造成损坏，确保电视机的安全使用，共用电视天线系统宜采用穿铁管配线。其具体措施应符合本规范第15章有关规定。

12.6.7 当采用中性线断线故障保护时，应满足下列相应要求：

（1）防雷接地装置和中性线断线故障保护的接地装置之间应通过低压避雷器连在一起；

（2）电源为架空引入时，应在入户处的各相和中性线上装设低压避雷器，并将铁横担、绝缘子铁脚及避雷器的接地共同接到中性线断线故障保护的接地装置上；

（3）电源为电缆引入时，各相及中性线通过低压避雷器在进线箱处与中性线断线故障保护的接地干线连接；

（4）当采用上述措施时，中性线断线故障保护的接地电阻不宜大于10Ω。

12.7 接 闪 器

12.7.1 接闪器的一般要求

12.7.1.1 避雷针采用圆钢或焊接钢管制成（一般采用圆钢），其直径不应小于下列数值：

针长1m以下	圆钢为12mm，
	钢管为20mm；
针长1～2m	圆钢为16mm，
	钢管为25mm；
烟囱顶上的针	圆钢为20mm。

12.7.1.2 避雷网和避雷带采用圆钢或扁钢（一般采有圆钢）其尺寸不应小于下列数值：

圆钢直径为8mm；

扁钢截面为48mm^2；

扁钢厚度为4mm。

烟囱顶上的避雷环采用圆钢或扁钢（一般采用圆钢），其尺寸不应小于下列数值：

圆钢直径为12mm；

扁钢截面为100mm^2；

扁钢厚度为4mm。

12.7.1.3 利用铁板、铜板、铝板等做屋面的建筑物，当符合下列要求时，宜利用其屋面作为接闪器：

（1）金属板之间具有持久的贯通连接；

（2）当需要防金属板雷击穿孔时，其厚度不应小于下列数值：

铁板　4mm；

铜板　5mm；

铝板　7mm。

（3）当不需要防金属板雷击穿孔和金属板下面无易燃物品时，其厚度不应小于0.5mm；

（4）金属板无绝缘被覆层。

注：薄的油漆保护层或0.5mm厚沥青层或1mm厚聚氯乙烯层均不属于绝缘被覆层。

12.7.1.4　屋顶上的下列金属物宜作为接闪器，但其所有部件之间均应连成电气通路：

（1）旗杆、栏杆、装饰物等等，其规格不小于对标准接闪器所规定的尺寸。

（2）厚度不小于2.5mm的金属管、金属罐，且不会由于被雷击穿而发生危险。

12.7.1.5　接闪器应镀锌，焊接处应涂防腐漆，但利用混凝土构件内钢筋作接闪器除外。在腐蚀性较强的场所，还应适当加大其截面或采取其他防腐措施。

12.7.2　接闪器的保护范围

12.7.2.1　接闪器由下列各形式之一或任意组合而成：

（1）独立避雷针。

（2）直接装设在建筑物上的避雷针、避雷带或避雷网。

12.7.2.2　接闪器的布置应符合表12.7.2.2的要求。

布置接闪器时应优先采用避雷网或避雷带；当采用避雷针时，应按表12.7.2.2规定的不同建筑防雷级别的滚球半径 h_r 采用滚球法计算避雷针的保护范围。

表12.7.2.2　按建筑物的防雷级别布置接闪器

建筑物防雷级别	滚球半径 h_r（m）	避雷网尺寸（m）
第一级防雷建筑物	30	10×10
第二级防雷建筑物	45	15×15
第三级防雷建筑物	60	20×20

滚球法是以 h_r 为半径的一个球体，沿需要防直击雷的部位滚动，当球体只触及接闪器（包括利用作为接闪器的金属物）或接闪器和地面（包括与大地接触能承受雷击的金属物）而不触及需要保护的部位时，则该部分就得到接闪器的保护。

12.7.2.3　单支避雷针的保护范围，应按下列方法确定（见图12.7.2.3）：

（1）当避雷针高度 $h \leqslant h_r$ 时：

a. 距地面 h_r 处作一平行于地面的平行线；

b. 以针尖为圆心、h_r 为半径作弧线，交于平行线的 A、B 两点；

c. 以 A、B 为圆心、h_r 为半径作弧线，该弧线与针尖相交并与地面相切。从此弧线起到地面止就是保护范围。保护范围是一个对称的锥体；

d. 避雷针在 h_x 高度的 XX' 平面上的保护半径，按下式计算：

$$r_x = \sqrt{h(2h_r - h)} - \sqrt{h_x(2h_r - h_x)} \qquad (12.7.2.3)$$

式中　r_x——避雷针在 h_x 高度的 XX' 平面上的保护半径（m）；

h_r——滚球半径，按表12.7.2.2确定（m）；

h_x——被保护物的高度（m）。

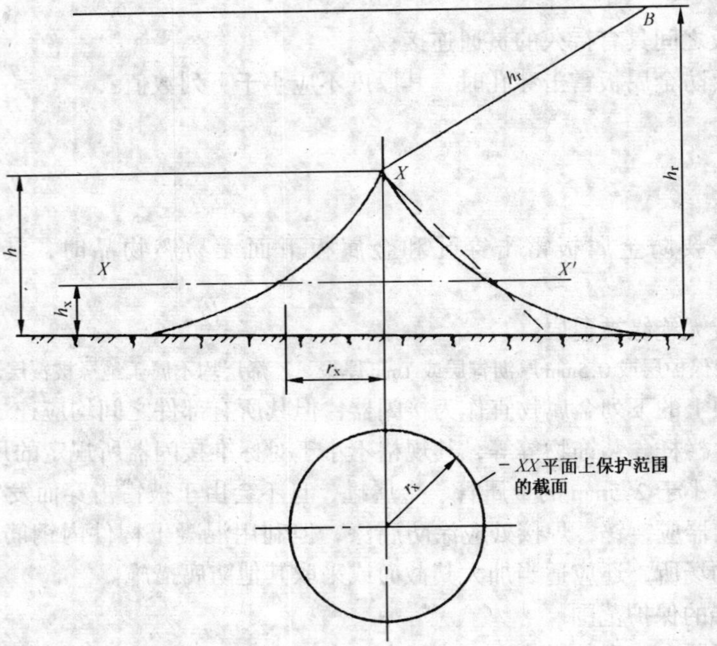

图 12.7.2.3　单支避雷针的保护范围

（2）当 $h>h_r$ 时，在避雷针上取高度 h_r 的一点代替单支避雷针针尖作为圆心。其余的作法同本款之（1）。

12.7.2.4　双支等高避雷针的保护范围，在 $h \leqslant h_r$ 的情况下，当 $D \geqslant 2\sqrt{h(2h_r-h)}$ 时，各按单支避雷针所规定的方法确定；当 $D < 2\sqrt{h(2h_r-h)}$ 时，按下列方法确定（见图 12.7.2.4）：

（1）*ADBC* 外侧的保护范围，应按照单支避雷针所规定的方法确定；

（2）*C*、*D* 点位于两针间的垂直平分线上。在地面每侧的最小保护宽度应按下式计算：

$$b_o = \overline{CD} = \overline{DO} = \sqrt{h(2h_r-h)-(D/2)^2} \tag{12.7.2.4-1}$$

在 *AOB* 轴线上，*A*、*B* 间保护范围上边线应按下式确定：

$$h_x = h_r - \sqrt{(h_r-h)^2+(D/2)^2-x^2} \tag{12.7.2.4-2}$$

式中 x 为距中心线的距离。

实际上，该保护范围上边线是以中心线距地面 h_r 的一点 O' 为圆心、以 $\sqrt{(h_r-h)^2+(D/2)^2}$ 为半径作的圆弧。

（3）两针间 *ADBC* 内的保护范围，*ACO*、*BCO*、*ADO*、*BDO* 各部分是类同的，以 *ACO* 部分的保护范围为例，按以下方法确定：在 h_x 和 *C* 点所处的垂直平面上，以 h_x 作为假想避雷针，按单支避雷针所规定的方法确定（见 1-1 剖面）。

12.7.2.5　双支不等高避雷针的保护范围，在 $h_1 \leqslant h_r$ 和 $h_2 \leqslant h_r$ 的情况下，当 $D \geqslant \sqrt{h_1(2h_r-h_1)}+\sqrt{h_2(2h_r-h_2)}$ 时，各按单支避雷针所规定的方法确定；当 $D < \sqrt{h_1(2h_r-h_1)}+\sqrt{h_2(2h_r-h_2)}$ 时，应按下列方法确定（见图 12.7.2.5）：

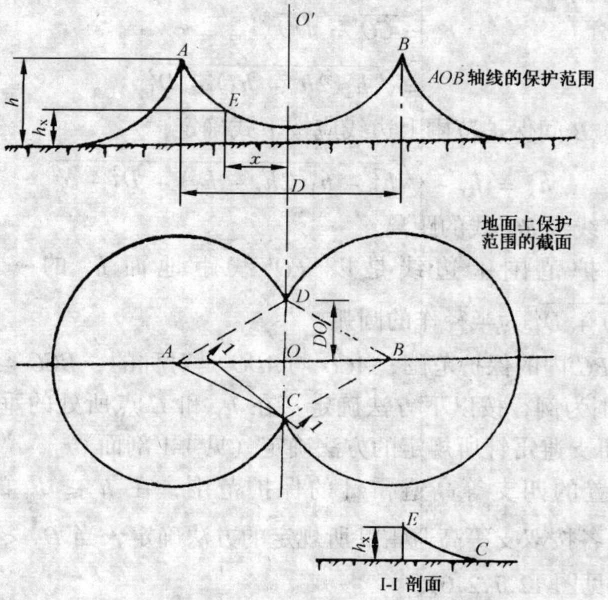

图 12.7.2.4　双支等高避雷针的保护范围

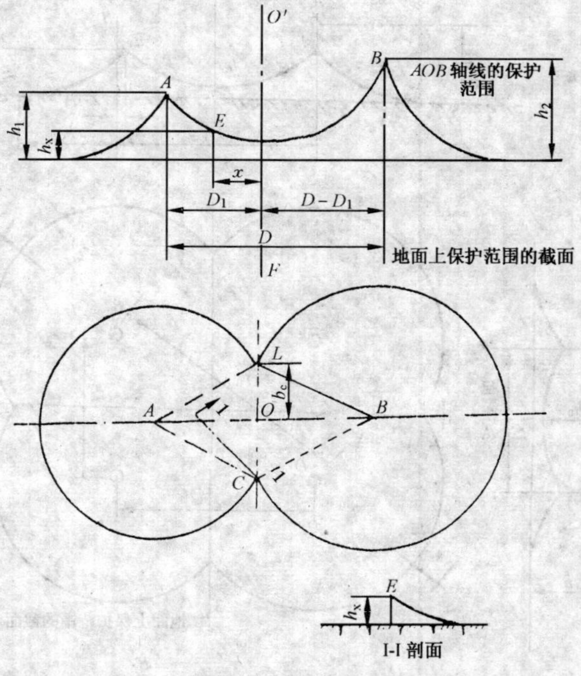

图 12.7.2.5　双支不等高避雷针的保护范围

（**1**）*ADBC* 外侧的保护范围，按照单支避雷针所规定的方法确定；

（**2**）*CD* 线或 *FO'* 线的位置应按下式计算：

$$D_1 = \frac{2h_r(h_1 - h_2) - h_1^2 + h_2^2 + D^2}{2D} \qquad (12.7.2.5\text{-}1)$$

（3）在地面上每侧的最小保护宽度，应按下式计算：

$$b_o = \overline{CO} = \overline{DO}$$

$$= \sqrt{h_1(2h_r - h_1) - D_1^2} \qquad (12.7.2.5\text{-}2)$$

在 AOB 轴线上，A、B 间保护范围上边线应按下式确定：

$$h_x = h_r - \sqrt{h_r^2 - h_1(2h_r - h_1) + D_1^2 - x^2} \qquad (12.7.2.5\text{-}3)$$

式中 x 为距 CD 线或 FO' 线的距离。

实际上，该保护范围上边线是以 FO' 线距地面 h_r 的一点 O' 为圆心、以 $\sqrt{h_r^2 - h_1(2h_r - h_1) + D_1^2}$ 为半径作的圆弧；

（4）两针间 $ADBC$ 内的保护范围，ACO 与 ADO 是对称的，BCO 与 BDO 是对称的，以 ACO 部分的保护范围为例，按以下方法确定：在 h_x 和 C 点所处的垂直平面上，以 h_x 作为假想避雷针，按单支避雷针所规定的方法确定（见 1-1 剖面）。

12.7.2.6 矩形布置的四支等高避雷针的保护范围，在 $h \leqslant h_r$ 的情况下，当 $D_3 \geqslant 2\sqrt{h(2h_r - h)}$ 时，各按双支等高避雷针所规定的方法确定，当 $D_3 < 2\sqrt{h(2h_r - h)}$ 时，应按下列方法确定（见图 12.7.2.6）：

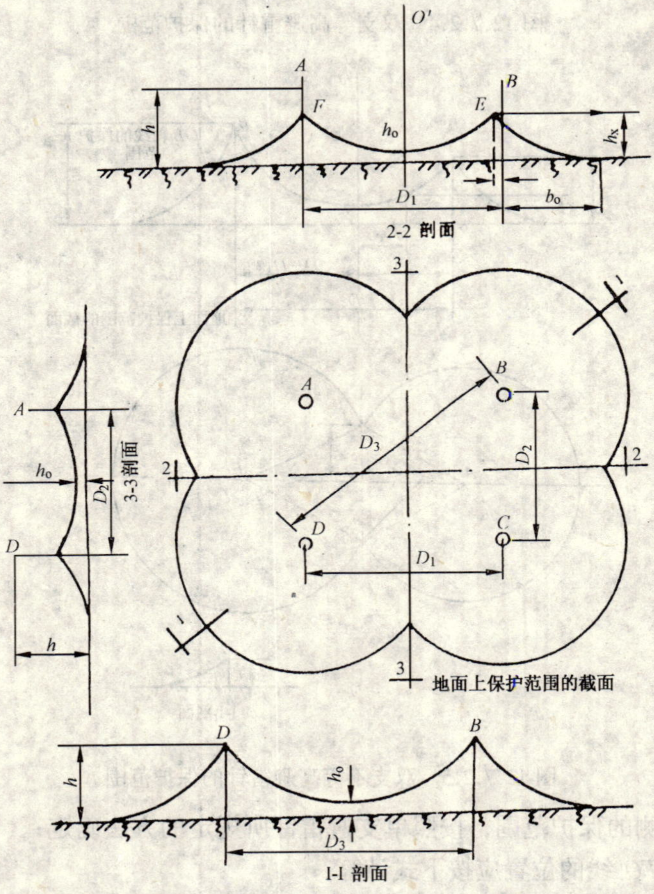

图 12.7.2.6 四支等高避雷针的保护范围

(1) 四支避雷针的外侧各按双支避雷针所规定的方法确定;

(2) B、D 避雷针连线上的保护范围见 1-1 剖面。外侧部分按单支避雷针所规定的方法确定。两针的保护范围按以下方法确定:以 B、D 两针针尖为圆心、h_r 为半径作弧相交于 O 点,以 O 点为圆心、h_r 为半径作圆弧,与针尖相接的这段圆弧即为针间保护范围。保护范围最低点的高度 h_o 按下式计算:

$$h_o = \sqrt{h_r^2 - (D_3/2)^2} + h - h_r \qquad (12.7.2.6\text{-}1)$$

(3) 2-2 剖面的保护范围,以 A、B 针间的垂直平分线上的 O' 点(距地面的高度为 $h_r + h_o$)为圆心、h_r 为半径作圆弧与 B、C 和 A、D 双支避雷针所作出在该剖面的外侧保护范围延长圆弧相交于 E、F 点。E 点(F 点与此类同)的位置及高度可按下列两计算式确定:

$$(h_r - h_x)^2 = h_r^2 - (b_o + X)^2 \qquad (12.7.2.6\text{-}2)$$

$$(h_r + h_o - h_x)^2 = h_r - (D_1/2 - X)^2 \qquad (12.7.2.6\text{-}3)$$

(4) 3-3 剖面保护范围的确定与本款之(3)相同。

12.8 引 下 线

12.8.1 引下线采用圆钢或扁钢(一般采用圆钢),其尺寸不应小于下列数值:

圆钢直径为 8mm;

扁钢截面为 48mm^2;

扁钢厚度为 4mm。

装设在烟囱上的引下线,其尺寸不应小于下列数值:

圆钢直径为 12mm;

扁钢截面为 100mm^2;

扁钢厚度为 4mm。

12.8.2 引下线应镀锌,焊接处应涂防腐漆,但利用混凝土中钢筋作引下线除外。在腐蚀性较强的场所,还应适当加大截面或采取其他的防腐措施。

12.8.3 引下线应沿建筑物外墙敷设,并经最短路径接地,建筑艺术要求较高者也可暗敷,但截面应加大一级。

12.8.4 建筑物的金属构件(如消防梯等),金属烟囱、烟囱的金属爬梯等可作为引下线,但其所有部件之间均应连成电气通路。

12.8.5 采用多根专设引下线时,为了便于测量接地电阻以及检查引下线、接地线的连接状况,宜在各引下线距地面 1.8m 以下处设置断接卡。

12.8.6 利用建、构筑物钢筋混凝土中的钢筋作为防雷引下线时,其上部(屋顶上)应与接闪器焊接,下部在室外地坪下 0.8~1m 处焊出一根 D12mm 或 40mm×4mm 镀锌导体,此导体伸向室外距外墙皮的距离宜不小于 1m,并应符合下列要求:

(1) 当钢筋直径为 16mm 及以上时,应利用两根钢筋(绑扎或焊接)作为一组引下线。

(2) 当钢筋直径为 10mm 及以上时,应利用四根钢筋(绑扎或焊接)作为一组引下线。

12.8.7 当建、构筑物钢筋混凝土内的钢筋具有贯通性连接（绑扎或焊接）并符合本章第12.8.6条要求时，竖向钢筋可作为引下线；横向钢筋若与引下线有可靠连接（绑扎或焊接）时可作为均压环。

12.8.8 在易受机械损坏的地方，地面上约1.7m至地面下0.3m的这一段引下线应加保护设施。

12.9 接 地 装 置

12.9.1 垂直埋设的接地体，宜采用圆钢、钢管、角钢等，水平埋设的接地体，宜采用扁钢、圆钢等。人工接地体的尺寸不应小于下列数值：

圆钢直径为10mm；

扁钢截面为100mm^2；

扁钢厚度为4mm；

角钢厚度为4mm；

钢管壁厚为3.5mm。

12.9.2 接地体应镀锌，焊接处应涂防腐漆。在腐蚀性较强的土壤中，还应适当加大其截面或采取其他防腐措施。

12.9.3 垂直接地体的长度一般为2.5m。为了减小相邻接地体的屏蔽效应，垂直接地体间的距离及水平接地体间的距离一般为5m，当受地方限制时可适当减小。

12.9.4 接地体埋设深度不宜小于0.6m，接地体应远离由于高温影响（如烟道等）使土壤电阻率升高的地方。

12.9.5 当防雷装置引下线在两根及以上时，每根引下线的冲击接地电阻，均应满足本章有关条文对各级防雷建筑物所规定的防直击雷装置的冲击接地电阻值。

12.9.6 对伸长形接地体，在计算冲击接地电阻时，接地体的有效长度（从接地体与引下线的连接点算起）应按下式计算：

$$L_e = 2\sqrt{\rho} \qquad (12.9.6)$$

式中 L_e——有效长度（m）；

ρ——接地体周围介质的土壤电阻率（Ω·m）。

12.9.7 为降低跨步电压，防直击雷的人工接地装置距建筑物入口处及人行道不应小于3m，当小于3m时应采取下列措施之一：

（1）水平接地体局部深埋不应小于1m。

（2）水平接地体局部包以绝缘物（例如50～80mm厚的沥青层）。

（3）采用沥青碎石地面或在接地装置上面敷设50～80mm厚的沥青层，其宽度超过接地装置2m。

12.9.8 当基础采用以硅酸盐为基料的水泥（如矿渣水泥、波特兰水泥）和周围土壤的含水量不低于4%以及基础的外表面无防腐层或有沥青质的防腐层时，钢筋混凝土基础内的钢筋宜作为接地装置，但应符合下列要求：

12.9.8.1 每根引下线处的冲击接地电阻不宜大于5Ω。

12.9.8.2 敷设在钢筋混凝土中的单根钢筋或圆钢，其直径不应小于10mm。被利用作为防雷装置的混凝土构件内用于箍筋连接的钢筋，其截面积总和不应小于一根直径10mm钢筋的截面积。

12.9.8.3 利用基础内钢筋网作为接地体时，每根引下线在距地面0.5m以下的钢筋表面积总和，对第一级防雷建筑物不应少于$4.24K_c$（m^2），对第二、三级防雷建筑物不应少于$1.89K_c$（m^2），K_c值按图12.3.6确定。

12.9.8.4 应在与防雷引下线相对应的室外埋深0.8～1m处由被利用作为引下线的钢筋上焊出一根D12mm或40mm×4mm镀锌导体，此导体伸向室外，距外墙皮的距离不宜小于1m。

12.9.9 接地装置的工频接地电阻与冲击接地电阻的换算可按附录D.5计算。

12.9.10 沿建筑物外面四周敷设成闭合环状的水平接地体，可埋设在建筑物散水及灰土基础以外的基础槽边。

12.9.11 对高土壤电阻率地区，如接地电阻难以符合规定要求时，可用均衡电位的方法，即沿建筑物外面四周敷设水平接地体成闭合回路（其所形成的网格除另有要求外，如大于24m×24m时，应增设均压带），并将所有进入屋内的金属管道、电缆金属外皮与闭合接地体相连。或采用外引接地装置，外引长度不宜大于公式12.9.6的计算值。为了防止反击，防雷装置应与电力设备及金属管的接地装置相连。

12.9.12 防雷装置的接地电阻应考虑在雷雨季节中土壤干燥状态的影响。

13 电力设备防雷

13.1 一 般 规 定

13.1.1 本章适用于以下电力设备的防雷设计：

（1）10kV及以下的架空线路。

（2）10kV及以下配变电所。

（3）与3～10kV架空线连接的配电变压器和开关设备。

（4）10kV及以下容量在1500kW及以下的旋转电机。

13.1.2 电力设备防雷设计，应根据工程特点、规模、发展规划和雷电活动等情况，合理地确定设计方案。

13.1.3 雷电活动特殊强烈的地区，应根据当地运行经验，适当加强防雷措施。全国各主要城镇的年平均雷暴日数，可参见本规范附录D.1。

13.2 10kV及以下架空线路保护

13.2.1 电力线路的防雷方式，应根据负荷性质、当地运行经验、雷电活动、地形、地貌、土壤电阻率的高低等条件，通过技术、经济比较确定。

13.2.2 对于城镇中的3～10kV架空线路，钢筋混凝土电杆宜接地，铁杆应接地，接地电阻不宜大于30Ω。

钢筋混凝土杆的钢筋可兼作接地引下线。

13.2.3 与高压架空电力线路相连接的长度超过50m的电缆，应在其两端装设阀型避雷器、管型避雷器或保护间隙，其接地端应与电缆的金属外皮连接，接地电阻不宜超过

30Ω；长度不超过 50m 的电缆，可在线路变换处一端装设。

13.2.4 3～10kV 钢筋混凝土杆架空线路，当采用铁横担时，线路绝缘子宜采用高一电压等级的绝缘子。

13.2.5 3～10kV 较长线路中的绝缘弱点，如木杆木横担线路中的个别铁横担、钢筋混凝土杆等，宜采用管型避雷器或保护间隙进行保护。其接地电阻不宜超过表 13.2.5 所列数值。

表 13.2.5 线路杆塔的工频接地电阻（Ω）

土壤电阻率（Ω·m）	100 及以下	100 以上至 500	500 以上至 1000	1000 以上至 2000	2000 以上
接地电阻	10	15	20	25	30

13.2.6 线路交叉档两端的绝缘不应低于其邻档杆塔的绝缘。交叉点宜靠近上、下方线路的杆塔，以减少导线因初伸长、覆冰、过载温升、短路电流过热而增大弧垂的影响和降低雷击交叉档时交叉点上的过电压。

13.2.7 电力线路与电力线路或与通信线路交叉时，两交叉线路导线间的垂直距离，当导线弧垂计算温度为 40℃时，不得小于表 13.2.7 所列数值。对按允许载流量计算导线截面的线路，还应检验当导线为最高允许温度时的交叉距离，且不得小于 0.80m。

表 13.2.7 电力线路与电力线路或与通信线路交叉时的交叉距离（m）

额定电压（kV）	1 以下和通信线路	3～10
3～10	2	2
1 以下	1	2

13.2.8 3～10kV 线路与同级电压线路、较低电压线路或与通信线路交叉时，交叉档一般采取下列保护措施：

（**1**）交叉档两端的钢筋混凝土杆（上、下方线路共 4 基），均应接地。

（**2**）3～10kV 的电力线路，交叉档两端为木杆或木横担钢筋混凝土杆时，应装设管型避雷器或保护间隙。

（**3**）与 3～10kV 电力线路交叉的低压线路和通信线路，当交叉档两端为木杆时，应装设保护间隙。

门型木杆上的保护间隙，可由横担与主杆固定处沿杆身敷设接地引下线构成。单木杆针式绝缘子的保护间隙，可在距绝缘子固定点 0.75m 处沿杆身绑扎接地引下线构成。通信线路的保护间隙可由杆顶沿杆身敷设接地引下线构成。

按交叉距离要求而采取的保护措施，其接地电阻不宜超过表 13.2.5 所列数值的 2 倍。

如交叉距离比表 13.2.7 所列数值大 2m 及以上，则交叉档可不采取保护措施。

13.2.9 如交叉点至最近杆塔的距离不超过 40m 时，可不在此线路交叉档的另一杆塔上装设交叉保护用的接地装置、管型避雷器或保护间隙。

13.2.10 中性点直接接地的低压电力网和高、低压同杆的电力网，其杆身、铁横担、PEN 线等的连接见本规范第 14.5.3 条的规定。

13.2.11 中性点非直接接地的低压电力网，其钢筋混凝土杆宜接地，铁杆应接地，接地电阻不宜超过 50Ω。

13.2.12 低压架空线路接户线的绝缘子铁脚宜接地，接地电阻不宜超过 30Ω。当土壤电阻率在 200Ω·m 及以下时，铁横担钢筋混凝土杆线路由于连续多杆自然接地作用，可不另设接地装置。

13.2.13 沥青路面上的或有运行经验地区的钢筋混凝土杆和铁杆，可不另设人工接地装置，钢筋混凝土杆的钢筋、铁横担和铁杆也可不与中性线连接。

13.2.14 人员密集的公共场所，如剧院、影院、教室等，以及由木杆和木横担引下的低压接户线，其绝缘子铁脚应接地，并应装设专用的接地装置，但钢筋混凝土杆的自然接地电阻不超过 30Ω 的除外。

13.2.15 有关低压网络 TN 系统中 PEN 或 PE 线的重复接地要求，见本规范第 14.5.3 条的规定。

13.3 配变电所及与架空线连接的配电变压器和开关设备的保护

13.3.1 3～10kV 的配变电所，应在每组母线和每回路架空线路上装设阀型避雷器，其保护接线见图 13.3.1。母线上避雷器与变压器的电气距离不宜大于表 13.3.1 所列数值。

表 13.3.1 3～10kV 避雷器与变压器的最大电气距离（m）

雷季经常运行的进出线路数	1	2	3	4 及以上
最大电气距离	15	23	27	30

13.3.1.1 对于具有电缆进线线段的架空线路，阀型避雷器应装设在架空线路与连接电缆的终端头附近。

13.3.1.2 阀型避雷器的接地端应和电缆金属外皮相连。

13.3.1.3 如各架空线均有电缆进出线段，避雷器与变压器的电气距离不受限制。

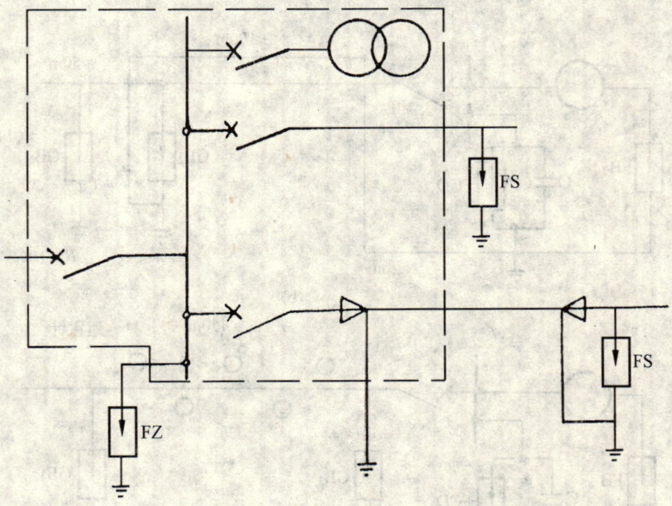

图 13.3.1 3～10kV 配电装置雷电侵入波的保护接线

注：FZ、FS——阀型避雷器。

13.3.1.4 避雷器应以最短的接地线与配变电所的主接地网连接，包括通过电缆金属外皮与主接地网连接。

13.3.2 与架空线路连接的 3～10kV 配电变压器，及当 Y，yno 或 D，yno 接线的配电变压器设在一级防雷建筑内外为电缆进线时，均应在高压侧装设阀型避雷器。

保护装置宜靠近变压器装设，其接地线应与变压器低压侧中性点（中性点不接地的电力网中，与中性点的击穿保险器的接地端）以及外露可导电部分连在一起接地。

13.3.3 在多雷区及向一级防雷建筑供电的 Y，yno 和 D，yno 接线的配电变压器，除在高压侧按有关规定装设避雷器外，在低压侧尚应装设一组避雷器。

13.3.4 3～10kV 柱上断路器和负荷开关应采用阀型避雷器或保护间隙保护。经常断路运行而又带电的柱上断路器、负荷开关或隔离开关的两侧，均应装设避雷器或保护间隙，其接地线应与柱上断路器等的外露可导电部分连接，且接地电阻不应超过 10Ω。

13.3.5 在多雷区或易遭雷击地段，直接与架空线相连的电度表宜装设防雷装置。

13.4 旋转电机的保护

13.4.1 与架空电力线路直接连接的旋转电机的保护方式应根据电机容量、雷电活动的强弱和对运行可靠性的要求确定。

13.4.2 单机容量为 300kW 以上到 1500kW 以下的直配电机，宜采用图 13.4.2 的保护接线。

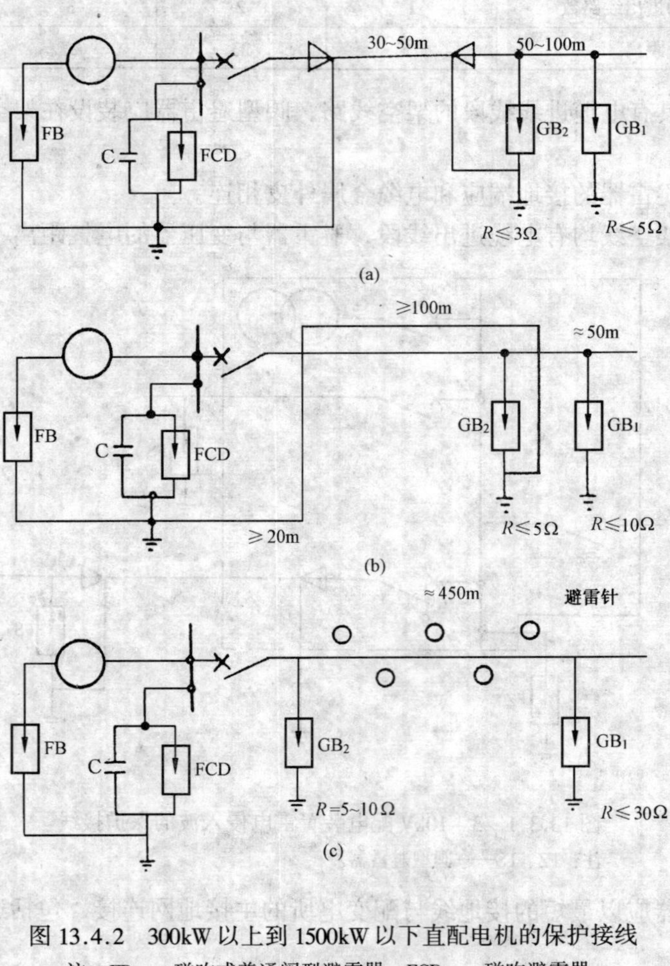

图 13.4.2 300kW 以上到 1500kW 以下直配电机的保护接线

注：FB——磁吹或普通阀型避雷器；FCD——磁吹避雷器；

C——电容器；GB_1、GB_2——管型避雷器。

13.4.3 单机容量为 300kW 及以下的高压直配电机，根据具体情况和运行经验，宜采用

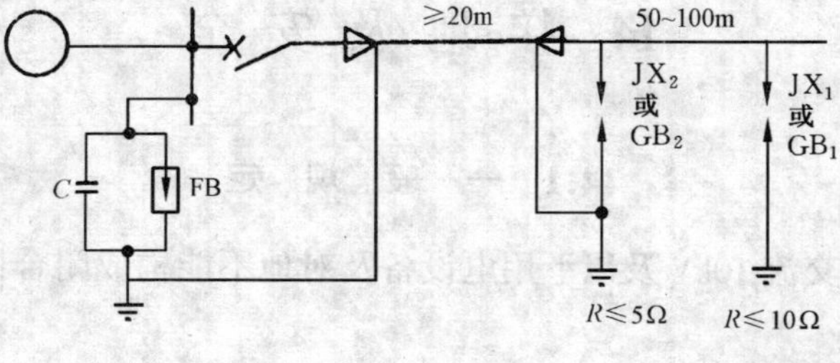

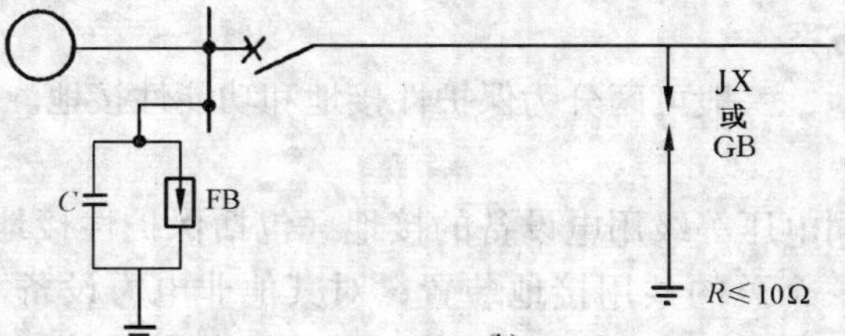

图 13.4.3　300kW 及以下高压直配电机的保护接线

注：JX_1、JX_2、JX——保护间隙。

图 13.4.3（a）的保护接线，也可采用图 13.4.3（b）的方式，只在线路入户处装设一组避雷器和电容器，并在靠近入户处的电杆上装设保护间隙或将绝缘子铁脚接地。个别重要电机，可采用图 13.4.2 的保护接线。

13.4.4　当采用图 13.4.2 和图 13.4.3 的保护方式不能满足要求时，可采用图 13.4.4 的保护接线。

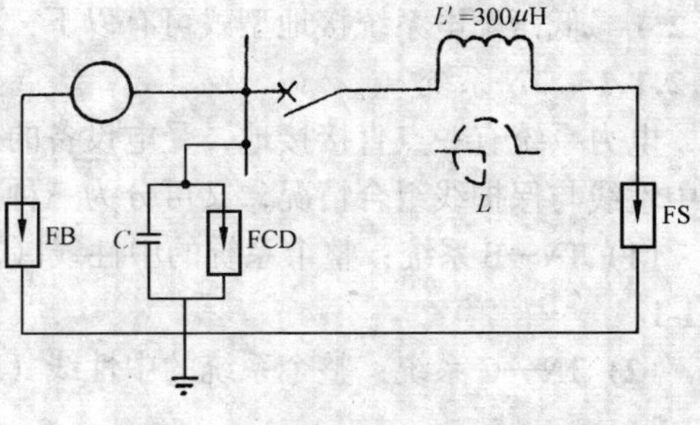

图 13.4.4　300kW 以上到 1500kW 以下有电抗线圈直配电机的保护接线

注：L——电抗线圈；L′——限流电抗器。

13.4.5　保护高压旋转电机用的避雷器，一般采用磁吹避雷器。避雷器宜靠近电机装设，在一般情况下，避雷器可装在电机出线处；如接在每一组母线上的电机不超过两台或单机容量不超过 500kW，且与避雷器的距离不超过 50m 时，避雷器也可装在每一组母线上。

13.4.6　当直配电机中性点能引出且未直接接地时，应在中性点上装设磁吹或普通阀型避雷器。

13.4.7　为保护直配电机而架设的避雷线，对边导线的保护角不应大于 30°。

为保护直配电机的匝间绝缘和防止感应过电压，应在每相母线上装设 0.25 ~ 0.50μF 的电容器；对于中性点不能引出或双排非并绕线圈的电机，每相应装设 1.50 ~ 2.00μF 的电容器，见图 13.4.2 和 13.4.3（a）；对于图 13.4.3（b）的保护接线，每相应装设 0.50 ~ 1.00μF 的电容器。

与母线连接的电容器宜有短路保护。

14 接 地 及 安 全

14.1 一 般 规 定

14.1.1 本章适用于交流10kV及以下用电设备及对地不能构成闭合回路的直流用电设备的接地及安全设计。

14.1.2 用电设备接地及安全设计应根据工程特点、规模、发展规划和地质特点以及操作维护情况合理确定设计方案。

14.1.3 用电设备的接地，一般可区分为保护性接地和功能性接地。保护性接地又可分为接地和接零两种型式。

14.1.4 不同用途和不同电压等级用电设备的接地（包括保护性接地和功能性接地），除另有规定者外，宜采用一个总的共用接地装置；对其他非电力设备（电讯及其他电子设备），除有特殊要求者外，也可采用共用接地装置，接地装置的接地电阻应符合其中最小值的要求。

14.1.5 设计接地装置时，应考虑土壤干、湿、冻结等季节变化对土壤电阻率的影响。接地电阻值在四季中均应符合本章要求。

14.1.6 在10kV及以下电力网中，严禁利用大地作相线或中性线。

14.2 低压配电系统的接地型式和基本要求

14.2.1 低压配电系统接地型式可有以下三种：

14.2.1.1 TN系统

电力系统有一点直接接地，受电设备的外露可导电部分通过保护线与接地点连接。按照中性线与保护线组合情况，又可分为三种型式：

（**1**）TN—S系统：整个系统的中性线（N）与保护线（PE）是分开的，见附录E.1图E.1-1。

（**2**）TN—C系统：整个系统的中性线（N）与保护线（PE）是合一的，见附录E.1图E.1-2。

（**3**）TN—C—S系统：系统中前一部分线路的中性线与保护线是合一的，见附录E.1图E.1-3。

14.2.1.2 TT系统

电力系统有一点直接接地，受电设备的外露可导电部分通过保护线接至与电力系统接地点无直接关联的接地极，见附录E.1图E.1-4。

14.2.1.3 IT系统

电力系统的带电部分与大地间无直接连接（或有一点经足够大的阻抗接地），受电设备的外露可导电部分通过保护线接至接地极，见附录E.1图E.1-5。

14.2.2 在TN系统的接地型式中，所有受电设备的外露可导电部分必须用保护线（或共用中性线即PEN线）与电力系统的接地点相连接，且必须将能同时触及的外露可导电部分接至同一接地装置上。

14.2.3 采用 TN—C—S 系统时，当保护线与中性线从某点（一般为进户处）分开后就不能再合并，且中性线绝缘水平应与相线相同。

14.2.4 保护线上不应设置保护电器及隔离电器，但允许设置供测试用的只有用工具才能断开的接点。对 PEN 线的隔离详见本规范第 8 章有关规定。

14.2.5 在 TN 系统中，保护装置特性除必须满足本规范第 8 章公式 8.6.4.6 要求外，当相线与大地间发生直接短路故障时，为了保证保护线和与它相连接的外露可导电部分对地电压不超过约定接触电压极限值 50V，还应满足：

$$\frac{R_B}{R_E} \leqslant \frac{50}{U_o - 50} \tag{14.2.5}$$

式中 R_B——所有接地极的并联有效接地电阻（Ω）；

U_o——额定相电压（V）；

R_E——不与保护线连接的装置外可导电部分的最小对地接触电阻（相线与地的短路故障可能通过它发生）。当 R_E 值未知时，可假定此值为 10Ω。

如不满足公式 14.2.5 要求，则应采用漏电电流动作保护或其他保护装置。

14.2.6 在 TT 系统中，共用同一接地保护装置的所有外露可导电部分，必须用保护线与这些部分共用的接地极连在一起（或与保护接地母线、总接地端子相连）。

接地装置的接地电阻 R_A 要满足单相接地故障时，在规定时间内切断供电的要求，或使接触电压限制在 50V 以下，即需满足公式 8.6.4.10 的要求。

TT 系统配电线路的接地故障保护方式见本规范第 8 章有关规定。

14.2.7 在 IT 系统中的任何带电部分（包括中性线）严禁直接接地。IT 系统中的电源系统对地应保持良好的绝缘状态。在正常情况下，从各相测得的对地短路电流值均不得超过 70mA（交流有效值）。若以连续供电为主要目的时，则以不损害设备为限度，可放宽此值。所有设备的外露可导电部分均应通过保护线与接地极（或保护接地母线、总接地端子）连接，连接方式见本规范第 8 章有关规定。

14.2.8 IT 系统必须装设绝缘监视及接地故障报警或显示装置。

14.2.9 在无特殊要求的情况下，IT 系统不宜引出中性线。

14.2.10 在选择系统接地型式时，应根据系统安全保护所具备的条件，并结合工程实际情况，确定其中的一种。

由同一台发电机、配电变压器或同一段母线供电的低压电力网，不宜同时采用两种系统接地型式（例如在同一低压配电系统中，不宜同时采用 TN 和 TT 系统）。

在同一低压配电系统中，当全部采用 TN 系统确有困难时，也可部分采用 TT 系统接地型式。但采用 TT 系统供电部分均应装设能自动切除接地故障的装置（包括漏电电流动作保护装置）或经由隔离变压器供电。自动切除故障的时间，必须符合本规范第 8 章中“接地故障保护”的有关规定。

14.3 低压配电系统的防触电保护

14.3.1 低压配电系统的防触电保护可分为：

（1）直接接触保护（正常工作时的电击保护）。

（2）间接接触保护（故障情况下的电击保护）。

（3）直接接触及间接接触兼顾的保护。

14.3.2 直接接触保护按照不同情况，可采用下列几种保护方式：

（1）将带电体进行绝缘，以防止与带电部分有任何接触可能。被绝缘的设备必须遵守该电气设备国家现行的绝缘标准。

（2）采用遮栏和外护物的保护，遮栏和外护物在技术上必须遵照有关规定进行设置。

（3）采用阻挡物进行保护。阻挡物必须防止如下两种情况之一发生：

a. 身体无意识地接近带电部分；

b. 在正常工作中设备运行期间无意识地触及带电部分。

（4）使设备置于伸臂范围以外的保护。凡能同时触及不同电位的两部位间的距离严禁在伸臂范围以内。在计算伸臂范围时，必须将手持较大尺寸的导电物件考虑在内。

（5）用漏电电流动作保护装置作为后备保护。

14.3.3 间接接触保护可采用下列方法：

（1）用自动切断电源的保护（包括漏电电流动作保护），并辅以总等电位联结。

（2）使工作人员不致同时触及两个不同电位点的保护（即非导电场所的保护）。

（3）使用双重绝缘或加强绝缘的保护。

（4）用不接地的局部等电位联结的保护。

（5）采用电气隔离。

14.3.4 直接接触与间接接触兼顾的保护，宜采用安全超低压和功能超低压的保护方法来实现。

14.3.5 安全超低压回路的带电部分严禁与大地连接，或与构成其他回路一部分的带电部分或保护线连接，使用安全超低压的设备外露可导电部分严禁直接接地或通过其他途径与大地连接。

14.3.6 能同时触及的外露可导电部分必须接至同一接地装置。

14.3.7 建筑物内的总等电位联结线必须与下列导电部分互相连接：

（1）保护线干线；

（2）接地干线或总接地端子；

（3）建筑物内的输送管道及类似的金属件，如水管等；

（4）集中采暖及空气调节系统的升压管；

（5）建筑物金属构件等导电体。

总等电位联结主母线的截面不应小于装置最大保护线截面的一半，但不小于 6mm^2，如果是采用铜导线，其截面可不超过 25mm^2；如为其他金属时，其截面应能承受与之相当的载流量。

14.3.8 在一个装置或部分装置内，如果作用于自动切断供电的间接接触保护不能满足本规范第 8 章规定的条件时，则需要设置辅助等电位联结。

辅助等电位联结必须包括固定式设备的所有能同时触及的外露可导电部分和装置外可导电部分。等电位系统必须与所有设备的保护线（包括插座的保护线）连接。

连接两个外露可导电部分的辅助等电位线，其截面不应小于接至该两个外露可导电部分的较小保护线的截面。

连接外露可导电部分与装置外可导电部分的辅助等电位联结线不应小于相应保护线截

面的一半。

14.3.9 在TN或TT系统中，一次侧为50V以上、二次侧为50V及以下安全超低压供电的变压器，宜采用双重绝缘或一次和二次绕组之间有接地金属屏蔽层的安全变压器，此时二次侧不应接地。在正常环境中对于电压等级在24～48V范围内的安全电压，还应采取防直接接触带电体的保护措施。

若采用普通变压器取得50V及以下电压，变压器二次侧应进行接地，且一次侧应装设具有自动切断电源的保护，变压器外露可导电部分要与一次回路的保护线相连。

14.3.10 下列设备的配电线路宜设置漏电电流动作保护：

（1）手握式及移动式用电设备。

（2）建筑施工工地的用电设备。

（3）环境特别恶劣或潮湿场所（如锅炉房、食堂、地下室及浴室）的电气设备。

（4）住宅建筑每户的进线开关或插座专用回路。

（5）由TT系统供电的用电设备。

（6）与人体直接接触的医疗电气设备（但急救和手术用电设备等除外）。

14.3.11 漏电电流保护装置的动作电流宜按下列数值选择：

（1）手握式用电设备为15mA。

（2）环境恶劣或潮湿场所的用电设备（如高空作业、水下作业等处）为6～10mA。

（3）医疗电气设备为6mA。

（4）建筑施工工地的用电设备为15～30mA。

（5）家用电器回路为30mA。

（6）成套开关柜、分配电盘等为100mA以上。

（7）防止电气火灾为300mA。

14.3.12 为确保消防电源的连续供电，消防电气设备的漏电电流动作保护装置，只发漏电信号而不自动切断电源。

14.3.13 在TN—C及TN—C—S系统中如采用中性线断线保护电器，需要重复接地时，要符合该装置的技术要求。

在TN—C及TN—C—S系统中，当用电设备与建筑物内各种装置外可导电部分采取总等电位联结措施时，中性线断线保护电器的接地装置，也应符合该装置的技术要求。

当技术上难以实现要求时，则可采用局部TT系统或TN—S系统。

14.4 保护接地范围

14.4.1 下列电力装置的外露可导电部分，除另有规定外，均应接地或接零：

（1）电机、变压器、电器、手握式及移动式电器。

（2）电力设备传动装置。

（3）室内、外配电装置的金属构架、钢筋混凝土构架的钢筋及靠近带电部分的金属围栏等。

（4）配电屏与控制屏的框架。

（5）电缆的金属外皮及电力电缆接线盒、终端盒。

（6）电力线路的金属保护管、各种金属接线盒（如开关、插座等金属接线盒）、敷线的钢索及起重运输设备轨道。

(7) 在非沥青地面场所的小接地短路电流系统架空电力线路的金属杆塔。

(8) 安装在电力线路杆塔上的开关、电容器等电力设备及其支架等。

14.4.2 在使用过程中产生静电并对正常工作造成影响的场所，宜采取防静电接地措施。

14.4.3 下列电力装置的外露可导电部分除另有规定者外，可不接地或接零：

(1) 在木质、沥青等不良导电地坪的干燥房间内，交流额定电压380V及以下。直流额定电压400V及以下的电力装置。但当维护人员可能同时触及电力装置外露可导电部分和接地（或接零）物件时除外。

(2) 在干燥场所，交流额定电压50V及以下、直流额定电压110V及以下的电力装置。

(3) 安装在配电屏、控制屏已接地的金属框架上的电气测量仪表、继电器和其他低压电器；安装在已接地的金属框架上的设备，如套管等。

(4) 当发生绝缘损坏时不会引起危及人身安全的绝缘子底座。

(5) 额定电压为220V及以下的蓄电池室内支架。

14.4.4 下述场所电气设备的外露可导电部分严禁保护接地：

(1) 采用设置绝缘场所保护方式的所有电气设备及装置外可导电部分。

(2) 采用不接地局部等电位联结保护方式的所有电气设备及装置外可导电部分。

(3) 采用电气隔离保护方式的电气设备及装置外可导电部分。

(4) 在采用双重绝缘及加强绝缘保护方式中的绝缘外护物里面的可导电部分。

14.5 接地要求和接地电阻

14.5.1 小接地短路电流系统的电力装置

14.5.1.1 小接地短路电流系统的电力装置的接地电阻，应符合下式要求：

(1) 高压与低压电力装置共用的接地装置

$$R \leqslant \frac{120}{I} \tag{14.5.1.1-1}$$

(2) 仅用于高压电力装置的接地装置

$$R \leqslant \frac{250}{I} \tag{14.5.1.1-2}$$

式中 R——考虑到季节变化的最大接地电阻（Ω）；

I——计算用的接地故障电流（A）。

接地电阻不宜超过10Ω。

14.5.1.2 在中性点经消弧线圈接地的电力网中，接地装置的接地电阻按公式14.5.1.1-1、14.5.1.1-2计算时，接地故障电流应按下列规定取值：

(1) 对装有消弧线圈的变电所或电力装置的接地装置，计算电流等于接在同一接地装置中同一电力网各消弧线圈额定电流总和的1.25倍。

(2) 对不装消弧线圈的变电所或电力装置，计算电流等于电力网中断开最大一台消弧线圈时最大可能残余电流，但不得小于30A。

14.5.1.3 确定接地故障电流时，应考虑电力系统5～10a发展规划以及本工程的发展规划。

14.5.1.4 在高土壤电阻率地区，当使接地装置的接地电阻达到上述规定值而在技术经济上很不合理时，电力设备的接地电阻可提高到 30Ω，变电所接地装置的接地电阻可提高到 15Ω，但应符合本章第 14.7.1.1 款的要求。

14.5.2 低压电力网中，电源中性点的接地电阻不宜超过 4Ω。由单台容量不超过 100kV·A 或使用同一接地装置并联运行且总容量不超过 100kV·A 的变压器或发电机供电的低压电力网中，电力装置的接地电阻不宜大于 10Ω。

高土壤电阻率地区，当达到上述接地电阻值有困难时，可采用具有均压等电位作用的网式接地装置，以满足本章第 14.7.1.1 款的要求。

14.5.3 架空线和电缆线路

14.5.3.1 在低压 TN 系统中，架空线路干线和分支线的终端，其 PEN 线或 PE 线应重复接地。电缆线路和架空线路在每个建筑物的进线处，均须重复接地（如无特殊要求，对小型单层建筑，距接地点不超过 50m 可除外），但对装有中性线断线保护装置的用户进户端，应符合本规范第 8.6.5.5 款的要求。在装有漏电电流动作保护装置后的 PEN 线也不允许设重复接地，中性线（即 N 线），除电源中性点外，不应重复接地。

低压线路每处重复接地装置的接地电阻不应大于 10Ω。但在电力设备接地装置的接地电阻允许达到 10Ω 的电力网中，每处重复接地的接地电阻值不应超过 30Ω，此时重复接地不应少于 3 处。

14.5.3.2 在非沥青地面的居民区内 3～10kV 高压架空配电线路的钢筋混凝土杆宜接地，金属杆塔应接地，接地电阻不宜超过 30Ω。电源中性点直接接地系统的低压架空线路和高低压共杆的线路其钢筋混凝土杆的铁横担或铁杆应与 PEN 线连接，钢筋混凝土电杆的钢筋宜与 PE 线或 PEN 线连接（但出线端装有漏电电流动作保护装置者除外）。

14.5.3.3 三相三芯电力电缆的两端金属外皮均应接地，变电所内电力电缆金属外皮可利用主接地网接地。当采用全塑料电缆时，宜沿电缆沟敷设 1～2 根两端接地的接地线。

14.6 接 地 装 置

14.6.1 接地体

14.6.1.1 交流电力装置的接地体，在满足热稳定条件下，应充分利用自然接地体。在利用自然接地体时，应注意接地装置的可靠性，并不因某些自然接地体的变动（如自来水管系统）而受到影响。但可燃液体或气体、供暖系统等管道禁止用作保护接地体。

14.6.1.2 人工接地体可采用水平敷设的圆钢、扁钢，垂直敷设的角钢、钢管、圆钢，也可采用金属接地板。一般宜优先采用水平敷设方式的接地体。人工接地体的最小尺寸，不应小于表 14.6.1.2。

表 14.6.1.2 人工接地体最小尺寸（mm）

类别		最小尺寸
圆钢（直径）		10
角钢（厚度）		4
钢管（壁厚）		3.5
扁钢	截面（mm^2）	100
	厚度	4

当与防雷接地装置合用时，应符合本规范第 12 章有关规定。

14.6.1.3 接地装置宜采用热镀锌等防腐措施。在腐蚀性较强的场所，应适当加大截面。

14.6.1.4 在地下禁止用裸铝线作接地体或接地线。

14.6.2 固定式电力装置的接地线与保护线

14.6.2.1 交流接地装置的接地线与保护线的截面，应符合热稳定要求。但当保护线按表14.6.2.1-1选择截面时，则不必再对其进行热稳定校核。而埋入土内的接地线在任何情况下，均不得小于表14.6.2.1-2所列规格。

表14.6.2.1-1 保护线的最小截面（mm^2）

装置的相线截面 S	接地线及保护线最小截面
$S \leqslant 16$	S
$16 < S \leqslant 35$	16
$S > 35$	$S/2$

注：①表中数值只在接地线与保护线的材料与相线相同时才有效；
②当保护线采用一般绝缘导线时，其截面不应小于：有机械保护时2.5mm^2；无机械保护时4mm^2。

表14.6.2.1-2 埋入土内的接地线最小截面（mm^2）

有无防护	有防机械损伤保护	无防机械损伤保护
有防腐蚀保护的	按热稳定条件确定	铜16、铁25
无防腐蚀保护的	铜25	铁50

14.6.2.2 保护线宜采用与相线相同材料的导线，但也不排除使用其他金属导线（包括裸导线与绝缘线），也可由下述材料构成：

（1）电缆金属外皮。

（2）配线用的钢管及金属线槽（尺寸与接地体同）。

当采用电缆金属外皮、配线用的钢管及金属线槽作保护线时，它们的电气特性，应保证不受机械的、化学的或电化学的损蚀。其导电性能必须不低于表14.6.2.1-2所列结果，否则禁止用作保护线。

对于接地线还可采用：

（1）金属管道（输送易燃、易爆物的管道除外）。

（2）建筑设备的金属架构（如电梯轨道等）。

（3）建筑物的金属构架。

当采用金属管道、建筑物设备的金属外壳和建筑物金属构架等作接地线时，必须满足下列几项要求：

（1）不论从结构和保证完整的电气通路上，它们均能保证不受机械的、化学的或电化学的损蚀；

（2）材料的导电性能必须与表14.6.2.1-1所列保护线规格相当；

（3）属于固定式（非移动型）的装置外可导电部分。

14.6.2.3 对接地线及保护线应验算单相短路时的阻抗，以保证单相接地短路时保护装置动作的灵敏度。

14.6.2.4 装置外可导电部分严禁用作PEN线（包括配线用的钢管及金属线槽）。PEN线必须与相线具有相同的绝缘水平，但成套开关设备和控制设备内部的PEN线可除外。

14.6.2.5 不得使用蛇皮管、保温管的金属网或外皮以及低压照明网络的铅皮作接地线和保护线。在电力装置需要接地的房间内，这些金属外皮也应通过保护线进行接地，并应保证全长为完好的电气通路，上述金属外皮与保护线连接时，应采用低温焊接或螺栓连接。

14.6.3 连接与敷设

14.6.3.1 凡需进行保护接地的用电设备，必须用单独的保护线与保护干线相连或用单独的接地线与接地体相连。不应把几个应予保护接地的部分互相串联后，再用一根接地线与接地体相连。

14.6.3.2 保护线及接地线与设备、接地总母线或总接地端子间的连接，应保证有可靠的电气接触。当采用螺栓连接时，应设防松螺帽或防松垫圈，且接地线间的接触面、螺栓、螺母和垫圈均应镀锌。保护线不应接在电机、台扇的风叶壳上。

14.6.3.3 保护接地的干线应采用不少于两根导体在不同点与接地体相连。

14.6.3.4 当利用电梯轨（吊车轨道等）作接地干线时，应将其连成封闭的回路。

当变压器容量为400～1000kV·A时，接地线封闭回路导线一般采用40×4扁钢；当变压器容量为315kV·A及以下时，其封闭回路导线采用25×4扁钢。

14.6.3.5 接地线与接地线，以及接地线与接地体的连接宜采用焊接，如采用搭接时，其搭接长度不应小于扁钢宽度的2倍或圆钢直径的6倍。接地线与管道等伸长接地体的连接应采用焊接，如焊接有困难，可采用卡箍，但应保证电气接触良好。

14.6.3.6 直接接地或经过消弧线圈接地的变压器、旋转电机的中性点与接地体或接地干线连接时，应采用单独接地线。

14.7 通用电力设备及电气设施接地

14.7.1 变电所接地

14.7.1.1 确定变电所接地装置的型式和布置时，应尽量降低接触电势和跨步电势。

在小接地短路电流系统发生单相接地时，一般不迅速切除接地故障，此时变电所、电力装置的接地装置上最大接触电势和最大跨步电势，应符合公式14.7.1.1-1、14.7.1.1-2要求：

$$E_{jm} \leqslant 50 + 0.05\rho_b \tag{14.7.1.1-1}$$

$$E_{km} \leqslant 50 + 0.2\rho_b \tag{14.7.1.1-2}$$

式中 E_{jm}——接地装置的最大接触电势（V）；

E_{km}——接地装置的最大跨步电势（V）；

ρ_b——人站立处地表面土壤电阻率（Ω·m）。

在条件特别恶劣的场所，最大接触电势和最大跨步电势值宜适当降低。

当接地装置的最大接触电势和最大跨步电势较大时，可考虑敷设高电阻率路面结构层或深埋接地装置，以降低人体接触电势和跨步电势。

14.7.1.2 变电所的接地装置，除利用自然接地体外，还应敷设人工接地体。但对10kV及以下变电所，若利用建筑物基础做接地体，其接地电阻能满足规定值时，可不另设人工接地体。

14.7.1.3 人工接地网外缘应闭合，外缘各角应做成弧形。对经常有人出入的走道处，应采用高电阻率路面或均压措施。

14.7.2 手握式电气设备接地

14.7.2.1 手握式电气设备应采用专用保护接地（接零）芯线，此芯线严禁用来通过工作电流。

手握式电气设备的接地故障保护，应符合本规范第8章的有关规定。当发生单相接地时，自动断开电源的时间不应超过 0.4s 或接触电压不应超过 50V。

14.7.2.2 手握式电气设备的保护线，应采用多股软铜线，其截面应符合本章第 14.6.2.1 款的规定。

14.7.2.3 手握式电气设备的插座上应备有专用的接地插孔，而且所用插头的结构应能避免将导电触头误作接地触头使用。插座和插头的接地触头应在导电触头接通之前连通并在导电触头脱离后才断开。金属外壳的插座，其接地触头和金属外壳应有可靠的电气连接。

14.7.2.4 对安全电压下使用的插头及插座在构造上必须遵守下列要求：

(1) 安全电压插头不能插入其他电压系统的插座；

(2) 安全电压插座不能被其他电压系统的插头插入；

(3) 安全电压插座不应设置保护线触头。

14.7.3 移动式电力设备接地

14.7.3.1 由固定式电源或由移动式发电机供电的移动式用电设备的外露可导电部分，应与电源的接地系统有可靠的金属连接。在中性点不接地的电力网中，可在移动式用电设备附近设接地装置，以代替上述金属连接线，如附近有自然接地体则应充分利用，其接地电阻应符合本章第 14.5.2 条的有关规定。

如根据移动式用电设备的特殊情况按本条上述要求接地实际上不可能或不合理时，可采用自动切断电源装置（包括采用漏电电流动作保护装置）代替接地。

14.7.3.2 移动式用电设备的接地，应符合固定式电力设备的接地要求，但在下列情况下可不接地（爆炸危险场所的电力设备除外）：

(1) 移动式用电设备的自用发电设备直接放在机械的同一金属支架上，且不供其他设备用电时。

(2) 不超过两台用电设备由专用的移动发电机供电，用电设备距移动式发电机不超过 50m，且发电机和用电设备的外露可导电部分之间有可靠的金属连接时。

14.7.3.3 移动式用电设备接地线、保护线的截面，应符合本章第 14.6 节的要求。

14.7.4 电子设备接地

14.7.4.1 电子设备一般应具有下列几种接地：

(1) 信号接地——为保证信号具有稳定的基准电位而设置的接地。

(2) 功率接地——除电子设备系统以外的其他交、直流电路的工作接地。

(3) 保护接地——为保证人身及设备安全的接地。

14.7.4.2 接地系统的形式一般可根据接地引线长度和电子设备的工作频率来确定：

(1) 当 $L<\frac{\lambda}{20}$，$Z\approx R_{rf}$，频率在 1MHz 以下时，一般采用辐射式接地系统。

辐射式接地系统，即把电子设备中的信号接地、功率接地和保护接地分开敷设的接地引下线，接至电源室的接地总端子板，在端子板上信号接地、功率接地和保护接地接在一起，再引至接地体。

(2) 当 $L>\frac{\lambda}{20}$，频率在 10MHz 以上时，一般采用环（网）状接地系统。

环（网）状接地系统，即将信号接地、功率接地和保护接地都接在一个公用的环状接地母线上。环状接地母线设置的地点视具体情况而定，一般可设在电源处。

（3）当 $L=\frac{\lambda}{20}$，频率在 1MHz 至 10MHz 之间时，采用混合式接地系统。

混合式接地系统，即为辐射式接地与环状接地相结合的系统。

上述三种接地系统的选用可根据高频阻抗及射频电阻计算结果决定：

$$Z=R_{rf}\sqrt{1+\left(\mathrm{tg}2\pi\frac{L}{\lambda}\right)^{2}} \tag{14.7.4.2-1}$$

$$R_{rf}=0.26\times10^{-6}\sqrt{\frac{\mu f}{G}}\cdot\frac{L}{b} \tag{14.7.4.2-2}$$

式中　L——从仪表或设备至环状接地体的接地引线长度（m）；

b——接地引线宽度（mm）；

λ——波长（m），其值为$\frac{3\times10^{8}}{f}$；

μ——接地引线相对于铜的导磁率；

G——接地引线相对于铜的导电率；

f——设备工作频率（Hz）；

Z——接地引线的高频阻抗（Ω）；

R_{rf}——接地引线表面的射频电阻（Ω）。

但无论采用哪种接地系统，其接地线长度 $L=\lambda/4$ 及 $\lambda/4$ 的奇数倍的情况应避开。

14.7.4.3 电子设备接地电阻值除另有规定外，一般不宜大于 4Ω 并采用一点接地方式。电子设备接地宜与防雷接地系统共用接地体。但此时接地电阻不应大于 1Ω。若与防雷接地系统分开，两接地系统的距离不宜小于 20m。不论采用共用接地系统还是分开接地系统，均应满足本规范第 12 章防雷有关条款的规定。

电子设备应根据需要决定是否采用屏蔽措施。

14.7.5 大、中型电子计算机接地

14.7.5.1 电子计算机应有以下几种接地：

（1）直流地（包括逻辑及其他模拟量信号系统的接地）。

（2）交流工作地。

（3）安全保护地。

以上三种接地的接地电阻值一般要求均不大于 4Ω。在通常情况下，电子计算机的信号系统，不宜采用悬浮接地。

14.7.5.2 电子计算机的三种接地装置可分开设置。

如采用共用接地方式，其接地系统的接地电阻应以诸种接地装置中最小一种接地电阻值为依据。若与防雷接地系统共用，则接地电阻值应≤1Ω。

14.7.5.3 为了防止干扰，使计算机系统稳定可靠地工作，对于接地线的处理应满足下列要求：

（1）无论计算机直流地采用何种方式，在机房不允许与交流工作地接地线相短接或混接；

（2）交流线路配线不允许与直流地线紧贴或近距离地平行敷设。

14.7.5.4 电子计算机房可根据需要采取防静电措施。

14.7.6 医疗电气设备接地

14.7.6.1 医疗及诊断电气设备，应根据使用功能要求采用保护接地、功能性接地、等电位接地或不接地等型式。

14.7.6.2 使用插入体内接近心脏或直接插入心脏内的医疗电气设备的器械，应采取防止微电击保护措施。

防微电击措施宜采用等电位接地方式，并使用Ⅱ类电气设备供电。

防微电击等电位联结，应包括室内给水管、金属窗框、病床的金属框架及患者有可能在2.5m范围以内直接或间接触及到的各部分金属部件。用于上述部件进行等电位联结的保护线（或接地线）的电阻值，应使上述金属导体相互间的电位差限制在10mV以下。

14.7.6.3 在电源突然中断后，有招致重大医疗危险的场所，应采用电力系统不接地（IT系统）的供电方式。

14.7.6.4 凡需设置保护接地的医疗设备，如低压系统已是TN型式，则应采用TN—S系统供电，并按本章第14.3.10条之（6）款的规定装设漏电电流动作保护装置。

14.7.6.5 医疗电气设备功能性接地电阻值应按设备技术要求决定。在一般情况下，宜采用共用接地方式。如须采用单独接地，则应符合第14.7.4.3款规定的地中距离要求。

14.7.6.6 向医疗电气设备供电的电源插座结构，应符合本章第14.7.2.3款的要求。

14.7.6.7 医疗电气设备的保护线及接地线应采用铜芯绝缘导线，其截面应符合表14.6.2.1-1及表14.6.2.1-2的要求。

14.7.6.8 手术室及抢救室应根据需要采取防静电措施。

14.7.7 直流电力设备的接地

直流电力设备的接地装置，应符合下列要求：

（1）能与地构成闭合回路且经常流过电流的接地线，应沿绝缘垫板敷设，不得与金属管道、建筑物和设备的构件有金属性的连接。

（2）经常流过电流的接地线和接地体，除应符合载流量和热稳定的要求外，其地下部分的最小规格不应小于：圆钢直径10mm，扁钢和角钢厚度6mm，钢管管壁厚度4.5mm。

（3）接地装置宜避免敷设在土壤中含有电解时排出活性作用物质或各种溶液的地方，必要时可采用外引式接地装置，否则应采取改良土壤的措施。

14.7.8 高土壤电阻率地区电力装置接地

14.7.8.1 在高土壤电阻率地区，为降低电力装置工作接地和保护接地的阻值，可采用下列措施：

（1）在电力设备附近有电阻率较低的土壤，可敷设外引接地体。经过公路的外引线，埋设深度不应小于0.8m。

（2）如地下较深处土壤电阻率较低，可采用井式或深钻式接地体。

（3）填充电阻率较低物质，换土或用降阻剂处理。但采用的降阻剂，应对地下水和土壤无污染，以符合环保要求。

（4）敷设水下接地网。

14.7.8.2 在永冻土地区，可采取下列措施：

（1）将接地装置敷设在融化地带的水池或水坑中。

（2）敷设深钻接地体，或充分利用井管或其他深埋在地下的金属构件作接地体。

（3）在房屋融化盘内敷设接地装置。

(4) 除深埋式接地体外，还应敷设深度约为 0.6m 的伸长接地体，以便在夏季地表化冻时起散流作用。

(5) 在接地体周围人工处理土壤，以降低冻结温度和土壤电阻率。

14.8 特殊装置或场所的安全保护

14.8.1 一般规定

14.8.1.1 本节适用于澡盆、淋浴盆、游泳池和涉水池的水池及其周围，由于身体电阻降低和身体接触地电位而增加电击危险的安全保护。

澡盆和淋浴盆的安全保护要求，仅限于三级及以上的旅（宾）馆、高级住宅和公寓以及商业性浴池等场所。一般旅馆和住宅的上述场所可参照有关条款，采取适当的安全措施。

14.8.1.2 保障安全的保护应包括用于正常工作时的保护及用于故障情况下的保护。

14.8.1.3 凡没有提到的安全保护条款，应按本规范相应章节的通常要求执行。

14.8.2 装有澡盆和淋浴盆的场所

14.8.2.1 安全保护所采取的措施或要求，应根据所在不同区域而定，区域的划分见附录 E.2。

14.8.2.2 建筑物除采取总等电位联结外，尚应进行辅助等电位联结。

辅助等电位联结必须将 0、1、2 及 3 区内所有装置外可导电部分，与位于这些区内的外露可导电部分的保护线连结起来，并经过总接地端子与接地装置相连。

14.8.2.3 在 0 区内，只允许用标称电压不超过 12V 的安全超低压供电，其安全电源应设于 3 区以外的地方。

14.8.2.4 在使用安全超低压的地方，不论其标称电压如何，必须用以下方式提供直接接触保护：保护等级至少是 IP2X 的遮栏或外护物，或能耐受 500V 试验电压历时 1min 的绝缘。

14.8.2.5 不允许采取用阻挡物及置于伸臂范围以外的直接接触保护措施；也不允许采用非导电场所及不接地的等电位联结的间接接触保护措施。

14.8.2.6 在各区内所选用的电气设备必须至少具有以下保护等级：

在 0 区内：IPX7

在 1 区内：IPX5

在 2 区内：IPX4（在公共浴池内为 IPX5）

在 3 区内：IPX1（在公共浴池内为 IPX5）

14.8.2.7 在 0、1、2 及 3 区内宜选用加强绝缘的铜芯电线或电缆。

14.8.2.8 在 0、1 及 2 区内，不允许非本区的配电线路通过；也不允许在该区内装设接线盒。

14.8.2.9 开关和控制设备的装设，须符合以下要求：

(1) 在 0、1 及 2 区内，严禁装设开关设备及辅助设备。在 3 区内如安装插座，必须符合以下条件才是允许的：

a. 由隔离变压器供电。

b. 由安全超低压供电。

c. 由采取了漏电保护措施的供电线路供电，其动作电流 $I_{\Delta n}$值不应超过 30mA。

(2) 任何开关的插座，必须至少距淋浴间的门边 0.6m 以上。

(3) 当未采取安全超低压供电及其用电器具时，在 0 区内，只允许采用专用于澡盆的电器；在 1 区内，只可装设水加热器；在 2 区内，只可装设水加热器及Ⅱ级照明器。

(4) 埋在地面内用于场所加热的加热器件，可以装设在各区内，但它们必须要用金属网栅（与等电位接地相连的），或接地的金属罩罩住。

14.8.3 游泳池

14.8.3.1 安全保护所采取的措施或要求，应根据所在不同区域而定，区域的划分见附录 E.3。

14.8.3.2 建筑物除采取总等电位联结外，尚应进行辅助等电位联结。

辅助等电位联结必须将 0、1 及 2 区内所有装置外可导电部分，与位于这些区内的外露可导电部分的保护线连接起来，并经过总接地端子与接地装置相连。

具体应包括如下部分：

(1) 水池构筑物的所有金属部件，包括水池外框，石砌挡墙和跳水台中的钢筋；

(2) 所有成型外框；

(3) 固定在水池构筑物上或水池内的所有金属配件；

(4) 与池水循环系统有关的电气设备的金属配件，包括水泵电动机；

(5) 水下照明灯的电源及灯盒、爬梯、扶手、给水口、排水口及变压器外壳等；

(6) 采用永久性间壁将其与水池地区隔离的所有固定的金属部件；

(7) 采用永久性间壁将其与水池地区隔离的金属管道和金属管道系统等。

14.8.3.3 在 0 区内，只允许用标称电压不超过 12V 的安全超低压供电，其安全电源应设在 2 区以外的地方。

14.8.3.4 在使用安全超低压的地方，不论其标称电压如何，必须用以下方式提供直接接触保护：保护等级至少是 IP2X 的遮栏或外护物，或能耐受 500V 试验电压历时 1min 的绝缘。

14.8.3.5 不允许采取阻挡物及置于伸臂范围以外的直接接触保护措施；也不允许采用非导电场所及不接地的等电位联结的间接接触保护措施。

14.8.3.6 在各区内所选用的电气设备必须至少具有以下保护等级：

在 0 区内：IPX8

在 1 区内：IPX4

在 2 区内：IPX2，室内游泳池时

IPX4，室外游泳池时

14.8.3.7 在 0、1 及 2 区内宜选用加强绝缘的铜芯电线或电缆。

14.8.3.8 在 0 及 1 区内，不允许非本区的配电线路通过；也不允许在该区内装设接线盒。

14.8.3.9 开关、控制设备及其他电气器具的装设，须符合以下要求：

(1) 在 0 及 1 区内，严禁装设开关设备及辅助设备。

(2) 在 2 区内如装设插座只在以下情况是允许的：

a. 由隔离变压器供电。

b. 由安全超低压供电。

c. 由采取了漏电保护措施的供电线路供电，其动作电流 $I_{\Delta n}$值不应超过 30mA。

(3) 在 0 区内，只有采用标称电压不超过 12V 的安全超低压供电时，才可能装设用电器具及照明器（如水下照明器、泵等）。

(4) 在 1 区内，用电器具必须由安全超低压供电或采用Ⅱ级结构的用电器具。

(5) 在 2 区内，用电器具可以是：

a. Ⅱ级。

b. Ⅰ级，并采取漏电保护措施，其动作电流值 $I_{\Delta n}$不应超过 30mA。

c. 采用隔离变压器供电。

14.8.3.10 水下照明灯具的安装位置，应保证从灯具的上部边缘至正常水面不低于 0.5m。面朝上的玻璃应有足够的防护，以防人体接触。

14.8.3.11 对于浸在水中才能安全工作的灯具，应采取低水位断电措施。

14.8.3.12 埋在地面内场所加热的加热器件，可以装设在 1 及 2 区内，但它们必须要用金属网栅（与等电位接地相连的），或接地的金属罩罩住。

14.8.4 喷泉、喷水池、装饰展览池等亦应采取安全保护措施，具体可参照本章第 14.8 节所规定的内容执行。

15 共用天线电视系统

15.1 一 般 规 定

15.1.1 本章适用于单体和群体的民用建筑共用天线电视系统（以下简称 CATV 系统）的新建、改建和扩建工程设计。

15.1.2 CATV 系统工程的设计，应符合质量优良、技术先进、经济合理、安全适用的原则，应与城市和广播电视事业发展规划相适应。

15.1.3 本章是以现行国标《30MHz ~ 1GHz 声音和电视信号的电缆分配系统》作为技术依据。

15.1.4 CATV 系统工程设计的接收信号场强，宜取自实测数据（若干次实测记录的平均值）。若获取实测数据确有困难时，可按理论计算方法计算场强值。

15.1.5 在新建和扩建小区的组网设计中，应以一个本地前端组网。当用一个本地前端统辖所有用户，不能确保最远端系统输出口的信号指标时，应增设中心前端，以分区传输方式组成网络系统。

15.1.6 设计和规划高大建筑物的系统时，应考虑被其遮挡的低矮建筑物接入系统的可能性，即留有引出干线的条件。

15.1.7 在 CATV 系统工程设计中，对本章未涉及的部分，应按现行国标《工业企业通信设计规范》、《工业企业通信接地设计规范》及《建筑物防雷设计规范》等有关标准执行。

15.2 系 统 组 成

15.2.1 CATV 系统工程规模的划分，可按其容纳的用户输出口数量分为四类：

A 类　　10000 户以上

B 类　　2001 ~ 10000 户

B 类又分：

B_1 类　　5001 ~ 10000 户

B_2 类　　2001 ~ 5000 户

C 类　　301 ~ 2000 户

D 类　　300 户及以下

15.2.2　进行 CATV 系统设计时，应明确下列主要条件和技术要求：

（1）系统规模、用户分布及覆盖区域的建筑物平面；

（2）信号源（广播电视、调频广播、卫星接收、微波接收）和自办节目的数量、类别和其他有关参数；

（3）接收天线设置点的实测电视信号场强或理论计算的信号场强值；

（4）接收天线设置点建筑物周围的地形、地貌（附近高大建筑物、构筑物的反射遮挡情况等）以及干扰源、气象和大气污染状况；

（5）系统发展规划（结合城市广播电视发展规划）及被遮挡区输出干线预留的要求。

15.2.3　CATV 系统应满足下列性能指标：载噪比≥44dB；交扰调制比≥47dB；载波互调比≥58dB。

15.2.4　CATV 系统工程的组成模式和设计值系数分配，应分别满足下列（指标分配系数与分贝值的换算详见附录 F.1）几种情况所做出的规定：

15.2.4.1　无干线传输的分配系统，见图 15.2.4.1。

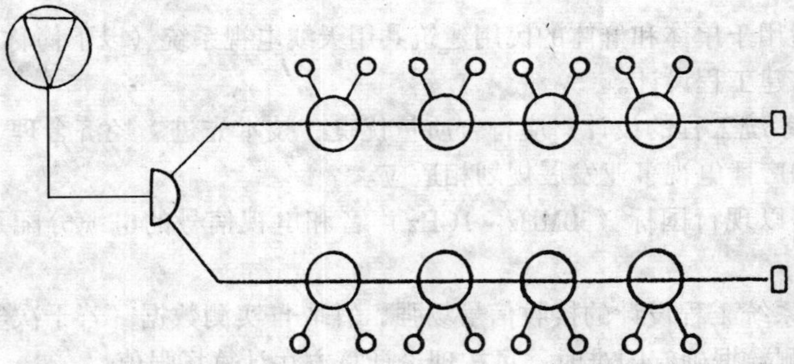

图 15.2.4.1　无干线传输系统

其设计值宜按表 15.2.4.1 所列系数分配。

表 15.2.4.1　无干线传输系统系数分配表

分配系数 / 部分 / 项目	前端	分配网络
载噪比　C/N	0.8	0.2
交扰调制比　CM 载波互调比　IM	0.2	0.8

15.2.4.2　本地前端传输分配系统，见图 15.2.4.2。

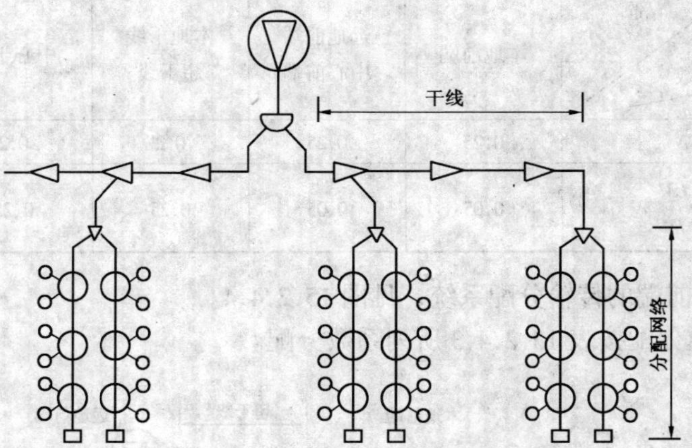

图 15.2.4.2　本地前端系统

（1）其设计值，当传输干线总衰耗小于 100dB 时，宜按表 15.2.4.2-1 所列系数分配。

（2）当传输干线总衰耗大于 100dB 时，其设计值宜按表 15.2.4.2-2 所列系数分配。

表 15.2.4.2-1　当衰耗小于 100dB 时系数分配表

分配系数 部分 项目	前　端	传输干线	分配网络
载噪比　*C/N*	0.7	0.2	0.1
交扰调制比　*CM* 载波互调比　*IM*	0.2	0.2	0.6

表 15.2.4.2-2　当衰耗大于 100dB 时系数分配表

分配系数 部分 项目	前　端	传输干线	分配网络
载噪比　*C/N*	0.5	0.4	0.1
交扰调制比　*CM* 载波互调比　*IM*	0.1	0.5	0.4

15.2.4.3　有中心前端的传输分配系数，见图 15.2.4.3。

其设计值宜按表 15.2.4.3 所列系数分配。

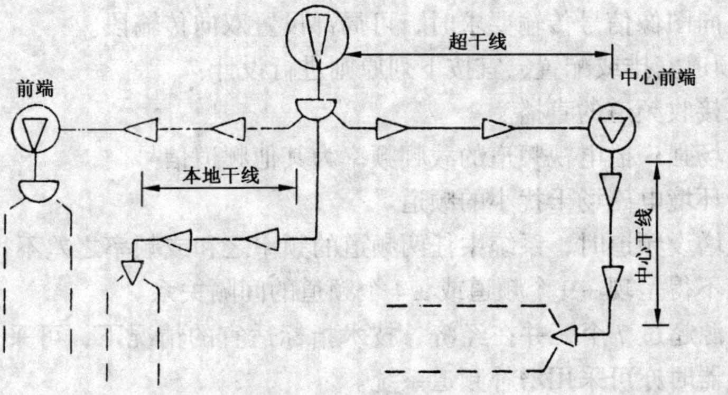

图 15.2.4.3　有中心前端系统

表 15.2.4.3 有中心前端系统系数分配表

分配系数 \ 部分 / 项目	本地前端	远地前端 中心前端	本地干线 超干线	中心干线	分配网络
载噪比 C/N	0.25	0.25	0.2	0.2	0.1
交扰调制比 CM 载波互调比 IM	0.05	0.05	0.25	0.25	0.4

15.2.4.4 有远地前端的传输分配系统，见图 15.2.4.4。

其设计值系数分配按表 15.2.4.3 所列系数分配。

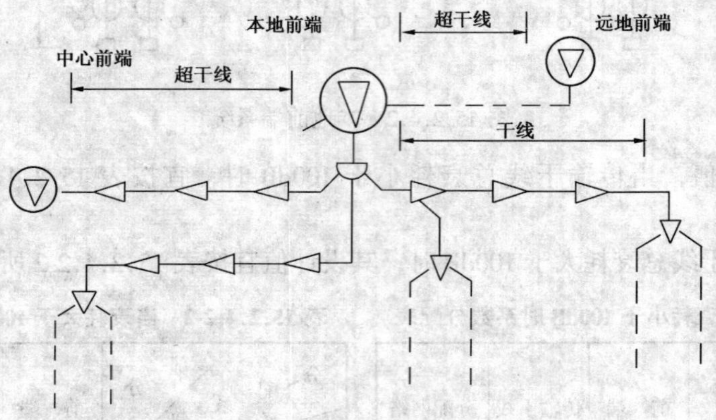

图 15.2.4.4 有远地前端系统

15.2.5 CATV 系统的信号传输频段，应根据信号源的现状和发展、系统的规模和覆盖区大小，按下列原则进行设计：

(1) B_2 类及以下的小系统或干线长度不超过 1.5km 的系统，可保持原接收频道的直播，采用全频道信号传输方式。

(2) B_1 类及以上的较大系统、干线长度超过 1.5km 的系统或含有超过 10 个频道节目的系统，宜采用 VHF 频道信号（节目多时可采用邻频传输）传输方式（对 UHF 的广播电视频道采用 U/V 变换方式），或采用 300MHz 增补频道系统。

(3) 当有反向图像信号传输要求时，可局部设置双向传输段。

15.2.6 CATV 频道安排或配置，宜按下列原则进行设计：

(1) 保持原接收频道的直播。

(2) 改变强场强广播电视频道的载频频率为其他频道信号。

(3) 配置受环境电磁场干扰小的频道。

(4) 变换或增设频道时，系统中任两频道的频率之和或频率之差不得落入另一频道的频带；任两频道不得呈现 ±9 个频道或 ±4 个频道的间隔关系。

(5) 当信号源超过 7 个，并在经济、技术指标适宜的情况下，可采用邻频传输方式。当接收采用变换器时亦可采用增补频道系统。

15.2.7 系统用户终端的电视信号输出电平，宜在 60 ~ 80dBμV 之间，设计计算的控制值宜为：强场强区取 73±5dBμV，弱场强区取 70±5dBμV，为电视图像信号；取 65±5dBμV 为立体声调频广播信号；取 58±5dBμV 为单声道调频广播信号。

15.2.8 相邻频道和采用邻频传输的系统，其系统输出电平差，不应大于 2dB。

15.3 接 收 天 线

15.3.1 接收天线应具有良好的电气特性，其机械性能应能适应当地气象和大气污染的要求。

15.3.2 接收天线可按下列原则选定：

（1）每接收一个电视频道信号，宜选用一副相应频道的接收天线。

（2）当各电视频道信号源处于同一方位时，可选用频段天线，但接收的每一频道信号质量必须满足系统前端对输入信号的质量要求。

（3）若接收天线的输出电平低于公式 15.3.3 计算值，必须选用高增益天线和加装低噪声天线放大器。

（4）接收信号的场强较弱或环境反射波复杂，使用常规天线不能保证前端对于输入信号的质量要求时，可采用特殊型式的天线，如组合天线（阵）、抗重影天线等。

（5）接收卫星广播电视的天线增益，必须满足卫星信号接收机对于输入信号的质量要求。

15.3.3 接收天线的最小输出电平，应能满足前端对输入信号的质量要求，可按下式计算：

$$S_{\min} \geqslant (C/N)_{h} + F_{h} + 2.4 \tag{15.3.3}$$

式中 $S_{\min}$——接收天线的最小输出电平（dB）；

F_{h}——前端的噪声系数（dB）；

$(C/N)_{h}$——分配给前端的载噪比（dB）；

2.4——75Ω 噪声源内阻上 $B=5.75$MHz 时的等效噪声电平（dBμV）。

15.3.4 在使用宽频带组合天线时，其天线或天线放大器的输出端，应设置分频器或所接收的电视频道信号的带通滤波器。

15.3.5 接收天线的位置选择，可按下列原则进行：

（1）选择在广播电视信号场强较强、电磁波传输路径单一的地方，宜靠近前端并避开风口。

（2）天线朝向电视发射台的方向不应有遮挡物和可能的信号反射，并尽量远离汽车行驶频繁的公路、电气化铁路和高压电力线等。

（3）群体建筑系统的接收天线，宜位于建筑群中心附近的较高建筑物上。

15.3.6 独立杆塔接收天线的最佳高度可由下式计算确定：

$$h_{j} = \frac{\lambda \cdot d}{4h_{1}} \tag{15.3.6}$$

式中 h_{j}——天线安装的最佳绝对高度（m）；

λ——该天线接收频道中心频率的波长（m）；

d——天线杆塔至电视发射塔间的距离（m）；

h_{1}——电视发射塔的绝对高度（m）。

15.3.7 广播电视信号接收场强实测确有困难时，场强估算宜按下列原则处理：如在平原地区无线电波传播距离小于30km，可由空间波场强计算公式估算；如在大、中城市及周围地区，无线电波的传播距离小于10km，可由自由空间辐射场强计算公式估算（详见附录F.2)。接收天线输出端电平值的计算详见附录F.3。

15.4 前　　端

15.4.1 前端设施应设置在用户区域的中心部位，宜靠近接收天线和自办节目源。

15.4.2 前端设备应根据节目源、输入前端的电平值、信号质量、前端的输出电平及其传输信号频段等要求配置。

我国广播电视频道的频率配置见附录F.4。

15.4.3 前端输出电平的最大可用值可按公式15.4.3.1或15.4.3.2计算确定。

15.4.3.1 频道放大器输出型前端最大输出值：

$$U_0 = U_{0\max} - 3 \tag{15.4.3.1}$$

式中 U_0——专用频道放大器输出电平最大可用值（dBμV）；

$U_{0\max}$——专用频道放大器标称最大输出电平（dBμV）；

3——设计余量。

15.4.3.2 宽频带放大器输出型前端最大输出值：

$$U'_0 = U'_{0\max} - 7.5\lg(N-1) - \frac{1}{2}(CM_h - 47) \tag{15.4.3.2}$$

式中 U'_0——放大器每个频道输出电平最大可用值（dBμV）；

$U'_{0\max}$——宽频放大器标称最大输出电平值（dBμV）；

N——系统传输的频道数；

CM_h——分配给前端的交扰调制比（dB）；

47——全系统交扰调制比设计值（dB）。

15.4.4 采用邻频道传输的前端设备，应符合下列要求：

（1）设备应具有60dB以上的邻频信号抑制特性。

（2）频率稳定度在VHF频段应≤20kHz。

（3）调整图像、伴音功率比范围应大于17dB。

（4）系统使用5频道时，自办调频广播的使用频率应高于92MHz。

15.4.5 具有自办节目功能的前端，使用视频设备的信噪比，不应低于45dB。

15.4.6 前端输出的系统传输信号电平，宜按下列情况处理：

（1）C、D类小系统或采用VHF频段信号传输的系统，可采用各频道电平值相一致的输出方式。

（2）A、B类大系统或采用全频道信号传输的系统，可采用高位频道高电平、低位频道低电平的输出方式。

15.4.7 放大器的选择应能满足工作频带、增益、噪声系数、最大输出电平等项指标要求。放大器的类型宜根据其在系统中所处的位置正确选择：

15.4.7.1 单频道接收天线放大器和前端专用频道放大器，应采用相应频道的单频道放大器。

15.4.7.2 当各频道的信号电平基本一致（邻近频道的信号电平差不大于 2dB）时，可采用频段放大器或多波段放大器。

15.4.7.3 宽频带放大器的频率特性应与其传输频段相适应。干线放大器应具有自动电平控制（ALC）和自动斜率控制（ASC）的功能。

15.4.7.4 在强场强区，应选用输出较高电平的放大器；在弱场强区应选用低噪声系数的放大器。

15.5 传输与分配网络

15.5.1 干线放大器在常温时的输入电平最低极限值按下式计算：

$$S_{ia} = (C/N)_a + 10\lg n + F_a + 2.4 \quad (15.5.1)$$

式中 S_{ia}——干线放大器在常温时的输入电平最低极限值（dBμV）；

$(C/N)_a$——分配给干线部分的载噪比（dB）；

F_a——单个干线放大器的噪声系数（dB）；

n——干线上串接放大器的个数。

15.5.2 干线放大器在常温时的输出电平最高极限值按下式计算：

$$S_{oa} = S_{omax} - 10\lg n - 7.5\lg(N-1) - \frac{1}{2}(CM_a - 47) \quad (15.5.2)$$

式中 S_{oa}——干线放大器在常温时的输出电平最高极限值（dBμV）；

S_{omax}——干线放大器的标称最大输出电平（dBμV）；

CM_a——分配给干线部分的交扰调制比（dB）；

N——系统传输信号包含的频道个数。

15.5.3 干线放大器在常温时的输入电平和输出电平的设计值，应根据干线长度、选用的干线电缆特性、选用的干线放大器特性和数量等因素，在满足公式 15.5.1 和 15.5.2 的前提下，并留有一定的余量进行选定。通常对于设有 ALC 电路的干线系统：

$$S'_{ia} = S_{ia} + (2 \sim 4) \quad (15.5.3\text{-}1)$$

$$S'_{oa} = S_{oa} - (2 \sim 4) \quad (15.5.3\text{-}2)$$

对于未设 ALC 电路的干线系统：

$$S'_{ia} = S_{ia} + (5 \sim 8) \quad (15.5.3\text{-}3)$$

$$S'_{oa} = S_{oa} - (5 \sim 8) \quad (15.5.3\text{-}4)$$

式中 S'_{ia}——干线放大器输入电平的设计值（dBμV）；

S'_{oa}——干线放大器输出电平的设计值（dBμV）。

15.5.4 宜采用下列措施保证干线传输部分的指标不劣于设计要求：

(1) 同一传输干线，干线放大器设置在其设计增益略等于或略大于（2dB 内）前段传输损耗的位置。

(2) 采用低噪声、低温漂、中低增益的干线放大器。有条件时，可采用导频控制电路。

（3）采用低损耗、稳定性能好的电缆。有条件时，宜将电缆穿管道或直埋敷设。

（4）采用桥接放大器或定向耦合器向用户群提供分配点。

（5）减少干线在传输中的插入损耗（如插入分支器、分配器等）。

（6）干线放大器间隔段长度，还必须满足传输信号对于反射损耗的要求。

15.5.5 分给分配网络部分的交扰调制比和载波互调比的指标，宜在分配网络部分的桥接放大器和延长放大器上均等分配。

15.5.6 桥接放大器最大输出电平的设计值可按下式计算：

$$S_{ob}=S_{omax}-7.5\lg(N-1)-\frac{1}{2}(CM_b-47) \tag{15.5.6}$$

式中 S_{ob}——桥接放大器最大输出电平的设计值（dBμV）；

S_{omax}——桥接放大器标称最大输出电平（dBμV）；

CM_b——分配给桥接放大器的交扰调制比（dB）。

15.5.7 延长放大器最大输出电平的设计值可按下式计算：

$$S_{oc}=S_{omax}-10\lg n-7.5\lg(N-1)-\frac{1}{2}(CM_c-47) \tag{15.5.7}$$

式中 S_{oc}——延长放大器最大输出电平的设计值（dBμV）；

S_{omax}——延长放大器标称最大输出电平（dBμV）；

CM_c——分配给延长放大器的交扰调制比（dB）；

n——分配支路上串接的放大器个数。

15.5.8 用户分配的设计应能满足下列要求：

（1）将传输信号合理地分配给各用户终端，并使其满足第15.2.7条所列设计计算控制值。

（2）用户分配网络宜以分配——分支、分支——分支、串接单元等方式向用户终端馈送信号。不得将干线或支线的终端直接作为用户终端。

（3）分配设备的空闲端口和分支器的干线输出终端，均应终接75Ω负载阻抗。

（4）相邻频道间的信号电平差不应大于3dB。

15.5.9 在双向传输的系统中，宜将正向放大器和反向放大器按固定比数（如3∶1或4∶1）配置，并且反向放大器和正向放大器应同在一处安装。

15.5.10 双向传输系统的单一高频段线路放大器的输入、输出端，均须加设高、低通滤波器，并将两侧低通直线连通。

15.6 线路及敷设

15.6.1 室外电缆线路路径的选择，应以现有地形、地貌、建筑设施和建筑规划为依据，并按以下原则确定：

（1）线路宜短直，安全稳定，施工和维修方便；

（2）线路宜避开易使电缆受机械或化学损伤的路段，减少与其他管线等障碍物的交叉跨越。

15.6.2 CATV 系统的信号传输线路，应采用特性阻抗为 75Ω 的同轴电缆。必要时选择光缆和光电转换设备，并应符合广播电视短程光缆传输的有关规定。

15.6.3 当采取直埋电缆敷设方式时；应采用允许直埋的电缆；架空敷线宜采用自承式电缆。

15.6.4 室外线路敷设方式的选择，可按下列原则确定：

（1）用户的位置和数量比较稳定，并要求线路隐蔽时，可采用直埋电缆敷设方式。

（2）具有可供利用的管道时，可采用管道电缆敷设方式，但不得与电力电缆共管孔敷设。

（3）具有可供利用的架空线路时，可同杆架空敷设，其同电力线（1kV 及以下）的间距不应小于 1.5m，同广播线间距不应小于 1m，同通信线间距不应小于 0.6m。

（4）线路路由上有建筑物可供利用时，可采用墙壁架空电缆敷设方式。

15.6.5 室内线路的敷设，宜符合下列规定：

（1）新建或有内装饰的改建工程，采用暗管敷设方式；在已建建筑物内，可采用明敷方式。

（2）明敷的电视电缆同照明线、低压电力线的平行间距不应小于 0.3m，交叉间距不应小于 0.3m。

（3）不得将电视电缆与照明线、电力线同线槽、同出线盒（中间有隔离的除外）、同连接箱安装。

（4）在强场强区，应穿管并宜沿背电视发射台方向的墙面敷设。

15.6.6 电缆在室内外的敷设，还应符合现行国标《工业企业通信设计规范》中相关条款的规定。

15.7 安 装 要 求

15.7.1 接收天线的安装设计，应能满足下列要求：

（1）天线应架设在天线竖杆或专用铁塔上，其机械承载能力应能适应当地气象条件，一般基本风压不小于 300Pa。

（2）安装两根以上竖杆时，各杆不得相互影响其电视接收信号路径，两杆间最靠近的间距（竖杆或振子）不应小于 3m。

（3）最低层天线与承载建筑体顶面的间距，不宜小于该天线的工作波长，并不得小于 2m。

（4）多副天线叠层安装，其两副天线间的垂直距离，不应小于较长工作波长天线的 1/2 工作波长，并不得小于 1m。

（5）两副天线在同一水平面架设，两天线相互靠近的边沿水平间距，不应小于较长工作波长天线的 1/2 工作波长，并不得小于 1m。

（6）天线竖杆周围的范围内应为净空。在净空范围内，不得有除天线及天线架设构件外的其他金属物体。

（7）天线竖杆采用拉线固定方式。拉线不得位于接收信号的传输路径上，拉线强度计算的安全系数不小于 3。拉线地锚应与建筑物钢筋焊接。

位于净空范围内的拉线，应有绝缘子将其分隔成小段，每段长度应小于其相邻天线工作波长的1/4。

(8) 竖杆（架）的基础（基座）的安装，应按生产厂提供的资料和要求进行设计。

15.7.2 天线放大器安装在竖杆（架）上。天线至前端的馈线应采用屏蔽性能优良的同轴电缆，并不得靠近前端输出口和干线输出电缆。

15.7.3 天线杆（架）高于附近建筑物、构筑物且其高度较高或处于航线下面时，应与当地民航管理部门协调是否需设航空障碍灯。

15.7.4 前端设备应组装在结构坚固、防尘、散热效果好的标准机柜（箱、台）内，并要留有增容两个以上频道部件的空余位置。

15.7.5 有自办节目的前端机柜（台），正面与墙的净距不应小于1.5m；背面需检修时不应小于0.8m；侧面距墙在主走道不应小于1.2m，在次走道不应小于0.8m。

15.7.6 前端机房内的布线，宜以地槽为主，也可采用暗管、电缆架、槽等。当采用电缆架时，宜按出线顺序排列电缆线位。

15.7.7 传输分配设备的部件，宜具备防电磁波辐射和电磁波侵入的屏蔽性能，在室外使用的部件，应满足当地气候特征和防止大气等各种污染的要求。

设备、部件不得安装在高温、潮湿或易受损伤的场所，如厨房、厕所、浴室、锅炉房等处。

15.7.8 器件和电缆的连接，应采用高频插接件，其规格应与电缆的规格相适应。

15.8 供电、防雷与接地

15.8.1 CATV系统采用单相220V、50Hz交流电源，允许电压偏移±10%，频率偏移±1Hz。

设计中应注意电源的选用，尤其大、中型系统，使有源部件电源的获取不致引起工频干扰。

电源一般由靠近前端的照明配电箱以专用回路方式供给。

15.8.2 设有自办节目的系统前端，宜加设自动稳压装置，交流稳压的标称功率不应小于使用功率的1.5倍。

15.8.3 当系统中有源器件采用集中供电时，宜采用专线方式，并由线路插入器向线路放大器供电。若采用同轴电缆馈电方式，则线路上必须采用电源通过型的分配器、分支器。

15.8.4 向系统设备提供电源的电力线路采用架空方式供电时，引入建筑物所采取的防雷电波侵入措施，应符合本规范第12章中有关规定。

15.8.5 电缆进入建筑物，应符合下列要求：

(1) 架空电缆直接引入时，在入户处加装避雷器（避雷器应可靠接地），并将电缆金属外护层及自承钢索接到电气设备的接地装置上。

(2) 进入建筑物的架空金属管道，在入户处与接地装置相连。

(3) 电缆直接埋地引入时，在入户端将电缆金属外皮与接地装置相接。

15.8.6 天线竖杆（架）上应装设避雷针，其安装应符合本规范第12.7.2.2款和第12.7.2.3款的要求。如果另装独立的避雷针，其与天线最接近的振子或竖杆边缘的间距必须大于3m，并能保护全部天线振子。

15.8.7 天线竖杆（架）、避雷针、天线振子的零电位，在电气上应可靠地连成一体，并与其承载建筑物的防雷设施纳入同一系统实行共地连接。仅当建筑物无接地网络可利用时，才设置专门的接地极。从竖杆至接地装置的引下线应至少用两根，从不同的方位以最短的距离泄流引下；其接地电阻应小于 4Ω。当系统采用共同接地时，其接地电阻不应大于 1Ω。

15.8.8 建筑物内的 CATV 系统的同轴电缆金属外护套、金属穿管、设备（或器件）的外露可导电部分均应相连并接地。

15.8.9 沿天线竖杆（架）引下的同轴电缆，应采用双屏蔽电缆或单屏蔽电缆穿金属管敷设。双屏蔽电缆的外层或金属管应与竖杆（或防雷引下线）和建筑物的避雷带有良好的电气连接。

15.8.10 若天线放大器设置在竖杆上，并采用专用电源线供电，则电源线必须穿金属管敷设，其金属管应与竖杆（架）有良好的电气连接。

15.8.11 进入前端的天线馈线应加装避雷器。避雷器应可靠接地。

15.8.12 架空电缆线路在分支杆、引上杆、终端杆、角深大于 1m 的角杆、高位杆、安装干线放大器的电杆，以及郊区旷野直线线路每隔 5~10 根电杆处，均应装设防雷接地线。

15.8.13 应在靠近电缆进入建筑物的地方，将同轴电缆的外导电屏蔽层接地。不带电的设备外壳，或由电缆芯线供电的设备外壳，当和同轴电缆的外导电屏蔽层连接时，应被认为是接地的。

15.8.14 不得直接在两建筑物屋顶敷设电缆；确需敷设，应将电缆沿墙降至防雷保护区以内，并不得妨碍车辆行驶，应不低于 4.5m，其吊线应作接地处理。

16 闭路应用电视

16.1 一 般 规 定

16.1.1 本章适用于民用建筑中，以监视为主要目的的闭路电视系统的新建、扩建和改建工程的设计。

16.1.2 闭路应用电视系统的设计，应符合技术先进、经济合理、安全适用、质量优良的原则。

16.1.3 闭路应用电视宜采用黑白电视系统。在需要观察色彩信息时，可用彩色电视系统，其制式应符合现行的《通用型应用电视制式规定》的规定。

16.1.4 闭路应用电视系统设计，在摄像机的标准照度下，其图像质量和系统技术指标应能满足下列要求：

（1）监视电视图像质量、按五级损伤标准评定不应低于 4 级（损伤标准评定见附录 G.1）。

（2）黑白电视系统的图像水平清晰度不低于 400 线；彩色电视系统的图像水平清晰度不低于 270 线。

（3）图像画面的灰度不低于 8 级。

（4）系统的各路视频信号在监视器输入端的电平值应为 $1V_{p-p} \pm 3dBVBS$[①]。

注：①VBS：图像信号、消隐脉冲和同步脉冲组成的全电视信号的英文缩写代号。

(5) 系统各部分信噪比指标分配见表 16.1.4。

表 16.1.4 系统各部分信噪比指标分配表

项目 \ 指标(dB) \ 部分	摄像部分	传输部分	显示部分
连续随机信噪比	40	50	45

(6) 系统在低照度使用时，监视画面应达到可用图像，此时系统信噪比不得低于25dB。

16.1.5 系统工程设计中，对本章未涉及的部分，还应符合国家现行有关规定。

16.2 闭路应用电视系统

16.2.1 闭路应用电视系统一般由摄像、传输、显示及控制等四个主要部分组成，根据具体工程要求可按下列原则确定：

(1) 在一处连续监视一个固定目标时，宜采用单头单尾型。

(2) 在多处监视同一固定目标时，宜装置视频分配器，采用单头多尾型。

(3) 在一处集中监视多个目标时，宜装置视频切换器，采用多头单尾型。

(4) 在多处监视多个目标时，宜结合对摄像机功能遥控的要求，设置多个视频分配切换装置或者矩阵联接网络，采用多头多尾型。

16.2.2 需要记录被监视目标图像或图表数据时，应于监控室设置磁带录像和时间、编号等字符显示装置；当需要监听声音时，可配置声音传输、录音和监听的设施。

16.2.3 摄像机功能的遥控可采用直接控制、间接控制和数据编码微机控制方式。

16.2.4 用于保安的监视电视系统，应留有接口同安全保卫报警系统联动。

16.2.5 控制室可根据工程需要，宜具备以下功能：

(1) 控制摄像机、监视器及其他设备所需电源的通断；

(2) 输出各种遥控信号；

(3) 接收各种报警信号；

(4) 配备视频分配放大电路，能同时输出多路视频信号；

(5) 对视频信号进行时序或手动切换；

(6) 具有时间、编号字符显示装置；

(7) 监视和录像；

(8) 内外通信联络。

16.2.6 实行分组监视的摄像机与监视器的数量，按实际使用需要应有恰当的比例。

16.2.7 摄像机应安装在监视目标附近不易受外界损伤的地方。安装高度，室内以 2.5~5m 为宜；室外以 3.5~10m 为宜，不得低于 3.5m。

16.2.8 电梯厢内的摄像机应安装在电梯操作器对角处的梯厢顶部；摄像机的光轴与电梯的两面壁成 45°角，且宜与电梯天花板成 45°俯角。

16.2.9 摄像机镜头应顺光源方向对准监视目标。在必须作逆光安装的地方，可采用三可变自动光圈镜头。

16.2.10 摄像机镜头应避免强光直射，以保证摄像管靶面不受损伤，镜头视场内不得有遮挡监视目标的物体。

16.2.11 系统的运行控制和功能操作，宜在控制台上进行。控制台装机容量，应根据工程需要并留有扩展余地。

16.2.12 系统的监控室，宜设在监视目标群的附近及环境噪声和电磁干扰小的地方。监控室的使用面积，应根据系统设备的容量来确定，一般可为12～50m²。监控室内温度宜为16～30℃，相对湿度宜为40%～65%，根据情况可设置空调。

监控室必须满足安全和消防的规定要求。

16.2.13 控制台布局、尺寸和台面及座椅的高度应符合现行国标《电子设备控制台的布局、型式和基本尺寸》中的有关规定。控制台在室内的安装可参照本规范第15.7.5条的安装规定要求；高大屏柜的安装应按地震烈度作抗震加固处理。

16.3 设备器件选择

16.3.1 应根据监视目标的不同照度来选用不同灵敏度的摄像机（详见附录G.2）。

16.3.2 摄像机镜头的焦距应根据视场大小和镜头与监视目标的间距确定（详见附录G.3）。镜头的选择宜符合下列规定：

（1）摄取固定目标，宜选用定焦距镜头；摄取远距离目标，宜选用望远镜头；摄取小视距、大视角画面，宜选用广角镜头；摄取大范围画面，应采用带全景云台的变焦距镜头摄像机。

（2）监视目标的环境照度是变化的，除采用硫化锑管外，均应采用光圈可调镜头。宜选用CCD型摄像机。

（3）需作遥控时，宜采用具有光对焦、光圈开度、变焦距的遥控镜头装置。

（4）隐蔽安装的摄像机，宜采用针孔镜头或棱镜镜头。

使用无自动调正灵敏度功能的摄像机时对镜头的要求见附录G.4。

16.3.3 固定摄像机的支承装置，可采用摄像机托架；当摄像机需作多方位场景监视时，应配置遥控电动云台。

16.3.4 防盗用的摄像机，可附装外部传感器与视频系统联动，进行报警和录像。

16.3.5 监视水下目标的摄像机，应具有高灵敏度，并具备密闭的耐压防水护套。

16.3.6 医疗手术用闭路电视，应采用直播式无影灯彩色摄像机从手术部位的上方监视，并进行镜头遥控操作。

16.3.7 应根据工作环境选配相应的摄像机防护套。室外安装的摄像机，必须加装多功能的防护套；半室外（雨篷或屋檐下）安装的摄像机，应加装简易防尘、防水型的防护套。

16.3.8 监视器的选择，应符合下列规定：

（1）系统宜采用23～51cm的监视器。

（2）在射频信号传输的系统中，可采用电视接收机进行监视。

（3）有特殊要求时，可采用多幅画面、大屏幕监视器或投影电视显示装置。

16.3.9 录像机的选择，应符合下列规定：

（1）录像机制式与磁带规格，在同一系统中应统一；

（2）录像机输入、输出信号、视、音频指标，应与整个系统的技术指标相适应；

（3）需作长时间监视目标记录时，应采用低速录像机或具有多种速度选择的长时间记录的录像机。

16.4 传 输 及 线 路

16.4.1 闭路应用电视的图像信号传输方式，宜采用下列几种方式：

(1) 传输距离较短，宜采用同轴电缆传输视频基带信号的视频传输方式。

黑白电视基带信号在5MHz点的不平坦度、彩色电视基带信号在5.5MHz点的不平坦度大于3dB时，宜加电缆均衡器；在大于6dB时应加电缆均衡放大器。

(2) 长距离传输或为避免强电磁场干扰，宜采用传输光调制信号的光缆传输方式。当有防雷要求时，可采用无金属光缆。

(3) 长距离传输或监视点分布范围较广，不易采用光缆传输，或需进入电缆电视网时，宜采用射频调制信号用同轴电缆传输方式。

16.4.2 系统的功能遥控信号采用多芯线直接传输方式；微机控制的大系统，可将遥控信号进行数字编码，与图像信号一起以一线多传的总线方式由光缆或同轴电缆传输。

16.4.3 光缆宜按下列条件进行选择：

(1) 根据工程需要，应满足衰耗、带宽、防潮、温度特性、机械物理特性等要求。

(2) 外护套应根据敷设方式选择：

a. 直埋敷设，宜采用充油膏铝塑粘接加铠装聚乙烯外护套。

b. 管道或架空敷设，宜采用铝塑粘接屏蔽聚乙烯外护套。

c. 室内敷设，宜采用聚氯乙烯或阻燃聚乙烯外护套。

16.4.4 解码箱、光部件在室外安装时应具有良好的密闭防水结构。光缆接头应加防水、防潮、防腐蚀的护套。

16.4.5 在视频传输系统中，应注意防电磁干扰，电缆宜穿金属管或用金属桥架敷设。在有强电磁场干扰的环境中明敷（架空）的线路，应采取有效的防护措施。

16.4.6 室外线路敷设方式的选择应符合下列要求：

(1) 有可利用的管道时，应先采用管道敷设方式，但不得与电力、通讯电缆等共管孔敷设。

电缆与其他线路共沟（隧道）时，其间距应符合表16.4.6-1规定。

(2) 当没有管道可利用或有可利用的杆路时，可采用架空方式。

架空电缆与其他线路共杆架设时，其两线间最小垂直距离应符合表16.4.6-2的规定。

表 16.4.6-1 电缆与其他线路共沟（隧道）的最小间距

种　　类	最小间隔距离（m）
与220V交流供电线路共沟	0.5
与通讯电缆共沟	0.1

表 16.4.6-2 电缆与其他线路共杆架设的最小间距

种　　类	最小间隔距离（m）
220V电力线路同杆平行	1.5
380～1000V电力线同杆平行	2.5
有线广播同杆平行	1.0
通讯线同杆平行	0.6

(3) 线路在城市郊区、乡村，当没有管道和不能建筑管道时，应采用直埋敷设方式。

(4) 线路路由上有建筑物可供利用时，可采用墙壁电缆敷设方式。

16.4.7 室内线路敷设应符合下列规定：

（1）摄像机、监控点不多的小系统，宜采用暗管或线槽敷设方式。

（2）摄像机、监控点较多的大系统，宜采用电缆桥架敷设方式，并应按出线顺序排列线位，绘制电缆排列断面图。

（3）监控室内布线，宜以地槽敷设为主，也可采用电缆桥架，特大系统宜采用活动地板。

16.4.8 系统的线路敷设，还应符合国家现行有关规范的规定。

16.5 供 电、接 地

16.5.1 整套闭路应用电视系统，应有专门的统一供电电源。一般采用交流单相220V、50Hz，电压允许偏移220V±10%，频率允许偏移50Hz±1%。在监控室宜设专门的配电盘。当电源电压波动超出允许值时，应设置稳压设备。稳压设备的标称功率，不宜小于系统使用功率的1.5倍。

16.5.2 摄像机宜由监控室引专线集中供电；远端摄像机集中供电确有困难时，也可就近解决，但必须由与监控室的电源配电箱同相位分回路电源供电，并宜由监控室操作通断。

16.5.3 在紧急情况下，必须继续工作的摄像机，应保证其正常供电和足够的照度。

16.5.4 系统的接地，应采用一点接地方式，接地线不得形成封闭回路，接地母线应采用铜芯导线。接地电阻不得大于4Ω，系统采用共同接地网时，其接地电阻应小于1Ω。

16.5.5 光缆传输系统中，各监控点的光端机外露可导电部分、光缆加强芯、架空光缆接续金属护套等均应接地。

16.5.6 进入监控室的架空电缆入室端，和旷野、塔顶及高于附近其他建筑物处装设的摄像机的电缆端，应设有避雷保护装置，其避雷装置应可靠接地。

16.5.7 闭路电视系统的安全防护设计，应符合现行国标《30MHz~1GHz声音和电视信号的电缆分配系统》中“安全要求”的有关条款规定。

17 声、像 节 目 制 作

17.1 适用范围及功能要求

17.1.1 本章适用于下列民用工程中设置的声、像节目制作系统（以下简称系统）：

（1）大型生活居住区的电缆电视中心。

（2）各类院、校及职业培训中心的电化教育馆。

（3）区域性科技、文化、体育活动中心的音频或视频节目制作站。

（4）三级及以上旅馆建筑的电缆电视中心。

17.1.2 系统设计宜根据需要具备如下全部或部分功能：

（1）制作初级及成品的声音节目，包括语言教材及配音合成磁带。

（2）拍摄和录制无声图像节目，包括示范教学、风光、展示及专题片的初级录像磁带。

（3）制作声、像合成的初级及成品节目，包括前、后期制作的半成品及成品声、像节目磁带。

(4) 收录和转播地面及卫星电视节目，或直播本站节目。

17.1.3 在满足功能要求的前提下，系统设计应做到标准适宜、经济合理、技术可靠，并具有一定的先进性。

17.2 系统的组成及技术要求

17.2.1 系统可按以下原则确定分类及标准：

(1) 参与省（部）级及以上台（站）际节目交流的宜定为Ⅰ类，宜由高级业务级彩色电视设备组成系统。

(2) 参与地市级及大专院校级台（馆）际节目交流的宜定为Ⅱ类，宜由业务级彩色电视设备组成系统。

(3) 自制自用或仅参与地方或本行业节目交流的宜定为Ⅲ类，宜由普及级彩色电视设备组成系统。

17.2.2 可按表 17.2.2 的单元列项，组成各类系统宜设置的内容。

表 17.2.2 各类系统单元配置

分类	演(录)播控制	站外采制	影视转换	编辑加工	复制	存储	收转播放	幻灯动画	布景道具	计划编审
Ⅰ	✓	✓	✓	✓	✓	✓	✓	✓	✓	✓
Ⅱ	✓	✓	✓	✓	✓	✓	✓	—	—	✓
Ⅲ	✓	—	—	✓	✓	✓	✓	—	—	✓

注：收转及播放单元，可根据需要设置卫星电视节目接收装置。

17.2.3 系统设计应符合下列技术要求：

17.2.3.1 必须符合国家和广播电影电视部颁发的现行标准和规范，主要有：

(1) 国标《彩色电视图像传输》；

(2) 国标《单声和立体声节目传输特性和测量方法》；

(3) 国标《电视中心视频系统和脉冲系统、设备的技术要求》；

(4) 国标《电视节目短程光缆传输系统技术要求》。

17.2.3.2 设备及系统应满足下列基本要求：

(1) 视频设备及系统为 PAL/D 制，工作频带为 0～6MHz；

(2) 音频设备及系统频响不劣于 40～15000Hz 带宽，幅频特性不大于 ±2dB；

(3) 系统中设备间配接应满足：视频系统应符合《电视中心视频系统和脉冲系统、设备的技术要求》标准的规定（见附录 H.1）；音频系统应符合《单声和立体声节目传输特性和测量方法》标准及本规范第 22 章中的有关规定；

(4) 系统中设备制式必须一致，技术指标及机间配接必须满足信号质量及功率电平的要求。

17.2.4 系统的传输方式宜按下列原则确定：

(1) 系统内各单元之间或单元内各设备之间的视、音频通路，均应以有线方式传输。

(2) 具备条件的Ⅰ类系统中，如采用数字化设备且以数字化设备配套时，应采用数字化传输方式。

(3) 台、站间有节目交换网络且距离大于 2km 时，宜采用光缆传输方式。

17.2.5 系统中各单元的重点接口部位应设置监听、监视、监测设备及其必要的视、音频分配或切换选择器件。

17.2.6 各独立单元之间宜按图17.2.6所示设置视、音频信号及联络（对讲）信号通路。

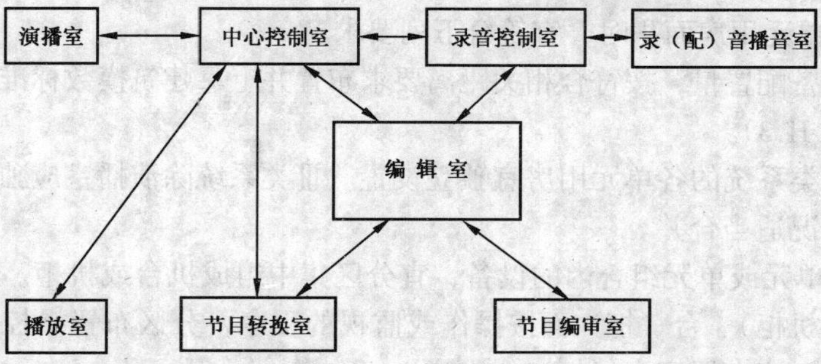

图17.2.6 视、音频及联络信号通路

17.3 设备配置量及设备选择

17.3.1 系统中各单元的设备数量可按基本配置要求确定（见附录H.2），节目成品产量很大时可参照广播电影电视部有关标准及计算方法确定。

17.3.2 配置系统设备的同时，宜按《电视视频通道测试仪器的配置及其技术要求》等标准及音频系统指标测试要求，配置必要的维护测试仪器及工具。

17.3.3 选择系统内各项设备时应符合下列原则：

（1）全系统设备的档次应一致。有参与地、市级及以上电视节目交流任务的后期制作设备档次宜提高一级。

（2）全系统设备宜以同一生产厂家系列产品配套，当采用不同厂家产品时，必须满足匹配要求。

17.3.4 各单元主要设备的选择宜满足下列要求：

（1）演播室摄像机宜为落地移动式高清晰度、高灵敏度产品；外景摄制宜选用一体化设备。

（2）特技键控设备及内外同步信号设备，应满足节目制作功能及技术指标的要求。

（3）加工、编辑设备：Ⅰ类系统宜采用带有形象创作功能的自动设备；Ⅱ类视频及Ⅰ类音频系统宜采用自动设备；Ⅲ类视频及Ⅱ、Ⅲ类音频系统宜采用通用设备。

（4）监视、监听设备应采用高清晰度、高保真设备，视频不低于400线，音频动态储备系数不低于10。

（5）复制设备宜按产品要求的不同规格，组成复制机群。

（6）分配及切换器件宜采用损耗最小、噪音最低的产品。

17.3.5 专用设备宜按更新周期及重要程度适当配置备份。

17.4 技术用房及设备布置

17.4.1 技术用房的选址与布局宜符合下列要求：

（1）系统的技术用房应避开噪声、污染、腐蚀、震动和较强电磁场干扰的场所。

(2) 按系统工艺流程顺序排列用房，尽可能集中。确有困难时，可将相对独立性较强的单元分散布置于远端或相邻楼层。

(3) 尽可能缩短信号传输及联系的路径，且要使相互干扰影响最小。

(4) 宜靠近播放网络的负荷中心。

17.4.2 确定各单元用房面积时，宜符合下列要求：

(1) 根据设备配置量，按符合相关距离要求布置并上靠建筑模数标准（可参见本章第17.4.5条及附录H.3）。

(2) Ⅰ、Ⅱ类系统的各单元用房宜独立设置。Ⅲ类系统除演播室应独立设置外，其他用房可视具体情况适当合并。

17.4.3 各独立单元或单元组合内的设备，宜分区集中组成机台或机柜。有条件时可选择成套标准机台（机柜）。台（柜）面按操作或监视的程序，分区布置操控及监视设备。非操控器件宜分区对应布置于台（柜）仓内。

17.4.4 所有机台（柜）的操作及监视面，均宜逆采光面布置。如迎采光面或垂直于采光面布置时，应采取有效的遮光措施。

17.4.5 技术用房设备布置应符合下列规定：

(1) 机台正面与墙不小于1.5m，双面排列的机台间不小于1.8m。

(2) 机台端部与墙不小于0.8m。

(3) 机台后面与墙不小于0.8m。并列机台总长大于4.5m时，一端及后部维护通道宽不小于1m。

(4) 非并列机台（柜）间不小于0.8m。

17.4.6 储存期较长或存储量较大的存储库房，宜采用密集架；当采用固定架存放时，架间净距不小于0.8m，桁列架端部通道宽度不小于1.2m。

17.4.7 非标准台架的设计及制作，应符合现行国标《面板、架和柜的基本尺寸系列》的规定。

17.4.8 单机设备在台架中或在普通工作台面散置布置时，均应留有足够的操作、维护距离。

17.5 线 路 敷 设

17.5.1 所有机间连线的连接点，均应以接插件或专用连接器连接。

17.5.2 各单元机房之间及内部连线宜符合下列要求：

(1) 视、音频信号传输线应采用专用的屏蔽线或屏蔽电缆。

(2) 不同类型的线路应分类集束，分别敷设于地下暗设或地面、墙上明敷的分格金属线槽内。

(3) 电源、联络信号及音频功率馈线等线路宜另行穿金属管或于金属线槽内分格敷设。

(4) 分散设置的单元间或单元内数量很少的机间线路，宜穿金属管暗设，或在分格金属线槽中敷设。线槽可在墙上部或吊顶内敷设。

17.5.3 单机台（柜）或连成整体的多机台（柜）内部布线，宜排列成板状线束于台（柜）内壁卡敷。

17.5.4 由接收、播放单元引往播放网络的线路，以及接收天线引入馈线的敷设，应符合本规范第15、16章中有关条款的规定。

17.5.5 所有布线均应整齐排列线序，并于线路的两端分别标记线芯编号。

17.5.6 槽内及卡敷布线中，视频线的弯曲半径不得小于50mm，音频线路的弯曲半径不应小于20mm，并行卡敷时两类线路应一致。

17.6 电 源 及 接 地

17.6.1 系统工艺设备有条件时宜采用D，yn11接线的变压器供电，供电回路应做到：

17.6.1.1 Ⅰ类系统：演播照明、空调及其他冲击负荷的供电线路，自变压器低压侧母线上即要与工艺设备供电线路分开。有条件时宜考虑引入不同变压器供电的备用回路。

17.6.1.2 Ⅱ类系统：由所在建筑物总电源进线柜（箱）处引接专用回路，并由就近照明配电箱引接备用回路。

17.6.1.3 Ⅲ类系统宜自就近配电箱引接专用回路。

17.6.2 当供电变压器为Y，yno接线或电源系统有可控硅调光设备时，工艺设备的总电源侧宜装设隔离变压器。

17.6.3 当工艺设备的供电电压偏差超过±5%时，应设置稳压装置，其容量应为工艺设备总容量的1.5倍。供电电源的频率稳定度，不应超过±0.5Hz。

17.6.4 对各单元工艺设备的配电宜采用放射式；向演（录）播控制室及编辑室的设备供电也应采取放射式。

17.6.5 在各技术用房主要出入口处，应设置设备用电总开关。演播室的演播照明电源开关箱宜设于控制室内；控制室设备电源总开关应设于工艺设备控制台上。

17.6.6 当电源为TN系统时，宜采用TN—S结线方式供电。如无条件亦可采用TN—C—S系统，但不应采用TN—C系统供电方式。

17.6.7 各类系统的工作接地，应采用一点接地方式，双干线引出。机台及设备外露可导电部分宜采取接PE线保护方式。

17.6.8 特殊需要的演播室，宜采取防静电措施。所处环境的电磁场干扰严重时，演播、控制及编辑室等宜采取屏蔽措施。防静电及屏蔽网的接地与系统的工作接地可合用，但其接地电阻值应满足最小者的要求。

17.6.9 接地装置除应符合本规范第14章有关电子设备接地的规定外，并应符合下列要求：

（1）独立设置接地装置时，接地电阻不大于4Ω。

（2）接入多种接地的共同接地装置时，接地电阻不应大于1Ω。

17.7 对其他专业的要求

17.7.1 土建专业应满足技术用房的下列要求：

17.7.1.1 演播室、播音室的需用面积应根据设备布置和人员活动范围的需要确定。不同系统类别的用房面积参考指标见附录H.3。

17.7.1.2 演播室、播音室的室型长、宽、高比宜为：

电视演播室 2.5:1.4:1

录、配音播音室　1.6∶1.25∶1

具体数值可见附录 H.4 的附表 H.4.1。

其他用房宜按建筑标准开间结合具体情况适当安排。

17.7.1.3 演播室、录（配）播音室的声学特性及隔声降噪指标及技术要求，应参照广播电影电视部有关标准和规范的规定。

17.7.1.4 演播室及播音室的出入口，应设置间隔不小于 1.5m 的内外两层隔音门的声闸。与控制室相邻的墙上应开设三层不等距离的玻璃观察窗（控制室侧第一层内倾 5°~6°）。

17.7.1.5 隔音门及观察窗的隔声量，每个门（窗）口不少于 60dB。长度超过 15m 的电视演播室，应设置备用出口，该出口设置外开双层隔音门。

17.7.1.6 技术用房地面及顶棚吊挂设备的荷载可按附录 H.4 的表 H.4.2 取值。所需吊挂安装的设备应设置吊架预埋件。

17.7.1.7 空调机等动力设备基础，应采取有效的隔震和防固体传声的措施。

17.7.1.8 控制室地面宜高于演播室地面 0.3m。演播室地面应平整、吸音且不产生静电。

17.7.1.9 其他一般要求宜按附录 H.4 的表 H.4.2 所列执行。

17.7.2 采暖通风及空气调节专业应满足下列要求：

17.7.2.1 演播室、播音室应设置独立的空调系统。其他技术用房宜设置分散的空调设备。采用集中空调系统时，在风道引入各室的分支点处应设置消声器。采用分散空调器时，空调设备应是低噪声产品。控制噪声应满足附录 H.4 中表 H.4.2 的要求。

17.7.2.2 幻灯、动画片制作单元应考虑有害气体排出措施。

17.7.2.3 采暖地区宜按附录 H.4 中表 H.4.2 的要求设置采暖系统。

17.7.3 给水排水专业应满足生活、卫生用水及幻灯、动画制作工艺对水质的要求。工艺废水排放亦应符合有关标准。

17.7.4 消防设施应遵照本规范第 24 章中的有关规定设置。

17.7.5 演播室的演播照明除应符合本规范第 11 章的有关规定外，并应符合下列规定：

17.7.5.1 照明光源宜采用白炽灯，Ⅲ类系统仅用于板式教学的演播室可采用日光灯。光源的色温宜为 3200K。

17.7.5.2 演播照明的照度宜满足设备及演播节目的要求，如无明确要求时，可参照下列标准：

彩色系统：水平照度　1500　lx

　　　　　垂直照度　1200　lx

黑白系统：水平照度　500　lx

　　　　　垂直照度　300　lx

17.7.5.3 演播照明的灯具应能调节高度、照射的方位及倾角。100m² 以上的演播室，其灯具应能水平纵横移位 2~3m。地面设置配有移动架车的移动式灯具。吊装移动灯具宜设置纵向行车及轨道。

17.7.5.4 演播照明系统应能单灯或编组预置调节亮度，调控方式宜为无级调节。

17.7.5.5 120m² 以上的演播室，宜设置天幕灯或背景灯，还宜预留编制变换图案的彩灯电源及控制条件。

17.7.6 在照明设计中尚应符合下列要求：

（1）各技术用房中视频设备工作期间的工作照明宜用白炽灯。

（2）非设备工作期的一般照明宜采用节能型荧光灯。

（3）一般照明的照度要求见附录 H.4 的表 H.4.2。

（4）演播室、播音室、编辑室及其控制室均应于门外（或声锁外）上部或侧面设置阻进灯。

17.7.7 电气装置的设置宜符合下列要求：

（1）演播室演播区的各面墙上，在距地面 0.2～0.3m 高处应设置电源插座组，每面墙上不宜少于二组。$120m^2$ 以上的演播室，宜在演播区后边缘中间设置地面插座箱。墙面上适当设置三相插座。

（2）各工艺技术用房内除向组合机台（柜）集中配电或向单机散置设备分散配电外，尚应适量布设维护检修用电插座。

（3）工艺设备的配电线路与其他用途的配电线路的管线，应分开设置。

（4）凡在设备工作期间使用的设置在工艺技术用房内的调节、控制电器，均应是无电火花、无电磁能量辐射的产品。

（5）演播照明采用可控硅调光设备时，调光设备的电源侧宜加装隔离变压器或采取其他防止谐波污染电源系统的措施。

18 呼应（叫）信号及公共显示装置

18.1 一 般 规 定

18.1.1 呼应（叫）信号，仅指以寻人为目的的声光提示装置。

公共显示装置，仅指在大型公共场所，以信息传播为目的的计时记分及动态显示装置。

18.1.2 呼应（叫）信号及公共显示装置的设计，应在满足使用功能的前提下，使系统技术先进、经济合理、安全可靠和便于管理、维修。

18.1.3 呼应（叫）信号及公共显示装置的配线宜采用多股铜芯绞线。

18.2 呼应（叫）信号的呼叫方式及系统组成

18.2.1 医院呼应（叫）信号

18.2.1.1 可根据医院的规模、标准及医护水平要求，在医院内设护理呼叫信号。

18.2.1.2 护理呼叫信号系统，应按护理区及医护责任体系，划分成若干个护理呼叫信号管理单元。各管理单元的信号主控装置应设在医护值班室。

18.2.1.3 护理呼叫信号应具备下列功能：

（1）随时接受患者呼叫，准确显示呼叫患者床位号或房间号；

（2）患者呼叫时，医护值班室应有明显的声、光提示，病房门口要有光提示；

（3）允许多路同时呼叫，对呼叫者逐一记忆、显示；

（4）特护患者应有优先呼叫权；

（5）医护人员未作临床处置的患者呼叫，其提示信号应持续保留。

18.2.1.4 医院门诊区内较大的候诊室、化验室及中草药房等场所宜设候诊呼叫信号。呼叫方式的选取，应保证有效提示和医疗环境的肃静。

18.2.1.5 大型医院、中心医院宜设医护人员寻叫呼应信号。

寻叫呼应信号应按下列要求设计：

(1) 简单明了地显示被寻者代号及寻叫者地址；

(2) 寻叫显示装置应设在门诊区、病房区、后勤区等场所的易见处；

(3) 寻叫呼应信号的控制台宜设在电话站内，由值机人员统一管理。

18.2.2 旅馆呼应（叫）信号

18.2.2.1 一～四级旅馆及服务要求较高的招待所宜设呼应（叫）信号。

18.2.2.2 呼应（叫）信号的系统组成及功能，宜包括下列基本内容：

(1) 呼应（叫）信号应按服务区设置，总服务台应能随时掌握各服务区呼叫及呼叫处理情况；

(2) 随时接受住客呼叫，准确显示呼叫者房号并给出声、光提示；

(3) 允许多路同时呼叫，对呼叫者逐一记忆、显示；

(4) 服务员处理住客呼叫时，提示信号方能解除；

(5) 睡眠唤醒。

设计中可根据具体要求扩展或部分选取上列功能。设呼应（叫）信号的旅馆（招待所）最低应具备上列 (2)、(3)、(5) 的功能。

18.2.3 住宅（公寓）呼应信号

18.2.3.1 高层住宅及公寓，根据保安、客访情况，宜设住宅（公寓）对讲系统。

18.2.3.2 住宅（公寓）对讲系统的基本组成可包括：主机、分配器及用户分机。

18.2.3.3 住宅（公寓）对讲系统设计，应符合下列要求：

(1) 对讲清晰；

(2) 拨叫准确、操作简便；

(3) 主机控制盘对使用者拨发出的地址、被访者的态度（“允许”、“拒绝”）应有明确显示；

(4) 主机控制盘应设在住宅（公寓）入口门外或门卫值班室附近。壁装式主机送话器中心距地宜为 1.5m。

18.2.3.4 住宅（公寓）对讲系统根据保安要求，可扩展下列功能：

(1) 公寓大门电锁（由住户和门卫控制开启）；

(2) 摄像监视；

(3) 环境声监听。

摄像监视和环境声监听的视频、音频信号经调制后，可借助住宅（公寓）共用天线电视系统传输到各住户去。

18.2.4 营业量较大的电话、邮政营业厅、银行取款处、仓库提货处等场所，宜设呼应（叫）信号。其呼应（叫）信号的系统组成及功能，应视具体业务要求确定。

18.2.5 无线呼应（叫）系统

18.2.5.1 大型医院、宾馆、展览馆、体育馆（场）、演出中心、民用航空港等公共建筑，可根据指挥、调度及服务需要，设置无线呼应（叫）系统。无线呼应（叫）系统，按呼叫程式可采取无线播叫和无线对讲两种方式。

18.2.5.2 无线播叫的系统组成及设计原则可为：

（1）系统组成：

a. 中央播叫控制终端；

b. 供联接用户电话小交换机网络等使用的播叫终端接口；

c. 发射器、天线；

d. 播叫接收机。

（2）设计原则：

a. 中央播叫台宜设在电话站内或其附近房间内；

b. 发射器、天线的设置必须有效覆盖播叫区域；

c. 用户中含字母、数字显示式播叫接收机的系统，须配置键盘 CRT 终端机，字母播叫内容经中央播叫台由播叫员播发；

d. 系统中数字显示式和播叫音式播叫接收机，可由中央播叫台专用电话终端发出播叫信号。当专用电话终端的数量多于一部时，可不全部设在中央播叫室；

e. 中央播叫控制终端与用户电话小交换机联接的系统，呼叫者可（不通过播叫员）使用小交换机用户电话播发播叫信号（此种播叫不能播发字母内容）；

f. 设有多个播叫终端的系统，应具备优先播叫、紧急播叫功能。

18.2.5.3 无线对讲系统由基地指挥台、终端接口（可配接数据处理、记录设备和用户电话小交换机网络等）、收、发射器及天线、对讲机等组成。

要求保密通话的系统，须作密码处理。

对一般性通话、通话距离不大的无线对讲，宜选择“对讲机—对讲机”的对讲方式。

18.2.5.4 无线呼应（叫）系统的发射功率、通信频率及呼叫覆盖区域等设计指标，应向当地无线通讯管理机构申报，经审批后方可实施设计。

18.3 呼应（叫）信号的设备选择及线路敷设

18.3.1 设计中应根据各种呼应（叫）信号设备的灵敏度、可靠性、显示、对讲质量等指标以及操作程式、外观、维护繁易等性能，经比较择优选用，不宜片面强调功能齐全。

18.3.2 医院、旅馆的呼应（叫）信号装置，应使用 50V 以下安全工作电压。

18.3.3 系统连接电缆（线）宜穿钢管保护，一般不宜采用明敷方式。

18.4 公共显示装置设置原则

18.4.1 体育馆（场）、火车站、民用航空港、港口码头和大型商业、金融营业厅等场所，根据信息传播需要，宜设置公共显示装置。

18.4.2 体育馆（场）公共显示装置的类型，应根据其接待的比赛级别确定：

（1）接待大型国际重要比赛的主体育馆（场），宜设置“彩色屏幕和计时记分多功能矩阵显示牌”。

（2）接待国内重要比赛的体育馆（场），宜设置“计时记分多功能矩阵显示牌”。有条件的可设置“彩色屏幕”或“黑白灰度屏幕”。

（3）接待专项一般比赛的体育馆，宜设置“条块式计时记分显示牌”。

(4) 接待球类比赛的体育馆，宜设置“双面同步显示牌”。

几种类型的显示装置功能见表 18.4.2。

表 18.4.2 几种类型显示装置功能

显示装置类型	显示装置功能
彩色（黑白）CRT屏幕	现场实况转播、播放录像视盘节目、静止画面、慢镜头解析、显示汉字、英文、图形、符号、时间计时显示
灰度牌	显示图像、图形、汉字、英文、符号、时间计时显示
矩阵牌（亚彩色牌）	显示图形、汉字、英文、符号、时间计时显示
条块式牌	显示汉字、英文、符号、时间计时显示

18.4.3 新建民用航空港、中等以上城市的火车站、大城市的港口码头及长途汽车客运站，应设置营运班次动态显示牌。

18.4.4 大型商业、金融营业厅，宜设置商品、金融信息显示牌。

18.4.5 在繁华街区和交通繁忙地段设置公共显示装置时，必须经当地城建、交通主管部门批准。

18.5 公共显示装置显示方案的选择

18.5.1 公共显示装置的显示方案，应根据使用要求，在充分衡量各显示方案的光、电技术指标和环境条件等因素的基础上确定。

注：①光、电技术指标包括：分辨率、亮度、对比度、视角、响应时间等。彩色屏幕、黑白灰度屏幕应参照电视指标；

②环境条件指：照度（主动光方案指照度上限；被动光方案指照度下限）、湿度、气体腐蚀性等。

18.5.2 显示屏（牌）面尺寸，应根据显示装置的画面、文字功能确定。

显示画面的分辨率及幅面由显示屏的象素间距、象素数量等因素确定。

显示屏文字功能由文字规格、组字矩阵、满屏最大文字容量等要求确定。最小文字规格应由最远视认距离确定。需作多种文字显示时，应以汉字规格作为设计依据。汉字组字矩阵应与计算机汉字库组字模式一致，最小组字矩阵应取 16cm × 16cm。

当画面显示和文字显示对显示屏面尺寸要求矛盾时，应首先满足文字显示要求。

18.5.3 民用航空港、火车站、港口码头、长途客运站及金融营业厅等场所的动态显示牌，根据其公布内容的查询特点，应采用列表方式以一页或数页显示公布内容。

18.5.4 仅做文字显示的显示牌（如新闻发布牌），宜采用文字单行左移或多行上移方式，以小尺寸显示幅面完成大篇幅文字显示。

18.5.5 体育用公共显示装置的成绩公布格式及内容，应依照裁判规则确定。

体育公告内容一般包括：国名、队名、姓名、运动员号码、道次、名次、成绩、纪录成绩、比赛项目等。

公告每幅显示容量，一般宜为八个名次（道次），最低不应少于三个。

不同级别的体育馆（场），可根据使用情况确定显示装置的显示内容及显示容量。

18.5.6 体育用显示装置必须有计时显示功能。计时显示可分为：

（1）球类专业比赛计时显示。

（2）竞赛实时计时显示。

（3）自然时钟计时显示。

体育馆（场）可根据使用情况，确定显示装置的计时显示功能。

18.5.7 实时计时数字显示的精确程度应符合下列要求：

（1）径赛实时计时数字显示钟应为六位数字（精确到0.01s）。

（2）游泳比赛实时计时数字显示钟应为七位数字（精确到0.001s）。

（3）各球类比赛计时钟的钟形及计时精度，应符合有关裁判规则。

18.5.8 计时钟在显示牌面上的位置应按裁判规则设置，一般设在牌面左侧。

18.5.9 体育场田赛场地和体育馆体操比赛场地，可按单项比赛设移动式小型计分显示装置。

18.5.10 各种公共显示装置的屏（牌）面均需做无反光处理。

体育用公共显示装置屏（牌）面，不应装设反光材料的防尘、防腐蚀外罩。

18.6 公共显示装置的控制

18.6.1 各种公共显示装置，均应实行计算机控制。

18.6.2 公共显示装置应具有可靠的清屏（零）功能。

18.6.3 户外设置的主动光公共显示装置，应具有日场、夜场亮度调节功能。

18.6.4 大型体育馆（场）在设置公共显示装置时，应使其加入体育信息计算机网络体系。如当时当地尚不具备连网条件，则应预留网络接口。

18.6.5 体育馆（场）公共显示装置的成绩发布控制程序，应符合比赛裁判规则。显示装置的计算机控制网络，应以计权接口方式与有关裁判席接通。

18.6.6 显示装置的比赛计时钟在0～59min内应能任意预置。

18.6.7 大型体育场、游泳馆的公共显示装置，应设实时计时外部设备接口，以连接电子发令枪、游泳触板等计时系统。

18.6.8 公共显示装置系统应配备足够容量的磁盘存储器和打印设备。大型比赛的运动员成绩、公告内容均应作存储、打印记录。

18.6.9 重要比赛期间，显示装置的计算机存储、控制系统必须采用不间断电源装置（UPS）供电。

18.6.10 计算机信息处理中心宜靠近主席台设置。显示装置主控制室如与计算机信息处理中心分设时，其位置应靠近显示屏（牌）并能直视显示屏（牌），否则应通过间接方式监视显示屏（牌）工作状态。

大型显示装置的屏幕构造腔内应设置工作人员值机室，应保证值机室与主席台、主控制室等处的通信联络。意外情况下，屏内可手动关机。

18.7 公共显示装置的设备选择及线路敷设

18.7.1 在保证设计技术指标的前提下，应选择低能耗显示装置。

18.7.2 大型重要比赛中与显示装置配接的专用计时设备（如电子发令枪、游泳触板等），应选用经国家体育主管部门和裁判规则认可的设备。

18.7.3 体育馆（场）显示装置的安装位置应符合裁判规则，其安装高度，底边距地不宜低于 2m。

18.7.4 为使用安全及防止干扰，公共显示装置的供电电源宜通过隔离变压器受电。

18.7.5 公共显示装置的电源如为 TN 系统时，宜采用 TN—S（或 TN—C—S）方式供电，功率分配上应努力做到三相平衡。

18.7.6 公共显示装置有条件时宜设独立接地系统。体育馆内的双面同步显示牌必须共用同一个接地系统，不得分设。

18.7.7 公共显示装置的电气控制柜、驱动柜及其他设备，应贴近显示屏（牌）面安装，缩短线路敷设长度。

18.7.8 公共显示装置的屏（牌）面显示器件应便于维修、更换。

18.7.9 在体育场（馆）田赛场地（体操场地）的适当位置，宜设置移动式小型显示装置与计算机信息处理中心联络的接线口及设备工作电源接线点，设置数量由使用要求确定。

18.7.10 显示系统的控制、数据电缆（线），应做防音频及防电磁干扰处理。体育馆（游泳馆）内应采取防电磁干扰措施。

各种电缆（线）应穿金属管在电缆沟内或埋地、埋墙暗设，金属管应做接地。

18.8 时钟系统

18.8.1 下列民用建筑工程中宜设置时钟系统：

（1）中型以上火车站、大型汽车客运站、内河及沿海客运码头、国内干线及国际航空港等。

（2）广播电视及电信大楼等。

（3）国家重要科研基地及其他有准确统一计时要求的工程。

18.8.2 当建设单位要求设置塔钟时，应结合城市规划及环境空间设计。在涉外或旅游宾馆工程中宜设置世界钟系统。

18.8.3 一般母钟站均应选择两台标准母钟（一台正常工作，一台备用），配置分路输出控制盘，控制盘上每路输出均应有一面分路显示子钟。母钟宜为机械母钟或石英母钟。

当设置石英钟作为显示子钟时，对于有准确统一计时要求的工程，应配置母钟同步校正信号装置。

18.8.4 母钟站站址宜与电话总机房或广播电视机房以及计算机房等通讯机房合并设置。当不能合并设置时，宜选在负荷中心，并应避开强烈振动、腐蚀、强电磁干扰的环境。

18.8.5 母钟站内设备应安装在机房的侧光或背光面，并宜远离散热器件、热力管道等。母钟控制屏分路子钟最下排钟面中心距地不应小于 1.5m，母钟的正面与其他设备的净距不应小于 1.5m。

18.8.6 时钟系统的线路可与电话、计算机网及低电压广播线路等网路合并，一般不宜独立组网。时钟线对应相对集中并加标志。

18.8.7 一般子钟网络宜依负荷能力划分若干分路，每分路宜合理划分为若干支路，每支路单面子钟数不宜超过四面。远距离子钟，可采用并接线对或加大线径的方法来减小线路电压降。一般不设电钟转送站。

18.8.8 母钟站一般由直流不间断电源供电。母钟站电源及接地系统一般不单设，宜与其他电信站统一设计。

18.8.9 时钟系统每分路的最大负载电流不应大于0.5A。

18.8.10 母钟站直流供电回路中，对24V电源，自蓄电池经直流配电盘、控制屏至配线架出线端全程电压损失不应超过0.8V。

18.8.11 子钟规格的选择应根据指定点的安装高度和视距确定。子钟的安装地点应根据使用要求，并与建筑专业配合解决建筑装饰等事宜。子钟的安装高度，室内不应低于2m，室外不应低于3.5m。时钟视距可按表18.8.11选定。

表18.8.11 时 钟 视 距 表

子钟钟面直径（cm）	最佳视距（m）		可辨视距（m）	
	室 内	室 外	室 内	室 外
8~12	3	—	6	—
15	4	—	8	—
20	5	—	10	—
25	6	—	12	—
30	10	—	20	—
40	15	15	30	30
50	25	25	50	50
60	—	40	—	80
70	—	60	—	100
80	—	100	—	150
100	—	140	—	180

19 电 话

19.1 一 般 规 定

19.1.1 电话设计必须做到技术先进、经济合理、灵活畅通和确保质量，并应符合市话通信网的进网条件及技术要求。

19.1.2 电话用户线路的配置数量应以满足建设单位提供的要求为依据，并结合实现办公现代化需要和提高电话普及率等因素综合确定，一般可按初装电话机容量的130%~160%考虑。

19.1.3 当电话用户数量在50门以下，而市话局又能满足市话用户需要时，可直接进入市话网。

19.1.4 电话站初装机容量宜按电话用户数量与近期发展的容量之和再计入30%的备用量进行确定。若选用程控交换机时，用户板的备用量可按10%考虑。

19.1.5 电话站交换机程式的选择，宜按以下原则确定：

（1）宾馆、饭店、大型公用建筑、高层办公楼等宜采用程控式交换机。

（2）一般单位如条件不允许，对于100门及以下者亦可选用人工电话交换机或纵横制自动电话交换机。

19.1.6 如选用程控式交换机其容量小于250门及以下且无数字交换功能要求时，可选用空分制式程控交换机。反之则可选用A律PCM数据交换式程控交换机。

19.1.7 程控用户交换机的设计还应参照《工业企业程控用户交换机工程设计规范》的有关规定。

19.1.8 电话设计除执行本章有关规定外，尚应符合现行国标《工业企业通信设计规范》和《工业企业通信接地设计规范》中的有关规定。

19.2 对市内电话局的中继方式

19.2.1 电话用户交换机进入市内电话局的中继接续，一般采用用户交换机的中继方式，中继方式设计宜符合下列规定：

（1）交换设备的容量在50门以下，采用双向中继方式。

（2）交换设备的容量在50门及以上，采用单向中继或部分双向、部分单向混合的中继方式。

（3）交换设备的容量在500门以上，或中继线数大于37对时，采用单向中继方式。

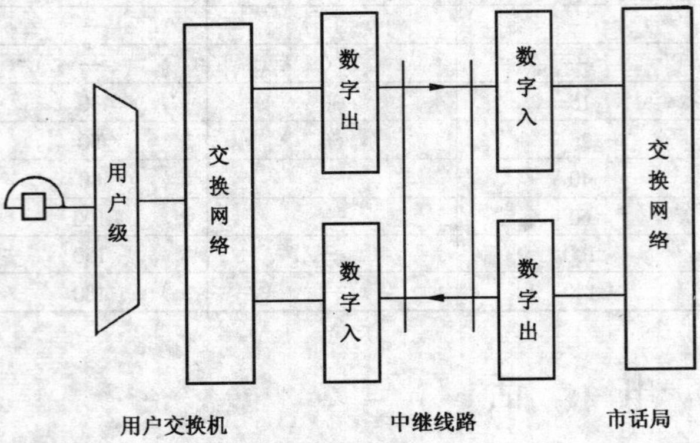

图 19.2.3.1-1 全自动直拨中继（DOD_1、DID）方式（一）

19.2.2 交换机中继线安装数量需根据当地市内电话局的有关规定和市话中继话务量大小等因素确定。一般可按交换设备容量的8%～10%考虑。

19.2.3 交换机进入市内电话局的中继接续宜符合下列规定：

19.2.3.1 一～三级旅馆、饭店及办公现代化水平较高的高层建筑、大型商业金融中心、特大型企业等单位，当交换机容量较大又有数字传输要求时，宜采用全自动直拨中继方式，即DOD_1、DID方式，或DOD_2、DID方式，如图19.2.3.1-1、19.2.3.1-2所示。

19.2.3.2 三级以下旅馆、饭店等高层民用建筑，当交换机容量较小或无特殊要求时，宜采用半自动单向中继（DOD_2、BID）方式，如图19.2.3.2所示。

19.2.3.3 企事业单位办公楼等一般民用建筑，用户交换机容量较小时，可采用半自动单向中继（DOD_2、BID）方式或半自动双向中继（DOD_2、BID）方式，如图19.2.3.2和图19.2.3.3所示。

19.2.3.4 自动交换机与磁石或共电式交换机与市话局接口时，可采用人工中继方式，特殊情况下与人工

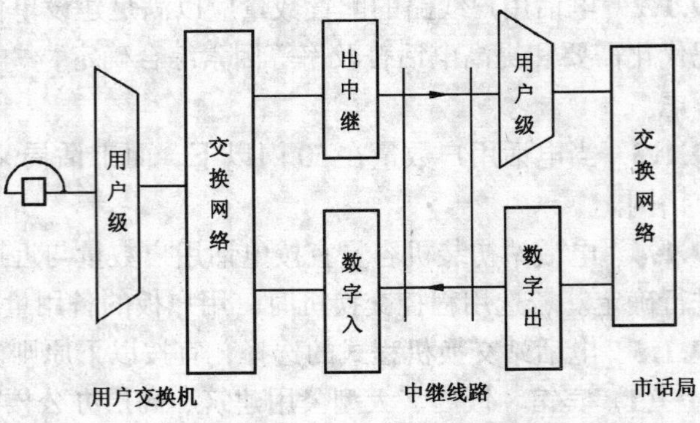

图 19.2.3.1-2 全自动直拨中继（DOD_2、DID）方式（二）

市话局接口时也可采用如图 19.2.3.4 所示的方式。

19.2.3.5 三级以上的旅馆、饭店及对于中继方式有特殊要求或者容量较大的交换机，从公用网来的入中继线，可根据分机用户的性质采用部分为全自动直拨 DID，另一部分为半自动接续 BID 的混合进网中继方式，以增加中继系统连接的灵活性和可靠性，如图 19.2.3.5 所示。

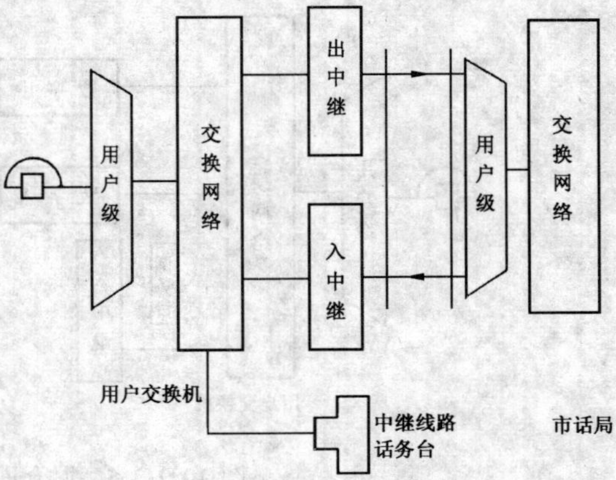

图 19.2.3.2 半自动单向中继（DOD_2、BID）方式

19.2.4 电话站用户交换机至长途电话局的长途话务宜经市话局转接，如特殊需要当取得市话局同意时，长途话务量较大的用户也可采用长途直拨的中继方式。

19.2.5 旅馆、宾馆等建筑物内设有邮电代办所时，电话站可把邮电代办所作为电话站用户考虑，其用户线数量一般为 5 ~ 10 对用户电缆。当邮电代办所通信业务量较大时，可直接向市话局长途台挂号或采用长途自动计费。

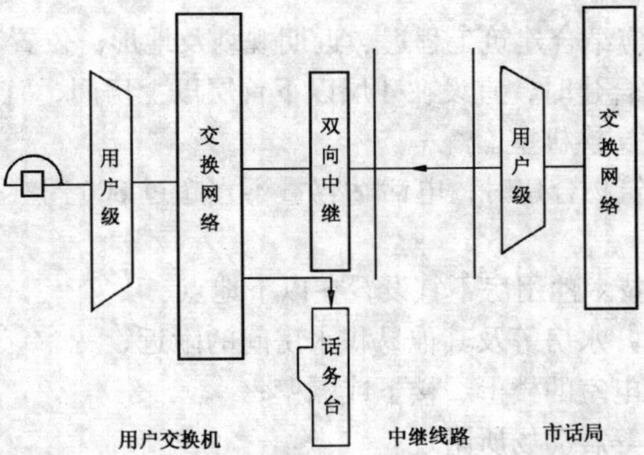

图 19.2.3.3 半自动双向中继（DOD_2、BID）方式

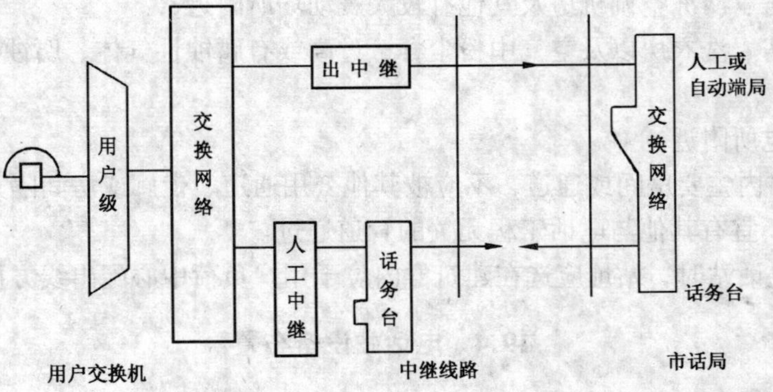

图 19.2.3.4 人工中继方式

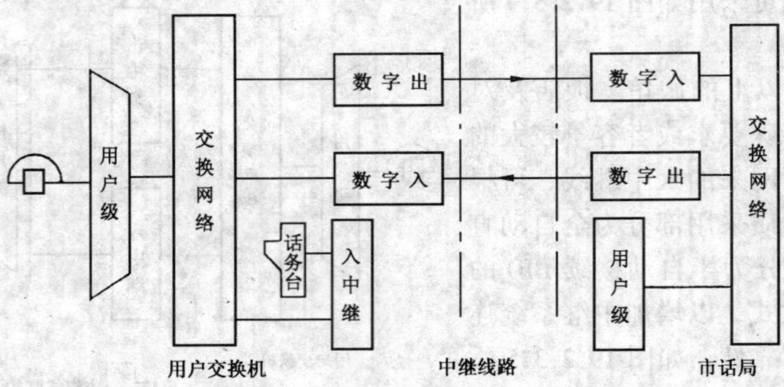

图 19.2.3.5 混合进网中继方式

19.2.6 电话站用户号码编制宜采用统一位数的号码，并按一定规律排列，宾馆、饭店的客房用户号宜与客房号码相同。一般单位及办公楼等的用户，首位号宜为“2～8”。“0”、“9”可作市话和长途自动直拨出局引示号，“1”作内部特殊服务首位引示号。

19.2.7 电话站交换机特殊业务号码，宜与邮电常用特殊号码一致。

19.3 电话站站址选择

19.3.1 电话站站址选择应结合建筑工程远、近期规划及地形、位置等因素确定。

电话站与其他建筑物合建时，宜设在4层以下首层以上房间，宜朝南向并有窗。在潮湿地区，首层不宜设电话交换机室。

19.3.2 电话站与其他建筑物合建时，电话站容量不宜超过800门（采用程控交换机不受此限）。

19.3.3 合建电话站时，技术性用房不宜设置在以下地点：

（1）浴室、卫生间、开水房等及其他易积水房间的附近；

（2）变压器室、变配电室的楼上、楼下或隔壁；

（3）空调及通风机房等震动场所附近。

19.3.4 独建电话站时，不宜设置在以下地点：

（1）汽车库附近；

（2）水泵房、冷冻空调机房及其他有较大震动场所附近；

（3）锅炉房、洗衣房以及空气中粉尘含量过高或有腐蚀性气体、腐蚀性排泄物等场所附近；

（4）配变电所附近。

19.3.5 电话站内主要房间或通道，不应被其他公用通道、走廊或房间隔开。

电话站内不宜有其他与电话工程无关的管道通过。

19.3.6 独建电话站时，站址应选在建筑群内位于用户负荷中心配出线方便的地方。

19.4 电话站设备布置

19.4.1 电话站内设备布置应符合以近期为主、远近期相结合的原则，并要满足下列要求：

（1）安全适用和维护方便；

（2）便于扩充发展；

（3）整齐美观。

19.4.2 话务台室宜与电话交换机室相邻，话务台的安装宜能使话务员通过观察窗正视或侧视到机列上的信号灯。

19.4.3 总配线架或配线箱应靠近自动电话交换机；电缆转接箱或用户端子板应靠近人工电话交换机，并均应考虑电缆引入、引出的方便和用户所在方位。

19.4.4 电话站交换机的容量在200门及以下（程控交换机500门及以下），总配线架（箱）采用小型插入式端子箱时，可置于交换机室或话务台室；当容量较大时，交换机话务台与总配线架应分别置于不同房间内。

19.4.5 容量在360回线以下的总配线架落地安装时，一侧可靠墙；大于360回线时，与墙的距离一般不小于0.8m。横列端子板离墙一般不小于1m，直列保安器排离墙一般不小于1.2m，挂墙装设的小型端子配线箱底边距地一般为0.6m。

19.4.6 电话站内机架正面宜与机房窗户垂直布置。

19.4.7 如生产厂成套供应自动电话交换机的安装铁件，列间距离应按生产厂的规定，否则宜按下列规定：

（1）机列间净距为0.8m，如机架面对面排列时，净距为1～1.2m。

（2）机列与墙间作为主要走道时，净距为1.2～1.5m；机列背面或侧面与墙或其他设备的净距不宜小于0.8m；当机列背面不需要维护时可靠墙安装。

19.4.8 电话站内机列、总配线架、整流器和蓄电池等通信设备的安装应采取加固措施。当有抗震要求时，其加固要求应按当地规定的抗震烈度再提高一度来考虑。

19.4.9 配线架与机列间的电缆敷设方法宜采用地面线槽或走线架。交直流线路可穿管埋地敷设。

19.5 会议电话、调度电话

19.5.1 要求设置会议电话专用设备的建筑物，当设有具有会议电话功能的程控交换机时，可利用程控交换机的功能兼顾，但参加会议的各主要电话用户应增设专用用户话机。

19.5.2 会议电话一般采用一级汇接方式。会议电话室的位置应选择在尽量减少外来噪声干扰和防止泄密的房间。

19.5.3 会议电话室内混响时间一般宜为低频0.35s，中频0.40s，高频0.45s，误差为±0.05s。

19.5.4 会议电话室的面积在20m^{2}以下时，一般不外接扬声器箱，可利用会议电话终端机或扩音调度电话机内附扬声器；反之可在会议电话室墙上设置功率不大于2V·A的扬声器箱。

19.5.5 在旅馆、宾馆或其他高层民用建筑工程中，当电话交换机不具备有会议或调度功能时，各层服务台与经理室及各业务管理部门之间的业务联系可采用扩音调度电话。如果会议调度用户较少时（2～4个）亦可采用直通对讲电话。

19.5.6 剧院、大型会场、体育馆等建筑工程中的业务指挥调度系统，宜采用下列方式：

（1）调度用户是固定岗位，则宜采用带有扩音的专用有线调度电话。

（2）调度用户是流动岗位且业务联系较为频繁，则可采用无线调度电话。

19.6 电源、接地、照明

19.6.1 电话站交流电源的负荷等级，宜与该建筑工程中的电气设备之最高负荷分类等级相同。

19.6.2 电话站交流电源可由低压配电室或邻近的交流配电箱，从不同点引来二路独立电源，并采用末端自动互投。当有困难时，亦可引入一路交流电源。

19.6.3 当供电负荷等级低于二级或交流电源不可靠时，应增加电话站蓄电池容量，延长放电小时数，采用浮充供电或充放电方式。

19.6.4 电话站交流电源引入方式宜为暗管配线。引入交流电源当为 TN 系统时宜采用 TN—S 或 TN—C—S 供电方式。

19.6.5 交直流两用的通信设备可采用交流供电，但不允许中断通信的设备仍应配装备用直流电源。

19.6.6 电话站容量较小，交流供电负荷等级在二级及以上时，可采用交直流供电方式，但应符合本章第 19.6.14 条规定。

19.6.7 交流电源引入程控交换机专用供电装置前或当交流电源的电压波动值超过正常工作范围时，应采用交流稳压设备。

19.6.8 电话站采用纵横制交换机时，其直流电源一般采用浮充供电方式。当采用两组蓄电池浮充供电时，应将两组蓄电池并联工作。

19.6.9 程控用户交换机容量较大时，直流供电方式宜采用全浮充制供电。当交流供电负荷等级在二级及以上时，可选用一组蓄电池；为三级供电负荷时，可选用两组蓄电池。

19.6.10 电话站内的 24V、48V 和 60V 直流电源输出端杂音计脉动电压值不宜大于 2.4mV；当超过限值时需加装滤波设备。

19.6.11 电话站蓄电池组一般不设尾电池，只有当交换机容量较大且交流供电负荷等级在二级及以下时，可考虑设置尾电池。

19.6.12 蓄电池组的电池个数可按下列原则确定：

（1）酸性蓄电池放电终期端电压一般取为 1.80～1.90V，浮充电压取为 2.15～2.20V。

（2）碱性镉镍电池放电终期电压一般取为 1V，浮充电压取为 1.40～1.50V。

（3）当不采用尾电池时，24V、48V 及 60V 酸性、碱性蓄电池每组的电池个数一般可按表 19.6.12 取定。

表 19.6.12 蓄电池组的电池个数

电压种类（V）	电压变动范围（V）	浮充制	直供方式
24	21.6～26.4	12（24）	13（26）
48	43.2～52.8	24（48）	26（52）
60	56～66	30（60）	32（64）
注：（　）内为碱性蓄电池个数。			

19.6.13 电话交换机的蓄电池容量按下式计算：

$$C = K \cdot I \tag{19.6.13}$$

式中　C——蓄电池容量（A·h）；

K——计算系数，其值见表 19.6.13-1 与表 19.6.13-2；

I——近期通信设备忙时平均耗电电流（A）。

表 19.6.13-1　蓄电池容量计算系数

T（h）		4	5	6	7	8	9	10	11	12	13	14	15	20
K	15℃	5.50	6.52	7.33	8.29	9.35	10.09	10.87	11.88	12.97	14.05	15.14	16.30	21.74
	5℃	6.03	7.15	8.03	9.08	10.24	11.90	11.05	13.10	14.26	15.48	16.67	17.89	23.81

注：①电池室内有暖气设备时用 15℃的 K 值，无暖气设备时用 5℃的 K 值。
②T 为蓄电池组供电小时数，按表 19.6.13-2 取定。

表 19.6.13-2　蓄电池组供电小时数（T）值

直流供电方式 / 交流负荷等级	浮充制	直供方式
一级、二级负荷	4～6	10～15
三级负荷	10	20

19.6.14　采用交流直供方式供电的电话站，应设备用蓄电池组，且整流器应有稳压及滤波性能。

19.6.15　交直流配电屏（盘）的容量应根据全站的远期最大容量确定。

19.6.16　直流配电屏（盘）的容量应根据通信设备繁忙时最大电流来确定。一般 200 门及以下的电话站，可不装置直流配电屏（盘），但必须考虑直流供电线路的保护措施。

19.6.17　电话站当受建筑条件限制时，蓄电池可选用密封防爆型酸性蓄电池组或碱性镉镍蓄电池组。

19.6.18　电话站的电力室应靠近主机房负荷中心，电池室应与电力室相邻。

19.6.19　直流配电屏（盘）宜装于蓄电池室一侧，交流配电屏（盘）宜靠近交流电源线引入端。小容量电话站的配电屏（盘）和整流器屏，可与通信设备合装在一个房间内。

19.6.20　配电屏（盘）和整流器屏的正面距墙或其他设备间的净距不宜小于 1.5m。

19.6.21　配电屏（盘）和整流器屏的两侧，当需要检修时与墙的净距不应小于 0.8m；如为主要走道时净距不应小于 1.2m。当需要检修时背面至墙的净距不应小于 0.8m。台式整流器和墙挂式直流配电盘可不受此限制。

墙挂式直流配电盘和整流器的安装高度，设备中心至地距离一般为 1.6m。

19.6.22　蓄电池组的布置应符合下列要求：

（1）蓄电池台（架）之间的走道宽度不应小于 0.8m；

（2）蓄电池台（架）的一端应留有主要走道，其宽度一般为 1.5m，但不宜小于 1.2m，另一端与墙的净距应为 0.1～0.3m；

（3）同一组蓄电池分双列平行安装于同一电池台（架）时，列间的净距一般为 0.15m；

（4）双列蓄电池组与墙间的平行走道宽度不应小于 0.8m，单列蓄电池组可靠墙安装，蓄电池与墙间的距离一般为 0.1～0.2m；

（5）蓄电池与采暖散热器的净距不宜小于 0.8m，蓄电池不得安装在暖气沟上面。

19.6.23 蓄电池台的高度一般为0.3～0.5m。

19.6.24 蓄电池排列不宜采用双层（房间面积受限制除外）。

19.6.25 直流馈电线总电压降系指繁忙小时内直流馈电线全程最大的电压降，对60V的电源一般可取1.6V；对24V电源一般取为0.8～1.2V；对48V电源一般取为1.4V。

19.6.26 直流电流小于50A的电话站，馈电线各段的电压降可采用固定的分配方法。各种直流配电设备及线路电压降分配如下：

（1）直流配电盘（屏）0.3V；

（2）电源架（或总熔丝盘）0.2V；

（3）列架保险及馈电线0.2V。

在总电压降中减去上列有关电压降后，剩余的电压降即可分配在蓄电池至列架（或机台）间的各段馈电线上。

19.6.27 直流馈电导线截面的计算通常用公式19.6.27-1、19.6.27-2：

$$S=\frac{I\cdot L}{54.4\Delta U}\text{（铜线）}\tag{19.6.27-1}$$

$$S=\frac{I\cdot L}{34\Delta U}\text{（铝线）}\tag{19.6.27-2}$$

式中 I——馈电线的忙时最大电流（A）；

L——正负极馈电线的总长度（m）；

ΔU——分配给计算段的允许电压降（V）；

S——馈电线导线截面（mm^2）。

19.6.28 电话站通信用接地包括：直流电源接地，电信设备机壳或机架和屏蔽接地，入站通信电缆的金属护套或屏蔽层的接地，明线或电缆入站避雷器接地等。

上述几种接地均应与全站共用的通信接地装置相连。

19.6.29 电话交换机供电用直流电源，无特殊要求时宜采用正极接地。

19.6.30 电话站的交流配电屏（盘）、整流器屏（盘）等供电设备的外露可导电部分，当不与通信设备在同一机架（柜）内时，应采用专用保护线（PE线）与之相连。

直流屏（盘）的外露可导电部分，当通过加固装置在电气上与交流配电屏（盘）、整流器屏（盘）的外露可导电部分互相连通时，应采用专用保护线（PE线）与之相连；当不连通时，应采用接地保护，接到通信接地装置上。

19.6.31 交直流两用通信设备的机架（机柜）内的供电整流器盘的外露可导电部分，当与机架（机柜）不绝缘时，应采用接地保护，接到通信用接地装置上。

19.6.32 电话站的通信接地不宜与工频交流接地互通。

当电话站有专用交流供电变压器或位于有专用交流供电变压器的建筑物内时，其通信用接地装置可与专用交流变压器中性点的接地装置合用。此时各种需接地的通信设备应设专用保护干线（PE干线）引至合用接地体或总接地排。不应采用有三相不平衡电流通过的接零干线与之相连。

19.6.33 电话站与办公楼或高层民用建筑合建时，通信用接地装置宜与建筑物防雷接地装置分开设置；如因地形限制等原因无法分设时，通信用接地装置可与建筑物防雷接地装置以及工频交流供电系统的接地装置互相连接在一起，其接地电阻值不应大于1Ω。

19.6.34 除第19.6.32条及第19.6.33条情况外，通信用接地装置宜与工频交流供电系统的接地装置分开装设。

19.6.35 不利用大地作为信号回路的机电制电话交换机、载波机、调度电话总机、会议电话汇接机或终端机等通信设备的接地装置，其接地电阻值应符合下列规定：

（1）直流供电的通信设备其接地电阻不应大于15Ω。

（2）交流供电或交、直流两用的通信设备的接地电阻值，当设备的交流单相负荷小于或等于0.5kV·A时，不应大于10Ω；大于0.5kV·A时，不应大于4Ω。

19.6.36 程控式交换机的接地电阻值一般不应大于5Ω。

19.6.37 当电话站的接地同时又作为外线电缆防止交流电气化铁道干扰影响的终端防干扰接地时，其工频接地电阻不应大于1Ω。

19.6.38 电话站通信设备接地装置如与电气防雷接地装置合用时，应用专用接地干线引入电话站内，其专用接地干线应采用截面积不小于25mm^2的绝缘铜芯导线。

19.6.39 电话站内各通信设备间的接地连接线应采用铜芯绝缘导线。

19.6.40 通信接地装置的其他有关规定和计算方法，可参见本规范第14章。

19.6.41 电话站宜设工作照明及应急照明。当电话站设有蓄电池时，应急照明宜由蓄电池供电。

19.6.42 采用直供式稳压整流器供电的小容量电话站一般不设继续工作用应急照明，可设壁挂自容式应急灯。

19.6.43 200门及以上的电话站交换机室、话务室、电力室应设应急照明。

19.6.44 电话站的工作照明，除蓄电池室外一般采用荧光灯，布置灯位时应使各机（柜）架、机台或需照明的架面、台面均应达到规定照度标准。照度标准见表19.6.44。电话站蓄电池室照明灯具应采用防爆安全灯，灯位应避免布置在蓄电池的正上方。开关等电气设备不应安装在蓄电池室内（采用镉镍蓄电池组的蓄电池室除外）。

表19.6.44 电话站机房照明的照度标准值

序号	名称	照度标准值（lx）	计算点高度（m）	注
1	自动交换机室	100—150—200	1.40	垂直照度
2	话务台	75—100—150	0.80	水平照度
3	总配线架室	100—150—200	1.40	垂直照度
4	控制室	100—150—200	0.80	水平照度
5	电力室配电盘	75—100—150	1.40	垂直照度
6	蓄电池槽上表面、电缆进线室电缆架	30—50—75	0.80	水平照度
7	传输设备室	100—150—200	1.40	垂直照度

19.7 房屋建筑

19.7.1 独建电话站时，建筑物耐火等级应为二级，抗震设计按站址所在地区规定烈度提高一度考虑。

19.7.2 电话站与其他建筑物合建时，200门及以下自动电话站宜设有交换机室，话务室和维修室等，如有发展可能则宜将交换机室与总配线架室分开设置。

19.7.3 800门及以上（程控交换机1000门及以上）电话站应考虑有电缆进线室、配线室（包括传输室）、交换机室、转接台室、电池室、电力室以及维修器材备件用房、办公用房等。

19.7.4 电话站各技术用房的配置及总面积可参照表19.7.4。

表 19.7.4 电话站技术用房及面积

类型 / 面积（m^2） / 名称	电话站交换机程式及容量			
	人工（1000门以下）	自动		
		200门以下	200~800门	800门以上
交换机室	0	0	0	0
话务台室		0	0	0
配线室	0	0	0	0
蓄电池室		0	0	0
电力室			0	0
电缆进线室				0
备品备件维修室、值班室	0		0	0
总面积	20~40	90~120	120~260	

注：①800门以上可根据需要确定用房面积；
②表中0表示应配置的用房；
③电话站选用程控式交换机时，房间面积可根据需要考虑。

19.7.5 200门及以下，程控交换机500门及以下电话站，当采用直供方式供电时，如选用镉镍蓄电池组作备用电源，则可不单独设置蓄电池室。

19.7.6 新建工程机房的面积应满足终期容量需要。

19.7.7 机房温、湿度条件应符合表19.7.7的要求。

表 19.7.7 机房温、湿度要求

机房名称	温度（℃）		相对湿度（%）	
	长期工作条件	短期工作条件	长期工作条件	短期工作条件
交换机室	18~28	10~30	50~55	30~75
控制室	18~28	10~30	50~55	30~75
话务员室	10~30		50~75	
传输设备室	10~30	0~30	20~80	10~85
用户模块室	10~30	0~32	20~80	10~85
配线室	10~30		20~80	

19.7.8 单建电话站时机房净高、地面荷载和地面面层材料应符合表19.7.8的要求。

表 19.7.8 机房净高、地面荷载、地面面层材料

机房名称		房屋净高（m）（梁下或风管下）	楼、地面等效均布活荷载（N/m²）	地面面层材料
程控用户交换机房	低架	3.0	4500	活动地板或塑料地面
	高架	3.5	6000	
控制室		3.0	4500	活动地板或塑料地面
话务员室		3.0	3000	
传输设备室		3.5	6000	
总配线室（每列回线）	100 或 120	3.5	4500	塑料地面
	202	3.5	4500、7500（架下部）	
	600	3.5	7500、10000（架下部）	
注：①程控用户交换机的低架是指低于 2.4m 的机架，一般为 2～2.4m。高架是指 2.6m 或 2.9m 的机架； ②活动地板或塑料地面应能防静电并阻燃； ③凡采用活动地板的机房，其空调要求宜采用下送上回的方式，进风口在活动地板底下。				

19.7.9 交换机房防尘应符合表 19.7.9 的要求。

表 19.7.9 允 许 尘 埃 数

灰尘颗粒的最大直径（μm）	0.5	1	3	5
灰尘颗粒的最大浓度（粒子数/m³）	1.4×10^7	7×10^5	2.4×10^6	13×10^5
注：灰尘粒子应是不导电、非铁磁性和非腐蚀性的。				

19.7.10 电话站的技术用房，室内最低高度一般应为梁下 3m，如有困难亦应保证梁的最低处距机架顶部电缆走架应有 0.2m 的距离。

19.7.11 电话站与其他建筑物合建时，宜将位置选择在楼层一端组成独立单元，并要与建筑物内其他房间隔开。

19.7.12 电话站交换机室与转接台室之间，宜设玻璃隔断。若无条件时可设玻璃观察窗，一般窗长 2m，高 1.2m，底边距地为 0.8m。

19.7.13 电话站技术用房的地面（除蓄电池室），应采用防静电的活动地板或塑料地面。有条件时亦可采用木地板。

19.7.14 酸蓄电池室必须做耐酸处理和采取排气措施。

19.7.15 程控用户交换机的装设位置宜离开场强大于 300mV/m 的电磁干扰源。

19.7.16 电话站交换容量大于 200 门时，宜设专用的卫生间。

20 通 信 线 路

20.1 通 信 线 路 网 络

20.1.1 进行通信线路网络设计时，应符合下列要求：

（1）掌握建设规模和标准，充分了解用户性质、分布密度等实际情况，利用好现有条件。

（2）注意线路设备的隐蔽和安全。

（3）应具有使用上的灵活性和通融性，留有发展和变化的余地。

（4）符合总图设计和建设单位的合理要求。

（5）注意与市话网的配合。

（6）经济合理，便于维护和施工。

20.1.2 室外通信线路宜采用直埋电缆方式。新建城镇、住宅小区可采用通信电缆管道，局部地区可采用墙壁电缆、沿电力电缆沟敷设的托架电缆及架空电缆等敷线方式。建筑物内采用明、暗两种配线方式。

20.1.3 电缆线路容量应根据近期用户数及电缆芯线使用率确定，电缆芯线的使用率见表20.1.3。

表 20.1.3 电缆芯线的使用率

电 缆 敷 设 段 落	电缆芯线的使用率（%）
电话站至电话站	85~95
电话站至交接设备	85~95
电话站或交换设备至不复接的分线设备	60~80
电话站或交换设备至复接的分线设备	70~90

20.1.4 通信线路可以组成综合电缆网络，但其内容仅应限于：

（1）普通电话线路。

（2）调度电话和会议电话。

（3）24V以下的直流控制信号线路。

（4）直流电钟线路。

（5）低电平传输的音频信号线和数据传输信号线。

20.1.5 综合电缆网络中的低电平传输信号指标，应符合现行国标《工业企业通信设计规范》的规定。

20.2 电 缆 管 道 线 路

20.2.1 住宅小区和大型建筑群的布线，在下列情况下可采用电缆管道：

（1）总图已经定型并要求管道隐蔽。

（2）线路重要、有较高安全要求。

（3）近期出线容量在600对及以上而且有发展。

（4）与市内电话通信管道有接口要求。

20.2.2 管道电缆不宜与压力管道、热力管道等同设于道路之一侧，如确有困难需同侧敷设时，应符合表20.2.2规定。

表 20.2.2 电缆管道、直埋电缆与其他地下管线和建筑物的最小净距（m）

其他建筑管线及建筑名称		平行净距		交叉净距	
		电缆管道	直埋电缆	电缆管道	直埋电缆
给水管	75~150mm	0.50	0.50	0.15	0.50
	200~400mm	1.00	1.00		
	400mm以上	1.50	1.50		

续表 20.2.2

其他建筑管线及建筑名称		平行净距		交叉净距	
		电缆管道	直埋电缆	电缆管道	直埋电缆
排水管		1.00	1.00	0.15	0.50
热水管		1.00	1.00	0.25	0.50
煤气管	压力≤300kPa	1.00	1.00	0.15①	0.50
	300kPa＜压力≤800kPa	2.00	1.00	0.15①	0.50
10kV 以下电力电缆		0.50	0.50	0.50	0.50
建筑物的散水边缘			0.50		
建筑物（无散水时）			1.00		
建筑物基础		1.50			

注：①在交叉处煤气管如有接口时电缆管路应加包封。

20.2.3 管道内一般布放裸铅包电缆或塑料护套电缆，不得布放铠装电缆，在管道内不应作电缆接头。

20.2.4 电缆在管道内的布放原则应为：

(1) 电缆管道在管孔内的排列顺序为：先下排后上排，先两侧后中间。

(2) 同一条电缆在管道段之孔位不应改变。

(3) 一个管孔内一般布放一条电缆，特殊情况下可布放两条电缆，但两条电缆总容量不宜大于 200 对，外径之和不得大于管孔内径的 2/3。

(4) 电缆管道一般宜留 2～3 个备用管孔。

20.2.5 当采用电缆管道小于或等于 24 孔时，宜采用小号人孔或手孔。管道及人孔、手孔均应作良好的防水处理。

20.2.6 电缆管道的基础一般为素混凝土。如在地质不好、地下水位较高、冰冻线较深和要求抗震设防的地区，则宜采用钢筋混凝土基础和钢筋混凝土人孔。人孔应采取排水措施。

20.2.7 电缆管道宜采用混凝土排管、塑料管、钢管和石棉水泥管。混凝土管的管孔内径一般为 70 或 90mm，塑料管、钢管和石棉水泥管等用作主干管道时可用内径大于 75mm 的管子，用作配线管道时可用内径大于 50mm 的管子。

上述各种管材的管道可组成矩形或正方形并直接埋地敷设。

20.2.8 每段管道的最大段长一般不宜大于 120m，最长不超过 150m，并应有大于或等于 2.5‰的坡度。管道的埋深一般为 0.8～1.2m。

20.3 直埋电缆线路

20.3.1 直埋电缆一般采用铠装电缆或塑料直埋电缆，当在坡度大于 30°或电缆可能承受张力的地段，宜采用钢丝铠装电缆，并应采取加固措施。

20.3.2 直埋电缆应有保护和标志，其要求为：

(1) 直埋电缆四周应铺 50～100mm 的砂或细土，并在上面覆盖红砖或混凝土板。

(2) 直埋电缆穿越车行道时，应采用管子保护，并宜适当预留备用管。

(3) 直埋电缆在下述处所应设置电缆标志：直埋段每隔 200～300m；电缆接续点、分支点、盘留点；电缆路由方向改变处以及与其他专业管道的交叉处等。

20.3.3 直埋电缆应避免在下列地段敷设：

(1) 土壤有腐蚀性介质的地区。

(2) 预留发展用地和规划未定的用地。

(3) 堆场、货场及广场。

(4) 往返穿越干道、公路及铁路。

20.3.4 直埋电缆不得直接埋入室内。直埋电缆需引入建筑物内分线设备时，应换接或采取非铠装方法穿管引入。如引至分线设备的距离在10m以内时，则可将铠装层脱去后穿管引入。

20.3.5 直埋电缆的埋深不宜小于0.7m，与其他管线的最小净距应满足表20.2.2的规定。

20.4 架空电缆

20.4.1 在下述情况下宜采用架空电缆：

(1) 总体规划无隐蔽要求。

(2) 远期出线容量在200对及以下。

(3) 地下情况复杂或土壤具有化学腐蚀的地带。

20.4.2 架空电缆宜采用全塑自承式电缆或实心绝缘非填充型电缆，也可采用钢绞线吊挂全塑电缆或铅包电缆。覆冰严重地区不宜采用架空电缆。沿海地区及腐蚀较严重的地区宜采用全塑式自承电缆。

20.4.3 通信架空电缆一般不宜与电力线路同杆架设。在特殊情况下如同杆架设时，通信架空电缆与其他线路的间距应满足表20.4.3的规定。

表 20.4.3 通信架空电缆与其他线路的间距（m）

线路名称	间距	备注
低压电力线（380V及以下）	≥1.50	
高压电力线（10kV及以下）	≥2.50	
广播线	≥1.20	特殊情况可不小于0.60
通信明线	≥0.60	

20.4.4 架空电缆距地面、路面等最小距离应保持：距地面4.5m，距路面5.5m。

20.4.5 架空电缆的容量不宜超过200对，一般一条吊线只挂一条电缆，当一条吊线需吊挂两条电缆时，则两条电缆的总重量不得大于吊线和挂钩的承载能力。

20.4.6 架空电缆与电力架空线同杆时，宜挂一条吊线，架空电缆专杆架设时，不宜超过两条吊线。

20.4.7 架空电缆不与电力线路同杆时，杆距宜为35～45m，并应采用钢筋混凝土电杆。

20.4.8 电话用户线沿杆架设时，宜采用多沟瓷瓶固定。如电话用户线布放在电缆挂钩之内时，宜采用室外电话线，其数量不应超过四对，并不宜在吊线的中间下线。

20.5 室外墙壁电缆

20.5.1 住宅小区室外配线宜采用墙壁电缆，墙壁电缆可分为吊线式和卡钩式两种。

20.5.2 墙壁电缆宜采用全塑电缆，每条以50对以下为宜，最大不应超过100对。

20.5.3 墙壁电缆的卡钩间距不宜大于0.7m，其卡设高度宜为3.5~5.5m。

20.5.4 吊挂式墙壁电缆跨越建筑物时，如跨距大于20m或电缆容量大于30对时，其吊线两端应做终端。

20.5.5 墙壁电缆吊线的选择见表20.5.5。

表 20.5.5 墙壁电缆吊线选择

电缆程式（对数）	吊线程式（mm）（股数/线径）	吊线固定点间距（m）
30×0.5 30×0.6	1/4.0 铁线 7/1.0 钢绞线	≤6
50×0.5 100×0.5 50×0.6 100×0.6	7/2.0 钢绞线 或 3/4.0 铁线	≤15

20.5.6 墙壁电缆不宜在下列地段或环境中敷设：

（**1**）温度超过60℃。

（**2**）有较强腐蚀气体或液体溢出。

（**3**）有较强震动。

（**4**）当与电力线、防雷引下线、暖气管、煤气管、锅炉或油机的排气管等交叉或接近时，应采取隔离措施。

20.5.7 墙壁电缆与其他线路和管线的最小间距应符合表20.5.7的要求。

表 20.5.7 墙壁电缆与其他线路和管线的最小间距

管线名称	最小间距（m）		备注
	交越	平行	
电力线（380V及以下）	0.05	0.15	间距不足时应加绝缘层
防雷引下线	0.30	1.00	应尽量避免交越
热力管道	0.50（0.30）	0.50（0.30）	括号内为有保温时的数值
给水管	0.02	0.15	
煤气管	0.02	0.30	
保护地线	0.02	0.05	

注：表中与防雷引下线交越距离为墙壁电缆敷设高度小于6m时。

20.5.8 墙壁电缆应采取下列保护措施：

（**1**）墙壁电缆不应与防雷接地的金属引下线等接触，交叉时应加保护装置。

（**2**）墙壁电缆在易受电磁干扰影响的场合敷设时，应加铁管保护，并将铁管作良好的接地。

20.6 沿电力电缆沟敷设的托架电缆

20.6.1 通信电缆与1kV以下的电力电缆同沟架设时，宜各置地沟的一侧，或置于同侧托架的上面层次。其间距应满足表20.5.7的规定。

20.6.2 在地沟托架上敷设电缆宜采用铠装电缆，如室内地沟环境较好，亦可采用全塑电缆。

20.6.3 托架的层间间距和水平间距一般与电力电缆相同。

20.7 架 空 线 路

20.7.1 在民用建筑工程通信线路设计中，一般不宜采用架空明线线路。根据需要和可能设计架空线路时，应符合现行的《工业企业通信设计规范》的有关规定。

20.8 电 缆 充 气 维 护

20.8.1 在民用建筑工程通信线路设计中，宜采用全塑电缆线路，一般不采用电缆充气维护。
20.8.2 通信线路若采用电缆充气维护时，应符合《工业企业通信设计规范》中有关规定。

20.9 建 筑 物 室 内 配 线

20.9.1 建筑物室内配线方式可分为：

（1）明配线。

（2）暗配线。

（3）主干电缆或分支电缆为暗配线，用户线为明配线的混合配线。

（4）室内桥架和封闭线槽配线。

20.9.2 室内配线宜采用全塑电缆和一般塑料线。
20.9.3 室内配线宜避免穿越沉降缝，不应穿越易燃、易爆、高温、高电压、高潮湿及有较强震动的地段或房间，若不可避免时，应采取保护措施。
20.9.4 电缆、电线穿管的选择和管子利用率的确定可参照表 20.9.4。

表 20.9.4 穿 管 的 选 择

电缆、电线敷设地段	最大管径限制（mm）	管径利用率（%）	管子截面利用率（%）
		电　缆	绞合导线
暗设于底层地坪	不作限制	50～60	30～35
暗设于楼层地坪	一般≤25 特殊≤32	50～60	30～35
暗设于墙内	一般≤50	50～60	30～35
暗设于吊顶内或明设	不作限制	50～60	25～30 （30～35）
穿放用户线	≤25		25～30 （30～35）

注：①管子拐弯不宜超过两个弯头，其弯头角度不得小于 90°，有弯头的管段长如超过 20m 时，应加管线过路盒；
②直线管段长一般以 30m 为宜，超过 30m 时，应加管线过路盒；
③配线电缆和用户线不应同穿一条管子；
④表中括号内数值为管内穿放平行导线时的数值。

20.9.5 室内分线设备的设置应满足如下规定：

(1) 分线箱（盒）暗设时，一般应预留墙洞。墙洞大小应按分线箱尺寸留有一定的裕量，即墙洞上、下边尺寸增加20~30mm，左、右边尺寸增加10~20mm。

(2) 过路箱一般作暗配线时电缆管线的转接或接续用，箱内不应有其他管线穿过。

(3) 电话出线盒宜暗设，电话出线盒应是专用出线盒或插座，不得用其他插座代用。

(4) 引进建筑物的电缆如多于200对时，可设置交接箱或电缆进线箱，装设地点应使进出线方便。

(5) 与高压线路接近或在雷击危险地区，明线或架空电缆从室外引入室内时，电缆交接箱或分线盒等应装设保安装置。

(6) 分线箱（盒）安装高度底边距地为0.5~1m，话机出线盒为0.2~0.3m。

20.9.6 建筑物室内配线一般按以下原则确定：

(1) 配线区域按楼层划分，特殊情况个别用户线可跨越二个楼层。

(2) 配线区域内分线箱（盒）应位于负荷中心，容量不应大于50对。

(3) 配线区域内采用直接配线为主，特殊情况部分用户可采用复接配线。

20.9.7 引至各楼层上升电缆较多时宜设置电缆竖井。如与其他管线（电力线等）合用竖井时，应各占一侧敷设。如在竖井内采用钢管敷线时，应预留1~2条备用管。

20.9.8 通信电缆在竖井内宜采用封闭型电缆桥架或封闭线槽等架设方式。通信电缆应绑扎于电缆桥架梯铁或线槽内横铁上，以减少电缆自身承受的重力。

20.9.9 室内配线电缆不宜在楼板内作横向敷设，特殊情况下需要作横向敷设时，电缆容量以不超过50对为宜。配线电缆在竖井内作纵向敷设时，以不大于100对为宜。

20.9.10 引出建筑物的用户线在2对以下，距离不超过25m时，可采用铁管埋地引至电话出线盒，如超过上述规定时，则应采用直埋电缆。但该段管路应采取一定防腐措施。

20.10 接 地 保 护

20.10.1 地下敷设的通信电缆的金属外护层或屏蔽层应接地，其接地电阻值应满足如下规定：

当 $\rho \leqslant 100$ 时 $R \leqslant 20/S$

$\rho > 100$ 时 $R \leqslant 40/S$

ρ 为土壤电阻率（Ω·m），R 为接地电阻值，S 为接地间隔（km）。

20.10.2 架空电缆用的钢绞线及电缆铅皮的接地电阻值，应符合表20.10.2的规定。

20.10.3 电缆分线箱避雷器的接地电阻值，应符合表20.10.3的规定。

20.10.4 用户终端设备装设的避雷器，其接地电阻值应符合表20.10.4中规定。

表 20.10.2 架空电缆用的钢绞线及电缆铅皮的接地电阻值

土壤电阻率（Ω·m）	$\rho \leqslant 100$	$100 < \rho \leqslant 300$	$300 < \rho \leqslant 500$	$\rho > 500$
接地电阻值（Ω）	≤20	≤30	≤35	≤45

表 20.10.3 电缆分线箱避雷器的接地电阻值

土壤电阻率（Ω·m）	$\rho \leqslant 100$	$100 < \rho \leqslant 300$	$300 < \rho \leqslant 500$	$\rho > 500$
接地电阻值（Ω）	≤10	≤15	≤18	≤24

表 20.10.4　用户终端设备避雷器的接地电阻值

共用一个接地装置的避雷器数	1	2	4	5 及以上
接地电阻值（Ω）	≤50	≤35	≤25	≤20

20.10.5　架空电缆金属护套及其钢绞线应每隔 250m 左右做一次接地，空旷地区每隔 1000m 左右应做一次接地。在电缆分线箱处，架空电缆金属护套及其钢绞线应与电缆分线箱合用接地装置。

21　有　线　广　播

21.1　有线广播的设置原则

21.1.1　公共建筑应设有线广播系统。系统的类别应根据建筑规模、使用性质和功能要求确定。有线广播一般可分为：

（1）业务性广播系统。

（2）服务性广播系统。

（3）火灾事故广播系统。

21.1.2　办公楼、商业楼、院校、车站、客运码头及航空港等建筑物，应设业务性广播，满足以业务及行政管理为主的语言广播要求。业务性广播宜由主管部门管理。

21.1.3　一至三级的旅馆、大型公共活动场所应设服务性广播，满足以欣赏性音乐类广播为主的要求。旅馆的服务性广播节目不宜超过五套。

21.1.4　民用建筑内所设置的火灾事故广播应满足火灾时引导人员疏散的要求。设置原则应符合本规范第 24 章的有关规定。

21.2　有 线 广 播 网

21.2.1　公共建筑的有线广播网的功率馈送制式一般宜采用单环路式，广播线路较长的有线广播网宜采用双环路式。

21.2.2　公共建筑宜设广播控制室。当建筑物中的公共活场场所（如多功能厅、咖啡厅等）需单独设置扩声系统时，宜设扩声控制室，但广播控制室与扩声控制室间应设中继线联络或采取用户线路转换措施，以实现全系统联播。

21.2.3　有线广播的用户分路应根据用户类别、播音控制、火灾事故广播控制和广播线路路由等因素确定。当与火灾事故广播合并时，应按火灾事故广播要求确定。

21.2.4　有线广播系统中，从功放设备的输出端至线路上最远的用户扬声器箱间的线路衰耗宜满足以下要求：

（1）业务性广播不应大于 2dB（1000Hz 时）。

（2）服务性广播不应大于 1dB（1000Hz 时）。

21.2.5　有线广播的功率馈送回路应采用二线制。

21.2.6　采用定电压输出的馈电线路，输出电压宜采用 70V 或 100V。

21.2.7　采用定阻输出的馈电线路宜符合下列规定：

（1）用户负载应与功率放大设备额定功率匹配。

（2）功率放大设备的输出阻抗应与负载阻抗匹配。

（3）对空闲分路或剩余功率应配接阻抗相等的假负载，假负载的功率不应小于所替代负载功率的 1.5 倍。

（4）低阻抗输出的广播系统馈电线路的阻抗，应限制在功放设备额定输出阻抗的允许偏差范围内。

21.2.8 节目信号线与电话线合用一条电缆时，节目信号的传输电平不应大于 7.8dB。当节目信号线路数较多时，宜采用专用电缆。

21.2.9 在航空港、客运码头及铁路旅客站的旅客大厅等环境噪声较高的场所设置有线广播时，应从建筑声学处理和广播系统两方面采取措施，满足语言清晰度的要求。

21.3 设备的选择与设置

21.3.1 有线广播设备应根据用户性质、系统功能的要求选择。

21.3.2 有线广播的功放设备宜选用定电压输出。当功放设备容量小或广播范围小时，亦可根据情况选用定阻输出。

21.3.3 功放设备的容量一般按下述公式计算：

$$P = K_1 \cdot K_2 \cdot \Sigma P_0 \qquad (21.3.3)$$

式中 P——功放设备输出总电功率（W）；

P_0——$K_i \cdot P_i$，每分路同时广播时最大电功率；

P_i——第 i 支路的用户设备额定容量；

K_i——第 i 分路的同时需要系数：

服务性广播时，客房节目每套 K_i 取 0.2～0.4

背景音乐系统 K_i 取 0.5～0.6

业务性广播时，K_i 取 0.7～0.8

火灾事故广播时，K_i 取 1.0（同时广播范围应符合本规范第 24 章的有关规定）；

K_1——线路衰耗补偿系数：

线路衰耗 1dB 时取 1.26

线路衰耗 2dB 时取 1.58；

K_2——老化系统，一般取 1.2～1.4。

21.3.4 有线广播功放设备应设置备用功率单元，其备用数量应根据广播的重要程度确定。备用功率单元应设自动或手动投入环节，用于重要广播的环节，备用功率单元应立即投入。

21.3.5 传声器的类别应根据使用性质确定，其灵敏度、频率特性和阻抗等均应与前级设备的要求相配合。

21.3.6 民用建筑选用的扬声器除满足灵敏度、频响、指向性等特性及播放效果的要求外，尚宜符合下列规定：

（1）办公室、生活间、客房等，可采用 1～2W 的扬声器箱。

（2）走廊、门厅及公共活动场所的背景音乐、业务广播等扬声器箱宜采用3～5W。

（3）在建筑装饰和室内净高允许的情况下，对大空间的场所宜采用声柱（或组合音箱）。

（4）在噪声高、潮湿的场所设置扬声器时，应采用号筒扬声器，其声压级应比环境噪声大10～15dB。

（5）室外扬声器应采用防潮保护型。

21.3.7 功放设备的布置应符合下列规定：

（1）柜前净距不应小于1.5m。

（2）柜侧与墙、柜背与墙的净距不应小于0.8m。

（3）柜侧需要维护时，柜间距离不应小于1m。

（4）采用电子管的功放设备单列布置时，柜间距离不应小于0.5m。

（5）在地震区，应对设备采取抗震加固措施。

21.3.8 在一至三级旅馆内背景音乐扬声器（或箱）的设置应符合下列规定：

（1）扬声器（或箱）的中心间距应根据空间净高、声场及均匀度要求、扬声器的指向性等因素确定。要求较高的场所，声场不均匀度不宜大于6dB。

（2）根据公共活动场所的噪声情况，扬声器（或箱）的输出，宜就地设置音量调节装置；当某场所有可能兼作多种用途时，该场所的背景音乐扬声器的分路宜安装控制开关。

（3）与火灾事故广播合用的背景音乐扬声器（或箱），在现场不得装设音量调节或控制开关。

21.3.9 建筑物内的扬声器箱明装时，安装高度（扬声器箱底边距地面）不宜低于2.2m。

21.4 有线广播控制室

21.4.1 广播控制室一般按下列原则设置：

（1）办公楼类建筑，广播控制室宜靠近主管业务部门，当消防值班室与其合用时，应符合本规范第24章的有关规定。

（2）旅馆类建筑，服务性广播宜与电视播放合并设置控制室。

（3）航空港、铁路旅客站、港口码头等建筑，广播控制室宜靠近调度室。

（4）设置塔钟自动报时扩音系统的建筑，控制室宜设在楼房顶层。

21.4.2 广播控制室的技术用房应根据工程的实际需要确定，一般宜符合下列规定：

（1）一般广播系统只设置控制室，当录、播音质量要求高或者有噪声干扰时，应增设录、播室。

（2）大型广播系统宜设置机房、录播室、办公室和仓库等附属用房。

21.4.3 录播室与机房间应设观察窗和联络信号。观察窗的隔声量、房间面积及噪声限制等要求，应符合现行《有线广播录音（播音）室声学设计规范和技术房间的技术要求》的有关规定。

21.4.4 需要接收无线电台信号的广播控制室，当接收点处的电台信号场强小于1mV/m或受钢筋混凝土结构屏蔽影响者，应设置室外接收天线装置。

21.4.5 各种节目信号线应采用屏蔽线并穿钢管。管外皮应接保护地线。

21.4.6 广播控制室的技术用房的土建及其他设施要求见表 21.4.6。

表 21.4.6 广播控制室技术用房的土建及设施要求

<table>
<tr><th rowspan="2">序号</th><th rowspan="2">技术房间名称</th><th rowspan="2">室内最低净高（m）</th><th rowspan="2">楼板、地面等效均匀静荷载（N/m²）</th><th rowspan="2">地面类别要求</th><th colspan="2">室内表面处理</th><th rowspan="2">窗洞面积/地面面积</th><th rowspan="2">门</th><th rowspan="2">外窗</th><th rowspan="2">照明</th><th rowspan="2">空调设备</th></tr>
<tr><th>墙 面</th><th>顶 面</th></tr>
<tr><td>1</td><td>录播室</td><td rowspan="2">≥2.8</td><td>2000</td><td rowspan="2">木地板或塑料地面</td><td colspan="2">根据吸声处理选用材料和布置</td><td>1/6（要求高时不应开窗）</td><td>满足隔声要求</td><td>窗洞面积/地面面积 1/6</td><td>宜采用白炽灯照度150lx</td><td>独立式，应符合噪声限制的要求</td></tr>
<tr><td>2</td><td>机 房</td><td>3000</td><td>抹水泥石灰砂浆、表面刷浅色油漆</td><td>表面刷浅色油漆</td><td>1/6（不宜开窗）</td><td>门宽不小于1m</td><td>良好防尘</td><td>照度150lx</td><td>三级以上旅馆和有值班要求的机房，宜设独立式</td></tr>
</table>

注：①楼板、地面等效均匀静荷载，应根据具体工程的实际情况校核；
②录播室的建声处理要求应符合第 21.4.3 条的规定；
③当配线较多或要求标准较高时，机房宜采用活动地板；
④机房设备的周围可铺胶垫或塑料垫等绝缘材料。

21.5 线 路 敷 设

21.5.1 建筑物内的有线广播配线应符合下列规定：

（1）旅馆客房的服务性广播线路宜采用线对为绞型的电缆，其他广播线路宜采用铜芯塑料绞合线，广播线路需穿管或线槽敷设。

（2）不同分路的导线宜采用不同颜色的绝缘线区别。

21.5.2 室外广播线路的敷设路由及方式应根据总图规划及专业要求确定。当采用埋地敷设时，应符合下列规定：

（1）埋设路由不应通过预留用地或规划未定的场所。

（2）埋设路由应避开易使电缆损伤的场所，减少与其他管路的交叉跨越。

（3）直埋电缆应敷设在绿化地带下，当穿越道路时，对穿越段应穿钢管保护。

21.5.3 当需要在室外架设广播馈电线路时，应符合下列规定：

（1）广播馈电线宜采用控制电缆。

（2）与路灯照明线路同杆架设时，广播线应在路灯照明线的下面，两种导线间的最小垂直距离不应小于 1m。

（3）广播馈电线最低线位距地的距离：人行道上，一般不宜小于 4.5m；跨越车行道时，不应小于 5.5m；广播用户入户线高度不应小于 3m。

（4）室外广播馈电线至建筑物间的架空距离超过 10m 时，应加装吊线，并在引入建筑物处将吊线接地，其接地电阻不应大于 10Ω。

21.5.4 当广播线路沿建筑物外墙敷设时，不宜敷设在建筑物的正立面。

21.5.5 对塔钟的号筒扬声器组应采用多路交叉配线。塔钟的直流馈电线、信号线和控制线，不应与广播馈电线同管敷设。

21.6 电 源 与 接 地

21.6.1 有线广播的交流电源宜符合下列规定：

（1）有一路交流电源供电的工程，宜由照明配电箱专路供电。当功放设备容量在 250W 及以上时，应在广播控制室设电源配电箱。

（2）有二路交流电源供电的工程，宜采用二回路电源在广播控制室互投供电。

21.6.2 交流电源电压偏移值一般不宜大于 ±10%。当电压偏移不能满足设备的限制要求时，应在该设备的附近装设自动稳压装置。

21.6.3 广播用交流电源容量一般为终期广播设备的交流电源耗电容量的 1.5~2 倍。

21.6.4 广播控制室应设置保护接地和工作接地，一般按下列原则处理：

（1）单独设置专用接地装置，接地电阻不应大于 4Ω。

（2）接至共同接地网，接地电阻不应大于 1Ω。

（3）工作接地应构成系统一点接地。

接地的具体作法应符合本规范第 14 章的有关规定。

22 扩声与同声传译

22.1 扩声系统的确定

22.1.1 扩声系统应根据建筑物的使用功能、扩建规划、建筑和建筑声学设计等因素确定。

22.1.2 扩声系统的设计应与建筑设计、建筑声学设计同期进行，并应与其他有关专业密切配合。

22.1.3 除专用音乐厅、剧院、会议厅外，其他视听场所的扩声系统宜按多功能使用要求设置。

22.1.4 专用的大型舞厅、娱乐厅应根据建筑声学的设计条件，设置相适应的固定扩声系统。

22.1.5 如建筑声学条件合适，在发音者距听者大于 10m 的会议场所宜设语言扩声系统。

22.2 扩声系统的技术指标

22.2.1 扩声系统的技术指标分级应根据建筑物用途类别、质量标准、服务对象等因素确定。

22.2.2 根据使用要求，视听场所的扩声系统一般分为：

（1）语言扩声系统。

（2）音乐扩声系统。

（3）语言和音乐兼用的扩声系统。

22.2.3 视听场所扩声系统设计的声学特性指标宜符合表 22.2.3 的规定。

22.2.4 会议厅、报告厅等专用会议场所，应按语言扩声一级标准设计。

表 22.2.3 扩声系统技术指标

<table>
<tr><th>扩声系统类别分级
声学特性</th><th>音乐扩声系统一级</th><th>音乐扩声系统二级</th><th>语言和音乐兼用扩声系统一级</th><th>语言和音乐兼用扩声系统二级</th><th>语言扩声系统一级</th><th>语言和音乐兼用扩声系统三级</th><th>语言扩声系统二级</th></tr>
<tr><td>最大声压级（空场稳态准峰值声压级）（dB）</td><td>0.1～6.3kHz 范围内平均声压级≥100dB</td><td colspan="2">0.125～4.000kHz 范围内平均声压级≥95dB</td><td colspan="2">0.25～4.00kHz 范围内平均声压级≥90dB</td><td colspan="2">0.25～4.00kHz 范围内平均声压级≥85dB</td></tr>
<tr><td>传输频率特性</td><td>0.05～10.00kHz，以 0.10～6.30kHz 的平均声压级为 0dB，允许 +4～−12dB，且在 0.10～6.30kHz 内允许≤±4dB</td><td colspan="2">0.063～8.000kHz 以 0.125～4.000kHz 的平均声压级为 0dB，允许 +4～−12dB，且在 0.125～4.000kHz 内允许≤±4dB</td><td colspan="2">0.1～6.3kHz，以 0.25～4.00kHz 的平均声压级为 0dB，允许 +4～−10dB。且在 0.25～4.00kHz 内允许±4～−6dB</td><td colspan="2">0.25～4.00kHz 以其平均声压级为 0dB，允许 +4～−10dB</td></tr>
<tr><td>传声增益（dB）</td><td>0.1～6.3kHz 的平均值≥−4dB（戏剧演出）≥−8dB（音乐演出）</td><td colspan="2">0.125～4.000kHz 的平均值≥−8dB</td><td colspan="2">0.25～4.00kHz 的平均值≥−12dB</td><td colspan="2">0.25～4.00kHz 的平均值≥−14dB</td></tr>
<tr><td>声场不均匀度（dB）</td><td>0.1kHz≤10dB
$\begin{matrix}1.0\\6.3\end{matrix}$kHz≤8dB</td><td colspan="2">$\begin{matrix}1.0\\4.0\end{matrix}$kHz≤8dB</td><td>$\begin{matrix}1.0\\4.0\end{matrix}$kHz
≤10dB</td><td>$\begin{matrix}1.0\\4.0\end{matrix}$kHz
≤8dB</td><td colspan="2">$\begin{matrix}1.0\\4.0\end{matrix}$kHz≤10dB</td></tr>
</table>

22.3 扩声设计与计算

22.3.1 扩声系统应根据设计任务书、建筑声学设计资料、使用功能要求等因素进行设计。

22.3.2 室内、外扩声设计的声场计算应符合下列规定：

（1）室内声场计算采用声能密度叠加法，计算时应考虑直达声和混响声的叠加，尽量增大 50ms 以前的声能密度，减弱声反馈，提高清晰度。

计算公式可参照附录 K，有条件时采用计算机作辅助计算。

（2）室外扩音应以直达声为主，尽量控制在 50ms 以后出现的反射声。

22.4 扩声设备的选择

22.4.1 扩声系统的设备选择应符合下列规定：

（1）设备性能应符合设计选定的扩声系统特性指标的要求。

（2）扩声系统的设备间互联时，阻抗、电平及输出状态（即平衡）等方面应满足表 22.4.1-1 和表 22.4.1-2 的要求。

表 22.4.1-1 厅堂扩声系统输入设备与调音台互联的优选电气配接值

类别 / 项目	传声器（输出）	无线传声器（无线传声器接收机）	磁带录音机（放声、输出）	电唱盘（拾声器输出）	辅助设备（输出）	调音台 互联优选值	调音台 类别 / 项目
额定阻抗	电容 动圈 200Ω平衡			由产品技术条件定		200Ω平衡 （传声器输入）	额定信号源阻抗
						电磁 2.2kΩ 动圈 30.0Ω （拾声器输入）	
输出阻抗		≤600Ω 平衡				600Ω平衡	
			≤600Ω平衡/ ≤22kΩ			600Ω平衡/≤22kΩ （磁带录音机输入）	
					≤600Ω 平衡	600Ω平衡 （辅助设备输入）	
额定输出电压	电容 1.6mV① 动圈 0.2mV①					电容 1.6mV 动圈 0.2mV	额定信号源电动势
		0.775V（0dB） 7.750mV （−40dB）				0.775V（0dB） 7.750mV（−40dB）	
			0.775V（0dB） /0.5V （−3.8dB）			0.775V（0dB）/ 0.5V（−3.8dB）	
				电磁 3.5mV② 动圈 0.5mV②		电磁 3.5mV 动圈 0.5mV	
					0.775V （0dB）	0.775V（0dB）	
最大输出电压	电容 1.6V③ 动圈 0.2V③					电容 1.6V 动圈 0.2V	超载信号源电动势
		7.75V（20dB） 77.50mV （−20dB）				7.75V（20dB） 77.50mV（−20dB）	
			7.75V(20dB) 4.35V(15dB)④ /2.00V (8.24dB)			7.75V（20dB）/ 2.00V（8.24dB）	
				电磁 14mV 动圈 2mV		电磁 14mV 动圈 2mV	
					7.75V (20dB)	7.75V（20dB）	

续表 22.4.1-1

类别/项目	传声器（输出）	无线传声器（无线传声器接收机）	磁带录音机（放声、输出）	电唱盘（拾声器输出）	辅助设备（输出）	调音台 互联优选值	类别/项目
额定负载阻抗	电容 动圈 1.0kΩ					≥1kΩ 平衡（电容） ≥600Ω 平衡（动圈）	输入阻抗
		600Ω				≥5kΩ 平衡	
			600Ω/22kΩ			≥5kΩ 平衡/≥200kΩ	
				电磁 47kΩ 动圈 100Ω		电磁 47kΩ 动圈 100Ω	
					600Ω	≥5kΩ 平衡 600Ω 平衡⑤	

注：①所给的值相应于 0.2Pa（80dBSPL）声压；

②此值相应于 1000Hz 时录声振速为 5cm/s（有效值），录制方式 45°/45°，拾声器有以下的灵敏度范围：

动圈拾声器为 0.05～0.20mV·s/cm，

电磁拾声器为 0.24～1.00mV·s/cm；

③所给的值相应于 100Pa（134dBSPL）声压；

④此值只适用于便携式录音机；

⑤600Ω 平衡是用于转播和类似用途。

表 22.4.1-2　厅堂扩声系统调音台与输出设备互联的优选电气配接值

类别/项目	调音台 互联优选值	磁带录音机（录声线路输入）	监听机	头戴耳机（输入）	辅助设备（输入）	功率放大器	扬声器（输入）	类别/项目
输出阻抗	≤600Ω 平衡（磁带录音机输出）	600Ω 平衡						额定信号源阻抗
	≤600Ω 平衡（监听机输出）		600Ω 平衡					
	在额定频率范围内不大于额定负载阻抗			—				
	≤600Ω 平衡（辅助设备输出）				600Ω 平衡			
	≤600Ω 平衡（输出）					线路输入 600Ω 平衡		
额定负载阻抗	600Ω（磁带录音机输出）	≥5kΩ 平衡 ≥220kΩ						输入阻抗
	600Ω（监听机输出）		600Ω 平衡 ≥5kΩ 平衡					
	50Ω、300Ω、8kΩ（耳机输出）			标称阻抗 50Ω300Ω 2kΩ				
	600Ω（辅助设备输出）				≥5kΩ 平衡 600Ω 平衡①			
	600Ω②					600Ω ≥5kΩ 平衡		

续表 22.4.1-2

项目	调音台 互联优选值	磁带录音机（录声线路输入）	监听机	头戴耳机（输入）	辅助设备（输入）	功率放大器	扬声器（输入）	项目
额定输出电压	0.775V（0dB）（磁带录音机输出）	0.775V（0dB）						额定信号源电动势
	43.500mV（－25dB）（监听机输出）		138.0mV（－15dB）③ 43.5mV（－25dB）③					
	额定输出功率≤100mW			—				
	0.775V（0dB）（辅助设备输出）				0.775V（0dB）			
	0.775V（0dB）							
最大输出电压	7.75V（20dB）	7.75V（20dB）						超载信号源电动势
	435.00mV（－5dB）		—					
	7.75V（20dB）（辅助设备输出）				7.75V（20dB）			
	7.75V（20dB）							—
—	—					0.775V（0dB） 0.388V（－6dB） 0.194V（－12dB）		额定输入电压
输出阻抗④						在额定频率范围内不大于额定负载阻抗的1/3	—	
额定负载阻抗						4、8、16、32Ω	4、8、16、32Ω	标称阻抗
额定输出功率	≤100mV（耳机输出）			—				

注：①600Ω平衡是考虑在长线传输时增设的；
②额定负载阻抗为600Ω的调音台，允许最多跨接八个输入阻抗为3kΩ的功率放大器；
③监听机的额定信号源电动势值，为监听机在最高增益时达到额定输出功率的输入信号电压；
④此值计算时应包括馈线电阻。

22.4.2 扩声系统中的传声器除符合表 22.4.1-1 的规定外，尚应符合下列规定：

（1）选用有利于抑制声反馈的传声器。

（2）应根据扩声类别的实际情况合理选择传声器的类别，满足语言或音乐扩声的要求。

（3）传声器的电缆线路超过 10m 时，应选用平衡、低阻抗型传声器。

22.4.3 扩声系统的前端控制设备（包括前级增音机、调音控制台、扩声控制台、传译控制台等），除应符合表 22.4.1-1 的规定外，尚应满足话路、线路输入、输出的数量要求，并要具备转送信号的功能。

22.4.4 功放设备的选择除符合表 22.4.1-2 的规定外，尚宜满足下列要求：

（1）功放设备的单元划分应满足负载分组的要求。

（2）平均声压级所对应功率的贮备量，在语言扩声时一般为 5 倍以上；音乐扩音时为 10 倍以上。

（3）扩声用功放设备应设置备用单元，其数量应按重要程度确定。

22.4.5 扩声系统中扬声器的选用除符合表 22.4.1-2 的规定外，尚应根据声场要求及扬声器布置方式合理选择扬声器或扬声器系统。

22.4.6 设置扩声系统的场所，宜同时设置无线联络设备。

22.5 扩声控制室

22.5.1 扩声控制室的位置应能通过观察窗直接观察到舞台活动区（或主席台）和大部分观众席，宜设在以下位置：

（1）剧院类建筑，宜设在观众厅后部。

（2）体育场、馆类建筑，宜设在主席台侧。

（3）会议厅、报告厅类建筑宜设在厅的后部。

若采用电视监视系统时均不受此限制。

22.5.2 扩声控制室不应与电气设备机房（包括灯光控制室），特别是设有可控硅设备的机房毗邻或上、下层重叠设置。

22.5.3 扩声控制室内的设备布置宜符合下列规定：

（1）控制台宜与观察窗垂直布置。

（2）功放设备较少时，宜布置在控制台的操作人员能直接监视到的部位，功放设备较多时，应设置功放设备室，并将有关信号送到控制台或其他便于监视的部位。

设备安装应符合本规范第 21.3.7 条的规定。

22.5.4 扩声控制室的土建及设施要求，应符合本规范第 21.4.6 条的有关规定。

22.6 扬声器的布置与安装

22.6.1 扬声器的布置方式应满足扩声的功能要求，并根据建筑物的功能、体型、空间高度及听众席的设置等因素确定：

（1）分散布置方式。

（2）集中布置方式。

（3）混合布置方式。

22.6.2 下列情况的扬声器（或扬声器系统）宜采用集中布置方式：

（1）设置舞台并要求视听效果一致者。

（2）受建筑体型限制不宜分散布置者。

集中布置时，应使听众区的直达声较均匀，并尽量减少声反馈。

22.6.3 下列情况的扬声器（或扬声器系统）宜采用分散布置方式：

（1）建筑物内的大厅净高较低、纵向距离长或者大厅可能被分隔成几部分使用，不宜采用集中布置者。

（2）厅内混响时间长，不宜集中布置者。

分散布置时，应控制靠近讲台第一排扬声器的功率，尽量减少声反馈；应防止听众区产生双重声现象，必要时可在不同通路内采取适当的相对时间延迟措施。

22.6.4 下列情况的扬声器（或扬声器系统）宜采用混合布置方式：

（1）挑台过深或设楼座的剧院等，除符合本章第22.6.2条（1）款规定外，宜在被遮挡的部分布置辅助扬声器系统。

（2）对大型或纵向距离较长的建筑大厅，除集中设置扬声器系统外应分散布置辅助扬声器系统。

（3）各方向均有观众的视听大厅，混合布置应解决控制声程差和限制声级的问题，在需要时应加延时措施，避免双重声现象。

22.6.5 在需要设置扩声的场所，应根据要求的直达声供声范围、扬声器（或扬声器系统）的指向特性合理确定扬声器（或扬声器系统）声辐射范围的适当重叠，使在辐射区域内其轴向辐射声压级及辐射角内声压级，满足声场均匀度的要求。

22.6.6 体育场扩声扬声器组合设备的设置宜符合下列规定：

（1）当周围环境对体育场的噪声限制指标要求较高而难以达到时，观众席的扬声器宜分散布置，对运动场地的扬声器宜集中布置。

（2）周围环境对体育场的噪声限制要求不高时，扬声器组合设备宜集中设置。

集中布置时，应合理控制声线投射范围，并尽量减少声外溢，降低对周围环境的噪声干扰。

22.6.7 在厅、堂类建筑物集中布置扬声器时，宜符合下列规定：

（1）扬声器（或扬声器系统）至最远听众的距离不应大于临界距离的3倍。

（2）扬声器（或扬声器系统）至任一只传声器之间的距离宜尽量大于临界距离。

（3）扬声器的轴线不应对准主席台（或其他设有传声器之处）；对主席台上空附近的扬声器（或扬声器系统）应单独控制，以减少声反馈。

（4）扬声器（或扬声器系统）布置的位置应和声源的视觉位置尽量一致。

22.6.8 广场类室外扩声，扬声器（或扬声器系统）的设置宜符合下列规定：

（1）满足供声范围内的声压级及声场均匀度的要求。

（2）扬声器（或扬声器系统）的声辐射范围应避开障碍物。

（3）控制反射声或因不同扬声器（或扬声器系统）的声程差引起的双重声，应在直达声后50ms内到达听众区。

22.6.9 扬声器（或扬声器系统）的安装高度及倾斜角度应根据建筑类型与声场的具体情况决定。

22.6.10 扬声器（或扬声器系统）应安装稳固，不应发生脱落或因震动产生机械噪声。暗装时的开口净尺寸应满足扬声器的水平及垂直方向调节的需要。开口尚应采用透声材料装修，在控制的频率范围内开口及装饰引起各 1/3 倍频带的声压级降低应小于或等于 2dB。

22.7 传声器布置与声反馈的抑制

22.7.1 传声器的设置宜符合下列规定：

（1）传声器的位置与扬声器（或扬声器系统）的间距宜尽量大于临界距离，并且位于扬声器的辐射范围角以外。

（2）当室内声场不均匀时，传声器应尽量避免设在声级高的部位。

（3）传声器应远离可控硅干扰源及其辐射范围。

22.7.2 对于会议厅、多功能剧场、体育场（馆）等不同场所，应按需要合理配置不同类型的传声器（包括无线传声器设备），并在可能使用的适当位置预留传声器插座盒。

22.7.3 扩声系统应采取抑制声反馈措施，除符合本章第 22.7.1 条的有关规定外，尚宜符合下列要求：

（1）扩声系统至少要有 6dB 的稳定度。

（2）室内声场应尽可能扩散，以缩短混响时间。

（3）宜减少同时使用传声器的数量。当确需多只传声器同时工作时，应控制离传声器较近的扬声器（或扬声器系统）的功率分配。

22.8 扩声网络与线路敷设

22.8.1 扩声系统的扬声器系统应采取分频控制。其分频控制方式宜按下列要求处理：

（1）一般情况下，可选用内带无源电子分频器的组合式扬声器箱的后期分频控制。

（2）要求较高的分单元式扬声器系统，可采用前期分频控制方式，有源电子分频器应接在控制台与功放设备间。

（3）分频频率的选取可参照产品生产厂家的各类扬声器推荐值。

22.8.2 扩声系统的功率馈送宜符合下列规定：

（1）厅堂类建筑采用定阻输出。

（2）体育场、广场类建筑，当传输距离较远时，采用定压输出。

（3）馈电线宜采用聚氯乙烯绝缘双芯绞合的多股铜芯导线穿管敷设。自功放设备输出端至最远扬声器（或扬声器系统）的导线衰耗不应大于 0.5dB（1000Hz 时）。

22.8.3 扩声系统的功放单元应根据需要合理配置，宜符合下列规定：

（1）对前期分频控制的扩声系统，其分频功率输出馈送线路应分别单独分路配线。

（2）同一供声范围的不同分路扬声器（或扬声器系统）不应接至同一功率单元，避免功放设备故障时造成大范围失声。

22.8.4 采用可控硅调光设备场所，扩声线路的敷设应采取下列防干扰措施：

（1）传声器线路宜采用四芯金属屏蔽绞线，对角线对并接穿钢管敷设。

（2）调音台（或前级控制台）的进出线路均应采用屏蔽线。

22.8.5 扩声系统兼作火灾事故广播或与火灾事故广播联网时，其广播分路应满足火灾事故广播和分区广播的控制要求。

22.9 同 声 传 译

22.9.1 经常需要将一种语言同时翻译成两种及以上语言的会议厅、堂，应设同声传译设施。

22.9.2 同声传译的信号输出方式一般分为有线、无线或两者结合，具体选用宜符合下列规定：

（1）设置固定座席并有保密要求的场所，宜采用有线式。在听众的座席上应设具有耳机插孔、音量调节和分路选择开关的收听盒。

（2）不设固定座席的场所，宜采用无线式。当采用感应式同声传译设备时，在不影响接收效果的前提下，天线宜沿吊顶、装修墙面敷设，亦可在地面下或无抗静电措施的地毯下敷设。

（3）特殊需要时，宜采用有线和无线混合方式。

22.9.3 同声传译系统的设备及用房宜根据二次翻译的工作方式设置，同声传译应满足语言清晰的要求。

22.9.4 同声传译宜设专用的译音室并应符合下列规定：

（1）靠近会议大厅（或观众厅），译音员可以从观察窗清楚地瞭望主席台（或观众席）的主要部分。观察窗应采用中间有空气层的双层玻璃隔声窗。

（2）译音室与机房间设联络信号，室外设译音工作指示信号。

（3）译音员之间应加隔音板，有条件时设置隔音间，本底噪声不应高于 NR20。

（4）译音室应设空调设施并作好消声处理。

（5）译音室应作声学处理并设置带有声锁的双层隔声门。

22.10 电 源 与 接 地

22.10.1 扩声系统交流电源的负荷等级应符合本规范第 3.1.2 条的有关规定。

22.10.2 体育场（馆）、剧院、厅堂等重要公共活动场所的扩声系统，应从变配电所内的低压配电屏（柜）供给二路独立电源，于扩声控制室配电箱（柜）内互投。配电箱（柜）对扩声用功放设备采用单相三线制（L + N + PE）放射式供电。

22.10.3 扩声设备的电源应由不带可控硅调光负荷的照明变压器供电。当照明变压器带有可控硅调光设备时，应根据情况采取下列防干扰措施：

（1）可控硅调光设备自身具备抑制干扰波的输出措施，使干扰程度限制在扩声设备允许范围内。

（2）引至扩声控制室的供电电源干线不应穿越可控硅调光设备的辐射干扰区。

（3）引至调音台或前级控制台的电源应插接单相隔离变压器。

22.10.4 引至调音台（或前级信号处理机柜）、功放设备等交流电源的电压波动超过设备规定时，应加装自动稳压装置。

22.10.5 扩声控制室应设保护接地和工作接地，具体要求按本规范第 21.6.4 条的原则处理。

23 仪 表 自 控

23.1 检测与控制仪表

23.1.1 一般规定

23.1.1.1 本章适用于公用设施运行参数的检测与过程控制。

23.1.1.2 仪表应选用经过鉴定且符合国家技术标准的产品。

23.1.1.3 仪表的选择，应按工艺要求，使用环境、经济、技术指标等综合考虑确定。

23.1.1.4 过程控制系统应考虑节能及节约投资。

23.1.2 温度仪表

23.1.2.1 压力式温度计经常指示的工作温度，应选在仪表量程范围的1/3～3/4之间，温度计量程上限值的选择应大于被测介质可能达到的最高动态温度值。

23.1.2.2 检测元件的选择，应根据工艺要求的测温范围决定，参见表23.1.2.2。有振动的场所，宜选用热电偶；精度要求较高、无剧烈振动等场所，宜选用热电阻。

23.1.2.3 一般情况下基地温度仪表选用双金属温度计，刻度盘直径一般选用100mm。

23.1.2.4 精确度要求较高、振动较小、读数方便的场所，可选用玻璃液体温度计。

23.1.2.5 当同一点温度需要两地显示时，宜选用双支式检测元件。

23.1.2.6 热电偶与热电阻的感温体，应插入被测介质管道截面的中心。

表 23.1.2.2 温度检测元件选择表

检测元件名称		分度号		温度测量范围（℃）	备注
		现用	将用		
铜热电阻	$R_0=50\Omega$ $R_0=100\Omega$	Cu50 Cu100	Cu50 Cu100	-50～+150	$R_{100}/R_0=1.428$ $R_{100}/R_0=1.428$
铂热电阻	$R_0=10\Omega$ $R_0=50\Omega$ $R_0=100\Omega$	— Pt50 Pt100	Pt10 Pt50 Pt100	-200～+650	$R_{100}/R_0=1.385$ $R_{100}/R_0=1.385$ $R_{100}/R_0=1.385$
镍热电阻	$R_0=100\Omega$ $R_0=500\Omega$ $R_0=1000\Omega$	— — —	Ni100 Ni500 Ni1000	-60～+180	$R_{100}/R_0=1.617$
铑铁电阻		—		-272～-250	
铜—康铜热电偶		T	T	-200～+400	
铁—康铜热电偶[①]		Tk	J	-200～+800	
镍铬—考铜热电偶		E	E	0～+800	
镍铬—康铜热电偶[①]		—	E	-200～+900	
镍铬—镍硅（铝）热电偶		K	K	-200～+1300	（铝）：0～1200℃
镍铑$_{10}$—铂热电偶		S	S	0～+1600	
铂铑$_{30}$—铂铑$_6$热电偶		B	B	0～+1800	
钨铼$_5$—铂铼$_{20}$热电偶[①]				+300～+2800	厂标分度号：WR

注：①为待发展。

23.1.2.7　显示仪表上规定的外接电阻的选择，应与仪表及感温元件之间的线路电阻值相适应。

23.1.2.8　配套使用的显示仪表、热电偶及补偿导线的分度号应一致。

23.1.2.9　配套使用的显示仪表与热电阻的分度号应一致，相互连接的导线应采用铜导线。

23.1.2.10　连接显示仪表的热电偶、热电阻的导线应与其他线路分开，单独配保护管。

23.1.3　压力仪表

23.1.3.1　压力变送器及传感器的量程选择，应符合以下规定：

(1) 对稳定压力，正常操作压力小于满量程的1/3~2/3。

(2) 对脉动压力，正常操作压力小于满量程的1/3~1/2。

(3) 对高压压力，正常操作压力小于满量程的3/5。

23.1.3.2　基地指示压力仪表的类型，宜按以下规定选择：

(1) 对一般介质的测量：

a. 压力在-40~+40kPa时，宜选用膜盒压力表。

b. 压力在40kPa以上时，宜选用弹簧管压力表或波纹管压力计。

c. 压力在-100~0~+2400kPa时，宜选用压力—真空表。

d. 压力在-100~0kPa时，宜选用弹簧管真空表。

(2) 对氨及含氨介质的测量，应选用氨用压力表。

(3) 对粘性非腐蚀介质的测量，宜选用膜片式压力表。

(4) 对腐蚀性介质的测量，宜选用耐酸压力表或膜片式压力表（防腐型）。

(5) 对氧气的测量，应选用氧气压力表。

(6) 对需要发出压力高低信号的压力测量，可选用电接点压力表。在有爆炸危险的场所，应选用防爆型压力表。

23.1.3.3　需要远传的压力仪表，可按下列规定选择：

(1) 当需要远传并与调节系统配用时，应选用压力变送器。

(2) 当测量精度要求不高时，可选用霍尔变送器或电阻式远传压力表。

23.1.3.4　弹簧管压力表的表壳直径，可按下列规定选择：

(1) 一般情况下采用直径50mm仪表。

(2) 次要参数或就地仪表一般采用直径100mm仪表。

(3) 个别重要的参数，为提高读数精度，可选用直径200mm或250mm的仪表。

23.1.4　流量仪表

23.1.4.1　流量仪表的量程选择，对于线性刻度显示，正常流量为满量程的50%~70%，最大流量不应大于满量程的90%，最小流量不应小于满量程的10%。

23.1.4.2　一般流体的流量测量，应选用标准节流装置，标准节流装置的选用，必须符合现行国标《流量测量节流装置的设计、安装和使用》的规定。

23.1.4.3　符合下列条件者，可选用文丘里管：

(1) 要求低压力损耗下的精确测量；

(2) 被测介质为干净的气体、液体；

(3) 管道直径在100~800mm范围；

（4）流体压力在1000kPa以下。

23.1.4.4 符合下列条件者，可选用1/4圆喷嘴：

（1）被测介质为高粘度、低流速；

（2）雷诺数大于200小于10^5范围内。

23.1.4.5 中、小流量，其介质对玻璃不粘附且透明、粘度较高、对金属有腐蚀性、易凝结、易汽化流体的流量测量，当量程比不大于10:1，需就地指示时，可采用玻璃转子流量计。

23.1.4.6 差压式流量计取压方式的选择可为：

（1）宜采用角接取压，也可采用法兰取压。

（2）根据使用条件和测量要求，亦可采用径距取压。

23.1.4.7 差压变送器差压范围的选择应根据计算确定，一般情况下宜选：

（1）低差压：6~10kPa。

（2）中差压：10~60kPa。

（3）高差压：60~250kPa。

23.1.4.8 饱和蒸汽的流量，当要求的精确度不高于2.5级并为就地或远传积算时，可采用蒸汽流量计。

23.1.4.9 测量较大流量，当要求就地显示时，可采用旁通转子流量计（分流式流量计）。

23.1.5 液位仪表

23.1.5.1 仪表的量程，一般应使正常液位处于仪表满量程的50%左右。

23.1.5.2 液面测量一般选用差压式、浮筒式或浮子式仪表。当不能满足要求时，可选用电容式、电阻式等其他仪表。

23.1.5.3 当要求信号传输时，可选择具有模拟或数字转换功能的仪表。

23.1.5.4 用差压式仪表测量锅炉汽包液面时，所采用的双室平衡容器应为温度补偿型。

23.1.5.5 在下述场所宜选用浮筒式测量仪表：

（1）测量范围在2m以内，比密度差0.5~1.5的液体液面连续测量。

（2）测量范围在1.2m以内，比密度差为0.1~0.5的液体界面连续测量。

23.1.5.6 浮子式测量仪表，宜用于大型贮槽清洁液体液面的连续测量和容积测量，以及各类贮槽清洁液体液面的位式测量。

23.1.5.7 脏污及粘性的液体以及环境温度下结冻的液体，不宜采用浮子式仪表。

23.1.5.8 电容式测量仪表适用于腐蚀性液体液面的连续测量和位式测量。

23.1.5.9 电容式测量仪表的信号线路，应选用屏蔽性延伸电缆或采取其他抗电磁干扰的措施。

23.1.5.10 用于导电体液位测量时，可选用电阻式测量仪表。

23.1.6 分析仪表

23.1.6.1 分析仪表取样点应选择在工艺介质流动比较平稳、被测介质变化较灵敏的部位。被测介质的分析仪器的发送器，宜靠近取样点。

23.1.6.2 常量氧分析应采用磁导式或氧化锆氧量分析仪。

23.1.7 显示调节仪表

23.1.7.1 要求以标准信号迅速处理或运算，并与数据处理机或计算机联用时，宜选用电子式仪表。

23.1.7.2 仪表投资较少或控制系统要求稳定时，一般宜选用气动式仪表（在有气源的条件下）或选用动圈式等较便宜的仪表。

23.1.7.3 基地仪表盘上安装的仪表，应考虑环境条件，要求防爆、防潮时，宜选用气动式仪表。

23.1.7.4 仪表功能的选用，宜遵循下述原则：

(1) 对工艺过程影响不大但需经常监视的变量，宜设指示仪表，必须操作的变量，宜设手动遥控；

(2) 对工艺过程影响较大需经常监控的变量，宜设自动调节；

(3) 对需要经常了解其变化的变量，宜设自动记录；

(4) 对可能影响生产或安全的变量，宜设自动报警；

(5) 要求计量或经济核算的变量，宜设自动积算。

23.1.7.5 仪表盘上安装的仪表，宜选用条形仪表和长图自动平衡式仪表；需要密集安装时，宜选用小型仪表；需要显示醒目时，宜选用大、中型仪表。

23.1.7.6 在有多点切换指示的场合，切换装置的切换点应留有备用量。

23.1.7.7 要求显示速度快、示值精度高时，可选用数字显示仪表。

23.1.7.8 一般大、中型公用设施的调节仪表，宜选用单元组合仪表（或组装式仪表）。根据具体情况，亦可选用计算机或其他型式的调节仪表（如智能化调节仪表）。

23.1.7.9 复杂调节系统的调节仪表，宜选用单元组合式（或组装式）仪表中具有相应调节功能的调节仪表，亦可选用其他调节仪表或其他单元仪表进行组合。

23.1.7.10 和计算机配合使用的调节仪表的选用宜为：

(1) 在应用计算机进行直接数字控制（DDC）时，宜选用 DDC 后备调节器或 DDC 操作器配合使用。

(2) 在应用计算机设定点控制（SPC）时，宜选用 SPC 调节器或 SPC 操作器配合使用。

23.1.7.11 共用一台显示仪表测温点较多（30 点以上）、精度要求高（0.5 级以上）时，宜选用数字式温度指示仪。

23.1.7.12 共用温度点不多的指示仪表，应按精度要求选择：1.0 级选动圈式指示仪；0.5 级选用自动平衡指示仪。

23.1.7.13 液位调节宜选用比例式或比例加积分；压力调节宜选用比例加积分；仅作联锁和自动开、停车之用或允许执行机构全开、全关、调节品质要求不高的简单系统，可选用二位、三位等位式调节器；要求适当改善调节品质时，可选用具有时间比例、位式比例积分或位式比例积分微分的位式调节器。

23.1.8 执行机构

23.1.8.1 一般采用电动执行机构，在有特殊要求或有气源时，可采用气动薄膜式执行机构。

23.1.8.2 电动执行机构应符合下列规定：

（1）直行程电动执行机构，接受调节仪表统一信号为0～10mA或4～20mA，作相应上、下直线位移，用作为调节阀或蝶阀的电动执行机构。

（2）角行程电动执行机构，接受调节仪表统一信号为0～10mA或4～20mA，作相应转角位移，用作为蝶阀或风门挡板的电动执行机构。

23.1.8.3 气动执行机构的输出力或输出力矩，必须能使调节阀可靠开、闭。

23.2 仪表的电源与气源

23.2.1 仪表电源的负荷等级应不低于工艺负荷的等级，电源应从低压配电室的低压配电屏以专用回路供电。

23.2.2 仪表电源容量宜按实际用量的1.5倍计算。

23.2.3 自动调节与检测仪表合用一台变送器时，变送器应由自动调节的电源回路供电。

23.2.4 仪表气源应满足以下规定：

（1）压力：500～700kPa。

（2）温度：环境温度。

（3）露点：比环境最低温度低10℃。

（4）含尘：应滤去3μm以上尘粒。

（5）含油：小于8ppm并与杂用气源分开。

23.2.5 仪表供气方式宜为：仪表室仪表采用集中供气，现场仪表采用就近供气。

23.2.6 仪表气源供气量可按实际用量的2倍计算。备用气源的备用时间一般不小于15～30min。

23.3 仪表盘与仪表室

23.3.1 仪表盘结构型式的选用，可按下述原则：在一般环境内，盘内不需安装设备时可选屏式仪表盘；若需要在盘内安装设备时，可选用框架式仪表盘；在有灰尘或潮湿的场所，一般选用柜式仪表盘；必要时，可设置操作台及半模拟盘。仪表盘的高度一般为2.1m，深度不小于0.6m。

23.3.2 仪表盘盘前净距宜为：大型仪表室不宜小于2.5m；小型仪表室不宜小于1.5m。盘后检修通道不应小于1m。成组仪表盘当总长度为7m及以上时，其两侧通道均不得小于1m。

23.3.3 盘面布置宜按下述方式：上层为较醒目供扫视的仪表，如指示型、报警型仪表，宜距地面1.6～1.8m；中层为经常监视用仪表，如记录型、调节型仪表，宜距地面1～1.6m；下层为大型记录仪、操作器、切换开关，宜距地面0.8～1m。

23.3.4 仪表盘内的端子排，最低距地面不应小于0.25m，两排间距应大于0.25m，端子排距盘边缘距离不小于0.10m。

23.3.5 进出控制室的导线、盘与盘之间的连接线应通过端子排。特殊要求者（如热电偶的补偿导线应直接与仪表连接）例外。不同电压的端子排应按标志分开，间隔2～3个端子。盘内接线端子备用量可为10%。

23.3.6 盘内配线的选用宜为：对一般信号线采用0.75～1.0mm^2的铜芯导线；其他配线

采用 1.5mm^2 硬铜芯导线或 1.0mm^2 软铜芯导线。

23.3.7 盘内配管的选用宜为：供气总管采用铜管或不锈钢管，由总管分路供气，各分路应设切换阀。信号配管宜采用 D6×1mm 的紫铜管。

23.3.8 仪表室的设置应根据仪表盘的数量，仪表精密程度及使用要求等情况确定。

23.3.9 仪表室的位置应靠近主要工艺设备，不宜靠近主要交通干道及设在对室内地面产生振幅大于 0.1mm、频率大于 25Hz 和电磁干扰大于 400A/m 的区域。

23.3.10 仪表室的面积应根据仪表盘的数量、尺寸以及排列方式等条件确定。大型仪表室当有操作台时，进深不宜小于 7m；无操作台时，不宜小于 6m。中、小型仪表室可适当减小。

23.3.11 仪表室宜满足下述土建要求：

23.3.11.1 仪表室宜设顶棚，若顶棚上部有仪表管线穿过时，其净高不应小于 0.8m。顶棚的强度应能满足管线施工要求。

23.3.11.2 仪表室的净高（从地面到顶棚），有空调时宜为 3～3.6m；无空调时，不宜小于 3.3m。

23.3.11.3 仪表室宜采用水磨石地面，地面荷载可取 4kN/m^2，墙面应做 1.2～1.5m 油漆墙裙，墙裙以上部分用胶质粉刷白。

23.3.11.4 仪表室长度大于 7m 时，应设两个外开门的出口。

23.3.11.5 盘前区宜大面积开窗。开窗面积宜取盘前地面面积的 1/3～1/5，盘后可开小窗或固定窗。

23.4 仪表管线敷设

23.4.1 测量信号回路的电缆、电线和补偿导线的线芯截面，应按仪表的最大允许外部电阻及机械强度要求选择。控制及测量的电气线路，应采用铜芯电缆和铜芯电线。线芯截面宜为 1.0～1.5mm^2，补偿导线线芯截面宜为 1.5～2.5mm^2。

23.4.2 多芯电缆或一根管内穿多根导线时，应留有备用芯数，备用量不应少于总数的 1/10。

23.4.3 测量信号回路的电缆和电线。当采用电缆桥架敷设时，应符合本规范第 9 章第 9.11 节的有关规定。

23.4.4 强、弱电不应共用一根电缆或一根保护管，模拟与数字信号线路应分别采用不同电缆或保护管。

23.4.5 有抗干扰要求的测量信号线路，应采用屏蔽电缆、屏蔽电线或穿金属管敷设。

23.4.6 补偿导线应穿保护管或在汇线槽内敷设，不应直接埋地及与其他线路在同一根保护管内敷设。

23.4.7 测量信号线路不宜平行敷设在高温工艺设备、管道的上方，以及具有腐蚀性液体介质的工艺设备、管道的下方。

23.4.8 测量信号线路与绝热的工艺设备、管道绝热层表面之间的距离应大于 200mm，与其他工艺设备、管道表面之间的距离应大于 150mm。

23.4.9 导压管应根据压力等级、工艺介质选择，宜采用水煤气管与无缝钢管。导压管选择见表 23.4.9。

表 23.4.9 导 压 管 选 择 表

序号	被测介质	工作压力与温度	材料	管径（mm）		
				15m	30m	50mm
1	空气	＜5kPa	水煤气管	15	15	15
2	净煤气	＞2.5kPa	水煤气管	20	20	20
		＜2.5kPa	水煤气管	20	20	25
3	脏煤气	＞2.5kPa 500～600℃	水煤气管	25	32	32
4	烟气（测量）	＞1.0kPa	水煤气管	20	20	20
		＜1.0kPa	水煤气管	20	20	25
5	烟气（调节）	1.0kPa	水煤气管	25	32	—
6	蒸汽	＜4000kPa ＜450℃	无缝钢管	14×2	14×2	14×2
7	锅炉汽包水位	～16000kPa ～500℃	无缝钢管	22×3	22×3	—
8	水	＜1000kPa	水煤气管	15	15	15
		＞1000kPa	无缝钢管	14×2	14×2	16×2
9	压缩空气	＜6400kPa	无缝钢管	14×2	14×2	16×2
10	氧	＜15000kPa	紫铜管或不锈钢管	12×1.5	12×1.5	12×1.5

23.4.10 导压管应明敷，不得埋地、埋墙或埋楼板内暗设。

23.4.11 敷设导压管时应考虑减少压力传递阻力，宜沿直线敷设，减少弯曲和交叉，不许有急弯。

23.4.12 水平敷设的导压管应保持一定的坡度，最小允许坡度应符合下列规定：

（1）压力及真空导压管 1∶50～1∶100。

（2）流量导压管 1∶20～1∶25。

（3）液位导压管 1∶10。

（4）烟气分析导压管 1∶20。

倾斜方向应保证能排除气体或冷凝液，否则应在液体管路的最高点装排气装置。在气体管路的最低点，装排液装置

23.4.13 导压管的最大长度不应超过：

（1）气体分析取样管 10m。

（2）压力在 50Pa 以内 30m。

（3）其他压力导压管路 50m。

23.4.14 差压导压管的最小允许长度一般不应小于 3m，最长不超过 16m。

23.4.15 测量和取样管路有可能冻结时，应采取保温或伴热等防冻措施。

23.5 空调自动控制

23.5.1 一般规定

23.5.1.1 空调自动控制的装置水平，应根据建筑物的性质、工艺要求、经济安全运行及仪表调节装置的供应情况，确定其具体内容。

23.5.1.2 当室温允许波动范围小于或等于±1℃、相对湿度允许波动范围小于或等于±5%时，应采用自动调节；当允许波动范围大于上述值时，宜采用手动调节，但长期运行对节能有显著效果者，应采用自动控制。

23.5.1.3 采用自动控制时，宜设控制室。当系统控制环节仪表较少时，其控制屏可直接布置在机房内。

23.5.1.4 设置自动控制的空调系统，应具有手动控制的功能。

23.5.1.5 对于高层民用建筑的空气调节系统，当其数量较多时，可设中央和区域两级控制。

23.5.2 自动调节与控制

23.5.2.1 空气调节系统的控制方式，应根据调节对象的特性参数、房间热湿负荷变化的特点以及控制参数的精度要求等进行选择。

23.5.2.2 室温允许波动范围小于±1℃的空调系统，当采用电加热器时，宜采用PID调节器与可控硅调压器组成的室温控制系统；当采用蒸汽或热水加热器时，宜采用PID调节器与电动调节阀或气动调节阀组成的室温调节系统。

23.5.2.3 室温允许波动范围大于±1℃，当采用电加热器时，宜采用位式调节器。将电加热器的容量分为若干段，以适应不同热负荷的变化，选择参与调节的容量；当采用蒸汽或热水加热器时，宜采用比例积分调节系统。

23.5.2.4 对于全年运行的空调系统，在满足室内参数和节能要求的情况下，宜采用多工况控制系统。工况转换可采用自动或手动。自动转换时，可利用执行机构的极限位置、空气参数的超限值或分程控制等方式实现。

23.5.2.5 当调节对象纯滞后，因时间常数或热湿扰动量变化的影响采用单回路调节不能满足调节参数要求时，空气调节系统可采用串级调节或送风补偿调节。

23.5.2.6 变风量系统温度的整定值，应按冷却和加热工况分别确定。当冷却和加热工况互换时，控制变风量末端装置的调节器，应相应地变换其作用方向。

23.5.3 检测、信号与联锁

23.5.3.1 空气调节系统中有代表性的参数，应在便于观察的地点设置检测仪表。当采用集中控制时，其主要参数应设置遥测仪表。

23.5.3.2 对下列参数的测量，应设置检测仪表：

（1）室内外温、湿度；

（2）一、二次混合风温度；

（3）喷水室或表面冷却器出口空气温度；

（4）加热器出口空气温度；

（5）送、回风温度；

（6）喷水室或表面冷却器出口的冷水温度。

23.5.3.3　空气调节系统的通风机、水泵和电加热器等，应设工作状态显示信号。

23.5.3.4　对于多工况运行的空气调节系统，其运行工况及调节机构的工作状态，应设显示信号。

23.5.3.5　电加热器应设无风断电保护，且应与通风机联锁。

23.5.3.6　空气调节系统的回风机应与送风机联锁。

23.5.4　制冷装置的自动保护与控制

23.5.4.1　压缩式制冷装置应设以下安全保护：

（1）排气压力的高压保护和吸气压力的低压保护；

（2）润滑系统的油压差保护；

（3）电动机过载及两相运行保护；

（4）冷却水套断水保护；

（5）离心式压缩机轴承的高温保护。

23.5.4.2　吸收式制冷装置应设以下安全保护：

（1）冷水或冷剂水的低温保护；

（2）溴化锂溶液的防结晶保护；

（3）冷却水温度过低保护；

（4）屏蔽泵过载及防汽蚀保护；

（5）蒸发器中冷剂水温度过高保护。

23.5.4.3　宜采用能量自动调节装置的制冷设备，当其台数较多时，宜采用能量调节和台数调节相结合的控制方式。

23.5.4.4　制冷设备的运行台数，宜根据实际需要的冷负荷、冷水量或冷水温度进行控制。

23.5.4.5　制冷机应与冷却水系统的水泵联锁。当采用风冷式冷凝器时，压缩式制冷机应与冷凝器的通风机联锁。

23.5.4.6　制冷装置宜设下列参数的检测仪表：

（1）蒸发器的冷水进出口温度；

（2）冷凝器的冷却水进出口温度；

（3）压缩机排气和吸气的压力和温度；

（4）离心式压缩机的轴承温度；

（5）吸收式制冷机发生器的蒸汽入口温度和压力，凝结水的出口温度；

（6）吸收式制冷装置屏蔽泵的压力。

23.6　锅炉房热工测量与自动控制

23.6.1　一般规定

23.6.1.1　本节适用于24.5MW及以下以燃煤为主的蒸汽和热水锅炉的仪表检测与自控设计。

23.6.1.2　锅炉房热工测量及自动控制，包括热工检测、热工信号、热工保护和热工控制四个部分。设计中应满足以下要求：

（1）在满足安全、经济运行要求的前提下，检测仪表及调节仪表宜精简。

（2）锅炉仪表控制装置的选型宜采用锅炉行业推荐的标准设计和配套产品。

（3）锅炉仪表选型和控制设计，应根据锅炉蒸发量和工艺系统的监控要求，进行全面技术经济比较，选用可靠性高的设备和成熟的控制系统。新产品、新技术应经试用、考验和鉴定合格后，方可在设计中采用。

23.6.2 热水锅炉房

23.6.2.1 4.2MW及以上的热水锅炉房应装设下列参数的检测仪表：

（1）炉膛烟气出口温度指示；

（2）炉膛烟气出口压力指示；

（3）鼓风机出口压力指示；

（4）省煤器前后烟气、水温指示、压力指示；

（5）空气预热器出口空气压力指示、温度指示；

（6）锅炉出口热水、回水温度，锅炉出口热水流量、热水指示及积算；

（7）煤耗量指示及积算；

（8）供水总管流量指示、热量指示；

（9）鼓风机及引风机阀门遥控及阀位指示。

23.6.2.2 热交换器运行时应装设下列参数的检测仪表：

（1）一次热水、回水温度、压力指示；

（2）二次热水、回水温度、压力指示；

（3）二次热水流量、热量指示及积算。

23.6.3 蒸汽锅炉房

23.6.3.1 蒸汽锅炉运行时应装设下列参数的检测仪表：

（1）炉膛出口烟气温度指示；

（2）炉膛出口烟气压力指示；

（3）鼓风机出口压力指示；

（4）省煤器前后烟气温度及压力指示；

（5）空气预热器出口空气温度及压力指示；

（6）空气预热器后烟气温度指示；

（7）锅炉出口蒸汽流量及压力指示、记录，过热蒸汽时还应设温度指示、记录；

（8）锅炉汽包水位、压力指示；

（9）除氧器压力指示；

（10）鼓风机、引风机阀门遥控及阀位指示。

23.6.4 热力除氧器

23.6.4.1 除氧器运行时应装设下列参数的检测仪表：

（1）除氧器的进水温度指示；

（2）蒸汽压力调节器后蒸汽压力指示；

（3）除氧器除氧水箱水位指示、报警；

（4）除氧水箱水温指示。

23.6.4.2 给水箱、软水箱应设水位指示及水位信号。

23.6.5 锅炉工艺参数的报警与保护

23.6.5.1 锅炉压力报警、保护应包括下述内容：

（1）当锅炉汽包压力超过运行规定的压力时，应有自动声、光报警；

（2）当锅炉汽包压力超过运行规定的极限压力时，应有自动声、光报警和自动紧急停炉保护。

23.6.5.2 锅炉汽包水位保护、报警应包括下述内容：

（1）当锅炉汽包水位超过运行规定的高低水位时，应有自动声、光报警；

（2）当锅炉汽包水位超过运行规定的危险低水位时，应有自动声、光报警。容量为4.2MW以上的锅炉应有自动停炉保护。

23.6.5.3 热水锅炉应有进水温度过高的声、光报警及锅炉汽包压力过高的声、光报警。

23.6.5.4 过热蒸汽锅炉应有过热蒸汽超温保护及自动声、光报警。

23.6.5.5 燃油、燃气锅炉应有炉膛熄火保护及油压、气压超限声、光报警。

23.6.6 锅炉自动调节

23.6.6.1 额定蒸发量大于或等于4.2MW的锅炉，应装设水位连续调节装置。

23.6.6.2 额定蒸发量为4.2MW以上的锅炉，可装设燃烧位式调节和炉膛压力调节装置。

23.6.6.3 额定蒸发量为7~14MW以上的锅炉，宜装设带指示、报警的水位自动调节系统，还应另设水位指示、报警测量系统。水位调节宜采用三冲量调节，水位指示、报警宜采用色带式指示仪。

23.6.6.4 额定蒸发量为7~14MW的过热蒸汽锅炉，应装设过热蒸汽温度自动调节装置。

23.6.6.5 热网回水总管补给水量，宜采用自动控制，一般采用自力式压力调节器。

23.6.6.6 热力除氧器应装设水位自动调节装置和蒸汽压力自动调节装置，使热力除氧器内的水温保持在要求的范围内。

23.6.6.7 鼓风机、引风机的电动机，两者间应装设电气联锁。

23.6.6.8 机械化运煤系统各运煤设备之间，应有电气联锁。

23.6.6.9 仪表选型：宜采用各类电动单元组合仪表。对于三冲量水位调节系统、燃烧调节系统，宜考虑采用微机控制系统。

23.6.6.10 小型锅炉的热工检测与控制仪表，宜在炉前集中设置。

大型锅炉或多台锅炉应在操作层炉前设置控制室。

23.6.7 采用燃烧自动调节时宜符合下列规定：

23.6.7.1 4.2MW以下的燃煤蒸汽锅炉，当无特殊要求时，可不考虑燃烧自动调节。

23.6.7.2 4.2MW的蒸汽锅炉，可用带上、下电接点蒸汽压力来实现控制鼓、引风机及炉排的顺序起停，即采取位式燃烧调节的方式以保证钢炉在规定的蒸汽压力范围内运行。

23.6.7.3 7MW的蒸汽锅炉，一般可实现鼓、引风门遥控，也可实现根据蒸汽压力的变化连续调节鼓、引风门挡板的开度及炉排给煤量，即当负荷发生变化时，以蒸汽压力为主信号，自动调节炉膛的风煤比，保持稳定的蒸汽压力和炉膛负压，使燃烧在最佳状态下运行。

23.6.7.4 14~24.5MW的蒸汽锅炉，可采用各类电动单元组合仪表来实现燃烧自动调节，同时也可采用锅炉微机控制装置来实现燃烧自动调节。

23.7 冷库自动控制

23.7.1 本节适用于2500m^3（约500t）以下的中、小型冷库的自动控制设计。

23.7.2 压缩机应配有必要的自动保护配置，以保证正常运转。当机组发生事故时，能及时地发出报警，使压缩机停止运行。除配套供应的压缩机控制保护装置外，还应设必要的安全保护及自动控制装置。

23.7.3 制冷系统宜设下列安全保护装置：

23.7.3.1 氨压缩机排气压力过高和吸气压力过低保护，一般采用高低压控制器。

23.7.3.2 氨压缩机排气温度过高保护，一般采用温度控制器。

23.7.3.3 吸气温度过低保护，一般采用温度控制器。当吸气温度过低而压缩机即将产生湿冲程时，应发出报警信号。

23.7.3.4 油压差保护，一般采用油压差控制器。

23.7.3.5 氨压缩机及各类冷凝器应设断水报警装置，蒸发式冷凝器应设风机故障报警装置。

23.7.3.6 氨泵应设断液及电动机过负荷自动停泵装置。

23.7.3.7 各种压力容器应设安全泄压装置。

23.7.3.8 低压循环桶、低压贮氨器、氨液分离器和中间冷却器，应设液位报警装置。

23.7.3.9 制冷系统的各种设备运行时，应有指示信号，设备起动前宜有声、光预报信号。

23.7.3.10 各种执行调节机构全开、全关及运行的阀位，宜设指示信号。

23.7.4 小型氟利昂冷库，应设室温自动调节装置。

23.7.5 冷藏间宜设室温自动调节装置，一般由热力膨胀阀、温度继电器、电磁阀及低压继电器等组成。

23.7.6 冷库群宜设时序控制为主的温度自动巡回测量和自动调节装置。

23.7.7 冷风机宜设出霜信号及自动除霜装置。除霜方法一般为：热氨融霜、水融霜、热氨—水融霜及电热融霜。

23.7.8 冷库宜设温度遥测和温度自动记录装置。

23.7.9 压缩机宜设阶梯分级能量和定点延时分级能量调节。

23.7.10 全自控冷库宜采用微机控制，使整个制冷系统在最佳参数和最理想工况下运行。

23.7.11 对机组台数较多、系统较复杂、操作频繁、工作条件较差的场合，可优先采用自动控制，并设立专用控制室。

23.7.12 为防止氨气对电气设备的腐蚀，控制室与机器间应设监察窗，并应防止空气相互串通。

启动柜应设在控制室内。

23.8 给水排水自动控制

23.8.1 本节适用于工厂生活区、居民居住区及公共建筑群的水泵房自动控制设计。

23.8.2 水泵房的自控设计，应在满足供水工艺、安全及经济运行、管网合理调度的前提下，使系统简单、可靠，便于管理维修，并要做到合理地选择检测仪表和自动控制装置。

23.8.3 单台水泵、水塔、水箱（高位水箱），宜采用高、低水位自动控制或手动控制，并设置水位信号。

23.8.4 多台水泵的泵房，应根据供水工艺的要求，设置如下装置：

（1）高、低水位信号指示。

（2）高、中、低三个水位控制泵的开、停信号指示。

（3）电动机的运行信号指示。

（4）水泵的自动切换。

（5）手动与自动的工作转换及事故报警。

23.8.5 无人值班的污水泵房和雨水泵房，水泵应能自动开、停，并将水位信号反映到有人值班的场所，以便通知巡查人员。

23.8.6 流量变化较大的污水提升泵房，宜采用以集水井水位调节或进水流量调节水泵运行台数或调节水泵转速的自动控制。

23.8.7 自灌式与非自灌式起动的水泵，其水泵电动机与出水电动阀门之间应有联锁。

23.8.8 被控介质含有导磁杂质时，不应选用干簧式水位控制系统，可选用浮球液位控制系统。

23.8.9 被控介质为含油垢的污水时，不应选用电极式液位控制系统，宜选用干簧式液位控制系统。

23.8.10 浮标式液位控制系统，宜用于敞开式或密闭式容器的液位控制，对有腐蚀或爆炸性的场所，应采用隔爆型和防爆型液位控制系统。

23.8.11 根据用户要求的水力参数，水泵调速的控制方式一般可采取：

23.8.11.1 当管网系统阻力损失占总扬程比例较小时，宜采用水泵出口压力恒定控制。

23.8.11.2 当管网线路长、流量变化所产生管路损失占水泵总扬程比例较大时，宜采用以管网末端最不利点所需压力作为给定值进行管网末端压力恒定控制。

23.8.11.3 当由水池重力供水时，宜采用水位恒定控制。

23.8.11.4 对送水量有一定要求、而对扬程变化没有严格要求的场合，宜采用流量恒定控制。

23.8.12 在有人值班的场所，检测仪表和显示器宜安装在现场；在无人值班的场所，检测仪表显示器应远传到中心控制室。

23.8.13 自控系统仪表的选型，一般宜采用各类电动单元组合仪表，流量测量仪表宜配积算器。

23.8.14 控制取水泵房的集中控制室，应具有下列功能：

（1）远方手动、自动及就地工作制的选择。

（2）水位测量与水位信号指示。

（3）各受控水泵电动机运行状态和电气故障的远方监视和报警。

（4）备用水泵的自动切换。

23.8.15 在给水、排水系统中，可采用微机控制系统实现给水、排水、水处理的自动控制。

23.9 微型计算机的应用

23.9.1 一般规定

23.9.1.1 公用设施的参数检测和过程控制，在下列情况下可采用微型计算机控制系统：

（1）工艺流程复杂、控制和检测的点数较多；

（2）具有成熟的工艺和参数要求；

（3）经济效益明显。

23.9.1.2 微型计算机控制系统的形式，应根据工艺过程的特点及使用经验来选择，一般有操作指导系统、直接数字控制系统、顺控系统和分布式控制系统。

23.9.1.3 微型计算机的选型宜立足于国内，优先选用国家系列型谱中抗干扰性能好、设备可靠的产品，若国内型谱不全，也可引进国外设备。

23.9.2 基本功能

23.9.2.1 微型计算机应能实现主要运行参数的数据采集、处理与显示。

23.9.2.2 当运行参数超越规定的极限数值时，应有越限报警，并为运行人员提供被检对象异常工况下的各种有用信息。

23.9.2.3 系统应备有直接强电手控功能和手动/自动双向无干扰切换的功能。

23.9.2.4 系统宜具有汉字打印、制表功能。

23.9.2.5 在不影响控制质量的前提下，对各参数的给定值、调节参数、实时时钟等，应具有参数在线修改，并要设有相应的画面，以显示各修改的参数的现状。

23.9.2.6 系统应具有通讯功能，以便采用多级计算机控制和管理。

23.9.2.7 系统应具有与 4～20mA·DC 与 0～10mA·DC 信号及热电偶、热电阻的连接接口。

23.9.3 硬件配置

23.9.3.1 微型计算机参数检测与过程控制系统，一般可由下列几部分硬件组成：

（1）主机：包括中央处理器（CPU）、内存贮器及选件；

（2）外部设备：包括外存贮器、人—机联系设备、打印、显示等设备；

（3）过程通道：包括模拟量输入、输出及开关量输入、输出（含脉冲输入）通道等。

23.9.3.2 选用的硬件和软件系统，应考虑与其他自动系统信息交换的方便性。

23.9.3.3 微型计算机的内存、外存应留有一定的备用容量，以备运行后扩展功能，内存宜留 25%裕量，外存宜留 40%裕量。

23.9.4 软件

23.9.4.1 微型计算机软件系统应包括系统软件和应用软件的基本内容。

23.9.4.2 系统软件应具有程序设计系统、操作系统、诊断系统等。

23.9.4.3 应用软件应具有过程监视程序、过程控制及计算程序、公用应用程序等。

23.9.4.4 应具有方便的人—机联系手段。

23.9.4.5 应具有良好的实时响应能力。

23.9.5 微型计算机系统供电回路宜用末端自动切换的双回路供电方式或经不间断供电装置（UPS）供电。

23.9.6 接地

23.9.6.1 除设备模拟量输入部分的 A/D 转换装置采用浮空外，整机采用全机接地，接地电阻应符合微型计算机制造厂的要求。

23.9.6.2 微型计算机控制系统的接地要求，见本规范第 14 章有关规定。

23.9.7 机房设计

23.9.7.1 在尘埃较大、温度较高、有电磁干扰的场所，微机控制系统宜单独设立机房，并采取必要的措施。

23.9.7.2 机房面积宜包括微型计算机系统及辅助设备占用面积，文件和仓库的面积，工作人员的工作室和维修室等。

23.9.7.3 机房应考虑保温、防潮、防尘和隔噪音，地面可用木质或塑料地板，电缆沟应防水，并做活动盖板。

23.9.7.4 机房的温湿度要求，应符合本规范第25章表25.1.5.7中C级的规定。

23.9.8 线路敷设

23.9.8.1 微型计算机信号的分类及线路选择宜按表23.9.8.1规定。

表 23.9.8.1 微机信号分类及线路选型

信号分类	信号范围	线路选型
低电平输入	热电偶	带屏蔽补偿电线（电缆）及对绞对屏计算机用电缆
	热电阻 ±100mV～±1V	对绞对屏计算机用电缆
高电平输入	>1V，0～50mA	对绞对屏计算机用电缆

23.9.8.2 信号线应远离干扰源（如电力变压器、可控硅装置、电机等）。

23.9.8.3 模拟信号和数字、脉冲信号不能合用一根电缆或电线管敷设。

23.9.8.4 微型计算机的输入信号电缆应在带盖的金属线槽中敷设，金属线槽与盖板应保证良好的接地。

23.9.8.5 单根信号电缆可穿钢管敷设，钢管应良好接地。

23.9.8.6 下列信号电缆不得与微型计算机线路共金属线槽敷设：

（**1**）大于或等于60V或0.2A的仪表信号电缆。

（**2**）没有噪声吸收的开关量输入、输出信号电缆（如继电器的消弧回路）。

23.9.8.7 微型计算机信号电缆与其他电缆走同一路径时，微型计算机金属线槽应排列在最下层。

24 火灾报警与消防联动控制

24.1 一 般 规 定

24.1.1 本章适用于民用建筑内火灾报警与消防联动控制系统及防盗报警系统的设计。

24.1.2 下列民用建筑需要设置火灾报警与消防联动控制系统：

24.1.2.1 高层建筑

（**1**）10层及10层以上的住宅建筑（包括底层设置商业服务网点的住宅）。

（**2**）建筑高度超过24m的其他民用建筑。

（**3**）与高层建筑直接相连且高度不超过24m的裙房。

24.1.2.2 低层建筑

（**1**）建筑高度不超过24m的单层及多层有关公共建筑。

（**2**）单层主体建筑高度超过24m的体育馆、会堂、剧院等有关公共建筑。

24.1.3 火灾报警与消防联动控制系统的设计，应针对保护对象的特点，做到安全可靠，技术先进，经济合理，维护管理方便。

24.1.4 民用建筑应根据其使用性质、火灾危险性、疏散和扑救难度等进行防火等级的分类，一般可按表24.1.4-1和24.1.4-2划分。

表24.1.4-1 高层建筑物分类表

名称	一类	二类
居住建筑	高级住宅 19层及以上的普通住宅	10至18层的普通住宅
公共建筑	高度超过100m的建筑物 医院病房楼 每层面积超过1000m²的商业楼、展览楼、综合楼 每层面积超过800m²的电信楼、财贸金融楼 省（市）级邮政楼、防灾指挥调度楼 大区级和省（市）级电力调度楼 中央级、省（市）级广播电视楼 高级旅馆 每层面积超过1200m²的商住楼 藏书超过100万册的图书楼 重要的办公楼、科研楼、档案楼 建筑高度超过50m的教学楼和普通的旅馆、办公楼、科研楼等	除一类建筑以外的商业楼、展览楼、综合楼、商住楼、财贸金融楼、电信楼、图书楼 建筑高度不超过50m的教学楼和普通的旅馆、办公楼、科研楼 省级以下的邮政楼 市级、县级广播电视楼 地、市级电力调度楼 地、市级防灾指挥调度楼

注：①本表未列出的建筑物，可参照本条划分类别的标准确定其相应类别；
②本表所列之市系指：一类包括省会所在市及计划单列市。二类的市指地级及以上的市。

表24.1.4-2 低层建筑物分类表

一类	二类
电子计算中心 300张床位以上的多层病房楼 省（市）级广播楼、电视楼、电信楼、财贸金融楼 省（市）级档案馆 省（市）级博展馆 藏书超过100万册的图书楼 3000座以上体育馆 2.5万以上座位大型体育场 大型百货商场 1200座以上的电影院 1200座以上的剧场 三级及以上旅馆 特大型和大型铁路旅客站 省（市）级及重要开放城市的航空港 一级汽车及码头客运站	大、中型电子计算站 每层面积超过3000m²的中型百货商场 藏书50万册及以上的中型图书楼 市（地）级档案馆 800座以上中型剧场

注：①本表未列出的建筑物，可参照本条划分类别的标准确定其相应类别；
②本表所列之市系指：一类包括省会所在市及计划单列市。二类的市指地级及以上的市。

24.2 保护等级与保护范围的确定

24.2.1 各类民用建筑的保护等级应根据建筑物防火等级的分类，按下列原则确定：

（1）超高层（建筑高度超过100m）为特级保护对象，应采用全面保护方式。

（2）高层中的一类建筑为一级保护对象，应采用总体保护方式。

（3）高层中的二类和低层中的一类建筑为二级保护对象，应采用区域保护方式；重要的亦可采用总体保护方式。

（4）低层中的二类建筑为三级保护对象，应采用场所保护方式；重要的亦可采用区域保护方式。

24.2.2 火灾探测器在建筑物中设置的部位，应与保护对象的等级相适应，须符合以下规定：

24.2.2.1 在超高层建筑物中，除不适合装设火灾探测器的部位外（如厕所、浴池），均应全面设置火灾探测器。

24.2.2.2 一及二级保护对象，应分别在下述部位装设火灾探测器：

（1）走道、大厅；

（2）重要的办公室，会议室及贵宾休息室；

（3）可燃物品库、空调机房、自备应急发电机房、配变电室、UPS室；

（4）地下室、地下车库及多层建筑的底层汽车库（超过25台）；

（5）具有可燃物的技术夹层；

（6）重要的资料、档案库；

（7）前室（包括消防电梯、防排烟楼梯间、疏散楼梯间及合用的前室）；

（8）电子设备的机房（如电话站、广播站、广播电视机房、中控室等）；

（9）电缆隧道和高层建筑的垃圾井前室、电缆竖井；

（10）净高超过0.8m具有可燃物的闷顶（但设有自动喷洒设施的可不装）；

（11）电子计算机房的主机室、控制室、磁带库；

（12）商业和综合建筑的营业厅、可燃商品陈列室、周转库房；

（13）展览楼的展览厅、报告厅、洽谈室；

（14）博物馆的展厅、珍品储存室；

（15）财贸金融楼的营业厅、票证库；

（16）三级及以上旅馆的客房、公共活动用房和对外出租的写字楼内主要办公室；

（17）电信和邮政楼的重要机房、电力室；

（18）广播电视楼的演播室、录音室、播音室、道具和布景室、书目播出及其技术用房；

（19）电力及防洪调度楼的微波机房、计算机房、调度室、微波室、控制机房；

（20）医院的病历室、高级病房及贵重医疗设备的房间；

（21）剧场的舞台、化妆室、声控和灯控室、服装、道具和布景室；

（22）体育馆（场）的灯控、声控室和计时记分控制室；

（23）铁路旅客站、码头和航空港的调度室、导控室、行包房、票据库、售票室、软席候车室等；

（24）根据火灾危险程度及消防功能要求需要设置火灾探测器的其他场所。

24.2.2.3 三级保护对象，应在下述部位装设火灾探测器：

（1）电子计算机房的主机室、控制室、磁带库；

（2）商场的营业厅、周转库房；

（3）图书馆的书库；

（4）重要的资料及档案库、陈列室；

（5）剧场的灯控室、声控室、化妆室、道具及布景室；

（6）根据火灾危险程度及消防功能要求需要设置火灾探测器的其他场所。

24.2.3 报警区域应按防火分区或楼层划分。一个报警区域宜由一个防火分区或同楼层的几个防火分区组成。

24.2.4 探测区域应按独立房（套）间划分。一个探测区域的面积不宜超过 $500m^2$。从主要出入口能看清其内部，且面积不超过 $1000m^2$ 的房间，也可划为一个探测区域。

24.2.5 符合下列条件之一的非重点保护建筑，可将数个房间划为一个探测区域。

24.2.5.1 相邻房间不超过 5 个，总面积不超过 $400m^2$，并在每个门口设有灯光显示装置。

24.2.5.2 相邻房间不超过 10 个，总面积不超过 $1000m^2$，在每个房间门口均能看清其内部，并在门口设有灯光显示装置。

24.2.6 下列场所应分别单独划分探测区域：

（1）敞开或封闭楼梯间。

（2）防烟楼梯间前室、消防电梯前室、消防电梯与防烟楼梯间合用的前室。

（3）走道、坡道、管道井、电缆隧道。

（4）建筑物闷顶、夹层。

24.2.7 火灾自动报警部位号的显示，一般是以探测区域为单元，但对非重点建筑当采用非总线制式，亦可考虑以分路为报警显示单元。

24.3 系 统 设 计

24.3.1 火灾报警与消防联动控制系统设计应根据保护对象的分级规定、功能要求和消防管理体制等因素综合考虑确定。

火灾报警及联动控制系统，应包括自动和手动两种触发装置。

24.3.2 火灾自动报警与消防联动控制系统，可有下列几种基本形式：

（1）区域系统。

（2）集中系统。

（3）区域—集中系统。

（4）控制中心系统。

24.3.3 区域系统应符合下列要求：

24.3.3.1 保护对象仅为某一局部范围或某一设施。

24.3.3.2 应有独立处理火灾事故的能力。

24.3.3.3 在一个建筑物内只能有一个这样的系统。

24.3.3.4 报警控制器应设在有人值班的房间或场所内（如保卫、值班等部门）。

24.3.4 集中系统应符合下列要求：

24.3.4.1 本系统适用于保护对象较少且分散，或虽保护对象较多但没条件设区域报警控制器的场所。

24.3.4.2 当规模较大，保护控制对象较多，选用由微机构成报警控制器时，宜采用总线方式的网络结构。

24.3.4.3 当采用总线方式的网络结构时，报警和消防联动控制宜采用如下方式：

（1）报警采用总线制，消防联动控制系统可采取按功能进行标准化组合的方式。现场设备的操作与显示，全部通过控制中心。各设备之间的联动关系由逻辑控制盘确定。

（2）如有条件，报警和联动控制皆通过总线的方式。部分就地，大部分是由消防控制中心输出联动控制程序。

24.3.4.4 集中系统用的报警控制器，对于一个建筑物内的消防控制室，设置数量不宜超过两台。

24.3.4.5 应在每层主要楼梯口明显部位，装设识别火灾层的声光显示装置。有条件时亦宜在各楼层消防电梯前室设火灾部位复示盘。当每层面积较少房间布局规整而无复示盘时，可在报警单元门口设火警显示灯。

24.3.4.6 集中报警控制器应设置在有专人值班的消防控制室内；

24.3.5 区域—集中系统应符合下列要求：

24.3.5.1 本系统适用于以下场合：

（1）规模较大、保护控制对象较多；

（2）有条件设置区域报警控制器；

（3）需要集中管理或控制。

24.3.5.2 系统中应设有一台集中报警控制器和二台及以上区域报警控制器。

24.3.5.3 当控制点数较多，有条件时宜采用上、下位机总线制微机报警控制方式，其功能要求为：

下位机（区域机）：接收火灾报警信号后，能输出控制程序，起动各消防设施的联动装置。

上位机（集中机）：能显示全系统中各火灾探测器、联控装置和各区域机的工作状态；当需要时，亦可直接发出动作指令通过区域机起动所需要起动的消防设施。

24.3.5.4 集中报警控制器应设置在有专人值班的消防控制室内。

24.3.6 控制中心系统应符合下列要求：

24.3.6.1 本系统适用于规模大，需要集中管理的群体建筑及超高层建筑。

24.3.6.2 系统能显示各消防控制室的总状态信号及能担负总体灭火的联络与调度职能。

24.3.6.3 宜通过 BAS 或作为其一个子系统，实现报警、自动灭火的各项功能。当管理体制上有困难时，亦宜单独组成系统。

24.3.6.4 消防控制中心宜与主体建筑的消防控制室结合。

24.3.6.5 一般不宜超过二级管理。

24.3.7 当采用总线方式网络结构时，应有断路和短路故障保护措施。对于断路故障宜采用环形总线结构；对于短路故障宜针对工程的重要程度和条件，采取在总线上适当部位插入隔离器或选用带隔离器的探测器等措施。

24.3.8 超高层建筑火灾自动报警及控制系统设计，除应满足一类高层建筑的各项要求外，还应符合以下要求：

24.3.8.1 火灾探测器的设置原则应符合本章第 24.2.2.1 款的规定。

24.3.8.2 各避难层内之交直流电源，应按避难层分别供给，并能在末端各自自动互投。

24.3.8.3 各避难层内应有可靠的应急照明系统，其照度不应小于正常照度的 50%。

24.3.8.4 各避难层内应设独立的火灾事故广播系统，该系统宜能接收消防控制中心的有线和无线两种播音信号。

24.3.8.5 各避难层应与消防控制中心之间设独立的有线和无线呼救通讯。

在避难层应每隔一定距离（如20m左右步行距离），设置火警专用电话分机或电话塞孔。

24.3.8.6 超高层建筑中的电缆竖井，宜按避难层上下错位设置，有条件时竖井之间的水平距离至少相隔一个防火分区。

24.3.8.7 建筑物内用于火灾报警与联动控制的布线，应符合本章第24.8.2条的规定。

24.3.8.8 当在屋顶设消防救护用直升飞机停机坪时，应采取以下措施：

（1）为保证在夜间（或不良天气）飞机能安全起降，应根据专业要求设置灯光标志；

（2）在停机坪四周应设有航空障碍灯，障碍灯光采用能用交、直流电源供电的设备；

（3）在直升飞机着陆区四周边缘相距5m范围内，不应设置共用电视天线杆塔、避雷针等障碍物；

（4）从最高一层疏散口（疏散楼梯、电梯）至直升飞机着陆区，在人员行走的路线上应有明显的诱导标志或灯光照明。直升飞机的灯光标志应可靠接地，并应有防雷击措施。屋面应有良好的防水措施。防止雨水等进入灯具或管路内；

（5）设置消防电源控制箱；

（6）按本章第24.3.8.5款的要求，与消防控制中心设有通讯联络设施。

24.4 火灾事故广播

24.4.1 区域—集中和控制中心系统应设置火灾事故广播，集中系统宜设置火灾事故广播。

24.4.2 火灾事故广播扬声器的设置应符合下列要求：

24.4.2.1 走道、大厅、餐厅等公共场所，扬声器的设置数量，应能保证从本层任何部位到最近一个扬声器的步行距离不超过15m。在走道交叉处、拐弯处均应设扬声器。走道末端最后一个扬声器距墙不大于8m。

24.4.2.2 走道、大厅、餐厅等公共场所装设的扬声器，额定功率不应小于3W，实配功率不应小于2W。

24.4.2.3 客房内扬声器额定功率不应小于1W。

24.4.2.4 设置在空调、通风机房、洗衣机房、文娱场所和车库等处，有背景噪声干扰场所内的扬声器，在其播放范围内最远的播放声压级，应高于背景噪声15dB，并据此确定扬声器的功率。

24.4.3 火灾事故广播系统宜设置专用的播放设备，扩音机容量宜按扬声器计算总容量的1.3倍确定，若与建筑物内设置的广播音响系统合用时，应符合下列要求：

24.4.3.1 火灾时应能在消防控制室将火灾疏散层的扬声器和广播音响扩音机，强制转入火灾事故广播状态。

24.4.3.2 床头控制柜内设置的扬声器，应有火灾广播功能。

24.4.3.3 采用射频传输集中式音响播放系统时，床头控制柜内扬声器宜有紧急播放火警信号功能。

如床头控制柜无此功能时，设在客房外走道的每个扬声器的实配输入功率不应小于3W，且扬声器在走道内的设置间距不宜大于10m。

24.4.3.4 消防控制室应能监控火灾事故广播扩音机的工作状态，并能遥控开启扩音机和用传声器直接播音。

24.4.3.5 广播音响系统扩音机，应设火灾事故广播备用扩音机，备用机可手动或自动投入。备用扩音机容量不应小于火灾事故广播扬声器容量最大的3层中扬声器容量总和的1.5倍。

24.4.4 火灾事故广播输出分路，应按疏散顺序控制，播放疏散指令的楼层控制程序如下：

（1）2层及2层以上楼层发生火灾，宜先接通火灾层及其相邻的上、下层。

（2）首层发生火灾，宜先接通本层、2层及地下各层。

（3）地下室发生火灾，宜先接通地下各层及首层。若首层与2层有大共享空间时应包括2层。

24.4.5 火灾事故广播分路配线应符合下列规定：

24.4.5.1 应按疏散楼层或报警区域划分分路配线。各输出分路，应设有输出显示信号和保护控制装置等。

24.4.5.2 当任一分路有故障时，不应影响其他分路的正常广播。

24.4.5.3 火灾事故广播线路，不应和其他线路（包括火警信号、联动控制等线路）同管或同线槽槽孔敷设。

24.4.5.4 火灾事故广播用扬声器不得加开关，如加开关或设有音量调节器时，则应采用三线式配线强制火灾事故广播开放。

24.4.6 火灾事故广播馈线电压不宜大于100V。各楼层宜设置馈线隔离变压器。

24.5 火灾探测器的选择与设置

24.5.1 火灾探测器的选择

24.5.1.1 根据火灾的特点选择火灾探测器时，应符合下列原则：

（1）火灾初期有阴燃阶段，产生大量的烟和少量的热，很少或没有火焰辐射，应选用感烟探测器；

（2）火灾发展迅速，产生大量的热、烟和火焰辐射，可选用感温探测器、感烟探测器、火焰探测器或其组合；

（3）火灾发展迅速，有强烈的火焰辐射和少量的烟、热，应选用火焰探测器；

（4）火灾形成特点不可预料，可进行模拟试验，根据试验结果选择探测器。

24.5.1.2 对不同高度的房间，可按表24.5.1.2选择火灾探测器。

表 24.5.1.2 根据房间高度选择探测器

房间高度 h（m）	感烟探测器	感温探测器			火焰探测器
		一 级	二 级	三 级	
$12 < h \leqslant 20$	不适合	不适合	不适合	不适合	适合
$8 < h \leqslant 12$	适合	不适合	不适合	不适合	适合
$6 < h \leqslant 8$	适合	适合	不适合	不适合	适合
$4 < h \leqslant 6$	适合	适合	适合	不适合	适合
$h \leqslant 4$	适合	适合	适合	适合	适合

24.5.1.3 在散发可燃气体、可燃蒸气和可燃液体的场所，宜选用可燃气体可燃液体探测器。

24.5.1.4 下列场所宜选用离子感烟探测器或光电感烟探测器：

（1）办公楼、教学楼、百货楼的厅堂、办公室、库房等；

（2）饭店、旅馆的客房、餐厅、会客室及其他公共活动场所；

（3）电子计算机房、通讯机房及其他电气设备的机房以及易产生电器火灾的危险场所；

（4）书库、档案库等；

（5）空调机房、防排烟机房及有防排烟功能要求的房间或场所；

（6）重要的电缆（电线）竖井、配电室等；

（7）楼梯间、前室和走廊通道；

（8）电影或电视放映室等。

24.5.1.5 对于在火势蔓延前产生可见烟雾、火灾危险性大的场合，如：电子设备机房、配电室、控制室等处，宜采用光电感烟探测器，或光电和离子感烟探测器的组合。

24.5.1.6 大型无遮挡空间的库房，宜采用红外光束感烟探测器。

24.5.1.7 有下列情形的场所，不宜选用离子感烟探测器：

（1）相对湿度长期大于95%；

（2）气流速度大于5m/s；

（3）有大量粉尘、水雾滞留；

（4）可能产生腐蚀性气体；

（5）在正常情况下有烟滞留；

（6）产生醇类、醚类、酮类等有机物质。

24.5.1.8 有下列情形的场所，不宜选用光电感烟探测器：

（1）可能产生黑烟；

（2）大量积聚粉尘；

（3）可能产生蒸气和油雾；

（4）在正常情况下有烟滞留；

（5）存在高频电磁干扰；

（6）大量昆虫充斥的场所。

24.5.1.9 下列情形或场所宜选用感温探测器：

（1）相对湿度经常高于95%；

（2）可能发生无烟火灾；

（3）有大量粉尘；

（4）在正常情况下有烟和蒸气滞留；

（5）厨房、锅炉房、发电机房、茶炉房、烘干房等；

（6）汽车库等；

（7）吸烟室、小会议室等；

（8）其他不宜安装感烟探测器的厅堂和公共场所。

24.5.1.10 常温和环境温度梯度较大、变化区间较小的场所，宜选用定温探测器。

常温和环境温度梯度小、变化区间较大的场所，宜选用差温探测器。

若火灾初期环境温度变化难以肯定，宜选用差定温复合式探测器。垃圾间等有灰尘污染的场所，亦宜选用差定温复合式探测器。

24.5.1.11 可能产生阴燃火或者如发生火灾不及早报警将造成重大损失的场所，不宜选用感温探测器；温度在0℃以下的场所，不宜选用定温探测器；正常情况下温度变化较大的场所，不宜选用差温探测器。

在电缆托架、电缆隧道、电缆夹层、电缆沟、电缆竖井等场所，宜采用缆式线型感温探测器。

在库房、电缆隧道、天棚内、地下汽车库以及地下设备层等场所，可选用空气管线型差温探测器。

24.5.1.12 有下列情形的场所，宜选用火焰探测器：

（1）火灾时有强烈的火焰辐射；

（2）无阴燃阶段的火灾；

（3）需要对火焰作出快速反应。

24.5.1.13 有下列情形的场所，不宜选用火焰探测器：

（1）可能发生无焰火灾；

（2）在火焰出现前有浓烟扩散；

（3）探测器的镜头易被污染；

（4）探测器的“视线”易被遮挡；

（5）探测器易受阳光或其他光源直接或间接照射；

（6）在正常情况下有明火作业以及X射线、弧光等影响。

24.5.1.14 当有自动联动装置或自动灭火系统时，宜采用感烟、感温、火焰探测器（同类型或不同类型）的组合。

24.5.1.15 感烟探测器的灵敏度级别应根据初期火灾燃烧特性和环境特征等因素正确选择。一般可按下述原则确定：

（1）禁烟场所、计算机房、仪表室、电子设备机房、图书馆、票证库和书库等灵敏度级别为Ⅰ级。

（2）一般环境（居室、客房、办公室等）灵敏度级别为Ⅱ级。

（3）走廊、通道、会议室、吸烟室、大厅、餐厅、地下层、管道井等处，灵敏度级别为Ⅲ级。

（4）当房间高度超过8m时，感烟探测器灵敏度级别应取Ⅰ级，感温探测器应按表24.5.1.2规定选择。

24.5.1.16 差、定温探测器动作温度的选择不应高于最高环境温度20～35℃，且应按产品技术条件确定其灵敏度。一般可按下述原则确定：

（1）定温、差温探测器在升温速率不大于1℃/min时，其动作温度不应小于54℃，且各级灵敏度的探测器的动作温度应分别大于下列数值：

Ⅰ级　62℃

Ⅱ级　70℃

Ⅲ级　78℃

（2）定温式探测器的动作温度在无环境特殊要求时，一般选用Ⅱ级。

24.5.1.17 在下列场所可不安装感烟、感温式火灾探测器：

（1）火灾探测器的安装面与地面高度大于12m（感烟）、8m（感温）的场所。

（2）因气流影响，靠火灾探测器不能有效发现火灾的场所。

（3）天棚和上层楼板间距、地板与楼板间距小于0.5m的场所。

（4）闷顶及相关吊顶内的构筑物和装修材料是难燃型的或者已装有自动喷水灭火系统的闷顶或吊顶的场所。

（5）难以维修的场所。

24.5.2 火灾探测器的设置与布局

24.5.2.1 探测区域内的每个房间至少应设置一只火灾探测器。

24.5.2.2 感烟、感温探测器的保护面积和保护半径，应按表24.5.2.2确定。

表24.5.2.2 感烟、感温探测器的保护面积和保护半径

火灾探测器的种类	地面面积 S (m^2)	房间高度 h (m)	探测器的保护面积 A 和保护半径 R					
			屋顶坡度 θ					
			$\theta \leqslant 15°$		$15° < \theta \leqslant 30°$		$\theta > 30°$	
			A (m^2)	R (m)	A (m^2)	R (m)	A (m^2)	R (m)
感烟探测器	$S \leqslant 80$	$h \leqslant 12$	80	6.7	80	7.2	80	8.0
	$S > 80$	$6 < h \leqslant 12$	80	6.7	100	8.0	120	9.9
		$h \leqslant 6$	60	5.8	80	7.2	100	9.0
感温探测器	$S \leqslant 30$	$h \leqslant 8$	30	4.4	30	4.9	30	5.5
	$S > 30$	$h \leqslant 8$	20	3.6	30	4.9	40	6.3

24.5.2.3 在宽度小于3m的走道顶棚上设置探测器时，宜居中布置。感温探测器的安装间距不应超过10m，感烟探测器的安装间距不应超过15m。探测器至端墙的距离，不应大于探测器安装间距的一半。

24.5.2.4 探测器至墙壁、梁边的水平距离，不应小于0.5m。

24.5.2.5 探测器周围0.5m内，不应有遮挡物。

24.5.2.6 探测器至空调送风口边的水平距离不应小于1.5m，并宜接近回风口安装。

24.5.2.7 天棚较低（小于2.2m）且狭小（面积不大于10m²）的房间，安装感烟探测器时，宜设置在入口附近。

24.5.2.8 在楼梯间、走廊等处安装感烟探测器时，应选在不直接受外部风吹的位置。当采用光电感烟探测器时，应避开日光或强光直射探测器的位置。

24.5.2.9 在厨房、开水房、浴室等房间连接的走廊安装探测器时，应避开其入口边缘1.5m安装。

24.5.2.10 电梯井、未按每层封闭的管道井（竖井）等安装火灾探测器时应在最上层顶部安装。在下述场所可以不安装火灾探测器：

（1）隔断楼板高度在三层以下且完全处于水平警戒范围内的管道井（竖井）及其他类似的场所。

（2）垃圾井顶部平顶安装火灾探测器检修困难时。

24.5.2.11 感烟、感温探测器的安装间距，不应超过附录 L.1 中由极限曲线 $D_1 \sim D_{11}$（含 D_9）所规定的范围。

24.5.2.12 安装在天棚上的探测器边缘与下列设施的边缘水平间距宜保持在：

（1）与照明灯具的水平净距不应小于 0.2m；

（2）感温探测器距高温光源灯具（如碘钨灯、容量大于 100W 的白炽灯等）的净距不应小于 0.5m；

（3）距电风扇的净距不应小于 1.5m；

（4）距不突出的扬声器净距不应小于 0.1m；

（5）与各种自动喷水灭火喷头净距不应小于 0.3m；

（6）距多孔送风顶棚孔口的净距不应小于 0.5m；

（7）与防火门、防火卷帘的间距，一般在 1～2m 的适当位置。

24.5.3 探测器数量的确定

24.5.3.1 一个探测区域内所需设置的探测器数量，应按下式计算：

$$N \geqslant \frac{S}{K \cdot A} \tag{24.5.3.1}$$

式中 N——一个探测区域内所需设置的探测器数量（只），N 取整数；

S——一个探测区域的面积（m^2）；

A——探测器的保护面积（m^2）；

K——校正系数，重点保护建筑取 0.7～0.9，非重点保护建筑取 1。

24.5.3.2 在梁突出顶棚的高度小于 200mm 的顶棚上设置感烟、感温探测器时，可不考虑梁对探测器保护面积的影响。

当梁突出顶棚的高度在 200～600mm 时，按附录 L.2 及 L.3 确定梁的影响和一只探测器能够保护的梁间区域的个数。

当梁突出顶棚的高度超过 600mm 时，被梁隔断的每个梁间区域应至少设置一只探测器。

当被梁隔断的区域面积超过一只探测器的保护面积时，则应将被隔断的区域视为一个探测区域，并应按本章第 24.5.3.1 款的规定计算探测器的设置数量。

注：当梁间净距小于 1m 时，可视为平顶棚。

24.5.4 手动火灾报警按钮的设置

24.5.4.1 报警区域内每个防火分区，应至少设置一只手动火灾报警按钮。从一个防火分区内的任何位置到最邻近的一个手动火灾报警按钮的步行距离，不宜大于 25m。

24.5.4.2 手动火灾报警按钮宜在下列部位装设：

（1）各楼层的楼梯间、电梯前室；

（2）大厅、过厅、主要公共活动场所出入口；

（3）餐厅、多功能厅等处的主要出入口；

（4）主要通道等经常有人通过的地方。

24.5.4.3 火灾手动报警按钮应在火灾报警控制器或消防控制（值班）室的控制、报警盘上有专用独立的报警显示部位号，不应与火灾自动报警显示部位号混合布置或排列，并有明显的标志。

24.5.4.4 手动火灾报警按钮的操动报警信号，在区域—集中系统中宜为：

（1）当区域机能直接进行灭火控制时，可进入区域机。

（2）当区域机不能直接进行灭火控制时，可不进入区域机而直接向消防控制室报警。

24.5.4.5 手动火灾报警按钮系统的布线宜独立设置。

24.5.4.6 手动火灾报警按钮安装在墙上的高度可为1.5m，按钮盒应具有明显的标志和防误动作的保护措施。

24.6 消防联动控制

24.6.1 一般规定

24.6.1.1 消防联动控制对象应包括以下的内容：

（1）灭火设施；

（2）防排烟设施；

（3）防火卷帘、防火门、水幕；

（4）电梯；

（5）非消防电源的断电控制等。

24.6.1.2 消防联动控制应根据工程规模、管理体制、功能要求合理确定控制方式，一般可采取：

（1）集中控制；

（2）分散与集中相结合。

无论采用何种控制方式，应将被控对象执行机构的动作信号，送至消防控制室。

24.6.1.3 容易造成混乱带来严重后果的被控对象（如电梯、非消防电源及警报等）应由消防控制室集中管理。

24.6.2 灭火设施

24.6.2.1 设有消火栓按钮的消火栓灭火系统，其控制要求如下：

（1）消火栓按钮控制回路应采用50V以下的安全电压。

（2）当消火栓设有消火栓按钮时，应能向消防控制（值班）室发送消火栓工作信号和起动消防水泵。

（3）消防控制室内，对消火栓灭火系统应有下列控制、显示功能：

a. 控制消防水泵的起、停；

b. 显示消防水泵的工作、故障状态；

c. 显示消火栓按钮的工作部位。当有困难时可按防火分区或楼层显示。

24.6.2.2 自动喷水灭火系统的控制应符合下列要求：

（1）设有自动喷水灭火喷头需早期火灾自动报警的场所（不易检修的天棚、闷顶内或厨房等处除外），宜同时设置感烟探测器。

（2）自动喷水灭火系统中设置的水流指示器，不应作自动起动消防水泵的控制装置。报警阀压力开关、水位控制开关和气压罐压力开关等可控制消防水泵自动起动。

（3）消防控制室内，对自动喷水灭火系统宜有下列控制监测功能：

a. 控制系统的起、停；

b. 系统的控制阀开启状态。但对管网末端的试验阀，应在现场设置手动按钮就地控制开闭，其状态信号可不返回；

c. 消防水泵电源供应和工作情况；

d. 水池、水箱的水位。对于重力式水箱，在严寒地区宜安设水温探测器，当水温降低到5℃以下时，即应发出信号报警；

e. 干式喷水灭火系统的最高和最低气压。一般压力的下限值宜与空气压缩机联动，或在消防控制室设充气机手动起动和停止按钮；

f. 预作用喷水灭火系统的最低气压；

g. 报警阀和水流指示器的动作情况。

(4) 设有充气装置的自动喷水灭火管网应将高、低压力告警信号送至消防控制室。消防控制室宜设充气机手动启动按钮和停止按钮。

(5) 预作用喷水灭火系统中应设置由感烟探测器组成的控制电路，控制管网预作用充水。

(6) 雨淋和水喷雾灭火系统中宜设置由感烟、定温探测器组成的控制电路，控制电磁阀。电磁阀的工作状态应反馈消防控制室。

24.6.2.3 卤代烷、二氧化碳气体自动灭火系统的控制应符合以下要求：

(1) 设有卤代烷、二氧化碳等气体自动灭火装置的场所（或部位）应设感烟定温探测器与灭火控制装置配套组成的火灾报警控制系统。

(2) 管网灭火系统应有自动控制、手动控制和机械应急操作三种起动方式；无管网灭火装置应有自动控制和手动控制二种起动方式。

(3) 自动控制应在接到两个独立的火灾信号后才能起动。

(4) 应在被保护对象主要出入口门外，设手动紧急控制按钮并应有防误操作措施和特殊标志。

(5) 机械应急操作装置应设在贮瓶间或防护区外便于操作的地方，并能在一个地点完成释放灭火剂的全部动作。

(6) 应在被保护对象主要出入口外门框上方设放气灯并应有明显标志。

(7) 被保护对象内应设有在释放气体前30s内人员疏散的声警报器。

(8) 被保护区域常开的防火门，应设有门自动释放器，在释放气体前能自动关闭。

(9) 应在释放气体前，自动切断被保护区的送、排风风机或关闭送风阀门。

(10) 对于组合分配系统，宜在现场适当部位设置气体灭火控制室；单元独立系统是否设控制室可根据系统规模及功能要求而定；无管网灭火装置一般在现场设控制盘（箱），但装设位置应接近被保护区，控制盘（箱）应采取防护措施。

在经常有人的防护区内设置的无管网灭火系统，应设有切断自动控制系统的手动装置。

(11) 气体灭火控制室应有下列控制、显示功能：

a. 控制系统的紧急起动和切断；

b. 由火灾探测器联动的控制设备，应具有30s可调的延时功能；

c. 显示系统的手动、自动状态；

d. 在报警、喷射各阶段，控制室应有相应的声、光报警信号，并能手动切除声响信号；

e. 在延时阶段，应能自动关闭防火门、停止通风、空气调节系统。

(12) 气体灭火系统在报警或释放灭火剂时，应在建筑物的消防控制室（中心）有显示信号。

(13) 当被保护对象的房间无直接对外窗户时，气体释放灭火后，应有排除有害气体的设施，但此设施在气体释放时应是关闭的。

24.6.2.4 灭火控制室对泡沫和干粉灭火系统应有下列控制、显示功能：

(1) 在火灾危险性较大，且经常没有人停留场所内的灭火系统，应采用自动控制的起动方式。

为提高灭火的可靠性，在采用自动控制方式的同时，还应设置手动起动控制环节。

(2) 在火灾危险性较小，有人值班或经常有人停留的场所，防护区内宜设火灾自动报警装置，灭火系统可以采用手动控制的起动方式。

(3) 在灭火控制室应能做到：控制系统的起、停，显示系统的工作状态。

24.6.3 电动防火卷帘、电动防火门

24.6.3.1 电动防火卷帘的控制应符合下列要求：

(1) 一般在电动防火卷帘两侧设专用的感烟及感温两种探测器，声、光报警信号及手动控制按钮（应有防误操作措施）。当在两侧装设确有困难时，可在火灾可能性大的一侧装设。

(2) 电动防火卷帘应采取两次控制下落方式，第一次由感烟探测器控制下落距地1.5m处停止；第二次由感温探测器控制下落到底。并应分别将报警及动作信号送至消防控制室。

(3) 电动防火卷帘宜由消防控制室集中管理。当选用的探测器控制电路采用相应措施提高了可靠性时，亦可在就地联动控制，但在消防控制室应有应急控制手段。

(4) 当电动防火卷帘采用水幕保护时，水幕电磁阀的开启宜用定温探测器与水幕管网有关的水流指示器组成控制的电路控制。

24.6.3.2 电动防火门的控制，应符合以下要求：

(1) 门两侧应装设专用的感烟探测器组成控制电路，在现场自动关闭。此外，在就地亦宜设人工手动关闭装置。

(2) 电动防火门宜选用平时不耗电的释放器，且宜暗设。要有返回动作信号功能。

24.6.4 防烟、排烟设施

24.6.4.1 排烟阀的控制应符合以下要求：

(1) 排烟阀宜由其排烟分担区内设置的感烟探测器组成的控制电路在现场控制开启。

(2) 排烟阀动作后应起动相关的排烟风机和正压送风机，停止相关范围内的空调风机及其他送、排风机。

(3) 同一排烟区内的多个排烟阀，若需同时动作时，可采用接力控制方式开启，并由最后动作的排烟阀发送动作信号。

24.6.4.2 设在排烟风机入口处的防火阀动作后应联动停止排烟风机。

24.6.4.3 防烟垂壁应由其附近的专用感烟探测器组成的控制电路就地控制。

24.6.4.4 设于空调通风管道上的防排烟阀，宜采用定温保护装置直接动作阀门关闭；只

有必须要求在消防控制室远方关闭时，才采取远方控制。

关闭信号要反馈消防控制室，并停止有关部位风机。

24.6.4.5 消防控制室应能对防烟、排烟风机（包括正压送风机）进行应急控制。

24.6.5 非消防电源断电及电梯应急控制

24.6.5.1 火灾确认后，应能在消防控制室或配电所（室）手动切除相关区域的非消防电源。

24.6.5.2 火灾发生后，根据火情强制所有电梯依次停于首层，并切断其电源，但消防电梯除外。对电梯的有关应急控制要求见本规范第10章的有关规定。

24.6.6 消防水泵（包括喷洒泵）、排烟风机及正压送风机等重要消防用电设备，宜采取定期自动试机、检测措施。

24.7 火灾应急照明

24.7.1 火灾应急照明包括：

（1）正常照明失效时，为继续工作（或暂时继续工作）而设的备用照明。

（2）为了使人员在火灾情况下，能从室内安全撤离至室外（或某一安全地区）而设置的疏散照明。

（3）正常照明突然中断时，为确保处于潜在危险的人员安全而设置的安全照明。

24.7.2 下列部位须设置火灾事故时的备用照明：

（1）疏散楼梯（包括防烟楼梯间前室）、消防电梯及其前室；

（2）消防控制室、自备电源室（包括发电机房、UPS室和蓄电池室等）、配电室、消防水泵房、防排烟机房等；

（3）观众厅、宴会厅、重要的多功能厅及每层建筑面积超过1500m^{2}的展览厅、营业厅等；

（4）建筑面积超过200m^{2}的演播室，人员密集建筑面积超过300m^{2}的地下室；

（5）通信机房、大中型电子计算机房、BAS中央控制室等重要技术用房；

（6）每层人员密集的公共活动场所等；

（7）公共建筑内的疏散走道和居住建筑内长度超过20m的内走道。

24.7.3 建筑物（二类建筑的住宅除外）的疏散走道和公共出口处，应设疏散照明。

24.7.4 凡在火灾时因正常电源突然中断将导致人员伤亡的潜在危险场所（如医院内的重要手术室、急救室等），应设安全照明。

24.7.5 火灾应急照明场所的供电时间和照度要求，应满足表24.7.5所列数值，但高度超过100m的建筑物及人员疏散缓慢的场所应按实际计算。

表24.7.5 火灾应急照明供电时间、照度及场所举例

名　称	供电时间	照　度	场　所　举　例
火灾疏散标志照明	不少于20min	最低不应低于0.5lx	电梯轿箱内、消火栓处、自动扶梯安全出口、台阶处、疏散走廊、室内通道、公共出口
暂时继续工作的备用照明	不少于1h	不少于正常照度的50%	人员密集场所，如展览厅、多功能厅、餐厅、营业厅和危险场所、避难层等
继续工作的备用照明	连续	不少于正常照明的照度	配电室、消防控制室、消防泵房、发电机室、蓄电池室、火灾广播室、电话站、BAS中控室以及其他重要房间

24.7.6 应急照明中的备用照明灯宜设在墙面或顶棚上。疏散指示标志宜设在安全出口的顶部，疏散走道及转角处离地面 1m 以下的墙面上。走道上的指示标志间距不宜大于 15m。

应急照明灯应设玻璃或其他非燃材料制作的保护罩。

24.7.7 有关应急照明的设置要求，尚应符合本规范附录 C.3 的规定。

24.8 导线选择及线路敷设

24.8.1 火灾自动报警系统的传输线路和采用 50V 以下供电的控制线路，应采用耐压不低于交流 250V 的铜芯绝缘多股电线或电缆。采用交流 220/380V 供电或控制的交流用电设备线路，应采用耐压不低于交流 500V 的铜芯电线或铜芯电缆。

24.8.2 超高层建筑内的电力、照明、自控等线路应采用阻燃型电线和电缆；但重要消防设备（如消防水泵，消防电梯，防、排烟风机等）的供电回路，宜采用耐火型电缆。

一类高、低层建筑内的电力、照明、自控等线路宜采用阻燃型电线和电缆；但重要消防设备（如消防水泵，消防电梯，防、排烟风机等）的供电回路，有条件时可采用耐火型电缆或采用其他防火措施以达耐火配线要求。

二类高、低层建筑内的消防用电设备，宜采用阻燃型电线和电缆。

此外，消防联动控制、自动灭火控制、通讯和报警等线路，在布线上尚应符合本章第 24.8.4 条及第 24.8.5 条的规定。

24.8.3 火灾自动报警系统传输线路其芯线截面选择，除满足自动报警装置技术条件的要求外，尚应满足机械强度的要求，导线的最小截面积不应小于表 24.8.3 规定。

表 24.8.3 铜芯绝缘电线、电缆线芯的最小截面

序 号	类 别	线芯的最小截面（mm^2）
1	穿管敷设的绝缘电线	1.00
2	线槽内敷设的绝缘电线	0.75
3	多芯电缆	0.50

24.8.4 火灾自动报警系统传输线路采用绝缘电线时，应采取穿金属管、不燃或难燃型硬质、半硬质塑料管或封闭式线槽保护方式布线。

24.8.5 消防联动控制、自动灭火控制、通讯、应急照明及紧急广播等线路，应采取穿金属管保护，并宜暗敷在非燃烧体结构内，其保护层厚度不应小于 3cm。当必须明敷时，应在金属管上采取防火保护措施。

采用绝缘和护套为非延燃性材料的电缆时，可不穿金属管保护，但应敷设在电缆竖井内。

24.8.6 不同系统、不同电压、不同电流类别的线路，不应穿于同一根管内或线槽的同一槽孔内。但电压为 50V 及以下回路、同一台设备的电力线路和无防干扰要求的控制回路可除外。此时，电压不同的回路的导线，可以包含在一根多芯电缆内或其他的组合导线内，但安全超低压回路的导线必须单独地或集中地按其中存在的最高电压绝缘起来。

24.8.7 横向敷设的报警系统传输线路如采用穿管布线时，不同防火分区的线路不宜穿入同一根管内，但探测器报警线路若采用总线制布设时可不受此限。

24.8.8 弱电线路的电缆竖井，宜与强电线路的电缆竖井分别设置。如受条件限制必须合用时，弱电与强电线路应分别布置在竖井两侧。

24.8.9 建筑物内宜按楼层分别设置配线箱做线路汇接。当同一系统不同电流类别或不同电压的线路在同一配线箱内汇接时，应将不同电流类别和不同电压等级的导线，分别接于不同的端子板上，且各种端子板应作明确的标志和隔离。

24.8.10 消防联动控制系统的电力线路，其导线截面的选择应适当放宽，一般可加大一级。

24.8.11 从接线盒、线槽等处引至探测器底座盒、控制设备盒、扬声器箱等的线路应加金属软管保护。

24.8.12 建筑物内横向布放的暗埋管路管径不宜大于 G25，在天棚内或墙内水平或垂直敷设的管路，管径不宜大于 G40。

24.8.13 火灾探测器的传输线路，宜选择不同颜色的绝缘导线。同一工程中相同线别的绝缘导线颜色应一致，接线端子应有标号。

24.8.14 布线使用的非金属管材、线槽及其附件，应采用不燃或非延燃性材料制成。

24.8.15 各端子箱内端子宜选择带锡焊接点的端子板，其接线端子上应有标号。

24.9 系统供电

24.9.1 消防控制室、消防水泵、消防电梯、防排烟设施、火灾自动报警、自动灭火装置、火灾应急照明和电动防火门窗、卷帘、阀门等消防用电，一类建筑应按现行国家电力设计规范规定的一级负荷要求供电；二类建筑的上述消防用电，应按二级负荷的两回线路要求供电。

24.9.2 火灾消防及其他防灾系统用电，当建筑物为高压受电时，宜从变压器低压出口处分开自成供电体系，即独立形成防灾供电系统。

24.9.3 一类建筑的消防用电设备的两个电源或两回线路，应在最末一级配电箱处自动切换。

24.9.4 火灾自动报警系统，应设有主电源和直流备用电源。

24.9.5 火灾自动报警系统的主电源应采用消防电源，直流备用电源宜采用火灾报警控制器的专用蓄电池。当直流备用电源采用消防系统集中设置的蓄电池时，火灾报警控制器应采用单独的供电回路，并能保证在消防系统处于最大负载状态下不影响报警控制器的正常工作。

24.9.6 各类消防用电设备在火灾发生期间的最少连续供电时间，可参见表 24.9.6。

表 24.9.6 消防用电设备在火灾发生期间的最少连续供电时间

序　号	消防用电设备名称	保证供电时间（min）
1	火灾自动报警装置	≥10
2	人工报警器	≥10
3	各种确认、通报手段	≥10
4	消火栓、消防泵及自动喷水系统	>60
5	水喷雾和泡沫灭火系统	>30
6	CO_2 灭火和干粉灭火系统	>60
7	卤代烷灭火系统	≥30
8	排烟设备	>60
9	火灾广播	≥20
10	火灾疏散标志照明	≥20
11	火灾暂时继续工作的备用照明	≥60
12	避难层备用照明	>60
13	消防电梯	>60
14	直升飞机停机坪照明	>60

注：①表中所列连续供电时间是最低标准，有条件时应尽量延长；
②对于超高层建筑，序号中的 3、4、8、10、13 等项，尚应根据实际情况延长。

24.9.7 二类建筑的供电变压器，当高压为一路电源时亦宜选两台，只在能从另外用户获得低压备用电源的情况下，方可只选一台变压器。

24.9.8 配电所（室）应设专用消防配电盘（箱），如有条件时，消防配电室尽量贴邻消防控制室布置。

24.9.9 对容量较大（或较集中）的消防用电设施（如消防电梯、消防水泵等）应自配电室采用放射式供电。

对于火灾应急照明、消防联动控制设备、火灾报警控制器等设施，若采用分散供电时，在各层（或最多不超过3~4层）应设置专用消防配电屏（箱）。

24.9.10 在设有消防控制室的民用建筑中，消防用电设备的两个独立电源（或两回线路），宜在下列场所的配电屏（箱）处自动切换：

（1）消防控制室。

（2）消防泵房。

（3）消防电梯机房。

（4）防排烟设备机房。

（5）火灾应急照明配电箱。

（6）各楼层消防配电箱等。

24.9.11 消防联动控制装置的直流操作电源电压，应采用24V。

24.9.12 火灾报警控制器的直流备用电源的蓄电池容量应按火灾报警控制器在监视状态下工作24h后，再加上同时有二个分路报火警30min用电量之和计算。

24.9.13 专供消防设备用的配电箱、控制箱等主要器件及导线等宜采用耐火、耐热型。当与其他用电设备合用时，消防设备的线路应作耐热、隔热处理。且消防电源不应受别处故障的影响。消防电源设备的盘面应加注“消防”标志。

24.9.14 消防用电设备配电系统的分支线路不应跨越防火分区，分支干线不宜跨越防火分区。

24.9.15 消防用电设备的电源不应装设漏电保护，当线路发生接地故障时，宜设单相接地报警装置。

24.9.16 消防用电的自备应急发电设备，应设有自动起动装置，并能在15s内供电，当由市电切换到柴油发电机电源时，自动装置应执行先停后送的程序，并应保证一定时间间隔。在接到“市电恢复”讯号后延时一定时间，再进行油机对市电的切换。

24.10 消防值班室与消防控制室

24.10.1 仅有火灾报警系统且无消防联动控制功能时，可设消防值班室。消防值班室宜设在首层主要出入口附近，可与经常有人值班的部门合并设置。

24.10.2 设有火灾自动报警和自动灭火或有消防联动控制设施的建筑物内应设消防控制室。

具有两个及以上消防控制室的大型建筑群或超高层，应设置消防控制中心。

24.10.3 消防控制室（中心）的位置选择，宜满足下列要求：

（1）消防控制室应设置在建筑物的首层，距通往室外出入口不应大于20m。

（2）内部和外部的消防人员能容易找到并可以接近的房间部位。并应设在交通方便和发生火灾时不易延燃的部位。

(3) 不应将消防控制室设于厕所、锅炉房、浴室、汽车库、变压器室等的隔壁和上、下层相对应的房间。

(4) 有条件时宜与防灾监控、广播、通讯设施等用房相邻近。

(5) 应适当考虑长期值班人员房间的朝向。

24.10.4 消防控制室应具有接受火灾报警、发出火灾信号和安全疏散指令、控制各种消防联动控制设备①及显示电源运行情况等功能。消防控制设备根据需要可由下列部分或全部控制装置组成:

(1) 集中报警控制器。

(2) 室内消火栓系统的控制装置。

(3) 自动喷水灭火系统的控制装置。

(4) 泡沫、干粉灭火系统的控制装置。

(5) 卤代烷、二氧化碳等管网灭火系统的控制装置。

(6) 电动防火门、防火卷帘的控制装置。

(7) 通风空调、防烟、排烟设备及电动防火阀的控制装置。

(8) 电梯的控制装置。

(9) 火灾事故广播设备的控制装置。

(10) 消防通讯设备等。

注: ①在消防控制室内消防联动控制设备的设置，应结合具体工程情况并根据本章第 24.6 节的相应规定确定。

24.10.5 根据工程规模的大小，应适当考虑与消防控制室相配套的其他房间，诸如电源室、维修室和值班休息室等。应保证有容纳消防控制设备和值班、操作、维修工作所必要的空间。

24.10.6 消防控制室的门应向疏散方向开启，且控制室入口处设置明显的标志。

24.10.7 消防控制设备的布置宜符合下列要求:

(1) 盘前操作距离，单列布置时不小于 1.5m，双列布置时不小于 2m；但在值班人员经常工作的一面，控制屏（台）到墙的距离不宜小于 3m。

(2) 盘后维修距离不宜小于 1m。

(3) 控制盘的排列长度大于 4m 时，控制盘两端应设置宽度不小于 1m 的通道。

24.10.8 消防控制室内设置的自动报警、消防联动控制、显示等不同电流类别的屏（台），宜分开设置。若在同屏（台）内布置时，应采取安全隔离措施和将不同用途的端子板分开设置。

24.10.9 消防控制室内不应穿过与消防控制室无关的电气线路及其他管道，亦不可装设与其无关的其他设备。

24.10.10 为保证设备的安全运行，室内应有适宜的温、湿度和清洁条件。根据建筑物的设计标准，可对应地采取独立的通风或空调系统。如果与邻近系统混用，则消防控制室的送回风管在其隔墙处应设防火阀。

24.10.11 消防控制室的土建要求，应符合国家有关建筑设计防火规范的规定。

24.10.12 消防控制室内应有显示被保护建筑的重点部位、疏散通道及消防设备所在位置的平面图或模拟图等。

24.11 消防专用通信

24.11.1 消防专用通信应为独立的通信系统，不得与其他系统合用。选用电话总机应为人工交换机或直通对讲电话机。消防通信系统中主叫与被叫用户间（或总机值班员与用户间的通话方式）应为直接呼叫应答，中间不应有转接通话。呼叫信号装置要求用声、光信号。

24.11.2 消防火警电话用户话机或送受话器的颜色宜采用红色。火警电话机挂墙安装时，底边距地高度为1.5m。

24.11.3 消防通信系统的供电装置应选用带蓄电池的电源装置，要求不间断供电。

24.11.4 火警电话布线不应与其他线路同管或同线束布线。

24.11.5 消防控制室或集中报警控制器室应装设城市119专用火警电话用户线。建筑物内消防泵房、通风机房、主要配变电室、电梯机房、区域报警控制器及卤代烷等管网灭火系统应急操作装置处，以及消防值班、保卫办公用房等处均应装设火警专用电话分机。

24.12 防盗报警

24.12.1 下列场所宜设置防盗报警装置：

（1）金融大厦中的金库，财务、金融档案房，现金、黄金及珍宝等暂时存放的保险柜房间。

（2）省（市）及以上级博物馆、展览馆的展览大厅和贵重文物库房。

（3）省（市）及以上级档案馆内的库房、陈列室等。

（4）省（市）及以上级图书馆、大专院校规模较大的图书馆内的珍藏书籍室、陈列室等。

（5）市、县级及以上银行营业柜台、出纳、财会等现金存放、支付清点部位。

（6）钞票、黄金货币、金银首饰、珠宝等制造或存放房间。

（7）重要办公建筑内的机要档案库房。

（8）自选商场的营业大厅，或大型百货商场的营业大厅等。

（9）其他根据需要应设置防盗报警的房间或场所。

24.12.2 防盗报警应按工艺性质、机密程度、警戒管理方式等因素组成独立系统，宜设专用控制室。若无特殊要求时，亦可与火灾报警系统合并组成综合型报警系统。

24.12.3 防盗报警系统的探测、遥控等装置宜采用具有两种传感功能组成的复合式报警装置，以提高系统的可靠性和灵敏度。

24.12.4 防盗报警系统的警戒触发装置应考虑自动和手动两种方式，在建筑物内安装时应注意隐蔽和保密性。

24.12.5 特别重要的场所及自选商场和大型百货商场的营业厅，在防盗报警系统中宜设置闭路电视监视和自动长时限录像装置、自动顺序图像切换显示装置及手动控制录像装置等。有条件时，可装设远红外等微光摄像机。

24.12.6 防盗报警的布线宜采用钢管暗敷设。若采用明管敷设时，敷设路由应隐蔽可靠、不易被人发现和接近的地方。管线敷设不应与其他不同系统的管路、线槽或电缆合用。

24.12.7 防盗报警系统的电源应有主电源和蓄电池备用电源。供电电源负荷等级应符合本规范第3章表3.1.2规定。

24.13 可燃气体和可燃液体蒸气报警

24.13.1 可燃气体和可燃液体蒸气报警装置宜设置在下列建筑物和场所：

（1）可燃气体和可燃液体库（罐）。

（2）用液体燃料或天然气等作燃料的锅炉房等建筑物内。

（3）根据工艺需要装设可燃气体和可燃液体的地方和场所。

24.13.2 可燃气体和可燃液体、报警探测器宜设置固定式或移动式可燃性气敏检测和报警装置，设固定型可燃性气敏检测报警装置的建筑物或场所，应设置独立的气敏报警系统，有条件时亦可与火灾报警系统综合组成自动喷气、喷泡沫等自动灭火控制系统。

24.13.3 若采用火灾报警系统警戒可燃气体和可燃液体报警系统时，则火灾探测器应选用防爆型感光、感温探测器。报警系统所发送的预报或灭火信号应送至消防控制室或消防值班室。

24.14 接　地

24.14.1 消防控制室的接地电阻值应符合以下要求：

（1）专设工作接地装置时其接地电阻值不应大于4Ω。

（2）采用共同接地时其接地电阻值不应大于1Ω。

24.14.2 当采用共同接地时，应用专用接地干线由消防控制室接地板引至接地体。专用接地干线应选用截面积不小于25mm² 的塑料绝缘铜芯电线或电缆两根。

24.14.3 各种火灾报警控制器、防盗报警控制器和消防控制设备等电子设备的接地及外露可导电部分的接地，均应符合本规范第14章的有关规定。

25 公用建筑计算机经营管理系统

25.1 一　般　规　定

25.1.1 本章适用于公用建筑内以计算机（包括网络）技术为手段，而进行的经营管理方面的系统设计及办公自动化场所计算机的信息处理和通信系统的设计。

25.1.2 经营管理用计算机系统宜由下列部分组成：

25.1.2.1 硬件系统：

（1）中央处理单元；

（2）存贮器；

（3）通道；

（4）外部设备；

（5）终端设备；

（6）电缆系统（含调制解调器）。

25.1.2.2　软件系统：

（1）系统软件，应包括：

a. 操作系统；

b. 程序设计语言；

c. 数据库管理系统。

（2）应用软件；

（3）诊断、测试软件；

（4）管理手册。

25.1.3　选择集中式的主机——终端机结构的计算机系统，应符合下述原则：

25.1.3.1　计算机主机结构应完整、易扩展，能完成数据处理任务，运行稳定，平均故障间隔时间（MTBF）应大于4300h。

25.1.3.2　主存贮器的容量选择应适当，以不降低计算机系统的运行效率为宜。

25.1.3.3　选择的计算机通道在满足外部设备需要后，数量上应为最少的一级。

25.1.3.4　系统中配置的硬磁盘机宜为2轴及以上。

25.1.3.5　配有硬磁盘机的计算机系统，应配置可运行多种密度的标准型磁带机。

25.1.3.6　计算机系统配置的打印机在数量上应不少于2台。

25.1.3.7　计算机系统配置绘图机时，普通型宜为滚筒式，高精度系统宜选择平板式，高速输出型可选静电式。

25.1.3.8　具有图形输入要求的计算机系统可选配数字化仪等装置。

25.1.3.9　计算机设备之间电缆的连接，应符合所选系统的技术规定。

25.1.3.10　中、远程计算机通信用调制解调器的传输率宜选为1200bit/s或300、600、2400、4800、9600bit/s。

25.1.3.11　计算机系统的实配终端设备数量宜取为逻辑数量的40%～60%。

25.1.3.12　组成的计算机系统其平均故障间隔时间应大于2000h。

25.1.3.13　操作系统的版本应完整、无误，常驻内存贮区要小。

25.1.4　选择计算机网络系统时，宜按下述原则确定：

25.1.4.1　非单机系统而又不采用主机——终端机系统者，宜选用计算机网络系统。

25.1.4.2　当信息传输距离在0.1～10km、数据传输率大于0.10Mbit/s时，宜采用局域网络系统。

25.1.4.3　当信息传输距离大于10km、数据传输率小于100kbit/s时，宜采用广域网络系统。

25.1.4.4　计算机网络宜由下列部分组成：

（1）用户子网由计算机、终端机及终端控制器组成。

（2）通信子网由网络节点、传输链路及信号转换器组成。

25.1.4.5　选择计算机网络拓扑结构的类型时应符合下列规定：

（1）选择的网络节点位置在用户条件不再变更时，其传输路径应是最短的；

（2）信息传输量大的节点之间宜建立直达的链路路径（参见第25.1.11.3款）；

（3）终端控制器与所控制的终端机的联结应符合所选网络的传输的规定；

（4）表征节点处理机功能的容量在初步设计中可按下式估算：

$$C = N \cdot [(PI \cdot RI) + (PX \cdot RX) + (PC \cdot RC)] \qquad (25.1.4.5\text{-}1)$$

式中 C——容量（条指令/s）；

N——连到节点的传输链路数目；

PI——处理一份入界电文所需要的指令数；

RI——每条链路每秒接收的电文率（组电文/s）；

PX——处理一份出界电文所需的指令数；

RX——每条链路每秒发出的电文率（组电文/s）；

PC——处理一份控制电文所需的指令数；

RC——探询率，按下式计算：

$$RC = [LS - (RI \cdot SI) - (RX \cdot SX)]/SC \qquad (25.1.4.5\text{-}2)$$

式中 LS——链路速度（字符/s）；

SI——进入节点的电文平均长度（字符数/组）；

SX——从节点发出电文的平均长度（字符数/组）；

SC——控制电文的平均长度。

（5）节点处理机的存贮器容量在初步设计中可包括以下几部分：

a. 控制程序区容量；

b. 专用处理程序容量；

c. 信息缓冲区容量。

（6）网络接口应具有适当的隔离措施，用以防止因节点机的故障而影响网络运行；

（7）同一个网络可设置的节点总数目应在容许的限额内；同时宜预留 20%～40% 的额度为未来的扩展量；

（8）网络系统中容许随机撤消节点而不影响网络的运行；

（9）网络系统应具有自起动和监测的功能，当进程发生死锁时。网络系统应能自诊断或解除死锁；

（10）非环形网络的电缆节段长度应符合所选网络的传输规定；

（11）网络系统软件符号宜按现行国标《信息处理交换用的七位编码字符集》编码或采用 ASCⅡ码、余 3 码、EBCDIC 码；

（12）网络操作系统应具有汉字处理功能；

（13）网络的保密性好。

25.1.4.6 计算机网络实现的功能应包括以下几方面：

（1）网络内部的体系结构应符合下列规定：

a. 具有完成各功能的物理部件；

b. 逻辑结构可提供输入、存贮、发送、处理和传递文件的基本操作；

c. 软件结构能完成数据处理、进程访问、硬件故障诊断、数据发送及通道控制等功能。

（2）网络系统应容许与其他的网络互连，并符合网络协议的规定，避免由于互连而降低各网内的通信性能；同时也不宜要求修改各网内的通信协议。为保证网络能实现互连、益于标准化，协议应符合 ISO 的开放系统分层原则，其分层参见图 25.1.4.6。

7	应用层
6	表示层
5	对话层
4	传输层
3	网络层
2	数据链路层
1	物理层
物理介质	

图 25.1.4.6　开放系统七层参考模型

（3）网络中用于描述进程之间信息交换过程的协议，其语法、语义及时限应简练、明确，不得含有二义性。

（4）协议功能应符合下列规定：

a. 建立进程之间的临时连接，完成寻址工作；

b. 拆除临时连接、释放所占资源；

c. 确定数据的传输方向；

d. 差错控制；

e. 数据流量的控制；

f. 在源节点与目的节点之间的多条路径选择一合适的路径；

g. 在同一路径上合理安排多对通信进程工作；

h. 实现高效率通信信息的拆装规定。

（5）实时性网络中高优先权用户，应在 2ms 内获得对媒体的访问权力。

25.1.4.7　计算机网络接口应符合下列要求：

（1）接口的硬件应包括连接部件及调制解调器的接口；

（2）数字设备之间的接口应符合设备连接标准；

（3）接口对数据的处理应包括存贮、检索、发送和接收；

（4）网络接口的地址码分配应合理、准确。

3	高层
2	数据链路层
1	物理层
物理介质	

图 25.1.4.8　局域网参考模型

25.1.4.8　按第 25.1.4.2 款选择局域网络，其开放系统参考模型可参照图 25.1.4.8。

25.1.4.9　衡量局域网的可靠性、可用性及可维护性时，一般应包括下述各项内容：

（1）信道吞吐量及信道容量；

（2）信道数据率；

（3）信道利用效率；

（4）信息包延迟时间；

（5）电脉冲信号传播时间；

（6）网络系统对各节点的公平性；

（7）网络对其介质、附连设备或收发器的敏感程度；

（8）延迟量对其平均值的偏离程度。

25.1.4.10　局域网络系统中，介质访问方法宜采用如下方式：

（1）载波侦听、冲突检测多重访问（CSMA/CD）。

（2）令牌访问（TOKEN）。

25.1.4.11　网络应具有完整的运行软件。

25.1.5 计算机系统工作环境应符合下列要求：

25.1.5.1 计算机系统应远离易燃、易爆场所及振动源，计算机房容许的振动振幅及速度应符合表 25.1.5.1 的规定。

25.1.5.2 工作环境应保持空气清洁，空气中容许的灰尘颗粒应符合表 25.1.5.2 的规定。

表 25.1.5.1 计算机房容许振动振幅及速度

频率（Hz）	振幅（mm）	振动速度（mm/s）
$2 \leqslant f \leqslant 12$	0.04～0.02	2
$12 \leqslant f \leqslant 90$	0.02～0.005	2

表 25.1.5.2 空气洁净度

项目 \ 指标 \ 级别	A 级	B 级
粒径（μm）	≥0.5	≥0.5
个数（个/L）	≤10000	≤18000

25.1.5.3 计算机系统应防止受液体的浸蚀及受鼠害、虫害。

25.1.5.4 无线电波干扰场强，当频率为 0.15～500MHz 时应低于 126dB，必要时应采取屏蔽措施。

25.1.5.5 工作环境应远离配电室，其磁干扰场强应小于 800A/m。

25.1.5.6 工作环境应避开强雷区及地震频繁的地区（有防灾措施的除外）。

25.1.5.7 主机室内的空气温度及湿度应根据所选计算机及使用要求确定，宜符合表 25.1.5.7 的规定。

表 25.1.5.7 主机室内温度及湿度值

项目 \ 指标 \ 级别	A 级		B 级	C 级
	夏季	冬季		
温度（℃）	23±2	20±2	15～35	10～35
相对湿度（%）	45～65		40～70	30～80
变化率①（℃/h）	<5		<10	<15
注：①不容许出现结露现象。				

25.1.5.8 计算机主机房宜采用独立的空调系统或在空调系统中设置独立的空气循环系统，其内部均须有完善的防火设施。

25.1.5.9 保密的计算机系统应做防信息泄漏处理；有关部位可装设监测装置监控运行。

25.1.5.10 安装设备的门和通道宽度应根据机型确定，一般不宜小于 2m；室内净高宜为 2.5～3.2m；室内应采取防静电措施，室内不宜采用易燃材料装修。

25.1.5.11 大、中型计算机主机室的楼板结构荷载可取 $5kN/m^2$；耐震烈度应比所在地区规定值提高一级。当本地区为八度烈度区时，应请示主管机关决定。

25.1.5.12 与计算机无关的管线，不应穿越主机室；其室内地面宜设应急排水阀。

25.1.5.13 计算机房应设置火灾自动报警装置；灭火装置应根据本规范第 24 章有关规定确定。计算机房的照明设计应注意防火。

25.1.5.14 信息媒体保管室应为非燃烧材料构造，其耐火极限不应低于 2h，空间不宜大于 $280m^3$。贮藏柜距墙不宜小于 0.1m，且应符合第 25.1.5.4 款和第 25.1.5.5 款的规定。

25.1.5.15 计算机主机室进出口处，可根据使用要求设置识别与记录进出人员的装置及防范设备。

25.1.5.16 非保密性计算机房可装设电话机。

25.1.6 大、中型计算机用房宜由下列部分组成：计算机主机室；输出设备室；终端机室；电源室；空调机室；信息媒体保管室；备品备件保管室；维修室；其他（含办公室）。

25.1.7 选择主机室位置时应符合下列规定：

(1) 应选择环境安静、工作安全的地方，建筑标高宜距室外地面上 3~4m，但不应为高层建筑的顶层。

(2) 敷设通讯电缆方便，易于实现计算机联网的地方。

(3) 电力电缆进户方便、易于配电、抗干扰好的地方。

(4) 室内面积不宜小于 20m^2。

(5) 热备份计算机宜与运行的计算机的机房保持适当的距离。

25.1.8 计算机设备的布置应遵循下列原则：

25.1.8.1 中央处理机、存贮器、外存贮器、磁带机、通信处理机等设备应设于主机室内，环境应符合第 25.1.5 条的规定。

25.1.8.2 打印机、拷贝机、绘图机宜单设房间布置。

25.1.8.3 磁性或光学扫描输入机、数字化仪及软磁盘机等设备，工作环境应符合第 25.1.5 条的有关规定。

25.1.8.4 各计算机设备布置时应以同类设备相邻，与非同类设备或墙壁的间距不宜小于 1m。

25.1.8.5 机要终端机应分区独立设置。

25.1.9 计算机系统的供电应符合下列规定：

25.1.9.1 计算机系统应由专用回路供电，其用电容量的确定可按各设备用电容量的总和，再增加 20%~40%的扩展容量。

25.1.9.2 非计算机设备用电容量，可按各附属设备用电容量总和确定。

25.1.9.3 供电质量应符合本规范第 3.3.4 条的规定，波动时间宜小于 0.5s，当不能满足上述的规定时，可采取稳压或稳频稳压措施。

25.1.9.4 应在主机室内设置计算机紧急停电开关，实现对电源的控制。

25.1.9.5 在不容许停电场合用的计算机，应设置不停电电源装置，其蓄电池的支持工作时间不宜少于 20min。

25.1.9.6 供电回路应采取在电源故障后恢复供电时，防止用电设备自起动的措施。

25.1.9.7 计算机房的照明供电不应与计算机用电同一回路供电。

25.1.9.8 机房内不同电压的供电系统应安装互不兼容的插座。

25.1.10 计算机用房的照明设计应满足下列要求：

25.1.10.1 主机房内距地面 0.8m 处的照度应为 200~300lx。

25.1.10.2 终端机室距地面 0.8m 处的照度应为 100~200lx，光线不宜直射荧光屏。

25.1.10.3 室内照明应防止产生频闪效应。

25.1.10.4 主机室、终端机室、配电室的应急照明应符合本规范第 11 章的有关规定。

25.1.11 计算机系统的通信应符合下列要求：

25.1.11.1 通信应由信息接收与发送站、传输媒体及表示方法所组成。

25.1.11.2 计算机的通信介质按用途可分别选用屏蔽双绞线或同轴电缆；当要求保密、通频带宽、抗电磁干扰及耐化学腐蚀时，可采用光缆。

25.1.11.3 通信线路可自备或租赁。每日工作时间较长的数据链路宜设专用线路。专用线路或实时线路可采用双回路系统，保证可靠通信。

25.1.11.4 宽带通信中的电缆一般宜采用温度补偿型的电缆。

25.1.11.5 由室外进户的信号电缆应有防雷措施，其电缆宜集中引入，在室内不宜与其他电缆共管（槽）敷设。

25.1.12 计算机系统接地应符合下列要求：

25.1.12.1 计算机用接地类型包括：

（1）交流工作接地。

（2）安全保护接地。

（3）计算机直流工作接地。

25.1.12.2 各种接地电阻值应符合本规范第14章有关规定。

25.1.12.3 直流工作接地的引下线一般宜采用截面积不小于35mm^2的多芯铜线。

25.1.12.4 直流工作接地与交流工作接地装置之间的电位差应小于0.5V。

25.1.12.5 除使用专用装置外，各设备接地线不得连接在非计算机接地系统上。

25.1.12.6 特殊的接地要求应符合产品标准规定。

25.1.12.7 网络系统中不宜把同轴电缆从室外引入的“公共地”直接与每个工作站的局部接地相连。电缆的屏蔽层宜采取一个接地点的接地。

25.1.12.8 保密的计算机系统，其主机室内非计算机系统的管线、暖气片等金属实体应做接地处理，接地电阻值不应大于4Ω。

25.1.13 计算机系统的线路敷设宜符合下述原则：

25.1.13.1 传送信息电缆在敷设中应采取防干扰措施。并不得与其他类电缆相邻平行敷设或共管（槽）敷设。隔离距离不宜小于0.5m。干线信号电缆一般不宜明敷。

25.1.13.2 高层建筑中宜采用在竖井内敷设信息干线线路，且不应与电力电缆相邻。

25.1.13.3 终端设备用接线盒位置宜设于距离顶棚或地面0.3m处，不宜与其他接线盒相邻或共用，并要有明显标志。接线完工后应加封印。

25.1.13.4 到计算机用配电盘的电力电缆宜用难燃铜芯屏蔽电缆，其截面应适当放宽，一般可按富裕50%考虑。

25.1.13.5 信息传输电缆在非终端机处不应有电缆接头。

25.1.13.6 在室外装设的信息传输电缆不应处在本地最高位置。

25.1.13.7 保密通信宜采用不含有金属加强线型的光缆。

25.1.13.8 不同规格的信息电缆互连时，宜采用电缆匹配器转接，电缆接头应为防水型专用接头。

25.1.13.9 计算机网络系统中的干线与连接设备的接口之间的距离，应符合网络的设计规定。

25.1.13.10 同时传送数据、声音、图形及图像的媒体，宜选择适用于宽带网的同轴电缆或光缆。

25.1.13.11 基带通信用电缆的特性阻抗应为50Ω。

25.1.13.12 宽带通信用电缆的特性阻抗应为75Ω。

25.2 宾馆、饭店经营管理系统

25.2.1 宾馆、饭店计算机经营管理系统，宜包括下列工作范围：

预约性服务管理；前台业务系统；营业指导及管理；餐厅管理；后台业务管理；仓库管理；旅客资料汇集；经理办公及决策支持系统；商场服务管理；电话业务管理；业务培训计划；设备运行监督及管理（见本规范第26章）；文件存档及检索。

25.2.2 需要配置计算机工作的部位宜包括：

25.2.2.1 管理部门：

（1）经理办公室。

（2）计划经营指导办公室。

（3）财务办公室。

（4）人力调配、劳动工资管理部门。

（5）文件、档案管理部门。

25.2.2.2 业务部门：

（1）业务接待及查询处。

（2）前台账目管理处。

（3）商场营业及餐厅管理部门。

（4）预约服务机构。

（5）优化组合服务部门。

（6）后台管理部门。

25.2.3 计算机选型应遵守下列原则：

25.2.3.1 确定计算机系统的规模时应考虑下列因素：

（1）改善饭店经营管理；

（2）提高计划实施的准确性；

（3）扩大业务范围及财务项目；

（4）有益于调配人力、物力；

（5）提高工作人员素质的程度。

25.2.3.2 根据业务量及服务范围选择机型：

（1）床位少于200个的饭店、宾馆宜采用微型计算机进行管理；有条件者应设置备用机。

微型计算机系统设备最小配置为：主机字长为16位及以上；存贮器容量不少于512Kbyte；配有软磁盘机或硬磁盘机及台式宽行打印机。设备应具有处理汉字功能。

应用软件参照本章第25.2.7条规定。

（2）床位多于200个的饭店、宾馆宜采用微型计算机、高档微型计算机或局域网络系统：

a. 微型计算机系统配置参照本章第25.2.3.2款之（1）的规定。

b. 高档微型计算机系统最小配置为：主机字长32位；存贮器容量不少于1Mbyte；硬磁盘机；软磁盘机及台式宽行打印机。设备应具有汉字系统。

应用软件参照本章第25.2.7条规定。

c. 局域网络选择，可参照本章第25.1.4条的有关规定。

(3) 级别高、规模大的饭店、宾馆宜采用高档微型计算机、小型计算机、双机运行的容错计算机或计算机网络系统：

a. 系统的响应时间应小于30s。

b. 高档微型计算机选择参照本章第25.2.3.2款之（2）的规定。

c. 局域网络选择，可参照本章第25.1.4条有关规定。

d. 小型计算机系统最小配置为：主机字长不少于32位；主存贮器容量不少于2Mbyte（不包括操作系统常驻区）；硬磁盘机或光盘机不应少于2轴；磁带机应为多密度型；打印机不应不少于2台；终端机与软磁盘机按需确定。系统应具有汉字处理功能。

应用软件参照本章第25.2.7条的有关规定。

25.2.4 选择计算机接口宜包括：

(1) 与数字交换机联结接口。

(2) 与磁卡阅读机联结接口。

(3) 与报警系统联结接口。

(4) 与其他计算机联网接口。

25.2.5 供电质量应符合本规范第3章表3.3.4及第25.1.9条的规定，根据机型要求对应选择并设置不停电电源。

25.2.6 计算机房环境要求应符合表25.1.5.2中B级及表25.1.5.7中B级或A级的规定；其位置不应与客房、餐厅、厨房、电梯间、贮水池及卫生间等相通或相邻。

25.2.7 饭店、宾馆计算机系统宜具有下列应用软件：

(1) 预约服务程序。

(2) 前台会计与管理程序。

(3) 餐厅服务程序。

(4) 后台业务管理。

(5) 电话、电传等电信业务管理。

(6) 仓库管理。

(7) 营业及商场管理。

(8) 客房管理。

(9) 经理办公及决策支持系统。

(10) 培训计划及指导。

(11) 行政管理。

(12) 信息制作与检索。

25.3 图档馆检索系统

25.3.1 图档馆检索用计算机系统宜包括下列工作范围：

资料收集、图书采购管理；编目管理；资料、档案及图书的流通管理；资料库房及仓库管理；国内、外情报检索管理；信息收集与情报制作；文件存档；图书出版发行目录管理。

25.3.2 需要配置计算机工作的主要部位宜包括：

（1）图书采购部。

（2）编目管理部。

（3）图档借阅、查询部。

（4）图档检索管理部。

（5）数据库管理及信息制作。

（6）图档库管理。

（7）馆长办公室。

（8）财务办公室。

（9）行政办公室。

25.3.3 计算机选型应遵守下列原则：

25.3.3.1 确定计算机系统的规模时应考虑下列因素：

（1）满足现行的和扩大的图档馆业务；

（2）改善图档利用率的范围及深度；

（3）提高工作人员素质，加强管理；

（4）减少损耗及积压，扩大交流使管理逐步现代化。

25.3.3.2 根据图档馆级别或业务范围选择机型：

（1）藏书在20～30万册的图档馆宜采用微型计算机实现业务管理。微型计算机配置可参照本章第25.2.3.2款之（1）的规定。

应用软件参照本章第25.3.10条的规定。

（2）藏书在30万册以上的图档馆宜采用高档微型计算机实现管理。计算机系统设备最小配置为：

a. 磁带机系统。

b. 台式打印机或拷贝机。

c. 其他参照本章第25.2.3.2款之（2）的有关规定。应用软件参照本章第25.3.10条规定。

（3）藏书百万册及以上的图档馆，为实现全部的业务管理，宜采用微型计算机网络系统或小型计算机系统；

a. 计算机网络的选择参照本章第25.1.4条的规定；节点机的选择可参考本章第25.3.3.2款的有关规定。

b. 小型计算机系统选择参照本章第25.2.3.2款及第25.1.3条的有关规定。

c. 应用软件参照本章第25.3.10条的规定。

25.3.4 选择的计算机接口宜包括：

（1）具有联结光—电扫描装置的接口。

（2）具有磁卡阅读器或磁性检查装置的接口。

（3）具有联结硬拷贝机的接口。

（4）具有与远程检索终端机联机接口。

（5）与安全、报警装置联机接口。

（6）与其他计算机通信的接口。

25.3.5 供电质量应符合本规范第3章表3.3.4中C级或B级及本章第25.1.9条规定，重要的图档馆的计算机供电还应符合表3.3.4中A级规定，并配置不停电电源和自备发电机组。

25.3.6 计算机工作环境应符合表25.1.5.2中B级及表25.1.5.7中C级或B级的规定。

25.3.7 计算机房不宜与书库及易燃品存放场所相邻。

25.3.8 远程检索终端机应设置独立不停电电源装置。

25.3.9 机要型检索终端机的响应时间应小于30s。

25.3.10 图档馆计算机系统宜具有下列应用软件：

图书采购及流通管理；编目管理；图档检索服务管理；文件存档管理；书籍及图档存放管理；信息制作；财务管理和行政管理。

25.4 商业经营管理系统

25.4.1 商业部门用计算机经营管理系统宜包括下列工作范围：

商业市场分析与预测；经理办公及决策；商业经营指导；贷款与财务管理；合同及储运管理；商品价格系统；商品积压与仓库管理；人力调配及工资管理；信息与表格的制作和银行对账管理。

25.4.2 需要配置计算机工作的主要部位可包括：

25.4.2.1 管理部门：

（1）经理办公室。

（2）总会计师办公室。

（3）财务部。

（4）行政主管部门。

25.4.2.2 业务部门：

（1）经营指导部。

（2）统计部。

（3）储运部。

（4）营业商场。

（5）商场总服务台。

（6）广告部。

（7）数据信息处理及制作。

25.4.3 计算机选型应考虑下列原则：

25.4.3.1 确定计算机规模时应考虑下列主要因素：

（1）改善经营指导计划的实施范围；

（2）减少人力及物力的消耗、加强成本核算，提高盈利；

（3）加强经营管理，提高工作人员素质，扩大经营能力。

25.4.3.2 根据商业经营范围选择机型：

（1）商品种类少于1000种的商店可采用微型计算机或与数字型收款机组合实现经营管理：

a. 微型计算机系统最小配置可参照本章第25.2.3.2款之（1）的规定；

b. 应用软件参照本章第 25.4.10 条的规定；

c. 收款机宜有与计算机联机接口。

（2）经营商品种类少于 10000 种的商店可采用高档微型计算机或微型计算机网络实现经营管理：

a. 高档微型计算机系统最小配置参照本章第 25.2.3.2 款之（2）的有关规定。

b. 微型计算机网络选择参照本章第 25.1.4 条的规定。

c. 应用软件参照本章第 25.4.10 条的规定。

（3）大型商场宜用微型计算机网络或小型计算机实现经营管理：

a. 微型计算机网络系统选择参照本章第 25.1.4 条的规定。节点机可适当选配高档微型计算机，其规格可参考本章第 25.2.3.2 款之（2）的有关规定；

b. 小型计算机最小配置参照本章第 25.2.3.2 款之（3）及第 25.1.3 条的有关规定；

c. 应用软件参照本章第 25.4.10 条的规定。

25.4.4 选择计算机接口宜包括：与收款机联机的接口；与报警系统的接口；当有与外系统的计算机通信功能要求时，宜另设独立的微型计算机。

25.4.5 收款机宜独立使用；若联机使用时应将其联到终端机上工作。

25.4.6 直接面向顾客服务的终端机响应时间应小于 30s。

25.4.7 供电质量应符合本规范第 3 章表 3.3.4 中 C 级或 B 级及本章第 25.1.9 条规定且应配置不停电电源。

25.4.8 按计算机设备要求选择工作环境应符合表 25.1.5.2 中 B 级及表 25.1.5.7 规定。

25.4.9 计算机房不宜与库房、电梯及商店的出、入口相邻。

25.4.10 商业用计算机系统宜具有下列应用软件：

经营指导及决策支持系统；商品价格管理；合同管理及文件管理；储运管理；行政管理；市场调查与预测；财务管理及银行对账；统计管理；人力调配及工资管理；数据管理及信息制作。

25.5 停车场（库）计费管理系统

25.5.1 停车场（库）用计算机管理系统宜包括下列工作范围：

停车场（库）车辆状况的监测；车辆的系列服务管理；停车场地环境状况监视；计时与收费管理。

25.5.2 需要配置计算机工作的主要部位包括：

停车场（库）出入车辆管理，车辆系列服务场，计时与收费处，自动计时收费场。

25.5.3 计算机选型应遵守下列原则：

25.5.3.1 确定计算机规模时应考虑下列主要因素：

（1）提高场地使用率，减少差错；

（2）综合服务系列化。

25.5.3.2 根据停车场位置及规模选择机型：

（1）饭店、宾馆等地下车场及存放车辆少于 300 辆的停车场（库）宜采用微型计算机实现管理。

计算机系统最少配置可参考本章第 25.2.3.2 款之（1）的规定，应用软件参照本章第 25.5.11 条的规定；若车辆出、入口分别在两处时，宜采用两台微型计算机联机运行管理。

（2）地上大型停车场用微型计算机管理除参照本章第 25.5.3.2 款之（1）规定外，还应配置容量不少于 10MB 的硬磁盘系统。

（3）市区特设的单台机动车停车场宜用自动计时收费机管理。

25.5.4 选择计算机接口宜包括：

与磁卡识别装置联结接口；与光—电扫描装置联结接口；与安全报警装置联机接口；与其他计算机通信接口；具有连接车辆定位逻辑装置接口。

25.5.5 供电质量应符合本规范第 3 章表 3.3.4 中 C 级规定，并宜另设独立的不停电电源。

25.5.6 识别车辆进、出的传感器应设在车辆入口及出口处，且不应受杂光、无线电波等干扰。

25.5.7 车辆位置识别装置、计算机、监视设备、信号电缆等应不受车辆移动或压力的损坏。

25.5.8 距停车场出、入口的 20～50m 处宜装设联机的业务指示牌。

25.5.9 计算机工作响应时间应小于 10s。

25.5.10 计算机工作位置宜设于车辆出口和入口附近，工作环境应不受废液、废气的污染。

25.5.11 停车场用计算机宜包括下列软件：

具有汉字处理功能的操作系统；程序设计语言；数据库管理系统；检索系统；车辆计时收费管理；车辆综合服务管理；环境监测管理。

25.6 银行经营管理系统

25.6.1 银行使用计算机宜包括下列工作范围：

文件、契约、证券及合同的管理；现金流通管理；投资管理；业务往来管理；核账；金库管理；统计业务及表格制作；人力调配及行政办公；业务培训。

25.6.2 应配置计算机工作的部门主要包括：

25.6.2.1 管理部门：

（1）总经济师及总会计师办公室。

（2）行政主管办公室。

（3）文件及档案室。

（4）安全保卫部。

25.6.2.2 业务部门：

（1）业务往来管理。

（2）证券、合同及契约管理。

（3）统计部。

（4）金库管理。

（5）营业部。

25.6.3 计算机选型应遵守下列原则：

25.6.3.1 确定计算机规模应考虑下列主要因素：

(1) 改善银行经营管理，减少差错，提高效率；

(2) 提高工作人员素质，加强资金流通管理，保证计划的实施；

(3) 扩大应用金融信息的范围。

25.6.3.2 根据银行业务的级别及范围选择机型：

(1) 银行分理处、储蓄所宜采用两台或两台以上微型计算机实现业务管理。有条件时，也可采用计算机网络系统。

微型计算机系统最少配置可参照本章第25.2.3.2款之（1）的规定；应用软件参照本章第25.6.10条的规定。

(2) 银行办事处等银行部门宜采用高档微型计算机或同一建筑物内的局域网络系统实现业务管理。

a. 高档微型计算机的选择可参照本章第25.2.3.2款之（2）的有关规定。

b. 局域网络系统选择，可参照本章第25.1.4条的有关规定。

c. 应用软件参照本章第25.6.10条的规定。

(3) 银行分行等部门宜用双机并行工作的容错计算机或设于同一建筑物内的局域网络系统实现全部业务管理：

a. 计算机系统最少配置可参照本章第25.1.3条及第25.2.3.2款之（3）的有关规定。

b. 局域网络系统选择参照本章第25.1.4条的有关规定。

c. 应用软件参照本章第25.6.10条的规定。

d. 专用终端机按用户要求设定。

25.6.4 选择计算机接口宜包括：

与现金自动出纳机联机接口；与自动识别装置联机接口；与报警装置联结接口；除特殊要求外，银行部门的计算机不宜与外界计算机联网或预留接口。

25.6.5 计算机主机室及信息媒体保管室等要害部位，应增设防范设施或电子监视系统，室内不宜预留电源插座。

25.6.6 主机房与备用机房不宜相邻，应选于安全、方便工作的地方，机房环境根据主机要求，应符合表25.1.5.2中B级或A级及表25.1.5.7中B级或A级规定。

25.6.7 自动识别装置的工作环境应符合表25.1.5.1及表25.1.5.2的规定。

25.6.8 银行对外服务的级别最低的终端机其响应时间应小于30s。其荧光屏应设在不被非操作者能观察到的部位。

25.6.9 供电质量应符合本规范第3章表3.3.4中B级或A级及第25.1.9条的规定，并增设不停电电源和自备发电机组供电。

25.6.10 银行计算机系统宜包括下列应用软件：

经济分析及决策支持系统；统计及制表；现金流通管理；文件及凭证管理；金库管理；专用程序设计语言；信息制作及保密管理。

25.7 铁路旅客站、航空港售票系统

25.7.1 铁路旅客站、航空港售票用计算机系统宜包括下列工作范围：

售票服务；预订、预售票服务；联运售票服务；营业收支及财务管理。

25.7.2 应配置计算机工作的部位可包括：

售票处；服务台；财务管理；信息制作。

25.7.3 计算机选型应遵守下列原则：

25.7.3.1 确定计算机规模时应考虑下列主要因素：

(1) 改善经营计划部门的工作；

(2) 加强工作制约性、保证准确性、增加旅客信任感和安全感；

(3) 减少人力，提高效率。

25.7.3.2 根据旅客站（港）的规模及服务范围选择机型；

(1) 中型旅客站、航空港售票宜采用两台或多台微型计算机实现售票和管理。微型计算机系统最少配置如下：

a. 选配专用型打印机；

b. 其他参照本章第 25.2.3.2 款之（1）有关规定；

c. 应用软件参照本章第 25.7.9 条的有关规定。

(2) 大型铁路旅客站、航空港售票宜采用高档微型计算机或计算机网络系统实现售票和管理：

a. 高档微型计算机的选择参照本章第 25.2.3.2 款（2）之 b。

b 计算机网络系统的选择参照本章第 25.1.4 条。

c. 宜选配专用打印机。

d. 应用软件参照本章第 25.7.9 条的规定。

(3) 特大型铁路旅客站、航空港售票处宜用计算机网络系统或小型计算机系统实现售票和业务管理：

a. 计算机网络系统选择参照本章第 25.1.4 条；节点机选择参考本条（1）的有关规定。

b. 小型计算机系统选择参考本章第 25.1.3 条及 25.2.3.2 款（3）之 d 的有关规定。

c. 宜选配专用打印机。

d. 应用软件参照本章第 25.7.9 条的有关规定。

25.7.4 选择计算机接口宜包括：

与计算机联网的接口；与有线通信或无线通信、微波通信及卫星通信设备的接口；与业务相关的指示牌、广告牌装置联机接口。

25.7.5 供电质量应符合本规范第 3 章表 3.3.4 中 B 级或 A 级及本章第 25.1.9 条的规定，宜增设不停电电源供电。

25.7.6 计算机房位置应选于邻近通信系统的地方，但干扰场强应符合本章第 25.1.5.4 款及第 25.1.5.5 款的规定。

25.7.7 计算机房环境要求应符合表 25.1.5.7 中 B 级或 A 级规定；终端机的工作环境应符合 C 级规定。

25.7.8 面向旅客服务的终端机其响应时间应小于 30s。

25.7.9 售票用计算机系统宜包括下列应用软件：

列车（航班）营业运行时间表；售票系统程序；预订及预售票系统；应急业务管理；营业财务管理；联运售票管理。

25.8 办公自动化系统

25.8.1 本办公自动化系统仅包括具有计算机信息处理功能的设备及与之相连的通信设备综合完成工作的系统，一般包括：远程会议、数据通信与交换、工程工作站、办公局域网络、标志识别、建筑物设备自动化管理及办公印刷等系统。各系统的设置应根据建筑物的性质、规模及使用要求综合考虑。办公自动化系统设置后应能够改善决策环境；提高办公人员素质并改善管理；提高劳动生产率；节约能源、节约财政开支和增加效益。

25.8.2 设置办公自动化系统应具备下列条件：

有适应办公自动化的组织机构；有掌握自动化技术及管理办公自动化系统的人员；本部门易于实现与外界的自动化通信；相邻区域或同行业间具有实现办公自动化的环境。

25.8.3 远程会议系统，一般包括电话远程会议、电视远程会议和计算机远程会议等系统。可用于相距较远的部门之间以电话、电视或计算机系统召开会议、交换或传递信息及图像。

25.8.3.1 电话远程会议系统：

(1) 为节省开支及实时性强或会议参加者不宜当面讨论且又必须召开的会议，应选用电话远程会议系统。

(2) 设备的选配应包括：

a. 为会议参加者配备话筒；

b. 设置与话筒匹配的扩音装置及通信线路；

c. 宜配置适当的传真机或投影仪、电子黑板、拷贝机等设备。

(3) 通信宜采用全双工或半双工方式工作。

(4) 声音启动式设备应有快速接通、合理开断时间功能以减少频繁启停过程。

25.8.3.2 电视远程会议系统：

(1) 用于讨论复杂的有形对象或需要显现人貌等信息的会议，应选用电视远程会议系统。

(2) 设备的选配应包括：

a. 为会议参加者配备轻型话筒；

b. 设置与话筒匹配的扩音装置及数量上各不少于2台的摄像机及投影仪。

(3) 摄像机的位置应设于使与会者互不遮挡处；选用的监视器或投影仪、电子黑板、拷贝机等设备的输出信息易于与会者审视。

(4) 通信宜采用微波或卫星系统工作。

25.8.3.3 计算机远程会议系统：

(1) 用于具有计算机通信能力、在时间上无严格要求、以会议记录为主、回答方式简单的会议，应选用计算机远程会议系统。

(2) 设备的选用应包括具有通信能力的计算机及硬拷贝设备。

(3) 通信媒体可自备或租赁通信线路。

25.8.3.4 远程会议室技术要求：

（1）会议室位置宜选于用户中心，但不宜布置在临街一侧。室内的围护结构应采用具有良好隔声性能的非燃烧或难燃烧材料，其隔声量不应低于50dB(A)。室内最佳混响时间与会议室的容积关系可参考图25.8.3.4。

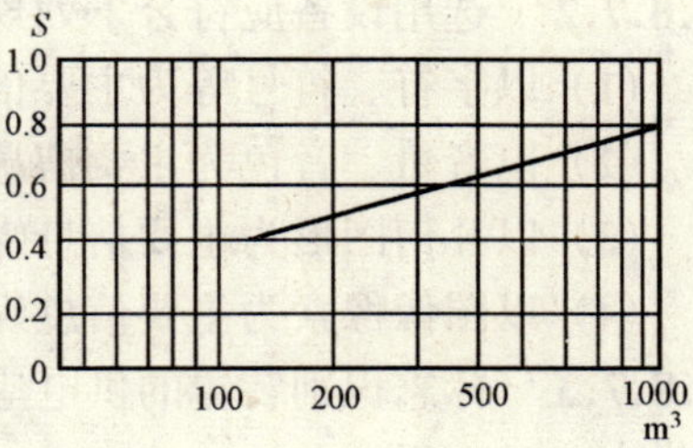

图25.8.3.4　会议室混响时间曲线

（2）室内照度应符合设备的技术要求，并应有对会议用的图、表等资料实现定向投光的照明设备。

（3）面对屏幕的方向上不应有点光源。

（4）会议室内应设有标准计时钟。

（5）所用设备应操作简单、维护方便、无操作噪音。

（6）会议室内宜设会议呼叫显示屏。

25.8.4　数据通信与交换系统的设计应符合下述要求：

25.8.4.1　用于需要在短时间内获得必要的文字、数据、图形或笔迹等资料的传输与交换，应选用数据通信与交换系统。

25.8.4.2　系统应包括以下功能：

（1）数据的传输与存贮；

（2）数据的检索、分类与合并；

（3）数据的运算。

25.8.4.3　设备选配应包括：

（1）用户终端机或数据处理机；

（2）前端通信机、调制解调器等。

25.8.4.4　传真通信应符合数据通信的规定。

25.8.4.5　通信协议及接口应符合本章第25.1.4.7款的规定。

25.8.5　工程工作站的设计应符合下述要求：

25.8.5.1　工程工作站宜用于专业技术复杂或用语言及文字难以完成的工作，且以处理数据、图形、图像为主要目的场合。

25.8.5.2　设备的选配应包括：

（1）主机选择应满足使用要求，其性能不劣于：

a. 主机字长32bit；

b. 主存贮器容量选择应符合本章第25.1.3.2款的规定；

c. 配有磁盘机和磁带机。

（2）按使用的精度选配输入及输出设备。

（3）运行软件应能达到所选功能。

25.8.5.3　工作站宜有通信或联机工作的接口。

25.8.5.4　环境条件应符合本章第25.1.5.4款及第25.1.5.5款的规定。

25.8.6　办公自动化局域网络系统的设置应符合本章第25.1.4条的规定。

25.8.7　标志识别系统的设计应满足下述要求：

25.8.7.1　需要自动识别具有特定标记、使用频繁且实时性强的场合，应选用标志识别系统。

25.8.7.2 选用设备应符合下列规定：

（1）以字符、符号等为主要信息媒介者应选用符号识别装置。

（2）以音量、音色为主要信息媒介者应选用声音识别装置。

（3）以几何图形为主要信息媒介者应选用图形识别装置。

（4）以图像像素为主要信息媒介者应选用图像识别装置。

25.8.7.3 标志识别装置的供电应符合本规范第25.1.9条的规定，保证被控制单元的合理供电。

25.8.7.4 专用识别装置不宜与非专用识别装置相邻设置。设有多个标志识别装置的系统，各识别装置应设在彼此不妨碍工作的地方。

25.8.8 有关建筑物设备自动化管理系统的设计，见本规范第26章。

25.8.9 办公印刷系统适用于办公文件和统计表格种类多、时间性强的场合以及需要制作保密文件或精密图样的部门。

25.8.10 选择的办公自动化系统其接口应符合下列规定：

25.8.10.1 软件各层之间接口应无差错。

25.8.10.2 软件与硬件的接口执行操作正确。

25.8.10.3 非同类电子设备的连接应保证接口电平平衡，且应符合本章第25.1.4.7款的规定。

25.8.11 办公自动化系统的供电应符合本章第25.1.9条的规定。

25.8.12 线路的敷设应能适于设备安装及办公位置的变化，并符合本章第25.1.13条的规定。

25.8.13 系统的接地应符合本章第25.1.12条的规定。

25.8.14 办公自动化系统宜包括下列应用软件：

文字处理软件；模式识别软件；图形处理软件；图像处理软件；情报资料及字典检索软件；统计分析及决策支持软件；计算机辅助设计软件；数据编辑及交换软件；远程作业软件；办公用数据库及管理软件；印刷排版软件。

26 建筑物自动化系统（BAS）

26.1 一 般 规 定

26.1.1 本章适用于对建筑物（或建筑群）所属各类设备的运行、安全状况、能源使用状况及节能等实行综合自动监测、控制与管理（以下简称监控）的“建筑物自动化系统（简称BAS或BA系统）”的规划与设计。

本章涉及的主要内容是具有分布式计算机监控与管理功能的、应用局域网络技术的BA系统的规划与设计；不涉及用于经营管理的办公自动化系统和针对个别对象而设计的独立的控制系统。

26.1.2 BA系统的采用与规划设计必须考虑国情，从具体工程实际出发，持慎重态度，在充分调研的基础上，细致地进行可行性论证，避免盲目性。

26.1.2.1 可行性论证必须包括：

（1）技术上的可行性分析；

（2）经济上的可行性分析；

（3）管理体制上的可行性分析。

26.1.2.2 下列各点宜作为可行性论证的综合依据：

（1）特别重要的、并且具有一定规模的建筑，为保证其所属设备及安全系统具有较高的可靠性要求时宜采用。

（2）BA 系统的一次投资能控制在建筑总投资的 2%以下时可采用。

（3）由于采用优化控制及能量管理程序，对于能耗较大的（如数万平方米以上的）全空调建筑，若初投资的回收期低于 5 年时宜采用。全空调建筑采用能量管理程序每年节省运行费用可按 10%～15%计算。

（4）多功能的大型租赁建筑宜采用。

（5）当设备的控制与管理工作程序复杂，难以用人工-手动方式完成，而必须依赖计算机程序完成时宜采用。

（6）当采用 BA 系统，其投资与可靠性综合指标优于其他可用的系统时宜采用。

26.1.3 规划与设计 BA 系统时所纳入的服务功能必须与管理体制相适应。当将某些要求"独立设置"的系统——尤其是安全系统作为子系统综合在 BA 系统之内时，须注意在结构上满足管理体制的要求，并应征得业务主管部门的认可（参阅本章第 26.2 节规定）。

26.1.4 BA 系统的硬件和软件的组成可视具体情况选用国际、国内已推出的系列产品，或者自行开发设计。也可将已逐步建立的、各自独立的分散型计算机控制系统有机地综合为 BA 系统。整个系统亦可考虑合理规划、分期建立。

无论采用哪种组建方案，均需具有一定的可变性，即：系统功能扩展的可能性与适应性；控制与管理方案改变时编程的易行性；硬件与软件进入或退出系统的方便性。

26.1.5 BA 系统规划、设计与建造必须具有下列的各种"保证"：

26.1.5.1 组织保证：该系统必须实现人-机联系。

对系统的操作员必须提供操作员手册，而且所设计的系统应提供菜单显示（参阅附录 M.1），实现交互工作方式，使操作员的日常性操作能依据屏幕上的"操作指示"在键盘上进行，且应提供脱机练习的功能。

对系统的程序员必须提供程序员手册，详细说明应用软件的修改与开发方法，并且应提供开发使用的设备和操作指南，一般至少应有一种高级语言能为系统开发所使用。

26.1.5.2 信息保证：技术信息（包括设备运行状态、技术参数、报警信号等）必须有统一的表示方法，报文应有清晰统一的格式，而且应提供建立信息库的工具和方法。

26.1.5.3 技术保证：系统硬件的组成（包括计算机及其外部设备，检测与执行元件和其他配套硬设备，以及将这些设备按一定网络结构连接为整体的物理介质）必须为 BA 系统对设备实现监控功能提供物质基础。系统及主要部件应具有可维修性。

26.1.5.4 数学保证：在应用软件中应提供必要的数学方法、数学模型和控制算法。

26.1.5.5 程序保证：除必备的系统软件外，还必须提供保证功能实现的足够数量的应用软件。

26.1.5.6 语言保证：系统中使用的技术术语应有统一规定。

如分布式系统系按把分散组建的分散式系统连网组成的方案构成时，最初的规划即应保证各分散系统使用统一的汇编语言与高级语言。

报警及状态显示与打印所用的自然语言宜采用汉字与英文兼容任选方式。如受条件限制允许只用英文。

26.1.5.7 法律保证：系统中各子系统的建立与运行规则必须符合已经生效的国家和地方的规定、规程、规范与法规。

26.1.5.8 工效学保证：系统的运行应保证人在系统中的活动效率最高、不出差错、并有益于人的身心健康。

26.1.5.9 系统的可靠性保证：系统必须有保证可靠运行的自检试验与故障报警功能，除本章以后各部分有关可靠性的规定外，必须有：

（1）交流电源故障报警；

（2）通信故障报警；

（3）接地故障报警；

（4）外部设备控制单元故障报警。

所有报警均应在中央站的主操作台 CRT 屏幕上给出标准格式报告（时间、代码、文字描述短语以及处理指示），并附有必要的声和/或光显示，故障消除后应给出恢复正常的标准格式报告（参阅本章第 26.1.5.2 款）。

26.2 系统的服务功能与网络结构

26.2.1 系统的服务功能

26.2.1.1 BA 系统的基本服务功能应是通过对建筑物内各类设备的运行集中监控与管理实现：

（1）确保建筑物内环境舒适；

（2）提高建筑物及其内部人员与设备的整体安全水平和灾害防御能力；

（3）通过优化控制提高工艺过程控制水平、节省能源消耗、减轻劳动强度；

（4）提供可靠的、经济的最佳能源供应方案，实现能源管理自动化；

（5）不断地、及时地提供设备运行状况的有关资料、报表，进行集中分析，作为设备管理决策的依据，实现设备维护工作的自动化。

在系统规划与设计中，必须强化节能意识，把能源供应管理程序及主动节能控制程序的采用列为主要内容。

26.2.1.2 BA 系统服务功能的规划，应按第 26.1.2 条的规定具体分析，其内容应包括：基于技术发展水平考虑的可实现性，基于投资能力考虑的可支持性，和基于管理体制考虑的可接受性。

26.2.1.3 基于可实现性原则，BA 系统宜区分为两个子系统。每个子系统可包括若干受监控的对象系统，依此分别规划其具体服务功能，并在此基础上协调各对象系统之间的联系。两个子系统及其所属的对象系统为：

（1）设备运行管理与控制子系统，包括：

a. 供热、通风及空气调节（HVAC）系统；

b. 给水（含冷水、热水、饮用水）与排水系统；

c. 配变电与自备电源等电力供应设备系统；

d. 照明设备系统；

e. 其他一切需要纳入系统实现集中监控的对象系统。

凡已设置的独立系统，如电梯控制系统、广播系统、电缆电视系统等，宜根据需要将工作状态监视及紧急状态下的越级控制权赋予 BA 系统的监控中心（参阅图 26.4.1.8）。

（2）防火与保安子系统，包括：

a. 火灾报警与消防控制系统；

b. 人员出入监控系统；

c. 保安巡更系统；

d. 防盗报警系统；

e. 其他一切需要保安监控的系统（如抗震、防冻等）。

26.2.1.4 基于管理体制可行性原则，防火与保安宜独立构成系统，专设“控制中心”。隶属于专管部门时，可按下列规定的三种方法之一处理：

（1）防火与保安子系统按本规范第 24 章及有关防火规范、规定单独设置，不纳入 BA 系统，但在设计上必须协调，避免在防火与保安发生异常情况时，对某些设备的控制指令不一，发生“干涉”现象。

（2）在防火与安全业务主管部门同意且经济上可行的条件下，可以将防火与保安子系统纳入 BA 系统，使之真正具有综合监视、控制与记录功能。为满足管理体制上的需要，该子系统应具有外观上和使用管理上的独立性，具体技术措施是：

a. 在“消防控制中心”等专管部门设置专用终端（二级操作站或远方操作站），提供专用的显示、打印与操作终端设备；

b. 事先编程，将管理体制上要求属于某主管部门的全部监控点，安排为该部门专设终端的分离点；

c. 赋予对所属分离点的最高操作级别进行数据访问、子系统自检、数据存取和修改、接受报警或联络信号和发出远动操作指令。

（3）防火与安全系统仍作为独立系统设置，只在其“中心”与 BA 系统监控中心建立信息传递关系，使两者同时具有状态监视功能；一旦发生灾情或盗情等异常情况，按约定实现操作权转移（参阅第 26.4.1.7 款和第 26.4.1.8 款）。

大型建筑（群）防火与安全系统亦可单独组成局域网络，并与 BA 系统局域网络互连，组成多域网。

26.2.1.5 对象系统的各监控点均应明确地进行类型划分。依据监控性质，监控点宜划分为如下三类：

（1）显示型

a. 设备即时运行状态检测与显示（包括单检、单显和巡检、连显），含：模拟量数值显示及开关量状态显示。

b. 报警状态检测与显示，含：运行参数越限报警；设备运行故障报警及火灾、非法闯入与防盗报警。

c. 其他需要进行显示监视的情况。

(2) 控制型

a. 设备节能运行控制;

b. 直接数字控制 (DDC),包括各种简单的、高级的、优化的、智能的控制算法的选用;

c. 设备投运程序控制,含:按日、时、分、秒设置的设备投运/关断的时间程序控制;按工艺要求或能源供给的负荷能力而设置的顺序投运控制及设备起/停的远动控制。

(3) 记录型

a. 状态检测与汇总表输出,应区分为:只有状态检测,并在“状态汇总表”上输出;只进行“正常”或“报警”检测,并在“报警/正常汇总表”上输出及同时进行状态与是否报警检测,若检测到“报警”状态,则在上列的两个汇总表上输出。

b. 积算记录及报表生成,含:运行趋势记录输出,积算报表形成,含:运行时间积算记录、动作次数积算记录、能耗(电、水、热)记录等;显示监视中发现的有价值的数据与状态的记录及需要的日报、月报表格的生成。

c. 巡更过程的记录,某些监控点,具有两种以上监控需要,则须划归为“复合型”,对复合型监控点的监控功能须按以上三种(显示、控制、记录)类型分别规划,需要时分别计算点数。

26.2.2 系统的网络结构规划

26.2.2.1 BA 系统网络结构的规划应符合下列原则:

(1) 满足集中监控的需要;

(2) 与系统规模相适应;

(3) 尽量减小故障波及面,实现“危险分散”;

(4) 减少初投资;

(5) 系统扩展易于实现。

26.2.2.2 系统应按表 26.2.2.2 之规定区分其规模,并据此和本章与规模有关的规定进行系统的规划与设计。

表 26.2.2.2 BA 系统规模区分

系统规模	监控点数(个)
小型系统	40 以下
较小型系统	41 ~ 160
中型系统	161 ~ 650
较大型系统	651 ~ 2500
大型系统	2500 以上

26.2.2.3 凡可实现集中监控的系统均为可用系统。中型以上系统宜首先考虑选用功能分级、软件与硬件分散配置的集散型系统 (TDS),实现:

(1) 监控管理功能集中于中央站和有相当操作级别的终端,实时性强的控制和调节功能由分站完成;

(2) 中央站停止工作不影响分站功能和设备运转,对于局部网络通信控制也不应因此而中断。

26.2.2.4 BA 系统宜优先考虑采用共享总线形的网络拓扑结构。环形及多总线结构为可选结构,但必须符合本章第 26.2.2.1 款规定的原则。

26.2.2.5 中型以上系统,无论采用何种网络结构,BA 系统对某一监控点实施监控的信号传递路径应符合图 26.2.2.5 所示的模式。

26.2.2.6 大型和较大型系统的分站,必须:

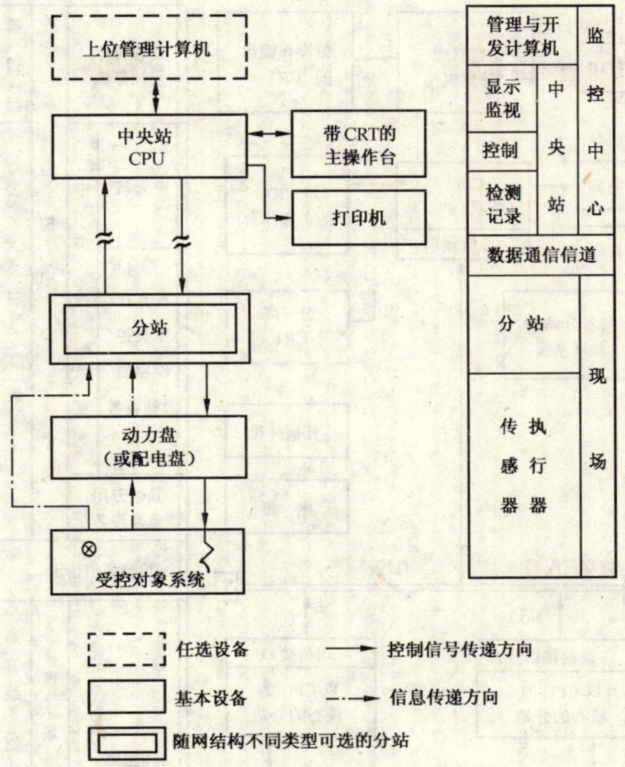

图 26.2.2.5 BA 系统的信号传递路径

（1）将分站设置在其所属受控对象系统的附近，使之成为现场工作站；

（2）以一台微处理机为核心，按规划实现全部监控功能；

（3）与中央站之间实现数据通信；分站之间亦应实现直接数据通信。

这种分级分布式的结构，见图 26.2.2.6 所示。

对于统一管理的建筑群或特大建筑物，当其设备数量极多，而配置又极为分散时，宜采用多个微型中心站（即具有多个如图 26.2.2.6 所示的第三级以下的结构）并通过网桥（或网关）进行互连，组成多域网。

26.2.2.7 中型系统和设备布置分散的较小型系统宜采用分级分布式监控系统。但当受到投资、使用、维护水平限制时，亦可采用集中式结构。即：

（1）中央站采用计算机监控，分站不设 CPU；

（2）分站采用功能模件式结构，以完成数据采集、转换与传递功能为主；

（3）可具有对所属设备进行启/停控制和参数调节的功能。

26.2.2.8 小型系统和布置比较集中的较小型系统宜采用集中式结构，即仅设一台微型计算机（不设分站）对现场的多种装置实现控制，组成单机多回路系统。

26.3 监控总表的编制

26.3.1 编制监控总表的一般规定如下：

26.3.1.1 编制总表应在各工种设备选型之后，由 BA 系统设计人与各工种设计人共同编

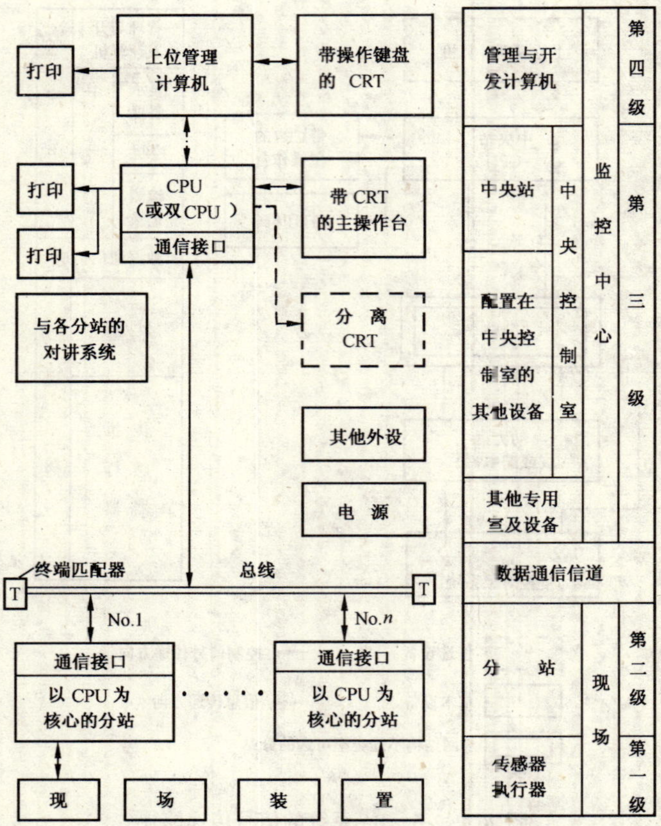

图 26.2.2.6　分级分布式系统结构

注：图中未画出可能配置的“二级操作站”和“远方操作站”以及可能配置的内存贮器、外存贮器和调制解调器等。

制，同时核定对指定监控点实施监控的技术可行性。

26.3.1.2　中型及以上系统应按不同对象系统分别编制多个监控表，组合为监控总表；较小型及以下系统可只编一个综合的监控总表，表格过大时，亦可按对象系统分开编制。

26.3.1.3　编制的总表必须满足下列的基本需要：

（1）为划分分站、确定分站模件选型提供依据；

（2）为确定系统硬件和应用软件设置提供依据；

（3）为规划通信信道提供依据；

（4）为系统能以简捷的键盘操作命令进行访问和调用具有标准格式显示报告与记录文件创造前提。

26.3.2　总表的格式以简明、清晰为原则，根据选定的建筑物内各类设备的技术性能，有针对性地进行制表，表 26.3.2 为推荐的参考格式。

所编制出的总表，对于每个监控点应明确表出下列内容：

（1）所属设备名称及其编号。

表 26.3.2 监 控 总 表

对象系统													检测						显示										记录													共 页，第 页					
																			即时显示			报警显示							状态检测记录					积算与报表生成								监控点点数统计 * 按设备或部位小计 * 按对象系统合计 * 按全部总计					备注
名称	编号	设备编号	设备名称	设备容量	配电箱/控制盘编号	设备安装部位	分组/分区编号	监控点描述短语	工程单位	点在组内的编号	点号	分站编号	起动/停止	状态回报	投运程序控制	DDC控制	节能控制		模拟量数值	开关量状态		运行参数越限	设备运行故障		火灾报警	防盗报警	非法闯入报警		只记状态	只记正常/报警	同时记左列两项			运行趋势记录	巡更过程记录	运行时间积算	动作次数积算	能耗积算	日报表格生成	月报表格生成		计别	模入(AI)	模出(AO)	开入(DI)	开出(DO)	
备注																																										图例	⧄ 中央级监控/现场级监控 ○ 选定的监控功能，标注于斜线上方/下方				

（2）设备所属配电箱/控制盘编号。

（3）设备安装楼层及部位。

（4）监控点的被监控量（以“监控点描述短语”表出）及工程单位。

（5）监控点所属类型。

（6）对指定点的监控任务是由中央站完成还是由分站与配电箱/控制盘等现场级设备完成；或中央级与现场级均须具有同样的监控功能。

26.3.3 在总表上需经反复规划后表出的内容如下：

（1）规划每个分站的监控范围，并赋于“分站编号”。

（2）对于每个对象系统内的设备，赋于为BA系统所用的系列“分组编号”。

（3）通信系统为多总线系统时，赋于总线“通道编号”。

（4）对于每个监控点赋于“点号”。

26.3.4 每个点号的确定都应遵守下列主要原则：必须适合计算机处理；是一种系统有序的数字式代码；要有一定的可扩展性；所有点号位数一致；点号由数字0～9和非易错英文字母①组成。

注：①非易错英文字母为A、B、C、D、E、F、G、H、K、L、M、P、R、V、W、X、Y共17个。

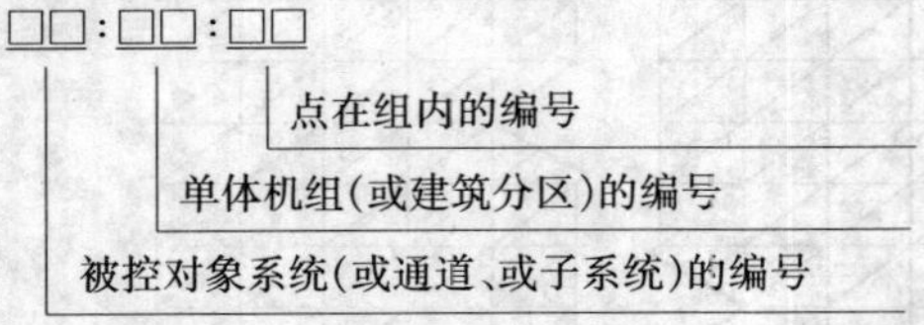

图26.3.4 监控点号的排序方法

小型与较小型系统的点号以2位或4位为宜；中型与中型以上系统宜采用3节、每节2位，中间以“:”（国标《位置3/10的图形符号》）分开的型式，如“01:02:14”。

3节2位数码的监控点点号的排序方法如图26.3.4所示。

第1节的2位数码在多总线系统中亦可用通道号取代；在含有防火与保安子系统的BA系统中，第1节的2位数码亦可用子系统（见本章第26.2.1.3款）号取代。

26.3.5 下列各项可为监控总表内的任选项：

（1）在备注栏内或专设栏内标注按单体机组（或分区）模拟量输入、输出及开关量输入、输出的个数小计，按对象系统合计及整个BA系统的总计。

（2）在备注栏内，或专设栏内列出模拟量恒值控制的设定值。

（3）设专栏标出现场动力盘（或配电盘）端子和与之相连的分站端子标号、连接导线的编号及型号等。

（4）以对象系统为单位统计和以整个BA系统为单位统计的各类监控点的总和。

（5）其他有价值的项目。

26.3.6 当BA系统设备选型已经初定时，监控总表应由设备供货单位提供、BA系统规划设计人填写，但必须注意保证规划功能的完整性和所用述语及符号的准确性。

26.4 BA系统硬件及其组态的规定

26.4.1 中央站硬件及其组态

26.4.1.1 中型及中型以上系统中央站的最小基本组态必须包括下列设备：

（1）由中央处理单元（CPU）、存储器、输入和输出装置及净化电源组成的计算机系统；该系统显示运行与报警状态和操作指示的方式可以以文字、表格为主，也可以以标有设备符号和参数值的对象系统模拟图形作为操作员基本框架的、彩色的、具有动感的图像为主；

(2) 通信接口单元（CIU）（或称接口信息处理机、通信适配器、适配卡）；

(3) 以可分离式键盘和监视器（CRT）为基础构成的主操作台，在键盘上应设置数量足够的、能满足简便操作要求的、适合 BA 系统应用的功能键；

(4) 至少要有一台打印机（PRT）作为报警信息、操作员处理及系统报告记录之用。

26.4.1.2 中央站宜采用冗余技术：一般应设备用 CPU，并使其处于热储备状态，故障情况下自动投入；包括安全子系统的中央站必须设置一备一用的双 CPU。

中型以上系统宜设主操作台的从属系统；亦可设置分离 CRT，专门显示某些（个）系统的状态。

26.4.1.3 操作台均应选台式结构，在便于操作的台架上单独设置或与可选的（非必设的）彩色图像显示器并列设置。

26.4.1.4 中央站的打印机可只设一台，亦可设置多台，其组态方式应符合下列规定：

(1) 只设一台，应符合本章第 26.4.1.1 款规定；

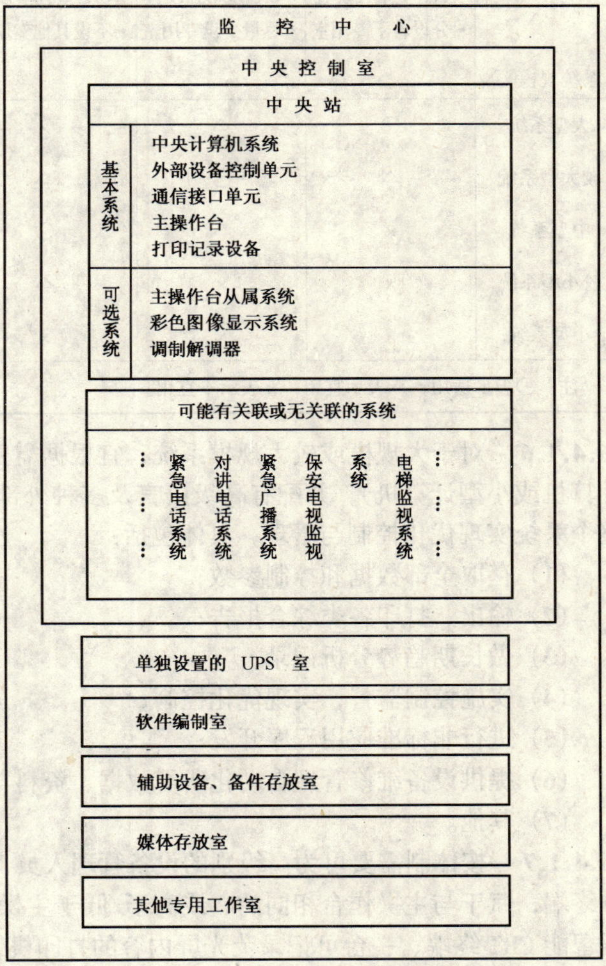

图 26.4.1.5 中央站——中央控制室——监控中心的组态

(2) 只设一台、但为双色打印机，报警信息用红色字体；

(3) 在本章第 26.4.1.1 款规定之外，另设一台，分离出来专门从事报警记录；

(4) 在本章第 26.4.1.1 款规定之外，另设一台，分离出来专门从事系统报告记录。

所有打印机均应能在现场被编程，能自动作为其他打印机的后备机，以防周期性换修或临时发生故障时无备用机可供使用。

26.4.1.5 监控中心按硬件、系统及专用工作室的组态梯次如图 26.4.1.5 所示，不同规模的系统组态梯次的规定如表 26.4.1.5 所示。

表 26.4.1.5

监控中心工作室组态 / 系统规模	• 须设中央控制室 • UPS 室单独设置 • 分设若干专用室	• 应设中央控制室 • UPS 室单独设置 • 尽量少设专用室	• 宜设中央控制室 • UPS 室宜单独设置 • 不设其他专用室	• 一般不单独设中央控制室 • UPS 室不单独设置 • 不设其他专用室	• 不单独设置中央控制室 • UPS 室与其他专用室均不单独设置 • 中央站及其他外围设备均设在主管人员办公室
大型系统	○	△	×	×	×
较大型系统	△	○	△	×	×
中型系统	×	△	○	△	×
较小型系统	×	×	△	○	△
小型系统	×	×	×	△	○
注：○表示适用；△表示宜用；×表示不宜用。					

26.4.1.6 对于大规模或较大规模系统，宜根据需要设置上位计算机（通常可选高档微型计算机或小型计算机），并配有高级语言及多种外部设备（外存贮器、PRT、CRT 等），对整个系统实现优化控制与管理，具体包括：

（1）存取全部数据和控制参数；

（2）输出、打印各类综合报告；

（3）做长期趋势分析记录；

（4）实施控制监督，实现优化控制；

（5）进行非标准应用程序开发；

（6）提供设备维修管理自动化所需数据、资料与指标；

（7）其他。

26.4.1.7 按体制需要可为高级别的设备管理人员（如工程部设备主管总工程师）设置远方终端，赋于与主操作台相同的、或高于/低于主操作台的操作级别。通常可提供一台远程智能 CRT 终端、一台可记录荧光屏内容的打印机，对系统进行级别允许的访问和编程。

当远方终端远离监控中心时，应根据产品性能要求设置中央及远方调制解调器。

26.4.1.8 对于独立设置的设备系统或安全系统（如电梯群控、消防系统等），宜在这些系统的控制盘（或控制中心）与 BA 系统中央站之间建立信息传递路径，以实现 BA 系统监控中心的集中监视功能。对独立设置的设备系统实现集中监控的方案，可参见图 26.4.1.8。

26.4.1.9 中央计算机系统应能支持实时时钟和外部设备控制单元接口插件板工作长达 72h 以上的备用电池（参阅本章第 26.4.1.11 款）。

26.4.1.10 中央站硬件应尽量选用无噪声设备（如热敏打字机等）。

26.4.2 分站硬件及其组态

26.4.2.1 分站按其硬件组成是否有分散的实现闭环控制功能，区分为“分散控制型”和“数据采集型”（对于某些商品化的产品习惯地统称为“数据采集盘”，亦可不加区分地沿用）。

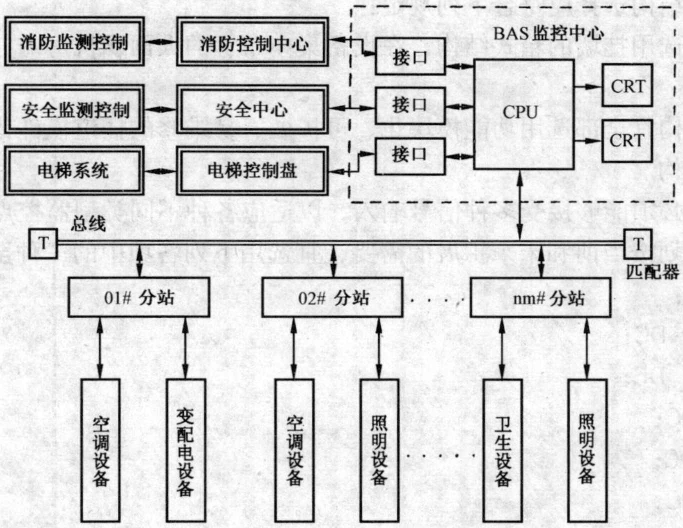

图 26.4.1.8　一种对独立的设备系统实现集中监控的方案

回双线框内的系统表示独立的设备系统，它们各自设有本系统的控制盘或中心。

"分散控制型分站"，按其硬件组成是否以微处理器为核心区分为"智能控制型"和"普通控制型"。

任何类型的分站均须具有数据采集并将信息传送到监控中心的功能。

用于图纸的统一标注应按表 26.4.2.1 的规定符号使用。

26.4.2.2　对分站型式的选择可参照本章第 26.2.2 条规定，结合功能要求进行规划。对中型、尤其是较大型和大型系统宜选用 DCP-1 型分站。

表 26.4.2.1　分站类型的标注符号

分站类型		标注符号
数据采集型		DGP
分散控制型	以微处理器为核心（智能控制型）	DCP—1
	无微处理器（普通控制型）	DCP—G

26.4.2.3　每个分站监控区域的划分应符合下列规定：

（1）集中布置的大型设备应规划在一个分站内监控，如果监控点过多，输入/输出量（包括开关量和模拟量）的总和超过一个分站所允许最大量的 80%时，可并列设置两个或两个以上的分站，或在分站之外设置扩展箱；

（2）分站对控制对象系统实施 DDC 控制时必须满足实时性的要求。一个分站对多个回路实施分时控制时，尤其要考虑数据采集时间、数字滤波时间、控制程序运算及输出时间的综合时间，避免因分时过短而导致失控；

（3）每个分站至监控点的最大距离应根据所用传输介质、选定波特率以及芯线截面等数值按产品规定的最大距离的性能参数确定，并不得超过；

（4）分站的监控范围可不受楼层限制，依据平均距离最短的原则设置于监控点附近。但防火分站应按有关消防规范参照防火分区及区域报警器的设置规定确定其监控范围。

26.4.2.4　分站结构选择应符合下列规定：

（1）通常应选用挂墙的箱式结构，在设备集中布置的大面积机房内亦可采用小型落地柜式结构。

（2）内部结构宜全部选用功能模块化、可扩展、易维修的插道模件化结构，但不排除易扩展的板式结构。

26.4.2.5　分站必须能够接受多种信号输入，以适应各种不同类型监控点所采用传感器及变送器，根据规划按当前和未来扩展的需要，宜选用下列各项中的一种至数种：

（1）模拟量：

a.4～20mA，DC；

b.0～10mA，DC；

c.0～1V，DC；

d.0～5V，DC；

e.0～6V，DC；

f.2～10V，DC。

（2）开关量：

a. 常开；

b. 常闭；

c. 电流——有/无；

d. 电压——有/无。

26.4.2.6　分站应具有模拟量和开关量两种输出。根据规划按当前及未来扩展的需要，宜选用下列各项中的一种至数种：

（1）模拟量：

a.4～20mA，DC；

b.0～10mA，DC；

c.0～10V，DC；

d.0～12V，DC。

（2）开关量：

必备的开关量输出应有保持式和脉冲式（用于瞬时式或自锁式电路），其组合状态为：

a. 两态控制（通—断）；

b. 三态控制（快—慢—停）。

26.4.2.7　被允许纳入BA系统的通行门出入控制子系统，应设置独立的出入控制分站，实现出入权识别和记录以及对通行门进行启/闭控制的时间程序。

26.4.2.8　被允许纳入BA系统的巡更联络与保安监视子系统，应设置独立的巡更分站或在某些分站内单独设置功能模块。它（们）应设与主管部门联络用的电话插孔、主管部门进行呼叫的指示灯（或闪烁器）以及发送“巡更到位”信号的钥匙插孔，以实现声、光或手动联络。

26.4.2.9　DCP-1型分站必须设有操作终端和程序员终端插孔，供操作员和程序员以便携式终端设备进行临时性现场操作和程序设定以及参数修改。

这些现场用终端设备连接到分站的相应插口之后，必须保证分站及BA系统的正常工作不因此而中断。

26.4.2.10 每个分站均宜具有下列的辅助功能：

（1）设置与中央站的对讲机。

（2）设置门状态（开/关）检测装置，并将检测到的信号送往中央站。

（3）由备用电池支持的实时时钟，在盘面上显示年、月、日、时、分、秒及周日。

（4）盘面上（或盘内）装设自发光二极管显示器，以进行下列状态显示：

a. 电源接通正常；

b. 电源故障；

c. 电源接通试验；

d. 数据发送；

e. 数据接收；

f. 数据通信故障。

26.4.2.11 DCP-I 分站须设备用电池，当电源中断时无瞬断地投入，保持 RAM 的内容并满足本章第 26.4.2.10 款的（1）的规定，支持时间不应低于 72h，并发出交流停电报警信号，送往监控中心。

备用电池在系统正常工作的无负载情况下的自身寿命不得低于 5 年。

26.4.2.12 DCP-I 型分站的硬件构成除基本系统（CPU、EPROM、RAM、通信适配卡、电源、总线等）和本章第 26.4.2.1 款～第 26.4.2.11 款的规定之外，输入/输出（I/O）模块须慎重规划，宜按下列步骤估算其种类与数量：

（1）依据本章第 26.4.2.3 款规定初步规划分站的监控区域与设置位置；

（2）依据监控总表分别统计该分站所辖区域内模拟输入量/输出量和开关输入量/输出量的数量，并加入 15%～20%的裕量；

（3）参照产品系列所能提供的各类 I/O 模块所能提供的点数及性能参数，选型并计算所需的 I/O 模块数量；

（4）按所需的插道槽数选定机架。如果产品系列中最大槽数的机架也不能满足要求，则应考虑：

a. 增设扩展箱或两个分站并列；

b. 重新规划分站监控区域。

26.4.2.13 在 DCP-I 型分站所辖区域内如有进行脉冲计数或有间隔的信号终止控制的需要，须设置相应个数的总加器输入。

26.4.2.14 所有分站的设置位置应满足下列规定：

（1）噪声低、干扰少、环境安静，24h 均可接近进行检查和操作（尤其应保证延伸板接入后操作方便）；

（2）满足产品自然通风的要求，空气对流路径通畅。

26.5 关于 BA 系统软件的原则规定

26.5.1 第 26.5 节仅对 BA 系统的软件规划、选用、编制与开发做出原则规定。有关中央软件与分站软件功能与技术要求，可参照附录 M.1 和附录 M.2 的具体规定进行规划与设计。

26.5.2 既可用软件也可用硬件实现的监控功能要求，应在进行经济性对比、并确认软件实现更可靠、更节省投资时方宜选用软件实现。

26.5.3 集中式系统只需配置中央软件；TDS 型系统需区分中央和分站软件，分别按功能要求仔细规划配置。在不影响系统总体功能的前提下，宜依据“危险分散”原则进行分散配置，从软件设置上保证分站可以不依赖中央软件，能完全独立地完成对所属区域或设备实施控制。

26.5.4 软件应采用模块化结构，以利简易、灵活地实现功能扩展。

26.5.5 中央和/或分站软件必须支持：

26.5.5.1 对系统的使用与操作实现有效的身份识别与访问级别管理。

26.5.5.2 系统具有最简易的可操作性，例如：

（1）以菜单式的操作指示，击键一下即完成控制指令输入；

（2）建立应用软件包，把程序编制过程简化为数据输入过程等等。

26.5.5.3 系统规模的可扩展性和数据的可修改性。

26.5.5.4 用高级语言和/或接近于自然的语言进行非标准的应用程序开发。

26.5.5.5 逻辑与物理资源的编程处理可简单地实现：

（1）根据点型、对象系统、通信信道、建筑区域等不同组态原则区分的逻辑组进行编程。

（2）对中央站、二级站和远方操作站及其所属外部设备的功能范围进行编程。

26.5.5.6 每个分站均可根据需要从其他站读入共享数据。

26.5.6 软件内容的规划与设计宜按系统结构和功能要求，按下列各项进行有层次的规划：

系统软件；语言处理软件；应用软件（含应用软件包）；故障诊断、系统调试与维护软件；数据库生成与管理软件；通信管理软件。

26.5.7 无论何种结构、无论中央站或分站、无论对各类软件按功能要求如何取舍，均应设置完整的系统诊断功能软件，以检查程序错误、计算机故障并指出错点或故障部位。

26.5.8 中央与分站软件均应提供在不影响系统正常运行条件下，允许操作员或程序员进行操作练习的功能；中央软件还应提供按分组（或分区）显示的监控点描述短语及操作指示样板的功能。

26.5.9 TDS 型系统的中央软件至少应包括：系统软件（含网络协议及协议软件、网络操作系统）；语言处理软件（含汇编、解释、编译及编辑程序等）；数据通信控制与管理软件；CRT 显示格式及系列标准格式报告软件；标准操作员接口软件；中央日程表软件；时间/事件诱发程序软件；报警处理软件；DDC 控制算法软件包；数据库及数据库管理软件；总体能量管理程序软件；多台外部设备/多控制台支持软件。

26.5.10 TDS 型系统的智能控制型分站软件至少应包括：系统软件（含监控程序与实时操作系统）；通信控制软件；输入/输出点处理软件；操作命令的控制软件；报警锁定软件；积算软件；直接数字控制软件；事件启动的诱发程序；节能管理应用程序；一套具有编辑功能的用户控制与计算用的软件包。

26.6 信号传输与数据通信

26.6.1 集中式的单机系统，从现场到计算机系统的信号传输，需综合考虑下列因素确定传输方式：

（1）简化传输控制的硬件结构；

（2）减少传输导线的根数；

（3）弱化维修的技术难度。

按系统规模从小型、较小型到某些中型系统，以及监控点的集中程度和现场至计算机系统的距离，可选用一对一的传输方式、矩阵选码—公用线传输方式或多路复用技术的一路通道多方使用的传输方式（阵列式传输方式）。

单机系统采用多路复用技术时，在满足实时性要求的前提下宜首先考虑时分制。

26.6.2 集散型系统的信号传输需作为 BA 系统的重要子系统—数据通信子系统加以规划，采用符合国际标准化组织（ISO）所提出的 OSI 基本参考模型的分层网络体系结构和协议，并要符合本章第 26.6 节以下规定。

26.6.3 数据编码和通信控制字符编码，必须符合国标《位置 3/10 的图形符号》的规定。

26.6.4 通信子系统必须支持交互式通信方式，中央站和分站发生故障时，均不应导致整个通信的崩溃，只要系统内有两个站以上（含两个站）工作，全部通信工作不得停顿，并能共享必要的硬件和软件资源（检测器、事件启动的诱发程序及总体应用程序等）。

26.6.5 各类工作站（中央站、分站、二级站、远方站等）挂接于通信网络的方式，应能保证在不影响系统正常工作的前提下，方便地增挂与摘除，使系统具有便于维修和分批投资、灵活扩展的特点。

26.6.6 信号传输方式宜根据对传输性能和辅助功能①的要求确定，通常宜采用基带式传输方式，只有在传输距离与速率受到限制或辅助功能确属必要而又难以满足时方可采用其他的传输方式。

注：①辅助功能系指自动呼叫与应答、自诊断、减少通信延迟等。

26.6.7 数据通信中可用的传输介质宜选双绞线、同轴电缆、光缆等。当传输速率允许时，宜优先采用双绞线，如需穿越户外，宜用同轴电缆。只有当环境干扰特强、且连接部件的成本低到工程造价可以接受的程度时，方可考虑采用光缆。

采用双绞线时，铜芯芯线截面应按本章第 26.4.2.3 款之（3）规定的原则确定；采用同轴电缆时，应根据布线长度和产品要求确定选用细缆或粗缆；当细缆可用时，不宜选用粗缆。粗、细缆混用时，可用细缆处亦不宜选用粗缆。

26.6.8 通信系统的误码率一般不应高于 10^{-6}，特别重要的建筑，尤其是纳入防火安全子系统的 BA 系统应低于 10^{-7}，为此，应采取差错检测和校正技术。

26.6.9 涉及保安监控的通信系统应采用具有线路监视手段的冗余式传输网络。设备监控系统（不含防火与保安子系统）可视建筑物的使用目的及其重要程度确定是否采用冗余式网络。

26.6.10 BA 系统的访问控制方法应与网络拓扑结构相适应，并有较高的性能价格比。通常宜采用令牌传递访问控制方法（令牌传递总线访问与令牌传递环访问方法）。

26.6.11 通信系统宜设自控功能，当发生通信故障时自动报警，显示与记录故障点，并给出处理指示。

26.7 电　源

26.7.1 系统用电负荷的总容量应为现有设备总容量与预计扩展总容量之和。若扩展容量无明确规划依据，可按现有容量的20%估算。

26.7.2 系统的监控中心需由配变电所引出专用回路供电，为提高用电可靠性，供电回路宜用一路供电、一路备用，末端自动切换的双回路供电方式。

26.7.3 监控中心内系统主机及其外部设备宜设专用配电盘，通常不宜与照明、动力混用。

26.7.4 供电质量应满足产品要求，如无明确要求或所提要求过低，应以电压波动不大于±10%、频率变化不大于±1Hz、波形失真率不大于20%为标准。达不到要求时应采用稳压和（或）稳频措施。

在电源污染严重、影响系统正常运行时，应采取电源净化措施。

26.7.5 所在地区供电连续性无保证时，需统筹考虑设置自备电源。

26.7.6 无论系统规模如何，一般均应设不停电电源（UPS）装置，其容量应根据包括BA系统在内的全部需由其供电的装置（如办公室自动化装置等）的容量计算。

BA系统所需容量按以下两种方法计算，并取其大者：

26.7.6.1 根据正常容量计算：各负荷容量的算术和加上预计扩展容量（不包含BA系统内的执行机构）。

26.7.6.2 根据起动容量计算：单台容量最大的设备的10倍额定容量加上其他设备额定容量的总和。

对于内装起动电流保护电路的不停电电源，可根据其性能参数酌减起动容量的计算值。

UPS的供电时间按不低于20min计算。

26.7.7 监控中心需在最易迅速接近位置设置紧急停电开关，并加以醒目标志。

26.7.8 分站电源宜从监控中心专用配电盘上以一条支路专供一个分站的方式引入。

26.8 线 路 敷 设

26.8.1 BA系统的传输介质为双绞线时，应采用金属管、金属线槽或带有盖板的金属桥架配线方式；当传输介质为同轴电缆时可采用难燃塑料管敷设。

所有信号线路不得与其他线路共管敷设。

26.8.2 采用金属管、线槽、电缆桥架等布线方式时，应符合本规范第8章的有关规定。当系统分期建设时，金属配管应留有备用配管。

26.8.3 电源线与信号线在无屏蔽平行布置时，宜保持0.30m以上的间距；当在同一金属线槽内敷设时，需装设金属隔离件。

26.8.4 高层建筑内，通信干道在竖井内与其他线路平行敷设时，应按本章第26.8.1条~第26.8.3条规定处理。

条件允许时应单设弱电信号配线竖井。

每层建筑面积超过1000m^{2}或延长距离超过100m时，宜设两个竖井，以利分站布置和数据通信。

26.8.5 水平方向布线宜采用：天棚内的线槽，线架配线方式；地板上的搁空活动地板下或地毯下配线方式，以及沟槽配线方式；楼板内的配线管、配线槽方式；房间内的沿墙配线方式。

26.8.6 系统接地应符合本规范第14章的有关规定。

26.9 监 控 中 心

26.9.1 监控中心的工作室组态应根据系统规模大小，按表26.4.1.5规划。

中型以上系统除中央控制室外尚需附设若干专用室或不同型式隔断的工作区。按需要可附设的专用室或工作区有：电源（UPS）室（区）；软件人员工作室（区）；硬件人员工作室（区）；备品保管室；信息媒体保管室，或单设或与软件人员工作室合并。

26.9.2 监控中心宜设在主楼低层，在确保设备安全的条件下亦可设在地下层。无论设置在何处均应保证：

（1）周围环境相对安静，中央控制室应是环境噪声声级最低的场所。

（2）无有害气体或蒸汽以及烟尘侵入。

（3）远离变电所、电梯房、水泵房等易产生电磁辐射干扰的场所，距离不宜小于15m。

（4）远离易燃、易爆场所。

（5）无虫害、鼠害。

（6）其上方或毗邻无厨房、洗衣房及厕所等潮湿房间。

（7）环境参数满足产品要求。如产品对周围环境无明确的参数要求时，可按下列数值选择监控中心的位置：

a. 振幅小于0.1mm。

b. 频率小于25Hz。

c. 磁场强度小于800A/m。

26.9.3 监控中心应设空调，一般可取自集中空调系统；当仍不能满足产品对环境的要求时，应增设一台专用的空调装置，此时应设空调室并采取噪声隔离措施。

26.9.4 中央控制室宜设铝合金骨架搁空的活动地板，高度不低于0.2m；各类导线在活动地板下线槽内敷设，电源线与信号线之间应采取隔离措施（参阅本章第26.8.1条和第26.8.3条的规定）。若设有竖井时活动地板下部应与其相通。

26.9.5 不停电电源设备按规模设专用室时，其面积可参照第26.9.6条的规定及设备占地面积确定，但不得小于$4m^2$。

放置蓄电池的专用电源室应设机械排风装置，火警时应自动关闭。该室与中央控制室不得有任何门窗或非密闭管道相通。

26.9.6 规模较大系统、且有多台监视设备布置于中央控制室时，监控设备应呈弧型或单排直列布置；屏前净空按操作台前沿计算不得小于1.5m，屏后净空不得小于1m。

26.9.7 中央控制室宜采用天棚暗装室内照明，室内最低平均照度宜取150～200lx，必要时可采用壁灯作辅助照明。

26.9.8 监控中心应根据系统规模大小设置卤代烷或二氧化碳等固定式或手提式灭火装置，禁止采用水喷淋装置。

26.9.9 规模较大的系统，在中央控制室宜设直通室外的安全出口。

附录A　室　外　线　路

A.1　典型气象区适用地区

表 A.1　典型气象区适用地区

序　号	适　应　地　区	气象区	最大风速（m/s）	覆冰厚（mm）	最低气温（℃）
1	南方沿海受台风侵袭地区，如浙江、福建、广东、广西、上海	Ⅰ	30	—	-5
2	华东大部分地区	Ⅱ	25	5	-10
3	西南非重冰地区，福建、广东等台风影响较弱的地区	Ⅲ	25	5	-5
4	西北大部分地区，华北、京、津、唐地区	Ⅳ	25	5	-20
5	华北平原、湖北、湖南、河南	Ⅴ	25	10	-20
6	东北大部分地区，河北的承德、张家口一带	Ⅵ	25	10	-40
7	覆冰严重地区。如山东、河南部分地区，湘中、鄂北、粤北重冰地带	Ⅶ	25	15	-20

A.2　架空线路污秽分级标准

表 A.2　架空线路污秽分级标准

污秽等级	污　秽　条　件		泄漏比距（cm/kV）	
	污　秽　特　征	盐　密（mg/cm^2）	中性点直接接地	中性点非直接接地
0	大气清洁地区及离海岸 50km 以上地区	0～0.03（强电解质） 0～0.06（弱电解质）	1.6	1.9
1	大气轻度污染地区，或大气中等污染地区； 盐碱地区，炉烟污秽地区，离海岸 10～50km 的地区，在污闪季节中干燥少雾（含毛毛雨）或雨量较多时	0.03～0.10	1.6～2.0	1.9～2.4
2	大气中等污染地区：盐碱地区炉烟污秽地区，离海岸 3～10km 地区，在污闪季节中潮湿多雾（含毛毛雨），但雨量较少时	0.05～0.10	2.0～2.5	2.4～3.0
3	大气严重污染地区：大气污秽而又有重雾的地区，离海岸 1～3km 地区及盐场附近重盐碱地区	0.10～0.25	2.5～3.2	3.0～3.8
4	大气特别严重污染地区，严重盐雾侵袭地区，离海岸 1km 以内地区	>0.25	3.2～～3.8	3.8～4.5

注：附录 A.2 系根据水利电力部（83）水电技字第 23 号“关于颁发高压架空线路和发变电所电瓷外绝缘污秽分级标准的通知”而订。

附录B　常用设备电气装置

B.1　鼠笼型电动机降压起动方式的特点

表 B.1　鼠笼型电动机降压起动方式的特点

降压起动方式	自耦变压器降压	星三角转换	延边三角形起动 当抽头比例为		
			1:2	1:1	2:1
起动电压	KU_e	$0.58U_e$	$0.78U_e$	$0.71U_e$	$0.66U_e$
起动电流	K^2I_{qd}	$0.33I_{qd}$	$0.6I_{qd}$	$0.5I_{qd}$	$0.43I_{qd}$
起动转矩	K^2M_{qd}	$0.33M_{qd}$	$0.6M_{qd}$	$0.5M_{qd}$	$0.43M_{qd}$
优缺点及适用范围	起动电流小，起动转矩较大；不能频繁起动，设备价格较高，采用较广	起动电流小，起动转矩小，可以较频繁起动，设备价格较低，适用于定子绕组为三角形接线的中小型电动机	起动电流小，起动转矩较大，可以较频繁起动，具有自耦变压器及星三角起动方式两者之优点，适用于定子绕组为三角型接线且有9个出线头的电动机		

注：U_e——额定电压；I_{qd}、M_{qd}——电动机的全压起动电流及起动转矩；K——起动电压/额定电压，对自耦变压器为变比。

B.2　交流稳压器类型特点

表 B.2　交流稳压器类型特点

		主要优点	相对的缺点	容量范围	电源种类
铁磁谐振式	磁饱和稳压器	结构简单，运行可靠，维护方便，价格较廉。在正确使用的条件下，可在较大的范围内具有较高的稳压精度	(1) 供电电源频率变化将使稳压精度下降 (2) 输出波形失真 (3) 对于负荷变动无稳压作用 (4) 对于功率因数较低的感性负荷稳压性能差 (5) 高压电容器易损坏	50V·A～10kV·A	单相
铁磁谐振式	稳压变压器	价格便宜，运行可靠，结构简单，维护方便，尤其是可以与电源变压器合为一体，所以特别适合使用在中、小型电子仪器、电子产品中	(1) 供电电源频率变化将使稳压精度下降 (2) 输出波形失真 (3) 对于负荷变动无稳压作用 (4) 对于功率因数较低的感性负荷稳压性能差 (5) 高压电容器易损坏	（常用） 200V·A 以下	单相

续表 B.2

		主要优点	相对的缺点	容量范围	电源种类
铁磁谐振式	磁放大器式	运行可靠，稳压精度高（对于负荷变化具有同样的稳压精度），价格较廉，波形畸变较小	（1）应变时间长 （2）不宜昼夜连续使用 （3）与铁磁谐振式相比，结构与维护均较复杂	1kV·A～5kV·A	单相
	可控硅式	价格低廉，稳压精度高、结构轻便节省有色金属，无噪音，反应速度快由于主要使用电子元件，因此适宜于自制简易稳压器	（1）波形畸变显著，电网电压越低，畸变越烈 （2）电路复杂，维修与调试需有一定的技术知识 （3）不宜昼夜连续使用	10kV·A 以下	单相或三相
	感应调压器式	运行可靠，稳压性能良好，在各种负荷条件下均能使用，稳压精度可随意调整，稳压范围宽，波形无失真，适用于大功率、高要求的场合	结构复杂，体积庞大，价格贵，效率较低（自耗大），需定期检修维护	10kV·A～800kV·A	单相或三相
	自耦变压器式	运行可靠，稳压性能良好，在各种负荷条件下均能使用，稳压精度可随意调节，稳压范围宽，波形无失真，适用于大功、高要求的场合	同上，此外，因是有触头调节，所以触头易磨损常有打火现象，附近有易燃物品的场合不宜采用	10kV·A～500kV·A	单相或三相

B.3 各种整流器的接线系数

表 B.3 各种整流器的接线系数

整流线路接线方式	K_P	整流线路接线方式	K_P
单相半波	1.34 (3.49)	三相桥式 双 Y 带平衡电抗器	1.05 1.26
单相全波	1.34 (1.50)	六相零式（原边 Y） 六相零式（原边△）	1.80 1.55
单相桥式	1.11 (1.24)	六相曲折零式	1.42
三相零式	1.35		
三相曲折零式	1.46		

注：①本表按在无限大电感负载下全导通时编制；

②三相以上线路为纯电阻负载的数据相差不大，单相线路纯电阻负载的数据用括号列在有关项内。

B.4 整流器 η、$\cos\varphi$ 参考值

表 B.4 整流器 η、$\cos\varphi$ 参考值

直流输出功率（kW）	$\cos\varphi$	η
1～5.4	≥0.70	≥0.70
5.5～17	≥0.75	≥0.75
≥18	≥0.80	≥0.80
单管整流	—	≥0.85

B.5 固定型铅蓄电池容量计算

B.5.1 蓄电池组容量

按满足事故全停电状态下的持续放电容量计算：

$$C > \frac{O_s}{K_k K_c} \tag{B.5.1}$$

式中 C——计算所要求的蓄电池 10h 放电容量（A·h）；

O_s——事故全停电状态下持续放电容量（A·h）；

K_k——容量储备系数，取 0.80；

K_c——容量换算系数（对应不同的放电终止电压和所要求的放电时间，可由图 B.5.1 中曲线查出）。

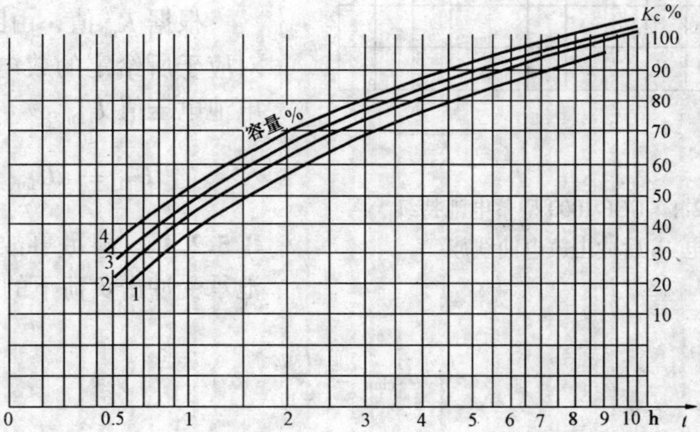

图 B.5.1 蓄电池放电容量与放电时间的关系曲线

注：1—终止电压 1.80V；2—终止电压 1.75V；3—终止电压 1.70V；

4—终止电压 1.65V

B.5.2 电压水平校验

按满足事故放电时，对直流母线电压水平的要求进行验算。

B.5.2.1 满足事故放电初期，蓄电池突然承受放电电流时的电压水平：

$$K_{cho}=\frac{I_{so}}{C_{10}} \tag{B.5.2.1}$$

式中 K_{cho}——事故放电初期冲击系数；

I_{so}——事故放电初期放电电流（应包括直流电动机的启动电流）(A)；

C_{10}——根据公式 B.5.1 计算选出的蓄电池 10h 放电容量（A·h）。

根据 K_{cho} 值，由图 B.5.2.1 曲线族中的虚线或曲线 O 上查出对应的单只电池电压值 U_{cho}。

$$U_M = nU_{cho} \geqslant 0.9U_e$$

式中 U_M——直流母线电压（V）；

U_e——直流母线电压额定值（V）；

n——蓄电池个数。

B.5.2.2 满足事故放电末期，蓄电池组所能保持的电压水平：

$$K_m=\frac{I_s}{C_{10}} \tag{B.5.2.2}$$

式中 I_s——事故持续放电电流（A）；

K_m——事故放电电流的放电率。

根据 K_m 值，由图 B.5.2.2 中曲线对应于所给定的放电时间，查出单只电池电压值 U_{fm}。

$$U_M = nU_{fm} \geqslant 0.85U_e$$

B.5.2.3 满足事故放电末期，蓄电池承受冲击负荷下的电压水平：

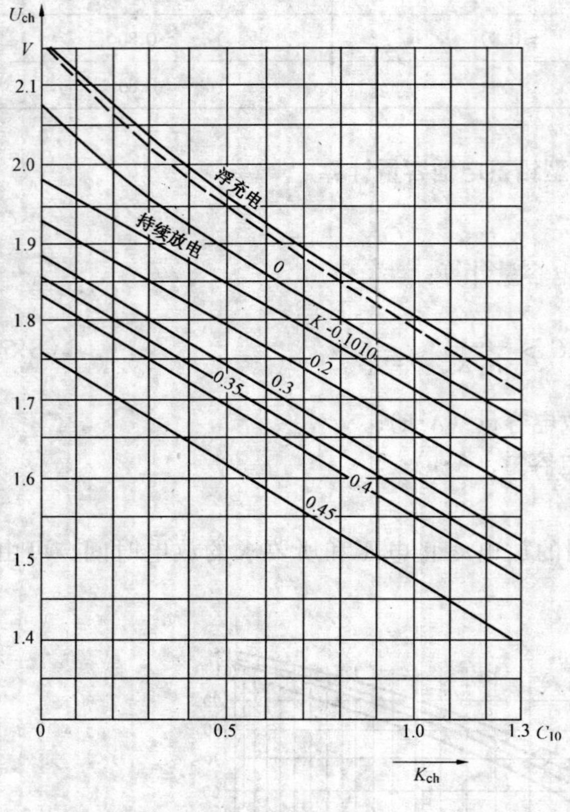

图 B.5.2.1 GGF-1000 型蓄电池持续放电 1h 后冲击放电曲线族

$$K_{chm}=\frac{I_{ch}}{C_{10}} \tag{B.5.2.3}$$

式中 I_{ch}——事故放电末期时的冲击电流（A）；

K_{chm}——事故放电末期时的冲击系数。

根据 K_{chm} 值，由图 B.5.2.1 曲线族中，对应于 K_m 值（放电率）曲线，查出单个电池电压值 U_{chm}。

$$U_M = nU_{chm} \geqslant 0.85U_e$$

GGF-1000 型蓄电池放电容量与放电时间关系

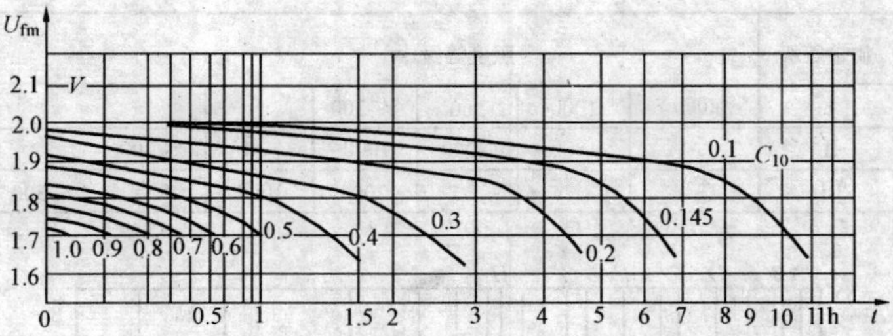

图 B.5.2.2 GGF-1000 型蓄电池放电特性

$U=f(t)$ $I_t=$ 常数关系曲线

附录C 电 气 照 明

C.1 灯具亮度限制曲线及其使用方法

C.1.1 采用图 C.1.1-1 或图 C.1.1-2，取决于灯具的类型和布灯方位。图 C.1.1-1 适用于无发光侧边的灯具和所有长条型灯具的纵向观看的方位。C.1.1-2 适用于有发光侧边灯具和所有长条型灯具的横向观看的方位。使用灯具亮度限制曲线时，必须分别检查灯具在两个主要方位上的亮度分布（图 C.1.1-3）。

质量等级	照度等级(lx)						
Ⅰ	2000	1000	500	≤300			
Ⅱ			2000	1000	500	≤300	
Ⅲ				2000	1000	500	≤300

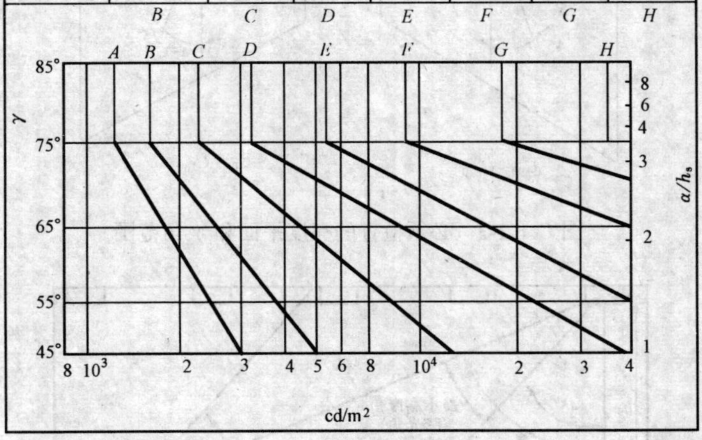

图 C.1.1-1 无发光侧边灯具的亮度限制曲线

C.1.2 长条型灯具系指发光面的长宽比大于 2∶1 的灯具。当发光的侧边高度 < 30mm 或亮度低于 750cd/m² 时，可按无发光侧边灯具计算。

C.1.3 图 C.1.1-1 和图 C.1.1-2 中的 γ 角为观察点同最远灯具和视线连线与该灯具下垂线间的夹角，用灯具安装方位的距高比 a/hs 表示（见图 C.1.3）。灯具在 γ 角方向的亮度

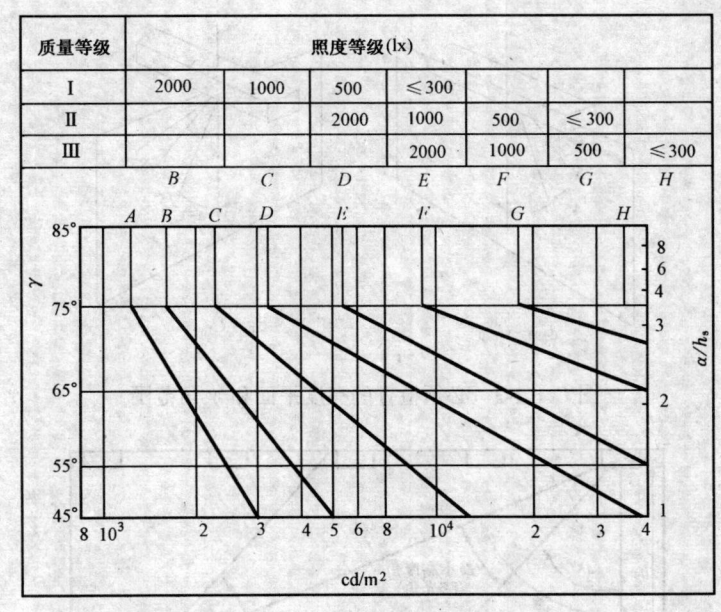

质量等级	照度等级(lx)						
I	2000	1000	500	≤300			
Ⅱ			2000	1000	500	≤300	
Ⅲ				2000	1000	500	≤300

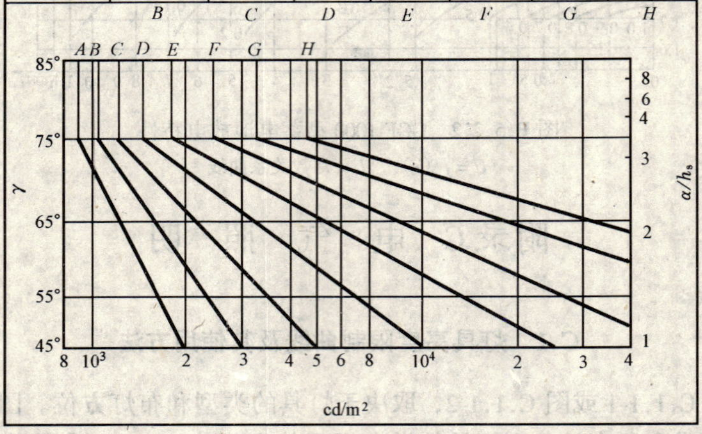

图 C.1.1-2　有发光侧边灯具的亮度限制曲线

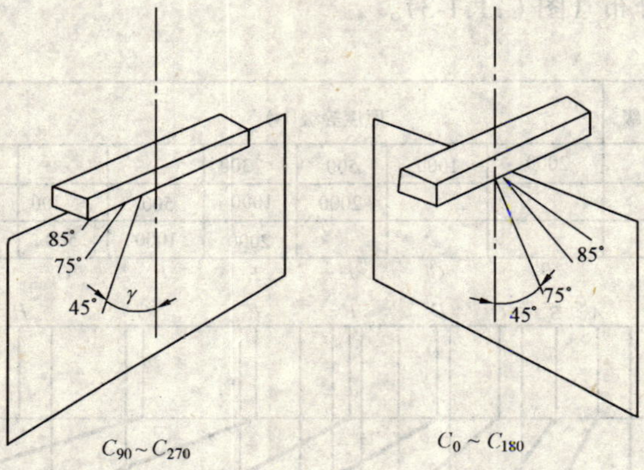

图 C.1.1-3　必须检查的亮度平面和 γ 角范围

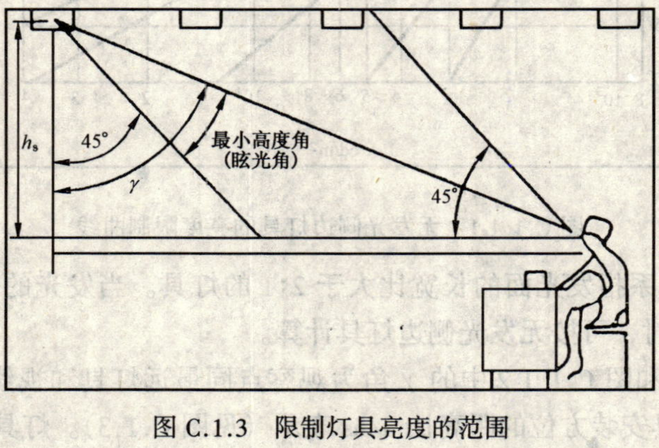

图 C.1.3　限制灯具亮度的范围

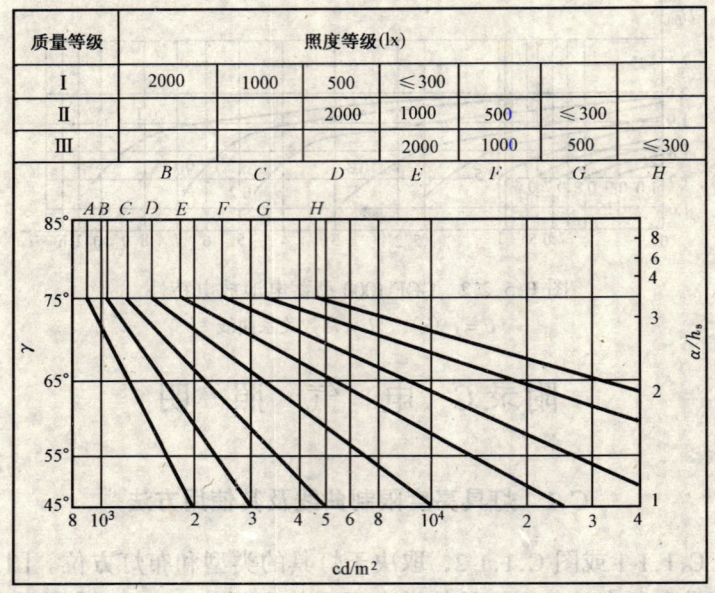

值，可由 γ 角方向的光强除以发光面在该方向垂直面上的投影面积求得。

C.1.4 眩光计算的位置，可取室内距端墙 1m 的中心点处。

C.2 直接型灯具的遮光角

直接型灯具遮光角的确定如图 C.2 所示。

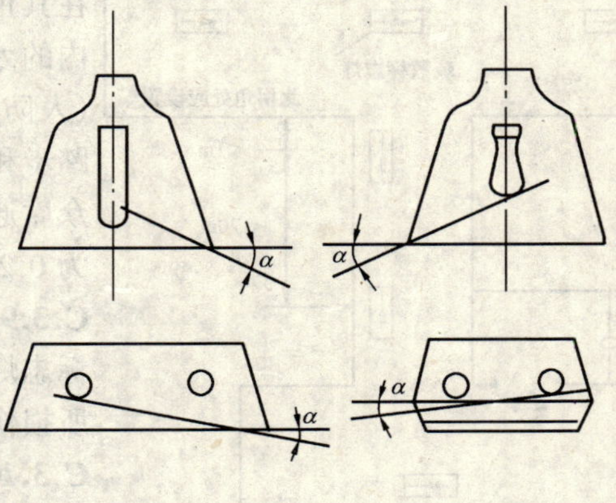

图 C.2 直接型灯具的遮光角 α

C.3 应急照明的设计规定

C.3.1 应急照明在正常电源断电后，其电源转换时间应满足：

疏散照明≤15s；

备用照明≤15s；（金融商业交易场所≤1.5s）

安全照明≤0.5s。

C.3.2 疏散照明平时应处于点亮状态，但下列情况可以例外：

C.3.2.1 在假日、夜间定期无人工作或使用而仅由值班或警卫人员负责管理时。

C.3.2.2 可由外来光线识别的安全出口和疏散方向时。

当采用带有蓄电池的应急照明灯时，在上述例外情况下应采用三线式配线，以使蓄电池处于经常充电状态。

C.3.3 安全出口标志灯宜安装在疏散门口的上方，在首层的疏散楼梯应安装于楼梯口的里侧上方。安全出口标志灯距地高度宜不低于 2m。

C.3.4 疏散走道上的安全出口标志灯可明装，而厅室内宜采用暗装。安全出口标志灯应有图形和文字符号，在有无障碍设计要求时，宜同时设有音响指示信号。

C.3.5 可调光型安全出口标志灯宜用于影剧院的观众厅。在正常情况下减光使用，火灾事故时应自动接通至全亮状态。

C.3.6 疏散照明宜设在安全出口的顶部、疏散走道及其转角处距地 1m 以下的墙面上。当交叉口处墙面下侧安装难以明确表示疏散方向时也可将疏散标志灯安装在顶部。疏散走道上的标志灯应有指示疏散方向的箭头标志。疏散走道上的标志灯间距不宜大于 20m（人防工程不宜大于 10m）。楼梯间内的疏散标志灯宜安装在休息板上方的墙角处或壁装，并应用箭头及阿拉伯数字清楚标明上、下层层号。疏散标志灯的设置原则参见图 C.3.6。

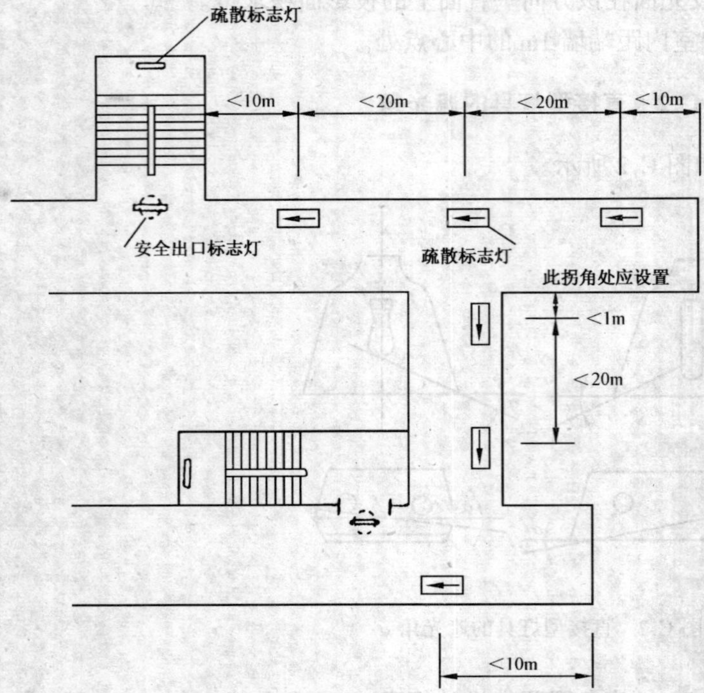

图 C.3.6　疏散标志灯设置原则示例

注：用于人防工程的疏散标志灯的间距不应大于示例中间距的 1/2。

C.3.7　疏散照明位置的确定，尚应满足可容易找寻在疏散路线上的所有手动报警器、呼叫通讯装置和灭火设备等设施。

C.3.8　走道上的疏散标志灯，在其正下方的半径为 0.5m 范围内的水平照度不应低于 0.5lx（人防工程为 1lx）楼梯间可按踏步和休息板中心线计算。观众席通道地面上的水平照度应为 0.2lx。

C.3.9　装设在地面上的疏散标志灯应防止被重物或受外力所损伤。

C.3.10　疏散标志灯的设置，应不影响正常通行，并不应在其周围存放有容易混同以及遮挡疏散标志灯的其他标志牌等。

C.3.11　应急照明灯规格标准见表 C.3.11。

表 C.3.11　应急照明灯规格的建议标准

类　别	标　志　灯　规　格		采用荧光灯时的光源功率（W）
	长边/短边	长边的长度（cm）	
Ⅰ型	4:1 或 5:1	>100	≥30
Ⅱ型	3:1 或 4:1	50～100	≥20
Ⅲ型	2:1 或 3:1	36～50	≥10
Ⅳ型	2:1 或 3:1	25～35	≥6

注：①Ⅰ型标志灯内所装设光源的数量不宜少于两个；
②疏散标志灯安装在地面上时，长宽比可取 1:1 或 2:1，长边最小尺寸不宜小于 40cm。

C.3.12　应急照明的设置范围和设计要求见表 C.3.12。

表 C.3.12　应急照明的设计要求

应急照明类别		标志颜色	设　计　要　求	设置场所示例
疏散照明	安全出口标志灯	绿底白字或白底绿字（用中文或中英文字标明《安全出口》并宜有图形）	正常时：在 30m 远处能识别标志，其亮度不应低于 15cd/m²，不高于 300cd/m² 应急时：在 20m 远处能识别标志 照度水平：>0.5lx 持续工作时间：多层、高层建筑≥30min；超高层建筑≥60min	观众厅、多功能厅、候车（机）大厅、医院病房的楼梯口、疏散出口 多层建筑中层面积>1500m² 的展厅、营业厅，面积>200m² 的演播厅 高层建筑中展厅、营业厅、避难层和安全出口（二类建筑住宅除外） 人员密集且面积>300m² 的地下建筑

续表 C.3.12

应急照明类别		标志颜色	设计要求	设置场所示例
疏散照明	疏散指示标志灯	白底绿字或绿底白字（用箭头和图形指示疏散方向）	正常时：在 20m 远处能识别标志，其亮度不应低于 15cd/m²，不高于 300cd/m² 应急时：在 15m 远处能识别标志 照度水平：＞0.5lx 持续工作时间：多层、高层建筑≥30min，超高层建筑≥60min	医院病房的疏散走道、楼梯间 高层公共建筑中的疏散走道和长度＞20m的内走道 防烟楼梯间及其前室、消防电梯间及其前室
	疏散照明灯	宜选专用照明灯具	正常照明协调布置 布灯：距高比≤4 照度水平：＞5lx 观众厅通道地面上的照度水平≥0.2lx 持续工作时间：多层、高层建筑≥30min，超高层建筑≥60min	高层公共建筑中的疏散走道和长度＞20m的内走道 防烟楼梯间及其前室、消防电梯间及其前室
备用照明		宜选专用照明灯具	消防控制室、消防泵房、排烟机房、发电机房、变电室、电话总机房、中央监控室等应保持正常照明的照度水平，其他场所可不低于正常照明照度的 1/10，但最低不宜少于 5lx 持续工作时间：＞120min	消防控制室、消防泵房、排烟机房、发电机房、变电室、电话总机房、中央监控室等 多层建筑中层面积＞1500m² 的展厅、营业厅，面积＞200m² 的演播厅 高层建筑中的观众厅、多功能厅、餐厅、会议厅、国际候车（机）厅、展厅、营业厅、出租办公用房、避难层和封闭楼梯间 人员密集且面积＞300m² 的地下建筑
安全照明		宜选专用照明灯具	应保持正常照明的照度水平	医院手术室（因瞬时停电会危及生命安全的手术）

注：①应急照明用灯具靠近可燃物时，应采取隔热、散热等防火措施。当采用白炽灯、卤钨灯、荧光高压汞灯（包括镇流器）等光源时，不应直接安装在可燃装修或可燃构件上；
②安全出口标志灯和疏散指示标志灯应装有玻璃或非燃材料的保护罩，其面板亮度均匀度宜为 1:10（最低:最高）；
③楼梯间内的疏散照明灯应装有白色保护罩，并在保护罩两端标明踏步方向的上、下层的层号；
④疏散照明、备用照明、安全照明用灯具，宜装设在顶棚上，并可利用正常照明的一部分，但通常宜选用专用照明灯具；
⑤超高层建筑系指建筑物地面上高度在 100m 以上者。

C.3.13 几类建筑应急照明灯规格型式的选择方案见表 C.3.13。

表 C.3.13 应急照明灯规格型式的选择方案

建筑物类别	安全出口标志灯		疏散标志灯	
	建筑总面积（m²）		每层建筑面积（m²）	
	＞10000	＜10000	＞1000	＜1000
旅　馆	Ⅰ或Ⅱ型	Ⅱ或Ⅲ型	Ⅲ或Ⅳ型	
医　院	Ⅰ或Ⅱ型	Ⅱ或Ⅲ型	Ⅲ或Ⅳ型	
影剧院	Ⅰ或Ⅱ型	Ⅱ或Ⅲ型	Ⅲ或Ⅳ型	
俱乐部	Ⅰ或Ⅱ型	Ⅱ或Ⅲ型	Ⅱ或Ⅲ型	Ⅲ或Ⅳ型
商　店	Ⅰ或Ⅱ型	Ⅱ或Ⅲ型	Ⅱ或Ⅲ型	Ⅲ或Ⅳ型
餐　厅	Ⅰ或Ⅱ型	Ⅱ或Ⅲ型	Ⅱ或Ⅲ型	Ⅲ或Ⅳ型
地下街	Ⅰ型		Ⅱ或Ⅲ型	
车库	Ⅰ型		Ⅱ或Ⅲ型	

C.4 光源的混光比

表C.4 光源的混光比

光源混合类别	推荐的混光比（照度比）	混光效果
高压钠灯＋荧光高压汞灯	60:40～40:60	改善光色和提高光效
高压钠灯＋高效金属卤化物灯	60:40～30:70	改善显色性和提高光效
高压钠灯＋高显色金属卤化物灯	30:70～20:80	提高显色性
高效金属卤化物灯＋高显色金属卤化物灯	60:40～30:70	提高显色性

C.5 灯具的分类

C.5.1 灯具按配光分类可有：直接型、半直接型、漫射型、半间接型和间接型五类。

C.5.2 直接型灯具的光强分布又可分为窄配光（灯具允许距高比不低于0.5时）、中配光（灯具允许距高比在0.5～1.0时）和宽配光（灯具允许距高比大于1.0时）。

C.6 民用建筑照明负荷需要系数

表C.6 民用建筑照明负荷需要系数

建筑类别	需要系数	备注
住宅楼	0.30～0.50	单元式住宅，每户两室6～8组插座，装表到户
单身宿舍楼	0.60～0.70	标准单间，1～2盏灯、2～3组插座
办公楼	0.70～0.80	标准开间，2～4盏灯、2～3组插座
科研楼	0.80～0.90	标准开间，2～4盏灯、2～3组插座
教学楼	0.80～0.90	标准教室，6～10盏灯、1～2组插座
商店	0.85～0.95	可能举办展销会时
餐厅	0.80～0.90	
社会旅馆	0.75～0.80	标准客房，1～2盏灯、2～3组插座
门诊楼	0.60～0.70	
旅游旅馆	0.35～0.45	标准单间客房，8～10盏灯、5～6组插座
病房楼	0.50～0.60	
影院	0.70～0.80	
剧院	0.60～0.70	
体育馆	0.65～0.70	
博展馆	0.80～0.90	

注：①每组（一个标准75或86系列面板上设有2孔及3孔插座各1个）插座可按100W计算；
②采用气体放电光源时，尚应计及镇流器的功率损耗；
③住宅楼的需要系数可根据接在同一相电源上的户数选定：
25户以下取0.45～0.50；
25户～100户取0.40～0.45；
超过100户取0.30～0.35。

C.7 紫外杀菌灯数量的确定

紫外杀菌灯的数量可按下式确定：

有一般卫生要求时 $$N=\frac{4P^2}{H\cdot V\cdot F} \quad (C.7\text{-}1)$$

有高度杀菌要求时 $$N=\frac{0.05V}{H\cdot F} \quad (C.7\text{-}2)$$

式中 N——杀菌灯数量；

P——室内人数；

H——杀菌灯至顶棚距离（m）；

V——房间体积（m^3）；

F——灯具效率（可取 0.8）。

C.8 体育馆（场）照明的测量方法

C.8.1 场地测点的确定

C.8.1.1 室内运动场地

按场地边线划好网格（尽可能为正方形），网格的边长为 2～4m，网格的中心即为测点。当场地照明为对称布置时，可测量 1/4 场地。

C.8.1.2 足球场地

如足球场的长度为 l，宽度为 b，网格尺寸可由下式确定：

$$\Delta l=\frac{l}{11} \quad (C.8.1.2\text{-}1)$$

$$\Delta b=\frac{b}{7} \quad (C.8.1.2\text{-}2)$$

如测量整个场地时，应将网格扩展到边界包括跑道在内（见图 C.8.1.2）

C.8.1.3 径赛和速滑跑道

将整个跑道的宽度 b 划分成 4 条宽度相等的带，而横向则按近似方形网格划分。跑道弯曲部分可把直线部分的网格扩展到弯曲部分（见图 C.8.1.3-1），也可以将弯曲部分的纵向网格顺着曲线，而横向网格则由适当的间距建立的径向线组成。这些网格间距与跑道的直线部分的网格间距相接近（见图 C.8.1.3-2）。

C.8.1.4 游泳池

池面的纵向以泳道的边界线为测量网格的纵向边线，横向则按近似的正方形网格划分，网格中心为测点。

C.8.2 测量水平和测量高度

C.8.2.1

水平照度测量以地面或（为计算与测量方便）取距地 1m 高的水平面为标准。当灯具悬挂高度超过 10m 时，可不考虑在地面或距地 1m 高的水平面上测量照度结果的误差。

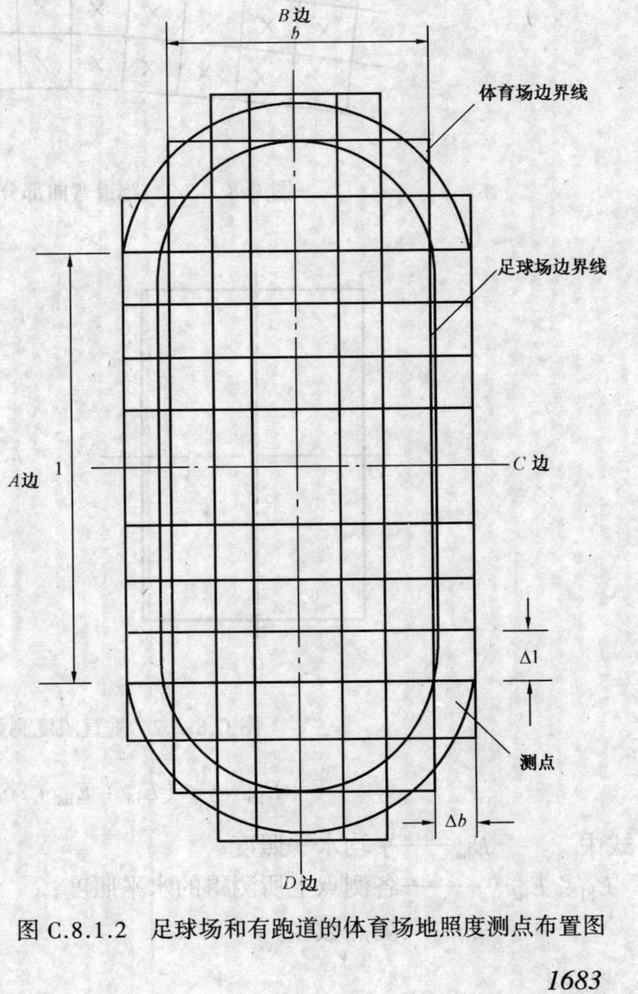

图 C.8.1.2 足球场和有跑道的体育场地照度测点布置图

C.8.2.2

垂直照度测量以距地 1m

高处的平行于场地四个边线的垂直面为标准（见图 C.8.2.2）。

C.8.3　测量结果计算

C.8.3.1　平均水平照度的计算

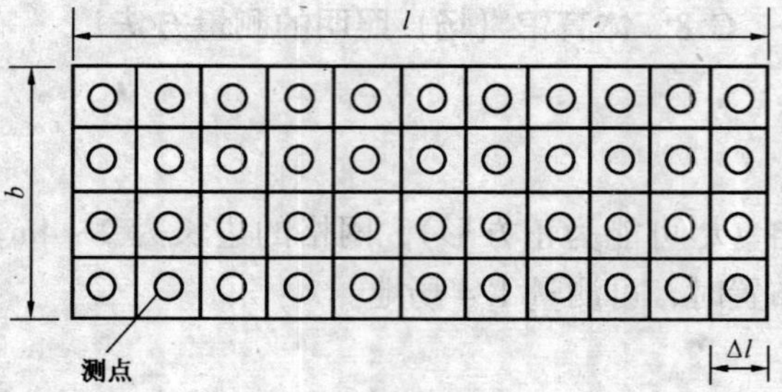

图 C.8.1.3-1　直跑道测点布置图

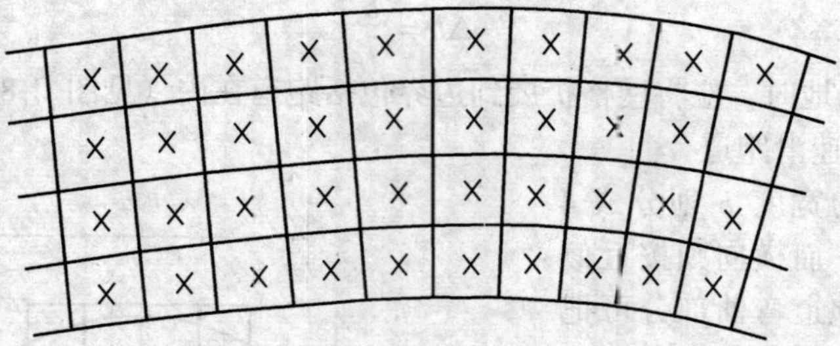

图 C.8.1.3-2　跑道弯曲部分测点布置图

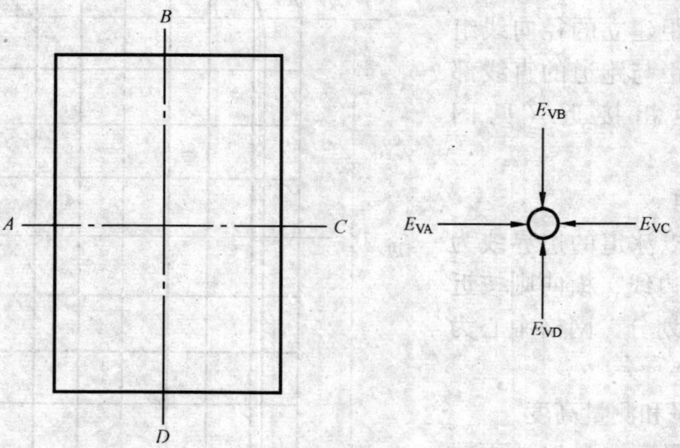

图 C.8.2.2　垂直照度测量方向图

$$E_{ha}=\frac{1}{n}\left(E_{h1}+E_{h2}+\cdots\cdots+E_{hn}\right) \tag{C.8.3.1}$$

式中　E_{ha}——平均水平照度；

E_{h1}、E_{h2}……——各测点上所测得的水平照度；

n——测点数。

C.8.3.2 平均垂直照度的计算

$$E_{VAa}=\frac{1}{n_A}(E_{VA1}+E_{VA2}+\cdots\cdots E_{VAn}) \quad (C.8.3.2\text{-}1)$$

$$E_{VBa}=\frac{1}{n_B}(E_{VB1}+E_{VB2}+\cdots\cdots E_{VBn}) \quad (C.8.3.2\text{-}2)$$

$$E_{VCa}=\frac{1}{n_C}(E_{VC1}+E_{VC2}+\cdots\cdots E_{VCn}) \quad (C.8.3.2\text{-}3)$$

$$E_{VDa}=\frac{1}{n_D}(E_{VD1}+E_{VD2}+\cdots\cdots E_{VDn}) \quad (C.8.3.2\text{-}4)$$

式中 E_{VAa}、E_{VBa}、E_{VCa}、E_{VDa}——分别为A、B、C、D方向上的平均垂直照度；

n_A、n_B、n_C、n_D——分别为A、B、C、D方向上的测点数；

E_{VA1}、E_{VB1}、E_{VC1}、E_{VD1}……——分别为A、B、C、D方向在各测点上所测得的垂直照度。

C.8.3.3 水平照度均匀度计算

$$U_{h1}=\frac{E_{h(min)}}{E_{ha}} \quad (C.8.3.3\text{-}1)$$

$$U_{h2}=\frac{E_{h(min)}}{E_{h(max)}} \quad (C.8.3.3\text{-}2)$$

式中 U_{h1}、U_{h2}——水平照度均匀度；

$E_{h(min)}$——在各测点上所测得的水平照度的最小值；

$E_{h(max)}$——在各测点上所测得的水平照度的最大值。

C.8.3.4 垂直照度均匀度计算

$$U_{VA}=\frac{E_{VA(min)}}{E_{VA(max)}} \quad (C.8.3.4\text{-}1)$$

$$U_{VB}=\frac{E_{VB(min)}}{E_{VB(max)}} \quad (C.8.3.4\text{-}2)$$

$$U_{VC}=\frac{E_{VC(min)}}{E_{VC(max)}} \quad (C.8.3.4\text{-}3)$$

$$U_{VD}=\frac{E_{VD(min)}}{E_{VD(max)}} \quad (C.8.3.4\text{-}4)$$

$$U_V=\frac{U_{VA}+U_{VB}+U_{VC}+U_{VD}}{4} \quad (C.8.3.4\text{-}5)$$

式中 U_V——垂直照度均匀度；

U_{VA}、U_{VB}、U_{VC}、U_{VD}——分别为A、B、C、D方向上的垂直照度均匀度；

$E_{VA(min)}$、$E_{VB(min)}$、$E_{VC(min)}$、$E_{VD(min)}$——分别为在A、B、C、D方向上所测得的垂直照度最小值；

$E_{VA(max)}$、$E_{VB(max)}$、$E_{VC(max)}$、$E_{VD(max)}$——分别为在A、B、C、D方向上所测得的垂直照度最大值。

附录D 建筑物防雷

D.1 全国主要城镇雷暴日数

表 D.1 全国主要城镇雷暴日数

序 号	地 名	雷暴日数（d/a）	序 号	地 名	雷暴日数（d/a）
1	北京市	35.6		丹东市	26.9
2	天津市	28.2		锦州市	28.8
3	河北省			营口市	28.2
	石家庄市	31.5		阜新市	28.6
	唐山市	32.7	7	吉林省	
	邢台市	30.2		长春市	36.6
	保定市	30.7		吉林市	40.5
	张家口市	40.3		四平市	33.7
	承德市	43.7		通化市	36.7
	秦皇岛市	34.7		图们市	23.8
	沧州市	31.0		白城市	30.0
4	山西省			天 池	29.0
	太原市	36.4	8	黑龙江省	
	大同市	42.3		哈尔滨市	30.9
	阳泉市	40.0		齐齐哈尔市	27.7
	长治市	33.7		双鸭山市	29.8
	临汾市	32.0		大庆市（安达）	31.9
5	内蒙古自治区			牡丹江市	27.5
	呼和浩特市	37.5		佳木斯市	32.2
	包头市	34.7		伊春市	35.4
	乌海市	16.6		绥芬河市	27.5
	赤峰市	32.4		嫩江市	31.8
	二连浩特市	22.9		漠河县	36.6
	海拉尔市	30.1		黑河市	31.2
	东乌珠穆沁旗	32.4		嘉荫县	32.9
	锡林浩特市	32.1		铁力市	36.5
	通辽市	27.9	9	上海市	30.1
	东胜市	34.8	10	江苏省	
	杭锦后旗	24.1		南京市	35.1
	集宁市	43.3		连云港市	29.6
6	辽宁省			徐州市	29.4
	沈阳市	27.1		常州市	35.7
	大连市	19.2		南通市	35.6
	鞍山市	26.9		淮阴市	37.8
	本溪市	33.7		扬州市	34.7

续表 D.1

序 号	地 名	雷暴日数（d/a）	序 号	地 名	雷暴日数（d/a）
	盐城市	34.0		十堰市	18.7
	苏州市	28.1		沙市市	38.9
	泰州市	37.1		宜昌市	44.6
11	浙江省			襄樊市	28.1
	杭州市	40.0		恩施市	49.7
	宁波市	40.0	18	湖南省	
	温州市	51.0		长沙市	49.5
	衢州市	57.6		株州市	50.0
12	安徽省			衡阳市	55.1
	合肥市	30.1		邵阳市	57.0
	芜湖市	34.6		岳阳市	42.4
	蚌埠市	31.4		大庸市	48.3
	安庆市	44.3		益阳市	47.3
	铜陵市	41.1		永州市（零陵）	64.9
	屯溪市	60.8		怀化市	49.9
	阜阳市	31.9		郴州市	61.5
13	福建省			常德市	49.7
	福州市	57.6	19	广东省	
	厦门市	47.4		广州市	81.3
	莆田市	43.2		汕头市	52.6
	三明市	67.5		湛江市	94.6
	龙岩市	74.1		茂名市	94.4
	宁德市	55.8		深圳市	73.9
	建阳县	65.3		珠海市	64.2
14	江西省			韶关市	78.6
	南昌市	58.5		梅县市	80.4
	景德镇市	59.2	20	广西壮族自治区	
	九江市	45.7		南宁市	91.8
	新余市	59.4		柳州市	67.3
	鹰潭市	70.0		桂林市	78.2
	赣州市	67.2		梧州市	93.5
	广昌县	70.7		北海市	83.1
15	山东省			百色市	76.9
	济南市	26.3		凭祥市	83.4
	青岛市	23.1	21	四川省	
	淄博市	31.5		成都市	35.1
	枣庄市	32.7		重庆市	36.0
	东营市	32.2		自贡市	37.6
	潍坊市	28.4		渡口市	66.3
	烟台市	23.2		泸州市	39.1
	济宁市	29.1		乐山市	42.9
	日照市	29.1		绵阳市	34.9
16	河南省			达县市	37.4
	郑州市	22.6		西昌市	73.2
	开封市	22.0		甘孜县	80.7
	洛阳市	24.8		酉阳土家族	
	平顶山市	22.0		苗族自治县	52.6
	焦作市	26.4	22	贵州省	
	安阳市	28.6		贵阳市	51.8
	濮阳市	28.0		六盘水市	68.0
	信阳市	28.7		遵义市	53.3
	南阳市	29.0	23	云南省	
	商丘市	26.9		昆明市	66.6
	三门峡市	24.3		东川市	52.4
17	湖北省			个旧市	50.2
	武汉市	37.8		大理市	49.8
	黄石市	50.4		景洪县	120.8

续表 D.1

序号	地名	雷暴日数（d/a）	序号	地名	雷暴日数（d/a）
	昭通市	56.0		格尔木市	2.3
	丽江纳西族自治县	75.6		德令哈市	19.8
				化隆回族自治区	50.1
24	西藏自治区			茶卡	27.2
	拉萨市	73.2	28	宁夏回族自治区	
	日喀则市	78.8		银川市	19.7
	昌都县	57.1		石咀山市	24.0
	林芝县	31.9		固原县	31.0
	那曲县	85.2	29	新疆维吾尔自治区	
25	陕西省			乌鲁木齐市	9.3
	西安市	17.3		克拉玛依市	31.3
	宝鸡市	19.7		石河子市	17.0
	铜川市	30.4		伊宁市	27.2
	渭南市	22.1		哈密市	6.9
	汉中市	31.4		库尔勒市	21.6
	榆林市	29.9		喀什市	20.0
	安康市	32.3		奎屯市	21.0
26	甘肃省			吐鲁番市	9.9
	兰州市	23.6		且末县	6.0
	金昌市	19.6		和田市	3.2
	白银市	24.2		阿克苏市	33.1
	天水市	16.3		阿勒泰市	21.6
	酒泉市	12.9	30	海南省	
	敦煌市	5.1		海口市	114.4
	靖远县	23.9	31	台湾省	
	窑　街	30.2		台北市	27.9
27	青海省		32	香　港	34.0
	西宁市	32.9			

注：年雷暴日数择自建设部《建筑气象参数标准》。

D.2　建筑物年计算雷击次数的经验公式

$$N = KN_gA_e \quad (D.2\text{-}1)$$

式中　N——建筑物年预计雷击次数（次/a）；

K——校正系数，在一般情况下取 1，在下列情况下取下列数值：位于旷野孤立的建筑物取 2；金属屋面的砖木结构建筑物取 1.7；位于河边、湖边山坡下或山地中土壤电阻率较小处、地下水露头处、土山顶部、山谷风口等处的建筑物，以及特别潮湿的建筑物取 1.5；

N_g——建筑物所处地区雷击大地的年平均密度［次/（km^2·a)］。按 D.2-2 式确定；

A_e——与建筑物截收相同雷击次数的等效面积（km^2)，按 D.2-3 和 D.2-4 式确定。

$$N_g = 0.024T_d^{1.3} \quad (D.2\text{-}2)$$

式中　T_d——年平均雷暴日，可根据当地气象台（站）资料或 D.1 确定。

D.2-2 式代入 D.2-1 式得：

$$N = 0.024KT_d^{1.3}A_e \quad (D.2\text{-}3)$$

建筑物等效面积 A_e 为其实际平面积向外扩大后的面积，其计算方法如下：

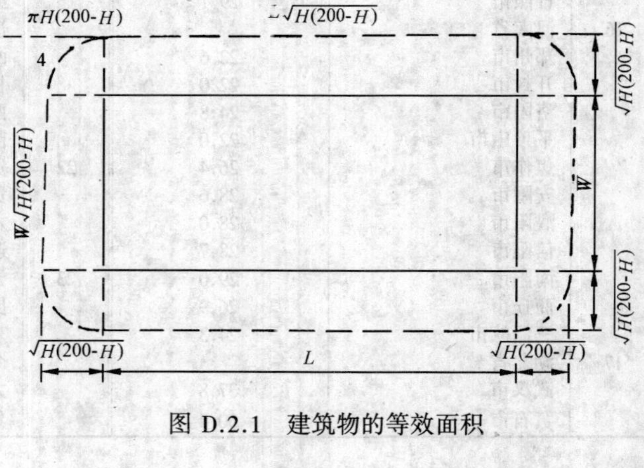

图 D.2.1　建筑物的等效面积

D.2.1　建筑物的高 $H < 100$m：

$$A_e = [LW + 2(L + W)\sqrt{H(200 - H)} + \pi H(200 - H)] \cdot 10^{-6} \quad (D.2.1)$$

式中　L、W、H——分别为建筑物的长、宽、高（m）。

建筑物平面积扩大后的面积 A_e 如图 D.2.1 中的虚线所示。

D.2.2　$H \geqslant 100$m，扩大宽度等于建筑物的高 H：

$$A_e = [LW + 2H(L + W) + \pi H^2] \cdot 10^{-6} \quad (D.2.2)$$

D.3　建筑物易受雷击部位

表 D.3　建筑物易受雷击部位

建筑物屋面的坡度	易受雷击部位	示 意 图
平屋面或坡度不大于 1/10 的屋面	檐角、女儿墙、屋檐	平屋顶 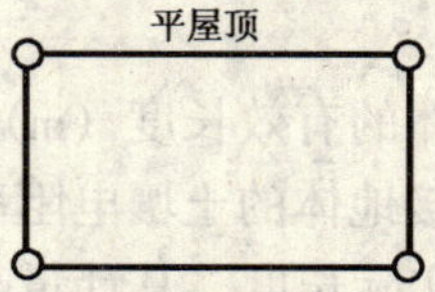 坡度不大于1/10 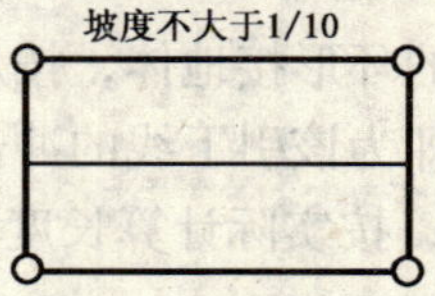
坡度大于 1/10，小于 1/2 的屋面	屋角、屋脊檐角、屋檐	坡度大于1/10，小于1/2 
坡度大于或等于 1/2 的屋面	屋角、屋脊、檐角	坡度大于1/2 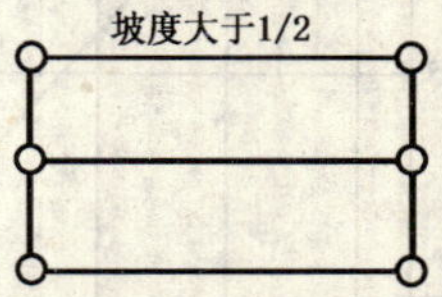

注：1. 屋面坡度用 a/b 表示：a——屋脊高出屋檐的距离（m）；b——房屋的宽度（m）。
2. 示意图中：——为易受雷击部位；○为雷击率最高部位。

D.4　等电位连接导线的最小截面

用于等电位连接导线最小截面的选择及连接方法和位置应满足下列要求：

D.4.1　当大部分雷电流通过连接线时，应按表 D.4.1-1 选择最小导线截面；当很小一部分雷电流通过连接线时，应按表 D.4.1-2 选择最小导线截面。

表 D.4.1-1　流过大部分雷电流的连接导线的最小截面

防雷类别	材　　料	截面（mm^2）
一、二、三类	Cu（铜）	16
	Al（铝）	25
	Fe（铁）	50

表 D.4.1-2　流过很小部分雷电流的连接导线的最小截面

防雷类别	材　　料	截面（mm^2）
一、二、三类	Cu（铜）	6
	Al（铝）	10
	Fe（铁）	16

D.4.2 当连接线用同一种金属物体焊接时，其位置不作规定；当连接线用螺栓压接时，应敷设在便于检查和维修的地方。

D.5 工频接地与冲击接地电阻的换算

$$R_{\sim} = AR_i \tag{D.5-1}$$

式中 $R_{\sim}$——接地装置的工频接地电阻（Ω）；

A——换算系数，按图 D.5-1 确定；

R_i——所要求的接地装置冲击接地电阻（Ω）。

图 D.5-1 中，L_e 为接地体的有效长度，按下式确定：

$$L_e = 2\sqrt{\rho} \tag{D.5-2}$$

式中 L_e——接地体的有效长度（m），按图 D.5-2 计量；

ρ——敷设接地体的土壤电阻率（Ω·m）。

L 为接地体的实际长度，其计量与 L_e 类同。当它大于 L_e 时，取其等于 L_e。

对环绕建筑物的环形接地体，按从与引下线连接点向两侧延伸 $2\sqrt{\rho}$（m）的接地体算出的工频接地电阻即为该引下线的冲击接地电阻（因 A 等于 1）。当环形接地体周长的一半小于$2\sqrt{\rho}$（m)时，按实际计算长度算出工频接地电阻再除以 A 值即为引下线的冲击接地电阻。

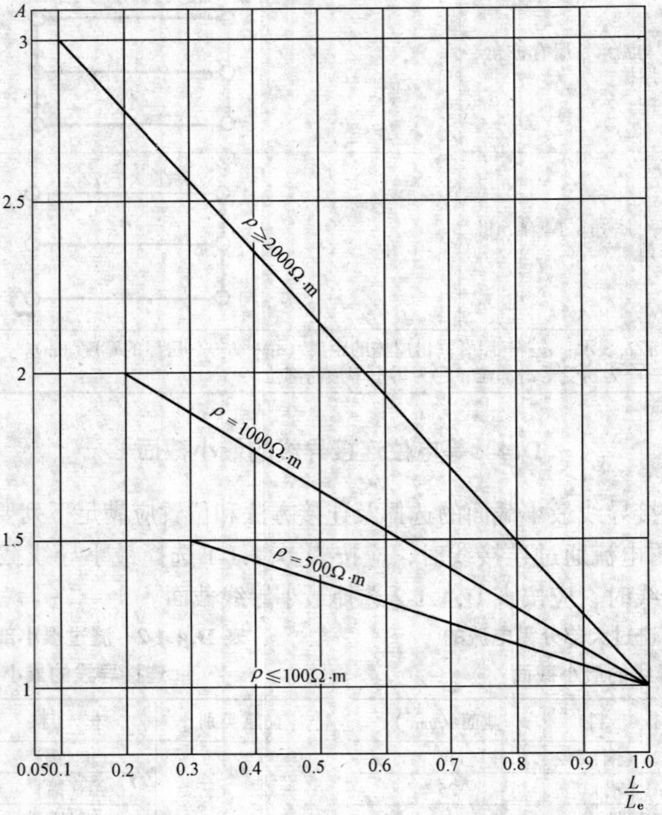

图 D.5-1 确定 A 值的图

与引下线连接的基础接地体，其冲击接地电阻等于以连接点为圆心、20m为半径的半球体范围内的钢筋体的工频接地电阻（以 A 等于1）。

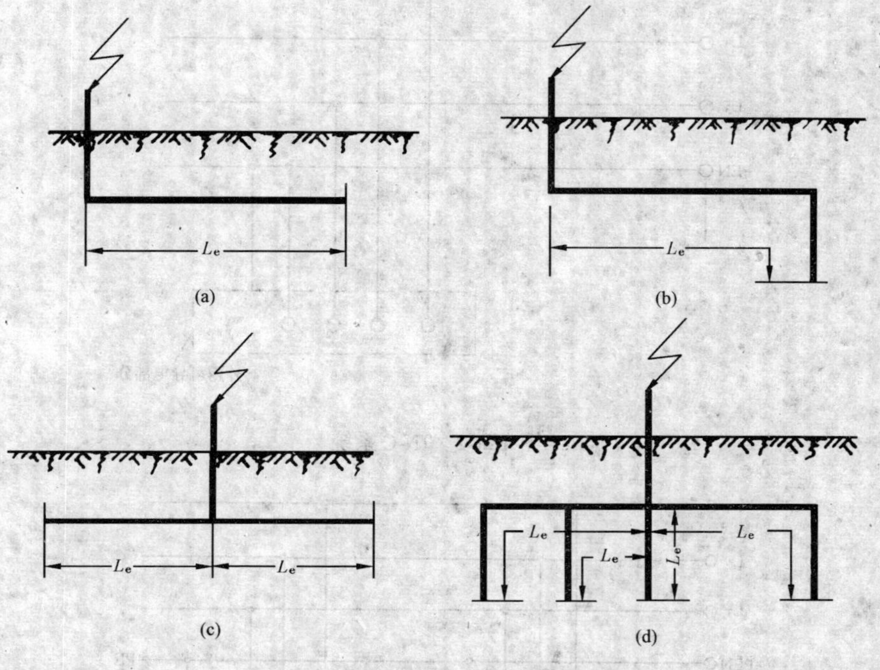

图 D.5-2　接地体有效长度的计量

（a）单根水平接地体；（b）末端接垂直接地体的单根水平接地体；

（c）多根水平接地体；（d）接多根垂直接地体的多根水平接地体

附录E　接地及安全

E.1　低压配电系统的接地型式

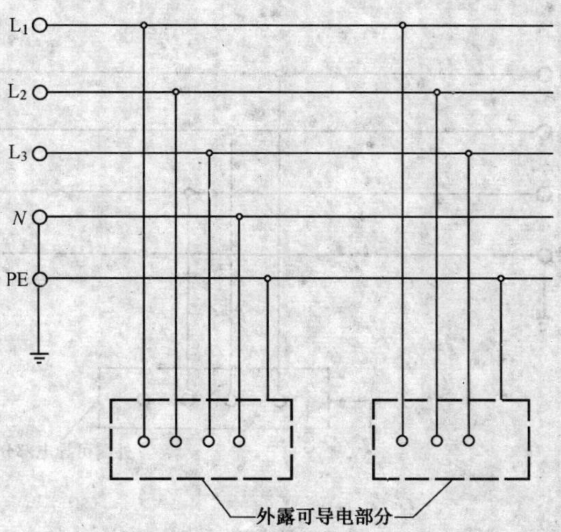

图 E.1-1　TN-S系统

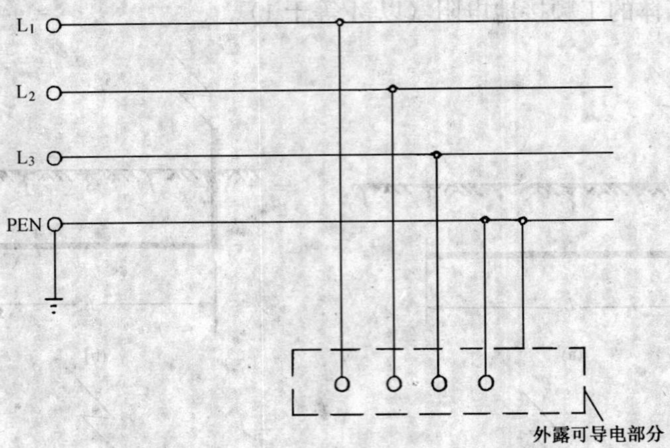

图 E.1-2　TN-C 系统

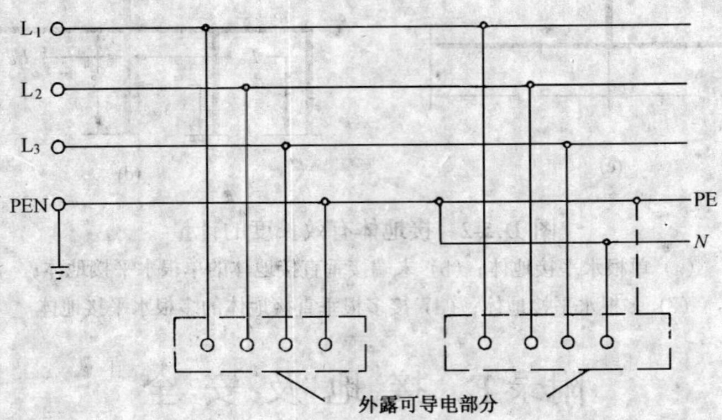

图 E.1-3　TN-C-S 系统

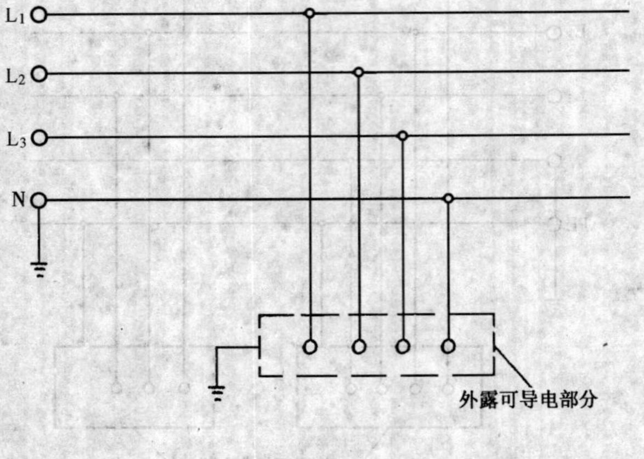

图 E.1-4　TT 系统

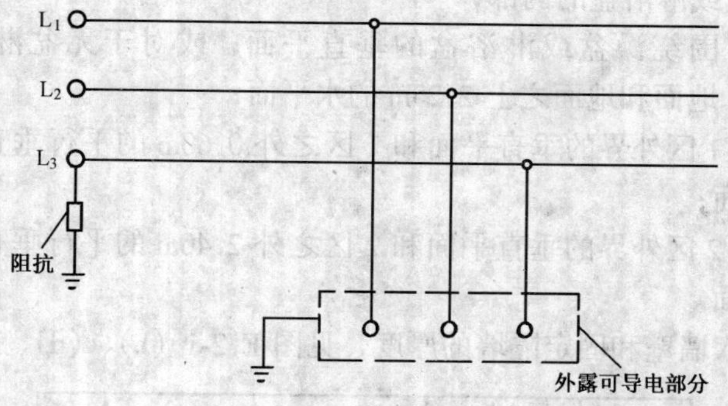

图 E.1-5　IT系统

E.2　澡盆和淋浴盆（间）区域的划分

第 14.8.2.1 款提出的区域划分是根据四个区域的尺寸制定的（见图 E.2-1 及图 E.2-2)。

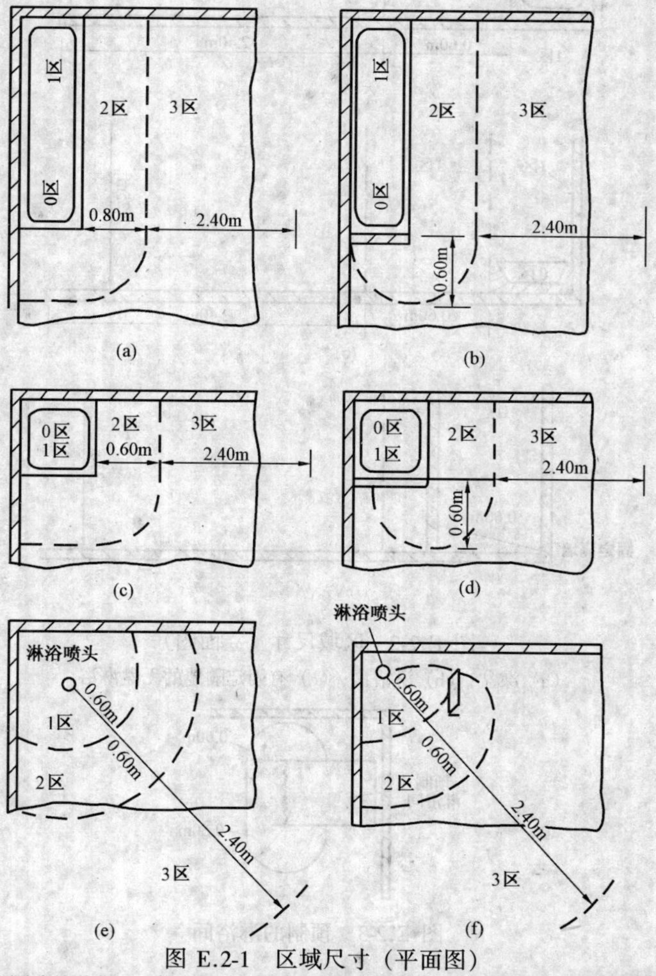

图 E.2-1　区域尺寸（平面图）

(a)澡盆;(b)有固定隔墙的澡盆;(c)淋浴盆;(d)有固定隔墙的淋浴盆;(e)无盆淋浴;(f)有固定隔墙的无盆淋浴

0 区：是指澡盆或淋浴盆的内部；

1 区的限界是：围绕澡盆或淋浴盆的垂直平面；或对于无盆淋浴，距离淋浴喷头 0.60m 的垂直平面，地面和地面之上 2.25m 的水平面；

2 区的限界是：1 区外界的垂直平面和 1 区之外 0.60m 的平行垂直平面，地面和地面之上 2.25m 的水平面；

3 区的限界是：2 区外界的垂直平面和 2 区之外 2.40m 的平行垂直平面，地面和地面之上 2.25m 的水平面。

所定尺寸已计入墙壁和固定隔墙的厚度，见图 E.2-1（b）、（d）、（f）。

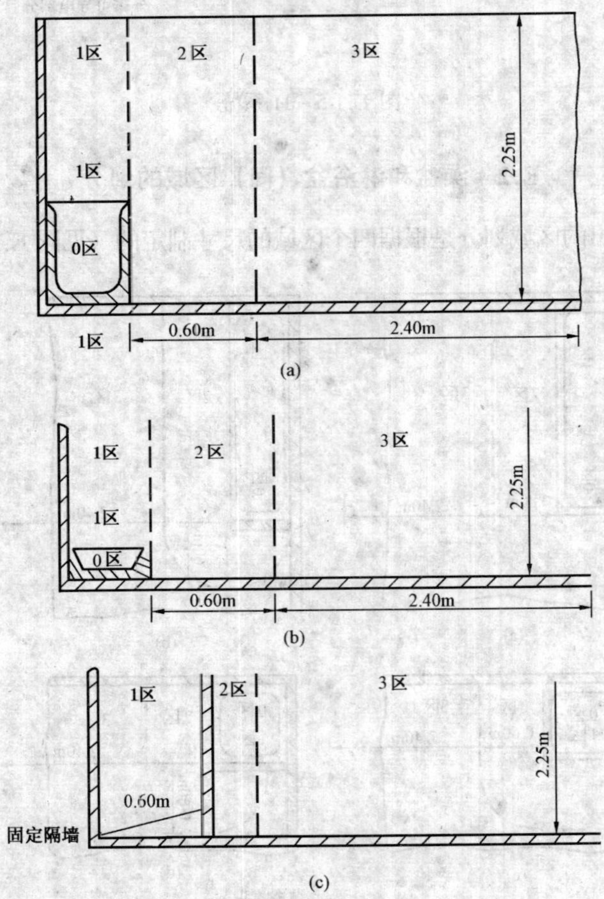

图 E.2-2　区域尺寸（立面图）

（a）澡盆；（b）淋浴盆；（c）有固定隔墙的无盆淋浴

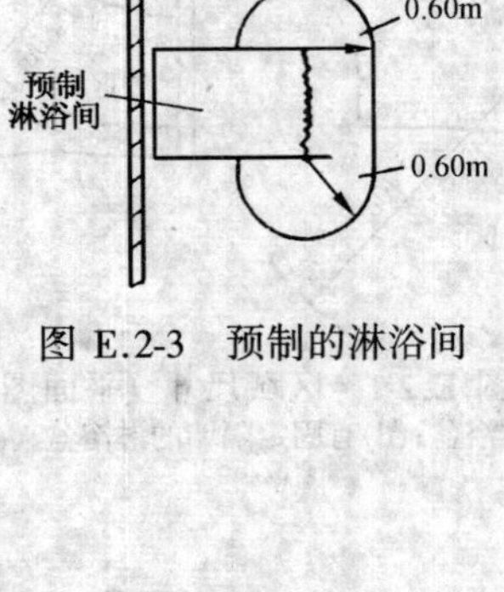

图 E.2-3　预制的淋浴间

E.3 游泳池和涉水池区域的划分

第 14.8.3.1 款提出的区域划分是根据三个区域划分的尺寸制定的(见图 E.3-1 及图 E.3-2)。

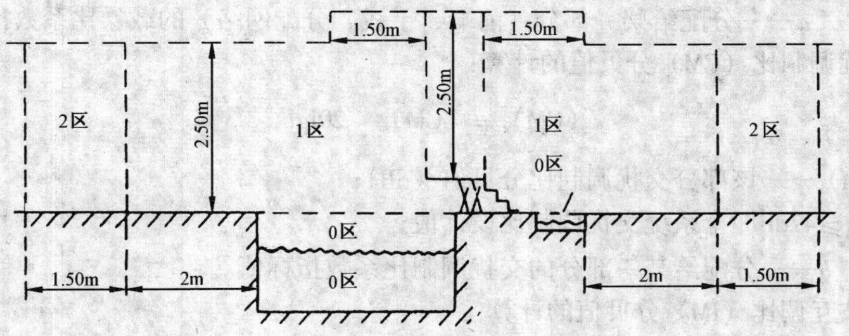

图 E.3-1 游泳池和涉水池的区域尺寸

注：所定尺寸已计入墙壁及固定隔墙的厚度。

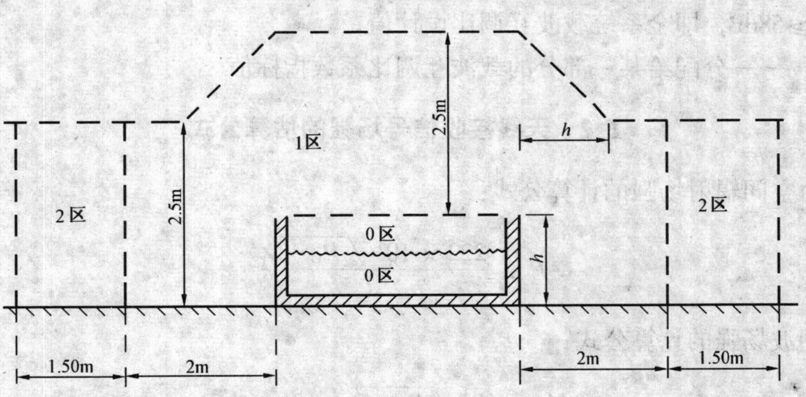

图 E.3-2 地上水池的区域尺寸

注：所定尺寸已计入墙壁及固定隔墙的厚度。

0 区：是指水池的内部。

1 区的界限是：距离水池边缘 2m 的垂直平面，地面或预计有人占用的表面和地面或表面之上 2.50m 的水平面；

在游泳池设有跳台、跳板、起跳台或滑槽的地方，1 区包括由位于跳台、跳板及起跳台周围 1.50m 的垂直平面和预计有人占用的最高表面之上 2.50m 的水平面所限制的区域。

2 区的界限是：1 区外界的垂直平面和距离该垂直平面 1.50m 的平行平面，地面或预计有人占用的表面和地面或表面之上 2.50m 的水平面。

附录 F 共用天线电视系统

F.1 系统指标分配系数与分贝值的换算公式

F.1.1 载噪比（C/N）分贝值的计算：

$$(C/N)_x = (C/N)_s - 10\lg a \tag{F.1.1}$$

式中　$(C/N)_x$——分配给该部分的载噪比分贝值（dB）；

$(C/N)_s \geqslant 14$dB即全系统载噪比设计值；

a——分配给某一部分（前端、干线、分配网络）的载噪比系数指标值。

F.1.2　交扰调制比（CM）分贝值的计算：

$$(\mathrm{CM})_x = (\mathrm{CM})_s - 20\lg b \tag{F.1.2}$$

式中　$(\mathrm{CM})_x$——该部分交扰调制比分贝值（dB）；

$(\mathrm{CM})_s \geqslant 47$dB即全系统交扰调制比设计值；

b——分配给某一部分的交扰调制比系数指标值。

F.1.3　载波互调比（IM）分贝值的计算：

$$(\mathrm{IM})_x = (\mathrm{IM})_s - 20\lg c \tag{F.1.3}$$

式中　$(\mathrm{IM})_x$——该部分载波互调分贝值（dB）；

$(\mathrm{IM})_s \geqslant 58$dB，即全系统载波互调比设计值；

c——分配给某一部分的载波互调比系数指标值。

F.2　天线接收信号场强的估算公式

F.2.1　自由空间辐射场强的计算公式：

$$E = \frac{222 \times 10^3 \sqrt{P_t \cdot G_t}}{d} \tag{F.2.1}$$

F.2.2　空间波场强的计算公式：

$$E' = \frac{444 \times 10^3 \sqrt{P_t \cdot G_t}}{d} \sin \frac{2\pi \cdot h_t \cdot h_r}{\lambda \cdot d \times 10^3} \tag{F.2.2-1}$$

满足 $d \geqslant 18 \cdot \dfrac{h_t \cdot h_r}{\lambda \times 10^8}$时，上式可近似为

$$E' = \frac{2.79 \times 10^3 \cdot h_t \cdot h_r \sqrt{P_t \cdot G_t}}{\lambda \cdot d^2} \tag{F.2.2-2}$$

式中　E——自由空间辐射波场强（μV/m）；

E'——空间波场强（μV/m）。

F.2.3　相对于μV/m的分贝值表示的场强计算公式：

$$[E] = 20\lg E \tag{F.2.3-1}$$

或

$$[E'] = 20\lg E' \tag{F.2.3-2}$$

式中　$[E]$——自由空间辐射波场强分贝比表示值（dB·μV/m）；

$[E']$——空间波场强分贝比表示值（dB·μV/m）；

P_t——发射台馈送给发射天线的功率（kW）；

G_t——发射天线相对于半波振子天线的增益（倍数）；

d——收、发天线间的距离（km）；

h_t——发射天线的绝对高度（m）；

h_r——接收天线的绝对高度（m）；

λ——该天线接收频道中心频率的波长（m）。

F.3 接收天线输出端电平值的计算

$$S_a = E_r + 20\lg\frac{\lambda}{\pi} + G_a - L_f - 7 \quad (F.3)$$

式中 S_a——接收天线输出电平（dB·μV）；

E_r——接收场强（dB·μV）；

λ——频道中心频率的波长（m）；

G_a——接收天线的增益（dB·μV）；

L_f——馈线损耗（dB）。

要求 $S_a = S_{min} \geqslant (C/N)_h + F_h + 2.4$。

F.4 我国广播电视频道的频率配置

F.4.1 波段划分：

表 F.4.1 波 段 划 分

波　段	频率范围（MHz）	业务内容
Ⅰ波段	48.5～92.0	电　视
FM 波段	87.0～108.0	声　音
A 波段	111.0～167.0	电　视
Ⅲ波段	167.0～223.0	电　视
B 波段	223.0～295.0	电　视
Ⅳ波段	470.0～566.0	电　视
Ⅴ波段	606.0～958.0	电　视
注：A、B 波段为增补频道专用波段。		

F.4.2 电视频道的频率配置：

表 F.4.2 电视频道的频率配置

波　段	频　道	频率范围（MHz）	图像载波频率（MHz）	伴音载波频率（MHz）
Ⅰ波段	DS—1	48.5～56.5	49.75	56.25
	DS—2	56.5～64.5	57.75	64.25
	DS—3	64.5～72.5	65.75	72.25
	DS—4	76.0～84.0	77.25	83.75
	DS—5	84.0～92.0	85.25	91.75

续表 F.4.2

波　段	频　　道	频率范围（MHz）	图像载波频率（MHz）	伴音载波频率（MHz）
A 波段	Z—1	111.0～119.0	112.25	118.75
	Z—2	119.0～127.0	120.25	126.75
	Z—3	127.0～135.0	128.25	134.75
	Z—4	135.0～143.0	136.25	142.75
	Z—5	143.0～151.0	144.25	150.75
	Z—6	151.0～159.0	152.25	158.75
	Z—7	159.0～167.0	160.25	166.75
Ⅲ波段	DS—6	167.0～175.0	168.25	174.75
	DS—7	175.0～183.0	176.25	182.75
	DS—8	183.0～191.0	184.25	190.75
	DS—9	191.0～199.0	192.25	198.75
	DS—10	199.0～207.0	200.25	206.75
	DS—11	207.0～215.0	208.25	214.75
	DS—12	215.0～223.0	216.25	222.75
B 波段	Z—8	223.0～231.0	224.25	230.75
	Z—9	231.0～239.0	232.25	238.75
	Z—10	239.0～247.0	240.25	246.75
	Z—11	247.0～255.0	248.25	254.75
	Z—12	255.0～263.0	256.25	262.75
	Z—13	263.0～271.0	264.25	270.75
	Z—14	271.0～279.0	272.25	278.75
	Z—15	279.0～287.0	280.25	286.75
	Z—16	287.0～295.0	288.25	294.75
Ⅳ波段	DS—13	470.0～478.0	471.25	477.75
	DS—14	478.0～486.0	479.25	485.75
	DS—15	486.0～494.0	487.25	493.75
	DS—16	494.0～502.0	495.25	501.75
	DS—17	502.0～510.0	503.25	509.75
	DS—18	510.0～518.0	511.25	517.75
	DS—19	518.0～526.0	519.25	525.75
	DS—20	526.0～534.0	527.25	533.75
	DS—21	534.0～542.0	535.25	541.75
	DS—22	542.0～550.0	543.25	549.75
	DS—23	550.0～558.0	551.25	557.75
	DS—24	558.0～566.0	559.25	565.75

续表 F.4.2

波 段	频 道	频率范围（MHz）	图像载波频率（MHz）	伴音载波频率（MHz）
V波段	DS—25	606.0～614.0	607.25	613.75
	DS—26	614.0～622.0	615.25	621.75
	DS—27	622.0～630.0	623.25	629.75
	DS—28	630.0～638.0	631.25	637.75
	DS—29	638.0～646.0	639.25	645.75
	DS—30	646.0～654.0	647.25	653.75
	DS—31	654.0～662.0	655.25	661.75
	DS—32	662.0～670.0	663.25	669.75
	DS—33	670.0～678.0	671.25	677.75
	DS—34	678.0～686.0	679.25	685.75
	DS—35	686.0～694.0	687.25	693.75
	DS—36	694.0～702.0	695.25	701.75
	DS—37	702.0～710.0	703.25	709.75
	DS—38	710.0～718.0	711.25	717.75
	DS—39	718.0～726.0	719.25	725.75
	DS—40	726.0～734.0	727.25	733.75
	DS—41	734.0～742.0	735.25	741.75
	DS—42	742.0～750.0	743.25	749.75
	DS—43	750.0～758.0	751.25	757.75
	DS—44	758.0～766.0	750.25	765.75
	DS—45	766.0～774.0	767.25	773.75
	DS—46	774.0～782.0	775.25	781.75
	DS—47	782.0～790.0	783.25	789.75
	DS—48	790.0～798.0	791.25	797.75
	DS—49	798.0～806.0	799.25	805.75
	DS—50	806.0～814.0	807.25	813.75
	DS—51	814.0～822.0	815.25	821.75
	DS—52	822.0～830.0	823.25	829.75
	DS—53	830.0～838.0	831.25	837.75
	DS—54	838.0～846.0	839.25	845.75
	DS—55	846.0～854.0	847.25	853.75
	DS—56	854.0～862.0	855.25	861.75
	DS—57	862.0～870.0	863.25	869.75
	DS—58	870.0～878.0	871.25	877.75
	DS—59	878.0～886.0	879.25	885.75
	DS—60	886.0～894.0	887.25	893.75
	DS—61	894.0～902.0	895.25	901.75
	DS—62	902.0～910.0	903.25	909.75
	DS—63	910.0～918.0	911.25	917.75
	DS—64	918.0～926.0	919.25	925.75
	DS—65	926.0～934.0	927.25	933.75
	DS—66	934.0～942.0	935.25	941.75
	DS—67	942.0～950.0	943.25	949.75
	DS—68	950.0～958.0	951.25	957.75

注：①Z—1 至 Z—16 频道系电缆分配系统增补频道，不能申请保护；
②DS—5 频道尽量不采用。

F.4.3 FM 调频广播频道的频率配置：

从 87.0MHz 至 107.9MHz，载频间隔 100kHz 共 210 个载频点。

F.4.4 电缆分配系统的导频频率配置：

第一导频：47.0MHz

第二导频：110.7MHz

第三导频：229.5MHz

第一导频和第三导频适用于双导频电缆分配系统,第二导频适用于单导频电缆分配系统。

附录G 闭路应用电视

G.1 5级损伤标准评定

表 G.1 5级损伤制评分表

图像等级	图像质量损伤主观评价
5	不 觉 察
4	可觉察，但并不令人讨厌
3	有明显觉察，令人感到讨厌
2	较严重，令人相当讨厌
1	极严重，不能观看

G.2 照度与摄像机选择的关系

表 G.2 照度与摄像机选择的关系

监视目标的照度	对摄像机最低照度的要求（在 F/1.4 情况下）
< 50lx	≤1lx
500 ~ 100lx	≤3lx
> 100lx	≤5lx

G.3 摄像机镜头焦距的计算公式

$$F = \frac{A \times L}{H} \tag{G.3}$$

式中 F——焦距（mm）；

A——像场高（mm）；

L——镜头到监视目标的距离；

H——视场高。

（L、H 采用相同度量单位）。

G.4 使用无自动调整灵敏度功能的摄像机时对镜头的要求

表 G.4 使用无自动调整灵敏度功能的摄像机时对镜头的要求

监视目标地点及照度变化	对镜头的要求
室外、半室外、照度变化悬殊	自动光圈镜头
室内、照度变化较大	遥控可变或自动光圈镜头
室内、照度恒定或变化很小	手动可变光圈镜头

附录H 声、像节目制作

H.1 电视中心视频系统和脉冲系统的技术要求

H.1.1 一般要求

H.1.1.1 设备的输入、输出阻抗及配接电阻均为75Ω±1%。

H.1.1.2 视频信号的标称连接电平为1V_{P-P}全电视信号正极性或0.7V_{P-P}非全电视信号正极性，允许偏差±20mV。

H.1.1.3 同步脉冲及副载波的标称连接电平为2.0V_{P-P}负极性±10%。

H.1.1.4 连接电缆均采用特性阻抗为75Ω的实心同轴电缆，Q9型连接器。

H.1.2 传输指标及容限

H.1.2.1 总传输指标及容限表

表 H.1.2.1 总传输指标及容限

序 号	指 标 项 目	指 标 值
1	介入增益变动	±0.8dB
2	随机信噪比（统一加权）	48.5dB
3	电源干扰	44dB
4	微分增益	±16.8%
5	微分相位	±12.3°
6	波形失真	—
7	*K*因子	2.2%
8	色—亮信号增益差	±11%
9	色—亮信号时延差	±83ns
10	幅频特性	±1dB（参考）

H.1.2.2 视频系统单件设备传输指标分配表

表 H.1.2.2

序号	指标＼设备 项目		特技切换器	分配放大器	录像机	均衡放大器	处理放大器	切换器	逆程信号插入器
1	介入增益变动	(dB)	±0.2	±0.1	—	±0.1	±0.1	±0.1	±0.1
2	随机信噪比（不加权）	(dB)	60	65	43	65	60	65	65
3	电源干扰	(dB)	57	57	—	57	57	57	57
4	微分增益	(%)	±2.0	±0.3	±4.0	±0.5	±1.0	±0.5	±0.3
5	微分相位	(度)	±2.0	±0.3	±4.0	±0.5	±1.0	±0.5	±0.3
6	波形失真 倾斜	(%)	1	1	1	1	1	1	0.5
	波形失真 过冲	(%)	2	2	—	2	2	2	1
7	*K*因子		1	0.5	1	1	1	0.5	0.5
8	色—亮信号增益差	(%)	±2.0	±1.0	—	±1.0	±2.0	±2.0	±0.5
9	色—亮信号时延差	(ns)	±15	±3	±25	±3	±10	±5	±5
10	幅频特性	(dB)	±0.2	±0.1	±0.5	±0.2	±0.2	±0.2	±0.1

H.1.2.3 视频系统各环节及全系统传输指标分配表

表 H.1.2.3

序号	指标＼环节 项目		前期制作	后期制作	播控	总控	全系统核算值	全系统国标规定值	备 注
1	介入增益变动	(dB)	±0.4	±0.4	±0.2	±0.2	±0.6	±0.8	传输指标特性相加法则见原文
2	随机信噪比（统一加权）	(dB)	50	50	64	66	47	48.5	
3	电源干扰	(dB)	53	53	51	51	46	44	
4	微分增益	(%)	±5.0	±5.0	±2.0	±1.5	±10.0	±16.8	
5	微分相位	(度)	±5.0	±5.0	±2.0	±1.5	±10.0	±12.3	
6	色—亮时延差	(ns)	±34	±34	±20	±12	±75	±83	
7	*K*因子		1.2	1.2	1	1	2.2	2.2	
8	幅频特性	(dB)	±0.6	±0.6	±0.5	±0.4	±1.5	—	

H.2 各类节目制作系统设备配置参考指标（无产量指标时的基本配置）

表 H.2

序号	设备名称	单位	系统分类			备注
			Ⅰ	Ⅱ	Ⅲ	
1	演播室主摄像机及附件	套	3~4	2~3	2	
2	外景摄像机及附件	套	2	1~2	—	
3	定焦距摄像机及附件	套	4	3	2	显微、转换、附件、字幕机
4	视频或数字特技处理机	台	2	1	1	
5	锁相同步机	台	1	1	1	
6	时基校正器	台	1	1	1	
7	视、音频切换器	台	6	4	3	
8	彩色监视器	台	12	10	8	
9	黑白或单色监视器	台	6	5	4	
10	便携监视器	台	2	1	—	
11	通用色键	台	1	1	1	
12	制式转换器	台	1	—	—	
13	光学转换器	套	1	1	1	
14	35/16mm 电影放映机	套	1	1	1	
15	50/35mm 幻灯放映机	套	1	1	1	
16	彩色电视录像机　甲级	台	4	2	2	
17	彩色电视录像机　乙级	台	10	7	5	
18	电子及通用编辑机	台	2	1	1	
19	形象创作机	台	1	—	—	
20	视、音频信号分配器	台	4	3	2	
21	传声器及支架	套	10	6	4	
22	音频处理器、调音台	台	1	1	1	
23	盘式录音机	台	2	1	—	
24	卡式录音座（双卡座）	台	4	2	1	
25	音频编辑机	台	2	1	1	
26	卫星或微波电视接收系统	套	2	1①	—	
27	小型电视车	台	—	—	—	
28	调度及联络对讲系统	套	1	—	—	
29	声光联络信号系统	套	1	1	1	
30	演播室光控系统	套	1	1	1	
31	稳压电源及配电系统	套	1	1	1	
32	测试信号发生器	台	3	2	1	彩条或测试卡
33	高、低及音频信号发生器	台	各2	各1	各1	
34	波形监视器	台	3	2	—	
35	矢量、记忆、宽带示波器	台	各2	各1	各1	
36	场强测试仪	台	2	1	1	
37	非线性测试仪	台	2	1	1	
38	频谱分析仪	台	1	1①	—	
39	色—亮增益、时延差测试仪	台	1	1①	—	
40	数字频率计	台	2	1	1	
41	通用万用表	台	10	6	4	

① 可视需要设置。

H.3 各类节目制作系统用房面积参考指标（使用面积 m²）

表 H.3

用房名称 \ 系统分类	Ⅰ	Ⅱ	Ⅲ	备注
1. 电视录像演播室	120~200	80~120	50~80	
2. 电视录像控制室	25~40	20~25	15~20	
3. 录配音播音室	20~25	15~20	10~15	
4. 录配音控制室	12~15	8~12	5~8	
5. 初加工及外景工作室	20~25	15~20	10~15	
6. 节目转换室	20~25	15~20	10~15	
7. 整修及编辑室	20~25	15~20	10~15	
8. 资料及成品复制室	25~30	20~25	15~20	
9. 收、转及播放机房	20~25	15~20	10~15	
10. 资料及成品库	40~60	30~50	20~40	
11. 设备维修间、器材库	30~40	25~35	20~30	
12. 美工室及洗印间	30~40	20~30	—	
13. 道具制作及存放间	20~30	15~25	—	
14. 化妆及待播室	20~25	15~20	10~15	
15. 空调及配电用房	35~50	30~40	25~35	
16. 编审及技术办公用房	40~60	30~50	20~40	
17. 行政办公及接待用房	40~50	30~40	20~30	
18. 其他辅助用房	100~150	80~100	50~80	包括楼道及卫生间
合　计	637~915	478~672	300~473	
建筑面积（估计值）	700~1000	550~750	350~500	

H.4 对相关专业的设计要求

H.4.1 演播室室型参考表

表 H.4.1

使用面积（m²）		50	60	80	90	100	120	150	200
轴线（m）	长	9.00	9.90	12.00	12.60	13.80	15.00	16.50	18.00
	宽	6.00	6.60	7.20	7.50	7.80	8.40	9.60	12.00
轴线面积（m²）		54.00	65.34	86.40	94.50	107.64	126.00	158.30	216.00
棚下净高（m）		3.90	4.20	5.10	5.30	5.50	5.80	6.60	8.00

H.4.2 工艺技术用房技术要求表

表 H.4.2

项目 \ 用房	演播室	控制室	编辑室	复制转换室	维修间 器材库	资料、 成品库	其他
计算荷载（N/m²）	2500	4500	3000	3000	3200	按书库计算	2000
声学 *NR* 值	20/15	20	20	30	30	—	—
温度（℃）	18~28	18~28	18~28	18~28	15~30	15~25	—
相对湿度（%）	50~70	50~70	50~70	50~70	45~75	40~50	—
换气次数（次/h）	3~5	2	2	2	1	1	—
控制风速（m/s）	<1.0	1~2	1~2	1~2	1~2	—	—
风道口噪声（dB）	<25	<35	<35	<35	<35	—	—

续表 H.4.2

项目＼用房	演播室	控制室	编辑室	复制转换室	维修间器材库	资料、成品库	其　他
门　　窗	隔音、防尘	隔音、防尘	隔音、防尘	隔音、防尘	隔音、防尘	防　　尘	—
顶棚、墙壁、装修	扩散声场	无光漆	无光漆	无光漆	无光漆	防　　尘	—
地　　面	簇绒地毯静电导出	防静电地板或木地板	木地板或菱苦土地面	木地板或菱苦土地面	木地板或菱苦土地面	菱苦土或水磨石	—
一般照明照度（lx）	50/100	75	75	75	100	50	150/30
注：①分数中分子用于电视演播室，分母用于录配音播音室，其他房间的分子为办公室； ②接收天线为集中静荷载，卫星天线：网状—1～1.50t/处，板状—2～3t/处，地面天线 0.5t/处。							

附录 K　扩声与同声传译部分的有关计算公式

K.0.1　建筑物的混响时间，按下列公式计算：

K.0.1.1　考虑空气吸收（特别是 1000Hz 以上时），吸收能力较弱的房间，如剧院、大型厅堂，采用赛宾—努特生公式：

$$T_{60} = \frac{0.161V}{\overline{a}S + 4mV} \quad (\overline{a} < 0.2) \tag{K.0.1.1}$$

K.0.1.2　考虑空气吸收（特别是 1000Hz 以上时），吸收能力较强的房间，如播音室、录音棚、电视播送室等采用艾润—努特生公式：

$$T_{60} = \frac{0.161V}{-S\ln(1-\overline{a}) + 4mV} \tag{K.0.1.2-1}$$

式中　T_{60}——房间的混响时间（s）；

V——房间的容积（m^3）；

S——房间内总表面积（m^2）；

m——空气的声能衰减常数（1/m）；

$\overline{a}$——房内平均吸声系数。

$$\overline{a} = \frac{\Sigma S_i a_i}{S} \tag{K.0.1.2-2}$$

S_i——第 i 种吸声材料的面积（m^2）；

a_i——第 i 种吸声材料的吸声系数；

$4m$ 值见表 K.0.1.2。

表 K.0.1.2　空气的声能衰减常数值

相对湿度（%）	4m（1/m） 频　率（Hz） 1000	2000	4000	6300	8000
30	0.005	0.012	0.038	0.084	0.127
40	0.004	0.010	0.029	0.062	0.095
50	0.004	0.010	0.024	0.050	0.077
60	0.004	0.009	0.022	0.043	0.065
70	0.003	0.009	0.021	0.040	0.057
80	0.003	0.008	0.020	0.038	0.053

K.0.2　临界距离（扩散场距离）按以下公式计算：

对指向性声源：

$$D_c = 0.14\sqrt{QR} \quad \text{(K.0.2-1)}$$

$$Q = \frac{180}{\sin^{-1}\left(\sin\frac{\alpha}{2}\cdot\sin\frac{\beta}{2}\right)} \quad \text{(K.0.2-2)}$$

考虑空气吸收时：

$$R = \frac{S(\bar{\alpha} + 4mV/S)}{1 - (\bar{\alpha} + 4mV/S)} \quad \text{(K.0.2-3)}$$

不考虑空气吸收时：

$$R = \frac{\bar{\alpha}\cdot S}{1 - \bar{\alpha}} \quad \text{(K.0.2-4)}$$

式中 D_c——临界距离（扩散场距离）；

Q——声源的指向性因数；

R——房间常数；

α——扬声器的垂直方向指向性角度（°）；

β——扬声器的水平方向指向性角度（°）；

S、$\bar{\alpha}$、$4m$、V 含义同 K.0.1.1、K.0.1.2-1。

K.0.3 扬声器（或扬声器系统）最远供声距离按下式计算：

$$r_{max} \leqslant 3D_c \quad \text{(K.0.3)}$$

式中 r_{max}——扬声器（或扬声器系统）最远供声距离（m）；

D_c——临界距离（扩散场距离）。

K.0.4 在室内距声源任意点处的声压级按下式计算：

$$L_P = L_W + 10\lg\left(\frac{Q}{4\pi r^2} + \frac{4}{R}\right) \quad \text{(K.0.4-1)}$$

式中 L_P——室内距声源为 r 的某点的声压级（dB）；

L_W——声源声功率级（dB）；

$$L_W = 10\lg W_a + 120$$

W_a——声源的声功率（W）；

r——声源与接收点的距离（m）。

$$10\lg\left(\frac{Q}{4\pi r^2} + \frac{4}{R}\right) \quad \text{总声场相对声压级} \quad \text{(K.0.4-2)}$$

K.0.5 扬声器（或扬声器系统）最大直达重放声压级按下式计算：

$$L_{po} = L_{plw\cdot 1m} - 20\lg r + 10\lg W_e \quad \text{(K.0.5)}$$

式中 L_{po}——受声点（轴向点）声压级（dB）；

$L_{plw\cdot m}$——扬声器（或扬声器系统）平均轴向灵敏度（dB/mV·A）由生产厂家提供；

r——受声点至扬声器（或扬声器系统）轴心点的距离（m）；

W_e——扬声器（或扬声器系统）的额定电功率（W）。

K.0.6 偏离轴线的供声点声场的直达声声压级按下式计算：

$$L_P(\theta) = L_{po} + 20\lg\frac{r_o}{r_\theta} + 20\lg D(\theta) \quad \text{(K.0.6)}$$

式中 L_P（θ）——直达声声压级（dB）；

r_o——辐射距离，即受声点至扬声器（或扬声器系统）轴心点的距离（m）；

r_θ——离轴成 θ 角供声点辐射距离（m）；

$20\lg D$（θ）——扬声器（或扬声器系统）的指向性系数由厂家提供。

附录L　火灾报警与消防联动控制

L.1　由 *A* 和 *R* 确定探测器 *a*、*b* 的极限曲线

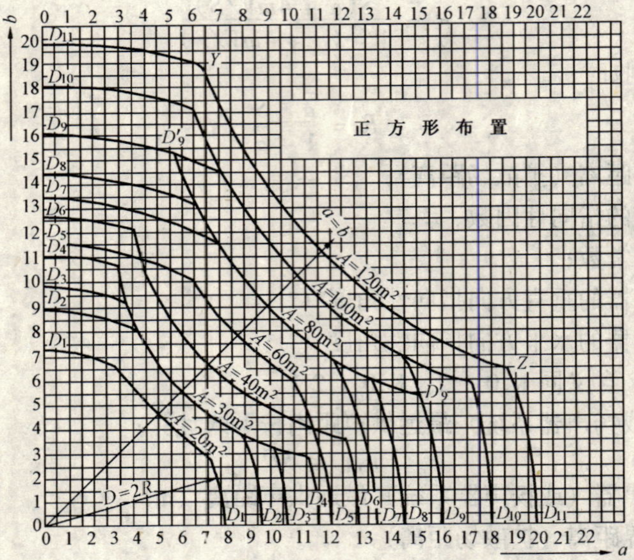

图 L.1　由 *A* 和 *R* 确定探测器 *a*、*b* 的极限曲线

注：①*A*—探测器的保护面积（m^2）；*R*—保护半径（m）；

②*a*、*b*—探测器的安装间距（m）；

③在 *Y* 和 *Z* 两点间的曲线范围内，保护面积可得到充分利用。

L.2　房间高度及梁高对探测器设置的影响

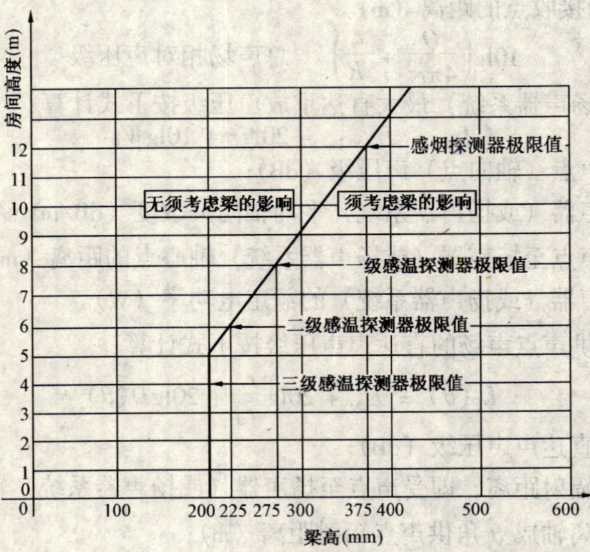

图 L.2　房间高度及梁高对探测器设置的影响

L.3 按 Q 确定一只探测器能保护的梁间区域个数

表 L.3

探测器的保护面积 A (m^2)		被梁隔断的梁间区域面积 Q (m^2)	一只探测器保护的梁间区域的个数
感温探测器	20	$Q>12$	1
		$8<Q\leqslant12$	2
		$6<Q\leqslant8$	3
		$4<Q\leqslant6$	4
		$Q\leqslant4$	5
	30	$Q>18$	1
		$12<Q\leqslant18$	2
		$9<Q\leqslant12$	3
		$6<Q\leqslant9$	4
		$Q<6$	5
感烟探测器	60	$Q>36$	1
		$24<Q\leqslant36$	2
		$18<Q\leqslant24$	3
		$12<Q\leqslant18$	4
		$Q\leqslant12$	5
	80	$Q>48$	1
		$32<Q\leqslant48$	2
		$24<Q\leqslant32$	3
		$16<Q\leqslant24$	4
		$Q\leqslant16$	5

附录 M 建筑物自动化系统

M.1 BA 系统中央软件的功能与技术要求①

表 M.1

功　能	技 术 要 求
操作员接口软件	
•通行字、操作级别与身份识别字管理 1. 对进行操作的人员以通行字的方式进行鉴别和管制 2. 对有权进行操作的人员赋予访问级别，以管制只能由指定的操作人员进行允许范围内的数据访问 3. 记录访问系统的操作人员的身份识别字、访问时间和有必要加以记录的操作内容	1. 访问级别应根据现行体制并考虑发展加以规划，中型以上系统至少应有 5 级，通常为 8 级 2. 通行字的字符个数不宜小于 8 3. 退出访问应有手动和自动两种方法，自动退出的周期应以 1min 为增量，在 1min 至 60min 内设定
•交互式菜单 为系统的操作人员对系统进行访问提供清晰的目录，以利高效作业	1. 采用分支透视法编制，中型以上系统至少应有 5 个层次 2. 每一个菜单项目均应被赋予一个访问级别
•逻辑格式数据显示 1. 对系统中具有一定逻辑上相关性的点编程为一个逻辑组，进行数据显示和打印，如 HVAC 系统中全部具有报警功能的点可编为一个逻辑组而不受每个点物理硬件、通信信道、类型的限制 2. 逻辑组是以在同一台外部设备上分组显示和打印为目的，它不同于下述的分离组对多台外部设备编程，使数据分离，在各自被指定的外部设备上运行	1. 一个点可被编程在多个逻辑组内 2. 逻辑组显示对每个点均应包括：描述短语（如：HVAC 1# 回风机）、状态或数值、工程单位、即时状态为“正常”或“报警” 3. 对具有命令响应的点应有特殊显示标志，并注明即时状态是响应何种命令（程序命令或手动命令）的结果

① 本附录及本规范 M.2 所列出的功能性的“技术要求”，均指软件应对其“提供支持”，为简化叙述，“提供支持”的用语大多省略了。

续表 M.1

功　　能	技 术 要 求
•数据分离 1. 实现一个特定的终端只能有特别指定的数据在该终端上运行（如火灾报警与联动只能在消防中心的终端或监控中心内专门指定的外部设备上运行） 2. 实现某一个终端只能由某一个操作人员使用（如：设备主管工程师终端） 3. 实现一台输出设备只能打印特定的数据（如指定一台打印机只打印安全保卫、人员出入状况和巡更状况记录）	1. 同一个点可以安排在不同的分离组内 2. 分离组应根据需要和设备投资的可能性划分 3. 对于中型以上的系统，作为标准应用软件提供的操作员接口软件需提供不少于 30 个可定义的分离组的能力
•操作指示 1. 对具有命令响应的各点，在逻辑组显示中给出明确标志 2. 对具有命令响应标志点进行访问时，应给出即时状态显示及发出命令的操作指示	操作指示需是最简捷的，通常应是击键一下完成命令输入动作。如：[1：ON；2：OFF；3：AUTO] 为操作指示，只需键 1、2 或 3，便可输入期望命令
•快速寻址访问 为操作员提供一种对某一个指定点进行状态检测或输入命令的快捷方法，避免经由菜单逐项搜寻的繁琐作业	可供快速寻址的方法（如：输入菜单项目编码、输入所属逻辑组编码、“天然语言”寻址等）应根据系统规模及软件费用综合考虑
•其他辅助功能 为数据显示和查询提供方便	对正文显示附加翻页、“书签”等功能
用户现场编制与修改程序的支持软件	
•指派操作员 为不同级别的操作员规定相应的访问级别和权力	1. 指定通行字和访问级别及有权访问的点或组 2. 设定自动退出访问的周期（1～60min）
•外部设备编程 安排外部设备的使用功能	1. 对操作台和打印机规定分离组和操作人员 2. 安排后备操作台和打印机
•监控点扩展与规定内容修改 安排新的监控点进入系统或修改原有监控点的有关规定的内容	1. 对所有的监控点安排进入/退出工作、赋予描述短语、进入/退出分离组、赋予访问级别 2. 对所有点规定（或修改）报警状态及报警输出形式（声响、打印、兼有声响打印等）与故障状态及报警输出形式 3. 规定设备允许运行时间及进入或退出运行时间的积算值
•重设中央日程表 对按实时时钟安排的设备起/停、或其他控制的时间/日程表，按季节条件的变化、节假日的日期进行修改和重设（参阅本规范附录 M.2 的“时间诱发”）	1. 修改按日期与时间编制的时间/日程表 2. 修改为节假日/例外日编制的假日/例外日程表 3. 修改白天照明节能控制等季节性时间表 4. 自动实现夏令时制转换
•标准应用程序修改 对标准操作员接口应用程序进行修改，以适应变化了的情况和发展了的技术	1. 对节能管理程序进行补充修改提供支持 2. 重设空调舒适度的极限值 3. 修改时间或状态诱发源与诱发程序参数 4. 具有事件起动诱发程序的修改和安排该程序进入或退出工作的能力
•系统组态/诊断 以通信网络节点的增设和程序编排实现 DCP 及外部设备的增设，形成新的系统组态，并进行诊断—显示，以确定现有组态及其完好性	1. 指定 DCP 增挂在网络上及是否进入工作 2. 指定外部设备功能 3. 对系统部件进行组态显示及完好性诊断显示

续表 M.1

功 能	技 术 要 求
直接数字控制（DDC）程序	
• DDC 软件包 为用户针对不同受控对象系统的特点，选择最合适的控制算法提供软件资源	1. 至少应包括比例（P）、比例积分（PI）、比例积分微分（PID）算法 2. 对于有复杂控制要求的系统应提供高级控制算法，如：最优控制、自适应、自学习等
• 程序开发支持软件 提供用户自行开发控制程序的支持软件	1. 至少提供一种高级语言 2. 提供编辑、连接、在线/离线装载能力 3. 提供过程控制语言和全部必需的控制算符
报警处理软件	
• 优先与缓冲存储 1. 使中央站接收来自分站的报警时，即使在多个报警同时并发时也不丢失报警信息 2. 报警级别的划分应依据系统规模和管理体制加以安排，报警方式也应根据性质加以区别，如：需要确认的音响加打印、无需确认的音响加打印、以及无音响只打印等	1. 建立优先级结构，按报警信号的危险程度排序 2. 至少应有不少于 10 个报警信息被缓冲，包括防火功能的中型以上系统至少不能小于 20 个 3. 无论操作员接口处于访问状态或退出访问状态，均需优先处理报警信号
• 报警显示 1. 在指定的终端 CRT 上清晰地显示报警信息 2. 同时显示处理操作指示（如：通知设备主管工程师电话：535）	1. 报警显示应包括：监控点代码、文字描述短语、报警性质（如：烟雾、结冻等）以及应采取的处理方法 2. 提供信息扩展能力（如：安排打印、增写处理方法） 3. 必须指定后备打印机
系列标准格式报告	
• 一览表报告 提供指定的全部监控点的一览表，以便查询 包括： 1. 按逻辑组显示的全部点及其描述短语一览表 2. 各点所用工程单位一览表 3. 为各故障监测点安排的故障描述短语一览表 4. 为各运行时间监测点安排的运行时间描述短语一览表 5. 为实现简化寻址方式的自由式访问各点的自由式标志符一览表	1. 视系统规模，各一览表可逐一单列，也可汇总列出 2. 各分列一览表应力求格式统一、硬拷贝尺寸统一，以利归档保存 3. 所有一览表均能在现场增删 4. 所有一览表报告均可在现场通过指令安排或在 CRT 上显示，或在 PRT 上打印，或显示又打印
• 状态汇总报告 提供系列汇总报告，作为系统运行状态监视、管理水平评估、运行参数进一步优化及作为设备管理自动化的依据 包括： 1. 报警汇总报告 当前处于报警状态的所有点的模拟量数值与规定的极限值和开关量的状态（如：烟雾、非法闯入等） 2. 当前处于报警锁定状态的监控点汇总报告 3. 当前处于报警锁定状态、但已进入报警状态的监控点汇总报告 4. 模拟点状态汇总报告：应包括即时值、当前处于正常或报警状态、高低报警极限值 5. 开关点状态汇总报告：应包括当前状态、工程单位	除在各分项特别列出的技术要求外，均需满足： 1. “一览表报告”的第 2.3.4 项技术要求 2. 各汇总报告均按点分行显示或打印，点号及其描述短语均需完整表出 3. 各汇总报告除特别指明者外，凡能以逻辑组为单元编制的均应依此编制 4. 所有报告（包括一览表报告）的产生，可由下列方法起动： （1）操作员发出手动指令 （2）日程表指定的特定时刻 （3）程序所规定的周期（周期长短按需要设定）
6. 具有命令响应功能各监控点当前状态的汇总报告	应注明时间和依据
7. 设备当前状态汇总报告：全部连接于网络上的设备进入/退出工作、动作/不动作	
8. 退出工作的监控点汇总报告	应注明时间和退出依据
9. 能量使用汇总报告：记录每天、每周、每月各种能量消耗及其积算值	各类能源消耗按要求分别列出
10. 运行时间、起停次数汇总报告	区别组点设备分别列出
11. 趋势汇总报告：按一定采样周期，连续记录指定点的工作状态，形成“趋势记录”	采样周期以 1min 为增量，在 1min ~ 60min 内选择；一份报告中可含变量个数不宜小于 10

续表 M.1

功　能	技 术 要 求
动态图像显示	
• 绘图功能 根据需要以图像方式直观显示监控点的参数变化进程及报警状态等 包括： 1. 楼层平面图、对象系统的组态和现场布置图像显示 2. 布置图上嵌以动态数据（如温度值、风机状态、报警点状态等），显示图像上各监控点的状态 3. 提供根据图像显示修改设定值或发出指令的操作指示	1. 动态数据需以 5s 为增量、以 5～60s 为周期刷新 2. 应具有手动指令刷新功能 3. 图像显示范围应与菜单透视支路的某一级相呼应 4. 具有命令响应功能的点应有鲜明的图像标志，并注有改变状态或设定值的指令输入操作指示 5. 图像上当前处于报警状态的监控点应有明显的闪烁标志 6. 至少提供一种在线进行图像编辑的方法
历史数据的存储与处理	
• 历史文件数据库 对有研究与分析价值、应长期进行保存的数据，建立历史文件数据库	采用流行的通用标准软件包和大容量存储器建立数据库，并形成翻页、棒状图、曲线图等显示或打印功能
• 棒状图 从历史数据库中提取所需数据，构成棒状图，以供分析（如逐月能耗分析棒状图）	1. 棒宽可设定 2. 按指定变量提供棒状图 3. 对已形成的棒状图安排标题
• 曲线图 从历史数据库提取所需数据，构成曲线图，以供分析	1. 按指定变量提供曲线图 2. 多条曲线在同一坐标系中生成时应有明显区别（如颜色、线型各异）

M.2　BA 系统分站软件的功能与技术要求

表 M.2

功　能	技 术 要 求
输入/输出点处理软件	
• 巡检 以设定的周期对所连接的输入和输出点进行数值与状态检测	宜选 1s 最小周期；以 1s 为增量可增至 5s
• A/D 转换 刻度及偏差设定；检测值线性化；检测器失效与无反应检出；数值转换	按精度要求确定位数
• 滤波 对全部模拟量输入作合理性检查，剔除野值；确定适当的滤波程序；适时读数	选定最适滤波算法
• 工程单位 对全部模拟和开关输入/输出量赋予工程单位；对各类受控对象系统及其所属设备（或电气回路）赋予状态标志符	1. 工程单位参照本规范第 2.3.2 条和第 2.3.3 条 2. 状态标志符，可参照本规范第 2.3.2 条和第 2.3.3 条
• 模拟量报警比较 分别设定"警告报警"与"实际报警"限，并和实际检测值比较，越限时发出相应的报警信号	需设防止瞬态过程中某模拟量振荡瞬时值进入或脱离报警状态，引起误报或漏报的子程序（或程序段）
• 消除反跳 消除开关量输入反跳，防止可能引起的无意义报警	消除反跳的定时在 2～120s 之间、以 1s 为增量可调
操作命令控制软件	
• 命令优先级 每个来自中央站、二级站、远方站等操作终端的命令以及来自程序的命令均应赋予一个有后效的优先级，以防止多个命令对一点同时访问所引起的"竞争"	1. 手动高于自动 2. 事件起动的状态诱发程序命令高于时间诱发程序命令 3. 报警状态诱发程序命令高于其他事件起动诱发程序命令

续表 M.2

功　　能	技 术 要 求
• 命令执行延迟 防止负荷同时激励	延迟时间从 0s 至 30s 可调
• 执行信息反馈 将各种命令是否已经执行的信息反馈到中央站，在 CRT 上显示或打印	显示或打印应以逻辑组方式连同其他点一起进行
报警锁定软件	
• 时间锁定 把一个时间锁定周期加于如空调机、风机等设备上，使其在起动之后、进入稳定运行状态之前，不执行报警比较程序，以防止无意义的报警	锁定周期宜以 1min 为增量，自 0min 至 90min 可调
• 硬锁定 在设备停止运行或相关点的状态根本不可能引起真正报警时锁定该处的报警信号	由系统操作员（或程序员）现场在线操作实现硬锁定
积算软件	
• 接通/分断时间积算 根据开关量状态变化进行时间积算（含接通时间积算和分断时间积算），并与设备运行极限时间比较，实现设备管理自动化	1. 设定设备运行时极限积算值超过极限值时给出要求维修的打印输出 2. 积算时间以 1min 的精度累计，应达 1×10^4h 以上
• 起停次数积算 累计间歇运行设备或部件的起停次数，并设定极限值，超出此值时自动发出要求维修的信息，实现设备管理自动化	1. 设定极限值，超出此值给出要求维修的打印输出 2. 累计开关次数不宜低于 60 万次
直接数字控制（DDC）软件（包）	
• DDC 程序（包） 每个 DCP-I 型分站均设其驻留存储器，提供过程控制的 DDC 算法和完成顺序控制所需要的控制算法、算术算符、逻辑算符和相关算符	1. 每个 DDC 回路执行间隔可调：以 1s 为增量，自 2s 至 120s 2. DDC 程序应包括对全部输出量所指定的初始值 3. 中央站需能完成对全部 DDC 设定点的程序显示和修改
事件起动的诱发程序	
• 诱发源（器）及“诱发程序” 1. 诱发源（器）包括： （1）时间诱发：按指定时间导引“诱发程序”执行 （2）状态诱发：按指定的“诱发状态”（如报警、开关量状态变化等）导引“诱发程序”执行 （3）手动诱发：操作员发出手动命令导引“诱发程序”执行 2. “诱发程序”功能是按诱发源的导引起动下列事件： （1）模拟控制点设定为某一恒值，实现恒值控制 （2）开关控制点切换到某一指定状态（如起动、停止、分断、开启、关闭等）	1. 诱发程序命令必须是留有后效的有优先级的结构 2 相连的命令必须有防止电流浪涌的时间延迟，其值宜为 1～15s 3. 能逐个地安排时间和状态诱发源进入或退出工作 4. 能逐个地安排诱发源的“诱发程序”。导引起动规定的事件 5. 能与时间表程序相连接
能量管理程序	
	除以下将对各分项列出的程序提出的技术要求外，全部能量管理应用程序应满足： 1. 应用程序及其相关的数据文件应存放于有备用电池支持 72h 以上的 RAM 中 2. 从中央站或规定的其他终端可对此类程序实现： （1）访问 （2）进入/退出工作操作 （3）修改

续表 M.2

功　能	技 术 要 求
• 时间程序 对需要的被控对象系统编制一个独立的开/停程序时间表，控制空调机组、加热或制冷系统等	每台 DCP-I 按时间程序开/停设备的设定能力需按每天每台设备有 2 次独立开/停过程计算
• 例外日时间程序 提供一组例外日时间程序用以容纳例假日和法定节假日的开/停程序时间表	1. 至少容纳 16 个例外日时间表 2. 程序驻留在 DCP 中，可提前一年编程
• 临时时间程序 提供在 DCP 中驻留的临时时间程序，供特殊情况下，临时代替事先已编程排定的开/停时间程序	1. 临时时间程序应适用于所有被指明的一天 2. 应能提前安排长达一周的临时程序 3. 执行完毕的临时时间程序应自动删除，并转入执行正常的时间程序
• 分散式电力需求程序 由 DCP-1 计算电力需求量，预测电力需求趋势，并与设定的需求极限比较，以其结果诱发甩负荷、或已甩负荷的再投入动作。甩负荷要求及数量由 DCP 提出，中央站软件统一处理。原则是按负荷的重要性分级排定顺序，各 DCP 统一甩掉级别低的负荷，且应遵守“先甩后投”的原则	1. 提供滑动窗口瞬时需求算法 2. 每个 DCP 均应有一个甩负荷层次表，整个 BA 系统应统一规划层次，层次数不宜小于 3，中型以上系统应适当增设 1～2 个层次 3. 自动再投入（包括停电后的再投入）指令，必须以程序保证确认投入条件已经满足后，方可自动发出
• 自动时制转换 充分利用日光节能	1. 预先设定何日、何时系统的实时时钟向前或向后调整 1h，成为新的时制 2. 时间转换及时间程序调整无需人为干预地自动进行
• HVAC 系统节能控制 对建筑物、尤其是全空调建筑物的 HVAC 系统采取多种节能控制技术，使这一主要耗能系统经济运行，从而使 BA 系统获得显著经济效益	以下分列的软件均应统一协调，具有避免相反平衡控制动作的功能
包括： 1. 间歇空调机组的最佳起动时间控制程序：保证人员按规定时间表进入建筑物时，室内温度恰好准确达到设定值，既可保证从占有时间一开始便满足舒适性要求，又可减少不必要的、过长的提前起动时间	(1) 适用于加热和制冷两种工况 (2) 对多台空调机组均能实现最佳起动时间控制 (3) 控制算法应具有较高的根据环境条件的变化自动调整最佳起动时间的功能
2. 最佳停止时间控制程序：应用惯性蓄能原理，使供热和制冷负荷利用热惯性持续一个短时尾端延续，在占有时间结束之前提前结束供热或供冷，并保证参数不超过舒适极限的范围	(1) 适用于加热和制冷两种工况 (2) 对多区加热或制冷均能实现最佳停止时间控制 (3) 控制算法应具有较高的自动调整最佳停止时间的功能
3. 间歇运行程序：在舒适性要求的极限范围之内，使空调机组内定风、定水量系统输送风、水的动力设备在最大与最小允许的分断时间内，按实测温度和负荷确定循环周期与分断时间，实现固定循环周期性或可变循环周期性的间歇运行	(1) 设计规定不得停止的负荷不进行此项控制 (2) 此项程序不得干扰其他节能程序（如分散式电力需求程序）的执行 (3) 适用于加热、制冷、加热/制冷三种工况
4. 焓值控制程序：根据户外新风干球温度及其露点或相对湿度、回风干球温度及其露点或相对湿度进行比较决策，自动选择空气来源（户外新风、回风或二者按合理比例的混风）使流进排管的总热负荷最小	提供对每种空气来源进行全热值计算，并进行比较决策的控制算法
5. 减小再加热（多区系统按最大冷负荷区需求的再设定）控制程序：对于使用集中供冷、分区再加热方法进行温度控制和（或）除湿的多区单元空调系统，通过控制最大程度的减少冷热抵消所引起的能源消耗	提供根据区域状态计算再加热需要量，并据此进行优化、重新设定冷冻水最佳温度（或冷盘管出口最佳温度）的控制算法

续表 M.2

功　　能	技 术 要 求
6. 非占有周期程序	
（1）夜间循环程序：分别设定低温极限和高温极限，按采样温度决定是否发出“供热”或“制冷”命令，实现加热循环控制或冷却循环控制	低温极限或高温极限按设备环境条件满足基本要求和节能效果最大的原则确定
（2）夜间空气净化程序：采样测定室内、外空气参数，并进行比较，依据是否有节能效果，发出（或不发出）净化执行命令	仅仅用于非占有周期，夜间空气净化程序的条件值（室内、外温度值、差值及室外相对湿度值）的设定应以有利节能、“免费冷却”为目的
7. 按室外温度重设室温设定值控制：按室外的空气参数和符合人体工程学的准则对室内温度的设定值进行修改，以期达到更舒适、又节能的效果	应将一条符合人体工程学规律的室外温度与室内最佳设定温度关系曲线或表格装入 EPROM 中，作为重设依据
8. 零能带设定控制：设置冷却和加热两个设定值，形成一个既不用冷也不用热的区域，实现空间温度在舒适范围内不消耗冷、热能量的控制	所需的两个设定值应根据地区、建筑物的性质和级别确定
9. 其他成熟的节能控制程序	

M.3 各类描述短语示例

表 M.3

序号	种　　类	举　　例
1	点的描述短语（或称描述符）	送风机、回风温度
2	故障描述短语	结冰、指令失效
3	运行时间描述短语	日期 / 开 / 停：星期日 12:00 18:00；星期一 07:00 17:30；…… ……………… ………………
4	标志符	点号 01:03:01　标志符 010301
5	自由式访问的标志符	1 号送风机的自由标志符： Fan # 1
6	天然语言寻址直接键入描述短语式命令	接通第 1 号风机的描述短语式命令： “Turn Fan # 1 ON”

附录 P　本规范用词说明

P.0.1　为便于在执行本规范条文时区别对待，对于要求严格程度不同的用词说明如下：

1. 表示很严格，非这样做不可的用词：

正面词采用“必须”；

反面词采用“严禁”。

2. 表示严格，在正常情况下均应这样做的用词：

正面词采用“应”；

反面词采用“不应”或“不得”。

3. 表示允许稍有选择，在条件许可时首先应这样做的用词：

正面词采用“宜”或“可”；

反面词采用“不宜”。

P.0.2 条文中指明必须按其他有关标准、规范执行的写法为“应按……执行”或“应符合……的规定”。

附加说明

本规范主编单位、参加单位和主要起草人名单

主 编 单 位： 中国建筑东北设计研究院

参 加 单 位： 北京市建筑设计研究院
建设部建筑设计院
天津市建筑设计院
哈尔滨建筑工程学院
华东建筑设计院
中国建筑西北设计研究院
中南建筑设计院
中国建筑西南设计研究院
辽宁省建筑设计研究院
吉林省建筑设计院
黑龙江省建筑设计院
广州市设计院
上海电缆研究所

主要起草人： 李天恩 潘砚海 王谦甫 周维华 胡敦惠
尤大千 蒋礼堂 赵义堂 屠涵海 唐衍富
楚国林 温家咸 郑经娣 刘铭昌 周修华
张汉武 林福光 李世良 张 威 宛锡章
马洪骥 林 琅 李兴林 张贵权 岳连生
李惠英 高世忠 郑智华 成 彦 王晓光
沈文侃 马国栋

中华人民共和国建设部部标准

延时节能照明开关
通用技术条件

JG/T 7—1999

中华人民共和国建设部　1989-03-27 批准
1989-10-01 实施

本标准是根据国内近年来研制开发、生产使用延时节能照明开关的技术资料、试验数据及生产管理经验编制的。

1 主题内容及适用范围

本标准对延时节能照明开关的设计研制的技术指标、试验、验收、出厂要求等有关的技术问题作出规定。

本标准适用于建筑物内延时节能照明开关。

2 引 用 标 准

GB2423.1 电工电子产品基本环境试验规程
试验 A：低温试验方法

GB2423.2 电工电子产品基本环境试验规程
试验 B：高温试验方法

GB2423.3 电工电子产品基本环境试验规程
试验 C_a：恒定湿热试验方法

GB2423.17 电工电子产品基本环境试验规程
试验 K_a：盐雾试验方法

GB4706.1 家用及类似用途电器的安全通用要求

GB4026 电器接线端子的识别和用字母数字标志接线端子的通则

GB2828 逐批检查计数抽样程序及抽样表

GB197 包装储运图示标志

GB2681 电工成套装置中的导线颜色

3 术 语

3.1 延时节能照明开关

用电子器件、机械构件或二者组合实现接通照明灯一定时间后自动分断，达到节省电能的开关（简称节能开关）。

3.2 延时节能延寿照明开关

用电子器件或电子与机械构件实现限制接通照明灯瞬时峰值电流，且接通照明灯一定时间后自动分断，达到节能、延长灯泡寿命的开关（简称节能延寿开关）。

4 产品型号、分类

4.1 产品型号编制方法

4.1.1 开关的型号按以下原则编制

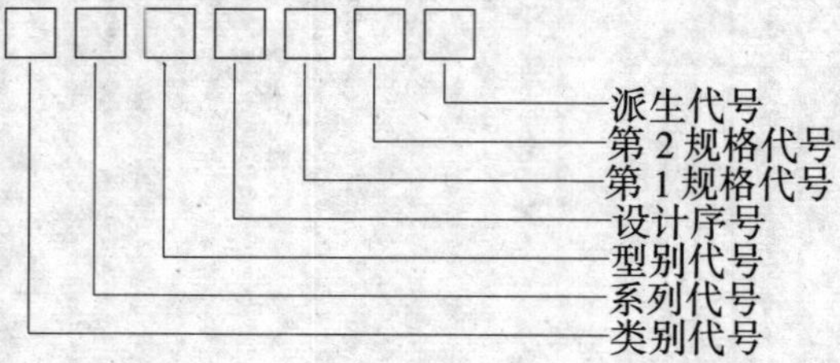

4.2 产品分类

4.2.1 按工作原理分类，并规定型号的类别代号（见表1）。

表1

工作原理	电子式	机械式		组合式
		空气阻尼式	弹簧发条式	
类别代号	D	K	T	Z

4.2.2 按操作方式分类，并规定型号的系列代号（见表2）。

表2

操作方式	按钮式	跷板式	触摸式	脚踏式	拉线式	旋钮式	遥感式	其他式
系列代号	A	B	C	J	L	X	Y	Q

4.2.3 按安装方式分类，并规定型号的型别代号（见表3）。

表3

安装方式	暗式	附装式	明式	其他式
型别代号	A	F	M	Q

4.2.4 按额定负载分类，并规定型号的第1规格代号（见表4）

表4

额定负载 VA (A)	25 (0.12)	40 (0.20)	60 (0.30)	100 (0.46)	150 (0.70)	200 (0.90)	300 (1.40)	500 (2.30)	1000 (4.60)
第1规格代号	-1	-2	-3	-4	-5	-6	-7	-8	-9

4.2.5 按公称延时值分类

4.2.5.1 不可调整型，用第2规格代号表示延时值。

4.2.5.2 可调整型，用第2规格代号表示最大延时值。

其规格系列如表5。

表5

公称延时值 最大延时值 (min)	2	3	4	5	10	15
第2规格代号	×02	×03	×04	×05	×10	×15

4.2.6 按特征功能分类，并规定派生代号（见表6），派生代号可根据特征功能的多少而省略或用1位至多位代号表示。

表6

特征功能	带插座	带普通开关	带延寿功能	带指示灯
派生代号	C	K	S	Z

示例：

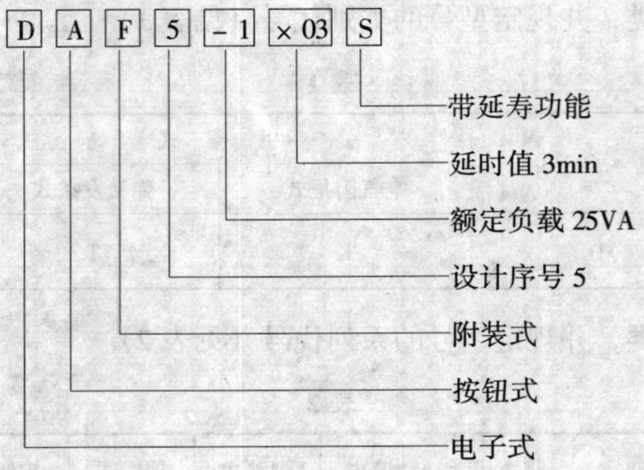

5 使 用 条 件

5.1 电源

5.1.1 额定电压、频率：220V，50Hz

5.1.2 工作电压范围：180V～250V

5.2 正常工作环境条件

5.2.1 海拔高度 2000m。

5.2.2 温度：－25℃～＋40℃。

5.2.3 相对湿度：90%（温度为＋30℃时）。

5.2.4 无足以腐蚀金属、破坏绝缘或导电的介质。

5.2.5 无强电磁辐射（个别类型开关有此要求）。

6 技 术 要 求

6.1 延时及耗能

6.1.1 延时精度

开关延时精度反应不大于公称值的±25%

6.1.2 功率损耗

开关本身功率损耗应符合表 7 的要求。

表 7

额定负载	VA	25	40	60	100	150	200	300	500	1000
	(A)	(0.12)	(0.20)	(0.30)	(0.46)	(0.70)	(0.90)	(1.40)	(2.30)	(4.60)
功率损耗 VA	分断负载时	小于 1.0			小于 1.5				小于 2.0	
	接通负载时	小于 1.5			小于 3%额定输出功率				小于 3%额定输出功率	

6.1.3 延寿功能

具有延寿功能的开关应能有效地限制普通白炽灯接通瞬时峰值电流，其电流值应在稳态电流值的 4 倍范围以内。

6.2 安全技术要求

6.2.1 防触电保护

6.2.1.1 油漆、普通纸、棉织物、金属氧化物及类似材料的复盖层均不能作为保护性的绝缘层。

6.2.1.2 除工作和使用时必须的孔洞外，开关外表面不得任意开孔。在安装状态下，任何可能触及的开关表面，其对地的电位不得超过24V。

6.2.1.3 除拉线式外，其余开关在安装状态下必须用工具才能卸开罩盖。

6.2.2 爬电距离与电气间隙

带电部件与其他金属部件间、除电子线路外的不同极性带电部件间，最小爬电距离与电气间隙不得小于3mm。

6.2.3 常态耐压

开关的电源接线端子与外壳间，应能承受2000V、50Hz历时1min的耐压试验而不发生击穿或闪络现象。

6.2.4 耐湿热

开关在温度为40±2℃、相对湿度为90%～95%、不凝露的环境条件下，连续放置48h后，开关的电源接线端子与外壳间应符合下列要求：

a. 最小绝缘电阻为2MΩ；

b. 承受1500V、50Hz历时1min的耐压试验而不发生击穿或闪络现象。

6.2.5 机械强度

开关应有足够机械强度，其结构应能承受正常使用中可能发生的粗率操作。开关的绝缘外壳应能承受能量为0.5±0.05N·m聚酰胺锤头的冲击而不出现目视可见的裂纹及其他损坏，尤其是不能发生带电部件外露。

6.2.6 耐燃性能要求

开关的非金属材料零件应具有耐燃和阻止燃烧扩展性能。

6.2.7 防辐射、毒性和类似危害

开关不应放出有害的辐射线、有毒气体及其他有损健康的物质。

6.3 耐久性与可靠性

6.3.1 耐锈蚀性能要求

开关的钢铁材料零件应有防锈蚀保护涂、镀或化学处理层。按GB2423.17规定，经16h试验后；或按GB4706.1第31章规定试验后，其涂、镀或化学处理层，除锐边允许有轻微锈蚀外，不应出现棕锈或总面积超过零件表面积3%的白锈。

6.3.2 耐久性与可靠性

按表8要求，先进行过载操作寿命试验，然后进行额定负载操作寿命试验，试验结果应符合下列要求：

a. 试验中不发生误动作；

b. 试验后无紧固件松动、零件和元器件开裂及失效等现象；

c. 额定负载操作寿命试验中，除电子元件外的导电部件，温升不应超过50℃；

d. 试验后，开关的电源接线端子与外壳间，应能承受1500V、50Hz历时1min的耐压试验而不发生击穿或闪络现象。

表 8

试验类别	电源电压 V	试验次数	
		延时值小于 10min	延时值大于 10min
过载操作寿命试验	250	100	80
额定负载操作寿命试验	220	1×10^4	8×10^3

6.3.3 温升

开关在通过电流为额定电流 125 倍时，除电子元件外的导电部件，温升不得超过 40℃。

6.4 外观与结构要求

6.4.1 外观质量

6.4.1.1 开关的外观应完整、合理、美观、色泽协调，外形及安装尺寸应符合国家标准或国际电工委员会标准规定（用于替换原来安装的老式开关例外）。

6.4.1.2 开关的各种零部件均应光洁，无毛刺、变形与裂纹；涂、镀层完整。

6.4.2 导线、接线端子

6.4.2.1 开关的内部导线应能有效地防止导线绝缘层受金属零件或活动部件的损伤；其颜色应符合 GB2681 的规定；铝芯导线不应作为内部接线使用。

6.4.2.2 如果接线端子超过两个，则应在相应的接线端子旁按 GB4026 的规定作出清晰、耐久、不会被误解及易位的标志。

6.4.3 零部件与元器件

6.4.3.1 开关的零部件、元器件及其材料均应符合有关标准与设计文件的要求。

6.4.3.2 开关的螺纹联结零件不得用软的或易蠕变的金属（如铝、锌等）材料制造。

6.4.3.3 开关联结螺纹的直径、螺纹长度、垫圈应满足 GB4706.1 第 26 章的规定。其最小有效啮合圈数应满足表 9 的要求。

6.4.4 操作机构与电路接通、分断机构

6.4.4.1 开关的操作机构应灵活、轻巧。当同时使用 2 个以上操作机构动作的开关，不应发生各机构间或各电路间的互相干扰。

6.4.4.2 外接负载电路的接通、分断机构应是瞬时快速转换机构。

表 9

螺纹材料	金属 与 金属	热固性塑料 与 热固性塑料	热塑性塑料与热塑性塑料 金属与金属	
			不经常拆卸	经常拆卸
螺纹最小有效结合圈数	2	2	5	塑料内嵌压金属螺纹零件

7 标志、包装、运输、贮存

7.1 标志

开关外表面上应有下列明显、牢固、清晰的标志。

a. 制造厂厂名或商标；

b. 额定的电压、频率和电流；

c. 公称延时值或公称延时值范围。

7.2 包装

7.2.1 开关必须与合格证、使用说明书一起装于减震的内包装盒中。内包装盒面上应标明下列内容：

a. 制造厂厂名商标；

b. 型号和名称；

c. 数量。

7.2.2 内包装必须与装箱单一起充满装于减震防潮的外包装箱中，并用包装带扎紧。每箱总质量不超过20kg，外包装箱面上应明显、牢固、清晰地标明下列内容：

a. 制造厂厂名；

b. 型号和名称；

c. 按 GB191 的小心轻放与防潮标志；

d. 数量；

e. 总质量；

f. 发货与收货单位名称、地址。

7.3 耐跌落能力

开关的包装应能减震、缓冲，以减小运输对产品的损伤。包装箱经 0.8m 高度跌落后，其内的开关应符合下列要求：

a. 外观和内部零部件完好、无松动；

b. 功能正常。

7.4 高温贮存与低温贮存

开关应能承受运输与贮存中的高、低温度环境，产品置于60±2℃和－55±2℃的环境中连续保温4h，取出恢复后，应符合下列要求：

a. 外观和内部零件完好、无松动。

b. 功能正常。

附 录 A
试 验 方 法
（补 充 件）

A1 试验条件

A1.1 除另有规定外，开关的试验应在无强烈气体流动、强烈阳光照射和电磁、热辐射的室内正常大气条件下进行。

A1.2 目视检查应在照度不低于300lx（相当于距离40W日光灯500mm处的照度）的天然散射光线或无反射光的白色透明光线下进行。

A2 试验用、计量用计量器具

除另有规定外，开关试验或计量用的计量器具应符合表A1的要求。

表 A1

试 验 类 别	电工仪表（除欧兆表外）的精度	其他计量器具的最大测量相对误差
鉴定试验、定期试验	0.5级	1%
交 收 试 验	1级	2%

A3 延时精度试验

A3.1 可调整型开关的延时精度试验

$$\overline{t_0} = \frac{1}{2}(t_{0max} + t_{0min}) \quad A1$$

式中 $\overline{t}$——公称平均延时值，s；

t_{0max}——公称最大延时值，s；

t_{0min}——公称最小延时值，s；

进行延时精度试验时，可调整型开关应将延时值整定在（0.9~1.1）$\overline{t_0}$的位置上。

可调整型延时精度：

$$\delta_a = \frac{t_a - \overline{t_0}}{\overline{t_0}} \times 100\% \quad A2$$

式中 t_a——在A1条规定的试验条件下，将电源电压调为220±2V，接上额定负载，实测可调整型延时值，s。

A3.2 不可调整型延时精度试验

不可调整型延时精度：

$$\delta_b = \frac{t_b - \overline{t_0}}{\overline{t_0}} \times 100\% \quad A3$$

式中 t_b——在A1条规定的试验条件下，将电源电压调为220±2V，接上额定负载，实测不可调整型延时值，s。

A3.1、A3.2试验结果应符合（6.1.1条）的规定。

A4 高温电压波动试验

将试验样品置于高温箱，在温度为+40±2℃条件下保温两小时，接上额定负载，在电源电压为180±2V与250±2V各操作5次，每两次操作间的分断负载冷却恢复时间不大于5分钟，其试验方法见GB2423.2。每次操作均应正常工作。

A5 低温电压波动试验

将试验样品置于低温箱，在温度为-25±2℃条件下保温两小时，接上额定负载，在电源电压为180±2V与250±2V各操作5次，每两次操作间的分断负载冷却恢复时间不小于5分钟，其试验方法见GB2423.1。每次操作均应正常工作。

A6 功率损耗试验

A6.1 静态功率损耗试验

将电压表和电流表分别并联和串联在开关电源输入端，测量开关分断负载后的电压值和电流值，并按下式计算

$$P_a = U_a I_a \qquad \text{A4}$$

式中 P_a——分断负载后的功率损耗，VA；

U_a——分断负载后的电压值，V；

I_a——分断负载后的电流值，A。

A6.2 动态功率损耗试验

$$P_b = U_b I_b$$

式中 P_b——接通负载后的功率损耗，VA；

U_b——接通负载后的电压值，V；

I_b——接通负载后的电流值，A。

测量方法由有关标准具体规定。

A6.1、A6.2 试验结果应符合（6.1.2 条）的规定。

A7 延寿功能试验

用记录仪分别进行 5 次峰值及稳定电流值测量，相邻两次操作间应有不超过 5min 分断负载冷却恢复时间。取 5 次测定的算术平均值。试验结果应符合（6.1.3 条）的规定。

A8 防触电保护试验

目视检查后按 GB4706.1 的 8.1 条规定用标准试验指与测试针进行测试。

试验结果应符合（6.2.1 条）的规定。

A9 爬电距离与电气间隙试验

按 GB4706.1 附录 E，用相应的量具进行。

试验结果应符合（6.2.2 条）的规定。

A10 常态耐压试验

按 GB998 第 6.3 条进行。耐压试验用变压器容量不得小于 500VA。

试验结果应符合（6.2.3 条）的规定。

A11 耐湿热试验

按 GB2423.3 的规定进行恒定湿热试验后，按 GB998 第 6.2、6.3 条进行绝缘电阻测量与耐压试验，绝缘电阻测量与耐压试验应在开关从恒定湿热试验箱中取出后的 3min 内进行。

试验结果应符合（6.2.4 条）的规定。

A12 机械强度试验

按 GB4076.1 第 21.1 条规定用冲击试验器试验后目视检查。

试验结果应符合（6.2.5 条）的规定。

A13 耐燃性能试验

按 GB4706.1 第 30.2.1 条规定进行。

试验结果应符合（6.2.6 条）的规定。

A14 防辐射、毒性和类似危害检验

按 GB4706.1 第 32 章规定进行。

检验结果应符合（6.2.7 条）的规定。

A15 耐锈蚀性能试验

将开关的钢铁材料零件集为 1 组，按 GB2423.17 的规定进行盐雾试验后或按 GB4706.1 第 31 章规定试验后目视检查。

试验结果应符合（6.3.1 条）的规定。

A16 耐久性与可靠性试验

按本标准 6.3.2 条进行试验及耐久性与可靠性的评估。试验中相邻两次操作间应有不超过 5min 分断负载的冷却恢复时间，温升测量应在试验结束前 15min 内按 GB998 第 5 章规定进行。耐压试验在试验结束后 3min 内按 GB998 第 6.3 条规定进行。

试验结果应符合（6.3.2 条）的规定。

A17 温升试验

按 GB998 第 5 章规定进行。

试验结果应符合（6.3.3 条）的规定。

A18 外观质量检验

目视检查并用相应的量具测量。

检验结果应符合（6.4.1 条）的规定。

A19 导线、接线端子检验

目视检查并用相应的量具测量后，再用符合表 A2 规定最小和最大标称芯截面积的软线各 1 根，分别在每个外导线接线端子上进行压紧、松开各 5 次试验，软线应能自由地引到接线端子上，不应有滑脱或松动。

表 A2

额定电流 A	0.12　0.20　0.30　0.46	0.70　0.90　1.40	2.30　4.60
标称线芯截面积 mm²	0.30 ~ 0.50	0.50 ~ 0.75	0.75 ~ 1.00

检验结果应符合（6.4.2 条）的规定。

A20 零部件与元器件检验

目视检查并用相应的量具测量。

检验结果应符合（6.4.3 条）的规定。

A21　操作机构与电路接通、分断机构试验

目视检查后，以各种不同的组合方式操作开关的操作机构各 10 次，操作机构应能自动回复到原来的位置，不应发生互相干扰。

试验结果应符合（6.4.4 条）的规定。

A22　标志检验

目视检查后按 GB4706.1 第 7.14 条规定进行。

检验结果应符合（7.1 条）的规定。

A23　包装检验

目视检查并用相应的衡器测量。

检验结果应符合（7.2 条）的规定。

A24　耐跌落能力试验

从重心离开地面 0.8m 的高处，以底面基本水平的状态将包装自由跌落在水平水泥地面。长方体形状的外包装箱 6 个表面依次作为底面各跌落 1 次。然后开箱取出开关目视检查，并按本标准 A3 条进行延时精度试验。

试验结果应符合（7.3 条）的规定。

A25　高温贮存与低温贮存试验

将开关分别按 GB2423.2、GB2423.1 及本标准 7.4 条的条件进行试验。取出恢复后，目视检查外观，接入电路连续操作 5 次，开关功能正常。

试验结果应符合（7.4 条）的规定。

附　录　B
检　验　规　则
（补　充　件）

B1　试验类型和目的

B1.1　鉴定试验：考核、评定产品设计与工艺是否达到技术要求。

鉴定试验适用于下列情况：

a. 新设计、试制和投产的产品；

b. 产品在设计、材料及元器件等有重大变更时。

B1.2　定期试验：考核、评定工艺、材料元器件及开关质量的稳定性。

定期试验适用于下列情况：

a. 根据产品所用材料、元器件、工艺及开关质量稳定情况，每 1~3 年进行 1 次；

b. 停产后间隔半年以上再生产时；

c. 工艺上有重大变更时。

B1.3 交收试验：检查出厂产品质量

交收试验适用于下列情况：

a. 制造厂的成品出厂检验；

b. 用户的验收检验。

B2 检验项目

如表 B1。

表 B1

试 验 项 目	鉴定试验	定期试验	交收试验
延时精度试验	○	○	○
高温电压波动试验	○	○	
低温电压波动试验	○	○	
功率损耗试验	○	○	○
温升试验	○	○	
延寿功能试验	×	×	
防触电保护试验	○	○	
爬电距离与电气间隙试验	○		
常态耐压试验	○	○	○
耐湿热试验	○	○	
机械强度试验	○	○	
耐燃性能试验	○		
防辐射、毒性和类似危害检验	○		
耐锈蚀性能试验	○	○	
耐久性与可靠性试验	○	○	
外观质量检验	○	○	○
导线、接线端子检验	○		
零部件与元器件检验	○		
操作机构与电路接通、分断机构试验	○	○	○
标志检验	○	○	○
包装检验	○		
耐跌落能力试验	○		
高温贮存与低温贮存试验	○	○	

表中 ○—需要试验的项目；

×—有延寿功能的进行此项试验。

B3 检验的抽样和判定

B3.1 鉴定试验、定期试验的样品应从制造厂检验合格的产品和零部件中抽取，最少不能少于 5 只。试验中有一项不合格，需加倍抽样，专对此项进行检验，如所有样品均通过此项试验，可以认为鉴定合格。

B3.2 交收试验的检验项目中若有一项不合格，再按抽检方案按 GB2828 第 3.2.7.2 条的规定进行。

B3.3 交收试验中的不合格样品经重新分选、调整或更换不合格零件后，可再次送做交收试验。

附加说明：

本标准由中国建筑标准设计研究所归口。

本标准由北京航空学院、浙江金华建筑灯具总厂、河北省曲阳电子二厂负责起草。

本标准主要起草人　王德言　方　正　胡铭泽　王大卫　张志勇

中国工程建设标准化协会标准

地下建筑照明设计标准

DESIGN CODE FOR UNDERGROUND LIGHTING

CECS 45:92

主编单位：中 国 建 筑 科 学 研 究 院

批准单位：中国工程建设标准化协会

批准日期：1 9 9 2 年 1 2 月 1 日

前　言

现批准《地下建筑照明设计标准》CECS 45:92,并推荐给工程建设设计、施工单位使用。在使用过程中，请将意见及有关资料寄交北京市车公庄大街19号，中国建筑科学研究院物理所中国工程建设标准化协会采光照明委员会（邮政编码：100044)。

中国工程建设标准化协会

1992年12月1日

目　次

1　总则 …………………………………………………………………… 1732
2　名词、术语 …………………………………………………………… 1732
3　照度标准 ……………………………………………………………… 1732
4　照明质量 ……………………………………………………………… 1734
5　照明设计 ……………………………………………………………… 1736
附录 A　过渡照明计算 ………………………………………………… 1738
附录 B　全国各地年平均散射照度 …………………………………… 1739
附录 C　本标准用词说明 ……………………………………………… 1740
附加说明 ………………………………………………………………… 1741

1 总　　则

1.0.1 为使地下建筑照明设计能够满足长期使用的视觉功效、保证技术先进、使用安全、维护方便，特制订本标准。

1.0.2 本标准适用于新建、改建和扩建的地下商场、旅馆、医院和停车场的照明设计。

1.0.3 地下商场、旅馆、医院和停车场的照明设计除遵守本标准外，并应符合国家现行有关标准和规范的规定。人防工程应执行人防工程的现行规定。

2 名词、术语

2.0.1 过渡照明　为减少建筑物内部与外界过大的亮度差而设置的使亮度可逐次变化的照明。

2.0.2 散射照度　全阴天时室外水平面的照度。

2.0.3 年平均散射照度　日出后半小时到日落前半小时，每小时测得的散射照度的年平均值。

3 照 度 标 准

3.1 一 般 规 定

3.1.1 地下建筑照明照度值按以下系列分级：0.5、1、2、3、5、10、15、20、30、50、75、100、150、200、300和500lx。

3.1.2 照度标准值是指工作、活动或生活场所参考平面上的平均照度值。

3.1.3 照度标准值为维护照度值，维护系数应符合表3.1.3的规定。

表 3.1.3 维 护 系 数

环境污染特性	工作房间或场所举例	维护系数
清　　洁	办公室、病房、客房	0.75
一　　般	商场营业厅	0.70
污染严重	厨　房	0.60

注：① 对特别清洁的房间如手术室可取0.80；
② 本表适用于荧光灯、高强度气体放电灯，当采用卤钨灯、白炽灯时，维护系数可提高0.05。

3.1.4 各类建筑物的不同活动或作业类别，照度标准值规定高、中、低三个值。一般情况下取中值，可根据建筑规模、使用情况、所处地区等因素，从中选出适当的照度值。

3.2 照 度 标 准

3.2.1 地下商场照明的照度标准值应符合表3.2.1的规定。

表 3.2.1 地下商场照明的照度标准值

类　别		参 考 平 面	照明标准值（lx）		
			低	中	高
商场营业厅	通道区	距地0.75m水平面	75	100	150
	柜　台	柜台水平面	100	150	200
	货　架	距地1.5m处垂直平面	100	150	200
	陈列柜和橱窗	货物所处平面	200	300	500

续表 3.2.1

类　别	参考平面	照明标准值（lx）		
		低	中	高
收款处	收款台水平面	150	200	300
库　房	距地 0.75m 水平面	30	50	75

3.2.2 地下旅馆照明的照度标准值应符合表 3.2.2 的规定。

表 3.2.2　地下旅馆照明的照度标准值

类　别	参考平面	照度标准值（lx）		
		低	中	高
客　房	距地 0.75m 水平面	30	50	75
餐　厅	距地 0.75m 水平面	50	75	100
小件寄存处	距地 0.75m 水平面	30	50	75
服务台登记处	距地 0.75m 水平面	75	100	150
配餐、食品加工、厨房	距地 0.75m 水平面	100	150	200
游艺室	距地 0.75m 水平面	75	100	150

3.2.3 地下医院照明的照度标准值应符合表 3.2.3 的规定。

表 3.2.3　地下医院照明的照度标准值

类　别	参考平面	照度标准值（lx）		
		低	中	高
病房、监护病房	距地 0.75m 水平面	30	50	75
候诊室、放射科、诊断室、理疗室	距地 0.75m 水平面	50	75	100
诊查室、检验室、配方室、治疗室	距地 0.75m 水平面	75	100	150
药房药品柜	距地 1.5m 处垂直平面	75	100	150
手术室、放射科治疗室、医护办公室	距地 0.75m 水平面	100	150	200
分类厅	距地 0.75m 水平面	50	75	100
注：不包括手术台无影灯照明。				

3.2.4 地下停车场照明的照度标准值应符合表 3.2.4 的规定。

表 3.2.4　地下停车场照明的照度标准值

类　别	参考平面	照度标准值（lx）		
		低	中	高
车　道	地　面	30	50	75
停车位	地　面	20	30	50

3.2.5 设备房间照明的照度标准值应符合表3.2.5的规定。

表 3.2.5 设备房间照明的照度标准值

类　　别	参考平面	照度标准值 (lx)		
		低	中	高
计算机室	距地0.75m水平面	150	200	300
风机房、水泵房、变压器室	地平面	20	30	50
变配电室	地平面	50	75	100
控制室、总机室、广播室	距地0.75m水平面	100	150	200
柴油机房、空调机房	地平面	30	50	75

3.2.6 通用房间照明的照度标准值应符合表3.2.6的规定。

表 3.2.6 通用房间照明的照度标准值

类　　别	参考平面	照度标准值 (lx)		
		低	中	高
办公室	距地0.75m水平面	100	150	200
前厅、门厅	地平面	50	75	100
值班室	地平面	50	75	100
厕　所	地平面	20	30	50
盥洗室	距地0.75m水平面	20	30	50
浴　室	地平面	20	30	50
开水房	地平面	20	30	50
贮藏室	距地0.75m水平面	20	30	50
楼梯间	地平面	30	50	75
过　道*	地平面	30	50	75
走　廊	地平面	20	30	50
指附建地下室过道。				

4 照 明 质 量

4.1 照 度 均 匀 度

4.1.1 工作房间一般照明的照度均匀度按最低照度和平均照度之比确定，其数值不宜小于0.7。

4.1.2 直接连通的相邻房间的平均照度之差不宜超过5∶1。

4.2 反 射 比 与 照 度 比

4.2.1 长时间连续工作、生活或活动场所，其反射比宜按表4.2.1选取。

4.2.2 长时间连续工作使用的地方，其照度比宜按表 4.2.2 选取。

表 4.2.1 工作房间表面反射比

表面名称	反射比
顶棚	0.7～0.8
墙面、隔断	0.5～0.7
地面	0.2～0.4

表 4.2.2 工作房间照度比

表面名称	照度比
顶棚	0.25～0.90
墙面、隔断	0.40～0.80
地面	0.70～1.00

4.3 眩光限制

4.3.1 直接眩光质量等级可按眩光程度分为三级，其眩光程度和应用场所宜符合表 4.3.1 的规定。

表 4.3.1 直接眩光质量等级

质量等级	眩光程度	适用场所举例
Ⅰ	无眩光感	照明质量要求较高的房间，如手术室、计算机房等
Ⅱ	有轻微眩光感	照明质量要求一般的房间，如办公室、商场等
Ⅲ	有眩光感	照明质量要求不高的房间，如仓库等

4.3.2 室内一般照明的直接眩光应根据灯具亮度限制曲线进行限制。限制方法应符合《民用建筑照明设计标准》GBJ 133—90 附录二的规定。

4.3.3 需要时，应从灯具造型、布置和室内装修等方面控制房间内的反射眩光。

4.4 光源的颜色

4.4.1 室内光源的色表可根据其相关色温按表 4.4.1 分为三组。

表 4.4.1 光源的色表

色表分组	色表特征	相关色温（K）	适用场所举例
Ⅰ	暖	＜3300	餐厅等
Ⅱ	中间	3300～5300	办公室等
Ⅲ	冷	＞5300	冷饮部等

4.4.2 光源的一般显色指数可按表 4.4.2 分为四组。

表 4.4.2 光源的一般显色指数

显色指数分组	一般显色指数（Ra）	光源举例	适用场所
Ⅰ	$Ra>80$	白炽灯、小型卤钨灯、三基色荧光灯	商场营业厅中对颜色识别要求较高的地方
Ⅱ	$60\leqslant Ra<80$	荧光灯	办公室、会议室等场所
Ⅲ	$40\leqslant Ra<60$	高压汞灯	机房
Ⅳ	$Ra<40$	高压钠灯	仓库

5 照 明 设 计

5.1 一 般 规 定

5.1.1 地下建筑各类房间和活动场所均应设置一般照明，手术台、收款台、登记处等工作部位宜增设局部照明，营业厅货架、办公室、客房、检验室等，必要时可设置局部照明。

5.1.2 地下建筑应设置正常照明、应急照明、值班照明和过渡照明。应急照明包括备用照明、疏散照明和安全照明。

5.1.3 值班照明宜利用备用照明或疏散照明中能单独控制的一部分或全部。

5.1.4 地下建筑应采用高光效的光源，如荧光灯、高强度气体放电灯；需连续调光、防止电磁波干扰、频繁启闭或特殊需要的场所可选用白炽灯或卤钨灯。

5.1.5 地下建筑应采用高效率、配光合理的灯具，灯具造型和布置应与建筑相协调。

5.1.6 照明线路应选用铜芯导线，进入地下建筑的外部线路应埋设电缆。

5.1.7 照明配电系统的接地形式应采用 TN-S 或 TN-C-S 接地系统。

5.1.8 照明装置和配电箱应选用可靠耐用、节能高效和防潮性能好的产品，潮湿场所应选用防潮防霉型产品。

5.1.9 灯与插座、房间照明与通道照明宜分别接自不同回路。照明系统中每一单相回路不宜超过 16A，单独回路的灯具数量不宜超过 25 个，插座数量不宜超过 10 个（组）。

5.2 设 计 要 求

5.2.1 地下商场照明

5.2.1.1 货架的垂直照度可以用一般照明或局部照明实现。

5.2.1.2 营业厅照明装置的布置位置宜具有灵活性。

5.2.1.3 局部照明宜采用荧光灯，灯具的长轴方向应与柜台的走向平行。

5.2.1.4 采用荧光灯时，宜用开启式灯具。

5.2.1.5 对显色性要求高的场所，宜选用显色指数较高的光源。

5.2.1.6 必要时可对某些商品设置重点照明。

5.2.2 地下医院照明

5.2.2.1 病房的一般照明不应对仰卧病人产生直接眩光。

5.2.2.2 病床应设置单独开关的床头灯。

5.2.2.3 医护人员和病人活动区应设值班照明，地面水平照度值宜为 0.5lx。

5.2.2.4 通道照明灯具和安装位置应有利于减少对病人产生直接眩光。

5.2.2.5 手术室的一般照明不应对患者产生直接眩光。

5.2.3 地下停车场照明

5.2.3.1 通道灯具的长轴方向应和车辆进出方向相一致。

5.2.3.2 停车场仅有一个进出口时，应设置车辆进出的显示信号。

5.2.3.3 停车位应设车位灯。

5.3 应 急 照 明

5.3.1 疏散照明应由安全出口标志灯和疏散标志灯组成。

5.3.1.1 安全出口标志灯的设置应符合下列要求：

（1）地下建筑各厅、室出口、出入口等应设置安全出口标志灯；

（2）地面水平照度不宜低于0.5lx；

（3）安全出口标志灯宜安装在疏散出口和楼梯口里侧上方，距地高度不宜低于2m。

5.3.1.2 疏散标志灯的设置应符合下列要求：

（1）疏散通道及其交叉口、拐弯处、安全出口和楼梯间等处应设置疏散标志灯；

（2）疏散标志灯应设置在安全出口的顶部，楼梯间、疏散通道及其转角处应设置在距地面高度为1.0~1.2m的墙面上，不易安装的部位可安装在顶部，疏散通道上的标志灯间距不宜大于10m。

（3）地面水平照度不应小于0.5lx。

5.3.2 备用照明应符合下列要求：

（1）营业厅、餐厅、急诊室、值班室、消防控制室、变配电室、柴油电站、消防水泵房、排烟机房、电话总机房、计算机室、楼梯间等应设置备用照明；

（2）消防控制室、变配电室、柴油电站、消防水泵房、排烟机房等工作部位的备用照明应保持正常照明的照度，其他场所不应低于正常照明的1/10，但最低不应小于5lx。

5.3.3 手术室、急救室等房间应设置安全照明。

5.3.4 应急照明光源应符合下列要求：

（1）疏散照明宜采用荧光灯或白炽灯；

（2）安全照明宜采用卤钨灯，也可采用瞬时可靠点燃的荧光灯。

5.3.5 应急照明电源应符合供电方式、转换时间和持续工作时间的要求。

5.3.5.1 应急照明电源除正常电源外宜选用下列供电方式之一或适宜的组合：

（1）另一个正常电源或另一路供电线路；

（2）独立于正常电源的柴油发电机组；

（3）蓄电池组；

（4）自带电源型应急灯。

5.3.5.2 正常电源故障后应急照明投入的转换时间应符合下列要求。

（1）疏散照明不应大于15s，商场营业厅等人员集中场所不应大于5s；

（2）安全照明不应大于0.5s；

（3）备用照明不应大于15s，收款台、消防控制室等与消防有关的房间和商场营业厅等人员集中场所不应大于5s。

5.3.5.3 应急照明电源的持续工作时间不应少于30min，与消防有关的房间其备用照明的持续时间不应少于120min。

5.3.6 应急照明控制应符合下列要求：

（1）备用照明为正常照明的一部分同时使用时，应分别设置配电线路和控制开关，备用照明仅在事故状态使用时，正常照明熄灭后备用照明应自动投入工作；

（2）平时不使用的疏散照明应在控制室、配电室或值班室集中控制或自动控制，不允许就地关闭；

（3）应急照明回路上不应设置插座；

（4）蓄电池为应急照明电源时，应具有自动充电功能；

（5）应急照明严禁使用调光装置。

5.3.7 应急照明线路应符合下列要求：

（1）每个防火分区应有独立的应急照明回路，穿越不同防火分区的线路应有防火措施；

（2）疏散照明线路宜采用耐火电线、电缆明敷，或电线电缆穿阻燃性硬质管明敷，或在非燃烧体内用电线、电缆穿硬质管暗敷，其保护层厚度不应小于3cm。

5.4 过渡照明

5.4.1 各类地下建筑出入口部分均应设计过渡照明。

5.4.2 过渡照明设计中宜优先采用自然光过渡，当自然光过渡不能满足要求时，应增加人工照明过渡。

5.4.3 过渡照明的计算应符合下列要求：

（1）白天入口处亮度变化宜按10:1到15:1取值，夜间室内外亮度变化宜按2:1到4:1取值。

（2）出入口的人行速度宜按2.5km/h取值，车行速度按5km/h取值。

（3）亮度—时间曲线如附图A所示。

（4）各地室外年平均散射照度宜按附录B取值。

附录A 过渡照明计算

对于地下建筑，为使人们进出时眼睛对周围的亮充处于适应状态，应该考虑过渡照明的设计。

人们周围的亮度发生变化后，人眼为了适应变化后的亮度，需要有一定的适应时间。亮度和适应时间的关系如附图A所示。

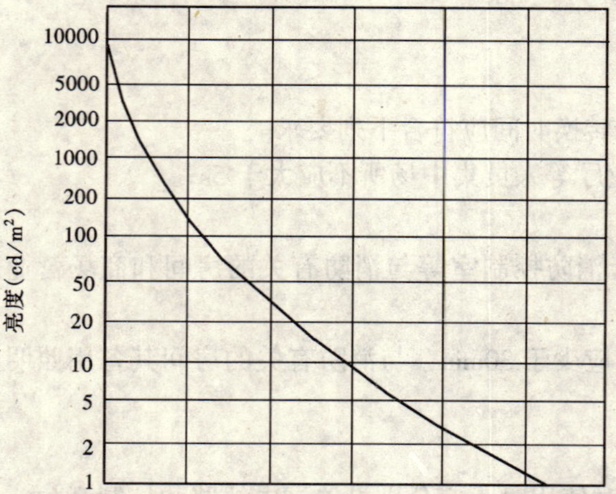

附图A 亮度—时间曲线

过渡照明的设计应考虑四个问题：（1）室外亮度或照度；（2）室内表面亮度；（3）根据室内外亮度差确定适应时间；（4）根据适应时间、人行速度确定所需距离的长度。

以下是供计算用的参考数据：

（1）全国各地室外散射照度列入附录B；

（2）入口处室内外亮度变化可按10:1～15:1考虑；

（3）亮度—时间曲线如附图A所示；

（4）清洁程度一般的水泥地面反

射系数为 15%；水磨石为 60%。

（5）人行速度为 2.5km/h；

（6）漫反射表面的亮度、照度和反射系数的关系如下：

$$L=\frac{\rho\cdot E}{\pi}$$

式中 L——地面亮度（cd/m^2）；

ρ——地面的反射系数；

E——地面的照度（lx）。

过渡照明计算示例：

北京地区某附建式人防旅馆，从入口门厅到地下室过道入口处需行走 15s，计算地下室过道入口处及楼梯拐弯处所需的照度。

计算步骤：

a. 由附录 B 可查出北京地区室外散射照度为 11000lx，设室内外地面均为水泥材料，又按室内外亮度变化可为 15:1，所以按照度计算，室内门厅照度为 11000/15 = 733lx。

b. 由下式计算出室内入口处的亮度

$$L=\frac{\rho\cdot E}{\pi}=\frac{0.15\times733}{3.14}=35cd/m^2$$

c. 从亮度—时间曲线可知，从亮度 35cd/m^2 经 15s 后的适应亮度约 1.3cd/m^2。此即地下室过道入口处的亮度。

d. 由公式计算出地下室走道所需的照度值

$$E=\frac{\pi\cdot L}{\rho}=\frac{3.14\times1.3}{0.15}=27lx\ (\sim30lx)$$

e. 行人到楼梯拐弯处约需 7.5s，由亮度—时间曲线上查出此处的亮度约为 5cd/m^2，则地面照度为：

$$E=\frac{\pi\cdot L}{\rho}=\frac{3.14\times5}{0.15}=105lx$$

说明：考虑亮度时应考虑人们主视线方向的亮度，对于附建式建筑如旅馆、医院，人们需经楼梯进入地下室，此时人们视线的主要方向是楼梯台阶面及地下室入口处地面，而对于单建式建筑如地下商场，人们进门后主要视线是室内空间，所以对计算的亮度宜具体分析。

附录 B 全国各地年平均散射照度

表 B 全国各地年平均散射照度

地 名	散射照度（Klx）	地 名	散射照度（Klx）	地 名	散射照度（Klx）	地 名	散射照度（Klx）
北 京	11.7	侯 马	14.1	赤 峰	9.4	爱 辉	9.0
天 津	11.7	海拉尔	8.3	呼和浩特	9.4	嫩 江	9.2
承 德	11.0	阿尔山	7.5	沈 阳	9.9	齐齐哈尔	9.2
张家口	11.0	锡林浩特	10.2	锦 州	9.9	哈尔滨	9.3
石家庄	12.0	二 连	10.4	丹 东	9.3	牡丹江	8.7
大 同	10.6	通 辽	9.6	延 吉	9.4	上 海	11.7
太 原	11.5	朱日和	10.1	遵 化	8.6	徐 州	12.6

续表 B

地　名	散射照度（Klx）	地　名	散射照度（Klx）	地　名	散射照度（Klx）	地　名	散射照度（Klx）
射　阳	12.5	老河口	12.6	兴　仁	10.5	西　宁	11.8
南　京	12.3	常　德	12.3	威　宁	12.1	格尔木	13.6
衡　县	11.7	长　沙	12.4	丽　江	17.5	汕　头	13.4
温　州	15	芷　江	11.0	昆　明	11.8	广　州	13.7
阜　阳	13.0	邵　阳	12.1	大　连	9.7	玉　树	14.0
合　肥	12.3	郴　县	11.2	长　春	9.3	冷　湖	12.2
安　庆	12.4	韶　关	13.1	景　洪	13.2	银　川	11.4
邵　武	10.4	湛　江	13.5	德　欣	14.7	海　口	12.3
长　汀	10.2	巴渠浩特	11.2	那　曲	14.7	林　芝	12.2
福　州	11.1	桂　林	12.3	昌　都	13.9	定　日	13.3
吉　安	11.8	柳　州	13.2	拉　萨	11.8	延　安	11.1
修　水	12.4	百　色	12.6	贵　阳	11.2	西　安	12.8
遵　义	14.2	梧　州	12.6	青　岛	11.9	蒙　自	9.8
德　州	12.3	南　宁	13.1	汉　中	11.3	河　口	15.6
济　南	12.3	龙　州	12.6	厦　门	10.2	乌鲁木齐	8.9
潍　坊	11.9	甘　孜	15.0	南　昌	12.5	吐鲁番	10.3
临　沂	13.0	成　都	12.7	敦　煌	11.9	哈　密	9.2
郑　州	12.5	康　定	15.0	酒　泉	12.3	库　车	13.4
卢　氏	11.1	重　庆	12.3	张　掖	12.2	南　充	13.0
驻马店	13.0	宜　宾	12.1	兰　州	11.7	万　县	13.3
宜　昌	12.2	西　昌	13.4	天　水	9.9	乐　山	12.9
武　汉	13.0	杭　州	11.9	民　勤	12.5		

附录C　本标准用词说明

为便于在执行标准条文时区别对待，对要求严格程度不同的用词说明如下：

（1）表示很严格，非这样作不可的：

正面词采用“必”；

反面词采用“严禁”。

（2）表示严格，在正常情况均应这样作的：
正面词采用“应”；
反面词采用“不应”或“不得”。
（3）表示允许稍有选择，在条件许可时首先应这样作的：
正面词采用“宜”或“可”；
反面词采用“不宜”。

附加说明

主编单位：中国建筑科学研究院
参编单位：总参工程兵第四设计所
北京市人防办公室
主要起草人：彭明元　施佐康　张耀根　赵玉池

中国工程建设标准化协会标准

建筑用省电装置应用技术规程

Technical specification for application of power saving unit in buildings

CECS 163:2004

主编单位：北京建标科技发展有限公司
高和机电设备有限公司
批准单位：中国工程建设标准化协会
施行日期：2004年4月1日

前　　言

根据中国工程建设标准化协会（2002）建标协字第33号文《关于印发中国工程建设标准化协会2002年第二批标准制、修订项目计划的通知》的要求，制订本规程。

建筑用省电装置是通过调节负荷供电电压，在不影响设备正常使用的情况下减少设备耗电量，同时，在一定条件下改善系统和设备的功率因数。近年来，省电装置已在各类公共设施与民用建筑中得到越来越多的应用。本规程在总结国内外有关设计、施工、管理经验和科研成果的基础上，对建筑用省电装置的技术要求、设计、安装、验收和维护等做出了规定。

根据国家计委计标［1986］1649号文《关于请中国工程建设标准化委员会负责组织推荐性工程建设标准试点工作的通知》的要求，现批准协会标准《建筑用省电装置应用技术规程》，编号为CECS163：2004，推荐给建设工程的设计、施工和使用单位采用。

本规程由中国工程建设标准化协会建筑与市政产品应用分会CECS/TC37（北京车公庄大街19号，邮编100044）归口管理并负责解释。在使用中如发现需要修改和补充之处，请将意见和资料径寄解释单位。

主编单位：北京建标科技发展有限公司
　　　　　高和机电设备有限公司

主要起草人：林岚岚　朱文激　黄广龙　李文治　封文安　祖　娜　果　毅

中国工程建设标准化协会

2004年3月5日

目　次

1　总则 …………………………………………………………………… 1746
2　术语 …………………………………………………………………… 1746
3　基本规定 ……………………………………………………………… 1747
3.1　一般要求 ……………………………………………………………… 1747
3.2　性能要求 ……………………………………………………………… 1747
3.3　电气保护 ……………………………………………………………… 1747
4　设计 …………………………………………………………………… 1748
4.1　设计条件 ……………………………………………………………… 1748
4.2　设备选型 ……………………………………………………………… 1748
4.3　节电经济效益计算 …………………………………………………… 1748
5　安装及验收 …………………………………………………………… 1749
5.1　准备工作 ……………………………………………………………… 1749
5.2　安装要求 ……………………………………………………………… 1749
5.3　验收和保修 …………………………………………………………… 1750
6　维护 …………………………………………………………………… 1750
本规程用词说明 ………………………………………………………… 1750

1 总　　则

1.0.1 为了统一技术要求，以利于正确选型、安装和使用建筑用省电装置（以下简称“省电装置”），做到安全可靠、经济合理、技术先进、使用和维护方便，制订本规程。

1.0.2 本规程适用于交流50Hz，额定电压等级为220/380V，主要采用变压器调压方式的省电装置在各类民用与工业建筑和市政工程中的应用。

1.0.3 省电装置的设计、选型、安装、验收和维护，除应符合本规程外，尚应符合国家现行强制性标准的有关规定。

2 术　　语

2.0.1 省电装置　power saving unit

通过某种方式减少用电设备功率消耗的装置。在本规程中，主要指采用变压器调压方式的省电装置。

2.0.2 自动型省电装置　automatic operated power saving unit

自动调节省电挡位的省电装置。

2.0.3 手动型省电装置　manual operated power saving unit

手动调节省电挡位的省电装置。

2.0.4 单相省电装置　single phase power saving unit

适用于单相交流220V用电负荷的省电装置。

2.0.5 三相省电装置　three phase power saving unit

适用于三相交流380V用电负荷的省电装置。

2.0.6 串联接法　serial connection

将省电装置与用户开关串联接入配电系统的接线方法。

2.0.7 关联接法　parallel connection

将省电装置与用户开关并联接入配电系统的接线方法。

2.0.8 旁通开关　bypass switch

安装在省电装置内，直接连接电源与用户负载的开关。

2.0.9 挡位　setting position

省电装置主机副绕组上的抽头位置。

2.0.10 工况　working condition

用电设备的工作状况。包含对其相关工艺、动作时间、环境温度、产品质量、产量、规格等诸多因素的综合描述。

3 基 本 规 定

3.1 一 般 要 求

3.1.1 省电装置应设电源指示灯、省电状态指示灯，并宜设电压、电流指示装置。

3.1.2 省电装置应设与零线分开的保护接地端子。该接地端子（包括接地螺丝）应有防锈镀层，并应有明显标志。

3.1.3 省电装置的外壳防护等级不得低于 IP20。当省电装置安装在室外时，其外壳应采用与周围环境相适应的防护等级。

3.1.4 当省电装置以串联接法接入用户的配电系统、且系统中无其他旁通线路时，应选用安装有旁通开关的省电装置。

3.1.5 调节挡位可根据用户的具体情况设置，但至少应设两挡，每个挡位之间调节电压的差别不宜超过额定电压值的 5%。当省电装置空载输入额定电压时，各挡位的实际输出电压与设定挡位对应输出电压的偏差不应超过 ±1.5V。

3.1.6 在省电装置的接线端子、挡位和操作处应有清晰的文字标识。

3.1.7 重量大于 100kg 的省电装置，应设能承受整件重量的起吊部件。

3.2 性 能 要 求

3.2.1 省电装置的温升应符合现行国家标准《低压成套开关设备和控制设备　第一部分：型式试验和部分型式试验成套设备》GB7251.1 的要求。主机温升应符合现行国家标准《干式电力变压器》GB6450 的要求，温升限制为 125K。当不符合要求时，应在省电装置内设计和安装通风散热系统。安装通风散热系统后，省电装置应满足上述要求。

3.2.2 在调节挡位设置在最低挡位的情况下，三相省电装置的空载损耗不应超过额定容量的 0.1%。单相省电装置的空载损耗不应超过额定容量的 0.2%。省电装置的负载损耗不应超过额定容量的 0.6%。

3.2.3 省电装置的绝缘水平应符合表 3.2.3 的规定。

表 3.2.3　省电装置的绝缘水平

回路名称	额定电压（kV）	耐压（有效值）（kV）
主回路	0.38	2.5
辅助回路	0.22	1.5

3.3 电 气 保 护

3.3.1 在省电装置内，可根据用户配电系统的需要设置下列保护：

（1）短路保护；

（2）过负荷保护；

（3）接地保护。

3.3.2 电器保护元件的选择和脱扣器电流的整定，不仅应符合保护省电装置主机的要求，还应符合维持用户设备正常运行的要求。

3.3.3 省电装置应与保护接地线（PE 线）可靠连接。省电装置的保护性接地方式应与用户配电系统的接地型式相符合。

3.3.4 严禁隔离或断开 PE 线。

4 设计

4.1 设计条件

4.1.1 安装省电装置后，应使用电设备在额定工况下的电压符合现行国家有关标准的规定。

4.1.2 如省电装置安装在照明负荷前，则安装后用户的照度应满足正常活动的需要，或符合现行国家有关标准的规定。

4.2 设备选型

4.2.1 对新建工程，省电装置容量的选择应满足设计容量的要求。

对改建、扩建工程，省电装置容量的选择应满足用户系统当前的容量要求。当无确切的数据时，可选用容量与电力变压器容量相近的省电装置。

4.2.2 省电装置的接入方式可采用串联接法和并联接法两种，应根据用户的具体情况选择。

当用户有特殊要求时，应在符合国家现行有关标准的前提下，选择能满足用户要求的具有相应功能的省电装置。

4.3 节电经济效益计算

4.3.1 计算安装省电装置后的节电量，可采用下列两种方法之一或两种：

（1）用电量测量法：在负载、工况一致的条件下，分别测量相同时间段内省电状态和非省电状态下的用电量，并以此为据按下列公式计算节电率：

$$r = \frac{A_0 - A_1}{A_0} \times 100\% \tag{4.3.1-1}$$

式中 r——节电率；

A_0——不接入省电装置时的用电量（kW·h）；

A_1——接入省电装置时的用电量（kW·h）。

（2）功率测量法：在负载、工况不变的情况下，测量接入省电装置和不接入省电装置时系统的有功功率，并以此为据按下列公式计算节电率：

$$r = \frac{P_0 - P_1}{P_0} \times 100\% \tag{4.3.1-2}$$

式中 P_0——不接入省电装置时的有功功率值（kW）；

P_1——接入省电装置时的有功功率值（kW）。

4.3.2 对安装省电装置后产生的经济效益宜采用现行国家标准《节电措施经济效益计算与评价方法》GB/T13471 规定的方法进行计算。在设计选型阶段，如因条件所限无法取得完整的数据，可采用投资回收期法进行节电经济效益的估算。

$$T = \frac{I}{\Delta C} \tag{4.3.1-3}$$

式中 T——回报期（年）；

I——投资额（万元）；

ΔC——安装省电装置后每年节省的电费（万元）。

4.3.3 评价安装省电装置后的经济效益，尚应考虑相关的维护费用。

5 安装及验收

5.1 准备工作

5.1.1 省电装置安装前应做好下列准备工作：

（1）必要时，应先绘制现场安装图；

（2）准备工具、材料、仪表和有关图纸资料；

（3）与用户协调安装位置和安装时间；

（4）检查安装部位能否满足省电装置的荷载要求。

5.1.2 安装前应对省电装置进行下列检查：

（1）产品合格证和说明书是否齐全；

（2）产品规格是否与订货单一致；

（3）产品有无碰撞痕迹和明显变形；

（4）采用 DC500V 摇表检查系统绝缘电阻是否满足不小于 100MΩ 的要求；

（5）接地端子和内部连接是否良好。

经检查，如有问题应采取措施或更换产品。

5.2 安装要求

5.2.1 省电装置的安装环境应满足下列要求：

（1）在 +40℃下相对湿度不超过 90%；

（2）安装在室内时，环境温度应在 -5℃～40℃范围内；安装在室外时，环境温度应在 -25℃～45℃范围内；

（3）自然通风良好；

（4）无易燃易爆物品和腐蚀性气体。

5.2.2 省电装置正面的操作空间宽度不宜小于 1.50m，特殊情况下不应小于 1.30m。

当省电装置为落地式安装并有后开门时，省电装置后的操作空间宽度不宜小于 1.0m，特殊情况下不应小于 0.8m。

5.2.3 当省电装置为挂墙或嵌墙安装时，宜使操作开关距地高度在 1.6m 左右。

5.2.4 安装前应先分断用户系统的电源，安装完毕后再接通电源。通电前应进行下列检查：

（1）相序连接是否正确；

（2）挡位应设置在调整电压幅度最小的位置上；

(3) 开关应处在断开状态。

5.3 验收和保修

5.3.1 省电装置安装验收后，应由安装单位和用户共同填写验收表，并由双方签字盖章。

5.3.2 安装验收后，生产厂或安装单位应向用户提供下列资料：

(1) 安装说明书；

(2) 省电装置和配电系统接入电路的电气接线图；

(3) 省电装置投入、退出和切换挡位的操作步骤和安全注意事项；

(4) 其他与安装、操作、维护有关的资料。

5.3.3 生产厂家应负责对用户进行相应的培训。

5.3.4 生产厂家应负责向用户提供保修服务。

6 维　护

6.0.1 应定期检查省电装置所带负荷的电压、电流等电气参数。

6.0.2 当用户增加负荷后，应重新核对省电装置的容量是否满足用户的负荷要求，不得超负荷使用省电装置。

6.0.3 应保证省电装置的使用环境符合本规程第5.2.1条的规定。

本规程用词说明

一、为便于在执行本规程条文时区别对待，对要求严格程度不同的用词说明如下：

1 表示很严格，非这样做不可的：

正面词采用“必须”；反面词采用“严禁”。

2 表示严格，在正常情况下均这样做的：

正面词采用“应”；反面词采用“不应”或“不得”。

3 表示允许稍有选择，在条件许可时首先应这样做的：

正面词采用“宜”或“可”，反面词采用“不宜”。

二、条文中指定应按其他有关标准执行时，写法为“应按……执行”或“应符合……要求（或规定）”。非必须按所指定的标准执行时，写法为“可参照……执行”。

中华人民共和国国家标准

平板型太阳集热器技术条件

Specification for flat plate solar collectors

GB/T 6424—1997

国家技术监督局 1997-06-03 批准

1997-12-01 实施

前 言

本标准首次发布于1986年，当时在制定该标准时主要参考了ISO/TC180/SC3于1984年提出的《太阳能热水器：平板型集热器 第1篇：规范，试验方法》标准草案，并结合了我国当时的实际情况。随着科学技术的发展，太阳集热器产品的研制、开发及生产水平也在不断提高，原标准已不能适应现代技术的发展需要。为保证平板型太阳集热器的产品质量，促进技术进步，并积极与国际市场接轨，特进行这次修订工作。本次修订在充分考虑我国当前平板集热器发展情况的前提下主要参照了日本JIS A4112—1994《太阳集热器》以及美国、澳大利亚以及英国等国的相关标准。

本次修订依据GB/T1.1—1993和GB/T1.3—87对原标准的编写格式和内容进行了修改，包括：增加了“范围”和“引用标准”二章；原“名词、术语”一章改为第3章“定义”；原“型号表示方法”并入第4章“分类与命名”；将“技术要求”改为第5章，并采用表格形式进行叙述；将原“试验方法和检验规则”分列为二章，即第6章“试验方法”和第7章“检验规则”而且对“试验方法”进行了重点修订，增加了许多内容；第8章“标志与包装”基本保留了原标准第5章的有关内容，只稍作修改；最后增加了附录A（标准的附录）和附录B（标准的附录）。

本次修订根据我国的平板集热器产品现状和国际标准水平对原标准的技术内容进行了较大修改，包括：进一步规范了产品的命名和分类，提高了热性能指标，增加了“内通水热冲击”等几项发达国家已普遍实行的可靠性试验，取消了“耐冻试验”，将“涂层试验”作为推荐性试验列入附录中，等等，使该标准具有更强的科学性和可操作性。

本标准自生效之日起，代替GB/T6424—86。

本标准由中国标准化与信息分类编码研究所提出。

本标准由中国标准化与信息分类编码研究所归口。

本标准由中国标准化与信息分类编码研究所、北京太阳能研究所负责起草。

本标准主要起草人：李爱仙、王黛、陆维德、何梓年、罗运俊。

本标准首次发布于1986年。

1 范 围

本标准规定了平板型太阳集热器的定义、分类与命名、技术要求、试验方法、检验规则以及标志、包装等技术条件。

本标准适用于利用太阳辐射加热且传热工质为液体的平板型太阳集热器。不适用于闷晒式热水器、热管式和真空管式集热器。

2 引 用 标 准

下列标准包括的条文，通过在本标准中引用而构成为本标准的条文。本标准出版时，所示版本均为有效。所有标准都会被修订，使用本标准的各方应探讨使用下列标准最新版本的可能性。

GB 191—90 包装储运图示标志

GB/T 1446—83 纤维增强塑料性能试验方法总则

GB/T 1527—87 拉制铜管

GB/T 1720—79 漆膜附着力测定法

GB/T 1735—79 漆膜耐热性测定法

GB/T 1766—1995 色漆和清漆 涂层老化的评级方法

GB/T 1771—91 色漆和清漆 耐中性盐雾性能的测定

GB/T 1800—79 公差与配合 总论 标准公差与基本偏差

GB/T 1865—80 漆膜老化测定法

GB/T 2680—94 建筑玻璃 可见光透射比、太阳光直接透射比、太阳能总透射比、紫外线透射比及有关窗玻璃参数的测定

GB/T 3280—92 不锈钢冷轧钢板

GB/T 3880—83 铝及铝合金板材

GB/T 4237—92 不锈钢热轧钢板

GB/T 4271—84 平板型太阳集热器热性能试验方法

GB 4871—85 普通平板玻璃

GB 9963—88 钢化玻璃

GB/＊ 10800—89 建筑物隔热用硬质聚氨酯泡沫塑料

GB/＊ 10801—89 隔热用聚苯乙烯泡沫塑料

GB/T 11087—89 散热器冷却管专用纯铜带、黄铜带

GB/T 11835—89 绝热用岩棉、矿渣棉及其制品

GB/T 12467—90 焊接质量保证 一般原则

GB 12936.1—91 太阳能热利用术语 第一部分

GB 12936.2—91 太阳能热利用术语 第二部分

GB/T 13350—92 绝热用玻璃棉及其制品

GB/T 15513—1995 太阳热水器吸热体、连接管及其配件所用弹性材料的评价方法

JB 2759—80 机电产品包装通用技术条件

3 定 义

本标准采用下列定义：

3.1 平板型太阳集热器 flat plate solar collector

太阳能热利用系统中，接收太阳辐射并向其传热工质传递热量的非聚光型部件。其中吸热体结构基本为平板形状。

平板型太阳集热器以下简称平板集热器或集热器。

3.2 其他定义参见 GB12936.1 和 GB12936.2。

4 分类与命名

4.1 产品分类

4.1.1 平板集热器基本结构及各主要零部件的名称见图 1 所示。

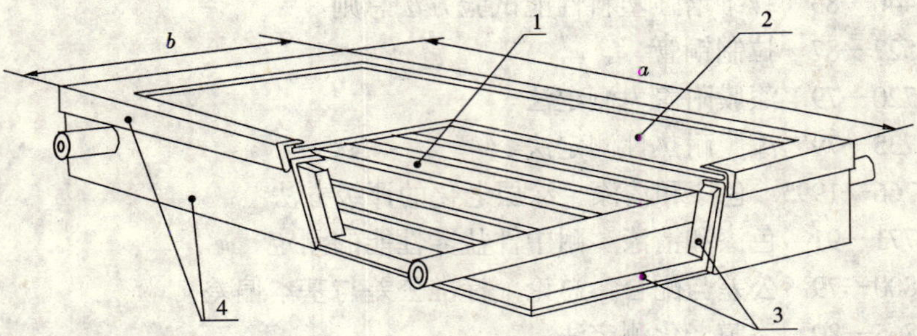

图 1 平板集热器（管板式）结构示意图

1—吸热体；2—透明盖板；3—隔热体；4—壳体

a、b 分别表示外形平面尺寸的长度和宽度

4.1.2 根据吸热体的结构类型，平板集热器分为四个种类：管板式、翼管式、扁盒式和蛇管式。

4.2 产品命名

4.2.1 命名内容：

平板集热器产品的名由五部分组成：

第一部分 第二部分 第三部分 第四部分 第五部分

- 第五部分：表示集热器改进型号
- 第四部分：表示集热器的外形面积
- 第三部分：表示吸热体的材料
- 第二部分：表示吸热体的结构类型
- 第一部分：表示太阳集热器的种类

4.2.2 命名标记：

第一部分：用大写拉丁字母 P 表示平板集热器。

第二部分：用表 1 所示的大写拉丁字母表示吸热体的结构类型。

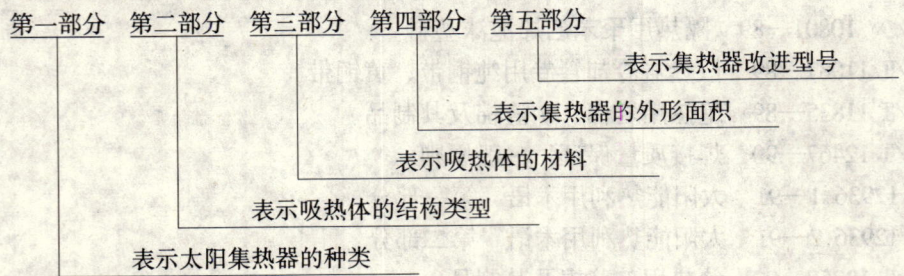

表 1　平板集热器吸热体结构类型符号表

符　号	G	Y	B	S
意　义	管板式	翼管式	扁盒式	蛇管式

第三部分：用表 2 所示的大写拉丁字母表示吸热体材料的类型，表 2 没有表示的新型材料一般用其汉语拼音的第一个字母表示。对由不同材料组成的吸热体，应采用下列形式表达其材料类型：管材代号/板材代号，如铜铝复合的表达形式为“T/L”。

表 2　平板集热器吸热体材料类型符号表

符　号	意　义	符　号	意　义	符　号	意　义
T	铜	L	铝	B	玻　璃
U	不锈钢	G	钢		
S	塑　料	X	橡胶		

第四部分：用阿拉伯数字表示平板集热器的采光面积，小数点后保留一位数字，单位为平方米（m^2）。

第五部分：用阿拉伯数字表示该型号平板集热器的改进序号。

在第四部分和第五部分之间用“－”

4.2.3　命名示例：

采光面积为 $2m^2$ 的钢管板式 2 型平板型太阳集热器产品标记如下：

P　G　G　2.0-2

表示集热器的改进序号为 2 型

表示集热器的外形面积为 $2.0m^2$

表示吸热体材料为钢

表示吸热体结构类型为管板式

表示太阳集热器种类为平板型太阳集热器

4.3　结构尺寸

4.3.1　平板集热器外形平面尺寸推荐采用表 3 数值。

表 3　平板集热器推荐外形平面尺寸　　m

长（a）	宽（b）	长（a）	宽（b）
1.0	1.0	1.5	1.0
1.2	1.0	2.0	1.0
注：a 与 b 的测量位置见图 1			

4.3.2　平板集热器的进出口管径推荐采用以下四种公称尺寸：15mm、20mm、25mm 和 32mm。

4.3.3　尺寸误差：

4.3.3.1　吸热体的对角线长度误差按 GB/T1800 第二章的 IT14 级精度选用。

4.3.3.2　吸热体翘度误差按 GB/T 1800 第二章的 IT16 级精度选用。

4.3.3.3　平板集热器的壳体外型尺寸公差按 GB/T 1800 第二章的 IT14 级精度选用。

5　技　术　要　求

5.1　平板集热器技术要求应符合表 4 的规定。

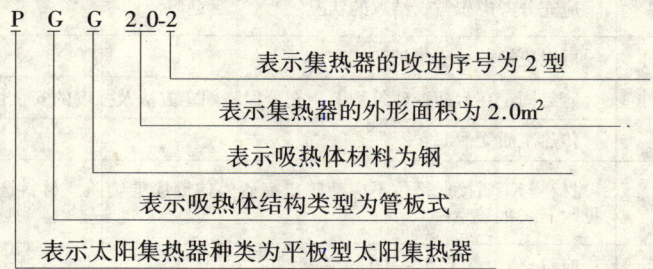

表 4 平板集热器技术要求

部件分类	试验项目	技术要求	试验方法
平板集热器	热性能	$F_R \cdot (\tau \cdot \alpha)$ 不低于 0.68； $F_R \cdot U_L$ 不高于 6.0W/（m²·℃）； 其中：F_R：热转移因子（<1）； τ：透明盖板的太阳透射比； U_L：总热损系数； α：吸热体的太阳吸收比。	6.1
	空　晒	应无变形、无开裂或其他损坏	6.2
	闷　晒	应无泄漏及明显变形	6.3
	内通水热冲击	应无泄漏、无变形、无破裂或其他损坏	6.4
	外淋水热冲击	应无明显变形及其他损坏，集热器进水后，对热性能不产生严重障碍	6.5
	淋　雨	应无渗水和破坏	6.6
	强　度	应无损坏及明显变形。 塑料透明盖板应不与吸热体接触	6.7
	刚　度	应无泄漏、无损坏及过度永久性变形	6.8
	结　构	使用中不发生明显噪音及振动。 应充分考虑积雪、结冰的状况	6.13
	零部件	可以更换，易于维护和检查	6.13
	紧固件	容易固定在台架或建筑物上，充分保障固定方法及强度的安全性	6.13
吸热体	耐　压	传热工质无泄漏	6.9
	材　料	材料与工质接触部位不应溶解出有碍人体健康的物质。材料选择标准见附录 A 的表 A1	
	焊　接	应符合 GB/T 12467—90 的规定	
	涂　层	应无剥落、反光和发白现象，吸收比不低于 0.92	6.10
	外　观	吸热体在壳体内安装平整，间隙均匀	6.13
透明盖板	透射比	不低于 0.78	6.11
	防雹（耐冲击）	应无划痕、翘曲、裂纹、破裂、断裂或穿孔	6.12
	材　料	见附录 A 中表 A2	
	结　构	允许拼接，但必须密封、不渗漏	6.13
	外　观	与壳体密封接触，但应考虑热胀情况，有预防措施。无扭曲、明显划痕	6.13
壳体（含密封件）	涂　层	应无剥落，有一定的光泽度	6.13
	外　观	外表面应平直无扭曲、无破裂。采取充分的防腐措施	6.13
隔热体	导热系数	不大于 0.055W/（m·℃）	
	材　料	见附录 A 的表 A3	
	外　观	应填塞严实，不应有明显萎缩或膨胀隆起。 不允许有发霉、变质或释放污染物质的现象	6.13

5.2 吸热体和壳体涂层的推荐技术要求见附录 B 的表 B1。

6 试 验 方 法

6.1 热性能试验

平板集热器热性能试验按 GB/T 4271 进行。

6.2 空晒试验

在环境温度为 15℃以上的气候条件下，在室外按运行时的倾角和方向安装平板集热器。集热器内不允许有液体传热工质存在。在集热器采光平面测得的全天累积日辐照量应不小于 16747kJ/m^2。

上述试验进行一天。

试验结束后应检查平板集热器有否变形、开裂或其他损坏。

6.3 闷晒试验

在环境温度为 15℃以上的气候条件下，在室外按运行时的倾角和方向安装平板集热器。集热器内充满传热工质并加热至当天最高温度。集热器采光平面接受的全天累积日辐照量应不小于 16747kJ/m^2。

试验后，进行 6.9 的耐压试验。

6.4 内通水热冲击试验

在集热器平面辐照度达到 750W/m^2 以上时，进行 30min 的空晒，然后在吸热体中通水 5min，水温为 15℃ ± 10℃，流量不小于 60kg/（m^2·h）。试验后进行 6.9 的耐压试验。

6.5 外淋水热冲击试验

在集热器平面辐照度达到 750W/m^2 以上时，进行 30min 的空晒，然后对集热器淋雨，喷水方向与透明盖板之间的夹角不应小于 20 度，水温 15℃ ± 10℃，喷水流量应大于 200kg/（m^2·h），保持淋雨 5min。试验后检查集热器的各个部件有否变形。

6.6 淋雨试验

将平板集热器的进出口堵严，按 40 度倾角安放，用自来水喷淋集热器表面。喷淋水与透明盖板之间的角度不应小于 20 度，喷水量应不低于 200kg/（m^2·h），喷射面积应不小于盖板面积的 80%，持续 15min。试验后检查集热器有无渗水。

6.7 强度试验

将平板集热器注满水后，按设计使用的支撑点将集热器水平放置，在透明盖板上放置垫板，在垫板上均匀放一层干燥砂，重量为 75kg/m^2。试验结束后检查集热器各部位有否破损或明显变形。

6.8 刚度试验

在没有加水的状态下，把集热器的一端抬高 0.1mm，保持 5min 后复原，检查各部位连接处有无损坏及明显变形。

6.9 耐压试验

在平板集热器吸热体内注满清洁的水，排尽体内的空气，进行水压试验。将压力均匀增至集热器工作压力的 1.5 倍（当集热器的工作压力低于 0.1MPa 时，试验压力为工作压力加 0.05MPa），保持 5min。试验后检查有无泄漏。

6.10 涂层太阳吸收比测定方法

以平板集热器吸热体材料上截取的试片为底材，制备太阳吸收涂层。可使用配有积分球装置的分光光度计测定其光谱反射比，并按式（1）计算涂层的太阳反射比：

$$\rho = \frac{\int_{300}^{2500} S_\lambda \cdot \rho(\lambda)\mathrm{d}\lambda}{\int_{300}^{2500} S_\lambda \mathrm{d}\lambda} \tag{1}$$

式中 ρ——太阳反射比，无因次；

$\rho(\lambda)$——光谱反射比，无因次；

S_λ——太阳辐射相对光谱分布，nm^{-1}；

λ——波长，nm。

再按式（2）计算涂层的太阳吸收比：

$$\alpha = 1 - \rho \tag{2}$$

式中 α——太阳吸收比，无因次。

6.11 透明盖板太阳透射比测定方法

从平板集热器透明盖板材料上截取试片。若透明盖板材料为玻璃，则按 GB/T 2680 的有关规定测定其太阳透射比；若透明盖板材料为玻璃钢，测试仪器的使用同 6.10，其太阳透射比的计算方法跟玻璃材料相同。

6.12 防雹（透明盖板耐冲击性）试验

水平放置平板集热器，使直径为 0.02m（质量约 32g）的表面光滑的钢球从 0.5m 的高度、静止状态、并不施加外力的情况下自由落到透明盖板的中央部分，落点要落入距中心 0.1m 的范围之内。对一个试件只做一次试验，检查透明盖板有无损坏。

6.13 外观检查

由专业技术人员用肉眼观察平板集热器产品的各个部件状况，并做出详细报告。

6.14 涂层试验

吸热体和壳体涂层的附着力、耐盐雾、耐热性和老化性等推荐试验方法见附录 B。

7 检 验 规 则

7.1 检验分类

产品必须经检验合格后方能出厂，并附有产品合格证。产品检验分为出厂检验和型式检验。

7.2 抽样与组批规则

7.2.1 出厂检验一般为全检。

7.2.2 型式检验一般为抽检，在出厂检验合格的产品中任抽一台或数台进行型式检验。

7.2.3 如经抽样一台进行型式检验后不合格，则需加倍抽样进行复检；仍有不合格者，必须停止生产，采取改进措施。待消除缺陷并再经型式检验合格后，方能恢复生产和产品出厂。

7.3 判定规则

7.3.1 出厂检验：

平板集热器产品在交货时应进行出厂检验。出厂检验指耐压试验和外观检查，即按 6.9 和 6.13 的规定进行试验，符合表 4 规定的技术要求者为合格。

7.3.2 型式检验：

7.3.2.1 平板集热器产品在下列情况下进行型式检验：

a）需要进行全面质量考核时；

b）制造厂第一次试生产；

c）产品转厂或停产期超过 2 年后恢复生产时；

d）当改变产品设计、工艺或所使用的材料并可能影响产品性能时；

e）出厂检验结果与上次型式检验有较大差异时；

f）国家质量监督检验机构提出进行型式检验的要求时；

g）制造厂在正常生产情况下，每年需抽取一台进行型式检验。

7.3.2.2 型式检验必须按 6.1 至 6.13 的规定进行试验，符合表 4 规定的技术要求者为合格。

8 标志与包装

8.1 标志

8.1.1 平板集热器产品上和包装上都应有清晰标志，且不易消除。

8.1.2 平板集热器产品标志包括下列内容：

a）制造厂名；

b）产品名称；

c）商标；

d）产品型号或标记；

e）制造日期或生产批号；

f）外形尺寸（长×宽×高）；

g）工作压力；

h）单件重量；

i）质量等级标志。

铭牌至少应包括 a、b、d、e 四个项目。其他项目可根据实际情况进行适当增减。

8.1.3 平板集热器包装标志应符合 GB191 的规定，其中应主要包括下列内容："小心轻放"标志、"怕湿"标志、"禁止翻滚"标志和"堆码重量极限"标志。

8.1.4 说明书：平板集热器产品一般情况下应附有产品说明书。说明书应包括 8.1.2 中的全部项目。此外，还应包括下列内容：

a）热性能参数；

b）产品使用注意事项；

c）安装说明；

d）维修保养。

8.2 包装

8.2.1 包装方法应采用箱装。包装箱应符合 JB2759 的规定。

8.2.2 包装箱内应具备下列文件：

a）产品合格证；

b）产品说明书；

c）装箱单。

附 录 A
（标准的附录）
平板型太阳集热器部件推荐选用材料

表 A1 用于吸热体与传热工质接触部位的材料

材料	标准
紫铜管	GB/T 1527
紫铜带	GB/T 11087
不锈钢	GB/T 3280，GB/T 4237
防锈铝板	GB/T 3880
橡胶	GB/T 15513

表 A2 用于透明盖板的材料

材料	标准
普通平板玻璃	GB 4871
钢化玻璃	GB 9963
聚酯玻璃钢	GB/T 1446

表 A3 用于隔热体的材料

材料	标准
聚氨酯泡沫塑料	GB/* 10800
岩棉	GB/T 11835
聚苯乙烯泡沫塑料[1]	GB/* 10801

1）若用此种材料，应在吸热体与该材料之间采取一些隔离措施。

附 录 B
（标准的附录）
平板型太阳集热器涂层推荐技术条件

B1 技术要求

建议平板型太阳集热器吸热体与壳体的涂层符合表 B1 规定的技术要求。

表 B1 平板型太阳集热器涂层推荐技术要求

涂层类别	项目	技术要求	试验
吸热体涂层	附着力	应无剥落，达到 GB/T 1720 规定的 1 级	B2.1
	耐盐雾	应无裂纹、起泡、剥落及生锈	B2.2
	耐热性	吸收比 α 值的保持率在原值的 95%以上	B2.3
	老化性	吸收比 α 值的保持率在原值的 95%以上	B2.4
壳体涂层	附着力	应无剥落，达到 GB/T 1720 规定的 1 级	B2.1
	耐盐雾	应无龟裂、爆皮、剥落及生锈	B2.2
	老化性	应达到 GB/T 1766 中 5.2 表 22 规定的 2 级	B2.4

B2 试验方法

B2.1 涂层附着力试验

以平板集热器的吸热体或外壳的材料或由该材料上截取的试片制备试样底材及其涂膜。按照GB/T 1720规定的测定方法进行涂层附着力试验。

B2.2 涂层耐盐雾试验

以平板集热器的吸热体或外壳的材料或者由该材料上截取的试片作为试板，涂覆相应漆膜，按照 GB/T 1771 的有关规定进行涂层带划痕的耐盐雾试验。

B2.3 涂层耐热性试验

以平板集热器吸热体的材料或由该材料上截取的试片为样板，并制备相应漆膜。按照 GB/T 1735 的有关规定进行涂层耐热性试验。高温炉炉温为 150℃，保持时间为 24h。试验后按 6.10 测定吸收比。

B2.4 涂层老化性试验

以平板集热器吸热体或外壳的材料或由该材料上截取的试片为样板，在由该集热器的透明盖板材料覆盖状态下，按照 GB/T 1865 的有关规定进行涂层老化性试验。

中华人民共和国国家标准

平板型太阳集热器热性能试验方法

Test methods for the thermal performance of flat plate solar collectors

GB/T 4271—2000

国家质量技术监督局 2000-02-16 批准

2000-08-01 实施

前　言

本标准是参考国际标准化组织发布的国际标准 ISO 9806-1:1994《太阳集热器试验方法—第一部分：带压力降的有玻璃盖板的液体集热器热性能》中的平板型集热器部分，对 GB/T 4271—1984 进行修改的。在结构、试验方法、公式表达、参数符号、规定的参数数据和表格形式上尽量与 ISO 9806-1:1994 保持一致。

本标准与 GB/T 4271—1984 的主要技术差异如下：

a）1984 年版标准主要参考的是美国标准 ASHRAE93：1977，本标准参考的是 ISO 9806-1：1994。

b）根据我国实际情况，在 ISO 9806-1：1994 的基础上对一些技术要求的内容和参数进行了适当的调整和修改。

c）本标准对仪器的准确度、试验方法、试验条件和试验设备的规定比 GB/T 4271—1984 更严格、更具体。

本标准附录 A、附录 B、附录 D 为标准的附录，附录 C 为提示的附录。

本标准自实施之日起，代替 GB/T 4271—1984。

本标准由国家经济贸易委员会、中国标准化与信息分类编码研究所提出。

本标准由全国能源基础与管理标准化技术委员会新能源和可再生能源分委会归口。

本标准由中国标准化与信息分类编码研究所、北京市太阳能研究所、中国科学院电工研究所负责起草。

本标准主要起草人：赵跃进、何梓年、付向东、米耀伟。

本标准于 1984 年首次发布，1999 年第一次修订。

1 范　　围

本标准规定了平板型太阳集热器稳态和准稳态热性能的试验方法及计算程序。试验方法包括在室外自然太阳辐照下的试验和在室内模拟太阳辐照下的试验。

本标准适用于带压力降、有玻璃盖板、传热工质为液体的平板型太阳集热器（以下简称太阳集热器或集热器）。

本标准不适用于储热器与集热器为一体的储热式太阳集热器，也不适用于未装有玻璃盖板的和跟踪聚焦的太阳集热器。

2 引 用 标 准

下列标准所包括的条文，通过在本标准中引用而构成为本标准的条文。本标准出版时，所示版本均为有效。所有标准都会被修订，使用本标准的各方应探讨使用下列标准最新版本的可能性。

GB/T 12936.1—1991　太阳能热利用术语　第1部分

GB/T 12936.2—1991　太阳能热利用术语　第2部分

GB/T 17683.1—1999　太阳能　在地面不同接收条件下的太阳光谱辐照度标准　第1部分：大气质量1.5的法向直接日射辐照度和半球向日射辐照度

（eqv ISO 9845-1：1992）

3 定　　义

本标准除采用GB/T 12936.1和GB/T 12936.2中的相关定义外，还采用下列定义。

3.1　吸热体面积 absorber area

吸热体的最大投影面积。

3.2　采光面积 aperture area

未聚焦太阳辐射进入集热器采光口的最大投影面积。

3.3　集热器总面积 gross collector area

完整太阳集热器的最大投影面积，不包括任何固定和连接工质管路的部分。

3.4　集热器效率 collector efficiency

在稳态条件下，特定时间间隔内由传热工质从一特定的集热器面积（总面积、采光面积或吸热体面积）上带走的能量与同一时间间隔内入射在该集热器面积上的太阳能之比。

3.5　太阳辐射模拟器 solar irradiance simulator

模拟太阳辐射的人工辐射能量源，通常由一盏或一组灯构成。

4 符 号 与 单 位

本标准使用的符号及单位列于附录A（标准的附录）中。

5 集热器的安装及场所

5.1　概述

集热器的安装方式将会影响热性能的试验结果。集热器应根据 5.2～5.8 的规定进行安装。

应使用实际尺寸的集热器进行试验，因为小尺寸集热器的边缘热损失会严重降低集热器热性能。

5.2　集热器试验台架

集热器试验台架不应遮挡集热器的采光面，不应明显影响集热器背面和侧面的隔热保温。台架应采用开放式结构，集热器前后的空气可自由流动。集热器的最低边离地面不应小于 0.5m。

不应让沿建筑物墙体上升的热气流从集热器上面通过。在屋顶上试验时，台架距屋顶边缘的距离应大于 2m。

5.3　倾角

为了使试验结果在国际上具有可比性，安装集热器时应使采光面与水平面的倾角为：当地纬度 ±5°,但不应小于 30°。

集热器也可以根据生产厂家的要求和实际安装的倾角进行试验。

5.4　集热器方位

应通过手动或自动的方法使集热器跟踪太阳的方位角。

5.5　直接太阳辐射的遮挡

在试验期间，不应有任何阴影投射在集热器上。

5.6　漫射和反射太阳辐射

在试验期间，不应有从周围物体表面反射到集热器上明显的太阳辐射，也不应有在集热器对天空的视域内的严重遮挡。

在使用太阳辐射模拟器时，可将试验室内的所有表面都涂成深色，以尽量减少反射辐射。

5.7　热辐射

靠近集热器的物体表面温度应尽量与环境空气温度一致，以避免周围物体热辐射对集热器的影响。

在室内试验时，集热器应与周围冷、热物体的表面相隔离。

5.8　风

集热器应安装在风能够自由通过其采光面、背面和侧面的地方，与采光面平行的平均风速应保持在 8.3 所规定的极限范围内。必要时，可用风机达到这个风速。

6　仪器与测量

6.1　太阳辐射测量

6.1.1　总日射表

应使用一级总日射表对来自太阳和天空的全部短波辐射进行测量。

6.1.1.1　防止温度梯度影响

总日射表在进行数据采集前应放置于典型的试验位置至少 30min，以达到温度的平衡。

6.1.1.2　防止湿气影响

应采取适当措施防止湿气在总日射表上凝结而影响它的读数。总日射表应带有可检验的干燥剂，在每次测量前后都应对干燥剂进行观察。

6.1.1.3 防止红外辐射影响

在用总日射表测量太阳模拟器的辐照度时，应尽量减少模拟器光源发出的波长在 3μm 以上红外辐射对读数造成的影响。

6.1.1.4 总日射表的室外安装

总日射表传感器的安装应与集热器采光口平行，两平面平行度相差应小于 ±1°。在试验期间，总日射表不得遮挡集热器采光口。总日射表应安装在能够接受到与集热器相同直射、漫射和反射太阳辐射的地方。

在室外试验时，总日射表应安装在集热器高度的中间位置。应将总日射表座体及其外露导线保护起来，以防被太阳晒热。应尽量减少集热器对总日射表的反射和再辐射。

6.1.1.5 总日射表在太阳模拟器下的使用

总日射表可用来测量模拟太阳辐照在集热器采光口上的分布和随时间的变化。总日射表的安装与保护应与室外试验相同。

6.1.1.6 校准周期

总日射表应在集热器试验前 12 个月内进行校准。在一年期间内任何变化超过 ±1% 时，应增加校准的次数或更换该仪器。

6.1.2 直接日射入射角的测量

直接日射入射角可用日晷测量，日晷应安装在集热器平面的一边。

直接日射入射角（θ）也可由太阳时角（ω）、集热器倾角（β）、集热器方位角（γ）和试验地的纬度（ϕ）计算，计算公式如下：

$$\cos\theta = (\sin\delta\sin\phi\cos\beta) - (\sin\delta\cos\phi\sin\beta\cos\gamma) + (\cos\delta\cos\phi\cos\beta\cos\omega) + (\cos\delta\sin\phi\sin\beta\cos\gamma\cos\omega) + (\cos\delta\sin\beta\sin\gamma\sin\omega) \quad (1)$$

式中，一年中第 n 天的太阳赤纬度 δ 计算如下：

$$\delta = 23.45\sin[360(284 + n)/365]$$

6.2 热辐射测量

6.2.1 室外热辐照度测量

在集热器试验中一般不考虑室外热辐照度的变化。地球辐射表可以安装在集热器采光口平面一侧的中间位置以测定集热器采光口上的热辐照度。

6.2.2 使用太阳模拟器时的室内热辐照度测量

6.2.2.1 测量

可使用地球辐射表测量热辐照度。为了减少模拟太阳辐射的影响，应对地球辐射表进行通风。

对于室内试验，测量热辐照度的准确度应为 ±10W/m²。

6.2.2.2 计算

当集热器视域内的所有热辐射源和吸热物都确定后，集热器采光口上的热辐照度可由温度测量值、表面发射率测量值和辐射角系数进行计算。

从一个热表面（由 2 表示）射入集热器表面（由 1 表示）的热辐照度由 $\sigma\varepsilon_2 F_{12} T_2^4$ 给出。

更常用的附加热辐照度（以表面 2 为理想环境空气温度下黑体的热辐照度比对）由下式给出：

$$\sigma F_{12}(\varepsilon_2 T_2^4 - T_a^4) \tag{2}$$

6.3 温度测量

6.3.1 传热工质进口温度（t_i）测量

6.3.1.1 测量准确度

传热工质进口温度的测量准确度应为 ±0.1K。

6.3.1.2 传感器的安装

温度传感器应安装在距进口 200mm 以内处，传感器前、后的管道应进行保温处理。

在传感器的前端应装一个弯头或混流器。为了避免工质中的气体在传感器周围聚集，应使传感器所处管道中的工质流向为上升，且传感器测头应对着液体的流向，如图 1 所示。

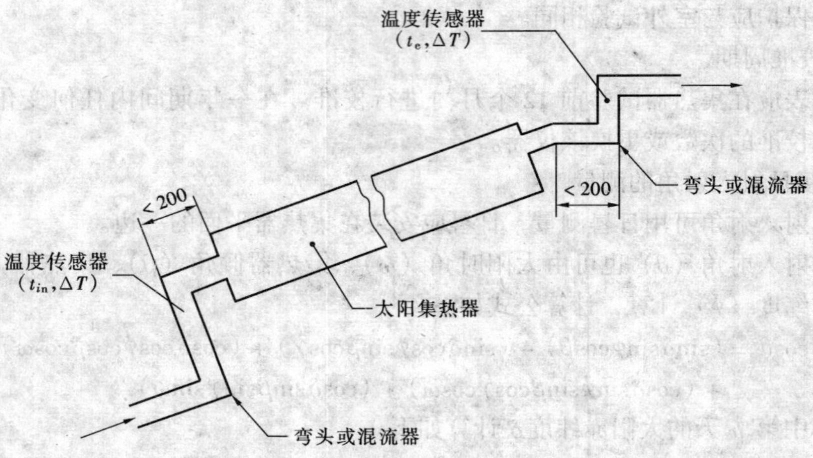

图 1 测量传热工质进口和出口温度时传感器安放位置

6.3.2 传热工质进出口温差（ΔT）测量

测量集热器进出口温差的准确度应为 ±0.1K。

6.3.3 环境空气温度（t_a）测量

6.3.3.1 测量准确度

测量环境空气温度的准确度为 ±0.5K。

6.3.3.2 传感器的安装

在室外试验时，环境温度计应安置在距被测集热器 15m 以内的白色百叶箱中。百叶箱安装高度应为集热器中间的高度，但距地面高度不应小于 1m。

若使用风机迫使空气流过集热器时，风机出口温度与环境温度的差应在 ±1K 以内。

6.4 工质流量（$\dot{m}$）测量

质量流量可以直接测量，或通过所测量的体积流量和温度换算得出。

测量工质流量的准确度应为 ±1.0%。

6.5 风速测量

6.5.1 测量准确度

对于室内和室外的试验，测量空气流速的准确度应为 ±0.5m/s。

在室外试验时，空气流速很少为常数，应取试验期间的平均风速。

6.5.2 传感器放置

对于室内试验，应在集热器上方距采光口 100mm 的若干均匀分布点上逐点进行测量并取它们的平均值。在风速稳定的条件下测量，应在性能试验前后进行。

对于室外试验，如果平均风速小于 3m/s，应采用人工送风，风速计的使用方法同室内试验。在有自然风的场所，应在集热器中点的高度、尽量靠近集热器的位置进行风速测量。试验期间，通过传感器的风不应被阻挡，传感器也不应遮挡集热器。

6.6 压力测量

测量传热工质通过集热器所产生压力降的准确度应为 ±3.5kPa。

6.7 时间间隔（Δt）测量

测量时间间隔的准确度应为 ±0.2%。

6.8 测量仪器及数据记录仪

测量仪器及测量系统的最小刻度不应超出规定准确度的两倍。

数据处理技术或电子积分仪的准确度应等于或优于测量值的 ±1.0%。

模拟和数字记录仪的准确度应等于或优于总量程的 ±0.5%，时间常数应等于或小于 1s。峰值信号指示应在总量程的 50%和 100%之间。

6.9 集热器面积的测量

测量集热器面积（吸热体面积、总面积或采光面积）的准确度应为 ±0.1%。

6.10 集热器工质容量的测量

集热器工质容量由试验中所用传热工质的相同质量来表示。测量准确度应为 ±10%。

可通过分别测量集热器空时质量和充满工质时质量来求得，或通过测量装满空集热器所需工质的质量来求得。

7 试 验 台 架

7.1 总体结构

图 2 和图 3 给出了测量采用液体为传热工质的太阳集热器试验台架结构示意图。

7.2 传热工质

集热器试验过程中使用的传热工质可以是水或是由集热器生产厂家推荐的液体。

在试验期间传热工质的温度范围内，传热工质比热和密度值的变化应在 ±1%以内。附录 C（提示的附录）给出了水的比热和密度值。

在整个试验过程中，传热工质的质量流量应保持恒定，以便确定集热器的热效率曲线、时间常数和入射角修正系数。

7.3 管道布置与组装

集热器工质回路的管道应耐腐蚀，并能在 95℃的温度下工作。若使用非水工质，应确定该工质是否能与系统材料兼容。

管道长度应尽量短。特别是从工质温度调节器出口到集热器进口之间的管道应保持最短，以减少环境对工质进口温度的影响。这段管道应进行隔热处理，以确保热损失率在

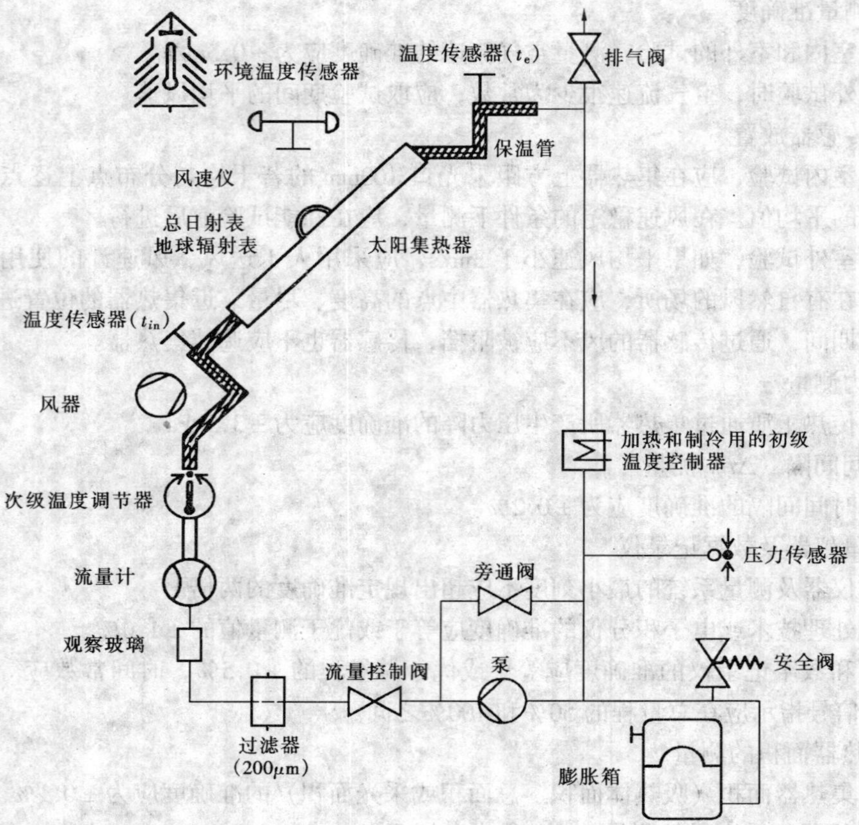

图 2 闭路试验回路

0.2W/K之内，还应使用防晒反射涂层进行保护。

温度测量点和集热器进出口之间的管道应采用隔热和防晒反射涂层进行保护，使管道内的温降不超过0.1K。混流器应安装在靠近温度传感器的液流上方（见6.3）。

应在工质回路管道上安装一小段透明玻璃管，以便观察工质中的气泡和杂质。透明管应安装在靠近集热器的进口处，但不应影响工质进口处的温度控制或温度测量。

在集热器的出口及其他容易聚积空气的地方应安装空气分离器或排气装置。

应在流量测量装置或泵的上游处安装过滤器。

7.4 泵与流量控制装置

工质泵应装在集热器试验回路中，且不影响集热器进口温度控制或测量工质的位置。

对于一般的泵，应装有旁路和手动针型阀，以便能调节适当的流量。也可使用流量控制器来稳定质量流量。

在工作范围内选定的任何进口温度下，泵及流量控制器应能维持稳定的质量流量，其变化范围应在±1%以内。

7.5 传热工质温度调节

集热器试验回路应具有保持集热器进口温度恒定的能力，其温度范围为运行时的温度范围，特别是应避免集热器进口温度的漂移。

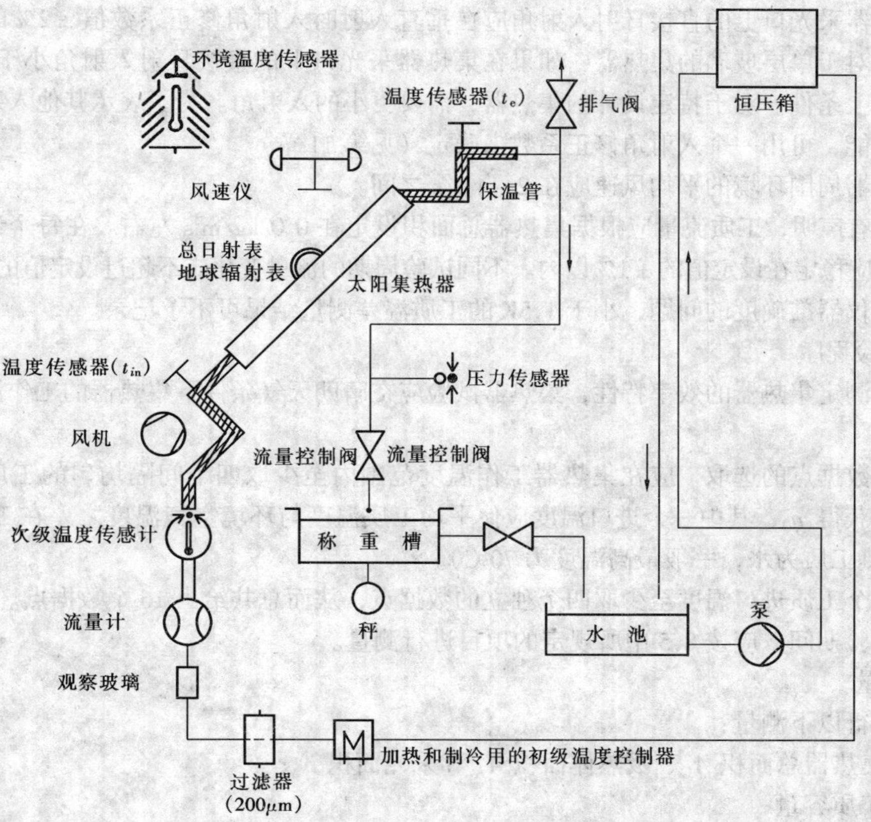

图 3　开放式试验回路

试验回路应具有两级工质进口温度控制，如图 2 和图 3 所示。初级温度控制器应装在流量计和流量控制器的上流处。次级温度调节器用于调节集热器进口之前的工质温度。次级调节器的工质温度调节范围不应超过 ± 2K。

8　室外稳态效率试验

8.1　试验装置

集热器的安装应符合第 5 章的规定，试验回路的连接应符合第 7 章的规定。传热工质应从集热器底部流到顶部。

8.2　集热器的准备

在试验前应对集热器进行外观检查，并记录损坏程度。

应彻底清洁集热器采光口的盖板。

如果集热器部件上有水汽，应使用 80℃左右的传热工质在集热器中循环一段时间，以便烘干隔热材料和集热器外壳。如果进行该项处理，应在试验报告中加以说明。

必要时，应使用排气阀或使工质在管道中高速循环，以排出集热器管道中聚积的气体。

应通过回路中的透明管来观察工质中是否混有气体或杂质，若有应排净。

8.3　试验条件

在试验期间，集热器采光面上的总日射辐照度应不小于 800W/m^2。

集热器采光口上的直接日射入射角应在垂直入射时入射角修正系数值±2%的角度范围之内。对于单层玻璃的集热器，如果在集热器采光口上的直接日射入射角小于30°，就能满足以上条件。对于特定设计的集热器，需要更小的入射角。为了表示其他入射角时的集热器性能，可用一个入射角修正系数来确定（见第11章）。

集热器周围环境的平均风速应在2～4m/s之间。

除另有声明，工质流量应根据集热器总面积设定在0.02kg/m²s左右。在每个试验周期内，流量应稳定在设定值的±1%以内。不同试验周期的流量变化应不超过设定值的10%。

由于仪器准确度的问题，小于1.5K的工质温差测量结果可不予记录。

8.4 试验程序

为了测定集热器的效率特性，集热器试验应在晴朗天气条件下集热器的工作温度范围内进行。

对于数据点的选取，应在集热器工作温度范围内至少取四个间隔均匀的工质进口温度。为了获得 η_0，其中一个进口温度应使平均工质温度与环境空气温度之差在±3K之内（如果传热工质为水，一般最高温度为70℃）。

对每个工质进口温度至少取四个独立的数据点，从而总共给出16个数据点。

在试验期间，应按8.5中所规定的项目进行测量。

8.5 测量

应进行以下测量：

a）集热器总面积 A_G、吸热体面积 A_A 和采光面积 A_a；

b）工质容量；

c）集热器采光口上的总日射辐照度；

d）集热器采光口上的漫射日射辐照度；

e）直接日射入射角；

f）环境空气速度；

g）环境空气温度；

h）集热器进口工质温度；

i）集热器出口工质温度；

j）工质流量。

8.6 试验周期（稳态）

稳态数据点的试验周期应包括至少15min的预备期和至少15min的稳态测量期。

在任何情况下，稳态试验周期应大于集热器有效热容量 C 与工质热流量 mc_f 之比的4倍（有效热容量测定见第10章）

如果试验参数偏离它们在试验周期内的平均值若不超过表1规定的范围，则可认为在给定试验周期内集热器处于稳态工况。

表1 试验周期内测量参数的允许偏离范围

参　数	平均值允许偏离范围
日射辐照度	±50W/m²
环境空气温度	±1K
工质质量流量	±1%
集热器进口工质温度	±0.1K

8.7 试验结果的表示

应对测量结果进行整理，从而产生出一组满足稳态运行试验条件的数据点。这些数据点应使用附录 A（标准的附录）给出的数据表格表示出来。

8.8 集热器效率的计算

在稳态条件下运行的太阳集热器的瞬时效率 η（或 $\overline{\eta}$）定义为集热器实际获得的有用功率与集热器接收的太阳辐射功率之比。

实际获得的有用功率 $\dot{Q}$ 由下式计算：

$$\dot{Q} = \dot{m}\ c_{\mathrm{f}} \Delta T \tag{3}$$

式中应使用与平均工质温度相对应的 c_{f} 值。

若 $\dot{m}$ 是由体积流量测得，则密度应由流量计中的工质温度确定。

8.8.1 集热器接收的太阳能

对于单层玻璃平板集热器，若入射角小于 30℃，就不需使用入射角修正系数。

当以集热器总面积为参考时，集热器接收的太阳辐射功率为 $A_{\mathrm{G}} G$；故

$$\eta_{\mathrm{G}} = \frac{\dot{Q}}{A_{\mathrm{G}} G} \tag{4}$$

当以集热器采光面积为参考时，集热器接收的太阳辐射功率为 $A_{\mathrm{G}} G$；故

$$\eta_{\mathrm{a}} = \frac{\dot{Q}}{A_{\mathrm{a}} G} \tag{5}$$

当以集热器吸热体面积为参考时，接收的太阳辐射功率为 $A_{\mathrm{A}} G$；故

$$\eta_{\mathrm{A}} = \frac{\dot{Q}}{A_{\mathrm{A}} G} \tag{6}$$

8.8.2 归一化温差

瞬时效率 η（或 $\overline{\eta}$）是由归一化温差 T^* 的函数图形方式表示出来。

当应用传热工质平均温度 t_{m} 时

$$t_{\mathrm{m}} = t_i + \frac{\Delta T}{2} \tag{7}$$

归一化温差可计算为

$$T_{\mathrm{m}}^* = \frac{t_{\mathrm{m}} - t_{\mathrm{a}}}{G} \tag{8}$$

若使用集热器进口温度，归一化温差可计算为

$$T_i^* = \frac{t_i - t_{\mathrm{a}}}{G} \tag{9}$$

8.8.3 瞬时效率的图形表示

瞬时效率 η（或 $\overline{\eta}$）的图形应利用最小二乘法进行曲线拟合得出，由以下公式获得瞬时效率曲线：

$$\eta = \eta_0 - a_1 T^* - a_2 G (T^*)^2 \tag{10}$$

或

$$\eta = \eta_0 - UT^* \tag{11}$$

应根据拟合的紧密程度来选择一次或二次曲线。如果 a_2 的计算值是负数，则不应选用二次拟合。

二次拟合所用的 G 值应为 800W/m^2。

试验条件应记录在附录 A（标准的附录）给出的数据表格上。

在漫射日射辐照度大于总日射辐照度 20%条件下测得的数据点，应采用附录 B（标准的附录）中给出的方法修正到等效法向日射辐照度。若漫射日射辐照度小于 20%，则可以忽略其影响。

以下条款为集热器面积（总面积、吸热体面积）和归一化温差（T_m^*、T_i^*）相组合的四种情况提供了瞬时效率的计算式。

8.8.3.1 基于集热器总面积的瞬时效率

利用归一化温差 T_m^* 可给出下列两个方程：

$$\overline{\eta}_G = \overline{\eta}_{0G} - \overline{U}_G \frac{t_m - t_a}{G} \tag{12}$$

或

$$\overline{\eta}_G = \overline{\eta}_{0G} - \overline{a}_{1G} \frac{t_m - t_a}{G} - \overline{a}_{2G} G\left(\frac{t_m - t_a}{G}\right)^2 \tag{13}$$

式中：

$$\overline{\eta}_G = \frac{\dot{Q}}{A_G G} \tag{14}$$

若用归一化温差 T_i^*，瞬时效率公式为

$$\eta_G = \eta_{0G} - U_G \frac{t_i - t_a}{G} \tag{15}$$

或

$$\eta_G = \eta_{0G} - a_{1G} \frac{t_i - t_a}{G} - a_{2G} G\left(\frac{t_i - t_a}{G}\right)^2 \tag{16}$$

式中：

$$\eta_G = \frac{\dot{Q}}{A_G G} \tag{17}$$

8.8.3.2 基于采光面积的瞬时效率

以归一化温差 T_m^* 为参照的瞬时效率方程为

$$\overline{\eta}_a = \overline{\eta}_{0G} - \overline{U}_a \frac{t_m - t_a}{G} \tag{18}$$

或

$$\overline{\eta}_a = \overline{\eta}_a - \overline{a}_{1a} \frac{t_m - t_a}{G} - \overline{a}_{2a} G\left(\frac{t_m - t_a}{G}\right)^2 \tag{19}$$

式中：

$$\overline{\eta}_a = \frac{\dot{Q}}{A_a G} \tag{20}$$

使用归一化温差 T_i^*，瞬时效率方程为

$$\eta_a = \eta_{0a} - U_a \frac{t_i - t_a}{G} \tag{21}$$

或

$$\eta_a = \eta_{0a} - a_{1a} \frac{t_i - t_a}{G} - a_{2a} G\left(\frac{t_i - t_a}{G}\right)^2 \tag{22}$$

式中：

$$\eta_a = \frac{\dot{Q}}{A_a G} \tag{23}$$

8.8.3.3 基于吸热体面积的瞬时效率

以归一化温差 T_m^* 为参照的瞬时效率方程为

$$\overline{\eta}_A = \overline{\eta}_{0G} - \overline{U}_A \frac{t_m - t_a}{G} \tag{24}$$

或

$$\overline{\eta}_A = \overline{\eta}_{0A} - \overline{a}_{1A} \frac{t_m - t_a}{G} - \overline{a}_{2A} G\left(\frac{t_m - t_a}{G}\right)^2 \tag{25}$$

式中：

$$\overline{\eta}_A = \frac{\dot{Q}}{A_A G} \tag{26}$$

使用归一化温差 T_i^*，瞬时效率方程为

$$\eta_A = \eta_{0A} - U_A \frac{t_i - t_a}{G} \tag{27}$$

或

$$\eta_A = \eta_{0A} - a_{1A} \frac{t_i - t_a}{G} - a_{2A} G\left(\frac{t_i - t_a}{G}\right)^2 \tag{28}$$

式中：

$$\eta_A = \frac{\dot{Q}}{A_A G} \tag{29}$$

9 使用太阳辐射模拟器的稳态效率试验

9.1 概述

本试验方法仅适用于照在集热器上的模拟太阳辐射束为近似法向入射的模拟器。由于实际上很难产生均匀的模拟太阳辐射束，所以应测量集热器采光口上的平均辐照度。

9.2 稳态效率试验用太阳辐射模拟器

用于稳态效率试验的模拟器应具备以下特性：

模拟灯应能够在集热器采光口上产生至少 800W/m^2 的平均辐照度。对于特殊试验，可以使用平均辐照度 300W/m^2 ~ 1000W/m^2 之间的模拟器，但应满足表 1 所列条件，并在试验报告中注明平均辐照度值。

在试验期间，集热器采光口上平均辐照度的变化范围不应超过±50W/m²。

在任何时刻，集热器采光口上任意一点的辐照度不应超过采光口上平均辐照度的±15%。

模拟太阳辐射的光谱分布应近似等于大气质量为1.5条件下的太阳光谱分布，具体数据应按GB/T 17683.1的规定。

如果在模拟器条件下的（$\tau\alpha$）有效值与大气质量1.5太阳光谱条件下的（$\tau\alpha$）有效值相差大于±1%，则应用下列公式进行修正。

$$(\tau\alpha)_e = \frac{\int_{0.3\mu m}^{3\mu m} \tau(\lambda)\alpha(\lambda)G(\lambda)\mathrm{d}\lambda}{\int_{0.3\mu m}^{3\mu m} G(\lambda)\mathrm{d}\lambda} \tag{30}$$

应在集热器平面上测量太阳模拟器的光谱质量，波长范围为0.3~3μm，波长宽度为0.1μm或更小。

应在集热器平面上测量红外辐射能（4μm以上）。集热器上热辐照度不应超过环境空气温度下黑体的热辐照度50W/m²。

模拟器的准直度应保证至少80%模拟太阳辐照的入射角落在集热器入射角修正系数变化小于法向入射时数值±2%的范围内。

在试验期间，应监测辐照度。在试验周期内的辐照度变化不应超过3%。

9.3　试验台架

集热器的安装与场所应符合第5章的规定。

集热器的倾角应调节到所接收的模拟太阳辐射束为近似法向入射。

使用太阳模拟器时应用风机制造出5.8中规定的人工风。

9.4　集热器的准备

应按8.2的规定进行。

9.5　试验程序

集热器应在它的运行温度范围内进行类似室外的试验（见8.4）。

在太阳模拟器的试验中，虽然由四个不同的进口温度而得到八个试验点就已足够了，但应用足够的时间使温度稳定，其中一个进口温度与环境空气温度的差应在3K以内。

在试验期间，应按9.6中的规定进行测量。

9.6　用太阳辐射模拟器试验中的测量

应根据第8章中的规定进行测量。

9.6.1　模拟太阳辐照度测量

根据6.1的规定，可用总日射表对模拟太阳辐照度进行测量。若使用其他类型的辐射测量计，则应对模拟太阳辐射进行校准。校准仪器和校准方法的细节应在试验报告中注明。

应按最大间距为150mm的网格形式来测量集热器采光口上的辐照度分布，并且用简单的平均计算方法求出其平均值。

9.6.2　模拟器热辐照度测量

太阳模拟器的热辐照度一般比室外试验情况下的高，因此，应对该值进行测量，以确保不超过9.8中给出的极限值。

应至少每年对集热器试验平面的平均热辐照度进行一次测量。最后一次测量集热器试验平面上的热辐照度平均值和日期应在试验报告中注明。

9.6.3 模拟器的环境空气温度

应仔细测量模拟器的环境空气温度，并取几次测量值的平均值。为了减少辐射热交换的影响，应使用铠装传感器。

9.7 试验周期

试验周期的确定方法与室外稳态试验相同。

9.8 试验条件

除按照 8.3 规定之外，应增加以下条件：

集热器采光口平面上的热辐照度不应超过环境空气温度下黑体的热辐照度 $50W/m^2$。

从风机吹出的空气温度与环境空气温度之差不应超过 ± 1K。

9.9 试验结果的计算和表示

8.8 中提出的室外试验分析方法可以用于太阳模拟器试验，测试结果应在附录 A（标准的附录）中的表格上表示出来。

10 集热器有效热容和时间常数的测定

10.1 概述

集热器有效热容和时间常数是确定集热器过渡性能的重要参数。

10.2 集热器热容测定

集热器热容 C 为集热器各组件（玻璃、吸热体、容纳的工质和隔热材料等）的质量 m_i、比热 c_i 和加权因子 p_i 的乘积之和：

$$C = \sum_i p_i m_i c_i \tag{31}$$

表 2 列出了各组件加权因子 p_i(0 至 1) 的数值。

表 2 加权因子 p_i 的值

组 件	p_i
吸热体	1
隔热材料	0.5
传热工质	1
外层玻璃	$0.01a_1$
第二层玻璃	$0.20a_1$
第三层玻璃	$0.35a_1$

注：a_1 为瞬时效率方程中的第二个系数或热损系数。若不知道它的准确数值，可用下列近似值来确定 p_i；

7.5（单层玻璃）；

4（双层玻璃）；

2.5（三层玻璃）。

还可用附录 D（标准的附录）中的方法测定热容。

10.3 集热器时间常数的试验程序

可在室外或太阳模拟器下进行该项试验。无论何种情况，集热器采光面上的太阳辐照度应不小于 $800W/m^2$。

传热工质在集热器中循环的流量应与热效率试验用的流量相同。

用太阳反射罩遮挡住太阳辐射，并使集热器的工质进口温度近似于环境空气温度。

当达到稳态时，移去反射罩并继续测量直到再出现稳态。对于该项试验，当工质出口温度的变化小于每分钟 0.05K 时，即可认为达到稳态。

根据第 6 章对下列参数进行测量：

a）集热器工质进口温度（t_i）；

b）集热器工质出口温度（t_e）；

c）环境空气温度（t_a）。

10.4　集热器时间常数计算

绘出集热器工质出口温度与环境空气温度之差（$t_e - t_a$）相对于时间的曲线图，从初始稳态$(t_e - t_a)$。画起直到在更高温度下的第二次稳态（$t_e - t_a)_2$（见图 4）。

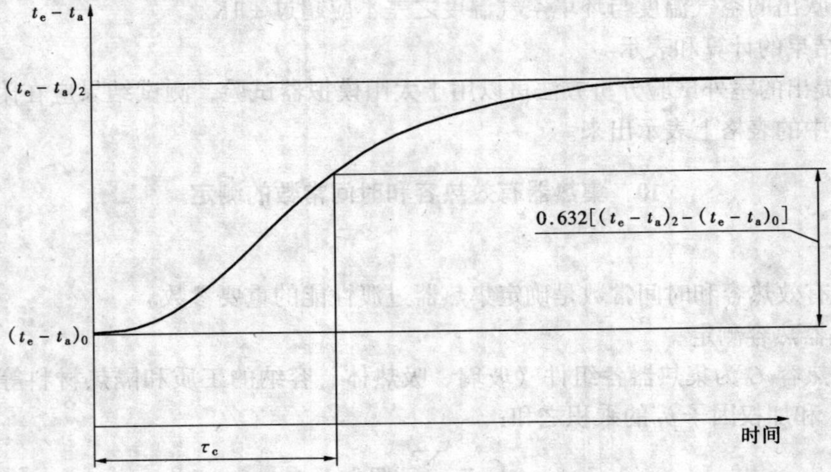

图 4　集热器时间常数

集热器时间常数 τ_c 定义为：在太阳辐照度从一开始有阶跃式增加后，集热器出口温度上升到从（$t_e - t_a$）至（$t_e - t_a)_2$ 总增量的 63.2% 时所用的时间。与集热器测量时间相比，若温度传感器的响应时间过长，则在计算试验结果时应予以考虑。

11　集热器入射角修正系数

11.1　概述

如果在方程中采用入射角修正系数 K_θ，有效透射吸收积（$\tau\alpha)_e$ 就可被在法向入射时的值（$\tau\alpha)_{en}$所取代。

$$\overline{\eta}_G = F' K_\theta (\tau\alpha)_{en} - \overline{U}_G \frac{t_m - t_a}{G} \tag{32}$$

所以，对于平板型集热器：

$$(\tau\alpha)_e = K_\theta (\tau\alpha)_{en} \tag{33}$$

图 5 示出两种集热器 K_θ 随入射角的变化。

11.2　测量入射角修正系数的太阳辐射模拟器

只有对太阳辐射模拟器进行以下校准后，方能用于入射角修正系数测量。

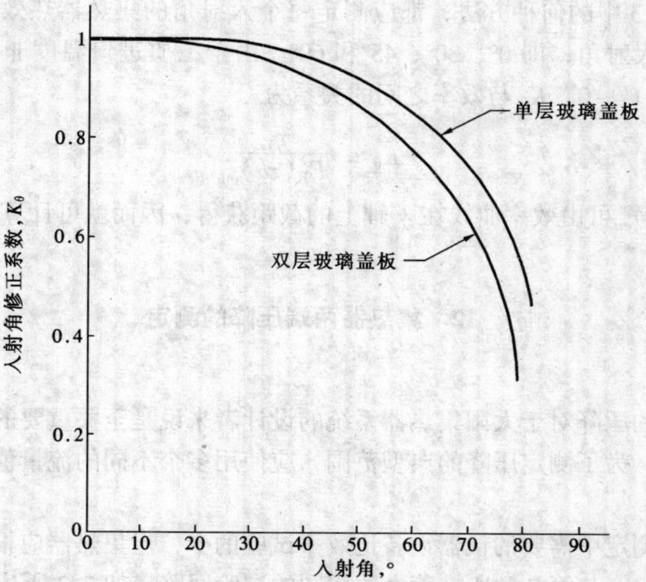

图 5　典型入射角修正系数 K_θ

校准时应使集热器上任意一点接收的 90% 以上模拟太阳辐照度，是从该点对太阳辐射模拟器张角小于 20°内发出的。

11.3　试验程序

以下两种方法都可用于集热器入射角修正系数测量。但在每个试验周期内，应使集热器方位保持在测量该入射角的 ±2.5°范围之内。

11.3.1　方法 1

该方法适用于太阳模拟器下的室内试验，也适用于可转动式试验台（可随意跟踪太阳方位角）的室外试验。

对集热器进行四种试验条件的方位调节，这四种调节使试验入射角与直接日射的角度分别约为 0°、30°、45°和 60°。建议数据应在一天内采集完毕。

对于每个数据点，传热工质的进口温度应尽量接近环境空气温度（最好在 ±1K 以内）。根据 8.4 分别测定四个效率值。

11.3.2　方法 2

该方法适用于使用固定式试验台的室外试验，集热器不能根据直接日射进行方位角的调节（除倾斜角的调节外）。

对于每个数据点，若有可能，应使传热工质进口温度与环境空气温度的差控制在 ±1K以内。应成对测量效率值，每一对中包含一个正午前的效率值和一个正午后的效率值。对于这两个数据点，集热器与太阳光束之间的平均入射角应相同，给定入射角的集热器效率应为每对效率值的平均值。

按照 8.4 中所描述的方法进行效率值的测定。与方法 1 相同，应在入射角约为 0°、30°、45°和 60°的情况下采集数据。

11.4　集热器入射角修正系数计算

不管采用11.3中的何种方法，都应测定每个入射角的集热器热效率。对于普通的集热器，只需四个入射角，即0°、30°、45°和60°。由于工质进口温度非常接近环境空气温度，所以（$t_i - t_a$）≈ 0。K_θ与效率之间的关系为：

$$K_\theta = \frac{\eta_G}{F_R(\tau\alpha)_{en}} \tag{34}$$

由于F_R（$\tau\alpha$）$_{en}$可由效率曲线在y轴上的截距获得，因而就可计算出不同入射角的K_θ值（见11.3）。

12 集热器两端压降的测定

12.1 概述

集热器两端的压降对于太阳集热器系统的设计者来说是至关重要的。该试验使用集热器通常用的工质。为了测定压降的典型范围，应使用多个不同的流量值。

12.2 试验装置

虽然在压降测定中需要的仪器设备比效率试验的少，但集热器应根据第5章的规定进行安装，并运用一个与第7章所推荐大致相同的试验回路。如7.3所述，传热工质也应从集热器底部流向集热器顶部，并应特别注意在集热器进、出口选择适当的管子来装配。

12.3 集热器的准备

对工质进行检查，以确保其中无杂质。

应使用排气阀或其他适当方法排出集热器中的空气。

12.4 试验程序

应在太阳能加热系统正常工作的流量范围内测定集热器进、出口之间的压降。

在没有集热器生产厂家提供标称流量的情况下，应在每平方米集热器面积0.005～0.03kg/s的流量范围内进行压降测量。

至少要在整个流量范围内均匀间隔的五个流量值上进行测量。

12.5 测量

应根据第6章的规定进行以下测量：

a）集热器工质进口温度；

b）工质流量；

c）集热器进、出口之间工质压降。

12.6 由测量装置引起的压降

用来测量工质压力的装置自身可能引起压降。应将集热器从工质回路中取下，并将压力测量装置直接连接在一起重做测量，以便进行压降的零点校准。

12.7 试验条件

在试验期间，流量应恒定在标称值的±1%以内。

在试验期间，传热工质的进口温度应恒定在±5K以内。

在试验期间，集热器温度应在环境空气温度±10K以内。对于传热工质是油的集热器，有必要试验其他温度下的压降。

12.8 试验结果的计算和表示

压降随每次试验流量变化的函数关系可用附录A（标准的附录）给出的图形方式表示。

附　录　A
（标准的附录）
试验数据的格式表

A1　符号与单位

表 A1

符　　号	意　　义	单　位
a_1	以 T_i^* 为参考的常数	W/（m^2·K）
$\overline{a_1}$	以 T_m^* 为参考的常数	W/（m^2·K）
a_2	以 T_i^* 为参考的常数	W/（m^2·K^2）
$\overline{a_2}$	以 T_m^* 为参考的常数	W/（m^2·K^2）
A_A	集热器的吸热体面积	m^2
A_a	集热器的采光口面积	m^2
A_G	集热器的总面积	m^2
AM	大气质量	—
c_f	传热工质比热	J/（kg·K）
C	集热器有效热容	J/K
F	辐射角系数	—
F'	集热器效率因子	—
F_R	集热器热转移因子	—
G	总日射辐照度	W/m^2
G'_n	等效法向日射辐照度	W/m^2
G_b	直射日射辐照度	W/m^2
G_d	漫射日射辐照度	W/m^2
E_L	长波辐照度（$\lambda > 3\mu m$）	W/m^2
LT	当地时间	h
K_θ	入射角修正系数	—
$\dot{m}$	传热工质质量流量	kg/s
$\dot{Q}$	从集热器获得的有用功率	W
$\dot{Q}_L$	集热器损失功率	W
t	时间	s
t_a	环境或周围空气温度	℃
t_e	集热器出口温度	℃
t_i	集热器进口温度	℃
t_m	传热工质平均温度	℃
T	绝对温度	K
T_i^*	归一化温差	（m^2·K）/W
T_m^*	归一化温差	（m^2·K）/W

续表 A1

符　号	意　　义	单　位
T_s	大气或等效天空辐射温度	K
U	以 T_i^* 为参考的集热器总热损系数	W/（m²·K）
$\overline{U}$	以 T_m^* 为参考的集热器总热损系数	W/（m²·K）
U_L	具有均匀吸热体温度 t_m 的集热器总热损系数	W/（m²·K）
μ	周围空气速度	m/s
V_f	集热器工质容量	m³
Δp	工质进、出口压差	Pa
Δt	时间间隔	s
ΔT	工质进、出口温差（$t_e - t_i$）	K
α	太阳吸收比	—
β	相对于水平面的倾角	度（°）
ε	半球向发射率	—
θ	入射角	度（°）
λ	波长	μm
η	以 T_i^* 为参考的集热器热效率	—
$\overline{\eta}$	以 T_m^* 为参考的集热器热效率	—
η_0	$T_i^*=0$ 时的 η	—
$\overline{\eta_0}$	$T_m^*=0$ 时的 η	—
σ	斯蒂芬-玻尔兹曼常数	W/（m²·K⁴）
ρ	传热工质的密度	kg/m³
τ_c	集热器时间常数	s
τ	太阳透射比	—
$(\tau\alpha)_e$	有效透射吸收积	—
$(\tau\alpha)_{ed}$	漫射日射的有效透射吸收积	—
$(\tau\alpha)_{en}$	在法向入射下直接日射的有效透射吸收积	—
$(\tau\alpha)_{e\theta}$	在入射角为 θ 下直接日射的有效透射吸收积	—

表 A2　下 脚 标

符　号	意　　义	单　位
A	以吸热体面积为参数	—
G	以集热器总面积为参数	—
a	以采光面积为参数	—

试　验　报　告

集热器编号：..............................

试验单位：..............................

地　　址：..............................

日　　期：....　电话：....　传真：....　电报挂号：....

A2 太阳集热器

A2.1 生产厂家 ....

集热器号型 ....

A2.2 集热器

类型： 平板□ 其他□

总面积： .... m^2

采光面积： .... m^2

吸热体面积： .... m^2

盖板数量： ....

盖板材料： ....

盖板厚度： .... mm

A2.3 传热工质

类型： 水□ 油□ 其他□

详细说明（添加剂等）：..

可供选择的传热工质：..

A2.4 吸热体

材料： ....

表面处理： ....

结构类型： ....

工质容量： L

空重： .... kg

尺寸： .... mm

A2.5 保温层和外壳

保温层厚度： .... mm

保温层材料： ....

外壳材料： ....

集热器空重： .... kg

外形尺寸： .... mm

采光尺寸： .... mm

密封材料： ....

A2.6 极限数值

最高运行温度： .... ℃

最高承受压力： .... Pa

其他极限值： ....

A2.7 太阳集热器简图（如果需要另附页）

A2.8 集热器照片（如果需要另附页）

A2.9 集热器设计说明（如果需要另附页）

A2.10 集热器安装简图（如果需要另附页）

A3 瞬时效率

A3.1 方法

室外稳态条件 □　　　　室内稳态条件 □

A3.2 试验回路简图（如果需要另附页）

A3.3 试验结果，测量和导出的数据

纬度：________ 经度：________

集热器倾角：________ 集热器方位角：________

太阳时正午的当地时间：________

表 A3 试验结果，测试数据

日期 年 月 日	当地时间 h-min	G W/m^2	G_d/G %	E_L W/m^2	t_a ℃	u m/s	t_i ℃	$t_e - t_i$ K	m kg/s

表 A4 试验结果，导出数据

日期 年 月 日	当地时间 h-min	t_m ℃	c_f J/（kg·K）	$\dot{Q}$ W	$\frac{t_m - t_a}{G}$ （m²·K）/W	$\frac{t_{in} - t_a}{G}$ （m²·K）/W	$\overline{\eta}_G$	η_G	$\overline{\eta}_a$	η_a	$\overline{\eta}_A$	η_A

注：应注明任何高温预处理或测量模拟太阳辐照度的过程。

A3.4 基于集热器总面积和传热工质平均温度的瞬时效率曲线

A3.4.1 对数据的线性拟合

瞬时效率定义为：$\overline{\eta}_G = \frac{\dot{Q}}{A_G G}$

用于曲线的集热器总面积：........................ m^2

试验时传热工质流量：........................ kg/s

采光面积：........................ m^2

吸热体面积：........................ m^2

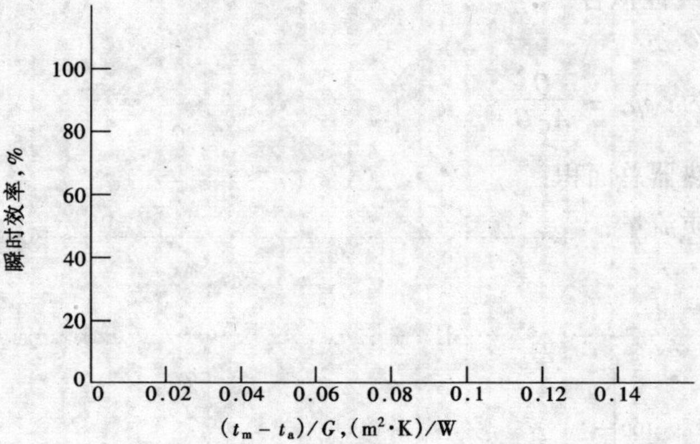

对数据进行线性拟合：$\overline{\eta}_G = \overline{\eta}_{0G} - \overline{U}_G \frac{t_m - t_a}{G}$

$\overline{\eta}_{0G}$ = ...

$\overline{U}_G$ = ... W/ $(m^2 \cdot K)$

A3.4.2 对数据的二次拟合

瞬时效率定义为：$\overline{\eta}_G = \frac{\dot{Q}}{A_G G}$

用于曲线的集热器总面积：........................ m^2

试验时传热工质流量：........................ kg/s

采光面积：........................ m^2

吸热体面积：........................ m^2

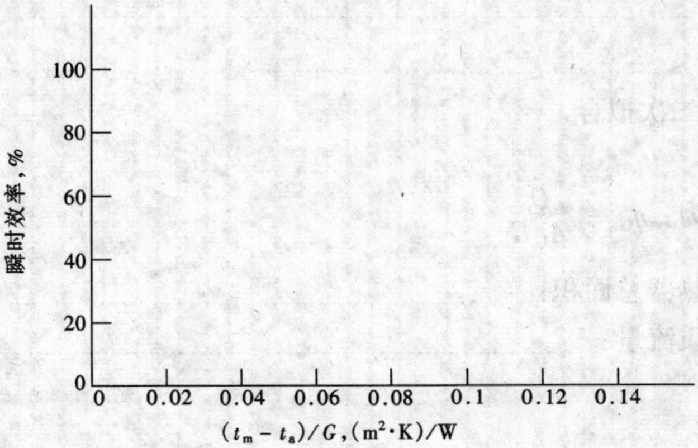

对数据进行二次拟合：$\overline{\eta}_G = \overline{\eta}_{0G} - \overline{a}_{1G}\frac{t_m - t_a}{G} - \overline{a}_{2G}G\left(\frac{t_m - t_a}{G}\right)^2$

$\overline{\eta}_{0G}$ = ……

$\overline{a}_{1G}$ = …… W/（$m^2 \cdot K$）

$\overline{a}_{2G}$ = …… W/（$m^2 \cdot K^2$）

注 2：进行二次拟合的 G 值应为 800W/m^2。

A3.5 基于集热器总面积和集热器进口温度的瞬时效率曲线

A3.5.1 对数据的线性拟合

瞬时效率定义为：$\overline{\eta}_G = \frac{\dot{Q}}{A_G G}$

用于曲线的集热器总面积：…… m^2

试验时传热工质流量：…… kg/s

采光面积：…… m^2

吸热体面积：…… m^2

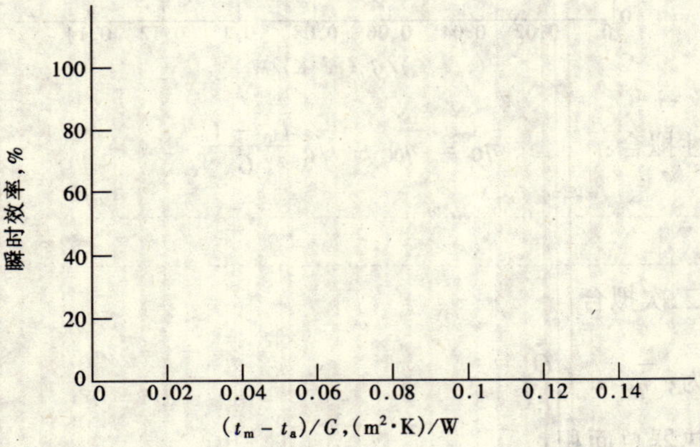

对数据进行线性拟合：$\eta_G = \eta_{0G} - U_G\frac{t_i - t_a}{G}$

η_{0G}……

U_G …… W/（$m^2 \cdot K$）

A3.5.2 对数据的二次拟合

瞬时效率定义为：$\eta_G = \frac{\dot{Q}}{A_G G}$

用于曲线的集热器总面积：…… m^2

试验时传热工质流量：…… kg/s

采光面积：…… m^2

吸热体面积：…… m^2

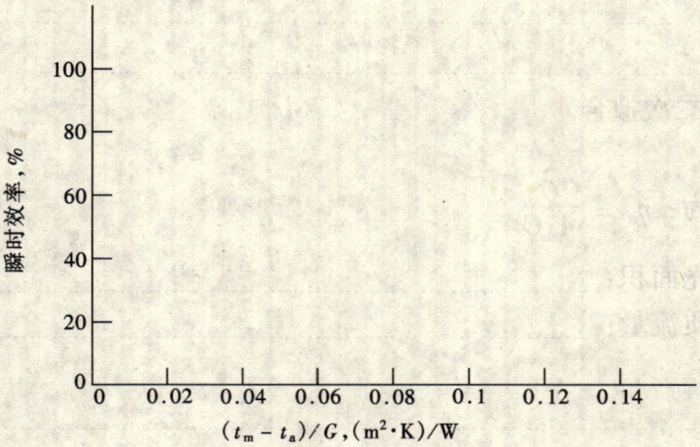

对数据进行二次拟合：$\eta_G = \eta_{0G} - a_{1G}\frac{t_i - t_a}{G} - a_{2G}G\left(\frac{t_i - t_a}{G}\right)^2$

η_{0G}……………………………………………………………………

a_{1G}…………………………………………………………………… $W/(m^2 \cdot K)$

a_{2G}…………………………………………………………………… $W/(m^2 \cdot K^2)$

注 3：进行二次拟合的 G 值应为 $800W/m^2$。

A3.6　基于采光面积和传热工质平均温度的瞬时效率曲线

A3.6.1　对数据的线性拟合

瞬时效率定义为：$\overline{\eta}_a = \frac{\dot{Q}}{A_a G}$

用于曲线的采光面积：…………………………………………………… m^2

试验时传热工质流量：…………………………………………………… kg/s

集热器总面积：…………………………………………………………… m^2

吸热体面积：……………………………………………………………… m^2

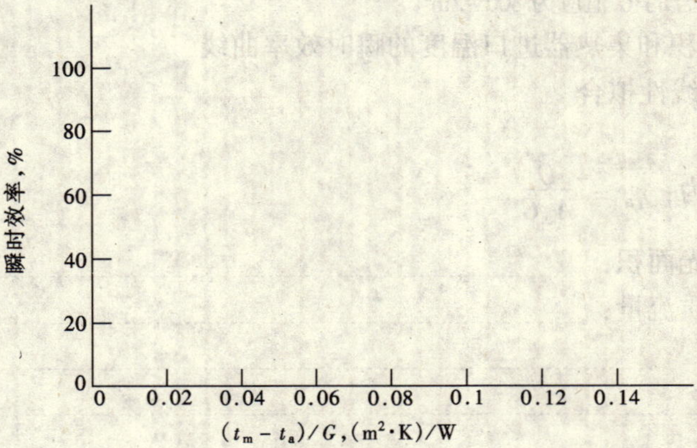

对数据进行线性拟合：　$\overline{\eta}_a = \overline{\eta}_{0a} - \overline{U}_a\frac{t_m - t_a}{G}$

$\overline{\eta}_{0a}$ = ...

$\overline{U}_a$ = ... W/（$m^2 \cdot K$）

A3.6.2 对数据的二次拟合

瞬时效率定义为：$\overline{\eta}_a = \dfrac{\dot{Q}}{A_a G}$

用于曲线的采光面积：.. m^2

试验时传热工质流量：.. kg/s

集热器总面积：.. m^2

吸热体面积：.. m^2

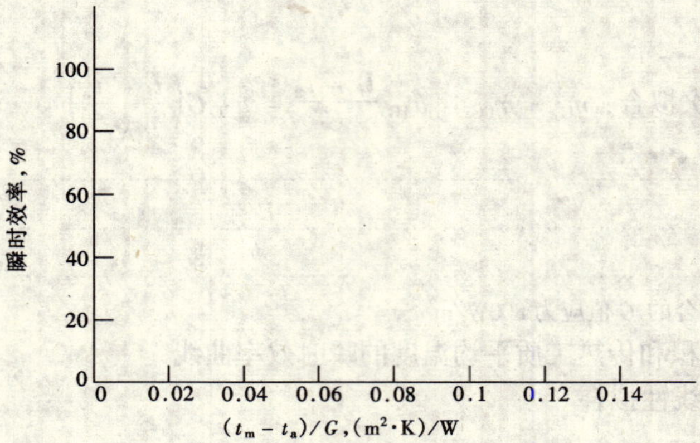

对数据进行二次拟合：$\overline{\eta}_a = \overline{\eta}_{0a} - \overline{a}_{1a}\dfrac{t_m - t_a}{G} - \overline{a}_{2a}G\left(\dfrac{t_m - t_a}{G}\right)^2$

$\overline{\eta}_{0a}$ = ...

$\overline{a}_{1a}$ = ... W/（$m^2 \cdot K$）

$\overline{a}_{2a}$ = ... W/（$m^2 \cdot K^2$）

注4：进行二次拟合的 G 值应为 800W/m^2。

A3.7 基于采光面积和集热器进口温度的瞬时效率曲线

A3.7.1 对数据的线性拟合

瞬时效率定义为：$\eta_a = \dfrac{\dot{Q}}{A_a G}$

用于曲线的采光面积：.. m^2

试验时传热工质流量：.. kg/s

集热器总面积：.. m^2

吸热体面积：.. m^2

对数据进行线性拟合：　　$\eta_a = \eta_{0a} - U_a \dfrac{t_i - t_a}{G}$

η_{0a}..

U_a .... W/（$m^2 \cdot K$）

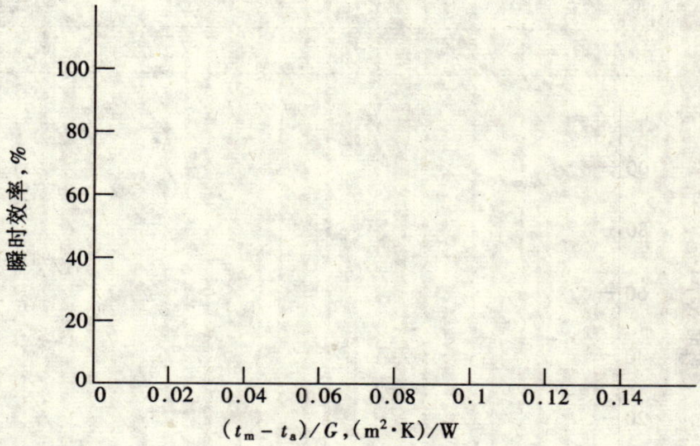

A3.7.2 对数据的二次拟合

瞬时效率定义为：$\eta_a = \dfrac{\dot{Q}}{A_a G}$

用于曲线的集热器总面积：………………………………………… m^2

试验时传热工质流量：………………………………………… kg/s

集热器总面积：………………………………………… m^2

吸热体面积：………………………………………… m^2

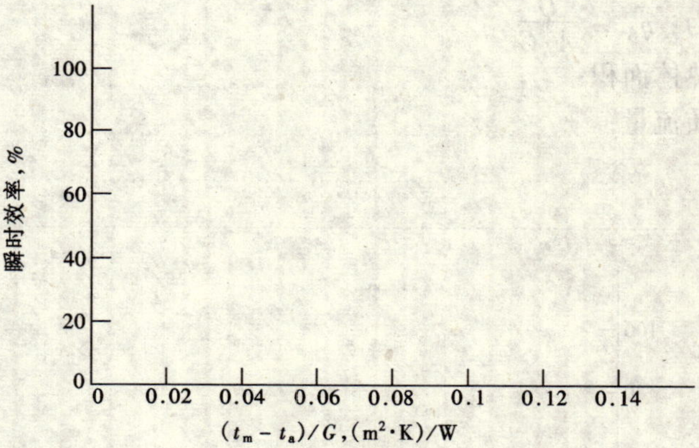

对数据进行二次拟合：$\eta_a = \eta_{0a} - a_{1a}\dfrac{t_i - t_a}{G} - a_{2a}G\left(\dfrac{t_i - t_a}{G}\right)^2$

η_{0a}…………………………………………

a_{1a}………………………………………… W/（$m^2 \cdot K$）

a_{2a}………………………………………… W/（$m^2 \cdot K^2$）

注 5：进行二次拟合的 G 值应为 800W/m^2。

A3.8 基于吸热体面积和传热工质平均温度的瞬时效率曲线

A3.8.1 对数据的线性拟合

瞬时效率定义为：$\overline{\eta}_A = \dfrac{\dot{Q}}{A_A G}$

用于曲线的吸热体面积：………………………………………… m^2

试验时传热工质流量：………………………………………… kg/s

集热器总面积：.. m^2

采光面积：.. m^2

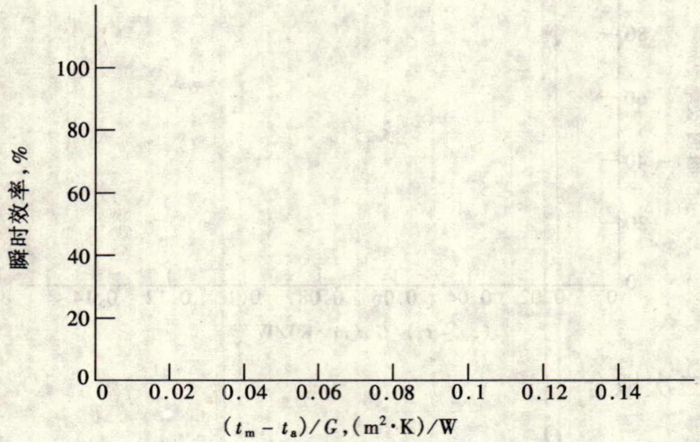

对数据进行线性拟合： $\overline{\eta}_A=\overline{\eta}_{0A}-\overline{U}_A\dfrac{t_m-t_a}{G}$

$\overline{\eta}_{0A}$ ....

$\overline{U}_A$ .... $W/(m^2\cdot K)$

A3.8.2 对数据的二次拟合

瞬时效率定义为： $\overline{\eta}_A=\dfrac{\dot{Q}}{A_A G}$

用于曲线的吸热体面积：.. m^2

试验时传热工质流量：.. kg/s

集热器总面积：.. m^2

采光面积：.. m^2

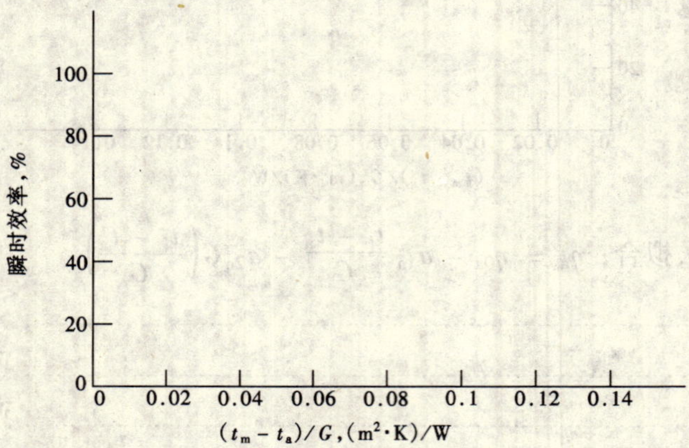

对数据进行二次拟合： $\overline{\eta}_A=\overline{\eta}_{0A}-\overline{a}_{1A}\dfrac{t_m-t_a}{G}-\overline{a}_{2A}G\left(\dfrac{t_m-t_a}{G}\right)^2$

$\overline{\eta}_{0A}=$ ....

$\overline{a}_{1A}=$ .... $W/(m^2\cdot K)$

$\overline{a}_{2A}=$ .... $W/(m^2\cdot K^2)$

注6：进行二次拟合的 G 值为 $800W/m^2$。

A3.9 基于吸热体面积和集热器进口温度的瞬时效率曲线

A3.9.1 对数据的一次拟合

瞬时效率定义为：$\eta_A = \frac{\dot{Q}}{A_A G}$

用于曲线的吸热体面积：………………………………… m^2

试验时传热工质流量：………………………………… kg/s

集热器总面积：………………………………… m^2

采光面积：………………………………… m^2

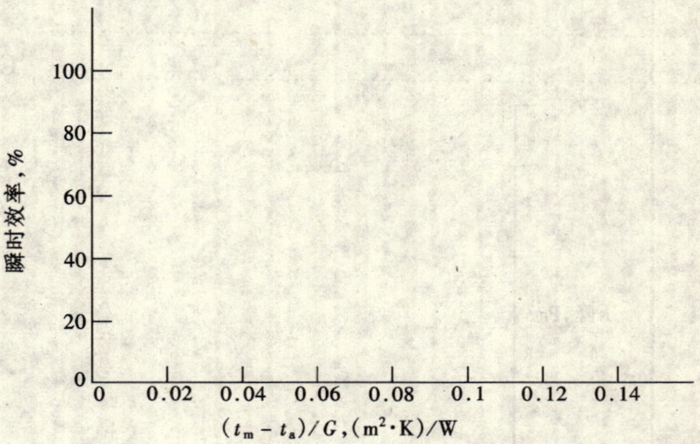

对数据进行线性拟合：$\eta_A = \eta_{0A} - U_A \frac{t_i - t_a}{G}$

η_{0A} = …………………………………

U_A = ………………………………… $W/(m^2 \cdot K)$

A3.9.2 对数据的二次拟合

瞬时效率定义为：$\eta_A = \frac{\dot{Q}}{A_A G}$

用于曲线的吸热体面积：………………………………… m^2

试验时传热工质流量：………………………………… kg/s

集热器总面积：………………………………… m^2

采光面积：………………………………… m^2

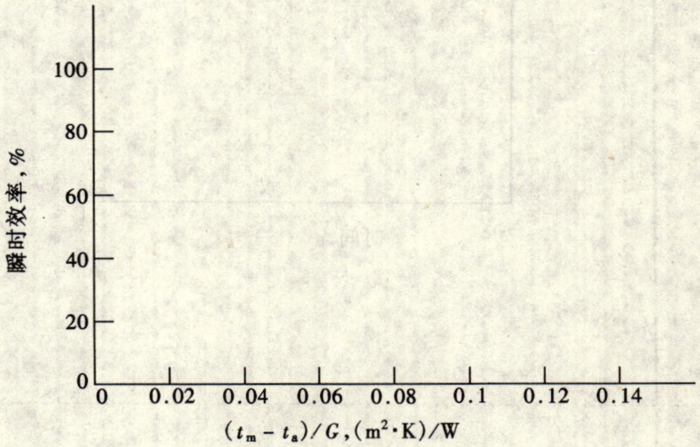

对数据进行二次拟合：$\eta_A = \eta_{0A} - a_{1A}\dfrac{t_i - t_A}{G} - a_{2A}G\left(\dfrac{t_i - t_a}{G}\right)^2$

η_{0A} = ………………………………………………………………

a_{1A} ……………………………………………………………… W/（$m^2 \cdot K$）

a_{2A} ……………………………………………………………… W/（$m^2 \cdot K^2$）

注 7：进行二次拟合的 G 值为 800W/m²。

A4 压降

传热工质：………………………………………………………

温度：……………………………………………………… ℃

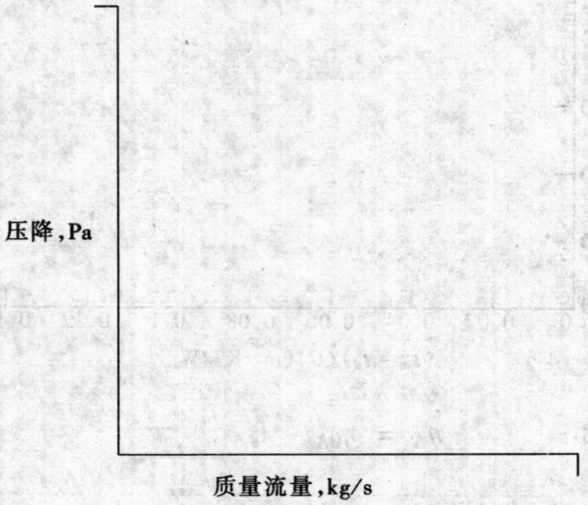

A5 时间常数

τ_c = ……………………………………………………… s

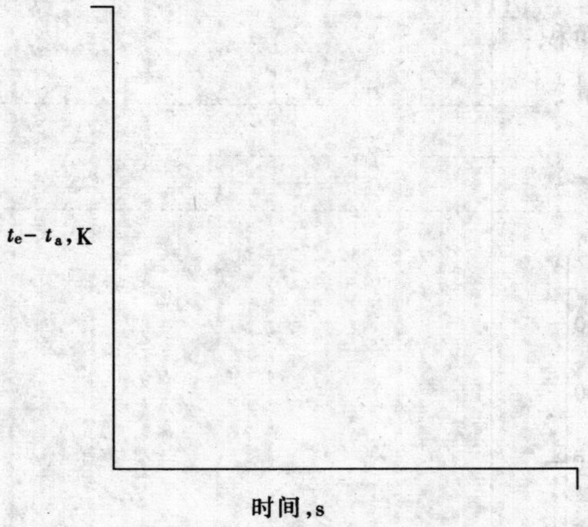

A6 有效热容

C = ……………………………………………………… J/K　　确定：

计算：…………

室内：……………

室外：……………

注 8：有效热容是由测量记录 t_i、ΔT 和 t_a，通过下列为室内试验而建立的关系式计算出来的：

$$C=\frac{-mc_f\int_{t_1}^{t_2}\Delta T\mathrm{d}t-A_G\overline{U}_G\left[\int_{t_1}^{t_2}(t_i-t_a)\mathrm{d}t+\frac{1}{2}\int_{t_1}^{t_2}\Delta T\mathrm{d}t\right]}{t_{m2}-t_{m1}}$$

或者由测量记录 t_i、ΔT 和 t_a，通过下列为室外试验而建立的关系式计算出来的：

$$C=\frac{A_G\overline{\eta}_{0G}\int_{t_1}^{t_2}G\mathrm{d}t-\dot{m}c_f\int_{t_1}^{t_2}\Delta T\mathrm{d}t-A_G\overline{U}_G\left[\int_{t_1}^{t_2}(t_i-t_a)\mathrm{d}t+\frac{1}{2}\int_{t_1}^{t_2}\Delta T\mathrm{d}t\right]}{t_{m2}-t_{m1}}$$

A7 入射角修正系数

角 度	0°	30°	45°	60°	70°
K_θ					

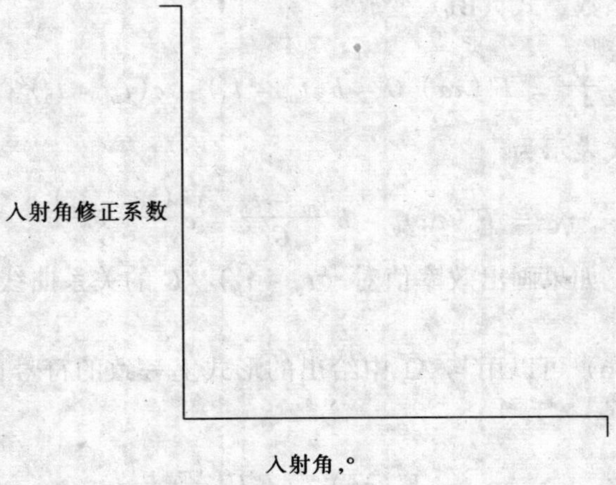

附 录 B

(标准的附录)

集 热 器 特 性

B1 总论

在稳态条件下运行的集热器热性能可以用传热工质平均温度 t_m 或集热器进口温度 t_i 的函数来表示。而且，集热器总面积或吸热体面积都可以被用作计算热效率的基准面积。

B1.1 采用集热器进出口平均温度的基本方程

在稳态条件下运行的太阳集热器的热性能，作为集热器进出口平均温度 t_m 和集热器总面积 A_G 的函数，可以用下列关系式加以描述：

$$\frac{\dot{Q}}{A_G}=F'(\tau\alpha)_e G-F'U_L(t_m-t_a) \tag{B1}$$

或者依据直接测量参数表示：

$$\frac{\dot{Q}}{A_G} = \dot{m}\, c_f \frac{t_e - t_i}{A_G} \tag{B2}$$

集热器热效率则可以由下式给出：

$$\overline{\eta}_G = \frac{\dot{Q}}{A_G G} = F'(\tau\alpha)_e - F'U_L \frac{(t_m - t_a)}{G} = mc_f \frac{t_e - t_i}{A_G G} \tag{B3}$$

式（B3）表示：如果太阳集热器的效率曲线是依据（$t_m - t_a$）/G 而绘制的，假若 U_L 是一个常数，那么效率曲线将是一条直线。直线的斜率将等于 $F'U_L$，直线在 y 轴上的截距将等于 $F'(\tau\alpha)_e$。

实际上，U_L 不是一个常数，而是吸热板温度和环境空气温度的函数。尽管式（B3）可以满足许多太阳集热器，但有些集热器可能需要使用更高次的方程来说明这些影响。建议 U_L 的变化由一个包含（$t_m - t_a$）的线性关系式来代表，那么允许

$$F'U_L = b + c(t_m - t_a) \tag{B4}$$

此处 b 和 c 都是系数，式（B1）变成

$$\frac{\dot{Q}}{A_G} = F'(\tau\alpha)_e G - b(t_m - t_a) - c(t_m - t_a)^2 \tag{B5}$$

或者以效率的形式表示为

$$\overline{\eta}_G = F'(\tau\alpha)_e - b\frac{t_m - t_a}{G} - c\frac{(t_m - t_a)^2}{G} \tag{B6}$$

就式（B6）来说，如果画出效率值对（$t_m - t_a$）/G 的关系曲线，则将是一条二次曲线。

式（B3）和式（B6）可以用与 A1 中给出的形式上一致的符号再次写出。对于 t_m 和 A_G，瞬时热效率方程是

$$\overline{\eta}_G = F'(\tau\alpha)_e - F'U_L \frac{t_m - t_a}{G} \tag{B7}$$

和

$$\overline{\eta}_G = F'(\tau\alpha)_e - \overline{a}_{1G} \frac{t_m - t_a}{G} - \overline{a}_{2G} G\left(\frac{t_m - t_a}{G}\right)^2 \tag{B8}$$

对于传热工质平均温度 t_m 和吸热体面积 A_A，瞬时热效率方程可由式（B7）和式（B8）推出，即

$$\overline{\eta}_A = \overline{\eta}_G \frac{A_G}{A_A} \tag{B9}$$

对于传热工质平均温度 t_m 和 C 采光面积 A_a，瞬时热效率方程可由式（B7）和式（B8）推出，即

$$\overline{\eta}_a = \overline{\eta}_G \frac{A_G}{A_a} \tag{B10}$$

B1.2　采用集热器进口温度的基本方程

在稳态条件下的太阳集热器热性能，作为集热器进口温度 t_i 和集热器总面积 A_G 的函数，可以用下列关系式加以描述：

$$\frac{\dot{Q}}{A_G} = F_R(\tau\alpha)_e G - F_R U_L(t_i - t_a) \tag{B11}$$

或根据式（B2）中给出测得的参数来表示：

$$\frac{\dot{Q}}{A_G} = \dot{m}\, c_f \frac{t_e - t_i}{A_G}$$

则集热器热效率由下式给出：

$$\eta_G = \frac{\dot{Q}}{A_G G} = F_R(\tau\alpha)_e - F_R U_L \frac{t_i - t_a}{G} = \dot{m}\, c_f \frac{t_e - t_i}{A_G G} \tag{B12}$$

式（B12）表示：如果画出太阳集热器效率对 $(t_i - t_a)/G$ 的曲线，假若 U_L 是常数，那么效率曲线是一条直线，直线的斜率将等于 $F_R U_L$，同时直线在 y 轴上的截距将等于 $F_R(\tau\alpha)_e$。已经在 B1.1 中提到，U_L 不是常数而是吸热板温度和环境温度的函数。采用与 B1.1 中相似的过程，可以用一个二次方程来表示瞬时效率 η_G。

对于 t_i 和 A_G，集热器的瞬时热效率方程是

$$\eta_G = F_R(\tau\alpha)_e - F_R U_L \frac{t_i - t_a}{G} \tag{B13}$$

同时

$$\eta_G = F_R(\tau\alpha)_e - a_{1G} \frac{t_m - t_a}{G} - a_{2G} G\left(\frac{t_m - t_a}{G}\right)^2 \tag{B14}$$

对于集热器进口温度 t_i 和吸热体面积 A_A，则瞬时热效率方程可由方程式（B13）和式（B14）推出，即

$$\eta_A = \eta_G \frac{A_G}{A_A} \tag{B15}$$

对于集热器进口温度 t_i 和采光面积 A_A，则瞬时热效率方程可由式（B13）和式（B14）推出，即

$$\eta_a = \eta_G \frac{A_G}{A_a} \tag{B16}$$

B1.3　热性能试验数据的转换

对于集热器平均温度 t_m 和集热器总面积 A_G，集热器瞬时热效率方程的线性形式是由式（B7）描述的，即

$$\overline{\eta}_G = F'(\tau\alpha)_e - F' U_L \frac{t_i - t_a}{G}$$

对于集热器进口温度 t_i 和集热器总面积 A_G，式（B12）同样是相应的瞬时效率线性方程，即

$$\eta_G = F_R(\tau\alpha)_e - F_R U_L \frac{t_i - t_a}{G}$$

如果传热工质流量 m 是已知的，假设工质通过集热器的温升为线性，则式（B11）在 y 轴上的截距 $F_R(\tau\alpha)_e$ 和斜率 $F_R U_L$ 与式（B7）相对应的数值 $F'(\tau\alpha)_e$ 和 $F' U_L$ 可通过下列公式建立联系：

$$F_R(\tau\alpha)_e = F'(\tau\alpha)_e\left[\frac{\zeta}{\zeta + \frac{F'U_L}{2}}\right] \tag{B17}$$

$$F_R U_L = F'U_L\left[\frac{\zeta}{\zeta + \frac{F'U_L}{2}}\right] \tag{B18}$$

式中:

$$\zeta = \frac{\dot{m}\, c_f}{A_G}$$

可以用式（B17）和式（B18）来将一组性能特性转换成另一组性能特性。

B2 集热器时间常数

太阳集热器瞬时运行的控制方程可表示如下:

$$C\frac{dt_m}{A_G dt} = F'G(\tau\alpha)_e - F'U_L(t_m - t_a) - \frac{\dot{m}\, c_f}{A_G}(t_e - t_i) \tag{B19}$$

如果（a）太阳辐照 G 或进口温度 t_{in} 突然改变后保持恒定；（b）$(\tau\alpha)_e$、U_L、t_a、$\dot{m}$ 和 G 在很短的时间内可看作常数，（c）传热工质出口温度随时间的变化率与传热工质平均温度随时间的变化率之间的关系如下:

$$\frac{dt_m}{dt} = K\frac{dt_e}{dt} \tag{B20}$$

其中:

$$K = \left(\frac{\dot{m}\, c_f}{F'U_L A_G}\right)\left(\frac{F'}{F_R} - 1\right)$$

那么式（B19）可以求解，给出传热工质出口温度作为时间的函数形式:

$$\frac{F'G(\tau\alpha)_e - F'U_L(t_m - t_a) - \frac{\dot{m}\, c_f}{A_G}(t_{e,t} - t_i)}{F'G(\tau\alpha)_e - F'U_L(t_m - t_a) - \frac{\dot{m}\, c_f}{A_G}(t_{e,\text{initial}} - t_i)} = e^{\left(\frac{\dot{m}\, c_f}{KC}t\right)} \tag{B21}$$

参量 $KC/\dot{m}\, c_f$ 被认为是时间常数。

注 9：这个条款中包括的方程都是以 t_m 和 A_G 为参数给出的。这些方程也可以用 t_i、A_A 或 t_I、A_a 给出。相互转换的方法在 B1 中给出。

B3 漫射日射

漫射日射对集热器效率的影响取决于集热器盖板系统和它的透射特性。对于大多数的太阳集热器，漫射日射的透射比要比太阳直射辐射的透射比低，所以集热器效率随着漫射日射百分比的增大而减小。

B4 入射角的影响

集热器盖板的透射比是随着入射角（入射光线和盖板表面法线之间的夹角）的增大而

减小。由盖板材料光学性能而导致在光线以大入射角时因吸热体受到遮挡而进一步增大。综合结果是随着入射角增大，集热器效率减小。

B5 等效法向太阳辐射

对于太阳能加热系统计算模型，集热器性能通常由下式表示：

$$\dot{Q} = A_G[\overline{\eta}_{0b}K_\theta G_b + \overline{\eta}_{0d}G_d - \overline{U}(t_m - t_a)] \tag{B22}$$

这里 $\overline{\eta}_{0b}$和 $\overline{\eta}_{0d}$分别是太阳直射辐射和太阳漫射辐射的 $F'(\tau\alpha)_e$ 值，并且直射辐照度 G_b 和漫射辐照度 G_d 在模型中为每一个时间段都应计算出来。

一个相似的探讨就是进行集热器室外试验。室外通常有些漫射辐射。集热器试验时，入射角修正系数可以通过移动集热器基本保持一致，像在 5.4 中解释的。如果集热器的光学性质是已知的，那么简单的集热器性能特性可以通过在不同漫射和直射辐照条件下进行的试验来获得，其中每一个试验点的等效法向辐照度 G'_n用以下关系式计算：

$$G'_n = \frac{(\tau\alpha)_{e\theta}G_b + (\tau\alpha)_{ed}G_d}{(\tau\alpha)_{en}} \tag{B23}$$

这里 $(\tau\alpha)_{e\theta}$,$(\tau\alpha)_{ed}$,$(\tau\alpha)_{en}$ 分别是入射角为 θ 时直接日射辐射、漫射日射辐射，在法向入射时直接日射辐射的有效透射吸收积。

注 10：这个条款中包括的方程是以 t_m 和 A_G 表示，它们也可以用 t_i、A_A 或 t_i、A_a 给出。相互转换方法在 B1 中给出。

B6 风的影响

集热器对的流热损不是随风速线性增加的，并且风对单层透明盖板集热器的影响最大，热损系数很高。在很低风速的情况下，在集热器上部将建立起一个热空气隔热层而减少热损。因为这个原因，推荐在风速超过 2m/s 的条件下进行集热器测试。

附 录 C

（提示的附录）

水的热物性参数

表 C1 水的热物性参数

温 度 ℃	密 度 ρ 10^3 kg/m³	比热容 c_f kJ/kg·K	运动粘度 ν 10^{-6} m²/s	动力粘度 μ 10^{-6} N·s/m²
5	0.9999	4.204	1.5010	1501
10	0.9997	4.193	1.3000	1300
15	0.9990	4.186	1.1370	1136
20	0.9982	4.183	1.0040	1002
25	0.9970	4.181	0.8927	890
30	0.9956	4.179	0.8005	797
35	0.9940	4.178	0.7223	718
40	0.9922	4.179	0.6561	651
45	0.9902	4.181	0.5999	594

续表 C1

温　　度 ℃	密　　度 ρ 10^3　kg/m³	比热容　c_f kJ/kg·K	运动粘度　ν 10^{-6}　m²/s	动力粘度　μ 10^{-6}　N·s/m²
50	0.9881	4.182	0.5505	544
55	0.9852	4.183	0.5085	501
60	0.9833	4.185	0.4709	463
65	0.9804	4.188	0.4386	430
70	0.9775	4.191	0.4092	400
75	0.9747	4.194	0.3837	374
80	0.9718	4.198	0.3612	351
85	0.9690	4.203	0.3406	330
90	0.9653	4.208	0.3222	311
95	0.9615	4.213	0.3058	294

附　录　D

（标准的附录）

测定有效热容

D1　试验装置

集热器应按第 5 章推荐的技术标准安装，并联接到热容测量回路当中。

有效热容测定可以在室内进行，只进行热损失测定。它们也可以在室外稳定晴天条件下进行或者在太阳模拟器下进行。

D2　室内试验程序

传热工质以一个恒定的进口温度从集热器顶部循环到集热器底部，使用一个近似于集热器效率试验所确定的流量，直到达到稳定条件。

传热工质进口温度迅速提高约 10K 并连续进行测量，直到再达到稳定条件。这个过程应进行四次，并计算出有效热容的算术平均值。

D2.1　测定

下面的量应被测定：

a）传热工质的质量流量；

b）集热器工质进口温度；

c）集热器工质出口温度；

d）环境空气温度。

注 11：当试验低热容集热器时，用于测定传热工质温度的取样次数应比通常集热器效率试验的要多，以便尽量跟踪集热器的瞬时特性。

D2.2　有效热容计算

在两个室内稳态 1 和 2 之间的瞬时特性可由式（D1）表示：

$$C\frac{\mathrm{d}t_m}{\mathrm{d}t} = -\dot{m}\,c_f\Delta T - A_G\overline{U}_G(t_m - t_a) \tag{D1}$$

其中：

$$\Delta T = (t_e - t_i)\text{(负数)}$$

t_e 和 t_i 分别是在传热工质的新流动方向上传热工质在集热器进口和出口的温度。

对两个稳态之间的方程积分给出：

$$C = (t_{m2} - t_{m1}) = -\int_{t_1}^{t_2} mc_f \Delta T \mathrm{d}t - A_G \overline{U}_G \int_{t_1}^{t_2} (t_m - t_a)\mathrm{d}t \quad \text{(D2)}$$

因为

$$t_m = t_i + \frac{\Delta T}{2}$$

我们可以用下式表示 $(t_m - t_a)$：

$$t_m - t_a = (t_i - t_a) + \frac{\Delta T}{2} \quad \text{(D3)}$$

综合上述方程并重新整理，给出下列集热器热容方程：

$$C = \frac{-mc_f\int_{t_1}^{t_2}\Delta T \mathrm{d}t - A_G\overline{U}_G\left[\int_{t_1}^{t_2}(t_m - t_a)\mathrm{d}t + \frac{1}{2}\int_{t_1}^{t_2}\Delta T \mathrm{d}t\right]}{t_{m2} - t_{m1}} \quad \text{(D4)}$$

注 12：这个条款中的方程是以 t_m 和 A_G 为参数表示的，它们也可以用 t_i 和 A_A、t_i 和 A_a 为参数表示，相互转换的方法在 B1 中给出。

D2.3 由试验数据确定有效热容

由试验结果，$(t_i - t_a)$ 和 ΔT 可以作为时间函数绘制成曲线。在两个稳态之间在曲线下面的面积分别是：

$$\int_{t_1}^{t_2}(t_i - t_a) \text{ 和} \int_{t_1}^{t_2}\Delta T \mathrm{d}t$$

集热器的传热系数 $\overline{U}_G$ 在室内集热器热损测定中已经确定。然而，$A_G\overline{U}_G$ 可以从两个稳态中直接获得，因为在稳态中有：

$$0 = -\dot{m}c_f\Delta T - A_G\overline{U}_G(t_m - t_a)$$

所以

$$A_G\overline{U}_G = -\frac{\dot{m}c_f\Delta T}{t_m - t_a} \quad \text{(D5)}$$

应对两个稳态的 $A_G\overline{U}_G$ 进行估算并取算术平均值。

在式（D4）中代入试验数据，就可以确定有效热容。

注 13：这个条款中的方程是以 t_m 和 A_G 为参数表示的，它们也可以用 t_i 和 A_A、t_i 和 A_a 为参数表示。相互转换的方法在 B1 中给出。

D3 室外或太阳模拟器的试验程序

传热工质以恒温循环，流量采用近似于集热器效率试验时确定的流量，一直达到稳态。将集热器的采光口用太阳反射盖板进行遮挡，避开自然的或模拟的太阳辐射。

当再达到稳态条件时，撤去盖板并进行连续测量。这个过程应进行四次，并推算出有效热容的算术平均值。

应当测量 D2.1 给出的各个量。另外还应当测定太阳辐照度 G（自然的或模拟的）。

在两个稳态 1 和 2 之间的瞬时特性可由下列方程表示：

$$C\frac{dt_m}{dt} = A_G\overline{\eta}_{0G} - \dot{m}\,c_f\Delta T - A_G\overline{U}_G(t_m - t_a) \tag{D6}$$

在这里，如同在 D2.2 中，

$\Delta T = (t_e - t_i)$（正数）

对建立在两个稳态过程之间的式（D6）进行积分给出下列集热器热容方程：

$$C = \frac{A_G\overline{\eta}_{0G}\int_{t_1}^{t_2}G\mathrm{d}t - \dot{m}\,c_f\int_{t_1}^{t_2}\Delta T\mathrm{d}t - A_G\overline{U}_G\left[\int_{t_1}^{t_2}(t_i - t_a)\mathrm{d}t + \frac{1}{2}\int_{t_1}^{t_2}\Delta T\mathrm{d}t\right]}{t_{m2} - t_{m1}} \tag{D7}$$

从实验纪录中可以绘出 $(t_i - t_a)$、ΔT 和 G 作为时间函数的曲线。在两个稳态之间曲线下面的面积分别是：

$$\int_{t_1}^{t_2}(t_m - t_a)\mathrm{d}t、\int_{t_1}^{t_2}\Delta T\mathrm{d}t \text{ 和} \int_{t_1}^{t_2}G\mathrm{d}t$$

通过试验，瞬时效率 $\overline{\eta}_G$ 的直线在 y 轴上截距 $\overline{\eta}_{0G}$ 和斜率 $\overline{U}_G$ 都是已知的。

在式（D10）中代入这些试验数据，就可以确定有效热容值。

中华人民共和国国家标准

被动式太阳房技术条件和热性能测试方法

Specifications and testing method of thermal performance for passive solar houses

GB/T 15405—94

国家技术监督局 1994-12-30 批准
1995-07-01 实施

1 主题内容与适用范围

本标准规定了被动式太阳房的技术要求、热性能测试方法、经济分析方法和检验规则。

本标准适用于农村和城镇地区的被动式太阳房。

2 引 用 标 准

GBJ 300 建筑安装工程质量检验评定统一标准

GBJ 301 建筑工程质量检验评定标准

JGJ 24 民用建筑热工设计规程

JGJ 26 民用建筑节能设计标准

3 术 语

3.1 被动式太阳房（以下简称太阳房）

不用机械动力而在建筑物本身采取一定措施，利用太阳能进行冬季采暖的房屋。

3.2 直接受益式

太阳光穿过透光材料直接进入室内的采暖形式。

3.3 集热蓄热墙式

太阳光穿过透光材料照射集热蓄热墙，墙体吸收辐射后以对流、传导、辐射方式向室内传递热量的采暖形式。

3.4 附加阳光间式

在房屋主体南面附加一个玻璃温室的采暖形式。

3.5 对流环路式

南墙设置太阳空气集热器（墙），利用墙体上下通风口进行对流循环的采暖形式。

3.6 基础温度

根据太阳房采暖水平而设定的某个室内最低空气温度。本标准为14℃。

3.7 黑球温度

室内周围环境与人体进行辐射对流热交换的当量温度。

3.8 采暖期度日数

采暖期主要月份（12、1、2月）内各天基础温度与室外日平均温度之间的正温差（不计负温差）的总和。

3.9 综合气象因素

采暖期主要月份南向垂直面上的累积太阳辐照量与对应期间的度日数的比值。

3.10 直接蓄热体

直接接受阳光照射的蓄热物质。

3.11 间接蓄热体

不直接接受阳光照射的蓄热物质。

3.12 集热（蓄热）墙日平均热效率

通过集热（蓄热）墙进入房间的有效热量与同期垂直照射到该墙上的累积太阳辐照量

之比。

3.13 净负荷

除太阳能集热部件外，在不计入太阳作用的某个计算期间，为维持太阳房室温等于基础温度的计算热耗。

3.14 太阳能供暖保证率

太阳房为维持基础温度所需净负荷中太阳能所占的百分比。

3.15 对比房

与太阳房面积、建筑布局基本相同的当地普通房屋。

3.16 太阳房节能率

太阳房与对比房相比，在维持相同的基础温度下所节省的采暖能量占对比房采暖能量的百分比。

3.17 辅助热量

在室温低于基础温度期间，由辅助供热系统向房间提供不低于基础温度所需的热量。

3.18 内热源热量

由室内的人、照明及非专设的采暖设备等产生的热量。

4 技 术 要 求

4.1 建筑总体要求

4.1.1 建筑原则

太阳房要因地制宜，遵循坚固、适用、经济，并应注意建筑造型美观大方的原则。

4.1.2 建筑形式

太阳房平面布置应符合节能和利用太阳能的要求，建筑造型与周围建筑群体相协调，同时必须兼顾建筑形式、使用功能和太阳能采暖方式三者之间的相互关系。

4.1.3 建筑朝向

太阳房平面布置为正南向，因周围地形的限制和使用习惯，允许偏离正南向±15°以内，校舍、办公用房一般只允许偏东15°以内。

4.1.4 建筑间距

当地冬至日中午12点时，太阳房南面遮挡物的阴影不得投射到太阳房的窗户上。

4.1.5 旧房改建

旧房改建太阳房时，应尽量满足4.1.1～4.1.3条的要求。

4.2 室温要求

4.2.1 太阳房的气象区划

按照影响太阳房技术条件的综合气象因素的大小，将我国可利用太阳能采暖的地区划分为5个区域，各区代表城市和对应的太阳房南向透光面夜间保温热阻及外围护结构最大传热系数见附录A。

4.2.2 冬季室温

4.2.2.1 第1、2区冬季采暖期间，太阳房的主要居室在无辅助热源的条件下，室内平均温度应达到12℃，室内温度低于8℃的小时数应小于总采暖时数的20%。在有辅助热源的条件下，室内最低温度达到14℃时的太阳能供暖保证率应不低于50%。

4.2.2.2 第3、4区冬季采暖期间，在有辅助热源的条件下，室内最低温度达到14℃时的太阳能供暖保证率应不低于50%。

4.2.2.3 第5区冬季采暖期间，在有辅助热源的条件下，室内最低温度达到14℃时的太阳房节能率应不低于50%。太阳能供暖保证率应不低于25%。

4.2.2.4 在无辅助热源的情况下，冬季采暖最冷季节室温日波动范围不得大于10℃。

4.2.3 夏季室温

室内温度不得高于当地普通房屋。

4.3 围护结构要求

4.3.1 外围墙体

太阳房外围墙体采用重质材料，如砖、石、混凝土、土坯等，并增设保温层，其传热系数按附录A表中的数值以该地区接近的代表城市的次序选择。其中，屋顶采用偏小值，外墙采用偏大值。保温层厚度应均匀，不得发霉、变质、受潮和放出污染物质，保温层尽量靠近外侧设置。

4.3.2 南向透光面

太阳房的南向透光面上应设夜间保温装置，不同地区的热阻值按附录A表中的次序选择。

4.3.3 地面和基础

太阳房的地面应增设保温、蓄热和防潮层，基础外缘应设深度不小于0.45m，热阻大于0.86m^2℃/W的保温层。

4.3.4 集热（蓄热）墙

太阳房集热墙的透光材料与墙（吸热板）之间要求严密不透气，其距离推荐为60~80mm。设通风孔的集热墙，其单排通风孔面积推荐按集热墙空气流通截面积的70%~100%设计，应具有防止热量倒循环和灰尘进入集热墙的设施。

4.3.5 透光材料

集热墙透光材料选用表面平整、厚薄均匀，法向阳光透过率大于0.76的玻璃。

4.3.6 吸热涂层

集热墙吸热涂层要求附着力强、无毒、无味、不反光、不起皮、不脱落、耐候性强。要求对阳光的法向吸收率大于0.88，其颜色以黑、蓝、棕、绿为好。

4.3.7 门窗

太阳房门窗应符合GBJ 301的规定，同时必须敷设门窗缝隙密封条。窗户玻璃的层数视地区不同按附录A的要求设置。

4.4 经济指标要求

太阳房增加的投资控制在当地常规建筑正常预算造价的20%以内（不包括特殊装修）。对于严寒地区可放宽到25%以内。

4.5 其他要求

4.5.1 为防止夏季室内温度过高，太阳房应采取挑出房檐、设遮阳板或采取北墙设窗户以及绿化环境等措施。

4.5.2 太阳房外门在冬季要求有保温帘或其他保温隔热措施。

4.5.3 为保证室内的卫生条件，太阳房设计时应考虑到房间的换气要求。

5 测 试 条 件

5.1 测试分级及要求

太阳房的热性能测试分为A、B两级，每级测试的内容及要求见附录B。一般A级适用于以研究为目的，B级适用于以工程验收和推广为目的。

5.2 测试房状态

测试房建成后，经半年左右的自然干燥，再进行测试。测试房的运行状态分为：无人居住无热源的自然状态；有人正常居住无辅助热源；有人正常居住有辅助热源。为了测定实际节能效果，应选择对比房进行测试比较。

5.3 长期连续测试

长期连续测试一般在有人正常居住的条件下进行，要求至少有一个采暖期的测试数据。

5.4 短期详细测试

短期详细测试一般在无人居住的条件下进行，测试时间要求持续两周以上。

6 测试仪表及测量

6.1 累积太阳辐照量的测量

6.1.1 累积太阳辐照量用总日射表（天空辐射表）及累积日射记录仪进行测量。

6.1.2 总日射表在使用一年内需标定或与已知准确度的同级表进行对比，在测试时间玻璃罩应保持清洁干净。

6.1.3 总日射表的时间常数应小于5s，非线性误差应不超过±1.5%，累积日射记录仪误差不应超过±1%。

6.1.4 总日射表接受太阳辐照的平面应与太阳房的集热面平行。

6.2 温度的测量

6.2.1 短期A级温度测量可用热电偶温度计、电阻温度计和水银温度计测量。温度计应经过标定，误差不超过±0.2℃。

6.2.2 长期A级和B级温度测量还可使用双金属片自记温度计，但在换纸前后应用精度为0.2℃的水银温度计校正。

6.2.3 测量室内温度时，温度计应安放在室内中心位置距地面1.5m处。温度计应带有通风良好的铝箔保护罩（直径约15mm，长约45mm）。测试间隔时间见附录B，B级长期监测每天可在当地时7时、14时、20时各记录1次。

6.2.4 测量黑球温度时，应用直径150mm，中心处装有热电偶或电阻的黑球温度计测量，黑球温度计应置于室内中心距地面1.3~1.5m处。

6.2.5 测量室外温度时，温度计应置于被测太阳房10m以内，距地面1.5m处的百叶箱内。B级长期监测，温度计还可置于太阳房10m以内，通风良好，无阳光和无热源的地方。测试时间和测室内温度同步。

6.2.6 集热墙上下通风孔的气温用热电偶测量，每个通风孔截面积等分6~9个点，取各点温度值将其平均。为消除阳光的影响，热电偶测头应漆成白色。

6.2.7 太阳房墙体、地面、屋顶等围护结构和集热蓄热体表面温度用热电偶或其他小型温度传感器测量，传感器应紧贴于表面或埋于表面内，并尽量使表面状态与被测表面一致。

6.2.8 窗玻璃或其他透明盖层的温度用线径不大于0.2mm的热电偶测量，并应用透明胶贴紧，以保持原位测量状态。

6.3 热流密度的测量

6.3.1 通过太阳房墙体、地面、屋顶及其他集热蓄热体的热流密度用温差热电堆型热流片测量，热流片应埋在被测墙体内或紧贴于被测面。为消除阳光照射的影响，热流片表面应涂成与被测表面相同的颜色。

6.3.2 热流片本身热阻应小于0.02m²℃/W，误差不超过±5%。

6.4 风速的测量

6.4.1 室外风速可用误差小于0.5m/s的旋杯式风速计或其他风速计测量，风速计应位于被测太阳房10m以内。

6.4.2 集热墙上下通风孔空气流速可用误差小于0.1m/s的热球风速计测量，每个截面积等分6~9个点，取各点风速值并将其平均。

6.5 辅助热量的测量

6.5.1 A级测试，可用电度表测定其电采暖耗电量。

6.5.2 B级短期详测，可一次测定煤的热值和煤炉采暖热效率及每日耗煤量进行计算。

6.5.3 B级长期监测，测定燃料的热值和炉具热效率后，一般只统计月耗燃料量。

7 数 据 处 理

7.1 围护结构热阻

常规材料的围护结构热阻可查手册进行计算。新材料、新结构的热阻在短期详测中按公式（1）进行计算。要求连续测量1周以上并至少有3个不同位置的热流测点进行平均。

$$R = (T_{bi} - T_{bo}) / Q_b \tag{1}$$

式中 R——围护结构热阻，m²℃/W；

T_{bi}——围护结构内表面温度，℃；

T_{bo}——围护结构外表面温度，℃；

Q_b——围护结构热流密度，W/m²。

7.2 集热（蓄热）墙日平均热效率

集热（蓄热）墙日平均热效率的测量应连续1周以上，按公式（2）进行计算后取其平均值。

$$\eta_c = Q_u / (H_{tv} \cdot A_w) = (Q_{cod} + Q_{cov}) / (H_{tv} \cdot A_w) \tag{2}$$

式中 η_c——集热墙日平均热效率，%；

Q_u——供给房间的有效热量，kJ/d；

H_{tv}——集热墙外表面的累积太阳辐射量 kJ/m²·d；

A_w——集热墙外表面积（包括玻璃边框），m²；

Q_{cod}——经集热墙传导进入室内的热量（热流向里为正，向外为负），kJ/d；

Q_{cov}——经通风孔进入室内的热量，kJ/d。

7.3 太阳能供暖保证率

太阳能供暖保证率按公式（3）进行计算。

$$SHF = 1 - (Q_s + Q_{in})/Q_{net} \tag{3}$$

式中 SHF——太阳能供暖保证率，%；

Q_s——太阳房采暖期所需辅助热量，kJ；

Q_{in}——内热源热量，kJ；

Q_{net}——太阳房的净负荷，kJ。

8 检 验 规 则

8.1 太阳房建筑竣工后必须经验收合格后方能交付使用。

8.2 太阳房建筑安装工程质量检查按 GBJ 300 和 GBJ 301 的要求进行。

8.3 太阳房增加投资占初投资的百分比应符合 4.4 条的规定。太阳房的经济分析方法见附录 C。

8.4 太阳房总体检查按第 4.1、4.3、4.5 条的要求进行。

8.5 太阳房热性能测试按第 5、6 章的要求进行，其结果应符合 4.2 条的要求。

8.6 太阳房热性能测试应由测试单位提供正式测试报告，测试报告格式见附录 D。

附 录 A
太阳房的气象区划及代表城市和围护结构的热工指标
（补充件）

气象区划	综合气象因数 kJ/（m·d·℃·d）	代表城市（以指标大小为序）	南向透光面夜间保温热阻（m²·℃/W）/外围护结构最大传热系数 W/（m²·℃）
1	>30	拉萨	双层玻璃 0.172/0.25～0.3 单层玻璃 0.43/0.35～0.45 单层玻璃 0.86/0.45～0.5
	25～30	新乡、鹤壁、开封、济南、北京、郑州、石家庄、洛阳、保定、汉口、天津、潍坊、安阳	
2	20～25	大连、西宁、银川、青岛、太原、和田、哈密、且末、延安、兰州、榆林、秦皇岛、阳泉、包头、西安	双层玻璃 0.43/0.25～0.35 双层玻璃 0.86/0.45～0.55 双层玻璃 0.86/0.3
3	15～20	玉门、酒泉、宝鸡、咸阳、张家口、呼和浩特、喀什、伊宁	双层玻璃 0.43/0.25 双层玻璃 0.86/0.4
4	13～15	抚顺、乌鲁木齐、通化、锡林浩特、沈阳、长春、鸡西	双层玻璃 0.86/0.28
5	<13	吉林、哈尔滨、齐齐哈尔、佳木斯、鹤岗、海拉尔	双层玻璃 0.86/0.25

附 录 B
太阳房测试内容及要求
(补充件)

表 B1 气候参数测试内容及要求

分级	测 试 项 目	范 围	短期详测间隔，h	长期监测间隔
A	室外气温 *Ta*	−30～40℃	1	日平均
	累积太阳辐照量 *Htv*	0～25000kJ/m²	1	日累积
	环境风速 *va*	0～25m/s	1	日平均
	环境风向 *Da*	0～360°	1	—
B	室外气温，*Ta*	−30～40℃	1	取附近气象站的资料
	累积太阳辐照量，*Htv*	0～25000kJ/m²	1	

表 B2 直接受益式太阳房测试内容及要求

分级	测 试 项 目	范 围	短期详测间隔，h	长期监测间隔
A	室内气温 T_r	0～40℃	1	日平均
	黑球温度 T_g	0～40℃	1	日平均
	直接蓄热体温度 T_1	0～50℃	1	—
	间接蓄热体温度 T_2	0～50℃	1	—
	围护结构热流密度 Q_b	0～100W/m²	1	—
	辅助热量 Q_{aux}		1	每日
	内热源热量 Q_{in}		1	每日
	保温窗开关时间 t		按实际记录	—
B	室内气温 T_r	0～40℃	1	日平均
	直接蓄热体温度 T_1	0～50℃	1	—
	间接蓄热体温度 T_2	0～50℃	1	—
	围护结构热流密度 Q_b	0～100W/m²	1	—
	辅助流量 Q_{aux}		每日	每月
	内热源热量 Q_{in}		每日	每月
	保温窗开关时间 t		按实际记录	—

表 B3 集热蓄热墙（对流环路）式太阳房测试内容及要求

分级	测 试 项 目	范 围	短期详测间隔，h	长期监测间隔
A	室内气温 T_r	0～40℃	1	日平均
	黑球温度 T_g	0～40℃	1	日平均
	集热墙温度 T_1	0～60℃	1	—
	间接蓄热体温度 T_2	0～40℃	1	—
	上下通风孔气温 $T_u \cdot T_d$	0～60℃	0.5	—
	上下通风孔风速 $V_u \cdot V_d$	0～5m/s	0.5	—
	集热墙热流密度 Q_w	0～100W/m²	1	—
	围护结构热流密度 Q_b	0～100W/m²	1	—
	辅助热量 Q_{aux}		1	每日
	内热源热量 Q_{in}		1	每日
	通气孔开关时间 t		按实际记录	—
B	室内气温 T_r	0～40℃	1	日平均
	集热墙温度 T_1	0～60℃	1	—
	上下通风孔气温 $T_u \cdot T_d$	0～60℃	1	—
	上下通风孔风速 $V_u \cdot V_d$	0～5m/s	1	—
	集热墙热流密度 Q_w	0～100W/m²	1	—
	辅助热量 Q_{aux}		每日	每月
	内热源热量 Q_{in}		每日	每月
	通气孔开关时间 t		按实际记录	—

表 B4　附加阳光间式太阳房测试内容及要求

分级	测 试 项 目	范 围	短期详测间隔，h	长期监测间隔
A	室内气温　T_r	0～40℃	1	日平均
	黑球温度　T_g	0～40℃	1	日平均
	蓄热墙温度　T_1	0～60℃	1	—
	间接蓄热体温度　T_2	0～40℃	1	—
	阳光间内温度　T_s	0～60℃	1	日平均
	蓄热墙热流密度　Q_w	0～100W/m²	1	—
	围护结构热流密度　Q_b	0～100W/m²	1	—
	辅助热量　Q_{aux}		1	每日
	内热源热量　Q_{in}		1	每日
	保温窗开关时间　t		按实际记录	—
B	室内气温　T_r	0～40℃	1	日平均
	蓄热墙温度　T_1	0～50℃	1	—
	阳光间温度　T_2	0～60℃	1	—
	蓄热墙热流密度　Q_w	0～100W/m²	1	—
	辅助热量　Q_{aux}		每日	每月
	内热源热量　Q_{in}		每日	每月
	保温窗开关时间　t		按实际记录	—

附 录 C
太阳房经济分析方法
（补充件）

C1　太阳房节能率按公式（C1）进行计算。

$$ESF = 1 - Q_s / Q_c \tag{C1}$$

式中　ESF——太阳房节能率，%；

Q_c——对比房采暖期所需辅助热量，kJ。

C2　辅助耗热量按公式（C2）进行计算。

$$Q_{aux} = M \cdot q_{ou} \cdot \eta \tag{C2}$$

式中　Q_{aux}——辅助耗热量，kJ；

M——燃烧物质量，kg；

q_{ou}——燃烧物的低位发热值，kJ/kg；

η——炉具热效率，%。

C3　太阳房年节标煤量按公式（C3）进行计算。

$$G = (ESF \cdot Q_c) / (Q_{DW} \cdot \eta) \tag{C3}$$

式中　G——太阳房年节标煤量，kg；

Q_{DW}——标煤的发热值，29300kJ/kg。

C4　太阳房年节能收益按公式（C4）进行计算。

$$A = G \cdot S + Z - W \tag{C4}$$

式中　A——太阳房年节能收益；

S——当地煤价折算出的标准煤单位煤价；

Z——炉具或采暖系统的年折旧费；

W——太阳能采暖设施的年维修费。

C5 太阳能投资回收年限按公式（C5）进行计算。

$$N = \frac{\ln[A/(A - I \cdot i)]}{\ln(1 + i)} \tag{C5}$$

式中 N——太阳能投资回收年限；

I——太阳房增加的投资；

i——贷款年利率。

附 录 D
被动式太阳房测试报告示例
（参考件）

被动式太阳房测试报告

被测单位＿＿＿＿＿＿＿＿＿＿ 承建单位＿＿＿＿＿＿＿＿＿＿

竣工日期＿＿＿＿＿＿＿＿＿＿ 测试日期＿＿＿＿＿＿＿＿＿＿

D1 测试仪表

表 D1

仪器名称	型 号	精 度	检定单位	检定日期

D2 测试地点

地址＿＿＿＿＿＿＿＿＿＿ 海拔高度＿＿＿＿＿＿＿＿＿＿

纬度＿＿＿＿＿＿＿＿＿＿ 经度＿＿＿＿＿＿＿＿＿＿

D3 测试条件

D4 检验项目分类表

表 D2

序 号	检 验 项 目		结 果	
1	建筑总体	建筑原则		
		建筑形式		
		建筑朝向		

续表 D2

序　号	检　验　项　目		结　　果	
2	室内温度	采暖期平均温度，℃		
		黑球温度平均值，℃		
		最低温度小时数		
		波动范围，℃		
3	采暖期室外温度平均值，℃			
4	围护结构	集热形式		
		保温材料		
		透光材料		
		吸热涂层材料		
5	门　窗			
6	辅助耗热量，kJ			
7	增加投资占初投资的百分比			
8	其　他			
注：其他详细测试记录表，根据测试级别和要求自行编制。				

D5　测试结果

集热（蓄热）墙平均热效率：η_c = ________ %

太阳能供暖保证率：SHF = ________ %

太阳房节能率：ESF = ________ %

太阳房年节能收益：A = ________ 元

投资回收年限：N = ________ 年

测试人员签名________________________

测试负责人签名______________________

单位盖章

附加说明：

本标准由中华人民共和国农业部提出。

本标准由中国农业工程研究设计院、清华大学、天津大学负责起草。

本标准主要起草人陈晓夫、李元哲、高援朝、张家璋、王瑞华。

中华人民共和国国家标准

家用太阳热水系统技术条件

Specification of domestic solar water heating systems

GB/T 19141—2003

中华人民共和国国家质量监督检验检疫总局 2003-05-23 批准
2003-10-01 实施

前　言

本标准的制定参考了国际标准 ISO 9806—2：1995《太阳集热器试验方法　第 2 部分：质量检验方法》和欧洲标准 EN 12976—1：2000《太阳能热利用系统和部件—工厂制造的系统　第 1 部分：总体要求》及 EN 12976—2：2000《太阳能热利用系统和部件—工厂制造的系统　第 2 部分：试验方法》。

本标准由国家经济贸易委员会、科学技术部提出。

本标准由全国能源基础与管理标准化技术委员会新能源和可再生能源分技术委员会归口。

本标准由清华大学、北京市太阳能研究所、首都师范大学、中国标准研究中心、北京清华阳光能源开发有限责任公司、云南师范大学、北京桑普阳光技术有限公司、中国建筑科学研究院、昆明新元阳光科技有限公司负责起草。

本标准主要起草人：殷志强、何梓年、陆维德、李申生、贾铁鹰、吴锦发、谌学先、陶桢、郑瑞澄、朱培世。

目　次

前言 …… 1816
1 范围 …… 1819
2 规范性引用文件 …… 1819
3 术语和定义 …… 1820
4 符号 …… 1821
5 家用太阳热水系统分类与命名 …… 1822
6 技术要求 …… 1823
6.1 技术要求内容 …… 1823
6.2 总体要求 …… 1824
6.2.1 热性能 …… 1824
6.2.2 水质 …… 1824
6.2.3 耐压 …… 1824
6.2.4 过热保护 …… 1824
6.2.5 电气安全 …… 1825
6.2.6 外观 …… 1825
6.2.7 空晒 …… 1825
6.2.8 外热冲击 …… 1825
6.2.9 淋雨 …… 1825
6.2.10 内热冲击（选用） …… 1825
6.2.11 防倒流（选用） …… 1825
6.2.12 耐冻（选用） …… 1825
6.2.13 耐撞击（选用） …… 1825
6.3 部件 …… 1825
6.3.1 真空太阳集热管 …… 1825
6.3.2 太阳集热器 …… 1825
6.3.3 支架 …… 1826
6.3.4 管路 …… 1826
6.3.5 循环泵 …… 1826
6.3.6 换热器 …… 1826
6.3.7 贮热水箱 …… 1826
6.3.8 控制器 …… 1826
6.4 安全装置 …… 1826
6.4.1 安全泄压阀 …… 1826
6.4.2 安全泄压阀和膨胀箱的连接管 …… 1827

6.4.3 排空水管 …… 1827
6.5 抗外部影响 …… 1827
6.5.1 耐候性 …… 1827
6.5.2 抗风性 …… 1827
6.5.3 雷电保护 …… 1827
7 试验方法 …… 1827
7.1 热性能试验 …… 1827
7.2 水质检查 …… 1828
7.3 耐压试验 …… 1828
7.4 过热保护试验 …… 1828
7.5 电气安全 …… 1829
7.6 外观检查 …… 1829
7.7 支架强度和刚度试验 …… 1829
7.8 贮热水箱检查 …… 1829
7.9 安全装置检查 …… 1829
7.10 雷电保护检查 …… 1829
7.11 空晒试验 …… 1829
7.12 外热冲击试验 …… 1830
7.13 淋雨试验 …… 1830
7.14 内热冲击试验（选用） …… 1831
7.15 防倒流检查（选用） …… 1832
7.16 耐冻试验（选用） …… 1832
7.17 耐撞击试验（选用） …… 1833
8 文件编制 …… 1833
9 检验规则 …… 1835
10 标志、包装、运输、贮存 …… 1835

家用太阳热水系统技术条件

1 范　围

本标准规定了家用太阳热水系统的定义、分类与命名、技术要求、试验方法、文件编制、检验规则、以及标志、包装、运输、贮存等技术条件。

本标准适用于贮热水箱容积在 $0.6m^3$ 以下的家用太阳热水系统。

2 规范性引用文件

下列文件中的条款通过本标准的引用而成为本标准的条款。凡是注日期的引用文件，其随后所有的修改单（不包括勘误的内容）或修订版均不适用于本标准，然而，鼓励根据本标准达成协议的各方研究是否可使用这些文件的最新版本。凡是不注日期的引用文件，其最新版本适用于本标准。

GB/T 191　包装储运图示标志（GB 191—2000，eqv ISO 780:1997）

GB/T 4271　平板型太阳集热器热性能试验方法

GB/T 4272　设备及管道保温技术通则

GB 4706.1　家用和类似用途电器的安全　第一部分：通用要求（GB 4706.1—1998，idt IEC 335—1:1976）

GB 4706.12　家用和类似用途电器的安全　贮水式电热水器的特殊要求（GB 4706.12—1995，idt IEC 335—2—21:1989）

GB/T 6424　平板型太阳集热器技术条件

GB/T 8175　设备及管道保温设计导则

GB/T 8877　家用电器的安装、使用、检修安全要求

GB/T 12936.1　太阳能热利用术语　第一部分

GB/T 12936.2　太阳能热利用术语　第二部分

GB/T 13384　机电产品包装通用技术条件

GB/T 14536.1　家用和类似用途电自动控制器　第 1 部分：通用要求（GB/T 14536.1—1998，idt IEC 730—1:1993）

GB/T 15513　太阳热水器吸热体、连接管及其配件所用弹性材料的评价方法

GB/T 17049　全玻璃真空太阳集热管

GB/T 17581　真空管太阳集热器

GB/T 18708　家用太阳热水系统热性能试验方法

GB 50057　建筑物防雷设计规范

JT 225　汽车发动机冷却液安全使用技术条件

NT/T 513　家用太阳热水器电辅助热源

NY/T 514　家用太阳热水器储水箱

ISO 9488:1999　太阳能词汇

3 术语和定义

GB/T 12936.1、GB/T 12936.2、GB/T 18708 和 ISO 9488:1999 确立的以及下列术语和定义适用于本标准。

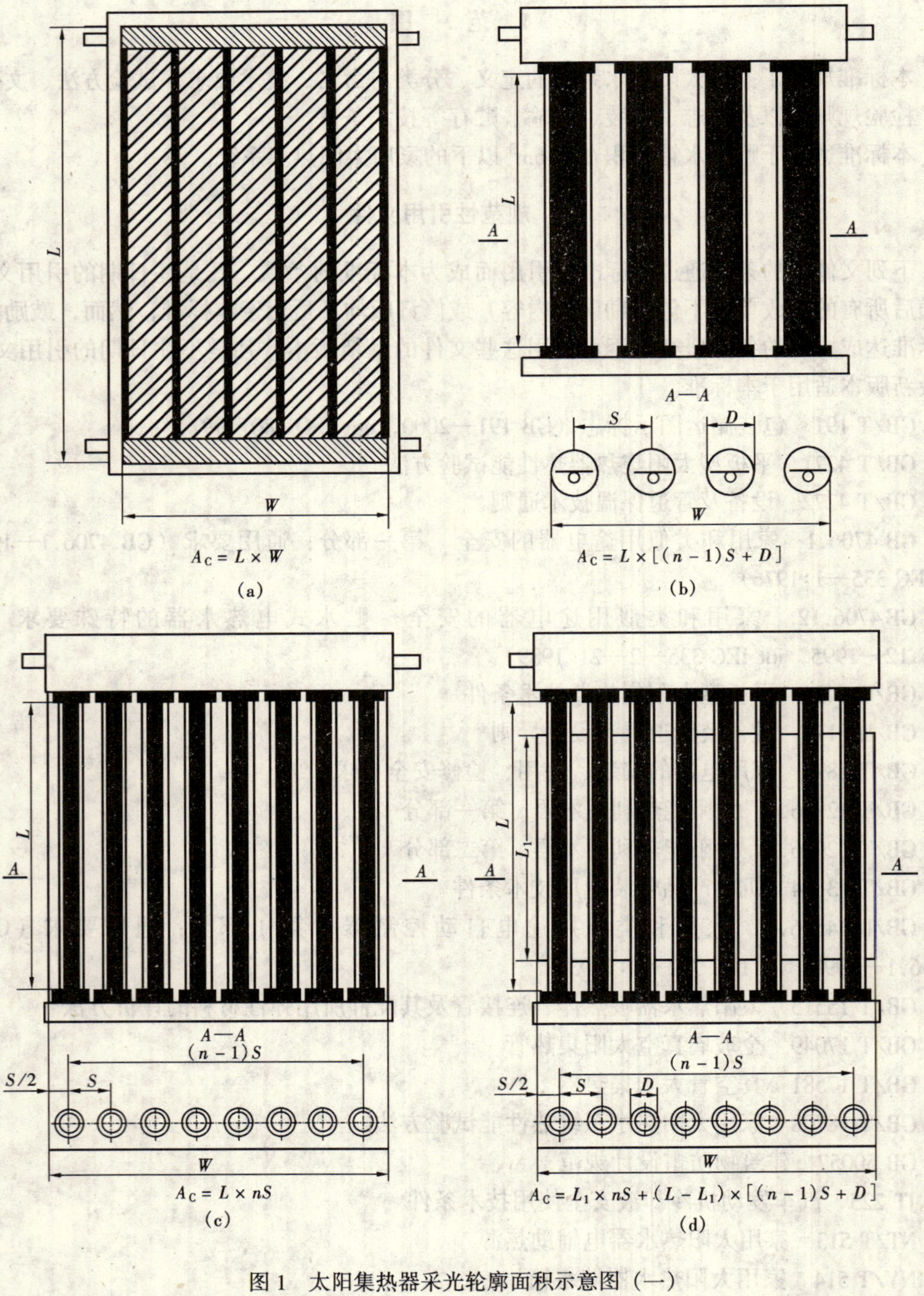

图 1　太阳集热器采光轮廓面积示意图（一）

(a) 平板太阳集热器；(b) 无反射器；(c) 平面漫反射器；(d) 部分平面漫反射器；

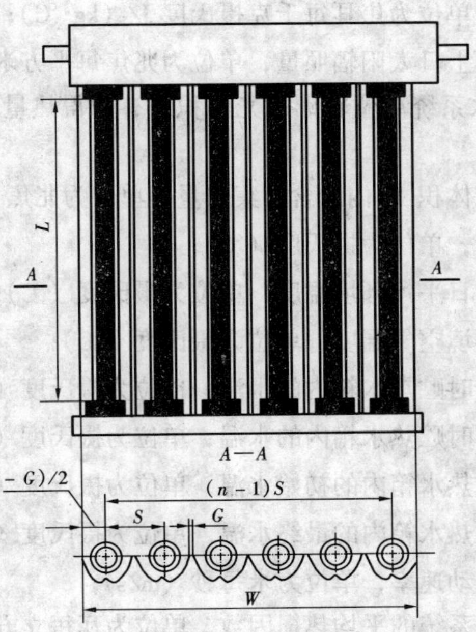

$$A_C = L \times W = L \times (nS - G)$$

(e)

图1　太阳集热器采光轮廓面积示意图（二）

(e) 曲面聚光反射器

n—集热管数目；S—相邻太阳集热管的中心距；G—相邻曲面的间隙；D—太阳集热管罩玻璃管直径。

3.1　家用太阳热水系统　domestic solar water heating system

由太阳集热器、贮热水箱、管道及控制器等组成，亦称家用太阳热水器，在住宅、小型商业建筑或公共建筑中使用。

3.2　家用太阳热水系统的贮热水箱　storage tank of domestic solar water heating system

贮热水箱中的水在额定压力下，温度不超过沸点，以显热储存热能的热水。

3.3　轮廓采光面积　contour aperture area

太阳光投射到集热器的最大有效面积，如图1所示。

3.4　贮热水箱容水量　water volume of storage tank

起始温度时，贮热水箱中的水量。

3.5　单位面积日有用得热量　daily useful energy per contour aperture area of domestic solar water heating system

一定日太阳辐照量下，贮热水箱内的水温不低于规定值时，单位轮廓采光面积贮热水箱内水的日得热量。

3.6　平均热损因数　average heat loss factor of domestic solar water heating system

在无太阳辐照条件下的一段时间内，单位时间内、单位水体积太阳热水系统贮水温度与环境温度之间单位温差的平均热量损失。

4　符　　号

A_C　　轮廓采光面积，单位为平方米（m^2）；

c_{pw}　水的比热容，单位为焦耳每千克摄氏度 J/（kg·℃）；

H　集热器采光面上日太阳辐照量，单位为兆焦每平方米（MJ/m^2）；

q　家用太阳热水系统单位轮廓采光面积日有用得热量，单位为兆焦每平方米（MJ/m^2）；

Q_s　贮热水箱中水体积 V_s 内所含的集热量，单位为兆焦（MJ）；

t_a　环境空气温度，单位为摄氏度（℃）；

t_{ad}　集热试验期间日平均环境温度，单位为摄氏度（℃）；

t_{as}　贮热水箱的环境空气温度，单位为摄氏度（℃）；

t_b　集热试验开始时贮热水箱内的水温，单位为摄氏度（℃）；

t_e　集热试验结束时贮热水箱内的水温，单位为摄氏度（℃）；

t_i　热损试验中贮热水箱内的初始水温，单位为摄氏度（℃）；

t_f　热损试验中贮热水箱内的最终水温，单位为摄氏度（℃）；

v　环境空气的流动速率，单位为米每秒（m/s）；

U_{SL}　家用太阳热水系统的平均热损因数，单位为瓦每立方米开尔文 W/（m^3·K）；

V_s　贮热水箱中流体容积，单位为立方米（m^3）；

$\Delta\tau$　时间间隔，单位为秒（s）；

ρ_w　水的密度，单位为千克每立方米（kg/m^3）；

下标

（av）　参数平均值。

5　家用太阳热水系统分类与命名

5.1　分类

家用太阳热水系统分类按 GB/T 18703 中“系统分类”。

5.2　产品命名

5.2.1　命名内容

家用太阳热水系统产品命名由如下 5 部分组成，各部分之间用“—”隔开：

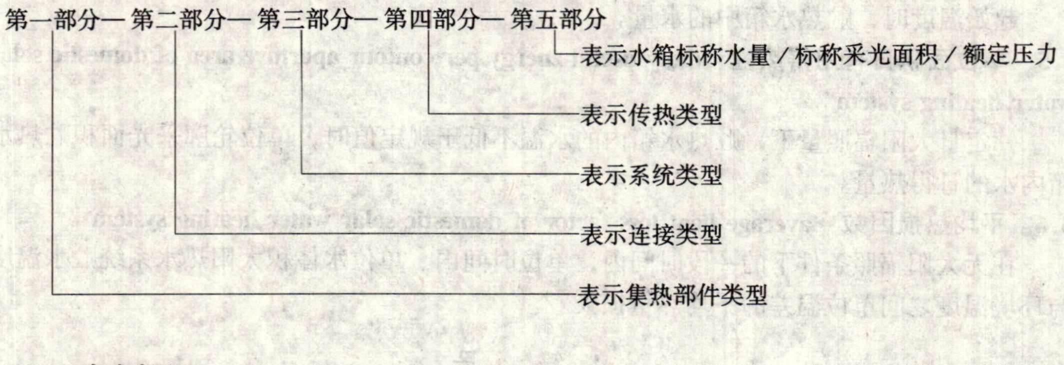

5.2.2　命名标记

命名标记应符合表 1。

表1　命名标记含义

第一部分	第二部分	第三部分	第四部分	第五部分
P：平板 Q：全玻璃真空管 B：玻璃—金属真空管 M：闷晒	B：水在玻璃管内 J：水在金属管内 R：热管	J：紧凑 F：分离 M：闷晒	1：直接 2：间接	贮热水箱标称水量/标称采光面积/额定压力，L/m^2/MPa

5.2.3　命名示例

以全玻璃真空管太阳家用热水系统为例：

Q—B—J—1—1 50/2.0/0.05

- 150L/2.0m²/0.05MPa
- 直接式
- 紧凑式
- 水在玻璃管
- 全玻璃真空管太阳集热器

6　技　术　要　求

6.1　技术要求内容

家用太阳热水系统技术要求应符合表2的规定。

表2　家用太阳热水系统技术要求

试验项目	技　术　要　求	试验方法
热性能[a]	试验结束时贮水温度≥45℃ 日有用得热量（紧凑式与闷晒式）≥$7.5MJ/m^2$ 日有用得热量（分离式与间接式）≥$7.0MJ/m^2$ 平均热损因数（紧凑式与分离式）≤22W/（m^3·K） 平均热损因数（闷晒式）≤90W/（m^3·K）	7.1
水质	应无铁锈、异味或其他有碍人体健康的物质	7.2
耐压	应无渗漏	7.3
过热保护	系统应能回到正常的运行状态	7.4
电气安全	应有电气安全措施	7.5
外观	肉眼判定	7.6
支架强度和刚度	足够强度和足够刚度	7.7
贮热水箱	结构合理	7.8
安全装置	应有安全措施	7.9
雷电保护	应置于避雷保护系统范围中	7.10
空晒[b]	不允许有破损或老化	7.11
外热冲击[b]	不允许有裂纹、变形、水凝结或浸水	7.12
淋雨[b]	不允许有雨水浸入	7.13

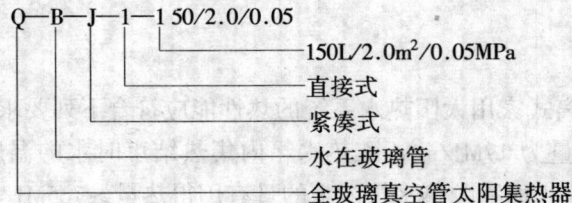

续表 2

试验项目	技 术 要 求	试验方法
内热冲击（选用）[c]	不允许损坏	7.14
防倒流（选用）	不允许	7.15
耐冻（选用）	不允许有泄漏和破损，部件与工质不允许有冻结	7.16
耐撞击（选用）	不允许损坏	7.17

a 按 GB/T 18708 进行家用太阳热水系统热性能的一天试验，作为首选的家用太阳热水系统判定，合格后方可做全面检测。

b 试验集热部件与贮热水箱不可以分开的家用太阳热水系统。

c 选用：在必要时进行试验。

6.2 总体要求

6.2.1 热性能

6.2.1.1 紧凑式与分离式家用太阳热水系统的热性能应符合下列要求：

a）当日太阳辐照量为 17MJ/m^2，贮热水箱内集热结束时水的温度≥45℃，紧凑式太阳热水系统单位轮廓采光面积贮热水箱内水的日有用得热量≥7.5MJ/m^2；分离式与间接式太阳热水系统，日有用得热量≥7.0MJ/m^2。

b）家用太阳热水系统的平均热损因数≤22W/（m^3·K）。

6.2.1.2 闷晒式太阳热水系统热性能应符合下列要求：

a）当日太阳辐照量为 17MJ/m^2，贮热水箱内集热结束时的水温≥45℃时，单位轮廓采光面积贮热水箱内水的日有用得热量≥7.5MJ/m^2。

b）家用太阳热水系统平均热损因数≤90W/（m^3·K）。

6.2.1.3 在符合 6.2.1.1 或 6.2.1.2 要求后，宜进行 GB/T 18708 家用太阳热水系统热性能试验。

6.2.2 水质

家用太阳热水系统提供的热水应无铁锈、异味或其他有碍人体健康的物质。

6.2.3 耐压

6.2.3.1 家用太阳热水系统应符合 JB 4732 的要求，能承受 1.25 倍额定压力的试验压力。

6.2.3.2 在按本标准 7.3 规定的方法进行耐压试验时，家用太阳热水系统各部件及各连接处应无明显的永久变形或渗漏水。

6.2.3.3 封闭式的家用太阳热水系统应能承受非正常情况下产生的负压。

6.2.4 过热保护

6.2.4.1 家用太阳热水系统在高太阳辐照且无大热量消耗的条件下应能正常运行。

6.2.4.2 家用太阳热水系统在通过某个部件来排放一定量蒸汽或热水作为过热保护时，不应由于排放蒸汽或热水而对住户构成危险。

6.2.4.3 在太阳热水系统的过热保护依赖于电控或冷水等措施，则应在家用太阳热水系统产品使用说明书上标注清楚。

6.2.4.4 太阳热水系统按本标准 7.4 的规定试验，应无蒸汽从任何阀门及连接处排放出来。

6.2.4.5 对于向用户提供热水温度超过60℃的太阳热水系统，应在使用说明书中提示用户防止烫伤。

6.2.5 电气安全

6.2.5.1 家用太阳热水系统如包含有电器设备，则电气安全应符合 GB 4706.1、GB 4706.12 和GB 8877 和 NY/T 513 行标规定的要求。

6.2.5.2 家用太阳热水系统所使用的电器设备应有漏电保护、接地与断电等安全措施。

6.2.6 外观

6.2.6.1 太阳集热部件的透明盖板应无裂损；全玻璃真空太阳集热管的罩玻璃管按 GB/T 17049 要求；吸热体涂层颜色应均匀，不起皮、无龟裂和剥落。

6.2.6.2 家用太阳热水系统的贮热水箱外部应表面平整，无划痕、污垢和其他缺陷。

6.2.6.3 标称采光面积与实际轮廓采光面积的偏差≤3%。

6.2.7 空晒

6.2.7.1 平板太阳集热器/部件组成的家用太阳热水系统应符合 GB/T 6424 的要求。

6.2.7.2 真空管太阳集热器/部件组成的家用太阳热水系统应符合 GB/T 17581 的要求。

6.2.8 外热冲击

做两次外热冲击试验，家用太阳热水系统不允许有裂纹，变形，水凝结或浸水。

6.2.9 淋雨

不允许有雨水浸入家用太阳热水系统的集热器/部件、水箱及其通气口和排水口等。

6.2.10 内热冲击（选用）

做一次内热冲击，没有损坏。

6.2.11 防倒流（选用）

6.2.11.1 对于自然循环系统，为了促进热虹吸循环及防止夜间倒流散热，家用太阳热水系统的贮热水箱底部应高于集热器顶部。

6.2.11.2 对于强迫循环系统，为了防止任何回路的倒流引起系统热损增加，家用太阳热水系统应包含有防倒流装置。

6.2.12 耐冻（选用）

6.2.12.1 家用太阳热水系统的贮热水箱内水温（45±1)℃应在冷冻段（－20±2)℃维持至少 8h。不允许家用太阳热水系统有泄漏和破损；热水器/系统上的放气阀、溢流管不允许有冻结。

6.2.12.2 家用太阳热水系统的贮热水箱内水温（10±1)℃应在冷冻段（－20±2)℃维持至少 8h。不允许家用太阳热水系统有泄漏、破损、变形和毁坏。

6.2.13 耐撞击（选用）

家用太阳热水系统的集热部件耐从 2.0m 高处落下的 150g 钢球撞击而无破损。

6.3 部件

6.3.1 真空太阳集热管

全玻璃真空太阳集热管应符合 GB/T 17049 的要求。

6.3.2 太阳集热器

6.3.2.1 对于太阳集热器可以分开进行试验的太阳热水系统，如平板太阳集热器应符合 GB/T 6424 与 GB/T 4271 的要求及规定的各项试验，平板太阳集热器的热性能应按 GB/T

4271 规定的方法进行试验。

6.3.2.2 对于太阳集热器可以分开进行试验的太阳热水系统，如真空管太阳集热器应符合 GB/T 17581 的要求及规定的各项试验。

6.3.2.3 对于集热部件与贮热水箱不可以分开进行试验的太阳热水系统，应符合本标准 6.2 的各项要求及规定的各项试验。

6.3.3 支架

6.3.3.1 家用太阳热水系统支架应具有足够的强度，并能符合本标准 7.7 规定的试验。

6.3.3.2 家用太阳热水系统支架应具有足够的刚度，并能符合本标准 7.7 规定的试验。

6.3.4 管路

6.3.4.1 家用太阳热水系统设计应保证管路中不会因出现结渣或沉积而严重影响系统的性能。

6.3.4.2 对于自然循环系统，为了减少流动阻力，连接管路宜短，不用或少用直角弯头；为了防止气阻，上循环管沿水流方向应有向上的坡度，下循环管沿水流方向应有向下的坡度。

6.3.4.3 管路的直径与连接件宜采用标准件，应符合 GB/T 15513 的要求。

6.3.4.4 管路保温层应具有合理的厚度，管路的保温制作应符合 GB/T 4272 规定的要求。

6.3.5 循环泵

6.3.5.1 循环泵应与传热工质有很好的相容性。

6.3.5.2 泵的安装应按制造厂家的要求进行，并做好接地保护。

6.3.6 换热器

6.3.6.1 换热器应与传热工质有很好的相容性，不会对用水产生污染。

6.3.6.2 家用太阳热水系统若用在水硬度高且水温高于 60℃的地区，则换热器设计应考虑结垢或清洗问题。

6.3.7 贮热水箱

6.3.7.1 贮热水箱的容水量应与家用太阳集热器/部件的轮廓采光面积及使用地方的太阳辐射与气象条件相适应。

6.3.7.2 在贮热水箱的适当位置应设有排污口。

6.3.7.3 对于敞开和开口的太阳热水系统，在贮热水箱的适当位置应设有溢流口。

6.3.7.4 贮热水箱的保温设计应按 GB/T 8175 的规定进行，保温制作应符合 GB/T 4272 规定的要求。

6.3.7.5 其他应符合 NY/T 514 的要求。

6.3.8 控制器

6.3.8.1 在有控制器时，控制器应符合 GB/T 14536.1 规定的要求。

6.3.8.2 集热器的温度传感器应能承受空晒的温度，精度为 ±2℃。

6.3.8.3 贮热水箱的温度传感器应能承受 100℃的温度，精度为 ±1℃。

6.3.8.4 温度传感器的位置及安装应保证和被测温度的部分有良好的热接触。

6.4 安全装置

6.4.1 安全泄压阀

6.4.1.1 封闭式家用太阳热水系统中应安装安全泄压阀。

6.4.1.2 安全泄压阀应能耐受传热工质。

6.4.1.3 安全泄压阀的尺寸应能释放最大热水流量或可能出现的最大蒸汽流量。

6.4.2 安全泄压阀和膨胀箱的连接管

6.4.2.1 安全泄压阀与系统安装了连接管道，该管道应不能关闭。

6.4.2.2 如果家用太阳热水系统安装了安全泄压阀和膨胀箱的连接管，则安全泄压阀和膨胀箱的连接管的尺寸应能保证，即使对于最大热水流量或可能出现的最大蒸汽流量，集热器回路中任何地方的压力都不会因这些管路的压降而超过最大允许压力值。

6.4.2.3 安全泄压阀的出口应适当布置，保证从安全泄压阀喷出的蒸汽或传热工质不会对人或周围环境造成任何危险。

6.4.2.4 安全泄压阀和膨胀箱的连接与管道铺设，应避免沉积任何污物、水垢或类似的杂质。

6.4.3 排空水管

如果家用太阳热水系统安装了排空水管，则排空水管的铺设应保证管路不会冻结，并不会在管路中积水。

6.5 抗外部影响

6.5.1 耐候性

家用太阳热水系统暴露在室外的各部件应有良好的耐候性，它们的设计、制造和安装都应耐受使用地点的最高环境温度和最低环境温度。

6.5.2 抗风性

家用太阳热水系统安装在室外的部分应有可靠的抗风措施。

6.5.3 雷电保护

家用太阳热水系统如不处于建筑物上避雷系统的保护中，应按 GB 50057 的规定增设避雷措施。

7 试 验 方 法

7.1 热性能试验

7.1.1 贮热水箱内集热结束时的水温 t_e 和单位轮廓采光面积贮热水箱内水的日有用得热量 q。

7.1.1.1 试验方法：按 GB/T 18708 的方法进行试验。

7.1.1.2 试验条件：应至少包括 1 整天满足以下条件的试验：

a）日太阳辐照量 $H \geqslant 17MJ/m^2$；

b）集热试验开始时贮热水箱内的水温 $t_b = 20℃$；

c）集热试验期间日平均环境温度 $15℃ \leqslant t_{ad} \leqslant 30℃$；

d）环境空气的流动速率 $v \leqslant 4m/s$。

7.1.1.3 试验结果应符合 6.2.1 要求。

7.1.2 家用太阳热水系统的平均热损因数 U_{SL}

7.1.2.1 试验方法：按 GB/T 18708 方法进行试验。

7.1.2.2 家用太阳热水系统的平均热损因数 U_{SL}的单位为 W/（$m^3 \cdot K$），应用下列关系式进行计算：

$$U_{SL}=\frac{\rho_w c_{pw}}{\Delta\tau}\ln\left[\frac{t_i-t_{as(av)}}{t_f-t_{as(av)}}\right] \qquad (1)$$

其中 $\Delta\tau$ 为降温时间（以 s 为单位），即贮热水箱初始水温 t_i 到最终温度 t_f 的时间间隔。

7.1.2.3 试验结果应符合 6.2.1 要求。

7.2 水质检查

将家用太阳热水系统注满符合卫生标准的水后，在日太阳辐照量≥17MJ/m² 的条件下连续放置 2 天，然后排出热水，检查热水中有无铁锈、异味或其他有碍人体健康的物质。

7.3 耐压试验

7.3.1 试验目的

通过家用太阳热水系统注水施压，检验热水系统是否损坏。

7.3.2 试验装置与方法

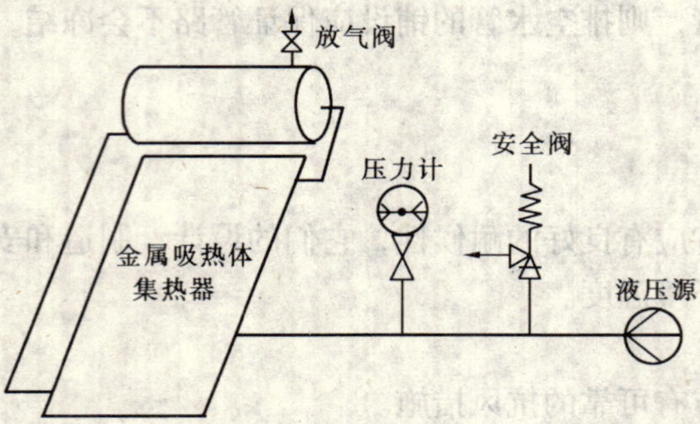

图 2 热水系统液体工质耐压测试原理图

试验装置见图 2。将家用太阳热水系统内注满水，通过放气阀排尽热水系统内的残留空气，关闭放气阀，由液压系统缓慢增压至试验压力。维持试验压力，同时检查热水系统有无膨胀、变形、渗漏或破裂。

7.3.3 试验条件

a）环境温度在 5℃～30℃；

b）封闭式太阳热水系统的试验压力大小，应在制造商注明的最大试验压力和按 JB 4732 规定的额定压力的 1.25 倍两个压力值中取较小的那个；递增至试验压力并在每一个中间压力时维持 5min；达到试验压力后维持 10min。

7.3.4 结果

应检查热水系统是否有渗漏、集热管纵向位移、膨胀变形和破裂。试验结果应注明试验的压力值、环境温度、试验持续的时间。对封闭式热水系统，如果试验的压力小于制造商注明的热水系统额定压力值的 1.25 倍，应在试验结果中注明。

7.3.5 封闭式的家用太阳热水系统应能承受非正常情况下产生的负压，按 NY/T 514 要求试验。

7.4 过热保护试验

7.4.1 本试验的目的是确定在没有辅助加热，不使用热水时，家用太阳热水系统不应损坏。

7.4.2 首先应检查家用太阳热水系统的过热安全性，封闭式系统应装有安全阀或其他过热保护装置，在热水器部件和安全阀之间不允许装任何阀门。

7.4.3 对于有防冻液的家用太阳热水系统，还应按照 JT 225 规定的方法检查防冻液是否因高温条件而变质。

7.4.4 如果在任何一个回路中使用了非金属材料，则在过热保护试验期间还应测量该回路中的最高温度。

7.5 电气安全

如果家用太阳热水系统包含有电器设备，则电器安全应按 GB 4706.1、GB 4706.12 和 GB 8877 规定的方法进行试验。

7.6 外观检查

家用太阳热水系统的外观用视觉按本标准 6.2.6 规定的内容进行检查。

7.7 支架强度和刚度试验

7.7.1 将未注入水的家用太阳热水系统按实际使用时的倾角放置，然后把支架的任意一端从地面抬起 100mm，保持 5min，放下后，检查各部件及它们之间的连接处有无破损或明显的变形。

7.7.2 将注满水的家用太阳热水系统按实际使用时的倾角放置，然后在支架中部附加贮水容量 20% 的重量，保持 15min，检查支架有无破损或明显的变形。

7.8 贮热水箱检查

7.8.1 按行标 NY/T 514 的要求检查贮热水箱容水量。

7.8.2 检查贮热水箱的进、出水口。

7.9 安全装置检查

7.9.1 安全泄压阀

检查家用太阳热水系统文件，确认

a）集热器组中每个可以关闭的回路至少安装一个安全阀；

b）安全阀的规格和性能符合本标准 6.4.1 规定的要求；

c）安全阀释放压力处的传热工质温度不会超过传热工质的最高允许温度。

7.9.2 安全阀和膨胀箱的连接管

检查家用太阳热水系统文件，确认

a）安全阀和膨胀箱的连接管都不能关闭；

b）安全阀的连接管径符合本标准 6.4.2 规定的要求；

c）安全阀和膨胀箱的连接与管道铺设可以避免沉积任何污物、水垢或类似的杂质。

7.9.3 排空水管

检查家用太阳热水系统文件和管路图，确认排空水管符合本标准 6.4.3 规定的要求。

7.10 雷电保护检查

家用太阳热水系统的雷电保护应按 GB 50057 规定的方法进行检查。

7.11 空晒试验

7.11.1 试验目的

空晒试验是家用太阳热水系统老化试验的一种方式。

7.11.2 试验装置和方法

将太阳热水系统安装在室外，见图 3，不充液体。除留下一个出口允许吸热体内的空气自由膨胀外，堵住所有进出口，以防止空气自然流动冷却。每 30min 记录一次太阳辐照度和环境温度。太阳热水系统空晒到满足试验条件为止。

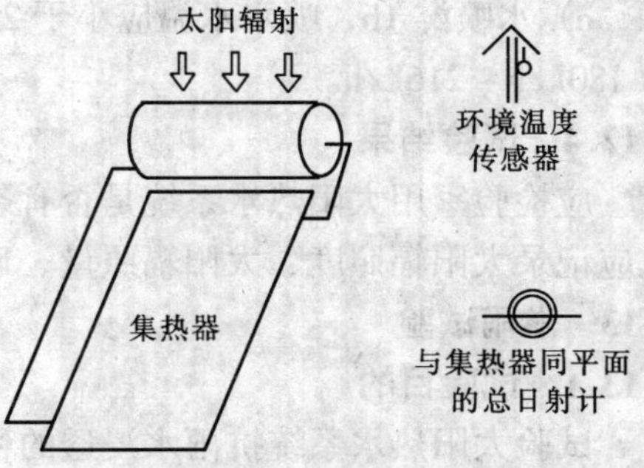

图 3 空晒试验示意图

空晒试验结束时，进行肉眼检查。

7.11.3 试验条件

a）日太阳辐照量 $H \geqslant 17MJ/m^2$；

b）环境温度 $t_a \geqslant 15℃$；

c）空晒两天。

如果外热冲击试验和空晒试验同时进行，第一次外热冲击应该在最初的 10h 内进行，第二次在最后的 10h 内进行。

7.11.4 试验结果

应检验家用太阳热水系统是否有裂纹、变形，并记录检验结果。同时也应记录太阳辐照量、环境温度。

7.12 外热冲击试验

7.12.1 试验目的

在使用过程中，太阳热水系统经常在晴天突然遭遇到暴雨，导致严重的热冲击。此试验的目的是为了评定热水系统在不损坏条件下耐热冲击的能力。

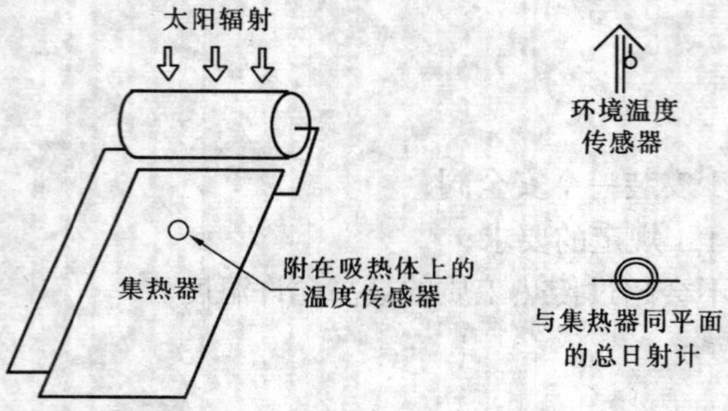

图 4 外热冲击试验

7.12.2 试验装置和方法

太阳热水系统安装在室外，不充水。除留下一个出口允许吸热体内的空气自由膨胀外，堵住所有进出口，以防止空气自然流动冷却（见图 4）。

吸热体上固定一个温度传感器，试验时用来测吸热体的温度。温度传感器固定在吸热体高度的 2/3 和宽度的 1/2 位置处。传感器尽量紧贴吸热体。

安装一排喷水口，向集热器提供均匀的喷淋水。

喷水前，太阳热水系统应在太阳辐照度 $\geqslant 800W/m^2$ 的准稳态条件下保持 1h。然后用水喷淋 15min，检查热水系统。

太阳热水系统要作两次外热冲击试验。

7.12.3 试验条件

a）日太阳辐照量 $H \geqslant 17MJ/m^2$。

b）环境温度 $\geqslant 15℃$。

c）水喷淋 1h，喷水水温应小于 25℃，集热器部件和贮热水箱上每平方米的喷水流量为 180L/h ~ 216L/h。

7.12.4 试验结果

应检验家用太阳热水系统是否有裂纹、变形、水凝结或浸水，并记录检验结果。同时也应记录太阳辐照度、太阳辐照量、环境温度、吸热体温度、喷水水温和喷水流量。

7.13 淋雨试验

7.13.1 试验目的

试验太阳热水系统抗雨水浸透的程度。不允许有雨水浸入太阳热水系统的集热器、水箱及其通气口和排水口等。

7.13.2 试验装置和方法

封闭太阳热水系统的进、出水口（见图5），将太阳热水系统放在试验装置中，装置根据厂家建议的与水平面所成的最小角度放置。如未指定该角度，则按与水平角成45°角或小于45°角放置。设计成屋顶结构一体化的太阳热水系统应放置在模拟屋顶上，其底部应加以保护。其他太阳热水系统应按常规方式安放在开式框架上。

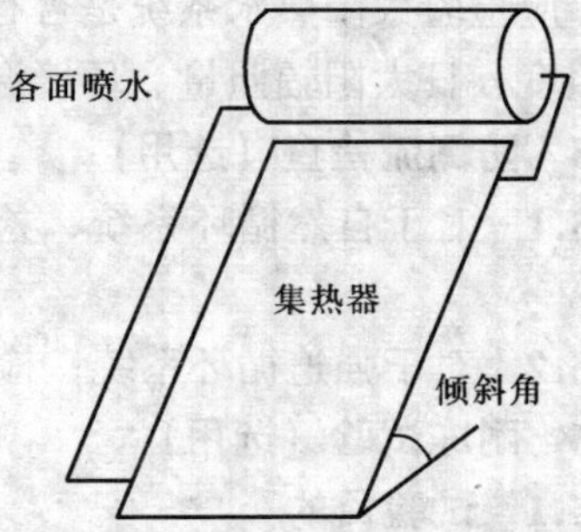

图5 淋雨试验图

太阳热水系统的各个方向应用喷嘴喷淋1h。

7.13.3 试验条件

太阳热水系统温度应与环境温度相近。

喷淋水温应小于25℃，太阳热水系统的集热器/部件和贮热水箱上每平方米的喷水流量为180L/h～216L/h。

7.13.4 结果

太阳热水系统应进行渗水检验，凭肉眼检验热水系统中有无渗水。记录试验结果，如渗水位置和大致的渗水量。

7.14 内热冲击试验（选用）

7.14.1 试验目的

太阳热水系统在阳光充足时注入冷水，或太阳热水系统突然冷热水交换，从而导致剧烈的内部热冲击。本试验的目的在于判定太阳热水系统耐这种热冲击而不损坏的能力。

7.14.2 试验装置和方法

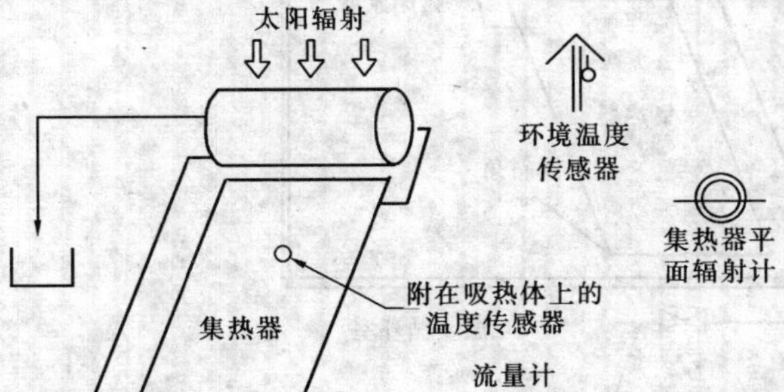

图6 内热冲击试验图

将太阳热水系统安放在室外（见图6），但不装水。其中入口管通过节流阀与水源相通，另一支为出口管，便于吸热体内气体自由膨胀以及传热工质流出集热器（并被收集起来）。

将一支温度传感器固定在吸热体上，用于测试过程中的温度监控。传感器应放置在吸热体高度的2/3，宽度的1/2位置处。传感器应与吸热体间有良好的热接触。传感器应避开太阳的辐射。

太阳热水系统应在太阳辐照度≥800W/m² 的准稳态条件下保持1h后，用水冷却最少5min。

7.14.3 试验条件

a）日太阳辐照量≥17MJ/m²；

b）环境温度≥15℃；

b）水温应＜25℃。

建议太阳热水系统的轮廓采光面上每平方米的液体流量≥72kg/h（除非厂家有另有要求）。

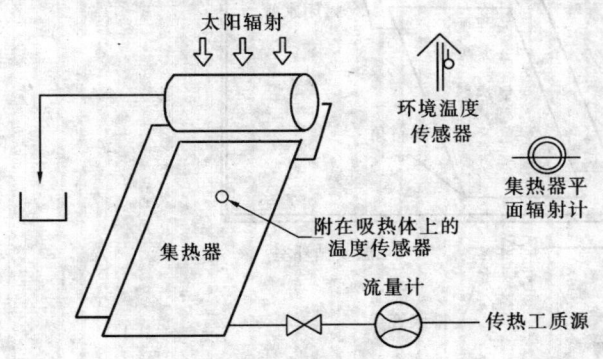

7.14.4 试验结果

应检验太阳热水系统是否有裂纹、变形或毁坏，并记录检验结果。同时也应记录太阳辐照度、日太阳辐照量、环境温度、吸热体温度、通入水温及水的流量。

7.15 防倒流检查（选用）

7.15.1 对于自然循环系统，检查家用太阳热水系统的贮热水箱底部是否高于集热器顶部。

7.15.2 对于强迫循环系统，检查家用太阳热水系统是否有止回阀或其他防倒流装置。

7.16 耐冻试验（选用）

7.16.1 试验目的

试验具有耐冻要求的以水为传热工质的热水系统的耐冻能力。

7.16.2 试验装置和方法

将有耐冻要求的家用太阳热水系统放置在冷室中（见图 7），家用太阳热水系统的倾角根据厂商建议的与水平面所成的最小角度而定。如厂商未指明该角度，可按与水平面成 30°角倾斜放置。然后将家用太阳热水系统在使用压力下充满水。冷室的温度是循环变化的。

在靠近进水口的吸热体内测量温度。

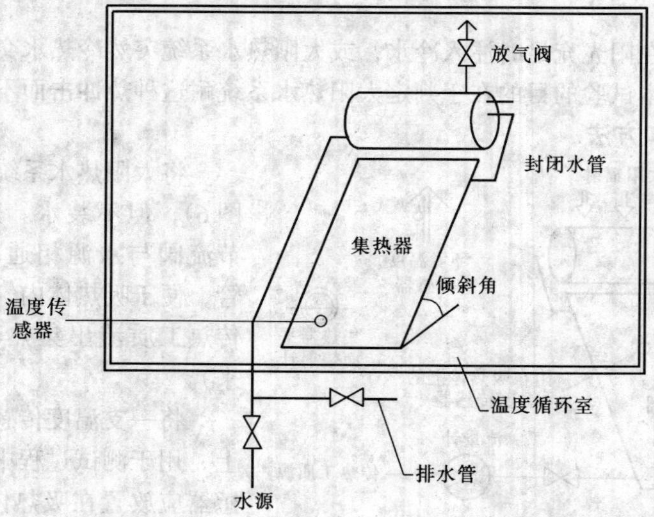

图 7 冷冻试验图

7.16.3 试验条件

a）贮热水箱内水温（45±1）℃应在冷冻段（－20±2）℃维持至少 8h，然后将家用太阳热水系统放置在环境温度不低于 10℃处保持 2h。

b）贮热水箱内水温（10±1）℃应在冷冻段（－20±2）℃维持至少 8h，然后将家用太阳热水系统放置在环境温度不低于 10℃处保持 2h。

7.16.4 试验结果

a）应立即检验家用太阳热水系统上的放气阀、溢流管是否冻结，并在环境温度≥10℃处保持 2h 后检查热水系统是否泄漏、破损、变形和毁坏；

b）应立即检验家用太阳热水系统中集热器内的最低温度，工质是否冻结，并在 2h 后检查热水系统是否泄漏、破损、变形和毁坏；

c）同时记录家用太阳热水系统达到的温度及其倾斜角。

7.17 耐撞击试验（选用）

7.17.1 试验目的

试验太阳热水系统抗剧烈撞击的能力。

7.17.2 试验装置和方法

将太阳热水系统垂直或水平安放在支撑物上（见图 8）。支撑物应有足够的刚度，撞击时不会产生弯曲变形或偏斜。

用钢球作模拟剧烈撞击试验。如果热水系统水平安放，则钢球垂直落下；如果热水系统垂直安放，则用钟摆方式作水平撞击。这两种情况的下落高度为落点与撞击点水平面间的垂直距离。

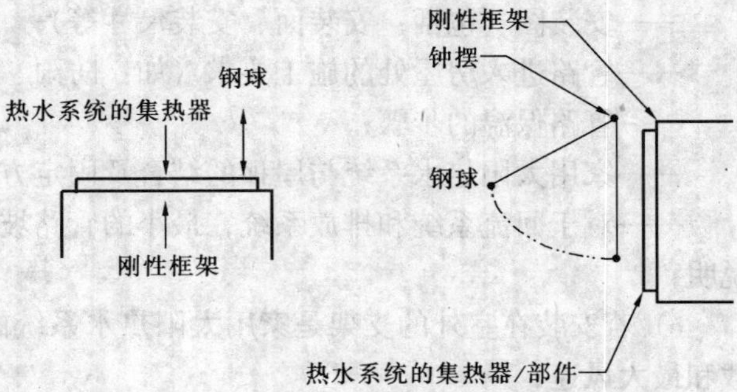

方法 A 钢球垂直落下　　方法 B 钟摆式

图 8 抗撞击试验图

撞击点距集热器边缘 50mm ~ 100mm，但是钢球每次的落点距离应相差 5mm ~ 10mm。

在每个测试高度，都应作 10 次撞击试验。

7.17.3 试验条件

钢球质量为 150g ± 10g。

试验高度如下：0.4m，0.6m，0.8m，1.0m，1.2m，1.4m，1.6m，1.8m 和 2.0m。

7.17.4 试验结果

当太阳热水系统损坏或在最大测试高度处经 10 次钢球撞击仍完好无损时停止试验。

检查太阳热水系统的破损情况，并作记录。同时应记录太阳热水系统损坏时钢球落下的高度及撞击次数。

8 文 件 编 制

8.1 概述

制造厂家应对每套家用太阳热水系统编制两种文件：一种是为安装人员提供的组装与安装本系统的文件（安装说明书），另一种是为用户提供的操作本系统的文件（使用说明书）。

8.2 安装说明书

安装说明书应包括家用太阳热水系统的下列资料：

a）技术资料：

——系统图；

——所有外部接头的位置及公称直径；

——所有部件（如：太阳集热器/部件、贮热水箱、支架、管路、辅助设备、控制器和附件等）一览表，包括主要部件的技术资料（如：型号、电源、尺寸、重量、标志和安装等）；

——所有回路（如：集热器回路、自来水回路和辅助加热回路等）的最大运行压力；

——工作极限（如：最大允许温度、最大允许压力等）；

——主要部件防腐类型；

——传热工质类型；

b）安装指南：

——安装图（包括：安装面、安装尺寸等）；

——管路进入房屋处的施工要求（如：防雨、防湿等）；

——管路保温的步骤；

——家用太阳热水系统与屋顶的结合及固定方式；

——对于回流系统和排放系统，最小的管路坡度以及确保集热器回路适当排空的其他说明；

c）若安装在室外的支架是家用太阳热水系统的一部分，应说明支架能承受的最大雪载和最大风速；

d）管路的连接方法；

e）安全装置的型号和尺寸；

f）控制设备及其线路图，必要时应包括恒温混合阀以限制取水温度≤60℃；

g）系统检查、充液和启动的步骤；

h）系统调试的步骤；

i）家用太阳热水系统可以承受的最低环境温度。

8.3 使用说明书

使用说明书应包括下列资料：

a）现有的安全装置及其温度调节；

b）使用特别注意事项：

——启动系统前，应检查所有的阀门都处于正常状态，并已注满水或防冻液；

——一旦系统无法运行，应通知专业安装人员；

——带有电辅助加热装置的家用太阳热水系统，断电后，方能使用；

c）安全阀的正常运行状态；

d）防止系统冻坏与过热的注意事项；

e）在霜冻气候条件下正确启动系统的方法；

f）系统停止运行的注意事项；

g）系统维护，包括多长时间检修和清洗一次，以及正常维护期间需要更换零件的清单；

h）家用太阳热水系统的性能数据：

——系统的热性能；

——在规定的温度下，系统的供热水量（m^3/天）；

——循环泵、控制器、电控阀、防冻装置等的电功率；

——对于太阳能带辅助能源的系统，在无太阳能时，系统最大的供热水量（m^3/天）；

i）如果系统的过热保护依赖于电源供应或自来水供应，则应说明严禁关闭电源开关或自来水龙头；

j）如果系统的过热保护依赖于排放一定量的热水，则应予以说明；

k）家用太阳热水系统可以承受的最低环境温度；

l）传热工质类型；

m）如果家用太阳热水系统带有紧急电加热器，应说明只有在紧急情况下才能使用。

9 检验规则

9.1 家用太阳热水系统产品检验分为出厂检验和型式检验。

9.2 出厂检验

9.2.1 产品在出厂前必须逐个系统进行检验。

9.2.2 出厂检验按本标准 6.2.6 进行外观检查。

9.3 型式检验

9.3.1 在正常生产情况下，至少两年应进行一次型式试验。

9.3.2 产品有下列情况之一时，应进行型式检验：

a）新产品试制定型时；

b）改变产品结构、材料、工艺而影响产品性能时；

c）老产品转厂或停产超过二年恢复生产时；

d）国家质量监督检验机构提出进行型式检验的要求时。

9.3.3 型式检验应在出厂检验合格的一定批量的产品中随机抽样 1～3 台进行。

9.3.4 型式检验按本标准 7.1～7.9 与 7.11～7.12 进行。

9.4 抽样规则

9.4.1 出厂检验一般为全检。

9.4.2 型式检验一般为抽检。

9.4.3 若型式检验不合格，则需加倍抽样进行复检。

9.5 判定规则

9.5.1 出厂检验符合本标准 6.2.6 规定的外观要求者为合格。

9.5.2 型式检验所检项目符合本标准 7.1～7.9 与 7.11～7.12 规定的各项要求者为合格。产品的热性能应首先符合 7.1.1～7.1.2、若热性能、耐压、支架强度、刚度和外观 5 项中有一项不合格，则产品为不合格；若产品的其余各项中有两项不合格，则产品为不合格。

10 标志、包装、运输、贮存

10.1 标志

10.1.1 家用太阳热水系统应在明显的位置设有清晰的、不易消除的标志。

10.1.2 产品标志宜包括下列内容：

a）制造厂家；

b）产品名称；

c）商标；

d）产品型号；

e）集热器/部件轮廓采光面积；

f）贮热水箱容水量；

g）工作压力；

h）制造日期或生产批号；

i）外形尺寸；

j）单件重量。

产品标志应至少包括 a)、b)、c)、d)、e)、f)、g）等 7 项，其他内容可根据实际情况进行适当增减。

10.1.3 产品上应标明重要部位，如进水口和出水口等。

10.2 包装

10.2.1 家用太阳热水系统的包装应符合 GB/T 13384 的规定。

10.2.2 包装箱上的标志应符合 GB/T 191 的规定，其中应主要包括“小心轻放”、“严禁翻滚”、“堆码重量极限”等标志。

10.2.3 包装箱上应包括本标准 10.1.2 所列的各项内容。

10.2.4 包装箱内应附有下列文件：

a）检验合格证；

b）安装说明书；

c）使用说明书；

d）装箱单。

10.3 家用太阳热水系统出厂时应随带下列文件：

a）产品合格证；

b）产品说明书；

c）附备件清单。

10.4 运输

10.4.1 家用太阳热水系统产品在装卸和运输过程中，应小心轻放，并符合堆码重量极限的要求。

10.4.2 家用太阳热水系统产品不得遭受强烈颠簸、震动，不得受潮、淋雨。

10.5 贮存

10.5.1 家用太阳热水系统产品应存放在通风、干燥的仓库内。

10.5.2 家用太阳热水系统产品不得与易燃物品及化学腐蚀物品混放。

中华人民共和国国家标准

家用太阳热水器热性能试验方法

Test methods to determine the thermal performance of domestic solar water heaters

GB/T 12915—91

国家技术监督局　1991-05-22 批准
1992-02-01 实施

1 主题内容与适用范围

本标准规定了家用太阳热水器在室外太阳辐照下的热性能试验方法，试验的热性能为：平均日效率、平均热损系数和非稳态效率方程。

本标准适用于非聚光、无辅助热源的自然循环式和闷晒式家用太阳热水器，热管式、真空管式、相变式、双回路式和直流式等家用太阳热水器亦应参照使用。

2 引 用 标 准

GB 4271 平板型太阳集热器热性能试验方法

3 术 语

3.1 家用

指家庭及小型集体用。

3.2 太阳热水器

把太阳能转变为热能以达到加热水的目的所必需的完整装置。它通常包括太阳集热器、贮水箱、连接管道、支架和其他零部件。

3.3 太阳集热器

吸收太阳辐射并向流经自身的工质传递热量的装置。

3.4 贮水箱

太阳热水器贮存热水的装置。

3.5 自然循环式太阳热水器

仅利用水的密度差而使水在太阳集热器与贮水箱之间循环的太阳热水器。

3.6 闷晒式太阳热水器

太阳集热器与贮水箱合为一体的太阳热水器。

3.7 平均日效率

在有太阳辐照的一天内，太阳热水器贮水所获得的热量与照射到太阳热水器采光面上的太阳辐射能量之比。

3.8 平均热损系数

在无太阳辐照条件下的一定时间内，单位时间、单位采光面积、太阳热水器贮水温度与环境温度之间单位温差的平均热量损失。

3.9 非稳态效率

在有太阳辐照的一定时间内，太阳热水器贮水所获得的热量与照射到太阳热水器采光面上的太阳辐射能量之比。

3.10 非稳态效率方程

在有太阳辐照的条件下，描述太阳热水器非稳态效率随贮水温度、环境温度和太阳辐照度变化的关系式。

3.11 其他术语

参见 GB 4271。

4 试 验 条 件

4.1 在白天试验期间，不得有外界的阴影落在太阳热水器的采光面上，也不应有从反射率大于0.2的其他表面（贮水箱的外壳除外）反射的能量落在太阳热水器的采光面上。

4.2 太阳热水器采光面上全天的累积太阳辐照量应大于17000kJ/m²。

4.3 白天试验期间的平均环境温度应大于15℃，小于30℃。

4.4 在整个试验期间，环境风速应小于4m/s。

5 测 试 仪 表

5.1 累积太阳辐照量的测量

5.1.1 累积太阳辐照量用总日射表（天空辐射表）及累积日射记录仪进行测量。

5.1.2 总日射表在使用一年内需经过检定，或与已知准确度的总日射表进行过比对。

5.1.3 总日射表的时间常数应小于5s，非线性误差应不超过±1.5%。

5.1.4 总日射表接受太阳辐照的平面应与太阳热水器的采光面平行。

5.1.5 累积日射记录仪的误差应不超过±1%。

5.2 温度的测量

5.2.1 贮水温度可用热电偶温度计、电阻温度计或其他温度计测量。温度计应经过检定。误差不超过±0.2℃。

5.2.2 环境温度可用热电偶温度计、电阻温度计或误差不超过±0.2℃的水银温度计测量。

5.2.3 环境温度计应置于离试验地面1～1.5m的百叶箱内或相当于百叶箱条件的环境中，距离太阳热水器15m以内。

5.3 容水量的测量

5.3.1 容水量可用磅秤或计量筒测量，水量测量的误差应不超过±1%。

5.3.2 容水量应按贮水箱所能放出的最大水量计算。

5.4 采光面积的测量

5.4.1 采光面积可用直尺或卷尺测量，读数分辨率为1mm。

5.4.2 采光面积应按太阳热水器表面透光部分在太阳入射角为零时的最大投影面积计算，透明盖板之间的压条面积不予扣除。

5.5 风速的测量

5.5.1 风速可用旋杯式风速计或其他风速计测量，风速计的测量误差应不超过±0.5m/s。

5.5.2 风速计应置于太阳热水器的顶部附近且通风良好的地方，距离太阳热水器10m以内。

6 试验步骤及数据处理

6.1 平均日效率的测定

6.1.1 将太阳热水器面向正南，并按实际使用时的倾角放置。对于倾角可以调节的太阳热水器，使倾角等于测试地点的纬度值。

6.1.2 在试验前一小时，或试验前一天的日落后，对太阳热水器上水。每平方米采光面积的上水量应不大于100kg。

6.1.3 贮水箱内按贮水容积等分的原则自上而下地布置三个或更多个测温点。对于自然循环式太阳热水器，测温点与贮水箱进出口的水平距离不小于 10cm；对于闷晒式太阳热水器，测温点应位于贮水箱吸热面与背面的中间，以各点温度的算术平均值代表真实的贮水温度。

6.1.4 试验前，太阳热水器采光面用遮阳板遮住太阳辐射。

6.1.5 试验开始时，取掉遮阳板，时间每隔 1h 测试一次数据，全天总的测试时间，一般规定为 8h。

6.1.6 将一天取得的测试数据，按式（1）计算出太阳热水器的平均日效率 η_d：

$$\eta_d = \frac{MC_p(t_e - t_s)}{AH} \tag{1}$$

式中 η_d——平均日效率，无因次；

M——太阳热水器容水量，kg；

C_p——水的定压比热容，J/(kg·℃)；

t_s——初始贮水温度，℃；

t_e——终止贮水温度，℃；

A——太阳热水器采光面积，m^2；

H——累积太阳辐照量，J/m^2。

并用每小时的测试数据，按算术平均方法计算出全天的平均贮水温度、平均环境温度和平均太阳辐照度。

6.1.7 在直流式太阳热水器的情况下，t_s 是太阳集热器日平均进口水温，t_e 是贮水箱内终止水温。一日内进口水温的波动幅度应不超过 4℃，贮水箱终止水温应大于 40℃。

6.2 平均热损系数的测定

6.2.1 本项试验是在无太阳辐照条件下进行。这可在室外日落后测定，也可在室内测定。

6.2.2 按 5.1.3 条的要求在贮水箱内布置测温点。

6.2.3 当太阳热水器贮水温度为 45±2℃时，开始记录测试数据。

6.2.4 对于贮水箱与太阳集热器合一的闷晒式太阳热水器，时间每隔 1h 测试一次数据，取四次数据，总的测试时间间隔为 3h。在式（2）中，取 $\Delta\tau = 10800s$。

6.2.5 对于贮水箱与太阳集热器分离的自然循环式、热管式、真空管式、相变式、双回路式和直流式等太阳热水器，时间每隔 2h 测试一次数据，取四次数据，总的测试时间间隔为 6h。在式（2）中，取 $\Delta\tau = 21600s$。

6.2.6 按式（2）~（4）计算出太阳热水器的平均热损系数 U_L：

$$U_L = \frac{MC_p(t_1 - t_4)}{A(t_m - t_a)\Delta\tau} \tag{2}$$

$$t_m = \frac{t_1 + t_2 + t_3 + t_4}{4} \tag{3}$$

$$t_a = \frac{t_{a1} + t_{a2} + t_{a3} + t_{a4}}{4} \tag{4}$$

式中 U_L——平均热损系数，W/（m^2·℃）；

t_m——平均贮水温度，℃；

t_a——平均环境温度，℃；

$\Delta\tau$——时间间隔，s。

下角标 1、2、3 和 4 分别代表总的测试时间内的各次数据点。

6.3 非稳态效率的测定

6.3.1 按 5.1.1～5.1.4 条的要求做好试验准备。

6.3.2 试验时，取掉遮阳板，开始记录测试数据。但只有当贮水温度高于环境温度之后，测试数据方可使用。

6.3.3 测试数据的时间间隔，一般不小于 15min，也不大于 60min。在式（8）中，$\Delta\tau$ 的数值范围为 900～3600s。

6.3.4 为避免非稳态效率出现负值，在试验期间太阳辐照度的变化不应引起贮水温度先下降后回升的现象。

6.3.5 在贮水温度达到最高值并开始下降后，测试数据不再使用。

6.3.6 将一天取得的测试数据，按式（5）～（8）整理出不同时刻的非稳态效率 η 和（$t_m - t_a$）/I：

$$\eta = \frac{MC_p(t_{i+1} - t_i)}{A(H_{i+1} - H_i)} \tag{5}$$

$$t_m = \frac{t_i + t_{i+1}}{2} \tag{6}$$

$$t_a = \frac{t_{ai} + t_{ai+1}}{2} \tag{7}$$

$$I = \frac{H_{i+1} - H_i}{\Delta\tau} \tag{8}$$

式中 η——非稳态效率，无因次；

I——平均太阳辐照度，W/m^2。

下角标 i 和 $i+1$ 分别代表每个时间间隔的起始状态和结束状态。

6.3.7 至少再重复一次 5.3.1～5.3.6 条的试验步骤。第二次试验的初始贮水温度可以取前一天经白天日晒和夜间散失部分热量后，次日早晨的贮水温度。

6.3.8 将几次试验整理得到的各个数据点 η 和（$t_m - t_a$）/I 用最小二乘法回归成太阳热水器的非稳态效率方程：

$$\eta = a - b\frac{t_m - t_a}{I} \tag{9}$$

式中 a——回归成直线方程的截距，无因次；

b——回归成直线方程的斜率，$W/(m^2\cdot℃)$。

并将各数据点和回归后的非稳态效率曲线在 η -（$t_m - t_a$）/I 坐标图上标绘，如图 1 所示。

非稳态效率方程不适用于直流式太阳热水器。

7 试 验 报 告

7.1 试验结束后，应给出试验报告（见附录 A）。

7.2 试验报告一般应包括下列内容：

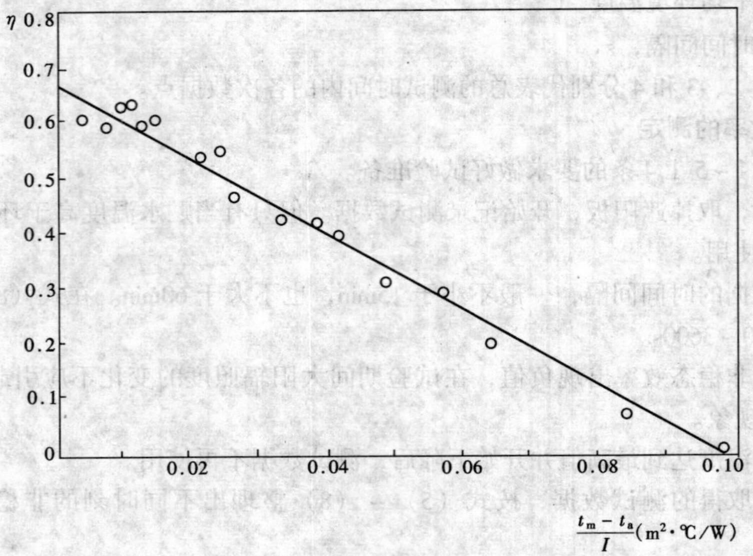

家用太阳热水器非稳态效率曲线

7.2.1 试验日期和地点。

7.2.2 太阳热水器概述及结构示意图。

7.2.3 测试仪表。

7.2.4 试验方法。

7.2.5 测试数据汇总表。

7.2.6 热性能试验结果：

a. 平均日效率及当天试验条件；

b. 平均热损系数；

c. 非稳态效率方程。

7.2.7 试验人员及负责人签名。

附 录 A
家用太阳热水器热性能试验报告示例
（参考件）

A1 试验日期和地点

试验日期______________________________________

试验单位_______________________地址_______________________

东经_______________北纬_______________海拔高度_______________

A2 太阳热水器概述

A.2.1 型号、名称____

A2.2 制造单位______

A2.3 太阳热水器类型______

A2.4 太阳集热器

A.2.4.1 透明盖板

材料______层数______厚度______mm

采光面尺寸______mm，采光面积______m^2

A2.4.2 吸热体

结构形式______容水量______kg

材料______涂　层______

A2.4.3 隔热部件和外壳

侧面隔热材料______厚度______mm

背面隔热材料______厚度______mm

外壳材料______外形尺寸______mm

A2.5 贮水箱（闷晒式太阳热水器可以不填此项）

隔热材料______厚度______mm

容水量______kg，外形尺寸______mm

A2.6 太阳热水器结构示意图

A3 测试仪表

累积太阳辐照量______

贮水温度______

环境温度______

容水量______

风速______

A4 平均日效率试验结果

A4.1 测试数据汇总表

时间	H	各点贮水温度 t				t_a	V
		（1）	（2）	（3）	平均值		
	kJ/m^2	℃	℃	℃	℃	℃	m/s

A4.2 平均日效率

$$\eta_a = \qquad \%$$

A4.3 当天试验条件

全天平均贮水温度________________℃

全天平均环境温度________________℃

全天平均太阳辐照度________________W/m²

A5 平均热损系数试验结果

A5.1 测试数据汇总表

时间	各点贮水温度 t				t_a	V
	(1)	(2)	(3)	平均值		
	℃	℃	℃	℃	℃	m/s

平均贮水温度 $t_m =$ ℃

平均环境温度 $t_a =$ ℃

A5.2 平均热损系数

$$U_L = \qquad W/(m^2 \cdot ℃)$$

A6 非稳态效率方程试验结果

A6.1 测试数据汇总表（格式同 A4.1）

A6.2 数据计算结果汇总表

时间间隔	I	t_m	t_a	$t_{i+1}-t_i$	$H_{i+1}-H_i$	$\frac{t_m-t_a}{I}$	η
	W/m²	℃	℃	℃	kJ/m²	m²·℃/W	%

A6.3 非稳态效率方程表达式及其标绘图

$$\eta = \qquad - \qquad \frac{t_m - t_a}{I}$$

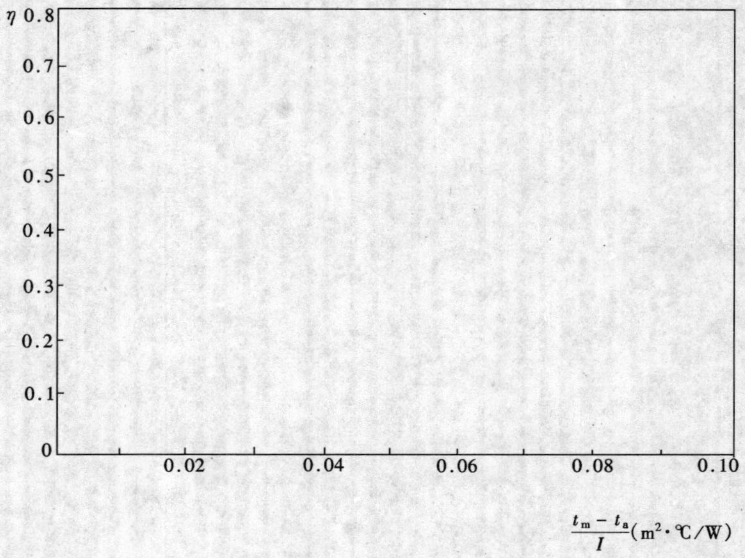

图 A1　家用太阳热水器非稳态效率曲线

A7　试验人员及负责人签名

附加说明：

本标准由农业部提出，全国能源基础与管理标准化技术委员会归口。

本标准由北京市太阳能研究所、石家庄农业现代化研究所、广州能源研究所、天津大学、甘肃自然能源研究所、陕西师范大学、上海机械学院和中国标准化与信息分类编码研究所负责起草。

本标准主要起草人何梓年、郑维杰、任曼蕴、崔建伟、刘国新、肖国铭、张兰英、宋可生、陈向明、王黛。

中华人民共和国国家标准

家用太阳热水系统热性能试验方法

Test methods for thermal performance of domestic solar water heating systems

GB/T 18708—2002

中华人民共和国国家质量监督检验检疫总局　2002-04-28 批准

2002-10-01 实施

前　　言

本标准是根据我国当前太阳集热器与太阳热水系统产品及发展的实际状况编写的。

本标准的制定参考了国际标准 ISO 9459—2：1995《太阳加热—家用热水系统—第二部分：系统特性的室外检测方法和仅太阳系统年性能的预测》。

本标准由国家经贸委、科技部提出。

本标准由全国能源基础与管理标准化技术委员会新能源和可再生能源分技术委员会归口。

本标准由清华大学、中国标准研究中心负责起草。

本标准主要起草人：殷志强、陆维德、李申生、张剑、贾铁鹰、吴锦发、陶桢、郑瑞澄。

目　次

前言 …………………………………………………………………………………… 1848
1　范围……………………………………………………………………………… 1850
2　引用标准………………………………………………………………………… 1850
3　定义……………………………………………………………………………… 1850
4　符号……………………………………………………………………………… 1851
5　系统分类………………………………………………………………………… 1852
6　试验要求………………………………………………………………………… 1853
6.1　系统要求 ……………………………………………………………………… 1853
6.2　测量要求 ……………………………………………………………………… 1854
7　试验方法与结果………………………………………………………………… 1856
7.1　试验内容 ……………………………………………………………………… 1856
7.2　试验条件的范围 ……………………………………………………………… 1856
7.3　试验系统的预定条件 ………………………………………………………… 1856
7.4　周围空气的速率 ……………………………………………………………… 1856
7.5　试验期间的测量 ……………………………………………………………… 1856
7.6　系统日热性能的确定 ………………………………………………………… 1857
7.7　贮热水箱热损的确定 ………………………………………………………… 1858
8　结果的分析和说明……………………………………………………………… 1858
8.1　说明 …………………………………………………………………………… 1858
8.2　输入-输出图…………………………………………………………………… 1859

1 范　围

本标准规定了家用太阳热水系统在没有辅助加热时的热性能测试步骤。

本标准适用于贮热水箱容积在 0.6m^3 以下，仅用太阳能的家用热水系统。

本标准不适用于同时进行辅助加热的太阳热水系统的试验。

2 引 用 标 准

下列标准所包含的条文，通过在本标准中引用而构成为本标准的条文。本标准出版时，所示版本均为有效。所有标准都会被修订，使用本标准的各方应探讨使用下列标准最新版本的可能性。

GB/T 4271—2000　平板型太阳集热器热性能试验方法

GB/T 12936.1—1991　太阳能热利用术语　第一部分

GB/T12936.2—1991　太阳能热利用术语　第二部分

GB/T 17049—1997　全玻璃真空太阳集热管

GB/T 17581—1998　真空管太阳集热器

ISO 9459—2：1995　太阳加热—家用热水系统—第二部分：系统特性的室外检测方法和仅太阳系统年性能的预测

ISO 9488：1999　太阳能—词汇

3 定　义

本标准除引用 GB/T 12936.1、GB/T 12936.2 和 ISO 9488 外，采用下列定义：

3.1 准确度　accuracy

仪器指示被测物理量真实值的能力。

3.2 精度　precision

同一个物理量重复测量趋于一致的量度范围。

3.3 太阳辐照度　solar irradiance

太阳辐射到一个表面的功率密度，即单位面积上接受的辐射功率。太阳辐照度单位为 W/m^2。

3.4 太阳辐照量　solar irradiation

单位面积上入射的太阳能量，是在指定的时间间隔内太阳辐照度的积分。太阳辐照量的单位为兆焦每平方米（MJ/m^2）。同义词：曝辐量。

3.5 平板太阳热水系统　flat plate solar water heating system

平板集热器与贮热水箱组成的太阳热水系统。

3.6 全玻璃真空集热管太阳热水系统　all-glass evacuated tubular solar water heating system 全玻璃真空管集热器与贮热水箱组成的太阳热水系统。

3.7 玻璃-金属真空集热管太阳热水系统　glass-metal evacuated tubular solar water heating system 玻璃-金属真空管集热器与贮热水箱组成的太阳热水系统。

3.8 联集管　manifold

传输集热器件所获热能的部件。

3.9 真空集热管的反射器 reflector for evacuated collector tube

为提高集热的性能，在真空集热管的背后设置的一定形状的漫反射器或镜反射器。

3.10 曲面反射器 curved specular reflector

折平面、圆柱面或复合抛物面等形状的镜反射器，聚光比不大于 1.5h，属于非聚光型。

3.11 采光面积 aperture area

非聚光的太阳辐射进入集热器的最大投影面积。

3.12 集热器倾角 collector tilt angle

太阳集热器采光平面与水平面之间的夹角。

3.13 贮热水箱 storage tank

用于贮存热能的容器。

3.14 箱体容量 tank capacity

箱体充满流体时测得的体积。

3.15 部件 components

太阳热水系统的组成部分，包括集热器、贮热水箱、泵、换热器和控制器等。

3.16 换热器 heat exchanger

专门用来为两种物理上分开的流体间传热的部件。

3.17 温差控制器 differential temperature controller

能测量出小温差，并用此小温差来控制泵及其他的电气部件。

3.18 家用的 domestic

在住宅或小型商业建筑中使用的。

3.19 太阳热水系统 solar water heating system

由装配成的完整系统将太阳能转换为加热水的热能的系统；可以包括辅助热源。

3.20 紧凑式 close-coupled collector storage

贮热水箱邻近集热器，包括集热部件插入贮热水箱中的热水系统。

3.21 分离式 remote storage

贮热水箱离开集热器较远的热水系统。

3.22 闷晒式 integral collector storage

贮热水箱与集热器是同一器具的热水系统。

3.23 周围空气的速率 surrounding air speed

在集热器或系统附近指定地点所测得的空气流动速率。

3.24 负荷 load

提供给用户的热能（例如以热水的形式）。

4 符 号

a_1，a_2，a_3	公式（4）中描述系统性能的系数
c_{pw}	水的比热容，J/（kg℃）
H	集热器采光面的日太阳辐照量，MJ/m^2
Q_c	太阳热水系统的集热量，MJ

Q_s 贮热水箱中水体积 V_s 内所含的系统得热量，MJ

t_a 环境或周围空气的温度，℃

t_{ad} 日平均环境或周围空气的温度，℃

t_{as} 贮热箱附近的空气温度，℃

t_b 集热试验开始时贮热水箱内的水温，℃

t_e 集热试验结束时贮热水箱内的水温，℃

t_d 排放的热水温度，℃

t_i 热损试验中贮热水箱内的初始水温，℃

t_f 热损试验中贮热水箱内的最终水温，℃

u 周围空气的流动速率，m/s

V_s 贮热水箱中的流体容积，m^3

$\Delta\tau$ 时间间隔，s

ρ_w 水的密度，kg/m^3

U_s 水箱的热损系数，W/K

下标

(av) 参数平均值

5 系统分类

家用太阳热水系统按 7 种特征进行分类，每种特征又分成 2～3 种型式。各种特征的分类如表 1 所示。

表 1 家用太阳热水系统分类

特征	类型		
	a	b	c
1	只有太阳能式	太阳能预热式	太阳能加辅助能源式
2	直接式	间接式	
3	敞开式	开口式	封闭式
4	充满式	回流式	排放式
5	自然循环式	强迫式	
6	循环式	直流式	
7	分离式	紧凑式	闷晒式

5.1 特征 1

a）只有太阳能式——除了流体传输和控制目的所需能源外，不用辅助能源的系统。

b）太阳能预热式——不包括任何形式辅助能源，只为进入任何一种其他类型的家用热水系统的冷水进行预热的系统。

c）太阳能加辅助能源式——利用太阳能和辅助能源相结合的系统，并可以独立提供热水的系统。

5.2 特征 2

a）直接式——耗用的热水流经集热器的系统。

b）间接式（热交换）——非耗用的传热流体工质流经集热器的系统。

5.3 特征 3

a）敞开式——传热流体与大气广泛接触的系统。

b）开口式——系统内的传热流体和大气间的接触限于补给和膨胀箱的自由表面或排气管的系统。

c）封闭式（密封的或不通大气的）——系统中的传热流体完全和大气分隔开的系统。

5.4 特征 4

a）充满式——系统内集热器始终充满传热流体的系统。

b）回流式——作为正常工作循环的一部分，传热流体从集热器中排入贮热水箱中便于以后再使用的系统。

c）排放式——传热流体可以从集热器内泄放的系统。

5.5 特征 5

a）自然循环式——仅利用传热流体的密度变化来得到集热器与贮热水箱内流体循环的系统。自然循环系统也称为热虹吸系统。

b）强迫式——通过机械方法或外部产生的压力强制传热流体通过集热器的系统。

5.6 特征 6

a）循环式——在运行过程中，传热流体在集热器和贮热水箱或热交换器内循环流动的系统。

b）直流式——将被加热的水由供水点直接流经集热器至贮热水箱或用水点的系统。

5.7 特征 7

a）分离式热水系统——集热器与贮热水箱分开放置的系统。

b）紧凑式热水系统——集热器与贮热水箱直接相连或相邻的系统。

c）闷晒式热水系统——集热器与贮热水箱是同一个器具的系统。

6 试 验 要 求

6.1 系统要求

6.1.1 系统类型

对带辅助加热器的系统进行试验前，必须注意下列事项。

6.1.1.1 带分离的辅助加热器的系统

只有系统的太阳能部分应用此试验步骤。对带有与太阳能贮热水箱分离的辅助加热器的系统，其太阳能部分的性能将不受到辅助加热器的影响。然而，日负荷的大小将受到辅助加热器存在的影响。因此，如果进行试验的系统带有太阳能预热器和分离的辅助加热器，则需另行制定包括试验步骤的标准。

6.1.1.2 带有手动控制的辅助加热器的系统

系统带有与太阳能贮热水箱结合成一体的辅助加热器，且所提供的辅助加热器仅用于不规则的间歇性工作（手动或设定时间的操作开关），则系统试验时应将辅助加热器关闭。

6.1.1.3 带有整体辅助加热器的系统

此试验步骤不适用于连续的或与太阳能贮热水箱一体化的夜间使用的辅助加热器系统。这类系统应采用其他合适的标准中所规定的试验步骤来进行评价。

6.1.2 试验系统的安装

系统的各个部件应按制造商的说明书安装后才能进行试验。系统内的任何控制器均应按制造商的说明书来布置。在没有制造商的专门说明书的情况下，系统将如下安装。

系统的安装要考虑到玻璃可能破裂和热流体的泄漏，以确保人身安全。安装牢固，应能抵抗住阵风。

系统尽可能安装在制造商提供的安装支架上。如未提供支架，则除非特别指明（例如系统是屋顶整体布置的一部分)，应使用敞开式的安装系统。系统的安装不能阻挡集热器的采光面，安装支架不应影响集热器或贮热水箱的保温。

除了有些情况（例如闷晒式热水系统和紧凑式热虹吸系统）贮热水箱以某种方法固定到集热器上的系统外，贮热水箱均应安装在制造商的安装说明书中所允许的最低位置。

对于分离式热水系统，集热器与贮热水箱间（泵循环系统）的连接管道的总长度应为15m。管道的直径和保温应与制造商的安装指南一致。

6.1.3 集热器的安装

集热器应安装在面向赤道倾角为纬度 ± 10°内的固定位置。

集热器安装的地点应满足在试验期间没有阴影投射到集热器上。

集热器所在的位置应在试验期间从周围的建筑或物体表面没有明显的太阳光反射到集热器上，且在视野内没有明显的障碍物。

不允许诸如沿建筑物墙面上升的暖空气流过系统。在屋顶上进行试验的系统应放置在离开房顶边缘至少 2m 以外。

设计成与房顶构成一体的集热器，其背部可以防风，但此种情况应随同试验结果一并报告。

6.1.4 液体流动系统

应该采用图 1 所示的试验回路。在回路中使用的管道材料应适用于系统中使用的工质并能承受高达 95℃的运行温度。管道应尽量短，特别是冷水入口（出口）处的温度传感器与贮热水箱进口处之间和混水泵与贮热水箱之间的管道应减到最短，以减小环境对水温的影响。这段管道应加保温，并且包覆具有反射性能的材料。

泄水管应安装在水箱冷水入口前的管道上。

家用太阳热水系统的集热器应按特定的倾斜角度安装，试验时所用的倾角应和试验结果一并报告。在整个试验中该倾角应保持不变。

在试验期间系统中使用的传热工质应是制造商推荐的工质。当试验强迫循环系统时，集热器入口与水箱间安置循环泵，试验流量由制造商推荐。如果所设计的太阳集热器回路使用防冻液，则在本标准中所列的试验步骤必须根据制造商的要求使用那些液体。

6.2 测量要求

6.2.1 太阳辐射

根据 GB/T 4271 的规定，使用一级总日射表测量太阳总辐射。应按国家规定进行校准。

6.2.2 温度

6.2.2.1 准确度、精度和响应时间

温度测量仪器以及与它们相关的读取仪表的精度和准确度应在表 2 给出的限度之内。

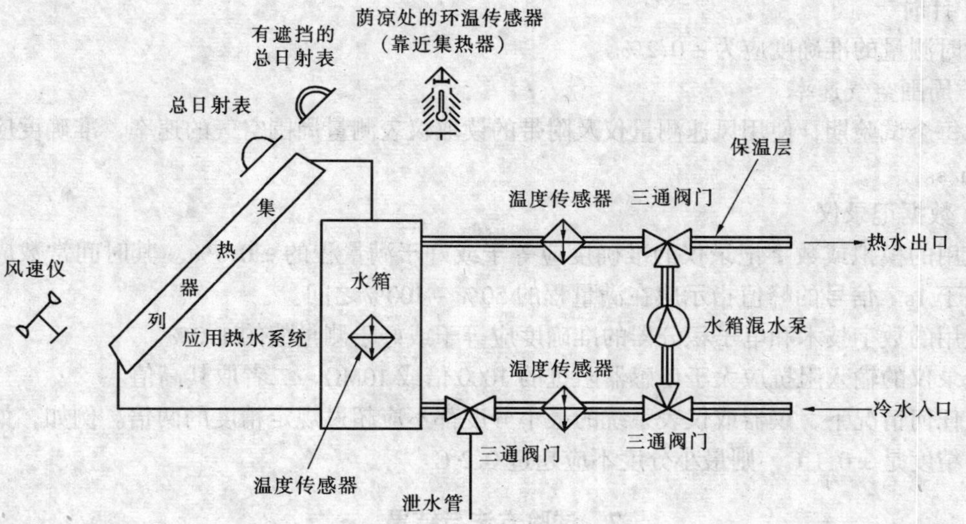

图1　系统日性能的试验装置示意

响应时间须小于5s。

表2　温度测量仪器的准确度和精度

参　　数	仪器准确度	仪器精度
环境空气温度	±0.5℃	±0.2℃
冷水入口温度	±0.2℃	±0.1℃
水箱内的温度	±0.2℃	±0.1℃
通过热水系统的温差（冷水入口到热水出口）	±0.1K	±0.1K

6.2.2.2　环境温度

使用遮阳而通风的采样器件在约高于地面1m处及离集热器和系统组件不近于1.5m但不超过10m处的百叶箱内测量环境空气温度。在系统附近的物体表面温度应尽量接近环温。例如，在系统附近不应有烟囱、冷却塔或热气排风扇等。

6.2.2.3　进水温度

如果在贮热水箱入口处串接一个温度控制器，则由于试验期间流量较高，要求其功率较大以便保持温度。作为替换的方法，也可以通过控制对热水池和冷水池的混水来调节温度，两个水池都保持恒定的温度。当流量为400L/h～600L/h时，在试验开始至结束期间温度控制器或混水阀要能将入口流体的温度漂移控制在±0.2K以内。如果入口处流体温度的波动是由于温度控制器内的滞后所形成的，则其允许的波动值为±0.25K。

6.2.3　液体流量

液体流量的测量准确度应等于或好于测量值的±1.0%，该测量值的单位为kg/h或Lh。

当试验系统用泵循环时，流量计应安装在集热器回路中测量流量的准确度为±5%处。

6.2.4　质量

质量测量的准确度应为±1%。

6.2.5 计时

计时测量的准确度应为 ±0.2%。

6.2.6 周围空气速率

对每个试验期，使用风速测量仪及附带的读取仪表测量周围空气的速率，准确度应达 ±0.5m/s。

6.2.7 数据记录仪

使用的模拟或数字记录仪的准确度应等于或好于满量程的 ±0.5%。其时间常数应等于或短于 1s。信号的峰值指示应在满量程的 50%～100%之间。

使用的数字技术和电子积分器的准确度应等于或好于测量值的 1.0%。

记录仪的输入阻抗应大于传感器阻抗的 1000 倍或 10MΩ，二者取其高值。

在任何情况下，仪器或仪表系统的最小分度都不应超过规定精度的两倍。例如，如果规定的精度是 ±0.1℃，则最小分度不应超过 0.2℃。

7 试验方法与结果

7.1 试验内容

本试验至少包括 4 整天对整个系统的全天室外试验，以及一次确定贮热水箱的热损系数的过夜热损试验。

试验过程由若干互相独立的全天试验组成。每一天系统的试验在室外运行。每天试验测得的输入（即照射到系统上的太阳辐射）和输出（取出的热水所含的能量）均标绘在输入/输出图上。这些试验天内应包括太阳辐照量和（$t_{ad}-t_b$）值的变化范围，以便建立系统性能与这些参数的关系。

7.2 试验条件的范围

至少应有 4 天试验结果具有相近的（$t_{ad}-t_b$）值且太阳辐照量平均分布在 $8MJ/m^2$～$25MJ/m^2$ 范围内。

环温在 8℃≤t_a≤39℃，环温的低温限按 GB/T 17049 的规定。

7.3 试验系统的预定条件

检查系统的外观并记录任何损坏情况。彻底清洁集热器的采光面。

每天开始试验前，罩上集热器以避免太阳直射，按 GB/T 17581 规定，风速 u 不大于 4m/s，用温度不低于 t_b 的冷水以 400L/h～600L/h 的流量进行循环，以使整个系统的温度一致，至少 5min 内贮热水箱的入口温度 T_1 的变化不大于 ±1℃时，即认为该系统达到均匀的预定温度 t_b。在试验即将开始前停止通水循环，并用节门来截断旁通回路以防止自然循环。

当系统达到均匀温度时，停止通水循环；但就强迫循环系统而言，应让太阳集热器回路的泵继续运行。

7.4 周围空气的速率

当在距离盖板表面 50mm 处的集热器平面上测量时，空气流动的平均速率不大于 4m/s，在整个集热器采光面上各点的空气速率偏离平均值不得超过 ±25%。

7.5 试验期间的测量

应从太阳正午时前 4h 到太阳正午时后 4h 的试验期间按小时平均值进行记录。

a）在集热器采光面上的太阳辐照量 H；

b）临近集热器的环境空气温度 t_a；

c）周围空气的速率 u；

d）系统循环和控制装置（泵、控制器、电磁阀等）所消耗的电能。

7.6 系统日热性能的确定

7.6.1 混水法

系统工作 8h，从太阳正午时前 4h 到太阳正午时后 4h。集热器应在太阳正午时后 4h 时遮挡起来，启动混水泵，以 400L/h ~ 600L/h 的流量，将贮热水箱底部的水抽到顶部进行循环来混合贮热水箱中的水，使贮热水箱内的水温均匀化，至少 5min 内贮热水箱入口温度 T_1 的变化不大于 ±0.2℃，记录水箱内三个测温点的温度，T_1 或三个测温点的平均值即为集热试验结束时贮热水箱内的水温 t_e。

贮热水箱内水体积 V_s 中所含的得热量 Q_s，应用式（1）进行计算：

$$Q_s = \rho_w c_{pw} V_s (t_e - t_b) \tag{1}$$

集热器内贮存的热量不计入在内。

7.6.2 排水法

系统工作 8h，从太阳正午时前 4h 到太阳正午时后 4h。集热器应在太阳正午时后 4h 时遮挡起来，在热水从系统中排放前的一个短时间内（10min ~ 20min），需通过泄水管将入口处的部分冷水放掉，以确保冷水入口处的温度控制器到贮热水箱入口之间的管道内的水温为 t_b。从贮热水箱通过泄水管的流量应为零。以 400L/h ~ 600L/h 的恒定流量将贮热水箱中的热水排出。补入冷水温度应为 t_b，t_b 即在系统预定条件时的温度。

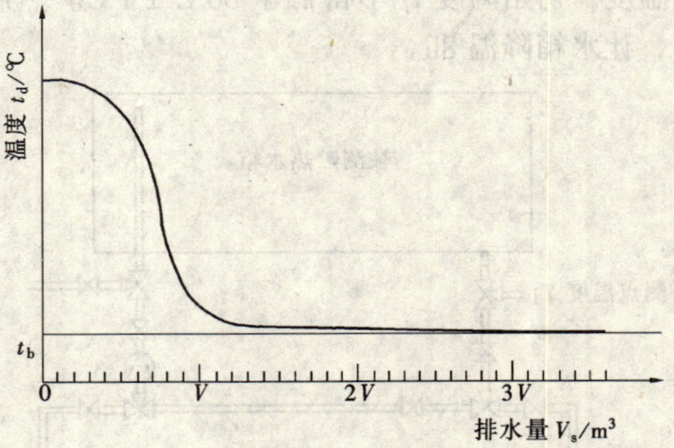

图 2　排水曲线图

至少每 15s 应测量一次正在排出的水温 t_d，至少每放出贮热水箱容积的 1/10 时记录一个平均值。应利用所测得的温度作一个像图 2 所示的排水温度图。测量进入贮热水箱的水温和从贮热水箱排出的水温。

排出的水应为贮热水箱容积的三倍。如果排出三倍于贮热水箱的容积后，贮热水箱排出的水温与进入贮热水箱的温差仍大于 ±1K，则必须继续排水直到温差 ≤ ±1K 为止。此时，太阳热水器中所采集和贮存的热量均已由排出的水带走。

在排水期间，进入贮热水箱的冷水温度的波动不超过 ±0.25K，漂移不超过 0.2K。

从贮热水箱排放热水时的流量是非常重要的，它能显著地影响排水温度曲线。因此流量控制器必须将通过贮热水箱的流量保持在预定值（400L/h ~ 600L/h）的 ±50L/h 范围内。

太阳热水系统内所含的得热量 Q_c 与排出水温 t_d 曲线和进口水温 t_b 曲线之间的面积成正比，应用式（2）进行计算：

$$Q_c = \sum_{i=1}^{n} m_i c_{pw}(t_{di} - t_{bi}) \tag{2}$$

7.7 贮热水箱热损的确定

7.7.1 总述

除集热系统的热性能试验之外，还应进行本项试验。应按照第 6 节的规定装配和安装系统以便确定贮热水箱的热损系数。这样可以确定用于系统性能计算中适当的热损值，包括例如在集热器回路中的倒流所引起的热损。

系统安装在室内或室外进行试验，将集热器暴露在晴朗的天空下。如果在室内进行试验，根据 ISO 9459—2 的规定，应在集热器上面有一个低于环温 20℃的辐射挡板。

贮热水箱中的水应预先均匀加热到 50℃以上。

7.7.2 试验方法

在试验开始以前，关掉辅助加热器，并用混水泵将贮热水箱底部的水抽到顶部进行循环来混合贮热水箱中预先准备的水。当贮热水箱的入口水温 T_1 在 5min 内变化不大于 ±1℃时，认为贮热水箱中的水温已达到均匀。贮热水箱内的平均水温就作为贮热水箱的初始温度，初始温度 t_i 不得低于 50℃ ± 1℃。然后停止循环，关掉装有混水泵的管道的阀门，让水箱降温 8h。

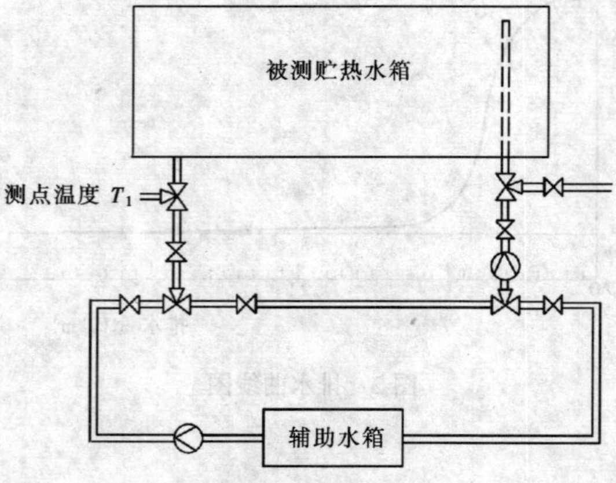

图 3　热损系数测定示意图

在冷却期间，如果系统安装在室外，空气平均速率不大于 4m/s。

在试验期间，在贮热水箱所在处的附近每小时测量一次环境温度，共 9 次，得出平均贮热水箱附近的空气温度 $t_{as(av)}$。

试验至 460min 时，启动如图 3 所示的小泵，运行 5min，以不低于 50℃的水温使贮热水箱外管道内的水温达到 t_i，并使贮热水箱入口的水温 T_1 在 1min 内变化不大于 ± 1℃；试验至 465min 时，调整阀门，运用小泵，使贮热水箱中的水循环以使它温度均匀。当贮热水箱入口的水温 T_1 在 5min 内变化不大于 ± 1℃时，即认为温度均匀。在这 5min 期间的平均温度即为贮热水箱的最终温度 t_f。

7.7.3 水箱热损系数的计算

水箱的热损系数 U_s 的单位为 W/K，应用式（3）进行计算：

$$U_s = \frac{\rho_w c_{pw} V_s}{\Delta\tau} \ln\left[\frac{t_i - t_{as(av)}}{t_f - t_{as(av)}}\right] \tag{3}$$

其中 $\Delta\tau$ 为降温时间（以 s 为单位），是从水箱的水循环停止的时刻，即贮热水箱初始水温 t_i 到重新启动混水泵后达到贮热水箱最终温度 t_f 之间的时间。

8　结果的分析和说明

8.1 说明

试验结果由在不同 H 值下的输入-输出图表示。家用单一太阳热水系统的性能可由式（4）表示：

$$Q_s = a_1 H + a_2(t_{ad} - t_b) + a_3 \tag{4}$$

式中系统的系数 a_1、a_2 和 a_3 由试验结果用最小二乘法确定。Q_s 就是贮热水箱在一天中所获得的净太阳能，即集热量。

8.2 输入-输出图

实验结果应以图 4 所示的图形给出。应将实验点和由式（4）预示的在（$t_{ad} - t_b$）= −10K、0K、10K、20K 时的系统性能特性进行标绘。若这些（$t_{ad} - t_b$）值未能包括（$t_{ad} - t_b$）试验值的范围，则应标绘出附加的特征线。

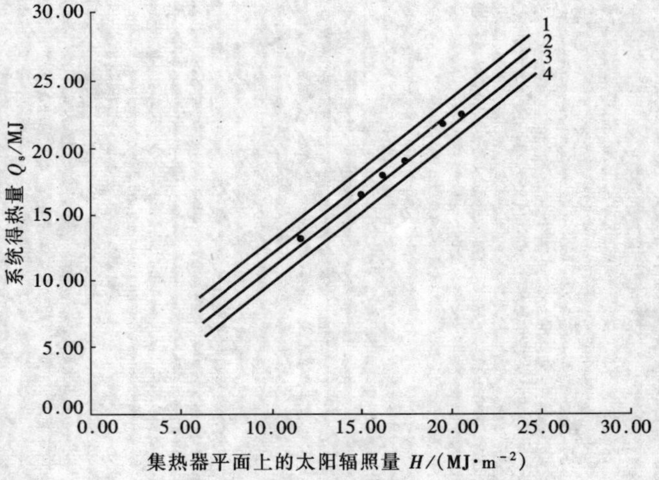

1—$t_{ad} - t_b = 20K$；2—$t_{ad} - t_b = 10K$；3—$t_{ad} - t_b = 0K$；4—$t_{ad} - t_b = -10K$

图 4　系统得热量 Q_s 与太阳辐照量的关系

中华人民共和国国家标准

真空管太阳集热器

Evacuated tube solar collector

GB/T 17581—1998

国家质量技术监督局 1998-11-19 批准

1999-07-01 实施

前　言

本标准的编写遵循 GB/T 1.1—1993 和 GB/T 1.3—1997 的基本规定，并充分考虑了我国真空管太阳集热器产品发展的实际情况。

本标准的部分内容参照了国际标准 ISO 9806—1：1994、ISO 9806—2：1995、日本标准 JIS A 4112—1995、JISA 1425—1995 和美国标准 ANSI/ASHRAE 93—1986 中的相关章节。

本标准使用的符号与单位和推荐的试验报告格式主要参照 ISO 9806—1，内容较多，因此分别列于附录 A、附录 B 中。鉴于测定与计算真空管太阳集热器的瞬时效率采用的参考面积具有特殊性，因此在附录 C 中给出了必要的说明。附录 D 摘译了本标准参照的 ISO 9806—1、ISO 9806—2 和 JIS A 4112 的相关条文。

附录 A、附录 B、附录 C、附录 D 均为标准的附录。

本标准由国家经贸委资源综合利用司、全国能源基础与管理标准化技术委员会提出。

本标准由全国能源基础与管理标准化技术委员会归口。

本标准由清华大学、中国标准化与信息分类编码研究所负责起草。

本标准主要起草人：桂裕宗、杨振顺、陆维德、邹怀松、赵跃进。

目　次

前言 …… 1862
1　范围 …… 1864
2　引用标准 …… 1864
3　定义 …… 1864
4　分类与命名 …… 1865
5　技术要求 …… 1868
6　试验方法 …… 1868
7　检验规则 …… 1874
8　标志、包装、运输、贮存 …… 1874
附录 A（标准的附录）　符号和单位 …… 1875
附录 B（标准的附录）　推荐的试验报告格式 …… 1876
附录 C（标准的附录）　计算真空管太阳集热器瞬时效率时的参考面积 …… 1880
附录 D（标准的附录）　ISO 9806-1，ISO 9806-2 和 JIS A4112 的有关译文 …… 1882

1 范　围

本标准规定了真空管太阳集热器的定义、产品分类、技术要求、试验方法、检验规则、标志、包装、运输和贮存。

本标准适用于利用太阳辐射加热，传热工质为液体的非聚光型全玻璃真空管太阳集热器、玻璃-金属结构真空管太阳集热器和热管式真空管太阳集热器。

2 引用标准

下列标准所包含的条文，通过在本标准中引用而构成为本标准的条文。本标准出版时，所示版本均为有效。所有标准都会被修订，使用本标准的各方应探讨使用下列标准最新版本的可能性。

GB 191—1990　包装储运图示标志

GB/T 1800—1979　公差与配合　总论　标准公差与基本偏差

GB/T 4271—1984　平板型太阳集热器热性能试验方法

GB/T 6424—1996　平板型太阳集热器技术条件

GB/T 12467—1990　焊接质量保证　一般原则

GB/T 12468—1990　焊接质量保证　对企业的要求

GB/T 12936.1—1991　太阳能热利用术语　第一部分

GB/T 12936.2—1991　太阳能热利用术语　第二部分

GB/T 13384—1992　机电产品包装通用技术条件

GB/T 15513—1995　太阳热水器吸热体、连接管及其配件所用弹性材料的评价方法

GB/T 17049—1997　全玻璃真空太阳集热管

ISO 9806-1：1994　太阳集热器试验方法　第一部分：带压力降的有玻璃盖板的液体集热器的热性能

ISO 9806-2：1995　太阳集热器试验方法　第二部分：质量鉴定的试验方法

JIS A 1425—1995　太阳集热器的集热性能试验方法

JIS A 4112—1995　太阳集热器

ANSI/ASHRAE 93—1986　确定太阳集热器热性能的试验方法

3 定　义

本标准除引用 GB/T 12936.1，GB/T 12936.2 外，采用下列定义：

3.1　真空太阳集热管　evacuated solar collector tube

采用透明的罩玻璃管，罩玻璃管与吸热体间具有足够低的气体压强。

3.2　真空管太阳集热器　evacuated tube solar collector

若干支真空太阳集热管按一定规则排成阵列与联集管、尾架和反射器等组装成的太阳集热器。

3.3　真空管太阳集热器的采光面积　aperture area of an evacuated tube solar collector

真空管太阳集热器采光口或上方允许太阳辐射进入或透射的平面（采光平面）上接收太阳辐射的最大投影面积。单位为 m^2。

3.4 真空管太阳集热器的总面积 gross collector area of an evacuated tube solar collector

包括联集管、尾架和边框在内的整个真空管太阳集热器的最大投影面积。单位为 m^2。

3.5 真空管太阳集热器的空晒温度 stagnation temperature of an evacuated tube solar collector

真空管太阳集热器内的空气停止流动，在规定的太阳辐照度下，真空管太阳集热器达到准稳态状态时，真空管太阳集热器内空气所达到的温度叫空晒温度。

3.6 试验周期 test period

对于每一个测定的效率点，维持准稳态的时间范围。

3.7 入射角修正系数 incident angle modifier

在工质进口温度等于环境温度的条件下，太阳入射角为 θ 时的集热效率值与太阳法向入射时的瞬时效率值之比。

3.8 联集管 manifold

联接真空太阳集热管，并构成传热工质通道的部件。

3.9 反射器 reflector

安装在真空管太阳集热器下方，用来将入射的太阳辐射反射到真空太阳集热管上的部件。

4 分类与命名

4.1 产品分类

4.1.1 真空管太阳集热器按真空太阳集热管结构型式分类可分为三类：

a）全玻璃真空管太阳集热器；

b）玻璃-金属真空管太阳集热器；

c）热管式真空管太阳集热器。

这三种真空管太阳集热器的基本结构和主要部件名称如图 1 中（a）、(b）、(c）所示。

4.1.2 真空管太阳集热器按真空太阳集热管的排列方式可分为竖（真空太阳集热管竖直排列）单排、横（真空太阳集热管水平排列）单排和横双排三类，其基本结构示意图如图 2 所示。

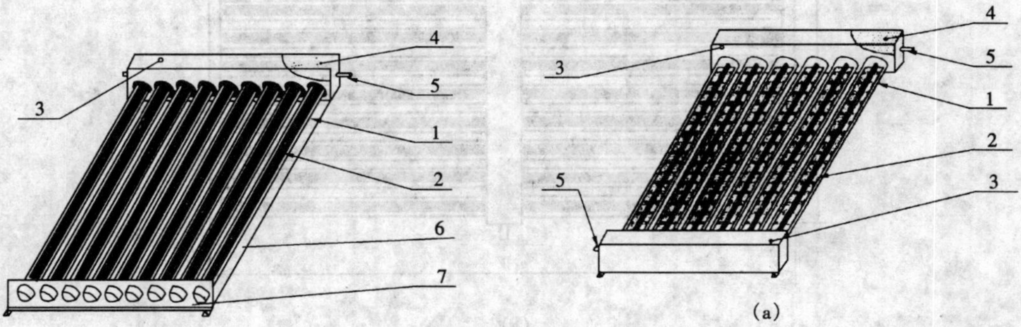

图 1 真空管太阳集热器的基本结构和主要部件（一）

（a）全玻璃真空管太阳集热器

1—真空太阳集热管；2—吸热管；3—联集管；4—隔热体；5—配管接口；6—反射器；7—尾架

（b）玻璃-金属真空管太阳集热器

1—真空太阳集热管；2—吸热板；3—联集管；4—隔热体；5—配管接口

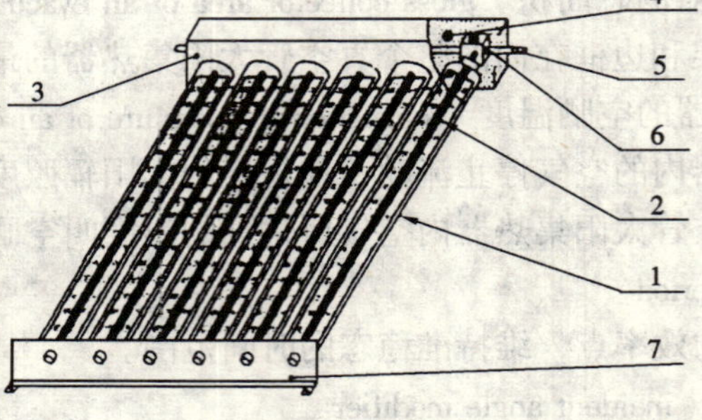

(b)

图 1　真空管太阳集热器的基本结构和主要部件（二）

(c) 热管式真空管太阳集热器

1—真空太阳集热管；2—热管-吸热板；3—联集管；4—隔热体；5—配管接口；6—换热块；7—尾架

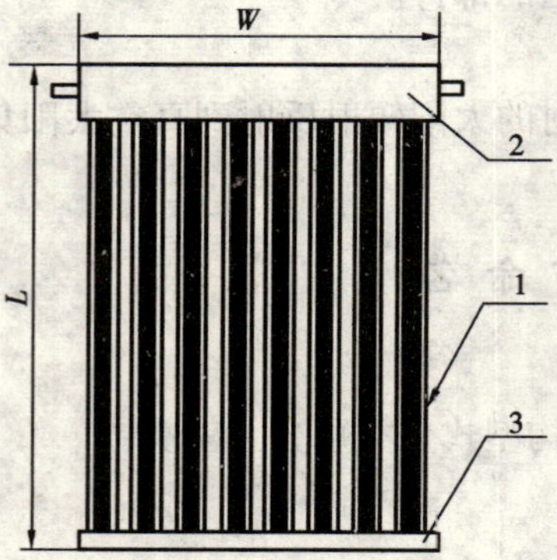

(a)

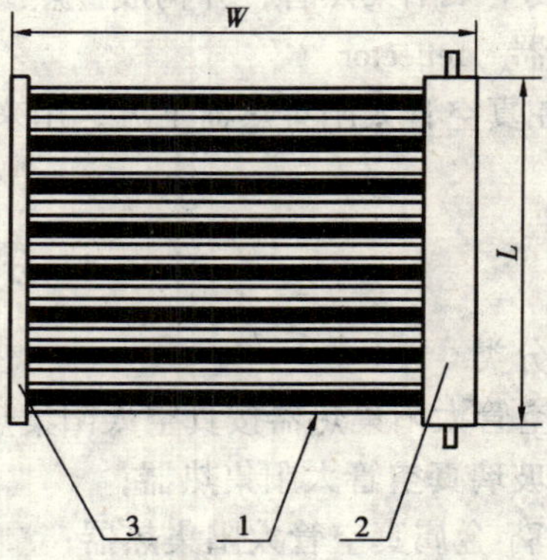

(b)

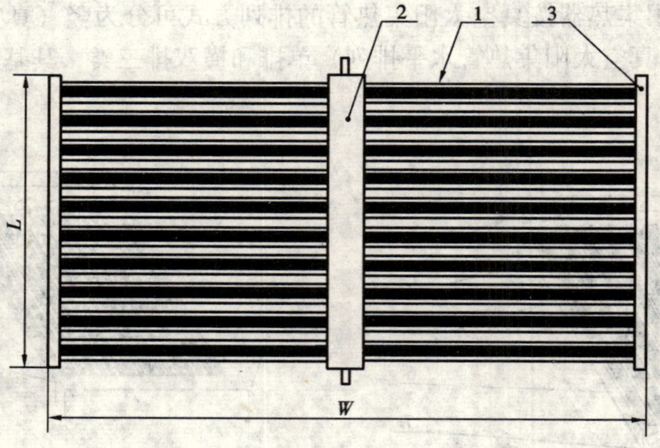

(c)

图 2　真空管太阳集热器排列方式结构示意图

(a) 竖单排真空管太阳集热器；(b) 横单排真空管太阳集热器

(c) 横双排真空管太阳集热管

1—真空太阳集热管；2—联集管；3—尾架

L—长度；*W*—宽度

4.2 产品命名

4.2.1 命名内容

真空管太阳集热器产品命名由如下四部分组成：

第一部分　第二部分　第三部分　第四部分

- 第四部分——表示改进型号
- 第三部分——表示采光面积／真空太阳集热管根数
- 第二部分——表示有无反射器
- 第一部分——表示真空管太阳集热器种类

4.2.2 命名标记

第一部分：用汉语拼音字母 QB、BJ 和 RG 分别表示全玻璃真空管太阳集热器、玻璃-金属真空管太阳集热器和热管式真空管太阳集热器。

第二部分：用汉语拼音字母 YF 和 WF 分别表示有无反射器。

第三部分：用阿拉伯数字表示以 m^2 为单位的真空管太阳集热器采光面积/真空太阳集热管根数。

第四部分：用阿拉伯数字表示改进型号。

在各相邻部分之间用“—”隔开。

4.2.3 命名示例

以 10 根全玻璃真空太阳集热管构成的全玻璃真空管太阳集热器产品为例。

4.2.3.1 无漫反射板的

QB- WF- 0.54/10-1

- 1——1 型
- 0.54/10——采光面积 0.54m^2／真空太阳集热管为 10 根
- WF——无反射器
- QB——全玻璃真空管太阳集热器

4.2.3.2 带漫反射板的

QB- YF- 1.1/10-2

- 2——2 型
- 1.1/10——采光面积 1.1m^2／真空太阳集热管为 10 根
- YF——有反射器
- QB——全玻璃真空管太阳集热器

4.3 结构尺寸

4.3.1 按照 GB/T 17049 规定的全玻璃真空太阳集热管的结构尺寸 φ47mm × 1200mm，φ47mm× 1500mm 和热管式真空太阳集热管的结构尺寸 φ100mm × 1700mm，φ100mm × 2000mm 设计的真空管太阳集热器外形平面尺寸可参照表 1 选取。

表 1　真空管太阳集热器外形平面尺寸

mm

真空太阳集热管结构尺寸	长 L	宽 W	真空太阳集热管数	真空太阳集热管排列方式
φ47 × 1200	1280	760	12	竖单排
	1320	1000	12	竖单排
	1000	2500	24	横双排
	2000	2500	50	横双排

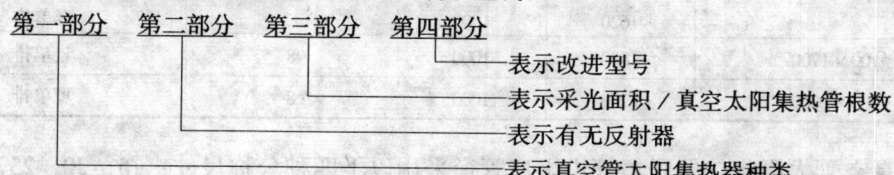

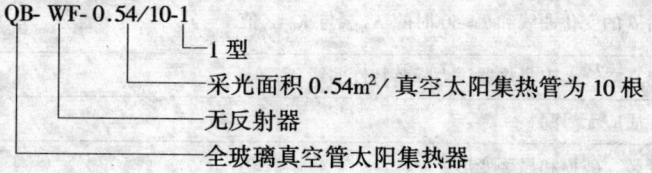

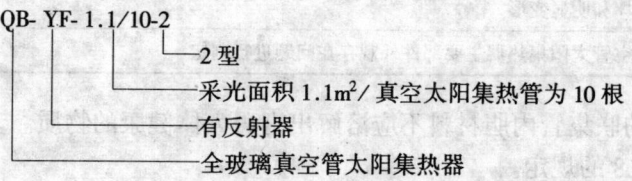

续表 1

真空太阳集热管结构尺寸	长 L	宽 W	真空太阳集热管数	真空太阳集热管排列方式
$\phi 47 \times 1500$	1580 1620	760 1000	12 12	竖单排 竖单排
$\phi 100 \times 1700$	1800	1000	8	竖单排
$\phi 100 \times 2000$	2100	1000	8	竖单排

4.3.2 真空管太阳集热器联集管进出口管径采用以下四种公称尺寸：15，20，25，32mm。

4.3.3 尺寸公差应按 GB/T 1800 IT18 级精度选用。

5 技 术 要 求

5.1 真空管太阳集热器技术要求应符合表 2 的规定。

表 2 真空管太阳集热器技术要求

试验项目	技 术 要 求	试验方法
热性能	a）无反射器的真空管太阳集热器的瞬时效率截距 $\eta_{0,a}$应不低于 0.60 有反射器的真空管太阳集热器的瞬时效率截距 $\eta_{0,a}$应不低于 0.50 真空管太阳集热器总热损系数 U 应不大于 2.5W/（m^2K） b）应作出（$t_e - t_a$）随时间的变化曲线，并给出真空管太阳集热器的时间常数 τ_c c）应给出真空太阳集热管南北向排列与东西向排列时的入射角修正系数 $K_{\theta,N\text{-}S}$与 $K_{\theta,W\text{-}E}$随入射角 θ 的变化曲线和 $\theta = 50°$时的 $K_{\theta,N\text{-}S}$与 $K_{\theta,W\text{-}E}$值	6.1
压力降落	应作出真空管太阳集热器压力降落特性曲线 $\Delta p \sim m$	6.2
耐压	传热工质应无渗漏	6.3
空晒	应无开裂、破损和显著变形	6.4
强度	应无损坏和明显变形	6.5
刚度	应无损坏和明显变形	6.6
外观	应对真空管太阳集热器主要部件外观存在问题进行判定	6.7

5.2 与热水接触的联集管内胆材料不应溶解出有碍人体健康的物质。其焊接应符合 GB/T 12467 与 GB/T 12468 的规定。

5.3 隔热体耐热应不低于 100℃，导热系数应不大于 0.05W/（mK）。外观应填塞密实，无明显收缩与隆起，不应发霉、变质或释放污染物质。

5.4 密封件材料应符合 GB/T 15513 的规定。外观应无裂痕、划伤或发粘、老化。

5.5 反射器表面的太阳反射率应不低于 0.7。外观应无划伤、蚀斑或裂痕。

6 试 验 方 法

6.1 热性能试验

试验的热性能包括：准稳态的瞬时效率、集热器时间常数和入射角修正系数。

6.1.1 测量仪器

热性能试验需要测量的项目和测量仪器的准确度要求如表 3 所示。

表 3 测量项目和仪器的准确度

项 目	测量仪器	单 位	准 确 度
太阳辐照度	总日射表	W/m^2	WMO（世界气象组织）规定一级表
入射角	日晷或计算	(°)	±5°
工质进口温度	温度计	℃	±0.2℃
工质进出口温度差	温度差计	K	±0.1K
环境温度	温度计	℃	±0.5℃
工质流量	流量计	kg/s	±1.0%
风速	风速计	m/s	±0.5m/s

6.1.2 试验装置

以液体作为传热工质的真空管太阳集热器热性能试验装置的结构示意图如图 3 所示。

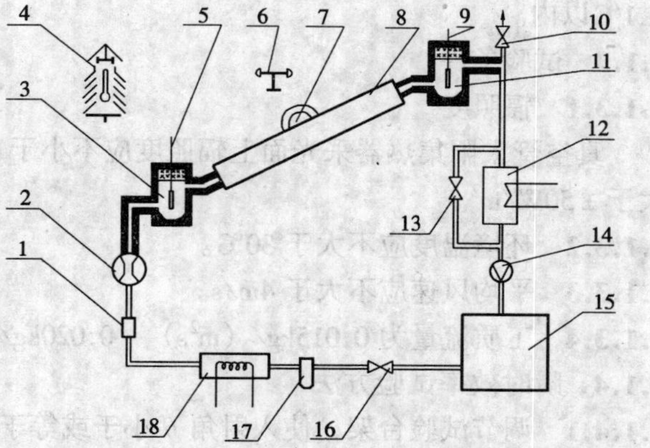

图 3 工质为液体的真空管太阳集热器试验装置

1—工质观察口；2—流量计；3—弯头或混流瓶；4—环境温度计；5—进口温度测点；6—风速仪；7—总日射表；8—真空管太阳集热器；9—出口温度测点；10—排气阀；11—弯头或混流器；12—换热器；13—旁路阀；14—泵；15—恒压水箱；16—流量控制阀；17—过滤器（~200μm）；18—调温水箱

6.1.2.1 试验场所

试验场所周围应无镜反射和漫反射率大于 0.2 的物体。试验期间不应有周围物体的阴影投射在真空管太阳集热器上。邻近物体表面温度应尽可能接近环境温度，避免周围物体热辐射的影响。

6.1.2.2 真空管太阳集热器试验台架

应为开放式结构，不遮挡真空管太阳集热器采光面，不妨碍真空管太阳集热器及其进出口的隔热保温，不影响空气沿真空管太阳集热器各个面的自由流动。真空管太阳集热器的最低边离地面应不低于 0.5m。在屋顶上进行试验时，台架距屋顶边缘应大于 2m，以减小沿建筑物墙面上升的热气流的影响。

6.1.2.3 管道隔热保温

为了保证温度损失最小，从流量计出口尤其是放置感温元件的弯头或混流器到真空管太阳集热器进口之间距离应尽可能短，并充分保温隔热。同样，在真空管太阳集热器出口处，尤其是放置感温元件的弯头或混流器处，亦应充分隔热保温。

6.1.2.4 温度调节和控制

在系统中串接两级温度调节器。第一级为换热器，设置在真空管太阳集热器出口处，用于将工质温度调至设定值以下。第二级为电加热器，设置在恒压水箱与真空管太阳集热器进口之间，用于调节工质进口温度至设定值。

6.1.2.5 流量调节与控制

利用恒压水箱、泵和流量控制阀等调节控制工质流量，并保证流量稳定性在±1%以内。

6.1.2.6 在真空管太阳集热器出口处和其他可能积聚空气的地方应设置放气阀。

6.1.2.7 室内试验用太阳模拟器应满足下列要求：

a）光谱分布 应接近大气质量 1.5 的太阳光谱分布；

b）辐照度 真空管太阳集热器采光面上的辐照度应不小于 $800W/m^2$；

c）均匀性 试验期内，沿真空管太阳集热器采光面上的平均辐照度变化应不超过 $\pm 50W/m^2$；真空管太阳集热器采光面上任一点的辐照度变化不超过整个采光面上的平均辐照度的 ±15%；

d）平行性 真空管太阳集热器采光面上任一点所接收的模拟太阳辐射的 80% 应来自以该点为顶点的正立体角小于或等于 60°的区域；

e）送风装置 沿真空管太阳集热器平面平行送风，其气流温度与环境温度之差应在 ±1℃以内。

6.1.3 试验条件

6.1.3.1 辐照度

真空管太阳集热器采光面上辐照度应不小于 $800W/m^2$。在试验期间辐照度的变化应不大于 $\pm 50W/m^2$。

6.1.3.2 环境温度应不大于 30℃。

6.1.3.3 平均风速应不大于 4m/s。

6.1.3.4 工质流量为 $0.015kg/(m^2s) \sim 0.020kg/(m^2s)$。

6.1.4 瞬时效率试验方法

6.1.4.1 调节试验台架，使入射角 θ 小于或等于 10°，满足近法向入射条件。

6.1.4.2 按设定和推荐值，调节工质进口温度 t_{in} 和工质流量 $\dot{m}$，使工质通过真空管太阳集热器循环。按 ISO 9806-1 的规定，如果各测定参数偏离它们在整个试验周期的平均值不超过表 4 规定的范围，可以认为真空管太阳集热器在整个试验周期内工作在准稳态。

表 4 试验周期内测定参数的偏差范围

参 数	允许偏离平均值的范围
太阳辐照度	$\pm 50W/m^2$
环境温度	±1℃
工质流量	±1%
工质进口温度	±0.1℃

6.1.4.3 在真空管太阳集热器工作温度范围内，至少应取四个均布的工质进口温度；依据真空管太阳集热器最高工作温度确定最高工质进口温度，其与环境温度之差应大于 40℃；最低工质进口温度应高于环境温度 0～3℃。

6.1.4.4 对应每个工质进口温度至少应取四个瞬时效率数据点。每个瞬时效率数据点的测定时间间隔应不少于 3min。

6.1.4.5 在上述时间间隔内，每分钟至少一次定时采集下列各测量参数的数据，以其积分平均值作为该参数的测定值；

a）真空管太阳集热器采光面上辐照度 G；

b）真空管太阳集热器采光面上散射辐照度 G_d；

c）直接日射入射角 θ；

d）环境风速 u；

e）环境温度 t_a；

f）工质进口温度 t_{in}；

g）工质出口温度 t_e；

h）工质流量 $\dot{m}$。

此外，应准确地测定真空管太阳集热器的总面积 A_G，采光面积 A_a 和工质容量 V_f。

6.1.4.6 按附录B推荐的试验报告表格进行数据整理。

6.1.4.7 对每一组测定值，按下述公式（1）计算真空管太阳集热器瞬时效率值，从而得到一个瞬时效率的数据点。

$$\eta_a = \frac{\dot{m}\ c_f \Delta T}{A_a G} \tag{1}$$

式中 $\dot{m}$——工质流量，kg/s；

c_f——对应于平均工质温度 t_m 的传热工质比热，J/（kgK）；

ΔT——工质进出口温度差 $= t_e - t_{in}$，K；

A_a——真空管太阳集热器采光面积，m^2。其计算方法见附录C。

6.1.4.8 以归一化温度差 T_i^* 为变量，将测定的瞬时效率数据点标绘在 $\eta \sim T_i^*$ 坐标图上。这里归一化温度差 T_i^* 为：

$$T_i^* = (t_{in} - t_a)/G \tag{2}$$

6.1.4.9 利用最小二乘法进行曲线拟合，得到瞬时效率方程：

$$\eta_a = \eta_{0,a} - UT_i^* \tag{3}$$

或

$$\eta_a = \eta_{0,a} - a_1 T_i^* - a_2 G (T_i^*)^2 \tag{4}$$

式中 U——以 T_i^* 为参考的真空管太阳集热器总热损系数，W/（m^2K）；

a_1——以 T_i^* 为参考的常数，W/（m^2K）；

a_2——以 T_i^* 为参考的常数，W/（m^2K^2）。

6.1.4.10 按下列公式计算以总面积 A_G 为参考面积的瞬时效率 η_G：

$$\eta_G = \eta_a \frac{A_a}{A_G} \tag{5}$$

将 $\eta_G \sim T_i^*$ 特性曲线和 $\eta_a \sim T_i^*$ 特性曲线标绘在同一张 $\eta \sim T_i^*$ 坐标图上。

6.1.5 真空管太阳集热器时间常数试验方法

6.1.5.1 调节工质流量与热效率试验时相同。

6.1.5.2 调节控制工质进口温度与环境温度之差不超过±1℃。

6.1.5.3 在真空管太阳集热器上方10cm处，用遮阳板盖住真空管太阳集热器采光面，连续监测工质出口温度，待其稳定到每分钟变化不大于0.1℃时，可以认为达到了准稳态。

6.1.5.4 移去遮阳板，在辐照度不小于800W/m^2，入射角不大于10°的条件下，连续测量工质进出口温度和环境温度，直至真空管太阳集热器重新达到准稳态。

6.1.5.5 作出两准稳态间过渡过程中工质出口温度与环境温度之差（$t_e - t_a$）随时间的变化曲线。（$t_e - t_a$）上升至其稳定值的 $\left(1 - \frac{1}{e}\right) = 0.632$ 时所经历的时间，即为真空管太阳集热器的时间常数 τ_c。

6.1.6 真空管太阳集热器入射角修正系数试验方法

应分别测定真空太阳集热管南北向排列时的入射角修正系数 $K_{\theta,\mathrm{N\text{-}S}}$和真空太阳集热管东西向排列时的入射角修正系数 $K_{\theta,\mathrm{W\text{-}E}}$。

6.1.6.1 调节真空管太阳集热器试验台架，使真空太阳集热管沿南北向排列。

6.1.6.2 调节控制工质进口温度与环境温度之差不超过 ±1℃。

6.1.6.3 调节入射角分别为：0°，15°，30°，45°，60°。按 6.1.4 的有关规定，对应每个入射角成对地测定真空管太阳集热器的集热效率值。全部数据在一天内完成。

6.1.6.4 调节真空管太阳集热器试验台架，使真空太阳集热管沿东西向排列。

6.1.6.5 按 6.1.6.2、6.1.6.3 规定，测定对应各入射角的集热效率值。

6.1.6.6 由 6.1.6.3 和 6.1.6.5 测定的集热效率值按下列公式计算出真空太阳集热管南北向排列和东西向排列时的入射角修正系数 $K_{\theta,\mathrm{N\text{-}S}}$，$K_{\theta,\mathrm{W\text{-}E}}$：

$$K_{\theta} = \eta_{0,\theta}/\eta_{0,\mathrm{n}} \tag{6}$$

式中 $\eta_{0,\theta}$——$t_{in} = t_{\mathrm{a}}$ 时，入射角 θ 下测定的集热效率值；

$\eta_{0,\mathrm{n}}$——$t_{in} = t_{\mathrm{a}}$ 时，法向入射时测定的瞬时效率值。

6.1.6.7 将计算结果标绘在 K_{θ}-θ 图上，得到真空太阳集热管南北向排列时的入射角修正系数 $K_{\theta,\mathrm{N\text{-}S}}$和东西向排列时的入射角修正系数 $K_{\theta,\mathrm{W\text{-}E}}$随入射角 θ 的变化曲线。

6.2 压力降落试验

6.2.1 试验装置和方法

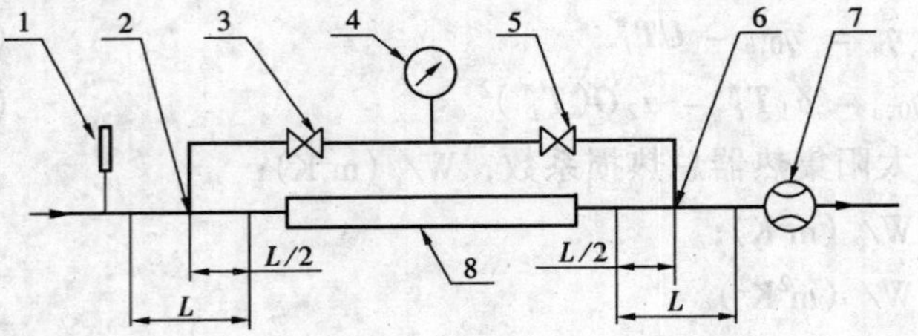

图 4 压力降落试验装置示意图

1—温度计；2—进口压力测点；3—切换阀；4—压力计；5—切换阀；6—出口压力测点；7—流量计；8—真空管太阳集热器 $L \geqslant 4 \times$ 直管内径

试验装置如图 4 所示。按 JIS A4112 的要求，测压点应设置在靠近真空管太阳集热器，且不受其他配管影响的直管部分。测压孔直径为 2～6mm 或 1/10 管径，此处管和孔的内壁表面应光滑无卷边。

压力计准确度为 ±3.5kPa，温度计准确度为 ±0.5℃，流量计准确度为 ±1.0%。

真空管太阳集热器的方位和倾角与热效率试验相同。传热工质应由底到顶流动。

试验在常温下进行。将给定的流量范围分成至少四个均布的流量值。待流量、温度稳定后，测量传热工质温度、流量和真空管太阳集热器进出口间压力降落。

6.2.2 试验条件

试验的流量范围为 0.005kg/（m²s）～0.030kg/（m²s）。

在试验测量期间，流量、温度应稳定，流量变化不大于 ±1%，工质进口温度变化不大于 ±5℃。

6.2.3 试验结果

将测定的压力降落 Δp 随工质流量 $\dot{m}$的变化作成压力降落特性曲线。

6.3 耐压试验

6.3.1 试验装置和方法

按 ISO 9806-2 的规定，将真空管太阳集热器内注满常温的水，通过放气阀排尽集热器内残留空气，并闭放气阀。然后由液压源缓慢增压至试验压力。维持试验压力，同时检查真空管太阳集热器有无变形、破裂。

6.3.2 试验条件

环境温度：5℃～30℃

试验压力：1.5×工作压力，非承压式集热器为 0.02MPa

持续时间：10min

6.3.3 试验结果

检查工质渗漏和真空管太阳集热器变形情况。将检查结果和试验压力，持续时间记入试验报告。

6.4 空晒试验

6.4.1 试验装置和方法

以空气为工质，除真空管太阳集热器出口的配管接口敞开作排气外，其余接口均用堵头密封。感温元件置于联集管中心处，以监测试验中联集管中心处空气的温度。

6.4.2 试验条件

在环温 $t_a \geqslant 15$℃，曝辐量 $H \geqslant 17$MJ/（m^2day）下空晒至少一天。

6.4.3 试验结果

检查真空管太阳集热器损坏与变形情况，并记录试验期间的曝辐量 H、环温 t_a、风速 u 和联集管中心处空气温度（空晒温度）。

6.5 强度试验

6.5.1 试验装置和方法

真空管太阳集热器注满水后水平放置，在真空管太阳集热器表面放置轻质垫板，再在垫板上均匀铺放一层干砂。

6.5.2 试验条件

试验在常温下进行，干砂重量为 100kg/m^2。

6.5.3 试验结果

检查真空管太阳集热器损坏和变形情况，并记录所加载荷质量。

6.6 刚度试验

6.6.1 试验装置和方法

未加工质的真空管太阳集热器水平放置，然后将其一端抬高 100mm，保持 5min 后复原。

6.6.2 试验结果

检查真空管太阳集热器受损和变形情况。

6.7 外观检查

全部试验结束后，由专业技术人员目视检查真空管太阳集热器产品主要部件情况，对真空管太阳集热器主要部件存在的问题进行判定。

6.8 试验报告

按附录 B 推荐的试验报告格式完成试验报告。

7 检 验 规 则

7.1 检验分类

真空管太阳集热器检验分为出厂检验和型式检验。

7.1.1 出厂检验

真空管太阳集热器产品应逐台进行出厂检验。出厂检验应按 6.3 和 6.7 的规定进行耐压试验和外观检查。

7.1.2 型式检验

真空管太阳集热器产品在下列情况下进行型式检验：

a）需要进行全面质量考核时；

b）制造厂第一次试生产时；

c）产品转产或停产期超过 2 年恢复生产时；

d）当改变产品设计、工艺或材料，并可能影响产品性能时；

e）国家技术监督检验机构提出要求时；

f）出厂检验与上次型式检验有较大差异时；

g）制造厂在正常生产情况下，每年应至少抽取一台进行型式检验。

型式检验应按表 2 要求和第 6 章的各项规定进行。

7.2 抽样规则

7.2.1 出厂检验一般为全检。

7.2.2 型式检验一般为抽检，在出厂检验合格的产品中任抽一台或数台进行型式检验。

7.2.3 型式检验不合格时，则应加倍抽样进行复检；如仍有不合格者，则应暂停生产，检查存在的问题，采取改进措施，消除缺陷，再经型式检验合格后，方能恢复生产。

7.3 判定规则

7.3.1 出厂检验符合表 2 有关耐压和外观检查的技术要求者为合格。

7.3.2 型式检验中，若真空管太阳集热器的热性能和耐压两项中有一项不合格，则产品为不合格。其余各项中有两项不合格时为不合格产品。

8 标志、包装、运输、贮存

8.1 标志

产品上应有清晰、不易消除的标志。

8.2 包装

8.2.1 包装方法应采用箱装，包装箱应符合 GB/T 13384 的规定。

8.2.2 包装箱上的标志应符合 GB 191 的规定，主要应包括“小心轻放”、“严禁翻滚”及“堆码重量极限”等标志。

8.2.3 包装箱上还应包括以下内容：

a）制造厂名；

b）产品名称；

c）商标；

d）产品型号；

e）制造日期或生产批号；

f）外形尺寸；

g）单件重量；

h）质量等级标志。

8.2.4 包装箱内应附有检验合格证、装箱单和产品说明书。

8.3 运输

产品在装卸和运输过程中，不得遭受强烈颠簸、震动，不得受潮、雨淋。

8.4 贮存

8.4.1 产品应存放在通风、干燥的仓库内。

8.4.2 产品不得与易燃物品及化学腐蚀物品混放。

附　录　A
（标准的附录）
符 号 和 单 位

A1　符号和单位

列于表 A1 中。

表 A1　符 号 和 单 位

符　号	意　　义	单　位
a_1	以 T_i^* 为参考的常数	W/（m^2K）
a_2	以 T_i^* 为参考的常数	W/（m^2K^2）
A_G	真空管太阳集热器总面积	m^2
A_a	真空管太阳集热器采光面积	m^2
c_f	传热工质的比热	J/（kgK）
G	总辐照度	W/m^2
G_b	直射辐照度	W/m^2
G_d	散射辐照度	W/m^2
H	曝辐量	MJ/m^2
K_θ	入射角修正系数	—
$K_{\theta,N\text{-}S}$	南北向入射角修正系数	—
$K_{\theta,W\text{-}E}$	东西向入射角修正系数	—
$\dot{m}$	传热工质流量	kg/s
Q	真空管太阳集热器吸收的有用功率 $= \dot{m} c_f \Delta T$	W
t_a	环境或周围空气温度	℃
t_e	真空管太阳集热器出口温度	℃
t_{in}	真空管太阳集热器进口温度	℃
t_m	传热工质的平均温度 $= \frac{1}{2}(t_{in} + t_e)$	℃
t_s	空晒温度	℃
T_i^*	归一化温度差 $= (t_{in} - t_a)/G$	m^2K/W
U	以 T_i^* 为参考的真空管太阳集热器总热损系数	W/（m^2K）
u	周围空气速度或风速	m/s
V_f	真空管太阳集热器工质容量	m^3
ΔT	工质进出口温度差（$t_e - t_{in}$）	K

续表 A1

符　号	意　　　　　　义	单　位
β	相对于水平面的真空管太阳集热器倾角	°
θ	入射角	°
η	以 T_i^* 为参考的真空管太阳集热器热效率	—
η_0	$T_i^*=0$ 时的 η	—
τ_c	时间常数	S
$(\tau\alpha)_e$	有效透射吸收积	—

A2　下标

a　　以采光面积为参考。

G　　以总面积为参考。

附　录　B
（标准的附录）
推荐的试验报告格式

检测实验室：

检测日期：

地址：

Tel：　　　　　　　　Fax：

B1　真空管太阳集热器概况

B1.1　生产厂家：

真空管太阳集热器型号：

B1.2　真空管太阳集热器

结构型式：

总面积：$A_G=$　　　　m^2

采光面积：$A_a=$　　　　m^2

真空太阳集热管数：　　　支

真空太阳集热管节距：　　　mm

B1.3　真空太阳集热管

罩玻璃管——材料：

——厚度：　　　mm

——太阳透射比 $\tau=$

吸热体——结构型式：

——基材：

——涂层：

——涂层太阳吸收比 $\alpha=$

——涂层半球发射比 ε_h =

B1.4 联集管

结构：

材料：

隔热层——材料：

——厚度： mm

密封材料：

B1.5 尾架材料：

B1.6 反射器

结构与尺寸：

材料：

太阳反射率：

B1.7 传热工质：

B1.8 极限工作条件

最高工作温度： ℃

最高工作压强： kPa

B1.9 真空管太阳集热器简图和照片

B2 热性能试验

试验场所和真空管太阳集热器设置

经度： 纬度：

真空管太阳集热器倾角： 真空管太阳集热器方位角：

B2.1 瞬时效率

B2.1.1 测量数据列于表 B1 中

表 B1 测量数据表

日期 年 月 日	当地时间 时 分	G W/m²	G_d/G %	t_a ℃	u m/s	t_{in} ℃	t_e ℃	$\dot{m}$ kg/s

B2.1.2 导出数据列于表 B2 中

表 B2 导出数据表

日期 年 月 日	当地时间 时 分	$t_e - t_{in}$ K	c_f J/（kgK）	Q W	T_i^* m²K/W	η_a %	η_G %

B2.1.3 瞬时效率特性

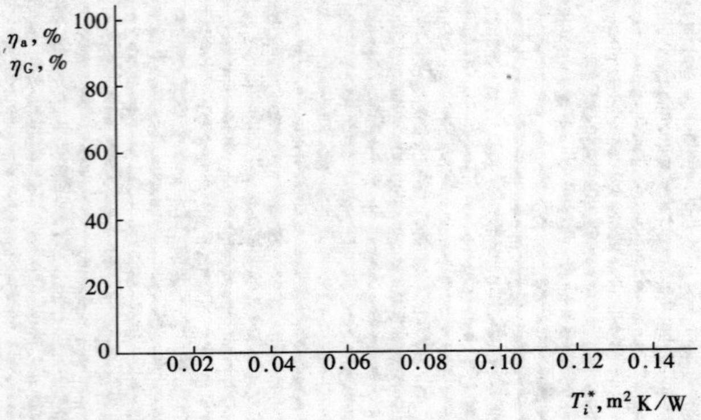

B2.1.4 瞬时效率方程

$$\eta_a = \eta_{0,a} - UT_i^*$$

或 $\eta_a = \eta_{0,a} - a_1 T_i^* - a_2 G\ (T_i^*)^2$

$\eta_{0,a} =$

$a_1 =$ W/（m²K）

$a_2 =$ W/（m²K²）

B2.2 真空管太阳集热器时间常数

B2.2.1 （$t_e - t_a$）随时间的变化曲线

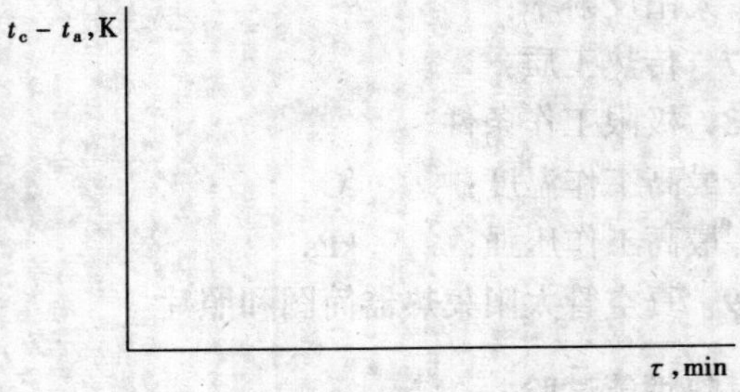

B2.2.2 时间常数 $\tau_c =$ min

B2.3 真空管太阳集热器入射角修正系数

B2.3.1 试验结果列于表 B3 中

表 B3

θ（°）	0°	15°	30°	45°	60°
$K_{\theta,N\text{-}S}$					
$K_{\theta,W\text{-}E}$					

B2.3.2 入射角修正系数曲线

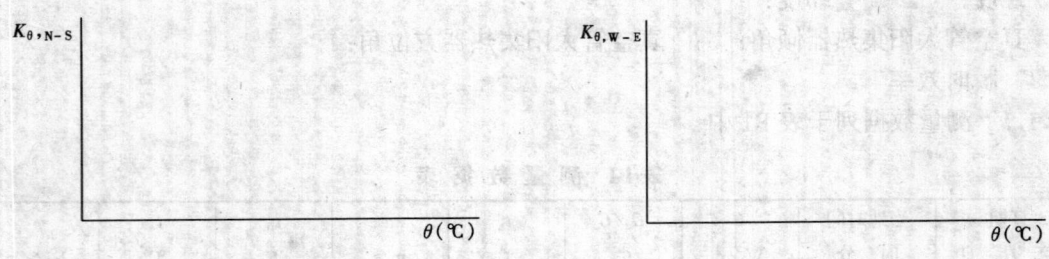

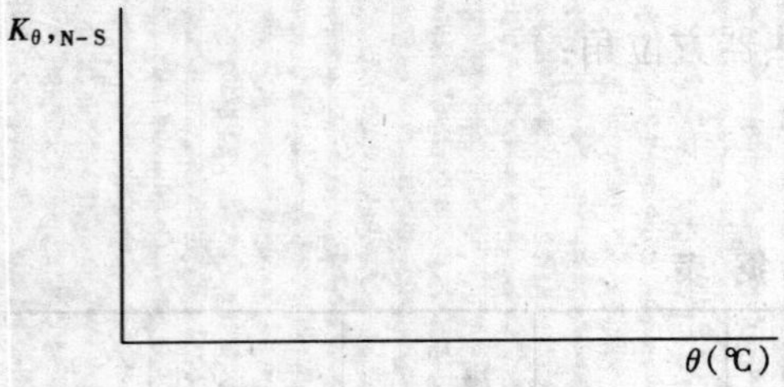

B2.3.3 $\theta = 50°$时

$K_{\theta,N\text{-}S} =$

$K_{\theta,W\text{-}E} =$

B3 压力降落

工质进口温度 $t_{in} =$ ℃

B4 耐压试验

B4.1 试验条件

环境温度： ℃

试验压力： kPa

持续时间： min

B4.2 试验结果

观测到的泄漏或变形详细情况。

B5 空晒试验

B5.1 试验条件

真空管太阳集热器倾角： °

平均辐照度： W/m^2

平均环温： ℃

平均风速： m/s

联集管中空气温度： ℃

持续时间： min

B5.2 试验结果

观测到的真空管太阳集热器损坏和变形的详细情形。

B6 强度试验

B6.1 试验条件

垫板材料与厚度：

干砂重量： kg/m^2

B6.2 试验结果

观测到真空管太阳集热器损坏与变形的详细情况。

B7 刚度试验

B7.1 试验条件

真空管太阳集热器各边抬起高度： mm

持续时间： min

B7.2 试验结果

观测到真空管太阳集热器损坏与变形的详细情况。

B8 外观检查

对真空管太阳集热器主要部件存在的问题进行判定：

真空管太阳集热器主要部件	存在的问题	判定
a）真空太阳集热管	破裂/漏气/真空度不良	
b）吸热体涂层	开裂/龟裂/起泡/变色	
c）联集管外壳、配管接口	开裂/变形/锈蚀/渗水	
d）尾架	开裂/变形/锈蚀	
e）反射器	裂痕/划伤/蚀斑	
f）真空管太阳集热器支架	强度/安全性	

附 录 C

（标准的附录）

计算真空管太阳集热器瞬时效率时的参考面积

参考标准 ISO 9806-1，ANSI/ASHRAE，93，JIS A1425，和 GB/T 12936.2，GB/T 4271 中关于集热器瞬时效率的定义，在参考面积的选取上不同。基本上分为三类：

C1 以总面积为参考面积

美国标准 ANSI/ASHRAE 93，日本标准 JIS A1425（参考 ASHRAE）以总面积作为瞬时效率计算的参考面积。ANSI/ASHRAE 93 关于瞬时热效率的定义为：稳态或准稳态下，在规定的时间内传热工质从单位总面积转移走的能量除以同时间内入射到集热器的总的太阳辐照度。其表达式为：

$$\eta = \frac{\dot{m}\ c_f(t_e - t_{in})}{A_G G} \tag{C1}$$

C2 以采光面积为参考面积

我国标准 GB/T 12936.2 和 GB/T 4271 以采光面积为瞬时效率计算的参考面积。GB/T 12936.2 关于集热器瞬时效率的定义为：稳态或准稳态下，规定时段（常为 5～15min）内，传热工质从太阳集热器获得的能量与同时入射在集热器采光面积上的太阳辐射能量之比。其表达式为：

$$\eta = \frac{\dot{m}\ c_f(t_e - t_{in})}{A_a G} \tag{C2}$$

C3 以总面积或吸热体面积为参考面积

国际标准 ISO 9806-1 以总面积或吸热体面积为参考面积。它关于集热器效率的定义为：在稳态下，在规定的时间内，传热工质从规定的参考面积（总面积或吸热体面积）转移的能量与在同时间内入射到集热器的太阳能之比。其表达式为：

$$\eta_G = \frac{\dot{m}\ c_f(t_e - t_{in})}{A_G G} \tag{C3}$$

或

$$\eta_A = \frac{\dot{m}\ c_f(t_e - t_{in})}{A_A G} \tag{C4}$$

η_G 的定义与 ANSI/ASHRAE 93 相同。

问题在于参考面积 A_A 的定义 ISO 9806-1 与 ANSI/ASHRAE 93 和 GB/T 12936.2 不同，ISO 9806 的定义为：吸热体的最大投影面积；ANSI/ASHRAE 93 定义为：将所吸收的太阳辐射传输给传热工质的总的传热面积；GB/T 12936.2 的定义为：吸热体外表面未被隔热的总面积。显然，对于全玻璃真空管太阳集热器，其吸热体为圆管，这两种定义的吸热体面积，相差 $\pi/2$ 倍（按半柱面计算）和 π 倍（按全柱面计算），而以吸热体面积为参考面积计算得的瞬时效率亦相差同样的倍数。此外，对于带反射器的真空管太阳集热器，国际标准将反射器面积全额等效为吸热体面积，这显然与原定义不符。基于上述原因，本标准不采用吸热体面积作为计算瞬时效率的参考面积。

采光面积通常作为集热器有效集热面积，以它表示的集热器瞬时效率，物理意义清楚，比较科学地反映集热器的热性能。因此，本标准制订时，仍按国家标准 GB/T 12936.2 关于瞬时效率的定义，主要以采光面积作为测定与计算真空管太阳集热器瞬时效率的参考面积。至于以总面积 A_G 表示的效率 η_G，则由测定的面积系数 A_a/A_G，按公式 $\eta_G = \eta_a \dfrac{A_a}{A_G}$ 计算得到。

真空管太阳集热器采光面积 A_a 的计算公式为：

$$A_a = L_a \times W_a \tag{C5}$$

式中 L_a——除去联集管和尾架遮挡部分外的真空太阳集热管长度；

W_a——图 C1 所示的真空管太阳集热器采光口宽度。

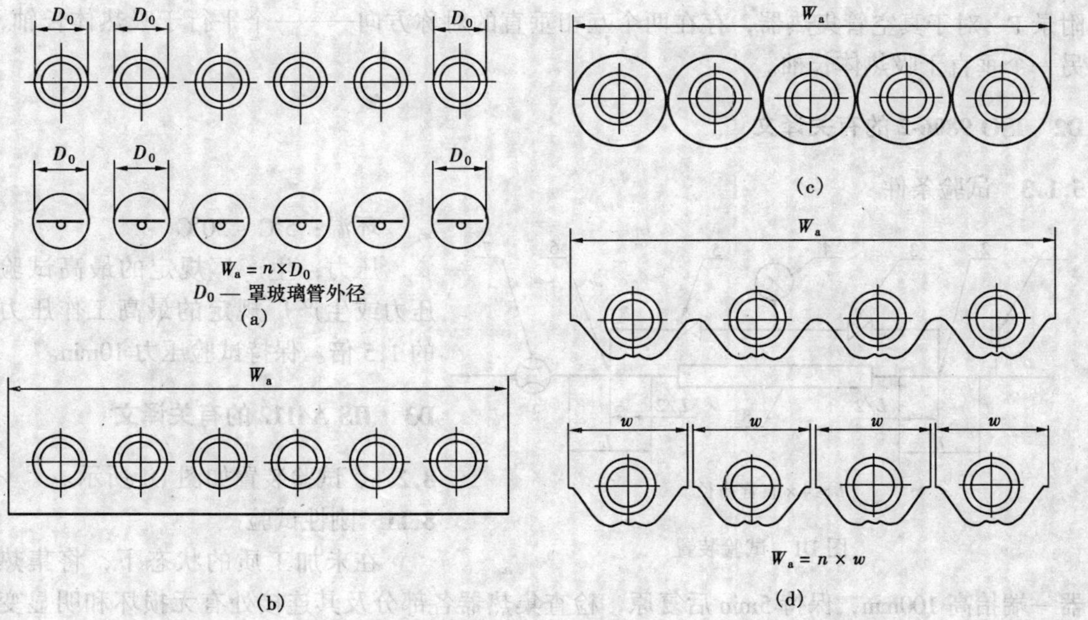

图 C1 真空管太阳集热器采光口宽度

(a) 无反射器的真空管太阳集热器；(b) 带漫反射板的真空管太阳集热器；(c) 带弧形反射器的真空管太阳集热器；(d) 带截短 CPC 反射器的真空管太阳集热器

附 录 D
(标准的附录)

ISO 9806-1，ISO 9806-2 和 JIS A4112 的有关译文

D1 ISO 9806-1 的有关译文

8.3 试验时，集热器采光平面上太阳辐照度应大于 800W/m^2；平均风速应在 2m/s ~ 4m/s 内；工质流量应设定为 0.02kg/（sm^2）。

8.4 在集热器整个工作温度范围内，至少应取四个工质进口温度。对应每个工质进口温度至少应取四个独立的数据点，总计 16 个数据点。

表 D1 测量周期内允许测量参数的偏差

参 数	允许偏离平均值的范围
太阳辐照度	± 50W/m^2
环 温	± 1K
流 量	± 1%
集热器进口液体温度	± 0.1K

8.6 如果实验参数偏离它们在整个测量周期的平均值不超过表 D1 限定的范围，就认为集热器在整个测量周期内工作于稳态。

11.3 对于象真空管集热器那样的集热器，入射角对它的影响相对于入射方向是非对称的，因此，必须测定多于一个方向的入射角效应。

附录 F 对于真空管集热器，存在两个互相垂直的对称方向——一个平行于吸热体长轴，另一个垂直于吸热体长袖。

D2 ISO 9806-2 的有关译文

5.1.3 试验条件

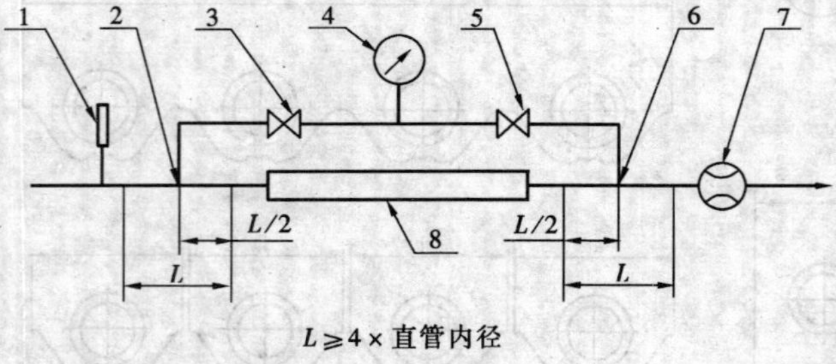

图 D1 试验装置

环温：5℃ ~ 30℃

压力：生产厂规定的最高试验压力或生产厂规定的最高工作压力的 1.5 倍。保持试验压力 10min。

D3 JIS A4112 的有关译文

8.2.1 试验装置如图 D1 所示。

8.11 刚性试验

在未加工质的状态下，将集热器一端抬高 100mm，保持 5min 后复原，检查集热器各部分及其连接处有无损坏和明显变形。

中华人民共和国国家标准

农村家用沼气管路设计规范

Standard on design of biogas pipelines for peasant household

GB 7636—87

国家标准局 1987-04-14 批准

1987-10-01 实施

适用范围

本规范适用于农村家用沼气池的管路系统。

1 一 般 规 定

1.1 农村家用沼气池的管路系统应符合稳固、耐用、气密性能可靠、操作方便以及使用安全的原则。设计时除应遵守本规范外，还应符合 GB 3606—83《家用沼气灶》以及当地消防和卫生条例。

1.2 水压式沼气池应采取一定的稳压措施。在设备条件不具备时，可暂用阀调节压力。

1.3 本规范室外管路应采用硬管地埋。室内管路为硬管明敷。不具备条件使用硬管的地方可使用塑料软管，但不得使用再生塑料管。

2 管 材 和 管 件

2.1 管材

2.1.1 农村家用沼气池的管路材料，应使用聚氯乙烯管（包括红泥塑料）或抗氧性能良好的聚乙烯管为基本管材。

2.1.2 管材的选用室外管路应结合当地气温条件，一般地区采用聚氯乙烯管，严寒地区应采用聚乙烯管。室内管路一律采用聚氯乙烯管。

2.1.3 硬管标准规格见表 1。

表 1

管　　材	聚氯乙烯管		聚 乙 烯 管
外径×壁厚，mm	12×1.5	20×2 25×2	20×2
外径公差，mm	+0.2 −0.0	+0.2 −0.0	+0.3 −0.0
壁厚公差，mm	+0.3 −0.0	+0.4 −0.0	+0.4 −0.0
性能指标	符合 SG 78—75		符合 SG 80—75

2.1.4 软管标准规格见表 2。

表 2

管　　材	红泥塑料管、聚氯乙烯管		
内径×壁厚，mm	8×1.5	10×1.5	12×1.5
内径公差，mm	+0.5 −0.0	+0.5 −0.0	+0.5 −0.0
壁厚公差，mm	±0.3	±0.3	±0.3
性能指标	参照 SG 79—75 表 3		

2.2 管件

2.2.1 硬管管件

2.2.1.1 聚氯乙烯硬管及聚乙烯管的管件均采用端部为承口的注塑管件。承口尺寸：承口内径为管子外径加 0.05 ~ 0.2mm；承口长度（L）为管子外径（D）的一半加 6mm，即 $L = 0.5D + 6\text{mm}$。

2.2.1.2 聚氯乙烯硬管及聚乙烯管是管路中经常需要拆装或定期更换的部件，该拆装端应是注塑内螺纹承口或装有弹性密封环的承口。

2.2.1.3 硬管标准管件规格及符号见表 3。

表 3

材质及规格	聚氯乙烯管件 $\phi12\times1.5$	聚氯乙烯管件 $\phi20\times2$ $\phi25\times2$	聚乙烯管件 $\phi20\times2$	符号说明
三　通	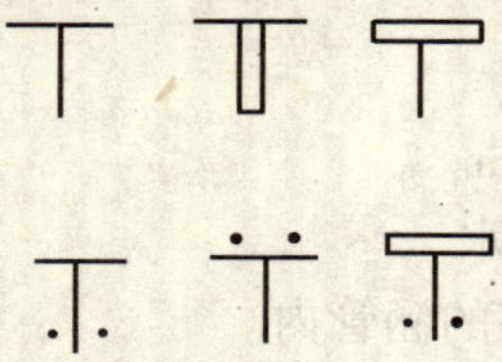	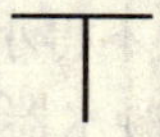	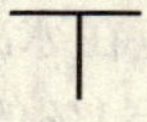	单线的表示同口径管件。带有双线的表示该端口径放大异径管件。端部附有双点的管件表示该端承口内有螺纹或弹性密封环
弯　头	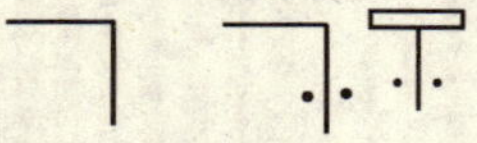		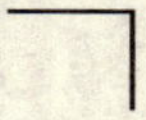	
大小头	$\Delta12\times8$	$\Delta20\times12$ $\Delta25\times12$	$\Delta20\times12$	
管接头				

2.2.2 软管管件

2.2.2.1 软管管件均采用带有密封节的管件，各端密封节的个数不得少于 3 个。节的间距为 5mm。管件内径（d'）应是管材内径（d）减去 2mm，即 $d' = d - 2\text{mm}$。

2.2.2.2 软管标准管件规格及符号见表 4。

表 4

材质及规格	红泥塑料管件、聚氯乙烯管件 $\phi8\times1.5$，$\phi10\times1.5$，$\phi12\times1.5$	符号说明
三　通		1. 除大小头外均为同口径管件； 2. 管件两端均有密封节
四　通	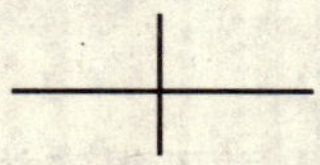	
管接头		
大小头	$\Delta\phi12\times\phi10$，$\phi10\times\phi8$	

2.2.3 管塞

硬管和软管的管塞均采用一般使用的橡皮塞。

3 管 路 连 接

3.1 聚氯乙烯硬管管路的连接采用承插式胶粘连接。

3.2 聚乙烯管路的连接采用承插式热熔连接。

3.3 聚氯乙烯硬管或聚乙烯管与胶皮管的连接采用套接，并应紧固牢靠。

3.4 聚乙烯管与聚氯乙烯管的连接以及需要拆装检修的部件，应采用螺纹连接或弹性连接（承口内装有密封环）

3.5 红泥塑料管路聚氯乙烯软管管路的连接采用套接，并由铁丝扎紧。

3.6 聚氯乙烯硬管与燃具（灶和灯）、流量表、U型压力计等的连接，应通过胶皮管进行套接。并用细铁丝将接口扎紧。

4 室 外 管 路

4.1 地面下埋设深度应在冰冻线以下，并不得小于0.4m。

4.2 管路应设有不小于1%的坡度，并向凝水器方向落水。

4.3 管路穿越有重车通行的道路时，应敷设在保护管路的涵管内。

4.4 沼气管路与其他地下管道相交或平行时至少应有10cm的净距。

5 室 内 管 路

5.1 管路的布置应外观整齐，便于操作和维修，并避免敷设在阳光照射、高温、冰冻和易受外力冲击的地方。

5.2 管路应沿墙或梁按明管方式敷设，不得腾空悬挂。

5.3 管路应牢固地固定在耐燃的构筑物上，固定支点的间距规定如下：

5.3.1 立管上应不超过1m。

5.3.2 水平管上固定支点间距：聚氯乙烯硬管小于0.8m，红泥塑料管和聚氯乙烯软管小于0.5m。

5.4 管路坡度

水平管段的坡度应不小于0.5%，并向立管方向落水。

5.5 管路从室外地下引入室内的外墙穿孔，在管顶上方应保留有5cm以上的空隙。

5.6 立管距离明火不得小于50cm，连接灶具的水平管段应低于灶面5cm。

5.7 管路距离烟囱应不小于50cm，距离电线不小于10cm。

5.8 装置高度

5.8.1 灶面距离地面一般为0.8m。灯距地面为2m。

5.8.2 中间开关距离地面1.45m。

5.8.3 U型压力计开关距离地面1.25m。

5.8.4 贮气袋搁板距离地面应不小于1.9m，并不得安放在灶具的上方。

5.8.5 沼气灯与易燃构筑物的距离不得小于1m。

6 管路允许压力降

6.1 使用气袋贮气时，管路允许压力降为 $20mmH_2O$。

6.2 使用湿式贮气装置时，管路允许压力降为 $40mmH_2O$。

6.3 水压式池的管路，灶具额定压力为 $80mmH_2O$，管路允许压力降为 $220mmH_2O$，灶具额定压力为 $160mmH_2O$ 时，管路允许压力降为 $140mmH_2O$。

7 管路口径和管路长度

7.1 聚氯乙烯硬管和聚乙烯管的管路

7.1.1 使用湿式贮气装置时地下管的最小外径：在土质良好地点为 20mm，土质较差时为 25mm。室内管路外径为 12mm。

7.1.1.1 使用湿式贮气装置的室外管路，长度自贮气罩至外墙引入点不应超过 30m；引入点至最远燃具的室内管路长度按安装二灶一灯设计，不应超过 6m。

7.1.1.2 使用气袋贮气的管路，当气袋设置在室内时，室外管路的长度不加限制，但直段管路长度超过 30m 时应设温度补偿装置；气袋出口至灶前的室内管路长度按安装二灶设计，不应超过 3m；室内管外径为 20mm 时，长度可不受此限制。

7.1.1.3 水压式池的管路长度：室外管路一般应控制在 25mm 以内，最长不宜超过 45m。引入点至最远燃具的室内管长度不宜超过 10m。

7.2 红泥塑料管和聚氯乙烯软管的管路

7.2.1 灶具额定压力为 $80mmH_2O$ 时，从水压式沼气池至灶前的管路管径和管路允许长度如下：

7.2.1.1 内径 8mm 或 10mm（二灶），管路长度应不超过 25m。

7.2.1.2 内径 10mm 或 12mm（二灶），管路长度可为 25～50m。

7.2.2 灶具额定压力为 $160mmH_2O$ 时，从水压式沼气池至灶前的管路管径和管路允许长度如下：内径 10mm 或 12mm（二灶），管路长可为 30～50m。

7.2.3 水压式沼气池的导气管内径应与管路内径相同，并应选用耐蚀材质。

8 管 路 排 水

8.1 凝水器

8.1.1 地下管坡度的最低点应设置凝水器。

8.1.1.1 当采用低压凝水器时，凝水器的抽水管下端应成 45°的坡口，并与凝水器底保持有 20mm 的间隙，便于凝水器中积水，通过抽水管从排水井排出。

8.1.1.2 当采用自动排水装置时，U 形管长应大于压力表“U”形管 5cm，排水压力小于正常产气压力。排水口露出地面。

8.1.2 室内水平管段的坡脚或直立管的下端可装积水瓶或留有长 10cm 的存水段。

8.2 排水井

排水井的位置应选择在操作方便、不被堆没的地方。排水井的盖应与地面平齐。

9 阀（开 关）

9.1 沼气管路上的开关应采用易识别开关状况的快开阀，分中间阀和终端阀二种类型。

9.2 阀应选用气密性能可靠、经久耐用并通过鉴定的产品。阀孔孔径应不小于5mm。

9.3 下列位置应设置操作阀：

9.3.1 燃具胶皮管的前端（终端阀）。

9.3.2 水压式池的U形压力计的前侧（终端阀）。

9.3.3 贮气袋进气侧的室内管路和沼气灯的分支立管（中间阀）。

9.3.4 集气罩沼气池、分离式沼气池的输气管路起点（中间阀）。

10 管路气密性和压降试验

10.1 管路投入运行前，应进行气密性试验。试验时用空气作介质，试验压力对有贮气装置的管路为管路工作压力（即贮气压力）的二倍，水压式池为1000mmH_2O、以保持5minU形压力计读数不变为合格。

10.2 水压式池应进行压降试验。以灶前压力达到灶具额定压力时，管路起点压力不超过300mmH_2O为标准。设有贮气装置的池子，须校验贮气压力：湿式贮气装置应高于灶具额定压力40mmH_2O；干式贮气装置（气袋）应高于灶具额定压力20mmH_2O。

附加说明：

本标准由中华人民共和国农牧渔业部提出。

本标准由上海市科学技术委员会、北京市公用事业科学研究所负责起草。

中华人民共和国国家标准

农村家用沼气管路施工安装操作规程

Operation rules of construction and installation of biogas pipelines for peasant household

GB 7637—87

国家标准局 1987-04-14 批准

1987-10-01 实施

1 总　　则

1.1 本规程适用于农村家用沼气池沼气管路的施工和安装。

1.2 管路敷设原则：

室外管路，按地下管方式进行施工。室内管路，按明管方式进行安装。

1.3 连接管路的管件，应与管材同一材质，并应注塑成形，硬管管件各端为承口形式，软管管件均为附有密封节的插口。

1.4 硬管管路的连接，除设计规定用螺纹接口，弹性密封接口或套接的以外，聚氯乙烯管路应按胶粘接口的要求进行连接，聚乙烯管路应按热熔接口的要求进行连接，软管管路一律采用套接。

1.5 室外管路温度在5℃以下时不宜接口操作。

1.6 管路上各种装置应根据设计要求进行安装，不得随意改动，影响使用和整齐美观。

2 管材的搬运和存放

2.1 管材在搬运中应注意妥加保护，不得重压、抛掷，并防止受到冲击或表皮擦伤。

2.2 管材存放地点应不受阳光照射，也不要靠近热源。

3 地 下 管 管 路

3.1 管沟开挖不得破坏沟底原状土。管沟宽度以小为宜，沟底务必平整，并应设有1%以上的坡度，不得露有尖锐石块。如遇挖掘过深或沟底土质松软，应用细土或黄砂回填或更换后夯实。

3.2 管路埋设深度应在冰冻线之下，但不小于如下规定：

一般地带（包括拖拉机路和耕地）	0.4m
公路下	0.8m

3.3 沼气管路与其他地下管路或构筑物之间应有10cm以上的净距，不得直接接触、交叉或搁支。

3.4 在地下水位较高地带，可预先将管子在沟旁地面进行连接，并气密试验合格，待管沟挖成后，即下入沟内，以免沟底受地下水泡浸变软，影响管路坡度。

3.5 管段入沟后应随即覆土，以防重物或尖硬石块落入沟内损伤管子。回土时沟内如有积水应先抽干，然后用细土覆盖管子周围。分层回填结实，但不应使管子受到冲击。

3.6 地下管引入室内时，应从外墙的地下部分穿入室内。在穿墙处管的上部须留有足够的空隙，以免房屋下沉压坏管路。

3.7 直段管路长度超过30m时应采取温度补偿措施。补偿量可按每10m1.5cm计算，温度补偿装置以采用沿轴向滑动的伸缩接口为好。

4 明 管 管 路

4.1 室内管路应安装在环境温度不超过40℃或不低于0℃，不受阳光照射和不受撞击的地点。

4.2 管路应沿墙、梁或屋架敷设，不得腾空跨越或悬挂，并应牢固地用钩钉或管夹固定在房屋的构件上。固定点的间距：在水平管段上，硬管不大于0.8m，软管不大于0.5m；直立管段上均不大于1m。

4.3 水平管段应有不小于千分之五的坡度。坡度向立管方向落水。必要时得在水平管段的最低点或直立管段的下部设置存水段便于排除该处积水。

4.4 灯和灶附近的墙面应是耐燃的或用耐火材料加以保护。直立管段与明火的水平距离不少于50cm。沼气灯与易燃顶棚的垂直距离应不少于1m。

4.5 管路距离室内电线不得少于10cm，距离生火的烟囱表面不少于50cm。

4.6 设备的装置高度标准如下：

4.6.1 灶面距离地面为0.8m，连接灶具的水平管应低于灶面5cm。

4.6.2 灯距地面为2m，灯的开关距离地面为1.45m。

4.6.3 U形压力计开关距离地面1.25m。

4.6.4 贮气袋搁板距离地面应不小于1.9m，并不得直接设置在灶具的上方。

4.7 管路上各种管件的规格应与设计规格相一致。

4.8 管路安装应符合操作方便、外观整齐。

5 承插式胶粘接头

5.1 胶粘剂必须经过对硬聚氯乙烯管的粘接性能试验，满足以下要求才可使用。

5.1.1 固化进展快，常温下初凝时间不超过2min。

5.1.2 粘接强度高，24h接口强度应大于母材强度。

5.1.3 化学稳定性和耐老化性能接近于母材。

5.1.4 操作和贮存方便。

5.2 胶粘剂在使用前应检验有无结块变质现象，变质的不应使用。

5.3 在涂敷胶粘剂前必须首先检查管子和管件的承插配合。配合适度的才能进行连接。

5.4 涂敷胶粘剂的表面必须清洁、干燥。如有油污或潮湿，在上胶前用丙酮擦洗干净。上胶可用漆刷或毛笔顺次均匀涂抹，先涂管件承口内壁，后涂插口表面。涂层应薄而不留空隙。上胶完毕，应立即进行连接。

5.5 插口进入承口时应注意二者轴线对中，防止歪斜引起局部胶粘剂被刮落产生漏气通道。插口进入承口时应直线前进，务必深入承口，勿使松动，并不得转动插入。操作完毕以承口端面四周有少量胶粘剂溢出为好。

5.6 管子一经连接，不得转动，在通常操作温度下须经10min后才允许移动。

5.7 接口操作时应注意施工现场空气流通。室外管路雨天不得进行连接操作。

6 热 熔 连 接

6.1 聚乙烯管与管件的连接采用承插热熔接口，由于管径比较小，不采用热熔对接。承插熔接时应使用电热模具加热，不得用明火烘烤或其他方法加热。

6.2 电热模具必须根据管材和管件的承插口尺寸设计制作。电源为220V，并应附有温度调节器。

6.3 使用高密度聚乙烯管材时，模具表面温度以加热到170℃左右为最佳。GM5010高密度聚乙烯的熔点为220℃，软化点为120~130℃。连接时，管子和管件的连接端分别插入已加热到170℃的金属模具中，2min后管子和管件端部的受热面开始有半透明的熔融层出现，此时可将管子和管件分别退出模具，随手将插口插足承口，使二者熔面结合。

7 其他连接

7.1 硬管管路中需要拆装或更换部件的接口，以及不同材质的硬管或部件（阀等）的连接，应使用注塑成形螺纹或弹性密封接口的管件。在一般情况下不允许用铰板套丝进行连接。

7.2 硬管管路与灯和灶、流量表、U形压力计等装置的连接均可通过胶皮管进行套接，并在套接后用细铁丝扎紧，或用金属箍夹住。

7.3 软管管路一律采用带有密封节的管件进行套接。

8 管路的维修

8.1 管路在运行中如发生断裂或接口漏气，可用胶粘带或胶布包扎作暂时应急修理。待材料齐备时，再按常规进行修复。

8.2 管路在运行中如有损坏，除可拆接口以外，应将损坏的部分割去，更换新管件。在任何情况下，不得使用不合规格的管件代用。

8.3 室内有蒜臭气味时应先打开门窗，让空气流通，然后用肥皂水涂抹管路的各个接口找出漏气点。在任何情况下，不得使用明火找漏。

8.4 沼气使用时如果火焰跳动，应先通过排水井或存水段排除管路中积水。如跳动未能消除则是管路坡度失常的积水，应找出故障地点将坡度进行改正。

8.5 管材和管件应经常保持有一定的维修备品备件，以免影响系统的正常维修工作。

9 工程质量检验和竣工试验

9.1 在施工和安装过程中应作好如下外观检验：

室外管路：管沟尺寸、沟底坡度、各项装置位置、覆土操作；

室内管路：水平管段坡度、装置高度和牢固度以及美观等。

9.2 管路竣工后，室外管和室内管都必须经过气密性试验。气密性试验以空气为介质。试验压力：有贮气装置的管路为管路工作压力的二倍；水压式池的试验压力为1000mmH_2O。以五分钟U形压力计水柱高度无变动为合格。

9.3 设有贮气装置的池子，在使用前应校验贮气压力并调整配重。标准贮气压力为：湿式贮气装置高出灶具额定压力40mmH_2O；干式贮气装置（气袋）高出灶具额定压力为20mmH_2O。水压式池的压降试验调节，灶前开关全开时使每台以灶前压力达到灶具额定压力，管路起点压力不超过300mmH_2O为标准（如图所示）。

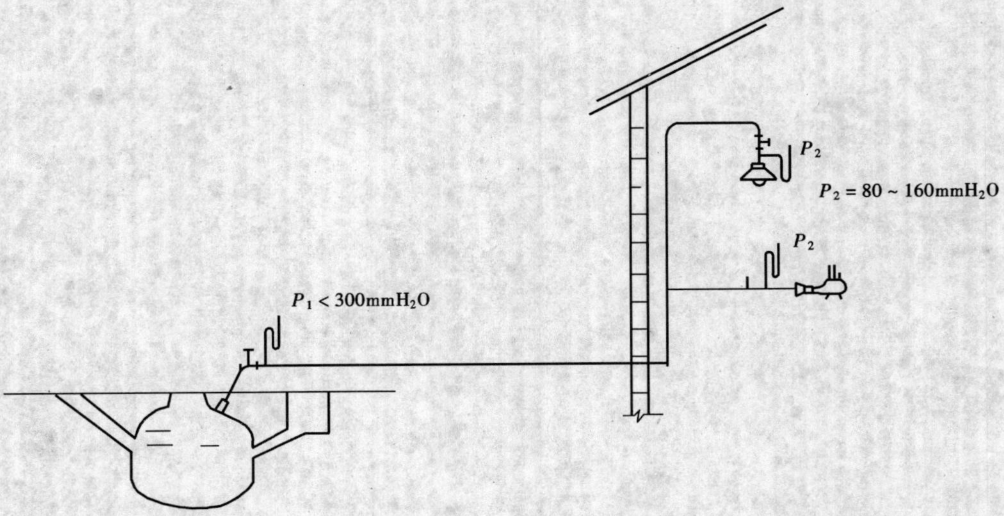

附加说明：

本标准由中华人民共和国农牧渔业部提出。

本标准由上海市科学技术委员会负责起草。

中华人民共和国国家标准

户用沼气池质量检查验收规范

Specificafion for check and acceptance of the quality for household anerobie digesters

GB/T 4751—2002

代替 GB/T 4751—1984

中华人民共和国国家质量监督检验检疫总局　2002-07-02 批准

2003-01-01 实施

前　言

1984年原国家标准局发布了GB/T 4751—1984《农村家用水压式沼气池质量检查验收标准》，与GB/T 4750—1984《农村家用水压式沼气池标准图集》和GB/T 4752—1984《农村家用水压式沼气池施工操作规程》相配套，同时发布实施。

1985年以后国家发布了一系列建筑工程质量检验规范和试验方法标准，加之GB/T 4750—1984《农村家用水压式沼气池标准图集》和GB/T 4752—1984《农村家用水压式沼气池施工操作规程》已作了修订，为保持标准间的协调与配套和适应沼气事业持续有序发展的需要，本标准亦应作相应的修订。本标准保留了GB/T 4751—1984经实践证明仍适合我国当前实际的内容，修订补充了以下主要内容：

——对池坑开挖、砖砌体等允许偏差值作了修订调整；

——增加了范围、引用标准、建池材料等章、节内容；

——增加了浮罩试压、检验、沼气池验收登记表等内容。

本标准与GB/T 4750—2002《户用沼气池标准图集》和GB/T 4752—2002《户用沼气池施工操作规程》配套使用。

本标准由农业部科技教育司提出。

本标准由昆明市农村能源环境保护办公室负责起草，河北省建筑科学研究院、农业部沼气科学研究所、湖北省农村能源办公室、四川省农村能源办公室、四川省新都县沼气办公室参加起草。

本标准主要起草人：张万俊、郑启寿、任元才、王长廷、杨其学、杨文谦、王德双。

本标准委托昆明市农村能源环境保护办公室负责解释。

本标准所代替标准的历次版本发布情况为：GB/T 4751—1984。

户用沼气池质量检查验收规范

1 范　　围

本标准规定了户用沼气池选用现浇混凝土、砖砌体、钢筋混凝土预制板等材料建池以及密封层施工的质量检查验收的内容、方法及要求。

本标准适用于按 GB/T 4750—2002 设计和 GB/T 4752—2002 进行建池施工沼气池的质量检查验收。

2 规范性引用文件

下列文件中的条款通过本标准的引用而成为本标准的条款。凡是注日期的引用文件，其随后所有的修改单（不包括堪误的内容）或修订版均不适用于本标准，然而，鼓励根据本标准达成协议的各方研究是否可使用这些文件的最新版本。凡是不注日期的引用文件，其最新版本适用于本标准。

GB 175—1999　硅酸盐水泥，普通硅酸盐水泥

GB 1344—1999　矿渣硅酸盐水泥，火山灰质硅酸盐水泥及粉煤灰硅酸盐水泥

GB/T 4750—2002　户用沼气池标准图集

GB/T 4752—2002　户用沼气池施工操作规程

GB 50203—1998　砖石工程施工及验收规范

JGJ 52—1992　普通混凝土用砂质量标准及检验方法

JGJ 53—1992　普通混凝土用碎石或卵石质量标准及检验方法

JGJ 81—1985　普通混凝土力学性能试验方法

JGJ/T 23—1992　回弹法检测混凝土抗压强度技术规程

JGJ 70—90　建筑砂浆基本性能试验方法

3 建 池 材 料

3.1　水泥检验验收应符合 GB 175、GB 1344 的规定。

3.2　碎石或卵石的检验验收应符合 JGJ 53 的规定。

3.3　砂的检验验收应符合 JGJ 52 的规定。

3.4　外加剂的质量验收应符合该产品的标准。

4 土 方 工 程

4.1　沼气池池坑地基承载力设计值≥50kPa。

检验方法：观察检查土质情况，复查施工记录。

4.2　回填土应分层夯实，其质量密度值要求达到 $1.8g/cm^3$，偏差值不大于（1.8 ± 0.03）g/cm^3。

检验方法：检验施工记录及土质取样测定，每池取两点。

4.3 池坑开挖标高、内径、池壁垂直度和表面平整度允许偏差值见表1。

表1 池坑开挖允许偏差

项　　目	允许偏差/mm	检验方法	检查点数
直径	+20	用尺量	4
标高	+15 −5	用水准仪按施工记录拉线用尺量	4
垂直度	±10	用重锤线和尺量	4
表面平整度	±5	用1m靠尺和楔形塞尺	4

5 模　板　工　程

5.1 砖模、钢模、木模和支撑件应有足够的强度、刚度和稳定性，并拆装方便。
检验方法；用手摇动和观察检查。

5.2 模板的缝隙以不漏浆为原则。
检验方法：观察检查。

5.3 曲流布料池、圆筒形池整体现浇混凝土模板安装允许偏差及检查方法见表2。

表2 现浇模板安装允许偏差

项　　目	分　　项	允许偏差值/mm	检　验　方　法	检　查　点　数
池与水压间标高	木模	±10	用尺量或用水准仪检查	3
	钢模	±5		3
断面尺寸		+5 −3	用尺量	3
池盖模板	曲率半径	±10	用曲率半径准绳	3

5.4 椭球形池上、下半球的曲率应保持与标准图集设计相一致，尺寸允许偏差±5mm。

5.5 预制构件模板安装的允许偏差及检查方法见表3。

表3 预制件模板安装允许偏差

项　　目		允许偏差值/mm	检验方法	检查点数
长度	板	±5	用尺量	2
	沼气池砌体	0 −3	用尺量	2
宽度	板	±5	用尺量	2
	沼气池砌体	0 −2	用尺量	2
厚度	板	±2	用尺量	2
	沼气池砌体	±2	用尺量	2
对角线		+3	用尺量	2

续表 3

项目		允许偏差值/mm	检验方法	检查点数
直径		±3	用尺量	2
表面平整	板	+2	用尺量	2
	沼气池砌体	+2	用尺量	2
侧向弯曲	板	L/1000	用尺量	2

6 混凝土工程

6.1 混凝土在拌制和浇筑过程中应按下列规定进行检查验收

6.1.1 检查拌制混凝土所用原材料的品种、规格和用量，每一工作班至少两次。

6.1.2 检查混凝土在浇筑地点的塌落度，每工作班至少两次。

6.1.3 混凝土的搅拌时间随时检查。

6.2 混凝土质量检验

6.2.1 检查混凝土质量，当有条件时宜采用试块进行抗压强度检验，混凝土质量的抗压强度值应不低于 GB/T 4750 中设计值的 95%。

6.2.2 用于检查混凝土质量的试样，试件应采用钢模制作，应在混凝土的浇筑地点随机取样制作，试件的留置应符合下列规定：

a）同一配合比混凝土其取样不得少于一次；

b）每班拌制的同一配合比混凝土其取样不得少于一次。

6.2.3 试件强度试验的方法应符合 JGJ 81 的规定。

6.2.4 每组三个试件应在同盘混凝土中取样制作，并按下列规定确定该组试件混凝土强度代表值；

a）取三个试件强度的平均值；

b）当三个试件强度中的最大值或最小值之一与中间值之差不超过 15%时取中间值；

c）当三个试件强度中的最大值和最小值与中间值之差均超过中间值 15%时，该组试件不得作强度评定的依据。

6.3 回弹仪法检测混凝土抗压强度

检查混凝土质量不具备采用试块进行抗压强度试验验收条件时，可采用回弹仪法检测混凝土抗压强度与验收，混凝土抗压强度值应不低于 GB/T 4750 设计值的 95%。

6.4 浇筑混凝土的要求

混凝土应振捣密实，不允许有蜂窝、麻面和裂纹等缺陷。

6.4.1 检验方法：观察检查。

6.4.2 现浇混凝土沼气池允许偏差值及检验方法见表 4。

表 4 现浇混凝土沼气池允许偏差

项目	允许偏差/mm	检验方法	检验点数
内径	+3 −5	拉线用尺量	4

续表4

项　目	允许偏差/mm	检　验　方　法	检　验　点　数
外径	+5 -3	拉线用尺量	4
池墙标高	+5 -10	用水准仪检测或拉线用尺量	4
池墙垂直度	±5	吊线用尺量	4
弧面平整度	±4	用弧形尺和楔形塞尺检查	4
圈梁断面尺寸	+5 -3	拉线用尺量	4
池壁厚度	+5 -3	用尺量取平均值	4

7　砖砌体与预制板工程

7.1　砖砌体工程

7.1.1　砌体中砂浆应饱满密实。垂直及水平灰缝的砂浆饱满度不得低于95%；不允许出现内外相通的孔隙。

检验方法：在池墙、池盖不同位置各掀三块砖，用百分格网查砖底面、侧面砂浆的接触面积大小，一般取三处的平均值。

7.1.2　组砌方法应正确，竖缝错开不准有通缝；水平灰缝要平直，平直度偏差不超过10mm。

检验方法：观察检查或用尺量。

7.1.3　砖砌体允许偏差及检查方法见表5。

表5　砖砌体允许偏差

项　目	允许误差/mm	检　验　方　法	检　查　点　数
直径	±5	用尺量	2
标高	+5 -15	用水准仪或拉线用尺量	4
水平灰缝平直度	±10	拉水平线用尺量	2
水平灰缝厚度	±3	用尺量	3
池墙垂直度	1m范围内±5	用垂线和尺量	3

7.2　混凝土预制板工程

7.2.1　砌体砂浆要饱满密实，板间接头牢固，组砌方法正确，不允许出现通缝或联通缝隙。

7.2.2　砌体外缝采用C20细石混凝土灌缝；砌体内缝用1:2.0水泥砂浆，分两层勾缝与池内壁相平。

7.2.3　砂浆在拌合和施工过程中应按下列规定进行检查验收：

a）检查拌制砂浆所用原材料的品种、规格和用量，每一工作班至少两次；

b）砂浆的拌合时间应随时检查。

7.2.4 砂浆的质量检验，一般用试块方法检验，试块的制作方法应符合 GB 50203 的规定，试块的强度检验方法应符合 JGJ 70 的规定。试块强度平均值应不低于设计强度等级的95%。

8 水泥密封检验

8.1 水泥密封层应灰浆饱满，抹压密实，无翻砂、无裂纹、无空鼓、无脱落，表层光滑。接缝要严格，各层间粘结牢固。

检验方法：边施工边观察或用木锤敲击检查；查施工记录。

8.2 水泥密封层厚度应符合 GB/T 4752 的设计要求；总厚度允许偏差 + 5mm。

检验方法：边施工边检查。

9 涂料密封层检验

9.1 涂料层应薄而均匀，并且具有对潮湿基面良好的附着力，抗老化性及耐酸碱性，不得出现任何裂纹。

9.2 涂料密封层施工中涂刷不得有漏刷、脱落、空鼓、起壳、接缝不严密、裂缝等现象，涂刷厚度要均匀，表面光滑。

检验方法：边施工边检查；查施工记录。

10 沼气池整体施工质量和密封性能验收及检验方法

10.1 直观检查法：应对施工记录和沼气池各部位的几何尺寸进行复查。池体内表面应无蜂窝、麻面、裂纹、砂眼和气孔；无渗水痕迹等目视可见的明显缺陷；粉刷层不得有空鼓或脱落现象，合格后方可进行试压验收。

10.2 待混凝土强度达到设计强度等级的85%以上时，方能进行试压查漏验收。检验方法有水试压法和气试压法。

10.2.1 水试压法：向池内注水，水面升至零压线位时停止加水，待池体湿透后标记水位线，观察12h。当水位无明显变化时，表明发酵间及进出料管水位线以下不漏水，之后方可进行试压。试压时先安装好活动盖，并做好密封处理；接上U型水柱气压表后继续向池内加水，待U型水柱气压表数值升至最大设计工作气压时停止加水，记录U型水柱气压表数值，稳压观察24h。若气压表下降数值小于设计工作气压的3%时，可确认为该沼气池的抗渗性能符合要求。

10.2.2 气试压法：池体加水试漏同水试压法。确定池墙不漏水之后，抽出池中水将进出料管口及活动盖严格密封，装上U型水柱气压表，向池内充气，当U型水柱气压表数值升至设计工作气压时停止充气，并关好开关，稳压观察24h。若U型水柱气压表下降数值小于设计工作气压的3%时，可确认为该沼气池的抗渗性能符合要求。

浮罩式沼气池，须对贮气浮罩进行气压法检验。

浮罩试压：先把浮罩安装好后，在导气管处装上U型水柱气压表，再向浮罩内打气，同时在浮罩外表面刷肥皂水仔细观察浮罩，表面检查是否有漏气。当浮罩上升到设计最大高度时，停止打气，稳定观察24h，U型水柱气压表，水柱下降数值小于设计工作气压的

3%时，可确认该浮罩的抗渗性能符合要求。

11 沼气池整体工程竣工验收

11.1 沼气池交付使用前应符合 GB/T 4750 的设计要求，按 GB/T 4752 施工。

11.2 沼气池工程验收时，应填写（提供）沼气池验收登记表（见表 6）。

表 6 省　　地（市）　　县　　乡沼气池验收登记表

沼气建池户姓名		施工技术员姓名	
建池户地址		沼气池池型	
开工日期		沼气池容积	
竣工日期		验收日期	
建池材料（水泥、砂、石等）数量、规格、标号			
建沼气池用户意见（签字）			
主持验收单位意见（须说明建设技术、质量、材料等是否合格，试压检验结果等）： 负责人（签章） 年　月　日			

中华人民共和国国家标准

户用沼气池施工操作规程

Operation rules for construction of household anerobie digesters

GB/T 4752—2002

代替 GB/T 4752—1984

中华人民共和国国家质量监督检验检疫总局　2002-07-02 批准

2003-01-01 实施

前　言

1984年原国家标准局发布了GB/T 4752—1984《农村家用水压式沼气池施工操作规程》，与GB/T 4750—1984《农村家用水压式沼气池标准图集》和GB/T 4751—1984《农村家用水压式沼气池质量检查验收标准》相配套，同时发布实施。

为适应科学技术进步所提出的更高要求和沼气事业持续发展的需要，加之原发布的《农村家用水压式沼气池标准图集》已作修订，作为配套实施的本标准亦应作相应修订。

1990年以后，国家发布了一些有关建筑建池材料和施工技术标准，本标准必须作相应修订，以保持标准间的协调。

本标准保留了GB/T 4752—1984经实践证明仍适合我国当前实际的内容，修订补充了以下主要内容：

——对沼气池密封层做法和砂浆配比进行了修订、调整；

——增加了预制钢筋混凝土板装配沼气池、分离贮气浮罩沼气池等新技术的施工章、节；

——增加了现浇混凝土曲流布料、钢筋混凝土板装配、圆筒形、椭球形、分离贮气浮罩沼气池等材料参考用量表；

——增加了引用标准、密封层施工（四层抹面法）等章节。

本标准由农业部科技教育司提出。

本标准由昆明市农村能源环境保护办公室负责起草，农业部沼气科学研究所、湖北省农村能源办公室、河北省新能源办公室、重庆市万州天城区建委、广西恭城县农村能源办公室参加起草。

本标准主要起草人：张万俊、郑启寿、刘佳丽、黄诚信、朱建湘、王承政、李书军、李公涛。

本标准委托昆明市农村能源环境保护办公室负责解释。

本标准所代替标准的历次版本发布情况为：GB/T 4752—1984。

户用沼气池施工操作规程

1 范 围

本标准规定了沼气池的建池选址、建池材料质量要求、土方工程、施工工艺、沼气池密封层施工等技术要求和总体验收。

本标准适用于按 GB/T 4750 设计的各类沼气池的施工。

2 规范性引用文件

下列文件中的条款通过本标准的引用而成为本标准的条款。凡是注日期的引用文件，其随后所有的修改单（不包括勘误的内容）或修订版均不适用于本标准，然而，鼓励根据本标准达成协议的各方研究是否可使用这些文件的最新版本。凡是不注日期的引用文件，其最新版本适用于本标准 。

GB 175—1999 硅酸盐水泥、普通硅酸盐水泥

GB 1344—1999 矿渣硅酸盐水泥、火山灰质硅酸盐水泥及粉煤灰硅酸盐水泥

GB/T 4750—2002 户用沼气池标准图集

GB/T 4751—2002 户用沼气池质量检查验收规范

GB 5101—1998 烧结普通砖

GB 50164—92 混凝土质量控制

JGJ 52—1992 普通混凝土用砂质量标准及检验方法

JGJ 53—1992 普通混凝土用碎石或卵石质量标准及检验方法

3 施 工 准 备

3.1 池形选择根据 GB/T 4750 的技术要求，结合用户所能提供的发酵原料种类、数量和人口数、地质水文条件、气候、建池材料的选择难易、施工技术水平等特点，因地制宜地选定池形和池容积。

3.2 池址选择宜做到猪厩、厕所、沼气池三者联通建造，达到人、畜粪便能自流入池；池址与灶具的距离宜尽量靠近，一般控制在 25m 以内；尽量选择在背风向阳、土质坚实、地下水位低和出料方便的地方。

3.3 拟定施工方案根据池形结构设计确定施工工艺；备足建池材料；作好施工前的技术准备工作。

3.3.1 $4m^3$ ~ $10m^3$ 现浇混凝土曲流布料沼气池材料参考用量表（见表 1）。

表 1 $4m^3$ ~ $10m^3$ 现浇混凝土曲流布料沼气池材料参考用量表

容积/m^3	混凝土				池体抹灰			水泥素浆	合计材料用量		
	体积/m^3	水泥/kg	中沙/m^3	碎石/m^3	体积/m^3	水泥/kg	中沙/m^3	水泥//kg	水泥/kg	中沙/m^3	碎石/m^3
4	1.828	523	0.725	1.579	0.393	158	0.371	78	759	1.096	1.579

续表 1

容积/m^3	混凝土				池体抹灰			水泥素浆	合计材料用量		
	体积/m^3	水泥/kg	中沙/m^3	碎石/m^3	体积/m^3	水泥/kg	中沙/m^3	水泥//kg	水泥/kg	中沙/m^3	碎石/m^3
6	2.148	614	0.852	1.856	0.489	197	0.461	93	904	1.313	1.856
8	2.508	717	0.995	2.167	0.551	222	0.519	103	1 042	1.514	2.167
10	2.956	845	1.172	2.553	0.658	265	0.620	120	1 230	1.792	2.553

3.3.2 $4m^3 \sim 10m^3$ 预制钢筋混凝土板装配沼气池材料参考用量表（见表 2）。

3.3.3 $4m^3 \sim 10m^3$ 现浇混凝土圆筒形沼气池材料参考用量表（见表 3）。

3.3.4 $4m^3 \sim 10m^3$ 椭球形沼气池材料参考用量表（表 4）。

3.3.5 $6m^3 \sim 10m^3$ 分离贮气浮罩沼气池材料用量表（表 5）。

表 2 $4m^3 \sim 10m^3$ 预制钢筋混凝土板装配沼气池材料参考用量表

容积/m^3	混凝土				池体抹灰			水泥素浆	合计材料用量			钢 材	
	体积/m^3	水泥/kg	中沙/m^3	碎石/m^3	体积/m^3	水泥/kg	中沙/m^3	水泥/kg	水泥/kg	中沙/m^3	碎石/m^3	12 号铁丝/kg	ϕ6.5 钢筋/kg
4	1.540	471	0.863	1.413	0.393	158	0.371	78	707	1.234	1.413	14.00	10.00
6	1.840	561	0.990	1.690	0.489	197	0.461	93	851	1.451	1.690	18.98	13.55
8	2.104	691	1.120	1.900	0.551	222	0.519	103	1016	1.639	1.900	20.98	14.00
10	2.384	789	1.260	2.170	0.658	265	0.620	120	1174	1.880	2.170	23.00	15.00

表 3 $4m^3 \sim 10m^3$ 现浇混凝土圆筒形沼气池材料参考用量表

容积/m^3	混凝土				池体抹灰			水泥素浆	合计材料用量		
	体积/m^3	水泥/kg	中沙/m^3	碎石/m^3	体积/m^3	水泥/kg	中沙/m^3	水泥//kg	水泥/kg	中沙/m^3	碎石/m^3
4	1.257	350	0.622	0.959	0.277	113	0.259	6	469	0.881	0.959
6	1.635	455	0.809	1.250	0.347	142	0.324	7	604	1.133	1.250
8	2.017	561	0.997	1.540	0.400	163	0.374	9	733	1.371	1.540
10	2.239	623	1.107	1.710	0.508	208	0.475	11	842	1.582	1.710

表 4 现浇混凝土椭球形沼气池材料参考用量表

池 型	容积/m^3	混凝土/m^3	水泥/kg	砂/m^3	石子/m^3	硅酸钠/kg	石蜡/kg	备 注
椭球 A Ⅰ型	4	1.018	381	0.671	0.777	4	4	
	6	1.278	477	0.841	0.976	5	5	
	8	1.517	566	0.998	1.158	6	6	
	10	1.700	638	1.125	1.298	7	7	
椭球 A Ⅱ型	4	0.982	366	0.645	0.750	4	4	
	6	1.238	460	0.811	0.946	5	5	
	8	1.465	545	0.959	1.148	6	6	
	10	1.649	616	1.086	1.259	7	7	

续表 4

池　型	容积/m^3	混凝土/m^3	水泥/kg	砂/m^3	石子/m^3	硅酸钠/kg	石蜡/kg	备　注
椭球 B Ⅰ型	4	1.010	376	0.664	0.771	4	4	
	6	1.273	473	0.833	0.972	5	5	
	8	1.555	578	1.091	1.187	6	6	
	10	1.786	662	1.167	1.364	7	7	
注 1：表中各种材料均按产气率为 0.2m^3/（m^3·d）计算，未计损耗。 注 2：抄灰砂浆采用体积比 1:2.5 和 1:3.0 两种，本表以平均数计算。 注 3：碎石粒径为 5mm～20mm。 注 4：本表系按实际容积计算。								

表 5　6m^3～10m^3 分离贮气浮罩沼气池材料参考用量表

池容/m^3	混凝土工程				密封工程			合　计		
	体积/m^3	水泥/kg	中砂/m^3	卵石/m^3	面积/m^2	水泥/kg	中砂/m^3	水泥/kg	中砂/m^3	卵石/m^3
6	1.47	396	0.62	1.25	17.60	260	0.20	656	0.82	1.25
8	1.78	479	0.75	1.51	21.21	314	0.24	793	0.99	1.51
10	2.14	578	0.90	1.82	25.14	372	0.28	948	1.18	1.82
注：本表系按实际容积计算，未计损耗；表中未包括贮粪池的材料用量。										

4　建池材料要求

4.1　水泥：优先选用硅酸盐水泥，也可以用矿渣硅酸盐水泥、火山灰质硅酸盐水泥或粉煤灰硅酸盐水泥。水泥的性能指标必须符合 GB 175 和 GB 1344 规定，宜选水泥强度标号为 325 号或 425 号的水泥。

4.2　水泥进场应有出厂合格证或进场试验报告，并应对其品种、标号出厂日期等检查验收。

当对水泥质量有怀疑或水泥出厂超过三个月，应复查试验，并按试验结果使用。

4.3　石子其最大颗粒粒径不得超过结构截面最小尺寸的四分之一，且不得超过钢筋间最小距离的四分之三。对混凝土实心板，石子的最大粒径不宜超过板厚的二分之一且不得超过 20～40mm。

4.4　沼气池混凝土所用石子，应符合 JGJ 53 规定。

4.5　沼气池混凝土所用的砂应符合 JGJ 52 规定，宜采用中砂。

4.6　水选择饮用水。

4.7　砖应选择实心砖，应符合 GB 5101 规定，砖的强度等级应选择在 MU7.5 以上。

4.8　混凝土预制板强度等级应大于 C15，并应规格相同，尺寸准确，外形规则无缺损。

4.9　砌筑砂浆：

a）砂浆用砂应过筛，不得含有草根等杂物。砂浆的配合比应经试验确定，砂浆的施工配合比应采用质量比，强度等级采用 MU7.5。材料称量允许偏差为 ±2%。

b）砂浆的拌合如用机械搅拌，自投料时算起，不得少于 90s。人工拌合，不得有可见原状砂粒，色泽应均匀一致。

c）砂将应随拌随用，应在拌成后3h内使用完毕，如施工期间最高气温超过30°C时应在拌成后2h内使用完毕。

4.10 外加剂。沼气池混凝土中可掺用外加剂，宜掺用能增加混凝土抗渗性及强度的早强剂、减水剂等，应符合有关标准，并经试验符合要求后方可使用，不得掺用加气剂、引气型减水剂。

5 土方工程

5.1 池坑开挖，按下列条件施工

5.1.1 池址在有地下水或无地下水，土壤具有天然湿度，池坑直壁开挖深度应小于表6所规定的允许值；当池坑开挖深度小于表6的允许值时，可按直壁开挖池坑。

5.1.2 池建在无地下水，土壤具有天然湿度，土质构造均匀，池坑开挖深度小于5m或建在有地下水，池坑开挖深度小于3m时，可按表7的规定放坡开挖。

表6 池坑下壁开挖最大允许高度

土　　壤	无地下水，土壤具有天然湿度/m	有地下水
人工填土和砂土内	1.00	0.60
在粉土和碎石内	1.25	0.75
在粘性土内	1.50	0.95

表7 池坑放坡开挖比例

土　　壤	坡　　度	土　　壤	坡　　度
砂土	1:1	碎石	1:0.50
粉土	1:0.78	粉性土	1:0.67
粘土	1:0.33		

5.2 池坑开挖放线

5.2.1 进行直壁开挖的池坑，为了省工、省料，宜利用池坑土壁作胎模：

a）圆筒形池与曲流布料池，上圈梁以上部位按放坡开挖的池坑放线，圈梁以下部位按模具成型的要求放线；

b）椭球形池的上半球，一般按主池直径放大0.6m放线，作为施工作业面，下半球按池形的几何尺寸放线；

c）预制板沼气池坑，按GB/T 4750选定的沼气池的几何尺寸，加上背夯回填土15cm宽度进行放线，砖砌沼气池土壤好时，将砖块紧贴坑壁原浆砌筑，不留背夯位置；

d）池坑放线时，先定好中心桩和标高基准桩。中心桩和标高基准桩应牢固不变位；

e）池坑开挖应按照放线尺寸，开挖池坑不得扰动土胎模，不准在坑沿堆放重物和弃土。如遇到地下水，应采取引水沟、集水井和曲流布料池的无底玻璃瓶等排水措施，及时将积水排除，引离施工现场；做到快挖快建，避免暴雨侵袭。

5.3 特殊地基处理

5.3.1 淤泥：淤泥地基开挖后，应先用大块石压实，再用炉渣或碎石填平，然后浇筑1:5.5水泥砂浆一层。

5.3.2 流砂：流砂地基开挖后，池坑底标高不得低于地下水位0.5m。若深度大于地下水位0.5m，应采取池坑外降低地下水位的技术措施，或迁址避开。

5.3.3　膨胀土或湿陷性黄土应采用更换好土或设置排水、防水措施。

6　现浇混凝土沼气池的施工

6.1　池坑开挖

大开挖支模浇注法。按照 GB/T 4750 选定沼气池的尺寸，挖掉全池土方。池墙外模，利用原状土壁；池墙和池盖内模可用钢模、砖模、木模等。支模后浇注混凝土，一次成型。混凝土浇捣要连续、均匀对称、振捣密实，池盖浇捣程序由下而上，池盖顶面原浆压实抹光。

6.2　支模

6.2.1　外模：曲流布料沼气池与圆筒形的池底、池墙和球形、椭球形沼气池下半球的外模，对于适合直壁开挖的池坑，利用池坑壁作外模。

6.2.2　内模：曲流布料沼气池与圆筒形的池墙、池盖和椭球形沼气池的上半球内模，可采用钢模、砖模或木模。砌筑砖模时，砖块应浇水湿润，保持内潮外干，砌筑灰缝不漏浆。

6.3　模板及其支架

应符合下列规定：

a）保证沼气池结构和构件各部分形状尺寸和相应位置的正确；

b）具有足够的强度、刚度和稳定性，能可靠地承受新浇筑混凝土的正压和侧压力，以及施工过程中施工人员及施工设备所产生的荷载；

c）构造简单装拆方便，并便于钢筋的绑扎与安装和混凝土的浇筑及养护等工艺要求；

d）模板接缝严密不得漏浆。

6.4　混凝土的配合比

6.4.1　混凝土施工配合比，应根据设计的混凝土强度等级、质量检验、混凝土施工和易性及尽力提高其抗渗能力的要求确定，并应符合合理使用材料和经济的原则。

表 8　材料称重允许偏差

材料名称	允许偏差/%
水泥	±2
石子、砂石	±3
水、外加剂	±2

6.4.2　混凝土的最大水灰比不超过 0.65，每立方米混凝土最小水泥用量不小于 275kg。

6.4.3　混凝土浇筑时塌落度应控制在 2～4cm 内。

6.4.4　混凝土原材料称量的偏差不得超过表 8 中允许偏差的规定。

6.5　混凝土搅拌要求

混凝土搅拌当采用机械搅拌，最短时间不得小于 90s。当采用人工拌合时，拌合好的混凝土应保证色泽均匀一致，不得有可见原状石子和砂。

6.6　模板及支架检验

对模板及其支架、钢筋和预埋件应进行检查并做好记录，符合设计要求后方能浇筑混凝土。

6.7　浇筑混凝土前的检查

对模板内的杂物和钢筋上的油污等应清理干净，对模板的缝隙和孔洞应予堵严，对木模板应浇水湿润，但不得有积水。

6.8 混凝土倾落度的要求

混凝土自高处倾落的自由高度不应超过 2m。

6.9 浇筑混凝土清洁要求

浇筑池底混凝土时应消除淤泥和杂物，并应有排水和防水措施。对干燥的非粘性土应用水湿润。

6.10 浇筑混凝土气温要求

在降雨雪或气温低于 0℃时不宜浇筑混凝土，当需浇筑时应采取有效措施，确保混凝土质量。

6.11 浇筑混凝土程序要求

沼气池混凝土浇筑采用螺旋式上升的程序一次浇筑成型。要求振捣密实、无蜂窝、麻面、裂缝等缺陷，并做好施工记录。

6.12 浇筑混凝土温度要求

混凝土拌合后，当气温不高于 25℃，宜在 120min 内浇筑完毕，当温度高于 25℃时，宜在 90min 内浇筑完毕。

6.13 混凝土的养护

6.13.1 对已浇筑完毕的混凝土，应在 12h 内加以覆盖和 24h 后浇水养护，当日平均气温低于 5℃时不得浇水。

6.13.2 混凝土的浇水养护时间，对采用硅酸盐水泥、普通硅酸盐水泥或矿渣硅酸盐水泥拌制的混凝土不得小于 7d，对火山灰质及粉煤灰硅酸盐水泥及掺用外加剂的混凝土不得少于 14d。

6.13.3 在已浇筑的混凝土强度未达到 1.5MPa，不得在其上踩踏或安装模板及支架。

7 池 底 施 工

先将池基原状土夯实，然后铺设卵石垫层，并浇灌 1:5.5 的水泥砂浆，再浇筑池底混凝土，要求振实并将池底抹成曲面形状。

8 进、出料管施工

进、出料管与水压间的施工及回填土，应与主池在同一标高处同时进行，并注意做好选、出料管插入池墙部位的混凝土加强部分。

9 砌筑沼气池和预制钢筋混凝土板装配沼气池的施工

9.1 采用“活动轮杆法”砖砌圆筒形沼气池池墙

砌筑中应注意：

a）砖块先浸水，保持面干内湿；

b）砖块砌筑应横平竖直，内口顶紧，外口嵌牢，砂浆饱满，竖缝错开；

c）注意浇水养护砌体，避免灰缝脱水；

d）若无条件紧贴坑壁砌筑时，池墙外围回填土应回填密实。回填土含水量控制在 20%～25%之间，可掺入 30%粒径小于 40mm 的碎石、石灰渣或碎砖瓦等；对称、均匀回填夯实，边砌筑边回填。

9.2　上圈梁施工

在砌好的池墙上端，做好砂浆找平层，然后支模。当采用工具式弧形木模时，应分段移动浇筑混凝土，要拍捣密实，随打随压抹光。

9.3　池盖砌筑

浇筑好上圈梁后立即进行池盖砌筑施工或待圈梁混凝土强度达到设计强度等级70%后再进行砌筑池盖。对砖砌或小型混凝土预制块沼气池可采用"无模悬砌卷拱法"砌筑施工。对于预制板混凝土池盖施工应采用支模法施工。

9.4　预制钢筋混凝土板及装配施工

预制板混凝土预制时的混凝土浇筑配合比、养护、支模等按6.2、6.4、6.13要求进行。

9.5　预制钢筋混凝土板装配沼气池的施工

先浇池底圈梁混凝土，然后按池墙、池拱预制板编号和进、出料管位置方向组装。关键要注意各部位垂直度、水平度符合要求，并特别注意接头处粘接牢固、密实。

10　拆　　模

10.1　拆侧模时要求混凝土强度应达到不低于混凝土设计强度等级的40%。拆承重模时要求混凝土强度应达到不低于混凝土设计强度等级的75%。

10.2　在拆除模板过程中应注意保护混凝土表面及棱角不因拆除模板而受损坏，如发现混凝土有影响结构及抗渗性的质量问题时应暂停拆除。经过处理后方可继续拆除。

11　回　填　土

回填土应以好土为主，并注意对称均匀回填，分层夯实。拱盖上的回填土，应待混凝土强度达到设计强度等级的75%后进行，避免局部受冲击。

12　密　封　层　施　工

12.1　基层处理

12.1.1　混凝土基层的处理在模板拆除后，立即用钢丝刷将表面打毛，并在抹面前浇水冲洗干净。

12.1.2　当遇有混凝土基层表面凹凸不平、蜂窝孔洞等现象时，应根据不同情况分别进行处理。

当凹凸不平处的深度大于10mm时，先用钻子剔成斜坡，并用钢丝刷刷后浇水清洗干净，抹素灰2mm，再抹砂浆找平层（见图1），抹后将砂浆表面横向扫成毛面。如深度较大时，待砂浆凝固后（一般间隔12h）再抹素灰2mm，再用砂浆抹至与混凝土平面齐平为止。

当基层表面有蜂窝孔洞时，应先用钻子将松散石除掉，将孔洞四周边缘剔成斜坡，用水清洗干净，然后用2mm素灰、10mm水泥砂浆交替抹压，直至与基层齐平为止，并将最后一层砂浆表面横向抹成毛面。待砂浆凝固后再与混凝土表面一起做好防水层（见图2）。当蜂窝麻面不深，且石子粘结较牢固，则需用水冲洗干净，再用1:1水泥砂浆用力压抹平后，并将砂浆表面扫毛即可（见图3）。对砌筑的砌体，需将砌缝剔成1cm深的直角沟槽（不能剔成圆角）（见图4）。

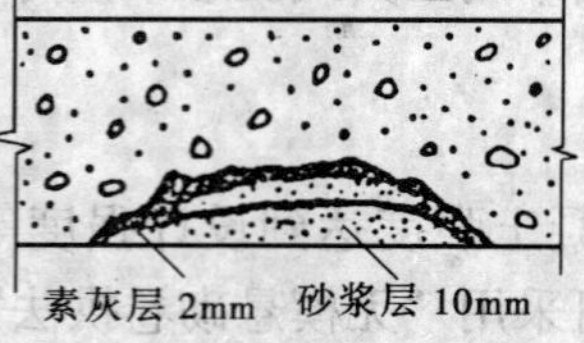

图 1 混凝土基层凹凸不平的处理

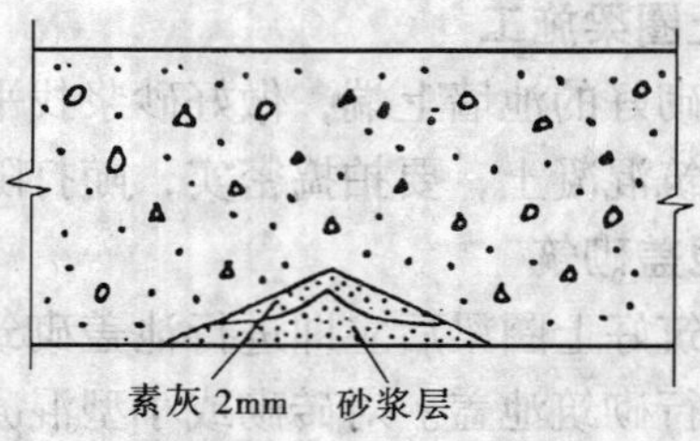

图 2 混凝土基层孔洞处理

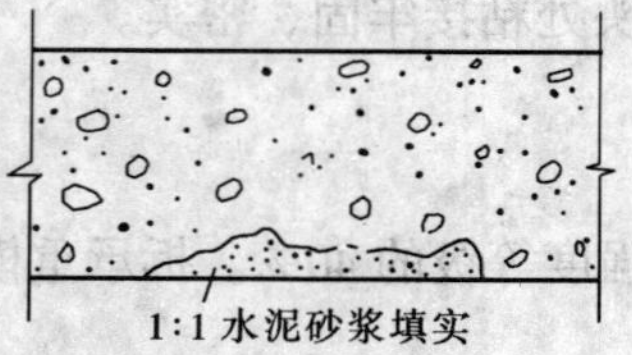

图 3 混凝土基层蜂窝处理

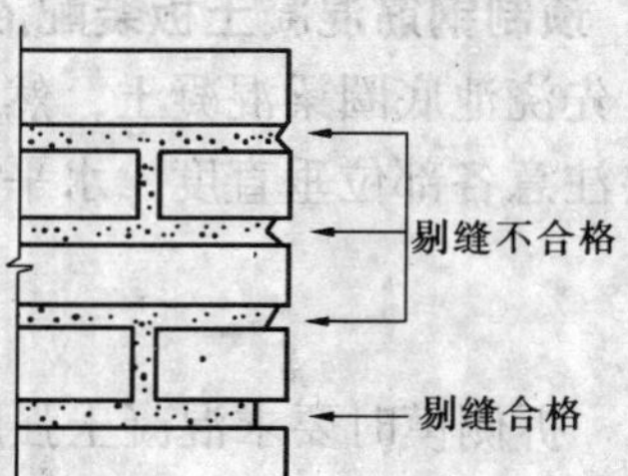

图 4 砌体缝的处理

12.1.2.1 砌块基层处理需将表面残留的灰浆等污物清除干净，并浇水冲洗。

12.1.2.2 在基层处理完后，应浇水充分浸润。

12.2 四层抹面法

沼气池刚性防渗层四层抹面法施工要求（见表 9）

表 9 四层抹面法施工要求

层次	水灰比	操作要求	作用
第一层素灰	0.4~0.5	用稠素水泥浆刷一遍。	结合层
第二层水泥砂浆层厚 10mm	0.4~0.5 水泥:砂为 1:3	1. 在素灰初凝时进行，即当素灰干燥到用手指能按入水泥浆层四分之一至二分之一时进行，要使水泥砂浆薄薄压入素灰层约四分之一左右，以使第一、二层结合牢固。 2. 水泥砂浆初凝前，用木抹子将表面抹平、压实	起骨架和护素灰作用
第三层水泥砂浆层厚 4~5mm	0.4~0.45 水泥:砂为 1:2	1. 操作方法同第二层。水分蒸发过程中，分次用木抹子抹压 1~2 遍，以增加密实性，最后再压光。 2. 每次抹压间隔时间应视施工现场湿度大小，气温高低及通风条件而定	起着骨架和防水作用
第四层素灰层厚 2mm	0.37~0.4	1. 分两次用铁抹子往返用力刮抹，先刮抹 1mm 厚素灰作为结合层，使素灰填实基层孔隙，以增加防水层的粘结力，随后再刮抹 1mm 厚的素灰，厚度要均匀。每次刮抹素灰后，都应用橡胶皮或塑料布适时收水（认真搓磨）。 2. 用湿毛刷或排笔蘸水泥浆在素灰层表面依次均匀水平涂刷一遍，以堵塞和填平毛细孔道，增加不透水性，最后刷素浆 1~2 遍，形成密封层	防水、密封作用

12.3 密封层施工操作要求

12.3.1 施工时，务必做到分层交替抹压密实，以使每层的毛细孔道大部分切断，使残留的少量毛细孔无法形成连通的渗水孔网，保证防水层具有较高的抗渗防水性能。

12.3.2 施工时应注意素灰层与砂浆层应在同一天内完成。即防水层的前两层基本上连续操作，后两层连续操作，切勿抹完素灰后放置时间过长或次日再抹水泥砂浆。

12.3.3 素灰抹面，素灰层要薄而均匀，不宜过厚，否则造成堆积，反而降低粘结强度且容易起壳。抹面后不宜干撒水泥粉，以免素灰层厚薄不均影响粘结。

12.3.4 水泥砂浆揉浆，用木抹子来回用力压实，使其渗入素灰层。如果揉压不透则影响两层之间的粘结。在揉压和抹平砂浆的过程中，严禁加水，否则砂浆干湿不一，容易开裂。

12.3.5 水泥砂浆收压，在水泥砂浆初凝前，待收水 70%（即用手指按压上去，有少许水润出现而不易压成手迹）时，就可以进行收压工作。收压是用木抹子抹光压实。收压时需掌握：

a）砂浆不宜过湿；

b）收压不宜过早，但也不迟于初凝；

c）用铁板抹压而不能用边口刮压，收压一般作两道，第一道收压表面要粗毛，第二道收压表面要细毛，使砂浆密实，强度高且不易起砂。

13 涂料密封层施工

13.1 涂料选用经过省、部级鉴定的密封涂料，材料性能要求具有弹塑性好，无毒性，耐酸碱，与潮湿基层粘结力强，延伸性好，耐久性好，且可涂刷的。

13.2 涂料施工要求和施工注意事项应按所购产品的使用说明书要求进行。

14 贮气浮罩的施工

14.1 焊接浮罩骨架：$1m^3 \sim 2m^3$ 浮罩骨架采用 DN_{25}的水煤气管作导向套管，DN_{15}的水煤气管作中心导向轴；$3m^3 \sim 4m^3$ 浮罩骨架采用 DN_{40}的水煤气管作导向导管，DN_{25}的水煤气管作中心导向轴。套管底端比骨架低 5mm，顶端比骨架顶高 15mm。

14.2 浮罩顶板施工：首先平整场地，在场地上划一个比浮罩尺寸大 100～150mm 的圆圈，用红砖沿圆周摆平，砌规则，在圆内填满河砂压实并形成锥形，锥形的高度：$1m^3 \sim 2m^3$ 浮罩为 10mm；$3m^3 \sim 4m^3$ 浮罩为 20mm。在导气管处，需下陷一些，形成一个锥形，以增强导气管的牢固性。然后在上面铺一层塑料薄膜，放上浮罩骨架，校正好，按顶板设计厚度用 1:2 水泥砂浆抹实压平，待初凝时，撒上水泥灰，反复抹光。沿顶板边缘处，按设计尺寸切成 45°斜口，并保持粗糙，以便与浮罩壁能牢固的胶接。

14.3 砌模：顶板终凝后，以导向套圆浮罩内径为半径用 53mm 砖砌模。砖模应紧贴钢架，砌浆采用粘土泥浆。模砌至距浮罩壁口部 100mm～120mm 时，砌模倾向套管 20～30mm，使口部罩壁加厚。模体砌好后，用粘土泥浆抹平砌缝，稍干之后刷石灰水一遍。

14.4 制作浮罩壁：先将模体外缘的塑料薄膜按浮罩外径大小切除，清洗干净，在顶板圆周毛边用 1:2 水泥砂浆铺上 100mm。然后沿模体由下向上粉刷，厚 20～30mm。水泥砂浆要干，水灰比 0.4～0.45，施工不能停顿，一次粉刷完。待罩壁初凝后，撒上干水泥灰压实磨光，消除气孔，进行养护。

14.5 内密封：浮罩终凝后，拆去砖模，刮去罩壁上的杂物，清洗干净。在罩内顶板与罩壁连接处，用1:1水泥砂浆做好50～60mm高的斜边，罩壁内表面1:2水泥砂浆抹压一次，厚度5mm左右，压实抹光，消除气泡砂眼。终凝后，再刷水泥浆二至三遍，使罩壁平整光滑。

14.6 水封池试压：将水封池内注满清水，待池体湿透后标记水位线，观察12h，当水位无明显变化时，表明水封池不漏水。

14.7 安装浮罩：浮罩养护28天后，可进行安装，将浮罩移至水封池旁边，并慢慢放入水中，由导气管排气。当浮罩落至离池底200mm左右，关掉导气管，将中心导向轴、导向架安装好，拧紧螺母，最后将空气全部排除。

14.8 浮罩试压：先把浮罩安装好后，在导气管处装上气压表，再向浮罩内打气，同时仔细观察浮罩表面，检查是否有漏气。当浮罩上升到最大高度时，停止打气，稳定观察24h，气压表水柱差下降在3%以内时，为抗渗性能符合要求。

14.9 分离贮气浮罩沼气池的浮罩及水封池尺寸选用见表10；浮罩及水封池材料见表11。

表10 $6m^3$～$10m^3$ 分离贮气浮罩沼气池及水封池尺寸选用表

容积/m^3		6					8					10				
产气率/m^3/(m^3·d)		0.20	0.25	0.30	0.35	0.40	0.20	0.25	0.30	0.35	0.40	0.20	0.25	0.30	0.35	0.40
水封池	内径/mm	1200	1200	1300	1300	1400	1250	1300	1400	1450	1500	1300	1400	1450	1550	1600
	净深/mm	1300	1350	1400	1450	1600	1350	1450	1500	1600	1650	1450	1500	1600	1650	1700
浮　罩	内径/mm	1000	1000	1100	1100	1200	1050	1100	1200	1250	1300	1100	1200	1250	1350	1400
	净高/mm	1000	1050	1100	1150	1200	1050	1150	1200	1300	1350	1150	1200	1300	1350	1400
	总容积/m^3	0.79	0.82	1.05	1.08	1.36	0.91	1.08	1.36	1.60	1.79	1.09	1.36	1.60	1.93	2.16
	有效容积/m^3	0.70	0.75	0.95	1.00	1.24	0.82	1.00	1.24	1.47	1.86	1.00	1.24	1.47	1.79	2.00

表11 $1m^3$～$4m^3$ 分离贮气浮罩沼气池及水封池材料参考用量表

浮罩容积/m^3	制作工程			刷浆工程	合　计		水封池容积/m^3	混凝土工程				粉刷工程		合　计		
	砂浆/m^3	水泥/kg	中砂/m^3	水泥/kg	水泥/kg	中砂/m^3		体积/m^3	水泥/kg	中砂/m^3	卵石/m^3	水泥/kg	中砂/m^3	水泥/kg	中砂/m^3	卵石/m^3
1	0.144	80	0.134	14	94	0.134	2	0.323	87	0.140	0.280	79	0.19	166	0.330	0.260
2	0.233	129	0.217	23	152	0.217	3.5	0.466	125	0.196	0.396	115	0.27	240	0.466	0.396
3	0.304	168	0.283	30	198	0.283	5	0.585	158	0.250	0.500	144	0.34	302	0.590	0.500
4	0.368	203	0.342	37	240	0.342	6.5	0.689	186	0.289	0.586	171	0.40	357	0.689	0.566

注：表中材料未计浮罩、水封池的钢材用量。

15 质量总体检查验收

按GB/T 4751进行检查验收。凡符合要求，可交付用户投料使用。

中华人民共和国国家标准

家 用 沼 气 灶

Domestic biogas stove

GB/T 3606—2001

中华人民共和国国家质量监督检验检疫总局 2001-11-12 批准
2002-03-01 实施

前　　言

本标准于 1983 年首次发布，本次修订是基于：①沼气灶产品质量现状、生产技术的发展以及市场和外贸的需要；②与 GB 16410—1996《家用燃气灶具》、GB/T 16411—1996《家用燃气用具的通用试验方法》协调一致。

修订后的标准对原标准作了以下重要技术改动：

——技术要求增补了外观、小火性能、电子点火器性能、耐用性能等项目及其试验方法；

——完善、补充了热流量精度、表面温度等项目原标准缺少的要求；

——部分技术指标作了相应的调整；

——增加了抽样和判定原则，提高了检验判定的可操作性；

——计量单位改为法定计量单位。

本标准自生效之日起，同时代替 GB/T 3606—1983。

本标准起草单位：农业部沼气产品及设备质量监督检验测试中心。

本标准主要起草人：郑时选、蒙逊。

本标准委托农业部沼气产品设备质量监督检验测试中心负责解释。

1 范 围

本标准规定了家用沼气灶具的技术要求、试验方法和检验规则等内容。

本标准适用于单个燃烧器标准额定热流量不小于 2.33kW（2000kcal/h）的家用沼气灶。

2 引 用 标 准

下列标准所包含的条文，通过在本标准中引用而构成为本标准的条文。本标准出版时，所示版本均为有效。所有标准都会被修订，使用本标准的各方应探讨使用下列标准最新版本的可能性。

GB/T3768—1996 声学 声压法测定噪声源声功率级 反射面上方采用包络测量表面的简易法

GB 16410—1996 家用燃气灶具

GB/T16411—1996 家用燃气用具的通用试验方法

3 型 号 及 参 数

3.1 型号编制

3.1.1 家用沼气灶用汉语拼音 JZZ 表示。

3.1.2 灶的眼数用阿拉伯数字表示。

3.1.3 产品改型序号用汉语拼音字母 A、B、C、D……表示。

3.2 型号表示

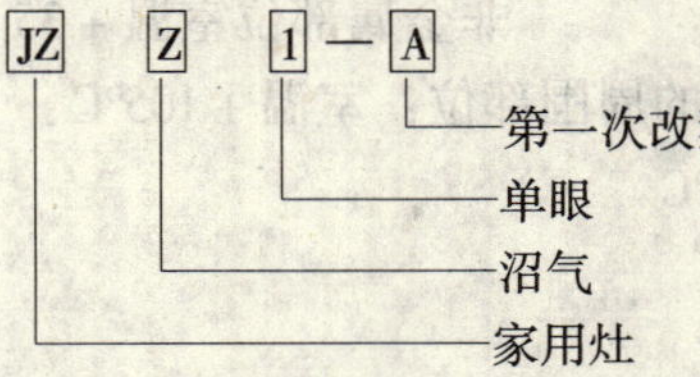

3.3 基本设计参数

3.3.1 灶具前的沼气额定压力规定为 800Pa 或 1600Pa。

3.3.2 两眼的灶具应有一个主火，其额定热流量不小于 2.79kW（2400kcal/h）。

4 技 术 要 求

4.1 外观

沼气灶外观不应有明显的划痕和其他有损外观的缺陷。

4.2 气密性

由燃气入口经阀门至燃烧器的气密性在 4.2kPa 压力下漏气量应小于 0.7L/h，在 1.5 倍额定压力下点燃，不向外泄漏。

4.3 燃气消耗量（热流量）

4.3.1 沼气灶的总额定热流量精度小于 ±10%。

4.3.2 单个燃烧器额定热流量精度小于 ±10%。

4.3.3 总热流量与每个燃烧器热流量总和之比应达到85%以上。

4.4 燃烧状态

4.4.1 火焰传递

在额定压力下点燃燃烧器的一处火孔，火焰传遍全部火孔的时间不超过4s。

4.4.2 燃烧稳定性

在额定压力下，燃烧器火焰均匀、稳定、无回火、无离焰和黄焰。

4.4.3 小火性能

在额定压力的4%（30 Pa、60 Pa）时，燃烧器火焰不得回火或熄灭。

4.5 热效率

在额定热流量时的热效率应大于55%。

4.6 排烟中一氧化碳浓度

在额定热流量下工作时，排烟中的一氧化碳浓度不超过0.05%〔过剩空气系数 $\alpha=1$，%（V/V）〕

4.7 耐风性

有风状态时，燃烧器燃烧稳定，不得熄灭和回火。

4.8 电点火器着火率及性能

4.8.1 点火10次有8次以上点燃，不得连续2次失效，无爆燃。

4.8.2 电池电压为额定电压的70%时，不影响点火器点火性能。

4.9 表面温度

沼气灶各部位表面温度应小于下列各值：

a）操作时手触及部位（旋钮等）：金属部位室温+25℃

非金属部位室温+35℃

b）操作时手不易触及部位的周围部位：室温+105℃

c）干电池外壳：室温+20℃

d）软管接头：室温+20℃

e）阀门外壳：室温+50℃

f）电点火器外壳及导线：室温+50℃

4.10 噪声

燃烧噪声小于65dB，熄火噪声小于85dB。

4.11 耐用性能

4.11.1 燃气旋塞阀使用6000次后，应符合燃气通路气密性要求。

4.11.2 电点火器使用6000次后，应符合点火性能要求。

4.12 结构

4.12.1 沼气灶的结构应稳定可靠，在使用过程中不得有倾倒或滑动现象。

4.12.2 沼气灶的气路应严密不漏气，燃烧器内壁和外表面应光滑无毛刺，在使用、清扫时手可能触及的零件端部应光滑。

4.12.3 沼气灶的阀门及调风板应调节灵活、容易操作，且一经定位不应自由松动。阀门的“开”和“关”应有明显的中文标志和方向。

4.12.4 每个燃烧器应能用火柴点燃。

4.12.5 沼气灶的锅支架应能稳固支承炊事用具，当使用活动支架时，调节应方便、灵活和便于更换。在锅支架上放 98.1N（10kgf）净荷载时，不应变形或损坏。灶面荷载检验时，灶面中心部位的挠度应小于 5mm。单眼灶无此要求。

4.12.6 承液盘应有适当的容积承受煮溢液。活动连接的承液盘，不用工具应能装卸，承液盘与灶面连成一体者，用普通工具应能装卸。

4.12.7 沼气灶的外表面和内部应便于清扫和维修。

4.13 材质及表面处理

4.13.1 材质要求

a）家用灶的零部件可采用铸铁、钢材、有色金属或耐腐蚀材料制造，其材质要求应符合国家现行有关标准。

b）喷嘴、喷嘴座和承液盘使用熔点大于 500℃ 的金属材料。

c）燃烧器和锅支架使用熔点大于 700℃的金属材料。

d）燃气导管采用熔点大于 350℃的金属材料。

e）铸造制品的壁厚不小于 3mm，不得有明显的铸造气孔等缺陷，不锈钢制品的壁厚不小于 0.3mm。

4.13.2 表面处理

采用铸铁、钢材制造的零部件，应进行电镀、喷漆、搪瓷或其他合适的防锈表面处理。

5 试 验 方 法

5.1 实验室条件

实验室条件应符合 GB/T 16411 的规定。

5.2 试验系统

试验系统中应备有容积不小于 $5m^3$ 的沼气容器，应备有调压设备。在试验过程中，压力波动应小于 ±10Pa。

5.3 试验用沼气

试验用人工沼气的低热值规定为（21±1）MJ/m^3（标准体积）。

5.4 试验用仪器

试验用仪器按表 1 中规定，试验前应对所用仪器进行校正。

表 1 试 验 用 仪 器

序号	测定项目	仪器名称	规　格	精度或最小刻度
1	室　温	干湿球温度计	0℃～50℃	0.5℃
2	沼气温度	玻璃水银温度计	0℃～50℃	0.5℃
3	表面温度	表面温度计	0℃～250℃	5℃
4	水　温	玻璃水银温度计	0℃～100℃	0.2℃
5	沼气压力	U 型压力计	1000Pa	10Pa
6	大气压力	动槽式水银气压计	81～107kPa	0.1kPa
7	时　间	秒　表	—	0.2s
8	水　量	电子秤	15kg	5g

续表 1

序号	测定项目	仪器名称	规　格	精度或最小刻度
9	沼气热值	水流式热量计 气相色谱仪	—	—
10	一氧化碳、二氧化碳	色谱仪、红外仪或吸收式气体分析仪	—	—
11	氧	热磁仪	—	—
12	沼气流量	湿式气体流量计	$0.5m^3/h$	0.02L
13	风　速	热球微风仪	0～5m/s	0.2m/s
14	耐风性	变速风扇	—	—
15	噪　声	声级仪	40～140dB	0.5dB
16	绝缘电阻	兆欧表	500V 0～500MΩ	—
17	电　压	万用表	0～250V 0～5V	

5.5　灶具安装状态

灶具应按制造厂指定状态（说明书规定的状态）安装。

5.6　灶具使用状态

5.6.1　灶具应按使用状态试验。

5.6.2　燃烧器的空气量应在额定压力下调节到燃烧器火焰最佳状态，然后将风门固定，各项性能试验时不得再调风门。

5.6.3　灶具应使用表 2 规定的铝锅（下限锅）。

表 2　试验用锅和水量的选择

试验热流量，kW	锅直径，cm	水量，kg
2.33（2000kcal/h）	24	5
2.79（2400kcal/h）	26	6
3.26（2800kcal/h）	28	7.5

注：当燃烧器流量与表 2 不符时，应按前后两种直径的锅分别进行试验，并按插入法折算。

5.7　试验项目

5.7.1　结构外观检验

结构及外观可通过目测或用适当的量具进行检验，检查灶具的材料、各零部件加工尺寸、加工精度及安装位置是否符合厂家技术文件要求。

5.7.2　荷载试验

按 GB 16410—1996 中 6.16.2.1 的规定进行试验。

5.7.3　气密性试验

5.7.3.1　在灶具燃气入口处用 4.2kPa 的空气试验灶具密封阀门的气密性。

5.7.3.2　在 1.5 倍额定压力下点燃全部燃烧器，从燃具旋塞阀到燃烧器火孔，用检漏液试验。

5.7.4　燃气消耗量（热流量）试验

5.7.4.1　灶具连接按 GB/T 16411—1996 中 5.1 规定连接，点燃灶具，调节灶前压力到额定压力，15min 后进行试验。

开动秒表，同时记录流量计上的读数，经 3min 以上时间后制动秒表，同时记录流量计上的读数，将所测流量按式（1）折算为标准状态下的沼气消耗量。

$$V_0 = \frac{3600V}{\tau} \cdot \frac{273.2}{273.2 + t} \cdot \frac{P_a + P_g - P_v}{101.3} \tag{1}$$

式中　V_0——单位时间内在标准状态下沼气消耗量，m^3/h（101.3kPa，0℃）；

τ——秒表读数，s；

V——由流量计测得的湿沼气容积，m^3；

t——试验时通过燃气流量计的试验气温度，℃；

P_a——试验时的大气压力，kPa；

P_g——试验时通过燃气流量计的试验气压力，kPa；

P_v——在温度为 t℃时饱和水蒸气的压力，kPa。

5.7.4.2　灶具的热流量折算按式（2）计算：

$$\phi = V_0 \times Q_D \tag{2}$$

式中　ϕ——灶具在标准大气条件下灶前压力为 P_g 时的燃具折算热流量，kW；

Q_D——设计时采用的基准干燃气的低位热值，MJ/m^3。

5.7.4.3　灶具热流量的偏差按式（3）计算：

$$K(\%) = \frac{I - I'}{I'} \times 100 \tag{3}$$

式中　K——热流量偏差，%；

I——折算试验热流量，kW；

I'——标准热流量，kW。

5.7.5　燃烧状态试验

5.7.5.1　火焰传递：点燃燃烧器一处火孔后，用秒表试验火焰传递到全部火孔的时间。

5.7.5.2　燃烧稳定性：1.5 倍额定压力下，冷态点燃燃烧器 15s 后，目测有三分之一火孔离焰即为离焰；在额定压力下点燃燃烧器后，目测火焰是否清晰、均匀、有无连焰；在 0.5 倍额定压力下，燃烧器点燃 15min 后，目测火焰是否回火。

5.7.5.3　小火性能：设计额定压力为 800Pa 的燃具，在压力 30Pa 时，设计额定压力为 1600Pa 的燃具，在压力 60Pa 时，观看燃烧器有无回火或熄灭现象。

5.7.6　热效率试验：

5.7.6.1　试验条件：试验用沼气、额定压力。

5.7.6.2　试验状态：

a）试验用灶按 GB/T 16411—1996 中 6.14.2a）规定的方法连接；

b）试验用锅应采用日用铝锅中的高强，锅的直径和水量按表 2 选择；

c）铝锅盖须开两个小孔，其中一孔位于中心，用以插入温度计，温度计的水银泡应插在二分之一水深处；另一孔位于锅盖二分之一半径处，用以穿过搅拌器的手柄。搅拌器是一厚度为 1mm 的铝制多孔圆盘，其直径小于铝锅直径 20mm，于铝锅正中，且搅拌平面不应与锅底直接接触，手柄高度大于铝锅高度150mm。搅拌器圆盘表面均匀分布着圆盘面积50 %的孔口，盘中心的一个孔直径为40mm。

5.7.6.3 试验方法：按GB16410—1996中6.14.1.2a)，6.14.1.3，6.14.1.4的规定进行试验。

5.7.7 排烟中一氧化碳含量试验

沼气灶点燃15min后，采用圆环式取样器在试验用锅二分之一高度的周围取样。抽取烟气速度为0.5L/min~1L/min。抽取的烟气中氧含量应控制在14%以下。

排烟中一氧化碳含量按式（4）计算：

$$T_{\alpha=1}(\%) = \frac{T' - T''\left(\frac{Y}{20.9}\right)}{1-\frac{Y}{20.9}} \times 100 \tag{4}$$

式中 $T_{\alpha=1}$——过剩空气系数 α 等于1时，干烟气中一氧化碳含量，%（V/V）；

T'——干烟气中一氧化碳含量，%（V/V）；

T''——室内干空气中一氧化碳含量，%（V/V）；

Y——干烟气中的氧含量，%（V/V）。

环形取样器加工按GB 16410—1996中6.8.1的规定。

5.7.8 耐风性能试验

在0.5倍额定压力下点燃沼气灶，在灶上不置锅的情况下，待其稳定燃烧后用普通风扇吹风，保证燃烧器放置在均匀的风速场内，在燃烧器火焰与灶面平行的流速为1m/s的风作用下测定其稳定性。

5.7.9 电点火器性能试验

5.7.9.1 使用干电池的点火器应调节电源电压为额定电压70%。

5.7.9.2 额定压力下，按下面操作程序，反复点火10次，检测着火次数。操作程序是预先进行数次预备性点火，点火操作方式及点火速度按点火器不同，规定如下：

——单发式压电点火器一次操作为一次，每次速度控制在0.5~1 s时间内；

——回转式点火器转动一次为一次，其转速0.5~1 s；

——使用直流电源连续放电式点火器，以放在“点火”位置上停留2 s为一次。

5.7.10 表面温度试验

在1.5倍额定压力下点燃沼气灶，燃烧30min后，对灶面、旋钮、输气管连接处，阀门，电点火器外壳及导线试验各部位表面温度。

5.7.11 噪声试验

5.7.11.1 燃烧噪声：1.5倍额定压力点燃沼气灶，在距灶具正面1m处用普通声级计，以A挡测定。环境本底噪声应小于40 dB，或按GB/T 3768—1996中表2修正。

5.7.11.2 熄火噪声：以声级计按上述规定进行试验，读取噪声变动最大值，噪声最大值加5dB作为试验值。

5.7.12 耐用性试验

5.7.12.1 燃具旋塞阀

用与沼气额定压力相同的空气，在旋塞阀与燃具处于分离状态或旋塞阀安装在燃具上，以每分钟5~20次的操作速度开闭阀门，试验6000次后，进行气密性试验。

5.7.12.2 电点火器

用额定压力沼气或相同压力的空气，电点火器安装在点火器耐用性试验设备上或燃具上，以每分钟 5～20 次的操作速度，试验 6000 次后，进行电点火性能试验。

6 抽样和检验

沼气灶具应进行出厂检验和型式检验。

6.1 出厂检验

6.1.1 出厂检验的项目为本标准 4.1、4.2、4.4 和 7.1。

6.1.2 产品经生产厂质检部门检验合格填发合格证后方可出厂。

6.2 型式检验

6.2.1 有下列情况之一时应进行型式检验：

——新产品或老产品转厂生产的试制定型鉴定；

——正式生产后，如结构、材质上有所改变而可能影响产品性能时；

——正常生产，周期满一年时；

——产品长期停产后恢复生产时；

——出厂检验结果与上次型式检验有较大差异时；

——国家质量监督机构提出进行型式检验要求时。

6.2.2 型式检验的样品在经出厂检验合格的产品批中随机抽取。

6.2.3 经销部门按本标准进行验收。

6.3 监督检验

6.3.1 不合格品的判定原则

a）灶具有一个 A 类不合格，称为 A 类不合格品；

b）灶具有两个 B 类不合格或一个 B 类两个 C 类不合格，称为 B 类不合格品；

c）灶具有四个 C 类不合格，称为 C 类不合格品。

6.3.2 项目分类及判定方法

项目分类及判定方法见表 3。

表 3 项目分类及判定方法

分类	序号	项目名称	判定方法
A类	1	气密性	不允许不合格
	2	燃烧稳定性	
B类	3	排烟中一氧化碳含量	允许有一项不合格
	4	热效率	
	5	燃气消耗量	
	6	电点火器性能	
C类	7	耐风性能	允许有三项不合格
	8	表面温度	
	9	噪声	
	10	外观	
	11	荷载挠度	
	12	耐用性	
	13	材质及表面处理和结构要求	

7 标志、包装、运输、贮存

7.1 标志

每台灶应在明显位置安装铭牌，标明生产厂的名称、商标、型号、额定压力、燃气热流量及制造日期或代号。

7.2 包装

包装应安全、牢固，应标明厂名、产品名称、型号、产品重量、外型尺寸、防潮、防压等字样。包装内应有出厂检验合格证和使用说明书。

7.2.1 铸铁灶就地取材进行包装。不锈钢灶或搪瓷灶，用纸箱包装。

7.2.2 使用说明书包括下列内容：

——安装说明；

——点火、熄火和调节方法；

——安全、维修注意事项；

——厂址及联系事项。

7.3 运输

运输过程中应防止剧烈挤压、雨淋，搬运时禁止滚动和抛掷。

7.4 贮存

产品须贮存在干燥通风，无腐蚀性气体的仓库里。

贮存堆码不得超过 2m，防止压坏和倒垛。

第二篇

节水标准

中华人民共和国国家标准

建筑给水排水设计规范

Code for design of building water supply and drainage

GB 50015—2003

主编部门：上海市建设和管理委员会
批准部门：中华人民共和国建设部
施行日期：2003 年 9 月 1 日

中华人民共和国建设部
公　　告

第 138 号

建设部关于发布国家标准《建筑给水排水设计规范》的公告

现批准《建筑给水排水设计规范》为国家标准，编号为GB 50015—2003，自 2003 年 9 月 1 日起实施。其中，第 3.2.1、3.2.3、3.2.4、3.2.5、3.2.6、3.2.9、3.2.10、3.2.14、3.5.8、3.9.1、3.9.3、3.9.4、3.9.9、3.9.12、3.9.14、3.9.22、3.9.24、3.9.27、4.2.6、4.3.5、4.3.6、4.3.13、4.3.19、4.5.9、4.8.4、4.8.8、5.4.5、5.4.20 条为强制性条文，必须严格执行。原《建筑给水排水设计规范》GBJ 15—88 同时废止。

本规范由建设部标准定额研究所组织中国计划出版社出版发行。

中华人民共和国建设部
二〇〇三年四月十五日

前　　言

本规范系根据建设部建标［1998］94号文《关于印发"一九九八年工程建设国家标准制订、修订计划（第一批）"的通知》，由上海市建设和管理委员会主管，上海现代建筑设计（集团）有限公司主编，中国建筑设计研究院、广东省建筑设计研究院参编，对原国家标准《建筑给水排水设计规范》GBJ 15—88进行全面修订。本规范编制过程中总结了近年来建筑给水排水工程的设计经验，对重大问题开展专题研讨，提出了征求意见稿，在广泛征求全国有关设计、科研、大专院校的专家、学者和设计人员意见的基础上，经编制组认真研究分析编制而成。

本规范修订的主要技术内容有：①补充了居住小区给水排水设计内容。②调整和补充了住宅、公共建筑用水定额。③补充了管道连接防污染措施。④补充了新型管材应用技术。⑤住宅给水秒流量计算采用概率修正公式。⑥统一各种材质管道水力计算公式。⑦补充了水上游乐池水循环处理内容。⑧补充了冷却塔及水循环设计内容。⑨删去了推荐性标准在医院污水、游泳池给水排水等方面已有的细节内容，保留了原则性、安全性及卫生方面的条文。⑩删除了生产工艺给水排水的有关条文。⑪补充了屋面雨水压力流计算参数。⑫调整了集中热水供应设计小时耗热量计算公式的适用范围。⑬删除了自然循环热水管道系统的计算。⑭补充了新型热水机组、加热器的有关应用技术要点和参数。⑮补充了饮用净水管道系统的有关内容。

本规范将来需要进行局部修订时，有关局部修订的信息和条文内容将刊登在《工程建设标准化》杂志上。

本规范中以黑体字标志的条文为强制性条文，必须严格执行。

本规范由建设部负责管理和对强制性条文的解释，上海市建设和管理委员会负责具体管理，上海现代建筑设计（集团）有限公司负责具体技术内容的解释。在使用过程中如有需要修改与补充的建议，请将有关资料寄送上海现代建筑设计（集团）有限公司（上海石门二路258号现代建筑设计大厦国家标准《建筑给水排水设计规范》管理组，邮政编码：200041），以供修订时参考。

本规范主编单位、参编单位和主要起草人：

主 编 单 位：上海现代建筑设计（集团）有限公司

参 编 单 位：中国建筑设计研究院

广东省建筑设计研究院

主要起草人：张　森　刘振印　何冠钦　冯旭东　桑鲁青

目　次

1　总则……………………………………………………………………………… 1932
2　术语、符号……………………………………………………………………… 1932
2.1　术语…………………………………………………………………………… 1932
2.2　符号…………………………………………………………………………… 1937
3　给水……………………………………………………………………………… 1940
3.1　用水定额和水压……………………………………………………………… 1940
3.2　水质和防水质污染…………………………………………………………… 1943
3.3　系统选择……………………………………………………………………… 1945
3.4　管材、附件和水表…………………………………………………………… 1945
3.5　管道布置和敷设……………………………………………………………… 1948
3.6　设计流量和管道水力计算…………………………………………………… 1950
3.7　水塔、水箱、贮水池………………………………………………………… 1954
3.8　增压设备、泵房……………………………………………………………… 1955
3.9　游泳池和水上游乐池………………………………………………………… 1957
3.10　冷却塔及循环冷却水……………………………………………………… 1959
3.11　水景………………………………………………………………………… 1961
4　排水……………………………………………………………………………… 1962
4.1　系统选择……………………………………………………………………… 1962
4.2　卫生器具及存水弯…………………………………………………………… 1962
4.3　管道布置和敷设……………………………………………………………… 1963
4.4　排水管道水力计算…………………………………………………………… 1965
4.5　管材、附件和检查井………………………………………………………… 1969
4.6　通气管………………………………………………………………………… 1971
4.7　污水泵和集水池……………………………………………………………… 1972
4.8　小型生活污水处理…………………………………………………………… 1973
4.9　雨水…………………………………………………………………………… 1976
5　热水及饮水供应………………………………………………………………… 1979
5.1　热水用水定额、水温和水质………………………………………………… 1979
5.2　热水供应系统选择…………………………………………………………… 1983
5.3　耗热量、热水量和加热设备供热量的计算………………………………… 1984
5.4　水的加热和贮存……………………………………………………………… 1986
5.5　管网计算……………………………………………………………………… 1990
5.6　管材、附件和管道敷设……………………………………………………… 1992
5.7　饮水供应……………………………………………………………………… 1993

附录 A　居住小区地下管线（构筑物）间最小净距 ……………………………………… 1995
附录 B　阀门和螺纹管件的摩阻损失的折算补偿长度 ……………………………… 1995
附录 C　给水管段卫生器具给水当量同时出流概率计算式，α_c 系数取值表 ………… 1996
附录 D　给水管段设计秒流量计算表 …………………………………………………… 1996
附录 E　饮用净水计算管段上同时使用水嘴的数量 ………………………………… 2005

1 总　则

1.0.1 为保证建筑给水排水设计质量，使设计符合安全、卫生、适用、经济等基本要求，制订本规范。

1.0.2 本规范适用于居住小区、民用建筑给水排水设计，亦适用于工业建筑生活给水排水和厂房屋面雨水排水设计。

但设计下列工程时，还应按现行的有关专门规范或规定执行：

1 湿陷性黄土、多年冻土和胀缩土等地区的建筑物。

2 抗震设防烈度超过9度的建筑物。

3 矿泉水疗、人防建筑。

4 工业生产给水排水。

5 建筑中水。

1.0.3 建筑给水排水设计，应在满足使用要求的同时还应为施工安装、操作管理、维修检测以及安全保护等提供便利条件。

1.0.4 建筑给水排水工程设计，除执行本规范外，尚应符合国家现行的有关标准、规范的要求。

2 术语、符号

2.1 术　语

2.1.1 生活饮用水　potable water

水质符合生活饮用水卫生标准的用于日常饮用、洗涤的水。

2.1.2 生活杂用水　non-drinking water

用于冲洗便器、汽车，浇洒道路、浇灌绿化，补充空调循环用水的非饮用水。

2.1.3 小时变化系数　hourly variation coefficient

最高日最大时用水量与平均时用水量的比值。

2.1.4 最大时用水量　maximum hourly water consumption

最高日用水时间内，最大一小时的用水量。

2.1.5 回流污染　backflow pollution

1 由于给水管道内负压引起卫生器具或受水容器中的水或液体混合物倒流入生活给水系统的现象。

2 非饮用水或其他液体、混合物进入生活给水管道系统的现象。

2.1.6 空气间隙　air gap

1 给水管道出口或水嘴出口的最低点与用水设备溢流水位间的垂直空间距离。

2 间接排水的设备或容器的排出管口最低点与受水器溢流水位间的垂直空间距离。

2.1.7 溢流边缘　flood-level rim

指由此溢流的容器上边缘。

2.1.8 引入管 service pipe，inlet pipe

将室外给水管引入建筑物或由市政管道引入至小区给水管网的管段。

2.1.9 接户管 building unite pipe

布置在建筑物周围，直接与建筑物引入管和排出管相接的给水排水管道。

2.1.10 入户管（进户管） inlet pipe

住宅内生活给水管道进入住户至水表的管段。

2.1.11 竖向分区 vertical division block

建筑给水系统中，在垂直向分成若干供水区。

2.1.12 并联供水 parallel water supply

建筑物各竖向给水分区有独立增（减）压系统供水的方式。

2.1.13 串联供水 series water supply

建筑物各竖向给水分区，逐区串级增（减）压供水的方式。

2.1.14 明设 exposed installation

室内管道明露布置的方法。

2.1.15 暗设 concealed installation，embedded installation

室内管道布置在墙体管槽、管道井或管沟内，或者由建筑装饰隐蔽的敷设方法。

2.1.16 分水器 manifold

集中控制多支路供水的管道附件。

2.1.17 卡套式连接 compression fitting

由带锁紧螺帽和丝扣管件将管材压紧于管件上的连接方式。

2.1.18 卡环式连接 insert connection

用专用管夹和卡环将管材和管件夹紧的连接方式。

2.1.19 线胀系数 coefficient of line-expansion

温度每增加1℃时，管线单位长度的增量。

2.1.20 卫生器具 plumbing fixture，fixture

供水并接受、排出污废水或污物的容器或装置。

2.1.21 卫生器具当量 fixture unit

以某一卫生器具流量（给水流量或排水流量）值为基数，其他卫生器具的流量（给水流量或排水流量）值与其的比值。

2.1.22 额定流量 rate of flow

卫生器具配水出口在单位时间内流出的规定水量。

2.1.23 设计流量 design flow

给水或排水某种时段的平均流量作为建筑给排水管道系统设计依据。

2.1.24 水头损失 head loss

水通过管渠、设备、构筑物等引起的能耗。

2.1.25 气压给水 pneumatic

由水泵和压力罐以及一些附件组成，水泵将水压入压力罐，依靠罐内的压缩空气压力，自动调节供水流量和保持供水压力的供水方式。

2.1.26 配水点 points of distribution

给水系统中的用水点。

2.1.27 循环周期 circulating period

循环水系统构筑物或输水管道内的有效水容积与单位时间内循环量的比值。

2.1.28 反冲洗 backwash

当滤料层截污到一定程度时，用较强的水流逆向对滤料进行冲洗。

2.1.29 历年平均不保证时 unassured hour for average year

累计历年不保证总小时数的年平均值。

2.1.30 水质稳定处理 water quality stabilization treatment

为保持循环冷却水中的碳酸钙和二氧化碳的浓度达到平衡状态（既不产生碳酸钙沉淀而结垢，也不因其溶解而腐蚀），并抑制微生物生长而采用的水处理工艺。

2.1.31 浓缩倍数 cycle of concentration

循环冷却水的含盐浓度与补充水的含盐浓度的比值。

2.1.32 自灌 self-priming

卧式离心泵的泵顶、立式多级离心泵吸水端第一级（段）泵体置于最低设计启动水位标高以下，启动时水靠重力充入泵体的引水方式。

2.1.33 水景 waterscape，fountain

人工建造的水体景观。

2.1.34 生活污水 domestic soil

居民日常生活中排泄的粪便污水。

2.1.35 生活废水 domestic wastewater

居民日常生活中排泄的洗涤水。

2.1.36 生活排水 domestic sewage

居民在日常生活中排出的生活污水和生活废水的总称。

2.1.37 排出管 building drain，outlet pipe

从建筑物内至室外检查井的排水横管段。

2.1.38 立管 vertical pipe，riser，stack

呈垂直或与垂线夹角小于45°的管道。

2.1.39 横管 horizontal pipe

呈水平或与水平线夹角小于45°的管道。

1 横支管 horizontal branch

连接器具排水管至排水立管的管段。

2 横干管 horizontal main

连接若干根排水立管至排出管的管段。

2.1.40 清扫口 cleanout

装在排水横管上，用于清扫排水管的配件。

2.1.41 检查口 checkhole，checkpipe

带有可开启检查盖的配件，装设在排水立管及较长横管段上，作检查和清通之用。

2.1.42 存水弯 trap，water-sealed joint

在卫生器具内部或器具排水管段上设置的一种内有水封的配件。

2.1.43 水封 water seal

在装置中有一定高度的水柱，防止排水管系统中气体窜入室内。

2.1.44 H管 H pipe

连接排水立管与通气立管形如H的专用配件。

2.1.45 通气管 vent pipe，vent

为使排水系统内空气流通，压力稳定，防止水封破坏而设置的与大气相通的管道。

2.1.46 伸顶通气管 stack vent

排水立管与最上层排水横支管连接处向上垂直延伸至室外通气用的管道。

2.1.47 专用通气立管 specific vent stack

仅与排水立管连接，为排水立管内空气流通而设置的垂直通气管道。

2.1.48 汇合通气管 vent headers

连接数根通气立管或排水立管顶端通气部分，并延伸至室外接通大气的通气管段。

2.1.49 主通气立管 main vent stack

连接环形通气管和排水立管，为排水支管和排水立管内空气流通而设置的垂直管道。

2.1.50 副通气立管 secondary vent stack，assistant vent stack

仅与环形通气管连接，为使排水横支管内空气流通而设置的通气立管。

2.1.51 环形通气管 loop vent

在多个卫生器具的排水横支管上，从最始端卫生器具的下游端接至主通气立管或副通气立管的通气管段。

2.1.52 器具通气管 fixture vent

卫生器具存水弯出口端接至主通气管的管段。

2.1.53 结合通气管 yoke vent，yoke vent pipe

排水立管与通气立管的连接管段。

2.1.54 间接排水 indirect drain

设备或容器的排水管道与排水系统非直接连接，其间留有空气间隙。

2.1.55 埋设深度（覆土深度） buried depth

埋地管道管顶至地表面的垂直距离。

2.1.56 水流偏转角 angle of turning flow

水流原来的流向与其改变后的流向之间的夹角。

2.1.57 充满度 depth ratio

水流在管渠中的充满程度，管道以水深与管径之比值表示，渠道以水深与设计最大水深之比值表示。

2.1.58 隔油池 grease interceptor

分隔、拦集生活废水中油脂物质的小型处理构筑物。

2.1.59 降温池 cooling tank

降低排水温度的小型处理构筑物。

2.1.60 化粪池 septic tank

将生活污水分格沉淀，并对污泥进行厌氧消化的小型处理构筑物。

2.1.61 中水 reclaimed water

各种排水经适当处理后达到规定的水质标准后回用的水。

2.1.62 医院污水 hospital sewage

医院、医疗卫生机构中被病原体污染了的水。

2.1.63 一级处理 primary treatment

又称机械处理。采用机械方法对污水进行初级处理。

2.1.64 二级处理 secondory treatment

由机械处理和生物化学或化学处理组成的污水处理过程。

2.1.65 换气次数 air change

通风系统单位时间内送风或排风体积与室内空间体积之比。

2.1.66 降雨强度 rainfall intensity

单位时间内的降雨量。其计量单位通常以 mm/min（或 L/s·ha）表示。

2.1.67 重现期 recurrence interval

经一定长的雨量观测资料统计分析，等于或大于某暴雨强度的降雨出现一次的平均间隔时间。其单位通常以年表示。

2.1.68 降雨历时 duration of rainfall

降雨过程中的任意连续时段。其计量单位通常以 min 表示。

2.1.69 地面集水时间 inlet time

雨水从相应汇水面积的最远点地表径流到雨水管渠入口的时间。其计量单位通常以 min 表示。简称集水时间。

2.1.70 管内流行时间 time of flow

雨水在管渠中流行的时间，其计量单位通常以 min 表示。简称流行时间。

2.1.71 汇水面积 catchment area

雨水管渠汇集降雨的面积。其计量单位通常以 m^2 或 ha 表示。

2.1.72 重力流雨水排水系统 gravity storm system

按重力流设计的屋面雨水排水系统。

2.1.73 压力流雨水排水系统 pressure storm system

按压力流设计的屋面雨水排水系统。

2.1.74 雨水口 gulley hole，gutter inlet

将地面雨水导入雨水管渠的带格栅的集水口。

2.1.75 雨落水管 down pipe，leader

敷设在建筑物外墙，用于排除屋面雨水的排水立管。

2.1.76 悬吊管 hanged pipe

悬吊在屋架、楼板和梁下或架空在柱上的雨水横管。

2.1.77 雨水斗 rain strainer

将建筑物屋面的雨水导入雨水立管的装置。

2.1.78 径流系数 runoff coefficient

一定汇水面积的雨水量与降雨量的比值。

2.1.79 集中热水供应系统 central hot water supply system

供给一幢或数幢建筑物所需热水的系统。

2.1.80 局部热水供应系统 local hot water supply system

供给单个或数个配水点所需热水的小型系统。

2.1.81 开式热水供应系统 open system for hot water supply

热水管系与大气相通的热水供应系统。

2.1.82 闭式热水供应系统 closed system for hot water supply

热水管系不与大气相通的热水供应系统。

2.1.83 单管热水供应系统 one-pipeline hot water system

用一根管道供单一温度，用水点不再调节水温的热水系统。

2.1.84 热源 source of heat

用以制取热水的能源。

2.1.85 热媒 heat medium

热传递载体。常为热水、蒸汽、烟气。

2.1.86 废热 waste heat

工业生产过程中排放的带有热量的废弃物质，如废蒸汽、高温废水（液）、高温烟气等。

2.1.87 设计小时耗热量 design heat consumption of maximum hour

热水供应系统中用水设备、器具最大一小时的耗热量。

2.1.88 同程热水供应系统 reversed return hot water system

供水与回水管路长度基本相等的热水供应系统。

2.1.89 第一循环系统 heat carrier circulation system

集中热水供应系统中，蒸汽锅炉与水加热器或热水锅炉（机组）与热水贮水器之间组成的热媒循环系统。

2.1.90 上行下给式 upfeed system

给水横干管位于配水管网的上部，通过立管向下给水的方式。

2.1.91 下行上给式 downfeed system

给水横干管位于配水管网的下部，通过立管向上给水的方式。

2.1.92 回水管 return pipe

在热水循环管系中仅通过循环流量的管段。

2.1.93 饮用净水 fine drinking water

自来水或符合生活饮用水水质标准的水经深度净化后可直接饮用的水。

2.2 符　　号

2.2.1 流量、流速

q_g——给水流量；

q_o——卫生器具给水或排水额定流量；

q_p——排水流量；

q_r——热水用水定额；

q_{rh}——设计小时热水量；

q_h——卫生器具热水的小时用水定额；

q_x——循环流量；

q_{max}——最大流量；

q_{bc}——补充水水量；

q_y——设计雨水流量；

q_j——设计降雨强度；

q_f——冷却塔风吹损失水量；

q_s——冷却塔渗漏损失水量；

q_z——冷却塔蒸发损失水量；

q_b——水泵出流量；

v——管道内的平均水流速度。

2.2.2 水压、水头损失

R——水力半径；

I——水力坡度；

P——压力；

i——管道单位长度的水头损失；

h_p——循环流量通过配水管网的水头损失；

h_x——循环流量通过回水管网的水头损失；

H_{xr}——第一循环管的自然压力值；

H_b——水泵扬程。

2.2.3 几何特征

F_{jr}——加热面积；

F_w——汇水面积；

h、H——高度；

V_q——气压水罐总容积；

V_{q1}——气压水罐水容积；

V_{q2}——气压水罐的调节容积；

V_r——贮热容积；

V_p——膨胀水箱的有效容积；

V_e——膨胀罐的容积；

V_s——热水管道系统内的水容量；

d_j——管道计算内径。

2.2.4 计算系数

k、α——根据建筑物用途而定的系数；

b——卫生器具同时给水、排水百分数及卫生器具同时使用百分数；

N_n——浓缩倍数；

n——管道粗糙系数；

K——传热系数；

K_h——小时变化系数；

U——卫生器具给水当量的同时出流概率；

U_o——最大用水时卫生器具给水当量平均出流概率；

α_a——安全系数；

α_b——气压水罐工作压力比；

α_c——对应 U_o 的系数；

β——气压水罐的容积系数；

Ψ——径流系数；

M——折减系数；

η——有效贮热容积系数；

ε——结垢和热媒分布不均匀影响传热效率的系数；

C_r——热水供应系数的热损失系数；

C_h——海澄-威廉系数。

2.2.5 热量、温度、比重和时间

Q_g——设计小时供热量；

Q_h——设计小时耗热量；

Q_z——制备热水所需的热量；

Q_s——配水管道的热损失；

t——降雨历时；

t_1——地面集流时间；

t_2——管渠内雨水流行时间；

T——持续时间；

t_r——热水温度；

t_l——冷水温度；

t_c——被加热水初温；

t_z——被加热水终温；

Δt_j——计算温度差；

t_{mc}——热媒初温；

t_{mz}——热媒终温；

Δt——温度差；

ρ_l——冷水密度；

ρ_r——热水密度；

ρ_h——热水回水密度；

ρ_f——加热前加热、贮热设备内的水的密度；

C——水的比热。

2.2.6 其他

N_g——管段的卫生器具给水当量总数；

N_p——管段的卫生器具排水当量总数；

N_o——同类型卫生器具数；

m——用水计算单位数；

n_q——水泵启动次数。

3 给　　水

3.1 用水定额和水压

3.1.1 居住小区给水设计用水量，应根据下列用水量确定：

1 居民生活用水量；

2 公共建筑用水量；

3 绿化用水量；

4 水景、娱乐设施用水量；

5 道路、广场用水量；

6 公用设施用水量；

7 未预见用水量及管网漏失水量；

8 消防用水量。

注：消防用水量仅用于校核管网计算，不属正常用水量。

3.1.2 居住小区的居民生活用水量，应按小区人口和表3.1.9的住宅最高日生活用水定额经计算确定。

3.1.3 居住小区内的公共建筑用水量，应按其使用性质、规模，采用表3.1.10中的用水定额经计算确定。

3.1.4 居住小区绿化浇洒用水定额可按浇洒面积1.0～3.0 $L/m^2·d$计算。干旱地区可酌情增加；公用游泳池、水上游乐池和水景用水量按3.9.17、3.9.18、3.11.2条的规定确定。

3.1.5 居住小区道路、广场的浇洒用水定额可按浇洒面积2.0～3.0$L/m^2·d$计算。

3.1.6 居住小区消防用水量和水压及火灾延续时间，应按现行的《建筑设计防火规范》及《高层民用建筑设计防火规范》确定。

3.1.7 居住小区管网漏失水量和未预见水量之和可按最高日用水量的10%～15%计。

3.1.8 居住小区内的公用设施用水量，应由该设施的管理部门提供用水量，当无重大公用设施时，不另计用水量。

3.1.9 住宅的最高日生活用水定额及小时变化系数，根据住宅类别、建筑标准、卫生器具完善程度和区域等因素，可按表3.1.9确定。

表 3.1.9　住宅最高日生活用水定额及小时变化系数

住宅类别		卫生器具设置标准	用水定额 （L/人·d）	小时变化系数 K_h
普通住宅	Ⅰ	有大便器、洗涤盆	85～150	3.0～2.5
普通住宅	Ⅱ	有大便器、洗脸盆、洗涤盆、洗衣机、热水器和沐浴设备	130～300	2.8～2.3
普通住宅	Ⅲ	有大便器、洗脸盆、洗涤盆、洗衣机、集中热水供应（或家用热水机组）和沐浴设备	180～320	2.5～2.0
别墅		有大便器、洗脸盆、洗涤盆、洗衣机、洒水栓，家用热水机组和沐浴设备	200～350	2.3～1.8

注：1　当地主管部门对住宅生活用水定额有具体规定时，应按当地规定执行。
　　2　别墅用水定额中含庭院绿化用水和汽车抹车用水。

3.1.10　集体宿舍、旅馆等公共建筑的生活用水定额及小时变化系数，根据卫生器具完善程度和区域条件，可按表 3.1.10 确定。

表 3.1.10　集体宿舍、旅馆和公共建筑生活用水定额及小时变化系数

序号	建筑物名称	单位	最高日生活用水定额（L）	使用时数（h）	小时变化系数 K_h
1	单身职工宿舍、学生宿舍、招待所、培训中心、普通旅馆 设公用盥洗室 设公用盥洗室、淋浴室 设公用盥洗室、淋浴室、洗衣室 设单独卫生间、公用洗衣室	 每人每日 每人每日 每人每日 每人每日	 50～100 80～130 100～150 120～200	24	3.0～2.5
2	宾馆客房 旅客 员工	 每床位每日 每人每日	 250～400 80～100	24	2.5～2.0
3	医院住院部 设公用盥洗室 设公用盥洗室、淋浴室 设单独卫生间 医务人员 门诊部、诊疗所 疗养院、休养所住房部	 每床位每日 每床位每日 每床位每日 每人每班 每病人每次 每床位每日	 100～200 150～250 250～400 150～250 10～15 200～300	 24 24 24 8 8～12 24	 2.5～2.0 2.5～2.0 2.5～2.0 2.0～1.5 1.5～1.2 2.0～1.5
4	养老院、托老所 全托 日托	 每人每日 每人每日	 100～150 50～80	 24 10	 2.5～2.0 2.0
5	幼儿园、托儿所 有住宿 无住宿	 每儿童每日 每儿童每日	 50～100 30～50	 24 10	 3.0～2.5 2.0
6	公共浴室 淋浴 浴盆、淋浴 桑拿浴（淋浴、按摩池）	 每顾客每次 每顾客每次 每顾客每次	 100 120～150 150～200	 12 12 12	2.0～1.5
7	理发室、美容院	每顾客每次	40～100	12	2.0～1.5
8	洗衣房	每 kg 干衣	40～80	8	1.5～1.2
9	餐饮业 中餐酒楼 快餐店、职工及学生食堂 酒吧、咖啡馆、茶座、卡拉 OK 房	 每顾客每次 每顾客每次 每顾客每次	 40～60 20～25 5～15	 10～12 12～16 8～18	 1.5～1.2 1.5～1.2 1.5～1.2

续表 3.1.10

序号	建筑物名称	单位	最高日生活用水定额（L）	使用时数（h）	小时变化系数 K_h
10	商场 员工及顾客	每 m^2 营业厅面积每日	5 ~ 8	12	1.5 ~ 1.2
11	办公楼	每人每班	30 ~ 50	8 ~ 10	1.5 ~ 1.2
12	教学、实验楼 中小学校 高等院校	 每学生每日 每学生每日	 20 ~ 40 40 ~ 50	 8 ~ 9 8 ~ 9	 1.5 ~ 1.2 1.5 ~ 1.2
13	电影院、剧院	每观众每场	3 ~ 5	3	1.5 ~ 1.2
14	健身中心	每人每次	30 ~ 50	8 ~ 12	1.5 ~ 1.2
15	体育场（馆） 运动员淋浴 观众	 每人每次 每人每场	 30 ~ 40 3	 — 4	 3.0 ~ 2.0 1.2
16	会议厅	每座位每次	6 ~ 8	4	1.5 ~ 1.2
17	客运站旅客、展览中心观众	每人次	3 ~ 6	8 ~ 16	1.5 ~ 1.2
18	菜市场地面冲洗及保鲜用水	每 m^2 每日	10 ~ 20	8 ~ 10	2.5 ~ 2.0
19	停车库地面冲洗水	每 m^2 每次	2 ~ 3	6 ~ 8	1.0

注：1 除养老院、托儿所、幼儿园的用水定额中含食堂用水，其他均不含食堂用水。
2 除注明外，均不含员工生活用水，员工用水定额为每人每班 40 ~ 60L。
3 医疗建筑用水中已含医疗用水。
4 空调用水应另计。

3.1.11 建筑物室内、外消防用水量、供水延续时间、供水水压等，应根据现行有关消防规范执行。

3.1.12 工业企业建筑，管理人员的生活用水定额可取 30 ~ 50L/人·班；车间工人的生活用水定额应根据车间性质确定，一般宜采用 30 ~ 50L/人·班；用水时间为 8h，小时变化系数为 1.5 ~ 2.5。

工业企业建筑淋浴用水定额，应根据《工业企业设计卫生标准》中的车间的卫生特征分级确定，一般可采用 40 ~ 60L/人·次，延续供水时间为 1h。

3.1.13 汽车冲洗用水定额，应根据车辆用途、道路路面等级和沾污程度，以及采用的冲洗方式，可按表 3.1.13 确定。

表 3.1.13 汽车冲洗用水量定额（L/辆·次）

冲洗方式	软管冲洗	高压水枪冲洗	循环用水冲洗	抹车
轿车	200 ~ 300	40 ~ 60	20 ~ 30	10 ~ 15
公共汽车 载重汽车	400 ~ 500	80 ~ 120	40 ~ 60	15 ~ 30

3.1.14 卫生器具的给水额定流量、当量、连接管径和最低工作压力应按表 3.1.14 确定。

表 3.1.14　卫生器具的给水额定流量、当量、连接管公称管径和最低工作压力

序　号	给水配件名称	额定流量 (L/s)	当　量	连接管公称管径 (mm)	最低工作压力 (MPa)
1	洗涤盆、拖布盆、盥洗槽 　单阀水嘴 　单阀水嘴 　混合水嘴	 0.15～0.20 0.30～0.40 0.15～0.20(0.14)	 0.75～1.00 1.50～2.00 0.75～1.00(0.70)	 15 20 15	0.050
2	洗脸盆 　单阀水嘴 　混合水嘴	 0.15 0.15(0.10)	 0.75 0.75(0.50)	 15 15	0.050
3	洗手盆 　感应水嘴 　混合水嘴	 0.10 0.15(0.10)	 0.50 0.75(0.50)	 15 15	0.050
4	浴盆 　单阀水嘴 　混合水嘴(含带淋浴转换器)	 0.20 0.24(0.20)	 1.00 1.20(1.00)	 15 15	 0.050 0.050～0.070
5	淋浴器 　混合阀	 0.15(0.10)	 0.75(0.50)	 15	 0.050～0.100
6	大便器 　冲洗水箱浮球阀 　延时自闭式冲洗阀	 0.10 1.20	 0.50 6.00	 15 25	 0.020 0.100～0.150
7	小便器 　手动或自动自闭式冲洗阀 　自动冲洗水箱进水阀	 0.10 0.10	 0.50 0.50	 15 15	 0.050 0.020
8	小便槽穿孔冲洗管(每 m 长)	0.05	0.25	15～20	0.015
9	净身盆冲洗水嘴	0.10(0.07)	0.50(0.35)	15	0.050
10	医院倒便器	0.20	1.00	15	0.050
11	实验室化验水嘴(鹅颈) 　单联 　双联 　三联	 0.07 0.15 0.20	 0.35 0.75 1.00	 15 15 15	 0.020 0.020 0.020
12	饮水器喷嘴	0.05	0.25	15	0.050
13	洒水栓	0.40 0.70	2.00 3.50	20 25	0.050～0.100 0.050～0.100
14	室内地面冲洗水嘴	0.20	1.00	15	0.050
15	家用洗衣机水嘴	0.20	1.00	15	0.050

注：1　表中括弧内的数值系在有热水供应时，单独计算冷水或热水时使用。
　　2　当浴盆上附设淋浴器时，或混合水嘴有淋浴器转换开关时，其额定流量和当量只计水嘴，不计淋浴器。但水压应按淋浴器计。
　　3　家用燃气热水器，所需水压按产品要求和热水供应系统最不利配水点所需工作压力确定。
　　4　绿地的自动喷灌应按产品要求设计。

3.2　水质和防水质污染

3.2.1　生活给水系统的水质，应符合现行的国家标准《生活饮用水卫生标准》的要求。

3.2.2　生活杂用水系统的水质，应符合现行行业标准《生活杂用水水质标准》的要求。

3.2.3 城市给水管道严禁与自备水源的供水管道直接连接。

3.2.4 生活饮用水不得因管道产生虹吸回流而受污染，生活饮用水管道的配水件出水口应符合下列规定：

1 出水口不得被任何液体或杂质所淹没；

2 出水口高出承接用水容器溢流边缘的最小空气间隙，不得小于出水口直径的2.5倍；

3 特殊器具不能设置最小空气间隙时，应设置管道倒流防止器或采取其他有效的隔断措施。

3.2.5 从给水管道上直接接出下列用水管道时，应在这些用水管道上设置管道倒流防止器或其他有效的防止倒流污染的装置：

1 单独接出消防用水管道时，在消防用水管道的起端；

注：不含室外给水管道上接出的室外消火栓。

2 从城市给水管道上直接吸水的水泵，其吸水管起端；

3 当游泳池、水上游乐池、按摩池、水景观赏池、循环冷却水集水池等的充水或补水管道出口与溢流水位之间的空气间隙小于出口管径2.5倍时，在充（补）水管上；

4 由城市给水管直接向锅炉、热水机组、水加热器、气压水罐等有压容器或密闭容器注水的注水管上；

5 垃圾处理站、动物养殖场（含动物园的饲养展览区）的冲洗管道及动物饮水管道的起端；

6 绿地等自动喷灌系统，当喷头为地下式或自动升降式时，其管道起端；

7 从城市给水环网的不同管段接出引入管向居住小区供水，且小区供水管与城市给水管形成环状管网时，其引入管上（一般在总水表后）。

3.2.6 严禁生活饮用水管道与大便器（槽）直接连接。

3.2.7 生活饮用水管道应避开毒物污染区，当条件限制不能避开时，应采取防护措施。

3.2.8 生活饮用水池（箱）应与其他用水的水池（箱）分开设置。

3.2.9 埋地式生活饮用水贮水池周围10m以内，不得有化粪池、污水处理构筑物、渗水井、垃圾堆放点等污染源；周围2m以内不得有污水管和污染物。当达不到此要求时，应采取防污染的措施。

3.2.10 建筑物内的生活饮用水水池（箱）体，应采用独立结构形式，不得利用建筑物的本体结构作为水池（箱）的壁板、底板及顶盖。

生活饮用水水池（箱）与其他用水水池（箱）并列设置时，应有各自独立的分隔墙，不得共用一幅分隔墙，隔墙与隔墙之间应有排水措施。

3.2.11 建筑物内的生活饮用水水池（箱）宜设在专用房间内，其上方的房间不应有厕所、浴室、盥洗室、厨房、污水处理间等。

3.2.12 生活饮用水水池（箱）的构造和配管，应符合下列规定：

1 人孔、通气管、溢流管应有防止昆虫爬入水池（箱）的措施。

2 进水管应在水池（箱）的溢流水位以上接入，当溢流水位确定有困难时，进水管口的最低点高出溢流边缘的高度等于进水管管径，但最小不应小于25mm，最大可不大于150mm。

当进水管口为淹没出流时，管顶应钻孔，孔径不宜小于管径的1/5。孔上宜装设同径的吸气阀或其他能破坏管内产生真空的装置。

注：不存在虹吸倒流的低位水池，其进水管不受本款限制，但进水管仍宜从最高水面以上进入水池。

3 进出水管布置不得产生水流短路，必要时应设导流装置。

4 不得接纳消防管道试压水、泄压水等回流水或溢流水。

5 泄空管和溢流管的出口，不得直接与排水构筑物或排水管道相连接，应采取间接排水的方式。

6 水池（箱）材质、衬砌材料和内壁涂料，不得影响水质。

3.2.13 当生活饮用水水池（箱）内的贮水，48h内不能得到更新时，应设置水消毒处理装置。

3.2.14 在非饮用水管道上接出水嘴或取水短管时，应采取防止误饮误用的措施。

3.3 系统选择

3.3.1 居住小区的室外给水系统，其水量应满足居住小区内全部用水的要求。

居住小区的室外给水系统，应尽量利用城市市政给水管网的水压直接供水。当市政给水管网的水压、水量不足时，应设置贮水调节和加压装置。

3.3.2 居住小区的加压给水系统，应根据小区的规模、建筑高度和建筑物的分布等因素确定加压站的数量、规模和水压。

3.3.3 建筑物内不同使用性质或计费的给水系统，应在引入管后分成各自独立的给水管网。

3.3.4 卫生器具给水配件承受的最大工作压力，不得大于0.6MPa。

3.3.5 高层建筑生活给水系统应竖向分区，竖向分区应符合下列要求：

1 各分区最低卫生器具配水点处的静水压不宜大于0.45MPa，特殊情况下不宜大于0.55MPa；

2 水压大于0.35MPa的入户管（或配水横管），宜设减压或调压设施；

3 各分区最不利配水点的水压，应满足用水水压要求。

3.3.6 建筑高度不超过100m的建筑的生活给水系统，宜采用垂直分区并联供水或分区减压的供水方式。建筑高度超过100m的建筑，宜采用垂直串联供水方式。

3.4 管材、附件和水表

3.4.1 给水系统采用的管材和管件，应符合现行产品标准的要求。管道和管件的工作压力不得大于产品标准标称的允许工作压力。

3.4.2 埋地给水管道采用的管材，应具有耐腐蚀和能承受相应地面荷载的能力。可采用塑料给水管、有衬里的铸铁给水管、经可靠防腐处理的钢管。

3.4.3 室内的给水管道，应选用耐腐蚀和安装连接方便可靠的管材，可采用塑料给水管、塑料和金属复合管、铜管、不锈钢管及经可靠防腐处理的钢管。

3.4.4 给水管道上使用的各类阀门的材质，应耐腐蚀和耐压。根据管径大小和所承受压力的等级及使用温度，可采用全铜、全不锈钢、铁壳铜芯和全塑阀门等。

3.4.5 给水管道的下列部位应设置阀门：

1 居住小区给水管道从市政给水管道的引入管段上。

2 居住小区室外环状管网的节点处，应按分隔要求设置。环状管段过长时，宜设置分段阀门。

3 从居住小区给水干管上接出的支管起端或接户管起端。

4 入户管、水表前和各分支立管。

5 室内给水管道向住户、公用卫生间等接出的配水管起端；配水支管上配水点在3个及3个以上时应设置。

6 水池、水箱、加压泵房、加热器、减压阀、管道倒流防止器等应按安装要求配置。

3.4.6 给水管道上使用的阀门，应根据使用要求按下列原则选型：

1 需调节流量、水压时，宜采用调节阀、截止阀；

2 要求水流阻力小的部位（如水泵吸水管上），宜采用闸板阀；

3 安装空间小的场所，宜采用蝶阀、球阀；

4 水流需双向流动的管段上，不得使用截止阀；

5 口径较大的水泵，出水管上宜采用多功能阀。

3.4.7 给水管道的下列管段上应设置止回阀：

1 引入管上；

2 密闭的水加热器或用水设备的进水管上；

3 水泵出水管上；

4 进出水管合用一条管道的水箱、水塔、高地水池的出水管段上。

注：装有管道倒流防止器的管段，不需再装止回阀。

3.4.8 止回阀的阀型选择，应根据止回阀的安装部位、阀前水压、关闭后的密闭性能要求和关闭时引发的水锤大小等因素确定，应符合下列要求：

1 阀前水压小的部位，宜选用旋启式、球式和梭式止回阀。

2 关闭后密闭性能要求严密的部位，宜选用有关闭弹簧的止回阀。

3 要求削弱关闭水锤的部位，宜选用速闭消声止回阀或有阻尼装置的缓闭止回阀。

4 止回阀的阀瓣或阀芯，应能在重力或弹簧力作用下自行关闭。

3.4.9 给水管网的压力高于配水点允许的最高使用压力时，应设置减压阀，减压阀的配置应符合下列要求：

1 比例式减压阀的减压比不宜大于3:1；可调式减压阀的阀前与阀后的最大压差不应大于0.4MPa，要求环境安静的场所不应大于0.3MPa。

2 阀后配水件处的最大压力应按减压阀失效情况下进行校核，其压力不应大于配水件的产品标准规定的水压试验压力。

注：1 当减压阀串联使用时，按其中一个失效情况下，计算阀后最高压力。

2 配水件的试验压力一般按其工作压力的1.5倍计。

3 减压阀前的水压宜保持稳定，阀前的管道不宜兼作配水管。

4 阀后压力允许波动时，宜采用比例式减压阀；阀后压力要求稳定时，宜采用可调式减压阀。

5 供水保证率要求高，停水会引起重大经济损失的给水管道上设置减压阀时，宜采用两个减压阀，并联设置，一用一备工作，但不得设置旁通管。

3.4.10 减压阀的设置应符合下列要求：

1 减压阀的公称直径应与管道管径相一致。

2 减压阀前应设阀门和过滤器；需拆卸阀体才能检修的减压阀后，应设管道伸缩器；检修时阀后水会倒流时，阀后应设阀门。

3 减压阀节点处的前后应装设压力表。

4 比例式减压阀宜垂直安装，可调式减压阀宜水平安装。

5 设置减压阀的部位，应便于管道过滤器的排污和减压阀的检修，地面宜有排水设施。

3.4.11 当给水管网存在短时超压工况，且短时超压会引起使用不安全时，应设置泄压阀，泄压阀的设置应符合下列要求：

1 泄压阀用于管网泄压，阀前应设置阀门。

2 泄压阀的泄水口,应连接管道,泄压水宜排入非生活用水水池,当直接排放时,应有消能措施。

3.4.12 安全阀阀前不得设置阀门，泄压口应连接管道将泄压水（汽）引至安全地点排放。

3.4.13 给水管道的下列部位应设置排气装置：

1 间歇性使用的给水管网，其管网末端和最高点应设置自动排气阀。

2 给水管网有明显起伏积聚空气的管段，宜在该段的峰点设自动排气阀或手动阀门排气。

3 气压给水装置，当采用自动补气式气压水罐时，其配水管网的最高点应设自动排气阀。

3.4.14 给水系统的调节水池（箱），除进水能自动控制切断进水者外，其进水管上应设自动水位控制阀，水位控制阀的公称直径应与进水管管径一致。

3.4.15 给水管道的下列部位应设置管道过滤器：

1 减压阀、自动水位控制阀，温度调节阀等阀件前应设置。

2 水加热器的进水管上，换热装置的循环冷却水进水管上宜设置。

3 水泵吸水管上宜设置管道过滤器。

4 进水总表前应设置；住宅进户水表前宜设置。

注：过滤器的滤网应采用耐腐蚀材料，滤网网孔尺寸应按使用要求确定。

3.4.16 建筑物的引入管，住宅的入户管及公用建筑物内需计量水量的水管上均应设置水表。

3.4.17 住宅的分户水表宜相对集中读数，且宜设置于户外；对设在户内的水表，宜采用远传水表或 IC 卡水表等智能化水表。

3.4.18 水表口径的确定应符合以下规定：

1 水表口径宜与给水管道接口管径一致；

2 用水量均匀的生活给水系统的水表应以给水设计流量选定水表的常用流量；

3 用水量不均匀的生活给水系统的水表应以设计流量选定水表的过载流量；

4 在消防时除生活用水外尚需通过消防流量的水表，应以生活用水的设计流量叠加消防流量进行校核，校核流量不应大于水表的过载流量。

3.4.19 水表应装设在观察方便、不冻结、不被任何液体及杂质所淹没和不易受损坏的地方。

注：各种有累计水量功能的流量计，均可替代水表。

3.4.20 给水加压系统，应根据水泵扬程、管道走向、环境噪音要求等因素，设置水锤消除装置。

3.4.21 隔音防噪要求严格的场所，给水管道的支架应采用隔振支架；配水管起端宜设置水锤吸纳装置；配水支管与卫生器具配水件的连接宜采用软管连接。

3.5 管道布置和敷设

3.5.1 居住小区的室外给水管网，宜布置成环状网，或与市政给水管连接成环状网。

环状给水管网与市政给水管的连接管不宜少于两条，当其中一条发生故障时，其余的连接管应能通过不小于70%的流量。

3.5.2 居住小区的室外给水管道，应沿区内道路平行于建筑物敷设，宜敷设在人行道、慢车道或草地下；管道外壁距建筑物外墙的净距不宜小于1m，且不得影响建筑物的基础。

居住小区的室外给水管道与其他地下管线及乔木之间的最小净距，应符合本规范附录A的规定。

3.5.3 室外给水管道的覆土深度，应根据土壤冰冻深度、车辆荷载、管道材质及管道交叉等因素确定。管顶最小覆土深度不得小于土壤冰冻线以下0.15m，行车道下的管线覆土深度不宜小于0.7m。

3.5.4 室外给水管道上的阀门，宜设置阀门井或阀门套筒。

3.5.5 敷设在室外综合管廊（沟）内的给水管道，宜在热水、热力管道下方，冷冻管和排水管的上方。给水管道与各种管道之间的净距，应满足安装操作的需要，且不宜小于0.3m。

室内冷、热水管上、下平行敷设时，冷水管应在热水管下方；垂直平行敷设时，冷水管应在热水管右侧。

生活给水管道不宜与输送易燃、可燃或有害的液体或气体的管道同管廊（沟）敷设。

3.5.6 室内生活给水管道宜布置成枝状管网，单向供水。

3.5.7 室内给水管道不应穿越变配电房、电梯机房、通信机房、大中型计算机房、计算机网络中心、音像库房等遇水会损坏设备和引发事故的房间，并应避免在生产设备上方通过。

室内给水管道的布置，不得妨碍生产操作、交通运输和建筑物的使用。

3.5.8 室内给水管道不得布置在遇水会引起燃烧、爆炸的原料、产品和设备的上面。

3.5.9 埋地敷设的给水管道应避免布置在可能受重物压坏处。管道不得穿越生产设备基础，在特殊情况下必须穿越时，应采取有效的保护措施。

3.5.10 给水管道不得敷设在烟道、风道、电梯井内、排水沟内。给水管道不宜穿越橱窗、壁柜。给水管道不得穿过大便槽和小便槽，且立管离大、小便槽端部不得小于0.5m。

3.5.11 给水管道不宜穿越伸缩缝、沉降缝、变形缝。如必须穿越时，应设置补偿管道伸缩和剪切变形的装置。

3.5.12 塑料给水管道在室内宜暗设。明设时立管应布置在不易受撞击处，如不能避免时，应在管外加保护措施。

3.5.13 塑料给水管道不得布置在灶台上边缘；明设的塑料给水立管距灶台边缘不得小于0.4m，距燃气热水器边缘不宜小于0.2m。达不到此要求时，应有保护措施。

塑料给水管道不得与水加热器或热水炉直接连接，应有不小于0.4m的金属管段过渡。

3.5.14 室内给水管道上的各种阀门，宜装设在便于检修和便于操作的位置。

3.5.15 建筑物内埋地敷设的生活给水管与排水管之间的最小净距，平行埋设时不应小于0.5m；交叉埋设时不应小于0.15m，且给水管应在排水管的上面。

3.5.16 给水管道的伸缩补偿装置，应按直线长度、管材的线胀系数、环境温度和管内水温的变化、管道节点的允许位移量等因素经计算确定。应尽量利用管道自身的折角补偿温度变形。

3.5.17 当给水管道结露会影响环境，引起装饰、物品等受损害时，给水管道应做防结露保冷层，防结露保冷层的计算和构造，按现行的《设备及管道保冷技术通则》执行。

3.5.18 给水管道暗设时，应符合下列要求：

1 不得直接敷设在建筑物结构层内；

2 干管和立管应敷设在吊顶、管井、管窿内，支管宜敷设在楼（地）面的找平层内或沿墙敷设在管槽内；

3 敷设在找平层或管槽内的给水支管的外径不宜大于25mm；

4 敷设在找平层或管槽内的给水管管材宜采用塑料、金属与塑料复合管材或耐腐蚀的金属管材；

5 敷设在找平层或管槽内的管材，如采用卡套式或卡环式接口连接的管材，宜采用分水器向各卫生器具配水，中途不得有连接配件，两端接口应明露。地面宜有管道位置的临时标识。

3.5.19 管道井的尺寸，应根据管道数量、管径大小、排列方式、维修条件，结合建筑平面和结构形式等合理确定。需进人维修管道的管井，其维修人员的工作通道净宽度不宜小于0.6m。管道井应每层设外开检修门。

管道井的井壁和检修门的耐火极限及管道井的竖向防火隔断应符合消防规范的规定。

3.5.20 给水管道应避免穿越人防地下室，必须穿越时应按人防工程要求设置防爆阀门。

3.5.21 需要泄空的给水管道，其横管宜设有0.002～0.005的坡度坡向泄水装置。

3.5.22 给水管道穿越下列部位或接管时，应设置防水套管：

1 穿越地下室或地下构筑物的外墙处；

2 穿越屋面处；

注：有可靠的防水措施时，可不设套管。

3 穿越钢筋混凝土水池（箱）的壁板或底板连接管道时。

3.5.23 明设的给水立管穿越楼板时，应采取防水措施。

3.5.24 在室外明设的给水管道，应避免受阳光直接照射，塑料给水管还应有有效保护措施；在结冻地区应做保温层，保温层的外壳，应密封防渗。

3.5.25 敷设在有可能结冻的房间、地下室及管井、管沟等地方的给水管道应有防冻措施。

3.6 设计流量和管道水力计算

3.6.1 居住小区的室外给水管道的设计流量，应按下列规定确定：

1 当居住小区的规模在3000人及以下，且室外给水管网为枝状管网时，其住宅及小区内配套的文体、餐饮娱乐、商铺及市场等设施的生活用水设计流量应按本规范3.6.3、3.6.4和3.6.5条的规定计算节点流量和管段流量。

2 当居住小区的规模在3000人以上，室外给水管网为环状管网，并符合本规范3.5.1条的规定时，其住宅应按本规范3.1.9条的规定计算最大用水时平均秒流量为节点流量。小区内配套的文体、餐饮娱乐、商铺及市场等设施生活用水设计流量，应按本规范3.1.10条计算最大用水小时平均秒流量为节点流量。

3 小区内配套的文教、医疗保健、社区管理等设施，以及绿化和景观用水、道路及广场洒水、公共设施用水等，均以平均用水小时平均秒流量计算节点流量。

注：1 未预计水量和管网漏失量不计入管网节点流量，仅在计算小区管网与城市管网连接的引入管时，考虑预留此余量。

2 凡不属于小区配套的公共建筑均应另计。

3.6.2 居住小区的室外给水管道，不论小区规模及管网形状，均应按3.6.1条第2款规定计算节点流量，再叠加区内一次火灾的最大消防流量（有消防贮水和专用消防管道供水的部分应扣除），对管道进行水力计算校核，管道末梢的室外消火栓从地面算起的水压，不得低于0.1MPa。

设有室外消火栓的室外给水管道，管径不得小于100mm。

3.6.3 建筑物的给水引入管的设计流量，应符合下列要求：

1 当建筑物内的生活用水全部由室外管网直接供水时，应取建筑物内的生活用水设计秒流量。

2 当建筑物内的生活用水全部自行加压供给时，引入管的设计流量应为贮水调节池的设计补水量。设计补水量不宜大于建筑物最高日最大时生活用水量，且不得小于建筑物最高日平均时生活用水量。

3 当建筑物内的生活用水既有室外管网直接供水，又有自行加压供水时，应按本条第1、2款计算设计流量后，将两者叠加作为引入管的设计流量。

3.6.4 住宅建筑的生活给水管道的设计秒流量，应按下列步骤和方法计算：

1 根据住宅配置的卫生器具给水当量、使用人数、用水定额、使用时数及小时变化系数，按3.6.4-1式计算出最大用水时卫生器具给水当量平均出流概率：

$$U_o = \frac{q_o m K_h}{0.2 \cdot N_g \cdot T \cdot 3600}\ (\%) \qquad (3.6.4\text{-}1)$$

式中 U_o——生活给水管道的最大用水时卫生器具给水当量平均出流概率（%）；

q_o——最高用水日的用水定额，按表3.1.9取用；

m——每户用水人数；

K_h——小时变化系数，按表3.1.9取用；

N_g——每户设置的卫生器具给水当量数；

T——用水时数（h）；

0.2——一个卫生器具给水当量的额定流量（L/s）。

2 根据计算管段上的卫生器具给水当量总数，按3.6.4-2式计算得出该管段的卫生器具给水当量的同时出流概率：

$$U=\frac{1+\alpha_c(N_g-1)^{0.49}}{\sqrt{N_g}}\ (\%) \tag{3.6.4-2}$$

式中 U——计算管段的卫生器具给水当量同时出流概率（%）；

α_c——对应于不同U_o的系数，查附录C中表C；

N_g——计算管段的卫生器具给水当量总数。

3 根据计算管段上的卫生器具给水当量同时出流概率，按3.6.4-3式计算得计算管段的设计秒流量：

$$q_g=0.2\cdot U\cdot N_g\ (L/s) \tag{3.6.4-3}$$

式中 q_g——计算管段的设计秒流量（L/s）。

注：1 为了计算快速、方便，在计算出U_o后，即可根据计算管段的N_g值从附录D的计算表中直接查得给水设计秒流量。该表可用内插法。

2 当计算管段的卫生器具给水当量总数超过表D中的最大值时，其流量应取最大用水时平均秒流量，即$q_g=0.2U_oN_g$。

4 有两条或两条以上具有不同最大用水时卫生器具给水当量平均出流概率的给水支管的给水干管，该管段的最大时卫生器具给水当量平均出流概率按3.6.4-4式计算：

$$\overline{U}_o=\frac{\Sigma U_{oi}N_{gi}}{\Sigma N_{gi}} \tag{3.6.4-4}$$

式中 $\overline{U}_o$——给水干管的卫生器具给水当量平均出流概率；

U_{oi}——支管的最大用水时卫生器具给水当量平均出流概率；

N_{gi}——相应支管的卫生器具给水当量总数。

3.6.5 集体宿舍、旅馆、宾馆、医院、疗养院、幼儿园、养老院、办公楼、商场、客运站、会展中心、中小学教学楼、公共厕所等建筑的生活给水设计秒流量，应按下式计算：

$$q_g=0.2\alpha\sqrt{N_g} \tag{3.6.5}$$

式中 q_g——计算管段的给水设计秒流量（L/s）；

N_g——计算管段的卫生器具给水当量总数；

α——根据建筑物用途而定的系数，应按表3.6.5采用。

注：1 如计算值小于该管段上一个最大卫生器具给水额定流量时，应采用一个最大的卫生器具给水额定流量作为设计秒流量。

2 如计算值大于该管段上按卫生器具给水额定流量累加所得流量值时，应按卫生器具给水额定流量累加所得流量值采用。

3 有大便器延时自闭冲洗阀的给水管段，大便器延时自闭冲洗阀的给水当量均以0.5计，计算得到的q_g附加1.10L/s的流量后，为该管段的给水设计秒流量。

4 综合楼建筑的α值应按加权平均法计算。

表 3.6.5 根据建筑物用途而定的系数值（α 值）

建筑物名称	α 值
幼儿园、托儿所、养老院	1.2
门诊部、诊疗所	1.4
办公楼、商场	1.5
学校	1.8
医院、疗养院、休养所	2.0
集体宿舍、旅馆、招待所、宾馆	2.5
客运站、会展中心、公共厕所	3.0

3.6.6 工业企业的生活间、公共浴室、职工食堂或营业餐馆的厨房、体育场馆运动员休息室、剧院的化妆间、普通理化实验室等建筑的生活给水管道的设计秒流量，应按下式计算：

$$q_g = \Sigma q_o N_o b \quad (3.6.6)$$

式中 q_g——计算管段的给水设计秒流量（L/s）；

q_o——同类型的一个卫生器具给水额定流量(L/s)；

N_o——同类型卫生器具数；

b——卫生器具的同时给水百分数，应按表3.6.6-1～表3.6.6-3采用。

注：1 如计算值小于该管段上一个最大卫生器具给水额定流量时，应采用一个最大的卫生器具给水额定流量作为设计秒流量。

2 大便器自闭式冲洗阀应单列计算，当单列计算值小于1.2L/s时，以1.2L/s计；大于1.2L/s时，以计算值计。

表 3.6.6-1 工业企业生活间、公共浴室、剧院化妆间、体育场馆运动员休息室等卫生器具同时给水百分数

卫生器具名称	同时给水百分数（%）			
	工业企业生活间	公共浴室	剧院化妆间	体育场馆运动员休息室
洗涤盆（池）	33	15	15	15
洗手盆	50	50	50	50
洗脸盆、盥洗槽水嘴	60～100	60～100	50	80
浴盆	—	50	—	—
无间隔淋浴器	100	100	—	100
有间隔淋浴器	80	60～80	60～80	60～100
大便器冲洗水箱	30	20	20	20
大便器自闭式冲洗阀	2	2	2	2
小便器自闭式冲洗阀	10	10	10	10
小便器（槽）自动冲洗水箱	100	100	100	100
净身盆	33	—	—	—
饮水器	30～60	30	30	30
小卖部洗涤盆	—	50	—	50

注：健身中心的卫生间，可采用本表体育场馆运动员休息室的同时给水百分率。

表 3.6.6-2 职工食堂、营业餐馆厨房设备同时给水百分数

厨房设备名称	同时给水百分数（%）
污水盆（池）	50
洗涤盆（池）	70
煮锅	60
生产性洗涤机	40
器皿洗涤机	90
开水器	50
蒸汽发生器	100
灶台水嘴	30
注：职工或学生饭堂的洗碗台水嘴，按 100% 同时给水，但不与厨房用水叠加。	

3.6.7 建筑物内生活用水最大小时用水量，应按本规范表 3.1.9 和表 3.1.10 的规定计算确定。

3.6.8 住宅的入户管，公称直径不宜小于 20mm。

3.6.9 生活给水管道的水流速度，宜按表 3.6.9 采用。

表 3.6.6-3 实验室化验水嘴同时给水百分数

化验水嘴名称	同时给水百分数（%）	
	科学研究实验室	生产实验室
单联化验水嘴	20	30
双联或三联化验水嘴	30	50

表 3.6.9 生活给水管道的水流速度

公称直径（mm）	15～20	25～40	50～70	≥80
水流速度（m/s）	≤1.0	≤1.2	≤1.5	≤1.8

3.6.10 给水管道的沿程水头损失可按下式计算：

$$i = 105 C_h^{-1.85} d_j^{-4.87} q_g^{1.85} \quad (3.6.10)$$

式中 i——管道单位长度水头损失（kPa/m）；

d_j——管道计算内径（m）；

q_g——给水设计流量（m^3/s）；

C_h——海澄-威廉系数。

各种塑料管、内衬（涂）塑管 $C_h = 140$；

铜管、不锈钢管 $C_h = 130$；

衬水泥、树脂的铸铁管 $C_h = 130$；

普通钢管、铸铁管 $C_h = 100$。

3.6.11 生活给水管道的配水管的局部水头损失，宜按管道的连接方式，采用管（配）件当量长度法计算。当管道的管（配）件当量长度资料不足时，可按下列管件的连接状况，按管网的沿程水头损失的百分数取值：

1 管（配）件内径与管道内径一致，采用三通分水时，取25%～30%；采用分水器分水时，取 15%～20%。

2 管（配）件内径略大于管道内径，采用三通分水时，取50%～60%；采用分水器分水时，取 30%～35%。

3 管（配）件内径略小于管道内径，管（配）件的插口插入管口内连接，采用三通分水时，取 70%～80%；采用分水器分水时，取 35%～40%。

注：附录 B 为螺纹接口的阀门及管件的摩阻损失当量长度表。

3.6.12 水表的水头损失，应按选用产品所给定的压力损失值计算。在未确定具体产品

时，可按下列情况取用：

1 住宅入户管上的水表，宜取0.01MPa；

2 建筑物或小区引入管上的水表，在生活用水工况时，宜取0.03MPa；在校核消防工况时，宜取0.05MPa。

3.6.13 比例式减压阀的水头损失，阀后动水压宜按阀后静水压的80%~90%采用。

3.6.14 管道过滤器的局部水头损失，宜取0.01MPa。

3.6.15 管道倒流防止器的局部水头损失，宜取0.025~0.04MPa。

3.7 水塔、水箱、贮水池

3.7.1 居住小区采用水塔作为生活用水的调节构筑物时，应符合下列规定：

1 水塔的有效容积应经计算确定；

2 水塔应有保温防冻措施。

3.7.2 居住小区加压泵站的贮水池，应符合下列规定：

1 居住小区加压泵站的贮水池有效容积，其生活用水调节量应按流入量和供出量的变化曲线经计算确定，资料不足时可按最高日用水量的15%~20%确定。

2 贮水池宜分成容积基本相等的两格。

3.7.3 建筑物内的生活用水低位贮水池（箱）应符合下列规定：

1 贮水池（箱）的有效容积应按进水量与用水量变化曲线经计算确定；当资料不足时，宜按最高日用水量的20%~25%确定。

2 池（箱）外壁与建筑本体结构墙面或其他池壁之间的净距，应满足施工或装配的需要，无管道的侧面，净距不宜小于0.7m；安装有管道的侧面，净距不宜小于1.0m，且管道外壁与建筑本体墙面之间的通道宽度不宜小于0.6m；设有人孔的池顶，顶板面与上面建筑本体板底的净空不应小于0.8m。

3 贮水池（箱）不宜毗邻电气用房和居住用房或在其下方。

4 贮水池内宜设有水泵吸水坑，吸水坑的大小和深度，应满足水泵吸水管的安装要求。

3.7.4 无调节要求的加压给水系统，可设置吸水井，吸水井的有效容积不应小于水泵3min设计秒流量。吸水井的其他要求应符合本规范3.7.3条的规定。

3.7.5 生活用水高位水箱应符合下列规定：

1 由城市给水管网夜间直接进水的高位水箱的生活用水调节容积，宜按用水人数和最高日用水定额确定；由水泵联动提升进水的水箱的生活用水调节容积，不宜小于最大用水时水量的50%；

2 高位水箱箱壁与水箱间墙壁及箱顶与水箱间顶面的净距应符合本规范3.7.3条第2款规定，箱底与水箱间地面板的净距，当有管道敷设时不宜小于0.8m；

3 水箱的设置高度（以底板面计）应满足最高层用户的用水水压要求，如达不到要求时，宜在其入户管上设置管道泵增压。

3.7.6 建筑物贮水池（箱）应设置在通风良好、不结冻的房间内。

3.7.7 水塔、水池、水箱等构筑物应设进水管、出水管、溢流管、泄水管和信号装置，并应符合下列要求：

1 水池（箱）设置和管道布置应符合本规范3.2.9、3.2.10、3.2.12和3.2.13条有关防止水质污染的规定。

2 进、出水管宜分别设置。

3 当利用城市给水管网压力直接进水时，应设置自动水位控制阀，控制阀直径与进水管管径相同，当采用浮球阀时不宜少于两个，且进水管标高应一致。

4 当水箱采用水泵加压进水时，进水管不得设置自动水位控制阀，应设置水箱水位自动控制水泵开、停的装置。当水泵供给多个水箱进水时，应在水箱进水管上装设电动阀，由水位监控设备实现自动控制。电动阀应与进水管管径相同。

5 溢流管宜采用水平喇叭口集水；喇叭口下的垂直管段不宜小于4倍溢流管管径。溢流管的管径，应按能排泄水塔（池、箱）的最大入流量确定，并宜比进水管管径大一级。

6 泄水管的管径，应按水池（箱）泄空时间和泄水受体排泄能力确定。当水池（箱）中的水不能以重力自流泄空时，应设置移动或固定的提升装置。

7 水塔、水池应设水位监视溢流报警装置，水箱宜设置水位监视和溢流报警装置。信息应传至监控中心。

3.7.8 生活用水中途转输水箱的转输调节容积宜取5～10min转输水泵的流量。

3.8 增压设备、泵房

3.8.1 选择生活给水系统的加压水泵，应遵守下列一般规定：

1 水泵的 $Q \sim H$ 特性曲线，应是随流量的增大，扬程逐渐下降的曲线。

注：对 $Q \sim H$ 特性曲线存在有上升段的水泵，应分析在运行工况中不会出现不稳定工作时方可采用。

2 应根据管网水力计算进行选泵，水泵应在其高效区内运行。

3 生活加压给水系统的水泵机组应设备用泵，备用泵的供水能力不应小于最大一台运行水泵的供水能力。水泵宜自动切换交替运行。

3.8.2 居住小区的加压泵站，当给水管网无调节设施时，宜采用调速泵组或额定转速泵编组运行供水。泵组的最大出水量不应小于小区给水设计流量，并应以消防工况校核。

3.8.3 建筑物内采用高位水箱调节的生活给水系统时，水泵的最大出水量不应小于最大小时用水量。

3.8.4 生活给水系统采用调速泵组供水时，应按设计秒流量选泵，调速泵在额定转速时的工作点，应位于水泵高效区的末端。

3.8.5 生活给水系统采用气压给水设备供水时，应符合下列规定：

1 气压水罐内的最低工作压力，应满足管网最不利处的配水点所需水压；

2 气压水罐内的最高工作压力，不得使管网最大水压处配水点的水压大于0.55MPa；

3 水泵（或泵组）的流量（以气压水罐内的平均压力计，其对应的水泵扬程的流量），不应小于给水系统最大小时用水量的1.2倍；

4 气压水罐的调节容积按下式计算：

$$V_{q2} = \frac{\alpha_a q_b}{4 n_q} \tag{3.8.5-1}$$

式中 V_{q2}——气压水罐的调节容积（m^3）；

q_b——水泵（或泵组）的出流量（m^3/h）；

α_a——安全系数，宜取 1.0~1.3；

n_q——水泵在 1h 内的启动次数，宜采用 6~8 次。

5 气压水罐的总容积按下式计算：

$$V_q = \frac{\beta V_{q1}}{1-\alpha_b} \tag{3.8.5-2}$$

式中 V_q——气压水罐总容积（m^3）；

V_{q1}——气压水罐的水容积（m^3）；应等于或大于调节容量；

α_b——气压水罐内的工作压力比（以绝对压力计），宜采用 0.65~0.85；

β——气压水罐的容积系数，隔膜式气压水罐取 1.05。

3.8.6 水泵宜自灌吸水，每台水泵宜设置单独从水池吸水的吸水管。吸水管内的流速宜采用 1.0~1.2m/s；吸水管口应设置向下的喇叭口，喇叭口低于水池最低水位，不宜小于 0.5m，达不到此要求时，应采取防止空气被吸入的措施。

吸水管喇叭口至池底的净距，不应小于 0.8 倍吸水管管径，且不应小于 0.1m；吸水管喇叭口边缘与池壁的净距不宜小于 1.5 倍吸水管管径；吸水管与吸水管之间的净距，不宜小于 3.5 倍吸水管管径（管径以相邻两者的平均值计）。

注：当水池水位不能满足水泵自灌启动水位时，应有防止水泵启动的保护措施。

3.8.7 当每台水泵单独从水池吸水有困难时，可采用单独从吸水总管上自灌吸水，吸水总管应符合下列规定：

1 吸水总管伸入水池的引水管不宜少于两条，当一条引水管发生故障时，其余引水管应能通过全部设计流量。每条引水管上应设闸门。

注：水池有独立的两个及以上的分格，每格有一条引水管，可视为有两条以上引水管。

2 引水管应设向下的喇叭口，喇叭口的设置应符合本规范 3.8.6 条中吸水管喇叭口的相应规定，但喇叭口低于水池最低水位的距离不宜小于 0.3m。

3 吸水总管内的流速应小于 1.2m/s。

4 水泵吸水管与吸水总管的连接，应采用管顶平接，或高出管顶连接。

3.8.8 自吸式水泵以水池最低水位计的允许安装高度，应根据当地的大气压力、最高水温时的饱和蒸汽压、水泵的汽蚀余量和吸水管路的水头损失，经计算确定，并应有不小于 0.3m 的安全余量。

3.8.9 每台水泵的出水管上，应装设压力表、止回阀和阀门（符合多功能阀安装条件的出水管，可用多功能阀取代止回阀和阀门），必要时应设置水锤消除装置。自灌式吸水的水泵吸水管上应装设阀门，并宜装设管道过滤器。

3.8.10 居住小区独立设置的水泵房，宜靠近用水大户，水泵机组的运行噪声应符合现行的国家标准《城市区域环境噪声标准》的要求。

3.8.11 民用建筑物内设置的水泵机组，宜设在吸水池的侧面或下方，其运行的噪声应符合《民用建筑隔声设计规范》的规定。

3.8.12 建筑物内的给水泵房，应采用下列减振防噪措施：

1 应选用低噪声水泵机组；

2　吸水管和出水管上应设置减振装置；

3　水泵机组的基础应设置减振装置；

4　管道支架、吊架和管道穿墙、楼板处，应采取防止固体传声措施；

5　必要时，泵房的墙壁和天花应采取隔音吸音处理。

3.8.13　设置水泵的房间，应设排水设施；通风应良好，不得结冻。

3.8.14　水泵机组的布置，应符合表3.8.14的规定：

表3.8.14　水泵机组外轮廓面与墙和相邻机组间的间距

电动机额定功率（kW）	水泵机组外廓面与墙面之间的最小间距（m）	相邻水泵机组外轮廓面之间最小间距（m）
≤22	0.8	0.4
>25~55	1.0	0.8
≥55，≤160	1.2	1.2

注：1　水泵侧面有管道时，外轮廓面计至管道外壁面。
　　2　水泵机组是指水泵与电动机的联合体，或已安装在金属座架上的多台水泵组合体。

3.8.15　水泵基础高出地面的高度应便于水泵安装，不应小于0.1m；泵房内管道管外底距地面或管沟底面的距离，当管径≤150mm时，不应小于0.2m；当管径大于等于200mm时，不应小于0.25m。

3.8.16　泵房内宜有检修水泵的场地，检修场地尺寸宜按水泵或电机外形尺寸四周有不小于0.7m的通道确定。泵房内宜设置手动起重设备。

3.9　游泳池和水上游乐池

3.9.1　世界级比赛用游泳池的池水水质卫生标准，应符合国际游泳协会（FINA）关于游泳池池水水质卫生标准的规定。

3.9.2　国家级比赛用游泳池和宾馆内附建的游泳池的池水水质卫生标准，可参照国际游泳协会（FINA）关于游泳池池水水质卫生标准的规定执行。其他游泳池和水上游乐池的池水水质应符合我国有关的卫生标准。

3.9.3　游泳池和水上游乐池的初次充水和使用过程中的补充水水质，应符合现行的《生活饮用水卫生标准》的要求。

3.9.4　游泳池和水上游乐池的饮水、淋浴等生活用水水质，应符合现行的《生活饮用水卫生标准》的要求。

3.9.5　游泳池和水上游乐池水宜循环使用。游泳池和水上游乐池的池水循环周期应根据池的类型、用途、池水容积、水深、使用人数等因数确定，一般可按表3.9.5采用。

表3.9.5　游泳池和水上游乐池的池水循环周期

序号	池的类型		循环周期（h）
1	比赛池、训练池		4~6
2	跳水池		8~10
3	俱乐部、宾馆内游泳池		6~8
4	公共游泳池		4~6
5	儿童池		2~4
6	幼儿戏水池		1~2
7	造浪池		2
8	按摩池	公　共	0.3~0.5
		专　用	0.5~1.0
9	滑道池、探险池		6
10	家庭游泳池		8~10

注：池水的循环次数可按每日使用时间与循环周期的比值确定。

3.9.6　水上游乐池循环水系统应根据水质、水温、水压和使用功能等因素，设计成一个或若干个独立的循环系统。

3.9.7 循环水应经过滤、加药和消毒处理，必要时还应进行加热。

3.9.8 循环水的预净化应在循环水泵的吸水管上装设毛发聚集器。

3.9.9 水上游乐池滑道润滑水系统的循环水泵，必须设置备用泵。

3.9.10 循环水过滤宜采用压力过滤器，压力过滤器应符合下列要求：

1 过滤器的滤速应根据池的类型、滤料种类确定。低速过滤器的滤速不宜大于10m/h，中速过滤器的滤速宜为10～25m/h，多层滤料过滤器的滤速宜为20～30m/h。

2 过滤器的个数及单个过滤器面积，应根据循环流量的大小、运行维护等情况，通过技术经济比较确定，且不宜少于两个。

3 过滤器宜采用水进行反冲洗，冲洗管道不得与市政给水管网直接连接。

3.9.11 循环水在净化过程中应投加下列药剂：

1 过滤前投加混凝剂；

2 根据消毒剂品种，宜在消毒前投加pH值调节剂；

3 根据气候条件和池水水质变化，不定期地间断式投加除藻剂；

4 根据池水的pH值、总碱度、钙硬度、总溶解固体等水质参数，投加水质平衡药剂（水质平衡应保证池水的水质符合卫生标准要求）。

3.9.12 游泳池和水上游乐池的池水必须进行消毒杀菌处理。

3.9.13 消毒剂的选用应符合下列要求：

1 杀菌消毒能力强，并有持续杀菌功能；

2 不造成水和环境污染，不改变池水水质；

3 对人体无刺激或刺激性很小；

4 对建筑结构、设备和管道无腐蚀或轻微腐蚀；

5 费用低，且能就地取材。

3.9.14 使用瓶装氯气消毒时，氯气必须采用负压自动投加方式，严禁将氯直接注入游泳池水中的投加方式。加氯间应设置防毒、防火和防爆装置，并符合有关现行规范的规定。

3.9.15 游泳池和水上游乐池的池水设计温度应根据池的类型按表3.9.15确定。

表3.9.15 游泳池和水上游乐池的池水设计温度

序号	池的类型		池水设计温度（℃）
1	室内池	比赛池	25～27
2		训练池、跳水池	26～28
3		俱乐部、宾馆内游泳池	26～28
4		公共游泳池	26～28
5		儿童池、幼儿戏水池	28～30
6		滑道池	28～29
7		按摩池	不高于40
8	室外池	有加热设备	26～28
9		无加热设备	22～23

3.9.16 游泳池和水上游乐池水加热所需热量应经计算确定，加热方式宜采用间接式。

3.9.17 游泳池和水上游乐池的初次充水时间，应根据使用性质、城市给水条件等确定，宜小于24h，最长不得超过48h。

3.9.18 游泳池和水上游乐池的补充水量可按表3.9.18确定。大型游泳池和水上游乐池应采用平衡水池或补充水箱间接补水，家庭游泳池等小型游泳池如采用直接补水，补充水管应采取有效的防止回流污染的措施。

3.9.19 顺流式、混合式循环给水方式的游泳池和水上游乐池宜设置平衡水位的平衡水池，逆流式循环给水方式的游泳池和水上游乐池应设置平衡水量的均衡水池。

3.9.20 游泳池进水口和回水口的数量应满足循环流量的要求，设置位置应使游泳池内水流均匀、不产生涡流和短流。进水口格栅孔隙的水流速度不宜大于1.0m/s，回水口格栅孔隙的水流速度不应大于0.2m/s。进水口格栅孔隙的宽度不得大于8mm，池底回水口格栅孔隙的宽度成人池不得大于10mm，儿童池不得大于8mm。

3.9.21 游泳池泄水口应设置在池底的最低处，泄水口的数量按4h排空全部池水计算确定。游泳池宜设置池岸式溢流水槽。

表 3.9.18 游泳池和水上游乐池的补充水量

序号	池的类型和特征		每日补充水量占池水容积的百分数（%）
1	比赛池、训练池、跳水池	室内	3～5
		室外	5～10
2	公共游泳池、游乐池	室内	5～10
		室外	10～15
3	儿童池、幼儿戏水池	室内	不小于15
		室外	不小于20
4	按摩池	专用	8～10
		公用	10～15
5	家庭游泳池	室内	3
		室外	5

注：游泳池和水上游乐池的最小补充水量应保证一个月内池水全部更新一次。

3.9.22 进入公共游泳池和水上游乐池的通道，应设置浸脚消毒池。

3.9.23 游泳池和水上游乐池的管道、设备、容器、附件均应采用耐腐蚀材质或内壁涂衬耐腐蚀材料，材质与涂衬材料应符合有关卫生标准，不得影响池水水质。

3.9.24 比赛用跳水池必须设置水面制波装置。

3.9.25 跳水池的水面波浪应为均匀波纹小浪，浪高宜为25～40mm。制波方法宜采用起泡法。

3.9.26 幼儿戏水池的水深宜为0.3～0.4m，成人戏水池的水深宜为1.0m。

3.9.27 儿童游泳池的水深不得大于0.6m，当不同年龄段所用的池子合建在一起时，应采用栏杆将其分隔开。

3.10 冷却塔及循环冷却水

3.10.1 设计循环冷却水系统时应符合下列要求：

1 循环冷却水系统宜采用敞开式；

2 对于水温、水质、运行等要求差别较大的设备，循环冷却水系统宜分开设置；

3 敞开式循环冷却水系统的水质应满足被冷却设备的水质要求；

4 设备、管道设计时应能使循环系统的余压充分利用。

3.10.2 冷却塔设计计算所选用的空气干球温度和湿球温度，应与所服务的空调等系统的设计空气干球温度和湿球温度相吻合，应采用历年平均不保证50h的干球温度和湿球温度。

3.10.3 冷却塔位置的选择应根据下列因素综合确定：

1 气流应通畅，湿热空气回流影响小，且应布置在建筑物的最小频率风向的上风侧。

2 冷却塔不应布置在热源、废气和烟气排放口附近，不宜布置在高大建筑物中间的狭长地带上。

3　冷却塔与相邻建筑物之间的距离，除满足塔的通风要求外，还应考虑噪声、飘水等对建筑物的影响。

3.10.4　选用成品冷却塔时，应符合下列要求：

1　按生产厂家提供的热力特性曲线选定。设计循环水量不宜超过冷却塔的额定水量；当循环水量达不到额定水量的80%时，应对冷却塔的配水系统进行校核。

2　冷却塔应冷效高、能源省、噪声低、重量轻、体积小、寿命长、安装维护简单、飘水少。

3　材料应为阻燃型，并应符合防火要求。

4　数量宜与冷却水用水设备的数量、控制运行相匹配。

5　塔的形状应按建筑要求、占地面积及设置地点确定。

6　当冷却塔的布置不能满足3.10.3条的规定时，应采取相应的技术措施，并对塔的热力性能进行校核。

3.10.5　冷却塔的布置，应符合下列要求：

1　冷却塔宜单排布置。当需多排布置时，塔排之间的距离应保证塔排同时工作时的进风量。

2　单侧进风塔的进风面宜面向夏季主导风向，双侧进风塔的进风面宜平行夏季主导风向。

3　冷却塔进风侧离建筑物的距离宜大于塔进风口高度的2倍。冷却塔的四周除满足通风要求和管道安装位置外，还应留有检修通道。通道净距不宜小于1.0m。

3.10.6　冷却塔应设置在专用的基础上，不得直接设置在楼板或屋面上。

3.10.7　环境对噪声要求较高时，可采取下列措施：

1　冷却塔的位置远离对噪声敏感的区域。

2　采用低噪声型或超低噪声型冷却塔。

3　进水管、出水管、补充水管上设置隔振防噪装置。

4　冷却塔基础设置隔振装置。

5　建筑上采取隔声吸音屏障。

3.10.8　循环水泵的台数宜与冷凝器相匹配，并宜设置备用水泵。

循环水泵的出水量应按冷却水循环水量确定，扬程应按设备和管网循环水压要求确定，并应复核水泵泵壳承压能力。

3.10.9　冷却塔循环管道的流速，宜采用下列数值：

1　循环干管管径小于等于250mm时，为1.5～2.0m/s；管径大于250mm、小于500mm时，为2.0～2.5m/s；管径大于等于500mm时，为2.5～3.0m/s。

2　当循环水泵从冷却塔集水池中吸水时，吸水管的流速宜采用1.0～1.2m/s；当循环水泵直接从循环管道吸水，吸水管直径小于等于250mm时，流速宜为1.0～1.5m/s，吸水管直径大于250mm时，流速宜为1.5～2.0m/s。水泵出水管的流速可采用循环干管下限流速。

3.10.10　冷却塔集水池的设计，应符合下列要求：

1　集水池容积应按下列两项因素的水量之和确定：

1）布水装置和淋水填料需附着，水量宜按循环水量的1.2%～1.5%确定。

2）水泵吸水口所需最小淹没深度应根据吸水管内流速确定，当流速小于等于0.6m/s时，最小淹没深度不应小于0.3m；当流速为1.2m/s时，最小淹没深度不应小于0.6m。

2 选用成品冷却塔时，应按本条第1款的规定，对其集水盘的容积进行核算，如不满足要求时，应加大集水盘深度或另设集水池。

3 不设集水池的多台冷却塔并联使用时，各塔的集水盘应设连通管，连通管的管径宜比总回水管的管径放大一号；连通管与各塔出水管的连接应为管顶平接。塔的出水口应采取防止空气吸入的措施。

4 每台（组）冷却塔应分别设置补充水管、泄水管、排污及溢流管。补水方式宜采用浮球阀或补充水箱。

当多台冷却塔共用集水池时，可设置一套补充水管、泄水管、排污及溢流管。

3.10.11 冷却塔补充水量可按下式计算：

$$q_{bc} = q_z + q_p + q_f = q_z N_n / (N_n - 1) \tag{3.10.11}$$

式中 q_{bc}——补充水水量（m^3/h）；

q_z——蒸发损失水量（m^3/h）；

q_p——排污损失水量（m^3/h）；

q_f——风吹损失水量（m^3/h）；

N_n——浓缩倍数，设计浓缩倍数不宜小于3.0。

注：对于建筑物空调、冷冻设备的补充水量，一般按冷却水循环水量的1%～2%确定。

3.10.12 建筑空调系统的循环冷却水的水质稳定处理应结合水质情况，合理选择处理方法及设备。当冷却水循环水量大于1000m^3/h时，宜设置水质稳定处理、杀菌灭藻和旁流处理等装置。

3.10.13 旁流处理水量可根据去除悬浮物或溶解固体分别计算。当采用过滤处理去除悬浮物时，过滤水量宜为冷却水循环水量的1%～5%。

3.11 水 景

3.11.1 水景水质应符合现行的《景观娱乐用水水质标准》中的规定。当喷头对水质有特殊要求时，循环水应进行过滤等处理。

3.11.2 喷泉用水应循环使用。循环系统的补充水量应根据蒸发、飘失、渗漏、排污等损失确定，室内工程宜取循环水流量的1%～3%，室外工程取循环水流量的3%～10%。

3.11.3 水景工程应根据喷头造型分组布置喷头。喷泉的每组射流应设调节装置。

3.11.4 水景工程管道应按不同特性的喷头设置配水管，配水管宜环状布置，水头损失宜采用50～100Pa/m。管道改变方向处宜采用直管摵弯，不宜采用弯头、三通配件；管道变径处应采用异径管；喷嘴前应有不小于20倍喷嘴口直径的直线管段或设整流装置。

3.11.5 水景工程循环水泵宜采用潜水泵，直接设置于水池底。

水景工程循环水泵宜按不同特性的喷头、喷水系统分开设置。水景工程循环水泵的流量和扬程应按所选喷头形式、喷水高度、喷嘴直径和数量，以及管道系统的水头损失等经计算确定。

3.11.6 水景水池如采用生活饮用水作为补充水时，应采取防止回流污染的措施。

3.11.7 水景水池应设置补充水管、溢流管、泄水管。在池的周围宜设排水设施。

3.11.8 水景工程的运行方式可根据工程要求设计成手控、程控或声控；控制柜应按电气工程要求，设置于控制室内，控制室应干燥、通风。

3.11.9 瀑布、涌泉、溪流等水景工程设计，应符合下列要求：

1 设计循环流量应为计算流量的1.2倍；

2 水池设置应符合本规范3.11.6条和3.11.7条要求；

3 电器控制可设置于附近小室内。

3.11.10 水景工程宜采用不锈钢等耐腐蚀管材。

4 排 水

4.1 系 统 选 择

4.1.1 新建居住小区应采用生活排水与雨水分流排水系统。

4.1.2 建筑物内下列情况下宜采用生活污水与生活废水分流的排水系统：

1 建筑物使用性质对卫生标准要求较高时；

2 生活污水需经化粪池处理后才能排入市政排水管道时；

3 生活废水需回收利用时。

4.1.3 下列建筑排水应单独排水至水处理或回收构筑物：

1 公共饮食业厨房含有大量油脂的洗涤废水；

2 洗车台冲洗水；

3 含有大量致病菌，放射性元素超过排放标准的医院污水；

4 水温超过40℃的锅炉、水加热器等加热设备排水；

5 用作中水水源的生活排水。

4.1.4 建筑物雨水管道应单独设置，在缺水或严重缺水地区，宜设置雨水贮存池。

4.2 卫生器具及存水弯

4.2.1 卫生器具的设置数量，应符合现行的有关设计标准、规范或规定的要求。

4.2.2 卫生器具的材质和技术要求，均应符合现行的有关产品标准的规定。

4.2.3 大便器选用应根据使用对象、设置场所、建筑标准等因素确定，且均应选用节水型大便器。

4.2.4 公共场所设置小便器时，应采用延时自闭式冲洗阀或自动冲洗装置。

4.2.5 公共场所的洗手盆宜采用限流节水型装置。

4.2.6 构造内无存水弯的卫生器具与生活污水管道或其他可能产生有害气体的排水管道连接时，必须在排水口以下设存水弯。存水弯的水封深度不得小于50mm。

4.2.7 医疗卫生机构内门诊、病房、化验室、试验室等处不在同一房间内的卫生器具不得共用存水弯。

4.2.8 卫生器具的安装高度可按表4.2.8确定。

表 4.2.8 卫生器具的安装高度

序 号	卫生器具名称	卫生器具边缘离地高度（mm）	
		居住和公共建筑	幼 儿 园
1	架空式污水盆（池）（至上边缘）	800	800
2	落地式污水盆（池）（至上边缘）	500	500
3	洗涤盆（池）（至上边缘）	800	800
4	洗手盆（至上边缘）	800	500
5	洗脸盆（至上边缘）	800	500
6	盥洗槽（至上边缘）	800	500
7	浴盆（至上边缘）	480	—
	按摩浴盆（至上边缘）	450	—
	淋浴盆（至上边缘）	100	—
8	蹲、坐式大便器（从台阶面至高水箱底）	1800	1800
9	蹲式大便器（从台阶面至低水箱底）	900	900
10	坐式大便器（至低水箱底）		
	外露排出管式	510	—
	虹吸喷射式	470	370
	冲落式	510	—
	旋涡连体式	250	—
11	坐式大便器（至上边缘）		
	外露排出管式	400	—
	虹吸喷射式	380	—
	冲落式	380	—
	旋涡连体式	360	—
12	大便槽（从台阶面至冲洗水箱底）	不低于 2000	—
13	立式小便器（至受水部分上边缘）	100	—
14	挂式小便器（至受水部分上边缘）	600	450
15	小便槽（至台阶面）	200	150
16	化验盆（至上边缘）	800	—
17	净身器（至上边缘）	360	—
18	饮水器（至上边缘）	1000	—

4.3 管道布置和敷设

4.3.1 居住小区排水管的布置应根据小区规划、地形标高、排水流向，按管线短、埋深小、尽可能自流排出的原则确定。

4.3.2 居住小区排水管道最小覆土深度应根据道路的行车等级、管材受压强度、地基承载力等因素经计算确定，应符合下列要求：

1 小区干道和小区组团道路下的管道，覆土深度不宜小于 0.7m。

2 生活污水接户管道埋设深度不得高于土壤冰冻线以上0.15m，且覆土深度不宜小于0.3m。

4.3.3 建筑物内排水管道布置应符合下列要求：

1 自卫生器具至排出管的距离应最短，管道转弯应最少。

2 排水立管宜靠近排水量最大的排水点。

3 架空管道不得敷设在对生产工艺或卫生有特殊要求的生产厂房内，以及食品和贵重商品仓库、通风小室、变配电间和电梯机房内。

4 排水管道不得穿过沉降缝、伸缩缝、变形缝、烟道和风道。

5 排水埋地管道，不得布置在可能受重物压坏处或穿越生产设备基础。

6 排水立管不得穿越卧室、病房等对卫生、安静有较高要求的房间，并不宜靠近与卧室相邻的内墙。

7 排水管道不宜穿越橱窗、壁柜。

8 塑料排水立管应避免布置在易受机械撞击处，如不能避免时，应采取保护措施。

9 塑料排水管应避免布置在热源附近，如不能避免，并导致管道表面受热温度大于60℃时，应采取隔热措施。塑料排水立管与家用灶具边净距不得小于0.4m。

10 排水管道外表面如可能结露，应根据建筑物性质和使用要求，采取防结露措施。

4.3.4 排水管道不得穿越生活饮用水池部位的上方。

4.3.5 室内排水管道不得布置在遇水会引起燃烧、爆炸的原料、产品和设备的上面。

4.3.6 排水横管不得布置在食堂、饮食业厨房的主副食操作烹调备餐的上方。当受条件限制不能避免时，应采取防护措施。

4.3.7 排水管道宜地下埋设或在地面上、楼板下明设，如建筑有要求时，可在管槽、管道井、管窿、管沟或吊顶内暗设，但应便于安装和检修。在气温较高、全年不结冻的地区，可沿建筑物外墙敷设。

4.3.8 住宅卫生间的卫生器具排水管不宜穿越楼板进入他户。

4.3.9 室内管道的连接应符合下列规定：

1 卫生器具排水管与排水横管垂直连接，应采用90°斜三通。

2 排水管道的横管与立管连接，宜采用45°斜三通或45°斜四通和顺水三通或顺水四通。

3 排水立管与排出管端部的连接，宜采用两个45°弯头或弯曲半径不小于4倍管径的90°弯头。

4 排水管应避免在轴线偏置，当受条件限制时，宜用乙字管或两个45°弯头连接。

5 支管接入横干管、立管接入横干管时，宜在横干管管顶或其两侧45°范围内接入。

4.3.10 塑料排水管道应根据其管道的伸缩量设置伸缩节，伸缩节宜设置在汇合配件处。排水横管应设置专用伸缩节。

注：室内、外埋地管道可不设伸缩节。

4.3.11 建筑塑料排水管穿越楼层、防火墙、管道井井壁时，应根据建筑物性质、管径和设置条件，以及穿越部件防火等级等要求设置阻火装置。

4.3.12 靠近排水立管底部的排水支管连接，应符合下列要求：

1 排水立管仅设置伸顶通气管时，最低排水横支管与立管连接处距排水立管管底垂直距离不得小于表4.3.12的规定。

表4.3.12 最低横支管与立管连接处至立管管底的垂直距离

立管连接卫生器具的层数	垂直距离（m）
≤4	0.45
5～6	0.75
7～12	1.2
13～19	3.0
≥20	6.0

注：当与排出管连接的立管底部放大一号管径或横干管比与之连接的立管大一号管径时，可将表中垂直距离缩小一档。

2 排水支管连接在排出管或排水横干管上时，连接点距立管底部下游水平距离不宜小于3.0m，且不得小于1.5m。

3 横支管接入横干管竖直转向管段时，连接点应距转向处以下不得小于0.6m。

4 当靠近排水立管底部的排水支管的连接不能满足本条1、2款的要求时，排水支管应单独排至室外检查井或采取有效的防反压措施。

4.3.13　下列构筑物和设备的排水管不得与污废水管道系统直接连接，应采取间接排水的方式：

1　生活饮用水贮水箱（池）的泄水管和溢流管；

2　开水器、热水器排水；

3　医疗灭菌消毒设备的排水；

4　蒸发式冷却器、空调设备冷凝水的排水；

5　贮存食品或饮料的冷藏库房的地面排水和冷风机溶霜水盘的排水。

4.3.14　设备间接排水宜排入邻近的洗涤盆、地漏。如不可能时，可设置排水明沟、排水漏斗或容器。间接排水口最小空气间隙，宜按表4.3.14确定。

4.3.15　间接排水的漏斗或容器不得产生溅水、溢流，并应布置在容易检查、清洁的位置。

表4.3.14　间接排水口最小空气间隙

间接排水管管径（mm）	排水口最小空气间隙（mm）
≤25	50
32～50	100
>50	150

注：饮料用贮水箱的间接排水口最小空气间隙，不得小于150mm。

4.3.16　生活废水在下列情况下，可采用有盖的排水沟排除：

1　废水中含有大量悬浮物或沉淀物需经常冲洗；

2　设备排水支管很多，用管道连接有困难；

3　设备排水点的位置不固定；

4　地面需要经常冲洗。

4.3.17　废水中如夹带纤维或有大块物体，应在排水管道连接处设置格栅或带网筐地漏。

4.3.18　室外排水管的连接应符合下列要求：

1　排水管与排水管连接，应用检查井连接。

2　室外排水管，除有水流跌落差以外，宜管顶平接。

3　排出管管顶标高不得低于室外接户管管顶标高。

4　连接处的水流偏转角不得大于90°。当跌落差大于0.3m时，可不受角度的限制。

4.3.19　室内排水沟与室外排水管道连接处，应设水封装置。

4.3.20　排水管穿过地下室外墙或地下构筑物的墙壁处，应采取防水措施。

4.3.21　当建筑物沉降可能导致排出管倒坡时，应采取防倒坡措施。

4.3.22　排水管道在穿越楼层设套管且立管底部架空时，应在立管底部设支墩或其他固定措施。地下室立管与排水管转弯处也应设置支墩或固定措施。

4.4　排水管道水力计算

4.4.1　居住小区生活排水系统排水定额是其相应的生活给水系统用水定额的85%～95%。

居住小区生活排水系统小时变化系数与其相应的生活给水系统小时变化系数相同，应按本规范3.1.2条和3.1.3条确定。

4.4.2　公共建筑生活排水定额和小时变化系数与公共建筑生活给水用水定额和小时变化系数相同，应按本规范3.1.10条规定确定。

4.4.3　居住小区内生活排水的设计流量应按住宅生活排水最大小时流量与公共建筑生活

排水最大小时流量之和确定。

4.4.4 卫生器具排水的流量、当量和排水管的管径应按表4.4.4确定。

表4.4.4 卫生器具排水的流量、当量和排水管的管径

序号	卫生器具名称	排水流量（L/s）	当量	排水管管径（mm）
1	洗涤盆、污水盆（池）	0.33	1.00	50
2	餐厅、厨房洗菜盆（池）			
	单格洗涤盆（池）	0.67	2.00	50
	双格洗涤盆（池）	1.00	3.00	50
3	盥洗槽（每个水嘴）	0.33	1.00	50~75
4	洗手盆	0.10	0.30	32~50
5	洗脸盆	0.25	0.75	32~50
6	浴盆	1.00	3.00	50
7	淋浴器	0.15	0.45	50
8	大便器			
	高水箱	1.50	4.50	100
	低水箱			
	冲落式	1.50	4.50	100
	虹吸式、喷射虹吸式	2.00	6.00	100
	自闭式冲洗阀	1.50	4.50	100
9	医用倒便器	1.50	4.50	100
10	小便器			
	自闭式冲洗阀	0.10	0.30	40~50
	感应式冲洗阀	0.10	0.30	40~50
11	大便槽			
	≤4个蹲位	2.50	7.50	100
	>4个蹲位	3.00	9.00	150
12	小便槽（每米长）			
	自动冲洗水箱	0.17	0.50	—
13	化验盆（无塞）	0.20	0.60	40~50
14	净身器	0.10	0.30	40~50
15	饮水器	0.05	0.15	25~50
16	家用洗衣机	0.50	1.50	50

注：家用洗衣机排水软管，直径为30mm，有上排水的家用洗衣机排水软管内径为19mm。

4.4.5 住宅、集体宿舍、旅馆、医院、疗养院、幼儿园、养老院、办公楼、商场、会展中心、中小学教学楼等建筑生活排水管道设计秒流量，应按下式计算：

$$q_p = 0.12\alpha\sqrt{N_p} + q_{max} \tag{4.4.5}$$

式中 q_p——计算管段排水设计秒流量（L/s）；

N_p——计算管段的卫生器具排水当量总数；

α——根据建筑物用途而定的系数，按表4.4.5确定；

q_{max}——计算管段上最大一个卫生器具的排水流量（L/s）。

表4.4.5 根据建筑物用途而定的系数α值

建筑物名称	住宅、宾馆、医院、疗养院、幼儿园、养老院的卫生间	集体宿舍、旅馆和其他公共建筑的公共盥洗室和厕所间
α值	1.5	2.0~2.5

注：如计算所得流量值大于该管段上按卫生器具排水流量累加值时，应按卫生器具排水流量累加值计。

4.4.6 工业企业生活间、公共浴室、洗衣房、职工食堂或营业餐厅的厨房、实验室、影剧院、体育场、候车（机、船）等建筑的生活管道排水设计秒流量，应按下式计算：

$$q_p = \Sigma q_o N_o b \tag{4.4.6}$$

式中 q_p——计算管段排水设计秒流量（L/s）；

q_o——同类型的一个卫生器具排水流量（L/s）；

N_o——同类型卫生器具数；

b——卫生器具的同时排水百分数，按本规范第 3.6.6 条采用。冲洗水箱大便器的同时排水百分数应按 12%计算。

注：当计算排水流量小于一个大便器排水流量时，应按一个大便器的排水流量计算。

4.4.7 排水横管的水力计算，应按下式计算：

$$v = \frac{1}{n} R^{2/3} I^{1/2} \tag{4.4.7}$$

式中 v——速度（m/s）；

R——水力半径（m）；

I——水力坡度，采用排水管的坡度；

n——粗糙系数。铸铁管为 0.013；混凝土管、钢筋混凝土管为 0.013～0.014；钢管为 0.012；塑料管为 0.009。

4.4.8 居住小区生活排水管道的最小管径、最小设计坡度和最大设计充满度宜按表 4.4.8 确定。

表 4.4.8 居住小区室外生活排水管道最小管径、最小设计坡度和最大设计充满度

管别	管材	最小管径（mm）	最小设计坡度	最大设计充满度
接户管	埋地塑料管	160	0.005	0.5
	混凝土管	150	0.007	
支管	埋地塑料管	160	0.005	
	混凝土管	200	0.004	
干管	埋地塑料管	200	0.004	0.55
	混凝土管	300	0.003	
注：接户管管径不得小于建筑物排出管管径。				

4.4.9 建筑物内生活排水铸铁管道的最小坡度和最大设计充满度，宜按表 4.4.9 确定。

表 4.4.9 建筑物内生活排水铸铁管道的最小坡度和最大设计充满度

管径（mm）	通用坡度	最小坡度	最大设计充满度
50	0.035	0.025	0.5
75	0.025	0.015	
100	0.020	0.012	
125	0.015	0.010	
150	0.010	0.007	0.6
200	0.008	0.005	

4.4.10 建筑排水塑料管排水横支管的标准坡度应为0.026。排水横干管的坡度可按表4.4.10调整。

表 4.4.10 建筑排水塑料管排水横干管的最小坡度和最大设计充满度

外 径 (mm)	最 小 坡 度	最大设计充满度
110	0.004	0.5
125	0.0035	0.5
160	0.003	0.6
200	0.003	0.6

4.4.11 生活排水立管的最大排水能力，应按表4.4.11-1～表4.4.11-4确定。立管管径不得小于所连接的横支管管径。

表 4.4.11-1 设有通气管系的铸铁排水立管最大排水能力

排水立管管径 (mm)	排水能力 (L/s)	
	仅设伸顶通气管	有专用通气立管或主通气立管
50	1.0	—
75	2.5	5
100	4.5	9
125	7.0	14
150	10.0	25

表 4.4.11-2 设有通气管系的塑料排水立管最大排水能力

排水立管管径 (mm)	排水能力 (L/s)	
	仅设伸顶通气管	有专用通气立管或主通气立管
50	1.2	—
75	3.0	—
90	3.8	—
110	5.4	10.0
125	7.5	16.0
160	12.0	28.0

注：表内数据系在立管底部放大一号管径条件下的通水能力，如不放大时，可按表4.4.11-1确定。

表 4.4.11-3 单立管排水系统的立管最大排水能力

排水立管管径 (mm)	排水能力 (L/s)		
	混合器	塑料螺旋管	旋流器
75	—	3.0	—
100	6.0	6.0	7.0
125	9.0	—	10.0
150	13.0	13.0	15.0

表 4.4.11-4 不通气的生活排水立管最大排水能力

立管工作高度 (m)	排水能力 (L/s) 立管管径 (mm)				
	50	75	100	125	150
≤2	1.00	1.70	3.80	5.00	7.00
3	0.64	1.35	2.40	3.40	5.00
4	0.50	0.92	1.76	2.70	3.50
5	0.40	0.70	1.36	1.90	2.80
6	0.40	0.50	1.00	1.50	2.20

续表 4.4.11-4

立管工作高度（m）	排水能力（L/s）				
	立管管径（mm）				
	50	75	100	125	150
7	0.40	0.50	0.76	1.20	2.00
≥8	0.40	0.50	0.64	1.00	1.40

注：1 排水立管工作高度，按最高排水横支管和立管连接处距排出管中心线间的距离计算。
2 如排水立管工作高度在表中是列出的两个高度值之间时，可用内插法求得排水立管的最大排水能力数值。
3 排水管管径为100mm的塑料管外径为110mm，排水管管径为150mm的塑料管外径为160mm。

4.4.12 大便器排水管最小管径不得小于100mm。

4.4.13 建筑物内排出管最小管径不得小于50mm。

4.4.14 多层住宅厨房间的立管管径不宜小于75mm。

4.4.15 下列场所设置排水横管时，管径的确定应符合下列要求：

1 建筑底层排水管道与其楼层管道分开单独排出时，其排水横支管管径可按表4.4.11-4中立管工作高度≤2m的数值确定。

2 公共食堂厨房内的污水采用管道排除时，其管径比计算管径大一级，但干管管径不得小于100mm，支管管径不得小于75mm。

3 医院污物洗涤盆（池）和污水盆（池）的排水管管径，不得小于75mm。

4 小便槽或连接3个及3个以上的小便器，其污水支管管径，不宜小于75mm。

5 浴池的泄水管管径宜采用100mm。

4.5 管材、附件和检查井

4.5.1 排水管材选择应符合下列要求：

1 居住小区内排水管道，宜采用埋地排水塑料管、承插式混凝土管或钢筋混凝土管。当居住小区内设有生活污水处理装置时，生活排水管道应采用埋地排水塑料管。

2 建筑内部排水管道应采用建筑排水塑料管及管件或柔性接口机制排水铸铁管及相应管件。

3 当排水温度大于40℃时，应采用金属排水管或耐热塑料排水管。

4.5.2 室外排水管道的连接在下列情况下应采用检查井：

1 在管道转弯和连接支管处；

2 在管道的管径、坡度改变处。

4.5.3 室外生活排水管道管径小于等于150mm时，检查井间距不宜大于20m。管径大于等于200mm时，检查井间距不宜大于30m。

4.5.4 生活排水管道不宜在建筑物内设检查井。当必须设置时，应采取密闭措施。

4.5.5 检查井的内径应根据所连接的管道管径、数量和埋设深度确定。井深小于或等于1.0m时，井内径可小于0.7m；井深大于1.0m时，其内径不宜小于0.7m。

注：井深系指盖板顶面至井底的深度，方形检查井的内径指内边长。

4.5.6 生活排水管道的检查井内应做导流槽。

4.5.7 厕所、盥洗室、卫生间及其他需经常从地面排水的房间，应设置地漏。

4.5.8 地漏应设置在易溅水的器具附近地面的最低处。

4.5.9 带水封的地漏水封深度不得小于50mm。

4.5.10 地漏的选择应符合下列要求：

1 应优先采用直通式地漏。

2 卫生标准要求高或非经常使用地漏排水的场所，应设置密闭地漏。

3 食堂、厨房和公共浴室等排水宜设置网框式地漏。

4.5.11 淋浴室内地漏的排水负荷，可按表4.5.11确定。当用排水沟排水时，8个淋浴器可设置一个直径为100mm的地漏。

4.5.12 在生活排水管道上，应按下列规定设置检查口和清扫口：

表 4.5.11 淋浴室地漏管径

淋浴器数量（个）	地漏管径（mm）
1~2	50
3	75
4~5	100

1 铸铁排水立管上检查口之间的距离不宜大于10m，塑料排水立管宜每六层设置一个检查口。但在建筑物最低层和设有卫生器具的二层以上建筑物的最高层，应设置检查口，当立管水平拐弯或有乙字管时，在该层立管拐弯处和乙字管的上部应设检查口。

2 在连接2个及2个以上的大便器或3个及3个以上卫生器具的铸铁排水横管上，宜设置清扫口。

在连接4个及4个以上的大便器的塑料排水横管上宜设置清扫口。

3 在水流偏转角大于45°的排水横管上，应设检查口或清扫口。

注：可采用带清扫口的转角配件替代。

4 当排水立管底部或排出管上的清扫口至室外检查井中心的最大长度大于表4.5.12-1的数值时，应在排出管上设清扫口。

表 4.5.12-1 排水立管或排出管上的清扫口至室外检查井中心的最大长度

管径（mm）	50	75	100	100以上
最大长度（m）	10	12	15	20

5 排水横管的直线管段上检查口或清扫口之间的最大距离，应符合表4.5.12-2的规定。

表 4.5.12-2 排水横管的直线管段上检查口或清扫口之间的最大距离

管道管径（mm）	清扫设备种类	距离（m）	
		生活废水	生活污水
50~75	检查口	15	12
	清扫口	10	8
100~150	检查口	20	15
	清扫口	15	10
200	检查口	25	20

4.5.13 在排水管道上设置清扫口，应符合下列规定：

1 在排水横管上设清扫口，宜将清扫口设置在楼板或地坪上，且与地面相平。排水横管起点的清扫口与其端部相垂直的墙面的距离不得小于0.15m。

2 排水管起点设置堵头代替清扫口时，堵头与墙面应有不小于0.4m的距离。

注：可利用带清扫口弯头配件代替清扫口。

3 在管径小于100mm的排水管道上设

置清扫口，其尺寸应与管道同径；管径等于或大于 100mm 的排水管道上设置清扫口，应采用 100mm 直径清扫口。

4 铸铁排水管道设置的清扫口，其材质应为铜质；硬聚氯乙烯管道上设置的清扫口应与管道同质。

5 排水横管连接清扫口的连接管管件应与清扫口同径，并采用 45°斜三通和 45°弯头或由 2 个 45°弯头组合的管件。

4.5.14 在排水管上设置检查口应符合下列规定：

1 立管上设置检查口，应在地（楼）面以上 1.0m，并应高于该层卫生器具上边缘 0.15m。

2 埋地横管上设置检查口时，检查口应设在砖砌的井内。

3 地下室立管上设置检查口时，检查口应设置在立管底部之上。

4 立管上检查口检查盖应面向便于检查清扫的方位；横干管上的检查口应垂直向上。

4.6 通　气　管

4.6.1 生活排水管道的立管顶端，应设置伸顶通气管。

注：当无条件设置伸顶通气管时，可设置不通气立管。

4.6.2 下列情况下应设置专用通气管：

1 生活排水立管所承担的卫生器具排水设计流量，当超过表 4.4.11-1、表 4.4.11-2 中仅设伸顶通气管的排水立管最大排水能力时，应设专用通气立管。

2 建筑标准要求较高的多层住宅和公共建筑、10 层及 10 层以上高层建筑的生活污水立管宜设置专用通气立管。

4.6.3 下列排水管段应设置环形通气管：

1 连接 4 个及 4 个以上卫生器具且横支管的长度大于 12m 的排水横支管；

2 连接 6 个及 6 个以上大便器的污水横支管；

3 设有器具通气管。

4.6.4 对卫生、安静要求较高的建筑物内，生活排水管道宜设置器具通气管。

4.6.5 建筑物内各层的排水管道上设有环形通气管时，应设置连接各层环形通气管的主通气立管或副通气立管。

4.6.6 伸顶通气管不允许或不可能单独伸出屋面时，可设置汇合通气管。

4.6.7 通气立管不得接纳器具污水、废水和雨水，不得与风道和烟道连接。

4.6.8 在建筑物内不得设置吸气阀替代通气管。

4.6.9 通气管和排水管的连接，应遵守下列规定：

1 器具通气管应设在存水弯出口端。在横支管上设环形通气管时，应在其最始端的两个卫生器具间接出，并应在排水支管中心线以上与排水支管呈垂直或 45°连接。

2 器具通气管、环形通气管应在卫生器具上边缘以上不少于 0.15m 处按不小于 0.01 的上升坡度与通气立管相连。

3 专用通气立管和主通气立管的上端可在最高层卫生器具上边缘或检查口以上与排水立管通气部分以斜三通连接。下端应在最低排水横支管以下与排水立管以斜三通连接。

4 专用通气立管应每隔 2 层、主通气立管宜每隔 8～10 层设结合通气管与排水立管连接。结合通气管下端宜在排水横支管以下与排水立管以斜三通连接；上端可在卫生器具上边缘以上不小于0.15m处与通气立管以斜三通连接。

5 当用H管件替代结合通气管时，H管与通气管的连接点应设在卫生器具上边缘以上不小于0.15m处。

6 当污水立管与废水立管合用一根通气立管时，H管配件可隔层分别与污水立管和废水立管连接。但最低横支管连接点以下应装设结合通气管。

4.6.10 高出屋面的通气管设置应符合下列要求：

1 通气管高出屋面不得小于0.3m，且应大于最大积雪厚度，通气管顶端应装设风帽或网罩。

注：屋顶有隔热层时，应从隔热层板面算起。

2 在通气管口周围4m以内有门窗时，通气管口应高出窗顶0.6m或引向无门窗一侧。

3 在经常有人停留的平屋面上，通气管口应高出屋面2m并应根据防雷要求考虑防雷装置。

4 通气管口不宜设在建筑物挑出部分（如屋檐檐口、阳台和雨篷等）的下面。

4.6.11 通气管的管径，应根据排水能力、管道长度确定，不宜小于排水管管径的1/2，其最小管径可按表4.6.11确定。

表4.6.11 通气管最小管径

通气管名称	排水管管径（mm）						
	32	40	50	75	100	125	150
器具通气管	32	32	32	—	50	50	—
环形通气管	—	—	32	40	50	50	—
通气立管	—	—	40	50	75	100	100

注：表中通气立管系指专用通气立管、主通气立管、副通气立管。

4.6.12 通气立管长度在50m以上时，其管径应与排水立管管径相同。

4.6.13 通气立管长度小于等于50m时，且两根及两根以上排水立管同时与一根通气立管相连，应以最大一根排水立管按表4.6.11确定通气立管径，且其管径不宜小于其余任何一根排水立管管径。

4.6.14 结合通气管的管径不宜小于通气立管管径。

4.6.15 伸顶通气管管径宜与排水立管管径相同。但在最冷月平均气温低于－13℃的地区，应在室内平顶或吊顶以下0.3m处将管径放大一级。

4.6.16 当两根或两根以上污水立管的通气管汇合连接时，汇合通气管的断面积应为最大一根通气管的断面积加其余通气管断面积之和的0.25倍。

4.6.17 通气管的管材，可采用塑料管、柔性接口排水铸铁管等。

4.7 污水泵和集水池

4.7.1 居住小区污水管道不能以重力自流排入市政污水管道时，应设置污水泵房。污水泵房应建成单独构筑物，并应有卫生防护隔离带。泵房设计应按现行的《室外排水设计规范》执行。

4.7.2 建筑物地下室生活排水，应设置污水集水池和污水泵提升排至室外检查井。地下室地坪排水应设集水坑和提升装置。

4.7.3 污水泵宜单独设置排水管排至室外，排出管的横管段应有坡度坡向出口。当2台或2台以上水泵共用一条出水管时，应在每台水泵出水管上装设阀门和止回阀；单台水泵排水有可能产生倒灌时，应设置止回阀。

4.7.4 公共建筑内应以每个生活污水集水池为单元设置一台备用泵。

注：地下室、设备机房、车库冲洗地面的排水，如有2台及2台以上排水泵时可不设备用泵。

4.7.5 当集水池不能设事故排出管时，污水泵应有不间断的动力供应。

注：如能关闭污水进水管时，可不设不间断动力供应。

4.7.6 污水水泵的启闭，应设置自动控制装置。多台水泵可并联交替或分段投入运行。

4.7.7 污水水泵流量、扬程的选择，应符合下列规定：

1 居住小区污水水泵的流量应按小区最大小时生活排水流量选定。

2 建筑物内的污水水泵的流量应按生活排水设计秒流量选定。当有排水量调节时，可按生活排水最大小时流量选定。

3 水泵扬程应按提升高度、管路系统水头损失、另附加2~3m流出水头计算。

4.7.8 集水池设计应符合下列规定：

1 集水池有效容积不宜小于最大一台污水泵5min的出水量，且污水泵每小时启动次数不宜超过6次。

2 集水池除满足有效容积外，还应满足水泵设置、水位控制器、格栅等安装、检查要求。

3 集水池设计最低水位，应满足水泵吸水要求。

4 集水池如设置在室内地下室时，池盖应密封，并设通气管系；室内有敞开的集水池时，应设强制通风装置。

5 集水池底应有不小于0.05坡度坡向泵位。集水坑的深度及其平面尺寸，应按水泵类型而定。

6 集水池底宜设置自冲管。

7 集水池应设置水位指示装置，必要时应设置超警戒水位报警装置，将信号引至物业管理中心。

4.7.9 生活排水调节池的有效容积不得大于6h生活排水平均小时流量。

4.7.10 污水泵、阀门、管道等应选择耐腐蚀、大流通量、不易堵塞的设备器材。

4.8 小型生活污水处理

4.8.1 职工食堂和营业餐厅的含油污水，应经除油装置后方许排入污水管道。

4.8.2 隔油池设计应符合下列规定：

1 污水流量应按设计秒流量计算；

2 含食用油污水在池内的流速不得大于0.005m/s；

3 含食用油污水在池内停留时间宜为2~10min；

4 人工除油的隔油池内存油部分的容积，不得小于该池有效容积的25%；

5 隔油池应设活动盖板。进水管应考虑有清通的可能；

6　隔油池出水管管底至池底的深度，不得小于0.6m。

4.8.3　降温池的设计应符合下列规定：

1　温度高于40℃的排水，应首先考虑将所含热量回收利用，如不可能或回收不合理时，在排入城镇排水管道之前应设降温池。降温池应设置于室外。

2　降温宜采用较高温度排水与冷水在池内混合的方法进行。冷却水应尽量利用低温废水。所需冷却水量应按热平衡方法计算。

3　降温池的容积应按下列规定确定：

1）间断排放污水时，应按一次最大排水量与所需冷却水量的总和计算有效容积。

2）连续排放污水时，应保证污水与冷却水能充分混合。

4　降温池管道设置应符合下列要求：

1）有压高温污水进水管口宜装设消音设施，有两次蒸发时，管口应露出水面向上并应采取防止烫伤人的措施。无两次蒸发时，管口宜插进水中深度200mm以上。

2）冷却水与高温水混合可采用穿孔管喷洒，如采用生活饮用水作冷却水时，应采取防回流污染措施。

3）降温池虹吸排水管管口应设在水池底部。

4）应设排气管，排气管排出口设置位置应符合安全、环保要求。

4.8.4　化粪池距离地下水取水构筑物不得小于30m。

4.8.5　化粪池的设置应符合下列要求：

1　化粪池宜设置在接户管的下游端，便于机动车清掏的位置。

2　化粪池池外壁距建筑物外墙不宜小于5m，并不得影响建筑物基础。

注：当受条件限制化粪池设置于建筑物内时，应采取通气、防臭和防爆措施。

4.8.6　化粪池有效容积应为污水部分和污泥部分容积之和。其计算参数应符合下列规定：

1　每人每日污水量和污泥量，应按表4.8.6-1确定。

表4.8.6-1　每人每日污水量和污泥量

分　类	生活污水与生活废水合流排出	生活污水单独排出
每人每日污水量（L）	与用水量相同	20～30
每人每日污泥量（L）	0.7	0.4

2　污水在池中停留时间应根据污水量确定，宜采用12～24h。

3　污泥清掏周期应根据污水温度和当地气候条件确定，宜采用3～12个月。

4　新鲜污泥含水率可按95%，发酵浓缩后的污泥含水率可按90%计算。

5　污泥发酵后体积缩减系数宜取0.8。

6　清掏污泥后遗留熟污泥量的容积应按污泥部分容积的20%计算。

7　化粪池实际使用人数占总人数的百分数可按表4.8.6-2确定。

表4.8.6-2　化粪池使用人数百分数

建筑物名称	百分数（%）
医院、疗养院、养老院、幼儿园（有住宿）	100
住宅、集体宿舍、旅馆	70
办公楼、教学楼、试验楼、工业企业生活间	40
职工食堂、餐饮业、影剧院、体育场（馆）、商场和其他场所（按座位）	10

4.8.7 化粪池的构造，应符合下列要求：

1 化粪池的长度与深度、宽度的比例应按污水中悬浮物的沉降条件和积存数量，经水力计算确定，但深度（水面至池底）不得小于1.3m，宽度不得小于0.75m，长度不得小于1.0m，圆形化粪池直径不得小于1.0m。

2 双格化粪池第一格的容量宜为计算总容量的75%，三格化粪池第一格的容量宜为总容量的60%，第二格和第三格各宜为总容量的20%。

3 化粪池格与格、池与连接井之间应设通气孔洞。

4 化粪池进水口、出水口应设置连接井与进水管、出水管相接。

5 化粪池进水管口应设导流装置，出水口处及格与格之间应设拦截污泥浮渣的设施。

6 化粪池池壁和池底，应防止渗漏。

7 化粪池顶板上应设有人孔和盖板。

4.8.8 医院污水必须进行消毒处理。处理后的水质，按排放条件应符合现行的《医疗机构污水排放要求》。

4.8.9 医院污水处理流程应根据污水性质、排放条件等因素确定，一般排入城市下水道时，宜采用一级处理；排入地表水体时，应采用二级处理。

4.8.10 医院污水处理构筑物，与病房、医疗室、住宅等宜有卫生防护隔离带。

4.8.11 传染病房的污水，如经技术经济比较认为合理时，可与普通病房污水分别进行处理。

4.8.12 经消毒处理后的污水，不得排入生活饮用水的集中取水点上游1000m和下游100m的水体范围内。

经消毒处理后的污水，如排入娱乐和体育用水水体、渔业用水水体时，还应符合有关标准要求。

4.8.13 化粪池作为医院污水消毒前的预处理时，化粪池的容积应按污水在池内停留时间不小于36h计算，污泥清掏周期宜为1a。

4.8.14 医院污水消毒一般宜采用氯消毒（成品次氯酸钠、氯片、漂白粉、漂粉精或液氯）。如运输或供应困难时，可采用现场制备次氯酸钠、化学法制备二氧化氯消毒方式。

如有特殊要求并经技术经济比较认为合理，可采用臭氧消毒法。

4.8.15 医院建筑内含放射性物质、重金属及其他有毒、有害物质的污水，如不符合排放标准时，需进行单独处理后，方可排入医院污水处理站或城市排水管道。

4.8.16 医院污水处理系统的污泥，宜由城市环卫部门集中处置。当城镇无集中处置条件时，可采用高温堆肥或石灰消化方法处理。

4.8.17 生活污水处理设施的工艺流程应根据污水性质、回用或排放要求确定。

4.8.18 生活污水处理设施的设置应符合下列要求：

1 宜靠近接入市政管道的排放点；

2 居住小区处理站的位置宜在常年最小频率的上风向，且应用绿化带与建筑物隔开；

3 处理站宜设置在绿地、停车坪及室外空地的地下；

4 处理站如布置在建筑地下室时，应有专用隔间；

5 处理站与给水泵站及清水池水平距离不得小于10m。

4.8.19 设置生活污水处理设施的房间或地下室应有良好的通风系统，当处理构筑物为敞开式时，每小时换气次数不宜小于15次，当处理设施有盖板时，每小时换气次数不宜小于5次。

4.8.20 生活污水处理应设置排臭系统，其排放口位置应避免对周围人、畜、植物造成危害和影响。

4.8.21 生活污水处理构筑物机械运行噪声不得超过现行的国家标准《城市区域环境噪声标准》和《民用建筑隔声设计规范》的要求。对建筑物内运行噪声较大的机械应设独立隔间。

4.9 雨　　水

4.9.1 屋面雨水排水系统应迅速、及时地将屋面雨水排至室外雨水管渠或地面。

4.9.2 设计雨水流量应按下式计算：

$$q_{\mathrm{y}} = \frac{q_j \Psi F_{\mathrm{w}}}{10000} \tag{4.9.2}$$

式中 q_{y}——设计雨水流量（L/s）；

q_j——设计降雨强度（L/s·ha）；

Ψ——径流系数；

F_{w}——汇水面积（m^2）。

4.9.3 设计降雨强度应按当地或相邻地区暴雨强度公式计算确定。

4.9.4 建筑屋面、建筑物基地、居住小区的雨水管道的设计降雨历时，可按下列规定确定：

1 屋面雨水排水管道设计降雨历时按5min计算。

2 居住小区雨水管道设计降雨历时应按下式计算：

$$t = t_1 + Mt_2 \tag{4.9.4}$$

式中 t——降雨历时（min）；

t_1——地面集流时间（min），视距离长短、地形坡度和地面铺盖情况而定，一般可选用5～10min；

M——折减系数，小区支管和接户管：$M=1$；小区干管：暗管 $M=2$，明沟 $M=1.2$；

t_2——排水管内雨水流行时间（min）。

表 4.9.5 各种汇水区域的设计重现期

汇水区域名称		设计重现期（a）
室外场地	居住小区	1～3
	车站、码头、机场的基地	2～5
屋面	一般性建筑物屋面	2～5
	重要公共建筑屋面	10

注：工业厂房屋面雨水排水设计重现期由生产工艺、重要程度等因素确定。

4.9.5 屋面雨水排水管道的排水设计重现期应根据建筑物的重要程度、汇水区域性质、地形特点、气象特征等因素确定，各种汇水区域的设计重现期不宜小于表4.9.5中规定的数值：

4.9.6 各种屋面、地面的雨水径流系数可按表4.9.6采用。

4.9.7 雨水汇水面积应按地面、屋面水平投影面积计算。高出屋面的侧墙，应附加其最大受雨面正投影的一半作为有效汇水面积计算。窗井、贴近高层建筑外墙的地下汽车库出入口坡道和高层建筑裙房屋面的雨水汇水面积，应附加其高出部分侧墙面积的二分之一。

4.9.8 建筑屋面雨水排水工程应设置溢流口、溢流堰、溢流管系等溢流设施。溢流排水不得危害建筑设施和行人安全。

表 4.9.6 径流系数

屋面、地面种类	Ψ
屋面	0.9
混凝土和沥青路面	0.9
块石路面	0.6
级配碎石路面	0.45
干砖及碎石路面	0.40
非铺砌地面	0.30
公园绿地	0.15

注：各种汇水面积的综合径流系数应加权平均计算。

4.9.9 一般建筑的重力流屋面雨水排水工程与溢流设施的总排水能力不应小于 10 年重现期的雨水量。重要公共建筑、高层建筑的屋面雨水排水工程与溢流设施的总排水能力不应小于 50 年重现期的雨水量。

4.9.10 建筑屋面雨水管道设计流态宜符合下列状态：

1 檐沟外排水宜按重力流设计。

2 长天沟外排水宜按压力流设计。

3 高层建筑屋面雨水排水宜按重力流设计。

4 工业厂房、库房、公共建筑的大型屋面雨水排水宜按压力流设计。

4.9.11 高层建筑裙房屋面的雨水应单独排放。

4.9.12 阳台排水系统应单独设置。阳台雨水立管底部应间接排水。

4.9.13 屋面雨水管道如按压力流设计时，同一系统的雨水斗宜在同一水平面上。

4.9.14 屋面排水系统应设置雨水斗。不同设计排水流态、排水特征的屋面雨水排水系统应选用相应的雨水斗。

4.9.15 雨水斗的设置位置应根据屋面汇水情况并结合建筑结构承载、管系敷设等因素确定。

4.9.16 雨水斗的设计排水负荷应根据各种雨水斗的特性、并结合屋面排水条件等情况设计确定。

4.9.17 天沟布置应以伸缩缝、沉降缝、变形缝为分界。

4.9.18 天沟坡度不宜小于 0.003。

4.9.19 居住小区内雨水口的布置应根据地形、建筑物位置，沿道路布置，下列部位宜布置雨水口：

1 道路交汇处和路面最低点。

2 建筑物单元出入口与道路交界处。

3 建筑雨水落水管附近。

4 小区空地、绿地的低洼点。

5 地下坡道入口处（结合带格栅的排水沟一并处理）。

4.9.20 重力流屋面雨水排水管系的悬吊管应按非满流设计，其充满度不宜大于 0.8，管内流速不宜小于 0.75m/s。

4.9.21 重力流屋面雨水排水管系的埋地管可按满流排水设计，管内流速不宜小于

0.75m/s。

4.9.22 重力流屋面雨水排水立管的最大设计泄流量，应按表4.9.22确定。

表 4.9.22 重力流屋面雨水排水立管的泄流量

铸铁管		塑料管		钢管	
公称直径（mm）	最大泄流量（L/s）	公称外径×壁厚（mm）	最大泄流量（L/s）	公称外径×壁厚（mm）	最大泄流量（L/s）
75	5.46	75×2.3	5.71	108×4	11.77
100	11.77	90×3.2	9.22	133×4	21.34
		110×3.2	15.98		
125	21.34	125×3.2	22.92	159×4.5	34.69
		125×3.7	22.41	168×6	38.52
150	34.69	160×4.0	44.43	219×6	81.90
		160×4.7	43.34		
200	74.72	200×4.9	80.78	245×6	112.28
		200×5.9	78.53		
250	135.47	250×6.2	146.21	273×7	148.87
		250×7.3	142.63		
300	220.29	315×7.7	271.34	325×7	242.49
		315×9.2	264.15		

4.9.23 居住小区雨水管道宜按满管重力流设计，管内流速不宜小于0.75m/s。

4.9.24 压力流屋面雨水排水管道应符合下列规定：

1 悬吊管与雨水斗出口的高差应大于1.0m。

2 悬吊管设计流速不宜小于1m/s，立管设计流速不宜大于10m/s。

3 雨水排水管道总水头损失与流出水头之和不得大于雨水管进、出口的几何高差。

4 悬吊管水头损失不得大于80kPa。

5 压力流排水管系各节点的上游不同支路的计算水头损失之差，在管径小于等于*DN*75时，不应大于10kPa；在管径大于等于*DN*100时，不应大于5kPa。

6 压力流排水管系出口应放大管径，其出口水流速度不宜大于1.8m/s，如其出口水流速度大于1.8m/s时，应采取消能措施。

4.9.25 各种雨水管道的最小管径和横管的最小设计坡度宜按表4.9.25确定。

表 4.9.25 雨水管道的最小管径和横管的最小设计坡度

管　　别	最小管径（mm）	横管最小设计坡度	
		铸铁管、钢管	塑料管
建筑外墙雨水落水管	75（75）	—	—
雨水排水立管	100（110）	—	—
重力流排水悬吊管、埋地管	75（75）	0.01	0.005

续表 4.9.25

管别	最小管径（mm）	横管最小设计坡度	
		铸铁管、钢管	塑料管
压力流屋面排水悬吊管	50（50）	0.00	0.00
小区建筑物周围雨水接户管	200（225）	0.005	0.003
小区道路下干管、支管	300（315）	0.003	0.0015
13# 沟头的雨水口的连接管	200（225）	0.01	0.01
注：表中铸铁管管径为公称直径，括号内数据为塑料管外径。			

4.9.26 雨水排水管材选用应符合下列规定：

1 重力流排水系统多层建筑宜采用建筑排水塑料管，高层建筑宜采用承压塑料管、金属管。

2 压力流排水系统宜采用内壁较光滑的带内衬的承压排水铸铁管、承压塑料管和钢塑复合管等，其管材工作压力应大于建筑物净高度产生的静水压。用于压力流排水的塑料管，其管材抗环变形外压力应大于 0.15MPa。

3 小区雨水排水系统可选用埋地塑料管、混凝土管或钢筋混凝土管、铸铁管等。

4.9.27 建筑屋面各汇水范围内，雨水排水立管不宜少于 2 根。

4.9.28 重力流屋面雨水排水管系，悬吊管管径不得小于雨水斗连接管的管径，立管管径不得小于悬吊管的管径。

4.9.29 压力流屋面雨水排水管系，立管管径应经计算确定，可小于上游横管管径。

4.9.30 屋面雨水排水管的转向处宜做顺水连接。

4.9.31 屋面排水管系应根据管道直线长度、工作环境、选用管材等情况设置必要的伸缩装置。

4.9.32 重力流雨水排水系统中长度大于 15m 的雨水悬吊管，应设检查口，其间距不宜大于 20m，且应布置在便于维修操作处。

4.9.33 有埋地排出管的屋面雨水排出管系，立管底部应设清扫口。

4.9.34 雨水检查井的最大间距可按表 4.9.34 确定。

表 4.9.34 雨水检查井的最大间距

管径（mm）	最大间距（m）
150（160）	20
200～300（200～315）	30
400（400）	40
≥500（500）	50
注：括号内数据为塑料管外径。	

4.9.35 寒冷地区，雨水立管应布置在室内。

4.9.36 雨水管应牢固地固定在建筑物的承重结构上。

5 热水及饮水供应

5.1 热水用水定额、水温和水质

5.1.1 热水用水定额根据卫生器具完善程度和地区条件，应按表 5.1.1-1 确定。

卫生器具的一次和小时热水用水量和水温应按表 5.1.1-2 确定。

表 5.1.1-1 热水用水定额

序号	建筑物名称	单位	最高日用水定额（L）	使用时间（h）
1	住宅			
	有自备热水供应和沐浴设备	每人	40～80	24
	有集中热水供应和沐浴设备	每日	60～100	24
2	别墅	每人每日	70～110	24
3	单身职工宿舍、学生宿舍、招待所、培训中心、普通旅馆			
	设公用盥洗室	每人每日	25～40	24或定时供应
	设公用盥洗室、淋浴室	每人每日	40～60	24或定时供应
	设公用盥洗室、淋浴室、洗衣室	每人每日	50～80	24或定时供应
	设单独卫生间、公用洗衣室	每人每日	60～100	24或定时供应
4	宾馆客房			
	旅客	每床位每日	120～160	24
	员工	每人每日	40～50	24
5	医院住院部			
	设公用盥洗室	每床位每日	60～100	24
	设公用盥洗室、淋浴室	每床位每日	70～130	24
	设单独卫生间	每床位每日	110～200	24
	医务人员	每人每班	70～130	8
	门诊部、诊疗所	每病人每次	7～13	8
	疗养院、休养所住房部	每床位每日	100～160	24
6	养老院	每床位每日	50～70	24
7	幼儿园、托儿所			
	有住宿	每儿童每日	20～40	24
	无住宿	每儿童每日	10～15	10
8	公共浴室			
	淋浴	每顾客每次	40～60	12
	淋浴、浴盆	每顾客每次	60～80	12
	桑拿浴（淋浴、按摩池）	每顾客每次	70～100	12
9	理发室、美容院	每顾客每次	10～15	12
10	洗衣房	每千克干衣	15～30	8
11	餐饮厅			
	营业餐厅	每顾客每次	15～20	10～12
	快餐店、职工及学生食堂	每顾客每次	7～10	11
	酒吧、咖啡厅、茶座、卡拉OK房	每顾客每次	3～8	18
12	办公楼	每人每班	5～10	8
13	健身中心	每人每次	15～25	12
14	体育场（馆）			
	运动员淋浴	每人每次	25～35	4
15	会议厅	每座位每次	2～3	4

注：1 热水温度按60℃计。
2 表内所列用水定额均已包括在本规范表3.1.9、3.1.10中。
3 本表以60℃热水水温为计算温度，卫生器具的使用水温见表5.1.1-2。

表 5.1.1-2　卫生器具的一次和小时热水用水定额及水温

序号	卫生器具名称	一次用水量（L）	小时用水量（L）	使用水温（℃）
1	住宅、旅馆、别墅、宾馆			
	带有淋浴器的浴盆	150	300	40
	无淋浴器的浴盆	125	250	40
	淋浴器	70～100	140～200	37～40
	洗脸盆、盥洗槽水嘴	3	30	30
	洗涤盆（池）	—	180	50
2	集体宿舍、招待所、培训中心淋浴器			
	有淋浴小间	70～100	210～300	37～40
	无淋浴小间	—	450	37～40
	盥洗槽水嘴	3～5	50～80	30
3	餐饮业			
	洗涤盆（池）	—	250	50
	洗脸盆：工作人员用	3	60	30
	顾客用	—	120	30
	淋浴器	40	400	37～40
4	幼儿园、托儿所			
	浴　盆：幼儿园	100	400	35
	托儿所	30	120	35
	淋浴器：幼儿园	30	180	35
	托儿所	15	90	35
	盥洗槽水嘴	15	25	30
	洗涤盆（池）	—	180	50
5	医院、疗养院、休养所			
	洗手盆	—	15～25	35
	洗涤盆（池）	—	300	50
	浴盆	125～150	250～300	40
6	公共浴室			
	浴盆	125	250	40
	淋浴器：有淋浴小间	100～150	200～300	37～40
	无淋浴小间	—	450～540	37～40
	洗脸盆	5	50～80	35
7	办公楼　洗手盆	—	50～100	35
8	理发室　美容院　洗脸盆	—	35	35
9	实验室			
	洗脸盆	—	60	50
	洗手盆	—	15～25	30
10	剧场			
	淋浴器	60	200～400	37～40
	演员用洗脸盆	5	80	35
11	体育场馆　淋浴器	30	300	35

续表 5.1.1-2

序号	卫生器具名称	一次用水量（L）	小时用水量（L）	使用水温（℃）
12	工业企业生活间 淋浴器：一般车间 脏车间 洗脸盆或盥洗槽水嘴： 一般车间 脏车间	 40 60 3 5	 360～540 180～480 90～120 100～150	 37～40 40 30 35
13	净身器	10～15	120～180	30

注：一般车间指现行《工业企业设计卫生标准》中规定的 3、4 级卫生特征的车间，脏车间指该标准中规定的 1、2 级卫生特征的车间。

5.1.2 生活热水水质的卫生指标，应符合现行的《生活饮用水卫生标准》的要求。

5.1.3 集中热水供应系统的原水的水处理，应根据水质、水量、水温、水加热设备的构造、使用要求等因素经技术经济比较按下列确定。

1 洗衣房日用热水量（按 60℃计）大于或等于 $10m^3$ 且原水总硬度（以碳酸钙计）大于 300mg/L 时，应进行水质软化处理；原水总硬度（以碳酸钙计）为 150～300mg/L 时，宜进行水质软化处理。

2 其他生活日用热水量（按 60℃计）大于或等于 $10m^3$ 且原水总硬度（以碳酸钙计）大于 300mg/L 时，宜进行水质软化或稳定处理。

3 经软化处理后的水质总硬度宜为：洗衣房用水：50～100mg/L；其他用水：75～150mg/L。

4 水质稳定处理应根据水的硬度、适用流速、温度、作用时间或有效长度及工作电压等选择合适的物理处理或化学稳定剂处理方法。

5 系统对溶解氧控制要求较高时，宜采取除氧措施。

5.1.4 冷水的计算温度，应以当地最冷月平均水温资料确定。当无水温资料时，可按表 5.1.4 采用。

表 5.1.4 冷水计算温度

地 区	地面水温度（℃）	地下水温度（℃）
黑龙江、吉林、内蒙古的全部，辽宁的大部分，河北、山西、陕西偏北部分，宁夏偏东部分	4	6～10
北京、天津、山东全部，河北、山西、陕西的大部分，河北北部，甘肃、宁夏、辽宁的南部，青海偏东和江苏偏北的一小部分	4	10～15
上海、浙江全部，江西、安徽、江苏的大部分，福建北部，湖南、湖北东部，河南南部	5	15～20
广东、台湾全部，广西大部分，福建、云南的南部	10～15	20
重庆、贵州全部，四川、云南的大部分，湖南、湖北的西部，陕西和甘肃秦岭以南地区，广西偏北的一小部分	7	15～20

5.1.5 直接供应热水的热水锅炉、热水机组或水加热器出口的最高水温和配水点的最低

水温可按表 5.1.5 采用。

表 5.1.5　直接供应热水的热水锅炉、热水机组或水加热器出口的最高水温和配水点的最低水温

水质处理情况	热水锅炉、热水机组或水加热器出口的最高水温（℃）	配水点的最低水温（℃）
原水水质无需软化处理，原水水质需水质处理且有水质处理	75	50
原水水质需水质处理但未进行水质处理	60	50
注：当热水供应系统只供淋浴和盥洗用水，不供洗涤盆（池）洗涤用水时，配水点最低水温可不低于 40℃。		

5.2　热水供应系统选择

5.2.1　热水供应系统的选择，应根据使用要求、耗热量及用水点分布情况，结合热源条件确定。

5.2.2　集中热水供应系统的热源，宜首先利用工业余热、废热、地热和太阳能。

注：1　利用废热锅炉制备热媒时，引入其内的废气、烟气温度不宜低于 400℃。

2　以太阳能为热源的集中热水供应系统，宜附设一套辅助加热装置。

3　以地热为热源时，应按地热水的水温、水质和水压，采取相应的技术措施。

5.2.3　当没有条件利用工业余热、废热或太阳能时，宜优先采用能保证全年供热的热力管网作为集中热水供应的热源。

5.2.4　当区域性锅炉房或附近的锅炉房能充分供给蒸汽或高温水时，宜采用蒸汽或高温水作集中热水供应系统的热媒。

5.2.5　当无 5.2.2、5.2.3、5.2.4 条所述热源可利用时，可设燃油、燃气热水机组或电蓄热设备等供给集中热水供应系统的热源或直接供给热水。

5.2.6　局部热水供应系统的热源宜采用太阳能及电能、燃气、蒸汽等。

5.2.7　升温后的冷却水，其水质如符合本规范第 5.1.2 条规定的要求时，可作为生活用热水。

5.2.8　利用废热（废气、烟气、高温无毒废液等）作为热媒时，应采取下列措施：

1　加热设备应防腐，其构造便于清理水垢和杂物；

2　防止热媒管道渗漏而污染水质；

3　消除废气压力波动和除油。

5.2.9　采用蒸汽直接通入水中或采取汽水混合设备的加热方式时，宜用于开式热水供应系统，并应符合下列要求：

1　蒸汽中不含油质及有害物质。

2　加热时应采用消声混合器，所产生的噪声应符合现行的《城市区域环境噪声标准》的要求。

3　当不回收凝结水经技术经济比较合理时。

4　应采取防止热水倒流至蒸汽管道的措施。

5.2.10　集中热水供应系统应设热水回水管道，其设置应符合下列要求：

1　热水供应系统应保证干管和立管中的热水循环；

2 要求随时取得不低于规定温度的热水的建筑物，应保证支管中的热水循环，或有保证支管中热水温度的措施。

5.2.11 循环管道应采用同程布置的方式，并设循环泵，采取机械循环。

5.2.12 设有集中热水供应系统的建筑物中，用水量较大的浴室、洗衣房、厨房等，宜设单独的热水管网。热水为定时供应，且个别用户对热水供应时间有特殊要求时，宜设置单独的热水管网或局部加热设备。

5.2.13 高层建筑热水系统的分区，应遵循如下原则：

1 与给水系统的分区应一致，各区水加热器、贮水罐的进水均应由同区的给水系统专管供应；当不能满足时，应采取保证系统冷、热水压力平衡的措施。

2 当采用减压阀分区时，除满足本规范3.4.10条的要求外，尚应保证各分区热水的循环。

5.2.14 当给水管道的水压变化较大且用水点要求水压稳定时，宜采用开式热水供应系统或采取稳压措施。

5.2.15 当卫生设备设有冷热水混合器或混合龙头时，冷、热水供应系统在配水点处应有相近的水压。

5.2.16 公共浴室淋浴器出水水温应稳定，并宜采用下列措施：

1 采用开式热水供应系统。

2 给水额定流量较大的用水设备的管道，应与淋浴配水管道分开。

3 多于3个淋浴器的配水管道，宜布置成环形。

4 成组淋浴器的配水管的沿程水头损失，当淋浴器少于或等于6个时，可采用每米不大于300Pa。当淋浴器多于6个时，可采用每米不大于350 Pa。配水管不宜变径，且其最小管径不得小于25mm。

5 工业企业生活间和学校的淋浴室，宜采用单管热水供应系统。单管热水供应系统应有热水水温稳定的技术措施。

注：公共浴室不宜采用公用浴池沐浴的方式，如必须采用，则应设循环水处理系统及消毒设备。

5.3 耗热量、热水量和加热设备供热量的计算

5.3.1 设计小时耗热量的计算：

1 设有集中热水供应系统的居住小区的设计小时耗热量，当公共建筑的最大用水时时段与住宅的最大用水时时段一致时，应按两者的设计小时耗热量叠加计算，当公共建筑的最大用水时时段与住宅的最大用水时时段不一致时，应按住宅的设计小时耗热量加公共建筑的平均小时耗热量叠加计算。

2 全日供应热水的住宅、别墅、招待所、培训中心、旅馆、宾馆的客房（不含员工）、医院住院部、养老院、幼儿园、托儿所（有住宿）等建筑的集中热水供应系统的设计小时耗热量应按下式计算：

$$Q_h = K_h \frac{mq_r C\ (t_r - t_l)\ \rho_r}{86400} \tag{5.3.1-1}$$

式中 Q_h——设计小时耗热量（W）；

m——用水计算单位数（人数或床位数）；

q_r——热水用水定额（L/人·d 或 L/床·d）应按本规范表 5.1.1-1 采用；

C——水的比热，$C=4187$（J/kg·℃）；

t_r——热水温度，$t_r=60$（℃）；

t_l——冷水温度，按本规范表 5.1.4 选用；

ρ_r——热水密度（kg/L）；

K_h——小时变化系数，可按表 5.3.1-1～表 5.3.1-3 采用。

表 5.3.1-1　住宅、别墅的热水小时变化系数 K_h 值

居住人数 m	≤100	150	200	250	300	500	1000	3000	≥6000
K_h	5.12	4.49	4.13	3.88	3.70	3.28	2.86	2.48	2.34

表 5.3.1-2　旅馆的热水小时变化系数 K_h 值

床位数 m	≤150	300	450	600	900	≥1200
K_h	6.84	5.61	4.97	4.58	4.19	3.90

表 5.3.1-3　医院的热水小时变化系数 K_h 值

床位数 m	≤50	75	100	200	300	500	≥1000
K_h	4.55	3.78	3.54	2.93	2.60	2.23	1.95
注：招待所、培训中心、宾馆的客房（不含员工）、养老院、幼儿园、托儿所（有住宿）等建筑的 K_h 可参照表 5.3.1-2 选用；办公楼的 K_h 见表 3.1.10。							

3　定时供应热水的住宅、旅馆、医院及工业企业生活间、公共浴室、学校、剧院、体育馆（场）等建筑的集中热水供应系统的设计小时耗热量应按下式计算：

$$Q_h=\Sigma\frac{q_h\ (t_r-t_l)\ \rho_r N_o b C}{3600} \tag{5.3.1-2}$$

式中　Q_h——设计小时耗热量（W）；

q_h——卫生器具热水的小时用水定额（L/h），应按本规范表 5.1.1-2 采用；

C——水的比热，$C=4187$（J/kg·℃）；

t_r——热水温度（℃），按本规范表 5.1.1-2 采用；

t_l——冷水温度（℃），按本规范表 5.1.4 采用；

ρ_r——热水密度（kg/L）；

N_o——同类型卫生器具数；

b——卫生器具的同时使用百分数：住宅、旅馆，医院、疗养院病房，卫生间内浴盆或淋浴器可按 70%～100%计，其他器具不计，但定时连续供水时间应不小于 2h。工业企业生活间、公共浴室、学校、剧院、体育馆（场）等的浴室内的淋浴器和洗脸盆均按 100%计。住宅一户带多个卫生间时，只按一个卫生间计算。

4　具有多个不同使用热水部门的单一建筑或具有多种使用功能的综合性建筑，当其热水由同一热水供应系统供应时，设计小时耗热量，可按同一时间内出现用水高峰的主要用水部门的设计小时耗热量加其他用水部门的平均小时耗热量计算。

5.3.2 设计小时热水量可按下式计算：

$$q_{rh} = \frac{Q_h}{1.163\ (t_r - t_l)\ \rho_r} \qquad (5.3.2)$$

式中 q_{rh}——设计小时热水量（L/h）；

Q_h——设计小时耗热量（W）；

t_r——设计热水温度（℃）；

t_l——设计冷水温度（℃）；

ρ_r——热水密度（kg/L）。

5.3.3 集中热水供应系统中，锅炉、水加热设备的设计小时供热量应根据日热水用量小时变化曲线、加热方式及锅炉、水加热设备的工作制度经积分曲线计算确定。当无条件时，可按下列原则确定：

1 容积式水加热器或贮热容积与其相当的水加热器、热水机组，按下式计算：

$$Q_g = Q_h - 1.163\frac{\eta V_r}{T}\ (t_r - t_l)\ \rho_r \qquad (5.3.3)$$

式中 Q_g——容积式水加热器的设计小时供热量（W）；

Q_h——设计小时耗热量（W）；

η——有效贮热容积系数；容积式水加热器 $\eta = 0.75$，导流型容积式水加热器 $\eta = 0.85$；

V_r——总贮热容积（L）；

T——设计小时耗热量持续时间（h），$T = 2 \sim 4$h；

t_r——热水温度（℃），按设计水加热器出水温度或贮水温度计算；

t_l——冷水温度（℃），宜按表5.1.4采用；

ρ_r——热水密度（kg/L）。

2 半容积式水加热器或贮热容积与其相当的水加热器、热水机组的供热量按设计小时耗热量计算。

3 半即热式、快速式水加热器及其他无贮热容积的水加热设备的供热量按设计秒流量计算。

5.4 水的加热和贮存

5.4.1 加热设备应根据使用特点、耗热量、热源、维护管理及卫生防菌等因素选择，并符合下列要求：

1 热效率高，换热效果好、节能、节省设备用房；

2 生活热水侧阻力损失小，有利于整个系统冷、热水压力的平衡；

3 安全可靠、构造简单、操作维修方便。

5.4.2 选用水加热设备应遵循下列原则：

1 当采用自备热源时，宜采用直接供应热水的燃气、燃油等燃料的热水机组，亦可采用间接供应热水的自带换热器的热水机组或外配容积式、半容积式水加热器的热水机组。

2 热水机组除满足5.4.1条的要求之外，还应具备燃料燃烧完全、消烟除尘、机组水套通大气、自动控制水温、火焰传感、自动报警等功能。

3 当采用蒸汽、高温水为热媒时，应结合用水的均匀性、给水水质硬度、热媒的供应能力、系统对冷热水压力平衡稳定的要求及设备所带温控安全装置的灵敏度、可靠性等经综合技术经济比较后选择间接水加热设备。

4 当热源为太阳能时，宜采用热管或真空管太阳能热水器。

5 在电源供应充沛的地方可采用电热水器。

5.4.3 医院热水供应系统的锅炉或水加热器不得少于2台，其他建筑的热水供应系统的水加热设备不宜少于2台，一台检修时，其余各台的总供热能力不得小于设计小时耗热量的50%。

医院建筑不得采用有滞水区的容积式水加热器。

5.4.4 选用局部热水供应设备时，应符合下列要求：

1 选用设备应综合考虑热源条件、建筑物性质、安装位置、安全要求及设备性能特点等因素。

2 需同时供给多个卫生器具或设备热水时，宜选用带贮热容积的加热设备。

3 当地太阳能资源充足时，宜选用太阳能热水器或太阳能辅以电加热的热水器。

4 热水器不应安装在易燃物堆放或对燃气管、表或电气设备产生影响及有腐蚀性气体和灰尘多的地方。

5.4.5 燃气热水器、电热水器必须带有保证使用安全的装置。严禁在浴室内安装直接排气式燃气热水器等在使用空间内积聚有害气体的加热设备。

5.4.6 表面式水加热器的加热面积，应按下式计算：

$$F_{jr} = \frac{C_r Q_z}{\varepsilon K \Delta t_j} \tag{5.4.6}$$

式中 F_{jr}——表面式水加热器的加热面积（m^2）；

Q_z——制备热水所需的热量（W）；

K——传热系数（$W/m^2 \cdot ℃$）；

ε——由于水垢和热媒分布不均匀影响传热效率的系数，一般采用0.6～0.8；

Δt_j——热媒与被加热水的计算温度差（℃），按本规范第5.4.7条的规定确定；

C_r——热水供应系统的热损失系数，宜采用1.1～1.15。

5.4.7 水加热器热媒与被加热水的计算温度差，应按下式计算：

1 容积式水加热器、半容积式水加热器：

$$\Delta t_j = \frac{t_{mc} + t_{mz}}{2} - \frac{t_c + t_z}{2} \tag{5.4.7-1}$$

式中 Δt_j——计算温度差（℃）；

t_{mc}、t_{mz}——热媒的初温和终温（℃）；

t_c、t_z——被加热水的初温和终温（℃）。

2 快速式水加热器、半即热式水加热器：

$$\Delta t_j = \frac{\Delta t_{max} - \Delta t_{min}}{\ln \frac{\Delta t_{max}}{\Delta t_{min}}} \tag{5.4.7-2}$$

式中 Δt_j——计算温度差（℃）；

Δt_{max}——热媒与被加热水在水加热器一端的最大温度差（℃）；

Δt_{min}——热媒与被加热水在水加热器另一端的最小温度差（℃）。

5.4.8 热媒的计算温度，应符合下列规定：

1 热媒为压力大于70kPa的饱和蒸汽时，其计算温度应按饱和蒸汽温度计算，压力小于及等于70kPa时，应按100℃计算。

2 热媒为热力管网的热水时，热媒的计算温度应按热力管网供回水的最低温度计算，但热媒的初温与被加热水的终温的温度差，不得小于10℃。

5.4.9 容积式水加热器或加热水箱的容积附加系数应符合下列规定：

1 当冷水从下部进入、热水从上部送出，其计算容积宜附加20%～25%。

2 当采用导流型容积式水加热器时，其计算容积应附加10%～15%。

3 当采用半容积式水加热器时，或带有强制罐内水循环装置的容积式水加热器时，其计算容积可不附加。

5.4.10 集中热水供应系统的贮水器容积应根据日用热水小时变化曲线及锅炉、水加热器的工作制度和供热能力以及自动温度控制装置等因素按积分曲线计算确定。

1 容积式水加热器或加热水箱、半容积式水加热器的贮热量不得小于表5.4.10的要求。

表 5.4.10 水加热器的贮热量

加热设备	以蒸汽或95℃以上的高温水为热媒时		以≤95℃低温水为热媒时	
	工业企业淋浴室	其他建筑物	工业企业淋浴室	其他建筑物
容积式水加热器或加热水箱	≥30minQ_h	≥45minQ_h	≥60minQ_h	≥90minQ_h
导流型容积式水加热器	≥20minQ_h	≥30minQ_h	≥30minQ_h	≥40minQ_h
半容积式水加热器	≥15minQ_h	≥15minQ_h	≥15minQ_h	≥20minQ_h

注：1 热水机组所配贮热器，其贮热量宜根据热媒供应情况，按导流型容积式水加热器或半容积式水加热器确定。

2 表中 Q_h 为设计小时耗热量（W）。

2 半即热式、快速式水加热器当热媒按设计秒流量供应，且有完善可靠的温度自动控制装置时，可不设贮水器。当其不具备上述条件时，应设贮水器，贮热量宜根据热媒供应情况按导流型容积式水加热器或半容积式水加热器确定。

5.4.11 在设有高位加热贮热水箱的连续加热的热水供应系统中，应设置冷水补给水箱。

注：当有冷水箱可补给热水供应系统冷水时，可不另设冷水补给水箱。

5.4.12 冷水补给水箱的设置高度（以水箱底计算）应保证最不利处的配水点所需水压。

5.4.13 冷水补给水管的设置，应符合下列要求：

1　冷水补给水管的管径，应按热水供应系统的设计秒流量确定。

2　冷水补给水管除供给加热设备、加热水箱、热水贮水器外，不宜再供其他用水。

3　有第一循环的热水供应系统，冷水补给水管应接入热水贮水罐，不得接入第一循环的回水管、锅炉或热水机组。

5.4.14　热水箱应加盖，并应设溢流管、泄水管和引出室外的通气管。热水箱溢流水位超出冷水补水箱的水位高度，应按热水膨胀量计算。泄水管、溢流管不得与排水管道直接连接。

5.4.15　水加热设备和贮热设备罐体应根据水质情况及使用要求采用耐腐蚀材料制作或在钢制罐体内表面做衬、涂、镀防腐材料处理。

5.4.16　水加热设备的布置，应符合下列要求：

1　容积式、导流型容积式、半容积式水加热器的一侧应有净宽不小于 0.7m 的通道，前端应留有抽出加热盘管的位置。

2　水加热器上部附件的最高点至建筑结构最低点的净距，应满足检修的要求，但不得小于0.2m，房间净高不得低于2.2m。

5.4.17　热水机组的布置应符合下列要求：

1　热水机组机房宜与其他建筑物分离独立设置。当机房设在建筑物内时，不应设置在人员密集场所的上、下与贴邻，并应设对外的安全出口。

2　机房的布置应满足设备的安装、运行和检修要求，其前方应留不少于机组长度 2/3 的空间，后方应留 0.8～1.5m 的空间，两侧通道宽度应为机组宽度，且不应小于 1.0m。机组最上部部件（烟囱除外）至机房顶板梁底净距不宜小于 0.8m。

3　机房与热水机组配套的日用油箱、贮油罐等的布置和供油、供气管道的敷设均应符合有关消防、安全的要求。

5.4.18　设置锅炉、热水机组、水加热器、贮热器的房间，应便于泄水，防止污水倒灌，并应有良好的通风和照明。

5.4.19　在设有膨胀管的开式热水供应系统中，膨胀管的设置应符合下列要求：

1　当热水系统由生活饮用高位水箱补水时，可将膨胀管引至同一建筑物的除生活饮用水箱以外的其他高位水箱的上空，其高度按5.4.19-1式计算：

$$h = H\left(\frac{\rho_l}{\rho_r} - 1\right) \quad (5.4.19\text{-}1)$$

式中　h——膨胀管高出生活饮用高位水箱水面的垂直高度（m）；

H——锅炉、水加热器底部至生活饮用高位水箱水面的高度（m）；

ρ_l——冷水密度（kg/m^3）；

ρ_r——热水密度（kg/m^3）。

膨胀管出口离接入水箱水面的高度不少于 100mm。

2　热水供水系统上如设置膨胀水箱，其容积应按 5.4.19-2 式计算；膨胀水箱水面高出系统冷水补给水箱水面的高度按5.4.19-3式计算。

$$V_p = 0.0006\Delta t V_s \quad (5.4.19\text{-}2)$$

式中　V_p——膨胀水箱有效容积（L）；

Δt——系统内水的最大温差（℃）；

V_s——系统内的水容量（L）。

$$h = H\left(\frac{\rho_h}{\rho_r} - 1\right) \tag{5.4.19-3}$$

式中 h——膨胀水箱水面高出系统冷水补给水箱水面的垂直高度(m)；

H——锅炉、水加热器底部至系统冷水补给水箱水面的高度（m）；

ρ_h——热水回水密度（kg/m^3）；

ρ_r——热水供水密度（kg/m^3）。

3 膨胀管如有冻结可能时，应采取保温措施。

4 膨胀管的最小管径按表 5.4.19 确定。

表 5.4.19 膨胀管的最小管径

锅炉或水加热器的传热面积（m^2）	<10	≥10 且<15	≥15 且<20	≥20
膨胀管最小管径（mm）	25	32	40	50
注：对多台锅炉或水加热器，宜分设膨胀管。				

5.4.20 膨胀管上严禁装设阀门。

5.4.21 在闭式热水供应系统中，应设置压力式膨胀罐、泄压阀，并符合下列要求：

1 日用热水量小于等于 $10m^3$ 的热水供应系统可采用泄压阀泄压的措施。

2 日用热水量大于 $10m^3$ 的热水供应系统应设置压力式膨胀罐。膨胀罐的总容积按 5.4.21 式计算。

$$V_e = \frac{(\rho_f - \rho_r)\ P_2}{(P_2 - P_1)\ \rho_r} V_s \tag{5.4.21}$$

式中 V_e——膨胀罐的总容积（m^3）；

ρ_f——加热前加热、贮热设备内水的密度（kg/m^3）；

当只有一台加热设备且为定时供应热水的系统宜按冷水温度确定，有多台加热设备的集中热水供应系统宜按热水回水温度确定。

ρ_r——热水密度（kg/m^3）；

P_1——膨胀罐处管内水压力（MPa，绝对压力）；为管内工作压力 +0.1（MPa）；

P_2——膨胀罐处管内最大允许压力（MPa，绝对压力），其数值可取 $1.05P_1$；

V_s——系统内热水总容积（m^3）。

3 膨胀罐宜设置在加热设备的冷水进水管或热水回水管上。

5.5 管 网 计 算

5.5.1 设有小区集中热水供应系统的居住小区室外热水干管的设计流量可按 3.6.1 条的规定计算确定。

建筑物的热水引入管可按该建筑物相应热水供水系统总干管的设计秒流量确定。

5.5.2 建筑物内热水供水管网的设计秒流量可分别按本规范3.6.4条、3.6.5 条和 3.6.6 条计算。

5.5.3 卫生器具热水给水额定流量、当量、支管管径和最低工作压力，应符合本规范 3.1.14 条的规定。

5.5.4 热水管网的水头损失计算应遵守下列规定：

1 单位长度水头损失，应按本规范 3.6.10 条确定，但管道的计算内径 d_j 应考虑结垢和腐蚀引起过水面缩小的因素。

2 局部水头损失，可按本规范 3.6.11 条的规定计算。

5.5.5 全日供应热水系统的热水循环流量，应按下式计算：

$$q_x = \frac{Q_s}{1.163\Delta t} \tag{5.5.5}$$

式中 q_x——全日供应热水的循环流量（L/h）；

Q_s——配水管道的热损失（W），经计算确定，一般采用设计小时耗热量的 3%～5%；

Δt——配水管道的热水温度差（℃），按系统大小确定，一般取 5～10℃。

5.5.6 定时热水供应系统的热水循环流量可按循环管网中的水每小时循环 2～4 次计算。

5.5.7 热水供应系统中，锅炉或水加热器的出水温度与配水点的最低水温的温度差，不得大于 10℃。

5.5.8 热水管道的流速，宜按表 5.5.8 选用。

表 5.5.8 热水管道的流速

公称直径（mm）	15～20	25～40	≥50
流速（m/s）	≤0.8	≤1.0	≤1.2

5.5.9 设循环系统的热水供应系统的热水回水管管径，应按管路的循环流量经水力计算确定。

5.5.10 机械循环的热水供应系统，其循环水泵的确定应遵守下列规定：

1 水泵的出水量应为循环流量。

2 水泵的扬程应按下式计算：

$$H_b = h_p + h_x \tag{5.5.10}$$

式中 H_b——循环水泵的扬程（kPa）；

h_p——循环水量通过配水管网的水头损失（kPa）；

h_x——循环水量通过回水管网的水头损失（kPa）。

注：当采用半即热式水加热器或快速水加热器时，水泵扬程尚应计算水加热器的水头损失。

3 循环水泵应选用热水泵，水泵壳体承受的工作压力不得小于其所承受的静水压力加水泵扬程。

4 循环水泵宜设备用泵，交替运行。

5 全日制热水供应系统的循环水泵应由泵前回水管的温度控制开停。

5.5.11 热水加压泵的布置应符合本规范 3.8 节的要求。

5.5.12 第一循环管的自然压力值，应按下式计算：

$$H_{xr} = 10 \cdot \Delta h\ (\rho_h - \rho_r) \tag{5.5.12}$$

式中 H_{xr}——第一循环管的自然压力值（Pa）；

Δh——锅炉或水加热器中心与贮水器中心的标高差（m）；

ρ_h——贮水器回水的密度（kg/m^3）；

ρ_r——锅炉或水加热器出水的热水密度（kg/m^3）。

5.6 管材、附件和管道敷设

5.6.1 热水系统采用的管材和管件，应符合现行产品标准的要求。管道的工作压力和工作温度不得大于产品标准标定的允许工作压力和工作温度。

5.6.2 热水管道应选用耐腐蚀和安装连接方便可靠的管材，可采用薄壁铜管、薄壁不锈钢管、塑料热水管、塑料和金属复合热水管等。

当采用塑料热水管或塑料和金属复合热水管材时应符合下列要求：

1 管道的工作压力应按相应温度下的许用工作压力选择；

2 设备机房内的管道不应采用塑料热水管。

5.6.3 热水管道系统，应有补偿管道热胀冷缩的措施。

5.6.4 上行下给式系统配水干管最高点应设排气装置，下行上给配水系统，可利用最高配水点放气；系统最低点应设泄水装置。

5.6.5 下行上给式系统设有循环管道时，其回水立管可在最高配水点以下（约0.5m）与配水立管连接。上行下给式系统可将循环管道与各立管连接。

5.6.6 热水系统上各类阀门的材质及阀型应符合本规范3.4.4条、3.4.5条、3.4.7条、3.4.9条、3.4.10条的规定。

5.6.7 热水管网应在下列管段上装设阀门：

1 与配水、回水干管连接的分干管；

2 配水立管和回水立管；

3 从立管接出的支管；

4 3个及3个以上配水点的配水支管；

5 与水加热设备、水处理设备及温度、压力等控制阀件连接处的管段上按其安装要求配置阀门。

5.6.8 热水管网上在下列管段上，应装止回阀：

1 水加热器或贮水罐的冷水供水管；

2 机械循环的第二循环回水管；

3 冷热水混水器的冷、热水供水管。

5.6.9 水加热设备的出水温度应根据其有无贮热调节容积分别采用不同温级精度要求的自动温度控制装置。

5.6.10 水加热设备的上部、热媒进出口管上，贮热水罐和冷热水混合器上应装温度计、压力表；热水循环的进水管上应装温度计及控制循环泵开停的温度传感器；热水箱应装温度计、水位计；压力容器设备应装安全阀，安全阀的接管直径应经计算确定，并应符合锅炉及压力容器的有关规定，安全阀的泄水管应引至安全处且在泄水管上不得装设阀门。

5.6.11 当需计量热水总用水量时，可在水加热设备的冷水供水管上装冷水表，对成组和个别用水点可在专供支管上装设热水水表。有集中供应热水的住宅应装设分户热水水表。水表的选型、计算及设置应符合本规范3.4.17条、3.4.18条、3.4.19条的规定。

5.6.12 热水横管的敷设坡度不宜小于0.003。

5.6.13 塑料热水管宜暗设，明设时立管宜布置在不受撞击处，如不能避免时，应在管外加保护措施。

5.6.14 热水锅炉、热水机组、水加热设备、贮水器、分（集）水器、热水输（配）水、循环回水干（立）管应做保温，保温层的厚度经计算确定。

5.6.15 热水管穿越建筑物、楼板和基础处应加套管，穿越屋面及地下室外墙时应加防水套管。

5.6.16 热水管道的敷设还应按本规范3.5节中有关条款执行。

5.6.17 用蒸汽作热媒间接加热的水加热器、开水器的凝结水回水管上应每台设备设疏水器，当水加热器的换热能确保凝结水回水温度小于等于80℃时，可不装疏水器。蒸汽立管最低处、蒸汽管下凹处的下部宜设疏水器。

5.6.18 疏水器口径应经计算确定，其前应装过滤器，其旁不宜附设旁通阀。

5.7 饮 水 供 应

5.7.1 饮水定额及小时变化系数，根据建筑物的性质和地区的条件，应按表5.7.1确定。

表5.7.1 饮水定额及小时变化系数

建筑物名称	单位	饮水定额（L）	K_h
热车间	每人每班	3~5	1.5
一般车间	每人每班	2~4	1.5
工厂生活间	每人每班	1~2	1.5
办公楼	每人每班	1~2	1.5
集体宿舍	每人每日	1~2	1.5
教学楼	每学生每日	1~2	2.0
医院	每病床每日	2~3	1.5
影剧院	每观众每场	0.2	1.0
招待所、旅馆	每客人每日	2~3	1.5
体育馆（场）	每观众每场	0.2	1.0

注：小时变化系数是指饮水供应时间内的变化系数。

5.7.2 居住小区、住宅、别墅等建筑设有饮用净水供应系统时，饮水定额宜为4~7L/人·d，小时变化系数宜为6。

5.7.3 饮用净水系统应满足下列要求：

1 饮用净水宜以市政给水为原水，经过深度处理方法制备而成，其水质应符合现行的《饮用净水水质标准》的要求。

2 饮用净水水嘴额定流量宜为0.04L/s，最低工作压力为0.03MPa。

3　饮用净水宜采用调速泵组直接供水的方式。

4　高层建筑饮用净水系统应竖向分区，各分区最低处配水点的静水压不宜大于0.35MPa，且不得大于0.45MPa。

5　饮用净水应设循环管道，循环管网内水的停留时间不宜超过6h。从立管接至配水水嘴的支管管段长度应尽可能短。

6　饮用净水系统配水管的设计秒流量应按下式计算：

$$q_g = q_o m \tag{5.7.3}$$

式中　q_g——计算管段的设计秒流量（L/s）；

q_o——饮水水嘴额定流量，取0.04（L/s）；

m——计算管段上同时使用饮水水嘴的个数。按附录D确定。

7　管道流速应按本规范5.5.8条执行。

8　饮用净水的水头损失，应按本规范3.6.10条、3.6.11条计算。

5.7.4　开水供应应满足下列要求：

1　开水计算温度应按100℃计算，冷水计算温度应符合5.1.4条的规定。

2　开水器的通气管应引至室外。

3　配水水嘴宜为旋塞。

4　开水器应装设温度计和水位计，开水锅炉应装设温度计，必要时还应装设沸水箱或安全阀。

5.7.5　中小学校、体育场（馆）等公共建筑设饮水器时，应符合下列要求：

1　以温水或自来水为原水的饮水，应进行过滤和消毒处理。

2　应设循环管道，循环回水应经消毒处理。

3　饮水器的喷嘴应倾斜安装并设有防护装置，喷嘴孔的高度应保证排水管堵塞时不被淹没。

4　应使同组喷嘴压力一致。

5　饮水器应采用不锈钢、铜镀铬或瓷质、搪瓷制品，其表面应光洁易于清洗。

5.7.6　饮水管道应选用耐腐蚀、内表面光滑、符合食品级卫生要求的薄壁不锈钢管、薄壁铜管、优质塑料管。开水管道应选用许用工作温度大于100℃的金属管材。

5.7.7　阀门、水表、管道连接件、密封材料、配水水嘴等选用材质均应符合食品级卫生要求，并与管材匹配。

5.7.8　饮水供应点的设置，应符合下列要求：

1　不得设在易污染的地点，对于经常产生有害气体或粉尘的车间，应设在不受污染的生活间或小室内。

2　位置应便于取用、检修和清扫，并应设良好的通风和照明设施。

3　楼房内饮水供应点的位置，可根据实际情况加以选定。

5.7.9　开水间、饮水处理间应设给水管、排污排水用地漏。给水管管径可按设计小时饮水量计算。开水器、开水炉排污、排水管道应采用金属排水管或耐热塑料排水管。

附录A　居住小区地下管线（构筑物）间最小净距

表A　居住小区地下管线（构筑物）间最小净距

种类 \ 净距(m) \ 种类	给水管		污水管		雨水管	
	水平	垂直	水平	垂直	水平	垂直
给水管	0.5~1.0	0.1~0.15	0.8~1.5	0.1~0.15	0.8~1.5	0.1~0.15
污水管	0.8~1.5	0.1~0.15	0.8~1.5	0.1~0.15	0.8~1.5	0.1~0.15
雨水管	0.8~1.5	0.1~0.15	0.8~1.5	0.1~0.15	0.8~1.5	0.1~0.15
低压煤气管	0.5~1.0	0.1~0.15	1.0	0.1~0.15	1.0	0.1~0.15
直埋式热水管	1.0	0.1~0.15	1.0	0.1~0.15	1.0	0.1~0.15
热力管沟	0.5~1.0		1.0		1.0	
乔木中心	1.0		1.5		1.5	
电力电缆	1.0	直埋0.5 穿管0.25	1.0	直埋0.5 穿管0.25	1.0	直埋0.5 穿管0.25
通信电缆	1.0	直埋0.5 穿管0.15	1.0	直埋0.5 穿管0.15	1.0	直埋0.5 穿管0.15
通信及照明电缆	0.5		1.0		1.0	

注：1　净距指管外壁距离，管道交叉设套管时指套管外壁距离，直埋式热力管指保温管壳外壁距离。

2　电力电缆在道路的东侧（南北方向的路）或南侧（东西方向的路）；通信电缆在道路的西侧或北侧。一般均在人行道下。

附录B　阀门和螺纹管件的摩阻损失的折算补偿长度

表B　阀门和螺纹管件的摩阻损失的折算补偿长度

管件内径(mm)	各种管件的折算管道长度（m）						
	90°标准弯头	45°标准弯头	标准三通90°转角流	三通直向流	闸板阀	球阀	角阀
9.5	0.3	0.2	0.5	0.1	0.1	2.4	1.2
12.7	0.6	0.4	0.9	0.2	0.1	4.6	2.4
19.1	0.8	0.5	1.2	0.2	0.2	6.1	3.6
25.4	0.9	0.5	1.5	0.3	0.2	7.6	4.6
31.8	1.2	0.7	1.8	0.4	0.2	10.6	5.5
38.1	1.5	0.9	2.1	0.5	0.3	13.7	6.7
50.8	2.1	1.2	3.0	0.6	0.4	16.7	8.5
63.5	2.4	1.5	3.6	0.8	0.5	19.8	10.3

续表 B

管件内径（mm）	各种管件的折算管道长度（m）						
	90°标准弯头	45°标准弯头	标准三通90°转角流	三通直向流	闸板阀	球阀	角阀
76.2	3.0	1.8	4.6	0.9	0.6	24.3	12.2
101.6	4.3	2.4	6.4	1.2	0.8	38.0	16.7
127.0	5.2	3	7.6	1.5	1.0	42.6	21.3
152.4	6.1	3.6	9.1	1.8	1.2	50.2	24.3

注：本表的螺纹接口是指管件无凹口的螺纹，即管件与管道在连接点内径有突变，管件内径大于管道内径。当管件为凹口螺纹，或管件与管道为等径焊接，其折算补偿长度取本表值的二分之一。

附录 C　给水管段卫生器具给水当量同时出流概率计算式，α_c 系数取值表

表 C　$U_o \sim \alpha_c$ 值对应表

U_o（%）	α_c
1.0	0.00323
1.5	0.00697
2.0	0.01097
2.5	0.01512
3.0	0.01939
3.5	0.02374
4.0	0.02816
4.5	0.03263
5.0	0.03715
6.0	0.04629
7.0	0.05555
8.0	0.06489

附录 D　给水管段设计秒流量计算表

表 D-1　给水管段设计秒流量计算表［U：（%）；q：（L/s）］

U_o	1.0		1.5		2.0		2.5	
N_g	U	q	U	q	U	q	U	q
1	100.00	0.20	100.00	0.20	100.00	0.20	100.00	0.20
2	70.94	0.28	71.20	0.28	71.49	0.29	71.78	0.29
3	58.00	0.35	58.30	0.35	58.62	0.35	58.96	0.35
4	50.28	0.40	50.60	0.40	50.94	0.41	51.30	0.41
5	45.01	0.45	45.34	0.45	45.69	0.46	46.06	0.46
6	41.12	0.49	41.45	0.50	41.81	0.50	42.18	0.51
7	38.09	0.53	38.43	0.54	38.79	0.54	39.17	0.55
8	35.65	0.57	35.99	0.58	36.36	0.58	36.74	0.59
9	33.63	0.61	33.98	0.61	34.35	0.62	34.73	0.63
10	31.92	0.64	32.27	0.65	32.64	0.65	33.03	0.66

续表 D-1

U_o	1.0		1.5		2.0		2.5	
N_g	U	q	U	q	U	q	U	q
11	30.45	0.67	30.80	0.68	31.17	0.69	31.56	0.69
12	29.17	0.70	29.52	0.71	29.89	0.72	30.28	0.73
13	28.04	0.73	28.39	0.74	28.76	0.75	29.15	0.76
14	27.03	0.76	27.38	0.77	27.76	0.78	28.15	0.79
15	26.12	0.78	26.48	0.79	26.85	0.81	27.24	0.82
16	25.30	0.81	25.66	0.82	26.03	0.83	26.42	0.85
17	24.56	0.83	24.91	0.85	25.29	0.86	25.68	0.87
18	23.88	0.86	24.23	0.87	24.61	0.89	25.00	0.90
19	23.25	0.88	23.60	0.90	23.98	0.91	24.37	0.93
20	22.67	0.91	23.02	0.92	23.40	0.94	23.79	0.95
22	21.63	0.95	21.98	0.97	22.36	0.98	22.75	1.00
24	20.72	0.99	21.07	1.01	21.45	1.03	21.85	1.05
26	19.92	1.04	20.27	1.05	20.65	1.07	21.05	1.09
28	19.21	1.08	19.56	1.10	19.94	1.12	20.33	1.14
30	18.56	1.11	18.92	1.14	19.30	1.16	19.69	1.18
32	17.99	1.15	18.34	1.17	18.72	1.20	19.12	1.22
34	17.46	1.19	17.81	1.21	18.19	1.24	18.59	1.26
36	16.97	1.22	17.33	1.25	17.71	1.28	18.11	1.30
38	16.53	1.26	16.89	1.28	17.27	1.31	17.66	1.34
40	16.12	1.29	16.48	1.32	16.86	1.35	17.25	1.38
42	15.74	1.32	16.09	1.35	16.47	1.38	16.87	1.42
44	15.38	1.35	15.74	1.39	16.12	1.42	16.52	1.45
46	15.05	1.38	15.41	1.42	15.79	1.45	16.18	1.49
48	14.74	1.42	15.10	1.45	15.48	1.49	15.87	1.52
50	14.45	1.45	14.81	1.48	15.19	1.52	15.58	1.56
55	13.79	1.52	14.15	1.56	14.53	1.60	14.92	1.64
60	13.22	1.59	13.57	1.63	13.95	1.67	14.35	1.72
65	12.71	1.65	13.07	1.70	13.45	1.75	13.84	1.80
70	12.26	1.72	12.62	1.77	13.00	1.82	13.39	1.87
75	11.85	1.78	12.21	1.83	12.59	1.89	12.99	1.95
80	11.49	1.84	11.84	1.89	12.22	1.96	12.62	2.02
85	11.15	1.90	11.51	1.96	11.89	2.02	12.28	2.09
90	10.85	1.95	11.20	2.02	11.58	2.09	11.98	2.16
95	10.57	2.01	10.92	2.08	11.30	2.15	11.70	2.22
100	10.31	2.06	10.66	2.13	11.04	2.21	11.44	2.29
110	9.84	2.17	10.20	2.24	10.58	2.33	10.97	2.41

续表 D-1

U_o	1.0		1.5		2.0		2.5	
N_g	U	q	U	q	U	q	U	q
120	9.44	2.26	9.79	2.35	10.17	2.44	10.56	2.54
130	9.08	2.36	9.43	2.45	9.81	2.55	10.21	2.65
140	8.76	2.45	9.11	2.55	9.49	2.66	9.89	2.77
150	8.47	2.54	8.83	2.65	9.20	2.76	9.60	2.88
160	8.21	2.63	8.57	2.74	8.94	2.86	9.34	2.99
170	7.98	2.71	8.33	2.83	8.71	2.96	9.10	3.09
180	7.76	2.79	8.11	2.92	8.49	3.06	8.89	3.20
190	7.56	2.87	7.91	3.01	8.29	3.15	8.69	3.30
200	7.38	2.95	7.73	3.09	8.11	3.24	8.50	3.40
220	7.05	3.10	7.40	3.26	7.78	3.42	8.17	3.60
240	6.76	3.25	7.11	3.41	7.49	3.60	7.88	3.78
260	6.51	3.28	6.86	3.57	7.24	3.76	7.63	3.97
280	6.28	3.52	6.63	3.72	7.01	3.93	7.40	4.15
300	6.08	3.65	6.43	3.86	6.81	4.08	7.20	4.32
320	5.89	3.77	6.25	4.00	6.62	4.24	7.02	4.49
340	5.73	3.89	6.08	4.13	6.46	4.39	6.85	4.66
360	5.57	4.01	5.93	4.27	6.30	4.54	6.69	4.82
380	5.43	4.13	5.79	4.40	6.16	4.68	6.55	4.98
400	5.30	4.24	5.66	4.52	6.03	4.83	6.42	5.14
420	5.18	4.35	5.54	4.65	5.91	4.96	6.30	5.29
440	5.07	4.46	5.42	4.77	5.80	5.10	6.19	5.45
460	4.97	4.57	5.32	4.89	5.69	5.24	6.08	5.60
480	4.87	4.67	5.22	5.01	5.59	5.37	5.98	5.75
500	4.78	4.78	5.13	5.13	5.50	5.50	5.89	5.89
550	4.57	5.02	4.92	5.41	5.29	5.82	5.68	6.25
600	4.39	5.26	4.74	5.68	5.11	6.13	5.50	6.60
650	4.23	5.49	4.58	5.95	4.95	6.43	5.34	6.94
700	4.08	5.72	4.43	6.20	4.81	6.73	5.19	7.27
750	3.95	5.93	4.30	6.46	4.68	7.02	5.07	7.60
800	3.84	6.14	4.19	6.70	4.55	7.30	4.95	7.92
850	3.73	6.34	4.08	6.94	4.45	7.57	4.84	8.23
900	3.64	6.54	3.98	7.17	4.35	7.84	4.75	8.54
950	3.55	6.74	3.90	7.40	4.27	8.11	4.66	8.85
1000	3.46	6.93	3.81	7.63	4.19	8.37	4.57	9.15
1100	3.32	7.30	3.66	8.06	4.04	8.88	4.42	9.73
1200	3.09	7.65	3.54	8.49	3.91	9.38	4.29	10.31

续表 D-1

U_o	1.0		1.5		2.0		2.5	
N_g	U	q	U	q	U	q	U	q
1300	3.07	7.99	3.42	8.90	3.79	9.86	4.18	10.87
1400	2.97	8.33	3.32	9.30	3.69	10.34	4.08	11.42
1500	2.88	8.65	3.23	9.69	3.60	10.80	3.99	11.96
1600	2.80	8.96	3.15	10.07	3.52	11.26	3.90	12.49
1700	2.73	9.27	3.07	10.45	3.44	11.71	3.83	13.02
1800	2.66	9.57	3.00	10.81	3.37	12.15	3.76	13.53
1900	2.59	9.86	2.94	11.17	3.31	12.58	3.70	14.04
2000	2.54	10.14	2.88	11.53	3.25	13.01	3.64	14.55
2200	2.43	10.70	2.78	12.22	3.15	13.85	3.53	15.54
2400	2.34	11.23	2.69	12.89	3.06	14.67	3.44	16.51
2600	2.26	11.75	2.61	13.55	2.97	15.47	3.36	17.46
2800	2.19	12.26	2.53	14.19	2.90	16.25	3.29	18.40
3000	2.12	12.75	2.47	14.81	2.84	17.03	3.22	19.33
3200	2.07	13.22	2.41	15.43	2.78	17.79	3.16	20.24
3400	2.01	13.69	2.36	16.03	2.73	18.54	3.11	21.14
3600	1.96	14.15	2.13	16.62	2.68	19.27	3.06	22.03
3800	1.92	14.59	2.26	17.21	2.63	20.00	3.01	22.91
4000	1.88	15.03	2.22	17.78	2.59	20.72	2.97	23.78
4200	1.84	15.46	2.18	18.35	2.55	21.43	2.93	24.64
4400	1.80	15.88	2.15	18.91	2.52	22.14	2.90	25.50
4600	1.77	16.30	2.12	19.46	2.48	22.84	2.86	26.35
4800	1.74	16.71	2.08	20.00	2.45	23.53	2.83	27.19
5000	1.71	17.11	2.05	20.54	2.42	24.21	2.80	28.03
5500	1.65	18.10	1.99	21.87	2.35	25.90	2.74	30.09
6000	1.59	19.05	1.93	23.16	2.30	27.55	2.68	32.12
6500	1.54	19.97	1.88	24.43	2.24	29.18	2.63	34.13
7000	1.49	20.88	1.83	25.67	2.20	30.78	2.58	36.11
7500	1.45	21.76	1.79	26.88	2.16	32.36	2.54	38.06
8000	1.41	22.62	1.76	28.08	2.12	33.92	2.50	40.00
8500	1.38	23.46	1.72	29.26	2.09	35.47		
9000	1.35	24.29	1.69	30.43	2.06	36.99		
9500	1.32	25.10	1.66	31.58	2.03	38.50		
10000	1.29	25.90	1.64	32.72	2.00	40.00		
11000	1.25	27.46	1.59	34.95				
12000	1.21	28.97	1.55	37.14				
13000	1.17	30.45	1.51	39.29				

续表 D-1

U_o	1.0		1.5		2.0		2.5	
N_g	U	q	U	q	U	q	U	q
14000	1.14	31.89	$N_g = 13333$ $U = 1.5$ $q = 40$					
15000	1.11	33.31						
16000	1.08	34.69						
17000	1.06	36.05						
18000	1.04	37.39						
19000	1.02	38.70						
20000	1.00	40.00						

表 D-2　给水管段设计秒流量计算表［U：(%)；q：(L/s)］

U_o	3.0		3.5		4.0		4.5	
N_g	U	q	U	q	U	q	U	q
1	100.00	0.20	100.00	0.20	100.00	0.20	100.00	0.20
2	72.08	0.29	72.39	0.29	72.70	0.29	73.02	0.29
3	59.31	0.36	59.66	0.36	60.02	0.36	60.38	0.36
4	51.66	0.41	52.03	0.42	52.41	0.42	52.80	0.42
5	46.43	0.46	46.82	0.47	47.21	0.47	47.60	0.48
6	42.57	0.51	42.96	0.52	43.35	0.52	43.76	0.53
7	39.56	0.55	39.96	0.56	40.36	0.57	40.76	0.57
8	37.13	0.59	37.53	0.60	37.94	0.61	38.35	0.61
9	35.12	0.63	35.53	0.64	35.93	0.65	36.35	0.65
10	33.42	0.67	33.83	0.68	34.24	0.68	34.65	0.69
11	31.96	0.70	32.36	0.71	32.77	0.72	33.19	0.73
12	30.68	0.74	31.09	0.75	31.50	0.76	31.92	0.77
13	29.55	0.77	29.96	0.78	30.37	0.79	30.79	0.80
14	28.55	0.80	28.96	0.81	29.37	0.82	29.79	0.83
15	27.64	0.83	28.05	0.84	28.47	0.85	28.89	0.87
16	26.83	0.86	27.24	0.87	27.65	0.88	28.08	0.90
17	26.08	0.89	26.49	0.90	26.91	0.91	27.33	0.93
18	25.40	0.91	25.81	0.93	26.23	0.94	26.65	0.96
19	24.77	0.94	25.19	0.96	25.60	0.97	26.03	0.99
20	24.20	0.97	24.61	0.98	25.03	1.00	25.45	1.02
22	23.16	1.02	23.57	1.04	23.99	1.06	24.41	1.07
24	22.25	1.07	22.66	1.09	23.08	1.11	23.51	1.13
26	21.45	1.12	21.87	1.14	22.29	1.16	22.71	1.18
28	20.74	1.16	21.15	1.18	21.57	1.21	22.00	1.23
30	20.10	1.21	20.51	1.23	20.93	1.26	21.36	1.28
32	19.52	1.25	19.94	1.28	20.36	1.30	20.78	1.33
34	18.99	1.29	19.41	1.32	19.83	1.35	20.25	1.38
36	18.51	1.33	18.93	1.36	19.35	1.39	19.77	1.42
38	18.07	1.37	18.48	1.40	18.90	1.44	19.33	1.47

续表 D-2

U_o	3.0		3.5		4.0		4.5	
N_g	U	q	U	q	U	q	U	q
40	17.66	1.41	18.07	1.45	18.49	1.48	18.92	1.51
42	17.28	1.45	17.69	1.49	18.11	1.52	18.54	1.56
44	16.92	1.49	17.34	1.53	17.76	1.56	18.18	1.60
46	16.59	1.53	17.00	1.56	17.43	1.60	17.85	1.64
48	16.28	1.56	16.69	1.60	17.11	1.64	17.54	1.68
50	15.99	1.60	16.40	1.64	16.82	1.68	17.25	1.73
55	15.33	1.69	15.74	1.73	16.17	1.78	16.59	1.82
60	14.76	1.77	15.17	1.82	15.59	1.87	16.02	1.92
65	14.25	1.85	14.66	1.91	15.08	1.96	15.51	2.02
70	13.80	1.93	14.21	1.99	14.63	2.05	15.06	2.11
75	13.39	2.01	13.81	2.07	14.23	2.13	14.65	2.20
80	13.02	2.08	13.44	2.15	13.86	2.22	14.28	2.29
85	12.69	2.16	13.10	2.23	13.52	2.30	13.95	2.37
90	12.38	2.23	12.80	2.30	13.22	2.38	13.64	2.46
95	12.10	2.30	12.52	2.38	12.94	2.46	13.36	2.54
100	11.84	2.37	12.26	2.45	12.68	2.54	13.10	2.62
110	11.38	2.50	11.79	2.59	12.21	2.69	12.63	2.78
120	10.97	2.63	11.38	2.73	11.80	2.83	12.23	2.93
130	10.61	2.76	11.02	2.87	11.44	2.98	11.87	3.09
140	10.29	2.88	10.70	3.00	11.12	3.11	11.55	3.23
150	10.00	3.00	10.42	3.12	10.83	3.25	11.26	3.38
160	9.74	3.12	10.16	3.25	10.57	3.38	11.00	3.52
170	9.51	3.23	9.92	3.37	10.34	3.51	10.76	3.66
180	9.29	3.34	9.70	3.49	10.12	3.64	10.54	3.80
190	9.09	3.45	9.50	3.61	9.92	3.77	10.34	3.93
200	8.91	3.56	9.32	3.73	9.74	3.89	10:16	4.06
220	8.57	3.77	8.99	3.95	9.40	4.14	9.83	4.32
240	8.29	3.98	8.70	4.17	9.12	4.38	9.54	4.58
260	8.03	4.18	8.44	4.39	8.86	4.61	9.28	4.83
280	7.81	4.37	8.22	4.60	8.63	4.83	9.06	5.07
300	7.60	4.56	8.01	4.81	8.43	5.06	8.85	5.31
320	7.42	4.75	7.83	5.01	8.24	5.28	8.67	5.55
340	7.25	4.93	7.66	5.21	8.08	5.49	8.50	5.78
360	7.10	5.11	7.51	5.40	7.92	5.70	8.34	6.01
380	6.95	5.29	7.36	5.60	7.78	5.91	8.20	6.23
400	6.82	5.46	7.23	5.79	7.65	6.12	8.07	6.46
420	6.70	5.63	7.11	5.97	7.53	6.32	7.95	6.68
440	6.59	5.80	7.00	6.16	7.41	6.52	7.83	6.89

续表 D-2

U_o	3.0		3.5		4.0		4.5	
N_g	U	q	U	q	U	q	U	q
460	6.48	5.97	6.89	6.34	7.31	6.72	7.73	7.11
480	6.39	6.13	6.79	6.52	7.21	6.92	7.63	7.32
500	6.29	6.29	6.70	6.70	7.12	7.12	7.54	7.54
550	6.08	6.69	6.49	7.14	6.91	7.60	7.32	8.06
600	5.90	7.08	6.31	7.57	6.72	8.07	7.14	8.57
650	5.74	7.46	6.15	7.99	6.56	8.53	6.98	9.07
700	5.59	7.83	6.00	8.40	6.42	8.98	6.83	9.57
750	5.46	8.20	5.87	8.81	6.29	9.43	6.70	10.06
800	5.35	8.56	5.75	9.21	6.17	9.87	6.59	10.54
850	5.24	8.91	5.65	9.60	6.06	10.30	6.48	11.01
900	5.14	9.26	5.55	9.99	5.96	10.73	6.38	11.48
950	5.05	9.60	5.46	10.37	5.87	11.16	6.29	11.95
1000	4.97	9.94	5.38	10.75	5.79	11.58	6.21	12.41
1100	4.82	10.61	5.23	11.50	5.64	12.41	6.06	13.32
1200	4.69	11.26	5.10	12.23	5.51	13.22	5.93	14.22
1300	4.58	11.90	4.98	12.95	5.39	14.02	5.81	15.11
1400	4.48	12.53	4.88	13.66	5.29	14.81	5.71	15.98
1500	4.38	13.15	4.79	14.36	5.20	15.60	5.61	16.84
1600	4.30	13.76	4.70	15.05	5.11	16.37	5.53	17.70
1700	4.22	14.36	4.63	15.74	5.04	17.13	5.45	18.54
1800	4.16	14.96	4.56	16.41	4.97	17.89	5.38	19.38
1900	4.09	15.55	4.49	17.08	4.90	18.64	5.32	20.21
2000	4.03	16.13	4.44	17.74	4.85	19.38	5.26	21.04
2200	3.93	17.28	4.33	19.05	4.74	20.85	5.15	22.67
2400	3.83	18.41	4.24	20.34	4.65	22.30	5.06	24.29
2600	3.75	19.52	4.16	21.61	4.56	23.73	4.98	25.88
2800	3.68	20.61	4.08	22.86	4.49	25.15	4.90	27.46
3000	3.62	21.69	4.02	24.10	4.42	26.55	4.84	29.02
3200	3.56	22.76	3.96	25.33	4.36	27.94	4.78	30.58
3400	3.50	23.81	3.90	26.54	4.31	29.31	4.72	32.12
3600	3.45	24.86	3.85	27.75	4.26	30.68	4.67	33.64
3800	3.41	25.90	3.81	28.94	4.22	32.03	4.63	35.16
4000	3.37	26.92	3.77	30.13	4.17	33.38	4.58	36.67
4200	3.33	27.94	3.73	31.30	4.13	34.72	4.54	38.17
4400	3.29	28.95	3.69	32.47	4.10	36.05	4.51	39.67
4600	3.26	29.96	3.66	33.64	4.05	37.37	$N_g = 4444$	
4800	3.22	30.95	3.62	34.79	4.03	38.69	$U = 4.5\%$	
5000	3.19	31.95	3.59	35.94	4.00	40.00	$q = 40.00$	

续表 D-2

U_o	3.0		3.5		4.0		4.5	
N_g	U	q	U	q	U	q	U	q
5500	3.13	34.40	3.53	38.79				
6000	3.07	36.82	$N_g=5714$					
6500	3.02	39.21	$U=3.5\%$					
6667	3.00	40.00	$q=40.00$					

表 D-3　给水管段设计秒流量计算表［U：（%）；q：（L/s）］

U_o	5.0		6.0		7.0		8.0	
N_g	U	q	U	q	U	q	U	q
1	100.00	0.20	100.00	0.20	100.00	0.20	100.00	0.20
2	73.33	0.29	73.98	0.30	74.64	0.30	75.30	0.30
3	60.75	0.36	61.49	0.37	62.24	0.37	63.00	0.38
4	53.18	0.43	53.97	0.43	54.76	0.44	55.56	0.44
5	48.00	0.48	48.80	0.49	49.62	0.50	50.45	0.50
6	44.16	0.53	44.98	0.54	45.81	0.55	46.65	0.56
7	41.17	0.58	42.01	0.59	42.85	0.60	43.70	0.61
8	38.76	0.62	39.60	0.63	40.45	0.65	41.31	0.66
9	36.76	0.66	37.61	0.68	38.46	0.69	39.33	0.71
10	35.07	0.70	35.92	0.72	36.78	0.74	37.65	0.75
11	33.61	0.74	34.46	0.76	35.33	0.78	36.20	0.80
12	32.34	0.78	33.19	0.80	34.06	0.82	34.93	0.84
13	31.22	0.81	32.07	0.83	32.94	0.86	33.82	0.88
14	30.22	0.85	31.07	0.87	31.94	0.89	32.82	0.92
15	29.32	0.88	30.18	0.91	31.05	0.93	31.93	0.96
16	28.50	0.91	29.36	0.94	30.23	0.97	31.12	1.00
17	27.76	0.94	28.62	0.97	29.50	1.00	30.38	1.03
18	27.08	0.97	27.94	1.01	28.82	1.04	29.70	1.07
19	26.45	1.01	27.32	1.04	28.19	1.07	29.08	1.10
20	25.88	1.04	26.74	1.07	27.62	1.10	28.50	1.14
22	24.84	1.09	25.71	1.13	26.58	1.17	27.47	1.21
24	23.94	1.15	24.80	1.19	25.68	1.23	26.57	1.28
26	23.14	1.20	24.01	1.25	24.98	1.29	25.77	1.34
28	22.43	1.26	23.30	1.30	24.18	1.35	25.06	1.40
30	21.79	1.31	22.66	1.36	23.54	1.41	24.43	1.47
32	21.21	1.36	22.08	1.41	22.96	1.47	23.85	1.53
34	20.68	1.41	21.55	1.47	22.43	1.53	23.32	1.59
36	20.20	1.45	21.07	1.52	21.95	1.58	22.84	1.64
38	19.76	1.50	20.63	1.57	21.51	1.63	22.40	1.70
40	19.35	1.55	20.22	1.62	21.10	1.69	21.99	1.76
42	18.97	1.59	19.84	1.67	20.72	1.74	21.61	1.82
44	18.61	1.64	19.48	1.71	20.36	1.79	21.25	1.87

续表 D-3

U_o	5.0		6.0		7.0		8.0	
N_g	U	q	U	q	U	q	U	q
46	18.28	1.68	19.15	1.76	20.03	1.84	20.92	1.92
48	17.97	1.73	18.84	1.81	19.72	1.89	20.61	1.98
50	17.68	1.77	18.55	1.86	19.43	1.94	20.32	2.03
55	17.02	1.87	17.89	1.97	18.77	2.07	19.66	2.16
60	16.45	1.97	17.32	2.08	18.20	2.18	19.08	2.29
65	15.94	2.07	16.81	2.19	17.69	2.30	18.58	2.42
70	15.49	2.17	16.36	2.29	17.24	2.41	18.13	2.54
75	15.08	2.26	15.95	2.39	16.83	2.52	17.72	2.66
80	14.71	2.35	15.58	2.49	16.46	2.63	17.35	2.78
85	14.38	2.44	15.25	2.59	16.13	2.74	17.02	2.89
90	14.07	2.53	14.94	2.69	15.82	2.85	16.71	3.01
95	13.79	2.62	14.66	2.79	15.54	2.95	16.43	3.12
100	13.53	2.71	14.40	2.88	15.28	3.06	16.17	3.23
110	13.06	2.87	13.93	3.06	14.81	3.26	15.70	3.45
120	12.66	3.04	13.52	3.25	14.40	3.46	15.29	3.67
130	12.30	3.20	13.16	3.42	14.04	3.65	14.93	3.88
140	11.97	3.35	12.84	3.60	13.72	3.84	14.61	4.09
150	11.69	3.51	12.55	3.77	13.43	4.03	14.32	4.30
160	11.43	3.66	12.29	3.93	13.17	4.21	14.06	4.50
170	11.19	3.80	12.05	4.10	12.93	4.40	13.82	4.70
180	10.97	3.95	11.84	4.26	12.71	4.58	13.60	4.90
190	10.77	4.09	11.64	4.42	12.51	4.75	13.40	5.09
200	10.59	4.23	11.45	4.58	12.33	4.93	13.21	5.28
220	10.25	4.51	11.12	4.89	11.99	5.28	12.88	5.67
240	9.96	4.78	10.83	5.20	11.70	5.62	12.59	6.04
260	9.71	5.05	10.57	5.50	11.45	5.95	12.33	6.41
280	9.48	5.31	10.34	5.79	11.22	6.28	12.10	6.78
300	9.28	5.57	10.14	6.08	11.01	6.61	11.89	7.14
320	9.09	5.82	9.95	6.37	10.83	6.93	11.71	7.49
340	8.92	6.07	9.78	6.65	10.66	7.25	11.54	7.84
360	8.77	6.31	9.63	6.93	10.50	7.56	11.38	8.19
380	8.63	6.56	9.49	7.21	10.36	7.87	11.24	8.54
400	8.49	6.80	9.35	7.48	10.23	8.18	11.10	8.88
420	8.37	7.03	9.23	7.76	10.10	8.49	10.98	9.22
440	8.26	7.27	9.12	8.02	9.99	8.79	10.87	9.56
460	8.15	7.50	9.01	8.29	9.88	9.09	10.76	9.90
480	8.05	7.73	8.91	8.56	9.78	9.39	10.66	10.23

续表 D-3

U_o	5.0		6.0		7.0		8.0	
N_g	U	q	U	q	U	q	U	q
500	7.96	7.96	8.82	8.82	9.69	9.69	10.56	10.56
550	7.75	8.52	8.61	9.47	9.47	10.42	10.35	11.39
600	7.56	9.08	8.42	10.11	9.29	11.15	10.16	12.20
650	7.40	9.62	8.26	10.74	9.12	11.86	10.00	13.00
700	7.26	10.16	8.11	11.36	8.98	12.57	9.85	13.79
750	7.13	10.69	7.98	11.97	8.85	13.27	9.72	14.58
800	7.01	11.21	7.86	12.58	8.73	13.96	9.60	15.36
850	6.90	11.73	7.75	13.18	8.62	14.65	9.49	16.14
900	6.80	12.24	7.66	13.78	8.52	15.34	9.39	16.91
950	6.71	12.75	7.56	14.37	8.43	16.01	9.30	17.67
1000	6.63	13.26	7.48	14.96	8.34	16.69	9.22	18.43
1100	6.48	14.25	7.33	16.12	8.19	18.02	9.06	19.94
1200	6.35	15.23	7.20	17.27	8.06	19.34	8.93	21.43
1300	6.23	16.20	7.08	18.41	7.94	20.65	8.81	22.91
1400	6.13	17.15	6.98	19.53	7.84	21.95	8.71	24.38
1500	6.03	18.10	6.88	20.65	7.74	23.23	8.61	25.84
1600	5.95	19.04	6.80	21.76	7.66	24.51	8.53	27.28
1700	5.87	19.97	6.72	22.85	7.58	25.77	8.45	28.72
1800	5.80	20.89	6.65	23.94	7.51	27.03	8.38	30.15
1900	5.74	21.80	6.59	25.03	7.44	28.29	8.31	31.58
2000	5.68	22.71	6.53	26.10	7.38	29.53	8.25	33.00
2200	5.57	24.51	6.42	28.24	7.27	32.01	8.14	35.81
2400	5.48	26.29	6.32	30.35	7.18	34.46	8.04	38.60
2600	5.39	28.05	6.24	32.45	7.10	36.89	$N_g=2500$ $U=8.0\%$ $q=40.00$	
2800	5.32	29.80	6.17	34.52	7.02	39.31		
3000	5.25	31.53	6.10	36.59	$N_g=2857$ $U=7.0\%$ $q=40.00$			
3200	5.19	33.24	6.04	38.64				
3400	5.14	34.95	$N_g=3333$ $U=6.0\%$ $q=40.00$					
3600	5.09	36.64						
3800	5.04	38.33						
4000	5.00	40.00						

附录 E 饮用净水计算管段上同时使用水嘴的数量

E.0.1 在水嘴设置数量 12 个及 12 个以下时水嘴同时使用数量。

水嘴设置数量 n	1	2	3	4~8	9~12
同时使用数量 m	1	2	3	3	4

E.0.2 在水嘴设置数量 12 个以上时水嘴同时使用数量。

P / m / n	$P=\alpha q_h/1800nq_o$　$\alpha=0.6\sim0.9$；n—饮用净水水嘴总数；q_h—设计小时流量（L/h）；q_o—饮用净水水嘴额定流量(L/s)																	
	0.010	0.015	0.020	0.025	0.030	0.035	0.040	0.045	0.050	0.055	0.060	0.065	0.070	0.075	0.080	0.085	0.090	0.095	0.10
13～25	2	2	3	3	3	4	4	4	4	5	5	5	5	5	6	6	6	6	6
50	3	3	4	4	5	5	6	6	7	7	7	8	8	9	9	9	10	10	10
75	3	4	5	6	6	7	8	8	9	9	10	10	11	11	12	13	13	14	14
100	4	5	6	7	8	8	9	10	11	11	12	13	13	14	15	16	16	17	18
125	4	6	7	8	9	10	11	12	13	13	14	15	16	17	18	18	19	20	21
150	5	6	8	9	10	11	12	13	14	15	16	17	18	19	20	21	22	23	24
175	5	7	8	10	11	12	14	15	16	17	18	20	21	22	23	24	25	26	27
200	6	8	9	11	12	14	15	16	18	19	20	22	23	24	25	27	28	29	30
225	6	8	10	12	13	15	16	18	19	21	22	24	25	27	28	29	31	32	34
250	7	9	11	13	14	16	18	19	21	23	24	26	27	29	31	32	34	35	37
275	7	9	12	14	15	17	19	21	23	25	26	28	30	31	33	35	36	38	40
300	8	10	12	14	16	19	21	22	24	26	28	30	32	34	36	37	39	41	43
325	8	11	13	15	18	20	22	24	26	28	30	32	34	36	38	40	42	44	46
350	8	11	14	16	19	21	23	25	28	30	32	34	36	38	40	42	45	47	49
375	9	12	14	17	20	22	24	27	29	32	34	36	38	41	43	45	47	49	52
400	9	12	15	18	21	23	26	28	31	33	36	38	40	43	45	48	50	52	55
425	10	13	16	19	22	24	27	30	32	35	37	40	43	45	48	50	53	55	57

注：1　n 可用内插法。
　　2　m 小数点后四舍五入。

本规范用词说明

1　为便于在执行本规范条文时区别对待，对要求严格程度不同的用词说明如下：

1）表示很严格，非这样做不可的用词：
正面词采用"必须"，反面词采用"严禁"。

2）表示严格，在正常情况下均应这样做的用词：
正面词采用"应"，反面词采用"不应"或"不得"。

3）表示允许稍有选择，在条件许可时首先应这样做的用词：
正面词采用"宜"，反面词采用"不宜"；
表示有选择，在一定条件下可以这样做的用词，采用"可"。

2　本规范中指明应按其他有关标准、规范执行的写法为"应符合……的规定"或"应按……执行"。

中华人民共和国国家标准

建筑中水设计规范

Code of design for building reclaimed water system

GB 50336—2002

主编部门：中国人民解放军总后勤部基建营房部
批准部门：中 华 人 民 共 和 国 建 设 部
施行日期：2 0 0 3 年 3 月 1 日

2007

中华人民共和国建设部
公　　告

第 100 号

建设部关于发布国家标准
《建筑中水设计规范》的公告

现批准《建筑中水设计规范》为国家标准，编号为 GB 50336—2002，自 2003 年 3 月 1 日起实施。其中，第 1.0.5 、1.0.10 、3.1.6、3.1.7 、5.4.1 、5.4.7 、6.2.18 、8.1.1 、8.1.3、8.1.6 条为强制性条文,必须严格执行。

本规范由建设部标准定额研究所组织中国计划出版社出版发行。

中华人民共和国建设部

二〇〇三年一月十日

前　言

本规范是根据建设部建标［2002］85号文“关于印发《2001～2002年度工程建设国家标准制订、修订计划》的通知”的要求，在建设部标准定额司的组织领导下，由中国人民解放军总后勤部建筑设计研究院主编，并会同其他参编单位共同编制而成。

本规范的编制，遵照国家有关基本建设的方针和有关环保、节水的工作方针，对原中国工程建设标准化协会的推荐性规范《建筑中水设计规范》（CECS 30:91）施行以来的情况进行全面总结，以多种方式广泛征求了国内有关科研、设计、院校、设备生产和工程安装等部门的意见，进行全面修改并补充了新的内容，最后经有关部门共同审查定稿。

本规范共设8章。主要内容有总则、术语符号、中水水源、中水水质标准、中水系统、处理工艺及设施、中水处理站、安全防护和监（检）测控制等。

本规范中以黑体字标志的条文为强制性条文，必须严格执行。本规范由建设部负责管理和对强制性条文的解释，中国人民解放军总后勤部建筑设计研究院负责具体技术内容的解释。在执行过程中，请各单位结合工程实践，认真总结经验，如发现需要修改或补充之处，请将意见和建议寄送中国人民解放军总后勤部建筑设计研究院（地址：北京市太平路22号设计院，邮政编码：100036，传真：010－68221322），以供修订时参考。

本规范主编单位、参编单位和主要起草人：

主 编 单 位：中国人民解放军总后勤部建筑设计研究院

参 编 单 位：北京市建筑设计研究院
北京市环境保护科学研究院
中国建筑东北设计研究院
北京市城市节约用水办公室
中国市政工程西北设计研究院
深圳市宝安区建设局
中国建筑设计研究院
北京中航银燕环境工程有限公司
保定太行集团有限责任公司
哈尔滨建筑大学

主要起草人：孙玉林　王冠军　萧正辉　秦永生
邬扬善　崔长起　刘　红　金善功
郑大华　赵世明　刘长培　魏德义
李圭白

目　次

1　总则 …… 2011
2　术语、符号 …… 2011
2.1　术语 …… 2011
2.2　符号 …… 2012
3　中水水源 …… 2012
3.1　建筑物中水水源 …… 2012
3.2　建筑小区中水水源 …… 2014
4　中水水质标准 …… 2014
4.1　中水利用 …… 2014
4.2　中水水质标准 …… 2015
5　中水系统 …… 2015
5.1　中水系统型式 …… 2015
5.2　原水系统 …… 2015
5.3　水量平衡 …… 2016
5.4　中水供水系统 …… 2016
6　处理工艺及设施 …… 2017
6.1　处理工艺 …… 2017
6.2　处理设施 …… 2018
7　中水处理站 …… 2020
8　安全防护和监（检）测控制 …… 2020
8.1　安全防护 …… 2020
8.2　监（检）测控制 …… 2021
本规范用词说明 …… 2021

1 总　　则

1.0.1 为实现污水、废水资源化，节约用水，治理污染，保护环境，使建筑中水工程设计做到安全可靠、经济适用、技术先进，制订本规范。

1.0.2 本规范适用于各类民用建筑和建筑小区的新建、改建和扩建的中水工程设计。工业建筑中生活污水、废水再生利用的中水工程设计，可参照本规范执行。

1.0.3 各种污水、废水资源，应根据当地的水资源情况和经济发展水平充分利用。

1.0.4 缺水城市和缺水地区在进行各类建筑物和建筑小区建设时，其总体规划设计应包括污水、废水、雨水资源的综合利用和中水设施建设的内容。

1.0.5 缺水城市和缺水地区适合建设中水设施的工程项目，应按照当地有关规定配套建设中水设施。中水设施必须与主体工程同时设计，同时施工，同时使用。

1.0.6 中水工程设计，应根据可利用原水的水质、水量和中水用途，进行水量平衡和技术经济分析，合理确定中水水源、系统型式、处理工艺和规模。

1.0.7 中水工程设计应由主体工程设计单位负责。中水工程的设计进度应与主体工程设计进度相一致，各阶段的设计深度应符合国家有关建筑工程设计文件编制深度的规定。

1.0.8 中水工程设计质量应符合国家关于民用建筑工程设计文件质量特性和质量评定实施细则的要求。

1.0.9 中水设施设计合理使用年限应与主体建筑设计标准相符合。

1.0.10 中水工程设计必须采取确保使用、维修的安全措施，严禁中水进入生活饮用水给水系统。

1.0.11 建筑中水设计除应执行本规范外，尚应符合国家现行有关强制性规范、标准的规定。

2 术语、符号

2.1 术　　语

2.1.1 中水　reclaimed water

指各种排水经处理后，达到规定的水质标准，可在生活、市政、环境等范围内杂用的非饮用水。

2.1.2 中水系统　reclaimed water system

由中水原水的收集、储存、处理和中水供给等工程设施组成的有机结合体，是建筑物或建筑小区的功能配套设施之一。

2.1.3 建筑物中水　reclaimed water system for building

在一栋或几栋建筑物内建立的中水系统。

2.1.4 小区中水　reclaimed water system for residential district

在小区内建立的中水系统。小区主要指居住小区，也包括院校、机关大院等集中建筑区，统称建筑小区。

2.1.5 建筑中水 reclaimed water system for buildings

建筑物中水和小区中水的总称。

2.1.6 中水原水 raw-water of reclaimed water

选作为中水水源而未经处理的水。

2.1.7 中水设施 equipments and facilities of reclaimed water

是指中水原水的收集、处理，中水的供给、使用及其配套的检测、计量等全套构筑物、设备和器材。

2.1.8 水量平衡 water balance

对原水水量、处理量与中水用量和自来水补水量进行计算、调整，使其达到供与用的平衡和一致。

2.1.9 杂排水 gray water

民用建筑中除粪便污水外的各种排水，如冷却排水、游泳池排水、沐浴排水、盥洗排水、洗衣排水、厨房排水等。

2.1.10 优质杂排水 high grade gray water

杂排水中污染程度较低的排水，如冷却排水、游泳池排水、沐浴排水、盥洗排水、洗衣排水等。

2.2 符 号

Q_Y——中水原水量；

α——最高日给水量折算成平均日给水量的折减系数；

β——建筑物按给水量计算排水量的折减系数；

Q——建筑物最高日生活给水量；

b——建筑物用水分项给水百分率；

η——原水收集率；

ΣQ_P——中水系统回收排水项目回收水量之和；

ΣQ_J——中水系统回收排水项目的给水量之和；

q——设施处理能力；

Q_{PY}——经过水量平衡计算后的中水原水量；

t——中水设施每日设计运行时间。

3 中 水 水 源

3.1 建筑物中水水源

3.1.1 建筑物中水水源可取自建筑的生活排水和其他可以利用的水源。

3.1.2 中水水源应根据排水的水质、水量、排水状况和中水回用的水质、水量选定。

3.1.3 建筑物中水水源可选择的种类和选取顺序为：

1 卫生间、公共浴室的盆浴和淋浴等的排水；

2 盥洗排水；

3 空调循环冷却系统排污水；
4 冷凝水；
5 游泳池排污水；
6 洗衣排水；
7 厨房排水；
8 冲厕排水。

3.1.4 中水原水量按下式计算：

$$Q_Y = \Sigma\alpha \cdot \beta \cdot Q \cdot b \tag{3.1.4}$$

式中 Q_Y——中水原水量（m^3/d）；

α——最高日给水量折算成平均日给水量的折减系数，一般取0.67～0.91；

β——建筑物按给水量计算排水量的折减系数，一般取0.8～0.9；

Q——建筑物最高日生活给水量，按《建筑给水排水设计规范》中的用水定额计算确定（m^3/d）；

b——建筑物用水分项给水百分率。各类建筑物的分项给水百分率应以实测资料为准，在无实测资料时，可参照表3.1.4选取。

表3.1.4 各类建筑物分项给水百分率（%）

项目	住宅	宾馆、饭店	办公楼、教学楼	公共浴室	餐饮业、营业餐厅
冲厕	21.3～21	10～14	60～66	2～5	6.7～5
厨房	20～19	12.5～14	—	—	93.3～95
沐浴	29.3～32	50～40	—	98～95	—
盥洗	6.7～6.0	12.5～14	40～34	—	—
洗衣	22.7～22	15～18	—	—	—
总计	100	100	100	100	100

注：沐浴包括盆浴和淋浴。

3.1.5 用作中水水源的水量宜为中水回用水量的110%～115%。

3.1.6 综合医院污水作为中水水源时，必须经过消毒处理，产出的中水仅可用于独立的不与人直接接触的系统。

3.1.7 传染病医院、结核病医院污水和放射性废水，不得作为中水水源。

3.1.8 建筑屋面雨水可作为中水水源或其补充。

3.1.9 中水原水水质应以实测资料为准，在无实测资料时，各类建筑物各种排水的污染浓度可参照表3.1.9确定。

表3.1.9 各类建筑物各种排水污染浓度表（mg/L）

类别	住宅			宾馆、饭店			办公楼、教学楼			公共浴室			餐饮业、营业餐厅		
	BOD_5	COD_{cr}	SS	BOD_5	COD_{cr}	SS	BOD_5	COD_{cr}	SS	BOD_5	COD_{cr}	SS	BOD_5	COD_{cr}	SS
冲厕	300～450	800～1100	350～450	250～300	700～1000	300～400	260～340	350～450	260～340	260～340	350～450	260～340	260～340	350～450	260～340
厨房	500～650	900～1200	220～280	400～550	800～1100	180～220	—	—	—	—	—	—	500～600	900～1100	250～280

续表 3.1.9

类别	住宅			宾馆、饭店			办公楼、教学楼			公共浴室			餐饮业、营业餐厅		
	BOD_5	COD_{cr}	SS	BOD_5	COD_{cr}	SS	BOD_5	COD_{cr}	SS	BOD_5	COD_{cr}	SS	BOD_5	COD_{cr}	SS
沐浴	50~60	120~135	40~60	40~50	100~110	30~50	—	—	—	45~55	110~120	35~55	—	—	—
盥洗	60~70	90~120	100~150	50~60	80~100	80~100	90~110	100~140	90~110	—	—	—	—	—	—
洗衣	220~250	310~390	60~70	180~220	270~330	50~60	—	—	—	—	—	—	—	—	—
综合	230~300	455~600	155~180	140~175	295~380	95~120	195~260	260~340	195~260	50~65	115~135	40~65	490~590	890~1075	255~285

3.2 建筑小区中水水源

3.2.1 建筑小区中水水源的选择要依据水量平衡和技术经济比较确定，并应优先选择水量充裕稳定、污染物浓度低、水质处理难度小、安全且居民易接受的中水水源。

3.2.2 建筑小区中水可选择的水源有：

1 小区内建筑物杂排水；

2 小区或城市污水处理厂出水；

3 相对洁净的工业排水；

4 小区内的雨水；

5 小区生活污水。

注：当城市污水回用处理厂出水达到中水水质标准时，建筑小区可直接连接中水管道使用；当城市污水回用处理厂出水未达到中水水质标准时，可作为中水原水进一步处理，达到中水水质标准后方可使用。

3.2.3 小区中水水源的水量应根据小区中水用量和可回收排水项目水量的平衡计算确定。

3.2.4 小区中水原水量可按下列方法计算：

1 小区建筑物分项排水原水量按公式 3.1.4 计算确定。

2 小区综合排水量，按《建筑给水排水设计规范》的规定计算小区最高日给水量，再乘以最高日折算成平均日给水量的折减系数和排水折减系数的方法计算确定，折减系数取值同本规范3.1.4条。

3.2.5 小区中水水源的设计水质应以实测资料为准。无实测资料，当采用生活污水时，可按表 3.1.9 中综合水质指标取值；当采用城市污水处理厂出水为原水时，可按二级处理实际出水水质或相应标准执行。其他种类的原水水质则需实测。

4 中 水 水 质 标 准

4.1 中 水 利 用

4.1.1 中水工程设计应合理确定中水用户，充分提高中水设施的中水利用率。

4.1.2 建筑中水的用途主要是城市污水再生利用分类中的城市杂用水类，城市杂用水包括绿化用水、冲厕、街道清扫、车辆冲洗、建筑施工、消防等。污水再生利用按用途分类，包括农林牧渔用水、城市杂用水、工业用水、景观环境用水、补充水源水等。

4.2 中水水质标准

4.2.1 中水用作建筑杂用水和城市杂用水，如冲厕、道路清扫、消防、城市绿化、车辆冲洗、建筑施工等杂用，其水质应符合国家标准《城市污水再生利用　城市杂用水水质》（GB/T 18920）的规定。

4.2.2 中水用于景观环境用水，其水质应符合国家标准《城市污水再生利用　景观环境用水水质》（GB/T 18921）的规定。

4.2.3 中水用于食用作物、蔬菜浇灌用水时，应符合《农田灌溉水质标准》（GB 5084）的要求。

4.2.4 中水用于采暖系统补水等其他用途时，其水质应达到相应使用要求的水质标准。

4.2.5 当中水同时满足多种用途时，其水质应按最高水质标准确定。

5 中 水 系 统

5.1 中 水 系 统 型 式

5.1.1 中水系统包括原水系统、处理系统和供水系统三个部分，中水工程设计应按系统工程考虑。

5.1.2 建筑物中水宜采用原水污、废分流，中水专供的完全分流系统。

5.1.3 建筑小区中水可采用以下系统型式：

1 全部完全分流系统；

2 部分完全分流系统；

3 半完全分流系统；

4 无分流管系的简化系统。

5.1.4 中水系统型式的选择，应根据工程的实际情况、原水和中水用量的平衡和稳定、系统的技术经济合理性等因素综合考虑确定。

5.2 原 水 系 统

5.2.1 原水管道系统宜按重力流设计，靠重力流不能直接接入的排水可采取局部提升等措施接入。

5.2.2 原水系统应计算原水收集率，收集率不应低于回收排水项目给水量的75%。原水收集率按下式计算：

$$\eta = \frac{\Sigma Q_P}{\Sigma Q_J} \times 100\% \tag{5.2.2}$$

式中　η——原水收集率；

ΣQ_P——中水系统回收排水项目的回收水量之和（m^3/d）；

ΣQ_J——中水系统回收排水项目的给水量之和（m^3/d）。

5.2.3 室内外原水管道及附属构筑物均应采取防渗、防漏措施，并应有防止不符合水质要求的排水接入的措施。井盖应做“中水”标志。

5.2.4 原水系统应设分流、溢流设施和超越管，宜在流入处理站之前能满足重力排放要求。

5.2.5 当有厨房排水等含油排水进入原水系统时，应经过隔油处理后，方可进入原水集水系统。

5.2.6 原水应计量，宜设置瞬时和累计流量的计量装置，当采用调节池容量法计量时应安装水位计。

5.2.7 当采用雨水作为中水水源或水源补充时，应有可靠的调储容量和溢流排放设施。

5.3 水 量 平 衡

5.3.1 中水系统设计应进行水量平衡计算，宜绘制水量平衡图。

5.3.2 在中水系统中应设调节池（箱）。调节池（箱）的调节容积应按中水原水量及处理量的逐时变化曲线求算。在缺乏上述资料时，其调节容积可按下列方法计算：

1 连续运行时，调节池（箱）的调节容积可按日处理水量的35%~50%计算。

2 间歇运行时，调节池（箱）的调节容积可按处理工艺运行周期计算。

5.3.3 处理设施后应设中水贮存池（箱）。中水贮存池（箱）的调节容积应按处理量及中水用量的逐时变化曲线求算。在缺乏上述资料时，其调节容积可按下列方法计算：

1 连续运行时，中水贮存池（箱）的调节容积可按中水系统日用水量的25%~35%计算。

2 间歇运行时，中水贮存池（箱）的调节容积可按处理设备运行周期计算。

3 当中水供水系统设置供水箱采用水泵－水箱联合供水时，其供水箱的调节容积不得小于中水系统最大小时用水量的50%。

5.3.4 中水贮存池或中水供水箱上应设自来水补水管，其管径按中水最大时供水量计算确定。

5.3.5 自来水补水管上应安装水表。

5.4 中 水 供 水 系 统

5.4.1 中水供水系统必须独立设置。

5.4.2 中水系统供水量按照《建筑给水排水设计规范》中的用水定额及本规范表3.1.4中规定的百分率计算确定。

5.4.3 中水供水系统的设计秒流量和管道水力计算、供水方式及水泵的选择等按照《建筑给水排水设计规范》中给水部分执行。

5.4.4 中水供水管道宜采用塑料给水管、塑料和金属复合管或其他给水管材，不得采用非镀锌钢管。

5.4.5 中水贮存池（箱）宜采用耐腐蚀、易清垢的材料制作。钢板池（箱）内、外壁及其附配件均应采取防腐蚀处理。

5.4.6 中水供水系统上，应根据使用要求安装计量装置。

5.4.7 中水管道上不得装设取水龙头。当装有取水接口时，必须采取严格的防止误饮、误用的措施。

5.4.8 绿化、浇洒、汽车冲洗宜采用有防护功能的壁式或地下式给水栓。

6 处理工艺及设施

6.1 处 理 工 艺

6.1.1 中水处理工艺流程应根据中水原水的水质、水量和中水的水质、水量及使用要求等因素，经技术经济比较后确定。

6.1.2 当以优质杂排水或杂排水作为中水原水时，可采用以物化处理为主的工艺流程，或采用生物处理和物化处理相结合的工艺流程。

1 物化处理工艺流程（适用于优质杂排水）：

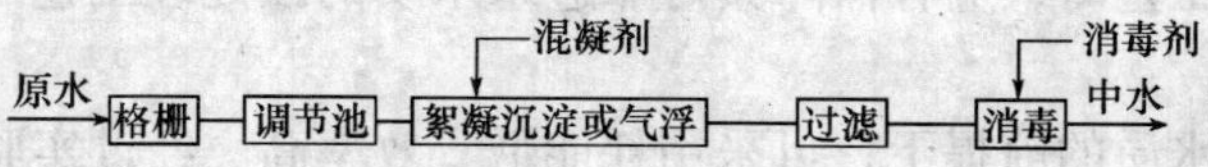

2 生物处理和物化处理相结合的工艺流程：

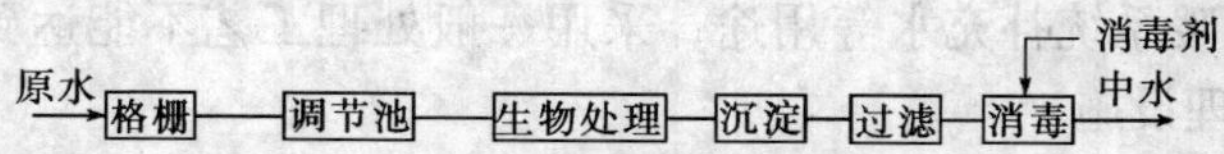

3 预处理和膜分离相结合的处理工艺流程：

6.1.3 当以含有粪便污水的排水作为中水原水时，宜采用二段生物处理与物化处理相结合的处理工艺流程。

1 生物处理和深度处理相结合的工艺流程：

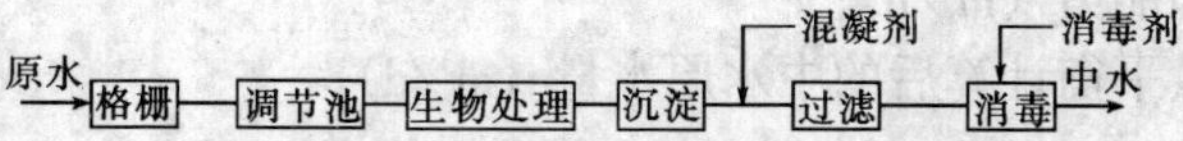

2 生物处理和土地处理：

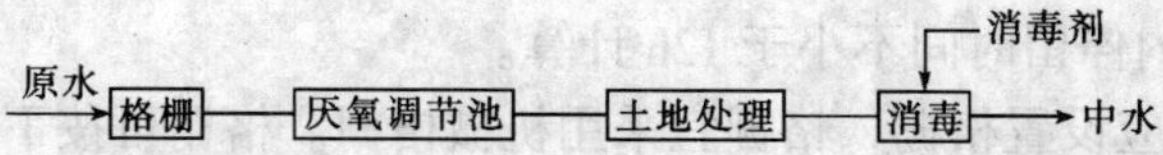

3 曝气生物滤池处理工艺流程：

4 膜生物反应器处理工艺流程：

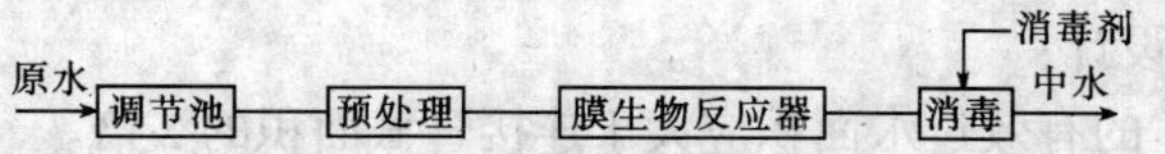

6.1.4 利用污水处理站二级处理出水作为中水水源时，宜选用物化处理或与生化处理结合的深度处理工艺流程。

1 物化法深度处理工艺流程：

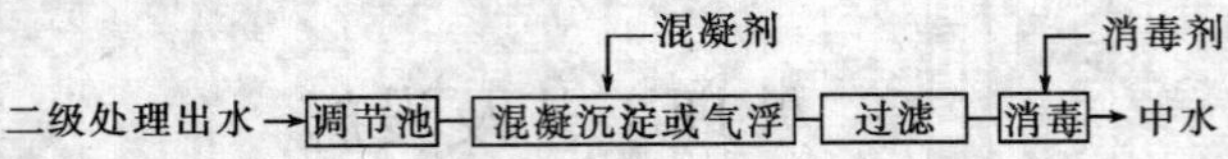

2 物化与生化结合的深度处理流程：

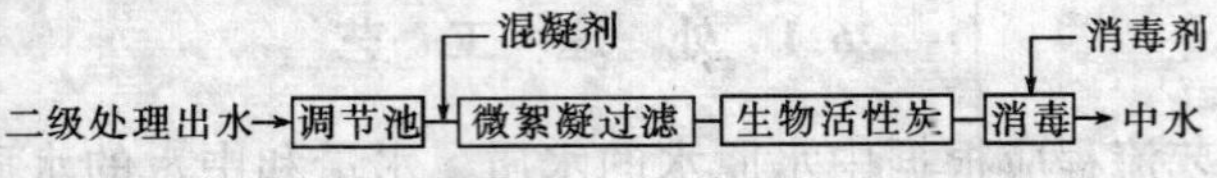

3 微孔过滤处理工艺流程：

6.1.5 采用膜处理工艺时，应有保障其可靠进水水质的预处理工艺和易于膜的清洗、更换的技术措施。

6.1.6 在确保中水水质的前提下，可采用耗能低、效率高、经过实验或实践检验的新工艺流程。

6.1.7 中水用于采暖系统补充水等用途，采用一般处理工艺不能达到相应水质标准要求时，应增加深度处理设施。

6.1.8 中水处理产生的沉淀污泥、活性污泥和化学污泥，当污泥量较小时，可排至化粪池处理，当污泥量较大时，可采用机械脱水装置或其他方法进行妥善处理。

6.2 处 理 设 施

6.2.1 中水处理设施处理能力按下式计算：

$$q = \frac{Q_{PY}}{t} \tag{6.2.1}$$

式中 q——设施处理能力（m^3/h）；

Q_{PY}——经过水量平衡计算后的中水原水量（m^3/d）；

t——中水设施每日设计运行时间（h）。

6.2.2 以生活污水为原水的中水处理工程，应在建筑物粪便排水系统中设置化粪池，化粪池容积按污水在池内停留时间不小于 12h 计算。

6.2.3 中水处理系统应设置格栅，格栅宜采用机械格栅。格栅可按下列规定设计：

1 设置一道格栅时，格栅条空隙宽度小于 10mm；设置粗细两道格栅时，粗格栅条空隙宽度为 10～20mm，细格栅条空隙宽度为 2.5mm。

2 设在格栅井内时，其倾角不小于 60°。格栅井应设置工作台，其位置应高出格栅前设计最高水位 0.5m，其宽度不宜小于0.7m，格栅井应设置活动盖板。

6.2.4 以洗浴（涤）排水为原水的中水系统，污水泵吸水管上应设置毛发聚集器。毛发聚集器可按下列规定设计：

1 过滤筒（网）的有效过水面积应大于连接管截面积的 2 倍。

2 过滤筒（网）的孔径宜采用 3mm。

3 具有反洗功能和便于清污的快开结构，过滤筒（网）应采用耐腐蚀材料制造。

6.2.5 调节池可按下列规定设计：

1 调节池内宜设置预曝气管，曝气量不宜小于 $0.6m^3/m^3 \cdot h$。

2 调节池底部应设有集水坑和泄水管，池底应有不小于0.02的坡度，坡向集水坑，池壁应设置爬梯和溢水管。当采用地埋式时，顶部应设置人孔和直通地面的排气管。

注：中、小型工程调节池可兼作提升泵的集水井。

6.2.6 初次沉淀池的设置应根据原水水质和处理工艺等因素确定。当原水为优质杂排水或杂排水时，设置调节池后可不再设置初次沉淀池。

6.2.7 生物处理后的二次沉淀池和物化处理的混凝沉淀池，其规模较小时，宜采用斜板（管）沉淀池或竖流式沉淀池。规模较大时，应参照《室外排水设计规范》中有关部分设计。

6.2.8 斜板（管）沉淀池宜采用矩形，沉淀池表面水力负荷宜采用 $1 \sim 3m^3/m^2 \cdot h$，斜板（管）间距（孔径）宜大于 80mm，板（管）斜长宜取 1000mm，斜角宜为 60°。斜板（管）上部清水深不宜小于0.5m，下部缓冲层不宜小于 0.8m。

6.2.9 竖流式沉淀池的设计表面水力负荷宜采用 $0.8 \sim 1.2m^3/m^2 \cdot h$，中心管流速不大于 30mm/s，中心管下部应设喇叭口和反射板，板底面距泥面不小于 0.3m，排泥斗坡度应大于 45°。

6.2.10 沉淀池宜采用静水压力排泥，静水头不应小于 1500mm，排泥管直径不宜小于 80mm。

6.2.11 沉淀池集水应设出水堰，其出水最大负荷不应大于1.70L/s·m。

6.2.12 建筑中水生物处理宜采用接触氧化池或曝气生物滤池，供氧方式宜采用低噪声的鼓风机加布气装置、潜水曝气机或其他曝气设备。

6.2.13 接触氧化池处理洗浴废水时，水力停留时间不应小于 2h；处理生活污水时，应根据原水水质情况和出水水质要求确定水力停留时间，但不宜小于 3h。

6.2.14 接触氧化池宜采用易挂膜、耐用、比表面积较大、维护方便的固定填料或悬浮填料。当采用固定填料时，安装高度不小于 2m；当采用悬浮填料时，装填体积不应小于池容积的 25%。

6.2.15 接触氧化池曝气量可按 BOD_5 的去除负荷计算，宜为$40 \sim 80m^3/kgBOD_5$。

6.2.16 中水过滤处理宜采用滤池或过滤器。采用新型滤器、滤料和新工艺时，可按实验资料设计。

6.2.17 选用中水处理一体化装置或组合装置时，应具有可靠的设备处理效果参数和组合设备中主要处理环节处理效果参数，其出水水质应符合使用用途要求的水质标准。

6.2.18 中水处理必须设有消毒设施。

6.2.19 中水消毒应符合下列要求：

1 消毒剂宜采用次氯酸钠、二氧化氯、二氯异氰尿酸钠或其他消毒剂。当处理站规模较大并采取严格的安全措施时，可采用液氯作为消毒剂，但必须使用加氯机。

2 投加消毒剂宜采用自动定比投加，与被消毒水充分混合接触。

3 采用氯化消毒时，加氯量宜为有效氯 5～8mg/L，消毒接触时间应大于 30min。当中水水源为生活污水时，应适当增加加氯量。

6.2.20 污泥处理的设计，可按《室外排水设计规范》中的有关要求执行。

6.2.21 当采用其他处理方法，如混凝气浮法、活性污泥法、厌氧处理法、生物转盘法等处理的设计时，应按国家现行的有关规范、规定执行。

7 中水处理站

7.0.1 中水处理站位置应根据建筑的总体规划、中水原水的产生、中水用水的位置、环境卫生和管理维护要求等因素确定。以生活污水为原水的地面处理站与公共建筑和住宅的距离不宜小于15m，建筑物内的中水处理站宜设在建筑物的最底层，建筑群（组团）的中水处理站宜设在其中心建筑的地下室或裙房内，小区中水处理站按规划要求独立设置，处理构筑物宜为地下式或封闭式。

7.0.2 处理站的大小可按处理流程确定。对于建筑小区中水处理站，加药贮药间和消毒剂制备贮存间，宜与其他房间隔开，并有直接通向室外的门；对于建筑物内的中水处理站，宜设置药剂储存间。中水处理站应设有值班、化验等房间。

7.0.3 处理构筑物及处理设备应布置合理、紧凑，满足构筑物的施工、设备安装、运行调试、管道敷设及维护管理的要求，并应留有发展及设备更换的余地，还应考虑最大设备的进出要求。

7.0.4 处理站地面应设集水坑，当不能重力排出时，应设潜污泵排水。

7.0.5 处理设备的选型应确保其功能、效果、质量要求。

7.0.6 处理站设计应满足主要处理环节运行观察、水量计量、水质取样化验监（检）测和进行中水处理成本核算的条件。

7.0.7 处理站应设有适应处理工艺要求的采暖、通风、换气、照明、给水、排水设施。

7.0.8 处理站的设计中，对采用药剂可能产生的危害应采取有效的防护措施。

7.0.9 对中水处理中产生的臭气应采取有效的除臭措施。

7.0.10 对处理站中机电设备所产生的噪声和振动应采取有效的降噪和减振措施，处理站产生的噪声值不应超过国家标准《城市区域环境噪声标准》（GB 3096）的要求。

8 安全防护和监（检）测控制

8.1 安全防护

8.1.1 中水管道严禁与生活饮用水给水管道连接。

8.1.2 除卫生间外，中水管道不宜暗装于墙体内。

8.1.3 中水池（箱）内的自来水补水管应采取自来水防污染措施，补水管出水口应高于中水贮存池（箱）内溢流水位，其间距不得小于2.5倍管径。严禁采用淹没式浮球阀补水。

8.1.4 中水管道与生活饮用水给水管道、排水管道平行埋设时，其水平净距不得小于0.5m；交叉埋设时，中水管道应位于生活饮用水给水管道下面，排水管道的上面，其净距均不得小于0.15m。中水管道与其他专业管道的间距按《建筑给水排水设计规范》中给水管道要求执行。

8.1.5 中水贮存池（箱）设置的溢流管、泄水管，均应采用间接排水方式排出。溢流管应设隔网。

8.1.6 中水管道应采取下列防止误接、误用、误饮的措施：

1 中水管道外壁应按有关标准的规定涂色和标志；

2 水池（箱）、阀门、水表及给水栓、取水口均应有明显的“中水”标志；

3 公共场所及绿化的中水取水口应设带锁装置；

4 工程验收时应逐段进行检查，防止误接。

8.2 监（检）测控制

8.2.1 中水处理站的处理系统和供水系统应采用自动控制装置，并应同时设置手动控制。

8.2.2 中水处理系统应对使用对象要求的主要水质指标定期检测，对常用控制指标（水量、主要水位、pH值、浊度、余氯等）实现现场监测，有条件的可实现在线监测。

8.2.3 中水系统的自来水补水宜在中水池或供水箱处，采取最低报警水位控制的自动补给。

8.2.4 中水处理站应根据处理工艺要求和管理要求设置水量计量、水位观察、水质观测、取样监（检）测、药品计量的仪器、仪表。

8.2.5 中水处理站应对耗用的水、电进行单独计量。

8.2.6 中水水质应按现行的国家有关水质检验法进行定期监测。

8.2.7 管理操作人员应经专门培训。

本规范用词说明

1 为便于在执行本规范条文时区别对待，对要求严格程度不同的用词，说明如下：

1）表示很严格，非这样做不可的用词：

正面词采用“必须”，反面词采用“严禁”。

2）表示严格，在正常情况下均应这样做的用词：

正面词采用“应”，反面词采用“不应”或“不得”。

3）表示允许稍有选择，在条件许可时首先应这样做的用词：

正面词采用“宜”，反面词采用“不宜”。

4）表示有选择，在一定条件下可以这样做的，采用“可”。

2 条文中指明应按其他有关标准、规范执行时，写法为“应按……执行”或“应符合……的规定”；可按其他有关标准、规范执行时，写法为“可按……的规定执行”。

中华人民共和国国家标准

污水再生利用工程设计规范

Code for design of wastewater reclamation and reuse

GB 50335—2002

主编部门：中华人民共和国建设部
批准部门：中华人民共和国建设部
施行日期：2003年03月01日

中华人民共和国建设部
公　　告

第 104 号

建设部关于发布国家标准
《污水再生利用工程设计规范》的公告

现批准《污水再生利用工程设计规范》为国家标准，编号为 GB 50335—2002，自 2003 年 3 月 1 日起实施。其中，第 1.0.5、5.0.6、5.0.10、5.0.12、6.2.3、7.0.3、7.0.5、7.0.6、7.0.7 条为强制性条文，必须严格执行。

本规范由建设部标准定额研究所组织中国建筑工业出版社出版发行。

中华人民共和国建设部

2003 年 1 月 10 日

前　言

本规范是根据建设部建标［2002］85号文的要求，由中国市政工程东北设计研究院、上海市政工程设计研究院会同有关设计研究单位共同编制而成的。

在规范的编制过程中，编制组进行了广泛的调查研究，认真总结了我国污水回用的科研成果和实践经验，同时参考并借鉴了国外有关法规和标准，并广泛征求了全国有关单位和专家的意见，几经讨论修改，最后由建设部组织有关专家审查定稿。

本规范主要规定的内容有：方案设计的基本规定，再生水水源，回用分类和水质控制指标，回用系统，再生处理工艺与构筑物设计，安全措施和监测控制。

本规范中以黑体字排版的条文为强制性条文，必须严格执行。本规范由建设部负责管理和对强制性条文的解释，中国市政工程东北设计研究院负责具体技术内容的解释。在执行过程中，希望各单位结合工程实践和科学研究，认真总结经验，注意积累资料。如发现需要修改和补充之处，请将意见和有关资料寄交中国市政工程东北设计研究院（地址：长春市工农大路8号，邮编：130021，传真：0431-5652579），以供今后修订时参考。

本规范编制单位和主要起草人名单

主编单位：中国市政工程东北设计研究院

副主编单位：上海市政工程设计研究院

参编单位：建设部城市建设研究院
北京市市政工程设计研究总院
中国市政工程华北设计研究院
中国石化北京设计院
国家电力公司热工研究院

主要起草人：周　彤　张　杰　陈树勤　姜云海　卜义惠
厉彦松　洪嘉年　朱广汉　吕士健　杭世珺
方先金　陈　立　范　洁　林雪芸　杨宝红
齐芳菲　陈立学

目　次

1　总则……………………………………………………………………………… 2027
2　术语……………………………………………………………………………… 2027
3　方案设计基本规定…………………………………………………………… 2028
4　污水再生利用分类和水质控制指标 ……………………………………… 2028
　4.1　污水再生利用分类…………………………………………………………… 2028
　4.2　水质控制指标 ………………………………………………………………… 2029
5　污水再生利用系统…………………………………………………………… 2031
6　再生处理工艺与构筑物设计 ……………………………………………… 2032
　6.1　再生处理工艺 ………………………………………………………………… 2032
　6.2　构筑物设计 …………………………………………………………………… 2034
7　安全措施和监测控制………………………………………………………… 2034
本规范用词用语说明 …………………………………………………………… 2035

1 总　　则

1.0.1 为贯彻我国水资源发展战略和水污染防治对策，缓解我国水资源紧缺状况，促进污水资源化，保障城市建设和经济建设的可持续发展，使污水再生利用工程设计做到安全可靠，技术先进，经济实用，制定本规范。

1.0.2 本规范适用于以农业用水、工业用水、城镇杂用水、景观环境用水等为再生利用目标的新建、扩建和改建的污水再生利用工程设计。

1.0.3 污水再生利用工程设计以城市总体规划为主要依据，从全局出发，正确处理城市境外调水与开发利用污水资源的关系，污水排放与污水再生利用的关系，以及集中与分散、新建与扩建、近期与远期的关系。通过全面调查论证，确保经过处理的城市污水得到充分利用。

1.0.4 污水再生利用工程设计应做好对用户的调查工作，明确用水对象的水质水量要求。工程设计之前，宜进行污水再生利用试验，或借鉴已建工程的运转经验，以选择合理的再生处理工艺。

1.0.5 **污水再生利用工程应确保水质水量安全可靠。**

1.0.6 污水再生利用工程设计除应符合本规范外，尚应符合国家现行有关标准、规范的规定。

2 术　　语

2.0.1 污水再生利用　wastewater reclamation and reuse，water recycling

污水再生利用为污水回收、再生和利用的统称，包括污水净化再用、实现水循环的全过程。

2.0.2 二级强化处理　upgraded secondary treatment

既能去除污水中含碳有机物，也能脱氮除磷的二级处理工艺。

2.0.3 深度处理　advanced treatment

进一步去除二级处理未能完全去除的污水中杂质的净化过程。深度处理通常由以下单元技术优化组合而成：混凝、沉淀（澄清、气浮）、过滤、活性炭吸附、脱氨、离子交换、膜技术、膜-生物反应器、曝气生物滤池、臭氧氧化、消毒及自然净化系统等。

2.0.4 再生水　reclamed water，recycled water

再生水系指污水经适当处理后，达到一定的水质指标，满足某种使用要求，可以进行有益使用的水。

2.0.5 再生水厂　water reclamation plant，water recycling plant

生产再生水的水处理厂。

2.0.6 微孔过滤　micro-porous filter

孔径为0.1～0.2μm的滤膜过滤装置的统称，简称微滤（MF）。

3 方案设计基本规定

3.0.1 污水再生利用工程方案设计应包括：

1 确定再生水水源；确定再生水用户、工程规模和水质要求；

2 确定再生水厂的厂址、处理工艺方案和输送再生水的管线布置；

3 确定用户配套设施；

4 进行相应的工程估算、投资效益分析和风险评价等。

3.0.2 排入城市排水系统的城市污水，可作为再生水水源。严禁将放射性废水作为再生水水源。

3.0.3 再生水水源的设计水质，应根据污水收集区域现有水质和预期水质变化情况综合确定。

再生水水源水质应符合现行的《污水排入城市下道水质标准》（CJ 3082）、《生物处理构筑物进水中有害物质允许浓度》（GBJ 14）和《污水综合排放标准》（GB 8978）的要求。

当再生水厂水源为二级处理出水时，可参照二级处理厂出水标准，确定设计水质。

3.0.4 再生水用户的确定可分为以下三个阶段：

1 调查阶段：收集可供再生利用的水量以及可能使用再生水的全部潜在用户的资料。

2 筛选阶段：按潜在用户的用水量大小、水质要求和经济条件等因素筛选出若干候选用户。

3 确定用户阶段：细化每个候选用户的输水线路和蓄水量等方面的要求，根据技术经济分析，确定用户。

3.0.5 污水再生利用工程方案中需提出再生水用户备用水源方案。

3.0.6 根据各用户的水量水质要求和具体位置分布情况，确定再生水厂的规模、布局，再生水厂的选址、数量和处理深度，再生水输水管线的布置等。再生水厂宜靠近再生水水源收集区和再生水用户集中地区。再生水厂可设在城市污水处理厂内或厂外，也可设在工业区内或某一特定用户内。

3.0.7 对回用工程各种方案应进行技术经济比选，确定最佳方案。技术经济比选应符合技术先进可靠、经济合理、因地制宜的原则，保证总体的社会效益、经济效益和环境效益。

4 污水再生利用分类和水质控制指标

4.1 污水再生利用分类

4.1.1 城市污水再生利用按用途分类见表 4.1.1。

表 4.1.1　城市污水再生利用类别

序号	分类	范围	示例
1	农、林、牧、渔业用水	农田灌溉	种籽与育种、粮食与饲料作物、经济作物
		造林育苗	种籽、苗木、苗圃、观赏植物
		畜牧养殖	畜牧、家畜、家禽
		水产养殖	淡水养殖
2	城市杂用水	城市绿化	公共绿地、住宅小区绿化
		冲厕	厕所便器冲洗
		道路清扫	城市道路的冲洗及喷洒
		车辆冲洗	各种车辆冲洗
		建筑施工	施工场地清扫、浇洒、灰尘抑制、混凝土制备与养护、施工中的混凝土构件和建筑物冲洗
		消防	消火栓、消防水炮
3	工业用水	冷却用水	直流式、循环式
		洗涤用水	冲渣、冲灰、消烟除尘、清洗
		锅炉用水	中压、低压锅炉
		工艺用水	溶料、水浴、蒸煮、漂洗、水力开采、水力输送、增湿、稀释、搅拌、选矿、油田回注
		产品用水	浆料、化工制剂、涂料
4	环境用水	娱乐性景观环境用水	娱乐性景观河道、景观湖泊及水景
		观赏性景观环境用水	观赏性景观河道、景观湖泊及水景
		湿地环境用水	恢复自然湿地、营造人工湿地
5	补充水源水	补充地表水	河流、湖泊
		补充地下水	水源补给、防止海水入侵、防止地面沉降

4.2 水质控制指标

4.2.1 再生水用于农田灌溉时，其水质应符合国家现行的《农田灌溉水质标准》（GB 5084）的规定。

4.2.2 再生水用于工业冷却用水，当无试验数据与成熟经验时，其水质可按表 4.2.2 指标控制，并综合确定敞开式循环水系统换热设备的材质和结构型式、浓缩倍数、水处理药剂等。确有必要时，也可对再生水进行补充处理。

表 4.2.2　再生水用作冷却用水的水质控制指标

序号	项目 \ 标准值 \ 分类		直流冷却水	循环冷却系统补充水
1	pH		6.0～9.0	6.5～9.0
2	SS（mg/L）	≤	30	—
3	浊度（NTU）	≤	—	5
4	BOD_5（mg/L）	≤	30	10

续表 4.2.2

序号	标准值 / 分类 / 项目		直流冷却水	循环冷却系统补充水
5	CODcr（mg/L）	≤	—	60
6	铁（mg/L）	≤	—	0.3
7	锰（mg/L）	≤	—	0.2
8	Cl^-（mg/L）	≤	300	250
9	总硬度（以 $CaCO_3$ 计 mg/L）	≤	850	450
10	总碱度（以 $CaCO_3$ 计 mg/L）	≤	500	350
11	氨氮（mg/L）	≤	—	10①
12	总磷（以 P 计 mg/L）	≤	—	1
13	溶解性总固体（mg/L）	≤	1000	1000
14	游离余氯（mg/L）		末端 0.1～0.2	末端 0.1～0.2
15	粪大肠菌群（个/L）	≤	2000	2000

① 当循环冷却系统为铜材换热器时，循环冷却系统水中的氨氮指标应小于 1mg/L。

4.2.3 再生水用于工业用水中的洗涤用水、锅炉用水、工艺用水、油田注水时，其水质应达到相应的水质标准。当无相应标准时，可通过试验、类比调查或参照以天然水为水源的水质标准确定。

4.2.4 再生水用于城市用水中的冲厕、道路清扫、消防、城市绿化、车辆冲洗、建筑施工等城市杂用水时，其水质可按表 4.2.4 指标控制。

表 4.2.4 城镇杂用水水质控制指标

序号	项目 / 指标		冲厕	道路清扫消防	城市绿化	车辆冲洗	建筑施工
1	pH		6.0～9.0				
2	色度（度）	≤	30				
3	嗅		无不快感				
	浊度（NTU）	≤	5	10	10	5	20
4	溶解性总固体（mg/L）	≤	1500	1500	1000	1000	—
5	五日生化需氧量（BOD_5）(mg/L)	≤	10	15	20	10	15
6	氨氮(mg/L)	≤	10	10	20	10	20
7	阴离子表面活性剂(mg/L)	≤	1.0	1.0	1.0	0.5	1.0
8	铁(mg/L)	≤	0.3	—	—	0.3	—
9	锰(mg/L)	≤	0.1	—	—	0.1	—
10	溶解氧(mg/L)	≥	1.0				
11	总余氯(mg/L)		接触 30min 后≥1.0，管网末端≥0.2				
12	总大肠菌群(个/L)	≤	3				

注：混凝土拌合用水还应符合 JGJ 63 的有关规定。

4.2.5 再生水作为景观环境用水时，其水质可按表 4.2.5 指标控制。

表 4.2.5 景观环境用水的再生水水质控制指标(mg/L)

序号	项目	观赏性景观环境用水			娱乐性景观环境用水		
		河道类	湖泊类	水景类	河道类	湖泊类	水景类
1	基本要求	无漂浮物,无令人不愉快的嗅和味					
2	pH	6~9					
3	五日生化需氧量(BOD_5) ≤	10	6		6		
4	悬浮物(SS) ≤	20	10		—		
5	浊度(NTU) ≤	—			5.0		
6	溶解氧 ≥	1.5			2.0		
7	总磷(以P计) ≤	1.0	0.5		1.0	2.0	
8	总氮 ≤	15					
9	氨氮(以N计) ≤	5					
10	粪大肠菌群(个/L) ≤	10000		2000	500		不得检出
11	余氯① ≥	0.05					
12	色度(度) ≤	30					
13	石油类 ≤	1.0					
14	阴离子表面活性剂 ≤	0.5					

① 氯接触时间不应低于30分钟的余氯。对于非加氯消毒方式无此项要求。

注：1 对于需要通过管道输送再生水的非现场回用情况必须加氯消毒；而对于现场回用情况不限制消毒方式。

2 若使用未经过除磷脱氮的再生水作为景观环境用水，鼓励使用本标准的各方在回用地点积极探索通过人工培养具有观赏价值水生植物的方法，使景观水体的氮磷满足表中1的要求，使再生水中的水生植物有经济合理的出路。

4.2.6 当再生水同时用于多种用途时，其水质标准应按最高要求确定。对于向服务区域内多用户供水的城市再生水厂，可按用水量最大的用户的水质标准确定；个别水质要求更高的用户，可自行补充处理，直至达到该水质标准。

5 污水再生利用系统

5.0.1 城市污水再生利用系统一般由污水收集、二级处理、深度处理、再生水输配、用户用水管理等部分组成，污水再生利用工程设计应按系统工程综合考虑。

5.0.2 污水收集系统应依靠城市排水管网进行，不宜采用明渠。

5.0.3 再生水处理工艺的选择及主要构筑物的组成，应根据再生水水源的水质、水量和再生水用户的使用要求等因素，宜按相似条件下再生水厂的运行经验，结合当地条件，通过技术经济比较综合研究确定。

5.0.4 出水供给再生水厂的二级处理的设计应安全、稳妥，并应考虑低温和冲击负荷的影响。当采用活性污泥法时，应有防止污泥膨胀措施。当再生水水质对氮磷有要求时，宜采用二级强化处理。

5.0.5 回用系统中的深度处理，应按照技术先进、经济合理的原则，进行单元技术优化组合。在单元技术组合中，过滤起保障再生水水质作用，多数情况下是必需的。

5.0.6 再生水厂应设置溢流和事故排放管道。当溢流排放排入水体时，应满足相应水体水质排放标准的要求。

5.0.7 再生水厂供水泵站内工作泵不得少于2台，并应设置备用泵。

5.0.8 水泵出口宜设置多功能水泵控制阀，以消除水锤和方便自动化控制。当供水量和水压变化大时，宜采取调控措施。

5.0.9 再生水厂产生的污泥，可由本厂自行处理，也可送往其他污水处理厂集中处理。

5.0.10 再生水厂应按相关标准的规定设置防爆、消防、防噪、抗震等设施。

5.0.11 污水处理厂和再生水厂厂内除职工生活用水外的自用水，应采用再生水。

5.0.12 再生水的输配水系统应建成独立系统。

5.0.13 再生水输配水管道宜采用非金属管道。当使用金属管道时，应进行防腐蚀处理。再生水用户的配水系统宜由用户自行设置。当水压不足时，用户可自行增建泵站。

5.0.14 再生水用户的用水管理，应根据用水设施的要求确定。当用于工业冷却时，一般包括水质稳定处理、菌藻处理和进一步改善水质的其他特殊处理，其处理程度和药剂的选择，可由用户通过试验或参照相似条件下循环水厂的运行经验确定。当用于城镇杂用水和景观环境用水时，应进行水质水量监测、补充消毒、用水设施维护等工作。

6 再生处理工艺与构筑物设计

6.1 再 生 处 理 工 艺

6.1.1 城市污水再生处理，宜选用下列基本工艺：

1 二级处理—消毒；

2 二级处理—过滤—消毒；

3 二级处理—混凝—沉淀（澄清、气浮）—过滤—消毒；

4 二级处理—微孔过滤—消毒。

6.1.2 当用户对再生水水质有更高要求时，可增加深度处理其他单元技术中的一种或几种组合。其他单元技术有：活性炭吸附、臭氧-活性炭、脱氨、离子交换、超滤、纳滤、反渗透、膜-生物反应器、曝气生物滤池、臭氧氧化、自然净化系统等。

6.1.3 混凝、沉淀、澄清、气浮工艺的设计宜符合下列要求：

1 絮凝时间宜为10～15min。

2 平流沉淀池沉淀时间宜为2.0～4.0h，水平流速可采用4.0～10.0mm/s。

3 澄清池上升流速宜为0.4～0.6mm/s。

4 当采用气浮池时，其设计参数，宜通过试验确定。

6.1.4 滤池的设计宜符合下列要求：

1 滤池的进水浊度宜小于10NTU。

2 滤池可采用双层滤料滤池、单层滤料滤池、均质滤料滤池。

3 双层滤池滤料可采用无烟煤和石英砂。滤料厚度：无烟煤宜为300～400mm，石英砂宜为400～500mm。滤速宜为5～10m/h。

4 单层石英砂滤料滤池，滤料厚度可采用700～1000mm，滤速宜为4～6m/h。

5 均质滤料滤池，滤料厚度可采用1.0～1.2m，粒径0.9～1.2mm，滤速宜为4～7m/h。

6　滤池宜设气水冲洗或表面冲洗辅助系统。

7　滤池的工作周期宜采用12～24h。

8　滤池的构造形式，可根据具体条件，通过技术经济比较确定。

9　滤池应备有冲洗滤池表面污垢和泡沫的冲洗水管。滤池设在室内时，应设通风装置。

6.1.5　当采用曝气生物滤池时，其设计参数可参照类似工程经验或通过试验确定。

6.1.6　混凝沉淀、过滤的处理效率和出水水质可参照国内外已建工程经验确定。

6.1.7　城市污水再生处理可采用微孔过滤技术，其设计宜符合下列要求：

1　微孔过滤处理工艺的进水宜为二级处理的出水。

2　微滤膜前根据需要可设置预处理设施。

3　微滤膜孔径宜选择0.2μm或0.1～0.2μm。

4　二级处理出水进入微滤装置前，应投加抑菌剂。

5　微滤出水应经过消毒处理。

6　微滤系统当设置自动气水反冲系统时，空气反冲压力宜为600kPa，并宜用二级处理出水辅助表面冲洗。也可根据膜材料，采用其他冲洗措施。

7　微滤系统宜设在线监测微滤膜完整性的自动测试装置。

8　微滤系统宜采用自动控制系统，在线监测过膜压力，控制反冲洗过程和化学清洗周期。

9　当有除磷要求时宜在微滤系统前采用化学除磷措施。

10　微滤系统反冲洗水应回流至污水处理厂进行再处理。

6.1.8　污水经生物除磷工艺后，仍达不到再生水水质要求时，可选用化学除磷工艺，其设计宜符合下列要求：

1　化学除磷设计包括药剂和药剂投加点的选择，以及药剂投加量的计算。

2　化学除磷的药剂宜采用铁盐或铝盐或石灰。

3　化学除磷采用铁盐或铝盐时，可选用前置沉淀工艺、同步沉淀工艺或后沉淀工艺；采用石灰时，可选前置沉淀工艺或后沉淀工艺，并应调整pH值。

4　铁盐作为絮凝剂时，药剂投加量为去除1摩尔磷至少需要1摩尔铁（Fe），并应乘以2～3倍的系数，该系数宜通过试验确定。

5　铝盐作为絮凝剂时，药剂用量为去除1摩尔磷至少需1摩尔铝（Al），并应乘以2～3倍的系数，该系数宜通过试验确定。

6　石灰作为絮凝剂时，石灰用量与污水中碱度成正比，并宜投加铁盐作助凝剂。石灰用量与铁盐用量宜通过试验确定。

7　化学除磷设备应符合计量准确、耐腐蚀、耐用及不堵塞等要求。

6.1.9　污水处理厂二级出水经混凝、沉淀、过滤后，其出水水质仍达不到再生水水质要求时，可选用活性炭吸附工艺，其设计宜符合下列要求：

1　当选用粒状活性炭吸附处理工艺时，宜进行静态选炭及炭柱动态试验，根据被处理水水质和再生水水质要求，确定用炭量、接触时间、水力负荷与再生周期等。

2　用于污水再生处理的活性炭，应具有吸附性能好、中孔发达、机械强度高、化学性能稳定、再生后性能恢复好等特点。

3　活性炭使用周期，以目标去除物接近超标时为再生的控制条件，并应定期取炭样检测。

4　活性炭再生宜采用直接电加热再生法或高温加热再生法。

5　活性炭吸附装置可采用吸附池，也可采用吸附罐。其选择应根据活性炭吸附池规模、投资、现场条件等因素确定。

6　在无试验资料时，当活性炭采用粒状炭（直径 1.5mm）情况下，宜采用下列设计参数：

接触时间≥10min；

炭层厚度 1.0～2.5m；

减速 7～10m/h；

水头损失 0.4～1.0m；

活性炭吸附池冲洗：经常性冲洗强度为 15～20L/m²·s，冲洗历时 10～15min，冲洗周期 3～5 天，冲洗膨胀率为 30%～40%；除经常性冲洗外，还应定期采用大流量冲洗；冲洗水可用砂滤水或炭滤水，冲洗水浊度＜5NTU。

7　当无试验资料时，活性炭吸附罐宜采用下列设计参数：

接触时间 20～35min；

炭层厚度 4.5～6m；

水力负荷 2.5～6.8L/m²·s（升流式），2.0～3.3L/m²·s（降流式）；

操作压力每 0.3m 炭层 7kPa。

6.1.10　深度处理的活性炭吸附、脱氨、离子交换、折点加氯、反渗透、臭氧氧化等单元过程，当无试验资料时，去除效率可参照相似工程运行数据确定。

6.1.11　再生水厂应进行消毒处理。可以采用液氯、二氧化氯、紫外线等消毒。当采用液氯消毒时，加氯量按卫生学指标和余氯量控制，宜连续投加，接触时间应大于 30min。

6.2　构筑物设计

6.2.1　再生处理构筑物的生产能力应按最高日供水量加自用水量确定，自用水量可采用平均日供水量的 5%～15%。

6.2.2　各处理构筑物的个（格）数不应少于 2 个（格），并宜按并联系列设计。任一构筑物或设备进行检修、清洗或停止工作时，仍能满足供水要求。

6.2.3　各构筑物上面的主要临边通道，应设防护栏杆。

6.2.4　在寒冷地区，各处理构筑物应有防冻措施。

6.2.5　再生水厂应设清水池，清水池容积应按供水和用水曲线确定，不宜小于日供水量的 10%。

6.2.6　再生水厂和工业用户，应设置加药间、药剂仓库。药剂仓库的固定储备量可按最大投药量的 30 天用量计算。

7　安全措施和监测控制

7.0.1　污水回用系统的设计和运行应保证供水水质稳定、水量可靠和用水安全。再生水厂设计规模宜为二级处理规模的80%以下。工业用水采用再生水时，应以新鲜水系统作备用。

7.0.2 再生水厂与各用户应保持畅通的信息传输系统。

7.0.3 再生水管道严禁与饮用水管道连接。再生水管道应有防渗防漏措施，埋地时应设置带状标志，明装时应涂上有关标准规定的标志颜色和“再生水”字样。闸门井井盖应铸上“再生水”字样。再生水管道上严禁安装饮水器和饮水龙头。

7.0.4 再生水管道与给水管道、排水管道平行埋设时，其水平净距不得小于0.5m；交叉埋设时，再生水管道应位于给水管道的下面、排水管道的上面，其净距均不得小于0.5m。

7.0.5 不得间断运行的再生水厂，其供电应按一级负荷设计。

7.0.6 再生水厂的主要设施应设故障报警装置。有可能产生水锤危害的泵站，应采取水锤防护措施。

7.0.7 在再生水水源收集系统中的工业废水接入口，应设置水质监测点和控制闸门。

7.0.8 再生水厂和用户应设置水质和用水设备监测设施，监测项目和监测频率应符合有关标准的规定。

7.0.9 再生水厂主要水处理构筑物和用户用水设施，宜设置取样装置，在再生水厂出厂管道和各用户进户管道上应设计计量装置。再生水厂宜采用仪表监测和自动控制。

7.0.10 回用系统管理操作人员应经专门培训。各工序应建立操作规程。操作人员应执行岗位责任制，并应持证上岗。

本规范用词用语说明

1 为便于在执行本规范条文时区别对待，对要求严格程度不同的用词说明如下：

1）表示很严格，非这样作不可的：正面词采用“必须”，反面词采用“严禁”。

2）表示严格，在正常情况下均应这样作的：正面词采用“应”；反面词采用“不应”或“不得”。

3）表示允许稍有选择，在条件许可时首先应这样作的：正面词采用“宜”或“可”；反面词采用“不宜”。

2 条文中指定应按其他有关标准执行的写法为：“应符合……的规定”或“应按……执行”。

中国工程建设标准化协会标准

居住小区给水排水设计规范

CECS 57:94

主编单位：南 京 建 筑 工 程 学 院
批准部门：中国工程建设标准化协会
批准日期：1 9 9 4 年 6 月 1 日

前　言

随着改革开放政策的执行，人民生活水平不断提高，居住小区建筑在全国大量兴起。为了规范居住小区给水排水设计，我协会建筑给水排水委员会组织南京建筑工程学院主编，同济大学，江苏省建筑设计院、杭州市建筑设计院，南京市政工程设计院等单位参加，共同制订《居住小区给水排水设计规范》。规范组经过三年的工作，广泛征求有关单位和专家的意见，最后由建筑给水排水委员会审查定稿。

现批准《居住小区给水排水设计规范》，编号为 CECS 57:94，并推荐给各工程建设设计，施工单位使用。在使用过程中，请将意见及有关资料寄中国工程建设标准化协会建筑给水排水委员会（上海广东路 17 号，邮编 200002）。

中国工程建设标准化协会

1994 年 6 月 1 日

目　次

1　总则…………………………………………………………………………… 2040
2　术语、符号…………………………………………………………………… 2040
2.1　术语………………………………………………………………………… 2040
2.2　符号………………………………………………………………………… 2040
3　给水…………………………………………………………………………… 2041
3.1　水量、水质和水压 ………………………………………………………… 2041
3.2　水源………………………………………………………………………… 2042
3.3　给水系统 …………………………………………………………………… 2042
3.4　给水管道的布置与敷设…………………………………………………… 2042
3.5　设计流量和管道水力计算 ………………………………………………… 2043
3.6　给水管道材料及附件……………………………………………………… 2043
3.7　水泵房、水池和水塔……………………………………………………… 2044
4　排水…………………………………………………………………………… 2044
4.1　排水体制 …………………………………………………………………… 2044
4.2　排水量……………………………………………………………………… 2045
4.3　排水管道的布置与敷设…………………………………………………… 2046
4.4　排水管道水力计算 ………………………………………………………… 2046
4.5　排水管材、检查井、雨水口 ……………………………………………… 2047
4.6　排水泵房…………………………………………………………………… 2048
4.7　污水处理…………………………………………………………………… 2048
附录A　地下管线（构筑物）间最小净距 ……………………………………… 2049
附录B　本规范用词说明 ………………………………………………………… 2049
附加说明 ………………………………………………………………………… 2050

1 总　　则

1.0.1 为使居住小区给水排水工程设计符合国家经济、技术政策法令，做到安全适用、经济合理，特制订本规范。

1.0.2 本规范适用于新建、扩建和改建的居住小区的室外给水排水工程设计。

1.0.3 居住小区给水排水工程设计，应以城镇给水排水总体规划和居住区，居住小区的建筑、道路详细规划为主要依据，综合考虑小区地形、各专业管道布置和建筑物管道的接点等诸因素，做到设计合理、施工方便。

1.0.4 在地震、湿陷性黄土、膨胀土以及其他地质特殊地区设计居住小区给水排水工程时，尚应按现行的有关标准、规范的规定执行。

1.0.5 居住小区给水排水工程设计除应符合本规范外，尚应符合国家现行有关标准、规范的规定。

2 术语、符号

2.1 术　　语

2.1.1 接户管

布置在建筑物周围，直接与建筑物引入管和排出管相接的给水排水管道。

2.1.2 小区支管

布置在居住组团内道路下与接户管相接的给水排水管道。

2.1.3 小区干管

布置在小区道路或城市道路下与小区支管相接的给水排水管道。

2.2 符　　号

$\alpha.k$ 给水设计秒流量公式中根据建筑物用途而定的系数。

t 降雨历时

t_1 地面集水时间

t_2 管内流行时间

m 折减系数

Q 设计流量

A 过水断面

V 流速

R 水力半径

I 水力坡度（采用管道坡度）

n 粗糙系数

3 给　　水

3.1 水量、水质和水压

3.1.1 居住小区给水设计用水量应根据下列各种用水量确定：

3.1.1.1 居民生活用水量；

3.1.1.2 公共建筑用水量；

3.1.1.3 消防用水量；

3.1.1.4 浇洒道路和绿化用水量；

3.1.1.5 管网漏失水量和未预见水量。

3.1.2 居住小区居民生活用水定额及小时变化系数可按表3.1.2确定。

表 3.1.2 居住小区居民生活用水定额及小时变化系数

住宅卫生器具设置标准	每户设有大便器、洗涤盆、无沐浴设备			每户设有大便器、洗涤盆和沐浴设备			每户设有大便器、洗涤盆、沐浴设备和集中热水供应		
用水情况 分区	最高日 1/人·d	平均日 1/人·d	时变化系数	最高日 1/人·d	平均日 1/人·d	时变化系数	最高日 1/人·d	平均日 1/人·d	时变化系数
一	85～120	55～90	2.5～2.2	130～170	90～125	2.3～2.1	170～230	130～170	2.0～1.8
二	90～125	60～95	2.5～2.2	140～180	100～140	2.3～2.1	180～240	140～180	2.0～1.8
三	95～130	65～100	2.5～2.2	140～180	110～150	2.3～2.1	185～245	145～185	2.0～1.8
四	95～130	65～100	2.5～2.2	150～190	120～160	2.3～2.1	190～250	150～190	2.0～1.8
五	85～120	55～90	2.5～2.2	140～180	100～140	2.3～2.1	180～240	140～180	2.0～1.8

注：① 本表所列用水量已包括居住小区内小型公共建筑的用水量，但未包括浇洒道路，大面积绿化和大型公共建筑的用水量；
② 所在地区的分区见现行的《室外给水设计规范》中规定；
③ 如当地居民生活用水量与表3.1.2规定有较大出入时，其用水定额可按当地生活用水量资料适当增减。

3.1.3 公共建筑的生活用水定额及小时变化系数应按现行的《建筑给水排水设计规范》确定。

3.1.4 居住小区浇洒道路和绿化用水量，应根据路面、绿化、气候和土壤等条件确定。

3.1.5 居住小区管网漏失水量与未预见水量之和可按小区最高日用水量的10%～20%计算。

3.1.6 居住小区消防用水量、水压及火灾延续时间，应按现行的《建筑设计防火规范》及《高层民用建筑设计防火规范》执行。

3.1.7 生活饮用水的水质，必须符合现行的《生活饮用水卫生标准》的要求。

3.1.8 生活饮用水给水管网从地面算起的最小服务水压可按住宅建筑层数确定：一层为0.1MPa，二层为0.12MPa，二层以上每增高一层增加0.04MPa，

注：① 指在建筑给水引入管与接户管连接处的最小服务水压；
② 卫生器具所需流出水压大于0.03MPa时，最小服务水压应按实际要求计算。

3.2 水　源

3.2.1 居住小区给水水源，应取自城镇或厂矿的生活给水管网，远离城镇的居住小区经技术经济比较合理时，可自设水源。

3.2.2 居住小区自设水源的给水管网，不得与城镇给水管网直接连接，如需要连接时，应征得当地供水部门同意。

3.2.3 在严重缺水地区，可采用中水作为便器的冲洗用水、浇洒道路和绿化用水、洗车用水和空调冷却等用水。设计中水工程时，应符合现行的《建筑中水设计规范》的规定。

3.3 给 水 系 统

3.3.1 设计居住小区给水系统时，应充分利用城镇给水管网水压。

3.3.2 在严重缺水地区或无合格原水地区，可采用分质给水系统。

3.3.3 多层建筑居住小区，应采用生活和消防共用的给水系统。

高、多层建筑混合居住小区应采用分压给水系统，其中高层建筑部分给水系统应根据高层建筑的数量、分布、高度、性质、管理和安全等情况，经技术经济比较后确定采用分散、分片集中或集中调蓄增压给水系统。

3.3.4 城镇给水管网的水量、水压能满足小区给水要求时，应采用直接给水方式。城镇给水管网的水量、水压周期性或经常不足时，应根据城镇供水条件、小区规模和用水要求、技术经济、社会和环境效益等综合评价确定给水方式。

3.4 给水管道的布置与敷设

3.4.1 小区干管应布置成环网或与城镇给水管道连成环网，小区支管和接户管可布置成枝状。

3.4.2 小区干管宜沿用水量较大的地段布置，以最短距离向大用户供水。

3.4.3 给水管道宜与道路中心线或主要建筑物呈平行敷设，并尽量减少与其他管道的交叉。

3.4.4 给水管道与其他管道平行或交叉敷设的净距，应根据两种管道的类型、埋深、施工检修的相互影响、管道上附属构筑物的大小和当地有关规定等条件确定。一般可按本规范附录 A 采用。

3.4.5 给水管道与建筑物基础的水平净距：管径 100mm ~ 150mm 时，不宜小于 1.5m；管径 50mm ~ 75mm 时，不宜小于 1.0m。

3.4.6 生活给水管道与污水管道交叉时，给水管应敷设在污水管道上面，且不应有接口重叠；当给水管道敷设在污水管道下面时，给水管的接口离污水管的水平净距不宜小于 1.0m。

3.4.7 给水管道的埋设深度，应根据土壤的冰冻深度、外部荷载、管材强度与其他管道交叉等因素确定。

3.4.8 给水管道一般敷设在未经扰动的原状土层上；对于淤泥和其他承载力达不到要求的地基，应进行基础处理；敷设在基岩上时，应铺设砂垫层。

3.5 设计流量和管道水力计算

3.5.1 居住小区生活给水的最大小时流量，应按本规范 3.1.2、3.1.3、3.1.4 和 3.1.5 条确定。

3.5.2 居住小区中生活给水管道的设计流量按下列方法计算：

3.5.2.1 居住组团（人数 3000 人以内）范围内的生活给水管道，设计流量按其负担的卫生器具总数，以现行《建筑给水排水设计规范》的生活给水秒流量公式计算；

3.5.2.2 居住小区的生活给水干管，设计流量按本规范 3.5.1 的最大小时流量计算。

注：干管管径不得小于支管管径。

3.5.3 给水管道担负卫生器具设置标准不同的住宅时，生活给水管道设计秒流计算公式中的系数 $\alpha . k$ 值可取卫生器具当量数的加权平均值。

3.5.4 设有幼托、中小学校、菜场、浴室、饭店、旅馆、医院等用水量较大的公共建筑，在计算居住组团内的给水管道的设计流量时，应按现行《建筑给水排水设计规范》生活给水管道设计秒流量公式计算；在计算居住小区给水干管的设计流量时，应按上述建筑的最大小时流量计算，以集中流量计入。

3.5.5 生活给水管道上设有室外消火栓时，给水管道管径应按生活给水流量和消防给水流量之和进行校核。如采用低压给水系统，管道的压力应保证灭火时最不利点消火栓的水压从地面算起不低于 0.1MPa。

3.5.6 给水管网设有两条或两条以上与城镇给水管网连成环网时，应保证一条检修关闭，其余连接管仍然供应 70%的生活给水流量。生活与消防合并的给水管网还应计入消防流量。

3.5.7 给水管道的单位长度沿程水头损失，应按现行《室外给水设计规范》规定的公式计算。

3.5.8 给水管道的局部水头损失，除水表和止回阀等需单独计算外，可按管网沿程水头损失的 15% ~20%计算。

3.5.9 居住小区从城镇给水管网直接供水的给水管道的管径，应根据管道的设计流量，城镇给水管网能保证的最低水压和最不利配水点所需水压计算确定。

3.6 给水管道材料及附件

3.6.1 居住小区给水管道材料的选择，应根据供水水压、外部荷载、土壤性质、施工维护和材料供应等条件确定。管径小于等于 70mm，应采用镀锌钢管，管径大于 70mm，应采用承插式铸铁管。有条件时可采用自应力钢筋混凝土管、硬聚氯乙稀给水管。

3.6.2 埋地金属管，应根据选用管道材料、土壤性质、输送水的特性采用相应的内、外防腐措施。

3.6.3 居住小区给水管道在下列部位应设阀门：

3.6.3.1 小区干管从城镇给水管道接出处；

3.6.3.2 小区支管从小区干管接出处；

3.6.3.3 接户管从小区支管接出处；

3.6.3.4 环状管网需调节和检修处。

3.6.4 阀门应设在阀门井内。在寒冷地区的阀门井应采取保温防冻措施。在人行道，绿化地的阀门可采用阀门套筒。

3.6.5 在城镇消火栓保护不到的建筑区域，应设室外消火栓，消火栓设置要求应符合现行的《建筑设计防火规范》的规定。

3.6.6 居住小区公共绿地和道路需要洒水时，可设洒水栓，洒水栓的间距不宜大于80m。

3.7 水泵房、水池和水塔

3.7.1 水泵房位置宜靠近负荷中心，可独立建设也可与锅炉房或热力中心等公用动力站、房合建。

3.7.2 水泵房机组噪声对周围环境有影响时，应采取隔振消声措施。

3.7.3 泵房的供水流量应满足下列要求：

3.7.3.1 给水系统有水塔或高位水箱（池）时，应满足给水系统的最大小时流量；

3.7.3.2 给水系统无水塔或高位水箱（池）时，应满足给水系统管道的设计流量；

3.7.3.3 泵房负有消防给水任务时，同时应满足生活给水流量和消防给水流量要求。

3.7.4 水泵的杨程应满足最不利配水点所需水压。

3.7.5 水泵的选择、水泵机组的布置、水泵吸水管和出水管以及水泵房的设计要求，应按现行的《室外给水设计规范》有关规定执行。负有消防给水任务时，还应符合有关消防规范的规定。

3.7.6 水池的有效容积，应根据居住小区生活用水的调蓄贮水量、安全贮水量和消防贮水量确定。其中生活用水的调蓄贮水量无资料时，可按居住小区最高日用水量的20%～30%确定。

3.7.7 水池贮有消防水量时，应有确保消防用水不作它用的技术措施。

3.7.8 不允许间断供水的水池或有效容积超过1000m^3的水池，应分设两个或两格。两池（格）之间应设连通管，并按每个水池（格）单独工作要求配置管道和阀门。

3.7.9 水池的溢流管不得直接与排水道相通，应有空气隔断和防止污水倒流入池措施。

3.7.10 水塔和高位水箱（池）的有效容积，应根据居住小区生活用水的调蓄贮水量、安全贮水量和消防贮水量确定。其中生活用水调蓄贮水量无资料时，可按表3.7.10确定。

表3.7.10 水塔和高位水箱（池）生活用水的调蓄贮水量

居住小区最高日用水量（m^3）	<100	101～300	301～500	501～1000	1001～2000	2001～4000
调蓄贮水量占最高日用水量的百分数	30%～20%	20%～15%	15%～12%	15%～8%	8%～6%	6%～4%

3.7.11 水塔和高位水箱（池）最低水位的高程，应满足最不利配水点所需水压。

4 排 水

4.1 排 水 体 制

4.1.1 居住小区排水体制（分流制或合流制）的选择，应根据城镇排水体制、环境保护要求等因素综合比较确定。

4.1.2 新建居住小区下列情况宜采用分流制排水系统。

4.1.2.1 城镇排水系统为分流制（包括远期规划改造为分流制）；

4.1.2.2 小区或小区附近有合适的雨水排放水体；

4.1.2.3 小区远离城镇为独立的排水体系。

4.1.3 居住小区内的排水需进行中水回用时，应设分质、分流排水系统。

4.2 排 水 量

4.2.1 居住小区生活污水排水定额和水时变化系数与生活用水定额和小时变化系数相同，应按本规范3.1.2条规定确定。

4.2.2 居住小区内的公共建筑的生活污水排水定额和小时变化系数与生活用水定额和小时变化系数相同，应按本规范3.1.3条规定确定。

4.2.3 居住小区内生活污水的最大小时流量包括居民生活污水量和公共建筑生活污水量，生活污水的最大小时流量与生活用水量最大小时流量相同，应按本规范3.1.2条和3.1.3条计算确定。

4.2.4 居住小区内的雨水设计流量和设计暴雨强度的计算，应按现行的《室外排水设计规范》中公式计算确定。

4.2.5 小区内各种地面径流系数可按表4.2.5采用，小区内平均径流系数应按各种地面的面积加权平均计算确定。如资料不足，小区综合径流系数根据建筑稠密程度在0.5~0.8内选用。

表4.2.5 径流系数

地面种类	径流系数
各种屋面	0.9
混凝土和沥青路面	0.9
块石等铺砌路面	0.6
非铺砌路面	0.3
绿　地	0.15

4.2.6 雨水管渠的设计重现期，应根据地形条件和气象特点因素确定，居住小区宜选用0.5年~1.0年。

4.2.7 雨水管渠设计降雨历时，应按下列公式进行计算：

$$t = t_1 + mt_2 \tag{4.2.7}$$

式中 t——降雨历时（min）；

t_1——地面集水时间（min），视距离长短、地形坡度和地面铺盖情况而定，一般可选用5min~10min；

m——折减系数，小区支管和护户管：$m=1$，小区干管：暗管 $m=2$；明渠 $m=1.2$；

t_2——管内雨水流行时间（min）。

4.2.8 居住小区中合流制管道的设计流量为生活污水量和雨水量之和。生活污水量可取平均日污水量（l/s）；雨水量计算时设计重现期宜高于同一情况下分流制的雨水管道设计重现期。

4.3 排水管道的布置与敷设

4.3.1 排水管道的布置应根据小区总体规划、道路和建筑的布置、地形标高、污雨水去向等按管线短、埋深小，尽量自流排出的原则确定。

4.3.2 排水管道宜沿道路和建筑物的周边呈平行敷设，并尽量减少相互间以及与其他管线间的交叉。污水管道与生活给水管道相交时，应敷设在给水管道下面。

4.3.3 排水管道敷设时，相互间以及与其他管线间的水平和垂直净距离应根据两种管道的类型、埋深、施工检修的相互影响、管道上附属构筑物的大小和当地有关规定等因素确定。一般可按本规范附录 A 采用。

4.3.4 排水管道与建筑物基础的水平净距当管道埋深浅于基础时应不小于 1.5m；当管道埋深深于基础时应不小于 2.5m。

4.3.5 排水管道转弯和交接处，水流转角应不小于 90°，当管径小于等于 300mm，且跌水水头大于 0.3m 时可不受此限制。

4.3.6 各种不同直径的排水管道在检查井中的连接宜采用管顶平接。

4.3.7 排水管道的管顶最小覆土厚度应根据外部荷载、管材强度和土壤冰冻因素，结合当地埋管经验确定。在车行道下不宜小于 0.7m，如小于 0.7m 时应采取保护管道防止受压破损的技术措施。当管道不受冰冻和外部荷载影响时，最小覆土厚度不宜小于 0.3m。

4.3.8 冰冻层内排水管道的埋设深度，应按现行的《室外排水设计规范》有关规定确定。

4.3.9 排水管道的接口应根据管道材料、连接形式、排水性质、地下水位和地质条件等确定。

4.3.10 排水管道的基础应根据地质条件、布置位置、施工条件和地下水位等因素确定。一般可按下列规定选择：

4.3.10.1 干燥密实的土层、管道不在车行道下、地下水位低于管底标高且非几种管道合槽施工时，可采用素土（或灰土）基础，但接口处必须做混凝土枕基；

4.3.10.2 岩石和多石地层采用砂垫层基础，砂垫层厚度不宜小于 200mm，接口处应做混凝土枕基；

4.3.10.3 一般土壤或各种潮湿土壤，应根据具体情况采用 90°～180°混凝土滞状基础；

4.3.10.4 如果施工超挖，地基松软或不均匀沉降地段，管道基础和地基应采取加固措施。

4.4 排水管道水力计算

4.4.1 排水管道的水力计算，应按下列公式进行：

4.4.1.1 流量公式

$$Q = A \cdot V \tag{4.4.1-1}$$

式中 Q——流量（m^3/s）；

A——过水断面面积（m^2）；

V——流速（m/s）。

4.4.1.2 流速公式

$$V = \frac{1}{n} \cdot R^{2/3} \cdot I^{1/2} \tag{4.4.1-2}$$

式中　R——水力半径（m）；

I——水力坡度，采用管道坡度；

n——粗糙系数，铸铁管为0.013；混凝土管和钢筋混凝土管为0.013～0.014。

4.4.2　污水管道的设计流量应按最大小时污水量进行计算。小区内居民生活污水最大小时流量应按本规范4.2.1条和4.2.3条计算确定。小区内公共建筑生活污水最大小时流量应按本规范4.2.2条和4.2.3条计算确定，并按集中流量计入。

4.4.3　雨水管道和合流管道的设计流量应分别按本规范4.2.4条和4.2.8条计算确定。

4.4.4　雨水管道和合流管道应按满流计算。污水管道应按非满流计算，最大设计充满度可按表4.4.4采用。

表4.4.4　污水管道最大设计充满度

管径（mm）	最大设计充满度
150～300	0.55
350～450	0.65
≥500	0.70

4.4.5　排水管道的最大设计流速；金属管不得超过10m/s；非金属管不得超过5m/s。

4.4.6　排水管道的最小设计流速，雨水管和合流管道在满流时为0.75m/s；污水管道在设计充满度下为0.60m/s。

4.4.7　排水管道的管径经水力计算小于表4.4.7最小管径时应选用最小管径。居住小区内排水管道的最小管径和最小设计坡度宜按表4.4.7采用。

表4.4.7　最小管径和最小设计坡度

管别		位置	最小管径（mm）	最小设计坡度
污水管道	接户管	建筑物周围	150	0.007
	支管	组团内道路下	200	0.004
	干管	小区道路、市政道路下	300	0.003
雨水管和合流管道	接户管	建筑物周围	200	0.004
	支管及干管	小区道路、市政道路下	300	0.003
雨水连接管			200	0.01

注：① 污水管道接户管最小管径150mm服务人口不宜超过250人（70户），超过250人（70户），最小管径宜用200mm；

② 进化粪池前污水管最小设计坡度，管径150mm为0.010～0.012管径200mm为0.010。

4.4.8　排水接户管管径不应小于建筑物的排出管管径，排水管道下游管段管径不宜小于上游管段管径。

4.5　排水管材、检查井、雨水口

4.5.1　排水管道管材应就地取材，采用混凝土管、钢筋混凝土管。穿越管沟、过河等特殊地段或承压的管段可采用钢管和铸铁管。

4.5.2　输送腐蚀性污水的管道必须采用耐腐蚀的管材，其接口及附属构筑物也必须采取防腐措施。

4.5.3　排水管道与室外排出管连接处，管道交汇、转弯、跌水、管径或坡度改变处，以及直线管段上每隔一定距离处，应设检查井。

居住小区内直线管段上检查井的最大距离可按表 4.5.3 确定。

表 4.5.3 检查井最大间距

管径（mm）	最大间距（m）	
	污水管道	雨水管和合流管道
150	20	—
200～300	30	30
400	30	40
≥500	—	50

4.5.4 检查井的内径尺寸和构造要求应根据管径、埋深、地面荷载、便于养护检修并结合当地实际经验确定。排水接户管埋深小于 1m 时宜采用小井径检查井。

4.5.5 排水检查井井底应设流槽。

4.5.6 小区内雨水口的布置应根据地形，建筑物和道路的布置等因素确定。在道路交汇处、建筑物单元出入口附近、建筑物雨落管附近以及建筑前后空地和绿地的低洼点等处，宜布置雨水口。

4.5.7 雨水口的数量应根据雨水口形式、布置位置、汇集流量和雨水口的泄水能力计算确定。

4.5.8 雨水口沿街道布置间距宜为 20m～40m。雨水口连接管长度不宜超过 25m。

4.5.9 平篦雨水口篦口设置宜低于路面 30mm～40mm，在土地面上时宜低 50mm～60mm。

4.5.10 雨水口的深度不宜大于 1m，泥砂量大的地区可根据需要设置沉泥槽。有冻胀影响地区的雨水口深度可根据当地经验确定。

4.6 排 水 泵 房

4.6.1 排水泵房宜建成单独建筑物，污水泵房与居住建筑和公共建筑应有一定距离，水泵机组噪声对周围环境有影响时应采取消声、隔振措施，泵房周围应绿化。

4.6.2 雨水泵房机组的设计流量可取与泵房进水管道的设计流量相同。污水泵房机组的设计流量可按最大小时流量计算。

4.6.3 泵房内水泵的选择，机组的布置、水泵吸水管、压水管及集水池等的设计要求应按现行《室外排水设计规范》有关规定执行。

4.7 污 水 处 理

4.7.1 居住小区的污水排放，应符合现行的《污水排放城市下水道水质标准》和《污水综合排放标准》规定的要求。

4.7.2 居住小区污水处理设施的建设，应由城镇排水总体规划统筹确定。

4.7.3 城镇已建成或已规划城镇污水处理厂，小区的污水能排入污水处理厂服务区内的污水管道，小区内不应再设置污水处理设施。

4.7.4 新建居住小区若远离城镇或其他原因，污水无法排入城镇污水管道，小区内应按现行《污水综合排放标准》的要求设污水处理设施、污水经处理后方许排放。

4.7.5 城镇未建污水处理厂，小区内污水是否允许采用化粪池作为分散或过渡性处理设施，应按当地有关规定执行。

4.7.6 居住小区内设置化粪池时，采用分散还是集中布置，应根据小区建筑物布置、地形坡度、基地投资、运行管理和用地条件等综合比较确定。

附录 A　地下管线（构筑物）间最小净距

种类 \ 净距(m) \ 种类	给水管		污水管		雨水管	
	水平	垂直	水平	垂直	水平	垂直
给水管	0.5～1.0	0.1～0.15	0.8～1.5	0.1～0.15	0.8～1.5	0.1～0.15
污水管	0.8～1.5	0.1～0.15	0.8～1.5	0.1～0.15	0.8～1.5	0.1～0.15
雨水管	0.8～1.5	0.1～0.15	0.8～1.5	0.1～0.15	0.8～1.5	0.1～0.15
低压煤气管	0.5～1.0	0.1～0.15	1.0	0.1～0.15	1.0	0.1～0.15
直埋式热水管	1.0	0.1～0.15	1.0	0.1～0.15	1.0	0.1～0.15
热力管沟	0.5～1.0		1.0		1.0	
乔木中心	1.0		1.5		1.5	
电力电缆	1.0	直埋 0.5 穿管 0.25	1.0	直埋 0.5 穿管 0.25	1.0	直埋 0.5 穿管 0.25
通讯电缆	1.0	直埋 0.5 穿管 0.15	1.0	直埋 0.5 穿管 0.15	1.0	直埋 0.5 穿管 0.15
通讯及照明电焊	0.5		1.0		1.0	

注：净距指管外壁距离，管道交叉设套管时指套管外壁距离，直埋式热力管指保温管壳外壁距离。

附录 B　本规范用词说明

B.0.1　执行本规范条文时，对于要求严格程度的用词说明如下，以便在执行中区别对待。

B.0.1.1　表示很严格，非这样作不可的用词：

正面用词采用“必须”；

反面用词采用“严禁”。

B.0.1.2　表示严格，在正常情况下均应这样作的用词：

正面用词采用“应”；

反面用词采用“不应”或“不得”。

B.0.1.3　表示允许稍有选择，在条件许可时首先这样作的用词：

正面用词采用“宜”或“可”；

反面用词采用“不宜”。

B.0.2　条文中指明必须按其他有关标准和规范执行的写法为“应按……执行”或“应符合……要求或规定”；非必须按所指定的标准和规范执行的写法为“可参照……”。

附加说明：

本规范主编单位、审查单位及参加单位和主要起草人名单

主 编 单 位： 南京建筑工程学院

参 加 单 位： 同济大学

江苏省建筑设计院

南京市市政工程设计院

杭州市建筑设计院

主要起草人： 周虎城、钱维生、陈松华、王阿华、沈兆基。

审 查 单 位： 建筑给水排水委员会。

中国工程建设标准化协会标准

农村给水设计规范

CECS 82:96

主编单位：北京市市政设计研究院研究所
批准单位：中国工程建设标准化协会
批准日期：1996年5月30日

前　言

现批准《农村给水设计规范》CECS82:96为中国工程建设标准化协会标准，推荐给各有关单位使用。在使用过程中，请将意见及有关资料寄交北京市平安里大帽胡同26号，北京市市政设计研究院研究所（邮政编码：100035），以便修订时参考。

中国工程建设标准化协会

1996年5月30日

目 次

1 总则 …… 2054
2 用水量、水质和水压 …… 2054
3 给水系统 …… 2055
4 水源 …… 2058
5 取水构筑物 …… 2060
6 设计规模 …… 2061
7 水泵与泵房 …… 2062
8 输配水 …… 2063
9 调节构筑物 …… 2065
10 水厂总体设计 …… 2067
11 水的净化 …… 2068
12 地下水特殊净化和深度净化 …… 2077
13 分散式给水 …… 2081
附录 A 本规范用词说明 …… 2082
附加说明 …… 2083

1 总　则

1.0.1 为指导我国农村给水工程建设，使农村给水工程设计科学化、规范化，确保供水的水质、水量，提高人民身体健康水平和促进农村的社会和经济发展，特制定本规范。

1.0.2 本规范适用于集镇、中心村、基层村的新建、扩建和改建的永久性室外给水工程设计和独立的乡镇企业永久性室外给水工程设计，包括集中式给水工程与分散式给水工程。

1.0.3 农村给水工程设计必须从农村的实际情况出发，因地制宜，根据农村的经济水平的管理水平，选择适宜技术，力求简单可靠，经济合理、操作维修简便。

1.0.4 农村给水工程规划应服从当地乡镇的总体规划。以近期为主，近、远期结合。合理利用用水资源，优先保证优质水源供生活饮用。

设计年限，以15a至20a为宜，并应依据本地区发展规划、经济状况和水量需求，统一规划设计，可分期实施建设。

1.0.5 农村给水工程设计中优先采用符合本规范的标准设计、标准设备。若采用新技术、新工艺、新设备和新材料，必须经过工程实践和技术鉴定。

1.0.6 在地震、湿陷性黄土、多年冻土以及其他特殊地质构造地区进行农村给水工程设计，尚应按现行的有关规范的规定执行。

1.0.7 农村给水工程设计，除应执行本规范外，尚应符合国家现行的标准和规范的规定。

2 用水量、水质和水压

2.1 用　水　量

2.1.1 农村给水工程设计供水能力，即最高日的用水量应包括下列水量：

2.1.1.1 生活用水量；

2.1.1.2 乡镇工业用水量；

2.1.1.3 畜禽饲养用水量；

2.1.1.4 公共建筑用水量；

2.1.1.5 消防用水量；

2.1.1.6 其他用水量。

2.1.2 生活用水量可按照表2.1.2中所规定的用水规定额计算。当实际生活用水量与表2.1.2有较大出入时，可按当地生活用水量统计资料适当增减。

2.1.3 乡镇工业用水量应依据有关行业、不同工艺现行用水定额，也可按照表2.1.3的规定计算。当用水量与表2.1.3有较大出入时，可按当地用水量统计资料，经主管部门批准，适当增减用水定额。

2.1.4 畜禽饲养用水量可按表2.1.4计算。表2.1.4中的用水定额未包括卫生清扫用水。

表 2.1.2 农村生活用水定额

给水设备类型	社区类别	最高日用水量（L/人·d）	时变化系数
从集中给水龙头取水	村 庄	20~50	3.5~2.0
	镇 区	20~60	2.5~2.0
户内有给水龙头无卫生设备	村 庄	30~70	3.0~1.8
	镇 区	40~90	2.0~1.8
户内有给水排水卫生设备无淋浴设备	村 庄	40~100	2.5~1.5
	镇 区	85~130	1.8~1.5
户内有给水排水卫生设备和淋浴设备	村 庄	130~190	2.0~1.4
	镇 区	130~190	1.7~1.4
注：采用定时给水的时变化系数应取 5.0~3.2。			

表 2.1.3 各类乡镇工业生产用水定额

工业类别	用水定额
榨 油	6~30m^3/t
豆制品加工	5~15m^3/t
制 糖	15~30m^3/t
罐头加工	10~40m^3/t
酿 酒	20~50m^3/t
制 砖	7~12m^3/万块
屠 宰	0.3~1.5m^3/头
制 革	0.3~1.5m^3/张
制 茶	0.2~0.5m^3/担

表 2.1.4 主要畜禽饲养用水定额

畜禽类别	用 水 定 额
马	40~50L/(头·d)
牛	50~120L/(头·d)
猪	20~90L/(头·d)
羊	5~10L/(头·d)
鸡	0.5~1.0L/(只·d)
鸭	1.0~2.0L/(只·d)

2.1.5 公共建筑用水量，应按现行的《建筑给水排水设计规范》的 GBJ 15 规定执行，也可按生活用水量的 8%~25%计算。

2.1.6 消防用水量应按现行的《村镇建筑设计防火规范》GBJ 39 的规定执行。允许短时间断给水的集镇和村庄，在计算供水能力时，可不单列消防用水量，但供水能力必须高于消防用水量。设计配水管网时，应按规定设置消火栓。

2.1.7 未预见水量及管网漏失水量可按最高日用水量的 15%~25%合并计算。

2.2 水 质

2.2.1 生活饮用水的水质，应按《农村实施“生活饮用水卫生标准”准则》中的规定执行。

2.3 水 压

2.3.1 给水干管最不利点的最小服务水头，单层建筑可按 5~10m 计算，建筑每增加一层，水头应增加 3.5m。

3 给 水 系 统

3.1 给水系统的分类与选择

3.1.1 农村给水系统可分为集中式给水系统与分散式给水系统。设计时应根据当地的村镇规划、地形、地质、水源、用水要求、经济条件、技术水平、电源条件，综合考虑进行方案比较后确定。

3.1.2 集中式给水系统，设计时可根据当地情况，选择城市给水管网延伸给水系统，适度规模的全区域统一给水系统，多水源给水系统，分压式给水系统以及村级独立给水系统。

3.1.3 分散式给水系统，设计时可选择深井手动泵给水系统或雨水收集给水系统。

3.2 常用工艺流程

3.2.1 以地下水为水源的集中式农村给水工艺流程系统：

3.2.1.1 自流系统

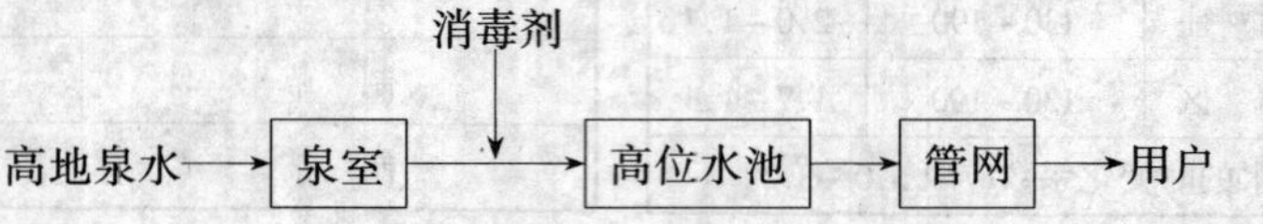

3.2.1.2 抽升系统

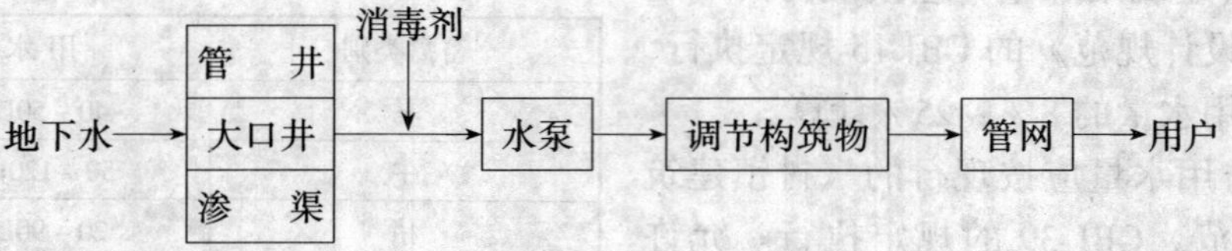

3.2.1.3 铁、锰超标的给水系统

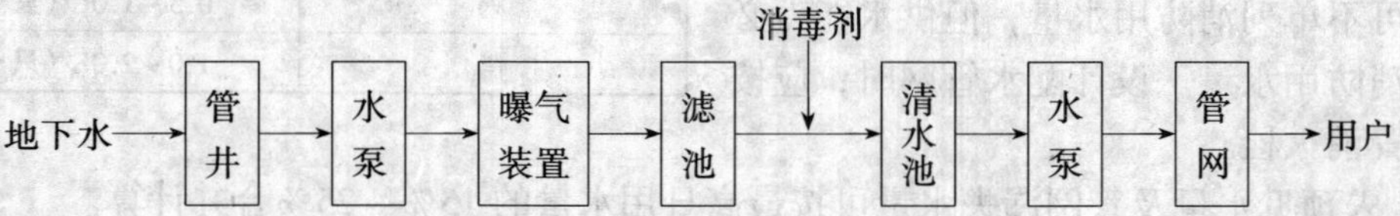

3.2.1.4 氟超标的给水系统

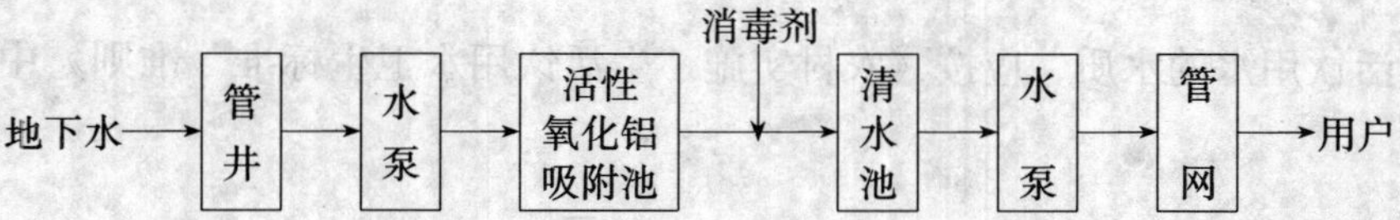

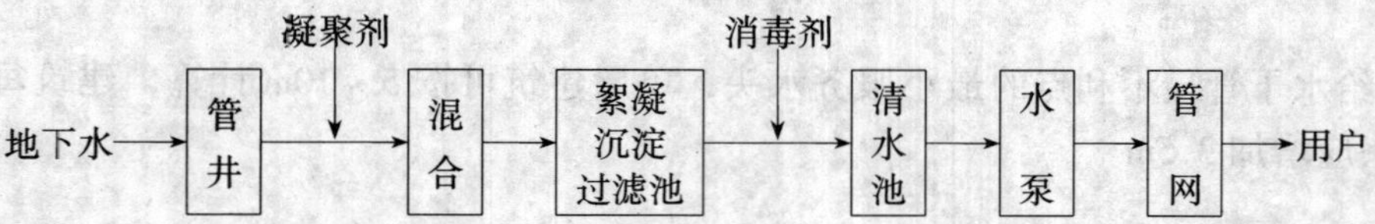

3.2.2 以地表水为水源的集中式农村给水工艺流程系统：

3.2.2.1 原水浑浊度长期不超过20度、瞬时不超过60度的地表水系统：

(1)

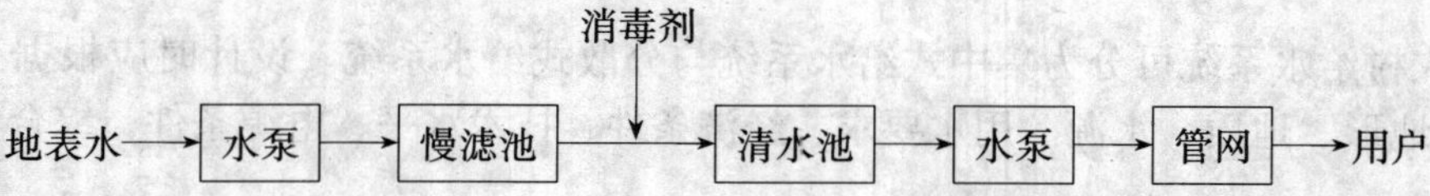

（2）

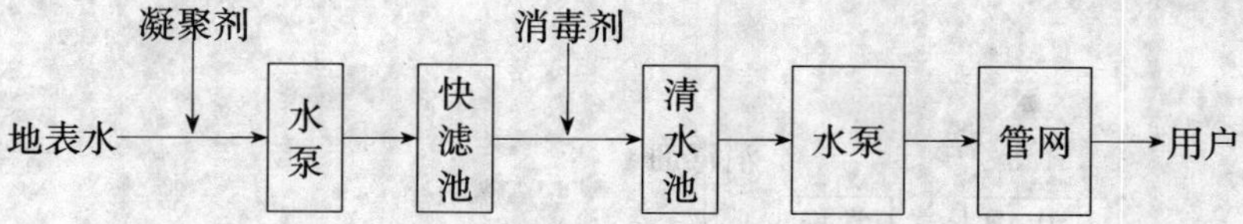

（3）

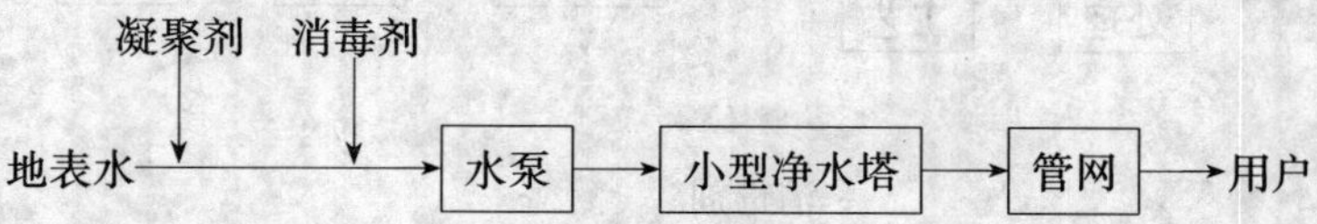

注：小型净水塔为压力滤池与塔合建的构筑物。

3.2.2.2 原水浑浊度长期不超过500度，瞬时不超过1000度的地表水给水系统：

（1）

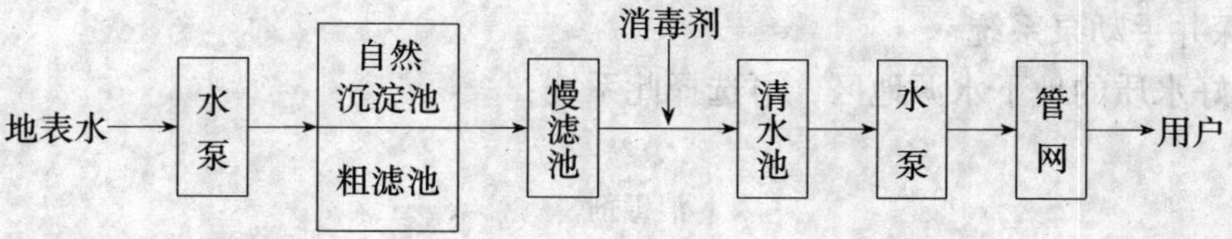

（2）

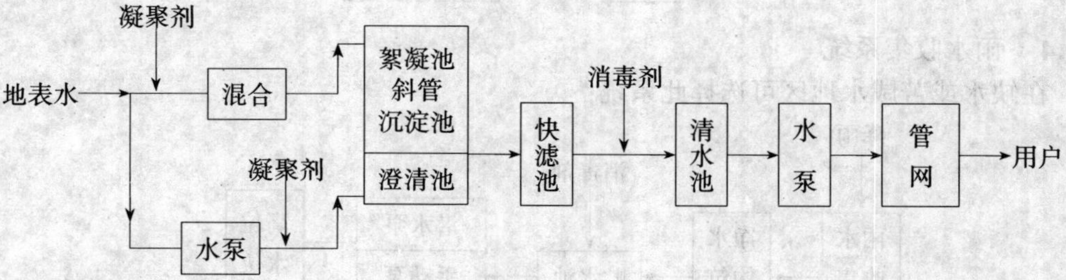

（3）

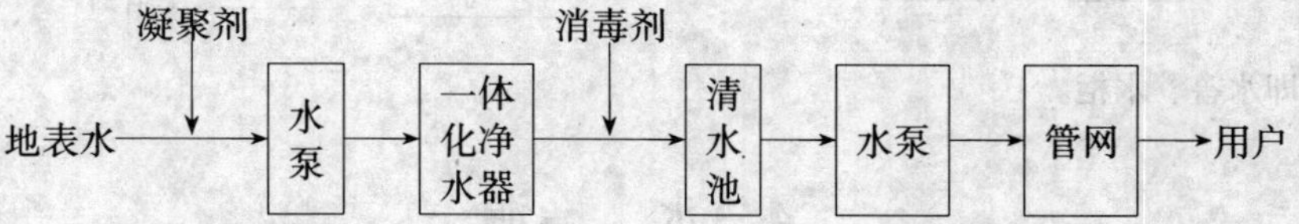

3.2.2.3 原水浑浊度经常超过500度，瞬时超过5000度的地表水给水系统：

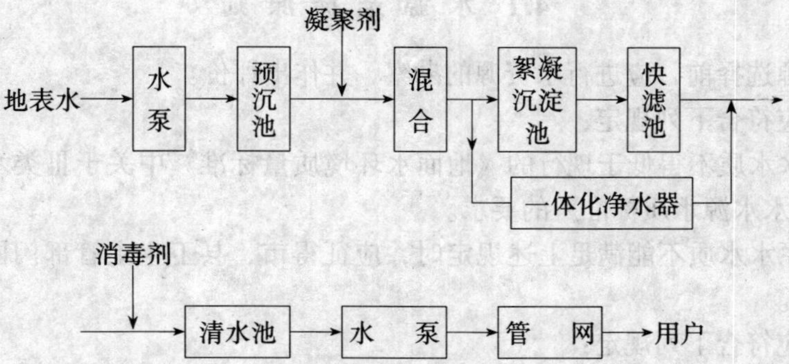

3.2.2.4 微污染的地表水给水系统：

（1）

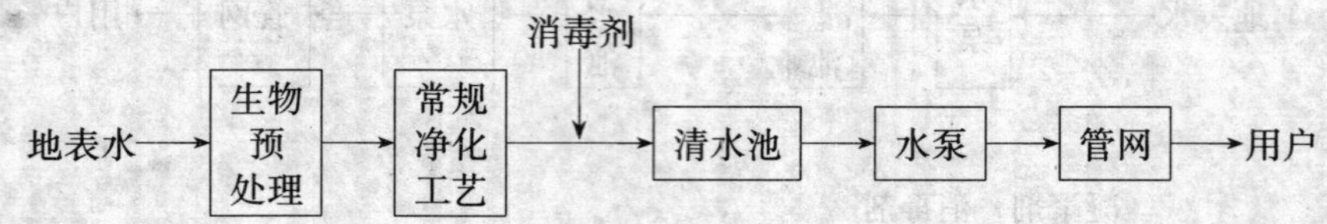

（2）

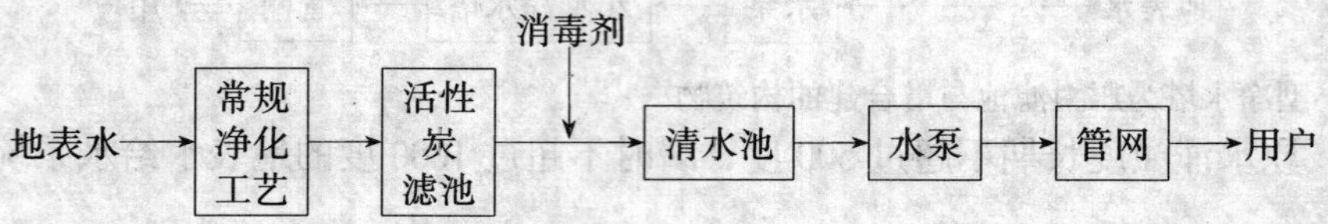

3.2.3 深井手动泵系统

有良好水质的地下水源地区，可选择此系统：

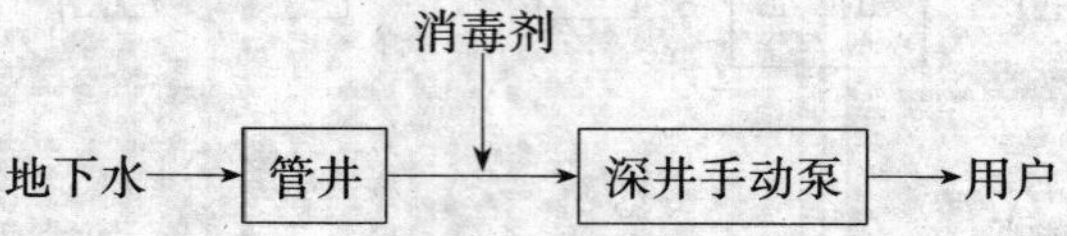

3.2.4 雨水收集系统

在缺水或苦咸水地区可选择此系统：

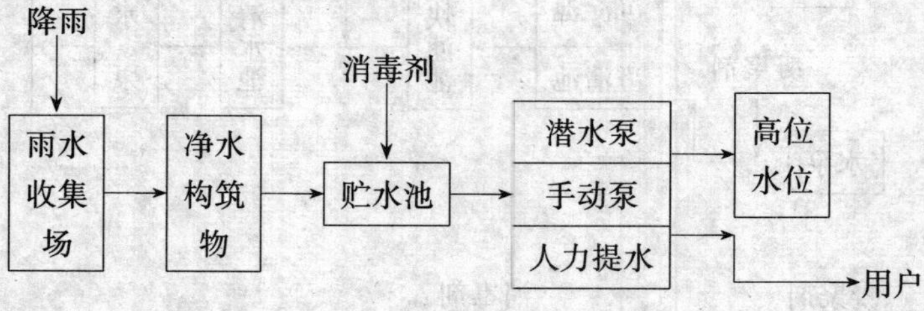

注：贮水池即水窖、水柜。

4 水　源

4.1 水源选择原则

4.1.1 在水源选择前，应进行水资源的勘察，并作出评价。

4.1.2 水质应符合下列规定：

4.1.2.1 原水水质不得低于现行的《地面水环境质量标准》中关于Ⅲ类水域水质的规定或《生活饮用水水源水质标准》的要求。

4.1.2.2 当原水水质不能满足上述规定时，应征得市、县卫生主管部门同意，并采取必要的净化方法。

4.1.3 水量应符合下列规定：

选择地下水为水源时，其取水量应低于允许开采的水量；选择地表水为水源时，其枯水期的保证率不得低于90%。

4.1.4 应按照优质水源优先供生活饮用的原则，统一规划、合理布局，做好水源的卫生防护。协调与农田灌溉、工业、养殖业等关系，合理利用水资源。

4.1.5 应优先选择水质符合国家有关标准规定的地下水为水源，对多个可供选择的水源，应进行技术经济比较，择优确定。

4.2 水源选择的一般顺序

4.2.1 地下水源为泉水；承压水（深层地下水）；潜水（浅层地下水）。

4.2.2 地表水源为水库水；山溪水；湖泊水；河水。

4.2.3 便于开采的尚需适当处理方可饮用的地下水，如水中所含铁、锰、氟等化学成份超过生活饮用水水质标准的地下水。

4.2.4 需进行深度处理的地表水。

4.2.5 淡水资源匮乏地区，可修建雨水收集系统，直接收集雨水作为分散式给水水源。

4.3 水源的卫生防护

4.3.1 农村生活饮用水的水源，应按照现行的有关标准中的规定，做好水源卫生防护。

4.3.2 地下水水源的卫生防护应符合下列规定：

4.3.2.1 取水构筑物的卫生防护范围应根据水文地质条件、取水构筑物的型式和附近地区的卫生状况确定。在防护地带及水厂生产区应设置固定的标志，在水厂生产区外围10m范围内，不得设置生活居住区、禽畜饲养场、渗水厕所、渗水坑；不得堆放垃圾、粪便、废渣或铺设污水管道；并应保持良好的卫生状况。

4.3.2.2 水源周围含水层的防护，在井的影响半径范围内，不得使用工业废水或生活污水灌溉和施用持久性或剧毒性的农药，不得修建渗水厕所、渗水坑、堆放废渣或铺设污水管道，不得从事破坏深层土壤的活动。

粉砂含水层井的周围25~30m，砾砂含水层井的周围400~500m为防护区。

4.3.2.3 分散式供水的水源井周围20~30m范围内，不得设置厕所、渗水坑、粪坑、垃圾堆和废渣堆等污染源，并建立卫生检查制度。

4.3.3 地表水水源的卫生防护应符合下列规定：

4.3.3.1 在取水点周围100m的水域内，严禁捕捞、停靠船只、游泳等任何活动，应设有明显的标志和严禁事项的告示牌。

4.3.3.2 取水点上游1000m至下游100m的水域内，不得排放工业废水和生活污水；其沿岸防护范围内，不得堆放废渣，不得设立有害化学物品仓库、堆栈或装卸垃圾、粪便和有毒物品的码头，不得使用工业废水和生活污水灌溉农田及施用有持久性或剧毒的农药，不应从事放养畜禽等活动。

4.3.3.3 供生活饮用的水库和湖泊，应视具体情况，将取水点周围部分水域或整个水域及沿岸划为卫生防护地带，其防护措施与上述要求相同。

4.3.3.4 水厂生产区或单独设立的泵房、沉淀池和清水池外围距10m的范围内，不得设置生活居住区和修建禽畜饲养场、渗水厕所、渗水坑；不得堆放垃圾、粪便、废渣或铺设污水渠道。保持良好的卫生状况并注意绿化。

5 取水构筑物

5.1 地下水取水构筑物

5.1.1 地下水取水构筑物的位置，应根据水文地质条件选择，并应符合下列规定：

5.1.1.1 位于地质条件良好，不易受污染的富水地段；

5.1.1.2 靠近主要用水地区；

5.1.1.3 按照地下水流向，在村镇的上游地区；

5.1.1.4 施工、运行和维修方便。

5.1.2 地下水取水构筑物型式与适用条件，应根据水文地质条件通过技术经济比较确定。

5.1.2.1 管井：适用于厚度大于5m，其底板埋藏深度大于15m的含水层。井壁管管径宜为150～500m，井深宜在200m以内。

5.1.2.2 大口井：应就地取材，用砖、石等砌筑。适用于厚度5～10m，其底板埋藏深度小于20m的含水层。井径宜小于8m，井深为5～15m。

5.1.2.3 渗渠：主要用于集取浅层地下水、河流渗透水和潜流水。适用于埋藏较浅（小于5m），厚度较薄（4～6m）的中砂、粗砂、砾石或卵石含水层。集水管渠断面宜按流速0.5～0.8m/s，充满度0.4计算，内径应不小于200mm；需进行清理的渗渠，渠底宽应不小于600m。渗渠外侧应作反滤层。

5.1.2.4 泉室：容积大小，视泉水量和用水量确定，可按最高日用水量25%～50%计算。

5.1.3 地下水取水构筑的设计，应符合下列规定：

5.1.3.1 有防止地面污水和非取水层水渗入的措施；

5.1.3.2 过滤器有良好的进水条件，结构坚固，抗腐蚀性强，不易堵塞。

5.1.3.3 大口井、渗渠和泉室应有通气措施；

5.1.3.4 有测量水位的装置。

5.2 地表水取水构筑物

5.2.1 地表水取水构筑物位置的选择，应根据下列要求，通过技术经济比较确定；

5.2.1.1 位于水质较好的地带；

5.2.1.2 靠近主流，有足够的水深，有稳定的河床岸边，有良好的工程地质条件；

5.2.1.3 供生活饮用水的地表水取水构筑物的位置，应位于村、镇上游的清洁河段，并靠近主要用水地区。

5.2.2 地表水取水构筑物按其构造，可分为固定式（岸边式、河床式、斗槽式）和活动式（浮船式、缆车式），低坝式及底栏栅式取水构筑物。

5.2.2.1 岸边式取水：可用于潜水泵直接取水。凡河岸较陡，岸边具有足够水深，水位变化较小且地质条件较好的地方，均可采用水泵的吸水管与取水头部相连接，伸入河中即可取水，也可靠水泵吸水管直接取水。

5.2.2.2 河床式取水：当河岸较平坦，枯水期主流离岸较远，岸边水深不足或水质不好，而江（河）心有足够水深或水质较好时，由取水头部、进水管与岸边水泵吸水管连接，从河床中取水。

5.2.2.3 浮船式取水：当河流水位变化幅度大、枯水期水深大于1m；水深平稳、停泊条件较好且冬季无冰凌，可采用取水头部与水泵均装设在浮船上，组成浮船式取水构筑物，由水泵出水管向岸上供水。

5.2.2.4 低坝式和底栏栅式取水：适用于从水深较浅的山溪中取水。其中，低坝式取水构筑物，适用于推移质不多的山区浅水河流；底栏栅式取水构筑物，适用于大颗粒推移质较多的山区浅水河流。

5.2.3 取水构筑物的设计最高水位，除日供水能力1000m^3以下小型给水系统按50a一遇最高洪水位确定外，其余均应按100a一遇最高洪水位确定。

设计枯水位的保证率，须根据水源情况和供水重要性确定，应不小于90%。

5.2.4 取水头部设计要求

5.2.4.1 取水头部在河床中的位置：侧面进水孔下缘一般距河床底部的距离应不小于0.5m；顶部的进水孔，应高于河床底部1.0~1.5m。从湖泊水库取水，距离（湖）底，不应小于1.0m。

5.2.4.2 进水孔流速：河床式取水头部进水孔流速，有冰凌时采用0.1~0.3m/s；无冰凌时，采用0.2~0.6m/s；岸边式取水头部进水孔流速，有冰凌时采用0.2~0.6m/s；无冰凌时采用0.4~1.0m/s。

5.2.4.3 格栅间隙与孔口直径：格栅间隙应采用10~30mm，孔口直径应采用10~20mm，总开孔（隙）面积，可参照本规范5.2.4.2中的允许流速计算。

5.2.4.4 进水管：农村给水工程中，当取水头部与水泵吸水管相连接时，进水管管径可按水泵吸水管流速计算。

6 设 计 规 模

6.1 一 般 规 定

6.1.1 设计规模应根据供水范围内的最高日用水量（单位以m^3/d表示），供水范围，设计年限，用水人口及各种用水定额确定。

6.1.2 最高日用水量包括：最高日生活用水量、乡镇工业用水量、饲养畜禽最高日用水量、公共建筑最高日用水量、消防用水量、未预见水量、管网漏失量。

6.1.3 设计年限可按15~20a计算。供水范围较大、经济条件较好、给水系统较为复杂的工程宜取高值。

6.1.4 用水人口为设计年限末的规划人口，应按下式计算：

$$P = P_0(1 + a)^n + P_1 \tag{6.1.4}$$

式中 P——设计用水人口总数（人）；

P_0——现状人口总数（人）；

a——年人口自然增长率（%）；

n——设计年限（a）；

P_1——设计年限内人口的机械增长数（人）。

6.1.5 消防水量参照本规范第2.1.6条规定执行。

6.1.6 未预见水量及管网漏失量，可按最高日生活用水量、乡镇工业用水量、饲养畜禽最高日用水量、公共建筑最高日用水量之和的15%～25%计算。

6.2 设计流量

6.2.1 取水构筑物与取水泵房的设计流量，一般可按最高日工作时用水量计算。24h连续工作，则可按最高日平均时用水量计算，并应考虑以地表水为水源水厂的自用水量（宜按最高日用水量5%～10%计算）；只经消毒即直接供水入配水管网的给水系统，则应按最高日最高时用水量计算。

6.2.2 净水厂中设置清水池，其净水构筑物设计流量，应按最高日工作时用水量计算；24h连续工作，应按最高日平均时用水量计算，均应考虑水厂自用水量。

6.2.3 净水厂在输水管终端，输水管的设计流量，可按最高日工作时用水量加水厂自用水量计算。净水厂在输水管网前端，管网设置前置水塔或高位水池时，输水管设计流量，可按最高日工作时用水量计算；无调节构筑物，直接向配水管网输水时，输水管设计流量，应按最高日最高时用水量计算。

6.2.4 配水泵房的设计流量。当管网中设有调节构筑物时，可按最高日工作时用水量计算；无调节构筑物时，应按最高日最高时用水量计算。

6.2.5 配水管网的设计流量，应按最高日最高时用水量计算。

6.2.6 不允许短时间间断供水的给水系统，以上各设计流量还应加上消防用水量。

7 水泵与泵房

7.1 水泵选择

7.1.1 选择工作水泵的型号及台数时，应根据水量变化、水压要求、调节池容积、机组效率以及备用要求等条件综合确定。取水泵的设计水量，可按最高日工作时用水量计算，并应考虑水厂自用水量。配水泵的扬程应满足最不利配水点或消火栓所需压力，配水泵的设计水量，当管网设置调节构筑物时，按最高日工作时用水量计算；无调节构筑物时，应按最高日最高时用水量计算。当水泵兼有取、配水功能时，应按配水泵设计流量计算。

7.2 泵房布置

7.2.1 泵房应根据水泵布置设计成圆形或矩形，当选用潜水泵时，无须修建泵房。

7.2.2 应按照泵房布置和结构特点设计成地面式泵房或半地下式泵房，宜采用自灌充水。

7.2.3 泵房不宜修建过大，应以泵房内设备的安装、操作方便与安全合理为原则，按以下要求设计：

7.2.3.1 选择水泵宜考虑大小水泵的搭配，台数不宜过多。

7.2.3.2 泵房宜设一至二台备用水泵，备用水泵型号至少一台应与工作水泵中的大泵一致。

7.2.3.3 配电盘与水泵机组（或气压罐、窗户）之间，应根据泵房大小，保持一定的距离。配电盘前面的通道宽度不应小于1.5m。

7.2.3.4 相邻两台水泵机组之间的净距离应不小于0.8m，水泵机组与墙壁间的距离应不小于0.5m；如泵房内安装气压罐，气压罐距墙的距离应不小于0.5m；电接点压力表应引至墙壁上，以免振动。

7.2.4 泵房内水泵的吸水管流速按0.8~1.2m/s，出水管的流速按1.5~2.0m/s计算。

7.2.5 泵房出水总干管上应安装计量装置。

7.2.6 附属设备

7.2.6.1 深井泵泵房：在井口上方屋顶处，应开设吊装孔，以便拆装泵管。

7.2.6.2 泵房内应设排水沟、集水井，严禁将水泵或气压罐等设备的散水回流井内或吸水池内。

7.2.6.3 泵房至少应有一个可以搬运最大设备的门。

7.2.6.4 泵房设计应根据具体情况采用相应的采光、通风设施。

7.2.6.5 当泵房内水泵向高地输水时，应在出水总管上设置停泵水锤消除装置。

7.2.6.6 北方寒冷地区的泵房，应考虑冬季保温与采暖措施。

8 输 配 水

8.0.1 输水管线选择的一般原则：

8.0.1.1 应选择最短线路；

8.0.1.2 减少拆迁、少占农田；

8.0.1.3 管渠的施工、运行、维修方便；

8.0.1.4 应充分利用地形条件，优先考虑重力流输水；

8.0.1.5 应尽量减少穿越铁路、公路、河流等障碍物；

8.0.1.6 应与当地规划结合，考虑近远期结合和分步实施的可能。

8.0.2 输水管道设计流量，应按本规范6.2.3条规定执行。

8.0.3 长距离输配水管道，应在隆起点和低凹处分别设置排（进）气阀和泄水阀。地下管道排（进）气阀应设置在井内。泄水管直径约为输水管直径的1/3左右。

8.0.4 重力输水管道，地形高差超过40m，应在适当位置设置跌水井或减压井，以保证供水安全。

8.0.5 农村水厂输水管线，可考虑单管输水。若输水距离较远，可在靠近水厂处修建安全贮水池。

8.0.6 配水管网选择和布置的原则：

8.0.6.1 尽量缩短管线长度并遍布整个供水区，保证用户有足够的水量和水压；

8.0.6.2 配水管网一般设计成树枝状，必要时可设计成环状。

8.0.6.3 按树枝状布置，应设有分段或分区检修阀门，其末端应设泄水阀。

8.0.7 配水管网中的干管水流流向应与供水流向一致。干管应在规划路面以下，沿村中主要街道布置，宜通过两侧用水大户。

8.0.8 配水管网设计流量与设计水压应分别按本规范6.2.5条与2.3节规定执行。

8.0.9 管道单位长度水头损失计算方法

8.0.9.1 塑料管

硬聚氯乙烯（UPVC）管

$$i = \frac{0.000875\,Q^{1.761}}{d_j^{4.761}} \tag{8.0.9-1}$$

聚乙烯（PE）聚丙烯（PP）管

$$i = \frac{0.000951\,Q^{1.774}}{d_j^{4.774}} \tag{8.0.9-2}$$

式中 i——每米管长的水头损失（m）；

Q——管段计算流量（L/s）；

d_j——管道的计算内径（m）。

8.0.9.2 旧钢管和铸铁管当 $V<1.2$m/s 时：

$$i = \frac{0.000912\,V^2}{d_j^{1.3}}\left(1+\frac{0.867}{V}\right)^{0.3} \tag{8.0.9-3}$$

$V \geqslant 1.2$m/s 时：

$$i = \frac{0.00107\,V^2}{d_j^{1.3}} \tag{8.0.9-4}$$

式中 V——平均流速（m/s）。

8.0.9.3 混凝土管、钢筋混凝土管

$$i = \frac{V^2}{C^2 R} \tag{8.0.9-5}$$

式中 R——水力半径（m）；

C——流速系数。

$$C = \frac{1}{n}R^{1/6} \tag{8.0.9-6}$$

式中 n——粗糙系数，采用0.012～0.0132。

8.0.10 输配水管道的管径应按经济流速确定。

8.0.11 管道或管网的局部水头损失可按沿程水头损失的5%～10%计算。

8.0.12 输配水管道材料的选择应根据水压，外部荷载、土的性质、施工维护和经济条件等确定。宜采用塑料管、铸铁管、钢管、预应力钢筋混凝土管。当采用塑料管材时，其材质必须对水质无污染，对人体无害，并应符合国家现行产品标准的规定。当采用金属管道时，应考虑内外防腐处理。生活饮用水管道内防腐，宜首先考虑水泥砂浆衬里，不得采用有毒涂料。

当金属管道敷设在腐蚀性土中，电气化铁路附近或其他有杂散电流存在的地区时，应考虑发生电蚀的可能，必要时应采取阴极保护措施。

8.0.13 配水管网布置时，应根据消防规定在适当位置布置消火栓。室外消火栓的间距不

应大于 120m，消火栓应设在交叉路口或醒目处。

8.0.14 输配水管道应根据具体情况设置分段和分区检修的阀门。配水管网上阀门间距，以不超过 5 个消火栓布置长度为宜。

8.0.15 支管与干管连接处，应在支管上设置阀门。

8.0.16 输配水管道施工设计原则；

8.0.16.1 管道埋设深度，应根据冰冻情况，外部荷载、管材强度等因素确定。对于非冰冻地区，金属管管顶的覆土深度应不小于 0.7m，非金属管不小于 1.0~1.2m。对于冰冻地区，应埋设于当地冰冻线以下。露天管道应有补偿管道伸缩的设施，并应根据需要采取防冻保温措施。塑料管应尽量避免露天敷设，否则应采取防护措施。

8.0.16.2 输、配水管的弯头、三通若在松软的土壤中，或承插式管道在垂直或水平方向转弯处，均应设置支墩，并应根据管径、转弯角度、试压标准和接口摩擦力等因素通过计算确定。支墩可采用 M5 水泥砂浆砌 MU7.5 砖建造或用 C10 混凝土。

8.0.16.3 输、配水管道与建筑物、铁路和其他管道的水平净距，应根据建筑物基础结构，路面种类，管道埋深、管内工作压力、管道上附属构筑物的大小及有关规定等条件确定。

8.0.16.4 生活饮用水管道应尽量避免穿过毒物污染及腐蚀性等地区，如必须穿过时应采取防护措施。

8.0.16.5 给水管道相互交叉时，其净距应不小于 0.15m。给水管与污水管道交叉时，给水管应设在污水管上方，且不应有接口重叠。当给水管与污水管平行设置时，管外壁净距应不小于 1.5m。若给水管敷设在下面时，应采用钢管或钢套管，钢管伸出交叉管的长度每边不得小于 3m，套管两端应采用防水材料封闭。

8.0.16.6 给水管道与铁路交叉时，应经铁路管理部门同意，宜在路基下面垂直穿过，与轨底垂直净距不小于 1m。穿越管可采用钢管，并进行防腐处理。管径小、距离较短时，亦可采用铸铁管。

8.0.16.7 管道穿越河流时，应经水利管理部门同意，可采用管桥或河底穿越等型式。有条件时应尽量利用已有或新建桥梁进行架设。

8.0.16.8 输配水管道上的阀门、消火栓，排（进）气阀等附属物，均应设井。

8.0.17 公用水栓应设置在取水方便处或集中在院内。其服务半径不大于 50m，间距 70~100m 为宜，在其下方应设排水池。寒冷地区需考虑建造简易取水房或采用防冻取水栓。

9 调节构筑物

9.0.1 农村水厂采用的调节构筑物有清水池、高位水池、水塔、气压水罐。

9.0.2 清水池的有效容积，应根据产水曲线、配水曲线、自用水量及消防储备水量等确定，并应满足消毒所须接触时间的要求。在缺乏上述资料情况下，可按水厂最高日设计水量的 20%~30%计算。

9.0.2.1 清水池可设计成圆形、矩形、材料为砖石结构或钢筋混凝土结构。个数或分格数不得少于 2 个。

9.0.2.2 清水池配管

9.0.2.2.1 进水管管径按最高日工作时用水量计算，管口应在池内平均水位以下。

9.0.2.2.2 出水管应按最高日最高时用水量计算。可用水泵吸水管直接弯入池底集水坑吸水。

9.0.2.2.3 溢流管管径应与进水管相同，管端为喇叭口并与池内最高水位持平，池外管口应设网罩。

9.0.2.2.4 排水管管径不得小于100mm，管底应与集水坑底持平。

9.0.2.2.5 池顶应设通风孔和人孔，通风孔直径不宜小于200mm，出口高度应高于覆土厚度0.7m，人孔直径不小于700mm。

9.0.3 高位水池的有效容积，应根据配水曲线与用水曲线确定，当上述资料缺乏时，宜按最高日用水量的25%~40%设计。对于经常停电地区，则可适当放大，可按最高日用水量的50%~100%设计。

9.0.3.1 池内水深为2.5~4.0m；

9.0.3.2 分格数或个数不得小于2个；

9.0.3.3 北方地区应注意防冻；

9.0.3.4 池顶应安装避雷设施；

9.0.3.5 进水管管口位置在池内平均水位以下，出水管管口距集水坑底不小于0.3m；溢流管管端为喇叭口，管上不得安装阀门；排水管管径不小于100mm；管底应与集水坑底持平。

9.0.3.6 池顶应设通风孔和人孔，孔径与清水池有关规定相同，并应安装水位指示装置。

9.0.3.7 大容积水池应设置导流隔墙。

9.0.4 水塔的有效容积应按最高日用水量的10%~15%设计，若用水塔水冲洗滤池，则应增加滤池中洗水量。

9.0.4.1 水塔中水柜可用钢筋混凝土或钢板建造，支座可用砖、石或钢筋混凝土砌筑。

9.0.4.2 进、出水管可分别设置，也可合有。竖管上需设伸缩接头。

9.0.4.3 溢流管、排水管可分别设置，也可合用，管径与进、出水管相同。

9.0.4.4 水柜中应设浮标水位计或水位自控装置。

9.0.4.5 塔顶应装避雷设施。

9.0.5 气压水罐设计应遵照以下规定：

9.0.5.1 气压水罐的总容积和罐内水的容积，应按下列公式计算：

$$V_z = \frac{V_z}{1 - a_b} \tag{9.0.5-1}$$

$$V_x = \beta \cdot C \frac{q_b}{4n_{max}} \tag{9.0.5-2}$$

式中 V_z——空气和水的总容积（m^3）；

V_x——罐内水的容积（m^3）；

a_b——罐内空气最小工作压力与最大工作压力比（以绝对压力计），宜采用0.65~0.85；

q_b——水泵出水量（m^3/h），当罐内为平均压力时，水泵出水量不应小于管网最大小时流量的1.2倍；

n_{max}——水泵一小时内最多启动次数，宜采用6～8次；

C——安全系数，宜采用1.5～2；

β——容积附加系数，卧式水罐宜为1.25；立式水罐宜为1.10；隔膜式水罐宜为1.05。

9.0.5.2 气压水罐最小工作压力，应按管网最不利处配水点所需水压计算确定。

$$P_1 = \frac{(h_1 + h_2 + h_3 + h_4)}{1000} \quad (9.0.5\text{-}3)$$

式中 P_1——气压水罐最低工作压力（表压、MPa）；

h_1——管网最高供水点相对于水源最低水位的位置水头（kPa）；

h_2——水源最低水位至管网最高供水点的管路沿程阻力损失（kPa）；

h_3——水源最低水位至管网最高供水点的管路局部阻力损失（kPa）；

h_4——供水点卫生设备的流出水头或消防所需增加的压力（kPa）。

注：位置水头可近似地按几何高差（m）乘以10，单位以kPa计。

9.0.5.3 气压水罐应设安全阀、压力表、泄水管和密封人孔，水罐还应装设水位计。

9.0.5.4 气压水罐的水泵，应设自动开停装置。

9.0.5.5 气压水罐的设计单位和生产厂家，须分别持有压力容器设计与制造许可证。

10 水厂总体设计

10.0.1 水厂厂址的选择，应按以下要求通过技术经济比较后确定。

10.0.1.1 给水系统布局合理；

10.0.1.2 符合村镇建设规划的要求；

10.0.1.3 不受洪水威胁；

10.0.1.4 有良好的工程地质条件；充分利用地形、减少土石方工程量；

10.0.1.5 少拆迁，不占或少占农田，并应留有发展的余地；

10.0.1.6 交通方便，靠近电源，并有较好的污水排除条件，良好的卫生环境；

10.0.1.7 当取水点靠近用水区时，水厂宜设在取水点处；当取水点远离用水区时，水厂应靠近用水区；

10.0.1.8 施工、运行和维护方便；

10.0.1.9 当不能满足上述条件时，应采用必要的防灾措施。

10.0.2 水厂生产构筑物布置应符合下列要求：

10.0.2.1 高程布置时应充分利用原有地形坡度；

10.0.2.2 生产构筑物布置宜紧凑，但应满足构筑物和管线的施工要求，也可按组合式布置；

10.0.2.3 构筑物间的连接管道布置，应尽量缩短，防止迂回；

10.0.2.4 在地质条件变化较大的区域，构筑物应按工程地质情况布置；

10.0.2.5 构筑物宜采用平行布置，并考虑近远期的协调；
10.0.3 水厂平面布置，应符合下列要求：
10.0.3.1 平面布置紧凑，构筑物间应便于操作管理和生产联系；
10.0.3.2 生产、辅助生产和生活福利设施应分开布置；
10.0.3.3 构筑物间尽量减少交叉；
10.0.3.4 加药间、絮凝池、沉淀池和滤池相互间的布置，宜通行方便；
10.0.3.5 絮凝池、沉淀池、澄清池排泥及滤池反冲洗水排除方便。
10.0.4 水厂管道布置，应按以下原则：
10.0.4.1 应考虑分期建设的衔接与互换使用；
10.0.4.2 排水管宜采用重力流设计，必要时可设排水泵站；
10.0.4.3 尽量减少管道交叉，必要时绘制管线节点详图；
10.0.4.4 各类管线应设置必要的闸阀；
10.0.4.5 应设置必要的超越管；
10.0.4.6 水厂中生产构筑物的排水、排泥可合为一个系统，生活污水管道应另成体系，其排放口位置应符合水源卫生防护要求；
10.0.4.7 水厂自用水管线需来自二级泵房出水管，并自成体系；
10.0.4.8 构筑物间连接管道，宜采用金属管材。
10.0.5 水厂附属建筑物的面积及组成，应根据水厂规模、工艺流程和经济条件确定。
10.0.5.1 水厂应考虑绿化。其占地面积视规模、场地、经济条件而定。
10.0.5.2 水厂内应根据需要设置滤料、管配件等露天堆放场。堆场应有5‰的排水坡度。
10.0.5.3 锅炉房、氯库防火设计应符合《村镇建筑设计防火规范》的要求。
10.0.6 水厂应设置通向各构筑物和附属构筑物的通道，可按下列要求设计。
10.0.6.1 主干路应与厂外道路连接，单车道宽度为3.5m，并应有回转车道。
10.0.6.2 车行道转弯半径不宜小于6m；
10.0.6.3 人行道路宽度为1.5～2.0m。
10.0.6.4 水厂道路应考虑雨水的排除，纵坡宜采用1%～2%，最小纵坡为0.4%，山区或丘陵宜控制在6%～8%。
10.0.7 水厂周围应设置围墙，其高度不宜小于2.5m。

11 水的净化

11.1 一般规定

11.1.1 净化工艺流程的选择及主要构筑物的组成，应根据原水水质、设计规模、净化后水质要求，结合当地条件，参照相似条件水厂的运行经验，通过技术经济比较后确定。
11.1.2 净水构筑物的设计流量，应按最高日工作时用水量加自用水量确定。

水厂的自用水量应根据原水水质、净化工艺及构筑物类型等因素，通过计算确定。亦可按最高日用水量的5%～10%计算。

11.1.3 水厂应考虑任一构筑物或设备进行检修、清洗或发生事故时仍能满足最低供水的要求。

11.1.4 净水构筑物均应设排泥管、排水管、溢流管和压力冲洗设备。

11.1.5 净水构筑物上面，应设安全防护措施。

11.1.6 在寒冷地区，净水构筑物应有防冻措施。

11.2 自 然 沉 淀

11.2.1 当原水浑浊度瞬时超过10000度，必须采用自然沉淀方式进行预沉。

11.2.2 当原水浑浊度经常超过500度（瞬时超过5000度）或供水保证率较低时，也可将河水引入天然池塘或人工水池，进行自然沉淀并兼作贮水池。

11.2.3 自然沉淀池沉淀时间，与原水水质有关，可为8～12h。

11.2.4 自然沉淀池的有效水深宜为1.5～3.0m，保护高0.3m，底部存泥高度0.3～0.5m。

11.2.5 自然沉淀池面积，应按最高日用水量与有效水深计算。

11.3 粗 滤 和 慢 滤

11.3.1 粗滤池构筑物型式，分为平流、竖流（上向流或下向流），选择时应根据地理位置，通过技术经济比较后确定。

11.3.2 竖流粗滤池宜采用二级粗滤串联，平流粗滤池通常由三个相连通的砾石室组成一体，并均与慢滤池串联。适用于净化原水浑浊度长期低于500度、瞬时不超过1000度的地表水。

11.3.3 竖流粗滤池的滤料宜选用砾石或卵石，按三层铺设，其粒径与厚度，应符合表11.3.3的规定。

11.3.4 平流粗滤池的滤料，宜选用砾石或卵石，其粒径与池长，应符合表11.3.4的规定。

表11.3.3 竖流粗滤池滤料组成

粒 径（mm）	厚度（m）
4～8	0.20～0.30
8～16	0.30～0.40
16～32	0.45～0.50

注：顺水流方向，粒径由大至小。

表11.3.4 平流粗滤池滤料的组成与池长

砾（卵）石室	粒径（mm）	池长（m）
Ⅰ	16～32	2
Ⅱ	8～16	1
Ⅲ	4～8	1

注：顺水流方向，粒径由大至小。

11.3.5 滤速宜为0.3～1.0m/h，原水浊度高时取低值。

11.3.6 竖流式粗滤池滤料表面以上水深为0.2～0.3m，保护高为0.2m。

11.3.7 竖流（上向流）粗滤池底部设有配水室、排水管和集水槽，闸阀宜采用快开蝶阀。

11.3.8 当原水浑浊度常年低于60度，可修建简易慢滤池，经加氯消毒后，即可用作生活饮用水。

11.3.9 慢滤池的设设计参数选择，应根据原水水质按下列要求确定。

11.3.9.1 滤料宜采用石英砂，料径 0.3~1.0mm，滤层厚度 800~1200mm；

11.3.9.2 承托层可为卵石或砾石，自上至下，分为五层，其粒径与厚度，应符合表 11.3.9.2 的规定。

11.3.9.3 滤速宜为 0.1~0.3m/h，原水浊度高时取低值；

表 11.3.9.2 慢滤池承托层组成

粒径（mm）	厚度（m）
1~2	50
2~4	100
4~8	100
8~16	100
16~32	100

11.3.9.4 滤料表面以上水深为 1.2~1.5m；

11.3.9.5 滤池长宽比为 1.25∶1~2.0∶1；

11.3.9.6 滤池面积在 10~15m^2 以内，可不设集水管，采用底沟集水，并以 1% 的坡度向集水坑倾斜。当滤地面积较大时，可设置穿孔集水管，管内流速，一般采用 0.3~0.5m/s。

11.4 凝聚剂和助凝剂的选择和投配

11.4.1 用于生活饮用水的凝聚剂或助凝剂，不得使净化后的水质对人体健康产生有害的影响。

11.4.2 凝聚剂和助凝剂品种的选择和用量，应根据当地或相似条件的水厂运行经验，或参照凝聚沉淀试验资料，通过技术经济比较后确定。

11.4.3 凝聚剂的投配方式宜采用湿投，凝聚剂的投加浓度，可采用 1~5%。贮药池宜设两座，以便清洗轮换使用。

11.4.4 溶药池采用钢筋混凝土池体时，内壁需要进行防腐处理，也可选用符合塑料产品标准的硬质聚氯乙烯材料。

11.4.5 水厂采用的凝聚剂为硫酸铝、碱式氯化铝、三氯化铁、明矾与其他凝聚剂。当采用石灰作助凝剂时，应制成乳液投加。高浊度原水可用聚丙烯酰胺作助凝剂。

11.4.6 投药地点应优先选择在泵前投加，将凝聚剂加注在取水泵吸水管中或吸水管喇叭口处；当水泵距构筑物过远时，也可采用泵后投加，将凝聚剂加在水泵出水管或絮凝池进口处，应采取措施，保证快速混合。在水泵出水管处加药，须设加压投药设备，可采用水射器或计量泵投加。

11.4.7 输送与投加凝聚剂的管道及配件，必须耐腐蚀，对人体无害。

11.4.8 投药时应设计量装置，以控制药量，确保净化效果的稳定性。计量装置可采用孔板流量计、转子流量计、浮杯、苗咀与计量泵等。

11.4.9 加药间宜设在投药点附近，并与药剂仓库毗邻。加药间的地坪应有排水坡度。

11.4.10 加药间应设有冲洗、排污、通风设施。

11.4.11 药剂仓库的固定储备量，应根据当地药剂供应、运输等条件确定，可按最大投药量的 15~30d 用量考虑。

11.5 混　合

11.5.1 混合方式的选择应根据采用的凝聚剂品种，使凝聚剂和水进行充分地快速混合。

11.5.2 混合方式可采用水泵混合、管道混合、机械混合等。

11.5.3 混合是原水与凝聚剂和助凝剂进行充分混合的过程，应满足以下要求；

11.5.3.1 混合速度快，凝聚剂与原水应在 10~30s 时间内均匀混合。

11.5.3.2 混合装置离起始净水构筑物距离应小于 120m，混合后的原水在管道内停留时间不超过 2min。

11.6 絮　　凝

11.6.1 絮凝池型式的选择和絮凝时间，应根据原水水质和相似条件水厂的运行经验确定，或通过试验确定，且宜与沉淀池合建。

11.6.2 设计隔板絮凝池，应符合下列要求。

11.6.2.1 絮凝时间宜为 20~30min;

11.6.2.2 絮凝池流速应按由大渐小的变速设计，起始流速 0.5~0.6m/s，终端流速 0.1~0.2m/s;

11.6.2.3 隔板间净距宜大于 0.5m;

11.6.2.4 隔板转弯处的过水断面积应为廊道过水断面的 1.2~1.5 倍;

11.6.2.5 池底呈锥形，倾角不小于 45°，池底应设排泥管和放空管;

11.6.2.6 絮凝池超高宜为 0.3m。

11.6.3 设计折板絮凝池时，应符合下列要求：

11.6.3.1 絮凝时间宜为 6~15min。

11.6.3.2 絮凝过程中的速度应逐段降低，分段数不宜小于三段，各段流速可分别为：

第一段：0.25~0.35m/s;

第二段：0.15~0.25m/s;

第三段：0.10~0.15m/s;

11.6.3.3 折板夹角宜为 90~120°，第一、二段折板夹角宜采用 90°;

11.6.3.4 折板宽度采用 0.5m，折板长度为 0.8~1.0m。

11.6.4 设计穿孔旋流絮凝池时，应符合下列要求：

11.6.4.1 絮凝时间宜为 15~25min;

11.6.4.2 絮凝池孔口流速，应按由大到小的渐变流速设计，起始端流速宜为 0.6~1.0m/s，末端流速宜为 0.2~0.3m/s;

11.6.4.3 每格孔口应作上下对角交叉布置;

11.6.4.4 每组絮凝池分格数宜为 6~12 格。

11.6.5 设计波纹板絮凝池时，应符合下列要求。

11.6.5.1 絮凝时间宜为 5~8min;

11.6.5.2 絮凝过程中的速度应逐段降低，宜采用三段，各段的间距和流速分别为：

第一段时距为 100mm，流速 0.12~0.18m/s;

第二段时距为 150mm，流速 0.09~0.14m/s;

第三段时距为 200mm，流速 0.08~0.12m/s。

11.6.5.3 波纹板波长宜采用 131mm；波高宜为 33mm;

11.6.5.4 波纹板按竖流设计，可采用平行波纹布置，也可采用相对波纹布置;

11.6.6 设计网格絮凝池时，应符合下列要求。

11.6.6.1 絮凝时间宜为 8~12min;

其中第一段和第二段分别为 2.5~4.0min，第三段为 3.0~4.0min。

11.6.6.2 过网流速

第一段 0.30~0.35m/s;

第二段 0.20~0.25m/s;

第三段 0.10~0.15m/s。

11.7 澄清和沉淀

11.7.1 一般规定。

11.7.1.1 澄清、沉淀均系通过投加凝聚剂后的凝聚澄清和凝聚沉淀。

11.7.1.2 选择澄清池和沉淀池类型时，应根据原水水质、设计生产能力、净化后水质要求，并结合絮凝池结构型式、当地条件等因素，通过技术经济比较后确定。

11.7.1.3 澄清池和沉淀池的个数或能够单独排空的分格数不宜少于两个。

11.7.1.4 设计澄清池和沉淀池时应考虑均匀的配水和集水。出水浑浊度应小于 10 度。

11.7.1.5 澄清池沉泥浓缩区和沉淀池集泥区的容积，应根据进出水的悬浮物含量、处理水量、排泥周期和浓度等因素，通过计算确定。

11.7.2 水力循环澄清池

11.7.2.1 水力循环澄清池适用于浑浊度长期低于 2000 度，瞬时不超过 5000 度的原水。单池生产能力不宜大于 7500m^3/d，多与无阀滤池配套使用。

11.7.2.2 水力循环澄清池泥渣回流量宜为进水量的 2~4 倍，原水浓度高时取下限。

11.7.2.3 清水区的上升流速宜采用 0.7~1.0mm/s，当原水为低温低浊时，上升流速应适当降低。清水区高度宜为 2~3m，超高为 0.3m。

11.7.2.4 水力循环澄清池的第二絮凝室有效高度，宜采用 3~4m。

11.7.2.5 喷嘴直径与喉管直径之比可采用 1:3~1:4。喷嘴流速宜采用 6~9m/s，喷咀水头损失为 2~5m，喉管流速为 2.0~3.0m/s。

11.7.2.6 第一絮凝室出口流速宜采用 50~80mm/s；第二絮凝室进口流速宜采用 40~50mm/s。

11.7.2.7 水力循环澄清池总停留时间为 1~1.5h，第一絮凝室为 15~30s；第二絮凝室为 80~100s。进水管流速一般要求 1~2m/s。

11.7.2.8 水力循环澄清池斜壁与水平面的夹角不应小于 45°。

11.7.2.9 为适应原水水质变化，应有专用设施调节喷嘴与喉管进口的间距。

11.7.3 机械搅拌澄清池

11.7.3.1 机械搅拌澄清池适用于浑浊度长期低于 5000 度的原水。

11.7.3.2 机械搅拌澄清池清水区的上升流速，应按相似条件下的运行经验确定，一般可采用 0.7~1.0mm/s，当处理低温低浊水可采用 0.5~0.8mm/s。

11.7.3.3 水在机械搅拌池中总停留时间可采用 1.2~1.5h，第一絮凝室与第二絮凝室停留时间宜控制在 20~30min。

11.7.3.4 搅拌叶轮提升流量可为进水流量的 3~5 倍，叶轮直径可为第二絮凝室内径的

70%～80%，并应设调整叶轮转速和开启度的装置。

11.7.3.5 机械搅拌澄清池是否设置刮泥装置，应根据池径大小、底坡大小、进水悬浮物含量及其颗粒组成等因素确定。

11.7.4 平流沉淀池

11.7.4.1 平流沉淀池适用于进水浑浊度长期低于5000度，瞬时不超过10000度的原水。

11.7.4.2 平流沉淀池的沉淀时间，应根据原水水质、水温等或参照相似条件水厂的运行经验确定，宜为2.0～4.0h。

11.7.4.3 平流沉淀池的水平流速可采用10～20mm/s，水流应避免过多转折。

11.7.4.4 平流沉淀池的有效水深，可采用2.5～3.5m。沉淀池每格宽度（或导流墙间距），宜为3～8m，最大不超过15m，长度与宽度之比不得小于4；长度与深度之比不得小于10。

11.7.4.5 平流沉淀池宜采用穿孔墙配水和溢流堰集水，溢流率不宜大于20m²/(m·h)。

表 11.7.4 平流沉淀池液面负荷率

原水条件	液面负荷率 $m^3/(m^2 \cdot h)$
浊度在100～250度	1.87～2.92
浊度大于500度	1.04～1.67
低浊高色度水	1.25～1.67
低温低浊水	1.04～1.46

11.7.4.6 平流沉淀池的液面负荷率应符合表11.7.4的规定。

11.7.5 竖流沉淀池

11.7.5.1 竖流沉淀池宜与絮凝池合建。池数不应小于2个。

11.7.5.2 竖流式沉淀池直径不宜大于10m，有效水深应为3～5m，超高应为0.3～0.4m。

11.7.5.3 竖流式沉淀池沉淀时间宜为1.5～3.0h。

11.7.5.4 竖流式沉淀池进水管流速（带絮凝池）宜为1.0～1.2m/s，上升流速宜为0.5～0.6mm/s，出水管流速宜为0.6m/s。

11.7.5.5 竖流式沉淀池中心导流筒的高度应为沉淀池圆柱部分高度的8/10～9/10。

11.7.5.6 竖流式沉淀池圆锥斜壁与水平夹角不宜小于45°，底部排泥管直径不应小于150mm。

11.7.6 异向流斜管沉淀池

11.7.6.1 异向流斜管沉淀池适用于浑浊度长期低于1000度的原水。

11.7.6.2 斜管沉淀区液面负荷，应按相似条件下的运行经验确定，宜采用7.2～9.0m³/(m²·h)。

11.7.6.3 斜管设计可采用下列数据：管内切圆直径为25～35mm；斜长为1.0m；倾角为60°。

11.7.6.4 水在斜管内停留时间，宜为4～7min。

11.7.6.5 斜管沉淀池的清水区高度不宜小于1.0m；底部配水区高度不宜小于1.5m。

11.8 过 滤

11.8.1 一般规定

11.8.1.1 供生活饮用水的过滤池出水水质，经消毒后，应符合《农村实施“生活饮用水卫生标准”准则》的要求。

11.8.1.2 滤池型式的选择，应根据设计生产能力，原水水质和工艺流程的高程布置等因素，并结合当地条件，通过技术经济比较确定。

11.8.1.3 滤料可采用石英砂、无烟煤等，其性能应符合相关的水处理滤料标准。

11.8.1.4 快滤池、无阀滤池和压力滤池的个数及滤池面积，应根据生产规模和运行维护等条件通过技术经济比较确定，但个数不得少于两个。

11.8.1.5 滤池的滤速及滤料组成，应符合表 11.8.1-1 的规定，滤池应按正常情况下的滤速设计，并以检修情况下的强制滤速校核。

11.8.1.6 滤池工作周期，宜采用 12～24h。

11.8.1.7 快滤池宜采用大阻力或中阻力配水系统。大阻力配水系统孔眼总面积与滤池面积之比为 0.20%～0.28%；中阻力配水系统孔眼总面积与滤池面积之比为 0.6%～0.8%。

无阀滤池采用小阻力配水系统，其孔眼总面积与滤池面积之比为 1.0%～1.5%。

11.8.1.8 滤池反冲洗用水的冲洗强度与冲洗时间，宜按表 11.8.1-2 的规定设计。

表 11.8.1-1 滤池的滤速及滤料组成

序号	类别	滤料组成			正常滤速 (m/h)	强制滤速 (m/h)
		粒径 (mm)	不均匀系数 K_{80}	厚度 (mm)		
1	石英砂滤料过滤	$d_{min}=0.5$ $d_{max}=1.2$	<2.0	700	8～10	10～14
2	双层滤料过滤	无烟煤 $d_{min}=0.8$ $d_{max}=1.8$	<2.0	300～400	10～14	14～18
		石英砂 $d_{min}=0.5$ $d_{max}=1.2$	<2.0	400		

表 11.8.1-2 水洗滤池的冲洗强度与冲洗时间（水温为 20℃）

序号	类别	冲洗强度 L/(s·m²)	膨胀率 (%)	冲洗时间 (min)
1	石英砂滤料过滤	12～15	45	7～5
2	双层滤料过滤	13～16	50	8～6

11.8.1.9 每个滤池应设取样装置。

11.8.2 接触滤池

11.8.2.1 接触滤池，适用于浑浊度长期低于 20 度，短期不超过 60 度的原水，滤速宜采用 6～8m/h。

11.8.2.2 滤池采用双层滤料，由石英砂和无烟煤组成。

11.8.2.2.1 石英砂 滤料粒径 $d_{min}=0.5mm$，$d_{max}=1.0mm$，$K_{80}\leqslant1.8$；滤料厚度 400～600mm；

11.8.2.2.2 无烟煤 滤料料径 $d_{min}=1.2mm$，$d_{max}=1.8mm$，$K_{80}\leqslant1.5$；滤料厚度 400～600mm；

11.8.2.3 滤池冲洗前的水头损失，宜采用 2～2.5m，滤层表面以上的水深可为 2m。

11.8.2.4 滤池冲洗强度宜采用15～18L/(s·m²)；冲洗时间 6～9min，滤层膨胀率采用 40%

~50%。

11.8.3 压力滤池

11.8.3.1 压力滤池有关滤料级配、滤速、工作周期，可按水质要求参照本规范11.8.1过滤的一般规定。

11.8.3.2 压力滤池可采用立式，当直径大于3m时，宜采用卧式。

11.8.3.3 压力滤池冲洗强度采用15L/(s·m^2)，冲洗时间为10min。

11.8.3.4 压力滤池配水系统应采用小阻力方式，可用管式、滤头或格栅。

11.8.3.5 压力滤池应设排气阀、人孔、排水阀和压力表。

11.8.4 重力式无阀滤池

11.8.4.1 每座滤池应设单独的进水系统，并有防止空气进入滤池的措施。

11.8.4.2 滤速宜采用6~10m/h。

11.8.4.3 无阀滤池按滤池内滤料，可分为单层滤料、双层滤料两种。原水或沉淀出水浊度常年在15度以内，宜采用单层石英砂滤料，原水或沉淀出水浊度经常超过20度（短期不超过50度），可采用双层滤料滤池。

11.8.4.4 无阀滤池冲洗前的水头损失，可采用1.5m。

11.8.4.5 冲洗强度宜采用15L/(s·m^2)；冲洗时间5~6min。

11.8.4.6 过滤室滤料表面以上的直壁高度，应等于冲洗时滤料的最大膨胀高度加上保护高。

11.8.4.7 无阀滤池冲洗水箱应位于滤池顶部，当冲洗水头不高时，可采用小阻力配水系统。常见的有平板孔式、格栅、滤头和豆石滤板。

11.8.4.8 承托层的材料及组成与配水方式有关，各种组成形式可按表11.8.4选用。

表11.8.4 承托层材料及组成

配水方式	承托层材料	粒 径（mm）	厚 度（mm）
滤 板	粗 砂	1~2	100
格 栅	砂卵石	1~2 2~4 4~8 8~16	80 70 70 80
尼龙网	砂卵石	1~2 2~4 4~8	每层50~100
滤 头	粗 砂	1~2	100

11.8.4.9 无阀滤池应用辅助虹吸措施，并设有调节冲洗强度和强制冲洗的装置。

11.8.5 普通快滤池

11.8.5.1 普通快滤池滤料为石英砂、无烟煤。单层石英砂滤池滤速宜采用8~10m/h；双层滤料滤池可为12~14m/h。

11.8.5.2 普通快滤池的分格数，应根据技术经济比较确定，不得少于2个。可参考表11.8.5-1选用。

表11.8.5-1 滤池的分格数

滤池总面积（m^2）	滤池分格数
小于30	2
30~50	3
100	3或4
150	4~6
200	5~6

11.8.5.3 滤池个数少于5个时，宜采用单行排列。

11.8.5.4 单个滤池面积大于 $50m^2$ 时，管廊中应设置中央集水渠。

11.8.5.5 滤层厚度应不小于 700mm。滤层以上的水深宜为 1.5～2.0m。滤池超高宜采用 0.3m。

表 11.8.5-2 承托层的组成和厚度

层次(自上而下)	粒径(mm)	厚度(mm)
1	2～4	100
2	4～8	100
3	8～16	100
4	16～32	本层顶面高度应高出配水系统孔眼 100

11.8.5.6 滤池工作周期宜为 12～24h。滤池冲洗前的水头损失应不超过 0.2m。

11.8.5.7 配水系统干管始端流速为 0.8～1.2m/s，支管始端流速为 1.4～1.8m/s，孔眼流速为 3.5～5m/s，孔眼直径约为 9～12mm，在支管上应设两排，与垂线呈 45°角向下交叉排列。

11.8.5.8 承托层宜用卵石或砾石，其组成和厚度见表 11.8.5-2。

11.9 一体化净水器

11.9.1 一体化净水器是将絮凝、沉淀（澄清）、过滤工艺组合在一起的小型净水装置，净化能力为 $5～50m^3/h$。

11.9.2 一体化净水器适用于浑浊度长期低于 500 度，瞬时不超过 1000 度的地表水。

11.9.3 一体化净水器型式的选择，应根据原水水质、设计生产能力、净化后水质要求，结合当地条件，通过调研进行产品性能、净化效果、价格等比较后确定。

11.9.4 一体化净水器产品应符合现行行业标准。

11.10 小型净水塔

11.10.1 小型净水塔是将压力式无阀滤池或单阀滤池、水泵、加药间、水塔合并建造的小型净水构筑物。

11.10.2 小型净水塔适用于浑浊度经常小于 20 度，短时不超过 60 度的原水。

11.10.3 小型净水塔中水柜有效容积应按最高日用水量的 10～15%计算。考虑滤池反冲洗用水时，则宜按最高日用水量的 15～25%设计。

11.10.4 小型净水塔确定总容积时，应考虑保护高度 0.3m（超高）所占的容积。

11.10.5 小型净水塔的进、出水管管径应与供水管网起端管径相同，溢流管、排水管管径不应小于 100mm。

11.11 消毒

11.11.1 生活饮用水必须经过消毒，一般采用氯消毒（液氯、漂白粉、次氯酸钠）。

11.11.2 加氯点应根据原水水质，工艺流程和净化要求选定，滤后必须加氯，必要时也可在混凝沉淀前和滤后同时加氯。

当农村水厂取用地下水时，加氯点可设在泵前（水泵吸水管）、泵后（水泵出水管或依靠水射器）或池中（高位水池、泉室）。

11.11.3 氯的设计用量，应根据相似条件下的运动经验，按最大用量确定。

氯与水的接触时间应不小于 30min，出厂水游离余氯含量应不低于 0.3mg/L，管网末端游离余氯含量应不低于 0.05mg/L。

11.11.4 投加液氯时应采用加氯机，加氯机应具备投加量的指示仪和防止水倒灌氯瓶的措施，以真空加氯机为宜。

11.11.5 加氯间应尽量靠近投加点。加氯间应设有磅秤作为校核设备。加氯间内部管线，应敷设在沟槽内。

11.11.6 加氯间必须与其他工作间分开，必须设观察窗和直接通向外部外开的门。

11.11.7 加氯间及氯库外部应备有防毒面具，抢救材料和工具箱。在直通室外的墙下方设有通风设施，照明和通风设备应另设室外开关。有条件时，应设氯吸收装置。

11.11.8 通向加氯间的压力给水管道，应保证连续供水，并应保持水压稳定。

11.11.9 当加氯间需采暖时，宜用暖气采暖，如用火炉取暖，火口宜设在室外。

11.11.10 氯库应设在水厂的下风口，与值班室，居住区应保持一定的安全距离。

11.11.11 消毒剂仓库的固定储备量应按当地供应、运输等条件确定，一般按最大用量的15~30d 计算。

11.11.12 采用漂白粉消毒，其投加量应经过试验或依照相似条件运行经验确定。

11.11.13 漂白粉消毒须设溶药池和溶液池，溶液池宜设 2 个，池底坡度 $i \geqslant 0.02$，坡向排渣管、排渣管管径应不小于 50mm，池底有 15%的容积作为贮渣部分，顶部超高应大于 0.15m，内壁应作防腐处理。

11.11.14 漂白粉的溶液池，其有效容积宜按一天所需投加的上清液体积计算，上清液浓度以 1%~2%为宜（每升水加 10~20g 漂白粉）。

11.11.15 投加消毒剂的管道及配件必须耐腐蚀，宜用无毒塑料管材。

11.11.16 使用次氯酸钠发生器时，其发生器应符合国家规定次氯酸钠发生器标准。

11.11.17 采用次氯酸钠溶液，其投加方式与漂白粉溶液投加方式相同。

12 地下水特殊净化和深度净化

12.1 除铁和除锰

12.1.1 工艺流程的选择

12.1.1.1 当地下水中铁、锰含量超过《农村实施“生活饮用水卫生标准”准则》的规定时，应考虑除铁除锰。

12.1.1.2 地下水除铁除锰工艺流程的选择，应根据原水水质、净化后水质要求，以及相似条件水厂的运行经验或除铁、除锰试验，通过技术经济比较后确定。

12.1.1.3 地下水除铁宜采用接触氧化法或曝气氧化法。

接触氧化法工艺：

原水 → 曝气 → 接触氧化过滤 → 出水

曝气氧化法工艺：

原水 → 曝气 → 氧化 → 过滤 → 出水

12.1.1.4 地下水除锰宜采用接触氧化法，其工艺流程应根据下列条件确定：

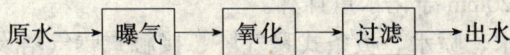

12.1.1.4.1 当原水含铁量低于2.0mg/L，含锰量低于1.5mg/L时，可采用：

原水→曝气→单级过滤→出水

12.1.1.4.2 当原水含铁量或含锰量超过上述数据时，应通过试验确定工艺，必要时可采用：

原水→曝气→氧化→一次过滤除铁→二次过滤除锰→出水

12.1.1.4.3 当除铁受硅酸盐影响时，应通过试验确定工艺，必要时可采用：

原水→曝气→一次过滤除铁（接触氧化）→曝气→二次过滤除锰→出水

12.1.2 曝气装置

12.1.2.1 曝气装置的选择应根据原水水质及曝气程度的要求选定，可采用跌水、淋水、喷水、射流曝气、板条式曝气塔、接触式曝气塔等装置。

12.1.2.2 采用跌水曝气装置，可采用1～3级跌水，每级跌水高度0.5～1.0mm，单宽流量20～50m^3/(h·m)，曝气后水中溶解氧应为2～5mg/L。

12.1.2.3 采用淋水装置（穿孔管或莲蓬头）时，孔眼直径4～8mm，孔眼流速1.5～2.5m/s，开孔率为10%～20%，距池内水面安装高度为1.5～2.5m。每个莲蓬头的服务面积为1.0～1.5m^2。

当采用穿孔管曝气装置时可单独设置，也可设于曝气塔上或跌水曝气池上。

12.1.2.4 采用喷水装置时，每个喷嘴服务面积为1.5～2.5m^2；喷嘴口径为25～40mm，喷嘴处的工作压力应不低于0.07MPa。

12.1.2.5 采用射流曝气装置时，设计应按下列要求：

12.1.2.5.1 喷嘴锥顶夹角宜取15～25°；喷嘴前端应有长为0.25d_o的圆柱段（d_o为喷嘴直径）；

12.1.2.5.2 混合管为圆柱管，管长为管径的4～6倍；

12.1.2.5.3 喷嘴距混合管入口的距离为喷嘴直径d_o的1～3倍；

12.1.2.5.4 空气吸入口，应位于喷嘴之后；

12.1.2.5.5 扩散管的锥顶夹角为8～10°；

12.1.2.5.6 工作水可采用全部、部分原水或其他压力水。

12.1.2.6 采用板条式曝气塔时，板条层数可采用4～6层，层间净距400～600mm，淋水密度5～10 m^3/(h·m^2)。

12.1.2.7 采用接触式曝气塔时，塔中填料粒径采用30～50mm焦炭块或矿渣，填料层层数可为1～3层，每层填料厚300～400mm，层间净距不小于600mm，接触式曝气塔多用于含铁量不高于10mg/L的地下水。

12.1.2.8 淋水装置、喷水装置、板条式曝气塔和接触式曝气塔的淋氯密度，可采用5～10m^3/(h·m^2)。淋水装置接触池容积，应按30～40min净化水量计算。接触式曝气塔底部集水池容积，应按15～20min净化水量计算。

12.1.2.9 当跌水、淋水、喷水、板条式曝气塔、接触式曝气塔设置在室内时，应考虑通风设施。

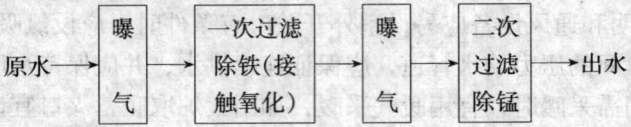

12.1.3 除铁滤池

12.1.3.1 除铁滤池的滤料宜采用天然锰砂或石英砂等。

12.1.3.2 除铁滤池滤料的粒径：石英砂一般为 $d_{min}=0.5mm$，$d_{max}=1.2mm$，锰砂一般为 $d_{min}=0.6mm$，$d_{max}=1.2\sim2.0mm$。厚度为 800～1200mm，滤速为 6～10m/h。

12.1.3.3 除铁滤池工作周期为 8～24h。

12.1.3.4 除铁滤池宜采用大阻力配水系统，其承托层组成可按表 12.1.3.4 选用。

表 12.1.3.4 锰砂滤池承托层的组成

层　次（自上而下）	承托层材料	粒　径（mm）	厚　度（mm）
1	锰矿石块	2～4	100
2	锰矿石块	4～8	100
3	卵石或砾石	8～16	100
4	卵石或砾石	16～32	本层顶面高度应高出配水系统孔眼 100

12.1.3.5 除铁滤池冲洗强度和冲洗时间可按表 12.1.3.5 采用。

表 12.1.3.5 除铁滤池冲洗强度、膨胀率、冲洗时间

序号	滤料种类	滤料粒径（mm）	冲洗方式	冲洗强度 $L/(s\cdot m^2)$	膨胀率（%）	冲洗时间（min）
1	石英砂	0.5～1.2	无辅助冲洗	13～15	30～40	>7
2	锰　砂	0.6～1.2	无辅助冲洗	18	30	10～15
3	锰　砂	0.6～1.5	无辅助冲洗	20	25	10～15
4	锰　砂	0.6～2.0	无辅助冲洗	22	22	10～15
5	锰　砂	0.6～2.0	有辅助冲洗	19～20	15～20	10～15

12.1.4 除锰滤池

12.1.4.1 除锰滤池的滤料可采用天然锰砂或石英砂等。

12.1.4.2 采用两级过滤除锰滤池设计宜按下列规定：

12.1.4.2.1 滤料粒径和厚度同除铁滤池的规定；

12.1.4.2.2 滤速 5～8m/h；

12.1.4.2.3 冲洗强度

锰砂滤料：16～20$L/(s\cdot m^2)$；

石英砂滤料：12～14$L/(s\cdot m^2)$；

12.1.4.2.4 膨胀率

锰砂滤料：15%～25%

石英砂滤料：27.5%～35%

12.1.4.2.5 冲洗时间 5～15min。

12.1.4.3 单级过滤除锰滤池，可参照两级过滤除锰滤池的有关规定进行设计，滤速宜取 5m/h，滤料层厚度宜取 1200mm。

12.2 除　氟

12.2.1 一般规定

12.2.1.1 作为生活饮用水的地下水源，当含氟超过《农村实施“生活饮用水卫生标准”准则》的规定时，应考虑除氟。

12.2.1.2 地下水除氟的工艺流程选择及构筑物的组成，应根据原水水质、净化后水质要求，除氟试验或参照相似水质的水厂运行经验，通过技术经济比较稳定。

12.2.1.3 地下水除氟宜采用活性氧化铝吸附过滤法，混凝沉淀法。

12.2.2 活性氧化铝吸附过滤法

12.2.2.1 除氟采用活性氧化铝吸附过滤，滤料粒径不得大于2.5mm，一般宜采用0.45～1.50mm。

12.2.2.2 除氟滤池，滤料层厚度应按下列要求选用：

12.2.2.2.1 当原水含氟量小于4mg/L时，滤料层厚度不得小于0.8～1.1m；

12.2.2.2.2 当原水含氟量大于10mg/L时，滤料层厚度不得小于1.5m。

12.2.2.3 除氟滤池，承托层一般采用砂卵石，厚度采用400～700mm，其粒径级配一般自上而下从小到大分层铺设，宜按表12.2.2.3选用。

表 12.2.2.3 承托层粒径与厚度

粒径（mm）	厚　度（mm）
2～4	100
4～8	100
8～16	100
16～32	本层顶面高度应高出配水系统孔眼 100

当布水方式采用缝隙式滤头时，应在滤料层下面铺设厚度150mm、粒径2～4mm石英砂作为承托层。

12.2.2.4 除氟滤池滤速与运行方式可按下列要求：当原水pH值>7时，滤速为2～3m/h，宜采用间歇运行；当pH值<7时，滤速为6～10m/h，宜采用连续运行。

12.2.2.5 除氟滤池当采用活性氧化铝吸附过滤时，活性氧化铝需再生。再生剂一般可采用硫酸铝、氢氧化钠。再生可分为反冲、再生、一次反冲和中和四个阶段。当采用硫酸铝再生时，可省去中和。再生阶段一般可采用下列数据：

12.2.2.5.1 首次反冲的冲洗强度可采用12～30 L/(m^2·s)，冲洗时间10～15min，膨胀率30%～50%。

12.2.2.5.2 再生液流向自上而下，当采用硫酸铝再生时，其再生液浓度为2%～3%，硫酸铝与除氟量之比为（60～80）:1，流速为2～2.5m/h；当采用氢氧化钠再生时，再生液浓度为0.80%～0.85%，氢氧化钠与除氟量之比为（8～10）:1，流速为3～5m/h。

12.2.2.5.3 二次反冲的冲洗强度可采用3～5 L/(m^2·s)，冲洗时间2～3h。当采用硫酸铝作再生剂时，反冲后出水pH值≥6.5。

12.2.2.5.4 当采用氢氧化钠再生剂时，二次反冲后滤料必须进行中和。中和液可采用1%～2%硫酸，pH值调至3.0，中和时间1～2h。出水pH值达8.5时，完成中和过程。

12.2.3 混凝沉淀法

12.2.3.1 混凝沉淀法适用于氟化物含量不超过4.0mg/L的原水。

12.2.3.2 混凝沉淀法投加的凝聚剂一般采用三氯化铝、硫酸铝或碱式氯化铝。

12.2.3.3 凝聚剂投加量应通过试验确定，为原水含氟量的10～20倍。

12.3 深 度 净 化

12.3.1 作为生活饮用水的水源，经一般的常规净化（混凝、沉淀、过滤）或接触过滤净化工艺，其无机或有机污染物含量超过《农村实施“生活饮用水卫生标准”准则》的规定时，应考虑水的深度净化。

12.3.2 深度净化工艺宜采用活性炭吸附。

12.3.3 活性炭吸附深度净化工艺，应根据原水水质、净化后水质要求、必须去除的污染物种类及含量，经活性炭吸附试验或参照水质相似的水厂运行经验，通过技术经济比较后确定。

12.3.4 粒状活性炭吸附滤池的设计，宜按下列要求：

12.3.4.1 选用的粒状活性炭其性能应符合国家规定净水用活性炭的现行标准；

12.3.4.2 进水浊度不宜大于5度；

12.3.4.3 滤速6~8m/h；

12.3.4.4 层厚1000~1200mm；

12.3.4.5 配水系统宜选用小阻力的格网、尼龙网、孔板、穿孔管、滤料等；

12.3.4.6 反冲洗强度采用13~15 L/(s·m²)，冲洗时间5~7min。

12.3.4.7 承托层应根据配水方式，按照快滤池有关规定设计。

13 分散式给水

13.0.1 目前尚无条件建造集中式给水系统的农村，可按照当地实际情况，设计建造分散式给水系统。

13.0.2 居住户数少，人口密度低，居住分散，电源没有保证，有水质良好的地下水源的农村，可设计建造深井手动泵给水系统。

13.0.2.1 深井手动泵给水系统，由管井、井台、手动泵组成。

13.0.2.2 管井的设计及卫生防护可参照本规范5.1.2.1与4.3.2中有关规定。由于供水分散、井深较浅、取水量小，可按单井水文地质条件和使用、保护条件选定井位。

井位宜选择在水量充足，水质良好，施工、使用、管理方便，环境卫生、安全可靠的地点，宜建在居住区的上游。

管井的单井出水量不得小于1m³/h。井水的含砂量应小于10mg/L。

管井内径要求比手动泵泵管最大部分外径大50mm。

13.0.2.3 手动泵必须安装在坚固的混凝土基础上，在基础周围修建井台，井台应高出井口100~200mm。井台可建成直径为1200~1500mm，高为100~150mm的圆形浅池，池底坡度为1∶30，坡向排水沟，如排水无出路需在排水沟末端建造渗水坑，渗水坑与水井的间距，按水源卫生防护规定要求，不得小于30m。在井台周围应建围栏。

寒冷地区，应采取防冻措施。

13.0.2.4 深井手动泵目前主要有活塞泵与螺杆泵。型式的选择，应根据水源井动水位、用水量、运行可靠性、使用寿命、价格等综合比较后确定。要求活塞或螺杆淹没在动水位1m以下。

13.0.3 在干旱缺水和苦咸水地区，可建造雨水收集给水系统。该系统包括雨水收集场、净化构筑物、贮水池和取水设备。可根据需要与条件，联户供水或按户供水。

13.0.3.1 雨水收集场可选择屋顶集水场，地面集水场，或二者结合的集水场。

屋顶集水场，是按用水量的要求，收集降落在屋顶的雨水，其汇流面积应按屋顶的水平投影面积计算。

地面集水场，是按用水量的要求，在地面上单独建造雨水收集场。一般可修建有一定坡度（不小于1:200）的条型集水区，集水场内地面应作防渗处理，并用围栏加以保护。为避免集水场外地面径流的污染，可在集水场上游建造截流沟。

13.0.3.2 集水面积与用水量、降雨量和径流系数的大小有关，可按下式计算：

$$F=\frac{1000Q\cdot K}{q\cdot\psi} \tag{13.0.3-1}$$

式中 F——集水面积（m^2）；

Q——用水量（m^3/a）；

q——10年一遇的最小降雨量（mm）；

ψ——径流系数（0.6~0.9）；

K——面积利用系数（1.2）。

13.0.3.3 为防止树叶、泥砂等进入贮水池，收集的雨水在流入贮水池前，应进行净化，净化构筑物可因陋就简，选择自然沉淀、粗滤、慢滤等。

13.0.3.4 贮水池可根据条件与给水系统的要求，建成地下式、半地下式或地面式构筑物。应设有进水管、溢流管、通风孔、检修孔等。进水管与取水口应分别布置在水池两侧。

13.0.3.5 贮水池容积与日用水量、非降雨期的天数有关，可按下式计算：

$$V=M\cdot Q\cdot T$$

式中 V——贮水池容积（m^3）；

M——容积利用系数（1.5）；

Q——日用水量（m^3/d）；

T——非降雨期天数（d），南方为90~120d，北方为150~180d。

13.0.3.6 贮水池中的水必须进行消毒，宜采用间歇法或持续法。要求消毒时间不小于30min，水中余氯含量不小于0.2mg/L。

13.0.3.7 该系统中，可使用专用水桶或安装手动泵人工取水，亦可安装水泵、管道，建成自来水系统。

附录A 本规范用词说明

执行本规范条文时，对于要求严格程度的用词说明如下，以便在执行中区别对待。

（1）表示很严格，非这样做不可的用词：

正面词采用"必须"；

反面词采用"严禁"。

（2）表示严格，在正常情况下均这样做的用词：

正面词采用"应"；

反面词采用"不应"或"不得"。

（3）表示允许稍有选择，在条件许可时，首先应这样做的词：

正面词采用“宜”或“可”；
反面词采用“不宜”。

附加说明：

主 编 单 位： 北京市市政设计研究院研究所
参 编 单 位： 全国爱卫办农村改水项目办公室
建设部城市建设研究院
主要起草人： 刘学功、刘家义、崔招女、崔国臣　郭青

中国工程建设标准化协会标准

公共浴室给水排水设计规程

Specification for design of water supply and drainge in public bathroom

CECS 108：2000

主编单位：山东省建筑工程管理局
批准单位：中国工程建设标准化协会
施行日期：2000年10月1日

前　言

根据中国工程建设标准化协会（90）建标协字第24号文《关于下达推荐性工程建设标准规范计划的通知》的要求，制定本规程。

本规程规定了公共浴室沐浴用水的水质、水温和用水量定额，推荐了公共浴室的制备热水和配管系统，以及推荐了公共浴室设施配备定额。

现批准协会标准《公共浴室给水排水设计规程》，编号为CECS 108:2000，推荐给工程建设设计、施工单位采用。本规程由中国工程建设标准化协会建筑给水排水委员会归口管理，由山东省建筑工程管理局（济南市正觉寺小区一区一号，邮编250011）负责解释。在使用中如发现需要修改和补充之处，请将意见和资料径寄解释单位。

主 编 单 位：山东省建筑工程管理局

参 编 单 位：山东省建筑设计院
河南省建筑设计院
中国建筑西北设计院

主要起草人：王庆选　徐庆修　陈钟潮　倪建华

中国工程建设标准化协会
2000年6月26日

目　次

1　总则……………………………………………………………………………………2088
2　术语、符号………………………………………………………………………………2088
3　给水和热水………………………………………………………………………………2089
3.1　水质……………………………………………………………………………………2089
3.2　水温……………………………………………………………………………………2090
3.3　用水定额………………………………………………………………………………2090
3.4　供水系统………………………………………………………………………………2091
3.5　设计秒流量和耗热量计算……………………………………………………………2092
3.6　加热和贮热设备 ……………………………………………………………………2094
4　排水………………………………………………………………………………………2095
5　设备布置和设备定额……………………………………………………………………2096
本规程用词说明 ……………………………………………………………………………2097

1 总　　则

1.0.1 为使公共浴室给水排水设计符合沐浴用水的要求，做到技术先进、经济合理、安全可靠、便于管理和节水节能，制定本规程。

1.0.2 本规程适用于新建、扩建和改建的城镇营业性公共浴室和工矿企业、机关、学校等团体公共浴室的给水排水设计。在设计下列浴室时，还应符合国家现行的有关规范或规程：

1 工厂车间浴室；

2 医院病房浴室；

3 游泳池浴室。

1.0.3 公共浴室的给水排水设计，除执行本规程外，尚应符合现行国家标准《建筑给水排水设计规范》GBJ 15 及国家现行有关标准、规范或规程的规定。

2 术语、符号

2.1 术　　语

2.1.1 热水锅炉 hot water boiler

用燃料燃烧加热冷水直接制备热水的锅炉。本规程所指的热水锅炉，可以是燃煤锅炉、燃油锅炉、燃气锅炉，但均不包括水管热水锅炉。

2.1.2 同程式系统 reversed retum system

并联系统中，从加热设备到供水干管的各路管系呈对称布置的连接方式，且各路管系的总水头损失均相等的系统。

2.1.3 半即热式水加热器 semi-instantaneous heat-exchanger

带有超前控制水温，具有少量贮存容积的快速式水加热器。

2.1.4 快速式水加热器 instantaneous heat-exchanger

被加热水以高速流动与热媒快速进行热交换的间接式水加热器。

2.1.5 开式热水供应系统 open system of hot water supply

冷水总进水管经高位冷水箱减压断流后，再由高位冷水箱分别向冷热水管网供水的热水供应系统。开式热水系统的水压决定于冷水箱的架设高度，不受室外管网水压的影响。

2.1.6 闭式热水供应系统 slosed system of hot water supply

冷水总进水管不经高位冷水箱减压断流，直接分别向冷热水管网供水的热水供应系统。

2.1.7 双管热水供应系统 two-pipe system of hot water supply

冷水管和热水管分别直供沐浴设备的热水供应系统。

2.1.8 单管热水供应系统 single pipe system of hot water supply

加热设备制备沐浴用温水，温水经贮热设备并单用温水管直供沐浴设备的热水供应系统。

2.1.9 带脚踏开关的双管淋浴热水供应系统 two-pipe system of hot bath water supply with foot-action cock

由两根冷、热水管分别接入淋浴器的冷热水手动阀门，冷热水分别经手动阀门流出混合后，经脚踏开关至淋浴喷头。冷热水阀门调好后，与单管系统一样，浴者使用中仅控制脚踏开关即可。该系统综合了单、双管两种系统的优点。

2.1.10 贮水罐 hot water storage tank

贮存一定热水量的压力容器。

2.1.11 设计小时耗热量 design heat consumption per hour

按卫生器具热水的小时用水定额和卫生器具同时使用百分数计算确定的耗热量。

2.1.12 最大小时耗热量 maximum heat consumption per hour

按卫生器具给水额定流量和卫生器具同时给水百分数计算确定的耗热量。即与沐浴设备用水设计秒流量相对应的小时耗热量。

2.1.13 热水循环管道 hot water circulation pipe

热水管网中，当全部或部分配水点不用水时，为保持热水供应系统中所需热水水温，而将一定量的水加热循环的管道。

2.1.14 散床间 locker room with bed

供浴者更衣、卧床休息的设有床位的房间。一般设于城镇公共浴室。

2.1.15 客盆单间 single bath room with bed

供浴者沐浴、更衣、卧床休息的单间

2.1.16 散盆单间 single bath room

供浴者沐浴的单间，需与散床间配合使用。

2.2 符　　号

q_g——计算管段的给水设计秒流量；

g_u——计算管段排水设计秒流量；

q_p——同类型一个卫生器具排水量；

q_h——卫生器具热水的小时用水定额；

q_o——同类型一个卫生器具给水额定流量；

Q——设计小时耗热量；

Q_m——最大小时耗热量；

t_r——热水温度；

t_1——冷水温度；

C——水的比热；

N——每日最大洗浴人数；

t——每个浴者在溶室平均停留时间。

3 给 水 和 热 水

3.1 水　　质

3.1.1 沐浴用水水质应符合现行《生活饮用水卫生标准》GB 5749 的要求。

3.1.2 沐浴用水加热前水质是否进行软化处理，应根据水质、水量、水温等因素，经技术经济比较确定。按 50℃计算的热水，小时耗水量小于 $15m^3$ 时，其原水可不进行软化处理。

3.1.3 浴池池水的水质，应符合下列要求：

1 浑浊度不得大于 30 度；

2 游离余氯宜保持在 0.4～0.6mg/L，化合性余氯应在 1.0mg/L 以上；

3 细菌总数不得超过 1000 个/mL，总大肠菌群不得超过 18 个/L，不得检出致病菌。

3.2 水 温

3.2.1 公共浴室各种沐浴用水水温，应按表 3.2.1 确定。

表 3.2.1 沐浴用水水温

序 号	设备名称		水 温（℃）
1	淋浴器		37～40
2	浴 盆		40
3	洗脸盆		35
4	浴 池	热水池	40～42
		温水池	35～37
		烫脚池	48～52

3.2.2 热水供应系统配水点的水温不得高于 50℃，热水锅炉或水加热器的出水温度不宜高于 55℃。

3.2.3 淋浴器的用水温度应根据当地气候条件、使用对象和使用习惯确定。对于幼儿园、托儿所和体育场（馆）的公共浴室，淋浴器用水温度可采用 35℃。

3.2.4 冷水的计算温度，应以当地最冷月平均水温资料确定。当无水温资料时，可按本规程表 3.2.4 采用。表中分区的划分，应按现行《室外给水设计规范》GBJ 13 的规定确定。

表 3.2.4 冷水计算温度

分 区	地面水水温（℃）	地下水水温（℃）
第 1 分区	5	10～20
第 2 分区	4	10～15
第 3 分区	4	6～15

3.3 用 水 定 额

3.3.1 公共浴室给水用水定额应根据当地气候条件、使用对象和使用习惯，按表 3.3.1 确定。

表 3.3.1 公共浴室给水用水定额及小时变化系数

序号	沐浴设备设置情况	单 位	生活用水定额（最高日）(L)	小时变化系数
1	有淋浴器	每顾客每次	100～150	2.0～1.5
2	有淋浴器、浴池、浴盆及理发室	每顾客每次	80～170	2.0～1.5

3.3.2 卫生器具一次和一小时热水用水定额及水温，应按表 3.3.2 确定。

表 3.3.2 卫生器具一次和一小时热水用水定额及水温

序 号	设 备 名 称	一次用水量（L）	一小时用水量（L）	水 温（L）
1	浴盆			
	带淋浴器	200	400	40
	不带淋浴器	125	250	40
2	淋浴器			
	单 间	100 ~ 150	200 ~ 300	37 ~ 40
	有隔断	80 ~ 130	450 ~ 540	37 ~ 40
	通 间	70 ~ 130	450 ~ 540	37 ~ 40
	附设在浴池间	45 ~ 54	450 ~ 540	37 ~ 40
3	洗脸盆	5	50 ~ 80	35

3.4 供 水 系 统

3.4.1 公共浴室的热源，应根据当地条件、耗热量大小等因素，按下列顺序选用：

1 工业余热、废热、地热和太阳能；

2 全年供热的城市热力管网；

3 区域性锅炉房或合用锅炉房；

4 专用锅炉房。

3.4.2 利用废热（废汽、烟气、高温废液等）作为热源时，应采取下列措施：

1 加热设备应防腐，其构造应便于清除水垢和杂物；

2 防止热源管道渗漏而污染水质；

3 消除废汽压力波动；

4 废汽应除油。

3.4.3 利用地热水作为热源或沐浴用水时，应视地热水的水温、水质、水量和水压状况，采取相应的技术措施，使处理后的地热水符合使用要求。

3.4.4 利用太阳能作为热源时，应根据当地气候条件和使用要求，配置辅助加热装置。

3.4.5 用热水锅炉直接制备热水的供水系统，应设置贮水罐，且冷水给水管应由贮水罐底部接入。

3.4.6 采用蒸汽直接加热的加热方式，宜用于开式热水供应系统，蒸汽中应不含油质及有毒物质，并应采用消音措施，控制噪音不高于允许值。

3.4.7 在设有高位热水箱的热水供应系统中，应设置冷水补给水箱。

3.4.8 热水箱溢流管管底标高，高于冷水箱最高水位标高的高差，不应小于 0.1m。

3.4.9 在设有热水贮水罐或容积式水加热器的开式热水供应系统中，应设膨胀管。膨胀管引至冷水箱，且其最高点标高应高于冷水箱溢流水位 0.30m。

3.4.10 膨胀管上严禁装设阀门，当膨胀管有可能冻结时，应采取保温措施。膨胀管的最小管径，宜按表 3.4.10 确定。

表 3.4.10 膨胀管最小管径

锅炉或水加热器的传热面积（m^2）	< 10	10 ~ 15	15 ~ 20	> 20
膨胀管最小管径（mm）	25	32	40	50

3.4.11 在闭式热水供应系统中，应设置安全阀或隔膜式压力膨胀罐。安全阀应装设在锅炉或加热设备的顶部。

3.4.12 隔膜式压力膨胀罐应装设在加热设备与止回阀之间的冷水进水管或热水器回水管的分支管上。其调节容积应大于热水供应系统内水加热后的最大膨胀量。

3.4.13 冷水箱有效容积应根据供水的保证程度确定，可采用0.5～1.5h的设计小时流量。

3.4.14 公共浴室淋浴宜采用带脚踏开关的双管系统、单管热水供应系统或其他节水型热水供应系统。

3.4.15 带脚踏开关双管淋浴系统的双管配水管网，最小管径不宜小于32mm。

3.4.16 公共浴室的热水管网，一般不设置循环管道，当热水干管长度大于60m时，可对热水干管设置循环管道，并应用水泵强制循环。在循环回水干管接入加热设备或贮水罐前应装设止回阀。

3.4.17 淋浴器或带淋浴器浴盆的出水水温应稳定且便于调节，宜采取下列措施：

1 宜采用开式热水供应系统；

2 淋浴器及带淋浴器浴盆的配水管网宜独立设置；

3 多于3个淋浴器的配水管道，宜布置成环形；

4 成组淋浴器配水支管的沿程水头损失：当淋浴器数量小于或等于6个时，可采用每米不大于200Pa；当淋浴器数量大于6个时，可采用每米不大于350Pa；

5 淋浴器配水支管的最小管径不得小于25mm。

3.4.18 向浴池供水的给水配水口高出浴池壁顶面的空气间隙，不得小于配水出口处给水管径的2.5倍。

3.4.19 浴池池水用蒸汽直接加热时，应控制噪音不高于允许值，并应采取防止热水倒流入蒸汽管的措施，对蒸汽管道可能被浴者触及处，应采取安全防护措施。

3.4.20 公共浴室不宜设置公共浴池，不得设置女公共浴池。

3.4.21 公共浴池应采用水质循环净化、消毒加热装置。

3.5 设计秒流量和耗热量计算

3.5.1 公共浴室卫生器具给水额定流量、当量、支管管径和流出水头，应按表3.5.1确定。

表3.5.1 卫生器具给水的额定流量、当量、支管管径和流出水头

序号	给水配件名称	额定流量（L/s）	当量	支管管径（mm）	配水点前所需流出水头（MPa）
1	洗脸盆水龙头	0.20 (0.16)	1.0 (0.8)	15	0.015
2	洗手盆水龙头	(0.15) (0.10)	0.75 (0.5)	15	0.020
3	浴盆水龙头	0.30 (0.20) 0.30 (0.20)	1.5 (1.0) 1.5 (1.0)	15 20	0.020 0.015

续表 3.5.1

序号	给水配件名称	额定流量（L/s）	当　量	支管管径（mm）	配水点前所需流出水头（MPa）
4	淋浴器	0.15 (0.10)	0.75 (0.5)	15	0.025～0.040
5	大便器 冲洗水箱浮球阀 自闭式冲洗阀	 0.10 1.20	 0.5 6.0	 15 25	 0.020 按产品要求
6	大便槽冲洗水箱进水阀	0.10	0.5	15	0.020
7	小便器 手动冲洗阀 自闭式冲洗阀 自动冲洗水箱进水阀	 0.05 0.10 0.10	 0.25 0.5 0.5	 15 15 15	 0.015 按产品要求 0.020
8	小便槽多孔冲洗管（每 m 长）	0.05	0.25	15～20	0.015

注：①表中括弧内的数值系在单独计算冷水或热水管道管径时采用；
②淋浴器所需流出水头按控制出流的启闭阀件前计算；
③卫生器具给水配件所需流出水头有特殊要求时，其数值应按产品要求确定。

3.5.2 公共浴室的给水设计秒流量，应按浴室卫生器具设计秒流量与浴池补水秒流量之和计算。

3.5.3 公共浴室卫生器具给水设计秒流量，应按下式计算：

$$q_g = \Sigma q_0 n_0 b \tag{3.5.3}$$

式中 q_g——计算管段的给水设计秒流量（L/s）；

q_0——同类型的一个卫生器具给水额定流量（L/s），按表 3.5.1 采用；

n_0——同类型卫生器具数；

b——卫生器具同时给水百分数，按表 3.5.3 采用。

3.5.4 当按式（3.5.3）计算的数值小于该管段上一个最大卫生器具的给水额定流量值时，应采用该管段的一个最大卫生器具的给水额定流量值作为设计秒流量。

表 3.5.3　公共浴室卫生器具同时给水百分数

卫生器具名称	同时给水百分数（%）
洗涤盆（池）	15
洗手盆	20
洗脸盆、盥洗槽水龙头	60～100
浴　盆	50
淋浴器	100
大便器冲洗水箱	20
大便器自闭式冲洗阀	3
饮水器	30

3.5.5 公共浴室设计小时耗热量应按浴室卫生器具设计小时耗热量与浴池补充水设计小时耗热量之和计算。

3.5.6 浴室卫生器具设计小时耗热量，应按下式计算：

$$Q = \Sigma \frac{q_h C(t_r - t_1) n_0 b}{3600} \tag{3.5.6}$$

式中 Q——设计小时耗热量（W）；

q_h——卫生器具热水的小时用水定额（L/h）；按表 3.3.2 采用；

C——水的比热（J/kg·℃）；

t_r——热水温度（℃），按表3.3.2采用；

t_1——冷水温度（℃），按表3.3.2采用；

b——卫生器具同时给水百分数，淋浴器、浴盆和洗脸盆均按100%计。

3.5.7 公共浴室卫生器具最大小时耗热量，应按下式计算：

$$Q_m = \Sigma q_0 C(t_r - t_1) n_0 b \tag{3.5.7}$$

式中 Q_m——最大小时耗热量（W）；

q_0——同类型的一个卫生器具给水额定流量（L/s），按表3.5.1采用；

b——卫生器具同时给水百分数，按表3.5.3采用。

3.5.8 浴池的设计小时耗热量，应按下式计算：

$$Q = \Sigma \frac{VC(t_r - t_1) n_0 b}{3600T} \tag{3.5.8}$$

式中 V——浴池容积（L）；

T——浴池加热时间（h），宜取1~3h；

n_0——同类型浴池的个数；

b——同类型浴池同时加热百分数。

3.6 加热和贮热设备

3.6.1 加热设备的选择，应根据使用特点、热源种类、耗热量大小等因素，按下列情况确定；

1 当按50℃计算的小时用水量小于15m^{3}时，宜选用热水锅炉直接加热系统；

2 当用蒸汽或高温水作热源时，宜选用新型容积式水加热器、半容积式水加热器、半即热式水加热器及快速式水加热器。

3.6.2 热水贮水器的有效贮热量，应根据公共浴室的用水工况及加热设备的供热能力、工作制度、经计算确定。当加热设备的供热能力按设计小时耗热量计算时，容积式水加热器或加热水箱、新型容积式水加热器、半容积式水加热器的有效贮热量，应分别等于或大于30min、20min、15min的设计小时耗热量。

3.6.3 当冷水从下部进入，热水从上部送出时，容积式水加热器或加热水箱的计算容积应附加20%~25%；新型容积式水加热器的计算容积应附加10%~15%；半容积式水加热器和带有强制罐内水流循环装置的容积式水加热器，其计算容积可不附加。

3.6.4 半即热式水加热器和快速水加热器的供热能力，当按最大小时耗热量计算，且有完善可靠的温度自动调节装置时，可不设置贮热设备。

3.6.5 热水锅炉、水加热器或贮水器的冷水供水管上应装设止回阀。

3.6.6 多台水加热器并联运行时，宜采用同程式。

3.6.7 热水箱应加盖，并应设置溢流管、泄水管和引出室外的通气管。泄水管、溢流管均不得与排水管道直接连接。加热设备和贮热设备宜采用耐腐蚀材料制作或用耐腐蚀材料衬里。

4 排 水

4.0.1 公共浴室的生活废水与粪便污水宜分流排出。

4.0.2 卫生器具排水的流量、当量和排水管的管径、最小坡度，应按表4.0.2确定。

表4.0.2 卫生器具排水的流量、当量和排水的管径、最小坡度

序 号	卫生器具名称		排水流量（L/s）	当 量	排 水 管	
					管径（mm）	最小坡度
1	洗手盆、洗脸盆（无塞）		0.10	0.3	32~50	0.020
2	洗脸盆（有塞）		0.25	0.75	32~50	0.020
3	浴盆		1.00	3.0	50	0.020
4	淋浴器		0.15	0.45	50	0.020
5	大便器	高水箱	1.5	4.5	100	0.012
		低水箱				
		冲落式	1.50	4.50	100	0.012
		虹吸式	2.00	6.0	100	0.012
		自闭式冲洗阀	1.50	4.50	100	0.012
6	小便器	手动冲洗阀	0.05	0.15	40~50	0.02
		自闭式冲洗阀	0.10	0.30	40~50	0.02
		自动冲洗水箱	0.17	0.50	40~50	0.20
7	小便槽（每m长）	手动冲洗阀	0.05	0.15	—	—
		自动冲洗水箱	0.17	0.50	—	—

4.0.3 公共浴室排水设计秒流量，应按下式计算：

$$q_u = \Sigma q_p n \cdot b \tag{4.0.3}$$

式中 q_u——计算管段排水设计秒流量（L/s）；

q_p——同类型的一个卫生器具排水量（L/s），按表4.0.2采用；

b——卫生器具的同时排水百分数，按表3.5.3采用。冲洗水箱大便器的同时排水百分数应按12%计算。

4.0.4 当计算排水流量小于一个大便器排水流量时，应按一个大便器的排水流量计算。

4.0.5 公共浴室宜采用排水明沟排水，沟宽不得小于0.15m，沟起点有效水深不得小于0.02m，沟底坡度不得小于0.01，在有人通行处应设沟活动盖板，受水段应做篦子，排水沟末端应设集水坑和活动格网。

4.0.6 淋浴用水排水管道管径不得小于100mm，且应设置毛发聚集器。

4.0.7 淋浴排水地漏应采用网框式地漏，地漏的直径宜按表4.0.7采用。当采用排水沟排水时，8个淋浴器可设置一个直径为100mm的地漏。

表4.0.7 淋浴排水地漏直径表

淋浴器数量（个）	地漏直径（mm）
1~2	50
3	75
4~5	100

4.0.8 地漏应设置在地面最低处，其水封深度不得小于50mm，地漏安装的顶面标高

应低于周围地坪 5～10mm。

4.0.9 浴池泄空时间不得大于 4h，浴池排水管径不得小于 100mm，在其排水管道上应设置排水栓和排水阀。

5 设备布置和设备定额

5.1 设 备 布 置

5.1.1 城镇公共浴室可设置浴盆、淋浴器、浴池、洗脸盆等不同组合的沐浴房间，如客盆单间、桑拿室、蒸汽浴室等。还可设置散床间、厕所、理发室、消毒间、洗衣间、开水间、脚病治疗室、热水制备间等附属房间。

5.1.2 团体公共浴室应设置淋浴器、浴盆、洗脸盆等不同组合的沐浴房间，还应设置更衣室、厕所、消毒间、值班室等附属房间。

5.1.3 淋浴器可单间布置、隔断布置和通间布置，也可附设在浴池间内。

5.1.4 公共浴室内理发室可与散床间、更衣室直接连通。

5.1.5 公共浴室应有良好的通风换气设施，采暖地区的浴室应设有暖气设施。浴室电气设备应有防水措施。

5.1.6 附设于公共浴室的桑拿室，应符合下列规定：

1 室内净高宜为 2.0～2.5m，室温宜为 60～80℃，相对湿度不得大于 50%，人均新风量宜为 $2m^3/h$，每人使用时间宜为 8～12min。

2 室内应设有桑拿炉、睡凳、坐凳等设施。桑拿炉宜采用电热炉。

3 桑拿室应为木结构，外墙、地板及顶板均应做保温防火处理，其传热系数不宜大于 $1.74W/m^2·℃$。桑拿室的门必须向外开。

4 桑拿室可不专设降温、淋浴设施，可与浴室的沐浴设备配套使用。

5.2 设 备 定 额

5.2.1 每个沐浴设备负荷的床位（或衣柜）数，可按表 5.2.1 选用。

表 5.2.1 每个沐浴设备负荷的床位（或衣柜）数

序号	沐浴设备	布置方式	负荷能力（床位数/每个沐浴设备）
1	淋浴器	设于淋浴单间	1
		设于有隔断淋浴间	2～3
		设于通间淋浴间	3～4
2	浴 盆	设于客盆单间	1
		设于散盆单间	2～3

5.2.2 公共浴室每日最大洗浴人数，按下式计算：

$$N=\frac{nT}{t} \tag{5.2.2}$$

式中 N——每日最大洗浴人数（个）；

t——每个浴者在浴室内平均停留时间（h），根据浴室内设备完善程度和浴室类型确定，一般取 0.5～1.0h；

T——浴室每天开放时间（h）；

n——浴室内的床位（或衣柜）数（个）。

5.2.3 团体公共浴室更衣间内设置衣柜时，淋浴间与更衣间的使用面积之比，宜采用1.0～0.9。

5.2.4 男浴池（包括温水池和热水池之和）的有效浴池面积，每平方米可同时负荷5～6个散床或衣柜。

5.2.5 公共浴室内为浴者服务的大便器数量，按表5.2.5确定。

表5.2.5 公共浴室内大便器设备数量

床位（衣柜）数		大便器数量
男	女	
50	35	1
100	70	2
150	105	3
200	140	4
250	175	5

5.2.6 男浴室内宜分隔出一个设置有1～2个小便器的小间。

5.2.7 浴用毛巾应在消毒池内消毒；擦脸毛巾应用蒸汽消毒；拖鞋可用消毒池或紫外线消毒。消毒设备的容量应根据最大洗浴人数确定。

本规程用词说明

一、为便于在执行本规程条文时区别对待，对于要求严格程度不同的用词说明如下：

1 表示很严格，非这样做不可的用词：
正面词采用“必须”；反面词采用“严禁”。

2 表示严格，在正常情况下均应这样做的用词：
正面词采用“应”；反面词采用“不应”或“不得”。

3 表示允许稍有选择，在条件许可时首先应这样做的用词：
正面词采用“宜”或“可”；反面词采用“不宜”。

二、条文中指明应按其他有关标准、规范执行的写法为“应按……执行”或“应符合……要求或规定”。

中华人民共和国行业标准

雨水集蓄利用工程技术规范

Technical code of practice for rainwater collection, storage and utilization

SL 267—2001

主编单位：内蒙古自治区水利厅
批准部门：中华人民共和国水利部
施行日期：2001年4月1日

中华人民共和国水利部
关于批准发布《雨水集蓄利用工程技术规范》SL 267—2001的通知

水国科［2001］40号

部直属各单位，各省、自治区、直辖市、计划单列市水利（水务）厅（局），新疆生产建设兵团水利局：

根据部水利技术标准制定和修订计划，由部农村水利司主持，以内蒙古自治区水利厅为主编单位制定的《雨水集蓄利用工程技术规范》，经审查批准为水利行业标准，并予以发布。标准的名称和编号为：

《雨水集蓄利用工程技术规范》SL 267—2001。

本标准自2001年4月1日起实施。在实施过程中，请各单位注意总结经验，如有问题请函告主持机构，并由其负责解释。

标准文本由中国水利水电出版社出版发行。

二〇〇一年二月八日

前　言

雨水集蓄利用是缺水山区解决人畜用水困难、进行农作物补充灌溉、促进农业生产稳产、丰产的有效措施。它的实施也为农业结构调整和生态环境建设创造了有利条件。20世纪80年代末以来，我国西北、华北、西南及海岛和沿海地区的雨水集蓄利用，不论在深度和广度上都已经有了迅速的发展，取得了显著的经济效益、社会效益和环境效益。我国实施西部大开发的战略措施和广大缺水山区群众改变贫困面貌的迫切愿望，都要求这项措施在新世纪有一个更大的发展。为了促进雨水集蓄利用事业更健康和更迅速地发展，制定一个全国范围的统一、合理和可行的规范，是十分必要的。为此，经水利部农村水利司提出，水利部国际合作与科技司同意，决定组织力量，尽快完成这项工作，并以水利部司局文件农水农［2000］16号文“关于委托编写《雨水集蓄利用工程技术规范》的函”下达。

规范的编制从2000年6月开始，9月底提出了规范的征求意见稿，11月底提出了规范送审稿。2001年1月8日由水利部农村水利司主持邀请有关专家，召开了规范审查会议，一致同意通过审查，并建议再作一定修改后，尽快报部审批，颁布实施。

SL 267—2001《雨水集蓄利用工程技术规范》分总则、基本资料、规划、设计、施工与设备安装、工程验收、管理和经济评价，共8章、96条和5个附录。它反映了我国雨水集蓄利用工程的主要研究成果和实践经验，既坚持了一定的标准，又考虑了这项微型水利工程面广量大、群众性施工和管理的特点，使规范具有超前性和可操作性。

本规范3.5.2条，4.2.2条第1款和第3款，4.2.7条第5款，5.1.2条第2款，5.1.3条第2款，5.1.5条，7.2.1条及7.2.3条为强制性条文，规范文本中用黑体字表示，其余为推荐性条文。

本规范解释单位：水利部农村水利司
本规范主持单位：水利部农村水利司
本规范主编单位：内蒙古自治区水利厅
本规范参编单位：内蒙古自治区水利科学研究院
甘肃省水利科学研究所
水利部农田灌溉研究所
山西省水利厅
四川省水利厅
广西壮族自治区水利厅
西北农林科技大学
甘肃省水利厅

本规范主要起草人：朱　强　康　跃　程满金　张敦强　曹广生　李明波
王贵平　高建恩　张祖新　张新民　潘云生　陆杰臣

目　次

1　总则……………………………………………………………………………… 2103
2　基本资料………………………………………………………………………… 2103
3　规划……………………………………………………………………………… 2103
3.1　一般规定 ……………………………………………………………………… 2103
3.2　区域性规划内容 ……………………………………………………………… 2104
3.3　供水标准的确定 ……………………………………………………………… 2104
3.4　工程规模的确定 ……………………………………………………………… 2105
3.5　工程布置 ……………………………………………………………………… 2106
4　设计……………………………………………………………………………… 2107
4.1　集流工程 ……………………………………………………………………… 2107
4.2　蓄水工程 ……………………………………………………………………… 2107
4.3　生活供水系统 ………………………………………………………………… 2109
4.4　节水灌溉系统 ………………………………………………………………… 2109
4.5　集雨节水灌溉制度 …………………………………………………………… 2110
5　施工与设备安装………………………………………………………………… 2110
5.1　集流与蓄水工程施工………………………………………………………… 2110
5.2　节水灌溉工程施工与设备安装 ……………………………………………… 2111
6　工程验收………………………………………………………………………… 2112
7　管理……………………………………………………………………………… 2112
7.1　工程管理 ……………………………………………………………………… 2112
7.2　水质管理 ……………………………………………………………………… 2113
7.3　用水管理 ……………………………………………………………………… 2113
8　经济评价………………………………………………………………………… 2113
8.1　一般规定 ……………………………………………………………………… 2113
8.2　费用计算 ……………………………………………………………………… 2113
8.3　效益计算 ……………………………………………………………………… 2114
8.4　国民经济评价 ………………………………………………………………… 2114
附录 A　名词解释 ………………………………………………………………… 2114
附录 B　旱作农业区雨水集蓄利用工程非充分灌溉全年灌溉供水量估算方法 ……… 2115
附录 C　每立方米集流量所需集流面面积表 …………………………………… 2116
附录 D　雨水集蓄利用工程固定资产折旧年限表 ……………………………… 2118
附录 E　雨水集蓄利用工程国民经济评价计算方法 …………………………… 2119
本规范的用词和用语说明 ………………………………………………………… 2120

1 总 则

1.0.1 为提高雨水集蓄利用工程的建设质量和管理水平，促进农村供水、节水灌溉和社会经济的发展，特制定本规范。

1.0.2 本规范适用于地表水、地下水缺乏或开采利用困难，且多年平均降水量大于250mm的半干旱地区和经常发生季节性缺水的湿润、半湿润山丘地区，以及海岛和沿海地区雨水集蓄利用工程的规划、设计、施工、验收与管理。

1.0.3 雨水集蓄利用工程应由农户、联户或自然村进行建设和管理。建设与管理必须贯彻因地制宜、自力更生的原则，在政府的积极引导和支持下，按照农户的自愿进行。

1.0.4 雨水集蓄利用工程应提倡科学试验，搞好典型示范，注意引进适用新技术，鼓励群众和技术人员努力创新、不断总结和推广先进经验，使这项技术不断完善和发展。

1.0.5 雨水集蓄利用工程的建设和管理除符合本规范外，还应符合国家现行有关标准的规定。

2 基 本 资 料

2.0.1 建设雨水集蓄利用工程应收集工程所在地区年降雨量资料和多年平均年蒸发量资料，并分析计算得出多年平均、保证率为50%、75%及90%的年降雨量。无实测资料地区，可查本省（直辖市、自治区）多年平均降水量、蒸发量及 C_V 等值线图求得。

2.0.2 一般情况下可不测绘地形图，但应有集流面，蓄水设施及灌溉土地之间的相对位置和高差资料以及拟建工程位置的土质或岩性。必要时宜有1/500的局部地形图。

2.0.3 对拟作为集流面的屋顶、庭院、公路、乡村道路、天然坡面、打碾场等的面积应进行丈量。

2.0.4 对工程实施范围内已建集流面的材料和集流效率、蓄水设施的种类、结构和容积、提水设备、节水灌溉设施以及节水灌溉制度和工程运行管理情况应进行调查。

2.0.5 对工程实施范围内的人口、牲畜头数、计划利用雨水进行灌溉的作物种类、面积与需水、单产和灌溉情况以及土壤质地应进行调查。

2.0.6 对当地水泥、钢筋、石灰、防渗膜料以及砂、石、砖、土料等建筑材料的储（产）地、储（产）量、质量、单价、运距等应进行调查。

3 规 划

3.1 一 般 规 定

3.1.1 建设县及县以上的雨水集蓄利用工程必须进行区域性规划。

3.1.2 规划应根据当地雨水资源条件，提出适度而合理的开发利用规模。

3.1.3 规划应符合当地社会经济条件，充分考虑用水需求和承受能力；应与农村社会经济发展和扶贫规划相协调，并与水土保持及节水灌溉等项规划紧密结合；应注重农业结构调整和先进适用技术的应用，具有科学性和可操作性。

3.2 区域性规划内容

3.2.1 应对本地区缺水状况、发展雨水集蓄利用工程的必要性和可行性进行分析和论证，并应与其他供水工程措施进行技术经济的对比分析。

3.2.2 应对规划期内雨水集蓄利用工程解决本地区饮用水困难的人畜数量、生活供水定额、发展集雨节灌的面积、作物类型和灌水定额、发展养殖业和农村加工业的规模和供水量等主要指标，以及雨水集蓄利用工程的规模进行分析确定。应根据近、远期解决缺水问题的迫切性和资金、劳力的可能性合理确定其发展速度。

3.2.3 应根据气候、地形、地质等自然条件和社会经济特点进行分区，确定不同类型地区的雨水集蓄利用方式和工程布局。

3.2.4 应在规划中提出不同类型分区的雨水集蓄利用工程典型设计，并可根据典型设计用扩大指标法计算全地区的雨水集蓄利用工程量和投资。对国家、地方和农民的投入应进行统筹安排，农民投劳应折资计算。

3.2.5 应进行雨水集蓄利用工程的国民经济评价，论证其经济可行性。

3.2.6 应进行雨水集蓄利用工程对生态系统、水环境及人畜健康影响的分析评价。分析应定性与定量相结合，以定性为主。

3.2.7 应编制分期实施计划，并提出组织管理、技术支持、资金筹措、劳力安排等措施。

3.3 供水标准的确定

3.3.1 居民生活供水标准应按表3.3.1的规定取值。

表3.3.1 雨水集蓄利用工程居民生活供水定额

地　区	供水定额[L/(d·人)]
半干旱区	10~30
半湿润、湿润区	30~50

3.3.2 生产供水标准的确定应符合下列要求：

1 生产供水应包括农作物、蔬菜、果树和林草的补充灌溉供水以及畜禽养殖业和小型加工业的供水。

2 灌溉供水量应根据本地区农作物、树、草的需水特性和可能集蓄的雨水量，采用非充分灌溉的原理，确定补充灌溉的次数及每次补灌量。缺乏资料时，灌水次数和每次灌水定额可按表3.3.2-1的规定取值。在进行区域性规划时，可按本规范附录B计算。水田的灌溉定额应按照限额灌溉的原则，根据作物需水量、气象因素等确定。

表3.3.2-1 不同作物集雨灌溉次数和定额

作　物	灌水方式	不同降雨量的灌水次数		灌水定额 (m^3/hm^2)
		250~500mm	>500mm	
玉米等旱田作物	坐水种	1	1	45~75
	点　灌	2~3	2~3	75~90
	地膜穴灌	1~2	1~2	45~90
	注水灌	2~3	1~2	30~60
	滴灌地膜沟灌	1~2	2~3	150~225

续表 3.3.2-1

作　物	灌　水　方　式	不同降雨量的灌水次数		灌水定额（m^3/hm^2）
		250~500mm	>500mm	
一季蔬菜	滴　灌	5~8	6~10	120~180
	微喷灌	5~8	6~10	150~180
	点　灌	5~8	8~12	75~90
果　树	滴　灌	2~5	3~6	120~150
	小管出流灌	2~5	3~6	150~225
	微喷灌	2~5	3~6	150~180
	点灌（穴灌）	2~5	3~6	150~180
一季水稻	"薄、浅、湿、晒"和控制灌溉		6~9	300~400

3　畜禽养殖供水定额按表 3.3.2-2 的规定取值。小型加工业供水应按照节约用水、提高回收利用率的原则，根据生产实际需要确定或参照 CECS 82：96《农村给水设计规范》执行。

表 3.3.2-2　畜禽养殖供水定额

畜禽种类	大牲畜	猪	羊	禽
定额[L/(d·头、只)]	30~50	15~20	5~10	0.5~1.0

3.4　工程规模的确定

3.4.1　集流面面积确定应符合下列要求：

1　供水保证率应按表 3.4.1-1 的规定取值。

表 3.4.1-1　雨水集蓄利用工程供水保证

供水项目	居民生活用水	集雨灌溉	畜禽养殖	小型加工业
保证率（%）	90	50~75	75	75~90

2　一种用途雨水集蓄利用工程的集流面面积按公式（3.4.1-1）计算。

$$\sum_{i=1}^{n} S_i \cdot k_i \geqslant \frac{1000W}{P_{\mathrm{p}}} \qquad (3.4.1\text{-}1)$$

式中　W——一种用途的年供水量，m^3；

S_i——第 i 种材料的集流面面积，m^2；

P_{p}——保证率为 p 时的年降雨量，mm；

k_i——第 i 种材料的年集流效率（小数）；

n——材料种类数。

3　几种用途雨水集蓄利用工程的集流面总面积按公式（3.4.1-2）计算。

$$S_i = \sum_{j}^{m} S_{ij} \qquad (3.4.1\text{-}2)$$

式中　S_i——i 种材料集流面总面积，m^2；

S_{ij}——j 种用途第 i 种材料的集流面面积，m^2。

4　年集流效率应根据各种材料在不同降雨情况下观测试验资料确定。缺乏资料时，可按表3.4.1-2的规定取值。

表3.4.1-2　不同材料集流面在不同年降雨量地区的年集流效率

集流面材料	地区年集流效率（%）		
	年降雨量 250～500mm	年降雨量 500～1000mm	年降雨量 1000～1500mm
混凝土	75～85	75～90	80～90
水泥瓦	65～80	70～85	80～90
机　瓦	40～55	45～60	50～65
手工制瓦	30～40	35～45	45～60
浆砌石	70～80	70～85	75～85
良好的沥青路面	70～80	70～85	75～85
乡村常用土路、土碾场和庭院地面	15～30	25～40	35～55
水泥土	40～55	45～60	50～65
化学固结土	75～85	75～90	80～90
完整裸露塑料膜	85～92	85～92	85～92
塑料膜覆中粗砂或草泥	30～50	35～55	40～60
自然土坡（植被稀少）	8～15	15～30	30～50
自然土坡（林草地）	6～15	15～25	25～45

3.4.2　蓄水工程容积可按公式（3.4.2）计算。

$$V=\frac{KW}{1-\alpha} \tag{3.4.2}$$

式中　V——蓄水容积，m^3；

W——全年供水量，m^3；

α——蓄水工程蒸发、渗漏损失系数，取0.05～0.1；

K——容积系数：半干旱地区，人畜饮用工程可取0.8～1.0，灌溉供水工程可取0.6～0.9；湿润、半湿润地区可取0.25～0.4。

3.4.3　蓄水工程超高应符合下列要求：

1　顶拱采用混凝土支护的水窖蓄水位距地面的高度应大于0.5m，并符合防冻要求；顶拱采用薄壁水泥砂浆或粘土防渗的水窖蓄水位应低于起拱线0.2m。

2　水池超高应按表3.4.3的规定取值。

表3.4.3　水池超高值

蓄水容积（m^3）	<100	100～200	200～500
超　高（cm）	30	40	50

3.5　工程布置

3.5.1　雨水集蓄利用工程应与集流工程、蓄水工程以及供水和节水灌溉设施统一布置，用于生产的雨水集蓄利用工程宜与农业措施相结合。

3.5.2　集流工程的集流能力应与蓄水工程容量相一致，不得布置集流量不足或没有水源

的蓄水工程。

3.5.3 为生活供水的雨水集蓄利用工程与居住地的畜禽养殖供水集雨工程可一起布置，与其他生产用水的工程宜分开布置。

3.5.4 有条件时，蓄水工程的布置应尽量利用其他水源作为补充水源。

4 设 计

4.1 集 流 工 程

4.1.1 集流工程应由集流面、汇流沟和输水渠组成。当集流面较宽时，宜修建截流沟拦截降雨径流并引入汇流沟。

4.1.2 集流面选址时，应尽量避开粪坑、垃圾场等污染源。半干旱地区无植被的土类集流面及沥青公路不宜作为人饮工程集流面。应尽量利用透水性较低的现有人工设施或自然坡面作为集流面，并应视需要改造或新建截流、汇流沟。为灌溉目的修建的集流面宜尽可能布置在高于灌溉地块的位置。

4.1.3 新建人工集流面可采用混凝土、浆砌片（块）石、砌砖、灰土、水泥土、塑料薄膜、原土翻夯或用化学方法固结土壤等对地面进行衬砌防渗以及在草（草泥）屋顶上铺设水泥瓦或机瓦等形式。各种集流面材料的选择应进行技术、经济比较。

4.1.4 新建人工集流面应符合下列要求：

1 集流面应具有纵向坡度。集流面下游及两侧边应修建边埂。边埂可用土料填筑，表面应衬砌。

2 混凝土集流面宜采用厚度 3～4cm 的 C15 现浇混凝土，分块尺寸宜采用 1.5m×1.5m～2.0m×2.0m，缝宽 1.0～1.5cm，缝内可采用粘土、沥青砂浆等材料填实。

3 浆砌片（块）石集流面可采用一层石料平铺。应采用砂浆座浆砌筑和勾缝，勾缝应采用平缝。座浆水泥砂浆标号不宜低于 M7.5，勾缝砂浆不宜低于 M10。

4 裸露式塑膜集流面可采用农用地膜或棚膜。埋藏式塑膜集流面宜采用 0.1～0.2mm 厚聚氯乙烯或聚乙烯塑料薄膜，覆盖材料可采用厚度 5cm 左右的草泥或中、粗砂。

5 原土翻夯、灰土集流面的厚度应不小于 30cm。原土翻夯后的干容重应不小于 $1.5t/m^3$。灰土中白灰与土的体积比例宜为 3:7。水泥土中的水泥含量宜为 8%～12%，水泥土厚度宜为 10cm，夯实干容重应不小于 $1.55t/m^3$。

4.1.5 屋顶集流面可采用接水槽或在屋檐下的地面上修建汇流沟汇流。利用道路、自然坡面或新建专用集流面集流时，均应修建汇流沟。汇流沟可采用混凝土现浇或预制、块（片）石、砖衬砌的矩形、U 形渠或土渠。汇流沟的纵向坡度应根据地形确定，衬砌渠（沟）一般不宜小于 1/300，土渠（沟）不宜小于 1/500，断面尺寸应按汇流量确定。

4.2 蓄 水 工 程

4.2.1 蓄水工程形式的选择应根据地形、土质、用途、建筑材料和社会经济等因素确定。为生活供水修建的蓄水工程宜采用水窖、水罐或在房屋内修建的水池。

4.2.2 蓄水工程应符合下列要求：

1　位置应避开填方或易滑坡地段，地下式蓄水工程外壁与崖坎和根系较发育树木的距离不得小于5m。多个水窖或水窖衬砌外壁之间的距离不得小于4m。

2　利用公路路面集流时，蓄水工程位置应符合公路的有关技术要求，汇流沟或输水渠的修建不得破坏公路原有排水系统。

3　蓄水工程必须进行防渗处理。

4　为生活用水修建的或半干旱地区蓄水工程宜建顶盖。

5　蓄水工程的进水口应设堵水设施，并布置泄水道。在正常蓄水位处应设置泄水管（口）。

6　蓄水工程进口前应设拦污栅。利用天然土坡、土路、场院集流时，应在进口前修建沉沙池。沉沙池位置离道路边距离不宜小于2m，尺寸应视集流面大小和来沙情况确定。

7　蓄水工程的底部出水管或倒虹吸管进口应高于底板30cm。

4.2.3　土层内修建的水窖设计应符合下列要求：

1　水窖防渗材料可采用水泥砂浆抹面、粘土或现浇混凝土。水泥砂浆标号应不低于M10，厚度不宜小于3cm，其表面宜用纯水泥浆刷2～3遍。土质较差时，宜在窖壁上按一定间距布设深10cm左右的砂浆短柱，与砂浆层形成整体。粘土厚度可采用3～5cm，也宜在窖壁上布设土铆钉（码眼），每平方米不少于20个。混凝土标号不宜低于C15，厚度可采用10cm。

2　水窖顶宜采用混凝土拱或砂浆砌砖拱。混凝土标号不宜低于C15，厚度不小于10cm，砌砖可采用标号不低于M10的水泥砂浆。土质较好时，也可用厚3～5cm的粘土或水泥砂浆防渗。水窖底基土应先进行翻夯；其上宜填筑厚20～30cm厚的灰土，石灰与土重量比为3∶7，灰土上再抹水泥砂浆3～4cm；或采用厚10cm的现浇素混凝土。窖壁一般可采用水泥砂浆或粘土防渗，水泥砂浆厚度不宜小于3cm，标号可采用M10。但土质较软弱或砂粒含量较高时，宜采用素混凝土支护，混凝土厚度不宜小于10cm，标号可采用C15。

3　窖顶、壁和底均采用水泥砂浆或粘土防渗，无其他支护的水窖总深度不宜大于8m，最大直径不宜大于4.5m，顶拱的矢跨比不小于0.5；窖顶采用混凝土或砖砌拱、窖底采用混凝土、窖壁采用砂浆防渗的水窖总深度不宜大于6.5m，最大直径不宜大于4.5m，顶拱的矢跨比不宜小于0.3。

4　水窖顶高于地面的高度不宜小于30cm，水窖口直径宜为60～80cm。

4.2.4　岩层内修建的水窖宜采用宽浅形式。开挖岩石面如比较完整坚固，可在岩面上抹水泥砂浆，如岩石破碎或不稳定，应采用浆砌石或混凝土支护。窖顶及地面以上边墙外侧应堆筑土或开挖的石料隔温。

4.2.5　岩石崖面上可修建隧洞式水窖。顶部可视岩石坚固程度采用浆砌石、混凝土支护、砂浆抹面或不支护。蓄水部分应进行防渗处理。

4.2.6　土层内的水窑设计应符合下列要求：

1　水窑宽度不宜大于4.5m，拱的矢跨比不宜小于0.33，窑顶上土体厚度应大于3m，蓄水深度不宜大于3m。

2　水窑可采用水泥砂浆或粘土防渗，并按照本规范4.2.3条第1款的规定执行。拱顶支护：当土质较好时，可采用厚度3～4cm的水泥砂浆抹面；土质较差时，应采用混凝土、浆砌石或砖砌体支护，此时，矢跨比可适当减少。底部应进行翻夯压实。

4.2.7 水池设计应符合下列要求：

1 水池应尽量采用标准设计，或按五级建筑物根据有关规范进行设计。水池池底及边墙可采用浆砌石、素混凝土或钢筋混凝土。最冷月平均温度高于5℃的地区也可采用砖砌，但应采用水泥砂浆抹面。池底采用浆砌石时，应座浆砌筑，水泥砂浆标号不低于M10，厚度不小于25cm。采用混凝土时，标号不宜低于C15，厚度不小于10cm。土基应进行翻夯处理，深度不小于40cm。

2 寒冷地区水池的盖板上应覆土或采取其他保温措施。

3 湿陷性黄土上修建的水池应优先考虑采用整体式钢筋混凝土或素混凝土水池。地基土为弱湿陷性黄土时，池底应进行翻夯处理，翻夯深度不小于50cm；如基土为中、强湿陷性黄土时，应加大翻夯深度，采取浸水预沉等措施处理。

4 水池内宜设置爬梯，池底应设排污管。

5 封闭式水池应设清淤检修孔，开敞式水池应设护栏，护栏应有足够强度，高度不小于1.1m。

4.3 生活供水系统

4.3.1 人的饮用取水宜使用手压泵或微型电泵。经济条件不具备时，在运行初期也可采用吊桶等较简单的汲水方法。

4.3.2 生活供水管道宜采用聚乙烯塑料管或其他无毒管材。

4.4 节水灌溉系统

4.4.1 利用集蓄雨水进行灌溉时，应采用节水灌溉方法。对旱作农田可采用点灌、注水灌、坐水种、膜上穴灌、地膜沟灌、滴灌、微喷灌、小型移动式喷灌等，不得使用漫灌方法。对水稻田可采用“薄、浅、湿、晒”和控制灌溉。

4.4.2 点灌、注水灌和坐水种可人工进行。有条件的地方，也可采用开沟、播种、坐水、覆膜一次完成的坐水播种机。

4.4.3 一般情况下，平坦地区管网的干、支管管槽开口宽可为40cm左右，管槽深度不宜小于50cm，寒冷地区还应考虑防冻要求。

4.4.4 集雨滴灌工程设计应符合下列要求：

1 应符合SL 103—95《微灌工程技术规范》的要求。宜采用定型设计。

2 有地形条件的地方，宜采用自压滴灌。

3 大田集雨滴灌宜采用移动或半固定布置形式。果树及大棚的滴灌可采用固定布置形式。半干旱地区的大田移动式或半固定式滴灌毛管宜采用集中布置方式。

4 过滤设备应采用120目网式过滤器。有条件的地方，可选用文丘里式或压差式化肥、农药注入设备。严禁将化肥、农药加入到水源工程中。

5 滴头的选择应考虑土壤、作物、气象等因素，应选择经过法定机构检测合格的产品。对砂质土壤宜选用流量不小于3L/h的滴头，对粘性土壤宜选用流量不大于2L/h的滴头。

4.4.5 微喷灌工程应符合下列要求：

1 微喷灌工程应符合SL 103—95的要求，设备应选用经过法定检测机构检测合格的产品。

2 微喷灌宜用于经济价值较高的作物，一般宜采用固定或半固定式布置。

3 微喷头的选择应考虑土壤、作物和气候等因素。宜采用折射式或旋转式微喷头。

4.4.6 小型集雨喷灌工程的设计应符合下列要求：

1 应符合 GBJ 85—85《喷灌工程技术规范》的要求，设备应选用经过法定检测机构检测合格的产品。

2 可用于集雨量较多的湿润、半湿润地区。

3 宜采用单喷头喷灌机和人工移动管道式喷灌机。有地形条件的地方，应采用自压式喷灌。

4.5 集雨节水灌溉制度

4.5.1 应采用非充分灌溉方法，以提高灌溉水生产率为目标，根据当地降雨和作物需水规律，分析确定影响作物生长关键缺水期及需要补充的灌溉水量，进行关键期补水灌溉的灌溉制度设计。

4.5.2 资料不足时，各种灌溉方法的集雨节灌的灌水次数和定额可按本规范表 3.3.2-1 的规定取值。

5 施工与设备安装

5.1 集流与蓄水工程施工

5.1.1 建筑材料应符合下列要求：

1 水泥应符合 SDJ 207—82《水工混凝土施工规范》第 4.1.1 条及第 4.1.7 条的规定，采用检测合格的产品。水泥标号不宜高于 425 号。

2 砂料应质地坚硬、清洁、级配良好，宜采用中砂，含泥量应小于 3%。

3 粗骨料应质地坚硬，不得采用软弱、风化骨料；粒径应符合 SDJ 207—82 第 4.1.13 条第（1）款的规定，含泥量不大于 1%。

4 砌筑水窖（窑、池）使用的石料应坚硬完整，不得使用风化石或软弱岩石；砌筑时应将石料上的泥土、杂物洗刷干净。

5 拌和用水应符合 SDJ 207—82 第 4.1.15 条、第 4.1.16 条的有关规定。

5.1.2 土石方施工应符合下列要求：

1 基础应置于完整、均匀的地基上。水窖（窑、池）开挖时如发现基土裂缝宽度大于 0.5cm 且为通缝，应另选工程地址。不宜在地基条件不均匀或地下水位高的地方以及破碎基岩上建蓄水工程。

2 水窖（窑、池）开挖中应随时注意土基或岩石有无变形，及时支护，防止塌方。雨天施工，应搭建遮雨篷，基坑周围应设排水沟。

3 水窖（窑、池）土方开挖宜从中心向四周扩大，当基土干密度低于 $1.5t/m^3$ 时，开挖直径应比设计尺寸小 6 ~ 8cm，预留部分土应击实砸平。

4 岩基开挖后如发现有裂缝时，应用混凝土或水泥砂浆灌填。开挖采用爆破作业时，应采取打浅孔、弱爆破的方法。

5 砖石砌体和混凝土构件背水面超挖部分和隧洞式水窖的拱顶之上，应回填密实，不得留有空洞。

5.1.3 混凝土和砂浆施工应符合下列要求：

1 混凝土配合比的拟定应符合 SDJ 207—82 的规定。砂浆配合比应符合 JGJ/T 98—96《砌筑砂浆配合比设计规程》的规定。可在一县范围内，对混凝土原材料相似的不同地区，拟定几个适合不同条件的配合比供工程实施时应用。

2 模板与支撑应保证足够的刚度和稳定性。表面应平整光滑，接缝严密，表面应涂废机油或肥皂水。混凝土浇筑前，必须清除仓内杂物。

3 混凝土及砂浆应按照配合比进行拌和。采用人工拌和时，应干、湿料各拌 3 次。混凝土拌合料在拌和后至使用完毕的时间：在常温下不应超过 3h，气温超过 30℃时，不应超过 2h。

4 混凝土浇筑应连续进行，每次浇筑高度不应超过 20cm。如因故中途停止浇筑，间歇时间不得超过 SDJ 207—82 第 4.5.11 条的规定。否则，应在浇筑停止 24h 后，将混凝土表面凿毛，清洗表面和排除积水，再用 1:1 水泥砂浆铺层 2～3cm，方可浇筑新的混凝土。

5 混凝土浇筑时应进行振捣密实。有条件的宜采用机械震捣。抹面应平整光滑。

6 混凝土及砂浆应在终凝后覆盖麦草、草袋等物，洒水养护时间应不小于 7 天。夏天天气炎热时每天洒水不得少于 4 次，地下部位可适当减少养护次数。

5.1.4 混凝土伸缩缝的形式、位置、尺寸及填缝材料的规格，均应符合设计规定。施工缝内杂物应清除干净，填充应饱满、密实。

5.1.5 浆砌块（片）石应采用座浆砌筑，不得先干砌再灌缝。砌筑应做到石料安砌平整、稳当，上下层砌石应错缝，砌缝应用砂浆填充密实。石料砌筑前，应先湿润表面。

5.1.6 塑膜铺设施工应符合下列要求：

1 塑膜铺设接缝可采用焊接和搭接两种，焊接时两幅膜重叠宽度不宜小于 10cm；搭接可采取折叠止水，重叠宽度不得小于 30cm。

2 埋藏式塑膜的草泥覆盖层应厚度均匀、抹压密实平整。砂覆盖层应摊铺均匀。塑膜铺设宜避开高温及寒冷天气。

5.1.7 原土翻夯应分层夯实，每层铺松土应不大于 20cm。夯实深度和密实度应达到设计要求。夯实后表面应整平。回填土含水量宜按表 5.1.7 的规定取值。

表 5.1.7 回填土料适宜含水量范围

土料种类	砂壤土	壤土	重壤土
含水量范围（%）	9～15	12～15	16～20

5.1.8 混凝土、浆砌石和水泥土集流面的土基应进行翻夯处理，深度应按设计规定或不少于 30cm，翻夯应符合本规范 5.1.7 条的规定。塑膜集流面的土基应铲除杂草，清除杂物、整平表面并拍实或夯实。

5.1.9 施工中应按有关安全规程、规范执行，避免事故发生。

5.2 节水灌溉工程施工与设备安装

5.2.1 滴灌、微喷灌和小型移动式喷灌机的施工安装应符合 SL 103—95 和 GBJ 85—85 的要求。

5.2.2 管网施工安装应符合下列要求：

1 按设计规定开挖管槽，槽底应当整平，清除杂物。

2 铺设聚乙烯半软管时，不得扭折或随地拖拉。管道安装宜由首部枢纽起沿主、干管槽向下游逐根连接，可采用加温套接或专用套管承插连接。移动式的干、支管线路应平顺地铺在地表垄中。

3 管网安装后应经冲洗试压后，方可回填管槽。

6 工 程 验 收

6.0.1 雨水集蓄利用工程的验收应根据有关规范、规程、当地典型工程设计及地方性规定进行。验收应包括工程布置、集流工程、蓄水工程、供水设施和节水灌溉设施。

6.0.2 工程布置验收应检查各组成部分是否齐全、配套，布置是否合理。验收可采用综合评判法，上述各项均合格者评定为合格，否则评定为不合格。

6.0.3 集流工程验收应符合下列要求：

1 集流面面积和质量的检查，两项同时符合设计要求，评定为合格，否则为不合格。

2 集流面面积验收应采用量测法，不小于设计面积为合格。

3 集流面质量验收可采用直观检查法。集流面坡度一致，汇流沟、截水沟、边埂设置合理，硬化集流面无裂缝，塑膜集流面无破损为合格。新建混凝土集流面应进行厚度测定、伸缩缝及表面质量检查。厚度不得小于设计尺寸，伸缩缝应符合设计要求，表面应光滑密实。

6.0.4 蓄水工程验收应符合下列要求：

1 容积、质量和配套设施同时符合设计要求为合格，否则为不合格。

2 容积检查宜采用量测法，不小于设计值为合格。

3 蓄水工程质量验收可采用直观检查和访问相结合的办法。工程牢固无损伤，防渗性能好为合格。

4 沉沙池、泄水渠（沟）等配套设施齐全，质量符合设计要求为合格。

6.0.5 供水设施验收应采用试运行法，供水正常为合格。

6.0.6 灌溉设施验收应符合下列要求：

1 灌溉面积和灌溉系统同时符合设计要求为合格，否则为不合格。

2 灌溉面积验收采用量测法，不少于设计面积的95%为合格。

3 灌溉系统验收采用试运行法，运行正常、满足设计要求为合格。

7 管 理

7.1 工 程 管 理

7.1.1 应定期对工程运行状态进行观察，发现异常应及时处理。

7.1.2 蓄水工程清淤每年不应少于1次。汛期应经常观察蓄水量的变化。蓄水达到设计水位时，应及时关闭进水口。对汇流沟、沉沙池及蓄水工程的泄水管（口）应经常进行疏掏，保持畅通。

7.1.3 水窖（窑、池）宜保留深度不小于20cm的底水，防止开裂。寒冷地区开敞式水池冬季应采取防冻措施，防止冻害。

7.1.4 水窖、水窑应随时检查窖盖和进水口是否完好。除作为微灌水源的水池外，湿润地区开敞式水池可发展水面种植或养殖，或在池边种植藤蔓植物。

7.1.5 水窖窖口、水窑进人孔应加盖（门）锁牢。

7.1.6 各类灌溉设施必须按照操作规程使用和管护。喷灌机组、微灌设备应有专人管理。

7.2 水 质 管 理

7.2.1 雨水集蓄利用工程的水在人饮用前，应进行过滤、加消毒药、煮沸或采用其他净化措施达到GB 749—85《生活饮用水卫生标准》的要求。

7.2.2 每年在春秋两季应定期对人饮蓄水工程水质进行定点和抽样化验。化验项目应包括细菌、大肠杆菌总数、浑浊度和pH值。化验资料应存档备查。

7.2.3 应保持蓄水工程四周及集雨面清洁。不得在水源附近进行勾兑化肥、农药及其他可能造成水源污染的活动。

7.2.4 半干旱地区庭院集流面在降雨前应进行清扫。人饮水窖（池）宜定期加漂白粉等药物消毒。

7.2.5 在水池中进行养殖时，应防止水的富营养化。

7.3 用 水 管 理

7.3.1 雨水集蓄利用工程应提倡节约用水、科学用水。在降雨较少年份，应优先保证生活和牲畜用水，调整和减少其他用水量。

7.3.2 联户、合股兴办的蓄水工程应建立用水制度，实行计量有偿供水。

7.3.3 多个蓄水工程共用的集流工程应本着公平合理的原则，分批引蓄，避免水事纠纷。

8 经 济 评 价

8.1 一 般 规 定

8.1.1 雨水集蓄利用工程项目应进行国民经济评价，不作财务评价。

8.1.2 经济评价只在县及县以上部门制定区域性雨水集蓄利用工程规划时进行。

8.1.3 雨水集蓄利用工程项目进行经济评价时，社会折现率可采用7%。

8.1.4 主要为解决生活用水而修建的雨水集蓄利用工程的经济评价，应定性与定量相结合，以定性为主决定评价结论。

8.2 费 用 计 算

8.2.1 雨水集蓄利用工程的项目费用应包括固定资产投资和年运行费。可不计列流动资金。

8.2.2 固定资产投资应计算达到设计效益所需的全部工程建设费用，包括材料、设备、劳务、机械等费用。可利用典型雨水集蓄利用工程的分析资料，采用扩大指标计算。

8.2.3 年运行费应包括能源消耗费、维护费及折旧费。其计算应符合以下要求：

1 能源消耗费应包括提水时所消耗的电费或燃料、材料消耗、劳务、机械等费用。当使用人力提水时，应包括劳务费。

2 维护费应包括日常养护和定期大修费用，可根据雨水集蓄利用工程实际使用情况分析确定，缺乏资料时，可按投资的2%～3%计算。

3 折旧费可采用平均年限法计算。折旧年限应根据各地雨水集蓄利用工程的经验确定，也可参照本规范附录D确定。

8.3 效益计算

8.3.1 雨水集蓄利用工程项目的效益应包括生活供水和生产供水所获得的效益。生产供水效益应包括灌溉、畜禽养殖、发展小型加工业等方面的效益。应进行效益分摊。

8.3.2 雨水集蓄利用工程项目的乡村生活供水效益应包括节省运水的劳力、畜力、运输机械和相应的燃料、材料等费用；改善水质，减少疾病可节省的医疗、保健费用以及提高生活质量等效益。

8.3.3 雨水集蓄利用工程项目的灌溉效益应计算因灌溉而提高作物的产量和质量所增加的产值，该增产值应根据对比试验资料或区域调查统计资料确定。计算时，宜按多年平均、设计年和特大干旱年的年增产值进行加权平均。如增产值为灌溉和其他农业技术措施的综合效益，应由农业、灌溉合理分摊，其值应根据调查资料和灌溉实验资料分析确定。资料不足时，灌溉效益分摊系数可取0.4～0.6。农产品价格按SL 72—94《水利建设项目经济评价规范》附录C计算。

8.4 国民经济评价

8.4.1 雨水集蓄利用工程项目的经济评价应以动态法为主、静态法为辅进行。乡村申请上级政府财政补助的雨水集蓄利用工程可只采用静态法。

8.4.2 静态分析法的经济评价指标可采用投资回收期。当投资回收期小于或等于10年时为经济可行。投资回收期按本规范附录D计算。

8.4.3 动态分析法应以经济内部回收率、经济净现值和经济效益费用比等指标进行评价，评价方法可按照本标准附录E的规定执行。计算期一般可取10～15年。

附录A 名词解释

A.0.1 雨水集蓄利用工程：本规范适用的雨水集蓄利用工程，是指采取工程措施对雨水进行收集、蓄存和调节利用的微型水利工程。其蓄水部分一般都进行防渗处理，容积一般不大于500m^3。雨水集蓄利用工程主要为了供给农村生活用水及生产用水，解决人畜饮用水困难、发展庭院经济、进行农作物和林草节水灌溉以及适当发展养殖业、加工业等。雨水集蓄利用工程由集流工程、蓄水工程、供水及灌溉设施等部分组成。

A.0.2 水窖：一种地下埋藏式蓄水工程。在土质地区修建的水窖，形状一般为口小内腔大，断面多为圆形，深度与最大直径之比一般为1.5～2。在岩石地区修建的水窖，形状一般为宽浅形，其全部或大部分系开挖而成，也有在地面上砌筑少部分窖身，加顶盖，并在顶盖以上覆土以及在地面上的墙体周围堆土石以隔温。

A.0.3 水窑：在崖面上水平开挖进去的蓄水工程。在土崖上开挖的形状为窑洞状。在岩石崖面上开挖的形状为隧洞状。

A.0.4 作物需水关键期：作物生长的某些阶段，这些阶段的缺水将对作物生长发生不可逆转的影响，造成严重减产。

A.0.5 非充分灌溉：不完全满足作物生育期内的需水要求，而只在作物需水关键期进行补水灌溉，从而获得总体最佳效益。

A.0.6 集雨灌溉：用雨水集蓄利用工程集蓄的水量，按照非充分灌溉的原理和方法，采用很小的灌水定额和利用率很高的方法，对作物根系进行的灌溉。

A.0.7 点灌：用人工在稀植或中耕作物根部浇水的灌溉方式。

A.0.8 坐水种：播种时在种子坑穴进行灌水以保证种子发芽和苗期的正常生长的一种灌溉方式。坐水种可以人工进行，也可以采用开沟、灌水、播种、施肥、覆土、覆膜一次完成的坐水播种机进行。

A.0.9 膜上穴灌：通过地膜上的孔进行灌水的灌溉方法。其步骤是播种并覆上地膜后，在出苗时将地膜呈十字形划破，并扩大为可收集降雨和接纳灌溉水的集流灌水孔。

A.0.10 地膜沟灌：用地膜覆盖二垄一沟，在不覆膜的沟内进行灌水、以湿润两边土垄的灌溉方法，适用于中耕作物。在覆膜沟两边的垄距小于灌水沟两边的垄距。

附录B 旱作农业区雨水集蓄利用工程非充分灌溉全年灌溉供水量估算方法

旱作农业区的非充分灌溉全年灌溉水量可按照公式（B）估算。

$$M_d = \beta(N - 10P_e - W_s)/\eta \tag{B}$$

式中 M_d——全年灌溉水量，m^3/hm^2；

β——非充分灌溉系数，取0.3～0.6；

N——农作物、果树或林草全年需水量，m^3/hm^2；

P_e——农作物、果树或林草生育期有效降雨量，mm；

W_s——播种前土壤有效储水量，缺乏实测资料的地区可按 N 的15%～25%估算；

η——灌溉水利用系数，可取0.8～0.95。

附录C　每立方米集流量所需集流面面积表

表C1　人畜饮水雨水集流工程每立方米集流量所需集流面面积　（m^2）

变差系数	降雨量（mm）	混凝土	水泥瓦	机　瓦	手工瓦	土场院
0.20	250	7.1	8.2	13.3	17.8	35.6
	300	5.8	6.5	10.3	13.9	24.7
	350	4.8	5.4	8.3	11.2	18.1
	400	4.1	4.5	6.8	9.3	13.9
	450	3.6	3.8	5.7	7.8	11.0
	500	3.1	3.3	4.8	6.7	8.9
	600	2.6	2.7	3.9	5.3	6.5
	700	2.2	2.3	3.3	4.4	5.3
	800	1.9	2.0	2.9	3.8	4.4
0.25	250	7.6	8.8	14.3	19.0	38.1
	300	6.2	7.0	11.1	14.9	26.5
	350	5.2	5.7	8.9	12.0	19.4
	400	4.4	4.8	7.3	9.9	14.9
	450	3.8	4.1	6.1	8.4	11.8
	500	3.4	3.6	5.2	7.1	9.5
	600	2.7	2.9	4.2	5.7	7.0
	700	2.3	2.5	3.5	4.7	5.7
	800	2.0	2.1	3.1	4.1	4.7
0.30	250	8.3	9.6	15.6	20.8	41.7
	300	6.8	7.7	12.1	16.3	28.9
	350	5.7	6.3	9.7	13.1	21.3
	400	4.8	5.3	8.0	10.9	16.3
	450	4.2	4.5	6.7	9.1	12.9
	500	3.7	3.9	5.7	7.8	10.4
	600	3.0	3.2	4.6	6.2	7.7
	700	2.5	2.7	3.8	5.2	6.2
	800	2.2	2.3	3.4	4.4	5.1
0.35	250	9.1	10.5	17.1	22.8	45.5
	300	7.4	8.4	13.2	17.8	31.6
	350	6.2	6.9	10.6	14.3	23.2
	400	5.3	5.8	8.7	11.9	17.8
	450	4.6	4.9	7.3	10.0	14.0
	500	4.0	4.3	6.2	8.5	11.4
	600	3.3	3.6	5.2	7.1	9.2
	700	2.9	3.0	4.4	5.9	7.4
	800	2.5	2.7	3.9	5.2	6.3

续表 C1

变差系数	降雨量（mm）	混凝土	水泥瓦	机　瓦	手工瓦	土场院
0.40	250	10.0	11.6	18.8	25.1	50.1
	300	8.1	9.2	14.6	19.6	34.8
	350	6.8	7.6	11.7	15.8	25.6
	400	5.8	6.4	9.6	13.1	19.6
	450	5.0	5.4	8.0	11.0	15.5
	500	4.4	4.7	6.8	9.4	12.5
	600	3.7	3.9	5.7	7.8	10.1
	700	3.2	3.4	4.9	6.5	8.1
	800	2.8	2.9	4.3	5.7	6.9

表 C2　集雨灌溉及家庭养殖用雨水集流工程每立方米集流量所需集流面面积表　(m^2)

变差系数	降雨量（mm）	混凝土	水泥瓦	机　瓦	手工瓦	土路面场　院	良好沥青路面	裸露塑料薄膜	自然土坡
0.20	250	6.2	7.2	11.6	15.5	31.0	6.6	5.5	58.3
	300	5.0	5.7	9.0	12.1	21.5	5.4	4.5	41.3
	350	4.2	4.7	7.2	9.8	15.8	4.5	3.8	30.8
	400	3.6	3.9	5.9	8.1	12.1	3.8	3.3	23.9
	450	3.1	3.4	5.0	6.8	9.6	3.3	2.9	19.0
	500	2.7	2.9	4.2	5.8	7.8	2.9	2.6	15.5
	600	2.2	2.4	3.4	4.6	5.7	2.4	2.1	10.8
	700	1.9	2.0	2.9	3.9	4.6	2.0	1.8	7.9
	800	1.6	1.7	2.5	3.3	3.8	1.7	1.6	6.1
0.25	250	6.5	7.5	12.2	16.3	32.5	7.0	5.7	60.8
	300	5.3	6.0	9.5	12.7	22.6	5.6	4.7	43.1
	350	4.4	4.9	7.6	10.2	16.6	4.7	4.0	32.2
	400	3.8	4.1	6.2	8.5	12.7	4.0	3.5	24.9
	450	3.3	3.5	5.2	7.1	10.0	3.5	3.0	19.9
	500	2.9	3.0	4.4	6.1	8.1	3.0	2.7	16.2
	600	2.3	2.5	3.6	4.8	6.0	2.5	2.2	11.3
	700	2.0	2.1	3.0	4.1	4.8	2.1	1.9	8.3
	800	1.7	1.8	2.6	3.5	4.0	1.8	1.7	6.3
0.30	250	6.8	7.9	12.8	17.1	34.2	7.3	6.0	63.8
	300	5.6	6.3	9.9	13.4	23.7	5.9	5.0	45.2
	350	4.6	5.2	8.0	10.8	17.4	5.0	4.2	33.7
	400	4.0	4.3	6.5	8.9	13.4	4.2	3.6	26.1
	450	3.4	3.7	5.5	7.5	10.6	3.7	3.2	20.8
	500	3.0	3.2	4.7	6.4	8.5	3.2	2.8	17.0
	600	2.5	2.6	3.7	5.1	6.3	2.6	2.3	11.8
	700	2.1	2.2	3.2	4.3	5.1	2.2	2.0	8.7
	800	1.8	1.9	2.8	3.6	4.2	1.9	1.7	6.6

续表 C2

变差系数	降雨量（mm）	混凝土	水泥瓦	机　瓦	手工瓦	土路面场　院	良好沥青路面	裸露塑料薄膜	自然土坡
0.35	250	7.1	8.2	13.4	17.8	35.7	7.6	6.3	66.8
	300	5.8	6.6	10.4	13.9	24.8	6.2	5.2	47.4
	350	4.8	5.4	8.3	11.2	18.2	5.2	4.4	35.4
	400	4.1	4.5	6.8	9.3	13.9	4.4	3.7	27.4
	450	3.6	3.9	5.7	7.8	11.0	3.8	3.3	21.8
	500	3.1	3.3	4.9	6.7	8.9	3.3	2.9	17.8
	600	2.6	2.8	4.1	5.6	7.2	2.8	2.4	12.4
	700	2.2	2.4	3.5	4.7	5.8	2.4	2.1	9.1
	800	2.0	2.1	3.0	4.1	4.9	2.1	1.8	7.0
0.40	250	7.5	8.7	14.1	18.8	37.7	8.1	6.6	70.6
	300	6.1	6.9	10.9	14.7	26.2	6.5	5.4	50.1
	350	5.1	5.7	8.8	11.9	19.2	5.5	4.6	37.4
	400	4.4	4.8	7.2	9.8	14.7	4.6	4.0	28.9
	450	3.8	4.1	6.0	8.3	11.6	4.0	3.5	23.1
	500	3.3	3.5	5.1	7.1	9.4	3.5	3.1	18.8
	600	2.8	2.9	4.3	5.9	7.6	2.9	2.6	13.1
	700	2.4	2.5	3.7	4.9	6.1	2.5	2.2	9.6
	800	2.1	2.2	3.2	4.3	5.2	2.2	1.9	7.4

附注：

1. 当已知供水量后，可按本附录表 C1 和表 C2 计算需要的集流面面积。计算时，应根据当地的多年平均降雨量和降雨年际变差系数 C_V，查得每立方米集流量所需某种集流面的面积，再乘以供水量，即得到该种集流面的面积。
2. 表中列出了为生活供水的雨水集蓄工程中几种常用的集流面，当所选的集流面形式不在表中所列时，可参考表中数值并结合地方经验选取。
3. 当工程所在地的降雨量及 C_V 值不在表中所列时，可采用线性内插的方法查算。

附录 D　雨水集蓄利用工程固定资产折旧年限表

表 D　雨水集蓄利用工程固定资产折旧年限

固　定　资　产　名　称	折旧年限（年）
1　集流面	
1.1　混凝土、浆砌石集流面	20
1.2　砌砖表面抹砂浆集流面	12
1.3　水泥土、三合土集流面	8
1.4　埋藏式塑料薄膜集流面	5
1.5　原土夯实集流面	3
1.6　青瓦屋面	10
1.7　水泥瓦、机瓦屋面	20

续表 D

固　定　资　产　名　称	折旧年限（年）
2　土层内的水窖	
1.1　拱顶、窖壁及底均为现浇混凝土	30
1.2　拱顶及底为现浇混凝土，窖壁为水泥砂浆抹面	20
1.3　薄壁水泥砂浆防渗窖	15
3　岩层内的水窖	30
4　土层内用水泥砂浆抹面的水窖	15
5　土层内用混凝土或浆砌石支护的水窖	30
6　坚硬岩石中或软岩中用浆砌石或混凝土支护的隧洞式水窑	40
7　现浇混凝土或浆砌石水池	40
8　微灌设备及塑料管道	6

附录 E　雨水集蓄利用工程国民经济评价计算方法

E.0.1　静态法国民经济评价的投资回收期应等于本附录表 E 中累计净效益流量为零的年份，或按公式（E.0.1）计算

$$T_r = \frac{I}{B - C} \tag{E.0.1}$$

式中　T_r——投资回收期，年；

I——投资，元；

B——平均年效益，元；

C——平均年运行费减去折旧费，元。

E.0.2　动态法国民经济评价各指标计算公式和评价方法按照 SL 72—94 第 2.4.2 条、第 2.4.3 条和第 2.4.4 条的规定执行。

E.0.3　雨水集蓄利用工程的国民经济评价应按表 E 编制国民经济效益费用流量表。其中固定资产余值按公式（E.0.3）计算，在运行期末一次回收

$$S_v = \frac{I(N - n)}{N} \tag{E.0.3}$$

式中　S_v——运行期末的固定资产余值，元；

I——投资，元；

N——折旧年限，年；

n——计算期，为建设期和运行期的和，年。

表 E　国民经济效益费用流量表　（元）

序　号	项　　目	建 设 期			运 行 期		
		1	…	…	…	…	n
1	效益流量 B						
1.1	生活供水效益						

续表 E

序号	项目	建设期			运行期		
		1	…	…	…	…	n
1.1.1	节省劳力、动力、机械、材料等费用						
1.1.2	改善水质、节省医疗保健费用						
1.1.3	其他						
1.2	生产供水效益						
1.2.1	灌溉效益						
1.2.2	畜禽养殖效益						
1.2.3	小型加工业效益						
1.3	固定资产余值						
1.4	其他效益						
2	费用流量 C						
2.1	固定资产投资						
2.2	年运行费 - 折旧费						
2.3	其他费用						
3	净效益流量（$B-C$）						
4	累计净效益流量 $\Sigma(B-C)$						
5	净效益流量						
5.1	折现率为 $EIRR=$ 时净效益流量 $(B-C)(1+EIRR)^{-t}$						
5.2	折现率为 $EIRR$ 累计净效益流量 $\Sigma(B-C)(1+EIRR)^{-t}$						0
6	社会折现率 $I_s=7\%$净效益流量 $(B-C)(1.07)^{-t}$						
7	社会折现率 $I_2=7\%$经济净现值 $ENPV$						
8	经济效益费用比						
8.1	社会折现率 $I_s=7\%$效益流量 $B(1.07)^{-t}$						
8.2	社会折现率 $I_s=7\%$累计效益流量 $\Sigma B(1.07)^{-t}$						
8.3	社会折现率 $I_s=7\%$费用流量 $C(1.07)^{-t}$						
8.4	社会折现率 $I_s=7\%$累计费用流量 $\Sigma C(1.07)^{-t}$						
8.5	社会折现率 $I_s=7\%$时的经济效益费用比 $EBCR$						

本规范的用词和用语说明

为便于执行本规范，对要求严格程度不同的用词说明如下：

——表示很严格，非这样做不可的：

正面词采用“必须”，反面词采用“严禁”。

——表示严格，在正常情况均应这样做的：

正面词采用“应”，反面词采用“不应”或“不得”。

——表示允许稍有选择，在条件许可时首先应这样做的：

正面词采用“宜”，反面词采用“不宜”；表示有选择，在一定条件下可以这样做的，采用“可”。

本规范用语说明如下：

规范条文中，“条”、“款”之间承上启下的连接用语写法，采用“符合下列规定”、“遵守下列规定”或“符合下列要求”等。

在规范条文中引用本规范中的其他条文时，采用“符合本规范×.×.×的规定”等典型用语。

在规范条文中引用本规范中的其他表、公式时，采用“按本规范表×.×.×的规定取值”或“按本规范公式（×.×.×）计算”等典型用语。

相关规范采用“……，除应符合本规范外，尚应符合国家现行的有关标准的规定”等典型用语。

中国工程建设标准化协会标准

低温低浊水给水处理设计规程

Specification for design of water supply treatment of low temperature and turbidity water

CECS 110:2000

主编单位：中国市政工程东北设计研究院
批准单位：中国工程建设标准化协会
施行日期：2000年10月1日

前　　言

根据中国工程建设标准化协会（97）建标协字第06号文《关于下达1997年推荐性标准编制计划的函》的要求，编制本规程。

本规程是在总结国内大量的低温低浊水处理试验研究成果和生产实践经验的基础上，参照国内外有关技术文献，并广泛征求了全国有关设计、科研、生产单位的意见后定稿的。

现批准协会标准《低温低浊水给水处理设计规程》，编号为CECS 110:2000，推荐给工程建设设计、施工单位采用。本规程由中国工程建设标准化协会城市给水排水委员会归口管理，由中国市政工程东北设计研究院（长春市工农大路8号，邮编：130021）负责解释。在使用中如发现需要修改和补充之处，请将意见和资料径寄解释单位。

主 编 单 位：中国市政工程东北设计研究院

参 编 单 位：吉林市自来水公司

主要起草人：陈树勤　穆瑞林　张　杰　陈立学　苏福文　李冬松　魏文章

中国工程建设标准化协会

2000年6月27日

目　次

1　总则……………………………………………………………………………………2126
2　术语……………………………………………………………………………………2126
3　药剂……………………………………………………………………………………2126
4　水处理…………………………………………………………………………………2127
4.1　工艺流程 ……………………………………………………………………………2127
4.2　絮凝 …………………………………………………………………………………2128
4.3　沉淀 …………………………………………………………………………………2128
4.4　过滤 …………………………………………………………………………………2129
本规程用词说明 ……………………………………………………………………………2129

1 总　　则

1.0.1 为提高低温低浊水给水处理设计水平，促进低温低浊水给水处理技术进步，推动我国给水建设事业的发展，制定本规程。

1.0.2 本规程适用于以低温低浊水质特征为主的给水处理设计，也适用于年度内非低温低浊期的给水处理工艺设计。

1.0.3 低温低浊水给水处理设计，除执行本规程外，尚应按《室外给水设计规范》GBJ 13及国家现行有关设计规范的规定执行。

2 术　　语

2.0.1 低温低浊水　low temperature and turbidity water

水温在4℃以下，浊度在15度以下的地面水。

2.0.2 活化硅酸　activation silicic acid

在硅酸钠（浴称水玻璃）溶液中加酸调制而成的聚硅酸。硅酸钠（$Na_2O \cdot XSiO_2 \cdot YH_2O$）溶液加酸后，游离出的各种形态的硅酸将聚合，聚合过程的中间产物为聚硅酸，可作助凝剂或助滤剂。

2.0.3 助滤剂　filtration aid

直接过滤中采用的高分子物质，如活化硅酸等。这些高分子助滤剂可改善滤料表面的化学性质，增加水中杂质与滤料的碰撞次数，提高有效碰撞机率，以改善滤料的截污能刀。

2.0.4 浮沉池　floatation-sedimentation tank

一种新型的兼有气浮池和斜板（管）沉淀池双重功能的综合净水构筑物。根据原水水质的变化，可分别按沉淀或气浮工况运行。

2.0.5 微絮凝过滤　microflocculating filtration

在原水中加入凝聚剂和助滤剂并快速混合的直接过滤。

2.0.6 剩余碱度　resting alkalic

硅酸钠溶液加酸活化后所残余的碱度。硅酸钠溶液具有较高的碱度，当加酸活化时，在不断析出SiO_2的同时，原有碱度因不断被中和而下降，但在酸量不过量的情况下最终还残余一部分碱度。

2.0.7 活化时间　active time

硅酸钠溶液加酸后，析出大量SiO_2单体，并开始聚合，逐渐生成具有良好净水效能的中间产物（聚硅酸—活化硅酸）所经历的时间。

3 药　　剂

3.0.1 处理低温低浊水时，除投加凝聚剂外，宜加投助凝剂。直接过滤时应投加助滤剂。

3.0.2 凝聚剂、助凝剂品种的选择及用量，应通过试验或参照相似水质条件下的水厂运行经验确定。

凝聚剂可采用聚合氯化铝、聚合氯化铁、硫酸铝、硫酸亚铁或三氯化铁；助凝剂可采用活化硅酸。

3.0.3 助滤剂可采用活化硅酸，其投量一般为2~4mg/L。

3.0.4 凝聚剂与助凝剂的投加比例宜通过试验或参照相似水质条件下的水厂运行经验确定。

3.0.5 凝聚剂与助凝剂的湿式投加浓度（按固体重量计算）宜按下列规定采用：

1 聚合氯化铝：10%~11%；

2 硫酸铝：5%~15%；

3 硫酸亚铁、三氯化铁：38%~40%；

4 活化硅酸：0.5%。

3.0.6 助凝剂——活化硅酸的配制和使用应满足下列要求：

1 硅酸钠原液浓度（酸化前浓度）应控制在1.5%~2.0%；

2 应根据原水水质，通过实验确定剩余碱度的最佳值（以 $CaCO_3$ 计）；

3 活化时间可取1.5~2.0h；

4 稀释倍数以2~4倍为宜；

5 配制好的活化硅酸（工作溶液）宜在8h之内使用完毕。

4 水 处 理

4.1 工 艺 流 程

4.1.1 低温低浊水处理工艺流程的选择及构筑物的组合，应根据原水条件，通过技术经济比较后确定，宜采用下列工艺流程：

1 原水常年浊度较高，只在冬季短期内出现低温低浊水质，其处理工艺可采用图4.1.1a流程1；

2 原水常年浊度小于50度，而在暴雨季节可能大于100度或更高，其处理工艺可采用图4.1.1b流程2或图4.1.1c流程3。

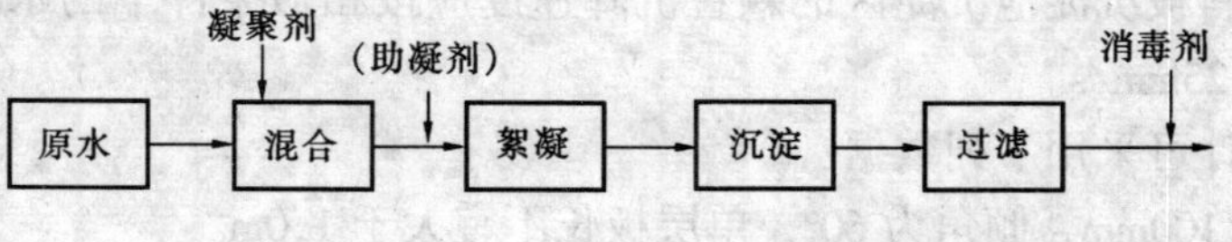

图4.1.1a 流程1

注：在原水低温低浊时加助凝剂。

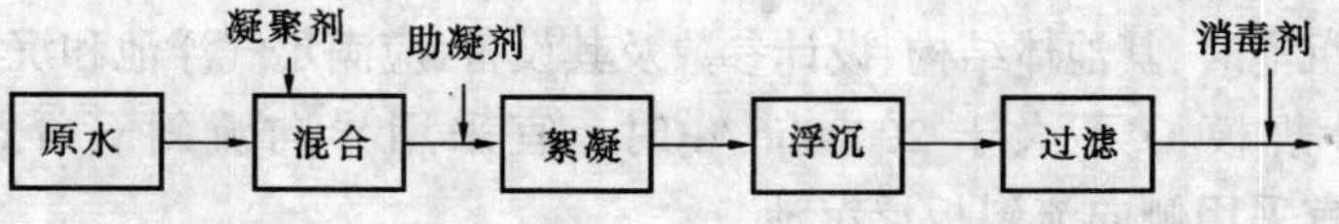

图4.1.1b 流程2

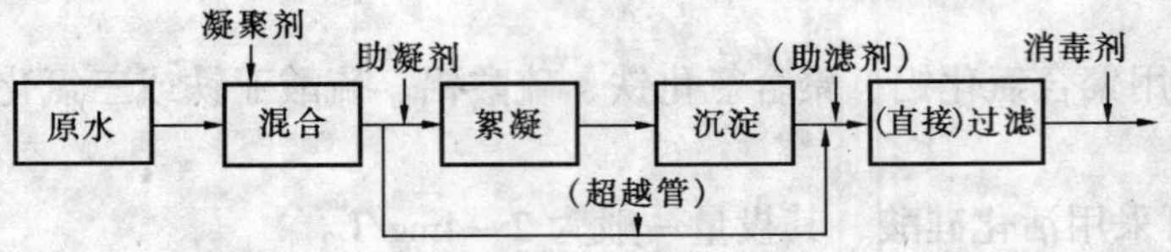

图 4.1.1c　流程 3

注：①当原水浊度小于 50 度，水厂规模较小时，可不设絮凝、沉淀池，采用微絮凝过滤。

②如按微絮凝过滤工艺运行时，需加助滤剂，此时投加凝聚剂的原水经快速混合直接超越至滤池，且不加助凝剂。

③助滤剂投加点应靠近滤池进口处。

4.1.2　凝聚剂、助凝剂的投加顺序和间隔宜通过实验或参照相似水厂的运行经验确定。

4.1.3　对所有水处理构筑物及其管道铺设，均应根据气候条件考虑防冰冻措施。

4.2　絮　　凝

4.2.1　絮凝池型式的选择和絮凝时间的采用，应根据原水水质、设计产水量和相似条件下的水厂运行经验或通过试验确定。

4.2.2　设计絮凝池时，絮凝时间宜采用 20 ~ 30min。

4.3　沉　　淀

4.3.1　平流沉淀池的设计应符合下列要求：

1　平流沉淀池的沉淀时间应根据原水水质、水温等因素并参照相似条件下的水厂运行经验确定，宜采用 2.5 ~ 3.5h。

2　平流沉淀池的设计水平流速可采用 8 ~ 10mm/s。

3　排泥方式可采用斗底或穿孔管排泥，池底必须有坡向泥斗的坡度。

4.3.2　异向流斜管沉淀池的设计应符合下列要求：

1　异向注斜管沉淀池的上升流速应按相似条件下的水厂运行经验确定，可采用 1.5 ~ 2.0mm/s。

2　斜管口径宜为30 ~ 35mm。

4.3.3　侧向流斜板沉淀池的设计应符合下列要求：

1　侧向流斜板沉淀池沉淀区的颗粒沉降速度应按相似条件下的水厂运行经验确定，可采用 0.16 ~ 0.25mm/s。

2　斜板设计可采用下列数据：

板距为 80 ~ 100mm，倾角为 60°，单层板长不宜大于 1.0m。

4.3.4　浮沉池的设计应符合下列要求：

1　当原水浑浊度小于 100 度及含有大量藻类等密度小的悬浮物质时，浮沉池应以气浮方式运行；当原水浑浊度大于 100 度时，浮沉池应以沉淀方式运行。

2　设计浮沉池时，其池体结构、设计参数及其设备，应满足气浮池和沉淀池的要求。

3　当设计规模 Q 不大于 $20000m^3/d$ 时，宜采用异向流斜管浮沉池；当 Q 大于 $20000m^3/d$ 时，宜采用侧向流斜板浮沉池。

4　浮沉池池长不宜超过 15m，单格宽度不宜超过 10m，有效水深一般不超过 3.0m。

5 接触室上升流速，可采用10～20mm/s。

6 斜板（管）沉淀区液面负荷可采用7.0～9.0$m^3/m^2 \cdot h$。

7 溶气压力可采用0.30～0.35MPa，回流比可采用7%～10%。

8 设计规模Q不大于50000m^3/d时，可采用穿孔管或多斗式排泥方式；当Q大于50000m^3/d时，宜采用侧向机械刮泥。

4.4 过　　滤

4.4.1 滤池的滤速及滤料组成，可根据需要按表4.4.1选用。

表 4.4.1　滤池的滤速及滤料组成

序号	类　别	滤料组成			正常滤速（m/h）	强制滤速（m/h）
		粒径（mm）	不均匀系数 K_{80}	厚度（mm）		
1	石英砂滤料滤池	$d_{min}=0.5$ $d_{max}=1.2$	<2.0	700～800	6.5～7.0	7.0～8.0
2	双层滤料滤池	无烟煤 $d_{min}=0.8$ $d_{max}=1.8$	<2.0	400	7.0～8.0	8.0～9.0
		石英砂 $d_{min}=0.5$ $d_{max}=1.2$	<2.0	400		
3	均质石英砂滤料滤池	$d_{min}=0.9$ $d_{max}=1.2$	<1.6	1100～1200	7.5～8.5	8.5～9.0
注：采用微絮凝过滤时，滤速宜采用表中下限值。						

4.4.2 滤池设计应优先选用气水联合反冲洗，气水冲洗的有关规定应按《滤池气水冲洗设计规程》CECS50:1993的有关规定执行。

4.4.3 水冲洗滤池的冲洗强度及冲洗时间，宜按表4.4.3采用。

表 4.4.3　水冲洗滤池的冲洗强度及冲洗时间

序号	类　别	冲洗强度（$L/s \cdot m^2$）	冲洗时间（min）	膨胀率（%）
1	石英砂滤料滤池	14～15	6～8	45
2	双层滤料滤池	15～16	7～8	50
注：若设有表面冲洗，可采用表中下限值。表面冲洗强度一般可采用2.5～3.5$L/s \cdot m^2$，冲洗时间为4～5min。				

本规程用词说明

一　为便于在执行本规程条文时区别对待，对要求严格程度不同的用词说明如下：

1.表示很严格，非这样做不可的：

正面词采用“必须”，反面词采用“严禁”。

2.表示严格，在正常情况下均应这样做的：

正面词采用“应”，反面词采用“不应”或“不得”。

3.表示允许稍有选择，在条件许可时首先应这样做的：

正面词采用“宜”，反面词采用“不宜”。

表示允许有选择，在一定条件下可以这样做的，采用“可”。

二　条文中指定应按其他有关标准执行的写法为“应符合……的规定”或“应按……执行”。

中国工程建设标准化协会标准

一体式膜生物反应器污水处理应用技术规程

Technical specification for application of integrative submerged membrane bioreactor for wastewater treatment

CECS 152：2003

主编单位：北京碧水源科技发展有限公司
北京中关村国际环保产业促进中心
批准单位：中国工程建设标准化协会
施行日期：2003年10月1日

前　言

一体式膜生物反应器是一种将生物处理技术与膜分离技术相结合的高效污水处理装置。为了规范这种装置的应用，根据（2002）建标协字第 12 号文《中国工程建设标准化协会 2002 年第一批标准制、修订项目计划》的要求，制定本规程。

本规程共有 6 章 12 节，规定了一体式膜生物反应器污水处理装置的设计、调试、验收、系统运行和维护等的技术要求，适用于该装置进行污水处理和回用等的工艺设计、安装、调试及运行管理。

根据国家计委计标［1986］1649 号文《关于请中国工程建设标准化委员会负责组织推荐性工程建设标准试点工作的通知》的要求，现批准协会标准《一体式膜生物反应器污水处理应用技术规程》，编号为 CECS 152:2003，推荐给工程设计、施工、使用单位使用。

本规程由中国工程建设标准化协会建筑与市政工程产品应用分会归口管理，由北京中关村国际环保产业促进中心（北京市海淀区苏州街丙 78 号，邮编 100080）负责解释。在使用中如发现需要修改或补充之处，请将意见和资料径寄解释单位。

主 编 单 位：北京碧水源科技发展有限公司
　　　　　　　北京中关村国际环保产业促进中心
参 编 单 位：北京市环境保护科学研究院
　　　　　　　清华大学环境科学与工程系
主要起草人：马世豪　徐　云　文剑平　黄　霞　何星海　杨建洲
　　　　　　　高　沛　梁　辉　陈亦立　李桂平　王　彤　李万金

中国工程建设标准化协会
2003 年 8 月 12 日

目　次

1　总则 ………………………………………………………………………… 2134
2　术语、符号和代号 ……………………………………………………………… 2134
　2.1　术语 ………………………………………………………………………… 2134
　2.2　符号和代号 ………………………………………………………………… 2134
3　处理系统设计 …………………………………………………………………… 2135
　3.1　基本构成 …………………………………………………………………… 2135
　3.2　工艺参数 …………………………………………………………………… 2135
　3.3　膜材料选择和反应器设计要求 …………………………………………… 2136
　3.4　处理系统设置 ……………………………………………………………… 2136
4　系统的调试 ……………………………………………………………………… 2137
　4.1　调试 ………………………………………………………………………… 2137
　4.2　活性污泥的培养驯化 ……………………………………………………… 2138
5　验收 ……………………………………………………………………………… 2138
6　系统的运行和维护 ……………………………………………………………… 2138
　6.1　运行 ………………………………………………………………………… 2138
　6.2　膜组件维护 ………………………………………………………………… 2139
　6.3　膜的化学清洗 ……………………………………………………………… 2139
　6.4　膜更换 ……………………………………………………………………… 2139
本规程用词说明 …………………………………………………………………… 2139

1 总　　则

1.0.1 为了促进一体式膜生物反应器污水处理装置（以下简称反应器）在污水处理和回用方面的开发和应用，提高污水处理和回用的效率，使反应器的设计、应用符合适用、高效、经济、安全等要求，制定本规程。

1.0.2 本规程适用于以中空纤维膜组件构成的内置式膜生物反应器处理污水和污水回用的设备设计、安装、应用及运行管理。对采用平板式膜组件和管式膜组件构成的反应器，也可参照执行。

1.0.3 采用反应器进行污水处理和回用时，反应器必须根据原水水质、水量和处理要求确定。污水在进入反应器前应进行必要的预处理。反应器的出水水质应达到相应的国家污水排放标准和回用水水质标准的要求。

1.0.4 反应器处理工艺的设计，除应遵守本规程外，尚应符合国家现行有关标准的规定。

2 术语、符号和代号

2.1 术　　语

2.1.1 膜分离技术　membrane separation technology

利用膜的选择透过性进行分离或浓缩的技术。一体式膜生物反应器通常使用中空纤维有机高分子微滤膜，孔径 0.1～0.4μm。

2.1.2 膜生物反应器　membrane bioreactor

将生物处理技术和膜分离技术相结合的一种高效处理装置。按膜组件的设置可分为一体式和分体式两种类型：一体式膜生物反应器是将膜组件置于生物反应器内部的浸没式膜生物反应器；分体式膜生物反应器是将膜组件置于生物反应器外部。

2.1.3 膜组件　membrane module

按一定的技术要求，由膜（板式膜、管式膜或中空纤维式膜）组成的分离元件。中空纤维式膜组件是将数百根或更多根中空纤维膜组成的纤维束，两端用环氧树脂粘结在可收集净化水的集合管上而构成。

2.1.4 膜处理单元　membrane treatment unit

由一个或数个膜组件以某种形式组装成的基本处理单元。其中包括膜组件、出水管、固定支架等。

2.2 符号和代号

2.2.1 符号

V——反应器的有效容积；

Q——反应器的设计处理水流量；

F_w——反应器的 BOD 污泥负荷；

X——反应器内混合液悬浮固体的平均浓度；

F_v——反应器内 BOD 容积负荷；

O——需要的氧气量；

L_r——去除的 BOD 浓度；

a——氧化每千克 BOD 的需氧量；

b——污泥自身氧化的需氧率；

ΔX——产生的剩余污泥量；

Y——氧化每千克 BOD 所产生的污泥量

K_d——污泥自氧化速率。

2.2.2 代号

SMBR——一体式膜生物反应器；

BOD——生物化学需氧量；

COD——化学需氧量；

MLSS——混合液浓度；

VSS——挥发固体；

SS——悬浮物；

HRT——水力停留时间；

TN——总氮量；

TP——总磷量。

3 处理系统设计

3.1 基本构成

3.1.1 处理系统应由膜组件、生物反应池、供气系统、控制系统、进出水管路、在线清洗系统等构成（图 3.1.1）。

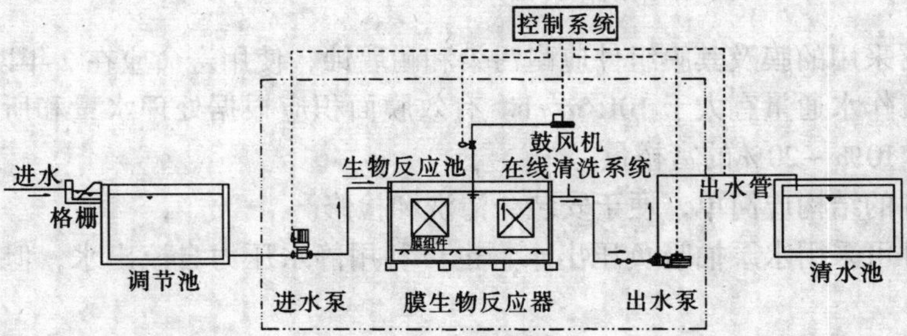

图 3.1.1 处理系统的基本构成

3.2 工艺参数

3.2.1 反应器的容积可按污泥负荷或容积负荷计算确定。

3.2.2 反应器装置内必须保证一定的活性污泥浓度和水力停留时间。平均停留时间应根据原水水质和处理要求设计确定。

3.2.3 反应器处理污水的设计参数应由试验确定。在无试验数据时，可按表3.2.3选取。

表3.2.3　一体式膜生物反应器处理污水的设计参数

项　目	污泥负荷 F_W (kg/kg·d)	MLSS X (g/L)	容积负荷 F_v (kg/m³·d)	处理效率 (%)	原污水水质 (mg/L)
城镇污水回用	0.2~0.4	2.0~8.0	0.4~0.9	95~98	BOD100~500
杂排水中水处理	0.1~0.2	1.0~4.0	0.2~0.5	90~95	BOD50~150
综合生活污水回用	0.1~0.2	2.0~8.0	0.4~0.9	95~98	BOD100~500
高浓度有机废水处理	0.2~0.5	4.0~18	0.5~2.0	98~99	BOD500~5000

3.2.4 反应器的生物好氧反应所需的供气量可根据活性污泥法按下列公式计算：

$$O = aQL_r + bVX \tag{3.2.4}$$

式中　O——日平均需氧量（kgO_2/d）；

Q——设计处理水流量（m^3/d）；

L_r——去除的BOD浓度（kg/m^3）；

a——氧化每千克BOD的需氧量（$kgO_2/kgBOD$），可取0.42~1.0；

b——污泥自身氧化的需氧率（1/d），可取0.11~0.188；

V——反应器的有效容积（m^3）；

X——反应器内混合液悬浮固体的平均浓度（kg/m^3）。

3.2.5 反应器膜表面清洗所需的空气量，应由位于膜组件下部的曝气管产生的向上水和空气流清除膜表面污染物的试验确定。

3.2.6 反应器的剩余污泥量可按下列公式计算：

$$\Delta X = YQL_r - K_d VX \tag{3.2.6}$$

式中　ΔX——产生的剩余污泥量（kg/d）；

Y——氧化每千克BOD所产生的污泥量，可取0.4~0.8；

K_d——污泥自氧化速率（1/d），可取0.04~0.075。

3.3　膜材料选择和反应器设计要求

3.3.1 反应器采用的膜及其膜组件应耐污染和耐腐蚀，使用寿命应在2年以上。

3.3.2 膜的工作水通量宜大于10L/m²·h。有效膜面积应根据处理水量和所采用膜的通量计算，并增加10%~20%的富裕量。

3.3.3 膜组件的结构应简单，便于安装、清洗和检修。

3.3.4 膜组件可采用水泵抽吸负压出水，也可利用静水压力自流出水，但应保持出水流量相对稳定。

3.3.5 反应器内的水流循环通道应合理设计。处理水的流向形成通过膜组件的向上流循环，膜组件宜设置在相应的位置。

3.3.6 反应器应设置进水口、溢水管、排泥管和液位计等，定期排放剩余污泥。

3.3.7 膜组件的出水管应设置化学清洗用的清洗液接口。

3.4　处 理 系 统 设 置

3.4.1 应根据原水水质和处理要求等具体情况，设计或选择处理工艺、反应器的型号规格和配套设施。当采用反应器进行污水处理和中水回用时，典型的工艺流程如下：

污水→格栅→调节池→膜生物反应器→（消毒）清水池→排放或回用

3.4.2 处理系统宜由预处理装置、膜生物反应器、后处理装置、清水池和控制装置等单元组成。预处理装置和后处理装置应根据污水水质和出水水质要求选择设置。

3.4.3 预处理装置宜由格栅和进水调节池组成。

3.4.4 当调节池进水的油脂含量大于50mg/L时，应设置除油装置。

3.4.5 当调节池进水的BOD含量大于1500mg/L时，可设置厌氧或缺氧污水预处理工艺，经过预处理的污水再进入反应器。

3.4.6 当对出水的氨氮或总氮有严格限制时，反应器应具有脱氮功能。可采用间歇曝气工艺或设置脱氮区。

3.4.7 当对出水的除嗅或脱色有严格要求时，后处理装置应具有除嗅或脱色功能。可采用活性炭或化学氧化处理工艺。

3.4.8 当对出水的灭菌或消毒有专门要求时，可采用氯化、紫外线或臭氧的消毒工艺。

3.4.9 系统控制装置应具有手动和自动两种方式。面板上应设有水池液位和电磁阀、风机、水泵等运行状态的显示器，以及表示膜是否堵塞的信号灯或图标。

3.4.10 整套设备系统的控制，可采用可编程序控制器（PLC）自动控制加触摸面板操作，也可仅由可编程序控制器（PLC）自动控制加面板按钮操作。

3.4.11 系统应设置水位和事故等声光指示和报警装置。

4 系统的调试

4.1 调　试

4.1.1 膜处理装置在正式运行前必须进行系统调试。调试可按下列步骤进行：

1 系统空车调试。先检查各种设备的安装是否符合设计要求，特别是曝气池中的膜组件安装是否符合设计要求以及曝气管是否在同一个高程上，其误差不得超过设计规定值。然后按照设备说明书的规定，对各种设备进行空车调试，达到要求后方可转入下一步。

2 清水联动试车。试车前应检查反应器池水位高度是否满足设计要求，观察反应器系统自动控制和其他机械设备的运行状况。清水联动试车时，水温应大于4℃。

(1) 启动设备。应在做好启动准备后进行。操作前应在开关处悬挂指示牌。操作人员启闭电器开关，应按电工操作规程执行。

(2) 膜组件出水手动试运行。当反应池内水达到中水位时，手动开启出水泵并调节出水阀门，观察出水泵进口处压力和出水口流量的变化。调节出水量至膜片设计清水最大出水量。

(3) 系统自动控制运行调试。当系统进入自动运行状态时，系统自动完成进水、曝气、出水、消毒等程序，然后进行带负荷调试运行直至达到设计要求。

4.2 活性污泥的培养驯化

4.2.1 活性污泥的培养和驯化，可分为间歇式和连续式两阶段进行：

1 间歇培养：在反应器内接种一定量的活性污泥，开启鼓风机曝气，控制溶解氧在适当范围内，随时检测溶解氧、pH 值、MLSS 和用显微镜观察生物相变化。间歇培养数日。

2 连续培养：当反应池内有一定量的活性污泥时可连续培养。连续培养数日，当活性污泥达到一定浓度后可转入正常运行。

5 验　　收

5.0.1 验收可分为膜组件验收、设备验收和处理系统验收 3 类。

5.0.2 膜组件验收应在反应器组装前进行。先检验膜组件的规格尺寸是否符合设计要求，然后做清水试验。检验时应记录膜组件的基本性能参数，检验合格后方可进行反应器装配。

5.0.3 反应器设备验收应按设备标准和有关标准的规定进行，并应符合下列技术要求：

1 反应器应按批准的图纸和技术文件制造；

2 反应器的材料、外购件等应有供应厂的合格证明。无合格证的，制造厂应在检验合格后使用；

3 所有的零、部件应在检验合格后进行装配；

4 焊接件的各部分焊缝应平整、光滑，不应有裂缝、未融合、未焊透等缺陷；

5 反应器应实现自动控制，各种仪表应安全可靠；

6 电源相线、中线与地线之间的绝缘电阻应大于 2MΩ，控制按键应灵活可靠；

7 泄漏电流不应大于 5mA。

5.0.4 污水处理系统验收应按设计要求或国家现行有关标准的规定进行。处理出水水质应达到设计要求和有关标准的规定。

6 系统的运行和维护

6.1 运　　行

6.1.1 反应器可连续进水，应间歇出水。出水运行时间宜占总时间的 80%～90%。

6.1.2 处理系统自动运行时应具有下列功能（图 3.1.1）；

1 调节池低水位时进水泵自动停止，高水位时恢复运行。

2 反应池低水位时出水泵自动停止，高水位时恢复运行。

3 清水池低水位时供水泵自动停止，高水位时恢复运行。

4 膜堵塞造成出水泵吸水管负压上升达到 0.04MPa 时报警，且出水泵自动停止。

5 自动进行周期性出水，自动进行膜清洗。

6.1.3 手动运行时应按操作规程依次开启设备按钮开关。先启动进水泵，再开启鼓风机；

反应池水位正常后，再启动出水泵。

6.1.4 出水泵应根据进水量变化和工艺运行情况调节水量。当环境温度低于0℃，且出水泵长期不使用时，必须放空泵壳内的存水。

6.1.5 当鼓风机长期不使用时，应关闭进、出气闸阀和冷却系统，并将系统内存水放空。鼓风机的冷却、润滑系统应定期检修与清洗。

6.1.6 反应器应通过调节污泥负荷、污泥龄或污泥浓度等方式进行工艺控制。应每年放空并清理生物处理池一次，清通曝气管，检修各种装置。

6.1.7 日常分析测定的项目应包括：进出水的 pH 值、COD、SS、氨氮和污泥浓度、污泥指数等。测定应采用标准方法。

6.2 膜组件维护

6.2.1 反应器运行时应保持一定的活性污泥浓度。应在反应器运行基本稳定后开始膜的出水运行。

6.2.2 必须保持使膜面有良好水力冲刷作用的曝气量。

6.2.3 应保持操作条件稳定，以减少膜污染。

6.2.4 运行时，吸水管负压应保持在第 6.1.2 条第 4 款规定的范围内，保证设计出水量。如出水量下降超过设计值或吸水管负压超过指定范围，则应对系统进行化学清洗。

6.3 膜的化学清洗

6.3.1 当膜污染严重而无法恢复设计出水量时，必须进行化学清洗。

6.3.2 化学清洗应由专业人员进行。化学清洗药剂可采用次氯酸钠或氢氧化钠和盐酸。

6.4 膜更换

6.4.1 当膜的运行时间达到规定的使用寿命或在使用中造成损坏，化学清洗不能恢复其功能时，应对膜进行更换。

6.4.2 膜更换应由专业人员或生产厂家进行。

6.4.3 新膜投入运行前，应按要求进行调试和验收。

本规程用词说明

一、为便于执行本规程条文时区别对待，对要求严格程度不同的用词说明如下：

1 表示很严格，非这样做不可的：
正面词采用“必须”；反面词采用“严禁”。

2 表示严格，在正常情况下均应这样做的：
正面词采用“应”；反面词采用“不应”或“不得”。

3 表示允许稍有选择，在条件许可时首先应这样做的：
正面词采用“宜”或“可”；反面词采用“不宜”。

二、条文中指定应按其他有关标准执行时，写法为“应符合……的规定”。非必须按所指定的标准执行时，写法为“可参照……执行”。

中华人民共和国行业标准

城市供水管网漏损控制及评定标准

Standard for leakage control and assessment of urban water supply distribution system

CJJ 92—2002

批准部门：中华人民共和国建设部
实施日期：2002 年 11 月 1 日

建设部关于发布行业标准《城市供水管网漏损控制及评定标准》的公告

中华人民共和国建设部公告第59号

现批准《城市供水管网漏损控制及评定标准》为行业标准，编号为CJJ 92—2002，自2002年11月1日起实施。其中，第3.1.2、3.1.6、3.1.7、3.2.1、6.1.1、6.1.2、6.2.1、6.2.2、6.2.3条为强制性条文，必须严格执行。

本标准由建设部标准定额研究所组织中国建筑工业出版社出版发行。

特此公告。

中华人民共和国建设部

2002年9月16日

前　言

根据建设部建标（2002）84号文的要求，编制组在广泛调查研究，认真总结国内外的实践经验，并在广泛征求意见的基础上，制定了本标准。

本标准的主要技术内容是：1. 总则；2. 术语；3. 一般规定；4. 管网管理及改造；5. 漏水检测方法；6. 评定。

本标准由建设部负责管理和对强制性条文的解释，由主编单位负责具体技术内容的解释。

本标准主编单位：中国城镇供水协会（地址：北京市宣武门西大街甲121号，邮编：100031）。

本标准参编单位：建设部城市建设研究院
上海市自来水市北有限公司
天津市自来水(集团)有限公司
深圳市自来水(集团)有限公司
成都市自来水总公司
金迪漏水调查有限公司
上海市汇晟管线技术工程有限公司
北京埃德尔集团

本标准主要起草人员：刘志琪　宋仁元　沈大年　宋序彤　王　欢
郑小明　郭　智　陆坤明　钟泽彬

目　次

1　总则……………………………………………………………………………………2145
2　术语……………………………………………………………………………………2145
3　一般规定………………………………………………………………………………2146
3.1　水量计量……………………………………………………………………………2146
3.2　漏水修复……………………………………………………………………………2147
4　管网管理及改造………………………………………………………………………2147
4.1　管网管理……………………………………………………………………………2147
4.2　管网更新改造 ………………………………………………………………………2147
5　漏水检测方法…………………………………………………………………………2148
5.1　一般要求 ……………………………………………………………………………2148
5.2　检测方法……………………………………………………………………………2148
6　评定……………………………………………………………………………………2149
6.1　评定标准……………………………………………………………………………2149
6.2　评定标准的修正 ……………………………………………………………………2149
6.3　统计要求……………………………………………………………………………2150
6.4　计算方法……………………………………………………………………………2150
本标准用词说明 …………………………………………………………………………2150

1 总　则

1.0.1 为加强城市供水管网漏损控制，统一评定标准，合理利用水资源，提高企业管理水平，降低城市供水成本，保证城市供水压力，推动管网改造工作，制定本标准。

1.0.2 本标准适用于城市供水管网的漏损控制及评定。

1.0.3 在城市供水管网漏损控制、评定及管网改造工作中，除应符合本标准规定外，尚应符合国家现行有关强制性标准的规定。

2 术　语

2.0.1 管网　distribution system

出水厂后的干管至用户水表之间的所有管道及其附属设备和用户水表的总称。

2.0.2 生产运营用水　consumption for industrial and commercial use

在城市范围内生产、运营的农、林、牧、渔业、工业、建筑业、交通运输业等单位在生产、运营过程中的用水。

2.0.3 公共服务用水　consumption for public use

为城市社会公共生活服务的用水。包括行政、事业单位、部队营区、商业和餐饮业以及其他社会服务业等行业的用水。

2.0.4 居民家庭用水　consumption in households

城市范围内所有居民家庭的日常生活用水。包括城市居民、公共供水站用水等。

2.0.5 消防及其他特殊用水　consumption for fire and special use

城市消防以及除生产运营、公共服务、居民家庭用水范围以外的各种特殊用水。包括消防用水、深井回灌用水、管道冲洗用水等。

2.0.6 售水量　water accounted for

收费供应的水量。包括生产运营用水、公共服务用水、居民家庭用水以及其他计量用水。

2.0.7 免费供水量　consumption for free

实际供应并服务于社会而又不收取水费的水量。如消防灭火等政府规定减免收费的水量及冲洗在役管道的自用水量。

2.0.8 有效供水量　effective water supply

水厂将水供出厂外后，各类用户实际使用到的水量，包括收费的（即售水量）和不收费的（即免费供水量）。

2.0.9 供水总量　total water supply

水厂供出的经计量确定的全部水量。

2.0.10 管网漏水量　water loss of distribution system

供水总量与有效供水量之差。

2.0.11 漏损率　leakage percentage

管网漏水量与供水总量之比。

2.0.12 单位管长漏水量 water loss per unit pipe length

单位管道长度（$DN \geqslant 75$），每小时的平均漏水量。

2.0.13 单位供水量管长 pipe length per unit water supply

管网管道总长（$DN \geqslant 75$）与平均日供水量之比。

2.0.14 主动检漏法 active leakage control

地下管道漏水冒出地面前，采用各种检漏方法及相应仪器，主动检查地下管道漏水的方法。

2.0.15 被动检漏法 passive leakage control

地下管道漏水冒出地面后发现漏水的方法。

2.0.16 音听法 regular sounding

采用音听仪器寻找漏水声，并确定漏水地点的方法。

2.0.17 相关分析检漏法 detection by leak noise correlator

在漏水管道两端放置传感器，利用漏水噪声传到两端传感器的时间差，推算漏水点位置的方法。

2.0.18 区域检漏法 waste metering

在一定条件下测定小区内最低流量，以判断小区管网漏水量，并通过关闭区内阀门以确定漏水管段的方法。

2.0.19 区域装表法 district metering

在检测区的进（出）水管上装置流量计，用进水总量和用水总量差，判断区内管网漏水的方法。

2.0.20 区域装表兼区域检漏法 combined district and waste metering

同时具有区域装表法及区域检漏法装置来检测漏水的方法。当进水总量与用水总量差较大时，用区域检漏法检漏。

2.0.21 压力控制法 pressure control

当管网压力超过服务压力过高时，用调节阀门等方法，适当降低管网压力，以减少漏水量的方法。

3 一般规定

3.1 水量计量

3.1.1 城市供水企业出厂水计量工作，应符合《城镇供水水量计量仪表的配备和管理通则》（CJ/T3019）的规定。

3.1.2 除消防和冲洗管网用水外，水厂的供水、生产运营用水、公共服务用水、居民家庭用水、绿化用水、深井回灌等都必须安装水量计量仪表。

3.1.3 用水计量仪表的性能应符合《冷水水表》（GB/T778.1～3）、《水平螺翼式水表》（JJG258）和《居民饮用水计量仪表安全规则》（CJ3064）的规定。

3.1.4 供水量大于等于 $10 \times 10^4 m^3/d$ 的水厂，供水计量仪表应采用 1 级表，供水量小于 $10 \times 10^4 m^3/d$ 的水厂，供水计量仪表精度不应低于 2.5 级。用水计量仪表宜采用 B 级表。

3.1.5 出厂水计量在线校核的方法、仪表及有关数据，应经当地计量管理部门审查认可。

3.1.6 水表强制鉴定应符合国家《强制检定的工作计量器具实施检定的有关规定》的要求。管径 *DN*15～25 的水表，使用期限不得超过六年；管径 *DN*>25 的水表，使用期限不得超过四年。

3.1.7 有关出厂供水计量校核依据、用户用水计量水表换表统计、未计量有效用水量的计算依据，必须存档备查。

3.2 漏水修复

3.2.1 除了非本企业的障碍外，漏水修复时间应符合下列规定：

1 明漏自报漏之时起、暗漏自检漏人员正式转单报修之时起，90%以上的漏水次数应在24小时内修复（节假日不能顺延）。

2 突发性爆管、折断事故应在报漏之时起，4小时内止水并开始抢修。

4 管网管理及改造

4.1 管网管理

4.1.1 供水企业必须及时详细掌握管网现状资料，应建立完整的供水管网技术档案，并应逐步建立管网信息系统。

4.1.2 管网技术档案应包括以下内容：

1 管道的直径、材质、位置、接口形式及敷设年份；

2 阀门、消火栓、泄水阀等主要配件的位置和特征；

3 用户接水管的位置及直径，用户的主要特征；

4 检漏记录、高峰时流量、阻力系数和管网改造结果等有关资料。

4.1.3 供水量大于 $20\times10^4m^3/d$ 的城市供水企业，对供水管网应进行以下测定：

1 应实施夏季高峰全面测压并绘制水等压线图；

2 对管网中主要管段（*DN*≥500，其中供水量大于 $100\times10^4m^3/d$ 的供水企业为 *DN*≥700），在每年夏季高峰时，宜测定流量。测定方法可采用插入式流量计或便携式超声波流量计；

3 对管网中主要管段，每2～4年宜测定一次管道阻力系数。测定方法可利用管段测定流量装置和管段水头损失进行推算。

4.2 管网更新改造

4.2.1 供水企业应按计划作好管网改造工作。对 *DN*≥75 的管道，每年应安排不小于管道总长的1%进行改造；对 *DN*≤50 的支管，每年应安排不小于管道总长的2%进行改造。

4.2.2 供水企业编制管网改造工作计划应符合下列规定；

1 结合城市发展规划，应按10年或10年以上的发展需要来确定；

2 应结合提高供水安全可靠性；

3 应结合改善管网水质；

4 应结合改进管网不合理环节，使管网逐步优化；

5 漏水较频繁或造成影响较严重的管道，应作为改造的重点；

6 具体改造计划通过上述因素的综合分析比较，加以确定。

4.2.3 管网改造应因地制宜。可选用拆旧换新、刮管涂衬、管内衬软管、管内套管道等多种方式。

4.2.4 新敷管道的材质、接口及施工要求应符合下列规定：

1 新敷管道材质应按安全可靠性高、维修量少、管道寿命长、内壁阻力系数低、造价相对低的原则选择；

2 除特殊管段外，接口应采用橡胶圈密封的柔性接口；

3 管道施工应符合《给水排水管道工程施工及验收规范》（GB50268）的规定。

5 漏水检测方法

5.1 一般要求

5.1.1 城市供水企业必须进行漏水检测，应及时发现漏水，修复漏水。

5.1.2 采取合理有效的检漏措施，应及时发现暗漏和明漏的位置。可自建检漏队伍进行检漏；也可采取委托专业检漏单位定期检查为主，自检为辅的方式。

5.1.3 城市道路下的管道检漏，应以主动检漏法为主，被动检漏法为辅。

5.1.4 埋地且附近无河道和下水道的输水管道，可以被动检漏法为主，主动检漏法为辅。

5.1.5 城市道路下的管道检漏宜以音听法为主，其他方法为辅。其中对阀门性能良好的居住区管网，可采用区域检漏法；单管进水的居住区可用区域装表法。

5.1.6 在管网压力经常高于服务压力甚多的局部地区，宜采用压力控制法，使该地区的管网最低压力降到等于或大于服务压力。

5.1.7 检漏周期应符合下列规定：

1 用音听法，宜每半年到二年检查一次；

2 用区域检漏法宜一年半到二年半检查一次；

3 对埋地管网，用被动检漏法的，宜半个月到三个月检查一次；

4 当漏失率大于15%时，或对漏水较频繁的管道，宜用上述周期的下限。

5.1.8 检漏以自检为主的供水企业，可根据管网长度、检漏方法、检漏周期及定额，组织检漏队伍。

5.2 检测方法

5.2.1 采用音听法，应符合下列规定：

1 地下管道的检漏可采用此法；

2 用音听法检漏前应掌握被检查管道的有关资料；

3 先用电子音听器（或听棒）在可接触点（如消火栓、阀门）听音，以初步判断该点附近是否有管道漏水；

4 应选择寂静时段（一般为深夜），在沿管段的地面上，每1m左右，用音听器听音。当现场条件适合应用相关仪，可用该仪器复核漏水点。

5.2.2 采用相关分析检漏法，应符合下列规定：

1 二接触点距离不大于200m，$DN \leqslant 400$的金属管，尤其是深埋的或经常有外界噪声的管段宜采用此法；

2 二个探测器必须直接接触管壁或阀门、消火栓等附属设备；

3 探测器与相关仪间的讯号传输，可采用有线或无线传输方式；

4 相关分析法与音听法结合使用，可复核漏水点位置。

5.2.3 采用区域检漏法，应符合下列规定：

1 居民区和深夜很少用水的地区宜采用此法；

2 采用该检漏法时，区内管网阀门必须均能关闭严密；

3 检测范围宜选择2～3km管长或2000～5000户居民为一个检漏小区；

4 检漏宜在深夜进行，应关闭所有进入该小区的阀门，留一条管径为*DN*50的旁通管使水进入该区，旁通管上安装连续测定流量计量仪表，精度应为1级表；

5 当旁通管最低流量小于$0.5 \sim 1.0m^3/(km \cdot h)$时，可认为符合要求，不再检漏。超过上述标准时，可关闭区内部分阀门，进行对比，以确定漏水管段，然后再用音听法确定漏水位置。

5.2.4 采用区域装表法，应符合下列规定：

1 单管进水的居民区，以及一、二个进水管外其他与外区联系的阀门均可关闭的地区可采用此法；

2 进水管应安装水表，水表应考虑小流量时有较高精度；

3 检测时应同时抄该用户水表和进水管水表，当二者差小于3%～5%时，可认为符合要求，不再检漏；当超过时，应采用其他方法检查漏水点。

5.2.5 采用区域检漏兼区域装表检漏时，在检漏区同时具有区域装表法及区域检漏法的装置。当进水量与用户水量之比超过规定要求时，采用区域检漏法检漏。

6 评 定

6.1 评 定 标 准

6.1.1 城市供水企业管网基本漏损率不应大于12%。

6.1.2 城市供水企业管网实际漏损率应按基本漏损率结合本标准6.2节的规定修正后确定。

6.2 评定标准的修正

6.2.1 当居民用水按户抄表的水量大于70%时，漏损率应增加1%。

6.2.2 评定标准应按单位供水量管长进行修正，修正值应符合表6.2.2的规

表 6.2.2 单位供水量管长的修正值

供水管径 *DN*	单位供水量管长	修正值
≥75	$<1.40km/km^3/d$	减2%
≥75	$\geqslant 1.40km/km^3/d$，$\leqslant 1.64km/km^3/d$	减1%
≥75	$\geqslant 2.06km/km^3/d$，$\leqslant 2.40km/km^3/d$	加1%
≥75	$\geqslant 2.41km/km^3/d$，$\leqslant 2.70km/km^3/d$	加2%
≥75	$\geqslant 2.70km/km^3/d$	加3%

定。

6.2.3 评定标准应按年平均出厂压力值进行修正，修正值应符合下列规定：

1 年平均出厂压力大于0.55MPa小于等于0.7MPa时，漏损率应增加1%；

2 年平均出厂压力大于0.7MPa时，漏损率应增加2%。

6.3 统 计 要 求

6.3.1 计算管网漏损率前应作好水量统计，水量统计应符合下列规定：

1 用水分类的统计应符合《城市用水分类》(CJ/T3070) 标准的规定；

2 未计量的消防及管道冲洗用水应列入有效供水量，其中消防用水量应根据消防水枪平均单耗、使用数量和时间进行计算。用消火栓冲洗管道的水量可按典型测试资料，加上压力系数和使用时间推算。管道冲洗水应按放水管直径及管道压力推算；

3 年供水量应为该年度1月1日至12月31日的供水总量，年售水量应为该期间抄表的总水量，年末计量有效供水量应为该期间发生的该类用水量。

6.3.2 城市自来水管网管道长度统计应符合下列规定：

1 被统计管网的公称通径 $DN \geqslant 75$；

2 按竣工图长度统计，计量单位为m。

6.4 计 算 方 法

6.4.1 城市自来水管网漏损率应按下列公式计算：

$$R_a = \frac{Q_a - Q_{ae}}{Q_a} \times 100\% \qquad (6.4.1)$$

式中 R_a——管网年漏损率（%）；

Q_a——年供水量（km^3）；

Q_{ae}——年有效供水量（km^3）。

6.4.2 单位管长漏水量应按下列公式计算：

$$Q_h = \frac{Q_a - Q_{ae}}{L_t \times 8.76} \qquad (6.4.2)$$

式中 Q_h——单位管长漏水量［m^3/（km·h）］；

L_t——管网管道总长（km）。

6.4.3 单位供水量的管长应按下列公式计算：

$$L_q = \frac{L_t}{Q_a \div 365} \qquad (6.4.3)$$

式中 L_q——单位供水量管长（km/km^3/d）。

本标准用词说明

1.0.1 为便于在执行本标准条文时区别对待，对于要求严格程度不同的用词说明如下：

1　表示很严格，非这样做不可的：
正面词采用“必须”；
反面词采用“严禁”。

2　表示严格，在正常情况下均应这样做的：
正面词采用“应”；
反面词采用“不应”或“不得”。

3　表示允许稍有选择，在条件许可时，首先应这样做的：
正面词采用“宜”或“可”；
反面词采用“不宜”。

表示有选择，在一定条件下可以这样做的，采用“可”。

1.0.2　条文中指明应按其他有关标准执行的写法为，“应按…执行”或“应符合…的要求(或规定)”。

中华人民共和国国家标准

节水型产品技术条件与管理通则

Technical conditions for water saving products and general regulation for management

GB/T 18870—2002

中华人民共和国国家质量监督检验检疫总局 2002-09-09 批准

2003-03-01 实施

前　言

本标准涉及的五大类产品的产品标准是生产节水型产品应遵循的基本生产行为规则。

本标准是在相关产品标准的基础上，对节水型产品及其生产行为进行规范，并通过引用有关规范性技术文件的评价指标与鉴定测试方法，对节水型产品进行鉴定与标识。

本标准由全国节约用水办公室提出。

本标准由水利部水资源司归口。

本标准起草单位：中国标准研究中心、水利部南京水利水电科学研究院、国家节水灌溉北京工程技术研究中心、水利部农田灌溉研究所、北京工业大学、中国农业机械化科学研究院节水灌溉工程装备中心、中国水利水电科学研究院、中国家用电器研究所、国家建筑卫生陶瓷质量监督检验中心、中国建筑装饰协会建筑五金委员会、国家建筑材料工业建筑五金水暖产品质量监督检验测试中心。

本标准主要起草人：戴紫燕、陈明、徐茂云、李英能、窦以松、兰才有、高本虎、赵振国、王慧镕、阮福成、刘幼红、肖瑞凤、黄永基、齐兵强。

1 范　　围

本标准规定了节水型产品的定义、生产行为规则及常用节水型产品的评价指标和鉴定测试方法。

本标准适用于农业灌溉与城市园林绿化灌溉、工业及民用冷却塔、生活洗衣机、卫生间便器系统和水嘴（水龙头）等产品的生产企业。

2 规范性引用文件

下列文件中的条款通过本标准的引用而成为本标准的条款。凡是注日期的引用文件，其随后所有的修改单（不包括勘误的内容）或修订版均不适用于本标准，然而，鼓励根据本标准达成协议的各方研究是否可使用这些文件的最新版本。凡是不注日期的引用文件，其最新版本适用于本标准。

GB/T 4288　家用电动洗衣机

GB/T 6952　卫生陶瓷

GB/T 7190.1　玻璃纤维增强塑料冷却塔　第1部分：中小型玻璃纤维增强塑料冷却塔

GB/T 7190.2　玻璃纤维增强塑料冷却塔　第2部分：大型玻璃纤维增强塑料冷却塔

GB/T 10002.1　给水用硬聚氯乙烯（PVC-U）管材

GB/T 13663　给水用聚乙烯（PE）管材

GB/T 13664　低压输水灌溉用薄壁硬聚氯乙烯（PVC-U）管材

GB/T 17187　农业灌溉设备　滴头　技术规范和试验方法（idt ISO 9260：1991）

GB/T 17188　农业灌溉设备　滴灌管　技术规范和试验方法（idt ISO 9261：1991）

GB/T 18145　陶瓷片密封水嘴

GB/T 19000.1　质量管理和质量保证标准　第1部分：选择和使用指南

GB/T 19000.2　质量管理和质量保证标准　第2部分：GB/T 19001、GB/T 19002 和 GB/T 19003 实施通用指南

GB/T 19000.3　质量管理和质量保证标准　第3部分：GB/T 19001 在计算机软件开发、供应、安装和维护中的使用指南

GB/T 19000.4　质量管理和质量保证标准　第4部分：可信性大纲管理指南

JB/T 6280.1　电动大型喷灌机　技术条件

JB/T 6280.2　电动大型喷灌机　试验方法

JB/T 7867　旋转式喷头

JB/T 7870　喷灌用金属薄壁管及管件

JB/T 8399　轻小型喷灌机

SL/T 67.3　微灌灌水器　微喷头

SL/T 68　微灌用筛网过滤器

JC/T 551　坐便器低水箱配件排水阀密封及寿命试验方法

JC/T 707　坐便器低水箱配件

JC/T 856　6升水便器配套系统

CJ/T 3081　非接触式（电子）给水器具

QB/T 1334　水嘴通用技术条件

QB/T 3649　大便器冲洗阀

CECS 118　冷却塔验收测试规程

DL/T 742　冷却塔塑料部件技术条件

3 术语和定义

下列术语和定义适用于本标准。

3.1

节水（节约水） water saving

提高用水效率，节约用水。

3.2

节水型产品 water saving products

符合质量、安全和环保要求，提高用水效率，减少水使用量的产品。

4 总　则

4.1 灌溉设备、冷却塔、洗衣机、便器系统和水嘴应在设计、开发、生产、安装和服务各阶段保证符合 GB/T 19000.1～19000.4 质量管理和质量保证标准，生产上述产品的企业应编制质量管理与质量保证体系文件。

4.2 上述产品应符合相应产品的电器安全要求。

4.3 上述产品应以节水、节能及降低原材料消耗来减少对自然资源和环境的损害。

5 灌 溉 设 备

5.1 生产行为规则

5.1.1 生产喷、微灌设备的主企业及配套设备生产企业应联合编制质量管理与质量保证体系文件，采用先进的加工设备，按规范工艺进行部件、整机有标生产。企业应注明执行的标准，按企业标准生产的产品，其技术指标不得低于同类产品的国家标准或行业标准。

5.1.2 喷、微灌重要设备（如喷头、滴头、滴灌带）及整机性能应定期（1 次/2 年）经过法定单位检测，取得合格证书。

5.1.3 喷、微灌设备生产企业的模具制作质量保证应包括设计、加工精度、材料性能、热处理方法、装配精度等。生产主企业在选择模具承包方时应优先考虑采用 CAD、CAM 设计及先进工艺生产制作的分承包方。

5.1.4 企业应对进厂原材料、零部件和配套件的生产工艺及整机性能进行检验。

5.1.5 企业的模具、量具应在规定周期内校准。

5.1.6 生产喷、微灌设备应是能配套产品（机、泵、管道及附件、灌水器、监控及调控仪表等）和各种规格、品种能形成系列的产品。附件（弯头、三通、四通、变径管等）应满足通用性要求。

5.2 重要器材的评价指标与鉴定测试方法

5.2.1 旋转式喷头

5.2.1.1　评价的技术指标

旋转式喷头的评价指标应按 JB/T 7867 的要求，在某一特定压力下进行测评，指标项目包括耐压性能、密封性能、运转性能、耐久性能等。

5.2.1.1.1　耐压性能

在常温下，金属喷头在常温清水中施加 2 倍的最大额定工作压力进行压力试验，保压 10min；同样条件若为塑料喷头，保压 1h。试验时，喷体和喷管零件（不含旋转轴承处）不得出现损坏、渗漏。

5.2.1.1.2　密封性能

a）喷头轴承处的密封性：喷头流量大于 $0.25m^3/h$ 的喷头轴承轴颈处的泄漏量不应超过规定试验压力下喷头流量的 2%；喷头流量不大于 $0.25m^3/h$ 的喷头，其泄漏量不应大于 $0.005m^3/h$。

b）喷嘴连接处的密封性：喷嘴与喷体或喷管连接处的泄漏量，不应超过在规定试验压力下喷头流量的 0.25%。

5.2.1.1.3　运转性能

a）转动均匀性：喷头转动每四分之一转所需时间，相对于五次平均值的最大偏差，不应超过 ±12%；

b）喷头流量：在规定试验压力下，当喷头流量不大于 $0.25m^3/h$ 和大于 $0.25m^3/h$ 时，喷头流量的变化量分别不应大于 ±7% 和 ±5%；

c）喷头射程：旋转式喷头射程的降低值不应大于规定值的 5%；

d）喷洒水量分布特性：每个喷头水量分布曲线上的任一点数值相对于平均分布曲线上对应点数值的偏差，不应大于 ±0.25mm/h 或 ±10%；平均分布曲线上的任一点数值相对于制造厂提供的分布曲线上对应点数值的偏差，不应大于 ±0.25mm/h 或 ±10%。对喷头流量大于 $0.25m^3/h$ 的喷头还应绘制出水量分布图，水量分布图应与制造厂提供的水量分布图一致。

5.2.1.1.4　耐久性能

a）喷头耐久试验累计纯工作时间不得少于 2000h，带换向器的喷头，换向机构的耐久性试验时间不得少于 1000h；

b）耐久性试验后，喷头耐压性应符合 5.2.1.1.1 的规定；

c）耐久性试验后，喷头轴承处泄漏量允许为 5.2.1.1.2a）的 2 倍；

d）耐久性试验后，喷头转动每四分之一转所需时间，相对于五次平均值的最大偏差不应超过 ±20%；

e）喷头流量相对于耐久试验前规定试验压力下喷头流量的允许偏差为 ±8%；

f）耐久性试验后水量分布特性，在与耐久性试验前相同的条件下进行试验。对每一个喷头，水量分布曲线上的任一点数值相对于制造厂提供的分布曲线上对应点数值的偏差不应大于 20%。

5.2.1.2　鉴定测试方法及参数计算

5.2.1.2.1　鉴定测试方法

应按 JB/T 7867 的要求，在规定试验压力下进行测评。测试项目包括耐压性能、密封性能、运转性能（转动均匀性、喷头流量、水量分布特性、喷头射程、喷射高度、转动稳定性)、耐久性等。

测试过程：喷头连续运转 4～5 天后，停止运行 1～2 天，按此间隔交替进行，直到喷头运转到规定时间为止。在耐久性试验前后，在相同试验条件下，重复进行耐压性能、密封性能、转动均匀性、喷头流量、水量分布特性等试验。

5.2.1.2.2 参数计算

a）点喷灌强度按式（1）计算：

$$h = \frac{V \times 10}{At} \qquad (1)$$

式中 h——点喷灌强度，单位为毫米每小时（mm/h）；

V——每个雨量筒的集水量，单位为立方厘米（cm^3）；

A——雨量筒的开口面积，单位为平方厘米（cm^2）；

t——喷水时间，单位为小时（h）。

b）平均喷灌强度

雨量筒方格排列时，平均喷灌强度按式（2）计算：

$$\overline{h} = \frac{\sum_{i=1}^{n} h_i}{n} \qquad (2)$$

式中 $\overline{h}$——平均喷灌强度，单位为毫米每小时（mm/h）；

n——受水雨量筒的总个数；

h_i——第 i 个雨量筒的喷灌强度（i＝1，2，3，…，n）。

c）喷头射程计算

在进行喷头射程测量时，对流量大于 0.075m^3/h 的喷头，从喷头至喷灌强度为 0.25mm/h 一点的距离为喷头射程。对流量小于 0.075m^3/h 的喷头，从喷头至喷灌强度为 0.13mm/h 那一点的距离为喷头射程。当雨量桶的位置不正好处于 0.25mm/h 或 0.13mm/h 的位置时，则喷头射程用内插法计算。

d）喷洒水量分布曲线和分布图

每一个喷头都应给出其喷洒水量分布曲线和它的平均喷洒水量分布曲线。

对流量大于 0.25m^3/h 的喷头，试验后还应绘制水量分布图。水量分布图包括喷灌强度等值线图和该图的平行与垂直风向的纵剖面图，画法规定为顺逆风向放在横向，风的箭头指向图的左侧，侧风向放在纵向。

5.2.2 滴头

滴头的评价和鉴定测试方法应按 GB/T 17187 的要求进行，内容包括机械性能：结构和工艺、滴头流道、耐压性能、耐拉拔性能等。工作性能：流量均匀度、流量与入口压力关系、滴头流态指数等。

5.2.3 滴灌管

滴灌管的评价指标及鉴定测试方法应按 GB/T 17188 的要求进行，内容包括：流量的均匀度、滴水元件的流量和入口压力的关系、耐静水压试验、高温下耐拔拉试验、接头和复用型滴灌管连接处的耐拔拉试验、聚乙烯滴灌管耐周向开裂应力性能试验、滴水元件流态指数的确定等。

5.2.4　微喷头

微喷头的评价指标及鉴定测试方法应按 SL/T 67.3 的要求进行，评价指标包括结构与工艺、力学性能、水力性能、耐久性等。试验项目包括耐久性、耐拉拔、耐水压、流量均匀性、压力与流量关系、喷洒水量分布特性等。

5.2.5　微灌用筛网过滤器

微灌用筛网过滤器的评价指标与鉴定测试方法应按 SL/T 68 的要求进行，评价指标包括外观质量、安装尺寸公差、物理力学性能、耐蚀性能、筛网精度等级、耐压性等。试验项目包括静水压、过滤元件负荷、内密封、过流能力等。

5.2.6　喷灌用金属薄壁管及管件

喷灌用金属薄壁管及管件的评价指标和鉴定测试方法应按 JB/T 7870 的要求进行，指标及试验项目包括壁厚、耐水压、密封性、自泄、偏转角、沿程水头损失、多口系数、局部水头损失、拉力、压扁、扩口、镀锌层、运行等。

5.2.7　灌溉用管材及管件

灌溉用管材及管件的评价指标与鉴定测试方法应按 GB/T 13664 的要求进行，评价指标包括管材尺寸极限偏差、弯曲度、物理机械性能等。测试项目包括弯曲度、密度、纵向回缩率、拉伸屈服应力、液压性能、落锤冲击、刚度、扁平等。

5.2.8　给水用管材

给水用高密度聚乙烯（HDPE）管材评价指标与鉴定测试方法应按 GB/T 13663 的要求进行，其评价指标包括规格尺寸、弯曲度、物理机械性能、饮水用管材卫生性能。测试项目包括尺寸、弯曲度、拉伸屈服应力、纵向尺寸收缩率、液压、卫生性能等。

给水用硬聚氯乙烯（PVC-U）管材评价指标与鉴定测试方法应按 GB/T 10002.1 的要求进行，评价指标包括壁厚、弯曲度、物理机械性能、饮用水管材卫生性能。测试项目包括弯曲度、密度、纵向回缩率、拉伸屈服应力、液压、落锤冲击、承插口密封、卫生性能等。

5.3　重要整机的评价指标与鉴定测试方法

喷灌机机组应标明移动间距或喷点间距，保证组合喷洒均匀系数达到 75%～80%。

5.3.1　轻小型喷灌机

轻小型喷灌机的评价指标与鉴定测试方法应按 JB/T 8399 的要求进行，评价指标包括配套要求、作业性能、燃油消耗率、喷灌机效率、安全要求、喷头性能、水泵性能、管路系统密封性、装配与外观要求、可靠性等。测试项目包括转速、工作压力、流量、喷洒均匀度、燃油消耗、喷灌机输入电功率、喷灌机燃油消耗率和效率的计算、安全要求的检查、喷头性能测试、水泵性能试验、管路系统密封性、可靠性试验等。

5.3.2　电动大型喷灌机

5.3.2.1　电动大型喷灌机的评价指标应按 JB/T 6280.1 的要求进行，评价指标包括重要零部件的材质、制造工艺、未注公差尺寸工件要求、整机总装要求；整机的同步性能要求、水力性能、通过性能、安全保护性能、热浸镀锌结构件防锈蚀、首次故障前平均工作时间等。

5.3.2.2　电动大型喷灌机鉴定测试方法应按 JB/T 6280.2 的要求进行，测试项目包括水力性能、同步性能、通过性能、安全保护性能、主要部件机械性能、热浸镀锌层、集电环绝缘强度、拖移试验等。田间生产测试项目包括生产试验时间、生产考核与生产查定、生产率、单位能源消耗量、使用可靠性、调整保养方便性、首次故障前平均工作时间考核等。

6 冷 却 塔

6.1 生产行为规则

冷却塔应保证制造质量与使用质量以提高冷却水的重复利用率。

6.1.1 开发生产冷却塔应按不同地区、不同水资源条件的需要生产不同种类、规格的系列化产品。

6.1.2 冷却塔生产企业应注明执行的标准，企业标准不得低于同类产品的国家标准或行业标准。

6.1.3 冷却塔生产企业应遵照冷却塔设计参数进行淋水填料、收水器、喷头、管件、阀门、塔壳及风机等部件的生产。

6.1.4 冷却塔生产企业应具备物理、化学、机械性能等常规理化检验能力，对进厂原材料及部件进行检验。

6.1.5 冷却塔重要部件的材质，如淋水填料或收水器所用聚氯乙烯（PVC）塑料材质，应符合 DL/T 742 的规定，塔体及收水器采用的玻璃钢材质应符合 GB/T 7190.1 及 GB/T 7190.2 中的要求。

6.1.6 新建或改建的冷却塔（湿式机械通风和自然通风冷却塔）投入正常运行后一年内应对冷却塔的冷却能力、飘水率进行考核测试。

6.1.7 新设计的冷却塔和首次使用新型淋水填料及配水装置的冷却塔，在投入正常运行后一年内应进行热力性能测试，并对塔的合理运行提出依据。

6.1.8 冷却塔飘水率应根据运行工况变化（风量、进水量）进行现场测试。

6.1.9 冷却塔冷却能力及飘水率应每三年测试一次，不达标的应采取改造或更新措施，并由法定单位进行测试。

6.1.10 冷却塔生产企业对用户冷却塔的选择、安装、调试、改造、测试、维修等应建立技术档案，包括冷却塔运行技术性能、运行综合性能、配件技术性能匹配情况、冷却塔设备结构、运行方式与补充新水量的关系等内容。

6.1.11 使用寿命：不少于 15 年。

6.2 评价的技术指标及计算方法

6.2.1 冷却能力按式（3）计算：

$$\eta = \frac{\Delta t_t}{\Delta t_c} \times 100\% \quad \cdots\cdots (3)$$

式中 η——冷却能力；

Δt_t——实测冷却塔的水温降，单位为摄氏温度（℃）；

Δt_c——用实测数据按设计计算公式（或设计热力性能曲线）求出换算的水温降，单位为摄氏温度（℃）；

6.2.2 冷却塔冷却能力评价：

大型冷却塔（1000m^3/h 以上）$\eta > 95\%$。

中小型冷却塔（1000m^3/h 以下）$\eta > 90\%$。

6.2.3 飘水率按式（4）计算：

$$P_f = \frac{Q_n}{Q_t} \quad (4)$$

式中 P_f——飘水率；

Q_n——冷却塔出风口被空气带走的水量，单位为立方米每小时（m^3/h）；

Q_t——进塔水流量，单位为立方米每小时（m^3/h）。

6.2.4 飘水率评价

机力塔飘水率应小于进塔总水量的万分之一。

6.2.5 中、小型冷却塔噪声、耗电比应按 GB/T 7190.1 的方法测试与计算；大型冷却塔噪声、耗电比应按 GB/T 7190.2 的方法测试、计算并评价。

6.3 鉴定测试方法及程序

各种类型冷却塔都应按现场抽检方式进行测试。

6.3.1 中小型玻璃钢冷却塔热力性能应按 GB/T 7190.1 热力性能试验方法或用标准设计工况冷却塔的简便热力性能试验方法进行测试与计算。

6.3.2 大型冷却塔热力性能应按 GB/T 7190.2 或按 CECS 118 的要求，用冷却水温对比法进行测试结果评价。

6.3.3 大型冷却塔的飘水率应按 GB/T 7190.2 飘水率试验方法或按 CECS 118 飘滴损失水量测试方法进行。

6.3.4 塑料淋水填料平片和组装块的耐水温及承载试验方法应按 GB/T 7190.2 进行。

7 洗 衣 机

7.1 生产行为规则

7.1.1 洗衣机的设计、制造应首先保证洗涤、漂洗性能，无故障运行 1000h，并遵循节水的原则，洗衣机说明书应对所洗衣物的容量、织物种类和脏度、洗衣粉（剂）的使用量等有明确说明，以减少洗衣粉（剂）的消耗，减少对水资源的污染。

7.1.2 洗衣机生产企业应注明执行的标准，企业标准应不低于同类产品的国家标准或行业标准。

7.2 评价的技术指标及计算方法

7.2.1 单位负载耗水量

洗涤单位质量衣物所需要的额定洗涤水量，即洗衣机额定洗涤水量与额定洗涤容量之比，按式（5）计算：

$$W = \frac{W_1}{M} \quad (5)$$

式中 W——单位负载耗水量，单位为升每千克（L/kg）；

W_1——额定洗涤水量（洗衣机说明书中给定值），单位为升（L）；

M——额定洗涤容量，单位为千克（kg）。

7.2.2 单位负载耗水量评价应按 GB/T 4288 的有关规定进行。

7.2.3 洗净比

被测洗衣机洗净率与参比机洗净率之比按式（6）计算：

$$C = \frac{D_r}{D_s} \quad \cdots\cdots (6)$$

式中 C——洗净比；

D_r——被测洗衣机洗净率，%；

D_s——参比机洗净率，%。

被测洗衣机洗净率按式（7）计算：

$$D_r = \frac{R_w - R_s}{R_0 - R_s} \times 100\% \quad \cdots\cdots (7)$$

式中 D_r——洗净率；

R_w——人工污染布洗净后反射率，%；

R_s——人工污染布洗净前反射率，%；

R_0——原布反射率，%。

7.2.4 洗净比的评价应按 GB/T 4288 的有关规定进行。

7.2.5 漂洗性能：洗涤物上残留漂洗液相对试验用水的碱度应不大于 0.04×10^{-2}mol/L。

7.2.6 能耗与噪声应按 GB/T 4288 和有关国家标准的要求测试与评价。

7.3 鉴定测试方法

7.3.1 洗涤性能测试方法，应按 GB/T 4288 的要求进行。

7.3.2 漂洗性能测试方法，应按 GB/T 4288 的要求进行。用滴定法测量洗涤物上残留漂洗液相对试验用水的碱度。

8 卫生间便器系统

8.1 生产行为规则

卫生间便器系统应以能将污物排入重力排放系统的原则进行设计与制造。

8.1.1 卫生间便器系统生产企业应注明执行的标准，企业标准应不低于同类产品的国家标准或行业标准。

8.1.2 便器及水箱配件生产企业应对进厂原材料进行物理、化学分析等常规检验，产品出厂前应作质量检验。

8.1.3 便器、水箱及其配件应能相互配套、互换、通用，安装、调试、维修操作方便。产品应提供 5 万次以上的使用保证。

8.1.4 便器、水箱及其配件与连接零件的材质在水中应不易分解和锈蚀。

8.1.5 产品说明书应标明该产品适用的建筑条件与施工说明（包括产品的安装方法及水箱配件的使用调节、维修更换等）。若属电子控制阀产品，应有相关产品质检证明。

8.1.6 产品生产企业在各地的销售代理商，在提供产品的同时还应建立相应的服务网点，包括安装、调试、维护、更换零部件等售后服务。

8.2 评价的技术指标

8.2.1 一档式或双档式便器系统每次冲水量应不大于 6L 水。双档式小档每次冲水量应按 GB/T 6952、JC/T856 的要求。

8.2.2 固体物排放应满足 GB/T 6952 的要求。

8.2.3 墨线试验：每次冲洗后，累计残留的墨水痕迹不得大于 50mm。

8.2.4 水封和水封回复不小于 50mm。存水弯应能通过 $\phi38$ 的固体球。

8.2.5 污水排放试验后稀释率应不低于 100。

8.2.6 排水管道输送特性应符合下列条件之一：

a）后续冲水量应不小于 2.5L；

b）污物全部冲出便器并通过横管排入重力排放系统应满足 GB/T 6952、JC/T856 中的有关规定。

8.2.7 排水阀应不渗漏，排水流量及其他技术指标应满足 JC/T 856、JC/T 707 的要求。

8.2.8 对处于使用状态的便器系统，更换水箱配件时应根据便器结构，采用比原排水量节水的水箱配件。不论原水箱容积大小，所采用的水箱配件应满足放入 6L 水时，排水阀不渗漏的要求。

8.2.9 蹲便器、大便冲洗阀应按 GB/T 6952、QB/T 3649 及 CJ/T 3081 的要求，在一定公称及工作压力下，选择最佳流量及冲洗时间。

8.3 鉴定测试方法

8.3.1 固体物排放测试应按 GB/T 6952 的要求进行，测试项目分别包括聚丙烯球试验与四个试体检验。

8.3.2 墨线试验：将洗净面擦干，用软笔在坐便器出水圈下方 25mm 处沿洗净面画一圈墨水线，立即冲水，测量并记录残留在洗净面上的墨水线总长度和各段长度。

8.3.3 水封深度和水封回复测试

a）水封深度测试方法应按 GB/T 6952 的要求进行。

b）水封回复测试：在固体物排放测试时，观察冲水后水封回复，若排污口有溢流出现，表明水封完全恢复，若无溢流出现，则测量剩余水封深度并记录。

8.3.4 污水排放测试应按 GB/T 6952 的要求进行。

8.3.5 后续冲水量测试应按 GB/T 6952 的要求进行。

8.3.6 排水管道输送特性测试应按 GB/T 6952、、JC/T 856 的要求进行。

8.3.7 水箱配件测试应按 JC/T 707 的要求进行，测试项目包括进水阀进水时间、防虹吸、进水量、排水流量、渗漏等。水箱寿命试验应按 JC/T 551 进行。

8.3.8 蹲便器、大便冲洗阀及非接触式给水器具应按 GB/T 6952、QB/T 3649 及 CJ/T 3081 的要求进行，测试项目包括防虹吸、耐压强度、密封性能、水流量、冲水时间、寿命等。

9 水嘴（水龙头）

产品范围指安装在建筑物卫生间、厨房等场所的冷热水管路上，公称压力不大于 1MPa，水温不大于 90℃条件下的各类水嘴及附件，如节流器、起泡器、热水器开关冷热水阀等。

9.1 生产行为规则

9.1.1 水嘴及其附件生产企业应生产不同种类、规格的节水系列产品。生产企业应注明执行标准的内容，企业标准应不低于同类产品的国家标准或行业标准。

9.1.2 生产企业应对进厂原材料及产品质量进行检验。

9.1.3 水嘴、热水器开关阀采用陶瓷片密封，其材质应符合 GB/T 18145 的要求。如采用非陶瓷片密封，其材质应符合 QB/T 1334 的要求。如采用感应式应符合相关电子产品质量规定。

9.1.4 节流器、起泡器应安装方便，不易锈蚀。

9.1.5 使用寿命：陶瓷片密封水嘴需提供 20 万次、螺旋升降式 6 万次、感应式 5 万次以上的使用保证。

9.1.6 产品适用条件及使用限制应在使用说明书或包装上注明。

9.2 评价的技术指标

9.2.1 陶瓷片密封水嘴应按 GB/T 18145 的要求，指标项目包括陶瓷片阀芯质量、阀体强度、密封性能、水流量等。

9.2.2 非陶瓷片密封水嘴应按 QB/T 1334 的要求，指标项目包括密封材料质量、阀体强度、密封性能、水流量等。

9.2.3 感应式水嘴应按 CJ/T 3081 的要求，指标项目包括洗手器使用性能：耐压强度、密封性能、水流量、水流时间等。

9.3 鉴定测试方法

9.3.1 陶瓷片密封水嘴应按 GB/T 18145 的要求，测试项目包括陶瓷片阀芯质量、阀体强度、密封性能、水流量、寿命等。

9.3.2 非陶瓷片密封水嘴应按 QB/T 1334 的要求，测试项目包括密封件质量、阀体强度、密封性能、水流量、寿命等。

9.3.3 感应式水嘴应按 CJ/T 3081 的要求，测试项目包括耐压强度、密封性能、水流量、水流时间控制、寿命等。

中华人民共和国城镇建设行业标准

城市用水分类标准

Classified standard for urban water consumption

CJ/T 3070—1999

中华人民共和国建设部　1999-03-17 批准
1999-10-01 实施

前　言

为统一全国城市用水的分类名称及其涵义，保证全国城市各类水量的正确统计和可靠汇总，并为城市规划、计划、设计以及供水行业提供比较确切的数据，以促进城市可饮用水资源的合理应用和节约使用，科学制定城市供水价格体系，并加强供水企业的企业管理，适应城市经济的发展，特制定本标准。

本标准依据《城市供水条例》（中华人民共和国国务院令第158号），引用《国民经济行业分类和代码》（GB/T 4754—1994）并按其不同的用水性质进行类别划分。

本标准制定中，已考虑到下述三种情况：

——随着改革、开放的逐步深化，社会经济结构、行业组合已经有了较大的变化，各产业结构比重发生重大变异，各城市不同的原有用水分类办法已难以适应这种变化后的新形势。

——随着社会主义市场经济的发展，城市供水价格机制的逐步形成，供水行业用户会计工作的电脑化，迫切要求对与水价体系紧密相关的城市用水分类作相应调整。

——鉴于我国城市供水行业已经积累了丰富的历史统计基础资料，为保持其可比性，本标准的分类必须注意其较方便的换算可能性。

由于我国幅员广阔，各地的社会经济结构不同，行业差异较大，且有各自不同的用水特点和水价要求，因此，本标准仅设置了适用于全国城市统一的一、二两级类别，三级以下的类别由各地自行设置，以做到既集中统一了全国汇总类别，又有地方灵活细分的充分余地。

本标准的附录A是提示的附录。

本标准由建设部标准定额研究所提出。

本标准由建设部城镇建设标准技术归口单位建设部城市建设研究院归口。

本标准由上海市自来水公司、中国城镇供水协会计划统计信息中心负责起草。

本标准主要起草人：陈思强、黄伯让。

1 范　围

本标准规定了城市用水分类的类别名称和包括范围。

本标准适用于城市公共供水企业和自建设施供水企业。其他相关的计划、规划、设计、节水管理机构和工程建设等单位，可参照执行。

2 引用标准

GB/T 4754—1994　国民经济行业分类和代码

3 基本要求

本标准只设一、二级全国统一汇总类别，三级以下的细分类别，可由各城市根据实际情况自行设置或不予设置。

4 城市用水分类

4.1 居民家庭用水分类见表1。

表1 居民家庭用水分类

序　号	类别名称	包　括　范　围
4.1	居民家庭用水	城市范围内所有居民家庭的日常生活用水
4.1.1	城市居民家庭用水	城市范围内居住的非农民家庭日常生活用水
4.1.2	农民家庭用水	城市范围内居住的农民家庭日常生活用水
4.1.3	公共供水站用水	城市范围内由公共给水站出售的家庭日常生活用水

4.2 公共服务用水分类见表2。

表2 公共服务用水分类

序号	类别名称	包　括　范　围
4.2	公共服务用水	为城市社会公共生活服务的用水
4.2.1	公共设施服务用水	城市内的公共交通业、园林绿化业、环境卫生业、市政工程管理业和其他公共服务业的用水
4.2.2	社会服务业用水	理发美容业、沐浴业、洗染业、摄影扩印业、日用品修理业、殡葬业以及其他社会服务业的用水
4.2.3	批发和零售贸易业用水	各类批发业、零售业和商业经纪等的用水
4.2.4	餐饮业、旅馆业用水	宾馆、酒家、饭店、旅馆、餐厅、饮食店、招待所等的用水
4.2.5	卫生事业用水	医院、疗养院、专科防治所、卫生防疫站、药品检查所以及其他卫生事业用水
4.2.6	文娱体育事业、文艺广电业用水	各类娱乐场所和体育事业单位、体育场（馆）、艺术、新闻、出版、广播、电视和影视拍摄等事业单位的用水
4.2.7	教育事业用水	所有教育事业单位的用水（不含其附属的生产、运营单位用水）
4.2.8	社会福利保障业用水	社会福利、社会保险和救济业以及其他福利保障业的用水
4.2.9	科学研究和综合技术服务业用水	科学研究、气象、地震、测绘、环保、工程设计等单位的用水
4.2.10	金融、保险、房地产业用水	银行、信托、证券、典当、房地产开发、经营、管理等单位的用水

续表

序号	类别名称	包括范围
4.2.11	机关、企事业管理机构和社会团体用水	党政机关、军警部队、社会团体、基层群众自治组织、企事业管理机构和境外非经营单位的驻华办事机构、驻华外国使领馆等的用水
4.2.12	其他公共服务用水	除4.2.1~4.2.11外的其他公共服务用水

4.3 生产运营用水分类见表3。

表3 生产运营用水分类

序号	类别名称	包括范围
4.3	生产运营用水	在城市范围内生产、运营的农、林、牧、渔业、工业、建筑业、交通运输业等单位在生产、运营过程中的用水
4.3.1	农、林、牧、渔业用水	农业、林业、畜牧业、渔业的用水
4.3.2	采掘业用水	煤炭采选业、石油和天然气开采业、金属矿和非金属矿以及其他矿和木材、竹材采选业的用水
4.3.3	食品加工、饮料、酿酒、烟草加工业用水	粮食、饲料、植物油加工业、制糖业、屠宰及肉类禽蛋加工业、水产品加工业、盐加工业和糕点、糖果、乳制品、罐头食品等其他食品加工业、酒精及饮料酒制造业、软饮料制造业、制茶业和其他饮料制造业、烟草加工业的用水
4.3.4	纺织印染服装业用水	棉、毛、麻、丝绢纺织、针织品业、印染业、服装制造业、制帽业、制鞋业和其他纤维制品制造业的用水
4.3.5	皮、毛、羽绒制品业用水	皮革制品制造业，毛皮鞣制及制品业、羽毛（绒）制品加工业的用水
4.3.6	木材加工、家具制造业用水	木材加工业、木制品业和竹、藤、金属、塑料家具制造业的用水
4.3.7	造纸、印刷业用水	造纸业和纸制品业、印刷业的用水
4.3.8	文体用品制造业用水	文化用品制造业、体育健身用品制造业、乐器及其他文娱用品制造业、玩具制造业、游艺器材制造业和其他文教体育用品制造业的用水
4.3.9	石油加工及炼焦业用水	原油加工业、石油制品业和炼焦业的用水
4.3.10	化学原料及化学制品业用水	基本化学原料、化学肥料、有机化学产品、合成材料、精细化工、专用化学产品和日用化学产品制造业的用水
4.3.11	医药制造业用水	化学药品原药、化学药剂制造业、中药材及中成药加工业、动物药品、化学农药制造业和生物制品业的用水
4.3.12	化学纤维制造业用水	纤维素纤维制造业、合成纤维制造业、渔具及渔具材料制造业的用水
4.3.13	橡胶制品业用水	轮胎、再生胶、橡胶制品业的用水
4.3.14	塑料制品业用水	塑料膜、板、管、棒、丝、绳及编织品、泡沫塑料以及合成革、塑料器具制造业和其他塑料制品业的用水
4.3.15	非金属矿物制品、建材业用水	水泥、砖瓦、石灰和轻质建筑材料制造业、玻璃及玻璃制品、陶瓷制品、耐火材料制品、石墨及碳素制品、矿物纤维及其制品和其他非金属矿物制品业的用水
4.3.16	金属冶炼制品业用水	黑色金属、有色金属冶炼、加工、制品业的用水
4.3.17	机电制造业用水	机械制造业、各类专用设备制造业、交通运输设备制造业、武器弹药制造业和电机、输配电控制设备、电工器材制造业以及有关修理业的用水
4.3.18	电子、仪表制造业用水	通信设备、广播电视设备、电子元器件制造业、仪器仪表、计量器具、钟表和其他仪器仪表制造业及其修理业的用水
4.3.19	其他制造业用水	除4.3.3~4.3.18外的工艺美术品、日用杂品和其他生产、生活用品等制造业的用水
4.3.20	电力、煤气和水生产供应业用水	电力、蒸汽、热水生产供应业，煤气、液化气生产供应业、水生产供应业的用水
4.3.21	地质勘查、建筑业用水	地质勘查、土木工程建筑业、线路管道和设备安装业等工程的用水

续表

序号	类别名称	包括范围
4.3.22	交通运输业、仓储、邮电通讯业用水	除城市内公共交通以外的铁路、公路、水上、航空运输及其相应的辅助业、仓储、邮政、电信业等单位的用水
4.3.23	其他生产运营用水	除4.3.1～4.3.22以外的其他生产运营用水

4.4 消防及其他特殊用水分类如表4。

表4 消防及其他特殊用水分类

序号	类别名称	包括范围
4.4	消防及其他特殊用水	城市灭火以及除居民家庭、公共服务、生产运营用水范围以外的各种特殊用水
4.4.1	消防用水	城市道路消火栓以及其他市内公共场所、企事业单位内部和各种建筑物的灭火用水
4.4.2	深井回灌用水	为防止地面沉降通过深井回灌到地下的用水
4.4.3	其他用水	除4.4.1～4.4.3以外的其他特殊用水

5 本标准同GB/T 4754对照情况见附录A（提示的附录）。

附 录 A
（提示的附录）
本标准同《国民经济行业分类和代码》对照表

表A1

本标准分类名称		《国民经济行业分类》	
		门类	大类
4.1	居民家庭用水	—	—
4.1.1	城市居民家庭用水	—	—
4.1.2	农民家庭用水	—	—
4.1.3	公共供水站用水	—	—
4.2	公共服务用水	F～P	
4.2.1	公共设施服务用水	K	75
4.2.2	社会服务业用水	K	76、79～84
4.2.3	批发及零售业贸易用水	H	61～65
4.2.4	餐饮业、旅馆业用水	H K	67 78
4.2.5	卫生事业用水	L	85
4.2.6	文娱体育事业、文艺广电业用水	L M	86 90～91
4.2.7	教育事业用水	M	89
4.2.8	社会福利保障业用水	L	87
4.2.9	科学研究和综合技术服务业用水	N	2
4.2.10	金属保险、房地产业用水	I J	2 3

续表 A1

本标准分类名称		《国民经济行业分类》门类	《国民经济行业分类》大类
4.2.11	机关、企事业管理机构和社会团体用水	F G I J N O P	51 60 68、70 72、74 92、93 94 ~ 97 991
4.2.12	其他公共服务用水	G P	59 999
4.3	生产运营用水	A ~ G	
4.3.1	农、林、牧、渔业用水	A	01 ~ 05
4.3.2	采掘业用水	B	06 ~ 12
4.3.3	食品加工、饮料、酿酒、烟草加工业用水	C	13 ~ 16
4.3.4	纺织、印染、服装业用水	C	17 ~ 18
4.3.5	皮、毛、羽绒制品业用水	C	19
4.3.6	木材加工、家具制造业用水	C	20 ~ 21
4.3.7	造纸、印刷业用水	C	22 ~ 23
4.3.8	文体用品制造业用水	C	24
4.3.9	石油加工及炼焦业用水	C	25
4.3.10	化学原料及化学制品业用水	C	26
4.3.11	医药制造业用水	C	27
4.3.12	化学纤维制造业用水	C	28
4.3.13	橡胶制品业用水	C	29
4.3.14	塑料制品业用水	C	30
4.3.15	非金属矿物制品业用水	C	31
4.3.16	金属冶炼制品业用水	C	32 ~ 34
4.3.17	机电制造业用水	C	35 ~ 37.39.40
4.3.18	电子、仪表制造业用水	C	41 ~ 42
4.3.19	其他制造业用水	C	43
4.3.20	电力、煤气和水生产供应业用水	D E	44 ~ 46 47 ~ 49
4.3.21	地质勘查、建筑业用水	F G	50 52 ~ 58
4.3.22	交通运输、仓储、邮电通讯业用水	G	9
4.3.23	其他生产运营用水	—	—
4.4	消防及其他特殊用水	—	—
4.4.1	消防用水	—	—
4.4.2	深井回灌用水	—	—
4.4.3	其他用水	—	—

中华人民共和国国家标准

城市居民生活用水量标准

The standard of water quantity for city's residential use

GB/T 50331—2002

主编部门：中华人民共和国建设部
批准部门：中华人民共和国建设部
施行日期：2002年11月1日

中华人民共和国建设部
公　　告

第60号

建设部关于发布国家标准《城市居民生活用水量标准》的公告

现批准《城市居民生活用水量标准》为国家标准，编号为GB/T 50331—2002，自2002年11月1日起实施。

本标准由建设部标准定额研究所组织中国建筑工业出版社出版发行。

中华人民共和国建设部

2002年9月16日

前　言

本标准是根据国发［2000］36号文件“国务院关于加强城市供水节水和水污染防治工作的通知”精神，以及建设部建标［2001］87号文件要求，建设部城市建设司委托中国城镇供水协会组织上海、天津、沈阳、武汉、成都、深圳、北京七城市供水企业共同编制的。在编制过程中，编制组采集了108个城市自来水公司近三年居民生活用水数据，筛选了87个城市的有效数据。通过对大量国内外统计数据研究和分析，以及对国内居民生活用水状况的调查分析，广泛征求各方面意见的基础上编制而成。

本标准共分三章，包括总则、术语和用水量标准。为了有效缓解水资源短缺，制定《城市居民生活用水量标准》是我国节水工作中的一项基础性建设工作，对指导城市供水价格改革工作，建立以节水用水为核心的合理水价机制，将起到重要作用。

本标准由建设部负责管理，建设部城市建设司负责具体技术内容的解释。在执行过程中，希望各地政府、行政主管部门、供水企业等相关部门注意积累资料，总结经验，并请将意见和有关资料寄建设部城市建设司（北京市三里河路9号，邮编：100835　电话：010—58933160），供以后修订时参考。

本标准主编单位、参编单位和主要起草人

主编单位：建设部城市建设司

参编单位：中国城镇供水协会

中国城镇供水协会企业管理委员会

天津市自来水集团有限公司

上海市给水管理处

上海市自来水市南有限公司营业所

深圳市自来水集团有限公司

武汉市自来水公司

沈阳市自来水总公司

成都市自来水总公司

北京市自来水集团有限责任公司

主要起草人员：陈连祥　郭得铨　宁瑞珠　郭　智

郑向盈　孙立人　张嘉荣　周妙秋

李庆华　赵明华　王贤兵　刘秀英

谭　明　江照辉　黄小玲　王自明

目　　次

1　总则 ………………………………………………………………………… 2175
2　术语 ………………………………………………………………………… 2175
3　用水量标准 ………………………………………………………………… 2175
本标准用词用语说明 …………………………………………………………… 2176

1 总 则

1.0.1 为合理利用水资源，加强城市供水管理，促进城市居民合理用水、节约用水，保障水资源的可持续利用，科学地制定居民用水价格，制定本标准。

1.0.2 本标准适用于确定城市居民生活用水量指标。各地在制定本地区的城市居民生活用水量地方标准时，应符合本标准的规定。

1.0.3 城市居民生活用水量指标的确定，除应执行本标准外，尚应符合国家现行有关标准的规定。

2 术 语

2.0.1 城市居民 city's residential

在城市中有固定居住地、非经常流动、相对稳定地在某地居住的自然人。

2.0.2 城市居民生活用水 water for city's residential use

指使用公共供水设施或自建供水设施供水的，城市居民家庭日常生活的用水。

2.0.3 日用水量 water quantity of per day, per person

每个居民每日平均生活用水量的标准值。

3 用水量标准

3.0.1 城市居民生活用水量标准应符合表3.0.1的规定。

表3.0.1 城市居民生活用水量标准

地域分区	日用水量（L/人·d）	适用范围
一	80～135	黑龙江、吉林、辽宁、内蒙古
二	85～140	北京、天津、河北、山东、河南、山西、陕西、宁夏、甘肃
三	120～180	上海、江苏、浙江、福建、江西、湖北、湖南、安徽
四	150～220	广西、广东、海南
五	100～140	重庆、四川、贵州、云南
六	75～125	新疆、西藏、青海

注：1 表中所列日用水量是满足人们日常生活基本需要的标准值。在核定城市居民用水量时，各地应在标准值区间内直接选定。

2 城市居民生活用水考核不应以日作为考核周期，日用水量指标应作为月度考核周期计算水量指标的基础值。

3 指标值中的上限值是根据气温变化和用水高峰月变化参数确定的，一个年度当中对居民用水可分段考核，利用区间值进行调整使用。上限值可作为一个年度当中最高月的指标值。

4 家庭用水人口的计算，由各地根据本地实际情况自行制定管理规则或办法。

5 以本标准为指导，各地视本地情况可制定地方标准或管理办法组织实施。

本标准用词用语说明

1 为便于在执行本标准条文时区别对待，对于要求严格程度不同的用词说明如下：

（1）表示很严格，非这样做不可的用词：

正面词采用“必须”；

反面词采用“严禁”。

（2）表示严格，在正常情况下均应这样做的用词：

正面词采用“应”；

反面词采用“不应”或“不得”。

（3）表示允许稍有选择，在条件许可时，首先应这样做的用词：

正面词采用“宜”或“可”；

反面词采用“不宜”。

2 标准中指定应按其他有关标准、规范执行时，写法为：“应按…执行”或“应符合…的要求（或规定）”。

中华人民共和国国家标准

城市污水再生利用　分类

The reuse of urban recycling water—Classified standard

GB/T 18919—2002

中华人民共和国国家质量监督检验检疫总局　2002-12-20 批准
2003-05-01 实施

前　言

为贯彻我国水污染防治和水资源开发利用的方针，提高城市污水利用效率，做好城市节约用水工作，合理利用水资源，实现城市污水资源化，减轻污水对环境的污染，促进城市建设和经济建设可持续发展，制定《城市污水再生利用》系列标准。

《城市污水再生利用》系列标准目前拟分为五项：

——《城市污水再生利用　分类》

——《城市污水再生利用　城市杂用水水质》

——《城市污水再生利用　景观环境用水水质》

——《城市污水再生利用　补充水源水质》

——《城市污水再生利用　工业用水水质》

本部分为第一项。

本标准为首次制定。

本标准的附录 A 为规范性附录。

本标准由中华人民共和国建设部提出。

本标准由建设部给水排水产品标准化技术委员会归口。

本标准由建设部标准定额研究所、上海沪标工程建设咨询公司、哈尔滨工业大学、建设部城市建设研究院、上海技源科技有限责任公司负责起草。

本标准主要起草人：黄金屏、周锡全、姜文源、王琳、吕士健、王超、张红彦、薛明。

城市污水再生利用　分类

1　范　　围

本标准规定了城市污水再生利用分类原则、类别和范围。

本标准适用于水资源利用的规划，城市污水再生利用工程设计和管理，并为制定城市污水再生利用各类水质标准提供依据

2　规范性引用文件

下列文件中的条款通过本标准的引用而成为本标准的条款。凡是注日期的引用文件，其随后所有的修改单（不包括勘误的内容）或修订版均不适用于本标准，然而，鼓励根据本标准达成协议的各方研究是否可使用这些文件的最新版本。凡是不注日期的引用文件，其最新版本适用于本标准。

GB/T 4754—2002　国民经济行业分类与代码

3　术 语 和 定 义

本标准采用下列术语和定义。

3.1　城市污水

设市城市和建制镇排入城市污水系统的污水的统称。在河流制排水系统中，还包括生产废水和截流的雨水。

3.2　城市污水再生利用

以城市污水为再生水源，经再生工艺净化处理后，达到可用的水质标准，通过管道输送或现场使用方式予以利用的全过程。

4　城市污水再生利用分类

4.1　本标准按用途分类。

4.2　城市污水再生利用分类类别见表1。

4.3　城市污水再生利用分类类别与 GB/T 4754—2002 对照见附录 A（规范性附录）。

表1　城市污水再生利用类别

序号	分　类	范　围	示　例
1	农、林、牧、渔业用水	农田灌溉	种籽与育种、粮食与饲料作物、经济作物
		造林育苗	种籽、苗木、苗圃、观赏植物
		畜牧养殖	畜牧、家畜、家禽
		水产养殖	淡水养殖
2	城市杂用水	城市绿化	公共绿地、住宅小区绿化
		冲厕	厕所便器冲洗
		道路清扫	城市道路的冲洗及喷洒
		车辆冲洗	各种车辆冲洗
		建筑施工	施工场地清扫、浇洒、灰尘抑制、混凝土制备与养护、施工中的混凝土构件和建筑物冲洗
		消防	消火栓、消防水炮

续表 1

序号	分　类	范　围	示　例
3	工业用水	冷却用水	直流式、循环式
		洗涤用水	冲渣、冲灰、消烟除尘、清洗
		锅炉用水	中压、低压锅炉
		工艺用水	溶料、水浴、蒸煮、漂洗、水力开采、水力输送、增湿、稀释、搅拌、选矿、油田回注
		产品用水	浆料、化工制剂、涂料
4	环境用水	娱乐性景观环境用水	娱乐性景观河道、景观湖泊及水景
		观赏性景观环境用水	观赏性景观河道、景观湖泊及水景
		湿地环境用水	恢复自然湿地、营造人工湿地
5	补充水源水	补充地表水	河流、湖泊
		补充地下水	水源补给、防止海水入浸、防止地面沉降

附　录　A
（规范性附录）
本标准与《国民经济行业分类与代码》对照表

表 A.1

序号	本标准分类名称	《国民经济行业分类与代码》	
		大　类	小　类
1	农、林、牧、渔业用水	A	01～05
2	城镇杂用水	E N	47～50 80～81
3	工业用水	B～D	06～46
4	景观环境用水	N	79～80
5	补充水源水	—	—

参　考　文　献

GB 1576—2001　工业锅炉水质

GB 3097—1997　海水水质标准

GB 3838—2002　地面水环境质量标准

GB 5084—1992　农田灌溉水质标准

GB 8978—1996　污水综合排放标准

GB 11607—1989　渔业水质标准

GB 12941—1991　景观娱乐用水水质标准

GB/T 14848—1993　地下水质量标准

CJ/T 3020—1993　生活饮用水水源水质标准

CJ/T 3025—1993　城市污水处理厂污泥排放标准

CJ/T 3070—1999　城市用水分类标准

CJ 3082—1999　污水排入城市下水道水质标准

《中国标准文献分类法》中国标准出版社（1989）

中华人民共和国国家标准

城市污水再生利用城市杂用水水质

The reuse of urban recycling water
—Water quality standard for urban miscellaneous
water consumption

GB/T 18920—2002

中华人民共和国国家质量监督检验检疫总局　2002-12-20 批准
2003-05-01 实施

前　言

为贯彻我国水污染防治和水资源开发方针，提高水利用率，做好城市节约用水工作，合理利用水资源，实现城市污水资源化，减轻污水对环境的污染，促进城市建设和经济建设可持续发展，制定《城市污水再生利用》系列标准。

《城市污水再生利用》系列标准目前拟分为五项：

——《城市污水再生利用　分类》

——《城市污水再生利用　城市杂用水水质》

——《城市污水再生利用　景观环境用水水质》

——《城市污水再生利用　补充水源水质》

——《城市污水再生利用　工业用水水质》

本标准为第二项。

本标准是在 CJ/T 48—1999《生活杂用水水质标准》基础上制定的。本标准主要变化如下：

(1) 用水类别增加消防及建筑施工杂用水；

(2) 水质项目增加溶解氧，删除了氯化物、总硬度、化学需氧量、悬浮物；

(3) 水质类别由 2 个增加到 5 个；

(4) 水质指标值进行了相应调整。

本标准自实施之日起，CJ/T 48—1999 同时废止。

本标准由中华人民共和国建设部提出。

本标准由建设部给水排水产品标准化技术委员会归口。

本标准由中国市政工程中南设计研究院负责起草。

本标准主要起草人：张怀宇、李树苑、杨文进、张小平、魏桂珍、张赐承。

1 范　围

本标准规定了城市杂用水水质标准、采样及分析方法。

本标准适用于厕所便器冲洗、道路清扫、消防、城市绿化、车辆冲洗、建筑施工杂用水。

2 规范性引用文件

下列文件中的条款通过本标准的引用而成为本标准的条款。凡是注日期的引用文件，其随后所有的修改单（不包括勘误的内容）或修订版均不适用于本标准，然而，鼓励根据本标准达成协议的各方研究是否可使用这些文件的最新版本。凡是不注日期的引用文件，其最新版本适用于本标准。

GB/T 3181　漆膜颜色标准

GB/T 5750　生活饮用水标准检验法

GB/T 7488　水质　五日生化需氧量（BOD_5）的测定　稀释与接种法（neq ISO 5815）

GB/T 7489　水质　溶解氧的测定　碘量法（eqv ISO 5813）

GB/T 7494　水质　阴离子表面活性剂的测定　亚甲蓝分光光度法（neq ISO 7875-1）

GB/T 11898　水质　游离氯和总氯的测定　N,N-二乙基-1,4-苯二胺分光光度法（eqv ISO 7393-2）

GB/T 11913　水质　溶解氧的测定电化学探头法（idt ISO 5814）

GB/T 12997　水质　采样方案设计技术规定（idt ISO 5667-1）

GB/T 12998　水质　采样技术指导（neq ISO 5667-2）

GB/T 12999　水质采样　样品的保存和管理技术规定（neq ISO 5667-3）

JGJ 63　混凝土拌合用水标准

3 术 语 和 定 义

本标准采用下列术语和定义。

3.1

城市

设市城市和建制镇。

3.2

城市杂用水

用于冲厕、道路清扫、消防、城市绿化、车辆冲洗、建筑施工的非饮用水。

3.2.1

冲厕杂用水

公共及住宅卫生间便器冲洗的用水。

3.2.2

道路清扫杂用水

道路灰尘抑制、道路扫除的用水。

3.2.3

消防杂用水

市政及小区消火栓系统的用水。

3.2.4

城市绿化杂用水

除特种树木及特种花卉以外的公园、道边树及道路隔离绿化带、运动场、草坪，以及相似地区的用水。

3.2.5

建筑施工杂用水

建筑施工现场的土壤压实、灰尘抑制、混凝土冲洗、混凝土拌合的用水。

4 水质指标

城市杂用水的水质应符合表 1 的规定。混凝土拌合用水还应符合 JGJ 63 的有关规定。

表 1 城市杂用水水质标准

序号	项 目		冲厕	道路清扫、消防	城市绿化	车辆冲洗	建筑施工
1	pH		6.0～9.0				
2	色/度	≤	30				
3	嗅		无不快感				
4	浊度/NTU	≤	5	10	10	5	20
5	溶解性总固体（mg/L）	≤	1500	1500	1000	1000	
6	五日生化需氧量（BOD_5）/（mg/L）	≤	10	15	20	10	15
7	氨氮/（mg/L）	≤	10	10	20	10	20
8	阴离子表面活性剂/（mg/L）	≤	1.0	1.0	1.0	0.5	1.0
9	铁/（mg/L）	≤	0.3	—	—	0.3	—
10	锰/（mg/L）	≤	0.1	—	—	0.1	—
11	溶解氧/（mg/L）	≥	1.0				
12	总余氯/（mg/L）		接触 30min 后≥1.0，管网末端≥0.2				
13	总大肠菌群/（个/L）	≤	3				

5 采样及分析方法

5.1 采样及保管

水质采样的设计、组织按 GB/T 12997 及 GB/T 12998 规定。样品的保管按 GB/T 12999 规定。

5.2 分析方法

分析方法按表 2 规定。

5.3 水质监测

城市杂用水的采样检测频率应符合表 3 的规定。

表 2　城市杂用水标准水质项目分析方法

序号	项　　目	测 定 方 法	执 行 标 准
1	pH	pH 电位法	GB/T 5750
2	色	铂-钴标准比色法	GB/T 5750
3	浊度	分光光度法 目视比浊法	GB/T 5750
4	溶解性总固体	重量法（烘干温度 180℃ ± 1℃）	GB/T 5750
5	五日生化需氧量（BOD_5）	稀释与接种法	GB/T 7488
6	氨氮	纳氏试剂比色法	GB/T 5750
7	阴离子表面活性剂	亚甲蓝分光光度法	GB/T 7494
8	铁	二氮杂菲分光光度法 原子吸收分光光度法	GB/T 5750
9	锰	过硫酸铵分光光度法 原子吸收分光光度法	GB/T 5750
10	溶解氧	碘量法	GB/T 7489
		电化学探头法	GB/T 11913
11	总余氯	邻联甲苯铵比色法 邻联甲苯铵-亚砷酸盐比色法 N，N-二乙基对苯二胺-硫酸亚铁铵滴定法	GB/T 5750
		N，N-二乙基-1，4 苯二胺分光光度法	GB/T 11898
12	总大肠菌群	多管发酵法	GB/T 5750

表 3　城市杂用水采样检测频率

序号	项　　目	采样检测频率
1	pH	每日 1 次
2	色	每日 1 次
3	浊度	每日 2 次
4	嗅	每日 1 次
5	溶解性总固体	每周 1 次
6	五日生化需氧量（BOD_5）	每周 1 次
7	氨氮	每周 1 次
8	阴离子表面活性剂	每周 1 次
9	铁	每周 1 次
10	锰	每周 1 次
11	溶解氧	每日 1 次
12	总余氯	每日 2 次
13	总大肠菌群	每周 3 次

6　标准的实施与监督

6.1　本标准由县级以上人民政府城市杂用水行政主管部门及相关部门负责统一监督和检查执行情况。

6.2　城市杂用水的水质项目与水质标准，应符合本标准的规定。地方或行业标准不得宽于本标准或与本标准相抵触。

6.3　城市杂用水管道、水箱等设备外部应涂 PB09 天酞蓝色（见 GB/T 3181），并于显著位置标注“杂用水”字样，以免误饮、误用。

中华人民共和国国家标准

城市污水再生利用景观环境用水水质

The reuse of urban recycling water
—Water quality standard for scenic environment use

GB/T 18921—2002

中华人民共和国国家质量监督检验检疫总局 2002-12-20 批准
2003-05-01 实施

前　言

为贯彻我国水污染防治和水资源开发方针，提高用水效率，做好城镇节约用水工作，合理利用水资源，实现城镇污水资源化，减轻污水对环境的污染，促进城镇建设和经济建设可持续发展，制定《城市污水再生利用》系列标准。

《城市污水再生利用》系列标准目前拟分为五项：

——《城市污水再生利用　分类》

——《城市污水再生利用　城市杂用水水质》

——《城市污水再生利用　景观环境用水水质》

——《城市污水再生利用　补充水源水质》

——《城市污水再生利用　工业用水水质》

本标准为第三项。

本标准是在 CJ/T 95—2000《再生水回用于景观水体的水质标准》的基础上制定的。

本标准与 CJ/T 95—2000 相比主要变化如下：

——提出了再生水的使用准则。

——根据《城市污水再生利用　分类》将再生水的应用范围及使用方式进行了重新界定，以景观环境用水取代了原来的景观水体，明确了水景类作为景观环境用水的一部分的概念。

——细分了景观环境用水的类别，将原来的 CJ/T 95—2000 中的人体非直接接触和人体非全身性接触替换为观赏性景观环境用水和娱乐性景观环境用水两大类别，同时每个类别又根据水质要求的不同而被分为河道类、湖泊类与水景类用水。

——放宽了消毒途径，对于不需要通过管道输送再生水的现场回用情况，不限制采用加氯以外的其他消毒方式。

——考虑了与人群健康密切相关的毒理学指标。

——水质指标共计 14 项，对原来的 CJ/T 95—2000 中的水质指标进行了部分调整（增加了 3 项：浊度、溶解氧、氨氮；删减了 5 项：化学需氧量、溶解性铁、总锰、全盐量、氯化物；替换了 2 项：以粪大肠菌群替换了大肠菌群，以总氮替换了凯氏氮）。

——增加了“参考文献”。

本标准自实施之日起，CJ/T 95—2000 同时废止。

本标准由中华人民共和国建设部提出。

本标准由建设部给水排水产品标准化技术委员会归口。

本标准由中国市政工程华北设计研究院负责起草。

本标准主要起草人：陈立、杨坤、宋晓倩、何永平、范洁。

引　言

本标准制定的目的在于满足缺水地区对娱乐性水环境的需要。

再生水作为景观环境用水不同于天然景观水体（GB 3838—2002《地表水环境质量标准》中的Ⅴ类水域），它可以全部由再生水组成，或大部分由再生水组成；而天然景观水体只接受少量的污水，其污染物本底值很低，水体的稀释自净能力较强。因此，本标准的内容不仅包括水质指标，还包括了使用原则和控制措施。

本标准在水质指标的确定方面以考虑它的美学价值及人的感官接受能力为主，在控制措施上以增强水体的自净能力为主导思想，着重强调水体的流动性。

1 范　　围

本标准规定了作为景观环境用水的再生水水质指标和再生水利用方式。

本标准适用于作为景观环境用水的再生水。

2 规范性引用文件

下列文件中的条款通过本标准的引用而成为本标准的条款。凡是注日期的引用文件，其随后所有的修改单（不包括勘误的内容）或修订版均不适用于本标准，然而，鼓励根据本标准达成协议的各方研究是否可使用这些文件的最新版本。凡是不注日期的引用文件，其最新版本适用于本标准。

GB/T 6920　水质　pH 值的测定　玻璃电极法

GB/T 7466　水质　总铬的测定

GB/T 7467　水质　六价铬的测定　二苯碳酰二肼分光光度法

GB/T 7468　水质　总汞的测定　冷原子吸收分光光度法（eqv ISO 5666-1 ~ 3）

GB/T 7472　水质　锌的测定　双硫腙分光光度法

GB/T 7474　水质　铜的测定　二乙基二硫化氨基甲酸钠分光光度法

GB/T 7475　水质　铜、锌、铅、镉的测定　原子吸收分光光谱法

GB/T 7478　水质　铵的测定　蒸馏和滴定法

GB/T 7485　水质　总砷的测定　二乙基二硫代氨基甲酸银分光光度法（neq ISO 6595）

GB/T 7486　水质　氰化物的测定　第一部分：总氰化物的测定

GB/T 7488　水质　五日生化需氧量（BOD_5）的测定　稀释与接种法（neq ISO 5815）

GB/T 7489　水质　溶解氧的测定　碘量法（eqv ISO 5813）

GB/T 7490　水质　挥发酚的测定　蒸馏后 4-氨基安替比林分光光度法（eqv ISO 6439）

GB/T 7494　水质　阴离子表面活性剂的测定　亚甲蓝分光光度法（neq ISO 7875-1）

GB/T 8972　水质　五氯酚的测定　气相色谱法

GB/T 9803　水质　五氯酚的测定　藏红 T 分光光度法

GB/T 11889　水质　苯胺类化合物的测定　N-（1-萘基）乙二胺偶氮分光光度法

GB/T 11890　水质　苯系物的测定　气相色谱法

GB/T 11893　水质　总磷的测定　钼酸铵分光光度法

GB/T 11894　水质　总氮的测定　碱性过硫酸钾消解紫外分光光度法

GB/T 11895　水质　苯并（a）芘的测定　乙酰化滤纸层析荧光分光光度法

GB/T 11898　水质　游离氯和总氯的测定　N，N-二乙基-1，4-苯二胺分光光度法（eqv ISO 7393-2）

GB/T 11901　水质　悬浮物的测定　重量法

GB/T 11902　水质　硒的测定　2，3-二氨基萘荧光法

GB/T 11903　水质　色度的测定（neq ISO 7887）

GB/T 11906　水质　锰的测定　高碘酸钾分光光度法

GB/T 11907　水质　银的测定　火焰原子吸收分光光度法

GB/T 11910 水质 镍的测定 丁二酮肟分光光度法
GB/T 11911 水质 铁、锰的测定 火焰原子吸收分光光度法
GB/T 11912 水质 镍的测定 火焰原子吸收分光光度法
GB/T 11913 水质 溶解氧的测定 电化学探头法（idt ISO 5814）
GB/T 13192 水质 有机磷农药的测定 气相色谱法
GB/T 13194 水质 硝基苯、硝基甲苯、硝基氯苯、二硝基甲苯的测定 气相色谱法
GB/T 13197 水质 甲醛的测定 乙酰丙酮分光光度法
GB/T 13200 水质 浊度的测定（neq ISO 7027）
GB/T 14204 水质 烷基汞的测定 气相色谱法
GB/T 15959 水质 可吸附有机卤素（AOX）的测定 微库仑法
GB/T 16488 水质 石油类和动植物油的测定 红外光度法

3 术语与定义

本标准采用下列术语和定义。

3.1

再生水 reclaimed water

指污水经适当再生工艺处理后具有一定使用功能的水。

3.2

景观环境用水 scenic environment use

指满足景观需要的环境用水，即用于营造城市景观水体和各种水景构筑物的水的总称。

3.3

观赏性景观环境用水 aesthetic environment use

指人体非直接接触的景观环境用水，包括不设娱乐设施的景观河道、景观湖泊及其他观赏性景观用水。它们由再生水组成，或部分由再生水组成（另一部分由天然水或自来水组成）。

3.4

娱乐性景观环境用水 recreational environment use

指人体非全身性接触的景观环境用水，包括设有娱乐设施的景观河道、景观湖泊及其他娱乐性景观用水。它们由再生水组成，或部分由再生水组成（另一部分由天然水或自来水组成）。

3.5

河道类水体 watercourse

指景观河道类连续流动水体。

3.6

湖泊类水体 impoundment

指景观湖泊类非连续流动水体。

3.7

水景类用水 waterscape

指用于人造瀑布、喷泉、娱乐、观赏等设施的用水。

3.8

水力停留时间　hydraulic rentention itme

再生水在景观河道内的平均停留时间。

3.9

静止停留时间　withhold time

湖泊类水体非换水（即非连续流动）期间的停留时间。

4　技 术 内 容

4.1　再生水作为景观环境用水时，其指标限值应满足表1的规定。

4.2　对于以城市污水为水源的再生水，除应满足表1各项指标外，其化学毒理学指标还应符合表2中的要求。

表1　景观环境用水的再生水水质指标　　单位：mg/L

序号	项　　目		观赏性景观环境用水			娱乐性景观环境用水		
			河道类	湖泊类	水景类	河道类	湖泊类	水景类
1	基本要求		无飘浮物，无令人不愉快的嗅和味					
2	pH值（无量纲）		6~9					
3	五日生化需氧量（BOD_5）	≤	10	6		6		
4	悬浮物（SS）	≤	20	10		—[a]		
5	浊度（NTU）	≤	—[a]			5.0		
6	溶解氧	≥	1.5			2.0		
7	总磷（以P计）	≤	1.0	0.5		1.0	0.5	
8	总氮	≤	15					
9	氨氮（以N计）	≤	5					
10	粪大肠菌群（个/L）	≤	10000		2000	500		不得检出
11	余氯[b]	≥	0.05					
12	色度（度）	≤	30					
13	石油类	≤	1.0					
14	阴离子表面活性剂	≤	0.5					

注1：对于需要通过管道输送再生水的非现场回用情况采用加氯消毒方式；而对于现场回用情况不限制消毒方式。

注2：若使用未经过除磷脱氮的再生水作为景观环境用水，鼓励使用本标准的各方在回用地点积极探索通过人工培养具有观赏价值水生植物的方法，使景观水体的氮磷满足表1的要求，使再生水中的水生植物有经济合理的出路。

a　“—”表示对此项无要求。

b　氯接触时间不应低于30min的余氯。对于非加氯消毒方式无此项要求。

表 2 选择控制项目最高允许排放浓度（以日均值计） 单位：mg/L

序 号	选择控制项目	标准值	序 号	选择控制项目	标准值
1	总汞	0.01	26	甲基对硫磷	0.2
2	烷基汞	不得检出	27	五氯酚	0.5
3	总镉	0.05	28	三氯甲烷	0.3
4	总铬	1.5	29	四氯化碳	0.03
5	六价铬	0.5	30	三氯乙烯	0.3
6	总砷	0.5	31	四氯乙烯	0.1
7	总铅	0.5	32	苯	0.1
8	总镍	0.5	33	甲苯	0.1
9	总铍	0.001	34	邻-二甲苯	0.4
10	总银	0.1	35	对-二甲苯	0.4
11	总铜	1.0	36	间-二甲苯	0.4
12	总锌	2.0	37	乙苯	0.1
13	总锰	2.0	38	氯苯	0.3
14	总硒	0.1	39	对-二氯苯	0.4
15	苯并（a）芘	0.00003	40	邻-二氯苯	1.0
16	挥发酚	0.1	41	对硝基氯苯	0.5
17	总氰化物	0.5	42	2，4-二硝基氯苯	0.5
18	硫化物	1.0	43	苯酚	0.3
19	甲醛	1.0	44	间-甲酚	0.1
20	苯胺类	0.5	45	2，4-二氯酚	0.6
21	硝基苯类	2.0	46	2，4，6-三氯酚	0.6
22	有机磷农药（以 P 计）	0.5	47	邻苯二甲酸二丁酯	0.1
23	马拉硫磷	1.0	48	邻苯二甲酸二辛酯	0.1
24	乐果	0.5	49	丙烯腈	2.0
25	对硫磷	0.05	50	可吸附有机卤化物（以 Cl 计）	1.0

5 再生水利用方式

5.1 污水再生水厂的水源宜优先选用生活污水或不包含重污染工业废水在内的城市污水。

5.2 当完全使用再生水时，景观河道类水体的水力停留时间宜在 5 天以内。

5.3 完全使用再生水作为景观湖泊类水体，在水温超过 25℃时，其水体静止停留时间不宜超过 3 天；而在水温不超过 25℃时，则可适当延长水体静止停留时间，冬季可延长水体静止停留时间至一个月左右。

5.4 当加设表曝类装置增强水面扰动时，可酌情延长河道类水体水力停留时间和湖泊类水体静止停留时间。

5.5 流动换水方式宜采用低进高出。

5.6 应充分注意两类水体底泥淤积情况，进行季节性或定期性清淤。

6 其 他 规 定

6.1 由再生水组成的两类景观水体中的水生动、植物仅可观赏，不得食用。

6.2 不应在含有再生水的景观水体中游泳和洗浴。

6.3 不应将含有再生水的景观环境水用于饮用和生活洗涤。

7 取 样 与 监 测

7.1 取样要求

水质取样点宜设在污水再生水厂总出水口，总出水口宜设再生水水量计量装置。在有条件的情况下，应逐步实现再生水比例采样和在线监测。

7.2 监测频率

其中，pH值、BOD_5、悬浮物、总氮、氨氮、石油类、阴离子表面活性剂为周检项目；浊度、溶解氧、总磷、粪大肠菌群、余氯、色度为日检项目。

7.3 监测分析方法

本标准采用的监测分析方法见表3，化学毒理学指标监测方法见表4。

表3 监测分析方法表

序号	项 目	测 定 方 法	方 法 来 源
1	pH值	玻璃电极法	GB/T 6920
2	五日生化需氧量（BOD_5）	稀释与接种法	GB/T 7488
3	悬浮物	重量法	GB/T 11901
4	浊度	比浊法	GB/T 13200
5	溶解氧	碘量法	GB/T 7489
		电化学探头法	GB/T 11913
6	总磷（TP）	钼酸铵分光光度法	GB/T 11893
7	总氮（TN）	碱性过硫酸钾消解紫外分光光度法	GB/T 11894
8	氨氮	蒸馏滴定法	GB/T 7478
9	粪大肠菌群	多管发酵法 滤膜法	水和废水监测分析方法[a]
10	余氯	N，N-二乙基-1，4-苯二胺分光光度法	GB/T 11898
11	色度	铂钴比色法	GB/T 11903
12	石油类	红外光度法	GB/T 16488
13	阴离子表面活性剂	亚甲蓝分光光度法	GB/T 7494

a. 暂采用《水和废水监测分析方法》，中国环境科学出版社。待国家方法标准发布后，执行国家标准。

表4 化学毒理学指标分析方法表

序号	控 制 项 目	测 定 方 法	方 法 来 源
1	总汞	冷原子吸收光度法	GB/T 7468
2	烷基汞	气相色谱法	GB/T 14204
3	总镉	原子吸收分光光谱法	GB/T 7475
4	总铬	高锰酸钾氧化-二苯碳酰二肼分光光度法	GB/T 7466
5	六价铬	二苯碳酰二肼分光光度法	GB/T 7467
6	总砷	二乙基二硫代氨基甲酸银分光光度法	GB/T 7485
7	总铅	原子吸收分光光谱法	GB/T 7475
8	总镍	火焰原子吸收分光光度法	GB/T 11912
		丁二酮肟分光光度法	GB/T 11910
9	总铍	活性炭吸附—铬天菁S光度法	水和废水监测分析方法[a]
10	总银	火焰原子吸收分光光度法	GB/T 11907
11	总铜	原子吸收分光光谱法	GB/T 7475
		二乙基二硫化氨基甲酸钠分光光度法	GB/T 7474

续表 4

序号	控制项目	测定方法	方法来源
12	总锌	原子吸收分光光谱法	GB/T 7475
		双硫腙分光光度法	GB/T 7472
13	总锰	火焰原子吸收分光光度法	GB/T 11911
		高碘酸钾分光光度法	GB/T 11906
14	总硒	2，3-二氨基萘荧光法	GB/T 11902
15	苯并（a）芘	乙酰化滤纸层析荧光分光光度法	GB/T 11895
16	挥发酚	蒸馏后用 4-氨基安替比林分光光度法	GB/T 7490
17	总氰化物	硝酸银滴定法	GB/T 7486
18	硫化物	碘量法（高浓度）	水和废水监测分析方法[a]
		对氨基二甲基苯胺光度法（低浓度）	水和废水监测分析方法[a]
19	甲醛	乙酰丙酮分光光度法	GB/T 13197
20	苯胺类	N-（1-萘基）乙二胺偶氮分光光度法	GB/T 11889
21	硝基苯类	气相色谱法	GB/T 13194
22	有机磷农药（以 P 计）	气相色谱法	GB/T 13192
23	马拉硫磷	气相色谱法	GB/T 13192
24	乐果	气相色谱法	GB/T 13192
25	对硫磷	气相色谱法	GB/T 13192
26	甲基对硫磷	气相色谱法	GB/T 13192
27	五氯酚	气相色谱法	GB/T 8972
		藏红 T 分光光度法	GB/T 9803
28	三氯甲烷	气相色谱法	水和废水监测分析方法[a]
29	四氯化碳	气相色谱法	水和废水监测分析方法[a]
30	三氯乙烯	气相色谱法	水和废水监测分析方法[a]
31	四氯乙烯	气相色谱法	水和废水监测分析方法[a]
32	苯	气相色谱法	GB/T 11890
33	甲苯	气相色谱法	GB/T 11890
34	邻-二甲苯	气相色谱法	GB/T 11890
35	对-二甲苯	气相色谱法	GB/T 11890
36	间-二甲苯	气相色谱法	GB/T 11890
37	乙苯	气相色谱法	GB/T 11890
38	氯苯	气相色谱法	水和废水监测分析方法[a]
39	对二氯苯	气相色谱法	水和废水监测分析方法[a]
40	邻二氯苯	气相色谱法	水和废水监测分析方法[a]
41	对硝基氯苯	气相色谱法	GB/T 13194
42	2，4-二硝基氯苯	气相色谱法	GB/T 13194
43	苯酚	气相色谱法	水和废水监测分析方法[a]
44	间-甲酚	气相色谱法	水和废水监测分析方法[a]
45	2，4-二氯酚	气相色谱法	水和废水监测分析方法[a]
46	2，4，6-三氯酚	气相色谱法	水和废水监测分析方法[a]
47	邻苯二甲酸二丁酯	气相、液相色谱法	水和废水监测分析方法[a]
48	邻苯二甲酸二辛酯	气相、液相色谱法	水和废水监测分析方法[a]
49	丙烯腈	气相色谱法	水和废水监测分析方法[a]
50	可吸附有机卤化物(AOX)(以 Cl 计)	微库仑法	GB/T 15959

a 暂采用《水和废水监测分析方法》，中国环境科学出版社。待国家方法标准发布后，执行国家标准。

7.4 跟踪监测

鼓励使用本标准的各方在回用地点对使用再生水的景观河道、景观湖泊和水景进行水体水质、底泥及周围空气的跟踪监测，及时发现再生水回用中的问题。

8 标准实施与监督

8.1 监督方法

本标准由各级建设管理部门负责监督实施与管理。

8.2 地方标准

鼓励使用本标准的各方根据各自的具体情况，开展再生水回用于景观环境的研究，必要时制定严于本标准的地方性标准，报国家主管部门备案。

参 考 文 献

[1] European Environment Agency, Sustainable Water Use in Europe, Environment Issue Report [R], No.19, 2001.

[2] Water Recycling Criteria, Title 22, 2001.

[3] J.Anderson, et al, Climbing the ladder: a step by step approach to international guidelines for water recycling [J], Wat. Sci. Tech. 2001, 43 (40): 1-8.

[4] Guidelines for sewerage schemes: use of reclaimed water [M], National Water Quality Management Strategy, 2000/11, 114.

[5] Marcelo Juanico and Eran Friedler, Wastewater reuse for river recovery in semi-arid Israel [J], Wat. Sci. Tech. 1999, 40 (4-5): 43-50.

[6] Masahiro Maeda, et al, Area-wide of reclaimed water in Tokyo, Japan [J], Wat.Sci.Tech.1996,133(10-11): 51-57.

[7] Guidelines for urban and residential use of reclaimed water, Recycled Water Coordination Commit tee [M], New South Wales, Australia, 1993/5.

[8] Camp Dresser & Mckee Inc, Guidelines for water reuse [M], 1992.

[9] 川岛正等，下水处理水の再利用 [J]，下水道协会志，1991/4，28 (325).

中华人民共和国城镇建设行业标准

非接触式给水器具

Non-contact water supply device

CJ/T 194—2004
代替 CJ/T 3081—1999

中华人民共和国建设部　2004-09-17　批准
2005-06-01 实施

前　言

本标准是对 CJ/T 3081—1999《非接触式（电子）给水器具》的修订。近年来，随着技术的不断进步，市场需求也不断扩大，此类产品发展很快，涉及给排水、机械和光电等技术，结构复杂，技术含量高于传统的给水器具。CJ/T 3081—1999 已发布实施近五年，需要进一步完善，以满足产品生产、使用和检验的要求，保证产品的质量、符合国家节约用水方面的要求。

本标准代替 CJ/T 3081—1999。

本标准与 CJ/T 3081—1999 相比，主要变化如下：

——安全要求改为防触电保护，引用标准由原来的 GB 4793 改为 GB 14536.1，这样与给水器使用条件更加接近；

——控制范围改为控制距离误差，即可避免各类产品不易确定控制距离的问题，又可统一衡量产品的技术水平；

——规定流量上限和冲洗水量范围，可达到节水的目的；

——工作寿命由原标准的 5 万次提高到 15 万次，提高产品的耐用程度；

——整机功耗改为整机能耗，增加直流产品待机能耗规定；

——增加断电保护要求，保证产品的安全可靠；

——增加电池盒性能的要求；

——增加对坐（蹲）便池冲洗器防虹吸性能要求，保证供水系统不受污染；

——对原标准通篇文字进行了推敲和修改。

本标准由建设部标准定额研究所提出。

本标准由建设部给排水产品标准化技术委员会归口管理。

本标准起草单位：北京市城市节约用水办公室、北京市公用事业研究所、北京市电子产品质量检测中心、北京市建筑五金水暖产品质量监督检验站、福州洁利来感应设备有限公司、上海澳柯林水暖器材有限公司、仕龙阀门水应用技术（苏州）有限公司、福建省辉煌水暖集团有限公司。

本标准主要起草人：何建平、刘金泰、李绍森、冯建民、王巍、周洪璋、黄印章。

1 范 围

本标准规定了非接触式给水器具（以下简称“给水器”）的产品分类、技术要求、试验方法、检验规则及标志、包装、运输和贮存。

本标准适用于给水器的制造和验收。

2 规范性引用文件

下列文件中的条款通过本标准的引用而成为本标准的条款。凡是注日期的引用文件，其随后所有的修改单（不包括勘误的内容）或修订版均不适用于本标准，然而，鼓励根据本标准达成协议的各方研究是否可使用这些文件的最新版本。凡是不注日期的引用文件，其最新版本适用于本标准。

GB/T 1019　家用电器包装通则

GB/T 2423.1　电工电子产品基本环境试验规程　试验 A：低温试验方法

GB/T 2423.2　电工电子产品基本环境试验规程　试验 B：高温试验方法

GB/T 2423.3　电工电子产品基本环境试验规程　试验 C：恒定湿热试验方法

GB 2828.1　计数抽样检验程序　第 1 部分：按接收质量限（AQL）检索的逐批检验抽样计划

GB 14536.1　家用和类似用途电自动控制器　第 1 部分：通用要求

GB/T 17219　生活饮用水输配水设备及防护材料的安全性评价标准

JC/T 931—2003　机械式便器冲洗阀

3 术 语 和 定 义

3.1

非接触控制方式　non-contact control modes

利用红外线、热释电、微波、超声波以及其他媒介做传感器，不需人手或其他部位接触即能实现给水的方式。

3.2

控制器　controller

由传感器、判别、智能化逻辑处理、驱动等电子电路组成，能控制电动阀门启、闭的部件。

3.3

整机　equipment

由控制器、电动阀门（包括电磁阀和电动机阀）、电源（直流、交流及其他能源）及水暖等部件组成的给水器。

3.4

控制距离　control distance

在传感器接收（或发射）的轴线方向，使给水器可靠开启，模拟板与传感器窗口间的最远距离。

3.5

待机能耗　consumed power in stand-by

给水器等待状态的能耗，用功率表示。

交流：表观功率 V·A；

直流：mW。

3.6

工作（动态）能耗　consumed power in working

交流供电的给水器用工作时的表观功率表示：V·A。

3.7

洗手器　faucets

装在池、盆类器皿上的水龙头（水嘴）类给水器通称为洗手器。

4　分类与代号

4.1　给水器使用功能分类和名称代号：

洗手器——X；

淋浴器——L；

沟槽小便池冲水器——G；

单体小便池冲水器——D；

坐（蹲）便器冲洗器——Z。

4.2　给水器控制方式分类和名称代号：

遮挡红外式——Z；

反射红外式——F；

热释电式——R；

微波反射式——W；

超声波反射式——C；

其他类型——Q。

5　产品型号

5.1　产品型号的格式

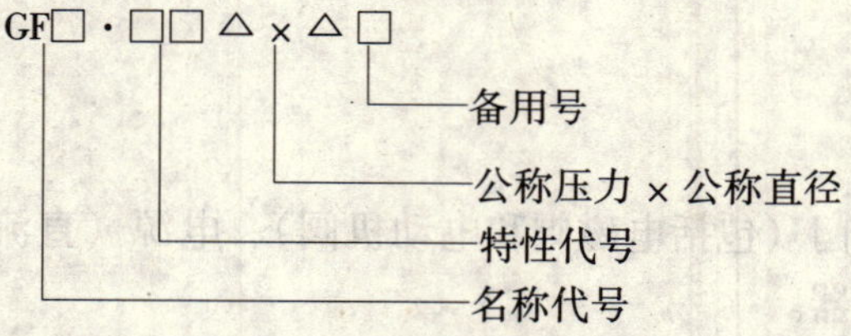

名称代号：前两位 GF 表示给水器；非接触式的，第三位字母按 4.1 条确定。

特性代号：前一位按 4.2 条确定，后一位是供电方式：交流用 J；直流用 Z。

公称压力及直径：用数字表示，量纲为 MPa×mm。

厂商备用代号或改型序号：由生产厂自行规定。

5.2　示例

反射红外式洗手器，直流供电，公称压力 0.6MPa，公称直径 15mm，C 种产品，表示为：

GFX·FZ　0.6×15C

6　技 术 要 求

6.1　一般要求

6.1.1　工作条件

环境温度：1℃～55℃；

水温：≤45℃；

环境相对湿度（RH）：≤　(93^{+2}_{-3})%；

工作水压：≥0.05MPa；≤0.6MPa。

6.1.2　外观

产品外观光洁，标识清晰，紧固件牢固无松动。

6.1.3　材质

产品所使用的所有与饮用水直接接触的材料，应符合 GB/T 17219 的规定。在 6.1.1 条工作条件下，不应对人体健康和环境产生危害。

6.2　防触电保护

交流供电的给水器应该符合 GB 14536.1 中Ⅱ类防触电控制器的要求；直流供电的给水器应该符合 GB 14536.1 中Ⅲ类防触电控制器的要求。

6.3　使用性能

使用性能技术要求见表 1。

表 1

序号	项　　目			技术要求：洗手器	淋浴器	沟槽小便池冲洗器	单体小便池冲洗器	坐(蹲)便池冲洗器
1	控制距离误差/%			±15				
2	开启时间/s			≤1	≤1	—	—	—
3	关断时间/s			≤2	≤2	—	—	—
4	水流量(动态水压 0.1MPa±0.01MPa)			≤0.15/(L/s)	2～4/(L/m)	2～5/(L/工作周期)	6～9/(L/次)；峰值流量≥1.2/(L/s)	
5	工作寿命		通水使用次数/万次	≥15				
6	整机能耗	交流/V·A	待机	≤3				
			工作	≤5				
		直流/mW	待机	≤0.5				
7	强度试验			水压为 0.9MPa 时，阀体及各连接处无变形、无渗漏				
8	密封试验			水压分别为 0.05MPa、0.6MPa 时，给水器出水口处无渗漏				
9	电源适应性			改变额定电压值的±10%，满足表 1 中第 1 条的要求				
10	相邻两机最小间隔距离/cm			50	80	—	50	80

6.4　断电保护

采用电磁阀的给水器，断电状态下应自动关闭；采用微功耗（脉冲式）电磁阀的给水器，电源耗尽时应自动关闭；采用电动机阀的给水器应带手动开关装置。

6.5　电池盒性能

电池供电的产品，电池应放入独立密封的电池盒内，应方便更换电池，电池盒应能够多次拆装，不得破损，螺丝不得溢扣；符合6.9条要求，且盒内金属件不得锈蚀。

6.6　抗干扰性能

6.6.1　多台整机同时通电工作，不得有误动作。

6.6.2　给水器不得受常用电器的干扰产生误动作。

6.6.3　白炽灯光斜照时，给水器的控制距离变化不大于±15%。

6.7　防虹吸性能

坐（蹲）便池冲洗器须符合JC/T 931—2003中5.3.4条要求。

6.8　温度试验

6.8.1　高温试验

给水器经高温试验后应符合表1中第7、8项要求。

6.8.2　低温试验

给水器经低温试验后应符合表1中第7、8项要求。

6.9　潮湿试验

给水器经潮湿试验后应符合表1中第7、8项要求。

7　试验方法

7.1　一般要求

目测产品外观并用手检查紧固件，应符合6.1.2条要求。

7.2　防触电保护试验

给水器的防触电保护试验按GB 14536.1中Ⅱ类和GB 14536.1中Ⅲ类防触电保护相关要求进行，应满足6.2条要求。

7.3　使用性能

7.3.1　采用表面光洁的板材制作模拟板，代替人体（或人体的某一部分）对给水器进行控制距离的检测，模拟板尺寸为29.7cm×29.7cm，表面贴附70g木浆复印纸。热释电式给水器利用手掌替代模拟板。

按产品使用说明书要求安装整机，接通水源、电源，使给水器进入正常的工作状态，模拟板在给水器传感器接收的主轴方向做前后相对移动，并且在传感器前方30°圆锥内、模拟板后方2m以内不得有面积超过0.02m^2的障碍物，不得有直射的强光和人员走动。模拟板以缓慢的速度由远而近接近给水器直到开始工作，同时用直尺测量给水器传感器与模拟板之间的距离，与产品说明书明示的控制距离比较，应符合表1中第1项要求。

7.3.2　开启时间和关断时间

对洗手器、淋浴器，将模拟板迅速置于给水器控制距离内，同时启动计时器，观察并记录给水器的出水时间间隔（开启时间）；将模拟板从给水器控制距离内迅速撤离，同时启动计时器，观察并记录给水器的断水时间间隔（关断时间），做3次检测取平均值。

7.3.3　水流量性能

将进水口动态水压调至0.1MPa±0.01MPa，给水器进入正常的工作状态，以计时器计时，用标准容器计量出水量，用玻璃转子流量计测量流量，产品应符合表1中第4项要求。

7.3.4 工作寿命

给水器按使用要求接通电源、水源，洗手器、淋浴器通、断间隔3s±1s作为1次，其他产品按1个使用周期为1次，试验水压保持静压为0.2MPa±0.01MPa，15万次试验后，给水器应满足表1中第7、8项要求。

7.3.5 整机能耗

7.3.5.1 交流供电的给水器按使用要求接通电源、水源，在电源输入端串接电流表，并接电压表，分别测量出给水器待机和工作时的电流和电压值，其乘积应满足表1中第6项要求。

7.3.5.2 直流供电的给水器待机能耗：按使用要求接通电源、水源，在电源输入端串接电流表，并接电压表，测量出给水器待机时的电流和电压值，测量5次，取平均值，其乘积应满足表1中第6项要求。

7.3.6 强度试验

将进水口水压逐步调至0.9MPa，持续30s，检查阀体及各连接处应符合表1中第7项要求。

7.3.7 密封试验

将进水口水压调至0.05MPa，然后开启电源，使给水器工作1个周期，观察30s，检查给水器出口，应符合表1中第8项规定，重复3次；再将水压调至0.6MPa，重复上述试验，检查给水器出口应符合表1中第8项要求。

7.3.8 电源适应性

改变给水器额定电压值的±10%，应满足表1中第9项要求。

7.4 断电保护

采用电磁阀的给水器，接通电源、水源，使给水器出水，关断电源，应符合6.4要求；采用微功耗（脉冲式）电磁阀的给水器，用可调电源替换电池组，使给水器正常工作，逐渐下调电源电压至最小，此过程中，给水器应符合6.4要求；采用电动机阀的给水器应符合6.4的要求，能够通过手动停止出水。

7.5 电池盒性能

按照产品使用说明的要求对电池盒进行3次拆装，经7.9条试验后，符合6.5条要求。

7.6 抗干扰性能试验

7.6.1 将3台同型号整机按表1中第10项要求的距离安装，开机工作，彼此不应该产生干扰发生误动作。

7.6.2 交流供电的给水器，在同一个电源插座中并接入1000W电吹风和40W电子镇流日光灯；直流供电的给水器在距离2m处接通1000W电吹风和40W电子镇流日光灯。使给水器工作（出水），开、关电器3次，给水器不得发生误动作。

7.6.3 给水器按使用说明书的要求安装，在给水器传感器接收轴线的45°方向，直线距离2m处，安装1个无遮挡40W白炽灯，打开白炽灯，重复7.3.1条检测，控制距离符合

6.6.3 条要求。

7.7 防虹吸性能

坐（蹲）便池冲洗器按 JC/T 931—2003 中 6.3.4 条要求进行。

7.8 温度试验

7.8.1 高温试验

参照 GB/T 2423.1 进行，将给水器置于 55℃ ± 2℃试验箱内存储 4h 后，再置于室温恢复 2h 应符合 6.8.1 条要求。

7.8.2 低温试验

参照 GB/T 2423.2 进行，将给水器置于 –10℃ ± 3℃试验箱内存储 4h 后，再置于室温恢复 2h 应符合 6.8.2 条要求。

7.9 潮湿试验

参照 GB/T 2423.3 进行，将给水器置于低温箱内，开启加热电源使温度达到 40℃ ± 2℃，1h 后开始加湿，使相对湿度达到（93^{+2}_{-3}）%，保持 48h，恢复 2h 应符合 6.9 条要求。

8 检验规则

8.1 检验分类

产品检验分出厂检验和型式检验。

8.2 出厂检验

8.2.1 检验项目

出厂检验的项目包括：6.2、6.4、表 1 中第 7、8 条。

8.2.2 组批与抽样原则

8.2.2.1 对出厂检验项目中的 6.2、表 1 中第 7、8 条应进行逐台检查。

8.2.2.2 对出厂检验项目中的 6.4 可以抽检，抽样按 GB/T 2828.1 检验的批量、抽样方案、检查水平及合格质量水平，由生产厂和订货方共同商定。

8.3 型式检验

8.3.1 检验项目

型式检验包括本标准第 6 章技术要求的全部项目。

8.3.2 检验条件

a）试制的新产品；

b）间隔半年以上再生产时；

c）当生产在设计、工艺、材料等方面有重大改变时；

d）国家质量监督部门提出进行型式检验的要求时。

8.3.3 组批与抽样原则

以同品种的产品每 50 台～250 台为 1 批，不足 50 台以 1 批计。按 GB/T 2829 的规定进行，采用判别水平Ⅰ，一次抽样方案。

8.3.4 判定规则

型式检验的样本在提交的合格批中抽取，其项目、不合格类别、不合格质量水平（*RQL*）按表 2 规定。

表 2

不合格类别	检验项目	章条	*RQL*	样本量/个
B类	防触电保护 断电保护 强度试验 密封试验	6.2 6.4 表 1 中的第 7 项 表 1 中的第 8 项	20	5
C类	水流量性能 抗干扰性能	表 1 中的第 4 项 6.6	30	3
	控制距离误差 开启时间 关断时间 整机能耗 电源适应性	表 1 中的第 1 项 表 1 中的第 2 项 表 1 中的第 3 项 表 1 中的第 6 项 表 1 中的第 9 项	40	5
	工作寿命 防虹吸性能 电池盒性能 高温试验 低温试验 潮湿试验	表 1 中的第 5 项 6.7 6.5 6.8.1 6.8.2 6.9	50	1

9　标志、包装、运输和贮存

9.1　产品上应有明显清晰、不易涂改的注册商标，并附有合格证和安装使用说明书，说明书应明示控制距离，能够指导正确安装使用。

9.2　产品单件包装应标明生产厂名、生产厂址、产品名称、生产日期、注册商标和标记。

9.3　产品包装应符合 GB/T 1019 的规定。

9.4　产品在运输中应防止雨淋、受潮和磕碰，搬运时应轻放。

9.5　产品应贮存在通风良好、干燥的室内，不得与酸、碱及有腐蚀性的物品共贮。

中华人民共和国建筑工业行业标准

淋浴用机械式脚踏阀门

Mechanical pedal valve for shower-bath

JG/T 3008—93

中华人民共和国建设部 1994-01-07 批准
1994-05-01 实施

1 主题内容与适用范围

本标准规定了淋浴用机械式脚踏阀门（以下简称“淋浴阀”）的产品分类、技术要求、检测方法、检验规则、标志、包装、运输、贮存。

本标准适用于安装在公共淋浴场合，利用人脚下踏力并通过力的机械传递控制给水启闭的淋浴阀。

2 引 用 标 准

GB 7306　用螺纹密封的管螺纹

GB 5749　生活饮用水卫生标准

GB 2828　逐批检查计数抽样程序及抽样表（适用于连续批的检查）

3 分　　类

3.1 淋浴阀按控制给水方式分为单管式和双管式。单管式只控制单一水温的给水，双管式可以同时控制两路不同水温的给水启闭。

3.2 淋浴阀按启闭方式分为顺水流关闭式（见图 1a、c）和逆水流关闭式（见图 1b、d、e）。

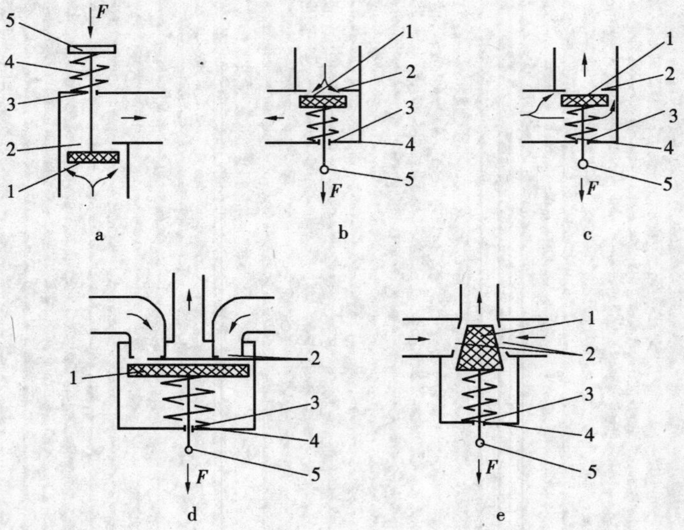

图 1

1—密封垫；2—阀口；3—上密封；4—弹簧；

5—受力点；↓F—受力方向；↓—水流方向；

3.3 淋浴阀按安装位置可分为沿地面或地面以下和沿墙（隔断）安装两种。

4 技 术 要 求

4.1 淋浴阀应符合本标准的要求，并按经规定程序批准的技术文件及图样制造。

4.2 材料及加工

4.2.1 应用符合强度及寿命检测要求的材料制造淋浴阀，这些材料经加工成为产品后应适应在湿热环境中长期使用，对人体没有不良作用，对环境不造成污染。

4.2.2 淋浴阀零件中直接影响到使用寿命的阀口、阀杆、弹簧件表面应做防腐蚀处理或采用不易腐蚀的材料制造，阀体、阀杆、阀座等部件应能保证5年以上使用寿命。

4.2.3 组装合格的产品，应在正常使用条件下启闭5万次不损坏、不渗漏。

4.2.4 双管式淋浴阀应设防逆流装置；密封件应耐沸水不损坏，最好与防烫、调温装置配套生产。

4.2.5 应优先选用丁腈橡胶、聚四氟乙烯等材料做淋浴阀密封件，不应使用混有有害添加物的材料做淋浴阀密封件及涂装。出水水质应符合 GB 5749 标准的要求。

4.2.6 淋浴阀外表面应光滑、圆顺，不应有毛刺、裂纹、砂眼、涂镀层脱落等缺陷。

4.2.7 淋浴阀与给水管相连接的螺纹尺寸及误差应符合 GB 7306 的要求。

4.3 淋浴阀的装配及固定

4.3.1 淋浴阀应能与脚踏装置、给水管及淋浴喷头方便组装并不妨碍洗浴。

4.3.2 同一生产厂同一型号的淋浴阀各零部件应具备互换性，易于维修，并保持产品的原有性能。

4.3.3 由于安装误差造成阀杆移动轴线与作用力方向夹角不大于3°时，应不影响淋浴阀的正常使用和寿命。

4.4 淋浴阀的开启力

淋浴阀开启时，作用在给水管轴线方向的垂直力不应超过200N；对于给水管的扭矩不得大于5N·m。

4.5 耐压强度

阀体应能承受淋浴阀公称压力1.5倍的水压试验，且不变型、不开裂、不洇水。

4.6 密封性

淋浴阀自然关闭时，通入1.1倍公称压力的水，出水口不准出现渗漏。阀杆密封处，位于阀口上游的应能耐1.1倍公称压力水不准渗漏；位于下游的应能耐0.1MPa压力水不准渗漏。

4.7 流量

淋浴阀符合4.4的要求，流出水头为0.025MPa时出水流量不应少于0.12L/s；流出水头为0.2MPa时出水流量不应大于0.35L/s。满足前一个条件，而流出水头为0.2MPa时，出水流量不超过0.2L/s的产品可加注限流功能代号。

5 检测方法

5.1 检测条件

5.1.1 检测台光照度不宜低于300lx（约40W日光灯距物500mm处），不应使用放大镜，检测量具必须符合相应的检测精度要求，并应在使用周期以内。

5.1.2 通水试验系统可参考图2及表1

5.2 尺寸及外观检测

将淋浴阀部件置于检测台上，用0.02mm分度卡尺、螺纹环规（塞规）等量具检测应符合4.1及4.2.7的要求；目测外观应符合4.2.6的要求。

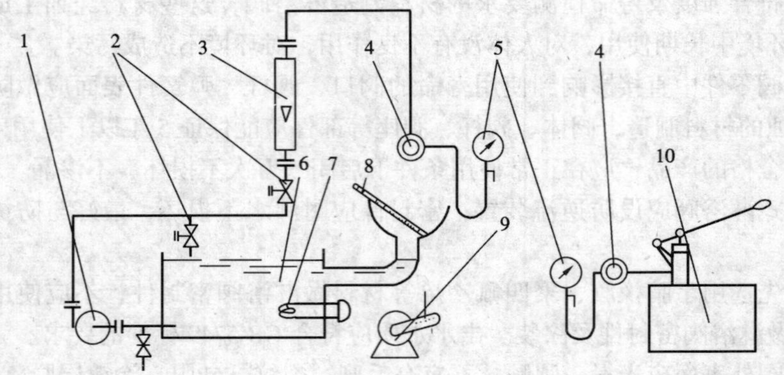

图 2

1—水泵；2—调节阀；3—转子流量计；4—待测阀接口；5—压力表；6—循环水箱；
7—加热器；8—温度表；9—模拟脚踏装置；10—手动试压泵

表1 设备明细表

序号	名称	技术要求
1	水泵	流量 > 1.2m³/h；扬程 > 0.2MPa
2	调节阀	DN 15mm
3	转子流量计	250～2500L/h；1.5 级
4	待测阀接口	DN 15mm
5	压力表	0.4 级；最大量程：0.6MPa；0.04MPa
6	循环水箱	容积约 0.2m³
7	加热器	功率：1000W～2000W
8	温度计	0～100℃；分度 0.2℃
9	脚踏模拟装置	5～20s/次；行程 0～20mm 可调节牵拉（压）力 > 200N
10	手动试压泵	公称压力 > 1MPa
11	压力表	1.5 级；最大量程 1.6MPa

5.3 材质及卫生检查

通过检验制造相关的零部件材料单或法定卫生防疫部门检定报告书应符合 4.2.1、4.2.2、4.2.5 的要求

5.4 组装性能检测

将 A、B、C 三只淋浴阀解体，零件互换（即随机抽取 1/3A 阀零件装在 B 阀上，B 阀 1/3 零件装在 C 阀上，C 阀 1/3 零件装在 A 阀上）。按产品说明书要求组装好，通水试用应符合 4.3 的要求。

5.5 淋浴阀对给水管作用力及流量检测

5.5.1 按产品安装使用说明书的要求（参考图 3）安装好淋浴阀，压力表中心与出水口应在同一水平面上，不装喷头，淋浴阀下游所接出水管及管件内径不应小于 12mm，系统内通水，按 4.4 的要求。施加作用力应能打开淋浴阀。

5.5.2 按 4.7 要求调整 5.5.1 系统的供水压力出水流量应符合要求。不同流出水头时，应用同一质量砝码试验。

5.6 阀体耐压强度检测

应单独对阀体进行耐压强度检测，将进水口与试压泵接好，放出系统内的空气，封住

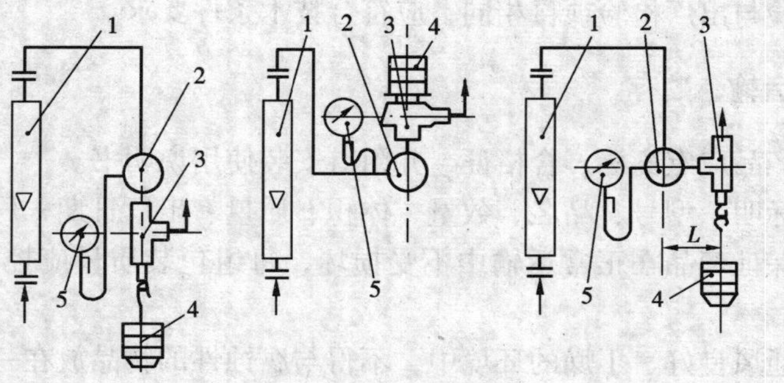

图3

a. 垂直下拉开启式阀；b. 直踏开启式阀；c. 对给水管产生扭矩开启式阀

1—转子流量计；2—给水管；3—待测阀；4—法码；5—压力表

出水口，打压到4.5规定的压力保持30s，目测检查阀体不应出现变形、开裂和洇水痕迹。

5.7 密封性检测

5.7.1 将淋浴阀装在试验系统上，出水口向下，不接任何管件，放出系统内的空气，保持自然关闭状态，引入4.6规定压力的水并保持30s，淋浴阀出口及阀杆密封不准出现渗漏。（即规定压力及时间内不准有渗漏的水滴，下同）将阀开启，封住出水口，由入水口通入0.1MPa压力的水时，阀杆密封处也不准出现渗漏。

5.7.2 双管淋浴阀的密封性检测，由两个进水口引入压力水按5.7.1检测；检查防逆流装置时淋浴阀自然关闭由一侧进水口引入4.6规定压力的水并保持30s，另一侧进水口不应出现渗漏，然后再对另一侧作同样的检测；检查防烫塞由热水进口引入48±2℃热水，开启淋浴阀，5s内出水应明显减少，出水流量在0.01～0.05L/s的范围之间。

5.8 淋浴阀使用寿命检测

在疲劳试验台上按实际使用要求组装好淋浴器，通入0.05～0.1MPa压力40±5℃的温水，用人工或机械模拟方式，以开启5±2s、关闭5±2s的频率，反复试验应符合4.2.3的要求。对于双管式淋浴阀密封件应在沸水中煮1h再装入阀内测试。

6 检验规则

6.1 产品应由制造厂的质量检验部门检验合格后才能出厂。

6.2 产品验收，提交批的大小由供需双方协商决定。

6.3 交收抽样检验按GB 2828—87的规定进行，采用一般检查水平的二次抽样检查方案，检验项目及合格质量水平应符合表2。

6.4 判为不合格的批量产品，未经返修，不得再次提交检查。

表2 合格质量水平表

缺陷类别	项　目	合格质量水平 AQL
重缺陷	4.2.7；4.5；4.6	2.5
轻缺陷	4.2；4.3；4.4；4.7	6.5

6.5 产品型式检验与出厂检验项目相同，应符合技术条件要求。

7 标志、包装、运输、贮存

7.1 每件（套）产品应有商标、合格证，并附有安装使用说明书。

7.2 产品包装应标明：型号、品名、数量、体积、质量、出厂日期、厂名。

7.3 产品包装应保证产品在正常运输中不受损坏，每组包装质量应控制最好 20kg 以内，并方便码放。

7.4 产品贮存在通风良好、干燥的环境中，不得与腐蚀性的物品放在一起。

附加说明：

本标准由建设部标准定额研究所提出。

本标准由建设部建筑制品与设备标准技术归口单位中国建筑标准设计研究所归口。

本标准由北京市公用事业科研所、北京市西城节水技术服务部负责起草。

本标准主要起草人刘金泰（主编）、杜慧珍、张庆仁、吴克强、齐旭、田庄。

本标准委托北京市公用事业科研所负责解释。

中华人民共和国城镇建设行业标准

节水型生活用水器具

Domestic water saving devices

CJ 164—2002

中华人民共和国建设部　2002-06-03 批准
2002-10-01 实施

前　言

保护、合理利用水资源，避免水损失和浪费，是保证我国国民经济和社会发展的重要战略问题。本标准是在 GB/T 18145—2000《陶瓷片密封水嘴》、GB/T 6952—1999《卫生陶瓷》、JC/T 856—2000《6 升水便器配套系统》、QB/T 3649—1999《大便器冲洗阀》、CJ/T 3008—1993《淋浴用机械式脚踏阀门》、GB/T 4288—1992《家用电动洗衣机》等产品标准基础上，对上述用水器具的主要用水参数（如流量上限等）和影响产品节水的因素及指标作出了规定。本标准发布实施后，上述标准继续有效。

本标准第 4.2.1、4.2.3、4.2.4、4.3.2、4.4.1、4.5.2、4.6.3 条均为强制性条文，其余为推荐性条文。

本标准由建设部标准定额研究所提出。

本标准由建设部给水排水产品标准化技术委员会归口。

本标准起草单位：中国城镇供水协会、天津市城市节约用水办公室、北京市城市节约用水办公室、中国建筑卫生陶瓷协会。

本标准主要起草人：白健生、刘志达、孙青、仇之瑞、王全忠、何建平、李绍森、缪斌、刘幼红、肖瑞凤。

1 范　围

本标准规定了节水型生活用水器具的定义、技术要求、检验方法、检验规则。

本标准适用于安装在建筑设施内冷热供水管路上，供水压力不大于0.6MPa使用的水嘴（水龙头）、便器及便器系统、便器冲洗阀、淋浴器、家用洗衣机等产品。

2 引用标准

下列标准所包含的条文，通过在本标准中引用而构成为本标准的条文。本标准出版时，所示版本均为有效。所有标准都会被修订，使用本标准的各方应探讨使用下列标准最新版本的可能性。

GB/T 1176—1987　铸造铜合金技术条件

GB/T 4288—1992　家用电动洗衣机

GB/T 6952—1999　卫生陶瓷

GB/T 18145—2000　陶瓷片密封水嘴

CJ/T 3081—1999　非接触式（电子）给水器具

JC 707—1997　坐便器低水箱配件

JC/T 856—2000　6升水便器配套系统

JG/T 3008—1993　机械式脚踏淋浴用阀门

JG/T 3040.2—1997　大便器冲洗装置　液压缓闭式冲洗阀

QB/T 1334—1998　水嘴通用技术条件

QB/T 3649—1999　大便器冲洗阀

3 定　义

本标准采用下列定义。

3.1　节水型生活用水器具　domestic water saving devices

满足相同的饮用、厨用、洁厕、洗浴、洗衣等用水功能，较同类常规产品能减少用水量的器件、用具。

3.2　节水型水嘴（水龙头）　water saving faucet

具有手动或自动启闭和控制出水口水流量功能，使用中能实现节水效果的阀类产品。

3.3　节水型便器

在保证卫生要求、使用功能和排水管道输送能力的条件下，不泄漏，一次冲洗水量不大于6L水的便器。

3.4　节水型便器系统　water saving toilet system

由便器和与其配套使用的水箱及配件、管材、管件、接口和安装施工技术组成，每次冲洗周期的用水量不大于6L，即能将污物冲离便器存水弯，排入重力排放系统的产品体系。

3.5　节水型便器冲洗阀　water saving flushing valve for water closet

具有延时冲洗、自动关闭和流量控制功能的便器用阀类产品。

3.6　节水型淋浴器　water saving shower

采用接触或非接触控制方式启闭，并有水温调节和流量限制功能的淋浴器产品。

3.7 节水型洗衣机 water saving washing machine

以水为介质，能根据衣物量、脏净程度自动或手动调整用水量，满足洗净功能且耗水量低的洗衣机产品。

4 技术要求

4.1 一般规定

4.1.1 产品与水接触的部位不允许使用易腐蚀材料制造；直接影响产品寿命的零部件表面应做防腐蚀处理或采用不易腐蚀的材料制造。采用铸铜合金应符合 GB/T 1176 的规定。

4.1.2 产品不应使用含有害添加物的材料或涂装，所有与饮用水直接接触的材料，不应对水质造成污染。

4.1.3 用于湿热环境下的产品，应能在温度小于 60℃，相对湿度不大于 90%下长期使用（淋浴器相对湿度不大于 95%），并对人体无不良作用，对环境不造成污染。

4.1.4 如为电子控制型产品，其电性能应符合 CJ/T 3081 的有关规定。

4.2 节水型水嘴

4.2.1 产品应在水压 0.1MPa 和管径 15mm 下，最大流量不大于 0.15L/s。

4.2.2 感应式水嘴、延时自闭式水嘴应符合 4.2.1 的规定。

4.2.3 离开使用状态后，感应式水嘴应在 2s 内自动止水，非正常供电电压下应自动断水。

4.2.4 延时自闭式水嘴每次给水量不大于 1L，给水时间 4s～6s。

4.2.5 陶瓷片密封式水嘴的阀体强度应符合 GB/T 18145—2000 中 6.4.1 的规定。

4.2.6 非陶瓷片密封式水嘴的阀体强度应符合 QB/T 1334—1998 中 5.4.1 的规定。

4.2.7 感应式水嘴的阀体强度应符合 CJ/T 3081—1999 中 6.6 的规定。

4.2.8 陶瓷片密封式水嘴的密封性能应符合 GB/T 18145—2000 中 6.4.2 的规定。

4.2.9 非陶瓷片密封式水嘴的密封性能应符合 QB/T 1334—1998 中 5.4.2 的规定。

4.2.10 感应式水嘴的阀体密封性能应符合 CJ/T 3081—1999 中 6.6 的规定。

4.2.11 产品的开关使用寿命应符合如下要求：

a）感应式水嘴大于 5 万次；

b）陶瓷片密封式水嘴大于 20 万次；

c）其他类水嘴大于 30 万次。

4.2.12 对产品的其他要求应相应符合 GB/T 18145、QB/T 1334、CJ/T 3081 中有关规定。

4.3 节水型便器系统

4.3.1 产品宜采用大、小便分档冲洗的结构。

4.3.2 产品每次冲洗周期大便冲洗用水量不大于 6L。

4.3.3 如采用大小便分档冲洗的配件，小便冲洗用水量不大于 4.5L。

4.3.4 冲洗功能

4.3.4.1 在总冲洗用水量不大于 6L 的条件下，应满足下列要求：

a）固体物排放：采用聚丙烯球法，三次冲洗通过球数的平均值不小于 75；

b）每次冲洗后，采用墨线法，累积残留的墨痕总长不大于 50mm；

c）水封深度和水封回复不小于 50mm；

d）污水排放试验后的稀释率不低于 100。

4.3.4.2 排水管道输送特性应符合下列条件之一：

a）连续冲洗 30 次，至少有 24 次全部冲出 4 个试体，且 24 次的平均。

b）4 个试件全部冲出坐便器，并通过 5m 横管冲入排污立管。

4.3.4.3 存水弯应能通过 ϕ40mm 的固体球。

4.3.5 陶瓷便器的吸水率不大于 1.0%。

4.3.6 水箱配件应符合下列要求：

a）操纵机构稳定可靠，操作方便。动作灵活，无卡阻。

b）进水阀的强度和密封性能应达到 JC 707 中规定的一等品要求。

c）在 0.05MPa 供水压力下，进水时间不大于 120s。

d）溢水口必须高于有效工作水面 20mm。

e）进水阀出水口应高于溢流管 20mm。

f）排水阀不应有渗漏现象。

g）水箱有效水量为 6L 时，排水阀的排水流量不应小于 2.0L/s。

h）使用寿命大于 5 万次。

4.3.7 节水型便器系统各部件（便器、水箱及配件、管材、管件、接口等）应符合 GB/T 6952、JC 707、JC/T 856 中的规定，组装后各连接部位应无渗漏。

4.3.8 节水型便器系统必须按 JC/T 856—2000 中 4.6 的规定进行管道系统设计、施工安装。

4.3.9 对产品的其他要求应符合 GB/T 6952、JC 707、JC/T 856 中有关规定。

4.4 节水型便器冲洗阀

4.4.1 水压为 0.3MPa 时，大便冲洗用产品，一次冲水量 6L～8L。小便冲洗用产品一次冲水量 2L～4L（如分为两段冲洗，为第一段与第二段之和）。冲洗时间 3s～10s。

4.4.2 阀体强度应达到水压 0.9MPa 下保压 30s，不变形，不渗漏。

4.4.3 阀体密封性能应分别在高压 0.6MPa、低压 0.04MPa 时，各密封面及各连接面均不出现渗漏。

4.4.4 产品使用寿命应大于 5 万次。

4.4.5 产品在使用中必须有防虹吸装置（小便冲洗阀不考虑此项要求）。

4.4.6 产品在使用中不允许有明显的水锤现象，噪音声压级不大于 60dB。

4.4.7 对产品的其他要求应符合 JC/T 3040、QB/T 3649 中有关规定。

4.5 节水型淋浴器

4.5.1 产品的淋浴阀的出水流量应符合 JG/T 3008—1993 中 4.7 的规定。

4.5.2 淋浴器喷头应在水压 0.1MPa 和管径 15mm 下，最大流量不大于 0.15L/s。

4.5.3 淋浴阀体的耐压强度应达到该产品公称压力的 1.5 倍下保压 30s，不变形、不开裂、不渗漏。

4.5.4 淋浴阀自然关闭时，通入该产品公称压力 1.1 倍的水，出水口、阀杆密封处不应出现渗漏。封住出水口，由入水口通入压力 0.1MPa 的水，阀杆密封处也不应出现渗漏。

4.5.5 公共浴室宜采用单管恒温式产品。

4.5.6 产品的淋浴阀的使用寿命应大于5万次。

4.5.7 对产品的其他要求应符合JG/T 3008中有关规定。

4.6 节水型洗衣机

4.6.1 产品的额定洗涤水量与额定洗涤容量之比应符合GB/T 4288—1992中5.4的规定。

4.6.2 产品的漂洗性能应达到洗涤物上残留漂洗液相对于试验用水的碱度不大于0.04×10^{-2}mol/L（摩尔浓度）。

4.6.3 产品在最大负荷洗涤容量、高水位、一个标准洗涤过程，洗净比0.8以上，单位容量用水量不大于下列数值：

a）滚筒式洗衣机有加热装置14L/kg，无加热装置16L/kg；

b）波轮式洗衣机22L/kg。

4.6.4 对产品的其他要求应符合GB/T 4288中有关规定。

5 检验方法

5.1 节水型水嘴

5.1.1 流量的测定

按GB/T 18145—2000中7.4.3的试验方法进行。

5.1.2 延时自闭式水嘴一次给水量和给水时间的测定

a）试验装置及仪表：

——水嘴压力试验机（压力、流量计量精度0.5级）。

——秒表、量筒。

b）试验方法及步骤：

——将延时自闭式水嘴安装于试验机上。

——接通水源，开启水嘴，用量筒和秒表测定一次给水量和给水时间，进行3次，取其平均值。

5.1.3 阀体强度的检测

5.1.3.1 陶瓷片密封式水嘴按GB/T 18145—2000中7.4.1的规定进行。

5.1.3.2 非陶瓷片密封式水嘴按QB/T 1334—1998中6.9的规定进行。

5.1.3.3 感应式水嘴按CJ/T 3081—1999中7.3.1的规定进行。

5.1.4 密封性能的检测

5.1.4.1 陶瓷片密封式水嘴按GB/T 18145—2000中7.4.2的规定进行。

5.1.4.2 非陶瓷片密封式水嘴按QB/T 1334—1998中6.10的规定进行。

5.1.4.3 感应式水嘴按CJ/T 3081—1999中7.3.2的规定进行。

5.1.5 开关寿命试验

5.1.5.1 陶瓷片密封式水嘴开关使用寿命按GB/T 18145—2000中7.4.4.3的规定进行试验。

5.1.5.2 非陶瓷片密封式水嘴开关使用寿命按QB/T 1334—1998中5.4.5规定进行试验。

5.1.5.3 感应式水嘴开关使用寿命按CJ/T 3081—1999中7.2.4的规定进行试验。

5.2 节水型便器系统

5.2.1 试验方法

将产品与供水管道连接成使用状态，在静压力为0.14MPa，动压力不小于0.10MPa的条件下，开启冲水装置，检查一次冲洗周期内各连接部位应无渗漏，并能调节所用水量不大于6L。

5.2.2 冲洗功能

在5.2.1所述条件下，进行下列检验。

5.2.2.1 固体物排放检验

测试介质采用100个ϕ19mm，体积密度为0.85g/cm^3～0.90g/cm^{3}的聚丙烯球，将其轻轻投入放满水封的坐便器中，打开排水阀放水冲洗，检查并记录冲出坐便器外的球数，连续测定三次，计算三次冲出球数的平均值。

5.2.2.2 墨线试验

将洗净面擦干，用软笔在坐便器圈下方25mm处沿洗净面画一圈墨水线，立即冲水，测量记录残留在洗净面上的墨水线长度。

5.2.2.3 水封深度和水封回复检验：

a）水封深度测量按GB/T 6952—1999中6.7.1的规定进行。

b）水封回复测量：在固体物排放检验（见5.2.2.1）时，观察冲水后水封回复，若排污口有溢流出现，表明水封完全回复。若无溢流出现，则测量剩余水封深度，并记录。

5.2.2.4 污水排放试验按GB/T 6952—1999中6.8的规定进行。

5.2.2.5 排水管道输送特性测试：

a）对4.3.3.2a）的规定，按GB/T 6952—1999附录C规定的方法检验30次，记录每次冲出试体的个数、总冲洗水量和后续冲水量。

b）对4.3.3.2b）的规定，采用内径为ϕ100mm的排水管，排水管长度为5m，顺流坡度为2.6%，坐便器承接管与横管连接时采用90°弯头，坐便器排污口至横排管中心距为450mm，安装成使用状态的坐便器产品与排水管道系统连接无渗漏后，按JC/T 856—2000中5.1.6的规定检验。

5.2.2.6 存水弯最小管径试验按GB/T 6952—1999中6.7.2的规定进行检验。

5.2.3 陶瓷便器吸水率按GB/T 6952—1999中6.5的规定进行检验。

5.2.4 水箱配件的各项要求，按JC 707的有关规定进行检验。

5.3 节水型便器冲洗阀

5.3.1 流量的测定

a）试验装置及仪表：

——冲洗阀流量试验机（压力、流量计量精度0.5级）。

——秒表、量筒。

b）试验条件：阀前的供水管路的管径规格应取阀的进水口的上一个规格尺寸。试验用产品规格分别为DN25、DN20、DN15。

c）试验方法和步骤：

——将阀调至最大的冲洗量。

——在压力0.3MPa下，测定冲洗量和冲洗时间，各进行3次，取其平均值。

5.3.2 阀体强度的检测

a）试验装置及仪表：冲洗阀水压强度试验机（压力计量精度0.5级）、秒表。

b）试验方法和步骤：

——按阀的安装位置，将阀的进水端与试验机的给水端连接。

——将阀瓣关闭，逐渐加压至 0.9MPa，稳压时间大于 30s，观察压力表有无压力下降情况，并检查阀体及连接处有无变形和渗漏。允许以单个零件进行。

——遇有加压渗漏时，允许排放使阀内残存气体排出后，再继续试验。

5.3.3 密封性能的检测

a）试验装置：冲洗阀水压密封试验机（压力计量精度 0.5 级）。

b）试验方法和步骤：

——按阀的工作状态安装于试验机的给水端。

——在压力分别为 0.04MPa、0.6MPa 下，使冲洗阀排水，自闭后应无任何渗漏。反复进行 3 次启闭试验。

5.3.4 寿命试验

a）设备：冲洗阀寿命试验机（压力计量精度 0.5 级）。

b）试验方法和步骤：

将被测产品安装在试验机上，接通供水管路，供水压力为：动压 0.3MPa，水温 ≤50℃，从打开阀芯到阀门自闭后，完成一次动作，往复动作 50000 次后进行阀体强度和密封性能试验。

5.3.5 防虹吸试验

a）试验设备及装置：如图 1 所示。

b）试验条件：

——上密封结构的冲洗阀，应在进水密封面上垫上 ϕ0.4mm ~ ϕ0.8mm 的金属丝。

——透明冲洗管长度不小于 500mm，浸没水中部分为 100mm。

c）试验方法和步骤：

——启动真空泵使供压系统的真空度不小于 0.08MPa。

——开启阀门使冲洗阀与储水池相通。

——开启阀门的同时观察冲洗管有无回水现象，并记录回水高度（透明冲洗管液面不高于容器液面 300mm）。

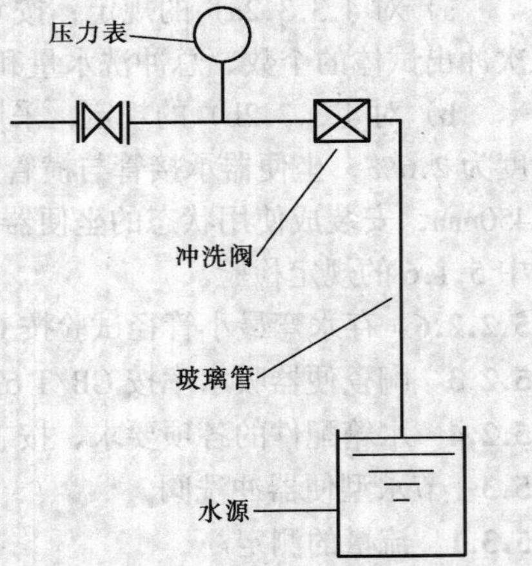

图 1

5.3.6 噪音试验

产品按使用状态安装，环境地噪音声压级不大于 15dB 进水压力分别为 0.1MPa、0.6MPa，距阀体 1m 并高于 1m 处测量的噪音，取两次中最大值。

5.4 节水型淋浴器

5.4.1 流量的测定

5.4.1.1 产品的淋浴阀的流量测定按 CJ/T 3008—1993 第 5.5 条的规定进行检验。

5.4.1.2 淋浴器喷头流量的测定

a）设备：CJ/T 3008—1993 中第 5.1.2 条所示通水试验系统。

b）试验方法和步骤：

——以直径 15mm 管件连通淋浴喷头和通水试验系统。

——通水使淋浴阀打开，淋浴器处于使用状态。

——调节淋浴喷头进水口压力为 0.1MPa。

——测定单位时间流量值。

5.4.2 阀体耐压强度检测按 CJ/T 3008—1993 第 5.6 条规定进行。

5.4.3 阀体密封性能检测按 CJ/T 3008—1993 第 5.7 条规定进行。

5.4.4 寿命试验

对淋浴器阀体进行使用寿命检测，按 CJ/T 3008—1993 第 5.8 条的规定进行。

5.5 节水型洗衣机

5.5.1 额定洗涤水量与额定洗涤容量之比按 GB/T 4288—1992 中 6.3 的规定计算。

5.5.2 洗净比的测定按 GB/T 4288—1992 附录 A 规定的试验方法进行。

5.5.3 漂洗性能的检测以本标准 4.6.2 的规定按 GB/T 4288—1992 附录 C 的试验方法进行。

5.5.4 单位容量用水量的测定

按 5.5.2 的规定测定洗净比，在被测洗衣机额定洗涤容量，最高水位，完成一个洗衣机程序设定的洗涤、漂洗、脱水洗涤过程条件下，单位容量用水量由式（1）计算：

$$W = W_1/M \quad \cdots\cdots (1)$$

式中 W——单位容量用水量，L/kg；

W_1——完成一个洗涤、漂洗、脱水标准洗涤过程中总用水量，L；

M——洗衣机额定洗涤容量，kg。

6 检验规则

6.1 节水型水嘴（水龙头）

6.1.1 陶瓷片密封式水嘴符合 GB/T 18145 的规定。

6.1.2 非陶瓷片密封式水嘴符合 QB/T 1334 的规定。

6.2 节水型便器系统中便器、水箱及配件的检验规则相应符合 GB/T 6952、JC 707、JC/T 856 的规定。

6.3 节水型便器冲洗阀符合 QB/T 3649 的规定。

6.4 淋浴器阀体的检验规则符合 JG/T 3008 的规定。

6.5 节水型洗衣机符合 GB/T 4288 的规定。

中华人民共和国国家标准

免水冲卫生厕所

Water-free sanitary toilet

GB/T 18092—2000

国家质量技术监督局 2000-05-08 批准
2000-10-01 实施

前　言

免水冲卫生厕所采用粪便打包的方式，提供了卫生厕所的新类型。对创建文明卫生城市、发展旅游事业、节约用水、保护生态环境有重要意义。根据标准化工作需要，特制定本标准。

本标准由中华人民共和国建设部提出。

本标准由建设部标准定额研究所归口。

本标准由泰和通环保技术有限公司起草。

本标准主要起草人：赫恩龙、王树森、王安。

1 范　围

本标准规定了免水冲卫生厕所及其厕具的分类、技术要求、试验方法、检验规则及标志。本标准适用于免水冲卫生厕所及其厕具的设计、制造和产品验收。

2 引 用 标 准

下列标准所包含的条文，通过在本标准中引用而构成为本标准的条文。本标准出版时，所示版本均为有效。所有标准都会被修订，使用本标准的各方应探讨使用下列标准最新版本的可能性。

GB 13735—1992　聚乙烯吹塑农用地面覆盖薄膜

GB/T 17217—1998　城市公共厕所卫生标准

CJJ14—1987　城市公共厕所规划和设计标准

JC/T 764—87（96）　坐便器塑料座圈和盖

3 定　义

本标准采用下列定义。

3.1　免水冲大便器　water-free toilet

指采用塑料袋封装方式清理粪便的免水冲卫生大便器（简称大便器）。

3.2　免水冲卫生厕所　water-free sanitary washroom

以采用免水冲大便器为其基本特征的免水冲卫生厕所（简称厕所）。

3.3　机芯　machine core

免水冲大便器中封装粪便的动力装置。

3.4　密封门　sealing hole

在机芯中将塑料袋密封的机构。

3.5　走袋行程　film-moving distance

指大便器的塑料袋每次使用所移动的长度。

第一篇　厕　所

4 厕所分类与命名

4.1　厕所分类

根据厕所的使用场所不同分成7种类型，见表1。

4.2　厕所命名

厕所型号命名由四个部分组成

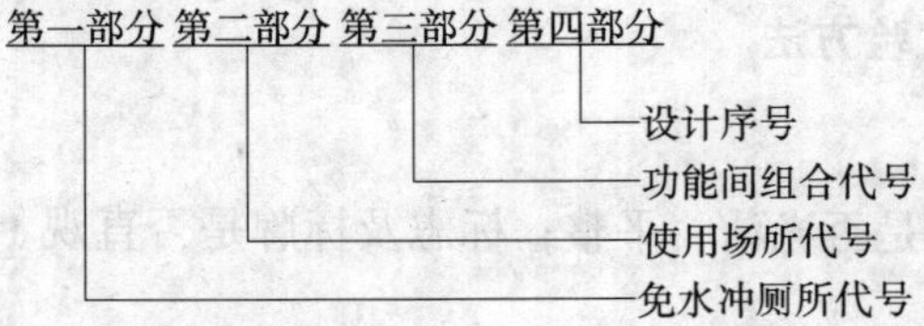

表1　厕所的使用场所

符号	P	C	B	J	H	Y	G
意义	普通型	车用型	船用型	残疾型	海滩型	野外型	工地型

第一部分——用大写拉丁字母 N 表示免水冲卫生厕所代号

第二部分——用表 1 所示的大写拉丁字母表示厕所的使用场所代号

第三部分——用 4 位阿拉伯数字表示每座厕所的功能间组合代号

第一位表示大便器数

第二位表示小便器数

第三位表示管理间数

第四位表示小便间数

第四部分——用阿拉伯数字表示厕所的设计序号

在第三部分和第四部分之间用连接符“-”分隔。

4.3 命名示例

NC1000-1

表示免水冲车用 1 型单体大便间。

NP6412-2

表示免水冲普通 2 型带有 6 个大便器、4 个小便器、1 个管理间和 2 个小便间的综合厕所。

5 厕所技术要求

5.1 厕所设计卫生指标应不低于水冲厕一类标准，并符合 GB/T 17217 有关规定。

5.2 厕所设计和建造应符合市容环境管理要求，并符合 CJJ 14 中水冲厕一类标准有关规定。

5.3 每座厕所产品基本的配套设施为：厕具、灯具、换气扇、衣物钩、镜箱、手纸架、弃纸篓。另可根据用户要求选用其他设备。

5.4 厕所电气设备安装应符合有关建筑电气标准规定。

5.5 厕所厕具的机械、电气控制应工作可靠，使用安全。

5.6 厕所门锁可应急从外面用专用工具打开。

5.7 厕所地板应防滑和便于清洗。

5.8 厕所房体特殊要求

——在严寒地区使用时，应考虑防寒保温功能设计。如采用门窗保暖结构和室内取暖设施等。

——在有强风频繁发生地区使用时，应考虑抗风结构设计。如采用地脚螺栓等。

5.9 厕所成品性能应符合表 2 的规定。

表 2 厕所成品性能

项目		性能要求	测试方法
厕具功能		运行可靠、卫生	12.4
外观质量		设施齐备，外观整洁，锁具可靠	6.1
通电		设备工作正常、安全	6.2
漏电保护		漏电保护器动作	6.3
电绝缘	绝缘电阻	＞1MΩ	6.4.2
	耐电压	500V 连续 1min 无击穿、烧焦	6.4.3
臭味强度		＜1 级	6.5
密封性能		无漏雨、渗雨现象	6.6
抗风能力		8 级	6.7

6 厕所试验方法

6.1 外观质量检查

检查厕所配套设施是否齐全、有效；外观是否光洁、平整；标志及标牌是否直观、醒目；门锁是否灵活、可靠。

6.2 通电试验

厕所接通电源，检查各插座是否有电，电器设备工作是否正常、安全。

6.3 漏电保护试验

在短路或漏电情况下，漏电保护器是否迅速跳闸动作。

6.4 电绝缘试验

6.4.1 试验条件

密闭厕所，在厕室内放一个电烧水装置产生蒸汽，使厕室内温度升至50℃，保温1h后，将厕室内壁表面的水分擦干。

6.4.2 绝缘电阻试验

试验用手摇兆欧表，规格为500V，500MΩ，精度等级为1.0级。

用手摇兆欧表测量厕所内带电部位（灯口、插座等）与不应带电的金属件（门框、手把等）之间的绝缘电阻。

6.4.3 耐电压试验

试验用可调压装置，输出电压应满足0~1000V连续可调。

绝缘电阻试验后，用可调压装置在厕所内带电部位（灯口、插座等）与不应带电的金属件（门框、手把等）之间，施加500V的交流电压。1min后检查有无击穿、烧焦等现象。

6.5 臭味强度测定

按照GB/T 17217规定进行。

6.6 密封性能试验

使用喷水枪，调节喷嘴水压为0.2MPa，保持喷射距离为300mm，沿厕所外围墙与墙、墙与顶面、以及房顶的连接部位喷水。然后检查有无渗漏现象。

6.7 抗风能力试验

6.7.1 试验条件

将试品厕所按使用状态放置于水平水泥地面上。

测出试品厕所的长、宽、高尺寸分别为 A、B、C（其中 $A > B$），以厕所抗风能力最弱的方向为试验受力方向，所对应的厕所墙面为实验面，设实验面为 $A \times C$ 面。

6.7.2 推力试验

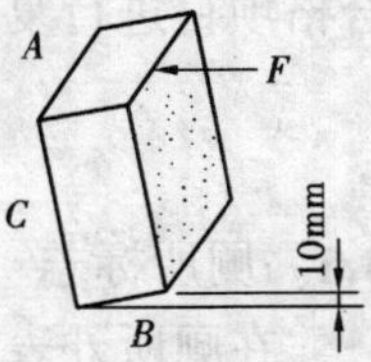

在试验面顶端中间逐渐施加水平推力，当试验面底端离开地平面抬高10mm时，测出水平推力值 F（抗倾覆推力极限值）。

6.7.3 抗风能力验算公式

$$F \geqslant \frac{1}{2} A \cdot C \cdot \omega$$

式中 F——抗倾覆推力极限值，kN；

A——试验平面长度，m；

C——试验平面高度，m；

ω——标准风级换算风压，kN/m^2。

标准风级换算风压按表3校核。

当抗倾覆推力极限值 $F \geqslant$ 风力计算值时认为抗风能力足够安全，否则即认为不安全。

当抗倾覆推力极限值 $F <$ 风力计算值时应当采取必要的抗风结构措施，以提高厕所房体的抗风性能，保障使用安全。

表 3　标准风级风压表

蒲福风级	6级	7级	8级	9级
极限风速，v/（m/s）	13.8	17.1	20.7	24.4
标准风压，ω_0/（kN/m²）	0.123	0.189	0.277	0.385
换算风压，ω/（kN/m²）	0.224	0.344	0.504	0.701

注：标准风压　$\omega_0 = 0.5 \cdot \rho v^2$

空气密度　$\rho = 1.2928\text{kg/m}^3$

换算风压　$\omega = \mu_t \cdot \mu_z \cdot \mu_s \cdot \omega_0$

其中：$\mu_t = 2.25$，$\mu_z = 0.62$，$\mu_s = 1.3$

7　厕所检验规则

7.1　检验分类

检验分为交收检验和型式检验。

7.1.1　交收检验

检验项目包括：外观质量、通电和漏电保护。

每座厕所必须进行交收检验。

7.1.2　型式检验

检验项目包括：电绝缘、臭味强度、密封性能、抗风能力和交收检验各项目。

在下列情况下进行型式检验：

a）首制厕所；

b 质量监督机构提出质检要求；

c）供需双方发生质量纠分；

d）原材料、工艺或结构明显改变；

e）每生产一年时。

7.2　组批及抽样规则

7.2.1　以一次性提交用户的同类型、同尺寸的产品为一批。

7.2.2　从该批中随机抽取一套厕所，按 7.1.2 规定进行型式检验。

7.3　判定规则

7.3.1　按 7.1.1 进行交收检验，对不合格产品允许修补。若修补后仍不合格，则判定该产品为不合格。

7.3.2　按 7.1.2 进行型式检验，若有不合格项目，应从该批产品中再随机抽取 1 套，对不合格项目进行复检，若仍不合格，则判定该批产品为不合格。

8　厕所标志和说明书

8.1　厕所标志

在厕所外表面明显位置应固定永久性产品标牌，其内容包括：产品名称、型号、商标、范围尺寸、生产厂名及出厂日期等。

8.1.1　在厕所外表面醒目位置应设置“男”、“女”、“有人”、“无人”等标识牌。

8.1.2　在厕所内墙壁上适当位置也可设置“使用须知牌”、“便后请按此钮”、“请保持清洁卫生”、“请勿吸烟”等提示性标牌。

8.1.3　出口产品的标志由供需双方商定。

8.2　说明书

说明书应以图示和说明表示，包括使用说明书和安装说明书。

8.2.1 使用说明书内容包括：使用须知、管理方法、清理方法、故障处理及其他。

8.2.2 安装说明书内容包括：厕所的结构说明、安装方法、组装顺序、组装后检验及有关注意事项，并附有安装图。

9 厕所储运和安装

9.1 整体运输时不做包装，但须将门板与门锁用塑料薄膜或防水布包好，易损件应装箱随主体装运。

9.2 散件运输时按部件分别用木箱或纸箱包装，墙板的板面之间用纸或泡沫塑料隔层保护，电镀件、玻璃件的包装箱内应填充纸屑保护。

9.3 每个箱体外均应标明外形尺寸、重量，及防压、防雨、防倒置标记。箱内应有装箱单、说明书及产品合格证。

9.4 出口包装按出口合同执行。

9.5 安装应按说明书或在生产厂指导下进行。

9.6 必要时，厕所整体应与地基用地脚螺栓固定。

第二篇 大 便 器

10 大便器分类与命名

10.1 大便器分类

大便器按用厕姿式不同分成2种，坐式和蹲式

大便器按适用场所不同分成5种，见表4

大便器按操作方式不同分成4种，见表5

表4 大便器的适用场所代号

符 号	P	C	B	J	H
意 义	普通型	车用型	船用型	家庭型	病床型

表5 大便器的操作方式代号

符 号	M	L	A	S
意 义	电动式	脚踏式	自动式	双动式

10.2 大便器命名

大便器型号命名由四个部分组成

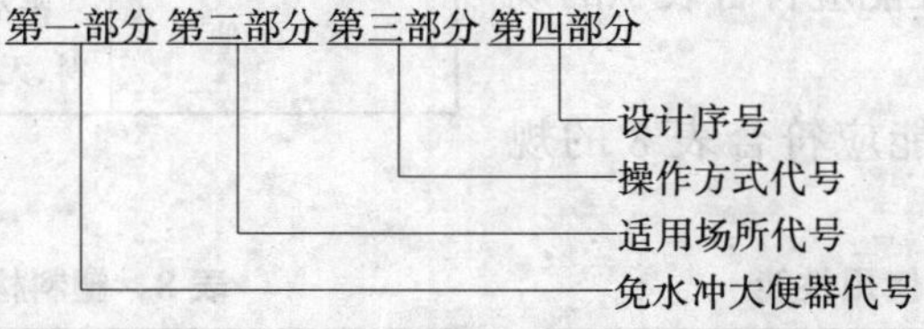

第一部分——用2位大写拉丁字母表示免水冲大便器代号：

坐式—NZ、蹲式—ND

第二部分——用表4所示的大写拉丁字母表示大便器的适用场所代号

第三部分——用表5所示的大写拉丁字母表示大便器的操作方式代号

第四部分——用阿拉伯数字表示大便器的设计序号

在第三部分和第四部分之间用连接符“-”分隔。

10.3 命名示例

NDPM-1 表示免水冲普通电动-1 型蹲便器。

NZBL-2 表示免水冲船用脚踏-2 型坐便器。

11 大便器技术要求

11.1 设计指标

在各种型号的大便器设计中，应相应满足下列指标：

走袋行程 150~300mm/每次

密封门间隙＜0.03mm

座圈承载能力 静重力 150kg

冲击力 100kg

11.2 结构要求

大便器主要由机架、机芯、座圈、外罩、便器盖、储粪桶、塑料袋等部件组成。

机架及其他金属零部件均应进行喷塑或其他防锈处理。

密封门间隙调整必须符合设计要求。

安装好的便器盖开启后应与水平位置成不小于98°的夹角。

便器盖铰链装置应保证启闭灵活，并足以承受规定的冲击试验所施加的负荷。

11.3 材料要求

外罩、座圈、便器盖、机芯壳体、密封门、走袋轮等构件宜采用合适的热固性塑料和热塑性塑料加工制成。

便器盖的缓冲垫应选用邵氏 A 型硬度为 65±5 的普通橡胶或相宜的塑料制成。

塑料袋力学强度应符合 GB 13735 有关规定。

11.4 性能要求

外罩、座圈和便器盖外观质量应符合表 6 的规定。

成品大便器的使用性能应符合表 7 的规定。

塑料构件的物理性能应符合表 8 的规定。

表 6 大便器的外观质量

项目	质量要求	
	优等品	合格品
非装饰性色差(成套)	不明显	稍有色差
填料斑、污垢	不允许	不明显
擦伤、划伤、损伤	不允许	不明显
其他	平滑光亮、无缺损、无气泡、无溢料、无缩痕、无熔接痕和翘曲	

表 7 大便器的使用性能

测试对象	测试项目	质量要求	测试方法
成品大便器	外观质量	无明显色差和缺陷	12.1
	密封门间隙	＜0.03mm	12.2
	走袋行程	符合设计要求	12.3
	机芯功能	工作正常、可靠	12.4

表 8 塑料构件的物理性能

测试对象	测试项目	性能指标	质量要求	测试方法
座圈	静载	150kg	无可见性损伤	12.5
	动载	100kg		12.6
便器盖	抗冲击力	4.1kg		12.7
外罩、座圈、便器盖	吸水率	≤0.75%	精确到0.1g	12.8
	沾污性	迅速磨擦5s以上	无可见颜色的变化	12.9

12 大便器试验方法

12.1 外罩、座圈和便器盖的外观质量试验

在不低于200lx白炽灯光照条件下，距离试样：500mm处目测外观缺陷；2000mm处目测色差。

12.2 密封门间隙

在无袋条件下，反复操作机芯运转5次，每次停机后，用塞尺测量并记录密封门间隙。

12.3 走袋行程

在空袋条件下，反复操作机芯运转3次，每次停机后，用钢卷尺和标记笔测量并记录走袋长度。

12.4 机芯功能试验

12.4.1 模拟粪便制备

将淀粉、锯末和水适量按一定比例柔和成型，做成尺寸约ϕ30~35mm，长约150mm，在水中饱和后湿重约150~200g的"模拟粪便"。

12.4.2 功能模拟试验

在装配完整的大便器中，放入"模拟粪便"污物，另加入5张150mm×100mm对折卫生纸或报纸。反复运转3次，每次观察有无卡袋、卷袋、脱袋、泄漏等现象，机芯工作是否正常、可靠。

12.5 座圈静载试验

在安装好的大便器座圈上覆垫棉布或柔软材料，再将质量为150kg的沙袋静压其上，静压15min后取下沙袋和垫物，仔细观察座圈有无裂痕和变形。

12.6 座圈动载试验

在安装好的大便器座圈上覆垫棉布或柔软材料，并在座圈面垂直上方500mm高处(可设吊挂装置)，吊一质量为100kg沙袋，让沙袋自由落下，重复试验二次，每次观察座圈有无裂痕和变形。

12.7 便器盖抗冲击试验

按JC/T 764—1987（1996）中6.4方法进行。

12.8 外罩、座圈和便器盖吸水率试验

按JC/T 764—1987（1996）中6.3方法进行。

12.9 外罩、座圈和便器盖沾污性试验

按JC/T 764—1987（1996）中6.7方法进行。

13 大便器检验规则

13.1 检验分类

检验分为交收检验和型式检验

13.1.1 交收检验

检验项目包括：外观质量和密封门间隙。

13.1.2 型式检验

检验项目包括：走袋行程、机芯功能、座圈静载、座圈动载、便器盖抗冲击、吸水率、沾污性及交收检验各项目。

在下列情况下进行型式检验：

a）首制或定型产品；

b）质量监督机构提出质检要求；

c）供需双方发生质量纠分；

d）原材料、工艺或结构明显改变；

e）每生产一年或批量在1000台时。

13.2 批的构成

以同种型号，一次实际的交货量为一批。批量过大时也可分成若干小批。

13.3 判定规则

13.3.1 密封门间隙检验

密封门间隙应逐件通过合格检验。

13.3.2 外观质量检验

采用二次抽样方案，AQL=4。不同批量所需的抽样量，合格或不合格批的判定应符合表9的规定。

表9 外观质量检验方案

批量 N	一次			二次			
	样本大小 n_1	合格判定数 A_{c1}	不合格判定数 R_{e1}	样本大小 n_2	累计样本大小 n_1+n_2	合格判定数 A_{c2}	不合格判定数 R_{e2}
1~25	3	0	1				
26~90	5	0	1				
91~280	8	0	2	8	16	1	2
281~500	13	0	3	13	26	3	4
501~1200	20	1	3	20	40	4	5

注

1 ≤90件的批量按一次抽样方案检验。

2 样本大小≥批量时，将该批量看作样本大小。

在批量产品中第一次随机抽取 n_1 件产品检查，若不合格数为 $d_1 \leqslant A_{c1}$ 时，则判定该批产品为合格；若 $d_1 \geqslant R_{e1}$ 时，则判定该批产品为不合格。若 $R_{e1} > d_1 > A_{c1}$ 时，则再从这批产品中第二次随机抽取 n_2 件产品检查，依据两次检查的累计结果进行判定，若产品中累计不合格品数的 $d_1+d_2 \leqslant A_{c2}$，则仍判定该批产品为合格；若累计值 $d_1+d_2 \geqslant R_{e2}$ 时，则判定该批产品为不合格。

13.3.3 型式检验

在一批产品中随机抽取 n_1 件产品作型式检验，若其中有一件不合格，则从该批产品中再随机抽取 n_2 件产品作该项目复验，若仍有不合

表10 厕具型式检验规则

专项型式检验	抽检样本 n_1	复检样本 n_2	对复检仍不合格批的处理
走袋行程	3	3	对不合格产品可调整再验
机芯功能	3	3	
座圈静载	5	5	相应部件报废整机重新组装
座圈动载	5	5	
便器盖抗冲击	5	5	
吸水率	1	1	
沾污性	1	1	

格，则判定该批产品为不合格。其检验规则应符合表10的规定。

14 大便器标志和说明书

14.1 标志

14.1.1 在大便器外表面明显位置应有永久性商标。

14.1.2 出口产品的标志由供需双方商定。

14.2 说明书

说明书应以图示和说明表示。包括使用说明书和安装说明书。

14.2.1 使用说明书内容包括：使用须知、管理方法、清理方法、故障处理及其他。

14.2.2 安装说明书内容包括：大便器结构说明、安装固定方法、组装顺序、组装后检验及有关注意事项，并附有安装图。

15 大便器贮存和安装

15.1 成品大便器应用纸箱或木箱包装，箱内用泡沫塑料缓冲保护。

15.2 每个箱体外均应标明商标、产品名称、型号、生产厂名、外形尺寸、重量及防压、防雨、防倒置标记。箱内应有装箱单、说明书及产品合格证。

15.3 出口包装按出口合同执行。

15.4 大便器应在室内或棚内存放，要求防雨、防晒、防潮、防火。

15.5 存放时应按品种、规格码放整齐，堆码层数不超过三层。

15.6 搬运时应轻拿轻放，防止摔扔、碰撞。

15.7 安装应按说明书或在生产厂指导下进行。

第三篇

节地标准

中华人民共和国国家标准

城市用地分类与规划建设用地标准

GBJ 137—90

主编部门：中华人民共和国原城乡建设环境保护部

批准部门：中 华 人 民 共 和 国 建 设 部

施行日期：1 9 9 1 年 3 月 1 日

关于发布《城市用地分类与规划建设用地标准》的通知

（90）建标字第322号

根据国家计委计综（1986）250号文的要求，由原城乡建设环境保护部会同有关部门共同制订的《城市用地分类与规划建设用地标准》，已经有关部门会审。现批准《城市用地分类与规划建设用地标准》GBJ137—90为国家标准，自1991年3月1日起施行。

本标准由建设部城市规划司负责管理，其具体解释等工作由建设部中国城市规划设计研究院负责，出版发行由建设部标准定额研究所负责组织。

中华人民共和国建设部

1990年7月2日

编 制 说 明

本标准是根据国家计委计综（1986）第250号文的要求，由我部中国城市规划设计研究院负责主编，并会同有关单位共同编制而成的。

在本标准的编制过程中，标准编制组进行了广泛的调查研究，认真总结了我国城市规划的实践经验，参考了有关国外标准，针对主要技术问题开展了科学研究与试验验证工作，并广泛征求了全国有关单位的意见，最后，由我部会同有关部门审查定稿。

鉴于本标准系初次编制，在执行过程中，希望各单位结合规划工作实践和科学研究，认真总结经验，注意积累资料，如发现需要修改和补充之处，请将意见和有关资料寄交我部中国城市规划设计研究院（地址：北京百万庄，邮政编码100037），以供今后修订时参考。

中华人民共和国建设部

1990年3月

目　录

第一章　总　则 …… 2241
第二章　城市用地分类 …… 2241
第三章　城市用地计算原则 …… 2247
第四章　规划建设用地标准 …… 2247
　第一节　规划人均建设用地指标 …… 2247
　第二节　规划人均单项建设用地指标 …… 2248
　第三节　规划建设用地结构 …… 2248
附录一　本标准用词说明 …… 2249
附录二　城市用地分类中英文词汇表 …… 2249
附录三　城市总体规划用地统计表统一格式 …… 2250
附加说明 …… 2251

第一章　总　则

第 1.0.1 条　为统一全国城市用地分类，科学地编制、审批、实施城市规划，合理经济地使用土地，保证城市正常发展，特制订本标准。

第 1.0.2 条　本标准适用于城市中设市城市的总体规划工作和城市用地统计工作。

第 1.0.3 条　编制城市规划除执行本标准外，尚应符合国家现行的有关标准与规范的要求。

第二章　城市用地分类

第 2.0.1 条　城市用地分类采用大类、中类和小类三个层次的分类体系，共分 10 大类，46 中类，73 小类。

第 2.0.2 条　城市用地应按土地使用的主要性质进行划分和归类。

第 2.0.3 条　使用本分类时，可根据工作性质、工作内容及工作深度的不同要求，采用本分类的全部或部分类别，但不得增设任何新的类别。

第 2.0.4 条　城市用地分类应采用字母数字混合型代号，大类应采用英文字母表示，中类和小类应各采用一位阿拉伯数字表示。城市用地分类代号可用于城市规划的图纸和文件。

第 2.0.5 条　城市用地分类和代号必须符合表 2.0.5 的规定：

表 2.0.5　城市用地分类和代号

类别代号			类别名称	范围
大类	中类	小类		
R			居住用地	居住小区、居住街坊、居住组团和单位生活区等各种类型的成片或零星的用地
	R1		一类居住用地	市政公用设施齐全、布局完整、环境良好、以低层住宅为主的用地
		R11	住宅用地	住宅建筑用地
		R12	公共服务设施用地	居住小区及小区级以下的公共设施和服务设施用地。如托儿所、幼儿园、小学、中学、粮店、菜店、副食店、服务站、储蓄所、邮政所、居委会、派出所等用地
		R13	道路用地	居住小区及小区级以下的小区路、组团路或小街、小巷、小胡同及停车场等用地
		R14	绿地	居住小区及小区级以下的小游园等用地
	R2		二类居住用地	市政公用设施齐全、布局完整、环境较好、以多、中、高层住宅为主的用地
		R21	住宅用地	住宅建筑用地
		R22	公共服务设施用地	居住小区及小区级以下的公共设施和服务设施用地。如托儿所、幼儿园、小学、中学、粮店、菜店、副食店、服务站、储蓄所、邮政所、居委会、派出所等用地

续表 2.0.5

类别代号			类别名称	范围
大类	中类	小类		
R	R2	R23	道路用地	居住小区及小区级以下的小区路、组团路或小街、小巷、小胡同及停车场等用地
		R24	绿地	居住小区及小区级以下的小游园等用地
	R3		三类居住用地	市政公用设施比较齐全、布局不完整、环境一般、或住宅与工业等用地有混合交叉的用地
		R31	住宅用地	住宅建筑用地
		R32	公共服务用地	居住小区及小区级以下的公共设施和服务设施用地。如托儿所、幼儿园、小学、中学、粮店、菜店、副食店、服务站、储蓄所、邮政所、居委会、派出所等用地
		R33	道路用地	居住小区及小区级以下的小区路、组团路或小街、小巷、小胡同及停车场等用地
		R34	绿地	居住小区及小区级以下的小游园等用地
	R4		四类居住用地	以简陋住宅为主的用地
		R41	住宅用地	住宅建筑用地
		R42	公共服务设施用地	居住小区及小区级以下的公共设施和服务设施用地。如托儿所、幼儿园、小学、中学、粮店、菜店、副食店、服务站、储蓄所、邮政所、居委会、派出所等用地
		R43	道路用地	居住小区及小区级以下的小区路、组团路或小街、小巷、小胡同及停车场等用地
		R44	绿地	居住小区及小区级以下的小游园等用地
C			公共设施用地	居住区及居住区级以上的行政、经济、文化、教育、卫生、体育以及科研设计等机构和设施的用地，不包括居住用地中的公共服务设施用地
	C1		行政办公用地	行政、党派和团体等机构用地
		C11	市属办公用地	市属机关，如人大、政协、人民政府、法院、检察院、各党派和团体，以及企事业管理机构等办公用地
		C12	非市属办公用地	在本市的非市属机关及企事业管理机构等行政办公用地
	C2		商业金融业用地	商业、金融业、服务业、旅馆业和市场等用地
		C21	商业用地	综合百货商店、商场和经营各种食品、服装、纺织品、医药、日用杂货、五金交电、文化体育、工艺美术等专业零售批发商店及其附属的小型工场、车间和仓库等用地
		C22	金融保险业用地	银行及分理处、信用社、信托投资公司、证券交易所和保险公司，以及外国驻本市的金融和保险机构等用地
		C23	贸易咨询用地	各种贸易公司、商社及其咨询机构等用地
		C24	服务业用地	饮食、照相、理发、浴室、洗染、日用修理和交通售票等用地
		C25	旅馆业用地	旅馆、招待所、度假村及其附属设施等用地
		C26	市场用地	独立地段的农贸市场、小商品市场、工业品市场和综合市场等用地

续表 2.0.5

类别代号			类别名称	范围
大类	中类	小类		
C	C3		文化娱乐用地	新闻出版、文化艺术团体、广播电视、图书展览、游乐等设施用地
		C31	新闻出版用地	各种通讯社、报社和出版社等用地
		C32	文化艺术团体地用	各种文化艺术团体等用地
		C33	广播电视用地	各级广播电台、电视台和转播台、差转台等用地
		C34	图书展览用地	公共图书馆、博物馆、科技馆、展览馆和纪念馆等用地
		C35	影剧院用地	电影院、剧场、音乐厅、杂技场等演出场所，包括各单位对外营业的同类用地
		C36	游乐用地	独立地段的游乐场、舞厅、俱乐部、文化宫、青少年宫、老年活动中心等用地
	C4		体育用地	体育场馆和体育训练基地等用地，不包括学校等单位内的体育用地
		C41	体育场馆用地	室内外体育运动用地，如体育场馆、游泳场馆、各类球场、溜冰场、赛马场、跳伞场、摩托车场、射击场以及水上运动的陆域部分等用地，包括附属的业余体校用地
		C42	体育训练用地	为各类体育运动专设的训练基地用地
	C5		医疗卫生用地	医疗、保健、卫生、防疫、康复和急救设施等用地
		C51	医院用地	综合医院和各类专科医院等用地，如妇幼保健院、儿童医院、精神病院、肿瘤医院等
		C52	卫生防疫用地	卫生防疫站、专科防治所、检验中心、急救中心血库等用地
		C53	休疗养用地	休养所和疗养院等用地，不包括以居住为主的干休所用地，该用地应归入居住用地（R）
	C6		教育科研设计用地	高等院校、中等专业学校、科学研究和勘测设计机构等用地。不包括中学、小学和幼托用地，该用地应归入居住用地（R）
		C61	高等学校用地	大学、学院、专科学校和独立地段的研究生院等用地，包括军事院校用地
		C62	中等专业学校用地	中等专业学校、技工学校、职业学校等用地，不包括附属于普通中学内的职业高中用地
		C63	成人与业余学校用地	独立地段的电视大学、夜大学、教育学院、党校、干校、业余学校和培训中心等用地
		C64	特殊学校用地	聋、哑、盲人学校及工读学校等用地
		C65	科研设计用地	科学研究、勘测设计、观察测试、科技信息和科技咨询等机构用地，不包括附设于其他单位内的研究室和设计室等用地
	C7		文物古迹用地	具有保护价值的古遗址、古墓葬、古建筑、革命遗址等用地。不包括已作其他用途的文物古迹用地，该用地应分别归入相应的用地类别
	C9		其他公共设施用地	除以上之外的公共设施用地，如宗教活动场所、社会福利院等用地

续表 2.0.5

类别代号			类别名称	范围
大类	中类	小类		
M			工业用地	工矿企业的生产车间、库房及其附属设施等用地。包括专用的铁路、码头和道路等用地。不包括露天矿用地，该用地应归入水域和其他用地（E）
	M1		一类工业用地	对居住和公共设施等环境基本无干扰和污染的工业用地，如电子工业、缝纫工业、工艺品制造工业等用地
	M2		二类工业用地	对居住和公共设施等环境有一定干扰和污染的工业用地，如食品工业、医药制造工业、纺织工业等用地
	M3		三类工业用地	对居住和公共设施等环境有严重干扰和污染的工业用地，如采掘工业、冶金工业、大中型机械制造工业、化学工业、造纸工业、制革工业、建材工业等用地
W			仓储用地	仓储企业的库房、堆场和包装加工车间及其附属设施等用地
	W1		普通仓库用地	以库房建筑为主的储存一般货物的普通仓库用地
	W2		危险品仓库用地	存放易燃、易爆和剧毒等危险品的专用仓库用地
	W3		堆场用地	露天堆放货物为主的仓库用地
T			对外交通用地	铁路、公路、管道运输、港口和机场等城市对外交通运输及其附属设施等用地
	T1		铁路用地	铁路站场和线路等用地
	T2		公路用地	高速公路和一、二、三级公路线路及长途客运站等用地。不包括村镇公路用地，该用地应归入水域和其他用地（E）
		T21	高速公路用地	高速公路用地
		T22	一、二、三级公路用地	一级、二级和三级公路用地
		T23	长途客运站用地	长途客运站用地
	T3		管道运输用地	运输煤炭、石油和天然气等地面管道运输用地
	T4		港口用地	海港和河港的陆域部分，包括码头作业区、辅助生产区和客运站等用地
		T41	海港用地	海港港口用地
		T42	河港用地	河港港口用地
	T5		机场用地	民用及军民合用的机场用地，包括飞行区、航站区等用地，不包括净空控制范围用地
S			道路广场用地	市级、区级和居住区级的道路、广场和停车场等用地
	S1		道路用地	主干路、次干路和支路用地，包括其交叉路口用地；不包括居住用地、工业用地等内部的道路用地
		S11	主干路用地	快速干路和主干路用地
		S12	次干路用地	次干路用地
		S13	支路用地	主次干路间的联系道路用地
		S19	其他道路用地	除主次干路和支路外的道路用地，如步行街、自行车专用道等用地

续表 2.0.5

类别代号			类别名称	范围
大类	中类	小类		
S	S2		广场用地	公共活动广场用地，不包括单位内的广场用地
		S21	交通广场用地	交通集散为主的广场用地
		S22	游憩集会广场用地	游憩、纪念和集会等为主的广场用地
	S3		社会停车场库用地	公共使用的停车场和停车库用地，不包括其他各类用地配建的停车场库用地
		S31	机动车停车场库用地	机动车停车场库用地
		S32	非机动车停车场库用地	非机动车停车场库用地
U			市政公用设施用地	市级、区级和居住区级的市政公用设施用地，包括其建筑物、构筑物及管理维修设施等用地
	U1		供应设施用地	供水、供电、供燃气和供热等设施用地
		U11	供水用地	独立地段的水厂及其附属构筑物用地，包括泵房和调压站等用地
		U12	供电用地	变电站所、高压塔基等用地。不包括电厂用地，该用地应归入工业用地（M）。高压走廊下规定的控制范围内的用地，应按其地面实际用途归类
		U13	供燃气用地	储气站、调压站、罐装站和地面输气管廊等用地。不包括煤气厂用地，该用地应归入工业用地（M）
		U14	供热用地	大型锅炉房，调压、调温站和地面输热管廊等用地
	U2		交通设施用地	公共交通和货运交通等设施用地
		U21	公共交通用地	公共汽车、出租汽车、有轨电车、无轨电车、轻轨和地下铁道（地面部分）的停车场、保养场、车辆段和首末站等用地，以及轮渡（陆上部分）用地
		U22	货运交通用地	货运公司车队的站场等用地
		U29	其他交通设施用地	除以上之外的交通设施用地，如交通指挥中心、交通队、教练场、加油站、汽车维修站等用地
	U3		邮电设施用地	邮政、电信和电话等设施用地
	U4		环境卫生设施用地	环境卫生设施用地
		U41	雨水、污水处理用地	雨水、污水泵站，排渍站，处理厂，地面专用排水管廊等用地。不包括排水河渠用地，该用地应归入水域和其他用地（E）
		U42	粪便垃圾处理用地	粪便、垃圾的收集、转运、堆放、处理等设施用地
	U5		施工与维修设施用地	房屋建筑、设备安装、市政工程、绿化和地下构筑物等施工及养护维修设施等用地
	U6		殡葬设施用地	殡仪馆、火葬场、骨灰存放处和墓地等设施用地
	U9		其他市政公用设施用地	除以上之外的市政公用设施用地；如消防、防洪等设施用地
G			绿地	市级、区级和居住区级的公共绿地及生产防护绿地，不包括专用绿地、园地和林地

续表 2.0.5

类别代号			类别名称	范围
大类	中类	小类		
G	G1		公共绿地	向公众开放，有一定游憩设施的绿化用地，包括其范围内的水域
		G11	公园	综合性公园、纪念性公园、儿童公园、动物园、植物园、古典园林、风景名胜公园和居住区小公园等用地
		G12	街头绿地	沿道路、河湖、海岸和城墙等，设有一定游憩设施或起装饰性作用的绿化用地
	G2		生产防护绿地	园林生产绿地和防护绿地
		G21	园林生产绿地	提供苗木、草皮和花卉的圃地
		G22	防护绿地	用于隔离、卫生和安全的防护林带及绿地
D			特殊用地	特殊性质的用地
	D1		军事用地	直接用于军事目的的军事设施用地，如指挥机关，营区、训练场、试验场，军用机场、港口、码头，军用洞库、仓库，军用通信，侦察、导航、观测台站等用地，不包括部队家属生活区等用地
	D2		外事用地	外国驻华使馆、领事馆及其生活设施等用地
	D3		保安用地	监狱、拘留所、劳改场所和安全保卫部门等用地。不包括公安局和公安分局，该用地应归入公共设施用地（C）
E			水域和其他用地	除以上各大类用地之外的用地
	E1		水域	江、河、湖、海、水库、苇地、滩涂和渠道等水域，不包括公共绿地及单位内的水域
	E2		耕地	种植各种农作物的土地
		E21	菜地	种植蔬菜为主的耕地，包括温室、塑料大棚等用地
		E22	灌溉水田	有水源保证和灌溉设施，在一般年景能正常灌溉，用以种植水稻、莲藕、席草等水生作物的耕地
		E29	其他耕地	除以上之外的耕地
	E3		园地	果园、桑园、茶园、橡胶园等园地
	E4		林地	生长乔木、竹类、灌木、沿海红树林等林木的土地
	E5		牧草地	生长各种牧草的土地
	E6		村镇建设用地	集镇、村庄等农村居住点生产和生活的各类建设用地
		E61	村镇居住用地	以农村住宅为主的用地，包括住宅、公共服务设施和道路等用地
		E62	村镇企业用地	村镇企业及其附属设施用地
		E63	村镇公路用地	村镇与城市、村镇与村镇之间的公路用地
		E69	村镇其他用地	村镇其他用地
	E7		弃置地	由于各种原因未使用或尚不能使用的土地，如裸岩、石砾地、陡坡地、塌陷地、盐碱地、沙荒地、沼泽地、废窑坑等
	E8		露天矿用地	各种矿藏的露天开采用地

第三章　城市用地计算原则

第 3.0.1 条　在计算城市现状和规划的用地时，应统一以城市总体规划用地的范围为界进行汇总统计。

第 3.0.2 条　分片布局的城市应先按本标准第 3.0.1 条的规定分片计算用地，再进行汇总。

第 3.0.3 条　城市用地应按平面投影面积计算。每块用地只计算一次，不得重复计算。

第 3.0.4 条　城市总体规划用地应采用一万分之一或五千分之一比例尺的图纸进行分类计算，分区规划用地应采用五千分之一或二千分之一比例尺的图纸进行分类计算。现状和规划的用地计算应采用同一比例尺的图纸。

第 3.0.5 条　城市用地的计量单位应为万平方米（公顷）。数字统计精确度应根据图纸比例尺确定：一万分之一图纸应取正整数，五千分之一图纸应取小数点后一位数，二千分之一图纸应取小数点后两位数。

第 3.0.6 条　城市总体规划用地的数据计算应统一按附录三附表的格式进行汇总。

第四章　规划建设用地标准

第 4.0.1 条　编制和修订城市总体规划应以本标准作为城市建设用地（以下简称建设用地）的远期规划控制标准。城市建设用地应包括分类中的居住用地、公共设施用地、工业用地、仓储用地、对外交通用地、道路广场用地、市政公用设施用地、绿地和特殊用地九大类用地，不应包括水域和其他用地。

第 4.0.2 条　在计算建设用地标准时。人口计算范围必须与用地计算范围相一致，人口数宜以非农业人口数为准。

第 4.0.3 条　规划建设用地标准应包括规划人均建设用地指标、规划人均单项建设用地指标和规划建设用地结构三部分。

第一节　规划人均建设用地指标

第 4.1.1 条　规划人均建设用地指标的分级应符合表 4.1.1 的规定。

表 4.1.1　规划人均建设用地指标分级

指 标 级 别	用地指标（m^2/人）
Ⅰ	60.1～75.0
Ⅱ	75.1～90.0
Ⅲ	90.1～105.0
Ⅳ	105.1～120.0

第 4.1.2 条　新建城市的规划人均建设用地指标宜在第Ⅲ级内确定；当城市的发展用地偏紧时，可在第Ⅱ级内确定。

第 4.1.3 条　现有城市的规划人均建设用地指标，应根据现状人均建设用地水平，按表 4.1.3 的规定确定。所采用的规划人均建设用地指标应同时符合表中指标级别和允许调整幅度双因子的限制要求。调整幅度是指规划人均建设用地比现状人均建设用地增加或减少的数值。

表 4.1.3　现有城市的规划人均建设用地指标

现状人均建设用地水平（m^2/人）	允许采用的规划指标		允许调整幅度（m^2/人）
	指标级别	规划人均建设用地指标（m^2/人）	
≤60.0	Ⅰ	60.1～75.0	+0.1～+25.0
60.1～75.0	Ⅰ	60.1～75.0	>0
	Ⅱ	75.1～90.0	+0.1～+20.0
75.1～90.0	Ⅱ	75.1～90.0	不　限
	Ⅲ	90.1～105.0	+0.1～+15.0
90.1～105.0	Ⅱ	75.1～90.0	-15.0～0
	Ⅲ	90.1～105.0	不　限
	Ⅳ	105.1～120.0	+0.1～+15.0
105.1～120.0	Ⅲ	90.1～105.0	-20.0～0
	Ⅳ	105.1～120.0	不　限
>120.0	Ⅲ	90.1～105.0	<0
	Ⅳ	105.1～120.0	<0

第 4.1.4 条　首都和经济特区城市的规划人均建设用地指标宜在第Ⅳ级内确定；当经济特区城市的发展用地偏紧时，可在第Ⅲ级内确定。

第 4.1.5 条　边远地区和少数民族地区中地多人少的城市，可根据实际情况确定规划人均建设用地指标，但不得大于 150.0m^2/人。

第二节　规划人均单项建设用地指标

第 4.2.1 条　编制和修订城市总体规划时，居住、工业、道路广场和绿地四大类主要用地的规划人均单项用地指标应符合表 4.2.1 的规定。

表 4.2.1　规划人均单项建设用地指标

类别名称	用地指标（m^2/人）
居住用地	18～28.0
工业用地	10.0～25.0
道路广场用地	7.0～15.0
绿地 其中：公共绿地	≥9.0 ≥7.0

第 4.2.2 条　规划人均建设用地指标为第Ⅰ级，有条件建造部分中高层住宅的大中城市，其规划人均居住用地指标可适当降低，但不得少于 16.0m^2/人。

第 4.2.3 条　大城市的规划人均工业用地指标宜采用下限；设有大中型工业项目的中小工矿城市，其规划人均工业用地指标可适当提高，但不宜大于 30.3m^2/人。

第 4.2.4 条　规划人均建设用地指标为第Ⅰ级的城市，其规划人均公共绿地指标可适当降低，但不得小于 5.0m^2/人。

第 4.2.5 条　其他各大类建设用地的规划指标可根据城市具体情况确定。

第三节　规划建设用地结构

第 4.3.1 条　编制和修订城市总体规划时，居住、工业、道路广场和绿地四大类主要用地占建设用地的比例应符合表 4.3.1 的规定。

表 4.3.1 规划建设用地结构

类别名称	占建设用地的比例（%）
居住用地	20 ~ 32
工业用地	15 ~ 25
道路广场用地	8 ~ 15
绿地	8 ~ 15

第 4.3.2 条 大城市工业用地占建设用地的比例宜取规定的下限；设有大中型工业项目的中小工矿城市，其工业用地占建设用地的比例可大于 25%，但不宜超过 30%。

第 4.3.3 条 规划人均建设用地指标为第Ⅳ级的小城市，其道路广场用地占建设用地的比例宜取下限。

第 4.3.4 条 风景旅游城市及绿化条件较好的城市，其绿地占建设用地的比例可大于 15%。

第 4.3.5 条 居住、工业、道路广场和绿地四大类用地总和占建设用地比例宜为 60% ~ 75%。

第 4.3.6 条 其他各大类用地占建设用地的比例可根据城市具体情况确定。

附录一 本标准用词说明

一、为便于在执行本标准条文时区别对待，对要求严格程度的用词说明如下：

1. 表示很严格，非这样作不可的用词：

正面词采用"必须"；

反面词采用"严禁"。

2. 表示严格，在正常情况下均应这样作的用词：

正面词采用"应"；

反面词采用"不应"或"不得"。

3. 表示允许稍有选择，在条件许可时首先应这样作的用词：

正面词采用"宜"或"可"；

反面词采用"不宜"。

二、条文中指明应按其他有关标准、规范执行时，写法为"应符合……要求或规定"或"应按……执行"。

附录二 城市用地分类中英文词汇表

代号 CODES	用地类别中文名称 CHINESE	英文同（近）义词 ENGLISH
R	居住用地	RESIDENTIAL
C	公共设施用地	COMMERCIAL AND PUBLIC FACILITIES
M	工业用地	INDUSTRIAL，MANUFACTURING
W	仓储用地	WAREHOUSE
T	对外交通用地	TRANSPORTATION
S	道路广场用地	ROAD，STREET AND SQUARE
U	市政公用设施用地	MUNICIPAL UTILITIES
G	绿地	GREEN SPACE
D	特殊用地	SPECIALLY DESIGNATED
E	水域和其他用地	WATER AREA AND OTHERS

附录三　城市总体规划用地统计表统一格式

附表一　城市总体规划用地汇总表

序　　号	类　别　名　称		面积（万 m^2）	占城市总体规划用地比例（%）
1	城市总体规划用地			100.0
2	城市建设用地			
3	水域和其他用地			
	其中	水域		
		耕地		
		园地		
		林地		
		牧草地		
		村镇建设用地		
		弃置地		
		露天矿用地		

备注：__________年现状非农业人口__________万人

__________年规划非农业人口__________万人

附表二　城市建设用地平衡表

序号	用地代号	用　地　名　称		面积（万（m^2）		占城市建设用地（%）		人均（m^2/人）	
				现状	规划	现状	规划	现状	规划
1	R	居住用地							
2	C	公共设施用地							
		其中	非市属办公用地						
			教育科研设计用地						
			……						
3	M	工业用地							
4	W	仓储用地							
5	T	对外交通用地							
6	S	道路广场用地							
7	U	市政公用设施用地							
8	G	绿地							
		其中：公共绿地							
9	D	特殊用地							
合　计		城市建设用地				100.0	100.0		

备注：__________年现状非农业人口__________万人

__________年规划非农业人口__________万人

附加说明

本标准主编单位、参加单位和主要起草人名单

主 编 单 位：中国城市规划设计研究院

参 编 单 位：北京市城市规划设计研究院
上海市城市规划设计院
四川省城乡规划设计研究院
辽宁省城乡建设规划设计院
湖北省城市规划设计研究院
陕西省城乡规划设计院
同济大学城市规划系

主要起草人：蒋大卫　范耀邦　沈福林　吴今露　罗　希　赵崇仁　潘家莹　沈肇裕
石　如　王继勉　兰继中　吕光琪　曹连群　吴明伟　吴载权　何善权

中华人民共和国国家标准

城市居住区规划设计规范

GB 50180—93

（2002 年版）

主编部门：中华人民共和国建设部

批准部门：中华人民共和国建设部

施行日期：1 9 9 4 年 2 月 1 日

工程建设标准局部修订公告

第31号

关于国家标准《城市居住区规划设计规范》局部修订的公告

根据建设部《关于印发〈一九九八年工程建设国家标准制订、修订计划（第一批）〉的通知》（建标［1998］94号）的要求，中国城市规划设计研究院会同有关单位对《城市居住区规划设计规范》GB50180—93进行了局部修订。我部组织有关单位对该规范局部修订的条文进行了共同审查，现予批准，自2002年4月1日起施行。其中，1.0.3、3.0.1、3.0.2、3.0.3、5.0.2（第1款）、5.0.5（第2款）、5.0.6（第1款）、6.0.1、6.0.3、6.0.5、7.0.1、7.0.2（第3款）、7.0.4（第1款的第5项）、7.0.5为强制性条文，必须严格执行。该规范经此次修改的原条文规定同时废止。

中华人民共和国建设部

2002年3月11日

关于发布国家标准《城市居住区规划设计规范》的通知

建标［1993］542号

根据国家计委计综（1987）250号文的要求，由建设部会同有关部门共同制订的《城市居住区规划设计规范》已经有关部门会审，现批准《城市居住区规划设计规范》GB 50180—93为强制性国家标准，自一九九四年二月一日起执行。

本标准由建设部负责管理，具体解释等工作由中国城市规划设计研究院负责，出版发行由建设部标准定额研究所负责组织。

中华人民共和国建设部

1993年7月16日

前　言

根据建设部建标［1998］94 号文件《关于印发"一九九八年工程建设标准制定、修订计划"的通知》要求，对现行国家标准《城市居住区规划设计规范》（以下简称规范）进行局部修订。

本次规范修订主要包括以下几个方面：增补老年人设施和停车场（库）的内容；对分级控制规模、指标体系和公共服务设施的部分内容进行了适当调整；进一步调整完善住宅日照间距的有关规定；与相关规范或标准协调，加强了措辞的严谨性。

修订工作针对我国社会经济发展和市场经济改革中出现的新问题，在原有框架基础上对规范进行了补充调整，部分标准有所提高，对涉及法律纠纷较多的条款提出了严格的限定条件，在使用规范过程中需特别加以注意。

本规范由国家标准《城市居住区规划设计规范》管理组负责解释。在实施过程中如发现有需要修改和补充之处，请将意见和有关资料寄送国家标准《城市居住区规划设计规范》管理组（北京市海淀区三里河路 9 号 中国城市规划设计研究院，邮政编码 100037。

本规范主编单位：中国城市规划设计研究院。

本规范参编单位：北京市城市规划设计研究院、中国建筑技术研究院。

主要起草人员：涂英时、吴晟、刘燕辉、杨振华、赵文凯、张播。

其他参加工作人员：刘国园

目　次

1　总　　则 …………………………………………………………………………………… 2258
2　术语、代号 …………………………………………………………………………………… 2258
3　用地与建筑 …………………………………………………………………………………… 2261
4　规划布局与空间环境 ………………………………………………………………………… 2262
5　住　　宅 …………………………………………………………………………………… 2262
6　公共服务设施 ………………………………………………………………………………… 2264
7　绿　　地 …………………………………………………………………………………… 2266
8　道　　路 …………………………………………………………………………………… 2267
9　竖　　向 …………………………………………………………………………………… 2269
10　管线综合 …………………………………………………………………………………… 2270
11　综合技术经济指标 ………………………………………………………………………… 2272
附录 A　附图及附表 ………………………………………………………………………… 2274
附录 B　本规范用词说明 …………………………………………………………………… 2282
附加说明 ……………………………………………………………………………………… 2282

1 总　　则

1.0.1 为确保居民基本的居住生活环境，经济、合理、有效地使用土地和空间，提高居住区的规划设计质量，制定本规范。

1.0.2 本规范适用于城市居住区的规划设计。

1.0.3 居住区按居住户数或人口规模可分为居住区、小区、组团三级。各级标准控制规模，应符合表 1.0.3 的规定。

表 1.0.3 居住区分级控制规模

	居住区	小　区	组　团
户数（户）	10000～16000	3000～5000	300～1000
人口（人）	30000～50000	10000～15000	1000～3000

1.0.3a 居住区的规划布局形式可采用居住区-小区-组团、居住区-组团、小区-组团及独立式组团等多种类型。

1.0.4 居住区的配建设施，必须与居住人口规模相对应。其配建设施的面积总指标，可根据规划布局形式统一安排、灵活使用。

1.0.5 居住区的规划设计，应遵循下列基本原则；

1.0.5.1 符合城市总体规划的要求；

1.0.5.2 符合统一规划、合理布局、因地制宜、综合开发、配套建设的原则；

1.0.5.3 综合考虑所在城市的性质、社会经济、气候、民族、习俗和传统风貌等地方特点和规划用地周围的环境条件，充分利用规划用地内有保留价值的河湖水域、地形地物、植被、道路、建筑物与构筑物等，并将其纳入规划；

1.0.5.4 适应居民的活动规律，综合考虑日照、采光、通风、防灾、配建设施及管理要求，创造安全、卫生、方便、舒适和优美的居住生活环境；

1.0.5.5 为老年人、残疾人的生活和社会活动提供条件；

1.0.5.6 为工业化生产、机械化施工和建筑群体、空间环境多样化创造条件；

1.0.5.7 为商品化经营、社会化管理及分期实施创造条件；

1.0.5.8 充分考虑社会、经济和环境三方面的综合效益；

1.0.6 居住区规划设计除符合本规范外，尚应符合国家现行的有关法律、法规和强制性标准的规定。

2 术　语、代　号

2.0.1 城市居住区

一般称居住区，泛指不同居住人口规模的居住生活聚居地和特指城市干道或自然分界线所围合，并与居住人口规模（30000～50000 人）相对应，配建有一整套较完善的、能满足该区居民物质与文化生活所需的公共服务设施的居住生活聚居地。

2.0.2 居住小区

一般称小区，是指被城市道路或自然分界线所围合，并与居住人口规模（10000~15000人）相对应，配建有一套能满足该区居民基本的物质与文化生活所需的公共服务设施的居住生活聚居地。

2.0.3 居住组团

一般称组团，指一般被小区道路分隔，并与居住人口规模（1000~3000人）相对应，配建有居民所需的基层公共服务设施的居住生活聚居地。

2.0.4 居住区用地（R）

住宅用地、公建用地、道路用地和公共绿地等四项用地的总称。

2.0.5 住宅用地（R01）

住宅建筑基底占地及其四周合理间距内的用地（含宅间绿地和宅间小路等）的总称。

2.0.6 公共服务设施用地（R02）

一般称公建用地，是与居住人口规模相对应配建的、为居民服务和使用的各类设施的用地，应包括建筑基底占地及其所属场院、绿地和配建停车场等。

2.0.7 道路用地（R03）

居住区道路、小区路、组团路及非公建配建的居民汽车地面停放场地。

2.0.8 居住区（级）道路

一般用以划分小区的道路。在大城市中通常与城市支路同级。

2.0.9 小区（级）路

一般用以划分组团的道路。

2.0.10 组团（级）路

上接小区路、下连宅间小路的道路。

2.0.11 宅间小路

住宅建筑之间连接各住宅入口的道路。

2.0.12 公共绿地（R04）

满足规定的日照要求、适合于安排游憩活动设施的、供居民共享的集中绿地，包括居住区公园、小游园和组团绿地及其他块状带状绿地等。

2.0.13 配建设施

与人口规模或与住宅规模相对应配套建设的公共服务设施、道路和公共绿地的总称。

2.0.14 其他用地（E）

规划范围内除居住区用地以外的各种用地，应包括非直接为本区居民配建的道路用地、其他单位用地、保留的自然村或不可建设用地等。

2.0.15 公共活动中心

配套公建相对集中的居住区中心、小区中心和组团中心等。

2.0.16 道路红线

城市道路(含居住区级道路)用地的规划控制线。

2.0.17 建筑线

一般称建筑控制线,是建筑物基底位置的控制线。

2.0.18 日照间距系数

根据日照标准确定的房屋间距与遮挡房屋檐高的比值。

2.0.19 建筑小品

既有功能要求，又具有点缀、装饰和美化作用的、从属于某一建筑空间环境的小体量建筑、游憩观赏设施和指示性标志物等的统称。

2.0.20 住宅平均层数

住宅总建筑面积与住宅基底总面积的比值（层）。

2.0.21 高层住宅（大于等于10层）比例

高层住宅总建筑面积与住宅总建筑面积的比率（%）。

2.0.22 中高层住宅（7~9层）比例

中高层住宅总建筑面积与住宅总建筑面积的比率(%)。

2.0.23 人口毛密度

每公顷居住区用地上容纳的规划人口数量(人/hm^2)。

2.0.24 人口净密度

每公顷住宅用地上容纳的规划人口数量(人/hm^2)。

2.0.25 住宅建筑套密度(毛)

每公顷居住区用地上拥有的住宅建筑套数(套/hm^2)。

2.0.26 住宅建筑套密度(净)

每公顷住宅用地上拥有的住宅建筑套数(套/hm^2)。

2.0.27 住宅建筑面积毛密度

每公顷居住区用地上拥有的住宅建筑面积(万 m^2/hm^2)。

2.0.28 住宅建筑面积净密度

每公顷住宅用地上拥有的住宅建筑面积(万 m^2/hm^2)。

2.0.29 建筑面积毛密度

也称容积率，是每公顷居住区用地上拥有的各类建筑的建筑面积（万 m^2/hm^2）或以居住区总建筑面积（万 m^2）与居住区用地（万 m^2）的比值表示。

2.0.30 住宅建筑净密度

住宅建筑基底总面积与住宅用地面积的比率(%)。

2.0.31 建筑密度

居住区用地内，各类建筑的基底总面积与居住区用地面积的比率（%）。

2.0.32 绿地率

居住区用地范围内各类绿地面积的总和占居住区用地面积的比率（%）。

绿地应包括：公共绿地、宅旁绿地、公共服务设施所属绿地和道路绿地（即道路红线内的绿地），其中包括满足当地植树绿化覆土要求、方便居民出入的地下或半地下建筑的屋顶绿地，不应包括其他屋顶、晒台的人工绿地。

2.0.32a 停车率

指居住区内居民汽车的停车位数量与居住户数的比率（%）。

2.0.32b 地面停车率

居民汽车的地面停车位数量与居住户数的比率（%）。

2.0.33 拆建比

拆除的原有建筑总面积与新建的建筑总面积的比值。

2.0.34 （取消该条）

2.0.35 （取消该条）

3 用地与建筑

3.0.1 居住区规划总用地，应包括居住区用地和其他用地两类。其各类、项用地名称可采用本规范第2章规定的代号标示。

3.0.2 居住区用地构成中，各项用地面积和所占比例应符合下列规定：

3.0.2.1 居住区用地平衡表的格式，应符合本规范附录A，第A.0.5条的要求。参与居住区用地平衡的用地应为构成居住区用地的四项用地，其他用地不参与平衡；

3.0.2.2 居住区内各项用地所占比例的平衡控制指标，应符合表3.0.2的规定。

表3.0.2 居住区用地平衡控制指标（%）

用地构成	居住区	小区	组团
1. 住宅用地（R01）	50~60	55~65	70~80
2. 公建用地（R02）	15~25	12~22	6~12
3. 道路用地（R03）	10~18	9~17	7~15
4. 公共绿地（R04）	7.5~18	5~15	3~6
居住区用地（R）	100	100	100

3.0.3 人均居住区用地控制指标，应符合表3.0.3规定。

表3.0.3 人均居住区用地控制指标 （m²/人）

居住规模	层数	建筑气候区划		
		Ⅰ、Ⅱ、Ⅵ、Ⅶ	Ⅲ、Ⅴ	Ⅳ
居住区	低层	33~47	30~43	28~40
	多层	20~28	19~27	18~25
	多层、高层	17~26	17~26	17~26
小区	低层	30~43	28~40	26~37
	多层	20~28	19~26	18~25
	中高层	17~24	15~22	14~20
	高层	10~15	10~15	10~15
组团	低层	25~35	23~32	21~30
	多层	16~23	15~22	14~20
	中高层	14~20	13~18	12~16
	高层	8~11	8~11	8~11

注：本表各项指标按每户3.2人计算。

3.0.4 居住区内建筑应包括住宅建筑和公共服务设施建筑（也称公建）两部分；在居住

区规划用地内的其他建筑的设置，应符合无污染不扰民的要求。

4 规划布局与空间环境

4.0.1 居住区的规划布局，应综合考虑周边环境、路网结构、公建与住宅布局、群体组合、绿地系统及空间环境等的内在联系，构成一个完善的、相对独立的有机整体，并应遵循下列原则：

4.0.1.1 方便居民生活，有利安全防卫和物业管理；

4.0.1.2 组织与居住人口规模相对应的公共活动中心，方便经营、使用和社会化服务；

4.0.1.3 合理组织人流、车流和车辆停放，创造安全、安静、方便的居住环境；

4.0.1.4 （取消该款）

4.0.2 居住区的空间与环境设计，应遵循下列原则：

4.0.2.1 规划布局和建筑应体现地方特色，与周围环境相协调；

4.0.2.2 合理设置公共服务设施，避免烟、气（味）、尘及噪声对居民的污染和干扰；

4.0.2.3 精心设置建筑小品，丰富与美化环境；

4.0.2.4 注重景观和空间的完整性，市政公用站点等宜与住宅或公建结合安排；供电、电讯、路灯等管线宜地下埋设；

4.0.2.5 公共活动空间的环境设计，应处理好建筑、道路、广场、院落、绿地和建筑小品之间及其与人的活动之间的相互关系。

4.0.3 便于寻访、识别和街道命名。

4.0.4 在重点文物保护单位和历史文化保护区保护规划范围内进行住宅建设，其规划设计必须遵循保护规划的指导；居住区内的各级文物保护单位和古树名木必须依法予以保护；在文物保护单位的建设控制地带内的新建建筑和构筑物，不得破坏文物保护单位的环境风貌。

5 住　　宅

5.0.1 住宅建筑的规划设计，应综合考虑用地条件、选型、朝向、间距、绿地、层数与密度、布置方式、群体组合、空间环境和不同使用者的需要等因素确定。

5.0.1A 宜安排一定比例的老年人居住建筑。

5.0.2 住宅间距，应以满足日照要求为基础，综合考虑采光、通风、消防、防灾、管线埋设、视觉卫生等要求确定。

5.0.2.1 住宅日照标准应符合表 5.0.2-1 规定；对于特定情况还应符合下列规定：

（1）老年人居住建筑不应低于冬至日日照 2 小时的标准；

（2）在原设计建筑外增加任何设施不应使相邻住宅原有日照标准降低；

（3）旧区改建的项目内新建住宅日照标准可酌情降低，但不应低于大寒日日照 1 小时的标准。

表 5.0.2-1 住宅建筑日照标准

建筑气候区划	Ⅰ、Ⅱ、Ⅲ、Ⅶ气候区		Ⅳ气候区		Ⅴ、Ⅵ气候区
	大城市	中小城市	大城市	中小城市	
日照标准日	大寒日			冬至日	
日照时数(h)	≥2	≥3		≥1	
有效日照时间带(h)	8～16			9～15	
日照时间计算起点	底层窗台面				

注：①建筑气候区划应符合本规范附录 A 第 A.0.1 条的规定。
②底层窗台面是指距室内地坪 0.9m 高的外墙位置。

5.0.2.2 正面间距，可按日照标准确定的不同方位的日照间距系数控制，也可采用表 5.0.2-2 不同方位间距折减系数换算。

表 5.0.2-2 不同方位间距折减换算表

方位	0°～15°(含)	15°～30°(含)	30°～45°(含)	45°～60°(含)	>60
折减值	1.00L	0.90L	0.80L	0.90L	0.95L

注：①表中方位为正南向（0°）偏东、偏西的方位角。
②L 为当地正南向住宅的标准日照间距（m）。
③本表指标仅适用于无其他日照遮挡的平行布置条式住宅之间。

5.0.2.3 住宅侧面间距，应符合下列规定：

（1）条式住宅，多层之间不宜小于 6m；高层与各种层数住宅之间不宜小于 13m；

（2）高层塔式住宅、多层和中高层点式住宅与侧面有窗的各种层数住宅之间应考虑视觉卫生因素，适当加大间距。

5.0.3 住宅布置，应符合下列规定：

5.0.3.1 选用环境条件优越的地段布置住宅，其布置应合理紧凑；

5.0.3.2 面街布置的住宅，其出入口应避免直接开向城市道路和居住区级道路；

5.0.3.3 在Ⅰ、Ⅱ、Ⅵ、Ⅶ建筑气候区，主要应利于住宅冬季的日照、防寒、保温与防风沙的侵袭；在Ⅲ、Ⅳ建筑气候区，主要应考虑住宅夏季防热和组织自然通风、导风入室的要求；

5.0.3.4 在丘陵和山区，除考虑住宅布置与主导风向的关系外，尚应重视因地形变化而产生的地方风对住宅建筑防寒、保温或自然通风的影响；

5.0.3.5 老年人居住建筑宜靠近相关服务设施和公共绿地。

5.0.4 住宅的设计标准，应符合现行国家标准《住宅设计规范》GB 50096—99 的规定，宜采用多种户型和多种面积标准。

5.0.5 住宅层数，应符合下列规定：

5.0.5.1 根据城市规划要求和综合经济效益，确定经济的住宅层数与合理的层数结构；

5.0.5.2 无电梯住宅不应超过六层。在地形起伏较大的地区，当住宅分层入口时，可按进入住宅后的单程上或下的层数计算。

5.0.6 住宅净密度，应符合下列规定：

5.0.6.1 住宅建筑净密度的最大值，不应超过表 5.0.6-1 规定；

5.0.6.2 住宅建筑面积净密度的最大值，不宜超过表 5.0.6－2 规定。

表 5.0.6-1 住宅建筑净密度控制指标（%）

住宅层数	建筑气候区划		
	Ⅰ、Ⅱ、Ⅵ、Ⅶ	Ⅲ、Ⅴ	Ⅳ
低层	35	40	43
多层	28	30	32
中高层	25	28	30
高层	20	20	22

注：混合层取两者的指标值作为控制指标的上、下限值。

表 5.0.6-2 住宅建筑面积净密度控制指标 （万 m^2/hm^2）

住宅层数	建筑气候区别		
	Ⅰ、Ⅱ、Ⅵ、Ⅶ	Ⅲ、Ⅴ	Ⅳ
低层	1.10	1.20	1.30
多层	1.70	1.80	1.90
中高层	2.00	2.20	2.40
高层	3.50	3.50	3.50

注：①混合层取两者的指标值作为控制指标的上、下限值；

②本表不计入地下层面积。

6 公共服务设施

6.0.1 居住区公共服务设施（也称配套公建），应包括：教育、医疗卫生、文化体育、商业服务、金融邮电、社区服务、市政公用和行政管理及其他八类设施。

6.0.2 居住区配套公建的配建水平，必须与居住人口规模相对应。并应与住宅同步规划、同步建设和同时投入使用。

6.0.3 居住区配套公建的项目，应符合本规范附录 A 第 A.0.6 条规定。配建指标，应以表 6.0.3 规定的千人总指标和分类指标控制，并应遵循下列原则：

6.0.3.1 各地应按表 6.0.3 中规定所确定的本规范附录 A 第 A.0.6 条中有关项目及其具体指标控制；

6.0.3.2 本规范附录 A 第 A.0.6 条和表 6.0.3 在使用时可根据规划布局形式和规划用地四周的设施条件，对配建项目进行合理的归并、调整，但不应少于与其居住人口规模相对应的千人总指标；

6.0.3.3 当规划用地内的居住人口规模界于组团和小区之间或小区和居住区之间时，除配建下一级应配建的项目外，还应根据所增人数及规划用地周围的设施条件，增配高一级的有关项目及增加有关指标；

6.0.3.4 （取消该款）

6.0.3.5 （取消该款）

6.0.3.6 旧区改建和城市边缘的居住区，其配建项目与千人总指标可酌情增减，但应符合当地城市规划行政主管部门的有关规定；

6.0.3.7 凡国家确定的一、二类人防重点城市均应按国家人防部门的有关规定配建防空地下室，并应遵循平战结合的原则，与城市地下空间规划相结合，统筹安排。将居住区使用部分的面积，按其使用性质纳入配套公建；

6.0.3.8 居住区配套公建各项目的设置要求，应符合本规范附录 A 第 A.0.7 条的规定。对其中的服务内容可酌情选用。

6.0.4 居住区配套公建各项目的规划布局，应符合下列规定：

6.0.4.1 根据不同项目的使用性质和居住区的规划布局形式，应采用相对集中与适当分散相结合的方式合理布局。并应利于发挥设施效益，方便经营管理、使用和减少干扰；

表 6.0.3　公共服务设施控制指标（m^2/千人）

居住规模 / 类别		居住区		小区		组团	
		建筑面积	用地面积	建筑面积	用地面积	建筑面积	用地面积
总指标		1668~3293 (2228~4213)	2172~5559 (2762~6329)	968~2397 (1338~2977)	1091~3835 (1491~4585)	362~856 (703~1356)	488~1058 (868~1578)
其中	教育	600~1200	1000~2400	330~1200	700~2400	160~400	300~500
	医疗卫生 （含医院）	78~198 (178~398)	138~378 (298~548)	38~98	78~228	6~20	12~40
	文体	125~245	225~645	45~75	65~105	18~24	40~60
	商业服务	700~910	600~940	450~570	100~600	150~370	100~400
	社区服务	59~464	76~668	59~292	76~328	19~32	16~28
	金融邮电 （含银行、邮电局）	20~30 (60~80)	25~50	16~22	22~34	—	—
	市政公用 （含居民存车处）	40~150 (460~820)	70~360 (500~960)	30~140 (400~720)	50~140 (450~760)	9~10 (350~510)	20~30 (400~550)
	行政管理及其他	46~96	37~72	—	—	—	—

注：①居住区级指标含小区和组团级指标，小区级含组团级指标；
②公共服务设施总用地的控制指标应符合表 3.0.2 规定；
③总指标未含其他类，使用时应根据规划设计要求确定本类面积指标；
④小区医疗卫生类未含门诊所；
⑤市政公用类未含锅炉房，在采暖地区应自选确定。

6.0.4.2　商业服务与金融邮电、文体等有关项目宜集中布置，形成居住区各级公共活动中心；

6.0.4.3　基层服务设施的设置应方便居民，满足服务半径的要求；

6.0.4.4　配套公建的规划布局和设计应考虑发展需要。

6.0.5　居住区内公共活动中心、集贸市场和人流较多的公共建筑，必须相应配建公共停车场（库），并应符合下列规定：

6.0.5.1　配建公共停车场（库）的停车位控制指标，应符合表 6.0.5 规定；

表 6.0.5　配建公共停车场（库）停车位控制指标

名称	单位	自行车	机动车
公共中心	车位/100m^2 建筑面积	≥7.5	≥0.45
商业中心	车位/100m^2 营业面积	≥7.5	≥0.45
集贸市场	车位/100m^2 营业场地	≥7.5	≥0.30
饮食店	车位/100m^2 营业面积	≥3.6	≥0.30
医院、门诊所	车位/100m^2 建筑面积	≥1.5	≥0.30

注：①本表机动车停车车位以小型汽车为标准当量表示；
②其他各型车辆停车位的换算办法，应符合本规范第 11 章中有关规定。

6.0.5.2 配建公共停车场（库）应就近设置，并宜采用地下或多层车库。

7 绿 地

7.0.1 居住区内绿地，应包括公共绿地、宅旁绿地、配套公建所属绿地和道路绿地，其中包括了满足当地植树绿化覆土要求、方便居民出入的地下或半地下建筑的屋顶绿地。

7.0.2 居住区内绿地应符合下列规定：

7.0.2.1 一切可绿化的用地均应绿化，并宜发展垂直绿化；

7.0.2.2 宅间绿地应精心规划与设计；宅间绿地面积的计算办法应符合本规范第 11 章中有关规定；

7.0.2.3 绿地率：新区建设不应低于 30%；旧区改建不宜低于 25%。

7.0.3 居住区内的绿地规划，应根据居住区的规划布局形式、环境特点及用地的具体条件，采用集中与分散相结合，点、线、面相结合的绿地系统。并宜保留和利用规划范围内的已有树木和绿地。

7.0.4 居住区内的公共绿地，应根据居住区不同的规划布局形式设置相应的中心绿地，以及老年人、儿童活动场地和其他的块状、带状公共绿地等，并应符合下列规定：

7.0.4.1 中心绿地的设置应符合下列规定：

（1）符合表 7.0.4-1 规定，表内“设置内容”可视具体条件选用；

表 7.0.4-1 各级中心绿地设置规定

中心绿地名称	设 置 内 容	要 求	最小规模（hm^2）
居住区公园	花木草坪、花坛水面、凉亭雕塑、小卖茶座、老幼设施、停车场地和铺装地面等	园内布局应有明确的功能划分	1.00
小游园	花木草坪、花坛水面、雕塑、儿童设施和铺装地面等	园内布局应有一定的功能划分	0.40
组团绿地	花木草坪、桌椅、简易儿童设施等	灵活布局	0.04

（2）至少应有一个边与相应级别的道路相邻；

（3）绿化面积（含水面）不宜小于 70%；

（4）便于居民休憩、散步和交往之用，宜采用开敞式，以绿篱或其他通透式院墙栏杆作分隔；

（5）组团绿地的设置应满足有不少于 1/3 的绿地面积在标准的建筑日照阴影线范围之外的要求，并便于设置儿童游戏设施和适于成人游憩活动。其中院落式组团绿地的设置还应同时满足表 7.0.4-2 中的各项要求，其面积计算起止界应符合本规范第 11 章中有关规定；

表 7.0.4-2 院落式组团绿地设置规定

封 闭 型 绿 地		开 敞 型 绿 地	
南 侧 多 层 楼	南 侧 高 层 楼	南 侧 多 层 楼	南 侧 高 层 楼
$L \geqslant 1.5L_2$ $L \geqslant 30m$	$L \geqslant 1.5L_2$ $L \geqslant 50m$	$L \geqslant 1.5L_2$ $L \geqslant 30m$	$L \geqslant 1.5L_2$ $L \geqslant 50m$

续表 7.0.4-2

封闭型绿地		开敞型绿地	
南侧多层楼	南侧高层楼	南侧多层楼	南侧高层楼
$S_1 \geqslant 800m^2$	$S_1 \geqslant 1800m^2$	$S_1 \geqslant 500m^2$	$S_1 \geqslant 1200m^2$
$S_2 \geqslant 1000m^2$	$S_2 \geqslant 2000m^2$	$S_2 \geqslant 600m^2$	$S_2 \geqslant 1400m^2$
注：①L——南北两楼正面间距（m）； L_2——当地住宅的标准日照间距（m）； S_1——北侧为多层楼的组团绿地面积（m^2）； S_2——北侧为高层楼的组团绿地面积（m^2）。 ②开敞型院落式组团绿地应符合本规范附录 A 第 A.0.4 条规定。			

7.0.4.2 其他块状带状公共绿地应同时满足宽度不小于 8m，面积不小于 $400m^2$ 和本条第 1 款（2）、（3）、（4）项及第（5）项中的日照环境要求；

7.0.4.3 公共绿地的位置和规模，应根据规划用地周围的城市级公共绿地的布局综合确定。

7.0.5 居住区内公共绿地的总指标，应根据居住人口规模分别达到：组团不少于 $0.5m^2$/人，小区（含组团）不少于 $1m^2$/人，居住区（含小区与组团）不少于 $1.5m^2$/人，并应根据居住区规划布局形式统一安排、灵活使用。

旧区改建可酌情降低，但不得低于相应指标的70%。

8 道　　路

8.0.1 居住区的道路规划，应遵循下列原则：

8.0.1.1 根据地形、气候、用地规模、用地四周的环境条件、城市交通系统以及居民的出行方式，应选择经济、便捷的道路系统和道路断面形式；

8.0.1.2 小区内应避免过境车辆的穿行，道路通而不畅、避免往返迂回，并适于消防车、救护车、商店货车和垃圾车等的通行；

8.0.1.3 有利于居住区内各类用地的划分和有机联系，以及建筑物布置的多样化；

8.0.1.4 当公共交通线路引入居住区级道路时，应减少交通噪声对居民的干扰；

8.0.1.5 在地震烈度不低于六度的地区，应考虑防灾救灾要求；

8.0.1.6 满足居住区的日照通风和地下工程管线的埋设要求；

8.0.1.7 城市旧区改建，其道路系统应充分考虑原有道路特点，保留和利用有历史文化价值的街道；

8.0.1.8 应便于居民汽车的通行，同时保证行人、骑车人的安全便利。

8.0.1.9 （取消该款）

8.0.2 居住区内道路可分为：居住区道路、小区路、组团路和宅间小路四级。其道路宽度，应符合下列规定：

8.0.2.1 居住区道路：红线宽度不宜小于 20m；

8.0.2.2 小区路：路面宽6～9m，建筑控制线之间的宽度，需敷设供热管线的不宜小于 14m；无供热管线的不宜小于 10m；

8.0.2.3 组团路：路面宽 3～5m；建筑控制线之间的宽度，需敷设供热管线的不宜小于

10m；无供热管线的不宜小于 8m；

8.0.2.4 宅间小路：路面宽不宜小于 2.5m；

8.0.2.5 在多雪地区，应考虑堆积清扫道路积雪的面积，道路宽度可酌情放宽，但应符合当地城市规划行政主管部门的有关规定。

8.0.3 居住区内道路纵坡规定，应符合下列规定：

8.0.3.1 居住区内道路纵坡控制指标应符合表 8.0.3 的规定；

表 8.0.3 居住区内道路纵坡控制指标（%）

道路类别	最小纵坡	最大纵坡	多雪严寒地区最大纵坡
机动车道	≥0.2	≤8.0 L≤200m	≤5.0 L≤600m
非机动车道	≥0.2	≤3.0 L≤50m	≤2.0 L≤100m
步行道	≥0.2	≤8.0	≤4.0
注：L 为坡长（m）。			

8.0.3.2 机动车与非机动车混行的道路，其纵坡宜按非机动车道要求，或分段按非机动车道要求控制。

8.0.4 山区和丘陵地区的道路系统规划设计，应遵循下列原则：

8.0.4.1 车行与人行宜分开设置自成系统；

8.0.4.2 路网格式应因地制宜；

8.0.4.3 主要道路宜平缓；

8.0.4.4 路面可酌情缩窄，但应安排必要的排水边沟和会车位，并应符合当地城市规划行政主管部门的有关规定。

8.0.5 居住区内道路设置，应符合下列规定：

8.0.5.1 小区内主要道路至少应有两个出入口；居住区内主要道路至少应有两个方向与外围道路相连；机动车道对外出入口间距不应小于 150m。沿街建筑物长度超过150m 时，应设不小于 4m×4m 的消防车通道。人行出口间距不宜超过 80m，当建筑物长度超过 80m 时，应在底层加设人行通道；

8.0.5.2 居住区内道路与城市道路相接时，其交角不宜小于 75°；当居住区内道路坡度较大时，应设缓冲段与城市道路相接；

8.0.5.3 进入组团的道路，既应方便居民出行和利于消防车、救护车的通行，又应维护院落的完整性和利于治安保卫；

8.0.5.4 在居住区内公共活动中心，应设置为残疾人通行的无障碍通道。通行轮椅车的坡道宽度不应小于 2.5m，纵坡不应大于 2.5%；

8.0.5.5 居住区内尽端式道路的长度不宜大于 120m，并应在尽端设不小于 12m×12m 的回车场地；

8,0,5.6 当居住区内用地坡度大于 8%时，应辅以梯步解决竖向交通，并宜在梯步旁附设推行自行车的坡道；

8.0.5.7 在多雪严寒的山坡地区，居住区内道路路面应考虑防滑措施；在地震设防地区，居住区内的主要道路，宜采用柔性路面；

8.0.5.8 居住区内道路边缘至建筑物、构筑物的最小距离，应符合表 8.0.5 规定；

表 8.0.5　道路边缘至建、构筑物最小距离（m）

<table>
<tr><td colspan="3">道　路　级　别
与建、构筑物关系</td><td>居住区道路</td><td>小　区　路</td><td>组团路及宅间小路</td></tr>
<tr><td rowspan="3">建筑物面向道路</td><td rowspan="2">无出入口</td><td>高　层</td><td>5.0</td><td>3.0</td><td>2.0</td></tr>
<tr><td>多　层</td><td>3.0</td><td>3.0</td><td>2.0</td></tr>
<tr><td colspan="2">有出入口</td><td>—</td><td>5.0</td><td>2.5</td></tr>
<tr><td colspan="2" rowspan="2">建筑物山墙面向道路</td><td>高　层</td><td>4.0</td><td>2.0</td><td>1.5</td></tr>
<tr><td>多　层</td><td>2.0</td><td>2.0</td><td>1.5</td></tr>
<tr><td colspan="3">围墙面向道路</td><td>1.5</td><td>1.5</td><td>1.5</td></tr>
<tr><td colspan="6">注：居住区道路的边缘指红线；小区路、组团路及宅间小路的边缘指路面边线。当小区路设有人行便道时，其道路边缘指便道边线。</td></tr>
</table>

8.0.5.9　（取消该款）

8.0.6　居住区内必须配套设置居民汽车（含通勤车）停车场、停车库，并应符合下列规定：

8.0.6.1　居民汽车停车率不应小于 10%；

8.0.6.2　居住区内地面停车率（居住区内居民汽车的停车位数量与居住户数的比率）不宜超过10%；

8.0.6.3　居民停车场、库的布置应方便居民使用，服务半径不宜大于 150m；

8.0.6.4　居民停车场、库的布置应留有必要的发展余地。

9　竖　　向

9.0.1　居住区的竖向规划，应包括地形地貌的利用、确定道路控制高程和地面排水规划等内容。

9.0.2　居住区竖向规划设计，应遵循下列原则：

9.0.2.1　合理利用地形地貌，减少土方工程量；

9.0.2.2　各种场地的适用坡度，应符合表 9.0.1 规定；

表 9.0.1　各种场地的适用坡度（%）

场 地 名 称	适 用 坡 度
密实性地面和广场	0.3～3.0
广场兼停车场	0.2～0.5
室外场地	
1. 儿童游戏场	0.3～2.5
2. 运动场	0.2～0.5
3. 杂用场地	0.3～2.9
绿　　地	0.5～1.0
湿陷性黄土地面	0.5～7.0

9.0.2.3　满足排水管线的埋设要求；

9.0.2.4　避免土壤受冲刷；

9.0.2.5　有利于建筑布置与空间环境的设计；

9.0.2.6　对外联系道路的高程应与城市道路标高相衔接。

9.0.3　当自然地形坡度大于 8%，居住区地面连接形式宜选用台地式，台地之间应用挡土墙或护坡连接。

9.0.4　居住区内地面水的排水系统，应根据地形特点设计。在山区和丘陵地区还必须考虑排洪要求。地面水排水方式的选择，应符合以下规定：

9.0.4.1 居住区内应采用暗沟（管）排除地面水；

9.0.4.2 在埋设地下暗沟（管）极不经济的陡坎、岩石地段，或在山坡冲刷严重，管沟易堵塞的地段，可采用明沟排水。

10 管 线 综 合

10.0.1 居住区内应设置给水、污水、雨水和电力管线，在采用集中供热居住区内还应设置供热管线，同时还应考虑燃气、通讯、电视公用天线、闭路电视、智能化等管线的设置或预留埋设位置。

10.0.2 居住区内各类管线的设置，应编制管线综合规划确定，并应符合下列规定；

10.0.2.1 必须与城市管线衔接；

10.0.2.2 应根据各类管线的不同特性和设置要求综合布置。各类管线相互间的水平与垂直净距，宜符合表 10.0.2-1 和表 10.0.2-2 的规定；

10.0.2.3 宜采用地下敷设的方式。地下管线的走向，宜沿道路或与主体建筑平行布置，并力求线型顺直、短捷和适当集中，尽量减少转弯，并应使管线之间及管线与道路之间尽量减少交叉；

表 10.0.2-1 各种地下管线之间最小水平净距（m）

管线名称		给水管	排水管	燃气管③			热力管	电力电缆	电信电缆	电信管道
				低压	中压	高压				
排水管		1.5	1.5	—	—	—	—	—	—	—
燃气管③	低压	0.5	1.0	—	—	—	—	—	—	—
	中压	1.0	1.5	—	—	—	—	—	—	—
	高压	1.5	2.0	—	—	—	—	—	—	—
热力管		1.5	1.5	1.0	1.5	2.0	—	—	—	—
电力电缆		0.5	0.5	0.5	1.0	1.5	2.0	—	—	—
电信电缆		1.0	1.0	0.5	1.0	1.5	1.0	0.5	—	—
电信管道		1.0	1.0	1.0	1.0	2.0	1.0	1.2	0.2	—

注：①表中给水管与排水管之间的净距适用于管径小于或等于 200mm，当管径大于 200mm 时应大于或等于 3.0m；

②大于或等于 10kV 的电力电缆与其他任何电力电缆之间应大于或等于 0.25m，如加套管，净距可减至 0.1m；小于 10kV 电力电缆之间应大于或等于 0.1m；

③低压燃气管的压力为小于或等于 0.005MPa，中压为 0.005～0.3MPa，高压为 0.3～0.8MPa。

表 10.0.2-2 各种地下管线之间最小垂直净距（m）

管线名称	给水管	排水管	燃气管	热力管	电力电缆	电信电缆	电信管道
给水管	0.15	—	—	—	—	—	—
排水管	0.40	0.15	—	—	—	—	—
燃气管	0.15	0.15	0.15	—	—	—	—
热力管	0.15	0.15	0.15	0.15	—	—	—
电力电缆	0.15	0.50	0.50	0.50	0.50	—	—
电信电缆	0.20	0.50	0.50	0.15	0.50	0.25	0.25
电信管道	0.10	0.15	0.15	0.15	0.50	0.25	0.25
明沟沟底	0.50	0.50	0.50	0.50	0.50	0.50	0.50
涵洞基底	0.15	0.15	0.15	0.15	0.50	0.20	0.25
铁路轨底	1.00	1.20	1.00	1.20	1.00	1.00	1.00

10.0.2.4 应考虑不影响建筑物安全和防止管线受腐蚀、沉陷、震动及重压。各种管线与建筑物和构筑物之间的最小水平间距，应符合表 10.0.2-3 规定；

表 10.0.2-3 各种管线与建、构筑物之间的最小水平间距（m）

管线名称		建筑物基础	地上杆柱（中心）			铁路（中心）	城市道路侧石边缘	公路边缘
			通信、照明及 < 10kV	≤35kV	> 35kV			
给水管		3.00	0.50	3.00		5.00	1.50	1.00
排水管		2.50	0.50	1.50		5.00	1.50	1.00
燃气管	低压	1.50	1.00	1.00	5.00	3.75	1.50	1.00
	中压	2.00				3.75	1.50	1.00
	高压	4.00				5.00	2.50	1.00
热力管		直埋 2.5 地沟 0.5	1.00	2.00	3.00	3.75	1.50	1.00
电力电缆		0.60	0.60	0.60	0.60	3.75	1.50	1.00
电信电缆		0.60	0.50	0.60	0.60	3.75	1.50	1.00
电信管道		1.50	1.00	1.00	1.00	3.75	1.50	1.00

注：①表中给水管与城市道路侧石边缘的水平间距 1.00m 适用于管径小于或等于 200mm，当管径大于 200mm 时应大于或等于 1.50m；
②表中给水管与围墙或篱笆的水平间距 1.50m 是适用于管径小于或等于 200mm，当管径大于 200mm 时应大于或等于 2.50m；
③排水管与建筑物基础的水平间距，当埋深浅于建筑物基础时应大于或等于 2.50m；
④表中热力管与建筑物基础的最小水平间距对于管沟敷设的热力管道为 0.50m，对于直埋闭式热力管道管径小于或等于 250mm 时为 2.50m，管径大于或等于 300mm 时为 3.00m 对于直埋开式热力管道为 5.00m。

10.0.2.5 各种管线的埋设顺序应符合下列规定：

（1）离建筑物的水平排序，由近及远宜为：电力管线或电信管线、燃气管、热力管、给水管、雨水管、污水管；

（2）各类管线的垂直排序，由浅入深宜为：电信管线、热力管、小于 10kV 电力电缆、大于 10kV 电力电缆、燃气管、给水管、雨水管、污水管。

10.0.2.6 电力电缆与电信管、缆宜远离，并按照电力电缆在道路东侧或南侧、电信电缆在道路西侧或北侧的原则布置；

10.0.2.7 管线之间遇到矛盾时，应按下列原则处理：

（1）临时管线避让永久管线；

（2）小管线避让大管线；

（3）压力管线避让重力自流管线；

（4）可弯曲管线避让不可弯曲管线。

10.0.2.8 地下管线不宜横穿公共绿地和庭院绿地。与绿化树种间的最小水平净距，宜符合表 10.0.2-4 中的规定。

表 10.0.2-4　管线、其他设施与绿化树种间的最小水平净距（m）

管线名称	最小水平净距	
	至乔木中心	至灌木中心
给水管、闸井	1.5	1.5
污水管、雨水管、探井	1.5	1.5
燃气管、探井	1.2	1.2
电力电缆、电信电缆	1.0	1.0
电信管道	1.5	1.0
热力管	1.5	1.5
地上杆柱（中心）	2.0	2.0
消防龙头	1.5	1.2
道路侧石边缘	0.5	0.5

11　综合技术经济指标

11.0.1　居住区综合技术经济指标的项目应包括必要指标和可选用指标两类，其项目及计量单位应符合表 11.0.1 规定。

表 11.0.1　综合技术经济指标系列一览表

项　　目	计量单位	数值	所占比重（%）	人均面积（m²/人）
居住区规划总用地	hm²	▲	—	—
1. 居住区用地（R）	hm²	▲	100	▲
①住宅用地（R01）	hm²	▲	▲	▲
②公建用地（R02）	hm²	▲	▲	▲
③道路用地（R03）	hm²	▲	▲	▲
④公共绿地（R04）	hm²	▲	▲	▲
2. 其他用地	hm²	▲	—	—
居住户（套）数	户（套）	▲	—	—
居住人数	人	▲	—	—
户均人口	人/户	▲	—	—
总建筑面积	万 m²	▲	—	—
1. 居住区用地内建筑总面积	万 m²	▲	100	▲
①住宅建筑面积	万 m²	▲	▲	▲
②公建面积	万 m²	▲	▲	▲
2. 其他建筑面积	万 m²	△	—	—
住宅平均层数	层	▲	—	—
高层住宅比例	%	△	—	—
中高层住宅比例	%	△	—	—
人口毛密度	人/hm²	▲	—	—

续表 11.0.1

项目	计量单位	数值	所占比重（%）	人均面积（m²/人）
人口净密度	人/hm²	△	—	—
住宅建筑套密度（毛）	套/hm²	▲	—	—
住宅建筑套密度（净）	套/hm²	▲	—	—
住宅建筑面积毛密度	万 m²/hm²	▲	—	—
住宅建筑面积净密度	万 m²/hm²	▲	—	—
居住区建筑面积毛密度（容积率）	万 m²/hm²	▲		
停车率	%	▲	—	—
停车位	辆	▲		
地面停车率	%	▲		
地面停车位	辆	▲		
住宅建筑净密度	%	▲	—	—
总建筑密度	%	▲	—	—
绿地率	%	▲	—	—
拆建比	—	△	—	—
注：▲必要指标；△选用指标。				

11.0.2 各项指标的计算，应符合下列规定：

11.0.2.1 规划总用地范围应按下列规定确定：

（1）当规划总用地周界为城市道路、居住区（级）道路、小区路或自然分界线时，用地范围划至道路中心线或自然分界线；

（2）当规划总用地与其他用地相邻，用地范围划至双方用地的交界处。

11.0.2.2 底层公建住宅或住宅公建综合楼用地面积应按下列规定确定：

（1）按住宅和公建各占该幢建筑总面积的比例分摊用地，并分别计入住宅用地和公建用地；

（2）底层公建突出于上部住宅或占有专用场院或因公建需要后退红线的用地，均应计入公建用地。

11.0.2.3 底层架空建筑用地面积的确定，应按底层及上部建筑的使用性质及其各占该幢建筑总建筑面积的比例分摊用地面积，并分别计入有关用地内；

11.0.2.4 绿地面积应按下列规定确定：

（1）宅旁（宅间）绿地面积计算的起止界应符合本规范附录 A 第 A.0.2 条的规定：绿地边界对宅间路、组团路和小区路算到路边，当小区路设有人行便道时算到便道边，沿居住区路、城市道路则算到红线；距房屋墙脚 1.5m；对其他围墙、院墙算到墙脚；

（2）道路绿地面积计算，以道路红线内规划的绿地面积为准进行计算；

（3）院落式组团绿地面积计算起止界应符合本规范附录 A 第 A.0.3 条的规定：绿地边界距宅间路、组团路和小区路路边 1.0m；当小区路有人行便道时，算到人行便道边；临城市道路、居住区级道路时算到道路红线；距房屋墙脚 1.5m；

(4) 开敞型院落组团绿地，应符合本规范表7.0.4-2要求；至少有一个面面向小区路，或向建筑控制线宽度不小于10m的组团级主路敞开，并向其开设绿地的主要出入口和满足本规范附录A第A.0.4条的规定；

(5) 其他块状、带状公共绿地面积计算的起止界同院落式组团绿地。沿居住区（级）道路、城市道路的公共绿地算到红线。

11.0.2.5 居住区用地内道路用地面积应按下列规定确定：

(1) 按与居住人口规模相对应的同级道路及其以下各级道路计算用地面积，外围道路不计入；

(2) 居住区（级）道路，按红线宽度计算；

(3) 小区路、组团路，按路面宽度计算。当小区路设有人行便道时，人行便道计入道路用地面积；

(4) 居民汽车停放场地，按实际占地面积计算；

(5) 宅间小路不计入道路用地面积。

11.0.2.6 其他用地面积应按下列规定确定：

(1) 规划用地外围的道路算至外围道路的中心线；

(2) 规划用地范围内的其他用地，按实际占用面积计算。

11.0.2.7 停车场车位数的确定以小型汽车为标准当量表示，其他各型车辆的停车位，应按表11.0.2中相应的换算系数折算。

表11.0.2 各型车辆停车位换算系数

车　型	换算系数系数
微型客、货汽车机动三轮车	0.7
卧车、两吨以下货运汽车	1.0
中型客车、面包车、2～4t货运汽车	2.0
铰接车	3.5

附录A 附图及附表

A.0.1 附图A.0.1 中国建筑气候区划图

A.0.2 附图A.0.2 宅旁（宅间）绿地面积计算起止界示意图

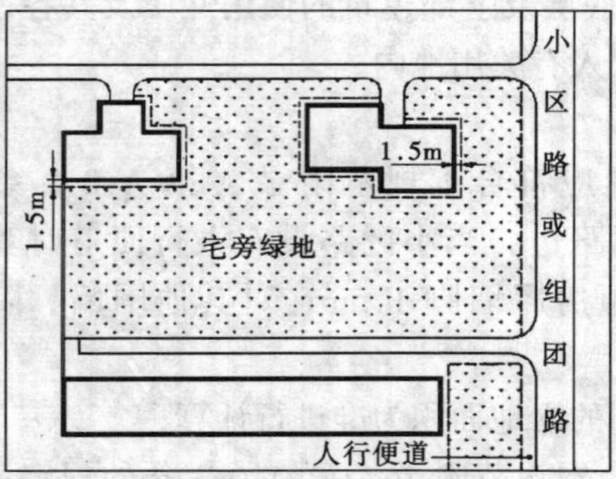

附图A.0.2 宅旁（宅间）绿地面积计算起止界示意图

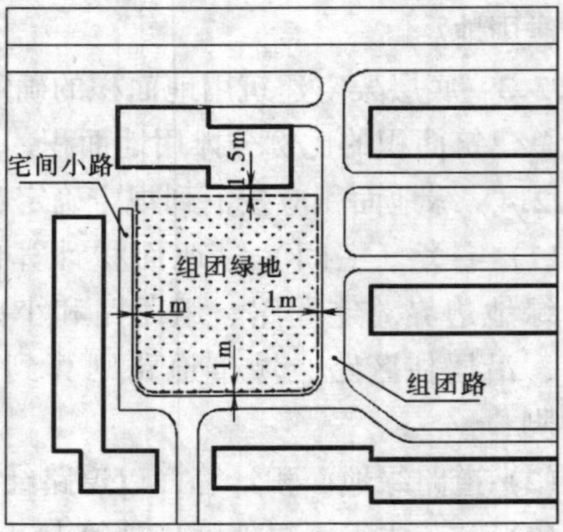

附图A.0.3 院落式组团绿地面积计算起止界示意图

A.0.3 附图 A.0.3 院落式组团绿地面积计算起止界示意图

A.0.4 附图 A.0.4 开敞型院落式组团绿地示意图

A.0.5 附表 A.0.1 居住区用地平衡表

A.0.6 附表 A.0.2 公共服务设施项目分级配建表

A.0.7 附表 A.0.3 公共服务设施各项目的设置规定

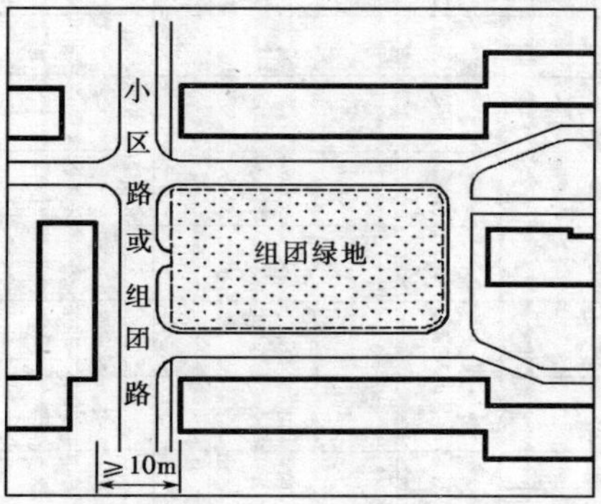

附图 A.0.4 开敞型院落式组团绿地示意图

附表 A.0.1 居住区用地平衡表

项目		面积（公顷）	所占比例（%）	人均面积（m²/人）
一、居住区用地（R）		▲	100	▲
1	住宅用地（R01）	▲	▲	▲
2	公建用地（R02）	▲	▲	▲
3	道路用地（R03）	▲	▲	▲
4	公共绿地（R04）	▲	▲	▲
二、其他用地（E）		△	—	—
居住区规划总用地		△	—	—
注：“▲”为参与居住区用地平衡的项目。				

附表 A.0.2 公共服务设施分级配建表

类别	项目	居住区	小区	组团
教育	托儿所	—	▲	△
	幼儿园	—	▲	—
	小学	—	▲	—
	中学	▲	—	—
医疗卫生	医院(200—300床)	▲	—	—
	门诊所	▲	—	—
	卫生站	—	▲	—
	护理院	△	—	—
文化体育	文化活动中心(含青少年、老年活动中心)	▲	—	—
	文化活动站(含青少年、老年活动站)	—	▲	—
	居民运动场、馆	△	—	—
	居民健身设施(含老年户外活动场地)	—	▲	△
商业服务	综合食品店	▲	▲	—
	综合百货店	▲	▲	—
	餐饮	▲	▲	—
	中西药店	▲	△	—
	书店	▲	△	—
	市场	▲	△	—
	便民店	—	—	▲
	其他第三产业设施	▲	▲	—

续附表 A.0.2

类别	项目	居住区	小区	组团
金融邮电	银行	△	—	—
	储蓄所	—	▲	—
	电信支局	△	—	—
	邮电所	—	▲	—
社区服务	社区服务中心(含老年人服务中心)	—	▲	—
	养老院	△	—	—
	托老所	—	△	—
	残疾人托养所	△	—	—
	治安联防站	—	—	▲
	居(里)委会(社区用房)	—	—	▲
	物业管理	—	▲	—
市政公用	供热站或热交换站	△	△	△
	变电室	—	▲	△
	开闭所	▲	—	—
	路灯配电室	—	▲	—
	燃气调压站	△	△	—
	高压水泵房	—	—	△
	公共厕所	▲	▲	△
	垃圾转运站	△	△	—
	垃圾收集点	—	—	▲
	居民存车处	—	—	▲
	居民停车场、库	△	△	△
	公交始末站	△	△	—
	消防站	△	—	—
	燃料供应站	△	△	—
行政管理及其他	街道办事处	▲	—	—
	市政管理机构(所)	▲	—	—
	派出所	▲	—	—
	其他管理用房	▲	△	—
	防空地下室	△②	△②	△②

注:①▲为应配建的项目;△为宜设置的项目。
②在国家确定的一、二类人防重点城市,应按人防有关规定配建防空地下室。

附表 A.0.3 公共服务设施各项目的设置规定

<table>
<tr><th rowspan="2">类别</th><th rowspan="2">项目名称</th><th rowspan="2">服务内容</th><th rowspan="2">设置规定</th><th colspan="2">每处一般规模</th></tr>
<tr><th>建筑面积（m^2）</th><th>用地面积（m^2）</th></tr>
<tr><td rowspan="4">教育</td><td>(1)托儿所</td><td>保教小于3周岁儿童</td><td rowspan="2">(1)设于阳光充足，接近公共绿地，便于家长接送的地段
(2)托儿所每班按25座计；幼儿园每班按30座计
(3)服务半径不宜大于300m；层数不宜高于3层
(4)三班和三班以下的托、幼园所，可混合设置，也可附设于其他建筑，但应有独立院落和出入口，四班和四班以上的托、幼园所，其用地均应独立设置
(5)八班和八班以上的托、幼园所，其用地应分别按每座不小于$7m^2$或$9m^2$计
(6)托、幼建筑宜布置于可挡寒风的建筑物的背风面，但其生活用房应满足底层满窗冬至日不小于3h的日照标准
(7)活动场地应有不少于1/2的活动面积在标准的建筑日照阴影线之外</td><td>—</td><td>4班≥1200
6班≥1400
8班≥1600</td></tr>
<tr><td>(2)幼儿园</td><td>保教学龄前儿童</td><td>—</td><td>4班≥1500
6班≥2000
8班≥2400</td></tr>
<tr><td>(3)小学</td><td>6~12周岁儿童入学</td><td>(1)学生上下学穿越城市道路时，应有相应的安全措施
(2)服务半径不宜大于500m
(3)教学楼应满足冬至日不小于2h的日照标准</td><td>—</td><td>12班≥6000
18班≥7000
24班≥8000</td></tr>
<tr><td>(4)中学</td><td>12~18周岁青少年入学</td><td>(1)在拥有3所或3所以上中学的居住区内，应有一所设置400 m环行跑道的运动场
(2)服务半径不宜大于1000m
(3)教学楼应满足冬至日不小于2h的日照标准</td><td>—</td><td>18班≥11000
24班≥12000
30班≥14000</td></tr>
<tr><td rowspan="4">医疗卫生</td><td>(5)医院</td><td>含社区卫生服务中心</td><td>(1)宜设于交通方便，环境较安静地段
(2)10万人左右则应设一所300~400床医院
(3)病房楼应满足冬至日不小于2h的日照标准</td><td>12000~18000</td><td>15000~25000</td></tr>
<tr><td>(6)门诊所</td><td>或社区卫生服务中心</td><td>(1)一般3~5万人设一处，设医院的居住区不再设独立门诊
(2)设于交通便捷、服务距离适中的地段</td><td>2000~3000</td><td>3000~5000</td></tr>
<tr><td>(7)卫生站</td><td>社区卫生服务站</td><td>1~1.5万人设一处</td><td>300</td><td>500</td></tr>
<tr><td>(8)护理院</td><td>健康状况较差或恢复期老年人日常护理</td><td>(1)最佳规模为100~150床位
(2)每床位建筑面积≥$30m^2$
(3)可与社区卫生服务中心合设</td><td>3000~4500</td><td>—</td></tr>
</table>

续表 A.0.3

类别	项目名称	服务内容	设置规定	每处一般规模	
				建筑面积（m^2）	用地面积（m^2）
文化体育	(9)文化活动中心	小型图书馆、科普知识宣传与教育；影视厅、舞厅、游艺厅、球类、棋类活动室；科技活动、各类艺术训练班及青少年和老年人学习活动场地、用房等	宜结合或靠近同级中心绿地安排	4000～6000	8000～12000
	(10)文化活动站	书报阅览、书画、文娱、健身、音乐欣赏、茶座等主要供青少年和老年人活动	(1)宜结合或靠近同级中心绿地安排 (2)独立性组团也应设置本站	400～600	400～600
	(11)居民运动场、馆	健身场地	宜设置60～100m直跑道和200m环形跑道及简单的运动设施	—	10000～15000
	(12)居民健身设施	篮、排球及小型球类场地，儿童及老年人活动场地和其他简单运动设施等	宜结合绿地安排	—	—
商业服务	(13)综合食品店	粮油、副食、糕点、干鲜果品等	(1)服务半径：居住区不宜大于500m；居住小区不宜大于300m (2)地处山坡地的居住区，其商业服务设施的布点，除满足服务半径的要求外，还应考虑上坡空手，下坡负重的原则	居住区：1500～2500 小区：800～1500	—
	(14)综合百货店	日用百货、鞋帽、服装、布匹、五金及家用电器等		居住区：2000～3000 小区：400～600	—
	(15)餐饮	主食、早点、快餐、正餐等		—	—

续附表 A.0.3

<table>
<tr><th rowspan="2">类别</th><th rowspan="2">项目名称</th><th rowspan="2">服务内容</th><th rowspan="2">设 置 规 定</th><th colspan="2">每处一般规模</th></tr>
<tr><th>建筑面积（m²）</th><th>用地面积（m²）</th></tr>
<tr><td rowspan="5">商业服务</td><td>(16)中西药店</td><td>汤药、中成药及西药等</td><td rowspan="2">(1)服务半径:居住区不宜大于500m;居住小区不宜大于300m
(2)地处山坡地的居住区,其商业服务设施的布点,除满足服务半径的要求外,还应考虑上坡空手,下坡负重的原则</td><td>200～500</td><td>—</td></tr>
<tr><td>(17)书店</td><td>书刊及音像制品</td><td>300～1000</td><td>—</td></tr>
<tr><td>(18)市场</td><td>以销售农副产品和小商品为主</td><td>设置方式应根据气候特点与当地传统的集市要求而定</td><td>居住区:1000～1200
小 区:500～1000</td><td>居住区:1500～2000
小 区:800～1500</td></tr>
<tr><td>(19)便民店</td><td>小百货、小日杂</td><td>宜设于组团的出入口附近</td><td>—</td><td>—</td></tr>
<tr><td>(20)其他第三产业设施</td><td>零售、洗染、美容美发、照相、影视文化、休闲娱乐、洗浴、旅店、综合修理以及辅助就业设施等</td><td>具体项目、规模不限</td><td>—</td><td>—</td></tr>
<tr><td rowspan="4">金融邮电</td><td>(21)银行</td><td>分理处</td><td rowspan="2">宜与商业服务中心结合或邻近设置</td><td>800～1000</td><td>400～500</td></tr>
<tr><td>(22)储蓄所</td><td>储蓄为主</td><td>100～150</td><td>—</td></tr>
<tr><td>(23)电信支局</td><td>电话及相关业务等</td><td>根据专业规划需要设置</td><td>1000～2500</td><td>600～1500</td></tr>
<tr><td>(24)邮电所</td><td>邮电综合业务包括电报、电话、信函、包裹、兑汇和报刊零售等</td><td>宜与商业服务中心结合或邻近设置</td><td>100～150</td><td>—</td></tr>
</table>

续附表 A.0.3

类别	项目名称	服务内容	设置规定	每处一般规模	
				建筑面积（m^2）	用地面积（m^2）
社区服务	(25)社区服务中心	家政服务、就业指导、中介、咨询服务、代客定票、部分老年人服务设施等	每小区设置一处，居住区也可合并设置	200~300	300~500
	(26)养老院	老年人全托式护理服务	(1)一般规模为150~200床位 (2)每床位建筑面积≥40m^2	—	—
	(27)托老所	老年人日托（餐饮、文娱、健身、医疗保健等）	(1)一般规模为30~50床位 (2)每床位建筑面积20m^2 (3)宜靠近集中绿地安排，可与老年活动中心合并设置	—	—
	(28)残疾人托养所	残疾人全托式护理	—	—	—
	(29)治安联防站	—	可与居(里)委会合设	18~30	12~20
	(30)居(里)委会(社区用房)	—	300~1000户设一处	30~50	—
	(31)物业管理	建筑与设备维修、保安、绿化、环卫管理等	—	300~500	300
市政公用	(32)供热站或热交换站	—	—	根据采暖方式确定	
	(33)变电室	—	每个变电室负荷半径不应大于250m；尽可能设于其他建筑内	30~50	—

续附表 A.0.3

类别	项目名称	服务内容	设置规定	每处一般规模 建筑面积 (m^2)	每处一般规模 用地面积 (m^2)
市政公用	(34)开闭所	—	1.2~2.0万户设一所;独立设置	200~300	≥500
	(35)路灯配电室	—	可与变电室合设于其他建筑内	20~40	—
	(36)燃气调压站	—	按每个中低调压站负荷半径500m设置;无管道燃气地区不设	50	100~120
	(37)高压水泵房	—	一般为低水压区住宅加压供水附属工程	40~60	—
	(38)公共厕所	—	每1000~1500户设一处;宜设于人流集中处	30~60	60~100
	(39)垃圾转运站	—	应采用封闭式设施,力求垃圾存放和转运不外露,当用地规模为0.7~1km^2设一处,每处面积不应小于100m^2,与周围建筑物的间隔不应小于5m	—	—
	(40)垃圾收集点	—	服务半径不应大于70m,宜采用分类收集	—	—
	(41)居民存车处	存放自行车、摩托车	宜设于组团内或靠近组团设置,可与居(里)委会合设于组团的入口处	1~2辆/户;地上0.8~1.2m^2/辆;地下1.5~1.8m^2/辆	
	(42)居民停车场、库	存放机动车	服务半径不宜大于150m	—	—
	(43)公交始末站	—	可根据具体情况设置	—	—
	(44)消防站	—	可根据具体情况设置	—	—
	(45)燃料供应站	煤或罐装燃气	可根据具体情况设置	—	—
行政管理及其他	(46)街道办事处	—	3~5万人设一处	700~1200	300~500
	(47)市政管理机构(所)	供电、供水、雨污水、绿化、环卫等管理与维修	宜合并设置	—	—
	(48)派出所	户籍治安管理	3~5万人设一处;应有独立院落	700~1000	600
	(49)其他管理用房	市场、工商税务、粮食管理等	3~5万人设一处;可结合市场或街道办事处设置	100	—
	(50)防空地下室	掩蔽体、救护站、指挥所等	在国家确定的一、二类人防重点城市中,凡高层建筑下设满堂人防,另以地面建筑面积2%配建。出入口宜设于交通方便的地段,考虑平战结合	—	—

附录B 本规范用词说明

B.0.1 为便于在执行本规范条文时区别对待，对要求严格程度不同的用词说明如下：

B.0.1.1 表示很严格，非这样不可的：

正面词采用“必须”；

反面词采用“严禁”。

B.0.1.2 表示严格，在正常情况下均应这样做的：

正面词采用“应”；

反面词采用“不应”或“不得”。

B.0.1.3 表示允许稍有选择，在条件许可时首先应这样做的：

正面词采用“宜”或“可”；

反面词采用“不宜”。

B.0.2 条文中指定应按其他有关标准、规范执行时，写法为“应符合……的规定”。

附加说明

本规范主编单位、参加单位和主要起草人名单

主 编 单 位： 中国城市规划设计研究院

参 加 单 位： 北京市城市规划设计研究院
上海市城市规划设计研究院
湖北省城市规划设计研究院
武汉市城市规划设计研究院
黑龙江省城市规划设计研究院
唐山市规划局
重庆市城市规划设计院
常州市规划局
同济大学城市规划设计研究所

主 要 起 草 人： 王玮华 吴晟 颜望馥 杨振华 涂英时

主要修编单位： 中国城市规划设计研究院

参加修编单位： 北京市城市规划设计研究院
中国建筑技术研究院

主 要 起 草 人： 涂英时 吴晟 杨振华 刘燕辉 赵文凯 张播

参 加 人 员： 刘国园

中华人民共和国国家标准

城市电力规划规范

Code for Urban Electric Power Planning

GB 50293—1999

主编部门：中华人民共和国建设部
批准部门：中华人民共和国建设部
施行日期：1999年10月1日

关于发布国家标准《城市电力规划规范》的通知

建标［1999］149号

国务院各有关部门，各省、自治区、直辖市建委（建设厅）、有关计委，计划单列市建委，新疆生产建设兵团：

根据国家计委《一九九二年工程建设标准制订修订计划》（计综合［1992］490号附件二）的要求，由建设部会同有关部门共同制订的《城市电力规划规范》，经有关部门会审，批准为强制性国家标准，编号为GB 50293—1999，自1999年10月1日起施行。

本规范由建设部负责管理，中国城市规划设计研究院负责具体解释工作，建设部标准定额研究所组织中国建筑工业出版社出版发行。

中华人民共和国建设部

1999年6月10日

目　次

1 总　　则……………………………………………………………………… 2286
2 术　　语……………………………………………………………………… 2286
3 城市电力规划编制基本要求………………………………………………… 2287
3.1 一般规定 ………………………………………………………………… 2287
3.2 编制内容 ………………………………………………………………… 2287
4 城市用电负荷………………………………………………………………… 2289
4.1 城市用电负荷分类……………………………………………………… 2289
4.2 城市用电负荷预测……………………………………………………… 2290
4.3 规划用电指标 …………………………………………………………… 2291
5 城市供电电源………………………………………………………………… 2292
5.1 城市供电电源种类和选择 ……………………………………………… 2292
5.2 电力平衡与电源布局…………………………………………………… 2293
5.3 城市发电厂规划设计原则……………………………………………… 2293
5.4 城市电源变电所布置原则……………………………………………… 2293
6 城市电网……………………………………………………………………… 2294
6.1 城市电网电压等级和层次 ……………………………………………… 2294
6.2 城市电网规划原则……………………………………………………… 2294
7 城市供电设施………………………………………………………………… 2294
7.1 一般规定 ………………………………………………………………… 2294
7.2 城市变电所 ……………………………………………………………… 2295
7.3 开关站 …………………………………………………………………… 2296
7.4 公用配电所……………………………………………………………… 2296
7.5 城市电力线路 …………………………………………………………… 2297
附录 A 35～500kV 变电所主变压器单台（组）容量……………………… 2298
附录 B 城市架空电力线路接近或跨越建筑物的安全距离 ………………… 2299
附录 C 城市架空电力线路导线与地面、街道行道树之间最小垂直距离 …… 2299
附录 D 直埋电力电缆之间及直埋电力电缆与控制电缆、通信电缆、地下管沟、道路、建筑物、构筑物、树木之间安全距离 ………………………… 2300
附录 E 本规范用词说明 ……………………………………………………… 2300
附加说明 ……………………………………………………………………… 2301

1 总　　则

1.0.1 为使城市规划中的电力规划（以下简称城市电力规划）编制工作更好地贯彻执行国家城市规划、电力能源的有关法规和方针政策，提高城市电力规划的科学性、经济性和合理性，确保规划编制质量，制定本规范。

1.0.2 本规范适用于设市城市的城市电力规划编制工作。

1.0.3 城市电力规划的编制内容，应符合现行《城市规划编制办法》的有关规定。

1.0.4 应根据所在城市的性质、规模、国民经济、社会发展、地区动力资源的分布、能源结构和电力供应现状等条件，按照社会主义市场经济的规律和城市可持续发展的方针，因地制宜地编制城市电力规划。

1.0.5 布置、预留城市规划区内发电厂、变电所、开关站和电力线路等电力设施的地上、地下空间位置和用地时，应贯彻合理用地、节约用地的原则。

1.0.6 城市电力规划的编制，除应符合本规范的规定外，尚应符合国家现行的有关标准、规范的规定。

2 术　　语

2.0.1 城市用电负荷　urban customers' load

在城市内或城市局部片区内，所有用电户在某一时刻实际耗用的有功功率之总和。

2.0.2 城市供电电源　urban power supply sources

为城市提供电能来源的发电厂和接受市域外电力系统电能的电源变电所总称。

2.0.3 城市发电厂　urban power plant

在市域范围内规划建设的各类发电厂。

2.0.4 城市主力发电厂　urban main forces power plant

能提供城网基本负荷电能的发电厂。

2.0.5 城市电网（简称城网）　urban electric power network

为城市送电和配电的各级电压电力网的总称。

2.0.6 城市变电所　urban substation

城网中起变换电压，并起集中电力和分配电力作用的供电设施。

2.0.7 开关站（开闭所）　switching station

城网中起接受电力并分配电力作用的配电设施。

2.0.8 高压深入供电方式　high voltege deepingtypes of electric power supply

城网中66kV及以上电压的电源送电线路及变电所深入市中心高负荷密度区布置，就近供应电能的方式。

2.0.9 高压线走廊（高压架空线路走廊）　high-tension line corridor

在计算导线最大风偏和安全距离情况下，35kV及以上高压架空电力线路两边导线向外侧延伸一定距离所形成的两条平行线之间的专用通道。

3 城市电力规划编制基本要求

3.1 一 般 规 定

3.1.1 编制城市电力规划应遵循下列原则：

3.1.1.1 应符合城市规划和地区电力系统规划总体要求；

3.1.1.2 城市电力规划编制阶段和期限的划分，应与城市规划相一致；

3.1.1.3 近、远期相结合，正确处理近期建设和远期发展的关系；

3.1.1.4 应充分考虑规划新建的电力设施运行噪声、电磁干扰及废水、废气、废渣三废排放对周围环境的干扰和影响；并应按国家环境保护方面的法律、法规有关规定，提出切实可行的防治措施；

3.1.1.5 规划新建的电力设施应切实贯彻安全第一、预防为主、防消结合的方针，满足防火、防爆、防洪、抗震等安全设防要求；

3.1.1.6 应从城市全局出发，充分考虑社会、经济、环境的综合效益。

3.1.2 城市总体规划阶段，应以规划人口、用地布局、社会经济发展为依据，结合所在地区电力部门制订的电力发展行业规划及其重大电力设施工程项目近期建设的进度安排，由城市规划、电力两部门通过协商，密切合作进行城市总体规划中电力规划的编制。

3.1.3 城市电力规划编制过程中，应与道路交通规划、绿化规划以及城市供水、排水、供热、燃气、邮电通信等市政公用工程规划相协调，统筹安排，妥善处理相互间影响和矛盾。

3.2 编 制 内 容

3.2.1 城市电力规划的编制，应在调查研究、收集分析有关基础资料的基础上进行。规划编制的阶段不同，调研、收集的基础资料宜符合下列要求：

3.2.1.1 城市总体规划阶段中的电力规划（以下简称城市电力总体规划阶段）需调研、收集以下资料：地区动力资源分布、储量、开采程度资料；城市综合资料，包括：区域经济、城市人口、土地面积、国内生产总值、产业结构及国民经济各产业或各行业产值、产量及大型工业企业产值、产量的近5年或10年的历史及规划综合资料；城市电源、电网资料，包括：地区电力系统地理接线图，城市供电电源种类、装机容量及发电厂位置，城网供电电压等级、电网结构、各级电压变电所容量、数量、位置及用地，高压架空线路路径、走廊宽度等现状资料及城市电力部门制订的城市电力网行业规划资料；城市用电负荷资料，包括：近5年或10年的全市及市区（市中心区）最大供电负荷、年总用电量、用电构成、电力弹性系数、城市年最大综合利用小时数、按行业用电分类或产业用电分类的各类负荷年用电量、城乡居民生活用电量等历史、现状资料；其他资料，包括：城市水文、地质、气象、自然地理资料和城市地形图，总体规划图及城市分区土地利用图等。

3.2.1.2 城市详细规划阶段中的电力规划（以下简称城市电力详细规划阶段）需调研、收集以下资料：城市各类建筑单位建筑面积负荷指标（归算至10kV电源侧处）的现状资料或地方现行采用的标准或经验数据；详细规划范围内的人口、土地面积、各类建筑用地面积，容积率（或建筑面积）及大型工业企业或公共建筑群的用地面积，容积率（或建筑面积）现状及规划资料；工业企业生产规模、主要产品产量、产值等现状及规划资料；详细规划区道路网、各类设施分布的现状及规划资料；详细规划图等。

3.2.2 城市电力总体规划阶段编制内容，宜符合下列要求：

3.2.2.1 编制城市电力总体规划纲要，内容宜包括：

(1) 预测城市规划目标年的用电负荷水平；

(2) 确定城市电源、电网布局方案和规划原则；

(3) 绘制市域和市区（或市中心区）电力总体规划布局示意图。编写城市总体规划纲要中的电力专项规划要点。

3.2.2.2 应在城市电力总体规划纲要的基础上，编制城市电力总体规划，内容宜包括：

(1) 预测市域和市区（或市中心区）规划用电负荷；

(2) 电力平衡；

(3) 确定城市供电电源种类和布局；

(4) 确定城网供电电压等级和层次；

(5) 确定城网中的主网布局及其变电所容量、数量；

(6) 确定35kV及以上高压送、配电线路走向及其防护范围；

(7) 提出城市规划区内的重大电力设施近期建设项目及进度安排；

(8) 绘制市域和市区（或市中心区）电力总体规划图。编写电力总体规划说明书。

3.2.3 大、中城市可在城市电力总体规划的基础上，编制电力分区规划，内容宜包括：

(1) 预测分区规划用电负荷；

(2) 落实分区规划中供电电源的容量、数量及位置、用地；

(3) 布置分区规划内高压配电网或高、中压配电网；

(4) 确定分区规划高、中压电力线路的路径，敷设方式及高压线走廊（或地下电缆通道）宽度；

(5) 绘制电力分区规划图。编写电力分区规划说明书。

3.2.4 应在电力分区规划或电力总体规划的基础上，编制城市详细规划阶段中的电力规划，其编制内容宜符合下列要求：

3.2.4.1 编制电力控制性详细规划，内容宜包括：

(1) 确定详细规划区中各类建筑的规划用电指标，并进行负荷预测；

(2) 确定详细规划区供电电源的容量、数量及其位置、用地；

(3) 布置详细规划区内中压配电网或中、高压配电网，确定其变电所、开关站的容量、数量、结构型式及位置、用地；

(4) 确定详细规划区的中、高压电力线路的路径、敷设方式及高压线走廊（或地下电缆通道）宽度；

(5) 绘制电力控制性详细规划图。编写电力控制性详细规划说明书。

3.2.4.2 在城市开发、修建地区，应与城市修建性详细规划配套编制电力修建性详细规划，其内容宜包括：

(1) 估算详细规划区用电负荷；

(2) 确定详细规划区供电电源点的数量、容量及位置、用地面积（或建筑面积）；

（3）布置详细规划区的中、低压配电网及其开关站、10kV公用配电所的容量、数量、结构型式及位置、用地面积（或建筑面积）；

（4）确定详细规划区的中、低压配电线路的路径、敷设方式及线路导线截面；

（5）投资估算；

（6）绘制电力修建性详细规划图。编写电力修建性详细规划说明书。

4 城市用电负荷

4.1 城市用电负荷分类

4.1.1 按城市全社会用电分类，城市用电负荷宜分为下列八类：农、林、牧、副、渔、水利业用电，工业用电，地质普查和勘探业用电，建筑业用电，交通运输、邮电通信业用电，商业、公共饮食、物资供销和金融业用电，其他事业用电，城乡居民生活用电。

也可分为以下四类：第一产业用电，第二产业用电，第三产业用电，城乡居民生活用电。

4.1.2 城市建设用地用电负荷分类，应符合表4.1.2规定。

表4.1.2 城市建设用地用电负荷分类和代码表

大类	小类	适应范围
居住用地用电（Rd）	一类居住（Rd_1）	以低层住宅为主的用地用电
	二类居住（Rd_2）	以多、中、高层住宅为主的用地用电
	三类居住（Rd_3）	住宅与工业用地有混合交叉的用地用电
公共设施用地用电（Cd）	行政办公（Cd_1）	行政、党派和团体等机构办公的用地用电
	金融贸易（Cd_2）	金融、保险、贸易、咨询、信息和商社等机构的用地用电
	商业、服务业（Cd_3）	百货商店、超级市场、饮食、旅馆、招待所、商贸市场等的用地用电
	文化娱乐（Cd_4）	文化娱乐设施的用地用电
	体育（Cd_5）	体育场馆和体育训练基地等的用地用电
	医疗卫生（Cd_6）	医疗、保健、卫生、防疫和急救等设施的用地用电
	教育科研设施（Cd_7）	高等学校、中等专业学校、科学研究和勘测设计机构等设施的用地用电
	其他（Cd_n）	不包括以上设施的其他设施的用地用电
工业用地用电（Md）	一类工业（Md_1）	对居住和公共设施等的环境基本无干扰和污染的工业用地用电
	二类工业（Md_2）	对居住和公共设施等的环境有一定干扰和污染的工业用地用电
	三类工业（Md_3）	对居住和公共设施等的环境有严重干扰和污染的工业用地用电
仓储用地用电（Wd）		仓储业的仓库房、堆场、加工车间及其附属设施等用地用电
对外交通用地用电（Td）	铁路（Td_1）	铁路站场等用地用电
	港口（Td_4）	海港和河港的陆地部分，包括码头作业区、辅助生产区及客运站用地用电
	机场（Td_5）	民用及军民合用机场的飞行区（不含净空区）、航站区和服务区等用地用电
市政公用设施用地用电（Ud）		供水、供电、燃气、供热、公共交通、邮电通信及排水等设施用地用电
其他事业用地用电（Y）		除以上各大类用地之外的用地用电

4.1.3 城市建筑用电负荷分类，应符合表4.1.3的规定。

表 4.1.3 城市建筑用电负荷分类表

大类	小类
居住建筑用电	普通住宅
	高级住宅
	别墅
公共建筑用电	行政办公楼
	综合商住楼
	银行
	商场
	高级宾馆、饭店
	一般旅馆
	图书馆
	影剧院
	中、小学
	托幼园所
	大专院校
	科研设计单位
公共建筑用电	体育场馆
	医院
	疗养院
	其他
工业建筑用电	一类工业标准厂房
	二类工业标准厂房
	三类工业标准厂房
仓储建筑用电	一般仓库
	冷冻仓库、危险品仓库
对外交通设施用电	火车站场、市内、长途公路客运站、海港、河港码头作业区、客运站、民用及军民合用机场港区、服务区等
市政公用设施用电	水厂及其附属构筑物、变电所、储气站、调压站、大型锅炉房等
其他建筑用电	上述建筑以外的其他建筑

4.1.4 按城市用电负荷分布特点，可分为一般负荷（均布负荷）和点负荷两类。

4.2 城市用电负荷预测

4.2.1 城市用电负荷预测（以下简称负荷预测）内容宜符合下列要求：

4.2.1.1 城市电力总体规划负荷预测内容宜包括：

(1) 全市及市区（或市中心区）规划最大负荷；

(2) 全市及市区（或市中心区）规划年总用电量；

(3) 全市及市区（或市中心区）居民生活及第一、二、三产业各分项规划年用电量；

(4) 市区及其各分区规划负荷密度。

4.2.1.2 电力分区规划负荷预测内容宜包括：

(1) 分区规划最大负荷；

(2) 分区规划年用电量。

4.2.1.3 城市电力详细规划负荷预测内容宜包括：

(1) 详细规划区内各类建筑的规划单位建筑面积负荷指标；

(2) 详细规划区规划最大负荷；

(3) 详细规划区规划年用电量。

4.2.2 负荷预测应符合下列要求：

4.2.2.1 预测应建立在经常性收集、积累负荷预测所需资料的基础上，从调查研究入手，了解所在城市的人口及国民经济、社会发展规划，分析、研究影响城市用电负荷增长的各种因素；

4.2.2.2 应根据不同规划阶段预测内容的具体要求，对所掌握的基础资料进行整理、分析、校核后，选择有代表性的资料、数据作为预测的基础；

4.2.2.3 应选择和确定主要的预测方法进行预测，并用其他预测方法进行补充、校核；

4.2.2.4 应在用电现状水平的基础上进行分期预测。负荷预测期限及各期限年份的划分，应与城市规划相一致；

4.2.2.5 预测所得的规划用电负荷，在向供电电源侧归算时，应逐级乘以负荷同时率；

4.2.2.6 负荷同时率的大小，应根据各地区电网负荷具体情况确定，但均应小于1。

4.2.3 预测方法的选择宜符合下列原则：

4.2.3.1 城市电力总体规划阶段负荷预测方法，宜选用电力弹性系数法、回归分析法、增长率法、人均用电指标法、横向比较法、负荷密度法、单耗法等；

4.2.3.2 城市电力详细规划阶段的负荷预测方法宜选用：

（1）一般负荷宜选用单位建筑面积负荷指标法等；

（2）点负荷宜选用单耗法，或由有关专业部门、设计单位提供负荷、电量资料。

4.3 规划用电指标

4.3.1 当编制或修订各规划阶段中的电力规划时，应以本规范制定的各项规划用电指标作为预测或校核远期规划负荷预测值的控制标准。本规范规定的规划用电指标包括：规划人均综合用电量指标、规划人均居民生活用电量指标、规划单位建设用地负荷指标和规划单位建筑面积负荷指标四部分。

4.3.2 城市总体规划阶段，当采用人均用电指标法或横向比较法预测或校核某城市的城市总用电量（不含市辖市、县）时，其规划人均综合用电量指标的选取，应根据所在城市的性质、人口规模、地理位置、社会经济发展、国内生产总值、产业结构，地区动力资源和能源消费结构、电力供应条件、居民生活水平及节能措施等因素，以该城市的人均综合用电量现状水平为基础，对照表4.3.2中相应指标分级内的规划人均综合用电量幅值范围，进行综合研究分析、比较后，因地制宜选定。

表4.3.2 规划人均综合用电量指标

（不含市辖市、县）

指标分级	城市用电水平分类	人均综合用电量（kWh/（人·a）)	
		现　状	规　划
Ⅰ	用电水平较高城市	3500～2501	8000～6001
Ⅱ	用电水平中上城市	2500～1501	6000～4001
Ⅲ	用电水平中等城市	1500～701	4000～2501
Ⅳ	用电水平较低城市	700～250	2500～1000

注：当不含市辖市、县的城市人均综合用电量现状水平高于或低于表中规定的现状指标最高或最低限值的城市。其规划人均综合用电量指标的选取，应视其城市具体情况因地制宜确定。

4.3.3 城市总体规划阶段，当采用人均用电指标法或横向比较法，预测或校核某城市的城乡居民生活用电量（不含市辖市、县）时，其规划人均居民生活用电量指标的选取，应结合所在城市的地理位置、人口规模、居民收入、居民家庭生活消费水平、居住条件、家庭能源消费构成、气候条件、生活习惯、能源供应政策及节能措施等因素进行综合分析、比较后，以该城市的现状人均居民生活用电量水平为基础，对照表4.3.3中相应指标分级中的规划人均居民生活用电量指标幅值范围，因地制宜选定。

表 4.3.3 规划人均居民生活用电量指标

(不含市辖市、县)

指标分级	城市居民生活用电水平分类	人均居民生活用电量（kWh/（人·a））	
		现 状	规 划
Ⅰ	生活用电水平较高城市	400~201	2500~1501
Ⅱ	生活用电水平中上城市	200~101	1500~801
Ⅲ	生活用电水平中等城市	100~51	800~401
Ⅳ	生活用电水平较低城市	50~20	400~250
注：当不含市辖市、县的城市人均居民生活用电量现状水平高于或低于表中规定的现状指标最高或最低限值的城市，其规划人均居民生活用电量指标的选取，应视其城市的具体情况，因地制宜确定。			

4.3.4 城市电力总体规划或电力分区规划，当采用负荷密度法进行负荷预测时，其居住、公共设施、工业三大类建设用地的规划单位建设用地负荷指标的选取，应根据三大类建设用地中所包含的建设用地小类类别、数量、负荷特征，并结合所在城市三大类建设用地的单位建设用地用电现状水平和表 4.3.4 规定，经综合分析比较后选定。

表 4.3.4 规划单位建设用地负荷指标

城市建设用地用电类别	单位建设用地负荷指标(kW/ha)	城市建设用地用电类别	单位建设用地负荷指标(kW/ha)
居住用地用电	100~400	工业用地用电	200~800
公共设施用地用电	300~1200		
注：1. 城市建设用地包括：居住用地、公共设施用地、工业用地、仓储用地、对外交通用地、道路广场用地、市政公用设施用地、绿化用地和特殊用地八大类。不包括水域和其他用地； 2. 超出表中三大类建设用地以外的其他各类建设用地的规划单位建设用地负荷指标的选取，可根据所在城市的具体情况确定。			

4.3.5 城市电力详细规划阶段的负荷预测，当采用单位建筑面积负荷指标法时，其居住建筑、公共建筑、工业建筑三大类建筑的规划单位建筑面积负荷指标的选取，应根据三大类建筑中所包含的建筑小类类别、数量、建筑面积（或用地面积、容积率）、建筑标准、功能及各类建筑用电设备配置的品种、数量、设施水平等因素，结合当地各类建筑单位建筑面积负荷现状水平和表 4.3.5 规定，经综合分析比较后选定。

表 4.3.5 规划单位建筑面积负荷指标

建筑用电类别	单位建筑面积负荷指标（W/m^2）	建筑用电类别	单位建筑面积负荷指标（W/m^2）
居住建筑用电	$20\sim60W/m^2$ （1.4~4kW/户）	工业建筑用电	20~80
公共建筑用电	30~120		
注：超出表中三大类建筑以外的其他各类建筑的规划单位建筑面积负荷指标的选取，可结合当地实际情况和规划要求，因地制宜确定。			

5 城市供电电源

5.1 城市供电电源种类和选择

5.1.1 城市供电电源可分为城市发电厂和接受市域外电力系统电能的电源变电所两类。

5.1.2 城市供电电源的选择，除应遵守国家能源政策外，尚应符合下列原则：

5.1.2.1 综合研究所在地区的能源资源状况和可开发利用条件，进行统筹规划，经济合理地确定城市供电电源；

5.1.2.2 以系统受电或以水电供电为主的城市，应规划建设适当容量的火电厂，作为城市保安、补充电源，以保证城市用电需要；

5.1.2.3 有足够稳定热负荷的城市，电源建设宜与热源建设相结合，贯彻以热定电的原则，规划建设适当容量的热电联产火电厂。

5.2 电力平衡与电源布局

5.2.1 应根据城市总体规划和地区电力系统中长期规划，在负荷预测的基础上，考虑合理的备用容量进行电力平衡，以确定不同规划期限内的城市电力余缺额度，确定在市域范围内需要规划新建、扩建城市发电厂的规模及装机进度；同时应提出地区电力系统需要提供该城市的电能总容量。

5.2.2 应根据所在城市的性质、人口规模和用地布局，合理确定城市电源点的数量和布局，大、中城市应组成多电源供电系统。

5.2.3 应根据负荷分布和城网与地区电力系统的连接方式，合理配置城市电源点，协调好电源布点与城市港口、国防设施和其他工程设施之间的关系和影响。

5.3 城市发电厂规划设计原则

5.3.1 布置城市发电厂，应符合下列原则：

5.3.1.1 应满足发电厂对地形、地貌、水文地质、气象、防洪、抗震、可靠水源等建厂条件要求；

5.3.1.2 发电厂的厂址宜选用城市非耕地或安排在国家现行标准《城市用地分类和规划建设用地标准》中规定的三类工业用地内；

5.3.1.3 应有方便的交通运输条件。大、中型火电厂应接近铁路、公路或港口等城市交通干线布置；

5.3.1.4 火电厂应布置在城市主导风向的下风向。电厂与居民区之间距离，应满足国家现行的安全防护及卫生标准的有关规定；

5.3.1.5 热电厂宜靠近热负荷中心。

5.3.2 燃煤电厂应考虑灰渣的综合利用，在规划厂址的同时，规划贮灰场和水灰管线等。贮灰场宜利用荒、滩地或山谷。

5.3.3 应根据发电厂与城网的连接方式，规划出线走廊。

5.3.4 条件许可的大城市，宜规划一定容量的主力发电厂。

5.3.5 燃煤电厂排放的粉尘、废水、废气、灰渣、噪声等污染物对周围环境的影响，应符合现行国家标准的有关规定；严禁将灰渣排入江、河、湖、海。

5.4 城市电源变电所布置原则

5.4.1 应根据城市总体规划布局、负荷分布及其与地区电力系统的连接方式、交通运输条件、水文地质、环境影响和防洪、抗震要求等因素进行技术经济比较后，合理确定变电所的位置。

5.4.2 对用电量很大，负荷高度集中的市中心高负荷密度区，经技术经济比较论证后，可采用 220kV 及以上电源变电所深入负荷中心布置。

5.4.3 除本规范第 5.4.2 条情况外，规划新建的 110kV 以上电源变电所应布置在市区边缘或郊区、县。

5.4.4 规划新建的电源变电所，不得布置在国家重点保护的文化遗址或有重要开采价值的矿藏上，除此之外，应征得有关部门的书面协议。

6 城 市 电 网

6.1 城市电网电压等级和层次

6.1.1 城市电网电压等级应符合国家电压标准的下列规定：500、330、220、110、66、35、10kV 和 380/220V。

6.1.2 城市电网应简化电压等级、减少变压层次，优化网络结构；大、中城市的城市电网电压等级宜为 4～5 级、四个变压层次；小城市宜为 3～4 级、三个变压层次。

6.1.3 城市电网中的最高一级电压，应根据城市电网远期的规划负荷量和城市电网与地区电力系统的连接方式确定。

6.1.4 对现有城市电网存在的非标准电压等级，应采取限制发展、合理利用、逐步改造的原则。

6.2 城市电网规划原则

6.2.1 根据城市的人口规划、社会经济发展目标，用地布局和地区电力系统中长期规划，结合城市供电部门制定的城市电网建设发展规划要求，通过协商和综合协调后，从城市全局出发，将电力设施的位置和用地落实到城市总体规划的用地布局图上。

6.2.2 城市电网规划应贯彻分层分区原则，各分层分区应有明确的供电范围，避免重叠、交错。

6.2.3 城市电网规模应与城市电源同步配套规划建设，达到电网结构合理、安全可靠、经济运行的要求，保证电能质量，满足城市用电需要。

6.2.4 城网中各电压层网容量之间，应按一定的变电容载比配置，各级电压网变电容载比的选取及估算公式，应符合现行《城市电力网规划设计导则》的有关规定。

6.2.5 城市电网的规划建设和改造，应按城市规划布局和道路综合管线的布置要求，统筹安排、合理预留城网中各级电压变电所、开关站、配电所、电力线路等供电设施和营业网点的位置和用地（或建筑面积）。

7 城 市 供 电 设 施

7.1 一 般 规 定

7.1.1 规划新建或改建的城市供电设施的建设标准、结构选型，应与城市现代化建设整体水平相适应。

7.1.2 城市供电设施的规划选址、选路径，应充分考虑我国城市人口集中、建筑物密集、用地紧张的空间环境条件和城市用电量大、负荷密度高、电能质量和供电安全可靠性要求高的特点和要求。

7.1.3 规划新建的城市供电设施，应根据其所处地段的地形、地貌条件和环境要求，选择与周围环境、景观相协调的结构型式与建筑外形。

7.1.4 规划新建的城市供电设施用地预留和空间配置应符合本规范第1.0.5条的要求。

7.2 城市变电所

7.2.1 城市变电所按其结构型式分类，应符合表7.2.1的规定。

表 7.2.1 城市变电所结构型式分类

大　类	结构型式	小　类	结构型式
1	户外式	1 2	全户外式 半户外式
2	户内式	3 4	常规户内式 小型户内式
3	地下式	5 6	全地下式 半地下式
4	移动式	7 8	箱体式 成套式

7.2.2 城市变电所按其一次电压等级可分为500、330、220、110、66、35kV六类变电所。

7.2.3 城市变电所规划选址，应符合下列要求：

（1）符合城市总体规划用地布局要求；

（2）靠近负荷中心；

（3）便于进出线；

（4）交通运输方便；

（5）应考虑对周围环境和邻近工程设施的影响和协调，如：军事设施、通讯电台、电信局、飞机场、领（导）航台、国家重点风景旅游区等，必要时，应取得有关协议或书面文件；

（6）宜避开易燃、易爆区和大气严重污秽区及严重盐雾区；

（7）应满足防洪标准要求：220～500kV变电所的所址标高，宜高于洪水频率为1%的高水位；35～110kV变电所的所址标高，宜高于洪水频率为2%的高水位；

（8）应满足抗震要求：35～500kV变电所抗震要求，应符合国家现行标准《220～500kV变电所设计规程》和《35～110kV变电所设计规范》中的有关规定；

（9）应有良好的地质条件，避开断层、滑坡、塌陷区、溶洞地带、山区风口和易发生滚石场所等不良地质构造。

7.2.4 规划新建城市变电所的结构型式选择，宜符合下列规定：

7.2.4.1 布设在市区边缘或郊区、县的变电所，可采用布置紧凑、占地较少的全户外式或半户外式结构；

7.2.4.2 市区内规划新建的变电所，宜采用户内式或半户外式结构；

7.2.4.3 市中心地区规划新建的变电所，宜采用户内式结构；

7.2.4.4 在大、中城市的超高层公共建筑群区、中心商务区及繁华金融、商贸街区规划新建的变电所，宜采用小型户内式结构；变电所可与其他建筑物混合建设，或建设地下变电所。

7.2.5 城市变电所的建筑外形，建筑风格应与周围环境、景观、市容风貌相协调。

7.2.6 城市变电所的运行噪声对周围环境的影响，应符合国家现行标准《城市各类区域环境保护噪声标准》的有关规定。

7.2.7 城市变电所的用地面积（不含生活区用地），应按变电所最终规模规划预留；规划新建的35～500kV变电所用地面积的预留，可根据表7.2.7-1和表7.2.7-2的规定，结合所在城市的实际用地条件，因地制宜选定。

表7.2.7-1 35～110kV变电所规划用地面积控制指标

序　号	变压等级（kV） 一次电压/二次电压	主变压器容量 ［MVA/台(组)］	变电所结构型式及用地面积（m^2）		
			全户外式用地面积	半户外式用地面积	户内式用地面积
1	110（66）/10	20～63/2～3	3500～5500	1500～3000	800～1500
2	35/10	5.6～31.5/2～3	2000～3500	1000～2000	500～1000

表7.2.7-2 220～500kV变电所规划用地面积控制指标

序　号	变压等级(kV) 一次电压/二次电压	主变压器容量 ［MVA/台(组)］	变电所 结构型式	用地面积 （m^2）
1	500/220	750/2	户外式	98000～110000
2	330/220及330/110	90～240/2	户外式	45000～55000
3	330/110及330/10	90～240/2	户外式	40000～47000
4	220/110(66,35) 及220/10	90～180/2～3	户外式	12000～30000
5	220/110(66,35)	90～180/2～3	户外式	8000～20000
6	220/110(66,35)	90～180/2～3	半户外式	5000～8000
7	220/110(66,35)	90～180/2～3	户内式	2000～4500

7.2.8 城市变电所主变压器安装台（组）数宜为2～3台（组），单台（组）主变压器容量应标准化、系列化。35～500kV变电所主变压器单台（组）容量选择，应符合附录A的规定。

7.3 开 关 站

7.3.1 当66～220kV变电所的二次侧35kV或10kV出线走廊受到限制，或者35kV或10kV配电装置间隔不足，且无扩建余地时，宜规划建设开关站。

7.3.2 根据负荷分布，开关站宜均匀布置。

7.3.3 10kV开关站宜与10kV配电所联体建设。

7.3.4 10kV开关站最大转供容量不宜超过15000kVA。

7.4 公 用 配 电 所

7.4.1 规划新建公用配电所（以下简称配电所）的位置，应接近负荷中心。

7.4.2 配电所的配电变压器安装台数宜为两台，单台配电变压器容量不宜超过1000kVA。

7.4.3 在负荷密度较高的市中心地区，住宅小区、高层楼群、旅游网点和对市容有特殊要求的街区及分散的大用电户，规划新建的配电所，宜采用户内型结构。

7.4.4 在公共建筑楼内规划新建的配电所，应有良好的通风和消防措施。

7.4.5 当城市用地紧张、选址困难或因环境要求需要时，规划新建配电所可采用箱体移动式结构。

7.5 城市电力线路

7.5.1 城市电力线路分为架空线路和地下电缆线路两类。

7.5.2 城市架空电力线路的路径选择，应符合下列规定：

7.5.2.1 应根据城市地形、地貌特点和城市道路网规划，沿道路、河渠、绿化带架设。路径做到短捷、顺直，减少同道路、河流、铁路等的交叉，避免跨越建筑物；对架空电力线路跨越或接近建筑物的安全距离，应符合本规范附录 B.0.1 和附录 B.0.2 的规定；

7.5.2.2 35kV 及以上高压架空电力线路应规划专用通道，并应加以保护；

7.5.2.3 规划新建的 66kV 及以上高压架空电力线路，不应穿越市中心地区或重要风景旅游区；

7.5.2.4 宜避开空气严重污秽区或有爆炸危险品的建筑物、堆场、仓库，否则应采取防护措施；

7.5.2.5 应满足防洪、抗震要求。

7.5.3 市区内 35kV 及以上高压架空电力线路的新建、改造、应符合下列规定：

7.5.3.1 市区高压架空电力线路宜采用占地较少的窄基杆塔和多回路同杆架设的紧凑型线路结构。为满足线路导线对地面和树木间的垂直距离，杆塔应适当增加高度、缩小档距，在计算导线最大弧垂情况下，架空电力线路导线与地面、街道行道树之间最小垂直距离，应符合本规范附录 C.0.1 和附录 C.0.2 的规定；

7.5.3.2 按国家现行有关标准、规范的规定，应注意高压架空电力线路对邻近通信设施的干扰和影响，并满足与电台、领（导）航台之间的安全距离。

7.5.4 市区内的中、低压架空电力线路应同杆架设，做到一杆多用。

7.5.5 城市高压架空电力线路走廊宽度的确定，应符合下列要求：

7.5.5.1 应综合考虑所在城市的气象条件、导线最大风偏、边导线与建筑物之间安全距离、导线最大弧垂、导线排列方式以及杆塔型式、杆塔档距等因素，通过技术经济比较后确定；

7.5.5.2 市区内单杆单回水平排列或单杆多回垂直排列的 35～500kV 高压架空电力线路的规划走廊宽度，应根据所在城市的地理位置、地形、地貌、水文、地质、气象等条件及当地用地条件，结合表 7.5.5 的规定，合理选定。

表 7.5.5 市区 35～500kV 高压架空电力线路规划走廊宽度

（单杆单回水平排列或单杆多回垂直排列）

线路电压等级（kV）	高压线走廊宽度（m）	线路电压等级（kV）	高压线走廊宽度（m）
500	60～75	66、110	15～25
330	35～45	35	12～20
220	30～40		

7.5.6 市区内规划新建的35kV以上电力线路，在下列情况下，应采用地下电缆：

7.5.6.1 在市中心地区、高层建筑群区、市区主干道、繁华街道等；

7.5.6.2 重要风景旅游景区和对架空裸导线有严重腐蚀性的地区。

7.5.7 布设在大、中城市的市区主次干道、繁华街区、新建高层建筑群区及新建居住区的中、低压配电线路，宜逐步采用地下电缆或架空绝缘线。

7.5.8 敷设城市地下电缆线路应符合下列规定：

7.5.8.1 地下电缆线路的路径选择，除应符合国家现行《电力工程电缆设计规范》的有关规定外，尚应根据道路网规划，与道路走向相结合，并应保证地下电缆线路与城市其他市政公用工程管线间的安全距离；

7.5.8.2 城市地下电缆线路经技术经济比较后，合理且必要时，宜采用地下共用通道；

7.5.8.3 同一路段上的各级电压电缆线路，宜同沟敷设；

7.5.8.4 城市电力电缆线路需要通过城市桥梁时，应符合国家现行标准《电力工程电缆设计规范》中对电力电缆敷设的技术要求，并应满足城市桥梁设计、安全消防的技术标准规定。

7.5.9 城市地下电缆敷设方式的选择，应遵循下列原则：

7.5.9.1 应根据地下电缆线路的电压等级，最终敷设电缆的根数、施工条件、一次投资、资金来源等因素，经技术经济比较后确定敷设方案；

7.5.9.2 当同一路径电缆根数不多，且不宜超过6根时，在城市人行道下、公园绿地、建筑物的边沿地带或城市郊区等不易经常开挖的地段，宜采用直埋敷设方式。直埋电力电缆之间及直埋电力电缆与控制电缆、通信电缆、地下管沟、道路、建筑物、构筑物、树木等之间的安全距离，不应小于本规范附表D的规定；

7.5.9.3 在地下水位较高的地方和不宜直埋且无机动荷载的人行道等处，当同路径敷设电缆根数不多时，可采用浅槽敷设方式；当电缆根数较多或需要分期敷设而开挖不便时，宜采用电缆沟敷设方式；

7.5.9.4 地下电缆与公路、铁路、城市道路交叉处，或地下电缆需通过小型建筑物及广场区段，当电缆根数较多，且为6~20根时，宜采用排管敷设方式；

7.5.9.5 同一路径地下电缆数量在30根以上，经技术经济比较合理时，可采用电缆隧道敷设方式。

附录A 35~500kV变电所主变压器单台（组）容量

附表A 35~500kV变电所主变压器单台（组）容量表

变电所电压等级	单台（组）主变压器容量（MVA）	变电所电压等级	单台（组）主变压器容量（MVA）
500kV	500、750、1000、1500	110kV	20、31.5、40、50、63
330kV	90、120、150、180、240	66kV	20、31.5、40、50
220kV	90、120、150、180、240	35kV	5.6、7.5、10、15、20、31.5

附录B 城市架空电力线路接近或跨越建筑物的安全距离

B.0.1 在导线最大计算弧垂情况下，1～330kV架空电力线路导线与建筑物之间垂直距离不应小于附表B.0.1的规定值。

附表B.0.1 1～330kV架空电力线路导线与建筑物之间的垂直距离

（在导线最大计算弧垂情况下）

线路电压（kV）	1～10	35	66～110	220	330
垂直距离（m）	3.0	4.0	5.0	6.0	7.0

B.0.2 城市架空电力线路边导线与建筑物之间，在最大计算风偏情况下的安全距离不应小于附表B.0.2的规定值。

附表B.0.2 架空电力线路边导线与建筑物之间安全距离

（在最大计算风偏情况下）

线路电压(kV)	<1	1～10	35	66～110	220	330
安全距离（m）	1.0	1.5	3.0	4.0	5.0	6.0

附录C 城市架空电力线路导线与地面、街道行道树之间最小垂直距离

C.0.1 在最大计算弧垂情况下，架空电力线路导线与地面的最小垂直距离应符合附表C.0.1的规定。

附表C.0.1 架空电力线路导线与地面间最小垂直距离（m）

（在最大计算导线弧垂情况下）

线路经过地区	线路电压（kV）				
	<1	1～10	35～110	220	330
居民区	6.0	6.5	7.5	8.5	14.0
非居民区	5.0	5.0	6.0	6.5	7.5
交通困难地区	4.0	4.5	5.0	5.5	6.5

注：1. 居民区：指工业企业地区、港口、码头、火车站、城镇、集镇等人口密集地区；
2. 非居民区：指居民区以外的地区，虽然时常有人、车辆或农业机械到达，但房屋稀少的地区；
3. 交通困难地区：指车辆、农业机械不能到达的地区。

C.0.2 架空电力线路与街道行道树（考虑自然生长高度）之间最小垂直距离应符合附表C.0.2的规定。

附表C.0.2 架空电力线路导线与街道行道树之间最小垂直距离

（考虑树木自然生长高度）

线路电压（kV）	<1	1～10	35～110	220	330
最小垂直距离（m）	1.0	1.5	3.0	3.5	4.5

附录D 直埋电力电缆之间及直埋电力电缆与控制电缆、通信电缆、地下管沟、道路、建筑物、构筑物、树木之间安全距离

附表D 直埋电力电缆之间及直埋电力电缆与控制电缆、通信电缆、地下管沟、道路、建筑物、构筑物、树木之间安全距离

项目	安全距离(m)	
	平行	交叉
建筑物、构筑物基础	0.50	—
电杆基础	0.60	—
乔木树主干	1.50	—
灌木丛	0.50	—
10kV以上电力电缆之间,以及10kV及以下电力电缆与控制电缆之间	0.25(0.10)	0.50(0.25)
通信电缆	0.50(0.10)	0.50(0.25)
热力管沟	2.00	(0.50)
水管、压缩空气管	1.00(0.25)	0.50(0.25)
可燃气体及易燃液体管道	1.00	0.50(0.25)
铁路(平行时与轨道,交叉时与轨底,电气化铁路除外)	3.00	1.00
道路(平行时与侧石,交叉时与路面)	1.50	1.00
排水明沟(平行时与沟边,交叉时与沟底)	1.00	0.50

注:1. 表中所列安全距离,应自各种设施(包括防护外层)的外缘算起;
2. 路灯电缆与道路灌木丛平行距离不限;
3. 表中括号内数字,是指局部地段电缆穿管,加隔板保护或加隔热层保护后允许的最小安全距离;
4. 电缆与水管,压缩空气管平行,电缆与管道标高差不大于0.5m时,平行安全距离可减小至0.5m。

附录E 本规范用词说明

E.0.1 为便于在执行本规范条文时区别对待,对要求严格程度不同的用词说明如下:

(1) 表示很严格,非这样做不可的用词:
正面词采用“必须”;
反面词采用“严禁”。

(2) 表示严格,在正常情况下均应这样做的用词:
正面词采用“应”;
反面词采用“不应”或“不得”。

(3) 表示允许稍有选择,在条件许可时,首先应这样做的用词:
正面词采用“宜”或“可”;

反面词采用“不宜”。

E.0.2 条文中指定应按其他有关标准、规范执行时，写法为“应符合……的规定“或”应按……执行”。

附加说明

本规范主编单位、参加单位和主要起草人名单

主 编 单 位： 中国城市规划设计研究院

参 加 单 位： 电力工业部安全生产监察司
国家电力调度通信中心
北京市城市规划设计研究院
北京供电局
上海市城市规划设计研究院
上海电力工业局
天津市城市规划设计研究院

主要起草人： 刘学珍　朱保哲　刘玉娟　孙　轩　金文龙　屠三益　武绪敏　任年荣　仝德良　吕　千

中华人民共和国行业标准

城市用地竖向规划规范

Code for Vertical Planning on Urban Field

CJJ 83—99

主编单位：四川省城乡规划设计研究院
批准部门：中华人民共和国建设部
施行日期：1999年10月1日

关于发布行业标准《城市用地竖向规划规范》的通知

建标［1999］108号

各省、自治区、直辖市建委（建设厅），计划单列市建委，新疆生产建设兵团，国务院有关部门：

根据建设部《关于印发一九九二年工程建设行业标准制订、修订项目计划（建设部部分第一批）的通知》（建标［1992］227号）的要求，由四川省城乡规划设计研究院主编的《城市用地竖向规划规范》，经审查，批准为强制性行业标准，编号CJJ83—99，自1999年10月1日起施行。

本标准由建设部城市规划标准技术归口单位中国城市规划设计研究院负责管理，四川省城乡规划设计研究院负责具体解释，建设部标准定额研究所组织中国建筑工业出版社出版。

中华人民共和国建设部

1999年4月22日

前　言

根据建设部建标［1992］227号文的要求，规范编制组在深入调查研究，认真总结实践经验，参考有关国内外相关技术标准，并结合国情在广泛征求意见的基础上，制定了本规范。

本规范的主要技术内容是：1．规定城市用地竖向规划的内容和基本要求；2．制定选择城市各类用地适宜的坡度和规划地面形式、规划坡度的规定；3．综合确定城市用地控制高程与城市用地布局和景观对用地竖向的基本要求；4．确定道路规划纵坡和用地地面排水的规定；5．组织城市用地土石方工程和安排防护工程的规定。

本规范由建设部城市规划标准技术归口单位中国城市规划设计研究院归口管理，授权由主编单位负责具体解释。

本规范主编单位是：四川省城乡规划设计研究院（地址：四川省成都市马鞍街11号；邮编610081）。

本规范参加单位是：沈阳市城市规划设计研究院、福建省城乡规划设计研究院、安徽省城乡规划设计研究院。

本规范主要起草人员是：曹珠朵、严文复、胡一德、翁金标、李祖舜、韩华、关增义、伍畏才、洪金石、王滨、盈勇、王永峰、徐昌华、马威、毛应稠、宋凌。

目　　次

1　总　　则……………………………………………………………… 2307
2　术　　语……………………………………………………………… 2307
3　一般规定……………………………………………………………… 2308
4　规划地面形式………………………………………………………… 2308
5　竖向与平面布局……………………………………………………… 2309
6　竖向与城市景观……………………………………………………… 2309
7　竖向与道路广场……………………………………………………… 2310
8　竖向与排水…………………………………………………………… 2311
9　土石方与防护工程…………………………………………………… 2311
附　　录　本规范用词说明……………………………………………… 2312

1 总　　则

1.0.1 为规范城市用地竖向规划基本技术要求，提高城市规划质量和规划管理水平，制定本规范。

1.0.2 本规范适用于各类城市的用地竖向规划。

1.0.3 城市用地竖向规划应遵循下列原则：

1 安全、适用、经济、美观；

2 充分发挥土地潜力，节约用地；

3 合理利用地形、地质条件，满足城市各项建设用地的使用要求；

4 减少土石方及防护工程量；

5 保护城市生态环境，增强城市景观效果。

1.0.4 城市用地竖向规划根据城市规划各阶段的要求，应包括下列主要内容：

1 制定利用与改造地形的方案；

2 确定城市用地坡度、控制点高程、规划地面形式及场地高程；

3 合理组织城市用地的土石方工程和防护工程；

4 提出有利于保护和改善城市环境景观的规划要求。

1.0.5 城市用地竖向规划除执行本规范外，尚应符合国家现行有关强制性标准的规定。

2 术　　语

2.0.1 城市用地竖向规划 vertical planning on urban field

城市开发建设地区（或地段），为满足道路交通、地面排水、建筑布置和城市景观等方面的综合要求，对自然地形进行利用、改造，确定坡度、控制高程和平衡土石方等而进行的规划设计。

2.0.2 高程 elevation

以大地水准面作为基准面，并作零点（水准原点）起算地面各测量点的垂直高度。

2.0.3 土石方平衡 equal of cut and fill

在某一地域内挖方数量与填方数量平衡。

2.0.4 防护工程 protection engineering

防止用地受自然危害或人为活动影响造成土体破坏而设置的保护性工程。如护坡、挡土墙、堤坝等。

2.0.5 护坡 slope protection

防止用地土体边坡变迁而设置的斜坡式防护工程，如土质或砌筑型等护坡工程。

2.0.6 挡土墙 retaining wall

防止用地土体边坡坍塌而砌筑的墙体。

2.0.7 平坡式 tiny slope style

用地经改造成为平缓斜坡的规划地面形式。

2.0.8 台阶式 stage style

用地经改造成为阶梯式的规划地面形式。

2.0.9 混合式 comprehensive style

用地经改造成平坡和台阶相结合的规划地面形式。

2.0.10 台地 stage

台阶式用地中每块阶梯内的用地。

2.0.11 场地平整 field engineering

使用地达到建设工程所需的平整要求的工程处理过程。

2.0.12 坡比值 grade of side slope

两控制点间垂直高差与其水平距离的比值。

3 一 般 规 定

3.0.1 城市用地竖向规划应与城市用地选择及用地布局同时进行，使各项建设在平面上统一和谐、竖向上相互协调。

3.0.2 城市用地竖向规划应有利于建筑布置及空间环境的规划和设计。

3.0.3 城市用地竖向规划应满足下列要求：

1 各项工程建设场地及工程管线敷设的高程要求；

2 城市道路、交通运输、广场的技术要求；

3 用地地面排水及城市防洪、排涝的要求。

3.0.4 城市用地竖向规划在满足各项用地功能要求的条件下，应避免高填、深挖，减少土石方、建（构）筑物基础、防护工程等的工程量。

3.0.5 城市用地竖向规划应合理选择规划地面形式与规划方法，应进行方案比较，优化方案。

3.0.6 城市用地竖向规划对起控制作用的坐标及高程不得任意改动。

3.0.7 同一城市的用地竖向规划应采用统一的坐标和高程系统。水准高程系统换算应符合表3.0.7的规定。

表 3.0.7 水准高程系统换算

转换者 / 被转换者	56黄海高程	85高程基准	吴淞高程基准	珠江高程基准
56黄海高程		+0.029m	-1.688m	+0.586m
85高程基准	-0.029m		-1.717m	+0.557m
吴淞高程基准	+1.688m	+1.717m		+2.274m
珠江高程基准	-0.586m	-0.557m	-2.274m	

备注：高程基准之间的差值为各地区精密水准网点之间的差值平均值。

4 规 划 地 面 形 式

4.0.1 根据城市用地的性质、功能，结合自然地形，规划地面形式可分为平坡式、台阶式和混合式。

4.0.2 用地自然坡度小于5%时，宜规划为平坡式；用地自然坡度大于8%时，宜规划为台阶式。

4.0.3 台阶式和混合式中的台地规划应符合下列规定：

1 台地划分应与规划布局和总平面布置相协调，应满足使用性质相同的用地或功能联系密切的建（构）筑物布置在同一台地或相邻台地的布局要求；

2 台地的长边应平行于等高线布置；

3 台地高度、宽度和长度应结合地形并满足使用要求确定。台地的高度宜为1.5～3.0m。

4.0.4 城市主要建设用地适宜规划坡度应符合表4.0.4的规定。

表 4.0.4 城市主要建设用地适宜规划坡度

用地名称	最小坡度（%）	最大坡度（%）
工业用地	0.2	10
仓储用地	0.2	10
铁路用地	0	2
港口用地	0.2	5
城市道路用地	0.2	8
居住用地	0.2	25
公共设施用地	0.2	20
其他	—	—

5 竖向与平面布局

5.0.1 城市用地选择及用地布局应充分考虑竖向规划的要求，并应符合下列规定：

1 城市中心区用地应选择地质及防洪排涝条件较好且相对平坦和完整的用地，自然坡度宜小于15%；

2 居住用地宜选择向阳、通风条件好的用地，自然坡度宜小于30%；

3 工业、仓储用地宜选择便于交通组织和生产工艺流程组织的用地，自然坡度宜小于15%；

4 城市开敞空间用地宜利用填方较大的区域。

5.0.2 街区竖向规划应与用地的性质和功能相结合，并应符合下列规定：

1 建设用地分台应考虑地形坡度、坡向和风向等因素的影响，以适应建筑布置的要求；

2 公共设施用地分台布置时，台地间高差宜与建筑层高成倍数关系；

3 居住用地分台布置时，宜采用小台地形式；

4 防护工程宜与具有防护功能的专用绿地结合设置。

5.0.3 挡土墙、护坡与建筑的最小间距应符合下列规定：

1 居住区内的挡土墙与住宅建筑的间距应满足住宅日照和通风的要求；

2 高度大于2m的挡土墙和护坡的上缘与建筑间水平距离不应小于3m，其下缘与建筑间的水平距离不应小于2m。

6 竖向与城市景观

6.0.1 城市用地竖向规划应有明确的景观规划设想，并应符合下列规定：

1 保留城市规划用地范围内的制高点、俯瞰点和有明显特征的地形、地物；

2 保持和维护城市绿化、生态系统的完整性，保护有价值的自然风景和有历史文化意义的地点、区段和设施；

3 保护和强化城市有特色的、自然和规划的边界线；

4 构筑美好的城市天际轮廓线。

6.0.2 城市用地分台应重视景观要求，并应符合下列规定：

1 城市用地作分台处理时，挡土墙、护坡的尺度和线型应与环境协调；有条件时宜少采用挡土墙；

2 城市公共活动区宜将挡土墙、护坡、踏步和梯道等室外设施与建筑作为一个有机整体进行规划；

3 地形复杂的山区城市，挡土墙、护坡、梯道等室外设施较多，其形式和尺度宜有韵律感；

4 公共活动区内挡土墙高于1.5m、生活生产区内挡土墙高于2m时，宜作艺术处理或以绿化遮蔽。

6.0.3 城市滨水地区的竖向规划应规划和利用好近水空间。

7 竖向与道路广场

7.0.1 道路竖向规划应符合下列规定：

1 与道路的平面规划同时进行；

2 结合城市用地中的控制高程、沿线地形地物、地下管线、地质和水文条件等作综合考虑；

3 与道路两侧用地的竖向规划相结合，并满足塑造城市街景的要求；

4 步行系统应考虑无障碍交通的要求。

7.0.2 道路规划纵坡和横坡的确定，应符合下列规定：

1 机动车车行道规划纵坡应符合表7.0.2-1的规定；海拔3000~4000m的高原城市道路的最大纵坡不得大于6%；

表 7.0.2-1 机动车车行道规划纵坡

道路类别	最小纵坡（%）	最大纵坡（%）	最小坡长（m）
快 速 路	0.2	4	290
主 干 路		5	170
次 干 路		6	110
支（街坊）路		8	60

2 非机动车车行道规划纵坡宜小于2.5%。大于或等于2.5%时，应按表7.0.2-2的规定限制坡长。机动车与非机动车混行道路，其纵坡应按非机动车车行道的纵坡取值；

表 7.0.2-2 非机动车车行道规划纵坡与限制坡长（m）

坡度（%） \ 限制坡长（m） \ 车种	自行车	三轮车、板车
3.5	150	—
3.0	200	100
2.5	300	150

3 道路的横坡应为1%~2%。

7.0.3 道路跨越江河、明渠、暗沟等过水设施时，路高应与过水设施的净空高度要求相协调；有通航条件的江河应保证通航河道的桥下净空高度要求。

7.0.4 广场竖向规划除满足自身功能要求外，尚应与相邻道路和建筑物相衔接。广场的最小坡度应为0.3%；最大坡度平原地区应为1%，丘陵和山区应为3%。

7.0.5 山区城市竖向规划应满足建设完善的步行系统的要求，并应符合下列规定：

1 人行梯道按其功能和规模可分为三级：一级梯道为交通枢纽地段的梯道和城市景观性梯道；二级梯道为连接小区间步行交通的梯道；三级梯道为连接组团间步行交通或入户的梯道；

2 梯道每升高1.2～1.5m宜设置休息平台；二、三级梯道连续升高超过5.0m时，除应设置休息平台外，还应设置转折平台，且转折平台的宽度不宜小于梯道宽度；

3 各级梯道的规划指标宜符合表7.0.5-3的规定。

表7.0.5-3 梯道的规划指标

规划指标 项目 / 级别	宽度（m）	坡比值	休息平台宽度（m）
一	⩾10.0	⩽0.25	⩾2.0
二	4.0～10.0	⩽0.30	⩾1.5
三	1.5～4.0	⩽0.35	⩾1.2

8 竖向与排水

8.0.1 城市用地应结合地形、地质、水文条件及年均降雨量等因素合理选择地面排水方式，并与用地防洪、排涝规划相协调。

8.0.2 城市用地地面排水应符合下列规定：

1 地面排水坡度不宜小于0.2%；坡度小于0.2%时宜采用多坡向或特殊措施排水；

2 地块的规划高程应比周边道路的最低路段高程高出0.2m以上；

3 用地的规划高程应高于多年平均地下水位。

8.0.3 雨水排出口内顶高程宜高于受纳水体的多年平均水位。有条件时宜高于设计防洪（潮）水位。

8.0.4 城市用地防洪（潮）应符合下列规定：

1 城市防洪应符合现行国家标准《防洪标准》GB 50201的规定；

2 设防洪（潮）堤时的堤顶高程和不设防洪（潮）堤时的用地地面高程均应按设防标准的规定所推算的洪（潮）水位加安全超高确定；有波浪影响或壅水现象时，应加波浪侵袭高度或壅水高度。

8.0.5 有内涝威胁的城市用地应采取适宜的防内涝措施。

8.0.6 当城市用地外围有较大汇水汇入或穿越城市用地时，宜用边沟或排（截）洪沟组织用地外围的地面雨水排除。

9 土石方与防护工程

9.0.1 竖向规划中的土石方与防护工程应遵循满足用地使用要求、节省土石方和防护工程量的原则进行多方案比较，合理确定。

9.0.2 土石方工程包括用地的场地平整、道路及室外工程等的土石方估算与平衡。土石方平衡应遵循“就近合理平衡”的原则，根据规划建设时序，分工程或分地段充分利用周围有利的取土和弃土条件进行平衡。

9.0.3 用地的防护工程设置，宜根据规划地面形式及所防护的灾害类别确定，主要采用护坡、挡土墙或堤、坝等。防护工程的设置应符合下列规定：

1 街区用地的防护应与其外围道路工程的防护相结合；

2 台阶式用地的台阶之间应用护坡或挡土墙联接，相邻台地间高差大于1.5m时，应在挡土墙或坡比值大于0.5的护坡顶加设安全防护设施；

3 土质护坡的坡比值应小于或等于0.5；砌筑型护坡的坡比值宜为0.5~1.0；

4 在建（构）筑物密集、用地紧张区域及有装卸作业要求的台阶应采用挡土墙防护；人口密度大、工程地质条件差、降雨量多的地区，不宜采用土质护坡；

5 挡土墙的高度宜为1.5~3.0m，超过6.0m时宜退台处理，退台宽度不应小于1.0m；在条件许可时，挡土墙宜以1.5m左右高度退台。

9.0.4 土石方与防护工程应按表9.0.4的规定列出其主要指标。

表 9.0.4 土石方与防护工程主要项目指标

序号	项　目		单　位	数量	备注
1	土石方工程量	挖方	m^3		
		填方	m^3		
		总量	m^3		
2	单位面积土石方量	挖方	$m^3/10^4m^2$		
		填方	$m^3/10^4m^2$		
		总量	$m^3/10^4m^2$		
3	土石方平衡余缺量	余方	m^3		
		缺方	m^3		
4	挖方最大深度		m		
5	填方最大高度		m		
6	护坡工程量		m^2		
7	挡土墙工程量		m^3		
备注					

附录　本规范用词说明

1 为便于在执行本规范条文时区别对待，对于要求严格程度不同的词说明如下：

（1）表示很严格，非这样做不可的

正面用词采用“必须”；反面词采用“严禁”。

（2）表示严格，在正常情况下均应这样做的

正面词采用“应”；反面词采用“不应”或“不得”。

（3）表示允许稍有选择，在条件许可时首先应这样做的

正面词采用“宜”；反面词采用“不宜”。

表示有选择，在一定条件下可以这样做的，采用“可”。

2 条文中指明应按其他有关标准执行的写法为“应按……执行”或“应符合……的规定”。

中华人民共和国国家标准

村镇规划标准

GB 50188—93

主编部门：中华人民共和国建设部

批准单位：中华人民共和国建设部

施行日期：1994年6月1日

关于发布国家标准《村镇规划标准》的通知

建标［1993］732 号

国务院各有关部门，各省、自治区、直辖市建委（建设厅）、有关计委，各计划单列市建委：

根据国家计委计综（1987）2390 号文的要求，由建设部会同有关部门共同制订的《村镇规划标准》已经有关部门会审，现批准《村镇规划标准》GB 50188—93 为强制性国家标准，自一九九四年六月一日起施行。

本标准由建设部负责管理，具体解释等工作由中国建筑技术发展研究中心负责，出版发行由建设部标准定额研究所负责组织。

中华人民共和国建设部

1993 年 9 月 27 日

目　次

1　总　则 ………………………………………………………………………… 2316
2　村镇规模分级和人口预测 ……………………………………………………… 2316
2.1　村镇规模分级 ………………………………………………………………… 2316
2.2　村镇人口预测 ………………………………………………………………… 2316
3　村镇用地分类 ………………………………………………………………… 2317
3.1　用地分类 ……………………………………………………………………… 2317
3.2　用地计算 ……………………………………………………………………… 2319
4　规划建设用地标准 ……………………………………………………………… 2319
4.1　一般规定 ……………………………………………………………………… 2319
4.2　人均建设用地指标 …………………………………………………………… 2319
4.3　建设用地构成比例 …………………………………………………………… 2320
4.4　建设用地选择 ………………………………………………………………… 2320
5　居住建筑用地 ………………………………………………………………… 2320
6　公共建筑用地 ………………………………………………………………… 2321
7　生产建筑和仓储用地 …………………………………………………………… 2323
8　道路、对外交通和竖向规划 …………………………………………………… 2324
8.1　道路和对外交通规划 ………………………………………………………… 2324
8.2　竖向规划 ……………………………………………………………………… 2325
9　公用工程设施规划 ……………………………………………………………… 2325
9.1　给水工程规划 ………………………………………………………………… 2325
9.2　排水工程规划 ………………………………………………………………… 2326
9.3　供电工程规划 ………………………………………………………………… 2327
9.4　邮电工程规划 ………………………………………………………………… 2327
9.5　村镇防洪规划 ………………………………………………………………… 2328
附录 A　村镇用地计算表 ………………………………………………………… 2328
附录 B　村镇用地分类名称中英文词汇对照表（建议性） ……………………… 2330
附录 C　本标准用词说明 ………………………………………………………… 2330
附加说明 …………………………………………………………………………… 2330

1 总　　则

1.0.1 为了科学地编制村镇规划，加强村镇建设和管理工作，创造良好的劳动和生活环境，促进城乡经济和社会的协调发展，制定本标准。

1.0.2 本标准适用于全国的村庄和集镇的规划，县城以外的建制镇的规划亦按本标准执行。

1.0.3 编制村镇规划，除执行本标准外，尚应符合现行的有关国家标准、规范的规定。

2 村镇规模分级和人口预测

2.1 村镇规模分级

2.1.1 村庄、集镇按其在村镇体系中的地位和职能宜分为基层村、中心村、一般镇、中心镇四个层次。

2.1.2 村镇规划规模分级应按其不同层次及规划常住人口数量，分别划分为大、中、小型三级，并应符合表 2.1.2 的规定。

表 2.1.2 村镇规划规模分级

村镇层次 / 常住人口数量（人） / 规模分级	村庄		集镇	
	基层村	中心村	一般镇	中心镇
大型	>300	>1000	>3000	>10000
中型	100~300	300~1000	1000~3000	3000~10000
小型	<100	<300	<1000	<3000

2.2 村镇人口预测

2.2.1 村镇总人口应为村镇所辖地域范围内常住人口的总和，其发展预测应按下式计算：

$$Q = Q_0(1 + K)^n + P$$

式中 Q——总人口预测数（人）；

Q_0——总人口现状数（人）；

K——规划期内人口的自然增长率（‰）；

P——规划期内人口的机械增长数（人）；

n——规划期限（年）。

2.2.2 集镇规划中，在进行人口的现状统计和规划预测时，应按其居住状况和参与社会生活的性质进行分类。

2.2.3 集镇规划期内的人口分类预测，应按表 2.2.3 的规定计算。

表 2.2.3　集镇规划期内人口分类预测

人口类别		统计范围	预测计算
常住人口	村民	规划范围内的农业户人口	按自然增长计算
	居民	规划范围内的非农业户人口	按自然增长和机械增长计算
	集体	单身职工、寄宿学生等	按机械增长计算
通勤人口		劳动、学习在集镇内，住在规划范围外的职工、学生等	按机械增长计算
流动人口		出差、探亲、旅游、赶集等临时参与集镇活动的人员	进行估算

2.2.4　集镇规划期内人口的机械增长，应按下列方法进行计算。

2.2.4.1　建设项目尚未落实的情况下，宜按平均增长法计算人口的发展规模。计算时应分析近年来人口的变化情况，确定每年的人口增长数或增长率。

2.2.4.2　建设项目已经落实、规划期内人口机械增长稳定的情况下，宜按带眷系数法计算人口发展规模。计算时应分析从业者的来源、婚育、落户等状况，以及村镇的生活环境和建设条件等因素，确定增加从业人数及其带眷人数。

2.2.4.3　根据土地的经营情况，预测农业劳力转移时，宜按劳力转化法对村镇所辖地域范围的土地和劳力进行平衡，计算规划期内农业剩余劳力的数量，分析村镇类型、发展水平、地方优势、建设条件和政策影响等因素，确定进镇的劳力比例和人口数量。

2.2.4.4　根据村镇的环境条件，预测发展的合理规模时，宜按环境容量法综合分析当地的发展优势、建设条件，以及环境、生态状况等因素，计算村镇的适宜人口规模。

2.2.5　村庄规划中，在进行人口的现状统计和规划预测时，可不进行分类，其人口规模应按人口的自然增长和农业剩余劳力的转移因素进行计算。

3　村镇用地分类

3.1　用地分类

3.1.1　村镇用地应按土地使用的主要性质划分为：居住建筑用地、公共建筑用地、生产建筑用地、仓储用地、对外交通用地、道路广场用地、公用工程设施用地、绿化用地、水域和其他用地9大类、28小类。

3.1.2　村镇用地的类别应采用字母与数字结合的代号，适用于规划文件的编制和村镇用地的统计工作。

3.1.3　村镇用地的分类和代号应符合表3.1.3的规定。

表 3.1.3　村镇用地的分类和代号

类别代号		类别名称	范围
大类	小类		
R		居住建筑用地	各类居住建筑及其间距和内部小路、场地、绿化等用地；不包括路面宽度等于和大于3.5m的道路用地
	R1	村民住宅用地	村民户独家使用的住房和附属设施及其户间间距用地、进户小路用地；不包括自留地及其他生产性用地
	R2	居民住宅用地	居民户的住宅、庭院及其间距用地
	R3	其他居住用地	属于R1、R2以外的居住用地，如单身宿舍、敬老院等用地

续表 3.1.3

类别代号		类别名称	范围
大类	小类		
C		公共建筑用地	各类公共建筑物及其附属设施、内部道路、场地、绿化等用地
	C1	行政管理用地	政府、团体、经济贸易管理机构等用地
	C2	教育机构用地	幼儿园、托儿所、小学、中学及各类高、中级专业学校、成人学校等用地
	C3	文体科技用地	文化图书、科技、展览、娱乐、体育、文物、宗教等用地
	C4	医疗保健用地	医疗、防疫、保健、休养和疗养等机构用地
	C5	商业金融用地	各类商业服务业的店铺，银行、信用、保险等机构，及其附属设施用地
	C6	集贸设施用地	集市贸易的专用建筑和场地；不包括临时占用街道、广场等设摊用地
M		生产建筑用地	独立设置的各种所有制的生产性建筑及其设施和内部道路、场地、绿化等用地
	M1	一类工业用地	对居住和公共环境基本无干扰和污染的工业，如缝纫、电子、工艺品等工业用地
	M2	二类工业用地	对居住和公共环境有一定干扰和污染的工业，如纺织、食品、小型机械等工业用地
	M3	三类工业用地	对居住和公共环境有严重干扰和污染的工业，如采矿、冶金、化学、造纸、制革、建材、大中型机械制造等工业用地
	M4	农业生产设施用地	各类农业建筑，如打谷场、饲养场、农机站、育秧房、兽医站等及其附属设施用地；不包括农林种植地、牧草地、养殖水域
W		仓储用地	物资的中转仓库、专业收购和储存建筑及其附属道路、场地、绿化等用地
	W1	普通仓储用地	存放一般物品的仓储用地
	W2	危险品仓储用地	存放易燃、易爆、剧毒等危险品的仓储用地
T		对外交通用地	村镇对外交通的各种设施用地
	T1	公路交通用地	公路站场及规划范围内的路段、附属设施等用地
	T2	其他交通用地	铁路、水运及其他对外交通的路段和设施等用地
S		道路广场用地	规划范围内的道路、广场、停车场等设施用地
	S1	道路用地	规划范围内宽度等于和大于3.5m以上的各种道路及交叉口等用地
	S2	广场用地	公共活动广场、停车场用地；不包括各类用地内部的场地
U		公用工程设施用地	各类公用工程和环卫设施用地，包括其建筑物、构筑物及管理、维修设施等用地
	U1	公用工程用地	给水、排水、供电、邮电、供气、供热、殡葬、防灾和能源等工程设施用地
	U2	环卫设施用地	公厕、垃圾站、粪便和垃圾处理设施等用地
G		绿化用地	各类公共绿地、生产防护绿地；不包括各类用地内部的绿地
	G1	公共绿地	面向公众、有一定游憩设施的绿地，如公园、街巷中的绿地、路旁或临水宽度等于和大于5m的绿地
	G2	生产防护绿地	提供苗木、草皮、花卉的圃地，以及用于安全、卫生、防风等的防护林带和绿地
E		水域和其他用地	规划范围内的水域、农林种植地、牧草地、闲置地和特殊用地
	E1	水域	江河、湖泊、水库、沟渠、池塘、滩涂等水域；不包括公园绿地中的水面
	E2	农林种植地	以生产为目的的农林种植地，如农田、菜地、园地、林地等
	E3	牧草地	生长各种牧草的土地
	E4	闲置地	尚未使用的土地
	E5	特殊用地	军事、外事、保安等设施用地；不包括部队家属生活区、公安消防机构等用地

3.2 用 地 计 算

3.2.1 村镇的现状和规划用地，应统一按规划范围进行计算。

3.2.2 分片布局的村镇，应分片计算用地，再进行汇总。

3.2.3 村镇用地应按平面投影面积计算，村镇用地的计算单位为公顷（ha）。

3.2.4 用地面积计算的精确度，应按图纸比例尺确定。1∶10000、1∶25000 的图纸应取值到个位数；1∶5000的图纸应取值到小数点后一位；1∶1000、1∶2000 的图纸应取值到小数点后两位。

3.2.5 村庄用地计算表的格式应符合本标准附录 A.0.1 的规定；集镇用地计算表的格式应符合本标准附录 A.0.2 的规定。

4 规划建设用地标准

4.1 一 般 规 定

4.1.1 村镇建设用地应包括本标准表 3.1.3 村镇用地分类中的居住建筑用地、公共建筑用地、生产建筑用地、仓储用地、对外交通用地、道路广场用地、公用工程设施用地和绿化用地 8 大类之和。

4.1.2 村镇规划的建设用地标准应包括人均建设用地指标、建设用地构成比例和建设用地选择三部分。

4.1.3 村镇人均建设用地指标应为规划范围内的建设用地面积除以常住人口数量的平均数值。人口统计应与用地统计的范围相一致。

4.2 人均建设用地指标

4.2.1 人均建设用地指标应按表 4.2.1 的规定分为五级。

表 4.2.1 人均建设用地指标分级

级　　别	一	二	三	四	五
人均建设用地指标（m^2/人）	>50 ≤60	>60 ≤80	>80 ≤100	>100 ≤120	>120 ≤150

4.2.2 新建村镇的规划，其人均建设用地指标宜按表 4.2.1 中第三级确定，当发展用地偏紧时，可按第二级确定。

4.2.3 对已有的村镇进行规划时，其人均建设用地指标应以现状建设用地的人均水平为基础，根据人均建设用地指标级别和允许调整幅度确定，并应符合表 4.2.3 及本条各款的规定。

4.2.3.1 第一级用地指标可用于用地紧张地区的村庄；集镇不得选用。

4.2.3.2 地多人少的边远地区的村镇，应根据所在省、自治区政府规定的建设用地指标确定。

表4.2.3 人均建设用地指标

现状人均建设用地水平（m^2/人）	人均建设用地指标级别	允许调整幅度（m^2/人）
≤50	一、二	应增5～20
50.1～60	一、二	可增0～15
60.1～80	二、三	可增0～10
80.1～100	二、三、四	可增、减0～10
100.1～120	三、四	可减0～15
120.1～150	四、五	可减0～20
>150	五	应减至150以内

注：允许调整幅度是指规划人均建设用地指标对现状人均建设用地水平的增减数值。

4.3 建设用地构成比例

4.3.1 村镇规划中的居住建筑、公共建筑、道路广场及绿化用地中公共绿地四类用地占建设用地的比例宜符合表4.3.1的规定。

4.3.2 通勤人口和流动人口较多的中心镇，其公共建筑用地所占比例宜选取规定幅度内的较大值。

4.3.3 邻近旅游区及现状绿地较多的村镇，其公共绿地所占比例可大于6%。

表4.3.1 建设用地构成比例

类别代号	用地类别	占建设用地比例（%）		
		中心镇	一般镇	中心村
R	居住建筑用地	30～50	35～55	55～70
C	公共建筑用地	12～20	10～18	6～12
S	道路广场用地	11～19	10～17	9～16
G_1	公共绿地	2～6	2～6	2～4
四类用地之和		65～85	67～87	72～92

4.4 建设用地选择

4.4.1 村镇建设用地的选择应根据地理位置和自然条件、占地的数量和质量、现有建筑和工程设施的拆迁和利用、交通运输条件、建设投资和经营费用、环境质量和社会效益等因素，经过技术经济比较，择优确定。

4.4.2 村镇建设用地宜选在生产作业区附近，并应充分利用原有用地调整挖潜，同基本农田保护区规划相协调。当需要扩大用地规模时，宜选择荒地、薄地，不占或少占耕地、林地和人工牧场。

4.4.3 村镇建设用地宜选在水源充足，水质良好，便于排水，通风向阳和地质条件适宜的地段。

4.4.4 村镇建设用地应避开山洪、风口、滑坡、泥石流、洪水淹没、地震断裂带等自然灾害影响的地段；并应避开自然保护区、有开采价值的地下资源和地下采空区。

4.4.5 村镇建设用地宜避免被铁路、重要公路和高压输电线路所穿越。

5 居住建筑用地

5.0.1 村民宅基地和居民住宅用地的规模，应根据所在省、自治区、直辖市政府规定的用地面积指标进行确定。

5.0.2 居住建筑用地的选址，应有利生产，方便生活，具有适宜的卫生条件和建设条件。并应符合下列规定。

5.0.2.1 居住建筑用地应布置在大气污染源的常年最小风向频率的下风侧以及水污染源的上游。

5.0.2.2 居住建筑用地应与生产劳动地点联系方便，又不相互干扰。

5.0.2.3 居住建筑用地位于丘陵和山区时，应优先选用向阳坡，并避开风口和窝风地段。

5.0.2.4 居住建筑用地应具有适合建设的工程地质与水文地质条件。

5.0.3 居住建筑用地的规划，应符合下列规定：

5.0.3.1 居住建筑用地规划应符合村镇用地布局的要求，并应综合考虑相邻用地的功能、道路交通等因素进行规划。

5.0.3.2 居住建筑用地规划应根据不同住户的需求，选定不同的住宅类型，相对集中地进行布置。

5.0.4 居住建筑的布置，应根据气候、用地条件和使用要求，确定居住建筑的类型、朝向、层数、间距和组合方式。并应符合下列规定：

5.0.4.1 居住建筑的布置应符合所在省、自治区、直辖市政府规定的居住建筑的朝向和日照间距系数。

5.0.4.2 居住建筑的平面类型应满足通风要求。在现行的国家标准《建筑气候区划标准》的Ⅱ、Ⅲ、Ⅳ气候区，居住建筑的朝向应使夏季最大频率风向入射角大于15°；在其他气候区，应使夏季最大频率风向入射角大于0°。

5.0.4.3 建筑的间距和通道的设置应符合村镇防灾的要求。

5.0.4.4 宅院宜缩小沿巷路一侧的边长；宅院组合宜采用一条巷路服务两侧住户的组合型式。

6 公共建筑用地

6.0.1 公共建筑项目的配置应符合表6.0.1的规定。

表6.0.1 村镇公共建筑项目配置

类别	项目	中心镇	一般镇	中心村	基层村
一、行政管理	1. 人民政府、派出所	●	●	—	—
	2. 法庭	○	—	—	—
	3. 建设、土地管理机构	●	●	—	—
	4. 农、林、水、电管理机构	●	●	—	—
	5. 工商、税务所	●	●	—	—
	6. 粮管所	●	●	—	—
	7. 交通监理站	●	—	—	—
	8. 居委会、村委会	●	●	●	—
二、教育机构	9. 专科院校	○	—	—	—
	10. 高级中学、职业中学	●	○	—	—
	11. 初级中学	●	●	○	—
	12. 小学	●	●	●	—
	13. 幼儿园、托儿所	●	●	●	○

续表 6.0.1

类　别	项　　目	中 心 镇	一 般 镇	中 心 村	基 层 村
三、文体科技	14. 文化站（室）、青少年之家	●	●	○	○
	15. 影剧院	●	○	—	—
	16. 灯光球场	●	●	—	—
	17. 体育场	●	○	—	—
	18. 科技站	●	○	—	—
四、医疗保健	19. 中心卫生院	●	—	—	—
	20. 卫生院（所、室）	—	●	○	○
	21. 防疫、保健站	●	○	—	—
	22. 计划生育指导站	●	●	○	—
五、商业金融	23. 百货店	●	●	○	○
	24. 食品店	●	●	○	—
	25. 生产资料、建材、日杂店	●	●	—	—
	26. 粮店	●	●	—	—
	27. 煤店	●	●	—	—
	28. 药店	●	●	—	—
	29. 书店	●	●	—	—
	30. 银行、信用社、保险机构	●	●	○	—
	31. 饭店、饮食店、小吃店	●	●	○	○
	32. 旅馆、招待所	●	●	—	—
	33. 理发、浴室、洗染店	●	●	○	—
	34. 照相馆	●	●	—	—
	35. 综合修理、加工、收购店	●	●	○	—
六、集贸设施	36. 粮油、土特产市场	●	●	—	—
	37. 蔬菜、副食市场	●	●	○	—
	38. 百货市场	●	●	—	—
	39. 燃料、建材、生产资料市场	●	○	—	—
	40. 畜禽、水产市场	●	○	—	—
注：表中●——应设的项目；○——可设的项目。					

6.0.2 各类公共建筑的用地面积指标应符合表 6.0.2 的规定。

表 6.0.2　各类公共建筑人均用地面积指标

村镇层次	规划规模分级	各类公共建筑人均用地面积指标（m^2/人）				
		行政管理	教育机构	文体科技	医疗保健	商业金融
中心镇	大　型	0.3～1.5	2.5～10.0	0.8～6.5	0.3～1.3	1.6～4.6
	中　型	0.4～2.0	3.1～12.0	0.9～5.3	0.3～1.6	1.8～5.5
	小　型	0.5～2.2	4.3～14.0	1.0～4.2	0.3～1.9	2.0～6.4

续表 6.0.2

村镇层次	规划规模分级	各类公共建筑人均用地面积指标（m^2/人）				
		行政管理	教育机构	文体科技	医疗保健	商业金融
一般镇	大　型	0.2～1.9	3.0～9.0	0.7～4.1	0.3～1.2	0.8～4.4
	中　型	0.3～2.2	3.2～10.0	0.9～3.7	0.3～1.5	0.9～4.6
	小　型	0.4～2.5	3.4～11.0	1.1～3.3	0.3～1.8	1.0～4.8
中心村	大　型	0.1～0.4	1.5～5.0	0.3～1.6	0.1～0.3	0.2～0.6
	中　型	0.12～0.5	2.6～6.0	0.3～2.0	0.1～0.3	0.2～0.6
注：集贸设施的用地面积应按赶集人数、经营品类计算。						

6.0.3 村庄和中小型的集镇的公共建筑用地，除学校和卫生院以外，宜集中布置在位置适中、内外联系方便的地段。商业金融机构和集贸设施宜设在村镇入口附近或交通方便的地段。

6.0.4 学校用地应设在阳光充足、环境安静的地段，距离铁路干线应大于 300m，主要入口不应开向公路。

6.0.5 集贸设施用地应综合考虑交通、环境与节约用地等因素进行布置，并应符合下列规定：

6.0.5.1 集贸设施用地的选址应有利于人流和商品的集散，并不得占用公路、主要干路、车站、码头、桥头等交通量大的地段。影响镇容环境和易燃易爆的商品市场，应设在集镇的边缘，并应符合卫生、安全防护的要求。

6.0.5.2 集贸设施用地的面积应按平集规模确定；非集时应考虑设施和用地的综合利用，并应安排好大集时临时占用的场地。

7　生产建筑和仓储用地

7.0.1 生产建筑用地应根据其对生活环境的影响状况进行选址和布置，并应符合下列规定：

7.0.1.1 本标准用地分类中的一类工业用地可选择在居住建筑或公共建筑用地附近。

7.0.1.2 本标准用地分类中的二类工业用地应选择在常年最小风向频率的上风侧及河流的下游，并应符合现行的国家标准《工业企业设计卫生标准》的有关规定。

7.0.1.3 本标准用地分类中的三类工业用地应按环境保护的要求进行选址，并严禁在该地段内布置居住建筑。

7.0.1 4 对已造成污染的二类、三类工业，必须治理或调整。

7.0.2 工业生产用地应选择在靠近电源、水源，对外交通方便的地段。协作密切的生产项目应邻近布置，相互干扰的生产项目应予以分隔。

7.0.3 农业生产设施用地的选择，应符合下列规定：

7.0.3.1 农机站（场）、打谷场等的选址，应方便田间运输和管理。

7.0.3.2 大中型饲养场地的选址，应满足卫生和防疫要求，宜布置在村镇常年盛行风向的侧风位，以及通风、排水条件良好的地段，并应与村镇保持防护距离。

7.0.3.3 兽医站宜布置在村镇边缘。

7.0.4 仓库及堆场用地的选址，应按存储物品的性质确定，并应设在村镇边缘、交通运输方便的地段。粮、棉、木材、油类、农药等易燃易爆和危险品仓库与厂房、打谷场、居住建筑的距离应符合防火和安全的有关规定。

7.0.5 生产建筑用地、仓储用地的规划，应保证建筑和各项设施之间的防火间距，并应设置消防通路。

8 道路、对外交通和竖向规划

8.1 道路和对外交通规划

8.1.1 道路交通规划应根据村镇之间的联系和村镇各项用地的功能、交通流量，结合自然条件与现状特点，确定道路交通系统，并有利于建筑布置和管线敷设。

8.1.2 村镇所辖地域范围内的道路，按主要功能和使用特点应划分为公路和村镇道路两类，其规划应符合下列规定：

8.1.2.1 公路规划应符合国家现行的《公路工程技术标准》的有关规定。

8.1.2.2 村镇道路可分为四级，其规划的技术指标应符合表 8.1.2 的规定。

表 8.1.2 村镇道路规划技术指标

规划技术指标	村镇道路级别			
	一	二	三	四
计算行车速度（km/h）	40	30	20	—
道路红线宽度（m）	24～32	16～24	10～14	—
车行道宽度（m）	14～20	10～14	6～7	3.5
每侧人行道宽度（m）	4～6	3～5	0～2	0
道路间距（m）	≥500	250～500	120～300	60～150

注：表中一、二、三级道路用地按红线宽度计算，四级道路按车行道宽度计算。

8.1.3 村镇道路系统的组成，应符合表 8.1.3 的规定。

表 8.1.3 村镇道路系统组成

村镇层次	规划规模分级	道路分级			
		一	二	三	四
中心镇	大型	●	●	●	●
	中型	○	●	●	●
	小型	—	●	●	●
一般镇	大型	—	●	●	●
	中型	—	●	●	●
	小型	—	○	●	●

续表 8.1.3

村镇层次	规划规模分级	道路分级			
		一	二	三	四
中心村	大型	—	○	●	●
	中型	—	—	●	●
	小型	—	—	●	●
基层村	大型	—	—	●	●
	中型	—	—	○	●
	小型	—	—	—	●

注：①表中●——应设的级别；○——可设的级别。
②当大型中心镇规划人口大于30000人时，其主要道路红线宽度可大于32m。

8.1.4 集镇道路应根据其道路现状和规划布局的要求，按道路的功能性质进行合理布置。并应符合下列规定：

8.1.4.1 连接工厂、仓库、车站、码头、货场等的道路，不应穿越集镇的中心地段。

8.1.4.2 位于文化娱乐、商业服务等大型公共建筑前的路段，应设置必要的人流集散场地、绿地和停车场地。

8.1.4.3 商业、文化、服务设施集中的路段，可布置为商业步行街，禁止机动车穿越；路口处应设置停车场地。

8.1.5 汽车专用公路，一般公路中的二、三级公路，不应从村镇内部穿过；对于已在公路两侧形成的村镇，应进行调整。

8.2 竖向规划

8.2.1 村镇建设用地的竖向规划，应包括下列内容：

1. 确定建筑物、构筑物、场地、道路、排水沟等的规划标高；
2. 确定地面排水方式及排水构筑物；
3. 进行土方平衡及挖方、填方的合理调配，确定取土和弃土的地点。

8.2.2 村镇建设用地的竖向规划，应符合下列规定：

1. 充分利用自然地形，保留原有绿地和水面；
2. 有利于地面水排除；
3. 符合道路、广场的设计坡度要求；
4. 减少土方工程量。

8.2.3 建筑用地的标高应与道路标高相协调，高于或等于邻近道路的中心标高。

8.2.4 村镇建设用地的地面排水，应根据地形特点、降水量和汇水面积等因素，划分排水区域，确定坡向，坡度和管沟系统。

9 公用工程设施规划

9.1 给水工程规划

9.1.1 给水工程规划中，集中式给水应包括确定用水量、水质标准、水源及卫生防护、水质净化、给水设施、管网布置；分散式给水应包括确定用水量、水质标准、水源及卫生防护、取水设施。

9.1.2 集中式给水的用水量应包括生活、生产、消防、浇洒道路和绿化、管网漏水量和未预见水量，并应符合下列要求。

9.1.2.1 生活用水量的计算，应符合下列要求：

（1）居住建筑的生活用水量应按现行的有关国家标准进行计算。

（2）公共建筑的生活用水量，应符合现行的国家标准《建筑给水排水设计规范》的有关规定，也可按居住建筑生活用水量的8%～25%进行估算。

9.1.2.2 生产用水量应包括乡镇工业用水量、畜禽饲养用水量和农业机械用水量，可按所在省、自治区、直辖市政府的有关规定进行计算。

9.1.2.3 消防用水量应符合现行的国家标准《村镇建筑设计防火规范》的有关规定。

9.1.2.4 浇洒道路和绿地的用水量，可根据当地条件确定。

9.1.2.5 管网漏失水量及未预见水量，可按最高日用水量的15%～25%计算。

9.1.3 生活饮用水的水质应符合现行的有关国家标准的规定。

9.1.4 水源的选择应符合下列要求：

1. 水量充足，水源卫生条件好、便于卫生防护；
2. 原水水质符合要求，优先选用地下水；
3. 取水、净水、输配水设施安全经济，具备施工条件；
4. 选择地下水作为给水水源时，不得超量开采；选择地表水作为给水水源时，其枯水期的保证率不得低于90%。

9.1.5 给水管网系统的布置，干管的方向应与给水的主要流向一致，并应以最短距离向用水大户供水。给水干管最不利点的最小服务水头，单层建筑物可按5～10m计算，建筑物每增加一层应增压3m。

分散式给水应符合现行的有关国家标准的规定。

9.2 排水工程规划

9.2.1 排水工程规划应包括确定排水量、排水体制、排放标准、排水系统布置、污水处理方式。

9.2.2 排水量应包括污水量、雨水量，污水量应包括生活污水量和生产污水量，并应按下列要求计算。

9.2.2.1 生活污水量可按生活用水量的75%～90%进行计算。

9.2.2.2 生产污水量及变化系数应按产品种类、生产工艺特点和用水量确定，也可按生产用水量的75%～90%进行计算。

9.2.2.3 雨水量宜按邻近城市的标准计算。

9.2.3 排水体制宜选择分流制。条件不具备的小型村镇可选择合流制，但在污水排入系统前，应采用化粪池、生活污水净化沼气池等方法进行预处理。

9.2.4 污水排放应符合现行的国家标准《污水综合排放标准》的有关规定；污水用于农田灌溉，应符合现行的国家标准《农田灌溉水质标准》的有关规定。

9.2.5 布置排水管渠时，雨水应充分利用地面迳流和沟渠排除；污水应通过管道或暗渠排放，雨水、污水的管、渠均应按重力流设计。

9.2.6 分散式与合流制中的生活污水，宜采用净化沼气池、双层沉淀池或化粪池等进行处理；集中式生活污水，宜采用活性污泥法、生物膜法等技术处理。生产污水的处理设施，应与生产设施建设同步进行。

污水采用集中处理时，污水处理厂的位置应选在村镇的下游，靠近受纳水体或农田灌溉区。

9.3 供电工程规划

9.3.1 供电工程规划应包括预测村镇所辖地域范围内的供电负荷、确定电源和电压等级，布置供电线路、配置供电设施。

9.3.2 村镇所辖地域范围供电负荷的计算，应包括生活用电、乡镇企业用电和农业用电的负荷。

9.3.3 供电电源和变电站站址的选择应以县域供电规划为依据，并符合建站的建设条件，线路进出方便和接近负荷中心。

9.3.4 变电站出线电压等级应按所在地区规定的电压标准确定。

9.3.5 供电线路的布置，应符合下列规定：

1. 宜沿公路、村镇道路布置；
2. 宜采用同杆并架的架设方式；
3. 线路走廊不应穿过村镇住宅、森林、危险品仓库等地段；
4. 应减少交叉、跨越、避免对弱电的干扰；
5. 变电站出线宜将工业线路和农业线路分开设置。

9.3.6 供电变压器容量的选择，应根据生活用电、乡镇企业用电和农业用电的负荷确定。

9.3.7 重要公用设施、医疗单位或用电大户应单独设置变压设备或供电电源。

9.4 邮电工程规划

9.4.1 邮电工程规划应包括确定邮政、电信设施的位置、规模、设施水平和管线布置。

9.4.2 邮电设施的规划应依据县域邮政、电信规划制定。

9.4.3 邮政局（所）的选址应利于邮件运输，方便用户。

9.4.4 电信局（所）的选址，应符合下列规定：

9.4.4.1 宜靠近上一级电信局来线一侧。

9.4.4.2 应设在用户密度中心。

9.4.4.3 应设在环境安全、交通方便，符合建设条件的地段。

9.4.5 电话普及率应结合当地经济和社会发展需要，确定百人拥有的电话机部数。

9.4.6 电信线路布置，应符合下列规定：

9.4.6.1 应避开易受洪水淹没、河岸塌陷、土坡塌方以及有严重污染等地区。

9.4.6.2 应便于架设、巡察和检修。

9.4.6.3 宜设在电力线走向的道路另一侧。

9.5 村镇防洪规划

9.5.1 村镇所辖地域范围的防洪规划，应按现行的国家标准《防洪标准》的有关规定执行。

邻近大型工矿企业、交通运输设施、文物古迹和风景区等防护对象的村镇，当不能分别进行防护时，应按就高不就低的原则，按现行的国家标准《防洪标准》的有关规定执行。

表 9.5.3 就地避洪安全设施的安全超高

安全设施	安置人口（人）	安全超高（m）
围村埝（保庄圩）	地位重要、防护面大、人口≥10000 的密集区	>2.0
	≥10000	2.0~1.5
	≥1000　<10000	1.5~1.0
	<1000	1.0
安全庄台、避水台	≥1000	1.5~1.0
	<1000	1.0~1.5

注：安全超高是指在蓄、滞洪时的最高洪水以上，考虑水面浪高等因素，避洪安全设施需要增加的富裕高度。

9.5.2 村镇的防洪规划，应与当地江河流域、农田水利建设、水土保持、绿化造林等的规划相结合，统一整治河道，修建堤坝、圩垸和蓄、滞洪区等防洪工程设施。

9.5.3 位于蓄、滞洪区内的村镇，当根据防洪规划需要修建围村埝（保庄圩）、安全庄台、避水台等就地避洪安全设施时，其位置应避开分洪口、主流顶冲和深水区，其安全超高宜符合表 9.5.3 的规定。

9.5.4 在蓄、滞洪区的村镇建筑内设置安全层时，应统一进行规划，并应符合现行的国家标准《蓄滞洪区建筑工程技术规范》的有关规定。

附录 A 村镇用地计算表

A.0.1 村庄用地计算应符合表 A.0.1 的规定。

表 A.0.1 村 庄 用 地 计 算 表

分类代号	用地名称	现状　年			规划　年		
		面积（ha）	比例（%）	人均（m^2/人）	面积（ha）	比例（%）	人均（m^2/人）
R							
C							
M							
W							
T							
S							
U							
G							
村庄建设用地			100			100	
E							
村庄规划范围用地							

注：村庄人口规模现状　　　人，规划　　　人。

A.0.2 集镇用地计算应符合表 A.0.2 的规定。

表 A.0.2 集 镇 用 地 计 算 表

分类代码	用地名称	现状　　年			规划　　年		
		面积（ha）	比例（%）	人均（m^2/人）	面积（ha）	比例（%）	人均（m^2/人）
R							
R1 R2 R3							
C							
C1 C2 C3 C4 C5 C6							
M							
M1 M2 M3 M4							
W							
W1 W2							
T							
T1 T2							
S							
S1 S2							
U							
U1 U2							
G							
G1 G2							
集镇建设用地			100			100	
E							
E1 E2 E3 E4 E5							
集镇规划范围用地							
注：集镇人口规模现状　　人，规划　　人。							

附录 B 村镇用地分类名称中英文词汇对照表（建议性）

代号 Codes	用地中文名称 Chinese	英文同（近）意词 English
R	居住建筑用地	Residential
C	公共建筑用地	Commercial and Public Building
M	生产建筑用地	Indusrtial，Manufacturing，Agriculture
W	仓储用地	Warehouse
T	对外交通用地	Transportation
S	道路广场用地	Street and Square
U	公用工程设施用地	Public Utilities
G	绿化用地	Green Space
E	水域和其他用地	Water Area and Others

附录 C 本标准用词说明

C.0.1 为便于在执行本标准条文时区别对待，对要求严格程度不同的用词说明如下：

C.0.1.1 表示很严格、非这样做不可的：

正面词采用“必须”；

反面词采用“严禁”。

C.0.1.2 表示严格，在正常情况下均应这样做的：

正面词采用“应”；

反面词采用“不应”或“不得”。

C.0.1.3 表示允许稍有选择，在条件许可时首先应这样做的：

正面词采用“宜”或“可”；

反面词采用“不宜”。

C.0.2 条文中指定应按有关标准、规范执行时，写法为“应按……执行”或“应符合……规定”。

附加说明

本标准主编单位、参加单位及主要起草人名单

主 编 单 位： 中国建筑技术发展研究中心村镇规划设计研究所

参 加 单 位： 四川省城乡规划设计研究院
吉林省城乡规划设计研究院
天津市城乡规划设计院
武汉市城市规划设计研究院
浙江省村镇建设研究会
陕西省村镇建设研究会

主要起草人： 赵柏年 任世英 伍畏才 廖先贵 赵保中 赵振民 寿 民 刘玉娟
孙蕴山 杨斌辉 沈冬岐 徐永恺 易守昭 李 杰 刘 荣 贾建勤
邓竞成 桑开林 李 强 杨新华 郑振华

中华人民共和国行业标准

乡镇集贸市场规划设计标准

Standard for Market Planning of Town and Township

CJJ/T 87—2000

主编单位：中国建筑技术研究院村镇规划设计研究所
批准部门：中 华 人 民 共 和 国 建 设 部
施行日期：2 0 0 0 年 6 月 1 日

关于发布行业标准《乡镇集贸市场规划设计标准》的通知

建标［2000］79号

根据建设部《关于印发一九九一年工程建设行业标准制订修订项目计划（建设部部分）第一批的通知》（建标［1991］413号）要求，由中国建筑技术研究院村镇规划设计研究所主编的《乡镇集贸市场规划设计标准》，经审查，批准为推荐性行业标准，编号CJJ/T87—2000。自2000年6月1日起施行。

本标准由建设部村镇建设标准技术归口单位中国建筑技术研究院负责管理，中国建筑技术研究院村镇规划设计研究所负责具体解释，建设部标准定额研究所组织中国建筑工业出版社出版。

中华人民共和国建设部

2000年4月12日

前　言

根据建设部建标［1991］413号文的要求，标准编制组在广泛调查研究，认真总结实践经验和吸取科研成果，并广泛征求意见的基础上，制定了本标准。

本标准的主要技术内容是：1. 总则；2. 术语；3. 乡镇集贸市场类别和规模分级；4. 乡镇集贸市场布点和规模预测；5. 集贸市场用地；6. 集贸市场选址和场地布置；7. 集贸市场设施选型和规划设计；8. 集贸市场附属设施规划设计等。

本标准由建设部村镇建设标准技术归口单位中国建筑技术研究院村镇规划设计研究所归口管理，授权由主编单位负责具体解释。

本标准主编单位是：中国建筑技术研究院村镇规划设计研究所（北京市西城区车公庄大街19号；邮政编码100044）。

本标准参编单位是：河北省村镇建设研究会、浙江省村镇建设研究会、四川省城乡规划设计研究院、黑龙江省村镇建设研究所、云南省村镇建设研究会、新疆自治区村镇建设研究会。

本标准主要起草人员：任世英、赵柏年、杨斌辉、孟祥书、廖先贵、丛树京、张铭彝、朱信义；参加人员：吴　铁、丁家华、邹永安、丁伯昂、刘伟业、朱英杰、杨　赋、李秀森、尹庆祥、许晓燕、李光明。

目　　次

1　总　　则……………………………………………………………………………… 2335
2　术　　语……………………………………………………………………………… 2335
3　乡镇集贸市场类别和规模分级……………………………………………………… 2336
4　乡镇集贸市场布点和规模预测……………………………………………………… 2336
5　集贸市场用地………………………………………………………………………… 2336
6　集贸市场选址和场地布置…………………………………………………………… 2337
6.1　市场选址…………………………………………………………………………… 2337
6.2　场地布置…………………………………………………………………………… 2337
7　集贸市场设施选型和规划设计……………………………………………………… 2338
7.1　市场设施选型……………………………………………………………………… 2338
7.2　市场设施规划设计………………………………………………………………… 2338
8　集贸市场附属设施规划设计………………………………………………………… 2339
本标准用词说明…………………………………………………………………………… 2340

1 总 则

1.0.1 为了科学地进行乡镇集贸市场的规划设计，提高集贸市场建设的综合效益，促进商品流通，繁荣城乡市场经济，制订本标准。

1.0.2 本标准适用于县城以外建制镇和乡的辖区内集贸市场及其附属设施的规划设计。

1.0.3 乡镇集贸市场的规划设计应符合县（市、区）域城镇体系规划、乡镇域规划和镇区规划的部署。贯彻勤俭建设、节约用地、不占良田、方便交通、优化环境的原则，并应符合适用、经济、卫生、安全等要求。

1.0.4 乡镇集贸市场的规划设计应包括：依据市场发展的需要，在县域城镇体系规划中确定集贸市场的布点和规模；在乡镇域规划和镇区规划中确定集贸市场的位置和用地范围；编制集贸市场的详细规划，为集贸市场建筑及其附属设施的设计提供依据。

1.0.5 乡镇集贸市场的规划设计，除应符合本标准外，尚应符合国家现行有关标准的规定。

2 术 语

2.0.1 乡镇集贸市场 Trade Market in Towns and Townships

在乡和县城以外建制镇的行政辖区范围内，定期聚集进行商品交易的场所。

2.0.2 乡镇域 Region of Towns and Townships

乡和县城以外建制镇的行政辖区地域范围。

2.0.3 镇区 Area of Towns

县城以外建制镇政府所在地或集镇的建设规划区范围。

2.0.4 平集日 Usual Market Day

一年中一般情况下的集市日期。

2.0.5 大集日 Important Market Day

节日和传统商品交易季节等特殊情况下，聚集人多、交易量大的集市日期。

2.0.6 入集人次 Total Number of People in Market Activities

集日全天内参与集市活动的人次总数。

2.0.7 平集日高峰人数 Peak Number of People in Usual Market Day

平集日在集贸市场内人流高峰时容纳的人数。

2.0.8 平集日高峰系数 Peak Coefficient in Usual Market Day

平集日高峰人数与入集人次的比值。

2.0.9 集贸市场用地 Land Used for Trade Market

集贸市场专用的各项设施和通道占地面积的总和，不包括用地外兼为其他使用的公共服务设施和停车场等用地。

2.0.10 人均市场用地指标 Index of Land Used for Market Per Capita

集贸市场用地面积除以平集日高峰人数的数值（m^2/人）。

2.0.11 行商 Itinerant Traders

无固定营业地点的经商人员。

2.0.12 坐商 Traders with Stands

有固定营业地点的经商人员。

2.0.13 临时摊床 Temporary Stands

为行商临时使用，集市过后不存储货品的摊位。

2.0.14 固定摊棚 Fixed Stands

为坐商使用，设有防护设施的摊棚。

3 乡镇集贸市场类别和规模分级

3.0.1 乡镇集贸市场的类别，按交易品类分为综合型和专业型市场；按经营方式分为零售型和批发型市场，以及批零兼营型市场；按布局形式分为集中式和分散式市场；按设施类型分为固定型和临时型市场；按服务范围分为镇区型、镇域型和域外型市场。

3.0.2 以零售为主的乡镇集贸市场的规模，应按平集日入集人次划分为小型、中型、大型和特大型四级，其规模分级应符合表3.0.2的规定。批发市场的规模应根据经营内容的实际情况分级。

表 3.0.2 乡镇集贸市场规模分级

集贸市场规模分级	小 型	中 型	大 型	特大型
平集日入集人次	≤3000	3001～10000	10001～50000	>50000

4 乡镇集贸市场布点和规模预测

4.0.1 县域乡镇集贸市场的分布应结合市场现状和发展前景，确定其类别、数量和布点。

4.0.2 集贸市场的规划应根据市场的现状和市场区位、交通条件、商品类型、资源状况等因素进行综合分析，预测其发展的趋势和规模。预测的内容应包括：集市服务的地域范围、交易商品的种类和数量、入集人次和交易额、市场占地面积、设施选型以及分期建设的内容和要求等。

4.0.3 对于临近行政辖区边界和沿交通要道的乡镇集贸市场，在进行布点时，应充分考虑影响范围内区域发展经贸活动的需要。

4.0.4 乡镇集贸市场规模预测的期限应与县域城镇体系规划及镇区规划的规划期限相一致。

5 集贸市场用地

5.0.1 确定集贸市场的用地规模应以规划预测的平集日高峰人数为计算依据。大集日增加临时交易场地等措施时，不得占用公路和镇区主干道。

5.0.2 集贸市场的规划用地面积应为人均市场用地指标乘以平集日高峰人数。平集日高峰人数是平集日入集人次乘以平集日高峰系数。

集贸市场用地应按下式计算：

集贸市场用地面积=人均市场用地指标×平集日入集人次×平集日高峰系数

人均市场用地指标应为 0.8～1.2m²/人。经营品类占地大的、大型运输工具出入量大的市场宜取大值，以批发为主的固定型市场宜取小值。

平集日高峰系数可取 0.3～0.6。集日频率小的、交易时间短的、专业型的市场以及经济欠发达地区宜取大值，每日有集的、交易时间长的、综合型的市场以及经济发达地区宜取小值。

6 集贸市场选址和场地布置

6.1 市 场 选 址

6.1.1 新建集贸市场选址应根据其经营类别、市场规模、服务范围的特点，综合考虑自然条件、交通运输、环境质量、建设投资、使用效益、发展前景等因素，进行多方案技术经济比较，择优确定。当现有集贸市场位置合理，交通顺畅，并有一定发展余地时，应合理利用现有场地和设施进行改建和扩建。

6.1.2 集贸市场选址应有利市场人流和货流的集散，确保内外交通顺畅安全，并与镇区公共设施联系方便，互不干扰。

6.1.3 集贸市场用地严禁跨越公路、铁路进行布置，并不得占用公路、桥头、码头、车站等重要交通地段的用地。

6.1.4 小型集市的各类商品交易场地宜集中选址；商品种类较多的大、中型的集市，宜根据交易要求分开选址。

6.1.5 为镇区居民日常生活服务的市场应与集中的居住区临近布置，但不得与学校、托幼设施相邻。运输量大的商品市场应根据货源来向选择场址。

6.1.6 影响镇区环境和易燃、易爆以及影响环境卫生的商品市场，应在镇区边缘，位于常年最小风向频率的上风侧及水系的下游选址，并应设置不小于 50m 宽的防护绿地。

6.2 场 地 布 置

6.2.1 集贸市场的场地布置应方便交易，利于管理，不同类别的商品应分类布置，相互干扰的商品应分隔布置。

6.2.2 集贸市场的场地布置应利于集散，确保安全。商场型市场场地的规划设计应符合国家现行标准《建筑设计防火规范》(GBJ16)、《村镇建筑设计防火规范》(GBJ39)、《商店建筑设计规范》(JGJ48) 等的有关规定。

6.2.3 集贸市场的所在地段应设置不少于表 6.2.3 规定数量的独立出口。每一独立出口的宽度不应小于 5m、净高不应小于 4m，应有两个以上不同方向的出口联结镇区道路或公路。出口的总宽度应按平集日高峰人数的疏散要求计算确定，疏散宽度指标不应小于 0.32m/百人。

表 6.2.3 集贸市场地段出口数量

集市规模	小 型	中 型	大型、特大型
独立出口数（个）	2～3	3～4	$3+\frac{市场规划人次}{10000}$

6.2.4 集贸市场布置应确保内外交通顺畅，避免布置回头路和尽端路。市场出口应退入道路红线，并应设置宽度大于出口、向前延伸大于 6m 的人流集散场地，该地段不得停车

和设摊。大、中型市场的主要出口与公路、镇区主干道的交叉口以及桥头、车站、码头的距离不应小于70m。

6.2.5 集贸市场的场地应做好竖向设计，保证雨水顺利排出。场地内的道路、给排水、电力、电讯、防灾等的规划设计应符合国家现行有关标准的规定。

6.2.6 集贸市场规划宜采取一场多用、设计为多层建筑、兼容其他功能等措施，提高用地使用效率。

6.2.7 停车场地应根据集贸市场的规模与布置，在镇区规划中统一进行定量、定位。

7 集贸市场设施选型和规划设计

7.1 市场设施选型

7.1.1 集贸市场设施按建造和布置形式分为摊棚设施、商场建筑和坐商街区等三种形式。

7.1.2 集贸市场设施的选型应根据商品特点、使用要求、场地状况、经营方式、建设规模和经济条件等因素确定。

7.1.3 集贸市场设施的选型，可采取单一形式或多种形式组成；多种形式组成的市场宜分区设置。

7.2 市场设施规划设计

7.2.1 摊棚设施分为临时摊床和固定摊棚。摊棚设施的规划设计应符合下列规定：

（1）摊棚设施规划设计指标宜符合表7.2.1的规定；

表 7.2.1 摊棚设施规划设计指标

摊位指标 \ 商品类别		粮油、副食	蔬菜、果品、鲜活	百货、服装、土特、日杂	小型建材、家具、生产资料	小型餐饮、服务	废旧物品	牲畜
摊位面宽（m/摊）		1.5～2.0	2.0～2.5	2.0～3.0	2.5～4.0	2.5～3.0	2.5～4.0	—
摊位进深（m/摊）		1.8～2.5	1.5～2.0	1.5～2.0	2.5～3.0	2.5～3.5	2.0～3.0	—
购物通道宽度（m/摊）	单侧摊位	1.8～2.2	1.8～2.2	1.8～2.2	2.5～3.5	1.8～2.2	2.5～3.5	1.8～2.2
	双侧摊位	2.5～3.0	2.5～3.0	2.5～3.0	4.0～4.5	2.5～3.0	4.0～4.5	2.5～3.0
摊位占地指标（m^2/摊）	单侧摊位	5.5～9.0	6.5～10.5	6.5～12.5	15.5～26.0	11.0～17.0	12.5～26.0	6.5～18.0
	双侧摊位	3.5～5.5	4.0～6.0	4.0～7.5	11.0～21.0	6.5～10.0	11.0～21.0	4.0～10.5
摊位容纳人数（人/摊）		4～8	6～12	8～15	4～8	6～12	6～10	3～6
人均占地指标（m^2/人）		0.9～1.2	0.7～0.9	0.5～0.9	1.5～3.0	1.1～1.7	1.3～2.6	1.3～3.0

注：1. 本表面积指标主要用于零售摊点；
2. 市场内共用的通道面积不计算在内；
3. 摊位容纳人数包括购物、售货和管理等人员。

（2）应符合国家现行的有关卫生、防火、防震、安全疏散等标准的有关规定；

（3）应设置供电、供水和排水设施。

7.2.2 商场建筑分为柜台式和店铺式两种布置形式。商场建筑的规划设计应符合下列规定：

（1）应符合国家现行标准《商店建筑设计规范》(JGJ48)等的有关规定；

（2）每一店铺均应设置独立的启闭设施；

（3）每一店铺均应分别配置消防设施，柜台式商场应统一设置消防设施；

（4）宜设计为多层建筑，以利节约用地。

7.2.3 坐商街区以及附有居住用房或生产用房的营业性建筑的规划设计，应符合下列规定：

（1）应符合镇区规划，充分考虑周围条件，满足经营交易、日照通风、安全防灾、环境卫生、设施管理等要求；

（2）应合理组织人流、车流，对外联系顺畅，利于消防、救护、货运、环卫等车辆的通行；

（3）地段内应采用暗沟（管）排除地面水；

（4）应结合市场设施、购物休憩和景观环境的要求，充分利用街区内现有的绿化，规划公共绿地和道路绿地。公共绿地面积不小于市场用地的4%。

8 集贸市场附属设施规划设计

8.0.1 集贸市场主要附属设施应包括下列内容：

（1）服务设施：市场管理、咨询、维修、寄存用房；

（2）安全设施：消防、保安、救护、卫生检疫用房；

（3）环卫设施：垃圾站、公厕；

（4）休憩设施：休息廊、绿地。

8.0.2 集贸市场主要附属设施配置指标应符合表8.0.2的规定。

表8.0.2 集贸市场主要附属设施配置指标

集市规模	小型		中型		大型		特大型	
设施标准 / 设施项目	数量	建筑面积（m^2）	数量	建筑面积（m^2）	数量	建筑面积（m^2）	数量	建筑面积（m^2）
市场服务管理	<10人	50~100	10~25人	100~180	25~40人	180~240	>40人	240~300
保卫救护医疗	2~5人	30	5~8人	50	8~12人	70	>12人	90
休息廊亭	1处	40	1~2处	60~100	3~4处	120~200	>4处	>300
公共厕所	1~2处	20~30	2~3处	30~50	3~4处	50~100	>4处	>100
垃圾站	1处	100	1~2处	100~200	2~3处	200~300	>3处	>300
垃圾箱	服务距离不得大于70m							
消火栓	按《建筑设计防火规范》(GBJ16)设置							
灭火器	按《建筑灭火器配置设计规范》(GBJ140)配置							

注：1. 表中所列附属设施的面积，皆为市场中该类设施多处面积的总和；
2. 垃圾站一栏为场地面积，与周围建筑距离不得小于5m。

本标准用词说明

1. 为便于在执行本标准条文时区别对待，对要求严格程度不同的用词说明如下：

1）表示很严格，非这样做不可的：

正面词采用“必须”；

反面词采用“严禁”。

2）表示严格，在正常情况下均应这样做的：

正面词采用“应”；

反面词采用“不应”或“不得”。

3）表示允许稍有选择，在条件许可时首先应这样做的：

正面词采用“宜”；

反面词采用“不宜”。

表示有选择，在一定条件下可以这样做的，采用“可”。

2. 条文中指定应按其他有关标准执行的写法为“应按……执行”或“应符合……的规定”。

党政机关办公用房建设标准

一九九九年十二月

目　录

第一章　总　　则 …… 2343
第二章　建设等级与面积指标 …… 2343
第三章　选址与建设用地 …… 2345
第四章　建筑标准 …… 2345
第五章　装修标准 …… 2346
第六章　室内环境与建筑设备 …… 2346
第七章　附　　则 …… 2347

第一章 总 则

第一条 为在党政机关办公用房建设中，贯彻艰苦奋斗、勤俭建国、厉行节约、制止奢侈浪费的方针，合理确定办公用房的建设内容和建设规模，加强管理和监督，制定本建设标准。

第二条 本建设标准为全国统一的建设标准，是编制、评估和审批党政机关办公用房项目建议书和可行性研究报告，以及审查工程初步设计和监督检查的依据。

第三条 本建设标准适用于全国县级及以上党的机关、人大机关、行政机关、政协机关、审判机关、检察机关，以及工会、共青团、妇联等人民团体机关办公用房（以下简称“党政机关办公用房”）的新建工程。改建、扩建工程参照执行。

第四条 党政机关办公用房必须按照统筹兼顾、量力而行、逐步改善的原则进行建设。办公用房的建设规模，应根据使用单位的级别和编制定员，按照本建设标准规定的建设等级、建筑面积指标确定。

第五条 省（自治区、直辖市）、市（地、州、盟）、县（市、旗）同级党政机关及其直属机关办公用房宜集中建设或联合建设，充分利用公共服务和附属设施。

第六条 党政机关办公用房的建设应符合城市规划的要求，综合考虑建筑性质、建筑造型、建筑立面特征等与周围环境的关系，并应符合国家有关节约用地、节能节水、环境保护和消防安全等规定。

第七条 党政机关办公用房的建设水平，应与当地的经济发展水平相适应，做到实事求是、因地制宜、功能适用、简朴庄重。为提高机关工作效率，应设置或预留办公自动化等设施的条件。

第八条 党政机关办公用房的建设，应坚持后勤服务社会化的改革方向，充分利用社会服务设施。集中建设或联合建设办公用房的公共服务和附属设施，应统一规划、集中管理、共同使用。

第九条 党政机关办公用房的建设除应符合本建设标准外，还应执行国家有关建筑设计的标准、规范的规定。

第二章 建设等级与面积指标

第十条 党政机关办公用房建设等级分为三级：

一级办公用房，适用于中央部（委）级机关、省（自治区、直辖市）级机关，以及相当于该级别的其他机关。

二级办公用房，适用于市（地、州、盟）级机关，以及相当于该级别的其他机关。

三级办公用房，适用于县（市、旗）级机关，以及相当于该级别的其他机关。

第十一条 党政机关办公用房包括：办公室用房、公共服务用房、设备用房和附属用房。各类用房的内容如下：

一、办公室用房，包括一般工作人员办公室和领导人员办公室。

二、公共服务用房，包括会议室、接待室、档案室、文印室、资料室、收发室、计算机房、储藏室、卫生间、公勤人员用房、警卫用房等。

三、设备用房，包括变配电室、水泵房、水箱间、锅炉房、电梯机房、制冷机房、通信机房等。

四、附属用房，包括食堂、汽车库、人防设施、消防设施等。

除上述四类用房之外的特殊业务用房，需要单独审批和核定标准。

第十二条 各级党政机关办公用房人均建筑面积指标应按下列规定执行：

一级办公用房，编制定员每人平均建筑面积为 26～30 平方米，使用面积为 16～19 平方米；编制定员超过 400 人时，应取下限。

二级办公用房，编制定员每人平均建筑面积为 20～24 平方米，使用面积为 12～15 平方米；编制定员超过 200 人时，应取下限。

三级办公用房，编制定员每人平均建筑面积为 16～18 平方米，使用面积为 10～12 平方米，编制定员超过 100 人时，应取下限。

寒冷地区办公用房、高层建筑办公用房的人均面积指标可采用使用面积指标控制。

第十三条 各级工作人员办公室的使用面积，不应超过下列规定：

一、中央机关：

正部级：每人使用面积 54 平方米。

副部级：每人使用面积 42 平方米。

正司（局）级：每人使用面积 24 平方米。

副司（局）级：每人使用面积 18 平方米。

处级：每人使用面积 9 平方米。

处级以下：每人使用面积 6 平方米。

二、地方机关

（一）省级及直属机关

省（自治区、直辖市）级正职：每人使用面积 54 平方米。

省（自治区、直辖市）级副职：每人使用面积 42 平方米。

直属机关正厅（局）级：每人使用面积 24 平方米。

副厅（局）级：每人使用面积 18 平方米。

处级：每人使用面积 12 平方米。

处级以下：每人使用面积 6 平方米。

（二）市（地、州、盟）级及直属机关

市（地、州、盟）级正职：每人使用面积 32 平方米。

市（地、州、盟）级副职：每人使用面积 18 平方米。

直属机关局（处）级：每人使用面积 12 平方米。

局（处）级以下：每人使用面积 6 平方米。

（三）县（市、旗）级及直属机关

县（市、旗）级正职：每人使用面积 20 平方米。

县（市、旗）级副职：每人使用面积 12 平方米。

直属机关科级：每人使用面积 9 平方米。

科级以下：每人使用面积 6 平方米。

第十四条　本建设标准第十二条中各级办公用房人均建筑面积指标，未包括独立变配电室、锅炉房、食堂、汽车库、人防设施和警卫用房的面积。

需要建设独立变配电室、锅炉房、食堂等设施，应按办公用房需要进行配置。警卫用房的建设应按国家有关规定执行。

第十五条　党政机关办公用房的人防设施，应按国家人防部门规定的设防范围和标准计列建筑面积。人防设施建设应做到平战结合、充分利用。

第十六条　党政机关办公用房的汽车停车设施应包括地面停车场和汽车库。汽车停车设施建设应充分利用社会停车设施，确需建设独立汽车库时，应注意节约用地，充分利用地下室或半地下室。

第十七条　党政机关办公用房的建设规模，应根据批准的编制定员人数，对照本建设标准规定的建设等级，按每人平均建筑面积指标乘以编制定员数，并加上第十四条、第十五条、第十六条中需要或者按规定设置的其他用房建筑面积计算总建筑面积。

第三章　选址与建设用地

第十八条　党政机关办公用房的建设地点应选择在交通便捷、环境适宜、公共服务设施条件较好、有利于安全保卫和远离污染源的地点，应避免建设在工业区、商业区、居民区。

第十九条　党政机关办公用房的建设应节约用地，所需建设用地面积应根据当地城市规划确定的建筑容积率进行核算。

第二十条　党政机关办公用房的建设，应符合当地城市有关基地绿化面积指标的规定。

第二十一条　党政机关办公用房的汽车库和高层办公建筑的消防水池、水泵房等用房的建设，应充分利用地下室空间。

第四章　建　筑　标　准

第二十二条　党政机关办公用房建筑应按照本建设标准第十一条的规定设置办公室用房、公共服务用房、设备用房、附属用房等。办公用房建筑平面布置应功能分区明确、使用方便、布局合理。办公用房区应与机关住宅区分开设置。

第二十三条　各级党政机关办公用房建筑应合理确定门厅、走廊、电梯厅等面积，提高使用面积系数。办公用房建筑总使用面积系数，多层建筑不应低于60%，高层建筑不应低于57%。

第二十四条　各级党政机关一般工作人员办公室宜采用大开间，提高办公室利用率；需设置分隔单间办公室的，标准单间办公室使用面积以12~18平方米为宜。

第二十五条　各级党政机关办公用房的会议室宜以中、小会议室为主，小会议室宜采用1~2个标准间，中会议室宜采用3~4个标准间。大会议室应根据编制定员人数并结合机关内部活动需要设置。

第二十六条　各级党政机关办公用房宜建多层；一级、二级办公用房根据城市规划的要求可建高层。

第二十七条 多层办公建筑标准层层高不宜超过3.3米，高层办公建筑标准层层高不宜超过3.6米；室内净高不应低于2.5米。

第二十八条 各级党政机关办公用房建筑耐久年限不应低于二级（50～100年）；建筑安全等级不应低于二级。

第二十九条 各级党政机关办公用房建筑防火应符合国家有关建筑设计防火规范的规定。

第五章　装　修　标　准

第三十条 党政机关办公用房的建筑装修应遵循简朴庄重、经济适用原则，兼顾美观和地方特色。装修材料选择应因地制宜、就地取材，不应进口装修材料。

第三十一条 各级党政机关办公用房的外部装修，一级办公用房宜采用中级装修；二级、三级办公用房宜采用普通装修，主要入口部位可适当采用中级装修。外门窗应按当地城市规定的节能指标要求采用密封和保温、隔热性能好的产品。

第三十二条 各级党政机关办公用房的内部装修，一级办公用房的门厅、电梯厅、贵宾接待室、重要会议室、领导人员办公室等重要部位可采用中、高级装修；二级、三级办公用房的上述重要部位宜采用中级装修。一般工作人员办公室以及其他房间和部位应采用普通装修。

第三十三条 各级党政机关办公用房装修标准，参照本建设标准附表一《党政机关办公用房建筑装修标准》；装修选用材料，参考本建设标准附表二《建筑装修材料选用举例》。

第三十四条 各级党政机关办公用房的内部装修费用占建安工程造价的比例，应按下列数值控制：

砖混结构建筑：不应超过35%；

框架结构建筑：不应超过25%。

第六章　室内环境与建筑设备

第三十五条 各级党政机关办公用房的办公室、会议室应采用直接采光。办公室照明应采用普通节能灯具，门厅、会议室可根据需要采用节能装饰灯具。

第三十六条 采暖地区的各级党政机关办公用房应优先采用区域集中供热采暖系统。

第三十七条 各级党政机关办公用房的办公室应采用自然通风换气方式。夏季需要进行人工降温的地区，可设置空调，包括采用分区或集中空调系统。

第三十八条 新建的五层及五层以上的各级党政机关办公用房建筑应设置电梯或预留安装电梯的空间。

第三十九条 各级党政机关办公用房的通讯与计算机网络设施应能满足办公自动化的要求，并应根据办公自动化及安全、保密、消防管理等要求综合布线、预留接口。

第四十条 各级党政机关办公用房的卫生间应设置前室，卫生间洁具应采用易于清洁的卫生设备，并应设置机械排风设备和垃圾收集存放设施。

第四十一条 各级党政机关办公用房使用的采暖设备、空调设备、电梯设备及卫生设备均应采用国产设备。

第七章 附 则

第四十二条 本建设标准发布后，国家计委原颁布的《行政办公楼建设标准（试行）》（计标［1987］184号）和《中央国家机关办公及业务用房建设标准》（计投资［1996］2984号）停止执行。

第四十三条 本建设标准由国家发展计划委员会负责解释。

第四十四条 本建设标准自发布之日起施行。

附表一 党政机关办公用房建筑装修标准

部位 \ 等级		一级办公用房	二级办公用房	三级办公用房
一般办公室、会议室、走廊、楼梯等	地面	普通、中级装修	普通装修	普通装修
	内墙面	普通、中级装修	普通装修	普通装修
	天棚	普通、中级装修	普通装修	普通装修
领导办公室、重要会议室、门厅、电梯厅等重要部位	地面	中、高级装修	中级装修	中级装修
	内墙面	中、高级装修	中级装修	中级装修
	天棚	中、高级装修	中级装修	中级装修
外墙		中级装修	普通装修	普通装修
卫生间	地面	中级装修	中级装修	普通装修
	内墙面	中级装修	中级装修	普通装修
	天棚	中级装修	中级装修	普通装修
	设备	大便器、小便斗，洗手台，壁镜，洗污池	大便器，小便斗，洗手盆，壁镜，洗污池	大便器，小便斗，洗手盆，壁镜，洗污池

附表二 建筑装修材料选用举例

部位 \ 等级	高级装修	中级装修	普通装修
外墙	中高级釉面砖、人造石材等	装饰混凝土喷涂、墙面砖、水刷石、玻璃马赛克等	水性涂料、清水墙水泥砂浆勾缝等
内墙	装饰板、墙纸、墙布、釉面砖、油漆、乳胶漆、胶合板、中高密板等	乳胶漆、塑料扣板等	涂料、石灰浆、白粉浆等
墙裙	胶合板、高级釉面砖、装饰板、人造石材等	中级釉面砖、瓷砖、水磨石、塑料扣板等	普通釉面砖、水泥砂浆、提浆抹面、局部水磨石等

续附表二

部位＼等级	高级装修	中级装修	普通装修
地面	人造石材、高级地砖等	中级地砖、水磨石、马赛克、塑料地板等	水泥地坪、局部水磨石、普通地砖等
天棚	胶合板、装饰板、墙纸墙布、油漆、乳胶漆、管线暗装等	塑料扣板、石膏线条、乳胶漆、管线暗装等	水性涂料、石灰浆、白粉浆等
门窗	铝合金及彩板门窗、铝合金中空玻璃窗、双面包镶门、特殊要求制作的门等	单层玻璃铝合金窗、塑钢门窗、镶板门等	木质及塑钢门窗、钢门窗、拼板门、胶合板纤维板门等

人民法院法庭建设标准

主编部门：中华人民共和国最高人民法院
批准部门：中华人民共和国建设部
中华人民共和国国家发展计划委员会
施行日期：2003年1月1日

关于批准发布《人民法院法庭建设标准》的通知

建标［2002］259号

国务院各有关部门，各省、自治区、直辖市建设厅（建委）、计委：

根据建设部《关于印发〈二〇〇一年工程项目建设标准编制项目计划〉的通知》（建标［2001］203号）的要求，由最高人民法院编制的《人民法院法庭建设标准》，经有关部门会审，现批准发布，自2003年1月1日起施行。

本建设标准的管理由建设部和国家计委负责，具体解释工作由最高人民法院负责。

中华人民共和国建设部

中华人民共和国国家发展计划委员会

2002年10月23日

编 制 说 明

《人民法院法庭建设标准》是根据国家计委和建设部下达的编制任务，由最高人民法院负责主编，具体由最高人民法院司法行政装备管理局组织编制的。

在编制过程中，编制组进行了广泛深入的调查研究，认真分析全国各级人民法院和人民法庭的统计资料，总结了法院建设的经验教训，遵循艰苦奋斗、勤俭建国的方针，在考虑法院实际工作需要的基础上，结合当前的经济发展水平，确定了标准的内容。标准草案曾反复征求了各有关部门、各级法院和有关专家的意见，最后由最高人民法院主持召开了全国审查会，会同有关部门审查定稿。

本建设标准共分五章：总则、建设内容和项目构成、建设规模和建筑面积指标、总体布局和建筑标准、室内环境及建筑设备。

请各单位在执行本建设标准过程中，注意总结经验，积累资料。如发现需要修改和补充之处，请将意见和资料寄中华人民共和国最高人民法院司法行政装备管理局（地址：北京市东交民巷 27 号，邮政编码 100745)，以便今后修订时参考。

中华人民共和国最高人民法院

2002 年 12 月 10 日

目　录

第一章　总　　则 …………………………………………………………… 2353
第二章　建设内容和项目构成 ………………………………………………… 2353
第三章　建设规模和建筑面积指标 …………………………………………… 2354
第四章　总体布局和建筑标准 ………………………………………………… 2356
第五章　室内环境及建筑设备 ………………………………………………… 2356
附录一　高级人民法院审判法庭各类用房面积指标分配表 ………………… 2357
附录二　中级人民法院审判法庭各类用房面积指标分配表 ………………… 2361
附录三　基层人民法院审判法庭各类用房面积指标分配表 ………………… 2365
附录四　人民法庭各类用房面积指标分配表 ………………………………… 2368
附录五　人民法院法庭用房名称解释 ………………………………………… 2369
附录六　本标准用词说明 ……………………………………………………… 2371
附加说明 ………………………………………………………………………… 2371

第一章　总　则

第一条　为加强和规范人民法院审判法庭和人民法庭（以下简称：人民法院法庭）建设，保障审判活动的顺利进行，根据《中华人民共和国宪法》、《中华人民共和国刑事诉讼法》、《中华人民共和国民事诉讼法》、《中华人民共和国行政诉讼法》和《中华人民共和国人民法院组织法》等法律以及其他有关规定，制定本建设标准。

第二条　本建设标准是为人民法院法庭建设项目决策服务和控制项目建设水平的全国统一标准，是编制、评估、审批工程项目可行性研究报告的重要依据，也是工程设计和监督检查的依据。

第三条　本建设标准适用于地方各级人民法院法庭新建、改建和扩建工程项目。

专门人民法院法庭建设可参照本标准执行。

第四条　人民法院法庭建设必须遵守国家经济建设和司法工作的有关法律、法规，从我国国情出发，既要满足审判工作的需要，又要适当考虑社会发展对审判工作提出的新的要求，根据实际情况，合理确定建设规模和水平，做到功能齐全，设施完善，庄重实用，适度超前。

人民法院法庭建设，应根据本标准的规定统一规划；结合本地的实际情况，可以一次建设，也可分期建设，并留有改造和发展余地。

第五条　人民法院法庭建设应充分体现法庭作为国家司法活动的公共场所和国家司法文明标志的特点，满足人民法院行使国家审判权和有关国家机关、公民、法人、其他组织进行诉讼活动，以及国家对公民进行法制教育的需要。

第六条　人民法院法庭建设应纳入国民经济和社会发展计划，工程投资纳入基本建设投资计划，统筹安排建设。

人民法院法庭作为国家政权建设的重要组成部分，宜设置在政务机关比较集中的地方，并按照法庭建设用地要求纳入城市建设总体规划。

第七条　人民法院法庭用房应与办公用房统筹建设。人民法院办公用房建设按《党政机关办公用房建设标准》执行。

第八条　人民法院法庭建设除遵守本标准外，尚应符合国家有关工程建设强制性条文所规定的内容。

第二章　建设内容和项目构成

第九条　人民法院法庭建设项目由房屋建筑、场地和法庭装备三部分组成。

第十条　人民法院审判法庭房屋建筑由立案用房、审判用房、执行用房、审判配套用房、辅助用房等组成。

立案用房包括：当事人接待室、诉前调解室、立案登记室、诉讼收费室、法律服务室、法律资料查询室、法警值班室等。

审判用房包括：大法庭、中法庭、小法庭、独任法庭、合议室、法官更衣室、审委会评案室、诉讼调解室、听证室、证据交换室等。

执行用房包括：执行工作室、执行物保管室等。

审判配套用房包括：候审大厅、陪审员室、公诉人室、律师室、证人室、鉴定人室、翻译室、刑事被告人候审室、法警值庭室、羁押室、法庭设备中心控制室、音像资料编辑室、阅卷室、案卷档案室、信访接待室等。

辅助用房包括：新闻发布室、亲闻记者工作室、外宾会见室、法律文书文印室、审判业务资料室、证物存放室、赃物库房、枪械库、法庭抢救室、业务用车车库、公共服务及设备用房等。

第十一条 人民法庭房屋建筑用房由审判工作用房、办公用房、附属用房、生活用房等组成。

审判工作用房包括：当事人接待室、立案室、中法庭、小法庭、合议室、调解室、陪审员室、律师室、法警值班室、法律文书文印室、审判业务资料室、案卷存放室、执行物保管室等。

办公用房包括：办公室、会议室等。

附属用房包括：车库、库房等。

生活用房包括：驻庭宿舍、食堂、活动室等。

第十二条 人民法院法庭的场地由人员集散场地、停车场地、绿地等组成。

第十三条 法庭装备包括：法庭专用桌椅、庭审记录设备、证据展示设备、音像设备、监控设备、安检设备、网络设备等。

第三章 建设规模和建筑面积指标

第十四条 人民法院审判法庭建设规模，根据高级人民法院、中级人民法院、基层人民法院审理案件的数量分为三类。

法院审理案件的数量，应以工程立项上年审理案件数为基础，依据前5年审理案件平均增长情况推算出的5年后可能达到的年审理案件数为标准确定。

第十五条 高级人民法院：年审理案件2500件~3500件的，执行一类标准；年审理案件1500~2500件的，执行二类标准；年审理案件在1500件以下的，执行三类标准。

直辖市高级人民法院执行一类标准。

高级人民法院审判法庭建筑面积指标应符合表一的规定。

表一 高级人民法院审判法庭功能性用房建筑面积指标表 （单位：平方米）

项目 \ 指标	面积指标		
	一类	二类	三类
立案用房	630	600	570
审判用房	7780~10420	6180~8550	4420~6380
执行用房	400	320	250
审判配套用房	3310~3770	2460~2770	1430~1740
辅助用房	2260~2470	2000~2190	1570~1730
合计	14380~17690	11560~14430	8240~10670

注：①表列各类用房指标分配见附表一。
②在同类标准中，案件数量或辖区人口多的法院按标准上限执行；案件数量或辖区人口少的法院按标准下限执行。

第十六条 中级人民法院：年审理案件在4000～8000件的，执行一类标准；年审理案件2000～4000件的，执行二类标准；年审理案件在2000件以下的，执行三类标准。

省会、自治区首府、直辖市、计划单列市的中级人民法院，执行一类标准。

中级人民法院审判法庭建筑面积指标应符合表二的规定。

表二 中级人民法院审判法庭功能性用房建筑面积指标表 （单位：平方米）

项目＼指标	面积指标		
	一类	二类	三类
立案用房	660	570	350
审判用房	9600～11900	7200～9200	4580～6270
执行用房	370	280	140
审判配套用房	3480～3940	2420～2720	1170～1480
辅助用房	1890～2070	1330～1490	810～940
合计	16000～18940	11800～14260	7050～9180

注：①表列各类用房指标分配见附表二。

②在同类标准中，案件数量或辖区人口多的法院按标准上限执行；案件数量或辖区人口少的法院按标准下限执行。

第十七条 基层人民法院：年审理案件在3000～8000件的，执行一类标准；年审理案件1000～3000件的，执行二类标准；年审理案件在1000件以下的，执行三类标准。

省会、自治区首府、计划单列市的基层人民法院，执行一类标准。

直辖市市区基层人民法院，可执行中级人民法院标准。

基层人民法院审判法庭建筑面积指标应符合表三的规定。

表三 基层人民法院审判法庭功能性用房建筑面积指标表 （单位：平方米）

项目＼指标	面积指标		
	一类	二类	三类
立案用房	460	350	230
审判用房	5950～6830	4530～5220	3250～3770
执行用房	280	220	110
审判配套用房	1880～2030	1420～1570	830～980
辅助用房	1010～1090	800～860	590～630
合计	9580～10690	7320～8220	5010～5720

注：①表列各类用房指标分配见附录三。

②在同类标准中，案件数量或辖区人口多的法院按标准上限执行；案件数量或辖区人口少的法院按标准下限执行。

第十八条 人民法庭房屋建筑规模根据人员定员数分为两类。人员定员数在8人（含）以上执行一类标准，人员定员数在7人（含）以下执行二类标准。

人民法庭用房建筑面积指标应符合表四的规定。

第十九条 年审理案件数超过一类标准上限规定的法院，应向上一级政府计划部门单独报批。其审判法庭建设规模，可在该级一类面积标准的基础上适当增加，但不得超过一类标准面积指标上限的30%。

表四　人民法庭功能性用房建筑面积指标表

（单位：平方米）

项目＼指标	面积指标	
	一　类	二　类
审判工作用房	930	480
办公用房	140～360	70～130
附属用房	190	100
生活用房	240～410	140～200
合　计	1500～1890	790～910

注：①表列各类指标分配见附录四。
②在同类标准中，案件数量或辖区人口多的人民法院按标准上限执行；案件数量或辖区人口少的人民法院按标准下限执行。

第二十条　人民法院法庭应有室外集散场地，可根据诉讼参与人和旁听人员数量的多少，参照相关公共场所标准确定场地面积。

人民法院业务用车停车场地，按照《最高人民法院关于人民法院业务用车编制意见》的规定，及当地规划部门制定的停车数量标准确定场地面积。

人民法院法庭建设用地绿化面积指标，不应低于当地规划部门的规定。

第二十一条　人民法院法庭装备配备标准另行制定。

第四章　总体布局和建筑标准

第二十二条　人民法院法庭的房屋建筑和集散场地、停车场地、绿化用地的总体布局，要体现司法文明，和谐自然。

第二十三条　人民法院审判法庭用房和办公用房统筹建设的，在布局上要以审判法庭为中心，分区布置。

第二十四条　人民法院法庭各类用房应按其功能的不同及其相关性，分别集中设置。

第二十五条　人民法院法庭建筑应按其规模及其功能，设置相应的出入口及门厅。

第二十六条　人民法院审判法庭建筑应分别设置法官专用通道、被羁押人专用通道和其他人员的公用通道，保证各类人员各行其道，互不干扰。

法官专用通道净宽宜为1.5～1.8米；被羁押人专用通道净宽不应少于1.8米；公共通道的宽度按实际需要确定，候审、集散和其他人流多的地方，通道净宽不应少于4米。

第二十七条　大法庭、中法庭、小法庭、独任法庭的空间设计，应考虑旁听人员较多的特点，满足法庭布置的需要。

大法庭净高不应低于6米、净宽不宜少于18米，中法庭的净高不应低于4.5米、净宽不宜少于10米，小法庭的净高不应低于4米、净宽不宜少于8米，独任法庭的净高不应低于3.2米，净宽不宜少于7.5米。

第二十八条　人民法院法庭建筑应体现法庭特点，其装修标准应略高于《党政机关办公用房建设标准》中同级党政机关办公用房装修标准。

大法庭、中法庭、小法庭和独任法庭的内装修应符合最高人民法院关于法庭布置的有关规定，并满足采光、隔音和音响效果的需要。

人民法院审判法庭羁押室装修应符合最高人民法院有关规定的要求。

第二十九条　人民法院法庭建筑应进行无障碍设计，并符合相关的建筑设计规范的规定。

第五章　室内环境及建筑设备

第三十条　大法庭、中法庭、小法庭和独任法庭审判区照度不应低于150Lx，旁听区照度不应低于 100Lx。

第三十一条 大法庭、中法庭、小法庭和独任法庭根据不同的气候条件和工作需要，可设置空气调节系统。未设空气调节系统的，可配置机械通风设备。

第三十二条 大法庭、中法庭、小法庭和独任法庭内允许噪声级不应大于 40dB，空气声隔音标准应大于 45dB。

第三十三条 人民法院法庭建筑应按人民法院网络建设有关规定及智能化管理的需要，敷设线路，预留接口。

附录一 高级人民法院审判法庭各类用房面积指标分配表

表 1-1 立案用房面积指标分配表 单位：平方米（使用面积）

用房名称	一类			二类			三类			备注
	个数	单个面积	总面积	个数	单个面积	总面积	个数	单个面积	总面积	
当事人接待	6	20	120	6	20	120	6	20	120	按照立案庭、刑事审判庭、民事审判庭、行政审判庭、执行庭、审判监督庭每个部门1间配置。
诉前调解室	3	20	60	3	20	60	3	20	60	—
立案登记室	1	100	100	1	80	80	1	60	60	按照刑事、民事、行政、执行、申诉案由分别设置立案登记台，并设置当事人等候座席。
诉讼收费室	1	20	20	1	20	20	1	20	20	银行代收诉讼费。
法律服务室	1	20	20	1	20	20	1	20	20	—
法律资料查询室	1	60	60	1	60	60	1	60	60	—
法警值班室	1	30	30	1	30	30	1	30	30	含安全检查、监控
使用面积合计			410			390			370	—
建筑面积合计			630			600			570	使用系数按照 0.65 计算。
注：表中所列各项功能用房的个数、面积指标，可根据实际需要在总面积指标范围内做适当调整。										

表 1-2 审判用房面积指标分配表 单位：平方米（使用面积）

用房名称	一类			二类			三类			备注
	个数	单个面积	总面积	个数	单个面积	总面积	个数	单个面积	总面积	
大法庭	1	700～800	700～800	1	600～700	600～700	1	500～600	500～600	审判区设置法官席位和其他诉讼参与人席位，确定面积为 200～260 平方米。旁听区席位面积参照影剧院等相关标准，每座为0.8平方米，按350～650个设置。

续表 1-2

用房名称	一类			二类			三类			备注
	个数	单个面积	总面积	个数	单个面积	总面积	个数	单个面积	总面积	
中法庭	4	200~250	800~1000	3	200~250	600~750	2	200~250	400~500	审判区设置法官席位和其他诉讼参与人席位，确定面积为100~120平方米。旁听区面积确定方法与大法庭相同，旁听席位按照120~150个设置。
小法庭	20~25	100~120	2000~3000	15~20	100~120	1500~2400	10~15	100~120	1000~1800	审判区设置法官席位和其他诉讼参与人席位，确定面积为70~80平方米。旁听区面积确定方法与大法庭相同，旁听席位按照30~50个设置。
大合议室	1	30	30	1	30	30	1	30	30	与大法庭配套设置，内设法官更衣室。
中合议室	4	20	80	3	20	60	2	20	40	与中法庭配套设置，内设法官更衣室。
小合议室	20~25	20	400~500	15~20	20	300~400	10~12	20	200~240	与小法庭配套设置，内设法官更衣室。
审委会评案室	1	150	150	1	150	150	1	100	100	—
诉讼调解室	4	40~50	160~200	3	40~50	120~150	2	40~50	80~100	—
听证室	7	30~50	210~350	7	30~50	210~350	6	30~50	180~300	一、二类按照立案庭、刑事审判庭、行政审判庭、执行庭、审判监督庭每个部门1间，民事审判庭2间配置。三类综合使用。
证据交换室	7	20	140	7	20	140	6	20	120	一、二类按照立案庭、刑事审判庭、行政审判庭、执行庭、审判监督庭每个部门1间，民事审判庭2间配置。三类综合使用。

续表 1-2

用房名称	一类			二类			三类			备注
	个数	单个面积	总面积	个数	单个面积	总面积	个数	单个面积	总面积	
使用面积合计			4670 ~ 6250			3710 ~ 5130			2650 ~ 3830	—
建筑面积合计			7780 ~ 10420			6180 ~ 8550			4420 ~ 6380	使用系数按照0.6计算。
注：表中所列各项功能用房的个数、面积指标，可根据实际需要在总面积指标范围内做适当调整。										

表 1-3　执行用房面积指标分配表　　单位：平方米（使用面积）

用房名称	一类			二类			三类			备注
	个数	单个面积	总面积	个数	单个面积	总面积	个数	单个面积	总面积	
执行工作室	4	50	200	3	50	150	2	50	100	—
执行物保管室	2	30	60	2	30	60	2	30	60	—
使用面积合计			260			210			160	—
建筑面积合计			400			320			250	使用系数按照0.65计算。
注：表中所列各项功能用房的个数、面积指标，可根据实际需要在总面积指标范围内做适当调整。										

表 1-4　审判配套用房面积指标分配表　　单位：平方米（使用面积）

用房名称	一类			二类			三类			备注
	个数	单个面积	总面积	个数	单个面积	总面积	个数	单个面积	总面积	
候审大厅	1	200	200	1	180	180	1	160	160	—
公诉人室	2	20	40	2	20	40	1	20	20	—
律师室	5	20	100	4	20	80	3	20	60	—
证人室	3	20	60	2	20	40	1	20	20	—
鉴定人室	1	20	20	1	20	20	1	20	20	—
翻译室	1	20	20	1	20	20	1	20	20	—
刑事被告人候审室	1	20	20	1	20	20	1	20	20	—
法警值庭室	1	20	20	1	20	20	1	20	20	—
羁押室	1	90	90	1	80	80	1	70	70	按照羁押15 ~ 25人，设置单独羁押间，共用羁押间、卫生间、法警值班室等。

续表 1-4

用房名称	一类			二类			三类			备注
	个数	单个面积	总面积	个数	单个面积	总面积	个数	单个面积	总面积	
法庭设备中心控制室	1	100	100	1	80	80	1	60	60	—
音像资料编辑室	1	20	20	1	20	20	1	20	20	—
阅卷室	1	60	60	1	50	50	1	40	40	供诉人、律师阅卷用。
案卷档案室	1	1200～1500	1200～1500	1	800～1000	800～1000	1	300～500	300～500	计算方法：(现存档案量十年均接收档案量×计划接收年限）/档案储存定额 包括档案库房、业务和技术用房、档案查询用房、办公和辅助用房。
信访接待室	1	200	200	1	150	150	1	100	100	由登记室、接谈室、候谈室、法警室等用房组成。
使用面积合计			2150～2450			1600～1800			930～1130	—
建筑面积合计			3310～3770			2460～2770			1430～1740	使用系数按照0.65计算。

注：表中所列各项功能用房的个数、面积指标，可根据实际需要在总面积指标范围内做适当调整。

表 1-5　辅助用房面积指标分配表　　单位：平方米（使用面积）

用房名称	一类			二类			三类			备注
	个数	单个面积	总面积	个数	单个面积	总面积	个数	单个面积	总面积	
新闻发布室	1	200	200	1	200	200	1	150	150	—
新闻记者工作室	1	20	20	1	20	20	1	20	20	—
外宾会见室	1	100	100	1	80	80	1	60	60	—
法律文书文印室	1	100	100	1	80	80	1	60	60	打印、印刷、装订法律文书。

续表 1-5

用房名称	一类			二类			三类			备注
	个数	单个面积	总面积	个数	单个面积	总面积	个数	单个面积	总面积	
审判业务资料室	1	350	350	1	350	350	1	300	300	藏书 2~3 万册，设书库、业务资料阅卷室、电子阅卷室、图书资料管理等用房。
证物存放室	1	20	20	1	20	20	1	20	20	—
赃物库房	1	60	60	1	50	50	1	40	40	—
枪械库	2	20	40	2	20	40	2	20	40	—
法庭抢救室	1	20	20	1	20	20	1	20	20	—
公共服务及设备用房			672~820			540~670			390~500	按照五类用房总使用面积的 8% 计算
使用面积合计			1580~1730			1400~1530			1100~1210	—
建筑面积合计			2260~2470			2000~2190			1570~1730	使用系数按照 0.7 计算。

（说明：未含业务用车车库面积。）

注：表中所列各项功能用房的个数、面积指标，可根据实际需要在总面积指标范围内做适当调整。

附录二　中级人民法院审判法庭各类用房面积指标分配表

表 2-1　立案用房面积分配表　　单位：平方米（使用面积）

用房名称	一类			二类			三类			备注
	个数	单个面积	总面积	个数	单个面积	总面积	个数	单个面积	总面积	
当事人接待室	6	20	120	6	20	120	2	20	40	一、二类按照立案庭、刑事审判庭、民事审判庭、行政审判庭、执行庭、审判监督庭每个部门 1 间配置。 三类综合使用。
诉前调解室	4	20	80	3	20	60	2	20	40	—
立案登记表	1	100	100	1	80	80	1	60	60	按照刑事、民事、行政、执行、申诉案由分别设置立案登记台，并设置当事人等候座席。

续表 2-1

用房名称	一类			二类			三类			备注
	个数	单个面积	总面积	个数	单个面积	总面积	个数	单个面积	总面积	
诉讼收费室	1	20	20	1	20	20	1	20	20	银行代收诉讼费。
法律服务费	1	20	20	1	20	20	1	20	20	—
法律资料查询室	1	60	60	1	40	40	1	20	20	—
法警值班室	1	30	30	1	30	30	1	30	30	含安全检查、监控。
使用面积合计			430			370			230	—
建筑面积合计			660			570			350	使用系数按照 0.65 计算。

注：表中所列各项功能用房的个数、面积指标，可根据实际需要在总面积指标范围内做适当调整。

表 2-2　审判用房面积分配表　　单位：平方米（使用面积）

用房名称	一类			二类			三类			备注
	个数	单个面积	总面积	个数	单个面积	总面积	个数	单个面积	总面积	
大法庭	1	600～700	600～700	1	500～600	500～600	1	400～500	400～500	审判区设置法官席位和其他诉讼参与人席位，确定面积为 140～220 平方米。 旁听区席位面积参照影剧院等相关标准，每座为 0.8 平方米，旁听席位按照 300～550 个设置
中法庭	8	150～200	1200～1600	5	150～200	750～1000	2	150～200	300～400	审判区设置法官席位和其他诉讼参与人席位。确定面积为 80～100 平方米。 旁听区面积确定方法与大法庭相同，旁听席位按照 80～120 个设置。
小法庭	24～30	100	2400～3000	18～24	100	1800～2400	12～18	100	1200～1800	审判区设置法官席位和其他诉讼参与人席位。确定面积为 60 平方米。 旁听区面积确定方法与大法庭相同，旁听席位按照 40～50 个设置。
大合议室	1	30	30	1	30	30	1	30	30	与大法庭配套设置，内设法官更衣室。
中合议室	8	20	160	5	20	100	2	20	40	与中法庭配套设置，内设法官更衣室。
小合议室	24～30	20	480～600	18～24	20	360～480	12～18	20	240～360	与小法庭配套设置，内设法官更衣室。
审委会评案室	1	140	140	1	120	120	1	80	80	—

续表 2-2

用房名称	一类			二类			三类			备注
	个数	单个面积	总面积	个数	单个面积	总面积	个数	单个面积	总面积	
诉讼调解室	8	40~50	320~400	6	40~50	240~300	4	40~50	160~200	—
听证室	7	40~50	280~350	7	40~50	280~350	5	40~50	200~250	一、二类按照立案庭、刑事审判庭、行政审判庭、执行庭、审判监督庭每个部门1间，民事审判庭2间配置。三类综合使用。
证据交换室	7	20	140	7	20	140	5	20	120	一、二类按照立案庭、刑事审判庭、行政审判庭、执行庭、审判监督庭每个部门1间，民事审判庭2间配置。三类综合使用。
使用面积合计			5750~7120			4320~5520			2750~3760	—
建筑面积合计			9600~11900			7200~9200			4580~6270	使用系数按照0.6计算。
注：表中所列各项功能用房的个数、面积指标，可根据实际需要在总面积指标范围内做适当调整。										

表 2-3 执行用房面积分配表 单位：平方米（使用面积）

用房名称	一类			二类			三类			备注
	个数	单个面积	总面积	个数	单个面积	总面积	个数	单个面积	总面积	
执行工作室	6	30	180	4	30	120	2	30	60	—
执行物保管室	20	30	60	2	30	60	1	30	30	—
使用面积合计			240			180			90	—
建筑面积合计			370			280			140	使用系数按照0.65计算。
注：表中所列各项功能用房的个数、面积指标，可根据实际需要在总面积指标范围内做适当调整。										

表 2-4 审判配套用房面积分配表 单位：平方米（使用面积）

用房名称	一类			二类			三类			备注
	个数	单个面积	总面积	个数	单个面积	总面积	个数	单个面积	总面积	
候审大厅	1	200	200	1	150	150	1	80	80	—
公诉人室	5	20	100	3	20	60	1	20	20	—
律师室	8	20	180	6	20	120	3	20	60	—
证人室	5	20	100	3	20	60	1	20	20	—

续表 2-4

用房名称	一类			二类			三类			备注
	个数	单个面积	总面积	个数	单个面积	总面积	个数	单个面积	总面积	
鉴定人室	1	20	20	1	20	20	1	20	20	—
翻译室	1	20	20	1	20	20	1	20	20	—
刑事被告人候审室	3	20	60	2	20	40	1	20	20	—
法警值庭室	1	20	20	1	20	20	1	20	20	—
羁押室	1	100	100	1	80	80	1	60	60	按照羁押20~30人，设置单独羁押间、共用羁押间、卫生间、法警值班室等。
法庭设备中心控制室	1	100	100	1	80	80	1	60	60	—
音像资料编辑室	1	20	20	1	20	20	1	20	20	—
阅卷室	1	60	60	1	40	40	1	20	20	—
案卷档案室	1	1200~1500	1200~1500	1	800~1000	800~1000	1	300~500	300~500	计算方法：（现存档案量+年均接收档案量×计划接收年限）/档案储存定额 包括档案库房、业务和技术用房、档案查询用房、办公和辅助用房。
信访接待室	1	80	80	1	60	60	1	40	40	由登记室、接谈室、候谈室、法警室等用房组成。
使用面积合计			2260~2560			1570~1770			760~960	—
建筑面积合计			3480~3940			2420~2720			1170~1480	使用系数按照0.65计算。

注：表中所列各项功能用房的个数、面积指标，可根据实际需要在总面积指标范围内做适当调整。

表 2-5　辅助用房面积分配表　　单位：平方米（使用面积）

用房名称	一类			二类			三类			备注
	个数	单个面积	总面积	个数	单个面积	总面积	个数	单个面积	总面积	
新闻发布室	1	100	100							二、三类法院不设新闻发布室。
外宾会见室	1	60	60	1	50	50				
法律文书文印室	1	80	80	1	60	60	1	40	40	打印、印刷、装订法律文书。

续表 2-5

用房名称	一类			二类			三类			备注
	个数	单个面积	总面积	个数	单个面积	总面积	个数	单个面积	总面积	
审判业务资料室	1	200	200	1	150	150	1	100	100	—
证物存放室	1	20	20	1	20	20	1	20	20	—
赃物库房	1	80	80	1	60	60	1	40	40	—
枪械库	1	20	20	1	20	20	1	20	20	—
法庭抢救室	1	20	20	1	20	20	1	20	20	—
公共服务及设备用房			740～870			550～660			330～420	按照五类用房总使用面积的 8% 计算
使用面积合计			1320～1450			930～1040			570～660	—
建筑面积合计			1890～2070			1330～1490			810～940	使用系数按照 0.7 计算

（说明：未含业务用车车库面积。）
注：表中所列各项功能用房的个数、面积指标，可根据实际需要在总面积指标范围内做适当调整。

附录三　基层人民法院审判法庭各类用房面积指标分配表

表 3-1　立案用房面积分配表　　单位：平方米（使用面积）

用房名称	一类			二类			三类			备注
	个数	单个面积	总面积	个数	单个面积	总面积	个数	单个面积	总面积	
当事人接待室	3	20	60	2	20	40	1	20	20	—
诉前调解室	3	20	60	2	20	40	1	20	20	—
立案登记表	1	60	60	1	50	50	1	30	30	按照刑事、民事、行政、执行、申诉案由分别设置立案登记台，并设置当事人等候座席。
诉讼收费室	1	20	20	1	20	20	1	20	20	—
法律服务费	1	20	20	1	20	20	1	20	20	—
法律资料查询室	1	60	60	1	40	40	1	20	20	—
法警值班室	1	20	20	1	20	20	1	20	20	含安全检查、监控。
使用面积合计			300			230			150	—
建筑面积合计			460			350			230	使用系数按照 0.65 计算。

注：表中所列各项功能用房的个数、面积指标，可根据实际需要在总面积指标范围内做适当调整。

表 3-2　审判用房面积分配表　　　　单位：平方米（使用面积）

用房名称	一类			二类			三类			备注
	个数	单个面积	总面积	个数	单个面积	总面积	个数	单个面积	总面积	
大法庭	1	450～500	450～500	1	400～450	400～450	1	350～400	350～400	审判区设置法官席位和其他诉讼参与人席位，确定面积 120～160 平方米。旁听区席位面积参照影剧院等相关标准，每座为 0.8 平方米，旁听席位按照 280～400 个设置。
中法庭	6	120～150	720～900	4	120～150	480～600	2	120～150	240～300	审判区设置法官席位和其他诉讼参与人席位，确定面积 60～80 平方米。旁听区面积确定方法与大法庭相同，旁听席位按照 70～85 个设置。
小法庭	15	80～100	1200～1500	12	80～100	960～1200	10	80～100	800～1000	审判区设置法官席位和其他诉讼参与人席位，确定面积 60 平方米。旁听区面积确定方法与大法庭相同，旁听席位按照 25～50 个设置
独任法庭	4	60	240	3	60	180	1	60	60	
大合议室	1	20	20	1	20	20	1	20	20	与大法庭配套设置，内设法官更衣室。
中合议室	6	20	120	4	20	80	2	20	40	与中法庭配套设置，内设法官更衣室。
小合议室	15	20	300	12	20	240	10	20	200	与小法庭配套设置，内设法官更衣室。
审委会评案室	1	100	100	1	100	100	1	80	80	—
诉讼调解室	4	30	120	2	30	60	2	30	60	—
听证室	6	30	180	4	30	120	2	30	60	—
证据交换室	6	20	120	4	20	80	2	20	40	—
使用面积合计			3570～4100			2720～3130			1950～2260	—
建筑面积合计			5950～6830			4530～5220			3250～3700	使用系数按照 0.6 计算。

注：表中所列各项功能用房的个数、面积指标，可根据实际需要在总面积指标范围内做适当调整。

表 3-3　执行用房面积分配表　　　　单位：平方米（使用面积）

用房名称	一类			二类			三类			备注
	个数	单个面积	总面积	个数	单个面积	总面积	个数	单个面积	总面积	
执行工作室	6	20	120	4	20	80	2	20	40	—
执行物保管室	2	30	60	2	30	60	1	30	30	—
使用面积合计			180			140			70	—
建筑面积合计			280			220			110	使用系数按照 0.65 计算。

注：表中所列各项功能用房的个数、面积指标，可根据实际需要在总面积指标范围内做适当调整。

表 3-4　审判配套用房面积分配表　　　　单位：平方米（使用面积）

用房名称	一类			二类			三类			备注
	个数	单个面积	总面积	个数	单个面积	总面积	个数	单个面积	总面积	
候审大厅	1	150	150	1	100	100	1	60	60	—
陪审员室	4	20	80	3	20	60	2	20	40	—
公诉人室	3	20	60	2	20	40	1	20	20	—
律师室	3	20	60	2	20	40	1	20	20	—
证人室	2	20	40	2	20	40	1	20	20	—
鉴定人室	1	20	20	1	20	20	1	20	20	—
翻译室	1	20	20	1	20	20	1	20	20	—
刑事被告人候审室	2	20	40	2	20	40	1	20	20	—
法警值庭室	1	20	20	1	20	20	1	20	20	—
羁押室	1	100	100	1	80	80	1	60	60	按照羁押 15～25 人，设置单独羁押间、共用羁押间、卫生间、法警值班室等。
法庭设备中心控制室	1	90	90	1	80	80	1	60	60	—
音像资料编辑室	1	20	20	1	20	20	1	20	20	—
阅卷室	1	60	60	1	40	40	1	20	20	—
案卷档案室	1	400～500	400～500	1	300～400	300～400	1	150～250	150～250	计算方法：（现存档案量＋年均接收档案量×计划接收年限）/档案储存定额 包括档案库房、业务和技术用房、档案查询用房、办公和辅助用房。
信访接待室	1	60	60	1	40	40	1	20	20	—
使用面积合计			1220～1320			920～1020			540～640	—
建筑面积合计			1880～2030			1420～1570			830～980	使用系数按照 0.65 计算。

注：表中所列各项功能用房的个数，面积指标，可根据实际需要在总面积指标范围内做适当调整。

表 3-5　辅助用房面积分配表　　单位：平方米（使用面积）

用房名称	一类			二类			三类			备　注
	个数	单个面积	总面积	个数	单个面积	总面积	个数	单个面积	总面积	
法律文书文印室	1	50	50	1	40	40	1	30	30	打印、印刷、装订法律文书。
审判业务资料室	1	100	100	1	80	80	1	60	60	—
证物存放室	1	20	20	1	20	20	1	20	20	—
赃物库房	1	60	60	1	40	40	1	30	30	—
枪械库	1	20	20	1	20	20	1	20	20	—
法庭抢救室	1	20	20	1	20	20	1	20	20	—
公共服务及设备用房			440～490			340～380			230～260	按照五类用房总使用面积的8%计算
使用面积合计			710～760			560～600			410～440	—
建筑面积合计			1010～1090			800～860			590～630	使用系数按照0.7计算。
（说明：未含业务用车车库面积。） 注：表中所列各项功能用房的个数、面积指标，可根据实际需要在总面积指标范围内做适当调整。										

附录四　人民法院各类用房面积指标分配表

表 4-1　审判工作用房面积分配表　　单位：平方米（使用面积）

用房名称	一类			二类			说　明
	个数	单个面积	总面积	个数	单个面积	总面积	
当事人接待室	1	20	20	1	15	15	—
立案室	1	20	20	1	15	15	立案登记、诉讼收费。
中法庭	1	120	120				审判区活动区面积为60平方米，旁听区席位面积参照影剧院等相关标准，每座为0.8平方米，设置70个旁听席位。
小法庭	3	60	180	2	60	120	审判区活动区面积为40平方米，旁听区席位面积参照影剧院等相关标准，每座为0.8平方米，设置20～25个旁听席位。
合议室	4	15	60	2	15	30	与法庭配套设置。
调解室	1	40	40				二类不单设调解室。
陪审员室	1	15	15	1	15	15	—
律师室	1	15	15	1	15	15	—
法警值班室	1	15	15	1	15	15	—
法律文书文印室	1	15	15	1	15	15	—
审判业务资料室	1	20	20	1	15	15	—
案卷存放室	1	20	20	1	15	15	—
执行物保管室	1	15	15	1	15	15	—
使用面积合计			555			285	—
建筑面积合计			930			480	使用系数按照0.6计算。
注：表中所列各项功能用房的个数、面积指标，可根据实际需要在总面积指标范围内做适当调整。							

表 4-2　办公用房面积分配表　　单位：平方米（使用面积）

用房名称	一类			二类			说　明
	个数	单个面积	总面积	个数	单个面积	总面积	
办公用房	8~20	12	96~240	4~7	12	48~84	按照《党政机关办公用房标准》执行。（本表按照一类 8~20 人、二类 4~7 人测算）
使用面积合计			96~240			48~84	—
建筑面积合计			140~360			70~130	按照《党政机关办公用房标准》规定测算。

表 4-3　附属用房面积分配表　　单位：平方米（使用面积）

用房名称	一类			二类			说　明
	个数	单个面积	总面积	个数	单个面积	总面积	
专用车辆车库	4	30	120	2	30	60	—
库　　房	1	30	30	1	20	20	—
使用面积合计			150			80	—
建筑面积合计			190			100	使用系数按照 0.8 计算。

表 4-4　生活用房面积分配表　　单位：平方米（使用面积）

用房名称	一类			二类			说　明
	个数	单个面积	总面积	个数	单个面积	总面积	
驻庭宿舍	4~10	20	80~200	2~4	20	40~80	2人1间，含卫生间（本表按一类 8~20 人、二类 4~7 人计算）。
食　堂	1	45	45	1	30	30	包含餐厅和操作间
活动室	1	45	45	1	30	30	—
使用面积合计			170~290			100~140	—
建筑面积合计			240~410			140~200	使用系数按照 0.7 计算。

附录五　人民法院法庭用房名称解释

1. 当事人接待室：法官接待案件当事人用房。

2. 诉前调解室：正式启动诉讼程序之前，法官主持对当事人诉讼纠纷进行调解用房。

3. 立案登记室：法院接受当事人诉状并对决定受理的案件办理登记的用房。

4. 听证室：各类案件立案期间，在法院主持下，当事人之间相互确认法律关系和主要法律事实用房。

5. 诉讼收费室：法院财务人员（或银行人员）收取诉讼费用用房。

6. 信访接待室：法院处理人民群众来信和接待人民群众来访用房。

7. 法律服务室：为公诉人、律师、诉讼当事人和其他有关人员提供书写、查询、打印、传真、复印等各种服务的用房。

8. 法律资料查询室：为公诉人、律师和其他有关人员提供查询法律书籍、资料、裁判文书及其他有关法律问题服务用房。

9. 法警值班室：法警值守、安全检查和处理紧急情况用房。

10. 证据交换室：案件审理期间，在法院主持下，当事人之间交换证据、确认证据用房。

11. 大法庭：由5名以上法官组成的合议庭开庭审理案件用房（主要用于审理当事人多、旁听人员多、影响大的案件。最高人民法院规定，大法庭审判区、旁听区的面积比例为1:2）。

12. 中法庭：由3至5名法官组成的合议庭开庭审理案件用房（主要用于审理当事人较多、旁听人员较多、影响较大的案件。最高人民法院规定，中法庭审判区、旁听区的面积比例为1:1）。

13. 小法庭：由3名法官组成的合议庭公开审理案件用房（主要用于诉讼参加人和旁听人员均较少的案件的审理。最高人民法院规定，小法庭审判区、旁听区的面积比例为2:1）。

14. 独任法庭：独任审判员开庭审理案件用房（主要用于适用简易程序审理的民、商事案件、轻微的刑事案件和法律另有规定的案件）。

15. 合议室：案件审理过程中合议庭成员合议案件用房。

16. 诉讼调解室：进入诉讼程序后，人民法院依法适用调解程序审理案件用房（与大、中、小法庭相比，其特点是不设旁听座席。按照法律规定，人民法院审理案件一般可以通过调解程序，特殊案件必须经过调节程序，如婚姻案件等）。

17. 执行工作室：人民法院执行机构就当事人履行判决接待申请执行人和办理执行申请的工作用房。

18. 执行物保管室：人民法院依法对强制执行的可移动物品临时存放和保管用房。

19. 审委会评案室：审判委员会对重大、疑难案件进行讨论并作出判决决定的用房（人民法院组织法规定，各级人民法院设立审判委员会。其主要任务是讨论重大的或者疑难的案件，对案件的判决有最终的决定权。审委会评案室内设审判委员会委员评案席、案件审理人员汇报席、检察长列席席等，另有资料柜、图像显示等设备）。

20. 陪审员室：人民陪审员在人民法院执行职务期间的工作用房。

21. 公诉人室：人民检察院检察官代表国家行使公诉权和监督权时，在人民法院执行公务期间的工作用房。

22. 刑事被告人候审室：庭审时，刑事被告人临时等候出庭用房。

23. 律师室：出庭律师临时工作用房。

24. 证人室：证人等候出庭用房。

25. 鉴定人室：鉴定人等候出庭用房。

26. 翻译室：翻译人员庭审期间工作用房。

27. 法警值庭室：值庭法警工作用房。

28. 羁押室：开庭前后临时羁押刑事被告人用房。

29. 法庭设备中心控制室：操作监控、证据展示等技术设备的用房。

30. 阅卷室：律师、诉讼代理人等查阅有关案件材料的用房。

31. 案卷档案室：存放和管理案件档案用房（包括文字、音像和实物档案库房、查阅室、工作人员工作室等）。

32. 新闻发布室：发布有关重大案件审理情况的工作用房。

33. 新闻记者工作室：新闻记者报道有关案件审理情况时的工作用房。

34. 外宾会见室：审理有关涉外案件过程中会见外国使、领馆官员及其他外籍人员的用房。

35. 法律文书文印室：制作法院判决、裁定等法律文书的工作用房。

36. 证物存放室：庭审期间临时存放实物证据的用房。

37. 赃物库房：存放随案移送赃物的库房。

38. 枪械库：保管法院管理使用的枪支弹药和械具的用房（按照我国枪支管理法的有关规定，枪支和弹药必须分库存放）。

39. 法庭抢救室：紧急处理庭审中突发的重情病患用房。

40. 业务用车车库：囚车、刑场指挥车、法医勘察车、死刑执行车、警车等专用车辆的停放库房。

附录六　本标准用词说明

为了便于在执行本标准条文时区别对待，对要求严格程度不同的用词说明如下：

1. 表示很严格，非这样做不可的用词：

正面词采用“必须”；反面词采用“严禁”。

2. 表示严格，在正常情况下均应这样用词：

正面词采用“应”；反面词采用“不应”或“不得”。

3. 表示允许稍有选择，在条件许可时，首先应这样做的词：

正面词采用“宜”；反面词采用“不宜”。

表示有选择，在一定条件下可以这样做的，采用“可”。

附加说明

本标准主编单位、编制组成员和主要起草人名单

主 编 单 位： 最高人民法院司法行政装备管理局

编制组成员： 王世民　陈　伟　郭纪胜　孙际泉　段育萍
李瑞兰　曹　云　迟柏春　王小玲　胡建伟
冀国柱　董志国　王德进　李有才　杨　阳
杜　山（特邀）

主要起草人： 杜　山　陈　伟　郭纪胜　迟柏春　杨　阳

人民检察院办案用房和专业技术用房建设标准

主编部门：中华人民共和国最高人民检察院

批准部门：中华人民共和国建设部

中华人民共和国国家发展计划委员会

施行日期：2002年6月1日

关于批准发布《人民检察院办案用房和专业技术用房建设标准》的通知

建标［2002］109号

国务院各有关部门，各省、自治区建设厅、计委，直辖市建委、计委，计划单列市建委、计委：

根据国家计委《关于制定工程项目建设标准的几点意见》（计标［1987］2323号）和建设部、国家计委《工程项目建设标准编制工作暂行办法》（［90］建标字第519号）的要求，按照建设部《关于印发〈二〇〇一年工程项目建设标准编制项目计划〉的通知》（建标［2001］203号）的安排，由最高人民检察院编制的《人民检察院办案用房和专业技术用房建设标准》，经有关部门会审，批准为全国统一标准，自2002年6月1日起施行。

本建设标准的管理与解释工作由最高人民检察院负责。

中华人民共和国建设部

中华人民共和国国家发展计划委员会

2002年4月26日

编 制 说 明

《人民检察院办案用房和专业技术用房建设标准》，是根据国家计委和建设部下达的编制任务，由最高人民检察院负责主编，具体由最高人民检察院计划财务装备局和有关专家编制的。

编制过程中，编制组进行了广泛深入的调查研究，认真分析全国一、二、三级检察院的统计资料，总结了我国检察院建设的经验教训，遵循艰苦奋斗、勤俭建国的方针，在考虑检察院办案和专业技术工作开展需要的基础上，结合当前的经济发展水平，确定了标准的内容。标准草案反复征求了各有关方面的意见，最后由最高人民检察院主持召开了全国审查会，会同有关部门审查定稿。

本建设标准共分三章：总则、建设等级与面积指标、选址与建设用地。

请各单位在执行本建设标准过程中，注意总结经验，积累资料。如发现需要修改和补充之处，请将意见和有关资料寄中华人民共和国最高人民检察院计划财务装备局（地址：北京市北河沿大街147号，邮编：100726），以便今后修订时参考。

中华人民共和国最高人民检察院

2002年1月30日

目　录

第一章　总　　则 …… 2377
第二章　建设等级与面积指标 …… 2377
第三章　选址与建设用地 …… 2379
第四章　附　　则 …… 2379
附　表 …… 2379
附加说明 …… 2383

第一章　总　　则

第一条　为合理确定人民检察院办案用房和专业技术用房的建设内容和建设规模，加强管理和监督，促进办案用房和专业技术用房建设快速、健康发展，保证人民检察院全面履行法律监督职能，根据国务院有关要求，依据《人民检察院组织法》、《刑事诉讼法》和《党政机关办公用房建设标准》的有关规定，结合检察办案的特点和专业技术的需要，制定本建设标准。

第二条　人民检察院办案用房是指人民检察院在办理各种案件过程中，专门用于侦查、审讯、指挥等因安全、保密需要而需相对独立设置的特殊用房。

第三条　人民检察院专业技术用房是指人民检察院在行使法律监督职能过程中，运用各种专业技术手段和专门设施条件进行检验、鉴定等而需相对独立设置的特殊用房。

第四条　本建设标准为全国检察机关的统一建设标准，是编制、评估和审批人民检察院办案用房和专业技术用房项目建议书和可行性研究报告，以及审查工程初步设计和监督检查的重要依据。

第五条　本建设标准适用于人民检察院办案用房和专业技术用房新建工程。改建、扩建工程可参照执行。

第六条　人民检察院办案用房和专业技术用房，应按照统筹兼顾、量力而行、逐步改善的原则进行建设，根据使用单位的级别，按照本标准规定的建设等级、建筑面积指标合理确定建设规模。

第七条　人民检察院办案用房和专业技术用房的建设水平，应以符合检察业务工作的需要为原则，与当地的经济发展水平相适应，做到实事求是、因地制宜、功能适用、简朴庄重。现阶段确实难以达到本建设标准的，应依据本建设标准规划建设用地，按照“一次规划、分期实施”的原则进行建设，预留办公自动化、网络化、智能化等设施的条件。

第八条　人民检察院办案用房和专业技术用房应与办公用房统一规划，依据功能划分相对独立设置，具备条件的地方，提倡分开建设。在符合安全、保密要求的情况下，充分利用公共服务和附属设施。

第九条　同一城区内距离较近、交通便捷的人民检察院之间，在确保满足各自工作需要的前提下，可以集中建设或联合建设专业技术用房，实现资源共享。

第十条　人民检察院办案用房和专业技术用房的建设应符合城市规划的要求，综合考虑建筑性质、建筑造型、建筑立面特征等与周围环境的关系，并应符合国家有关节约用地、节能节水、环境保护和消防安全等规定。

第十一条　人民检察院办案用房和专业技术用房的建设，除应符合本建设标准外，还应执行国家有关建筑设计和标准、规范的规定。

第二章　建设等级与面积指标

第十二条　人民检察院办案用房和专业技术用房的建设等级分为三级：

一级办案用房和专业技术用房，适用于省（自治区、直辖市）级人民检察院。

二级办案用房和专业技术用房，适用于市（地、州、盟）级以及相当于该级别的人民检察院。

三级办案用房和专业技术用房，适用于县（市、旗）级以及相当于该级别的人民检察院。

第十三条 人民检察院办案用房的内容如下：

一、控告接待用房，包括来访等候室、来访接待室、举报等候室、举报接待室、检察长接待室、案件研讨室。

二、申诉接待用房，包括申诉等候室、申诉接待室、赔偿接待室、案件研讨室。

三、询问用房，包括证人被害人询问室、自侦案件初查询问室、民行案件审查听证室、刑事申诉案件听证室。

四、侦查监督用房，包括讯问室、主办检察官研讨室。

五、审查起诉用房，包括刑事案件审查室、讯问室、主诉检察官研讨室、模拟法庭。

六、律师用房，包括律师阅卷室，律师接待室、复印室。

七、自侦察件讯问用房，包括贪污贿赂案件讯问室、贪污贿赂案件暂押室、渎职侵权案件讯问室、渎职侵权案件暂押室、办案人员休息室、主办检察官研讨室、接待室。

八、刑罚执行监督用房，包括案件审理室、主办检察官研讨室。

九、监控用房，包括监听室、监视室、领导指导室。

十、侦查指挥用房，包括通讯联络中心、侦缉追捕指挥中心。

十一、检察委员会用房，包括会议室、候会室。

十二、信息通讯中心用房，包括计算机房、多媒体示证制作室、消耗材料储存室、资料室。

十三、赃证物保管用房，包括贵重物品保管室、一般物品保管室。

十四、枪弹保管用房，包括枪支保管室、弹药保管室、警械具保管室。

十五、服装保管用房，包括检察服装保管室、法警服装保管室。

十六、诉讼案件档案用房，包括文书档案室、音像档案室、阅档室。

第十四条 人民检察院专业技术用房的内容如下：

一、化验用房，包括普通化验室、毒物化验室、万能显微镜室、试剂存放室、辨认室、专家鉴评室。

二、文检用房，包括文检检查室、文检资料室、紫外光谱室、红外光谱室、色谱室。

三、痕检用房，包括痕迹检验室、指纹检验室、红外线检验室、紫外线检验室、痕检资料室、测谎检查室。

四、法医鉴定用房，包括物证检验室、活体检验室、脑干电检测定室、电测听室、声阻抗室、眼底照相室。

五、解剖用房，包括解剖室、X光照相室、病理切片制作室、尸体存放室、标本室。

六、司法会计用房，包括审查鉴定室、文档保管室。

七、计算机犯罪检验鉴定用房。

八、录像资料检验用房，包括工作间、小型录像播放厅。

九、录音资料检验用房，包括录音室、控制室、资料室。

十、照相用房，包括照相制作室、照相资料室。

第十五条 人民检察院办案用房和专业技术用房的建筑面积指标应按下列规定执行：

一级办案用房和专业技术用房，编制定员每人平均建筑面积为 20～30 平方米。

二级办案用房和专业技术用房，编制定员每人平均建筑面积为 25～36 平方米。

三级办案用房和专业技术用房，编制定员每人平均建筑面积为 30～42 平方米。

各级检察院办案用房和专业技术用房的具体内容和使用面积指标按照本建设标准附表确定。直辖市、计划单列市、省会城市及其他经济特别发达、业务量特别大的地区各级检察院，确需突破本建设标准规定指标的，应向政府计划部门单独报批。编制定员人数不足 20 人的检察院，按照 20 人的标准执行。

第十六条 人民检察院在办案用房和专业技术用房建设中，需要建设相对独立的变配电室、锅炉房、汽车库和警卫用房、值班用房等附属设施的，应结合办公用房附属设施的建设情况和业务工作需要进行配置。

第十七条 人民检察院办案用房和专业技术用房的建设规模，应根据批准的编制定员人数，对照本建设标准规定的建设等级，按每人平均建筑面积指标乘以编制定员人数，并加上第十六条中需要设置的附属用房建设面积计算总建筑面积。

第三章 选址与建设用地

第十八条 人民检察院办案用房和专业技术用房建设的选址应与办公用房建设的选址统筹进行。各类用房的设置应考虑其特殊性质和用途，按照安全保密、因地制宜、有利工作、方便群众的原则进行。

第十九条 人民检察院办案用房和专业技术用房的建设应节约用地，所需建设用地面积应根据当地城市规划确定的建筑容积率进行核算。

第二十条 人民检察院办案用房和专业技术用房的建设，应符合当地城市有关基地绿化面积指标的规定。

第四章 附 则

第二十一条 最高人民检察院办案用房和专业技术用房建设标准，根据需要单独审批和核定。

第二十二条 人民检察院办案用房和专业技术用房的建筑标准、装修标准、室内环境与建筑设备应坚持安全、保密的原则，在满足办案和专业技术工作特殊要求的前提下，参照《党政机关办公用房建设标准》（计投资［1999］2250 号）中的有关规定执行。

第二十三条 人民检察院办公用房建设标准，按照《党政机关办公用房建设标准》（计投资［1999］2250 号）执行。

附表 1 一级检察办案用房基本使用面积指标 单位：m^2

序号	种类	面积	序号	种类	面积
1	控告接待用房		5	举报接待室	40～60
2	来访等候室	60～80	6	检察长接待室	30～40
3	来访接待室	60～80	7	案件研讨室	30～40
4	举报等候室	40～60	8	申诉接待用房	

续附表 1

序号	种类	面积	序号	种类	面积
9	申诉等候室	40～60	40	主办检察官研讨室	30～40
10	申诉接待室	40～60	41	监控用房	
11	赔偿接待室	30～40	42	监听室	60～80
12	案件研讨室	30～40	43	监视室	80～120
13	询问用房		44	领导指导室	40～60
14	证人被害人询问室	60～80	45	侦查指挥用房	
15	自侦案件初查询问室	60～80	46	通讯联络中心	60～80
16	民行案件审查听证室	60～80	47	侦缉追捕指挥中心	90～120
17	刑事申诉案件听证室	60～80	48	检察委员会用房	
18	侦查监督用房		49	会议室	80～120
19	讯问室	30～40	50	候会室	20～40
20	主办检察官研讨室	40～60	51	信息通讯中心用房	
21	审查起诉用房		52	计算机房	80～120
22	刑事案件审查室	40～60	53	多媒体示证制作室	40～60
23	讯问室	40～60	54	消耗材料储存室	50～80
24	主诉检察官研讨室	40～60	55	资料室	50～80
25	模拟法庭	80～120	56	赃证物保管用房	
26	律师用房		57	贵重物品保管室	60～80
27	律师阅卷室	60～80	58	一般物品保管室	80～120
28	律师接待室	40～60	59	枪弹保管用房	
29	复印室	30～40	60	枪支保管室	30～40
30	自侦案件讯问用房		61	弹药保管室	30～40
31	贪污贿赂案件讯问室	80～120	62	警械具保管室	30～40
32	贪污贿赂案件暂押室	40～60	63	服装保管用房	
33	渎职侵权案件讯问室	60～80	64	检察服装保管室	80～120
34	渎职侵权案件暂押室	30～40	65	法警服装保管室	40～60
35	办案人员休息室	40～60	66	诉讼案件档案用房	
36	主办检察官研讨室	40～60	67	文书档案室	200～300
37	接待室	30～40	68	音像档案室	80～120
38	刑罚执行监督用房		69	阅档室	40～60
39	案件审理室	30～40			
总计					2740～3940

附表 2　一级检察专业技术用房基本使用面积指标　　单位：m^2

序号	种类	面积	序号	种类	面积
1	化验用房		14	痕检用房	
2	普通化验室	60～80	15	痕迹检验室	40～60
3	毒物化验室	30～40	16	指纹检验室	30～40
4	万能显微镜室	30～40	17	红外线检验室	20～40
5	试剂存放室	20～40	18	紫外线检验室	20～40
6	辨认室	20～40	19	痕检资料室	20～40
7	专家鉴评室	30～40	20	测谎检查室	40～60
8	文检用房		21	法医鉴定用房	
9	文检检查室	60～80	22	物证检验室	60～80
10	文检资料室	20～30	23	活体检验室	40～60
11	紫外光谱室	30～40	24	脑干电检测定室	20～30
12	红外光谱室	20～40	25	电测听室	20～40
13	色谱室	20～40	26	声阻抗室	30～40

续附表2

序号	种类	面积	序号	种类	面积
27	眼底照相室	20~30	38	录像资料检验用房	
28	解剖用房		39	工作间	80~120
29	解剖室	50~80	40	小型录像播放厅	120~160
30	X光照相室	20~40	41	录音资料检验用房	
31	病理切片制作室	20~40	42	录音室	40~60
32	尸体存放室	30~40	43	控制室	30~40
33	标本室	20~40	44	资料室	20~40
34	司法会计用房		45	照相用房	
35	审查鉴定室	60~80	46	照相制作室	50~80
36	文档保管室	60~80	47	照相资料室	20~40
37	计算机犯罪检验鉴定用房	40~60			
总计					1360~2070

附表3　二级检察办案用房基本使用面积指标　　单位：m^2

序号	种类	面积	序号	种类	面积
1	控告申诉接待用房		25	贪污贿赂案件讯问室	60~80
2	来访举报等候室	30~40	26	渎职侵权案件讯问室	30~40
3	来访接待室	30~40	27	暂押室	20~40
4	举报接待室	20~30	28	办案人员休息室	40~60
5	检察长接待室	30~40	29	主办检察官研讨室	30~40
6	赔偿接待室	30~40	30	刑罚执行监督用房	30~40
7	案件研讨室	30~40	31	监控用房	
8	询问用房		32	监控室	60~80
9	证人被害人询问室	20~30	33	领导指导室	30~40
10	自侦案件初查询问室	30~40	34	侦查指挥中心	60~80
11	民行案件审查听证室	40~60	35	检察委员会会议室	80~120
12	刑事申诉案件听证室	40~60	36	信息通讯中心用房	
13	侦查监督用房		37	计算机房	60~80
14	讯问室	40~60	38	多媒体制作室	30~40
15	主办检察官研讨室	30~40	39	赃证物保管用房	60~80
16	审查起诉用房		40	枪弹保管用房	
17	刑事案件审查室	20~30	41	枪支保管室	20~30
18	主诉检察官研讨室	40~60	42	弹药保管室	20~30
19	模拟法庭	60~80	43	服装保管用房	60~80
20	律师用房		44	诉讼案件档案用房	
21	律师阅卷室	30~40	45	文书档案室	120~180
22	律师接待室	30~40	46	音像档案室	40~60
23	复印室	20~30	47	阅档室	30~40
24	自侦案件讯问用房				
总计					1450~2040

附表 4　二级检察专业技术用房基本使用面积指标　　单位：m^2

序号	种类	面积	序号	种类	面积
1	化验用房		18	电测听室	20~30
2	普通化验室	20~30	19	解剖用房	
3	毒物化验室	20~30	20	解剖室	30~40
4	万能显微镜室	15~20	21	X光照相室	20~40
5	试剂存放室	15~20	22	病理切片制作室	20~30
6	文检用房		23	尸体存放室	20~30
7	文检检查室	20~30	24	司法会计用房	
8	光谱室	15~20	25	审查鉴定室	30~40
9	色谱室	15~20	26	文档保管室	30~40
10	痕检用房		27	计算机犯罪检验鉴定用房	30~40
11	痕迹检验室	30~40	28	录像资料检验用房	
12	红紫外线检验室	20~30	29	工作间	20~40
13	痕检资料室	15~20	30	小型录像播放厅	30~40
14	法医鉴定用房		31	录音资料检验用房	30~40
15	物证检验室	30~40	32	照相用房	
16	活体检验室	20~40	33	照相制作室	30~40
17	脑干电检测定室	20~30	34	照相资料室	20~40
总计					585~860

附表 5　三级检察办案用房基本使用面积指标　　单位：m^2

序号	种类	面积	序号	种类	面积
1	控告申诉接待用房		19	渎职侵权案件讯问室	30~40
2	来访举报等候室	20~30	20	暂押室	20~30
3	来访接待室	30~40	21	主办检察官研讨室	20~30
4	举报接待室	30~40	22	刑罚执行监督用房	30~40
5	检察长接待室	20~30	23	监控用房	40~60
6	询问用房		24	侦查指挥中心	30~40
7	证人被害人询问室	20~30	25	检察委员会会议室	50~80
8	自侦案件初查询问室	30~40	26	信息通讯中心用房	
9	听证室	30~40	27	计算机房	40~60
10	侦查监督用房	30~40	28	多媒体制作室	30~40
11	审查起诉用房		29	赃证物保管用房	40~60
12	刑事案件审查室	30~40	30	枪弹保管用房	
13	主诉检察官研讨室	20~30	31	枪支保管室	15~20
14	律师用房		32	弹药保管室	15~20
15	律师阅卷室	30~40	33	服装保管用房	30~40
16	复印室	15~20	34	诉讼案件档案用房	
17	审讯用房		35	文书档案室	80~100
18	贪污贿赂案件讯问室	40~60	36	阅档室	20~30
总计					835~1170

附表 6　三级检察专业技术用房基本使用面积指标　　单位：m^2

序　号	种　　类	面　积	序　号	种　　类	面　积
1	化验用房		15	解剖用房	
2	普通化验室	20～30	16	解剖室	20～30
3	毒物化验室	15～20	17	尸体存放室	15～20
4	万能显微镜室	15～20	18	司法会计用房	
5	试剂存放室	15～20	19	审查鉴定室	20～30
6	文检用房		20	文档保管室	20～30
7	文检检查室	20～30	21	计算机犯罪检验鉴定用房	20～30
8	文检资料室	15～20	22	录像资料检验用房	
9	痕检用房		23	工作间	20～30
10	痕迹检验室	20～30	24	小型录像播放厅	20～30
11	痕检资料室	15～20	25	录音资料检验用房	30～40
12	法医鉴定用房		26	照相用房	
13	物证检验室	15～20	27	照相制作室	30～40
14	活体检验室	15～20	28	照相资料室	15～20
总　　计					375～530

附加说明

本建设标准主编单位和主要起草人名单

主 编 单 位：最高人民检察院计划财务装备局

主要起草人：李文生　赵　扬　李满旺　李清亮

监狱建设标准

主编部门：中华人民共和国司法部
批准部门：中华人民共和国建设部
中华人民共和国国家发展计划委员会
施行日期：2003年2月1日

建设部 国家计委关于批准发布《监狱建设标准》的通知

2002年12月3日　建标［2002］258号

国务院各有关部门，各省、自治区、直辖市建设厅（建委）、计委：

根据建设部《关于印发〈二〇〇一年工程项目建设标准编制项目计划〉的通知》（建标［2001］203号）的要求，由司法部编制的《监狱建设标准》，经有关部门会审，现批准发布，自2003年2月1日起施行。

本建设标准的管理由建设部和国家计委负责，具体解释工作由司法部负责。

编 制 说 明

《监狱建设标准》，是根据建设部《关于印发〈二〇〇一年工程项目建设标准编制项目计划〉的通知》（建标［2001］203 号）的要求，由司法部负责主编，具体由司法部哈尔滨设计院编制的。

编制过程中，编制组进行了广泛深入的调查研究，认真分析了国内已建监狱的统计资料，总结了以往建设的经验教训。在此基础上完成的征求意见稿，征求了各有关部门、单位和专家的意见，并最终经有关部门会审定稿。

本建设标准共分六章：总则、建设规模与项目构成、选址与规划布局、建筑标准、安全警戒设施、场地及配套设施等。

本建设标准系初次编制，在执行过程中，请各单位注意总结经验，积累资料，如发现需要修改和补充之处，请将意见和资料寄司法部监狱管理局（地址：北京市朝阳门南大街10 号，邮编：100020），以便今后修订时参考。

中华人民共和国司法部

2002 年 6 月 19 日

目　录

第一章　总则 ……………………………………………………………………………… 2389
第二章　建设规模与项目构成 ……………………………………………………………… 2389
第三章　选址与规划布局 …………………………………………………………………… 2390
第四章　建筑标准 …………………………………………………………………………… 2391
第五章　安全警戒设施 ……………………………………………………………………… 2393
第六章　场地及配套设施 …………………………………………………………………… 2393
附加说明 ……………………………………………………………………………………… 2394

第一章 总 则

第一条 为了正确执行刑罚，惩罚和改造罪犯，预防和减少犯罪，使监狱建设科学化、规范化、标准化，根据《中华人民共和国监狱法》等法律法规，制定本标准。

第二条 本标准是为监狱建设的项目决策及合理确定监狱建设水平服务的全国统一标准，是编制、评估和审批监狱建设项目可行性研究报告和监狱建设项目规划、设计的重要依据。

第三条 本标准适用于新建、扩建和改建的监狱建设。

第四条 监狱建设必须遵守国家有关的法律、法规、规章，必须符合监管安全和改造罪犯需要，应从监狱当地的实际情况出发与经济、社会发展相适应，达到安全、坚固、适用、经济、庄重。

第五条 监狱建设应统一规划、合理布局，并纳入当地城市和地区的总体规划。新建监狱建设项目应一次规划，并预留发展用地；扩建和改建的监狱应充分利用原有设施。

第六条 本标准确定的参数是监狱建设的下限值，经济技术条件较好的地区可按本标准参数提高30%作为上限。

第七条 监狱建设除应执行本标准的规定外，还应符合国家现行的有关规范、标准的要求。

第二章 建设规模与项目构成

第八条 监狱建设规模按罪犯人数，划分为大、中、小三种类型。

第九条 监狱建设规模应以罪犯人数在1000~5000人为宜，不同建设规模监狱罪犯人数应符合下列规定：

1. 小型监狱 1000~2000人；
2. 中型监狱 2001~3000人；
3. 大型监狱 3001~5000人。

第十条 监狱建设项目由房屋建筑、安全警戒设施、场地及其配套设施构成。

第十一条 监狱房屋建筑部分包括：罪犯用房、干警用房、武警用房及其他附属用房。

1. 罪犯用房包括：监舍楼、学习用房、禁闭室、家属会见室、伙房和餐厅、医院和医务室、文体活动用房、技能培训用房、劳动改造用房及其他服务用房等。

监舍楼包括寝室、盥洗室、厕所、物品储藏室、心理咨询室等；学习用房包括图书阅览用房、教学用房等；文体活动用房包括文体活动室、礼堂等；其他服务用房包括理发室、浴室、晾衣房等。

2. 干警用房包括：干警办公用房、公共用房、特殊业务用房、干警管理用房、干警备勤用房、干警学习及训练用房。

干警办公用房包括监狱领导及职能部门办公室；公共用房包括会议室、干警文体活动室、干警食堂、干警浴室、干警医务所、老干部活动室等；特殊业务用房包括警械装备库、总监控室、电化教育室、罪犯档案室、计算机室、暗室、器材存放室、检察院驻狱办公室等；干警管理用房包括监区、分监区干警值班室（监控室）、分监区教育谈话室、分监区干警办公室及干警卫生间等。

3. 武警用房建设项目及标准应按有关规定执行。

4. 其他附属用房包括：收发值班室、门卫接待室、车库、仓库、配电室、锅炉房、水泵房等。

第十二条 监狱安全警戒设施包括：大门、围墙、岗楼、电网、照明、通讯、监控、报警装置、狱门值班室、隔离带等。

第十三条 监狱的场地主要包括干警及武警训练场、监狱停车场及罪犯体训场。

第十四条 配套设施主要包括干警办公设施，罪犯生活教育、劳动改造设施，道路系统，消防、给排水、供暖、变配电、电信、煤气、有线电视、环保等以及场地绿化、美化。

第三章 选址与规划布局

第十五条 新建监狱的选址应符合下列规定：

1. 新建监狱建设应选择邻近经济相对发达、交通便利的城市或地区。

2. 新建监狱选址应根据工程地质、水文地质和地震活动性质，结合劳动改造需要，选择地质条件较好、地势较高的地段；新建监狱严禁选在可能发生自然灾害且足以危及监狱安全的地区。

3. 新建监狱应选择在给排水、供电、通讯、电视接收等条件较好的地区。未成年犯管教所和女子监狱应选择经济相对发达、交通便利的大、中城市建设。

4. 新建监狱与各种污染源、易燃易爆危险品、高噪声、高压线走廊、无线电干扰、光缆、石油管线、水利设施的距离应符合国家有关规定。

第十六条 监狱建设用地应根据批准的建设计划，坚持科学合理、节约用地的原则，统一规划，合理布局。新建监狱建设用地标准宜按每罪犯 $70m^2$ 测算，从事农业劳动的监狱建设用地标准可按实际情况确定。

第十七条 监狱的总平面布局应分为罪犯生活区、罪犯劳动改造区、干警行政办公区、干警生活区、武警营房区等分区；各分区之间既应相邻，又应有相应的隔离设施；罪犯生活区和罪犯劳动改造区在隔离的基础上应有通道相连。

第十八条 监狱的总平面布置应符合下列要求：

1. 监狱大门前应留有一定的缓冲区域。

2. 在平面布置中，应按功能要求合理确定各种功能分区的位置和间距。

3. 在各功能分区中，应按功能要求合理确定各种用房的位置；用房的布置应符合联系方便、互不干扰和保障安全的原则。新建监狱罪犯生活、劳动改造用房距围墙不宜小于10m。

4. 监狱监区内应设罪犯体训场，监区外应设干警、武警体训场和停车场。

第十九条 监狱内各建筑之间及狱内建筑与狱外建筑之间的距离应符合国家现行的安全、消防、日照、通风、防噪音和卫生防护等有关标准的规定。

第二十条 监狱的标志应醒目、统一，标志上宜有警徽及监狱名称的中文字样；在有少数民族文字规定的地区应按当地规定执行。

第二十一条 监狱内的道路应使各功能分区联系畅通、安全；应有利于各功能分区用地的划分和有机联系；应根据地形、气候、用地规模和用地四周的环境条件，结合监狱的特点，选择安全、便捷、经济的道路系统和道路断面形式。

第二十二条 新建监狱绿地率不宜小于20%，扩建和改建监狱绿地率不宜小于15%。

第四章 建筑标准

第二十三条 监狱的建筑标准，应根据监狱建设规模、城市规划和监狱使用功能的要求合理确定。

第二十四条 监狱综合建筑面积指标（不含武警用房），应符合表一的规定。

第二十五条 监狱各种用房的建筑面积应参照表二、表三、表四确定。

表一 监狱综合建筑面积指标

用房类别	建设规模			备注
	大	中	小	
监狱罪犯用房（m^2/罪犯）	20.56	20.75	20.99	
监狱干警用房（m^2/干警）	30.80	31.91	33.02	
其他附属用房（m^2/干警）	2.40	2.63	3.24	

表二 监狱罪犯用房建筑面积指标（m^2/罪犯）

用房类别	用房名称	建设规模			备注
		大	中	小	
罪犯用房	监舍楼	4.66	4.66	4.66	女子监狱厕所增加0.04m^2/罪犯；女子监狱和未成年犯管教所学习用房面积乘以1.5系数；女子监狱和未成年犯管教所禁闭室面积按80%设置；伙房和餐厅面积中含0.5m^2/罪犯储菜用房面积，在冬季需储存菜地区方可设置。
	学习用房	0.96	1.07	1.17	
	禁闭室	0.11	0.13	0.15	
	家属会见室	0.8	0.8	0.8	
	伙房和餐厅	1.53	1.59	1.71	
	医院或医务室	0.5	0.5	0.5	
	文体活动用房	1.4	1.4	1.4	
	技能培训用房	2.30	2.30	2.30	
	劳动改造用房	7.60	7.60	7.60	
	其他服务用房	0.70	0.70	0.70	
	男监合计	20.56	20.75	20.99	

表三 监狱干警用房建筑面积指标（m^2/干警）

用房类别	用房名称	建设规模			备注
		大	中	小	
干警用房	干警办公用房	5.83	5.83	5.83	
	公共用房	8.75	8.75	8.75	
	特殊业务用房	5.22	6.33	7.44	
	干警管理用房	3.61	3.61	3.61	
	干警备勤用房	3.89	3.89	3.89	
	学习及训练用房	3.50	3.50	3.50	
	合计	30.80	31.91	33.02	

表四 其他附属用房建筑面积指标（m^2/干警）

用房类别	用房名称	建设规模			备注
		大	中	小	
其他用房	其他附属用房	2.40	2.63	3.24	
	合计	2.40	2.63	3.24	

注：1. 表二未含罪犯用锅炉房面积，如需要设置应根据具体情况另行确定。
2. 寒冷地区综合建筑面积指标宜在本标准基础上增加4%，严寒地区宜在本标准基础上增加6%。

第二十六条 监狱建设总体规划时，应根据具体情况，在监区外建设干警备勤用房。

第二十七条 监狱房屋的建筑结构形式应根据建设条件和建筑层数综合考虑。监区内建筑高度应符合当地规划要求，且不应超过24m。

第二十八条 监狱监舍用房设计应符合下列要求：

1. 每间寝室关押男罪犯时不应超过20人，关押女罪犯和未成年犯时不应超过12人。

2. 寝室内床位宽不应小于80cm；床位为双层时，室内净高不应低于3.3m，床位为单层时，室内净高不应低于2.8m。监舍内走廊若双面布置房间，其净宽不应低于2.4m；若单面布置房间，其净宽不应低于2m。寝室窗地比不应小于1/7。

3. 采暖地区监舍建设，应加设机械通风系统，换气次数宜为4~7次/小时；风口应采用扁长型风口，以防罪犯爬入。采暖负荷计算时应考虑通风所损失的热量。

4. 盥洗室排水立管及地漏应在设计确定的基础上加大1号管径。

5. 监舍内各房间及走廊的照明均应在干警值班室的控制之下，且应在每个监舍内设一组夜间照明用灯具；监舍楼内配电箱应设在每层的干警值班室内。

第二十九条 禁闭室应集中设置于监区内，自成一区，离监舍距离宜大于20m，并设值班及预审室，单间禁闭室室内净高不应低于3.0m，单间使用面积不宜小于6.0m^2。

第三十条 监狱内医疗用房、教学用房、伙房、餐厅等应根据建设规模和监狱管理体制，参照现行国家标准《民用建筑设计通则》（JGJ37—87），《综合医院建筑设计规范》（JGB49—88），《中小学建筑设计规范》（GBJ99—86），《饮食建筑设计规范》（JGJ64—89）等有关规范、标准，按实际需求设置。

第三十一条 监狱的家属会见室宜设于监区大门附近，应使家属和罪犯各行其道。会见室中应分别设置从严、一般和从宽会见的设施；其窗地比不应小于1/7，室内净高不应低于3.0m。

第三十二条 监区内干警用房应符合下列要求：

1. 监舍内应设干警值班室、谈话室，且应位于监区的出入口附近，应用铁栅栏门与罪犯用房分开，内设专用卫生间。

2. 工业生产作业区应设干警值班室，干警值班室的门窗应有牢固的防护设施，并应设有线或无线通讯和报警装置。

第三十三条 监狱建筑物的耐火等级不应低于二级。劳动生产区厂房、仓库等耐火等级应按国家标准《建筑设计防火规范》（GBJ16—87）的有关规定确定。监狱监管设施耐久年限不应少于50年。监狱建筑应按国家现行的有关抗震设计规范、规程进行设计；围墙、岗楼、大门其抗震设防的基本烈度，应按本地区基本烈度提高一度，并不应小于七度（含七度）；抗震设防烈度为九度（不含九度）以上地区，严禁建监狱。

第三十四条 监狱建筑的装修，应根据建设计划和业务工作要求确定标准，各类用房原则上应采用普通装修。微机室、会议室、监控室及气候炎热地区监狱的行政用房应设局部空调。采暖地区的监狱建筑应按国家现行的有关规定设置采暖设施。

第三十五条 监狱建筑应结合当地的建筑传统、风格，并体现监狱建筑的特殊性、统一性。

第三十六条 监狱建筑应设置完备的给水、排水系统。

第三十七条 监狱的供电电力负荷等级宜为一级，并应附设备用电源和应急照明器材。

第三十八条 监狱的垃圾处理、污水处理和烟尘排放，必须符合国家有关法规、规范、标准的规定。

第五章 安全警戒设施

第三十九条 警戒设施应符合下列要求：

1. 新建监狱围墙上部宜设置武装巡逻道。监狱围墙一般应高出地面 5.5m，并达到 490mm 厚砖墙的安全防护要求；女子监狱和未成年犯管教所围墙应高出地面 4.0～5.0m，并达到 370mm 厚砖墙的安全防护要求。围墙地基必须坚固，围墙下部必须设挡板，且深度不应小于 1.5m。围墙转角应呈圆弧形，表面要光滑，无任何可攀登处。围墙内侧 5m、外侧 10m 为警戒隔离带，隔离带内应无障碍。

监狱围墙应设置照明装置；照明灯具的位置、距离应适当，照明灯具应配有防护罩。监狱围墙内、外侧警戒线内照明效果应良好。

2. 监狱围墙上部应设电网，其高度、电压等应按照有关标准执行。

3. 岗楼宜为封闭建筑物，岗楼四周应挑平台，平台应高出围墙 1.5m 以上，并设 1.2m 高栏杆。岗楼一般应设于围墙转折点处，视界、射界良好，无观察死角，岗楼之间视界、射界应重叠，并且岗楼间距不应大于 150m。岗楼应用铁门防护及设置通讯报警装置。

4. 监狱大门分设通车和行人的大、小门，大门宜宽 6m、高 4.5m，大门内设二门，宜电动 AB 开闭。小门人行通道应设带封顶的护栏。

5. 门卫值班室应设在监区大门一侧，并应安装防护装置，外门应为铁门。室内应设通讯报警装置，并设有可在室内控制大门开闭的装置。

第四十条 安全设施应符合下列要求：

1. 室外疏散楼梯周围应设防护铁栅栏；通向屋顶的消防爬梯离地面高度不应小于 3m，且 3m 水平距离内不应开设门窗洞口。

2. 监舍对外窗均应设防护铁栅栏。

3. 家属会见室靠监区内一侧的窗及禁闭室外窗均应设坚固的铁栅栏，家属会见室靠监区内一侧的门及禁闭室外门应为铁门。

4. 监区所有可通往监外的暖气检查口、排水暗管的检查窨井等，均应设防护装置。

5. 监舍管道、电线均应暗装，出口及插座均应设带锁的铁箱；监舍内灯控开关应设在干警值班室内。

6. 禁闭室内不应设电器开关及插座，应采用低压照明（宜采用 24V 电压），照明控制应由干警值班室统一管理。

第四十一条 监狱内的监舍、禁闭室、家属会见室、大门、围墙、岗楼、劳动生产用房等重要部位应设监控系统，监控系统应与监狱同步规划、同步建设。

第六章 场地及配套设施

第四十二条 干警及武警训练场按每人 $3.2m^2$ 测算，罪犯训体场按每人 $2.9m^2$ 测算。

第四十三条 监狱停车场宜按监狱干警每 100 人 10 个停车位测算。

第四十四条 干警办公设施和罪犯生活教育、劳动改造设施投资项目与标准按有关标准执行。道路系统、消防、给排水、供暖、交配电、电信、煤气、有线电视、环保等宜与城市相应市政衔接。

附加说明

主编单位和主要起草人名单

主编单位： 司 法 部 哈 尔 滨 设 计 院

主要起草人： 刘光益　吴国栋　王晓东　刘　赟
刘丽敏　李　琦　袁　松　夏祖证

综合医院建设标准

（限内部印发）

主编部门：中华人民共和国卫生部
批准部门：中华人民共和国建设部
　　　　　中华人民共和国国家计划委员会
施行日期：1996年12月1日

关于批准发布《综合医院建设标准》的通知

建标［1996］547号

国务院各有关部门，各省、自治区、直辖市、计划单列市建委（建设厅）、计委（计经委）：

根据国家计委《关于制订工程项目建设标准的几点意见》（计标［1987］2323号）和建设部、国家计委《关于工程项目建设标准编制工作暂行办法》（［90］建标字第519号）的要求，按照国家计委《一九八九年工程项目建设标准、投资估算指标、建设工期定额、建设用地指标制订计划》（计综合［1989］30号）的安排，由卫生部负责编制的《综合医院建设标准》，业经有关部门会审，现批准为全国统一标准予以发布，自一九九六年十二月一日起施行。

本建设标准的管理及解释工作，由卫生部负责。

中华人民共和国建设部
中华人民共和国国家计划委员会
一九九六年十月三日

编制说明

《综合医院建设标准》，是根据国家计委《关于制订工程项目建设标准的几点意见》（计标［1987］2323号）和建设部、国家计委《关于工程项目建设标准编制工作暂行办法》（［90］建标字第519号）的要求，按照国家计委《一九八九年工程项目建设标准等制订计划》（计综合［1989］30号）的安排，由卫生部负责主编，具体由北京市卫生局会同上海、辽宁、陕西、湖北、云南等五个省市卫生厅（局）和上海市民用建筑设计院共同编制的。

在编制过程中，编制组进行了广泛深入的调查研究，收集了全国六大区104所不同规模医院的现状资料，认真总结了原国家建委、卫生部1979年颁布的《综合医院建筑标准》试行情况及40多年来医院建设的经验教训，遵循艰苦奋斗、勤俭建国的方针，贯彻国家发展卫生事业的技术经济政策，坚持方便患者的原则，达到功能适用、流程科学、安全卫生、经济合理。经广泛征求全国30个省、自治区、直辖市和15个计划单列市卫生厅（局）有实际工作经验的卫生技术人员、医院管理人员和建筑设计人员的意见后，由我部召开了全国审查会议，会同各有关部门审查定稿。

本建设标准共分七章：总则、建设规模与项目构成、建筑面积指标、规划布局与建设用地、建筑标准、医院设备、主要技术经济指标。

请各单位在执行本建设标准的过程中，注意总结经验，积累资料。如发现需要修改和补充之处，请将意见和有关资料寄卫生部计划财务司（地址：北京市后海北沿44号，邮政编码：100725），以便今后修订时参考。

中华人民共和国卫生部

1995年9月13日

目　　录

第一章　总则 ………………………………………………………………………… 2399
第二章　建设规模与项目构成 …………………………………………………… 2399
第三章　建筑面积指标 ……………………………………………………………… 2400
第四章　规划布局与建设用地 …………………………………………………… 2401
第五章　建筑标准 …………………………………………………………………… 2402
第六章　医院设备 …………………………………………………………………… 2403
第七章　主要技术经济指标 ……………………………………………………… 2403
附加说明 ……………………………………………………………………………… 2404

第一章　总　则

第一条　为适应社会主义市场经济发展的需要，加强固定资产投资与建设的宏观调控，提高综合医院工程项目决策与建设的科学管理水平，正确掌握建设标准，充分发挥投资效益，适应卫生事业的发展，制定本建设标准。

第二条　本建设标准是为项目决策服务和控制项目建设水平的全国统一标准，是编制、评估和审批综合医院工程项目可行性研究报告的重要依据，也是有关部门审查初步设计和监督、检查工程建设全过程建设标准的尺度。

第三条　本建设标准适用于建设规模在200～800张病床综合医院的新建工程项目；改、扩建项目可参照执行。

第四条　综合医院的建设，必须遵守国家有关经济建设的法律、法规，贯彻艰苦奋斗、勤俭建国的方针和国家发展卫生事业的技术经济政策，正确处理现状与发展、需要与可能的关系。

第五条　综合医院的建设，应坚持方便患者的原则，在满足各项功能基本需要的同时，注意改善患者的就医条件，做到功能适用、流程科学、安全卫生、经济合理。

第六条　综合医院的建设，应符合国家及所在地区城市建设规划和卫生事业发展规划的要求，充分利用现有卫生资源，避免重复建设或过于集中。

现有综合医院的改、扩建，应充分利用原有设施。

第七条　综合医院的建设，应对院区一次规划，经批准后根据需要和财力、物力等条件的不同，可一次或分期实施。

第八条　综合医院的建设，除执行本建设标准外，尚应符合国家现行的有关标准、规范和定额、指标的规定。

第二章　建设规模与项目构成

第九条　综合医院的建设规模，按病床数量可分为200、300、400、500、600、700、800床七种。

第十条　新建综合医院的建设规模，应根据当地《医疗机构设置规划》、拟建医院所在地区的经济发展水平、卫生资源和医疗保健服务的需求状况以及该地区原有医院的病床数量进行综合平衡后确定。一般情况下，宜建设300、400、500、600床四种建设规模的综合医院。800床以上的超大型医院不宜建设。

第十一条　综合医院的日门诊量与编制床位数的比值一般宜为3:1，也可按本地区或建设单位前三年日门诊量统计的平均数确定。

第十二条　综合医院建设项目，应由急诊部、门诊部、住院部、医技科室、保障系统、行政管理和院内生活设施等构成。承担科研和教学任务的综合医院，尚应包括相应的科研和教学设施。

第十三条　核磁共振成像仪、电子计算机体层扫描仪、核医学、高压氧舱、血液透析仪、体外碎石机等大型医疗设备以及大型灭菌制剂室、大型中药制剂室等设施，应按照地区卫生事业发展规划的安排并根据医院的技术水平和实际需要合理设置。

第十四条 综合医院配套设施的建设应坚持专业化协作和社会化服务的原则，采暖锅炉、洗衣房、职工食堂、托幼园所等设施，应尽量利用城镇已有设施或在适当位置集中建设、统一供应。

第三章 建筑面积指标

第十五条 综合医院中急诊部、门诊部、住院部、医技科室、保障系统、行政管理和院内生活用房等七项设施的床均建筑面积指标，宜符合表 1 的规定。

表 1 综合医院建筑面积指标（m^2/床）

建设规模	200 床	300 床	400 床	500 床	600 床	700 床	800 床
建筑面积指标	64		63		62	61	60

注：①表中所列指标，是保证医院正常运转所需的最低建筑面积指标。
②综合医院七种建设规模，在表列指标以外，均有 $3m^2$/床的幅度面积。当规定指标确实不能满足需要、建设资金又有保证时，可根据实际需要和客观条件，并报有关部门批准，在急诊室、门诊共用部分、院科室用房、住院部、检查科、放射科、功能检查、手术室、病理科、理疗科及行政管理等项内容中选择必须的项目，按不超过 $3m^2$/床适当增加建筑面积。

第十六条 综合医院各组成部分用房在总建筑面积中所占的比例，宜符合表 2 的规定。

表 2 综合医院各类用房占总建筑面积的比例（%）

部门 \ 建设规模	200 床	300 床	400 床	500 床	600 床	700 床	800 床
急诊部	2.77	3.52	3.22	3.21	3.04	3.04	2.78
门诊部	15.08	16.11	16.13	15.01	14.72	14.44	13.07
住院部	34.61	34.26	34.55	34.26	34.68	34.80	35.40
医技科室	25.57	25.91	25.63	25.88	25.76	25.25	25.33
保障系统	11.90	9.90	9.40	8.97	8.91	9.44	9.20
行政管理	3.86	4.00	4.26	5.13	5.22	5.29	5.38
院内生活	6.21	6.30	6.81	7.54	7.67	7.74	7.94

注：使用中，在不突破总建筑面积的前提下，各类用房占总建筑面积的比例可根据地区和医院的实际需要作适当调整。

第十七条 综合医院内预防保健用房的建筑面积，应按编制内的每位预防保健工作人员 $9m^2$ 配置。

表 3 教学用房建筑面积指标（m^2/学生）

医院分类	附属医院	教学医院	实习医院
建筑面积指标	8～10	4	2.5

注：学生的数量按上级主管部门规定的监床教学班或实习的人数确定。

第十八条 设有研究所的综合医院，应按编制内的每位专职科研人员 $25m^2$ 另行增加科研用房的建筑面积，并应根据需要按有关规定配套建设适度规模的中间实验动物室。实验室以外的其他用房与医院其他工作人员共用，不再另行配置。

第十九条 医学院校的附属医院、教学医院和实习医院的教学用房配置，应符合表3的规定。

第二十条 核磁共振成像仪等项目的建筑面积指标，可参照表4。

表4 综合医院单列项目房屋建筑面积指标（m^2）

<table>
<tr><th colspan="2">建设项目 / 项目名称</th><th>200床</th><th>300床</th><th>400床</th><th>500床</th><th>600床</th><th>700床</th><th>800床</th></tr>
<tr><td colspan="2">采暖锅炉房</td><td>453</td><td>553</td><td>553</td><td>840</td><td>840</td><td>1143</td><td>1143</td></tr>
<tr><td colspan="2">托幼园所</td><td>462</td><td>692</td><td>923</td><td>1308</td><td>1569</td><td>1831</td><td>2092</td></tr>
<tr><td colspan="2">灭菌、中药制剂</td><td colspan="2">607（小型）</td><td colspan="2">1429（中型）</td><td colspan="3">2000（大型）</td></tr>
<tr><td colspan="2">核磁共振室</td><td colspan="7">308</td></tr>
<tr><td colspan="2">CT室</td><td colspan="7">261</td></tr>
<tr><td colspan="2">X线数字减影装置室</td><td colspan="7">309</td></tr>
<tr><td colspan="2">血液透析室（10床）</td><td colspan="7">397</td></tr>
<tr><td colspan="2">体外碎石机室</td><td colspan="7">120</td></tr>
<tr><td colspan="2">洁净病房</td><td colspan="7">305</td></tr>
<tr><td rowspan="3">高压氧舱</td><td>小型舱（1～2人）</td><td colspan="7">173</td></tr>
<tr><td>中型舱（8～12人）</td><td colspan="7">393</td></tr>
<tr><td>大型舱（18～20人）</td><td colspan="7">592</td></tr>
<tr><td colspan="2">直线加速器</td><td colspan="7">466</td></tr>
<tr><td colspan="2">同位素室</td><td colspan="7">535</td></tr>
<tr><td colspan="2">ECT室</td><td colspan="7">442</td></tr>
<tr><td colspan="2">内照（前装）、钴60、后装机</td><td colspan="7">706</td></tr>
<tr><td colspan="2">放射性治疗病房（8床）</td><td colspan="7">229</td></tr>
<tr><td colspan="2">矫形支具与假肢制作室</td><td colspan="7">120</td></tr>
</table>

第四章 规划布局与建设用地

第二十一条 综合医院总体建设规划的确定，应符合下列规定：

一、必须坚持科学合理、节约用地的原则；

二、在满足基本功能需要的同时，适当考虑未来发展；

三、合理确定功能分区，医院各部门的建筑布局合理，科学地组织人流和物流，避免或减少交叉感染；室内采光、色彩设计符合卫生学要求。

四、根据不同地区的气象条件，使建筑物的朝向、间距、自然通风和院区绿化达到最佳程度，为患者提供良好的医疗环境。

第二十二条 综合医院的选址，应满足医院功能与环境的要求，院址应选择在患者就医方便、环境安静、地形比较规整的位置，并应充分利用城镇基础设施，避开污染源和易燃易爆物的生产、贮存场所。

第二十三条 综合医院的总平面布置，应充分利用地形地貌；在不影响使用功能和满足安全卫生要求的前提下，可适当提高建筑组合的集中程度；在符合安全和技术经济合理的条件下，应采用管线共架、共杆、共沟的布置，提高土地利用率。

第二十四条 综合医院的建设用地，包括急诊部、门诊部、住院部、医技科室、保障系统、行政管理和院内生活用房等七项设施的占地。床均建设用地指标不应超过表5的规定。

表5 综合医院建设用地指标（m^2/床）

建设规模	200床	300床	400床	500床	600床	700床	800床
建设用地指标	117		115		103	111	109
注：表中所列是综合医院七项基本建设内容所需的最低用地指标。当规定的指标确实不能满足需要时，可按不超过11m^2/床指标增加用地面积用于预防保健、单列项目用房的建设和医院的发展用地。							

第二十五条 设有研究所的综合医院应按每位专职科研人员30m^2、承担教学任务的附属医院每位学生30m^2、教学医院每位学生25m^2，在床均用地面积指标以外，应另行增加科研教学设施的建设用地。

第二十六条 综合医院设置公共停车场时，应在床均用地面积指标以外，按小型汽车占地25m^2/辆和自行车占地1.2m^2/辆，另行增加公共停车场用地面积。停车的数量应按当地有关规定确定。

第二十七条 新建综合医院，应在床均用地面积指标以外，同时规划带眷职工住宅的建设用地。其中各类专业业务骨干和关键岗位职工住宅的位置应在医院的附近。

第二十八条 新建综合医院的建筑覆盖率宜为25%～30%，绿地率不应低于35%；改、扩建综合医院建筑覆盖率不宜超过35%，绿地率不应低于35%。

第五章 建 筑 标 准

第二十九条 综合医院的建设，应贯彻适用、经济、在可能条件下注意美观的原则，建筑标准应区别不同地区的经济条件合理确定。

第三十条 综合医院应以多层建筑为主，在用地特别紧张的地区，方可建高层。

第三十一条 门诊楼、医技楼等主要建筑，宜采用框架结构，其他建筑宜采用砖混结构。病房楼不宜设置阳台。

第三十二条 综合医院的建筑装修和环境设计，宜有利于患者生理、心理，体现清新、典雅、朴素的行业特点，并符合患者生理、心理和当地的民俗特点。

第三十三条 综合医院主要建筑物的围护结构及屋面，应符合建筑节能和防渗漏的要求；外窗应选用气密性和防水性良好的产品；有推床（车）通过的门和墙面，应采取防碰撞措施；有患者通过的门和走道宜采用“无障碍设计”，康复科应设有扶手或拦杆。

第三十四条 急诊部、门诊部、住院部、医技科室和实验室等医疗业务用房的室内装修，应符合下列规定：

一、顶棚应便于清扫、防积尘；照明宜采用吸顶灯；

二、内墙墙体不应使用易裂、易燃、不耐碰撞、不易吊挂的轻质板材；装饰材料不应使用壁纸；踢脚板应与墙面平；

手术室和产房的内墙，应采用牢固、耐用、难沾污、易清洁、耐腐蚀的相宜材料并装修到顶；

三、除特殊要求外，有患者通行的楼地面宜采用防滑地板铺装；

四、所有卫生洁具、洗涤池，应采用耐腐蚀、难沾污、易清洁的建筑配件。

第三十五条 配餐、消毒、厕浴、污洗等有蒸汽溢出和结露的房间，应采用牢固、耐用、难沾污、易清洁的材料装修到顶；并应采取有效措施，使蒸汽排放顺利、楼地面排水通畅不出现渗漏。

第三十六条 综合医院的蒸汽、冷热水供应和寒冷地区的冬季供暖，应采用分区专线供应。主要建筑物内，排水管道口径应加大一级并采取防堵塞、防渗漏、防腐蚀措施；应设置管道井和设备层。主要管道沟应便于维修和通风。

第三十七条 综合医院的供电设施应安全可靠并应保证不间断供电，一般情况下，应采用双回路供电。院区内应采用分回路供电方式。

不具备双回路供电条件的医院，应设置自备电源。

第三十八条 综合医院的建筑防火等级不应低于二级，消防设施的配置应遵守国家有关建筑防火设计规范的规定。

第三十九条 综合医院的手术室、产房、放射科、检验科等科室应设置局部空调。手术室尚应考虑设置空气净化设施。

第四十条 综合医院应建设污水处理设施，污水的排放应遵守国家有关环境保护的规定。

第六章 医 院 设 备

第四十一条 综合医院的设备配置，应符合下列规定：

一、一般医疗设备的配置，应按《综合医院医疗器械装备标准》（试行）和《医疗机构基本标准》（试行）的规定执行。

二、大型、精密、贵重仪器设备，应根据医院的不同功能、专科特长和所承担的任务，按区域卫生规划的要求，根据实际需要与当地的经济水平合理配置。

第四十二条 综合医院内医用家具的装备，可参照《综合医院家具装备标准》执行。

第四十三条 综合医院应配置与其建设规模相适应的电话通信系统。

第四十四条 综合医院应配置与其建设规模和管理工作相适应的计算机系统和闭路电视系统。

第七章 主要技术经济指标

第四十五条 综合医院的投资估算，应按国家现行有关规定编制。在评估或审批可行性研究报告时，急诊部、门诊部、住院部、医技科室等设施的平均建安工程造价，可参照建设地区相同建筑等级标准和结构形式住宅平均建筑造价的1.5～2倍确定。有特殊功能要求的建筑物，其建安工程造价可按实际情况适当提高。

第四十六条 综合医院的建设工期，可参照表6的指标。

表 6　综合医院建设工期（月）

建设规模	200 床	300 床	400 床	500 床	600 床	700 床	800 床
建筑工期	24～30			30～36			36～40
注：①寒冷地区可适当延长建设工期，但不应大于 50 天。 ②建设工期是指自建设前期工作结束，批准开工报告并正式开工至竣工验收止的时限。							

第四十七条　综合医院主要建筑材料的消耗，可参照表 7 的指标。

第四十八条　综合医院的主要能源消耗，可参照表 8 的指标。

表 7　综合医院每平方米主要建筑材料消耗参考指标

材料 / 结构类型	钢材(kg)	水泥(kg)	木材(m^3)
框　架	50～60	230～260	0.03～0.04
砖　混	25～30	170～200	0.03～0.04

表 8　综合医院每床日主要能源消耗参考指标

项　目	单　位	消耗指标
电	kW·h	2～4
煤	t	0.005～0.007（标准煤）
水	t	1～2
注：用煤量不包括冬季采暖用煤。		

第四十九条　综合医院工作人员的编制按卫生部有关组织编制规定确定，可参照下列条款：

一、综合医院的临床编制，按病床与工作人员之比为基数计算：200～400 床为 1∶1.4～1.5，500～800 床为 1∶1.6～1.7；

二、承担高等医学院校教学任务的综合医院，以临床编制人员数量为基数，按 12%～15%的比例另外增加编制；

三、综合医院内科研人员的编制，按照卫生部的有关规定另外增加；

四、根据医疗单位的特点，在编制总数以外，另增相应机动编制，以解决预防保健人员等方面的需要。机动编制所占的比例，按照卫生部的有关规定确定。

第五十条　综合医院的经济评价，应按国家现行的建设项目经济评价方法与参数的规定执行。

附加说明

本建设标准主编、参编单位和主要起草人名单

主 编 单 位： 北京市卫生局

参 编 单 位： 上海市卫生局

辽宁省卫生厅

陕西省卫生厅

湖北省卫生厅

云南省卫生厅

上海市民用建筑设计院

主要起草人： 刘富凯、李宽海、张欣生、俞国华

科研建筑工程规划面积指标

（限内部印发）

主编部门：中　　国　　科　　学　　院

批准部门：中 华 人 民 共 和 国 建 设 部

中华人民共和国国家计划委员会

中华人民共和国国家科学技术委员会

施行日期：1　9　9　1　年　1　2　月　1　日

关于批准发布《科研建筑工程规划面积指标》的通知

建标［1991］708号

国务院各有关部、委、直属机构，各省、自治区、直辖市计委（计经委)、建委（建设厅)、科委：

根据国家计委计标［1987］2323号文和建设部、国家计委（90）建标字第519号文的要求，按照国家计委计综合［1989］30号文的安排，由中国科学院负责编制的《科研建筑工程规划面积指标》，业经有关部门会审，现批准为全国统一指标，自1991年12月1日起在中国科学院直属科研单位施行，国务院各有关部门和各省、自治区、直辖市建设同类的科研建筑工程可参照执行。

《科研建筑工程规划面积指标》的管理及解释工作，由中国科学院负责。

中华人民共和国建设部
中华人民共和国国家计划委员会
中华人民共和国国家科学技术委员会
1991年10月28日

编 制 说 明

科研建筑工程规划面积指标，是根据国家计委计标［1987］2323号文和建设部、国家计委（90）建标字第519号文的要求，按照国家计委计综合［1989］30号文的安排，由中国科学院负责编制。

本规划指标的编制工作，编制组从我国国情出发，贯彻艰苦奋斗、勤俭建国的方针和节约土地等政策。对我院系统百余个科研、设计、建设单位进行了深入细致的调查研究，收集了大量的基础资料、数据，查阅、并参考了国外有关文献资料，经过反复分析论证，总结科研建筑工程建设的经验。同时，征求了国务院有关部门、各省市科委和我院各专业局、分院、研究所等单位的意见，最后经有关部门会审定稿。

本规划指标内容共分为四章：总则、科研建筑工程规划建筑面积指标、各类用房规划建筑面积指标、科研建筑工程规划建设用地指标。

编制本规划指标是第一次，在施行过程中，请各单位注意总结经验，积累资料，如有需要修改的意见和有关资料请寄中国科学院计划局（北京三里河52号，邮政编码100864，电话8012361），以便今后修改时参考。

中 国 科 学 院

1991年4月1日

目　录

第一章　总则 …………………………………………………………………………… 2409
第二章　科研建筑工程规划建筑面积指标 ……………………………………………… 2409
第三章　各类用房规划建筑面积指标 ………………………………………………… 2413
第四章　科研建筑工程规划建设用地指标 …………………………………………… 2417
附加说明 ………………………………………………………………………………… 2421

第一章　总　　则

第一条　为使科研建筑工程的规划建设管理科学化、规范化，提高投资效益，改善科研工作环境，保证科研工作需要，促进科学事业发展，制定本规划指标。

第二条　本规划指标是编制、评估、审批自然科学研究机构建筑工程建设规划、可行性研究报告的重要依据，也是有关部门监督检查科研建筑工程建设标准的尺度。

第三条　本规划指标适用于自然科学领域基础学科研究机构新建、改建、扩建工程。类同研究机构的科研建筑工程可参照执行。

第四条　本规划指标是科研建筑工程建设的控制指标，包括下列七个基础学科，二十二个分学科的规划建筑面积和规划建设用地指标：

一、数学学科；

二、物理学科：理论物理、实验物理、力学与声学、核物理；

三、化学学科：化学、化工；

四、天文学科：天体物理与天体测量、授时、人卫观测；

五、地学学科：地理、海洋、土壤、地质；

六、生物学科：实验生物、动物、植物；

七、技术科学学科：计算机技术、半导体与电子技术、应用技术、自动化技术、光电技术。

第五条　科研建筑工程建设规划必须贯彻艰苦奋斗、勤俭建国的方针，坚持适用、经济的原则。在满足开展科学研究工作必需条件的同时，执行国家保证质量、保障安全、节约投资、节约能源、节约土地、保护环境等政策，符合城市规划、国家或地区科研布局的要求。

第六条　科研建筑工程各项公用、生活服务设施，应尽量利用当地可提供的社会协作条件。

第七条　科研建筑工程建设规划应一次规划一次建设，亦可一次规划分期建设。

第八条　科研建筑工程建设规划，除执行本规划指标外，尚应符合国家现行的有关标准和指标的规定。

第二章　科研建筑工程规划建筑面积指标

第九条　科研机构的规划建筑面积，包括下列科研、科研辅助、公用设施和行政及生活服务用房的建筑面积。

一、科研用房：

1. 通用实验室；
2. 专用实验室；
3. 研究工作室。

二、科研辅助用房：

1. 图书情报资料室；

2. 学术活动室（含成果陈列室）；
3. 实验动物房；
4. 温室；
5. 标本室；
6. 中试车间；
7. 附属加工工厂；
8. 各类器材仓库；
9. 其他。
三、公用设施：
1. 水、电、气、油、制冷、空调、低温系统及热力系统；
2. 通信；
3. 消防设施；
4. 三废处理；
5. 维修工场；
6. 车库；
7. 其他。
四、行政及生活服务用房：
1. 行政办公用房；
2. 福利卫生用房；
3. 单身宿舍（含客座人员与研究生宿舍）及接待用房；
4. 行政库房；
5. 其他。

不包括与科研机构分开设置的园、站、天文观测台与独立的中试工厂，中试基地、科技开发部，经批准的特殊实验室和工作用房以及人民防空工程的建筑面积；也不包括职工家属宿舍及其配套设施的建筑面积。

第十条 科研建筑工程规划建筑面积指标，根据科研机构的全体人员规模，应按表1采用。

第十一条 科研机构各类专业技术人员，在全员中所占的比例不同时，应按表2中调整系数，调整规划建筑面积指标。

第十二条 不同学科（分类）各类用房比例，应按表3采用。

表1 规划建筑面积指标 单位：m^2/人

人员规模（人） 学科名称	100	200	400	600	900	1200	1500
一、数学学科	30.0	29.0					
二、物理学科							
理论物理	30.0	29.0					
实验物理		50.9	49.6	48.3	46.4	44.5	
力学与声学		40.7	39.7	38.7	37.1	35.6	
核物理			68.4	67.5	66.1	64.8	63.4
三、化学学科							

续表 1

学科名称 \ 人员规模（人）	100	200	400	600	900	1200	1500
化学		49.0	48.0	47.0	45.5	44.0	
化工		61.0	60.0	59.0	57.5	56.0	
四、天文学科							
天体物理与天体测量		40.0	37.0	34.0			
授时		48.0	45.0	42.0			
人卫观测	32.0						
五、地学学科							
地理	42.0	41.5	40.5	39.5	38.0		
海洋			47.0	46.0	44.5	43.0	
土壤	50.0	49.5	48.5	47.5	46.0		
地质	52.0	51.5	50.5	49.5	48.0		
六、生物学科							
实验生物	46.5	45.9	44.6	43.4	41.5		
动物		51.0	49.7	48.4	46.5		
植物		62.5	61.5	60.5	59.0	57.5	
七、技术科学学科							
计算机技术		46.4	45.6	44.7	43.5	42.2	
半导体与电子技术		51.8	50.7	49.6	47.9	46.2	
应用技术		44.4	43.7	43.0	41.9	40.8	
自动化技术		42.4	41.7	41.0	39.9	38.8	
光电技术					46.0	45.0	44.0

注：①科研机构全体人员规模包括编制人员，主管部门核定的客座人员和研究生。

②科研机构全体人员规模，小于表 1 人员规模下限（100 人）的，按下限的建筑面积指标执行；大于表 1 人员规模上限（1500 人）的，应另行作补充规定。全体人员规模介于表 1 两个人员规模之间的，应采用插入法计算建筑面积指标。

表 2　各学科调整系数 *K* 值

学科名称 \ 专业人员占全员%	40	45	50	55	60	65	70	75	80	85	90
一、数学学科						0.95		1	1.05		
二、物理学科											
理论物理							0.95		1	1.05	
实验物理					0.95		1	1.05			
力学与声学					0.95		1	1.05			
核物理					0.95		1	1.05			
三、化学学科											
化学					0.95		1	1.05			
化工			0.95		1	1.05					
四、天文学科											
天体物理与天体测量					0.95		1	1.05			
授时					0.95		1	1.05			
人卫观测					0.95		1	1.05			

续表 2

学科名称 \ 专业人员占全员%	40	45	50	55	60	65	70	75	80	85	90
五、地学学科											
地理						0.95		1	1.05		
海洋					0.95		1	1.05			
土壤						0.95		1	1.05		
地质						0.95		1	1.05		
六、生物学科											
实验生物					0.95		1	1.05			
动物						0.95		1	1.05		
植物			0.95		1	1.05					
七、技术科学学科											
计算机技术					0.95		1	1.05			
半导体与电子技术					0.95		1	1.05			
应用技术					0.95		1	1.05			
自动化技术					0.95		1	1.05			
光电技术		0.95		1	1.05						

注：各类专业人员系指编制在研究室或课题组的测试、试验人员。

表 3　科研建筑工程各类用房比例　%

学科名称 \ 房屋分类	总计	科研用房	科研辅助用房	公用设施	行政及生活服务用房
一、数学学科	100	37 ~ 43	21 ~ 25	14 ~ 16	20 ~ 24
二、物理学科					
理论物理	100	30 ~ 36	23 ~ 27	16 ~ 18	23 ~ 27
实验物理	100	52 ~ 58	18 ~ 22	7 ~ 9	15 ~ 19
力学与声学	100	52 ~ 58	18 ~ 22	7 ~ 9	15 ~ 19
核物理	100	49 ~ 55	23 ~ 27	4 ~ 6	16 ~ 20
三、化学学科					
化学	100	55 ~ 61	17 ~ 21	5 ~ 7	15 ~ 19
化工	100	44 ~ 50	22 ~ 26	7 ~ 9	19 ~ 23
四、天文学科					
天体物理与天体测量	100	51 ~ 57	11 ~ 15	5 ~ 7	25 ~ 29
授时	100	51 ~ 57	11 ~ 15	5 ~ 7	25 ~ 29
人卫观测	100	51 ~ 57	11 ~ 15	5 ~ 7	25 ~ 29
五、地学学科					
地理	100	57 ~ 63	16 ~ 20	5 ~ 7	14 ~ 18
海洋	100	57 ~ 63	16 ~ 20	5 ~ 7	14 ~ 18
土壤	100	57 ~ 63	16 ~ 20	5 ~ 7	14 ~ 18
地质	100	57 ~ 63	16 ~ 20	5 ~ 7	14 ~ 18
六、生物学科					
实验生物	100	55 ~ 61	17 ~ 21	5 ~ 7	15 ~ 19
动物	100	52 ~ 58	19 ~ 23	6 ~ 8	15 ~ 19
植物	100	41 ~ 47	27 ~ 31	6 ~ 8	18 ~ 22

续表 3

房屋分类 / 学科名称	总计	科研用房	科研辅助用房	公用设施	行政及生活服务用房
七、技术科学学科					
计算机技术	100	54 ~ 60	20 ~ 24	6 ~ 8	12 ~ 16
半导体与电子技术	100	53 ~ 59	20 ~ 24	9 ~ 11	10 ~ 14
应用技术	100	55 ~ 61	20 ~ 24	5 ~ 7	12 ~ 16
自动化技术	100	55 ~ 61	20 ~ 24	5 ~ 7	12 ~ 16
光电技术	100	63 ~ 69	5 ~ 9	6 ~ 8	18 ~ 22

第三章　各类用房规划建筑面积指标

第十三条　数学学科各类用房人均综合规划建筑面积指标及其占总用房的比例，应按表 4 采用。

表 4　数学学科各类用房人均综合规划建筑面积指标　　单位：m²/人

人员规模（人） / 房屋分类	100	200	各类用房占总用房百分比（%）
总计	30.0	29.0	100
科研用房	11.10 ~ 12.90	10.73 ~ 12.47	37 ~ 43
科研辅助用房	6.30 ~ 7.50	6.09 ~ 7.25	21 ~ 25
公用设施	4.20 ~ 4.80	4.06 ~ 4.64	14 ~ 16
行政及生活服务用房	6.00 ~ 7.20	5.80 ~ 6.96	20 ~ 24

第十四条　物理学科各类用房人均综合规划建筑面积指标及其占总用房的比例，应按表 5 采用。

表 5　物理学科各类用房人均综合规划建筑面积指标　　单位：m²/人

分类学科	人员规模(人) / 房屋分类	100	200	400	600	900	1200	1500	各类用房占总用房百分比(%)
理论物理	总计	30.0	29.0						100
	科研用房	9.00 ~ 10.8	8.70 ~ 10.44						30 ~ 36
	科研辅助用房	6.90 ~ 8.10	6.67 ~ 7.83						23 ~ 27
	公用设施	4.80 ~ 5.40	4.64 ~ 5.22						16 ~ 18
	行政及生活服务用房	6.90 ~ 8.10	6.67 ~ 7.83						23 ~ 27
实验物理	总计		50.9	49.6	48.3	46.4	44.5		100
	科研用房		26.47 ~ 29.52	25.79 ~ 28.77	25.12 ~ 28.01	24.13 ~ 26.91	23.15 ~ 25.81		52 ~ 58
	科研辅助用房		9.16 ~ 11.20	8.93 ~ 10.91	8.69 ~ 10.63	8.35 ~ 10.21	8.01 ~ 9.79		18 ~ 22
	公用设施		3.56 ~ 4.58	3.47 ~ 4.46	3.38 ~ 4.35	3.25 ~ 4.18	3.12 ~ 4.01		7 ~ 9
	行政及生活服务用房		7.64 ~ 9.67	7.44 ~ 9.42	7.25 ~ 9.18	6.96 ~ 8.82	6.68 ~ 8.46		15 ~ 19

续表 5

分类学科	人员规模(人) / 房屋分类	100	200	400	600	900	1200	1500	各类用房占总用房百分比(%)
力学与声学	总计		40.7	39.7	38.7	37.1	35.6		100
	科研用房		21.16~23.61	20.64~23.03	20.12~22.45	19.29~21.52	18.51~20.65		52~58
	科研辅助用房		7.33~8.95	7.15~8.73	6.97~8.51	6.68~8.16	6.41~7.83		18~22
	公用设施		2.85~3.66	2.78~3.57	2.71~3.48	2.60~3.34	2.49~3.20		7~9
	行政及生活服务用房		6.11~7.73	5.96~7.54	5.81~7.35	5.57~7.05	5.34~6.76		15~19
核物理	总计			68.4	67.5	66.1	64.8	63.4	100
	科研用房			33.52~37.62	33.08~37.13	32.39~36.36	31.75~35.64	31.07~34.87	49~55
	科研辅助用房			15.73~18.47	15.53~18.23	15.20~17.85	14.90~17.50	14.58~17.12	23~27
	公用设施			2.74~4.10	2.70~4.05	2.64~3.97	2.59~3.89	2.54~3.80	4~6
	行政及生活服务用房			10.94~13.68	10.80~13.50	10.58~13.22	10.37~12.96	10.14~12.68	16~20

第十五条 化学学科各类用房人均综合规划建筑面积指标及其占总用房的比例，应按表 6 采用。

表 6 化学学科各类用房人均综合建筑面积指标 单位：m^2/人

分类学科	人员规模（人） / 房屋分类	200	400	600	900	1200	各类用房占总用房百分比(%)
化学	总计	49.0	48.0	47.0	45.5	44.0	100
	科研用房	26.95~29.89	26.40~29.28	25.85~28.67	25.03~27.76	24.20~26.84	55~61
	科研辅助用房	8.33~10.29	8.16~10.08	7.99~9.87	7.74~9.56	7.48~9.24	17~21
	公用设施	2.45~3.43	2.40~3.36	2.35~3.29	2.28~3.19	2.20~3.08	5~7
	行政及生活服务用房	7.35~9.31	7.20~9.12	7.05~8.93	6.83~8.65	6.60~8.36	15~19
化工	总计	61.0	60.0	59.0	57.5	56.0	100
	科研用房	26.84~30.50	26.40~30.00	25.96~29.50	25.30~28.75	24.64~28.00	44~50
	科研辅助用房	13.42~15.86	13.20~15.60	12.98~15.34	12.65~14.95	12.32~14.56	22~26
	公用设施	4.27~5.49	4.20~5.40	4.13~5.31	4.03~5.18	3.92~5.04	7~9
	行政及生活服务用房	11.59~14.03	11.40~13.80	11.21~13.57	10.93~13.23	10.64~12.88	19~23

第十六条 天文学科各类用房人均综合规划建筑面积指标及其占总用房的比例,应

按表7采用。

表7 天文学科各类用房人均综合建筑面积指标 单位：m²/人

分类学科	房屋分类 \ 人员规模（人）	100	200	400	600	各类用房占总用房百分比(%)
天体物理与天体测量	总计		40.0	37.0	34.0	100
	科研用房		20.40~22.80	18.87~21.09	17.34~19.38	51~57
	科研辅助用房		4.40~6.00	4.07~5.55	3.74~5.10	11~15
	公用设施		2.00~2.80	1.85~2.59	1.70~2.38	5~7
	行政及生活服务用房		10.00~11.60	9.25~10.73	8.50~9.86	25~29
授时	总计		48.0	45.0	42.0	100
	科研用房		24.48~27.36	22.95~25.65	21.42~23.94	51~57
	科研辅助用房		5.28~7.20	4.95~6.75	4.62~6.30	11~15
	公用设施		2.40~3.36	2.25~3.15	2.10~2.94	5~7
	行政及生活服务用房		12.00~13.92	11.25~13.05	10.51~12.18	25~29
人卫观测	总计	32.0				100
	科研用房	16.32~18.24				51~57
	科研辅助用房	3.52~4.80				11~15
	公用设施	1.60~2.24				5~7
	行政及生活服务用房	8.00~9.28				25~29

第十七条 地学学科各类用房人均综合规划建筑面积指标及其占总用房的比例，应按表8采用。

表8 地学学科各类用房人均综合建筑面积指标 单位：m²/人

分类学科	房屋分类 \ 人员规模(人)	100	200	400	600	900	1200	各类用房占总用房百分比(%)
地理	总计	42.0	41.5	40.5	39.5	38.0		100
	科研用房	23.94~26.46	23.66~26.15	23.09~25.52	22.52~24.89	21.66~23.94		57~63
	科研辅助用房	6.72~8.40	6.64~8.30	6.48~8.10	6.32~7.90	6.08~7.60		16~20
	公用设施	2.10~2.94	2.08~2.91	2.03~2.84	1.98~2.77	1.90~2.66		5~7
	行政及生活服务用房	5.88~7.56	5.81~7.47	5.67~7.29	5.53~7.11	5.32~6.84		14~18
海洋	总计			47.0	46.0	44.5	43.0	100
	科研用房			26.79~29.61	26.22~28.98	25.37~28.04	24.51~27.09	57~63
	科研辅助用房			7.52~9.40	7.36~9.20	7.12~8.90	6.88~8.60	16~20
	公用设施			2.35~3.29	2.30~3.22	2.23~3.12	2.15~3.01	5~7
	行政及生活服务用房			6.58~8.46	6.44~8.28	6.23~8.01	6.02~7.74	14~18
土壤	总计	50.0	49.5	48.5	47.5	46.0		100
	科研用房	28.50~31.50	28.22~31.19	27.65~30.56	27.08~29.93	26.22~28.98		57~63
	科研辅助用房	8.00~10.00	7.92~9.90	7.76~9.70	7.60~9.50	7.36~9.20		16~20
	公用设施	2.50~3.50	2.48~3.47	2.43~3.40	2.38~3.33	2.30~3.22		5~7
	行政及生活服务用房	7.00~9.00	6.93~8.91	6.79~8.73	6.65~8.55	6.44~8.28		14~18

续表 8

分类学科	人员规模(人) 房屋分类	100	200	400	600	900	1200	各类用房占总用房百分比(%)
地质	总计	52.0	51.5	50.5	49.5	48.0		100
	科研用房	29.64 ~ 32.76	29.36 ~ 32.45	28.79 ~ 31.82	28.22 ~ 31.19	27.36 ~ 30.24		57 ~ 63
	科研辅助用房	8.32 ~ 10.4	8.24 ~ 10.30	8.08 ~ 10.1	7.92 ~ 9.90	7.68 ~ 9.60		16 ~ 20
	公用设施	2.60 ~ 3.64	2.58 ~ 3.61	2.53 ~ 3.54	2.48 ~ 3.47	2.40 ~ 3.36		5 ~ 7
	行政及生活服务用房	7.28 ~ 9.36	7.21 ~ 9.27	7.07 ~ 9.09	6.93 ~ 8.91	6.72 ~ 8.64		14 ~ 18

第十八条 生物学科各类用房人均综合规划建筑面积指标及其占总用房的比例，应按表 9 采用。

表 9 生物学科各类用房人均综合建筑面积指标 单位：m^2/人

分类学科	人员规模(人) 房屋分类	100	200	400	600	900	1200	各类用房占总用房百分比(%)
实验生物	总计	46.5	45.9	44.6	43.4	41.5		100
	科研用房	25.58 ~ 28.37	25.25 ~ 28.00	24.53 ~ 27.21	23.87 ~ 26.47	22.83 ~ 25.32		55 ~ 61
	科研辅助用房	7.91 ~ 9.77	7.80 ~ 9.64	7.58 ~ 9.37	7.38 ~ 9.11	7.06 ~ 8.72		17 ~ 21
	公用设施	2.33 ~ 3.26	2.30 ~ 3.21	2.23 ~ 3.12	2.17 ~ 3.04	2.08 ~ 2.91		5 ~ 7
	行政及生活服务用房	6.98 ~ 8.84	6.89 ~ 8.72	6.69 ~ 8.47	6.51 ~ 8.25	6.23 ~ 7.89		15 ~ 19
动物	总计		51.0	49.7	48.4	46.5		100
	科研用房		26.52 ~ 29.58	25.84 ~ 28.83	25.17 ~ 28.07	24.18 ~ 26.97		52 ~ 58
	科研辅助用房		9.69 ~ 11.73	9.44 ~ 11.43	9.20 ~ 11.13	8.84 ~ 10.70		19 ~ 23
	设用设施		3.06 ~ 4.08	2.98 ~ 3.98	2.90 ~ 3.87	2.79 ~ 3.72		6 ~ 8
	行政及生活服务用房		7.65 ~ 9.69	7.46 ~ 9.44	7.26 ~ 9.20	6.98 ~ 8.84		15 ~ 19
植物	总计		62.5	61.5	60.5	59.0	57.5	100
	科研用房		25.63 ~ 29.37	25.22 ~ 28.90	24.81 ~ 28.43	24.19 ~ 27.73	23.58 ~ 27.02	41 ~ 47
	科研辅助用房		16.88 ~ 19.37	16.61 ~ 19.06	16.34 ~ 18.75	15.93 ~ 18.29	15.53 ~ 17.82	27 ~ 31
	公用设施		3.75 ~ 5.00	3.69 ~ 4.92	3.63 ~ 4.84	3.54 ~ 4.72	3.45 ~ 4.60	6 ~ 8
	行政及生活服务用房		11.25 ~ 13.75	11.07 ~ 13.53	10.89 ~ 13.31	10.62 ~ 12.98	10.35 ~ 12.65	18 ~ 22

第十九条 技术科学学科各类用房人均综合规划建筑面积指标及其占总用房的比例，应按表 10 采用。

表 10　技术科学学科各类用房人均综合建筑面积指标　　单位：m^2/人

分类学科	人员规模(人) / 房屋分类	200	400	600	900	1200	1500	各类用房占总用房百分比(%)
计算机技术	总计	46.4	45.6	44.7	43.5	42.2		100
	科研用房	25.06~27.84	24.62~27.36	24.14~26.82	23.49~26.10	22.79~25.32		54~60
	科研辅助用房	9.28~11.14	9.12~10.94	8.94~10.73	8.70~10.44	8.44~10.13		20~24
	公用设施	2.78~3.72	2.74~3.65	2.68~3.58	2.61~3.48	2.53~3.38		6~8
	行政及生活服务用房	5.57~7.42	5.47~7.30	5.36~7.15	5.22~6.96	5.06~6.75		12~16
半导体与电子技术	总计	51.8	50.7	49.6	47.9	46.2		100
	科研用房	27.45~30.56	26.87~29.91	26.29~29.26	25.39~28.26	24.49~27.26		53~59
	科研辅助用房	10.36~12.43	10.14~12.17	9.92~11.90	9.58~11.50	9.24~11.09		20~24
	公用设施	4.66~5.70	4.56~5.58	4.46~5.46	4.31~5.27	4.16~5.08		9~11
	行政及生活服务用房	5.18~7.25	5.07~7.10	4.96~6.94	4.79~6.71	4.62~6.47		10~14
应用技术	总计	44.4	43.7	43.0	41.9	40.8		100
	科研用房	24.42~27.08	24.04~26.66	23.65~26.23	23.05~25.56	22.44~24.89		55~61
	科研辅助用房	8.88~10.66	8.74~10.49	8.60~10.32	8.38~10.06	8.16~9.79		20~24
	公用设施	2.22~3.14	2.19~3.06	2.15~3.01	2.10~2.93	2.04~2.86		5~7
	行政及生活服务用房	5.33~7.10	5.24~7.00	5.16~6.88	5.03~6.70	4.90~6.53		12~16
自动化技术	总计	42.4	41.7	41.0	39.9	38.8		100
	科研用房	23.32~25.86	22.94~25.44	22.55~25.01	21.95~24.34	21.34~23.67		55~61
	科研辅助用房	8.48~10.18	8.34~10.01	8.20~9.84	7.98~9.58	7.76~9.31		20~24
	公用设施	2.12~2.97	2.09~2.92	2.15~3.01	2.00~2.79	1.94~2.72		5~7
	行政及生活服务用房	5.09~6.78	5.00~6.67	5.16~6.56	4.79~6.38	4.66~6.21		12~16
光电技术	总计				46.0	45.0	44.0	100
	科研用房				28.98~31.74	28.35~31.05	27.72~30.36	63~69
	科研辅助用房				2.30~4.14	2.25~4.05	2.20~3.96	5~9
	公用设施				2.76~3.68	2.70~3.60	2.64~3.52	6~8
	行政及生活服务用房				8.28~10.12	8.10~9.90	7.92~9.68	18~22

第四章　科研建筑工程规划建设用地指标

第二十条　科研工程建设用地必须坚持科学合理和节约用地的原则。在总体布局上，建筑物应尽量相对集中，形成建筑群。科研建筑的层数应以建多层为主。

第二十一条　科研工程的规划建设用地指标，包括建筑物、构筑物、道路、露天堆料场和绿化等用地。不包括试验场地特种需要（如特殊防护距离、视野要求等）及职工家属宿舍和其配套设施的规划用地面积。

第二十二条 科研工程建筑组合类型分为三类：第一类以低层为主，建筑覆盖率控制在25%～27%，建筑容积率控制在0.55～0.69；第二类以多层为主，建筑覆盖率控制在23%～25%，建筑容积率控制在0.7～0.85；第三类为低层和高层结合，建筑覆盖率控制在21%～23%，建筑容积率控制在0.86～1.10。根据科研工程的特点和要求的不同、规模的大小及建设地段的不同，建在大城市的中心地段、近郊及规模较大的科研工程，宜选择第二、第三类，大城市远郊、中小城市及规模较小的科研工程，宜选择第一、第二类。

第二十三条 科研工程规划建设用地指标不应超过表11的规定。

表11 科研建筑工程规划建设用地指标

单位：m^2/人

分类学科		建筑类别 / 人员规模（人）	第一类	第二类	第三类
数学学科		100	55～43	43～35	35～27
		200	53～42	41～34	34～26
物理学科	理论物理	100	55～43	43～35	35～27
		200	53～42	41～34	34～26
	实验物理	200	93～74	73～60	59～46
		400	90～72	71～58	58～45
		600	88～70	69～57	56～44
		900	84～67	66～55	54～42
		1200	81～64	64～52	52～40
	力学与声学	200	74～59	58～48	47～37
		400	72～58	57～47	46～36
		600	70～56	55～46	45～35
		900	67～54	53～44	43～34
		1200	65～52	51～42	41～32
	核物理	400	124～99	98～80	80～62
		600	123～98	96～79	78～61
		900	120～96	94～78	77～60
		1200	118～94	93～76	75～59
		1500	115～92	91～75	74～58
化学学科	化学	200	89～71	70～58	57～45
		400	87～70	69～56	56～44
		600	85～68	67～55	55～43
		900	83～66	65～54	53～41
		1200	80～64	63～52	51～40
	化工	200	111～88	89～72	71～55
		400	109～87	86～71	70～55
		600	107～86	84～69	69～54
		900	105～83	82～68	67～52
		1200	102～81	80～66	65～51

续表 11

分类学科		建筑类别 / 人员规模（人）	第一类	第二类	第三类
天文学科	天体物理与天体测量	200	73 ~ 58	57 ~ 47	47 ~ 36
		400	67 ~ 54	53 ~ 44	43 ~ 34
		600	62 ~ 49	49 ~ 40	40 ~ 31
	授　时	200	87 ~ 70	69 ~ 56	56 ~ 44
		400	82 ~ 65	64 ~ 53	52 ~ 41
		600	76 ~ 61	60 ~ 49	49 ~ 38
	人卫观测	100	58 ~ 46	46 ~ 38	37 ~ 29
地学学科	地　理	100	76 ~ 61	60 ~ 49	49 ~ 38
		200	75 ~ 60	59 ~ 49	48 ~ 38
		400	74 ~ 59	58 ~ 48	47 ~ 37
		600	72 ~ 57	56 ~ 46	46 ~ 36
		900	69 ~ 55	54 ~ 45	44 ~ 35
	海　洋	400	85 ~ 68	67 ~ 55	55 ~ 43
		600	84 ~ 67	66 ~ 54	53 ~ 42
		900	81 ~ 64	64 ~ 52	52 ~ 40
		1200	78 ~ 62	61 ~ 51	50 ~ 39
	土　壤	100	91 ~ 72	71 ~ 59	58 ~ 45
		200	90 ~ 72	71 ~ 58	58 ~ 45
		400	88 ~ 70	69 ~ 57	56 ~ 44
		600	86 ~ 69	68 ~ 56	55 ~ 43
		900	84 ~ 67	66 ~ 54	53 ~ 42
	地　质	100	95 ~ 75	74 ~ 61	60 ~ 47
		200	94 ~ 75	73 ~ 61	60 ~ 47
		400	92 ~ 73	72 ~ 59	59 ~ 46
		600	90 ~ 72	71 ~ 58	58 ~ 45
		900	87 ~ 70	69 ~ 56	56 ~ 44

续表 11

分类学科		建筑类别 / 人员规模（人）	第一类	第二类	第三类
生物学科	实验生物	100 200 400 600 900	85 ~ 67 83 ~ 67 81 ~ 65 79 ~ 63 75 ~ 60	66 ~ 55 66 ~ 54 64 ~ 52 62 ~ 51 59 ~ 49	54 ~ 42 53 ~ 42 52 ~ 41 51 ~ 40 48 ~ 38
	动　物	200 400 600 900	93 ~ 74 90 ~ 72 88 ~ 70 85 ~ 67	73 ~ 60 71 ~ 58 69 ~ 57 66 ~ 55	59 ~ 46 58 ~ 45 56 ~ 44 54 ~ 42
	植　物	200 400 600 900 1200	114 ~ 91 112 ~ 89 110 ~ 88 107 ~ 86 105 ~ 83	89 ~ 74 88 ~ 72 86 ~ 71 84 ~ 69 82 ~ 68	73 ~ 57 72 ~ 56 70 ~ 55 69 ~ 54 67 ~ 52
技术科学学科	计算机技术	200 400 600 900 1200	84 ~ 67 83 ~ 66 81 ~ 65 79 ~ 63 77 ~ 61	66 ~ 55 65 ~ 54 64 ~ 53 62 ~ 51 60 ~ 50	54 ~ 42 53 ~ 41 52 ~ 41 51 ~ 40 49 ~ 38
	半导体与电子技术	200 400 600 900 1200	94 ~ 75 92 ~ 73 90 ~ 72 87 ~ 69 84 ~ 67	74 ~ 61 72 ~ 60 71 ~ 58 68 ~ 56 66 ~ 54	60 ~ 47 59 ~ 46 58 ~ 45 56 ~ 44 54 ~ 42
	应用技术	200 400 600 900 1200	81 ~ 64 79 ~ 63 78 ~ 62 76 ~ 61 74 ~ 59	63 ~ 52 62 ~ 51 61 ~ 51 60 ~ 49 58 ~ 48	52 ~ 40 51 ~ 40 50 ~ 39 49 ~ 38 47 ~ 37
	自动化技术	200 400 600 900 1200	77 ~ 61 76 ~ 60 75 ~ 59 73 ~ 58 71 ~ 56	61 ~ 50 60 ~ 49 59 ~ 48 57 ~ 47 55 ~ 46	49 ~ 39 48 ~ 38 48 ~ 37 46 ~ 36 45 ~ 35
	光电技术	900 1200 1500	84 ~ 67 82 ~ 65 80 ~ 64	66 ~ 54 64 ~ 53 63 ~ 52	53 ~ 42 52 ~ 41 51 ~ 40

附加说明

本规划指标主编单位和主要起草人名单

主 编 单 位： 中国科学院计划局

中国科学院科研工程研究会

主要起草人： 王若雅　包惠芬　叶　禧　戴海梁　宓祖群

郑世昌　季幼章　辛桂秋　金伟晋　董须广

王　云　毛乾康　丁锦芝　李庶谟　汪尚元

文　政

城市幼儿园建筑面积定额

（试 行）

中华人民共和国教育委员会
中 华 人 民 共 和 国 建 设 部
一 九 八 八 年 七 月

关于印发《城市幼儿园建筑面积定额（试行）》的通知

（88）教基字108号

各省、自治区、直辖市及计划单列市教委、教育厅（局）、建委、建设厅（局）：

现将《城市幼儿园建筑面积定额（试行）》印发给你们，请遵照执行。

本定额由国家教委基建局负责管理和解释，各地在试行中如有意见，请随时函告教委基建局。

中华人民共和国教育委员会
中华人民共和国建设部
一九八八年七月

抄送：国家计委、全国妇联、卫生部、各省、自治区、直辖市及计划单列市计委

目　录

第一章　总则 …………………………………………………………………… 2426
第二章　园舍建筑面积定额 …………………………………………………… 2426
第三章　用地面积定额 ………………………………………………………… 2427
第四章　附则 …………………………………………………………………… 2428
附件一　城市幼儿园园舍面积定额分项参考指标 …………………………… 2428
附件二　《城市幼儿园建筑面积定额（试行）》编制说明 …………………… 2430

第一章　总　　则

第一条　为适应幼儿教育事业发展的需要，全面贯彻国家的教育方针，使城市幼儿园的规划、建设和管理有合理的园舍和用地标准，使城市新建、扩建、改建幼儿园编审基本建设设计任务书、进行总体规划和单体建筑设计时有所遵循，特制定本定额。

第二条　本定额从我国的国情和国民经济当前的发展水平出发，本着既要保证幼儿保教工作及事业发展的需要，又要勤俭办园、提高园舍使用率的原则制定。

第三条　本定额依据城市幼儿园的规模、在园幼儿总数和教职工人数制定。城市幼儿园规模按6班、9班、12班三种，在园幼儿总数按180、270、360人，教职工人数按劳动人事部、国家教育委员会发布的有关规定计算。

第四条　本定额适用于城市新建、扩建和改建的全日制幼儿园。示范性、实验性等类幼儿园经主管部门批准后可适当提高定额。寄宿制幼儿园可按附件一《城市幼儿园园舍面积定额分项参考指标》附注中的规定增加相应的建筑面积和用地面积。

第二章　园舍建筑面积定额

第五条　幼儿园的园舍建筑由活动及辅助用房、办公及辅助用房，以及生活用房三部分组成。

第六条　活动及辅助用房

（一）活动室　每班一间，使用面积90m^2，供开展室内游戏和各种活动以及幼儿午睡、进餐之用。如寝室与活动室分设，活动室的使用面积不宜小于54m^2。

（二）卫生间　每班一间，使用面积15m^2，内设大小便槽（器）、盥洗池和淋浴池。

（三）衣帽、教具贮藏室　每班一间，使用面积9m^2，供贮藏中型教玩具、衣被鞋帽等物之用。也可兼作活动室的前室。

（四）音体活动室　全园设一个，使用面积按第三条所列规模分别为120、140、160m^2，供开展音乐、舞蹈、体育活动和大型游戏、集会、放映幻灯、电影和观摩教育活动之用。

第七条　办公及助辅用房

（一）办公室　全园使用面积按第三条所列规模，分别为75、112、139m^2，包括园长室、总务财会室、教师办公室和保育员休息更衣室等。

（二）资料兼会议室　全园设一间，使用面积按第三条所列规模，分别为20、25、30m^2，供教工查阅资料、阅览报刊、杂志，开会及对外接待之用。

（三）教具制作兼陈列室　全园设一间，使用面积按第三条所列规模分别为12、15、20m^2，供制作陈列教玩具之用。

（四）保健室　全园设一间，使用面积按第三条所列规模分别为14、16、18m^2，供医务人员开展卫生保健工作之用。

（五）晨检、接待室　全园设一间，使用面积按第三条所列规模分别为18、21、24m^2，供医务人员每天早晨对入园幼儿进行健康检查及家长与教师会见之用。

（六）值班室　全园设一间，使用面积12m²，供教师值班住宿使用，也可兼作教工单身宿舍。

（七）贮藏室　全园使用面积按第三条所列规模分别为36、42、48m²，供贮藏体育器具、总务用品及杂物之用。

（八）传达室　全园使用面积10m²，供门卫人员值班及收发之用。

（九）教工厕所　全园使用面积12m²，供教职工及外来人员使用。

第八条　生活用房

（一）厨房　包括主副食加工间、配餐间、主副食库和烧火间。使用面积按第三条所列规模主副食加工间及配餐间合计分别为54、61、67m²，主副食库分别为15、20、30m²，烧火间分别为8、9、10m²。

（二）开水消毒间　全园使用面积按第三条所列规模分别为8、10、12m²，供烧开水及餐具、毛巾、茶具等物消毒之用。

（三）炊事员休息室　全园使用面积按第三条所列规模分别为13、18、23m²，供炊事人员更衣、休息使用。

第九条　城市幼儿园园舍建筑面积定额

规　模	园舍建筑面积（m²）	建筑面积定额（m²/生）
6班（180人）	1773	9.9
9班（270人）	2481	9.2
12班（360人）	3182	8.8
（详见附件一：城市幼儿园园舍面积定额分项参考指标）		

第三章　用 地 面 积 定 额

第十条　幼儿园的用地面积包括建筑占地、室外活动场地、绿化及道路用地等。

第十一条　建筑占地按主体园舍建筑为三层楼房，厨房、晨检、接待、传达室等为平房计算。建筑密度不宜大于30%。

第十二条　室外活动场地，包括分班活动场地和共用活动场地两部分。分班活动场地每生2m²；共用活动场地包括设置大型活动器械、嬉水池、砂坑以及30m长的直跑道等，每生2m²。

第十三条　绿化用地每生不小于2m²，有条件的幼儿园要结合活动场地铺设草坪，尽量扩大绿化面积。

第十四条　道路用地包括园内干道、庭园道路及杂物院等用地。

第十五条　城市幼儿园用地面积定额

规　模	用地面积（m²）	用地面积定额（m²/生）
6班	2700	15
9班	3780	14
12班	46	13

第四章 附 则

第十六条 本定额可供有条件的乡（镇）幼儿园参照执行。半日制及计时制幼儿园使用本定额时，其建筑面积和用地面积均应适当核减。

第十七条 本定额未包括教职工住宅、人防工程、连接廊、车库、自行车棚、花房、地窖以及采暖地区供暖锅炉房等的建筑面积及相应的用地面积，也未包括设置电动游艺玩具、游泳池的用地面积。对上述建筑物有需要的可另行增加。有关部门应根据幼儿园的规模及人员编制就近安排幼儿园的教职工住宅。

第十八条 本定额中各类建筑物的围护结构均按240mm厚计算，大于240mm时，建筑面积可相应增加。

第十九条 本定额由国家教育委员会基建局负责管理和解释。

附件一

城市幼儿园园舍面积定额分项参考指标

名称	每间使用面积（m^2）	6班（180人）		9班（270人）		12班（360人）	
		间数	使用面积小计	间数	使用面积小计	间数	使用面积小计
一、活动及辅助用房							
活动室	90	6	540	9	810	12	1080
卫生间	15	6	90	9	135	12	180
衣帽教具贮藏室	9	6	54	9	81	12	180
音体活动室		1	120	1	140	1	160
使用面积小计			804		1166		1528
每生使用面积（m^2/生）			4.47		4.32		4.24
二、办公及辅助用房							
办公室			75		112		139
资料兼会议室		1	20	1	25	1	30
教具制作兼陈列室		1	12	1	15	1	20
保健室		1	14	1	16	1	18
晨检、接待室		1	18	1	21	1	24
值班室	12	1	12	1	12	1	12
贮藏室		3	36	4	42	4	48
传达室	10	1	10	1	10	1	10
教工厕所			12		12		12
使用面积小计			209		265		313
每生使用面积（m^2/生）			1.16		0.98		0.87
三、生活用房							
厨房 主副食加工间（含配餐）			54		61		67
厨房 主副食库			15		20		30
厨房 烧火间			8		9		10
开水、消毒间			8		10		12

续表

名称	每间使用面积（m^2）	6班（180人）		9班（270人）		12班（360人）	
		间数	使用面积小计	间数	使用面积小计	间数	使用面积小计
炊事员休息室			13		18		23
使用面积小计			98		118		142
每生使用面积（m^2/生）			0.54		0.43		0.39
使用面积合计			1111		1549		1983
每生使用面积（m^2/生）			6.17		5.74		5.51

	平面系数	6班（180人）	9班（270人）	12班（360人）
		使用面积/建筑面积	使用面积/建筑面积	使用面积/建筑面积
活动室（楼房）	K=0.61	985/1615	1400/2295	1807/2962
晨检接待、传达室和生活用房（平房）	K=0.80	126/158	149/186	176/220
建筑面积合计（m^2）		1773	2481	3182
每生建筑面积（m^2/生）		9.9	9.2	8.8

附注：

1. 寄宿制幼儿园可在上表基础上增加或扩大下列用房：

（1）寝室　每班一间，使用面积54m^2，并相应减少原分班活动室面积36m^2。

（2）隔离室　6、9、12班的使用面积分别为10、13、16m^2，供病儿临时观察治疗、隔离使用。

（3）集中浴室　6、9、12班的使用面积分别为20、30、40m^2，供全园幼儿分批热水洗浴及更衣使用。

（4）洗衣烘干房　6、9、12班的使用面积分别为15、24、30m^2，供洗涤、烘干幼儿衣被等使用。

（5）扩大保育员、炊事员休息室　按增加的保育员、炊事员人数，每人分别增加使用面积2m^2及2.5m^2。

（6）扩大教工厕所　各种规模均增加使用面积6m^2。

（7）扩大保健室　各种规模均增加使用面积4m^2。

（8）扩大厨房　主副食加工间增加使用面积6m^2，烧火间增加2m^2。

2. 幼儿园的规模与表列规模不一致时，其定额可用插入法取值。规模小于6班时，可参考6班的定额适当增加。

附件二

城市幼儿园建筑面积定额（试行）编制说明

幼儿教育是教育事业的重要组成部分，是学校教育的预备阶段，又是一项社会福利事业。为了适应幼儿教育事业的发展，根据我国的国情制定一个合理的城市幼儿园建筑面积定额是十分必要的。在各省、自治区、直辖市教委所提建议的基础上，我们经过典型调查，拟订出征求意见稿。经广泛征求意见和专业会议讨论修改后，制定了本《城市幼儿园建筑面积定额（试行）》(以下简称“定额”)。现将有关问题说明如下：

一、总则

总则是定额的纲，主要阐明编制本定额的目的、指导思想、编制依据和适用范围。

1. 第一条是目的。本定额是城市幼儿园进行园舍建设及有关主管部门审查幼儿园基本建设设计任务书、总体规划、单体建筑设计、核拨土地和核定基建计划的依据。

2. 第二条是指导思想。考虑到我国目前尚处在社会主义初级阶段，定额必须从我国国民经济的实际水平出发，既要保证满足幼儿在教育和生活上的需要和幼教事业的发展，又要勤俭办园、提高园舍的使用率，恰当地处理好需要与可能，当前与长远的关系。

3. 第三条是编制的依据。说明编制本定额时所依据的幼儿园的规模，在园幼儿总数，以及教职工编制等。

4. 第四条是适用范围。为了促进幼教事业的迅速发展，有利于幼儿与父母、教师的感情交流、拓宽幼儿的接触面，开阔幼儿的视野，本定额着重对全日制幼儿园做了规定。各地区、各部门办的示范性幼儿园、实验性幼儿园、有特殊需要的幼儿园以及有条件办得更好一些的幼儿园，经主管部门批准后均可适当提高定额。

二、园舍建筑面积定额

不同规模幼儿园的各类用房面积，已在第五至第八条作了详细的说明，并在附件一中列出了分项的参考指标。现仅就几种主要用房说明如下：

1. 活动室　活动室是幼儿园最基本的用房。根据寓教育于活动之中的原则，活动室必须满足幼儿开展各种游戏活动（如角色游戏、建筑游戏、表演游戏、体育游戏、智力游戏等）和教育活动的需要。考虑到全日制幼儿园每天午睡时间仅 2 小时，本《定额》将午睡、进餐和活动合并于一室。如寝室与活动室分开设置，活动室的使用面积不宜小于 $54m^2$。

2. 音体活动室　为了促进儿童体、智、德、美全面发展，幼儿除在分班活动室进行活动外，还需有较大的活动室供幼儿分小组或合班进行游戏和各种教育活动。因此而设立的音体活动室，可供开展音乐、体育、游戏、观摩、集会以及陈列幼儿作品等活动使用。音体活动室的面积决定于室内设置的器具、简易舞台，以及全园儿童的人数等。

3. 办公室　每个教师的办公面积 $3m^2$，保育员休息室每人使用面积 $2m^2$。园长室、财会室等房间单独设置。以上各项面积之和即为办公室面积。

4. 厨房　确定厨房面积的原则是主副食品库存量适当，儿童能经常吃到保鲜食品；

生熟分隔、炊具消毒、安全卫生；主副食加工操作方便等。厨房一般分主副食加工间、配餐间、主副食品库和烧火间四部分。主副食加工间内应设置和面机、切面机、冰箱、烘箱、绞肉机、豆浆机、蒸饭器等炊具。锅、碗、瓢、勺等小型餐具应存放在橱、柜内以节约面积。烧火间只考虑日常用煤的堆放。

5. 其他各类用房的面积，是满足一般需要的指标。设计时可在总指标控制数内，根据建筑模数、当地的建材规格和使用要求等因素进行合理调整。

6. 本定额用房分类名称中的活动、办公和生活用房分别与《托幼建筑设计规范》中的生活、服务、供应用房相对应。

三、用地面积定额

1. 幼儿园的总用地面积包括建筑占地、分班和共用活动场地、绿化和道路杂物院用地等。幼儿园园舍建筑比较集中，分班活动场地、绿化用地以及道路等一般均分布在建筑物的四周。建筑密度按30%计算后，上述各项用地均能满足，只须再加上共用活动场地的面积即为幼儿园的总用地面积。

2. 共用活动场地的面积应能配置各种活动器械、嬉水池、沙坑及30米跑道等设施，每生约需2m^2。活动器械按国家教育委员会颁发的《幼儿园教玩具配备目录》进行配备。

3. 本定额中“分班活动场地”和“共用活动场地”分别与《托幼建筑设计规范》中的“分班游戏场地”和“共用游戏场地”相对应。

四、附则

附则中的几条主要是说明本定额在执行中的灵活性。根据国务院的有关精神，除地方政府举办幼儿园外，各部门、各单位和集体、个人都要大力发展幼儿教育事业。考虑到办园单位的条件和要求各不相同，加以我国幅员辽阔，各地地理环境及经济发展水平差异很大，本定额既要有能在全国范围内实施的通用性，又要有一定的灵活性，使各地区、各部门在执行过程中可结合实际情况进行调整。例如第十七条具体说明了本定额中未包括那些用房，并规定主管部门可以根据幼儿园的具体情况，审定需要增加的面积。第十八条说明本定额是按240mm厚的围护结构计算的，在寒冷地区或严寒地区建幼儿园时，其围护结构厚于240mm，可以相应地增加建筑面积。此外，幼儿园的教职工住宅是保证保教人员生活安定的一项重要设施，此项建筑的面积虽未列入定额，但在第十七条中明确规定了各有关部门应根据幼儿园的规模及人员编制就近安排保教人员的住宅。

附加说明：

本定额由上海市教育局负责起草。

招待所建设标准

（限内部印发）

主编部门：吉林省城乡建设环境保护厅
批准部门：中华人民共和国建设部
中华人民共和国国家计划委员会
施行日期：1994年3月1日

关于批准发布《招待所建设标准》的通知

建标［1993］852号

国务院各有关部门，各省、自治区、直辖市、计划单列市建委（建设厅）、计委（计经委）：

根据国家计委计标［1987］2323号和建设部、国家计委（90）建标字第519号文的要求，按照国家计委计综合［1989］30号文的安排，由吉林省城乡建设环境保护厅负责编制的《招待所建设标准》，业经有关部门会审，现批准为全国统一标准予以发布，自一九九四年三月一日起施行。

本建设标准的管理及解释工作，由吉林省城乡建设环境保护厅负责。

中华人民共和国建设部
中华人民共和国国家计划委员会
一九九三年十一月二十七日

编 制 说 明

《招待所建设标准》，是根据国家计委计标［1987］2323号和建设部、国家计委（90）建标字第519号文的要求，按照国家计委计综合［1989］30号文的安排，由吉林省城乡建设环境保护厅负责主编，具体由吉林省建筑设计院编制的。

编制过程中，编制组遵循国务院1989年9月22日发布施行的《楼堂馆所管理暂行条例》和国家有关建设标准编制和项目建设管理工作文件，进行了深入的调查研究，总结了建国以来招待所建设的经验教训，分析论证了大量的有关资料，并广泛征求全国各有关部门、单位及专家的意见，最后召开了全国审查会议，会同各有关部门审查定稿。

本建设标准共分六章，主要内容包括：总则、建设等级与用房构成、建筑标准、建设用地、设备标准、主要技术经济指标。

本建设标准系初次编制，在施行过程中，请各单位注意总结经验，积累资料，如发现需要修改和补充之处，请将意见和有关资料寄交吉林省建筑设计院（地址：吉林省长春市斯大林大街55号，邮政编码：130051）以便今后修订时参考。

吉林省城乡建设环境保护厅

1993年7月8日

目　录

第一章　总则 …… 2437
第二章　建设等级与用房构成 …… 2437
第三章　建筑标准 …… 2438
第四章　建设用地 …… 2439
第五章　设备标准 …… 2440
第六章　主要技术经济指标 …… 2440
附录一　建筑装修标准 …… 2441
附录二　客房家具设备标准 …… 2442
附加说明 …… 2442

第一章　总　则

第一条　为适应社会主义市场经济发展的需要，加强固定资产投资与建设的宏观调控，提高招待所工程项目决策和建设的科学管理水平，合理确定和正确掌握建设标准，充分发挥投资效益，制订本建设标准。

第二条　本建设标准是编制、评估和审批招待所工程项目可行性研究报告的重要依据，也是有关部门审查招待所工程项目初步设计和监督检查整个建设过程和建设标准的尺度。

第三条　本建设标准适用于机关、团体、企事业单位内部招待所的新建工程项目；改扩建工程项目可参照执行。

第四条　招待所的建设，必须遵守国家有关经济建设的法律、法规，贯彻执行国家有关经济建设的方针和技术经济政策，节约能源和土地，做到适用、安全、卫生、经济和美观。

第五条　招待所的建设，应坚持社会化服务的原则，尽可能利用社会公共服务设施，能不建的尽量不建，对于确需建设的，也应坚持能改建、扩建的不新建、能合建的尽量合建的原则。

第六条　招待所工程项目选址应符合城市规划或工矿区规划要求，交通、通信、服务方便，环境适宜。

第七条　招待所建设除执行本建设标准外，尚应符合国家现行的有关标准、定额和指标的规定。

第二章　建设等级与用房构成

第八条　招待所建设等级，按下列客房比例，以及相应的装修和设备标准分为一、二、三级：

一、一级招待所：标准客房、高级客房床位数占总床位数 45% ~ 55%；

二、二级招待所：标准客房、高级客房床位数占总床位数 30% ~ 40%；

三、三级招待所：标准客房、高级客房床位数占总床位数 10% ~ 25%。

招待所建设等级的确定，宜按接待对象以及机关单位的行政级别或企业规模综合考虑。

第九条　招待所的建设规模按下列床位数分为大、中、小三种类型：

一、大型招待所　501 ~ 800 床位；

二、中型招待所　201 ~ 500 床位；

三、小型招待所　50 ~ 200 床位。

招待所的建设规模，应根据本单位客流量及所在城市和地区现有客容量、建设资金条件综合确定。

第十条　招待所用房，由客房、公共用房、附属用房三部分构成。

客房部分主要包括客房、服务用房、公共卫生设施用房和物品储存用房等；

公共用房部分主要包括旅客接待用房、会议和会客用房、旅客餐饮用房、餐饮服务用房、厨房和厨房各类配套房间及各类设备用房、商品销售用房等；

附属用房部分主要包括行政办公、后勤服务用房，各类设备机房及锅炉房等。

各类用房的设置，应根据招待所建设等级、规模和建设条件合理确定。

新建招待所应充分利用本单位和周围地区所能提供的公共设施，改扩建招待所应尽量利用原有设施和设备。

第十一条 客房分类宜符合下列规定：

一、普通客房 每间设 3～4 床；

二、标准客房 每间设 2 床附设卫生间；

三、高级客房 每间设 1 或 2 床附设会客间及卫生间。

注：各类客房系按单层床位设置。

第三章 建 筑 标 准

第十二条 招待所的建筑标准，应根据建筑等级与规模、城市规划的要求及建设场地等条件合理确定。

第十三条 招待所综合建筑面积指标，宜按表 1 采用。

第十四条 招待所各类客房建筑净面积指标，宜按表 2 采用。

表 1 招待所综合建筑面积指标（m^2/床）

建设等级 / 建设规模	一级	二级	三级
大型	20～23	17～20	—
中型	18～21	16～19	15～18
小型	19～22	17～20	16～19

注：表中幅度值，可根据建设规模和要求综合考虑取值。

第十五条 招待所各类客房卫生用房建筑净面积指标，宜按表 3 采用。

表 2 各类客房建筑净面积指标

客房类别 / 用房名称	高级客房（m^2/套）	标准客房（m^2/套）	普通客房（m^2/间）	
			三床间	四床间
客房	24～28	12～14	16～20	20～22

表 3 各类客房卫生用房建筑净面积指标

客房类别 / 用房名称	高级客房卫生间（m^2/套）	标准客房卫生间（m^2/套）	普通客房公用卫生间(m^2/床)
卫生用房	3.0～4.0	2.5～3.5	0.6～1.0

第十六条 招待所餐厅面积应根据建设规模、建设等级和服务要求等条件确定。一般情况下，宜按每床设一座席，每座席建筑面积宜为 1.0～1.2m^2。

第十七条 招待所会议室的设置，应根据建设规模和接待需要合理确定。大型招待所会议室座位，宜按每 2.5 床设置一个座位；中小型招待所，宜按每 2 床设置一个座位，每个座位面积宜为 0.7～1.0m^2。

中、小型会议室，可按下列建筑面积指标选用：

一、中型 60～80m^2；

二、小型 20～40m^2。

招待所设置的多功能厅和大餐厅可兼作大会议室使用，并应尽量利用机关、团体、企事业单位的设施。

第十八条 招待所建筑结构应根据建设条件和建筑层数综合考虑。高层建筑应采用钢筋混凝土结构，多层和低层建筑宜采用砖混结构。

第十九条 招待所建筑层数应符合城市规划和工矿区规划的要求，以建多层为主，少建高层；附属用房单独建设时可建低层。

第二十条 招待所客房部分建筑净高不宜低于2.6m。其他用房室内净高，根据各类房间使用要求按国家现行有关标准执行。

第二十一条 大、中型和一级小型招待所建筑耐火等级不应低于二级；二、三级小型招待所建筑耐火等级不应低于三级。

第二十二条 招待所建筑装修标准，宜符合下列规定：

一、招待所室外装修，根据城市或工矿区规划的要求，位于大、中城市主要干道两侧的一级招待所，可采用高级装修；二级招待所，可采用中级装修。建在一般地域的一级招待所，可采用中级装修，二、三级招待所宜采用普通装修。

二、招待所室内装修，宜符合下列规定：

1. 招待所的高级、标准客房室内宜采用高级或中级装修，普通客房宜采用中级或普通装修。

2. 招待所其他用房室内装修，可根据建设等级合理确定，一级招待所主要部位可采用高级装修，一般部位宜采用中级装修；二级、三级招待所根据情况可采用中级及普通装修。

三、招待所门窗装修可根据所在城市或工矿区情况结合建设等级、规模等条件，按下列标准选用：

1. 位于城市主要干道两侧的一级招待所，主要部位的外门窗可选用高级装修；其他部位选用中级装修；三级招待所外门窗可选用普通装修。

2. 一、二级招待所的内门窗除门厅等主要部位选用高级装修外均以中级装修为主，库房等个别部位选用普通装修；三级招待所选用普通装修。

招待所纱门、纱窗的设置标准。可根据当地条件及生活习惯确定。

各类用房具体部位建筑装修标准。可参照附录一选用。

第四章 建 设 用 地

第二十三条 招待所建设必须坚持科学合理、节约用地的原则。总平面布局应紧凑，充分利用地上、地下空间，合理安排停车和绿化用地。

第二十四条 招待所建设用地面积指标，每床不应超过10~12m^2。

第二十五条 招待所建筑覆盖率，不应低于下列规定：

一、大型招待所 40%；

二、中型招待所 38%；

三、小型招待所 35%。

第二十六条 招待所绿化用地面积，应遵守国家及地方的有关规定，不应低于15%。

第五章　设　备　标　准

第二十七条　四层及以上的一级招待所和六层及以上的二、三级招待所宜设电梯。

第二十八条　招待所建筑采暖设施应按国家现行有关规定设置。位于城市的招待所应尽量采用集中供热；在工矿区的招待所应尽量统一使用工矿区的热源。

第二十九条　气候炎热地区所建招待所的高级客房和一级招待所的标准客房宜设局部空调。

第三十条　招待所建筑应设置完整的给排水系统，应有洗浴用热水供应。

第三十一条　一、二级招待所的高级、标准客房的卫生间宜设带喷头浴盆或淋浴设备、坐便器、带梳妆台洗脸盆；三级招待所标准客房的卫生间，宜设淋浴设备、坐便器及一般梳妆台和洗脸盆；各级招待所公共卫生间应设淋浴设备及蹲便器。

公共卫生间卫生器具，可按表4设置。

表4　每件卫生器具的使用床位数（床/件）

名称 / 性别	洗脸盆或水龙头	大便器	小便器	淋浴喷头	
				北方	南方
男	10	14	14	24	18
女	8	10	—	18	12

第三十二条　招待所供电电力负荷等级应符合下列规定：

一、大型一级招待所和高度超过50m的高层招待所的重要设备及部位按一级负荷供电；

二、大型二级、中型一级的招待所和高度不超过50m的招待所的重要设备及部位按二级负荷供电；

三、除一、二级负荷以外的用电设备及部位按三级负荷供电。

注：重要设备及部位系指高级客房、会议室，总服务台、主要通道的一般照明，各类场所的应急照明及火灾报警消防用电设备；电话总机房、计算机房，发电机房等部位。

第三十三条　招待所主要房间、场所的照度标准宜符合表5的规定。

表5　照度标准（Lx）

房间、场所		照度标准
客房	一般照明	50
	写字台	150
	卫生间	75
办公室、会议室、接待室		150
大厅、休息室		100
服务台		200
餐厅		75

第三十四条　招待所应设置电话通信设施。电话通信设施标准应符合当地的通信接网要求。

第三十五条　各级招待所根据需要可设置共用天线电视系统。

第三十六条　各级招待所客房家具设备，可参照附录二设置。

第六章　主要技术经济指标

第三十七条　招待所的工程投资估算，应按国家现行有关规定编制。评估或审批项目可行性研究报告的投资估算时，可参照表6所列指标，但应根据工程内容与工程价格有关变化的实际情况，按照动态管理的原则，调整后使用。

第三十八条 招待所建设工期定额，可按表7确定。

表6 工程投资估算指标（元/m^2）

建设等级 / 建筑规模	一级	二级	三级
大型	680~710	660~690	
中型	560~590	530~550	520~540
小型	585~615	570~590	555~575

注：①表中指标系按北京地区1991年价格编制。使用时应按使用时间、地区与1991年北京地区的价差进行调整。
②本指标仅为±0.00以上单体工程的建筑安装工程投资。

表7 建设工期定额（月）

建设规模	工期定额
大型	14~18
中型	9~12
小型	6~9

第三十九条 招待所人员编制，宜按每3~6床定编1人。

第四十条 招待所基建三材用量，可参照表8所列指标。

第四十一条 招待所每床的年水、电、煤耗用量不宜超过表9的规定。

表8 基建三材用量指标

材料名称 / 建设规模	钢材（kg/m^2）	木材（m^3/m^2）	水泥（kg/m^2）
大型	45~48	0.045~0.050	220~250
中型	14~17	0.035~0.040	160~190
小型	13~16	0.32~0.037	150~180

表9 水、电、煤耗用量指标

地区 / 建设规模	水（m^3）		电（kWh）		煤（t）	
	南方	北方	南方	北方	南方	北方
大型	97	79	1182	1603	0.095	1.00
中型	95	77	1459	1990	0.085	0.85
小型	94	77	576	789	0.080	0.97

注：煤耗用量按标准煤计。

附录一 建筑装修标准

标准等级 / 装修部位	高级	中级	普通
室内楼地面	水泥楼地面基层上铺设各种块料面层或地毯	美术水磨石、水磨石、耐磨涂料	水泥楼地面
内墙面	各类罩面板、壁纸、高级涂料	中级抹灰及刷浆或喷中级涂料	普通抹灰及刷浆
顶棚	装修抹灰、高级喷涂或各类罩面板	中级抹灰及刷浆或喷涂中级涂料	普通抹灰及刷浆
外装修	各类装饰饰面板或各种高级涂料及玻璃幕墙	壁柱、勒脚、台阶等可用人造石装饰混凝土其他普通作法	清水砖墙勾缝 局部装饰混凝土或普通抹灰等
门窗	高级钢、铝合金木门窗、配合使用门贴脸、筒子板、窗帘盒、窗台板	中级钢、木门窗配合使用窗帘盒窗台板	普通钢、木门窗安装窗帘杆、水泥窗台板

附录二 客房家具设备标准

招待所级别	各类客房家具设备标准
一 级	高级、标准客房宜设置软垫床、衣橱或衣柜写字台、座椅、沙发、茶几、行李柜、床头多功能控制柜或床头柜；普通客房宜设置软垫床或普通床、行李柜、衣柜、简易沙发、茶几、办公桌、座椅
二 级	高级、标准客房宜设置软垫床、衣橱或衣柜写字台、座椅、沙发、茶几、行李柜、床头柜；普通客房宜设置普通床、行李柜、衣柜或衣架、办公桌、座椅、茶几、床头柜
三 级	标准客房宜设置软垫床或普通床、行李柜、衣柜、写字台、座椅、简易沙发、茶几、床头柜；普通客房宜设置普通床、衣柜或衣架、座椅、办公桌、床头柜

附加说明

本建设标准主编单位及主要起草人名单

主 编 单 位： 吉林省建筑设计院

主要起草人： 王铺臣、赵英鹏、孙雁林、邱　巍、秦福义
陈　阳、周七音

商业普通仓库建设标准

（限内部印发）

主编部门：中 华 人 民 共 和 国 商 业 部
批准部门：中 华 人 民 共 和 国 建 设 部
中华人民共和国国家计划委员会
施行日期：1 9 9 2 年 7 月 1 日

关于批准发布《商业普通仓库建设标准》的通知

建标［1992］302号

国务院各有关部门，各省、自治区、直辖市、计划单列市计委（计经委）、建委（建设厅）：

根据国家计委计标［1987］2323号和计标［1988］281号文的要求，由商业部负责编制的《商业普通仓库建设标准》，业经有关部门会审，现批准为全国统一标准予以发布，自1992年7月1日起施行。

本建设标准的管理及解释工作，由商业部负责。

中华人民共和国建设部
中华人民共和国国家计划委员会
1992年5月14日

编 制 说 明

《商业普通仓库建设标准》是根据国家计委计标［1987］2323号《关于制订工程项目建设标准的几点意见》、计标［1988］281号《一九八八年工程项目建设标准制订计划》和建设部、国家计委（90）建标字第519号《关于工程项目建设标准编制工作暂行办法》的要求，由商业部负责主编，具体由我部基建储运管理司会同上海市第一商业局建筑设计室和上海商业储运联营公司共同编制的。

编制过程中，编制组遵循艰苦奋斗、勤俭建国的方针和国家有关的技术经济政策，对不同类型、不同规模的商业仓库进行了深入的调查研究，总结了近四十年来商业仓库建设、使用的经验，并广泛征求全国各有关单位的意见，最后由我部会同有关部门审查定稿。

本建设标准共分六章：总则、建设规模与项目构成、库址条件与库区布置、装卸设备与配套工程、建筑标准与建设用地、主要技术经济指标等。

在本建设标准的执行过程中，如发现有需要修改或补充之处，请将意见及有关资料寄商业部基建储运管理司（北京市复兴门内大街45号，邮政编码100801），以便今后修订参考。

中华人民共和国商业部

1991年12月18日

目　录

第一章　总则 ………………………………………………………………………………… 2447
第二章　建设规模与项目构成 ………………………………………………………………… 2447
第三章　库址条件与库区布置 ………………………………………………………………… 2448
第四章　装卸设备与配套工程 ………………………………………………………………… 2448
第五章　建筑标准与建设用地 ………………………………………………………………… 2449
第六章　主要技术经济指标 …………………………………………………………………… 2450
附加说明 ……………………………………………………………………………………… 2451

第一章　总　　则

第一条　为加强对商业普通仓库工程项目决策和建设的科学管理，正确掌握建设标准，合理确定建设水平，推动技术进步，提高投资效益，制订本建设标准。

第二条　本建设标准是编制、评估、审批商业普通仓库工程项目可行性研究报告的重要依据，也是有关部门审查工程项目初步设计和监督检查整个建设过程建设标准的尺度。

第三条　本建设标准适用于新建商业普通仓库（包括储备仓库、批发零售仓库和运输仓库）工程，改、扩建工程可参照执行。

第四条　商业普通仓库的建设必须认真贯彻艰苦奋斗、勤俭建国的方针，在满足当前需要的同时，适当考虑物流技术的进步和物流形式的变化，顾及今后的发展。

第五条　商业普通仓库的建设必须切实执行国家有关的技术经济政策，积极采用新技术、新材料和新设备，做到适用安全、技术先进、经济合理、确保质量。

第六条　商业普通仓库的建设必须重视消防和商品防护，保证商品储存安全。

第七条　建设商业普通仓库必须有充足的货源，选择的库址必须交通运输方便，储存商品流向合理。

第八条　商业普通仓库的建设应根据不同的使用功能和商品特性，合理利用建筑空间，提高储存能力，方便商品进出。

第九条　商业普通仓库的建设，除执行本建设标准外，尚应执行国家现行的有关标准和定额、指标的规定。

第二章　建设规模与项目构成

第十条　商业普通仓库的建设必须根据商品流通需要和货源情况、地区建设条件、社会效益和企业经济效益等综合分析研究，合理确定项目的建设规模。

第十一条　商业普通仓库建设规模应以库房总建筑面积为划分标准，按下列三个规模等级进行建设：

一、大型仓库：库房总建筑面积大于或等于 $30000m^2$；

二、中型仓库：库房总建筑面积小于 $30000m^2$，大于或等于 $10000m^2$；

三、小型仓库：库房总建筑面积小于 $10000m^2$，大于或等于 $5000m^2$。

第十二条　商业普通仓库的库房总建筑面积，应根据不同的仓库类型、不同的仓库建筑形式和需要的商品储存量合理确定；库房单位储存量建筑面积指标不应超过表1的规定。

表1　库房单位储存量建筑面积（m^2/t）

仓库类型 / 建筑形式	储备仓库	批发零售仓库	运输仓库
单层库房	1.2～1.4	1.6～1.9	2.8～3.7
多层库房	1.5～1.8	2.0～2.4	3.1～4.2

注：①储备仓库和批发零售仓库的储存量以综合吨为单位，运输仓库的储存量以重量吨为单位。
②进出批量较大的仓库应按低限控制，进出批量较零星的仓库按高限控制。

第十三条　商业普通仓库工程项目由库房及主要生产设施、辅助生产及配套设施和行政、生活福利设施三部分构成，包括下列内容：

一、库房及主要生产设施：包括仓间、楼电梯间、穿堂、整理间、工作室以及电梯、滑道、固定的起重装卸设备等；

二、辅助生产及配套设施：包括充电间、修理间、车库、专用码头、铁路专用线、露天货场、装卸站台、道路和供配电、消防、给排水设施以及装卸搬运设备等；

三、行政、生活福利设施：包括业务用房、食堂、浴室、锅炉房、门卫室、职工宿舍等。

上述项目内容应根据建设规模大小和使用功能需要确定其中的必要部分，并应尽量利用社会设施。改、扩建工程应尽量利用原有设施。

第十四条 新建大型商业普通仓库具有车源供应和接轨条件且经济合理的，可建铁路专用线。

第十五条 新建商业普通仓库具有通航和修建码头条件，并经过技术经济分析，技术上可行和经济上合理的，可建专用码头或泊位。

第三章 库址条件与库区布置

第十六条 商业普通仓库的库址除必须具有充足的货源和交通运输方便的条件外，库址的区域环境尚应符合商品安全储存的要求，食品仓库应有良好的卫生环境。

第十七条 商业普通仓库的库址应具有良好的地形、地质条件，并具备给水、排水、供电等基础设施条件。

第十八条 新建大型商业储备仓库和运输仓库应靠近城市公路干线，宜具备铁路或水路运输条件；批发零售仓库应靠近市区。

第十九条 商业普通仓库的库区布置，应根据库址的自然条件和仓库的使用功能，在满足防火安全间距的原则下，做到紧凑合理，交通运输线路短捷，商品进出方便。

第二十条 商业普通仓库的库房、辅助生产设施、行政和生活福利设施应分区布置，各区之间的防火间距应符合建筑设计防火的要求。大、中型商业仓库的行政和生活福利区、辅助生产区与库房区之间应设围墙分隔。

第四章 装卸设备与配套工程

第二十一条 商业普通仓库装卸设备的配置应符合下列规定：

一、电梯：三层以上（含三层）的库房可设载货电梯。电梯的配置应根据储存商品吞吐量计算确定。配置台数可根据仓库类型、库房层数和库房每层的仓间实际面积按表2确定。每座独立库房的电梯配置不宜少于2台。

表2 每配置一台电梯的每层仓间实际面积数（m^2）

电梯载重量	2~3t		5t	
仓库类型 库房层数	储备仓库	批发零售仓库	储备仓库	批发零售仓库
3层	1000	500	1500	750
4~5层	800	400	1200	600
6~7层	600	300	900	450

注：多层运输仓库可参照批发零售仓库配置。

二、桥式起重机：储存大件笨重商品和储存金属原材料的单层库房，可设桥式起重机（行车）。桥式起重机的起重量按需要确定，不宜超过 10t，每 80m 行程设一台，每跨不宜超过二台。

三、叉车：库房内宜使用电瓶叉车。叉车的配置应根据储存商品的吞吐量计算确定。配置台数可根据仓库类型和库房仓间实际面积按表 3 确定。

表 3　每配置一台叉车的库房仓间实际面积数（m^2）

仓库类型	储备仓库	批发零售仓库、运输仓库
仓间实际面积	1000～2000	500～1000

注：进出批量较大的仓库应按高限控制，进出批量较零星的仓库应按低限控制。

第二十二条　商业普通仓库库区内应有可靠的消防水源，设独立的消防给水管道，并按需要设消防水池。储存可燃物料的露天货场应设避雷针。

第二十三条　商业普通仓库应设自动火警报警系统。大、中型商业仓库宜与就近公安消防部门建立通讯联系。

第二十四条　商业普通仓库的电源应设总闸和分闸。库房电源应与道路照明、生产和生活用房等其他电源分闸控制。

第二十五条　大、中型商业普通仓库宜有独立的变配电间。消防用电设备应采用单独的供电回路。

第二十六条　商业普通仓库的库区应采取有组织的排水系统。在市区内建设的仓库应采用地下管道排水。在郊区或山区建设的仓库可采用明渠排水。

第二十七条　商业普通仓库的库区车道宜采用混凝土路面。库区内主干道宽度可按双车道标准确定。大、中型商业仓库宜可考虑集装箱车辆的出入。

第二十八条　商业普通仓库的铁路专用线建设应符合国家的有关规定。铁路装卸线的有效长度应根据最大日装卸车数及库址条件确定。

第二十九条　商业普通仓库专用码头形式、泊位数、作业区面积应根据货物吞吐量和库址航道情况确定。

第三十条　商业普通仓库的库区四周应设高度不低于 2.5m 的实体围墙。

第五章　建筑标准与建设用地

第三十一条　商业普通仓库的库房总建筑面积应根据仓库建设规模按第二章第十二条计算确定。

第三十二条　商业普通仓库辅助生产及配套设施的总建筑面积应控制在库房总建筑面积的 5%范围内。

第三十三条　商业普通仓库行政、生活福利设施的总建筑面积占库房总建筑面积的比例应控制在表 4 所列值内。

表 4　行政、生活福利设施建筑面积控制比例（%）

建设规模	大型仓库	中型仓库	小型仓库
控制比例	10	11～14	15

注：建设规模较大的应按低限控制，建设规模较小的应按高限控制。

表 5　库房建筑面积利用系数（%）

建筑形式 \ 仓库类型	储备仓库	批发零售仓库	运输仓库
单层库房	94	94	90
多层库房	80	75	80

第三十四条 商业普通仓库的库房建筑面积利用系数（库房内各仓间实际面积之和与库房建筑面积比）不应低于表5所列数值。

第三十五条 商业普通仓库多层库房耐火等级不应低于二级。商业普通仓库单层库房的耐火等级不应低于三级。

第三十六条 商业普通仓库的库房层高应根据储存商品的堆垛和机械提升高度的情况按表6确定。

表6 库房层高（m）

建筑形式			层高
多层库房	底层	无梁楼板 梁式楼板	4.8～5.2 5.2～5.6
	楼层	无梁楼板 梁式楼板	3.8～4.2 4.2～4.6
单层库房	普通商品	斜屋面 平屋面	5.5 6.0
	大件笨重商品	有桥式起重机 无梁式起重机	9.9～10.2 6.0～7.0

注：①储存轻泡商品（堆垛容重小于200kg/m³）的库房，层高可适当提高。
②设有单轨电运提升机的仓间其层高可根据实际需要适当提高。
③储存较重商品应按低限控制，储存较轻商品应按高限控制。

第三十七条 商业普通仓库的库房屋顶，如采用瓦屋面或拱形屋面可不设隔热层；如采用钢筋混凝土平屋面应设隔热层。在严寒地区储存怕冻商品的仓库应考虑防寒措施。

第三十八条 商业普通仓库库房的外墙面，除位于交通干道和城市建设有特殊要求外，只做普通粉刷。库房的内墙面只做普通粉刷。钢筋混凝土梁面、柱面、楼板底面仅做刷白，不另做抹面。现浇钢筋混凝土楼板或混凝土地面宜采用随捣随抹，一次抹光，不另做面层。

第三十九条 建设商业普通仓库必须坚持科学、合理、节约用地。新建工程应尽量少占耕地、不占良田、少迁房屋；改、扩建工程应充分利用现有仓库的占地。

第四十条 在大、中城市建设商业普通仓库应以建多层库房为主，一般不应少于三层；单层仓库只限于运输仓库和储存大件笨重商品的仓库。小型商业普通仓库的行政、生活福利用房应合并建设。

第四十一条 商业普通仓库的建设用地面积应根据建设规模、库房建筑形式和项目内容合理确定。其建筑覆盖率应按下列规定控制：

一、全部多层库房：不低于35%；

二、全部单层库房：不低于45%；

三、部分多层库房和部分单层库房：不低于40%。

第六章 主要技术经济指标

第四十二条 商业普通仓房的库房单位建筑面积投资估算指标，可根据库房建筑形式和库房建筑面积按表7所列指标控制。

表7 库房单位面积投资估算指标

建筑形式	单幢库房建筑面积（m²）	投资估算指标（元/m²）
单层库房	>15001 10001～15000 5001～10000 3000～5000	400 450 500 550

续表 7

建筑形式	单幢库房建筑面积（m²）	投资估算指标（元/m²）
多层库房	>2001 1501~2000 1000~1500	480 500 520
注：表 7 中所列指标是按天然地基、独立基础。多层库房为现浇钢筋混凝土框架结构、单层库房为预制钢筋混凝土结构，且是按 1989 年北京市概算定额计算的综合指标。在使用时应根据不同地区、不同建设条件、不同建筑结构、不同建设年份进行调整。		

第四十三条 商业普通仓库的建设工期应控制在表 8 所列值内。

第四十四条 商业普通仓库的人员编制应根据仓库的类型和库房仓间实际面积控制在表 9 所列值内。

表 8 商业普通仓库建设工期

仓库规模（m²）	建设工期（月）
>50000	24
30000~50000	18~22
20000~30000	15~18
10000~20000	12~15
5000~10000	10~12
注：仓库规模较大的应按高限控制，仓库规模较小的应按低限控制。	

表 9 每 1000m² 库房仓间实际面积人员编制数（人）

仓库类型	储备仓库	批发零售仓库	运输仓库
人员编制	5~8	8~12	10~15
注：①大型仓库应按低限控制，小型仓库应按高限控制，中型仓库按插入法计算。 ②设有露天货场的仓库，货场实际堆货面积适当折算在库房仓间实际面积内。 ③设有铁路专用线和专用码头以及有附加业务和特殊使用要求的仓库，有关人员的编制应根据实际需要确定。			

附加说明

主编单位、参编单位及主要起草人名单

主 编 单 位： 商业部基建储运管理司

参 编 单 位： 上海市第一商业局建筑设计室

上海商业储运联营公司

主要起草人： 黄瑞鸿 严智睿 胡汉祥 张汝时 吕玉之

普通高等学校建筑规划面积指标

（内部发行）

主编部门：中华人民共和国国家教育委员会
批准部门：中 华 人 民 共 和 国 建 设 部
中华人民共和国国家计划委员会
中华人民共和国国家教育委员会
施行日期：1 9 9 2 年 8 月 1 日

关于批准发布《普通高等学校建筑规划面积指标》的通知

建标［1992］245号

国务院各有关部门，各省、自治区、直辖市、计划单列市计委（计经委）、建委（建设厅）、教委（高教局）：

根据国家计委计标［1987］2323号文和建设部、国家计委［90］建标字第519号文的要求，按照国家计委计综合［1989］30号文的安排，由国家教委负责修订的《普通高等学校建筑规划面积指标》，业经有关部门会审，现批准为全国统一指标，自1992年8月1日起施行。

有关文化艺术院校的建筑规划面积指标，可根据本规划指标的原则，结合具体情况，由文化部另行制订，并报建设部和国家教委备案。

本规划指标的管理及解释工作，由国家教委负责。

中华人民共和国建设部
中华人民共和国国家计划委员会
中华人民共和国国家教育委员会
1992年5月3日

修 订 说 明

普通高等学校建筑规划面积指标是根据国家计委计标（1987）2323号《关于制订工程项目建设标准的几点意见》、计综合（1989）30号《一九八九年工程项目建设标准等制订计划》和建设部、国家计委（90）建标字第519号《关于工程项目建设标准编制工作暂行办法》的要求，由我委负责，具体由计划建设司对原教育部1979年12月颁发并经国家计委、国家建委审定的《一般高等学校校舍规划面积定额（试行）》以及1984年4月原教育部印发的《关于调整补充“一般高等学校校舍规划面积定额”的意见》进行修订而成。

修订的过程中，我委委托国务院各有关部（委）对本系统普通高等学校实验室的规划建筑面积指标提出了修订建议；委托辽宁省教委、湖北省教委、四川省教委、清华大学建筑学院、上海市高教局、上海市高教建筑设计院分别对图书馆、实验室、计算中心、生活福利及其他附属用房、学生食堂、教工食堂、风雨操场、学生活动用房等项校舍的规划建筑面积指标提出了修订建议。我委组织了编制组对全国普通高等学校校舍的现状作了抽样调查及实地调查，并在综合分析研究的基础上，完成了征求意见稿，征求各部门各地区和各有关单位的意见，最后，由我委召开全国审查会议，会同各有关部门审查定稿。

本规划指标共分四章，包括总则、大学专门学院校舍规划建筑面积指标、高等专科学校校舍规划建筑面积指标和普通高等学校规划建设用地指标。

在执行本规划指标的过程中，请各单位注意总结经验，积累资料。如发现需要修改和补充之处，请将意见和有关资料寄国家教委计划建设司（北京市西单大木仓37号，邮政编码100816），以便今后修订时参考。

中华人民共和国国家教育委员会

1991年11月20日

目　录

第一章　总则 …… 2457
第二章　大学、专门学院校舍规划建筑面积指标 …… 2457
第一节　一般规定 …… 2457
第二节　教室 …… 2460
第三节　图书馆 …… 2460
第四节　实验室实习场所及附属用房 …… 2461
第五节　风雨操场 …… 2462
第六节　校行政用房 …… 2463
第七节　系行政用房 …… 2463
第八节　会堂 …… 2464
第九节　学生宿舍 …… 2464
第十节　学生食堂 …… 2464
第十一节　教工住宅 …… 2465
第十二节　教工宿舍 …… 2465
第十三节　教工食堂 …… 2465
第十四节　生活福利及其他附属用房 …… 2465
第三章　高等专科学校校舍规划建筑面积指标 …… 2466
第一节　一般规定 …… 2466
第二节　高等专科学校各项校舍规划建筑面积指标 …… 2467
第四章　普通高等学校规划建设用地指标 …… 2468
第一节　一般规定 …… 2468
第二节　各项用地规划指标 …… 2469
附录一　大学、专门学院留学生及外籍教师生活用房规划建筑面积指标 …… 2470
附录二　大学、专门学院专职科研机构用房及夜大学函授部用房规划建筑面积指标 …… 2471
附加说明 …… 2471

第一章　总　则

第一条　为了加强普通高等学校工程规划建设的科学管理，改善教学工作条件，促进教育质量的不断提高，适应普通高等教育事业发展的需要，制订本规划指标。

第二条　本规划指标是编制、评估、审批普通高等学校总体设计任务书、校园总体规划和建设用地计划的重要依据，也是有关部门监督检查普通高等学校工程规划建设标准的尺度。

第三条　本规划指标中的校舍规划建筑面积指标适用于新建、改建、扩建的一般普通高等学校；规划建设用地指标适用于新建的一般普通高等学校。重点普通高等学校、以培养少数民族学生为主的普通高等学校、两地办学的普通高等学校及有特殊需要的普通高等学校，经主管部门批准后，可酌情提高某些教学和生活用房的规划指标。

第四条　普通高等学校工程的规划建设，必须执行国家有关的法律、法规和政策，坚持勤俭办学，切实提高教学科研用房的利用率，科学合理、节约用地，不占或少占良田好地。

第五条　普通高等学校工程的规划建设应符合当地城市规划的要求。各项公用和生活福利设施应尽量利用当地提供的社会协作条件。

第六条　普通高等学校工程的规划建设应一次规划分期实施。改建、扩建学校的规划建设应在充分利用原有设施的基础上进行。

第七条　普通高等学校工程的规划与建设除执行本规划指标外，尚应符合国家现行有关标准和指标的规定。

第二章　大学、专门学院校舍规划建筑面积指标

第一节　一　般　规　定

第八条　大学、专门学院的校舍规划建筑面积指标包括下列各种用房的建筑面积：

一、每所学校都必须配备的有教室、图书馆、实验室实习场所及附属用房、风雨操场、校行政用房、系行政用房、会堂、学生宿舍、学生食堂、教工住宅、教工宿舍、教工食堂、生活福利及其他附属用房共十三项。

二、学校根据需要可以配备的有专职科研机构用房、夜大学函授部用房、研究生用房、进修生及干训生用房、留学生用房、外籍教师用房共六项。

本规划建筑面积指标中未包括下列八项用房。学校如有需要，可根据实际情况报请主管部门另行审批：

一、工科院校的生产性工厂及其附属用房，农林院校的生产性农场、牧场、林场及其附属用房，医学院校及个别体育院校的临床实习医院，师范院校的附中、附小、附属幼儿园，各类学校附设的子弟中小学。

二、已离休、退休、调出教职工及已故教职工遗属所使用的教工住宅、食堂、浴室、

医务所、托儿所幼儿园等生活福利附属设施。

三、生产性工厂、农场、牧场、林场职工所需的住宅、宿舍、食堂、浴室、医务所、托儿所幼儿园等生活福利附属设施。

四、个别学校的函授部因校外辅导站不足，必须在校内对部分学员进行集中辅导，需要增加建设的少量学生宿舍、学生食堂及教室。

五、地方政府另有规定的住宅小区公共配套设施。

六、采暖地区的供暖锅炉房。

七、设防地区的人民防空地下室。

八、自行车棚。

第九条 大学、专门学院各项校舍的规划建筑面积指标应采用不同的基本参数。本指标中每校都必须配备的十三项校舍中，教室、图书馆、实验室实习场所及附属用房、风雨操场、校行政用房、系行政用房、会堂、学生宿舍、学生食堂、教工食堂、生活福利及其他附属用房等十一项校舍均应采用以学生人数计的学校规模为其规划建筑面积指标的基本参数，但有的采用自然规模，有的采用折算规模。教工住宅、教工宿舍两项校舍应采用经主管部门批准的全校教职工人员编制总数为其规划建筑面积指标的基本参数。学校根据需要可以配备的六项校舍应分别采用专职科研人员数、夜大学函授部工作人员数、研究生数、进修生及干训生数、留学生数、外籍教师数为其规划建筑面积指标的基本参数。

第十条 各类大学、专门学院的学校规模宜按表1的规定执行。

本规划指标中的各项指标均按表1中所列的规模分别制定。如学校的实际规模小于或大于表中的最小规模或最大规模时，其规划指标应分别采用表中最小规模或最大规模时的指标值；学校规模介于表列规模之间时，可用插入法取值。

表1所列的学校规模可规定为自然规模，也可规定为折算规模，其计算方法及适用范围应遵守以下规定：

一、学校的自然规模系将大学、专门学院的留学生、学位研究生、研究生班学生、进修生、干训生、本科生、专科生等不同类别及层次的全日制在校学生的自然人数相加所得的学生总人数（不包括夜大学、函授部的学生人数）。大学、专门学院的教室、图书馆、实验室实习场所及附属用房、风雨操场、会堂、学生宿舍、学

表1 各类大学、专门学院的学校规模

学校类别	学校规模（学生数）	学校类别	学校规模（学生数）
综合大学	2000	工科院校	2000
	3000		3000
	5000		5000
师范院校	2000	政法、财经院校	2000
	3000		3000
	5000		5000
医学院校	1000	外语院校	1000
	2000		2000
	3000		3000
农林院校	2000	体育院校	500
	3000		1000
	5000		2000

表2 计算折算规模时采用的折算比例

学生类别及层次	每生折合本科生数
本科生	1.0
工、农、林、医、体育专科生	0.9
师范、政法、财经专科生	0.85
进修生、干训生	1.5
研究生班学生	1.5
学位研究生	2.0
留学生	3.0

生食堂及生活福利与其他附属用房的大部分均应采用自然规模计算其规划建筑面积。

二、学校的折算规模系将大学、专门学院不同类别及层次的全日制在校学生数按表2规定的折算比例分别折算为本科生人数后的总和。

大学、专门学院的校行政用房、系行政用房、教工食堂、生活福利与其他附属用房中的托儿所幼儿园、医务所、教工及离退休人员活动用房、教工浴室等均应采用折算规模计算其规划建筑面积。

第十一条 大学、专门学院的科类结构应由学校根据本校的现状及今后一段时间内的人才需求情况进行预测。本规划指标根据全国普通高等学校的现状及今后的人才需求情况，预测了表3所列的各类大学、专门学院的科类结构，并据以确定教室、图书馆、实验室实习场所及附属用房的按学校类别分的规划建筑面积指标。执行本规划指标时，如学校预测的科类结构与表3出入较大，可据实对上述三项规划建筑面积指标进行调整。

表3 各类大学、专门学院的科类结构预测值

<table>
<tr><th>学校类别</th><th colspan="2">科类结构</th><th>学校类别</th><th colspan="2">科类结构</th></tr>
<tr><td rowspan="4">综合大学</td><td>理科</td><td>35%</td><td rowspan="3">工科院校</td><td>工科</td><td>95%</td></tr>
<tr><td>文科</td><td>28%</td><td>文、法、财经</td><td>3.5%</td></tr>
<tr><td>政法财经</td><td>24%</td><td>理科</td><td>1.5%</td></tr>
<tr><td>工科</td><td>13%</td><td rowspan="2">林业院校</td><td>林科</td><td>55%</td></tr>
<tr><td rowspan="4">师范院校</td><td>理科</td><td>45%</td><td>工科</td><td>45%</td></tr>
<tr><td>文科</td><td>45%</td><td>医学院校</td><td>医科</td><td>100%</td></tr>
<tr><td>体育</td><td>6%</td><td>政法院校</td><td>政法</td><td>100%</td></tr>
<tr><td>艺术</td><td>4%</td><td>财经院校</td><td>财经</td><td>100%</td></tr>
<tr><td rowspan="3">农业院校</td><td>农科</td><td>70%</td><td>外语院校</td><td>外语</td><td>100%</td></tr>
<tr><td>工科</td><td>25%</td><td>体育院校</td><td>体育</td><td>100%</td></tr>
<tr><td>财经</td><td>5%</td><td></td><td></td><td></td></tr>
</table>

第十二条 大学、专门学院各项校舍的规划建筑面积指标均按非采暖地区、外墙厚度240mm的多层或低层建筑计算。采暖地区学校的各项规划建筑面积指标可在本规划指标的基础上增加4%~6%。个别学校的个别建筑因受土地面积的制约必须建高层建筑时，其规划建筑面积指标也可相应增加。

第十三条 大学、专门学院的校舍规划建筑面积指标应按下列规定执行：

一、以学校规模为基本参数的十一项校舍的规划建筑面积总指标不得超过表4-1的规定。

表 4-1　十一项校舍的规划建筑面积总指标（m^2/生）

学校类别	学校规模	十一项校舍总指标			学校类别	学校规模	十一项校舍总指标		
		用自然规模计算	用折算规模计算	总　计			用自然规模计算	用折算规模计算	总　计
综合大学	2000	23.98	3.69	27.67	医学院校	1000	30.06	4.31	34.37
	3000	22.57	3.45	26.02		2000	25.80	3.71	29.51
	5000	21.01	3.22	24.23		3000	24.18	3.46	27.64
工科院校	2000	27.49	3.69	31.18	政法院校	2000	17.63	3.68	21.31
	3000	25.84	3.45	29.29		3000	16.70	3.42	20.12
	5000	24.07	3.22	27.29		5000	15.77	3.18	18.95
师范院校	2000	23.92	3.69	27.61	财经院校	2000	17.63	3.68	21.31
	3000	22.61	3.45	26.06		3000	16.70	3.42	20.12
	5000	21.06	3.20	24.26		5000	15.77	3.18	18.95
农业院校	2000	27.29	3.69	30.98	外语院校	1000	21.19	4.35	25.54
	3000	25.51	3.45	28.96		2000	18.53	3.78	22.31
	5000	23.63	3.22	26.85		3000	17.64	3.50	21.14
林业院校	2000	28.06	3.69	31.75	体育院校	500	30.41	5.59	36.00
	3000	26.45	3.45	29.90		1000	36.05	4.35	40.40
	5000	24.35	3.22	27.57		2000	30.27	3.75	34.02

二、以主管部门批准的全校教职工人员编制总数为基本参数的两项校舍规划建筑面积指标不得超过表 4-2 的规定（各类学校的指标相同）。

表 4-2　两项校舍的规划建筑面积指标（m^2/人）

校　舍　名　称	规划建筑面积指标
教工住宅	34.14
教工宿舍	2.33

第二节　教　　室

第十四条　教室包括各种普通教室（小班及辅导教室、合班教室、阶梯教室）、制图教室、课程设计教室、毕业设计及毕业论文教室、语言教室、电教教室及其附属用房等。

第十五条　按科类分的教室规划建筑面积指标不得超过表 5 的规定。

第十六条　按学校类别分的教室规划建筑面积指标不得超过表 6 的规定。

表 5　按科类分的教室规划建筑面积指标（m^2/生）

科　别	教室指标	科　别	教室指标
工　科	3.60	医　科	2.28
（建筑学专业）	（6.38）	政法、财经	2.28
理　科	2.21	外　语	3.37
文　科	2.60	艺　术	3.37
农林科	2.14	体　育	1.35

注：①医科指标中已包括后期临床教学所需的教室。
②外语科指标中未包括语言实验室。
③师范院校艺术科指标中未包括各种琴房、演奏厅、各种画室、展览厅等专业用房。

表 6　按学校类别分的教室规划建筑面积指标（m^2/生）

学校类别	教室指标	学校类别	教室指标
综合大学	2.52	医学院校	2.28
工科院校	3.53	政法院校	2.28
师范院校	2.38	财经院校	2.28
农业院校	2.51	外语院校	3.37
林业院校	2.80	体育院校	1.35

第三节　图　书　馆

第十七条　图书馆包括各种阅览室、书库、目录厅、出纳厅、内部业务用房（采编室、装订室、业务咨询辅导室、业务资料编辑室、美工室等）、技术设备用房（微机室、缩微照相室、暗室、图书消毒室、声像控制室、复印室……)、办公及辅助用房(行政办公室、会议室、接待室、读者衣物寄存处、饮水处等)。

第十八条 按科类分的图书馆规划建筑面积指标不宜超过表7的规定。

表7 按科类分的图书馆规划建筑面积指标(m^2/生)

科别	学科自然规模					研究生补助指标
	500	1000	2000	3000	5000	
理、工、农、林、医、体育各科	2.91	2.45	2.07	1.82	1.54	0.50
文、法、财经、艺术各科	2.95	2.64	2.25	1.99	1.77	0.55

第十九条 按学校类别分的图书馆规划建筑面积指标不宜超过表8的规定。

表8 按学校类分的图书馆规划建筑面积指标(m^2/生)

学校类别	学校自然规模				
	500	1000	2000	3000	5000
综合大学	—	—	2.56	2.35	2.03
工科院校	—	—	2.13	1.89	1.61
师范院校	—	—	2.54	2.35	2.03
农业院校	—	—	2.15	1.91	1.64
林业院校	—	—	2.07	1.93	1.60
医学院校	—	2.45	2.07	1.82	—
政法院校	—	—	2.25	1.99	1.77
财经院校	—	—	2.25	1.99	1.77
外语院校	—	2.64	2.25	1.99	—
体育院校	2.91	2.45	2.07	—	—

注:本表不包括研究生的补助指标。

第四节 实验室实习场所及附属用房

第二十条 实验室实习场所及附属用房包括基础课、专业基础课、专业课、自选科研项目所需的各种实验室、实习工厂农场牧场林场、实验室的附属用房(准备室、天平室、仪器室、标本室、模型室、陈列室、动物室、充电室、空调室、更衣室、实验人员办公室等)、全校公用的计算中心等。个别学校设立的分析测试中心应专案报批,不在本指标之内。专职科研机构的实验室、资料室、生产性工厂农场林场、医学院的附属医院、师范院校的附中附小幼儿园等均不在本指标之内。

第二十一条 按科类分的实验室实习场所及附属用房(不含计算中心)的规划建筑面积指标不宜超过表9的规定。

表 9　按科类分的实验室实习场所及附属用房（不含计算中心）规划建筑面积指标（m^2/生）

科　　别	学科自然规模							研究生补助指标
	300	500	1000	2000	3000	4000	5000	
工　　科	—	12.93	11.05	9.53	8.77	8.28	0.93	2.00
理、农、林、医科	—	12.90	10.91	9.31	8.52	8.02	7.66	2.00
文　　科	—	1.01	0.58	0.41	0.36	0.34		0.20
外语、政法、财经	—	1.46	1.15	0.94	0.85	0.81	0.76	0.20
艺　　术	15.56	12.32	7.97	—	—	—	—	2.00
体　　育	—	1.98	1.72	1.58	—	—	—	2.00

注：①外语科的指标中已包括语言实验室。
②师范院校艺术科的指标系指音乐专业的各种琴房、演奏厅，美术专业的各种画室、雕塑室、展览厅等专业用房，其计算规模定为音乐、美术两专业规模之和。

第二十二条　按学校类别分的实验室实习场所及附属用房的规划建筑面积总指标不宜超过表 10 的规定。

表 10　按学校类别分的实验室实习场所及附属用房规划建筑面积总指标（m^2/生）

学校类别	学校自然规模	实验室指标			学校类别	学校自然规模	实验室指标		
		实验室	计算中心	总计			实验室	计算中心	总计
综合大学	2000	6.54	0.63	7.17	医学院校	1000	10.91	0.72	11.63
	3000	5.99	0.46	6.45		2000	9.31	0.41	9.72
	5000	5.42	0.32	5.74		3000	8.52	0.31	8.83
工科院校	2000	9.44	0.66	10.10	政法院校	2000	0.94	0.43	1.37
	3000	8.68	0.49	9.17		3000	0.85	0.33	1.18
	5000	7.86	0.35	8.21		5000	0.76	0.24	1.00
师范院校	2000	6.13	0.42	6.55	财经院校	2000	0.94	0.43	1.37
	3000	5.63	0.32	5.95		3000	0.85	0.33	1.18
	5000	5.02	0.24	5.26		5000	0.76	0.24	1.00
农业院校	2000	10.49	0.41	10.90	外语院校	1000	1.15	0.33	1.48
	3000	9.53	0.31	9.84		2000	0.94	0.24	1.18
	5000	8.53	0.23	8.76		3000	0.85	0.18	1.03
林业院校	2000	11.05	0.41	11.46	体育院校	500	1.98	0.50	2.48
	3000	10.16	0.31	10.47		1000	1.72	0.33	2.05
	5000	9.00	0.23	9.23		2000	1.58	0.24	1.82

注：本表不包括研究生的补助指标。

第五节　风　雨　操　场

第二十三条　非体育院校的风雨操场规划建筑面积指标不宜超过表 11-1 的规定。

规模大于 5000 人的一般或重点非体育院校的风雨操场规划建筑面积指标不宜超过表 11-2的规定。

表 11-1　非体育院校风雨操场规划建筑面积指标

学校自然规模	风雨操场建筑面积(m^2)	风雨操场指标(m^2/生)
1000	1200	1.20
2000	1200	0.60
3000	1500	0.50
5000	2350	0.47

表 11-2　规模大于 5000 人的一般或重点非体育院校风雨操场规划建筑面积指标

学校自然规模	风雨操场建筑面积(m^2)	风雨操场指标(m^2)
8000	3200	0.40
10000	3800	0.38
13000	4550	0.35
15000	5100	0.34

第二十四条　体育院校风雨操场的规划建筑面积指标不宜超过表 12 的规定。

第二十五条　师范院校风雨操场的规划建筑面积指标不宜超过表 13 的规定。

表 12　体育院校风雨操场规划建筑面积指标

学校自然规模	风雨操场总建筑面积(m^2)	风雨操场指标(m^2/生)
500	5100	10.20
1000	16700	16.70
2000	25800	12.90

表 13　师范院校风雨操场规划建筑面积指标

学校自然规模	风雨操场建筑面积(m^2)	风雨操场指标(m^2/生)
2000	2480	1.24
3000	3300	1.10
5000	5300	1.06

第六节　校 行 政 用 房

第二十六条　校行政用房包括院校一级的党政办公室、会议室、档案室、文印室、电话总机室、广播室、社团办公室、传达接待室等。

表 14　校行政用房规划建筑面积指标（m^2/生）

学校折算规模	500	1000	2000	3000	5000
校行政用房指标	1.97	1.39	1.07	0.95	0.83

第二十七条　校行政用房的规划建筑面积指标不得超过表 14 的规定。

第七节　系 行 政 用 房

第二十八条　系行政用房包括系办公用房（主任办公室、系办公室、资料室、学籍档案室、党团办公室、会议室等）及教研室（或学科组）办公用房两部分。大学下设若干学院时，其行政用房也在本指标之内。

第二十九条　系行政用房的规划建筑面积指标不得超过表 15 的规定。

表 15　系行政用房规划建筑面积指标（m^2/生）

学 校 类 别	学 校 折 算 规 模				
	500	1000	2000	3000	5000
综 合 大 学	—	—	1.30	1.27	1.21
工 科 院 校	—	—	1.30	1.27	1.21
师 范 院 校	—	—	1.30	1.27	1.19
农 业 院 校	—	—	1.30	1.27	1.21
林 业 院 校	—	—	1.30	1.27	1.21
医 学 院 校	—	1.44	1.32	1.28	—
政 法 院 校	—	—	1.29	1.24	1.17
财 经 院 校	—	—	1.29	1.24	1.17
外 语 院 校	—	1.48	1.39	1.32	—
体 育 院 校	1.68	1.48	1.36	—	—

第八节　会　堂

第三十条　1000人及1000人以上规模的学校可规划建设一座会堂。会堂的规划建筑面积指标不得超过表16-1的规定。

规模大于5000人的一般及重点学校的会堂规划建筑面积指标不得超过表16-2的规定。

表16-1　会堂规划建筑面积指标

学校自然规模	会堂座位数	会堂建筑面积（m^2）	会堂指标（m^2/生）
1000	700	1120	1.12
2000	800	1280	0.64
3000	900	1440	0.48
5000	1100	1800	0.36

表16-2　规模大于5000人的一般及重点学校的会堂规划建筑面积指标

学校自然规模	会堂座位数	会堂建筑面积（m^2）	会堂指标（m^2/生）
8000	1500	2400	0.30
10000	2000	3000	0.30
13000	2500	3630	0.28
15000	2500	3630	0.24

第九节　学　生　宿　舍

第三十一条　学生宿舍包括居室、盥洗室、厕所、公用活动室、管理人员办公室等。

第三十二条　学生宿舍的规划建筑面积指标不宜超过表17的规定。

表17　学生宿舍规划建筑面积指标（m^2/生）

学生类别及层次	宿舍指标	学生类别及层次	宿舍指标
体育、公安、美术、本科生	7.5	进　修　生	10.5
其他各科本科生	6.5	一般干训生	10.5
研　究　生	10.5	处级干训生	19.0

注：①处级干训生指标中尚包括干训楼中的辅导教室、资料阅览室等。
②医学院校的临床教学医院及农林院校的实习农场、林场距校本部较远，需要在这些实习基地超出学校规模地增建一部分学生宿舍时，主管部门宜给予安排。

第十节　学　生　食　堂

第三十三条　学生食堂包括餐厅、厨房及附属用房（主副食加工间、主副食库、餐具库、冷库、配餐间、炊事员更衣室、休息室、淋浴室、厕所等）、食堂办公室等。

第三十四条　学生食堂的规划建筑面积指标不得超过表18的规定。

表18　学生食堂规划建筑面积指标（m^2/生）

学校自然规模	500	1000	2000	3000	5000
学生食堂指标	1.61	1.41	1.30	1.30	1.30

注：医学院校的临床教学医院及农林院校的实习农场、林场距校本部较远，需要在这些实习基地超出学校规模地增建一部分学生食堂时，主管部门宜给予安排。

第十一节 教 工 住 宅

第三十五条 教工住宅包括经主管部门批准的本校编制内全部教职工所需的住宅。本指标中不包括离退休人员、调出人员及已故教职工遗属所使用的住宅以及生产性单位职工所需的住宅。

第三十六条 大学、专门学院每百名在编教职工安排住宅60套。各级教师的结构比例按教授占专任教师总数的5%，副教授占25%，讲师占40%，助教占30%计算。今后一段时期内大学、专门学院的教工住宅建设仍应以解决有无为主，不宜强调提高居住标准，三类、四类住宅的建设要从严掌握，并报主管部门审批。

第三十七条 教工住宅的规划建筑面积指标（以主管部门批准的全校教职工人员编制总数为基本参数）不得超过34.14m^2/人。

第十二节 教 工 宿 舍

第三十八条 教工宿舍包括经主管部门批准的本校编制内全部教职工所需的宿舍。本指标中不包括生产性单位职工所需的宿舍。

第三十九条 大学、专门学院每百名教职工安排20名单身人员的教工宿舍。各级各类单身人员每人占有的教工宿舍建筑面积及居住面积（括号内）应为：正副教授及相当的干部30m^2（18m^2）、讲师及相当的干部15m^2（9m^2）、助教及相当的干部12m^2（7.2m^2）、一般干部10m^2（6m^2）、工勤人员7.5m^2（4.5m^2）。

第四十条 教工宿舍的规划建筑面积指标（以主管部门批准的全校教职工人员编制总数为基本参数）不得超过2.33m^2/人。

第十三节 教 工 食 堂

第四十一条 教工食堂的内容与学生食堂全同（见第三十三条）。本指标中不包括已离休退休人员及生产性单位职工所需的教工食堂。

第四十二条 教工食堂的规划建筑面积指标应按下列规定执行：

一、校本部、实习场所、附属单位教职工所需教工食堂的规划建筑面积指标不得超过表19的规定。

表19 校本部、实习场所、附属单位教工食堂规划建筑面积指标（m^2/生）

学校折算规模	500	1000	2000	3000	5000
教工食堂指标	0.39	0.30	0.26	0.24	0.23

二、专职科研机构、夜大学函授部教职工所需教工食堂的规划建筑面积指标（以批准的人员编制数为基本参数）不得超过0.70m^2/人。

第十四节 生活福利及其他附属用房

第四十三条 生活福利及其他附属用房包括幼儿园、托儿所、医务所（校医院）、学生活动用房、教工及离退休人员活动用房、学生浴室、教工浴室、招待所、印刷所、汽车库、理发室、洗衣房、综合修理部、金木泥工修理间、总务仓库、教学仪器仓库、生活锅炉房、变电所、水泵房、消防用房、环卫绿化用房、室外厕所、传达警卫室等。本指标中未包括离退休人员及生产性单位人员所需的幼儿园、托儿所、医务所、教工浴室等。

第四十四条 生活福利及其他附属用房的规划建筑面积指标应按下列规定执行：

一、校本部、实习场所、附属单位的生活福利及其他附属用房的规划建筑面积指标不得超过表20的规定。

二、专职科研机构、夜大学函授部所需的生活福利及其他附属用房的规划建筑面积指标（以批准的人员编制数为基本参数）不得超过3.40m²/人，其内容只包括幼儿园、托儿所、医务所（校医院）、教工及离退休人员活动用房、教工浴室等。

表20 校本部、实习场所、附属单位生活福利及其他附属用房规划建筑面积指标（m²/生）

学校规模	500	1000	2000	3000	5000
生活福利及附属用房指标	5.91	4.65	3.75	3.46	3.04
其中：用自然规模计算的	4.36	3.47	2.69	2.47	2.09
用折算规模计算的	1.55	1.18	1.06	0.99	0.95

注：本表中用折算规模计算的系指幼儿园、托儿所、医务所（校医院）、教工及离退休人员活动用房、教工浴室等四项校舍。

第三章 高等专科学校校舍规划建筑面积指标

第一节 一般规定

第四十五条 高等专科学校校舍的构成、规划建筑面积指标采用的基本参数、学校科类结构的预测值、各项校舍的内容等均按第二章大学、专门学院的有关规定执行。

第四十六条 各类高等专科学校的学校规模（以全日制在校学生人数计）按表21的规定执行。

本规划指标中的各项指标均按表21所列的规模分别制定。如学校的实际规模小于或大于本类学校的最小规模或最大规模时，其规划指标应分别采用表中最小规模或最大规模的指标值；学校实际规模介于表列规模之间时可用插入法取值。

第四十七条 高等专科学校的校舍规划建筑面积指标应按下列规定执行：

一、以学校规模为基本参数的十一项校舍的规划建筑面积总指标不得超过表22-1的规定。

表21 各类高等专科学校的学校规模

学校类别	学校规模	学校类别	学校规模
工业专科学校	1000	医学专科学校	1000
	2000		2000
	3000	政法专科学校	1000
师范专科学校	1000		2000
	2000	财经专科学校	1000
	3000		2000
农业专科学校	1000	体育专科学校	500
	2000		1000
	3000		

表 22-1　十一项校舍的规划建筑面积总指标（m^2/生）

学校类别	学校规模	十一项校舍总指标	学校类别	学校规模	十一项校舍总指标
工业专科学校	1000	34.48	医学专科学校	1000	33.17
	2000	30.19		2000	28.74
	3000	28.49	政法专科学校	1000	23.60
师范专科学校	1000	30.49		2000	20.49
	2000	26.82	财经专科学校	1000	23.60
	3000	25.40		2000	20.49
农业专科学校	1000	34.28	体育专科学校	500	34.93
	2000	30.21		1000	39.59
	3000	28.31			

二、以主管部门批准的全校教职工人员编制总数为基本参数的两项校舍规划建筑面积指标不得超过表 22-2的规定。

表 22-2　两项校舍的规划建筑面积指标（m^2/生）

校 舍 名 称	规划建筑面积指标
教工住宅	33.06
教工宿舍	2.25

第四十八条　高等专科学校聘有外籍教师或设有专职科研机构、夜大学函授部、设计研究院（所、室）时，其校舍规划建筑面积指标按大学、专门学院的有关规定执行。

第二节　高等专科学校各项校舍规划建筑面积指标

第四十九条　高等专科学校的教室、风雨操场、系行政用房、会堂、学生宿舍、学生食堂的规划面积指标均按大学、专门学院的有关规定执行。

第五十条　高等专科学校图书馆的规划建筑面积指标应按下列规定执行：

一、按科类分的图书馆规划建筑面积指标不宜超过表 23 的规定。

二、按学校类别分的图书馆规划建筑面积指标不宜超过表 24 的规定。

表 23　按科类分的高等专科学校图书馆规划建筑面积指标（m^2/生）

科　　别	学 科 规 模			
	500	1000	2000	3000
理、工、农、医、体育各科	2.68	2.17	1.84	1.56
文、法、财经、艺术各科	2.77	2.42	1.98	—

表 24　按学校类别分的高等专科学校图书馆规划建筑面积指标（m^2/生）

学校类别	学 校 规 模			
	500	1000	2000	3000
工业专科学校	—	2.23	1.89	1.63
师范专科学校	—	2.72	2.30	2.10
农业专科学校	—	2.23	1.92	1.66
医学专科学校	—	2.17	1.84	—
政法专科学校	—	2.42	1.98	—
财经专科学校	—	2.42	1.98	—
体育专科学校	2.68	2.17	—	—

第五十一条　高等专科学校实验室实习场所及附属用房（以下简称“实验室”）的规划建筑面积指标应按下列规定执行：

一、按科类分的实验室规划建筑面积指标与大学、专门学院相同（见表 9）。

二、按学校类别分的实验室规划建筑面积总指标不宜超过表 25 的规定。

表 25 按学校类别分的高等专科学校实验室规划建筑面积总指标（m^2/生）

学校类别	学校规模	实验室指标			学校类别	学校规模	实验室指标		
		实验室	计算中心	总计			实验室	计算中心	总计
工业专科学校	1000	10.92	0.15	11.07	医学专科学校	1000	10.91	0.11	11.02
	2000	9.44	0.15	9.59		2000	9.31	0.11	9.42
	3000	8.68	0.15	8.83	政法专科学校	1000	1.15	0.12	1.27
师范专科学校	1000	7.00	0.11	7.11		2000	0.94	0.12	1.06
	2000	6.13	0.11	6.24	财经专科学校	1000	1.15	0.12	1.27
	3000	5.63	0.11	5.74		2000	0.94	0.12	1.06
农业专科学校	1000	11.78	0.11	11.89	体育专科学校	500	1.98	0.11	2.09
	2000	10.49	0.11	10.60		1000	1.72	0.11	1.83
	3000	9.53	0.11	9.64					

第五十二条 高等专科学校每百名教职工安排住宅 60 套。各级教师的结构比例按照正教授占专任教师总数的 3%，副教授占 12%，讲师占 50%、助教占 35%计算；各级各类人员的居住标准与大学、专门学院相同（见第三十六条）。教工住宅的规划建筑面积指标（以主管部门批准的全校教职工人员编制总数为基本参数）不得超过 33.06m^2/人。

第五十三条 高等专科学校每百名教职工安排 20 名单身人员的教工宿舍。各级各类单身人员的居住标准与大学、专门学院相同（见第三十九条）。教工宿舍的规划建筑面积指标（以主管部门批准的全校教职工人员编制总数为基本参数）不得超过 2.25m^2/人。

第五十四条 高等专科学校校行政用房的规划建筑面积指标不得超过表 26 的规定。

表 26 高等专科学校校行政用房规划建筑面积指标（m^2/生）

学校规模	500	1000	2000	3000
校行政用房指标	1.78	1.25	0.96	0.86

第五十五条 高等专科学校教工食堂的规划建筑面积指标不得超过表 27 的规定。

第五十六条 高等专科学校生活福利及其他附属用房的规划建筑面积指标不得超过表 28 的规定。

表 27 高等专科学校教工食堂规划建筑面积指标（m^2/生）

学校规模	500	1000	2000	3000
教工食堂指标	0.28	0.25	0.24	0.23

表 28 高等专科学校生活福利及其他附属用房规划建筑面积指标（m^2/生）

学校规模	500	1000	2000	3000
生活福利及附属用房指标	5.76	4.53	3.64	3.36

第四章 普通高等学校规划建设用地指标

第一节 一 般 规 定

第五十七条 每所普通高等学校都应安排的规划建设用地包括各校都应配备的十三项

校舍所需的建设用地、体育设施建设用地及专用绿地三大项。根据需要已配备了其他六项校舍（或其中的一部分）的学校尚应安排相应的校舍建设补助用地。某些院校根据教学的需要还应安排专门的实习用地如农场、牧场、林场、靶场、农机及汽车驾驶实习场、生物实习园等。本用地指标中未包括下列各项用地面积：

一、起伏较大不适于进行建筑的山地以及河流、池塘、湖泊等。

二、除农场、林场、牧场、树木园、生物实习园外的各种专门实习用地。

三、规模较大的学校的垃圾转运场及堆煤场。

四、规划建筑面积中未包括的八项校舍（见第八条）所需的建设用地。

学校需要上述四种用地的某些部分时，应在本用地指标之外专案报请有关主管部门另行拨给。

第五十八条 普通高等学校校舍建设用地、体育设施建设用地、专用绿地、专门实习场地的规划用地指标均应采用学校（或系）的自然规模为基本参数。校舍建设用地补助指标应分别采用各种有关的教职工人数及学生人数为基本参数。

第五十九条 普通高等学校在工程的规划与建设中必须科学合理、节约用地，尽量集中紧凑地进行布置，在不影响使用功能的前提下适当提高建筑层数与建筑覆盖率。教室、图书馆、实验科研用房、教工住宅、教工宿舍、学生宿舍等项建筑的平均层数不低于4.5层，建筑覆盖率不小于23.5%；食堂、风雨操场、会堂，仓库及一些生活福利附属用房的平均层数不低于1.5层，建筑覆盖率不小于31.5%。

第六十条 每所普通高等学校都应安排的三大项用地的规划建设用地总指标不宜超过表29的规定。

表29 普通高等学校三项用地的总指标（m^2/生）

<table>
<tr><th colspan="3">大学、专门学院</th><th colspan="3">高等专科学校</th></tr>
<tr><th>学校类别</th><th>学校自然规模</th><th>三大项指标合计</th><th>学校类别</th><th>学校自然规模</th><th>三大项指标合计</th></tr>
<tr><td rowspan="4">综合大学、师范、政法、财经、外语院校</td><td>1000</td><td>68</td><td rowspan="3">师范、政法财经专科学校</td><td>1000</td><td>65</td></tr>
<tr><td>2000</td><td>63</td><td>2000</td><td>60</td></tr>
<tr><td>3000</td><td>58</td><td>3000</td><td>56</td></tr>
<tr><td>5000</td><td>54</td><td rowspan="3">工业、农业、医学专科学校</td><td>1000</td><td>70</td></tr>
<tr><td rowspan="4">工业、农业、林业、医学院校</td><td>1000</td><td>72</td><td>2000</td><td>66</td></tr>
<tr><td>2000</td><td>68</td><td>3000</td><td>61</td></tr>
<tr><td>3000</td><td>63</td><td rowspan="2">体育专科学校</td><td>500</td><td>116</td></tr>
<tr><td>5000</td><td>59</td><td>1000</td><td>108</td></tr>
<tr><td rowspan="3">体育院校</td><td>500</td><td>119</td><td></td><td></td><td></td></tr>
<tr><td>1000</td><td>110</td><td></td><td></td><td></td></tr>
<tr><td>2000</td><td>88</td><td></td><td></td><td></td></tr>
</table>

第二节 各项用地规划指标

第六十一条 普通高等学校校舍建设用地指标不宜超过表30的规定。

表 30　普通高等学校校舍建设用地指标（m^2/生）

大学、专门学院		
学校类别	学校自然规模	用地指标
综合大学、师范、政法、财经、外语院校	1000	48
	2000	43
	3000	41
	5000	38
工业、农业、林业、医学院校	1000	52
	2000	48
	3000	46
	5000	43
体育院校	500	69
	1000	79
	2000	66

高等专科学校		
学校类别	学校自然规模	用地指标
师范、政法、财经专科学校	1000	45
	2000	40
	3000	39
工业、农业、医学专科学校	1000	50
	2000	46
	3000	44
体育专科学校	500	66
	1000	77

第六十二条　普通高等学校体育设施建设用地指标（大学、专门学院与高等专科学校相同）不宜超过表 31 的规定。

表 31　普通高等学校体育设施建设用地指标（m^2/生）

学校自然规模	500	1000	2000	3000	5000
非体育院校	—	14	14	11	10
体育院校	44	25	16	—	—

第六十三条　普通高等学校专用绿地的规划指标（大学、专门学院与高等专科学校相同）不宜超过 $6m^2$/生。

第六十四条　普通高等学校校舍建设用地补助指标不宜超过表 32 的规定。

第六十五条　普通高等学校可根据实际需要参照表 33 的规定（大学、专门学院与高等专科学校相同）编制专门实习场地用地计划并报主管部门审批。

表 32　普通高等学校校舍建设用地补助指标

项　目	用地补助指标（m^2/生）	项　目	用地补助指标（m^2/生）
理、工、农、林、医、体育研究生	26	理工农林医体育专职科研人员	74
文、法、财经、艺术研究生	23	文、法、财、艺术专职科研人员、设计人员	61
进修生、干训生	16	外籍教师	61
留学生	58	夜大学工作人员	54
		函授部工作人员	56

表 33　普通高等学校专门实习场地用地参考指标（m^2/生）

项　目	基本参数	用地参考指标
1　农业院校实习农场、牧场、渔塘	学校自然规模	330
2　林业院校实验苗圃、树木园	同上	100
3　大学生物系实习园	生物系自然规模	70

注：林业院校实习林场的规划建设用地参考指标不宜超过 $30000m^2$/生。此项指标在现有林场用地范围内划转。

附录一　大学、专门学院留学生及外籍教师生活用房规划建筑面积指标

一、留学生生活用房包括留学生居室、盥洗室、浴室、厕所、食堂、洗衣房、生活锅炉房、辅导教室、阅览室、文娱室、会客室、管理人员办公室、值班室等。留学生生活用房应根据主管部门批准的留学生人数进行配备，其规划建筑面积指标不得超过附表 1 的规定。

二、外籍教师生活用房包括其单元式住宅及其他生活用房（食堂、文娱室、阅览室、会客室、管理人员办公室、值班室等）。外籍教师生活用房应根据主管部门批准的人数进行配备。单身的一般教师住一室户，单身的教授及带眷教师住二室户，带眷并携带子女的教师住三室户。平均每户的建筑面积，一室户 $45m^2$/生，二室户 $65m^2$，三室户 $80m^2$。每套住宅配备居室、卫生间、厨房，室内设壁橱。三室户的套数不宜超过总套数的 15%。外籍教师的其他生活用房的规划建筑面积指标不宜超过附表 2 的规定。

附表 1　留学生生活用房规划建筑面积指标（m^2/生）

留学生规模	100	200	300	400
生活用房指标	31.66	30.00	29.17	28.90
注：留学生规模为 50 至 100 人时，其规划指标可在 100 人的指标的基础上提高 10%。				

附表 2　外籍教师其他生活用房规划建筑面积指标（m^2/人）

外籍教师人数	5	10	15	20	25	>25
其他生活用房指标	12.0	8.0	7.0	6.0	5.5	5.0

附录二　大学、专门学院专职科研机构用房及夜大学函授部用房规划建筑面积指标

一、专职科研机构用房包括经主管部门批准设立的专职科研机构所需的实验室、研究室、资料室、咨询室等专业用房及少量配套设置的办公室、会议室、值班室等。专职科研机构用房的规划建筑面积指标（以批准的人员编制数为基本参数）不得超过附表 3 的规定。

二、夜大学函授部用房包括夜大学函授部的办公室、学籍档案室、资料室、会议室等行政用房。夜大学函授部用房的规划建筑面积指标（以批准的人员编制数为基本参数）不得超过附表 4 的规定。

附表 3　专职科研机构用房规划建筑面积指标（m^2/人）

名　　称	规划指标	名　　称	规划指标
文科类专职科研机构	12	技术科学类专职科研机构	33
政法、财经类专职科研机构	20		
自然科学类专职科研机构	27	各种设计研究院（所、室）	15
注：由国家安排的重点科研项目经有关主管部门批准后，其建筑面积不受本指标的限制。			

附表 4　夜大学函授用房规划建筑面积指标（m^2/人）

项　　目	规划指标
夜大学用房	10
函授部用房	12

附加说明

本规划指标主编单位和主要起草人名单

主 编 单 位： 国家教委计划建设司

主要起草人： 王荫国　叶文俊　熊盈川

高等学校来华留学生生活用房建设标准

（限内部印发）

主编部门：中华人民共和国国家教育委员会
批准部门：中 华 人 民 共 和 国 建 设 部
中华人民共和国国家教育委员会
施行日期：1 9 9 2 年 3 月 1 日

关于批准发布《高等学校来华留学生生活用房建设标准》的通知

教计［1991］202 号

国务院有关部委（局），各省、自治区、直辖市建委（建设厅）、计委（计经委）、教委、高教（教育）厅（局）：

随着我国高等学校对外文化学术交流的发展，近年来向我国高等学校派遣留学生的国家和来华留学生的人数日益增多。为加强来华留学生生活用房的规划建设和管理，合理控制建设标准，国家教委在总结现有来华留学生生活用房建设经验、进行典型调研和广泛征求意见的基础上，制定了《高等学校来华留学生生活用房建设标准》。业经有关部门审查，现批准为全国统一标准予以发布，自 1992 年 3 月 1 日起施行。

本建设标准的管理及解释工作，由国家教委负责。

建　设　部
国家教育委员会
一九九一年十一月四日

抄送：国家教委直属高等学校

编 制 说 明

随着我国高等学校对外文化学术交流的发展，近年来向我国高等学校派遣留学生的国家和来华留学生人数日益增多。为加强来华留学生生活用房规划建设和管理，正确掌握建设标准，合理控制建设水平，我委自一九八九年起着手编制《高等学校来华留学生生活用房建设标准》，并于一九九〇年正式列入国家关于工程项目建设标准制订计划。

根据建设部、国家计委（90）建标字第519号《关于工程项目建设标准编制工作暂行办法》的要求，编制工作中，编制组在进行了典型调查研究、总结我国现有来华留学生生活用房建设经验的基础上，从我国的国情和经济发展水平出发，遵循艰苦奋斗、勤俭建国的方针，保证留学生对生活用房的基本需要而制订。在制订过程中还较广泛地征求了有关部门和高等院校的意见，最后经国家有关部门审查定稿。

本建设标准共分五章：总则、建设规模与项目内容、建筑面积与建设用地指标、建筑结构与装修标准、设备标准与建筑造价指标等。

本建设标准系初次编制，在施行中，请各单位注意总结经验，积累资料，如发现需要修改和补充之处，请将意见和资料寄送我委计划建设司（北京大木仓37号，邮政编码100816），以便今后修订时参考。

国家教育委员会

1991年11月4日

目　录

第一章　总则 …… 2477
第二章　建设规模与项目内容 …… 2477
第三章　建筑面积与建设用地指标 …… 2477
第四章　建筑结构与装修标准 …… 2478
第五章　设备标准与建筑造价指标 …… 2478
附加说明 …… 2478

第一章 总 则

第一条 为适应高等学校对外交流的需要，加强来华留学生生活用房建设的科学管理，正确掌握建设标准，合理确定建设水平，制定本建设标准。

第二条 本建设标准是编制、审批来华留学生生活用房建设项目设计任务书和进行规划设计的重要依据，也是有关部门监督检查工程项目建设过程中建设标准的尺度。

第三条 本建设标准适用于来华留学生生活用房的新建工程项目，改建、扩建工程项目可参照执行。

第四条 来华留学生生活用房建设，应从我国的国情和经济发展水平出发，贯彻勤俭节约的精神，满足留学生对生活用房的基本需要，做到适用、经济、安全、卫生。

第五条 来华留学生生活用房，应尽可能与外籍教师生活用房统一规划，分栋建设，集中管理。建设规模小于50人的，宜与邻近学校合建，或与本校招待所统一规划分栋建设，便于管理。水、电、热源等附属设施应充分利用学校现有条件，不宜单独建设。

第六条 来华留学生生活用房的建设，除执行本建设标准外，尚应符合国家现行有关标准的要求。

第二章 建设规模与项目内容

第七条 来华留学生生活用房宜按100人、200人、300人、400人四种建设规模计算建筑面积。规模大于400人时，可按400人规模的人均指标计算建筑面积；规模为50人及以上、100人以下的，可按100人规模的人均指标提高5%计算建筑面积；规模不足50人的，可按100人规模的人均指标提高10%计算建筑面积。

第八条 来华留学生生活用房的建设内容包括卧室、阅览及会议室、文娱室、办公及管理室、会客及值班室、餐厅及厨房（含公用和分户小厨房）、洗衣烘干房、生活锅炉房、盥洗及浴室（含公共厕所），以及辅导教室等。

第三章 建筑面积与建设用地指标

第九条 来华留学生生活用房的建筑面积宜按平面系数（K值）58%计算。各种规模的留学生生活用房平均每生建筑面积指标，不应超过表1的规定。

表1 平均每生建筑面积指标

留学生规模	400人	300人	200人	100人
平均每生建筑面积（m^2）	28.90	29.17	30.00	31.66

第十条 来华留学生的居住标准，宜按研究生和研究学者占30%、本科生和普通进修生占70%的比例计算。

5%的带眷研究生和研究学者，可住附设卫生间及厨房的套间卧室，每套使用面积30m^2；25%的研究生和研究学者宜住附设卫生间的单人卧室，每间使用面积15m^2。

本科生和普通进修生的40%，可住附设卫生间的单人卧室，每间使用面积12m^2；60%宜两人住一间卧室，每间使用面积15m^2，均不设卫生间。

第十一条 来华留学生生活用房的建设用地，应贯彻科学、合理、节约用地的原则，建筑覆盖率不宜低于 25%。

第四章 建筑结构与装修标准

第十二条 低层和多层来华留学生生活用房建筑，宜采用砖混结构，并应符合当地抗震设防要求。

第十三条 来华留学生宿舍楼的层高不宜超过 2.8m。脱离宿舍楼建筑主体的其他用房的层高，应根据使用要求合理确定。

第十四条 各类用房的建筑装修应因地制宜,尽可能采用当地建筑材料,一般应遵守下列规定:

一、卧室、阅览及会议室、文娱室，以及辅导教室的内墙、天棚可采用涂料等中级装修，楼地面可采用水磨石面层等中级装修。

二、餐厅及厨房、盥洗及浴室的墙裙可采用防水涂料或磁砖饰面；内墙面和天棚可根据使用要求采用涂料等中级装修；楼地面可采用水磨石面层等中级装修。

三、办公及管理室等其他用房的墙面、天棚、楼地面应采用普通装修。

四、建筑物的外墙面宜采用普通装修，如所在区域的建筑环境需要，可采用中级装修。

第五章 设备标准与建筑造价指标

第十五条 来华留学生生活用房的给水、排水，应纳入所在学校给水、排水系统进行规划建设。宿舍楼应增设热水设施。

第十六条 严寒和寒冷地区的来华留学生生活用房，应由学校集中采暖系统供暖。卧室温度不宜低于 20℃。

第十七条 宿舍楼宜设传呼电话或传呼喇叭。卧室宜设适量的电器插座。

第十八条 卧室宜设壁橱。附设的卫生间应设坐式便器、淋浴器、洗脸盆及梳妆镜。公共浴室应设淋浴器、洗脸盆、小便器、存衣箱。公共盥洗室应设盥洗台、污水池、梳妆镜。公共厕所应设坐式和蹲式便器、小便器、洗手盆。

第十九条 厨房应设洗涤池、污水池、炉灶、主副食加工台板和放置炊具、餐具的台板或吊柜，以及排油烟设备等。餐厅宜设洗手盆或小型洗手间。公用及分户小厨房的设施，可根据实际需要配备。

第二十条 来华留学生生活用房的建筑造价指标，可按不高于当地国内同层次学生，使用的同类建筑造价的 140%控制。

附加说明

本建设标准主编单位和主要起草人名单

主 编 单 位：国家教委计划建设司

主要起草人：张必信

技工学校（机械类通用工种）建筑规划面积指标

一九九一年八月

技工学校（机械类通用工种）建筑规划面积指标　　单位：建筑面积 m^2/生

学校规模	教育	图书馆	实习工厂、实验室及附属用房	教师办公用房	行政办公用房	教职工宿舍和住宅	学生宿舍	教职工食堂	学生食堂	福利及附属用房	合计
400—600	3.72	1.20	8.00	0.77	1.10	6.74	5.00	0.33	1.56	2.64	31.06
800—1000	3.55	1.07	7.50	0.72	1.00	6.33	5.00	0.29	1.40	2.36	29.22

注：1. 非机械类的学校除实习工厂、实验室及附属用房可根据工种（专业）特点适当调整外，其他建筑规划面积指标应按此执行。

2. 中、小企业办的技工学校，凡教职工宿舍和住宅由企业统建的，其教职工宿舍和住宅的标准可参照执行。

附：

技工学校建筑规划面积指标说明

一、学校规模：系指主管部门批准的学校规模人数。

二、教室：包括普通教室、合班教室、设计制图教室、电教工作用房等。

$K=0.65$　　（K 为使用面积与建筑面积之比）

各类教室的建筑面积指标：

1. 普通教室：供讲课、辅导、习题课、学生自习和分班活动使用。每班（下厂实习的除外）均设一个固定的普通教室，每座使用面积 $1.39m^2$；

2. 合班教室：供两个班上课用，每座使用面积 $1.29m^2$；

3. 设计制图教室：供制图课、设计课使用，每座使用面积 $2.57m^2$；

4. 电教工作用房：一般指放置教学用幻灯片室、录音室、复制室、储存室等。

三、图书馆：包括学生阅览室、教师阅览室、杂志报刊阅览室、书库、办公用房（包括编目、整理、装订等）、图书目录厅、出纳用房等。

1. 阅览室只供师生借阅参考书、报刊等使用，不设供学生自习的座位。学生阅览室的座位数按学生人数16%设置，每座占使用面积 $1.5m^2$；教师阅览室的座位数按教职工总数16%设置，每座占使用面积 $3.2m^2$；图书馆办公用房按办公人数每人占使用面积 $7.00m^2$ 计算。

2. 书库面积按每平方米使用面积藏书350册计算。

（书库 $K=0.90$，其余 $K=0.70$）

四、实验室、实习工厂及附属用房：

包括普通课、基础课和专业课所需的教学实验室、实习工厂和附属用房（如准备室、仪器室、模型室、陈列室等），不包括生产性工厂以及野外实习基地用房等。

五、教师办公用房：教研组办公用房，供备课、休息和集体活动用。每位教师设一办公桌位，使用面积 $4.00m^2$。

（$K=0.65$）

六、行政用房：包括学校各级干部和职工的办公用房，以及会议室、档案室、收发室、复印室、电话机房、广播室、党团办公室、传达室等。

标准：一般干部每人办公使用面积 $4.00m^2$，校级及科级干部可适当增加。其他各种用房按实际需要安排。

（$K=0.65$）

七、教职工宿舍及住宅：包括学校及附属单位在编人员所需的单身教职工宿舍及带眷教职工住宅。

1. 住房人数及户数

(1) 单身宿舍按教职工总人数的20%安排。

(2) 带眷教职工住宅的户数按教职工总人数的40%设置。

2. 居住标准：

(1) 单身宿舍的居住标准：一般不低于每人6.00m^2。

(2) 带眷教职工住宅的居住标准，按国务院国发（1983）193号《关于严格控制城镇住字标准的规定》，以及国家计委、城乡建设环境保护部计标（1984）774号《关于贯彻执行国务院193号文件的若干意见》的精神执行。（单身宿舍 $K=0.65$　　带眷住宅 $K=0.53$）

八、学生宿舍：包括学生居室、盥洗室、厕所等。

居住标准：学生居室设双层床，每个学生居住面积3.00m^2，建筑面积5.00m^2。

九、教职工食堂：包括餐厅、厨房、主副食库房、食堂管理用房等，以解决单身教职工、部分带眷教职工以及内外宾临时用膳的需要，入伙人数按全体教职工的80%计算，餐厅座位按入伙人数的60%设置，每个座位占使用面积0.94m^2。($K=0.85$)

十、学生食堂：包括餐厅、厨房、主副食库房、食堂管理用房等，按学生人数的80～100%计算，每个座位占使用面积0.74m^2。($K=0.85$)

十一、福利及附属用房：包括托儿所（幼儿园）、医务室、学生浴室、教职工浴室、总务仓库、商店、综合修理部、汽车库、茶炉房、理发室、变电所、花房、招待所、印刷室、室外厕所等。

农村普通中小学校建设标准（试行）

（内部发行）

主编部门：中华人民共和国国家教育委员会
批准部门：中 华 人 民 共 和 国 建 设 部
中华人民共和国国家计划委员会
中华人民共和国国家教育委员会
施行日期：1 9 9 7 年 6 月 1 日

关于批准发布《农村普通中小学校建设标准（试行)》的通知

建标［1996］640号

国务院各有关部门，各省、自治区、直辖市、计划单列市、建委（建设厅)、计委（计经委)、教委（教育厅):

根据国家计委计标［1987］2323号和建设部、国家计委（90）建标字第519号文的要求，按照国家计委计综合［1990］160号文的安排，由国家教育委员会负责编制的《农村普通中小学校建设标准》，业经有关部门会审，现批准为全国统一标准予以发布，自1997年6月1日起试行。

该项建设标准的管理及解释工作，由国家教育委员会负责。

中华人民共和国建设部
中华人民共和国国家计划委员会
中华人民共和国国家教育委员会
1996年12月20日

编 制 说 明

《农村普通中小学校建设标准（试行）》，是根据国家计委计标［1987］2323号《关于制订工程项目建设标准的几点意见》、计综合［1990］160号《1990年工程项目建设标准、建设用地指标制订计划》和建设部国家计委（90）建标字第519号《关于工程项目建设标准编制工作暂行办法》的要求，由国家教育委员会负责主编。

在编制过程中，编制组总结建国以来，特别是近十年来学校建设的实践经验，对部分地区的农村中小学校舍建筑和校园环境进行了典型调研，并在此基础上结合我国国情和农村社会经济发展水平，分析论证了大量的统计资料，广泛征求全国各有关部门和各地、各有关单位及专家的意见，最后经建设部和国家计委审查定稿，并批准试行。

本建设标准分六章：总则、建设规模与项目构成、学校布局、选址与校园规划、校舍建筑面积指标、校园规划建设用地指标，学校建筑标准等。

本建设标准中设置的各类用房和生均校舍面积指标分为一定时期规划指标和近期指标二档；校园用地面积指标是按一定时期所需的校舍建设用地、运动场地和绿化科技用地考虑的。鉴于我国广大农村经济发展水平很不平衡，各地在执行建设标准时，要结合本地区的实际情况，根据中小学教育发展和教育改革对校舍和校园用地的基本需要，进行农村中小学校的规划设计和各类校舍的配套建设，视需要和可能，分期分批逐步达到建设标准。从我国的具体国情出发；在相当时期内，农村中小学校建设标准应以近期目标来实施。因此，各级政府不宜把本《标准》作为评估农村普通中小学校办学条件是否达标的依据。

本建设标准系初次编制，各地在执行建设标准中，请各单位要随时总结经验，积累资料，如发现需要修改和补充之处，请将意见和有关资料寄国家教委计划建设司（地址：北京西单大木仓胡同35号，邮政编码：100816），以便今后修订时参考。

中华人民共和国国家教育委员会

1994年7月16日

目　录

第一章　总则 …………………………………………………………… 2487
第二章　建设规模与项目构成 …………………………………………… 2487
第三章　学校布局、选址与校园规划 …………………………………… 2488
第四章　校舍建筑面积指标 ……………………………………………… 2489
第五章　校园规划建设用地指标 ………………………………………… 2493
第六章　学校建筑标准 …………………………………………………… 2494
附加说明 ………………………………………………………………… 2496

第一章　总　　则

第一条　为适应社会主义市场经济发展的需要，加强农村中小学校项目决策和建设的科学管理，提高学校建筑规划设计和建设水平，合理确定和正确掌握建设标准，改善办学条件，促进农村教育事业的发展，创造适合青少年德智体全面发展的学校环境，制订本建设标准。

第二条　本建设标准是为建设项目决策服务的，是控制建设水平的全国统一标准，是编制、评估和审批农村中小学校建设项目的可行性研究报告、校园规划设计和建设用地计划的重要依据，也是有关部门审查项目设计和监督检查工程项目建设全过程的建设标准的尺度。

第三条　本建设标准适用于县镇以下农村中小学校新建项目，改建、扩建项目可参照执行。

第四条　农村中小学校的建设，必须遵守国家经济建设的有关法律、法规和贯彻执行发展基础教育的方针政策，满足教学活动的基本要求，有利于学生身心健康，科学合理的安排学校校园规划用地和校舍面积指标，保证学校建筑的安全、适用、经济，并注意美观。

第五条　农村中小学校的建设，应从各地经济、技术、自然、交通条件、人民群众的生活习俗出发，因地制宜地进行。

第六条　农村中小学校的建设，应先规划后建设，一次规划一次建成，如确有困难时可分期建设。改扩建项目的建设应充分利用原有设施。

第七条　农村中小学校的建设，除执行本建设标准外，尚应符合国家及地方现行有关标准和定额、指标的规定。

第二章　建设规模与项目构成

第一节　建　设　规　模

第八条　农村中小学校的建设规模，应根据学制、学校规模、面积指标，并参照农村经济发展水平、城镇化推进程度和人口发展规划等合理确定。

第九条　学校规模和班级定员宜根据生源按下列规定设置：

一、小学：初小为4班，30人/班；完小为6班、12班、18班，近期45人/班，远期40人/班。

二、初中为12班、18班、24班，近期50人/班，远期45人/班。

第二节　项　目　构　成

第十条　农村中小学校舍由教学及教学辅助用房、行政教学办公用房、生活服务用房三部分构成。

第十一条　教学及教学辅助用房宜包括下列用房：

一、小学：初小设置普通教室、多功能教室、电教器材室（兼放映室）、图书室、教师阅览室（兼会议室）、体育器材室；完小设置普通教室、音乐教室、乐器室、自然教室、仪器准备室、多功能教室、电教器材室（兼放映室）、语言教室、语言资料室、图书室、教师阅览室（兼会议室）、学生阅览室、科技活动室、体育器材室（兼体育教师办公室）。

二、初中：设置普通教室、音乐教室、乐器室、实验室、仪器准备室、化学药品库、劳动技术教室、图书室、教师阅览室、学生阅览室、语言教室、语言资料室、多功能教室、电教器材室（兼放映室）、微型计算机教室、微机辅助室、风雨活动室、科技活动室、体育器材室（兼体育教师办公室）。

第十二条 行政教学办公用房宜包括下列用房：

一、小学：初小设置教学办公室、少先队部室、值班室（兼单身教工宿舍）；完小设置党政办公室、教学办公室、卫生保健室、总务仓库、少先队部室、传达值宿室。

二、初中：设置党政办公室、教学办公室、会议室、文印档案室、卫生保健室、总务仓库、社团办公室、传达值宿室。

第十三条 生活服务用房宜包括下列用房：

一、小学：初小设置教工食堂、教工厕所、学生厕所；完小设置教工宿舍、学生宿舍、教工食堂、学生食堂、开水房及浴室、教工厕所、学生厕所。

二、初中：设置教工宿舍、学生宿舍、教工食堂、学生食堂、开水房及浴室、教工厕所、学生厕所。

三、生活用房宜根据学校所在地区的具体情况设置。

第三章　学校布局、选址与校园规划

第一节　学　校　布　局

第十四条 中小学校的布局，应按农村经济发展规划和村镇总体规划的要求、结合人口密度、学生来源、地形地貌、能源、交通、环境等综合条件确定。

第十五条 学校服务半径，应以小学就近入学、中学相对集中为原则，根据“规模”办学和学校住宿条件等因素确定。学生上学应避免跨越公路干线、无立交设施的铁路干线及高速公路。

第二节　校　址　选　择

第十六条 新建中小学校的校址（含迁建学校）应选在交通方便、位置适中、地形开阔、空气新鲜、阳光充足、环境适宜、地势较高、排水通畅、场地干燥、地质条件较好、远离污染源的平坦地段。同时应避开地震断裂带、山区及丘陵区的阴坡面、滑坡体、悬崖边及崖底、泥石流和洪水沟口等自然灾害地段。校内不得有架空的高压输电线路穿越。

第十七条 学校不宜与市场、公共娱乐场所、生产贮藏易燃易爆物品的车间库房等不利于学生学习、身心健康和危及学生安全的场所毗邻。

第三节　学校总体规划

第十八条　新建、改建、扩建的学校都必须先规划后建设。拟建学校应因地制宜、合理利用地形地貌进行规划设计，并根据需要预留发展用地。教工住宅应纳入村镇规划统一安排建设，不宜建在校园内。

第十九条　学校的总平面设计宜按教学区、体育运动区、生活区、生产实习区等不同功能要求进行合理布置，力求做到分区明确、布局合理、联系方便，互不干扰。并应符合下列要求：

一、教学图书实验用房应布置在校园的静区，并保证有良好的建筑朝向。该类用房不宜沿村镇主要街道的建筑红线布置，在遇有过境的铁路、公路干线时，应距离铁路至少300m、公路至少80m，并宜以绿化带作为隔离屏障。

二、校园内各建筑之间、校内建筑与相邻的校外建筑之间的距离，应符合国家现行的卫生防护、日照、防火、通风等有关规定。

三、体育运动场地应与教学图书实验用房保持合适的距离，其间宜以道路或绿化带分隔。田径场和球类场地的长轴宜为南北向，并与教学图书实验用房的纵向轴线垂直布置。

四、校园内的交通道路宜便捷，并应避免穿越体育运动场地。学校的主要出入口，不宜设在公路干道边上，出口外侧应留有人流缓冲距离。

第二十条　学校建筑群组的布置应尽可能组成庭院空间，校园的绿化美化应与校舍建筑统一规划设计和建设。

第四章　校舍建筑面积指标

第一节　教学及教学辅助用房的面积指标

第二十一条　农村小学教学及教学辅助用房的面积指标宜符合下列规定：

一、普通教室：应每班设置一间，使用面积：初小4班为40m²/间；完小6班、12班、18班均为52m²/间。

二、音乐教室：初小4班和完小6班不设置专用的音乐教室，宜以多功能教室兼用。完小12班、18班应每校设置一间，使用面积均为52m²/间。另配备乐器室一间，使用面积均为18m²/间。

三、自然教室：初小4班不设置专用的自然教室，宜以多功能教室兼用。完小应每校设置一间，6班、12班、18班的使用面积均为71m²/间。另配备仪器准备室一间，使用面积均为23m²/间。

四、多功能教室：初小4班应每校设置一间，使用面积为60m²/间；完小每校设置一间，使用面积：6班、12班、18班分别为90m²/间、110m²/间、120m²/间。

五、电教器材室（兼放映室）：初小、完小均宜每校设置一间，使用面积：初小4班为18m²/间；完小6班、12班、18班分别为18m²/间、22m²/间、26m²/间。

六、图书室：初小、完小应每校设置一间，使用面积：初小4班为15m²/间；完小6班、12班、18班分别为22m²/间、30m²/间、38m²/间。

七、教师阅览室（兼会议室）：初小4班宜每校设置一间，使用面积为20m²/间；完小应每校设置一间，使用面积：6班、12班、18班分别为28m²/间、41m²/间、48m²/间。

八、学生阅览室：初小不设置学生阅览室。完小宜每校设置一间，使用面积：6班、12班、18班分别为21m²/间、41m²/间、62m²/间。

九、体育器材室（兼体育教师办公室）：初小4班宜每校设置一间，使用面积为20m²/间；完小应每校设置一间，使用面积：6班、12班、18班分别为30m²/间、34m²/间、36m²/间。

十、语言教室：初小不设置语言教室。完小宜每校设置一间，使用面积：6班、12班、18班均为74m²/间，另配备语言资料室一间，使用面积均为18m²/间。

十一、科技活动室：初小不设置科技活动室。完小宜每校设置一间，使用面积：6班、12班、18班分别为15m²/间、25m²/间、32m²/间。

第二十二条 农村初中教学及教学辅助用房的面积指标宜符合下列规定：

一、普通教室：应每班设置一间，使用面积均为56m²/间。

二、音乐教室：应每校设置一间，使用面积：12班、18班、24班均为56m²/间。另配备乐器室一间，使用面积均为18m²/间。

三、实验室（含物理、化学、生物实验室）：12班、18班、24班应分别设置二间、三间、四间，使用面积均为90m²/间。另相应配备仪器准备室，总使用面积分别为80m²、120m²、160m²。

四、化学药品库：宜每校设置一间，使用面积：12班、18班、24班均为15m²/间。

五、劳动技术教室：每校均应设置，总使用面积：12班、18班、24班分别为90m²、120m²、120m²。

六、图书室：应每校设置一间，使用面积：12班、18班、24班分别为36m²/间、54m²/间、72m²/间。

七、教师阅览室：应每校设置一间，使用面积：12班、18班、24班分别为35m²/间、53m²/间、70m²/间。

八、学生阅览室：每校均宜设置，总使用面积：12班、18班、24班分别为60m²、90m²、120m²。

九、语言教室：宜每校设置一间，使用面积：12班、18班、24班均为90m²/间。另配备语言资料室一间，使用面积均为18m²/间。

十、多功能教室：宜每校设置一间，使用面积：12班、18班、24班均为100m²/间。

十一、电教器材室（兼放映室）：宜每校设置一间，使用面积：12班、18班、24班分别为22m²/间、26m²/间、30m²/间。

十二、微型计算机教室：宜每校设置一间，使用面积：12班、18班、24班均为90m²/间。另配备微机辅助室一间，使用面积均为18m²/间。

十三、风雨活动室：宜每校设置一间，使用面积：12班、18班、24班分别为300m²/间、450m²/间、600m²/间。

十四、体育器材室：应每校设置一间，使用面积：12班、18班、24班分别为50m²/间、60m²/间、70m²/间。

十五、科技活动室：每校均宜设置，总使用面积：12班、18班、24班分别为54m²、

$72m^2$、$90m^2$。

第二节　行政、教学办公用房的面积指标

第二十三条　农村小学行政、教学办公用房的面积指标宜符合下列规定：

一、总使用面积：初小 4 班为 $54m^2$，完小 6 班、12 班、18 班分别为 $108m^2$、$158m^2$、$204m^2$。

1. 教学办公室：每校均应根据具体情况设置，并宜按全体教师设置座位，使用面积为 $3.5m^2$/座，总使用面积：初小 4 班为 $21m^2$，完小 6 班、12 班、18 班分别为 $28m^2$、$56m^2$、$84m^2$。

2. 卫生保健室：初小 4 班和完小 6 班不设置卫生保健室，宜在有关办公室设置保健箱。完小 12 班、18 班应每校设置一间，使用面积均为 $15m^2$/间。

3. 传达值宿（班）室：初小应每校设置一间值班室（兼单身教工宿舍），使用面积为 $8m^2$/间。完小应每校设置一间传达值宿室，使用面积：6 班、12 班、18 班均为 $20m^2$/间。

4. 凡未列出的其他办公用房，应在办公用房总使用面积控制下根据实际需要统筹安排。

二、中心完小办公用房的总使用面积，可在完小办公用房的总使用面积基础上增加 30%进行具体安排。

第二十四条　农村初中行政、教学办公用房的面积指标宜符合下列规定：

一、办公用房的总使用面积：12 班、18 班、24 班分别为 $297m^2$，$396m^2$，$494m^2$。

1. 教学办公室：每校均应根据具体情况设置，并宜按全体教师设置座位，使用面积为 $3.5m^2$/座，总使用面积：12 班、18 班、24 班分别为 $105m^2$、$158m^2$、$210m^2$。

2. 卫生保健室：应每校设置一间，使用面积：12 班、18 班、24 班均为 $15m^2$/间。

3. 传达值宿室：应每校设置一间，使用面积：12 班、18 班、24 班均为 $20m^2$/间。

二、凡未列出的其他办公用房，应在办公用房总使用面积控制下，根据实际需要统筹安排。

第三节　生活服务用房的面积指标

第二十五条　农村小学生活服务用房的面积指标宜符合下列规定：

一、教工宿舍及住宅：

1. 教工宿舍：初小不单独设置教工宿舍，宜以值班室兼用。完小每校均应设置，并按教工人数的 30%解决，居住面积为 $7m^2$/人，6 班、12 班、18 班的总居住面积分别为 $21m^2$、$35m^2$、$56m^2$。

2. 教工住宅的居住面积标准，应按当地政府有关规定执行。

二、学生宿舍：初小不设置学生宿舍。完小宜设置，并按学生人数的 20%住校计，居住面积为 $2.4m^2$/生，6 班、12 班、18 班的总居住面积分别为 $130m^2$、$260m^2$、$389m^2$。

三、食堂：

1. 教工食堂：每校均应设置，就餐人数宜按教工人数的 100%计。初小的使用面积为 $3m^2$/人，总使用面积为 $18m^2$；完小 6 班、12 班、18 班的使用面积分别为 $3m^2$/人、$2m^2$/人、$1.7m^2$/人，总使用面积分别为 $27m^2$、$34m^2$、$45m^2$。

2. 学生食堂：初小不设置学生食堂。完小均应设置，就餐人数宜按学生人数的30%计，使用面积为1.5m²/生，6班、12班、18班的总使用面积分别为122m²、243m²、365m²。

四、开水房及浴室：初小不设置开水房及浴室，师生饮用开水，由教工食堂加工。完小均应设置开水房及浴室，6班、12班、18班的总使用面积均为24m²。

五、厕所：

1. 学生厕所：每校均应设置，坑位数宜按学生总人数男女平均每16人设置一个坑位计，使用面积，初小为4m²/坑位、完小为3m²/坑位。男厕按每32人设置1000mm长的小便槽计，总使用面积：初小4班为32m²；完小6班、12班、18班分别为51m²、102m²、153m²。

2. 教工厕所宜与学生厕所分设，总使用面积：初小4班为4m²；完小6班、12班、18班分别为8m²、12m²、16m²。

第二十六条 农村初中生活服务用房的面积指标宜符合下列规定：

一、教工宿舍及住宅：

1. 教工宿舍：每校均应设置，解决比例宜按教工人数的30%计，居住面积为7m²/人，12班、18班、24班的总居住面积分别为91m²、133m²、175m²。

2. 教工住宅的居住面积标准，应按当地政府有关规定执行。

二、学生宿舍：每校均应设置学生宿舍，解决比例宜按学生人数的50%住校计，居住面积为2.7m²/生，12班、18班、24班的总居住面积分别为810m²、1215m²、1620m²。

三、食堂：

1. 教工食堂：每校均应设置，就餐人数宜按教工人数的50%计。使用面积：12班、18班、24班分别为2m²/人、1.7m²/人、1.7m²/人，总使用面积分别为42m²、55m²、72m²。

2. 学生食堂：每校均应设置，就餐人数宜按学生人数的70%计，使用面积均为1.5m²/座，12班、18班、24班的总使用面积分别为630m²、945m²、1260m²。

四、开水房及浴室：每校均应设置，总使用面积：12班、18班、24班分别为40m²、55m²、70m²。

五、厕所：

1. 学生厕所：每校均应设置，坑位数宜按学生总人数男女平均每20人设置一个坑位计，使用面积为3m²/坑位，男厕按每40人设置1000mm长的小便槽计，总使用面积：12班、18班、24班分别为90m²、135m²、180m²。

2. 教工厕所：每校均应设置，总使用面积：12班、18班、24班分别为12m²、16m²、20m²。

第四节 农村中小学校舍建筑面积总指标

第二十七条 建筑平面利用系数（*K*值）宜按下列规定执行：

一、平房：初小平房校舍建筑的平面利用系数（*K*值）宜按70%计，完小、初中平房校舍建筑的平面利用系数（*K*值）宜按80%计。

二、完小、初中教学图书实验办公楼、教工及学生宿舍楼的平面利用系数（*K*值）均宜按60%计。

第二十八条 中小学校平均每生占有校舍建筑面积不宜低于表1的规定。

表1 平均每生占有校舍建筑面积（m^2/生）

学校类别	学校规模	近期指标	规划指标
初　小	4班	3.69	4.78
完　小	6班	4.84	7.02
	12班	4.34	5.98
	18班	4.02	5.47
初　中	12班	6.01	10.25
	18班	5.78	9.72
	24班	5.63	9.41

注：①完小、初中住校生比例分别大于第二十五条二款、第二十六条二款的，可增加相应的学生宿舍和学生食堂的面积。

②初小、完小附设学前班的，可相应增加有关用房的使用面积。即：每班按30人计，设置活动室一个。每个活动室使用面积为$90m^2$（含游戏、活动、午睡、进餐等用）。此外，可根据需要配备使用面积为$15m^2$的卫生间（含便池、盥洗台、淋浴池）、$9m^2$的教具储存室。活动室如无午睡要求。其面积可减为$54m^2$。上述用房的设置均应经主管部门批准，分别纳入初小、完小校舍总面积中统筹规划设计和建设。

③表中指标系按墙厚240mm计算，超过240mm时可相应增加建筑面积。

第五章　校园规划建设用地指标

第二十九条 农村中小学校园规划建设用地应由建筑用地、体育运动场地、绿化科技用地等组成，并宜符合下列规定：

一、建筑用地

1. 学校建筑用地应含建筑物首层占地面积、建筑物周围通道、房前屋后零星绿地及建筑群组之间的小片庭院式活动场地。

2. 学校建筑用地应按建筑容积率计算（即建筑面积与建设用地之比）。初小的建筑容积率不宜小于0.3，完小的建筑容积率不宜小于0.7，初中的建筑容积率不宜小于0.8。

二、体育运动场地

1. 学校体育运动场地，应含体育课、课间操及课外活动使用的成片场地。

2. 初小4班和完小6班宜分别设置60m和100m直跑道田径场一个；完小12班、18班均宜设置200m环形跑道田径场一个。初中12班、18班、24班宜分别设置200m、250m、300m环形跑道田径场一个。中小学校均应设置适量的球类、器械等运动场地。确无条件设置田径运动场的学校，最少应设置能满足全校学生进行体操、器械、球类以及小学低年级游戏等活动的场地，平均不少于$4m^2$/生。

三、绿化科技用地

1. 学校绿化科技用地，应包括集中绿地和室外自然科学园地等。

2. 初小可不设置集中绿地和科技园地。完小和初中宜设置集中绿地和科技园地，用地面积为：完小不宜小于$1.5m^2$/生；初中不宜小于$2m^2$/生。

第三十条 农村中小学校园规划建设用地面积，平均每生不宜低于表2的规定。

表2 平均每生用地面积（m^2/生）

学校类别	学校规模	规划指标
初小	4班	22
完小	6班	28
	12班	22
	18班	18
初中	12班	26
	18班	24
	24班	23

注：①小学、初中住校生比例分别大于第二十五条二款和第二十六条二款的，可增加相应的学生宿舍和学生食堂的建筑用地面积。
②开展劳动技术教育所需的实习实验场、厂用地、自行车存放用地（$1m^2$/辆），可根据实际情况另行增加。
③初小、完小附设学前班的，可相应增加学前班用房的建筑用地面积。

第六章 学校建筑标准

第三十一条 农村中小学校建筑标准应因地制宜地确定、充分利用地方建筑材料进行建设，保证建筑物符合安全、适用、卫生，并注意美观的要求。

第三十二条 建筑层数与层高宜符合下列规定：

一、建筑层数：为节约用地，除初小校舍为平房外，完小和初中的主要建筑物应尽可能建造楼房。完小的教学办公楼不宜超过三层，初中的教学图书实验楼不宜超过四层。

二、主要用房层高（坡屋顶楼地面至屋架下弦的距离）：

1. 教室、图书阅览室、实验室（含自然教室）：小学宜为3.3~3.6m，初中宜为3.6~3.9m。

2. 行政教学办公室不应低于3.0m。

3. 教职工宿舍不高于3.0m。

4. 学生宿舍宜为3.0~3.2m。

5. 多功能教室、食堂等用房，可根据使用要求确定。多功能教室如为阶梯地面时，最后一排地面至顶棚的距离不宜小于2.2m。

第三十三条 建筑结构应遵守下列规定：

一、墙（柱）体：宜采用砖（石）混承重结构，不得采用空斗砖墙和生土墙体的承重结构。地震、台风等自然灾害地区，墙（柱）体结构应按地震裂度和抗风要求设防。

二、楼板：砖（石）混承重结构的楼房宜采用钢筋混凝土楼板。木构架承重结构的楼房应采用木楼板。

三、屋面：应根据各地雨雪量等气象资料采用钢筋混凝土平屋面或钢、木屋架（或砖砌山墙）的坡屋面。上述屋面均应有可靠的防水、隔热、保温措施。上人屋面要相应增加活荷载，并应设置女儿墙或安全防护拦。

四、建筑材料和预制构件的标号、型号、规格、质量必须符合设计要求。

第三十四条 建筑防火应符合国家现行有关建筑防火标准的规定。建筑物的耐火等级：楼房建筑不得低于二级，平房建筑不得低于三级。

第三十五条 楼梯设置应符合下列规定：

一、教学图书实验楼不得采用螺旋形楼梯或扇形踏步。楼梯坡度不应大于 30 度。踏步高度：小学宜为 120～140mm，中学不宜大于 150mm；踏步板外沿不宜突出踢脚板。梯段与梯段之间不应设置遮挡视线的隔墙。梯井宽度不应大于 200mm。楼梯栏杆（板）高度不应小于 900mm，室外楼梯栏杆（板）高度不应小于 1100mm。

二、楼梯设置的数量、位置及总宽度，应按国家现行防火标准的要求确定。当教学楼为 4 层、耐火等级不低于二级时，楼梯宽度应按学生人数最多一层每 100 人为 1000mm 计算；为 3 层楼时，应按学生人数最多一层每 100 人为 800mm 计算。疏散楼梯最小宽度不宜小于 1100mm。

三、楼梯间应有直接的自然采光。

第三十六条 门窗：各类用房均宜采用实腹钢窗（或木窗）、木门。外墙窗户的开启方式，应便于清洁。内墙宜设置低窗，开启方式不应影响室内和走廊的通行。

第三十七条 走廊宽度（净宽）：教学实验楼的内走廊宽度不应小于 2100mm，外廊及单面内廊的宽度不应小于 1800mm，办公楼的廊宽不应小于 1500mm。

走廊不宜设踏步，如必须设踏步时不宜少于三级或做成 1/8～1/10 坡度的斜礤坡道。

第三十八条 室内环境应符合下列要求：

一、采光：应保证教学图书实验用房的最佳建筑朝向，避免室内直射阳光。教学用房宜双侧采光，如为单侧采光时，室深系数（室内地面至窗洞上沿的高度与房间进深一致的地面宽度之比）不宜小于房间进深的 1/2；主要采光面应位于学生座位的左侧。教学及办公用房的采光玻地比（窗的透光面积与室内地面面积之比）不得低于 1/6；走廊、楼梯、厕所等不得低于 1/10。

教学用房主要采光面的窗台高度：小学宜为 800mm，中学宜为 900mm，但均不宜超过 1000mm。

二、照明：教学用房应采用配有保护灯罩的荧光灯具，不宜采用裸灯。灯具（长向）宜垂直于黑板面布置，悬挂高度距桌面不应低于 1700mm。各类用房的平均照度不应低于表 3 的规定。

表 3 各类用房的平均照度

项 目 名 称	平均照度（Lx）	规定照度的平面
普通教室、音乐教室、实验室、自然教室、劳动技术教室、语言教室、多功能教室、办公室、卫生保健室	150 (200)	桌面（黑板面）
微型计算机室、图书阅览室	200	桌面
风雨活动室	100	地面
厕所、走道、楼梯间	20	地面

三、通风换气：

教学、办公用房应有良好的自然通风，通向走廊的门和走廊墙的上部宜设置气窗，炎热地区还可在外墙窗台下部距地面 200mm 处设置可开启的小百叶气窗。

教学用房应有冬春季换气设施，确保室内二氧化碳的浓度低于 1.5‰。炎热地区可采用开窗换气；温暖地区宜采用开窗与开启小气窗相结合的方式换气；寒冷和严寒地区应在外墙（或采光窗上部）和内走廊墙上设置小气窗（或门头上亮子）或在室内设附墙竖向排气道换气。外墙上的换气口面积不应小于房间面积的1.67%，设于内走廊墙上的换气口面积不应小于房间面积的3.34%。当采用附墙竖向排气道时，排气口应设在每层排气道的顶部（临近天棚处）位置，排气口大小可视具体情况而定，并设调节风门。

化学实验室及毒气橱、多功能教室宜设置轴流风扇排气或因地制宜地采用其他有效排气设施。

四、室内温度：寒冷和严寒地区的中小学校，应因地制宜的设置采暖系统。有条件的地区，要充分利用太阳能采暖。应保证采暖的安全、适宜的室内温度和空气质量。炎热地区应因地制宜地设置降温设施。

第三十九条 卫生设施的设置应符合下列要求：

一、凡有条件的地区，农村中小学校均宜设置给排水系统。

二、中小学校的教学办公楼宜设置室内水冲式厕所，如设置室外厕所时，其位置应在教学、办公区的下风方位，并保持适当的距离。

室内水冲式厕所宜采用瓷砖大便槽（或蹲式陶瓷大便器）和小便槽，并配备陶瓷洗手盆和水磨石污水池。室外厕所宜采用瓷砖大、小便槽。室内外厕所均应有可靠的自然排气设施。

三、三层及三层以上楼房宜设置垃圾管道，其出口宜隐蔽，不能影响环境卫生和校园景观。

第四十条 农村中小学校各类用房应因地制宜，充分利用地方建筑材料进行装修。装修标准宜符合下列规定：

一、楼地面：教学用房、办公用房、食堂、卫生保健室、门厅、走廊、厕所等宜做防尘、易清洁的楼地面。化学实验室宜做耐酸碱腐蚀的楼地面。多功能教室、风雨活动室宜采用弹性楼地面。其他楼地面，可根据使用要求确定。

二、室内墙面及顶棚：教学用房的墙面宜采用浅颜色材料做普通装修。各种教室、实验室的前墙面宜采用淡绿色或米黄色的饰面材料装修（即反射系数低于60%的饰面材料），天棚及其他墙面宜采用白色或浅米黄色的饰面材料装修（即反射系数高于70%的饰面材料）。电化教室，可根据使用要求采用吸声材料装修。墙裙，可采用颜色较深、易于清洁的冷色涂料装修。附墙固定黑板，宜采用墨绿色或黑色无光耐磨材料制做。其他用房，可根据使用要求进行普通装修。

三、建筑外沿：可根据保护墙体结构、周围建筑环境、村镇建设规划等要求进行普通或中级装修。

附加说明

本建设标准主编单位、参编单位和主要起草人名单

主 编 单 位：国家教委计划建设司
参 编 单 位：上海市教育局建筑设计室
主要起草人：张必信、叶文俊、赵文声

附录

相关法规和政策

中华人民共和国节约能源法

（1997年11月1日中华人民共和国主席令第90号公布）

第一章　总　　则

第一条　为了推进全社会节约能源，提高能源利用效率和经济效益，保护环境，保障国民经济和社会的发展，满足人民生活需要，制定本法。

第二条　本法所称能源，是指煤炭、原油、天然气、电力、焦炭、煤气、热力、成品油、液化石油气、生物质能和其他直接或者通过加工、转换而取得有用能的各种资源。

第三条　本法所称节能，是指加强用能管理，采取技术上可行、经济上合理以及环境和社会可以承受的措施，减少从能源生产到消费各个环节中的损失和浪费，更加有效、合理地利用能源。

第四条　节能是国家发展经济的一项长远战略方针。

国务院和省、自治区、直辖市人民政府应当加强节能工作，合理调整产业结构、企业结构、产品结构和能源消费结构，推进节能技术进步，降低单位产值能耗和单位产品能耗，改善能源的开发、加工转换、输送和供应，逐步提高能源利用效率，促进国民经济向节能型发展。

国家鼓励开发、利用新能源和可再生能源。

第五条　国家制定节能政策，编制节能计划，并纳入国民经济和社会发展计划，保障能源的合理利用，并与经济发展、环境保护相协调。

第六条　国家鼓励、支持节能科学技术的研究和推广，加强节能宣传和教育，普及节能科学知识，增强全民的节能意识。

第七条　任何单位和个人都应当履行节能义务，有权检举浪费能源的行为。

各级人民政府对在节能或者节能科学技术研究、推广中有显著成绩的单位和个人给予奖励。

第八条　国务院管理节能工作的部门主管全国的节能监督管理工作。国务院有关部门在各自的职责范围内负责节能监督管理工作。

县级以上地方人民政府管理节能工作的部门主管本行政区域内的节能监督管理工作。县级以上地方人民政府有关部门在各自的职责范围内负责节能监督管理工作。

第二章　节　能　管　理

第九条　国务院和地方各级人民政府应当加强对节能工作的领导，每年部署、协调、监督、检查、推动节能工作。

第十条 国务院和省、自治区、直辖市人民政府应当根据能源节约与能源开发并举，把能源节约放在首位的方针，在对能源节约与能源开发进行技术、经济和环境比较论证的基础上，择优选定能源节约、能源开发投资项目，制定能源投资计划。

第十一条 国务院和省、自治区、直辖市人民政府应当在基本建设、技术改造资金中安排节能资金，用于支持能源的合理利用以及新能源和可再生能源的开发。

市、县人民政府根据实际情况安排节能资金，用于支持能源的合理利用以及新能源和可再生能源的开发。

第十二条 固定资产投资工程项目的可行性研究报告，应当包括合理用能的专题论证。

固定资产投资工程项目的设计和建设，应当遵守合理用能标准和节能设计规范。

达不到合理用能标准和节能设计规范要求的项目，依法审批的机关不得批准建设；项目建成后，达不到合理用能标准和节能设计规范要求的，不予验收。

第十三条 禁止新建技术落后、耗能过高、严重浪费能源的工业项目。禁止新建的耗能过高的工业项目的名录和具体实施办法，由国务院管理节能工作的部门会同国务院有关部门制定。

第十四条 国务院标准化行政主管部门制定有关节能的国家标准。

对没有前款规定的国家标准的，国务院有关部门可以依法制定有关节能的行业标准，并报国务院标准化行政主管部门备案。

制定有关节能的标准应当做到技术上先进，经济上合理，并不断加以完善和改进。

第十五条 国务院管理节能工作的部门应当会同国务院有关部门对生产量大面广的用能产品的行业加强监督，督促其采取节能措施，努力提高产品的设计和制造技术，逐步降低本行业的单位产品能耗。

第十六条 省级以上人民政府管理节能工作的部门，应当会同同级有关部门，对生产过程中耗能较高的产品制定单位产品能耗限额。

制定单位产品能耗限额应当科学、合理。

第十七条 国家对落后的耗能过高的用能产品、设备实行淘汰制度。

淘汰的耗能过高的用能产品、设备的名录由国务院管理节能工作的部门会同国务院有关部门确定并公布。具体实施办法由国务院管理节能工作的部门会同国务院有关部门制定。

第十八条 企业可以根据自愿原则，按照国家有关产品质量认证的规定，向国务院产品质量监督管理部门或者国务院产品质量监督管理部门授权的部门认可的认证机构提出用能产品节能质量认证申请；经认证合格后，取得节能质量认证证书，在用能产品或者其包装上使用节能质量认证标志。

第十九条 县级以上各级人民政府统计机构应当会同同级有关部门，做好能源消费和利用状况的统计工作，并定期发布公报，公布主要耗能产品的单位产品能耗等状况。

第二十条 国家对重点用能单位要加强节能管理。

下列用能单位为重点用能单位：

（一）年综合能源消费总量1万吨标准煤以上的用能单位；

（二）国务院有关部门或者省、自治区、直辖市人民政府管理节能工作的部门指定的年综合能源消费总量5千吨以上不满1万吨标准煤的用能单位。

县级以上各级人民政府管理节能工作的部门应当组织有关部门对重点用能单位的能源利用状况进行监督检查，可以委托具有检验测试技术条件的单位依法进行节能的检验测试。

重点用能单位的节能要求、节能措施和管理办法，由国务院管理节能工作的部门会同国务院有关部门制定。

第三章 合理使用能源

第二十一条 用能单位应当按照合理用能的原则，加强节能管理，制定并组织实施本单位的节能技术措施，降低能耗。

用能单位应当开展节能教育，组织有关人员参加节能培训。

未经节能教育、培训的人员，不得在耗能设备操作岗位上工作。

第二十二条 用能单位应当加强能源计量管理，健全能源消费统计和能源利用状况分析制度。

第二十三条 用能单位应当建立节能工作责任制，对节能工作取得成绩的集体、个人给予奖励。

第二十四条 生产耗能较高的产品的单位，应当遵守依法制定的单位产品能耗限额。

超过单位产品能耗限额用能，情节严重的，限期治理。限期治理由县级以上人民政府管理节能工作的部门按照国务院规定的权限决定。

第二十五条 生产、销售用能产品和使用用能设备的单位和个人，必须在国务院管理节能工作的部门会同国务院有关部门规定的期限内，停止生产、销售国家明令淘汰的用能产品，停止使用国家明令淘汰的用能设备，并不得将淘汰的设备转让给他人使用。

第二十六条 生产用能产品的单位和个人，应当在产品说明书和产品标识上如实注明能耗指标。

第二十七条 生产用能产品的单位和个人，不得使用伪造的节能质量认证标志或者冒用节能质量认证标志。

第二十八条 重点用能单位应当按照国家有关规定定期报送能源利用状况报告。能源利用状况包括能源消费情况，用能效率和节能效益分析、节能措施等内容。

第二十九条 重点用能单位应当设立能源管理岗位，在具有节能专业知识、实际经验以及工程师以上技术职称的人员中聘任能源管理人员，并向县级以上人民政府管理节能工作的部门和有关部门备案。

能源管理人员负责对本单位的能源利用状况进行监督、检查。

第三十条 单位职工和其他城乡居民使用企业生产的电、煤气、天然气、煤等能源应当按照国家规定计量和交费，不得无偿使用或者实行包费制。

第三十一条 能源生产经营单位应当依照法律、法规的规定和合同的约定向用能单位提供能源。

第四章 节能技术进步

第三十二条 国家鼓励、支持开发先进节能技术，确定开发先进节能技术的重点和方向，建立和完善节能技术服务体系，培育和规范节能技术市场。

第三十三条 国家组织实施重大节能科研项目、节能示范工程，提出节能推广项目，引导企业事业单位和个人采用先进的节能工艺、技术、设备和材料。

国家制定优惠政策，对节能示范工程和节能推广项目给予支持。

第三十四条 国家鼓励引进境外先进的节能技术和设备，禁止引进境外落后的用能技术、设备和材料。

第三十五条 在国务院和省、自治区、直辖市人民政府安排的科学研究资金中应当安排节能资金，用于先进节能技术研究。

第三十六条 县级以上各级人民政府应当组织有关部门根据国家产业政策和节能技术政策，推动符合节能要求的科学、合理的专业化生产。

第三十七条 建筑物的设计和建造应当依照有关法律、行政法规的规定，采用节能型的建筑结构、材料、器具和产品，提高保温隔热性能，减少采暖、制冷、照明的能耗。

第三十八条 各级人民政府应当按照因地制宜、多能互补、综合利用、讲求效益的方针，加强农村能源建设，开发、利用沼气、太阳能、风能、水能、地热等可再生能源和新能源。

第三十九条 国家鼓励发展下列通用节能技术：

（一）推广热电联产、集中供热，提高热电机组的利用率，发展热能梯级利用技术，热、电、冷联产技术和热、电、煤气三联供技术，提高热能综合利用率；

（二）逐步实现电动机、风机、泵类设备和系统的经济运行，发展电机调速节电和电力电子节电技术，开发、生产、推广质优、价廉的节能器材，提高电能利用效率；

（三）发展和推广适合国内煤种的流化床燃烧、无烟燃烧和气化、液化等洁净煤技术，提高煤炭利用效率；

（四）发展和推广其他在节能工作中证明技术成熟、效益显著的通用节能技术。

第四十条 各行业应当制定行业节能技术政策，发展、推广节能新技术、新工艺、新设备和新材料，限制或者淘汰能耗高的老旧技术、工艺、设备和材料。

第四十一条 国务院管理节能工作的部门应当会同国务院有关部门规定通用的和分行业的具体的节能技术指标、要求和措施，并根据经济和节能技术的发展情况适时修订，提高能源利用效率，降低能源消耗，使我国能源利用状况逐步赶上国际先进水平。

第五章　法　律　责　任

第四十二条 违反本法第十三条规定，新建国家明令禁止新建的高耗能工业项目的，由县级以上人民政府管理节能工作的部门提出意见，报请同级人民政府按照国务院规定的权限责令停止投入生产或者停止使用。

第四十三条 生产耗能较高的产品的单位，违反本法第二十四条规定，超过单位产品能耗限额用能，情节严重，经限期治理逾期不治理或者没有达到治理要求的，可以由县级以上人民政府管理节能工作的部门提出意见，报请同级民政府按照国务院规定的权限责令停业整顿或者关闭。

第四十四条 违反本法第二十五条规定，生产、销售国家明令淘汰的用能产品的，由县级以上人民政府管理产品质量监督工作的部门责令停止生产、销售国家明令淘汰的用能产品，没收违法生产、销售的国家明令淘汰的用能产品和违法所得，并处违法所得一倍以上五倍以下的罚款；可以由县级以上人民政府工商行政管理部门吊销营业执照。

第四十五条 违反本法第二十五条规定，使用国家明令淘汰的用能设备的，由县级以上人民政府管理节能工作的部门责令停止使用，没收国家明令淘汰的用能设备；情节严重的，县级以上人民政府管理节能工作的部门可以提出意见，报请同级人民政府按照国务院规定的权限责令停业整顿或者关闭。

第四十六条 违反本法第二十五条规定，将淘汰的用能设备转让他人使用的，由县级以上人民政府管理产品质量监督工作的部门没收违法所得，并处违法所得一倍以上五倍以下的罚款。

第四十七条 违反本法第二十六条规定，未在产品说明书和产品标识上注明能耗指标的，由县级以上人民政府管理产品质量监督工作的部门责令限期改正，可以处五万元以下的罚款。

违反本法第二十六条规定，在产品说明书和产品标识上注明的能耗指标不符合产品的实际情况的，除依照前款规定处罚外，依照有关法律的规定承担民事责任。

第四十八条 违反本法第二十七条规定，使用伪造的节能质量认证标志或者冒用节能质量认证标志的，由县级以上人民政府管理产品质量监督工作的部门责令公开改正，没收违法所得，可以并处违法所得一倍以上五倍以下的罚款。

第四十九条 国家工作人员在节能工作中滥用职权、玩忽职守、徇私舞弊，构成犯罪的，依法追究刑事责任；尚不构成犯罪的，给予行政处分。

第六章 附 则

第五十条 本法自1998年1月1日起施行。

中华人民共和国可再生能源法

2005-03-01

（2005年2月28日第十届全国人民代表大会常务委员会第十四次会议通过）

目　录

第一章　总则
第二章　资源调查与发展规划
第三章　产业指导与技术支持
第四章　推广与应用
第五章　价格管理与费用分摊
第六章　经济激励与监督措施
第七章　法律责任
第八章　附则

第一章　总　则

第一条　为了促进可再生能源的开发利用，增加能源供应，改善能源结构，保障能源安全，保护环境，实现经济社会的可持续发展，制定本法。

第二条　本法所称可再生能源，是指风能、太阳能、水能、生物质能、地热能、海洋能等非化石能源。

水力发电对本法的适用，由国务院能源主管部门规定，报国务院批准。

通过低效率炉灶直接燃烧方式利用秸秆、薪柴、粪便等，不适用本法。

第三条　本法适用于中华人民共和国领域和管辖的其他海域。

第四条　国家将可再生能源的开发利用列为能源发展的优先领域，通过制定可再生能源开发利用总量目标和采取相应措施，推动可再生能源市场的建立和发展。

国家鼓励各种所有制经济主体参与可再生能源的开发利用，依法保护可再生能源开发利用者的合法权益。

第五条　国务院能源主管部门对全国可再生能源的开发利用实施统一管理。国务院有关部门在各自的职责范围内负责有关的可再生能源开发利用管理工作。

县级以上地方人民政府管理能源工作的部门负责本行政区域内可再生能源开发利用的管理工作。县级以上地方人民政府有关部门在各自的职责范围内负责有关的可再生能源开发利用管理工作。

第二章　资源调查与发展规划

第六条　国务院能源主管部门负责组织和协调全国可再生能源资源的调查，并会同国务院有关部门组织制定资源调查的技术规范。

国务院有关部门在各自的职责范围内负责相关可再生能源资源的调查，调查结果报国务院能源主管部门汇总。

可再生能源资源的调查结果应当公布；但是，国家规定需要保密的内容除外。

第七条　国务院能源主管部门根据全国能源需求与可再生能源资源实际状况，制定全国可再生能源开发利用中长期总量目标，报国务院批准后执行，并予公布。

国务院能源主管部门根据前款规定的总量目标和省、自治区、直辖市经济发展与可再生能源资源实际状况，会同省、自治区、直辖市人民政府确定各行政区域可再生能源开发利用中长期目标，并予公布。

第八条　国务院能源主管部门根据全国可再生能源开发利用中长期总量目标，会同国务院有关部门，编制全国可再生能源开发利用规划，报国务院批准后实施。

省、自治区、直辖市人民政府管理能源工作的部门根据本行政区域可再生能源开发利用中长期目标，会同本级人民政府有关部门编制本行政区域可再生能源开发利用规划，报本级人民政府批准后实施。

经批准的规划应当公布；但是，国家规定需要保密的内容除外。

经批准的规划需要修改的，须经原批准机关批准。

第九条　编制可再生能源开发利用规划，应当征求有关单位、专家和公众的意见，进行科学论证。

第三章　产业指导与技术支持

第十条　国务院能源主管部门根据全国可再生能源开发利用规划，制定、公布可再生能源产业发展指导目录。

第十一条　国务院标准化行政主管部门应当制定、公布国家可再生能源电力的并网技术标准和其他需要在全国范围内统一技术要求的有关可再生能源技术和产品的国家标准。

对前款规定的国家标准中未作规定的技术要求，国务院有关部门可以制定相关的行业标准，并报国务院标准化行政主管部门备案。

第十二条　国家将可再生能源开发利用的科学技术研究和产业化发展列为科技发展与高技术产业发展的优先领域，纳入国家科技发展规划和高技术产业发展规划，并安排资金支持可再生能源开发利用的科学技术研究、应用示范和产业化发展，促进可再生能源开发利用的技术进步，降低可再生能源产品的生产成本，提高产品质量。

国务院教育行政部门应当将可再生能源知识和技术纳入普通教育、职业教育课程。

第四章 推广与应用

第十三条 国家鼓励和支持可再生能源并网发电。

建设可再生能源并网发电项目，应当依照法律和国务院的规定取得行政许可或者报送备案。

建设应当取得行政许可的可再生能源并网发电项目，有多人申请同一项目许可的，应当依法通过招标确定被许可人。

第十四条 电网企业应当与依法取得行政许可或者报送备案的可再生能源发电企业签订并网协议，全额收购其电网覆盖范围内可再生能源并网发电项目的上网电量，并为可再生能源发电提供上网服务。

第十五条 国家扶持在电网未覆盖的地区建设可再生能源独立电力系统，为当地生产和生活提供电力服务。

第十六条 国家鼓励清洁、高效地开发利用生物质燃料，鼓励发展能源作物。

利用生物质资源生产的燃气和热力，符合城市燃气管网、热力管网的入网技术标准的，经营燃气管网、热力管网的企业应当接收其入网。

国家鼓励生产和利用生物液体燃料。石油销售企业应当按照国务院能源主管部门或者省级人民政府的规定，将符合国家标准的生物液体燃料纳入其燃料销售体系。

第十七条 国家鼓励单位和个人安装和使用太阳能热水系统、太阳能供热采暖和制冷系统、太阳能光伏发电系统等太阳能利用系统。

国务院建设行政主管部门会同国务院有关部门制定太阳能利用系统与建筑结合的技术经济政策和技术规范。

房地产开发企业应当根据前款规定的技术规范，在建筑物的设计和施工中，为太阳能利用提供必备条件。

对已建成的建筑物，住户可以在不影响其质量与安全的前提下安装符合技术规范和产品标准的太阳能利用系统；但是，当事人另有约定的除外。

第十八条 国家鼓励和支持农村地区的可再生能源开发利用。

县级以上地方人民政府管理能源工作的部门会同有关部门，根据当地经济社会发展、生态保护和卫生综合治理需要等实际情况，制定农村地区可再生能源发展规划，因地制宜地推广应用沼气等生物质资源转化、户用太阳能、小型风能、小型水能等技术。

县级以上人民政府应当对农村地区的可再生能源利用项目提供财政支持。

第五章 价格管理与费用分摊

第十九条 可再生能源发电项目的上网电价，由国务院价格主管部门根据不同类型可再生能源发电的特点和不同地区的情况，按照有利于促进可再生能源开发利用和经济合理的原则确定，并根据可再生能源开发利用技术的发展适时调整。上网电价应当公布。

依照本法第十三条第三款规定实行招标的可再生能源发电项目的上网电价，按照中标确定的价格执行；但是，不得高于依照前款规定确定的同类可再生能源发电项目的上网电价水平。

第二十条 电网企业依照本法第十九条规定确定的上网电价收购可再生能源电量所发生的费用，高于按照常规能源发电平均上网电价计算所发生费用之间的差额，附加在销售电价中分摊。具体办法由国务院价格主管部门制定。

第二十一条 电网企业为收购可再生能源电量而支付的合理的接网费用以及其他合理的相关费用，可以计入电网企业输电成本，并从销售电价中回收。

第二十二条 国家投资或者补贴建设的公共可再生能源独立电力系统的销售电价，执行同一地区分类销售电价，其合理的运行和管理费用超出销售电价的部分，依照本法第二十条规定的办法分摊。

第二十三条 进入城市管网的可再生能源热力和燃气的价格，按照有利于促进可再生能源开发利用和经济合理的原则，根据价格管理权限确定。

第六章　经济激励与监督措施

第二十四条 国家财政设立可再生能源发展专项资金，用于支持以下活动：

（一）可再生能源开发利用的科学技术研究、标准制定和示范工程；

（二）农村、牧区生活用能的可再生能源利用项目；

（三）偏远地区和海岛可再生能源独立电力系统建设；

（四）可再生能源的资源勘查、评价和相关信息系统建设；

（五）促进可再生能源开发利用设备的本地化生产。

第二十五条 对列入国家可再生能源产业发展指导目录、符合信贷条件的可再生能源开发利用项目，金融机构可以提供有财政贴息的优惠贷款。

第二十六条 国家对列入可再生能源产业发展指导目录的项目给予税收优惠。具体办法由国务院规定。

第二十七条 电力企业应当真实、完整地记载和保存可再生能源发电的有关资料，并接受电力监管机构的检查和监督。

电力监管机构进行检查时，应当依照规定的程序进行，并为被检查单位保守商业秘密和其他秘密。

第七章　法　律　责　任

第二十八条 国务院能源主管部门和县级以上地方人民政府管理能源工作的部门和其他有关部门在可再生能源开发利用监督管理工作中，违反本法规定，有下列行为之一的，由本级人民政府或者上级人民政府有关部门责令改正，对负有责任的主管人员和其他直接责任人员依法给予行政处分；构成犯罪的，依法追究刑事责任：

（一）不依法作出行政许可决定的；

（二）发现违法行为不予查处的；

（三）有不依法履行监督管理职责的其他行为的。

第二十九条 违反本法第十四条规定，电网企业未全额收购可再生能源电量，造成可再生能源发电企业经济损失的，应当承担赔偿责任，并由国家电力监管机构责令限期改正；拒不改正的，处以可再生能源发电企业经济损失额一倍以下的罚款。

第三十条 违反本法第十六条第二款规定，经营燃气管网、热力管网的企业不准许符合入网技术标准的燃气、热力入网，造成燃气、热力生产企业经济损失的，应当承担赔偿责任，并由省级人民政府管理能源工作的部门责令限期改正；拒不改正的，处以燃气、热力生产企业经济损失额一倍以下的罚款。

第三十一条 违反本法第十六条第三款规定，石油销售企业未按照规定将符合国家标准的生物液体燃料纳入其燃料销售体系，造成生物液体燃料生产企业经济损失的，应当承担赔偿责任，并由国务院能源主管部门或者省级人民政府管理能源工作的部门责令限期改正；拒不改正的，处以生物液体燃料生产企业经济损失额一倍以下的罚款。

第八章　附　　则

第三十二条 本法中下列用语的含义：

（一）生物质能，是指利用自然界的植物、粪便以及城乡有机废物转化成的能源。

（二）可再生能源独立电力系统，是指不与电网连接的单独运行的可再生能源电力系统。

（三）能源作物，是指经专门种植，用以提供能源原料的草本和木本植物。

（四）生物液体燃料，是指利用生物质资源生产的甲醇、乙醇和生物柴油等液体燃料。

第三十三条 本法自2006年1月1日起施行。

中华人民共和国水法

(2002年8月29日中华人民共和国主席令第74号公布)

目　录

第一章　总　　则
第二章　水资源规划
第三章　水资源开发利用
第四章　水资源、水域和水工程的保护
第五章　水资源配置和节约使用
第六章　水事纠纷处理与执法监督检查
第七章　法律责任
第八章　附　　则

第一章　总　　则

第一条　为了合理开发、利用、节约和保护水资源，防治水害，实现水资源的可持续利用，适应国民经济和社会发展的需要，制定本法。

第二条　在中华人民共和国领域内开发、利用、节约、保护、管理水资源，防治水害，适用本法。

本法所称水资源，包括地表水和地下水。

第三条　水资源属于国家所有。水资源的所有权由国务院代表国家行使。农村集体经济组织的水塘和由农村集体经济组织修建管理的水库中的水，归各该农村集体经济组织使用。

第四条　开发、利用、节约、保护水资源和防治水害，应当全面规划、统筹兼顾、标本兼治、综合利用、讲求效益，发挥水资源的多种功能，协调好生活、生产经营和生态环境用水。

第五条　县级以上人民政府应当加强水利基础设施建设，并将其纳入本级国民经济和社会发展计划。

第六条　国家鼓励单位和个人依法开发、利用水资源，并保护其合法权益。开发、利用水资源的单位和个人有依法保护水资源的义务。

第七条　国家对水资源依法实行取水许可制度和有偿使用制度。但是，农村集体经济组织及其成员使用本集体经济组织的水塘、水库中的水的除外。国务院水行政主管部门负责全国取水许可制度和水资源有偿使用制度的组织实施。

第八条 国家厉行节约用水，大力推行节约用水措施，推广节约用水新技术、新工艺，发展节水型工业、农业和服务业，建立节水型社会。

各级人民政府应当采取措施，加强对节约用水的管理，建立节约用水技术开发推广体系，培育和发展节约用水产业。

单位和个人有节约用水的义务。

第九条 国家保护水资源，采取有效措施，保护植被，植树种草，涵养水源，防治水土流失和水体污染，改善生态环境。

第十条 国家鼓励和支持开发、利用、节约、保护、管理水资源和防治水害的先进科学技术的研究、推广和应用。

第十一条 在开发、利用、节约、保护、管理水资源和防治水害等方面成绩显著的单位和个人，由人民政府给予奖励。

第十二条 国家对水资源实行流域管理与行政区域管理相结合的管理体制。

国务院水行政主管部门负责全国水资源的统一管理和监督工作。

国务院水行政主管部门在国家确定的重要江河、湖泊设立的流域管理机构（以下简称流域管理机构），在所管辖的范围内行使法律、行政法规规定的和国务院水行政主管部门授予的水资源管理和监督职责。

县级以上地方人民政府水行政主管部门按照规定的权限，负责本行政区域内水资源的统一管理和监督工作。

第十三条 国务院有关部门按照职责分工，负责水资源开发、利用、节约和保护的有关工作。

县级以上地方人民政府有关部门按照职责分工，负责本行政区域内水资源开发、利用、节约和保护的有关工作。

第二章 水资源规划

第十四条 国家制定全国水资源战略规划。

开发、利用、节约、保护水资源和防治水害，应当按照流域、区域统一制定规划。规划分为流域规划和区域规划。流域规划包括流域综合规划和流域专业规划；区域规划包括区域综合规划和区域专业规划。

前款所称综合规划，是指根据经济社会发展需要和水资源开发利用现状编制的开发、利用、节约、保护水资源和防治水害的总体部署。前款所称专业规划，是指防洪、治涝、灌溉、航运、供水、水力发电、竹木流放、渔业、水资源保护、水土保持、防沙治沙、节约用水等规划。

第十五条 流域范围内的区域规划应当服从流域规划，专业规划应当服从综合规划。

流域综合规划和区域综合规划以及与土地利用关系密切的专业规划，应当与国民经济和社会发展规划以及土地利用总体规划、城市总体规划和环境保护规划相协调，兼顾各地区、各行业的需要。

第十六条 制定规划，必须进行水资源综合科学考察和调查评价。水资源综合科学考察和调查评价，由县级以上人民政府水行政主管部门会同同级有关部门组织进行。

县级以上人民政府应当加强水文、水资源信息系统建设。县级以上人民政府水行政主管部门和流域管理机构应当加强对水资源的动态监测。

基本水文资料应当按照国家有关规定予以公开。

第十七条 国家确定的重要江河、湖泊的流域综合规划，由国务院水行政主管部门会同国务院有关部门和有关省、自治区、直辖市人民政府编制，报国务院批准。跨省、自治区、直辖市的其他江河、湖泊的流域综合规划和区域综合规划，由有关流域管理机构会同江河、湖泊所在地的省、自治区、直辖市人民政府水行政主管部门和有关部门编制，分别经有关省、自治区、直辖市人民政府审查提出意见后，报国务院水行政主管部门审核；国务院水行政主管部门征求国务院有关部门意见后，报国务院或者其授权的部门批准。

前款规定以外的其他江河、湖泊的流域综合规划和区域综合规划，由县级以上地方人民政府水行政主管部门会同同级有关部门和有关地方人民政府编制，报本级人民政府或者其授权的部门批准，并报上一级水行政主管部门备案。

专业规划由县级以上人民政府有关部门编制，征求同级其他有关部门意见后，报本级人民政府批准。其中，防洪规划、水土保持规划的编制、批准、依照防洪法、水土保持法的有关规定执行。

第十八条 规划一经批准，必须严格执行。

经批准的规划需要修改时，必须按照规划编制程序经原批准机关批准。

第十九条 建设水工程，必须符合流域综合规划。在国家确定的重要江河、湖泊和跨省、自治区、直辖市的江河、湖泊上建设水工程，其工程可行性研究报告报请批准前，有关流域管理机构应当对水工程的建设是否符合流域综合规划进行审查并签署意见；在其他江河、湖泊上建设水工程，其工程可行性研究报告报请批准前，县级以上地方人民政府水行政主管部门应当按照管理权限对水工程的建设是否符合流域综合规划进行审查并签署意见。水工程建设涉及防洪的，依照防洪法的有关规定执行；涉及其他地区和行业的，建设单位应当事先征求有关地区和部门的意见。

第三章　水资源开发利用

第二十条 开发、利用水资源、应当坚持兴利与除害相结合，兼顾上下游、左右岸和有关地区之间的利益，充分发挥水资源的综合效益，并服从防洪的总体安排。

第二十一条 开发、利用水资源，应当首先满足城乡居民生活用水，并兼顾农业、工业、生态环境用水以及航运等需要。

在干旱和半干旱地区开发、利用水资源，应当充分考虑生态环境用水需要。

第二十二条 跨流域调水，应当进行全面规划和科学论证，统筹兼顾调出和调入流域的用水需要，防止对生态环境造成破坏。

第二十三条 地方各级人民政府应当结合本地区水资源的实际情况，按照地表水与地下水统一调度开发、开源与节流相结合、节流优先和污水处理再利用的原则，合理组织开发、综合利用水资源。

国民经济和社会发展规划以及城市总体规划的编制、重大建设项目的布局，应当与当地水资源条件和防洪要求相适应，并进行科学论证；在水资源不足的地区，应当对城市规模和建设耗水量大的工业、农业和服务业项目加以限制。

第二十四条 在水资源短缺的地区，国家鼓励对雨水和微咸水的收集、开发、利用和对海水的利用、淡化。

第二十五条 地方各级人民政府应当加强对灌溉、排涝、水土保持工作的领导，促进农业生产发展；在容易发生盐碱化和渍害的地区，应当采取措施，控制和降低地下水的水位。

农村集体经济组织或者其成员依法在本集体经济组织所有的集体土地或者承包土地上投资兴建水工程设施的，按照谁投资建设谁管理和谁受益的原则，对水工程设施及其蓄水进行管理和合理使用。

农村集体经济组织修建水库应当经县级以上地方人民政府水行政主管部门批准。

第二十六条 国家鼓励开发、利用水能资源。在水能丰富的河流，应当有计划地进行多目标梯级开发。

建设水力发电站，应当保护生态环境，兼顾防洪、供水、灌溉、航运、竹木流放和渔业等方面的需要。

第二十七条 国家鼓励开发、利用水运资源。在水生生物洄游通道、通航或者竹木流放的河流上修建永久性拦河闸坝，建设单位应当同时修建过鱼、过船、过木设施，或者经国务院授权的部门批准采取其他补救措施，并妥善安排施工和蓄水期间的水生生物保护、航运和竹木流放，所需费用由建设单位承担。

在不通航的河流或者人工水道上修建闸坝后可以通航的，闸坝建设单位应当同时修建过船设施或者预留过船设施位置。

第二十八条 任何单位和个人引水、截（蓄）水、排水，不得损害公共利益和他人的合法权益。

第二十九条 国家对水工程建设移民实行开发性移民的方针，按照前期补偿、补助与后期扶持相结合的原则，妥善安排移民的生产和生活，保护移民的合法权益。

移民安置应当与工程建设同步进行。建设单位应当根据安置地区的环境容量和可持续发展的原则，因地制宜，编制移民安置规划，经依法批准后，由有关地方人民政府组织实施。所需移民经费列入工程建设投资计划。

第四章 水资源、水域和水工程的保护

第三十条 县级以上人民政府水行政主管部门、流域管理机构以及其他有关部门在制定水资源开发、利用规划和调度水资源时，应当注意维持江河的合理流量和湖泊，水库以及地下水的合理水位，维护水体的自然净化能力。

第三十一条 从事水资源开发、利用、节约、保护和防治水害等水事活动，应当遵守经批准的规划；因违反规划造成江河和湖泊水域使用功能降低、地下水超采、地面沉降、水体污染的，应当承担治理责任。

开采矿藏或者建设地下工程，因疏干排水导致地下水水位下降、水源枯竭或者地面塌

陷，采矿单位或者建设单位应当采取补救措施；对他人生活和生产造成损失的，依法给予补偿。

第三十二条 国务院水行政主管部门会同国务院环境保护行政主管部门、有关部门和有关省、自治区、直辖市人民政府，按照流域综合规划、水资源保护规划和经济社会发展要求，拟定国家确定的重要江河、湖泊的水功能区划，报国务院批准。跨省、自治区、直辖市的其他江河、湖泊的水功能区划，由有关流域管理机构会同江河、湖泊所在地的省、自治区、直辖市人民政府水行政主管部门、环境保护行政主管部门和其他有关部门拟定，分别经有关省、自治区、直辖市人民政府审查提出意见后，由国务院水行政主管部门会同国务院环境保护行政主管部门审核，报国务院或者其授权的部门批准。

前款规定以外的其他江河、湖泊的水功能区划，由县级以上地方人民政府水行政主管部门会同同级人民政府环境保护行政主管部门和有关部门拟定，报同级人民政府或者其授权的部门批准，并报上一级水行政主管部门和环境保护行政主管部门备案。

县级以上人民政府水行政主管部门或者流域管理机构应当按照水功能区对水质的要求和水体的自然净化能力，核定该水域的纳污能力，向环境保护行政主管部门提出该水域的限制排污总量意见。

县级以上地方人民政府水行政主管部门和流域管理机构应当对水功能区的水质状况进行监测，发现重点污染物排放总量超过控制指标的，或者水功能区的水质未达到水域使用功能对水质的要求的，应当及时报告有关人民政府采取治理措施，并向环境保护行政主管部门通报。

第三十三条 国家建立饮用水水源保护区制度。省、自治区、直辖市人民政府应当划定饮用水水源保护区，并采取措施，防止水源枯竭和水体污染，保证城乡居民饮用水安全。

第三十四条 禁止在饮用水水源保护区内设置排污口。

在江河、湖泊新建、改建或者扩大排污口，应当经过有管辖权的水行政主管部门或者流域管理机构同意，由环境保护行政主管部门负责对该建设项目的环境影响报告书进行审批，

第三十五条 从事工程建设，占用农业灌溉水源、灌排工程设施，或者对原有灌溉用水、供水水源有不利影响的，建设单位应当采取相应的补救措施；造成损失的，依法给予补偿。

第三十六条 在地下水超采地区，县级以上地方人民政府应当采取措施，严格控制开采地下水，在地下水严重超采地区，经省、自治区、直辖市人民政府批准，可以划定地下水禁止开采或者限制开采区。在沿海地区开采地下水，应当经过科学论证，并采取措施，防止地面沉降和海水入侵。

第三十七条 禁止在江河、湖泊、水库、运河、渠道内弃置、堆放阻碍行洪的物体和种植阻碍行洪的林木及高秆作物。

禁止在河道管理范围内建设妨碍行洪的建筑物、构筑物以及从事影响河势稳定、危害河岸堤防安全和其他妨碍河道行洪的活动。

第三十八条 在河道管理范围内建设桥梁、码头和其他拦河、跨河、临河建筑物、构筑物，铺设跨河管道、电缆，应当符合国家规定的防洪标准和其他有关的技术要求，工程

建设方案应当依照防洪法的有关规定报经有关水行政主管部门审查同意。

因建设前款工程设施，需要扩建、改建、拆除或者损坏原有水工程设施的，建设单位应当负担扩建、改建的费用和损失补偿。但是，原有工程设施属于违法工程的除外。

第三十九条 国家实行河道采砂许可制度。河道采砂许可制度实施办法，由国务院规定。

在河道管理范围内采砂，影响河势稳定或者危及堤防安全的，有关县级以上人民政府水行政主管部门应当划定禁采区和规定禁采期，并予以公告。

第四十条 禁止围湖造地。已经围垦的，应当按照国家规定的防洪标准有计划地退地还湖。

禁止围垦河道。确需围垦的，应当经过科学论证，经省、自治区、直辖市人民政府水行政主管部门或者国务院水行政主管部门同意后，报本级人民政府批准。

第四十一条 单位和个人有保护水工程的义务，不得侵占、毁坏堤防、护岸、防汛、水文监测、水文地质监测等工程设施。

第四十二条 县级以上地方人民政府应当采取措施，保障本行政区域内水工程，特别是水坝和堤防的安全，限期消除险情。水行政主管部门应当加强对水工程安全的监督管理。

第四十三条 国家对水工程实施保护。国家所有的水工程应当按照国务院的规定划定工程管理和保护范围。

国务院水行政主管部门或者流域管理机构管理的水工程，由主管部门或者流域管理机构商有关省、自治区、直辖市人民政府划定工程管理和保护范围。

前款规定以外的其他水工程，应当按照省、自治区、直辖市人民政府的规定，划定工程保护范围和保护职责。

在水工程保护范围内，禁止从事影响水工程运行和危害水工程安全的爆破、打井、采石、取土等活动。

第五章　水资源配置和节约使用

第四十四条 国务院发展计划主管部门和国务院水行政主管部门负责全国水资源的宏观调配。全国的和跨省、自治区、直辖市的水中长期供求规划，由国务院水行政主管部门会同有关部门制订，经国务院发展计划主管部门审查批准后执行。地方的水中长期供求规划，由县级以上地方人民政府水行政主管部门会同同级有关部门依据上一级水中长期供求规划和本地区的实际情况制订，经本级人民政府发展计划主管部门审查批准后执行。

水中长期供求规划应当依据水的供求现状、国民经济和社会发展规划、流域规划、区域规划，按照水资源供需协调、综合平衡、保护生态、厉行节约、合理开源的原则制定。

第四十五条 调蓄径流和分配水量，应当依据流域规划和水中长期供求规划，以流域为单元制定水量分配方案。

跨省、自治区、直辖市的水量分配方案和旱情紧急情况下的水量调度预案，由流域管理机构商有关省、自治区、直辖市人民政府制订，报国务院或者其授权的部门批准后执行。其他跨行政区域的水量分配方案和旱情紧急情况下的水量调度预案，由共同的上一级人民政府水行政主管部门商有关地方人民政府制订，报本级人民政府批准后执行。

水量分配方案和旱情紧急情况下的水量调度预案经批准后，有关地方人民政府必须执行。

在不同行政区域之间的边界河流上建设水资源开发、利用项目，应当符合该流域经批准的水量分配方案，由有关县级以上地方人民政府报共同的上一级人民政府水行政主管部门或者有关流域管理机构批准。

第四十六条 县级以上地方人民政府水行政主管部门或者流域管理机构应当根据批准的水量分配方案和年度预测来水量，制定年度水量分配方案和调度计划，实施水量统一调度；有关地方人民政府必须服从。

国家确定的重要江河、湖泊的年度水量分配方案，应当纳入国家的国民经济和社会发展年度计划。

第四十七条 国家对用水实行总量控制和定额管理相结合的制度。

省、自治区、直辖市人民政府有关行业主管部门应当制订本行政区域内行业用水定额，报同级水行政主管部门和质量监督检验行政主管部门审核同意后，由省、自治区、直辖市人民政府公布，并报国务院水行政主管部门和国务院质量监督检验行政主管部门备案。

县级以上地方人民政府发展计划主管部门会同同级水行政主管部门，根据用水定额、经济技术条件以及水量分配方案确定的可供本行政区域使用的水量，制定年度用水计划，对本行政区域内的年度用水实行总量控制。

第四十八条 直接从江河、湖泊或者地下取用水资源的单位和个人，应当按照国家取水许可制度和水资源有偿使用制度的规定，向水行政主管部门或者流域管理机构申请领取取水许可证，并缴纳水资源费，取得取水权。但是，家庭生活和零星散养、圈养畜禽饮用等少量取水的除外。

实施取水许可制度和征收管理水资源费的具体办法，由国务院规定。

第四十九条 用水应当计量，并按照批准的用水计划用水。

用水实行计量收费和超定额累进加价制度。

第五十条 各级人民政府应当推行节水灌溉方式和节水技术，对农业蓄水、输水工程采取必要的防渗漏措施，提高农业用水效率。

第五十一条 工业用水应当采用先进技术、工艺和设备，增加循环用水次数，提高水的重复利用率。

国家逐步淘汰落后的、耗水量高的工艺、设备和产品，具体名录由国务院经济综合主管部门会同国务院水行政主管部门和有关部门制定并公布。生产者、销售者或者生产经营中的使用者应当在规定的时间内停止生产、销售或者使用列入名录的工艺、设备和产品。

第五十二条 城市人民政府应当因地制宜采取有效措施，推广节水型生活用水器具，降低城市供水管网漏失率，提高生活用水效率；加强城市污水集中处理，鼓励使用再生水，提高污水再生利用率。

第五十三条 新建、扩建、改建建设项目，应当制订节水措施方案，配套建设节水设施。节水设施应当与主体工程同时设计、同时施工、同时投产。

供水企业和自建供水设施的单位应当加强供水设施的维护管理，减少水的漏失。

第五十四条 各级人民政府应当积极采取措施，改善城乡居民的饮用水条件。

第五十五条 使用水工程供应的水，应当按照国家规定向供水单位缴纳水费。供水价格应当按照补偿成本、合理收益、优质优价、公平负担的原则确定。具体办法由省级以上人民政府价格主管部门会同同级水行政主管部门或者其他供水行政主管部门依据职权制度。

第六章　水事纠纷处理与执法监督检查

第五十六条　不同行政区域之间发生水事纠纷的，应当协商处理；协商不成的，由上一级人民政府裁决，有关各方必须遵照执行。在水事纠纷解决前，未经各方达成协议或者共同的上一级人民政府批准，在行政区域交界线两侧一定范围内，任何一方不得修建排水、阻水、取水和截（蓄）水工程，不得单方面改变水的现状。

第五十七条　单位之间、个人之间、单位与个人之间发生的水事纠纷，应当协商解决；当事人不愿协商或者协商不成的，可以申请县级以上地方人民政府或者其授权的部门调解，也可以直接向人民法院提起民事诉讼。县级以上地方人民政府或者其授权的部门调解不成的，当事人可以向人民法院提起民事诉讼。

在水事纠纷解决前，当事人不得单方面改变现状。

第五十八条　县级以上人民政府或者其授权的部门在处理水事纠纷时，有权采取临时处置措施，有关各方或者当事人必须服从。

第五十九条　县级以上人民政府水行政主管部门和流域管理机构应当对违反本法的行为加强监督检查并依法进行查处。

水政监督检查人员应当忠于职守，秉公执法。

第六十条　县级以上人民政府水行政主管部门、流域管理机构及其水政监督检查人员履行本法规定的监督检查职责时，有权采取下列措施：

（一）要求被检查单位提供有关文件、证照、资料；

（二）要求被检查单位就执行本法的有关问题作出说明；

（三）进入被检查单位的生产场所进行调查；

（四）责令被检查单位停止违反本法的行为，履行法定义务。

第六十一条　有关单位或者个人对水政监督检查人员的监督检查工作应当给予配合，不得拒绝或者阻碍水政监督检查人员依法执行职务。

第六十二条　水政监督检查人员在履行监督检查职责时，应当向被检查单位或者个人出示执法证件。

第六十三条　县级以上人民政府或者上级水行政主管部门发现本级或者下级水行政主管部门在监督检查工作中有违法或者失职行为的，应当责令其限期改正。

第七章　法　律　责　任

第六十四条　水行政主管部门或者其他有关部门以及水工程管理单位及其工作人员，利用职务上的便利收取他人财物、其他好处或者玩忽职守，对不符合法定条件的单位或者个人核发许可证、签署审查同意意见，不按照水量分配方案分配水量，不按照国家有关规定收取水资源费，不履行监督职责，或者发现违法行为不予查处，造成严重后果，构成犯罪的，对负有责任的主管人员和其他直接责任人员依照刑法的有关规定追究刑事责任；尚不够刑事处罚的，依法给予行政处分。

第六十五条 在河道管理范围内建设妨碍行洪的建筑物、构筑物，或者从事影响河势稳定、危害河岸堤防安全和其他妨碍河道行洪的活动的，由县级以上人民政府水行政主管部门或者流域管理机构依据职权，责令停止违法行为，限期拆除违法建筑物、构筑物、恢复原状；逾期不拆除、不恢复原状的，强行拆除，所需费用由违法单位或者个人负担，并处一万元以上十万元以下的罚款。

未经水行政主管部门或者流域管理机构同意，擅自修建水工程，或者建设桥梁、码头和其他拦河、跨河、临河建筑物、构筑物，铺设跨河管道、电缆，且防洪法未作规定的，由县级以上人民政府水行政主管部门或者流域管理机构依据职权，责令停止违法行为，限期补办有关手续；逾期不补办或者补办未被批准的，责令限期拆除违法建筑物、构筑物；逾期不拆除的，强行拆除，所需费用由违法单位或者个人负担，并处一万元以上十万元以下的罚款。

虽经水行政主管部门或者流域管理机构同意，但未按照要求修建前款所列工程设施的，由县级以上人民政府水行政主管部门或者流域管理机构依据职权，责令限期改正，按照情节轻重，处一万元以上十万元以下的罚款。

第六十六条 有下列行为之一，且防洪法未作规定的，由县级以上人民政府水行政主管部门或者流域管理机构依据职权，责令停止违法行为，限期清除障碍或者采取其他补救措施，处一万元以上五万元以下的罚款：

（一）在江河、湖泊、水库、运河、渠道内弃置、堆放阻碍行洪的物体和种植阻碍行洪的林木及高秆作物的；

（二）围湖造地或者未经批准围垦河道的。

第六十七条 在饮用水水源保护区内设置排污口的，由县级以上地方人民政府责令限期拆除、恢复原状；逾期不拆除、不恢复原状的，强行拆除、恢复原状，并处五万元以上十万元以下的罚款。

未经水行政主管部门或者流域管理机构审查同意，擅自在江河、湖泊新建、改建或者扩大排污口的，由县级以上人民政府水行政主管部门或者流域管理机构依据职权，责令停止违法行为，限期恢复原状，处五万元以上十万元以下的罚款。

第六十八条 生产、销售或者在生产经营中使用国家明令淘汰的落后的、耗水量高的工艺、设备和产品的，由县级以上地方人民政府经济综合主管部门责令停止生产、销售或者使用，处二万元以上十万元以下的罚款。

第六十九条 有下列行为之一的，由县级以上人民政府水行政主管部门或者流域管理机构依据职权，责令停止违法行为，限期采取补救措施，处二万元以上十万元以下的罚款；情节严重的，吊销其取水许可证：

（一）未经批准擅自取水的；

（二）未依照批准的取水许可规定条件取水的。

第七十条 拒不缴纳、拖延缴纳或者拖欠水资源费的，由县级以上人民政府水行政主管部门或者流域管理机构依据职权，责令限期缴纳；逾期不缴纳的，从滞纳之日起按日加收滞纳部分千分之二的滞纳金，并处应缴或者补缴水资源费一倍以上五倍以下的罚款。

第七十一条 建设项目的节水设施没有建成或者没有达到国家规定的要求，擅自投入使用的，由县级以上人民政府有关部门或者流域管理机构依据职权，责令停止使用，限期改正，处五万元以上十万元以下的罚款。

第七十二条 有下列行为之一，构成犯罪的，依照刑法的有关规定追究刑事责任；尚不够刑事处罚，且防洪法未作规定的，由县级以上地方人民政府水行政主管部门或者流域管理机构依据职权，责令停止违法行为，采取补救措施，处一万元以上五万元以下的罚款；违反治安管理处罚条例的，由公安机关依法给予治安管理处罚；给他人造成损失的，依法承担赔偿责任：

（一）侵占、毁坏水工程及堤防、护岸等有关设施，毁坏防汛、水文监测、水文地质监测设施的；

（二）在水工程保护范围内，从事影响水工程运行和危害水工程安全的爆破、打井、采石、取土等活动的。

第七十三条 侵占、盗窃或者抢夺防汛物资，防洪排涝、农田水利、水文监测和测量以及其他水工程设备和器材，贪污或者挪用国家救灾、抢险、防汛、移民安置和补偿及其他水利建设款物，构成犯罪的，依照刑法的有关规定追究刑事责任。

第七十四条 在水事纠纷发生及其处理过程中煽动闹事、结伙斗殴、抢夺或者损坏公私财物、非法限制他人人身自由，构成犯罪的，依照刑法的有关规定追究刑事责任；尚不够刑事处罚的，由公安机关依法给予治安管理处罚。

第七十五条 不同行政区域之间发生水事纠纷，有下列行为之一的，对负有责任的主管人员和其他直接责任人员依法给予行政处分：

（一）拒不执行水量分配方案和水量调度预案的；

（二）拒不服从水量统一调度的；

（三）拒不执行上一级人民政府的裁决的；

（四）在水事纠纷解决前，未经各方达成协议或者上一级人民政府批准，单方面违反本法规定改变水的现状的。

第七十六条 引水、截（蓄）水、排水，损害公共利益或者他人合法权益的，依法承担民事责任。

第七十七条 对违反本法第三十九条有关河道采砂许可制度规定的行政处罚，由国务院规定。

第八章 附 则

第七十八条 中华人民共和国缔结或者参加的与国际或者国境边界河流、湖泊有关的国际条约、协定与中华人民共和国法律有不同规定的，适用国际条约、协定的规定。但是，中华人民共和国声明保留的条款除外。

第七十九条 本法所称水工程，是指在江河、湖泊和地下水源上开发、利用、控制、调配和保护水资源的各类工程。

第八十条 海水的开发、利用、保护和管理，依照有关法律的规定执行。

第八十一条 从事防洪活动，依照防洪法的规定执行。

水污染防治，依照水污染防治法的规定执行。

第八十二条 本法自2002年10月1日起施行。

中华人民共和国土地管理法

（1998年8月29日中华人民共和国主席令第8号公布）

第一章　总　　则

第一条　为了加强土地管理，维护土地的社会主义公有制，保护、开发土地资源，合理利用土地，切实保护耕地，促进社会经济的可持续发展，根据宪法，制定本法。

第二条　中华人民共和国实行土地的社会主义公有制，即全民所有制和劳动群众集体所有制。

全民所有，即国家所有土地的所有权由国务院代表国家行使。

任何单位和个人不得侵占、买卖或者以其他形式非法转让土地。土地使用权可以依法转让。

国家为公共利益的需要，可以依法对集体所有的土地实行征用。

国家依法实行国有土地有偿使用制度。但是，国家在法律规定的范围内划拨国有土地使用权的除外。

第三条　十分珍惜、合理利用土地和切实保护耕地是我国的基本国策。各级人民政府应当采取措施，全面规划，严格管理，保护、开发土地资源，制止非法占用土地的行为。

第四条　国家实行土地用途管制制度。

国家编制土地利用总体规划，规定土地用途，将土地分为农用地、建设用地和未利用地。严格限制农用地转为建设用地，控制建设用地总量，对耕地实行特殊保护。

前款所称农用地是指直接用于农业生产的土地，包括耕地、林地、草地、农田水利用地、养殖水面等；建设用地是指建造建筑物、构筑物的土地，包括城乡住宅和公共设施用地、工矿用地、交通水利设施用地、旅游用地、军事设施用地等；未利用地是指农用地和建设用地以外的土地。

使用土地的单位和个人必须严格按照土地利用总体规划确定的用途使用土地。

第五条　国务院土地行政主管部门统一负责全国土地的管理和监督工作。

县级以上地方人民政府土地行政主管部门的设置及其职责，由省、自治区、直辖市人民政府根据国务院有关规定确定。

第六条　任何单位和个人都有遵守土地管理法律、法规的义务，并有权对违反土地管理法律、法规的行为提出检举和控告。

第七条　在保护和开发土地资源、合理利用土地以及进行有关的科学研究等方面成绩显著的单位和个人，由人民政府给予奖励。

第二章　土地的所有权和使用权

第八条　城市市区的土地属于国家所有。

农村和城市郊区的土地，除由法律规定属于国家所有的以外，属于农民集体所有；宅基地和自留地、自留山，属于农民集体所有。

第九条　国有土地和农民集体所有的土地，可以依法确定给单位或者个人使用。使用土地的单位和个人，有保护、管理和合理利用土地的义务。

第十条　农民集体所有的土地依法属于村农民集体所有的，由村集体经济组织或者村民委员会经营、管理；已经分别属于村内两个以上农村集体经济组织的农民集体所有的，由村内各该农村集体经济组织或者村民小组经营、管理；已经属于乡（镇）农民集体所有的，由乡（镇）农村集体经济组织经营、管理。

第十一条　农民集体所有的土地，由县级人民政府登记造册，核发证书，确认所有权。

农民集体所有的土地依法用于非农业建设的，由县级人民政府登记造册，核发证书，确认建设用地使用权。

单位和个人依法使用的国有土地，由县级以上人民政府登记造册，核发证书，确认使用权；其中，中央国家机关使用的国有土地的具体登记发证机关，由国务院确定。

确认林地、草原的所有权或者使用权，确认水面、滩涂的养殖使用权，分别依照《中华人民共和国森林法》、《中华人民共和国草原法》和《中华人民共和国渔业法》的有关规定办理。

第十二条　依法改变土地权属和用途的，应当办理土地变更登记手续。

第十三条　依法登记的土地的所有权和使用权受法律保护，任何单位和个人不得侵犯。

第十四条　农民集体所有的土地由本集体经济组织的成员承包经营，从事种植业、林业、畜牧业、渔业生产。土地承包经营期限为三十年。发包方和承包方应当订立承包合同，约定双方的权利和义务。承包经营土地的农民有保护和按照承包合同约定的用途合理利用土地的义务。农民的土地承包经营权受法律保护。

在土地承包经营期限内，对个别承包经营者之间承包的土地进行适当调整的，必须经村民会议三分之二以上成员或者三分之二以上村民代表的同意，并报乡（镇）人民政府和县级人民政府农业行政主管部门批准。

第十五条　国有土地可以由单位或者个人承包经营，从事种植业、林业、畜牧业、渔业生产。农民集体所有的土地，可以由本集体经济组织以外的单位或者个人承包经营，从事种植业、林业、蓄牧业、渔业生产。发包方和承包方应当订立承包合同，约定双方的权利和义务。土地承包经营的期限由承包合同约定。承包经营土地的单位和个人，有保护和按照承包合同约定的用途合理利用土地的义务。

农民集体所有的土地由本集体经济组织以外的单位或者个人承包经营的，必须经村民会议三分之二以上成员或者三分之二以上村民代表的同意，并报乡（镇）人民政府批准。

第十六条　土地所有权和使用权争议，由当事人协商解决；协商不成的，由人民政府处理。

单位之间的争议，由县级以上人民政府处理；个人之间、个人与单位之间的争议，由乡级人民政府或者县级以上人民政府处理。

当事人对有关人民政府的处理决定不服的，可以自接到处理决定通知之日起三十日内，向人民法院起诉。

在土地所有权和使用权争议解决前，任何一方不得改变土地利用现状。

第三章　土地利用总体规划

第十七条　各级人民政府应当依据国民经济和社会发展规划、国土整治和资源环境保护的要求、土地供给能力以及各项建设对土地的需求，组织编制土地利用总体规划。

土地利用总体规划的规划期限由国务院规定。

第十八条　下级土地利用总体规划应当依据上一级土地利用总体规划编制。

地方各级人民政府编制的土地利用总体规划中的建设用地总量不得超过上一级土地利用总体规划确定的控制指标，耕地保有量不得低于上一级土地利用总体规划确定的控制指标。

省、自治区、直辖市人民政府编制的土地利用总体规划，应当确保本行政区域内耕地总量不减少。

第十九条　土地利用总体规划按照下列原则编制：

（一）严格保护基本农田，控制非农业建设占用农用地；

（二）提高土地利用率；

（三）统筹安排各类、各区域用地；

（四）保护和改善生态环境，保障土地的可持续利用；

（五）占用耕地与开发复垦耕地相平衡。

第二十条　县级土地利用总体规划应当划分土地利用区，明确土地用途。

乡（镇）土地利用总体规划应当划分土地利用区，根据土地使用条件，确定每一块土地的用途，并予以公告。

第二十一条　土地利用总体规划实行分级审批。

省、自治区、直辖市的土地利用总体规划，报国务院批准。

省、自治区人民政府所在地的市、人口在一百万以上的城市以及国务院指定的城市的土地利用总体规划，经省、自治区人民政府审查同意后，报国务院批准。

本条第二款、第三款规定以外的土地利用总体规划，逐级上报省、自治区、直辖市人民政府批准；其中，乡（镇）土地利用总体规划可以由省级人民政府授权的设区的市、自治州人民政府批准。

土地利用总体规划一经批准，必须严格执行。

第二十二条　城市建设用地规模应当符合国家规定的标准，充分利用现有建设用地，不占或者尽量少占农用地。

城市总体规划、村庄和集镇规划，应当与土地利用总体规划相衔接，城市总体规划、村庄和集镇规划中建设用地规模不得超过土地利用总体规划确定的城市和村庄、集镇建设用地规模。

在城市规划区内、村庄和集镇规划区内，城市和村庄、集镇建设用地应当符合城市规划、村庄和集镇规划。

第二十三条 江河、湖泊综合治理和开发利用规划，应当与土地利用总体规划相衔接。在江河、湖泊、水库的管理和保护范围以及蓄洪滞洪区内，土地利用应当符合江河、湖泊综合治理和开发利用规划，符合河道、湖泊行洪、蓄洪和输水的要求。

第二十四条 各级人民政府应当加强土地利用计划管理，实行建设用地总量控制。

土地利用年度计划，根据国民经济和社会发展计划、国家产业政策、土地利用总体规划以及建设用地和土地利用的实际状况编制。土地利用年度计划的编制审批程序与土地利用总体规划的编制审批程序相同，一经审批下达，必须严格执行。

第二十五条 省、自治区、直辖市人民政府应当将土地利用年度计划的执行情况列为国民经济和社会发展计划执行情况的内容，向同级人民代表大会报告。

第二十六条 经批准的土地利用总体规划的修改，须经原批准机关批准；未经批准，不得改变土地利用总体规划确定的土地用途。

经国务院批准的大型能源、交通、水利等基础设施建设用地，需要改变土地利用总体规划的，根据国务院的批准文件修改土地利用总体规划。

经省、自治区、直辖市人民政府批准的能源、交通、水利等基础设施建设用地，需要改变土地利用总体规划的，属于省级人民政府土地利用总体规划批准权限内的，根据省级人民政府的批准文件修改土地利用总体规划。

第二十七条 国家建立土地调查制度。

县级以上人民政府土地行政主管部门会同同级有关部门进行土地调查。土地所有者或者使用者应当配合调查，并提供有关资料。

第二十八条 县级以上人民政府土地行政主管部门会同同级有关部门根据土地调查成果、规划土地用途和国家制定的统一标准，评定土地等级。

第二十九条 国家建立土地统计制度。

县级以上人民政府土地行政主管部门和同级统计部门共同制定统计调查方案，依法进行土地统计，定期发布土地统计资料。土地所有者或者使用者应当提供有关资料，不得虚报、瞒报、拒报、迟报。

土地行政主管部门和统计部门共同发布的土地面积统计资料是各级人民政府编制土地利用总体规划的依据。

第三十条 国家建立全国土地管理信息系统，对土地利用状况进行动态监测。

第四章 耕 地 保 护

第三十一条 国家保护耕地，严格控制耕地转为非耕地。

国家实行占用耕地补偿制度。非农业建设经批准占用耕地的，按照“占多少，垦多少”的原则，由占用耕地的单位负责开垦与所占用耕地的数量和质量相当的耕地；没有条件开垦或者开垦的耕地不符合要求的，应当按照省、自治区、直辖市的规定缴纳耕地开垦费，专款用于开垦新的耕地。

省、自治区、直辖市人民政府应当制定开垦耕地计划，监督占用耕地的单位按照计划开垦耕地或者按照计划组织开垦耕地，并进行验收。

第三十二条 县级以上地方人民政府可以要求占用耕地的单位将所占用耕地耕作层的土壤用于新开垦耕地、劣质地或者其他耕地的土壤改良。

第三十三条 省、自治区、直辖市人民政府应当严格执行土地利用总体规划和土地利用年度计划，采取措施，确保本行政区域内耕地总量不减少；耕地总量减少的，由国务院责令在规定期限内组织开垦与所减少耕地的数量与质量相当的耕地，并由国务院土地行政主管部门会同农业行政主管部门验收。个别省、直辖市确因土地后备资源匮乏，新增建设用地后，新开垦耕地的数量不足以补偿所占用耕地的数量的，必须报经国务院批准减免本行政区域内开垦耕地的数量，进行易地开垦。

第三十四条 国家实行基本农田保护制度。下列耕地应当根据土地利用总体规划划入基本农田保护区，严格管理：

（一）经国务院有关主管部门或者县级以上地方人民政府批准确定的粮、棉、油生产基地内的耕地；

（二）有良好的水利与水土保持设施的耕地，正在实施改造计划以及可以改造的中、低产田；

（三）蔬菜生产基地；

（四）农业科研、教学试验田；

（五）国务院规定应当划入基本农田保护区的其他耕地。

各省、自治区、直辖市划定的基本农田应当占本行政区域内耕地的百分之八十以上。

基本农田保护区以乡（镇）为单位进行划区定界，由县级人民政府土地行政主管部门会同同级农业行政主管部门组织实施。

第三十五条 各级人民政府应当采取措施，维护排灌工程设施，改良土壤，提高地力，防止土地荒漠化、盐渍化、水土流失和污染土地。

第三十六条 非农业建设必须节约使用土地，可以利用荒地的，不得占用耕地；可以利用劣地的，不得占用好地。

禁止占用耕地建窑、建坟或者擅自在耕地上建房、挖砂、采石、采矿、取土等。

禁止占用基本农田发展林果业和挖塘养鱼。

第三十七条 禁止任何单位和个人闲置、荒芜耕地。已经办理审批手续的非农业建设占用耕地，一年内不用而又可以耕种并收获的，应当由原耕种该幅耕地的集体或者个人恢复耕种，也可以由用地单位组织耕种；一年以上未动工建设的，应当按照省、自治区、直辖市的规定缴纳闲置费；连续二年未使用的，经原批准机关批准，由县级以上人民政府无偿收回，用地单位的土地使用权；该幅土地原为农民集体所有的，应当交由原农村集体经济组织恢复耕种。

在城市规划区范围内，以出让方式取得土地使用权进行房地产开发的闲置土地，依照《中华人民共和国城市房地产管理法》的有关规定办理。

承包经营耕地的单位或者个人连续二年弃耕抛荒的，原发包单位应当终止承包合同，收回发包的耕地。

第三十八条 国家鼓励单位和个人按照土地利用总体规划，在保护和改善生态环境、防止水土流失和土地荒漠化的前提下，开发未利用的土地；适宜开发为农用地的，应当优先开发成农用地。

国家依法保护开发者的合法权益。

第三十九条 开垦未利用的土地，必须经过科学论证和评估，在土地利用总体规划划定的可开垦的区域内，经依法批准后进行。禁止毁坏森林、草原开垦耕地，禁止围湖造田和侵占江河滩地。

根据土地利用总体规划，对破坏生态环境开垦、围垦的土地，有计划有步骤地退耕还林、还牧、还湖。

第四十条 开发未确定使用权的国有荒山、荒地、荒滩从事种植业、林业、畜牧业、渔业生产的，经县级以上人民政府依法批准，可以确定给开发单位或者个人长期使用。

第四十一条 国家鼓励土地整理。县、乡（镇）人民政府应当组织农村集体经济组织，按照土地利用总体规划，对田、水、路、林、村综合整治，提高耕地质量，增加有效耕地面积，改善农业生产条件和生态环境。

地方各级人民政府应当采取措施，改造中、低产田，整治闲散地和废弃地。

第四十二条 因挖损、塌陷、压占等造成土地破坏，用地单位和个人应当按照国家有关规定负责复垦；没有条件复垦或者复垦不符合要求的，应当缴纳土地复垦费，专项用于土地复垦。复垦的土地应当优先用于农业。

第五章 建设用地

第四十三条 任何单位和个人进行建设，需要使用土地的，必须依法申请使用国有土地；但是，兴办乡镇企业和村民建设住宅经依法批准使用本集体经济组织农民集体所有的土地的，或者乡（镇）村公共设施和公益事业建设经依法批准使用农民集体所有的土地的除外。

前款所称依法申请使用的国有土地包括国家所有的土地和国家征用的原属于农民集体所有的土地。

第四十四条 建设占用土地，涉及农用地转为建设用地的，应当办理农用地转用审批手续。

省、自治区、直辖市人民政府批准的道路、管线工程和大型基础设施建设项目、国务院批准的建设项目占用土地，涉及农用地转为建设用地的，由国务院批准。

在土地利用总体规划确定的城市和村庄、集镇建设用地规模范围内，为实施该规划而将农用地转为建设用地的，按土地利用年度计划分批次由原批准土地利用总体规划的机关批准。在已批准的农用地转用范围内，具体建设项目用地可以由市、县人民政府批准。

本条第二款、第三款规定以外的建设项目占用土地，涉及农用地转为建设用地的，由省、自治区、直辖市人民政府批准。

第四十五条 征用下列土地的，由国务院批准：

（一）基本农田；

（二）基本农田以外的耕地超过三十五公顷的；

（三）其他土地超过七十公顷的。

征用前款规定以外的土地的，由省、自治区、直辖市人民政府批准，并报国务院备案。

征用农用地的,应当依照本法第四十四条的规定先行办理农用地转用审批。其中,经国务院批准农用地转用的,同时办理征地审批手续,不再另行办理征地审批;经省、自治区、直辖市人民政府在征地批准权限内批准农用地转用的,同时办理征地审批手续,不再另行办理征地审批,超过征地批准权限的,应当依照本条第一款的规定另行办理征地审批。

第四十六条 国家征用土地的,依照法定程序批准后,由县级以上地方人民政府予以公告并组织实施。

被征用土地的所有权人、使用权人应当在公告规定期限内,持土地权属证书到当地人民政府土地行政主管部门办理征地补偿登记。

第四十七条 征用土地的,按照被征用土地的原用途给予补偿。

征用耕地的补偿费用包括土地补偿费、安置补助费以及地上附着物和青苗的补偿费。征用耕地的土地补偿费,为该耕地被征用前三年平均年产值的六至十倍。征用耕地的安置补助费,按照需要安置的农业人口数计算。需要安置的农业人口数,按照被征用的耕地数量除以征地前被征用单位平均每人占有耕地的数量计算。每一个需要安置的农业人口的安置补助费标准,为该耕地被征用前三年平均年产值的四至六倍。但是,每公顷被征用耕地的安置补助费,最高不得超过被征用前三年平均年产值的十五倍。

征用其他土地的土地补偿费和安置补助费标准,由省、自治区、直辖市参照征用耕地的土地补偿费和安置补助费的标准规定。

被征用土地上的附着物和青苗的补偿标准,由省、自治区、直辖市规定。

征用城市郊区的菜地,用地单位应当按照国家有关规定缴纳新菜地开发建设基金。

依照本条第二款的规定支付土地补偿费和安置补助费,尚不能使需要安置的农民保持原有生活水平的,经省、自治区、直辖市人民政府批准,可以增加安置补助费。但是,土地补偿费和安置补助费的总和不得超过土地被征用前三年平均年产值的三十倍。

国务院根据社会、经济发展水平,在特殊情况下,可以提高征用耕地的土地补偿费和安置补助费的标准。

第四十八条 征地补偿安置方案确定后,有关地方人民政府应当公告,并听取被征地的农村集体经济组织和农民的意见。

第四十九条 被征地的农村集体经济组织应当将征用土地的补偿费用的收支状况向本集体经济组织的成员公布,接受监督。

禁止侵占、挪用被征用土地单位的征地补偿费用和其他有关费用。

第五十条 地方各级人民政府应当支持被征地的农村集体经济组织和农民从事开发经营,兴办企业。

第五十一条 大中型水利、水电工程建设征用土地的补偿费标准和移民安置办法,由国务院另行规定。

第五十二条 建设项目可行性研究论证时,土地行政主管部门可以根据土地利用总体规划、土地利用年度计划和建设用地标准,对建设用地有关事项进行审查,并提出意见。

第五十三条 经批准的建设项目需要使用国有建设用地的,建设单位应当持法律、行政法规规定的有关文件,向有批准权的县级以上人民政府土地行政主管部门提出建设用地申请,经土地行政主管部门审查,报本级人民政府批准。

第五十四条 建设单位使用国有土地,应当以出让等有偿使用方式取得;但是,下列建

设用地,经县级以上人民政府依法批准,可以以划拨方式取得:

(一)国家机关用地和军事用地;

(二)城市基础设施用地和公益事业用地;

(三)国家重点扶持的能源、交通、水利等基础设施用地;

(四)法律、行政法规规定的其他用地。

第五十五条 以出让等有偿使用方式取得国有土地使用权的建设单位,按照国务院规定的标准和办法,缴纳土地使用权出让金等土地有偿使用费和其他费用后,方可使用土地。

自本法施行之日起,新增建设用地的土地有偿使用费,百分之三十上缴中央财政,百分之七十留给有关地方人民政府,都专项用于耕地开发。

第五十六条 建设单位使用国有土地的,应当按照土地使用权出让等有偿使用合同的约定或者土地使用权划拨批准文件的规定使用土地;确需改变该幅土地建设用途的,应当经有关人民政府土地行政主管部门同意,报原批准用地的人民政府批准。其中,在城市规划区内改变土地用途的,在报批前,应当先经有关城市规划行政主管部门同意。

第五十七条 建设项目施工和地质勘查需要临时使用国有土地或者农民集体所有的土地的,由县级以上人民政府土地行政主管部门批准。其中,在城市规划区内的临时用地,在报批前,应当先经有关城市规划行政主管部门同意。土地使用者应当根据土地权属,与有关土地行政主管部门或者农村集体经济组织、村民委员会签订临时使用土地合同,并按照合同的约定支付临时使用土地补偿费。

临时使用土地的使用者应当按照临时使用土地合同约定的用途使用土地,并不得修建永久性建筑物。

临时使用土地期限一般不超过二年。

第五十八条 有下列情形之一的,由有关人民政府土地行政主管部门报经原批准用地的人民政府或者有批准权的人民政府批准,可以收回国有土地使用权:

(一)为公共利益需要使用土地的;

(二)为实施城市规划进行旧城区改建,需要调整使用土地的;

(三)土地出让等有偿使用合同约定的使用期限届满,土地使用者未申请续期或者申请续期未获批准的;

(四)因单位撤销、迁移等原因,停止使用原划拨的国有土地的;

(五)公路、铁路、机场、矿场等经核准报废的。

依照前款第(一)项、第(二)项的规定收回国有土地使用权的,对土地使用权人应当给予适当补偿。

第五十九条 乡镇企业、乡(镇)村公共设施、公益事业、农村村民住宅等乡(镇)村建设,应当按照村庄和集镇规划,合理布局,综合开发,配套建设;建设用地,应当符合乡(镇)土地利用总体规划和土地利用年度计划,并依照本法第四十四条、第六十条、第六十一条、第六十二条的规定办理审批手续。

第六十条 农村集体经济组织使用乡(镇)土地利用总体规划确定的建设用地兴办企业或者与其他单位、个人以土地使用权入股、联营等形式共同举办企业的,应当持有关批准文件,向县级以上地方人民政府土地行政主管部门提出申请,按照省、自治区、直辖市规定的批准权限,由县级以上地方人民政府批准;其中,涉及占用农用地的,依照本法第四十四条的规定办理审批手续。

按照前款规定兴办企业的建设用地,必须严格控制。省、自治区、直辖市可以按照乡镇企业的不同行业和经营规模,分别规定用地标准。

第六十一条 乡(镇)村公共设施、公益事业建设,需要使用土地的,经乡(镇)人民政府审核,向县级以上地方人民政府土地行政主管部门提出申请,按照省、自治区、直辖市规定的批准权限,由县级以上地方人民政府批准;其中,涉及占用农用地的,依照本法第四十四条的规定办理审批手续。

第六十二条 农村村民一户只能拥有一处宅基地,其宅基地的面积不得超过省、自治区、直辖市规定的标准。

农村村民建住宅,应当符合乡(镇)土地利用总体规划,并尽量使用原有的宅基地和村内空闲地。

农村村民住宅用地,经乡(镇)人民政府审核,由县级人民政府批准;其中,涉及占用农用地的,依照本法第四十四条的规定办理审批手续。

农村村民出卖、出租住房后,再申请宅基地的,不予批准。

第六十三条 农民集体所有的土地的使用权不得出让、转让或者出租用于非农业建设;但是,符合土地利用总体规划并依法取得建设用地的企业,因破产、兼并等情形致使土地使用权依法发生转移的除外。

第六十四条 在土地利用总体规划制定前已建的不符合土地利用总体规划确定的用途的建筑物、构筑物,不得重建、扩建。

第六十五条 有下列情形之一的,农村集体经济组织报经原批准用地的人民政府批准,可以收回土地使用权:

(一)为乡(镇)村公共设施和公益事业建设,需要使用土地的;

(二)不按照批准的用途使用土地的;

(三)因撤销、迁移等原因而停止使用土地的。

依照前款第(一)项规定收回农民集体所有的土地的,对土地使用权人应当给予适当补偿。

第六章 监 督 检 查

第六十六条 县级以上人民政府土地行政主管部门对违反土地管理法律、法规的行为进行监督检查。

土地管理监督检查人员应当熟悉土地管理法律、法规,忠于职守、秉公执法。

第六十七条 县级以上人民政府土地行政主管部门履行监督检查职责时,有权采取下列措施:

(一)要求被检查的单位或者个人提供有关土地权利的文件和资料,进行查阅或者予以复制;

(二)要求被检查的单位或者个人就有关土地权利的问题作出说明;

(三)进入被检查单位或者个人非法占用的土地现场进行勘测;

(四)责令非法占用土地的单位或者个人停止违反土地管理法律、法规的行为。

第六十八条 土地管理监督检查人员履行职责,需要进入现场进行勘测、要求有关单位或者个人提供文件、资料和作出说明的,应当出示土地管理监督检查证件。

第六十九条 有关单位和个人对县级以上人民政府土地行政主管部门就土地违法行为进行的监督检查应当支持与配合,并提供工作方便,不得拒绝与阻碍土地管理监督检查人员依法执行职务。

第七十条 县级以上人民政府土地行政主管部门在监督检查工作中发现国家工作人员的违法行为,依法应当给予行政处分的,应当依法予以处理;自己无权处理的,应当向同级或者上级人民政府的行政监察机关提出行政处分建议书,有关行政监察机关应当依法予以处理。

第七十一条 县级以上人民政府土地行政主管部门在监督检查工作中发现土地违法行为构成犯罪的,应当将案件移送有关机关,依法追究刑事责任;不构成犯罪的,应当依法给予行政处罚。

第七十二条 依照本法规定应当给予行政处罚,而有关土地行政主管部门不给予行政处罚的,上级人民政府土地行政主管部门有权责令有关土地行政主管部门作出行政处罚决定或者直接给予行政处罚,并给予有关土地行政主管部门的负责人行政处分。

第七章 法律责任

第七十三条 买卖或者以其他形式非法转让土地的,由县级以上人民政府土地行政主管部门没收违法所得;对违反土地利用总体规划擅自将农用地改为建设用地的,限期拆除在非法转让的土地上新建的建筑物和其他设施,恢复土地原状,对符合土地利用总体规划的,没收在非法转让的土地上新建的建筑物和其他设施;可以并处罚款;对直接负责的主管人员和其他直接责任人员,依法给予行政处分;构成犯罪的,依法追究刑事责任。

第七十四条 违反本法规定,占用耕地建窑、建坟或者擅自在耕地上建房、挖砂、采石、采矿、取土等,破坏种植条件的,或者因开发土地造成土地荒漠化、盐渍化的,由县级以上人民政府土地行政主管部门责令限期改正或者治理,可以并处罚款;构成犯罪的,依法追究刑事责任。

第七十五条 违反本法规定,拒不履行土地复垦义务的,由县级以上人民政府土地行政主管部门责令限期改正;逾期不改正的,责令缴纳复垦费,专项用于土地复垦,可以处以罚款。

第七十六条 未经批准或者采取欺骗手段骗取批准,非法占用土地的,由县级以上人民政府土地行政主管部门责令退还非法占用的土地,对违反土地利用总体规划擅自将农用地改为建设用地的,限期拆除在非法占用的土地上新建的建筑物和其他设施,恢复土地原状,对符合土地利用总体规划的,没收在非法占用的土地上新建的建筑物和其他设施,可以并处罚款;对非法占用土地单位的直接负责的主管人员和其他直接责任人员,依法给予行政处分;构成犯罪的,依法追究刑事责任。

超过批准的数量占用土地,多占的土地以非法占用土地论处。

第七十七条 农村村民未经批准或者采取欺骗手段骗取批准,非法占用土地建住宅的,由县级以上人民政府土地行政主管部门责令退还非法占用的土地,限期拆除在非法占用的土地上新建的房屋。

超过省、自治区、直辖市规定的标准，多占的土地以非法占用土地论处。

第七十八条 无权批准征用、使用土地的单位或者个人非法批准占用土地的，超越批准权限非法批准占用土地的，不按照土地利用总体规划确定的用途批准用地的，或者违反法律规定的程序批准占用、征用土地的，其批准文件无效，对非法批准征用、使用土地的直接负责的主管人员和其他直接责任人员，依法给予行政处分；构成犯罪的，依法追究刑事责任。非法批准、使用的土地应当收回，有关当事人拒不归还的，以非法占用土地论处。

非法批准征用、使用土地，对当事人造成损失的，依法应当承担赔偿责任。

第七十九条 侵占、挪用被征用土地单位的征地补偿费用和其他有关费用，构成犯罪的，依法追究刑事责任；尚不构成犯罪的，依法给予行政处分。

第八十条 依法收回国有土地使用权当事人拒不交出土地的，临时使用土地期满拒不归还的，或者不按照批准的用途使用国有土地的，由县级以上人民政府土地行政主管部门责令交还土地，处以罚款。

第八十一条 擅自将农民集体所有的土地的使用权出让、转让或者出租用于非农业建设的，由县级以上人民政府土地行政主管部门责令限期改正，没收违法所得，并处罚款。

第八十二条 不依照本法规定办理土地变更登记的，由县级以上人民政府土地行政主管部门责令其限期办理。

第八十三条 依照本法规定，责令限期拆除在非法占用的土地上新建的建筑物和其他设施的，建设单位或者个人必须立即停止施工，自行拆除；对继续施工的，作出处罚决定的机关有权制止。建设单位或者个人对责令限期拆除的行政处罚决定不服的，可以在接到责令限期拆除决定之日起十五日内，向人民法院起诉；期满不起诉又不自行拆除的，由作出处罚决定的机关依法申请人民法院强制执行，费用由违法者承担。

第八十四条 土地行政主管部门的工作人员玩忽职守、滥用职权、徇私舞弊，构成犯罪的，依法追究刑事责任；尚不构成犯罪的，依法给予行政处分。

第八章 附 则

第八十五条 中外合资经营企业、中外合作经营企业、外资企业使用土地的，适用本法；法律另有规定的，从其规定。

第八十六条 本法自1999年1月1日起施行。

附：

《刑法》有关条文

第二百二十八条 以牟利为目的，违反土地管理法规，非法转让、倒卖土地使用权，情节严重的，处三年以下有期徒刑或者拘役，并处或者单处非法转让、倒卖土地使用权价额百分之五以上百分之二十以下罚金；情节特别严重的，处三年以上七年以下有期徒刑，并处非法转让、倒卖土地使用权价额百分之五以上百分之二十以下罚金。

第三百四十二条 违反土地管理法规，非法占用耕地改作他用，数量较大，造成耕地大量毁坏的，处五年以下有期徒刑或者拘役，并处或者单处罚金。

第四百一十条 国家机关工作人员徇私舞弊，违反土地管理法规，滥用职权，非法批准征用、占用土地，或者非法低价出让国有土地使用权，情节严重的，处三年以下有期徒刑或者拘役；致使国家或者集体利益遭受特别重大损失的，处三年以上七年以下有期徒刑。

中华人民共和国土地管理法实施条例

（1998年12月27日中华人民共和国国务院令第256号发布）

第一章　总　　则

第一条　根据《中华人民共和国土地管理法》（以下简称《土地管理法》），制定本条例。

第二章　土地的所有权和使用权

第二条　下列土地属于全民所有即国家所有：

（一）城市市区的土地；

（二）农村和城市郊区中已经依法没收、征收、征购为国有的土地；

（三）国家依法征用的土地；

（四）依法不属于集体所有的林地、草地、荒地、滩涂及其他土地；

（五）农村集体经济组织全部成员转为城镇居民的，原属于其成员集体所有的土地；

（六）因国家组织移民、自然灾害等原因，农民成建制地集体迁移后不再使用的原属于迁移农民集体所有的土地。

第三条　国家依法实行土地登记发证制度。依法登记的土地所有权和土地使用权受法律保护，任何单位和个人不得侵犯。

土地登记内容和土地权属证书式样由国务院土地行政主管部门统一规定。

土地登记资料可以公开查询。

确认林地、草原的所有权或者使用权，确认水面、滩涂的养殖使用权，分别依照《森林法》、《草原法》和《渔业法》的有关规定办理。

第四条　农民集体所有的土地，由土地所有者向土地所在地的县级人民政府土地行政主管部门提出土地登记申请，由县级人民政府登记造册，核发集体土地所有权证书，确认所有权。

农民集体所有的土地依法用于非农业建设的，由土地使用者向土地所在地的县级人民政府土地行政主管部门提出土地登记申请，由县级人民政府登记造册，核发集体土地使用权证书，确认建设用地使用权。

设区的市人民政府可以对市辖区内农民集体所有的土地实行统一登记。

第五条　单位和个人依法使用的国有土地，由土地使用者向土地所在地的县级以上人民政府土地行政主管部门提出土地登记申请，由县级以上人民政府登记造册，核发国有土地使用权证书，确认使用权。其中，中央国家机关使用的国有土地的登记发证，由国务院土地行政主管部门负责，具体登记发证办法由国务院土地行政主管部门会同国务院机关事务管理局等有关部门制定。

未确定使用权的国有土地，由县级以上人民政府登记造册，负责保护管理。

第六条 依法改变土地所有仅、使用权的，因依法转让地上建筑物、构筑物等附着物导致土地使用权转移的，必须向土地所在地的县级以上人民政府土地行政主管部门提出土地变更登记申请，由原土地登记机关依法进行土地所有权、使用权变更登记。土地所有权、使用权的变更，自变更登记之日起生效。

依法改变土地用途的，必须持批准文件，向土地所在地的县级以上人民政府土地行政主管部门提出土地变更登记申请，由原土地登记机关依法进行变更登记。

第七条 依照《土地管理法》的有关规定，收回用地单位的土地使用权的，由原土地登记机关注销土地登记。

土地使用权有偿使用合同约定的使用期限届满，土地使用者未申请续期或者虽申请续期未获批准的，由原土地登记机关注销土地登记。

第三章　土地利用总体规划

第八条 全国土地利用总体规划，由国务院土地行政主管部门会同国务院有关部门编制，报国务院批准。

省、自治区、直辖市的土地利用总体规划，由省、自治区、直辖市人民政府组织本级土地行政主管部门和其他有关部门编制，报国务院批准。

省、自治区人民政府所在地的市、人口在100万以上的城市以及国务院指定的城市的土地利用总体规划，由各该市人民政府组织本级土地行政主管部门和其他有关部门编制，经省、自治区人民政府审查同意后，报国务院批准。

本条第一款、第二款、第三款规定以外的土地利用总体规划，由有关人民政府组织本级土地行政主管部门和其他有关部门编制，逐级上报省、自治区、直辖市人民政府批准；其中，乡(镇)土地利用总体规划，由乡(镇)人民政府编制，逐级上报省、自治区、直辖市人民政府或者省、自治区、直辖市人民政府授权的设区的市、自治州人民政府批准。

第九条 土地利用总体规划的规划期限一般为15年。

第十条 依照《土地管理法》规定，土地利用总体规划应当将土地划分为农用地、建设用地和未利用地。

县级和乡(镇)土地利用总体规划应当根据需要，划定基本农田保护区、土地开垦区、建设用地区和禁止开垦区等；其中，乡(镇)土地利用总体规划还应当根据土地使用条件，确定每一块土地的用途。

土地分类和划定土地利用区的具体办法，由国务院土地行政主管部门会同国务院有关部门制定。

第十一条 乡(镇)土地利用总体规划经依法批准后，乡(镇)人民政府应当在本行政区域内予以公告。

公告应当包括下列内容：

(一)规划目标；

(二)规划期限；

(三)规划范围；

(四)地块用途；

(五)批准机关和批准日期。

第十二条 依照《土地管理法》第二十六条第二款、第三款规定修改土地利用总体规划的，由原编制机关根据国务院或者省、自治区、直辖市人民政府的批准文件修改。修改后的土地利用总体规划应当报原批准机关批准。

上一级土地利用总体规划修改后，涉及修改下一级土地利用总体规划的，由上一级人民政府通知下一级人民政府作出相应修改，并报原批准机关备案。

第十三条 各级人民政府应当加强土地利用年度计划管理，实行建设用地总量控制。土地利用年度计划一经批准下达，必须严格执行。

土地利用年度计划应当包括下列内容：

(一)农用地转用计划指标；

(二)耕地保有量计划指标；

(三)土地开发整理计划指标。

第十四条 县级以上人民政府土地行政主管部门应当会同同级有关部门进行土地调查。

土地调查应当包括下列内容：

(一)土地权属；

(二)土地利用现状；

(三)土地条件。

地方土地利用现状调查结果，经本级人民政府审核，报上一级人民政府批准后，应当向社会公布；全国土地利用现状调查结果，报国务院批准后，应当向社会公布。土地调查规程，由国务院土地行政主管部门会同国务院有关部门制定。

第十五条 国务院土地行政主管部门会同国务院有关部门制定土地等级评定标准。

县级以上人民政府土地行政主管部门应当会同同级有关部门根据土地等级评定标准，对土地等级进行评定。地方土地等级评定结果，经本级人民政府审核，报上一级人民政府土地行政主管部门批准后，应当向社会公布。

根据国民经济和社会发展状况，土地等级每6年调整1次。

第四章 耕地保护

第十六条 在土地利用总体规划确定的城市和村庄、集镇建设用地范围内，为实施城市规划和村庄、集镇规划占用耕地，以及在土地利用总体规划确定的城市建设用地范围外的能源、交通、水利、矿山、军事设施等建设项目占用耕地的，分别由市、县人民政府、农村集体经济组织和建设单位依照《土地管理法》第三十一条的规定负责开垦耕地；没有条件开垦或者开垦的耕地不符合要求的，应当按照省、自治区、直辖市的规定缴纳耕地开垦费。

第十七条 禁止单位和个人在土地利用总体规划确定的禁止开垦区内从事土地开发活动。

在土地利用总体规划确定的土地开垦区内，开发未确定土地使用权的国有荒山、荒地、荒滩从事种植业、林业、畜牧业、渔业生产的，应当向土地所在地的县级以上人民政府土地行政主管部门提出申请，报有批准权的人民政府批准。

一次性开发未确定土地使用权的国有荒山、荒地、荒滩600公顷以下的，按照省、自治区、直辖市规定的权限，由县级以上地方人民政府批准；开发600公顷以上的，报国务院批准。

开发未确定土地使用权的国有荒山、荒地、荒滩从事种植业、林业、畜牧业或者渔业生产的，经县级以上人民政府依法批准，可以确定给开发单位或者个人长期使用，使用期限最长不得超过50年。

第十八条 县、乡(镇)人民政府应当按照土地利用总体规划，组织农村集体经济组织制定土地整理方案，并组织实施。

地方各级人民政府应当采取措施，按照土地利用总体规划推进土地整理。土地整理新增耕地面积的百分之六十可以用作折抵建设占用耕地的补偿指标。

土地整理所需费用，按照谁受益谁负担的原则，由农村集体经济组织和土地使用者共同承担。

第五章 建 设 用 地

第十九条 建设占用土地，涉及农用地转为建设用地的，应当符合土地利用总体规划和土地利用年度计划中确定的农用地转用指标；城市和村庄、集镇建设占用土地，涉及农用地转用的，还应当符合城市规划和村庄、集镇规划。不符合规定的，不得批准农用地转为建设用地。

第二十条 在土地利用总体规划确定的城市建设用地范围内，为实施城市规划占用土地的，按照下列规定办理：

(一)市、县人民政府按照土地利用年度计划拟订农用地转用方案、补充耕地方案、征用土地方案，分批次逐级上报有批准权的人民政府。

(二)有批准权的人民政府土地行政主管部门对农用地转用方案、补充耕地方案、征用土地方案进行审查，提出审查意见，报有批准权的人民政府批准；其中，补充耕地方案由批准农用地转用方案的人民政府在批准农用地转用方案时一并批准。

(三)农用地转用方案、补充耕地方案、征用土地方案经批准后，由市、县人民政府组织实施，按具体建设项目分别供地。

在土地利用总体规划确定的村庄、集镇建设用地范围内，为实施村庄、集镇规划占用土地的，由市、县人民政府拟订农用地转用方案、补充耕地方案，依照前款规定的程序办理。

第二十一条 具体建设项目需要使用土地的，建设单位应当根据建设项目的总体设计一次申请，办理建设用地审批手续；分期建设的项目，可以根据可行性研究报告确定的方案分期申请建设用地，分期办理建设用地有关审批手续。

第二十二条 具体建设项目需要占用土地利用总体规划确定的城市建设用地范围内的国有建设用地的，按照下列规定办理：

(一)建设项目可行性研究论证时，由土地行政主管部门对建设项目用地有关事项进行审查，提出建设项目用地预审报告；可行性研究报告报批时，必须附具土地行政主管部门出具的建设项目用地预审报告。

(二)建设单位持建设项目的有关批准文件，向市、县人民政府土地行政主管部门提出建设用地申请,由市、县人民政府土地行政主管部门审查,拟订供地方案,报市、县人民政府批准;需要上级人民政府批准的,应当报上级人民政府批准。

(三)供地方案经批准后,由市、县人民政府向建设单位颁发建设用地批准书。有偿使用国有土地的,由市、县人民政府土地行政主管部门与土地使用者签订国有土地有偿使用合同;划拨使用国有土地的,由市、县人民政府土地行政主管部门向土地使用者核发国有土地划拨决定书。

(四)土地使用者应当依法申请土地登记。

通过招标、拍卖方式提供国有建设用地使用权的,由市、县人民政府土地行政主管部门会同有关部门拟订方案,报市、县人民政府批准后,由市、县人民政府土地行政主管部门组织实施,并与土地使用者签订土地有偿使用合同,土地使用者应当依法申请土地登记。

第二十三条 具体建设项目需要使用土地的,必须依法申请使用土地利用总体规划确定的城市建设用地范围内的国有建设用地。能源、交通、水利、矿山、军事设施等建设项目确需使用土地利用总体规划确定的城市建设用地范围外的土地,涉及农用地的,按照下列规定办理:

(一)建设项目可行性研究论证时,由土地行政主管部门对建设项目用地有关事项进行审查,提出建设项目用地预审报告;可行性研究报告报批时,必须附具土地行政主管部门出具的建设项目用地预审报告。

(二)建设单位持建设项目的有关批准文件,向市、县人民政府土地行政主管部门提出建设用地申请,由市、县人民政府土地行政主管部门审查,拟订农用地转用方案,补充耕地方案、征用土地方案和供地方案(涉及国有农用地的,不拟订征用土地方案),经市、县人民政府审核同意后,逐级上报有批准权的人民政府批准;其中,补充耕地方案由批准农用地转用方案的人民政府在批准农用地转用方案时一并批准;供地方案由批准征用土地的人民政府在批准征用土地方案时一并批准(涉及国有农用地的,供地方案由批准农用地转用的人民政府在批准农用地转用方案时一并批准)。

(三)农用地转用方案、补充耕地方案、征用土地方案和供地方案经批准后,由市、县人民政府组织实施,向建设单位颁发建设用地批准书。有偿使用国有土地的,由市、县人民政府土地行政主管部门与土地使用者签订国有土地有偿使用合同;划拨使用国有土地的,由市、县人民政府土地行政主管部门向土地使用者核发国有土地划拨决定书。

(四)土地使用者应当依法申请土地登记。

建设项目确需使用土地利用总体规划确定的城市建设用地范围外的土地,涉及农民集体所有的未利用地的,只报批征用土地方案和供地方案。

第二十四条 具体建设项目需要占用土地利用总体规划确定的国有未利用地的,按照省、自治区、直辖市的规定办理;但是,国家重点建设项目、军事设施和跨省、自治区、直辖市行政区域的建设项目以及国务院规定的其他建设项目用地,应当报国务院批准。

第二十五条 征用土地方案经依法批准后,由被征用土地所在地的市、县人民政府组织实施,并将批准征地机关、批准文号、征用土地的用途、范围、面积以及征地补偿标准、农业人员安置办法和办理征地补偿的期限等,在被征用土地所在地的乡(镇)、村予以公告。

被征用土地的所有权人、使用权人应当在公告规定的期限内,持土地权属证书到公告指定的人民政府土地行政主管部门办理征地补偿登记。

市、县人民政府土地行政主管部门根据经批准的征用土地方案，会同有关部门拟订征地补偿、安置方案，在被征用土地所在地的乡(镇)、村予以公告，听取被征用土地的农村集体经济组织和农民的意见。征地补偿、安置方案报市、县人民政府批准后，由市、县人民政府土地行政主管部门组织实施。对补偿标准有争议的，由县级以上地方人民政府协调；协调不成的，由批准征用土地的人民政府裁决。征地补偿、安置争议不影响征用土地方案的实施。

征用土地的各项费用应当自征地补偿、安置方案批准之日起3个月内全额支付。

第二十六条 土地补偿费归农村集体经济组织所有；地上附着物及青苗补偿费归地上附着物及青苗的所有者所有。

征用土地的安置补助费必须专款专用，不得挪作他用。需要安置的人员由农村集体经济组织安置的，安置补助费支付给农村集体经济组织，由农村集体经济组织管理和使用；由其他单位安置的，安置补助费支付给安置单位；不需要统一安置的，安置补助费发放给被安置人员个人或者征得被安置人员同意后用于支付被安置人员的保险费用。

市、县和乡(镇)人民政府应当加强对安置补助费使用情况的监督。

第二十七条 抢险救灾等急需使用土地的，可以先行使用土地。其中，属于临时用地的，灾后应当恢复原状并交还原土地使用者使用，不再办理用地审批手续；属于永久性建设用地的，建设单位应当在灾情结束后6个月内申请补办建设用地审批手续。

第二十八条 建设项目施工和地质勘查需要临时占用耕地的，土地使用者应当自临时用地期满之日起1年内恢复种植条件。

第二十九条 国有土地有偿使用的方式包括：

(一)国有土地使用权出让；

(二)国有土地租赁；

(三)国有土地使用权作价出资或者入股。

第三十条 《土地管理法》第五十五条规定的新增建设用地的土地有偿使用费，是指国家在新增建设用地中应取得的平均土地纯收益。

第六章　监督检查

第三十一条 土地管理监督检查人员应当经过培训，经考核合格后，方可从事土地管理监督检查工作。

第三十二条 土地行政主管部门履行监督检查职责，除采取《土地管理法》第六十七条规定的措施外，还可以采取下列措施：

(一)询问违法案件的当事人、嫌疑人和证人；

(二)进入被检查单位或者个人非法占用的土地现场进行拍照、摄像；

(三)责令当事人停止正在进行的土地违法行为；

(四)对涉嫌土地违法的单位或者个人，停止办理有关土地审批、登记手续；

(五)责令违法嫌疑人在调查期间不得变卖、转移与案件有关的财物。

第三十三条 依照《土地管理法》第七十二条规定给予行政处分的，由责令作出行政处罚决定或者直接给予行政处罚决定的上级人民政府土地行政主管部门作出。对于警告、记过、记大过的行政处分决定，上级土地行政主管部门可以直接作出；对于降级、撤职、开除的行政处分决定，上级土地行政主管部门应当按照国家有关人事管理权限和处理程序的规定，向有关机关提出行政处分建议，由有关机关依法处理。

第七章 法 律 责 任

第三十四条 违反本条例第十七条的规定，在土地利用总体规划确定的禁止开垦区内进行开垦的，由县级以上人民政府土地行政主管部门责令限期改正；逾期不改正的，依照《土地管理法》第七十六条的规定处罚。

第三十五条 在临时使用的土地上修建永久性建筑物、构筑物的，由县级以上人民政府土地行政主管部门责令限期拆除；逾期不拆除的，由作出处罚决定的机关依法申请人民法院强制执行。

第三十六条 对在土地利用总体规划制定前已建的不符合土地利用总体规划确定的用途的建筑物、构筑物重建、扩建的，由县级以上人民政府土地行政主管部门责令限期拆除；逾期不拆除的，由作出处罚决定的机关依法申请人民法院强制执行。

第三十七条 阻碍土地行政主管部门的工作人员依法执行职务的，依法给予治安管理处罚或者追究刑事责任。

第三十八条 依照《土地管理法》第七十三条的规定处以罚款的，罚款额为非法所得的百分之五十以下。

第三十九条 依照《土地管理法》第八十一条的规定处以罚款的，罚款额为非法所得的百分之五以上百分之二十以下。

第四十条 依照《土地管理法》第七十四条的规定处以罚款的，罚款额为耕地开垦费的2倍以下。

第四十一条 依照《土地管理法》第七十五条的规定处以罚款的，罚款额为土地复垦费的2倍以下。

第四十二条 依照《土地管理法》第七十六条的规定处以罚款的，罚款额为非法占用土地每平方米30元以下。

第四十三条 依照《土地管理法》第八十条的规定处以罚款的，罚款额为非法占用土地每平方米10元以上30元以下。

第四十四条 违反本条例第二十八条的规定，逾期不恢复种植条件的，由县级以上人民政府土地行政主管部门责令限期改正，可以处耕地复垦费2倍以下的罚款。

第四十五条 违反土地管理法律、法规规定，阻挠国家建设征用土地的，由县级以上人民政府土地行政主管部门责令交出土地；拒不交出土地的，申请人民法院强制执行。

第八章 附 则

第四十六条 本条例自1999年1月1日起施行。1991年1月4日国务院发布的《中华人民共和国土地管理法实施条例》同时废止。

中华人民共和国城市房地产管理法

（1994年7月5日中华人民共和国主席令第29号公布）

第一章　总　　则

第一条　为了加强对城市房地产的管理，维护房地产市场秩序，保障房地产权利人的合法权益，促进房地产业的健康发展，制定本法。

第二条　在中华人民共和国城市规划区国有土地（以下简称国有土地）范围内取得房地产开发用地的土地使用权，从事房地产开发、房地产交易，实施房地产管理，应当遵守本法。

本法所称房屋，是指土地上的房屋等建筑物及构筑物。

本法所称房地产开发，是指在依据本法取得国有土地使用权的土地上进行基础设施、房屋建设的行为。

本法所称房地产交易，包括房地产转让、房地产抵押和房屋租赁。

第三条　国家依法实行国有土地有偿、有限期使用制度。但是，国家在本法规定的范围内划拨国有土地使用权的除外。

第四条　国家根据社会、经济发展水平，扶持发展居民住宅建设，逐步改善居民的居住条件。

第五条　房地产权利人应当遵守法律和行政法规，依法纳税。房地产权利人的合法权益受法律保护，任何单位和个人不得侵犯。

第六条　国务院建设行政主管部门、土地管理部门依照国务院规定的职权划分，各司其职，密切配合。管理全国房地产工作。

县级以上地方人民政府房产管理、土地管理部门的机构设置及其职权由省、自治区、直辖市人民政府确定。

第二章　房地产开发用地

第一节　土地使用权出让

第七条　土地使用权出让，是指国家将国有土地使用权（以下简称土地使用权）在一定年限内出让给土地使用者，由土地使用者向国家支付土地使用权出让金的行为。

第八条　城市规划区内的集体所有的土地，经依法征用转为国有土地后，该幅国有土地的使用权方可有偿出让。

第九条　土地使用权出让，必须符合土地利用总体规划、城市规划和年度建设用地计划。

第十条 县级以上地方人民政府出让土地使用权用于房地产开发的，须根据省级以上人民政府下达的控制指标拟订年度出让土地使用权总面积方案，按照国务院规定，报国务院或者省级人民政府批准。

第十一条 土地使用权出让，由市、县人民政府有计划、有步骤地进行。出让的每幅地块、用途、年限和其他条件，由市、县人民政府土地管理部门会同城市规划、建设、房产管理部门共同拟定方案，按照国务院规定，报经有批准权的人民政府批准后，由市、县人民政府土地管理部门实施。

直辖市的县人民政府及其有关部门行使前款规定的权限，由直辖市人民政府规定。

第十二条 土地使用权出让，可以采取拍卖、招标或者双方协议的方式。

商业、旅游、娱乐和豪华住宅用地，有条件的，必须采取拍卖、招标方式；没有条件，不能采取拍卖、招标方式的，可以采取双方协议的方式。

采取双方协议方式出让土地使用权的出让金不得低于按国家规定所确定的最低价。

第十三条 土地使用权出让最高年限由国务院规定。

第十四条 土地使用权出让，应当签订书面出让合同。

土地使用权出让合同由市、县人民政府土地管理部门与土地使用者签订。

第十五条 土地使用者必须按照出让合同约定，支付土地使用权出让金；未按照出让合同约定支付土地使用权出让金的，土地管理部门有权解除合同，并可以请求违约赔偿。

第十六条 土地使用者按照出让合同约定支付土地使用权出让金的，市、县人民政府土地管理部门必须按照出让合同约定，提供出让的土地；未按照出让合同约定提供出让的土地的，土地使用者有权解除合同，由土地管理部门返还土地使用权出让金，土地使用者并可以请求违约赔偿。

第十七条 土地使用者需要改变土地使用权出让合同约定的土地用途的，必须取得出让方和市、县人民政府城市规划行政主管部门的同意，签订土地使用权出让合同变更协议或者重新签订土地使用权出让合同，相应调整土地使用权出让金。

第十八条 土地使用权出让金应当全部上缴财政，列入预算，用于城市基础设施建设和土地开发。土地使用权出让金上缴和使用的具体办法由国务院规定。

第十九条 国家对土地使用者依法取得的土地使用权，在出让合同约定的使用年限届满前不收回；在特殊情况下，根据社会公共利益的需要，可以依照法律程序提前收回，并根据土地使用者使用土地的实际年限和开发土地的实际情况给予相应的补偿。

第二十条 土地使用权因土地灭失而终止。

第二十一条 土地使用权出让合同约定的使用年限届满，土地使用者需要继续使用土地的，应当至迟于届满前一年申请续期，除根据社会公共利益需要收回该幅土地的，应当予以批准。经批准准予续期的，应当重新签订土地使用权出让合同，依照规定支付土地使用权出让金。

土地使用权出让合同约定的使用年限届满，土地使用者未申请续期或者虽申请续期但依照前款规定未获批准的，土地使用权由国家无偿收回。

第二节 土地使用权划拨

第二十二条 土地使用权划拨，是指县级以上人民政府依法批准，在土地使用者缴纳补偿、安置等费用后将该幅土地交付其使用，或者将土地使用权无偿交付给土地使用者使用的行为。

依照本法规定以划拨方式取得土地使用权的，除法律、行政法规另有规定外，没有使用期限的限制。

第二十三条 下列建设用地的土地使用权，确属必需的，可以由县级以上人民政府依法批准划拨：

（一）国家机关用地和军事用地；

（二）城市基础设施用地和公益事业用地；

（三）国家重点扶持的能源、交通、水利等项目用地；

（四）法律、行政法规规定的其他用地。

第三章 房地产开发

第二十四条 房地产开发必须严格执行城市规划，按照经济、社会效益、环境效益相统一的原则，实行全面规划、合理布局、综合开发、配套建设。

第二十五条 以出让方式取得土地使用权进行房地产开发的，必须按照土地使用权出让合同约定的土地用途、动工开发期限开发土地。超过出让合同约定的动工开发日期满一年未动工开发的，可以征收相当于土地使用权出让金百分之二十以下的土地闲置费；满二年未动工开发的，可以无偿收回土地使用权；但是，因不可抗力或者、政府有关部门的行为或者动工开发必需的前期工作造成动工开发迟延的除外。

第二十六条 房地产开发项目的设计、施工，必须符合国家的有关标准和规范。

房地产开发项目竣工，经验收合格后，方可交付使用。

第二十七条 依法取得的土地使用权，可以依照本法和有关法律、行政法规的规定，作价入股、合资、合作开发经营房地产。

第二十八条 国家采取税收等方面的优惠措施鼓励和扶持房地产开发企业开发建设居民住宅。

第二十九条 房地产开发企业是以营利为目的，从事房地产开发和经营的企业。设立房地产开发企业，应当具备下列条件：

（一）有自己的名称和组织机构；

（二）有固定的经营场所；

（三）有符合国务院规定的注册资本；

（四）有足够的专业技术人员；

（五）法律、行政法规规定的其他条件。

设立房地产开发企业，应当向工商行政管理部门申请设立登记。工商行政管理部门对符合本法规定条件的，应当予以登记，发给营业执照；对不符合本法规定条件的，不予登记。

设立有限责任公司、股份有限公司，从事房地产开发经营的，还应当执行公司法的有关规定。

房地产开发企业在领取营业执照后的一个月内，应当到登记机关所在地的县级以上地方人民政府规定的部门备案。

第三十条 房地产开发企业的注册资本与投资总额的比例应当符合国家有关规定。

房地产开发企业分期开发房地产的，分期投资额应当与项目规模相适应，并按照土地使用权出让合同的规定，按期投入资金，用于项目建设。

第四章 房地产交易

第一节 一般规定

第三十一条 房地产转让、抵押时，房屋的所有权和该房屋占用范围内的土地使用权同时转让、抵押。

第三十二条 基准地价、标定地价和各类房屋的重置价格应当定期确定并公布。具体办法由国务院规定。

第三十三条 国家实行房地产价格评估制度。

房地产价格评估，应当遵循公正、公平、公开的原则，按照国家规定的技术标准和评估程序，以基准地价标定地价和各类房屋的重置价格为基础，参照当地的市场价格进行评估。

第三十四条 国家实行房地产成交价格申报制度。

房地产权利人转让房地产，应当向县级以上地方人民政府规定的部门如实申报成交价，不得瞒报或者作不实的申报。

第三十五条 房地产转让、抵押，当事人应当依照本法第五章的规定办理权属登记。

第二节 房地产转让

第三十六条 房地产转让，是指房地产权利人通过买卖、赠与或者其他合法方式将其房地产转移给他人的行为。

第三十七条 下列房地产，不得转让：

（一）以出让方式取得土地使用权的，不符合本法第三十八条规定的条件的；

（二）司法机关和行政机关依法裁定、决定查封或者以其他形式限制房地产权利的；

（三）依法收回土地使用权的；

（四）共有房地产，未经其他共有人书面同意的；

（五）权属有争议的；

（六）未依法登记领取权属证书的；

（七）法律、行政法规规定禁止转让的其他情形。

第三十八条 以出让方式取得土地使用权的，转让房地产时，应当符合下列条件：

（一）按照出让合同约定已经支付全部土地使用权出让金，并取得土地使用权证书；

（二）按照出让合同约定进行投资开发，属于房屋建设工程的，完成开发投资总额的百分之二十五以上，属于成片开发土地的，形成工业用地或者其他建设用地条件。

转让房地产时房屋已经建成的，还应当支持有房屋所有权证书。

第三十九条 以划拨方式取得土地使用权的，转让房地产时，应当按照国务院规定，报有批准权的人民政府审批。有批准权的人民政府准予转让的，应当由受让方办理土地使用权出让手续，并依照国家有关规定缴纳土地使用权出让金。

以划拨方式取得土地使用权的，转让房地产报批时，有批准权的人民政府按照国务院规定决定可以不办理土地使用权出让手续的，转让方应当按照国务院规定将转让房地产所获收益中的土地收益上缴国家或者作其他处理。

第四十条 房地产转让，应当签订书面转让合同，合同中应当载明土地使用权取得的方式。

第四十一条 房地产转让时，土地使用权出让合同载明的权利、义务随之转移。

第四十二条 以出让方式取得土地使用权的，转让房地产后，其土地使用权的使用年限为原土地使用权出让合同约定的年限减去原土地使用者已经使用年限后的剩余年限。

第四十三条 以出让方式取得土地使用权的，转让房地产后，受让人改变原土地使用权出让合同约定的土地用途的，必须取得原出让方和市、县人民政府城市规划行政主管部门的同意，签订土地使用权出让合同变更协议或者重新签订土地使用权出让合同，相应调整土地使用权出让金。

第四十四条 商品房预售，应当符合下列条件：

（一）已交付全部土地使用权出让金，取得土地使用权证书；

（二）持有建设工程规划许可证；

（三）按提供预售的商品房计算，投入开发建设的资金达到工程建设总投资的百分之二十五以上，并已经确定施工进度和竣工交付日期；

（四）向县级以上人民政府房产管理部门办理预售登记，取得商品房预售许可证明。

商品房预售人应当按照国家有关规定将预售合同报县级以上人民政府房产管理部门和土地管理部门登记备案。

商品房预售所得款项，必须用于有关的工程建设。

第四十五条 商品房预售的，商品房预购人将购买的未竣工的预售商品房再行转让的问题，由国务院规定。

第三节 房地产抵押

第四十六条 房地产抵押，是指抵押人以其合法的房地产以不转移占有的方式向抵押权人提供债务履行担保的行为。债务人不履行债务时，抵押权人有权依法以抵押的房地产拍卖所得的价款优先受偿。

第四十七条 依法取得的房屋所有权连同该房屋占用范围内的土地使用权，可以设定抵押权。

以出让方式取得的土地使用权，可以设定抵押权。

第四十八条 房地产抵押，应当凭土地使用权证书、房屋所有权证书办理。

第四十九条 房地产抵押，抵押人和抵押权人应当签订书面抵押合同。

第五十条 设定房地产抵押权的土地使用权是以划拨方式取得的，依法拍卖该房地产后，应当从拍卖所得的价款中缴纳相当于应缴纳的土地使用权出让金的款额后，抵押权人方可优先受偿。

第五十一条 房地产抵押合同签订后，土地上新增的房屋不属于抵押财产。需要拍卖该抵押的房地产时，可以依法将土地上新增的房屋与抵押财产一同拍卖，但对拍卖新增房屋所得，抵押权人无权优先受偿。

第四节 房 屋 租 赁

第五十二条 房屋租赁，是指房屋所有权人作为出租人将其房屋出租给承租人使用，由承租人向出租人支付租金的行为。

第五十三条 房屋租赁，出租人和承租人应当签订书面租赁合同，约定租赁期限、租赁用途、租赁价格、修缮责任等条款，以及双方的其他权利和义务，并向房产管理部门登记备案。

第五十四条 住宅用房的租赁，应当执行国家和房屋所在城市人民政府规定的租赁政策。租用房屋从事生产、经营活动的，由租赁双方协商议定租金和其他租赁条款。

第五十五条 以营利为目的，房屋所有权人将以划拨方式取得使用权的国有土地上建成的房屋出租的，应当将租金中所含土地收益上缴国家。具体办法由国务院规定。

第五节 中 介 服 务 机 构

第五十六条 房地产中介服务机构包括房地产咨询机构、房地产价格评估机构、房地产经纪机构等。

第五十七条 房地产中介服务机构应当具备下列条件：

（一）有自己的名称和组织机构；

（二）有固定的服务场所；

（三）有必要的财产和经费；

（四）有足够数量的专业人员；

（五）法律、行政法规规定的其他条件。

设立房地产中介服务机构，应当向工商行政管理部门申请设立登记，领取营业执照后，方可开业。

第五十八条 国家实行房地产价格评估人员资格认证制度。

第五章 房地产权属登记

第五十九条 国家实行土地使用权和房屋所有权登记发证制度。

第六十条 以出让或者划拨方式取得土地使用权，应当向县级以上地方人民政府土地管理部门申请登记，经县级以上地方人民政府土地管理部门核实，由同级人民政府颁发土地使用权证书。

在依法取得的房地产开发用地上建成房屋的，应当凭土地使用权证书向县级以上地方人民政府房产管理部门申请登记，由县级以上地方人民政府房产管理部门核实并颁发房屋所有权证书。

房地产转让或者变更时，应当向县级以上地方人民政府房产管理部门申请房产变更登记，并凭变更后的房屋所有权证书向同级人民政府土地管理部门申请土地使用权变更登记，经同级人民政府土地管理部门核实，由同级人民政府更换或者更改土地使用权证书。

法律另有规定的，依照有关法律的规定办理。

第六十一条 房地产抵押时，应当向县级以上地方人民政府规定的部门办理抵押登记。

因处分抵押房地产而取得土地使用权和房屋所有权的，应当依照本章规定办理过户登记。

第六十二条 经省、自治区、直辖市人民政府确定，县级以上地方人民政府由一个部门统一负责房产管理和土地管理工作的，可以制作、颁发统一的房地产权证书，依照本法第六十条的规定，将房屋的所有权和该房屋占用范围内的土地使用权的确认和变更，分别载入房地产权证书。

第六章 法 律 责 任

第六十三条 违反本法第十条、第十一条的规定，擅自批准出让或者擅自出让土地使用权用于房地产开发的，由上级机关或者所在单位给予有关责任人员行政处分。

第六十四条 违反本法第二十九条的规定,未取得营业执照擅自从事房地产开发业务的,由县级以上人民政府工商行政管理部门责令停止房地产开发业务活动,没收违法所得,可以并处罚款。

第六十五条 违反本法第三十八条第一款的规定转让土地使用权的，由县级以上人民政府土地管理部门没收违法所得，可以并处罚款。

第六十六条 违反本法第三十九条第一款的规定转让房地产的，有县级以上人民政府土地管理部门责令缴纳土地使用权出让金，没收违法所得，可以并处罚款。

第六十七条 违反本法第四十四条第一款的规定预售商品房的，由县级以上人民政府房产管理部门责令停止预售活动，没收违法所得，可以并处罚款。

第六十八条 违反本法第五十七条的规定，未取得营业执照擅自从事房地产中介服务业务的，由县级以上人民政府工商行政管理部门责令停止房地产中介服务业务活动，没收违法所得，可以并处罚款。

第六十九条 没有法律、法规的依据，向房地产开发企业收费的，上级机关应当责令退回所收取的钱款；情节严重的，由上级机关或者所在单位给予直接责任人员行政处分。

第七十条 房地产管理部门、土地管理部门工作人员玩忽职守、滥用职权，构成犯罪的，依法追究刑事责任；不构成犯罪的，给予行政处分。

房产管理部门、土地管理部门工作人员利用职务上的便利，索取他人财物，或者非法收受他人财物为他人谋利益，构成犯罪的，依照惩治贪污罪贿赂罪的补充规定追究刑事责任；不构成犯罪的，给予行政处分。

附 则

第七十一条 在城市规划区外的国有土地范围内取得房地产开发用地的土地使用权，从事房地产开发、交易活动以及实施房地产管理，参照本法执行。

第七十二条 本法自 1995 年 1 月 1 日起施行。

中华人民共和国城镇国有土地使用权出让和转让暂行条例

(1990年5月19日中华人民共和国国务院令第55号发布)

第一章　总　　则

第一条　为了改革城镇国有土地使用制度，合理开发、利用、经营土地，加强土地管理，促进城市建设和经济发展，制定本条例。

第二条　国家按照所有权与使用权分离的原则，实行城镇国有土地使用权出让、转让制度，但地下资源、埋藏物和市政公用设施除外。

前款所称城填国有土地是指市、县城、建制镇、工矿区范围内属于全民所有的土地(以下简称土地)。

第三条　中华人民共和国境内外的公司、企业、其他组织和个人，除法律另有规定者外，均可依照本条例的规定取得土地使用权，进行土地开发、利用、经营。

第四条　依照本条例的规定取得土地使用权的土地使用者，其使用权在使用年限内可以转让、出租、抵押或者用于其他经济活动。合法权益受国家法律保护。

第五条　土地使用者开发、利用、经营土地的活动，应当遵守国家法律、法规的规定，并不得损害社会公共利益。

第六条　县级以上人民政府土地管理部门依法对土地使用权的出让、转让、出租、抵押、终止进行监督检查。

第七条　土地使用权出让、转让、出租、抵押、终止及有关的地上建筑物、其他附着物的登记，由政府土地管理部门、房产管理部门依照法律和国务院的有关规定办理。

登记文件可以公开查阅。

第二章　土地使用权出让

第八条　土地使用权出让是指国家以土地所有者的身份将土地使用权在一定年限内让与土地使用者，并由土地使用者向国家支付土地使用权出让金的行为。

土地使用权出让应当签订出让合同。

第九条　土地使用权的出让，由市、县人民政府负责，有计划、有步骤地进行。

第十条　土地使用权出让的地块、用途、年限和其他条件，由市、县人民政府土地管理部门会同城市规划和建设管理部门、房产管理部门共同拟定方案，按照国务院规定的批准权限报经批准后，由土地管理部门实施。

第十一条　土地使用权出让合同应当按照平等、自愿、有偿的原则，由市、县人民政府土地管理部门(以下简称出让方)与土地使用者签订。

第十二条 土地使用权出让最高年限按下列用途确定：

（一）居住用地七十年；

（二）工业用地五十年；

（三）教育、科技、文化、卫生、体育用地五十年；

（四）商业、旅游、娱乐用地四十年；

（五）综合或者其他用地五十年。

第十三条 土地使用权出让可以采取下列方式：

（一）协议；

（二）招标；

（三）拍卖。

依照前款规定方式出让土地使用权的具体程序和步骤，由省、自治区、直辖市人民政府规定。

第十四条 土地使用者应当在签订土地使用权出让合同后六十日内，支付全部土地使用权出让金。逾期未全部支付的，出让方有权解除合同，并可请求违约赔偿。

第十五条 出让方应当按照合同规定，提供出让的土地使用权。未按合同规定提供土地使用权的，土地使用者有权解除合同，并可请求违约赔偿。

第十六条 土地使用者在支付全部土地使用权出让金后，应当依照规定办理登记，领取土地使用证，取得土地使用权。

第十七条 土地使用者应当按照土地使用权出让合同的规定和城市规划的要求，开发、利用、经营土地。

未按合同规定的期限和条件开发、利用土地的，市、县人民政府土地管理部门应当予以纠正，并根据情节可以给予警告、罚款直至无偿收回土地使用权的处罚。

第十八条 土地使用者需要改变土地使用权出让合同规定的土地用途的，应当征得出让方同意并经土地管理部门和城市规划部门批准，依照本章的有关规定重新签订土地使用权出让合同，调整土地使用权出让金，并办理登记。

第三章　土地使用权转让

第十九条 土地使用权转让是指土地使用者将土地使用权再转移的行为，包括出售、交换和赠与。

未按土地使用权出让合同规定的期限和条件投资开发、利用土地的，土地使用权不得转让。

第二十条 土地使用权转让应当签订转让合同。

第二十一条 土地使用权转让时，土地使用权出让合同和登记文件中所载明的权利、义务随之转移。

第二十二条 土地使用者通过转让方式取得的土地使用权，其使用年限为土地使用权出让合同规定的使用年限减去原土地使用者已使用年限后的剩余年限。

第二十三条 土地使用权转让时，其地上建筑物、其他附着物所有权随之转让。

第二十四条 地上建筑物、其他附着物的所有人或者共有人，享有该建筑物、附着物使用范围内的土地使用权。

土地使用者转让地上建筑物、其他附着物所有权时，其使用范围内的土地使用权随之转让，但地上建筑物、其他附着物作为动产转让的除外。

第二十五条　土地使用权和地上建筑物、其他附着物所有权转让，应当依照规定办理过户登记。

土地使用权和地上建筑物、其他附着物所有权分割转让的，应当经市、县人民政府土地管理部门和房产管理部门批准，并依照规定办理过户登记。

第二十六条　土地使用权转让价格明显低于市场价格的，市、县人民政府有优先购买权。

土地使用权转让的市场价格不合理上涨时，市、县人民政府可以采取必要的措施。

第二十七条　土地使用权转让后，需要改变土地使用权出让合同规定的土地用途的，依照本条例第十八条的规定办理。

第四章　土地使用权出租

第二十八条　土地使用权出租是指土地使用者作为出租人将土地使用权随同地上建筑物、其他附着物租赁给承租人使用，由承租人向出租人支付租金的行为。

未按土地使用权出让合同规定的期限和条件投资开发、利用土地的，土地使用权不得出租。

第二十九条　土地使用权出租，出租人与承租人应当签订租赁合同。

租赁合同不得违背国家法律、法规和土地使用权出让合同的规定。

第三十条　土地使用权出租后，出租人必须继续履行土地使用权出让合同。

第三十一条　土地使用权和地上建筑物、其他附着物出租，出租人应当依照规定办理登记。

第五章　土地使用权抵押

第三十二条　土地使用权可以抵押。

第三十三条　土地使用权抵押时，其地上建筑物、其他附着物随之抵押。

地上建筑物、其他附着物抵押时，其使用范围内的土地使用权随之抵押。

第三十四条　土地使用权抵押，抵押人与抵押权人应当签订抵押合同。

抵押合同不得违背国家法律、法规和土地使用权出让合同的规定。

第三十五条　土地使用权和地上建筑物、其他附着物抵押，应当按照规定办理抵押登记。

第三十六条　抵押人到期未能履行债务或者在抵押合同期间宣告解散、破产的，抵押权人有权依照国家法律、法规和抵押合同的规定处分抵押财产。

因处分抵押财产而取得土地使用权和地上建筑物、其他附着物所有权的，应当依照规定办理过户登记。

第三十七条　处分抵押财产所得，抵押权人有优先受偿权。

第三十八条 抵押权因债务清偿或者其他原因而消灭的，应当依照规定办理注销抵押登记。

第六章 土地使用权终止

第三十九条 土地使用权因土地使用权出让合同规定的使用年限届满、提前收回及土地灭失等原因而终止。

第四十条 土地使用权期满，土地使用权及其地上建筑物、其他附着物所有权由国家无偿取得。土地使用者应当交还土地使用证，并依照规定办理注销登记。

第四十一条 土地使用权期满，土地使用者可以申请续期。需要续期的，应当依照本条例第二章的规定重新签订合同，支付土地使用权出让金，并办理登记。

第四十二条 国家对土地使用者依法取得的土地使用权不提前收回。在特殊情况下，根据社会公共利益的需要，国家可以依照法律程序提前收回，并根据土地使用者已使用的年限和开发、利用土地的实际情况给予相应的补偿。

第七章 划拨土地使用权

第四十三条 划拨土地使用权是指土地使用者通过各种方式依法无偿取得的土地使用权。

前款土地使用者应当依照《中华人民共和国城镇土地使用税暂行条例》的规定缴纳土地使用税。

第四十四条 划拨土地使用权，除本条例第四十五条规定的情况外，不得转让、出租、抵押。

第四十五条 符合下列条件的，经市、县人民政府土地管理部门和房产管理部门批准，其划拨土地使用权和地上建筑物，其他附着物所有权可以转让、出租、抵押：

（一）土地使用者为公司、企业、其他经济组织和个人；

（二）领有国有土地使用证；

（三）具有地上建筑物、其他附着物合法的产权证明；

（四）依照本条例第二章的规定签订土地使用权出让合同，向当地市、县人民政府补交土地使用权出让金或者以转让、出租、抵押所获收益抵交土地使用权出让金。

转让、出租、抵押前款划拨土地使用权的，分别依照本条例第三章、第四章和第五章的规定办理。

第四十六条 对未经批准擅自转让、出租、抵押划拨土地使用权的单位和个人，市、县人民政府土地管理部门应当没收其非法收入，并根据情节处以罚款。

第四十七条 无偿取得划拨土地使用权的土地使用者，因迁移、解散、撤销、破产或者其他原因而停止使用土地的，市、县人民政府应当无偿收回其划拨土地使用权，并可依照本条例的规定予以出让。

对划拨土地使用权，市、县人民政府根据城市建设发展需要和城市规划的要求，可以无偿收回，并可依照本条例的规定予以出让。

无偿收回划拨土地使用权时，对其地上建筑物、其他附着物，市、县人民政府应当根据实际情况给予适当补偿。

第八章　附　　则

第四十八条　依照本条例的规定取得土地使用权的个人，其土地使用权可以继承。

第四十九条　土地使用者应当依照国家税收法规的规定纳税。

第五十条　依照本条例收取的土地使用权出让金列入财政预算，作为专项基金管理，主要用于城市建设和土地开发。具体使用管理办法，由财政部另行制定。

第五十一条　各省、自治区、直辖市人民政府应当根据本条例的规定和当地的实际情况选择部分条件比较成熟的城镇先行试点。

第五十二条　外商投资从事开发经营成片土地的，其土地使用权的管理依照国务院的有关规定执行。

第五十三条　本条例由国家土地管理局负责解释；实施办法由省、自治区、直辖市人民政府制定。

第五十四条　本条例自发布之日起施行。

民用建筑节能管理规定

（2000年2月18日建设部令第76号发布）

第一条 为了加强民用建筑节能管理，提高能源利用效率，改善室内热环境，根据《中华人民共和国节约能源法》、《中华人民共和国建筑法》、《建设工程质量管理条例》和有关行政法规，制定本规定。

第二条 本规定适用于下列建设项目的审批、设计、施工、工程质量监督、竣工验收和物业管理：

（一）《建筑气候区域标准》划定的严寒和寒冷地区设置集中采暖的新建、扩建的居住建筑及其附属设施；

（二）新建、改建和扩建的旅游旅馆及其附属设施。

第三条 国务院建设行政主管部门负责全国民用建筑节能的监督管理工作。

县级以上地方人民政府建设行政主管部门负责本行政区域内民用建筑节能的监督管理工作。建筑节能的日常工作可以由建设行政主管部门委托的建筑节能机构负责。

第四条 国家鼓励建筑节能技术进步，鼓励引进国外先进的建筑节能技术，禁止引进国外落后的建筑用能技术、材料和设备。

国家鼓励发展下列建筑节能技术（产品）：

（一）新型节能墙体和屋面的保温、隔热技术与材料；

（二）节能门窗的保温隔热和密闭技术；

（三）集中供热和热、电、冷联产联供技术；

（四）供热采暖系统温度调控和分户热量计量技术与装置；

（五）太阳能、地热等可再生能源应用技术及设备；

（六）建筑照明节能技术与产品；

（七）空调制冷节能技术与产品；

（八）其他技术成熟、效果显著的节能技术和节能管理技术。

第五条 新建居住建筑的集中采暖系统应当使用双管系统，推行温度调节和户用热量计量装置，实行供热计量收费。

第六条 新建民用建筑工程项目的可行性研究报告或者设计任务书，应当包括合理用能的专题论证。依法审批的机关要依照国家的有关规定，对工程项目可行性研究报告或者设计任务书组织节能论证和评估。对不符合节能标准的项目，不得批准建设。

第七条 建设单位应当按照节能要求和建筑节能强制性标准委托工程项目的设计。

建设单位不得擅自修改节能设计文件。

第八条 设计单位应当依据建设单位的委托以及节能的标准和规范进行设计（以下简称节能设计），保证建筑节能设计质量。

（一）严寒和寒冷地区设置集中采暖的新建、扩建的居住建筑设计，应当执行中华人民共和国《民用建筑节能设计标准（采暖居住建筑部分）》。

（二）新建、扩建和改建的旅游旅馆的热工与空气调节设计，应当执行中华人民共和国《旅游旅馆建筑热工与空气调节节能设计标准》。

第九条 建设行政主管部门或者其委托的设计审查单位，在进行施工图设计审查时，应当审查节能设计的内容，并签署意见。

从事建筑节能设计审查工作的设计人员，应当接受节能标准与节能技术知识的培训。

第十条 国家和省、自治区、直辖市人民政府建设行政主管部门负责组织编制符合建筑节能标准要求的建筑通用设计或者标准图集。

第十一条 施工单位应当按照节能设计进行施工，保证工程施工质量。

第十二条 建设工程质量监督机构，对达不到节能设计标准要求的项目，在质量监督文件中应予以注明。

第十三条 供热单位、房屋产权单位或者其委托的物业管理单位应当做好建筑物供热系统的节能管理工作，建立健全节能考核制度。认真记录和上报能源消耗资料，接受对锅炉运行的检测。对超过能源消耗指标或者达不到供暖温度标准的，由县级以上地方人民政府建设行政主管部门责令其限期达标。

第十四条 国家实行建筑节能产品认证和淘汰制度。

第十五条 县级以上地方人民政府建设行政主管部门应当加强对基本建设、技术改造和其他专项资金中节能资金的监督管理，专款专用。

第十六条 建设单位未按照建筑节能强制性标准委托设计或者擅自修改节能设计文件的，责令改正，处20万元以上50万元以下的罚款。

第十七条 设计单位未按照节能标准和规范进行设计的，应当修改设计。未进行修改的，给予警告，处10万元以上30万元以下的罚款；造成损失的，依法承担赔偿责任；两年内，累计三项工程未按照节能标准和规范设计的，责令停业整顿，降低资质等级或者吊销资质证书，对注册执业人员，可以责令停止执业一年。

第十八条 对未按照节能设计进行施工的，责令改正；整改所发生的工程费用，由施工单位负责；可以给予警告，情节严重的，处工程合同价款2%以上4%以下的罚款；两年内，累计三项工程未按照符合节能设计标准要求的设计进行施工的，责令停业整顿，降低资质等级或者吊销资质证书。

第十九条 建设行政主管部门在建设工程竣工验收过程中，发现达不到节能标准的，责令建设单位改正，重新组织竣工验收。

第二十条 本规定的责令停业整顿、降低资质等级和吊销资质证书的行政处罚，由颁发资质证书的机关决定；其他行政处罚，由建设行政主管部门依照法定职权决定。

第二十一条 省、自治区、直辖市人民政府建设行政主管部门可以依据本规定制定实施细则。

第二十二条 严寒和寒冷地区未设置集中采暖的新建、扩建的居住建筑也应当参照本规定执行。

第二十三条 本规定由国务院建设行政主管部门负责解释。

第二十四条 本规定自2000年10月1日起施行。

中国节能产品认证管理办法

（1999年2月11日中国节能产品认证管理委员会）

第一章　总　　则

第一条　为节约能源、保护环境，有效开展节能产品的认证工作，保障节能产品的健康发展和市场公平竞争，促进节能产品的国际贸易，根据《中华人民共和国产品质量法》、《中华人民共和国产品质量认证管理条例》和《中华人民共和国节约能源法》，制定本办法。

第二条　本办法中所称的节能产品，是指符合与该种产品有关的质量、安全等方面的标准要求，在社会使用中与同类产品或完成相同功能的产品相比，它的效率或能耗指标相当于国际先进水平或达到接近国际水平的国内先进水平。

第三条　节能产品认证（以下简称认证）是依据相关的标准和技术要求，经节能产品认证机构确认并通过颁布节能产品认证证书和节能标志，证明某一产品为节能产品的活动。节能产品认证采用自愿的原则。

第四条　中华人民共和国境内企业和境外企业及其代理商（以下简称企业）均可向中国节能产品认证管理委员会（以下简称“管理委员会”）自愿申请节能产品认证。

第五条　节能产品认证工作受国家经贸委的领导，接受国家质量技术监督局的管理以及全社会的监督。

第二章　认　证　条　件

第六条　申请认证的条件：

（一）中华人民共和国境内企业应持有工商行政主管部门颁发的《企业法人营业执照》，境外企业应持有有关机构的登记注册证明；

（二）生产企业的质量体系符合国家质量管理和质量保证标准及补充要求，或者外国申请人所在国等同采用ISO9000系列标准及补充要求；

（三）产品属国家颁布的可开展节能产品认证的产品目录；

（四）产品符合国家颁布的节能产品认证用标准或技术要求；

（五）产品应注册，质量稳定，能正常批量生产，有足够的供货能力，具备售前、售后的优良服务和备品备件的保证供应，并能提供相应的证明材料。

第三章 认 证 程 序

第七条 申请认证的国内企业，应按管理委员会确定的认证范围和产品目录提出书面申请，按规定格式填写认证申请书，并按程序将申请书和需要的有关资料提交中国节能产品认证中心（以下简称“中心”）；国外企业或代理商向国家质量技术监督局或中心申请，其申请书及材料应有中英文对照。

第八条 中心经审查决定受理认证申请后，向企业发出《受理认证申请通知书》。企业应按照《节能产品认证收费管理办法》的有关规定，向中心交纳有关认证费用。

第九条 中心组织检查组，按程序对申请企业的质量体系和产品生产过程进行现场检查。检查组应在规定时间内向中心提交《质量体系审核及检查报告》。

第十条 现场检查通过后，对需要进行检验的产品，由检查组（或委托的检验机构）负责对申请认证的产品进行随机抽样和封样，由企业将封存的产品送指定的认证检验机构进行检验。必须在现场检验时，由检验机构派人到现场检验。

第十一条 检验机构应依据管理委员会确认的节能产品认证用标准或技术要求对样品进行检验，并在规定时间内向中心提交《产品检验报告》。

第十二条 中心将企业申请材料、质量体系审核及检查报告、产品检验报告等进行汇总整理，然后提交给相关的专家工作组进行评审认证，并由专家工作组撰写评审意见，报管理委员会审批。

第十三条 管理委员会召开全体委员会议或执委会会议审查认证材料，批准认证合格的产品，颁发认证证书，并准许使用节能标志。

中心负责将通过认证的产品及其生产企业名单报送国家经贸委和国家质量技术监督局备案，并向社会发布公告、进行宣传。

第十四条 对未通过认证的产品，由中心向企业发出认证不合格通知书，说明不合格原因。

第四章 认证证书和节能标志的使用

第十五条 通过认证的企业，在公告发布后两个月内，到中心签订节能标志使用合同，缴纳节能标志批准费和年金，领取认证证书。认证证书由国家质量技术监督局、管理委员会印制并统一编号。

第十六条 认证证书和节能标志使用有效期为四年。有效期满，愿继续认证的企业应在有效期满前三个月重新提出认证申请，由中心按照认证程序进行评审，并可区别情况简化部分评审内容。不重新认证的企业不得继续使用认证证书和节能标志，或向中心申请注销认证证书。

第十七条 通过认证的企业，允许在认证的产品、包装、说明书、合格证及广告宣传中使用节能标志（节能标志管理办法另行规定）。

未参与认证或没有通过认证的企业的分厂、联营厂和附属厂均不得使用认证证书和节能标志。

第十八条 在认证证书有效期内，出现下列情况之一的，应当按照有关规定重新换证：

（一）使用新的商标名称；

（二）认证证书持有者变更；

（三）产品型号、规格变更，经确认仍能满足有关标准和枝术要求。

第十九条 认证证书持有者必须建立节能标志使用制度，每年向中心报告节能标志的使用情况。

第五章 认证后的监督检查

第二十条 在认证证书有效期内，中心应定期或不定期地组织对通过认证的产品及其企业进行监督性抽查或检验，两次监督性抽查或检验之间的间隔最长不得超过十二个月。

第二十一条 在认证证书有效期内，凡有下列情况之一者，暂停企业使用认证证书和节能标志。

（一）监督检查时，发现通过认证的产品及其生产现状不符合认证要求；

（二）通过认证的产品在销售和使用中达不到认证时的各项技术经济指标；

（三）用户和消费者对通过认证的产品提出严重质量问题，并经查实的；

（四）认证证书或节能标志的使用不符合规定要求。

第二十二条 当认证证书持有者违反第二十一条时，中心向认证证书持有者发出《暂停使用认证证书和节能标志的通知书》，并令其限期整改，整改期限最长不超过半年。整改结束后，企业向中心提交整改报告和申请恢复使用认证证书。中心经复查合格后，向认证证书持有者发出《恢复使用认证证书和节能标志通知书》。增加的检查费用按实际支出由企业负担。

第二十三条 有下列情况之一者，由中心提出，经管理委员会或执委会批准后，撤销认证证书，禁止使用节能标志，并向全国公告。

（一）经监督检查和检验判定通过认证的产品为不合格产品；

（二）整改期满不能达到整改目标；

（三）通过认证的产品质量严重下降，或出现重大质量问题，且造成严重后果；

（四）转让认证证书、节能标志或违反有关规定、损害节能标志的信誉；

（五）拒绝按规定缴纳年金；

（六）没有正当理由而拒绝监督检查。

被撤销认证证书的企业，自发出通知之日起一年内不得再次向中心提出认证申请。

第六章 罚　　则

第二十四条 使用伪造的节能标志或冒用节能标志、转让节能标志的企业，按《中华人民共和国产品质量认证管理条例》第十九条和《中华人民共和国节约能源法》第四十八条的规定处罚。

第二十五条 通过认证的产品出厂销售时，其产品达不到认证时的各项技术经济指标的，生产企业应当负责包修、包换、包退，给用户或消费者造成经济损失或造成危害的，生产企业应当依法承担赔偿责任。

第七章 申诉与处理

第二十六条 有下列情况之一时，企业和用户可向中心、管理委员会提出申诉：

（一）符合认证条件要求，但认证机构不予受理申请；

（二）对检查、检验或暂停、撤销认证证书有异议；

（三）认证机构、检验机构或其工作人员有违纪行为；

（四）认证工作违章收费；

（五）用户对获证产品有异议。

第二十七条 申诉调查和处理工作一般由中心的申诉监理部组织进行。对处理结果有异议者可向国家质量技术监督局提出申诉。

第八章 附则

第二十八条 认证收费遵循不营利原则，从申请认证的企业收取，具体收费办法及标准按照国家有关规定另行制定。

第二十九条 本办法经管理委员会全体会议讨论通过后，报国家质量技术监督局批准。

第三十条 本办法由管理委员会负责解释。

第三十一条 本办法自批准之日起生效。

能源效率标识管理办法

第一章　总　　则

第一条　为加强节能管理，推动节能技术进步，提高能源效率，依据《中华人民共和国节约能源法》、《中华人民共和国产品质量法》、《中华人民共和国认证认可条例》，制定本办法。

第二条　本办法所称能源效率标识，是指表示用能产品能源效率等级等性能指标的一种信息标识，属于产品符合性标志的范畴。

第三条　国家对节能潜力大、使用面广的用能产品实行统一的能源效率标识制度。国家制定并公布《中华人民共和国实行能源效率标识的产品目录》（以下简称《目录》），确定统一适用的产品能效标准、实施规则、能源效率标识样式和规格。

第四条　凡列入《目录》的产品，应当在产品或者产品最小包装的明显部位标注统一的能源效率标识，并在产品说明书中说明。

第五条　列入《目录》的产品的生产者或进口商应当在使用能源效率标识后，向国家质量监督检验检疫总局（以下简称国家质检总局）和国家发展和改革委员会（以下简称国家发展改革委）授权的机构（以下简称授权机构）备案能源效率标识及相关信息。

第六条　国家发展改革委、国家质检总局和国家认证认可监督管理委员会（以下简称国家认监委）负责能源效率标识制度的建立并组织实施。

地方各级人民政府节能管理部门（以下简称地方节能管理部门）、地方质量技术监督部门和各级出入境检验检疫机构（以下简称地方质检部门），在各自的职责范围内对所辖区域内能源效率标识的使用实施监督检查。

第二章　能源效率标识的实施

第七条　国家发展改革委、国家质检总局和国家认监委制定《目录》和实施规则。国家发展改革委和国家认监委制定和公布适用产品的统一的能源效率标识样式和规格。

第八条　能源效率标识的名称为“中国能效标识”（英文名称为 China Energy Label），能源效率标识应当包括以下基本内容：

（一）生产者名称或者简称；

（二）产品规格型号；

（三）能源效率等级；

（四）能源消耗量；

（五）执行的能源效率国家标准编号。

第九条 列入《目录》的产品的生产者或进口商，可以利用自身的检测能力，也可以委托国家确定的认可机构认可的检测机构进行检测，并依据能源效率国家标准，确定产品能源效率等级。

利用自身检测能力确定能源效率等级的生产者或进口商，其检测资源应当具备按照能源效率国家标准进行检测的基本能力，国家鼓励其实验室取得认可机构的国家认可。

第十条 生产者或进口商应当根据国家统一规定的能源效率标识样式、规格以及标注规定，印制和使用能源效率标识。

在产品包装物、说明书以及广告宣传中使用的能源效率标识，可按比例放大或者缩小，并清晰可辨。

第十一条 生产者或进口商应当自使用能源效率标识之日起30日内，向授权机构备案，可以通过信函、电报、电传、传真、电子邮件等方式提交以下材料：

（一）生产者营业执照或者登记注册证明复印件；进口商与境外生产者订立的相关合同副本；

（二）产品能源效率检测报告；

（三）能源效率标识样本；

（四）初始使用日期等其他有关材料；

（五）由代理人提交备案材料时，应有生产者或进口商的委托代理文件等。

上述材料应当真实、准确、完整。

外文材料应当附有中文译本，并以中文文本为准。

第十二条 能源效率标识内容发生变化，应当重新备案。

第十三条 对产品的能源效率指标发生争议时，企业应当委托经依法认定或者认可机构认可的第三方检测机构重新进行检测，并以其检测结果为准。

第十四条 授权机构应当定期公告备案信息，并对生产者和进口商使用的能源效率标识进行核验。

能源效率标识备案不收取费用。

第三章 监 督 管 理

第十五条 生产者和进口商应当对其使用的能源效率标识信息准确性负责，不得伪造或冒用能源效率标识。

第十六条 销售者不得销售应当标注但未标注能源效率标识的产品，不得伪造或冒用能源效率标识。

第十七条 认可机构认可的检测机构接受生产者或进口商的委托进行检测，应当客观、公正，保证检测结果的准确，承担相应的法律责任，并保守受检产品的商业秘密。

第十八条 任何单位和个人不得利用能源效率标识对其用能产品进行虚假宣传，误导消费者。

第十九条 国家质检总局和国家发展改革委依据各自职责，对列入《目录》的产品进行检查，核实能源效率标识信息。

第二十条 列入《目录》的产品的生产者、销售者和进口商应当接受监督检查。

第二十一条 任何单位和个人对违反本办法的行为，可以向地方节能管理部门、地方质检部门举报。地方节能管理部门、地方质检部门应当及时调查处理，并为举报人保密。

第四章 罚 则

第二十二条 地方节能管理部门、地方质检部门依据《中华人民共和国节约能源法》的有关规定，在各自的职责范围内负责对违反本办法规定的行为进行处罚。

第二十三条 违反本办法规定，生产者或进口商应当标注统一的能源效率标识而未标注的，由地方节能管理部门或者地方质检部门责令限期改正，逾期未改正的予以通报。

第二十四条 违反本办法规定，有下列情形之一的，由地方节能管理部门或者地方质检部门责令限期改正和停止使用能源效率标识；情节严重的，由地方质检部门处1万元以下罚款：

(一) 未办理能源效率标识备案的，或者应当办理变更手续而未办理的；

(二) 使用的能源效率标识的样式和规格不符合规定要求的。

第二十五条 伪造、冒用、隐匿能源效率标识以及利用能源效率标识做虚假宣传、误导消费者的，由地方质检部门依照《中华人民共和国节约能源法》和《中华人民共和国产品质量法》以及其他法律法规的规定予以处罚。

第五章 附 则

第二十六条 本办法由国家发展改革委和国家质检总局负责解释。

第二十七条 本办法自2005年3月1日起施行。

新型墙体材料专项基金征收和使用管理办法

（2002年9月12日财政部、国家经贸委发布）

第一章　总　则

第一条　为贯彻实施可持续发展战略，加快推广新型墙体材料，规范新型墙体材料专项基金收支管理，根据国务院《关于加快墙体材料革新和推广节能建筑意见的通知》（国发［1992］66号），以及国家有关政府性基金管理规定，制定本办法。

第二条　新型墙体材料专项基金于政府性基金，收入金额缴入地方国库，纳入地方财政预算，实行“收支两条线”管理。

第三条　新型墙体材料专项基金征收、使用和管理政策由财政部会同国家经贸委统一制定，由地方各级财政部门和新型墙体材料行政主管部门负责组织实施，由地方各级墙体材料革新办公室负责征收和使用管理。

第四条　新型墙体材料专项基金征收、使用和管理应当接受财政、审计和新型墙体材料主管部门的监督检查。

第二章　征　收

第五条　凡新建、扩建、改建建筑工程未使用新型墙体材料的建设单位（以下简称“建设单位”），应按照本办法规定缴纳新型墙体材料专项基金。

第六条　未使用新型墙体材料的建筑工程，由建设单位在工程开工前，按照工程概算确定的建筑面积以及最高不超过每平方米8元的标准预缴新型墙体材料专项基金。在主体工程竣工后30日内，凭有关部门批准的工程决算以及购进新型墙体材料原始凭证等资料，经地方财政部门和原预收新型墙体材料专项基金的墙体材料革新办公室核实无误后，办理新型墙体材料专项基金清算手续，实行多退少补。新型墙体材料专项基金不得向施工单位重复收取，也不得在墙体材料销售环节征收，严禁在新型墙体材料专项基金外加收任何名目的保证金或押金。

新型墙体材料专项基金的具体征收标准，由各省、自治区、直辖市财政部门会同同级新型墙体材料行政主管部门依照本条规定，结合本地实际情况以及建设单位承受能力制定，报经同级人民政府批准执行。

新型墙体材料目录详见附件。

第七条　除国务院、财政部规定外，任何地方、部门和单位不得擅自改变新型墙体材料专项基金征收对象、扩大征收范围、提高征收标准或减、免、缓征新型墙体材料专项基金。

第八条 征收新型墙体材料专项基金，应使用省、自治区、直辖市财政部门统一印制的政府性基金专用票据。

第九条 建设单位缴纳新型墙体材料专项基金，计入建安工程成本。

第十条 新型墙体材料专项基金由地方墙体材料革新办公室负责征收，也可由地方墙体材料革新办公室委托其他单位代征。

第十一条 地方墙体材料革新办公室及其委托单位征收的新型墙体材料专项基金，应当按照省、自治区、直辖市财政部门的规定，全额缴入地方国库，纳入地方财政预算管理。具体缴库办法，依照《财政部关于印发政府性基金预算管理办法的通知》（财预字[1996] 435号）的有关规定执行。地方各级财政部门负责监督同级新型墙体材料专项基金收缴和入库。

新型墙体材料专项基金缴入国库，填列“基金预算收入”科目第80类“工业交通部门基金收入”第8019款“墙体材料专项基金收入”；财政部门拨付新型墙体材料专项基金，填列“基金预算支出科目”第80类“工业交通部门基金支出”第8019款“墙体材料专项基金支出”。

第十二条 新型墙体材料专项基金代征手续费按实际代征缴入国库的2‰比例，由地方同级财政部门按规定计提和拨付，纳入地方预算管理。

第三章 使 用

第十三条 新型墙体材料专项基金必须专款专用，使用范围包括：

（一）引进、新建、扩建、改造新型墙体材料生产线工程项目的贴息；

（二）新型墙体材料示范项目（含引进项目）和推广应用试点工程的补贴；

（三）新型墙体材料的科研、新技术与新产品开发及推广；

（四）发展新型墙体材料的宣传；

（五）代征手续费；

（六）经地方同级财政部门批准与发展新型墙体材料有关的其他开支。

其中（一）、（二）、（三）和（四）项开支合计，不得少于当年新型墙体材料专项基金支出总额的90%。

第十四条 新型墙体材料专项基金用于固定资产投资和更新改造的，作为增加国家资本金处理。

第十五条 地方各级墙体材料革新办公室作为行政机关或预算拨款事业单位的，其管理经费由同级财政部门按照编制从正常预算经费中核拨；地方各级墙体材料革新办公室目前仍作为经费自理事业单位的，其管理经费由地方同级财政部门严格按照基本支出预算和项目支出预算管理规定，暂从新型墙体材料专项基金中拨付，今后应逐步从正常预算经费中核拨。

第十六条 地方各级墙体材料革新办公室应按同级财政部门规定编制年度新型墙体材料专项基金预、决算，报同级财政部门审批，并报新型墙体材料行政主管部门备案。

第十七条 新型墙体材料专项基金用于新型墙体材料基本建设工程项目或技术改造项目的，按照下列程序办理：

（一）由使用单位提出书面申请及项目建设可行性报告；

（二）由墙体材料革新办公室组织专家组对项目可行性报告进行审查；

（三）基本建设、技术改造项目和科研开发项目和科研开发项目，应按国家规定的审批程序和管理权限办理；

（四）经墙体材料革新办公室审核后，报同级财政部门审批，纳入新型墙体材料专项基金年度预算；

（五）财政部门根据新型墙体材料专项基金年度预算拨付项目资金。

第四章 法 律 责 任

第十八条 建设单位不及时足额缴纳新型墙体材料专项基金的，由地方墙体材料革新办公室及其委托单位督促补缴应缴的新型墙体材料专项基金，并自滞纳之日起，按日加收应缴未缴新型墙体材料专项基金万分之五的滞纳金。

第十九条 建设单位虚报使用粘土实心砖面积的，由地方墙体材料革新办公室及其委托单位责令改正，并限期补缴应缴的新型墙体材料专项基金。

第二十条 地方墙体材料革新办公室及其委托单位不按本办法规定征收新型墙体材料专项基金，不按规定使用省、自治区、直辖市财政部门统一印制的政府性基金专用票据，截留、挤占、挪用新型墙体材料专项基金的，由地方同级财政部门责令改正，并按照《国务院关于违反财政法规处罚的暂行规定》（国发［1987］158号）等有关法律、行政法规的规定进行处罚。地方墙体材料革新办公室不按本办法规定比例使用新型墙体材料专项基金的，由上级财政部门和新型墙体材料行政主管部门责令改正。

第二十一条 对违反本办法第十八条至第二十条规定行为的行政主管部门、建设单位以及其他单位主要负责人及直接负责人员，依照《关于违反行政事业性收费和罚没收入收支两条线管理规定行政处分暂行规定》（国务院令第281号）以及国家其他有关法律法规的规定，给予行政处分或处罚；触犯刑律、构成犯罪的，移交司法机关依法处理。

第五章 附 则

第二十二条 新型墙体材料专项基金征收至2005年12月31日。

第二十三条 各省、自治区、直辖市人民政府财政部门可会同同级新型墙体材料行政主管部门依据本办法制定实施细则，经同级人民政府批准后报财政部、国家经贸委备案。

第二十四条 本办法由财政部会同国家经贸委负责解释。

第二十五条 本办法自2002年10月1日起执行，《财政部关于加强新型墙体材料专项基金管理有关问题的通知》（财综字［1999］96号）同时废止。其他有关规定与本办法不一致的，以本办法规定为准。

附件：

新型墙体材料目录

一、非粘土砖

（一）孔洞率大于25%非粘土烧结多孔砖和空心砖（符合国家标准 GB13544—2000 和 GB13545—1992 的技术要求）。

（二）混凝土空心砖和空心砌块（符合国家标准 GB13545—1992 的技术要求）。

（三）烧结页岩砖（符合国家标准 GB/T 5101—1998 的技术要求）。

二、建筑砌块

（一）普通混凝土小型空心砌块（符合国家标准 GB8239—1997 的技术要求）。

（二）轻集料混凝土小型空心砌块（符合国家标准 GB15229—1994 的技术要求）。

（三）蒸压加气混凝土砌块（符合国家标准 GB/T 11968—1997 的技术要求）。

（四）石膏砌块（符合行业标准 JC/T698—1998 的技术要求）。

三、建筑板材

（一）玻璃纤维增强水泥轻质多孔隔墙条板（简称 GRC 板）（符合行业标准 JC666—1997 的技术要求）。

（二）纤维增强低碱度水泥建筑平板（符合行业标准 JC626/T—1996 的技术要求）。

（三）蒸压加气混凝土板（符合国家标准 GB15762—1995 的技术要求）。

（四）轻集料混凝土条板（参照行业标准《住宅内隔墙轻质条板》JC/T 3029—1995 的技术要求）。

（五）钢丝网架水泥夹芯板（符合行业标准 JC623—1996 的技术要求）。

（六）石膏墙板（包括纸面石膏板、石膏空心条板），其中：纸面石膏板（符合国家标准 GB/T 9775—1999 的技术要求）；石膏空心条板（符合行业标准 JC/T 829—1998 的技术要求）。

（七）金属面夹芯板（包括金属面聚苯乙烯夹芯板、金属面硬质聚氨酯夹芯板和金属面岩棉、矿渣棉夹芯板），其中：金属面聚苯乙烯夹芯板（符合行业标准 JC 689—1998 的技术要求）；金属面硬质聚氨酯夹芯板（符合行业标准 JC/T 868—2000 的技术要求）；金属面岩棉、矿渣棉夹芯板（符合行业标准 JC/T 869—2000 的技术要求）。

（八）复合轻质夹芯隔墙板、条板（所用板材为以上所列几种墙板和空心条板，复合板符合建设部《建筑轻质条板、隔墙板施工及验收规程》的技术要求。）

四、原料中掺有不少于30%的工业废渣、农作物秸杆、垃圾、江河（湖、海）淤泥的墙体材料产品。

五、预制及现浇混凝土墙体。

六、钢结构和玻璃幕墙。

新能源基本建设项目管理的暂行规定

（1997 年 5 月 27 日国家计委，计交能［1997］955 号）

第一条　新能源产业是我国起步较晚的新兴产业，为了鼓励和支持我国新能源产业的发展，促进新能源产业化建设，加速新能源设备国产化进程，根据国务院基本建设项目管理和审批程序的有关规定，结合新能源项目的特点制定本暂行规定。

第二条　新能源是指风能、太阳能、地热能、海洋能、生物质能等可再生资源经转化或加工后的电力或洁净燃料。凡新建的新能源设施的项目（转化或加工电力或洁净燃料）为新能源基本建设项目。

第三条　新能源的开发应用既是近期能源平衡的补充，也是远期能源结构调整的希望，符合国家产业政策，是实现可持续发展战略的重要组成部分。国家鼓励新能源及其技术的开发应用。

第四条　新能源的开发应用要在对可再生资源充分调查的基础上做出规划。国家鼓励新能源建设项目向经济规模发展。资源丰富地区可以一次规划分期实施。

第五条　新能源的中长期发展规划和年度计划，先由省（自治区、直辖市、计划单列市）和主管部门编制，经国家计委综合平衡后纳入国家能源发展规划和计划。

第六条　新能源技术的研究和新能源设备的制造，要采用自主开发与引进消化吸收创新相结合的方式，实行技工贸一体化，加速设备国产化。

第七条　新能源基本建设项目的经济规模为：风力发电装机 3000 千瓦及其以上、太阳能发电装机 100 千瓦、地热发电装机 1500 千瓦及其以上、潮汐发电装机 2000 千瓦及其以上、垃圾发电装机 1000 千瓦及其以上、沼气工程日产气 5000 立方米及其以上及投资 3000 万元人民币以上其他新能源项目。达到经济规模的为大中型新能源基本建设项目，达不到的为小型项目。

第八条　申报新能源建设项目需要经过项目建议书和可行性研究报告两个阶段。项目建议书由申请项目的企业法人提出；项目建议书批准后由企业法人委托有资格的设计单位编制可行性研究报告。

第九条　新能源建设项目按隶属关系分为中央项目和地方项目；按项目经济规模分为大中型项目和小型项目。中央大中型项目由主管部门提出初审意见报国家计委批准；中央小型项目由主管部门批准。地方大中型项目由省（自治区、直辖市、计划单列市）计委（计经委）提出初审意见报国家计委批准；地方小型项目由省（自治区、直辖市、计划单列市）计委（计经委）批准。

第十条　凡利用外资、引进设备和技术的新能源基本建设项目（包括外商直接投资新能源项目），由国家计委审查批准，批准前不得与外方正式签约。

第十一条　新能源基本建设项目在申报项目建议书阶段要明确资本金来源和融资意

向，在可行性研究阶段要落实资本金和资本金以外的融资方案。

第十二条 未经批准的项目不准列入年度基本建设计划，未列入年度新能源建设计划的项目不得开工建设。

第十三条 本暂行规定由国家计划委员会负责解释。

节约用电管理办法

（2001年1月8日国家经贸委、国家计委颁布）

第一章　总则
第二章　节约用电管理
第三章　电力需求侧管理
第四章　节约用电技术进步
第五章　奖惩
第六章　附则

第一章　总　　则

第一条　为了加强节能管理，提高能效，促进电能的合理利用，改善能源结构，保障经济持续发展，根据《中华人民共和国节约能源法》、《中华人民共和国电力法》，制定本办法。

第二条　本办法所称电力，是指国家和地方电网以及企业自备电厂等所提供的各类电能。

第三条　本办法所称节约用电，是指加强用电管理，采取技术上可行、经济上合理的节电措施，减少电能的直接和间接损耗，提高能源效率和保护环境。

第四条　国家经济贸易委员会、国家发展计划委员会按照职责分工主管全国的节约用电工作，负责制定节约用电政策、规划，发布节约用电信息，定期公布淘汰低效高耗电的生产工艺、技术和设备目录，监督、指导全国的节约用电工作。

地方各级人民政府节约用电主管部门和行业节约用电管理部门负责制定本地区和本行业的节约用电规划，实行高耗电产品电耗限额管理和电力需求侧管理，监督、指导各自职责范围内的节约用电工作。

第五条　国家经济贸易委员会、国家发展计划委员会和地方各级人民政府节约用电主管部门鼓励、支持节约用电科学技术的研究和推广，加强节约用电宣传和教育，普及节约用电科学知识，提高全民的节约用电意识。

第六条　任何单位和个人都应当履行节约用电义务。国家经济贸易委员会、地方各级人民政府节约用电主管部门和行业节约用电管理部门依法建立节约用电奖惩制度。

第二章　节 约 用 电 管 理

第七条　根据《中华人民共和国节约能源法》第十五条、第十六条之规定，国家经济贸易委员会、国家发展计划委员会和地方各级人民政府节约用电主管部门，应当会同有关部门，加强对高耗电行业的监督和指导，督促其采取有效的节约用电措施，推进节约用电技术进步，降低单位产品的电力消耗。

第八条 国家经济贸易委员会对高耗电的主要产品实行单位产品电耗最高限额管理，定期公布主要高耗电产品的国内先进电耗指标。

地方各级人民政府节约用电主管部门和行业节约用电管理部门可根据本地区和本行业实际情况制定不高于国家公布的单位产品电耗最高限额指标。

第九条 用电负荷在500千瓦及以上或年用电量在300万千瓦时及以上的用户应当按照《企业设备电能平衡通则》（GB/T 3484）规定，委托具有检验测试技术条件的单位每二至四年进行一次电平衡测试，并据此制定切实可行的节约用电措施。

第十条 用电负荷在1000千瓦及以上的用户，应当遵守《评价企业合理用电技术导则》（GB/T 3485）和《产品电耗定额和管理导则》（GB/T 5623）的规定。不符合节约用电标准、规程的，应当及时改正。

第十一条 电力用户应当根据本办法的有关条款，积极采取经济合理、技术可行、环境允许的节约用电措施，制定节约用电规划和降耗目标，做好节约用电工作。

第十二条 固定资产投资项目的可行性研究报告中应当包括用电设施的节约用电评价等合理用能的专题论证。其中，高耗电的工程项目，应当经有资格的咨询机构评估。

高耗电的指标由省级及省级以上人民政府节约用电主管部门制定。

第十三条 禁止生产、销售国家明令淘汰的低效高耗电的设备、产品。国家明令淘汰的低效高耗电的工艺、技术和设备，禁止在新建或改建工程项目中采用；正在使用的应限期停止使用，不得转移他人使用。

第十四条 用电产品说明书和产品标识上应当注明耗电指标。鼓励推广经过国家节能认证的节约用电产品，鼓励建立能源服务公司，促进高耗电工艺、技术和设备的淘汰和改造，传播节约用电信息。

第三章 电力需求侧管理

第十五条 电力需求侧管理，是指通过提高终端用电效率和优化用电方式，在完成同样用电功能的同时减少电量消耗和电力需求，达到节约能源和保护环境，实现低成本电力服务所进行的用电管理活动。

第十六条 各级经济贸易委员会要积极推动需求侧管理。对终端用户进行负荷管理，推行可中断负荷方式和直接负荷控制，以充分利用电力系统的低谷电能。

第十七条 鼓励下列节约用电措施：

（一）推广绿色照明技术、产品和节能型家用电器；

（二）降低发电厂用电和线损率，杜绝不明损耗；

（三）鼓励余热、余压和新能源发电，支持清洁、高效的热电联产、热电冷联产和综合利用电厂；

（四）推广用电设备经济运行方式；

（五）加快低效风机、水泵、电动机、变压器的更新改造，提高系统运行效率；

（六）推广高频可控硅调压装置、节能型变压器；

（七）推广交流电动机调速节电技术；

（八）推行热处理、电镀、铸锻、制氧等工艺的专业化生产；

（九）推广热泵、燃气-蒸汽联合循环发电技术；

（十）推广远红外、微波加热技术；

（十一）推广应用蓄冷、蓄热技术。

第十八条 电力规划或综合资源规划中应当包括电力需求侧管理的内容。

第十九条 扩大两部制电价的使用范围，逐步提高基本电价，降低电度电价；加速推广峰谷分时电价和丰枯电价，逐步拉大峰谷、丰枯电价差距；研究制定并推行可停电负荷电价。

第二十条 对应用国家重点推广或经过国家节能认证的节约用电产品的电力用户，可向省级价格主管部门和电力行政管理部门申请减免新增电力容量供电工程贴费，价格主管部门在征求电力企业意见的基础上予以协调处理；对列入《国家高新技术产品目录》的节约用电技术和产品，享受国家规定的税收优惠政策。

第二十一条 电力企业应当加强电力需求侧管理的宣传和组织推动工作，其所发生的有关费用可在管理费用中据实列支。

第四章 节约用电技术进步

第二十二条 国家鼓励、支持先进节约用电技术的创新，公布先进节约用电技术的开发重点和方向，建立和完善节约用电技术服务体系，培育和规范节约用电技术市场。

第二十三条 国家组织实施重大节约用电科研项目、节约用电示范工程，组织提出节约用电产品的节能认证和推广目录。

国家制定优惠政策，支持节约用电示范工程和节约用电推广目录中的技术、产品、并鼓励引进国外先进的节约用电技术和产品。

第二十四条 地方财政安排的科学研究经费应当支持先进节约用电技术的研究和应用。

第五章 奖 惩

第二十五条 国家经济贸易委员会、国家发展计划委员会和地方各级人民政府节约用电主管部门和行业节约用电管理部门对在节电降耗中成绩显著的集体和个人应当给予表彰和奖励。

第二十六条 企业应当制定奖惩办法，对在单位产品电力消耗管理中取得成绩的集体和个人给予奖励，对单位产品电力消耗超过最高限额的集体和个人给予惩罚。

第二十七条 违反本办法第八条规定，单位产品电力消耗超过最高限额指标的，限期治理；未达到要求的或逾期不治理的，由县级以上人民政府节约用电主管部门提出处理建议，报请同级人民政府按照国务院规定的权限责令停业整顿或者关闭。

新建或改建超过单位产品电耗最高限额的产品生产能力的工程项目，由县级以上人民政府节约用电主管部门会同项目审批单位责令停止建设。

第二十八条 违反本办法第十三条规定，新建或改建工程项目采用国家明令淘汰的低效高耗电的工艺、技术和设备的，由县级以上人民政府节约用电主管部门会同项目审批单位责令停止建设，并依法追究项目责任人和设计负责人的责任。

违反本办法第十三条规定，生产、销售国家明令淘汰的低效高耗电的设备、产品的；或使用国家明令淘汰的低效高耗电的工艺、技术和设备的；或将国家明令淘汰的低效高耗电的设备、产品转让他人使用的，按照《中华人民共和国节约能源法》的有关规定予以处罚。

第六章 附 则

第二十九条 本办法自发布之日起施行。

附件：

九种高耗电产品电耗最高限额和国内比较先进指标（千瓦时/吨产品）

	2001年		2005年
1. 电解铝交流单耗	限额	比较先进	限额
预焙槽	16000	15000	15500
自焙槽	16500	15500	16000
2. 硅铁工艺单耗	9000	8800	8800
(含硅75%)			
3. 电石工艺单耗	3700	3400	3600
4. 烧碱交流单耗			
隔膜法	2600	2500	2500
离子膜法	2400	2350	2350
5. 黄磷	17000	14000	16000
6. 合成氨工艺单耗			
中型厂			
煤为原料	1600	1400	1500
油为原料	1500	1100	1400
气为原料	1300	850	1200

小型厂	1600	1300	1500
7. 乙烯	2800	2600	2700
8. 水泥			
回转窑	125	110	120
机立窑	100	90	95
9. 电炉钢工艺单耗			
普通钢	650	500	600
特殊钢	700	600	650
铸造用电炉钢	750	500	700

关于加强城市照明管理促进节约用电工作的意见

（2004年11月29日建设部、国家发改委，建成［2004］204号文件）

各省、自治区建设厅、北京市、重庆市市政管理委员会、上海市建委、市容环境卫生管理局，天津市市容环境管理委员会；各省、自治区、直辖市及计划单列市、副省级省会城市发展改革委（计委）、经贸委（经委）：

为了贯彻落实党的十六届三中全会提出的“坚持以人为本，树立全面协调可持续的科学发展观”，进一步加强城市照明管理，促进节约用电，引导我国城市照明工作健康发展，提出如下意见：

一、充分认识加强城市照明管理的重要意义

城市照明是城市功能照明和景观照明的总称，主要是指城市范围内的道路、街巷、住宅区、桥梁、隧道、广场、公园、公共绿地和建筑物等功能照明与夜间景观照明。城市照明对城市交通安全、社会治安、人民生活、美化环境等具有重要作用，是重要的城市基础设施，是城市管理的重要内容。

改革开放以来，我国的城市照明发展很快，对完善城市功能，改善城市环境，提高人民生活水平发挥了积极作用。但是，从总体上说，城市照明水平还不高，主要表现在：法规和相关标准滞后，建设市场混乱，重视工程建设，轻视维护管理；忽视照明设计的文化品味和与环境的和谐，单纯追求亮度，追求豪华，造成光污染；使用低效照明设备，电能浪费严重，加剧城市用电的紧张等。

城市照明管理直接关系到节约能源、保护环境，关系到人民群众的生活，体现了一个城市的文化品味和管理水平。各级建设行政主管部门要努力提高对城市照明管理工作的认识，积极会同节能主管部门，进一步加强对城市照明工作的组织和指导，采取有力措施，提高城市照明管理工作的水平。

二、明确城市照明工作的原则和主要任务

城市照明必须坚持以人为本、全心全意为城市居民服务的原则；坚持经济实用、节约用电、保护环境的原则；坚持照明建设与当地经济水平相适应的原则。今后一个时期，城市照明工作的主要任务是：

1. 努力完善城市的功能照明。要重点解决城市道路有路无灯、有灯不亮的问题，以保证人民群众夜间出行的安全。要完善城市广场、公园、码头、车站等公共区域的功能照明。大城市亮灯率要达到97%，中小城市要达到95%；城市道路装灯率要达到100%，公共区域装灯率要达到95%；主次干道的亮度指标应满足设计标准值的要求。

2. 抓好城市照明的规划设计。要按城市规划和城市照明专项规划的要求，结合城市的建设与改造，设置照明设施，并做到统一规划、统一设计。城市景观照明要严格按标准设计，按规划建设，讲究亮度与色彩的科学配置，把满足人的安全感、舒适感放在首位，避免光污染，使照明与自然夜空相和谐。

3. 大力推广节能技术，提高电能利用效率。严格按照照明设计标准规范进行照明设施的建设，不得超标准建设；新建、改建照明项目必须采用科学的照明设计方法，推广采用高效照明电器产品（见附件）和节能控制技术。2006年底前，所有城市要完成节能灯具的改造任务；尽快实现节能型的城市照明体系。

三、强化城市照明规划的指导作用

城市照明主管部门要会同城市规划主管部门和节能主管部门，以城市总体规划为依据，抓紧编制城市照明专项规划。城市照明专项规划应当包括以下内容：第一，根据城市功能照明与景观照明的需要，提出照明的量化指标；第二，根据城市自然地理环境、人文资源和经济发展水平，按照城市不同的功能分区，确定其照明效果；第三，制定城市照明的环保与节能的具体措施，提出实施方案。

各城市应在2008年以前完成城市照明专项规划的编制工作。省级建设行政主管部门要对规划的编制和执行情况进行全面检查。对未按规定编制规划的，要限期完成编制工作；对已编制规划，但不符合城市发展需求和节约用电、保护环境原则的，要在规定时间内修改完善；对违反规划的，要监督其改正。

四、切实抓好城市照明的节约用电工作

在城市照明行业广泛开展节约用电活动，有条件的城市应实施城市照明集中监控和分时控制模式，努力降低电耗。

不论是道路照明设施建设项目还是景观照明建设项目的设计方案，都应进行充分论证，要按照照明节能设计标准，优先选用通过认证的高效节能产品，禁止使用低效的照明产品。

积极推行合同能源管理，对于节电工作开展得好、节电效果显著的单位，各地应予以奖励。

要以节约能源、保护环境、促进健康为宗旨，积极推广绿色照明，抓好城市绿色照明示范工程，提高城市照明质量、努力改善城市人居环境。

五、积极稳妥的推进城市照明管理体制改革

按照“政事分开、政企分开”的原则，改革建管养一体的管理体制。按照建设部《关于加快市政公用行业市场化进程的意见》，养护作业应推向市场，实行养护维修作业招标投标制。

按照“有利管理、集中高效”的原则，积极探索将城市照明建设、管理统一到一个部门，集中行使管理职能。

公益性的城市道路照明、景观照明，应纳入公共财政体系，由城市政府提供必要的资金保证。开征电力附加费的地方必须做到专款专用，保证其维护费与电费的正常支出。

六、建立健全城市照明法规和标准体系

要加快城市照明的法制建设，建立和完善法规、规章制度，做到依法建设、依法管理。依法治理城市照明建设中的光污染。负责城市照明的主管部门要与城建监察部门、电力部门密切配合，依法打击盗窃和恶意破坏城市照明设施的行为。

完善城市照明标准体系，制定城市照明工程强制性标准。要尽快制定城市照明规划建设标准和光污染控制标准，引导城市照明向“高效、节能、环保、健康”的方向发展。

七、加强城市照明建设市场管理

要按照《招标投标法》、《建筑法》和《建设工程质量管理条例》的有关规定，加强对城市照明工程的市场管理。城市照明单项工程要严格执行城市及道路照明工程专业承包资质管理制度，严禁无证承包。要充分发挥城市照明工程专家的作用，实施城市照明工程项目设计方案的专家论证制度。

政府投资和政府为主投资的城市照明工程项目，应当按照《建筑法》、《招标投标法》等有关规定，进行招标或采购。

附：城市照明中鼓励推广采用的高效照明电器产品目录

中华人民共和国建设部

中华人民共和国国家发展和改革委员会

二〇〇四年十一月二十九日

城市照明中鼓励推广采用的高效照明电器产品目录

（一）电光源产品

1.T8双端荧光灯（三基色）（产品能效值符合GB19043—2003《普通照明用双端荧光灯能效限定值及能效等级》的要求）

2.T5双短荧光灯（三基色）（产品能效值符合GB19043—2003《普通照明用双端荧光灯能效限定值及能效等级》的要求）

3.自镇流紧凑型荧光灯（产品能效值符合GB19044—2003《普通照明用自镇流荧光灯能效限定值及能效等级》的要求）

4.高压钠灯（产品能效值符合GB19573—2004《高压钠灯能效限定值及能效等级》的要求）

5.金属卤化物灯（产品能效标准正在制定之中）

（二）镇流器

1.管形荧光灯用电子镇流器（产品能效值符合GB17896—1999《管形荧光灯镇流器能效限定值及节能评价值》的要求）

2.管形荧光灯用高效电感镇流器（产品能效值符合GB17896—1999《管形荧光灯镇流器能效限定值及节能评价值》的要求）

3.高压钠灯镇流器（产品能效值符合GB19574—2004《高压钠灯用镇流器能效限定值及节能评价值》的要求）

4.金属卤化物灯镇流器（产品能效标准正在制定之中）

关于发展新型建材的若干意见

(2000年10月11日国家经贸委、国家计委联合印发)

为加速新型建材的发展，节约资源，保护环境，推动建材工业结构调整，现就发展新型建材提出以下意见：

一、调整建材行业结构，发展新型建材

建筑材料属于基础原材料工业。目前建材行业总体生产能力过剩，结构性矛盾突出，传统建材产品占居主导地位，多数产品技术含量少，资源消耗高，生产效率低，部分产品生产污染严重，浪费土地，威胁生态环境，难以适应国家经济建设和现代化社会发展的要求。"控制总量，调整结构"是建材行业面临的一项重要任务。

新型建材是建材行业的重要组成部分，技术含量高，功能多样化；生产与使用节能、节地，综合利用废弃资源，有利于生态环境保护；适应先进施工技术，改善建筑功能，降低成本，具有巨大市场潜力和良好发展前景。特别是用新型墙体材料替代以实心粘土砖为主体的传统墙体材料，对于长期以来传统的建材生产观念和建筑方式将是重大变革。但是，国内新型建材发展起步晚，基础差，整体水平不高，加之推广应用力度不够，发展缓慢，在建材工业总产值中的比例不足20%，生产技术和产品应用水平与世界发达国家相比有较大差距，不能适应社会与经济发展的要求。

发展新型建材，大力开发和推广应用新技术、新品种，带动行业整体素质的提高，是从根本上调整建材行业结构、推动产业升级，改善和提高人民居住条件和生活质量，实施可持续发展战略，促进建材和建筑业现代化的重要措施。

二、发展新型建材应遵循的原则

(一) 以市场为导向，以提高经济效益为中心，以满足建筑业的发展需求为重点，努力将新型建材培育成建材行业新的经济增长点。

(二) 坚持节能、节土、节水，充分利用各种废弃物，保护生态环境，贯彻可持续发展战略。

(三) 依靠科技进步和技术创新，努力发展高科技含量、高附加值的新产品，推进企业技术装备水平的提高和产品结构的升级，实现良性滚动发展。

(四) 坚持因地制宜的方针，引导和支持各地发展适合当地资源条件、建筑体系和建筑功能要求的新型建材，做到生产和推广应用一体化。

(五) 注重开发系列化、功能多样化的产品，提高新型建材整体配套水平。

(六) 鼓励利用荒山，荒坡粘土资源、江河清淤、疏浚的淤泥生产粘土质墙体材料。

三、推进新型建材发展的主要措施

(一) 坚决淘汰落后工艺、装备和产品，大力发展优质建材。

行业主管部门要依据《关于印发（建材工业"控制总量、调整结构"若干意见）的通知》(国经贸产业［1998］572号）和《淘汰落后生产能力、工艺和产品的目录》(国家经贸委6号令、16号令）的有关要求，加大淘汰落后工艺、设备和产品的力度，并根据地方经济发展水平和保护生态环境的要求，因地制宜地制订和发布淘汰、禁止、限制生产和使用的落后建材产品目录，对尚不能全面禁止生产和使用的落后产品，也要提出分期限制生产、使用和逐步淘汰的措施，特别是在城市房屋建设中，要逐步限制对实心粘土砖的使用，转变传统的建材生产和施工观念，加快技术进步和结构调整的步伐。

依据《新型建材及制品发展导向目录》，鼓励、支持和引导建材企业开发技术含量高、附加值高、市场潜力大的优质新型建材产品，逐步提高新型建材在建材行业中的比重。支持和鼓励企业采用先进的生产工艺技术和装备进行改造。

（二）因地制宜，制定发展新型建材的政策，确定新型建材主导产品，实现生产规模化、配套化发展。

新型建材的生产和应用具有显著的社会综合效益，各地应根据新型建材发展的需要，适时制定、颁布地方性的扶持政策，充分运用各种信息媒体宣传、介绍新型建材的功能特点和发展前景，增强社会对发展新型建材重要性的认识，改变传统的建材生产和建筑应用习惯和观念。

新型建材主导产品是指技术成熟、市场潜力大、符合建筑规范和建筑业发展方向、能够带动相关产品发展的新型建材产品。各地应结合地方实际，围绕建筑业的发展需要，因地制宜地确定本地区的新型建材主导产品。目前，发展新型建材的重点是新型墙体材料，要使以实心粘土砖为主体的墙体材料逐渐转变为以各种轻质板材、空心砌块、非粘七砖为主的新型墙体材料，努力形成科研、设计、教育、生产、施工、销售相结合的发展体系，正确引导资金投向，合理配置资源。

（三）积极开发、研制新型建材生产技术装备。

在消化吸收国外先进技术装备的基础上，组织科研单位和生产企业进行技术攻关和技术创新，研究开发适合我国国情的新工艺、新技术和新装备。已引进的新型建材工艺装备到“十五”末要基本实现国产化，并引导企业积极采用国内已经消化吸收的新型建材成套生产技术和装备。

（四）加强部门间的紧密协作，强化新型建材产品的推广应用。

加强各部门特别是建材、建设主管部门间的协作，尽快将符合标准的新型建材纳入设计、施工规范，切实解决科研、生产、建筑设计、施工等环节相互脱节的问题。

建材主管部门要引导和组织新型建材生产企业积极配合建筑设计、施工单位做好设计施工规范、规程及施工通用图集的编制、修订工作，适时颁布新型建材新产品推广目录。新型建材新产品建设项目在立项时应认真征求设计和施工单位的意见，取得共识，以利于产品的推广应用。

建设部门要支持和引导施工企业积极采用新型建材产品，并在调整技术政策、颁布新的建筑施工法规时，及时与建材部门沟通信息，使新型建材的发展更加适应建筑业发展的进程。

（五）支持大企业的发展，实现规模化经营。

坚持扶优扶强的原则，选择有实力、有潜力的新型建材企业作为支持的重点，在投资、融资、资产重组方面给予必要的支持，使之尽快成长为具有较大生产规模和较强配套能力的优势龙头企业，同时带动一批新型建材企业的发展，引导那些已不具市场竞争能力的传统建材企业转向新型建材。

已确定的北京等20个试点城市的新型建材工业在“十五”期间应基本实现产业化、配套化和规模化。要抓住国家实施积极财政政策的机遇，加大对新型建材企业技术改造投资，推进一批上规模、上水平的技术改造项目，同时加强企业内部管理，改善和提高经济效益，使新型建材的优势真正得到全面体现。

（六）引导多元化投资，鼓励社会资金及外资投向新型建材工业。

通过制定政策和发布信息等方式引导资金投向技术水平高、产品有市场、预期效益好的新型建材项目，鼓励社会资本和外资投向新型建材领域。鼓励房地产开发商和大型建筑企业发展新型墙体材料。鼓励企业通过改组、改制，盘活存量资产，吸纳社会资金，发展新型建材。同时要认真贯彻落实财政部《关于加强新型墙体材料专项基金管理有关问题的通知》（财综字［1999］96号）的精神，认真管好、用好这项资金，充分发挥其在发展新型墙体材料中的作用。

（七）完善新型建材产品标准的制订，规范新型建材的生产和流通。

完善新型建材产品标准的制订和修订工作，促进企业依据有关标准规范生产。已明显落后于使用要求的产品标准要及时予以废止或进行修订；尚无产品标准的要加快制订和完善产品标准，并逐步实现与国际标准相接轨。规范新型建材市场流通，支持和鼓励实施部分新型建材产品市场准入制度和部分产品保证期制度，优胜劣汰，为优质新型建材产品的发展创造良好的竞争环境。

关于进一步开展资源综合利用的意见

《国务院批转国家经委〈关于开展资源综合利用若干问题的暂行规定〉的通知》（国发［1985］117号）下发以来，在国家政策的鼓励和引导下，我国资源综合利用取得一定的成绩。但资源消耗高、利用率低，废物综合利用和无害化处理程度低等问题仍然普遍存在。为适应经济增长方式转变和实施可持续发展战略的需要，推动资源综合利用工作，现提出以下意见：

一、资源综合利用的范围

资源综合利用主要包括：在矿产资源开采过程中对共生、伴生矿进行综合开发与合理利用；对生产过程中产生的废渣、废水（液）、废气、余热、余压等进行回收和合理利用；对社会生产和消费过程中产生的各种废旧物资进行回收和再生利用。《资源综合利用目录》由国家经贸委会同国家计委、财政部、国家税务总局联合发布，并可根据实际情况进行修订。

二、实行优惠政策，鼓励和扶持企业积极开展资源综合利用

享受优惠政策的范围，按照《资源综合利用目录》执行。国家现行的有关资源综合利用税收优惠政策主要体现在以下文件：《关于企业所得税若干优惠政策的通知》（财税字［1994］001号）、《关于继续对部分资源综合利用产品等实行增值税优惠政策的通知》（财税字［1996］20号）、《关于继续对废旧物资回收经营企业等实行增值税优惠政策的通知》（财税字［1996］21号）、《关于印发固定资产投资方向调节税“资源综合利用、仓储设施”税目税率注释的通知》（国税发［1994］008号）等。国家将进一步研究、制订有关资源综合利用的价格、投资、财政、信贷等其他优惠政策。企业从有关优惠政策中获得的减免税（费）款，要专项用于资源综合利用。

各地区，各有关部门对企业资源综合利用项目应重点扶持，优先立项，银行根据信贷政策，在安排贷款上给予积极支持。要加强对资源综合利用资金的管理，提高资金使用效率。

三、加强资源的综合开发和合理利用，防止资源浪费和环境污染

（一）在矿产资源勘查和开采中，对具有开发利用价值的共生，伴生矿必须统一规划，综合勘探、评价、开采、利用。地质勘查部门在地质勘探报告中应有资源综合利用章（节）；矿山设计部门在确定主采矿种开采方案的同时，应提出可行的共生，伴生矿回收利用方案。

（二）建设项目中的资源综合利用工程应与主体工程同时设计、同时施工、同时投产。凡具备综合利用条件的项目，其项目建议书、可行性研究报告和初步设计均应有资源综合利用内容，无资源综合利用内容的，有关部门不予审批。

（三）企业对其生产过程中产生的废物应积极开展综合利用；不具备利用条件的，应支持其他单位开展综合利用，并对利用废物的企业给予适当的装运补助费。提供可利用废物的企业与利用废物的企业之间应当签定长期的供需合同，并严格履行合同。对未经加工或废弃堆存的工业固体废物，提供可利用废物的企业不得向利用废物的企业收取费用；对经过加工的工业固体废物，提供可利用废物的企业可根据加工成本和质量，按照利用废物的企业利益大于提供可利用废物的企业利益的原则，向利用废物的企业收取一定费用。

（四）建设行政主管部门应从建筑设计标准、施工规范和要求等方面积极支持企业利用废物生产新型建筑墙体材料的推广工作。在距粉煤灰、煤矸石堆存场地 20 公里范围内不准新建、扩建实心粘土砖厂；凡有条件的，已建的实心粘土砖厂等建材企业，必须掺用一定比例的粉煤灰、煤矸石；筑路、筑坝、筑港工程，必须掺用一定比例的粉煤灰。

（五）各工业主管部门应制订本行业的用水标准定额和节水规划，采取循环用水和一水多用，提高水的重复利用率。水资源短缺地区，要严格限制高耗水工业的发展，对新建高耗水项目，在可行性研究报告中必须有用水专项论证。

四、采取措施，支持综合利用电厂生产电力、热力

凡利用余热、余压、城市垃圾和煤矸石、煤泥等低热值燃料及煤层气生产电力、热力的企业（以下简称综合利用电厂），其单矾容量在 500 千瓦以上，符合并网调度条件的，电力部门都应允许并网，签订并网协议，对并网的机组免交小火电上网配套费，并在核定的上网电量内优先购买。

综合利用电厂的上网电价，原则上按同网同质同价的原则确定，有条件的可实行峰谷电价；因成本过高等特殊情况不能执行同网同质同价原则的，可以实行个别定价，由综合利用电厂商电网经营企业提出方案，按国家有关规定报省级以上物价行政主管部门核准。电网购入综合利用电厂电量所发生的购电费用可计入成本，作为电网销售电价调整的基础。综合利用电厂与电网互供电量在同一计量点的，可以实行电量控月互抵结算。综合利用电厂所发电力，不纳入国家分配计划，可以在内部调剂使用，电力部门不得扣减电网供应给该企业的电力电量计划指标。装机容量在 1.2 万千瓦以下（含 1.2 万千瓦）的综合利用电厂，不参加电网调峰；装机容量在 1.2 万千瓦以上的综合利用电厂，可安排一定的调峰容量，允许高峰满发，但低谷时发电负荷不得低于发电设备额定功率的 85%。

五、严格管理，搞好废旧物资的回收和再生利用

企业应建立废旧物资回收利用和修旧利废制度，对本企业不能利用的废旧物资，应积极向废旧物资回收企业交售。废旧物资回收企业要改进收购办法，积极组织收购，有条件的，应实行分类加工。凡经营回收和加工生产性废旧金属的企业，必须经所在地人民政府指定的业务主管部门审批并发给统一印制的审核证明后，向公安部门申报核发特种行业许可证，再由工商行政管理部门核发营业执照，方可从事指定经营品种范围内的生产性废旧金属回收和加工业务。在铁路、矿区、油田、港口、机场、施工工地、军事禁区和金属冶炼加工企业附近，均不得设点收购废旧金属。禁止个体经营者从事生产性废旧金属回收和加工业务，各地人民政府要立即取缔现有个体经营者从事生产性废旧金属的回收和加工业务。公安机关要对经营回收废旧物资的企业依法加强监督。

严禁将报废汽车和明令淘汰的机电设备转移到农村和乡镇企业使用。凡国家规定不允许经营回收报废汽车的单位和个人，均不得回收报废汽车。车辆运行监督管理部门要对机动车辆的轮胎使用情况进行检查，并督促车辆使用单位适时翻新旧轮胎。

六、加快立法步伐，建立健全管理制度，推动资源综合利用工作

（一）各地区、各部门要根据国家有关法规，结合当地实际情况，积极制定一些地方性的法规，促进资源综合利用的规范化、法制化。

（二）企业开展资源综合利用应严格按照国家标准、行业标准或地方标准组织生产。对没有上述标准的产品，必须制订企业标准。

（三）逐步建立资源综合利用基本资料统计制度。企业应定期向有关主管部门报送有关资源综合利用方面的统计资料。

（四）加强资源综合利用项目申报审核工作。有关部门要加强项目审核管理，落实国家优惠政策，防止骗取税收优惠。

（五）建立资源综合利用奖罚制度。对做出显著成绩的单位和个人给予表彰和奖励，对违反有关规定的给予处罚。对企业有下列情形的，给予通报批评，并限期整改：

1. 有条件利用废物而不利用的，或者不利用又不支持其他企业利用的；

2. 不履行或不完全履行废物综合利用合同的以及随意中断供应关系的；

3. 不按规定报送有关资料的；

4. 违反规定收费或变相收费的。

七、依靠科技进步，提高资源综合利用技术水平

实行有利于资源综合利用技术开发和推广的技术经济政策，不定期发布国家资源综合利用技术导向目录。重大的资源综合利用科研与技术开发课题要纳入国家或地方的科技攻关计划，认真组织实施。对有广泛应用前景的成熟技术应积极安排示范工程，逐步实现产业化；适当引进一批适合我国国情的资源综合利用先进技术，组织科技力量消化吸收和创新与培育和发展技术市场，开展技术咨询和信息服务，促进科技成果的转让和推广应用。

本意见由国家经贸委会同国家计委、财政部、国家税务总局等有关部门组织实施。各省、自治区、直辖市及计划单列市和国务院有关部门，可根据本意见制订具体实施办法。

以上意见，如无不妥，请批转各地区、各部门执行。

国家经济贸易委员会
财　政　部
国家税务总局
一九九六年八月九日

建设部建筑节能“十五”计划纲要

（2002年6月20日，建科［2002］175号）

我国已全面进入建设小康社会，开始实施第三步战略目标、执行国民经济和社会发展第十个五年计划、加快推进社会主义现代化建设新的发展阶段。保持能源、经济和环境的可持续发展是我们面临的一个重大战略问题。

节约建筑用能是贯彻可持续发展战略和实施科教兴国战略的一个重要方面，是执行节约能源、保护环境基本国策和中华人民共和国《节约能源法》的重要组成部分。积极推进建筑节能，有利于改善人民生活和工作环境，保证国民经济持续稳定发展，减轻大气污染，减少温室气体排放，缓解地球变暖的趋势，是发展我国建筑业和节能事业的重要工作，也是国家社会主义建设事业的一项长期的艰巨的任务。

为使我国建筑节能工作在“十五”期间取得跨越式发展，根据建设部《建设事业“十五”计划纲要》、国家计委《国民经济和社会发展第十个五年计划能源发展重点专项规划》，结合国家经贸委《能源节约与资源综合利用“十五”规划》、《新能源和可再生能源产业发展“十五”规划》的要求及国务院有关文件精神，制定本计划纲要。

本计划的主要内容包括建筑节能；太阳能、河水、湖水、海水、地下水与地下能源等新能源和可再生能源在建筑中的利用；以及新型建筑墙体材料的推广应用工作。

一、建筑节能“九五”计划执行情况

（一）建筑节能工作取得了多方面的进展

“九五”期间，我国建筑节能工作取得了很大成绩。

1. 加强了建筑节能的组织管理，制订了建筑节能的专项规划和政策。

建设部成立了节能工作协调组和建筑节能办公室，开始了我国有组织、有计划地开展我国建筑节能工作。标志着我国的建筑节能工作从节能技术研究开发、技术标准规定、技术推广与工程试点转向全行业行政推动阶段；各省、自治区和直辖市也成立了相应机构，建筑节能的组织管理工作得到了加强。

第一次编制了我国《建筑节能“九五”计划和2010年规划》，明确了在我国开展建筑节能工作的总体目标、工作任务和实施策略；建设部、国家计委、国家经贸委、国家税务总局联合发布了《关于实施民用建筑节能设计标准（采暖居住建筑部分）的通知》，对各地实施节能50%的标准提出了具体要求；国家计委、国家经贸委、建设部联合制定了《关于固定资产投资工程项目可行性研究报告“节能篇（章）”编制及评估的规定》，要求固定资产投资工程可行性研究报告必须包括“节能篇（章）”，并进行节能专题论证；国家计委、电力部、建设部联合发出了《关于大力发展热电联产的通知》；国家经贸委、建设部、国家技术监督局联合发布了《关于进一步推动“绿色照明工程”的若干意见》；国务院办公厅转发《建设部等部门关于推进住宅产业现代化提高住宅质量若干意见》；颁布了《民用建筑节能管理规定》的部长令，对建设项目有关建筑节能的审批、设计、施工、工程质量监督以及运营管理各个环节做出了规定。许多地方政府建设行政主管部门也编制了当地节能设计标准实施细则并出台了建筑节能管理规定。

"九五"期间，建设部还召开了第一次、第二次全国建筑节能工作会议，总结经验，部署工作。

2. 建成的节能建筑逐年增加，太阳能和新能源在建筑上的应用工作进展迅速。建筑节能工程从点到面逐步扩展。已从少数北方城市建造单栋节能试点住宅发展为几十个北南方城市成批建设建筑节能示范小区；建成的示范工程已超过100万平方米。全国每年建成的节能建筑，从"九五"初期刚超过1千万平方米发展到"九五"末期的5千万平方米；据不完全统计，至2000年累计建成节能建筑面积1.8亿平方米；建成太阳房一千多万平方米，太阳能热水器拥有量2600万平方米，居世界第一位，并以每年平均25%的速度增长；地热和地下能源也开始得到推广应用。

3. 节能工作领域和范围得到进一步扩展。我国建筑节能是从采暖地区居住建筑开始的。"九五"期间，在一些城市开展了建筑供热计量收费体制改革的试验，还扩大到建造了一些公共建筑节能试点，和既有住宅进行了示范节能改造。

4. 建筑节能的技术研究与开发取得明显进展。通过实施国家"九五"建筑节能科技攻关项目、城市供热采暖温度控制与计量技术国家技术创新项目等一大批科技攻关、技术开发项目，外墙外保温技术取得突破性进展；新型高效节能窗的水平大大提高；供热采暖温度控制与计量技术取得明显进展；太阳能在建筑中应用的技术有了长足进步。

5. 建筑节能标准化工作得到加强。"九五"期间，修订颁布并组织积极实施了《民用建筑节能设计标准（采暖居住建筑部分）》；组织制订和颁布了《既有采暖居住建筑节能改造技术规程》、《采暖居住建筑节能检验标准》、以及《热量表》等一大批产品标准；组织了《夏热冬冷地区居住建筑节能设计标准》、《外墙外保温技术规程》等建筑节能相关标准的编制，以及《采暖通风与空气调节设计规范》的修改工作，为下一阶段建筑节能工作的继续发展创造条件。

6. 建筑节能产业化有长足进步。建筑绝热材料生产发展迅速，年折合工程量共约1500万立方米；新型墙体材料产量不断增加，年生产量达2100千亿块标准砖；塑料门窗市场逐步扩展，年生产能力达149万吨；从事外墙外保温技术开发的专门企业已有30余家，具备热量表生产能力的企业有10多家；太阳能热水器年产量达610万平方米，年产值上亿元的近10家。初步形成了门类齐全、综合配套、先进适用的建筑节能产品体系。

7. 全方位地开展了建筑节能的国际合作，提高了我国建筑节能的政策、技术与管理水平。继续扩大与法国、丹麦、德国与欧盟、加拿大、美国以及世界银行等开展了双边的、多边的建筑节能合作，学习和了解发达国家开展建筑节能的政策、技术与管理经验。

（二）"九五"建筑节能的工作经验

1. 制定统一工作的规划，锁定明确的工作目标和重点任务，坚持分阶段、分层次、分步骤有序展开的工作策略，从技术、标准、政策、产品、工程试点示范等方面协调全面推进。

2. 健全各级建筑节能管理或协调机构，有组织、有计划地开展建筑节能行动。

3. 坚持开放的工作方法，积极广泛地开展国内外、部内外、部内各行业主管部门密切合作与协调，同时谋求在政府建筑节能行政主管、建筑节能科研与技术开发机构、有关行业协会等中介组织与建筑节能相关产业的生产企业之间建立并形成灵活有效的平等合作关系。

4. 在加强建筑节能行政管理的同时，注意充分发挥市场经济的作用，积极探讨在市场经济条件下，研究建立促进建筑用能消费者积极、主动、自觉执行节能标准，推动建筑节能发展的激励机制。

（三）建筑节能工作中存在的问题和障碍

1. 对建筑节能的重要性和紧迫性认识不足。

2. 建筑节能管理工作体制不顺、监管体系不健全，执法不严，监督不力。

3. 建筑节能的投入过少。由于资金短缺，既有建筑的节能改造以及许多研究开发项目难以进行。

4. 建筑节能技术水平较低，一些成熟的技术与产品得不到及时推广应用。与发达国家建筑节能迅速发展相比，我国的总体水平差距有所扩大。建筑节能法规、标准不完善、不配套。建筑能耗数据缺乏调查统计。

二、"十五"期间和未来10年建筑节能面临的形势

（一）我国的能源发展和建筑节能工作正处在一个关键的历史时期。

党的十五大确定了"到下世纪中叶我国经济发展达到中等发达国家经济水平"的战略目标，我国的建筑节能事业必须围绕这个总体目标进行。改革开放以来，我国能源建设取得了巨大成就，实现了历史性的跨越，基本上适应了当前国民经济和社会发展的需要。2000年全国一次能源生产量为10.8亿吨标准煤，居世界第三位。我国节能工作也取得了巨大成就。"九五"时期，按1990年不变价格万元国内生产总值能耗下降了30%，年节能率达到7.2%，节能率居世界前列，节约和少用能源4.1亿吨标准煤左右。

随着经济增长和人民生活水平的不断提高，"十五"期间，我国能源需求总量将稳定上升。能源结构会进行调整，煤炭用量所占比例将逐步减少，天然气、电力等清洁能源将增加较快。太阳能等可再生能源将有更快发展。西电东输、西气东送，将为建筑用能结构的调整创造有利条件。经济全球化，特别是加入WTO，将给我国能源发展带来新的机遇和挑战。随着国民经济的持续发展，我国建筑用能占全社会能源消费量的比重也将进一步上升。因而，必须进一步贯彻国家"节约与开源并重"的能源方针，切实加强建筑节能工作，加快新能源与可再生能源的开发与应用，加速新型墙体材料的推广应用，实现能源、经济、环境的可持续发展。

建筑用能在我国能源消耗中占有较大比重。我国2000年建筑用商品能源消耗共计3.56亿吨标准煤，占当年全社会终端能源消费量的比重为27.8%。接近发达国家建筑用能占全社会能源消费量的1/3左右的水平。近几年全国每年建成的房屋建筑面积达16～19亿平方米。至2000年底，全国既有房屋建筑面积，城市已至76.6亿平方米（其中住宅44.1亿平方米），农村为299.4亿平方米（其中住宅建筑约占80%）。其中能够达到采暖建筑节能设计标准的只有1.8亿平方米，仅占全部城乡建筑面积的0.5%，占城市既有采暖居住建筑面积的9%。随着国民经济的持续发展和城乡建设的加快，我国建筑用能占全社会能源消费量的比重也将逐步上升。

（二）我国城市化进程加快，住房分配货币化改革深入发展，供热体制改革力度逐步加大，建筑业将持续高速发展，毁田烧砖的状况仍未根本改变。

2000年底，中国城市人口达4.58亿人，城市化水平达到36.2%。预计到2005年城市化水平将达到40%左右，2010年城市化水平达到45%左右。预计“十五”期间，全国城乡住宅累计竣工面积57亿平方米，其中城镇住宅竣工面积27亿平方米，农村住宅竣工面积30亿平方米。由于房屋建筑具有投资大、使用寿命长的特点，如果这些新建房屋不按节能标准进行设计，则必将造成更大的浪费，并成为以后节能改造的重大负担。

目前，我国实心粘土砖的年产量还有5400多亿块，绝大部分由工艺技术落后、浪费能源和污染环境的小型企业生产，每年因此毁坏和占用耕地达95万亩。新型墙体材料的推广应用工作亟需加强。

（三）人民生活水平的提高，引起建筑用能大幅度增加。

采暖区城镇住宅冬季室内热舒适性要求不断提高，对温湿度指标提出了更高的要求。

全国建筑用空调大幅度上升，每百户家庭的空调器拥有率每年约以20%的速度增长，宾馆、商场、办公楼等公共建筑普遍安设空调。空调负荷偏大，浪费电能。

随着生活条件的改善，居民普遍要求有家用生活热水设备，对空气质量的要求也越来越高，机械通风的应用逐渐增加。随着各类家用电器的普及，生活用电量将持续上升。

广大农村地区住宅越来越多地安装采暖与空调设施。

（四）随着建筑用能的增加，建筑用能排放的污染物随之逐年增加。

世界各国房屋能源使用中所排放的CO_2，大约占到全球CO_2排放总量的1/3，其中住宅大体占2/3，公共建筑占1/3。从我国总体来看，总悬浮颗粒物、二氧化硫和氮氧化物几项大气主要污染物指标，北方城市重于南方城市，采暖期重于非采暖期。如北京市1998年空气中二氧化硫浓度值采暖期平均为非采暖期的6倍。建筑采暖已成为城市大气的一个主要污染源。随着建筑耗能总量及其所占比例的增加，由此排放的温室气体也必然会随之增长。因此，只有从源头上减少建筑采暖能耗，才能使北方城市采暖期大气污染的严重状况得到根本改善。

三、“十五”期间建筑节能工作安排

（一）“十五”期间开展建筑节能工作的指导思想

认真贯彻可持续发展战略，坚持“资源开发与节约并举，把节约放在首位，提高资源利用率”的方针，以节约能源、保护环境、改善建筑功能与质量为目标，以市场为导向，以科技进步为动力，不断提高用能效率，跨越式推进建筑节能事业，促进城乡建设、人民生活和生态环境的协调发展。

（二）“十五”期间开展建筑节能工作的工作原则

坚持节约建筑用能与改善建筑热环境相结合。要在改善建筑热舒适条件下节约能源，并在节约能源的基础上，不断提高建筑热舒适程度。对于冬季室温过低或夏季室温过高的建筑，着重在改善建筑热环境，也要注意节约能源。努力实现室内热环境明显改善，城镇建筑夏季室温低于30℃，冬季室温达到18℃左右的基本要求。

坚持节约建筑用能与改善大气环境相结合。采暖空调用能造成城市严重大气污染和二氧化碳过量排放，必须从源头上节约建筑用能，有利于改善城市大气环境并减少二氧化碳的排放。

坚持节约建筑用能与开发新能源与可再生能源相结合。大力开发利用新能源与可再生能源，是优化能源结构、改善环境的一项战略措施，尤其是对解决边疆、海岛、偏远地区的用能问题，更为重要。开源与节流相结合，才能使用能得到切实保障。

坚持节约建筑用能与墙体改革相结合。要发展建筑节能，采用保温隔热性能良好的墙体材料，就必须积极开展墙体革新；而要搞好墙体材料革新，就必须发展建筑节能。二者应当紧密结合，综合推进。

坚持加强建筑围护结构保温隔热与改善采暖空调系统相结合。在加强建筑围护结构保温隔热的同时，重视提高采暖空调系统的用能效率，使建筑节能收到实效。

坚持政府对节能的宏观调控引导与市场机制对节能的促进作用相结合。要充分发挥政府对节能的宏观调控作用，用政策法规标准推动建筑节能市场和节能产业化的发展，提高国民经济的整体效率；又要考虑在市场经济条件下，企业的行为必然以经济效益为中心，居民的节能行为也自然会与其经济利益相联系，因此，要使节能政策和法规与市场经济的要求相适应，重视企业与居民的实际经济利益。

（三）“十五”期间开展建筑节能工作的工作部署和重点

在全国范围内有秩序地推进建筑节能，由易到难，从点到面，坚持不懈，稳步前进。

在建筑地域上逐步扩展：巩固北方严寒和寒冷地区建筑节能成果，积极开展中部夏热冬冷地区建筑节能工作，并尽快向南方夏热冬暖地区扩展；巩固大城市建筑节能成果，积极向中小城市、县镇，以及广大农村地区扩展。

按建筑类型逐步推开：先从居住建筑开始，再在公共建筑中开展；从新建建筑开始，到室内热环境不良和有利于改造的既有建筑，然后是其他高耗能建筑的节能改造。

在重视改善围护结构保温隔热性能的同时，积极推进供热采暖体制改革，加强供热采暖和空调制冷系统的设计与运行管理节能工作，积极提高用能设备的整体效率。

节约能源与改善建筑热环境要求逐步提高。根据不同情况，不同地区、不同类型的建筑，第一步要求节能30%～50%。随着节能条件的改善与技术的发展，进一步提高节能要求，并逐步改善热舒适条件，使我国整个建筑节能工作逐步向发达国家目前水平接近。

在加紧建设节能建筑的同时，促使建筑节能产业健康有序地同步发展。

“十五”期间建筑节能工作的重点是：

全面执行《民用建筑节能管理规定》。北方严寒与寒冷地区城市新建采暖居住建筑全面执行节能50%的设计标准；

积极开展城市供热体制与建筑采暖按热量计量改革；

加快夏热冬冷和夏热冬暖地区居住建筑节能工作步伐；

大力推进太阳能、河水、湖水、海水与地下能源及其他可再生能源在建筑中利用的工作；

大力加强新型建筑墙体材料的推广应用；

研究研讨并努力推进既有建筑节能改造和公共建筑节能工作。

由于我国地域辽阔，气候和经济环境差别很大，资源和技术条件也有所不同，各省、自治区和直辖市建设行政主管部门应根据本计划的总体要求，结合当地的实际情况，编制出本地区的计划，做出进一步的落实安排。

（四）发展目标

对于新建采暖居住建筑实施《民用建筑节能设计标准（采暖居住建筑部分）》（JGJ 26—95），严寒和寒冷地区2001年前大中城市全面执行，2003年底前小城市普遍执行，

2005 年底各县城均予推行。

对设置集中采暖的新建居住建筑 2001 年起应采用双管系统，室温可调控，并预留安设户用热表的位置。同时，在城市新建小区建设中逐步扩大供热采暖系统分室调控室温和热量按户计量收费的技术和管理试点，2002 年起取得成效后，成片推行，2005 年在各大中城市全面推行。

对设置集中采暖的既有居住建筑安设热表并计量收费技术的工作，2001 年起在大中城市中开始组织技术和管理试点，2003 年起取得成效并有步骤地推广，在 2010 年底前全面推行。

继续发展和完善以集中供热为主导、多种方式相结合的城镇供热采暖系统。对既有供热厂、热力站、锅炉房和供热管网系统进行以节能为主要内容的技术改造。2001 年起组织进行调查研究，提出方案，开始有计划地进行改造，至 2005 年达到满足供热采暖系统经济安全运行的要求。2001 年起新建供热厂、热力站、锅炉房和供热管网系统要按室温可调控和计量的要求进行设计。

城市新建建筑，要严格执行建设部、国家经贸委、国家质量技术监督局、国家建材局《关于在住宅建设中淘汰落后产品的通知》，全面禁止使用毁田生产的实心或空心粘土制品。积极发展钢结构建筑、钢筋混凝土框架结构、钢筋混凝土剪力墙结构、钢筋混凝土板墙结构及其他各种新型复合结构，减少普通砖混结构，为推广应用新型轻质高强墙体材料提供条件。新型墙体材料的应用到 2005 年达到 3000 亿块，占墙体材料总量的 40%。采用新型墙体材料的建筑竣工面积占城镇建筑竣工面积的 50%。其中大中城市市区推广应用新型墙体材料达到 80%以上。严寒和寒冷地区城镇新建、扩建的居住建筑及其附属设施全部采用新型墙体材料。

研究开发采用不同能源的多种供热采暖和空调降温方式。2001 年起有组织地进行研究和试点。2003 年提出技术经济总结报告，以在不同气候地区、不同应用条件下加以推广。

夏热冬冷地区大中城市 2001 年 10 月 1 日起执行《夏热冬冷地区新建居住建筑节能设计标准》，2003 年小城市普遍执行，2005 年各县城均予推行。夏热冬暖地区各省和自治区 2002 年制定当地的建筑节能规划和政策，组织建筑节能试点工程，2003 年大中城市开始执行夏热冬暖地区居住建筑节能设计标准，2005 年小城市普遍执行，2007 年各县城均予推行。

2002 年起组织新建公共建筑的节能进一步的调查研究及工程试点，编制公共建筑节能设计标准，2004 年起开始执行。

村镇建筑也要根据当地条件，及时开展建筑节能工作，通过示范倡导，力争达到或接近所在地区城镇的节能和热环境目标。

研究开发采用太阳能、地热能、地下水、河水、湖水、海水等可再生能源的建筑应用关键技术与设备，继续研究推广太阳能建筑，到 2005 年累计建成太阳能建筑 5000 万平方米。通过太阳能热水器利用技术与建筑一体化的试验研究，在太阳能资源较丰富的地区，大力推广应用太阳能热水器，到 2005 年太阳热水器集热板使用面积要达到 6000 万平方米，太阳能热水器使用率占城市家庭的 10%～12%。利用太阳能发电、采暖与空调的建筑以及利用地下能源等可再生能源的建筑面积达到 2000 万平方米。

保温材料、节能门窗、温控设备、热计量表、暖通空调和系统控制，以及太阳能利用等建筑节能产业，到2005年基本做到品种齐全、结构合理、布局适当、发展有序、科技含量高、并具有前瞻性，与建筑节能工程规模同步协调发展。

在建筑面积持续增长的同时，通过采取多方面的建筑节能措施，到2002年使由采暖产生的大气污染得到控制，采暖期大气质量恶化的趋势得到扭转，到2005年，主要城市采暖期大气环境初步接近国家环境质量指标要求。

采取上述措施，在“十五”期间，共计可节能2854万吨标准煤，减少向大气排放污染物数量：总悬浮颗粒物10.0万吨，SO271.9万吨，NOX 36.0万吨，CO_2 6992万吨。

四、支撑条件与保障措施

（一）健全组织机构，理顺各方关系

全国建筑节能的监督管理由建设部负责。建设部建筑节能工作协调组，归口管理、统一协调全国的建筑节能工作。建设部有关各司按照规定的职责，将建筑节能纳入经常工作范围，落实责任，在部节能工作协调组的指导下各负其责。部节能工作协调组日常业务由办公室负责（办公室设在科学技术司）。

各地建设行政主管部门应建立和健全建筑节能管理机构，配备精干有力的队伍，理顺与各方面的关系。要健全建筑节能的执法机构，建立以政府监督考核为主，与企事业单位自我考核相结合的建筑节能检查监测体系，加强建筑节能工作的管理。

在政府机构精简的条件下，各级建设行政管理部门可以委托有关建筑节能社会团体与中介机构，从事与建筑节能有关的政策规划研究、数据统计分析、信息收集整理、技术开发推广、实施国际合作、管理试点示范工程、进行节能检测、组织宣传培训等。同时各级管理部门应积极与企业、大专院校、科研机构建立广泛联系，密切合作，充分发挥各方面的力量，共同把建筑节能工作做好。

（二）加强相关政策的研究与制定

1. 研究制定建筑节能管理条例，发布建筑节能法规。

2. 要尽快研究制定供热采暖按热量计量收费政策及实施方案。要使职工供暖货币化，改暗补为明补；要制订合理的热价管理和收费办法，使产热、供热和用热各方面都从节能中获得经济效益；要积极地从点到面逐步推进此项改革，以保持社会稳定。

3. 抓紧制定城市既有建筑节能改造的政策和实施方案，扩大试点并组织推广。我国既有建筑数量巨大，使用中能源浪费严重。各地要积极制定专项计划，争取像抗震加固那样得到资金支持，有计划有步骤地推进节能改造。

4. 要加速制订并发布各种建筑节能管理办法，除陆续颁发的不同地区的节能设计标准均应纳入《民用建筑节能管理规定》和《实施工程建设强制性标准监督规定》的管理范围外，还应逐步制订建筑空调运行管理办法、建筑供暖计量收费实施办法、既有建筑用能效率检查办法、既有建筑节能改造实施办法等。

5. 建立建筑能耗统计报告制度并认真实施。

（三）增强法制观念，加大执法监察力度

《民用建筑节能管理规定》（建设部第76号部长令）已于2000年10月1日起正式实施。该规定对建设项目有关建筑节能的审批、设计、施工、工程质量监督及运营管理各个环节，都做了明确的规定，对不按节能标准设计建造，达不到节能要求或违反规定的，给予相应的经济处罚、必要时还需停业整顿、降低其设计施工资质。建筑节能设计标准是国家强制性标准，必须强制推行。

搞好建筑节能，设计是关键。各级建设行政主管部门须加强对节能设计的管理，落实对节能设计的审查，要把是否符合节能设计标准作为设计审查通过的必要条件。

各地建设行政管理部门须加强监督管理，严格执法。要组织力量进行检查，对于节能建筑中采用的伪劣产品、不合格品，标准图、产品手册中虚报高估节能保温效果，节能产品介绍中的虚假欺骗宣传，以及节能设计、施工和检验中的弄虚作假行为，都要加强查禁处罚力度。

（四）促进技术进步，推行科技创新

要抓紧建筑能耗统计、产业普查等基础工作，研究制订相关的政策，完成一批建筑节能科技攻关、技术创新、成套技术开发推广和产业化项目，研究开发一批科技含量高、满足建筑节能标准要求的先进产品，建立节能建筑标识认定体系，编制技术与产品推广、限制、淘汰目录。做好技术和产品的转化工作，促进节能技术市场化、产业化，为建筑节能工作的发展奠定坚实的基础。

拟重点开展以下方面的科技项目工作：

1. 建筑节能政策法规体系的研究。

2. 建筑节能标准体系的研究。

3. 建筑供热改革及配套政策的研究。

4. 建筑节能产业化现状及发展政策的分析与研究。

5. 建筑能耗的调查分析。

6. 建筑节能热工检测成套技术研究开发与工程应用。

7. 采暖地区建筑节能成套技术研究开发与工程应用。

8. 夏热冬冷地区建筑节能成套技术研究开发与工程应用。

9. 夏热冬暖地区建筑节能成套技术研究开发与工程应用。

10. 既有建筑节能改造成套技术研究开发与工程应用。

11. 新型墙体材料在建筑中应用的成套技术及其对环境影响的评估。

12. 太阳热水器与建筑结合的研究与工程应用。

13. 地源热泵及水源热泵技术系统研究开发与工程应用。

14. 采用不同能源、不同采暖与制冷方式、系统调控及计量系统的开发和技术经济分析。

15. 公共建筑节能成套技术研究开发与工程应用。

16. 建筑围护结构体系成套技术研究开发与工程应用及技术经济分析。

17. 发达国家建筑节能政策、标准及管理的研究。

18. 发达国家建筑节能技术发展动态及我国建筑节能技术发展战略的研究。

（五）加快标准制订步伐，完善建筑节能标准体系

编制出配套的建筑节能标准，是推进建筑节能事业的基础工作。目前仅有少量建筑节能标准，不能满足工作需要。应尽快建立完整的建筑节能标准体系，其中包括基础标准、技术标准、产品标准、工程标准、管理标准以及各类建筑节能设计标准、运行标准、检测标准、能耗标准、新能源利用标准等。

“十五”期间急需编制的标准包括：夏热冬暖地区居住建筑节能设计标准；太阳能、地热等新能源的应用标准；公共建筑、工业建筑、小城镇及农村建筑节能设计标准；供热计量技术标准和采暖收费标准；供热采暖运行技术标准；空调制冷运行技术标准；民用建筑采暖能耗检测方法；民用建筑空调能耗检测方法；建筑能耗定额；外墙外保温技术规程等。还需编制常用建筑材料基本热工参数、常用建筑用能设备基本参数、常用建筑气象数据等标准手册，及符合建筑节能标准的建筑通用设计与标准图集等。

配合节能设计标准的实施，应编制全国的和地方性的标准图、通用图等配套图集。应加强对国外节能标准的调查、收集和分析研究工作。从中吸取有益的经验。

（六）做好建筑节能试点示范工作，加大节能新技术新产品的推广力度

技术推广是科研成果转化为现实生产力的关键环节。以点带面，是市场经济条件下政府推动建筑节能的一种有效的工作方法。各级建设行政主管部门都要开展节能的试点示范工作，认真组织，抓出经验。在夏热冬冷和夏热冬暖地区，有重点地建设一批提高居住质量、改善居室热环境的节能建筑和示范小区。各地要通过示范建筑、示范小区的建设，研究适应当地条件的新的节能材料、设备和技术。要以试点工程为载体，综合推广应用建筑节能新技术，展示节能成果，扩大宣传和推广。示范建筑和示范小区应认真总结，严格验收，把好质量关。示范项目应成熟一批推广一批，可采取媒体、新闻发布会、现场会、推广会等多种形式进行宣传。

（七）提高节能意识，加强信息传播

要经常利用电视、广播、报刊等宣传媒体，开展广泛持久的群众性的建筑节能宣传活动，提高全社会的建筑节能意识和可持续发展的意识，提高开发商和广大居民的认识程度；加强对各级领导的宣传，提高他们的重视程度；组织学习《建筑节能管理规定》，举办建筑节能培训班、研讨会；加强建筑节能科技书刊和通俗读物的出版工作；建立建筑节能信息网站，搜集整理国内外信息；扩大与国外交流渠道。

（八）加强引导调控，积极培育市场

建筑节能跨越式发展提供的巨大市场机遇，必将带动建筑节能产业化的迅速发展。针对当前建筑节能产业存在盲目上马、重复建设、小型分散、技术落后、质量低下、虚假宣传、不正当竞争等妨碍建筑节能产业和市场的健康发展，甚至对工程质量产生严重影响的诸多问题，应该充分运用社会主义市场经济条件下政府的宏观调控作用，推动规范性建筑节能市场的形成，促进节能产业的健康有序发展，达到资源的优化配置，提高国民经济的整体效率，保证节能效果的目的。

根据在市场经济条件下政府引导市场和调控经济的原则和手段，组织有关社会团体在各方面专家和企业界代表的积极参与下，通过提出节能目标、制订节能规划、考察资源状况、研究技术条件、完善产品标准、规范产品认证、组织产品标识、分析市场动态、评估节能潜力、鼓励开发创新、引进先进技术等途径，向社会发布有关方针政策、法律法规、建筑节能产品需求预测、节能技术发展方向、节能市场信息、推荐限制和淘汰产品目录，并通过监督检查产品质量和工程质量、处罚违规企业、禁用不合格产品等手段，引导建筑节能产业通过正常竞争，做到结构优化、产业升级、产品配套、规模合理、质量提高，以开辟广阔的建筑节能市场，满足建筑节能工作发展的需要，创造新的就业机会。

（九）积极筹措资金，增加对建筑节能工作的投入

各地应结合国家财政体制改革，积极作好有关项目的申报，力争列入国家计划，取得资金支持；各地可利用财政预算编制改革的机会，根据需要与可能，集中开展建筑节能项目，通过项目列入地方预算，筹集开展建筑节能工作所需的资金。

用好已有的墙改专项费用，争取在保持已有墙改专项费用基数和标准不增加的情况下，明确墙改专项费用的使用范围，确保专项费用的35%用于支持新型墙体材料应用及有关的建筑节能工作。

利用各种可能的方式，争取国际资金的支持。

各地还可通过建筑节能研究开发项目培养、扶持若干企业，并使新产品开发与示范工程相结合，鼓励节能企业加大技术投入，实现产品更新换代。

（十）加强国际合作，不断提高我国建筑节能技术与管理水平

发达国家建筑节能工作起步较早，积累了许多有益的经验。我国建筑用能所排放的二氧化碳数量巨大，并正在持续快速增加，已经引起了国际社会的密切关注。同时由于我国建筑节能产业市场潜力十分巨大，许多发达国家的企业很想打入中国市场，占有一席之地。应抓住机遇积极开展与国际机构、外国政府、民间团体和企业之间的双边或多边国际合作，最大限度地利用国际资源，为我国建筑节能事业服务。

继续扩大与加拿大、美国、欧盟、法国、荷兰等国家，以及与世界银行、联合国计划开发署等国际组织的合作，全面开展新的合作项目。通过考察访问、学术交流、展览参观、合作研究、出国进修、举办研讨会、建设示范工程、兴办合资企业或独资企业、合办研究开发组织等多种途径，广泛拓展合作领域，以跟踪世界科技发展动向，努力提高我国建筑节能技术与管理水平。

节能中长期专项规划

（国家发改委，发改环资［2004］2505号）

前　　言

节能是我国经济和社会发展的一项长远战略方针，也是当前一项极为紧迫的任务。为推动全社会开展节能降耗，缓解能源瓶颈制约，建设节能型社会，促进经济社会可持续发展，实现全面建设小康社会的宏伟目标，特制定本规划。

规划期分为“十一五”和2020年，重点规划了到2010年节能的目标和发展重点，并提出2020年的目标。

规划分五个部分：我国能源利用现状，节能工作面临的形势和任务，节能的指导思想、原则和目标，节能的重点领域和重点工程，以及保障措施。

节能专项规划是我国能源中长期发展规划的重要组成部分，也是我国中长期节能工作的指导性文件和节能项目建设的依据。

（说明：规划采用了国家统计局对2000年、2002年能源生产、消费总量及GDP能耗等相关数字的初步调整数。）

目　　录

一、我国能源利用现状

（一）能源消费特点

（二）能源利用情况

（三）节能工作存在的主要问题

二、节能工作面临的形势和任务

三、节能的指导思想、原则和目标

（一）指导思想

（二）遵循原则

（三）节能目标

四、节能的重点领域和重点工程

（一）重点领域

（二）重点工程

五、保障措施

（一）坚持和实施节能优先的方针

（二）制定和实施统一协调促进节能的能源和环境政策

（三）制定和实施促进结构调整的产业政策

（四）制定和实施强化节能的激励政策

（五）加大依法实施节能管理的力度

（六）加快节能技术开发、示范和推广应用

（七）推行以市场机制为基础的节能新机制

（八）加强重点用能单位节能管理

（九）强化节能宣传、教育和培训

（十）加强组织领导、推动规划实施

一、我国能源利用现状

（一）能源消费特点

2002年，全国一次能源消费总量15.14亿吨标准煤，比1990年增加5.27亿吨标准煤，增长53%，年均增长3.6%。其中，煤炭占66.3%，石油占23.5%，天然气占2.6%，水电、核电占7.6%，

我国能源消费呈以下主要特点：

1. 能源消费以煤为主，环境问题日益突出。2002年，煤炭消费量14.2亿吨，比1990年增长34%，年均增长2.5%。近70%的原煤没有经过洗选直接燃烧，燃煤造成的二氧化硫和烟尘排放量约占排放总量的70%～80%，二氧化硫排放形成的酸雨面积已占国土面积的三分之一；化石燃料二氧化碳排放是我国温室气体的主要来源。

2. 优质能源比重上升，石油安全不容忽视。2002年，石油、天然气、水电等优质能源消费量占能源消费总量的33.7%，比1990年提高9.9个百分点，其中石油占消费总量的比重由1990年的16.6%提高到23.5%，提高6.9个百分点。“九五”以来交通运输用油呈快速增长态势，特别是营运运输用油，年均增长速度大大高于同期国内生产总值的增长速度。我国自1993年开始成为石油净进口国以来，对外依存度逐年提高，2002年石油净进口量8130万吨，对外依存度达32.8%。

3. 工业用能居高不下，结构调整任重道远。2002年，一、二、三产业和生活用能分别占能源消费总量的4.4%、69.3%、14.9%和11.4%。其中，工业用能占68.3%，自1990年以来始终保持在70%左右的水平，虽然统计口径不完全可比，但与国外能源消费构成相比，我国工业用能比重明显偏高。在推进工业化的进程中，调整经济结构的任务十分艰巨。

4. 生活用能有所改善，用能水平仍然很低。2002年，城乡居民生活用电2001亿千瓦时，天然气和煤气177亿立方米，液化石油气1169万吨，占生活用能的比重分别由1990年的3.7%、1.66%、1.72%上升到14.4%、6.8%、11.8%。但用能水平仍然很低，人均生活用电量156千瓦时，仅相当于日本的7.7%，美国的4%。

（二）能源利用情况

改革开放以来，在党中央、国务院“能源开发与节约并举，把节约放在首位”的方针指引下，各地区、各部门和各企业单位大力开展节能工作，取得明显成效。

1. 能源利用效率有所提高

单位产值能耗。按1990年不变价计算，每万元GDP能耗由1990年的5.32吨标准煤下降到2002年的2.68吨标准煤，下降50%，年均节能率为5.6%。

单位产品能耗。2000年与1990年相比，火电供电煤耗由每千瓦时427克标准煤下降到392克标准煤，吨钢可比能耗由997千克标准煤下降到784千克标准煤，水泥综合能耗由每吨201千克标准煤下降到181千克标准煤，大型合成氨（以油气为原料）综合能耗由每吨1343千克标准煤下降到1273千克标准煤。单位产品能耗与国际先进水平的差距分别缩小了6.1、37.1、18.7、3.1个百分点。

能源效率。2000年能源效率为33%，比1990年提高5个百分点。其中，能源加工、转换、贮运效率为67.8%，终端能源利用效率为49.2%。

2. 节能取得明显的经济和社会效益

按环比法计算，1991~2002年的12年间，累计节约和少用能源约7亿吨标准煤，能源消费以年均3.6%的增长速度支持了国民经济年均9.7%的增长速度。节约和少用能源相当于减少二氧化硫排放1050万吨。节能对缓解能源供需矛盾，提高经济增长质量和效益，减少环境污染，保障国民经济持续、快速、健康发展发挥了重要作用。

3. 能源利用效率与国外的差距

单位产值能耗。据有关机构研究，2000年按现行汇率计算的每百万美元国内生产总值能耗，我国为1274吨标准煤，比世界平均水平高2.4倍，比美国、欧盟、日本、印度分别高2.5倍、4.9倍、8.7倍和0.43倍。

单位产品能耗。2000年电力、钢铁、有色、石化、建材、化工、轻工、纺织8个行业主要产品单位能耗平均比国际先进水平高40%，如火电供电煤耗高22.5%，大中型钢铁企业吨钢可比能耗高21.4%，铜冶炼综合能耗高65%，水泥综合能耗高45.3%，大型合成氨综合能耗高31.2%，纸和纸板综合能耗高120%。

主要耗能设备能源效率。2000年，燃煤工业锅炉平均运行效率65%左右，比国际先进水平低15~20个百分点；中小电动机平均效率87%，风机、水泵平均设计效率75%，均比国际先进水平低5个百分点，系统运行效率低近20个百分点；机动车燃油经济性水平比欧洲低25%，比日本低20%，比美国整体水平低10%；载货汽车百吨公里油耗7.6升，比国外先进水平高1倍以上；内河运输船舶油耗比国外先进水平高10%~20%。

单位建筑面积能耗。目前我国单位建筑面积采暖能耗相当于气候条件相近发达国家的2~3倍。据专家分析，我国公共建筑和居住建筑全面执行节能50%的标准是现实可行的；与发达国家相比，即使在达到了节能50%的目标以后仍有约50%的节能潜力。

能源效率。能源效率比国际先进水平低10个百分点。如火电机组平均效率33.8%，比国际先进水平低6~7个百分点。能源利用中间环节（加工、转换和贮运）损失量大，浪费严重。

我国能源利用效率与国外的差距表明，节能潜力巨大。根据有关单位研究，按单位产品能耗和终端用能设备能耗与国际先进水平比较，目前我国的节能潜力约为3亿吨标准煤。

我国能源利用效率低下的主要原因是粗放型经济增长方式，结构不合理，技术装备落后，管理水平低。一是结构不合理。产业结构中低能耗的第三产业（产值能耗为第二产业产值能耗的43%）特别是服务业明显滞后，我国第三产业增加值占GDP的比重为33%，而世界平均水平约63%；第二产业中高能耗重化工业比重高，工业化仍以量的扩张为主，消耗高，浪费大，污染重；能源消费结构中优质能源比重低；企业规模小，产业集中度低。二是工艺技术和装备落后。重点行业落后工艺所占比重仍然较高，如大型钢铁联合企业吨钢综合能耗与小型企业相差200千克标准煤左右，火电厂30万千瓦机组与5万千瓦机组每千瓦时供电煤耗相差100克标准煤以上，大中型合成氨吨产品综合能耗与小型企业相差300千克标准煤左右。三是管理水平低，与节能密切相关的统计、计量、考核制度不完善，信息化水平低，损失浪费严重。

（三）节能工作存在的主要问题

一是对节能重要性缺乏足够的认识，节能优先的方针没有落到实处。在发展思路上存在重开发、轻节约，重速度、轻效益的倾向，把节能仅仅作为缓解能源供需矛盾的权宜之计，供应紧张时重视节能，供应缓和时放松节能，片面认为节能可以依靠市场机制来实现，对节能在转变经济增长方式、实施可持续发展战略中的重要地位以及政府在节能管理中的重要作用缺乏足够的认识，在宏观政策的各个方面节能优先的方针还没有充分体现，一些地方和行业节能管理有所削弱，节能还没有成为绝大多数企业和全体公民的自觉行动。

二是节能法律法规不完善。1998年颁布实施了《节约能源法》，但有法不依，执法不严的现象严重，配套法规不完善，操作性上有待改进。能效标准制定工作滞后，尚未颁布机动车燃油经济性标准，大部分工业用能设备（产品）没有能效标准。虽然陆续制定和颁布了各气候区建筑节能50%的设计标准，但全国城市每年新增建筑中达到节能建筑设计标准的不到5%。

三是缺乏有效的节能激励政策。国内外实践表明，节能在很多方面属于市场失灵的领域，需要政府宏观调控和引导。目前在财税政策上对节能改造、节能设备研制和应用以及节能奖励等方面，支持的力度不够，没有建立有效的节能激励机制。

四是尚未建立适应市场经济体制要求的节能新机制。在计划经济体制下形成的节能管理体系已不适应新形势的要求。国外普遍采用的综合资源规划、电力需求侧管理、合同能源管理、能效标识管理、自愿协议等节能新机制，在我国还没有广泛推行，有的还处于试点和探索阶段。供热体制改革滞后，受各种因素影响贯彻落实难度较大。

五是节能技术开发和推广应用不够。节能必须依靠技术进步，改革开放以来，我国开发、示范（引进）和推广了一大批节能新技术、新工艺和新设备，节能技术水平有了很大提高。但从总体上看，投入不足，创新能力弱，先进适用的节能技术，特别是一些有重大带动作用的共性和关键技术开发不够。同时由于缺乏鼓励节能技术推广的政策和机制，多数企业融资困难，节能技术推广应用难。

六是节能监管和服务机构能力建设滞后。目前，全国共有节能监测（技术服务）中心145个，绝大部分受政府委托开展节能执法监督和监测。但总体上看，多数节能监测（技术服务）机构能力建设滞后，监测装备落后，信息缺乏，人才短缺，整体实力不强。能源统计体系不完善、节能信息不畅，难以适应节能工作的需要。

二、节能工作面临的形势和任务

党的十六大提出，到2020年我国将实现全面建设小康社会的目标。随着人口增加、工业化和城镇化进程的加快，特别是重化工业和交通运输的快速发展，能源需求量将大幅度上升，经济发展面临的能源约束矛盾和能源使用带来的环境污染问题更加突出。

一是能源约束矛盾突出。实现GDP到2020年比2000年翻两番的目标，我国钢铁、有色金属、石化、化工、水泥等高耗能重化工业将加速发展；随着生活水平的提高，消费结构升级，汽车和家用电器大量进入家庭；城镇化进程加快，建筑和生活用能大幅度上升。如按近三年能源消费增长趋势发展，到2020年能源需求量将高达40多亿吨标准煤。如此巨大的需求，在煤炭、石油和电力供应以及能源安全等方面都会带来严重的问题。按照能源中长期发展规划，在充分考虑节能因素的情况下，到2020年能源消费总量需要30亿吨标准煤。要满足这一需求，无论是增加国内能源供应还是利用国外资源，都面临着巨大的压力。能源基础设施建设投资大、周期长，还面临水资源和交通运输制约等一系列问题。能源需求的快速增长对能源资源的可供量、承载能力，以及国家能源安全提出严峻挑战。

二是环境问题加剧。我国是少数以煤为主要能源的国家，也是世界上最大的煤炭消费国，煤烟型污染已相当严重。随着机动车的快速增长，大城市大气污染已由煤烟型污染向煤烟、机动车尾气混合型污染发展。粗放型使用能源，对环境造成了严重破坏。目前，我国年排放二氧化硫2000多万吨，酸雨面积已占国土面积的30%，大大超过环境容量。虽然到2020年我国能源结构将继续改善，煤炭消费比重将有所下降，但煤炭消费总量仍将大幅度增加，经济发展面临巨大的环境压力。

能源是战略资源，是全面建设小康社会的重要物质基础。解决能源约束问题，一方面要开源，加大国内勘探开发力度，加快工程建设，充分利用国外资源。另一方面，必须坚持节约优先，走一条跨越式节能的道路。节能是缓解能源约束矛盾的现实选择，是解决能源环境问题的根本措施，是提高经济增长质量和效益的重要途径，是增强企业竞争力的必然要求。不下大力节约能源，难以支持国民经济持续快速协调健康发展；不走跨越式节能的道路，新型工业化难以实现。必须从战略高度充分认识节能的重要性，树立忧患意识，增强危机感和责任感，大力节能降耗，提高能源利用效率，加快建设节能型社会，为保障到2020年实现全面建设小康社会目标作贡献。

三、节能的指导思想、原则和目标

（一）指导思想

认真贯彻党的十六大和十六届三中、四中全会精神，以科学发展观为指导，坚持节能优先的方针，以大幅度提高能源利用效率为核心，以转变增长方式、调整经济结构、加快技术进步为根本，以法治为保障，以提高终端用能效率为重点，健全法规，完善政策，深化改革，创新机制，强化宣传，加强管理，逐步改变生产方式和消费方式，形成企业和社会自觉节能的机制，加快建设节能型社会，以能源的有效利用促进经济社会的可持续发展。

（二）遵循原则

1. 坚持把节能作为转变经济增长方式的重要内容。我国能源消耗高、浪费大的根本原因在于粗放型的增长方式。要大幅度提高能源利用效率，必须从根本上改变单纯依靠外延发展，忽视挖潜改造的粗放型发展模式，走科技含量高、经济效益好、资源消耗低、环境污染少、人力资源优势得到充分发挥的新型工业化道路，努力实现经济持续发展、社会全面进步、资源永续利用、环境不断改善和生态良性循环的协调统一。

2. 坚持节能与结构调整、技术进步和加强管理相结合。通过调整产业结构、产品结构和能源消费结构，淘汰落后技术和设备，加快发展以服务业为主要代表的第三产业和以信息技术为主要代表的高新技术产业，用高新技术和先进适用技术改造传统产业，促进产业结构优化和升级，提高产业的整体技术装备水平。开发和推广应用先进高效的能源节约和替代技术、综合利用技术及新能源和可再生能源利用技术。加强管理，减少损失浪费，提高能源利用效率。

3. 坚持发挥市场机制作用与政府宏观调控相结合。以市场为导向，以企业为主体，通过深化改革，创新机制，充分发挥市场配置资源的基础性作用。政府通过制定和实施法规 标准，加强政策导向和信息引导，营造有利于节能的体制环境、政策环境和市场环境，建立符合市场经济体制要求的企业自觉节能的机制，推动全社会节能。

4. 坚持依法管理与政策激励相结合。增量要严格市场准入，加强执法监督检查，辅以政策支持，从源头控制高耗能企业、高耗能建筑和低效设备（产品）的发展。存量要深入挖潜，在严格执法的前提下，通过政策激励和信息引导，加快结构调整和技术进步。

5. 坚持突出重点、分类指导、全面推进。对年耗能万吨标准煤以上重点用能单位要严格依法管理，明确目标措施，公布能耗状况，强化监督检查；对中小企业在严格依法管理的同时，要注重政策引导和提供服务。交通节能的重点是新增机动车，要建立和实施机动车燃油经济性标准及配套政策和制度。建筑节能的重点是严格执行节能设计标准，加强政策导向。商用和民用节能的重点是提高用能设备能效标准，严格市场准入，运用市场机制，引导和鼓励用户和消费者购买节能型产品。

6. 坚持全社会共同参与。节能涉及各行各业、千家万户，需要全社会共同努力，积极参与。企业和消费者是节能的主体，要改变不合理的生产方式和消费方式，依法履行节能责任；政府通过制定法规、政策和标准，引导、规范用能行为，为企业和消费者提供服务，并带头节能；中介机构要发挥政府和企业、企业和企业之间的桥梁和纽带作用。

（三）节能目标

1. 宏观节能量指标：到2010年每万元GDP（1990年不变价，下同）能耗由2002年的2.68吨标准煤下降到2.25吨标准煤，2003～2010年年均节能率为2.2%，形成的节能能力为4亿吨标准煤。

2020年每万元GDP能耗下降到1.54吨标准煤，2003～2020年年均节能率为3%，形成的节能能力为14亿吨标准煤，相当于同期规划新增能源生产总量12.6亿吨标准煤的111%，相当于减少二氧化硫排放2100万吨。

2. 主要产品（工作量）单位能耗指标：2010年总体达到或接近20世纪90年代初期国际先进水平，其中大中型企业达到本世纪初国际先进水平；2020年达到或接近国际先进水平（见表1）。

表1 主要产品单位能耗指标

	单 位	2000年	2005年	2010年	2020年
火电供电煤耗	克标准煤/千瓦时	392	377	360	320
吨钢综合能耗	千克标准煤/吨	906	760	730	700
吨钢可比能耗	千克标准煤/吨	784	700	685	640
10种有色金属综合能耗	吨标准煤/吨	4.809	4.665	4.595	4.45
铝综合能耗	吨标准煤/吨	9.923	9.595	9.471	9.22
铜综合能耗	吨标准煤/吨	4.707	4.388	4.256	4.000

续表 1

	单 位	2000 年	2005 年	2010 年	2020 年
炼油单位能量因数能耗	千克标准油/吨·因数	14	13	12	10
乙烯综合能耗	千克标准油/吨	848	700	650	600
大型合成氨综合能耗	千克标准煤/吨	1372	1210	1140	1000
烧碱综合能耗	千克标准煤/吨	1553	1503	1400	1300
水泥综合能耗	千克标准煤/吨	181	159	148	129
平板玻璃综合能耗	千克标准煤/重量箱	30	26	24	20
建筑陶瓷综合能耗	千克标准煤/平方米	10.04	9.9	9.2	7.2

3. 主要耗能设备能效指标：2010 年新增主要耗能设备能源效率达到或接近国际先进水平，部分汽车、电动机、家用电器达到国际领先水平（见表 2）。

表 2 主要耗能设备能效指标

	单 位	2000 年	2010 年
燃煤工业锅炉（运行）	%	65	70～80
中小电动机（设计）	%	87	90～92
风机（设计）	%	75	80～85
泵（设计）	%	75-80	83～87
气体压缩机（设计）	%	75	80～84
汽车（乘用车）平均油耗	升/百公里	9.5	8.2～6.7
房间空调器（能效比）		2.4	3.2～4
电冰箱（能效指数）	%	80	62～50
家用燃气灶（热效率）	%	55	60～65
家用燃气热水器（热效率）	%	80	90～95

4. 宏观管理目标：2010 年初步建立与社会主义市场经济体制相适应的比较完善的节能法规标准体系、政策支持体系、监督管理体系、技术服务体系。

四、节能的重点领域和重点工程

（一）重点领域

1. 重点工业

电力工业。大力发展 60 万千瓦及以上超（超）临界机组、大型联合循环机组；采用高效、洁净发电技术，改造在运火电机组，提高机组发电效率；实施“以大代小”、“上大压小”和小机组淘汰退役，提高单机容量；发展热电联产、热电冷联产和热电煤气多联供；推进跨大区联网，实施电网经济运行技术；采用先进的输、变、配电技术和设备，逐步淘汰能耗高的老旧设备，降低输、变、配电损耗；采用天然气发电机组替代燃油小机组；优化电源布局，适当发展以天然气、煤层气和其他工业废气为燃料的小型分散电源，加强电力安全；减少电厂自用电。

钢铁工业。加快淘汰落后工艺和设备，提高新建、改扩建工程的能耗准入标准。实现技术装备大型化、生产流程连续化、紧凑化、高效化，最大限度综合利用各种能源和资源。大型钢铁企业焦炉要建设干熄焦装置，大型高炉配套炉顶压差发电装置（TRT）；炼钢系统采用全连铸、溅渣护炉等技术；轧钢系统进一步实现连轧化，大力推进连铸坯一火成材和热装热送工艺，采用蓄热式燃烧技术；充分利用高炉煤气、焦炉煤气和转炉煤气等可燃气体和各类蒸汽，以自备电站为主要集成手段，推动钢铁企业节能降耗。

有色金属工业。矿山重点采用大型、高效节能设备，提高采矿、选矿效率；铜熔炼采用先进的富氧闪速及富氧熔池熔炼工艺，替代反射炉、鼓风炉和电炉等传统工艺，提高熔炼强度；氧化铝发展选矿拜耳法等技术，逐步淘汰直接加热熔出技术；电解铝生产采用大型预焙电解槽，限期淘汰自焙电解槽，逐步淘汰小预焙槽；铅熔炼生产采用氧气底吹炼铅新工艺及其他氧气直接炼铅技术，改造烧结鼓风炉工艺，淘汰土法炼铅；锌冶炼生产发展新型湿法工艺，淘汰土法炼锌。

石油石化工业。油气开采应用采油系统优化配置技术，稠油热采配套节能技术，注水系统优化运行技术，油气密闭集输综合节能技术，放空天然气回收利用技术。石油炼制提高装置开工负荷和换热效率，优化操作，降低加工损失。乙烯生产优化原料结构，采用先进技术改造乙烯裂解炉，优化急冷系统操作，加强装置管理，降低非生产过程能耗。以洁净煤、天然气和高硫石油焦替代燃料油（轻油），推广应用循环流化床锅炉技术和石油焦气化燃烧技术，采用能量系统优化、重油乳化、高效燃烧器及吸收式热泵技术回收余热和地热。

化学工业。大型合成氨装置采用先进节能工艺、新型催化剂和高效节能设备，提高转化效率，加强余热回收利用；以天然气为原料的合成氨推广一段炉烟气余热回收技术，并改造蒸汽系统；以石油为原料的合成氨加快以洁净煤或天然气替代原料油改造；中小型合成氨采用节能设备和变压吸附回收技术，降低能源消耗。煤造气采用水煤浆或先进粉煤气化技术替代传统的固定床造气技术。烧碱生产逐步淘汰石墨阳极隔膜法烧碱，提高离子膜法烧碱比重。纯碱生产淘汰高耗能设备、采用设备大型化、自动化等措施。

建材工业。水泥行业发展新型干法窑外分解技术，提高新型干法水泥熟料比重，积极推广节能粉磨设备和水泥窑余热发电技术，对现有大中型回转窑、磨机、烘干机进行节能改造，逐步淘汰机立窑、湿法窑、干法中空窑及其他落后的水泥生产工艺。玻璃行业发展先进的浮法工艺，淘汰落后的垂直引上和平拉工艺，推广炉窑全保温技术、富氧和全氧燃烧技术等。建筑陶瓷行业淘汰倒焰窑、推板窑、多孔窑等落后窑型，推广辊道窑技术，改善燃烧系统；卫生陶瓷生产改变燃料结构，采用洁净气体燃料无匣钵烧成工艺。积极推广应用新型墙体材料以及优质环保节能的绝热隔音材料、防水材料和密封材料，提高高性能混凝土的应用比重。

煤炭工业。逐步淘汰技术落后、效率低、浪费资源严重和污染环境的小煤矿，建设大型现代化煤矿，实现高效高产。采用新型高效通风机、节能排水泵，对设备及系统进行节能改造，完善煤炭综合加工体系，提高煤炭利用效率。

机械工业。淘汰落后的高能耗机电产品，发展变频电机、稀土永磁电机等高效节能机电产品，促进风机、水泵等通用机电产品提高用能效率，提高节能型机电产品设计制造水平和加工能力。

2. 交通运输

公路运输。加速淘汰高耗能的老旧汽车；加快发展柴油车、大吨位车和专业车；推广厢式货车，发展集装箱等专业运输车辆；改善道路质量；加快运输企业集约化进程，优化运输组织结构；减少单车单放空驶现象，提高运输效率等。

新增机动车。未来用油增长最快的是机动车。根据美国、日本、欧洲等国家的经验，机动车节油最经济有效的措施就是制定和实施机动车燃油经济性标准并实施车辆燃油税等相关制度，促进汽车制造企业改进技术，降低油耗，提高燃油经济性，引导消费者购买低油耗汽车。

城市交通。合理规划交通运输发展模式，加快发展轨道交通等公共交通，提高综合交通运输系统效率。在大城市建立以道路交通为主，轨道交通为辅，私人机动交通为补充，合理发展自行车交通的城市交通模式；中小城市主要以道路公共交通和私人交通为主要发展方向。

铁路运输。加快发展电气化铁路，实现铁路运输以电代油；开发交-直-交高效电力机车；推广电气化铁路牵引功率因数补偿技术和其他节电措施，提高用电效率。内燃机车采用高效柴油添加剂和各种节油技术和装置；严格机车用油收、发计算机集中管理；发展机车向客车供电技术，推广使用客车电源，逐步减少和取消柴油发电车，加强运输组织管理，优化机车操纵，降低铁路运输燃油消耗。

航空运输。采用节油机型（不同机型单耗在0.2到1.4千克/吨公里的范围）加强管理，提高载运率、客座率和运输周转能力，提高燃油效率，降低油耗。

水上运输。通过制定船舶技术标准，加速淘汰老旧船舶；采用新船型和先进动力系统；发展大宗散货专业化运输和多式联运等现代运输组织方式；优化船舶运力结构，提高船舶平均载重吨位等。

农业、渔业机械。淘汰落后农业机械；采用先进柴油机节油技术，降低柴油机燃油消耗；推广少耕免耕法、联合作业等先进的机械化农艺技术；在固定作业场地更多的使用电动机；开发水能、风能、太阳能等可再生能源在农业机械上的应用。通过淘汰落后渔船，提高利用效率，降低渔业油耗。

3. 建筑、商用和民用

建筑物。“十一五”期间，新建建筑严格实施节能50%的设计标准，其中北京、天津等少数大城市率先实施节能65%的标准。供热体制改革全面展开，居住及公共建筑集中采暖按热表计量收费在各大中城市普遍推行，在小城市试点。结合城市改建，开展既有居住和公共建筑节能改造，大城市完成改造面积25%，中等城市达到15%，小城市达到10%。鼓励采用蓄冷、蓄热空调及冷热电联供技术，中央空调系统采用风机水泵变频调速技术，节能门窗、新型墙体材料等。加快太阳能、地热等可再生能源在建筑物的利用。

家用及办公电器。推广高效节能电冰箱、空调器、电视机、洗衣机、电脑等家用及办公电器，降低待机能耗，实施能效标准和标识，规范节能产品市场。

照明器具。推广稀土节能灯等高效荧光灯类产品、高强度气体放电灯及电子镇流器，减少普通白炽灯使用比例，逐步淘汰高压汞灯，实施照明产品能效标准，提高高效节能荧光灯使用比例。

（二）重点工程

燃煤工业锅炉（窑炉）改造工程。我国在用中小锅炉约50万台，平均单台容量只有2.5吨/时，设计效率为72%~80%，实际运行效率65%左右，其中90%为燃煤锅炉，年消耗煤炭3.5~4亿吨，节煤潜力约7000万吨。“十一五”期间通过实施以燃用优质煤、筛选块煤、固硫型煤和采用循环流化床、粉煤燃烧等先进技术改造或替代现有中小燃煤锅炉（窑炉），建立科学的管理和运行机制，燃煤工业锅炉效率提高5个百分点，节煤2500万吨，燃煤窑炉效率提高2个百分点，节煤1000万吨。

区域热电联产工程。热电联产与热、电分产相比，热效率提高30%，集中供热比分散小锅炉供热效率高50%。“十一五”期间重点在以采暖热负荷为主，且热负荷比较集中或发展潜力较大的地区，建设30万千瓦等级高效环保热电联产机组；在工业热负荷为主的地区，因地制宜建设以热力为主的背压机组；在以采暖供热需求为主，且热负荷较小的地区，先发展集中供热，待具备条件后再发展热电联产；在中小城市建设以循环流化床为主要技术的热电煤气三联供，以洁净能源作燃料的分布式热电联产和热电冷联供，将现有分散式供热燃煤小锅炉改造为集中供热。到2010年城市集中供热普及率由2002年的27%提高到40%，新增供暖热电联产机组4000万千瓦，年节能3500万吨标准煤。

余热余压利用工程。“十一五”期间在钢铁联合企业实施干法熄焦、高炉炉顶压差发电、全高炉煤气发电改造以及转炉煤气回收利用，形成年节能266万吨标准煤；在日产2000吨以上水泥生产线建设中低温余热发电装置每年30套，形成年节能300万吨标准煤；通过地面煤层气开发及地面采空区、废弃矿井和井下瓦斯抽放，瓦斯气年利用量达到10亿立方米，相当于年节约135万吨标准煤。

节约和替代石油工程。“十一五”期间电力、石油石化、冶金、建材、化工和交通运输行业通过实施以洁净煤、石油焦、天然气替代燃料油（轻油），加快西电东送，替代燃油小机组；实施机动车燃油经济性标准及相配套政策和制度，采取各种措施节约石油；实施清洁汽车行动计划，发展混合动力汽车，在城市公交客车、出租车等推广燃气汽车，加快醇类燃料推广和煤炭液化工程实施进度，发展替代燃料，可节约和替代石油3800万吨。

电机系统节能工程。目前，我国各类电动机总容量约4.2亿千瓦，实际运行效率比国外低10~30个百分点，用电量约占全国用电量的60%。“十一五”期间重点推广高效节能电动机、稀土永磁电动机；在煤炭、电力、有色、石化等行业实施高效节能风机、水泵、压缩机系统优化改造，推广变频调速、自动化系统控制技术，使运行效率提高2个百分点，年节电200亿千瓦时。

能量系统优化工程。在重点耗能行业推行能量系统优化，即通过系统优化设计、技术改造和改善管理，实现能源系统效率达到同行业最高或接近世界先进水平。“十一五”期间重点在冶金、石化、化工等行业组织实施，降低企业综合能耗，提高市场竞争力。

建筑节能工程。“十一五”期间住宅建筑和公共建筑严格执行节能50%的标准，加快供热体制改革，加大建筑节能技术和产品的推广力度等，可分别节能5000万吨标准煤。与此同时，开展北方采暖地区既有建筑节能改造，加大既有宾馆、饭店的综合节能改造。

绿色照明工程。照明用电约占全国用电量的13%，高效节能荧光灯与普通白炽灯之比为1:2.6，用高效节能荧光灯替代白炽灯可节电70%~80%，用电子镇流器替代传统电感镇流器可节电20%~30%，交通信号灯由发光二极管（LED）替代白炽灯，可节电90%。“十一五”期间重点是在公用设施、宾馆、商厦、写字楼、体育场馆、居民中推广高效节电照明系统、稀土三基色荧光灯，对高效照明电器产品生产装配线进行自动化改造，可节电290亿千瓦时。

政府机构节能工程。政府机构（包括国防、教育、公共服务等公共财政支持的部门）能源消费增长快，能源费用开支较大。开展政府机构节能，不仅可以降低政府机构能耗，节约行政支出，而且通过政府自身带头节能，推进全社会节能工作的开展。“十一五”期间重点是政府机构建筑物及采暖、空调、照明系统节能改造，按照建筑节能标准改造的政府机构建筑面积达到政府机构建筑总面积的20%；推广使用高效节能产品，将节能产品纳入政府采购目录；实施公务车改革，带头采购低油耗汽车；中央国家机关率先试点，2010年中央国家机关单位建筑面积能耗和人均能耗在2002年基础上降低10%。

节能监测和技术服务体系建设工程。“十一五”期间通过更新监测设备、加强人员培训、推行合同能源管理等市场化服务新机制等措施，强化省级和主要耗能行业节能监测中心能力建设，依法开展节能执法和监测（监察）；省级和主要耗能行业节能技术服务中心具备为企业、机关和学校等提供节能诊断、设计、融资、改造、运行、管理“一条龙”服务的能力。

通过实施上述十项重点节能工程，“十一五”可实现节能2.4亿吨标准煤（含增量部分），经济和环境效益显著。

五、保障措施

（一）坚持和实施节能优先的方针

从国情出发，树立和落实以人为本、全面协调可持续的科学发展观，从战略和全局高度充分认识能源对经济和社会发展的支撑作用和约束作用，节能对缓解能源约束矛盾、保障国家能源安全、提高经济增长质量和效益、保护环境的重要意义，把节能作为能源发展战略和实施可持续发展战略的重要组成部分，无论生产建设还是消费领域，都要把节能放在突出位置，长期坚持和实施节能优先的方针，推动全社会节能。

节能优先要体现在制定和实施发展战略、发展规划、产业政策、投资管理以及财政、税收、金融和价格等政策中。编制专项规划要把节能作为重要内容加以体现，各地区都要结合本地区实际制定节能中长期规划；建设项目的项目建议书、可行性研究报告应强化节能篇的论证和评估；要在推进结构调整和技术进步中体现节能优先；要在国家财政、税收、金融和价格政策中支持节能。

（二）制定和实施统一协调促进节能的能源和环境政策

为确保经济增长、能源安全和可持续发展，促进能源高效利用，需要建立基于我国资源特点、统筹规划、协调一致的能源和环境政策。

1. 煤炭应主要用于发电。煤炭在大型燃煤发电机组上使用，同时配套安装烟气脱硫装置等，一方面能够大幅度提高煤炭利用效率，减少原煤消耗，另一方面集中解决二氧化硫等污染问题，做到高效、清洁利用煤炭，是最经济有效解决能源环境问题的办法。应提高我国煤炭用于发电的比重，终端用户更多地使用优质电能，鼓励企业和居民合理用电，提高电力占终端能源消费的比例。

2. 石油应主要用于交通运输、化工原料和现阶段无法替代的用油领域。对目前燃料用油领域要区别不同情况，因地制宜，鼓励用洁净煤、天然气和石油焦来替代。对烧低硫油的燃油锅炉实施洁净煤替代改造，能够实现达标排放的企业，应合理调整污染物排放总量控制指标。统一规划交通运输发展模式，制定符合我国国情的交通运输发展整体规划。特大城市要加快城市轨道交通建设，形成立体城市交通系统，大力发展城市公共交通系统，提高公共交通效率，抑制私人机动交通工具对城市交通资源的过度使用。

3. 城市大气污染治理应以改造后达标排放和污染物总量控制为原则，城市燃料构成要从实际出发，不宜硬性规定燃煤锅炉必须改燃油锅炉，以控制和减少盲目“弃煤改油”带来燃料油需求量的增加。对中小型燃煤锅炉，在有天然气资源的地区应鼓励使用天然气进行替代；在无天然气或天然气资源不足的地区，应鼓励优先使用优质洗选加工煤或其他优质能源，并采用先进的节能环保型锅炉，减少燃煤污染。

（三）制定和实施促进结构调整的产业政策

加快调整产业结构、产品结构和能源消费结构，是建立节能型工业、节能型社会的重要途径。研究制定促进服务业发展的政策措施，发挥服务业引导资金的作用，从体制、政策、机制、投入等方面采取有力措施，加快发展低能耗、高附加值的第三产业，重点发展劳动密集型服务业和现代服务业，扭转服务业发展长期滞后局面，提高第三产业在国民经济中的比重。

加快制定《产业结构调整指导目录》，鼓励发展高新技术产业，优先发展对经济增长有重大带动作用的低能耗的信息产业，不断提高高新技术产业在国民经济中的比重。鼓励运用高新技术和先进适用技术改造和提升传统产业，促进产业结构优化和升级。国家对落后的耗能过高的用能产品、设备实行淘汰制度，节能主管部门要定期公布淘汰的耗能过高的用能产品、设备的目录，并加大监督检查的力度。达不到强制性能效标准的耗能产品或建筑，不能出厂销售或不准开工建设，对生产、销售和使用国家淘汰的耗能过高的用能产品、设备的，要加大惩罚力度。制定钢铁、有色、水泥等高耗能行业发展规划、政策，提高行业准入标准。制定限制用能的领域以及国内紧缺资源及高耗能产品出口的政策。严禁新建、扩建常规燃油发电机组；在区域供电平衡、能够满足用电需求的情况下，限制柴油发电和燃油的燃气轮机的使用和建设。

（四）制定和实施强化节能的激励政策

制定《节能设备（产品）目录》，重点是终端用能设备，包括高效电动机、风机、水泵、变压器、家用电器、照明产品及建筑节能产品等，对生产或使用《目录》所列节能产品实行鼓励政策；将节能产品纳入政府采购目录。

国家对一些重大节能工程项目和重大节能技术开发、示范项目给予投资和资金补助或贷款贴息支持。政府节能管理、政府机构节能改造等所需费用，纳入同级财政预算。

深化能源价格改革，逐步理顺不同能源品种的价格，形成有利于节能、提高能效的价格激励机制。建立和完善峰谷、丰枯电价和可中断电价补偿制度，对国家淘汰和限制类项目及高耗能企业按国家产业政策实行差别电价，抑制高耗能行业盲目发展，引导用户合理用电，节约用电。

研究鼓励发展节能车型和加快淘汰高油耗车辆的财政税收政策，择机实施燃油税改革方案。取消一切不合理的限制低油耗、小排量、低排放汽车使用和运营的规定。研究鼓励混合动力汽车、纯电动汽车的生产和消费政策。

（五）加大依法实施节能管理的力度

加快建立和完善以《节约能源法》为核心，配套法规、标准相协调的节能法律法规体系，依法强化监督管理。一是研究完善节约能源的相关法律，抓紧制定《节约用电管理办法》、《节约石油管理办法》、《能源效率标识管理办法》、《建筑节能管理办法》等配套法规、规章。二是制定和实施强制性、超前性能效标准。包括主要工业耗能设备、家用电器、照明器具、机动车等能效标准。组织修订和完善主要耗能行业节能设计规范、建筑节能标准，加快制定建筑物制冷、采暖温度控制标准等。当前重点是加快制定机动车燃油经济性限值标准，从2005年7月1日起分阶段实施，同时建立和实施机动车燃油经济性申报、标识、公布三项制度。三是建立和完善节能监督机制。组织对钢铁、有色、建材、化工、石化等高耗能行业用能情况、节能管理情况的监督检查；对产品能效标准、建筑节能设计标准、行业设计规范执行情况的监督检查；对固定资产投资项目可行性研究报告增列节能篇（章）的规定进行监督检查。健全依法淘汰的制度，采取强制性措施，依法淘汰落后的耗能过高的用能产品、设备。充分发挥建设、工商、质检等部门及各地节能监测（监察）机构的作用，从各环节加大监督执法力度。

（六）加快节能技术开发、示范和推广

组织对共性、关键和前沿节能技术的科研开发，实施重大节能示范工程，促进节能技术产业化。建立以企业为主体的节能技术创新体系，加快科技成果的转化。引进国外先进的节能技术，并消化吸收。组织先进、成熟节能新技术、新工艺、新设备和新材料的推广应用，同时组织开展原材料、水等载能体的节约和替代技术的开发和推广应用。重点推广列入《节能设备（产品）目录》的终端用能设备（产品）。

国家制定节能技术开发、示范和推广计划，明确阶段目标、重点支持政策，分步组织实施。国家修订颁布《中国节能技术政策大纲》，引导企业有重点地开发和应用先进的节能技术，引导企业和金融机构投资方向。在国家中长期科学技术发展规划、国家高技术产业发展项目计划等各类国家科技计划以及地方相应的计划中，加大对重大节能技术开发和产业化的支持力度。

建立节能共性技术和通用设备科研基地（平台）。鼓励依托科研单位和企业、个人，开发先进节能技术和高效节能设备。引入竞争机制，实行市场化运作，国家对高投入、高风险的项目给予经费支持。

地方各级人民政府要采取积极措施，加大资金投入，加强节能技术开发、示范和推广应用。

（七）推行以市场机制为基础的节能新机制

一是建立节能信息发布制度，利用现代信息传播技术，及时发布国内外各类能耗信息、先进的节能新技术、新工艺、新设备及先进的管理经验，引导企业挖潜改造，提高能效。二是推行综合资源规划和电力需求侧管理，将节约量作为资源纳入总体规划，引导资源合理配置。采取有效措施，提高终端用电效率、优化用电方式，节约电力。三是大力推动节能产品认证和能效标识管理制度的实施，运用市场机制，引导用户和消费者购买节能型产品。四是推行合同能源管理，克服节能新技术推广的市场障碍，促进节能产业化，为企业实施节能改造提供诊断、设计、融资、改造、运行、管理一条龙服务。五是建立节能投资担保机制，促进节能技术服务体系的发展。六是推行节能自愿协议，即耗能用户或行业协会与政府签订节能自愿协议。

（八）加强重点用能单位节能管理

落实《重点用能单位节能管理办法》和《节约用电管理办法》，加强对年耗能一万吨标准煤以上重点用能单位的节能管理和监督。组织对重点用能单位能源利用状况的监督检查和主要耗能设备、工艺系统的检测，定期公布重点用能单位名单、重点用能单位能源利用状况及与国内外同类企业先进水平的比较情况，做好对重点用能单位节能管理人员的培训。重点用能单位应设立能源管理岗位，聘用符合条件的能源管理人员，加强对本单位能源利用状况的监督检查，建立节能工作责任制，健全能源计量管理、能源统计和能源利用状况分析制度，促进企业节能降耗上水平。

（九）强化节能宣传、教育和培训

广泛、深入、持久地开展节能宣传，不断提高全民资源忧患意识和节约意识。将节能纳入中小学教育、高等教育、职业教育和技术培训体系。新闻出版、广播影视、文化等部门和有关社会团体，要充分发挥各自优势，搞好节能宣传，形成强大的宣传声势，曝光那些严重浪费资源、污染环境的企业和现象，宣传节能的典型。节能要从小学生抓起，各级教育主管部门要组织中小学开展节能宣传和实践活动。各级政府有关部门和企业，要组织开展经常性的节能宣传、技术和典型交流，组织节能管理和技术人员的培训。在每年夏季用电高峰，组织开展全国节能宣传周活动，通过形式多样的宣传教育活动，动员社会各界广泛参与，使节能成为全体公民的自觉行动。

（十）加强组织领导，推动规划实施

节能是一项系统工程，需要有关部门的协调配合、共同推动。各地区、有关部门及企事业单位要加强对节能工作的领导，明确专门的机构、人员和经费，制定规划，组织实施。行业协会要积极发挥桥梁纽带作用，加强行业节能自律。

政府机构要带头节能，实施政府机构能耗定额和支出标准，建立和完善节能规章制度，推行政府节能采购，改革公务车制度，努力降低能源费用支出，发挥政府节能表率作用。

能源节约与资源综合利用“十五”规划

（2001年10月11日）

能源节约与资源综合利用是我国经济和社会发展的一项长远战略方针。为了全面贯彻落实党的十五大、十五届五中全会精神和《中华人民共和国国民经济和社会发展第十个五年计划纲要》，推动全社会开展节能降耗和资源综合利用，促进经济增长方式转变和可持续发展，特制定能源节约与资源综合利用“十五”规划。

一、现状及存在的问题

“九五”时期，在“资源开发与节约并举，把节约放在首位，提高资源利用效率”的方针指引下，我国能源节约与资源综合利用取得显著成绩，为缓解资源短缺，减少环境污染，提高经济增长的质量和效益，保障国民经济持续、快速、健康发展发挥了重要作用。

节能取得显著的经济和社会效益。“九五”期间，我国每万元国内生产总值（GDP）能耗（1990年价）由1995年的3.97吨标准煤下降到2000年的2.77吨标准煤，累计节约和少用能源达4.1亿吨标准煤；主要耗能产品单位能耗均有不同程度下降。按“九五”期间直接节能量计算，节约的能源价值约660亿元；节约和少用能源相当于减排二氧化硫800万吨、二氧化碳（碳计）1.8亿吨。

资源综合利用规模不断扩大，利用水平逐年提高。“九五”期间，我国工业“三废”综合利用产值达1247亿元，年均增长16.4%。在工业废渣产生量逐年增加的情况下，工业废渣综合利用率由1995年的43%提高到2000年的52%，年综合利用量达到3.55亿吨，其中，煤矸石综合利用量由1995年的5600万吨增加到2000年的6600万吨，利用率由38%上升到43%；粉煤灰综合利用量由1995年的5188万吨增加到2000年的7000万吨，利用率由43%上升到58%。

能源节约与资源综合利用技术进步取得较大进展。“九五”期间，节能降耗、资源综合利用作为技术开发和技术改造的重点，在企业技术创新、新产品开发和“双高一优”技改专项、国债技改专项中，加大了支持的力度。重点开发的溅渣护炉、蓄热式加热炉、75吨/时干法熄焦、大型铝电解槽、130吨/时和220吨/时大型循环流化床锅炉、水煤浆代油燃烧等节能技术取得重大突破，在相关行业得到推广。化工碱渣回收技术、磷石膏制硫酸联产水泥技术、煤矸石硬塑和半硬塑挤出成型砖技术和装备、煤矸石和煤泥混烧发电、纯烧高炉煤气发电等资源综合利用技术和装备水平不断提高，有的已实现产业化。

宏观管理取得重大突破。“九五”期间节能法制建设取得重大进展，1998年1月1日《中华人民共和国节约能源法》（以下简称《节能法》）正式颁布实施，并出台了一系列配套法规。资源综合利用政策框架初步形成，1996年国务院印发了《国务院批转国家经贸委等部门关于进一步开展资源综合利用的意见》（国发［1996］36号），制定了一系列鼓励开展资源综合利用的优惠政策，极大地调动了企业开展资源综合利用的积极性。“九五”期间，经济体制改革进一步深化，市场在资源配置中的基础性作用日益显现，以市场定价为目标的能源价格改革，如煤价放开，油价与国际接轨等对促进企业自觉节能产生了明显的效应。

目前，我国能源节约与资源综合利用存在的主要问题，一是从总体上看，人们对能源节约与资源综合利用的重要性和迫切性还缺乏足够的认识，重外延，轻内涵，在发展思路上还没有转到通过存量调整，挖潜改造，提高企业经济效益的轨道上来，务虚多，落实少，“资源意识”、“节约意识”有待加强。二是法规政策不完善，缺乏促进企业节能的激励政策，资源综合利用的优惠政策在某些地区难以落实。三是部分能源产品价格扭曲，企业缺乏竞争压力，能源节约与资源综合利用的内在动力不足。四是技术装备落后，总体水平比发达国家落后10~15年。五是投入不足，绝大多数企业融资困难，各级政府对节能的支持力度不够。

二、面临的形势和任务

“十五”期间，国家把实施可持续发展战略放在更加突出的位置。实施可持续发展战略要求节约资源、保护环境，正确处理好经济发展与资源、环境的关系。

解决资源战略问题必须下大力节约能源，提高资源利用率。目前，我国主要矿产资源人均占有量不足世界平均水平的一半，特别是石油资源，国内石油开发和生产不能适应经济和社会发展的需要，供需矛盾日益突出，进口量逐年上升。随着工业化和城镇化进程的加快，石油需求将呈强劲增长态势。如不采取积极有效的措施，到2020年，我国对国际石油市场的依存度将达到50%左右。除石油资源外，一些重要矿产资源不足的矛盾日益突出；某些重要原材料长期进口；我国人均用电量只有1038千瓦时，仅相当于发达国家的1/10。要解决资源战略问题，必须大力开展能源节约与资源综合利用，特别是要把节约和替代石油放在突出位置，这是保障国家经济安全和长远发展的重大战略措施。

保护环境迫切需要加强能源节约与资源综合利用。目前，我国环境污染严重，生态破坏加剧的趋势尚未得到有效控制，年排放二氧化硫近2000万吨，酸雨面积已占国土面积的30%，空气质量达标城市仅占1/3，流经城市的河段70%受到不同程度污染，固体废弃物堆存量已达70多亿吨。尽快遏制生态环境恶化状况，改善环境质量已成为我国可持续发展亟待解决的问题。据测算，我国能源利用率若能达到世界先进水平，每年可减少3亿吨标准煤的消耗，这将使大气环境质量得到极大地改善；我国固体废弃物综合利用率若提高1个百分点，每年就可减少约1000万吨废弃物的排放。能源节约与资源综合利用是解决环境污染的重要途径之一。

加入WTO要求企业自觉开展能源节约与资源综合利用，增强竞争力。加入WTO将会大大改变我国经济发展的市场环境，国内企业不仅要立足于国内市场，而且必须遵循国际惯例，参与国际竞争。目前，我国绝大多数企业经营粗放，消耗高，浪费大，经济效益差，缺乏竞争力。我国矿产资源总回收率为30g~50g，比世界平均水平低10~20个百分点；单位产值能耗为世界平均水平的2.3倍，主要用能产品单位能耗比国外先进水平高40%；每年可综合利用的固体废弃物和可回收利用的再生资源，没有利用的价值达500多亿元，这是造成企业成本上升，经济效益差的重要原因之一。据调查，我国工业产品能源、原材料的消耗占企业生产成本的75%左右，若降低1个百分点就能取得100多亿元的效益。大力开展能源节约与资源综合利用，是企业降低成本，提高效益，增强竞争力的必然选择。

三、“十五”的指导思想、主要目标和发展重点

（一）指导思想

认真贯彻落实可持续发展战略，坚持“资源开发与节约并举，把节约放在首位，依法保护和合理使用资源，提高资源利用率，实现永续利用”的方针，以市场为导向，以企业为主体，以提高能源效率和资源综合利用率为核心，加强法制建设，强化政策导向，依靠技术进步，加强科学管理，建立和完善与社会主义市场经济体制相适应的能源节约与资源综合利用宏观管理体系和运行机制，促进经济与资源、环境的协调发展。

（二）主要目标

节能：到2005年，每万元国内生产总值能耗降至2.2吨标准煤（1990年不变价），累计节约和少用能源3.4亿吨标准煤，年均节能率为4.5%。节约和替代燃料油1600万吨、成品油500万吨。

主要耗能产品单位综合能耗有较大幅度降低，到2005年，大中型钢铁企业吨钢综合能耗下降到0.8吨标准煤以下；火电厂供电煤耗下降到380克标准煤/千瓦时；10种有色金属吨产品综合能耗下降到4.5吨标准煤；大型合成氨综合能耗下降到37吉焦；水泥、玻璃等主要产品平均能耗降低20%；各种车型汽车百公里油耗平均降低10%～15%。

到2005年，建筑行业新建采暖居住建筑节能50%；新建公共建筑力争节能50%。

资源综合利用：到2005年，工业“三废”综合利用实现产值400亿元；废旧物资回收利用总值550亿元；工业废渣综合利用率达到60%，其中，煤矸石综合利用率提高到60%，粉煤灰综合利用率提高到65%。

（三）发展重点

重点发展技术：

节约和替代石油技术。重点发展洁净煤、天然气替代燃料油技术、甲醇和乙醇替代汽油技术以及过程能量优化、等离子无油点火、燃油乳化、燃油添加剂等节油技术。

洁净煤技术。重点发展大型、先进的煤炭洗选加工技术、煤炭液化技术、大型煤气化技术、水煤浆制备和应用一体化技术、410吨/时及以上大型循环流化床技术、整体煤气化联合循环发电（IGCC）技术、高效低污染燃煤发电技术等。

节电技术。重点发展高效电动机、高压大功率变频调速技术、高效电光源及镇流器技术、S9以上变压器和非晶态合金铁芯变压器技术、蓄冷蓄热技术，以及家用电器、电解电镀电源、输变电网系统、工业电炉等先进节电技术。

多联供技术。重点发展热电联产、集中供热及热能梯级利用技术，推广热电冷联供和热电煤气三联供等多联供技术。

余热余压回收技术。重点发展和推广75吨/时及以上等级干法熄焦技术、大容量全高炉煤气发电技术、1000立方米以上高炉炉顶压差发电技术、高炉热风炉余热回收技术、转炉煤气回收技术、油田放散气集中回收技术及大型余热锅炉和先进热交换技术。

建筑节能技术。重点发展门窗密封条、多层保温窗、外保温复合墙体、热量按户计量及控温、供热管网调节控制、热反射保温隔热、太阳能建筑、高效照明系统和计算机模拟等技术。

“三废”综合利用技术。重点发展大容量煤矸石发电技术、全煤矸石一次码烧生产空心砖技术、煤矸石代替粘土生产水泥生料、筑路、复垦和回填技术，高附加值粉煤灰综合

利用技术，以及有机废水综合利用技术、冶炼废液回用技术、落地原油、污油和泥浆回用技术、石油化工废气回用技术等。

共伴生矿产资源综合回收利用技术。重点发展煤层气、煤系共伴生矿、稀土、钒钛磁铁矿、金属矿高附加值利用和精深加工技术。

再生资源回收利用技术。重点发展废橡胶、废塑料、废家电、废电脑、废电池等再生资源回收、分选和处理的实用技术。

重大示范工程：

节代油示范工程。包括重点用油行业以水煤浆、煤炭气化等洁净煤和天然气为主要内容的替代燃料油示范工程；以过程能量优化、等离子无油点火等为主要内容的节约燃料油示范工程；以甲醇和乙醇为主要内容的替代成品油示范工程。

洁净煤示范工程。包括以洗选、型煤、配煤、水煤浆、筛分、粉碎等加工技术为主的动力煤优质化加工示范工程；以燃用优质煤、筛选块煤、固硫型煤和采用循环流化床、粉煤燃烧等先进技术为主要内容的中小型燃煤工业锅炉技术改造示范工程；以 410 吨/时以上循环流化床锅炉完善化和提高整体运行效率为主要内容的大型循环流化床锅炉示范工程；以洗选脱硫、燃烧中固硫、烟气脱硫等污染治理技术为主的全过程二氧化硫减排示范工程，推动洁净煤技术产业化。

电机调速示范工程。包括以元器件、电工技术变频装置制造、相关配套设备一体化开发为主要内容的高压大功率变频调速示范工程；以结构简化型专用变频装置为主要内容的低压中小功率变频调速示范工程；以高效电动机及其拖动风机、水泵和调速器系统优化匹配的硬件与软件结合为主要内容的风机、水泵系统优化示范工程，促进电机系统效率提高 10～12 个百分点。

绿色照明示范工程。包括在北京 2008 年奥运会重点建设工程中推广经认证的高效节能照明系统；在各种建筑工程中开展大宗或政府采购，推行质量承诺，扩大优质照明电器产品的市场份额。

煤层气资源综合利用示范工程。选择煤层气勘探取得突破的地区，建成 2～3 个煤层气地面开发和利用示范基地，提高瓦斯利用率，推进煤层气勘探、开发、生产、利用的产业化建设。

矿区煤矸石综合利用示范工程。在有条件的重点矿区，建设大容量煤矸石发电工程、利用煤矸石生产新型墙体建材工程和矿区复垦工程。

共伴生矿资源综合利用示范工程。围绕攻克高岭土超细、增白、改性等技术难关，组织一批铝钒土、耐火粘土、硫铁矿、膨润土、硅藻土等综合利用深加工项目，对煤系共伴生资源进行深加工和利用。选择攀枝花、包头、金川三大资源综合利用基地，开展钒钛磁铁、稀土和有色金属共伴生矿产综合利用。

再生资源回收利用产业化示范工程。建立社区回收、市场集散和加工利用三位一体的废旧物资回收利用体系，建立废塑料、废橡胶、废轮胎、废家电、废电脑、废电池回收处理和报废汽车回收、拆解、处理产业化基地。

节约型清洁型企业示范工程。在重点行业选择若干企业，通过系统技术改造，加强管理，实现系统能源效率达到同行业最高或接近世界先进水平，污染物接近或达到“零”排放。

节能技术服务体系市场化示范工程。在“九五”对节能技术服务市场化试点的基础上，选择若干节能技术服务中心通过改组、改制，推行合同能源管理服务新机制，提高节能技术服务水平，促进先进实用技术在中小企业的推广应用。

四、政策与措施

（一）加强法制建设，完善落实政策

认真贯彻落实《节能法》，加快制定《节能法》配套法规，引导和规范用能行为。重点组织制定《节约石油管理办法》、《能效标识管理办法》。加快资源综合利用法规体系建设，研究制定《再生资源回收利用法》、《金属尾矿综合利用管理办法》、《废旧家电、废旧电脑回收利用管理办法》等法律、法规。在完善法规的基础上，要健全执法体系，加强监督检查，依法实施管理。

贯彻落实《国务院批转国家经贸委等部门关于进一步开展资源综合利用的意见》（国发［1996］36号），落实好国家对资源综合利用的优惠政策，充分发挥政策的导向作用，引导和促进企业积极开展资源综合利用和再生资源回收利用。组织修订《资源综合利用目录》，完善减免税的优惠政策。

（二）制定和实施能源效率标准和认证标识制度，规范节能产品市场

制定和完善主要用能产品能源效率标准。包括工业锅炉、电动机、风机、水泵、变压器等主要工业耗能设备和家用电器、照明器具、建筑、汽车的能源效率标准，为实施淘汰高耗能产品，开展节能产品认证和能源效率标识制度提供技术依据。

规范开展节能产品认证。在实施家用电器、照明器具节能产品认证的基础上，扩大节能产品认证范围，探索建立认证产品国际互认制度，提高认证产品的知名度。

建立能源效率标识制度。在鉴借国外实施能源效率标识制度成功经验的基础上，按照“先自愿、后强制，先试点、后推行”的原则，启动和实施主要家用电器能源效率标识，并逐步扩大到照明器具、办公设备等用能产品。

（三）大力调整结构，促进结构节能和能源结构优化

合理调整产业结构和产品结构，大力发展低耗能的第三产业和高新技术产业，并用高新技术改造传统产业，提高产品的附加值；加快淘汰能耗高、效率低、污染重的工艺、技术和设备。大力调整能源消费结构，提高发电用煤在煤炭消费中的比重，增加电力在终端能源消费中的比重；发展洁净煤技术，扩大天然气利用，开发新能源和可再生能源，促进能源利用向高效化、清洁化方向发展。

（四）推进技术进步，提高能源节约与资源综合利用整体技术水平

加快建立以企业为主体的技术创新体系，组织重大技术开发，推动“产学研”联合，促进能源节约与资源综合利用科技成果的产业化；组织实施能源节约与资源综合利用重大示范工程，加大支持力度；积极培育和发展技术市场，运用市场机制促进新技术、新工艺、新产品、新设备的推广应用。为促进能源节约与资源综合利用技术进步，组织修订《中国节能技术政策大纲》，制订《中国资源综合利用技术政策大纲》；发布国家鼓励发展的能源节约与资源综合利用工艺、技术和设备目录及淘汰的落后工艺、技术和产品目录。

（五）研究制定适应市场经济要求，促进能源节约与资源综合利用的激励政策

会同有关部门研究制定抑制资源过度消费，有利于企业开展能源节约与资源综合利用的税收及税负转移政策；研究制定能源节约与资源综合利用公共财政支持政策；研究进一

步深化能源价格改革和能源价格形成机制，建立能源价格预报制度；研究制定能源节约与资源综合利用技术改造项目纳入政策性银行支持范围，并在贷款方面给予优惠的政策；对能源消耗高、污染重的产品和设备课以重税，强制实施高耗能产品淘汰的政策。

（六）探索建立市场经济条件下推动能源节约与资源综合利用的新机制

转变政府职能，必须探索建立适应市场经济要求的推动能源节约与资源综合利用的新机制，包括：基于市场的节能信息传播机制，通过制作和发布节能案例，促进节能新技术、新工艺、新设备的推广应用，引导企业进行节能技术改造；合同能源管理的技术服务机制，以克服节能新技术、新产品推广中的市场障碍；综合资源规划和需求侧管理方法，以引导资源利用的合理规划和配置；节能产品政府采购机制，以实现节能产品进入政府采购目录，加速节能新技术、新产品的推广应用；政府机构自身节能，以减少政府在能源消费方面的巨大开支，率先示范以推动全社会的节能；企业自愿协议，以引导企业与政府或协会之间采取自愿方式实现节能目标。

（七）加大信息、宣传和培训力度

强化信息服务。加快建立能源节约与资源综合利用信息和情报网络系统，充分利用现代信息技术手段，丰富信息资源，搞好信息交流，为企业提供先进的技术与管理信息，促进企业能源节约与资源综合利用上水平、上台阶。

组织好每年的“全国节能宣传周”活动，努力提高宣传效果。加大经常性宣传和培训教育力度，增强全民的“资源意识”、“环境意识”和“节约意识”。

深入实际调查研究，发现和总结能源节约与资源综合利用的先进典型和经验，及时组织交流和推广，发挥典型的示范和引导作用。

建筑节能“九五”计划和2010年规划

（1995年5月11日建设部节能工作协调组，建办科［1995］80号）

1 背景

1.1 我国经济发展迅速，而能源生产的发展相对要滞后得多。“九五”期间我国经济预计将保持8%～9%的增长速度，而一次能源生产量增长率则可能争取达到4%。因此，发展经济所需的能源应更多地依靠节能来解决。

1.2 建筑能耗系指建筑在使用过程中的能耗，主要包括采暖、通风，空调、照明、炊事燃料、家用电器和热水供应等能耗。其中以采暖和空调能耗为主。因此，建筑节能的重点放在采暖和降温能耗上。特别是由于我国地域广阔，与同纬度其他国家相比，冬寒夏热十分突出。7月平均气温高1.3～2.5℃，而1月平均气温差别更大，东北地区偏低14～18℃，黄河中下游偏低10～14℃，长江以南偏低8～10℃，华南沿海偏低5℃左右。而我国建筑物的保温隔热和气密性能很差，采暖系统热效率低，单位住宅建筑面积采暖能耗约为发达国家的3倍。因此，尽管采暖区范围仅限于北方城镇，采暖人口只占全国人口总数的13.6%，在多数房屋冬季室温达不到16℃的情况下，1995年寒冷地区采暖能耗已达1.27亿t标准煤，占到全国总能耗的10.7%，占采暖地区全社会能耗的21.4%，在一些严寒地区城镇建筑能耗则高达当地社会总能耗的一半以上。随着人民生活的不断改善，人们对于建筑环境舒适性的要求愈益迫切。过去作为“非采暖区”的我国中部地区城镇以及农村房屋正越来越广泛地使用采暖设施，全国范围内的“空调热”日见高涨，南方炎热地区某些城市安装空调已高达25%～40%，且大都在用电高峰期间使用，空调已成为当地电力短缺的主要因素。热水供应也必将逐步发展起来。至于广大农村，建房热仍持续不断，但房屋保温隔热性能更差，改变冬寒夏热的室内环境也势在必行，因此，采暖和空调能耗必将迅速增长，预计到2000年将增至1.79亿t标准煤，占全国能源消费总量的比例将上升至13.6%，占采暖地区全社会能耗的27.2%。由此可见，随着现代化建设的发展，建筑能耗比例日益向国际水平（30%～40%）接近，能源供应将更加紧张，导致影响经济的持续发展。

我国建筑用能以煤为主，现在每年采暖燃煤要排放CO，达1.9亿t，排放SO_2近300万t，排放烟尘也在300万t左右。研究表明，在采暖季节，采暖燃煤已经成为城镇采暖期空气污染大大超过标准的主要原因。如果北方地区建筑采暖耗煤量不大幅度降低，采暖区城镇冬季大气环境质量就不可能达到标准要求。在广大农村，采暖及炊事用燃料主要依靠燃烧薪柴秸秆等生物能源，一年要烧掉薪柴秸秆折合标准煤2.6亿吨，约占农业能耗的60%。致使水土流失加剧，秸秆不能还田，土壤肥力下降，生态环境遭到破坏。随着每年城乡建成约10亿m^2房屋热舒适要求的不断提高，燃煤量将持续增加，不仅空气污染将日益严重，有损人体健康，并且还将加大对大气层“温室效应”的影响，危及地球生态环境。

1.3 建筑节能系指在建筑中提高能源利用效率。为了推动建筑节能，从80年代开始，建设部和国家其他有关部门陆续制定了标准等一些标准和法规，规定北方节能住宅免交固定资产投资方向调节税，采暖区各省、自治区和直辖市还颁布了节能设计标准的实施细则和一些地方性法规，北京等地又作出了不符合建筑节能标准的工程不许建设的规定。建设部和各地安排了几百个专项科研开发项目，编制出版了一批节能应用图集和资料汇编，发展了多种保温建材生产，在北京、哈尔滨、天津等一些城市进行了工程试点，建设了北京安苑北里北区，周庄子小区、哈尔滨嵩山小区等新建节能示范小区以及许多试点建筑，还在北京、哈尔滨等地组织了旧房节能的4~5倍，屋顶为2.5~5.5倍，外窗为1.5~2.2倍，门窗空气渗透为3~6倍。

在建筑标准上，近20年来，发达国家每修订一次标准，都将节能要求提高一步。如法国现行标准已是第三个节能25%的标准，又如英国标准在能源危机前外墙传热系数为$1.6W/m^2℃$，经过三次修订标准后，现已降至$0.45W/m^2℃$，丹麦经过4次修订标准后，现已降0.30和$0.20W/m^2℃$。而我国采暖居住建筑第一阶段的节能标准北京地区才降至$1.28W/m^2℃$。

在采暖系统上，发达国家热水采暖均为双管系统，设有多种动态变流量自动调节控制设备及热量计量仪表，用户可按需要设定室温，我国则基本上沿用单管系统，无调控设备，也无法计量，在同一采暖系统内室温畸高畸低。

在旧房改造上，不少发达国家的旧房节能改造工作早已结束，其他国家也已大部分完成，并已取得实效。如丹麦每m^2建筑面积供暖能耗20年来已降低50%，同时舒适程度有所提高。而我国只开始搞了几幢试点建筑。

在建筑节能产业上，由于广阔的建筑节能市场的迫切需要，发达国家已经形成了保温隔热材料、保温门窗、密封材料、面层抹灰及加强材料、采暖系统调控元器件、管道及其配件等多种多样的高新技术产业部门，进行工业化大生产，而我国其中多数部门才刚刚起步。

1.4 建筑节能工作在北京、天津等地进展情况较好，但在采暖区很多城镇进展相当缓慢，其原因主要是：建筑节能意识差，还没有在社会上、在建筑界形成强大的舆论，特别是有些负责干部对此认识不足；立法不健全，尽管节能技术标准属于强制标准，却缺乏行政法规和执行机构实施监督和强制；包费制的采暖收费制度与用户直接利益无关，不能促使住户关心节约热能，建筑节能缺乏经济政策驱动机制，建设单位往往过多计较一次性基建投资，而对几年后可以回收则十分忽视；节能科技投入过少，从研究到推广各环节的工作还不配套，建筑节能产业体系远未建立。

1.5 在我国建筑中提高能源利用效率，潜力十分巨大。建筑节能是缓解我国能源紧缺矛盾、改善人民生活工作条件、减轻环境污染、促进经济持续发展的一项最直接、最廉价的根本措施，也是经济体制改革的一个必要的组成部分。然而要治理这项普遍存在的痼疾，是一场改革的攻坚战，要建立一系列新的建筑技术体系和产业体系，要有综合配套的政策和措施，并要取得社会各方面的配合协作。今后，随着这项改革的逐步深入，改革的力度越大，其难度和震动也就会越大，这就要求有正确的指导思想，有明确的发展目标，有具体的工作内容和任务，坚持不懈，循序前进，才能达到预期的效果。

2 指导思想

根据我国现代化建设三步发展的战略目标，深化改革、扩大开放，建立社会主义市场经济的要求和《中国节能技术政策大纲》及有关规定，不断提高建筑用能源利用效率，改善居住热舒适条件，促进城乡建设、国民经济和生态环境的协调发展。

3 发展目标

3.1 结合国际上建筑节能发展的大趋势，从我国国情、国力出发，照顾到需要与可能，既考虑已有的工作基础和有利条件，又估计到面临的困难与问题，既积极进取，又留有余地，力求使发展目标切实可行。

必须使节约建筑能耗与改善热环境互相结合。要在逐步改善建筑热条件下节约能源，也只有做到节约能源才有可能改善热舒适条件。对于新建建筑及室温满足要求的建筑，着重在节约能源；对于冬季室温过低结露的建筑和夏天室温过高的建筑，首先要改善建筑热环境，也要注意节约能源；在夏热冬冷区及农村，则应在节约能源条件下逐步改善建筑热环境。

由于我国地域广阔，气候和经济环境差别很大，技术和资源条件也有所不同，在大体统一的目标与步骤下，各地应根据当地实际情况，作出进一步的落实安排，今后，还要根据工作的进展，对本规划进行调整和充实。

3.2 工作步骤应由易到难，从点而面，坚持不懈，稳步前进。具体做法是：

建筑类型上逐步推开。从居住建筑开始，其次抓公共建筑（从空调旅游宾馆开始），然后是工业建筑，从新建建筑开始，接着是近期必须改造的热环境很差的结露建筑和危旧建筑，然后是其他保温隔热条件不良的建筑，建筑围护结构节能同供热（或降温）系统节能同步进行。

地域上逐步扩展，从北方采暖区开始，然后发展到中部夏热冬冷区，并扩展到南方炎热区，从几个工作基础较好的城市开始，再发展到一般城市和城镇，然后逐步扩展到广大农村。

节能及改善热环境要求逐步提高，采暖居住建筑第一阶段节能30%，以后下一阶段在上一阶段基础上节能30%，冬季室温过低的建筑从提高冬季室温3~5℃开始，一步一步向发达国家目前水平接近。

上述步骤应根据情况互相交错、彼此衔接地进行。

3.3 本规划的基本目标是：

新建采暖居住建筑1996年以前在1980~1981年当地通用设计能耗水平基础上普遍降低30%，为第一阶段，1996年起在达到第一阶段要求的基础上节能30%，为第二阶段；2005年起在达到第二阶段要求的基础上再节能30%，为第三阶段。

对采暖区热环境差或能耗大的既有建筑的节能改造工作，2000年起重点城市成片开始，2005年起各城市普遍开始，2010年重点城市普遍推行。

对集中供暖的民用建筑安设热表及有关调节设备并按表计量收费的工作，1998年通过试点取得成效，开始推广，2000年在重点城市成片推行，2010年基本完成。

新建采暖公共建筑2000年前做到节能50%，为第一阶段，2010年在第一阶段基础上再节能30%，为第二阶段。

夏热冬冷区民用建筑2000年开始执行建筑热环境及节能标准，2005年重点城镇开始成片进行建筑热环境及节能改造，2010年起各城镇开始成片进行建筑热环境及节能改造。

在村镇中推广太阳能建筑，到2000年累计建成1000万m^2，至2010年累计建成5000

万 m^2。

村镇建筑通过示范倡导，力争达到或接近所在地区城镇的节能目标。

按上述目标开展工作，则至 2000 年，可累计节能 2700 万 t 标准煤，至 2005 年可累计节能事业大发展的需要。

4　科技发展任务

4.1　大力推进建筑节能的技术进步，多层次地发展建筑节能技术，既坚持以实用技术为主，又有重点地研究高新技术，使建筑节能科技发展获得有巨大实际应用价值的成就，满足各阶段节能目标的需要。

针对建筑节能技术中存在的薄弱环节，特别是其中占建筑能耗比重较大，对建筑热环境影响明显的一些难点，以及节能投资较少而效益显著的项目，作为重点攻关。在攻关中，注意学习、引进世界建筑节能的高新技术，结合我国实际条件，开展多学科的综合研究，务求取得重大突破。通过研究，形成包括材料、设计、制造，施工、运行在内的多种配套技术，以及研究一开发一示范一推广一条龙体系，以节能产品和节能工程为依托，使研究开发和工业生产、工程建设紧密结合，使成果迅速转化为生产力。

4.2　研究开发主要内容

在建筑节能领域，与发达国家相比，我们落后得多。如何迎头赶上，快速发展，这就必须根据我们的国情国力，选准一批对节约能源、改善人居环境及大气环境有重大价值的关键技术，精心组织研究开发，结合国际合作与引进技术的消化吸收，形成一批建筑保温、密封、采暖、通风等高新技术产业部门，实现商品化生产和推广应用，成为建筑业经济发展的新的生长点，以保证上述发展目标的实现。

4.2.1　门窗密封条

我国门窗冷风渗透严重，采用门窗密封条，即可节约采暖能耗约 10% ~ 15%。国外密封条品种规格繁多，可择优引进密封性强、耐久性好、使用方便、价格适中的门窗密封技术，满足新旧建筑钢木门窗密封的需要。

密封性能良好的建筑，将带来正常需要的换气问题，可采用在窗（或墙）上设置的微量通风器解决。

尽快建起门窗密封条及微量通风器厂。

4.2.2　多层保温窗

在建筑围护结构中，窗户是保温的薄弱环节，随着其他围护结构部分保温隔热能力的提高，窗户的这个缺陷愈益突出。为此，应参照国外先进技术，结合国情进行研究，务求提高窗户档次，增加玻璃层数，阻断窗框热桥，加强密闭性，做到坚固耐用美观。

对于现有建筑窗户，研究开发加层技术，使单层窗加成双层窗，双层窗加成三层窗。加层窗应该牢固，易于拆装、擦洗。

改建（新建）新型保温门窗厂，建立加层窗服务公司。

4.2.3　外保温复合墙体

复合墙体是保温外墙发展的主要方向。采用此种墙体的建筑热稳定性好，冬暖夏凉，能保护主体结构，外表美观，旧房改造时不致影响使用，但要解决外表面防裂、防空鼓等一系列技术问题。这些问题可在借鉴国外技术的基础上研究解决，并引进加强网布、聚合物砂浆等技术，生产系列产品，形成配套技术。

建设加强网布厂、聚合物外加剂（或预拦砂浆）厂，建立外保温施工专业队（公司）。

4.2.4 热量按户计量及温控技术

目前普遍使用的单管顺流式采暖管网布置，无法按户计量器、气温补偿器等设备及其自动控制技术，使管网系统进一步做到动态调节，建设生产供热调节设备的工厂。

4.2.5 热反射保温隔热技术

辐射是室内传热的主要方式。采用热反射材料作窗帘、墙壁和天棚夹层以及通风管道表层，将辐射热反射回去，是一项效益高而费用低的节能技术，应进行系统研究，并开发生产系列产品。

低发射率玻璃能使阳光射入室内，但室内红外热不易逸出室外，国外已在大量推广应用，预计我国下世纪初也将推广。现在起应该开始研究，建设生产热反射材料的工厂。

4.2.6 城市太阳能建筑技术

我国北方冬季太阳能资源较许多发达国家丰富得多，在建筑中用好太阳资源，对于节约能源，增进人体健康极有益处。过去这方面研究的重点偏于农村太阳房，对于城市建筑中充分利用太阳能的研究工作做得很不够。应着重在城市多层建筑的窗户、阳台、阳光间、窗帘、窗板和窗墙比等方面进行研究开发，充分利用冬季太阳的光和热，而在夏季则尽量减少太阳热量进入室内。

建厂生产太阳能建筑用品。

4.2.7 计算机模拟技术

开发出符合我国国情的建筑节能用计算机应用软件，适应在不同的建筑物、建筑构造、建筑材料、供暖系统、空调系统、地方气候以及使用状况等条件下，满足分析计算能耗，研究温度场及热桥分布，进行技术经济分析比较的需要。

研制并供应有关计算机软件。

4.3 对于一般国内目前不能生产或质量过低的建筑节能产品，需从国外引进技术，在国内组织工业化大生产，开创新的产业。目前，在进行调研考察的基础上，有关单位正与丹麦、英国、法国、美国等一些国家的厂家商谈，引进上述一些建筑节能技术及产品。拟先在北京及采暖区某地设厂生产，然后根据情况再扩展至其他地区。

要注意择优引进，不要一哄而上。在引进过程中，要结合国情及地方条件进行消化或改造，但不能降低质量标准。

4.4 节能技术改造示范项目的选项原则，根据国家经贸委资源节约和综合利用司的意图是；项目建成后，具有重大或重要的示范价值，有可能通过市场加以推广。对示范项目的要求，包括有：

技术上先进、可行、重点是国内研制开发明显优于现有技术水平的科技成果，需工业性试验或首次应用的先进技术；已引进国外先进技术需消化吸收国产化的，需引进的国际先进技术；示范性强，即应用面广水平提高，指导意义大，通过示范可带动一片，致使整个行业或整个地区技术有显著的节能效益，经济及环境效益也好，一般要求项目投资回收期在5年内。

在技术改造示范中，应结合实际工程进行应用研究，总结实践经验，取得测试数据，并进行技术经济分析，起到示范倡导作用。陆续建设一批示范小区，以取得实际节能效果。可从建设部的小康住宅试点小区内，选择几处采用多种节能技术的小区作为示范点。

建筑节能新兴产业的发展要和示范工程相结合，在试点示范工程中要优先采用先进适用的建筑节能新产品，起到技术辐射作用。

拟优先选择以下三个示范项目：

4.4.1 现有采暖建筑节能改造示范工程

我国现有建筑保温和气密性差，热能浪费严重。由于各地现有采暖建筑为每年新建采暖建筑的20至40倍，尽管新建建筑逐步按节能标准建造，如不抓紧现有建筑的节能技术改造，则难以取得显著的节能效果，也难以使大气环境有明显改善。许多发达国家对既有建筑的节能改造已有成功经验。北京中建建筑科学技术研究院、中国建筑科学研究院物理研究所、空气调节研究所、哈尔滨建筑大学等对现有建筑节能改造已做了许多工作，采用外墙保温、窗户加层、门窗密封等措施，可节能30%以上，选好中等住宅小区、公共建筑和旅游宾馆进行示范改造，将会有极大的推动作用。“九五”期间示范建筑面积为20万m^2，每m^2改造费平均为100元。

4.4.2 夏热冬冷区建筑节能及热环境改造示范工程

我国长江流域地区，气候夏热冬冷，全年气温高于35℃的酷热天数有15~25天，温度低于5℃的天数多达2~2.5个月，最热天气温可达41℃，最冷天则可至-18℃，而且湿度高达70%~80%。为了缓解酷暑严寒的威胁，随着经济的发展，夏天用空调器，冬天用电热器，已愈益成为热潮。由于这个地区建筑保温隔热性能更差，结果热环境改进有限，能源浪费却十分突出。

对这些地区建筑进行节能及热环境的改造，已成为当务之急。对于改造技术已做了一些试验研究，还可借鉴采暖区的一些技术经验。改造结果冬季室温可提高4~7℃，夏季室温可降低2~4℃，效果颇佳。对有代表性的住宅小区和公共建筑进行示范改造，将会产生很大的辐射作用。

“九五”期间示范建筑面积为10万m^2，每m^2改造费平均为80元。

4.4.3 集中采暖地区按热量计费示范工程

采暖包费制和按平方米计算采暖费用，是“大锅饭”体制遗留下来的一大弊端。生活用热计量并向用户收费，是适应社会主义市场经济要求的一大改革。根据一些发达国家的经验，采取供热计量收费措施，即可节能20%~30%。但目前常用的单管系统必须改变，并要设散热器恒温阀等调控装置，采暖系统与调控装置对既有建筑与新建建筑也会有一定差别。应在进行既有建筑和新建建筑试点的基础上，组织住宅小区的示范。示范工程共按10万m^2计，需试验研究开发费用500万元，并增加投资1000万元。

4.5 各省市应根据当地气候条件、材料资源、技术成熟程度及建筑节能要求，选择若干项适合本地需要的、行之有效的建筑节能技术，特别是投入少、效益高、覆盖面广的先进适用技术。集中力量加以推广，本规划中的重点研究开发技术，应是有关地区成果推广的重点。建设部及地方建设主管部门根据需要及时发布推广项目。

目前，可以根据当地条件推广的建筑节能技术有：

4.5.1 外墙内保温技术

多种内保温复合墙体已在节能工程中较广泛应用。应选用性能价格比较好、表面不致产生裂缝的技术。用KF嵌缝腻子及玻璃纤维网带作板间嵌缝处理，可以避免裂缝。也可用网布加强的饰面石膏作面层的聚苯板保温。

4.5.2 空心砖墙及其复合墙体技术

空心砖墙保温效果优于实心砖墙，且节约制砖能耗。如再与高效保温材料复合，节能效果更佳。

4.5.3 加气混凝土墙技术

加气混凝土导热系数较低，宜推广应用于框架填充墙及低层建筑承重墙。在确保砌块耐久性的条件下，也可作多层建筑外墙使用。

4.5.4 混凝土轻质砌块墙体技术

利用当地出产的浮石、火山渣及其他轻骨料或工业废料生产多排孔轻质砌块，用保温砂浆砌筑，有节能、节地效果。

4.5.5 供热管网初调节技术

在供暖管网中安设平衡阀，可大大缓解因管网水平水力失调造成的室温不均问题，并节约采暖能耗。

4.5.6 锅炉连续供暖辅以间歇调节技术

目前不少锅炉房沿用"现行间歇供暖"（每天烧6小时，停6小时，重复一次）制度，浪费了两次压火用煤，宜改用连续供暖辅以间歇调节，热效率较高。

4.5.7 太阳能热水器

推广太阳能热水器，可解决不少居民生活用热水的困难。可常年使用的太阳能热水器也已研制开发成功。

4.5.8 农村太阳房建筑技术

通过南窗、特朗勃墙、阳光间等方式集热，并进行保温蓄热，可为冬季北方农村房屋创造较好的室温环境。

4.6 为适应节能工作需要，组织编辑出版《建筑节能技术》，各地也应根据当地情况，编印建筑节能技术通用设计图、节能工程工法、节能施工技术规程、建筑节能技术资料集等，并不断补充完善。各地还可组织节能建筑、节能供热系统、节能空调系统的设计竞赛。

1997年起《建筑节能》杂志从季刊改为双月刊，并由内部发行转为邮局公开发行，作为成果推广的一条重要渠道。

有计划地组织建筑节能培训工作，分别对建筑系统能源管理师以及建筑节能设计管理、建筑设计、暖通空调设计，供热运行、房屋建设开发、房屋物业管理等人员进行系统培训，提高专业素质，并为此编辑出版各种培训教材。

召开建筑节能工作会议、技术讨论会，并组织展览会，传播信息，交流经验。

5 支撑条件

实施本规划，改革的深度和工作难度是前所未有的，因而必须加强执行规划的力度，建立起法律手段、经济手段和教育手段相结合的宏观调控机制。

5.1 加强建筑节能的法制建设，加强建筑节能行政立法和技术标准的制订工作，做到有法可依，依法严格监督管理。

在建筑节能立法中，本着逐步推进、重点先行的原则，建立和完善建筑节能法规体系。为保证采暖建筑节能技术标准得以实施，还必须有行政法规配合强制。可制订《采暖民用建筑节能条例》，在条例中明确规定有关单位必须认真遵守节能技术标准，并在当地政府的领导下，由设计主管部门、施工监督部门和房产管理部门层层把关。

为加强供暖管理，应制订《热力供暖管理办法》、《锅炉供暖管理办法》和《建筑供暖收费办法》。

为对既有建筑的供暖管理和节能改造创造条件，还宜制订《对于建筑围护结构和供暖系统运行进行热工检查的办法》以及《既有建筑节能改造实施办法》。

在做好调查研究工作、优选采暖与降温方案的基础上，尽快组织编制夏热冬冷民用建筑节能及湿热环境设计标准，并编制采暖区建筑物不设采暖设备时保证最低舒适度的热工标准。

5.2 目前沿用的供暖包费制与用户利益无关，也难以从经济效果上考核供热单位的热效率，是供给制遗留下来的一大弊端，必须坚决革除。只有按实供热量计量收费，才能调动用热和供热双方的节能积极性，建筑节能工作才能真正落实。为了做好这项根本性的改革，在采取立法措施和技术措施的同时，还要在调查研究的基础上规定出合理的采暖收费及对住户的补贴办法。由住户交纳的采暖费比例可逐步增加，不宜一步到位。还要理顺供热价格，使节能效益由各有关方面分享。

按热量计量收费办法，可先在团体用户即公共建筑中推行。

5.3 按照社会主义市场经济规律，采用经济激励机制，是促进建筑节能快速发展的根本大计。

由于能源价格不断上调，特别是煤炭价格迅速上涨，热能价格随之上升，当然会使建筑节能任务更加紧迫。在这种情况下，节能措施的回收期越来越短，只要按实供热量向用户收费，无论团体用户还是个人用户，都必然不得不采取节能措施以节约开支。

对北方节能住宅减免固定资产投资方向调节税，此法对促进建筑节能行之有效，建议随着今后各个建筑节能标准的颁布执行，逐步适当扩大范围，凡认真执行建筑节能设计标准及热环境标准的建筑，可享受减免税的优惠，以利于这些标准的顺利实施。

为搞好建筑节能研究、开发、推广，必须加大投资力度，并相对集中力量，支持本规划中有关项目的实施。请国家从多方面拨给及低息贷给必须的资金，以利于项目的启动和运转，希望从国家的节能基金中，列出建筑节能专项。我部及地方建设主管部门也应开辟集资渠道。

为倡导建筑节能试点，并鼓励房屋所有者对高耗能建筑及热环境过差的建筑进行节能及热环境改造，宜提供一定比例的资助及低息贷款，减免能源交通税，并允许将供暖节约下来的还用偿还贷款，对于逾期不进行节能改造的高耗能建筑所有者，征收能源超量使用费，并采取逾期愈久累进比例愈高的促进措施，征收所得用以部分弥补节能资助资金。

对于新研制开发的节能型建筑材料、设备和用品，经有关部门鉴定、批准后，可分别给予减免增值税和能源交通税等优惠待遇，对于重点节能新产品在研究、开发中所需的流动资金，按节能科技贷款优先支持，并可申请贴息。对于向居民供热这种社会福利型企业，应得到较多的减免税优惠。

设立建筑节能奖，对在研究、开发、推广建筑节能新技术和新产品中做出重要贡献的单位和个人进行奖励，激发他们的工作积极性。

5.4 具有高度的节能意识才会产生高度的节能动力，才取得良好的节能效果。建筑节能牵涉到千家万户，要使亿万群众对能源供给有深刻的危机感，对子孙后代的生存环境有强烈的责任感，因而尽其所能地去合理利用能源，就要增强全民的节能意识，环境意识和参与意识，开展广泛持久的群众性的宣传活动，动员全民力量搞好建筑节能，形成社会风气。

提高节能意识关键在于领导，首先有关领导必须树立正确的认识，特别在节能效益问题上。建筑节能有多方面的效益，包括经济效益、环境效益和社会效益，着重是宏观的、整体的、长久的活动，进行建筑节能的通俗宣传。

中小学教材及大学有关专业教材中，应补充建筑节能方面的内容。

5.5 发达国家在建筑节能方面有许多有益的经验，值得我们借鉴。由于我国建筑耗能量巨大，排放 CO_2 有愈益增加的趋势，国际社会相当关注，也比较愿意支持我们的建筑节能工作。在扩大对外开放的形势下，应充分利用这个有利条件，促进国际交流与合作，学习引进先进技术、材料、设备与管理经验，跟踪世界科技方向，努力提高建筑节能技术与管理水平，尽快缩短与发达国家之间的差距。

国际合作的方式，可以是专家互访、合作研究、出国进修、资料交流、合作建设试点示范工程、合作生产节能材料设备、合作召开国际会议、合办节能中心等。

近期要完成中英建筑节能合作项目，抓紧进行丹麦供热系统技术的引进与工程试点，并要实施中加“建筑节能与示范工程”合作项目，还有一些项目正在商谈中，拟逐步扩大合作领域与合作渠道。

5.6 建筑节能是我部在此期间科技发展与产业建设的一个重点领域，为更好地做好此项工作，已建立建设部建筑节能中心，作为我国建筑节能技术与管理的研究，开发、交流、培训、检测和监督的一个主要基地，也是建筑节能国际合作的一个重要窗口。其工作重点为，根据本规划的安排，在学习引进国外先进技术的同时，结合我国实际需要，成套地开发建筑节能技术与产品。

通过该中心，在建设部节能工作协调组和有关部门的领导下，把国内各方面有关建筑节能的主要力量组织起来，分工合作，以便圆满地完成本规划规定的各项任务。

6 管理体制

6.1 建设部协同国务院节约能源行政管理部门，负责全国建筑节能的管理工作。建设部有关各司按照规定的职责，明确分工，将建筑节能纳入经常工作范围，落实责任，在部节能工作协调组的指导下各负其责。建设部节能工作协调组负责归口管理本行业节能的统一组织、计划与协调事宜，落实贯彻国家有关方针政策，组织制订有关规划、政策和法规，组织协调国家重点节能项目和新产品开发的申报、实施及推广应用工作、组织协调节能调研、宣传等工作。部节能工作协调组日常业务由办公室负责，办公室设在本部科学技术司。

中国建筑业协会建筑节能专业委员会根据委托承担建筑节能政策、规划和技术咨询、技术业务培训、书刊编辑出版、重点节能产品生产安排和资质审查等工作，并组织其他有关学会、协会共同参与促进建筑节能工作的发展。

6.2 各地建设行政主管部门也应根据情况建立本地区的节能协调管理组织，在当地政府的统一领导下，协同本地的节约能源行政主管部门，负责建筑节能的管理工作。并由地方政府作出明确规定，只有符合节能标准的设计才允许施工，只有符合节能标准的工程才可以验收。

6.3 年综合能耗折合标准煤一万 t 以上的重点用能单位，以及年完成采暖，空调设计建筑面积在 30 万 m^2 以上设计单位，应有主要负责人主管节能工作，明确节能管理机构并配备能源管理师。

建筑节能标准首先要通过设计贯彻。设计单位认真按节能标准设计，是搞好建筑节能的一个关键环节。要把是否遵守节能设计标准，列为设计单位资质审查、申报优秀设计和设计人员工作考核的一个必要条件，不符合节能要求的住宅或小区，不得评为小康住宅或优秀小区。

各设计，施工和监理单位应有经过培训并考核合格的人员，分别负责建筑节能设计的审查和保证按节能设计施工。

建设部负责对各地建筑节能管理机构及负责建筑节能的能源管理师进行业务指导。

6.4 坚决改变建筑采暖用煤无计量、监控无仪表，耗能无统计、考核无指标的无政府状态。各热力站和采暖锅炉房所属上级单位应有人负责，建立和健全用能计量和统计制度，实行目标管理。各地设立监督执法机构进行检查考核。

为提供可靠的检测数据以保证各项工程达到节能质量要求，应在各地逐步建立节能检测中心，其任务是接受委托，进行建筑节能材料和制品的检测，节能仪表设备的检测、节能工程的检测等。检测中心所配备的仪器设备，应能负担起建筑材料的保温隔热性能、窗户的气密性、水密性和抗风压强度，节能检测仪表的检验，建筑围护结构能耗性能和建筑耗能量等方面的监测工作，并能在现场进行保温诊断。

6.5 对于严重浪费能源的地区和单位，应通过罚款，警告，通报批评，甚至限制或停止供应能源等措施，进行处罚，并限期整改。构成犯罪的，依法追究其刑事责任。

注：本规划于 1995 年印发时采用的均是 1993 年底的数据，本次印刷时改用了 1995 年数据。今后工作中均以本次印发的规划为准。

2000～2015年新能源和可再生能源产业发展规划要点

（2003年1月14日国家经贸委）

我国政府一直非常重视新能源和可再生能源的开发利用。在党的十四届五中全会上通过的《中共中央关于制定国民经济和社会发展“九五”计划和2010年远景目标的建议》要求“积极发展新能源，改善能源结构”。1998年1月1日实施的《中华人民共和国节约能源法》明确提出“国家鼓励开发利用新能源和可再生能源”。国家计委、国家科委、国家经贸委制订的《1996～2010年新能源和可再生能源发展纲要》则进一步明确，要按照社会主义市场经济的要求，加快新能源和可再生能源的发展和产业建设步伐。

从长远来看，大力发展新能源和可再生能源可以逐步改善以煤炭为主的能源结构、尤其是电力供应结构，促进常规能源资源更加合理有效地利用，缓解与能源相关的环境污染问题，使我国能源、经济与环境的发展相互协调，实现可持续发展目标。从近期来看，开发利用新能源和可再生能源除了能够增加和改善能源供应外，还对解决边疆、海岛、偏远地区的用电用能问题、实现消灭无电县和基本解决无电人口供电问题、农村电气化等目标以及进一步改善我国农村及城镇生产、生活用能条件，都将起到非常重要的作用。

近二十年来，我国新能源和可再生能源开发利用已取得了较大进展，技术水平有了很大提高，科技队伍逐步壮大，市场不断扩大，产业已初具规模。目前，我国制订“十五”计划工作已全面启动，结合国民经济和社会发展“十五”计划和15年长期规划编制工作，制订“新能源和可再生能源产业发展规划”具有重要的现实意义和深远的战略意义。

一、指导思想和基本思路

制订新能源和可再生能源产业发展规划的指导思想是以市场为导向，选择成熟的、具有市场前景的技术、产品作为产业发展的重点，提出合理的发展目标、制订符合市场发展的产业政策、采取规范市场的措施，进一步推动新能源和可再生能源技术的开发和应用。

新能源和可再生能源产业发展规划的基本思路是根据新能源和可再生能源的资源、技术状况和市场发展潜力，结合国家经济发展要求，提出技术和产品的推广应用目标、实现这些目标需要具备的设备生产制造能力和相应的配套服务体系以及克服产业发展障碍因素的政策措施和实施行动。

二、实现产业化发展的基础

（一）资源

我国具有丰富的新能源和可再生能源资源。据统计，太阳能年辐照总量大于502万千焦/平方米、年日照时数在2200小时以上的地区约占我国国土面积的三分之二以上，具有良好的开发条件和应用价值。风能资源理论储量为32.26亿千瓦，而可开发的风能资源储量为2.53亿千瓦。地热资源的储存条件也较好，其远景储量相当于2000亿吨标准煤以上，已勘探的40多个地热田可供中低温直接利用的热储量相当于31.6亿吨标准煤。生物质能资源也十分丰富。农作物秸秆产量每年约7亿吨，可用作能源的资源量约为2.8~3.5亿吨；薪材的年合理开采量约1.58亿吨，目前实际使用量达到了1.82亿吨，超过15%左右，存在过量砍伐等不合理使用现象；此外还有大量的可用作生产沼气的禽畜粪便和工业、有机废水资源，集约化养殖产生的畜禽粪便全国约有40336万吨，其中干物质总量为3715.5万吨，工业有机废水排放总量约为222.5亿吨（未含乡镇工业）。新能源和可再生能源还包括可用作能源的固体废弃物，潮汐能、波浪能、潮流能、温差能源等，也具有很大的开发潜力。

（二）技术发展状况和市场开发潜力

新能源和可再生能源是一类新兴技术，其产品也具有新技术产品特点，即技术上处于不同发展阶段，商品化程度不高，市场发育不成熟，大多数产品未形成规范的市场与价格体系。

目前，一些技术如太阳热水器、地热采暖等，已较成熟并具有获利能力和相应的市场，形成了初步的产业基础。沼气工程、风力发电、地热发电、太阳光电系统等技术基本成熟，产品已逐步在市场中出现，但需要进一步完善技术，降低成本以及实施激励政策进行推动，才能与常规技术竞争。随着技术创新和技术进步，更多的、具有良好前景的新能源和可再生能源技术将对产业发展起到积极的推动作用。

(1) 太阳热水器是太阳能热利用产业发展的主要内容之一。太阳热水器经过近二十年的研究和开发，其技术已趋成熟，是目前我国新能源和可再生能源行业中最具发展潜力的产品之一。近几年来，太阳热水器市场年增长率达到20%~30%。到1998年，全国太阳热水器累计拥有量达到了1500万平方米，居世界第一位。随着城乡居民生活水平的提高，对生活热水需求量将大大增加。太阳热水器使用范围也将逐步由提供生活用热水向商业用和工农业生产用热水方向发展。太阳能热利用与建筑一体化技术的发展使得太阳能热水供应、空调、采暖工程成本逐渐降低，也将是太阳热水器潜在的巨大市场。此外，国际市场的潜力也很大。1998年太阳热水器年生产能力已达400万平方米，行业产值已超过35亿元，大多数企业具有比较好的经济效益，产业化发展的条件已经初步具备。

太阳能采暖技术，已列入建设部建筑节能技术政策范畴和建筑节能“十五”计划和2010年规划；太阳灶则主要用于解决在日照条件较好又缺乏燃料的边远地区如西藏、新疆、甘肃等省区的生活用能问题。

(2) 太阳光电转换技术中太阳电池的生产和光伏发电系统的应用水平不断提高。在我国已能商品化生产的单晶硅、非晶硅太阳电池的效率分别为12%~13%和4%~6%，多晶硅太阳电池也有少量的中试生产，效率为10%~12%。目前，太阳电池已经不再局限于作为小功率电源使用，已扩展到通信、交通、石油、农村电气化以及民用等各个不同的应用领域，每年的市场增长率高于20%。截止到1998年底，累计用量已经超过13兆瓦。1998年我国太阳电池的生产能力为4.5兆瓦，实际生产为2.1兆瓦。每峰瓦的光电系统价格在80~100元，发电成本在2.5元/千瓦时以上。到2015年，估计生产成本将下降50%，从而为太阳光伏发电系统大规模应用创造良好的市场前景。

(3) 并网风电技术发展迅速，但需加速设备国产化进程。1990年至1998年，我国风电场发展迅猛，年均增长率超过60%。截至1998年底，全国总共已建有19个风电场，总装机容量达到22.4万千瓦。世界上一些国家风力发电成本已下降到约5美分/千瓦时左右，但我国风力发电成本仍然较高，其中主要原因之一是大型风力发电机组几乎都是引进的。并网风电发展的关键是要解决设备国产化和机制问题。

我国小型风力发电技术已经比较成熟。我国能够自行研制和开发容量从100瓦到10千瓦共约10个风力发电机组品种，累计保有量超过了1.7万千瓦。与国外同类型机组相比，具有启动风速低、低速发电性好、限速可靠、运行平稳等优点，而且成本低，价格便宜。但在外观质量、叶片材料的应用和制作工艺水平上以及在较大容量的离网型机组的生产制造技术方面，还存在一定差距。小型风力发电以及风/光、风/柴等互补供电技术的主要市场在于它能够为我国广大无电和缺少常规能源的地区解决生活和生产用电。

(4) 我国已建立了一套比较完整的地热勘探技术和评价方法，具备了大规模开发地热的能力，并朝着专业化、规范化方向发展。丰富的地热资源为地热开发利用提供了良好的条件。低温地热的开发利用已经进行了城镇供热和综合利用等多方面的试点示范，技术基本成熟，地热利用设备和监测仪器基本能够实现专业化成套生产。到1998年供暖面积已达800多万平方米。当前需要进一步开拓市场，尤其是热矿水医疗保健和旅游产业等低温地热利用市场。地热发电技术已具有一定的商业化运行基础。

(5) 我国生物质能转换技术发展方向是改进和完善大中型沼气工程技术和生物质气化供气技术。以厌氧消化为核心技术、以废弃物资源化利用为目的大中型沼气工程已成为处理、利用禽畜粪便和工业有机废水最为有效的手段之一。到1998年，全国共建成和营运的工业废水和禽畜粪便沼气工程分别有200和540多个，年生产沼气分别达到3.2亿和0.6亿立方米。与发达国家相比，我国沼气工程厌氧消化成套技术已日趋成熟，在某些方面已居国际领先水平，可根据原料特性的差异，进行沼气工程全套设计和施工，而且投资相对较小，运行费用较低。秸秆气化集中供气、发电技术主要用于解决农作物秸秆的资源化利用。技术的关键是气化炉、净化系统及发电设备系统。我国在热解气化技术方面已经取得了一些进展，目前全国已有160多个乡村级秸秆气化集中供气示范工程正处于营运中。集中供气的主要问题是气化炉生产的燃气中可燃气成分较少、热值低、焦油含量偏高等。虽然目前秸秆气化的燃气主要用于民用炊事，但从发展方向看，更有效的选择是用于发电，为农村提供分散的、更洁净和方便的终端能源。生物质能气化发电技术和设备在我国已经得到了开发和示范应用。推广秸秆气化集中供气、发电技术，不仅能有效缓解农村地区高品位商品能源短缺问题，而且有利于实现秸秆全面禁烧和综合利用，对促进农村社会经济可持续发展和生态环境的保护具有积极的作用。因此，秸秆气化、发电技术在我国具有良好的、巨大的市场潜力，关键是要提高和完善技术以达到成熟实用和可靠的要求。

(6) 加快其他初具发展前景的技术的研究开发，促进其科技成果尽快产业化，如燃料电池技术、温差能源利用技术、废弃物发电、燃料制造及热利用技术、生物质液化（酒精发酵）技术、新型地热利用技术、海洋能发电技术等。这些技术基本上还处于实验探索和研究阶段，需要进一步加大研究开发力度，开展技术攻关，建立中试基地，逐步解决实际运行中存在的问题。

三、发展目标

新能源和可再生能源产业发展目标是：加速技术和产品的推广应用；增强我国设备制造和生产能力；建立产业化配套服务体系；健全法规和机制，实现新能源和可再生能源开发利用的商业化发展。到2015年新能源和可再生能源年开发量达到4300万吨标准煤，占我国当时能源消费总量的2%（如果包括小水电，则将达到3.6%）；其产业将成为国民经济的一个新兴行业，拉动机械、电子、化工、材料等相关行业的发展；对减轻大气污染、改善大气环境质量作用明显，将减少3000多万吨碳的温室气体及200多万吨二氧化硫等污染物的排放；提供近50万个就业岗位，为500多万户边远地区农牧民（约2500多万人口）解决无电问题。

为确保上述目标的实现，新能源和可再生能源产业发展规划分以下几个阶段实施：

1.2000~2005年，逐步建立新能源和可再生能源经济激励政策体系以及适应市场经济体制的行业管理体系；建立和实施质量保证、监测、服务体系；加大对重点行业和产品的扶持力度以促进产业发展；新能源和可再生能源的开发利用量在我国商品能源消费总量中占0.7%，达到1300万吨标准煤。

2.2006~2010年，完善可再生能源产业配套技术服务体系，进一步规范市场；完善新能源和可再生能源经济激励政策体系。新能源和可再生能源的开发利用量达到2500万吨标准煤，在我国商品能源消费总量中占1.25%。

3.2011~2015年，大规模推广应用新能源和可再生能源技术，大部分产品实现商业化生产，完善新能源和可再生能源产业体系，使其成为我国国民经济中一个重要的新兴行业，其总产值达到670亿元。新能源和可再生能源的开发利用量达到4300万吨标准煤，占我国当时商品能源消费总量的2%。

具体内容和任务如下：

（1）规范市场，促进大型高效太阳能热利用产业发展

到2015年全国家庭住宅太阳热水器普及率达20%~30%，市场拥有量约2.32亿平方米。形成一批年产200~300万平方米规模，并具有较强新产品开发能力的骨干企业。加强产品质量标准的制订，建立具有权威性的国家级太阳热水器产品质量检测中心，对太阳热水器和太阳热水系统中的集热器、水箱、零部件实行质量监督、检测和认证。推动企业不断提高产品质量，增加品种、规格，降低成本，完善服务，创造出一批用户信得过、国内外有较高信誉的名牌产品，开拓国内国际市场，使更多产品打入国际市场。

（2）建立太阳电池与应用系统生产体系、降低产品成本

集中力量在现有太阳电池生产和应用的基础上，适应国际光电技术发展趋势和国内外市场发展的形势，开拓市场，打破年产量徘徊在2兆瓦左右的局面。通过国家重点扶持，推动第二代太阳电池商业化，形成应用器件配套齐全的太阳光伏产业。2015年全国太阳电池发电系统市场拥有量将达到320兆瓦。通过生产规模的扩大，降低太阳电池生产成本，从而推动市场的发展，形成良性循环。在太阳电池市场中，通讯及工业用光伏系统将从目前的40%~50%的市场份额下降到2010年的20%~30%，户用及民用光伏系统将从目前的30%上升到40%~50%。到2015年中国将开始大规模发展并网式屋顶光伏系统。

（3）推动并网风电的商业化发展，加快国产化进程

预计2005年并网风电装机将达到300万千瓦，2010年的发展目标是490万千瓦，2015年达到700万千瓦。为实现这一目标，必须提高国内风力发电设备制造能力，加速风力发电设备国产化进程，形成与风电场建设同步的生产能力，满足国内市场的需求，同时还可以出口。要建立具有自主知识产权的知名品牌，加强对风力发电技术的研究开发，大多数风力发电设备部件要实现国内生产制造，其技术标准和营运质量达到国外同类产品的指标要求，能

满足国内风场资源特征及市场需求，形成不同规格的系列化产品。要借鉴国外风力发电机生产的经验，打破行业界限，采用招标方式择优扶持零配件生产厂、整机组装厂，最终实现产品价格、风电场初始投资有较大下降，风力发电成本逐步能与常规发电方式相竞争。在国产化和商业化进程中，要加快形成和建立起风力发电机组质量标准和检测体系。

(4) 继续做好离网型风力发电技术的普及和推广应用

引导小型风力发电机生产企业加大技改力度，提高小型风力发电机组的性能。加强较大容量的离网型风力发电机组关键部件的研制及改进工作，推动风、光互补发电系统的推广应用。通过引进国外先进成熟技术和经验，做好消化、吸收工作。到2015年形成5万台的年生产能力，市场拥有量累计装机10.5万千瓦。为适应国内、国际市场的发展和加强技术管理工作的需要，按照国际通用标准和技术规范，修订并完善我国离网型风力发电的技术规范、标准、试验方法等；同时建立和完善产品质量保证、监督及检测体系。

(5) 积极推广地热采暖和地热发电技术

要尽快解决地热回灌技术，注意开发和生产回灌设备，实现设备成套供应，从而避免地热利用引起的环境污染。加快地热热泵技术的引进和开发，加速国产化。要大力开拓地热采暖市场，到2005、2010、2015年地热采暖面积分别达到1500万、2250万、3000万平方米。要积极推动地热的综合利用。在地热发电方面，2005年前主要是开发利用西藏羊八井深部高温热储，建成西藏羊易地热电站和滇西腾冲高温地热电站，地热装机达到40~50兆瓦。到2010年和2015年地热电站累计装机分别为87.5兆瓦和110兆瓦。

(6) 推进大中型沼气工程建设，开发生物质能高效利用设备

大力推动大中型沼气工程建设，进一步提高设计、工艺和自动控制技术水平。到2015年，处理工业有机废水的大中型沼气工程达到2500座，形成年生产沼气能力40亿立方米，相当于343万吨标准煤，年处理工业有机废水37500万立方米。农业废弃物沼气工程到2015年累计建成近4100个，形成年生产沼气能力4.5亿立方米，相当于58万吨标准煤，年处理粪便量1.23亿吨，从而解决全国集约化养殖场的污染治理问题，使粪便得到资源化利用。秸秆气化技术有待进一步改进，近阶段仍将着眼于200个气化集中供气示范工程的建设。在形成成熟可靠技术后，再进一步推广应用。到2015年，累计建成4500个气化站，总产气量达到20亿立方米，相当于57万吨标准煤。

(7) 推进新技术产业化

目前，初具发展前景的潜在技术还没有成熟实用的产品，难以将潜在需求转变为有效需求，形成产业化发展的市场基础还需要一定的时间。我国已建有8座潮汐发电站，总装机容量10.4兆瓦，但潮汐发电技术仍然只是处于试验和示范阶段。氢作为能源的开发利用技术如作为运输工具和发电的燃料，因无污染而成为一种极具发展前景的替代能源技术。燃料电池作为移动电源是一个具有广阔前景的潜在市场，预计2005年以后将逐步进入实际运用阶段。虽然目前还难以对这些技术制定具体的产业化发展目标，但是应重视这些技术的发展，加强中试的投入和技术引进，并逐步进入示范和发展阶段。一旦这些技术有了突破，达到成熟实用，并具有了一定的市场基础，也要将其纳入产业发展规划来进行推动和扶持。

四、产业化体系建设

为实现上述新能源和可再生能源产业发展目标，需要建立起相应的产业体系。要支持

重点生产制造企业的发展，使其形成具有规模的产品生产和设备制造能力。同时，还要形成和建立与之配套的产业服务体系，包括发展工程施工企业、建立技术服务体系、制定质量标准、建立完善监测体系和相应的法律法规等。目前，已经建立了新能源和可再生能源标准化委员会，要逐步建立相应的国家级产品检测中心、质量保证体系和质量控制制度。此外，还要建立一些全国性和区域性的新能源和可再生能源信息网站以及行业信息交流中心，以加强信息交流。

五、预期效益分析

新能源和可再生能源产业发展将带来明显的能源、经济、环境和社会效益。预计到2015年所规划的新能源和可再生能源提供的电力、热水和燃气等终端能源产品的总量将达到4300万吨标准煤（等价值），平均年增长率为17.32%。届时新能源和可再生能源将在我国商品能源消费中约占2%，成为我国商品能源消费的组成部分；如果再包括小水电供应的电力在内（但不包括传统使用方式的生物质能）将达到3.6%。新能源和可再生能源提供的电力将达到190亿千瓦时，年均增长率为20.6%。

新能源和可再生能源产业发展经济效益显著。预计到2015年，包括电力、燃气和热水在内的能源供应及其设备生产制造产业所形成的年产值将近670亿元，年均增长率超过15%。新能源和可再生能源产业发展还将带来很大的非直接经济效益，它不但能够拉动相关行业的发展，而且将带来非常明显的环境效益。到2015年本规划包括的新能源和可再生能源对化石燃料的替代量将达到4300万吨标准煤，这等于每年少用了6000万吨煤炭，每年可减少排放二氧化碳的碳量近3000万吨，二氧化硫、氮氧化物和烟尘减排量为210万吨。如果我们把燃煤产生的二氧化硫的排污费和减排二氧化碳的增量成本作为减排的交易成本进行货币化估计，那么减排二氧化碳和二氧化硫等大气污染物的年环境效益约为120亿元。同样，新能源和可再生能源产业发展也带来了多方面的社会效益，其中最为明显的是预计到2015年将提供近50万个就业机会，为约500多万户农牧民家庭（约2500多万人口）解决供电问题。

六、制约因素与存在的问题

我国有丰富的新能源和可再生能源资源以及潜在的巨大市场，发展速度也比较迅速，但要实现产业化发展，必须消除技术、资金、市场、机制等方面的障碍。

（一）技术问题

目前，我国大多数新能源和可再生能源技术仍处于发展的初期阶段，与发达国家相比，技术工艺相对落后、生产企业规模小，一些原材料和产品国产化程度低。这些原因加大了产品的生产成本，与常规能源相比还不具备竞争能力。因此，迫切需要采取有效措施提高新能源和可再生能源技术发展水平。

（二）资金问题

实现上述产业发展规划需要的总投资约为890亿元，年平均约50多亿元。以1997年我国全社会固定资产投资总额（24941亿元）为基础，每年需要的投资约占全社会固定资产总投资的2.1‰。新能源和可再生能源行业是一个新兴产业，资金短缺和缺乏有效的融资机制是产业化发展的重要障碍，除了需要有政府的扶持政策外，还需开拓确保整个规划资金需求的融资渠道及其融资方式。

（三）市场开发和发育问题

虽然部分新能源和可再生能源产品已经制定了一些相关标准，但整体上缺乏系统的技术规范，尤其是缺乏产品质量国家标准和认证标准以及相应的法规和质量监督体系，从而影响了市场的扩大。此外，很多以新能源和可再生能源为基础的开发项目具有很好的市场开发潜力，但由于缺乏宣传和信息传播，使得这些产品没有形成有效的市场。

（四）激励政策体系还不健全

在目前的技术水平条件下，新能源和可再生能源产品供应成本还不完全具备与常规能源产品进行竞争的能力。为此，需要建立和完善投资、税收、信贷、价格、管理等方面的激励政策体系。

（五）管理体制问题

新能源和可再生能源按能源品种分属于不同的行业，加之历史原因，没有形成统一的归口行业。对新能源和可再生能源行业的领导和管理又分属于多个部委，这样的管理机制既不能适应市场经济的需要，也很难出台统一的政策措施。

七、政策与实施

为推动我国新能源和可再生能源产业的发展，达到规划的目标与要求，需要制订相关的政策并付诸实施：

1. 推动我国新能源和可再生能源法律法规建设，制订“新能源和可再生能源资源开发利用管理条例”、“新能源和可再生能源促进法”。

2. 建立起完善的经济激励政策体系，逐步制订税收、信贷、投资、价格、补贴等方面的经济激励政策。

3. 建立合理的管理机制，加强对全国新能源和可再生能源工作的统一领导，避免工作的盲目性、分散性及重复性，推动统一的政策措施出台。

4. 加强对重点行业和产品的投入，加大对企业技术改造的扶持力度，推动一批新能源和可再生能源骨干企业的规模发展。

5. 积极开拓并建立有效的国际、国内融资渠道，通过不同的融资方式，采取相应的措施多渠道筹集资金。

6. 通过政府采购等措施刺激新能源和可再生能源市场需求的增长，培育市场；制定产品标准，健全质量控制和认证制度，加强对市场的规范和管理，建立产品质量检测中心；实施项目招投标制度，工程质量监理和评审制度等。

7. 在“西部大开发”的实施过程中，充分发挥西部地区的新能源和可再生能源资源优势，采取政策倾斜等措施推动西部地区的新能源和可再生能源产业化建设。

8. 加强国际合作和交往，积极引进国外先进技术，加快新能源和可再生能源技术水平的提高和向商业化应用的转化，并加速国产化进程。

新能源和可再生能源产业发展“十五”规划

（国家经贸委）

大力开发利用新能源和可再生能源，是优化能源结构，改善环境，促进经济社会可持续发展的重要战略措施之一，尤其是对解决边疆、海岛、偏远地区以及少数民族地区的用能问题，具有十分重要的作用。为贯彻落实国民经济和社会发展“十五”计划纲要，促进新能源和可再生能源产业化发展，特制订新能源和可再生能源产业发展“十五”规划。

一、现状与问题

在过去几十年研究开发和产业化工作的基础上，“九五”时期，我国新能源和可再生能源产业初具规模，技术水平不断提高，取得长足进展。

新能源和可再生能源产业初具规模。到2000年底，全国从事太阳热水器研制、生产、销售和安装服务的企业有1000多家，年生产量达610万平方米，产值超过60亿元；全国太阳热水器拥有量达2600万平方米，居世界第一位。全国太阳光伏电池组件的年生产能力达到5兆瓦，生产企业（含组装及销售企业）40余家，累计用量已超过15兆瓦。“九五”期间，我国大型并网风力发电发展迅速，年均增长率约为50%；到2000年底累计建成26个风电场，形成了34万千瓦的发电能力，使我国风力发电迈上了一个新台阶；全国累计安装使用小型风力发电机19万多台，为解决西部无电地区农牧民生产生活用电发挥了重要作用。到2000年底，全国共建成近1000座工业废水和畜禽粪便沼气工程，形成了约6亿立方米/年沼气生产能力。全国累计开发利用地热资源1300多处，其中地热采暖面积已逾1000万平方米；地热电站总装机容量约30兆瓦。

新能源和可再生能源技术水平不断提高。在太阳能技术方面，国产晶体硅电池效率达到了11%~14%，比“八五”时期提高了2个百分点；太阳能热利用技术中，太阳热水器技术性能得到进一步改善，其应用方式已由季节性、间歇式应用发展到全天候、连续性应用；中温集热器、太阳能热利用与建筑一体化技术开发取得实质进展。在风力发电方面，我国自主开发的200~300千瓦级风电机组的国产化率已超过90%；600千瓦机组样机的国产化率达到80%左右。我国具备了自行研制开发容量从100瓦到10千瓦的10多种小型风力发电机的能力；还开发了一批风光、风柴联合发电系统。大中型工业沼气工程和农村户用沼气池技术应用不断拓展，已成为改善城乡居民生活条件和环境质量的一项有效技术措施。秸秆等生物质高效利用试点工程取得阶段性的进展。地热采暖越来越受到人们的青睐，热泵等新技术的引进进一步提高了地热利用的价值。

尽管“九五”期间我国新能源和可再生能源产业得到了较快发展，但从总体上看，产业整体实力不强，市场竞争能力弱，一些阻碍产业发展的关键问题并未从根本上解决，产业化发展面临技术、资金、市场、机制等各方面的障碍。

总体技术水平不高。新能源和可再生能源是新兴产业，与常规能源技术相比，仍处于发展初期，企业生产规模小，工艺技术落后，一些原材料和产品国产化程度低，加大了产品的生产成本，迫切需要采取有效措施，提高新能源和可再生能源技术发展水平。

市场发育不成熟。目前，我国新能源和可再生能源产品大多缺乏系统的技术规范，产品质量标准不完善，质量检测和监督体系还没有建立起来，产品质量良莠不齐、地方保护、恶性竞争等影响了市场的健康发展。

缺乏有效的激励政策。在当前技术条件下，新能源和可再生能源还不完全具备与常规能源进行竞争的能力。以风力发电为例，尽管“九五”期间风电场建设平均单位投资已由10000~10500元/千瓦下降到8000~8500元/千瓦，但上网电价（含增值税）平均水平仍然在0.60~0.70元/千瓦时之间，远高于常规能源发电成本。新能源和可再生能源的发展需要建立和完善投资、税收、价格、财政等方面的激励政策。

融资渠道不畅。新能源和可再生能源是一个新兴产业，资金短缺又缺乏融资机制是产业化发展的重要障碍，迫切需要建立有效的融资渠道和探索各种融资方式。

二、面临的形势和任务

（一）实施可持续发展战略要求加快新能源和可再生能源产业发展

我国是世界上少数几个能源以煤为主的国家之一，也是世界上最大的煤炭消费国，燃煤造成的环境污染日益突出。我国未来的能源发展战略要求提高能源效率，清洁使用化石能源；调整能源结构，增加替代能源，实现能源的可持续发展。在实施可持续能源战略中，新能源和可再生能源是重要的战略选择。开发利用新能源和可再生能源资源，提高技术水平，推动产业发展，已成为实施可持续能源战略的重要措施。

（二）新能源和可再生能源开发利用是实施西部大开发战略的重要选择

西部大开发是党中央和国务院制定的重大战略决策。我国西部地区不仅常规能源资源丰富，而且可再生能源资源如太阳能、风能、地热等也非常丰富。发挥西部地区的资源优势，在加强常规能源资源开发的同时，大力开发新能源和可再生能源是实施西部大开发战略的重要方面，这不仅可以缓解西部边远地区能源短缺问题，逐步改变沿袭千百年的传统的用能方式和炊事方式，而且可以从源头上改善生态环境，为西部地区经济和社会发展做出贡献。

（三）加入WTO为新能源和可再生能源产业发展带来机遇和挑战

我国即将加入世界贸易组织，新能源和可再生能源产业发展在面临新机遇的同时，也面临巨大的竞争和挑战。由于我国新能源和可再生能源产业整体实力不强，仍然处于产业发展的初级阶段；面对国外强有力的竞争对手，新能源和可再生能源产业将面临更严峻的挑战，如太阳能光伏工业整体技术水平仅相对于国际八十年代水平，客观上处于劣势。面对这种情况，迫切需要加快技术进步和机制创新，推动新能源和可再生能源产业迅速发展。

三、指导思想和主要目标

（一）指导思想

“十五”时期，我国新能源和可再生能源产业发展的指导思想是：认真贯彻落实党的十五大和十五届五中全会精神，以市场为导向，以企业为主体，以技术进步为支撑，加强宏观引导，培育和规范市场，逐步实现企业规模化、产品标准化、技术国产化、市场规范化，推动新能源和可再生能源产业上一个新台阶。

（二）主要目标

2005年我国新能源和可再生能源（不含小水电和生物质能传统利用）年开发利用量达到1300万吨标准煤，相当于减少近1000万吨碳的温室气体及60多万吨二氧化硫、烟尘的排放，为130万户边远地区农牧民（约500~600万人口）解决无电问题，提供近20万个就业岗位。

2005年全国太阳热水器年生产能力达1100万平方米，拥有量约6400万平方米；形成5~10家具有国际竞争力的骨干企业；全国太阳光伏电池年生产能力达到15兆瓦，形成应用器件配套齐全的太阳光伏产业，累计拥有量达到53兆瓦。2005年并网风力发电装机容量达到120万千瓦，形成约15~20万千瓦的设备制造能力，以满足国内市场需求。2005年地热采暖面积达到2000万平方米；工业有机废水和畜禽养殖场大中型沼气工程及生物质气化工程等高效利用方式形成近20亿立方米的燃气供应能力。

四、发展重点

太阳能光热利用 重点发展热管型平板集热器、内置金属流道的玻璃真空集热管、真空管闷晒热水器以及太阳热水系统的应用软件和硬件；研究和开发太阳能热利用、采暖、空调等与建筑一体化技术；推广太阳光伏发电系统。

风力发电 开发600千瓦级及以上风力发电机组，实现规模化生产；研究开发无齿轮箱、多级低速发电机、变速恒频等新型风力发电机组；提高10千瓦以下离网型风力发电机的生产技术水平，推广风/光互补、风/柴互补和风/光/柴联合供电系统。

生物质能高效利用 重点发展利用厌氧消化技术，处理高浓度工农业有机废水的大中型沼气工程，提高沼气专用设备技术水平。加快开发生物质型煤和高效直接燃烧设备的开发利用。

地热利用 加快地热回灌技术的研究，地热利用设备生产和成套设备技术开发。加快地热源热泵技术的引进和消化吸收，提高设备国产化程度。

五、对策与措施

（一）研究制定鼓励发展的政策

研究制定新能源和可再生能源税收优惠政策和发电上网的鼓励政策，通过有效的政策激励，拉动市场有效需求。在西部大开发战略的实施过程中，充分发挥西部地区新能源和可再生能源资源优势，采取政策倾斜等措施推动西部地区的新能源和可再生能源市场的开发和产业化建设。

（二）推动技术进步，提高技术和装备水平。

围绕新能源和可再生能源发展重点，加快科技开发，推动建立以企业为主体的技术创新体系，鼓励企业与大专院校、科研单位实行产学研联合，开发具有自主知识产权的新能源和可再生能源利用新技术和新产品，加速科研成果的转化及产业化；提高产品的科技含量和产品质量，增加产品品种和规格，降低成本，形成一批用户信得过、国内外有较高信誉的名牌产品；组织重大技术示范，通过宏观调控和市场引导，提高技术装备的国产化水平和设备制造的能力。

（三）组织实施示范工程

组织实施太阳能与建筑一体化示范工程。积极引导太阳热水器生产企业参与示范工程建设，推动太阳热水器作为建筑构件制造技术的开发和推广，扩大应用领域。

继续实施风电设备国产化示范工程。选择资源条件好，经济实力强的风电场，建设

10万千瓦级示范风电场；支持风力发电设备制造企业开发生产具有自主知识产权的风力发电设备及零部件。通过国产化示范工程降低设备造价，使风电场初始投资有较大幅度的下降。

组织实施蔗渣热电联产技术商业化示范工程和生物质发电上网商业化示范工程。

（四）积极培育和规范市场

加快新能源和可再生能源标准体系建设。继续组织制定和修订有关产品和零部件的国家标准，包括产品性能、试验方法和能效标准以及系统的安装、设计等国家标准。

建立新能源和可再生能源质量保证体系。逐步建立国家级产品质量检测中心和质量控制体系。组织开展大型风力发电设备及零部件的检测、认证工作；建立与国际接轨的太阳光伏系统及部件的质量检测体系。

建立产业化技术服务体系，实施项目招投标制度、工程质量监理和评审制度，鼓励发展工程建设、技术咨询、信息服务、人才培训为主的中介服务。

（五）加大宣传、培训和信息传播的力度

要采取多种形式，宣传发展新能源和可再生能源对经济社会可持续发展的重要战略意义以及党和政府对开发利用新能源和可再生能源的方针、政策。对从事新能源和可再生能源利用的技术和管理人员有计划地组织培训。加强信息交流，支持建立一些全国性和区域性的新能源和可再生能源信息网站，通过信息传播，引导产业发展。

（六）广泛开展国际交流与合作

积极利用全球环境基金、世界银行、联合国开发计划署和亚洲开发银行等国际组织和有关国家政府的资金和技术，加快新能源和可再生能源产业化发展。

墙体材料革新“十五”规划

（2001年10月10日国家经贸委，国经贸资源［2001］1021号）

墙体材料革新，是保护耕地，节约能源，改善环境，实施可持续发展战略的重要措施。同时对促进墙体材料结构调整和技术进步，提高建筑工程质量和改善建筑功能，也具有十分重要的意义。为贯彻落实“十五”计划纲要，促进经济和社会的可持续发展，特制定墙体材料革新“十五”规划。

一、墙体材料革新现状及存在的问题

新型墙材产量快速增长，经济和社会效益显著。“九五”是新型墙体材料的快速发展时期。2000年，新型墙体材料产量达2100亿块（标准砖，下同），占墙体材料总量的28%，比1995年提高12个百分点。实心粘土砖由1995年的6300亿块减少到2000年的5400亿块。累计节约土地近40万亩、节能6000万吨标准煤、利用废渣2亿吨，实现新型墙材建筑面积2亿平方米，节能建筑面积7470万平方米。

技术装备水平和产品质量上了一个新台阶。“九五”期间，引进并建成了一批具有当代国际先进水平的新型墙体材料生产线，包括利废空心砖生产线，小型混凝土空心砌块生产线，轻型板材生产线等。在“八五”引进国外先进的煤矸石制砖设备的基础上，通过消化吸收和创新，开发了具有自主知识产权的全煤矸石半硬塑或硬塑挤出生产线，实现了制砖不用土，烧砖不用煤，技术装备水平迈上了新台阶。新型墙体材料在产品质量、档次、功能等方面也有了很大提高。

新型墙体材料生产开始向规模化方向发展。目前，我国新型墙体材料中的纸面石膏板生产线最大生产规模已达到3000万平方米/年；新建混凝土砌块和加气混凝土生产线的规模一般在10万立方米/年以上；新建烧结空心砖生产线的规模一般在3000万块/年以上，最大的单线规模达到8000万块/年。

新型墙体材料在发展过程中还存在一些突出问题，主要表现在：

墙体材料以实心粘土砖为主的状况还未根本改变。目前，我国实心粘土砖的年产量还有5400多亿块，绝大部分是由生产规模小、工艺技术落后、大量浪费能源和污染环境的乡镇企业生产的。每年因此而毁坏和占用的耕地达到95万亩。替代性的新型建材主导产品的发展与建筑市场的需求还有很大差距。

推广应用力度不够。产品生产与应用脱节的问题未能得到很好的解决，对市场和应用技术的研究滞后，一些产品没有列入工程建设标准，不能顺利地进入建筑应用领域，使新型墙材的使用范围，应用数量受到了限制。新型墙材的生产能力没有充分发挥，设备利用率低，直接影响了新型墙体材料企业的经济效益，制约了新型墙材的进一步发展。

企业技术创新能力弱。新型墙体材料开发与技术创新体系尚未形成。企业技术开发投入不足，主要装备仍依赖进口，企业自主开发能力较弱，重复引进较为严重，地区间的分工、协作缺乏有效的组织协调。对市场需求及变化研究不够，攻关的技术目标还不够清晰，技术开发缺乏资金和有了资金攻关方向不清的问题同时存在。

企业竞争能力差，生存较为困难。新型墙体材料在成本和售价方面无法和实心粘土砖竞争，大部分新型墙体材料生产企业生存困难，直接影响了新型墙体材料的发展。

二、“十五”新型墙体材料发展面临的形势

（一）实施可持续发展战略要求新型墙体材料快速发展。

实施可持续发展战略，加强生态建设和环境保护，是我国的一项基本国策。墙体材料革新是保护土地资源，节约能源，资源综合利用，改善环境的重要措施，也是可持续发展战略的重要内容。随着我国人口的增加，经济持续快速发展，资源和环境的压力越来越大，必须从根本上改变传统墙体材料大量占用耕地，消耗能源，污染环境的状况，大力开发和推广应用新型墙体材料，形成与可持续发展相适应的新兴产业。

（二）国民经济的快速发展和住宅产业现代化为新型墙体材料的发展带来了机遇。

“十五”期间，随着国民经济的持续、快速、健康发展和消费市场需求的变化，居民住宅将成为新的消费热点。据预测，我国全社会房屋年竣工面积将达到18~20亿平方米，建筑业增加值年均约7500亿元。其中城乡住宅年需求量将保持在13~15亿平方米左右，住宅产业的投资增长率已远远大于GDP的年均增长率，这为新型墙体材料的发展带来了新的机遇和广阔的市场前景。

（三）结构调整和技术创新为提高新型墙体材料的技术水平和产品档次创造了有利条件。

结构调整是“十五”时期经济工作的主线，用新型墙体材料代替“秦砖汉瓦”是建材工业结构调整的重要内容。积极推广应用新型墙体材料，用先进技术和装备改造传统产业，提升墙体材料行业的整体水平，提高建材产品的质量和档次，是“十五”建材工业发展的方向，这为新型墙体材料的发展创造了十分有利的条件。

（四）城市现代化和加快城镇化建设要求提供更多的新型墙体材料。

目前我国城镇化水平只有32%，与世界中等发达国家49%的比例差距很大。“十五”期间我国城镇化水平将有较大的提高，新型墙体材料工业应当充分利用这一有利时机，扩大新型墙体材料应用的市场空间。我国上海、北京等大城市加快现代化建设的步伐，特别是北京成功申办2008年奥运会都将推动新型墙体材料的发展。

（五）我国加入世界贸易组织将对墙体材料革新工作带来新的挑战。

墙体材料革新工作一直得到国家政策的扶持，我国加入世界贸易组织后，国家和地方的一些保护性政策将被逐步取消，这对新型墙体材料的发展将产生一定的影响。另外，我国虽然大量引进了国外先进的新型墙体材料生产技术与装备，但消化吸收，特别是自主创新的能力还不强，装备水平与国外差距较大，产品的质量、档次、技术含量和附加值都还不高，竞争能力较弱。如何增强企业参与国际竞争的能力，是入世后面临的严峻挑战。

三、“十五”墙体材料革新的指导思想、发展目标和发展重点

（一）指导思想

贯彻落实可持续发展战略和科教兴国战略。以节省耕地、节约能源、资源综合利用、保护环境和改善建筑功能、提高建筑质量为目标，以市场需求为导向，以提高经济效益为中心，以结构调整为主线，以科技创新为动力，以建筑应用为龙头，因地制宜，分类指导，全面推进，促进新型墙体材料工业健康发展。

（二）发展目标

2005年全国新型墙体材料产量达到3000亿块，比2000年增加900亿块，年均增长速度为8%；淘汰实心粘土砖生产企业2万家，减少产量600亿块，实心粘土砖总量控制在4500亿块/年以内，累计节约土地110万亩，节能8000万吨标准煤，利用废渣3亿吨。

2005年，新型墙体材料产量占墙体材料总产量的比重达到40%，其中城镇达到50%以上，大中城市（辖区内）达到60%以上，市区达到80%以上，农村达到25%～30%，中西部地区和东部地区的差距减小2个百分点；采用新型墙体材料的建筑竣工面积占城镇建筑竣工面积的50%，其中大中城市（辖区内）&127;达到60%以上，市区达到80%以上。严寒和寒冷地区城镇新建、扩建的居住建筑及其附属设施全部采用新型墙体材料并达到民用建筑节能标准要求。

2005年，新型墙体材料烧结制品平均单线生产能力达到1500万块标准砖以上，其中煤矸石、粉煤灰、页岩等废渣烧结制品平均单线生产能力达到3000万块以上；小型混凝土空心砌块平均单线生产能力达到5万立方米以上；&127;加气混凝土平均单线生产能力达到10万立方米以上；轻质墙板平均单线生产能力达到15万平方米以上。

（三）发展重点

新型墙体材料要适应建筑功能的改善和建筑节能的要求，满足不同建筑结构和不同档次建筑的需要，积极发展利用当地资源，低能耗、低污染、高性能、高强度、多功能、系列化，能够提高施工效率的新型墙体材料产品。

以框架结构为主的高层建筑，应积极发展满足建筑功能要求，保温隔热性能优良，轻质高强，便于机械化施工的各类内、外墙板；多层砌筑结构和高层框架结构，承重墙体材料应重点发展承重混凝土小型空心砌块和承重利废空心砖；非承重墙体材料应以利废的各类非承重砌块和轻板为主。

有煤矿和火力发电厂的地区，应积极发展高强度、高孔洞率、高废渣掺加量、高保温隔热性能的煤矸石烧结空心砖和粉煤灰烧结空心砖、粉煤灰加气混凝土、粉煤灰蒸压砖以及其他利废制品；页岩和灰砂原料丰富的地区，应积极发展烧结页岩和蒸压灰砂制品，使这些产品成为当地新型墙体材料的主导产品。

烧结砖发展利用粉煤灰、煤矸石等工业废渣，江河（湖、海）淤泥，生活、建筑垃圾及主要原料的非粘土资源的烧结多孔砖。要求达到四高：即高掺量（掺加废渣50%以上），高孔洞率（孔洞率25%以上），高强度，高保温性能，同时还要满足自装饰效果的要求。

混凝土空心砌块 在解决好渗漏、保温问题的同时，要向系列化、装饰化、双排孔、多利用废渣方向发展。

板材 提高质量和档次，做到轻质、高强、保温、隔热、防火，易于施工，并向复合板方向发展，特别要注意解决好施工标准与规范的配套问题。

技术装备 重点推广利用废渣生产烧结空心砖的国产化技术与装备；消化吸收混凝土空心砌块生产技术与装备；规范板材的生产技术与应用规范，提高装备的自动化、成套化、系列化、规模化水平。

四、主要对策和措施

（一）落实和完善现有法规和政策。

贯彻落实《土地法》、《节约能源法》、《环境保护法》等法律法规和国家关于发展新型墙体材料的优惠政策，尤其要落实好墙体材料专项基金和利废产品免税的政策，把现有的政策用足用好。在此基础上，根据墙体材料革新工作的要求，协调财政、税务部门制定和实施鼓励新型墙体材料发展和限制实心粘土砖的税收政策，加大政策支持和执法监督力度，使现有法规和优惠政策充分发挥效能。尚未出台政府令的省、自治区、直辖市，应加快工作进度，积极创造条件，协调有关部门及早出台地方政府令，有条件的省、自治区、直辖市应争取形成地方立法。同时完善相关配套法规和实施细则，真正形成政策法规体系，依法推进新型墙体材料工业的发展。

（二）结合建筑节能和住宅产业现代化，做好新型墙体材料推广应用工作。

贯彻落实《国务院办公厅转发建设部等部门关于推进住宅产业现代化提高住宅质量若干意见的通知》（国办发［1999］72号），加大新型墙体材料推广应用工作力度。各地要结合本地资源、地理环境和建筑结构等具体条件，确定新型墙体材料主导产品，密切与规划、设计、建设、施工部门的相互配合，协调解决好推广应用中存在的问题。根据当地建筑结构体系、建筑功能要求，研究确定与当地资源、经济发展水平相适应的主导产品，采取有力措施，包括必要的行政措施，加大推广应用的力度。

（三）进一步加大淘汰实心粘土砖的力度。

除到2003年6月30日以前禁止使用实心粘土砖的170个城市外，所有省会城市在2005年底以前全面禁止使用实心粘土砖，以此带动各地淘汰实心粘土砖和发展新型墙体材料工作。在大中城市禁止使用实心粘土砖的基础上，要把禁用范围向三个方面延伸：一是由大中城市向小城市和城镇延伸；二是由城镇住宅向农村住宅延伸；三是由民用建筑向工业建筑延伸，实施强制性淘汰措施。

在沿海地区和大中城市，还应积极创造条件，将禁用范围逐步扩大到以粘土为主要原料的墙体材料。

（四）大力推进技术进步，加速淘汰落后工艺。

加大科技投入，增强科技创新能力。研究、开发有利于改善建筑环境、提高施工效率、节能、节土、利废、保护环境的轻质、高强、多功能、复合型新型墙体材料的生产和应用技术；加强应用技术的研究，使新型墙体材料能更好的满足建筑功能改善和建筑节能的要求；实现多功能、轻质、高强、保温、隔热的复合墙体材料，高效保温墙体材料，多孔砖建筑体系和承重混凝土空心砌块体系，隐型框架轻型节能建筑体系，连锁混凝土砌块建筑体系等高技术的产业化。

抓好新技术的应用示范工作。利用现有技术改造和其他资金渠道，集中力量安排一批具有示范推广意义的，采用新型墙体材料，适合不同地理特点，各种建筑结构类型的示范工程。重点抓好利用工业废渣、江河（湖、海）淤泥、生活和建筑垃圾生产新型墙体材料；混凝土空心砌块装备大型化、成套化；复合板材规模化生产等示范项目。重点推广北方寒冷地区建筑节能保温技术；小城镇应用新型墙体材料建设节能住宅等示范工程。

按照国家经贸委《工商投资领域制止重复建设目录》（第一批）（1999年14号令）、国家经贸委《淘汰落后生产能力、工艺和产品的目录》（第一批）、（第二批）（1999年第6号令、16号令）、国土资源部、国家经贸委《限制供地项目目录》、《禁止供地项目目录》（第一批）（国土资发［1999］357号）等有关规定的要求，做好落后工艺技术、产品的淘汰工作，配合土地管理部门做好实心粘土砖生产建设项目供地审查管理，坚决制止落后工艺重复建设。

（五）加强墙体材料专项基金监管。

墙体材料专项基金是推进新型墙体材料发展的重要经济政策。为充分发挥专项基金的作用，国家将研究制定《墙体材料专项基金管理办法》，强化对墙体材料专项基金征收和使用的管理。各地区要采取有效措施，提高基金征缴率，发挥其对传统墙体材料的限制和对新型墙体材料的鼓励作用；研究改进基金的使用方式，增强对社会资金投向的引导能力，提高基金的使用效能；严格执行财政部对政府性基金管理的规定，将该基金纳入部门预算管理范围，实行收支两条线，专款专用。

（六）加强基础工作。

一是做好新型墙体材料住宅建筑综合经济效益评价工作。要组织力量进行深入细致的调查研究，力争形成一套完整的评价体系，并在全国范围内加大宣传力度，使广大住户真正认识和体会到其优越性，自觉选择用新型墙体材料建设的住宅，从而扩大其市场空间。

二是加快制定和推广应用新型墙体材料产品和建筑的标准和规范。根据建筑市场需要，研究制定新产品标准及相应的工程建设标准和规范，将新型墙体材料产品的生产和应用结合起来，使新型墙材产品能顺利地进入建筑应用市场。

三是加强信息交流工作。除了通过报纸、杂志、专业会议等形式交流信息之外，还要尽快建立墙体材料革新网页和全国墙体材料信息网，运用现代信息手段开展技术交流，强化为行业和企业服务的功能。

（七）强化目标管理。

目前地（市）、县尚未成立墙材革新机构或机构不健全的省、自治区、直辖市应加快工作进度，尽快建立和完善组织机构。各地要强化政府及墙体材料革新领导小组对墙体材料革新工作的领导，将其纳入政府目标管理，制定目标责任制，狠抓落实。

中国节能技术政策大纲

（1996年5月13日国家计委、国家经贸委、国家科委）

前　言

能源、人口、环境问题是当今世界面临的重大挑战，也是我国面临的重大课题。从可持续发展的战略高度来审视，必须处理好经济建设、生态平衡和环境保护协调发展的关系。为实现八届人大四次会议通过的《国民经济和社会发展“九五”计划和2010年远景目标纲要》所确定的主要奋斗目标，关键是实现两个具有全局意义的根本性转变，其中之一就是要积极推进经济增长方式的转变，把提高经济效益作为经济工作的中心。实现经济增长方式从粗放型向集约型转变，形成有利于节约资源、降低消耗、增加效益的企业经营机制，应当贯彻“坚持开发与节约并举，把节约放在首位”的方针。

能源是国民经济发展的物质基础，从长期供需预测看，供需矛盾仍很突出，从消耗能源产生“温室效应”导致全球气候变暖的现实，我国更面临环境问题的新挑战。因此，促进能源的合理和有效利用，对我国经济发展和环境保护具有深远的战略意义。

根据我国国民经济和社会发展第九个五年计划，我国国民生产总值将以8%左右的速度稳定增长，而能源作为国民经济发展的基础，其需求量也将随之增长。“九五”期间如果不考虑节能因素，按1995年的产值能耗水平测算，到2000年能源需求量约19亿吨标准煤，届时可供能源总量最多只有15吨标准煤左右，供需缺口达4亿吨，为保证我国经济发展目标的顺利实现，必须高度重视节能工作，促进能源的合理和有效利用，争取“九五”期间累计实现3.4亿吨标准煤的环比节能量，其中措施节能量约1亿吨标准煤。

依靠技术进步来降低能源消耗是措施节能的根本途径，1984年由国家计委、国家经委、国家科委组织制订了节能技术政策大纲。十多年来，我国节能工作围绕提高用热和用电效率为重点，发布实施热电联产、集中供热、提高工业锅炉和窑炉效率、余热回收利用，推广省能设备，节能建筑等技术政策要点，改造各种耗能工艺设备，对冶金、化工、建材、能源等耗能行业加速节能示范项目安排和推广，以及加强科学管理，制订条例法规，建立节能体系，取得了很大成绩。1980年以来，2/3的主要耗能产品单位能耗都有所下降，直接节能量1亿多吨标准煤。如吨钢综合能耗从1980年的2.04吨标准煤降至1994年1.519吨标准煤，下降了25%；小型合成氨综合能耗由每吨3021千克标准煤降到2089千克标准煤，下降了30%。能源经济效益不断提高，单位产值能耗逐年下降。每万元国民生产总值能耗由1980年的7.64吨标准煤降到1995年的3.94吨，下降了48%。

尽管节能工作取得了很大的成绩，但是从总体上看，目前我国能源利用效率低，能源经济效益差，能源利用系统的技术和管理落后的局面没有得到根本转变，如1994年火电单机在30万千瓦及以上机组仅占火电机组的25%，热电仅占11%；大、中型水泥厂（先进工艺）产量仅占6%；氮肥行业大、中型厂合成氨产量只占41%左右；2吨/时～4吨/时的锅炉占工业锅炉总容量的40%以上，显然比国外先进国家规模经济效益差。很多产品的单位能耗与发达国家相比差距很大，如钢铁、发电、建材、化工等行业的主要工业产品单位能耗高出20%～80%，有很大的节能潜力。

因此，在新形势下总结前十几年来我国在推进节能工作的经验和教训，配合即将出台的《中华人民共和国节约能源法》的贯彻实施，补充节能新技术，修订、完善节能技术政策大纲，使其指导我国的节能技术进步，集中改变目前的主要耗能工艺和装备技术面貌，合理引导资金投向，是实现“九五”节能目标的重要保证。

本大纲所考虑的节能技术方向是长远与近期相结合，以近期2000年前推行的节能技术和工艺设备为主，相应考虑中长期的节能技术作为技术储备。大纲以我国目前的产业技术政策为依据，补充细化节能领域的技术内容，阐明我国今后一段时期内节能技术应达到的目标、水平和途径。推广十多年节能工作中证明技术成熟、效益好、见效快的节能技术；限制和淘汰效益低、落后的工艺技术设备；推广适合我国国情的国外先进技术。本大纲的目的是进一步推进节能降耗工作，促进我国经济逐步向资源节约型和集约经营型方向转变，为各部门年度计划和中长期节能规划提供依据，指导各行业、各地区的节能基建、技改和科研工作。

目　录

一、实现能源的优化配置与合理利用
二、加速工业窑炉、锅炉及其他用能设备的更新改造
三、提高供热效率
四、工业窑炉余热余能利用
五、回收工业生产中的放散可燃气体
六、新能源和能源替代技术
七、开发推广节能新材料
八、加强能源计量、控制、监督和能源科学管理
九、建立省能型综合运输体系
9.1　铁路运输
9.2　公路、水路运输
十、重视建筑节能
十一、加强城乡民用能源管理
11.1　城市用能及市政公用节能
11.2　重视农村能源建设和节约用能
十二、主要耗能行业工艺节能
12.1　电力工业
12.2　钢铁工业
12.3　有色金属工业
12.4　建筑材料工业
12.5　化学工业
12.6　煤炭工业
12.7　石油天然气工业
12.7.1　陆上石油天然气工业
12.7.2　海洋石油天然气工业
12.8　石油化学工业
12.9　机电工业
12.10　轻工业
12.11　纺织工业
12.12　农村生产用能

节能技术政策大纲

一、实现能源的优化配置与合理利用

能源资源的优化配置与合理利用包括面很广，涉及调整产业结构、行业结构、企业结构、产品结构和能源消费结构，合理组织生产，提高产品质量，节约原材料，废旧物资回收利用以及能源开发、运输、贮存、加工、转换、燃料替代等，目的是达到能源利用的最佳整体效益促进国民经济向节能型发展。

1.1 调整工业布局，合理组织生产，实现有效利用能源资源。有条件的矿区发展煤电联营、煤化工以及煤炭建材联营等多种经营、综合利用的能源产业。高耗能工业布局应靠近能源产地，水电站附近配置高耗电工业。逐步实现电镀、铸、锻、热处理以及制氧等专业化生产。

1.2 调整高耗能产品生产结构和用能品种结构，实现规模化生产。提高废钢利用率、降低铁钢比、提高材钢比、提高机焦比重；发展节能型墙体材料、降低粘土砖比重；调整化肥氮、磷、钾比重，发展精细化工；增加煤炭洗选比重，合理调整焦煤、动力煤的生产比重；增加轻、重柴油及船用内燃机油比重；提高煤炭转换二次能源的比重和高耗能原材料的替代率。

1.3 在技术经济合理的前提下，就地就近利用热值在12560千焦/千克以下矿物燃料。如褐料、中煤、煤泥和煤矸石的就地利用。热值低于4200千焦/千克的煤矸石用于发展矸石砖和石煤砖，或用作水泥厂的燃料和配料、混凝土骨料和砌块材料，10500千焦/千克以上的煤矸石用作低热值工业锅炉燃料，开发推广燃烧煤矸石的流化床技术。

1.4 煤矿附近低热值燃料应优先就地就近用于工业锅炉。有条件的矿区，可利用矸石建设坑口矸石电站或热电站。靠近煤矿、电厂的砖瓦厂，发展煤矸石砖、粉煤灰砖生产，禁止新建、扩建侵占耕地的实心粘土砖厂。

1.5 搞好油页岩和石煤的综合利用。含油量较高的油页岩用于生产页岩油，含油量较低的用作动力燃料及综合利用。石煤主要就地就近做燃料和生产建筑材料，并开发石煤综合利用技术。

1.6 积极开发褐煤的利用技术途径。积极发展褐煤煤电联营，采用改良温克勒气化技术，建立褐煤气化示范厂，生产甲醇、合成氨等化工产品，开发褐煤提干、快速热解工艺，生产铁合金焦及褐煤直接液化和不加粘结剂成型技术。

1.7 炼焦工业应根据焦炭用途，分别生产冶金焦、铸造焦、气化焦等品种。限制土焦生产。炼焦入炉煤灰分、硫分、水分要求分别稳定在12%、1%、7%以下。

1.8 扩大原煤入洗量，提高洗选煤比重，做好分品种用途供应。保护焦煤资源，严禁将主焦煤做动力煤使用。供应民用、化工和冶金喷吹优质无烟煤，高炉喷吹煤灰分应在14%以下。

1.9 工业用矿山原料实行精料方针。钢铁、有色冶炼和化工非金属原料，均要求原矿精选加工。合理提高矿产品位，稳定精矿成分，降低精矿水分以及降低采矿损失率和贫化率，提高工业辅料质量。

1.10 加强废旧物资的再生利用，扩大废旧物资加工能力。大力回收废钢铁、废有色金属、废塑料、碎玻璃、废纸等。

1.11 综合利用钢铁渣、蔗渣、造纸废液、粉煤灰等工业废料。

1.12 在制定能源投资计划时，根据开发与节约并举的能源方针，对能源开发与能源节约进行技术、经济和环境的比较，论证，择优决定投资项目。对国家公布淘汰的耗能产品，严禁生产和使用。

1.13 民用能源优质化。城市发展煤气、天然气、液化气供炊事。发展热电联产、集中供热（包括生活用热水）、集中供冷。尽量满足居民对电力需求的增长要求。

二、加速工业窑炉、锅炉及其他用能设备的更新改造

90年代初，全国已有40多万台工业锅炉，平均容量2吨/时，平均热效率60%～70%，年耗煤约3亿吨。据12个部门统计，有工业窑炉6.1万台，年耗煤1.5亿吨；约有6000台煤气发生炉，年耗煤约5000多万吨。全国有风机、水泵近4000万台、8500万千瓦，农村排灌机械1000万马力，压缩机100万台，电力变压器8.4亿千伏安，中小电机3.5亿千瓦，工业电炉70万台，电焊机100万台，气体分离设备6000套及内燃机、拖拉机、汽车等基础用能设备，其中有许多是六七十年代的产品，甚至有50年代的产品，能源消耗大、效率低。目前，用能设备消耗电力约占全国发电的60%～80%，耗煤约占全国煤炭产量的50%，消耗汽油占产量的55%～60%，柴油占40%以上。

2.1 更新改造工业窑炉。提高冶金、机械、石油化工等行业的加热炉、均热炉、锻造炉、热处理炉以及烧成、烘烤、干燥炉等设备的热效率。新建工业窑炉应向连续化、大型化、自动化方向发展。开发推广全纤维结构工业炉。

2.2 更新改造换热设备。研究高效、长寿的换热设备，替代低效换热设备。如推广板式换热器、螺旋管式换热器、螺纹板式换热器以及开发喷流换热器、陶瓷换热器、流化床换热器等高温换热器，推广采用热管、热泵等低温换热器，研制中、低温余热发电设备。

2.3 采用高效加热新技术，如远红外、等离子、感应加热等技术。

2.4 加速高效省能型机电产品的开发和生产，更新替代现有高耗低效的工业锅炉、风机、水泵、工业电炉、中小型电机、配电变压器、压缩机、电焊机等机电产品。

2.5 新建工业炉窑，采用新型隔热、保温材料，燃煤炉的热耗必须达到国内一等炉水平，燃气和特殊用油加热炉热耗应达到特等炉水平。

2.6 严格限制耗能高、技术落后的设备和工艺的生产和建设。如小高炉、土烧结、小转炉、小电炉、小轧机、凝汽式小火电、土焦炉、土炼油、土立窑、小玻璃熔炉、小电石、小有色金属冶炼、石墨阳极电解等。

2.7 逐步淘汰或改造现有技术落后的高耗能设备，重点是电力的中、低压火力发电机组；冶金的化铁炼钢、平炉炼钢、低功率电弧炉；有色金属铜、铅、锌烧结和敞开式鼓风炉和电炉熔炼；生产水泥的湿法窑、干法中空回转窑、立波尔窑，玻璃行业50万重量箱以下小玻璃，砖瓦行业的土砖窑、马蹄窑，建筑陶瓷行业的倒焰窑、推板窑和多孔窑；化工行业的两效蒸发工艺装置，石墨电极电解槽及敞烧式电石炉；日用玻璃行业的室式和链板式退火窑等。

2.8 加速工业锅炉改造。凡不符合《评价企业合理用热技术导则》规定的锅炉，均应进行改造。凡已确定集中供热区域内的老旧式低效锅炉，不再进行单台改造。

2.9 推广先进的燃烧装置，发展粉煤旋风燃烧装置。推广锅炉分层燃烧技术。1000℃以上高温热气、烧油炉，采用预热式烧嘴、高速烧嘴、全热风油嘴及辐射杯烧嘴。开发脉冲式燃烧、触煤燃烧及超声波雾化油烧嘴等新型燃烧装置。

2.10 开发推广节能电力电子技术。如风机、泵类的调速控制，电车、电力机车交流变频调速、斩波调速，新型变流设备、逆变电焊机等。淘汰落后的变流机组、旋转励磁机、电阻调速装置。

2.11 改进电解和电镀电源。合理调整和改造铝电解、电镀电源及其整流装置的调压方式和范围。推广变压器、调压器、整流器“三合一”式整流装置。推广脉冲电源电镀，淘汰直流电源电镀。

2.12 推广低压电器节能技术。严格执行交流接触器节电器及其应用技术条件国家标准（GB 8871—88），加强交流接触器节电产品管理。淘汰 RTO 系列熔断器、JR6、JR16 系列热继电器及 XDZ 等系列信号灯。

2.13 严格执行家用冰箱等九类家电产品耗限定值国家标准（GB 12021.1—9—89），禁止能耗高的家用电器的生产。大力发展电力电子技术、模糊逻辑控制技术在家电产品中的应用。逐步淘汰氟立昂制冷机。

2.14 推广节能型电光源。如高效节能灯及灯具等，逐步淘汰白炽灯泡。

三、提高供热效率

到 2000 年实现城市集中供热普及率达到 25%～30%，重点城市达到 45%～50%，管网热损失降至 5%，区域锅炉房运行热效率从 90 年代初的 50%～60%提高到 75%～80%。

3.1 大力发展热电联产、区域锅炉房供热，合理选择集中供热方式，取代分散、小型工业锅炉供热，提高热电比重。单台容量 20 吨/时以上供热锅炉，热负荷年利用 4000 小时以上者应积极进行热电联产改造。在负荷不低于 70%的前提下，保证机组稳定经济运行，优先采用背压式或抽汽背压式机组。积极发展城市热水供应和集中供冷，扩大夏季热负荷和发展夏季热制冷技术。

3.2 改进热力管网的调节方式，推广平衡阀、自力式流量调节阀、变速泵、计算机等调节、控制设备，逐步实现管网调度，运行、调节的自动监控。

3.3 降低供热管网热损失，使管网热损失降至 5%以下，管网总泄漏率控制在千分之二以下。使用新型保温材料，对供热管道、法兰、阀门及附件按国家有关标准采取保温措施。尽量采用成熟的直埋预制保温管，研制耐高温复合材料保温管。加强疏水器、热力阀门等维护管理。

3.4 提高用热设备热效率和供热系统的热效率，改造落后的用热工艺设备。大量用汽的工矿企业（如造纸、制糖、印染、食品等），在动力供应方面，宜采用“以热定电、热电结合”的方式，实现蒸汽热能梯级利用，对热负荷波动大的供热系统，推广使用蓄热器。

3.5 炉窑应配备完善的热工计量仪表，加强温度、压力、流量等计量、测试和记录。每座用能设备应配备温度、压力、流量等计量装置及分段调节与控制装置，配有换热设备的炉窑，仪表等计量设施应与换热设备同时投入使用。

3.6 工业锅炉设备应严格执行《评价企业合理用热技术导则》（GB 3486—83）标准中要达到的空气系数、排渣含碳量、热效率，以及排烟温度等有关标准。

3.7 推广动力配煤与民用型煤，发展工业型煤技术。

四、工业窑炉余热余能利用

1990年我国钢铁、有色、化工、建材、石化、轻纺、机械等主要耗能工业，余热利用率为2.64%，到2000年余热利用率应达到4%～5%。工业窑炉热效率要求应在1990年基础上提高10%～20%。

4.1 改造工业窑炉，提高窑炉的热效率，首先应减少余热排空。同时，提高隔热、绝热、保温性能，防止泄漏，减少散热面积，提高余热资源利用的质和量。

4.2 工业窑炉烟气余热回收利用，原则是首先自身充分利用于预热空气、燃料及物料，自身无法回收才用于炉外热回收设施。

4.3 工艺余能余热回收利用原则是“梯级利用，高质高用”。优先把高品位余能余热用于作功或发电，如用于燃气轮机、驱动鼓风机、压缩机及发电等，低温余热用于空调、采暖或生活用热。

4.4 回收各种窑炉烟气余热，制定窑炉的烟气分类排放温度标准。根据不同行业窑炉余热情况，采用加装预热器换热器，配制余热锅炉或发电设备。提高燃料热利用系数，减少窑炉排烟余热，采用绝热良好的热回收管路，最大限度地回收余热。加热炉炉底采用汽化冷却时，在经济、安全条件下，应提高蒸汽压力，纳入蒸汽动力管网。

4.5 工业窑炉余热余能利用评价应执行《评价企业合理用热技术导则》（GB 3486—83）的标准。

4.6 应充分利用工业废渣和产品固体显热。如炼焦行业有条件的应推广干熄焦，开发压力熄焦，金属冶炼采用泡渣水供暖，开发高温渣显热发电等技术回收余热。

4.7 连续性生产的烧油及煤气的大、中型工业窑炉，其热回收率不低于40%。炉温700℃以下的工业炉（如热处理炉），采用强制循环或高速、高动量燃烧器，加强对流传热。中、低温工业炉应尽量采用烟气炉外循环等方法。

4.8 加强余热回收设备的生产管理。加强余热回收设备产品的规范化、系列化和新产品开发研究。

五、回收工业生产中的放散可燃气体

我国每年排放大量工业煤气、煤矿瓦斯、油田伴生气等可燃气体。据冶金、化工等工业部门调查，可燃气放散量1990年估计在800万吨标准煤左右。到2000年，要求冶金重点企业高炉煤气和焦炉煤气排放损失率分别达到4%和1%以下，吨钢转炉煤气回收量达到70立方米以上。煤矿瓦斯平均抽放回收率达到50%以上，各种化工重点企业可燃气体和炼厂气应达到基本全部回收。

5.1 新建转炉必须具备煤气回收系统，15吨以上转炉未设煤气回收系统的应予补建。生产碳素锰铁、铬铁铁合金电炉功率在9000千伏安以上的矿热炉，应设置回收煤气设施。研究、开发硅铁炉的煤气回收利用技术。

5.2 有条件的煤矿，矿井瓦斯排放改安全性抽放为生产性回收，用于矿区及就近城镇民用燃料或用作化工产品原料。

5.3 回收工业生产中的可燃气体。改造敞开式电石炉，回收尾气。10000千伏安以上电石炉改造为密闭炉，16500千伏安电石炉采用干法净化、炉尘焚烧新技术。回收炭黑、黄磷、硫酸、合成氨生产中产生的可燃性气体及化学反应热。小合成氨生产中施放气回收优先用于原料。年产5000吨以上的炭黑炉应加装余热发电机组。

5.4 回收炼油厂瓦斯和油田伴生气，用于生产化工产品或用作燃料。

5.5 积极回收铅、锌密闭鼓风炉生产的低热值煤气，用于生产或发电；回收多晶硅工艺流程中放散的氢气，循环用于生产。

六、新能源和能源替代技术

"九五"我国将成为石油净进口国，以煤代油符合我国国情，这是为合理利用石油资源和节约能源，使石油更多地作化工原料和增加成品油，保证国民经济发展对石油需求的一项政策。开发利用太阳能、风能、地热能、潮汐能、海洋能、生物质能等新能源和可再生能源，并积极支持科学研究，推进产业化，替代补充常规能源。

6.1 改善和优化能源结构，抓紧烧煤的技术改造，逐步实现煤的清洁燃烧。除工艺、环保及某些特殊需要的必须烧油项目外，不得新上烧油项目。

6.2 有条件的地区和企业，应积极开发利用水煤浆。推广水煤浆用于原设计烧油的工业锅炉、工业窑炉、中小型电站锅炉。发展矿区浮选粉煤和中、高灰分煤泥制浆工艺，供应矿区电站。

6.3 研究煤炭液化新工艺，近期开发煤制燃料甲醇技术，并建立商业性示范工程。

6.4 推广煤制气技术，发展干镏二段炉煤气，加快开发直接利用粉煤的气化技术，使在本世纪末用于生产。研究开发地下煤气化技术。

6.5 研究开发电动汽车和氢能汽车。

6.6 积极开发利用风能。风力发电机组实行大、中、小型并举。在风力资源丰富、临近电网的地区建设联网运行的风力发电场；在海岛建设风力发电和柴油发电或太阳能光伏发电联合运行的供电系统；研制高效风力提水机具和大型风助航船。逐步形成风力机产业。

6.7 大力开展太阳能利用。太阳能热利用主要是扩大高效太阳能热水器、太阳能农用温室、被动式太阳房、太阳能干燥器等的商业应用范围，研究开发太阳能高、中温热利用技术；推广使用高效、低成本的中、小型光伏发电系统和太阳能风能互补发电系统。

6.8 大力开发生物质能转化技术。农村及城镇利用工农业有机废水弃物制取沼气等将其转化为清洁方便的优质能源，发展气化（热解气化、厌氧发酵气化）、液化、炭化、致密成型等技术，并开展综合利用，提高资源利用价值。

6.9 加强地热资源的勘探，扩大地热资源的利用范围，如发电、采暖、种植、养殖、医疗和旅游等，按地热水温度梯级应用，做到一水多用。开发高效地热发电技术。

6.10 开发利用潮汐能的高效水轮机和潮汐电站设计与建筑技术。近期发展竖轴式小型潮汐电站。建设潮汐电站应与垦荒、水产养殖、航运等统筹规划。

6.11 研究、开发低温核供热技术。

七、开发推广节能新材料

7.1 大力发展推广应用隔热、保温、密封材料，减少用热设备热损失，1250℃以下工业窑炉推广应用高铝纤维、硅酸铝纤维耐火材料，1250～1400℃的工业窑炉逐步推广新型高温氧化铝耐火纤维材料。

7.2 开发与推广新型锅炉水处理材料和除垢、防垢材料。

7.3 发展高温优质耐火材料如冶金和建材行业用高纯镁砂、镁铬质、镁铝质及不定型浇注耐火材料。

7.4 发展建筑物新型保温材料，研制低热辐射系数玻璃覆盖膜。

7.5 加强热力管线的保温，推广岩棉等新型高性能保温材料。

7.6 推广微孔泡沫聚氨酯隔热材料、电陶瓷电热膜等。

7.7 推广红外、远红外加热技术，发展红外、远红外发光材料。

7.8 加强太阳能产业所需特种材料的开发推广应用，如对光热利用透明材料、反射材料、吸收材料和贮热材料等研究和生产；对光电利用的太阳能电池板的研究与开发，应尽快降低成本，提高光电转换效率。

7.9 开发节能原材料的途径，积极研制和推广应用高效的绝缘、减磨、耐磨、润滑、防腐、耐腐材料。

7.10 积极研究、开发超导材料，超导材料应用尽快实现商品化，近期重点用于机电产品。

7.11 发展贮能新材料。

7.12 推进燃料电池、钠硫电池、锂电池等高效电池的开发，并尽快实现工业应用。

7.13 积极发展有利于节能的各种功能材料，如：用于变压器的非晶态合金磁性材料，高温烟气余热回收的耐热合金、高温合金、碳化硅、氮化硅等非金属陶瓷。近期大力推广应用钕铁硼磁性材料。研究开发精细陶瓷材料绝热发动机。

7.14 改进和发展工艺节能的各种催化剂材料和各种添加剂。

7.15 开发膜技术在气体分离、电解、烧碱等诸领域中的应用。

八、加强能源计量、控制、监督和能源科学管理

能源利用的计量、控制、监督和科学管理逐步使用现代化方法，是节能技术进步的基础工作，也是实现工艺、设备最佳运行的必要手段。节能科学管理能够经济和合理有效地利用能源，是现代化生产、推进节能水平提高的标志。

8.1 加强对基建和技改项目的节能审查，严格执行计资源［1992］1959号文《关于基本建设和技术改造工程项目可行性研究报告增列节能篇（章）的暂行规定》。

8.2 用能设备系统都应配置热能、电能等能源计量和控制仪表。主要耗能工业和装备系统上，应逐步完善计算机和自动监控系统。

8.3 建立健全企业能源消耗原始记录、统计台账及能源消耗定额管理，应当定期进行能源统计分析和能量平衡测试，企业能源管理逐步实现计算机科学管理。

8.4 开展节能项目可行性研究及技术经济评价。制订项目可行性研究的统一标准。推广采用寿命周期成本（包括初投资、寿命期内能耗费等）评价节能型设备的制度。

8.5 逐步健全节能效益还贷制度，保证节能技术改造有稳定资金。

8.6 制订余热资源和余热利用标准、工业窑炉余热利用设计规范、各行业窑炉耗能标准、《家用电器产品耗能标准》及《汽车耗能标准》等技术标准。逐步建立各行业能源利用、产品能耗管理制度。

8.7 加强部门和地区之间节能技术咨询、信息服务，培育和规范节能技术市场。建立能源效率服务中心，开展多种渠道的技术交流、能源管理人员培训、重点耗能设备和工序操作人员上岗培训、节能产品合作开发、研究和生产。

8.8 建立农村节能技术服务体系。宣传、交流先进节能管理技术。

8.9 开展全民节能教育，普及节能技术，开展节能效益实例宣传。

8.10 逐步推广综合资源规划方法和需求方管理技术。有效地发掘、合理地利用供需双方的资源，达到资源合理配置的目的。鼓励优先推广综合电力资源规划方法。

九、建立省能型综合运输体系

建设好我国铁路、水路（包括海洋和内河）、公路、航空及管道运输的合理运输体系，是一项节约能源的综合性措施，必须统筹兼顾、协调发展，综合发挥各种运输方式的优势，提高综合运输效益和能源利用效益。逐步建立路网计算机优化管理，减少空载、逆向和迂回运输，实现运输现代化科学管理。

9.1 铁路运输

9.1.1 大力推进牵引动力改革，降低牵引动力能耗。大力发展电力牵引，合理发展内燃牵引，加快淘汰蒸汽机车。到本世纪末，我国铁路将基本上实现牵引动力的电气化和内燃化。电力、内燃承担牵引的工作量比重要达到95%以上。

（1）大力发展电力牵引。今年，在主要繁忙干线、运煤专线、长大坡道和长隧道等线路上优先采用电力牵引。

（2）蒸汽机车处于淘汰过程之中，应对现有蒸汽机车用好、修好和进行有明显节能效果的局部改造。

9.1.2 采取各种技术手段，提高机车运行效率

（1）电力牵引应采用先进的供电方式，提高电力机车的功率利用率和牵引变压器的容量利用率，降低变压器和接触网的损耗。

（2）内燃牵引要减少空转油耗的辅机消耗，注意增压器和柴油机的匹配。寒冷地区的内燃段应建立保温库或地面预热装置，以降低冬季内燃机车升温油耗。

（3）蒸汽机车通过提高蒸汽过热温度、改装矩形通风装置（扁烟筒）、岩棉保温、热管余热利用等技术改造措施，提高热效率。改进蒸汽机车锅炉水处理，推广使用新型软水药剂和高效消沫剂。积极推广机车锅炉自动排污装置等节能措施。

（4）加强对内燃机车用柴油、润滑油，蒸汽机车用煤的质量检验，确保机车用燃料符合使用标准。

（5）铁路线路要向重轨和无缝线路发展，要积极创造条件，发展超长无缝线路，减少机车运行能耗。

（6）抓好铁路站场的照明节电改造，完善、提高铁路地面信号的显示能力。

9.1.3 提高、改进国产机车、车辆质量，增加车辆载重，减少自重

（1）提高、改进国产内燃、电力机车质量，增加机车品种，针对不同用途使机型标准化、系列化。要加快研制和开发交直交机车传动技术，并达到批量生产。要加速淘汰车型老、能耗高的机型。

（2）货车继续报废50吨以下杂型车，发展60吨以上大型货车，减轻车辆自重。客货车辆应普遍采用滚动轴承，旧有货车加速改造，安装滚动轴承。要重视机车辆或动车组的流线化，减少空气阻力。

（3）要重视机车部件的制造质量，加强检修保养，保证机车总体及主要部件效率的发挥。

9.1.4 加强运输组织管理，提高机车操纵水平

（1）不断改善运输组织工作，合理调配机车，充分利用运输能力，减少欠轴，尽量避免和减少单机开行和信号机外停车。逐步实行长交路，节约使用机车。

（2）逐步提高货物列车重量，扩大旅客列车编组。大力发展直达运输、集装箱运输。

（3）大力推行操纵机车的先进经验，不断提高机车操纵水平。

9.2 公路、水路运输

到2000年，全国交通行业的燃油单耗水平达到世界80年代的先进水平，其中远洋和沿海运输接近或达到同期国际先进水平。公路运输百吨公里燃油单耗由1990年的5.09千克降为2000年的4.58千克，海洋运输千吨公里燃油单耗由4.67千克降到4.24千克，内河运输千吨公里燃油单耗由9.04千克降为8.14千克。

9.2.1 公路运输

（1）组织有关部门制订汽车油耗法规，推进国产汽车技术性能和经济性的提高。国产轻型载重汽车百吨公里油耗在2000年前应下降到9.7千克以上，国产大中型载重汽车应分期改为生产柴油车，在“九五”期间柴油车的产量应达到70%以上。

重型车应增加以EQ153、奔驰和斯泰尔为主导的产品，加速淘汰黄河、上海等国产旧车型，加强大吨位新车型的开发和生产。

（2）调整车辆构成，增加柴油车、大吨位车的运输比重。到2000年：

①大、中、小吨位车辆数量构成比例提高到3:3:4。按吨位计，大型车应占营运货车的50%左右。

②柴油车按车辆保有量计，比重应提高到40%～55%。

③大力发展集装箱半挂、分体（全甩挂）运输，甩挂车、半挂车占货车保有量的比重应提高到20%左右。

（3）改善公路路况，增加高等级和等级公路比重。

①到2000年高等级公路（含高速公路）增加到1.85万公里，预计使公路行业综合单耗指标下降3%左右。

②按交通量大小进行公路技术改造，逐步提高公路技术等级，增加沥青路面和水泥路面比重，减少等外路面比例。

（4）加强对运输车辆的组织现代化管理，制定运行油耗规定和载货限额，提高车辆的实载率和能源利用率。

①加强公路客、货运站建设，形成合理布局，大、中、小配套的公路客、货运站体系及客、货运信息中心，逐步实现营运管理计算机化，并支持和鼓励发展招标合同运输。

②发展共用运力，建立高效、有序和协调发展的运输市场。

③制定运输车辆油耗法规和装载限额，对空驶车辆和装载低于限额的车辆加以限制，严禁车辆超载。

④继续推广汽车综合节能技术（包括：子午线轮胎、电扇离合器、经济化油器等），大力组织汽车节能新技术和代用燃料的研究。

9.2.2 水路运输

(1) 加速淘汰老旧船，提高船队的整体技术水平。

①积极开发和采用节能新船型，大力推广钢制船，淘汰水泥船和木质船，最大限度地降低老旧船和落后机型比重和数量。

②加强对新建船舶能耗水平和指标的审批、监督和检查。

(2) 改善船队吨位结构和发展先进的运输方式，提高综合运输效益和能源利用效益。

①大力发展大吨位船舶，优化海洋和内河运输船队的吨位结构，提高船舶的平均吨位，在沿海和长江等主要航线建立以大吨位节能型船舶或分节驳顶推船队为主力的水上高效运输通道。

②发展海峡、海湾和陆岛客货混装运输及商品车辆集装单元化运输。

③沿海加速发展浅吃水肥大型的3.5万吨级的散货船，积极开发和采用5万吨和10万吨级散货船。

(3) 继续推广减速航行技术，主机与增压器优化调整技术，最佳纵倾节能技术，船体防污、除污和船舶营运优化节能技术。

十、重视建筑节能

到2000年，建筑耗能（包括采暖、空调、降温、家用电器、照明、炊事、热水供应等所使用的能源）将增到1.79亿吨标准煤，占全国能源消费量的13.6%。今后，建筑节能应首先保证和改善建筑质量和室内热环境，实现采暖区冬季室温达到18℃的要求，争取城镇建筑夏季室温低于30℃，与此同时，寒冷地区新建采暖居住建筑要全面执行建筑节能设计标准，与80年代初通用住宅设计相比，节能率不低于30%。到2000年要求执行新建采暖公共建筑新节能标准，节能率达到50%。对集中供热的民用建筑，安装热表及有关调节设备，按表计量收费，1998年开始推广，2000年在重点城市成片推广，对现有采暖和空调建筑，有计划地分批进行节能改造。乡村建筑推广节能示范工程。

10.1 重视建筑节能设计，强制执行有关建筑节能技术标准，在保证室内热环境及卫生标准的前提下，做好建筑采暖、空调系统以及采光照明系统节能设计，考虑厨房、沐浴间的通风条件，预留排烟道口，提高建筑物的保温、隔热性能，充分利用自然采光和自然通风的能力，确保单位建筑面积能耗达标。

10.2 积极推广使用新型建筑材料。大幅度减少使用实心粘土砖，积极采用能耗低的空心粘土砖、空心砌块、粉煤灰制品、加气混凝土。积极开发、利用发泡聚本乙烯、岩棉、玻璃棉、膨胀珍珠岩及各种高效保温材料。

10.3 改革传统外墙和屋面，因地制宜地推广保温性能好的围护结构，发展节能型墙体和屋面，重点推广外保温墙体，采用合理的窗墙比及建筑体型。大力推广节能型门窗、门窗密封条及热反射保温隔热窗帘等。提高建筑物保温、隔热和气密性能。

10.4 加强建筑节能标准化工作。加速制订各项建筑节能标准，逐步配套成为系列，其中包括室内热环境标准、能耗定额标准等基本标准，民用建筑采暖能耗检测、空调能耗等通用检测方法标准，空调制冷机房运行等管理标准以及新建采暖居住建筑节能设计标准，已建采暖居住建筑节能改造设计和各类公共建筑节能设计等标准。

10.5 优先采用节能型采暖、空调设备及采光照明系统。加强管道保温，改善供热（冷）系统的水力平衡，提高其运行效率和自动化程度，充分利用自然光，积极发展高效、长寿节能光源和灯具。

10.6 在建筑住宅的供热管网设计中，以按户收费为原则进行合理设计。对新建建筑逐步采用双管系统，要求在采暖系统中安装温控阀和热量计。综合利用供热（供冷）和民用热水管路。

10.7 加强建筑节能科学技术攻关，开展多学科综合研究，建立符合我国国情的建筑节能技术体系。

10.8 近期着重研究保温节能门窗、门窗密封技术、外保温墙体成套技术、内保温墙体的墙面防开裂以及热桥和结露处理技术、屋面高效保温防水隔热技术、用户可自行调节的按实耗热量计量的仪表及采暖系统、供热制冷系统运行调节及水力动态平衡技术、被动式太阳房和沼气应用等技术，组织节能建筑和节能住宅小区示范试点。

10.9 积极开展对现有建筑的节能改造，加强用能的组织管理，改进运行维护，以降低能耗。

十一、加强城乡民用能源管理

11.1 城市用能及市政公用节能

到2000年，城市燃汽（煤气、天然气）发展400亿立方米，平均年增长5.56%，液化气平均年增长5%~10%，替代煤量约3000万吨。城市民用气化率达到70%，年节煤1000万吨。城市集中供热发展为：蒸汽供热能力4.6万吨/时，热水供热能力1160兆千焦/时，城市供热面积达到7.1亿平方米；市政公用设施用能增长率由6.6%下降到4.9%，平均节能率达到18%。

11.1.1 发展城市燃气，必须贯彻多种气源、多种途径、因地制宜、合理用能的方针。开辟多种气源，调整天然气使用结构，每年应有一定比例增加作为城市民用气源。积极开拓国内外液化石油气来源，就近供城市民用，采用低热值煤气顶替焦炉自用气及工业锅炉、窑炉用气以供城市民用，有条件的工厂对焦炉进行改造，增加城市煤气供应量。充分利用矿井瓦斯。加强城市燃气输配管网的合理布局，提高输气能力，提高燃气具效率，推广电子计算机在燃气生产和输配的调度管理。

11.1.2 因地制宜推广型煤和先进炉，杜绝烧散煤。推广烟煤无烟燃烧技术，发展多品种、多规格的型煤生产。

11.1.3 城市供水排水要统筹规划，配套建设，开源与节流并重。供水泵应按国经贸[1994]763号文要求进行节能技术改造。城市与工业供水、排水系统要因地制宜，合理布局，有条件的地方可实行分区、分质、分压供水，引水、输水工程尽可能选用重力自流或局部压力送水方案。

城市排水要加强规划，积极维护生态平衡，做好雨污分流，压缩排放污水量和提高污水处理设备的运行率。选用低能耗污水处理工艺，污水处理要人工与天然净化相结合，集中处理为主工业分散为辅，除必须预处理的工业废水外，提倡集中处理。充分利用河湖水系调节暴雨迳流。

推广循环用水、污染水处理综合利用，提高工业用水重复利用率，降低用水单耗。推广稳定、可靠、高效、低耗的水泵机组和鼓风曝气系统，推广电子技术在供水、排水系统中的调控和节能管理方面的应用。

11.1.4 提高公交车辆的运输效率和运行速度，加快公共交通工具和设备的更新、改造。逐步实现城市公交车辆柴油化，大力发展以天然气为燃料的公交车辆，与国际通用制式接轨。建立城市干道交通立体结构，实行机动与非机动车分流，部分特大城市建设快速、大容量轨道交通客运体系。

11.1.5 逐步实现城市垃圾分类收集和分类处理，积极推行废品回收和综合利用。加强环卫车辆技术改造。有条件的城市应试行垃圾焚烧发电，建设垃圾、粪便生产沼气工程。

11.1.6 使用中央空调的建筑物推广蓄冷空调，城市道路照明应选择高效光源和节能控制技术，道路建设中应推广乳化沥青筑路和旧沥青路面材料的再生利用。

11.2 重视农村能源建设和节约用能

农村生活用能是农村能源消费大户，农村生活用能中的90%是用于炊事和取暖，提高农村生活所用燃料的质量和使用效率是解决农村能源短缺的一个重要途径。到2000年，全国农村将全部普及省柴节煤炉灶，同时，有40%的烧煤户使用型煤，农村沼气用户将达到700万户，并大力推广太阳灶、太阳能热水器和太阳房，以及发展小水电、微水电和地热等，使农村生活用能源的平均利用效率达到25%。

11.2.1 积极组织定型炉灶的生产，以保证省柴节煤炉灶的推广质量，“九五”期间，要求在用柴地区推广商品化定型炉灶的比例为30%～50%，用煤地区达到90%，贫困地区达到10%～20%。

11.2.2 大力发展沼气事业，家用小型沼气池采用水压式、浮罩式或塑料式沼气发酵装置；充分利用酒厂、糖厂和禽畜场等企业的有机废料，发展集中供气的大、中型沼气工程；大力推广以沼气为纽带的北方农村能源生态模式和南方庭院经济技术，利用沼气及其发酵残余物供水果保鲜、储粮、灭虫、浸种、施肥、养鱼等，提高生物质能多层次利用效益，实现沼气工程的节能、环保、社会和经济的综合效益；完成沼气池设计的标准化、生产系列化、服务专业化的工作。

11.2.3 积极营造速生丰产薪炭林，利用荒山河滩，因地制宜选择树种，改进营造技术，实行乔、灌、草相结合，造林与封山育林相结合，努力提高单位面积薪柴产量。

11.2.4 加强对太阳能、风能、地热能等新能源和可再生能源的开发利用和试点示范；推广太阳能烘干和温室技术，提高太阳能热水器的制造工艺水平，有条件的地区推广平板式铜铝复合和真空管太阳能热水器，在不发达地区推广闷晒式太阳能热水器；在北方各省推广太阳房；在沿海和西北、内蒙古等省区推广光伏发电、风力发电。

11.2.5 加强小水电及微水电建设，提高设备利用率和供电可靠性，合理布置和改造农村电网，减少输电线损和配电损失。

11.2.6 加强以农村各种残余生物质为燃料的气化、液化和致密成型的研究，组织新型液体燃料及其炉具的科技攻关，积极开发利用太阳能、秸秆、稻壳等燃料的热气机发电技术，逐步使农村生活燃料向高品位、方便、卫生的方向发展。

十二、主要耗能行业工艺节能

12.1 电力工业

到2000年，要求火电厂（单台装容量6000千瓦及以上）平均每千瓦时供电煤耗由1990年的427克标准煤降到377克，一次电网线损率由1994年的8.73%降到7.8%。

12.1.1 发展高参数、大容量发电机组，采用高效辅机及自动监控系统；新建凝汽式机组每千瓦时供电煤耗不超过330克标准煤，供热机组不超过270克~280克标准煤。严禁在大电网内建设中、小型凝汽式机组。到2000年要求30万千瓦及以上机组比重由14.9%提高到50%以上，大力改造中低压机组，有稳定热负荷的可改为热电联产，其余的用高参数、大容量、低煤耗的新机组替代，退役的机组禁止转移使用。中小容量机组改造要充分利用现有公用系统和福利设施，就近改造，建设替代机组尽可能采用30万千瓦及以上的机组。现有10万千瓦、20万千瓦机组，要进行提高低压缸通流部分效率的改造及各类机组低效辅机的技术改造。

12.1.2 积极发展热电联产。有条件改造为热电联产的机组，应按“以热定电”的原则改造。禁止以热电名义新建中小型凝汽式电厂。

12.1.3 加强节能管理，开展各项指标分析和竞赛，积极开展电网的经济调整度，统筹兼顾，提高大机组发电比重。

12.1.4 降低厂用电率。新建大电厂必须选用高效辅机和配套设备，厂用电率不得超过6%，现有电厂的低效辅机和配套设施，要逐步改造、更新。

12.1.5 降低线损和配电损失。加强电网建设和电网、城网改造，增加无功补偿量。新建电网，必须使发、输、变、配各环节合理配套，积极推广采用50万伏及以上的输变电设备和节能配电设备。现有电网要有计划地改造，挖掘无功潜力，加强电网无功管理，提高功率因数。推广以线损率分级管理、分压分线（区、站）统计分析、理论计算、小指标考核等线损管理制度。开展电网经济调度，最大限度地使用无功补偿容量，减少无功损失。

12.1.6 加强科研、开发流化床燃烧发电、燃煤联合循环发电新技术及发展气、热、电三联产新工艺。

12.2 钢铁工业

到2000年，要求吨钢综合能耗由1990年的1.61吨标准煤下降到1.45吨，技术节能量占总节能量的50%。

12.2.1 全面实行精料方针，提高精矿品位，改进炉料结构，稳定炉料成分，提高辅料质量，强化高炉入炉料混匀设施。铁矿品位波动范围不超过0.5%，碱度波动不超过0.05；改善燃料质量，推广应用铁水预处理技术，降低炼钢铁水的硫、硅含量，加强废钢分类加工，发展活性石灰生产。

12.2.2 大力采用省能型工艺和装备

(1) 提倡磁性滑轮干选、混式重选等预选方法，减少入磨矿量；推广矿石闭路破碎，控制矿石入磨粒度小于12毫米，引进超细破碎技术，入磨粒度缩小到6毫米以下；推广尾矿高浓度输送及监测技术，将输送浓度提高到35%以上。

(2) 继续推广低碳厚料层操作和混合料预热技术，大中型烧结机料层厚度提高到500毫米，小型烧结机提高到350毫米以上；推广热风点火技术、热风烧结技术和新型烧结点火装置，开发新型烧结机密封装置，烧结机漏风率降低到40%以下。

(3) 推广高炉喷煤技术，推广烟煤喷吹和混喷技术。扩大喷吹煤源，以及煤粉浓相输送和先进计量、控制技术。大型高炉喷煤量应达到100千克/吨，中型高炉应达到70千克/吨以上，小型高炉喷吹量应达到50千克/吨以上。

(4) 大中型高炉应逐步采用软水闭路循环冷却，小高炉有选择地采用汽化冷却技术。

(5) 因时、因地、因厂制宜，推广转炉顶底复合吹炼技术，电炉负能炼钢及长寿技术，铁水预处理技术、炉外精炼技术。

(6) 新建炼钢电炉必须是大功率、超大功率直流电弧炉，推广直流电弧炉技术，对现有电炉应实施相应的技术改造；炼钢电炉应配备吹氧、氧燃助熔、钢水精炼等设备。

(7) 示范引进竖式电炉和最佳节能炼钢（EOF）炉。

(8) 大力发展全连铸。全行业连铸比提高到70%以上，新建、扩建炼钢车间必须同步建设连铸工程，适当采用薄板坯连铸连轧和近终型连铸技术，逐步增加全连铸车间的比例。

(9) 提高钢锭的热送温度和热送率，鼓励应用钢锭液芯加热，推广钢坯热装热送技术；大力开展直接轧制、控制轧制、连铸连轧技术的研究与应用；改造现有能耗较高的均热炉。

12.2.3 不准新建并加速淘汰现有的化铁炼钢工艺、平炉炼钢工艺及设备。

12.2.4 积极推广高炉炉顶煤气余压发电技术（TRT），炉顶压力大于0.1兆帕的大型高炉均应配装TRT系统。逐步从湿式过渡到干式TRT系统，逐步提高国产TRT设备的技术水平。继续推广高炉热风炉烟气预热（助燃风、煤气）技术；采用干式高炉煤气除尘技术。

12.2.5 加强生产连续性，逐步减少重复开坯和多火成材工艺，提高成材率，发展高效钢材。

12.2.6 研究开发、引进消化和推广炭素制品、铁合金、耐火制品等工艺的节能技术，如内串石墨化炉、大型石墨化炉（>20000kW）、二次低温焙烧窑、矿热炉煤气回收利用等。

12.2.7 研究开发熔融还原、直接还原、高炉煤气燃气轮机发电等节能新技术。

12.2.8 大、中型企业应建立能源管理中心，逐步实现能源管理现代化。联合企业要做好流体燃料平衡，特别是气体燃料平衡。

12.3 有色金属工业

到2000年，十种有色金属单位产品能耗，由1990年平均7.58吨标准煤下降到6.71吨标准煤，其中铜降到5.65吨标准煤，铝降到10.90吨标准煤，铅降到1.79吨标准煤，锌降到3.57吨标准煤。

12.3.1 新建矿山，在采矿技术和经济条件允许的情况下，优先采用露天开采。大中型露天矿，边坡稳定，岩石坚硬，尽量采用陡邦开采；深凹露天矿，宜采用汽车胶带联合运输方案；露天采矿设备应逐步大型化、配套化。

12.3.2 坑内采矿，根据不同矿体，因地制宜地选用节能采矿工艺。积极研制和采用先进节能的电动和液压内燃无轨采矿设备，逐步代替风动设备。

12.3.3 千方百计降低采矿损失率和矿石贫化率，尽量利用本矿采出的废石充填采空区，减少废石外运。

12.3.4 矿井通风、排水、压风，应根据自然条件，优化设计方案。充分利用自然风流，自流排水，合理布局通风、排水系统管网和站房，选用高效节能风机、水泵和空压机，减少能源消耗。

矿井提升，箕斗提升宜采取双箕斗式；提升深度大的大、中型矿山、优先采用多绳箕斗提升，并采用先进的电控装置。

12.3.5 根据不同矿石的性质，采用先进的节能选矿工艺；对贫化率较高的矿石，应先采用光电选或重介质选矿，预选抛废。发展超细碎及多碎少磨工艺，对复杂的多金属矿及难选的氧化矿，因地制宜地采用各种先进的选矿复合流程或选冶联合流程。

12.3.6 采用先进节能的选矿技术和设备。破碎设备发展强力破碎及超细碎机；磨浮设备要大型化，提高选矿效率；精矿脱水，消化引进高效、自动立式压滤机，推广自动压滤圆筒干燥二段脱水工艺，淘汰精矿浓缩过滤干燥三次脱水工艺；尾矿采用高浓度输送，改造、淘汰低浓度多段排放尾矿；节约选矿用水，尽量循环用水；有条件的选厂积极发展磨浮自动控制和仪表监测技术。

12.3.7 冶炼实行精料方针。矿山要尽量供给冶炼厂高品位精矿，冶炼厂要进行配矿，稳定精矿成分，降低精矿水分。

12.3.8 铜冶炼，要采用富氧熔池熔炼，替代现用密闭鼓风炉和反射炉等落后的熔炼工艺，提高熔炼强度。

12.3.9 氧化铝生产发展间接加热、强化熔出工艺，拜耳法发展管道熔出技术；烧结法熟料生成发展窑外烘干预热；脱硅发展间接加热连续脱硅；氢氧化铝焙烧发展流态化闪速焙烧和循环流化床焙烧技术；蒸发发展高效能的降膜蒸发、闪烁蒸发、多效蒸发等工艺技术。

12.3.10 电解铝生产要采用大容量电解槽，发展 160 千安及以上预焙槽及自适应控制技术；逐步淘汰 6 万安以下高耗能电解槽；侧插槽积极发展锂盐阳极糊、惰性阴极涂层、半石墨化阴极炭块、新型槽内衬材料、微机控制电解铝生产等综合节能技术。新建电解铝厂都要采用直降变压整流机组，逐步改造递降式变压整流机组，发展 110 千伏 ~ 220 千伏直降变压整流供电系统。

12.3.11 冶炼尽量多用废杂有色金属，有色冶炼加工联合建厂，逐步推广连铸连轧，减少铸锭二次重熔及轧制前加热，提高成材率。

12.3.12 锌冶炼。竖罐炼锌工艺，发展自热焦结和大塔盘精馏炉；铅锌混合精矿，优先选用低能耗的密闭鼓风炉熔炼、富氧烧结，回收低热值煤气；湿法炼锌发展富氧强化焙烧及加压酸浸技术；淘汰横罐炼锌工艺。

12.3.13 锡冶炼。发展大型反射炉连续熔炼，有条件地采用电炉连续式熔炼。

12.3.14 镁生产。改造现有氯化生产工艺，发展大型无隔板镁电解槽，并向自动化发展。

12.3.15 钛生产。钛渣冶炼宜采用密闭电炉，连续加料；四氯化钛生产宜采用大型沸腾氯化炉；发展还原—蒸馏联合法制取海绵钛新工艺。

12.3.16 大力提高金、银、硫及其有价伴生资源的综合回收率。研究开发高温熔融产品及废渣余热回收技术，大力回收各种余热。

12.4 建筑材料工业

到2000年要求大、中型水泥每千克熟料热耗由1994年的175千克标准煤降到139.8千克标准煤，地方水泥厂每千克熟料煤耗由160千克标准煤降到130千克标准煤；平板玻璃每重量箱综合能耗由27.30千克标准煤，降到26千克标准煤；卫生陶瓷综合能耗降为720千克标准煤；釉面砖每千克瓷综合能耗降为0.28千克标准煤。

12.4.1 水泥

(1) 发展日产水泥熟料1000吨、2000吨和4000吨的窑外分解新型干法生产工艺。原有大、中型水泥厂进行扩建、改建必须采用新型干法工艺，不再扩建和新建湿法窑。现有中型湿法厂，根据条件改造扩建成干法窑生产线，以及将各种成熟的节能技术措施集中于一条窑上进行综合节能技术改造。小型水泥厂应逐步淘汰土立窑和干法中空回转窑。机械化立窑进一步采用14项节能技术进行节能综合改造。推广采用新型立筒预热器、五级旋风预热器和余热发电窑，对干法中空窑进行改造。

(2) 水泥厂粉磨系统应采用先进立磨、辊压磨、高细磨等高效节能粉磨机，对现有球磨机实行综合节能改造。

(3) 要停止制造湿法窑、干法中空窑、立波尔窑、土立窑和1.83米以下的小型磨机等装备。

(4) 发展散装水泥运输，建设散装运输码头和散装运输系统。

(5) 发展和推广优质耐火材料、耐磨材料和隔热材料，提高设备热效率，减少窑胴体的散热损失。

(6) 因地制宜大量使用煤矸石、粉煤灰和火山灰材料，生产多种墙体材料和生产粉煤灰水泥及火山灰水泥等节能材料。

12.4.2 平板玻璃

(1) 发展日熔化400吨~700吨的大型浮法玻璃窑，生产优质浮法玻璃。除特种玻璃生产外，不得再建年产150万重量箱以下的玻璃生产线，逐步淘汰年产50万重量箱以下的小玻璃厂。

(2) 改造现有中、小型玻璃熔窑，提高熔化效率。推广节能型投料方式及投料机。所有的玻璃熔窑都要采用优质配套耐火材料和保温材料进行全窑保温。燃油窑炉要推广新型喷嘴和油掺水燃烧技术。

所有玻璃工厂都要安装余热锅炉，回收窑尾烟气余热。应推广箱式预热室技术。

(3) 平板玻璃工厂应积极开发熔化新工艺，推广配合料压块密实、料化与预热、采用碎玻璃热层加料、浸没式燃烧及浸没式喷嘴。

(4) 推广集装箱、集装架包装运输。发展玻璃深加工产品，充分利用余料，减少玻璃余料损失，提高废玻璃回收利用量。

12.4.3 墙体材料

(1) 大力发展空心砖、加气混凝土、建筑砌块、轻骨料混凝土砌块和墙板、建筑石膏制品、轻质复合墙体、粉煤灰烧结砖、灰砂砖等墙体材料，降低实心粘土砖的比重。

（2）粘土砖生产要继续推广内燃烧砖、利用砖窑余热烘干砖坯。推广轮窑和隧道窑，淘汰土砖窑。利用工业废渣和低热值燃料煤矸石、石煤等生产内燃砖、砌块、陶料等墙体材料。

12.4.4 建筑卫生陶瓷

（1）生产线向大型化、机械化发展，推广辊道窑和节能型隔焰及明焰隧道窑，淘汰倒焰窑，减少直接烧煤的推板窑和多孔窑生产。

（2）新建卫生瓷单线年生产能力应大于30万件，建筑瓷单线年生产能力应大于100万平方米，实现大型化生产。

（3）改革陶瓷工艺，原料采用湿磨、喷雾干燥和干法制粉新工艺，利用窑炉余热干燥坯体，淘汰落后大坑干燥法，改变原料配方，采用低温釉，实现低温快速烧成技术。

（4）改变陶瓷窑的燃料结构，采用洁净气体燃料，实现无匣钵烧成工艺。

12.4.5 耐火材料和保温隔热材料

发展保温隔热材料和耐高温、耐磨、耐腐蚀无机材料。发展硅酸铝保温材料，岩棉、矿棉、膨胀珍珠岩、海泡石保温涂料，泡沫石棉，硅藻土、蛭石、无石棉硅钙板等保温隔热材料及其制品的生产，并形成系列，加快制定和完善保温隔热产品的标准和规范。

12.4.6 石灰

（1）大力推广连续生产的机械化石灰立窑，改造土立窑。重视综合利用，回收废气中二氧化碳生产瓶装液态二氧化碳和干冰。重视石灰生产深加工产品，如精细石灰、重质和轻质碳酸钙膏状石灰、石灰乳及石灰化工产品，提高经济效益。

（2）大力推广用粉煤灰生产砌筑水泥代替建筑用石灰。

12.5 化学工业

12.5.1 氮肥工业

到2000年要求平均吨合成氨能耗，大型厂（气头）由1990年的1.29吨标准煤降到1.17吨标准煤，中型厂由2.18吨标准煤降到2.00吨标准煤，小型合成氨由2.27吨标准煤降到1.85吨标准煤，调整化肥产品结构，将氮、磷、钾化肥施用比例调整到1:0.37:0.25。

大型氮肥厂

大型氮肥厂推广一段炉低水碳比操作、四级闪蒸、新型活化剂、高效填料的脱除二氧化碳系统、径向或轴径向合成塔内件、高效压缩机转子、新型催化剂等节能技术和设备。

中型氮肥厂

（1）中型厂要在做好技术经济论证前提下，因地制宜地进行节能技术改造。50年代以前建厂的企业要重建节能型合成氨生产装置，六七十年代建成投产的，应改、扩结合，提高生产能力，使一批企业达到年产18万吨的规模。

（2）逐步采用新的气化技术，淘汰常压油气化、常压变换、水洗脱二氧化碳、两次脱碳等落后工艺，推广高效节能气体净化技术、微机自动控制技术。

（3）合成塔设中置废热锅炉，采用径向或径轴向内件，采用沸腾锅炉综合利用造气炉渣和煤矸石，蒸汽透平带动循环压缩机，回收氢气的普里森或变压吸附装置及低温、高活性催化剂等设备和原材料。

（4）开发应用煤气燃气透平。同时利用副产中压蒸汽低能耗制氨。简化缩短以煤为原料的三触媒流程；吸收消化以天然气为原料的 LCA 工艺技术；研究、开发低压离心式压缩机串往复式双高压压缩机及 13 兆帕铜洗串氨合成的离心式压缩机等工艺和设备。

小合成氨

(1) 推广合成氨生产余热回收和节能技术，实现蒸汽自给。到 2000 年逐年择优分批改造完，同时达到一定经济规模。

(2) 推广造气废水、冷却水闭路循环技术。

12.5.2 烧碱工业

对现有能耗高、污染严重的落后工艺进行技术改造，以离子膜技术替代石墨阳极隔膜法和水银法烧碱工艺技术。到 2000 年，离子膜烧碱产量将由目前的 1%，提高到 25%；每吨烧碱的综合能耗，由 1990 年的 1.7 吨标准煤降为 1.43 吨标准煤。

(1) 不再建设年产 1 万吨以下规模的烧碱装置，新建和扩建工程应采用离子膜法工艺。

(2) 淘汰两效蒸发装置，开发四效蒸发装置。推广使用三效四体强制循环蒸发工艺。推广使用氯气透平压缩机。碱厂现有纳氏泵应逐步更新为透平压缩机。

(3) 建立专用原盐基地，新建企业应在能源、原盐资源丰富地区建设。

12.5.3 电石生产

对现有电石生产装置进行节能技术改造，今后原则上不再新布点建设电石炉。到 2000 年每吨电石综合能耗由 1990 年的 2.2 吨标准煤，降为 2.0 吨标准煤，其中电耗由 3550 千瓦时降为 3360 千瓦时。

(1) 改扩建新增电石炉生产规模不得小于年产 4.5 万吨，除电力有余、外送困难地区，新建电石炉容量要尽可能在 15000 千伏安以上。改、扩建项目应采用节能型新工艺和高效设备。禁止再建敞开式电石炉。电石炉采用自焙煤砖做炉村。

(2) 推广密闭式电石炉、空心电极、炉气干法除尘、炉气烧石灰窑技术。

12.6 煤炭工业

煤炭工业是能源生产部门，本身又消耗大量能源。随着井筒和巷道的开拓延伸，开采能耗将会逐步增加，必须加强节能降耗，控制单位产品能源的正常增长速度。抓好新建煤矿设计和先进节能设备的采用，做好项目的节能论证。对现有矿区采用节能新技术、新工艺、新设备，加速高耗能老旧设备的更新改造。“九五”规划年均节约能源 125 万吨标准煤，其中国有重点煤矿节约能源 75 万吨标准煤。煤炭工业要为社会提供高质量、多品种适销对路产品，为社会节能和改善大气环境创造条件。到 2000 年，煤炭入洗比重由目前的 21%，提高到 30%。

12.6.1 煤炭开采

(1) 煤炭开采推广综采放顶煤新工艺，建设高产高效矿井。提高煤炭生产的产量和效率，降低能源和原材料消耗。

(2) 井下巷道推广锚杆支护，减少风阻，节约电力和坑木。

(3) 井下运输推广运输能力大、安全可靠、节约电力的胶带运输机。

12.6.2 煤炭洗选加工

(1) 推广重介洗煤和极细微泡浮选，进一步提高难选煤的高效选煤工艺和设备的技术开发，开拓难选煤的洗选技术，提高洗选效率。

(2) 发展充气微泡浮选柱及大型跳汰机，采用数控电磁风阀，提高选煤厂的自动化程度。

(3) 洗煤加工应同煤矿建设统一规划，并做到同步建设，同步投产。对目前没有选煤厂的生产矿井，要分期分批补建。对于出口煤基地，供应化工用煤、高炉喷吹用粉煤的矿区，要优先安排补建洗煤厂。

(4) 供应炼焦用煤和出口商品煤的煤矿，原煤必须全部洗选加工。重点发展化肥和高炉喷吹用煤及高硫、高灰分煤的洗选。改造和完善现有选煤厂，扩大入洗能力，增加煤炭品种，提高煤炭质量及洗选效率和生产率。

(5) 供应工业企业和民用煤的煤矿，要配置洗选和筛选设备。

(6) 在缺水或高寒地区，要开发、推广干法选煤新工艺。选煤厂要实行闭路循环，实现节煤、节水和煤泥回收。

(7) 发展煤粉成型技术，利用煤泥生产型煤。积极研究开发型煤粘结剂和工业型煤。

(8) 推广动力配煤，为工业锅炉和其他动力设备提供热值稳定、符合要求的燃料。

12.6.3 改造用能设备

(1) 推广高效风机、高效耐磨泵、渣浆泵、空压机等节能设备，采用适用煤矿的调速装置和微机控制系统，达到设备系统的经济运行。

(2) 矿区推广利用低热值燃料，井筒保温推广热风炉，推广无功就地补偿、排水管道清洗等节能技术。

(3) 改造多环节不合理的通风、排水及压风管网系统，减少阻力及泄漏。

12.6.4 资源合理利用

(1) 开发利用矿井瓦斯和煤层气；综合利用煤系地层的共生伴生资源。

(2) 充分利用矿区煤矸石、煤泥、中煤、油页岩等低热值燃料，建坑口电站及用于生产水泥、砖瓦等建筑材料。

(3) 推广高效、低污染炼焦技术，充分回收生产过程中的副产品，限制和改造土法炼焦，节约煤炭，保护资源，减少污染，改善环境。

(4) 研究开发和引进吸收煤炭液化技术，使资源得到合理利用，逐步做到煤炭的清洁利用。

12.7 石油天然气工业

12.7.1 陆上石油天然气工业

到2000年，机械采油、输油、注水、供用热等主要生产系统（设备）的运行效率要提高4个~5个百分点，降低油气损耗率0.5个百分点，降低油田电网网损率1个百分点，技术措施节能750万吨标准煤。

(1) 加强陆上石油工业在勘探、开发、生产、建设中的节能科技和研究，组织科研院校和企业联合攻关，开发石油工业适用的节能新工艺、新技术、新设备、新材料，以及节能技术的配套应用研究，增加节能技术贮备。

(2) 加强对现代节能理论和方法研究，采用先进管理技术和方法，完善节能的基础工作，实现能源管理的科学化。

(3) 从工程项目规划设计的源头起抓好节能，做好项目可研报告的“节能篇（章）”，对节能进行专题论证，设计能耗指标要达到先进水平，并做好工程项目全过程的节能管理。

(4) 新建油气集输流程必须密闭，原油稳定和轻烃回收装置要同时配套建成投产，原油损耗率不大于 0.5%；老油田也要逐步进行密闭改造、完善配套，原油损耗不大于 0.8%。新建长输管道要采用密闭流程，老管道要进行密闭改造。新建贮油罐应根据容量和油品性质选用浮顶罐。

(5) 采用天然气发动机、撬装式轻烃回收装置和套管气回收、大罐抽气等技术回收利用放散天然气，天然气利用率应达到 95%以上。

(6) 合理利用地层压力和设备能力。在油气藏开发和建设时，要进行全面能量利用研究，合理利用油、气井压力和机械采油设备的能力。

(7) 在油田高含水开发阶段，应推广“稳油控水”等工艺技术。

(8) 采用新型高效节能设备，改造或淘汰老旧低效设备，新建油田注水离心泵效率应大于 5%，柱塞泵应大于 85%；加热炉效率不低于 85%；油田集输油泵效率按输量大小分别在 65%或 75%以上；长输管道大型输油泵效率应在 80%以上，并按油田开发不同时期对设备进行合理配置。

(9) 长输管道和油田集输、注水、供水、供用热等系统根据情况采用电机调速、级差配合、降凝减阻、微机监控等技术，优化运行参数，减少节流损失，实现系统经济运行。

(10) 按照经济合理的原则，不断减少直接以原油作燃料；有条件的地方要以气代油、以气发电、以煤代油、以渣油代原油，降低原油消耗比率，优化燃料结构。并采用洁净燃料技术，减少环境的污染。

(11) 油田配电系统力求简化接线，避免多次变压，有条件时，35 千伏电网应深入负荷中心，一次变压到户。合理匹配电机和变压器，新建油田抽油机系统可采用 1140 伏或 660 伏电压系统，并采用电网优化和无功补偿等技术和装置。

(12) 根据油田所处自然环境条件，因地制宜地利用太阳能、风能、地热能。

(13) 搞好含油污水的处理回注。完善含油污水处理和回注系统，研究采用高效污水处理方法，回收污水中的原油，回注净化水，污水处理回注率要达到 100%。

(14) 推广不压井、不放喷、不停产的井下作业技术，减少油气损失。

(15) 在经济合理条件下，搞好输油管道、热力管道、油罐和设备的保温，减少热量损失。

12.7.2 海洋石油天然气工业

海洋油气田开发是在对外合作，引进、消化、吸收国外先进技术，采用国际标准的基础上进行的。“九五”期间，我国海洋石油工业将进入一个重要发展阶段，到 2000 年原油将稳产在 1000 万吨。节能工作将以技术进步作为全方位系统工程，依靠高新技术，以提高能源利用效率为重点，进一步提高综合效益。“九五”期间技术措施节能达到 50 万吨～100 万吨标准煤的目标。为此，在海上油气田滚动勘探开发过程中，要合理部署，适时攻关，提高海上能源利用率 10%；新建油气田的生产运行系统的运行效率和能源损耗要接近或达到国际先进水平，提高油气田主要生产运行效率 2 个～3 个百分点，降低油气损耗率 0.3%～0.5%；钻井，完井、采油工艺、开发工程等方面进行关键技术攻关及高科技引进和创新研究；加强陆海交通工具管理和合理配备，以降低燃料损耗率 3%～5%。

(1) 提高油气资源评价和油气藏描述的精度，以提供可靠的地质依据，重点研究并合理部署海上油田天然气的充分利用，有效地提高海上能源利用率。

（2）海上油气田开发的总体报告中（总体开发方案），做好“节能篇”的编写，坚持从源头抓节能，瞄准国内外先进水平，尽量采用先进节能技术，高起点搞节能。

（3）油气集输流程必须继续采用密闭过程，油气运输、原油稳定、轻烃回收把损耗降到最小；同时，尽量减少原油在不同流程和储存方式时所产生的损耗。

（4）加强油气田开发动态和技术措施研究，维护油气藏能量（气项、边水、底水），利用地层压力提高驱油效率和采收率，降低人工采油动力消耗及相应的燃料损耗率。

（5）在油田高含水阶段，推广“稳油控水”等新工艺，降低原油生产能耗。

（6）在油田缺乏天然气燃料来源情况下，尽量用完自产天然气，并搞好废热回收，尽量减少燃料油消耗。

（7）海上含油污水处理要采用高效设备，提高污水回注率。

（8）海上发电、采油、换热等用能设备，要采用效率高、重量轻的节能产品。

（9）采用先进技术，降低海底长输管线动力和能量消耗。

（10）加强节能工作的科学化、规范化管理。海上作业和生产所用拖船和飞机等交通工具，必须合理配置，统一调度，严格管理，杜绝浪费，努力提高节能综合效益。

（11）针对海洋石油工业节能的重要环节，重视关键技术和高新技术（如多相流、撬式轻烃回收、油气藏描述及评价等）的引进、研究开发和应用推广。

（12）从长远考虑，重视钻井、完井、采油工艺、开发工程设计（如多底井、小井眼、简易平台生产设施、中小油田群开发工程设计等）先进技术；重视油气田高速开采时接替储量的寻找；重视人员素质培养和提高，海洋采油气、平台人数、效率力争接近或达到国际先进水平。从而高速有效地开拓海上油气勘探开发的新经济效益领域，力争实现较大辐度地节能降耗。

12.8　石油化学工业

石油化学工业节约能源要以技术进步和生产总体规划为依据，实行油、化、纤整体发展，提高整体综合水平，合理使用和综合利用石油资源。节能技术改造和技术进步，要瞄准国际先进水平，结合国情和石化工业生产实际，重点对引进装置进行生产达标和节能降耗技术改造，对老装置进行技术更新和设备更换。

到2000年，炼油行业单位能量因数耗能年均降低2.3%，达到13.5千克标准油/吨因数；吨乙烯产品燃动能耗平均达到750千克标准油，合成氨能耗平均达到吨氨耗850千克标准油。

（1）加速发展总体和系统用能优化技术，重点开发应用过程能量综合技术，提高能源利用的效率，优化原料和生产方案及生产操作控制。

（2）广泛采用计算机控制系统，提高已有计算机投用率，加快工艺过程模似、先进控制系统、应用系统软件的开发。

（3）加强现代节能理论和方法的研究，指导节能新技术和设备的开发。推广和应用能源的逐级多次利用，研究能量利用的“三环节”（转换环节、工业用能环节和回收环节）理论，指导用能管理。

（4）发展和完善能量回收利用技术。回收生成焦的能量，回收低温余热，推广余热发电、吸收式热泵和制冷技术。

(5) 对企业蒸汽动力系统进行综合改造，坚持“以煤代油”政策和“以汽定电”的生产原则，降低系统自耗率和损失率。推广热电联产、蒸气压差发电、液力透平等技术和设备。开发燃气轮机的应用技术。

(6) 开发油品储运系统节能技术，回收放空气体，减少加工损失技术。

(7) 制定行业节能技术标准、规范、规定和合理用能的技术条件。

12.8.1 炼油行业

(1) 常减压蒸馏装置。改进脱盐和防腐技术，优化换热流程，增设轻烃回收措施，提高加热炉热效率，更换新型塔盘和填料，采用高效抽空器、新型换热器，推广计算机优化控制。

(2) 催化裂化装置的烟机和余热锅炉，发生蒸汽改低压为中压。提高分馏塔顶、吸收稳定系统低温热利用率。进一步提高焦炭的能量回收技术水平，回收率力争达到70%，推广新型催化剂、高效雾化喷嘴、滑阀等。

(3) 催化重整装置推广高效溶剂代替二乙二醇醚、乙醇胺溶剂；焦化装置改造加热炉；溶剂脱沥青装置加快超临界回收技术应用；酮苯脱蜡装置完善滤液循环，多点及冷点稀释、两段过滤及溶剂多效蒸发回收，更新低效过滤机、冷冻机、蒸汽泵输蜡设备。

12.8.2 乙烯行业

(1) 优化原料，完善公用工程，实现乙烯及后加工装置的达标。

(2) 推广应用高效填料、高效换热器，采用节能设备，回收烟气余热和低温热能。

(3) 推广不停炉烧焦技术，积极开展加注结焦抑制剂工业试验，在改扩建中尽可能采用先进ARS分离技术。

(4) 采用湿式螺旋杆压缩机回收火炬气，用作燃料。

12.8.3 化纤

(1) 履行涤纶纤维生产工艺，改造聚脂装置，采用熔融纺替代切片纺。

(2) 腈纶生产推广转向纺丝、多效蒸发技术。

(3) 丙烯腈改造分离系统技术。

12.8.4 化肥

(1) 以轻油为原料。分别采用提高一段转化炉对流段烟气余热回收设备效率。脱碳系统采用副塔差压再生流程，回收汽提塔顶热用于氨吸收制冷热源；采有“一次两段”干法脱硫新工艺、热管空气预热器，降低合成脱碳系统循环量，利用甲烷化出口气加热原料，推广优化操作控制技术。

(2) 以天然气为原料。采用一段转化炉烟气回收，更换脱碳系统低效填料。改造原料气压缩机及工艺空冷压降机。降低一段转化炉水碳比，推广新型催化剂，改造废热回收系统。采用半贫液闪蒸技术改造脱碳系统。

(3) 以重油为原料。推广采用第三系列气化炉，改造甲醇洗和液氮洗系统，采用新型德士古烧嘴，增加4116尾气闪蒸回收装置。

12.9 机电工业

2000年发展节能机电产品的目标是机电工业节能产品从目前的21类，扩展到30类，节能产品品种数从目前的3000种发展到5000种，节能机电产品产值从目前占机械工业总产值的13%提高到20%，50%的节能产品达到国际上80年代末期水平，在效率和能耗指标方面有一部分达到国际上领先地位。节能机电产品的节能量达到当年全国节能量的40%。

12.9.1 节煤机电产品

(1) 工业锅炉。发展适用集中供热和热电联产的中、大容量中压工业锅炉新系列；发展角管式组装蒸汽、热水锅炉；研制适合国内外市场需要的、使用各种燃料的特种用途锅炉；提高配套辅机的质量和效率，研制和推广低阻高效旋风除尘器等，使锅炉热效率在现有基础上提高5%。提高工业锅炉自控水平，使50%的在用锅炉达到不同程度的自动控制。

(2) 工业窑炉。重点开发新型多功能燃烧装置和量大面广的新炉型，自身预热烧嘴系列及燃气多用热处理炉等产品。充分利用余热提高窑炉热效率，采用新型耐火材料减少蓄热损失，推广新炉型及组合燃烧单元系统，炉温进行空燃比控制等。

(3) 蒸汽管网设备。开发高性能、高参数、高温、高压蒸汽疏水阀产品，扩大中、低压各种热动力式、热静力式和机械式蒸汽疏水阀及附件的生产能力，提高产品质量和可靠性，使新型疏水阀漏汽率在2%以下，使用寿命达到12000小时。

12.9.2 节电机电产品

(1) 风机。发展50个系列节能风机，比老产品的效率平均提高10%~15%，使通用风机效率平均达到84%；改善风机的运行状况，改进风机的调速系统，使30%运行在不同负荷工况的风机实现调速运行；应用三元流改进离心通风机的叶片型线；开发研制新型矿用风机和局扇，工业锅炉用高效节能风机、罗茨鼓风机新系列；淘汰落后产品，推广已开发成功的节能风机。

(2) 泵。开发三元流、二相流技术在泵上的应用，改善泵的性能，变负荷运行的泵实现调速运行；扩大型谱范围，增加品种，使泵的效率达到国际水平。开展泵用新材料研究，包括新型耐腐蚀、耐磨损的高强度合金钢和非金属材料的性能和制造工艺；淘汰低效泵，推广已开发成功的37个系列泵。

(3) 压缩机。到2000年，发展100种节能新产品，比功率平均降低0.2千瓦/米~0.5千瓦/米3·分，产品范围包括：动力式、往复活塞式、螺杆式、滑片式、无油润滑、隔膜、微型、移动式、摩托式压缩机。

(4) 制冷空调。“八五”期间重点开发105万千焦/时新型高效螺杆冷水机组，效率提高4%~5%，每台年节电16000千瓦时，节水4000吨~5000吨。通过对螺杆齿形新型线研究，使压缩机效率提高8%~9%；重点推广①小型全封闭制冷压缩机；②带经济器螺杆制冷机；③空调用旋涡式全封闭制冷压缩机；④研制保护环境的新型制冷剂制冷机。

(5) 电机调速装置。发展各种交流调速系统，包括串极调速、PWM交交变频调速，开发大容量交流电机调速装置，交交变频调速装置要达5000千瓦，交直交电流型要达到2000千瓦，PWM变频调速中GTR元件和装置容量要达到200千伏安。同时、发展液力偶合器、油膜离合器、滑差离合器等机械调速装置。发展稀土永磁同步电动机、开关磁阻电机等调速系统。开发并推广调速范围较窄的简易价廉的风机、水泵专用的调速装置。

(6) 电焊机。用可控硅弧焊机代替电机驱动的直流弧焊机；开发可控硅式逆变电源、晶体管逆变弧焊电源、可控式多用电源及埋弧焊机、二氧化碳混合气体保护焊机等。研制焊接机器人，减少更换焊条时间，提高劳动生产率。

(7) 工业电炉

①电阻炉　开发陶瓷纤维炉衬结构，推广单回路、多回路微机程序温控装置，减少工业炉体积和降低电耗。发展各种可控气氛炉，提高可控气氛炉的比重。

②电弧炉　淘汰3吨以下小电弧炉，发展3吨~30吨电弧炉，使短网阻抗不平衡系数由15%~20%降至10%以下，吨钢电耗可下降30千瓦时；完善高功率和超高功率的大吨位电弧炉，吨钢电耗降至500千瓦时以下。

③感应炉　提高感应炉匹配功率和二次电压，发展新系列工频无心感应熔炼炉，4吨以上的工频炉配上三相功率自动平衡和功率因数自动补偿装置，每吨铸铁耗电量可减少20千瓦~60千瓦时；对有心炉要开发熔铁、熔铅、熔锌炉系列；开发交交变频电源使其效率较交直交变频提高5%以上。

(8) 中小型电动机。在普遍开展对电机通风、温升、噪声、电磁场进行优化设计的基础上，重点开发以下节能产品：

①风机、水泵专用多速异步电动机系列，满足不同工况要求，形成系列产品。

②开关磁阻电机系列，是高技术的机电一体化产品，其运行效率可达82%~91%，并可满足各种特性要求的任意形状的转距转速特性。

③中小型永磁同步电动机系列，使电机力能指标提高5%~7%，效率提高1.5%~2.5%。

④高效率三相异步电动机，效率比Y系列平均提高1%~2%，进一步完善系列，降低成本。

(9) 电力变压器。开发新一代铜线及铝线低损耗变压器系列，采用0.3毫米低损耗优质硅钢片，改进线圈结构、油道结构等，每千伏安容量年损耗较SL7下降20千瓦时。开展降低变压器空载、负载损耗以及杂耗的研究。研制和推广非晶态合金磁性材料变压器，新增和到期更新的变压器应按比例采用非晶态合金磁性材料变压器，逐步提高其在配电变压器中的比重；进一步研究无氧铜导线、高导磁冷轧硅钢片在变压器上的应用，进一步降低损耗。

12.9.3　节油机电产品

(1) 发展直喷式、缸径65毫米~105毫米、功率2.2千瓦~14.7千瓦节能型单缸小功率柴油机系列。

(2) 发展缸径75毫米~98毫米，功率范围0.5毫米~101千瓦节能型多缸小功率柴油机，这种机型与汽油机相比，要求油耗降低40.8克/千瓦~68克/千瓦·时。

(3) 发展新型中等功率高速、中速节能型柴油机，结合引进技术，发展节能型小汽油机。

(4) 燃烧过程研究，重点是直喷式燃烧系统在小缸径机型上，直喷式比分开式燃烧室可节油8%~15%。

(5) 增压技术研究，研究各种形式的增压技术，如谐振增压系统、气波增压等。

12.9.4　加强节能机电产品推广，淘汰能耗高的机电产品凡已有新的节能产品在性能、效益、能耗上有明显改进，品种规格可以满足用户要求时，要及时淘汰落后产品，不定期发布推广产品和淘汰品种名单，并采取措施，从淘汰之日起停止生产、流通，在用的淘汰产品要限期更新。

12.10 轻工业

到2000年，要求吨纸和纸板综合能耗由1990年的1.55吨标准煤，下降到1.35吨标准煤；日用玻璃制品综合能耗由0.64吨标准煤，降到0.57吨标准煤；每吨日用陶瓷综合能耗由1.32吨标准煤，降到1.28吨标准煤；制糖业百吨甜菜综合能耗由9.0吨标准煤，降到6.2吨标准煤，百吨甘蔗综合能耗由6.7吨标准煤，降到5.0吨标准准煤；吨井矿盐综合能耗由275千克标准煤，降到225千克标准煤（其中大、中型企业制盐工序能耗达到150千克标准煤）。

12.10.1 造纸

（1）制浆推广连续蒸煮、间歇蒸煮冷喷放；造纸机采用新型脱水器材、强力压榨、全化纤湿毯、全封闭式汽罩、干网、袋式通风；制浆、造纸工艺过程及管理系统计算机控制等技术。

（2）年产万吨以上的硫酸盐法及碱法制浆造纸厂，应积极回收碱和热能。木浆厂碱回收率达到90%以上；竹、苇、芒秆、蔗渣等力争达到80%以上；麦草力争达到75%以上。

（3）推广纸机白水封闭循环利用技术，充分利用纸浆和造纸废汽及纤维原料净化、筛选后的废弃物。

（4）调整原料结构，扩大废纸的回收利用，废纸利用率提高到30%以上。

（5）限制年产万吨规模以下碱法化浆小型厂的建设。

12.10.2 日用玻璃和日用陶瓷

（1）推广节能型先进窑炉。采用新型优质耐火材料并合理匹配，采用全保温、优化窑炉结构、先进燃烧系统等。

（2）日用玻璃推广网带式节能退火窑，逐步淘汰室式和链板式玻璃退火窑。日用陶瓷推广隧道窑、梭式窑，逐步淘汰直焰和倒焰陶瓷窑。

（3）凡新建、改建熔窑，应达到窑炉一级标准指标。

（4）日用陶瓷推广轻质耐火材料制配匣钵、窑具、窑车，采用清洁气体或液体燃料，实现明焰无匣烧成。

（5）生产过程采用微机控制，包括配料、窑炉工况、成型及检测系统。

（6）改革工艺，实现制品轻量化。

12.10.3

（1）糖厂向大型化发展，一般规模日处理糖料不得小于1500吨。

（2）逐步淘汰低吨位锅炉，提高热电联产效率。

（3）充分利用低热值煮糖汁汽和热能，提高糖厂用汽复用指数。

（4）采用高压自动过滤机、降膜蒸发罐、强制循环煮糖罐等先进设备，制糖生产热能实行集中微机控制。

12.10.4 制盐

（1）要优先发展海盐、湖盐，适当发展井矿盐的精制盐；新建、扩建单组制盐设备年产能力不小于10万吨，逐步向20万～30万吨规模发展。

（2）提高矿山采卤浓度，卤水含盐量不低于305克/升，氯化钠含量不低于280克/升。

（3）推广制盐及化工产品真空制取和采用高效真空蒸发器及节能型机泵、沸腾干燥床等关键设备，淘汰平锅制盐设备。

12.11 纺织工业

棉纺织行业、印染行业，由于结构调整，提高水平，产业优化升级，采用新型和自动化设备及形成小批量、多品种、快交货的灵活生产体系，产品单耗将趋上升。到2000年，棉纱耗电将由1990年的2129.34千瓦·时/吨上升到2440千瓦·时/吨，棉布耗电由1990年的25.24千瓦·时/百米上升到32千瓦·时/百米。化纤行业采用先进工艺、技术装备进行改造，合并、扩建达到合理的经济规模，形成一批高起点、高技术、高效益并具有国际竞争能力的企业，产品单耗将趋下降。到2000年，粘胶短纤维耗煤由1990年的2280.11千克标准煤/吨下降到1600千克标准煤/吨，粘胶短纤维耗电由1990年的1999.78千瓦·时/吨下降到1500千瓦·时/吨，粘胶长丝耗煤由1990年的9165千克标准煤/吨下降到6000千克标准煤/吨，粘胶长丝耗电由1990年的10439.99千瓦·时/吨下降到7800千瓦·时/吨。

12.11.1 调整行业、企业和产品结构

发展服装成品、装饰用品、产业用品和针织物、非织造布等低能耗产品。

12.11.2 推广适于中国国情的先进工艺和技术装备

(1) 缩短工艺流程，减少工序。棉纺行业采用气流纺、清网联、细络联等；印染行业采用一步法、一浴法；化纤行业的熔融纺、直接纺等。

(2) 采用高速高效工艺。棉纺织行业的高速纺，化纤行业的高速纺丝，印染行业的泡沫染整、涂料印花、高效煮炼、快速退浆等。

(3) 采用湿法、冷法工艺，减少烘干加热工序。印染行业采用冷轧堆工艺、湿布丝光、湿法上浆等。

12.11.3 改造主要耗能设备和系统

(1) 在耗能较多、热电均衡的印染、化纤行业中发展热电联产。

(2) 更新改造空调设备，风机、水泵采用变频调速，改进喷淋设备和送排风系统，冷源采用双效溴化锂制冷。

(3) 印染行业的碱液、化纤行业的酸液，采用多效多级蒸发设备，节约蒸汽。

(4) 提高传动润滑效率，降低用电损耗。

(5) 采用微机监控系统。

12.12 农村生产用能

农村生产用能对实现农业现代业、发展高产优质高效农业、改善农村生态环境和提高农民生活水平具有重要意义。在农村能源建设中，要继续贯彻和执行“因地制宜、多能互补、综合利用、讲求效益”的方针，大力开发和合理利用各种能源资源，制定农村能源节能技术经济政策，建立农村能源节能产品及设备监督检测体系；积极支持农村能源产业发展，组织能源产品的工厂化生产和商品化销售，加强农村能源产业的市场竞争能力和企业自身发展后劲；农村工业和乡镇工业要依靠技术进步，开展节能技术改造和资源综合利用，加强农村能源管理，制定农村耗能产品能耗标准，提高农村能源有效利用率；以县为单位，努力协调各有关部门，并配合当地农村经济持续、稳定、协调地发展，进行农村能源综合建设。

12.12.1 农垦系统及乡镇工业

到本世纪末，农垦系统国民生产总值计划比1990年增长150%，能源消费总量增加

61%，万元产值能耗下降23.6%，平均节能率达2.4%。

乡镇工业要依靠科技进步，积极开展节能技术改造和资源综合利用。到2000年，平均节能率达到2%，万块砖耗标准煤下降到0.85吨；水泥吨熟料耗标准煤下降到155千克，综合电耗下降到92千瓦·时/吨；炼焦煤耗下降到1.5吨标准煤/吨；造纸煤耗下降到0.9吨标准煤/吨；工业锅炉热效率平均提高5%～10%。

(1) 砖瓦、水泥、炼焦、造纸、铸造等重点耗能行业进行节能技术改造示范工程，激发乡镇工业技术改造投资热情和吸引金融部门的投资。

(2) 砖瓦行业推广具有余热的节能型轮窑和有干燥室的隧道窑，以及节能焙烧工艺，取消马蹄窑；利用工业炉渣、粉煤灰、煤矸石和页岩石代替粘土，推广和生产空心砖及其他新型节能墙体材料，逐渐取代实心粘土砖的生产。

(3) 水泥行业全面发展机立窑，淘汰普立窑；利用粉尘回收技术，减少原料和成品损失。

(4) 炼焦行业严格限制土法炼焦，推广改良炉技术，回收部分焦炉煤气和煤焦油；推广洗配煤工艺和设备，循环使用洗煤用水。

(5) 造纸行业开发利用碱回收技术和废水处理技术，提高碱和水的循环利用。开发棉、麻秸秆造纸技术。

(6) 对大、中型氮肥厂进行大规模的节能技术改造，使吨氨耗重油下降到800千克，吨尿素耗氨量降到607千克。

12.12.2 农机系统

农机系统必须克服“大马拉小车、机车空行空砖”等现象。到2000年，使每标准亩农机油耗从现在的1.0千克下降到0.7千克。

(1) 更新改造老化的大中型拖拉机，加强对农村机械的节能检测、调修和维护保养，提高农业机械的完好率。

(2) 提高固定作业的农机用电量，减少农村动力座机用油。

(3) 推广柴油和机油添加剂节油技术，推广喷油泵标准油量传递技术，推广金属清洗剂替代柴油。

12.12.3 水产业

水产业主要耗能行业有水产捕捞、水产养殖、水产加工、船网机具修造和水产供销五个行业，到2000年，这五个行业消耗的能源预计达630万吨标准煤。水产业节能应以渔船节能技术改造为中心，注重对现有的水产冷库、加工设备进行节能技术改造，重视新能源的开发与利用，因地制宜地推广应用节能技术与节能产品，努力降低能源消耗，通过采取技术进步、加强管理、调整结构等措施，使水产业的万元产值综合能耗由1990年的2.45吨标准煤下降到2000年的2.04吨标准煤，吨水产品综合能耗由0.40吨标准煤下降到0.35吨标准煤。

(1) 新建渔船要采用节能船型、机型，发展耗能较低的作业方式渔船，发展玻璃钢渔船、水泥渔船；主机优先选用新250机、E150机、新160机、170机和国产化程度较高的国外引进机型，如T23、20/27、曼海姆、康明斯机及正在开发研制的节能型柴油机等机型；优化渔船推进方式，选用双速比齿轮箱、调距桨、导管桨、大直径螺旋桨，采用风力助推技术和节能网具；配备先进的助渔导航仪器；安装冷冻保鲜加工设备；应用中高压起网机及轴带交流发电机。对旧渔船要推广应用行之有效的节能技术与节能产品。

（2）水产养殖业要推广节能型养殖机械，扩大太阳能、风能、地热能、电厂余热等能源在水产养殖业上的应用，利用新能源增温、增氧。

（3）水产加工业要对重点耗能设备进行节能技术改造。对水产冷库进行改造；引进、消化、吸收国外先进的、耗能低的制冷设备；推广冷海水保鲜技术；更新、改造老锅炉；采用热泵厢式干燥设备；改造水产汤汁物料浓缩设备；推广应用湿法鱼粉设备；海藻加工设备中，采用多级套泡原料技术和双效或多效蒸发器；推广热电联产技术。

（4）船网机具修造业要对企业进行节能技术改造，开发研制、推广应用节能型产品。

12.12.4　畜牧业

（1）兽药行业的节能重点是降低兽药产品生产能耗，淘汰老旧设备，逐步采用兽药行业的节能新技术、新工艺和新产品。

（2）乳品行业要采用双效蒸发器和片式换热器及管式杀菌器，提高喷粉前浓缩度，使奶粉生产总能耗下降2.2%左右，吨奶粉生产耗标准煤达1000千克。

（3）饲料行业加强设备的维护管理，使设备完好率达到95%。

（4）养禽行业以节电为主，采用纵向通风方式改造密闭式饲养房舍。

（5）采用新材料和改进畜禽舍设计，降低畜禽舍环控所需能源。

12.12.5　农副产品加工业

在全国范围内，对各地的茶叶加工厂和烤烟房进行技术工艺和设备的改造，提高产品加工质量和等级，降低能耗，使平均节能率为2.2%。

建设事业技术政策纲要

（2004年4月22日中华人民共和国建设部，建科［2004］72号）

前　言

党的十六大提出了全面建设小康社会的奋斗目标，确定了走新型工业化道路，大力实施科教兴国战略和可持续发展战略，以推动我国经济和社会的持续健康快速发展。展望未来，建设事业将会取得新的更大的发展，城镇化进程将呈现出持续快速发展的趋势，城镇化水平在当前39.1%的水准上会有较快的增长，城镇住宅建设在现有人均22.79m^2的基础上满足量的需求的同时，更加重视质量和功能的提高，各种类型的建设工程对技术产生了新的大量的需求，城镇基础设施将按“以人为本”的宗旨不断提高服务效率和质量，保证城市生产生活的正常进行，面对建设事业的发展形势和迅速发展的现代科学技术，需要从政策层面深刻分析建设事业与现代科学技术两者的发展规律和特点，准确把握两者的发展关系，促进两者的有机结合。

编写技术政策纲要的目的，是指导建设事业的科学技术活动符合当代科学技术的发展规律，顺应发展趋势，为很好地利用现代科学技术成果解决现阶段建设事业发展中遇到的“热点”和“难点”问题提供技术手段和方法，推动建设事业获得新进展，取得新成绩。

目　录

一、实施科学合理的城镇化发展战略，优化区域城镇体系
1. 实施科学合理的城镇化发展战略
2. 完善各类城市功能，促进大中小城市和小城镇协调发展
3. 实现城镇发展与区域交通设施、资源和环境相协调
4. 建立健全城镇化和城镇发展的法规体系，强化监督管理
二、科学制定城镇规划，完善市域城镇体系，促进城乡协调发展
5. 加强统一规划，优化资源配置，实现市域城乡协调发展
6. 强化城镇功能，优化布局结构
7. 重视旧城改造，加强开发区统一规划与管理
8. 强化规划的调控作用，加大实施监管力度
三、加强小城镇建设，促进农村经济社会协调发展
9. 实现小城镇建设与农村经济社会发展相互促进的良性循环
10. 在科学合理的城镇体系框架内发展小城镇
11. 提高小城镇规划建设质量
12. 深化体制改革，完善相关政策，保障小城镇健康发展
四、加强市政公用基础设施建设，强化城市功能保障
13. 加强城市供排水设施建设和节约用水
14. 强化城市燃气和供热设施建设，优化城市能源结构
15. 加强城市道路、交通设施建设
16. 实现城市生活垃圾减量化、无害化、资源化
17. 加强城市园林绿化建设，改善生态，美化环境，营造良好的游憩休闲园地
18. 重视地下空间的开发与利用
19. 提高城市防灾减灾能力
五、加强风景名胜区和自然文化遗产的保护与管理
20. 建立健全全国风景名胜区保护管理体系，科学规划，分类管理
21. 抓好风景名胜区和自然文化遗产保护的规划编制工作
22. 不断完善风景名胜区和自然文化遗产保护的法规体系与技术标准
23. 加强风景名胜区和自然文化遗产保护的监管力度
六、推进住宅产业现代化，提高住宅和居住环境质量
24. 加强现代工业技术和信息技术的应用力度，推进住宅产业现代化
25. 坚持以人为本的思想，优化住区环境
26. 改善住宅性能，营造舒适、安全、卫生的室内环境
七、推行建筑工业化、现代化，提高建筑技术整体水平
27. 推行建筑工业化、现代化
28. 强化建筑节能，降低能源消耗
29. 合理利用建筑材料资源，改进施工和应用技术

30. 确保工程质量和建筑生产安全

31. 发展建筑智能技术，提升建筑物使用功能

八、加速建设事业信息化进程，改造和提升传统产业

32. 加速行业电子政务系统建设

33. 大力提升企业信息化创新与集成水平

34. 开发推广信息化共性关键技术和产品

35. 开发信息资源，实现资源共享

36. 加强规划与管理，促进信息化快速、健康发展

九、强化标准化工作，巩固建设事业技术基础

37. 建立工程建设技术法规与技术标准相结合的体制

38. 完善工程建设标准体系

39. 强化工程建设标准的实施与监督

一、实施科学合理的城镇化发展战略，优化区域城镇体系

1　实施科学合理的城镇化发展战略

1.1　实施城镇化发展战略要与经济社会发展、工业化水平和市场发育程度相适应，与资源、环境条件相协调，结合不同区域的具体条件，走大中小城市和小城镇协调发展的道路。

1.2　东部地区城镇化要采取“网络带动，整体推进”的区域空间开发模式。城镇发展总体上应从量的扩张转向质的提高，着力提高城镇建设水平。要整合城镇密集区，有重点地发展小城镇，适当控制数量增长，促进人口和产业集聚，提高建设质量。

重点培育和发展长江三角洲、珠江三角洲、京津唐、辽中南、山东半岛、闽东南等城镇密集区。

1.3　中部地区城镇化要采取“轴向扩展，点面结合”的空间开发模式。提升跨省（区）中心城市功能，重点发展省（区）域各级中心城市，增强其辐射和带动作用。结合乡镇企业的发展和集聚，有重点地发展小城镇。

壮大和充实沿交通干线的中心城市，培育发展江汉平原、中原地区、湘中地区、松嫩平原等城镇密集区，积极发展省（区）域城镇核心区和城镇发展轴带。

1.4　西部地区要采取“以点为主，点轴结合”的空间开发模式。重点改造和发展现有中心城市，培育新的经济中心。有重点地发展内陆边境口岸城市；结合资源开发，新建工矿和工贸城镇。

依托交通干线和跨省（区）、省（区）域中心城市，以线串点，以点带面，有重点地推进城镇发展。培育发展成渝地区和关中地区城镇密集区，促进重点经济区的形成，带动西部地区经济发展。

着力抓好以中心城市为节点的区域交通设施建设，加快建设联系西部中心城市与中、东部中心城市的公路、铁路、航空港以及长江上游航运码头。调整和完善区域和省（区）域中心城市功能，向综合性经济中心发展。

2　完善各类城市功能，促进大中小城市和小城镇协调发展

2.1　城镇密集区要结合区域经济结构调整和经济社会发展需求，明确区域内城镇功能定位，优化结构和布局。

2.2　优化区域中心城市功能，提高区域中心辐射和带动作用，同时要把握城市合理规模，建设适应现代化建设需要的基础设施和社会服务设施。城市建设与发展，特别是大型基础设施建设要纳入区域统筹规划。

2.3　发挥区域中心城市的集聚和辐射作用，带动区域各类城镇合理布局和协调发展。发展小城镇要突出重点、合理布局、科学规划、注重实效。

3　实现城镇发展与区域交通设施、资源和环境相协调

3.1　区域交通设施建设要与城镇发展相结合，与城镇空间布局相协调。加强区域交通体系规划，坚持先规划、后建设的原则；在建设时序上应适当超前，逐步形成以中心城市为核心的多层次、多类型的综合交通网络；逐步建设以区域经济中心城市为核心的快速交通系统，以及重要通道的高速铁路和客运专线；要扶持和加强经济欠发达地区和西部地

区交通建设，促进当地中心城市提高凝聚力和辐射作用。根据城镇体系规划，统筹布局大型港口、机场、干线公路、铁路等区域性基础设施，合理确定规模，避免重复建设。

3.2 完善全国铁路、公路交通体系，有条件的地区要充分利用水运。加快公路建设，形成以国道为主干、省道和地方公路相结合的公路网，形成城市密集区的快速交通系统，提高边远城镇的可通达性；采取增加复线、鼓励地方铁路建设等措施，形成沟通全国各主要城市的电气化干线铁路。

3.3 合理调配、利用和保护区域水资源。城镇发展应坚持先地表水，后地下水，先当地水，后过境水的利用原则。地区水资源不足时，应首先保证城镇生活用水。水资源短缺地区要严格控制城镇发展规模，缺水城镇不应建设耗水量大的工业。提倡建设节水型城市。

3.4 加强城镇间及城镇周边地区的生态保护和建设，全面提升区域生态环境质量，创造良好的人居环境。区域城镇体系规划和城市总体规划中应对自然保护区、风景名胜区、水源保护区及其他生态敏感区制定严格的空间管制要求。要根据城镇所在地区的功能和环境容量，对城镇规模、发展形态和开发方式进行分区控制；中西部地区城镇周边要着力搞好植被建设和水土保持，北方城镇要加快建设绿色屏障，防止风沙侵害。

3.5 加强城乡建设用地调控。要本着既有利于节约土地、保护耕地，又有利于促进城镇化、满足城乡建设发展用地需求的原则，对全国土地进行合理规划和调控。城镇建设用地的增长要与乡村居民点撤并和土地转让统筹考虑。

4 建立健全城镇化和城镇发展的法规体系，强化监督管理

4.1 科学编制全国城镇体系规划纲要和省（区）域城镇体系规划，并据此编制跨省（区）、市的区域城镇体系规划、市域城镇体系规划以及各类区域性专项规划，制定与完善相关配套政策。

4.2 强化区域城镇体系规划实施管理和监督。建立对重点控制区和区域重大建设项目的审批制度，严格实行项目选址的分级审查和管理；强化国家和省（区）级的宏观调控力度；实行规划的全方位监督管理，逐步形成对区域城镇体系规划实施由上级政府、立法机构、社会公众及新闻舆论等方面全方位的监督机制；根据城镇和区域经济发展的需要，对不适应城镇空间发展需要的行政区划，适当予以调整。

4.3 建立完善的保证区域城镇体系规划实施的法规体系；明确区域城镇体系规划审批、调整、修改的法定程序，制定省（区）域城镇体系规划实施办法和管理细则等地方法规，增强区域规划实施的法定效力；加强对全国城镇化和城镇发展中重大问题的多层次的沟通和协调机制。

二、科学制定城镇规划，完善市域城镇体系，促进城乡协调发展

5 加强统一规划，优化资源配置，实现市域城乡协调发展

5.1 市域城乡要协调发展。市域内城乡居民点以及各类用地要统一规划，合理安排。市域城镇空间布局、产业配置应保障经济效益、社会效益和环境效益的统一。统筹市域城镇的职能分工、空间布局和基础设施配置，缓解中心城区生态和环境压力；发挥区域性中心城市的功能，增强辐射带动能力，引导市域各类城乡居民点的合理布局和健康发展。

5.2 合理用地，节约用地。科学编制城乡规划，引导城市建设合理挖掘现有建设用地潜力，充分利用非耕地资源。严格实施城市规划，特别要提高控制性详细规划的质量并赋予法律效力，对各类用地和开发建设活动实施有效调控，防止违反规划扩大用地规模和随意圈占土地。严格依据城市规划实行土地出让转让，根据城市开发建设的步骤、时序和需求，控制土地投放。

通过制度创新和制定鼓励政策，引导农民改变分散的生活方式，集中建设农村居民点，促进乡镇企业向城镇集聚。建立有利于城乡发展的农村土地流转制度，促进城乡土地优化配置。

5.3 城市交通系统和设施应与区域性交通设施建设协调。市域内交通、通讯、供水、供气、供热、污水处理、垃圾收集与处理等基础设施要统一规划、合理布局，实现共建共享，避免重复建设。

6 强化城镇功能，优化布局结构

6.1 优化城镇功能和布局。城镇发展要根据经济发展水平和环境容量，合理确定城镇规模和建设标准，完善功能，优化产业结构，加强基础设施、公共服务设施和生态建设。

大城市的发展要着眼于区域，与区域范围内的城镇统筹规划，避免中心城区人口和功能的过度集聚，实现城区人口和用地规模的合理发展，避免盲目扩张。中心城区要强化对城市和区域的服务功能，发挥作为区域中心城市的辐射带动作用。中小城市要根据不同发展条件，适度提升人口和经济集聚水平。

6.2 加强城乡结合部的统一规划、整合和管理。城市郊区农村居民点应按城乡统一合理布局的要求，相对集中，配套相应市政设施，建立与市区及区域交通网络便捷的联系。对具有地方、民族和历史文化特色的村庄应予保护和合理利用。加强城市郊区田园化建设，改善生态环境。

7 重视旧城改造，加强开发区统一规划与管理

7.1 合理进行旧城改造。对旧城区要加强维护、合理利用、适当调整、循序渐进、有机更新，避免大拆大建。旧城更新要同其产业结构调整、新区建设和城市功能转变有机结合，统筹安排。旧城改造应侧重市政公用设施的配套完善和危房改造，提高居住环境质量。

7.2 认真做好历史文化名城（镇）的保护。要保护、延续其整体格局和历史风貌，严格按照《城市紫线管理办法》要求，保护历史文化街区、文物古迹和历史性建筑及其周边环境；对历史文化遗产较集中的老城，可适当疏解其功能。

7.3 加强开发区统一规划和管理。城市规划区内的各类开发区选址、基础设施建设，必须纳入城市规划统一管理。要对现有开发区加强整合和管理力度。

8 强化规划的调控作用，加大实施监管力度

8.1 建立健全市域城乡规划、建设统一管理体制。科学编制市域城镇体系规划，建立规划协调机制，依据规划对市域各类用地和开发建设活动进行引导、协调和管治。加强监督制约机制，强化对规划实施的监督。

8.2 加强对城市规划建设中全局性、前瞻性、理论性问题和相关政策、法规的研究。重视城市生态系统及其内在规律的研究。要充分应用科技新成果，提高科学编制、实施城

乡规划的水平和效率。

三、加强小城镇建设，促进农村经济社会协调发展

9 实现小城镇建设与农村经济社会发展相互促进的良性循环

9.1 小城镇发展必须与农村经济社会发展同步。要集中有限财力、物力用于重点小城镇建设，形成城、镇、村经济社会发展相互促进的良性循环。

9.2 完善小城镇功能，改善投资环境，增强吸引力，促进小城镇经济与建设的互动发展。

9.3 大中城市辐射范围内的小城镇，要成为企业建立配套生产加工基地和开发新产品、连锁经营、物资配送、旧货调剂以及信息交流的载体，充分发挥城乡“联系纽带”和“交换平台”的作用。

9.4 小城镇建设要为农村经济社会发展创造所需的软硬环境。要大力发展农业生产资料交易、农产品深加工和产品增值企业，推进农业产业化，为劳动力有序向小城镇转移创造条件。

9.5 村镇建设用地应与迁村并点、撤乡并镇、土地置换、退宅还耕以及整治“空心村”等统筹安排。要盘活土地存量，合理地提高土地利用率。

10 在科学合理的城镇体系框架内发展小城镇

10.1 城、镇、村要共生互补，协调发展。城镇密集区和中心城市周边地区的小城镇，要纳入所属区域城镇体系统一规划，参与城镇职能分工和产业结构调整，与大中城市互为依存，实现城乡一体化发展。

10.2 相对独立的小城镇要强化其为所在地区农业、农村和农民服务的职能，要成为农产品集散中心、加工基地以及农业信息、技术推广、文化教育和生活服务中心，带动当地农村经济社会发展。

10.3 村镇体系布局要合理确定职能和等级结构，达到布局均衡、服务方便，有利经济社会发展。环境恶劣或生态敏感地区，可另行选址，采取移民建镇（村）措施。

10.4 小城镇建设要坚持突出重点、因地制宜、注重实效的原则。重点发展县城和部分区位优势明显、基础条件好、发展潜力大的建制镇。到2010年，要将部分重点小城镇建设成为规模适度、布局合理、功能完善、环境优美、凝聚力与服务功能较强且具有文化传统和地方特色的一定农村地域的经济文化中心。

11 提高小城镇规划建设质量

11.1 强化土地资源科学管理和合理利用。要科学合理划定农田保护区和规划建设区，通过集体土地流转、用地性质界定、土地置换、退耕还林、占补平衡，以及城镇建设用地指标、宅基地标准等技术立法手段，实现土地科学管理和合理利用。

11.2 根据县域规划对村镇体系布局、农业结构调整和可持续发展的要求，确定小城镇规划设计原则，充分体现有别于大中城市的小城镇职能、特点和地方特色。对历史文化名镇、古镇和名胜古迹要严加保护，并按保护规划建设发展。

11.3 重视小城镇防灾救灾。必须在选址、规划、设计及建造各个环节按有关规定采取相应的防控对策和必要的技术措施。

11.4 保护自然生态环境。小城镇的发展规划，要尽量不占用自然生态区，确因经济社会发展需要不得不占用时，应设法将损失降到最低限度；凡属建设开发区内的小山丘、池塘、小溪和林木、花草，均应严加保护，并通过规划设计与人工环境整合。

11.5 小城镇道路交通等基础设施、公共服务设施和环卫设施，要因地制宜，合理配置。对小城镇和村庄人车混流、布局不合理的道路系统，要逐步调整和改造；严格水源水质管理，确保居民饮水安全、卫生；完善排水系统，村庄和镇区排放无害工业废水和生活污水的明沟应加盖封闭；垃圾收运密闭化，禁止随处露天堆放；对老式旱厕，要逐步进行封闭化和洁净化改造；逐步改善能源结构，建设燃气和供热设施，开发利用沼气。

11.6 以科技为支撑，提高小城镇建设质量。房屋建筑、能源交通、环境保护、防灾救灾和信息化建设，均应因地制宜地采用先进适用的技术、材料、工艺和产品。积极鼓励大中城市的设计、生产、施工企业和开发商，从事村镇开发建设，提高小城镇建设质量。

11.7 重视中心村建设。要采取优惠政策，吸引暂无条件建镇的基层村（自然村）村民向中心村聚集，扩大中心村的人口规模，并按村镇规划标准为中心村配置基础设施、公共服务设施和环卫设施。

12 深化体制改革，完善相关政策，保障小城镇健康发展

12.1 小城镇建设的各有关主管部门，应通力合作，实行多头拉动，形成合力，确保规划质量，确保建设按规划实施，加速城镇化发展。

12.2 建立简捷、顺畅、高效的运营管理机制，以利于城市技术、人才和企业进镇，金融资本向小城镇流动以及房地产商进镇投资开发。

12.3 制订指导性强的小城镇房地产管理实施细则，加强对集体土地上房屋的产权管理，引导进镇农民原有房屋和宅基地的有序流转和置换，妥善解决村镇“双重占地”问题。

12.4 制订配套的优惠政策措施，积极引导乡镇企业向工业小区集中，农宅向居住小区集中，促进产业和人口向小城镇有序转移，壮大小城镇的经济规模和人口规模，发挥小城镇的规模效益和聚集效益。

四、加强市政公用基础设施建设，强化城市功能保障

13 加强城市供排水设施建设和节约用水

13.1 利用水资源可自然循环和人工再生的特点，不断提高用水效率和城市水环境质量，逐步使城市水资源的保护、开发和利用建立在可持续发展基础上，以有限的城市水资源保障城市的持续发展。

13.2 根据城市水源条件，鼓励建设多水源城市供水，包括地下水和地表水联合供水系统，提高城市供水安全保障程度。地下水的开发利用必须保证长年采补平衡。在地下水超采地区，应严格控制并逐步减少地下水开采量。

13.3 根据区域规划、城镇体系规划和区域经济发展水平，积极推进区域供水，发挥规模供水效益，促进水资源合理配置，推动城乡供水一体化，提高乡镇和农村供水水平。严格限制城市公共供水范围内的各种自建水源供水系统。

13.4 加强对城市供水水源的安全防护与监督，建立对各种供水突发事故的报警系

统，采取多种应急措施，保证城市供水。

13.5 不断提高城市供水水质检测装备和检测技术水平。严格对供水水质，包括二次供水、污水再生利用供水和自建供水设施的水质检测和监督。

13.6 鼓励研究开发多种高效、节能、节水的水处理工艺、设备、药剂和器材。

13.7 城市排水应坚持减污、排渍、分流、净化和再生利用的原则，根据城市水域功能和水环境容量进行规划和建设。

13.8 城市新区排水管网应优先采用雨污分流体制。城市排水管网应与城市污水处理厂配套建设，保证污水处理厂分期、按设计负荷运行。

13.9 城市应按集中与分散相结合的原则规划建设高效的城市污水处理设施。经必要预处理的工业废水应纳入城市生活污水系统合并处理。根据污水水质和受纳水体功能，合理确定处理工艺。处理后的水质必须达到相应处理标准。对远离城市排水系统的居民区、风景名胜区、度假村、疗养院、机场、经济开发区和独立工矿区等，可采用多种人工净化与生态净化相结合的方法就地处理污水，达标排放，并充分考虑处理后水的再生利用。

13.10 城市污水处理产生的污泥，应采用厌氧、好氧和堆肥等方法进行稳定化处理，也可采用卫生填埋方法予以妥善处置。

13.11 鼓励开发多种污水处理再生利用技术和设备，在安全、卫生和经济合理的原则下，积极推行污水再生利用。

13.12 鼓励开发和推广节水型新技术、新工艺、新设备、节水型用水器具和供水管网漏损控制技术和设备。

13.13 加强城市供排水管网设施建设和更新改造。积极引进、开发和推广强度高、水力条件好、施工简便、可靠程度高的新型管材和多种管道维护、更新技术和设备。

13.14 加强雨水回收与利用，鼓励开发海咸水淡化技术及设备，因地制宜地提高非传统水资源的利用水平。

13.15 积极采用现代信息技术和控制技术改造和装备城市供排水系统，提高系统服务质量、运行效率和安全可靠性。

14 强化城市燃气和供热设施建设，优化城市能源结构

14.1 城市燃气建设要坚持“多种气源、多种途径，因地制宜、合理利用能源”的方针，积极利用天然气、液化石油气等洁净气源作为城市燃气气源。结合西气东输工程的实施，城市要加快利用天然气的步伐。城市燃气建设必须遵循安全、稳定、可靠的原则，保障供应。

14.2 加强管道输配设施建设，充分利用天然气管道输送压力，提高城市天然气管道输气能力。加强储气和调峰设施的建设，特大城市和重要城市要考虑应急供气措施，提高抗故障能力。积极研究旧管道的利用和修复技术，充分利用现有城市燃气旧管网系统和储气设施。

14.3 扩大城市燃气用气领域，重视应用技术及设备的研究开发，实现安全、节能、经济和低污染应用。

14.4 推广和发展现代信息技术、控制技术和检漏技术，优化城市燃气系统，提高运行效率和供气水平。

14.5 逐步建立“跟踪监测—风险评估—计划性修复”的燃气管网综合管理机制，提

高安全管理水平，降低管网事故发生率。

14.6 发展城市集中供热，因地制宜地开发多种热源。以燃煤为主的城市，要继续发展和完善以热电联产为主、区域锅炉为辅的城市集中供热系统；有天然气资源的城市，可建设燃气蒸汽联合循环热电联产和燃气轮机热电冷三联供；使用电供热时，要利用蓄热技术，提高峰谷电的利用能力。在集中供热不能覆盖的地区，要使用清洁能源，采用高效技术设备供热，严禁新建小型燃煤锅炉供热。

14.7 鼓励开发利用太阳能、风能、垃圾、秸秆、热泵、地热、燃料电池等新能源技术。积极推进核能供热技术的开发和应用。

14.8 提高输配管网的安全性、可靠性和经济性。使用先进技术与设备，增强城市热力网输送和调节能力。提倡建设应用高参数（温度 110～150℃，压力 1.6～2.5MPa）的热力网系统；建设环状管网、间接供热系统；大、中型热力网要建设多热源联合运行系统并推广采用联网运行仿真计算软件；为满足热计量和按需用热的要求，应使用变流量调节的运行方式，并对原有城市热力网进行技术改造；有条件的城市，要大力发展多种形式的城市热力网生活热水和制冷系统。

14.9 逐步实行按用热量计量收费的供热系统。研究适合国情和不同气候地区城市居民住宅的调节、控制、分户计量的采暖系统，研制开发生产热表、温控阀等有关调节、控制和计量设备。

14.10 热力网计算机监控系统应由监测为主逐步向控制为主发展，供热系统要实现信息化管理。

15 加强城市道路、交通设施建设

15.1 编制或修编适应可持续发展的城市综合交通规划。认真开展城市交通综合调查，在城市总体规划和土地利用规划的基础上，研究适合我国城市特点的交通预测分析方法，建立实用模型。编制或修编城市路网（等级、分布）结构规划、公共交通（轨道、公共汽、电车）线网规划、交通枢纽规模和分布规划、物流中心规模和分布规划、停车设施规模和分布规划等，形成功能明确、等级结构协调、布局合理的道路网络。

15.2 确定公共交通的合理结构。特大城市和经济发达地区的大城市，城市公共交通应逐步形成以快速轨道交通为骨干，大运量公共汽（电）车为主要支线运载工具，辅以小型公交客车和出租汽车等公共交通设施的结构框架。中等城市和欠发达地区的大城市，应逐步形成以大运量公共汽（电）车为骨干的公共客运系统。有条件的城市可发展主要行驶于地面的轻轨交通系统。在客运量很大、修建轨道交通条件又不成熟的城市，鼓励发展快速公交系统（BRT）。山城、沿江河和滨海城市可发展多元化的公共交通（轮渡、缆车、索道等）系统。

15.3 加快公共汽（电）车专用路或专用道建设。城市客流量大的主要道路应划定公共汽（电）车优先车道，加强港湾式公共汽（电）车停靠站建设；设有公共汽（电）车专用路、专用道及优先车道的交叉口，信号相位设计应体现公共汽（电）车优先通行原则。大力推广城市道路交叉口渠化、分流设计，并匹配相应交通控制方式，提高道路交叉口通行能力。

15.4 重视研究交通规划、交通控制技术领域的新理论、新方法；加强城市交通结构定量化分析技术和分析精度研究；50 万人口以上的大城市要逐步建立不断更新的城市交

通基础信息数据库和交通模型库；逐步建立智能化的公共交通运营调度系统，推广使用区域调度模式，提高公共交通运营管理效率和应对突发事件的能力。

加快城市道路网络可靠度和评价技术研究，合理确定与城市安全密切相关的主通道布局，提高工程建设标准，增强城市道路网络防灾抗灾能力。

15.5 加强城市轨道交通建设与城市土地使用和地下空间综合利用的协调，积极探索城市轨道交通发展模式，加强施工技术研究。

15.6 加强城市停车设施和交通枢纽的规划建设。鼓励使用可靠性好的立体停车设备。大力推广停车场自动收费技术和停车诱导技术。大城市应加强以大容量公共交通为核心的交通枢纽建设，完善配套的停车设施，方便其他交通方式与公共交通的换乘。

15.7 积极推进新型公共汽车的研制开发，鼓励低地板、高性能、低污染、新能源车辆在城市公共交通系统中的应用，逐步取代传统车型。

15.8 大力发展有利于生态保护和交通安全的透水、防滑、耐久、低噪声路面材料和施工工艺，鼓励开发路面材料再生利用技术和应用固体废弃物的城市道路修筑技术。

15.9 加强城市道路的养护维修，提高道路养护标准。推行城市道路预防性养护技术，发展快速修补材料和工艺，研制开发路面使用性能动态测试实验设备、旧路面表层再生设备等。

15.10 重视城市桥梁的美学设计，桥梁建筑造型要与城市的环境和景观相协调，处理好多样关系间的和谐统一。

15.11 加强桥梁结构耐久性的研究，从设计、施工、管理多方面采取措施，提高桥梁结构的耐久性。积极研究开发适应城市交通运营条件下桥梁快速建设的设计和施工技术。

15.12 实现城市桥梁养护维修的规范化、科学化、提高养护标准，进一步发展桥梁的监测、检测和现代化的加固技术。

16 实现城市生活垃圾减量化、无害化、资源化

16.1 城市生活垃圾处理必须坚持减量化、无害化、资源化原则，加强垃圾产生、收集、清运和处置全过程管理，促进资源循环利用，防止环境污染。

16.2 高度重视防止和减少垃圾的产生。要限制过度包装，鼓励净菜上市，建立消费品包装物回收体系，减少一次性消费品的使用，减少垃圾的产生。

16.3 积极采取多种措施，推广垃圾分类收集。垃圾分类收集应与垃圾处理工艺相衔接。垃圾收集和运输应密闭化，鼓励采用压缩式收集和运输方式。

16.4 鼓励开展对废纸、废金属、废电池、废玻璃、废塑料等的回收利用，逐步建立和完善废旧物资回收网络；鼓励垃圾焚烧余热利用和填埋气体回收利用，以及有机垃圾高温堆肥和厌氧消化制沼气等；鼓励建筑垃圾综合利用。垃圾回收与综合利用过程中，要避免和控制二次污染。

16.5 卫生填埋、焚烧、堆肥、回收利用等垃圾处理技术及设备要在技术可行、设备可靠、规模适度、综合治理、合理利用的原则下，根据土地资源、经济条件和垃圾热值等因素因地制宜地合理选择其中之一或几种方式的适当组合。积极发展有机垃圾生物处理技术，鼓励采用综合处理方式。

16.6 禁止生活垃圾随意倾倒和无控制堆放。严格禁止向江河湖海倾倒垃圾，防止水

体污染。医疗垃圾和其他有毒、有害废弃物，应建立独立的收集、运输和处理系统或运至专门的处理中心，严格禁止其进入生活垃圾。

16.7 开发城市生活垃圾处理技术和设备，提高国产化水平。着重研究开发填埋专用机具和人工防渗材料、填埋场渗沥水处理、填埋场封场和填埋气体回收利用等卫生填埋技术和成套设备，垃圾焚烧成套技术设备，焚烧烟气处理和余热回收利用技术设备，垃圾回收物品的低污染利用技术，有机垃圾厌氧消化人工制沼气技术，垃圾、废物分选技术设备，垃圾衍生燃料技术设备等。

17 加强城市园林绿化建设，改善生态，美化环境，营造良好的游憩休闲园地

17.1 城市园林绿化是改善城市生态状况，创造美好人居环境，为市民提供游憩休闲园地，营造城市可持续发展的重要基础设施。要坚持政府组织、群众参与、统一规划、因地制宜、讲求实效的原则，充分依托城市自然与地貌条件，发挥其作为具有生命的基础设施的独特优势，在城市范围内再造“第二自然”，形成城市具有一定规模的实体空间，协调城市中人与自然的关系。

17.2 依法编制好城市绿地系统规划。要按标准划定防护绿地、防灾避灾绿地、公园绿地等各类绿地和原有树木、植被保护范围。要明确历史文物保护绿地、旅游活动绿地和公益性公园等不同绿地的性质，严格执行“绿线”管理制度，明确划定各类绿地范围。

17.3 根据不同级别和类型公园的规模、特点，确定相应的服务半径，形成在城市内均匀分布的公园绿地系统。近期应着力加强城市中心区的公园绿地建设，改善市中心区的环境生态质量。

17.4 在旧城改造和新区建设中，要严格执行绿地建设标准，尽可能创造条件扩大绿地面积；特别要控制居住区的人口和建筑密度，创造可持续利用的环境条件。

17.5 加强市区和郊区的河、湖、海岸、山坡、干道沿线等地的绿化建设，建立人行及非机动车绿色通道，维持和恢复河道及滨水地带的自然形态，保护和恢复湿地系统；整治优化文物古迹周边环境，加大绿化力度；采取技术措施，严格保护古树名木；大力推进城郊绿化，严格维护城市绿化隔离地带；充分利用地形、水体、原有植被和历史文物等条件，努力使各种绿地相互沟通，形成贯穿城市的绿色网络和城郊一体的城市绿化体系。

17.6 按《佛罗伦萨宪章》规定的原则，保护管理好历史园林。城市园林绿化设计要继承、发展我国园林的优良传统，借鉴国内外先进理论和方法，体现地方特色，突出实效性、科学性和艺术性，力求经济节约；重视研究国外工业废弃地和矿山迹地改造为绿色公园的经验，创造具有工业时代记忆，又富于时代特征的园林新类型；重视植物造景；结合城市气候及土壤条件特点，规划培育园林绿化植物品种，设计、营造、抚育富于特色的乔木、灌木、草本植物组成的稳定的植物群落，努力创造园林绿地内的生态平衡条件和景观多样性。

17.7 加强园林植物引种、育种研究，丰富园林绿化植物材料，建立适合造园绿化的乡土植物苗圃，积极推广先进育苗技术。培育优质、适生和特性、抗性强的植物材料。在引进外来植物时，必须经过引种驯化实验，注重生态安全，防止外来有害物种侵入和逃逸。重视和加强园林植物保护的研究和无公害病虫害防治技术的推广。

17.8 加强城市绿地系统对缓解城市热岛和促进城市气流良性循环的研究，绿地生态效益考核测算与统计技术的研究，提高城市绿地质量和生态效益。推广通气透水铺装材料

技术，创造有利于树木生存的条件；积极推行雨水收集、中水利用和节水灌溉等技术措施，以新技术和科学管理手段，提高园林绿化施工和养护技术水平。

17.9 建立全国和地方信息数据库系统，建立健全技术标准，完善城市绿地监控系统。积极采用地理信息系统、卫星遥感等新技术，实现规划、建设、管理、监控的数字化。

17.10 加强各级园林科学研究机构和队伍建设，加大园林绿化科学研究力度。

18 重视地下空间的开发与利用

18.1 大城市要逐步形成与地面建筑相结合的地下人流、物流的公共空间体系。

18.2 重视城市地下空间开发、利用与保护的规划编制工作。重点规划、开发和建设地铁站区三维空间（地下、地面与空中），根据城市自然条件、客观需要与可能，结合地铁建设，优先规划建设地下街、地下车库、地下管线共同沟和平战结合的人防工程等。

18.3 做好城市地下空间工程的勘察、设计、施工与管理的研究。重视提高勘察技术水平与质量；注重环境设计，研究解决地下空间的舒适性、方位感、安全感及耐久性等技术问题；应用数控技术、信息技术、引进与研究开发施工技术装备与工法，实现良好的地下施工与环境保护控制；重视并推进信息技术在勘察、设计、施工与管理各个环节的应用，提高地下空间整体技术水平。

18.4 重视地下空间防灾技术的研究与开发，制定灾害控制对策，充分利用地下空间工程已有的防灾能力，研究“平战功能转换”技术，充分发挥城市各类地下工程设施的功效，建构城市综合防灾体系。

18.5 重点研究开发城市地下工程建设的新技术、新材料、新工艺。研究开发地下工程信息化施工与周边地层环境控制技术、特种掘进新机械、新工法，地下空间环境特性的综合评价与控制技术，地下工程新型功能与结构材料，结构与支护技术，地下结构托换技术，变形控制技术，地下工程环境的测试、感知、控制技术和相关仪器设备。

18.6 开展既有地下工程（包括人防工程）调查，建立地下工程信息数据库，实行信息化管理。通过加固、改造，增强既有地下工程功能，并纳入统一的城市地下空间开发利用的规划建设，充分发挥平时获得经济效益、抵御自然灾害，战时防御战争灾害的双重作用，使既有人防工程与地下室等工程设施能够满足现在和将来的使用要求。

18.7 研究制定鼓励和规范地下空间开发利用的相关政策，逐步建立“规划、土地、房地产、民防四位一体”的一元化城市地下空间开发利用管理体制。

19 提高城市防灾减灾能力

19.1 城市防灾减灾应遵循“预防为主，防治结合”的方针，执行国家有关地震、火、风、洪水、地质破坏等五大灾种设防标准的基本要求。

19.2 建立和完善城市各类灾害相互影响和并发的评价方法，加强对城市综合防灾资源合理配置的研究，建立相互协调的各类灾害的设防标准，提高城市综合防灾能力。

19.3 开展地震、火灾、台风、洪水、地质破坏等灾害的防治理论与技术研究。研究采用防灾设计、施工新技术，保证建（构）筑物达到工程建设强制性标准确定的设防目标。要特别重视高层建筑和大型公共设施的防灾研究、设计与施工，并按重要性等级相应提高其设防标准。城市生命线工程设施也应按重要性等级相应提高其设防标准。加强对次生灾害的控制和防治。研究开发和推广使用事故检测、诊断、处理和保护技术，提高各类管线和网络的抗灾能力。

19.4 完善既有建筑抗震能力的鉴定标准和评估方法。对城市既有重要建筑和基础设施应按不低于同类建筑和设施的设防要求进行防灾能力鉴定和评估，对在设计基准期内可能遭遇的灾害和造成的破坏损失进行预测，存在重大安全隐患的应迅速采取对策。对既有建筑和工程设施的加固，应结合城市改造进行，避免仓促加固后再拆除。

19.5 制定各类建筑和工程设施受灾破坏程度和剩余安全度的鉴定评估标准和实施细则。发展结构损伤检测、补强、加固技术，包括材料、机具、工艺和设计方法等。制定灾后排险救灾、修复预案和恢复重建方案。

19.6 加强技术立法，完善城市防洪、工程结构与设施抗震、抗风和防火等防灾设计标准。对城市建筑和生命线工程设施应研究提出不同设防标准的设计、计算和构造措施。制定综合的城市防灾对策和防灾规划。防灾对策和防灾规划应作为城市总体规划的组成部分，各城市应根据灾害危险性背景，编制不同灾种的专项规划。积极采取工程和非工程措施，制定和完善防御各种灾害的应急预案，提高对突发灾害的应变能力。

19.7 编制（修订）城市防灾减灾规划应采用数字信息技术，发展数字减灾系统，加强对开发研制我国自主知识产权的专业信息处理系统的支持，提高城市防灾减灾管理水平。开展城市建筑和基础设施基本情况调查，尽快建立城市财产清单和有关资料数据库。

五、加强风景名胜区和自然文化遗产的保护与管理

20 建立健全全国风景名胜区保护管理体系，科学规划，分类管理

20.1 建立有效的统一管理和协调机制，使具有重要观赏、文化和科学价值，自然景物、人文景物比较集中的区域，包括各种自然和文化遗产资源得到有效保护和合理利用。

20.2 风景名胜资源的保护和利用应向更深、更广、更综合的层次发展。切实落实风景名胜区生物多样性和景观固有状态的保护，建立健全风景名胜资源管理体制及具有政府职能、界权统一的管理机构。

20.3 开展风景名胜区系统和分类研究，认定各类风景名胜区的特点，建立相应的保护、规划、管理标准，实施分类指导。结合国家、省（区）市、区县三级风景名胜区管理体制，建立分级、分类、分区管理制度，制定保护、管理细则，最大限度地发挥各类风景名胜区生态、社会、经济的综合功效。

20.4 加强风景名胜区内各种工程建设、游览开发及经营活动的管理，严格控制核心景区建设。借鉴国外论证环境允许变化的限度理论，确定风景名胜区合理的环境容量和监控指标。旅游服务基地应在风景名胜区外围建设，经特许在风景名胜区内进行的建设及经营活动，应实施规范化审批和管理。

20.5 加强风景名胜区管理体制研究，并依法实施管理。

21 抓好风景名胜区和自然文化遗产保护的规划编制工作

21.1 完成风景名胜区，特别是国家重点风景名胜区的规划编制工作。对跨省（区）域风景名胜区的规划应抓紧协调编制。资源较丰富和技术条件允许的省、自治区、直辖市应编制风景名胜体系规划，确保遗产资源及其价值的真实性和完整性。

21.2 以风景名胜区内自然资源和人文价值的普查和评价为基础编制规划，确定保护

的内容及利用原则，并据此考虑风景名胜区的总体布局和保护利用分区。风景名胜区总体规划必须划定核心景区，明确规定核心景区的保护、利用和管理要求。

21.3 严格依据风景名胜区总体规划、核心区详细规划进行风景名胜区的资源保护和利用管理，做好风景名胜区勘察定界，落实风景名胜区土地权属。对侵占、破坏风景名胜资源的行为要依法及时进行查处。以风景名胜区资源特征和保护标准为基础，逐步开展风景名胜区环境影响评价研究。

21.4 加强历史文化名城、历史文化街区和村镇的保护规划编制工作。城市规划区内的保护规划应纳入城市总体规划，城市其他专项规划应与保护规划协调一致。

历史文化名城、历史文化街区和村镇的保护，应强调真实性、风貌的完整性和生活的延续性，在保护区内严禁拆毁有价值的历史真迹和新建“仿古一条街”，当必须拆除而新建时应考虑与历史环境的和谐和历史文脉的传承。

22 不断完善风景名胜区和自然文化遗产保护的法规体系与技术标准

22.1 加快风景名胜区和自然文化遗产保护法规体系的建立，落实《保护世界文化和自然遗产公约》、《生物多样性公约》、《国际湿地公约》、《威尼斯宪章》等国际文献的要求。坚持严格保护、统一管理、合理开发、永续利用的原则，积极创造条件，建立风景名胜资源保护法规。

22.2 加大风景名胜区和自然文化遗产保护的标准、规范和规程的编制力度，尽早形成完整的技术标准体系。

22.3 制定各省、自治区、直辖市的地方专项法规。鼓励、支持和帮助风景名胜区、历史文化名城、历史文化街区和村镇，制定与经济发展协调的地方条例和保护管理实施细则，提高公众的保护意识和参与程度。

23 加强风景名胜区和自然文化遗产保护的监管力度

23.1 积极采用卫星遥感、地理信息系统等现代科技手段，建设风景名胜区动态遥感监管系统，实现动态化、可视化监测，提高监管能力，有效遏制风景名胜区“城市化”、“人工化”、“商业化”现象的出现和蔓延。

23.2 建立风景名胜区信息数据库，实施动态管理。风景名胜区应针对本区资源特点，开展观测研究，并以研究成果为基础，落实保护措施。

23.3 加大风景名胜区科研力度，重视人才培养和新技术、新材料的应用，完善风景名胜区保护、建设、管理的技术支撑体系。

23.4 建立风景名胜区和自然文化遗产保护监察制度，加强对风景名胜区和自然文化遗产保护的检查和监督。

六、推进住宅产业现代化，提高住宅和居住环境质量

24 加强现代工业技术和信息技术的应用力度，推进住宅产业现代化

24.1 住宅产业应以住房需求为导向，大力推进通用部品的专业化、社会化生产，不断发展完善各类住宅建筑体系，积极推广应用信息技术，走住宅产业现代化道路。

24.2 积极发展住宅部品，建立住宅部品技术标准体系和部品认证制度，确保部品功能，为提高住宅建筑质量提供良好的物质保障。要在模数协调指导下，逐步实现部品的系

列化和通用化，提高部品的互换性、功能质量和规模经济效益。要开发和完善住宅部品的配套应用技术，组织编制住宅部品目录，利用信息技术手段，促进部品流通。

24.3 住宅建筑体系（主要包括结构、设备、管网等部分）应通过完善的设计、部品与成套技术的集成和有序的现场施工，实现各部分的优化集成和整合。要紧密结合地理、气候特征，材料部品供应状况以及建设规模等具体条件，选择和发展综合经济效益好且具有地方特色的住宅建筑体系，达到住宅建设高效率、高质量、低消耗的效果。

24.4 农村及小城镇要充分开发利用地方建材资源优势，发展低层和多层的各类混合结构住宅。鼓励城市设计、施工、生产企业为农民自建住房提供技术指导、设计图纸以及部品材料等，并利用网络技术扩大服务范围，提高服务水平。

24.5 推广应用工业化装修技术，提高装修施工水平，实施新建住宅土建装修一体化，向消费者提供精装修商品房。

24.6 发展复合外墙技术，重点推广外保温技术、先进适用的隔热、防水、饰面技术和材料，提高外墙的功能质量。开发应用适用于不同地区具有保温、隔热、防水和装饰功能的坡屋面体系，提高和完善平屋面的保温防水性能。积极发展工业化生产的内隔断部品体系和应用技术。

24.7 开发应用整体厨卫及新型配套技术设备，开发定型化、配套化和系列化的厨卫产品，提高产品的可选择性和互换性，做到配置合理，接口方便，并实现规模化生产。

24.8 各种管线应采取综合设计，相对集中，一次敷就。设立竖向管井（管束）区和水平管线区，开发管道墙，提高配管布管质量。

24.9 建立住宅产业化基地，积极研究开发符合居住功能要求、工厂生产、现场组装的工业化住宅生产技术。研究开发钢结构住宅体系和与之配套的部品及其应用技术。

24.10 大力推广应用信息化技术。在住宅与部品的生产、供应、销售，以及物业管理等领域积极开发应用信息技术，推进产业现代化进程。

24.11 稳步推进住宅性能认定制度，不断完善住宅性能评定方法，提高住宅科技含量，引导市场主体开发高品质住宅。

25 坚持以人为本的思想，优化住区环境

25.1 建立建设用地环境状况（主要包括大气、水、声、光、热、电磁辐射、土壤氡浓度等）的量化评价制度。对住区用地的不利因素，要在规划设计中采取必要的技术防护措施，保证住区环境质量。

25.2 住区规划设计应与景观环境相和谐，合理利用地形、地貌与地物，与城市周围环境协调，注意吸收传统与地方规划建筑精华，创造现代文明居住环境。

25.3 住区规划必须符合国家有关规范和标准。要严格执行日照标准，优化住区风环境，遵守容积率和绿地率指标要求。对有害的污染源应清除或采取可靠的技术措施隔离，达到国家规定的环境指标。

25.4 住区绿化应按乔、灌、草的合理比例配置，绿地面积要达到国家规定指标。鼓励发展垂直绿化和空间绿化。

25.5 住区建设必须符合国家规定的防灾、救灾、消防等要求，设置相应的常规和应急设施。

25.6 合理组织住区内部交通，保障常规交通的便捷通畅。应按规范要求精心设置无

障碍交通系统。应按规定比例配置足够的汽车停车位和自行车存放点，合理解决住区停车问题。

25.7 住区建设应按国家规定的指标设置完善的文化娱乐、医疗卫生、体育健身、公共服务等各项设施。开展老年人居住模式研究，重视社区老年人服务设施建设。

26 改善住宅性能，营造舒适、安全、卫生的室内环境

26.1 合理安排各功能空间，结构及设施、设备应科学选择，合理布置，做到结构安全，空间利用率高，使用灵活性大，适应远期改造的需要。

26.2 力争达到良好的住宅日照和自然通风条件，每套住宅至少有一间主要居室，四居室以上大套型至少有二间主要居室有良好的日照条件。

26.3 防止室内空气污染对人体健康的损害。要严格执行国家有关标准，加强对装饰装修材料有害物质的控制，保障室内空气质量达标。厨房、卫生间应采用有防倒灌、串气措施的集中排气系统，有效控制空气污染。

26.4 建立住宅室内环境量化评价制度，保障室内环境质量和舒适度。对室内空气、噪声及各类有害物进行测定，采取可靠的技术措施，排除不符合标准的污染因素。

26.5 对尚在使用的老旧住房，提倡及时进行安全性检测和鉴定，并根据需要进行适当改造，同时改善室内环境。

七、推行建筑工业化、现代化，提高建筑技术整体水平

27 推行建筑工业化、现代化

27.1 以确保质量，提高功能，降低资源消耗，提高经济、社会、环境效益为目标，在标准化的基础上，实现建筑材料、制品、设备的工业化生产和市场化供应，完善建筑结构与工艺体系，提高施工专业化和机械化水平，优化建设全过程的组织管理，推广应用信息技术，走建筑工业化、现代化道路。

27.2 建筑设计要坚持“适用、经济、美观”的方针，本着“时代精神、民族传统、地方特色”的原则，繁荣建筑创作。要着力研究建筑生态学，重视环境设计，努力实现社会效益、环境效益和经济效益的统一，不断提高建筑产品的功能和质量。

27.3 建筑设计要与施工紧密配合，选择和发展先进适用和综合效益好的建筑结构、工艺体系和施工工法，为社会提供优质的建筑产品。研究建筑设计与建筑施工的合理结合与划分，可允许具有设计资质的施工企业承担施工图设计任务。

27.4 实施现场施工机械化和手持机具相结合的多层次的技术装备政策。对于不用机械难以保证质量、安全和进度的工程必须采用机械化施工方法；对繁重体力劳动的工种应优先实现机械化；对于装修、防水、保温、设备安装等工程，应开发应用小型机械和手持机具；对砌筑、抹灰等传统工艺，应在逐步发展新材料、制品的同时，改善操作工艺和工具。要重视施工中的机具配套，通过机具的优化组合取得最佳效益。

27.5 开展技术创新，推广应用先进适用技术。现阶段要大力推广量大面广、对改善施工现场状况和提高建筑工业化、现代化水平有积极作用的新技术，要重点组织推广建设部发布的先进适用技术。

27.6 深入研究我国市场经济条件下的工程项目建设管理模式，积极推进工程总承

包、工程项目管理和工程监理的发展。研究、改进和完善建设行政主管部门对建筑市场的监管方式，建立适应市场经济的建筑市场监管体系，并对监管效果进行评价。研究和建立建筑市场信用体系，促进建筑业在竞争有序的条件下健康发展。要合理设置建筑业各类执业资格标准，加强培训和执业教育，提高执业人员素质。积极完善工人、工长技术培训体系，大力提高建筑工人的操作技能。

27.7 积极应用信息技术提高建筑企业的施工技术水平和管理水平。通过应用信息技术、现代管理技术，带动勘察、设计、施工企业经营管理模式创新，企业生产进度、质量、安全、成本控制等管理模式创新以及企业间协作关系创新。

28 强化建筑节能，降低能源消耗

28.1 严格执行建筑节能设计标准。到2010年，大中小城市和县城均应普遍执行《民用建筑节能设计标准（采暖居住建筑部分)》、《夏热冬冷地区居住建筑节能设计标准》和《夏热冬暖地区居住建筑节能设计标准》。尽快编制公共建筑节能设计标准。

村镇建筑要根据当地条件，积极开展建筑节能工作，并通过试点示范，力争达到或接近所在地区城镇的节能目标。

28.2 建筑设计要因地制宜选择建筑物朝向，采用合理的建筑体型及窗墙类型，采用保温隔热性能好的围护结构，充分利用自然采光和自然通风，将建筑节能与改善建筑室内热环境，减少二氧化碳排放紧密结合。

28.3 积极开发和推广外墙外保温隔热成套技术，屋面高效保温隔热防水技术，节能门窗新产品，以及各种外遮阳装置等。研究开发提高锅炉热效率、供热系统自动调节、分户热计量、低温地板辐射采暖等供热系统节能技术与节能产品。开发和推广带热回收的建筑通风技术和产品。

28.4 继续深入开展墙体改革，积极推广新型墙体材料。要因地制宜地合理利用地方资源和工业废渣，推广非粘土砖、混凝土空心小型砌块、轻质隔墙材料等，做好禁用实心粘土砖工作。

28.5 重视开展对既有建筑节能改造成套技术的开发，并结合具体条件，有计划、有步骤地按照设计标准要求进行节能改造试点，逐步扩大既有建筑的节能改造。

28.6 积极开发应用太阳能、地热能、风能等新能源的关键技术和设备。在太阳能资源丰富的地区，积极开发太阳能利用，并在电能、燃气辅助下用于采暖和空调。发展风能和地下能源利用技术。

29 合理利用建筑材料资源，改进施工和应用技术

29.1 积极扩展建筑钢结构用钢材的品种，提高产品性能。研究和开发高性能建筑专用钢材系列产品，包括优质焊接结构钢、高强度优质厚板、热成型管材、优质可焊铸钢等。增加冷弯型钢和热轧H型钢的品种和规格，包括大规格冷弯管材、大规格H型钢和轻型H型钢等。合理推广采用耐候钢、耐火钢和Z向钢等。到2010年，基本实现建筑钢结构用钢国产化的目标。

29.2 积极推动建筑钢结构的发展，进一步提高应用技术水平。超高层建筑积极采用合理的钢—混凝土结构或钢结构体系。大跨度建筑积极采用空间网格结构、立体桁架结构、索膜结构以及施加预应力的结构体系。低层建筑推广采用经济适用的轻型钢结构体系。积极开发钢—混凝土混合结构或钢结构的住宅建筑体系，逐步实现产业化。加大钢结

构专业技术人才的培养力度。

29.3 积极推广应用低合金钢筋，以及Ⅲ级钢筋、低松弛钢丝、高强钢丝、钢绞线等高效钢筋。

29.4 积极推广应用高品质化学建材。要重点推广应用塑料管、塑料门窗、新型防水材料和建筑涂料。塑料管的推广应用主要以U-PVC和PE管道为主并大力发展其他新型塑料管材；推广应用U-PVC塑料门窗，改进型材断面结构，提高推拉窗密封性和隔声性；重视提高防水技术，推广改性沥青油毡，三元乙丙和聚氯乙烯等新型高分子防水材料；开发高耐候性、高耐玷污性、高保色性的水性外墙乳胶涂料。建立发展品牌产品、淘汰落后产品的机制。提高化学建材的配套应用技术水平和配套产品的生产能力。积极开发配套施工机具、材料与现场检测设备。

29.5 合理利用木材，大力推广木质原料资源的综合利用，积极开发新型无味、无毒、防火、无虫蛀的建筑用人造板材，因地制宜地开发利用竹材、植物茎、稻壳等资源。

29.6 合理使用水泥。优先推广使用规模化生产、低污染、低能耗的水泥，增加高强、低碱、低热水泥的生产和应用。继续大力推广应用散装水泥。

29.7 积极发展高性能混凝土。重视避免混凝土碱—骨料反应造成的危害；研制开发轻质、高强、大流动度、免振捣自密实且具有良好体积稳定性及耐久性的混凝土。有条件的地方积极发展结构轻骨料混凝土，开发纤维混凝土、聚合物混凝土、水下不分散混凝土。

29.8 积极开发以各种工业废渣（如矿渣、粉煤灰、硅灰等）为原材料的活性矿物掺合料及各种混凝土外加剂及其应用技术。

29.9 重视开发固体建筑废弃物再生利用技术，利用固体建筑废弃物中的碎砖、混凝土、路面沥青等制造人造再生材料。

30 确保工程质量和建筑生产安全

30.1 严格贯彻国家有关法规，强化监管，竣工工程质量要达到国家标准或规范要求，消除质量通病，确保各类建筑的使用功能。

30.1.1 强化工程建设强制性标准，特别是有关结构安全、抗震、节能、环保、消防等强制性标准的执行。通过施工图审查、工程质量监督、竣工验收备案，加强对强制性标准执行的监督检查，纠正违规行为。

30.1.2 切实加大建筑工程质量通病，特别是住宅工程质量通病的防治力度。加强质量通病的调查和防治技术研究，通过编制有关手册和标准做法图集等办法，指导各地有效地防治工程质量通病。

30.2 建立既有工程构筑物和建筑物的检查维护制度，定期检查维修、定期检测鉴定，发现安全隐患及时排除。

30.3 切实抓好施工现场的安全生产，加大建筑工程安全投入，提高安全防护水平，努力改善施工现场安全生产条件和生活环境。

30.4 坚持“安全第一，预防为主”的方针，加强施工现场安全管理工作的规范化、科学化和标准化，利用信息技术手段，进行事故预测、预防、预控，消除事故隐患。

30.5 积极推广应用新的安全管理方法和安全技术，鼓励安全产品的研究开发和推广应用。

30.6 推行安全文明施工，采取先进的施工设备、工艺、材料和现代科学管理方法，控制和减少施工废水、废气、建筑垃圾和扬尘、噪声污染。

31 发展建筑智能技术，提升建筑物使用功能

31.1 发展建筑智能技术，应从使用功能要求和环境条件出发，根据需求分析，拟定合理的技术方案，做到技术先进、经济合理、维修方便且留有扩充升级余地。

31.2 新建住宅或小区，应具备安全防范系统，管理与设备监控系统，以及信息网络系统等的基本配置，并确保今后扩展的可能性。暂时不能采用智能技术的住区，宜预留管网位置，为扩充改造提供条件。

31.3 物业管理部门应配备相应专业人员，熟悉掌握各类设备的安装、调试、检测、维护等技术，提高系统的运行效率和投资回报率。提倡社会化物业管理。

八、加速建设事业信息化进程，改造和提升传统产业

32 加速行业电子政务系统建设

32.1 积极推进政府办公自动化和行业监督管理信息化建设。政府办公自动化主要应推进公文流转和管理系统、政府网站系统、办公局域网络系统以及相应网络安全系统的建设。行业监管信息化主要应推进全国城市规划动态监管系统、国家重点风景名胜区规划动态监管系统、全国建筑市场监管系统、全国住房公积金监管系统、全国住宅与房地产市场管理系统和全国城市基础设施管理系统的建设。

32.2 建设事业电子政务技术体系在网络层、系统层、信息资源管理层、应用服务支持层和应用业务层上应与国家电子政务技术体系保持一致，确保全国范围电子政务系统的互联互通。

32.3 大力推广工作流支撑平台和内容管理表现平台支撑技术。以工作流支撑平台技术的结构化业务支撑能力，适应政府业务管理不断变化发展的普遍业务需求；以内容管理表现平台支撑技术的非结构化业务支撑能力，适应政府非结构化信息管理和专题表现的普遍业务需求。

33 大力提升企业信息化创新与集成水平

33.1 企业要积极采用综合业务集成技术。勘察、规划、设计企业要在现有计算机辅助设计（CAD）技术等技术应用基础上，建成以网络为支撑的工程协同设计项目管理系统，实现设计与管理集成；施工企业要在商务、合同、风险、财务、造价、投标、设备与物资采购及工程项目管理等方面形成全流程业务管理系统，实现企业经营与技术管理的集成；房地产企业要在项目开发、交易、物业管理和服务业务方面形成一体化管理系统，实现开发与服务的集成。

33.2 积极推动企业实现多技术集成。企业应从单项信息化技术应用阶段逐步向多技术集成应用阶段发展。将建设事业单项应用趋于成熟的管理信息系统（MIS）技术、CAD技术、数据库管理系统（DBMS）技术、自动控制（AC）技术等进行面向应用主体的有机集成，尝试采用ERP（Enterprise Resource Planning）等技术，提高企业管理一体化、可视化和网络化水平。

33.3 企业信息化的关键是推行先进的信息主管制度（Chief Information Officer），整合

企业业务流程，逐步实现业务流程标准化。应重视企业公共数据库的建设。

34 开发推广信息化共性关键技术和产品

34.1 积极开展地理空间信息技术的研究、开发和与相关技术的集成应用。积极开展地理信息系统（GIS）技术、卫星和航空遥感（RS）技术、全球定位系统（GPS）技术、虚拟现实（VR）技术及通讯技术等的开发与集成应用，提高城市规划、建设、管理和服务的3S技术集成应用水平。特别要推动高分辨率卫星遥感和多尺度航空遥感数据的普及和应用，研究解决城市多元数据融合与挖掘技术，以及GIS、MIS和OA技术的综合应用技术，逐步提高城市规划、建设、管理和服务的数字化水平。

34.2 城市应推广应用公交IC卡收费系统，供水、供热、供气等计算机辅助计量收费系统及其监测调度系统。大中城市要加强3S技术的应用，开发推广智能交通系统(ITS)，中小城市也要在交通管理中应用信息技术，提高管理的自动化水平。

34.3 加速建设事业软件产业建设，大力开发具有自主版权的软件产品，特别是专业应用和可视化支撑平台软件。积极推广基于工具平台的企业综合管理软件、企业战略决策和市场预警预报软件、企业项目管理集成软件和工程项目网上协同工作软件等，依托成熟软件技术和产品，逐步提升建设行业信息化管理和协同工作的能力与水平。

35 开发信息资源，实现资源共享

35.1 积极开发信息资源，加强已有信息资源的整合、利用和更新维护。统筹规划、分工合作、联合开发信息资源，建立符合本行业共享的各类专业数据库系统，利用已有网络基础、业务系统和信息资源，加大整合、更新力度，充分发挥现有信息资源的效益。加强按统一标准研究开发的数据库的更新、维护和管理，确保其长期有效性和共享性。应建立各类数据库的有效信息管理体系和合理运营更新管理机制，逐步形成全行业分布式数据库管理体系。

35.2 加强信息化标准与规范的研究制定工作，建立和完善信息共享和安全保障体系。要建立建设事业信息化标准体系，编制相关技术标准和规范，开展建设事业信息编码方案及信息交换标准等基础性研究，编制城市基础空间信息和电子政务信息共享标准、规范，数据库建设标准、规范，以及行业电子商务、电子政务信息安全规范，确保信息资源的安全与共享。

35.3 加强软件开发和现有软件技术升级与改造，构建和整合信息共享网络平台。软件开发要采用最新技术，从信息共享角度分析需求，进行系统设计、编制代码；要用信息集成技术对已应用的软件（系统）进行改造和融合。加快建设和整合统一的网络平台，实现数据访问和应用集成，共享应用服务和资源。积极推广城市基础空间信息共享平台软件和电子政务信息共享与技术支撑平台技术，满足多行业对巨大城市基础空间信息的共享需求和各级政府建设电子政务核心系统的需求。

36 加强规划与管理，促进信息化快速、健康发展

36.1 健全管理机构，完善管理制度，编制统一的信息化发展规划。各级建设行政主管部门要整合、利用现有行业性信息机构，理顺职能，按照联合共建、分步实施、协调一致的原则，提高效率，推进信息化进程。

36.2 积极推行CMM（Capability Maturity Model）软件评估标准，建立在行业软件评估基础上的准入制度，对涉及工程安全、质量以及需要执行强制性规范标准的软件，要建立

严格评测和登录制度，制定信息资源收集、开发、使用制度，明确信息提供者的权利和义务，规范市场行为和秩序。

36.3 建立试点基地，抓好试点工程。要选取重点领域和地区，进行试点。通过互联互通共享平台，开展城市化数字工程、企业数字化应用、社区数字化应用等项目的试点、示范，带动建设事业信息化持续健康发展。

九、强化标准化工作，巩固建设事业技术基础

37 建立工程建设技术法规与技术标准相结合的体制

37.1 根据世界贸易组织的《贸易技术壁垒协议》（WTO/TBT）和完善我国社会主义市场经济体制的需要，力争到2010年初步建立工程建设技术法规与技术标准相结合的新体制，在我国标准化法修改的基础上，逐步取代现行强制性标准与推荐性标准相结合的体制，与国际通用体制接轨。技术法规一律强制执行，技术标准一律自愿采用。

37.2 以房屋建筑工程为试点，在《工程建设标准强制性条文（房屋建筑部分）》基础上，借鉴发达国家的经验，编制以保障安全、卫生、环保、节能及其他公众利益为目标，以提出建筑功能要求为基本内容的《房屋建筑工程技术法规》。到2010年完成城乡规划、城镇建设、房屋建筑领域技术法规的制定。

37.3 总结试编《房屋建筑工程技术法规》的经验，制定对工程建设领域具有普遍指导作用的编制、审查、批准、发布、管理及实施技术法规的规章制度。

37.4 建立由建设主管部门负责的工程建设技术法规管理体制，形成政府部门、工作机构、管理机构协调配套的运行机制。

38 完善工程建设标准体系

38.1 按照结构优化、数量合理、全面覆盖、避免重复和矛盾、以最小的资源投入获得最大标准化效果的原则，在完成制订城乡规划、城镇建设、房屋建筑标准体系的基础上，研究《工程建设标准体系》框架，组织其他各部分标准体系的编制。

38.2 有计划地组织开展《工程建设标准体系》中各部分标准项目的制定工作。近期，要优先组织制订、修订各部分的《工程建设标准强制性条文》及与其配套的通用标准，确保工程建设领域的强制性要求有标可依；要积极推动各种基础标准、专用标准和工程建设中应用的产品标准的编制，扩大工程建设标准的覆盖范围。到2005年，工程建设领域的标准覆盖率要达到70%，部分专业达到85%以上。

38.3 加快采用国际标准的步伐。到2005年，与工程建设领域有关的国际标准，经过分析研究和实验验证，产品类国际标准的转化率要达70%以上；工程类国际标准要区别对待，其中，国际通用的术语、符号等基础性标准要尽可能等同采用，其他国际标准，要按我国的标准体系并结合我国的具体情况修改采用。

38.4 建立标准的定期复审制度。要组织制定《工程建设标准复审管理办法》，加强对现行标准的修订和局部修订工作，及时更新标准内容，不断提高标准的适用性，发挥标准对促进技术进步、确保建设工程质量的作用。

38.5 根据我国标准化法，参照国际通行做法，对自愿采用的工程建设技术标准，要逐步实行由建设主管部门宏观管理，由有关各方共同参与制订，由经认可的全国性工程建

设标准化组织机构具体管理。

38.6 推动企业标准化建设。要组织制定适应我国实际需要的《建筑施工安全管理规范》和勘察企业、设计企业、施工企业的《质量管理和质量保证体系规范》。通过实行ISO9000体系认证，贯彻落实建设部《关于加强工程建设企业标准化工作的若干意见》和上述规范，鼓励大中型企业在2010年前建立较完善的企业标准化体系，加强工程建设领域的标准化基础。

39 强化工程建设标准的实施与监督

39.1 在我国境内兴建的建设工程，必须遵守我国现行的《工程建设标准强制性条文》或工程建设技术法规。工程建设技术标准，要给出实施强制性技术规定的途径和方法，以及其他非强制的实施性技术规定。

39.2 建立《工程建设标准强制性条文》或技术法规的实施监督制度。建设工程审查机构、施工图审查机构、安全监督机构、工程质量监督机构等，对建设工程的规划审批、施工图审查、施工许可、竣工验收备案等环节要严格把关，确保强制性技术规定在工程建设活动中贯彻实施。

39.3 结合执业资格认定，实行审查、监督人员持证上岗制度。工程建设审查和监督机构中的工程技术人员，必须熟悉和掌握现行有关的《工程建设标准强制性条文》或技术法规，应在培训合格后持证上岗。

39.4 建立新技术认可制度。对于工程建设的新技术、新方法、新材料、新设备，目前尚无适用技术标准的，经专门机构组织专家评定，凡符合现行相关《工程建设标准强制性条文》或技术法规的，均允许在建设工程中采用。

39.5 建立工程建设产品强制性认证制度。对直接涉及安全、卫生、环保、节能及其他公众利益等的工程建设产品，纳入国家强制性认证产品目录，实行强制性质量认证。

建设部建筑节能试点示范工程（小区）管理办法

（2004年2月11日中华人民共和国建设部，建科［2004］25号）

第一条 为贯彻建设部《民用建筑节能管理规定》，执行国家有关建筑节能设计标准，通过实施建筑节能试点示范工程（小区）（以下简称示范工程）推动各地建筑节能工作，制定本办法。

第二条 本办法适用于各气候区民用建筑新建或改造项目实施节能的工程。

第三条 建设部负责示范工程的立项审查与批准实施、监督检查、建筑节能专项竣工验收、建筑节能示范工程称号的授予等组织管理工作。

第四条 县级以上地方建设行政主管部门负责示范工程的组织实施，同时要结合示范工程制定本地区的建筑节能技术经济政策和管理办法。

第五条 在示范工程的实施中，通过规划、设计、施工、材料应用、运行管理、工程实践和经验总结等，推广先进适用成套节能技术与产品，实现节能的经济和社会效益，促进建筑节能产业进步，推动建筑节能工作的发展。

第六条 示范工程应重点抓好下列成套节能技术和产品的应用：

1. 新型节能墙体、保温隔热屋面、节能门窗、遮阳和楼梯间节能等技术与产品；
2. 供热采暖系统调控与热计量和空调制冷节能技术与产品；
3. 太阳能、地下能源、风能和沼气等可再生能源；
4. 建筑照明的节能技术与产品；
5. 其他技术成熟、效果显著的节能技术和节能管理技术。

第七条 申报示范工程的项目必须具备的条件：

1. 设计方案应优于现行建筑节能设计标准，并且符合《民用建筑节能管理规定》；或设计方案满足现行建筑节能设计标准，但采用的节能技术具有国内领先水平；
2. 有建设项目的正式立项手续；
3. 有可靠的资金来源，开发企业有相应的房地产开发资质；
4. 选用的节能技术与产品通过有关部门的认证和推广，并符合国家（或行业）标准；没有国家（或行业）标准的技术与产品，应由具有相应资质的检测机构出具检测报告，并经国务院或省、自治区、直辖市有关部门组织的专家审定。

第八条 申报示范工程的单位应提交以下文件、资料：

1. 建设部科技示范工程（建筑节能专项）申报书；
2. 工程可行性研究报告（含节能篇）；
3. 规划和建筑设计方案和节能专项设计方案；
4. 工程立项批件、开发企业资质等证照复印件。

第九条 申报与审查：

1. 申请示范工程的单位将申报书与其他相关文件、资料报省、自治区、直辖市、计划单列市的建设厅（建委、建设局）；

2. 省、自治区、直辖市、计划单列市建设厅（建委、建设局）组织对申报书及其他相关文件、资料的初审。通过初审的签署意见，报建设部；

3. 建设部组织专家对申报项目进行审查，通过审查的项目列入建设部科学技术项目计划（建筑节能示范工程专项）。

建设部每年组织一次示范工程立项审查。

第十条 项目列入建设部科学技术项目计划后，承担单位应严格按照批准的设计方案实施，每半年向省、自治区、直辖市、计划单列市建设厅（建委、建设局）汇报项目实施情况，并由省、自治区、直辖市、计划单列市建设厅（建委、建设局）签署意见后报建设部。

第十一条 承担单位在实施节能分项工程过程中，应向省、自治区、直辖市、计划单列市建设厅（建委、建设局）和建设部提交阶段实施报告。

第十二条 阶段性监督检查工作由建设部或由部委托省、自治区、直辖市、计划单列市建设厅（建委、建设局）组织。

第十三条 示范工程完成工程竣工验收并投入使用不少于一个采暖（制冷）期、且其节能性能经国家认可的检测机构检验合格后，由承担单位提出节能专项验收申请，由建设部或由部委托省、自治区、直辖市、计划单列市建设厅（建委、建设局）组织专家进行验收。

第十四条 申请节能专项验收时，承担单位应提交以下文件：

1. 工程竣工验收文件；

2. 示范工程实施综合报告（包括节能设计、节能新技术应用、施工建设、运行管理、节能效果、经济效益分析等内容）；

3. 工程质量检测机构出具的包括建筑物与采暖（制冷）系统的节能性能检测报告。

第十五条 通过验收的项目，由建设部统一颁发建设部建筑节能示范工程证书和标牌，并予以公示。

第十六条 具有下列情形之一的项目，取消其示范工程资格，并予以公告：

1. 实施后达不到建筑节能设计标准的项目；

2. 工程竣工后两年内未申请节能专项验收的项目；

3. 列入计划后一年内未组织实施的项目；

4. 未获得建设部批准延期实施的项目。

第十七条 本办法由建设部科学技术司负责解释。

第十八条 本办法自颁布之日起施行。

关于实施《民用建筑节能设计标准（采暖居住建筑部分）》的通知

（1987年9月25日国家经济委员会、国家建筑材料工业局，[87] 城设字第514号）

各省、自治区、直辖市计委、经委、建设厅、建材局：

城乡建设环境保护部编制的《民用建筑节能设计标准（采暖居住建筑部分）》（以下简称标准）颁发以来，受到各地主管部门的重视。目前，黑龙江、吉林、辽宁、北京、天津等省市已完成了地区《标准》实施细则（以下简称细则）的编制工作，正在组织审批。为配合《标准》的实施，华北、东北地区建筑标准设计办公室也开始了通用图的编制工作。

建筑节能是我国节能工作的一个重要领域。我国目前已建成的各类城镇居住建筑面积达46亿平方米，其中采暖地区建筑面积约占48%。目前，由于大量建筑的围护结构热工性能偏低及管理不善等原因，采暖期室内温度一般只能维持在13～14℃左右，而单位面积的采暖能耗却相当于一些同样气候条件的发达国家的2～3倍。采暖耗能是建筑耗能的大户。我国建筑节能的潜力很大。据以上几省市的预测，在本世纪后十年内，仅通过在新建住宅中采用高效保温材料（如岩棉）的复合墙体及复合屋面一项措施，即可相应节约1500万吨标准煤，减少供热锅炉容量2000吨/d、时，节约红砖1500万立方米（换算为76亿块），并由于墙体减薄而增加使用面积370万平方米。节能投资一般可在2—3年内收回，有显著的经济效益和社会效益。近年来，一些城市和地区修建的试点建筑也证明了这一点。

经过多年来的试验研究和反复论证，考虑到目前已具备的客观条件，我们认为，尽快在我国采暖地区贯彻实施标准，是必要的，而且是可行的。为此，经研究提出以下几点具体意见：

一、请严寒及寒冷地区各省、自治区、直辖市建设厅（建委），按照城乡建设环境保护部颁发的《民用建筑节能设计标准（采暖居住建筑部分）的要求，组织专门班子结合本地区条件，因地制宜地争取年内编出实施细则初稿，由省、自治区、直辖市建设厅（建委）会同计、经委审查批准。

二、各地在贯彻执行标准，过程中，可酌情在本地区先修建少量示范建筑，取得设计、施工、管理上的经验、并宣传节能建筑的优越性。

三、《细则》编制工作要因地制宜，积极推广本地区已成熟的技术和材料。在有条件地区，应积极推广空心砖和以岩棉等高效保温材料与承重结构相结合的复合墙体及屋面。为普遍推广岩棉创造条件，半硬质岩棉板（容量100公斤/立方米）的售价适当降低，并实行保质保量、定点供应。各地可以结合本地区情况，拟订在节能建筑中推广空心砖和复合墙体及屋面规划，分批实施，力争一九九〇年前在新建住宅中普遍推广。

四、国家建材局负责制定复合墙体及屋面用的硬质、半硬质岩棉板的产品技术标准，并负责发放和公布此类岩棉产品许可证，未获得许可证的工厂产品，建筑设计施工中一律不得使用。

五、城乡建设环境保护部拟会同有关部门组织编制严寒及寒冷地区空心砖和复合墙体及屋面的通用构造详图及施工、材料定额，不迟于一九八八年批准实行。

六、为推行建筑节能，除抓好设计、施工外，还应当抓好供热管理，制定相应的政策。请各地注意总结推广这方面的成功经验。

采暖节能的重要部分，需有关部门及行业密切配合才能奏效。请各地主管部门通力合作，抓好这项工作。

关于实施《夏热冬冷地区居住建筑节能设计标准》的通知

（2001年11月20日）

各省、自治区、直辖市、计划单列市建设厅（建委）、计委、经贸委（经委）、财政厅（局），国务院各部、委、直属机构（总公司）建设（基建）司局，中国人民解放军总后勤部营房部，各有关地方建筑节能（墙改）办公室：

为进一步推进长江流域及其周围夏热冬冷地区建筑节能工作，提高和改善该地区人民的居住环境质量，全面实现建筑节能50%的第二步战略目标，建设部组织制定了中华人民共和国行业标准《夏热冬冷地区居住建筑节能设计标准》（JGJ134—2001）（以下简称《节能标准》）已于2001年7月颁布，自2001年10月1日起施行。

夏热冬冷地区是指长江流域及其周围地区，涉及16个省、自治区、直辖市。该地区面积约180万平方公里，人口约5.5亿，国民生产总值约占全国的48%，是一个人口密集、经济比较发达的地区。该地区夏季炎热，冬季潮湿寒冷。过去由于经济和社会的原因，该地区的一般居住建筑没有采暖空调设施，居住建筑的设计对保温隔热问题不够重视，围护结构的热工性能普遍很差，冬夏季建筑室内热环境与居住条件十分恶劣。随着这一地区的经济发展和人民生活水平快速提高，居民普遍自行安装采暖空调设备。由于没有科学的设计和采取相应的技术措施，致使该地区冬季建筑采暖、夏季建筑空调能耗急剧上升，能源浪费严重，居民用于能源的支出大幅度增加，居住条件也未得到根本改善。《节能标准》的颁布，标志着我国的建筑节能工作已经进入向中部地区推进的阶段。为了做好《节能标准》的贯彻和实施，现将有关事项通知如下：

一、《节能标准》对夏热冬冷地区居住建筑从建筑、热工和暖通空调设计方面提出节能措施，对采暖和空调能耗规定了控制指标，达到了指导设计的深度。各地应当从今年10月1日起施行；同时可结合实际编制《节能标准》的实施细则。

二、《节能标准》的实施过程中，要严格按照国家及有关部门关于建筑节能的政策与管理规定要求执行。实施《节能标准》，要与推广新型墙体材料和淘汰实心粘土砖紧密结合，节能建筑应积极采用新型墙体材料。各地自实施新标准之日起，新建民用建筑工程项目的可行性研究报告或者设计任务书，应当包括合理用能的专题论证。依法审批的机关要依照国家计委、国家经贸委、建设部《关于固定资产投资工程项目可行性研究报告“节能篇（章）”编制及评估的规定》（计交能［1997］2542号）的有关规定，对工程项目可行性研究报告或者设计任务书组织节能论证和评估。对不符合节能标准的项目，不得批准建设；建设单位应当按照节能要求和《节能标准》委托工程项目的设计，不得擅自修改节能设计文件；设计单位应当依据建设单位的委托以及《节能标准》进行设计，保证建筑节能设计质量；各地建设行政主管部门或者其委托的设计单位，在进行施工图设计审查时，应当审查节能设计的内容；施工单位应当按照节能设计进行施工，保证工程施工质量；建设工程质量监督机构，对不按节能设计标准要求施工和验收的项目，应责令改正，并应在质量监督文件中予以注明。对于达不到《节能标准》第3.0.3，4.0.3，4.0.4，4.0.7，4.0.8，5.0.5，6.0.2等强制性条文规定要求的，应按照建设部《实施工程建设强制性标准监督规定》（建设部令第81号）或参照《民用建筑节能管理规定》（建设部令第76号）等有关条款进行处罚。

三、国家鼓励建设节能建筑。采用新型墙体材料且达到《节能标准》要求的，应按照财政部关于新型墙体材料专项基金管理的有关规定免征新型墙体材料专项基金。在推广节能建筑中，不应大幅度提高建筑成本，要通过采取新材料、新产品、新技术降低工程造价。

四、各地在贯彻执行《节能标准》过程中，可在本地区逐步扩大建设试点示范建筑，并注意总结设计、施工、管理方面的经验，制订相应的政策，宣传节能建筑的优越性，推广成功经验。

五、夏热冬冷地区各省、自治区、直辖市、计划单列市建设厅（建委）应按照《节能标准》的要求，结合本地区实际，组织筛选出若干种符合《节能标准》的结构体系及其配套的墙体、屋面等保温构造做法，以及节能型采暖空调设备和产品。尽快组织有关单位编制符合《节能标准》要求的当地节能住宅通用设计图集，以利于《节能标准》的实施。

六、夏热冬冷地区新建、改建、扩建居住建筑的建筑和建筑热工与暖通空调均应执行《节能标准》；单身宿舍、学校、幼儿园、办公楼、医院建筑的建筑和建筑热工与暖通空调设计可参照《节能标准》执行。建筑节能是一项综合性很强的工作，需有关部门及行业密切配合。夏热冬冷地区居住建筑节能工作直接涉及到这一广大地区人民群众的居住环境条件的改善和切身利益，充分体现了新时期国家对该地区人民群众根本利益的关怀。各有关省、自治区、直辖市建设行政主管部门，都要结合本地区实际，从《节能标准》的宣传、培训、试点示范、相关政策的研究与制定、建筑节能的管理及组织实施等方面，制订相应的实施计划，加强节能建筑的日常运行管理和维护，确保节能效益的实现 。实施过程中有何具体问题请与建设部联系。

国务院批转国家建材局等部门
关于加快墙体材料革新和推广节能建筑意见的通知

（1992年11月9日国务院发布）

各省、自治区、直辖市人民政府，国务院各部委、各直属机构：

国务院同意国家建材局、建设部、农业部、国家土地局《关于加快墙体材料革新和推广节能建筑的意见》，现转发给你们，请贯彻执行。

关于加快墙体材料革新和推广节能建筑的意见

国务院：

目前，我国墙体材料产品95%是实心粘土砖，每年墙体材料生产能耗和建筑采暖能耗近一亿五千万吨标煤，约占全年能源消耗总量的15%。全国砖瓦企业占地约四百五十万亩，煤电企业每年要排放二亿多吨粉煤灰和煤矸石，不仅占用大量耕地，而且污染环境。因此，大力发展节能、节地、利废、保温、隔热的新型墙体材料，加快墙体材料革新，推进建筑节能工作是一件刻不容缓的大事。

一九八八年十一月以来，国家建材局、建设部、农业部、国家土地局联合成立了墙体材料革新与建筑节能领导小组，采用系统工程的方法先后在哈尔滨市、成都市、江苏省进行了试点，并取得了一些明显的效果。但是，这项工作涉及面广，难度大，进展慢。当前存在的主要问题是：这项工作在一些地区还没有引起领导的高度重视，难以起步；现有的政策不足以提高新型墙体材料的竞争能力，与推广新型墙体材料配套的建筑设计、施工技术尚未纳入有关技术标准和规定，影响了新型墙体材料的广泛应用；发展新型墙体材料缺少资金投入，砖瓦企业利润低微，无力自我改造。

为了贯彻《中华人民共和国国民经济和社会发展十年规划和第八个五年计划纲要》中关于加快墙体材料的革新及开发和推广节能、节地、节材住宅体系的精神，特提出“八五”期间墙体材料革新与建筑节能总的奋斗目标如下：“到一九九五年底，新型墙体材料年产量折合标准砖比一九九〇年净增五百亿块，占墙体材料年产量的比例，由目前的5%提高到15%；城镇新型墙体材料建筑和节能建筑竣工面积占当年房屋建筑竣工面积的20%；到一九九三年末，严寒及寒冷地区城镇新建住宅全部达到节能设计标准，其采暖能耗在一九八〇年——一九八一年通用设计水平的基础上降低30%，其中部分降低50%；一九九五年起，全部按采暖能耗降低50%设计建造。与一九九〇年相比，一九九五年节约体材料生产能耗四百万吨标煤，其中乡镇砖厂节能三百万吨标煤；建筑采暖节能四百万吨标煤，节地一万亩，利用工业废渣七千五百万吨。

为实现上述目标，需要采取如下措施：

一、加大政策法规的调控力度，创造墙体材料革新和推广节能建筑的良好外部环境

（一）为了加快墙体材料革新和节能建筑的发展，国家有关部门要根据产业政策的要求，制定配套的政策法规，对发展新型墙体材料和节能建筑实行鼓励政策，对生产和应用实心粘土砖实行限制政策。

1. 新型墙体材料的推广应用，一般应先从大中城市起步，逐步向农村推广。对新型墙体材料（包括利废材料）产品继续免征增值税，对实心粘土砖一律不得减免税；

2. 对生产新型墙体材料的企业可视具体情况定期减免土地使用税，对生产实心粘土砖企业应征收土地使用税；

3. 放开新型墙体材料产品价格，由生产企业根据市场需要自行定价；

4. 有关部门应增加新型墙体材料生产企业的技术改造专项贷款；

5. 允许墙体材料生产企业按销售收入的1%提取发展新型墙体材料技术开发费；

6. 对北方节能住宅和新型墙体材料项目的固定资产投资方向调节税，按规定执行零税率，有关部门要尽快制定相应的实施办法；

7. 在城市建筑中，要限制使用实心粘土砖作为框架结构的填充材料，禁止强度等级MU10以下的实心粘土砖在五层以上建筑中使用；

8. 将发展节能建筑和新型墙体材料建筑纳入城市建设总体规划，确保新型墙体材料建筑每年都有一定比例的增长；

9. 积极推选按使用面积计算建筑工程经济指标的方法；

10. 排渣单位不准以任何名义对生产墙体材料的废渣收费或变相收费；对利用废渣生产新型墙体材料的企业，排渣单位应积极给予支持，有条件的还可给予适当补贴。

（二）各地要切实落实国家及部门已出台的有关政策法规，结合当地具体情况，制定有关的地方性政策法规。

1. 各地区可以借鉴江苏、上海、哈尔滨等省、市的经验，对实心粘土砖在价外加收一定费用，建立发展新型墙体材料“专项用费”，用于墙体材料企业的技术改造和建筑应用技术的研究与开发；

2. 为鼓励砖厂进行技术改造，有条件的地区可采取“存一贷三”的办法，由银行优先安排贷款；为增强企业的还贷能力，可用“专项用费”进行贴息；

3. 各地可从技术改造资金中划拨一定比例，用于墙体材料企业的技术改造；

4. 采暖地区要制定具体实施办法，按期达到国家颁布的《民用建筑节能设计标准（采暖居住建筑部分）》，非采暖地区要结合改善建筑物热环境，制定新型墙体材料建筑的具体规划，并大力组织实施，以此推动新型墙体材料发展，促进节能建筑全面推广；

5. “八五”期间，大中城市对节能建筑和新型墙体材料建筑，可根据当地情况适当减免城市设施配套费用。

二、坚持用系统工程方法推进墙体材料革新和发展节能建筑工作

（一）坚持多部门合作。各地要在当地政府统一领导下，组织有关部门，把墙体材料革新同建筑设计、施工紧密结合起来，同废渣利用、加强土地管理紧密结合起来，围绕当地墙体材料革新和推广节能建筑的具体目标，进行全面规划、统一协调、系统实施。

（二）坚持以建筑应用为龙头，充分发挥建筑设计的纽带作用。要根据当地条件和建筑功能要求，优化建筑体系，组织编制、修订应用各种新型墙体材料的设计施工规范规程、标准定额以及通用图集等技术法规。要抓好建筑设计牵头工作，明确设计与施工单位在墙体材料革新与建筑节能工作中应承担的具体任务和相应职责，调动设计施工人员的积极性，鼓励优先采用新型墙体材料和各种建筑节能新技术，精心设计、精心施工，促进建筑业的技术进步。

（三）坚持进行多层次技术改造，为建筑应用提供品种齐全、质量可告、数量充足的新型墙体材料。要立足现有成熟技术，抓紧对墙体材料企业进行不同层次的技术改造，争取在一九九三年前通过技术改造建成一批示范性骨干企业。各地要充分重视乡镇墙体材料企业的技术改造工作。

（四）坚持分类指导，加强质量管理。各地要对墙体材料企业进行普遍调查，根据砖厂用地状况、能耗高低、质量优劣等情况，对企业分类排队，划分等级，提出要求和标准，进行分类指导。要加强对墙体材料生产和施工质量的管理，完善质量监督检测手段，确保新型墙体材料建筑和节能建筑的工程质量。墙体材料产品质量在很大程度上取决于装备质量，要积极研究和开发适合我国国情、能为广大乡镇砖厂普遍采用的先进新型墙体材料生产设备。在优化选型的基础上，开展专业化协作，进一步提高装备水平和配套供应能力。

三、提高认识，转变观念，加强组织领导

墙体材料革新与建筑节能工作不仅对节约能源、改善建筑功能具有重大意义，而且是保护耕地、保护环境的重要措施。各地要运用电视、广播、报刊等多种手段，广泛宣传墙体材料革新与建筑节能的社会经济效益，以取得全社会的重视与支持，改变人们长期以来习惯于使用小块实心粘土砖的旧观念，为推进这项工作创造良好的社会环境。

各级人民政府要切实加强对墙体材料革新和建筑节能工作的组织领导，要制定明确的工作目标、任务，加强组织协调工作，以推进墙体材料革新和建筑节能工作的顺利进行。

各地区和有关部门可根据以上意见，结合具体情况，制定本地区、本部门加快墙体材料革新和推广节能建筑的具体实施办法。

以上意见如无不妥，请批转各地区、各部门贯彻执行。

国家建筑材料工业局
建设部
农业部
国家土地管理局
一九九二年九月二十日

关于控制城镇房屋拆迁规模、严格拆迁管理的通知

（2004年6月6日国务院办公厅，国办发［2004］46号）

各省、自治区、直辖市人民政府，国务院各部委、各直属机构：

加强城镇房屋拆迁管理工作，关系到中央宏观调控政策的有效贯彻落实，关系到城镇居民的切身利益和社会稳定。当前，我国城市建设事业取得较快发展，但在城镇房屋拆迁中也存在一些突出问题：一些地方政府没有树立正确的政绩观，盲目扩大拆迁规模；有的城市拆迁补偿和安置措施不落实，人为降低补偿安置标准；有的甚至滥用行政权力，违法违规强制拆迁。这些现象不仅严重侵害城镇居民的合法权益，引发群众大量上访，影响社会稳定，也造成一些地区和行业过度投资。为贯彻落实党中央、国务院关于加强和改善宏观调控的决策，促进城镇建设健康发展和社会稳定，经国务院同意，现就进一步加强城镇房屋拆迁工作等有关问题通知如下：

一、端正城镇房屋拆迁指导思想，维护群众合法权益。全面贯彻“三个代表”重要思想，用科学的发展观和正确的政绩观指导城镇建设和房屋拆迁工作。严格依照城市总体规划和建设规划，制止和纠正城镇建设和房屋拆迁中存在的急功近利、盲目攀比的大拆大建行为。认真落实中央宏观调控政策措施，根据各地的经济发展水平、社会承受能力和居民的收入状况，合理确定拆迁规模和建设规模；进一步完善法律法规，规范拆迁行为；落实管理责任，加强监督检查；严格依法行政，加大对违法违规案件的查处力度；坚决纠正城镇房屋拆迁中侵害人民群众利益的各种行为，维护城镇居民和农民的合法权益，正确引导群众支持依法进行的拆迁工作，保持社会稳定。

二、严格制订拆迁计划，合理控制拆迁规模。城镇房屋拆迁规划和计划必须符合城市总体规划、控制性详细规划和建设规划，以及历史文化名城和街区保护规划。市、县人民政府要从本地区经济社会发展的实际出发，编制房屋拆迁中长期规划和年度计划，由省级建设行政主管部门会同发展改革（计划）部门审批下达后，由市、县人民政府报同级人大常委会和上一级人民政府备案。各地要严格控制土地征用规模，切实保护城镇居民和农民的合法权益，坚决纠正城镇房屋拆迁中侵害居民利益和土地征用中侵害农民利益的行为。要严格控制房屋拆迁面积，确保今年全国房屋拆迁总量比去年有明显减少，由建设部会同有关部门采取措施落实。凡拆迁矛盾和纠纷比较集中的地区，除保证能源、交通、水利、城市重大公共设施等重点建设项目，以及重大社会发展项目、危房改造、经济适用房和廉租房项目之外，一律停止拆迁，集中力量解决拆迁遗留问题。地方政府不得违反法定程序和法律规定，以政府会议纪要或文件代替法规确定的拆迁许可要件及规划变更，擅自扩大拆迁规模。

三、严格拆迁程序，确保拆迁公开、公正、公平。要积极推进拆迁管理规范化，所有拆迁项目都必须按照《城市房屋拆迁管理条例》（国令305号）和《城市房屋拆迁估价指导意见》（建住房［2003］234号）等规定的权限和程序履行职责，严格执行申请房屋拆迁许可、

公示、评估、订立协议等程序；对达不成协议的，必须按照《城市房屋拆迁行政裁决工作规程》（建住房［2003］252号）的规定严格执行听证、行政裁决、证据保全等程序。特别要执行拆迁估价结果公示制度，依照有关规定实施行政裁决听证和行政强制拆迁听证制度，确保拆迁公开、公正、公平。政府投资建设的工程也要严格按照规定的程序进行。

四、加强对拆迁单位和人员的管理，规范拆迁行为。加强对拆迁单位的资格管理，严格市场准入。所有拆迁项目工程，要通过招投标或委托的方式交由具有相应资质的施工单位拆除。进一步规范拆迁委托行为，禁止采取拆迁费用“大包干”的方式进行拆迁。房屋价格评估机构要按照有关规定和被搬迁房屋的区位、用途、建筑面积等，合理确定市场评估价格。拆迁人及相关单位要严格执行有关法律法规和规定，严禁野蛮拆迁、违规拆迁，严禁采取停水、停电、停气、停暖、阻断交通等手段，强迫被拆迁居民搬迁。地方各级人民政府和有关部门要加强对拆迁人员的法制教育和培训，不断增强其遵纪守法意识，提高业务素质。

五、严格依法行政，正确履行职责。地方各级人民政府要进一步转变职能，做到政事、政企分开、凡政府有关部门所属的拆迁公司，必须与部门全部脱钩。政府部门要从过去直接组织房屋拆迁中解脱出来，严格依法行政，实行“拆管分离”，实现拆迁管理方式从注重依靠行政手段向注重依靠法律手段的根本性转变。房屋拆迁管理部门要认真执行拆迁许可审批程序，严禁将拆迁许可审批权下放。严格拆迁许可证的发放，对违反城市规划及控制性详细规划，没有拆迁计划、建设项目批准文件、建设用地规划许可证、国有土地使用权批准文件，以及拆迁补偿资金、拆迁安置方案不落实的项目，不得发放拆迁许可证。严禁未经拆迁安置补偿，收回原土地使用权而直接供应土地，并发放建设用地批准文件。政府行政机关不得干预或强行确定拆迁补偿标准，以及直接参与和干预应由拆迁人承担的拆迁活动。要依法正确履行强制拆迁的权力。

六、加强拆迁补偿资金监管，落实拆迁安置。合理的拆迁补偿安置是维护被拆迁人合法权益、做好拆迁工作的重要基础。拆迁单位既要充分尊重被拆迁人在选择产权交换、货币补偿，租赁房屋等方面的意愿，也不得迁就少数被拆迁人的无理要求。所有拆迁，无论是公益性项目还是经营性项目、招商引资项目，拆迁补偿资金必须按时到位，设立专门账户，专款专用，并足额补偿给被拆迁人；不得以项目未来收益、机构资金承诺或其他不落实的资金作为拆迁资金来源。各地要按照已确定的合理拆迁规模，提供质量合格、价格合理、户型合适的拆迁安置房和周转房。把拆迁中涉及的困难家庭纳入城镇住房保障的总体安排中，确保其基本居住需要。

七、切实做好拆迁信访工作，维护社会稳定。做好拆迁信访工作是接受群众监督、维护被拆迁人合法权益的重要方式。各地区要建立拆迁信访工作责任制，尤其要建立和完善初信初访责任制以及拆迁纠纷矛盾排查调处机制，及时解决群众反映的问题和合理要求，积极化解拆迁纠纷和矛盾。拆迁上访较多的地区，要对拆迁上访问题进行全面梳理，对投诉的重点问题、普遍性问题要认真摸底。地方人民政府主要领导要亲自组织研究，及时采取针对性措施，制订具体的解决方案，落实责任单位和责任人，限期解决。区别不同情况，采取有效措施，妥善解决拆迁历史遗留问题。同时，对被拆迁人的一些不合理要求，不要作不符合规定的许愿和乱开“口子”，防止造成“以闹取胜”的不良影响。要做好集体上访的疏导工作，防止群体性事件发生并做好处理预案。对少数要价过高，无理取闹的，要坚持原则，不能迁就；对少数公开聚众闹事或上街堵塞交通、冲击政府机关的被拆迁人，要依法及时进行严肃处理。

八、加强监督检查，严肃处理违法违规行为。各级监察、建设等有关部门要加强协调和配合，加大对城镇房屋拆迁中违法违规案件的查处力度。对各级人民政府及有关行政主管部门违反城市规划以及审批程序、盲目扩大拆迁规模以及滥用职权强制拆迁的现象坚决予以查处。对在拆迁中连续发生严重损害群众利益导致恶性事件的部门和地区，要追究领导者和直接责任人的责任。对不按规定程序进行拆迁的，要及时予以纠正，并追究有关责任单位的领导责任。对滥用强制手段，造成严重后果的，要依法给予行政纪律处分，构成犯罪的，要依法追究刑事责任。对违法违规的拆迁单位和评估机构，要依法严厉查处。对故意拖欠、挤占、挪用拆迁补偿资金等违法违规行为，要严肃追究当事人和直接领导人的责任。对野蛮拆迁，严重侵犯居民利益的行为，要坚决制止，情节严重的，要取消其相应资格，依法严肃处理。

九、完善法律法规，健全政策措施。要把城镇房屋拆迁工作纳入法制化和规范化的轨道，继续完善有关政策法规。针对《城市房屋拆迁管理条例》实施中存在的问题，各地区要进一步制定和完善有关房屋拆迁的政策。有关部门要配合最高人民法院尽快出台有关房屋拆迁的司法解释，规范房屋拆迁行政裁决、强制执行程序和有关问题；各地区要依据国家有关拆迁工作的法律法规，制定和完善地方性法规、规章和文件，对与《城市房屋拆迁管理条例》不符的，要迅速组织修订；对政策不明确，但确属合理要求的，要抓紧制定相应的政策措施，限期处理解决。

十、坚持正确舆论导向，发挥媒体监督作用。电视、广播、报刊、网络等媒体要从社会稳定的大局出发，对各地合理推进城市建设，落实房屋拆迁政策以及规范拆迁管理、维护群众合法权益的好经验、好做法，要加大宣传力度，使群众全面了解拆迁政策，改善依法拆迁的社会环境，增强群众依法维权的意识。同时，对严重损害群众利益的典型案件，要继续曝光。要坚持正确的舆论导向，支持依法进行的城市拆迁工作，注意宣传方式，防止诱发和激化矛盾。

十一、加强组织领导，落实工作责任。各地区、各部门要把控制城镇房屋拆迁规模，严格拆迁管理作为落实中央宏观调控政策的重要措施和确保社会稳定的一项重要内容，列入今年政府工作的重要任务，明确政府分管负责同志的责任，加强领导，采取有效措施，做好相关工作。有关部门要加强协调和配合，建立健全拆迁工作部际协调机制，指导全国工作，并建立健全对重点地区、重点项目、重点案例的督查和通报制度，总结推广好的经验和做法。各省级人民政府要加强对本行政区域拆迁工作的管理和监督，切实加强对拆迁规模的总量调控，防止和纠正大拆大建；要依照《中华人民共和国行政许可法》，规范市、县拆迁管理部门及职责。各市、县人民政府要对城镇建设和拆迁工作负总责，严格依法行政，量力而行，从坚决贯彻宏观调控政策措施和维护人民群众利益的高度做好城镇房屋拆迁工作。

各省、自治区、直辖市人民政府要在 2004 年 10 月底以前将落实本通知情况报国务院，同时抄送建设部。

中华人民共和国国务院办公厅

二〇〇四年六月六日